"十三五"国家重点出版物出版规划项目
国家科技基础性工作专项重点项目
国家社会公益研究专项项目
中国农业科学院科技创新工程

中国土壤剖面数据集

·湖南卷

主　编　张维理

本卷主编　冀宏杰　龙怀玉　罗尊长　刘　强

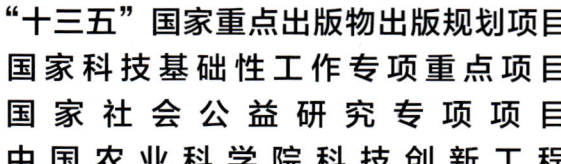

浙江科学技术出版社·杭州

版权所有　侵权必究

图书在版编目（CIP）数据

中国土壤剖面数据集. 湖南卷 / 张维理主编；冀宏杰等本卷主编. -- 杭州：浙江科学技术出版社，2024.6. -- ISBN 978-7-5739-1271-8

Ⅰ. S152.2

中国国家版本馆CIP数据核字第2024EV9142号

书　　名	中国土壤剖面数据集·湖南卷
主　　编	张维理
本卷主编	冀宏杰　龙怀玉　罗尊长　刘　强
出版发行	浙江科学技术出版社
	杭州市拱墅区环城北路177号　邮政编码：310006
	办公室电话：0571-85152719
	销售部电话：0571-85176040
排　　版	杭州万方图书有限公司
印　　刷	浙江新华数码印务有限公司
经　　销	全国各地新华书店
开　　本	787mm×1092mm　1/8　　　印　张　82.5
字　　数	1455千字
版　　次	2024年6月第1版　　　印　次　2024年6月第1次印刷
书　　号	ISBN 978-7-5739-1271-8　　　定　价　650.00元
地图审核号	GS浙（2024）312号

策划组稿	詹　喜　章建林	责任编辑	周乔俐　颜慧佳	文字编辑	汪哲远
责任校对	贾小焓	责任美编	金　晖	责任印务	叶文炀

如发现印、装问题，请与承印厂联系。电话：0571-85155604

《中国土壤剖面数据集》
编委会

主　　任　赵其国

副 主 任　张维理

委　　员（按姓氏笔画排序）

　　　　　毛达如　　史学正　　刘　旭　　刘先林　　刘更另

　　　　　孙　睿　　孙九林　　孙铁珩　　杨　鹏　　张洪江

　　　　　张维理　　周健民　　赵其国　　陶　澍　　黄鸿翔

　　　　　黄德明　　傅伯杰

《中国土壤剖面数据集·湖南卷》
编写人员

主　　编　张维理

本卷主编　冀宏杰　　龙怀玉　　罗尊长　　刘　强

本卷编委（按姓氏笔画排序）

　　　　　龙怀玉　　刘　强　　孙　耿　　孙　梅　　杨　琳

　　　　　杨　鹏　　张认连　　张杨珠　　张维理　　陈佑启

　　　　　武淑霞　　罗尊长　　聂　军　　徐爱国　　唐海明

　　　　　黄铁平　　谢桂先　　冀宏杰

土壤大数据整合与数字制图

设　　计　张维理

制　　作　徐爱国　　张认连　　冀宏杰

程序编制　贾　萌　　吴章生　　严　豪

地图编辑　中国地图出版社集团有限公司

内容提要

本数据集以分县主要土壤类型与土壤剖面点分布图、土壤剖面理化性状表的形式，提供了我国各地详尽的土壤资源与质量的科学数据。全集共25卷，收录了全国2200多个县（市、区）的分县土壤图和6万多个土壤剖面的分层理化性状数据。根据各省级行政区土壤剖面数量和地域关联特征，既有一个省（自治区）的单卷，也有多个省（自治区、直辖市、特别行政区）的合订卷。各卷内容包含分县主要土类说明、主要土壤类型与土壤剖面点分布图、中心区气候特征图表，还含有全国和各卷所涉省级行政区的土壤图、土壤有机质含量图与地势图，以便读者在全国、省级和县级不同视角和尺度上，了解土壤资源与质量状况及其空间分布特征，以及土壤类型、土壤肥力与气候条件、地势、地貌之间的相互关联。

湖南省地处云贵高原向江南丘陵和南岭山脉向江汉平原过渡的地带，呈三面环山、朝北开口的马蹄形地貌，由平原、盆地、丘陵、山地、河湖构成，地跨长江、珠江两大水系，属亚热带季风气候。年平均气温一般为16—19℃，年平均降水量为1450mm。主要土壤类型有红壤、水稻土、黄壤、紫色土、石灰（岩）土、黄棕壤、潮土、山地草甸土、石质土、粗骨土等10个土类。本卷收录了湖南省94个县（市、区）4696个典型土壤剖面的分层理化性状数据，便于读者了解湖南省主要土壤类型的分布特征及剖面特征，可作为农业、林业、环境、气象、国土、水利、经济等领域的科研、管理、技术人员的工具书和参考书，也适合高等院校相关专业研究生参考使用。

序

万物土中生，有土斯有粮。土为万物之本，土壤的重要性是怎么强调都不为过的。现在，土壤相关数据已成为农业、林业、环境、气象、国土、水利等各部门、各行业的基础数据。土壤研究最基础、最重要的表现形式是土壤剖面数据，其反映了不同层次的土壤理化性状。然而，长期以来，我国一直缺乏一套完整的系统性表现全国各区域土壤性状的剖面数据。

中华人民共和国成立以来，我国曾开展了两次全国性土壤普查，其中20世纪70年代末开始的全国第二次土壤普查是迄今为止最完整的。当时全国挖掘了550余万个剖面，各地分县完成了大比例尺土壤图，数据完整且可靠性高；然而，限于种种因素，当时仅完成了全国范围小比例尺土壤类型图和养分图的汇总，未及时完成全国土壤剖面库的整理。这些纸质资料散落于各地，并且年代久远，面临丢失、损毁的风险。这些宝贵数据具有时空尺度的唯一性，一旦出现问题，将对国家和社会各层面造成无法挽回的损失。

自2001年起，在国家社会公益研究专项项目资助下，张维理研究员带领团队，在全国范围开始对分散存留各地的土壤调查资料进行抢救性收集和整理。2006年，科技部启动了国家科技基础性工作专项项目，"我国1∶5万土壤图籍编撰及高精度数字土壤构建"项目被列入首批重点项目并连续获得两期资助。该项目由中国农业科学院农业资源与农业区划研究所牵头，全国近20个科研单位（两期）共同承担任务，极大地加快了土壤数据抢救的进程，为编制本数据集奠定了基础。在参与本数据集编制的土壤科技工作者20年的持续努力下，在2019年度国家出版基金的资助下，在中国农业科学院科技创新工程的持续支持下，本数据集终于得以面世。

本数据集以涵盖全国2200多个县的土壤剖面分层数据为主体，首次同时展示了分县土壤图与典型土壤剖面分布图，描述了影响土壤发生的气候特征、主要土类的性状等，内容丰富，兼具专业性和科普性。全集共25卷，既有一个省、自治区的单卷，也有多个省、自治区、直辖市、特别行政区的合订卷。鉴于其数据的完整性、系统性、科学性，本数据集可成为我国资源环境领域的必备工具书之一。

本数据集至少可以应用于以下几个方面：

第一，直接服务于农业生产，保障粮食安全和食品安全。全国分县的不同土壤类型分层养分数据、土壤质地信息，可为科学施肥、土壤培肥与耕作措施的制定提供决策依据。

第二，为水利、环境、建筑、旅游等行业提供便捷、直观的土壤分层次基础信息。信息后标有剖面点经纬度，便于查询获取。

第三，对于土壤质量演变、耕地地力演变、碳储量、面源污染、气候变化等多学科研究具有土壤科学起始点数据意义。

我国疆域辽阔，编制本数据集需要对各地分县完成的大比例尺土壤图和土壤调查资料进行数字化整合，创建覆盖我国全域的高精度数字土壤，再进行分县土壤剖面表的提取与分县土壤图的缩编。本数据集的总数据处理量达到 TB 级且数据来源多而复杂、专业性强、处理难度大，按常规方法，需数万人历时多年方能处理完成。张维理研究员创造性地将数据科学、人工智能与人机交互设计原理引入土壤学范畴，首创土壤大数据方法，以土壤科学需求设计统领其他各层级设计，以智能化、自动化、人机交互式的数据分析流程替代人工流程，高效、精准地完成了土壤大数据的时空整合和表达，这一巨著才得以面世。作为两期项目的专家组组长，我亲历了整个项目的全过程，对张维理研究员勇于创新、踏实、勤奋、务实、敬业、有担当的优秀品质印象深刻，也深感钦佩！

本数据集的完成前后历时 20 年之久，直接参与数据收集、编撰人数近百人，涉及我国各省（自治区、直辖市）的土壤肥料相关单位。正是他们的付出和努力，才使得本数据集得以面世。衷心希望本数据集能在农业、林业、环境、气象、国土、水利以及肥料工业等领域发挥积极作用，更好地服务于我国经济和社会发展。

中国科学院院士 赵其国

2021 年 12 月

前　言

土壤是农业的基础，是陆地生态系统生命过程的基础，也是维持地球上能量与水的交换、生命元素循环的重要基础。《中国土壤剖面数据集》首次以分县土壤图和土壤剖面理化性状表的形式，提供了我国陆域全覆盖的土壤资源与质量的科学数据，为农业、林业、环境、气象、国土、水利等部门和相关行业精准了解各地土壤资源分布与质量状况，科学利用土壤资源，发展绿色农业、特色农业和节水农业，进行耕地保育、科学施肥、面源污染防治和基本农田保护等提供了科学依据；也为农业科学、环境科学及地学、气象、测绘、水利等多个学科领域的科研工作者研究陆地生态系统生产力演变、地球物质循环、气候与环境变化提供了基础数据。

编入本数据集的分县土壤图和土壤剖面理化性状表主要源于对全国第二次土壤普查（以下简称"二普"）调查资料的收集、整理、提取与汇总。二普是我国现代规模最大的以查清土壤资源和土壤肥力为主要目标的土壤资源综合调查，既完成了我国迄今为止最详尽的土壤分类调查，也首次在全国范围进行了较高密度的土壤采样化验，开启了我国用土壤理化性状量化指标描述土壤资源与质量状况的时代。二普地面调查采样实施于1979—1987年，通过550万个土壤剖面观测和采样，分县完成了1∶5万比例尺土壤图绘制和10万余个土壤剖面的分层采样、化验、记录，其中的土壤质量稳定性要素，如土体构造、质地、母质、成土条件、土壤类型等时效性长，CRT值（土壤特性响应时间，characteristic response time）达上千年，可长久使用；土壤有机质含量，氮、磷、钾含量，酸碱度，耕层厚度等土壤质量变化性要素为了解土壤与环境质量演变提供了重要信息。无论从数量还是质量上看，二普获取的土壤科学数据至今都是我国最详尽、最有价值的土壤资源基础数据，其精度与质量超过许多发达国家的土壤资源基础数据。

20世纪末期以来，全球性人口和经济快速增长导致的人均土地资源与水资源紧缺、环境污染、气候变化、粮食安全危机，使科学界对土壤及其形成过程的关注度不断提高，关注重点也从了解土壤与环境质量现状转变为弄清演变趋势、引致变化的内在机理和驱动因素。土壤圈处于地球大气圈、水圈、生物圈和岩石圈的交会处。土壤层中的生物过程和物质循环过程既活跃，又具有一定的稳定性，能较好地反映地球水圈、土壤圈、大气圈、生物圈及岩石圈五大圈层动态交互作用的结果。只要对近年来国际上关于碳足迹、气候变化的研究进展稍加关注，就可知晓具有时空维度的土壤科学数据对于阐明土壤与环境过程并弄清其驱动因素、预测未来土壤与环境质量变化具有无可替代的作用。本数据集编入的土壤质量数据既是我国在全国范围内首次完成的土壤理化性状的科学记载，也是40多年前对我国土壤质量变化性要素的客观记录，能帮助我们了解改革开放以来经济、农业高速发展以及农用化学品投入量高速增长对土壤与环境质量的影响，对了解我国土壤与环境质量时空演变亦具有起始点土壤科学数据的意义。本数据集编入的起始点数据使我们对全国土壤及相关过程的认识延伸了40多年。历史上的土壤调查结果不能被新的调查结果替代，这一不可替代性使得本数据集将成为我国农业与环境领域最具影响力的工具书和参考书之一。

本数据集既是我国老一辈土壤与农业科研工作者在全国土壤普查工作中取得的成果，也是数据集编制人员长期以来默默耕耘的结晶。二普完成的大比例尺土壤图件和土壤剖面理化性状主要为手绘纸质图件和非正式出版的铅印或油印资料，份数少且由各地自行保存。二普结束后，随着各地机构调整与人员变动，土壤调查资料被损毁或丢失严重，难以发挥作用。在我国多位知名科学家的倡议和推动下，"十一五"期间，"我国1∶5万土壤图籍编撰及高精度数字土壤构建"项目（2006—2017）被列为国家科技基础性工作专项重点项目。其目的是对各地宝贵的土壤科学数据进行抢救性收集、数字化和整合，提升我国科学研究与管理基础数据的条件。为实现这一目标，项目组研究人员首先对各地分散存留的纸质分县土壤调查资料进行了全面的收集、修复和整理。针对国际范围内缺少对异源、异质、异构、异形土壤大数据的提取、整合方法的难题，项目组研究人员积极探索、勇于创新，融合应用土壤学、地理信息系统技术、数据科学、人工智能、人机交互设计方法，创建了土壤大数据方法，以层级化的流程设计实现土壤科学层面的需求设计统领体系架构、数据流程及模块设计，以独立于数据流程的监控设计实现土壤科学家对全流程的掌控和人工干预，以智能化、人机交互式数据流程替代人工流程，优质、高效地完成了对各地异源土壤资料的审核、提取、过滤、分类、整合与表达，完成了覆盖我国全陆域的1∶5万比例尺土壤图绘制与土壤剖面点空间数据库建设工作。为满足各行各业准确了解我国各地土壤资源与质量状况的广泛需求，编者通过对1∶5万比例尺土壤图数据的缩编表达与10万余个土壤剖面理化性状数据的进一步提取，最终完成了本数据集的编制。

本数据集共25卷，收录了全国2200多个县（市、区）的分县土壤图和6万多个土壤剖面的理化性状数据。根据各省级行政区土壤剖面数量的多寡和地域关联特征，既有一个省（自治区）的单卷，也有多个省（自治区、直辖市、特别行政区）的合订卷。为便于读者了解全国及各省级行政区土壤资源与质量的分布特征，特别编制了全国及各省级行政区土壤图、土壤有机质含量图与地势图三个序图，读者可以方便地查询全国及各省级行政区任何地区拥有的主要土壤类型，了解其土壤有机质含量及地势、地貌特征。在各分卷中，分县土壤资源与质量性状由主要土类说明、中心区气候特征图表、分县主要土壤类型与土壤剖面点分布图以及土壤剖面理化性状表共同呈现。

本数据集既可作为工具书、参考书，供农业、林业、环境、气象、国土、水利、经济等领域的管理人员和技术人员使用，也适合高等院校相关专业研究生参考使用。

我国幅员辽阔，从收集、整理全国分县土壤调查资料，到完成覆盖我国全境的1∶5万比例尺土壤图籍，再到完成本数据集的编制，来自全国近20家研究机构的科研人员组成项目组，辛苦工作了20多年。其间，本项工作得到了国家社会公益研究专项项目、国家科技基础性工作专项重点项目的长期、连续资助和在项目实施年限上给予的充分理解，同时得到了中国农业科学院科技创新工程的资助，全国50多家国家级及省级土壤、测绘、农业科研与管理机构的大力支持以及我国老一辈土壤科学家自始至终的关心和鼓励。在整个项目实施期间，有9位院士和7位长期从事土壤科学、农业资源环境研究的专家给予了直接和全程的指导。近20年间，项目组研究人员一方面要承担艰难而繁重的科研任务，另一方面要顶着多年没有科研产出的压力，没有他们的坚持和付出，就没有本数据集的面世。在此，谨向所有参加数据集编制的科研人员及对本项工作给予支持的部门和人员一并表示衷心的感谢！

由于本数据集包含的数据量庞大，且不限于土壤学本身，尽管我们在编撰过程中极尽斟酌，仍难免存在不足之处，敬请读者批评指正，以便今后修订完善。

中国农业科学院研究员 张维理
2021 年 12 月

目 录

第一编 编制说明与序图

编制说明

编制目的	002
土壤数据基础知识	002
数据集内容	005
土壤数据来源	005
编制方法——土壤大数据方法	006
中国土壤图、中国土壤有机质含量图与中国地势图编制	007
分省土壤图、分省土壤有机质含量图与分省地势图编制	009
县域中心区气候特征图表编制	011
分县主要土壤类型与土壤剖面点分布图编制	012
分县土壤剖面理化性状表编制	012
土壤专题图与土壤剖面数据可靠性检验	017
参编单位	019

序 图

中国土壤图	020
中国土壤有机质含量图	022
中国地势图	024
湖南省土壤图	026
湖南省土壤有机质含量图	028
湖南省地势图	030

第二编　分县土壤图与土壤剖面数据

长　沙　市

市辖区	034	浏阳市	042
长沙县	037	宁乡市	050

株　洲　市

渌口区	058	炎陵县	075
攸县	062	醴陵市	079
茶陵县	070		

湘　潭　市

湘潭县	082	韶山市	091
湘乡市	087		

衡　阳　市

衡阳县	094	祁东县	110
衡南县	097	耒阳市	113
衡山县	100	常宁市	125
衡东县	105		

邵　阳　市

新邵县	131	新宁县	172
邵阳县	137	城步苗族自治县	179
隆回县	145	武冈市	185
洞口县	157	邵东市	191
绥宁县	165		

岳　阳　市

市辖区	197	华容县	207
岳阳县	200	湘阴县	212

平江县	218	临湘市	229
汨罗市	223		

常 德 市

市辖区	233	临澧县	257
安乡县	240	桃源县	261
汉寿县	243	石门县	266
澧县	249		

张 家 界 市

市辖区	276	桑植县	295
慈利县	281		

益 阳 市

市辖区	304	安化县	314
桃江县	310	沅江市	325

郴 州 市

市辖区	331	临武县	356
桂阳县	338	汝城县	363
宜章县	346	桂东县	366
永兴县	349	安仁县	372
嘉禾县	352	资兴市	379

永 州 市

市辖区	386	宁远县	416
零陵区	391	蓝山县	422
东安县	395	新田县	427
双牌县	400	江华瑶族自治县	433
道县	405	祁阳市	438
江永县	411		

怀 化 市

鹤城区、中方县 …………… 445	新晃侗族自治县 …………… 509
沅陵县 …………………… 457	芷江侗族自治县 …………… 517
辰溪县 …………………… 471	靖州苗族侗族自治县 ………… 525
溆浦县 …………………… 478	通道侗族自治县 …………… 532
会同县 …………………… 493	洪江市 …………………… 539
麻阳苗族自治县 …………… 502	

娄 底 市

市辖区 …………………… 549	冷水江市 ………………… 569
双峰县 …………………… 553	涟源市 …………………… 574
新化县 …………………… 559	

湘西土家族苗族自治州

吉首市 …………………… 579	保靖县 …………………… 603
泸溪县 …………………… 585	古丈县 …………………… 608
凤凰县 …………………… 592	永顺县 …………………… 613
花垣县 …………………… 599	龙山县 …………………… 619

附 录

附录1 湖南省县级行政区及分县主要土壤类型与土壤剖面点分布图
地域名对照表 ………………………………………………………… 626
附录2 专题图基础地理要素图例 ……………………………………… 629
附录3 土壤图土类图例 ………………………………………………… 630
附录4 中国主要土壤类型简表 ………………………………………… 632
附录5 湖南省主要土壤类型表 ………………………………………… 637
附录6 分省土壤有机质含量图有机质含量分级图例 ………………… 638
附录7 湖南省典型剖面0—20cm土层土壤理化性状中位数与平均数
…………………………………………………………………… 639
附录8 湖南省主要土地利用类型0—30cm土层土壤有机质含量 …… 640
附录9 湖南省耕地、园地、林地和草地中主要土壤类型占比 ……… 641
附录10 《中国土壤剖面数据集》参编单位 ………………………… 642

参考文献 ………………………………………………………………… 644

中国土壤剖面数据集·湖南卷

第一编 | 编制说明与序图

编 制 说 明

编制目的

土壤是农业的基础,也是维持地球碳、氮、硫、磷等重要生命元素正常循环的基础。肥沃的土壤促进了人类文明的诞生和繁荣。科学研究表明,地球上种类繁多、形态各异的土壤是在气候、生物、地形、时间、成土母质五大成土因素共同作用下形成的。北京社稷坛铺设的青、白、红、黑、黄五种不同颜色的土壤(五色土),分别代表我国东、西、南、北、中五大区域的典型土壤。不同类型的土壤性状差别很大。例如,南方红壤呈酸性,易缺乏钾离子、钙离子、镁离子等阳离子,农业生产上要注意调酸和补充富含钾、钙、镁的肥料;而西部土壤有机质含量低,施用有机肥料和秸秆还田对提高地力至关重要。我国人均土地资源紧缺,要实现粮食安全、环境安全和可持续发展,需要精准掌握各地土壤资源与质量状况,做到因土制宜,科学管理。

《中国土壤剖面数据集》是国家自然资源基本资料之一,其首次以分县土壤图和土壤剖面理化性状表的形式,提供了我国各地详尽的土壤资源与质量科学数据,为农业、林业、环境、气象、国土、水利等部门了解各地土壤质量状况,科学利用土壤资源,发展绿色农业、特色农业和节水农业,进行耕地保育、科学施肥、面源污染防治和基本农田保护提供了基础数据,也为农业科学、环境科学及地学、气象、测绘、水利多个学科领域的科研工作者研究陆地生态系统生产力及其演变、地球物质循环、气候与环境变化提供了科学依据。

本数据集编入的土壤质量数据亦是我国在全国范围内首次完成的土壤理化性状的科学记载,对了解我国土壤与环境质量时空演变具有起始点数据的意义。通过这些数据,科研工作者可以追溯我国全国范围土壤与环境相关过程至20世纪80年代,分析和了解导致土壤质量变化的环境和人为因素,并对土壤与环境质量演变趋势进行预报与预警。历史上的土壤调查结果不能被新的调查结果替代,这一不可替代性使得本数据集将成为我国农业与环境领域最具影响力的工具书和参考书之一。

土壤数据基础知识

本数据集收录的土壤数据源于土壤调查。为便于读者了解和应用这些数据,本节对土壤调查的目标、内容与主要方法,土壤数据的时空维度特征,土壤数据的应用领域与时效性做一简要介绍。

(一)土壤调查的目标、内容与主要方法

土壤调查的主要目标是查清一个区域内土壤资源与质量状况及其空间分布特征。19世纪末期至20世纪中后期,各国土壤调查的主要目标是查清土壤类型及分布特征[1-2]。由于不同土壤类型最典型的区别是成土过程中形成的土壤剖面特征,因而在传统的土壤调查中,需要在调查区域内进行多点采样,并在每个采样点对0—1—2m深土体的土壤剖面进行分层采样、观测、理化性状分析,记录剖面各分层土壤理化性状,据此进行土壤

分类、命名，并最终依据多点调查结果完成土壤图的绘制。

20世纪末期以来，全球人口及经济快速增长导致人均土地资源和水资源紧缺、环境污染、气候变化与粮食安全危机，不同行业及学科领域对土壤生产功能和环境功能的关注度不断提高，土壤调查的核心内容也逐步从查清土壤类型分布特征转为土壤功能调查。土壤功能调查的目标是了解土壤生产力、土壤环境质量和土壤健康质量等。例如，为了耕地保育和科学施肥，需要进行土壤有效养分含量状况、土壤障碍因素调查；为了解环境质量，需要进行土壤污染状况、土壤环境容量调查；为了发展节水农业，需要进行土壤保水性状调查；为了控制水污染，需要进行流域农田土壤氮、磷流失特征与风险调查。土壤功能调查的内容主要为可量化的，或含义单一且明确、易于被其他学科和行业认知的土壤功能性指标，如土壤有机碳含量、土壤重金属含量、土壤质地类型、耕层厚度等。在土壤功能调查中，也需要在调查区进行多点采样，并根据调查目标的不同，选择适宜的采样深度。例如，当调查目标是了解土壤有效养分供应量或农田土壤污染物含量时，通常仅对耕层土壤进行采样；当调查目标是了解土壤保水性能、土壤水土流失与养分流失性状时，则需要对较深的土壤剖面进行分层采样和观测。

较早的土壤调查主要通过地面多点采样来了解一个区域土壤资源与质量性状的空间分布特征。近年来，随着遥感技术、地理信息系统（GIS）技术、模拟技术与大数据技术的发展，土壤质量相关数据（如数字高程、土地覆盖、植被数据等）产生量急剧增长，这使得在大区域尺度内通过多类型相关信息精确地捕捉和表达土壤质量性状以及相关过程成为可能。在国际上，地面采样调查与辅助信息结合的方法——数字土壤制图方法（digital soil mapping）已成为土壤调查的重要方法[3]。该方法能利用采样设计、辅助信息、推理模型与地统计检验，大幅度减少地面采样和土壤理化性状测试分析的工作量。与传统方法相比，采用数字土壤制图方法进行土壤调查，可缩短调查周期，降低调查成本，提高用土壤专题地图表征土壤资源与质量性状空间分布特征的可靠性和精度，从而提高土壤调查的效率与质量。

（二）土壤数据的时空维度特征

在现代社会，农业、环境等领域的专业工作者要了解最新的土壤调查结果，更需要掌握未来土壤质量变化趋势，以便根据变化趋势、自然与人为要素对土壤质量的影响，制定具有针对性的政策与技术措施，实现高产、稳产和环境安全。要精确进行土壤与环境质量预测和预警，就需要对重要的土壤质量性状进行周期性的采样、调查、记录，构建具有时空维度的土壤质量数据。这意味着历史上完成的土壤调查不能被新的调查所替代，所以其结果十分宝贵。

土壤数据最重要的特征之一是时空维度特征。通过历史上的土壤调查结果记录，构建具有时间序列的土壤质量科学数据，能将土壤质量现状与土壤质量演变过程相关联，并以此对土壤质量演变趋势和导致其变化的因素进行分析、预测。而土壤数据标有空间坐标，便于科研工作者将土壤调查结果与其他类别的要素和过程，如与气候、地形、土地利用情况有关的变化信息，以及随施肥投入农田的碳、氮、硫、磷数据等相关联，从而进一步提高分析的精度和预测、预报的可靠性。

土壤圈处于地球大气圈、水圈、生物圈和岩石圈的交会处。土壤层中的生物过程和物质循环过程既活跃，又具有一定的稳定性，能较好地反映地球水圈、土壤圈、大气圈、生物圈及岩石圈五大圈层动态交互作用的结果。具有时空维度的土壤科学数据对于阐明土壤与环境过程并弄清其驱动因素、预测未来土壤与环境质量变化具有不可替代的作用。

近年来，具有地理坐标的土壤剖面点数据受到科学界的广泛关注。剖面数据记载了土体构造、剖面分层土壤理化性状，是了解成土过程的基础，也是构建推理模型，量化表征区域尺度土壤过程、流域水土流失与氮磷流失特征、碳氮循环与环境质量演变的基础。在过去的半个世纪中，尽管完成了大量的土壤剖面调查，但由于在较早的土壤调查中尚未使用全球定位系统（GPS）设备，各国在构建地理坐标的土壤剖面点数据库上差别较大。目前，美国完成了约2万个有地理位点标识的土壤剖面数据[4]，澳大利亚已完成约16万个有地理坐标的土壤剖面数据[5]，欧盟各成员国共享使用的土壤剖面数据库含4000个剖面的分层土壤理化性状数据[6]。本数据集则汇集了我国总计6万多个有地理坐标的土壤剖面数据。

（三）土壤数据的应用领域与时效性

表1汇总了本数据集编入的土壤理化性状及其主要影响因素与过程、时间变化特征、所关联的土壤质量性状和应用领域。

表1　土壤理化性状及其主要影响因素与过程、时间变化特征、所关联的土壤质量性状和应用领域

土壤理化性状	主要影响因素与过程	时间变化特征	所关联的土壤质量性状	应用领域
土壤类型	成土过程	变化慢	土壤肥力与环境质量	农业、水利、环境、建筑、肥料工业等
剖面深度（指剖面各土层厚度的总和）	成土过程	变化慢	土壤肥力、土壤环境容量、土壤保水和保肥性能、土壤持水性能	农业、环境等
土体构造（指土壤剖面各发生层有规律的组合，是土壤剖面最重要的特征）	成土过程	变化慢	土壤肥力、土壤环境容量、土壤保水和保肥性能、土壤持水性能、土壤透水性能	农业、水利、环境等
母质	成土因素	变化慢	土壤肥力、土壤矿物组成、矿质养分含量、土壤质地	农业、水利、环境、肥料工业等
质地	成土过程、母质	变化慢	土壤肥力、土壤环境容量、土壤持水性能、土壤耕性、土壤有机碳与养分含量、土壤重金属吸附性能	农业、水利、环境、建筑等
颜色	土壤氧化还原、淋溶等成土过程，土壤有机质累积过程	变化较慢	土壤肥力、土壤有机碳与养分含量	农业
土壤结构	成土过程、耕作措施	耕层：变化快；深层：变化慢	土壤水分、通气与养分供应状况，土壤持水性能、土壤透水性能、土壤阳离子交换量、土壤孔隙度、土壤松紧度、土壤耕性等多个土壤肥力相关性状	农业
有机质含量	成土过程、质地、土地利用、施肥、轮作等	变化较慢	与多项土壤肥力与环境指标密切相关，是土壤肥力最重要的指标	农业、环境、肥料工业等
全氮含量	成土过程、土地利用、施肥、轮作等	变化较慢	土壤肥力、土壤供氮性能	农业、环境等
全磷含量	成土过程、母质等	变化较慢	土壤肥力、土壤供磷性能	农业、环境等
全钾含量	成土过程、母质等	变化较慢	土壤肥力、土壤供钾性能	农业、环境等
pH	成土过程、酸雨、土壤调理剂施用等	变化快	土壤肥力、土壤养分有效性、土壤结构及重金属吸附性能	农业、环境、肥料工业等
碱解氮含量	土地利用、施肥等	变化快	土壤供氮性能、土壤氮素流失特征	农业、环境、肥料工业等
有效磷含量	土地利用、施肥等	变化快	土壤供磷性能、土壤磷素流失特征	农业、环境、肥料工业等
速效钾含量	土地利用、施肥等	变化快	土壤供钾性能、土壤钾素流失特征	农业、环境、肥料工业等
阳离子交换量	成土过程、黏粒、有机质含量、盐分含量	变化较慢	土壤供肥和保肥性能、土壤重金属吸附性能	农业、环境等

在表1中，主要影响因素与过程指对某项理化性状起主要作用的过程和因素。例如，土壤类型、土壤剖面深度、土体构造、母质、土壤质地类型主要由成土过程或成土条件决定；土壤有机质含量和土壤全氮含量则受成土过程、施肥及轮作等农业技术措施的共同影响；在耕地土壤上，施肥等农业技术措施对土壤碱解氮、有效磷、速效钾等土壤有效养分含量的影响很大。

土壤理化性状的现势性主要取决于其影响因素与过程的时间尺度。自然条件下，成土过程通常需要数万年。受成土过程影响的土壤类型、土层厚度、土体构造、土壤质地类型、母质等土壤理化性状变化很慢，CRT值（土壤特性响应时间，characteristic response time）达上千年，可称为土壤稳定性要素或慢变化性状，其相关数据时效性很长，可长久使用。而农田土壤有效养分含量、酸碱度、耕层厚度等土壤质量性状受施肥和耕作等农业措施影响大，变化较快。例如，农田土壤有效磷、速效钾养分含量，在大量施用磷肥、钾肥条件下，10余年后可成倍提升。这些土壤理化性状亦可称为土壤变化性要素或快变化性状。

　　不同土壤理化性状的应用范围既取决于其现势性、时空维度特征，又取决于其所关联的土壤质量性状。土壤剖面深度、土体构造、质地、有机质含量等与土壤持水、保肥、通气和透水性能密切相关，可供农业、水利、环境、金融等行业用于农田稳产、高产性能，农田排灌设施规划与灌溉定额编制，农田水土流失风险分级，流域农田蓄水容量与降雨后流失水量分级，农田水、旱灾害风险分级，农田环境容量测算等各方面的地力评价。土壤有效养分含量、pH与土壤需肥性状和调酸性状密切相关，可供农业、肥料生产和销售部门用于科学施肥和土壤改良。土体构造和质地、土壤结构、土壤有效养分含量还影响流域农田土壤养分流失特征，农业和环境部门在进行农业面源污染防控时，可利用这些土壤性状与其他要素共同编制流域污染源解析与控制类型区分布图，以便对农业面源污染采取分类型、分区段的源头控制措施。土壤有机质含量变化也是了解气候变化和碳减排措施效果的基础，对于环境管控和环境外交具有重要意义。

数据集内容

　　本数据集全集共25卷，收录了我国2200多个县（市、区）的分县土壤图和6万多个土壤剖面的理化性状数据。根据各省级行政区土壤剖面数量的多寡和地域关联特征，既有一个省（自治区）的单卷，也有多个省（自治区、直辖市、特别行政区）的合订卷。

　　为便于读者了解各地土壤资源与质量分布概况及其主要特征，编者为各分卷编制了省级行政区的土壤图、土壤有机质含量图与地势图三图。读者可通过分省三图查询各省级行政区任何地区拥有的主要土壤类型，了解其土壤有机质含量及其地势、地貌特征。此外，编者还编制了全国土壤图、土壤有机质含量图与地势图三图附于各分卷，供读者比较和了解各省级行政区土壤资源及质量特征同全国其他地区的区别和关联。

　　各分卷的第二部分为分县土壤图与土壤剖面数据。在每个省级行政区内，各分县按四部分展示土壤及其相关信息，即分县主要土类说明、本区域中心区气候特征、主要土壤类型与土壤剖面点分布图以及土壤剖面理化性状表。在本卷目录中，分县按民政部于2022年3月发布的《2021年中华人民共和国行政区划代码》中的地级、县级行政区顺序排序。各分卷目录中仅收录了县域内有土壤剖面数据的县级行政区，无土壤剖面数据的县级行政区未纳入分卷目录中，并在附录1中对其进行了标注。

土壤数据来源

　　编入数据集的分县土壤图与土壤剖面理化性状数据主要源于全国第二次土壤普查（以下简称"二普"）。二普是我国现代规模最大的、以查清土壤类型和土壤肥力为主要目标的土壤资源综合调查。二普之前，我国土壤调查以观测性调查和定性评价为主，很少有采样化验。在总结之前国内外土壤调查经验的基础上，二普不仅完成了我国迄今为止最为详尽的土壤分类调查，也首次在全国范围进行了高密度土壤采样化验，开启了我国用土壤理化性状量化指标描述土壤资源与质量状况的时代。

　　二普地面采样调查实施于1979—1987年，调查区域基本覆盖我国全陆域。二普不仅地面采样密度高，科学性和系统性也比较突出。全国百余名长期从事土壤研究的科研工作者共同制定了全国土壤分类系统和统一的土壤调查技术规程[7]。在地面调查中，各地以1∶1万比例尺地形图作为工作底图，以乡为调查单元进行野外采样作业，全国共挖取土壤观察剖面550余万个，记录了1—2m深土体各发生层形态和特征，并根据土壤分类标准对土壤进行了分类和命名。对边远区、高寒区和无人区应用遥感解译方法，填补了之前土壤调查及成图中上述地区土壤数据的空白。在大量剖面土体观测和采样调查的基础上，完成了全国绝大部分分县1∶5万比例尺土壤图的绘制，牧区和边疆地区完成了1∶20万—1∶10万比例尺土壤图的绘制。二普还完成了10余万个典型剖面的分层采样，化验分析了剖面分层质地，有机质含量，大量、中量和微量元素含量，pH，阳离子交换量，土壤矿物组成等多项土壤理化性状，编制了分县土壤志。二普通过野外实地调查、采样和测试获取的土壤科学数据，至今仍是我国最详尽、最有实用价值的土壤资源基础数据，其精度与质量超过许多发达国家的土壤资源基础数据[8]。

如图1所示，收录于本数据集的土壤质量数据是对我国40多年前土壤质量状况的客观记录，亦是我国在全国范围内首次完成的土壤理化性状的科学记载，其中的土壤稳定性要素现势性较长，可在今后若干年间长期使用；而土壤变化性要素对了解我国土壤与环境过程的作用亦不可替代。这些数据使我们用现代科学手段研究各地土壤及相关过程的历史可上溯至20世纪80年代。

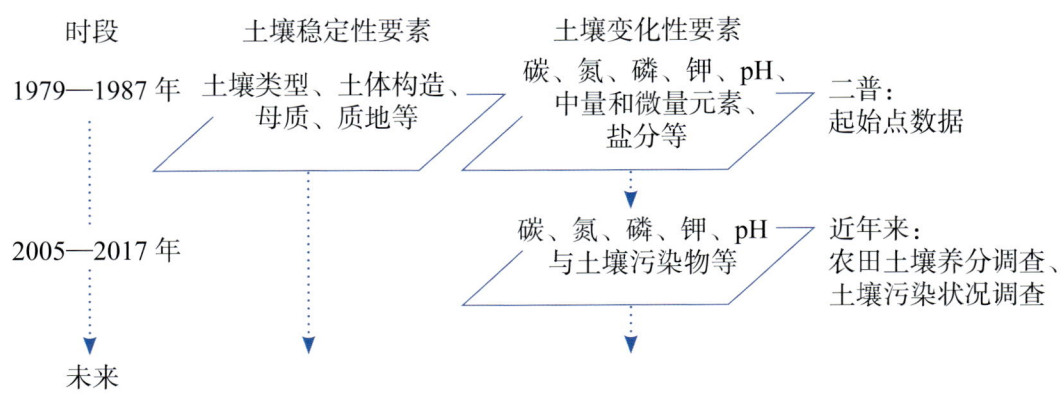

图1　全国性土壤调查所覆盖的时段

受历史条件限制，二普完成的大比例尺土壤图和土壤剖面理化性状主要为手绘纸质图件、非正式出版的铅印或油印资料，份数少且由各地自行保存。二普结束后，随着各地机构调整与人员变动，土壤调查资料被损毁或丢失严重。2000年以来，编者开始对各地分散存留的纸质分县土壤调查资料进行系统性收集、修复与整理，通过对宝贵的土壤科学数据的提取、整合和表达，我国科学研究与管理基础数据的水平得到了提升。本数据集收录的分县土壤图和剖面数据主要源于对全国分县土壤图、分县土种志和分省土种志的整理、提取、汇总与表达（表2）。

表2　数据集主要土壤资料与数据来源

资料类型	资料名称及数量
土壤图（纸质）	1∶5万分县土壤图，总计约1600个县
	1∶100万—1∶50万省级土壤图，总计570个县
土壤剖面资料（纸质）	分县土种志：约2200册，计约2200个县；分省土种志：28册
土壤有机质含量图（纸质）	全国、分省土壤有机质含量图
农区土壤耕层采样数据（电子）	2005—2017年在全国农区采集的、含GPS坐标定位的1000万个采样点耕层有机质含量数据

为编制全国与分省土壤有机质含量分布图，本数据集还使用了我国于二普期间完成的全国、分省土壤有机质含量图纸质图件和于2005—2017年在全国采集的1000万个具有GPS坐标定位的采样点耕层有机质含量数据[9]。

编制方法——土壤大数据方法

我国幅员辽阔，不同地区土壤的土壤类型及其质量状况和分布特征差别较大，各地土壤调查技术条件和水平差别也较大，因此各地分县完成的图件和剖面资料在形式和内容上有较大差异。在用异源土壤数据生成新数据时，新数据的科学性既取决于各异源数据本身的科学性和可靠性，也取决于数据整合采用方法的科学性和可靠性。例如，对分县剖面资料进行整合时，对国标上未出现过的土壤类型名进行归并需要有土壤分类学上的依据；用新的土壤调查数据对原有土壤有机质含量图进行更新，也需要有进行合并表达的科学依据。编制本数据集需要对海量异源数据进行提取、分析、整合、缩编与表达，数据分析流程复杂。同时，在数分析过程中，土壤专业问题，非标准化数据问题，计算机硬、软件平台系统问题和数据分析员、程序员疏漏问题等可能引致多类别数据分析错误。若既要准确无误地完成各项数据分析技术任务，又要在繁复的数据分析流程中有效贯彻科学原则、实现数据分析科学目标，这就需要一套科学的方法体系。为此，本数据集编者通过研究异源非标准土壤数据特征，融合应用土壤学、数据科学、人工智能、人机交互设计方法与地理信息系统技术，创建了土壤大数据方法[10-11]。

土壤大数据方法是专门供土壤科研工作者使用的一种设计方法，是对经典土壤学研究方法的补充，主要适用于对海量异源土壤数据信息的提取、筛选、分析与表达。通过土壤大数据方法的使用，科研工作者能够分析、认识和阐明土壤性状及相关过程和规律。土壤大数据方法的主要设计规则为以层级化的流程设计实现土壤科学层面的需求设计统领体系架构设计，界定各分段流程目标和关联，部署低层级分段流程、模型和功能模块；以独立于数据流程的监控设计实现土壤科学家对全流程的掌控和人工干预。土壤大数据方法的设计内容包括数据科学分析目标与科学基础界定、数据流程体系架构、流程及软件工具设计、数据流程监控设计。设计中，所有节点均采用双命名制命名，即对流程中各节点数据同时进行土壤科学内涵命名和函数代码命名。应用以上设计方法编制设计文档，能在庞杂的异源、异质、异形、异构大数据分析中，实现以科学目标引领数据分析流程，以自动化、人工智能、人机交互式的数据流程替代人工流程，提高大数据分析效率。

在本数据集编制过程中，编者需要完成图件与资料数字化、矢量化，元数据构建，信息提取、过滤、分类、赋码，土壤空间数据逻辑结构、存储结构归一化，统计检验，数据整合、缩编表达、输出等多项数据分析任务，分段流程达 1500 余个，需要存储的重要节点数据超过 2000 个，数据量超过 20TB。采用土壤大数据方法，编者自主设计和完成了 6 个土壤大数据分析工具软件包，其中包含 157 个功能模块（表 3），设计文档的科学和工程目标实现率超过 99%，为准确、高效完成数据集编制提供了保障，也为土壤学研究提供了新的方法。

表 3　系列化土壤大数据分析软件包及其主要功能与模块数

软件包	主要功能	模块数/个
IMAT2.0（intelligent mapping tools）智能化制图工具	异源土壤空间数据的要素提取、过滤、分类、赋码、坐标转换，空间库要素与字段的编辑，图幅与图层的编辑，土壤要素空间库外挂属性表编辑与管理等	35
IMAT-big（intelligent mapping tools for big data）智能化大数据制图工具	超大土壤及相关要素空间数据的要素筛选、图层拆分、数据整合、节点监控、逻辑结构重组等分析	37
IMAP（intelligent map presentation）智能化地图表达工具	土壤大数据地图制图表达与输出	30
ISPA（intelligent soil profile data analysis）智能化土壤剖面数据分析	异源土壤剖面数据的信息提取、过滤、赋码、坐标匹配、检验、整合与统计等	22
ISPP（intelligent soil profile presentation）智能化土壤剖面表达	土壤剖面图表及辅助信息的表达	12
IMAT-SOM（intelligent mapping tools-SOM）土壤有机质制图工具	异源土壤有机质数据整合与表达	21

中国土壤图、中国土壤有机质含量图与中国地势图编制

编制全国三图的目的是便于读者在全国视角和尺度上了解我国各地区土壤资源与质量状况空间分布特征，土壤类型和土壤肥力与地势、地貌之间的相互关联。其中，土壤图用于展示土壤资源分布状况及与成土过程相关的土壤质量状况；土壤有机质含量图用于直观反映土壤肥力情况；地势图便于读者了解不同类型和肥力水平土壤的地势、地貌特征。全国三图的制图比例尺为 1∶1300 万。

全国三图中采用的境界、城市等基础地理信息要素源于中国地图出版社出版的《第一次全国地理国情普查地图集》[12] 和《中国地图集》[13]。全国三图中，境界、水系、居民地、地级以上城市等基础地理信息要素的图示与图例表达见附录 2。

（一）中国土壤图

由于制图比例尺小，中国土壤图是在二普完成的 1∶400 万比例尺全国土壤图的基础上进行矢量化和缩编表达获得的。在缩编表达过程中，土壤类型仅保留了我国土壤分类系统中的第三层级——土类。

在土壤图中，土类颜色主要根据不同土类在其成土因素、发育程度下形成的典型颜色进行设计（附录3）。红色系供土壤富铝化程度高的土壤选用，如红壤、砖红壤、赤红壤等；黄色系、棕色系供干旱区发育程度低的土壤选用，如黄绵土、灰漠土、灰棕漠土等。受灌水、耕作和地下水影响大的土壤采用绿色系，如水稻土、灌淤土、潮土、草甸土等，表示土壤肥力较高，绿色植物生长茂盛；黑土、黑钙土、栗钙土、棕壤、褐土、黄棕壤、紫色土等分别选用深棕色系、褐色系、紫色系；盐土、碱土、沼泽土等植物生长有障碍的土类采用暗色系，如暗紫色系、灰褐色系、青灰色系等，表示土壤生产力低下，植物生长较差。这一颜色设计与国标相关规定一致[14]。

在图例中，按照我国主要土壤类型从南到北、从东向西的地带性分布规律对土类进行排序，附录4所列中国主要土壤类型的排序也按此规则编排。

（二）中国土壤有机质含量图

土壤有机质含量是指土壤中各种含碳有机物质的总和。土壤有机质主要包括土壤腐殖质、半分解的动植物残体、与土壤黏粒和细粉粒紧密结合的有机物质、土壤微生物体所含的有机物质等。以动植物残体形式进入土壤的有机物质成为土壤生物的食物，供养土壤生物的生命活动；在土壤生物，特别是土壤微生物作用下生成的土壤腐殖质，能够促进土壤团聚体形成，提高土壤保水、保肥、供水、供肥性能，提高土壤肥力，并大幅度提高耕地土壤高产、稳产性能。因此，土壤有机质含量是最重要的土壤质量指标之一。土壤有机质碳量是大气总碳量的2倍，是地球植被总碳量的3倍，参与地球陆域碳循环总碳量中80%的碳以土壤有机质碳的形式存在。研究显示，土壤有机质含量实质上是土壤有机碳投入和分解之间动态平衡的表现，影响这一平衡的主要因素为气候、土壤质地与土地利用方式，施肥和耕作等农业技术措施对其影响则相对较小。当影响平衡的主要因素未发生变化时，土壤有机质含量也比较稳定[15]。

中国土壤有机质含量图由各分省土壤有机质含量图（0—30cm 土层）合并编制生成。制图用源数据和编制方法在分省土壤有机质含量图编制说明中加以叙述。

为展示全国范围的土壤有机质含量空间分布特征，编者在中国土壤有机质含量图的图示和图例表达中采用了有机质含量范围的非等距划分分级方式，将我国土壤有机质含量分为7个等级（表4），各分级所占我国陆域面积的比例也列于表中。其中，占我国陆域面积29%的"很低"和"低"两个分级的土壤（有机质含量小于10g/kg）主要分布于西北干旱地区，而"较高""高""很高"三个分级的土壤（有机质含量大于25g/kg）主要分布于东北、西南地区，这些地区森林覆盖率较高，雨量充沛，温度适宜，有利于土壤有机质的累积。

表4 中国土壤有机质含量（0—30cm 土层）分级

分级	分级释义	有机质含量/（g/kg）	换算系数	有机碳含量/（g/kg）	占陆域面积/%
1	很低	≤5	1.724	≤2.9	5
2	低	5—10（含）	1.724	2.9—5.8（含）	24
3	较低	10—15（含）	1.724	5.8—8.7（含）	18
4	中	15—25（含）	1.724	8.7—14.5（含）	19
5	较高	25—35（含）	1.724	14.5—20.3（含）	9
6	高	35—45（含）	1.724	20.3—26.1（含）	16
7	很高	>45	1.724	>26.1	6

（三）中国地势图

地势图是表示制图区域地貌特征的专题地图，强调表现地面的高低起伏、倾斜程度及其区域对比关系，以及与地形密切相关的河流、湖泊等水系要素分布特征，显示出制图区域山河分布的脉络体系、结构形式、各种地貌类型的形态特征。地势是影响土壤类型的重要因素，地势图也是编制土壤图、气候图、植被图等的基础。

中国地势图的地貌晕渲图采用 SRTM3 DEM（shuttle radar topography mission，digital elevation model，2003）数据，考虑我国地势呈三级阶梯状分布的特点，按 0—50—100—200—500—800—1000—1200—1500—2000—2500—3000—3500—5000m 及以上设计高度表，以深绿色—黄绿色—棕色—紫色色调的象征色表示海拔由低向高过渡。其他矢量数据来源于中国地图出版社编制的 1:400 万《中国地形图》[16]。河流参照中国地图出版社编制的《中国河流、水运资料图》进行选取、表达，三级及以上河流全部选取，二级及以上河流标注名称，低级别河流适当选取以反映区域水系特点；成图面积 4mm^2 以上湖泊和水库全部表示，但仅标注大型湖泊名称，小面积湖泊适当选取以反映区域特点，如青藏高原湖泊群分布；山脉、山峰参照中国地图出版社编制的《中国山脉资料图》选取，三级及以上山脉全部选取、表达，二级山脉主峰及知名山峰标注名称和高程，我国主要高原、平原、盆地和沙漠均选取、表达；自然地理要素分级参考中国地图出版社采用的地图编制分级系统；根据版面载负量情况选取省会、部分地级市和少量县级居民点（主要位于西部地区），居民地主要用于定位参照。

分省土壤图、分省土壤有机质含量图与分省地势图编制

编制分省土壤图、分省土壤有机质含量图与分省地势图三图的主要目的是使读者了解各省级行政区内不同地区土壤类型、土壤肥力与地貌的主要分布特征及其相互关联。其中，土壤图用于展示土壤资源分布状况及与成土过程相关的土壤质量状况；土壤有机质含量图用于直观反映土壤肥力情况；地势图便于读者了解不同类型和肥力水平土壤的地势、地貌特征。为便于比较，每个省级行政区的分省三图采用的比例尺相同，制图则采用幅面固定、各省级行政区制图比例尺自适应方法。

分省三图中采用的境界、城市等基础地理信息要素源于中国地图出版社出版的《第一次全国地理国情普查地图集》[12]和《中国地图集》[13]。分省三图中，境界、水系、居民地、地级以上城市等基础地理信息要素的图示与图例表达见附录 2。

（一）分省土壤图

为编制数据集用分省土壤图，编者对二普完成的纸质分省土壤图（原图比例尺主要为 1:50 万）进行了地理校正、空间要素提取、图层与分级码标准化、土壤学专业校正、属性表制作、挂接和专题图缩编表达。在缩编表达过程中，制图比例尺一般在 1:200 万—1:100 万之间。由于制图比例尺较小，土壤类型仅保留了我国土壤分类系统中的第三层级——土类。各土类颜色与中国土壤图中采用的土类颜色相同（附录 3）。在分省土壤图中，按照我国主要土壤类型从南到北、自东向西的分布规律对图例中的土壤类型进行排序。附录 4 所列中国主要土壤类型的排序也按此规则编排。附录 5 列出了湖南省主要土壤类型及其占省级行政区域面积百分比。

（二）分省土壤有机质含量图

1. 数据源说明

本数据集中，土壤剖面理化性状表给出了有确切时间和空间坐标的剖面信息。分省土壤有机质含量图的主要作用是便于读者直观了解各省级行政区最重要的土壤肥力指标——土壤有机质含量的空间分布特征。

二普中，受当时技术条件限制，全国仅完成了比例尺为1∶400万的纸质土壤有机质含量分布图的绘制，19个省、自治区、直辖市完成了比例尺为1∶250万—1∶50万的纸质分省土壤有机质含量分布图的绘制。直接采用小比例尺纸质图矢量化生成的土壤有机质含量等级划线图作为分省土壤有机质含量图，存在有机质含量分级的级差大、信息均化、图斑大、制图精度不够等问题，难以精细表现一个省级行政区域内土壤有机质含量的空间分布特征。

2005—2017年，我国在农区进行了测土施肥，农田耕层采样点达到1000万个。这批数据的主要优点是采样密度大且有空间坐标，通过对这批数据进行空间插值分析，可较精细地展示各地农田土壤有机质含量分布特征；其缺点是采样点主要集中于占陆域面积不到20%的农田，仅采用这批数据难以绘制覆盖全域的土壤有机质含量分布图。考虑到土壤，尤其是林地、草地土壤的有机质含量变化较慢，在制图中采用了混合时段数据合并表达的方式。对无测土数据的林地、草地等，仍然采用从小比例尺土壤有机质含量等级划线图中提取的数据；对有测土数据的农田，则采用2005—2017年间耕层采样数据，对原有数据进行了更新。通过对两源数据的提取、土层转换、合并、插值，最终生成各省级行政区土壤有机质含量分布图（土层厚度0—30cm），这样既可较精细展示出各省级行政区土壤有机质含量的空间分布特征，也能保证所做专题图有很强的现势性。

三个数据源制图表达结果比较显示，采用异源数据合并表达的方式制图，各分省图展示的有机质含量空间分布特征与二普小比例尺图相近，但制图精度有较大改进，一个省级行政区域内土壤有机质含量的空间分布特征更为清晰（表5）。

表5 三个数据源制图表达结果比较

数据源	土壤有机质含量图制图表达效果	
	优点	存在问题
采用二普完成的手绘图	小比例尺手绘图中，土壤有机质含量地带性分布特征十分明显；基本无数据空区	局部地区图斑大，制图精度不够
采用新的测土数据插值生成	有数据的区域制图精度高	占陆域面积约80%的林地、草地和一些县域无新的测土数据，难以通过采样点插值生成覆盖全域的有机质含量图
异源数据合并表达	基本无数据空区；制图精度有较大改进；小比例尺图中土壤有机质含量的地带性分布特征被保留	用混合时段数据表达全陆域土壤有机质含量分布状况，其中林地、草地数据主要源于20世纪80年代采样数据，农田数据更新至2017年

表6汇总了分省土壤有机质含量图的主要制图信息。制图采用异源数据合并表达的方式，生成的分省土壤有机质含量图所代表的时间段为1979—2017年，图中核算土壤有机质含量的土层厚度为0—30cm。

表6 分省土壤有机质含量图制图信息

制图数据	异源数据合并表达
采样时间	草地、林地及其他非农田土壤采样时间段为1979—1987年，农田土壤采样时间段为2005—2017年
土层厚度	0—30cm（对采样深度不足0—30cm的耕层采样数据，用剖面数据进行了土层厚度转换，统一转换为0—30cm）
制图方法	普通克利金插值（ordinary Kriging）
网格尺寸	200m

2. 制图表达说明

我国地域辽阔，各地土壤有机质含量差异极大。西北部地区降水量少，土壤粗砂粒含量高，风沙土、漠土大量分布，占我国陆域总面积的12.6%，其0—30cm土层内有机质平均含量不到10g/kg；东北部地区雨量充沛，气候、植被有利于土壤有机碳累积，其0—30cm土层有机质平均含量在40g/kg以上。另外，一些省级行政区的土壤有机质含量变化范围很宽，如内蒙古土壤有机质含量主要为4—70g/kg；而北京、山东等地土壤有机质含量变化范围很窄，为7—17g/kg。

为使各省级行政区域内土壤有机质含量空间分布特征均能得到充分展示，编者在分省土壤有机质含量图的图示和图例表达中对有机质含量范围进行等距划分分级，根据各省级行政区土壤有机质含量分布特征，将有机质含量分为7—14个等级。各分级的颜色设计及其RGB与CMYK色码见附录6。

（三）分省地势图

根据各省级行政区的成图比例尺和地形特点，选取合适精度的数字高程模型（DEM）栅格数据，确定设色原则和色层表进行分层设色，编制彩色晕渲的分省地势图。图中的河流水系及山峰、山脉等地理要素基于中国地图出版社研制的多尺度中国地图数据库选取，按各省级行政区地图设定的投影参数和比例尺投影转换后进行数据融合处理，再进行图形化编辑和地图整饰，最后输出成图。各省级行政区的彩色地貌晕渲图，按0—50—200—500—1000—1500—2000—3000—4000—5000—6000m及以上设计统一的高度表，但对一些低海拔平原地区，如天津、山东、上海等省、直辖市，则增添了20m等高距。确定统一的设色原则，建立色层表，以深绿色—黄绿色—棕色—紫色色调的象征色过渡方式表示海拔由低向高过渡，低海拔地区以绿色为主，中海拔地区以棕色为主，高海拔地区的高寒地带则用冷色调紫色。地势图中的其他地理要素，地级市及以上级别居民地全部选取，县级居民地根据图面载负量情况酌情选取；河流按等级选取以反映地域水系结构特点，主要河流加注名称；成图面积4mm²以上的湖泊和水库全部选取，大型湖泊、水库加注名称，适当选取小面积湖泊以反映区域分布特点；山脉按等级选取，仅标注主要山脉主峰和知名山峰。

县域中心区气候特征图表编制

气候是五大成土因素之一，也是土壤质量的重要影响因素。为便于读者了解各地土壤资源与质量状况及其与气候特征的关联，编者编制了各县域中心区（位于各县域中心点、代表面积约为400km²的区域）气候特征值表、月平均气温与月平均降水量分布图。各县域中心区气候特征值是通过对160个中国地面国际交换站的气象年值、月值以及日值数据的计算和空间分析获得的。气象数据的相关用语也采用中国地面国际交换站所用的表达方式。鉴于各地气候特征值需要依据多年气象观测数据分析和提取，而二普采样时段为1979—1987年，因此采用了1971—2000年共计30年的年值、月值和日值气象数据，气象数据时段覆盖二普采样时段。

在分县气候特征值编制过程中，先从相应的各数据源中提取出各站点年值、月值以及日值数据，再按照表7所示计算方法，计算160个站点的各项气候特征值并对其分别进行插值计算，获得覆盖我国全域、网格尺寸约为20km的网格化气候特征年值与月值数据，最后再与县域中心点图层叠加，提取出各县中心区气候特征值。各县所处气候带则是通过县域中心点图层与中国气候区划图叠加后提取获得的[17]。

表7 县域中心区气候特征值的计算方法与数据来源

县域中心区气候特征	计算方法	气象数据来源
年平均气温/℃	30年的年值平均	中国地面国际交换站气候标准值年值数据集（160个站点，1971—2000年）
年平均最高气温/℃		
年平均最低气温/℃		
年降水量/mm		
年平均相对湿度/%		
年日照时数/h		
月平均气温/℃	30年的月值平均	中国地面国际交换站气候标准值月值数据集（160个站点，1971—2000年）
月平均降水量/mm		
≥10℃的积温/℃	一年中日平均气温≥10℃的温度值加和	中国地面国际交换站气候资料日值数据集（160个站点，1971—2000年）
干燥度	修正的谢良尼诺夫公式：$$干燥度 = 0.16 \times \frac{全年 \geq 10℃的积温}{全年 \geq 10℃期间的降水量}$$	
气候带	提取	1:3200万中国气候区划图

分县主要土壤类型与土壤剖面点分布图编制

编制分县主要土壤类型与土壤剖面点分布图的主要目的是使读者在一个较小的图幅上也能大致了解一个县域内主要土壤类型概况。编者通过对全国1:5万土壤图的缩编表达，为有土壤剖面数据的县级行政区编制了分县主要土壤类型图。受地图幅面限制，在分县土壤图中，仅保留了我国土壤分类系统中的第三层级——土类，通过缩编滤掉了亚类、土属、土种信息。

各分县主要土壤类型与土壤剖面点分布图的制图采用幅面固定、制图比例尺自适应的方法，制图比例尺一般为1:35万—1:20万，自适应制图由编制者自行设计的软件模块自动完成。

在分县主要土壤类型与土壤剖面点分布图中，各土类颜色与中国土壤图中采用的土类颜色相同（附录3）。图中各土类在图例中的排序则按各土类占本县县域面积比例从大到小的顺序排列，便于读者了解本县内主要土壤类型的分布。

在分县主要土壤类型与土壤剖面点分布图中，为便于读者查找，剖面点按照其在图面的位置，先左后右、先上后下顺序编码，编码过程也由ISPP软件包（表3）中的模块自动完成。

分县主要土壤类型与土壤剖面点分布图中的基础地理底图来源于国家基础地理信息中心提供的1:25万DLG（公众版）数据（使用许可协议编号：非2011-1011），基础地理信息要素的图示与图例表达主要参照相关国标（详见附录2）。为保证本数据集中主要土壤类型与土壤剖面点分布图的内容和土壤剖面数据表对应，分县主要土壤类型与土壤剖面点分布图中的市级界线、县级界线均采用二普时的普查界线，并以此作为分县主要土壤类型与土壤剖面点分布图的分幅标准。为兼顾地名位置定位准确性和图书实用性，地图中乡镇级及以上居民地分别根据新版《中华人民共和国行政区划简册》和各省级行政区地图册进行了更新，现势性截至2021年12月。为更好地表现全书的系统性与协调性，在地图下方加注说明县级行政区划变更情况，部分市辖区图幅的图名根据图上县级居民点进行了更新。

二普后，随着城市化的加快，城市周边土地利用情况变化很大，居民地面积大幅增加，导致一些分县土壤图中的土壤面积占县域面积比例和分县主要土类说明中的一些土类面积占县域面积比例较二普时均有下降。在一些大城市周边县（市、区），土地利用情况的变化使各类土壤总面积不到县域面积的60%。

二普时，分县完成了1:5万比例尺土壤图编绘后，还通过省级汇总和缩编制图，完成了1:50万比例尺省级土壤图。在省级汇总中，对一些分县土壤图中原有土壤类型名进行了修订。例如，浙江在进行省级汇总时，将分县土壤图中原命名为侵蚀型红壤亚类的大部分土属划归粗骨土类；安徽、湖北等省在省级汇总时将黏盘黄棕壤亚类改为黄褐土类。在对二普调查成果的数字整合中，编者仅收集到约1600个县的大比例尺土壤图（表2）。对大比例尺图数据缺失的县，则以省级土壤图裁切方式进行了补全。这种补全虽有利于完成覆盖我国全域的高、中精度土壤图，但也引起了在一个省级行政区里源于分县和分省的两类土壤图中土壤分类命名不统一的问题，编者在尽量保持调查资料原始记载的前提下，对这类问题进行了力所能及的修订。

分县土壤剖面理化性状表编制

分县土壤剖面理化性状表是本数据集的主体内容。前文已对各项土壤理化性状应用范围以及从分县纸质土种志中进行信息提取、表达和制作的方法做了说明，本节仅对土壤理化性状测试方法、剖面点坐标匹配方法与土壤剖面分类名的修订加以说明。

（一）土壤理化性状测定方法

本数据集所列土壤理化性状的测定方法见表8。其中，土壤有机质含量，土壤氮、磷、钾全量与有效态含量，pH，土壤阳离子交换量的测定方法以及土壤分类方法均为国标方法。剖面理化性状表中的土壤全氮、全磷、全钾、碱解氮、有效磷、速效钾含量均以N、P、K纯养分量计。

在二普中，我国大多数地区土壤质地分级采用了卡庆斯基制，仅极少数地区采用了国际制。其中，卡庆斯基制采用了简制,将土壤质地分为 3 组 9 种类型;国际制将土壤质地分为 12 种类型(表 9)。由于两种分级制中的质地分级名并无重复,因此在分县土壤剖面理化性状表中未对两种分级制的分级名进行合并。

表 8　土壤理化性状的测定方法

土壤理化性状	测定方法
有机质	湿灰化或干灰化消化后,重铬酸钾滴定法测定(丘林法)
全氮	凯氏定氮法测定
全磷	酸溶或碱熔消化后,钼锑抗比色法测定
全钾	碱熔或酸溶消化后,火焰光度法或四苯硼钠比浊法测定
pH	水浸提法,水土比为 5∶1 或 2∶1
碱解氮	扩散吸收法(康惠法)测定
有效磷	中性及石灰性土壤:Olsen 法测定;酸性土壤:Bray 法测定
速效钾	醋酸铵浸提后,火焰光度法或四苯硼钠比浊法测定
阳离子交换量	醋酸铵法测定

表 9　卡庆斯基制与国际制土壤质地分级名

等级序号	卡庆斯基制[1] 土壤质地分级名	等级序号	国际制[2] 土壤质地分级名
1	松砂土	1	砂土
2	紧砂土	2	壤质砂土
3	砂壤土	3	砂质壤土
4	轻壤土	4	壤土
5	中壤土	5	粉砂质壤土
6	重壤土	6	砂质黏壤土
		7	黏壤土
7	轻黏土	8	粉砂质黏壤土
		9	砂质黏土
8	中黏土	10	壤质黏土
		11	粉砂质黏土
9	重黏土	12	黏土

注:1)卡庆斯基制指按卡庆斯基粒径分级的质地分类。该分类制有简制和详制两种。简制有 3 组 9 种质地,其主要特点是将土粒分为物理性黏粒和物理性砂粒两级;按物理性黏粒或物理性砂粒的数量进行质地分类,而不是按照砂粒、粉粒、黏粒三个粒级的质量比分组。详制是在简制的基础上,把 9 种质地进一步细分为 39 种质地类别,把含量最多和次多的粒组作为冠词,顺序放在简制名称前面,主要用于土壤基层分类及大比例尺制图。卡庆斯基还提出根据石砾含量而定的附加分类,也可作为质地分类的冠词,主要应用于山地土壤的质地分类。
2)国际制土壤质地分类在第二届国际土壤学会上通过,根据砂粒(粒径 0.02—2mm)、粉粒(粒径 0.002—0.02mm)、黏粒(粒径小于 0.002mm)三粒组含量的比例,通过国际制土壤质地分类三角图,以黏粒含量为主要标准,小于 15% 者为砂土质地组和壤土质地组,15%—25% 者为黏壤组,黏粒含量大于 25% 者为黏土组,划定 12 种质地类别。

(二)土壤剖面点的坐标匹配

含地理坐标的剖面数据可直观展示该土壤剖面点所代表土壤的土层厚度、土体构造及理化性状等特征,也是构建推理模型,进行土壤及其理化性状数字制图的基础。

二普完成的分县土种志中虽无典型剖面地理坐标记载,却有关于剖面采样地点、景观和土壤剖面分类命名的详细记录,如乡镇名、村名、高程和土类、亚类、土属、土种名等。从 1∶5 万土壤类型图与 1∶5 万基础地理信息数据库中也能提取出上述信息。在1∶5万比例尺空间数据库中，空间对象分辨率可达到100m×100m精度，折合为1hm²。在全国性土壤调查中，对于选择、确定典型剖面采样点点位，通常要求其所代表的土壤类型在面积上能代表采样点周围100亩（1亩≈666.7m²）以上的土壤，通过这种匹配方法获得的点位对实际采样点点位有较高的代表性。

为了使分县土种志中记载的剖面数据获得坐标，编者构建了多要素土壤剖面点坐标匹配模型，无空间坐标的土壤剖面从1∶5万土壤类型图和基础地理信息数据库中获得空间坐标。坐标匹配模型工作机制如图2所示。首先，从分县土种志中提取出A源数据，即每个剖面隶属的土类、亚类、土属、土种名及剖面采样点地名、采样点高程等多要素信息；然后，用分县1∶5万土壤图与多要素基础地理信息数据库叠加，生成含土类、亚类、土属、土种名和村名、乡镇名、高程等要素信息的空间数据，即B源数据；最后，利用多要素匹配模型，逐县对A、B两源数据进行匹配。当A源数据中某剖面点土类、亚类、土属、土种名和采样点地名、高程与B源数据中某土壤要素空间对象的四个土壤分类名、地名、高程等多要素信息一致时，该剖面点获得B源数据中土壤要素空间对象中心点坐标。若一个县域内，某剖面点与B源数据中多个空间对象存在配对关系，则取其中面积最大的空间对象的中心点坐标。

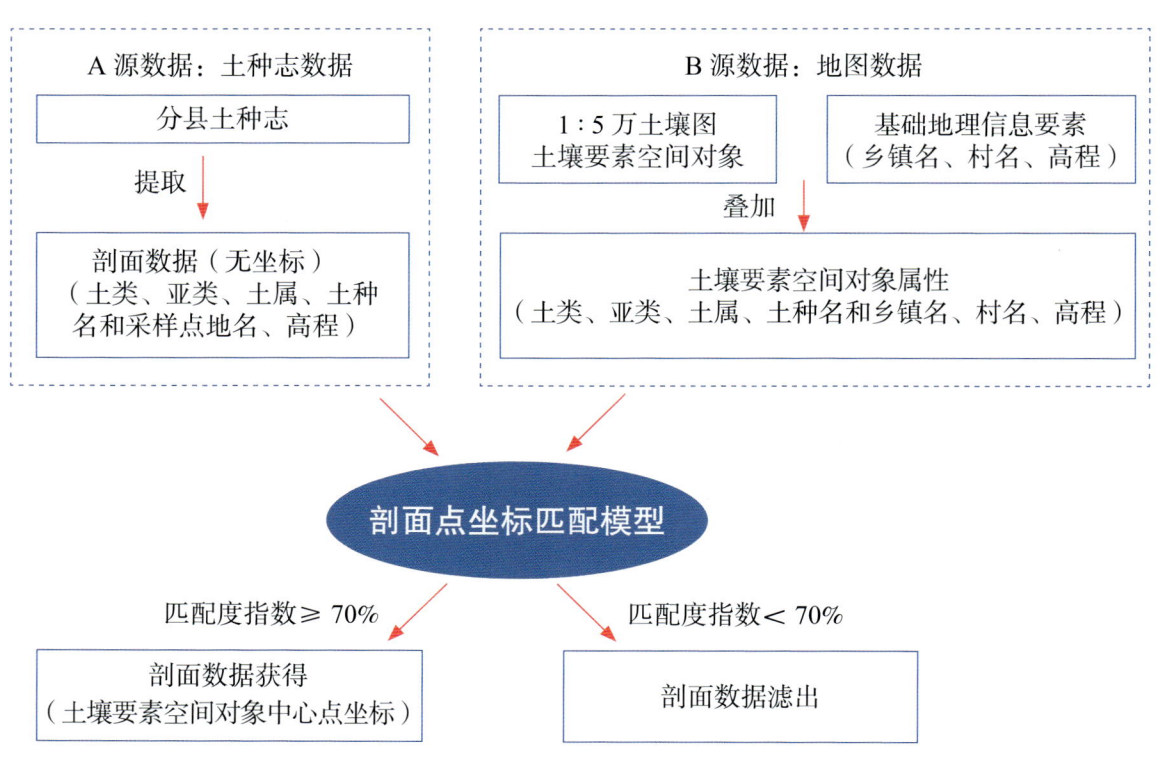

图2　土壤剖面坐标匹配模型工作机制图

为衡量每个土壤剖面坐标匹配的质量，在匹配模型中植入了匹配度评价模型，分析和提取每个土壤剖面点坐标匹配中多要素信息的吻合度。匹配度指数较高，代表两源数据中的土类、亚类、土属、土种名和地名、高程等多要素信息一致性高；匹配度指数较低，代表A、B两源多要素信息存在一些不一致性；匹配度指数小于70%的剖面数据会被滤出，该剖面也会从分县土壤剖面理化性状表中删除（表10）。利用坐标匹配模型，从分县土种志中提取出的10万余个剖面数据中，有6万多个获得了地理坐标并被收录于本数据集的分县土壤剖面理化性状表中，有约3万个由于匹配度指数较低被滤出。

表10　坐标匹配的匹配度指数及释义

匹配度指数 / %	释义
90—100	匹配度高：A（分县土种志）、B（地图）两源数据中乡镇名、村名和三个以上土壤分类名（土类、亚类、土属、土种）、高程均一致
80—90	匹配度较高：A、B两源数据中乡镇名、村名和两个土壤分类名（土类、亚类）、高程一致
70—80	具有一定匹配度：A、B两源数据中乡镇名、村名、土类名、高程一致
<70	匹配度较低：A、B两源数据中地名和土类名不能全匹配

为检验通过匹配模型获得地理坐标的剖面对当地土壤类型是否具有代表性，编者自2008年以来，在河北、

山东、黑龙江、宁夏、海南等地挖取了300余个校验剖面，进行了比对研究。比对研究结果显示，校验剖面与二普完成的剖面记载在土壤类型、土体构造、母质、质地等土壤质量慢变化性状上都有很好的一致性。

（三）土壤剖面分类名的修订

分县土壤剖面理化性状表列出了每个土壤剖面的分类名。土壤分类名是对某一类土壤资源的抽象概括和表达，表述了各类土壤的主要成土过程以及各类土壤综合性的典型特征。如黑土是指在温带半湿润地区草甸草原植被条件下形成的具有深厚均匀腐殖质层的土壤，呈黑色，富含有机质和各种养分；褐土是指在暖温带半湿润地区形成的具有弱腐殖质表层和黏化层的土壤，盐基饱和度较高，呈棕褐色。土壤分类名既具有典型性，又具有综合性，是土壤最基本的属性。

二普中，我国基于全国第一次土壤普查经验制定了六等级土壤分类系统，这也是目前的国标系统。该系统中的六等级分别为土纲、亚纲、土类、亚类、土属和土种，从高级到低级，不同层级之间为隶属关系。其中，土纲用于界定水、温等主要的土壤成土条件，亚纲用来进一步区分土纲内成土条件与过程的差异，土类反映成土条件引致的最典型土壤特征，亚类反映土类内成土条件引致剖面特征的进一步分异，土属反映母质等成土条件引致亚类剖面的分异，土种反映同一土属中土壤的分异或当地群众对该土壤的命名。

在对各地土壤调查数据进行全国汇总时，编者发现，从全国2200多个分县土壤剖面资料中提取出的土壤分类名与我国在1998—2009年发布的三版《中国土壤分类与代码》国标差异较大[18-20]。国标发布的土类、亚类、土属、土种名数量分别为60个、229个、663个和3246个，而从2200多个分县土壤图件与剖面资料中提取出的土类、亚类、土属、土种名数量分别为312个、1520个、12150个和43200个。对国标上从未出现的土壤类型名进行审核和归并需要有土壤分类学上的依据。通过对俄罗斯、美国、加拿大、澳大利亚、德国、英国等各国土壤分类研究及发展状况的研究，编者总结了我国和其他世界各国过去半个世纪中在土壤分类方面的经验，确定了土壤剖面分类名的修订原则[1]。

研究显示，我国国标分类系统中的第三层级——土类（附录4），能很好地反映我国主要土壤类型形态上的典型特征。通过土类及其隶属的12大土纲可清晰展现出我国60个土类受温度、海拔、降雨、土壤发育度、地下水盐运动、耕种垦殖等主要成土条件影响而形成的地带性分布特征。另外，土类本身属于高层级分类，数目有限，命名符合汉语语言特征，易于专业及非专业人员掌握。通过土类名，读者能够辨识各种土壤类型，了解其成土过程、土壤质量与肥力特征。因此，在土壤剖面分类名的修订中，应重视维护土类名的稳定性。根据这一原则，在对分县资料中土壤分类名的编审中，编者将国标发布的60个土类名进行了归并，对亚类及以下的中、低级分类名称则在尽量保留现场获取的一手土壤调查信息的前提下进行适度归并与整合。

为便于读者了解我国目前采用的土壤分类名与国际土壤学会推荐的土壤分类名（world reference base for soil resources，WRB）[21]之间的关联，附录4中还给出了由史学正研究员通过剖面比对建立的WRB土组名与我国60个土类名的关联及WRB土组名对我国土类名的最大可参比性[22]。

（四）剖面土层代码

在形成过程中，由于物质迁移和转化，土壤会分化成一系列组成、性质和形态各不相同的层次，称为发生层或土层。土壤剖面各土层的顺序和变化情况，反映了土壤形成过程及土壤性质。

目前各国尚无统一的土层命名。1967年国际土壤学会提出将土壤剖面划分成O层（有机层）、A层（腐殖质层）、E层（淋溶层）、B层（淀积层）、C层（母质层）和R层（基岩）等6个主要土层。全国土壤普查办公室编制出版的《中国土种志》（6卷）[23-28]、《中国土壤》[29]则将自然土壤剖面划分成O层（凋落物有机质层）、A层（表层）、B层（淀积层）、C层（母质层）、D层（岩石碎屑层）和R层（坚硬岩石层）等6个主要土层；将旱地农田土壤划分成A（耕层）、C_1（心土层）和C_2（底土层）等几个主要土层；将水田土壤划分成Aa（耕作层）、Ap（犁底层）、P（渗育层）、W（潴育层）和G（潜育层）等5个主要土层。

由于分县土种志中，土层代码和释义与以上文献给出的土层码不尽相同，因此在数据集编制中，编者主要保留了2200多个分县土种志中实际采用的土层代码和释义（表11）。为便于读者参考，编者在附录4中列出了引自《中国土壤》部分土类典型剖面的土体构造及其关联的土层代码[29]。

表 11 土壤剖面土层代码和释义[1]

代码		释义
自然土壤与旱地土壤	Ao	位于土表的枯枝落叶层
	A	自然土壤指表土层,耕地土壤指耕作层
	B	心土层,受成土作用形成的淋溶淀积层
	C	底土层,受成土作用少的母质层,较紧实,通常不受耕作、施肥影响
	D	未风化的母岩层,岩石碎屑层
水田土壤	A	耕作层,亦称淹育层和作物栽培层
	P	犁底层,位于耕作层下,经机械耕作和黏粒淀积,结构较为紧实
	W[2]	潴育层,位于犁底层下,水田在干湿交替作用下,铁、锰淋溶淀积形成斑纹层,使水稻土有较好的通透性,渗水而不漏水,渍水而不滞水
	G	潜育层,存在于水稻土、沼泽土和泥炭土中。土体长期积水,通透性不良,在还原状态下形成青灰色土层又叫青泥层,作物受还原性物质危害。若在其他土层出现,可用 g 表示,如 Pg、Wg
	E	漂洗层,侧渗作用下黏粒、有机质被淋洗,铁质溶脱,形成灰白色或白色漂洗层

注:1)表中土层代码和释义主要根据全国各分县土种志中实际采用代码和释义进行综合与汇总。土体构造中,两个字母并列表示过渡土层,例如 AB 层、BC 层等。
2)一些地区将潴育层细分为 W_1(渗育层)和 W_2(淀积层)两层。渗育层指有明显水化铁层,多见黄色锈斑;淀积层指明显有铁锰淀斑或铁锰结核的土层。

(五)其他

分县土壤剖面理化性状表中,空格代表本项无数据。

若土壤剖面的土层码为数字,则表示调查中未对该剖面的各分层进行土层代码赋码。对这类剖面,编者按从地表至底土顺序赋土层序号 1、2、3……。土层序号不具有土壤发生学上的含义,仅表达每一土层的顺序。

分县土壤剖面理化性状表中土层厚度的上、下边界表示该土层采样范围。例如:土层厚度为 0—17cm,表示土层采自剖面 0—17cm 部位;土层厚度为 50—100cm 表示采自剖面 50—100cm 部位。一些剖面底土的土层厚度仅有上界而无下界。例如:85—,表示该土层采自剖面 85cm 至更深部位。

个别剖面上、下土层的上、下边界相互不衔接,例如:两个土层厚度分别为 0—10cm、30—35cm,表示该剖面的采样为不连贯采样,每个土层只选取了该土层的代表性层段。

一些剖面分层样本上、下土层的上、下边界相互不衔接,例如:按从地表至底土顺序,6 个土层采样范围分别为 0—13cm、13—18cm、18—40cm、18—32cm、32—100cm、50—100cm,其中第三个土层 18—40cm 为额外增加的采样层。在土壤调查中,当调查者认为需要对某些区域或土类的特定土层进行单独采样和分析时,往往会出现这一情形。为了最大限度保持第一手调查资料的完整性,编者将这类土层也编入了分县土壤剖面理化性状表中。

本卷收录的湖南省典型土壤剖面共计 4696 个。通过对剖面数据的土层厚度转换,附录 7 给出了这些典型剖面 0—20cm 土层土壤理化性状中位数与平均数。二普剖面采样为典型土类采样,而非网格化采样。0—20cm 土层土壤理化性状中位数与平均数不代表本省土壤理化性状平均状况。但二普是我国最早的大样本量调查,附录 7 所示的 0—20cm 土层土壤理化性状中位数与平均数对了解湖南省 20 世纪 80 年代土壤肥力性状具有一定参考价值。

附录 8 列出了湖南省耕地、园地、林地、草地和湿地 0—30cm 土层土壤有机质含量的平均值。该值由湖南省土壤有机质含量图和自然资源部土地科学数据中心编制的 2019 年 1:100 万比例尺全国土地利用缩编图通过叠加、计算生成。其中,耕地包括水田、水浇地和旱地三种土地利用类型;园地包括果园、茶园和其他园地三种土地利用类型;林地包括有林地、灌木林地和其他林地三种土地利用类型;草地包括天然牧草地、人工牧草地和其他草地三种土地利用类型;湿地包括沼泽地、沿海滩涂和内陆滩涂三种土地利用类型。鉴于湖南省土壤有机质含量图源于大样本量地面采样，土壤有机质含量亦为变化较慢的土壤质量性状[15]，附录8对了解湖南省耕地、园地、林地、草地和湿地的土壤有机质含量状况及演变具有较高的参考价值。为便于读者了解湖南省耕地、园地、林地和草地四种土地利用类型中受成土过程影响而形成的各主要土壤类型及其在各土地利用类型中的占比情况，附录9给出了主要土壤类型在这四种土地利用类型中的占比。

土壤专题图与土壤剖面数据可靠性检验

该检验目的是对数据集中的土壤专题图和土壤剖面数据能否真实反映土壤资源与土壤理化性状及其空间分布特征给出科学、客观的评价。另外，数据集中的土壤专题图和土壤剖面数据主要源于1979—1987年的二普和2005—2017年在全国测土配方施肥项目中的土壤养分调查，因此，该检验也是对我国两次全国性土壤调查所获成果的质量评估。

对土壤专题图及含地理坐标的剖面数据的检验涉及地图制图学、测绘科学、土壤学、地统计学等多学科内容，而对于不同的学科，数据检验的目标和内容也不同。对于地图制图，精度检验十分重要；而在土壤学范畴，可靠性检验更为重要。精度检验方面，本数据集剖面坐标是通过1∶5万比例尺地图数据匹配获得，匹配用地图精度直接影响剖面数据坐标精度。可靠性检验方面，土壤专题图和土壤剖面数据均属于土壤学范畴，还需要从土壤学角度给出科学评价。借助目前仍在发展中的地统计方法，编者最终给出了合理的可靠性检验方法。为便于读者理解，本节将重点说明两点：一是地图精度与土壤专题图制图的关联；二是土壤专题图和剖面数据的地统计检验结果。

在地图制图中，地图精度用于衡量某一地物点或地物轮廓点的平面位置和高程位置偏离其真实位置的平均误差。这里的地物点或地物轮廓点可以是测量控制点、水准点、道路交叉点、境界线方向变化点、山脚点、山顶等。地图精度与地图投影、比例尺、制作方法和工艺有关。地图比例尺不同，误差控制要求也不同。一般来说，地图比例尺越大，误差越小，精度越高。换言之，地图精度或比例尺主要反映对地图中基础地理信息要素，如测量控制点、河流、道路、等高线、境界的误差控制要求。

在土壤专题图制图中，需要用基础地理信息要素标识土壤要素空间位置。在较早的土壤调查中，没有GPS设备，通常用纸质地形图为底图标识采样点位置。地面土壤采样调查完成后，根据底图标记的采样点位置和实测获得的土壤要素值，由经验丰富的土壤科学家依据土壤及相关要素的空间分布、空间相关性和空间依赖性规律进行人工综合判图，在底图上手工完成土壤专题图的勾绘和制图。我国的二普与欧美各国在20世纪80年代之前进行的全国性土壤调查基本均采用这一方法进行土壤专题图编绘。二普为大样本量土壤调查，采样密度高，采用1∶1万大比例尺地形图为工作底图，全国共挖取土壤观察剖面550余万个，采集0—20cm土壤表层样本200余万个，通过综合判图和人工勾绘，最终完成分县1∶5万比例尺土壤图和各类土壤养分含量图的编制。土壤专题图比例尺不代表地图中对土壤要素的误差控制要求，客观上，地面采样中应用大比例尺的工作底图，采样密度高，土壤采样点均衡分布于调查区域中，以此为依据编制的土壤专题图能精细地表达调查区域内土壤要素的空间变化特征。采样密度低的土壤调查结果则不适合编制大比例尺土壤专题图。

近年来，随着GPS和GIS技术的发展，地统计方法已较多用于反映和研究土壤要素的空间变化规律。地统计方法不仅提供了利用含地理坐标的土壤采样点数据制作土壤专题图的地统计模型，还提供了对模拟结果进行不确定性检验的方法。地统计检验的主要目的是了解模拟结果对真实情况反演的客观性和可靠性，而不是评价地图中土壤要素的精度或误差控制。检验结果既受地面采样原则、采样量的影响，也受所选模型类型、建模过程中是否引入协变量等因素的影响。

由于二普完成的土壤图和养分含量图中没有采样点标注，难以对其进行地统计检验。为此，编者同时对我国在全国测土配方施肥项目中完成的有GPS定位坐标的农田耕层土壤有机质含量数据进行了地统计分析和检验。与二普相似，全国测土配方施肥项目也按网格化均匀分布原则进行大样本量、高密度土壤采样，全国总计完成1000万个农田土壤耕层样本的采集。

检验方法为：首先，在我国东、南、西、北、中不同地域选取7个代表性片区，每片区包含地域相连、域内无大面积剖面点缺失的多个行政县，且含土壤剖面点500个以上。其次，提取7个片区源于二普剖面0—20cm土层和源于2005—2017年0—20cm农田耕层采样的土壤有机质含量数据。二普剖面数据的采样特征为在优先选取典型土壤类型的前提下，尽量均衡分布；样本量较小，全国有6万多个具有匹配坐标的剖面。2005—2017年农田养分调查数据为网格化均衡分布的大样本量，全国完成了1000万个有GPS定位坐标的耕层样本。最后，用普通克利金插值（ordinary Kriging）方法进行地统计分析和检验。在每片区剖面点和耕层采样点的数据中分别随机选取80%作为训练样本集，20%作为验证样本集，同时进行建模；将验证样本预测值与实测值进行线性回归，计算 R^2（决定系数）和RMSE（均方根误差），以此评价两组数据表达土壤要素空间分布特征的可靠性和误差。选择土壤有机质含量作为检验指标的原因为该指标是最重要的土壤质量性状之一，且可量化表达，便于进行地统计检验。

二普剖面数据的检验结果显示，在7个代表性片区，剖面点数据表达的有机质含量分布状况可靠性均达极显著水平（表12）。这表明，尽管二普典型剖面数据为非网格化采样，含地理坐标样本量较少，需采用匹配坐标替代原点坐标，但在一个由多县组成的片区内，当剖面样本量达到一定数量后，即使未引入可极大改进 R^2 的地形、土地利用类型等辅助变量，用普通克利金插值仍然能比较真实、可靠地反演土壤要素空间分布特征。2005—2017年耕层采样点数据的检验结果显示，与二普剖面点数据相比，大部分片区的有机质含量分布数据 R^2 更大（达到中等相关至强相关），RMSE更小，可靠性和预测精度明显更优，这说明就表征土壤要素空间分布特征而言，网格化均衡分布的大样本量采样得到的数据可靠性和精度相对较高。这为二普大比例尺土壤专题图数据（土壤图和土壤pH、有机质、氮、磷、钾养分含量图）的地统计检验特征提供了佐证。二普大比例尺土壤专题图数据均源于网格化均衡分布的大样本量地面调查，其可靠性和精度应优于二普剖面点数据。

两组数据地统计检验结果还显示，尽管相隔近30年，两时段调查的土壤有机质含量也有一定变化，但各片区土壤有机质含量的空间分布规律总体相近。图3展示了东北片区两组数据通过普通克利金插值获得的土壤有机质含量分布图。可以看出，尽管二普土壤剖面样本数（546）远少于农田耕层土壤样本数（45182），20%校验集所获 R^2 较低，预测值与实测值偏差较大，但两组数据展示的土壤有机质含量空间分布格局相近，均为东北角最高，西南角最低。另外，该片区2005—2017年的农田耕层有机质含量均值为36.41g/kg，低于1979—1987年的二普采样结果（40.53g/kg），这一结果与东北地区所做长期定位试验结论一致。这表明，本数据集剖面数据可为了解土壤质量时空演变规律提供可靠的数据支持[9]。

表12　二普典型土壤剖面数据和2005—2017年耕层采样点数据的地统计检验结果

编号	片区名	县数	面积/km²	二普剖面土壤有机质含量[1]			耕层土壤有机质含量[2]		
				样本量	R^2 [3]	RMSE[3]	样本量	R^2 [3]	RMSE[3]
1	东北片区	19	72353	546	0.329**	14.77	45182	0.689**	6.32
2	冀鲁豫片区	64	50071	881	0.363**	5.65	256341	0.429**	3.47
3	江浙片区	53	63003	1312	0.334**	8.83	51759	0.666**	4.05
4	湖北片区	10	21044	515	0.286**	20.21	60545	0.281**	11.09
5	四川片区	39	98052	1283	0.380**	9.20	206682	0.344**	7.08
6	粤闽赣片区	27	58745	801	0.223**	13.33	51759	0.285**	6.42
7	陕甘片区	47	109010	990	0.296**	7.20	256341	0.558**	2.48

注：1）数据源于二普土壤剖面（1979—1987年采样，0—20cm土层）数据库，土壤有机质含量单位为g/kg。
2）数据源于2005—2017年农田耕层（0—20cm）土壤养分调查数据库，土壤有机质含量单位为g/kg。
3）20%验证样本所获预测值与实测值的线性回归 R^2（决定系数，其中 ** 表示1%水平显著）和RMSE（均方根误差）。

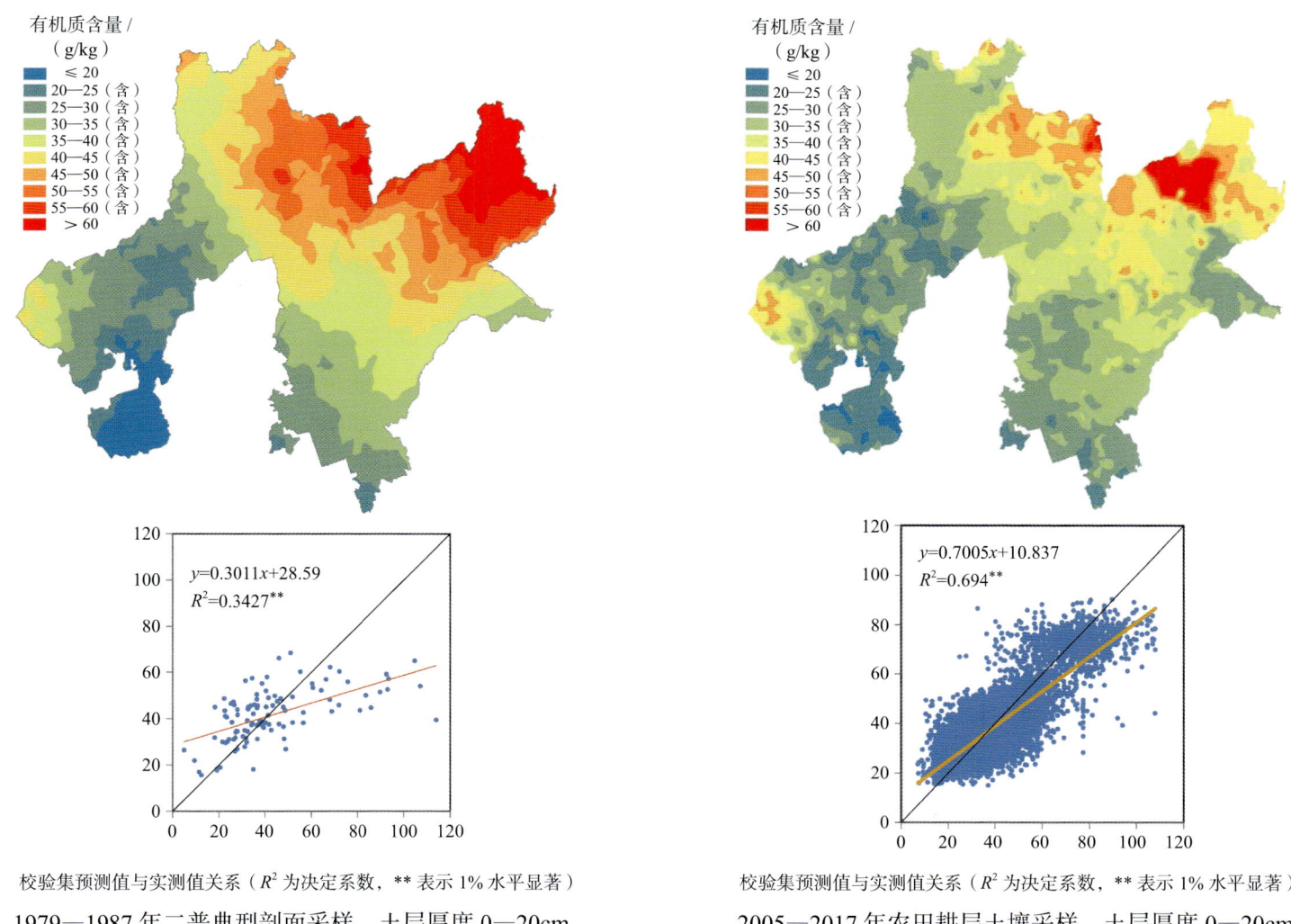

校验集预测值与实测值关系（R^2 为决定系数，** 表示 1% 水平显著）
1979—1987 年二普典型剖面采样，土层厚度 0—20cm

校验集预测值与实测值关系（R^2 为决定系数，** 表示 1% 水平显著）
2005—2017 年农田耕层土壤采样，土层厚度 0—20cm

图 3　东北片区土壤有机质含量分布图及地统计检验结果

参编单位

《中国土壤剖面数据集》的编制工作始于 1998 年。其编制过程主要分为以下两个阶段：

第一阶段为全国 1∶5 万土壤图编制和中国剖面数据库构建阶段。20 世纪末，随着现代科学研究与管理对土壤时空信息的迫切需要和大数据技术的发展，利用土壤调查结果构建我国土壤资源与质量时空数据库日益显现出可行性和必要性。1998 年，我国土壤科技工作者开始对二普分县土壤图件和资料进行系统收集和整理，这项工作曾得到国家社会公益性研究专项的资助。"十一五"期间，"我国 1∶5 万土壤图籍编撰及高精度数字土壤构建"被列为国家科技基础性工作专项重点项目。在全国各地农业、国土、档案等多家单位的大力配合和各地土壤科技工作者的支持下，项目组汇聚全国土壤科学、农业、测绘与环境领域多家专业科研院所的科研力量，深入 31 个省、自治区、直辖市以及数百个县的原始图件与资料存放部门，完成了 2200 多个县的分县大比例尺纸质土壤图与土种志的收集。同时，项目组还收集了 31 个省、自治区、直辖市的分省土壤图、土壤有机质含量图等多类别土壤专题图和分省土壤调查资料，并在此基础上，项目组研究人员通过融合多学科方法创建土壤大数据方法，以方法创新带动异源非标准海量土壤信息的时空整合与表达，至 2017 年，完成了我国 1∶5 万土壤图的整合表达和中国土壤剖面数据库的构建，为编制《中国土壤剖面数据集》奠定了科学基础、方法基础和数据基础。

第二阶段为《中国土壤剖面数据集》编制阶段。为满足我国农业、林业、环境、气象、国土、水利等各部门对公众版土壤资源与质量信息的迫切需求，项目组于 2017 年启动了数据集编制工作。在数据集编制过程中，项目组一方面利用土壤大数据方法进行数据的审核、土壤专题图的缩编与剖面数据表的表达等多项工作，另一方面组织了各省级土壤专业科研院所参与各分卷内容的审核和修订工作。数据集的编制还得到了中国农业科学院科技创新工程的资助。

本数据集的最终面世离不开多家科研单位在过去 20 多年时间里的共同付出。这些单位包括国家科技基础性工作专项重点项目"我国 1∶5 万土壤图籍编撰及高精度数字土壤构建""我国 1∶5 万土壤图籍编撰及高精度数字土壤构建二期工程"主持与参加单位、参加数据集各分卷审核和修订工作的土壤专业科研单位以及参与分县大比例尺纸质土壤图与土种志收集的各地相关管理与科研部门（附录 10）。

（张维理、徐爱国、张认连、冀宏杰）

序图

中国土壤图
1：13 000 000

图例

- 砖红壤
- 赤红壤
- 红壤
- 黄壤
- 黄棕壤
- 黄褐土
- 棕壤
- 暗棕壤
- 白浆土
- 棕色针叶林土
- 燥红土
- 褐土
- 灰褐土
- 黑土
- 灰色森林土
- 黑钙土
- 栗钙土
- 栗褐土
- 黑垆土
- 棕钙土
- 灰钙土
- 灰漠土
- 灰棕漠土
- 棕漠土
- 黄绵土
- 红黏土
- 新积土
- 龟裂土
- 风沙土
- 石灰（岩）土
- 火山灰土
- 紫色土
- 石质土
- 粗骨土
- 草甸土
- 潮土
- 砂姜黑土
- 林灌草甸土
- 山地草甸土
- 沼泽土
- 泥炭土
- 草甸盐土
- 滨海盐土
- 漠境盐土
- 寒原盐土
- 碱土
- 水稻土
- 灌淤土
- 灌漠土
- 草毡土
- 黑毡土
- 寒钙土
- 冷钙土
- 冷棕钙土
- 寒漠土
- 冷漠土
- 寒冻土

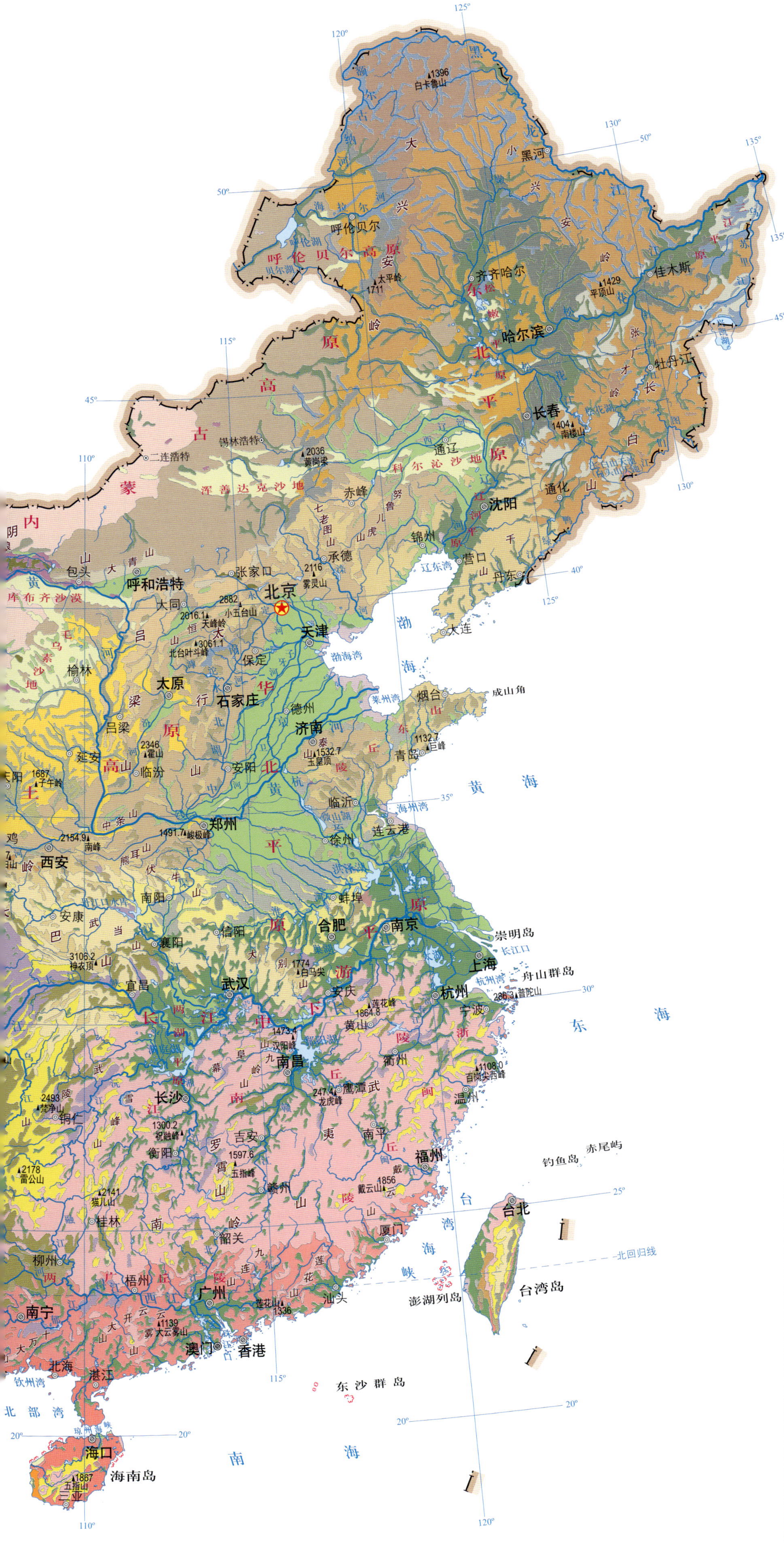

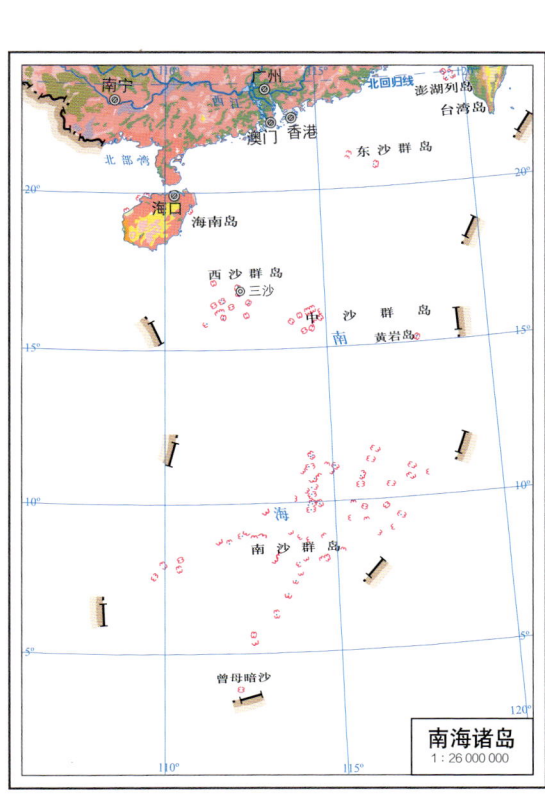

中国土壤有机质含量图
1∶13 000 000

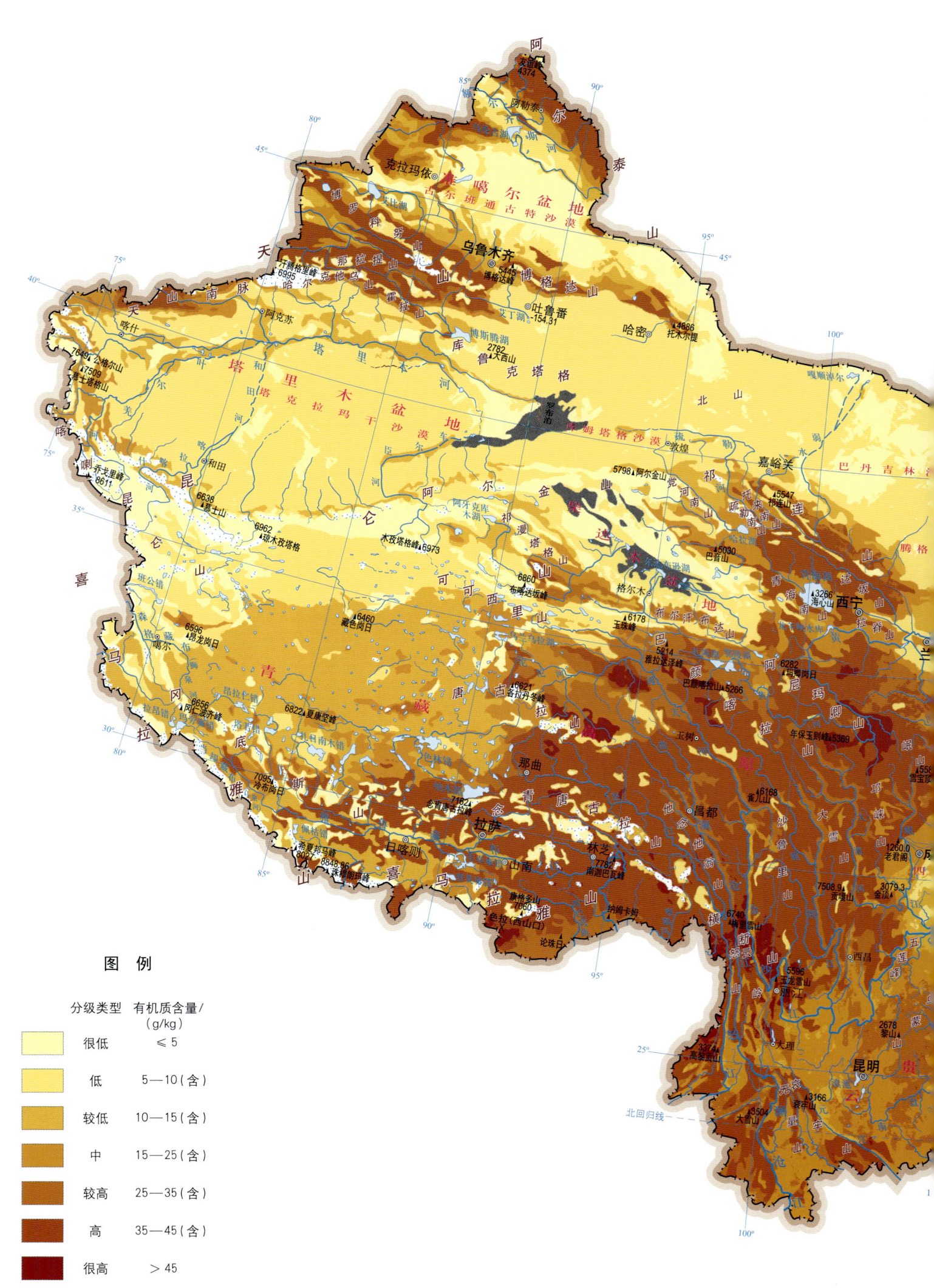

图　例

分级类型	有机质含量/(g/kg)
很低	≤5
低	5—10（含）
较低	10—15（含）
中	15—25（含）
较高	25—35（含）
高	35—45（含）
很高	>45

注：土层厚度为0—30cm。

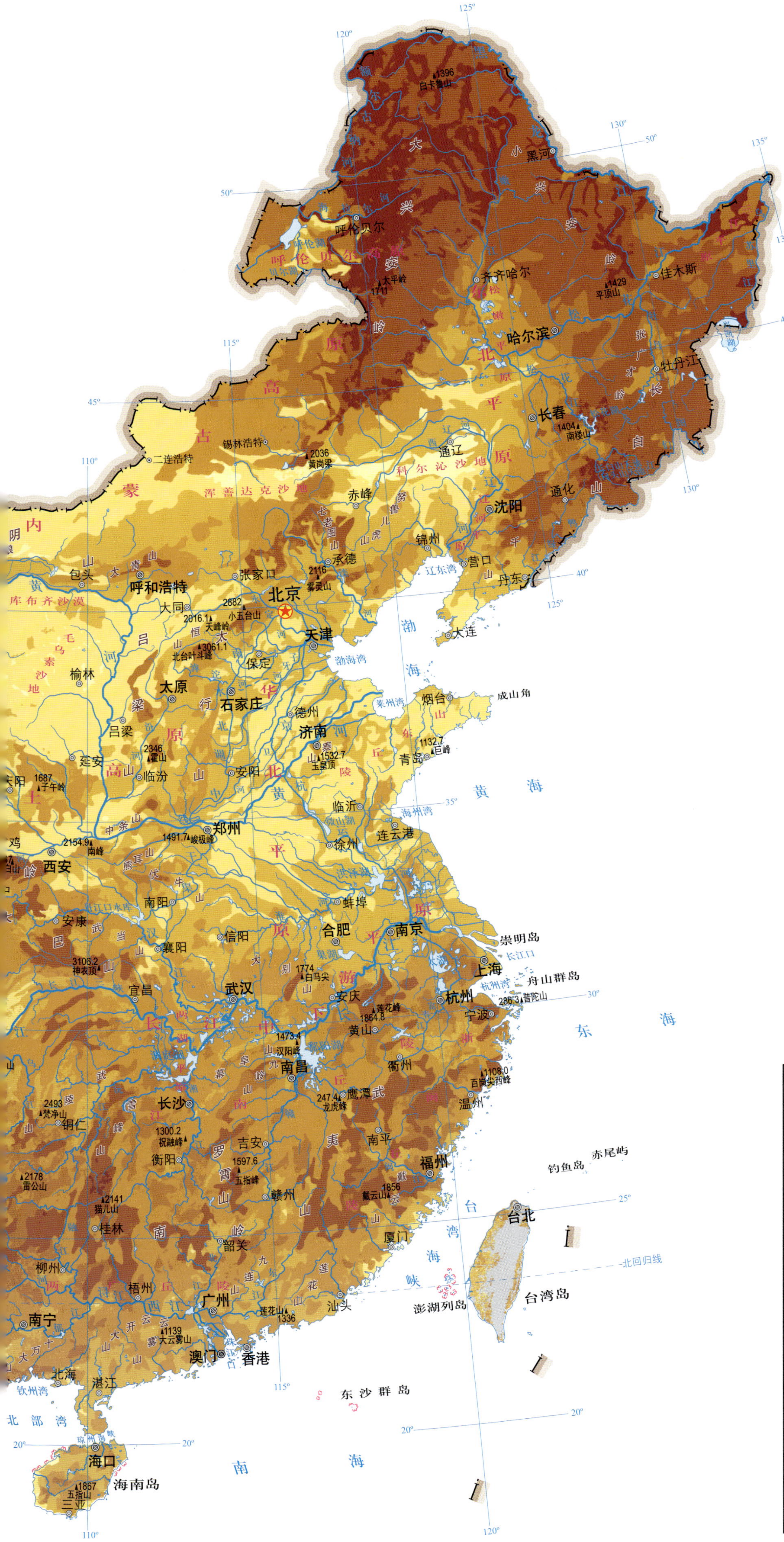

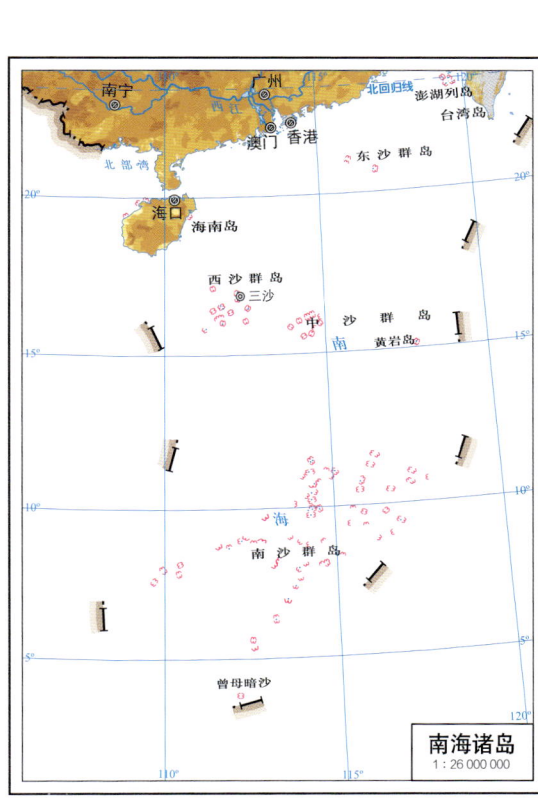

南海诸岛
1:26 000 000

中国地势图
1 : 13 000 000

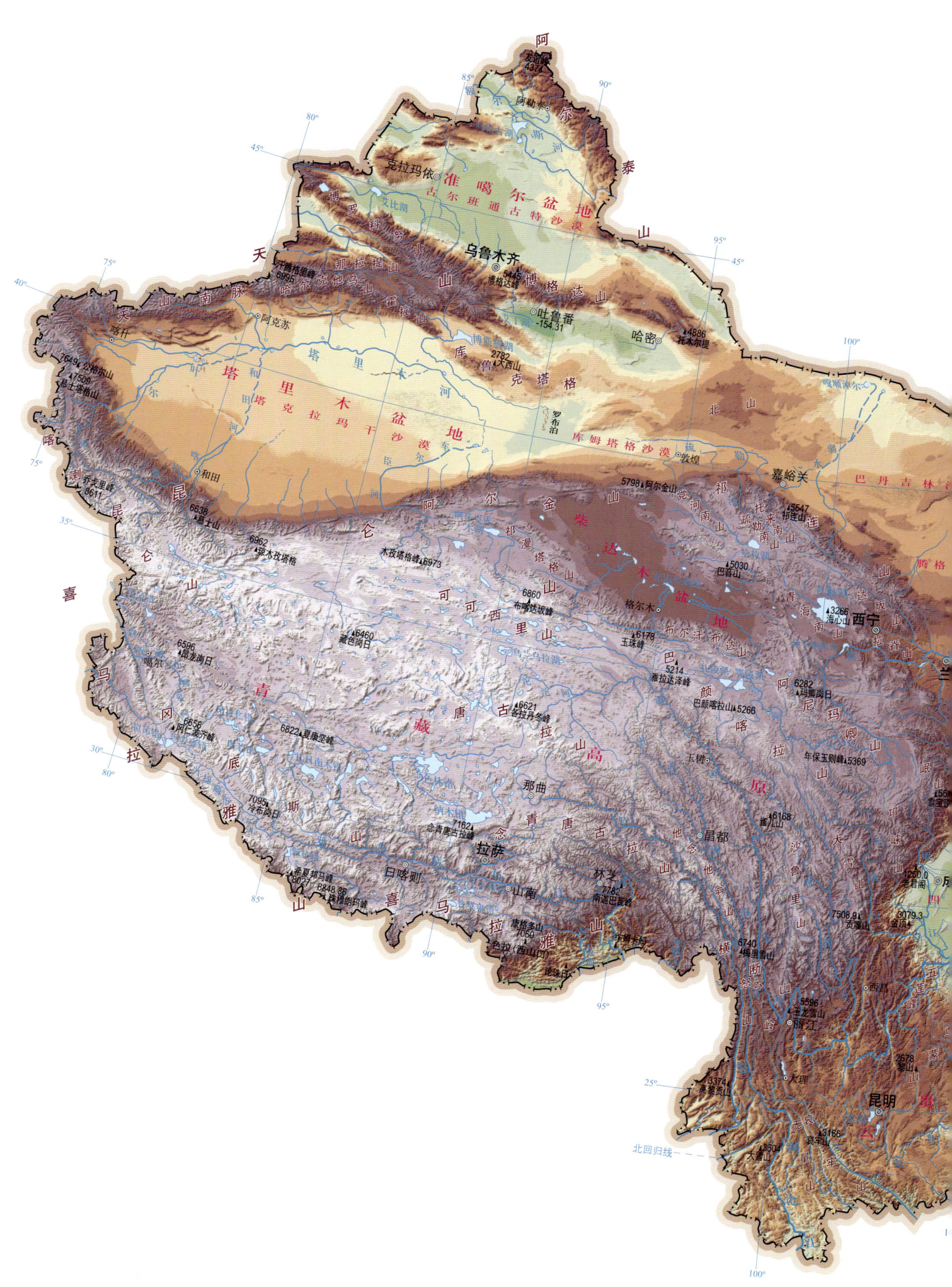

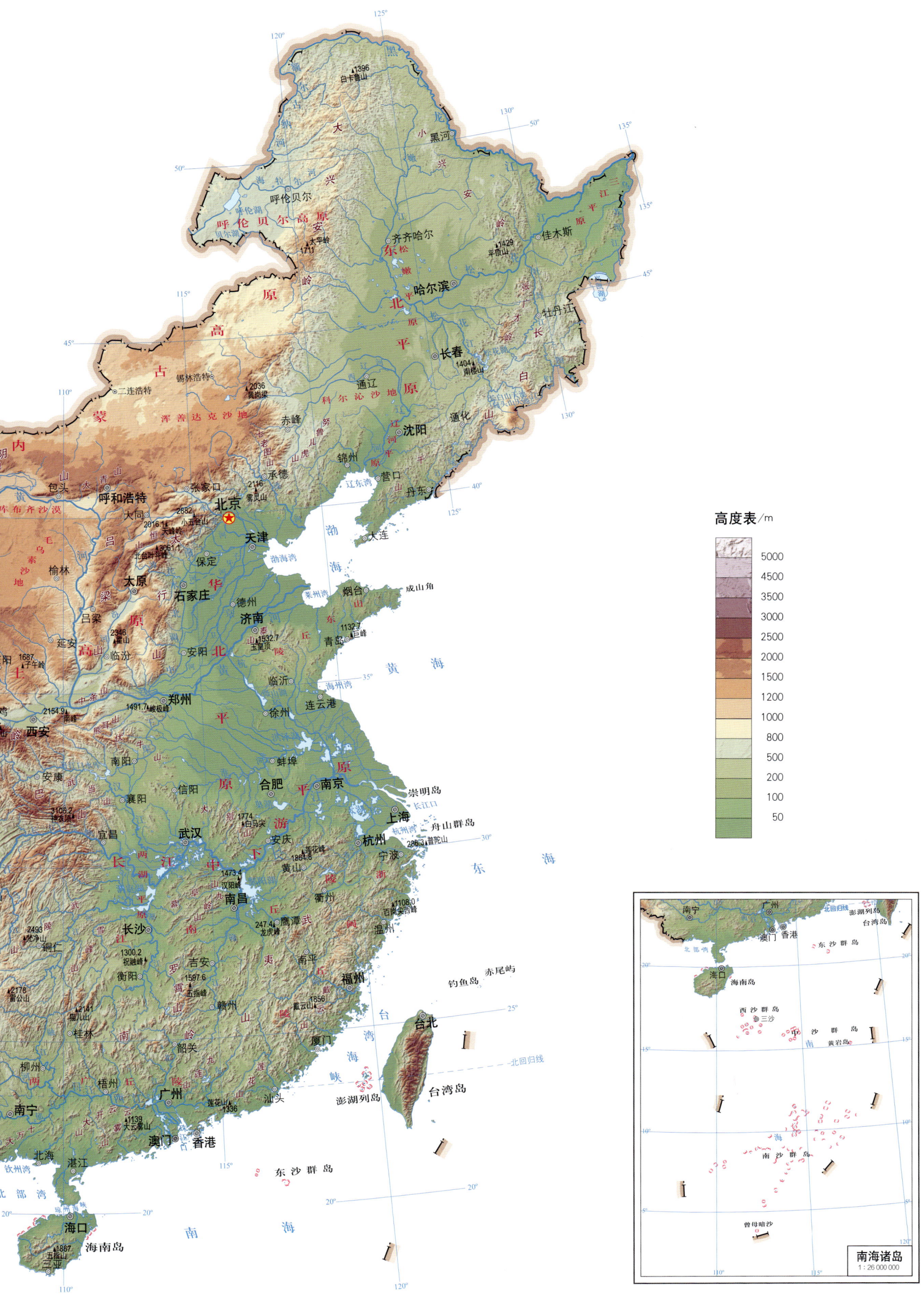

湖南省土壤图
1:1 700 000

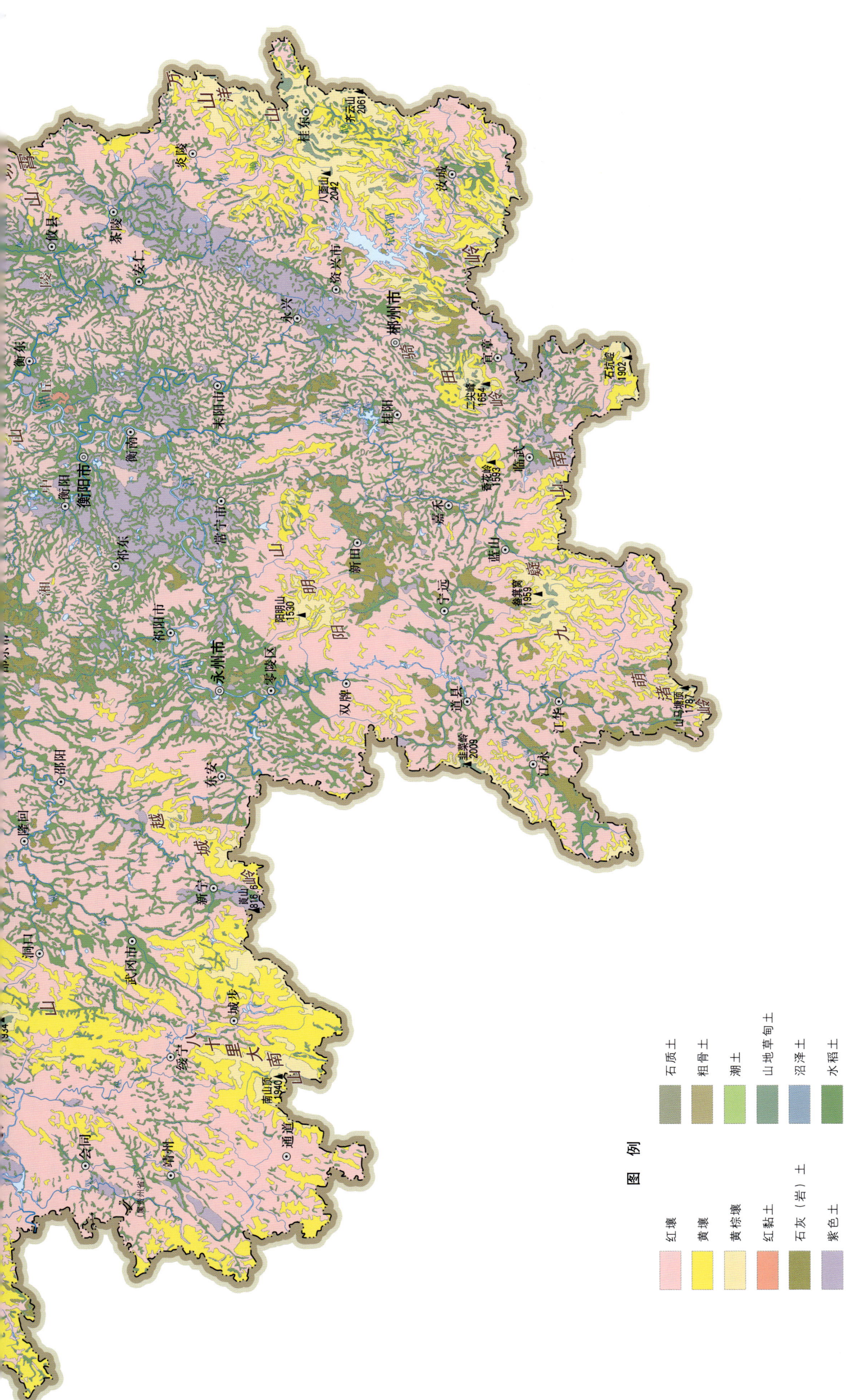

第一编 编制说明与序图 | 027

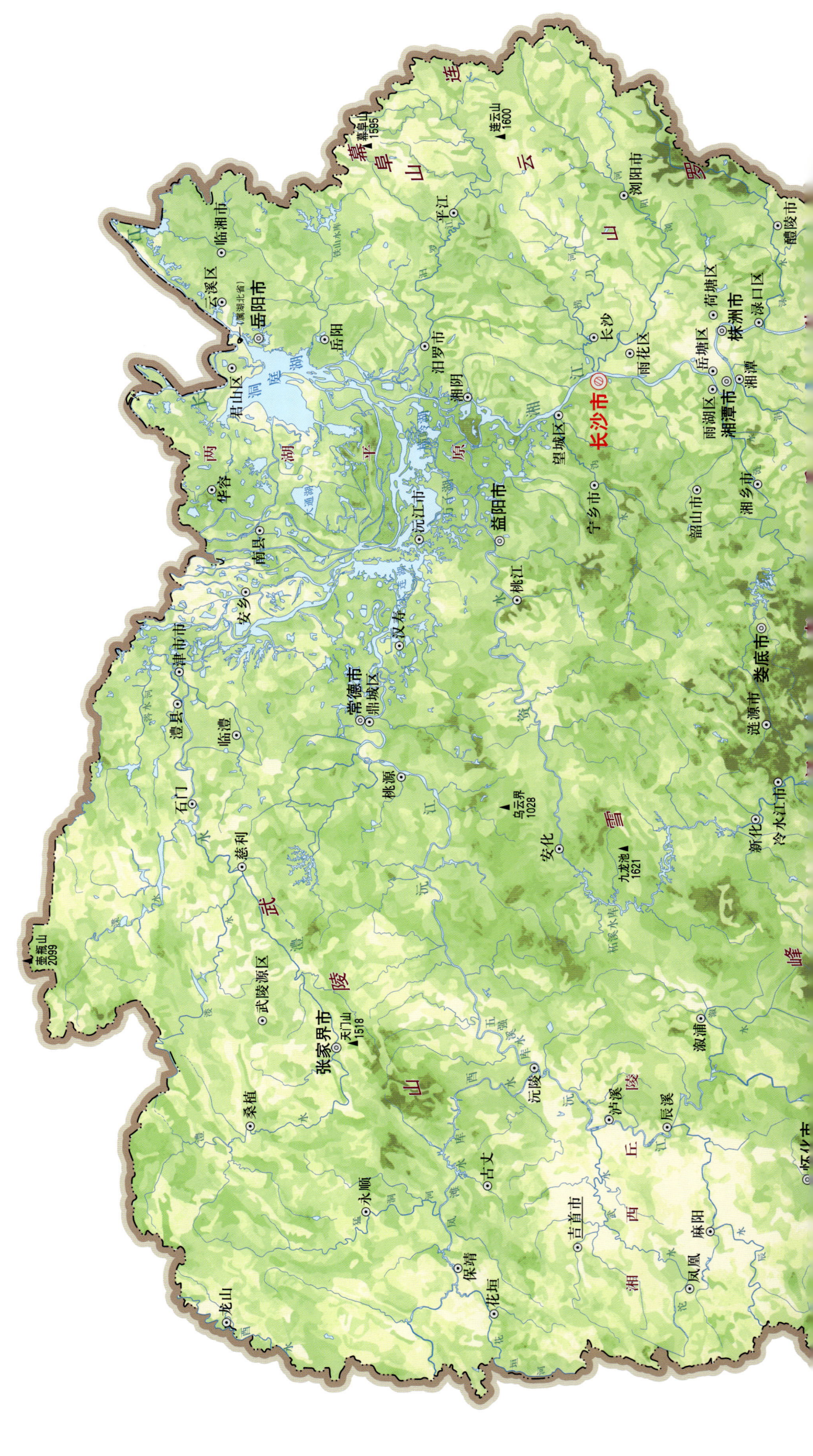

湖南省土壤有机质含量图
1∶1 700 000

湖南省地势图
1∶1 700 000

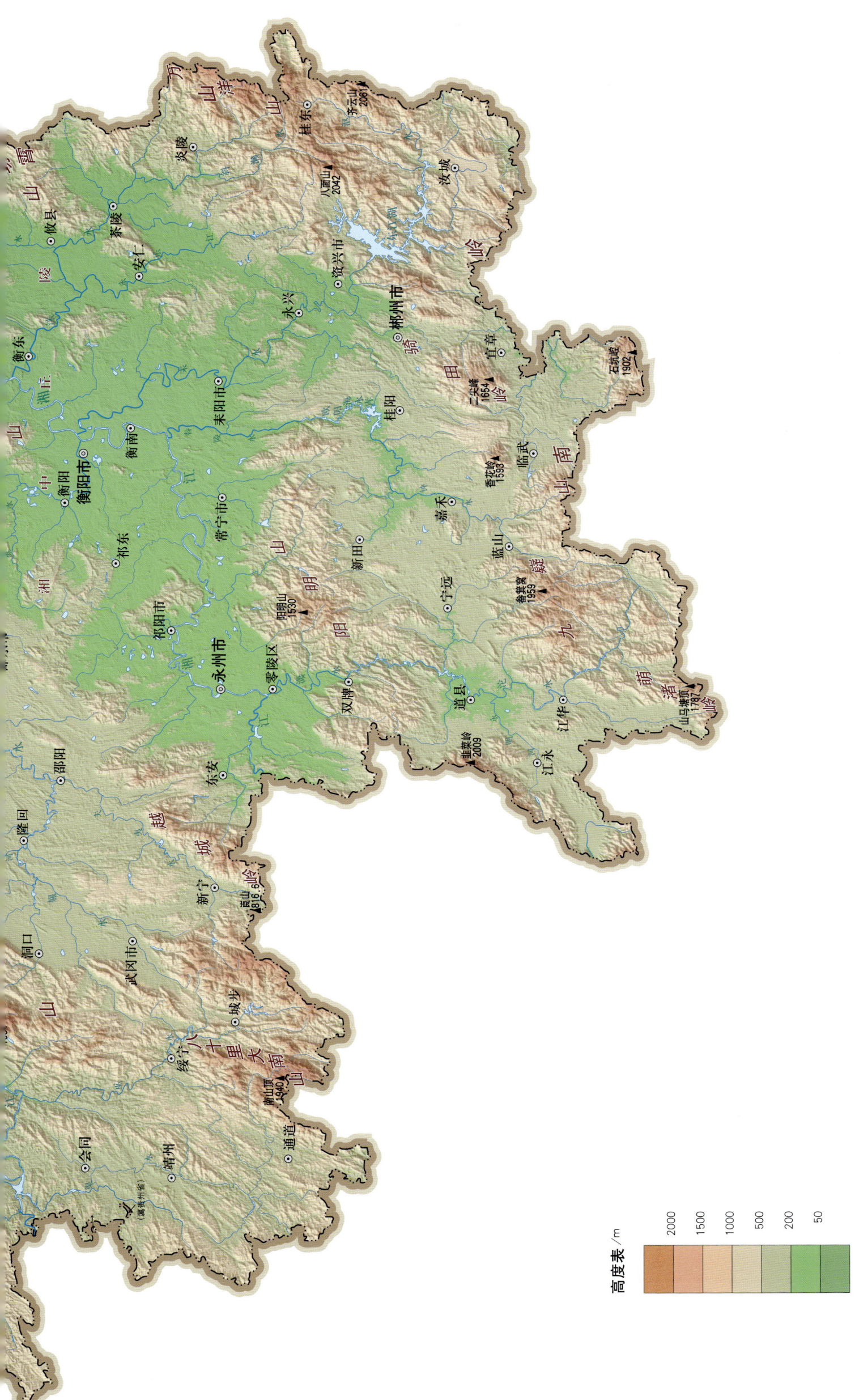

中国土壤剖面数据集·湖南卷

第二编 | 分县土壤图与土壤剖面数据

长沙市

市辖区

主要土类说明

水稻土是长沙市主要土壤类型，占本市地域面积的 44%。水稻土是自然土壤经过长期耕作、施肥、灌溉等生产活动逐步形成的一个特殊的土壤类型。水稻土在形成过程中发生着极其复杂的变化，包括氧化还原交替、有机质合成与分解、盐基淋溶和复盐基作用的熟化过程，使得水稻土形成特有的剖面结构。本市水稻土分为淹育型、潴育型、渗育型、潜育型、沼泽型、矿毒型六个亚类。

红壤是长沙市第二大土壤类型，占本市地域面积的 13%。红壤是在亚热带高温高湿气候条件下，铝硅酸盐类矿物强烈分解，硅和盐基遭到淋失，高岭土化黏粒与其他次生矿物不断形成，铁铝氧化物明显聚积，形成的具有 A-B-C 剖面构型的富铝化土壤。本市红壤分为红壤和红壤性土两个亚类。其中，红壤亚类面积较大，分布在平原阶地、低丘和丘陵地区，发育于第四纪红色黏土、红色砂岩和板页岩风化物，具有酸、瘦、黏、板等特点。土壤呈红色至红棕色，pH 为 4.5—6.5，质地为壤土至黏土。植被多为松、杉、茶、柑橘等。部分荒山有片蚀或沟蚀现象，水土流失较为严重。

红黏土是长沙市第三大土壤类型，占本市地域面积的 8%。深厚黄土层下，常见第三纪红色黏土（保德期红黏土）埋藏。厚层黄土层侵蚀殆尽处，红色黏土层露出，形成母质性状明显的初育土，即红黏土。其黏粒含量高，塑性强，生物作用微弱，有时夹有砂姜。

小于本市地域面积 3% 的土壤类型有紫色土等。

本区域中心区气候特征

本区域中心区气候特征值
Regional climate characteristics in central area of the region

气候带：中亚热带湿润气候 Climate region: Subtropical humid climate	
年平均气温 /℃ Annual average temperature /℃	17.1
年平均最高气温 /℃ Annual average maximum temperature /℃	21.4
年平均最低气温 /℃ Annual average minimum temperature /℃	13.8
年降水量 /mm Annual precipitation /mm	1331
≥ 10℃的积温 /℃ Daily temperature accumulated in a year（≥ 10℃）/℃	6695
年日照时数 /h Annual sunshine /h	1542
年平均相对湿度 /% Annual average relative humidity /%	82
干燥度 Dryness	0.77

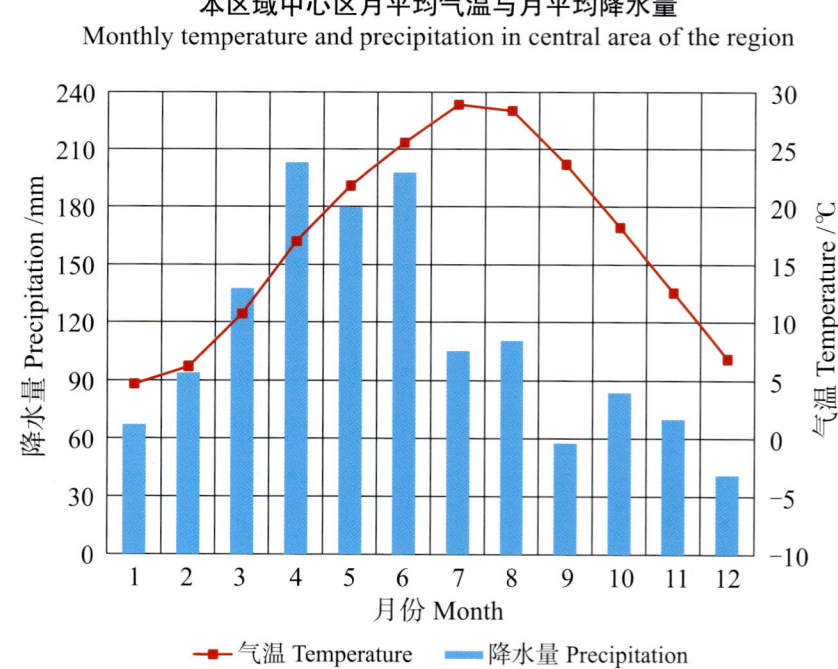

本区域中心区月平均气温与月平均降水量
Monthly temperature and precipitation in central area of the region

长沙市市辖区（部分）主要土壤类型与土壤剖面点分布图
1 : 120 000

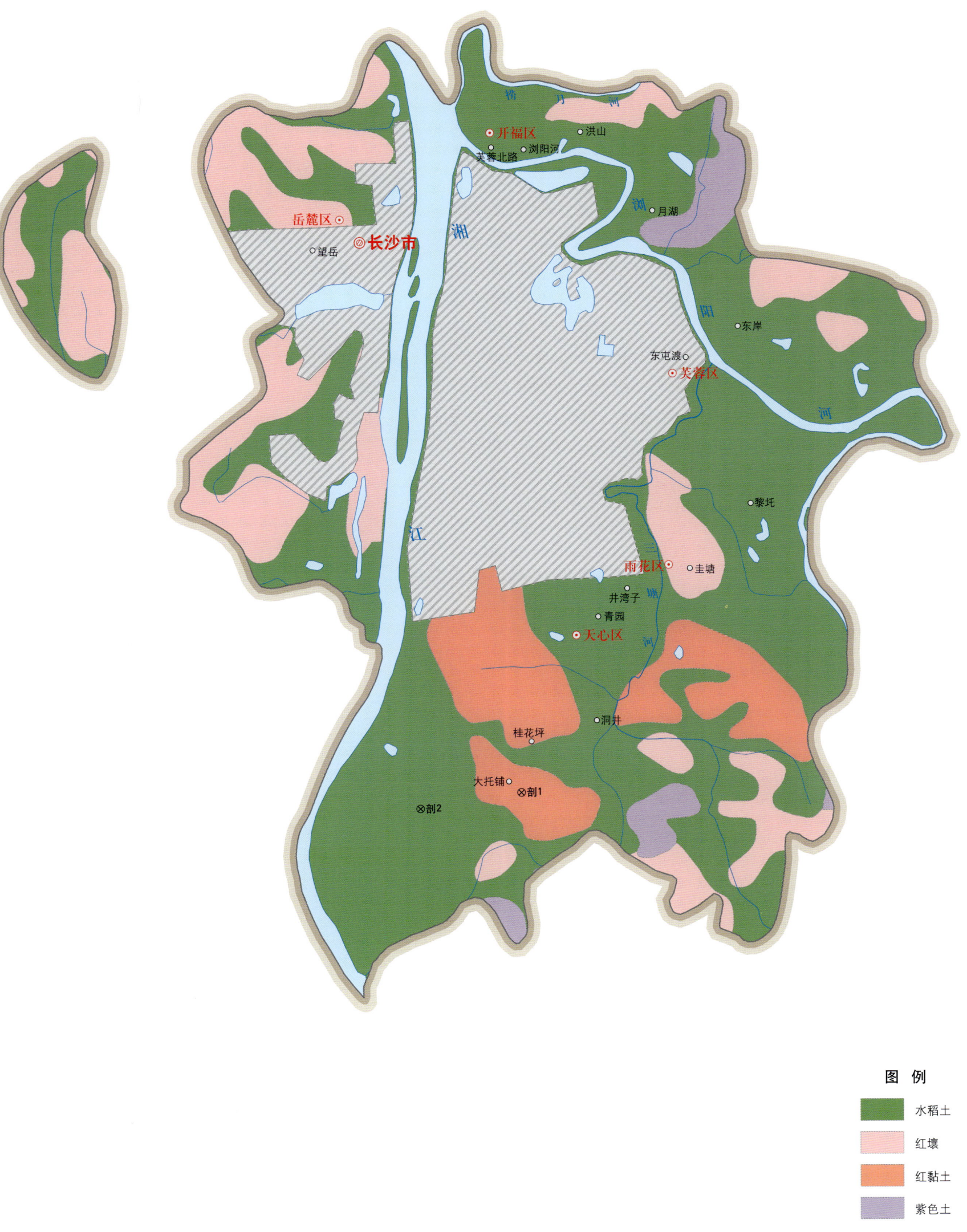

图例
- 水稻土
- 红壤
- 红黏土
- 紫色土
- ⊗ 剖面点

第二编 分县土壤图与土壤剖面数据

长沙市土壤剖面理化性状表

剖面号 Soil profile	土纲 Soil order	土类 Soil great group	亚类 Soil subgroup	土属 Soil genus	土种 Soil species	土层码 Layer code	土层厚度 Depth/cm	颜色 Soil color	质地 Soil texture	土壤结构 Soil structure	pH	有机质 OM/(g/kg)	全氮 TN/(g/kg)	全磷 TP/(g/kg)	全钾 TK/(g/kg)	碱解氮 AN/(mg/kg)	有效磷 AP/(mg/kg)	速效钾 AK/(mg/kg)	阳离子交换量CEC/(cmol/kg)	土壤母质 Parent material	剖面点坐标 Profile coordinate	匹配指数 Matching index/%
剖1	初育土	红黏土	网纹红黏土	网纹红黏土	网纹红黏土	Bv	0–38	暗棕红色	黏壤土	核粒状	4.5	10.1	0.56	0.70	14.8	33	≤1.0	28	10.3		E 112°59′12.7″ N 28°05′08.0″	95
						C	38–100	橘红色	黏壤土	核状	4.9	2.2	0.51	0.87	15.9	13	≤1.0	27	11.3			
剖2	人为土	水稻土	潴育水稻土	红黄泥田	红黄泥田	A	0–18	暗灰黄色	黏壤土	小块状	5.0	22.8	1.56	1.60	15.0	114	10.8	51	8.5	第四纪红色黏土	E 112°57′29.1″ N 28°04′54.0″	81
						Ap	18–27	浅棕色	黏壤土	块状	5.9	16.5	1.10	1.67	14.9	85	6.0	42	8.6			
						W	27–100	黄棕色	黏壤土	棱柱状	6.0	10.2	0.77	1.25	15.8	51	≤1.0	70	8.5			

长 沙 县

主要土类说明

水稻土是长沙县主要土壤类型，占本县地域面积的49%。水稻土是在长期的季节性淹灌、水下翻耕、季节性脱水、氧化还原交替影响下，原来的成土母质或母土的特性发生重大改变，形成的新的土壤类型。由于干湿交替，水稻土形成糊状的淹育层、较坚实板结的犁底层、渗育层、潴育层与潜育层等多种发生层。这些不同的发生层是在人为耕作、水浆管理下形成的。

红壤是长沙县第二大土壤类型，占本县地域面积的44%。红壤主要发生于亚热带常绿阔叶林下，呈中度脱硅富铝化特征，土壤黏粒中游离铁占全铁的50%—60%。黏土矿物以高岭石、赤铁矿为主，黏粒硅铝率为1.8—2.4，风化淋溶系数小于0.2，盐基饱和度小于35%，pH为4.5—5.5。红壤具深厚红色土层，底部可见深厚的红、黄、白相间的网纹状红色黏土，具A–Bs–Bv或A–Bs–C剖面构型。本县红壤仅有红壤一个亚类。

紫色土是长沙县第三大土壤类型，占本县地域面积的5%。紫色土分布在低丘平原，成土母质为紫色砂页岩、紫色砾岩、页岩风化物。紫色土是由热带、亚热带紫红色岩层直接风化形成的A–C型土壤。其理化性质与母岩组成直接相关，土层浅薄，剖面层次发育不明显，仍处于初育阶段。母岩富含矿质养分，且风化迅速。

小于本县地域面积3%的土壤类型有潮土等。

本区域中心区气候特征

本区域中心区气候特征值
Regional climate characteristics in central area of the region

气候带：中亚热带湿润气候 Climate region: Subtropical humid climate	
年平均气温 /℃ Annual average temperature /℃	17.0
年平均最高气温 /℃ Annual average maximum temperature /℃	21.4
年平均最低气温 /℃ Annual average minimum temperature /℃	13.8
年降水量 /mm Annual precipitation /mm	1339
≥10℃的积温 /℃ Daily temperature accumulated in a year（≥10℃）/℃	6895
年日照时数 /h Annual sunshine /h	1556
年平均相对湿度 /% Annual average relative humidity /%	82
干燥度 Dryness	0.77

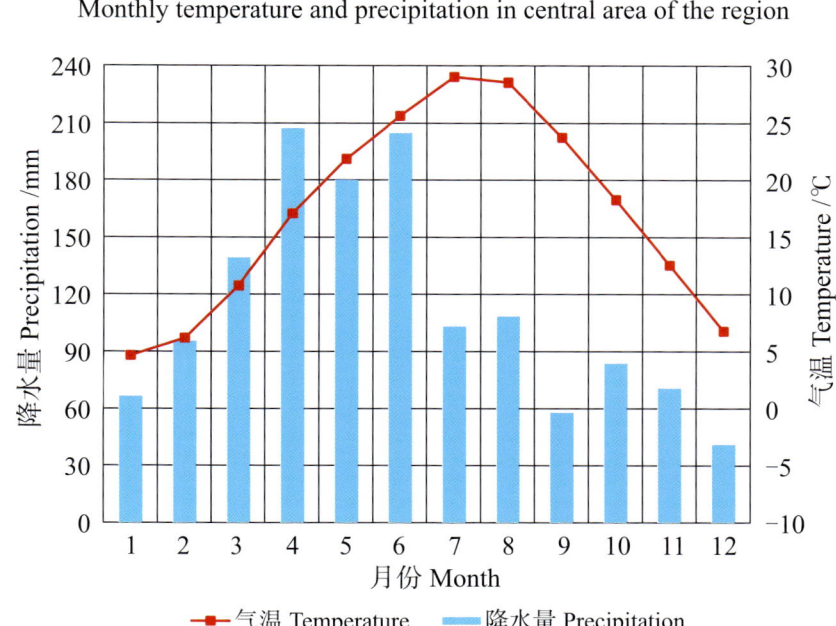

本区域中心区月平均气温与月平均降水量
Monthly temperature and precipitation in central area of the region

长沙县主要土壤类型与土壤剖面点分布图
1 : 320 000

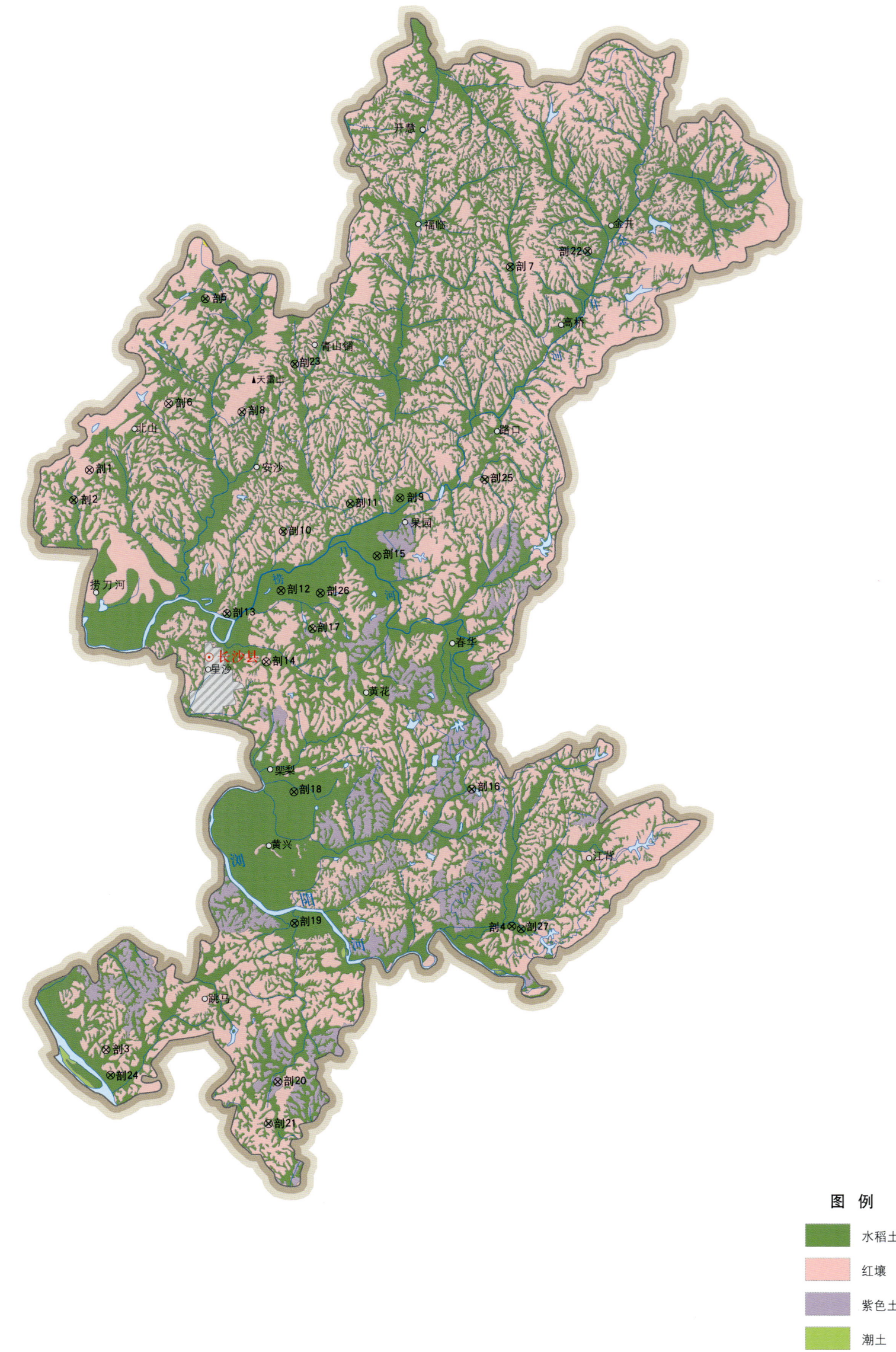

图 例

- 水稻土
- 红壤
- 紫色土
- 潮土
- ⊗ 剖面点

长沙县土壤剖面理化性状表

剖面号 Soil profile	土纲 Soil order	土类 Soil great group	亚类 Soil subgroup	土属 Soil genus	土种 Soil species	土层码 Layer code	土层厚度 Depth/cm	颜色 Soil color	质地 Soil texture	土壤结构 Soil structure	pH	有机质 OM/(g/kg)	全氮 TN/(g/kg)	全磷 TP/(g/kg)	全钾 TK/(g/kg)	碱解氮 AN/(mg/kg)	有效磷 AP/(mg/kg)	速效钾 AK/(mg/kg)	土壤母质 Parent material	剖面点坐标 Profile coordinate	匹配指数 Matching index,%
剖1	铁铝土	红壤	红壤	花岗岩红壤		1	0–15	黄棕色	砂壤土		5.5								花岗岩	E 112°59′13.0″ N 28°22′42.0″	95
						2	15–30	棕黄色	轻壤土		5.3										
						3	30–90	浅棕黄色	轻壤土		5.3										
						4	90–115	浅棕红色	轻壤土		5.5										
剖2	人为土	水稻土	淹育水稻土	浅红黄泥田	铁子红黄泥田	A	0–12				6.8	20.9	1.02	1.23	14.9	114	≥100.0	103	第四纪红色黏土	E 112°58′30.0″ N 28°21′33.4″	95
						P	12–17				6.9	20.3	1.11	1.19	15.1	105	≥100.0	102			
						C	17–52				7.5	5.1	0.45	0.58	16.2	39	23.0	57			
						D	52–92				7.7	6.2	0.40	0.54	15.2	39	24.0	56			
剖3	铁铝土	红壤	红壤	板页岩红壤	黄土	1	0–21	浅棕黄色	重壤土	团块状	5.0								板页岩	E 112°59′20.3″ N 27°59′58.8″	75
						2	21–81	红黄色	重壤土	块状	5.5										
						3	81–110	红黄色	重壤土	大块状											
剖4	人为土	水稻土	潴育水稻土	黄泥田	菁瑚黄泥田	A	0–12				6.9	31.3	1.66	1.09	21.9	170	≥100.0	56		E 112°59′41.2″ N 27°59′17.1″	75
						Pg	12–25				7.4	18.5	1.13	0.86	21.3	99	45.0	45			
						Bv	25–68				7.6	10.8	0.63	0.78	20.6	44	50.0	50			
						C	68–100				7.3	5.3	0.25	0.78	20.5	24	27.0	91			
剖5	人为土	水稻土	潴育水稻土	砂泥田		A	0–14				6.7	27.9	1.46	0.66	36.6	111	≥100.0	33		E 113°04′24.8″ N 28°29′11.6″	95
						P	14–25				6.7	22.7	1.13	0.61	35.4	94	39.0	37			
						W	25–40				6.7	21.1	1.05	0.46	35.9	90	35.0	42			
						Bv	40–100				5.9	18.9	0.85	0.21	33.9	83	18.0	42			
剖6	铁铝土	红壤	红壤	第四纪红土红壤	柱夹子土	1	0–25	红棕色	黏土	碎块状、块状									第四纪红色黏土	E 113°02′43.4″ N 28°25′11.8″	95
						2	25–55	黄红色	黏土	块状											
						3	55–105	黄红色	黏土												
						4	105–155	红棕色	黏土												
剖7	人为土	水稻土	潴育水稻土	菁泥田		A	0–12				5.3	25.9	1.30	0.70	36.0	124	≥100.0	46		E 113°08′16.7″ N 28°26′36.6″	95
						P	12–21				6.1	24.3	1.28	0.67	37.3	111	≥100.0	33			
						Bv	21–61				5.9	22.8	1.22	0.11	38.0	74	27.0	53			
						Cg	61–80				5.4	22.3	0.71	≤0.10	37.9	62	20.0	81			
剖8	人为土	水稻土	淹育水稻土	浅黄砂泥田	白砂泥田	A	0–16				6.5	22.0	1.18	0.60	29.2	83	96.0	52		E 113°05′55.8″ N 28°24′49.4″	95
						P	16–25				7.1	14.0	0.85	0.61	31.8	45	66.0	54			
						C	25–100				6.4	6.4	0.29	0.52	32.5	19	26.0	52			
剖9	人为土	水稻土	潴育水稻土	潮砂泥田		A	0–14				6.6	13.3	0.77	1.37	19.0	72	≥100.0	82		E 113°12′46.5″ N 28°21′22.9″	95
						P	14–25				7.0	10.7	0.59	1.01	22.9	58	84.0	106			
						W	25–64				6.6	6.1	0.42	0.68	19.0	33	24.0	77			
						C	64–100				6.5	1.2	0.30	0.43	41.1	29	12.0	117			
剖10	人为土	水稻土	渗育水稻土	白胶泥田	白胶泥底田	A	0–12	亮红色	壤质黏土	屑粒状	7.1	24.0	1.51	1.37	16.0	125	≥100.0	46	第四纪红色黏土	E 113°07′38.2″ N 28°20′10.6″	97
						Ap	12–20	亮红棕色	壤质黏土	块状	6.1	22.0	1.26	0.94	17.1	110	71.0	46			
						Bv	20–45	亮红棕色	壤质黏土	块状	5.3	19.7	0.86	0.56	16.0	86	13.0	41			
						E	45–95				5.4	12.6	0.51	0.30	13.8	53	9.0	50			
剖11	人为土	水稻土	淹育水稻土	浅黄泥田	南托浅黄泥田	Aa	0–13				5.0	18.3	1.90	0.50	11.0	84	≤1.0	59	第四纪红色黏土	E 113°10′35.4″ N 28°21′12.3″	95
						Ap	13–20				5.5	12.6	0.90	0.50	11.0	59	≤1.0	38			
						C	20–100				4.9	3.9	0.50	0.30	11.6						

续表 Continued

剖面号 Soil profile	土纲 Soil order	土类 Soil great group	亚类 Soil subgroup	土属 Soil genus	土种 Soil species	土层码 Layer code	土层厚度 Depth/cm	颜色 Soil color	质地 Soil texture	土壤结构 Soil structure	pH	有机质 OM/(g/kg)	全氮 TN/(g/kg)	全磷 TP/(g/kg)	全钾 TK/(g/kg)	碱解氮 AN/(mg/kg)	有效磷 AP/(mg/kg)	速效钾 AK/(mg/kg)	土壤母质 Parent material	剖面点坐标 Profile coordinate	匹配指数 Matching index/%
剖12	人为土	水稻土	潴育水稻土	紫泥田	马肝泥田	A	0—11				6.1	16.8	1.18	0.65	21.7	115	91.0	59		E 113°07′29.3″ N 28°17′53.5″	95
						P	11—25				7.5	13.0	0.76	0.50	24.3	71	23.0	42			
						Bv	25—70				7.4	10.8	0.64	0.34	20.2	63	20.0	50			
						C	70—100				7.3	8.4	0.53	0.29	21.9	47	18.0	54			
剖13	人为土	水稻土	淹育水稻土	浅紫泥田	浅黄马肝泥田	A	0—13				4.8	21.6	1.24	0.81	11.5	121	77.0	83		E 113°04′51.8″ N 28°17′01.8″	95
						P	13—23				6.6	16.0	1.01	0.54	19.8	91	65.0	88			
						C	23—100				7.7	7.4	0.46	0.40	25.7	39	14.0	82			
剖14	铁铝土	红壤	红壤	第四纪红色红壤	红黄土	1	0—21	黄红色	壤质黏土	团粒状、核状	5.0								第四纪红色黏土	E 113°06′47.7″ N 28°15′09.9″	95
						2	21—81	棕红色	黏土	核状											
						3	81—161	棕红色		块状											
						4	161—300	浅紫红色	黏土	块状											
剖15	人为土	水稻土	潴育水稻土	潮砂泥田	红黄泥田	A	0—13				6.3	23.6	1.37	0.85	13.3	126	≥100.0	46		E 113°09′12.7″ N 28°17′46.2″	95
						P	13—24				6.9	14.7	0.85	0.59	18.3	73	≥100.0	47			
						Bv	24—68				7.3	6.8	0.45	0.53	16.2	35	≥100.0	47			
						C	68—98				7.4	5.3	0.40	0.39	16.8	29	51.0	47	紫色砂页岩		
剖16	人为土	水稻土	青泥田	青泥田		A	0—14				6.8	23.9	1.12	1.05		98	≥100.0	≤5		E 113°11′43.2″ N 28°19′09.6″	95
						Pg	14—25				6.7	14.8	≤0.10	0.46	42.3	62	59.0				
						G	25—93				6.2	3.8	0.24	0.34		24	48.0	36			
剖17	人为土	水稻土	潴育水稻土	红黄泥田	红黄泥田	A	0—14				7.4	24.6	1.34	1.15	20.0	119	≥100.0	29		E 113°08′50.2″ N 28°16′24.3″	95
						P	14—22				7.9	11.2	0.54	0.39	19.9	43	28.0	37			
						Bv	22—75				7.8	8.0	0.51	0.17	24.5	40	12.0	53			
						C	75—100				7.5	4.3	0.36	≤0.10	24.9	25	27.0	41			
剖18	人为土	水稻土	淹育水稻土	浅红黄泥田	浅黄泥田	A	0—13				6.5	7.3	0.47	1.02	17.8	35	21.0	62	第四纪红色黏土	E 113°07′53.3″ N 28°10′07.6″	95
						P	13—19				6.5	4.5	0.31	0.81	18.1	28	18.0	64			
						C	19—100				7.5	4.1	0.13	0.42	17.2	17	≥100.0	152			
剖19	人为土	水稻土	淹育水稻土	浅紫泥田	浅马肝砂泥田	A	0—14				5.1	18.8	1.43	1.03	11.7	143	≥100.0	51		E 113°07′48.8″ N 28°05′03.0″	95
						P	14—21				5.2	17.1	1.20	0.98	9.1	111	26.0	49			
						Bv	21—64				6.8	6.8	0.50	0.64	10.6	49	18.0	38			
						C	64—100				7.4	3.3	0.43	0.43	7.6	25					
剖20	初育土	紫色土	石灰性紫色土		马肝土	1	0—1	紫色		粒状	7.1									E 113°06′57.8″ N 27°58′55.4″	97
						2	1—37	紫色			7.3										
						3	37—78	紫色			7.3										
剖21	人为土	水稻土	潴育水稻土	黄泥田	黄泥田	A	0—14				6.3	29.0	1.64	1.32	13.4	139	61.0	52		E 113°06′31.5″ N 27°57′20.3″	97
						P	14—23				6.4	21.6	1.18	0.86	15.0	102	12.0	45			
						W	23—67				7.3	7.4	0.44	0.81	12.3	39	12.0	50			
						C	67—100				7.3	8.4	0.49	0.44	14.9	48	12.0	45			
剖22	人为土	水稻土	潴育水稻土	红黄泥田	乌黄泥田	A	0—14				6.8	25.8	1.35	≥10.00	16.0	130	≥100.0	52	第四纪红色黏土	E 113°21′11.9″ N 28°30′42.3″	95
						P	14—24				6.4	15.0	1.26	0.61	16.4	112	≥100.0	42			
						W	24—80				6.8	5.3	0.45	0.48	18.6	42	8.0	43			
						C	80—100				7.5	6.8	0.37	0.23	17.6	27	5.0	44			
剖23	人为土	水稻土	潴育水稻土	砂泥田		A	0—10				6.0	26.7	1.20	1.00	24.5	103	≥100.0	37		E 113°17′47.8″ N 28°30′10.6″	95
						P	10—20				6.4	24.9	1.23	0.78	24.6	105	67.0	36			
						W	20—46				5.8	14.9	0.98	0.56	25.3	74	14.0	32			
						C	46—100				6.6	7.4	0.43	0.46	24.5	70	14.0	40			

续表 Continued

剖面号 Soil profile	土纲 Soil order	土类 Soil great group	亚类 Soil subgroup	土属 Soil genus	土种 Soil species	土层码 Layer code	土层厚度 Depth/cm	颜色 Soil color	质地 Soil texture	土壤结构 Soil structure	pH	有机质 OM/(g/kg)	全氮 TN/(g/kg)	全磷 TP/(g/kg)	全钾 TK/(g/kg)	碱解氮 AN/(mg/kg)	有效磷 AP/(mg/kg)	速效钾 AK/(mg/kg)	土壤母质 Parent material	剖面点坐标 Profile coordinate	匹配指数 Matching index/%
剖24	人为土	水稻土	潴育水稻土	冷浸田		A	0—16				6.4	32.6	2.13	1.74	21.0	156	80.0	98		E 113°16′29.8″ N 28°22′01.7″	95
						Pg	16—28				7.1	28.2	1.87	0.89	22.5	140	45.0	59			
						G	28—100				7.6	22.2	1.42	0.82	19.4	108	29.0	74			
剖25	人为土	水稻土	潴育水稻土	紫泥田	黄马肝泥田	A	0—15				6.2	29.4	2.07	0.67	12.3	202	≥100.0	45		E 113°15′38.9″ N 28°10′05.8″	95
						P	15—23				6.5	20.8	1.24	0.59	14.0	115	29.0	49			
						Bv	23—45				7.3	13.1	0.53	0.43	13.6	46	18.0	50			
						C	45—100				7.3	3.2	0.30	0.47	16.4	16	8.0	50			
剖26	人为土	水稻土	潴育水稻土	青泥田		A	0—14				4.8	18.7	1.21	1.10	25.3	115	77.0	61		E 113°17′27.3″ N 28°04′41.8″	95
						Pg	14—19				6.6	11.8	1.01	0.95	32.0	74	27.0	64			
						G	19—100				7.7	5.6	0.60	0.96	26.8	35	23.0	70			
剖27	人为土	水稻土	潴育水稻土	红黄泥田		A	0—13				6.9	31.3	1.66	1.09	21.9	170	≥100.0	56	第四纪红色黏土	E 113°17′41.8″ N 28°04′39.6″	95
						Pg	13—26				7.4	18.5	1.13	0.86	21.3	99	44.0	45			
						Bv	26—77				7.6	10.8	0.61	0.78	22.6	44	50.0	50			
						C	77—100				7.3	5.3	0.25	0.78	20.5	24	27.0	90			

浏 阳 市

主要土类说明

红壤是浏阳市主要土壤类型，占本市地域面积的 72%。红壤主要发生于亚热带常绿阔叶林下，呈中度脱硅富铝化特征，土壤黏粒中游离铁占全铁的 50%—60%。黏土矿物以高岭石、赤铁矿为主，黏粒硅铝率为 1.8—2.4，风化淋溶系数小于 0.2，盐基饱和度小于 35%。红壤具深厚红色土层，底部可见深厚的红、黄、白相间的网纹状红色黏土，具 A–Bs–Bv 或 A–Bs–C 剖面构型。

水稻土是浏阳市第二大土壤类型，占本市地域面积的 22%。水稻土是在长期的季节性淹灌、水下翻耕、季节性脱水、氧化还原交替影响下，原来的成土母质或母土的特性发生重大改变，形成的新的土壤类型。由于干湿交替，水稻土形成糊状的淹育层、较坚实板结的犁底层、渗育层、潴育层与潜育层等多种发生层。这些不同的发生层是在人为耕作、水浆管理下形成的。

小于本市地域面积 3% 的土壤类型有紫色土、黄壤、黄棕壤、山地草甸土、石灰（岩）土等。

本区域中心区气候特征

本区域中心区气候特征值
Regional climate characteristics in central area of the region

气候带：中亚热带湿润气候 Climate region: Subtropical humid climate	
年平均气温 /℃ Annual average temperature /℃	17.2
年平均最高气温 /℃ Annual average maximum temperature /℃	21.5
年平均最低气温 /℃ Annual average minimum temperature /℃	13.9
年降水量 /mm Annual precipitation /mm	1377
≥ 10℃的积温 /℃ Daily temperature accumulated in a year（≥ 10℃）/℃	8159
年日照时数 /h Annual sunshine /h	1618
年平均相对湿度 /% Annual average relative humidity /%	81
干燥度 Dryness	0.75

本区域中心区月平均气温与月平均降水量
Monthly temperature and precipitation in central area of the region

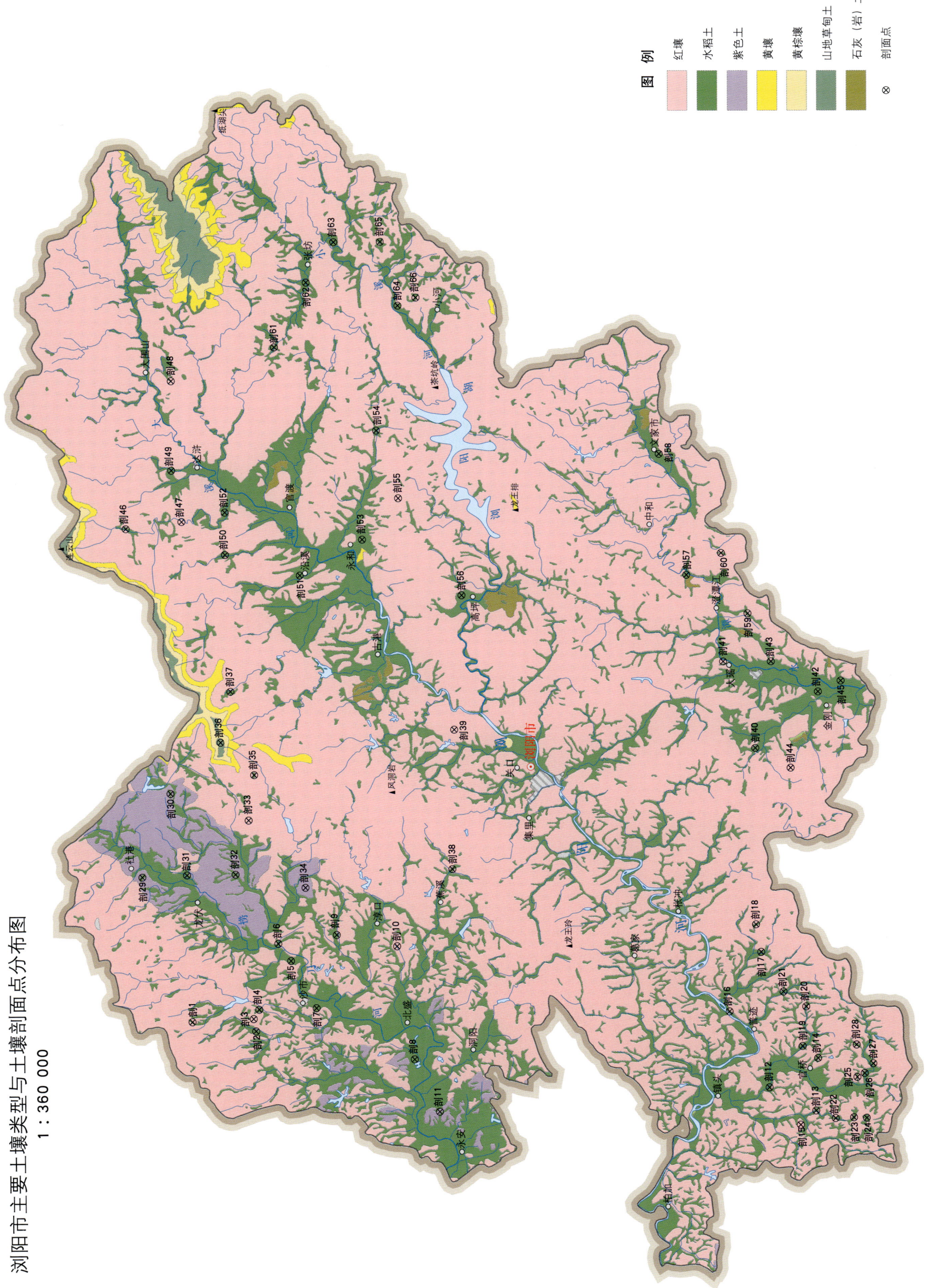

浏阳市主要土壤类型与土壤剖面点分布图
1∶360 000

浏阳市土壤剖面理化性状表

剖面号 Soil profile	土纲 Soil order	土类 Soil great group	亚类 Soil subgroup	土属 Soil genus	土种 Soil species	土层码 Layer code	土层厚度 Depth/cm	颜色 Soil color	质地 Soil texture	土壤结构 Soil structure	pH	有机质 OM/(g/kg)	全氮 TN/(g/kg)	全磷 TP/(g/kg)	全钾 TK/(g/kg)	碱解氮 AN/(mg/kg)	有效磷 AP/(mg/kg)	速效钾 AK/(mg/kg)	土壤母质 Parent material	剖面点坐标 Profile coordinate	匹配指数 Matching index/%
剖1	人为土	水稻土	潴育水稻土	岩渣子田	少量岩渣子田	A	0–13	黄棕色	砂壤土	块状	5.8	24.1	1.43	1.68	36.4				砂砾岩风化物	E 113°24′38.4″ N 28°26′12.5″	95
						P	13–23	红棕色	砂壤土	块状	6.4	10.9	0.92	0.65	35.0						
						W₁	23–75	棕黄色	砂壤土	块状	6.3	5.4	0.65	0.95	33.7						
						W₂	75–100	棕灰色	砂壤土	块状	6.7	5.0	0.67	0.51	33.7						
剖2	人为土	水稻土	潴育水稻土	岩渣子田	中量岩渣子田	A	0–12	紫色	砂壤土	团块状	5.7	27.8	1.58	2.10	25.9				砂砾岩风化物	E 113°24′03.1″ N 28°23′06.5″	95
						P	12–25	紫棕色	砂壤土	块状	6.4	20.6	1.12	2.04	24.5						
						W₁	25–100	紫棕色	砂壤土	块状	6.4	21.2	1.06	1.64	23.8						
剖3	铁铝土	红壤		砂岩红壤	砂岩红壤	A	0–30	棕红色	砂壤土	块状	5.3	13.0	0.81	0.48	27.6				红色砂岩风化物	E 113°24′43.6″ N 28°23′12.5″	95
						Bv	30–100	棕红色	砂壤土	块状	5.9	9.2	0.91	0.70	26.3						
剖4	人为土	水稻土	潴育水稻土	黄砂泥田	青隔红泥田	A	0–13	棕红色	黏壤土	块状	6.5	31.0	1.87	0.93	21.5				红色砂岩风化物	E 113°25′13.0″ N 28°22′55.6″	97
						Pg	13–25	红棕色	黏壤土	块状	6.8	27.0	1.63	0.73	20.9						
						W₁	25–55	棕红色	黏壤土	块状	6.5	16.5	0.92	0.59	18.9						
						G	55–100	棕黄色	砂壤土	块状	6.5	12.6	0.92	0.51	20.4						
剖5	人为土	水稻土	潴育水稻土	黄砂泥田	红黄泥田	A	0–12	黄褐色	砂壤土	块状	4.9	21.7	1.29	0.81	13.5				红色砂岩风化物	E 113°27′50.8″ N 28°21′18.4″	98
						P	12–20	黄棕色	砂壤土	块状	5.4	16.0	1.05	0.67	14.8						
						W₁	20–49	棕黄色	砂壤土	块状	6.0	7.6	0.76	0.62	14.1						
						W₂	49–100	灰棕色	砂壤土	块状	6.2	5.6	0.56	0.56	12.1						
剖6	人为土	水稻土	潴育水稻土	黄紫泥田	黄紫泥田	A	0–15	紫色	壤土	块状									紫色页岩、第四纪红土	E 113°28′47.7″ N 28°21′54.8″	97
						W₁	15–26	紫褐色	壤土	块状											
							26–100	黄褐色	黏壤土	块状											
剖7	人为土	水稻土	潴育水稻土	中性紫泥田	中性紫泥田	A	0–14	红棕色	黏壤土	块状	6.8	27.3	1.58	1.12	19.5				紫色页岩风化物	E 113°25′13.4″ N 28°20′07.2″	97
						P	14–24	棕色	黏壤土	块状	6.7	14.0	0.96	0.59	19.5						
						W₁	24–56	棕红色	黏壤土	棱块状	6.3	5.2	0.34	0.64	15.3						
						Ew,e	56–100	棕红色	砂壤土	棱块状	6.3	6.0	0.43	0.59	20.2						
剖8	人为土	水稻土	潴育水稻土	红黄泥田	红黄泥田	A	0–11	褐色	壤土	块状	6.3	35.2	1.99	1.18	12.1				第四纪红色黏土	E 113°22′17.8″ N 28°15′22.2″	98
						P	11–19	黄褐色	黏壤土	块状	7.1	16.1	1.02	1.09	12.1						
						W₁	19–86	黄褐色	黏壤土	棱柱状	7.2	7.7	0.72	1.93	14.1						
						W₂e	86–100	黄色	黏壤土	棱柱状											
剖9	人为土	水稻土	潴育水稻土	黄紫泥田	黄紫砂泥田	A	0–14	褐紫色	壤土	块状	6.2	28.1	1.46	1.15	20.2				紫色砂岩风化物、第四纪红色黏土	E 113°29′11.1″ N 28°19′02.2″	95
						P	14–24	紫褐色	壤土	棱柱状	6.7	26.0	1.39	0.94	9.3						
						W₁	24–42	棕色	壤土	棱柱状	7.0	13.6	0.59	1.80	10.1						
						W₂	42–100	黄色	壤土	棱柱状	7.0	3.8	0.55	1.57	12.8						
剖10	铁铝土	红壤		耕型石灰岩红壤	灰红土	A	0–18	灰红色	黏壤土	粒状	6.0	22.9	1.40	0.62	18.9				石灰岩风化物	E 113°28′29.7″ N 28°16′05.8″	95
						Bv	18–100	棕红色	黏壤土	块状	6.5	21.3	0.75	0.79	18.9						
剖11	初育土	紫色土	酸性紫色土	酸性紫色土	酸性紫色土	A	0–23	棕色	砂土	块状	5.6	15.2	0.85	1.23	21.5				紫色砂页岩风化物	E 113°19′24.6″ N 28°14′12.1″	95
						Bv	23–48	深红色	砂土	块状	5.9	13.2	0.77	1.04	22.2						
						C	48–100	棕色	砂土	块状	6.1	11.7	0.71	0.87	20.2						
剖12	人为土	水稻土	潴育水稻土	河砂泥田	青隔河砂泥田	A	0–14	黄褐色	壤土	块状	7.2	46.9	2.08	2.04	21.1				近代河流冲积物	E 113°20′17.4″ N 27°58′01.8″	97
						Pg	14–39	棕灰色	壤土	块状	6.8	39.3	1.73	2.08	20.9						
						W₂e	39–100	黄色	壤土	块状	7.0	10.2	0.79	1.18	22.9						

续表 Continued

剖面号 Soil profile	土纲 Soil order	土类 Soil great group	亚类 Soil subgroup	土属 Soil genus	土种 Soil species	土层码 Layer code	土层厚度 Depth/cm	颜色 Soil color	质地 Soil texture	土壤结构 Soil structure	pH	有机质 OM/(g/kg)	全氮 TN/(g/kg)	全磷 TP/(g/kg)	全钾 TK/(g/kg)	碱解氮 AN/(mg/kg)	有效磷 AP/(mg/kg)	速效钾 AK/(mg/kg)	土壤母质 Parent material	剖面点坐标 Profile coordinate	匹配指数 Matching index/%
剖13	人为土	水稻土	潴育水稻土	黄泥田	黄泥田	A	0—12	黄褐色	黏壤土	块状	5.3	35.5	1.76	1.25	31.3				板页岩风化物	E 113°18′58.6″ N 27°55′46.1″	98
						P	12—22	黄褐色	黏壤土	块状	6.0	30.0	1.50	0.79	28.3						
						W₁	22—76	黄棕色	黏壤土	块状	6.3	14.0	0.44	1.35	27.6						
						W₂e	76—100	棕黄色	黏壤土	块状	5.8	8.8	0.85	1.18	14.1						
剖14	人为土	水稻土	潴育水稻土	扁砂泥田	黄扁砂泥田	A	0—12	灰棕色	黏壤土	块状	6.7	43.2	2.10	0.85	24.1				板页岩风化物	E 113°21′49.7″ N 27°55′36.8″	95
						Pg	12—20	棕黄色	黏壤土	块状	7.0	39.5	1.80	0.67	24.4						
						W₁	20—100	灰黄色	黏壤土	块状	7.4	8.7	0.89	0.86	25.3						
剖15	铁铝土	红壤		耕型花岗岩红壤	麻砂土	A	0—22	棕黄色	黏壤土	粒状	4.8	23.1	1.42	0.99	26.5				花岗岩风化物	E 113°18′12.9″ N 27°56′32.4″	95
						Bv	22—39	灰黄色	粗砂壤土	块状	5.1	12.6	0.86	0.54	24.5						
						C	39—100	灰黄色	砂壤土	块状	5.0	19.3	0.95	0.65	26.5						
剖16	人为土	水稻土	潴育水稻土	河砂泥田	河潮泥田	A	0—14	灰棕色	壤土	小块状	4.9	34.6	1.82	1.91	26.9				近代河流冲积物	E 113°24′29.4″ N 27°59′53.2″	97
						Apg	14—25	红紫色	壤土	块状	5.2	31.1	1.29	1.23	16.2						
						C	25—100	灰褐色	黏壤土	棱柱状	5.1	28.0	1.17	1.80	28.3						
剖17	人为土	水稻土	潴育水稻土	中性紫泥田	青隔中性紫泥田	A	0—13	棕色	黏壤土	块状	6.9	29.5	1.69	0.85	25.9					E 113°27′41.1″ N 27°58′16.2″	95
						P	13—21	黄棕色	黏壤土	块状	7.0	15.3	1.03	0.82	25.2						
						G	21—100	棕黄色	黏壤土	块状	6.9	9.6	0.85	1.29	24.9						
剖18	人为土	水稻土	潴育水稻土	青夹泥田	青夹泥田	A	0—13	黄棕色	黏壤土	块状	5.4	46.4	2.47	0.94	25.9				板页岩风化物	E 113°29′12.0″ N 27°58′29.7″	97
						P	13—27	棕黄色	黏壤土	块状	5.1	43.1	2.23	0.77	26.9						
						W₁	27—100	棕红色	黏壤土	块状	5.7	46.7	2.14	0.54	23.6						
剖19	人为土	水稻土	潴育水稻土	黄砂泥田	红泥田	A	0—13	棕红色	黏壤土	团块状	5.4	24.3	1.52	0.98	20.4				红色砂岩风化物	E 113°22′30.4″ N 27°56′20.7″	95
						P	13—27	棕红色	黏壤土	块状	6.1	19.9	1.29	1.12	20.4						
						W₁	27—100	棕红色	黏壤土	块状	6.5	6.1	0.68	0.70	21.1						
剖20	人为土	水稻土	潴育水稻土	青泥田	青泥田	A	0—11	灰棕色	壤土	块状	5.5	53.0	2.63	2.02	22.9				板页岩风化物	E 113°24′39.2″ N 27°56′07.7″	98
						Pg	11—19	棕黄色	黏壤土	块状	6.1	51.8	2.52	1.23	23.6						
						G	19—100	深灰色	黏壤土	块状	6.7	23.3	1.63	0.76	24.9						
剖21	人为土	水稻土	潴育水稻土	河砂泥田	油砂泥田	A	0—12	黄棕色	砂壤土	块状	5.3	37.8	1.16	1.63	18.9				近代河流冲积物	E 113°25′29.9″ N 27°57′13.6″	95
						P	12—22	棕黄色	砂壤土	块状	5.7	25.4	1.12	1.03	20.0						
						W₂	22—100	棕黄色	黏壤土	棱柱状	6.4	21.4	1.43	0.76	20.0						
剖22	人为土	水稻土	潴育水稻土	灰黄泥田	灰黄泥田	A	0—15	红褐色	壤土	块状									石灰岩风化物	E 113°22′30.4″ N 27°56′56.3″	75
						Pg	14—25	棕色	壤土	块状											
						W₂	25—100	紫棕色	壤土	块状						50	2.0	83			
剖23	人为土	水稻土	潴育水稻土	中性紫泥田	中性紫瑞紫泥田	A	0—13	紫棕色	壤土	块状	6.9	29.5	1.69	0.85	25.9				紫色砂页岩风化物	E 113°18′33.6″ N 27°53′55.3″	95
						P	13—21	紫棕色	壤土	块状	7.0	15.3	1.03	0.82	25.2						
						W₁	21—65	紫棕色	壤土	块状	6.8	9.6	0.85	1.29	24.9						
							65—100	灰棕色	壤土	块状	7.2	19.0	1.35	0.62	20.9						
剖24	人为土	水稻土	潴育水稻土	中性紫泥田	中性紫砂泥田	A					7.0	9.1	0.71	0.62	19.5				紫色砂页岩风化物	E 113°18′30.8″ N 27°53′17.9″	95
											7.2	7.5	0.53	0.70	17.5						
剖25	铁铝土	红壤		花岗岩红壤	潭磨厚层花岗岩红壤	A₁	1—3	褐色	壤土	粒状	4.8	101.2	1.46	0.58	16.6				花岗岩	E 113°20′51.7″ N 27°53′33.1″	75
						A₂	3—20	灰棕色	砂壤土	粒状	4.9	21.7	0.79	0.54	19.7						
						Bv	20—95	棕红色	砂壤土	块状	5.0	10.9	0.48	0.85	19.1						
剖26	人为土	水稻土	潴育水稻土	河砂泥田	砂泥田	A	0—15	栗灰色	壤土	块状	5.3	24.4	1.58	0.76	22.9				近代河流冲积物	E 113°20′56.8″ N 27°53′20.9″	97
						P	15—25	灰棕色	壤土	块状	5.0	20.0	1.28	0.62	22.9						
						W₂e	25—100	浅灰色	壤土	棱柱状	6.1	9.4	0.71	0.51	25.6						

续表 Continued

剖面号 Soil profile	土纲 Soil order	土类 Soil great group	亚类 Soil subgroup	土属 Soil genus	土种 Soil species	土层码 Layer code	土层厚度 Depth/cm	颜色 Soil color	质地 Soil texture	土壤结构 Soil structure	pH	有机质 OM/(g/kg)	全氮 TN/(g/kg)	全磷 TP/(g/kg)	全钾 TK/(g/kg)	碱解氮 AN/(mg/kg)	有效磷 AP/(mg/kg)	速效钾 AK/(mg/kg)	土壤母质 Parent material	剖面点坐标 Profile coordinate	匹配指数 Matching index/%
剖27	人为土	水稻土	渗育水稻土	白散泥田	白散泥田	A	0-12	褐色	壤土	块状	6.3	21.8	1.39	0.36	18.9				第四纪红色黏土	E 113°21′28.0″ N 27°52′54.8″	75
						P	12-18	黄褐色	壤土	块状	6.5	11.9	0.92	0.71	17.0						
						We	18-32	棕灰色	壤土	块状	6.5	8.4	0.64	0.25	16.2						
						E	32-100	灰白色	黏壤土	块状	6.8	3.4	0.51	0.20	22.9						
剖28	人为土	水稻土	潴育水稻土	岩渣子田	青褐岩渣子田	A	0-15	棕黄色	壤土	块状	6.9	25.6	1.77	0.59	26.9				砂砾岩风化物	E 113°22′31.0″ N 27°53′42.7″	95
						Pg	15-25	灰棕色	黏土	块状	6.7	24.7	1.55	0.68	21.1						
						W_1	25-70	紫棕色	黏土	块状	6.6	8.4	0.95	0.93	20.9						
						W_2	70-100	黄褐色	黏壤土	块状	6.9	8.9	0.80	0.74	23.1						
剖29	人为土	水稻土	潴育水稻土	酸性紫紫泥田	酸性紫紫泥田	A	0-14	紫棕色	黏壤土	块状									紫色页岩风化物	E 113°32′37.7″ N 28°28′29.3″	98
						P	14-24	紫色	黏壤土	块状											
						W_1	24-77	紫色	黏壤土	块状											
						W_2e	77-100	紫色	黏壤土	块状											
剖30	人为土	水稻土	潴育水稻土	扁砂泥田	青扁砂泥田	A	0-13	棕灰色	壤土	块状	4.9	37.7	2.10	1.12	22.4				板页岩风化物	E 113°37′13.6″ N 28°26′59.8″	95
						P	13-24	棕灰色	壤土	块状	5.1	33.8	1.68	0.73	23.6						
						W_1	24-50	灰棕色	壤土	块状	5.9	27.0	1.53	0.85	23.8						
						W_2	50-100	棕灰色	壤土	块状	6.0	23.3	1.39	0.69	24.5						
剖31	人为土	水稻土	潴育水稻土	酸性紫紫泥田	酸性紫紫泥田	A	0-16	紫色	砂壤土	块状	5.3	15.7	1.33	0.56	20.2				紫色页岩风化物	E 113°32′41.2″ N 28°26′17.7″	95
						P	16-24	棕灰色	壤土	块状	5.1	12.2	1.08	0.67	18.9						
						W_1	24-60	灰棕色	壤土	块状	6.2	5.4	0.64	0.65	20.9						
						C	60-100	灰棕色	壤土	块状	6.7	4.6	0.54	0.67	18.9						
剖32	人为土	水稻土	渗育水稻土	白散泥田	白散泥田	A	0-12	紫棕色	壤土	团块状									砂岩风化物	E 113°32′39.9″ N 28°23′55.1″	98
						P	12-22	紫棕色	壤土	块状											
						W_1	22-48	栗棕色	壤土	块状											
						E	48-100	灰白色	壤土	块状											
剖33	铁铝土	红壤	黄红壤	花岗岩黄红壤	薄腐厚层花岗岩黄红壤	A_1	2-4	深黑	壤土	粒状	4.8	139.6	3.80	0.58	9.9				花岗岩	E 113°35′38.0″ N 28°23′12.6″	95
						A_2	4-13	灰黄棕	砂壤土	粒状	5.1	68.9	2.39	0.75	9.9	84	2.7	80			
						Bv	13-150	黄红棕	砂壤土	粒状	5.2	24.1	0.70	0.43	15.8						
剖34	初育土	紫色土	酸性紫色土	酸性紫色土	酸性紫色土	A_1	1-6	红棕色	砂壤土	粒状	5.1	16.1	0.64	0.26	7.0				紫色砂砾岩	E 113°31′50.2″ N 28°20′30.5″	95
						A_2	6-33	紫红色	砂壤土	粒状	4.9	15.7	0.31	0.41	17.6						
						Bv	6-33	紫红棕色	砂壤土	粒状	4.5	3.7	0.30	0.29	19.1	26	2.6	99			
剖35	人为土	水稻土	潴育水稻土	麻砂泥田	麻砂泥田	A	0-12	棕灰色	壤土	块状	5.9	43.1	2.20	1.13	20.4				花岗岩风化物	E 113°38′09.0″ N 28°22′52.8″	97
						P	12-17	黄棕色	壤土	块状	5.9	41.1	1.94	1.45	20.4						
						W_1	17-57	黄棕色	壤土	块状	6.9	10.8	0.85	0.65	21.1						
						W_2	57-100	黄棕色	壤土	块状	6.4	10.4	1.06	0.85	21.1						
剖36	半水成土	山地草甸土	山地草甸土	山地草甸砂土	山地草甸砂土	A_1	2-10	黑色	砂壤土	粒状	6.3	69.6	2.80	0.74	11.9				花岗岩	E 113°39′59.0″ N 28°24′29.5″	97
						A_2	10-18	黑灰色	砂壤土	粒状	5.4	62.6	2.14	0.58	22.3	86	7.5	110			
						Bv	18-69	棕灰色	砂壤土	块柱状	5.1	24.0	1.00	0.67	≥50.0						
剖37	水稻土	水稻土	淹育水稻土	浅黄泥田	浅黄泥田	A	0-14	褐色	壤土	块状	6.0	54.7	2.61	1.23	26.3				板页岩风化物	E 113°42′46.9″ N 28°23′55.2″	95
						P	14-21	棕黄色	砂壤土	棱柱状	5.7	29.2	1.53	1.04	27.6						
						C	21-100	灰棕色	砂壤土	棱柱状	5.8	12.0	0.72	1.12	27.6						
剖38	人为土	水稻土	潜育水稻土	青泥田	青泥田	A	0-10	灰色	壤土	块状									花岗岩风化物	E 113°32′40.0″ N 28°13′17.4″	95
						Pg	10-19	黄棕色	壤土	块状											
						G	19-100	灰色	黏壤土	块状											
剖39	铁铝土	红壤	红壤	板页岩红壤	板页岩红壤	A	0-19	黄棕色	黏壤土	块状	5.9	19.4	1.43	0.79	20.2				板页岩风化物	E 113°40′22.1″ N 28°13′01.1″	95
						Bv	19-40	黄棕色	黏壤土	块状	6.0	14.7	1.18	0.67	20.2						
						C	40-100	黄色	黏壤土	块状	6.1	12.7	1.16	0.62	29.3						

续表 Continued

剖面号 Soil profile	土纲 Soil order	土类 Soil great group	亚类 Soil subgroup	土属 Soil genus	土种 Soil species	土层码 Layer code	土层厚度 Depth/cm	颜色 Soil color	质地 Soil texture	土壤结构 Soil structure	pH	有机质 OM/(g/kg)	全氮 TN/(g/kg)	全磷 TP/(g/kg)	全钾 TK/(g/kg)	碱解氮 AN/(mg/kg)	有效磷 AP/(mg/kg)	速效钾 AK/(mg/kg)	土壤母质 Parent material	剖面点坐标 Profile coordinate	匹配指数 Matching index/%
剖40	人为土	水稻土	潜育水稻土	冷浸田	冷水田	A	0—11	棕灰色	黏壤土	块状	5.5	28.3	1.62	0.62	21.2				板页岩风化物	E 113° 38′ 57.5″ N 27° 58′ 18.1″	95
						Pg	11—21	灰棕色	黏壤土	块状	5.0	29.9	1.50	0.51	20.2						
						G	21—100	灰棕色	黏壤土	块状	5.0	23.4	0.91	0.45	18.9						
剖41	铁铝土	红壤	红壤	砂岩红壤	砂岩红壤	A₁A₂	0—14	棕红色	黏壤土	团块状	5.2	12.0	0.60	0.56	14.1	35	1.5	55	第四纪红色黏土	E 113° 43′ 46.5″ N 27° 59′ 45.8″	95
						Bv	14—96	黄红色	黏壤土	核块状	5.2	7.1	0.51	0.45	27.1						
						C	96—														
剖42	人为土	水稻土	潜育水稻土	红黄泥田	黑泥田	A	0—14	褐色	砂壤土	团块状	5.2	53.3	2.55	1.32	17.5				第四纪红色黏土	E 113° 41′ 59.1″ N 27° 55′ 09.4″	97
						P	14—20	深栗色	黏壤土	块状	5.4	36.2	1.82	0.76	15.5						
						W₁	20—68	灰棕色	砂壤土	棱块状	6.5	16.3	0.18	0.67	13.5						
						W₂e	68—100	黄色	黏壤土	棱块状	6.6	6.6	0.98	1.27	14.8						
剖43	人为土	水稻土	潜育水稻土	黄砂泥田	黄砂泥田	A	0—13	棕黄色	壤土	块状	4.9	21.7	1.29	0.81	13.5				黄色砂岩风化物	E 113° 43′ 43.3″ N 27° 57′ 25.5″	97
						P	13—20	黄色	壤土	块状	5.4	16.0	1.05	0.67	14.8						
						W₁	20—60	黄棕色	壤土	块状	6.0	7.6	0.76	0.61	14.1						
						W₂	60—100	黄棕色	壤土	块状	6.2	5.6	0.56	0.59	12.1						
剖44	铁铝土	红壤	红壤	板页岩红壤	板页岩红壤	A₁A₂	1—22	浅红棕色	壤土	粒状	4.6	100.9	3.28	0.45	6.8				硅质砂岩	E 113° 37′ 49.1″ N 27° 56′ 36.0″	95
						A₂	22—38	栗红色	砂壤土	粒块状	5.3	26.4	0.93	0.46	8.5						
						Bv	38—102	红色	砂壤土	团块状	5.4	14.1	0.60	0.31	12.1	60	3.9	74			
						BvC	102—150	红色	砂壤土	团块状											
剖45	人为土	水稻土	潜育水稻土	冷浸田	锈水田	A	0—16	黄棕色	壤土	块状	6.9	76.5	4.54	1.80	10.8				板页岩风化物	E 113° 42′ 33.4″ N 27° 54′ 02.2″	95
						Pg	16—25	灰棕色	黏壤土	块状	6.6	71.2	2.96	0.90	10.1						
						G	25—100	青灰色	壤土	块状	6.7	69.5	2.48	0.84	10.1						
剖46	人为土	水稻土	潜育水稻土	黄泥田	阴山黄砂泥田	A	0—14	褐色	砂壤土	团块状	5.6	32.0	1.50	1.35	23.6				板页岩风化物	E 113° 51′ 53.2″ N 28° 28′ 50.5″	98
						P	14—21	灰棕色	壤土	块状	5.1	28.1	0.94	0.95	24.2						
						W₁	21—54	褐色	壤土	块状	5.1	17.8	0.84	0.84	25.6						
						W₂	54—100	黄棕色	壤土	块状	6.3	11.9	1.78	0.78	25.6						
剖47	铁铝土	红壤	红壤	板页岩红壤	板页岩红壤	A	0—21	紫红色	黏土	粒状	5.7	29.5	1.42	1.11	12.2				第四纪红色黏土	E 113° 52′ 12.8″ N 28° 26′ 05.5″	95
						Bv	21—34	紫红色	黏土	块状	5.4	24.1	1.22	0.87	12.1						
						C	34—100	红棕色	黏土	块状	5.0	12.8	0.59	0.28	13.6						
剖48	人为土	水稻土	潜育水稻土	烂泥田	烂泥田	Ag	0—14	深棕色	砂壤土	块状	7.0	43.5	2.05	2.01	27.2				板页岩风化物	E 113° 59′ 59.8″ N 28° 26′ 25.9″	97
						G	14—100	棕灰色	砂壤土	块状	5.7	30.5	1.63	1.80	26.3						
剖49	人为土	水稻土	潜育水稻土	麻砂泥田	青搁麻砂泥田	A	0—17	灰棕色	砂壤土	块状	7.0	37.9	1.99	1.08	26.5				花岗岩风化物	E 113° 55′ 02.3″ N 28° 26′ 31.8″	98
						Pq	17—31	青灰色	壤土	块状	5.8	26.4	1.51	1.21	23.6						
						W₁	31—66	灰棕色	壤土	块状	6.8	22.5	0.95	0.78	29.3						
						W₂	66—100	黄褐色	壤土	块状	5.1	15.0	0.74	0.65	27.6						
剖50	人为土	水稻土	潜育水稻土	黄泥田	青搁黄泥田	A	0—13	黄褐色	黏壤土	粒状	5.8	47.2	2.13	1.57					第四纪红色黏土	E 113° 50′ 19.5″ N 28° 24′ 01.2″	97
						Pq	13—24	黄色	黏壤土	块状	5.7	38.9	1.79	1.29	15.6						
						C	24—57	黄色	黏壤土	块状	6.1	17.3	0.71	0.76	17.2						
剖51	人为土	水稻土	潜育水稻土	红黄泥田	青搁红黄泥田	A	0—10	褐色	黏壤土	块状	7.5	51.5	2.47	0.96	18.2				第四纪红色黏土	E 113° 49′ 05.0″ N 28° 20′ 22.1″	95
						Pg	10—20	深灰色	黏壤土	块状	7.6	46.7	2.11	0.73	18.2						
						W	20—52	棕灰色	黏壤土	棱块状	7.3	13.0	0.88	0.48							
						E	52—100	灰白色	黏壤土	块状	6.9	10.3	0.79	0.35							
剖52	人为土	水稻土	潜育水稻土	冷浸田	冷浸岩渣田	A	0—14	红棕色	黏壤土	块状	6.2	33.7	1.94	2.22	26.9				砂砾岩风化物	E 113° 52′ 39.5″ N 28° 23′ 58.7″	95
						Pg	14—25	紫棕色	黏壤土	块状	6.4	23.4	1.62	1.68	26.9						
						Wg	25—50	紫色	黏壤土	棱块状	6.4	10.7	0.89	0.93	27.1						
						Cg	50—100	棕灰色	黏壤土	块状	5.9	5.5	0.65	1.01	34.0						

续表 Continued

剖面号 Soil profile	土纲 Soil order	土类 Soil great group	亚类 Soil subgroup	土属 Soil genus	土种 Soil species	土层码 Layer code	土层厚度 Depth/cm	颜色 Soil color	质地 Soil texture	土壤结构 Soil structure	pH	有机质 OM/(g/kg)	全氮 TN/(g/kg)	全磷 TP/(g/kg)	全钾 TK/(g/kg)	碱解氮 AN/(mg/kg)	有效磷 AP/(mg/kg)	速效钾 AK/(mg/kg)	土壤母质 Parent material	剖面点坐标 Profile coordinate	匹配指数 Matching index/%
剖53	人为土	水稻土	潴育水稻土	青泥田	青紫泥田	A	0—20	紫色	黏壤土	块状	6.7	52.3	2.82	1.66	17.5				紫色页岩风化物	E 113°50′57.9″ N 28°17′16.8″	95
						Pg	20—31	紫棕色	黏壤土	块状	6.7	40.8	0.65	0.98	18.2						
						G	31—100	灰棕色	黏壤土	块状	6.6	23.8	0.34	0.79	17.0						
剖54	人为土	水稻土	矿毒型水稻土	非金属矿毒田	硫黄矿*毒田	A	0—14	灰棕色	黏壤土	块状	5.4	49.9	2.58	1.64	21.1				砂岩风化物	E 113°56′57.4″ N 28°16′27.0″	95
						Pg	14—23	棕灰色	黏壤土	块状	5.4	47.9	0.83	1.19	21.8						
						W_1	23—72	黄棕色	黏土	块状	5.3	43.8	2.94	1.64	21.1						
						S	72—100	红棕色			5.2		0.68	1.05	12.2						
剖55	铁铝土	红壤	黄红壤	板页岩黄红壤	薄育薄层板页岩黄红壤	A_1	2—7	浅褐色	壤土	粒状	5.0	118.0	3.96	0.67	9.7				板页岩	E 113°53′11.9″ N 28°15′27.8″	95
						A_2Bv	7—29	棕红色	壤土	粒状	4.9	32.0	1.27	0.47	18.2						
						D	29—														
剖56	人为土	水稻土	潴育水稻土	灰泥田	鸭屎泥田	A	0—10	褐色	黏壤土	块状	7.4	33.1	2.10	1.60	18.6				石灰岩风化物	E 113°47′46.1″ N 28°12′28.7″	95
						P	10—19	黄褐色	黏壤土	块状	7.5	27.3	2.02	1.36	17.7	151	2.1	119			
						W_2	19—100	棕褐色	黏壤土	块状	7.6	8.9	1.10	1.37	19.2						
剖57	人为土	水稻土	潴育水稻土	黄泥田	黑黄泥田	A	0—14	棕褐色	壤土	块状	5.5	51.9	2.97	1.96	17.5				板页岩风化物	E 113°48′35.2″ N 28°01′27.1″	98
						P	14—18	棕黄色	黏壤土	块状	5.5	47.2	2.17	1.40	16.8						
						W_1	18—60	黄色	黏壤土	块状	6.3	17.7	0.98	0.73	17.5						
						W_e	60—100	黄色	黏壤土	棱柱状	6.6	8.0	1.17	1.10	18.7						
剖58	人为土	水稻土	潴育水稻土	青鸭屎泥田	青鸭屎泥田	A	0—11	灰棕色	黏土	块状	7.4	37.8	2.11	1.28	14.3				石灰岩风化物	E 113°55′25.9″ N 28°02′44.7″	97
						Pg	11—16	灰棕色	黏壤土	块状	7.4	35.6	1.86	0.68	16.3						
						G	16—100	青棕色	黏土	块状	7.2	25.9	1.36	0.98	19.0						
剖59	人为土	水稻土	潴育水稻土	鸭屎泥田	鸭屎泥田	A	0—16	褐色	黏壤土	块状	7.3	51.8	1.58	1.47	10.9				石灰岩风化物	E 113°46′22.8″ N 27°58′30.9″	95
						P	16—23	黄褐色	黏壤土	块状	7.4	47.4	1.02	1.47	11.6						
						C	23—75	黄棕色	黏壤土	块状	7.4	31.9	0.82	1.07	12.1						
							75—100	灰棕色	壤土	团块状	7.1	18.8	0.39	0.73	12.1						
剖60	人为土	水稻土	潴育水稻土	青泥田	青砂泥田	A	0—16	褐色	黏壤土	块状	7.2	31.3	1.80	1.07	8.1				砂岩、砂砾岩风化物	E 113°49′44.5″ N 27°59′43.8″	97
						P	16—23	黄褐色	黏壤土	块状	7.4	26.6	1.30	1.52	8.1						
						G	23—100	黄棕色	砂壤土	块状	7.5	25.6	1.20	0.94	8.1						
剖61	人为土	水稻土	潴育水稻土	青泥田	青砂泥田	A	0—25	灰棕色	粗砂土	块状	5.7	33.3	1.26	0.60	31.3				花岗岩风化物	E 114°01′41.5″ N 28°21′20.6″	95
						Pg	25—35	深棕色	壤土	块状	5.9	37.0	1.23	0.62	32.7						
						G	35—100	深灰色	壤土	块状	5.7	25.1	0.99	0.52	33.3						
剖62	人为土	水稻土	潴育水稻土	河砂泥田	石底河砂田	A	0—11	灰棕色	砂壤土	块状	6.4	14.2	1.01	0.69	22.2				近代河流冲积物	E 114°05′12.3″ N 28°19′41.5″	95
						P	11—18	棕灰色	砂壤土	块状	7.1	7.7	0.70	0.90	21.5						
						S	18—100	棕灰色	壤土	块状		3.8	0.55	1.35	26.3						
剖63	人为土	水稻土	潴育水稻土	河砂泥田	河砂田	A	0—10	灰棕色	粗砂土	块状	6.9	4.2	0.50	1.63	27.6				近代河流冲积物	E 114°07′23.1″ N 28°18′16.9″	97
						W	10—18	棕黄色	壤土	块状	7.1										
						S	18—49	棕黄色	壤土	块状											
							49—100														
剖64	人为土	水稻土	潴育水稻土	阴山田	阴山田	A	0—15	褐色	壤土	块状	6.1	49.6	2.25	0.79	18.4				板页岩风化物	E 114°03′48.2″ N 28°15′14.0″	95
						P	15—25	棕灰色	黏壤土	块状	6.0	48.2	2.05	0.70	17.7						
						G	25—100	深灰色	黏壤土	块状	6.0	37.7	1.52	0.28	17.7						
剖65	人为土	水稻土	潴育水稻土	麻砂泥田	黄砂泥田	A	0—16	棕灰色	砂壤土	块状									花岗岩风化物	E 114°07′20.3″ N 28°16′00.4″	97
						W_1	16—21	灰黄色	砂壤土	块状											
						W_2	21—55	棕黄色	砂壤土	块状											
							55—100														

续表 Continued

剖面号 Soil profile	土纲 Soil order	土类 Soil great group	亚类 Soil subgroup	土属 Soil genus	土种 Soil species	土层码 Layer code	土层厚度 Depth/cm	颜色 Soil color	质地 Soil texture	土壤结构 Soil structure	pH	有机质 OM/(g/kg)	全氮 TN/(g/kg)	全磷 TP/(g/kg)	全钾 TK/(g/kg)	碱解氮 AN/(mg/kg)	有效磷 AP/(mg/kg)	速效钾 AK/(mg/kg)	土壤母质 Parent material	剖面点坐标 Profile coordinate	匹配指数 Matching index/%
剖66	人为土	水稻土	潜育水稻土	冷浸田	冷浸泥田	A	0—13	棕色	砂壤土	块状	7.2	53.2	2.63	1.37	26.8				板页岩风化物	E 114°04′13.5″ N 28°14′20.4″	97
						P	13—20	灰棕色	砂壤土	块状	7.2	50.8	2.13	0.68	26.8						
						W₁g	20—62	棕黄色	黏壤土	块状	7.3	34.3	1.79	0.40	28.5						
						G	62—100	灰棕色	黏壤土		6.5	21.6	1.21	0.76	28.6						

宁 乡 市

主要土类说明

红壤是宁乡市主要土壤类型，占本市地域面积的57%。红壤分布区是本市经济作物及林业的主要基地，红壤资源丰富，土地潜力大。本市红壤分为红壤、黄红壤、红壤性土三个亚类。其中，红壤亚类约占本土类面积的90%，一般分布在海拔500m以下的低山、丘陵区，发育于多种成土母质，具有明显的脱硅富铝化过程，土层深厚，土壤呈酸性至强酸性。

水稻土是宁乡市第二大土壤类型，占本市地域面积的34%。水稻土是本市主要的耕作土壤，所处地形、成土母质复杂，土壤种类繁多。水稻土是由红壤、紫色土等经淹水耕作发育形成的，因此，各亚类分别有不同的剖面形态、物理性质和生物化学特性。本市水稻土分为淹育型、潴育型、渗育型、潜育型、沼泽型、矿毒型等亚类。其中，潴育水稻土面积最大，占本土类面积的75%，位于淹育水稻土和潜育水稻土之间，即滩田和塝田中的宽广地带。该亚类土层深厚，有较厚的淋溶淀积层，既受地表水的影响，又受地下水的作用，剖面构型为 A–P–W–C 或 A–P–W–Cg。

潮土是宁乡市第三大土壤类型，占本市地域面积的8%。本市潮土位于河漫滩，发育于河流冲积物，地下水位高，潜水参与成土过程，仅有河潮土一个亚类。在潮土成土过程中，底土经氧化还原交替作用，形成锈色斑纹和小型铁子。在长期耕作条件下，表层有机质含量为10—15g/kg。剖面构型为 A_{11}–A_{12}–Cu 或 A_{11}–C–Cu。

小于本市地域面积3%的土壤类型有紫色土、石质土、黄壤等。

本区域中心区气候特征

本区域中心区气候特征值
Regional climate characteristics in central area of the region

气候带：中亚热带湿润气候 Climate region: Subtropical humid climate	
年平均气温 /℃ Annual average temperature /℃	17.0
年平均最高气温 /℃ Annual average maximum temperature /℃	21.3
年平均最低气温 /℃ Annual average minimum temperature /℃	13.8
年降水量 /mm Annual precipitation /mm	1321
≥10℃的积温 /℃ Daily temperature accumulated in a year (≥10℃) /℃	6373
年日照时数 /h Annual sunshine /h	1547
年平均相对湿度 /% Annual average relative humidity /%	81
干燥度 Dryness	0.77

本区域中心区月平均气温与月平均降水量
Monthly temperature and precipitation in central area of the region

宁乡县主要土壤类型与土壤剖面点分布图
1∶300 000

图例
- 红壤
- 水稻土
- 潮土
- 紫色土
- 石质土
- 黄壤
- ⊗ 剖面点

注：国务院2017年4月批准，撤销宁乡县，设立宁乡市。

第二编　分县土壤图与土壤剖面数据 | 051

宁乡市土壤剖面理化性状表

剖面号 Soil profile	土纲 Soil order	土类 Soil great group	亚类 Soil subgroup	土属 Soil genus	土种 Soil species	土层码 Layer code	土层厚度 Depth/cm	颜色 Soil color	质地 Soil texture	土壤结构 Soil structure	pH	有机质 OM (g/kg)	全氮 TN (g/kg)	全磷 TP (g/kg)	全钾 TK (g/kg)	碱解氮 AN (mg/kg)	有效磷 AP (mg/kg)	速效钾 AK (mg/kg)	阳离子交换量 CEC (cmol/kg)	土壤母质 Parent material	剖面点坐标 Profile coordinate	匹配指数 Matching index/%
剖1	人为土	水稻土	潜育水稻土	冷浸田	冷浸岩渣田	1	0–10	褐色	黏壤土		4.9	39.7	1.98	1.61	19.4	104	2.0	112			E 111°58′47.8″ N 28°12′08.8″	95
						2	10—	青灰色	黏壤土		4.7	14.9	0.72	1.45	10.7	92	2.0	110				
剖2	人为土	水稻土	潜育水稻土	黄泥田	黄泥田	A	0–15	深黑色	黏壤土	小块状	4.4	8.8	0.40	1.04	3.1	35	≤1.0	29			E 111°57′17.6″ N 28°09′23.2″	95
						P	15–36	深栗色	黏壤土	柱状	6.4	26.9	1.50	0.50	18.1	143	3.4	80				
						Wg	36–100				6.1	27.4	1.20	0.50	15.4	114	2.0	82				
剖3	人为土	水稻土	漂洗水稻土	漂鳝泥田	青犅白散泥田	Aa	0–16	黄棕色	黏壤土	碎块状	5.6	18.7	0.90	0.50	15.4	44	2.0	84		页岩风化物	E 111°56′30.3″ N 28°05′43.2″	81
						Apg	16–28	灰色	黏壤土	块状	6.9	34.0	1.69	0.74	16.3	156	6.7	79	12.7			
						E	28–80	浅灰棕色	粉砂质黏壤土	粒状	6.8	33.3	1.67	0.52	18.2	120	3.7	88	12.3			
剖4	人为土	水稻土	潜育水稻土	紫泥田	青犅紫泥田	A	0–13	紫色	中壤土		6.7	11.0	0.54	0.62	16.5	95	3.4	78	9.5		E 111°57′43.5″ N 27°59′43.8″	75
						Pg	13–21	紫棕色		棱柱状	6.7	8.9	0.44	≤0.10	11.6	63	2.5	38	5.8			
						G	21–41				6.7			0.32	18.7		2.6	49				
						W	41–69															
						C	69–100															
剖5	人为土	水稻土	潜育水稻土	黄砂泥田	石灰性黄砂泥田	A	0–15	棕黄色	砂壤土	小块状	8.2	30.5	1.49	0.56	18.5	150	1.9	94			E 111°57′53.6″ N 27°59′33.4″	95
						P	15–30	黄褐色	壤土		7.8	25.2	1.09	1.24	5.4	54	≤1.0	96				
						W	30–73	栗色	砂壤土	块状	7.7	15.9	0.42	1.34	18.2	45	≤1.0	106				
剖6	人为土	水稻土	潜育水稻土	鸭屎泥田	鸭屎泥田	A	0–13	栗色	砂壤土	小团粒状	8.0	49.7	2.48	1.04	20.2	193	2.0	52			E 111°58′38.7″ N 27°59′56.3″	95
						P	13–33		黏壤土	块状	8.5	28.1	1.41	1.96	≥50.0	100	≤1.0	40				
						W	33–73		黏壤土		7.5	4.1	0.21	1.34	36.9	69	≤1.0	63				
						E	73–100		土质黏		7.2	1.9	≤0.10	0.61	40.4	12	≤1.0	40				
剖7	人为土	水稻土	潜育水稻土	青泥田	青紫泥田	A	0–23	紫色	黏壤土	块状	6.6	34.3	1.72	2.14	19.8	98	≤1.0	49	9.2		E 111°58′33.9″ N 27°58′37.6″	75
						Pg	23–37	紫棕色	黏壤土	大块状	6.5	26.6	1.33	1.88	19.0	109	≤1.0	49				
						G	37–100	深灰色			6.6	12.3	0.61	1.44	14.4	67	≤1.0	64				
剖8	人为土	水稻土	潜育水稻土	黄泥田	石灰性青犅黄泥田	A	0–14		黏壤土		8.0	31.6	1.58	1.44	14.9	167	4.4	98	9.1		E 111°59′00.5″ N 27°59′09.6″	75
						Pg	14–37		壤土		7.8	27.5	1.35	0.38	18.2	121	1.1	87	9.1			
						W	37–100		黏壤土		7.5	9.7	0.48	0.46	23.9	54	≤1.0	57	4.9			
剖9	人为土	水稻土	渗育水稻土	白散泥田	白胶田	A	0–16	棕灰色	重壤土		6.2	45.0	2.25	0.65	16.3	141	5.7	63			E 111°59′03.1″ N 27°59′17.0″	75
						P	16–32	灰白色	轻黏土	块状	6.4	20.3	1.02	0.41	16.1	91	4.2	50				
						E	32–45		黏土	棱柱状	6.9	16.6	0.83	0.41	25.4	65	≤1.0	≤5				
						We	45–100				6.6	6.7	0.33	0.41	22.1	30	≤1.0	7				
剖10	人为土	水稻土	潜育水稻土	麻砂泥田	麻砂泥田	A	0–13	紫色	黏壤土	块状	6.0	32.4	1.62	2.03	23.3	53	4.1	58	9.2		E 111°59′11.9″ N 27°59′51.2″	75
						Pg	13–23		黏壤土	棱柱状	6.8	24.2	1.21	1.03	11.5	31	10.7	48	8.6			
						W	23–54				6.6	18.4	0.92	1.07	18.0	8	≤1.0	57	10.1			
						C	54–100				6.7	5.1	0.25	1.11	15.7		≤1.0	78	4.5			
剖11	铁铝土	红壤	红壤	耕型板页岩红壤	熟黄土	A	0–20	棕黄色	黏壤土	块状	5.3	18.4	0.92	0.77	15.6	74	≤1.0	87		板页岩	E 111°59′25.4″ N 27°59′53.9″	75
						Bv	20–100	棕色			5.2	2.8	≤0.10	0.52	18.0	54	≤1.0	86				
剖12	人为土	水稻土	潜育水稻土	黄泥田	石灰性黄泥田	A	0–16	棕黄色	黏壤土	块状	8.3	26.9	1.29	0.85	22.0	134	1.6	39			E 111°59′00.5″ N 27°58′15.5″	95
						P	16–31	棕色	黏土	棱柱状	7.3	14.9	0.67	0.62	28.8	55	≤1.0	81				
						W	31–56				7.2			1.44	26.4		≤1.0	37				
						C	56–100				7.2							47				

续表 Continued

剖面号 Soil profile	土纲 Soil order	土类 Soil great group	亚类 Soil subgroup	土属 Soil genus	土种 Soil species	土层码 Layer code	土层厚度 Depth/cm	颜色 Soil color	质地 Soil texture	土壤结构 Soil structure	pH	有机质 OM/(g/kg)	全氮 TN/(g/kg)	全磷 TP/(g/kg)	全钾 TK/(g/kg)	碱解氮 AN/(mg/kg)	有效磷 AP/(mg/kg)	速效钾 AK/(mg/kg)	阳离子交换量CEC/(cmol/kg)	土壤母质 Parent material	剖面点坐标 Profile coordinate	匹配指数 Matching index/%
剖13	人为土	水稻土	潴育水稻土	红黄泥田	青膏红黄泥田	A	0—15	棕黄色	中壤土	块状	5.9	31.8	1.59	2.16	37.3	206	5.8	97	8.3	第四纪红色黏土	E 111°59′09.9″ N 27°58′04.6″	95
						Pg	15—27	青灰色	黏风土	棱柱状	6.0	28.8	1.44	1.77	17.9	114	≤1.0	56	6.2			
						W	27—56				5.9	13.6	0.60	1.60	20.5	64	≤1.0	72	4.5			
						C	56—100				6.1	3.2	≤0.10	0.93	18.7	21	≤1.0	80	6.0			
剖14	人为土	水稻土	渗育水稻土	白散泥田	石灰性白胶泥田	1	0—13	深栗色	黏重	小团粒状											E 111°59′59.9″ N 27°56′42.8″	75
						2	13—36	灰栗色		棱柱状												
剖15	人为土	水稻土	潴育水稻土	黄泥田	黄泥田	A	0—14	深栗色	中壤土	小块状	4.8	38.8	1.44	2.36	14.3	203	1.7	114			E 112°02′48.3″ N 28°12′54.3″	95
						P	14—23		中壤土	柱状	4.9	29.3	1.40	3.36	5.7	153	1.1	155				
						W	23—53		中壤土		5.1	13.0	0.65	1.74	3.4	85	≤1.0	73				
						C	53—100				5.0	2.8	0.14	2.23	3.4	37	≤1.0	66				
剖16	人为土	水稻土	淹育水稻土	浅黄泥田	浅黄泥田	A	0—10				4.7	23.3	1.16	1.44	26.7	152	≤1.0	72			E 112°06′05.9″ N 28°14′16.0″	95
						P	10—21				4.8	16.2	0.81	0.56	22.2	114	≤1.0	75				
						C	21—100				4.9	17.8	0.78	0.74	2.2	44	≤1.0	89				
剖17	铁钙土	红壤		耕型石灰岩红壤	灰红土	A	0—20	灰红色	黏壤土	小块状	6.8	8.8	0.40	1.24	14.3	44	≤1.0	67	5.7	石灰岩	E 112°00′18.7″ N 28°10′08.4″	95
						Bv	20—86	橙色	重黏土	块状	7.2	4.4	0.18	1.03	11.9	28	4.0	109	4.1			
						3	86—	浅橙色	重黏土	块状									4.9			
剖18	人为土	水稻土	潴育水稻土	灰板田	灰板田	A	0—17	灰棕色	黏壤土	小团粒状	8.0	37.3	1.81	1.00	1.1	99	≤1.0	99	7.2		E 112°10′06.4″ N 28°12′45.7″	95
						P	17—32			块状	8.5	19.0	0.95	1.02	4.8	90		59	7.6			
						W	32—100				7.5	≤1.0	0.18	0.86	6.3	16		59	5.6			
剖19	人为土	水稻土	渗育水稻土	白鳝泥田	青膏白鳝泥田	A	0—16	褐色	砂壤土	块状	5.5	38.8	1.90	1.87	22.4	233	19.3	101			E 112°12′56.3″ N 28°11′09.9″	95
						Pg	16—38	褐灰色	砂壤土	块状	5.6	24.1	1.70	0.83	24.8	149	1.4	37				
						E	38—100	灰白色			5.5	3.7	0.18	0.41	18.7	15	≤1.0	11				
剖20	初育土	紫色土	酸性紫色土	耕型酸性紫色土	耕型酸性紫色土	A	0—42				6.0	19.1	0.92	1.32	14.8	60	≤1.0	96			E 112°07′32.2″ N 28°12′20.6″	75
						Bv	42—100				6.1	13.4	0.52	1.33	18.7	34	≤1.0	67				
剖21	人为土	水稻土	淹育水稻土	浅黄泥田	生黄泥田	A	0—10				6.6	21.8	1.09	0.50	30.5	156	3.3	86	5.7		E 112°10′56.1″ N 28°11′50.8″	95
						P	10—29				6.5	19.9	0.93	1.10	15.3	76	≤1.0	68	4.1			
						C	29—				6.5	5.5	0.27	0.23	17.6	31	≤1.0	100	4.9			
剖22	人为土	水稻土	潴育水稻土	浅黄泥田	铁子黄泥田	A	0—13	深灰色	壤土	小粒状	5.6	20.9	1.04	0.46	20.8	143	16.9	38	5.7		E 112°02′57.8″ N 28°09′53.8″	95
						P	13—33	灰色	中壤土	块状	5.7	20.4	1.01	0.16	18.9	144	8.6	63	6.8			
						Bv	33—45	灰白色	重壤土	小块状	5.5	4.4	0.22	1.18	26.2	55	3.2	72	4.8			
						C	45—		砂壤土	块状	5.6	8.7	0.45	≤0.10	28.6	34	3.5	56	4.2			
剖23	铁钙土	红壤	黄红壤	耕型石灰岩黄红壤	黄红土	A	0—17				5.6	16.1	0.80	2.96	25.8	88	4.2	91	6.8	石灰岩	E 112°02′26.1″ N 28°09′37.8″	95
						Bv	17—48				5.6	15.8	0.28	6.04	19.9	66	3.0	67	6.3			
						C	48—100				3.9	2.1	1.00	3.17	16.7	59	3.9	31	12.9			
剖24	人为土	水稻土	渗育水稻土	白鳝泥田	白鳝泥田	A	0—14		壤土		6.6	31.9	1.59	1.64	24.7	121	≤1.0	105	6.3		E 112°09′10.2″ N 28°05′53.6″	95
						P	14—20		中壤土		6.5	30.3	1.52	1.23	24.6	79	≤1.0	68				
						W	20—100		重壤土		6.6	2.0	≤0.10	1.34	20.0	12	≤1.0	96	3.8			
剖25	人为土	水稻土	潴育水稻土	麻砂泥田	麻砂泥田	A	0—13	灰棕色	砂壤土	小块状	6.0	44.4	2.20	1.55	28.5	209	8.4	146			E 112°00′46.0″ N 27°58′54.1″	95
						P	13—21			块状	5.9	30.0	1.50	0.83	29.2	164	3.9	144				
						W	21—60			块状	5.8	16.5	0.70	1.22	31.7	188	2.3	163				
						Cg	60—100			块状	5.8	1.1	≤0.10	1.37	24.9	26	2.0	45				
剖26	人为土	水稻土	矿毒型水稻土	金属矿毒田	铁锰矿毒田	A	0—20	棕色	中壤土	块状	5.2	13.2	0.66	0.92	20.2	119	2.1	66	5.1		E 112°01′22.2″ N 27°59′41.9″	95
						P	20—27	棕色	中壤土	块状	5.1	34.2	1.57	0.33	32.0	91	1.7	114	6.9			
						W	27—100	浅黄色	壤土	块状	4.9	30.0	1.50	1.01	17.8	82	1.9	64	4.8			

续表 Continued

剖面号 Soil profile	土纲 Soil order	土类 Soil great group	亚类 Soil subgroup	土属 Soil genus	土种 Soil species	土层码 Layer code	土层厚度 Depth/cm	pH	有机质 OM/(g/kg)	全氮 TN/(g/kg)	全磷 TP/(g/kg)	全钾 TK/(g/kg)	碱解氮 AN/(mg/kg)	有效磷 AP/(mg/kg)	速效钾 AK/(mg/kg)	阳离子交换量CEC/(cmol/kg)	土壤母质 Parent material	剖面点坐标 Profile coordinate	匹配指数 Matching index/%
剖27	人为土	水稻土	潜育水稻土	麻砂泥田	麻砂泥田	A	0–12	5.2	25.7	1.28	1.66	24.1	127	2.3	60			E 112°01′43.0″ N 27°57′51.3″	95
						P	12–18	5.2	16.5	0.71	1.24	18.6	69	1.1	81				
						W	18–100	5.0	7.5	0.37	1.14	31.0	29	≤1.0	124				
剖28	铁铝土	红壤		花岗岩红壤	花岗岩红壤	A	0–27	5.5	23.0	0.92	0.61	27.3	38	3.5	50		砂岩	E 112°02′34.2″ N 27°58′57.0″	95
						Bv	27–120	5.4	13.3	0.51	1.12	18.7	33	≤1.0	42				
						C	120–150	5.4	5.7	≤0.10	1.07	15.4	20	≤1.0	40				
剖29	铁铝土	红壤		耕型花岗岩红壤	耕型花岗岩红壤	A	0–38	5.8	38.1	1.90	1.28	26.4	112	7.9	126		花岗岩	E 112°05′41.7″ N 27°59′35.5″	95
						C	38–100	5.9	18.4	0.92	1.26	24.0	47	1.7	58				
剖30	人为土	水稻土	潜育水稻土	黄紫泥田	黄紫泥田	A	0–15	6.5	35.3	1.27	1.75	14.2	132	5.1	66	9.6		E 112°04′53.0″ N 27°58′20.0″	95
						P	15–23	6.7	23.9	1.19	1.86	13.1	101	4.5	74	8.2			
						W	23–100	6.8	5.4	0.28	0.82	12.2	46	1.7	74	8.8			
剖31	人为土	水稻土	潜育水稻土	青灰泥田	青灰岩泥田	A	0–14	8.3	33.1	1.65	0.63	14.6	226	1.7	168	11.7		E 112°05′32.5″ N 27°58′11.8″	95
						Pg	14–28	8.0	34.6	1.73	0.31	12.7	178	1.3	116	8.4			
						G	28–100	8.1	26.9	1.54	1.04	11.7	61	≤1.0	175	9.9			
剖32	人为土	水稻土	潜育水稻土	河砂泥田	河潮泥田	A	0–14	7.4	30.0	1.50	1.38	28.3	248	5.7	22			E 112°06′43.0″ N 27°59′24.2″	95
						P	14–24	7.1	32.3	1.61	0.82	27.0	142	5.2	9				
						W	24–100	6.7	6.2	0.29	1.02	25.7	42	4.6	≤5				
剖33	人为土	水稻土	潜育水稻土	黄砂泥田	盐砂泥田	A	0–20	5.7	32.9	1.64	1.12	28.5	148	3.8	139	9.8		E 112°06′48.6″ N 27°58′01.4″	95
						P	20–32	5.8	26.5	1.32	1.26	17.6	49	1.1	78	7.9			
						W	32–100	5.6	≤1.0	≤0.10	2.13	23.5	30	≤1.0	6	6.6			
剖34	铁铝土	红壤	黄红壤	花岗岩黄红壤	薄腐中层花岗岩黄红壤	A	0–31	5.0	26.6	1.33	0.82	26.3	76	≤1.0	164		花岗岩	E 112°07′19.5″ N 27°57′39.7″	95
						Bv	31–56	5.7	22.6	1.20	1.28	26.1	62	≤1.0	105				
						C	56–100	6.1	5.9	≤0.10	0.31	28.5	56	≤1.0	59				
剖35	人为土	水稻土	淹育水稻土	浅黄砂泥田	粗麻砂泥田	A	0–9	5.4	28.5	1.43	1.42	27.9	213	3.1	63	7.8		E 112°04′49.0″ N 27°56′06.9″	95
						P	9–16	5.4	12.8	0.63	1.55	28.8	125	3.8	50	6.9			
						C	16–100	5.4	4.1	0.20	1.06	27.3	41	1.6	130	9.4			
剖36	人为土	水稻土	潜育水稻土	紫河泥田	紫河泥田	A	0–17	7.6	45.3	2.26	1.73	23.3	155	2.8	166			E 112°07′05.5″ N 27°56′22.2″	95
						P	17–27	6.5	35.6	1.78	1.04	23.2	119	2.8	112				
						W	27–100	6.3	14.0	0.19	1.29	16.7	34	≤1.0	128				
剖37	人为土	水稻土	潜育水稻土	岩渣田	少量渣田	A	0–15	6.5	27.6	1.38	1.14	7.4	108	4.8	78			E 112°00′56.9″ N 27°57′26.6″	95
						P	15–26	6.7	16.8	0.84	1.49	7.7	94	6.5	131				
						W	26–100	6.4	8.4	0.42	0.78	≤1.0	48	3.7	133				
剖38	人为土	水稻土	淹育水稻土	浅黄泥田	石子黄泥田	A	0–13	5.5	24.7	1.24	1.54	36.7	198	3.2	54			E 112°00′29.8″ N 27°56′39.1″	95
						P	13–38	5.3	13.9	0.49	0.61	36.7	113	1.8	97				
						W	38–100	5.7	5.3	0.26	0.60	34.3	53	1.4	84				
剖39	人为土	水稻土	潜育水稻土	青泥田	青灰泥田	1	0–12	4.9	23.4	1.17	0.81	20.6	82	≤1.0	83			E 112°00′41.1″ N 27°55′52.0″	95
						2	12–27	4.5	22.9	1.14	0.62	25.4	90	≤1.0	23				
						3	27–100	6.2	9.5	0.47	0.76	11.0	20	≤1.0					
剖40	铁铝土	红壤		花岗岩红壤	花岗岩红壤	A	0–16	5.8	34.9	1.75	1.51	33.2	204	1.3	52		花岗岩	E 112°01′35.0″ N 27°56′10.9″	95
						Bv	16–24	5.8	31.9	1.59	1.13	26.2	125	2.9	52				
						C	24–36	5.7	24.6	1.23	1.03	21.7	89	1.6	24				
剖41	人为土	水稻土	渗育水稻土	白散泥田	流砂底田	P	0–27	5.8	19.2	0.96	1.29	29.9	49	2.2	44			E 112°01′30.5″ N 27°55′49.0″	95
						S_1	27–58												
						G	58–100												
						S_2	64–100	5.8	5.4	0.24	0.87	37.9	16	3.2	57				

续表 Continued

剖面号 Soil profile	土纲 Soil order	土类 Soil great group	亚类 Soil subgroup	土属 Soil genus	土种 Soil species	土层码 Layer code	土层厚度 Depth/cm	颜色 Soil color	质地 Soil texture	土壤结构 Soil structure	pH	有机质 OM/(g/kg)	全氮 TN/(g/kg)	全磷 TP/(g/kg)	全钾 TK/(g/kg)	碱解氮 AN/(mg/kg)	有效磷 AP/(mg/kg)	速效钾 AK/(mg/kg)	阳离子交换量CEC/(cmol/kg)	土壤母质 Parent material	剖面点坐标 Profile coordinate	匹配指数 Matching index/%
剖42	人为土	水稻土	渗育水稻土	白散泥田	青褐白散泥田	A	0—16	黄棕色	黏壤土	小块状	9.4	26.9	1.54	1.23	21.9	143	3.4	79			E 112°03′08.6″ N 27°57′19.6″	95
						Apg	16—28	深灰色	黏壤土		6.1	27.4	1.16	1.27	18.5	114	2.0	82				
						E	28—100		黏壤土	无结构散状	5.6	18.7	1.53	1.27	17.0	44	2.0	84				
剖43	铁铝土	红壤	黄红壤	耕型花岗岩黄红壤	黄红砂土	A	0—30				5.2	34.8	1.74	0.83	17.9	184	≤1.0	163		花岗岩	E 112°07′46.6″ N 27°59′42.8″	95
						Bv	30—90				4.8	31.3	1.56	1.03	12.3	179	≤1.0	158				
剖44	人为土	水稻土	潜育水稻土	青泥田	青泥田	A	0—19	栗色	中壤土	粒状	5.6	40.5	1.95	1.54	22.7	115	2.9	64	8.1		E 112°07′35.9″ N 27°59′20.1″	95
						Pg	19—33	灰色	中壤土	块状	6.0	40.0	0.59	1.14	19.3	98	1.7	32	10.6			
						W	33—100	深灰色	轻壤土	大块状	6.1	26.2	0.41	1.07	16.5	82	1.2	29	6.8			
剖45	人为土	水稻土	潜育水稻土	红黄泥田	石灰性青塥红黄泥田	A	0—16	红棕色	黏壤土	小块状	7.8	37.5	1.25	0.88	4.1	137	2.0	53		第四纪红色黏土	E 112°08′53.9″ N 27°58′47.6″	95
						Pg	16—32	浅棕灰色		块状	7.5	29.9	0.83	1.53	3.9	92	≤1.0	63				
						W	32—100				7.3	9.2	0.42	1.16	12.0	34	≤1.0	60				
剖46	铁铝土	红壤		砂岩红壤	砂岩红壤	A	0—26		黏壤土		6.2	28.2	1.41	1.64	17.1	149	1.1	111		砂岩	E 112°09′06.7″ N 27°58′47.6″	95
						Bv	26—90	棕灰色	轻黏土	粒状	6.1	10.6	0.53	1.38	29.3	115	≤1.0	42				
						C	90—150	灰宽色	壤土	块状	5.9	8.3	0.41	0.92	31.9	114	≤1.0	67				
剖47	人为土	水稻土	渗育水稻土	白鳝泥田	石灰性青塥白鳝泥田	A	0—15		轻黏土	粒状	7.8	33.1	1.60	1.34	27.8	144	1.2	22	5.1		E 112°09′10.2″ N 27°57′48.4″	95
						Pg	15—28		壤土	块状	7.4	28.2	1.01	0.81	29.0	83	≤1.0	11	4.2			
						E	28—100				6.0	8.1	0.40	0.92	23.9	15	1.6	23	5.2			
剖48	人为土	水稻土	淹育水稻土	浅黄砂泥田	石子黄砂泥田	A	0—12	黄褐色	砂壤土		6.3	27.6	1.38	1.54	29.0	128	1.7	39			E 112°10′14.2″ N 27°58′57.6″	95
						P	12—22	灰白色			6.3	25.3	1.26	2.34	32.4	110	3.1	40	10.3			
						C	22—				6.1	2.6	0.13	1.98	32.2	29	6.4	22				
剖49	人为土	水稻土	潴育水稻土	河砂泥田	油砂田	A	0—15	灰黑色	砂壤土	小团粒状	5.5	36.7	1.83	0.61	12.4	186	2.9	47			E 112°13′13.4″ N 27°59′32.5″	95
						P	15—25	深褐色	砂壤土	小块状	5.6	32.0	1.60	0.51	16.4	124	1.4	43	9.2			
						W₁	25—56	黄棕色		柱状	5.3	4.5	0.23	1.23	28.9	32	≤1.0	29	7.9			
						W₂	56—100			柱状、块状	5.1	6.8	0.34	1.06	20.1	28	5.5	48	5.5			
剖50	人为土	水稻土	渗育水稻土	白散泥田	铁子白散泥田	A	0—11	黄褐色	砂壤土	粒状	6.2	30.3	1.52	0.51	26.1	102	≤1.0	128			E 112°14′06.6″ N 27°56′51.7″	95
						P	11—22	灰白色		块状	6.0	26.3	1.32	0.72	28.2		≤1.0	85				
						E	22—40	黄棕色			6.1	16.6	0.84	0.75	13.2	84	≤1.0	51				
						C	40—100				6.1	6.8	0.34	0.93	24.2	30	1.2	48				
剖51	人为土	水稻土	潴育水稻土	黄泥田	青褐黄泥田	A	0—15	棕红色	黏土		6.0	30.8	1.29	1.21	14.0	145	1.5	99			E 112°24′07.6″ N 28°16′33.6″	95
						Pg	15—41	深棕色		粒状	6.0	20.7	1.01	0.95	17.2	128	≤1.0	59				
						W	41—100				6.3	2.5	0.11		19.7	26	≤1.0	59				
剖52	人为土	水稻土	潴育水稻土	岩渣田	中量岩渣子田	A	0—13	黄褐色		棱柱状	6.0	36.7	2.30	1.87	18.3	208	2.2	234	4.4		E 112°25′14.6″ N 28°15′26.7″	95
						P	13—22	黄棕色		棱柱状	6.0	26.6	1.31	1.66	22.5	121	1.3	107	3.3			
						W	22—59	黄棕色			6.1	16.6	0.83	1.55	34.4	30	≤1.0	57	2.6			
						C	59—100				6.0	5.8	0.20	1.85	21.5	20	1.2	89	4.8			
剖53	铁铝土	红壤		耕犁板页岩红壤	黄泥土	A	0—16		黏土	粒状	5.3	19.5	0.98	≤0.10	25.1	93	1.1	45		板页岩	E 112°07′33.6″ N 27°56′51.7″	95
						Bv	16—40			块状	5.5	12.4	0.62	0.25	37.7	74	≤1.0	19				
						C	40—100				5.8	5.4	0.17	0.46	22.0	53	≤1.0	13				
剖54	铁铝土	红壤		砂岩红壤	砂岩红壤	A	0—30				5.4	36.0	1.81	0.52	10.3	139	2.2	160		第四纪红色黏土	E 112°16′00.4″ N 28°10′43.7″	95
						Bv	30—80				5.3	16.2	0.96	≤0.10	8.1	95	≤1.0	83				
						C	80—100				5.3	10.4	0.52	≤0.10	14.9	97	≤1.0	50				
剖55	人为土	水稻土	淹育水稻土	浅黄砂泥田	浅盐砂泥田	A	0—12	灰棕色	砂壤土	粒状	5.0	23.1	1.15	0.93	31.5	201	4.6	102			E 112°22′30.7″ N 28°13′21.7″	95
						Ap	12—24	浅灰棕色	砂壤土	块状	5.5	12.1	1.13	1.13	28.3	136	≤1.0	77				
						C	24—100	棕黄色	砂壤土	碎块状	6.0	9.9	0.90	0.92	25.3	50	1.1	93				

剖面号 Soil profile	土纲 Soil order	土类 Soil great group	亚类 Soil subgroup	土属 Soil genus	土种 Soil species	土层码 Layer code	土层厚度 Depth/cm	颜色 Soil color	质地 Soil texture	土壤结构 Soil structure	pH	有机质 OM/(g/kg)	全氮 TN/(g/kg)	全磷 TP/(g/kg)	全钾 TK/(g/kg)	碱解氮 AN/(mg/kg)	有效磷 AP/(mg/kg)	速效钾 AK/(mg/kg)	阳离子交换量 CEC/(cmol/kg)	土壤母质 Parent material	剖面点坐标 Profile coordinate	匹配指数 Matching index/%
剖56	人为土	水稻土	潴育水稻土	黄砂泥田	黄砂泥田	A	0—14	红褐色	轻壤土	小团粒状	6.7	35.3	1.76	2.56	17.6	134	1.8	91	12.0		E 112°27′12.0″ N 28°12′37.9″	95
						P	14—24	深栗色	中壤土		6.7	31.0	1.55	2.10	25.0	78	≤1.0	59	9.5			
						W	24—60	黄褐色	中壤土		6.5	19.6	0.48	0.91	27.4	68	≤1.0		4.7			
						C	60—100				6.8	6.4	0.30	1.47	11.7	43	≤1.0		5.9			
剖57	人为土	水稻土	潴育水稻土	灰黄泥田	灰黄泥田	A	0—15	灰栗色	重壤土	块状	8.0	38.2	1.91	2.02	18.0	110	2.0	105	13.9		E 112°15′49.6″ N 28°08′15.7″	95
						P	15—26	灰黄褐色		块状	8.5	25.8	1.29	1.94	10.4	100	4.3	104	11.1			
						W	26—100	浅褐色		板柱状	8.0	4.3	0.21	1.77	12.2	18	≤1.0	136	11.1			
剖58	铁铝土	红壤	红壤	砂岩红壤	砂岩红壤	A	0—8				6.6	24.1	1.21	0.73	18.8	56	≤1.0	96		砂岩	E 112°19′47.4″ N 28°08′36.8″	95
						Bv	8—82				6.6	14.3	0.71	0.79	26.3	56	≤1.0	89				
						C	82—100				6.5	4.2	0.21	0.51	17.8	33	≤1.0	87				
剖59	铁铝土	红壤	红壤	板页岩红壤	板页岩红壤	A	0—22				4.5	17.5	0.87		23.3	96	≤1.0	96		板页岩	E 112°18′48.4″ N 28°05′52.8″	95
						Bvs	22—100				4.8	1.3	0.60		16.1	18	≤1.0	14				
剖60	人为土	水稻土	潴育水稻土	黄砂泥田	黄砂泥田	A	0—16	黄褐色	轻壤土	小块状	8.0	36.0	1.07	1.25	21.6	157	5.8	57			E 112°20′00.2″ N 28°05′26.0″	95
						Pg	16—31	棕灰色	轻壤土	块状	7.8	28.0	1.02	0.83	13.7	133	1.1	48				
						W	31—77	黄棕色		梭柱状	7.4	17.1	0.69	0.83		71	≤1.0	48				
						C	77—100				6.6			0.72		50	≤1.0	67				
剖61	人为土	水稻土	淹育水稻土	浅黄泥田	黄泥水田	A	0—9				6.1	28.3	1.23	1.00	25.1	120	1.4	39			E 112°21′05.2″ N 28°00′51.9″	95
						P	9—17				6.0	11.8	0.90	0.89	25.0	90	1.1	59				
						C	17—70				6.1	4.5	≤0.10	0.62	11.7	21	≤1.0	68				
剖62	人为土	水稻土	潴育水稻土	青泥田	青泥田	A	0—13				6.4	50.6	2.53	0.46	31.7	183	2.1	96	9.8		E 112°20′28.4″ N 27°59′32.6″	95
						Pg	13—23				6.5	38.0	1.89	1.29	19.0	129	1.7	112	8.6			
						W	23—100				6.3	25.2	1.24	0.73	5.2	63	1.3	77	7.9			
剖63	铁铝土	红壤	花岗岩红壤	花岗岩红壤	花岗岩红壤	A	0—39				5.8	14.6	0.82	0.46	30.1	91	≤1.0	97		花岗岩	E 112°21′56.3″ N 27°59′29.0″	95
						Bv	39—100				5.9	6.5	≤0.10	0.46	23.3	4	≤1.0	100				
剖64	铁铝土	红壤	耕型红壤	熟红土	熟红土	A	0—25	棕灰色	黏壤土	小块状	5.5	26.8	1.24	1.37	26.6	106	2.0	136		第四纪红色黏土	E 112°36′15.9″ N 28°22′47.0″	95
						C	25—100	棕灰色	黏土	块状	5.2	13.2	0.66	1.35	19.9	93	1.1	68				
剖65	人为土	水稻土	潜育水稻土	白散泥田	青揭白散泥田	A	0—13	灰白色	黏土	柱状	6.4	21.3	1.06	0.94	24.3	135	1.1	84			E 112°36′52.1″ N 28°20′46.1″	95
						Pg	13—22	棕白色	黏土	柱状	6.1	16.5	0.83	1.24	17.0	100	≤1.0	88				
						E	22—100				6.1	1.4	≤0.10	1.26	15.5	15	≤1.0	121				
剖66	人为土	水稻土	潴育水稻土	红黄泥田	红黄泥田	A	0—13	红褐色	黏壤土	块状	5.1	24.3	1.19	1.53	21.8	104	3.8	50		第四纪红色黏土	E 112°38′57.7″ N 28°22′40.9″	95
						P	13—20	红褐色	黏壤土		5.2	15.1	0.70	1.02	18.7	92	≤1.0	39				
						W	20—72				5.2	2.2	≤0.10	0.71	11.7	41	≤1.0	46				
						C	72—100				5.1	≤1.0	0.22	0.18	17.4	10	≤1.0	46				
剖67	紫色土	紫色土	石灰性紫色土	石灰性紫色土	石灰性紫色土	A	0—15				6.4	40.9	2.04	0.36	9.5	164	3.7	15			E 112°35′59.5″ N 28°15′17.6″	95
						Bv	8—90				6.4	33.6	1.68	0.40	17.5	99	1.7	≤5				
						P	90—150				6.6	15.7	0.78	0.65	13.8	36	≤1.0	≤5				
剖68	初育土	水稻土	淹育水稻土	浅紫泥田	浅紫泥田	A	0—10				6.5	13.5	0.67	0.25	14.1	30	10.4	≤5			E 112°30′34.6″ N 28°16′05.2″	95
						P	10—38				6.5	24.4	1.98	0.81	16.9	69	≤1.0	150				
						C	38—100				7.8	12.6	0.60	1.23	25.4	58	≤1.0	135				
剖69	人为土	紫色土	石灰性紫色土	耕型石灰性紫色土	耕型石灰性紫色土	A	0—8				8.2	6.9	≤0.10	1.23	24.5	48	≤1.0	121			E 112°32′25.1″ N 28°16′59.1″	95
						P	0—44				8.2	23.7	1.08	1.04	20.4	129	6.4	29				
						Bv	44—83				6.4	10.3	0.51	0.86	27.6	21	2.7	≤5				
						C	83—100				6.5				27.6		4.9	≤5				
剖70	初育土	紫色土	石灰性紫色土			A					7.8	4.7	0.20	1.16	16.9	44	18.5	162			E 112°33′24.2″ N 28°16′56.4″	95
											8.0	8.3	0.31	0.67	25.4	35	17.4	144				
											8.1	1.2	≤0.10	0.93	23.3	28		124				

续表 Continued

剖面号 Soil profile	土纲 Soil order	土类 Soil great group	亚类 Soil subgroup	土属 Soil genus	土种 Soil species	土层码 Layer code	土层厚度 Depth/cm	颜色 Soil color	质地 Soil texture	土壤结构 Soil structure	pH	有机质 OM/(g/kg)	全氮 TN/(g/kg)	全磷 TP/(g/kg)	全钾 TK/(g/kg)	碱解氮 AN/(mg/kg)	有效磷 AP/(mg/kg)	速效钾 AK/(mg/kg)	阳离子交换量CEC/(cmol/kg)	土壤母质 Parent material	剖面点坐标 Profile coordinate	匹配指数 Matching index,%
剖71	人为土	水稻土	潴育水稻土	青泥田	青灰泥田	A	0—15	棕色	重壤土	粒状	6.6	49.9	2.48	1.14	18.0	225	1.4	149	5.9		E 112°41′21.6″ N 28°17′22.5″	95
						Pg	15—23	褐色	轻黏土	柱状	6.2	42.1	2.10	0.77	12.1	228	≤1.0	62	6.7			
						G	23—52	青灰色	黏壤土		6.4	27.5	1.38	0.62	15.0	160	≤1.0	87	6.0			
						We	52—100				4.9	12.2	1.61	0.25	16.6	43	≤1.0	83	5.8			
剖72	人为土	水稻土	潴育水稻土	黄砂泥田	黄砂泥田	A	0—10				6.5	34.2	1.71	0.42	13.3	149	2.0	109			E 112°31′13.7″ N 28°13′01.7″	95
						P	10—24				6.6	22.0	1.10	0.67	13.8	83	≤1.0	137				
						W	24—53				6.4	19.5	0.97	0.23	12.6	52	≤1.0	83				
						C	53—100				6.6	7.8	0.39	0.51	16.7	31	≤1.0	57				
剖73	人为土	水稻土	渗育水稻土	白散泥田	白散泥田	A	0—16	黄灰色	壤土		7.0	31.6	1.58	0.20	7.5	156	6.1	≤5	5.8		E 112°34′50.8″ N 28°14′20.5″	95
						P	16—28	深灰色	重壤土		7.0	20.6	1.03	0.30	7.2	70	3.7	≤5	3.9			
						E	28—48	灰白色	中壤土	小块状	6.7	6.3	0.31	0.50	6.9	45	≤1.0	≤5	2.5			
						We	48—100				6.6			≤0.10	14.2	48	≤1.0	43	3.1			
剖74	人为土	水稻土	潴育水稻土	河砂泥田	泥砂田	A	0—15	灰褐色	中壤土	小团粒状	6.5	36.7	1.84	0.50	10.0	192	27.2		5.8		E 112°35′42.1″ N 28°13′57.5″	95
						P	15—21	黄褐色	中壤土	块状	6.3	9.9	0.49	0.65	14.0	115	3.1	38	6.7			
						W	21—69				6.3	2.2	0.11	0.80	14.6	49	3.0	32	5.5			
						C	69—100				6.3	2.3	0.11	0.80	14.6	26	1.1	50	3.8			
剖75	人为土	水稻土	潴育水稻土	黄砂泥田	黄砂泥田	A	0—18	棕黄色	中壤土	小块状	6.2	41.6	2.08	1.67	16.2	172	5.2	38	4.1		E 112°30′13.7″ N 28°10′16.1″	95
						P	18—30	深棕色	中壤土	块状	6.4	18.2	0.91	0.81	23.7	79	≤1.0	32				
						G	30—60	深灰色	壤土		6.5	17.1	0.54	0.60	14.6	46	≤1.0	50				
						W	60—100	青灰色	壤土		6.6	3.9	0.19	1.12	16.6	43	≤1.0	38				
剖76	人为土	水稻土	潴育水稻土	岩渣泥田	多量岩渣田	A	0—11	灰褐色	壤土	小块状	5.2	32.3	1.62	1.14	3.2	138	≤1.0	227			E 112°38′23.2″ N 28°13′54.8″	95
						P	11—17		壤土	块状	5.4	23.4	1.17	1.25	3.2	109	≤1.0	117				
						W	17—73		壤土	片状	5.5	2.5	0.12	0.61	11.4	29	≤1.0	48				
剖77	人为土	水稻土	潴育水稻土	紫泥田	紫泥田	A	0—15	深棕色	中壤土	小块状	7.6	33.8	1.90	0.77	11.7	108	4.6	102	10.0	紫砂页岩	E 112°40′25.4″ N 28°13′26.8″	95
						P	15—27	灰棕色	黏壤土	块状	7.8	22.0	1.10	1.54	16.4	135	≤1.0	134	9.7			
						W	27—100	灰棕色	壤土	棱柱状	6.1	3.7	0.18	1.18	10.3	38	≤1.0	121	10.0			
剖78	人为土	水稻土	潴育水稻土	烂泥田	石灰性湴眼田	Ag	0—16	浅褐色	轻壤土	粒状	8.5	30.7	1.23	0.91	15.6	153	3.3	161	9.4		E 112°43′00.7″ N 28°00′29.9″	95
						Pg	16—59	深灰色	中壤土	块状	8.0	22.6	0.49	1.06	13.8	91	2.6	122	6.0			
						G	59—100	青灰色	黏壤土		9.0	13.9	0.21	0.20	10.0	89	1.2	142	2.9			
剖79	铁铝土	红壤		板页岩红壤	板页岩红壤	A	0—18				6.2	13.4	0.67	0.76	18.7	10	≤1.0	23		板页岩	E 112°38′59.1″ N 27°56′11.3″	95
						Bv	18—85				6.0	16.8	0.24	1.59	17.8	76	≤1.0	33	12.2			
						C	85—100				5.8	6.8	≤0.10	0.82	20.7	55	≤1.0	35	11.3			
剖80	人为土	水稻土	潴育水稻土	红黄泥田	黑泥田	A	0—16	灰黑色	黏壤土		6.2	31.8	1.59	3.08	27.0	132	8.6	53	5.0	第四纪红色黏土	E 112°37′14.2″ N 27°56′25.9″	95
						P	16—24	深黄色	黏壤土	块状	5.5	32.4	1.63	2.47	21.3	66	1.3	30				
						W	24—60		壤土	块状	5.0	17.5	0.80	2.57	20.7	56	≤1.0	32				
						C	60—100				6.0				11.5		≤1.0	30				
剖81	人为土	水稻土	潴育水稻土	灰黄泥田	青灰黄泥田	A	0—15	灰黄色	重壤土	棱柱状	8.1	24.7	1.21	2.25	16.5	83	9.1	47			E 112°43′13.7″ N 27°57′50.5″	95
						P	15—27	深黄色	黏壤土	块状	7.5	17.3	0.86	1.97	17.1	81	15.6	22				
						W	27—100	浅黄棕色		片状	8.0	15.0	0.72	1.36	15.9	47	≤1.0	75				
剖82	人为土	水稻土	淹育水稻土	浅灰板田	浅灰泥田	A	0—9				8.1	29.6	1.31	1.05	8.9	139	≤1.0	64			E 112°41′45.8″ N 27°57′48.9″	95
						C₁	9—18				8.2	28.6	1.40	1.35	23.7	97	15.6	22				
						C₂	18—37				8.1	13.7	0.58	1.50	24.9	72	≤1.0	75				
							37—100				8.1	3.8	0.17	1.02	13.3	33	≤1.0	64				
剖83	铁铝土	红壤		花岗岩红壤	薄腐厚层花岗岩红壤	A	0—35				5.2	33.8	1.69	1.27	23.7	120	8.2	113		花岗岩	E 112°38′55.9″ N 27°57′58.0″	95
						Bv	35—100				5.0	25.4	1.27		24.9	92	2.8	113				
						C	100—150				4.9	5.7	0.23		13.3	32	≤1.0	114				

株 洲 市

渌 口 区

主要土类说明

红壤是渌口区主要土壤类型，占本区地域面积的54%。本区红壤仅有红壤一个亚类，红壤亚类续分为十个土属。其中，板页岩红壤面积最大，发育于板页岩，主要分布在龙潭等地，土质较黏，保水保肥能力强，通透性差，土壤呈酸性，养分含量中等。其次为第四纪红土红壤，发育于第四纪红土，一般土层深厚，质地黏重，土壤呈酸性至强酸性，保水保肥能力较强，通透性差，具有酸、瘦、黏、板等特点，铁质含量高，养分含量低，磷极缺。

水稻土是渌口区第二大土壤类型，占本区地域面积的35%。本区水稻土主要发育于第四纪红土、板页岩、紫色砂页岩、花岗岩、石灰岩、砂岩、河流冲积土等，分为淹育型、潴育型、渗育型、潜育型、沼泽型、矿毒型六个亚类。其中，潴育水稻土面积最大，占本土类面积的40%以上，一般排灌条件较好，地下水位在60cm以下，耕层较深，养分含量丰富，产量高，剖面构型多为 A-P-B-C、A-P-B-G 或 A-P-G-B-C。

紫色土是渌口区第三大土壤类型，占本区地域面积的7%，发育于紫色砂页岩，主要分布在古岳峰、龙船等地。紫色土含碳酸钙较多，呈酸性至微碱性，磷、钾含量较为丰富，但土层浅薄，植被覆盖少，淋溶作用强烈，水土流失现象严重，土壤养分缺乏。本区紫色土分为酸性紫色土、中性紫色土、石灰性紫色土三个亚类。

小于本区地域面积3%的土壤类型有潮土等。

本区域中心区气候特征

本区域中心区气候特征值
Regional climate characteristics in central area of the region

气候带：中亚热带湿润气候 Climate region: Subtropical humid climate	
年平均气温 /℃ Annual average temperature /℃	17.4
年平均最高气温 /℃ Annual average maximum temperature /℃	21.8
年平均最低气温 /℃ Annual average minimum temperature /℃	14.2
年降水量 /mm Annual precipitation /mm	1364
≥10℃的积温 /℃ Daily temperature accumulated in a year（≥10℃）/℃	7868
年日照时数 /h Annual sunshine /h	1554
年平均相对湿度 /% Annual average relative humidity /%	81
干燥度 Dryness	0.76

本区域中心区月平均气温与月平均降水量
Monthly temperature and precipitation in central area of the region

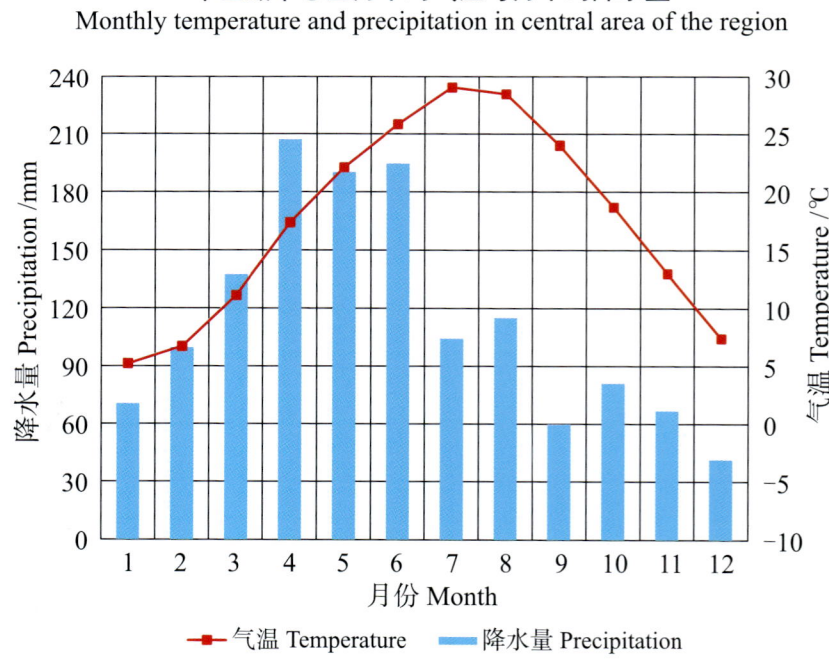

株洲县主要土壤类型与土壤剖面点分布图
1 : 250 000

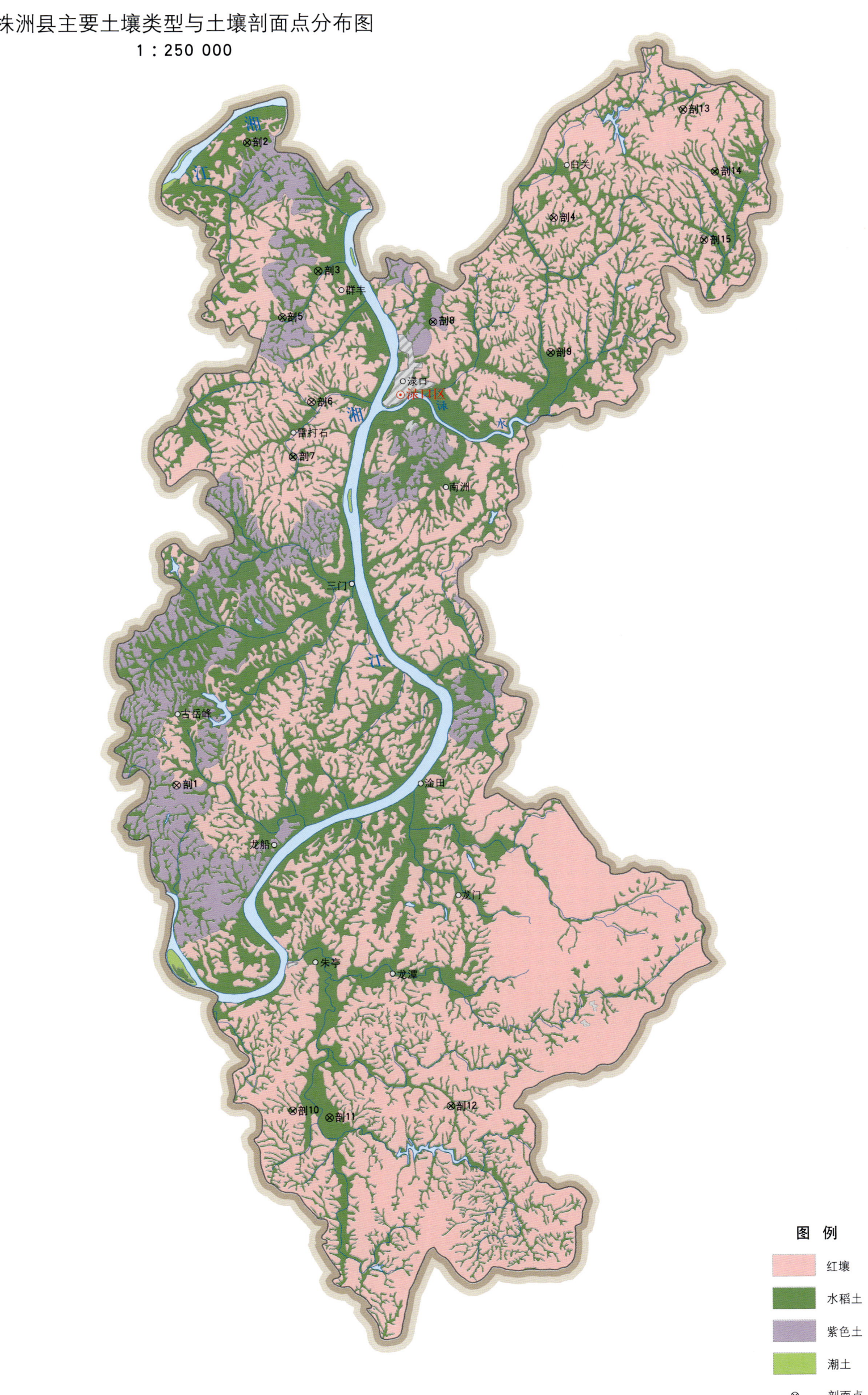

图 例
- 红壤
- 水稻土
- 紫色土
- 潮土
- ⊗ 剖面点

注：国务院 2018 年 6 月批准，撤销株洲县，设立渌口区。

渌口区土壤剖面理化性状表

剖面号 Soil profile	土纲 Soil order	土类 Soil great group	亚类 Soil subgroup	土属 Soil genus	土种 Soil species	土层码 Layer code	土层厚度 Depth/cm	颜色 Soil color	质地 Soil texture	土壤结构 Soil structure	pH	土壤母质 Parent material	剖面点坐标 Profile coordinate	匹配指数 Matching index/%
剖1	铁铝土	红壤	红壤	第四纪红色黏土红壤		A	0–40	浅黄红色	黏土	块状	4.5	第四纪红色黏土	E 112° 59′ 52.2″ N 27° 29′ 54.0″	97
						Bv	40–80	浅红黄色	黏土	块状				
						C	80—	浅红黄色	黏土	块状				
剖2	人为土	水稻土	淹育水稻土	浅黄砂泥田	浅麻砂泥田	A	0–9	棕红色	砂壤土	小团粒状	5.5	花岗岩	E 113° 02′ 50.9″ N 27° 50′ 02.7″	95
						P	9–14	浅灰黄色	砂壤土	块状				
						C	14–100	浅棕黄色	砂壤土	块状				
剖3	人为土	水稻土	淹育水稻土	浅紫泥田	浅黄紫泥田	A	0–10	黄紫色	黏壤土	块状	6.0	紫色砂页岩	E 113° 05′ 16.9″ N 27° 45′ 57.1″	95
						P	10–16	浅黄紫色	黏壤土	块状				
						C	16–100	紫色	黏壤土	块状				
剖4	铁铝土	红壤	红壤	花岗岩红壤		A	0–24	浅黄棕色	黏土	块状	5.5	花岗岩	E 113° 13′ 40.5″ N 27° 47′ 29.5″	98
						Bv	24–50	黄棕色	黏土	块状	5.5			
						C	50—	黄棕色	黏土	块状	5.5			
剖5	人为土	水稻土	潴育水稻土	黄紫泥田	黄紫泥田	A	0–14	黄黄棕色	黏壤土	小团粒状	7.0	紫色砂页岩	E 113° 03′ 58.7″ N 27° 44′ 31.6″	95
						P	14–26	浅黄紫色	黏壤土	块状	7.0			
						Bv	26–80	紫黄色	黏壤土	块状	7.0			
						C	80–100	浅黄棕色	黏壤土	块状	6.0			
剖6	铁铝土	红壤	红壤	石灰岩红壤		A	0–20	浅黄棕色	砂土	块状	4.5	砂岩	E 113° 04′ 56.4″ N 27° 41′ 51.1″	95
						Bv	20–100	浅黄棕色	砂土	块状				
						C	100—	浅黄棕色	黏壤土	块状				
剖7	人为土	水稻土	潴育水稻土	灰黄泥田	河砂泥田	A	0–13	灰黄色	黏壤土	小团粒状	8.0	石灰岩	E 113° 04′ 14.5″ N 27° 40′ 08.6″	95
						P	13–23	浅黄黄色	黏壤土	块状				
						Bv	23–61	灰黄色	黏壤土	块状				
						C	61–100	灰黄色	黏壤土	块状				
剖8	人为土	水稻土	潴育水稻土	河砂泥田	麻砂泥田	A	0–14	黄褐色	壤土	小团粒状	6.5	河流冲积物	E 113° 09′ 19.1″ N 27° 44′ 15.7″	95
						P	14–25	浅黄褐色	壤土	块状				
						Bv	25–70	棕黄色	壤土	块状				
						C	70–100	棕黄色	壤土	块状				
剖9	人为土	水稻土	潴育水稻土	麻砂泥田		A	0–15	棕黄色	壤土	小团粒状	6.0	花岗岩	E 113° 13′ 27.6″ N 27° 43′ 15.7″	95
						P	15–34	浅黄黄色	壤土	块状				
						Bv	34–62	浅灰黄色	壤土	块状				
						C	62–100	浅灰黄色	壤土	块状				
剖10	人为土	水稻土	潴育水稻土	黄砂泥田		A	0–12	黄褐色	壤土	小团粒状	6.0	砂岩	E 113° 09′ 41.3″ N 27° 44′ 17.1″	95
						P	12–22	浅黄褐色	壤土	块状				
						Bv	22–67	黄褐色	壤土	块状				
						C	67–100	棕色	壤土	块状				
剖11	人为土	水稻土	潴育水稻土	黄泥田		A	0–15	浅灰黄色	黏壤土	小团粒状	6.0	板页岩	E 113° 03′ 41.3″ N 27° 19′ 34.9″	95
						P	15–25	深灰色	黏壤土	块状				
						Bv	25–40	棕色	黏壤土	块状				
						G	40–75	棕色	黏壤土	块状				
						C	75–100	棕色	黏壤土	小块状				
剖12	人为土	水稻土	潜育水稻土	青泥田	青夹泥田	A	0–12	棕灰色	黏壤土	块状	5.5	板页岩	E 113° 04′ 59.6″ N 27° 19′ 20.6″	95
						Pg	12–23	青灰色	黏壤土	块状				
						G	23–100	青灰色	黏壤土	块状		E 113° 09′ 16.8″ N 27° 19′ 37.3″	

续表 Continued

剖面号 Soil profile	土纲 Soil order	土类 Soil great group	亚类 Soil subgroup	土属 Soil genus	土种 Soil species	土层码 Layer code	土层厚度 Depth/cm	颜色 Soil color	质地 Soil texture	土壤结构 Soil structure	pH	土壤母质 Parent material	剖面点坐标 Profile coordinate	匹配指数 Matching index/%
剖13	人为土	水稻土	潴育水稻土	黄泥田		A	0—14	棕黄色	黏壤土	小团粒状	5.0	板页岩	E 113°18′21.6″ N 27°50′48.5″	95
						P	14—23	浅灰黄色	黏壤土	块状				
						Bv	23—60	浅棕黄色	黏壤土	块状				
						C	60—100	浅棕黄色	黏壤土	块状				
剖14	人为土	水稻土	潜育水稻土	烂泥田	烂泥田	Ag	0—24	棕灰色	黏壤土	糊状	7.5	第四纪红色黏土	E 113°19′26.5″ N 27°48′50.4″	95
						G	24—100	青灰色	黏壤土	糊状				
剖15	人为土	水稻土	潴育水稻土	紫泥田	紫泥田	A	0—13	棕紫色	黏壤土	小团粒状	7.5	紫色砂页岩	E 113°18′59.6″ N 27°46′41.7″	95
						P	13—21	紫色	黏壤土	块状				
						Bv	21—60	紫色	黏壤土	块状				
						C	60—100	紫色	黏壤土	块状				

攸 县

主要土类说明

红壤是攸县主要土壤类型，占本县地域面积的 46%。本县属中亚热带地区，高温多雨，干湿季节明显，有利于红壤的形成，故本县红壤土类面积最大，分布最广。本县红壤分为红壤和黄红壤两个亚类。其中，红壤亚类占本土类面积的 80% 以上，分布在海拔 500m 以下的低山、丘陵区。其土层比较深厚，但旱土耕层较浅，发生层次不明显，呈均匀的红色或棕红色，土壤呈酸性或强酸性，有机质和养分含量较低，大部分红壤黏性较重，具有酸、瘦、黏、板等特点。黄红壤是红壤与黄壤之间的过渡类型，成土母质有板页岩、石灰岩和砂岩，分布在海拔 500—600m 的低山地区。

水稻土是攸县第二大土壤类型，占本县地域面积的 37%。水稻土是本县的主要耕作土壤，其主要成土因素之一是水的作用，即水在土体中的存在状况和活动方式不同，使水稻土形成了不同的土体结构和理化特性。本县水稻土分为淹育型、潴育型、渗育型、潜育型、沼泽型、矿毒型六个亚类。其中，潴育水稻土面积最大，占本土类面积的 80% 以上，有较厚的耕作层和适宜厚度的犁底层，养分含量一般较高，剖面构型多为 A-P-W 或 A-P-W-C，冬季少雨时节地下水位一般在 1m 以下。

紫色土是攸县第三大土壤类型，占本县地域面积的 8%。紫色土是由热带、亚热带紫红色岩层直接风化形成的 A-C 型土壤。其理化性质与母岩组成直接相关，土层浅薄，剖面层次发育不明显，仍处于初育阶段。母岩富含矿质养分，且风化迅速。本县紫色土分为酸性紫色土、中性紫色土、石灰性紫色土三个亚类。

黄壤占本县地域面积的 7%，分布在海拔 600—800m 的低山地区。成土母质有板页岩、花岗岩、砂岩和石灰岩。本县黄壤仅有黄壤一个亚类。

小于本县地域面积 3% 的土壤类型有黄棕壤、潮土等。

本区域中心区气候特征

本区域中心区气候特征值
Regional climate characteristics in central area of the region

气候带：中亚热带湿润气候 Climate region: Subtropical humid climate	
年平均气温 /℃ Annual average temperature /℃	17.9
年平均最高气温 /℃ Annual average maximum temperature /℃	22.2
年平均最低气温 /℃ Annual average minimum temperature /℃	14.6
年降水量 /mm Annual precipitation /mm	1385
≥10℃的积温 /℃ Daily temperature accumulated in a year (≥10℃) /℃	9204
年日照时数 /h Annual sunshine /h	1569
年平均相对湿度 /% Annual average relative humidity /%	80
干燥度 Dryness	0.76

攸县主要土壤类型与土壤剖面点分布图
1 : 310 000

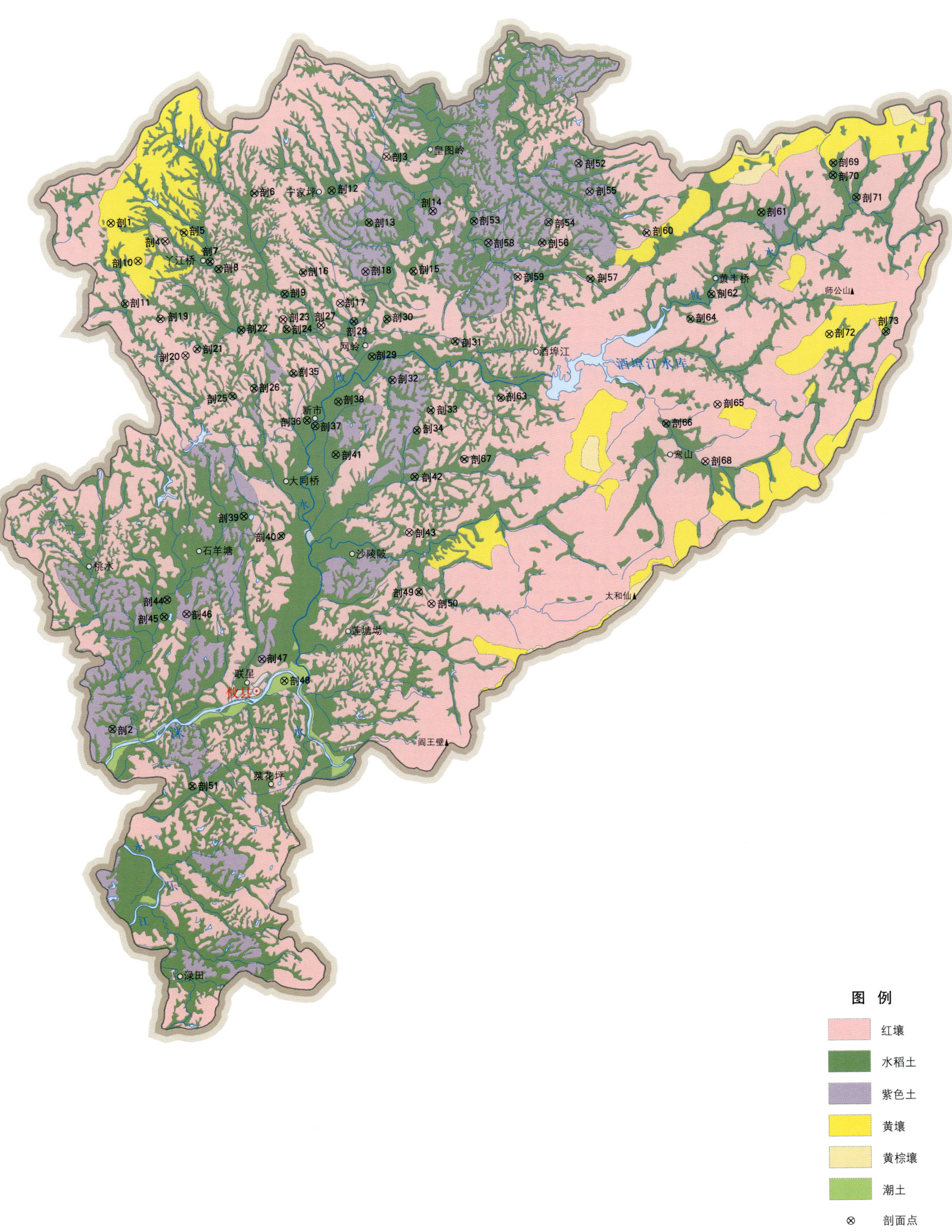

攸县土壤剖面理化性状表

剖面号 Soil profile	土纲 Soil order	土类 Soil great group	亚类 Soil subgroup	土属 Soil genus	土种 Soil species	土层码 Layer code	土层厚度 Depth/cm	颜色 Soil color	质地 Soil texture	土壤结构 Soil structure	pH	有机质 OM/(g/kg)	全氮 TN/(g/kg)	全磷 TP/(g/kg)	全钾 TK/(g/kg)	碱解氮 AN/(mg/kg)	有效磷 AP/(mg/kg)	速效钾 AK/(mg/kg)	土壤母质 Parent material	剖面点坐标 Profile coordinate	匹配指数 Matching index/%
剖1	铁铝土	黄壤	黄壤	石灰岩黄壤		Ao	0—1	黑色	砂壤土	粒状	4.5								花岗岩	E 113°14′38.0″ N 27°18′36.0″	75
						A₁	1—8	深灰色	砂壤土	粒状	4.5										
						A₂	8—55	棕色	砂壤土	粒状	5.0										
						Bv	55—115	棕黄色	砂壤土	块状	5.0										
						C	115—160	褐色	砂壤土	块状	5.0										
剖2	人为土	水稻土	潴育水稻土	岩渣子田	少量岩渣子田	A	0—14	栗色	砂壤土	块状	6.0								砂砾岩	E 113°14′10.4″ N 26°58′29.5″	95
						P	14—21	黄棕色	砂壤土	块状	6.5										
						W	21—100	红棕色	黏壤土	块状	5.0										
剖3	铁铝土	红壤	红壤	第四纪红壤	第四纪红土红壤	A₁	0—4	红棕色	黏壤土	粒状	5.0								第四纪红色黏土	E 113°27′02.3″ N 27°20′59.7″	95
						A₂	4—10	红棕色	黏壤土	粒状	5.0										
						Bv	10—120	棕红色	黏壤土	块状	5.0										
						C	120—150	浅红棕色	黏壤土	块状	5.0										
剖4	铁铝土	红壤	黄红壤	石灰岩黄红壤	薄腐中层石灰岩黄红壤	Ao	0—1	褐色	黏壤土	粒状	7.0								石灰岩	E 113°17′03.9″ N 27°17′50.2″	95
						A₁	1—10	黄褐色	黏壤土	粒状	7.0										
						A₂	10—20	黄红色	黏壤土	块状	7.5										
						Bv	20—80	黄红色	黏壤土	块状	7.5										
						C	80—150	棕红色	壤土	块状	6.5										
剖5	人为土	水稻土	潴育水稻土	红黄泥田	红黄泥田	A	0—15	栗色	黏壤土	块状	6.5								第四纪红色黏土	E 113°17′54.5″ N 27°18′10.1″	95
						P	15—26	棕色	砂壤土		6.8										
						W	26—100	黄褐色	砂壤土	块状	5.5										
剖6	人为土	水稻土	潴育水稻土	烂泥田	潴眼田	A	0—14	青灰色	砂壤土	块状	6.0								砂砾岩	E 113°21′05.8″ N 27°19′39.4″	97
						G	14—100	黄褐色	黏壤土	块状	8.5										
剖7	人为土	水稻土	潴育水稻土	麻砂泥田	麻砂泥田	A	0—13	黄褐色	黏壤土	块状	9.0								石灰岩	E 113°18′55.3″ N 27°16′59.2″	95
						P	13—22	黄褐色	黏壤土	块状	9.0										
						W	22—100	棕色	砂壤土	块状	6.0										
剖8	人为土	水稻土	潴育水稻土	河砂泥田	砂泥田	A	0—13	灰棕色	砂壤土	块状	6.0								河流冲积物	E 113°19′25.0″ N 27°16′41.2″	95
						Pg	13—27	棕色	壤土	块状	6.5										
						W	27—100	灰棕色	黏壤土	块状	5.0										
剖9	人为土	水稻土	潴育水稻土	黄泥田	黄泥田	A	0—15	棕色	壤土	块状	5.0								板页岩	E 113°22′20.6″ N 27°15′37.3″	95
						P	15—20	棕色	黏壤土	块状	5.0										
						W	20—100	棕灰色	黏壤土	块状	4.5										
剖10	铁铝土	黄壤	黄壤	石灰岩黄壤		Ao	0—1	深栗色	壤土	粒状	5.0								板页岩	E 113°15′49.4″ N 27°17′04.4″	95
						A₁	1—12	褐色	砂壤土	粒状	5.0										
						A₂	12—30	棕色	砂壤土	块状	5.0										
						Bv	30—75	浅红棕色	壤土	块状	6.0										
						C	75—160	黄褐色	砂壤土	块状	6.0										
剖11	人为土	水稻土	潴育水稻土	麻砂泥田	麻砂泥田	A	0—14	棕褐色	砂壤土	块状	6.0								花岗岩	E 113°15′12.0″ N 27°15′23.4″	95
						P	14—23	棕褐色	砂壤土	块状	6.0										
						W	23—62	黄棕色	砂壤土	块状	6.0										
						C	62—100	黄棕色	砂壤土	块状	6.0										

续表 Continued

剖面号 Soil profile	土纲 Soil order	土类 Soil great group	亚类 Soil subgroup	土属 Soil genus	土种 Soil species	土层码 Layer code	土层厚度 Depth/cm	颜色 Soil color	质地 Soil texture	土壤结构 Soil structure	pH	有机质 OM/(g/kg)	全氮 TN/(g/kg)	全磷 TP/(g/kg)	全钾 TK/(g/kg)	碱解氮 AN/(mg/kg)	有效磷 AP/(mg/kg)	速效钾 AK/(mg/kg)	土壤母质 Parent material	剖面点坐标 Profile coordinate	匹配指数 Matching index/%
剖12	人为土	水稻土	潴育水稻土	麻砂泥田	麻砂泥田	A	0—14	黄棕色	砂壤土		5.0								花岗岩	E 113°24′33.5″ N 27°19′41.2″	95
						Pg	14—24	灰白色	砂壤土	块状	5.8										
						W	24—65	灰棕色	砂壤土	块状	6.0										
						C	65—100	黄白相间	砂壤土	块状	6.0										
剖13	人为土	水稻土	潴育水稻土	阴山田	阴山田	A	0—14	黄棕色	黏壤土		5.0								板页岩	E 113°26′11.7″ N 27°18′22.9″	95
						Pg	14—24	棕灰色	黏壤土	块状	5.5										
						G	24—100	深灰色	黏壤土	块状	5.8										
剖14	初育土	紫色土	酸性紫色土	酸性紫色土		A₁	0—5	紫红棕色	壤土	粒状	5.0								紫砂页岩	E 113°29′03.9″ N 27°18′47.3″	95
						Bv	5—35	紫棕红色	壤土	粒状	5.0										
						BvC	35—60	紫棕色	壤土	块状	5.0										
						C	60—100	紫色	壤土	块状	5.0										
						CD	100—150	紫色	壤土	块状	5.0										
剖15	人为土	水稻土	淹育水稻土	浅紫泥田	浅紫泥田	A	0—14	紫色	黏壤土		8.0								紫色砂页岩	E 113°28′07.8″ N 27°16′24.4″	95
						P	14—22	紫棕色	黏土	块状	7.5										
						C	22—100	紫色	黏土	块状	7.5										
剖16	人为土	水稻土	潴育水稻土	河砂泥田	石底河砂泥田	A	0—14	棕色	壤土	块状	5.0								河流冲积物	E 113°23′11.8″ N 27°16′27.6″	95
						P	14—24	棕色	砂土	粒状	5.5										
						S	24—100	棕色	壤土	粒状	5.5										
剖17	铁铝土	红壤		花岗岩红壤		A₁	0—5	浅红棕色	砂壤土	粒状	5.0								红色砂岩	E 113°24′49.1″ N 27°15′12.3″	95
						A₂	5—40	浅红棕色	砂壤土	块状	5.0										
						Bv	40—144	红棕色	砂壤土	块状	5.0										
						BvC	144—170	红棕色	砂壤土	块状	5.0										
剖18	初育土	紫色土	酸性紫色土	酸性紫色土		A	0—25	紫棕色	砂壤土	块状	4.2								紫色砂页岩	E 113°25′58.9″ N 27°16′26.1″	75
						Bv	25—35	紫红色	砂壤土	粒状	4.2										
						C	35—100	紫红色	砂壤土	块状	4.2										
剖19	人为土	水稻土	潴育水稻土	酸紫泥田	酸紫泥田	A	0—14	紫色	黏壤土	块状	5.5								紫色砂页岩	E 113°16′46.0″ N 27°14′45.3″	95
						P	14—25	紫棕色	黏壤土	块状	5.0										
						W	25—100	紫棕色	黏壤土	块状	4.5										
剖20	铁铝土	红壤		黄紫泥田	黄紫砂泥田	A	0—15	棕色	砂壤土	团粒状	6.0								第四纪红色黏土	E 113°17′50.6″ N 27°13′16.5″	95
						Bv	15—35	浅红棕色	黏壤土	粒状	5.0										
						C	35—100	浅红棕色	黏壤土	块状	4.0										
剖21	人为土	水稻土	潴育水稻土	黄紫泥田		A	0—13	红棕色	砂壤土	块状	4.5								紫色页岩、第四纪红土	E 113°18′21.9″ N 27°13′31.3″	95
						P	13—18	棕紫色	砂壤土	块状	5.0										
						W	18—100	紫棕色	壤土	块状	5.5										
剖22	人为土	水稻土	渗育水稻土	渗红砂泥田	樋山红砂泥田	Aa	0—14	亮红棕色	砂壤土	碎块状	5.1	24.9	1.40	0.20	9.5	135	5.0	25	红色砂岩风化物	E 113°20′22.0″ N 27°14′14.3″	95
						Ap	14—20	红棕色	砂壤土	棱块状	5.2	23.5	1.30	0.20	11.3	102	2.4	22			
						Bv	20—50	红棕色	砂壤土	块状	5.3	13.7	0.90	0.20	11.0	80	1.5	19			
						C	50—100	红棕色	壤土	块状	5.3	6.3	0.50	0.20	10.9	40	≤1.0	18			
剖23	铁铝土	红壤		花岗岩红壤	薄腐厚层花岗岩红壤	A₁	0—8	栗色	砂壤土	粒状	5.0								花岗岩	E 113°22′14.4″ N 27°14′37.1″	95
						A₂	8—30	褐色	砂壤土	块状	5.0										
						Bv₁	30—84	浅红棕色	砂壤土	块状	5.0										
						Bv₂	84—170	黄红色	砂壤土	块状	5.5										
剖24	人为土	水稻土	潴育水稻土	河砂泥田	紫河砂泥田	A	0—13	紫棕色	砂壤土	块状	7.6								河流冲积物	E 113°22′23.4″ N 27°14′13.6″	95
						P	13—23	紫棕色	砂壤土	块状	6.8										
						W	23—100	紫棕色	砂壤土	块状	6.8										

续表 Continued

剖面号 Soil profile	土纲 Soil order	土类 Soil great group	亚类 Soil subgroup	土属 Soil genus	土种 Soil species	土层码 Layer code	土层厚度 Depth/cm	颜色 Soil color	质地 Soil texture	土壤结构 Soil structure	pH	有机质 OM/(g/kg)	全氮 TN/(g/kg)	全磷 TP/(g/kg)	全钾 TK/(g/kg)	碱解氮 AN/(mg/kg)	有效磷 AP/(mg/kg)	速效钾 AK/(mg/kg)	土壤母质 Parent material	剖面点坐标 Profile coordinate	匹配指数 Matching index/%
剖25	人为土	水稻土	潜育水稻土	青泥田	青砂泥田	A	0—16	棕黄色	砂壤土	块状	6.0								花岗岩	E 113°19′54.5″ N 27°11′36.7″	95
						Pg	16—20	灰色	砂壤土	块状	6.0										
						G	20—100	灰色	砂壤土	块状	6.0										
剖26	人为土	水稻土	潴育水稻土	黄砂泥田	红砂泥田	A	0—14	红黄色	轻壤土	小块状	5.4	24.5	1.22	0.45	11.5	135	5.0	24	花岗岩	E 113°20′51.9″ N 27°11′53.8″	97
						Ap	14—20	棕红色	轻壤土	棱柱状	6.3	25.4	1.07	1.15	13.6	102	2.4	22			
						C	20—100	棕红色	轻壤土	棱柱状	6.1	24.5	1.05	0.28	13.2	104	1.5	19			
剖27	铁铝土	红壤		耕型花岗岩红壤	麻砂土	A	0—15	褐灰色	砂壤土	团粒状	5.0								花岗岩	E 113°23′56.9″ N 27°14′21.3″	95
						Bv	15—35	黄褐色	砂壤土	粒状	4.5										
						C	35—100	黄褐色	砂壤土	粒状	5.2										
剖28	人为土	水稻土	潜育水稻土	冷浸田	冷砂田	A	0—16	棕灰色	砂壤土	块状	5.0								花岗岩	E 113°25′24.4″ N 27°14′28.5″	95
						Pg	16—29	黄褐色	砂壤土	块状	5.2										
						G	29—100	灰色	砂壤土	块状	6.0										
剖29	人为土	水稻土	淹育水稻土	浅黄紫泥田	浅黄紫泥田	A	0—13	紫色	黏壤土	块状	7.5								第四纪红色黏土、紫色砂页岩	E 113°26′10.3″ N 27°13′03.9″	95
						P	13—19	黄棕色	黏壤土	块状	7.5										
						C	19—100	棕紫色	黏土	块状	7.5										
剖30	人为土	水稻土	潴育水稻土	河砂泥田	砂泥田	A	0—15	灰棕色	壤土	块状	6.5								河流冲积物	E 113°26′53.2″ N 27°14′31.7″	95
						P	15—24	棕黄色	黏壤土	块状	6.0										
						W	24—100	棕黄色	黏壤土	块状	6.5										
剖31	人为土	水稻土	潴育水稻土	浅红黄泥田	生红黄泥田	A	0—12	棕黄色	黏壤土	块状	5.0								第四纪红色黏土	E 113°29′54.6″ N 27°13′35.0″	95
						P	12—24	黄褐色	黏壤土	块状	5.8										
						C	24—100	黄褐色	黏壤土	块状	6.0										
剖32	人为土	水稻土	淹育水稻土	酸性紫泥田	青隔酸紫泥田	A	0—15	紫色	黏壤土	块状	5.0								紫色砂页岩	E 113°27′03.9″ N 27°12′05.6″	95
						P	15—24	紫棕色	黏壤土	碎块状	5.5										
						W	24—100	棕黄色	黏壤土	块状	5.0										
剖33	人为土	水稻土	潴育水稻土	浅红黄泥田	浅红黄泥田	A	0—11	黄棕色	黏壤土	块状	5.0								第四纪红色黏土	E 113°28′44.7″ N 27°10′51.5″	95
						P	11—20	棕黄色	黏壤土	块状	5.5										
						C	20—100	黄红色	黏壤土	块状	6.0										
剖34	人为土	水稻土	潜育水稻土	青泥田	青泥田	A	0—15	棕色	壤土	块状	5.0								板页岩	E 113°28′05.8″ N 27°10′04.3″	95
						Pg	15—19	棕黄色	黏壤土	块状	5.5										
						G	19—100	灰棕色	壤土	块状	6.0										
剖35	人为土	水稻土	潴育水稻土	浅黄泥田	浅黄泥田	A	0—14	褐色	壤土	块状	5.5								第四纪红色黏土	E 113°22′39.1″ N 27°12′28.3″	95
						P	14—21	栗色	黏壤土	块状	6.0										
						W	21—100	黄褐色	壤土	块状	6.0										
剖36	人为土	水稻土	潴育水稻土	红黄泥田	红黄泥田	A	0—14	黄褐色	壤土	块状	6.0								第四纪红色黏土	E 113°23′12.8″ N 27°10′34.6″	95
						P	14—22	黄棕色	黏壤土	块状	6.0										
						W	22—100	黄棕色	黏壤土	块状	6.0										
剖37	人为土	水稻土	潴育水稻土	河砂泥田	砂泥田	A	0—16	褐色	砂壤土	块状	6.0								河流冲积物	E 113°23′34.1″ N 27°10′20.7″	95
						Pg	16—21	棕黄色	砂壤土	块状	6.0										
						W	21—100	灰棕色	砂壤土	块状	5.5										
剖38	人为土	水稻土	潜育水稻土	冷浸田	锈水田	A	0—15	黄棕色	砂壤土	块状	5.5								红色砂岩	E 113°24′37.5″ N 27°11′17.3″	95
						Pg	15—23	灰棕色	砂壤土	块状	5.8										
						G	23—100	灰色	砂壤土	块状	6.0										
剖39	人为土	水稻土	潴育水稻土	黄砂泥田	青隔红砂泥田	A	0—15	红棕色	砂壤土	块状	5.8								红色砂岩	E 113°20′16.8″ N 27°06′50.1″	95
						Pg	15—26	棕灰色	砂壤土	块状	6.0										
						W	26—100	棕灰色	砂壤土	块状	6.5										

续表 Continued

剖面号 Soil profile	土纲 Soil order	土类 Soil great group	亚类 Soil subgroup	土属 Soil genus	土种 Soil species	土层码 Layer code	土层厚度 Depth/cm	颜色 Soil color	质地 Soil texture	土壤结构 Soil structure	pH	有机质 OM/(g/kg)	全氮 TN/(g/kg)	全磷 TP/(g/kg)	全钾 TK/(g/kg)	碱解氮 AN/(mg/kg)	有效磷 AP/(mg/kg)	速效钾 AK/(mg/kg)	土壤母质 Parent material	剖面点坐标 Profile coordinate	匹配指数 Matching index/%
剖40	人为土	水稻土	潴育水稻土	碱性紫泥田	碱紫泥田	A	0—12	紫棕色	黏壤土	块状	8.0								紫色砂页岩	E 113°21′55.1″ N 27°06′00.5″	95
						P	12—22	紫棕色	黏壤土	块状	8.0										
						W	22—100	紫棕色	黏土		7.0										
剖41	人为土	水稻土	潴育水稻土	青泥田	青紫泥田	A	0—17	紫色	黏壤土		6.0								紫色砂页岩	E 113°24′26.9″ N 27°09′11.4″	95
						Pg	17—26	青紫色	黏壤土	块状	6.5										
						G	26—100	青灰色	黏壤土		7.0										
剖42	人为土	水稻土	潴育水稻土	黄砂泥田	红砂泥田	A	0—15	棕红色	砂壤土	块状	5.0								红色砂岩	E 113°27′56.9″ N 27°08′13.8″	95
						P	15—25	红棕色	砂壤土	块状	5.5										
						W	25—100	棕色	砂壤土		6.5										
剖43	铁铝土	红壤	红壤	耕型砂岩红壤		A	0—18	红棕色	黏壤土	团粒状	6.0								红色砂岩	E 113°27′38.4″ N 27°06′01.5″	95
						Bv	18—32	棕红色	黏壤土	块状	6.0										
						C	32—100	深红色	砂壤土	块状	6.5										
剖44	人为土	水稻土	淹育水稻土	浅黄泥田	浅黄夹泥田	A	0—11	黄红色	黏土		5.0								板页岩	E 113°16′45.8″ N 27°03′34.9″	95
						P	11—20	棕黄色	黏土	块状	5.0										
						C	20—100	深红色	黏壤土	块状	5.0										
剖45	人为土	水稻土	渗育水稻土	白散泥田	白胶泥田	A	0—15	棕红色	黏壤土		5.6								第四纪红色黏土	E 113°16′37.0″ N 27°02′54.2″	95
						Pg	15—30		黏壤土	块状	5.6										
						E	30—78		黏壤土	块状	6.0										
						W	78—100		黏壤土	块状	5.5										
剖46	初育土	紫色土	中性紫色土	中性紫泥土	薄腐中层中性紫色土	Ao	0—3	紫色	砂壤土	粒状	6.0								紫色砂页岩	E 113°17′36.8″ N 27°27′59.6″	95
						A1	3—9	紫棕色	黏壤土	粒状	8.0										
						Bv	9—75	紫棕色	黏壤土	块状	7.0										
						C	75—110	紫棕色	黏壤土	团粒状	7.0										
						CD	110—150	紫红色	黏壤土	块状	7.8										
剖47	初育土	紫色土	石灰性紫色土	耕型石灰性紫砂土	钙质紫色土	A	0—20	棕紫色	砂壤土	块状	8.0								紫色砂页岩	E 113°20′55.7″ N 27°01′07.6″	95
						Bv	20—45	紫棕色	黏壤土	团粒状	8.5										
						C	45—100	黄褐色	砂壤土	块状	5.5										
剖48	半水成土	潮土	河潮土	耕型河潮土		A	0—14	黄褐色	砂壤土	块状	6.0								河流冲积物	E 113°21′54.1″ N 27°00′14.3″	95
						Bv	14—34	黄褐色	砂壤土	块状	6.0										
						C	34—100	灰棕色	壤土		6.0										
剖49	人为土	水稻土	潴育水稻土	红黄泥田	青褐红泥田	A	0—12	棕红色	黏壤土	块状	6.0								第四纪红色黏土	E 113°27′59.8″ N 27°03′38.9″	95
						Pg	12—24	棕红色	黏壤土	块状	6.5										
						W	24—67	黄黄色	黏壤土	块状	6.5										
						C	67—100	黄色	壤土		6.5										
剖50	铁铝土	红壤	红壤	砂岩红壤		Ao	0—2	褐色	壤土	小粒状	4.5								板页岩	E 113°28′33.1″ N 27°03′10.1″	95
						A1	2—11	紫色	壤土	小粒状	5.0										
						A2	11—24	棕红色	壤土	小粒状	5.5										
						Bv	24—80	黏红色	砂壤土	粒状	5.0										
						C	80—110	黄色	壤土		6.0										
剖51	人为土	水稻土	潴育水稻土	青泥田	青夹泥田	A	0—15	黄褐色	黏壤土	块状	6.0								第四纪红色黏土	E 113°17′40.4″ N 26°56′08.1″	95
						P	15—24	黄褐色	黏土	块状	6.5										
						G	24—100	棕灰色	黏壤土	团粒状	8.5										
剖52	初育土	紫色土	石灰性紫色土	耕型石灰性紫色土	钙质紫色土	A	0—20	紫色	黏土	块状	8.6								紫色砂页岩	E 113°35′37.9″ N 27°20′33.3″	95
						Bv	20—60	棕紫色	黏土	块状	8.7										
						C	60—100	紫色	黏土												

续表 Continued

剖面号 Soil profile	土纲 Soil order	土类 Soil great group	亚类 Soil subgroup	土属 Soil genus	土种 Soil species	土层码 Layer code	土层厚度 Depth/cm	颜色 Soil color	质地 Soil texture	土壤结构 Soil structure	pH	有机质 OM/(g/kg)	全氮 TN/(g/kg)	全磷 TP/(g/kg)	全钾 TK/(g/kg)	碱解氮 AN/(mg/kg)	有效磷 AP/(mg/kg)	速效钾 AK/(mg/kg)	土壤母质 Parent material	剖面点坐标 Profile coordinate	匹配指数 Matching index/%
剖53	人为土	水稻土	潜育水稻土	河砂泥田	砂泥田	A	0—13	棕色	砂壤土	块状	5.0								河流冲积物、第四纪红色黏土	E 113° 30′ 53.5″ N 27° 18′ 21.0″	95
						P	13—19	灰棕色	黏壤土	块状	5.0										
						W	19—64	灰棕色	黏壤土	块状	6.0										
						C	64—100	棕黄色	砂壤土	块状	6.0										
剖54	人为土	水稻土	淹育水稻土	浅灰板泥田	浅灰板泥田	A	0—13	褐色	黏壤土	小块状	6.0								石灰岩	E 113° 34′ 13.9″ N 27° 18′ 14.9″	95
						P	13—21	黄褐色	黏土	块状	5.8										
						C	21—100	浅红褐色	黏土	块状	5.5										
剖55	初育土	紫色土	中性紫色土	耕型中性紫砂土	紫砂土	A	0—16	紫	砂壤土	团粒状	7.0								紫色砂页岩	E 113° 36′ 05.3″ N 27° 19′ 25.1″	95
						Bv	16—32	紫	砂壤土	块状	6.5										
						C	32—100	紫棕色	砂壤土	块状	7.5										
剖56	人为土	水稻土	潜育水稻土	黄紫泥田	黄紫泥田	A	0—13	棕紫色	壤土		6.0								紫色砂页岩、第四纪红土	E 113° 33′ 55.1″ N 27° 17′ 26.0″	95
						P	13—22	紫	黏土	块状	7.0										
						W	22—100	紫棕色	黏土	块状	7.0										
剖57	人为土	水稻土	潜育水稻土	烂泥田	烂泥田	A	0—18	灰乌色	黏壤土	块状	5.0								第四纪红色黏土	E 113° 36′ 01.6″ N 27° 15′ 56.9″	97
						G	18—100	灰色	黏壤土	粒状	4.8										
剖58	初育土	紫色土	中性紫色土	耕型中性紫色土	紫砂土	A	0—24	紫棕色	黏壤土	块状	7.0								紫色砂页岩	E 113° 31′ 30.9″ N 27° 17′ 28.6″	95
						Bv	24—42	暗紫色	黏壤土	块状	7.5										
						C	42—100	红紫色	黏土	块状	7.0										
剖59	人为土	水稻土	潜育水稻土	鸭屎泥田	鸭屎泥田	A	0—14	褐色	黏壤土	块状	9.0								石灰岩	E 113° 32′ 46.5″ N 27° 16′ 05.8″	95
						P	14—24	褐色	黏壤土	块状	8.5										
						W	24—100	栗色	黏壤土	块状	8.5										
剖60	人为土	水稻土	潜育水稻土	紫泥田	紫泥田	A	0—14	紫棕色	黏壤土	块状	6.5								紫色砂页岩	E 113° 38′ 36.0″ N 27° 17′ 43.7″	95
						P	14—21	紫棕色	黏壤土	块状	7.0										
						W	21—100	紫棕色	黏壤土	块状	7.5										
剖61	人为土	水稻土	潜育水稻土	冷浸田	冷浸岩渣泥田	A	0—16	棕褐色	砂壤土	块状	6.0								砂砾岩	E 113° 43′ 45.2″ N 27° 18′ 25.0″	95
						Pg	16—25	青灰色	砂壤土	块状	6.2										
						G	25—100	青灰色	黏壤土	块状	6.2										
剖62	人为土	水稻土	潜育水稻土	青砂泥田	青璃灰黄泥田	A	0—18	灰棕色	壤土	块状	5.5								石灰岩	E 113° 41′ 25.2″ N 27° 15′ 13.2″	95
						Pg	18—29	黄棕色	壤土	块状	5.5										
						G	29—100	黄棕色	壤土	块状	6.5										
剖63	人为土	水稻土	潜育水稻土	青泥田	青砂泥田	A	0—15	棕褐色	壤土	块状	6.0								板页岩	E 113° 31′ 52.9″ N 27° 11′ 17.8″	95
						Pg	15—24	青灰色	黏壤土	块状	7.0										
						G	24—100	浅红棕色	黏红壤土	块状	7.5										
剖64	人为土	水稻土	矿毒型水稻土	非金属矿毒田	煤炭水田	A	0—16	黄褐色	壤土	块状	5.5								板页岩	E 113° 40′ 27.0″ N 27° 14′ 15.0″	97
						P	16—26	棕色	壤土	块状	6.0										
						W	26—49	黄色	壤土	块状	6.0										
						C	49—100	棕色	壤土	块状	6.0										
剖65	铁铝土	红壤		石灰岩红土	薄腐厚层石灰岩红壤	Ao	0—2												石灰岩	E 113° 41′ 33.7″ N 27° 10′ 49.5″	95
						A₁	2—9	褐色	壤土	粒状	5.0										
						A₂	9—20	棕色	壤土	粒状	5.0										
						Bv	20—175	浅红棕色	黏红壤土	块状	5.0										
						BvC	175—190	红红棕色	黏土	块状	5.0										
剖66	人为土	水稻土	潜育水稻土	青泥田	青鸭屎泥田	A	0—17	黄褐色	黏土	块状	8.0								石灰岩	E 113° 39′ 14.4″ N 27° 10′ 06.6″	95
						Pg	17—24	褐灰色	黏土	块状	7.0										
						G	24—100	青灰色	黏土	块状	7.0										

续表 Continued

剖面号 Soil profile	土纲 Soil order	土类 Soil great group	亚类 Soil subgroup	土属 Soil genus	土种 Soil species	土层码 Layer code	土层厚度 Depth/cm	颜色 Soil color	质地 Soil texture	土壤结构 Soil structure	pH	有机质 OM/(g/kg)	全氮 TN/(g/kg)	全磷 TP/(g/kg)	全钾 TK/(g/kg)	碱解氮 AN/(mg/kg)	有效磷 AP/(mg/kg)	速效钾 AK/(mg/kg)	土壤母质 Parent material	剖面点坐标 Profile coordinate	匹配指数 Matching index/%
剖67	人为土	水稻土	潴育水稻土	黄砂泥田	红泥田	A	0—14	红棕色	壤土	块状	5.0								红色砂岩	E 113° 30′ 11.4″ N 27° 08′ 53.0″	95
						P	14—23	棕褐色	壤土	块状	5.5										
						W	23—100	棕黄色	壤土	团粒状	6.0										
剖68	铁铝土	红壤	红壤	耕型石灰岩红壤	灰红土	A	0—27	黄褐色	黏壤土	块状	7.5								石灰岩	E 113° 40′ 57.0″ N 27° 08′ 34.1″	95
						Bv	27—40	黄褐色	黏壤土	块状	7.0										
						C	40—100	黄褐色	黏壤土	块状	7.0										
剖69	人为土	水稻土	渗育水稻土	白散泥田	白散泥田	A	0—15	棕红色	壤土	块状	5.0								河流冲积物	E 113° 47′ 01.4″ N 27° 20′ 19.4″	81
						P	15—27	棕红色	壤土	块状	5.5										
						E	27—81		黏壤土	块状	6.0										
						W	81—100	棕黄色	黏壤土	块状	6.0										
剖70	人为土	水稻土	潴育水稻土	扁砂泥田	黄扁砂泥田	A	0—11	黄褐色	砂壤土	块状	6.0								板页岩	E 113° 46′ 59.9″ N 27° 19′ 49.7″	95
						P	11—17	黄褐色	砂壤土	棱块状	5.5										
						W	17—100	棕黄色	砂壤土		5.0										
剖71	人为土	水稻土	潴育水稻土	黄泥田	黄泥田	A	0—15	黄棕色	黏壤土	块状	5.5								板页岩	E 113° 48′ 01.6″ N 27° 18′ 55.6″	95
						Pg	15—25	灰褐色	黏壤土	块状	6.0										
						W	25—100	黄褐色	黏壤土	块状	6.0										
剖72	铁铝土	黄壤	黄壤	耕型石灰岩黄壤	灰黄土	A	0—18	黄褐色	黏壤土	团粒状	5.8								石灰岩	E 113° 46′ 38.7″ N 27° 13′ 30.8″	95
						Bv	18—100	棕色	黏壤土	块状	5.5										
剖73	人为土	水稻土	潴育水稻土	灰黄泥田	灰黄泥田	A	0—15	灰棕色	黏壤土	块状	5.5								石灰岩	E 113° 49′ 10.7″ N 27° 13′ 33.0″	95
						P	15—24	黄褐色	黏壤土	块状	5.5										
						W	24—100	棕黄色	黏壤土	块状	6.0										

茶 陵 县

主要土类说明

红壤是茶陵县主要土壤类型，占本县地域面积的63%。红壤分布在海拔600m以下的低山、丘陵区，原生植被为亚热带常绿阔叶林，现均被各种次生林和人工林所代替。红壤是在亚热带生物气候条件下形成的地带性土壤，成土母质类型多样，具有明显的脱硅富铝化过程。红色黏土层深厚，剖面发育完整，除表层较灰暗外，心土层和底土层均为棕红色黏实土层，具棱块状或碎块状结构，褐色胶膜淀积明显，底部常见红、黄、白相间的网纹状红色黏土，全剖面呈酸性，盐基饱和度低。在侵蚀强烈的丘陵地段，红壤的紧实心土或网纹底土露出地表，肥力急剧下降。本县红壤分为红壤、黄红壤、红壤性土三个亚类。

水稻土是茶陵县第二大土壤类型，占本县地域面积的18%。水稻土是人为长期活动的产物，由各种地带性土壤和隐域性土壤经水耕熟化而形成。在人为耕作、施肥、灌溉等措施的影响下，土壤内部进行着氧化还原交替、有机质合成与分解、盐基淋溶与复盐基作用的熟化过程，促进了土壤性状的改变，从而形成了水稻土所特有的形态、理化和生物特性。完整的水稻土发育剖面通常有耕作层、犁底层、潴育层、潜育层等基本层次，有时还有砂石层、漂洗层、埋藏层等层次出现。这些层次的发育程度和组合不同，导致各种水稻土的性状差异。

紫色土是茶陵县第三大土壤类型，占本县地域面积的7%。紫色土广泛分布在本县中部盆地的岗地及低丘，是由紫色砂岩与紫色页岩发育而成的岩性土。由于母岩岩性松脆，易受热胀冷缩的影响而发生物理崩解剥落，形成碎屑状物质，在多雨的条件下屡遭侵蚀，成土物质不断更新，故土壤发育始终保持在幼年阶段，剖面无明显的发育层次。土壤呈紫红色或紫棕色，质地随母质类型而异，由紫色砂岩发育而成的多为砂壤土或轻壤土，由紫色页岩发育而成的多为重壤土或轻黏土。本县紫色土分为酸性紫色土、中性紫色土、石灰性紫色土三个亚类。

黄壤占本县地域面积的6%，分布在海拔600—900m的山地，主要发育于板页岩与花岗岩，亦有少部分发育于砂岩。黄壤是在云雾多、日照少、冬无严寒、夏无酷热、干湿季节不明显的山地湿润气候条件下形成的。湿润的气候条件使土壤中游离氧化铁发生水化而以赤铁矿、褐铁矿和水合氧化铁的形态存在，因此，剖面多呈黄色至蜡黄色，心土层尤为明显。交换性盐基含量低，土壤呈酸性，pH为4.5—5.5，质地多为壤土或黏壤土。本县黄壤分为黄壤和黄壤性土两个亚类。

小于本县地域面积3%的土壤类型有黄棕壤、潮土、石灰（岩）土、山地草甸土等。

本区域中心区气候特征

本区域中心区气候特征值
Regional climate characteristics in central area of the region

气候带：中亚热带湿润气候 Climate region: Subtropical humid climate	
年平均气温 /℃ Annual average temperature /℃	18.3
年平均最高气温 /℃ Annual average maximum temperature /℃	22.6
年平均最低气温 /℃ Annual average minimum temperature /℃	15.1
年降水量 /mm Annual precipitation /mm	1414
≥10℃的积温 /℃ Daily temperature accumulated in a year (≥10℃) /℃	10323
年日照时数 /h Annual sunshine /h	1608
年平均相对湿度 /% Annual average relative humidity /%	79
干燥度 Dryness	0.76

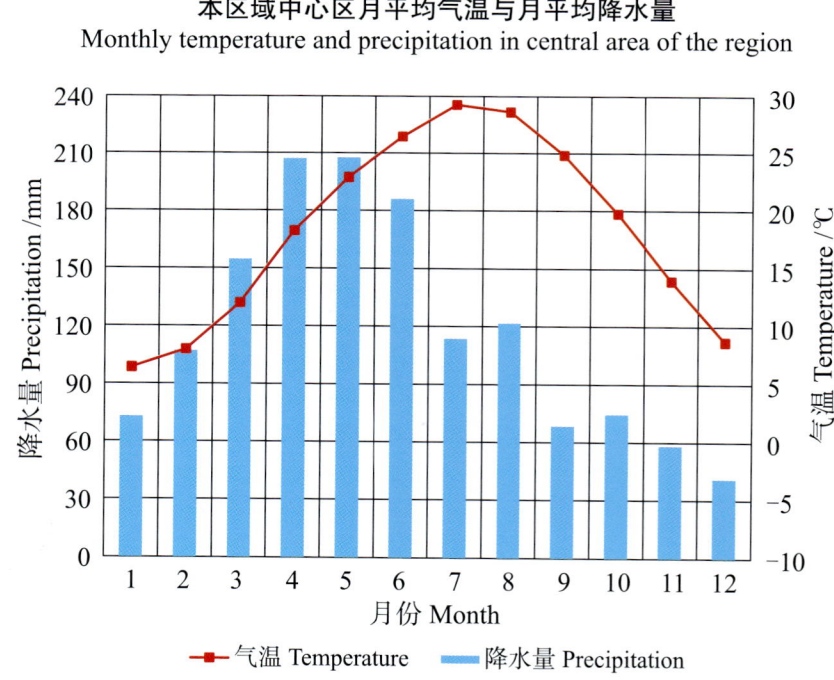

本区域中心区月平均气温与月平均降水量
Monthly temperature and precipitation in central area of the region

茶陵县主要土壤类型与土壤剖面点分布图
1∶250 000

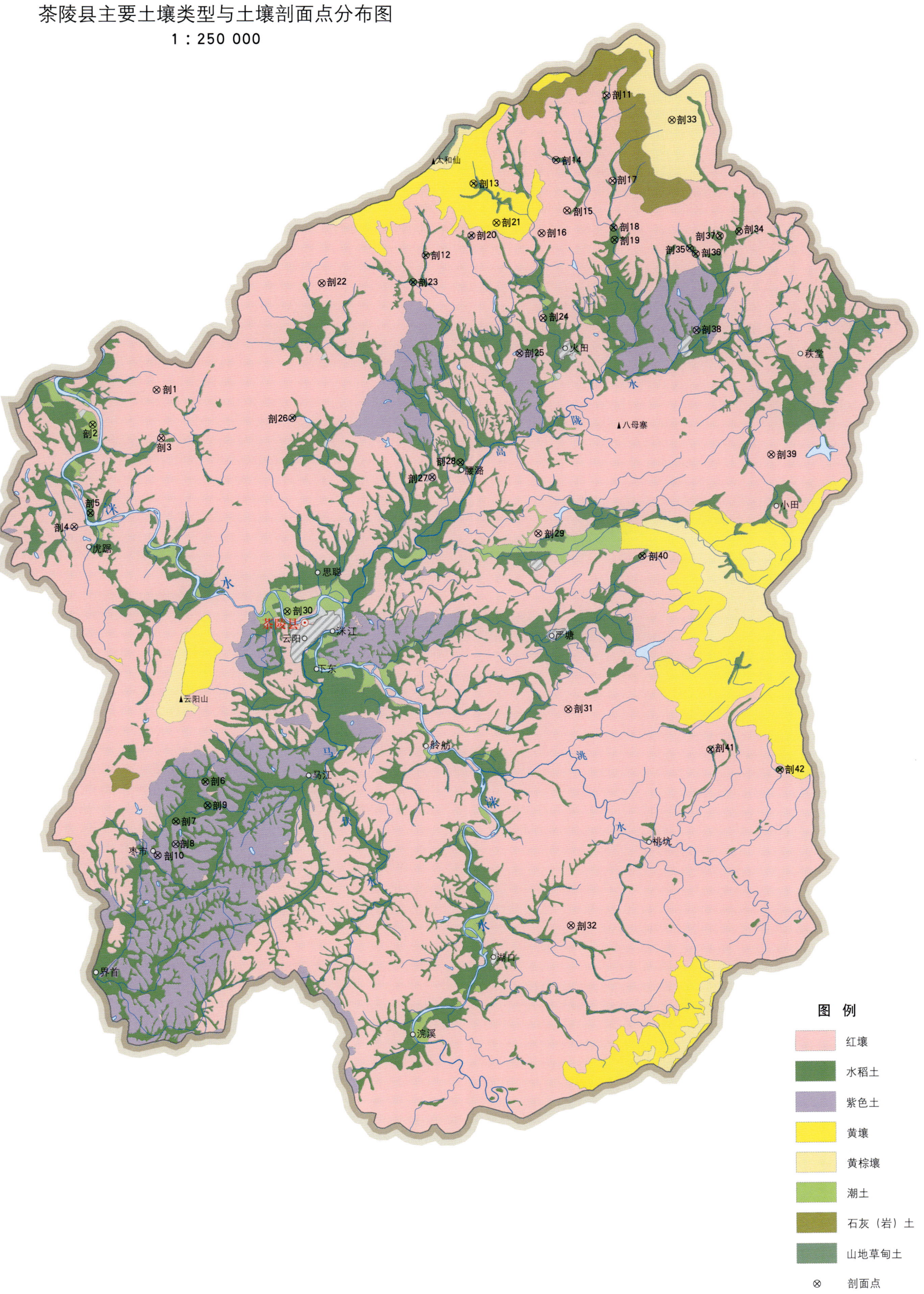

茶陵县土壤剖面理化性状表

剖面号 Soil profile	土纲 Soil order	土类 Soil great group	亚类 Soil subgroup	土属 Soil genus	土种 Soil species	土层码 Layer code	土层厚度 Depth/cm	颜色 Soil color	质地 Soil texture	土壤结构 Soil structure	pH	有机质 OM/(g/kg)	全氮 TN/(g/kg)	全磷 TP/(g/kg)	全钾 TK/(g/kg)	碱解氮 AN/(mg/kg)	有效磷 AP/(mg/kg)	速效钾 AK/(mg/kg)	土壤母质 Parent material	剖面点坐标 Profile coordinate	匹配指数 Matching index/%
剖1	铁铝土	红壤	红壤性土	砂岩红壤性土	厚腐砂岩红壤性土	A₁	4—30		轻壤土		4.6	47.0	2.33	0.54	13.7				砂岩	E 113°26′59.4″ N 26°55′46.8″	95
						C	30—40														
剖2	半水成土	潮土	河潮土	耕型河潮土	河砂土	A	0—18	紫棕色	砂壤土	粒状	7.4	9.8	0.50	0.45	20.5				河流冲积物	E 113°24′11.6″ N 26°54′38.8″	97
						Bv	18—100	紫色	砂壤土	粒状	7.0	9.0	0.45	0.30	21.9						
剖3	铁铝土	红壤	红壤	耕型板页岩红壤	黄砂土	A	0—46	深褐色	中壤土	团粒状	6.1	8.7	4.10	1.20	28.5				板页岩	E 113°26′51.3″ N 26°54′11.7″	97
						Bv	46—100	浅黄棕色	中壤土	块状	6.1										
剖4	铁铝土	红壤	红壤	第四纪红土红壤	厚层红土红壤	A	0—15		轻黏土		4.6	18.7	0.93	0.62	16.6				第四纪红色黏土	E 113°23′29.6″ N 26°51′10.3″	95
						Bv	15—150		黏土		4.6	15.2	0.75	0.50	10.7			70			
剖5	人为土	水稻土	潜育水稻土	青泥田	青泥田	A	0—18	灰黄色	黏土	小团粒状	5.3	35.4	1.76	1.17	17.0					E 113°24′02.2″ N 26°51′37.4″	97
						Pg	18—32	灰黄色	黏土	块状	5.7	26.2	1.53	0.77	15.6						
						G	32—100	灰白色	黏土	块粒状	6.3	15.7	0.85	0.92	15.1						
剖6	人为土	水稻土	潜育水稻土	灰泥田	灰泥田	A	0—16	浅灰色	砂壤土	块状	7.6	60.2	2.71	1.09	15.5					E 113°28′11.7″ N 26°42′34.8″	95
						P	16—31	浅灰色	砂壤土	块状	7.9	51.6	2.19	0.56	19.4						
						W	31—100	暗灰黄色	中壤土	块状	7.7	34.8	1.70	0.56	19.9						
剖7	人为土	水稻土	潜育水稻土	碱紫泥田	碱紫泥田	A	0—15	紫棕色	重壤土	小团粒状	7.8	26.7	1.24	1.80	27.0					E 113°27′06.9″ N 26°41′17.6″	98
						P	15—27	紫棕色	重壤土	块状	7.9	11.4	0.64	1.23	30.6						
						W	27—100	紫色	重壤土	块状	7.9	7.4	0.41	1.17	31.6						
剖8	初育土	紫色土	中性紫色土	中层中性紫色土	中层中性紫色土	A	0—14		重壤土		6.9	31.0	1.73	1.16	29.7					E 113°26′59.3″ N 26°40′27.6″	95
						Bv	14—42		重壤土		6.9	22.5	1.15	0.79	30.2						
剖9	人为土	水稻土	潜育水稻土	青泥田	青紫泥田	A	0—19	紫棕色	轻壤土	小团粒状	7.9	20.1	1.00	1.39	24.7					E 113°28′19.3″ N 26°41′43.7″	98
						P	19—29	浅灰色	轻壤土	块状	8.0	14.9	0.74	1.11	25.0						
						G	29—100	紫色	轻壤土	块状	8.2	9.4	0.57	0.92	26.0						
剖10	初育土	紫色土	石灰性紫色土	耕型石灰性紫色土	石灰性紫泥土	A	1—14	褐色	重壤土	小团粒状	7.6	30.1	1.49	1.46	30.7					E 113°26′28.3″ N 26°40′08.3″	95
						Bv	14—60	灰白色	重壤土	块状	8.0	20.5	1.02	1.25	31.3						
剖11	铁铝土	红壤	红壤	石灰岩红壤	薄腐厚层石灰岩红壤	A₁	1—6	黄灰色	轻壤土	小团粒状	4.7	35.8	1.87	0.42	15.8				石灰岩	E 113°44′14.9″ N 27°05′22.7″	75
						A	6—17	棕色	中壤土	块状	4.5	23.9	1.25	0.26	17.8						
						Bv	17—87		中壤土		4.5	16.2	0.85	0.85	13.8						
剖12	水稻土	水稻土	潜育水稻土	麻砂泥田	麻砂泥田	A	0—13	褐色	轻壤土	小团粒状	5.6	48.8	2.11	1.85	47.1					E 113°37′12.3″ N 27°00′07.7″	98
						P	13—23	灰白色	砂壤土	块状	5.6	43.2	1.98	1.87	47.0						
						W	23—40	灰黄色	砂壤土	棱柱状	5.5	37.5	1.71	0.86	45.7						
						S	40—100	灰黄色	砂土	棱块状	6.1	8.9	0.51	0.62	46.4						
剖13	人为土	水稻土	潜育水稻土	黄泥田	黄泥田	A	0—16	褐色	重壤土	小团粒状	5.0	33.7	1.25	0.92	18.9					E 113°39′07.4″ N 27°02′30.3″	97
						P	16—25	灰白色	重壤土	块状	4.7	23.5	1.08	0.73	18.9						
						W	25—48	黄棕色	中壤土	块状	6.7	10.9	0.52	0.69	18.7						
剖14	人为土	水稻土	淹育水稻土	浅麻砂泥田	浅麻砂泥田	A	0—13	棕色	中壤土	小团粒状	5.1	30.8	1.52	1.02	26.6					E 113°42′17.0″ N 27°03′14.1″	98
						P	13—26	棕色	中壤土	块状	5.7	23.4	1.19	0.66	32.0						
						C	26—100		中壤土	柱状	5.7	7.7	0.43	0.63	35.8						
剖15	铁铝土	红壤	红壤	花岗岩红壤	薄腐厚层花岗岩红壤	A	0—15		中壤土		4.6	19.2	0.98	0.67	34.1				花岗岩	E 113°42′39.0″ N 27°01′31.3″	95
						Bv	15—58		中壤土		4.9	6.9	0.31	0.77	44.2						
						BvC	58—106		中壤土		5.0	5.5	0.30	0.53	40.5						
						C	106—					12.3	0.85	1.10	28.5						

续表 Continued

剖面号 Soil profile	土纲 Soil order	土类 Soil great group	亚类 Soil subgroup	土属 Soil genus	土种 Soil species	土层码 Layer code	土层厚度 Depth/cm	颜色 Soil color	质地 Soil texture	土壤结构 Soil structure	pH	有机质 OM/(g/kg)	全氮 TN/(g/kg)	全磷 TP/(g/kg)	全钾 TK/(g/kg)	碱解氮 AN/(mg/kg)	有效磷 AP/(mg/kg)	速效钾 AK/(mg/kg)	土壤母质 Parent material	剖面点坐标 Profile coordinate	匹配指数 Matching index/%
剖16	铁铝土	红壤	红壤性土	板页岩黄红壤	薄腐厚层板页岩红壤	A₁	2—12		中壤土		4.6	30.8	1.52	0.72	24.6				板页岩	E 113°41′40.1″ N 27°00′46.8″	95
						A	12—40		中壤土		4.7	21.9	1.12	0.85	24.9						
						Bv	40—87		中壤土		5.0	9.6	0.70	0.77	25.5						
剖17	铁铝土	红壤	红壤性土	砂岩红壤性土	薄腐砂岩红壤性土	A	0—4		砂壤土		5.0	13.7	0.68	0.38	20.2				砂岩	E 113°44′31.7″ N 27°02′29.5″	75
						Bv	4—14		砂壤土		5.1	10.1	0.55	0.36	21.2	88	≤1.0	50			
						C	14—60														
剖18	人为土	水稻土	潴育水稻土	酸紫泥田	红紫泥田	A	0—14	褐色	中壤土	小团粒状	7.8	9.8	1.91	1.61	14.5					E 113°44′23.5″ N 27°00′55.2″	97
						P	14—22	暗黄紫色	中壤土	块状	7.2	32.9	1.62	0.91	18.5						
						W	22—100	黄紫色	中壤土		7.6	4.0	0.23	0.66	19.1						
剖19	人为土	水稻土	潴育水稻土	青砂泥田	黄砂泥田	A	0—13	红黄色	砂壤土	小团粒状	5.8	44.1	2.14	1.00	22.9	126	2.7	64		E 113°44′25.0″ N 27°00′30.3″	97
						P	13—24	红黄色	砂壤土	块状	5.9	43.7	2.05	0.64	23.5						
						G	24—100	青黄色	中壤土		6.3	42.7	1.88	0.49	23.5						
剖20	人为土	水稻土	潜育水稻土	烂泥田	烂泥田	Ag	0—24	紫灰色	中壤土	小团粒状	7.0	18.8	1.42	0.49	18.6					E 113°38′59.4″ N 27°00′46.2″	97
						G	24—100	紫色	中壤土	块状	6.1	5.6	0.27	0.39	19.2						
剖21	铁铝土	黄壤				A₁	3—8		中壤土		4.7	66.3	3.29	1.00	28.5				花岗岩	E 113°39′58.3″ N 27°01′09.7″	75
						A	8—20		中壤土		4.8	30.8	1.52	0.66	32.3						
						Bv	20—69		中壤土		4.9	13.9	0.60	0.54	34.3						
						BvC	69—110		中壤土		5.0	12.3	0.61	0.54	41.0						
剖22	铁铝土	红壤	黄红壤	花岗岩黄红壤	厚腐厚层花岗岩黄红壤	A₁	3—28	暗灰黄色	轻壤土	小团粒状	4.3	61.6	3.06	0.42	22.2				花岗岩	E 113°33′19.0″ N 26°59′15.3″	95
						A	28—40	浅黄黄色	中壤土	块状	4.5	18.1	0.90	0.20	22.1						
						Bv	40—90	黄棕色	中壤土		4.8	19.1	0.62	0.13	21.5						
剖23	人为土	水稻土	潴育水稻土	黄砂泥田	黄砂泥田	A	0—13	暗黄黄色	中壤土	梭状	5.6	33.7	1.85	1.24	19.6					E 113°36′43.0″ N 26°59′13.4″	98
						P	13—21	浅黄黄色	轻壤土	块状	5.6	26.5	3.60	1.26	19.6						
						W	21—60	黄棕色	砂壤土	团粒状	6.5	14.3	0.67	0.69	28.8						
剖24	铁铝土	红壤		耕型砂岩红壤	黄砂土	A	0—20	灰棕色	砂壤土	块状	5.6	29.8	1.74	1.84	34.0				砂岩	E 113°41′39.1″ N 26°57′54.9″	97
						Bv	20—100	浅棕黄色	中壤土		5.9	23.5	1.26	2.56	34.1						
剖25	初育土	紫色土	石灰性紫色土	耕型石灰性紫色土	石灰性紫色土	A	0—7		重壤土		7.8	12.7	0.63	0.96	24.0					E 113°40′41.6″ N 26°56′45.1″	75
						Bv	7—41		轻壤土		7.3	8.1	0.40	0.78	28.3						
剖26	人为土	水稻土	潴育水稻土	灰黄泥田	灰黄泥田	A	0—10	暗灰黄色	重壤土		6.0	46.4	2.71	1.56	32.4					E 113°31′56.0″ N 26°54′44.7″	97
						P	10—19	暗灰黄色	中壤土	团粒状	5.6	41.8	2.03	1.29	33.7						
						W	19—100	灰黄色	轻壤土	粒状	7.0	21.4	1.40	0.78	17.9						
剖27	初育土	紫色土	石灰性紫色土	耕型石灰性紫色土	石灰性紫色土	A	0—17	紫色	轻壤土	块状	7.7	8.2	0.48	1.17	25.0					E 113°37′11.3″ N 26°52′35.7″	97
						C	17—100	紫色	中壤土	小团粒状	8.2	4.7	0.30	1.02	25.8						
剖28	人为土	水稻土	潴育水稻土	红黄泥田	红黄麻砂田	A	0—15	褐色	轻壤土	团粒状	6.1	29.9	1.62	1.17	32.8					E 113°38′21.2″ N 26°53′07.2″	98
						P	15—24	浅灰黄色	轻壤土	块状	6.7	22.5	1.01	1.14	23.4						
						W	24—100	黄黄色	重壤土		7.4	16.4	0.85	1.00	24.1						
剖29	铁铝土	红壤	黄红壤	耕型花岗岩黄红壤	黄红麻砂土	A	0—20	暗灰色	砂壤土	团粒状	5.4	37.6	1.89	1.07	≥50.0				第四纪红色黏土	E 113°41′16.1″ N 26°50′38.9″	95
						Bv	20—42	浅黄色	砂壤土	块状	5.5	30.2	1.50	0.73	48.6						
						C	42—100	红黄色	砂壤土		6.5	11.7	0.58	0.68	≥50.0						
剖30	半水成土	潮土	河潮土	耕型河潮土	河潮土	A	0—17	灰灰棕色	壤土	小团粒状	5.6	22.2	1.23	1.17	12.2				花岗岩	E 113°31′43.4″ N 26°48′12.8″	98
						Bv	17—47	浅棕黄色	壤土	块状	6.7	8.8	0.60	1.07	10.2						
剖31	铁铝土	红壤	黄红壤	板页岩黄红壤	薄腐厚层板页岩黄红壤	Bv	3—37		重壤土	团粒状	4.3	32.4	1.60	0.62	23.3				河流冲积物	E 113°42′13.2″ N 26°44′41.4″	95
							37—100	紫红色	重壤土	块状	4.6	21.7	1.08	0.59	23.8				板页岩		
剖32	铁铝土	红壤	红壤性土	板页岩黄红壤		Bv	0—20	棕红色	重壤土	团粒状	4.9	11.0	0.71	0.97	12.9				第四纪红色黏土	E 113°42′06.6″ N 26°37′21.9″	95
							20—100		重壤土	块状	4.8	10.1	0.54	0.97	13.6						

续表 Continued

剖面号 Soil profile	土纲 Soil order	土类 Soil great group	亚类 Soil subgroup	土属 Soil genus	土种 Soil species	土层码 Layer code	土层厚度 Depth/cm	颜色 Soil color	质地 Soil texture	土壤结构 Soil structure	pH	有机质 OM/(g/kg)	全氮 TN/(g/kg)	全磷 TP/(g/kg)	全钾 TK/(g/kg)	碱解氮 AN/(mg/kg)	有效磷 AP/(mg/kg)	速效钾 AK/(mg/kg)	土壤母质 Parent material	剖面点坐标 Profile coordinate	匹配指数 Matching index/%
剖33	淋溶土	黄棕壤	山地黄棕壤	花岗岩黄棕壤	薄腐厚层花岗岩黄棕壤	A₁	3—9		砂壤土		5.0	36.4	1.81	0.71	37.1				花岗岩	E 113° 46′ 41.8″ N 27° 04′ 30.3″	95
						A₁A	9—23		重壤土		5.8	25.1	1.24	0.57	30.8						
						Bv	23—115		中壤土		5.0	20.6	1.02	0.44	30.7						
剖34	人为土	水稻土	矿毒型水稻土	金属矿毒田	锑钨矿毒田	A	0—12	浅棕黄色	砂壤土	小团粒状	4.8	35.4	1.78	2.17	35.9					E 113° 49′ 12.7″ N 27° 00′ 38.6″	97
						P	12—18	灰棕黄色	砂壤土	块状	4.8	34.0	1.63	2.10	36.6						
						S	18—100	灰白色	砂土	块状	6.3	12.8	0.65	1.92	36.2						
剖35	人为土	水稻土	潴育水稻土	酸紫泥田	酸紫泥田	A	0—14	紫色	壤土	小团粒状	5.2	24.5	1.38	1.29	33.6					E 113° 47′ 16.6″ N 27° 00′ 08.5″	97
						P	14—22	紫色	壤土	块状	5.1	23.5	1.16	0.74	32.1						
						W	22—100	红黄色	砂壤土	块状	5.1	19.1	0.93	0.85	36.4						
剖36	人为土	水稻土	潴育水稻土	中性紫泥田	中性紫泥田	A	0—15	棕紫色	中壤土	小团粒状	7.3	34.9	1.90	1.93	21.2					E 113° 47′ 27.5″ N 27° 00′ 00.8″	97
						P	15—30	暗紫色	重壤土	块状	7.5	27.9	1.31	1.69	23.1						
						W	30—100	暗紫色	紧砂土	块状	6.0	13.1	0.78	1.08	23.7						
剖37	人为土	水稻土	淹育水稻土	浅红黄泥田	浅红黄泥田	A	0—14	褐色	中壤土	小团粒状	6.4	24.2	1.22	0.98	11.9				第四纪红色黏土	E 113° 48′ 29.4″ N 27° 00′ 33.8″	97
						P	14—25	黄褐色	壤土	粒状	6.8	20.4	1.14	0.43	11.7						
						C	25—100	棕黄色	轻壤土		7.6	12.4	0.67	0.54	16.5						
剖38	初育土	紫色土	酸性紫色土	耕型酸性紫色土	紫红土	A	0—24	棕紫色	黏壤土	小团粒状	5.6	46.8	2.35	0.76	22.9	175	7.1	33	紫色页岩	E 113° 47′ 30.8″ N 26° 57′ 22.2″	97
						Bv	24—100	棕紫色	黏壤土	核柱状	6.0										
剖39	铁铝土	红壤	黄红壤	砂岩黄红壤	中腐厚层砂岩黄红壤	A	3—22		中壤土		4.7	55.1	2.73	0.65	26.9				砂岩	E 113° 50′ 07.7″ N 26° 53′ 07.3″	96
						Ap	22—54		重壤土		4.9	21.4	1.08	0.65	31.1						
						Bv	54—97		中壤土		5.0	13.1	0.85	0.69	26.0						
剖40	人为土	水稻土	潴育水稻土	红黄泥田	青狮红黄泥田	A	0—14	灰黄色	砂壤土	小团粒状	6.3	38.9	1.75	1.02	24.4				第四纪红色黏土	E 113° 45′ 10.2″ N 26° 49′ 48.2″	97
						Pg	14—25	浅红黄色	砂壤土	块状	7.0	24.5	1.22	0.69	26.0						
						W	25—100	红黄色	黏土	块状	7.7	12.5	0.62	1.02	26.0						
剖41	人为土	水稻土	淹育水稻土	浅黄泥田	浅黄泥田	A	0—13	暗黄色	壤土	小团粒状	5.3	37.8	1.84	1.25	24.5					E 113° 47′ 35.2″ N 26° 43′ 05.8″	97
						P	13—24	暗灰黄色	壤土	块状	5.5	26.9	1.39	1.60	26.0						
						C	24—100	黄色	壤土	块状	6.0	15.9	0.83	1.85	31.6						
剖42	人为土	水稻土	潴育水稻土	河砂泥田	河砂泥田	A	0—15	浅黄色	砂壤土	小团粒状	5.7	48.0	2.53	1.28	33.8					E 113° 50′ 10.7″ N 26° 42′ 23.0″	97
						P	15—24	暗黄色	砂壤土	块状	6.6	37.1	2.00	0.95	34.8						
						W	24—54	浅灰色	中壤土	块状	7.3	18.3	1.00	0.48	36.4						
						C	54—100	浅黄色	中壤土	块状	7.2	13.2	0.58	0.54	37.8						

炎 陵 县

主要土类说明

红壤是炎陵县主要土壤类型，占本县地域面积的38%。红壤广泛分布在海拔650m以下的丘陵及山地中下部。红壤主要发生于亚热带常绿阔叶林下，该区域气候温暖，雨量充沛，但降雨集中在3—6月，且多暴雨，常引起水土流失，7—8月常出现干旱，影响作物生长。土壤呈中度脱硅富铝化特征，黏粒硅铝率为2.0—2.2，黏土矿物以高岭石为主。本县红壤分为红壤、黄红壤、红壤性土三个亚类。

黄棕壤是炎陵县第二大土壤类型，占本县地域面积的32%。黄棕壤主要分布在海拔900—1450m（群山开阔区）或海拔900—1750m（群山密集区）的中低山中上部，垂直分布在山地黄壤之上，山地草甸土之下。由于气候凉湿，有机质分解慢，生物积累明显，枯枝落叶层下有黑色或黑棕色的腐殖质层，疏松多孔。富里酸的作用和氧化铁的水化作用使淀积层呈黄色，土体较紧实黏重，黏粒含量一般大于30%，土壤结构多为块状，自然肥力比红壤、山地黄壤高，酸度比红壤、山地黄壤低。本县黄棕壤分为山地黄棕壤和山地黄棕壤性土两个亚类。

黄壤是炎陵县第三大土壤类型，占本县地域面积的19%。黄壤形成于湿润的生物气候条件下，分布在海拔650—900m的中低山中部。由于气候湿润，雨量充沛，土壤中游离氧化铁发生水化而以针铁矿和水合氧化铁的形态存在，因此，剖面多呈黄色至蜡黄色，心土层尤为明显，有明显的络合淋溶作用，有的还伴随表潜作用。交换性盐基含量低，土壤呈酸性，质地多为壤土或黏壤土。本县黄壤分为黄壤和黄壤性土两个亚类。

水稻土占本县地域面积的9%。在人为耕作、施肥、灌溉等措施的影响下，土壤内部进行着氧化还原交替、有机质合成与分解、盐基淋溶与复盐基作用的熟化过程，促进了土壤性状的改变，形成了水稻土所特有的形态、理化和生物特性。完整的水稻土发育剖面通常有耕作层、犁底层、潴育层、潜育层等基本层次，有时还有砂石层、漂洗层、埋藏层等层次出现。本县水稻土分为淹育型、潴育型、渗育型、潜育型、沼泽型五个亚类。

小于本县地域面积3%的土壤类型有山地草甸土、潮土、紫色土等。

本区域中心区气候特征

本区域中心区气候特征值
Regional climate characteristics in central area of the region

气候带：中亚热带湿润气候 Climate region: Subtropical humid climate	
年平均气温 /℃ Annual average temperature /℃	18.6
年平均最高气温 /℃ Annual average maximum temperature /℃	23.0
年平均最低气温 /℃ Annual average minimum temperature /℃	15.4
年降水量 /mm Annual precipitation /mm	1429
≥10℃的积温 /℃ Daily temperature accumulated in a year（≥10℃）/℃	10759
年日照时数 /h Annual sunshine /h	1630
年平均相对湿度 /% Annual average relative humidity /%	78
干燥度 Dryness	0.77

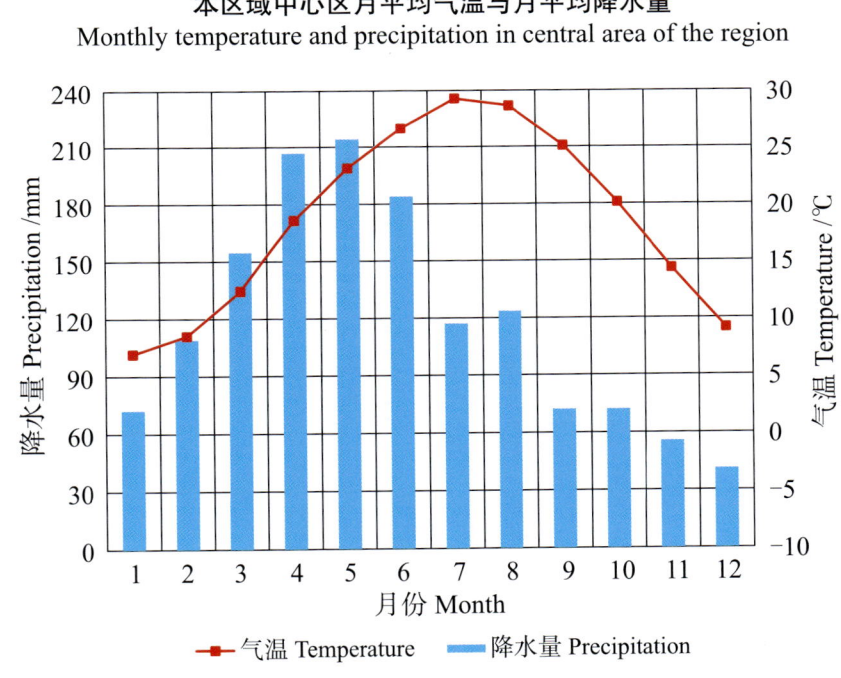

本区域中心区月平均气温与月平均降水量
Monthly temperature and precipitation in central area of the region

酃县主要土壤类型与土壤剖面点分布图
1 : 230 000

图 例
- 红壤
- 黄棕壤
- 黄壤
- 水稻土
- 山地草甸土
- 潮土
- 紫色土
- ⊗ 剖面点

注：国务院 1994 年 4 月批准，酃县更名为炎陵县。

炎陵县土壤剖面理化性状表

剖面号 Soil profile	土纲 Soil order	土类 Soil great group	亚类 Soil subgroup	土属 Soil genus	土种 Soil species	土层码 Layer code	土层厚度 Depth/cm	颜色 Soil color	质地 Soil texture	土壤结构 Soil structure	pH	有机质 OM/(g/kg)	全氮 TN/(g/kg)	全磷 TP/(g/kg)	全钾 TK/(g/kg)	碱解氮 AN/(mg/kg)	有效磷 AP/(mg/kg)	速效钾 AK/(mg/kg)	土壤母质 Parent material	剖面点坐标 Profile coordinate	匹配指数 Matching index/%
剖1	人为土	水稻土	潴育水稻土	灰泥田	灰泥田	A	0～12					40.5	2.16	1.90	21.4	147	26.5	47		E 113°41′28.5″ N 26°30′23.3″	75
						P	12～21					34.4	1.79	1.53	20.4						
						We	21～100					16.9	0.96	0.80	22.3						
剖2	人为土	水稻土	潴育水稻土	黄砂泥田	菁糊黄砂泥田	A	0～15					37.2	2.03	1.28	19.0	141	16.2	41		E 113°41′43.7″ N 26°30′09.9″	75
						Pg	15～28					24.2	1.40	0.80	20.8						
						W	28～100					17.0	1.40	0.74	17.8						
剖3	人为土	水稻土	潴育水稻土	灰黄泥田		A	0～16					50.0	2.44	1.68	29.1	171	16.7	83		E 113°41′22.4″ N 26°30′02.8″	75
						P	16～29					33.9	1.93	1.37	30.0						
						W	29～100					33.8	1.63	1.12	29.3						
剖4	人为土	水稻土	潴育水稻土	灰黄泥田	菁糊灰黄泥田	A	0～17					44.4	2.29	1.12	17.4	117	7.2	64		E 113°42′53.5″ N 26°30′39.1″	75
						Pg	17～27					35.3	1.89	0.91	18.9						
						W	27～100					28.6	1.43	0.62	19.4						
剖5	人为土	水稻土	潴育水稻土	黄泥田		A	0～14					32.5	1.79	1.35	25.8	154	14.5	53		E 113°43′07.1″ N 26°30′33.4″	75
						P	14～22					22.6	1.34	0.92	27.2						
						W	22～45					9.4	0.72	0.89	31.5						
						C	45～100					5.3	0.65	0.98	32.9						
剖6	铁铝土	红壤	红壤	石灰岩红壤	薄腐厚层石灰岩红壤	A	1～19		重壤土		4.9	3.7	0.84	0.61	17.1				石灰岩	E 113°43′40.3″ N 26°30′57.2″	75
						ABv	19～101		中壤土		4.9	12.3	0.84	0.56	13.8						
						Bv	101～155		重壤土		5.0	3.0	0.44	0.56	18.4						
剖7	铁铝土	红壤	红壤	砂岩红壤	薄腐厚层砂岩红壤	A	0～26		中壤土		4.5	22.7	0.95	0.48	13.8				砂岩	E 113°44′52.9″ N 26°30′06.0″	75
						Bv	26～122		重壤土		4.3	5.0	0.48	0.43	12.1						
						BvC	122～170		重壤土		4.6	2.4	0.32	0.45	11.6						
剖8	人为土	水稻土	潴育水稻土	黄泥田	石灰性黄泥田	A	0～13					57.9	2.91	2.52	28.8	189	27.8	67		E 113°39′14.4″ N 26°30′05.5″	75
						P	13～23					50.4	2.51	1.88	28.6						
						W	23～100					28.0	1.46	0.82	28.8						
剖9	人为土	水稻土	潴育水稻土	黄砂泥田	黄砂泥田	A	0～14					29.9	1.63	1.13	25.3	139	9.5	44		E 113°39′37.5″ N 26°30′02.9″	75
						P	14～23					27.9	1.45	1.21	25.8						
						W	23～100					21.6	1.29	0.70	26.6						
剖10	初育土	紫色土	酸性紫色土	酸性紫色土		A	1～15		重壤土		4.9	21.9	1.21	0.49	11.6					E 113°39′49.8″ N 26°30′05.9″	75
						Bv	15～80		重壤土		4.8	9.2	0.50	0.51	12.4						
剖11	半成土	潮土	耕型河潮土	耕型河潮土		A	0～19						11.3	0.81	1.01	37.6	55	6.0	7	河流冲积物	E 113°40′26.7″ N 26°29′00.3″	75
						C	19～100						4.0	0.28	0.72	37.9						
剖12	铁铝土	红壤	红壤	花岗岩红壤	薄腐厚层花岗岩红壤	A1	0～21	褐色	重壤土	粒状	5.1	30.7	1.25	0.69	19.0				板页岩	E 113°42′13.8″ N 26°28′59.9″	95
						ABv	21～43	黄褐色	轻黏土	粒块状	5.6	11.5	0.89	0.78	23.7						
						BvC	43～78	黄红色	轻黏土	块状	5.5	6.4	0.56	0.98	24.8						
						C	78～150	红黄色	重壤土	块状	5.2	28.1	1.19	0.69	21.0						
剖13	铁铝土	黄红壤	黄红壤	花岗岩黄红壤	薄腐厚层花岗岩黄红壤	A1	2～6		重壤土		4.6	91.0	3.16	0.96	47.9				花岗岩	E 113°42′29.1″ N 26°25′40.6″	95
						A	6～30		重壤土		4.6	35.2	1.22	0.63	≥50.0						
						Bv	30～90		重壤土		5.0	8.1	0.61	0.59	≥50.0						
						BvC	90～140		中壤土		5.1	4.4	0.26	0.58	48.4						
剖14	铁铝土	红壤	红壤	花岗岩红壤	薄腐厚层花岗岩红壤	A	1～23		重壤土		4.6	40.5	1.48	0.93	15.2				花岗岩	E 113°36′35.3″ N 26°22′54.5″	95
						Bv	23～155		重壤土		5.0	13.4	0.54	0.67	17.8						

续表 Continued

剖面号 Soil profile	土纲 Soil order	土类 Soil great group	亚类 Soil subgroup	土属 Soil genus	土种 Soil species	土层码 Layer code	土层厚度 Depth/cm	颜色 Soil color	质地 Soil texture	土壤结构 Soil structure	pH	有机质 OM/(g/kg)	全氮 TN/(g/kg)	全磷 TP/(g/kg)	全钾 TK/(g/kg)	碱解氮 AN/(mg/kg)	有效磷 AP/(mg/kg)	速效钾 AK/(mg/kg)	土壤母质 Parent material	剖面点坐标 Profile coordinate	匹配指数 Matching index/%
剖15	铁铝土	红壤	红壤性土	板页岩红壤性土	薄腐板页岩红壤性土	A	0~16		轻黏土		4.6	35.5	1.71	1.12	28.5				板页岩	E 113°39′46.4″ N 26°21′45.1″	95
						Bv	16~34		轻黏土		4.8	18.5	0.93	1.27	32.6						
剖16	半水成土	潮土	河潮土	耕型河潮土		A	0~16					12.7	0.75	1.13	31.5	61	8.4	60	河流冲积物	E 113°39′02.2″ N 26°19′44.1″	75
						Bv	16~52					6.8	0.47	1.11	33.2						
						C	52~100					5.9	0.44	1.10	36.5						
剖17	铁铝土	黄壤	黄壤	板页岩黄壤		A₁	2~23		砂壤土		5.0	91.4	2.85	2.22	42.2				花岗岩	E 113°42′24.5″ N 26°17′35.1″	95
						A	23~43		砂壤土		5.7	37.8	1.28	2.12	47.9						
						Bv	43~72		紧砂土		5.9	13.8	0.66	2.27	47.5						
剖18	淋溶土	黄棕壤	山地黄棕壤	板页岩山地黄棕壤		A	1~60		重壤土		4.8	37.6	1.47	0.60	16.0				板页岩	E 113°44′35.7″ N 26°04′27.3″	95
						Bv	60~123		重壤土		5.3	8.8	0.72	0.54	16.7						
						BvC	123~160		重壤土		4.9	4.6	0.46	0.47	20.0						
剖19	铁铝土	黄壤	黄壤	花岗岩黄壤	薄腐厚层花岗岩黄壤	A₁	2~9		中壤土		4.1	179.2	5.38	1.30	35.7				花岗岩	E 113°58′39.6″ N 26°29′02.0″	95
						A	9~82		重壤土		4.9	28.3	1.24	0.87	39.2						
						Bv	82~173		轻壤土		5.1	9.8	0.55	0.75	40.8						
剖20	淋溶土	黄棕壤	山地黄棕壤	板页岩山地黄棕壤	中腐厚层板页岩黄棕壤	A₁	1~13		中壤土		4.6	97.0	4.11	1.42	19.2				板页岩	E 113°55′13.4″ N 26°25′21.0″	95
						A	13~23		重壤土		4.7	52.5	2.27	1.18	19.3						
						Bv	23~150		轻黏土		5.0	13.1	0.55	0.94	21.5						
剖21	铁铝土	红壤	红壤	板页岩红壤	薄腐厚层板页岩红壤	A₁	1~27		轻壤土		4.7	16.4	0.84	0.64	23.3				板页岩	E 113°46′33.2″ N 26°21′40.3″	95
						Bv	27~110		轻黏土		4.8	7.6	0.74	0.66	22.7						
						BvC	110~117		重壤土		5.1	5.4	0.44	0.80	27.6						
剖22	铁铝土	黄壤	黄壤	砂岩黄壤		A₁	1~20		轻壤土		4.3	204.2	6.91	2.16	38.6				砂岩	E 113°54′42.9″ N 26°22′59.9″	95
						A	20~45		中壤土		4.5	189.3	4.63	2.21	36.2						
剖23	铁铝土	黄壤	黄壤性土		中腐中层砂岩黄壤	A	1~6		轻壤土		4.7	52.3	1.75	0.61	≥50.0				花岗岩	E 113°52′33.3″ N 26°21′29.1″	95
						Bv	6~18		轻壤土		4.7	29.5	1.11	0.48	≥50.0						
剖24	铁铝土	黄棕壤	山地黄棕壤	花岗岩山地黄棕壤		A	2~15		中壤土		4.8	148.2	4.28	1.60	38.6				花岗岩	E 113°57′04.2″ N 26°13′01.9″	95
						A	15~49		中壤土		4.6	78.4	2.32	1.48	40.8						
						Bv	49~147		重壤土		5.0	10.2	0.61	0.91	41.1						
剖25	淋溶土	黄棕壤	山地黄棕壤	板页岩山地黄棕壤	厚腐中层黄棕壤	A	10~31		轻壤土		4.6	165.4	5.51	1.20	9.4				板页岩	E 113°50′42.5″ N 26°09′03.0″	95
						A	31~60		中壤土		5.1	39.3	1.55	0.89	9.8						
						Bv	60~86		重壤土		5.4	21.6	0.97	0.87	12.5						
剖26	人为土	水稻土	淹育水稻田	浅黄砂泥田	浅黄砂泥田	A	0~11				4.3	34.5	1.98	1.81	24.0	135	10.0	46		E 114°00′06.8″ N 26°33′26.9″	75
						P	11~21		中壤土			35.2	1.91	1.66	25.5						
						C	21~60		重壤土			17.0	1.09	1.78	25.9						
剖27	铁铝土	黄壤	黄壤	板页岩黄壤	中腐中层板页岩黄壤	A₁	3~14		中壤土		4.3	94.9	2.61	0.80	19.6				板页岩	E 114°03′49.6″ N 26°33′18.6″	96
						A	14~43		重壤土		5.0	22.2	1.03	0.74	21.7						
						Bv	43~84		轻黏土		4.6	10.9	0.65	0.76	21.3						

醴 陵 市

主要土类说明

水稻土是醴陵市主要土壤类型，占本市地域面积的45%。水稻土是人们将各种自然土壤或旱土通过平整筑埂、施肥、耕作、灌溉等一系列的农业栽培活动，长期淹水栽培水稻，在地表水和地下水不断运动和作用下形成的土壤类型。水稻土在不同部位受水的不同作用，且受不同生态环境和耕作条件的制约和影响，土体内部物质分配产生分异，形成了各种不同形态的土壤层次。①耕作层，土壤比心土层肥沃，结构好，质地疏松，是水稻根群密集的层次。②犁底层，俗称硬夹层，在耕作层之下，受农具的重力作用和耕作时黏粒下移淀积而形成，土层紧实黏重，孔隙度小，具有保肥保水的作用。③心土层，在犁底层之下。由于心土层的各个部位受水的不同作用，因此，在不同的氧化还原作用下又形成了不同的土壤层次，如斑纹层、淀积层、潜育层、漂洗层、砂石层。④底土层，在心土层之下，又称母质层，其性状近似于母质。本市水稻土分为淹育型、潴育型、渗育型、潜育型、沼泽型、矿毒型六个亚类。

红壤是醴陵市第二大土壤类型，占本市地域面积的41%。红壤主要发生于亚热带常绿阔叶林下，呈中度脱硅富铝化特征，土壤黏粒中游离铁占全铁的50%—60%。黏土矿物以高岭石、赤铁矿为主，黏粒硅铝率为1.8—2.4，风化淋溶系数小于0.2，盐基饱和度小于35%，pH为4.5—5.5。红壤具深厚红色土层，底部可见深厚的红、黄、白相间的网纹状红色黏土，具A–Bs–Bv或A–Bs–C剖面构型。

紫色土是醴陵市第三大土壤类型，占本市地域面积的12%。紫色土是由热带、亚热带紫红色岩层直接风化形成的A–C型土壤。其理化性质与母岩组成直接相关，土层浅薄，剖面层次发育不明显，仍处于初育阶段。母岩富含矿质养分，且风化迅速。

小于本市地域面积3%的土壤类型有黄壤、潮土等。

本区域中心区气候特征

本区域中心区气候特征值
Regional climate characteristics in central area of the region

气候带：中亚热带湿润气候 Climate region: Subtropical humid climate	
年平均气温 /℃ Annual average temperature /℃	17.6
年平均最高气温 /℃ Annual average maximum temperature /℃	21.9
年平均最低气温 /℃ Annual average minimum temperature /℃	14.3
年降水量 /mm Annual precipitation /mm	1385
≥10℃的积温 /℃ Daily temperature accumulated in a year (≥10℃) /℃	8625
年日照时数 /h Annual sunshine /h	1575
年平均相对湿度 /% Annual average relative humidity /%	81
干燥度 Dryness	0.76

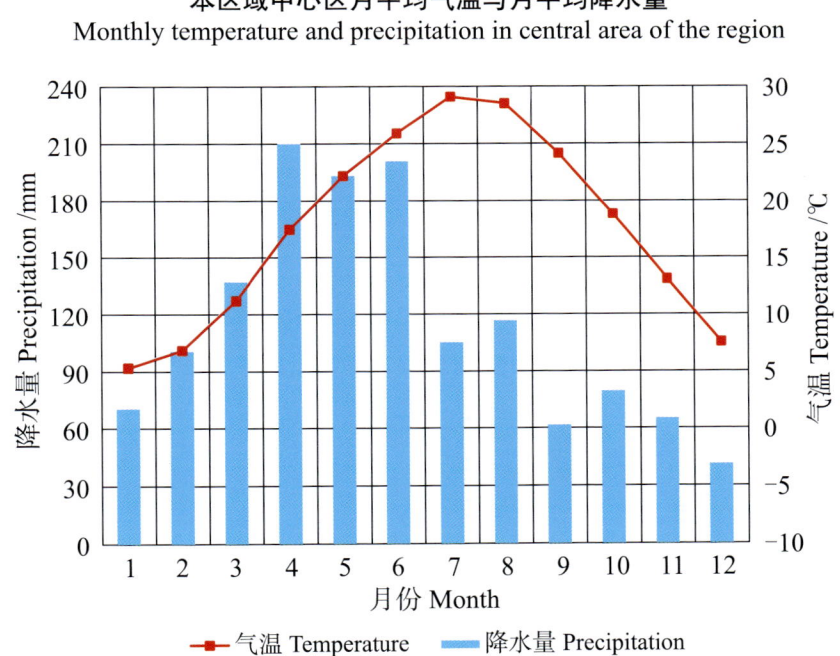

本区域中心区月平均气温与月平均降水量
Monthly temperature and precipitation in central area of the region

醴陵市主要土壤类型与土壤剖面点分布图
1:260 000

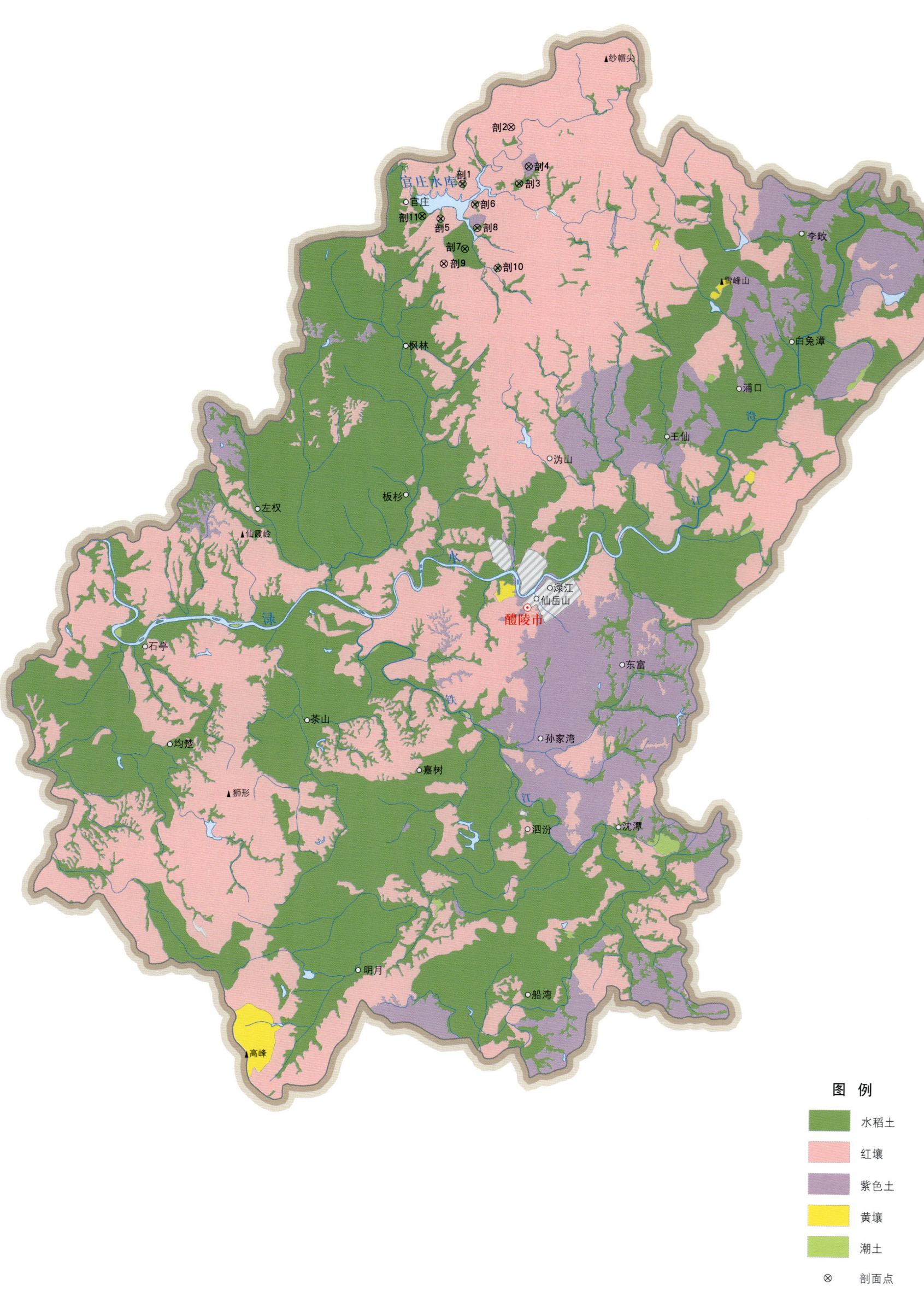

图例
- 水稻土
- 红壤
- 紫色土
- 黄壤
- 潮土
- ⊗ 剖面点

醴陵市土壤剖面理化性状表

剖面号 Soil profile	土纲 Soil order	土类 Soil great group	亚类 Soil subgroup	土属 Soil genus	土种 Soil species	土层码 Layer code	pH	有机质 OM/(g/kg)	全氮 TN/(g/kg)	全磷 TP/(g/kg)	全钾 TK/(g/kg)	阳离子交换量CEC/(cmol/kg)	土壤母质 Parent material	剖面点坐标 Profile coordinate	匹配指数 Matching index/%
剖1	人为土	水稻土	潴育水稻土	紫泥田	紫泥田	A	6.6	21.6	1.26	0.50	27.7	14.2	紫色砂页岩	E 113°27′22.2″ N 27°53′05.4″	75
						P	6.5	11.7	0.79	0.39	30.1	12.5			
						W	5.3	37.2	1.13	0.92	29.9	11.7			
剖2	铁铝土	红壤	红壤	花岗岩红壤	薄腐中层花岗岩红壤	A₂	4.7	26.8	0.81	0.32	22.8		花岗岩	E 113°29′11.8″ N 27°54′59.8″	75
						Bv	4.9	5.3	0.84	0.40	18.1				
						V	5.1	1.8	0.70	0.45	14.5	12.3			
剖3	人为土	水稻土	潴育水稻土	麻砂泥田	麻砂泥田	A	4.9	33.7	1.89	1.08	25.9	11.6		E 113°29′34.6″ N 27°53′06.6″	75
						P	4.9	32.6	1.46	1.07	24.2	8.7			
						W	5.2	19.8	1.35	0.56	22.6	8.5			
						C	5.4	13.2	1.31	0.94	24.1				
剖4	初育土	紫色土	中性紫色土	中性紫砂土		A₂	7.0	1.5	1.01	0.71	11.3	15.7	紫色砂岩	E 113°27′50.8″ N 27°53′39.9″	75
						Bv	7.5	1.1	0.91	0.68	10.8	13.8			
						C	7.6	9.8	0.88	0.59	10.0	14.2			
剖5	人为土	水稻土	潴育水稻土	黄紫泥田	黄紫泥田	A	6.0	39.6	1.81	1.41	20.5	10.7		E 113°26′29.5″ N 27°51′59.3″	75
						P	7.5	20.3	1.51	0.61	19.0	7.2			
						W	7.0	32.3	1.89	0.95	19.0	7.0			
剖6	人为土	水稻土	潴育水稻土	河砂泥田	砂泥田	A	5.9	32.5	1.46	0.62	16.3	6.7	河流冲积物	E 113°27′47.8″ N 27°52′24.0″	75
						P	5.9	23.6	0.95	0.93	14.0	10.6			
						W	6.8	8.6	0.51	0.45	15.0	8.4			
						Bv	6.6	6.3	0.37	0.42	16.2	7.4			
剖7	人为土	水稻土	潴育水稻土	潮砂泥田	潮泥田	A	4.8	38.5	1.87	0.81	20.3	13.1		E 113°27′20.9″ N 27°50′56.8″	75
						P	5.0	24.7	1.18	≤0.10	20.9	12.3			
						C	5.5	15.4	0.96	0.58	22.0	11.3			
剖8	人为土	水稻土	潴育水稻土	青泥田	青泥田	A	6.3	48.5	2.38	1.35	21.9			E 113°27′58.4″ N 27°51′37.5″	75
						Pg	5.9	46.1	2.14	1.33	22.5				
						G	7.0	38.0	1.49	0.81	24.2				
剖9	铁铝土	红壤	红壤	板页岩红壤		A₂	4.9	18.1	1.25	1.24	24.6	14.9	板页岩	E 113°26′41.9″ N 27°50′28.1″	75
						Bv	5.2	11.9	1.29	1.25	21.9	14.3			
						CD	5.0	9.1	1.07	1.38	21.2	10.9			
剖10	人为土	水稻土	潴育水稻土	红黄泥田	黑泥田	A	6.1	50.4	2.33	0.75	21.3	12.8	第四纪红色黏土	E 113°28′37.6″ N 27°50′15.5″	75
						P	6.1	44.7	2.19	0.68	20.7	9.7			
						W	6.8	18.5	1.25	0.11	20.7	9.4			
剖11	人为土	水稻土	潴育水稻土	黄泥田	黄泥田	A	6.2	31.7	1.78	1.18	22.2			E 113°25′54.2″ N 27°52′05.0″	75
						P	5.6	25.5	1.15	0.99	22.8				
						W	6.5	8.1	0.89	0.83	22.7				

湘 潭 市

湘 潭 县

主要土类说明

红壤是湘潭县主要土壤类型，占本县地域面积的54%。红壤主要发生于亚热带常绿阔叶林下，呈中度脱硅富铝化特征，土壤黏粒中游离铁占全铁的50%—60%。黏土矿物以高岭石、赤铁矿为主，黏粒硅铝率为1.8—2.4，风化淋溶系数小于0.2，盐基饱和度小于35%。红壤具深厚红色土层，底部可见深厚的红、黄、白相间的网纹状红色黏土。本县红壤分为红壤、黄红壤、红壤性土三个亚类。其中，红壤亚类面积最大，一般土层较深厚，呈酸性或强酸性，含氧化铁较多，呈红色。黄红壤分布在海拔300—500m的山地，是红壤与黄壤之间的过渡类型，土壤呈黄红色，土层较厚，适宜林木生长，部分可作为草场。

水稻土是湘潭县第二大土壤类型，占本县地域面积的40%。本县水稻土分为淹育型、潴育型、渗育型、潜育型、沼泽型、矿毒型六个亚类。地势较高的高岸田、岸田，耕作层浅，受水作用弱，潴积现象发生在地下30cm以内，剖面构型为A-C或A-P-C，为淹育水稻土。地势稍低的二排田、垄田、冲田，中上部受水作用稍强，有明显的淋溶淀积层，地下水位在60cm以下，剖面构型为A-P-W-C或A-P-W-B，多为肥力较高的潴育水稻土。地势较低的垄田、冲槽田，地下水位高，60cm以上出现青泥层，有毒物质积累，剖面构型为A-P-G，为需要改良的潜育水稻土。地势最低的低洼田，地下水位高出地表，终年不干，土壤全层潜育，剖面构型为A-G，为肥力最低的沼泽型水稻土。

紫色土是湘潭县第三大土壤类型，占本县地域面积的5%。紫色土主要分布在涓江两侧，其他地区也有零散分布。本县紫色土发育于紫色砂页岩，分为酸性紫色土、中性紫色土、石灰性紫色土三个亚类。

本区域中心区气候特征

本区域中心区气候特征值
Regional climate characteristics in central area of the region

气候带：中亚热带湿润气候 Climate region: Subtropical humid climate	
年平均气温 /℃ Annual average temperature /℃	17.4
年平均最高气温 /℃ Annual average maximum temperature /℃	21.7
年平均最低气温 /℃ Annual average minimum temperature /℃	14.2
年降水量 /mm Annual precipitation /mm	1356
≥10℃的积温 /℃ Daily temperature accumulated in a year (≥10℃) /℃	7561
年日照时数 /h Annual sunshine /h	1546
年平均相对湿度 /% Annual average relative humidity /%	81
干燥度 Dryness	0.76

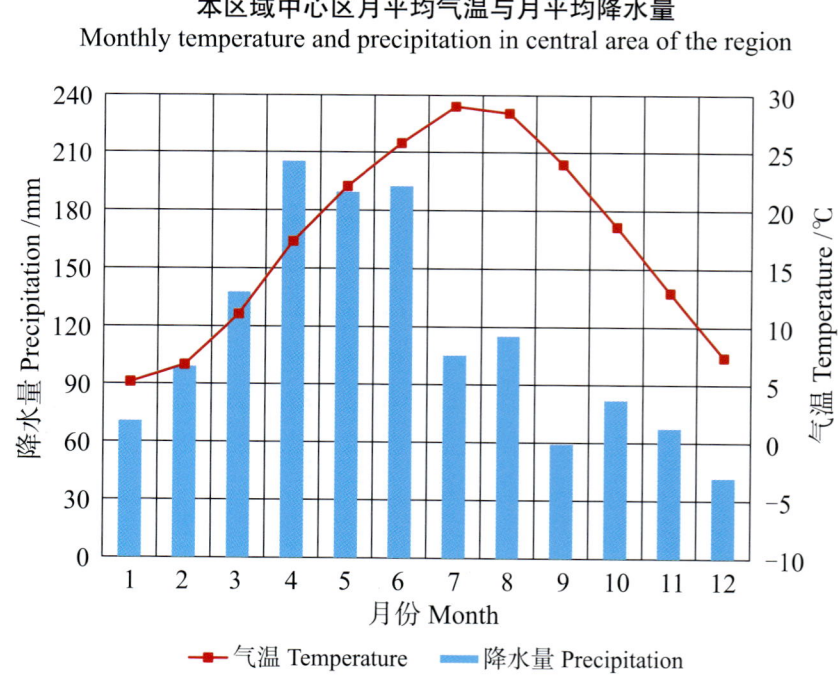

本区域中心区月平均气温与月平均降水量
Monthly temperature and precipitation in central area of the region

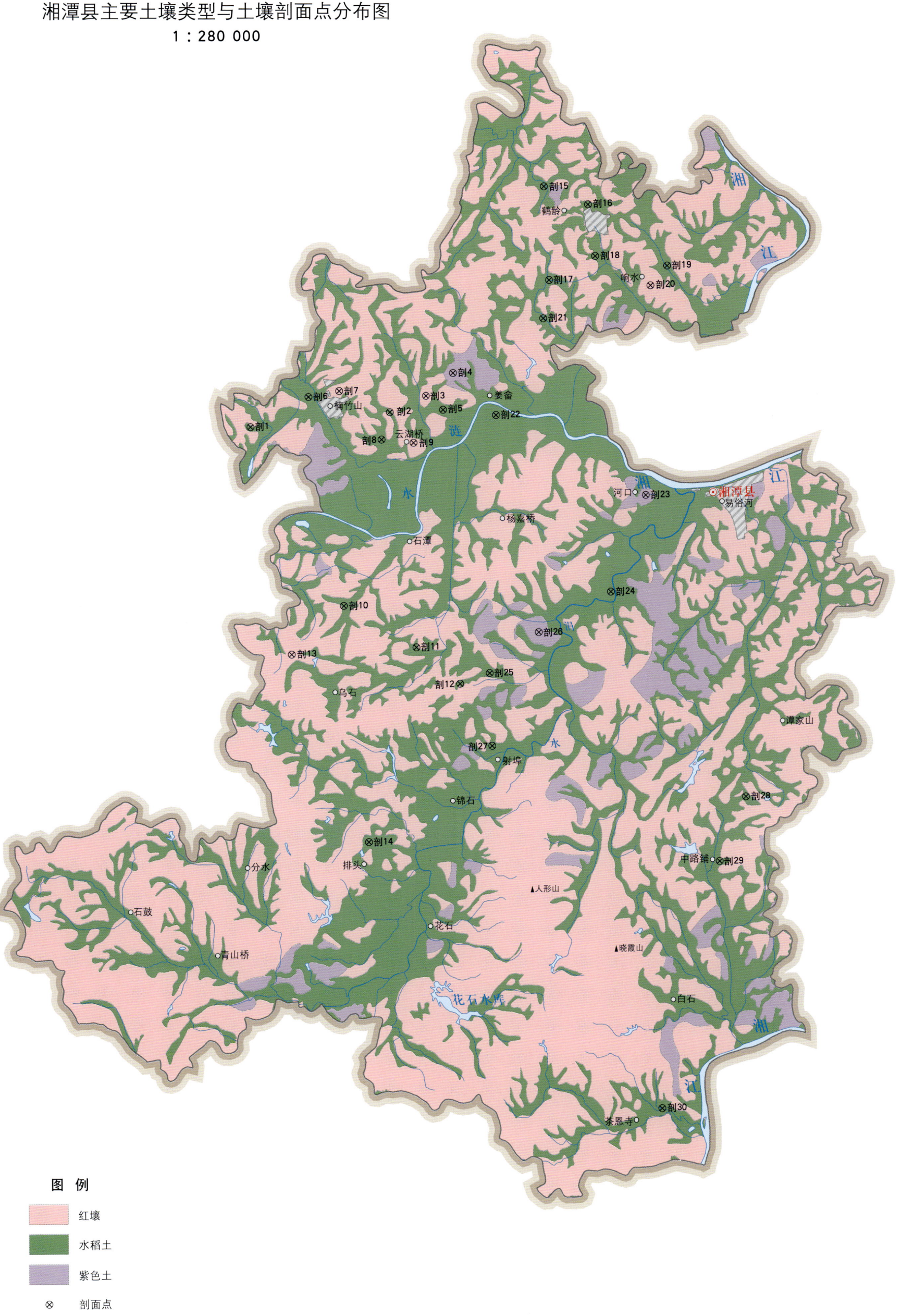

湘潭县土壤剖面理化性状表

剖面号 Soil profile	土纲 Soil order	土类 Soil great group	亚类 Soil subgroup	土属 Soil genus	土种 Soil species	土层码 Layer code	土层厚度 Depth/cm	颜色 Soil color	质地 Soil texture	土壤结构 Soil structure	pH	有机质 OM/(g/kg)	全氮 TN/(g/kg)	全磷 TP/(g/kg)	全钾 TK/(g/kg)	碱解氮 AN/(mg/kg)	有效磷 AP/(mg/kg)	速效钾 AK/(mg/kg)	阳离子交换量 CEC/(cmol/kg)	土壤母质 Parent material	剖面点坐标 Profile coordinate	匹配指数 Matching index/%
剖1	人为土	水稻土	潜育水稻土	烂泥田	烂泥田	1	0–17	棕黄色	中壤土	粒状	7.3	2.0	0.55	0.50	9.4	64	2.8	84		砂岩	E 112°35′56.0″ N 27°50′05.1″	95
						2	17–100		重壤土	糊状	7.4	9.0	0.40	0.29	8.0	31	2.2	68				
剖2	人为土	水稻土	淹育水稻土	浅紫泥田	浅紫泥田	1	0–9	紫色	轻黏土	块状	7.5	16.1	0.80	0.96	19.0	77	4.0	118		紫色页岩	E 112°41′58.8″ N 27°50′34.2″	95
						2	9–22	紫色	重黏土	块状	7.6	10.5	0.42	0.94	20.3	36	3.4	69				
						3	22–100	紫色	重壤土	块状	7.6				18.5							
剖3	铁铝土	红壤		第四纪红色黏土红壤		1	0–40	红黄色	壤土	碎块状	6.0	9.0	0.55	0.41	13.5					砂岩	E 112°43′33.7″ N 27°51′10.1″	95
						2	40–75	红黄色	壤土	块状	6.0	7.0	0.43	0.44	18.0							
						3	75–100	黄褐色	壤土	块状	5.0	5.0	0.45	0.35	17.5							
剖4	初育土	紫色土	石灰性紫色土	石灰性紫色土	薄层石灰性紫色土	1	0–5	褐紫色	黏壤土	粒块状	8.0	16.9	1.05	0.66	16.6		3.0			紫色页岩	E 112°44′45.0″ N 27°52′01.6″	95
						2	5–43	棕紫色	黏壤土	粒块状	8.5	10.3	0.69	1.05	12.8		3.0					
						3	43–100	棕紫色	黏壤土	块状	9.0	≤1.0	0.50	1.15	14.6		4.0					
剖5	人为土	水稻土	渗育水稻土	白散泥田	白胶泥田	1	0–18	灰褐色	重壤土	碎块状	6.9	31.1	1.32	0.99	14.5	165	7.7	43		第四纪红色黏土	E 112°44′17.1″ N 27°50′37.6″	95
						2	18–26	黄棕色	轻黏土	块状	7.0	30.1	1.23	0.99	14.8	120	6.5	38				
						3	26–100	浅灰色	轻黏土	块状	7.0	7.7	1.15	0.94	17.0	45	2.8	22				
剖6	人为土	水稻土	潴育水稻土	黄泥田	青暗黄泥田	1	0–15	黄色	重黏土	碎块状	6.7	33.1	1.96	1.21	16.3	172	4.3	75		板页岩	E 112°38′28.2″ N 27°51′12.0″	95
						2	15–28	红黄色	重黏土	块状	6.8	14.2	1.54	0.94	15.8	122	1.1	70				
						3	28–100	深红色	重黏土	块状	6.8	10.3	0.82	0.82	6.7	80	≤1.0	63				
剖7	铁铝土	红壤				1	0–18	深红色	壤土	粒状	5.0	19.5	1.07	0.78	14.4	87	2.0	60		砂岩	E 112°39′48.4″ N 27°51′24.4″	95
						2	18–100	棕色	轻壤土	块状	7.1	43.8	1.37	1.67	14.0	120	9.7	50				
剖8	人为土	水稻土	矿毒型水稻土	非金属矿毒田	煤炭水田	1	0–30	棕灰色	轻壤土	粒状	7.2	40.2	1.16	0.89	14.0	80	4.6	53		第四纪红色黏土	E 112°41′36.6″ N 27°49′31.3″	95
						2	30–40	棕灰色	轻壤土	块状	7.2	12.2	1.38	0.87	12.8	50	4.0	63				
						3	40–80	深灰色	轻壤土	块状	4.8	13.6	0.80	0.64	12.6	52	≤1.0	61				
						4	80–100	灰白色	轻壤土													
剖9	铁铝土	红壤		第四纪红色黏土红壤		1	1–30	褐黄色	轻壤土	碎块状	6.2	18.6	1.01	0.73	9.7	123	1.7	54		第四纪红色黏土	E 112°42′52.8″ N 27°49′22.4″	95
						2	30–78	红黄色	中壤土	块状	6.5	12.1	0.59	0.31	8.7	84	≤1.0	46				
						3	78–100	红色	中壤土	块状	6.0	3.1	0.47	0.42	9.0	37	≤1.0	33				
剖10	人为土	水稻土	淹育水稻土	浅红黄泥田	浅红黄泥田	1	0–9	棕黄色	轻黏土	碎块状	6.4	30.6	1.79	1.09	13.0	148	≤1.0	20		第四纪红色黏土	E 112°39′50.3″ N 27°43′11.1″	95
						2	9–36	灰黄色	重黏土	块状	6.7	20.9	1.33	0.71	13.6	143	≤1.0	22				
						3	36–100	黄红色	重黏土	块状	6.5	4.1	0.61	0.49	12.0	96	≤1.0	14				
剖11	人为土	水稻土	潜育水稻土	青泥田		1	0–20	棕红色	重黏土	粒状	6.7	44.1	1.78	0.94	11.5	147	5.8	37		第四纪红色黏土	E 112°42′56.8″ N 27°41′32.9″	95
						2	20–35	红黄色	重黏土	块状	6.6	41.0	1.67	0.89	9.8	130	4.0	53				
						3	35–100	深黄色	重黏土	块状	6.5	35.7	1.19	0.66	9.2	67	2.3	38				
剖12	人为土	水稻土	渗育水稻土	白鳝泥田	白鳝泥田	1	0–13	灰褐色	中壤土	碎块状	7.4	34.4	1.89	0.96	12.6					砂页岩	E 112°44′48.7″ N 27°40′07.7″	95
						2	13–21	褐灰色	中壤土	块状	7.5	48.4	1.80	0.85	13.0							
						3	21–60	浅灰色	中壤土	棱片状	7.1	20.5	1.15	0.57	11.0							
剖13	铁铝土	红壤		板页岩红壤	薄、中层板页岩红壤	1	0–14	灰黄色	轻黏土	粒块状	5.0	43.2	1.85	0.69	14.2	139	2.3	113		板页岩	E 112°37′33.2″ N 27°41′21.4″	95
						2	14–60	灰黄色	轻黏土	块状	4.6	17.7	0.99	0.36	17.8	131	1.5	123				
						3	60–100	黄色	轻黏土	碎块状	4.5	≤1.0	0.57	0.80	20.6	60	≤1.0	111				
剖14	人为土	水稻土	潴育水稻土	麻砂泥田	青暗麻砂泥田	1	0–11	灰青色	重壤土	块状	6.5	28.4	1.20	0.96	17.3					花岗岩	E 112°40′44.5″ N 27°34′06.8″	95
						2	11–23	灰青色	重壤土	块状	6.4	26.9	1.16	0.32	18.0							
						3	23–100	黄青色	重壤土	块状	6.9	10.3	0.43	0.82	18.8							

续表 Continued

剖面号 Soil profile	土纲 Soil order	土类 Soil great group	亚类 Soil subgroup	土属 Soil genus	土种 Soil species	土层码 Layer code	土层厚度 Depth/cm	颜色 Soil color	质地 Soil texture	土壤结构 Soil structure	pH	有机质 OM/(g/kg)	全氮 TN/(g/kg)	全磷 TP/(g/kg)	全钾 TK/(g/kg)	碱解氮 AN/(mg/kg)	有效磷 AP/(mg/kg)	速效钾 AK/(mg/kg)	阳离子交换量 CEC/(cmol/kg)	土壤母质 Parent material	剖面点坐标 Profile coordinate	匹配指数 Matching index/%
剖15	人为土	水稻土	潴育水稻土	岩渣子干田	中岩渣子田	1	0—14	褐棕色	轻黏土	碎块状	7.5	31.7	1.83	1.21	11.3	145	6.3	57		砂页岩	E 112°48′50.5″ N 27°59′07.2″	95
						2	14—30	灰黄色	轻黏土	块状	7.5	24.3	1.44	0.94	11.0	103	5.2	43				
						3	30—48	黄褐色	中黏土	棱柱状	7.5	10.3	0.71	0.78	10.4	45	4.2	38				
						4	48—100	灰黄色	中黏土	棱柱状	7.5	8.6	0.62	0.66	11.2	41	4.1	27				
剖16	人为土	水稻土	潴育水稻土	河砂泥田	河砂泥田	Ap	0—21	棕色	壤土	粒状	8.7	21.5	1.02	1.95	24.8	84	17.2	50	11.6		E 112°50′44.6″ N 27°58′24.1″	81
						W	21—31	暗棕色	壤土	块状	7.1	16.8	0.68	2.12	24.3	61	23.9	46	9.2			
						C	31—71	棕色	壤土	棱柱状	6.9	7.8	0.37	2.36	24.8	31	36.4	37	9.3			
							71—100	棕色	壤土	粒状	6.7	5.8	0.66	2.07	23.1	29	21.7	48				
剖17	人为土	水稻土	潴育水稻土	河砂泥田	河砂泥田	1	0—12	黄棕色	中壤土	块状	7.7	16.0	0.55	0.71	19.8	75	5.0	71		河流冲积物	E 112°48′59.4″ N 27°55′32.4″	95
						2	12—29	黄棕色	轻壤土	块状	7.8	2.6	0.39	0.25	24.0	48	3.9	79				
						3	29—100	棕色	中壤土	块状	8.0	3.4	0.24	0.34	23.8	30	3.3	66				
剖18	人为土	水稻土	潴育水稻土	黄泥田	黄泥田	1	0—15	棕黄色	轻黏土	碎块状	7.0	32.2	1.43	1.21	18.5	141	1.6	81		板页岩	E 112°51′00.6″ N 27°56′25.4″	95
						2	15—27	浅黄色	轻黏土	块状	6.9	22.2	1.28	0.94	18.6	117	≤1.0	78				
						3	27—100	棕黄色	轻黏土	块状	6.9	10.9	0.77	0.99	17.1	58	≤1.0	70				
剖19	人为土	水稻土	淹育水稻土	浅黄砂泥田	粗麻砂泥田	1	0—11	灰棕色	中壤土	粒状	6.2	42.1	1.29	0.51	28.0	90	5.0	96		花岗岩	E 112°54′07.7″ N 27°56′00.6″	95
						2	11—35	棕色	中壤土	块状	6.5	20.2	0.87	0.35	24.7	65	≤1.0	33				
						3	35—100	红棕色	轻壤土	块状	6.9	4.7	0.47	0.52	26.3	27	≤1.0	55				
剖20	铁铝土	红壤	红壤	黏红土	厚红土	A	0—12	亮红棕色	小块状		4.5	13.1	1.20	0.50	12.2		3.3	61		第四纪红色黏土	E 112°53′23.6″ N 27°55′16.2″	95
						Bv₁	12—120	红棕色	块质黏土	块状	4.3	8.5	1.10	0.50	12.0		1.7	42				
						Bv₂	120—180	亮红棕色	块质黏土	块状	4.1	7.3	0.90	0.60	13.9		2.0	41				
剖21	人为土	水稻土	潴育水稻土	鸭屎泥田	鸭屎泥田	1	0—13	棕色	轻黏土	粒状	7.5	33.9	1.76	1.24	11.1	175	6.7	44		第四纪红色黏土	E 112°48′42.6″ N 27°54′04.7″	95
						2	13—28	深棕色	轻黏土	块状	7.6	29.1	1.62	0.99	11.4	142	5.1	77				
						3	28—100	深棕色	中黏土	块状	7.7	27.5	1.02	1.07	10.9	129	3.9	54				
剖22	人为土	水稻土	渗育水稻土	白散泥田	流砂底田	1	0—18	褐色	重壤土	碎块状	6.8	35.4	1.18	0.80	21.7	135	4.2	123		花岗岩	E 112°46′34.7″ N 27°50′23.6″	95
						2	18—30	灰青色	重壤土	块状	7.0	24.9	0.96	0.76	21.3	104	3.9	111				
						3	30—57	灰白色	轻壤土	粒状	7.1	6.8	0.49	0.21	22.5	31	2.8	80				
						4	57—66	灰色	砂壤土	块状	6.9	≤1.0	0.32	0.16	23.4	27	≤1.0	78				
						5	66—100	浅灰色	重壤土	粒状	7.3	3.6	0.29	≤0.10	23.8	17	2.2	96				
剖23	初育土	紫色土	酸性紫色土	酸性紫色土		1	0—12	紫	黏壤土	块状	6.0	21.4	0.86	0.54	19.0	143	11.1			紫色页岩	E 112°53′00.5″ N 27°47′14.1″	95
						2	12—28	深紫色	黏壤土	块状	6.0	15.1	0.92	0.25	13.1	117	10.0	83				
						3	28—90	黄褐色	中壤土	块状	6.0	11.1	0.69	0.52	15.1	57	5.0	52				
剖24	人为土	水稻土	潴育水稻土	麻砂泥田	麻砂泥田	1	0—17	深灰色	中壤土	碎块状	6.9	25.3	1.36	0.64	22.9	143	11.1	46		花岗岩	E 112°51′24.5″ N 27°43′33.7″	95
						2	17—24	深灰色	中壤土	块状	7.0	21.9	1.04	0.71	23.2	57		57				
						3	24—84	棕黄色	中壤土	块状	7.0	10.6	4.05	0.73	21.6	39	5.0	97				
						4	84—100	褐色	重壤土	块状	7.1	5.8	0.39	0.76	12.7	149	6.6	88				
剖25	人为土	水稻土	潴育水稻土	河潮泥田	河潮泥田	1	0—12	灰青色	重壤土	粒状	6.8	27.3	1.19	0.92	12.2	107	14.5	78		河流冲积物	E 112°46′05.9″ N 27°40′31.0″	95
						2	12—25	棕色	重壤土	块状	6.9	19.9	0.95	0.57	12.9	59	2.6	55				
						3	25—100	棕黄色	重壤土	块状	7.2	10.8	0.26	0.46	18.6		5.6					
剖26	初育土	紫色土	酸性紫色土	酸性紫色土		1	0—12	紫棕色	黏壤土	粒状	6.0	35.3	1.46	0.80	18.1	166	5.3	65		紫色页岩	E 112°48′15.2″ N 27°42′03.3″	95
						2	12—28	紫棕色	轻黏土	块状	6.2	16.7	0.89	0.48	18.4	93	2.6	51				
						3	30—65	紫棕色	轻黏土	块状	6.5	9.5	0.75	0.78	14.1	25	1.8	43				
剖27	人为土	水稻土	潴育水稻土	紫泥田	紫泥田	1	0—17	紫灰色	轻黏土	块状	7.5	30.9	1.45	0.99	14.1	153	4.6	87		紫色页岩	E 112°46′08.8″ N 27°37′44.4″	95
						2	17—35	紫紫色	轻黏土	块状	7.5	28.3	1.23	0.71	13.1	131	4.0	81				
						3	35—100	紫	中黏土	块状	7.6	17.1	0.75	0.23	14.6	82	3.4	87				

续表 Continued

剖面号 Soil profile	土纲 Soil order	土类 Soil great group	亚类 Soil subgroup	土属 Soil genus	土种 Soil species	土层码 Layer code	土层厚度 Depth/cm	颜色 Soil color	质地 Soil texture	土壤结构 Soil structure	pH	有机质 OM/(g/kg)	全氮 TN/(g/kg)	全磷 TP/(g/kg)	全钾 TK/(g/kg)	碱解氮 AN/(mg/kg)	有效磷 AP/(mg/kg)	速效钾 AK/(mg/kg)	阳离子交换量 CEC/(cmol/kg)	土壤母质 Parent material	剖面点坐标 Profile coordinate	匹配指数 Matching index/%
剖28	人为土	水稻土	潴育水稻土	红黄泥田		1	0—12	棕黄色	重壤土	块状	7.4	43.0	1.84	1.31	16.9	164	5.7	100		第四纪红色黏土	E 112°57′04.3″ N 27°35′36.8″	95
						2	12—21	深棕色	轻黏土	块状	7.5	30.6	1.47	0.87	16.4	163	5.1	89				
						3	21—100	深棕色	轻黏土	块状	7.6	10.2	0.97	0.82	15.9	120	4.0	84				
剖29	人为土	水稻土	潴育水稻土	红黄泥田	红黄泥田	1	0—14	黄棕色	重壤土	粒状	6.8	36.0	1.76	0.73	16.1	133	1.2	77		第四纪红色黏土	E 112°55′46.9″ N 27°33′09.8″	95
						2	14—23	棕色	重壤土	块状	6.9	32.6	1.50	0.64	14.9	119	≤1.0	54				
						3	23—100	棕黄色	轻黏土	块状	7.0	1.9	1.04	0.50	15.5	68	≤1.0	60				
剖30	人为土	水稻土	潴育水稻土	冷浸田	冷浸泥田	1	0—14	棕黄色	重壤土	粒状	6.9	31.9	1.62	0.85	18.3	137	2.1	72		板页岩	E 112°53′10.2″ N 27°23′45.2″	95
						2	14—32	棕灰色	轻黏土	块状	6.8	24.6	1.40	0.71	16.3	101	≤1.0	54				
						3	32—100	青灰色	轻黏土	块状	6.6	24.4	0.92	1.28	15.0	99	≤1.0	54				

湘 乡 市

主要土类说明

红壤是湘乡市主要土壤类型，占本市地域面积的 64%。红壤为本市分布最广的土类，分布在海拔 600m 以下的山地和丘岗地区，具有明显的脱硅富铝化过程，土壤呈酸性至微酸性，含氧化铁较多，多呈红色。本市红壤分为红壤、黄红壤、红壤性土三个亚类。其中，红壤亚类占本土类面积的 90% 以上，分布在海拔 500m 以下的地区，成土母质有第四纪红土、花岗岩、板页岩、红砂岩、黄砂岩、变质砂岩、石灰岩和白云岩。黄红壤面积较小，是红壤与黄壤之间的过渡类型，分布在海拔 400—600m 的地区，所处地区常年空气湿度比红壤亚类所处地区大，故土壤呈黄红色。红壤性土为红壤中发育不完善、表层被冲刷流失的一个亚类，土层浅薄，水土流失较严重，肥力低。

水稻土是湘乡市第二大土壤类型，占本市地域面积的 31%。水稻土是在长期的季节性淹灌、水下翻耕、季节性脱水、氧化还原交替影响下，原来的成土母质或母土的特性发生重大改变，形成的新的土壤类型。由于干湿交替，水稻土形成糊状的淹育层、较坚实板结的犁底层、渗育层、潴育层与潜育层等多种发生层。这些不同的发生层是在人为耕作、水浆管理下形成的。本市水稻土分为淹育型、潴育型、渗育型、潜育型、沼泽型五个亚类。其中，潴育水稻土面积最大，分布在本市大、小河流沿岸的平原和一、二级阶地，地理条件优越，水利条件好，阳光充足。受地表灌溉水和地下水的双重作用，潴育水稻土具有独特的抗旱能力，以及水、气、热能等的交换特性，为其他亚类所不能及。

小于本市地域面积 3% 的土壤类型有黄壤、紫色土、潮土、山地草甸土等。

本区域中心区气候特征

本区域中心区气候特征值
Regional climate characteristics in central area of the region

气候带：中亚热带湿润气候 Climate region: Subtropical humid climate	
年平均气温 /℃ Annual average temperature /℃	17.2
年平均最高气温 /℃ Annual average maximum temperature /℃	21.4
年平均最低气温 /℃ Annual average minimum temperature /℃	14.0
年降水量 /mm Annual precipitation /mm	1335
≥ 10℃ 的积温 /℃ Daily temperature accumulated in a year (≥ 10℃) /℃	6663
年日照时数 /h Annual sunshine /h	1531
年平均相对湿度 /% Annual average relative humidity /%	81
干燥度 Dryness	0.77

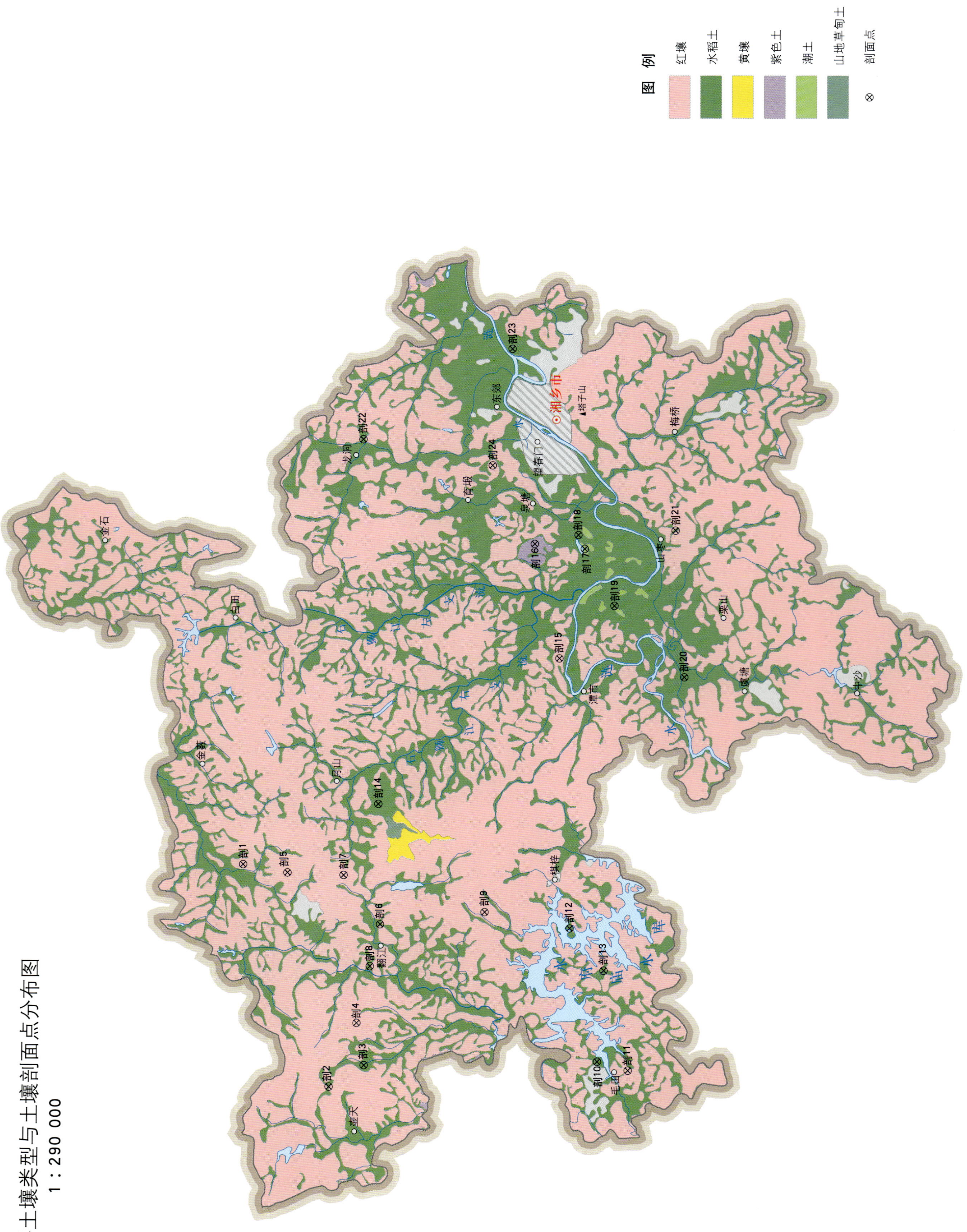

湘乡市主要土壤类型与土壤剖面点分布图

1 : 290 000

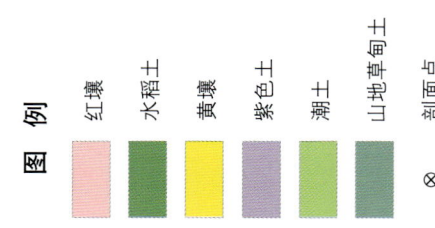

图 例：红壤、水稻土、黄壤、紫色土、潮土、山地草甸土、剖面点

湘乡市土壤剖面理化性状表

剖面号 Soil profile	土纲 Soil order	土类 Soil great group	亚类 Soil subgroup	土属 Soil genus	土种 Soil species	土层码 Layer code	土层厚度 Depth/cm	颜色 Soil color	质地 Soil texture	土壤结构 Soil structure	pH	有机质 OM/(g/kg)	全氮 TN/(g/kg)	全磷 TP/(g/kg)	全钾 TK/(g/kg)	碱解氮 AN/(mg/kg)	有效磷 AP/(mg/kg)	速效钾 AK/(mg/kg)	土壤母质 Parent material	剖面点坐标 Profile coordinate	匹配指数 Matching index/%
剖1	铁铝土	红壤	红壤	耕型石灰岩红土	灰红土	A	0—35	灰黄棕色	黏壤土	团粒状	6.0	18.6	0.94	0.79	15.6	69	2.2	67	石灰岩风化物	E 112°13′56.2″ N 27°55′17.6″	75
						Bv	35—100	暗黄棕色	黏土	块状	5.4	8.6	0.54	2.21	17.5						
剖2	人为土	水稻土	潴育水稻土	岩渣田	岩渣田	A	0—15	暗棕灰色	粗砂壤土	粒状	6.8	38.5	1.83	1.02	25.3	132	7.2	58	紫红色砂砾岩风化物	E 112°04′36.1″ N 27°52′09.1″	75
						P	15—27	黑棕色	砂壤土	块状	7.2	22.8	1.16	0.84	25.6						
						We	27—66	暗棕灰色	粗砂壤土	块状	7.2	23.2	1.14	0.68	20.7						
						E	66—100	灰白色	砂壤土	块状	6.8	15.4	0.76	0.41	33.6						
剖3	人为土	水稻土	淹育水稻土	浅黄泥田	浅黄泥田	A	0—10	暗棕黄色	壤土	粒状	6.0	45.4	2.12	1.65	22.5	170	6.5	45	板页岩风化物	E 112°05′28.9″ N 27°50′50.3″	75
						P	10—21	暗灰黄色	黏土	粒状	6.4	24.7	1.12	1.31	22.8						
						C	21—100	黄棕黄色	黏土	块状	6.8	18.8	0.86	1.89	23.9						
剖4	铁铝土	红壤	红壤	砂岩红壤		A₁	0—2	暗棕灰色	重壤土	粒状	4.6	75.3	2.30	0.60	21.8				板页岩	E 112°07′15.4″ N 27°51′06.6″	95
						A	2—24	浅红棕色	轻黏土	粒块状	5.1	20.5	0.86	0.58	27.6						
						Bv	24—48	浅棕红色	轻黏土	粒块状	4.9	17.2	0.66	0.54	30.8						
						C	48—150	浅棕红色	轻黏土	粒状	4.9	14.9	0.64	0.53	32.2						
剖5	铁铝土	红壤	红壤	耕型砂岩红土	红砂土	A	0—24	棕色	砂壤土	团粒状	5.6	18.6	0.92	1.41	36.6	46	20.6	47	紫红色砂砾岩	E 112°13′35.1″ N 27°53′38.7″	75
						Bv	24—44	浅棕红色	壤土	块状	5.6	14.1	0.70	1.19	39.4						
						C	44—100	棕红色	壤土	粒状	5.2	9.2	0.53	0.54	37.9						
剖6	人为土	水稻土	渗育水稻土	白散泥田	白散泥田	A	0—14	黄棕色	砂壤土	碎块状	5.8	29.4	1.48	1.18	15.3	125	25.1	52	紫红色砂砾岩	E 112°11′22.8″ N 27°50′13.0″	75
						P	14—24	暗灰棕色	砂壤土	核块状	6.0	22.7	1.02	1.13	15.8						
						We	24—41	褐色	壤土	核块状	7.0	8.8	0.41	0.60	15.2						
						E	41—61	浅黄色	壤土	核块状	7.2	7.9	0.50	0.40	18.6						
						W	61—100	黄棕色	砂壤土	块状	7.6										
剖7	铁铝土	红壤	红壤	第四纪红土	薄腐厚层红土	A₁	0—2	暗棕色	中壤土	粒状	4.8	38.8	1.49	0.72	14.7				第四纪红色黏土	E 112°13′27.5″ N 27°51′33.7″	95
						A	2—26	红棕色	重壤土	粒状状	4.5	9.7	0.90	0.77	21.1						
						Bv	26—150	棕红色	重黏土	块状	5.5	9.5	0.65	0.75	19.8						
						C	150—	黄棕色	轻黏土	块状											
剖8	人为土	水稻土	潴育水稻土	灰黄泥田		A	0—14	灰黄棕色	壤土	粒状	6.0	22.5	1.77	1.25	17.6	148	6.9	66	石灰岩风化物	E 112°09′37.5″ N 27°50′36.2″	75
						P	14—26	棕灰色	壤土	梭状	7.2	25.2	1.19	0.90	18.0						
						W	26—60	暗黄棕色	壤土	梭状	7.2	11.2	0.60	0.74	17.5						
						C	60—100	浅黄棕色	黏壤土	块状	7.2	4.9	0.35	0.57	17.2						
剖9	铁铝土	红壤	红壤	石灰岩红壤	薄腐厚层石灰岩红壤	A₁	0—5	暗棕灰色	重壤土	粒状	6.3	74.6	1.21	0.62	18.2				石灰岩	E 112°11′52.0″ N 27°46′19.6″	95
						A	5—24	浅棕红色	重黏土	粒块状	5.7	12.0	1.11	0.50	20.9						
						Bv	24—100	红棕色	轻黏土	块状	5.6	23.3	1.10	0.46	19.8						
剖10	人为土	水稻土	淹育水稻土	浅黄砂泥田	浅黄砂泥田	A	0—11	灰棕色	砂壤土	粒状	6.8	26.8	1.38	1.50	12.6	96	4.9	33	硅质砂岩风化物	E 112°05′35.3″ N 27°42′09.9″	95
						P	11—21	褐色	砂壤土	梭状	7.2	12.2	0.74	0.80	13.9						
						C	21—100	浅黄棕色	砂壤土	块状	7.0	4.4	0.50	0.62	14.2						
剖11	铁铝土	红壤	红壤	石灰岩红壤		A	0—26	红棕色	中壤土	粒块状	4.8	12.5	0.44	0.38	26.5			82	砂岩	E 112°05′13.3″ N 27°41′01.5″	95
						Bv	26—71	红棕色	重壤土	块状	4.9	21.7	0.66	0.51	21.9	158	11.4				
						C	71—125	栗色	黏壤土	块状											
剖12	人为土	水稻土	潴育水稻土	灰泥田		A	0—19	暗黄棕色	黏壤土	块状	7.6	39.9	1.97	1.31	19.9				石灰岩风化物	E 112°11′10.1″ N 27°43′10.4″	95
						Pg	19—34	暗灰黄色	黏壤土	块状	7.6	37.9	1.93	1.30	18.5						
						W	34—100		黏壤土	块状	7.2	24.1	1.33	0.99	19.3						

续表 Continued

剖面号 Soil profile	土纲 Soil order	土类 Soil great group	亚类 Soil subgroup	土属 Soil genus	土种 Soil species	土层码 Layer code	土层厚度 Depth/cm	颜色 Soil color	质地 Soil texture	土壤结构 Soil structure	pH	有机质 OM/(g/kg)	全氮 TN/(g/kg)	全磷 TP/(g/kg)	全钾 TK/(g/kg)	碱解氮 AN/(mg/kg)	有效磷 AP/(mg/kg)	速效钾 AK/(mg/kg)	土壤母质 Parent material	剖面点坐标 Profile coordinate	匹配指数 Matching index/%
剖13	人为土	水稻土	淹育水稻土	浅灰黄泥田	浅灰黄泥田	A	0—15	暗黄棕色	黏壤土	粒状	7.2	38.4	1.98	1.59	13.2				石灰岩棕化	E 112°09′23.9″ N 27°41′54.5″	95
						P	15—26	暗灰黄色	黏壤土	块状	6.4	32.3	1.61	1.36	14.4						
						C	26—100	浅红黄色	黏壤土	块状	5.8	5.9	0.48	0.69	20.9						
剖14	人为土	水稻土	潴育水稻土	麻砂泥田		A	0—13	暗黄棕色	砂壤土	粒状	6.0	37.0	1.93	1.45	32.7	118	7.1	55	花岗岩风化物	E 112°16′24.7″ N 27°50′15.2″	95
						P	13—26	暗灰黄色	砂壤土	块状	6.4	21.2	1.15	0.93	36.1						
						C	26—100	浅棕黄色	砂壤土	块状	6.4	11.9	0.59	0.79	35.5						
剖15	铁铝土	红壤	红壤	第四纪红色黏土红壤		A	0—27	红棕色	黏土	粒状	5.6	16.2	0.52	0.93	38.2	88	8.5	45	第四纪红色黏土	E 112°22′25.4″ N 27°43′29.7″	95
						Bv	27—55	浅红黄色	黏土	棱状	5.6	12.1	0.55	0.51	24.2						
						C	55—100	红黄色	黏土	棱状	5.6	12.8	5.80	0.52	25.4						
剖16	初育土	紫色土	酸性紫色土	酸性紫砂土		A₁	0—2	暗紫棕色	中壤土	粒状	5.0	38.7	1.43	0.84	27.2				紫色砂页岩	E 112°27′11.3″ N 27°44′22.0″	95
						Bv	2—25	紫棕色	中壤土	块状	5.1	15.2	0.45	0.49	19.7						
						C	25—75	紫红色													
剖17	半水成土	潮土	河潮土	耕型河潮土		A	0—20	暗黄棕色	砂壤土	粒状	7.2	11.9	0.58	0.76	23.2	90	5.4	61	河流冲积物	E 112°26′57.6″ N 27°42′30.9″	95
						Bv	20—40	灰黄棕色	黏壤土	粒状	7.4	9.7	0.64	0.76	22.5						
剖18	人为土	水稻土	渗育水稻土	白鳝泥田	青霜白鳝泥田	A	0—19	褐色	砂壤土	粒状	6.4	34.0	1.75	1.69	22.5	91	6.1	57	河流冲积物	E 112°27′32.5″ N 27°42′45.0″	95
						P	19—34	暗灰黄色	黏壤土	块状	6.4	16.6	0.91	0.93	22.7						
						E	34—100	灰白色	黏壤土	块状	6.2	10.5	0.58	0.77	23.7						
剖19	人为土	水稻土	潴育水稻土	红黄泥田		A	0—13	暗黄棕色	黏壤土	团粒状	6.4	35.9	1.68	1.80	14.4	122	7.8	71	第四纪红色黏土	E 112°24′35.2″ N 27°41′25.7″	95
						P	13—23	暗黄棕色	黏土	块状	6.6	12.8	0.60	0.89	15.4						
						W	23—100	棕色	黏土	棱状	7.0	13.4	0.66	0.97	19.7						
剖20	人为土	水稻土	潴育水稻土	青泥田	青泥田	A	0—18	黄棕色	黏壤土	粒状	6.0	51.4	2.37	1.21	24.6	119	6.5	77	板页岩风化物	E 112°21′35.2″ N 27°38′50.6″	95
						Pg	18—32	深灰黄色	黏壤土	块状	6.4	38.9	1.82	1.09	25.4						
						G	32—100	暗灰黄色	黏壤土	块状	6.4	30.2	1.38	0.73	24.2						
剖21	人为土	水稻土	潴育水稻土	烂泥田	烂泥田	A	0—22	灰棕色	壤土	糊状	7.2	18.7	0.95	0.47	37.7	115	8.7	82	花岗岩风化物	E 112°27′40.9″ N 27°39′07.8″	96
						Pg		暗棕色	壤土	棱块状	6.8	34.2	1.70	0.83	37.8						
						G		褐棕色	壤土	棱块状		36.2	1.50	1.71	16.0						
剖22	人为土	水稻土	潴育水稻土	黄砂泥田		A	0—17	浅灰黄色	砂壤土	块状		36.6	1.58	1.30	16.4	112	2.6	52	紫红色砂砾岩风化物	E 112°31′36.8″ N 27°50′42.3″	95
						P	17—30	灰白色	砂壤土	棱状		10.3	0.39	0.65	15.8						
						W	30—100	暗棕色	砂壤土	团粒状	6.2	23.6	1.32	1.35	18.9						
剖23	人为土	水稻土	潴育水稻土	黄砂泥田	黄砂泥田	A	0—14	棕色	砂壤土	块状	6.0	21.1	1.30	1.05	18.3	99	15.4	82	砂岩风化物	E 112°35′18.7″ N 27°45′07.8″	96
						P	14—20	浅棕色	砂壤土	棱状	6.8	9.4	0.70	0.68	18.3						
						W	20—100	红棕色	重壤土	粒块状	5.2	13.0	0.39	0.85	34.0						
剖24	铁铝土	红壤	红壤	花岗岩红壤		A₁A	0—33	红棕色	重壤土	块状	5.4	10.5	0.53	0.48	29.4				花岗岩	E 112°30′27.6″ N 27°45′54.6″	95
						Bv	33—93	浅棕红色	重壤土	块状	5.6	5.6	0.75	0.32	26.6						
						C	93—150	浅红色													

韶 山 市

主要土类说明

红壤是韶山市主要土壤类型，占本市地域面积的 61%。红壤主要发生于亚热带常绿阔叶林下，呈中度脱硅富铝化特征，土壤黏粒中游离铁占全铁的 50%—60%。黏土矿物以高岭石、赤铁矿为主，黏粒硅铝率为 1.8—2.4，风化淋溶系数小于 0.2，盐基饱和度小于 35%，pH 为 4.5—5.5。红壤具深厚红色土层，底部可见深厚的红、黄、白相间的网纹状红色黏土，具 A–Bs–Bv 或 A–Bs–C 剖面构型。本市红壤仅有红壤一个亚类。

水稻土是韶山市第二大土壤类型，占本市地域面积的 38%。水稻土是在长期的季节性淹灌、水下翻耕、季节性脱水、氧化还原交替影响下，原来的成土母质或母土的特性发生重大改变，形成的新的土壤类型。由于干湿交替，水稻土形成糊状的淹育层、较坚实板结的犁底层、渗育层、潴育层与潜育层等多种发生层。这些不同的发生层是在人为耕作、水浆管理下形成的。本市水稻土分为淹育型、潴育型、渗育型、潜育型、沼泽型五个亚类。

小于本市地域面积 3% 的土壤类型有石质土等。

本区域中心区气候特征

本区域中心区气候特征值
Regional climate characteristics in central area of the region

气候带：中亚热带湿润气候 Climate region: Subtropical humid climate	
年平均气温 /℃ Annual average temperature /℃	17.1
年平均最高气温 /℃ Annual average maximum temperature /℃	21.4
年平均最低气温 /℃ Annual average minimum temperature /℃	13.9
年降水量 /mm Annual precipitation /mm	1333
≥10℃的积温 /℃ Daily temperature accumulated in a year（≥10℃）/℃	6665
年日照时数 /h Annual sunshine /h	1540
年平均相对湿度 /% Annual average relative humidity /%	81
干燥度 Dryness	0.77

本区域中心区月平均气温与月平均降水量
Monthly temperature and precipitation in central area of the region

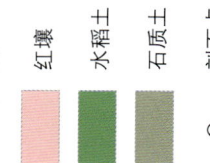

韶山市主要土壤类型与土壤剖面点分布图
1:90 000

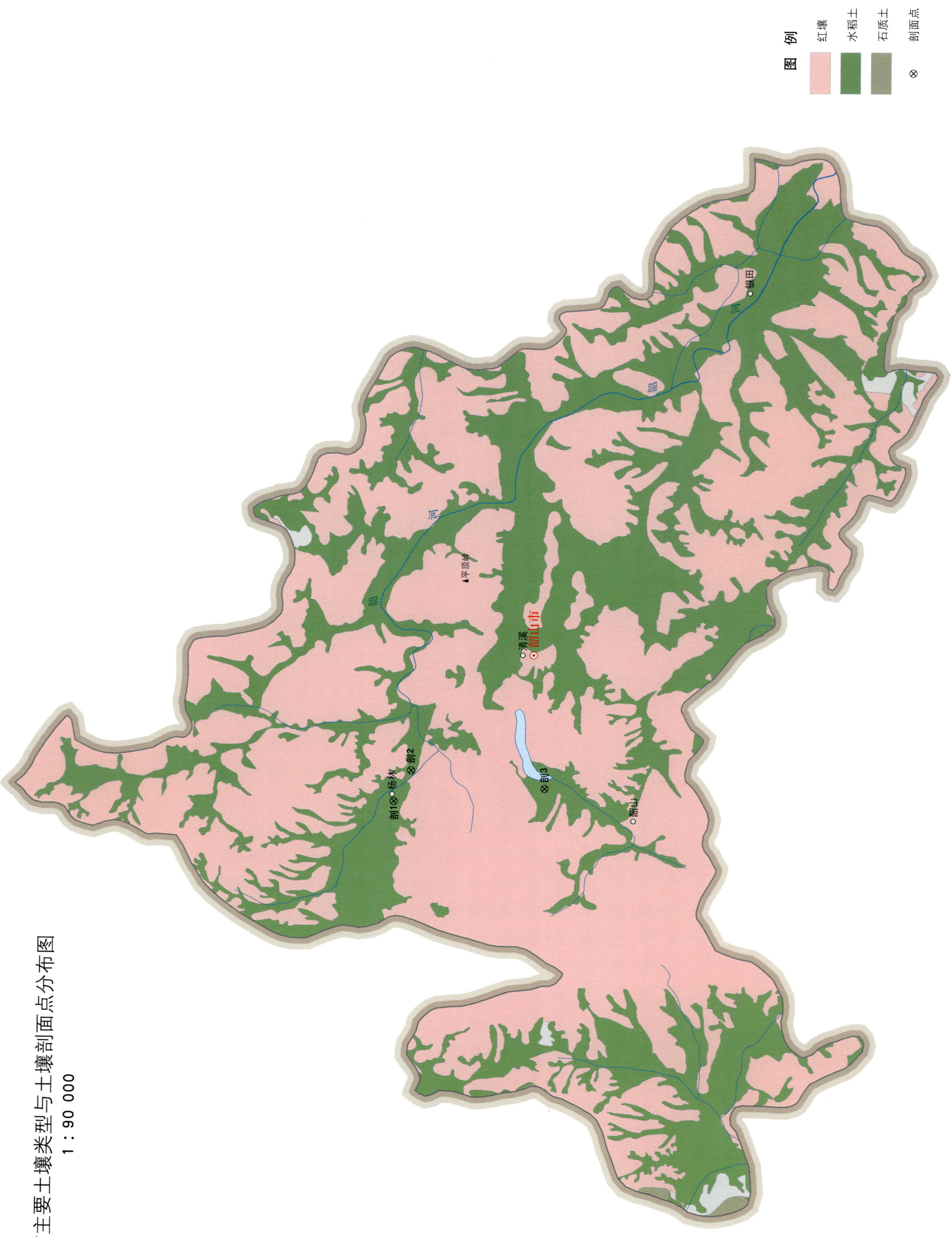

韶山市土壤剖面理化性状表

剖面号 Soil profile	土纲 Soil order	土类 Soil great group	亚类 Soil subgroup	土属 Soil genus	土种 Soil species	土层码 Layer code	土层厚度 Depth/cm	颜色 Soil color	质地 Soil texture	土壤结构 Soil structure	pH	土壤母质 Parent material	剖面点坐标 Profile coordinate	匹配指数 Matching index/%
剖1	人为土	水稻土	潴育水稻土	黄泥田	青塥黄泥田	1	0—16	黄褐色	壤土	核状	6.0	板页岩风化物	E 112°29′28.6″ N 27°57′19.3″	95
						2	16—28	青灰色	黏壤土	块状	6.0			
						3	28—100	黄灰色	黏壤土	块状	6.0			
剖2	人为土	水稻土	潴育水稻土	烂泥田	溕眼田	1	0—18	灰褐色	砂壤土	粒状	6.4	花岗岩风化物	E 112°29′53.5″ N 27°57′06.9″	95
						2	18—	灰黑色	砂壤土	糊状	6.9			
剖3	人为土	水稻土	潴育水稻土	红黄泥田	红黄泥田	1	0—12	黄棕色	黏壤土	核状	5.2	第四纪红色黏土	E 112°29′38.1″ N 27°55′30.2″	97
						2	12—20	黄棕色	黏土	块状	5.4			
						3	20—48	黄褐色	黏土	块状	5.8			
						4	48—	红黄色	黏土	块状	6.0			

衡 阳 市

衡 阳 县

主要土类说明

水稻土是衡阳县主要土壤类型，占本县地域面积的 47%。水稻土因所处地形部位不同、地下水出现的高度不同，土体内水分的运动状况具有明显差异，导致土体结构变化明显。①高排田剖面构型为 A-P-B-C。这类田所处地形部位高，耕作层较浅，母质层出现部位高，地下水位低，浸水时间短。水稻生长季节内，犁底层以上为还原状态，犁底层以下仍为氧化状态。②垄田剖面构型为 A-Pg-W-G。这类田地势平坦，地面水排出慢，土体内水分下渗慢，易发生季节性滞水，土体中出现高位潜育层。③低垄田剖面构型为 A-P-G 或 A-G。这类田因所处地形部位最低，地下水位高，全年或大部分时间处于还原状态，特别是夏季处于较强的还原状态。本县水稻土分为淹育型、潴育型、渗育型、潜育型、沼泽型、矿毒型六个亚类。

红壤是衡阳县第二大土壤类型，占本县地域面积的 44%。红壤是由多种成土母质在高温高湿的气候条件下，经脱硅富铝化作用而形成的。山地红壤 pH 为 4.5—5.5，耕型红壤 pH 为 5.5—6.5。土壤有机质含量低，其中山地红壤平均为 18.3g/kg，耕型红壤平均为 16.3g/kg，新开垦的红壤旱土有机质含量更低。本县红壤分为红壤和黄红壤两个亚类。

紫色土是衡阳县第三大土壤类型，占本县地域面积的 8%。紫色土是由紫色砂页岩发育而成的岩成土。受成土母质的强烈影响，紫色土保持在相对幼年阶段，脱硅富铝化特征不明显，盐基饱和度较高，富含钙质。本县紫色土分为酸性紫色土、中性紫色土、石灰性紫色土三个亚类。

小于本县地域面积 3% 的土壤类型有黄棕壤、黄壤等。

本区域中心区气候特征

本区域中心区气候特征值
Regional climate characteristics in central area of the region

气候带：中亚热带湿润气候 Climate region: Subtropical humid climate	
年平均气温 /℃ Annual average temperature /℃	17.5
年平均最高气温 /℃ Annual average maximum temperature /℃	21.7
年平均最低气温 /℃ Annual average minimum temperature /℃	14.4
年降水量 /mm Annual precipitation /mm	1373
≥10℃的积温 /℃ Daily temperature accumulated in a year（≥10℃）/℃	7157
年日照时数 /h Annual sunshine /h	1531
年平均相对湿度 /% Annual average relative humidity /%	80
干燥度 Dryness	0.76

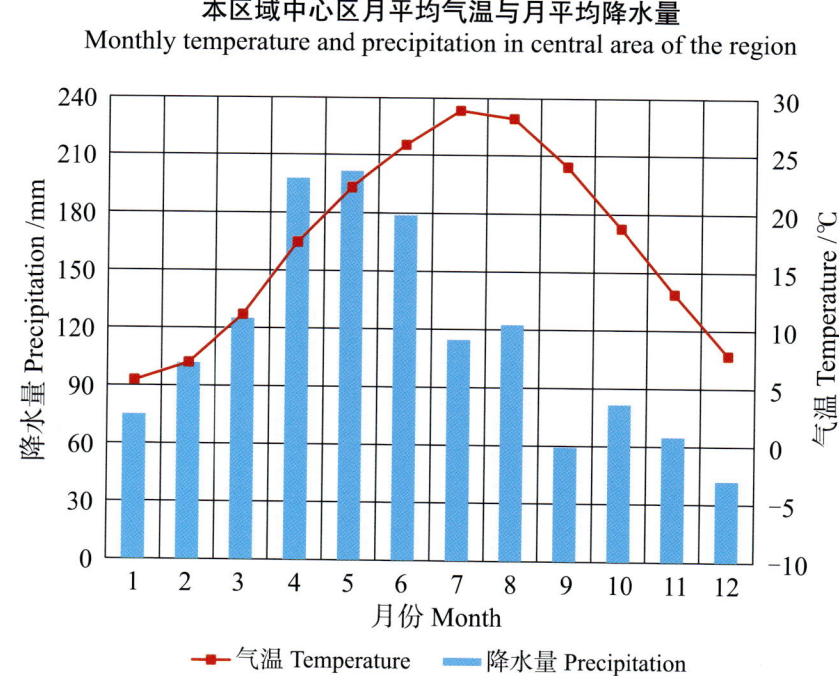

本区域中心区月平均气温与月平均降水量
Monthly temperature and precipitation in central area of the region

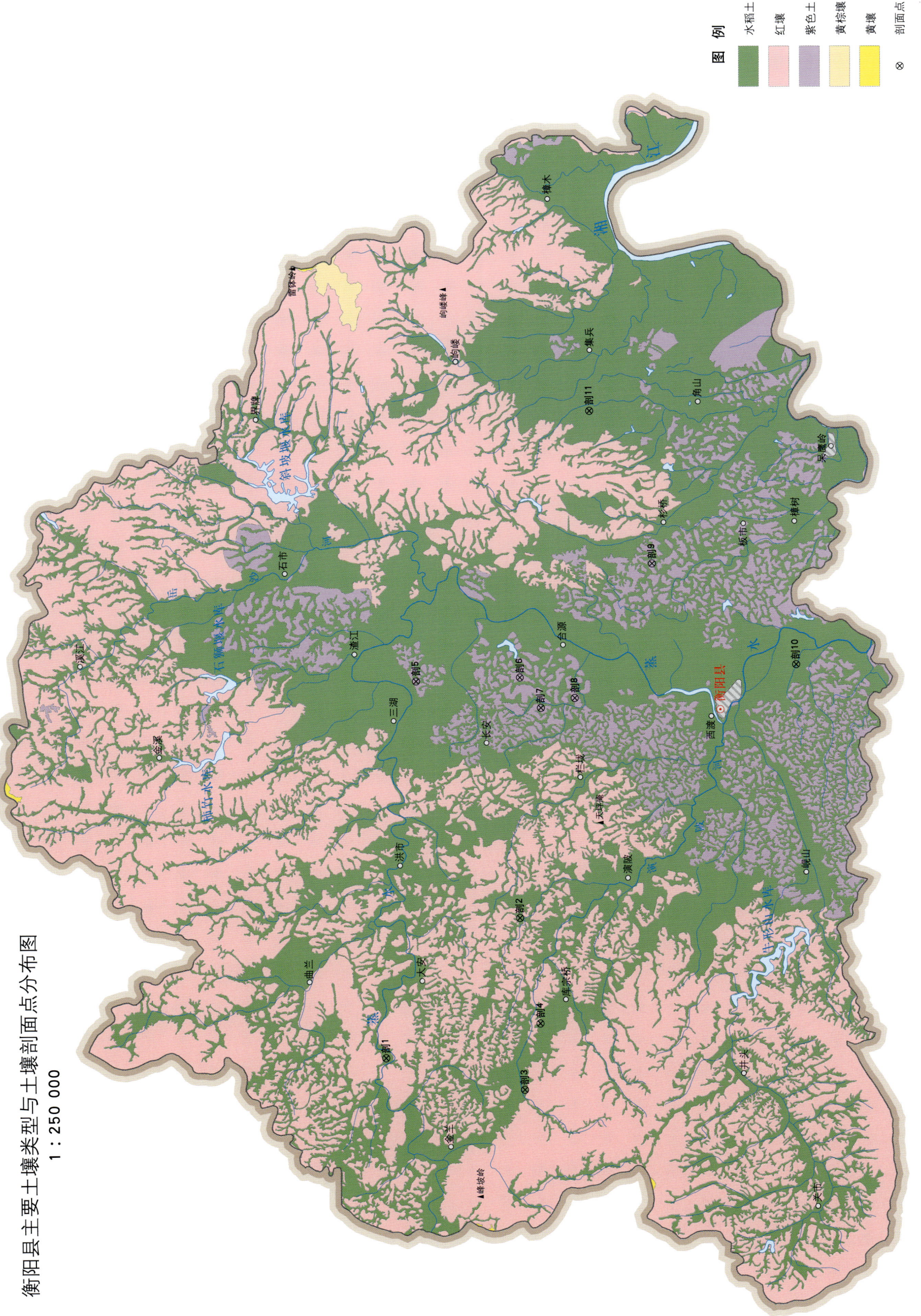

衡阳县主要土壤类型与土壤剖面点分布图

衡阳县土壤剖面理化性状表

剖面号 Soil profile	土纲 Soil order	土类 Soil great group	亚类 Soil subgroup	土属 Soil genus	土种 Soil species	土层码 Layer code	土层厚度 Depth/cm	颜色 Soil color	质地 Soil texture	土壤结构 Soil structure	pH	有机质 OM/(g/kg)	全氮 TN/(g/kg)	全磷 TP/(g/kg)	全钾 TK/(g/kg)	碱解氮 AN/(mg/kg)	有效磷 AP/(mg/kg)	速效钾 AK/(mg/kg)	阳离子交换量CEC/(cmol/kg)	土壤母质 Parent material	剖面点坐标 Profile coordinate	匹配指数 Matching index/%
剖1	人为土	水稻土	淹育水稻土	浅酸紫泥田	浅酸紫泥田	A	0–15	暗红棕色	壤土	碎块状	4.8	14.6	1.10	0.78	23.7	103	8.1	55			E 112°09′04.0″ N 27°09′42.8″	95
						Ap	15–31	红棕色	壤土	块状	5.3	8.2	0.75	0.52	25.8	49	2.6	48				
						C	31–65	红棕色	壤土	块状	7.3	2.3	0.49	0.60	28.0	28	≤1.0	96				
剖2	人为土	水稻土	淹育水稻土	浅碱紫泥田	浅碱紫泥田	A	0–12	暗棕红色	壤土	粒状	7.9	17.8	1.33	1.65	26.6	86	2.0	54			E 112°14′11.5″ N 27°05′08.6″	81
						Ap	12–24	棕红色	重壤土	块状	8.1	10.6	0.95	1.65	28.4	52	1.2	60				
						C	24–55	棕红色	黏壤土	块状	8.3	4.8	0.64	1.36	29.0	32	≤1.0	66				
						CD	55–63	棕红色														
剖3	人为土	水稻土	潴育水稻土	碱紫泥田	暗碱紫泥田	A	0–14	暗棕色	壤土	团粒状	7.6	35.6	1.88	0.16	11.2	206	10.2	105			E 112°07′49.2″ N 27°05′04.5″	95
						Ap	14–23	暗灰棕色	壤土	块状	7.6	29.3	1.38	1.85	11.3							
						W₁	23–45	暗棕色	壤土	块状	7.6	10.3	0.84	1.56	11.9							
						W₂	45–100	暗棕色	壤土	棱块状	7.6	9.4	0.63	1.49	10.6							
剖4	人为土	水稻土	淹育水稻土	灰型酸性紫色土	薄灰紫泥田	Aa	0–12	暗棕红色	壤质黏土	粒状	7.9	17.8	1.30	0.70	22.1	86	6.0	86			E 112°10′16.0″ N 27°04′31.6″	95
						Ap	12–24	红棕色	壤土	块状	8.1	10.6	0.90	0.60	23.6	52	4.0	61				
						C	24–63	红棕色	壤土	块状	8.3	4.8	0.60	0.60	24.1	32	4.0	54				
剖5	初育土	紫色土	酸性紫色土	酸性紫砂土	紫红土	A	0–16	暗棕红色	黏土	粒状	5.4	12.4	1.10	1.21	27.8	64	≤1.0	111	15.0		E 112°23′06.2″ N 27°08′29.9″	75
						Bv	16–43	棕红色	黏土	碎块状	5.0	4.8	1.03	0.57	31.7	42	≤1.0	71	14.5	紫色页岩风化坡积物		
						C	43–															
剖6	初育土	紫色土	酸性紫色土	酸性紫砂土	薄膜中层酸性紫砂土	ABv	0–14	暗棕红色	轻壤土	粒状	4.3	23.2	1.05	0.36	13.8	76	≤1.0	51	10.9		E 112°23′11.9″ N 27°05′01.1″	95
						Bv	14–51	棕红色	壤土	碎块状	4.4	17.1	0.83	0.36	14.6	54	≤1.0	37	10.2			
						C	51–80	棕红色	壤土	块状	4.5	12.8	0.55	0.34	16.0	52	≤1.0	38	11.1			
剖7	初育土	紫色土	酸性紫色土	酸紫砂泥土	甲满酸紫砂土	A	0–14	暗棕红色	砂质黏壤土	粒状	4.3	23.2	1.00	0.20	11.5		≤1.0	51		紫色砂岩、砂质风化物	E 112°22′02.9″ N 27°04′19.7″	75
						AC	14–51	红棕色	砂质黏壤土	碎块状	4.4	17.1	0.80	0.20	12.1		≤1.0	37				
						C	51–80	红棕色	砂质黏壤土		4.5	12.8	0.50	0.30	13.3		≤1.0	38				
剖8	初育土	紫色土	石灰性紫色土	石灰性紫色土	中层石灰性紫色土	A	0–23	暗棕色	黏壤土	粒状	7.8	16.1	1.12	2.08	33.0	59	≤1.0	95			E 112°22′24.4″ N 27°03′11.2″	75
						Bv	23–40	暗棕色	黏壤土	块状	7.8	6.1	0.73	2.06	30.9	35	≤1.0	68				
						BvC	40–68	暗棕色	黏壤土	块状	8.1	3.1	0.54	1.90	29.5	19	≤1.0	56				
						D	68–															
剖9	初育土	紫色土	石灰性紫色土	石灰性紫色土	薄层石灰性紫色土	ABv	0–19	浊红棕色	轻壤土	屑粒状	7.9	3.6	0.60	1.62	24.8	21	≤1.0	52			E 112°27′21.8″ N 27°00′31.5″	75
						Bv	19–36	浊红棕色	轻壤土	块状	8.1	3.8	0.56	1.52	24.1	28	≤1.0	47				
						CD	36–55	棕红色														
剖10	人为土	水稻土	潴育水稻土	紫泥田	酸紫泥田	Aa	0–16	暗红棕色	壤质黏土	粒状	5.8	21.4	1.30	0.40	19.1	104	12.0	62			E 112°23′32.1″ N 26°55′44.8″	82
						Ap	16–30	暗红棕色	黏质黏土	块状	6.0	20.1	1.30	0.40	20.2	78	10.0	40				
						W	30–72	暗红棕色	壤质黏土	棱块状	6.0	6.6	0.70	0.30	20.3	30	4.0	40		紫色页岩风化物		
						C	72–100	棕红色	壤质黏土	块状	6.0	5.6	0.60	0.20	21.0	30	≤1.0	31				
剖11	人为土	水稻土	淹育水稻土	浅酸紫泥田	浅酸紫泥田	Aa	0–13	暗红棕色	黏壤土	碎块状	5.2	14.6	1.10	0.30	19.7	103	8.0	96		紫红色岩风化物	E 112°33′05.8″ N 27°02′32.7″	95
						Ap	13–21	红棕色	黏壤土	块状	5.3	8.2	0.80	0.20	21.4	49	3.0	48				
						C	21–65	红棕色	黏壤土	块状	6.3	2.8	0.50	0.30	23.2	28	≤1.0	45				

衡 南 县

主要土类说明

水稻土是衡南县主要土壤类型，占本县地域面积的42%。水稻土是在长期的季节性淹灌、水下翻耕、季节性脱水、氧化还原交替影响下，原来的成土母质或母土的特性发生重大改变，形成的新的土壤类型。由于干湿交替，水稻土形成糊状的淹育层、较坚实板结的犁底层、渗育层、潴育层与潜育层等多种发生层。这些不同的发生层是在人为耕作、水浆管理下形成的。本县水稻土分为淹育型、潴育型、潜育型、矿毒型、沼泽型五个亚类。

红壤是衡南县第二大土壤类型，占本县地域面积的28%。红壤主要发生于亚热带常绿阔叶林下，呈中度脱硅富铝化特征，土壤黏粒中游离铁占全铁的50%—60%。黏土矿物以高岭石、赤铁矿为主，黏粒硅铝率为1.8—2.4，风化淋溶系数小于0.2，盐基饱和度小于35%，pH 为 4.5—5.5。红壤具深厚红色土层，底部可见深厚的红、黄、白相间的网纹状红色黏土，具 A–Bs–Bv 或 A–Bs–C 剖面构型。本县红壤分为红壤和黄红壤两个亚类。其中，红壤亚类面积较大，成土母质主要为花岗岩、板页岩、砂岩、灰岩、第四纪红土。黄红壤分布在海拔400m 以上的天光山、岐山、七里山下部，其分布地区适宜阔叶植物生长，是本县发展用材林的主要基地。

紫色土是衡南县第三大土壤类型，占本县地域面积的27%。紫色土是一种非地带性土壤，受母质影响明显，广泛分布在本县低中丘地区。紫色土剖面很难分出层次，几乎与母质相似，处于幼年发育阶段，土层浅薄，有机质含量低，但钙、磷、钾含量较丰富，自然植被少。

小于本县地域面积3%的土壤类型有潮土等。

本区域中心区气候特征

本区域中心区气候特征值
Regional climate characteristics in central area of the region

气候带：中亚热带湿润气候 Climate region: Subtropical humid climate	
年平均气温 /℃ Annual average temperature /℃	17.8
年平均最高气温 /℃ Annual average maximum temperature /℃	22.0
年平均最低气温 /℃ Annual average minimum temperature /℃	14.7
年降水量 /mm Annual precipitation /mm	1376
≥10℃的积温 /℃ Daily temperature accumulated in a year (≥10℃) /℃	7557
年日照时数 /h Annual sunshine /h	1529
年平均相对湿度 /% Annual average relative humidity /%	79
干燥度 Dryness	0.76

本区域中心区月平均气温与月平均降水量
Monthly temperature and precipitation in central area of the region

衡南县主要土壤类型与土壤剖面点分布图

1∶340 000

衡南县土壤剖面理化性状表

剖面号 Soil profile	土纲 Soil order	土类 Soil great group	亚类 Soil subgroup	土属 Soil genus	土种 Soil species	土层码 Layer code	土层厚度 Depth/cm	颜色 Soil color	质地 Soil texture	土壤结构 Soil structure	pH	有机质 OM/(g/kg)	全氮 TN/(g/kg)	全磷 TP/(g/kg)	全钾 TK/(g/kg)	碱解氮 AN/(mg/kg)	有效磷 AP/(mg/kg)	速效钾 AK/(mg/kg)	剖面点坐标 Profile coordinate	匹配指数 Matching index/%
剖1	人为土	水稻土	潴育水稻土	碱紫泥田	碱紫泥田	A	0—13	紫棕色	轻黏土	小块状	8.0	27.7	1.69	2.17	22.0	120	9.6	81	E 112°12′10.4″ N 26°50′34.7″	95
						Ap	13—27	紫棕色	轻黏土	块状	8.1	18.7	1.18	1.95	29.7	69	7.7	96		
						W	27—78	紫棕色	轻黏土	棱块状	8.0	6.7	0.68	1.28	19.0	34	5.5	108		
						C	78—100	紫棕色	黏壤土	粒状	8.3	7.7	0.58	1.73	29.9	29	6.4	95		

衡 山 县

主要土类说明

红壤是衡山县主要土壤类型，占本县地域面积的 62%。红壤土体层次清晰，剖面构型一般为 A–B–C–D。本县红壤分为红壤和黄红壤两个亚类。红壤亚类多分布在海拔 100—450m 的丘陵地带，发育于第四纪红色黏土、砂岩、花岗岩、板岩、页岩。黄红壤多分布在海拔 450—650m 的低山地区，发育于花岗岩，土壤呈酸性，大多数土层较厚，有腐殖质层，有机质和钾含量较高。

水稻土是衡山县第二大土壤类型，占本县地域面积的 26%。水稻土是本县主要的耕作土壤，是在自然因素和人类生产活动的长期作用下逐步演变形成的一个土壤类型。本县水稻土分为淹育型、潴育型、潜育型、渗育型、沼泽型、矿毒型六个亚类。其中，潴育水稻土面积最大。潜育水稻土占本土类面积的 10% 以上，发育于多种成土母质，剖面构型为 A–P–G–C 或 A–G，土壤肥力较低。沼泽型水稻土面积小，以滂眼田为主，地形低洼，排水不良，土层深厚，基本上全层潜育，亚铁反应强烈，呈灰褐色或栗灰色，剖面构型为 Ag–Pg–G–C 或 Ag–G–C。

紫色土是衡山县第三大土壤类型，占本县地域面积的 3%。紫色土集中分布在萱洲、白果等地。在贯塘、江东等地的紫色砂页岩地区，土体呈红紫色，剖面构型多为 A–B–C–D，土层浅薄，有机质和氮含量偏低。本县紫色土分为酸性紫色土、中性紫色土、石灰性紫色土三个亚类。酸性紫色土表土或心土呈弱酸性，母质与基岩层呈碱性。中性紫色土表土呈中性，底土呈碱性，富含钙质，多为轻壤土。石灰性紫色土有石灰反应，呈碱性，为中壤土或重壤土，富含钙质。

黄壤占本县地域面积的 3%。本县黄壤分布在海拔 650—800m 的中低山区，发育于花岗岩，多为砂壤土和粗砂土，土层较厚，有腐殖质层覆盖，腐殖质层厚度因地形及植被疏密而异。土壤呈酸性，有机质和钾含量较高，磷含量偏低，土壤层次明显，剖面构型多为 Ao–A_1–A–B–C。

小于本县地域面积 3% 的土壤类型有黄棕壤、山地草甸土等。

本区域中心区气候特征

本区域中心区气候特征值
Regional climate characteristics in central area of the region

气候带：中亚热带湿润气候 Climate region: Subtropical humid climate	
年平均气温 /℃ Annual average temperature /℃	17.5
年平均最高气温 /℃ Annual average maximum temperature /℃	21.8
年平均最低气温 /℃ Annual average minimum temperature /℃	14.4
年降水量 /mm Annual precipitation /mm	1363
≥ 10℃的积温 /℃ Daily temperature accumulated in a year（≥ 10℃）/℃	7530
年日照时数 /h Annual sunshine /h	1536
年平均相对湿度 /% Annual average relative humidity /%	80
干燥度 Dryness	0.76

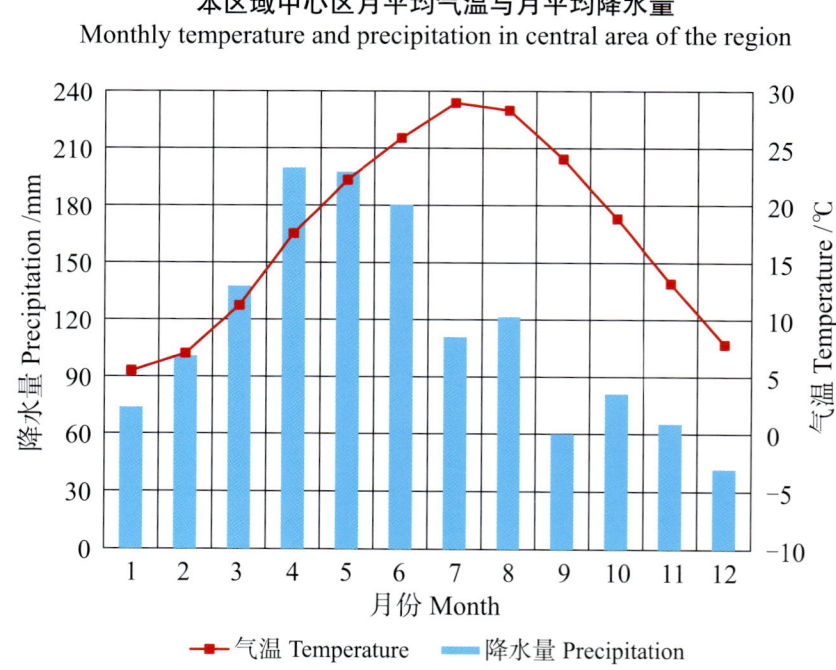

本区域中心区月平均气温与月平均降水量
Monthly temperature and precipitation in central area of the region

衡山县主要土壤类型与土壤剖面点分布图
1 : 220 000

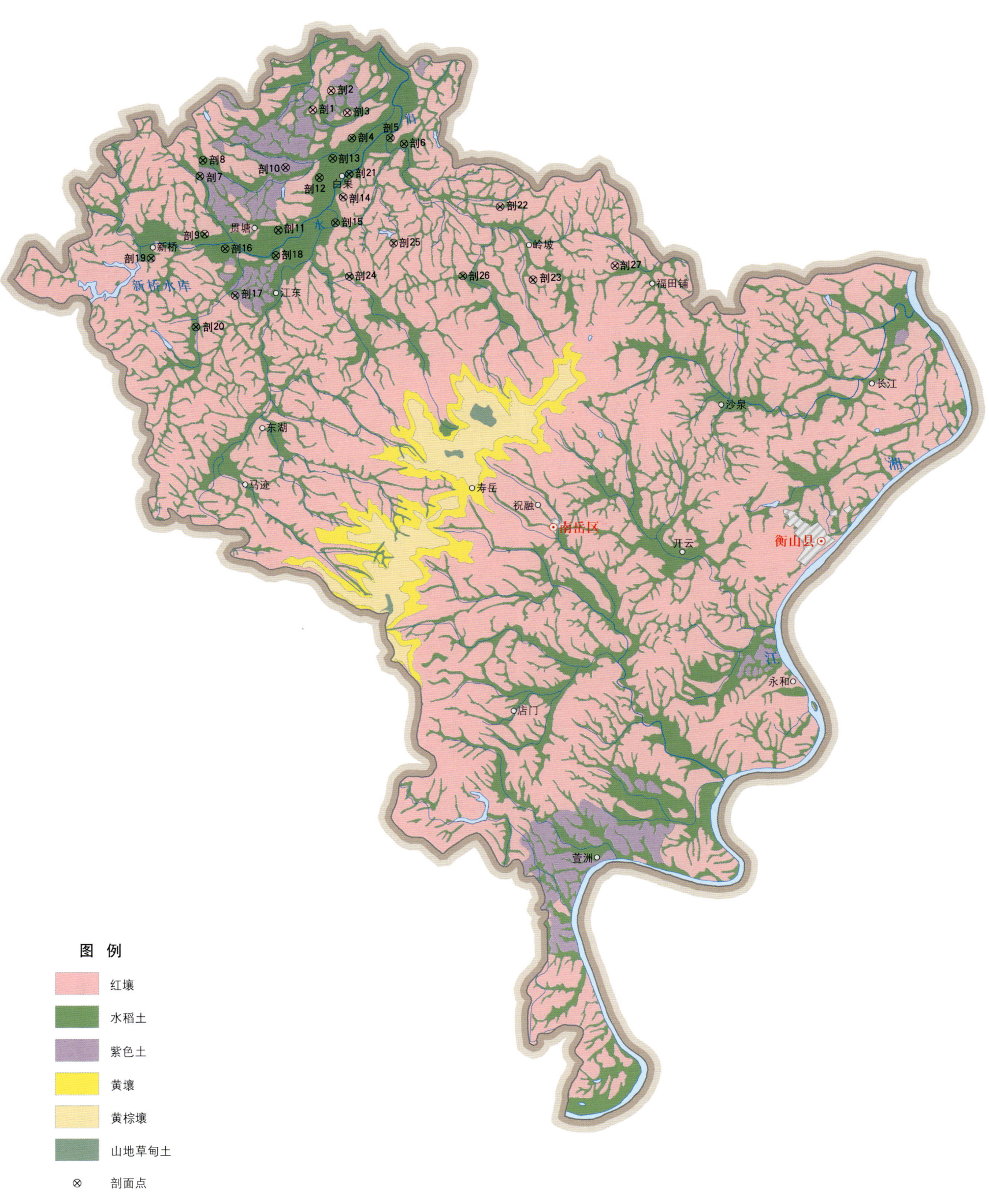

图例
- 红壤
- 水稻土
- 紫色土
- 黄壤
- 黄棕壤
- 山地草甸土
- ⊗ 剖面点

注：湖南省人民政府1984年5月批准，设立南岳区。

第二编　分县土壤图与土壤剖面数据 | 101

衡山县土壤剖面理化性状表

剖面号 Soil profile	土纲 Soil order	土类 Soil great group	亚类 Soil subgroup	土属 Soil genus	土种 Soil species	土层码 Layer code	土层厚度 Depth/cm	颜色 Soil color	质地 Soil texture	土壤结构 Soil structure	pH	有机质 OM/(g/kg)	全氮 TN/(g/kg)	全磷 TP/(g/kg)	全钾 TK/(g/kg)	碱解氮 AN/(mg/kg)	有效磷 AP/(mg/kg)	速效钾 AK/(mg/kg)	土壤母质 Parent material	剖面点坐标 Profile coordinate	匹配指数 Matching index/%
剖1	铁铝土	红壤	红壤	板页岩红壤	少腐薄层板页岩红壤	1	0~12	黄褐色	壤土	碎块状	6.0								板岩	E 112°36′29.1″ N 27°26′06.3″	75
						2	12~30	黄棕色	壤土	碎块状	6.0										
						3	30~	棕黄色		碎块状	6.5										
剖2	铁铝土	红壤	红壤	第四纪红土红壤	少腐厚层红土红壤	1	0~8	黄红色	黏土	碎块状	5.5	10.9	1.18	1.01	18.4		4.0		第四纪红色黏土	E 112°37′03.3″ N 27°26′37.1″	75
						2	8~120	红棕色	黏土	块状	5.0	17.2		1.03	17.7						
						3	120~	红棕色	黏土	块状	4.0	6.9		0.73	16.4						
剖3	铁铝土	红壤	红壤	板页岩红壤	少腐中层板页岩红壤	1	0~15	棕黄色	壤土	片状	4.0	9.5	0.71	0.76	16.3	136	13.0	117	页岩	E 112°37′32.9″ N 27°26′00.9″	75
						2	15~75	红汤色	壤土	碎块状	4.0	3.2		0.53	11.0						
						3	75~100	浅红棕色	壤土	碎块状	4.0	4.0		0.34	22.2						
剖4	人为土	水稻土	潴育水稻土	黄紫泥田		1	0~16	紫棕色	黏壤土	块状	7.0								紫色页岩	E 112°37′40.9″ N 27°25′19.7″	75
						2	16~23	紫黑色	黏壤土	块状	7.0										
						3	23~55	棕色	黏壤土	粒状	7.0										
						4	55~100	棕黑色	黏壤土	粒状	7.0										
剖5	人为土	淹育水稻土	浅黄砂泥田	浅白砂泥田		1	0~10	深黑色	砂壤土	粒状	5.5								花岗岩	E 112°38′51.2″ N 27°25′19.2″	95
						2	10~15	黄色	砂壤土	无结构糊状	5.5										
						3	15~100	灰黄色	砂土	无结构糊状	4.5										
剖6	人为土	潴育水稻土	烂泥田	溶眼田		1	0~15	深灰色	砂壤土	小片状	7.0	40.2	0.28	0.22	30.6	88	3.0	115	花岗岩	E 112°39′16.4″ N 27°25′09.3″	75
						2	15~	深灰色	砂壤土	块状	7.0	38.7	2.70	0.51	32.0						
剖7	人为土	潴育水稻土	灰黄泥田	灰黄泥田		1	0~15	棕黄色	黏壤土	块状	6.0	30.6	0.99	5.00	17.4	107	5.0	93	石灰岩、砂页岩	E 112°33′00.8″ N 27°24′20.0″	75
						2	15~23	棕黑色	黏壤土	块状	7.0	21.1	0.83	0.44	14.1						
						3	23~88	棕黑色	黏壤土	块状	8.0	12.9	≤0.10	0.12	18.8						
						4	88~	棕黑色	壤土	块状	8.0										
剖8	人为土	水稻土	麻砂泥田			1	0~13	浅栗色	黏壤土	碎块状	5.7	39.9	2.79	2.23	21.2	118	7.0	172	花岗岩	E 112°33′06.4″ N 27°24′45.8″	75
						2	13~19	栗色	黏壤土	块状	5.8	45.6	1.58	2.62	30.8						
						3	19~75	褐棕色	砂壤土	块状	6.5	31.6	2.24	0.88	25.9						
						4	75~100	棕灰色	砂土	粒状	6.7	40.2	1.42	2.04	25.1						
						5	75~	棕灰色	壤土	碎片状	7.5	45.8	1.81	0.47	24.7						
剖9	人为土	潴育水稻土	黄紫泥田			1	0~14	紫棕色	壤土	碎片状	7.5	21.5	0.50	0.82	24.1	56	8.0	205	紫色砂砾岩	E 112°33′08.3″ N 27°22′46.2″	75
						2	14~22	棕黑色	壤土	碎块状	8.0	≤1.0	0.50	1.02	23.9						
						3	22~45	紫色	壤土	无结构散状	8.0	10.2	0.50	0.54	23.6						
						4	45~75	紫色	黏壤土	块状	8.0	7.1	0.70	2.35	2.4						
剖10	初育土	石灰性紫色土	石灰性紫色土	少腐薄层石灰性紫色土		1	0~8	棕黑色	黏壤土	碎片状	9.0	16.2	5.80	2.5			14.0	≤5	紫色页岩	E 112°35′38.3″ N 27°24′32.8″	75
						2	8~25	棕黄色	砂土	碎片状	9.0	24.8		1.7							
						3	25~	紫色	砂壤土	碎块状	9.0										
剖11	人为土	水稻土	黄紫泥田			1	0~14	紫棕色	黏土	块状	8.0	19.0	0.26	1.75	15.8	80	8.0	161	紫色页岩	E 112°35′23.5″ N 27°22′51.2″	75
						2	14~18	紫棕色	黏土	块状	8.0	12.0	0.50	2.14	28.4						
						3	18~55	棕黄色	黏土	块状	8.5	26.3	0.32	≤0.10	26.6						
						4	55~100	黄褐色	黏土	块状	8.5	3.6	0.50	0.65	19.7						
剖12	人为土	水稻土	麻砂泥田	青糙白砂田		1	0~10	黄褐色	砂壤土	碎块状	5.2	24.1	2.22	0.83	31.0	45	9.0		花岗岩	E 112°36′40.1″ N 27°24′15.8″	75
						2	10~16	青灰色		块状	5.5	39.1	0.50	0.76	17.8						
						3	16~25			块状	5.6	22.9		0.75	23.4						
						4	25~50	灰白色		块状		19.1		0.43	31.8						

续表 Continued

剖面号 Soil profile	土纲 Soil order	土类 Soil great group	亚类 Soil subgroup	土属 Soil genus	土种 Soil species	土层码 Layer code	土层厚度 Depth/cm	颜色 Soil color	质地 Soil texture	土壤结构 Soil structure	pH	有机质 OM/(g/kg)	全氮 TN/(g/kg)	全磷 TP/(g/kg)	全钾 TK/(g/kg)	碱解氮 AN/(mg/kg)	有效磷 AP/(mg/kg)	速效钾 AK/(mg/kg)	土壤母质 Parent material	剖面点坐标 Profile coordinate	匹配指数 Matching index/%
剖13	人为土	水稻土	潴育水稻土	黄砂泥田	青隔红砂泥田	1	0—13	红棕色	砂壤土	碎块状	6.2	27.1	2.61	1.42	16.0	100	8.0	172	红色砂砾岩	E 112°37′05.3″ N 27°24′46.9″	75
						2	13—19	红棕色	砂壤土	碎块状	6.3	22.0	1.54	0.94	15.5						
						3	19—49	棕红色	壤土	块状	6.4	33.4	0.70	0.83	20.8						
						4	49—75	灰棕色	砂壤土	碎块状	5.2	23.1	0.57	0.61	13.1						
						5	75—														
剖14	人为土	水稻土	淹育水稻土	浅紫泥田		1	0—8	紫棕色	黏壤土	碎块状	7.5	13.9	0.50	1.62	31.5	83	92.0	109	紫色页岩	E 112°37′23.6″ N 27°23′44.0″	75
						2	8—17	灰棕色	黏壤土	块状	8.0	14.7	0.50	1.14	28.8						
						3	17—100	棕灰色	黏壤土	块状	7.0		0.50	0.79	33.6						
剖15	人为土	水稻土	淹育水稻土	浅红黄泥田	浅红黄泥田	1	0—15	棕黄色	壤土	碎块状	6.5	22.6	1.32	0.87	24.6	99	5.0	150	板岩	E 112°37′08.7″ N 27°23′02.3″	95
						2	15—22	棕灰色	黏壤土	块状	7.0	18.4	1.22	1.46	24.6						
						3	22—	黄色	黏土	块状	6.5	33.8	0.50	1.02	29.8						
剖16	人为土	水稻土	潴育水稻土	黄紫泥田		1	0—12	紫色	砂壤土	粒状	6.5	16.7	0.50	0.96	24.0	44	5.0	137	第四纪红色黏土、紫色砂页岩	E 112°33′45.8″ N 27°22′22.0″	75
						2	12—22	棕紫色	黏壤土	块状	7.0	20.0	0.95	0.73	43.5						
						3	22—64	紫色	黏壤土	块状	8.0	16.3	0.50	0.65	39.5						
						4	64—	棕色	黏壤土	块状	9.0	6.9	0.50	0.36	38.2						
剖17	人为土	水稻土	潴育水稻土	紫泥田		1	0—15	红棕色	壤土	碎块状	6.5								红色砂岩、紫色页岩	E 112°34′02.8″ N 27°21′05.4″	75
						2	15—23	棕红色	黏壤土	片状	8.0										
						3	23—55	棕紫色	黏壤土	块状	8.5										
						4	55—	棕紫色	黏壤土	块状	8.5										
剖18	人为土	水稻土	潴育水稻土	黄紫泥田		1	0—10	紫棕色	壤土	碎块状	5.5							24	第四纪红色黏土、紫色砂页岩	E 112°35′18.7″ N 27°22′10.3″	75
						2	10—22	棕紫色	壤土	块状	5.5										
						3	22—88	棕紫色	壤土	块状	6.5										
						4	88—	棕紫色	壤土	块状	7.0										
剖19	人为土	水稻土	潴育水稻土	紫泥田	紫泥田	1	0—16	棕紫色	壤土	碎片状	8.0	26.6	1.46	1.89	27.4	68	7.0		紫色页岩	E 112°31′29.2″ N 27°22′07.6″	75
						2	16—19	棕紫色	壤土	块状	8.5	13.0	0.60	1.41	26.6						
						3	19—40	紫色	壤土	块状	9.0										
						4	40—	紫色	壤土	块状	9.0	11.1	1.39	0.89	27.8						
剖20	人为土	水稻土	潴育水稻土	红黄泥田	黑泥田	1	0—13	黄棕色	壤土	碎块状	5.0	25.6	0.70	1.64	18.6	124	10.0	60	第四纪红色黏土、紫色砂页岩	E 112°32′50.7″ N 27°20′14.9″	75
						2	13—19	黄棕色	黏壤土	块状	5.0	32.3	1.07	1.39	9.1						
						3	19—67	栗色	黏壤土	块状	6.0	40.4	0.50	1.39	18.8	116					
						4	67—	栗色	黏壤土	块状	6.0	17.0	0.70	0.43	18.6	124					
剖21	人为土	水稻土	潴育水稻土	青泥田	青砂泥田	1	0—18	棕紫色	黏壤土	片状	7.0	14.4	1.54	1.41	32.0	60	9.0	161	花岗岩	E 112°37′35.1″ N 27°24′20.8″	95
						2	18—29	棕紫色	黏土	块状	8.0	19.2	2.29	1.37	19.9						
						3	29—	栗色	砂壤土	块状	8.0	20.2	2.21	1.05	≥50.0						
剖22	人为土	水稻土	潴育水稻土	麻砂泥田	白砂泥田	1	0—14	浅褐色	砂壤土	碎块状	5.5	17.9	1.14	1.43	15.1		3.0	173	花岗岩	E 112°42′11.2″ N 27°23′25.7″	75
						2	14—17	浅褐色	砂壤土	块状	5.5	27.3	0.91	1.02	10.6						
						3	17—100	黄白相间	砂壤土	碎块状	5.6	12.3	0.50	0.73	18.7						
						4	100—	黄白相间			5.8										
剖23	人为土	水稻土	潴育水稻土	红黄泥田	青隔红黄泥田	1	0—17	棕色	壤土	碎块状	5.0					60			第四纪红色黏土	E 112°43′10.1″ N 27°21′27.0″	75
						2	17—24	黄棕色	壤土	块状	5.5	20.2	1.36	1.03	20.7						
						3	24—53	青灰色	黏壤土	块状	6.0										
						4	53—90	棕黄色	黏壤土	块状	5.0	8.5	0.50	0.64	19.6						
						5	90—	棕黄色													

续表 Continued

剖面号 Soil profile	土纲 Soil order	土类 Soil great group	亚类 Soil subgroup	土属 Soil genus	土种 Soil species	土层码 Layer code	土层厚度 Depth/cm	颜色 Soil color	质地 Soil texture	土壤结构 Soil structure	pH	有机质 OM/(g/kg)	全氮 TN/(g/kg)	全磷 TP/(g/kg)	全钾 TK/(g/kg)	碱解氮 AN/(mg/kg)	有效磷 AP/(mg/kg)	速效钾 AK/(mg/kg)	土壤母质 Parent material	剖面点坐标 Profile coordinate	匹配指数 Matching index/%
剖24	人为土	水稻土	渗育水稻土	白鳝泥田	白夹泥田	1	0—14	灰棕色	黏壤土	块状	5.5	12.9	0.53	0.97	23.8	118	6.0	13	砾岩	E 112°37′33.3″ N 27°21′35.2″	75
						2	14—21	棕灰色	黏土	块状	6.0	24.0	0.36	1.53	15.8						
						3	21—36	黄褐色	黏土	块状	6.0	33.5		0.38	11.8						
						4	36—80	灰白色	黏土	碎块状	6.5										
剖25	人为土	水稻土	潴育水稻土	黄泥田	昱煤泥田	1	0—12	黑褐色	壤土	块状	6.0								页岩	E 112°38′55.0″ N 27°22′28.5″	75
						2	12—20	浅褐色	壤土	块状	6.5										
						3	20—49	棕褐色	黏壤土	块状	6.0										
						4	49—	灰褐色	黏壤土	片状	5.5										
剖26	人为土	水稻土	潴育水稻土	岩渣子田	少量岩渣田	1	0—14	黄棕色	砂土	片状	5.5								板岩	E 112°41′01.4″ N 27°21′34.3″	75
						2	14—20	黄棕色	砂土	块状	6.0										
						3	20—75	棕黄色	砂土	块状	6.0										
						4	75—	棕黄色	砂土	粒状	6.0	30.2	1.36	0.47	18.6			181			
剖27	铁铝土	红壤	红壤	花岗岩红壤	薄薄厚层花岗岩红壤	1	0—3	栗色	砂土	粒状	6.0	30.2	1.36	0.47	18.6				花岗岩	E 112°45′40.7″ N 27°21′48.5″	95
						2	3—25	黄棕色	砂土	碎块状	6.0	24.0		0.54	21.5	20		81			
						3	25—85	棕黄色	壤土	块状	5.0	24.2		0.67	31.8						
						4	85—	黄白相间	砂土	粒状	4.5	12.3		0.40	35.0						

衡 东 县

主要土类说明

红壤是衡东县主要土壤类型，占本县地域面积的 49%。本县红壤分为红壤、黄红壤、红壤性土三个亚类。其中，红壤亚类面积最大，占本土类面积的 80% 以上，发育于湿热的气候条件下，具有明显的脱硅富铝化过程，土壤呈酸性，含氧化铁较多，呈红色。黄红壤发育于板页岩，土层较厚，质地为黏壤土，较疏松，土壤呈酸性，钾含量较高，磷含量较低。红壤性土面积最小，表土层厚度小于 20cm，其下为网纹层，在水土流失严重的地区，网纹层裸露，氮、磷、钾含量低，土质黏重。

水稻土是衡东县第二大土壤类型，占本县地域面积的 42%。本县水稻土分为淹育型、潴育型、渗育型、潜育型、矿毒型五个亚类。其中，潴育水稻土面积最大，占本土类面积的 60% 以上，多具 A–P–W–B–C（G）剖面构型。

紫色土是衡东县第三大土壤类型，占本县地域面积的 4%。本县紫色土分为酸性紫色土和石灰性紫色土两个亚类。酸性紫色土发育于紫色页岩，呈酸性或微酸性，无石灰反应。石灰性紫色土全土层有强石灰反应，呈碱性，养分含量低。

小于本县地域面积 3% 的土壤类型有石灰（岩）土、潮土、黄壤等。

本区域中心区气候特征

本区域中心区气候特征值
Regional climate characteristics in central area of the region

气候带：中亚热带湿润气候 Climate region: Subtropical humid climate	
年平均气温 /℃ Annual average temperature /℃	17.8
年平均最高气温 /℃ Annual average maximum temperature /℃	22.1
年平均最低气温 /℃ Annual average minimum temperature /℃	14.7
年降水量 /mm Annual precipitation /mm	1374
≥10℃ 的积温 /℃ Daily temperature accumulated in a year（≥10℃）/℃	8585
年日照时数 /h Annual sunshine /h	1551
年平均相对湿度 /% Annual average relative humidity /%	80
干燥度 Dryness	0.77

本区域中心区月平均气温与月平均降水量
Monthly temperature and precipitation in central area of the region

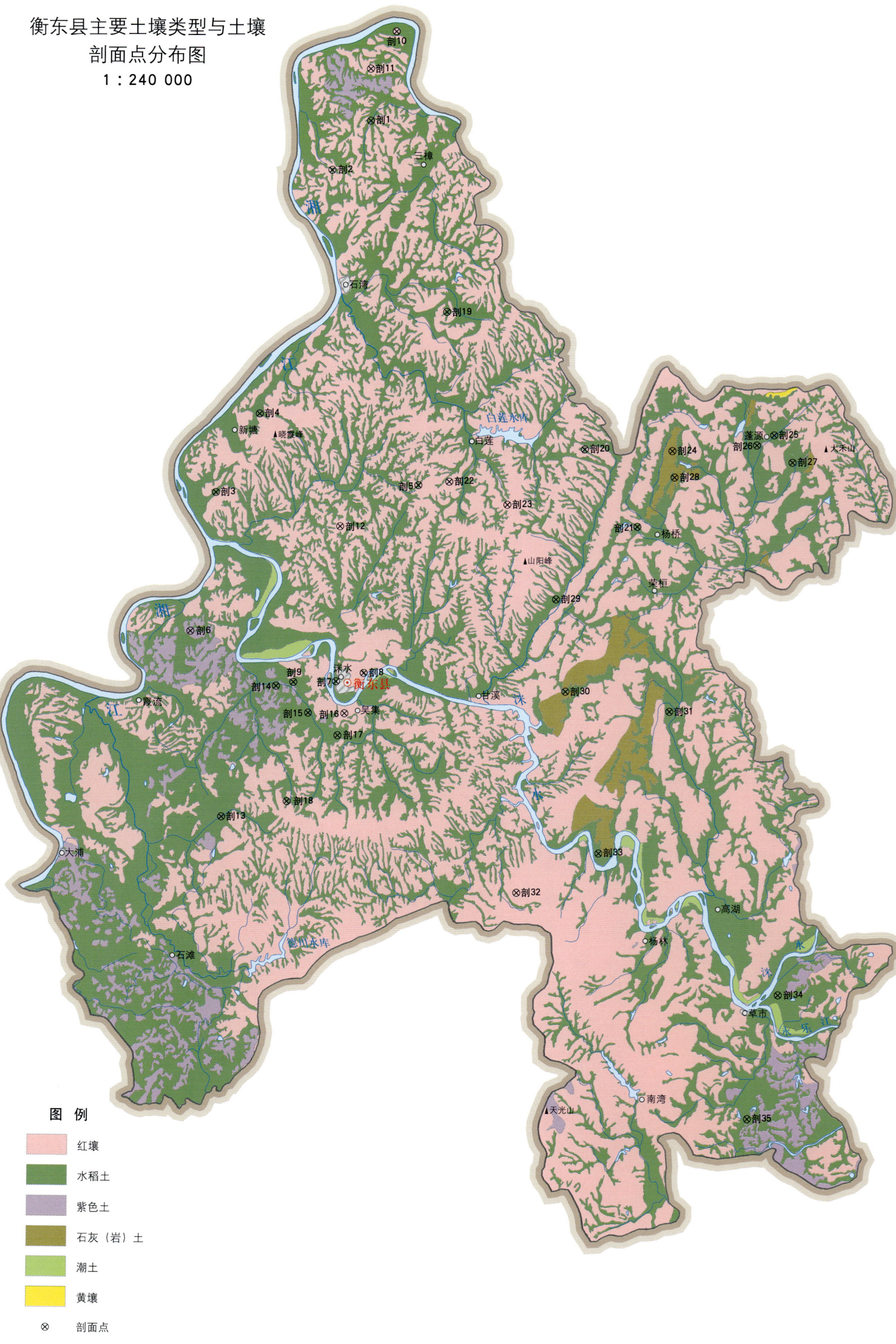

衡东县土壤剖面理化性状表

剖面号 Soil profile	土纲 Soil order	土类 Soil great group	亚类 Soil subgroup	土属 Soil genus	土种 Soil species	土层码 Layer code	土层厚度 Depth/cm	颜色 Soil color	质地 Soil texture	土壤结构 Soil structure	pH	有机质 OM/(g/kg)	全氮 TN/(g/kg)	全磷 TP/(g/kg)	全钾 TK/(g/kg)	碱解氮 AN/(mg/kg)	有效磷 AP/(mg/kg)	速效钾 AK/(mg/kg)	土壤母质 Parent material	剖面点坐标 Profile coordinate	匹配指数 Matching index/%
剖1	人为土	水稻土	潴育水稻土	黄泥田	青棕黄泥田	A	0—13	黄棕色	黏壤土	粒状	5.0	40.6	2.44	1.28	23.9	194	20.0	102	板页岩	E 112°57′56.1″ N 27°23′07.2″	97
						Pg	13—18	黄棕色	黏壤土	核状	5.5	35.5	2.12	0.99	22.9	145	25.0	87			
						G	18—40	青灰色	黏壤土	碎块状	6.1	23.6	1.60	0.72	12.1	102	7.0	47			
						C	40—100	灰褐色	黏壤土	碎块状	6.9	18.8	1.10	0.79	19.6	71	10.0	32			
剖2	人为土	水稻土	潴育水稻土	冷浸田	冷砂田	A	0—14	棕黄色	砂壤土	粒状	5.7	22.4	1.63	1.12	33.1	169	52.0	78	花岗岩	E 112°56′36.6″ N 27°21′39.4″	97
						Pg	14—21	黄棕色	砂壤土	粒状	5.2	21.1	1.21	0.73	32.8	143	10.0	38			
						G	21—55	青灰色	砂壤土	粒状	6.0	13.5	1.04	0.63	34.0	121	8.0	27			
						C	55—100	黄棕色	砂壤土	粒状	5.3	3.8	1.12	0.65	31.2	93	8.0	38			
剖3	人为土	水稻土	潴育水稻土	黄砂泥田	黄砂泥田	A	0—15	灰宗色	砂壤土	粒状	5.0	20.6	1.38	0.86	28.5	120	37.0	29	黄色砂岩	E 112°52′07.6″ N 27°11′21.1″	97
						Pg	15—23	黄棕色	砂壤土	粒状	5.2	19.3	2.25	0.81	33.1	105	28.0	29			
						B	23—52	黄棕色	砂壤土	粒状	5.6	20.1	1.60	0.79	28.5	101	19.0	27			
						Bv	52—100	黄棕色	砂壤土	碎块状	6.4	7.2	0.73	0.88	27.7	56	21.0	21			
剖4	人为土	水稻土	潴育水稻土	黄砂泥田	青褐黄泥田	A	0—15	黄褐色	黏壤土	粒状	5.3	29.7	1.73	0.68	25.2	153	17.0	16	黄色砂岩	E 112°53′44.9″ N 27°13′52.8″	97
						Pg	15—22	黄褐色	砂壤土	粒状	6.0										
						G	22—60	灰褐色	砂壤土	粒状	6.5										
						E	60—100	灰色	砂壤土	粒状	5.3	34.4	1.97	0.81	29.0	199	30.0	56			
剖5	人为土	水稻土	潴育水稻土	青泥田	青砂泥田	A	0—14	黄褐色	砂壤土	粒状	5.4	37.5	1.71	0.75	32.7	180	24.0	44	花岗岩	E 112°59′30.0″ N 27°11′30.1″	97
						Pg	14—21	灰色	砂壤土	粒状	5.4	18.5	1.04	0.58	39.4	118	16.0	35			
						G	21—48	青灰色	砂壤土	粒状	5.4	10.7	0.66	0.47	40.5	63	22.0	57			
						Bv	48—100	灰色	砂壤土	小块状	7.5	10.8	0.86	0.15	26.2	45	6.0	54			
剖6	初育土	紫色土	石灰性紫色土	石灰性紫色土	中层石灰性紫色土	A	0—20	紫红色	黏壤土	粒状	7.5	≤1.0	0.45	0.75	27.6	30	≤1.0	43	紫色砂页岩	E 112°51′10.8″ N 27°06′52.9″	97
						Bv	20—80	紫红色	黏壤土	大块状	8.0	4.3	0.67	0.33	24.6	20	≤1.0	42			
						C	80—100	紫色	黏壤土	碎块状	6.1	44.0	2.78	1.04	18.0	158	26.0	43			
剖7	人为土	水稻土	矿毒型水稻土	非金属矿毒田	煤矸矿毒田	Pg	0—16	黑紫色	黏壤土	小块状	6.4	16.4	3.11	1.06	14.8	111	24.0	22	板页岩	E 112°56′25.7″ N 27°05′11.9″	95
						B	16—22	深紫色	黏壤土	块状	6.5	58.7	1.82	0.70	19.2	65	7.0	16			
						Bv	22—38	黑紫色	黏壤土	块状	6.5	50.6	1.64	0.76	17.0	56	7.0	31			
						C	38—100	紫色	黏土	粒状	7.7	36.3	1.90	1.24	25.7	148	≥100.0	17			
剖8	人为土	水稻土	潴育水稻土	紫泥田	紫夹泥田	A	0—13	深紫色	黏土	粒状	8.0	42.4	2.01	1.14	23.6	138	≥100.0	62	紫色砂页岩	E 112°57′26.4″ N 27°05′27.2″	97
						Pg	13—20	紫色	黏土	大块状	7.5	10.2	0.67	0.79	24.7	71	16.0	34			
						C	20—100	棕紫色	黏土	小块状	6.9	31.9	1.69	1.01	13.7	140	32.0	24			
剖9	人为土	水稻土	潴育水稻土	青泥田	青紫泥田	Pg	0—15	棕黄色	黏壤土	块状	7.2	27.8	1.62	0.82	14.3	118	19.0	24	紫色页岩	E 112°54′53.0″ N 27°05′11.4″	97
						Pg	15—21	棕黄色	黏壤土	块状	7.2	20.5	1.31	0.65	15.4	108	10.0	41			
						Bv	21—47	暗紫色	黏壤土	块状	7.5	18.2	1.20	0.58	14.0	77	11.0	41			
						C	47—100	浅红色	黏土	碎块状	5.6	5.6	1.09	0.49	12.2	46	9.0	65			
剖10	铁铝土	红壤	红壤	耕型第四纪红土红壤	红泥土	A	0—19	橙黄色	黏土	块状	5.2	7.3	0.82	0.54	15.7	66	≤1.0	≤5	第四纪红色黏土	E 112°58′51.6″ N 27°26′08.2″	95
						Bv	19—41	浅红色	黏土	块状	6.0							≤5			
						C	41—	浅红色	黏土	粒状	5.0	14.0	0.72			86	29.0	≤5			
剖11	铁铝土	红壤	红壤	第四纪红土黏土红壤	薄腐中层红土红壤	A	0—32	黄色	黏壤土	核状	5.5	11.5	0.96	0.25	29.6	62	5.0	≤5	第四纪红色黏土	E 112°57′54.0″ N 27°24′56.9″	98
						Bv	32—72	黄色	黏壤土	碎块状	5.5	≤1.0	0.80	0.14	18.9	62	≤1.0	22			
						C	72—100	红棕色	黏壤土	块状	5.5										
剖12	铁铝土	红壤	红壤	板页岩红壤	薄腐中层板页岩红壤	A	0—18	黄色	黏壤土	小块状	6.0	8.0	1.34	0.17	22.6	50	≤1.0	17	板页岩	E 112°56′38.4″ N 27°10′13.1″	95
						Bv	18—41	红白相间	黏土	碎块状											
						C	41—														

续表 Continued

剖面号 Soil profile	土纲 Soil order	土类 Soil great group	亚类 Soil subgroup	土属 Soil genus	土种 Soil species	土层码 Layer code	土层厚度 Depth/cm	颜色 Soil color	质地 Soil texture	土壤结构 Soil structure	pH	有机质 OM/(g/kg)	全氮 TN/(g/kg)	全磷 TP/(g/kg)	全钾 TK/(g/kg)	碱解氮 AN/(mg/kg)	有效磷 AP/(mg/kg)	速效钾 AK/(mg/kg)	土壤母质 Parent material	剖面点坐标 Profile coordinate	匹配指数 Matching index/%
剖13	人为土	水稻土	淹育水稻土	浅黄夹泥田	五花黄泥田	Pg	14~22	黄褐色	黏壤土	碎块状	5.4	37.5	1.86	1.49	13.2	164	56.0	26	第四纪红色黏土	E 112°52′14.0″ N 27°00′52.0″	95
						Pg	14~22	黄褐色	黏壤土	碎块状	6.0										
						Bv	22~100	黄褐色	黏壤土	块状	6.0										
剖14	人为土	水稻土	潴育水稻土	紫泥田	紫泥田	A	0~16	红紫色	黏壤土	粒状	8.1	24.0	1.69	1.26	32.6	124	≥100.0	70	紫色页岩	E 112°54′32.8″ N 27°04′59.2″	97
						Pg	16~23	红紫色	黏壤土	核状	8.3	19.0	1.94	1.05	27.2	110	≥100.0	70			
						Bv	23~52	红紫色	黏壤土	核状	8.3	10.4	1.55	0.88	23.1	67	≥100.0	70			
						C	52~100	红紫色	黏壤土	碎块状	8.4	4.8	1.37	0.81	39.4	58	≥100.0	65			
剖15	人为土	水稻土	潜育水稻土	白散泥田	白胶泥田	A	0~8	灰棕色	黏壤土	碎块状	5.5	28.7	1.68	0.93	12.9	149	28.0	8	第四纪红色黏土	E 112°55′24.5″ N 27°04′11.3″	95
						Pg	8~14	灰棕色	黏壤土	碎块状	5.5	34.3	1.66	0.93	12.9	114	9.0	17			
						B	14~40	灰棕色	黏壤土	块状	7.5	7.3	0.75	0.52	11.6	47	5.0	7			
						E	40~67	浅黄色	黏壤土	核状	7.5	16.6	0.58	0.43	11.8	35	5.0	22			
						C	67~100	浅黄色	黏壤土	核状	7.5	8.5	0.75	0.44	13.8		5.0	22			
剖16	铁铝土	红壤	红壤性土	网纹红壤	网纹红壤	A	0~18	黄红色	黏土	粒状	6.0	2.6	0.66	0.14	10.4	58	5.0	12	第四纪红色黏土	E 112°56′44.0″ N 27°04′09.8″	97
						C	18~	黄色	黏土	块状	6.4	2.6	0.84	0.27	10.4	33	≤1.0	≤5			
剖17	人为土	水稻土	潴育水稻土	黄紫泥田	黄紫泥田	A	0~15	紫棕色	黏壤土	小块状	6.2	29.6	1.32	0.71	26.4	97	10.0	55	紫色页岩	E 112°56′28.2″ N 27°03′27.5″	97
						Pg	15~20	紫棕色	黏壤土	块状	6.6	21.3	1.02	0.65	12.3	71	10.0	55			
						B	20~70	紫红色	黏壤土	块状	7.6	10.0	0.66	0.62	29.1	34	9.0	55			
						C	70~100	紫红色	黏壤土	块状	7.6	9.1	0.56	0.57	30.1	30	5.0	55			
剖18	人为土	水稻土	潜育水稻土	浅黄夹泥田	青泥田	A	0~13	褐黄色	黏壤土	碎块状	6.4	38.9	1.92	0.97	21.3	147	21.0	39	板页岩	E 112°54′33.9″ N 27°01′09.5″	95
						Pg	13~22	褐黄色	黏壤土	小块状	6.4	39.4	1.79	0.87	19.9	145	19.0	24			
						C	22~100	浅黄色	黏壤土	粒状	6.2	12.0	0.95	0.78	18.9	65	16.0	20			
剖19	人为土	水稻土	潴育水稻土	青紫泥田	溶眼田	A	0~15	棕色	黏壤土	小块状	5.5	34.0	1.82	1.05	20.5	169	24.0	64	板页岩	E 113°00′34.4″ N 27°17′05.6″	97
						G	15~21	棕色	黏壤土	小块状	5.5	33.4	1.83	1.14	14.4	135	22.0	13			
						C	21~100	青灰色	黏壤土	大块状	7.4	19.6	1.80	0.57	18.7	86	8.0	17			
剖20	人为土	水稻土	潜育水稻土	青紫泥田	青泥田	A	0~20	灰白色	黏土	糊状	7.4	41.2	2.22	1.14	18.8	190	42.0	13	板页岩	E 113°05′32.3″ N 27°12′36.1″	97
						G	20~100	灰白色	黏土	碎块状	6.1	32.5	1.72	0.91	13.2	181	22.0	56			
剖21	人为土	水稻土	潜育水稻土	花岗岩红壤	薄腐中层花岗岩红壤	A	0~14	黄棕色	砂壤土	小块状	6.4	26.9	1.95	0.65	14.4	154	13.0	40	第四纪红色黏土	E 112°07′25.2″ N 27°10′05.6″	97
						Bv	14~22	棕色	砂壤土	块状	6.9	29.5	1.80	0.86	16.7	148	21.0	27			
						C	22~48	浅黄色	砂壤土	粒状	6.9	20.5	1.93	0.57	12.5	78	12.0	17			
剖22	铁铝土	红壤	红壤	花岗岩红壤	薄腐薄层花岗岩红壤	A	0~26	棕色	砂壤土	粒状	5.8	17.3	1.16	0.37	45.2	68	4.0	53	花岗岩	E 113°00′35.9″ N 27°11′36.5″	97
						Bv	26~69	浅红色	砂壤土	粒状	5.5	6.9	0.94	0.33	24.6	39	≤1.0	87			
						C	69~100	浅红色	砂壤土	粒状	5.5	12.8	0.85	0.16	47.8	37	≤1.0	45			
剖23	铁铝土	红壤	红壤	花岗岩红壤	红色石灰土	A	0~29	黄色	砂壤土	粒状	5.6	24.2	1.22	0.51	33.9	103	≥100.0	129	花岗岩	E 113°02′42.2″ N 27°10′50.9″	95
						Bv	29~69	黄色	砂壤土	核状	5.8	24.5	1.26	0.63	34.1	137	14.0	72			
						C	69~100	黄色	黏土	核状	5.8	30.2	0.86	0.67	32.7	92	7.0	75			
剖24	初育土	石灰(岩)土	红色石灰土	红色石灰土	红色石灰土	A	0~28	深黄色	黏土	核状	7.2	19.4	1.23	0.23	29.3	82	30.0	43	石灰岩	E 113°08′42.8″ N 27°12′30.5″	75
						Bv	28~72	深黄色	黏土	核状	7.2	25.4	0.67	0.16	28.4	106	43.0	43			
						C	72~100	紫黄色	黏土	粒状	7.6							34			
剖25	人为土	水稻土	淹育水稻土	浅紫泥田	浅紫砂泥田	A	0~12	深黄色	砂壤土	粒状	7.7	29.7	1.76	0.75	22.5	96	66.0	34	紫色砂岩	E 113°12′22.4″ N 27°12′58.3″	95
						Pg	12~21	紫黄色	砂壤土	粒状	7.9	23.2	1.38	0.51	22.5	97	≥100.0	43			
						Bv	21~50	紫黄色	砂壤土	粒状	7.9	24.6	1.50	0.39	23.8	88	99.0	56			
						C	50~100	紫黄色	砂壤土	粒状	7.6	6.0	0.96	0.35	19.3	37	6.0	26			

续表 Continued

剖面号 Soil profile	土纲 Soil order	土类 Soil great group	亚类 Soil subgroup	土属 Soil genus	土种 Soil species	土层码 Layer code	土层厚度 Depth/cm	颜色 Soil color	质地 Soil texture	土壤结构 Soil structure	pH	有机质 OM/(g/kg)	全氮 TN/(g/kg)	全磷 TP/(g/kg)	全钾 TK/(g/kg)	碱解氮 AN/(mg/kg)	有效磷 AP/(mg/kg)	速效钾 AK/(mg/kg)	土壤母质 Parent material	剖面点坐标 Profile coordinate	匹配指数 Matching index/%
剖26	人为土	水稻土	潴育水稻土	红黄泥田	青摺红夹泥田	A	0—14	黄棕色	黏土	碎块状	6.3	27.1	1.44	0.75	16.1	126	26.0	54	第四纪红色黏土	E 113°11′47.9″ N 27°12′39.2″	97
						Pg	14—20	黄棕色	黏土	块状	6.3	22.0	1.43	0.74	12.1	110	25.0	26			
						G	20—40	青灰色	黏土	块状	6.5	5.7	0.98	0.37	17.3	57	9.0	18			
						Bv	40—100	黄色	黏土	块状	6.8	3.0	0.33	0.33	11.4	28	6.0	25			
剖27	人为土	水稻土	潴育水稻土	红黄泥田	红黄泥田	A	0—12	棕黄色	黏土	块状	5.7	32.3	1.59	0.98	11.4	144	24.0	26	第四纪红色黏土	E 113°13′04.5″ N 27°12′05.4″	97
						Pg	12—21	棕黄色	黏土	块状	6.1	22.9	1.40	0.96	10.7	111	18.0	17			
						B	21—43	灰褐色	黏土	块状	6.7	11.5	0.80	0.63	16.8	50	11.0	≤5			
						C	43—400	灰黄色	黏土	块状	6.8	5.9	0.54	0.57	10.8	47	10.0	42			
剖28	初育土	石灰(岩)土	黑色石灰土	黑色石灰土	黑色石灰土	A	0—25	深栗色	黏壤土	粒状	7.8	20.7	1.53	1.04	25.4	105	12.0	45	石灰岩	E 113°08′47.0″ N 27°11′39.9″	97
						Bv	25—72	栗色	黏壤土	粒状	7.8	19.4	1.40	0.97	24.1	59	15.0	36			
						C	72—100	栗色	黏壤土	粒状	7.8	34.1	1.58	1.18	23.0	76	28.0	24			
剖29	人为土	水稻土	矿毒型水稻土	金属矿毒田	铅锌矿毒田	A	0—15	棕黄色	黏壤土	块状	6.8	21.7	1.44	0.93	19.9	108	41.0	42	板页岩	E 113°04′26.9″ N 27°07′46.3″	95
						Pg	15—25	棕黄色	黏土	块状	6.4	25.6	1.92	1.08	19.7	97	35.0	86			
						G	25—100	灰黄色	黏土	块状	6.4	27.7	1.73	1.00	21.5	92	28.0	111			
剖30	人为土	水稻土	潴育水稻土	鸭屎泥田	鸭屎泥田	A	0—11	棕黄色	黏土	碎块状	7.6	34.7	1.85	1.58	21.8	141	51.0	87	石灰岩	E 113°04′45.1″ N 27°04′47.4″	95
						Pg	11—19	棕黄色	黏土	块状	7.6										
						B	19—78	棕黄色	黏土	块状	7.6										
						Bv	78—100	棕黄色	黏土	块状	7.6										
剖31	人为土	水稻土	渗育水稻土	白鳝泥田	白夹泥田	A	0—12	棕黄色	黏壤土	碎块状	4.9	32.5	1.85	1.22	20.1	150	24.0	51	板页岩	E 113°08′30.8″ N 27°04′06.3″	95
						Pg	12—17	棕黄色	黏土	碎块状	5.5										
						G	17—23	深灰色	黏土	块状	6.0										
						E	23—100	灰色	黏土	块状	6.0										
剖32	铁铝土	红壤	黄红壤	板页岩黄红壤	薄腐中层板页岩黄红壤	A	0—18	深黄色	黏壤土	粒状	5.6	45.9	1.81	0.80	26.1	139	6.0	95	板页岩	E 113°02′54.6″ N 26°58′18.3″	99
						Bv	18—47	黄色	黏壤土	碎块状	5.6	8.1	1.27	0.42	28.2	51	4.0	11			
						C	47—100	黄色	黏壤土	碎块状	5.8	6.8	1.46	0.39	32.9	47	≤1.0	18			
剖33	人为土	水稻土	潴育水稻土	河砂泥田	砂泥田	A	0—15	浅灰色	砂壤土	粒状	6.3	27.1	1.25	0.75	22.4	128	27.0	22	冲积物	E 113°05′54.0″ N 26°59′33.5″	98
						Pg	15—21	浅灰色	砂壤土	块状	6.0	18.3	1.27	0.69	28.5	108	33.0	51			
						C	21—100	浅灰色	砂壤土	粒状	7.0	3.4	0.84	0.82	31.2	50	23.0	43			
剖34	人为土	水稻土	潴育水稻土	河砂泥田	河潮泥田	A	0—13	灰褐色	黏土	粒状	6.0	34.8	1.66	0.81	25.0	147	12.0	47	河流冲积物	E 113°12′21.3″ N 26°54′54.2″	98
						Pg	13—20	灰褐色	黏土	小块状	7.0	18.7	1.08	0.62	27.5	96	13.0	36			
						C	20—100	灰白色	黏土	碎块状	7.0	12.0	0.75	1.03	25.9	95	24.0	41			
剖35	人为土	水稻土	淹育水稻土	浅紫泥田	浅紫夹泥田	A	0—12	深紫色	黏壤土	碎块状	5.5	34.1	1.58		20.2	138	38.0	46	紫色页岩	E 113°11′04.8″ N 26°50′54.1″	97
						Pg	12—18	深紫色	黏壤土	碎块状	5.3										
						C	18—100	深紫色	黏壤土	碎块状	5.6										

祁 东 县

主要土类说明

水稻土是祁东县主要土壤类型，占本县地域面积的41%。水稻土是在长期的季节性淹灌、水下翻耕、季节性脱水、氧化还原交替影响下，原来的成土母质或母土的特性发生重大改变，形成的新的土壤类型。由于干湿交替，水稻土形成糊状的淹育层、较坚实板结的犁底层、渗育层、潴育层与潜育层等多种发生层。这些不同的发生层是在人为耕作、水浆管理下形成的。

红壤是祁东县第二大土壤类型，占本县地域面积的38%。红壤主要发生于亚热带常绿阔叶林下，呈中度脱硅富铝化特征，土壤黏粒中游离铁占全铁的50%—60%。黏土矿物以高岭石、赤铁矿为主，黏粒硅铝率为1.8—2.4，风化淋溶系数小于0.2，盐基饱和度小于35%。红壤具深厚红色土层，底部可见深厚的红、黄、白相间的网纹状红色黏土，具 A–Bs–Bv 或 A–Bs–C 剖面构型。

紫色土是祁东县第三大土壤类型，占本县地域面积的13%。紫色土是由热带、亚热带紫红色岩层直接风化形成的 A–C 型土壤。其理化性质与母岩组成直接相关，土层浅薄，剖面层次发育不明显，仍处于初育阶段。母岩富含矿质养分，且风化迅速。

石灰（岩）土占本县地域面积的6%。石灰（岩）土发生于热带、亚热带石灰岩山区，是石灰岩经溶蚀风化形成的厚薄不同的钙质饱和或含游离钙质的土壤，多见于石隙、溶洞或峰丛底部。该土壤碳酸钙淋溶程度不一，多黏土，多为铁钙质胶结物，风化程度不一，盐基饱和度高，有机质含量及胶结状态有较大差异。

小于本县地域面积3%的土壤类型有黄壤、黄棕壤、潮土等。

本区域中心区气候特征

本区域中心区气候特征值
Regional climate characteristics in central area of the region

气候带：中亚热带湿润气候 Climate region: Subtropical humid climate	
年平均气温 /℃ Annual average temperature /℃	17.6
年平均最高气温 /℃ Annual average maximum temperature /℃	21.7
年平均最低气温 /℃ Annual average minimum temperature /℃	14.6
年降水量 /mm Annual precipitation /mm	1386
≥10℃的积温 /℃ Daily temperature accumulated in a year (≥10℃) /℃	6794
年日照时数 /h Annual sunshine /h	1519
年平均相对湿度 /% Annual average relative humidity /%	79
干燥度 Dryness	0.75

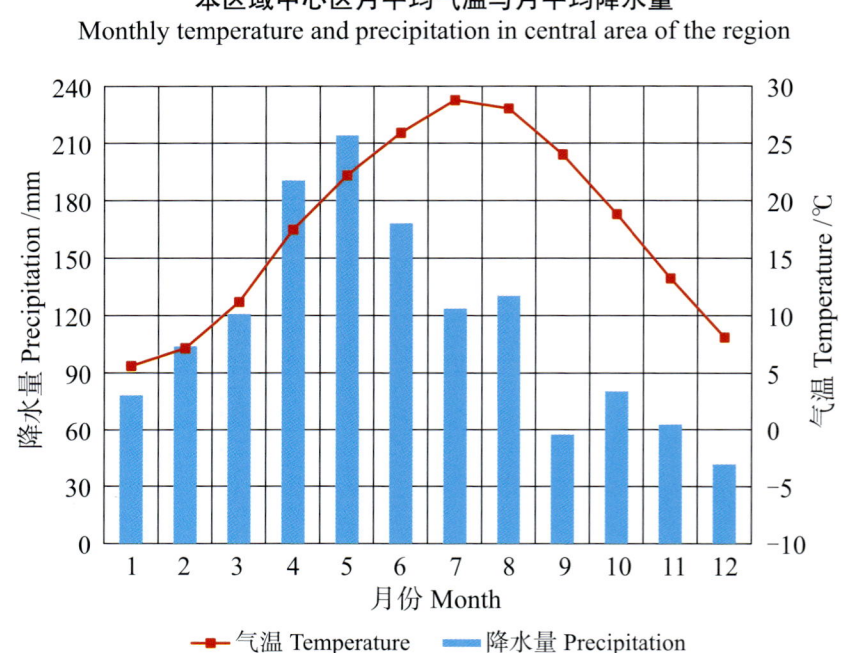

本区域中心区月平均气温与月平均降水量
Monthly temperature and precipitation in central area of the region

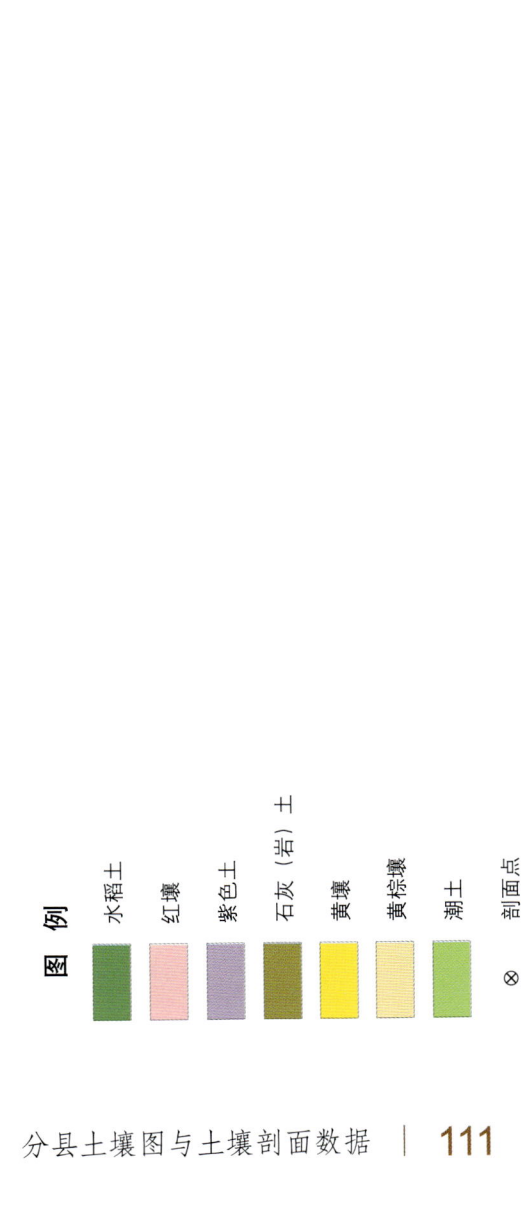

祁东县土壤剖面理化性状表

剖面号 Soil profile	土纲 Soil order	土类 Soil great group	亚类 Soil subgroup	土属 Soil genus	土种 Soil species	土层码 Layer code	土层厚度 Depth/cm	颜色 Soil color	质地 Soil texture	土壤结构 Soil structure	pH	有机质 OM/(g/kg)	全氮 TN/(g/kg)	全磷 TP/(g/kg)	全钾 TK/(g/kg)	碱解氮 AN/(mg/kg)	有效磷 AP/(mg/kg)	速效钾 AK/(mg/kg)	土壤母质 Parent material	剖面点坐标 Profile coordinate	匹配指数 Matching index/%
剖1	人为土	水稻土	淹育水稻土	中性浅紫泥田	中性浅紫泥田	A	0—14	红棕色	黏壤土	碎块状	7.2	16.3	1.18	1.47	26.6	66	7.0	109		E 111°43′39.4″ N 27°02′59.0″	95
						Ap	14—19	暗棕红色	黏壤土	块状	7.2	17.7	1.28	1.05	25.2						
						C	19—39	暗红色	黏壤土	块状	7.2	7.0	0.58	0.75	25.9						
剖2	人为土	水稻土	淹育水稻土	中性浅紫泥田	中性浅紫砂泥田	A	0—12	紫棕色	中壤土	粒状状	6.6	11.9	0.77	0.50	19.8	71	2.0	41		E 111°41′06.1″ N 26°53′32.1″	95
						Ap	12—18	紫棕色	重壤土	块状	6.8	9.8	0.82	0.93	21.4						
						C	18—100	暗红棕色	重壤土	块状	7.8	3.8	0.37	0.53	20.1						
剖3	人为土	水稻土	潴育水稻土	扁砂泥田	青扁砂泥田	A	0—15	浅棕灰色	黏壤土	核状	7.0	45.7	2.53	1.17	23.6	154	7.0	83		E 111°56′58.7″ N 26°55′25.6″	95
						Ap	15—22	暗灰黄色	黏壤土	核块状	8.0	36.2	1.82	1.13	18.4						
						W	22—100	暗灰色	黏壤土	棱块状	7.7	34.9	1.70	0.79	25.1						
						CD	100—														
剖4	铁铝土	红壤	红壤	耕型砂岩红壤	黄砂柰园土	A	0—25	暗褐色	砂壤土	团粒状	5.6	32.5	1.70	1.51	14.6	119	13.0	180	砂岩	E 111°52′46.3″ N 26°50′41.8″	95
						Bv	25—40	黄褐色	砂壤土	碎块状	5.6	20.1	0.62	1.11	13.8						
						C	40—80	黄棕色	砂壤土	块状	6.0	8.5	0.14	0.89	14.5						
剖5	初育土	紫色土	石灰性紫色土	耕型石灰性紫色土	紫泥土	A	0—23	紫棕色	黏壤土	粒状	7.3	13.5	1.08	1.60	27.7	44	4.8	71		E 111°53′55.2″ N 26°47′59.3″	95
						Bv	23—45	紫棕色	黏壤土	块状	7.6	10.1	0.91	1.50	29.4	38	3.0	66			
						D	45—														

耒 阳 市

主要土类说明

红壤是耒阳市主要土壤类型，占本市地域面积的59%。红壤是在亚热带高温多湿、湿热同季的条件下形成的。成土母质类型多样，红色黏土层深厚，剖面发育完整，网纹层较发达，多为棱块状或碎块状结构，脱硅富铝化及生物富积化过程强烈，具有酸、瘦、黏、板等特点。本市红壤分为红壤、黄红壤、红壤性土三个亚类。其中，红壤亚类占本土类面积的80%以上，分布在海拔620m以下的低山、丘陵区，发育于多种成土母质，具有明显的脱硅富铝化过程，一般土层深厚，底部常有红白相间的网纹层或卵石层。黄红壤是红壤与黄壤之间的过渡类型，分布在海拔620—750m的地区，垂直分布在黄壤之下，处于低温多湿的气候条件下，土壤上黄下红。红壤性土土层厚度小于40cm，为幼年土壤，无耕作旱土。

水稻土是耒阳市第二大土壤类型，占本市地域面积的30%。水稻土是人为长期活动的产物，由各种地带性土壤和隐域性土壤经水耕熟化而形成。本市水稻土分为淹育型、潴育型、渗育型、潜育型、沼泽型、矿毒型六个亚类。其中，潴育水稻土占本土类面积的80%以上，具有明显的厚度大于20cm的潴育层，属良水型水稻土。由于氧化还原的交替进行，土体有红棕色铁锰锈纹、锈斑或白色胶膜，以及近似圆状、硬度不大的铁锰结核，呈黄色或浅灰色，具柱状及棱柱状结构。

紫色土是耒阳市第三大土壤类型，占本市地域面积的5%。紫色土发育于白垩系紫色砂页岩，为典型的岩成土。紫色砂页岩含铁质多，呈紫红色，吸热性强，昼夜温差变化大，抗侵蚀能力弱，物理风化作用强烈。由于植被破坏严重，水土流失严重，土壤常处于幼年发育阶段。土壤全剖面色泽均一，无明显发生层次。本市紫色土分为酸性紫色土、中性紫色土、石灰性紫色土三个亚类。

石灰（岩）土占本市地域面积的4%。本市石灰（岩）土分为黑色石灰土和红色石灰土两个亚类。前者一般发育于富含碳酸钙的石灰岩溶蚀风化残余物，多形成于石山岩壁的缝隙间或谷地中较低洼处，排水不畅。成土母质富含钙质，盐基淋失作用弱，且黏粒的机械淋溶淀积作用不明显，更无脱硅富铝化作用。其剖面上部有石灰质假菌丝体，下部有石灰质粉末和结皮。其矿物组成主要为伊利石和蒙脱石，腐殖质积累多，常与钙结合将土体染成暗黑色。后者发育于石灰岩风化残积物和经搬运而重新沉积的富含铁铝的古老红色风化壳，大多形成于石灰岩山麓坡地或微呈起伏的山间谷地，排水良好。由于成土母质中钙质淋失，故黏粒的机械淋溶淀积作用和脱硅富铝化作用较明显，剖面中无游离碳酸钙存在，表层土壤在干湿变化影响下，部分土壤分散，黏粒下移，形成了以胶膜形式淀积的黏化层。其矿物组成主要为蛭石和高岭石，腐殖质积累少，土体呈红色。

小于本市地域面积3%的土壤类型有潮土、黄壤等。

本区域中心区气候特征

本区域中心区气候特征值
Regional climate characteristics in central area of the region

气候带：中亚热带湿润气候 Climate region: Subtropical humid climate	
年平均气温 /℃ Annual average temperature /℃	18.3
年平均最高气温 /℃ Annual average maximum temperature /℃	22.6
年平均最低气温 /℃ Annual average minimum temperature /℃	15.2
年降水量 /mm Annual precipitation /mm	1413
≥10℃的积温 /℃ Daily temperature accumulated in a year (≥10℃) /℃	8203
年日照时数 /h Annual sunshine /h	1551
年平均相对湿度 /% Annual average relative humidity /%	79
干燥度 Dryness	0.76

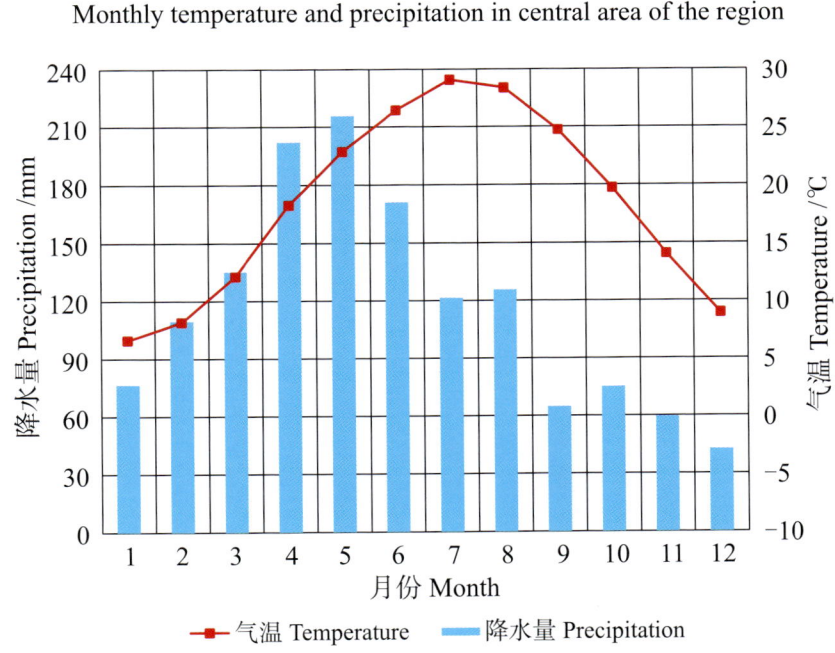

本区域中心区月平均气温与月平均降水量
Monthly temperature and precipitation in central area of the region

耒阳市主要土壤类型与土壤剖面点分布图
1:260 000

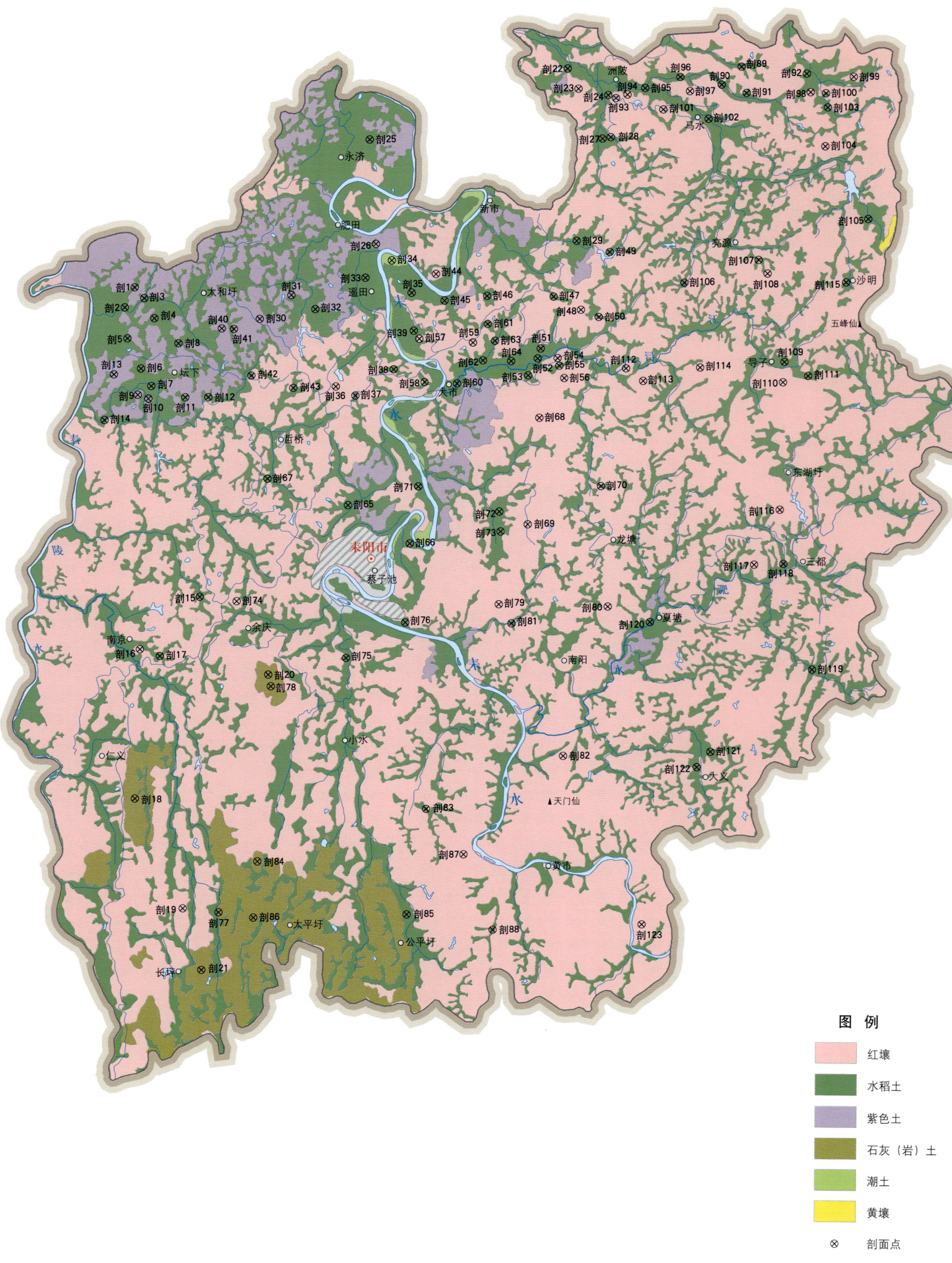

耒阳市土壤剖面理化性状表

剖面号 Soil profile	土纲 Soil order	土类 Soil great group	亚类 Soil subgroup	土属 Soil genus	土种 Soil species	土层码 Layer code	土层厚度 Depth/cm	颜色 Soil color	质地 Soil texture	土壤结构 Soil structure	pH	有机质 OM/(g/kg)	全氮 TN/(g/kg)	全磷 TP/(g/kg)	全钾 TK/(g/kg)	碱解氮 AN/(mg/kg)	有效磷 AP/(mg/kg)	速效钾 AK/(mg/kg)	土壤母质 Parent material	剖面点坐标 Profile coordinate	匹配指数 Matching index/%
剖1	人为土	水稻土	潴育水稻土	中性紫泥田	中性紫砂泥田	A	0—15	暗红棕色	壤土	团块状	6.8	20.8	1.15	0.72	12.9	136	4.2	148	紫色砂岩	E 112°41′59.1″ N 26°33′48.6″	95
						P	15—27	紫棕色	黏壤土	块状	7.2	17.5	0.78	0.71	13.7						
						W	27—100	红棕色	黏壤土	棱块状	7.2	13.3		0.77	14.2						
剖2	人为土	水稻土	淹育水稻土	浅黄泥田	砂质浅黄泥田	A	0—17	暗黄棕色	壤土	小团粒状	5.6	15.6	0.60	0.98	9.8	119	4.4	98	板岩、砂岩	E 112°41′36.7″ N 26°33′08.7″	95
						C	17—100	灰黄色	黏壤土	团粒状	5.2	5.0	0.15	0.88	7.7						
剖3	人为土	水稻土	潴育水稻土	浅灰泥田	浅麻粉泥田	A	0—18	暗黄色	壤土	团块状	6.0	22.0	0.97	1.29	26.8	157	9.1	67	花岗岩	E 112°42′20.9″ N 26°33′26.6″	75
						P	18—30	灰黄色	壤土	团块状	6.8	17.1	0.65	1.10	27.5						
						C	30—100	暗黄棕色	砂壤土	块状	6.4	9.7	0.24	0.97	22.9						
剖4	人为土	水稻土	潴育水稻土	扁砂泥田	黄扁砂泥田	A	0—18	暗黄棕色	壤土	团粒状	6.0	56.6	3.21	0.89	5.9	236	5.0	121	板岩、页岩	E 112°42′43.3″ N 26°32′45.9″	75
						P	18—28	暗黄棕色	黏壤土	团块状	6.8	46.7	1.53	0.94	5.9						
						W₁	28—56	灰黄色	黏壤土	棱块状	6.8	21.6	0.93	0.93	5.7						
						W₂	56—100	浅黄色	黏壤土	块状	6.8	9.7	0.92	0.98	6.2						
剖5	人为土	水稻土	潴育水稻土	中性浅紫泥田	中性浅紫泥田	A	0—16	紫色	壤土	团粒状	6.8	22.5	0.78			81	9.6	130	紫色砂页岩	E 112°42′42.0″ N 26°32′05.8″	95
						P	16—24	紫棕色	黏土	团块状	7.2										
						C	24—100	紫棕色	黏土	块状											
剖6	人为土	水稻土	潴育水稻土	酸紫泥田			0—16	紫色	壤土	小团粒状	5.2	17.9	0.29	0.84	3.4	195	11.2	59	紫色砂岩	E 112°42′11.8″ N 26°31′04.1″	95
						P	16—25	紫棕色	黏壤土	块状	5.6	9.5	0.20	0.43	3.4						
						W₁	25—50	紫色	黏壤土	块状	6.0	5.7	0.29	0.48	3.2						
						W₂	50—100	红棕色	黏壤土	棱块状	6.8	5.3	0.44	0.40	3.3						
剖7	人为土	水稻土	潴育水稻土	黄泥田	砂质黄泥田	A	0—19	棕灰色	壤土	小团粒状	6.0	42.2	2.25	1.28	8.2	165	3.9	47	板岩、页岩	E 112°42′35.0″ N 26°30′28.5″	95
						P	19—29	暗灰黄色	砂壤土	块状	6.4	25.3	0.90	0.89	7.4						
						W	29—53	浅棕黄色	砂壤土	块状	6.4	8.8	0.63	1.12	5.5						
						G	53—100	褐色	壤土	块状	6.0	3.7	0.23	0.61	5.9						
剖8	人为土	水稻土	潴育水稻土	中性浅紫泥田	中性浅紫砂泥田	A	0—17	暗红棕色	壤土	小团粒状	6.8	18.5	0.84	0.43	9.8	89	3.5	78	紫色砂岩	E 112°43′37.3″ N 26°31′54.6″	95
						P	17—31	棕色	黏壤土	团块状	6.8	9.1	0.60	0.43	9.6						
						C	31—100	棕红色	黏壤土	块状	6.0	2.0	≤0.10	0.21	5.6						
剖9	初育土	紫色土	石灰性紫色土	耕型石灰性紫色土	石灰性紫色土	A	0—38	暗红棕色	黏壤土	团粒状	8.0	29.2	1.36	1.00	17.7	96	4.2	98	紫色砂岩	E 112°42′04.3″ N 26°30′11.0″	95
						C	38—	暗红棕色	黏壤土	块状		5.9	0.53	1.29	15.2						
剖10	初育土	紫色土	中性紫色土	中土层中性紫色土		A	0—34		壤土		6.8	16.6	0.54	0.43	5.9	119	1.7	53		E 112°42′28.1″ N 26°30′02.8″	75
						Bv	34—78				7.2	5.3	0.19	0.44	7.5						
						C	78—150					3.6	0.27	0.27	7.0						
剖11	人为土	水稻土	潴育水稻土	黄泥田		A	0—10	浅棕黄色	黏壤土	小团粒状	4.9	40.8	2.40	1.11	8.6	189	7.3	72		E 112°43′51.2″ N 26°30′04.8″	75
						P	10—20	灰黄色	黏壤土	团块状	5.1	34.8	2.92	1.09	8.0	167	4.2	70			
						W₁	20—40	红棕色	黏土	块状	5.5	19.4	1.21	1.03	8.5	112	1.8	34			
						W₂	40—100	紫色	砂壤土	块状	5.6	13.7	0.61	0.89	9.1	104	1.8	24			
剖12	人为土	水稻土	淹育水稻土	浅灰黄泥田	浅灰黄泥田	A	0—13	浅灰黄色	黏壤土	小团粒状	6.0	39.5	1.68	1.06	6.7	238	17.0	58	石灰岩	E 112°44′43.6″ N 26°30′04.7″	75
						P	13—24	灰黄色	黏壤土	团块状	6.4	30.1	2.00	0.64	7.0						
						C	24—100	红棕色	黏土	块状	6.0	4.5	0.27	0.89	8.8						
剖13	初育土	紫色土	酸性紫色土	酸紫色土		A	0—27	紫棕色	砂壤土	粒状	5.6	15.2	0.80	0.80	13.1	91	37.3	29	紫色砂岩	E 112°41′10.8″ N 26°30′52.4″	95
						BvC	27—100	暗红棕色	黏壤土	粒状	6.0	2.9	0.17	0.36	19.3			297			

续表 Continued

剖面号 Soil profile	土纲 Soil order	土类 Soil great group	亚类 Soil subgroup	土属 Soil genus	土种 Soil species	土层码 Layer code	土层厚度 Depth/cm	颜色 Soil color	质地 Soil texture	土壤结构 Soil structure	pH	有机质 OM/(g/kg)	全氮 TN/(g/kg)	全磷 TP/(g/kg)	全钾 TK/(g/kg)	碱解氮 AN/(mg/kg)	有效磷 AP/(mg/kg)	速效钾 AK/(mg/kg)	土壤母质 Parent material	剖面点坐标 Profile coordinate	匹配指数 Matching index/%
剖14	人为土	水稻土	潴育水稻土	酸紫泥田		A	0—17	灰棕色	黏壤土	团粒状	7.2	47.5	1.88	1.63	16.0	164	12.2	136	紫色页岩	E 112°40′48.6″ N 26°29′20.4″	95
						P	17—27	暗棕色	黏土	块状	7.2	43.0	1.40	1.84	15.7						
						W	27—42	灰黄棕色	黏土	块状	8.0	30.0	1.38	1.58	15.3						
						C	42—100	灰黄棕色	黏土	块状	8.0										
剖15	人为土	水稻土	潴育水稻土	黄泥田	显煤泥田	A	0—18	暗黄棕色	黏壤土	小团粒状	6.0	114.2	2.32	2.57	16.2	150	8.3	82	板岩、页岩	E 112°44′20.2″ N 26°23′21.0″	95
						P	18—27	暗黄棕色	黏壤土	团粒状	6.0	124.0	2.49	2.10	11.3	149	9.1	88			
						W_1	27—58	浅黄棕色	壤土	块状	6.8	172.1	2.52	2.06	10.6	127	8.5	109			
						W_2	58—100	浅灰色	壤土	棱块状	6.4	≥250.0	2.71	2.40	9.9	92	8.5	113			
剖16	铁铝土	红壤	红壤	石灰岩红壤		Ao	0—3												砂岩	E 112°42′04.4″ N 26°21′35.9″	95
						A_1A	3—28	棕灰色	砂壤土	粒状	5.2	26.9	0.51	1.14	9.6	119	3.0	40			
						BvC	28—55	红灰色	砂壤土	粒块状	5.6	12.0	0.36	0.65	6.4						
剖17	人为土	水稻土	淹育水稻土	浅碱紫泥田		A	0—16	暗棕红色	黏壤土	团块状	8.0	24.0	0.85	1.15	13.4	84	6.3	109	紫色砂页岩	E 112°42′49.1″ N 26°21′21.5″	95
						P	16—25	暗棕红色	黏土	块状	8.0	7.7	0.36	1.63	12.9						
						C	25—100	红棕色	黏土	块状	8.0	2.9	0.18	0.73	11.3						
剖18	初育土	石灰（岩）土	红色石灰土	红色石灰土		A	0—14	暗红棕色	黏壤土	块状	6.4	23.7	1.14	0.53	14.4	109	2.0	68	石灰岩	E 112°41′50.8″ N 26°16′34.0″	75
						Bv	14—26	暗红棕色	黏壤土	块状	6.8	8.6	0.41	0.55	14.2						
						BvC	26—81	浅棕红色	黏壤土	块状	7.2	3.2	0.33	0.56	11.4						
剖19	铁铝土	红壤	红壤	板页岩红壤		A	0—28				5.6	16.8	0.42	1.62	4.0	132	4.7	107	板页岩	E 112°43′36.8″ N 26°12′48.8″	95
						Bv	28—46				5.5	11.9	0.11	1.34	4.4						
						BvC	46—100				5.3	8.1	0.44	1.25	3.9						
剖20	初育土	石灰（岩）土	红色石灰土	红色石灰土	薄腐厚层红色石灰土	A	0—25	黑色	壤土	团粒状	8.0	39.8	2.15	0.93	10.1	203	5.5	114	石灰岩	E 112°44′57.4″ N 26°12′40.6″	75
						D	25—				4.8		1.14	0.53	14.4		≤1.0	61			
剖21	初育土	石灰（岩）土	红色石灰土	红色石灰土		A_1A	0—18	暗棕色	黏壤土	团粒状	4.9	23.7	0.41	0.55	14.2				石灰岩	E 112°44′17.7″ N 26°10′43.2″	75
						Bv	18—48	暗棕色	黏壤土	块状	5.0	8.6	0.33	0.56	11.4						
						BvC	48—150	红棕色	黏壤土	棱块状	7.6	3.2	1.88	0.16	11.2	206	10.2	105			
剖22	人为土	水稻土	潴育水稻土	碱紫泥田		A	0—14	暗棕色	黏壤土	团粒状	7.6	35.6	1.38	1.85	11.3	172	13.8	89	紫色页岩	E 112°58′22.6″ N 26°40′59.5″	75
						P	14—23	暗灰棕色	黏土	块状	7.6	29.3	0.84	1.56	11.9						
						W	23—45	暗灰黄色	黏土	棱块状	7.6	10.3	0.63	1.49	10.6						
						C	45—100	浅灰黄色	黏土	块状	5.0	9.4	2.90	1.52	7.7						
剖23	铁铝土	红壤	红壤	第四纪红色黏土红壤		A	0—32	暗棕色	黏壤土		4.9	201.3	2.33	1.07	12.1				板页岩	E 112°58′47.3″ N 26°26′18.7″	75
						Bv	32—64	紫棕色	黏土		4.6	128.5	4.46	0.77	10.6						
						BvC	64—100					≥250.0									
剖24	铁铝土	红壤	黄红壤	花岗岩黄红壤	薄腐厚层花岗岩黄红壤	Ao	0—2												花岗岩	E 112°50′54.2″ N 26°38′40.9″	75
						A	2—70	灰黄色	壤土	小团粒状	5.6	21.3	1.30	0.70	12.8	137	1.6	374			
						BvC	70—150				6.0				11.0						
剖25	人为土	水稻土	潴育水稻土	黄泥田	石灰性黄泥田	A	0—16	暗灰棕色	黏壤土	块状	7.6	60.9	2.69	1.29	11.0	185	8.9	75	板岩、页岩	E 112°44′57.4″ N 26°12′40.6″	95
						P	16—25	暗灰棕色	黏壤土	棱块状	8.0	51.5	2.89	1.43	11.0	237	7.1	61			
						W	25—56	暗灰黄色	黏壤土	块状	7.2	48.6	1.85	1.23	12.1	156	7.1	65			
						C	56—100	浅灰黄色	黏壤土	块状	7.6	43.7	1.98	0.73	12.2						
剖26	初育土	紫色土	酸性紫色土	酸性紫色土	薄腐厚层酸性紫色土	A	0—23	暗棕色	黏壤土	粒状	5.6	11.9	0.72	0.53	15.7	113	4.7	141	紫色砂页岩	E 112°51′05.4″ N 26°35′10.3″	95
						BvC	23—150	紫棕色	壤土	块状	5.2	9.2	0.64	0.54	16.6	181	≤1.0	134			
剖27	人为土	水稻土	淹育水稻土	浅黄砂泥田		A	0—18	暗棕色	黏土	小团粒状	5.7	21.5	1.15	1.23	13.0				砂岩	E 112°59′39.8″ N 26°38′36.6″	81
						P	18—27	棕黄色	黏土	块状	6.4	13.0	1.35	1.31	12.9						
						C	27—100	棕黄色	黏土	棱块状	6.4	5.1	0.48	1.55	12.4						

续表 Continued

剖面号 Soil profile	土纲 Soil order	土类 Soil great group	亚类 Soil subgroup	土属 Soil genus	土种 Soil species	土层码 Layer code	土层厚度 Depth/cm	颜色 Soil color	质地 Soil texture	土壤结构 Soil structure	pH	有机质 OM/(g/kg)	全氮 TN/(g/kg)	全磷 TP/(g/kg)	全钾 TK/(g/kg)	碱解氮 AN/(mg/kg)	有效磷 AP/(mg/kg)	速效钾 AK/(mg/kg)	土壤母质 Parent material	剖面点坐标 Profile coordinate	匹配指数 Matching index/%
剖28	人为土	水稻土	潴育水稻土	酸紫泥田	酸紫紫泥田	A	0–18				4.3	17.8	0.90	0.46	14.2	96	4.1	86	河流冲积物	E 112°59′59.0″ N 26°38′39.3″	75
						P	18–28				5.2	10.1	0.20	0.38	13.7	69	2.3	86			
						W	28–65				5.4	6.5	0.39	0.38	12.4	51	2.2	82			
						G	65–100				5.4	3.5	0.30	0.37	13.2	49	2.7	86			
剖29	人为土	水稻土	潴育水稻土	河砂泥田	河砂泥田	A	0–16	灰黄棕色	壤土	小粒状	6.0	20.0	1.14	1.30	11.9	153	1.8	59			
						P	16–25	灰黄棕色	壤土	块状	6.4	17.0	0.99	1.28	11.3						
						W₁	25–48	灰棕色	壤土	块状	6.4	11.5	0.63	1.22	1.1						
						W₂	48–100	灰棕色	壤土	块状	6.4	8.1	0.47	1.24	12.4						
剖30	初育土	紫色土	石灰性紫色土	石灰岩紫色土	紫红土	A	0–30	暗红棕色	黏壤土	粒状	7.6	17.0	1.29	0.77	12.9	141	1.8	99	紫色砂页岩	E 112°58′38.8″ N 26°35′11.3″	95
						Bv	30–65	暗黄棕色	黏土	块状	6.8	7.4	0.54	0.66	12.6					E 112°46′41.3″ N 26°32′42.3″	95
剖31	初育土	紫色土	酸性紫色土	耕型酸性紫色土	紫红土	A	0–23	暗棕红色	黏壤土	粒块状	5.6	5.7	0.19	0.69	10.5	51	1.8	58	紫色砂页岩	E 112°47′53.3″ N 26°33′29.4″	95
						BvC	23–51	暗棕红色	黏土	团块状	6.0	4.6	0.26	0.42	11.9						
						C	51–100	暗红色	黏土	块状	6.4	3.3	0.32	0.41	10.3						
剖32	人为土	水稻土	淹育水稻土	浅酸紫泥田	浅酸黄紫泥田	A	0–15	黄紫色	黏壤土	团粒状	6.4	15.8	0.81	0.88	7.5	103	9.7	80	紫色页岩, 第四纪红土	E 112°48′46.8″ N 26°33′00.8″	95
						P	15–25	黄紫色	黏壤土	块状	6.8	6.0	0.39	0.68	6.7						
						C	25–100	浅红黄色	黏壤土	块状	7.2	3.2	0.12	0.39	4.9						
剖33	人为土	水稻土	潴育水稻土	灰泥田	鸭屎泥田	A	0–15	褐色	黏壤土	团块状	7.6	60.9	4.05	0.49	9.5	188	6.9	78	石灰岩	E 112°50′40.9″ N 26°34′02.5″	95
						P	15–23	黄黄棕色	黏壤土	块状	7.6	57.7	2.22	0.63	9.8						
						W₁	23–43	棕灰色	黏土	棱块状	7.6	54.3	0.91	0.97	9.7						
						W₂	43–100	浅灰色	黏土	棱块状	7.6	54.9	0.85	0.81	9.7						
剖34	半成土	潮土	河潮土	耕型河潮土		A	0–24				6.2	13.5	0.63	1.09	11.5	61	8.3	55	河流冲积物	E 112°51′40.6″ N 26°34′36.7″	75
						BvC	24–41				5.4	8.8	0.52	1.49	16.7						
						C	41–100				5.4	5.7	0.47	0.98	12.6						
剖35	人为土	水稻土	潴育水稻土	麻砂泥田	青褐麻砂泥田	A	0–18	暗黄棕色	砂壤土	团粒状	5.6	35.9	1.11	1.21	23.5	229	8.7	55	花岗岩	E 112°52′24.4″ N 26°33′31.2″	95
						P	18–30	青灰色	壤土	块状	6.0	27.5	1.13	0.59	26.1						
						W	30–100	浅灰色	黏壤土	棱块状	6.4	20.6	0.81	0.64	25.1						
剖36	铁铝土	红壤	红壤	石灰岩红壤		A	0–18	灰黄色	黏土	碎块状	5.2	9.4	0.80	0.76	9.6	149	2.5	61	石灰岩	E 112°49′31.5″ N 26°30′23.5″	95
						Bv	18–56	黄黄色	黏土	块状	5.6	6.7	0.68	0.85	10.6						
						BvC	56–100	棕黄色	黏土	棱块状	6.0	3.5	0.41	0.85	9.7						
剖37	人为土	水稻土	潴育水稻土	灰黄泥田	灰泥田	A	0–17	褐色	黏壤土	小团粒状	8.0	42.0	2.27	1.41	9.3	218	13.5	77	第四纪红色黏土	E 112°50′15.6″ N 26°30′05.1″	75
						P	17–27	灰黄棕色	黏土	块状	7.6	38.2	2.02	1.29	8.8	191	10.9	70			
						W₁	27–72	灰黄色	黏土	棱块状	7.6	23.5	1.44	0.89	10.1	144	3.5	52			
						W₂	72–100	浅黄色	黏土	棱块状	7.6	30.5	0.99	0.79	7.2	145	2.4	57			
剖38	人为土	水稻土	潴育水稻土	红黄泥田	红黄泥田	A	0–19	黄黄棕色	黏土	小团粒状	5.6	34.0	1.34	1.63	9.2	162	8.0	61	第四纪红色黏土	E 112°51′42.1″ N 26°30′56.9″	95
						P	19–29	青灰色	黏土	块状	6.0	31.1	1.38	1.06	9.5	14	6.3	49			
						W₁	29–54	灰黄色	黏土	棱块状	6.0	27.4	0.83	0.79	9.5	131	3.9	40			
						W₂	54–100	浅黄色	黏土	棱块状	6.0	18.0	0.74	1.16	13.7	100	3.6	48			
剖39	人为土	水稻土	潴育水稻土	河积泥田	红底河砂泥田	A	0–19	黄黄棕色	壤土	小团粒状	6.4	29.0	1.31	2.01	10.5	204	26.8	214	河积物, 第四纪红色黏土	E 112°52′28.4″ N 26°32′14.5″	95
						P	19–26	暗黄棕色	黏壤土	团粒状	6.4	24.7	1.01	1.55	10.8						
						W₁	26–38	棕红色	黏壤土	块状	6.8	8.1	0.32	1.73	11.5						
						W₂	38–100	黄黄棕色	黏壤土	棱块状	7.0	7.7	0.22	1.72	11.0						
剖40	初育土	紫色土	石灰性紫色土	石灰性紫色土		A	0–15	紫红棕色	黏壤土	粒块状	7.4	12.7	1.08	1.59	14.4	119	6.5	80	紫色页岩	E 112°45′15.1″ N 26°32′23.8″	95
						BvC	15–150	暗红棕色	黏土	块状	7.6	5.4	0.74	0.63	3.1						

续表 Continued

剖面号 Soil profile	土纲 Soil order	土类 Soil great group	亚类 Soil subgroup	土属 Soil genus	土种 Soil species	土层码 Layer code	土层厚度 Depth/cm	颜色 Soil color	质地 Soil texture	土壤结构 Soil structure	pH	有机质 OM/(g/kg)	全氮 TN/(g/kg)	全磷 TP/(g/kg)	全钾 TK/(g/kg)	碱解氮 AN/(mg/kg)	有效磷 AP/(mg/kg)	速效钾 AK/(mg/kg)	土壤母质 Parent material	剖面点坐标 Profile coordinate	匹配指数 Matching index/%
剖41	人为土	水稻土	淹育水稻土	浅黄泥田	浅黄泥田	A	0—14				5.1	22.6	1.38	1.51	14.1	138	5.0	70		E 112° 45′ 42.4″ N 26° 32′ 22.2″	95
						P	14—24	暗黄棕色	黏壤土	小团粒状	6.0	18.7	1.10	1.52	13.7	101	5.4	48			
						W	24—40	暗黄棕色	黏壤土	团粒状	6.5	16.2	1.12	1.43	13.2	114	3.5	55			
						C	40—100				6.2	11.4	1.05	1.47	13.6	119	35.0	67			
剖42	人为土	水稻土	淹育水稻土	浅红黄泥田	浅红黄泥田	A	0—18	暗黄棕色	黏壤土	团粒状	5.6	34.9	1.57	1.36	10.5	162	18.9	101	第四纪红色黏土	E 112° 46′ 21.1″ N 26° 30′ 47.6″	95
						P	18—31	暗黄棕色	黏壤土	团块状	6.2	16.4	0.99	0.97	10.5						
						C	31—100	浅灰黄色	黏土	块状	6.0	2.3	0.11	0.33	4.8						
剖43	人为土	水稻土	潜育水稻土	烂泥田	溶眼田	Ag	0—25	暗黄棕色	黏壤土	团块状	6.4	54.7	3.15	1.19	7.2	181	2.3	107	泥质页岩	E 112° 47′ 55.9″ N 26° 30′ 21.4″	95
						G	25—100	暗黄棕色	黏土	块状	6.8	54.2	2.03	0.79	6.7						
剖44	铁铝土	红壤		第四纪红色黏土红壤		A	0—26		黏壤土		4.6	12.2	0.90	1.16	8.5	200	≤1.0	57	第四纪红色黏土	E 112° 53′ 20.5″ N 26° 34′ 08.8″	95
						Bv	26—44				4.6	9.7	0.66	1.11	8.5						
						C	44—150				4.8	2.7	0.51	1.64	8.2						
剖45	人为土	水稻土	潜育水稻土	黄砂泥田	黄砂泥田	A	0—16				5.0	28.2	0.81	0.85	5.7	134	12.6	56		E 112° 53′ 39.2″ N 26° 33′ 15.0″	95
						P	16—26				5.5	21.4	1.02	0.59	5.5						
						W	26—65				5.5	14.1	0.71	0.78	6.5						
						G	65—100				5.7	2.8	0.25	0.59	4.6						
剖46	人为土	水稻土	淹育水稻土	浅碎砂泥田	浅碎砂泥田	A	0—12	灰黄色	壤土	团粒状	5.0	27.8	0.88	0.90	21.6	163	14.4	103	花岗岩	E 112° 55′ 15.0″ N 26° 33′ 23.3″	95
						P	12—20	灰黄色	壤土	块状	5.0	28.4	0.76	1.03	20.8						
						C	20—100	浅棕黄色	黏土	棱块状	6.0	11.9	0.40	0.74	24.7						
剖47	人为土	水稻土	淹育水稻土	浅黄泥田	浅黄泥田	A	0—15	黄棕色	黏壤土	团块状	5.6	27.8	1.05	1.19	13.6	154	5.0	121	板岩、页岩	E 112° 57′ 45.5″ N 26° 33′ 20.6″	95
						P	15—32	暗黄棕色	黏壤土	块状	6.0	21.2	1.32	1.57	17.4						
						C	32—100	暗棕灰色	砂壤土	粒状	6.4	5.0	0.31	0.93	14.0						
剖48	铁铝土	红壤		板页岩红壤		A	0—32	暗棕灰色	黏壤土	粒状	5.2	14.7	0.57	0.59	3.4	85	13.4	81	砂岩	E 112° 58′ 46.4″ N 26° 32′ 53.3″	95
						Bv	32—49	灰棕色	黏壤土	粒状	5.2	14.2	0.80	0.65	4.3						
						BvC	49—82	灰棕色	黏壤土	粒状	4.8	7.0	0.44	0.39	4.8						
						C	82—				4.8										
剖49	人为土	水稻土	潜育水稻土	灰黄泥田	黑灰黄泥田	A	0—18	浅灰色	黏壤土	小团粒状	6.5	57.2	1.99	1.08	10.1	303	5.5	77	板岩、页岩	E 112° 59′ 53.1″ N 26° 34′ 48.2″	75
						P	18—30	暗黄棕色	黏土	块状	6.6	50.5	2.63	0.99	10.3						
						G	30—68	暗灰色	黏土	棱块状	7.5	17.5	0.40	0.95	5.9						
						C	68—100				7.6	12.6	0.87	1.06	7.0						
剖50	人为土	水稻土	潜育水稻土	青泥田	青泥田	A	0—13	灰黄棕色	黏壤土	块状	6.4	61.5	2.19	0.99	5.9	149	7.1	83	板岩、页岩	E 112° 59′ 26.4″ N 26° 32′ 37.6″	95
						Pg	13—23	暗黄色	黏土	棱块状	6.4	45.4	1.70	0.87	8.1						
						G	23—100	暗黄色	黏土	团块状	6.4	28.8	1.08	1.13	8.0						
剖51	人为土	水稻土	潜育水稻土	冷浸田	石灰性冷浸田	A	0—18	浅黄棕色	黏壤土	块状	7.2	41.1	1.97	1.39	12.6	228	6.3	66	板岩、页岩	E 112° 57′ 14.7″ N 26° 31′ 35.6″	95
						Pg	18—28	灰黄棕色	黏壤土	棱块状	7.5	27.5	1.50	0.75	11.3						
						G	28—100	暗黄棕色	黏壤土	块状	7.6	32.3	1.54	1.06	12.4						
剖52	人为土	水稻土	潜育水稻土	烂泥田	石灰性烂泥田	A	0—16	暗黄棕色	黏壤土	粒状	7.7	44.9	2.31	1.76	6.7	138	4.5	70	板岩、页岩	E 112° 57′ 07.6″ N 26° 31′ 15.5″	95
						G	16—100				7.8	4.3	0.43	1.25	10.5						
剖53	人为土	水稻土	潜育水稻土	黄泥田	黄夹泥田	A	0—15	浅棕黄色	黏土	大团块状	6.0	24.3	1.53	1.19	12.1	178	10.2	65	板岩、页岩	E 112° 56′ 45.9″ N 26° 30′ 41.3″	95
						P	15—26	浅棕色	黏土	棱块状	6.4	28.6	1.39	1.06	12.7						
						W_1	26—53	浅棕色	黏土	棱块状	6.4	24.9	1.16	0.99	12.7						
						W_2	53—100	暗黄色	壤土	粒块状	6.4	14.9	0.65	0.93	10.5					15.1	
剖54	铁铝土	红壤		耕型板页岩红土	岩渣子土	A	0—36	暗黄色	黏壤土	块状	5.6	24.0	0.69	0.95	14.1	197	2.5	88	板页岩	E 112° 57′ 52.5″ N 26° 31′ 15.9″	95
						Bv	36—66	灰黄色	黏壤土	团块状	6.0	17.0	0.78	0.68	11.0			185			
						C	66—100	灰黄色	壤土	块状	6.0	12.0	0.60	0.91	15.2		3.6	55			

续表 Continued

剖面号 Soil profile	土纲 Soil order	土类 Soil great group	亚类 Soil subgroup	土属 Soil genus	土种 Soil species	土层码 Layer code	土层厚度 Depth/cm	颜色 Soil color	质地 Soil texture	土壤结构 Soil structure	pH	有机质 OM/(g/kg)	全氮 TN/(g/kg)	全磷 TP/(g/kg)	全钾 TK/(g/kg)	碱解氮 AN/(mg/kg)	有效磷 AP/(mg/kg)	速效钾 AK/(mg/kg)	土壤母质 Parent material	剖面点坐标 Profile coordinate	匹配指数 Matching index/%
剖55	人为土	水稻土	潴育水稻土	岩渣田	岩渣田	A	0—11	暗灰色	壤土	团粒状	6.0	51.2	2.01	1.54	8.9	146	8.7	48	硅质岩	E 112°57′56.2″ N 26°30′60.0″	75
						P	11—20	暗灰色	黏壤土	块状	6.0	44.5	1.13	1.25	8.9						
						W	20—45	暗灰黄色	黏壤土	粒状	6.4	32.0	1.70	1.15	8.9						
						C	45—100	灰黄色	黏壤土	粒状	6.4	12.0	0.78	1.06	9.6						
剖56	铁铝土	红壤	黄红壤	花岗岩黄红壤	薄腐厚层花岗岩黄红壤	Ao	2—83	棕黄色	壤土	粒块状	5.6	21.3	1.30	0.70	12.5	137	1.6	374	花岗岩	E 112°58′07.1″ N 26°30′35.0″	95
						BvC	83—150	红黄色	黏壤土	粒状	6.0										
剖57	铁铝土	红壤	红壤	耕犁石灰岩红土	灰红夹土	A	0—29	暗黄黄色			6.1	13.1	0.57	0.91	5.4	116	7.5	87	石灰岩	E 112°52′40.9″ N 26°31′58.4″	95
						Bv	29—76				6.3	11.0	0.63	1.31	9.4						
						BvC	76—150				6.5	7.1	0.26	1.03	9.3						
剖58	人为土	水稻土	潴育水稻土	黄泥田	黄夹泥田	A	0—15	浅棕黄色	黏土	大块状	6.0	24.3	1.53	1.19	12.1	178	3.6	185		E 112°52′51.9″ N 26°30′30.4″	81
						Ap	15—26	浅棕色	黏土	棱块状	6.4	28.6	1.39	1.06	12.7						
						W	26—53	浅棕色	黏土	棱块状	6.4	24.9	1.16	0.99	12.7						
						C	53—100	浅棕色	黏壤土	棱块状	6.4	14.9	0.65	0.93	10.5						
剖59	铁铝土	红壤		板页岩红壤		A	0—19	黄棕色	壤土	粒状	6.1	20.7	1.68	1.55	9.5	157	4.2	184	第四纪红色黏土	E 112°54′42.1″ N 26°31′49.5″	95
						Bv	19—100				5.2	20.3	0.92	1.64	9.5						
剖60	人为土	水稻土	潴育水稻土	河砂泥田	红白底河砂泥田	A	0—17	黄棕色	壤土	块状	5.6	29.0	1.64	2.01	10.5	204	13.0	128		E 112°54′05.5″ N 26°30′26.6″	81
						Ap	17—26	黄棕色	壤土	棱柱状	6.0	24.7	1.31	1.55	10.8						
						W	26—100	红黄色	黏壤土	棱块状	6.4	8.1	0.62	1.73	11.5						
剖61	人为土	水稻土	潴育水稻土	黄泥田		A	0—19	暗黄棕色	黏壤土	团块状	6.0	29.4	1.23	1.58	1.4	253	7.1	67	泥质页岩	E 112°55′15.6″ N 26°32′26.5″	95
						P	19—31	灰棕色	黏土	棱状	6.0	27.9	1.28	1.59	12.2						
						W	31—72	灰棕色	黏土	棱块状	6.4	18.5	0.75	1.57	11.0						
						G	72—100	灰色	黏土	棱块状	6.4	6.3	0.48	1.46	11.0						
剖62	人为土	水稻土	潴育水稻土	河砂泥田	河砂泥田	A	0—14	灰黄棕色	黏土	小团块状	5.0	37.8	1.89	1.33	14.6	192	7.2	94		E 112°54′04.1″ N 26°31′12.9″	95
						P	14—25	棕色	黏土	团块状	5.1	24.1	1.20	1.61	18.2						
						W	25—62	黄棕色	黏壤土	块状	5.8	10.1	0.60	1.16	12.2						
						C	62—100		壤土	棱柱状	7.4	7.8	0.63	1.35	19.9						
剖63	人为土	水稻土	潴育水稻土	麻砂泥田	麻泥田	A	0—20	褐色	黏壤土	团块状	5.6	42.1	1.78	1.25	17.8	163	8.7	70	花岗岩	E 112°55′31.4″ N 26°31′52.2″	95
						Ap	20—30	浅黄棕色	黏壤土	块状	6.0	40.1	1.11	0.98	17.7						
						W	30—68	灰黄黄色	壤土	棱块状	6.0	16.8	0.86	0.70	18.6						
						C	68—100	青灰色	黏土	棱柱状	6.4	17.3	0.90	0.73	18.2						
剖64	人为土	水稻土	潴育水稻土	灰黄泥田	灰黄马肝泥田	A	0—14	灰黄棕色	黏土	粒状	6.3	46.0	1.53	3.30	8.2	167	9.0	93		E 112°56′07.8″ N 26°31′11.0″	95
						Ap	14—24	棕色	黏土	块状	6.5	31.5	1.00	1.50	8.2						
						W_1	24—57	黄棕色	黏土	棱柱状	7.4	29.4	0.90	0.99	8.2						
						W_2	57—100	黄棕色	黏土	棱柱状	7.3	23.0	0.89	0.97	8.2						
剖65	人为土	水稻土	潴育水稻土	红黄泥田	红黄砂泥田	A	0—18	灰棕色	黏土	块状	5.5	25.0	1.33	1.16	11.1	227	10.9	49	花岗岩	E 112°49′56.4″ N 26°26′23.5″	95
						P	18—29	紫红色	壤土	块状	5.7	18.7	1.07	1.07	11.3						
						W_1	29—54	紫红色	砂壤土	块状	6.0	5.4	0.41	0.78	10.8						
						W_2	54—100	红棕色	砂壤土	块状	6.2	5.2	0.41	0.61	11.6						
剖66	人为土	水稻土	淹育水稻土	浅酸紫泥田	浅酸紫泥田	A	0—15		壤土		5.5	15.8	0.81	0.88	7.5	103	9.0	80	第四纪红色黏土	E 112°52′14.7″ N 26°25′05.2″	81
						Ap	15—25		砂壤土		5.5	6.0	0.39	0.68	6.7						
						C	25—100		砂壤土		5.7	3.2	0.12	0.39	4.9						
剖67	人为土	水稻土	潴育水稻土	黄砂泥田	盐砂泥田	A	0—14				4.8	23.9	1.05	0.55	1.8	175	5.7	45		E 112°46′55.3″ N 26°27′18.7″	95
						P	14—24				5.4	19.5	0.81	0.50	1.8						
						W_1	24—50				5.2	14.7	0.83	0.26	1.8						
						W_2	50—100				4.7	7.6	0.38	0.19	1.8						

续表 Continued

剖面号 Soil profile	土纲 Soil order	土类 Soil great group	亚类 Soil subgroup	土属 Soil genus	土种 Soil species	土层码 Layer code	土层厚度 Depth/cm	颜色 Soil color	质地 Soil texture	土壤结构 Soil structure	pH	有机质 OM/(g/kg)	全氮 TN/(g/kg)	全磷 TP/(g/kg)	全钾 TK/(g/kg)	碱解氮 AN/(mg/kg)	有效磷 AP/(mg/kg)	速效钾 AK/(mg/kg)	土壤母质 Parent material	剖面点坐标 Profile coordinate	匹配指数 Matching index/%
剖68	铁铝土	红壤	红壤	石灰岩红壤		A	0—26				6.3	22.0	0.75	1.49	12.6	111	5.9	82	石灰岩	E 112°57′10.1″ N 26°29′15.8″	95
						Bv	26—69				6.0	14.3	0.71	1.19	6.1						
						C	69—				5.4	14.4	0.78	1.11	5.5						
剖69	铁铝土	红壤	红壤	石灰岩红壤		Ao	0—1												石灰岩	E 112°56′41.2″ N 26°25′41.5″	95
						A	1—41	红黄色	黏壤土	粒块状	5.8	22.2	1.16	0.96	18.8	186	1.7	63			
						Bv	41—82	浅红黄色	黏土	粒块状	6.0	12.2	0.87	1.01	14.7						
						BvC	82—150	橙色	黏土	块状	6.0	5.7	0.86	0.56	19.6						
剖70	人为土	水稻土	潴育水稻土	黄泥田		A	0—17				7.2	54.4	2.47	1.71	9.9	189	11.9	186	石灰岩	E 112°59′27.8″ N 26°26′56.4″	95
						P	17—27				6.5	49.1	1.74	1.31	9.9	168	9.2	123			
						G	27—51				6.3	51.9	1.50	1.46	9.9	166	10.6	162			
						W	51—100				6.8	5.3	0.53	1.80	8.6	161	3.0	55			
剖71	人为土	水稻土	潴育水稻土	河砂泥田		A	0—17				6.1	12.6	0.69	1.00	13.4	131	12.1	230		E 112°52′35.4″ N 26°26′59.5″	95
						P	17—27				6.1	8.2	0.47	0.95	13.4	89	5.5	107			
						W₁	27—51				6.3	5.5	0.39	0.82	13.9	81	4.9	48			
						W₂	51—100				6.0	7.4	0.47	0.90	13.7	102	4.5	50			
剖72	人为土	水稻土	潴育水稻土	扁砂泥田	青潴黄扁砂泥田	A	0—18				5.9	82.6	2.25	1.80	8.5	176	22.4	113		E 112°55′37.1″ N 26°26′07.9″	95
						P	18—24				6.6	70.6	2.54	1.21	8.5						
						W	24—80				6.3	40.8	1.53	0.76	8.5						
						C	80—				6.1	34.6	0.86	0.84	8.9						
剖73	人为土	水稻土	潴育水稻土	灰泥田		A	0—11				5.6	27.0	1.28	1.80	5.2	153	13.9	62		E 112°55′39.8″ N 26°25′27.5″	95
						P	11—21				5.9	23.8	1.37	1.52	5.3						
						C	21—70				6.3	21.7	1.42	1.25	4.4						
剖74	铁铝土	红壤	红壤	石灰岩红壤		A	0—24	褐色	黏壤土	团粒状	6.8	16.1	0.81	1.28	7.0	112	8.8	75	石灰岩	E 112°45′43.4″ N 26°23′11.4″	95
						Bv	24—56	灰黄色	黏土	块状	6.0	11.1	0.90	0.78	7.2	91	3.0	64			
						C	56—100	暗棕红色	黏土	块状	7.2	4.7	0.42	1.06	8.2	57	8.6	63			
剖75	人为土	水稻土	潴育水稻土	碱紫泥田	青潴碱紫泥田	A	0—21	棕色	黏土	团粒状	8.0	34.8	1.18	1.89	12.7	124	27.9	104	紫色砂页岩	E 112°49′48.2″ N 26°21′14.4″	95
						Pg	21—31	紫棕色	黏土	块状	8.0	16.8	1.47	1.03	13.2						
						G	31—50	灰棕色	黏土	梭块状	8.0	24.1	0.83	0.89	12.7						
						W	50—100	灰棕色	黏土	团块状	8.0	19.0	0.67	0.58	14.2						
剖76	人为土	水稻土	潴育水稻土	酸紫泥田	红紫泥田	A	0—18	红棕色	黏土	块状	6.0	28.6	1.38	0.95	10.8	140	5.9	85	紫色砂页岩	E 112°52′03.1″ N 26°22′24.8″	95
						P	18—32	红棕色	黏土	块状	6.8	14.0	0.75	0.75	11.1						
						W	32—70	灰棕色	黏土	块状	6.4	9.8	0.68	0.66	11.1						
						C	70—100	红黄色	黏土	块状	6.0	6.3	0.56	0.57	9.1						
剖77	石灰(岩)土	黑色石灰土	耕型黑色石灰土	岩壳土		A₁A	0—1												石灰岩	E 112°46′53.1″ N 26°20′42.4″	75
						Bv	1—28	棕黄色	黏土	粒状	6.0	19.4	0.56	0.99	12.4	204	1.1	121			
						C₁	28—81	灰红棕色	黏土	粒状	6.0	16.7	0.56	0.92	15.5						
						C₂	81—150	红棕色	黏土	块状	6.4	9.7	0.51	0.49	15.7						
剖78	石灰(岩)土	黑色石灰土	黑色石灰土	薄腐砂岩红壤性黑色石灰土		A₁A	0—20	棕色	壤土	粒状	8.0	55.7	3.81	6.28	14.9	393	8.2	74	石灰岩	E 112°46′58.4″ N 26°20′18.5″	95
						D	20—														
剖79	铁铝土	红壤	红壤性土	砂岩红壤性土		Ao	0—2												砂岩	E 112°55′34.0″ N 26°22′59.8″	95
						A₁A	2—33	暗棕色	壤土	粒状	5.6	22.2	0.84	0.92	3.6	116	2.8	38			
						C	33—														
剖80	铁铝土	红壤	红壤	耕型板页岩红壤	黄泥砂土	A	0—22				5.0	21.5	0.87	1.52	9.5	226	3.0	61	板页岩	E 112°59′39.7″ N 26°22′52.8″	95
						Bv	22—82				4.8	8.5	0.36	1.41	9.9	150	5.3	78			
						C	82—100				4.9	6.7	0.53	1.33	9.8						

续表 Continued

剖面号 Soil profile	土纲 Soil order	土类 Soil great group	亚类 Soil subgroup	土属 Soil genus	土种 Soil species	土层码 Layer code	土层厚度 Depth/cm	颜色 Soil color	质地 Soil texture	土壤结构 Soil structure	pH	有机质 OM/(g/kg)	全氮 TN/(g/kg)	全磷 TP/(g/kg)	全钾 TK/(g/kg)	碱解氮 AN/(mg/kg)	有效磷 AP/(mg/kg)	速效钾 AK/(mg/kg)	土壤母质 Parent material	剖面点坐标 Profile coordinate	匹配指数 Matching index/%
剖81	人为土	水稻土	潴育水稻土	红黄泥田	青褐红黄泥田	A	0—20				6.1	45.2	1.87	1.14	8.9	233	5.1	177	第四纪红色黏土	E 112°56′02.7″ N 26°22′21.0″	95
剖82	铁铝土	红壤	红壤	砂岩红壤		Pg	20—48				6.6	16.6	0.90	0.87	8.5				板岩、页岩	E 112°57′56.0″ N 26°17′52.6″	95
						W₁	48—68				6.5	5.6	0.46	0.81	9.8	139	≤1.0	46			
						W₂	68—100				6.7	34.3	1.87	1.33	12.6						
剖83	人为土	水稻土	潴育水稻土	黄泥田		A	0—37				4.3	15.7	1.05	1.19	13.6	262	7.9	113		E 112°52′46.3″ N 26°16′07.6″	95
						Bv	37—91				4.5	10.3	1.32	1.63	15.3						
						BvC	91—150				4.6	7.4	1.28	1.36	14.7						
剖84	初育土	石灰(岩)土	红色石灰土	耕型淋溶石灰土		A	0—16				6.0	83.7	1.73	1.11	10.8	249	1.6	82	石灰岩	E 112°46′25.2″ N 26°14′24.1″	95
						P	16—24		栗色	黏壤土	粒块状	5.8	77.9	2.04	1.16	11.1						
						W₁	24—60		浅棕色	黏土	块状	7.1	80.9	1.54	0.95	18.0						
						W₂	60—100				7.4	52.5	2.52	0.77	5.9						
剖85	人为土	水稻土	淹育水稻土	浅灰泥田		A	0—20		暗棕灰色	黏壤土	小团块状	6.4	18.5	1.26	2.11	9.5	219	20.0	93	石灰岩	E 112°52′01.0″ N 26°12′33.2″	95
						P	0—14		暗棕灰色	黏壤土	块状	6.8	10.7	0.45	0.93	9.0						
						C	14—28			黏土		7.6	39.3	2.44	1.53	9.0						
							28—100					7.6	31.7	2.01	1.12	9.1						
剖86	初育土	石灰(岩)土	黑色石灰土	耕型黑色石灰土	岩壳土	A	0—25		红棕色		碎块状	7.6	10.2	1.17	1.28	9.3				石灰岩残积物	E 112°46′15.2″ N 26°12′29.1″	95
											7.2	151.0	5.00	0.52	6.7		5.5	114			
剖87	铁铝土	红壤	红壤	板页岩红壤		A₁	0—22				5.4	56.5	1.22	1.27	4.6	342	6.8	392	板页岩	E 112°54′10.0″ N 26°14′34.7″	95
							22—72				4.6	11.0	0.69	0.82	6.4						
						Bv	72—150				4.6	6.0	0.20	0.74	7.0						
剖88	人为土	水稻土	潴育水稻土	扁砂泥田	麻粉泥田	A	0—16				5.2	156.8	2.07	1.16	9.3	296	8.4	104		E 112°55′13.4″ N 26°12′00.8″	95
						P	16—25				5.8	141.5	2.30	1.15	9.3						
						C	25—100				5.7	151.0	2.87	1.40	11.1						
剖89	人为土	水稻土	潴育水稻土	麻砂泥田	砂石底河砂泥田	A	0—16				4.9	33.5	1.88	1.08	26.5	163	12.7	67		E 113°04′56.8″ N 26°40′58.6″	95
						W₁	16—25				5.1	17.7	1.11	0.99	26.1						
						W₂	25—79				5.7	8.6	0.48	1.07	28.0						
							79—				5.8	12.3	0.63	0.85	27.6						
剖90	人为土	潴育水稻土	潴育水稻土	河砂泥田	青夹泥田	A	0—16				5.0	54.4	1.59	1.54	6.7	266	6.2	175		E 113°04′11.1″ N 26°40′22.6″	75
						P	16—30				5.9	35.4	0.44	1.36	5.7						
						S	30—48				5.9	22.2	1.13	1.33	5.9						
						W	48—100				6.2	26.5	0.14	1.44	7.2						
剖91	铁铝土	红壤	红壤	青泥田	冷浸砂田	A	0—14		黄色	黏壤土	粒状	6.2	41.7	1.59	1.32	8.5	186	1.7	63		E 113°05′07.0″ N 26°40′05.0″	75
						G	14—20		黄色	黏壤土	粒状	6.1	38.6	1.74	1.23	8.8						
							20—100					6.1	38.0	1.50	1.04	8.8						
剖92	人为土	水稻土	潴育水稻土	冷灵砂田	中腐厚层石灰岩红壤	A₁	0—21		灰棕黄色	黏壤土	小团粒状	5.2	37.8	2.04	1.50	18.3	296	15.3	86	石灰岩	E 113°07′23.7″ N 26°40′42.4″	95
							21—100					5.2	29.7	0.96	1.45	20.4						
剖93	铁铝土	红壤	红壤	石灰岩红壤	薄腐薄层红壤性土	A	2—14		灰黄色	黏土	块状	4.5	65.5	2.04	1.03	6.7		7.9	146		E 113°00′04.0″ N 26°40′01.7″	75
						Bv	14—33		暗灰黄色	黏土	块状	4.7	19.8	0.87	0.77	7.2						
剖94	铁铝土	红壤	红壤性土	第四纪红壤性土			33—124					4.9	8.9	0.72	0.89	8.5	241	8.6	115	第四纪红色黏土	E 113°05′07.0″ N 26°40′05.0″	75
											4.4	9.1	0.53		8.8						
剖95	人为土	水稻土	潴育水稻土	红黄泥田		A	0—15	红黄色	黏壤土	块状	7.6	50.7	1.62	1.62	8.8				第四纪红色黏土	E 113°01′17.7″ N 26°40′17.7″	95
						P	15—26		黏土	块状	7.6	50.2	2.15	2.07	9.3						
						W	26—87		黏土		7.2	21.4	1.08	1.27	7.7						
						C	87—100				6.8	6.1	0.42	0.90	4.7						

续表 Continued

剖面号 Soil profile	土纲 Soil order	土类 Soil great group	亚类 Soil subgroup	土属 Soil genus	土种 Soil species	土层码 Layer code	土层厚度 Depth/cm	颜色 Soil color	质地 Soil texture	土壤结构 Soil structure	pH	有机质 OM/(g/kg)	全氮 TN/(g/kg)	全磷 TP/(g/kg)	全钾 TK/(g/kg)	碱解氮 AN/(mg/kg)	有效磷 AP/(mg/kg)	速效钾 AK/(mg/kg)	土壤母质 Parent material	剖面点坐标 Profile coordinate	匹配指数 Matching index/%
剖96	人为土	水稻土	渗育水稻土	白散泥田	铁子白散泥田	A	0—18				6.3	28.6	0.94	2.09	11.1	147	12.1	61		E 113°02′37.7″ N 26°40′39.4″	75
						P	18—31				6.9	8.0	0.40	1.87	11.1						
						E	31—78				5.6	5.0	0.31	1.11	10.5						
						C	78—100				5.5	3.6	0.21	2.53	11.5						
剖97	铁铝土	红壤		板页岩红壤		A	0—26				4.9	15.7	0.93	1.39	10.3	138	4.5	105	砂岩	E 113°02′58.8″ N 26°40′10.1″	95
						BvC	26—100				4.9	7.1	0.71	0.98	6.7						
剖98	铁铝土	红壤		花岗岩红壤		A	0—23	浅棕黄色	黏壤土	团粒状	5.8	20.2	1.12	1.55	11.1	153	2.4	79	板页岩	E 113°07′31.7″ N 26°40′04.6″	95
						Bv	23—84	浅黄棕色	黏壤土	块状	5.6	10.3	1.14	1.57	15.8	131	3.5	83			
						BvC	84—100	浅红棕色	黏土	块状	4.8	4.7	0.90	1.70	16.2	101	4.2	84			
剖99	铁铝土	红壤		花岗岩红壤		A	0—18				4.4	35.5	1.34	0.92	3.1	188	5.6	129	砂岩	E 113°09′09.5″ N 26°40′34.7″	75
						BvC	18—63				4.5	9.0	0.54	1.19	5.7						
						D	63—150														
剖100	人为土	水稻土	潜育水稻土	烂泥田	烂泥田	A	0—34	浅黄黄色	黏壤土	糊状	6.0	41.4	1.99	1.24	12.4	214	5.3	84	板岩、页岩	E 113°08′06.3″ N 26°40′01.8″	75
						G	34—	浅灰色	黏土	糊状	6.2	47.6	1.49	1.19	12.4						
剖101	铁铝土	红壤		石灰岩红壤	石灰性黄砂泥田	A	1—26				4.5	23.4	0.96	1.11	11.1	156	2.1	40	石灰岩	E 113°01′58.2″ N 26°39′34.0″	95
						BvC	26—62				4.5	11.7	0.65	0.68	5.9						
						C	62—150				4.6	7.9	0.51	1.06	5.9						
剖102	人为土	水稻土	潜育水稻土	灰黄泥田	薄腐中层板页岩黄泥田	A	0—18		壤土	团粒状	4.9	58.1	1.62	1.63	10.3	152	9.7	92		E 113°03′40.4″ N 26°39′13.7″	95
						P	18—28	浅棕黄色	壤土	团块状	5.5	35.3	1.40	1.51	10.1						
						W₁	28—72	暗灰黄色	黏壤土	块状	6.3	14.9	0.66	0.63	10.8						
						W₂	72—100	褐色	黏土	块状	6.4	11.7	0.46	0.52	16.4						
剖103	人为土	水稻土	潜育水稻土	黄砂泥田	灰黄砂泥田	A	0—13	灰黄色	壤土		7.2	57.0	2.93	1.23	12.4	272	9.9	99	砂岩	E 113°08′10.4″ N 26°39′33.1″	95
						P	13—22	浅黄黄色	壤土		7.6	44.3	2.58	0.69	11.6						
						W₁	22—59	暗灰黄色	黏壤土		7.6	50.1	2.20	0.85	11.1						
						W₂	59—100	褐色	黏壤土		6.8	18.4	1.17	0.58	8.5						
						Ao	0—1	灰黄色													
剖104	铁铝土	红壤		板页岩红壤	薄腐中层板页岩红壤	A₁A	1—20	棕黄色	黏壤土	粒状	5.6	23.4	2.15	1.46	12.7	178	4.2	157	板页岩	E 113°08′03.1″ N 26°38′14.8″	95
						Bv	20—45	浅黄黄色	黏壤土	块状	6.0	9.4	0.66	1.14	14.9						
						C	45—	浅黄黄色	黏土	块状	6.0	9.5	0.60	1.13	14.6						
剖105	人为土	水稻土	淹育水稻土	浅酸紫泥田	浅酸紫泥田	A	0—17	棕色	黏壤土	小团粒状	5.7	10.4	0.57	0.50	13.9	145	3.3	156	砂岩	E 113°09′37.4″ N 26°35′47.4″	95
						P	17—25	浅黄黄色	黏壤土	块状	5.3	15.2	0.87	0.50	13.4	169	4.6	167			
						W	25—100	浅黄黄色	黏土	棱块状	6.0	4.5	0.35	0.46	12.9	89	2.3	94			
剖106	人为土	水稻土	渗育水稻土	白散泥田	白散泥田	A	0—18	灰黄色	黏壤土	团粒状	6.8	48.1	0.92	0.43	4.1	161	3.6	54	板岩、页岩	E 113°02′41.0″ N 26°33′44.6″	95
						P	18—32	暗黄黄色	黏壤土	团块状	6.8	52.8	0.35	0.48	4.8						
						E	32—60	灰白色	黏土	棱块状	7.2	3.9	0.42	0.36	3.0						
						W	60—100	浅黄色	黏土	棱块状	7.2	4.0	0.54	0.77	7.5						
剖107	人为土	水稻土	潴育水稻土	灰黄泥田	灰黄泥田	A	0—13	棕色	黏壤土	团粒状	6.0	29.7	1.46	1.56	7.2	206	9.1	99	石灰岩	E 113°05′29.1″ N 26°34′28.3″	95
						P	13—21	浅棕色	黏壤土	团块状	6.8	23.6	1.31	2.12	9.3						
						W₁	21—42	浅黄棕色	黏土	块状	7.2	11.9	0.62	1.22	7.2						
						W₂	42—100	浅黄棕色	黏土	块状	7.2	10.1	0.63	1.28	8.5						
剖108	铁铝土	红壤		花岗岩红壤		A₁A	1—12				5.1	78.2	2.82	1.66	16.9		15.8	305	花岗岩	E 113°05′49.0″ N 26°34′00.8″	95
							12—65				4.7	19.4	0.69	1.58	18.6						
						BvC	65—150				4.8	6.0	0.35	1.55	16.0						

续表 Continued

剖面号 Soil profile	土纲 Soil order	土类 Soil great group	亚类 Soil subgroup	土属 Soil genus	土种 Soil species	土层码 Layer code	土层厚度 Depth/cm	颜色 Soil color	质地 Soil texture	土壤结构 Soil structure	pH	有机质 OM/(g/kg)	全氮 TN/(g/kg)	全磷 TP/(g/kg)	全钾 TK/(g/kg)	碱解氮 AN/(mg/kg)	有效磷 AP/(mg/kg)	速效钾 AK/(mg/kg)	土壤母质 Parent material	剖面点坐标 Profile coordinate	匹配指数 Matching index/%
剖109	人为土	水稻土	潴育水稻土	灰黄泥田	灰黄马肝泥田	A	0—14	灰黄棕色	黏壤土	团粒状	6.8	46.0	1.53	3.30	8.2	163	9.5	174	白云质灰岩	E 113°06′24.5″ N 26°31′01.4″	95
						P	14—24	棕色	黏土	块状	6.4	29.4	0.90	0.99	8.2						
						W	24—57	灰黄棕色	黏土	棱块状	6.8	23.0	0.89	0.99	8.0	90	9.8	63			
						G	57—100	栗色	黏土	棱块状	6.4	17.6	0.57	1.78	29.7						
剖110	铁铝土	红壤	红壤	耕型花岗岩红土	麻砂土	A	0—38	棕色	壤土	粒状	5.6	8.3	0.30	0.89	25.1	133	3.3	68	花岗岩	E 113°06′21.0″ N 26°30′20.5″	95
						Bv	38—54	黄棕色	壤土	块状	4.8	2.0	0.18	0.65	25.5						
						BvC	54—100	红棕色	砂壤土	粒状											
剖111	人为土	水稻土	潜育水稻土	青泥田		A	0—20	暗灰棕色	黏壤土	团粒状	5.8	61.6	0.87	1.01	10.3		3.3		板岩、页岩	E 113°07′17.9″ N 26°30′32.9″	95
						P	20—28	暗棕黄色	黏土	块状	6.0	74.5	1.76	0.76	11.5	151		79			
						G	28—100	暗灰色	黏土	块状	6.4	60.1	1.04	0.75	10.3						
剖112	铁铝土	红壤	红壤性土	板页岩红壤性土		A,A	2—10		黏壤土		≤3.5	34.4	1.95	1.08	6.5		≤1.0	44	板页岩	E 113°00′26.6″ N 26°30′53.0″	95
						C	10—		黏土		≤3.5	24.3	1.03	0.95	8.9						
剖113	铁铝土	红壤	红壤性土	花岗岩红土红壤性土	薄腐花岗岩红壤性土	Ao	0—1												花岗岩	E 113°01′04.7″ N 26°30′27.0″	93
						A,A	1—15	黄棕色	砂壤土	粒状	5.6	8.4	0.45	1.06	26.6	63	≤1.0	72			
						C	15—	灰棕色	砂壤土	粒块状	5.6	9.1	0.53	1.08	28.4						
剖114	铁铝土	红壤	红壤性土	第四纪红土红壤性土	薄腐薄层红壤性土	ABv	0—21	黄色	黏土	粒状	4.9	31.0	2.29	1.03	28.4	65	6.4	62	板页岩	E 113°03′14.2″ N 26°30′52.5″	81
						C	21—150	黄色	黏土	团粒状	4.9	28.1	1.01	1.24	6.9	156					
剖115	人为土	水稻土	潴育水稻土	青泥田		A	0—20	灰白色	砂壤土	团块状	5.6	29.0	1.00	1.87	10.6	199	8.5	74	花岗岩	E 113°08′49.3″ N 26°33′41.7″	95
						Pg	20—30	浅灰色	壤土	柱状	6.8	40.9	0.71	1.77	7.4						
						G	30—100	暗灰色	黏壤土	块状	6.8	22.4	0.69	1.35	8.5						
剖116	铁铝土	红壤	红壤性土	石灰岩红壤		A	0—22	黄棕色	黏壤土	小团粒状	6.8	10.0	0.51	1.49		152	3.6	71	第四纪红色黏土	E 113°06′10.1″ N 26°26′04.5″	95
						Bv	22—38	黄色	黏壤土	块状	6.5	7.7	0.58	0.80	10.8						
						C	38—100	青灰色	黏壤土	块状	4.9	22.7	1.11	0.95	13.6						
剖117	人为土	水稻土	潴育水稻土	板页岩红壤性土		Ao	0—2	灰黄色	壤土	粒状	4.4						4.9	40	泥质页岩	E 113°05′10.9″ N 26°24′14.0″	95
						A,A	2—12	浅红棕色	黏壤土	小团粒状	6.0	33.4	2.60	1.12	8.0	172					
						ABv	12—20		黏土	团块状	6.4	27.6	0.82	1.42	17.8						
						C	20—				7.2	21.9	1.10	1.25	8.0						
剖118	人为土	水稻土	潴育水稻土	黄泥田	石灰性青泥田	A	0—16	暗黄色	砂壤土	小团粒状	5.6	13.2	0.79	1.24	6.9		11.2	90	石灰岩、板页岩	E 113°06′16.9″ N 26°24′15.3″	95
						P	16—27	暗灰黄色	壤土	团块状	5.2	64.9	3.20	1.87	12.6	217					
						W₁	27—59	灰黄色	黏壤土	棱块状	6.6	61.2	3.06	1.77	12.7						
						W₂	59—100	灰黄色	黏壤土	团粒状	6.4	47.9	2.71	1.35	12.5						
剖119	人为土	水稻土	潴育水稻土	黄泥田	青褐灰黄泥田	A	0—18	暗黄棕色	黏壤土	团粒状	6.6	14.7	0.77	1.65	12.2		13.6	57	板岩、页岩	E 113°07′18.9″ N 26°20′40.4″	95
						Pg	18—26	青灰色	黏土	棱块状	7.3	60.3	1.89	1.69	10.6	171	11.1	43			
						G	26—49	灰黄色	黏土	块状	7.5	53.5	2.22	1.50	11.3	143	5.9	76			
						W	49—16				6.3	52.9	2.03	1.11	11.5	127	5.5	103			
剖120	人为土	水稻土	潴育水稻土	灰黄泥田		A	0—16				6.9	65.0	2.37	1.23	10.3	191				E 113°01′14.3″ N 26°22′20.4″	95
						P	16—30				7.0	72.7	2.31	1.06	9.5		17.0	58			
						G	30—				6.9	54.2	1.58	1.20	9.8	238					
剖121	人为土	水稻土	潴育水稻土	灰黄泥田		A	0—18				6.9	16.6	0.58	0.79	9.9	161	11.5	50		E 113°03′27.6″ N 26°17′57.5″	95
						P	18—27				5.4	28.7	0.99	1.26	10.3						
						G	27—54				6.0	18.4	0.57	1.40	9.5						
						W	54—100				5.0	9.5	0.49	1.29	9.5	54	4.2	42			
剖122	人为土	水稻土	淹育水稻土	浅灰黄泥田	浅灰黄泥田	A	0—20													E 113°02′56.8″ N 26°17′26.9″	95
						P	20—30														
						C	30—100														

续表 Continued

剖面号 Soil profile	土纲 Soil order	土类 Soil great group	亚类 Soil subgroup	土属 Soil genus	土种 Soil species	土层码 Layer code	土层厚度 Depth/cm	颜色 Soil color	质地 Soil texture	土壤结构 Soil structure	pH	有机质 OM/(g/kg)	全氮 TN/(g/kg)	全磷 TP/(g/kg)	全钾 TK/(g/kg)	碱解氮 AN/(mg/kg)	有效磷 AP/(mg/kg)	速效钾 AK/(mg/kg)	土壤母质 Parent material	剖面点坐标 Profile coordinate	匹配指数 Matching index/%
剖123	铁铝土	红壤	红壤	石灰岩红壤	薄腐厚层石灰岩红壤	A	0—24				4.7	7.2	0.65	0.61	7.5	82	1.1	55	石灰岩	E 113°00′49.4″ N 26°12′08.5″	95
						Bv	24—56				4.7	6.2	0.38	0.64	7.5						
						BvC	56—150				4.7	4.4	0.36	0.68	7.2						

常 宁 市

主要土类说明

红壤是常宁市主要土壤类型，占本市地域面积的51%。本市红壤分为红壤、黄红壤、红壤性土三个亚类。其中，红壤亚类面积最大，占本土类面积的70%以上，分布在海拔500m以下的低山、丘陵区，具有明显的脱硅富铝化过程，土壤中铁铝含量较高，钙含量较低。土壤呈棕红色，腐殖质含量低，养分贫乏，特别是磷、钾速效养分缺乏，土层深厚，剖面发育完全。土壤结构差，底部常见红、黄、白相间的网纹状红色黏土，质地黏重，耕作困难，透水性差。由于淋溶作用强，盐基饱和度低，土壤全剖面呈酸性。

水稻土是常宁市第二大土壤类型，占本市地域面积的29%。在人为耕作、施肥、灌溉等措施的影响下，土壤内部进行着氧化还原交替、有机质合成与分解、盐基淋溶与复盐基作用的熟化过程，促进了土壤性状的改变，形成了水稻土特有的剖面结构，即耕作层、犁底层、潴育层、漂洗层、青泥层、砂石层、母质层。本市水稻土分为淹育型、潴育型、渗育型、潜育型、沼泽型、矿毒型六个亚类。

紫色土是常宁市第三大土壤类型，占本市地域面积的12%。紫色土是由紫色砂页岩发育而成的岩成土，分布在丘陵地带。由于母岩岩性松脆，吸热性强，物理风化作用强烈，碳酸盐不断淋溶，抗侵蚀能力弱，成土过程常被周期性的侵蚀作用所打断，阻止或延缓了土壤的正常发育，土壤经常处于相对幼年发育阶段。土壤颜色一致性强，色泽均一，土层厚薄不一，总体较浅薄，有的基岩裸露。碳酸钙含量较高，有机质含量低，钾含量较高，质地变化大。本市紫色土分为酸性紫色土、中性紫色土、石灰性紫色土三个亚类。

黄壤占本市地域面积的4%。黄壤是在干湿季节不明显的气候条件下形成的黄色土壤，分布在海拔750—1000m的山地。分布地区云雾多，日照少，湿度大，冬无严寒，夏无酷热，干湿季节不明显，植被生长较好。黄壤脱硅富铝化作用较弱，游离氧化铁易发生水化而使土壤呈黄色，淋溶作用明显，土壤呈酸性，有机质积累多且分解慢，含量较高。本市黄壤分为黄壤和黄壤性土两个亚类。

小于本市地域面积3%的土壤类型有石灰（岩）土、黄棕壤、潮土、山地草甸土等。

本区域中心区气候特征

本区域中心区气候特征值
Regional climate characteristics in central area of the region

气候带：中亚热带湿润气候 Climate region: Subtropical humid climate	
年平均气温 /℃ Annual average temperature /℃	18.0
年平均最高气温 /℃ Annual average maximum temperature /℃	22.2
年平均最低气温 /℃ Annual average minimum temperature /℃	15.0
年降水量 /mm Annual precipitation /mm	1409
≥10℃的积温 /℃ Daily temperature accumulated in a year（≥10℃）/℃	7453
年日照时数 /h Annual sunshine /h	1531
年平均相对湿度 /% Annual average relative humidity /%	78
干燥度 Dryness	0.75

本区域中心区月平均气温与月平均降水量
Monthly temperature and precipitation in central area of the region

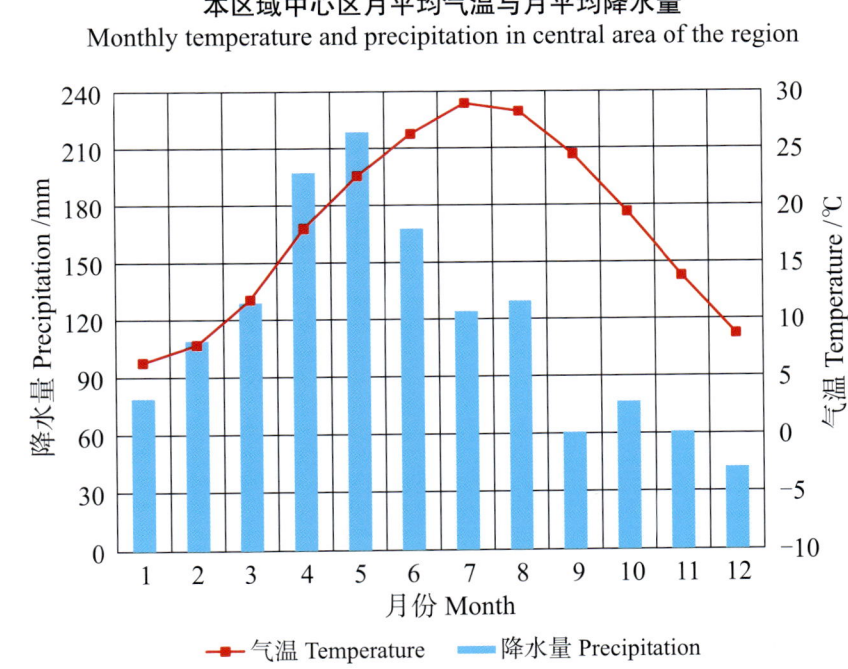

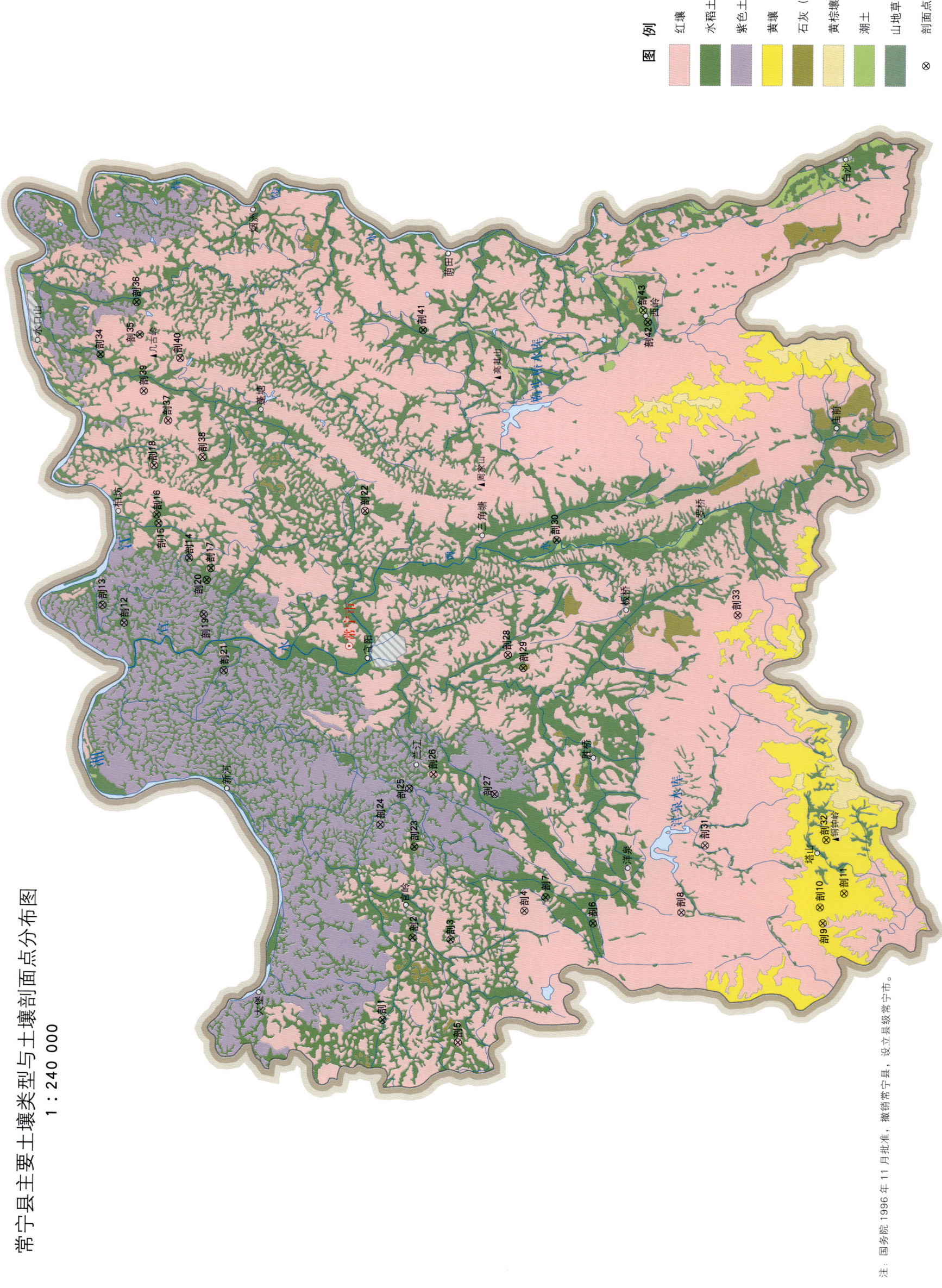

常宁县主要土壤类型与土壤剖面点分布图 1∶240 000

常宁市土壤剖面理化性状表

剖面号 Soil profile	土纲 Soil order	土类 Soil great group	亚类 Soil subgroup	土属 Soil genus	土种 Soil species	土层码 Layer code	土层厚度 Depth/cm	颜色 Soil color	质地 Soil texture	土壤结构 Soil structure	pH	有机质 OM/(g/kg)	全氮 TN/(g/kg)	全磷 TP/(g/kg)	全钾 TK/(g/kg)	碱解氮 AN/(mg/kg)	有效磷 AP/(mg/kg)	速效钾 AK/(mg/kg)	土壤母质 Parent material	剖面点坐标 Profile coordinate	匹配指数 Matching index/%
剖1	人为土	水稻土	淹育水稻土	浅灰泥田	浅灰板泥田	A	0—15	栗色	轻黏土	碎块状	7.6	25.0	1.29	1.85	27.4	107	4.0	68		E 112°10′29.0″ N 26°24′37.4″	95
						Ap	15—24	浅褐色	轻黏土	块状	7.8	22.3	1.14	1.74	28.1						
						C	24—100	浅栗色	轻黏土	块状	7.7	5.5	0.59	0.55	24.6						
剖2	人为土	水稻土	淹育水稻土	浅灰泥田	浅灰泥田	A	0—12	灰褐色	黏壤土	团块状	7.6	13.9	0.92	1.00	13.8				石灰岩	E 112°13′21.8″ N 26°23′40.7″	97
						Pg	12—21	灰栗色	黏壤土	块状	7.6	8.7	0.66	0.94	13.8						
						C	21—100	红棕色	黏土	块状	7.6										
剖3	人为土	水稻土	淹育水稻土	浅黄砂泥田	石灰性浅黄砂泥田	A	0—12	暗棕黄色	中壤土	粒状	7.4	25.6	1.07	1.42		109	8.0	41		E 112°13′17.8″ N 26°22′28.3″	95
						Ap	12—26	浅棕色	中壤土	块状	8.1	19.7	0.74	1.18	13.2						
						C	26—100	棕红色	中壤土	块状	7.9	12.9	0.41	0.80	13.5						
剖4	铁铝土	红壤	红壤性土	砂岩红壤性土	薄腐砂岩红壤性土	A	0—2	黄褐色	砂壤土	粒状	4.8	6.1		0.75	31.2				砂岩	E 112°14′18.3″ N 26°20′08.2″	97
						Bv	2—22	灰黄色	粗砂壤土	块状											
						C	22—32														
						D	32—100														
剖5	铁铝土	红壤	红壤	耕型第四纪红土红壤	红泥土	A	0—17	红棕色	黏壤土	团粒状	6.4	19.4	0.95	1.19	15.2				第四纪红色黏土	E 112°09′42.0″ N 26°22′14.2″	97
						Bv	17—57	红棕色	黏壤土	块状	5.6	15.4	0.93	0.63	16.8						
						C	57—100	棕红色	黏土	块状	5.2										
剖6	人为土	水稻土	渗育水稻土	白散泥田	白散泥田	A	0—15	棕灰色	黏壤土	粒状	6.0	20.3	1.21	0.97	15.9				板页岩	E 112°13′50.9″ N 26°17′57.9″	95
						Pg	15—22	灰黄色	黏壤土	块状	6.6	11.7	1.20	0.65	21.6						
						E	22—53	灰白色	砂壤土	棱柱状	5.8	4.7	0.72	0.42	21.8						
						C	53—100	黄棕色	黏壤土	块状	5.8										
剖7	人为土	水稻土	潴育水稻土	黄砂泥田	黄砂泥田	A	0—14	棕灰色	砂壤土	团粒状	5.8	18.9	0.95	0.75	12.9				黄色岩	E 112°14′46.2″ N 26°19′28.0″	98
						Pg	14—22	灰黄色	砂壤土	块状	6.0	17.8	0.86	0.61	13.1						
						W	22—100	黄色	砂壤土	粒状	6.0	7.5	0.64	0.69	12.4						
						C	100—	黄色	砂壤土	粒状	6.0										
剖8	铁铝土	红壤	黄红壤	耕型板页岩黄红土	黄红土	A	0—18	黄棕色	壤土	粒状	5.2	23.6	0.82	0.84	12.0				板页岩	E 112°14′13.9″ N 26°15′10.2″	97
						Bv	18—100	黄红色	黏壤土	团粒状	4.4	14.4	0.81	0.73	14.6						
剖9	铁铝土	黄壤	黄壤	耕型板页岩黄土	黄壤土	A	0—18	浅黄色	黏壤土	粒状	5.6	48.7	1.40	1.26	23.7				板页岩	E 112°13′51.0″ N 26°10′41.5″	97
						Bv	18—30	黄色	黏壤土	块状	6.2	28.9	1.24	1.12	27.9						
						C	30—60	黄色	黏土	块状	6.2										
剖10	铁铝土	黄壤	黄壤	板页岩黄壤	薄腐中层板页岩黄壤	A₁	0—29	棕黑色	壤土	团粒状	6.0	32.2	1.48	0.95	16.5				板页岩	E 112°14′24.5″ N 26°10′46.9″	95
						Bv	29—78	粒状	砂壤土	粒状	5.6	31.9	1.32	1.04	18.4						
						C	78—150	黄棕色	砂壤土	粒状	5.6	23.2	1.19	0.70	13.7						
							150—200	黄棕色	砂壤土	粒状	6.0	8.8	0.81	0.66	13.6						
剖11	铁铝土	黄壤	黄壤	板页岩黄壤	薄腐厚层板页岩黄壤	A₁	0—5	暗黄棕色	壤土	团粒状	5.0	42.6	3.19	1.10	24.8				板页岩	E 112°14′53.7″ N 26°10′01.4″	97
						A	5—35	灰黄棕色	黏壤土	粒状	5.2	17.6	0.94	0.77	31.6						
						Bv	35—110	浅黄棕色	黏土	块状	5.4	5.4	0.62	0.92	35.7						
						C	110—150	黄黄色	砂壤土	块状	7.6	17.7	1.02	1.11	28.3						
剖12	初育土	紫色土	石灰性紫色土	石灰性紫砂土	中层石灰性紫砂土	A	0—15	紫棕色	砂壤土	粒状	7.6	4.8	0.59	0.82	31.9				紫色砂岩	E 112°24′27.2″ N 26°32′47.3″	95
						Bv	15—55	紫棕色	黏壤土	块状	7.6	16.9	0.74	0.62	27.9						
						C	55—200	红棕色	黏壤土	块状	8.2	7.8	0.71	0.67	29.2						
剖13	初育土	紫色土	石灰性紫色土	石灰性紫色土	薄层石灰性紫色土	A	0—5	红棕色	黏壤土	块状	7.8	5.3	0.65	0.59	31.6				紫色页岩	E 112°25′05.2″ N 26°33′28.3″	97
						Bv	5—28														
						D	28—100														

续表 Continued

剖面号 Soil profile	土纲 Soil order	土类 Soil great group	亚类 Soil subgroup	土属 Soil genus	土种 Soil species	土层码 Layer code	土层厚度 Depth/cm	颜色 Soil color	质地 Soil texture	土壤结构 Soil structure	pH	有机质 OM/(g/kg)	全氮 TN/(g/kg)	全磷 TP/(g/kg)	全钾 TK/(g/kg)	碱解氮 AN/(mg/kg)	有效磷 AP/(mg/kg)	速效钾 AK/(mg/kg)	土壤母质 Parent material	剖面点坐标 Profile coordinate	匹配指数 Matching index/%
剖14	人为土	水稻土	淹育水稻土	浅碱紫泥田	浅碱紫泥田	A	0—13	紫色	黏壤土	粒状	7.6	15.9	0.99	1.45	32.9				紫色页岩	E 112°26′43.7″ N 26°30′43.4″	97
						Pg	13—23	紫色	黏壤土	块状	7.6	15.3	1.21	1.47	34.4						
						C	23—60	紫色	黏壤土	棱柱状	8.0	10.5	0.63	0.67	26.5						
						D	60—100	紫色	黏壤土	块状	8.0										
剖15	铁铝土	红壤		耕型石灰岩红土	灰红土	A	0—18	棕红色	壤土	团粒状	6.0	16.3	0.95	0.90	17.3				石灰岩	E 112°27′57.2″ N 26°31′41.7″	97
						Bv	18—70	浅棕色	黏壤土	块状	5.6	14.8	0.96	0.92	16.6						
						C	70—100	红黄色	黏壤土	块状	5.6	7.9	0.87	0.82	20.7						
剖16	人为土	水稻土	淹育水稻土	浅灰黄泥田	浅灰黄泥田	A	0—15	灰黄色	壤土	粒状	6.4	21.9	1.14	0.97	15.7				石灰岩	E 112°28′09.3″ N 26°31′42.5″	97
						Pg	15—23	灰黄色	黏壤土	块状	6.2	18.0	0.84	0.86	15.7						
						C	23—100	棕色	黏土	块状	6.2	15.0	0.77	0.67	16.2						
剖17	人为土	水稻土	淹育水稻土	浅酸紫泥田	浅酸紫泥田	A	0—9	紫黄色	黏壤土	粒状	6.4	20.9	0.96	1.24	32.9				紫色页岩	E 112°26′22.4″ N 26°30′02.5″	95
						Pg	9—17	灰黄色	黏壤土	块状	7.2	19.1	0.95	1.19	32.4						
						C	17—100	棕红色	黏土	粒状	8.0	3.7	0.64	0.78	35.5						
剖18	人为土	水稻土	淹育水稻土	浅黄泥田	浅黄泥田	A	0—12	棕黄色	黏壤土	团块状	6.4	26.4	1.21	1.34	17.4				板页岩	E 112°29′58.8″ N 26°31′49.5″	97
						Pg	12—20	棕色	黏壤土	小块状	6.8	25.6	1.39	1.33	20.6						
						C	20—100	橙色	黏土	块状	7.2	4.7	0.89	0.88	28.1						
剖19	初育土	紫色土	酸性紫色土	酸性紫砂土	薄腐厚层酸性紫砂土	A₁	0—27	紫色	黏壤土	粒状	5.6	6.5	0.47	0.29	17.7				紫色砂岩	E 112°29′44.2″ N 26°30′16.3″	97
						Bv	27—56	紫色	黏壤土	粒状	5.6	4.8	0.43	0.28	15.7						
						Bv	56—87	紫色	黏土	粒状	5.6	4.2	0.42	0.29	14.9						
						C	87—200	紫色	黏土	粒状	5.2										
剖20	人为土	水稻土	潴育水稻土	碱紫泥田	碱紫泥田	A	0—15	紫棕色	黏壤土	团粒状	7.8	16.8	1.45	1.31	39.0				紫色页岩	E 112°25′57.3″ N 26°30′10.3″	97
						Pg	15—24	红棕色	黏壤土	块状	7.8	14.8	1.07	1.20	47.0						
						W	24—100	红棕色	黏壤土	柱状	7.8	7.0	0.63	1.14	17.1						
						C	100—	红棕色	黏土	柱状	7.8										
剖21	人为土	水稻土	潴育水稻土	中性紫泥田	中性紫泥田	A	0—16	紫棕色	黏壤土	团粒状	7.2	18.5	1.05	1.09	20.4				紫色页岩	E 112°22′46.1″ N 26°29′38.7″	98
						Pg	16—27	紫棕色	黏壤土	块状	7.2	19.4	1.10	1.16	20.6						
						W	27—64	红棕色	黏土	块状	7.0	13.7	0.86	0.69	21.2						
						C	64—100	红棕色	黏土	块状	7.0										
剖22	铁铝土	红壤		花岗岩红壤	中腐厚层花岗岩红壤	A₁	0—12	棕色	砂壤土	粒状	5.2	49.5	1.48	1.03	31.0				花岗岩	E 112°28′20.9″ N 26°25′09.1″	95
						A	12—30	棕灰色	砂壤土	粒状	6.0	26.2	1.35	1.01	25.8						
						Bv	30—89	红棕色	砂壤土	粒状	6.0	24.1	1.19	1.00	26.2						
						C	89—200	红棕色	砂壤土	粒状	6.0										
剖23	人为土	水稻土	潴育水稻土	灰黄泥田	灰黄泥田	A	0—18	暗黄色	黏壤土	团粒状	6.0	37.3	1.86	1.22	19.9				石灰岩	E 112°16′33.7″ N 26°23′37.2″	98
						Pg	18—29	灰黄色	黏壤土	块状	6.8	34.9	1.76	1.13	20.5						
						W	29—71	棕色	黏壤土	棱柱状	6.8	14.4	0.82	0.90	17.6						
						C	71—100	棕色	黏土	片状	6.8										
剖24	初育土	紫色土	中性紫色土	中性紫砂土	薄层中性紫砂土	ABv	0—37	灰黄色	砂壤土	粒状	7.2	5.3	0.42	0.53	14.9				紫色砂岩	E 112°17′20.6″ N 26°24′41.5″	99
						C	37—150	棕色	粗砂土	块状	7.2										
剖25	初育土	紫色土	中性紫色土	耕型中性紫砂土	中性紫砂土	A	0—18	紫色	砂壤土	粒状	6.8	10.0	0.72	0.63	21.4				紫色砂岩	E 112°18′36.6″ N 26°23′47.0″	97
						Bv	18—60	棕棕色	砂壤土	块状	6.8	4.7	0.45	0.43	18.5						
						C	60—100	棕棕色	砂壤土	块状	6.8										
剖26	铁铝土	红壤		第四纪红色黏土红壤	厚层红土红壤	A₁	0—0.2	黄棕色	黏壤土	粒状	5.2	10.0	0.67	0.73	12.3				第四纪红色黏土	E 112°19′06.1″ N 26°23′00.6″	98
						A	0.2—23	红棕色	黏土	块状	4.4	7.9	0.54	0.58	14.0						
						Bv	23—90	红棕色	黏土	块状	5.2										
						C	90—100	红黄色	黏土	棱柱状	5.2										

续表 Continued

剖面号 Soil profile	土纲 Soil order	土类 Soil great group	亚类 Soil subgroup	土属 Soil genus	土种 Soil species	土层码 Layer code	土层厚度 Depth/cm	颜色 Soil color	质地 Soil texture	土壤结构 Soil structure	pH	有机质 OM/(g/kg)	全氮 TN/(g/kg)	全磷 TP/(g/kg)	全钾 TK/(g/kg)	碱解氮 AN/(mg/kg)	有效磷 AP/(mg/kg)	速效钾 AK/(mg/kg)	土壤母质 Parent material	剖面点坐标 Profile coordinate	匹配指数 Matching index/%
剖27	初育土	紫色土	石灰性紫色土	耕型石灰性紫砂土	石灰性紫砂土	A	0—18	紫色	砂壤土	粒状	7.7	9.8	0.73	0.69	19.2				紫色砂岩	E 112°18′24.1″ N 26°21′04.7″	97
						Bv	18—60	棕紫色	砂壤土	粒状	7.6	7.1	0.59	0.55	17.2						
						C	60—100	棕紫色	砂壤土	粒状	7.7	6.9	5.70	0.53	17.1						
剖28	铁铝土	红壤	红壤	耕型板页岩红壤	黄泥土	A	0—17	红黄色	黏壤土	团粒状	5.6	17.7	1.34	0.94	28.4				板页岩	E 112°23′16.7″ N 26°20′38.6″	97
						Bv	17—37	红黄色	黏壤土	团粒状	5.6	9.1	1.06	0.71	28.5						
						C	37—100	红黄色	黏壤土	片状	6.0										
剖29	初育土	石灰(岩)土	红色石灰土	红色石灰岩土	薄腐厚层红色石灰土	A₁	0—10	棕灰色	黏壤土	块状	6.5	20.5	1.24	1.96	26.8				石灰岩	E 112°22′48.7″ N 26°20′09.4″	97
						A	10—52	棕红色	黏壤土	块状	6.5	12.3	1.11	1.52	26.2						
						Bv	52—84	棕红色	黏壤土	块状	6.8	7.6	0.89	1.52	25.7						
						C	84—200	棕红色	黏土	块状	6.0										
剖30	人为土	水稻土	潜育水稻土	烂泥田	烂泥田	A	0—21	暗棕色	砂壤土	糊状	6.2	32.6	1.62	0.91	14.8				砂岩	E 112°27′17.6″ N 26°19′05.7″	97
						G	21—100	棕灰色	壤土	糊状	6.4	26.2	1.42	0.82	19.7						
剖31	铁铝土	红壤	红壤	板页岩红壤	薄腐厚层板页岩红壤	A₁	0—10	红棕色	黏壤土	粒状	6.0	22.7	1.24	1.23	15.6				板页岩	E 112°16′35.3″ N 26°14′24.9″	98
						Bv	10—73	红棕色	黏壤土	粒状	6.0	14.1	1.01	1.33	17.2						
						C	73—130	暗棕色	黏土	块状	6.0										
							130—200	棕色	黏土	粒状	5.6										
剖32	铁铝土	红壤	黄壤	花岗岩黄壤	厚腐厚层花岗岩黄壤	A₁	0—24	黑色	壤土	团粒状	6.0	31.9	1.49	1.04	21.5				花岗岩	E 112°16′46.4″ N 26°10′34.6″	97
						A	24—65	灰棕色	砂壤土	粒状	5.6	27.5	1.35	0.89	24.0						
						Pg	65—105	黄棕色	砂壤土	小块状	5.6	24.2	0.99	0.73	23.8						
剖33	铁铝土	红壤	黄红壤	砂岩黄红壤	中腐中层砂岩黄红壤	E	0—13	灰白色	砂壤土	棱柱状	6.0	19.0	1.45	1.02	19.0				砂岩	E 112°24′37.9″ N 26°13′22.5″	97
						A₁	13—45	黄棕色	砂壤土	团粒状	6.4	33.0	1.67	1.53	16.8						
						Bv	45—86	黄棕色	砂壤土	粒状	7.2	33.0	1.63	1.66	26.6						
						C	86—150	浅红棕色	壤土	块状	6.8	4.8	0.54	1.05	39.0						
剖34	人为土	水稻土	渗育水稻土	白鳝泥田	白鳝泥田	A	0—16	灰棕色	壤土	块状	6.0	26.7	1.36	1.17	20.1				砂岩	E 112°16′53.1″ N 26°33′30.2″	97
						Pg	16—26	黄棕色	砂壤土	块状	6.0	23.6	1.21	1.00	22.4						
						E	26—100	灰棕色	砂壤土	棱柱状	6.0	8.3	0.68	0.84	18.9						
剖35	人为土	水稻土	淹育水稻土	浅麻砂泥田	浅麻砂泥田	A	0—15	黄棕色	砂壤土	团粒状	6.4	33.0	1.67	1.53	16.8				花岗岩	E 112°34′34.3″ N 26°32′15.2″	97
						Pg	15—30	黄棕色	砂壤土	块状	7.2	33.0	1.63	1.66	26.6						
						C	30—100	浅红棕色	壤土	块状	6.8	4.8	0.54	1.05	39.0						
剖36	人为土	水稻土	矿毒型水稻土	金属矿毒田	铅锌矿毒田	A₁	0—17	红黄色	壤土	块状	6.0	39.6	1.11	1.95	15.5				紫色页岩	E 112°35′42.8″ N 26°32′21.0″	97
						Pg	17—26	浅红棕色	黏壤土	块状	7.2	39.9	1.03	1.95	16.7						
						G	26—100	暗棕色	黏壤土	棱柱状	7.2	31.6	1.15	1.06	38.2						
剖37	人为土	水稻土		薄腐厚层砂岩红壤	薄腐厚层砂岩红壤	A	0—2	栗色	壤土	团粒状	6.0	99.4	2.93	0.72	37.8				砂岩	E 112°31′32.8″ N 26°31′22.3″	97
						Bv	2—9	暗黄棕色	砂壤土	粒状	5.6	31.8	1.34	0.56	26.2						
							9—81	暗黄棕色	砂壤土	块状	5.5	22.6	1.07	0.63	14.5						
						C	81—100	红黄色	砂土	块状	5.9	12.4	0.80	0.70	15.0						
剖38	铁铝土	红壤	红壤	石灰岩红壤	薄腐中层石灰岩红壤	A	0—29	浅红色	黏壤土	小块状	5.2	22.7	0.93	0.57	14.6				石灰岩	E 112°30′15.6″ N 26°30′17.4″	97
						Bv	29—53	暗棕红色	黏壤土	块状	6.1	16.3	0.86	0.74							
						C	53—100	暗棕红色	砂壤土	粒状											
剖39	铁铝土	红壤	红壤	耕型砂岩红土	黄砂土	A	0—18	黄棕色	砂壤土	粒状	6.0	15.3	1.02	0.90	14.4				砂岩	E 112°32′35.2″ N 26°32′08.3″	97
						Bv	18—60	浅棕色	砂壤土	粒状	6.0	11.6	0.82	0.74	14.4						
						C	60—100	红黄色	砂壤土	粒状	5.6										
剖40	铁铝土	红壤	红壤	耕型花岗岩红土	麻砂土	A	0—19	灰黑色	砂壤土	团粒状	6.4	32.4	1.26	1.16	≥50.0				花岗岩	E 112°33′43.8″ N 26°30′59.1″	95
						Bv	19—54	黄紫色	粗砂土	粒状	6.0	18.9	0.97	1.07	45.9						
						D	54—100														

续表 Continued

剖面号 Soil profile	土纲 Soil order	土类 Soil great group	亚类 Soil subgroup	土属 Soil genus	土种 Soil species	土层码 Layer code	土层厚度 Depth/cm	颜色 Soil color	质地 Soil texture	土壤结构 Soil structure	pH	有机质 OM/(g/kg)	全氮 TN/(g/kg)	全磷 TP/(g/kg)	全钾 TK/(g/kg)	碱解氮 AN/(mg/kg)	有效磷 AP/(mg/kg)	速效钾 AK/(mg/kg)	土壤母质 Parent material	剖面点坐标 Profile coordinate	匹配指数 Matching index/%
剖41	人为土	水稻土	淹育水稻土	浅黄砂泥田	浅黄砂泥田	A	0—14	黄褐色	壤土	团粒状	6.0	27.8	1.41	1.27	13.8				黄色砂岩	E 112°34′39.8″ N 26°23′17.3″	98
						Pg	14—22	灰褐色	砂壤土	块状	6.0	18.9	1.09	1.19	14.3						
						C	22—100	灰褐色	砂壤土	粒状	5.6	8.4	0.54	0.88	12.9						
剖42	人为土	水稻土	矿毒型水稻土	非金属矿毒田		A	0—14	棕灰色	砂壤土	团粒状	6.8	40.3	2.02	2.70	21.7				砂岩	E 112°34′52.7″ N 26°16′10.4″	95
						Pg	14—23	棕色	砂壤土	块状	7.2	32.7	1.75	2.46	21.3						
						W	23—70	棕色	砂壤土	棱柱状	7.2	14.9	0.95	2.03	23.1						
						C	70—100	棕色	砂壤土	粒状	7.2										
剖43	半水成土	潮土	河潮土	耕型河潮土	河砂土	A	0—0.2	黄棕色	粗砂土	粒状	5.6		0.60	0.80	26.0				河流冲积物	E 112°35′18.6″ N 26°16′19.1″	95
						S	0.2—100	黄棕色	粗砂土	粒状	6.4										

邵 阳 市

新 邵 县

主要土类说明

红壤是新邵县主要土壤类型，占本县地域面积的41%。红壤分布在海拔300—500m的低山、丘陵区，是在亚热带气温高、热量足、雨量充沛、干湿季节交替明显的气候条件下形成的地带性土壤。成土母质为石灰岩、第四纪红土、板页岩、花岗岩、砂岩等。红壤一般土层深厚，具有明显的脱硅富铝化过程，有机质含量低，土壤呈酸性或强酸性。本县红壤分为红壤、黄红壤、红壤性土三个亚类。

水稻土是新邵县第二大土壤类型，占本县地域面积的29%。在人为耕作、施肥、灌溉等措施的影响下，土壤内部进行着氧化还原交替、有机质合成与分解、盐基淋溶与复盐基作用的熟化过程，促进了土壤性状的改变，形成了水稻土所特有的形态、理化和生物特性。本县水稻土分为淹育型、潴育型、渗育型、潜育型、沼泽型、矿毒型六个亚类。

石灰（岩）土是新邵县第三大土壤类型，占本县地域面积的16%。本县石灰（岩）土分为红色石灰土和黑色石灰土两个亚类。前者土层较厚，剖面分化明显，由于钙质淋失、黏粒下移，土壤呈上酸下碱，心土层pH为6.0—6.5，质地较重，并有铁锰锈膜和结核。后者土体一般呈黑色或棕色，土层较薄，pH在7.0以上，有石灰反应，剖面构型多为A-D或A-C-D。

黄壤占本县地域面积的10%，分布在海拔600m以上的山区。成土母质为板页岩、砂岩、花岗岩。黄壤发生层次明显，有枯枝落叶层，表土层呈灰黄色至暗黄色，心土层呈黄色或蜡黄色。黄壤有黏化现象及铁锰淀积，脱硅富铝化作用不及红壤强烈，土壤呈酸性至强酸性。本县黄壤仅有黄壤一个亚类。

小于本县地域面积3%的土壤类型有紫色土、黄棕壤、山地草甸土、潮土等。

本区域中心区气候特征

本区域中心区气候特征值
Regional climate characteristics in central area of the region

气候带：中亚热带湿润气候 Climate region: Subtropical humid climate	
年平均气温 /℃ Annual average temperature /℃	17.1
年平均最高气温 /℃ Annual average maximum temperature /℃	21.3
年平均最低气温 /℃ Annual average minimum temperature /℃	13.9
年降水量 /mm Annual precipitation /mm	1339
≥10℃的积温 /℃ Daily temperature accumulated in a year（≥10℃）/℃	6245
年日照时数 /h Annual sunshine /h	1522
年平均相对湿度 /% Annual average relative humidity /%	80
干燥度 Dryness	0.76

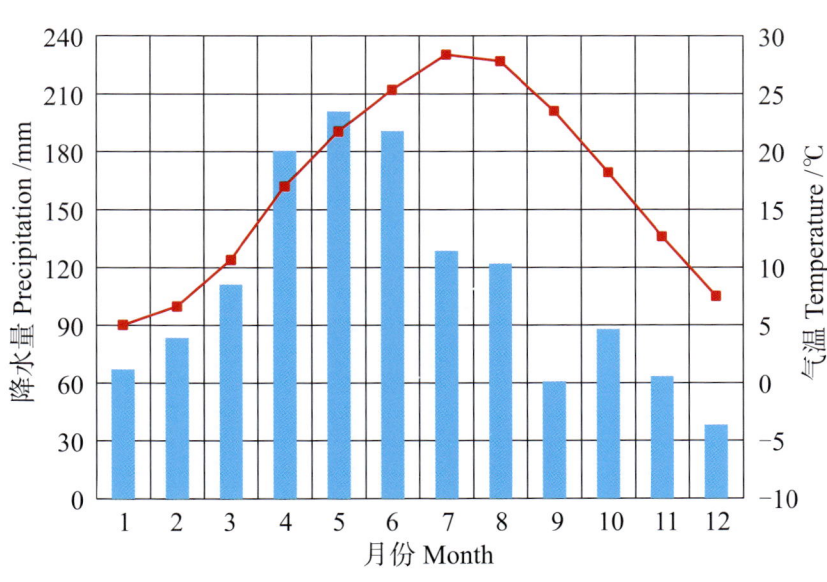

本区域中心区月平均气温与月平均降水量
Monthly temperature and precipitation in central area of the region

新邵县主要土壤类型与土壤剖面点分布图
1:230 000

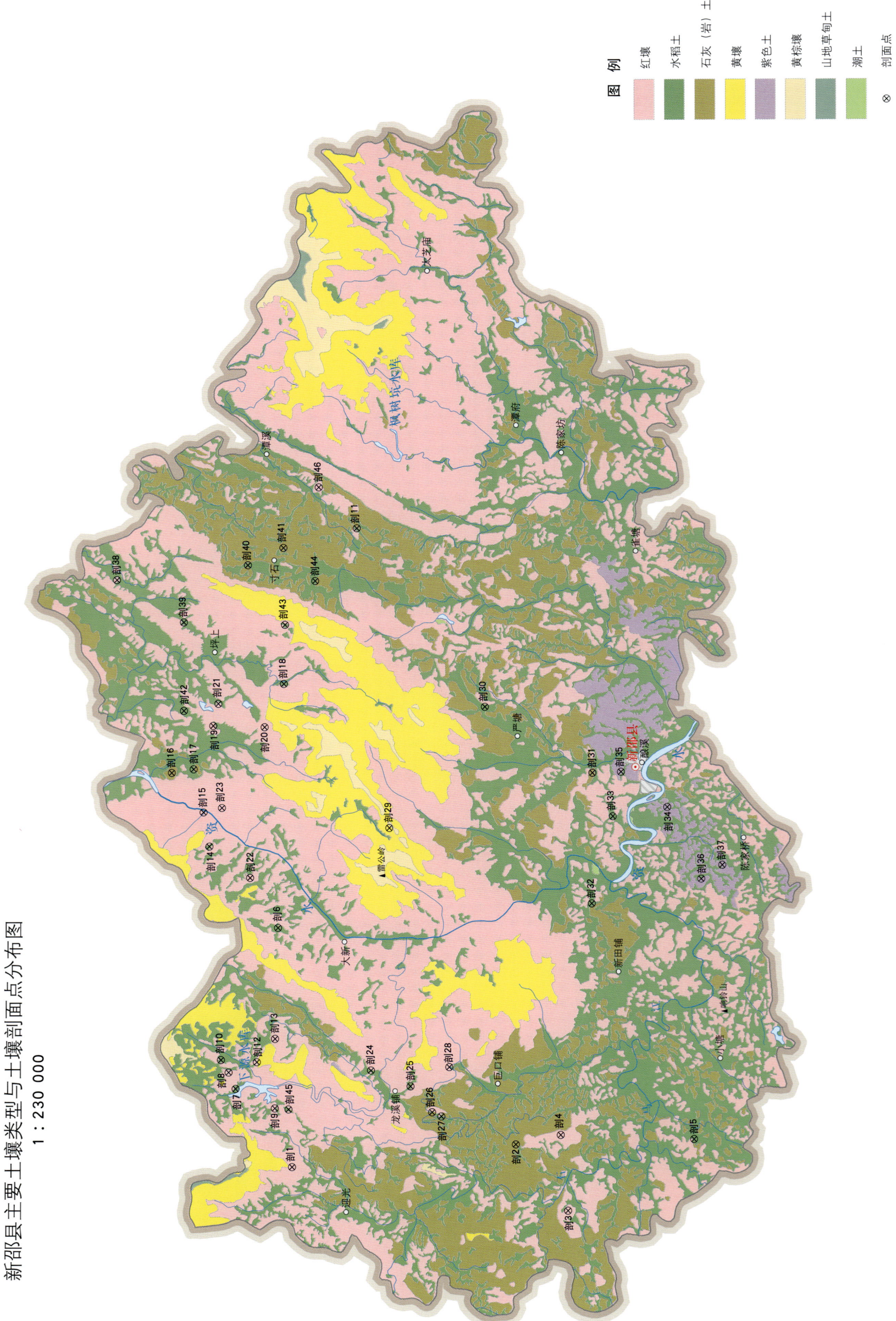

新邵县土壤剖面理化性状表

剖面号 Soil profile	土纲 Soil order	土类 Soil great group	亚类 Soil subgroup	土属 Soil genus	土种 Soil species	土层码 Layer code	土层厚度 Depth/cm	颜色 Soil color	质地 Soil texture	土壤结构 Soil structure	pH	有机质 OM/(g/kg)	全氮 TN/(g/kg)	全磷 TP/(g/kg)	全钾 TK/(g/kg)	碱解氮 AN/(mg/kg)	有效磷 AP/(mg/kg)	速效钾 AK/(mg/kg)	土壤母质 Parent material	剖面点坐标 Profile coordinate	匹配指数 Matching index/%
剖1	铁铝土	红壤	黄红壤	花岗岩黄红壤	薄腐中层花岗岩黄红壤	A₁	0—6	褐色	重壤土	粒状	4.5	47.7	2.00	0.69	25.3				花岗岩风化物	E 111°13′35.6″ N 27°30′07.3″	75
						ABv	6—36	棕色	轻壤土	块状	4.7	59.1	2.43	0.68	25.3						
						Bv	36—62	黄色	重壤土	块状	4.5	34.5	0.79	0.77	25.3						
						C	62—100	红棕色	轻壤土	块状	4.7	7.1	0.56	0.54	25.3						
剖2	初育土	石灰(岩)土	红色石灰土			1	0—20	棕红色	重黏土	粒状	6.0	15.9	1.26	0.81	16.6				石灰岩风化物	E 111°14′22.3″ N 27°23′12.9″	95
						2	20—50	棕红色	轻黏土	碎块状	6.0	8.7	0.78	0.75	15.6						
						3	50—100	棕红色	中黏土	碎块状	6.0	4.0	0.59	0.76	19.5						
剖3	铁铝土	红壤	红壤性土	石渣红壤	岩渣红壤	A₁	0—4	深栗色	壤土	粒状	5.1	141.4	5.59	1.09	17.3				砂岩风化物	E 111°12′06.8″ N 27°21′36.1″	93
						A	4—18	棕色	砂壤土	小块状	5.4	12.4	0.27	0.71	17.4						
						Bv	18—38	棕黄色	砂壤土	小块状	5.5	12.4	0.36	0.61	16.3						
						C	38—100	醋黄色	砂壤土	块状	5.8	12.5	1.23	0.74	17.1						
剖4	铁铝土	红壤	红壤	板页岩红壤	薄腐薄层板页岩红壤	A	0—2	深红色	重壤土	粒状	4.5	12.5	0.91	0.74	13.9				板页岩风化物	E 111°14′41.8″ N 27°21′49.5″	95
						ABv	2—39	棕红色	重黏土	碎块状	4.7	2.6	0.81	0.71	13.3						
						C	39—100	棕红色	重黏土	块状	7.3	2.3	0.98	0.73	12.2						
剖5	人为土	水稻土	淹育水稻土	浅黄砂泥田	浅黄砂泥田	1	0—15	灰棕色	壤土	粒状	7.4	18.7	0.79	0.67	11.3				砂岩风化物	E 111°14′33.5″ N 27°17′43.0″	95
						2	15—24	黄棕色	壤土	块状	5.6	10.3	0.23	0.65	12.3						
						3	24—100	棕黄色	壤土	块状	7.8	11.6	1.44	1.27	11.7						
剖6	人为土	水稻土	潴育水稻土	碱性紫泥田	碱性紫砂泥田	1	0—15	紫棕色	轻壤土	小块状	8.1	27.4	1.25	0.90	14.0				紫色砂岩	E 111°21′48.6″ N 27°30′32.6″	95
						2	15—22	紫色	中壤土	块状	8.3	9.8	0.71	0.62	12.5						
						3	22—70	紫色	轻壤土	块状	8.1	5.9	0.58	0.43	12.3						
						4	70—100	褐色	重壤土	粒状	7.0	≤1.0	1.73	1.17	21.9						
剖7	人为土	水稻土	矿毒型水稻土	金属矿毒田	铁锰矿毒田	1	0—14	棕色	重壤土	小块状	7.1	29.4	1.32	1.17	25.0				河流冲积物	E 111°16′15.8″ N 27°31′51.7″	95
						2	14—28	灰棕色	中壤土	粒状	7.2	20.3	1.03	1.24	24.8						
						3	28—60	灰棕色	重壤土	粒状	7.2	12.2	0.83	1.34	24.8						
						4	60—100	棕红色	黏壤土	粒状	5.5	6.1									
剖8	铁铝土	红壤	红壤	耕型石灰岩红壤	灰红土	1	0—18	棕红色	黏壤土	小块状	6.0	19.1	0.85	1.14	13.9				石灰岩风化物	E 111°16′49.9″ N 27°32′04.6″	95
						2	18—30	棕红色	中壤土	小块状	6.0	11.0	0.76	0.68	12.2						
						3	30—100	红棕色	重壤土	粒状	4.5	11.2	0.63	0.36	13.8						
剖9	铁铝土	红壤	红壤	第四纪红土红壤	薄腐中层第四纪红土红壤	1	0—20	红棕色	轻黏土	粒状	4.4	34.1	2.01	1.33	22.3				第四纪红黏土	E 111°15′36.0″ N 27°30′38.9″	95
						2	20—27	浅红棕色	黏壤土	小块状	4.7	27.3	1.94	1.32	19.7						
						3	27—100	黄棕色	黏壤土	块状	5.4	12.6	1.35	0.79	17.6						
剖10	人为土	水稻土	潜育水稻土	青泥田	青泥田	1	0—16	深棕色	轻壤土	块状	6.3	50.9	2.99	1.56	23.6				板页岩风化物	E 111°17′15.3″ N 27°32′18.6″	95
						2	16—30	深棕色	重壤土	片状	6.7	29.1	2.16	1.26	26.0						
						3	30—100	灰棕色	重壤土	块状	7.0	25.6	1.96	1.17	26.0						
剖11	人为土	水稻土	潜育水稻土	冷浸田		1	0—17	灰色	壤土	粒状	7.0	26.3	1.23	1.43	32.4				紫色砂砾岩	E 111°15′33.7″ N 27°30′13.8″	95
						2	17—45	棕色	砂壤土	小块状	5.0	11.4	1.12	0.72	21.8						
剖12	铁铝土	红壤	黄红壤	耕型花岗岩黄红壤		3	45—100	褐色	砂壤土	块状	4.5	9.3	0.32	0.68	21.4				砂岩	E 111°17′10.9″ N 27°31′12.2″	95

续表 Continued

剖面号 Soil profile	土纲 Soil order	土类 Soil great group	亚类 Soil subgroup	土属 Soil genus	土种 Soil species	土层码 Layer code	土层厚度 Depth/cm	颜色 Soil color	质地 Soil texture	土壤结构 Soil structure	pH	有机质 OM/(g/kg)	全氮 TN/(g/kg)	全磷 TP/(g/kg)	全钾 TK/(g/kg)	碱解氮 AN/(mg/kg)	有效磷 AP/(mg/kg)	速效钾 AK/(mg/kg)	土壤母质 Parent material	剖面点坐标 Profile coordinate	匹配指数 Matching index/%
剖13	铁铝土	红壤	黄红壤	花岗岩黄红壤	薄腐中层花岗岩黄红壤	A₁	0~2	黄棕色	砂土	粒状	4.2	54.0	2.25	1.01	17.6				花岗岩	E 111°17′58.1″ N 27°30′38.1″	95
						A	2~8	红棕色	砂土	粒状	4.3	45.1	2.38	1.09	16.2						
						Bv	8~40	浅红棕色	砂土	小块状	4.3	37.0	1.69	0.99	18.3						
						C	40~100	红棕色	砂壤土	小块状	4.7	8.5	0.90	1.05	23.2						
剖14	人为土	水稻土	淹育水稻土	浅紫砂泥田	浅紫砂岩黄红壤	1	0~11	紫红色	中壤土	块状	7.5	14.6	0.98	0.34	11.7				紫色砂岩	E 111°24′38.3″ N 27°32′39.4″	95
						2	11~18	紫红色	中壤土	块状	7.5	11.8	0.84	0.53	11.0						
						3	18~100	棕红棕色	轻壤土	块状	8.0	1.1	0.47	0.34	7.4						
剖15	铁铝土	红壤	红壤性土	石渣红壤	岩渣红壤	Ao	0~4	灰黑色												板页岩风化物	E 111°25′49.2″ N 27°32′50.0″	93
						A₁	4~32	青灰色	重壤土	小块状	5.6	68.1	3.99	1.05	19.6						
						ABv	32~80	深灰色	重壤土	小块状	4.7	50.6	2.88	1.01	21.6						
						BvC	80~100	棕黄色	中壤土	块状	5.1	11.2	1.52	0.69	19.9						
剖16	初育土	石灰(岩)土	黑色石灰土	耕型黑色石灰土		1	0~26	棕色	轻黏土	粒状	7.0	20.6	1.06	0.90	12.3				石灰岩残积物	E 111°27′11.6″ N 27°33′48.9″	95
						2	26~46	黄棕色	轻黏土	粒状	7.0	15.4	1.30	0.62	11.1						
						3	46~100	黄棕色	轻壤土	块状	7.0	8.0	0.92	0.43	10.4						
剖17	人为土	水稻土	潜育水稻土	河砂泥田	砂泥田	1	0~15	棕棕色	壤土	小块状	5.0	40.4	1.73	0.63	20.6				河流冲积物	E 111°27′18.8″ N 27°33′08.0″	95
						2	15~31	棕色	壤土	块状	5.0	22.5	1.54	0.89	17.2						
						3	31~58	棕黄色	壤土	块状	7.1	9.1	0.94	1.12	23.7						
						4	58~100	棕黄色	壤土	块状	7.2	7.0	0.88	1.14	21.2						
剖18	人为土	水稻土		非金属矿毒田	煤灰水田	1	0~16	深栗色	重壤土	小块状	8.1	70.7	2.35	1.13	23.6				紫色砂岩	E 111°27′29.1″ N 27°33′19.7″	95
						2	16~28	黑灰色	中黏土	块状	7.9	66.7	2.30	0.82	15.3						
						3	28~100	黑灰色	重黏土	块状	8.1	67.5	3.02	0.66	15.7						
剖19	铁铝土	红壤		耕型砂岩红壤		1	0~24	黄棕色	轻壤土	粒状	4.6	13.1	0.91	0.59	10.7				砂岩风化物	E 111°27′48.3″ N 27°33′31.5″	95
						2	24~64	黄棕色	轻壤土	块状	4.8	7.8	0.34	0.47	9.5						
						3	64~100	黄棕色	轻壤土	无结构	4.8	11.3	0.24	0.46	9.5						
剖20	铁铝土	红壤	黄红壤	石灰岩黄红壤	薄腐中层石灰岩黄红壤	Ao	0~2	黄棕色	轻壤土	小块状	5.5	36.3	1.89	0.90	26.4				石灰岩风化物	E 111°28′45.1″ N 27°30′56.7″	95
						A₁	2~8	黄棕色	轻壤土	块状	5.5	33.0	0.44	0.83	23.9						
						Bv	8~48	棕黄色	轻黏土	块状	4.4	14.2	0.93	0.67	24.2						
						C	48~100	棕黄色	轻壤土	块状	5.5										
剖21	铁铝土	红壤	黄红壤	耕型砂岩红壤		1	0~21	棕色	轻黏土	粒状	5.7	32.0	1.42	1.24	25.3				页岩风化物	E 111°29′33.8″ N 27°32′21.9″	95
						2	21~42	橙色	轻黏土	小块状	4.8	16.3	1.02	0.92	22.5						
						3	42~100	黄棕色	轻壤土	块状	5.2	8.4	0.87	0.77	25.2						
剖22	铁铝土	红壤	红壤	灰红土	灰黏红土	1	0~9	黄棕色	黏土	碎块状	4.2	15.8	1.10	0.30	10.1	3.0	45		石灰岩风化物	E 111°23′32.7″ N 27°31′24.0″	95
						2	9~68	亮红棕色	黏土	碎块状	4.2	11.6	0.80	0.30	10.1						
						3	68~100	亮红棕色	黏土	碎块状	4.4	8.5	0.60	0.30	10.1						
剖23	人为土	渗育水稻土	白散泥田	白散泥田		1	0~18	橙棕色	黏壤土	碎块状	4.5	18.1	0.90	0.69	16.5				第四纪红色黏土	E 111°25′58.0″ N 27°27′16.1″	82
						2	18~68	红黄色	黏土	块状	4.9	5.8	0.56	0.55	21.3						
						3	68~100	红黄色	黏土	块状	4.8	9.9	0.36	0.57	15.8						
剖24	人为土	水稻土	潜育水稻土	烂泥田	钙质烂泥田	1	0~13	棕灰色	中壤土	碎块状	7.0	32.9	1.75	1.08					砂岩风化物	E 111°16′53.8″ N 27°27′41.0″	95
						2	13~30	棕灰色	中壤土	块状	7.0	21.3	1.24	0.99	10.1						
						3	30~70		重壤土	块状	7.0	14.8	0.30	0.93	10.1						
						4	70~100	棕黄色	重壤土	块状	7.0	14.6	0.30	0.93	16.5						
剖25	人为土	水稻土				1	0~20	灰色	黏壤土	小块状	7.8	43.0	1.84	1.24	20.5	2.4	100		石灰岩风化物	E 111°16′21.5″ N 27°26′27.7″	95
						2	20~100	青色	黏土	无结构	9.0	35.6	1.46	0.86	23.0						
剖26	初育土	石灰(岩)土	红色石灰土	红灰泥土	红灰土	1	0~18	亮红棕色	黏土	核粒状	6.0	26.9	1.30	0.30	10.1	1.4	76		石灰岩、白云质灰岩风化坡积物	E 111°15′28.5″ N 27°25′48.0″	78
						AC	18~56	红棕色	黏土	块状	6.0	14.7	0.80	0.20	9.0						
						C	56~100	亮棕色	黏土	大块状	6.5	4.7	0.50	0.20	9.0	≤1.0	64				

续表 Continued

剖面号 Soil profile	土纲 Soil order	土类 Soil great group	亚类 Soil subgroup	土属 Soil genus	土种 Soil species	土层码 Layer code	土层厚度 Depth/cm	颜色 Soil color	质地 Soil texture	土壤结构 Soil structure	pH	有机质 OM/(g/kg)	全氮 TN/(g/kg)	全磷 TP/(g/kg)	全钾 TK/(g/kg)	碱解氮 AN/(mg/kg)	有效磷 AP/(mg/kg)	速效钾 AK/(mg/kg)	土壤母质 Parent material	剖面点坐标 Profile coordinate	匹配指数 Matching index/%
剖27	人为土	水稻土	潴育水稻土	扁砂泥田	扁砂泥田	1	0–15	深灰色	中壤土	粒状	6.7	60.2	2.30	0.77					花岗岩风化物	E 111°15′19.9″ N 27°25′30.9″	95
						2	15–25	深灰色	中壤土	块状	6.4	48.7	1.98	0.62							
						3	25–100	深灰色	中壤土	棱柱状	7.1	42.5	1.83	0.52							
剖28	铁铝土	红壤	红壤	耕型花岗岩红壤	麻砂土	1	0–22	黄褐色	砂壤土	粒状	6.4	9.2	0.49	0.73	32.9				花岗岩风化物	E 111°17′00.7″ N 27°25′15.9″	95
						2	22–62	黄棕色	砂壤土	块状	5.3	5.6	0.39	0.72	32.6						
						3	62–100	黄棕色	砂壤土	无结构	5.5	2.4	0.34	0.68	32.1						
剖29	铁铝土	黄壤	黄壤	耕型砂岩黄壤	黄砂土	1	0–18	深棕土	重壤土	碎结构	5.2	32.7	1.18	0.72	18.9				砂岩风化物	E 111°25′15.1″ N 27°27′06.4″	95
						2	18–55	栗黄色	重壤土	小块状	5.2	13.9	0.59	0.68	22.2						
						3	55–100	褐黄色	重壤土	块状	5.1	5.3	0.53	0.67	23.2						
剖30	人为土	水稻土	潴育水稻土	灰泥田	灰泥田	1	0–14	黄褐色	轻黏土	小块状	7.8	45.6	2.01	0.96	16.2				泥质灰岩风化物	E 111°29′25.5″ N 27°24′08.6″	95
						2	14–24	褐色	轻黏土	块状	7.9	38.4	1.84	1.16	15.5						
						3	24–67	深栗色	轻黏土	块状	7.9	22.6	1.23	1.04	13.9						
						4	67–100	棕灰色	轻黏土	块状	7.5	8.7	0.50	0.85	13.9						
剖31	初育土	石灰(岩)土	红色石灰土	耕型红色石灰土		A	0–28	红棕色	黏壤土	粒状	6.0	36.9	1.62	0.72	12.2				石灰岩	E 111°27′08.3″ N 27°20′50.3″	95
						Bv	28–56	棕红色	黏壤土	块状	6.0	4.7	0.78	0.55	10.8						
						C	56–100	棕红色	黏壤土	块状	6.5	4.7	0.78	0.55	10.3						
剖32	人为土	水稻土	潴育水稻土	扁砂泥田	扁砂泥田	1	0–20	棕灰色	黏壤土	碎块状	5.0	55.0	2.61	2.05	18.7				板页岩	E 111°27′37.2″ N 27°20′52.2″	95
						2	20–31	黄棕色	黏壤土	块状	4.9	53.8	2.60	2.00	18.7						
						3	31–100	壤质黏土		碎块状	5.4	21.9	2.29	1.66	18.3						
剖33	人为土	水稻土	潴育水稻土	黄泥田	熟红黄泥田	Aa	0–18	黄棕色	重壤土	碎块状	6.4	38.3	2.00	0.60	18.3	157	10.0	77	第四纪红色黏土	E 111°25′37.8″ N 27°20′12.5″	95
						Ap	18–31	浊黄棕色	重壤土	碎块状	6.4	20.9	1.20	0.60	18.0	119	8.0	61			
						W	58–79	黄褐色	重壤土	棱柱状	6.9	11.9	0.90	0.60	19.2	69	6.0	55			
						C	79–100	亮红棕色	壤质黏土	块状	6.9	3.7	0.80	0.40	17.3	37	5.0	41			
剖34	初育土	紫色土	酸性紫色土	酸性紫砂土	紫砂土	A	0–4	紫红色	重壤土	粒状	4.4	17.4	0.64	0.98	17.5				紫色砂岩风化物	E 111°25′56.7″ N 27°18′31.9″	95
						ABv	4–44	棕红色	重壤土	碎块状	4.9	2.7	0.53	0.27	16.8						
						C	44–100	棕红色	重壤土	碎块状	4.9	2.7	0.43	0.92	12.5						
剖35	初育土	紫色土	中性紫色土	耕型中性紫砂土	紫砂土	1	0–16	黄褐色	砂壤土	碎块状	6.8	17.2	0.95	0.79	19.0				紫砂砾岩	E 111°27′10.4″ N 27°19′56.8″	95
						2	16–60	紫红棕色	砂壤土	粒状	5.8	9.9	0.72	0.56	10.6						
						3	60–100	紫红棕色	重壤土	小块状	5.9	2.8	0.48	0.46	21.6						
剖36	初育土	紫色土	石灰性紫色土	耕型石灰性紫砂土		1	0–17	紫红色	中壤土	碎块状	7.9	8.9	0.96	0.42	23.2				紫砂岩	E 111°23′28.4″ N 27°17′29.3″	95
						2	17–58	红棕色	中壤土	粒状	7.8	8.5	0.91	0.42	22.7						
						3	58–100	棕红色	中壤土	小块状	7.5	7.0	0.92	0.41	26.7						
剖37	初育土	紫色土	酸性紫色土	酸性紫砂土		1	0–18	棕红色	中壤土	小块状	4.6	10.3	0.74	0.37	12.0				紫色页岩	E 111°23′57.1″ N 27°16′50.3″	95
						2	18–34	紫红色	中壤土	粒状	5.7	9.4	0.86	0.35	19.3						
						3	34–100	紫红色	中壤土	粒状	4.8	2.7	0.86	0.37	11.3						
剖38	铁铝土	红壤	红壤性土	石渣红壤	岩渣红壤	A	0–10	黑灰色	砂壤土	粒状	5.0								粉砂页岩	E 111°33′50.5″ N 27°35′28.2″	93
						ABv	10–38	棕灰色	砂黏土	碎块状	5.5	49.4	2.42	0.94	22.3						
						BvC	38–70	黄色	黏壤土	块状	5.5	33.6	2.12	0.61	23.0						
						C	70–100	黄色	轻黏土	块状	5.5	27.2	1.29	0.64	20.5						
剖39	人为土	水稻土	潴育水稻土	黄泥田		1	0–22	灰棕色	轻黏土	碎块状	6.6								页岩风化物	E 111°32′22.3″ N 27°33′24.8″	95
						2	22–36	黄棕色	中壤土	块状	6.5										
						3	36–82	黄棕色	中壤土	大块状	6.7										
						4	82–100	黄色	中黏土	大块状	6.4	5.0	0.95	0.77	22.7						

续表 Continued

剖面号 Soil profile	土纲 Soil order	土类 Soil great group	亚类 Soil subgroup	土属 Soil genus	土种 Soil species	土层码 Layer code	土层厚度 Depth/cm	颜色 Soil color	质地 Soil texture	土壤结构 Soil structure	pH	有机质 OM/(g/kg)	全氮 TN/(g/kg)	全磷 TP/(g/kg)	全钾 TK/(g/kg)	碱解氮 AN/(mg/kg)	有效磷 AP/(mg/kg)	速效钾 AK/(mg/kg)	土壤母质 Parent material	剖面点坐标 Profile coordinate	匹配指数 Matching index/%
剖40	人为土	水稻土	潴育水稻土	鸭屎泥田	鸭屎泥田	1	0—13	灰棕色	轻黏土	块状	7.9	45.6	2.01	0.96	16.2				石灰岩风化物	E 111°34′19.5″ N 27°31′25.9″	95
						2	13—22	灰棕色	轻黏土	块状	7.9	38.4	1.84	1.16	15.5						
						3	22—65	灰色	重黏土	块状	8.0	22.6	1.23	1.04	13.9						
						4	65—100	棕灰色	轻黏土	块状	8.0	8.7	0.50	0.85	13.9						
剖41	初育土	石灰(岩)土	黑色石灰土			A₁	0—10	红棕色	黏壤土	粒状	7.5	34.3	2.04	0.75	8.5				石灰岩残积物	E 111°34′55.3″ N 27°30′20.2″	95
						A	10—26	棕色	黏土	小块状	7.5	26.5	1.65	0.75	7.8						
						Bv	26—56	棕色	黏土	小块状	8.0	8.2	0.69	0.68	7.6						
						C	56—100	棕色	黏土	小块状	8.0	7.7	0.66	0.69	7.6						
剖42	人为土	水稻土	淹育水稻土	浅酸紫砂泥田	浅酸性紫砂泥田	1	0—12	紫棕色	砂壤土	碎块状	5.5								砂页质岩风化物	E 111°30′13.7″ N 27°30′20.4″	95
						2	12—18	棕红色	砂壤土	块状	5.5										
						3	18—100	棕红色	砂壤土	块状	5.5										
剖43	人为土	水稻土	潴育水稻土	岩渣子田	岩渣子田	1	0—14	棕灰色	重壤土	小块状	4.8	49.0	2.17	1.68	16.2				板页岩残积物	E 111°32′15.9″ N 27°30′17.9″	95
						2	14—23	棕灰色	重壤土	小块状	4.8	39.6	2.49	1.20	18.3						
						3	23—100	棕灰色	重壤土	块状	5.2	18.5	2.15	1.38	19.0						
剖44	人为土	水稻土	潴育水稻土	灰黄泥田	灰黄泥田	1	0—16	褐色	轻黏土	小块状	5.7	34.2	1.99	1.23	13.7				石灰岩残积物	E 111°33′46.0″ N 27°29′21.4″	95
						2	16—27	黄棕色	轻黏土	块状	5.7	30.1	1.71	1.19	20.5						
						3	27—71	棕色	中壤土	块状	6.6	20.0	1.50	1.09	26.1						
						4	71—100	浅红棕色	重壤土	块状	7.2	9.8	0.45	0.88	16.8						
剖45	人为土	水稻土	潴育水稻土	中性紫泥田	中性紫砂泥田	1	0—23	紫红棕色	中壤土	碎块状	7.0	22.9	1.22	0.64					石灰岩风化物	E 111°35′34.8″ N 27°28′04.3″	95
						2	23—33	紫红棕色	重壤土	碎块状	7.0	17.6	1.14	0.61							
						3	33—100	紫红棕色	轻壤土	块状	7.0	20.4	1.30	0.69							
剖46	铁铝土	红壤	黄红壤	石灰岩黄红壤	薄腐中层石灰岩黄红壤	A₁	0—3	红黄色	黏壤土	粒状	5.0	15.8	1.39	0.77	12.2				石灰岩风化物	E 111°36′59.3″ N 27°29′14.3″	95
						ABv	3—68	红棕色	黏壤土	粒状	5.5	11.6	0.63	0.57	12.2						
						C	68—100	红棕色	黏壤土	块状	5.5	8.5	0.60	0.57	12.2						

邵 阳 县

主要土类说明

红壤是邵阳县主要土壤类型，占本县地域面积的55%。红壤是在亚热带温暖条件下形成的地带性土壤，分布在海拔300—500m的低山丘陵或岗地。成土母质为石灰岩、板页岩、砂岩、第四纪红色黏土、花岗岩等。红壤一般土层深厚，具有明显的脱硅富铝化过程，土壤呈酸性，剖面发育完整。本县红壤分为红壤和黄红壤两个亚类。

水稻土是邵阳县第二大土壤类型，占本县地域面积的41%。水稻土是人为长期活动的产物，由各种地带性土壤和隐域性土壤经水耕熟化而形成。根据分布部位、剖面层次及地下水活动状况，本县水稻土分为淹育型、潴育型、渗育型、潜育型、沼泽型五个亚类。其中，潴育水稻土占本土类面积的70%，分布在塝田、冲田、垄田的中上部，位于淹育水稻土和潜育水稻土之间，具有深厚的淋溶淀积层，厚度一般为30—60cm。土壤熟化程度高，耕作层厚度一般为15—20cm。土体呈灰黄色、棕灰色或暗灰色。质地随母质类型而异，一般为黏壤土、壤土至砂壤土。耕性和土壤通透性一般较好。pH多为6.0—8.0，土壤呈微酸性至碱性。犁底层和淀积层明显，且淀积层的锈纹、锈斑较多。

小于本县地域面积3%的土壤类型有黄壤、紫色土、黄棕壤、山地草甸土、潮土等。

本区域中心区气候特征

本区域中心区气候特征值
Regional climate characteristics in central area of the region

气候带：中亚热带湿润气候 Climate region: Subtropical humid climate	
年平均气温 /℃ Annual average temperature /℃	17.3
年平均最高气温 /℃ Annual average maximum temperature /℃	21.4
年平均最低气温 /℃ Annual average minimum temperature /℃	14.3
年降水量 /mm Annual precipitation /mm	1382
≥10℃的积温 /℃ Daily temperature accumulated in a year (≥10℃) /℃	6417
年日照时数 /h Annual sunshine /h	1509
年平均相对湿度 /% Annual average relative humidity /%	79
干燥度 Dryness	0.75

本区域中心区月平均气温与月平均降水量
Monthly temperature and precipitation in central area of the region

邵阳县主要土壤类型与土壤剖面点分布图
1∶280 000

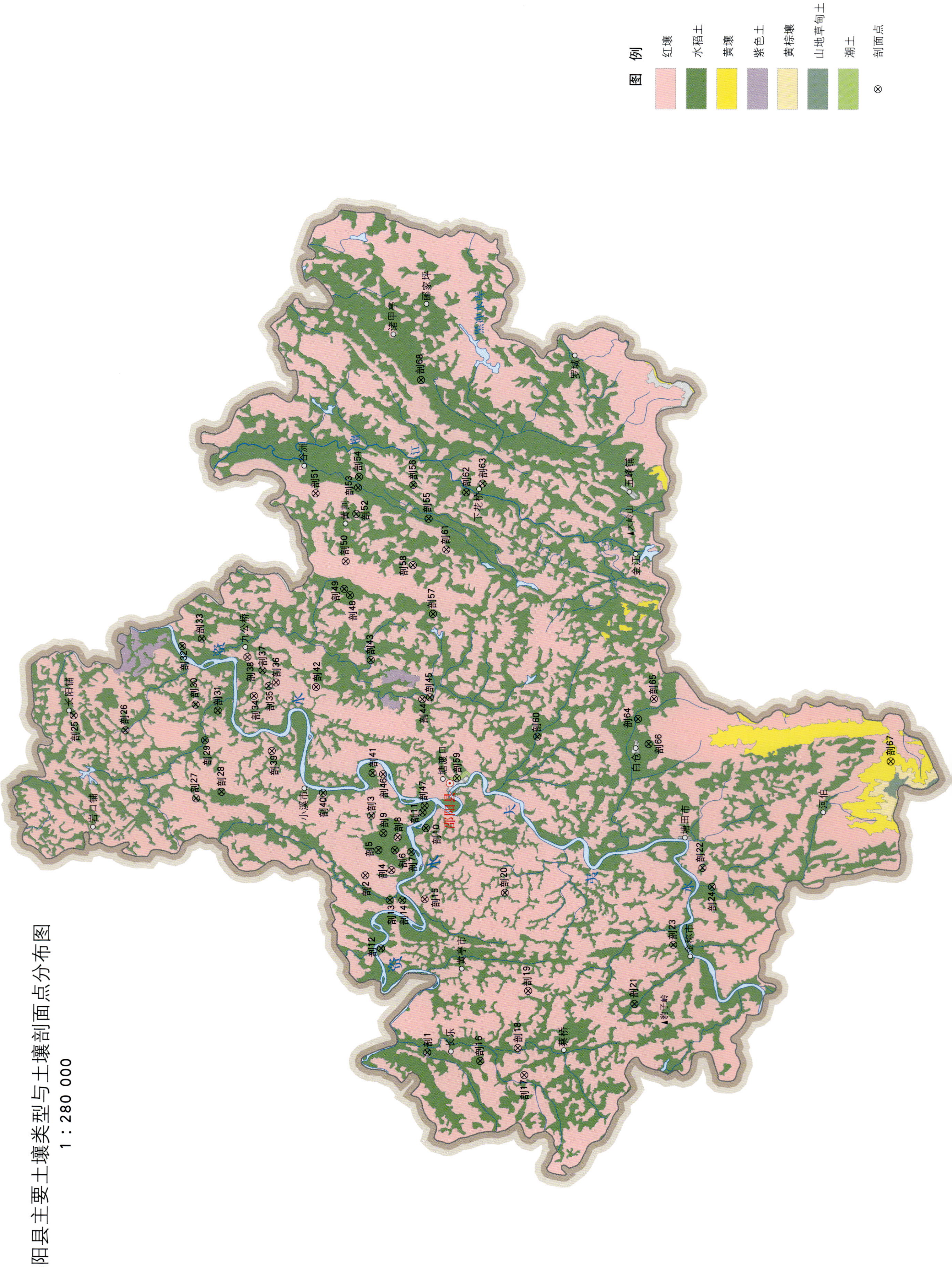

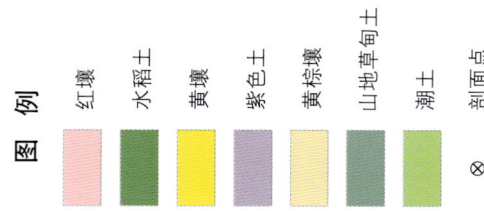

邵阳县土壤剖面理化性状表

剖面号 Soil profile	土纲 Soil order	土类 Soil great group	亚类 Soil subgroup	土属 Soil genus	土种 Soil species	土层码 Layer code	土层厚度 Depth/cm	颜色 Soil color	质地 Soil texture	土壤结构 Soil structure	pH	有机质 OM/(g/kg)	全氮 TN/(g/kg)	全磷 TP/(g/kg)	全钾 TK/(g/kg)	碱解氮 AN/(mg/kg)	有效磷 AP/(mg/kg)	速效钾 AK/(mg/kg)	土壤母质 Parent material	剖面点坐标 Profile coordinate	匹配指数 Matching index/%
剖1	人为土	水稻土	潴育水稻土	河砂泥田	青潮河潮泥田	A	0—16	黄棕色	壤土	粒状	6.5	54.8	2.98	1.28	13.8					E 111° 04′ 51.9″ N 27° 00′ 33.7″	95
						Pg	16—26	黄棕色	壤土	块状	6.5	41.4	2.46	1.05	14.4						
						G	26—36	青灰色	壤土	块状	6.5				20.1						
						W	36—52	黄棕色	壤土	棱柱状	6.5	12.4	1.22	0.27	22.3						
						Bv	52—100	黄棕色	黏壤土	块状	6.5	9.4	0.89	0.74	18.1						
剖2	铁铝土	红壤	黄红壤	砂岩黄红壤	薄腐厚层砂岩黄红壤	A_1	0—3	灰黄色	砂壤土	粒状	6.5	53.9	2.58	0.32	19.4				砂岩	E 111° 12′ 14.6″ N 27° 02′ 54.7″	95
						A_2	3—20	褐色	砂壤土	粒状	4.5	21.8	1.14	0.51	20.8						
						Bv	20—80	褐色	砂土	粒状	4.5	13.6	1.03	0.49	23.0						
						C	80—120	红褐色	砂土	粒状	5.0	8.6	0.71	0.29							
						D	120—200	紫红褐色	砂土	粒状	5.0										
剖3	人为土	水稻土	潴育水稻土	紫泥田	紫泥田	A	0—18	紫色	黏壤土	粒状	7.5					115	1.1	61	紫色砂页岩	E 111° 14′ 43.5″ N 27° 02′ 41.8″	75
						P	18—28	紫色	黏土	块状	7.5										
						W	28—53	紫棕色	黏土	块状	7.5										
						C	53—100	紫棕色	黏土	柱状	7.5										
剖4	铁铝土	红壤		耕型红土红壤	园艺红泥土	A	0—20	紫色	黏壤土	粒状	5.0								第四纪红色黏土	E 111° 12′ 27.4″ N 27° 01′ 56.1″	95
						Bv	20—100	浅红棕色	黏土	碎块状	5.5										
剖5	人为土	水稻土	潴育水稻土	河砂泥田	青潮石灰性河砂泥田	Ag	0—22	深灰色	砂壤土	碎块状	8.5	32.6	2.01	0.89	13.4					E 111° 13′ 17.4″ N 27° 02′ 25.2″	95
						Pg	22—37	灰棕色	砂壤土	块状	8.0	13.2	0.94	0.74	15.0						
						W	37—58	灰棕色	砂壤土	块状	8.0	11.5	0.95	0.79	16.3						
						Bvg	58—85	灰棕色	砂壤土	块状	8.0	11.5	0.89	0.76	17.8						
						G	85—100	棕棕色	黏壤土	粒状	8.5	45.8	2.46	0.44	23.3						
剖6	人为土	水稻土	渗育水稻土	白散泥田	白散泥田	A	0—18	棕灰色	黏土	粒状	8.5	32.8	2.05	0.88	21.0					E 111° 13′ 17.2″ N 27° 01′ 48.4″	95
						P	18—25	灰黄色	黏土	块状	7.0	1.1	0.50	0.22	18.8						
						E	25—54	灰色	砂土	棱柱状	7.0	4.2	0.47	0.15	24.8						
						C	54—100	棕灰色	砂土	块状	8.5	46.7	1.94	0.38	13.3						
剖7	人为土	水稻土	潴育水稻土	青泥田	石灰性青砂泥田	P	0—16	灰色	砂壤土	碎块状	8.5	40.2	2.00	0.85	14.2					E 111° 13′ 13.0″ N 27° 01′ 11.5″	95
						G	32—100	深褐色	砂壤土	块状	8.0	23.2	0.94	0.60	9.9						
剖8	铁铝土	红壤		第四纪红色黏土红壤		A_1	0—1	灰棕色	砂土	粒状	4.5									E 111° 13′ 49.8″ N 27° 01′ 42.1″	75
						A_2	1—18	黄棕色	砂土	粒状	5.0	31.6	1.05	0.59	15.9						
						Bv	18—150	黄棕色	砂土	块状	5.0	4.8	0.79	0.44	15.1						
剖9	人为土	水稻土	潴育水稻土	黄泥田		A	0—16	棕色	黏壤土	粒状	6.0	34.1	1.94	1.06	17.6				砂岩	E 111° 13′ 59.4″ N 27° 02′ 14.4″	75
						P	16—28	棕色	壤土	棱柱状	6.0										
						W	28—50	深褐色	黏土	块状	6.5	19.2	1.22	1.03	17.2						
						C	50—100	红棕色	黏土	块状	6.5	13.1	1.01	0.96	23.1						
剖10	人为土	水稻土	潴育水稻土	河砂泥田		A	0—16	黄棕色	壤土	碎块状	8.0					96	3.0	6		E 111° 14′ 12.8″ N 27° 00′ 39.2″	95
						P	16—32	棕色	壤土	块状	8.0										
						Bv	32—51	棕色	壤土	块状	8.0										
						C	51—67	棕色	壤土	块状	8.0										
							67—100	棕黄色	壤土	柱状	8.0										

续表 Continued

剖面号 Soil profile	土纲 Soil order	土类 Soil great group	亚类 Soil subgroup	土属 Soil genus	土种 Soil species	土层码 Layer code	土层厚度 Depth/cm	颜色 Soil color	质地 Soil texture	土壤结构 Soil structure	pH	有机质 OM/(g/kg)	全氮 TN/(g/kg)	全磷 TP/(g/kg)	全钾 TK/(g/kg)	碱解氮 AN/(mg/kg)	有效磷 AP/(mg/kg)	速效钾 AK/(mg/kg)	土壤母质 Parent material	剖面点坐标 Profile coordinate	匹配指数 Matching index/%
剖11	人为土	水稻土	潴育水稻土	黄砂泥田	乌红砂泥田	A	0—16	黄褐色	砂壤土	粒状	5.5					130	5.0	57		E 111°14′51.4″ N 27°00′46.8″	75
						P	16—20	紫色	砂土	粒状	6.0										
						W	20—40	紫色	砂土	粒状	6.5										
						C	40—100	浅红棕色	砂土	粒状	7.0										
剖12	人为土	水稻土	潜育水稻土	冷浸田	冷浸砂泥田	A	0—16	黄褐色	砂壤土	块状	7.0	43.3				191	5.4	11		E 111°09′10.6″ N 27°02′18.7″	75
						Pg	16—54	灰红棕色	砂壤土	块状	6.5										
						G	54—100	灰棕色	砂土	块状	6.0										
剖13	人为土	水稻土	潜育水稻土	河砂泥田	青褐石灰性河潮泥田	A	0—17	灰褐色	壤土	块状	8.0					141	8.9	7		E 111°11′11.9″ N 27°01′59.6″	75
						Pg	17—25	灰色	壤土	块状	8.0										
						G	25—46	黄褐色	壤土	块状	8.0										
						W	46—64	青褐色	壤土	块状	7.5										
						Bv	64—100	青褐色	壤土	块状	7.5										
剖14	人为土	水稻土	潜育水稻土	青泥田	青紫泥田	A	0—20	灰褐色	黏壤土	块状	8.0									E 111°11′11.4″ N 27°01′31.6″	75
						Pg	20—32	青灰色	黏土	块状	8.0										
						G	32—100	青灰色	黏土	块状	8.0										
剖15	铁铝土	红壤	红壤	石灰岩红壤		A₁	0—2	棕色	黏土	粒状	5.5	8.7	1.39	0.44	13.6				石灰岩	E 111°11′14.3″ N 27°00′41.3″	95
						A₂	2—16	红棕色	黏土	碎块状	6.0	11.2	0.84	0.42	20.3						
						Bv	16—150	棕红色	黏土	碎块状	7.5										
剖16	人为土	水稻土	潴育水稻土	紫泥田	紫砂泥田	A	0—16	黄褐色	砂壤土	块状	6.0					69	5.1	108	紫色砂页岩	E 111°04′31.1″ N 26°58′35.1″	95
						P	16—25	褐色	砂土	楼状	7.5										
						W	25—66	黄棕色	砂土	块状	7.5										
						Bv	66—100	棕色	砂土	块状	8.0										
剖17	铁铝土	红壤	红壤	园艺石灰岩红壤	园艺灰红土	A	0—28	棕黄色	黏壤土	粒状	5.0								石灰岩	E 111°03′57.0″ N 26°56′56.1″	95
						Bv	28—52	红棕色	黏土	块状	5.0										
						C	52—100	棕红色	黏土	块状	5.5										
剖18	铁铝土	红壤	黄红壤	板页岩黄红壤	薄腐中层板页岩黄红壤	Ao	0—1	棕色	黏壤土	粒状	5.0	96.4	4.25	0.89	18.7				板页岩	E 111°05′03.8″ N 26°57′11.3″	95
						A₁	1—3	褐色	黏土	块状	5.0	91.7	3.47	1.03	18.8						
						Bv	3—56	棕黄色	黏土	柱状	4.5	42.6	1.78	0.76	22.0						
						C	56—150	棕黄色	黏土	块状	4.5	15.6	1.55	0.73	20.6						
剖19							150—200														
剖20	人为土	水稻土	潴育水稻土	鸭屎泥田	黑鸭屎泥田	A	0—22	棕色	黏壤土	粒状	5.0	65.5	3.45	1.99	26.7					E 111°07′25.7″ N 26°56′47.9″	95
						C	22—100	褐色	黏土	块状	6.0	61.4	2.84	1.91	25.3						
剖21	人为土	水稻土	淹育水稻土	浅黄砂泥田	浅红砂泥田	A	0—19	棕色	黏土	柱状	7.5	7.2	0.82	0.55	14.6				砂岩	E 111°06′53.6″ N 26°52′49.8″	95
						P	19—27	棕色	黏土	块状	8.0	2.9	0.50	0.37	9.3						
						W	27—58	棕黄色	黏土	块状	8.0	28.0	1.52	0.82	11.1						
						C	58—100	棕黄色	砂土	碎块状	8.0	24.3	1.40	0.84	11.4						
剖22	人为土	水稻土	潜育水稻土	冷浸田	冷水田	A	0—15	棕色	砂壤土	粒状	6.0	10.7	0.52	0.40	10.8	96	1.6	30		E 111°12′34.9″ N 26°50′18.4″	95
						P	15—25	黄棕色	砂土	块状	6.0	54.3									
						C	25—100	棕黄色	黏壤土	块状	6.0										
剖23	人为土	水稻土	淹育水稻土	浅黄泥田	石子黄泥田	A	0—20	青灰色	黏壤土	粒状	6.5						2.3	28		E 111°09′21.5″ N 26°51′22.9″	95
						P	15—27	黄棕色	黏土	块状	6.5	13.1	1.20								
						C	27—100	棕黄色	黏土	块状	6.5										

续表 Continued

剖面号 Soil profile	土纲 Soil order	土类 Soil great group	亚类 Soil subgroup	土属 Soil genus	土种 Soil species	土层码 Layer code	土层厚度 Depth/cm	颜色 Soil color	质地 Soil texture	土壤结构 Soil structure	pH	有机质 OM/(g/kg)	全氮 TN/(g/kg)	全磷 TP/(g/kg)	全钾 TK/(g/kg)	碱解氮 AN/(mg/kg)	有效磷 AP/(mg/kg)	速效钾 AK/(mg/kg)	土壤母质 Parent material	剖面点坐标 Profile coordinate	匹配指数 Matching index/%
剖24	人为土	水稻土	潴育水稻土	河砂泥田	石底河砂泥田	A	0—14	深栗色	砂壤土	粒状	6.5					99	2.8	28		E 111°11′46.9″ N 26°49′56.9″	95
						P	14—26	黄褐色	砂土	粒状	6.0										
						W₁	26—50	褐色	砂土	粒状	5.5										
						W₂	50—100	棕色	砂土	粒状	5.5										
剖25	人为土	水稻土	潜育水稻土	冷浸田	冷浸泥田	A	0—28	紫棕色	壤土	粒状	6.0	41.2	1.94	1.01	16.3					E 111°18′53.5″ N 27°13′49.2″	95
						G	28—100	紫色	黏壤土	块状	6.5	34.7	1.50	0.70	15.1						
剖26	人为土	水稻土	潜育水稻土	青泥田	青鸭屎泥田	A	0—18	棕色	黏壤土	粒状	8.0	40.4	0.81	1.10	13.7					E 111°18′16.5″ N 27°11′53.3″	95
						Pg	18—33	灰棕色	黏土	块状	8.0	39.2	2.02	1.04	11.4						
						G	33—100	棕灰色	黏土	块状	7.5	38.5	1.85	0.75	11.8						
剖27	人为土	水稻土	淹育水稻土	浅黄泥田	铁子黄泥田	A	0—14	棕色	黏壤土	碎块状	5.0									E 111°15′26.0″ N 27°09′14.9″	95
						P	14—24	黄褐色	黏土	块状	5.0										
						W₁	24—70	栗色	黏土	块状	6.0										
						W₂	70—100	浅红棕色	黏土	块状	6.0										
剖28	人为土	水稻土	淹育水稻土	浅黄泥田	浅黄夹泥田	A	0—16	棕色	黏壤土	粒状	6.0	36.5	1.94	1.04	12.2	≤1	3.1	14		E 111°15′42.5″ N 27°08′17.5″	95
						P	16—27	灰棕色	黏土	棱柱状	6.0	25.7	1.36	0.73	13.4						
						C	27—100	浅红棕色	黏土	碎块状	5.5	11.1	0.88	1.59	14.8						
剖29	人为土	水稻土	潴育水稻土	灰黄泥田		A	0—18	棕色	黏壤土	块状	6.0					103	2.4	18		E 111°17′50.9″ N 27°08′54.9″	95
						P	18—28	灰棕色	黏土	棱柱状	6.5										
						W	28—56	棕黄色	黏土	块状	6.5										
						C	56—100	深灰色	黏壤土	小团粒状	8.5										
剖30	人为土	水稻土	潴育水稻土	灰板田	灰板泥田	A	0—13	黑灰色	黏土	块状	7.5	36.1	2.20	0.77	20.9					E 111°19′20.9″ N 27°09′16.0″	95
						P	13—30	青灰色	黏土	块状	7.5	37.3	1.86	0.65	23.6						
						W	30—45	黄褐色	黏土	块状	7.5	6.6	0.72	0.60	17.9						
						Bv	45—78	灰棕色	黏土	块状	7.5	4.6	0.58	0.43	13.4						
						C	78—100	黄褐色	黏土	碎块状	8.0	47.3	3.47	1.19	20.8						
剖31	人为土	水稻土	潴育水稻土	鸭屎泥田	鸭屎泥田	A	0—20	棕灰色	黏壤土	块状	8.0	44.7	3.44	1.14	20.6					E 111°19′05.9″ N 27°08′26.2″	95
						P	20—32	棕灰色	黏土	块状	8.0	39.6	2.24	1.04	22.6						
						W	32—66	棕黄色	黏土	块状	8.0	26.7	1.57	0.85	22.1						
						Bv	66—100	深灰色	黏壤土	块状	8.0										
剖32	人为土	水稻土	潜育水稻土	烂泥田	烂泥田	A	0—20	黑灰色	黏壤土	小团粒状	6.0	72.8	2.68	0.62	16.2					E 111°21′47.3″ N 27°09′46.0″	95
						Ag	20—100	青灰色	黏土	小团粒状	5.5	67.8	2.46	0.49	16.8						
剖33	人为土	水稻土	潜育水稻土	红黄泥田		A	0—16	棕色	黏土	粒状	6.0	18.9	1.57	1.11	10.5				第四纪红色黏土	E 111°22′05.4″ N 27°09′02.3″	95
						P	16—33	黄褐色	黏土	粒状	6.0	16.6	1.25	0.83	11.3						
						W	33—70	棕色	黏土	块状	6.5	13.8	0.87	0.94	14.4						
						C	89—100	棕红色	黏土	块状	6.5										
剖34	铁铝土	红壤	红壤	耕型石灰岩红壤		A	0—25	棕黄色	黏壤土	碎块状	6.0	11.0	0.93	0.27	16.0				石灰岩	E 111°19′42.9″ N 27°07′05.0″	95
						C	25—100	红黄色	黏壤土	块状	5.5	4.8	0.87	0.47	16.7						
剖35	人为土	水稻土	淹育水稻土	浅黄泥田	浅黄泥田	A	0—15	褐色	黏土	棱状	5.0	25.2	1.50	0.85	22.2					E 111°20′07.3″ N 27°06′32.2″	95
						P	15—27	浅黄色	黏土	片状	5.5	15.7	1.07	0.98	22.5						
						C	27—100	褐黄色	黏土	碎块状	6.5	4.1	0.57	0.82	19.0						
剖36	铁铝土	红壤	红壤	砂岩红壤		A	0—20	褐色	黏壤土	碎块状	5.5								板页岩	E 111°20′16.6″ N 27°06′15.7″	95
						Bv	20—60	棕红色	黏土	碎块状	5.5										
						C	60—100	浅红棕色	黏土	碎块状	5.0										

续表 Continued

剖面号 Soil profile	土纲 Soil order	土类 Soil great group	亚类 Soil subgroup	土属 Soil genus	土种 Soil species	土层码 Layer code	土层厚度 Depth/cm	颜色 Soil color	质地 Soil texture	土壤结构 Soil structure	pH	有机质 OM/(g/kg)	全氮 TN/(g/kg)	全磷 TP/(g/kg)	全钾 TK/(g/kg)	碱解氮 AN/(mg/kg)	有效磷 AP/(mg/kg)	速效钾 AK/(mg/kg)	土壤母质 Parent material	剖面点坐标 Profile coordinate	匹配指数 Matching index/%
剖37	人为土	水稻土	潴育水稻土	红黄泥田	黑泥田	A	0—15	灰棕色	黏壤土	粒状	5.0	31.0	2.50	1.80	14.5				第四纪红色黏土	E 111°20′46.4″ N 27°06′46.1″	95
剖38	铁铝土	红壤	红壤	耕型红土红壤	熟红土	P	15—23	褐色	黏土	块状	5.5								第四纪红色黏土	E 111°21′20.3″ N 27°07′19.8″	95
						W	23—44	黄棕色	黏土	块状	6.0										
						C	44—100	棕色	黏土	块状	6.0										
剖39	铁铝土	红壤	红壤	耕型板页岩红壤	黄泥土	A	0—28	灰棕红色	黏壤土	粒状	5.5	13.5	1.02	0.93	11.5				板页岩	E 111°17′24.3″ N 27°06′24.7″	95
						Bv	28—100	棕红色	黏土	块状	5.0	9.5	0.91	0.79	11.3						
剖40	人为土	水稻土	潴育水稻土	黄砂泥田	石灰性砂泥田	A	0—23	棕黄色	黏土	粒状	5.0	7.0	0.77	0.84	10.7						
						Bv	23—64	红棕色	黏土	块状	5.5										
						C	64—100	紫棕色	砂壤土	粒状	8.5	31.9	1.82	0.66	15.3	69	≤1.0	≤5			
剖41	人为土	水稻土	潴育水稻土	河积泥田	砂泥田	A	0—21	紫棕色	砂土	粒状	8.5	4.2	1.60	0.58	14.1					E 111°15′39.8″ N 27°04′29.6″	95
						P	21—29	栗色	砂土	粒状	8.0	8.8	0.99	0.65	16.0						
						W	29—35	棕红色	砂土	块状	8.0	6.4	0.77	0.67	15.8						
						C	35—100	棕灰色	砂壤土	粒状	5.5	34.0	1.71	1.27	32.5						
剖42	铁铝土	红壤	黄红壤	石灰岩黄红壤	薄腐厚层石灰岩黄红壤	A	0—15	棕灰色	砂壤土	粒状	6.0	32.0	1.44	1.33	28.0				石灰岩	E 111°16′29.7″ N 27°02′38.9″	95
						Bv	15—26	棕色	砂土	粒状	6.0	18.9	0.94	0.91	31.0						
						Bv	26—42	栗色	砂土	粒状	6.5	9.2	0.62	0.74	29.2						
						C	42—70	褐色	砂土	粒状	6.5	8.6	0.44	0.92	30.1						
						C	70—100	黄色	砂土	粒状											
剖43	人为土	水稻土	潴育水稻土	黄砂泥田	砂泥田	Ao	0.5—3	灰黑色	壤土	粒状	5.5	84.8	2.84	0.68	19.0					E 111°20′05.0″ N 27°04′45.8″	95
						A1	3—20	黄褐色	黏壤土	粒状	5.0	34.5	1.63	0.40	24.1						
						A2	30—100	红灰色	黏土	块状	4.5	17.4	1.14	0.34	25.4						
						Bv	100—200	红色	黏土	粒状	4.5	15.1	1.27	0.15	28.1						
剖44	铁铝土	红壤	红壤	石灰岩红壤	红砂泥田	A	0—18	灰褐色	砂壤土	粒状	6.5	31.8	1.53	0.49	11.3				石灰岩	E 111°21′12.2″ N 27°02′43.0″	82
						P	18—37	灰褐色	黏壤土	粒状	6.0	31.2	1.46	0.40	12.9						
						W	37—50	灰褐色	黏壤土	块状	6.0	33.6	1.37	0.26	13.7						
						C	50—100	灰褐色	砂土	粒状	7.0	10.7	0.65	0.26	17.2						
剖45	人为土	水稻土	潴育水稻土	黄砂泥田	青褐红砂田	A	0—21	棕黄色	黏壤土	块状	6.5	11.0	0.93	0.27	16.0					E 111°19′34.3″ N 27°00′47.7″	95
						Pg	21—31	红黄色	砂壤土	块状	5.5	4.8	0.87	0.47	16.7						
						W	31—73	灰棕色	砂土	粒状	6.5	32.6	1.49	0.58	13.6						
						C	73—100	青灰色	砂土	块状	6.0	24.1	1.17	0.53	18.8						
剖46	铁铝土	红壤	红壤	板页岩红壤		A1	0—1	灰棕色	黏土	粒状	6.0	4.5	0.52	1.26	17.1				板页岩	E 111°19′38.2″ N 27°00′33.9″	95
						A2	1—21	棕黄色	黏土	粒状	6.0	3.7	0.46	0.36	11.1						
						Bv	21—100	棕黄色	黏土	粒状	6.0										
剖47	人为土	水稻土	潴育水稻土	黄砂泥田	石灰性黄砂泥田	A	0—19	黄棕色	砂壤土	碎块状	8.5					148	6.7	92		E 111°16′26.8″ N 27°02′15.2″	95
						Pg	19—32	黄棕色	砂土	块状	8.5	42.2	2.14	0.90	11.4						
						Ws	32—60	棕色	砂土	块状	6.5	36.3	1.86	0.69	15.1						
						Cs	60—100	黄棕色	砂土	小团粒状	6.5										
剖48	人为土	水稻土	潴育水稻土	鸭屎泥田	青褐鸭屎泥田	A	0—20	黄褐色	黏土	块状	8.5	13.8	0.73	0.40	9.9					E 111°15′08.7″ N 27°00′42.2″	95
						Pg	20—50	深棕色	黏土	块状	8.5	10.4	0.72	0.64	16.3						
						W	50—73	棕色	黏土	块状	8.0										
						Bv	73—100	褐色	黏土	块状	8.0	46.5	2.43	0.96	14.8						
剖49	人为土	水稻土	潴育水稻土	青泥田	青泥田	A	0—24	棕灰色	壤土	块状	6.5	45.5	1.90	0.72	13.9					E 111°23′53.9″ N 27°03′30.0″	95
						G	24—100	深棕色			6.0									E 111°24′09.5″ N 27°03′43.0″	95

续表 Continued

剖面号 Soil profile	土纲 Soil order	土类 Soil great group	亚类 Soil subgroup	土属 Soil genus	土种 Soil species	土层码 Layer code	土层厚度 Depth/cm	颜色 Soil color	质地 Soil texture	土壤结构 Soil structure	pH	有机质 OM/(g/kg)	全氮 TN/(g/kg)	全磷 TP/(g/kg)	全钾 TK/(g/kg)	碱解氮 AN/(mg/kg)	有效磷 AP/(mg/kg)	速效钾 AK/(mg/kg)	土壤母质 Parent material	剖面点坐标 Profile coordinate	匹配指数 Matching index/%
剖50	铁铝土	红壤	红壤	耕型板页岩红壤	扁砂土	A	0—13	浅红棕色	黏壤土	粒状	5.5								板页岩	E 111°25′18.2″ N 27°03′39.7″	95
						Bv	13—63	棕红色	黏土	块状	5.5										
						C	63—100	红棕色	黏土	块状	5.5										
剖51	铁铝土	红壤	红壤	石灰岩红壤		A	0—16	棕褐色	黏壤土	粒状	6.5	14.3	0.82	0.68	7.8				砂岩	E 111°28′08.2″ N 27°04′46.8″	95
						Bv	16—58	黄棕色	黏土	块状	6.5	8.2	0.66	0.66	9.1						
						C	58—100	棕黄色	黏土	块状	6.0	7.4	0.53	0.62	12.3						
剖52	人为土	水稻土	淹育水稻土	浅岩渣子田	浅岩渣子田	A	0—15	黄棕色	砂壤土	小团粒状	6.0	23.6	1.22	0.66	15.5					E 111°27′16.6″ N 27°03′15.4″	95
						P	15—25	棕色	砂土	块状	6.0	15.6	1.00	0.62	18.4						
						C	25—75	棕红色	砂土	块状	6.5	8.1	0.78	0.62	20.2						
剖53	人为土	水稻土	潴育水稻土	黄砂泥田	青隔黄砂泥田	A	0—16	黄褐色	黏壤土	粒状	5.5	34.8				101	≤1.0	15		E 111°28′22.2″ N 27°03′11.8″	95
						Pg	16—29	灰褐色	砂土	块状	6.0										
						W	29—69	灰褐色	砂土	棱状	6.0										
						C	69—100	灰棕色	砂土	块状	5.5										
剖54	人为土	水稻土	潴育水稻土	河砂泥田	河潮泥田	A	0—16	棕色	壤土	块状	5.5					152	3.8	6		E 111°28′49.0″ N 27°03′09.5″	95
						P	16—25	灰色	壤土	块状	5.5										
						W	25—35	棕灰色	壤土	块状	6.5										
						Bv	35—41	灰灰色	黏壤土	块状	7.0										
						C	41—100	棕褐色	黏壤土	块状	7.5										
剖55	人为土	水稻土	潴育水稻土	黄泥田	青隔黄泥田	A	0—16	棕色	壤土	碎块状	6.0	35.8	2.16	0.98	16.1		7.9	72		E 111°27′04.8″ N 27°00′33.4″	95
						P	16—25	黄棕色	壤土	棱柱状	6.5	25.3	1.74	0.73	17.5		5.7	73			
						W	25—35	棕灰色	壤土	棱柱状	6.5	23.6	1.30	0.67	19.4		5.2	65			
						Bv	36—72	黄棕色	黏壤土	块状	7.0	12.8	1.23	0.67	17.8		5.2	67			
						C	72—100	灰棕色	黏壤土	块状	8.2	42.8	2.14	1.67	16.1	152	4.2	37			
剖56	人为土	水稻土	潴育水稻土	黄砂泥田	青隔黄砂泥田	A	0—22	黄色	黏壤土	小块状	8.0	38.9	1.78	1.54	15.9					E 111°28′29.1″ N 27°01′07.9″	81
						Ap	15—25	黄棕色	壤土	棱柱状	8.0	10.7	1.18	1.37	16.2						
						W₁	25—57	棕灰色	壤土	棱柱状	8.5	8.1	0.78	1.11	13.6						
						W₂	57—100	暗黄棕色	砂质黏壤土	棱柱状	6.0					114					
剖57	人为土	水稻土	灰黄泥田	灰黄泥田		A	0—17	黄棕色	黏壤土	棱柱状	5.5									E 111°23′07.2″ N 27°00′23.9″	95
						P	17—26	黄灰色	黏土	棱柱状	6.0										
						W	26—41	棕灰棕色	黏土	片状	6.0										
						Bv	41—53	浅灰棕色	黏土	块状	6.0										
						C	53—100	灰棕色	黏壤土	块状	6.5										
剖58	铁铝土	红壤	红壤	砂岩红壤	金称河砂土	A	0—20	黄棕色	黏壤土	粒状	6.0	18.5	1.21	0.70	9.0	74	21.0	59	第四纪红色黏土	E 111°25′08.9″ N 27°01′09.0″	95
						Bv	20—72	浅棕棕色	黏土	块状	6.0	5.3	0.59	0.42	9.0	48	7.0	45			
						C	72—150	浅红棕色	黏土	粒状	6.0	3.7	0.46	0.32	8.0	27	3.0	39			
剖59	半水成土	潮土	灰潮砂土	灰潮河砂土		A₁₁	0—20	黑棕色	砂壤土	粒状	7.8	20.1	1.00	0.80	25.5				河流冲积物	E 111°16′17.2″ N 26°59′29.8″	95
						C₁	20—54	暗棕色	砂壤土	屑粒状	7.4	17.6	0.30	0.60	28.1						
						C₂	54—100	浊黄棕色	砂质黏壤土	粒状	7.3	7.0	0.80	0.60	29.3						
剖60	人为土	水稻土	渗育水稻土	白鳝泥田	白夹泥田	A	0—16	灰棕灰色	黏壤土	粒状	7.0	30.7	1.68	1.70	29.3					E 111°18′00.6″ N 26°56′29.3″	95
						P	16—35	棕灰色	黏土	块状	7.0	20.3	1.23	1.69	29.5						
						We	35—61	橙色	黏土	块状	7.0	5.4	0.51	1.11	35.3						
						C	61—100		黏土	块状	7.0	3.3	0.75	0.79	48.6						
剖61	铁铝土	红壤		砂岩红壤		A	0—23	黄褐色	砂壤土	碎块状	5.5	17.6	7.90	0.73	10.3				砂岩	E 111°25′47.8″ N 26°59′54.0″	95
						C	23—100	棕黄色	壤土	碎块状	5.5	11.3	1.90	0.60	43.0						

续表 Continued

剖面号 Soil profile	土纲 Soil order	土类 Soil great group	亚类 Soil subgroup	土属 Soil genus	土种 Soil species	土层码 Layer code	土层厚度 Depth/cm	颜色 Soil color	质地 Soil texture	土壤结构 Soil structure	pH	有机质 OM/(g/kg)	全氮 TN/(g/kg)	全磷 TP/(g/kg)	全钾 TK/(g/kg)	碱解氮 AN/(mg/kg)	有效磷 AP/(mg/kg)	速效钾 AK/(mg/kg)	土壤母质 Parent material	剖面点坐标 Profile coordinate	匹配指数 Matching index/%
剖62	人为土	水稻土	潴育水稻土	灰黄泥田		A	0—17	棕色	黏壤土	块状	6.5	43.6	2.30	1.01	20.9					E 111°28′09.8″ N 26°59′09.3″	95
						Pg	17—27	棕色	黏土	块状	7.0	38.7	2.18	0.87	21.3						
						W	27—52	灰棕色	黏土	块状	7.0	42.6	2.16	0.85	20.1						
						Bvg	52—100	棕黄色	黏土	块状	6.5	41.6	2.22	0.73	21.8						
剖63	人为土	水稻土	潜育水稻土	青泥田	青砂泥田	A	0—16	棕黄色	砂壤土	粒状	5.5	33.5	1.72	0.78	16.2					E 111°28′22.9″ N 26°58′39.2″	95
						Pg	16—30	棕黄色	砂壤土	棱状	5.5	32.8	1.87	0.82	17.3						
						G	30—100	青灰色	砂土	棱状	6.0	24.4	1.69	0.72	18.6						
剖64	人为土	水稻土	渗育水稻土	白鳝泥田	白磁砂泥田	Ae	0—16	灰棕色	中壤土	团粒状	5.5	21.5	1.48	1.26	25.1					E 111°18′45.2″ N 26°52′43.7″	95
						Pe	16—32	灰棕色	中壤土	粒状	6.0	20.5	0.91	0.47	26.3						
						Bve	32—60	棕黄色	中壤土	粒状	7.0	10.2	0.83	1.41	23.5						
						Ce	60—100	红棕色	中壤土	粒状	7.0	6.9	0.78	0.41	24.1						
剖65	铁铝土	红壤		耕型石灰岩红壤		A_1	0—3	褐色	黏壤土	粒状	4.5								第四纪红色黏土	E 111°19′35.4″ N 26°52′07.6″	95
						Bv	3—41	红褐色	黏土	粒状	4.5										
						C	41—110	红棕色	黏土	块状	5.0										
							110—150	红棕色	黏土	块状	5.0										
剖66	人为土	水稻土	淹育水稻土	浅黄砂泥田		A	0—15	棕色	黏壤土	粒状	5.0					130				E 111°17′42.5″ N 26°52′20.0″	95
						P	15—20	黄褐色	砂土	粒状	5.5						1.4	63			
						W	20—28	棕黄色	砂土	粒状	6.0										
						Bv	28—40	红黄色	砂土	粒状	5.5										
						C	40—100	棕色	砂土	粒状	5.5										
剖67	铁铝土	黄壤		砂岩黄壤		Ao	0—3	褐色	砂壤土	粒状	4.5	91.2	4.72	1.51	9.1				砂岩	E 111°17′00.2″ N 26°43′16.8″	95
						A_1	3—6	褐色	黏土	粒状	4.5	63.5	2.84	1.35	15.1						
						A_2	6—30	黄褐色	砂土	粒状	4.5	25.2	1.98	1.10	20.0						
						Bv	30—200	黄褐色	砂土	粒状	6.0	38.6	2.16	1.21	18.7						
剖68	人为土	水稻土	潜育水稻土	岩渣子田	少岩渣子田	A	0—15	黄褐色	黏壤土	块状	6.0	25.4	1.85	0.86	16.3					E 111°32′49.8″ N 27°00′51.1″	95
						P	15—22	黄褐色	黏土	棱柱状	5.5	24.3	1.55	0.75	16.0						
						W	22—90	黄棕色	黏土	棱柱状	5.5	9.3	1.10	0.96	16.8						
						Bv	90—100														

隆 回 县

主要土类说明

红壤是隆回县主要土壤类型，占本县地域面积的47%。成土母质类型多样，化学风化作用强烈，岩石分解彻底，具有明显的脱硅富铝化过程。红色黏土层深厚，淀积明显。剖面构型一般为 A_1-AB-B-C 或 A-B-C。本县红壤分为红壤和黄红壤两个亚类。其中，红壤亚类面积较大，分布在海拔500m以下的低山、丘陵区，发育于多种成土母质，岩石风化迅速而彻底，土壤发育完整，全剖面呈红棕色，心土层可见铁子、铁盘。有机质分解快，积累少，土壤肥力较低，具有酸、瘦、黏、板等特点，全剖面呈酸性。在水土流失严重的地区，心土层或母质层裸露。

水稻土是隆回县第二大土壤类型，占本县地域面积的27%。在人为耕作、施肥、灌溉等措施的影响下，土壤内部进行着氧化还原交替、有机质合成与分解、盐基淋溶与复盐基作用的熟化过程，促进了土壤性状的改变，从而形成了水稻土所特有的形态、理化和生物特性。剖面构型为 A-P-W-C。本县水稻土分为淹育型、潴育型、渗育型、潜育型、沼泽型、矿毒型六个亚类。

石灰（岩）土是隆回县第三大土壤类型，占本县地域面积的8%。本县石灰（岩）土分为黑色石灰土和红色石灰土两个亚类。前者发育于石灰岩风化物，常见于石灰岩山顶岩隙、岩壳等低平处，土体呈黑色或棕黑色，土层厚度不一，呈碱性，有石灰反应。后者发育于石灰岩较古老的风化壳，分布在石灰岩山丘、坡地和部分古老沉积风化物上，是黑色石灰土与石灰岩红壤之间的过渡类型，在干热和湿热交替影响下，风化作用强烈，上部土层中的碳酸盐被淋洗，下部土层有明显的黏粒和铁锰淀积，有时可见胶膜和铁锰结核，心土层质地黏重，全剖面呈黄红色或棕红色，呈微酸性。

黄棕壤占本县地域面积的8%。黄棕壤是一种地带性土壤，分布在海拔1200—1500m的山区，垂直分布在黄壤之上。自然植被多为次生阔叶林、灌木和灌丛茅草，地表有明显的枯枝落叶层和腐殖质层，腐殖质层之下有一层黄棕色或暗棕色土层，其下层呈黄色。黄棕壤脱硅富铝化程度比黄壤低，土壤呈酸性，有机质分解慢，积累多。

黄壤占本县地域面积的8%，主要分布在本县北部海拔800—1200m的山地，垂直分布在红壤之上、黄棕壤之下，其水分条件比红壤好。在气候凉湿、云雾多、日照少的条件下，土壤处于湿润状态，次生矿物水化生成水合氧化铁，使土壤呈黄色。土壤发育较完善，淋溶作用强，全剖面呈酸性。由于植被生长茂盛，腐殖质层较厚，故黄壤肥力比红壤高，有机质含量在48g/kg左右。本县黄壤仅有黄壤一个亚类。

小于本县地域面积3%的土壤类型有山地草甸土、紫色土、潮土等。

本区域中心区气候特征

本区域中心区气候特征值
Regional climate characteristics in central area of the region

气候带：中亚热带湿润气候 Climate region: Subtropical humid climate	
年平均气温 /℃ Annual average temperature /℃	16.9
年平均最高气温 /℃ Annual average maximum temperature /℃	21.1
年平均最低气温 /℃ Annual average minimum temperature /℃	13.7
年降水量 /mm Annual precipitation /mm	1326
≥10℃的积温 /℃ Daily temperature accumulated in a year (≥10℃) /℃	6113
年日照时数 /h Annual sunshine /h	1510
年平均相对湿度 /% Annual average relative humidity /%	80
干燥度 Dryness	0.76

本区域中心区月平均气温与月平均降水量
Monthly temperature and precipitation in central area of the region

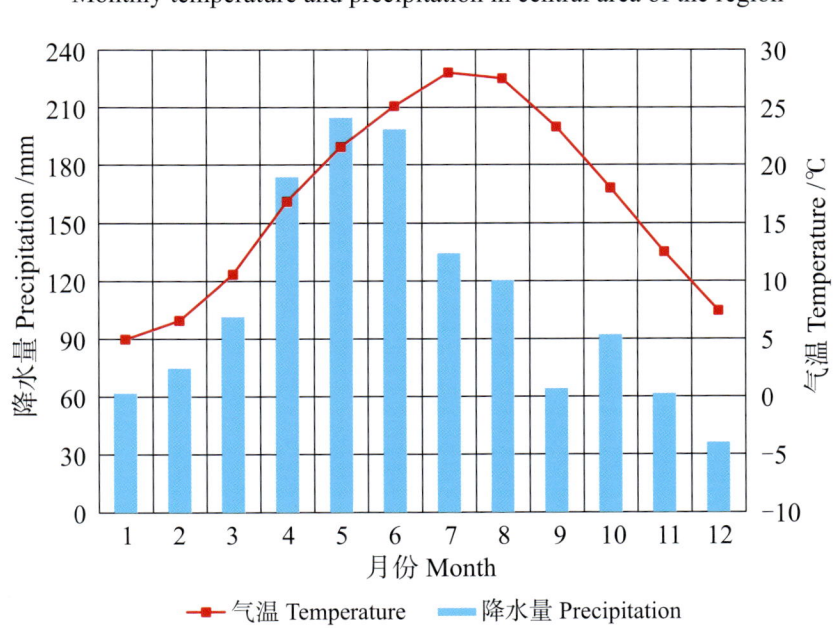

隆回县主要土壤类型与土壤剖面点分布图
1:270 000

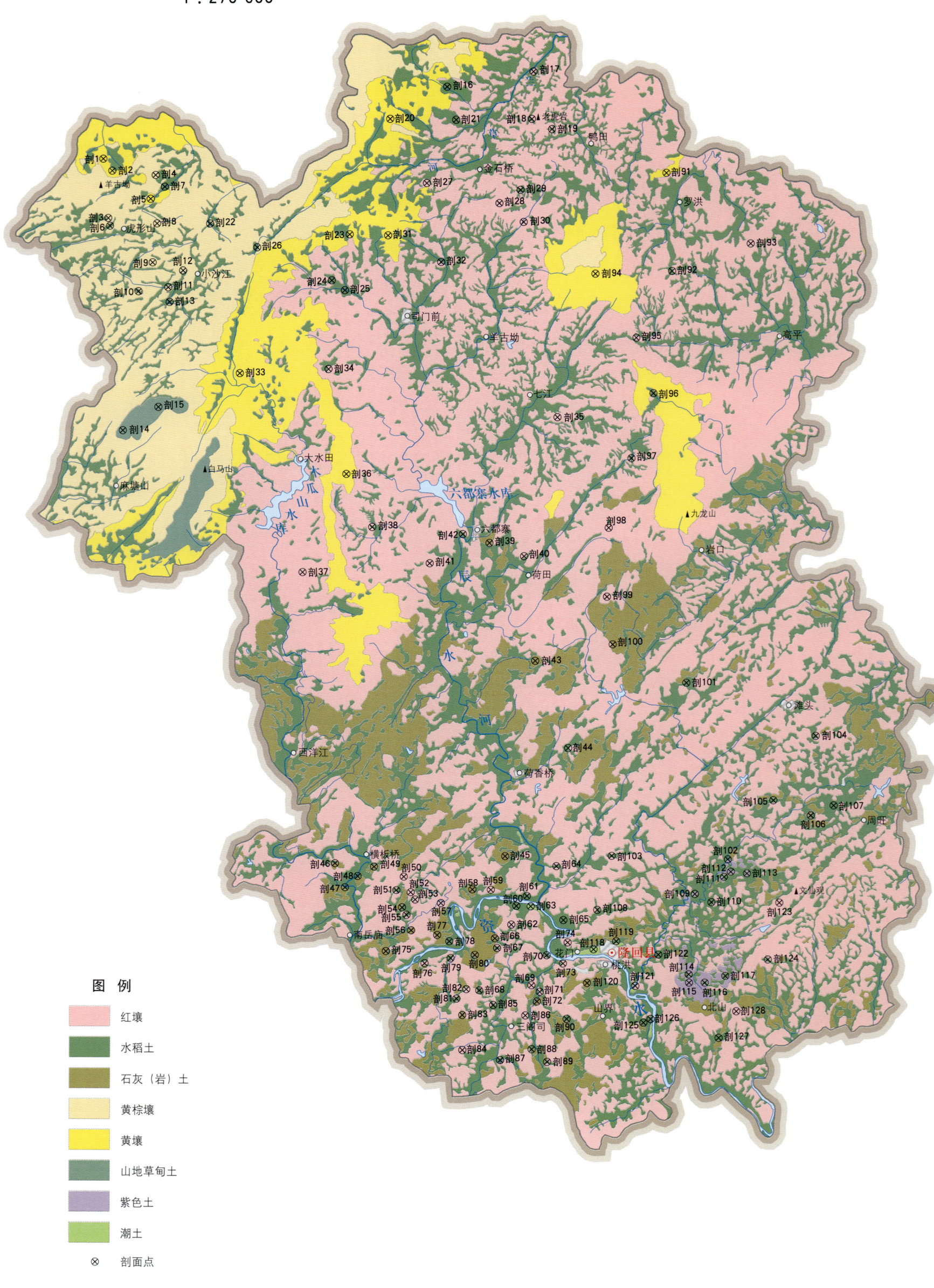

隆回县土壤剖面理化性状表

剖面号 Soil profile	土纲 Soil order	土类 Soil great group	亚类 Soil subgroup	土属 Soil genus	土种 Soil species	土层码 Layer code	土层厚度 Depth/cm	颜色 Soil color	质地 Soil texture	土壤结构 Soil structure	pH	有机质 OM/(g/kg)	全氮 TN/(g/kg)	全磷 TP/(g/kg)	全钾 TK/(g/kg)	碱解氮 AN/(mg/kg)	有效磷 AP/(mg/kg)	速效钾 AK/(mg/kg)	阳离子交换量CEC/(cmol/kg)	土壤母质 Parent material	剖面点坐标 Profile coordinate	匹配指数 Matching index/%
剖1	铁铝土	黄壤	黄壤	花岗岩黄壤	薄腐厚层花岗岩黄壤	A₁	0~2	暗棕色	壤土	粒状	5.0	51.8	1.89	1.61	27.6	181	1.2	139	11.5	花岗岩	E 110°41′05.1″ N 27°35′14.0″	97
						A	2~25	棕黄色	砂壤土	粒状	4.0	9.1	0.58	1.43	27.7	84	≤1.0	108				
						Bv	25~80	暗黄橙色	砂壤土	粒状	4.0	3.3	0.58	1.42	33.8	44	1.6	147				
						BvC	80~150	黄橙色	粗砂土		4.0											
剖2	铁铝土	黄壤	黄壤	耕型花岗岩黄壤	黄壤麻砂土	A	0~26	棕黄色	砂壤土		5.0	38.3	1.49	1.12	27.2	167	3.7	171		花岗岩残积物	E 110°41′27.3″ N 27°34′47.9″	97
						Bv	26~45	棕黄色	砂壤土		5.0	16.6	0.75	1.01	27.5							
						C	45~100	橙色	砂土		5.0	12.2	0.69	0.12	34.7							
剖3	淋溶土	黄棕壤	山地黄棕壤	耕型砂岩黄棕壤	黄棕壤麻砂土	A	0~14	灰棕色	砂壤土		5.0	48.8	1.91	0.95	21.6	151	8.7	226		砂岩坡积物	E 110°41′18.0″ N 27°33′05.9″	97
						Bv	14~70	黄棕黄	砂壤土		4.0	15.3	0.81	0.80	23.5							
						C	70~100	黄色	砂土		4.0	9.4	0.35	0.30	22.8							
剖4	淋溶土	黄棕壤	山地黄棕壤	花岗岩山地黄棕壤	薄腐厚层花岗岩黄棕壤	A₁	0~8	黑灰色	砂壤土		4.5									花岗岩残积物	E 110°43′12.0″ N 27°34′38.8″	99
						A₂	8~20	棕灰色	砂壤土		4.5	87.2	2.70	1.40	20.2	109	≤1.0	105				
						Bv	20~80	黄棕黄	砂土		4.5	24.2	1.28	1.06	24.8							
						BvC	80~150	黄色	砂土		4.5	18.0	1.15	0.80	22.9							
剖5	铁铝土	黄壤	黄壤	砂岩黄壤	厚腐厚层砂岩黄壤	Ao	0~2				5.1	79.6	2.79	0.90	29.3					砂岩残积物	E 110°43′00.1″ N 27°33′47.3″	97
						A₁	2~22	棕灰色	砂壤土		5.5	63.7	2.31	0.70	19.6		1.6	34				
						ABv	22~60	棕灰色	砂壤土		5.5	28.5	1.75	0.60	20.9							
						Bv	60~150	棕黄色	砂壤土		5.5	18.1	1.29	0.50	20.4							
剖6	人为土	水稻土	潜育水稻土	阴山田	阴山冷浸田	P	0~17	棕灰色	砂土		6.5	49.0	1.54	1.06	24.1	149	4.8	22		砂岩残积物	E 110°41′21.7″ N 27°32′49.2″	95
						Pg	17~27	青青色	砂壤土		6.5	46.5	1.54	0.90	25.2							
						G	27~100	灰青色	砂壤土		6.5	42.5	1.17	0.80	25.7							
剖7	人为土	水稻土	渗育水稻土	白散泥田	流砂底田	Ao	0~2				5.5	41.6	2.23	1.40	26.0	151	9.0	37		花岗岩洪积物	E 110°43′34.4″ N 27°34′13.3″	95
						P	16~27	棕灰色	砂土		5.5	40.5	2.00	1.30	25.5							
						S	27~37	青灰色	砂石土		5.5	21.3	0.93	0.80	27.8							
						G	37~100	青灰色	砂壤土		5.5	38.9	1.64	0.50	27.9							
剖8	淋溶土	黄棕壤	山地黄棕壤	砂岩山地黄棕壤	薄腐厚层砂岩黄棕壤	A₁	0~4	黑色	砂壤土		5.0	19.9	2.72	1.03	21.6	107	1.6	32		砂岩残积物	E 110°41′15.7″ N 27°32′54.3″	99
						ABv	4~82	黄棕色	砂壤土		5.0	14.8	1.44	1.00	23.5							
						BxC	82~150	黄色	砂土		5.0	14.4	1.17	0.80	22.5							
剖9	淋溶土	黄棕壤	山地黄棕壤	花岗岩山地黄棕壤	中腐厚层花岗岩黄棕壤	A₁	0~18	黑色	砂壤土		4.5	52.3	4.13	0.80	16.2	170	1.5	83		花岗岩残积物	E 110°43′05.3″ N 27°31′30.8″	97
						A₂	18~55	棕灰色	砂壤土		5.5	41.6	1.74	0.40	24.6							
						Bv	55~114	棕灰色	砂壤土		5.0	16.1	0.83	0.30	26.4							
						BvC	114~150	棕灰色	砂壤土		4.5	5.8	0.33	0.30	28.7							
剖10	人为土	水稻土	潜育水稻土	烂泥田	烂泥田	Ag	0~23	灰色	砂壤土		6.0	47.9	3.63	1.30	21.5	225	7.2	98		花岗岩坡积物	E 110°42′30.9″ N 27°30′28.5″	97
						G	23~100	青灰色	砂土		6.0	41.0	3.56	1.20	21.9							
剖11	淋溶土	黄棕壤	山地黄棕壤	耕型砂岩黄棕壤	黄棕壤麻砂土	A	0~28	棕灰色	砂壤土		5.0	77.2	3.30	1.12	23.8	258	6.7	64		砂岩坡积物	E 110°43′42.5″ N 27°30′37.0″	97
						Bv	28~60	黄棕色	砂壤土		5.5	72.6	2.82	1.05	24.4							
						C	60~100	黄色	砂土		5.5	31.7	2.05	0.50	25.9							
剖12	淋溶土	黄棕壤	暗棕壤	花岗岩暗黄棕壤	厚腐厚层花岗岩暗黄棕壤	A₁	2~23	暗棕色	中壤土	粒状										砂岩坡积物	E 110°44′18.7″ N 27°31′13.1″	82
						ABv	23~81	黄棕色	中壤土	粒状												
						BvC	81~150	黄色	轻黏土	碎块状												

续表 Continued

剖面号 Soil profile	土纲 Soil order	土类 Soil great group	亚类 Soil subgroup	土属 Soil genus	土种 Soil species	土层码 Layer code	土层厚度 Depth/cm	颜色 Soil color	质地 Soil texture	土壤结构 Soil structure	pH	有机质 OM/(g/kg)	全氮 TN/(g/kg)	全磷 TP/(g/kg)	全钾 TK/(g/kg)	碱解氮 AN/(mg/kg)	有效磷 AP/(mg/kg)	速效钾 AK/(mg/kg)	阳离子交换量CEC/(cmol/kg)	土壤母质 Parent material	剖面点坐标 Profile coordinate	匹配指数 Matching index/%
剖13	人为土	水稻土	潴育水稻土	麻砂泥田	青褐砂泥田	A	0—19	棕色	砂壤土		5.5	86.4	3.06	1.50	29.3	212	5.9	128		花岗岩坡残积物	E 110°43′46.0″ N 27°30′05.8″	95
						Pg	19—29	棕褐色	砂壤土		5.5	81.2	2.89	1.03	28.9							
						G	29—40	青灰色	砂壤土		5.5	68.2	2.76	0.80	26.4							
						Wg	40—51	棕灰色	砂壤土		5.5	60.7	1.98	0.80	29.2							
						C	51—100	灰棕色	砂土		5.5	23.7	1.31	0.80	31.1							
剖14	半水成土	山地草甸土	山地草甸土	花岗岩山地草甸土	厚腐厚层麻砂草甸土	Ao	0—5	黑色	壤土		6.0	141.3	7.20	1.13	19.5					花岗岩残积物	E 110°41′53.5″ N 27°25′30.4″	100
						A₁	5—28	黑色	砂壤土		5.5	58.3	2.12	0.70	21.6	285	≤1.0	52				
						Bv	28—108	棕褐色	砂壤土		5.5	12.4	≥10.00	0.30	13.0							
						C	108—150	灰白色	砂土		5.5											
剖15	半水成土	山地草甸土	山地草甸土	花岗岩山地草甸土	中腐厚层麻砂草甸土	A₁	0—15	黑棕色	壤土		4.5	63.9	2.17	0.70	27.6					花岗岩残积物	E 110°43′19.7″ N 27°26′19.9″	97
						A₂	15—45	棕黄色	砂土		4.5	30.4	1.54	0.70	27.7	228	≤1.0	105				
						Bv	45—126	灰黄色	砂土		4.5	21.2	1.12	0.70	27.5							
						BvC	126—150	棕黄色	砂土		4.5	15.2	0.92	0.40	25.5							
剖16	人为土	水稻土	潜育水稻土	冷浸田	冷水田	A	0—16	黄褐色	砂壤土		5.5	32.3	1.69	0.60	21.5	127	8.1	64		花岗岩坡积物	E 110°54′57.3″ N 27°37′47.7″	97
						Pg	16—27	棕灰色	砂壤土		6.0	32.2	1.36	0.40	18.7							
						G	27—100	青灰色	砂壤土		6.0	27.7	1.14	0.40	20.6							
剖17	铁铝土	红壤	红壤	耕型花岗岩红壤	麻砂土	A	0—20	黄棕色	砂壤土		4.5	12.6	0.62	0.50	27.2	76	1.6	47		花岗岩坡积物	E 110°58′26.0″ N 27°38′19.5″	97
						Bv	20—44	棕黄色	砂壤土		5.0	8.4	0.62	0.40	31.5							
						C	44—100	棕黄色	砂壤土		5.0	8.3	0.55	0.40	30.5							
剖18	铁铝土	红壤	黄红壤	耕型花岗岩黄红壤	园艺黄红麻砂土	Bv	24—100	浅红棕色	砂壤土		5.0	25.6	0.82	0.50	29.3					花岗岩坡积物	E 110°58′35.9″ N 27°36′39.8″	97
剖19	人为土	水稻土	潜育水稻土	烂泥田	溏眼田	Ag	0—10	棕灰色	砂壤土		5.5	44.1	1.89	0.60	28.2	111	6.1	56		花岗岩坡积物	E 110°59′10.8″ N 27°36′16.7″	97
						G	10—100	灰青色	砂壤土		6.0	41.8	1.59	0.60	28.0							
剖20	铁铝土	黄壤	黄壤	花岗岩黄壤	薄腐厚层花岗岩渣	Ao	0—2	黑褐色	壤土		5.0									板页岩坡积物	E 110°52′39.1″ N 27°36′38.9″	95
						A₁	2—22	黑褐色	砂壤土		4.5	44.9	2.10	9.30	19.9	153	5.5	105				
						ABv	22—70	黄色	黏壤土		4.0	35.0	1.85	1.60	18.2							
						Bv	70—150	黄褐色	黏壤土		5.5	34.5	1.46	1.30	19.5							
剖21	人为土	水稻土	潴育水稻土	青岩渣子田	青褐岩渣子田	A	0—16	黄褐色	黏壤土		6.0	32.8	1.41	0.30	16.3					花岗岩坡积物	E 110°55′18.8″ N 27°36′36.9″	95
						Pg	16—28	棕褐色	砂壤土		6.0	29.7	1.07	0.70	29.9	137	9.8	98				
						W₁	28—46	褐色	砂壤土		6.0	29.0	0.90	0.50	22.3							
						W₂	46—100	褐色	砂壤土		6.0	26.1	0.87	0.50	27.2							
剖22	人为土	水稻土	潜育水稻土	青泥田	青麻砂泥田	A	0—20	棕色	砂壤土		6.5	32.7	1.83	0.90	22.4	110	7.0	90		花岗岩坡积物	E 110°45′24.0″ N 27°32′53.9″	98
						Pg	20—33	灰色	砂壤土		6.5	28.2	1.17	0.70	23.3							
						G	33—100	深褐色	砂壤土		6.5	12.2	1.06	0.70	26.2							
剖23	铁铝土	黄壤	黄壤	砂岩黄壤	黄壤砂土	A	0—15	黄褐色	砂壤土		5.0	28.7	1.26	0.97	29.8	121	8.1	52		砂岩坡积物	E 110°51′01.6″ N 27°32′31.0″	97
						P	15—24	棕褐色	砂壤土		6.0	21.2	1.19	0.90	29.0							
						W₁	24—44	棕褐色	砂壤土		6.0	17.5	0.95	0.90	24.0							
						W₂	44—100	棕褐色	砂壤土		6.0	14.9	0.82	0.60	26.0							
剖24	人为土	水稻土	潴育水稻土	麻砂泥田	麻砂泥田	A	0—15	深褐色	砂壤土		5.5	41.6	1.56	1.60	29.8	160	16.4	60		花岗岩坡积物	E 110°50′17.8″ N 27°30′51.8″	95
						Pg	15—23	棕灰色	砂壤土		5.5	39.1	1.42	1.00	29.1							
剖25	人为土	水稻土	矿毒型水稻土	金属矿毒田	铅锌矿毒田	G	23—100	青灰色	砂壤土		5.5	35.8	1.36	0.30	25.8					花岗岩坡积物	E 110°50′49.8″ N 27°30′30.7″	97

续表 Continued

剖面号 Soil profile	土纲 Soil order	土类 Soil great group	亚类 Soil subgroup	土属 Soil genus	土种 Soil species	土层码 Layer code	土层厚度 Depth/cm	颜色 Soil color	质地 Soil texture	土壤结构 Soil structure	pH	有机质 OM/(g/kg)	全氮 TN/(g/kg)	全磷 TP/(g/kg)	全钾 TK/(g/kg)	碱解氮 AN/(mg/kg)	有效磷 AP/(mg/kg)	速效钾 AK/(mg/kg)	阳离子交换量CEC/(cmol/kg)	土壤母质 Parent material	剖面点坐标 Profile coordinate	匹配指数 Matching index/%
剖26	人为土	水稻土	渗育水稻土	白鳝泥田	白鳝泥田	A	0–15	砂棕色	砂壤土		5.0	52.0	2.12	1.80	28.2	192	6.3	99		花岗岩坡积物	E 110°47′17.9″ N 27°32′02.7″	95
						Pg	15–28	黄棕色	砂壤土		5.0	60.7	2.55	1.20	26.3							
						E	28–42	灰白色	砂土		5.5	33.1	1.25	0.90	31.0							
						Ce	42–100	黄棕色	砂石土		6.0	16.0	0.74	0.90	28.3							
剖27	铁铝土	红壤	黄红壤	耕型花岗岩黄红壤	黄红麻砂土	A	0–20	黄褐色	砂壤土		4.5	31.1	0.82	1.50	29.9	136	3.1	105		花岗岩坡积物	E 110°54′07.7″ N 27°34′20.8″	97
						Bv	20–70	黄红色	砂壤土		4.0	26.4	0.56	0.60	30.0							
						C	70–100	棕黄色	砂土		4.0	12.6	0.47	0.40	29.5							
剖28	铁铝土	红壤	黄红壤	花岗岩黄红壤	中腐厚层花岗岩黄红壤	Ao	0–2													花岗岩坡积物	E 110°57′03.4″ N 27°33′37.4″	98
						A₁	2–15	黑褐色	砂壤土		4.5	53.5	2.19	0.60	39.3	94	1.1	101				
						ABv	15–28	棕黄色	砂壤土		5.0	22.7	0.87	0.50	44.8							
						BvC	28–150	黄色	砂土		5.0	10.1	0.54	0.50	43.0							
剖29	人为土	水稻土	潴育水稻土	酸性紫泥田	青褐酸性紫砂泥田	A	0–17	黄褐色	黏壤土		5.5	27.4	1.41	0.60	14.9	132	1.5	67		紫色页岩坡积物	E 110°57′54.3″ N 27°34′05.5″	95
						Pg	17–29	紫褐色	黏壤土		6.0	27.0	1.15	0.50	14.9							
						W₁	29–55	紫棕色	黏土		6.5	12.5	0.86	0.40	13.9							
						W₂	55–100	紫色	黏土		6.5	8.3	0.40	0.40	13.8							
剖30	铁铝土	红壤	黄红壤	耕型花岗岩红壤	园艺麻砂土	A	0–15	黄棕色	砂土		5.0	24.0	1.01	0.50	24.9	81	1.6	117		花岗岩坡积物	E 110°58′02.1″ N 27°32′57.0″	98
						Bv	15–100	棕黄色	砂土		5.0	9.3	0.62	0.30	35.8							
剖31	铁铝土	黄壤	黄壤	花岗岩黄壤	薄腐厚层花岗岩黄壤	A	0–9	褐色	砂壤土		5.0	47.5	2.57	0.70	24.6	88	≤1.0	79		花岗岩残积物	E 110°52′33.9″ N 27°32′28.6″	98
						A₁	9–26	棕色	砂壤土		5.0	39.5	1.97	0.60	24.6							
						Bv	26–86	棕黄色	砂壤土		5.0	17.4	1.54	0.50	25.6							
						BvC	86–150	棕黄色	砂壤土		5.0	17.4	0.95	0.50	26.5							
剖32	人为土	水稻土	潴育水稻土	青泥田	青麻砂泥田	Ag	0–17	灰棕色	砂土		6.0	38.7	1.27	0.50	22.2	81	3.5	64		花岗岩坡积物	E 110°54′42.3″ N 27°31′31.4″	95
						Pg	17–27	灰色	砂土		6.0	28.7	1.03	0.50	25.5							
						G	27–100	青灰色	砂土		6.5	15.0	1.19	0.20	26.3							
剖33	铁铝土	黄壤	黄壤	砂岩黄壤	薄腐厚层砂岩黄壤	A₁	0–4	黑黄色	砂壤土		5.5	83.9	1.34	0.90	19.8	92	1.6	37		砂岩残积物	E 110°46′35.6″ N 27°27′33.5″	98
						ABv	4–70	棕黄色	砂壤土		5.5	12.2	0.93	0.80	23.2							
						Bv	70–150	棕黄色	砂壤土		5.0	8.4	0.85	0.70	25.4							
剖34	铁铝土	黄壤	黄壤	砂岩黄壤	薄腐中层砂岩黄壤	A₂	0–28	棕色	砂壤土		5.0	43.1	1.45	0.90	28.1	55	≤1.0	41		砂岩残积物	E 110°50′10.1″ N 27°27′42.3″	97
						Bv	28–64	棕黄色	砂壤土		5.0	29.5	1.40	0.50	29.8							
						D	64–150	灰棕色	砂壤土		6.0		1.38	≤0.10	27.0							
剖35	铁铝土	红壤	黄红壤	花岗岩红壤	薄腐中层花岗岩红壤	A₁	0–4	黄棕色	砂壤土		5.5	40.5	1.19	0.80	25.4	59	2.0	83		砂岩坡积物	E 110°54′23.4″ N 27°27′58.5″	95
						A₂	4–15	棕红色	砂壤土		4.5	31.3	0.90	0.50	27.0							
						Bv	15–85	浅红棕色	砂壤土		4.5	17.5	0.57	0.40	23.7							
						C	85–150	浅红棕色	砂壤土		5.5	11.2										
剖36	铁铝土	黄壤	黄壤	砂岩黄壤	薄腐中层砂岩黄壤	A₂	0–12	褐棕色	砂壤土		4.5	57.1	2.05	0.50	23.8	126	1.5	37		砂岩坡积物	E 110°50′54.0″ N 27°23′56.8″	98
						ABv	12–70	浅红棕色	砂壤土		5.0	7.4	0.56	0.30	26.6							
						C	70–150	浅红棕色	砂壤土		5.0	3.9	0.30	≤0.10	27.6							
剖37	铁铝土	红壤	红壤	花岗岩红壤	薄腐厚层花岗岩红壤	A₁	0–9	黄棕色	砂壤土		5.5	36.7	1.19	0.80	15.5	64	≤1.0	11		砂岩坡积物	E 110°49′08.0″ N 27°20′26.1″	98
						Bv	9–64	棕红色	砂壤土		5.5	13.4	0.97	0.43	13.4							
						BvC	64–150	灰棕色	砂壤土		5.5	9.4	0.94	0.30	10.9							
剖38	铁铝土	黄壤	黄壤	砂岩黄壤		A	0–17	灰色	砂壤土		6.0	39.1	1.71	0.90	22.9	132	2.2	11		砂岩坡积物	E 110°59′23.4″ N 27°25′58.5″	98
						Pg	17–28	青灰色	黏壤土		5.5	43.1	1.18	0.50	22.9							
						G	28–100	青灰色	黏壤土		5.5	37.7	1.17	0.30	21.4							
剖39	人为土	水稻土	潴育水稻土	青泥田	青砂泥田	A	0–20	黑灰色	砂壤土		7.5	25.0	1.35	0.90	20.7	99	3.9	86		石灰岩坡积物	E 110°51′56.3″ N 27°22′02.8″	98
		石灰(岩)土	黑色石灰土	耕型黑色石灰土	黑灰土	Bv	20–44	棕色	黏壤土		8.0	21.5	0.93	0.60	≤1.0						E 110°56′38.8″ N 27°21′28.8″	97
	初育土					C	44–100	棕黄色	黏壤土		8.0	18.4	0.59	0.40	21.8							

续表 Continued

剖面号 Soil profile	土纲 Soil order	土类 Soil great group	亚类 Soil subgroup	土属 Soil genus	土种 Soil species	土层 Layer code	土层厚度 Depth/cm	颜色 Soil color	质地 Soil texture	土壤结构 Soil structure	pH	有机质 OM/(g/kg)	全氮 TN/(g/kg)	全磷 TP/(g/kg)	全钾 TK/(g/kg)	碱解氮 AN/(mg/kg)	有效磷 AP/(mg/kg)	速效钾 AK/(mg/kg)	阳离子交换量CEC/(cmol/kg)	土壤母质 Parent material	剖面点坐标 Profile coordinate	匹配指数 Matching index/%
剖40	铁铝土	红壤	红壤	耕型石灰岩红壤	灰红土	A	0—21	棕黄色	黏土		5.5	22.0	1.30	1.13	14.9	113	7.2	94		石灰岩坡积物	E 110°58′02.7″ N 27°21′00.3″	98
						Bv	21—46	黄棕色	黏壤土		5.5	21.2	1.28	0.96	15.8							
						C	46—100	红棕色	黏壤土		5.0	8.3	0.70	0.96	17.0							
剖41	铁铝土	红壤	红壤	砂岩红壤	薄腐中层砂岩红壤	ABv	0—48	黄棕色	壤土		4.5	21.2	0.78	0.40	20.5	108	2.0	71		砂岩坡积物	E 110°54′15.2″ N 27°20′45.2″	98
						BvC	48—66	黄色	壤土		5.0	12.1	0.56	0.40	24.2							
						C	66—150	栗色	壤土		5.0	3.8	0.50	0.20	27.5							
剖42	人为土	水稻土	潴育水稻土	灰泥田	滩头泥田	Aa	0—16	灰棕色	黏壤土	碎块状	6.2	24.5	1.70	0.40	12.8	146	3.7	130		砂质岩风化物	E 110°55′34.5″ N 27°21′48.0″	95
						Ap	16—27	橄榄棕色	黏壤土	块状	6.5	20.0	0.80	0.40	12.5		3.2	123				
						W₁	27—49	黄棕色	黏壤土	棱柱状	7.2	9.2	0.40	0.40	13.4		4.2	106				
						W₂	49—89	黄棕色	黏壤土	棱柱状	7.8	7.1	0.30	0.40	12.5		4.2	91				
剖43	初育土	石灰(岩)土	黑色石灰土	黑色石灰土	黑色石灰土	ABv	0—43	棕黑色	黏壤土		7.5	23.4	1.54	1.60	22.9	75	1.8	40		石灰岩残积物	E 110°58′29.6″ N 27°17′15.0″	98
						Bv	43—71	黄色	黏壤土		7.5	22.0	1.45	1.60	32.7							
						BvC	71—150	黄色	黏壤土		8.0	14.6	1.27	1.04	35.1							
剖44	人为土	水稻土	潴育水稻土	黄泥田	黄泥田	A	0—15	棕色	黏壤土		6.5	21.0	1.30	0.70	13.8	112	4.6	49		板页岩坡积物	E 110°59′49.3″ N 27°14′07.7″	98
						P	15—26	黄棕色	黏壤土		7.0	4.7	0.74	0.50	10.2							
						W	26—51	黄棕色	黏壤土		6.5	3.9	0.64	0.40	12.0							
						C	51—100	棕黄色	黏壤土		5.5	3.0	0.63	0.14	15.3							
剖45	初育土	石灰(岩)土	黑色石灰土	耕型黑色石灰土	岩壳土	A	0—20	黑黄色	中黏土	碎块状	7.8	25.0	1.35	0.90	20.7	75	3.9	86		石灰岩残积物	E 110°57′18.0″ N 27°10′15.5″	92
						Bv	20—44	棕黄色	中黏土	块状	8.0	21.5	0.93	0.60	20.4							
						C	44—100	棕黄色	中黏土	块状	8.0	18.4	0.53	0.40	21.8							
剖46	人为土	水稻土	淹育水稻土	浅灰泥田	浅灰泥田	A	0—14	棕灰色	黏土		8.0	36.6	1.55	1.13	10.4	130	2.2	30		石灰岩残积物	E 110°50′28.1″ N 27°07′59.4″	97
						P	14—26	棕灰色	黏土		8.0	32.1	1.42	0.04	13.3							
						C	26—100	黄色	黏土		8.0	5.2	0.49	0.30	10.9							
剖47	人为土	水稻土	潴育水稻土	红黄泥田	灰红黄砂泥田	A	0—16	黄褐色	砂壤土		7.5									第四纪红色黏土	E 110°50′52.2″ N 27°09′07.3″	97
						P	16—26	黄棕色	砂壤土		7.5											
						W	26—200	棕黄色	砂壤土		7.5											
剖48	初育土	石灰(岩)土	矿毒型水稻土	青金矿毒田	青金属矿毒田	A	0—15	暗灰色	砂壤土	碎块状	5.0	41.6	1.56	1.60	29.8	160	16.4	60		石灰岩坡积物	E 110°51′23.0″ N 27°09′31.8″	95
						Apg	15—23	棕灰色	砂壤土	块状	5.2	39.1	1.42	1.00	29.1							
						G	23—100	青灰色	砂壤土	糊状	5.2	35.8	1.36	0.30	25.8							
剖49	初育土	石灰(岩)土	红色石灰土	耕型红色石灰土	园艺红红土	A	0—13	红棕色	黏土		6.0	46.7	1.50	3.70	17.3	100	3.3	73		石灰岩坡积物	E 110°52′02.5″ N 27°09′52.2″	97
						Bv	13—34	棕黄色	黏土		6.5	42.8	0.73	3.20	13.5							
						C	34—100	棕灰色	黏土		6.5	9.2	0.57	1.20	16.8							
剖50	铁铝土	红壤	潴育水稻土	红黄泥田	园艺黄砂土	A	0—19	黄棕色	砂壤土		6.0	17.6	0.82	0.90	15.3	100	2.6	71		砂岩坡积物	E 110°53′13.7″ N 27°09′30.7″	97
						Bv	19—75	棕色	砂壤土		6.0	12.3	0.67	0.30	14.8							
						C	75—100	棕色	砂壤土		5.0	11.0	0.61	0.20	13.1							
剖51	人为土	水稻土	潴育水稻土	灰泥田	青褐灰泥田	A	0—18	深灰色	砂壤土	小块状	8.0	60.8	1.93	0.90	18.0	159	9.6	37		石灰岩坡积物	E 110°52′55.8″ N 27°09′01.0″	97
						Pg	18—39	棕褐色	砂壤土	块状	7.5	53.6	1.46	0.20	10.3							
						W₁	39—56	棕黄色	砂壤土	块状	7.5	30.5	1.43	0.15	11.9							
						W₂	56—100	棕褐色	砂壤土		7.5	19.1	1.30	0.15	14.8							
剖52	铁铝土	红壤	红壤	耕型砂岩红壤	黄砂土	A	0—22	棕黄色	黏壤土		5.5	19.0	0.98	0.50	18.1	88	7.0	41	6.1	砂岩坡积物	E 110°52′30.3″ N 27°08′56.7″	97
						Bv	22—52	棕黄色	黏壤土		5.5	8.4	0.93	0.40	17.2				5.7			
						C	52—100	黄色	壤土		5.5	5.3	0.63	0.20	17.0				5.4			
剖53	铁铝土	红壤	红壤	黏红土	三阁司红泥土	A₁₁	0—18	亮红棕色	壤质黏土		6.2	17.9	1.00	0.40	12.8		7.0	98		第四纪红色黏土	E 110°53′41.1″ N 27°08′40.6″	95
						Bv₁	18—52	亮黄棕色	壤质黏土	块状	5.7	16.1	0.80	0.30	11.9							
						Bv₂	52—100	亮棕色	壤质黏土	块状	5.7	10.0	0.60	0.30	11.0							

续表 Continued

剖面号 Soil profile	土纲 Soil order	土类 Soil great group	亚类 Soil subgroup	土属 Soil genus	土种 Soil species	土层码 Layer code	土层厚度 Depth/cm	颜色 Soil color	质地 Soil texture	土壤结构 Soil structure	pH	有机质 OM/(g/kg)	全氮 TN/(g/kg)	全磷 TP/(g/kg)	全钾 TK/(g/kg)	碱解氮 AN/(mg/kg)	有效磷 AP/(mg/kg)	速效钾 AK/(mg/kg)	阳离子交换量CEC/(cmol/kg)	土壤母质 Parent material	剖面点坐标 Profile coordinate	匹配指数 Matching index/%
剖54	人为土	水稻土	潴育水稻土	灰泥田	灰砂泥田	A	0—16	灰褐色	砂壤土		8.0	34.1	1.81	0.70	12.2	165	8.3	11		石灰岩坡积物	E 110°53′13.0″ N 27°08′20.1″	97
						P	16—26	黄褐色	砂壤土		8.0	33.2	1.54	0.60	12.3							
						W₁	26—50	黄棕色	壤土		8.0	26.6	1.11	0.60	15.9							
						W₂	50—100	黄棕色	壤土		8.0	19.1	0.62	0.30	13.4							
剖55	人为土	水稻土	潴育水稻土	灰泥田	灰泥田	A	0—16	褐色	黏壤土		8.0	38.6	1.84	1.30	14.1	157	9.5	52		石灰岩坡积物	E 110°53′20.5″ N 27°08′08.0″	97
						P	16—24	黄褐色	黏壤土		8.0	32.8	1.69	1.20	13.3							
						W	24—58	黄棕色	黏壤土		8.0	10.0	0.67	0.90	13.9							
						C	58—100	黄棕色	黏壤土		8.0	10.0	0.52	0.60	14.0							
剖56	初育土	石灰（岩）土	黑色石灰土	耕型黑色石灰土	粗骨黑灰土	A	0—14	黄褐色	黏壤土		7.5	20.4	1.46	1.80	22.4	115	18.9	64		石灰岩坡积物	E 110°53′31.7″ N 27°07′34.9″	97
						Bv	14—54	黄棕色	黏壤土		7.5	20.2	1.37	0.90	22.2							
						C	54—100	棕黄色	黏壤土		6.5	20.2	1.24	0.40	22.3							
剖57	铁铝土	红壤		耕型第四纪红土红壤	红黄砂土	A	0—26	灰棕色	轻壤土	粒状	6.2	17.9	0.98	0.80	15.4	67	7.0	98	12.1	第四纪红色黏土	E 110°54′43.5″ N 27°08′33.4″	81
						Bv	26—52	黄棕色	轻壤土	碎块状	5.7	16.1	0.78	0.75	14.3							
						C	52—100	黄棕色	重壤土	块状	5.7	10.0	0.62	0.70	13.3							
剖58	初育土	石灰（岩）土	红色石灰土	淋溶石灰土	薄腐中层淋溶石灰土	A	0—17	红棕色	黏土		6.5	21.8	0.76	1.04	19.5	37	≤1.0	77		石灰岩残积物	E 110°55′59.0″ N 27°09′02.9″	97
						Bv	17—77	红棕色	黏土		7.5	9.8	0.45	0.60	26.9							
						D	77—150				8.0											
剖59	铁铝土	红壤		砂岩红壤	薄腐薄层砂岩红壤	A₁	0—2	灰棕色			4.5	52.2	1.39	0.70	13.0	36	≤1.0	41		砂岩残积物	E 110°56′43.4″ N 27°09′02.3″	97
						Bv	2—16	黄色	砂壤土		5.0	27.0	1.11	0.70	13.0							
						C	16—27	黄色	砂壤土		5.0	21.3	0.93	0.50	15.4							
						D	27—100	黄色														
剖60	人为土	水稻土	潴育水稻土	麻砂泥田	黄麻砂泥田	A	0—16	深栗色	砂壤土		6.0	45.7	2.01	1.70	26.8	130	11.9	139		花岗岩坡积物	E 110°57′45.2″ N 27°08′27.1″	95
						P	16—24	深栗色	砂壤土		6.0	36.7	1.77	1.50	25.5							
						W	24—100	深栗色	砂壤土		6.0	31.6	1.52	0.50	25.3							
剖61	人为土	水稻土	潴育水稻土	红黄泥田	青烂红黄砂泥田	A	0—16	红棕色	砂壤土		6.0	35.7	1.85	0.80	19.3	139	4.8	56		第四纪红色黏土	E 110°58′10.5″ N 27°08′48.3″	95
						Pg	16—30	棕灰色	砂壤土		5.5	≥250.0	1.48	0.60	19.3							
						W	30—100	黄色	砂壤土		5.0	4.9	0.97	0.60	23.3							
剖62	铁铝土	红壤		砂岩红壤	岩渣子土	A	0—19	紫棕色	壤土		6.5	24.4	1.56	1.03	19.3	101	10.7	143		板页岩坡积物	E 110°57′33.1″ N 27°07′47.7″	97
						Bv	19—45	紫色	壤土		6.0	20.0	1.15	0.70	14.7							
						C	45—100	紫色	壤土		6.0	14.8	0.97	0.60	18.8							
剖63	半水成土	潮土	河潮土	耕型板页岩壤土	园艺河砂土	A	0—18	紫棕色	砂土		6.0	11.6	0.66	1.07	19.4	34	3.5	56		河流冲积物	E 110°58′19.6″ N 27°08′26.5″	97
						Bv	18—68	黄色	砂土		6.0	10.6	0.63	0.90	38.5							
						C	68—100	黄色	砂土		6.0	2.1	0.49	0.80	36.2							
剖64	人为土	水稻土	潴育水稻土	黄泥田	青膏黄砂泥田	A	0—20	黄褐色	砂壤土		5.0	50.4	2.57	1.20	14.2	170	5.6	37		板页岩坡积物	E 110°59′21.2″ N 27°09′54.0″	97
						Pg	20—30	深褐色	壤土		5.5	38.3	2.12	0.90	16.7							
						W₁	30—69	黄褐色	壤土		5.5	36.5	1.94	0.80	16.9							
						W₂	69—100	棕黄色	壤土		5.0	23.0	1.54	0.60	15.4							
剖65	人为土	水稻土	潴育水稻土	灰黄泥田	青膏黄砂泥田	A	0—15	褐色	砂壤土		6.5	44.8	2.32	0.90	15.8	103	5.0	49		砂岩坡积物	E 110°59′38.4″ N 27°07′57.5″	95
						Pg	15—28	灰色	砂壤土		6.5	41.9	1.82	0.80	15.2							
						W₁	28—60	黄棕色	砂壤土		6.5	14.6	1.00	0.60	14.2							
						W₂	60—100	棕黄色	壤土		6.5	5.3	0.94	0.50	18.1							
剖66	初育土	石灰（岩）土	红色石灰土	耕型红色石灰土	红灰土	A	0—16	黄褐色	壤土		6.0	11.7	0.73	0.40	12.3	96	7.6	64		石灰岩坡积物	E 110°56′53.6″ N 27°07′17.9″	98
						Bv	16—36	棕黄色	壤土		6.5	8.4	0.71	0.30	12.5							
						C	36—100	棕红色	黏土		6.5	4.9	0.66	0.30	15.3							

续表 Continued

剖面号 Soil profile	土纲 Soil order	土类 Soil great group	亚类 Soil subgroup	土属 Soil genus	土种 Soil species	土层码 Layer code	土层厚度 Depth/cm	颜色 Soil color	质地 Soil texture	土壤结构 Soil structure	pH	有机质 OM/(g/kg)	全氮 TN/(g/kg)	全磷 TP/(g/kg)	全钾 TK/(g/kg)	碱解氮 AN/(mg/kg)	有效磷 AP/(mg/kg)	速效钾 AK/(mg/kg)	阴离子交换量 CEC/(cmol/kg)	土壤母质 Parent material	剖面点坐标 Profile coordinate	匹配指数 Matching index/%
剖67	人为土	水稻土	潜育水稻土	青泥田	青泥田		0—18	灰棕色	黏土		6.0	39.6	2.03	1.95	17.5	157	3.7	60		石灰岩坡积物	E 110°56′59.1″ N 27°06′57.0″	97
						Pg	18—29	灰色	黏壤土		7.0	27.8	1.68	1.01	9.8							
						G	29—100	灰色	黏土		6.5	23.0	1.61	0.80	16.4							
剖68	人为土	水稻土	潴育水稻土	岩渣子田	岩渣子田	A	0—18	紫棕色	壤土		5.5	24.7	1.74	0.40	16.9	124	8.1	49		板页岩坡积物	E 110°56′15.8″ N 27°05′25.4″	97
						P	18—28	紫棕色	壤土		6.0	22.3	1.28	0.30	15.3							
						W	28—100	紫棕色	黏壤土		6.5	16.0	1.13	0.20	13.4							
剖69	铁铝土	红壤	潴育水稻土	耕型石灰岩红壤	园艺石灰砂土	A	0—19	棕色	砂壤土		5.0	15.2	1.01	0.40	13.2	67	4.6	40		石灰岩坡积物	E 110°58′21.7″ N 27°06′36.5″	97
						Bv	19—38	棕黄色	黏壤土		5.0	8.3	0.97	0.40	15.1							
						C	38—100	黄棕色	黏壤土		5.5	6.5	0.55	0.30	18.5							
剖70	人为土	水稻土	潴育水稻土	中性紫泥田	中性紫泥田	A	0—18	紫棕色	黏壤土		7.0	33.1	1.80	1.08	19.3	145	2.6	40		紫色页岩坡积物	E 110°58′58.3″ N 27°06′41.0″	97
						W_1	18—29	紫棕色	黏壤土		7.0	28.0	1.21	0.80	15.9							
							29—84	棕红色	黏壤土		7.0	10.8	0.57	0.08	19.5							
						W_2	84—100	棕黄色	黏土		7.5	8.6	0.46	0.06	7.7							
剖71	铁铝土	红壤		耕型石灰岩红壤	园艺红灰土	A	0—15	黄棕色	黏土		5.5	23.6	1.15	0.80	22.7	116	3.3	49		石灰岩坡积物	E 110°58′41.7″ N 27°05′22.7″	97
						Bv	15—32	棕黄色	黏土		5.5	12.2	0.71	0.78	23.8							
						C	32—100	红棕色	黏土		5.5	3.3	0.64	0.40	22.9							
剖72	初育土	石灰(岩)土	红色石灰土	耕型红色石灰土	红灰砂土	A	0—14	棕黄色	砂壤土		6.0	15.6	1.01	0.60	14.0	94	3.3	47		石灰岩残坡积物	E 110°58′34.9″ N 27°05′01.6″	97
						Bv	14—48	黄色	砂壤土		6.5	8.3	0.86	0.30	17.8							
						C	48—100	黄色	砂壤土		6.5	4.0	0.82	0.30	18.8							
剖73	铁铝土	红壤		耕型第四纪红色土红壤	园艺红黄砂土	A	0—22	黄褐色	砂壤土		6.5	14.8	0.79	0.62	13.4	60	1.7	37		第四纪红色黏土	E 110°59′37.5″ N 27°05′23.8″	97
						Bv	22—72	黄褐色	砂壤土		6.5	5.6	0.43	0.40	13.2							
						C	72—100	黄褐色	砂壤土		6.5	5.6	0.43	0.40	13.2							
剖74	铁铝土	红壤		第四纪红色黏土红壤	薄腐厚层红土红壤	ABv	1—25	棕色	砂壤土		4.5	36.6	1.01	0.90	12.7	39	≤1.0	37		第四纪红色黏土	E 110°59′48.4″ N 27°07′09.0″	97
						Bv	25—56	红棕色	砂壤土		5.0	14.0	0.65	0.70	14.7							
						D	56—150				8.0											
剖75	初育土	石灰(岩)土	黑色石灰土	黑色黏土	园艺粗骨石灰土	A	0—15	棕黄色	黏壤土		8.8	21.8	1.35	1.23	18.6	57	5.5	37		石灰岩残坡积物	E 110°52′31.1″ N 27°06′49.7″	97
						Bv	15—60	棕黄色	砂壤土		8.0	4.4	0.72	1.40	16.4							
						C	60—100	黄色	砂壤土		8.0	3.0	0.66	0.90	19.1							
剖76	铁铝土	红壤		第四纪红色黏土红壤	薄腐厚层红土红壤	A_1	0—1	红棕色	砂壤土		6.0				16.0	88	≤1.0	34		第四纪红色黏土	E 110°54′04.0″ N 27°06′23.9″	97
						ABv	1—30	棕红色	砂壤土		5.5	22.1	1.20	0.80	20.7							
						Bv	30—90	棕红色	砂壤土		5.5	13.9	0.74	0.70	22.7							
						BvC	90—150	棕红色	砂壤土		5.5	9.7	0.39	0.70	22.7							
剖77	初育土	石灰(岩)土	黑色石灰土	黑色黏土	粗骨石灰土	ABv	1—35	黄棕色	黏壤土		8.5	36.5	1.96	1.03	22.0	90	3.3	67		石灰岩坡积物	E 110°54′34.9″ N 27°07′24.8″	98
						Bv	35—120	棕黄色	黏壤土		8.0	13.9	1.08	0.80	22.0							
						C	120—150	棕黄色	黏壤土		7.5	8.2	0.94	0.80	15.8							
剖78	人为土	水稻土	淹育水稻土	浅灰黄泥田	浅灰黄砂土	A	0—14	褐色	砂壤土		6.0	24.4	1.13	1.30	15.1	164	5.9	22		第四纪红色黏土	E 110°55′03.9″ N 27°07′11.4″	97
						P	14—29	栗色	砂壤土		6.5	13.1	0.91	0.70	15.1							
						C	29—100	黄色	砂壤土		7.5	6.6	0.92	0.60	17.2							
剖79	人为土	水稻土	淹育水稻土	浅红黄泥田		A	0—14	深红色	黏壤土		5.5	15.7	1.11	0.90	26.8	104	2.6	34		第四纪红色黏土	E 110°55′34.9″ N 27°06′35.0″	95
						Bv	14—24	红棕色	黏壤土		5.5	13.8	1.02	0.80	24.2							
						C	24—100	红棕色	黏壤土		5.5	3.7	0.81	0.70	23.0							
剖80	初育土	石灰(岩)土	红色石灰土	耕型淋溶石灰土	园艺马肝土	A	0—18	黄褐色	黏壤土		7.0	35.6	1.60	1.60	16.7	81	6.1	37		石灰岩坡积物	E 110°56′05.2″ N 27°06′41.9″	97
						Bv	18—46	黄棕色	黏壤土		7.0	21.5	1.31	1.20	19.5							
						C	46—100	红棕色	黏壤土		7.5	8.5	0.97	1.20	22.7							

续表 Continued

剖面号 Soil profile	土纲 Soil order	土类 Soil great group	亚类 Soil subgroup	土属 Soil genus	土种 Soil species	土层码 Layer code	土层厚度 Depth/cm	颜色 Soil color	质地 Soil texture	土壤结构 Soil structure	pH	有机质 OM/(g/kg)	全氮 TN/(g/kg)	全磷 TP/(g/kg)	全钾 TK/(g/kg)	碱解氮 AN/(mg/kg)	有效磷 AP/(mg/kg)	速效钾 AK/(mg/kg)	阳离子交换量CEC/(cmol/kg)	土壤母质 Parent material	剖面点坐标 Profile coordinate	匹配指数 Matching index/%
剖81	人为土	水稻土	潴育水稻土	黄砂泥田	黄砂泥田	A	0—16	棕灰色	砂壤土		5.5	24.4	1.64	1.07	26.8	106	2.0	56		砂岩坡积物	E 110°55′21.4″ N 27°05′07.5″	95
						P	16—26	棕黄色	砂壤土		6.5	21.0	1.63	0.96	15.8							
						W	26—46	黄棕色	砂壤土		6.5	7.4	0.97	0.90	17.8							
						C	46—100	红棕色	砂壤土		6.0	6.6	0.86	0.90	20.4							
剖82	铁铝土	红壤	红壤	耕型板页岩红壤	黄泥土	A	0—22	棕色	黏壤土		6.0	16.5	1.17	0.90	22.5	123	3.3	56		板页岩坡积物	E 110°55′45.2″ N 27°05′27.8″	97
						Bv	22—59	灰棕色	黏壤土		6.0	10.0	0.89	0.90	17.9							
						C	59—100	黄色	黏壤土		6.5	9.6	0.29	0.60	20.6							
剖83	初育土	石灰(岩)土	红色石灰土	耕型红色石灰土	园艺红灰砂土	A	0—18	紫棕色	砂壤土		6.0	18.8	≥10.00	0.70	13.3	83	3.3	45		石灰岩坡积物	E 110°55′35.4″ N 27°04′32.2″	97
						Bv	18—46	棕红色	砂壤土		6.0	14.6	≥10.00	0.60	23.3							
						C	46—100	棕红色	砂壤土		6.0	13.9	0.92	0.50	11.5							
剖84	铁铝土	红壤	红壤	板页岩红壤	薄腐中层板页岩红壤	A_1	0—1	灰棕色	黏壤土		4.5	73.8	2.94	0.70	9.4	95	41.0	47		板页岩坡积物	E 110°55′36.1″ N 27°03′18.1″	97
						ABv	1—32	灰棕色	黏壤土		4.0	56.5	2.06	0.40	8.7							
						Bv	32—68	灰棕色	黏壤土		5.0	24.2	1.40	0.30	20.8							
						C	68—96	浅灰棕色	黏壤土		5.0	7.8	0.99	0.20	7.5							
						D	96—150															
剖85	人为土	水稻土	潴育水稻土	灰泥田	灰泥田	A	0—16	黄褐色	砂壤土	碎块状	7.4	34.1	1.81	0.70	12.2	165	8.3	11	9.9		E 110°56′49.8″ N 27°04′53.7″	95
						Ap	16—26	黄褐色	轻壤土	块状	7.3	33.2	1.54	0.60	12.3				8.9			
						W_1	26—50	黄棕色	轻壤土	棱柱状	7.7	26.6	1.11	0.60	15.9				8.4			
						W_2	50—100	黄棕色	黏壤土	棱柱状	7.8	19.1	0.62	0.30	13.4				11.3			
剖86	铁铝土	红壤	红壤	耕型石灰岩红壤	灰黄砂泥田	A	0—20	黄棕色	砂壤土		5.5	21.3	1.09	0.90	15.0	90	4.5	95		石灰岩坡积物	E 110°58′07.3″ N 27°04′31.5″	97
						Bv	20—34	黄棕色	砂壤土		5.5	14.7	0.93	0.90	14.5							
						C	34—100	褐色	砂壤土		5.5	15.3	0.96	0.70	18.3							
剖87	人为土	水稻土	潴育水稻土	青泥田	灰红砂泥田	A	0—18	灰棕色	砂壤土		8.0	47.0	2.30	0.90	13.3	168	17.2	34		石灰岩坡积物	E 110°57′06.7″ N 27°02′56.5″	75
						Pg	18—28	黄棕色	砂壤土		8.0	43.3	1.83	0.70	14.1							
						G	28—100	黄棕色	砂壤土		8.0	40.7	1.24	0.50	11.0							
剖88	人为土	水稻土	潴育水稻土	灰黄砂泥田	浅灰黄泥田	A	0—15	黄棕色	砂壤土		5.5	29.5	1.37	0.94	12.8	146	7.5	63		石灰岩坡积物	E 110°58′22.6″ N 27°03′20.0″	97
						P	15—25	黄棕色	砂壤土		7.0	11.3	1.30	0.80	10.2							
						W_1	25—47	黄棕色	砂壤土		7.0	8.5	0.43	0.20	8.8							
						C	47—100	黄棕色	砂壤土		7.0	12.9	0.45	0.50	8.8							
剖89	人为土	水稻土	淹育水稻土	浅灰黄泥田	浅灰黄泥田	A	0—14	黄棕色	砂壤土		5.5	40.5	1.34	0.80	11.4	178	6.1	22		石灰岩坡积物	E 110°59′00.3″ N 27°02′53.0″	97
						P	14—26	棕色	砂壤土		6.5	40.5	0.87	0.70	13.2							
						C	26—100	棕黄色	砂壤土		7.0	9.2	0.82	0.50	18.2							
剖90	人为土	水稻土	淹育水稻土	浅灰泥田	浅灰砂泥田	A	0—14	棕黄色	砂壤土		7.5	25.2	1.57	0.90	13.8	138	13.7	45		石灰岩坡积物	E 110°59′46.7″ N 27°04′24.7″	95
						P	14—24	棕黄色	砂壤土		7.5	9.1	0.58	0.70	12.2							
						C	24—100	浅红棕色	砂壤土		7.5	2.2	0.53	0.40	18.8							
剖91	铁铝土	黄壤	黄壤	厚腐厚层板页岩黄壤	厚腐厚层板页岩黄壤	Ao	0—2	黑色	壤土		5.0	131.4	4.60	1.70	15.2	223	2.6	6		板页岩坡积物	E 111°03′47.5″ N 27°34′41.6″	98
						A_1	2—32	黑色	壤土		5.0	114.5	3.62	1.60	14.5							
						ABv	32—72	黄褐色	壤土		5.5	48.9	1.68	0.30	13.7							
						BvC	72—150	黄褐色	砂壤土		6.0	43.7	2.17	0.60	18.6							
剖92	人为土	水稻土	潴育水稻土	河砂泥田	石底河砂泥田	A	0—14	棕灰色	砂壤土		5.5	14.1	1.99	0.50	20.4	168	2.2	30		河流冲积物	E 111°04′00.4″ N 27°31′10.9″	95
						P	14—20	棕灰色	砂壤土		6.0	13.6	0.61	0.40	21.0							
						W	20—28	黄棕色	砂壤土		6.0	9.9	0.60	0.40	19.3							
						S	28—100	深灰色	砂壤土		5.0	17.3	0.83	0.80	21.6							
剖93	铁铝土	红壤	黄红壤	花岗岩黄红壤	薄腐厚层花岗岩黄红壤	A_2	0—30	浅红棕色	砂壤土		5.0	9.7	0.64	0.50	18.9	51	1.5	26		花岗岩坡积物	E 111°07′10.4″ N 27°32′09.7″	98
						Bv	30—95	浅红棕色	砂壤土		5.0	7.5	0.53	0.50	26.6							
						C	95—150		砂土		4.5											

续表 Continued

剖面号 Soil profile	土纲 Soil order	土类 Soil great group	亚类 Soil subgroup	土属 Soil genus	土种 Soil species	土层码 Layer code	土层厚度 Depth/cm	颜色 Soil color	质地 Soil texture	土壤结构 Soil structure	pH	有机质 OM/(g/kg)	全氮 TN/(g/kg)	全磷 TP/(g/kg)	全钾 TK/(g/kg)	碱解氮 AN/(mg/kg)	有效磷 AP/(mg/kg)	速效钾 AK/(mg/kg)	阳离子交换量CEC/(cmol/kg)	土壤母质 Parent material	剖面点坐标 Profile coordinate	匹配指数 Matching index/%
剖94	铁铝土	黄壤	黄壤	花岗岩黄壤	中腐厚层花岗黄壤	A₁	0—12	栗色	砂壤土		5.0	67.1	≥10.00	0.80	26.3					花岗岩残积物	E 111°00′55.0″ N 27°31′05.5″	99
						A₂	12—30	棕黄色	砂壤土		5.0	21.1	1.06	0.60	29.2	139	1.1	88				
						Bv	30—102	棕黄色	砂壤土		5.0	10.5	0.63	0.40	28.0							
						C	102—150	砂黄色	砂壤土		4.5	4.7	6.49	0.20	38.0							
剖95	铁铝土	红壤	红壤	耕型花岗岩红壤	粗麻砂土	A	0—24	棕黄色	砂壤土		5.5	23.4	1.22	0.60	34.1	59	2.0	86		花岗岩坡积物	E 111°02′34.0″ N 27°28′48.8″	98
						Bv	24—39	棕黄色	砂壤土		5.5	17.8	1.05	0.50	29.7							
						C	39—100	浅红棕色	砂土		5.5	15.0	0.73	0.20	36.0							
剖96	人为土	水稻土	淹育水稻土	浅岩渣子田	岩板底田	A	0—14	棕黄色	砂壤土		5.0	41.3	1.64	1.80	23.5	144	14.4	69		砂砾岩坡积物	E 111°03′15.5″ N 27°26′49.2″	97
						P(g)	14—24	棕黄色	砂壤土		5.5	38.5	1.48	1.40	25.2							
						D																
剖97	人为土	水稻土	淹育水稻土	浅麻砂泥田	粗麻砂泥田	A	0—14	灰棕色	砂壤土		5.5	41.8	1.43	0.70	32.6	132	7.6	90		花岗岩坡积物	E 111°02′21.9″ N 27°24′30.0″	95
						P	14—25	灰棕色	砂壤土		6.0	40.3	1.14	0.60	31.9							
						C	25—100	灰棕色	砂土		6.5	31.1	0.99	0.30	32.6							
剖98	铁铝土	红壤	黄红壤	群型石灰岩黄红壤	黄红灰土	A	0—20	黄棕色	黏壤土		4.5	26.0	1.34	0.70	15.0	134	5.0	109		石灰岩坡积物	E 111°01′26.7″ N 27°22′00.9″	99
						Bv	20—44	棕红色	黏壤土		5.5	25.8	1.22	0.70	14.0							
						C	44—100	棕红色	砂壤土		5.0	11.7	0.64	0.60	14.9							
剖99	铁铝土	红壤	黄红壤	石灰岩红壤	薄腐中层石灰岩红壤	A₂	0—23	深栗色	壤土		5.0	51.8	2.31	0.50	11.3	48	≤1.0	15		石灰岩坡积物	E 111°01′22.3″ N 27°19′33.3″	95
						ABv	23—58	黄色	黏壤土		5.5	13.6	0.83	0.40	11.8							
						C	58—150	橙色	黏壤土		5.0	5.7	0.56	0.34	13.4							
剖100	初育土	石灰(岩)土	红色石灰土	红色石灰土	黄红灰土	A	0—22	红棕色	重黏土	碎块状	5.9	23.6	1.07	0.90	22.4	87	59.0	41		石灰岩	E 111°01′36.2″ N 27°17′50.4″	95
						Bv	22—60	红棕色	中黏土	块状	5.7	13.8	0.97	0.70	17.0							
						C	60—100	红棕色	中黏土	块状	7.5	13.0	0.86	0.70	27.0							
剖101	人为土	水稻土	潴育水稻土	鸭屎泥田	鸭屎泥田	A	0—18	棕灰色	黏壤土		8.0	35.8	1.61	1.03	10.3	151	8.9	15		石灰岩坡积物	E 111°04′34.1″ N 27°16′28.0″	95
						P	18—34	灰棕色	黏壤土		8.0	24.0	1.14	0.90	12.0							
						W	34—48	灰棕色	黏壤土		7.5	12.5	0.63	0.90	11.0							
						C	48—100	灰棕色	黏壤土		7.5	12.1	0.58	0.30	13.2							
剖102	人为土	水稻土	潴育水稻土	酸性紫泥田	酸性紫泥田	A	0—14	紫色	黏壤土	碎块状	5.5	22.5	1.19	1.28	10.7	130	1.1	37		紫色页岩坡积物	E 111°06′14.3″ N 27°10′08.8″	98
						P	14—26	紫红色	黏壤土	块状	6.5	18.9	0.94	0.90	10.2							
						W₁	26—72	紫棕色	黏壤土	棱柱状	6.0	8.0	0.69	0.90	12.3							
						W₂	72—100	黄色	黏壤土		6.0	7.7	0.56	0.90	14.2							
剖103	人为土	水稻土	淹育水稻土	浅岩渣子田	浅岩渣子田	A	0—15	棕褐色	砂壤土		6.0	10.0	1.33	0.70	22.5	104	3.5	90		板页岩坡积物	E 111°01′34.2″ N 27°10′16.4″	98
						P	15—26	黄褐色	轻壤土		6.0	7.7	1.09	0.60	18.6							
						C	26—100	灰棕色	轻壤土		6.0	3.9	0.43	0.50	17.9							
剖104	人为土	水稻土	潴育水稻土	黄砂泥田	青褐黄砂泥田	A	0—15	棕色	砂壤土	碎块状	6.5	41.2	2.05	0.76	18.7		5.0	49		紫色页岩坡积物	E 111°01′34.2″ N 27°10′16.4″	81
						Apg	15—28	棕色	轻壤土	块状	6.5	36.4	1.72	0.64	18.9							
						W₁	28—60	黄褐色	轻壤土	棱柱状	5.2	12.4	0.77	0.47	18.4							
						W₂	60—100	灰棕色	砂壤土		5.3	8.7	0.75	0.40	19.2							
剖105	人为土	水稻土	潜育水稻土	青砂泥田	青鸭屎泥田	A	0—18	棕色	黏壤土		8.0	48.6	1.64	1.28	8.8	190	10.0	49		石灰岩坡积物	E 111°09′46.6″ N 27°14′33.7″	98
						Pg	18—26	青灰色	黏壤土		8.0	46.3	1.65	0.90	9.3							
						G	26—100	深灰色	黏土		8.0	37.0	1.53	0.80	9.1							
剖106	人为土	水稻土	潜育水稻土	鸭屎泥田	青鸭屎泥田	A	0—16	黄棕色	黏壤土		8.0	44.0	1.71	0.70	12.7	167	5.9	45		石灰岩坡积物	E 111°08′03.9″ N 27°12′15.7″	98
						Pg	16—26	棕灰色	黏壤土		8.0	37.2	1.45	0.60	12.9							
						W	26—100	灰棕色	黏壤土		8.0	17.9	0.82	0.60	12.0							

续表 Continued

剖面号 Soil profile	土纲 Soil order	土类 Soil great group	亚类 Soil subgroup	土属 Soil genus	土种 Soil species	土层码 Layer code	土层厚度 Depth/cm	颜色 Soil color	质地 Soil texture	土壤结构 Soil structure	pH	有机质 OM/(g/kg)	全氮 TN/(g/kg)	全磷 TP/(g/kg)	全钾 TK/(g/kg)	碱解氮 AN/(mg/kg)	有效磷 AP/(mg/kg)	速效钾 AK/(mg/kg)	阳离子交换量 CEC/(cmol/kg)	土壤母质 Parent material	剖面点坐标 Profile coordinate	匹配指数 Matching index/%
剖107	人为土	水稻土	潴育水稻土	灰黄泥田	青褐灰黄泥田	A	0—16	黄褐色	黏壤土		5.0	43.2	2.09	1.70	21.8	139	4.6	71		石灰岩坡积物	E 111°10′29.5″ N 27°12′05.0″	98
						Pg	16—27	棕灰色	黏壤土		6.5	39.0	1.89	1.29	16.6							
						W	27—88	黄棕色	黏土		7.5	8.6	0.68	0.80	10.9							
						C	88—100	浅红棕色	黏土		7.5	3.2	0.58	1.15	15.9							
剖108	人为土	水稻土	潴育水稻土	岩渣田	青褐岩渣田	A	0—16	黄褐色	中壤土	碎块状	5.6	44.9	2.10	9.30	19.9		5.5	105			E 111°01′00.0″ N 27°08′19.5″	81
						Apg	16—28	棕灰色	中壤土	块状	6.0	35.0	1.85	1.60	18.2							
						W₁	28—46	褐色	中壤土	棱柱状	6.0	34.5	1.46	1.30	19.5							
						W₂	46—100	褐色	中壤土	棱柱状	6.4	32.8	1.41	0.30	16.3							
剖109	初育土	紫色土	酸性紫色土	酸性紫色土	薄腐厚层酸性紫色土	A	0—17	紫色	砂壤土		6.5				12.3					紫色砂岩坡积物	E 111°04′55.0″ N 27°08′53.1″	75
						Bv	17—33	黄棕色	砂壤土		6.5				12.8							
						C	33—100	红棕色	砂壤土		6.0				16.0							
剖110	人为土	水稻土	淹育水稻土	浅紫泥田	浅紫泥田	A	0—13	紫色	黏壤土		5.0	24.3	0.66	0.80	12.3	99	2.2	49		紫色页岩坡积物	E 111°05′34.7″ N 27°08′36.0″	95
						P	13—19	紫色	黏壤土		5.5	9.4	0.60	0.60	12.8							
						C	19—100	红棕色	黏壤土		6.0	2.0	0.48	0.60	16.0							
剖111	人为土	水稻土	潴育水稻土	碱性紫泥田	碱性紫泥田	A	0—17	紫棕色	黏壤土		8.0	32.4	1.33	0.90	13.1	111	3.3	86		紫色页岩坡积物	E 111°06′10.9″ N 27°09′34.7″	97
						Pg	17—28	棕灰色	黏土		7.5	23.2	1.09	0.80	19.0							
						W	28—100	棕色	黏土		8.0	16.2	0.78	0.70	13.4							
剖112	初育土	紫色土	石灰性紫色土	耕型石灰性紫色土	钙质紫色土	A	0—17	红棕色	黏壤土		7.5	16.7	0.52	1.30	18.6	85	2.2	52		紫色页岩坡积物	E 111°06′21.8″ N 27°09′41.7″	97
						Bv	17—33	红棕色	黏壤土		8.0	10.8	0.51	0.30	12.9							
						D	33—100	紫色			8.0											
剖113	初育土	紫色土	酸性紫色土	酸性紫色土	薄腐厚层酸性紫色土	ABv	0—18	红棕色	黏土		4.5	21.4	0.79	0.90	21.0	93	2.2	67		紫色砂岩坡积物	E 111°07′00.6″ N 27°09′38.3″	97
						Bv	18—87	棕色	黏土		5.5	17.8	0.72	0.80	17.9							
						D	87—150	紫棕色			6.0	10.1	0.67	0.70	21.5							
剖114	初育土	紫色土	酸性紫色土	酸性紫色土	薄腐厚层酸性紫色土	A	0—14	黄棕色	砂壤土		5.5					112	83.0	56		紫色页岩坡积物	E 111°04′40.3″ N 27°06′00.6″	95
						Bv	14—34	棕色	砂壤土		6.0											
						C	34—100	深紫色	砂壤土		6.5											
剖115	初育土	紫色土	酸性紫色土	酸性紫色土	紫色土	A	0—20	黄棕色	黏壤土		7.5	33.1	1.62	0.40	14.4	105	3.3			紫色页岩坡积物	E 111°04′43.2″ N 27°05′47.6″	97
						Bv	20—50	紫棕色	黏壤土		7.5	32.9	1.83	0.60	12.5							
						C	50—100	青灰色	黏壤土		7.5	24.3	1.10	0.30	18.5							
剖116	人为土	水稻土	潴育水稻土	青泥田	青紫泥田	A	0—22	灰青色	壤土		6.5	35.6	0.68	0.90	24.5	109	79.4	139		紫色砂页岩坡积物	E 111°05′18.9″ N 27°05′42.8″	97
						Pg	22—30	黄棕色	壤土		7.0	19.3	0.65	0.70	24.3							
						G	30—100	深红色	壤土		7.0	10.9	0.56	0.80	29.9							
剖117	人为土	水稻土	潴育水稻土	酸性紫泥田	酸性紫泥田	P	16—28	紫色	砂壤土		7.5	5.2	0.55	0.50	18.5							
						W₁	28—48	栗棕色	砂壤土		7.5	75.3	1.55	2.00	24.5							
						W₂	48—100	棕色	砂壤土		7.0	27.1	0.83	1.60	24.3							
剖118	半水成土	潮土	河潮土	耕型河潮土	河砂泥菜园土	A	0—22	栗黄色	砂壤土		6.5	3.6	0.51	0.96	29.9					河流冲积物	E 111°04′51.6″ N 27°06′54.4″	97
						Bv	22—42	棕红色	砂壤土		5.5	25.3	1.53	0.93	15.5	76	6.1	49				
剖119	人为土	水稻土	淹育水稻土	浅黄砂泥田	浅黄砂泥田	P	15—25	深红色	砂壤土		6.0	13.2	1.06	0.90	15.5					砂岩坡积物	E 111°01′45.8″ N 27°07′11.6″	95
						C	25—100	红红色	砂壤土		6.0	9.6	0.63	0.60	15.5							
剖120	初育土	石灰（岩）土	红色石灰土	红色石灰土	红色石灰土	A₁	0—16	灰黄色	黏土		6.5	41.3	1.83	0.70	14.1	85	4.2	88		石灰岩岩坡积物	E 111°00′36.2″ N 27°05′41.6″	98
						Bv	16—50	黄红色	黏土		6.5	17.7	1.36	0.70	18.2							
						BvC	50—150	黄红色	黏土		6.5	11.5	1.34	0.60	19.2							

续表 Continued

剖面号 Soil profile	土纲 Soil order	土类 Soil great group	亚类 Soil subgroup	土属 Soil genus	土种 Soil species	土层码 Layer code	土层厚度 Depth/cm	颜色 Soil color	质地 Soil texture	土壤结构 Soil structure	pH	有机质 OM/(g/kg)	全氮 TN/(g/kg)	全磷 TP/(g/kg)	全钾 TK/(g/kg)	碱解氮 AN/(mg/kg)	有效磷 AP/(mg/kg)	速效钾 AK/(mg/kg)	阳离子交换量CEC/(cmol/kg)	土壤母质 Parent material	剖面点坐标 Profile coordinate	匹配指数 Matching index/%
剖121	铁铝土	红壤	红壤	耕型第四纪红色土红壤	红黄棠园土	A	0—20	栗色	砂壤土		5.5	38.7	1.34	1.40	20.8	124	77.0	101		第四纪红色色黏土	E 111°02′31.5″ N 27°05′35.4″	97
						Bv	20—45	栗色	砂壤土		5.5	34.8	0.93	1.30	20.3							
						C	45—100	褐色	砂壤土		6.0	19.0	0.69	0.90	20.2							
剖122	人为土	潴育水稻土	河砂泥田	河砂泥田	青潮河砂泥田	A	0—17	棕灰色	砂壤土		6.0									河流冲积物	E 111°03′27.4″ N 27°06′43.1″	95
						Pg	17—27	深灰色	砂壤土		6.5											
						G	27—40	灰青色	砂壤土		6.0											
						W	40—65	棕灰色	砂壤土		6.0											
						C	65—100		砂石土		7.0											
剖123	铁铝土	红壤	石灰岩红壤	薄腐中层石灰岩红壤		A₂	0—2	棕黄色	黏壤土		4.5	16.1	0.52	0.50	6.8					石灰岩坡积物	E 111°08′18.6″ N 27°08′34.9″	97
						Bv	2—72	深红色	黏壤土		5.0	5.8	0.50	0.40	11.0	61	≤1.0	26				
						D	72—150															
剖124	人为土	矿毒型水稻土	非金属矿毒田	煤炭水田		A	0—15	黑灰色	黏壤土		6.0	98.3	3.55	0.90	16.5					板页岩坡积物	E 111°07′51.1″ N 27°06′32.8″	97
						P	15—30	深灰色	黏壤土		7.0	64.5	2.18	0.70	16.4	155	8.1	49				
						W	30—100	黄褐色	黏壤土		7.0	7.1	1.97	0.14	15.3							
剖125	人为土	潴育水稻土	红黄泥田	红黄砂泥田		A	0—18	黄褐色	砂壤土		6.0	38.0	1.46	0.80	18.0	109	7.6	15		第四纪红色色黏土	E 111°02′54.5″ N 27°04′17.3″	99
						P	18—30	黄褐色	砂土		6.0	16.1	1.12	0.60	16.6							
						W	30—54	棕色	砂土		6.0	10.1	0.42	0.50	13.3							
						C	54—100	棕色	砂土		6.0	6.1	0.16	0.50	17.6							
剖126	人为土	潴育水稻土	河砂泥田	河砂泥田		A	0—15	褐色	砂壤土		6.0	43.8	1.19	0.90	28.8	103	12.9	34		河流冲积物	E 111°03′08.6″ N 27°04′24.6″	82
						P	15—24	褐色	砂壤土		6.0	23.3	0.80	0.70	25.1							
						W	24—46	黄褐色	砂壤土		6.0	11.6	0.69	0.70	24.6							
						C	46—100	棕黄色	砂壤土		6.0	5.3	0.53	0.50	26.2							
剖127	人为土	潴育水稻土	中性紫泥田	中性紫砂泥田		A	0—16	紫棕色	砂壤土		6.5									紫色砂页岩坡积物	E 111°05′52.3″ N 27°03′45.1″	95
						P	16—24	紫色	砂壤土		7.5	24.3	1.01	0.90	18.7	121	1.5	71				
						W	24—40	紫色	砂壤土		7.5	16.1	0.86	0.50	15.8							
						C	40—100	紫色	壤土		7.5	14.5	0.82	0.50	21.5							
剖128	铁铝土	红壤	石灰岩红壤	薄腐草土石灰岩红壤		A₁	0—1	棕色	黏壤土		5.5									石灰岩坡积物	E 111°06′35.4″ N 27°04′41.7″	95
						ABv	1—10	棕色	黏壤土		5.0											
						Bv	10—75	棕黄色	黏壤土		5.0											
						BvC	75—150	黄褐色	黏壤土		5.5											

洞 口 县

主要土类说明

红壤是洞口县主要土壤类型，占本县地域面积的43%。红壤主要分布在海拔800m以下的中低山和丘陵区，是在亚热带气温高、热量足、雨量充沛、干湿季节交替明显的气候条件下形成的地带性土壤。成土母质为第四纪红土、石灰岩、砂岩、板页岩等风化物。红壤一般土层深厚，具有明显的脱硅富铝化过程，土壤呈酸性或强酸性，pH多为4.5—6.0。由于土壤中的铁被氧化为红色的氧化铁，土体多呈红色。本县红壤分为红壤、黄红壤、红壤性土三个亚类。

水稻土是洞口县第二大土壤类型，占本县地域面积的32%。在人为耕作、施肥、灌溉等措施的影响下，土壤内部进行着氧化还原交替、有机质合成与分解、盐基淋溶与复盐基作用的熟化过程，促进了土壤性状的改变，从而形成了水稻土所特有的形态、理化和生物特性。本县水稻土分为淹育型、潴育型、渗育型、潜育型、漂洗型、沼泽型等亚类。

黄壤是洞口县第三大土壤类型，占本县地域面积的10%。黄壤分布在本县西部海拔800—1200m的中山地带。由于地势较高，云雾多，日照少，空气湿度大，干湿季节不明显，植被繁茂，黄壤脱硅富铝化作用比红壤弱。由于土体中氧化铁高度水化，土壤呈黄色，心土层呈蜡黄色，有机质含量高，盐基饱和度低，土壤呈强酸性。本县黄壤分为黄壤和黄壤性土两个亚类。

黄棕壤占本县地域面积的8%，分布在本县西北部海拔1100m以上的高山地带。该地区风力大，气温较低，雨量丰沛，相对湿度大，冬天积雪冰冻时间长。在温凉、湿润的气候条件下，有机质分解较慢，生物积累明显。其成土过程主要是黏化过程和弱富铝化过程，黏粒在剖面上的移动与积累很明显，土壤呈棕色或暗棕色。土壤质地较紧实，呈棱块状结构，心土层比表土层略黏重。土壤呈酸性，pH多为5.5—6.5。本县黄棕壤分为山地黄棕壤和山地黄棕壤性土两个亚类。

石灰（岩）土占本县地域面积的6%，分布在海拔500m以下的石灰岩山丘坡脚。本县石灰（岩）土分为红色石灰土和黑色石灰土两个亚类。前者占本土类面积的78%，发育于石灰岩较古老的风化壳，是黑色石灰土与石灰岩红壤之间的过渡类型。在干热和湿热交替影响下，风化作用强烈，上部土层中的碳酸盐被淋洗，下部土层有明显的黏粒和铁锰淀积，有时可见胶膜和铁锰结核，心土层质地黏重。由于淋溶作用，表土层呈酸性至中性，无石灰反应，但底土层pH有增高的趋势，土体一般呈棕黄色或黄红色，有机质较缺乏。

小于本县地域面积3%的土壤类型有潮土、紫色土等。

本区域中心区气候特征

本区域中心区气候特征值
Regional climate characteristics in central area of the region

气候带：中亚热带湿润气候 Climate region: Subtropical humid climate	
年平均气温 /℃ Annual average temperature /℃	17.1
年平均最高气温 /℃ Annual average maximum temperature /℃	21.3
年平均最低气温 /℃ Annual average minimum temperature /℃	14.0
年降水量 /mm Annual precipitation /mm	1370
≥10℃的积温 /℃ Daily temperature accumulated in a year (≥10℃) /℃	6269
年日照时数 /h Annual sunshine /h	1503
年平均相对湿度 /% Annual average relative humidity /%	79
干燥度 Dryness	0.75

本区域中心区月平均气温与月平均降水量
Monthly temperature and precipitation in central area of the region

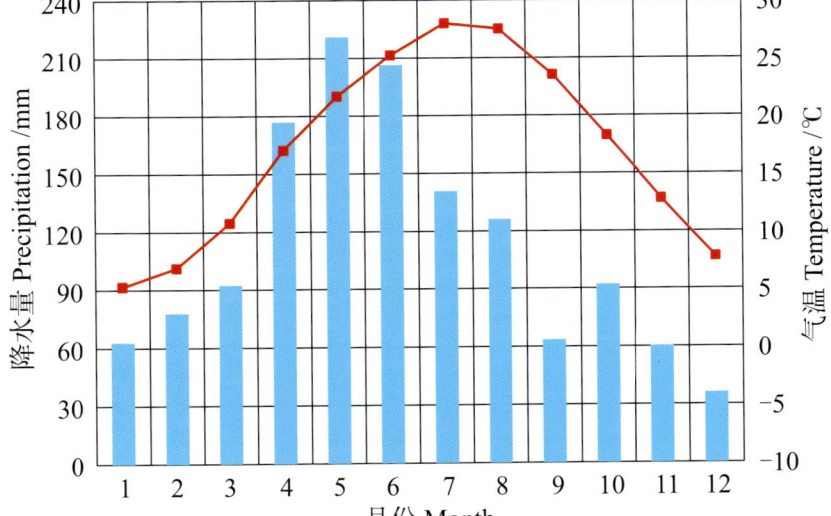

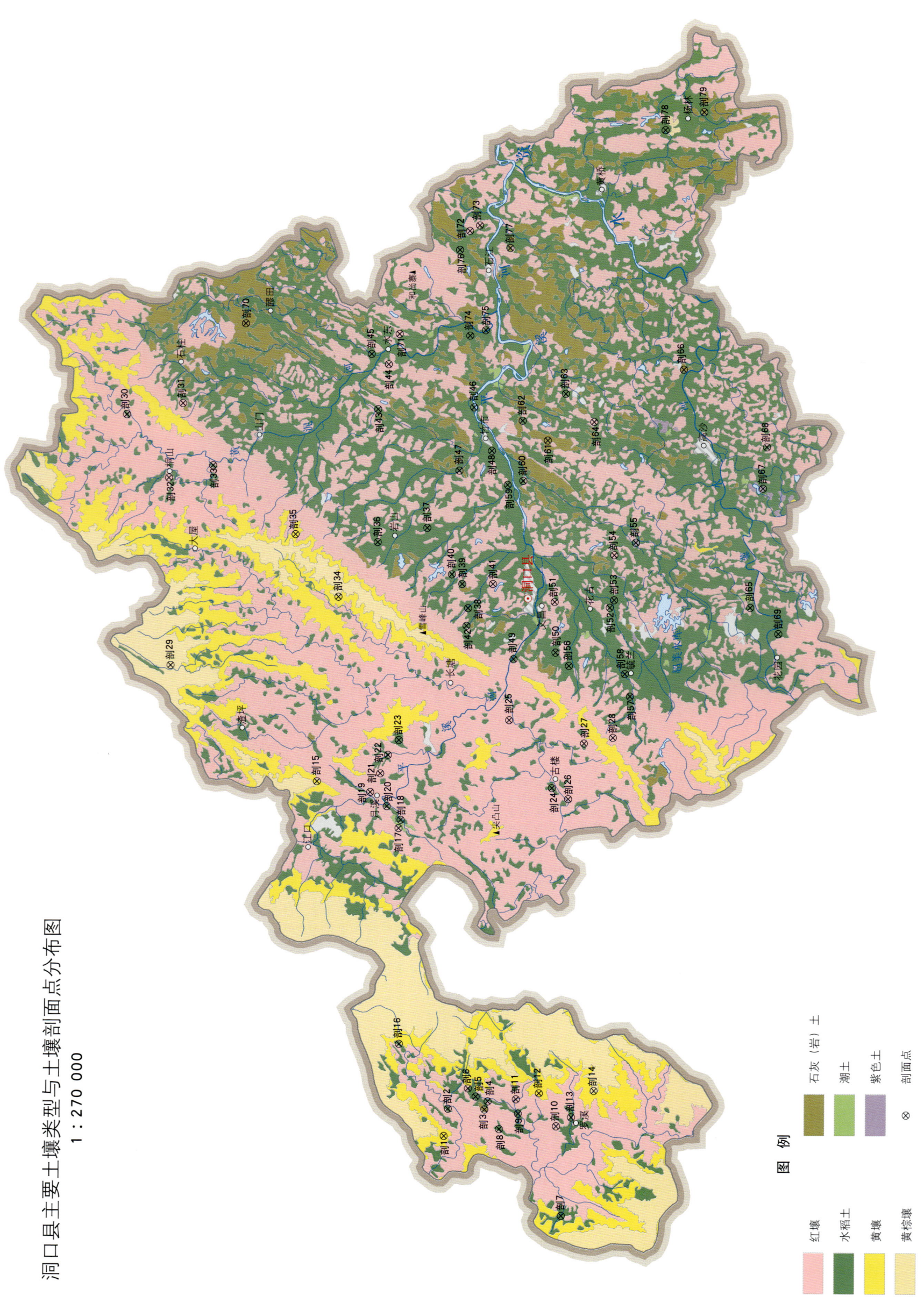

洞口县土壤剖面理化性状表

剖面号 Soil profile	土纲 Soil order	土类 Soil great group	亚类 Soil subgroup	土属 Soil genus	土种 Soil species	土层码 Layer code	土层厚度 Depth/cm	颜色 Soil color	质地 Soil texture	土壤结构 Soil structure	pH	有机质 OM/(g/kg)	全氮 TN/(g/kg)	全磷 TP/(g/kg)	全钾 TK/(g/kg)	碱解氮 AN/(mg/kg)	有效磷 AP/(mg/kg)	速效钾 AK/(mg/kg)	土壤母质 Parent material	剖面点坐标 Profile coordinate	匹配指数 Matching index/%
剖1	铁铝土	黄壤	黄壤	砂岩黄壤		A₁	0—8	栗色	轻壤土		5.4	29.2	1.69	1.41	32.1	195	4.1	158	花岗岩残积物	E 110°13′05.7″ N 27°06′45.2″	75
						ABv	8—75	蜡黄色	轻壤土		5.2	21.1	1.46	1.13	36.5						
						Bv	75—150	浅红棕色	中壤土		4.8	10.7	0.92	0.88	24.4						
剖2	人为土	水稻土	潜育水稻土	冷浸田	锈水田	A	0—18	黄褐色	重壤土		5.4	46.0	3.38	0.95	22.2	254	9.7	95	石板页岩洪积物	E 110°14′10.2″ N 27°06′37.0″	95
						Pg	18—30	青灰色	中壤土		5.8	30.7	2.24	0.92	23.8						
						G	30—100	青灰色	中壤土		6.8	23.4	1.71	1.78	22.7						
剖3	初育土	石灰(岩)土	黑色石灰土	黑色石灰土		A₁	0—5	褐色	重壤土		7.6	32.2	2.37	1.38	21.2	101	13.0	33	石灰岩残积物	E 110°14′09.5″ N 27°05′18.3″	75
						AC	5—25	棕黄色	中黏土		8.3	10.7	0.77	1.26	22.3						
						C	25—45	棕黄色	中黏土		8.0	7.8	0.51	1.66	23.3						
						D	45—150														
剖4	人为土	水稻土	潜育水稻土	麻砂泥田		A	0—15	深灰色	轻黏土		5.1	34.7	2.27	1.35	33.1	229	10.7	146	花岗岩坡积物	E 110°14′21.6″ N 27°05′16.1″	75
						Pg	15—25	深灰色	中壤土		5.4	30.3	2.13	1.55	31.5						
						W	25—100	棕黄色	中黏土		6.4	2.1	0.14		31.1						
剖5	人为土	水稻土	漂洗水稻土	漂黄泥田	西中白散泥田	Aae	0—16	浅黄色	粉砂质黏壤土	粒状	6.0	36.7	1.80	0.20	9.7	83	5.0	7	第四纪红色黏土	E 110°14′40.3″ N 27°05′37.4″	95
						Ape	16—24	灰色	粉砂质黏壤土	块状	6.1	20.7	1.30	0.30	9.0	54	5.0	39			
						E	24—60	灰色	粉砂质黏壤土	块状	5.7	16.1	0.80	0.20	11.0	28	4.0	37			
						C	60—100	浊黄色	粉砂质黏壤土	块状	5.1	11.0	0.60	≤0.10	11.5	14	2.0	35			
剖6	人为土	水稻土	潴育水稻土	河砂泥田	石底河砂泥田	A	0—16	黄褐色	重壤土		6.0	25.6	1.21	1.55	26.2	122	6.3	68	河流冲积物	E 110°14′59.3″ N 27°05′54.1″	75
						Pg	16—27	黄褐色	松砂土		5.8	18.7	1.09	1.28	24.4						
						S	27—100	灰色	中壤土		5.8	9.0	0.95	1.54	21.1						
剖7	人为土	水稻土	渗育水稻土	白散泥田	青湖白散泥田	A	0—17	褐色	重壤土		5.9	37.6	2.77	1.53	17.6	146	12.0	25	第四纪红色黏土	E 110°09′58.9″ N 27°02′30.7″	75
						Pg	17—30	灰棕褐色	轻壤土		6.4	20.7	1.47	1.20	19.7						
						E	30—60	灰色	中壤土		6.8	15.2	1.12	0.78	13.2						
						C	60—100		砂壤土		7.1	12.6	0.92	0.94	15.0						
剖8	人为土	水稻土	潴育水稻土	黄砂泥田	黄砂泥田	A	0—20	褐色	砂壤土		5.8	35.4	2.12	2.67	22.9	152	3.7	56	砂岩坡积物	E 110°13′23.4″ N 27°04′46.7″	95
						Pg	20—30	灰棕色	轻壤土		6.1	21.9	1.43	3.10	29.1						
						W₁	30—40	黄褐色	中壤土		6.3	13.0	0.89	2.56	23.1						
						W₂	40—45	黄褐色	中壤土		5.3	10.4	0.69	2.12	23.1						
						C	45—100	橙色	紧砂土		6.2	4.2	0.31	1.14	21.5						
剖9	人为土	水稻土	潜育水稻土	青泥田	青麻黄红泥田	A	0—16	褐色	砂壤土		5.6	30.4	2.00	1.06	24.2	169	2.7	120	麻砂岩坡积物	E 110°14′00.6″ N 27°04′05.8″	95
						Pg	16—25	深灰色	轻壤土		5.8	28.8	1.92	1.31	25.9						
						G	25—100	黄褐色	中壤土		5.8	27.4	1.62	1.24	22.2						
剖10	铁铝土	黄红壤	花岗岩黄红壤	厚腐厚层花岗岩黄红壤		Ao	0—5	黑灰色	轻壤土		4.6	36.2	1.74	1.81	22.6	141	6.4	166	花岗岩坡积物	E 110°13′31.3″ N 27°02′43.5″	75
						A₂	5—25	灰色	壤土		5.0	24.0	1.11	1.64	20.0						
						Bv	25—85	棕红色	壤土		5.6	9.7	0.82	1.99	15.4						
						C	85—150	黄白相间	壤土		6.4	6.8	0.64	1.21	17.5						
剖11	铁铝土	红壤	耕型四纪红土	熟红土		A	0—19	黄褐色	中黏土		5.0	21.1	1.05	1.20	18.9	89	10.3	166	第四纪红色黏土	E 110°14′34.6″ N 27°04′10.9″	75
						Bv	19—32	黄褐色	重黏土		5.3	15.6	0.73	2.24	17.3						
						C	32—100	黄色	中壤土		5.0	6.8	0.71	2.80	21.9						
剖12	铁铝土	黄壤	黄壤	花岗岩黄壤		A	0—51	深栗色	轻壤土		4.9	26.3	1.61	2.19	34.0	118	6.7	166	花岗岩坡积物	E 110°14′49.4″ N 27°03′21.3″	75
						ABv	51—76	黄棕色	轻壤土		4.9	24.2	1.50	1.21	34.6						
						Bv	76—100	黄色	砂壤土		5.6	11.9	0.74	0.96	38.0						

续表 Continued

剖面号 Soil profile	土纲 Soil order	土类 Soil great group	亚类 Soil subgroup	土属 Soil genus	土种 Soil species	土层码 Layer code	土层厚度 Depth/cm	颜色 Soil color	质地 Soil texture	土壤结构 Soil structure	pH	有机质 OM/(g/kg)	全氮 TN/(g/kg)	全磷 TP/(g/kg)	全钾 TK/(g/kg)	碱解氮 AN/(mg/kg)	有效磷 AP/(mg/kg)	速效钾 AK/(mg/kg)	土壤母质 Parent material	剖面点坐标 Profile coordinate	匹配指数 Matching index/%
剖15	人为土	水稻土	渗育水稻土	白散泥田	白散泥田	A	0—15	棕黑色	轻黏土		6.8	18.9	1.32	1.73	12.0	84	2.3	26	第四纪红色黏土	E 110°13′53.1″ N 27°02′11.5″	75
						Pg	15—28	棕褐色	重黏土		6.0	14.9	1.11	1.16	12.6						
						E	28—100		重壤土		5.6	9.1	0.59	0.81	14.7						
剖14	淋溶土	黄棕壤	山地黄棕壤性土	山地黄棕壤性土	中腐砂岩黄棕壤性土	A_1	0—20	黑色	轻壤土		5.6	55.1	3.80	1.14	16.2	156	4.7	124	砂岩坡积物	E 110°14′56.4″ N 27°01′23.2″	75
						BvC	20—37	栗色	轻壤土		6.5	30.1	2.10	0.96	13.9						
						C	37—150	黄棕色	轻壤土		6.6	12.5	0.90	0.32	18.5						
剖15	铁铝土	黄壤	黄壤	砂岩黄壤		A	0—16	深栗色	中壤土		4.8	22.8	1.41	1.33	11.3	212	3.1	83	板页岩堆积物	E 110°15′15.7″ N 27°11′26.1″	95
						ABv	16—47	栗色	轻黏土		4.6	10.6	0.72	0.64	7.2						
						Bv	47—75	黄色	轻黏土		4.4										
						BvC	75—150	棕红色	轻黏土		4.4										
剖16	人为土	水稻土	潴育水稻土	黄砂泥田	青顶黄砂泥田	A	0—17	灰色	中壤土		5.6	30.1	1.45	0.63	18.2	147	3.3	62	砂岩坡积物	E 110°16′44.1″ N 27°08′24.0″	95
						Pg	17—27	青灰色	中壤土		5.1	20.1	1.16	0.56	19.0						
						W	27—100	黄褐色	中壤土		4.9	8.4	0.61	0.35	18.4						
剖17	半水成土	潮土	河潮土	耕型河潮土		A	0—26	深栗色	轻壤土		5.6	18.2	1.37	1.63	38.9	99	11.1	122	河流冲积物	E 110°16′34.4″ N 27°08′25.8″	75
						W_1	26—59	栗色	轻壤土		6.5	9.4	0.65	1.08	34.0						
						W_2	59—100	褐色	中壤土		6.6	7.0	0.49	1.14	27.5						
剖18	人为土	水稻土	潴育水稻土	黄泥田	黄泥田	A	0—17	灰色	中壤土		6.8	39.4	2.72	1.49	29.1	234	19.7	145	板页岩坡积物	E 110°25′44.1″ N 27°08′25.1″	95
						W_1	17—29	深栗色	中壤土		5.6	24.5	1.71	1.35	26.4						
						W_2	29—60	深栗色	中壤土		6.4	18.4	1.27	1.06	26.8						
						C	60—100	深栗色	重壤土		6.2	16.6	1.22	1.39	26.4						
剖19	铁铝土	红壤	红壤	耕型板页岩红土		ABv	1—31	黄褐色	中壤土		5.9	35.5	1.90	1.29	29.9	94	6.3	74	砂质板页岩坡积物	E 110°26′50.7″ N 27°09′31.0″	95
						BvC	31—104	黄色	轻壤土		5.6	21.6	0.98	1.75	25.9						
						C	104—150	栗色	轻壤土		5.4	12.4	0.90	1.26	19.4						
剖20	人为土	水稻土	潴育水稻土	黄泥田	砂质黄泥田	A	0—16	褐色	中壤土		5.4	23.4	1.26	1.73	24.1	168	9.0	83	砂质板页岩坡积物	E 110°26′16.0″ N 27°08′55.2″	95
						Pg	16—27	黄褐色	轻壤土		5.8	12.6	0.85	2.21	24.6						
						W	27—100	黄棕色	中壤土		6.2	5.4	0.35	1.42	18.9						
剖21	铁铝土	红壤	红壤	耕型板页岩红土	黄泥土	A	0—16	褐色	中壤土		6.0	23.4	1.73	1.06	18.9	144	4.7	120	板页岩坡积物	E 110°27′36.2″ N 27°09′09.6″	95
						Bv	16—76	红棕色	中壤土		6.4	16.8	0.89	0.87	9.0						
						C	76—100	红棕色	壤土		5.2	6.8	0.59	0.57	2.1						
剖22	人为土	水稻土	潴育水稻土	中性紫泥田	中性紫泥田	A	0—10	紫色	中壤土		6.6	18.5	1.10	0.96	18.1	97	8.0	58	紫色砂岩坡积物	E 110°28′20.1″ N 27°08′53.3″	95
						Pg	10—21	紫褐色	重壤土		7.0	15.6	0.97	0.92	15.9						
						W	21—100	黄褐色	重壤土		7.3	9.8	0.72	0.89	14.4						
剖23	人为土	水稻土	潴育水稻土	灰黄泥田	青灰黄泥田	A	0—14	灰棕色	重壤土		5.6	26.3	2.21	1.49	12.5	224	9.7	62	石灰岩坡积物	E 110°28′56.3″ N 27°08′30.2″	95
						Pg	14—29	黄褐色	轻黏土		6.4	24.9	1.74	1.52	13.4						
						W	29—50	黄棕色	中黏土		6.4	20.8	0.84	1.95	13.5						
						C	50—100	棕红色	中壤土		6.6	10.2	0.54	1.96	15.2						
剖24	人为土	水稻土	潴育水稻土	青泥田	青稞黄泥田	A	0—20	褐色	轻壤土		5.6	35.8	2.63	1.95	20.4	178	2.3	100	花岗岩坡积物	E 110°28′03.0″ N 27°02′59.7″	95
						Pg	20—32	深褐色	轻壤土		5.8	40.8	3.00	1.94	21.1						
						G	32—100	深褐色	轻黏土		5.5	39.9	2.93	1.27	33.4						
剖25	铁铝土	红壤	黄红壤	板页岩黄红壤	薄腐中层板页岩黄红壤	Ao	0—1										175	3.3	87	砂质板页岩坡积物	E 110°29′46.1″ N 27°04′32.7″	95
						A_1	1—7	黄褐色	轻黏土		5.4	29.2	1.52	1.87	20.2						
						A_2	7—65	黄褐色	重壤土		4.7	12.8	0.82	1.89	21.3						
						Bv	65—119	黄褐色	重壤土		4.5	10.8	0.72	2.16	28.0						
						C	119—145														

续表 Continued

剖面号 Soil profile	土纲 Soil order	土类 Soil great group	亚类 Soil subgroup	土属 Soil genus	土种 Soil species	土层码 Layer code	土层厚度 Depth/cm	颜色 Soil color	质地 Soil texture	土壤结构 Soil structure	pH	有机质 OM/(g/kg)	全氮 TN/(g/kg)	全磷 TP/(g/kg)	全钾 TK/(g/kg)	碱解氮 AN/(mg/kg)	有效磷 AP/(mg/kg)	速效钾 AK/(mg/kg)	土壤母质 Parent material	剖面点坐标 Profile coordinate	匹配指数 Matching index/%
剖26	铁铝土	红壤	红壤	耕型砂岩红土		A	0—19	灰黑色	轻黏土		5.8	27.4	1.89	0.62	≤1.0	140	13.3	45	炭质板页岩坡积物	E 110°26′36.6″ N 27°02′24.3″	95
剖27	铁铝土	红壤	红壤	耕型第四纪红土红壤	红泥土	Bv	19—100	黑色	轻黏土		5.0	22.2	1.61	0.93	≤1.0	48	5.7	90	第四纪红色黏土	E 110°28′50.6″ N 27°01′50.8″	95
剖28	铁铝土	红壤性土	耕型板页岩红壤性土	岩渣子土		A	0—20	棕黄色	中黏土		4.6	16.4	1.13	3.25	14.2		5.0		板页岩坡积物	E 110°29′04.5″ N 27°00′48.8″	93
						Bv	20—42	红棕色	中黏土		4.5	10.9	0.60	1.29	18.8						
						C	42—100	红棕色	中黏土		5.5	9.2	0.41	2.10	17.1						
剖29	淋溶土	黄棕壤	山地黄棕壤	板页岩山地黄棕壤		BvC	1—65	深栗色	中壤土		5.3	38.2	2.83	2.39	22.9	56		50	板页岩坡积物	E 110°31′54.4″ N 27°16′43.7″	95
						D	65—100	浅红棕色	轻黏土		5.4	25.9	1.89	1.96	22.4	196	9.7	70	板页岩坡积物		
剖30	人为土	水稻土	淹育水稻土	浅黄砂泥田		A₁	0—6	深棕色	轻黏土		5.4	63.8	4.35	0.79	25.5						
						A₂	6—25	栗色	轻黏土		5.2	58.1	4.18	1.26	16.1						
						Bv	25—70	浅红棕色	中黏土		5.4	49.8	3.87	1.36	25.0						
						C	70—150	红棕色	中黏土		5.6	27.6	1.47	1.13	24.1						
剖31	铁铝土	黄红壤	砂岩黄红壤			A	0—13	黄褐色	砂壤土		5.2	27.9	2.68	1.08	19.0	124	≤1.0	41	砂岩坡积物	E 110°41′59.4″ N 27°18′20.3″	95
						Pg	13—22	黄棕色	砂壤土		5.6	27.5	1.21	1.26	19.3						
						C	22—100	浅红棕色	轻壤土		6.1	2.6	0.14	1.08	18.2						
剖32	铁铝土	红壤	砂岩红壤			ABv	0—22	红棕色	中壤土		5.2	23.4	1.14	1.11	37.1	122	5.7	62	砂岩坡积物	E 110°42′26.0″ N 27°16′19.4″	95
						BvC	22—102	浅红棕色	中黏土		4.6	17.0	0.88	0.99	34.3						
						C	102—150				5.0										
剖33	人为土	水稻土	淹育水稻土	浅麻砂泥田	薄腐厚层砂岩砂壤	A₁	0—9	栗色	轻壤土		5.4	33.0	1.52	0.63	17.4	102	6.7	83	砂岩坡积物	E 110°39′26.2″ N 27°16′49.2″	95
						ABv	9—40	黄棕色	砂壤土		5.3	26.6	1.40	0.79	16.0						
						Bv	40—150	浅红棕色	砂壤土		5.2	10.3	0.72	0.33	15.0						
剖34	铁铝土	红壤	砂岩红壤			A	0—13	栗色	砂壤土		5.3	35.2	2.55	2.01	33.7	155	3.6	140	花岗岩坡积物	E 110°39′56.4″ N 27°15′13.8″	95
						Pg	13—24	棕褐色	中壤土		5.1	28.1	2.05	2.19	32.9						
						C	24—100	褐色	轻壤土		6.0	26.7	1.98	1.54	30.9						
剖35	人为土	潴育水稻土	砂岩黄壤性土	岩渣田		A₁	0—5	黑色	轻壤土		4.8	25.4	1.48	0.79	14.9	126	3.3	128	砂砾沉积物	E 110°34′40.5″ N 27°10′42.5″	95
						Pg	5—26	红灰色	中壤土		5.0	20.1	1.38	1.15	16.5						
						C	26—106	红黄色	中壤土		5.8	14.5	1.10	0.91	15.7						
						D	106—150														
剖36	铁铝土	黄壤	砂岩黄壤			A	0—15	黄棕色	轻壤土		4.8	24.4	1.64	1.49	18.9	146	3.6	163	砂岩坡积物	E 110°37′10.9″ N 27°12′15.5″	95
						Bv	15—46	棕色	中壤土		5.2	11.7	0.77	1.05	20.5						
						C	46—	棕褐色	中壤土		5.8	10.2	0.75	0.81	20.8						
剖37	人为土	水稻土	潴育水稻土	浅麻黄砂泥田		A	0—13	褐色	轻壤土		6.0	28.8	1.97	2.32	20.2	268	1.7	112	板页岩红色黏土	E 110°36′52.4″ N 27°09′18.1″	95
						Pg	13—26	黄棕色	重壤土		5.0	26.3	1.85	1.92	18.5						
						W	26—45	深灰色	重壤土		4.7	18.8	1.33	2.34	19.9						
						C	45—100	褐色	轻壤土		4.4	17.1	1.26	1.35	21.4						
剖38	人为土	水稻土	淹育水稻土	浅红黄砂泥田		A	0—16	褐色	轻壤土		5.8	44.8	3.32	1.92	17.8	119	6.0	28	第四纪红色黏土	E 110°34′27.6″ N 27°07′31.9″	95
						Pg	16—29	栗色	轻壤土		6.2	35.4	2.36	1.42	18.9						
						C	29—100	深灰色	轻黏土		6.4	18.7	1.28	1.91	15.4						
剖39	人为土	水稻土	潴育水稻土	灰黄砂泥田		A	0—15	灰灰色	中壤土		5.1	29.5	2.06	0.42	13.4	168	7.7	54	石灰岩坡积物	E 110°35′14.7″ N 27°06′02.7″	95
						Pg	15—37	黄棕色	中壤土		5.5	21.4	1.51	0.60	24.0						
						W	37—85	栗色	重壤土		6.4	19.6	1.49	0.61	16.5						
						G	85—100	深灰色	重壤土		6.4	18.9	1.45	0.71	19.3						
剖39	人为土	水稻土	潴育水稻土	石灰黄泥田	石灰黄砂泥田	A	0—16	黄棕色	砂壤土		7.8	27.3	1.88	1.31	11.7	152	6.0	45	砂岩坡积物	E 110°35′12.7″ N 27°06′15.5″	95
						Pg	16—26	灰棕色	砂壤土		7.0	22.5	1.60	0.94	14.7						
						W	26—100	褐棕色	砂壤土		5.2	16.9	1.25	0.74	14.8						

续表 Continued

剖面号 Soil profile	土纲 Soil order	土类 Soil great group	亚类 Soil subgroup	土属 Soil genus	土种 Soil species	土层码 Layer code	土层厚度 Depth/cm	颜色 Soil color	质地 Soil texture	土壤结构 Soil structure	pH	有机质 OM/(g/kg)	全氮 TN/(g/kg)	全磷 TP/(g/kg)	全钾 TK/(g/kg)	碱解氮 AN/(mg/kg)	有效磷 AP/(mg/kg)	速效钾 AK/(mg/kg)	土壤母质 Parent material	剖面点坐标 Profile coordinate	匹配指数 Matching index/%
剖40	人为土	水稻土	潴育水稻土	河砂泥田	河潮泥田	A	0—14	褐色	中壤土		7.1	43.7	3.01	1.11	28.0	207	11.7	58	河流冲积物	E 110°35′36.1″ N 27°06′38.0″	95
						Pg	14—30	深褐色	中壤土		7.2	38.4	2.95	1.41	25.1						
						W₁	30—64	深褐色	中壤土		7.3	28.8	1.89	1.22	27.9						
						W₂	64—100	栗色	中壤土		7.3	19.5	0.99	1.04	31.8						
剖41	铁铝土	红壤		砂岩红壤	中腐厚层砂岩红壤	A₁	2—15	黄棕色	中壤土	粒状	4.7	36.7	1.19	0.80	15.4		≤1.0	11	砂岩	E 110°35′13.3″ N 27°05′09.2″	95
						Bv	15—98	红棕色	中壤土	粒状	4.9	13.4	0.97	0.43	13.4						
						BvC	98—150	红棕色	重壤土	块状	5.2	9.3	0.94	0.30	12.9						
剖42	人为土	水稻土	潴育水稻土	青泥田	青砂泥田	A	0—18	灰褐色	轻壤土		5.7	26.0	1.83	1.30	20.3	64	19.0	50	河流冲积物	E 110°33′32.4″ N 27°06′05.9″	95
						Pg	18—30	深灰色	轻壤土		6.0	17.8	1.30	1.02	21.5						
						G	30—100	深灰色	砂壤土		6.3	13.0	0.95	1.05	20.5						
剖43	人为土	水稻土	潴育水稻土	灰黄泥田	青喝灰黄泥田	A	0—14	黄褐色	重壤土	碎块状	5.6	26.3	2.21	1.49	12.5	61	9.7	62		E 110°42′12.7″ N 27°09′17.9″	98
						Apg	14—29	青灰色	轻黏土	块状	6.4	24.9	1.74	1.52	13.4						
						W	29—50	黄褐色	中黏土	棱柱状	6.4	20.8	0.84	1.95	13.5						
						C	50—100	棕黄色	中壤土		6.6	10.2	0.54	1.96	15.2						
剖44	铁铝土	红壤		耕型第四纪红土红壤		A	0—20	黄色	轻黏土		6.4	21.1	1.55	2.00	19.2	195	6.0	91	石灰岩坡积物	E 110°44′00.5″ N 27°08′55.8″	95
						Bv	20—100	黄色	轻黏土		6.5	9.7	0.64	1.36	12.7						
剖45	人为土	水稻土	潴育水稻土	灰泥田	灰泥田	A	0—15	棕色	重黏土		7.6	21.3	1.48	1.32	22.4	115	5.3	85	砂岩坡积物	E 110°44′25.6″ N 27°09′32.3″	95
						Pg	15—24	黄褐色	重壤土		8.2	19.2	1.27	1.03	18.4						
						W₁	24—52	棕褐色	重壤土		8.4	14.0	0.79	2.26	28.4						
						W₂	52—100	黄色	重壤土		8.0										
剖46	人为土	水稻土	潴育水稻土	红黄泥田	熟红黄泥田	A	0—16	黄褐色	中黏土		5.4	28.7	1.71	0.97	22.9	125	12.3	83	第四纪红色黏土	E 110°42′17.7″ N 27°05′51.2″	95
						Pg	16—28	黄褐色	中黏土		5.7	17.7	1.09	1.55	21.4						
						W₁	28—75	黄褐色	中黏土		6.3	12.6	0.87	1.09	21.6						
						W₂	75—100	黄褐色	中黏土		6.4	10.7	0.78	1.26	16.6						
剖47	人为土	水稻土	潴育水稻土	河砂泥田	河砂泥田	A	0—15	褐色	砂壤土		5.9	26.3	1.60	0.84	27.2	125	7.7	120	河流冲积物	E 110°39′45.3″ N 27°06′22.5″	95
						Pg	15—25	黄褐色	砂壤土		6.9	13.9	0.81	0.83	26.7						
						W	25—100	黄褐色	砂壤土		7.0	10.2	0.70	0.82	26.0						
剖48	人为土	水稻土	淹育水稻土	浅灰泥田	浅灰泥田	A	0—18	褐色	重壤土		7.6	31.7	2.10	0.96	18.7	106	3.3	83	石灰岩坡积物	E 110°40′33.1″ N 27°05′12.8″	95
						Pg	18—35	黄褐色	重壤土		7.6	20.3	1.50	0.92	20.4						
						C	35—100	黄褐色	重壤土		7.8	11.7	0.80	0.73	32.3						
剖49	人为土	水稻土	潴育水稻土	河砂泥田	红底河砂泥田	A	0—15	灰褐色	中黏土		5.7	27.7	1.83	1.12	21.1	224	4.7	49	第四纪红色黏土和河流冲积物	E 110°32′13.3″ N 27°04′23.9″	95
						Pg	15—35	褐色	中黏土		6.0	14.5	1.00	1.02	20.8						
						W	35—100	黄色	中黏土		6.4	7.0	0.52	1.57	25.4						
剖50	人为土	水稻土	潴育水稻土	黄砂泥田	黑黄砂泥田	A	0—19	深棕色	重壤土		5.6	32.6	1.90	0.40	26.0	175	12.3	112	砂岩坡积物	E 110°32′13.3″ N 27°02′53.4″	95
						Pg	19—32	褐色	中壤土		6.4	29.3	1.20	0.67	26.6						
						W	32—100	黄色	中壤土		6.4	11.3	0.80	1.05	23.6						
剖51	铁铝土	红壤		耕型第四纪红土红壤	熟红土	A	0—22	红棕色	重黏土	粒状	6.1	21.3	1.07	1.13	18.6	103	10.4	89	第四纪红色黏土	E 110°34′30.2″ N 27°02′56.1″	95
						Bv	22—65	棕色	重黏土	碎块状	6.2	10.0	0.78	0.96	14.8						
						BvC	65—100	棕红色	轻黏土	块状	5.7	9.2	0.76	0.97	16.4						
剖52	人为土	水稻土	潴育水稻土	黄泥田	黄泥田	A	0—15	黄棕色	轻壤土		5.0	38.9	2.70	0.33	19.4	99	≤1.0	70	板页岩坡积物	E 110°34′17.1″ N 27°00′57.1″	95
						Pg	15—23	棕色	中壤土		5.8	22.1	1.60	0.48	23.1						
						W	23—45	棕色	重壤土		5.8	11.1	1.00	0.59	21.9						
						C	45—100	红棕色	中壤土		6.2	2.9	0.25	0.65	23.2						
剖53	人为土	水稻土	淹育水稻土	浅岩渣田	岩板底田	A	0—15	褐色	中壤土		6.4	27.4	1.87	0.85	20.1	120	2.0	58	板页岩坡积物	E 110°34′30.6″ N 27°00′51.5″	95
						Pg	15—30	灰色	中壤土		5.8	11.9		1.19	22.0		2.2	≤5			
						D	30—100	棕色			6.4										

续表 Continued

剖面号 Soil profile	土纲 Soil order	土类 Soil great group	亚类 Soil subgroup	土属 Soil genus	土种 Soil species	土层码 Layer code	土层厚度 Depth/cm	颜色 Soil color	质地 Soil texture	土壤结构 Soil structure	pH	有机质 OM/(g/kg)	全氮 TN/(g/kg)	全磷 TP/(g/kg)	全钾 TK/(g/kg)	碱解氮 AN/(mg/kg)	有效磷 AP/(mg/kg)	速效钾 AK/(mg/kg)	土壤母质 Parent material	剖面点坐标 Profile coordinate	匹配指数 Matching index/%
剖54	铁铝土	红壤	红壤	耕型石灰岩红土	耕型中性紫砂土	A	0—48	浅红棕色	中黏土		6.2	19.3	0.79	1.00	14.4	97	≤1.0	68	石灰岩坡积物	E 110°36′23.4″ N 27°00′48.0″	95
						Bv	48—112	黄褐色	轻黏土		6.1	10.6	0.77	1.18	23.4						
						C	112—150	红棕色	轻黏土		6.1	9.5	0.70	1.12	20.7						
剖55	初育土	紫色土	中性紫色土	耕型中性紫砂土	中性紫砂土	A	0—30	深栗色	砂壤土		6.6	10.7	0.65	1.54	18.7	139	1.7	130	紫色砂岩坡积物	E 110°36′53.3″ N 27°00′01.8″	75
						Bv	30—100	棕栗色	轻壤土		6.8	8.9	0.75	1.26	23.7						
剖56	人为土	水稻土	潴育水稻土	红黄泥田	石灰性红黄泥田	A	0—15	灰棕色	轻黏土		7.4	13.8	0.95	0.87	18.4	165	7.3	74	第四纪红色黏土	E 110°31′57.3″ N 27°02′24.7″	95
						Pg	15—24	棕褐色	轻黏土		7.4	12.5	0.84	0.95	13.8						
						W	24—71	棕灰色	轻黏土		7.6	5.7	0.30	1.16	12.8						
						C	71—100	黄色			7.4										
剖57	人为土	水稻土	潴育水稻土	河砂泥田	河砂泥田	A	0—12	棕壤色	轻壤土		7.3	18.5	1.17	1.58	34.6	114	8.7	45	河流冲积物	E 110°30′44.3″ N 27°00′12.5″	95
						Pg	12—18	灰棕色	轻壤土		6.8	15.0	0.90	1.25	41.0						
						W	18—41	褐色	砂壤土	粒状	6.6	7.0	0.46	1.42	40.2						
						S	41—100	灰白色	砂石土		6.4										
剖58	人为土	水稻土	淹育水稻土	浅红黄泥田	石底河砂泥田	A	0—16	棕壤色	砂壤土	块状	6.0	29.1	1.48	1.05	22.9	164	7.1	49	河流冲积物	E 110°31′38.1″ N 27°00′23.6″	99
						Ap	16—27	黄棕色	砂壤土	无结构	5.8	14.7	1.26	0.84	21.9						
						S	27—	黄棕色	砾石土		5.8	9.9	0.77	0.91	19.4						
剖59	人为土	水稻土	潴育水稻土	浅红黄泥田	浅红黄泥田	A	0—13	棕壤色	轻壤土		5.9	28.3	2.50	1.07	15.1	89	9.0	74	第四纪红色黏土	E 110°39′11.1″ N 27°04′38.7″	95
						Pg	13—20	黄棕色	砂壤土		5.9	19.1	2.20	0.88	15.1						
						W	20—100	红棕色	中壤土		6.3	8.6	0.80	0.53	16.0						
剖60	人为土	水稻土	潴育水稻土	红黄泥田	红黄泥田	A	0—19	棕壤色	轻黏土		5.4	26.9	1.73	0.55	11.1	139	4.7	33	第四纪红色黏土	E 110°39′20.8″ N 27°04′04.8″	95
						Pg	19—25	黄棕色	轻黏土		5.8	9.5	0.67	1.18	12.2						
						W₁	25—38	褐黄色	重壤土		6.2										
						W₂	38—100	棕黄色	重壤土		6.2										
剖61	初育土	石灰（岩）土	红色石灰土	淋溶石灰土	薄腐厚层淋溶石灰土	ABv	0—35	黄棕色	中黏土		6.8	14.0	1.01	0.65	35.1	154	1.6	54	石灰岩残积物	E 110°40′58.3″ N 27°03′12.2″	95
						Bv	35—88	灰棕色	中黏土		7.5	10.4	0.71	1.22	27.4						
						C	88—150	灰棕色	中黏土		8.0	8.9	0.61	1.55	22.8						
剖62	人为土	水稻土	潴育水稻土	灰泥田	灰泥田	A	0—17	褐色	重壤土		7.9	38.5	2.81	1.66	10.9	87	8.7	95	石灰岩坡积物	E 110°41′46.0″ N 27°04′06.6″	95
						Ap	17—25	栗色	中黏土		8.3	23.7	1.92	1.41	12.2						
						S	25—100	深褐色	黏土		7.6	1.7	0.80	0.91	5.7						
剖63	人为土	水稻土	潴育水稻土	红黄泥田	红黄泥田	A	0—18	栗色	黏土		4.8	20.2	1.56	0.97	16.2	77	6.3	58	第四纪红色黏土	E 110°42′50.1″ N 27°02′33.5″	95
						Pg	18—25	深棕色	黏土		5.0	13.2	0.94	0.61	15.0						
						W	25—48	黄棕色	黏土		5.5	12.8	0.82	0.65	17.0						
						C	48—100	棕黄色	重壤土		9.9	6.6	0.77	1.27	19.6						
剖64	铁铝土	红壤	黄红壤	石灰岩黄红壤	薄腐厚层石灰岩黄红壤	ABv	0—30	黄棕色	中黏土		5.2	38.4	2.48	1.32	13.4	90	3.0	73	石灰岩残积物	E 110°41′42.9″ N 27°01′32.3″	95
						BvC	30—120	棕褐色	中黏土		4.8	22.3	1.53	1.99	21.3						
						C	120—150	棕色	中黏土		4.5	11.0	0.69	0.89	25.3						
剖65	人为土	水稻土	潴育水稻土	河砂泥田	河砂泥田	A	0—15	褐色	轻黏土		5.5	28.4	1.95	1.59	28.9	100	2.3	46	河流冲积物	E 110°34′18.2″ N 26°55′54.1″	95
						Pg	15—27	栗色	中黏土		5.6	19.1	0.98	1.26	27.7						
						W	27—50	棕色	轻黏土		5.8	16.5	0.75	1.06	25.4						
						C	50—100	栗色	中黏土		6.8	7.1	0.46	1.22	33.5						
剖66	初育土	石灰（岩）土	黑色石灰土	黑色石灰土	石灰性土	A₁	0—23	棕色	中黏土		7.8	21.4	1.80	0.66	29.2	99	7.0	114	石灰岩坡积物	E 110°43′48.9″ N 26°58′19.2″	95
						Bv	23—100	浅棕色	中黏土		8.5	3.8	0.60	0.81	19.6						
剖67	初育土	紫色土	酸性紫色土	酸性紫砂土	薄腐中层酸性紫砂土	A₁	0—1	深褐色	砂壤土		5.4	13.8	1.00	1.29	20.3	126	4.7	70	紫色砂岩坡积物	E 110°39′03.8″ N 26°55′27.7″	95
						Bv	1—57	棕红色	轻壤土												
						C	57—150				5.8	7.7	0.55	0.76	17.6						

续表 Continued

剖面号 Soil profile	土纲 Soil order	土类 Soil great group	亚类 Soil subgroup	土属 Soil genus	土种 Soil species	土层码 Layer code	土层厚度 Depth/cm	颜色 Soil color	质地 Soil texture	土壤结构 Soil structure	pH	有机质 OM/(g/kg)	全氮 TN/(g/kg)	全磷 TP/(g/kg)	全钾 TK/(g/kg)	碱解氮 AN/(mg/kg)	有效磷 AP/(mg/kg)	速效钾 AK/(mg/kg)	土壤母质 Parent material	剖面点坐标 Profile coordinate	匹配指数 Matching index/%
剖68	人为土	水稻土	潴育水稻土	烂泥田	烂泥田	Ag	0—40	棕灰色	中黏土		7.8	33.6	2.27	1.60	16.6	164	4.7	37	石灰岩坡积物	E 110°40′43.3″ N 26°55′19.0″	97
						G	40—100	灰棕色	中黏土		7.2	32.4	2.02	2.42	18.9						
剖69	人为土	水稻土	潴育水稻土	扁砂泥田	黄扁砂泥田	A	0—14	褐色	轻黏土		5.4	35.7	2.20	1.31	25.2	206	2.3	156	板页岩坡积物	E 110°33′15.9″ N 26°54′53.3″	95
						Pg	14—22	褐色	轻黏土		5.3	30.0	1.83	1.18	31.7						
						W₁	22—47	棕色	轻黏土		6.1	16.1	1.05	1.18	31.7						
						W₂	47—100	浅红棕色	轻黏土		6.4	12.3	0.90	1.18	31.7						
剖70	初育土	石灰(岩)土	红色石灰土	红色石灰土		Bv	0—45	棕黄色	中黏土		6.8	14.5	1.02	1.12	25.0	68	1.7	91	石灰岩坡积物	E 110°45′38.9″ N 27°14′04.3″	95
						C	45—150	黄褐色	中黏土		7.4	10.5	≥10.00	1.27	19.2						
剖71	铁铝土	红壤	红壤	耕型红色石灰土		A	0—19	黄红棕色	轻壤土		5.2	28.8	1.91	2.01	23.0	195	15.3	114	砂岩坡积物	E 110°45′13.6″ N 27°08′32.8″	95
						Bv	19—100	浅红棕色	轻壤土		6.2	23.1	1.70	1.27	20.1						
剖72	铁铝土	红壤	红壤性土	第四纪红色土		A	0—20	棕色	轻黏土		5.3	17.1	1.03	1.68	19.0	145	4.0	91	第四纪红色黏土	E 110°49′22.0″ N 27°06′01.2″	95
						C	20—100	浅红棕色	轻黏土		4.9	9.8	0.65	1.55	18.3						
剖73	铁铝土	红壤	红壤性土	第四纪红色土	砾石红壤性土	A₁	0—2	棕灰色	重壤土		4.8	25.5	1.34	1.07	20.3	77	2.7	103	第四纪红色黏土	E 110°49′35.5″ N 27°05′39.3″	95
						BvC	2—20	黄色	中壤土		5.4	16.7	1.02	1.50	12.5						
						C	20—150	浅红棕色	轻壤土		6.0	5.9	0.38	1.56	10.4						
剖74	人为土	水稻土	潴育水稻土	灰泥田	青稞灰泥田	A	0—16	黄褐色	中黏土		8.3	32.6	2.04	0.72	19.4	138	11.7	74	石灰岩坡积物	E 110°45′09.9″ N 27°06′00.4″	95
						Pg	16—27	灰棕色	中黏土		8.1	27.2	1.47	2.01	16.7						
						W	27—100	黄棕色	中黏土		8.4	15.4	0.65	1.33	18.6						
剖75	人为土	水稻土	潴育水稻土	河砂泥田	河砂泥田	A	0—14	棕灰色	砂壤土		7.4	23.4	1.65	0.62	18.2	112	2.3	99	河流冲积物	E 110°45′23.2″ N 27°05′27.1″	95
						Pg	14—25	棕灰色	砂壤土		7.6	21.9	1.59	0.59	20.8						
						W₁	25—80	棕灰色	壤土		8.0	18.6	1.38	0.59	23.7						
						W₂	80—100	灰棕色	壤土		8.2	8.8	0.65	0.56	19.1						
剖76	人为土	水稻土	潴育水稻土	灰黄泥田	灰黄泥田	A	0—14	灰棕色	轻黏土		5.3	35.5	2.11	0.89	16.6	152	3.7	187	石灰岩坡积物	E 110°48′36.5″ N 27°06′22.5″	95
						Pg	14—22	棕褐色	重黏土		6.5	25.5	1.46	0.68	17.7						
						W	22—100	棕灰色	中壤土		6.9	13.6	0.99	0.58	15.8						
剖77	初育土	石灰(岩)土	红色石灰土	耕型红色石灰土	红灰土	A	0—14	浅红棕色	中壤土		7.8	13.2	0.96	1.03	20.5	91	3.3	83	石灰岩坡积物	E 110°48′40.6″ N 27°04′33.6″	95
						Bv	14—100	红棕色	中壤土		7.0	10.2	0.71	0.75	23.3						
剖78	人为土	水稻土	淹育水稻土	浅灰黄泥田	浅灰黄泥田	A	0—12	紫色	重黏土		5.2	33.6	2.35	1.60	17.2	123	6.7	50	石灰岩坡积物	E 110°53′23.0″ N 26°58′59.0″	95
						Pg	12—21	黄色	中黏土		5.6	18.6	1.75	1.44	16.2						
						C	21—100	棕色	重黏土		6.2	5.4	0.43	1.70	15.5						
剖79	初育土	石灰(岩)土	红色石灰土	耕型红色石灰土		A	0—20	黄褐色	中黏土		6.4	22.4	1.42	1.05	16.7	52	5.0	100	石灰岩坡积物	E 110°54′05.7″ N 26°57′35.7″	95
						Bv	20—70	中黏土	中黏土		7.5	15.2	1.07	0.71	19.2						
						C	70—100	红棕色	中黏土		7.5	7.9	0.57	0.59	19.4						

绥 宁 县

主要土类说明

红壤是绥宁县主要土壤类型，占本县地域面积的60%。红壤分布在海拔800m以下的低山、丘陵和岗地，是在亚热带气温高、热量足、雨量充沛、干湿季节交替明显的气候条件下形成的地带性土壤。成土母质为花岗岩、砂岩、板岩、页岩、石灰岩等。化学风化作用强烈，矿物分解彻底，次生矿物以高岭石为主，铁、铝多呈氧化游离状态，二氧化硅淋溶强烈，具有明显的脱硅富铝化过程。红壤一般土层深厚，土壤呈酸性或强酸性，有机质含量较低，铁、镁、磷、氮养分都很贫乏。由于土壤中的铁被氧化为红色的氧化铁，故土体多呈暗棕色至浅红色。在海拔600—800m的山地、海拔600m以下的沟谷以及植被生长良好的地方，土壤湿度较大，氧化铁发生水化，土体呈浅黄棕色，部分土体底部有红、黄、白相间的网纹状红色黏土。本县红壤分为红壤和黄红壤两个亚类。

黄壤是绥宁县第二大土壤类型，占本县地域面积的20%。黄壤分布在海拔800—1200m的山地，垂直分布在红壤之上、黄棕壤之下。成土母质为花岗岩、板岩、页岩、砂岩、石灰岩等。黄壤与红壤同属一个纬度带，但其水分条件比红壤好，热量则略低。由于所处地区云雾多，日照少，干湿季节不明显，植被繁茂，在湿润的气候条件下，土壤中游离氧化铁合成水合氧化铁，因此，土体呈浅红黄色。黄壤发生层次明显，有枯枝落叶层和腐殖质层，表土层呈浅黄棕色，心土层呈浅红黄色，盐基饱和度不高，土壤呈酸性。土壤典型剖面构型为 $A_o-A_1-A-AB-BC$ 或 $A_o-A_1-A-B-BC-C$。本县黄壤分为黄壤和黄壤性土两个亚类。

水稻土是绥宁县第三大土壤类型，占本县地域面积的17%。水稻土是人为长期活动的产物，由各种地带性土壤和隐域性土壤经水耕熟化而形成。在人为耕作、施肥、灌溉等措施的影响下，土壤内部进行着氧化还原交替、有机质合成与分解、盐基淋溶与复盐基作用的熟化过程，促进了土壤性状的改变，从而形成了水稻土所特有的形态、理化和生物特性。本县水稻土分为淹育型、潴育型、渗育型、潜育型、沼泽型、矿毒型六个亚类。

小于本县地域面积3%的土壤类型有黄棕壤、紫色土、山地草甸土、潮土等。

本区域中心区气候特征

本区域中心区气候特征值
Regional climate characteristics in central area of the region

气候带：中亚热带湿润气候 Climate region: Subtropical humid climate	
年平均气温 /℃ Annual average temperature /℃	17.2
年平均最高气温 /℃ Annual average maximum temperature /℃	21.6
年平均最低气温 /℃ Annual average minimum temperature /℃	14.1
年降水量 /mm Annual precipitation /mm	1411
≥10℃的积温 /℃ Daily temperature accumulated in a year（≥10℃）/℃	6312
年日照时数 /h Annual sunshine /h	1479
年平均相对湿度 /% Annual average relative humidity /%	79
干燥度 Dryness	0.74

本区域中心区月平均气温与月平均降水量
Monthly temperature and precipitation in central area of the region

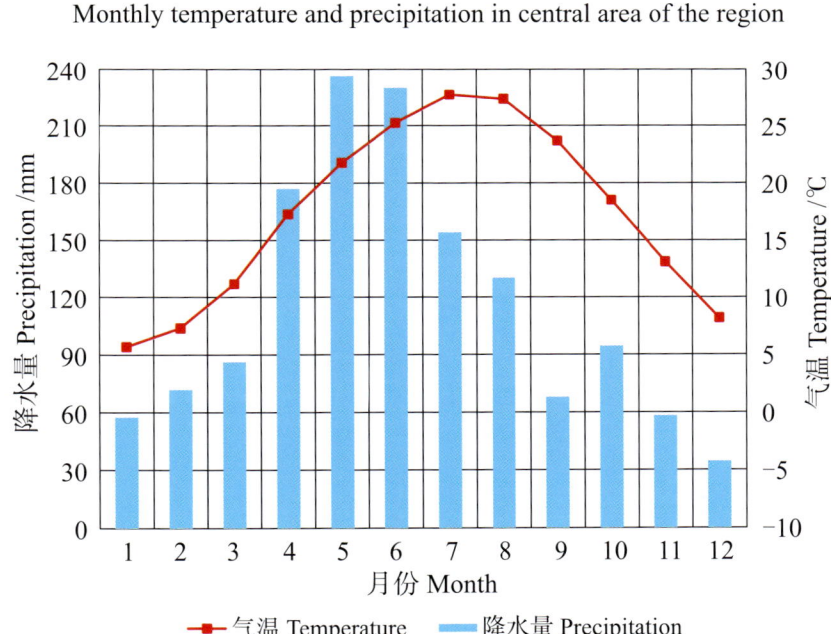

绥宁县主要土壤类型与土壤剖面点分布图
1:320 000

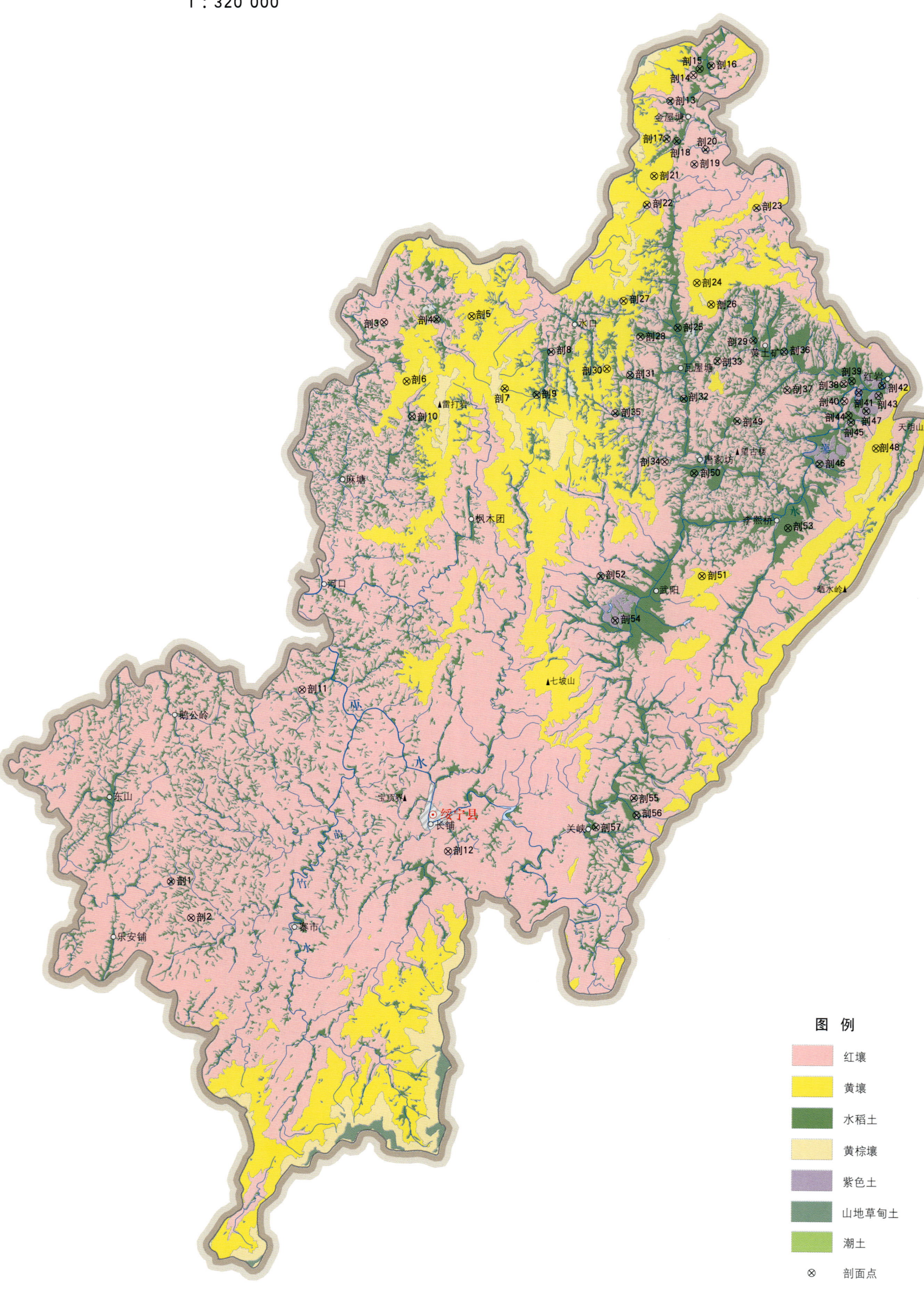

绥宁县土壤剖面理化性状表

剖面号 Soil profile	土纲 Soil order	土类 Soil great group	亚类 Soil subgroup	土属 Soil genus	土种 Soil species	土层码 Layer code	土层厚度 Depth/cm	颜色 Soil color	质地 Soil texture	土壤结构 Soil structure	pH	有机质 OM/(g/kg)	全氮 TN/(g/kg)	全磷 TP/(g/kg)	全钾 TK/(g/kg)	碱解氮 AN/(mg/kg)	有效磷 AP/(mg/kg)	速效钾 AK/(mg/kg)	土壤母质 Parent material	剖面点坐标 Profile coordinate	匹配指数 Matching index/%
剖1	人为土	水稻土	潜育水稻土	青泥田	青砂泥田	Ag	0—22	暗黄棕色	中壤土	碎块状	4.5	43.0	2.42	0.59	24.9	117	6.1	34	砂岩坡积物	E 109°56′43.5″ N 26°32′07.3″	98
						Pg	22—35	暗灰黄色	中壤土	块状	4.9	50.0	1.67	0.69	26.0						
						G	35—100	暗灰色	中壤土	块状	5.3	41.9	1.62	0.82	27.0						
剖2	铁铝土	红壤	黄红壤	砂岩黄红壤	薄腐厚层砂岩黄红壤	A₁	2—4	黑色	中壤土	粒状	4.1	83.1	5.65	1.02	14.5	101	2.8	66	砂岩坡积物	E 109°57′41.8″ N 26°30′35.0″	95
						A	4—11	棕色	重壤土	碎块状	4.5	61.5	2.14	0.59	16.6						
						ABv	11—43	浅棕色	重壤土	块状	4.4	1.3	1.17	0.60	17.6						
						Bv	43—100	暗棕红色	中壤土	碎块状	4.7	≤1.0	0.70	0.65	20.0						
						D	100—200														
剖3	铁铝土	红壤		石灰岩红壤	薄腐厚层石灰岩红壤	A	0—15	棕色	中黏土	碎块状	5.3	44.9	1.69	1.10	20.7	156	1.5	83	石灰岩坡积物	E 110°06′25.8″ N 26°55′49.8″	95
						ABv	15—35	浅棕色	中黏土	块状	4.9	17.0	0.97	0.71	21.8						
						Bv	35—90	红黄色	中黏土	块状	4.8	8.0	0.81	0.89	36.7						
						C	90—200	黄橙色	中黏土	块状	6.7	5.7	0.86	1.18	37.1						
剖4	人为土	水稻土	潜育水稻土	黄砂泥田	黄砂泥田	A	0—19	浅灰白色	轻壤土	碎块状	5.3	42.0	1.62	1.02	22.3	104	26.4	46		E 110°08′54.7″ N 26°55′58.9″	95
						Ap	19—30	灰白色	轻壤土	块状	6.0	16.0	0.83	0.50	22.0						
						W₁	30—50	灰白色	轻壤土	棱柱状	5.8	10.0	0.60	0.35	21.1						
						W₂	50—100	浅黄棕色	轻壤土	棱块状	5.9	6.4	0.51	1.45	21.0						
剖5	铁铝土	黄壤		石灰岩黄壤	薄腐厚层石灰岩黄壤	Ao	0—1		重壤土	粒状	5.8	≥250.0	8.64	1.66	20.7	158	3.7	94	石灰岩坡积物	E 110°10′33.5″ N 26°56′07.2″	95
						A₁	0—4	暗褐色	轻壤土	碎块状	5.1	83.0	3.72	1.57	23.3						
						ABv	9—14	暗灰色	重壤土	块状	4.9	26.5	1.73	1.15	25.5						
						Bv	14—30	暗棕色	重壤土	碎块状	5.1	28.6	1.84	0.86	23.2						
						BvC	30—140	黑棕色	重壤土	碎块状	4.4	20.2	1.84	0.83	21.9						
						C	140—200	棕色	重壤土	块状	4.9	9.5	0.74	0.50	25.0						
剖6	铁铝土	黄壤		砂岩黄壤	黄褐麻砂土	Ao	0—1									156	1.9	44	砂岩坡积物	E 110°07′31.7″ N 26°53′21.6″	95
						A₁	1—6	暗褐色	中壤土	粒状	5.1	226.9	5.14	1.22	19.6						
						A	6—30	褐色	重壤土	糊状	4.8	63.7	1.64	0.72	24.7						
						Bv	30—75	浅黄棕色	重壤土	糊状	5.0	10.2	0.61	0.53	21.9						
						BvC	75—105	黄色	轻壤土	块状	5.0	3.2	0.28	0.51	32.7						
						C	105—200	红黄色	轻壤土	块状	5.0	1.7	0.24	0.51	30.0						
剖7	铁铝土	黄壤		耕型花岗岩黄土	冷浸阴山田	A	0—18	黑黄棕色	中壤土	粒状	5.3	82.3	2.72	2.36	33.8	209	8.5	36	花岗岩残积物	E 110°12′10.2″ N 26°53′05.7″	97
						Bv₁	18—49	暗黄棕色	重壤土	块状	5.0	29.9	1.56	1.80	28.1						
						Bv₂	49—100	黄棕色	重壤土	块状	4.9	13.4	1.17	1.82	30.5						
剖8	人为土	水稻土		砂岩黄壤	阴山田	BvC	100—150	黄棕色	重壤土	块状	5.0	52.8	1.83	1.03	21.8	105	4.4	27	砂岩坡积物	E 110°14′19.8″ N 26°54′38.3″	95
						A	0—16	暗黄棕色	中壤土	糊状	5.1	55.6	1.76	0.88	30.6						
						Pg	16—21	暗灰色	中壤土	糊状	4.7	72.3	2.12	0.87	21.9						
						G	21—100	灰色	轻壤土	块状	4.6	23.9	1.38	0.97	32.7						
剖9	人为土	水稻土	潜育水稻土	河砂泥田	河砂田	A	0—18	暗黄色	砂壤土	碎块状	4.5	10.6	0.90	0.57	30.5	123	6.8	39	河流冲积物	E 110°13′40.5″ N 26°52′50.3″	98
						P	18—22	暗黄色	砂壤土	块状	5.6	3.2	0.34	0.66	28.8						
						S	22—100	灰黄色	中壤土	块状	6.7	13.8	1.05	1.20	32.2						
剖10	铁铝土	红壤	黄红壤	耕型砂岩黄红土	黄红砂土	A	0—22	棕红色	中壤土	碎块状	6.3	4.1	0.66	0.66	26.1	92	10.7	127	砂岩坡积物	E 110°07′48.2″ N 26°51′52.7″	97
						Bv	22—85	紫红色	中壤土	块状	4.2	3.2	0.51	0.99	28.3						
						C	85—100	浅红黄色							29.1						

续表 Continued

剖面号 Soil profile	土纲 Soil order	土类 Soil great group	亚类 Soil subgroup	土属 Soil genus	土种 Soil species	土层码 Layer code	土层厚度 Depth/cm	颜色 Soil color	质地 Soil texture	土壤结构 Soil structure	pH	有机质 OM/(g/kg)	全氮 TN/(g/kg)	全磷 TP/(g/kg)	全钾 TK/(g/kg)	碱解氮 AN/(mg/kg)	有效磷 AP/(mg/kg)	速效钾 AK/(mg/kg)	土壤母质 Parent material	剖面点坐标 Profile coordinate	匹配指数 Matching index/%
剖11	铁铝土	红壤	红壤	砂岩红壤		Ao	0—1	褐色	重壤土	团粒状	4.6	27.9	1.00	0.38	24.3	53	1.3	64	砂岩坡积物	E 110° 02′ 46.2″ N 26° 40′ 17.8″	95
						A₁	1—4	红黄色	轻黏土	碎块状	5.1	9.6	0.56	0.36	20.8						
						ABv	4—27	红黄色	重黏土	块状	4.5	4.3	0.54	0.35	25.6						
						Bv	27—62	红黄色	重壤土	块状	4.5	4.3	0.54	0.35	25.6						
剖12	铁铝土	红壤	红壤性土	板页岩红壤性土	薄腐板页岩红壤性土	A	0—10	灰黄色	重壤土	碎块状	5.6	58.0	2.60	1.45	27.5	252	3.1	44	板页岩坡积物	E 110° 09′ 44.7″ N 26° 33′ 33.5″	95
						BvC	10—30	灰黄色	重黏土	块状	5.5	38.1	2.00	1.33	26.0						
						D	30—	青灰色	重壤土		5.5	12.6	1.00	1.37	25.7						
剖13	人为土	水稻土	淹育水稻土	浅岩渣田	浅岩渣田	A	0—12	灰黄色	中壤土	碎块状	4.9	56.9	2.86	0.90	31.3	199	8.6	66	板岩、页岩坡积物	E 110° 19′ 52.0″ N 27° 05′ 15.1″	97
						P	12—20	暗黄色	轻壤土	块状	4.8	46.4	2.53	0.79	27.9						
						C	20—30	黄棕色	砂壤土	粒状	5.1	13.3	1.12	0.75	30.3						
						D	30—100	砂黄色	紧砂土		5.2	12.1	0.92	1.21	31.1						
剖14	人为土	水稻土	潴育水稻土	河砂泥田	青埂河砂泥田	A	0—17	灰黄色	轻壤土	碎块状	5.4	18.4	1.06	0.80	29.9	93	11.6	22	河流冲积物	E 110° 21′ 05.6″ N 27° 06′ 27.8″	97
						Pg	17—26	暗黄色	轻壤土	块状	5.4	12.2	0.72	0.80	23.0						
						G	26—38	暗灰色	砂壤土	粒状	5.4	16.6	0.71	0.70	23.8						
						W	38—100	浅灰色	砂壤土	棱状	5.8	15.0	0.50	2.02	25.3						
剖15	人为土	水稻土	淹育水稻土	岩渣田	岩渣田	A	0—15	灰黄色	中壤土	碎块状	5.8	70.0	1.79	1.69	24.4	237	14.9	50	砂岩坡积物	E 110° 21′ 14.5″ N 27° 06′ 37.2″	97
						P	15—19	浅黄色	中壤土	块状	5.6	58.7	1.69	0.80	23.6						
						W	19—44	黄棕色	中壤土	块状	6.3	13.0	0.90	1.42	26.0						
						C	44—100	棕黄色	中壤土	块状	6.4	12.7	1.10	1.62	26.3						
剖16	人为土	水稻土	潴育水稻土	浅灰黄泥田	浅灰黄泥田	A	0—13	棕黄色	轻壤土	碎块状	5.2	34.1	2.05	0.36	16.8	160	2.2	75	石灰岩坡积物	E 110° 21′ 47.4″ N 27° 06′ 44.8″	95
						P	13—21	红棕色	轻壤土	块状	5.2	26.7	1.82	0.48	16.7						
						C	21—100	棕黄色	砂壤土	块状	5.4	23.4	1.14	0.43	13.9						
剖17	人为土	水稻土	淹育水稻土	浅麻砂泥田	浅麻砂泥田	A	0—14	暗黄色	轻壤土	碎块状	5.2	63.7	1.19	0.44	38.7	99	3.5	216	花岗岩坡积物	E 110° 19′ 42.4″ N 27° 03′ 38.9″	97
						P	14—18	暗黄色	轻壤土	块状	5.3	21.4	1.06	0.54	35.3						
						C	18—100	灰黄色	砂壤土	块状	5.9	3.0	0.21	0.67	30.5						
剖18	人为土	水稻土	潴育水稻土	麻砂泥田	麻砂泥田	A	0—16	灰黄色	轻壤土	碎块状	5.7	65.5	1.89	0.94	27.7	148	4.6	108	花岗岩坡积物	E 110° 20′ 10.5″ N 27° 03′ 33.3″	97
						P	16—26	灰灰色	轻壤土	块状	6.6	19.0	0.60	0.89	26.3						
						W₁	26—50	棕色	中壤土	棱块状	6.7	15.5	0.41	0.60	27.1						
						W₂	50—100	浅灰色	中壤土	棱状	6.5	4.2	0.32	0.55	25.8						
剖19	人为土	水稻土	潴育水稻土	锈水田	锈水田	A	0—17	灰黄色	砂壤土	碎块状	4.5	53.6	2.27	1.39	44.9	139	8.5	50	花岗岩坡积物	E 110° 21′ 01.2″ N 27° 02′ 35.4″	95
						Pg	17—33	暗黄色	中壤土	块状	4.4	37.2	1.63	1.25	48.1						
						G	33—100	暗灰色	中壤土	柱状	4.3	56.7	2.10	1.35	41.7						
剖20	人为土	水稻土	潴育水稻土	黄泥田	砂质黄泥田	A	0—15	灰黄色	轻壤土	块状	5.5	58.9	3.44	≥10.00	23.2	260	7.9	82	板岩、页岩坡积物	E 110° 21′ 32.6″ N 27° 03′ 12.6″	95
						Pg	15—26	浅黄色	轻壤土	棱块状	5.6	40.6	2.55	9.90	22.1						
						W	26—70	黄棕色	轻壤土	块状	5.9	34.2	2.20	9.70	22.5						
						G	70—100	灰色	轻壤土	块状	6.0	28.8	1.87	9.80	21.9						
剖21	铁铝土	黄壤	黄壤	花岗岩黄壤	花岗岩黄壤	A	0—29	灰黄色	中黏土	碎块状	5.3	51.9	1.63	1.70	19.8	157	13.5	69	花岗岩坡积物	E 110° 21′ 07.7″ N 27° 02′ 05.2″	95
						Bv	29—100	黄色	中黏土	块状	5.6	4.6	0.50	0.63	21.6						
剖22	人为土	水稻土	潴育水稻土	麻砂泥田	阴山麻砂泥田	A	0—15	浅灰色	中壤土	碎块状	5.6	32.3	1.01	1.50	10.5	105	14.3	58	花岗岩坡积物	E 110° 18′ 48.3″ N 27° 00′ 51.7″	97
						P	15—20	暗黄色	中壤土	块状	6.1	23.1	0.71	0.96	12.1						
						W	20—45	暗灰色	轻壤土	柱状	5.5	27.5	0.58	0.85	10.2						
						C	45—100	灰白色	轻壤土	块状	5.5	13.0	0.45	0.47	9.4						
剖23	人为土	水稻土	淹育水稻土	浅黄泥田	浅黄泥田	A	0—12	灰黄色	轻黏土	块状	6.2	37.1	2.30	1.00	26.4	190	10.0	70	板岩、页岩坡积物	E 110° 23′ 58.6″ N 27° 00′ 45.5″	97
						P	12—24	灰黄色	中黏土	块状	7.5	12.8	1.15	0.82	28.0						
						C	24—100	黄棕色	中壤土	粒状	7.5	4.9	0.74	1.27	21.9						

续表 Continued

剖面号 Soil profile	土纲 Soil order	土类 Soil great group	亚类 Soil subgroup	土属 Soil genus	土种 Soil species	土层码 Layer code	土层厚度 Depth/cm	颜色 Soil color	质地 Soil texture	土壤结构 Soil structure	pH	有机质 OM/(g/kg)	全氮 TN/(g/kg)	全磷 TP/(g/kg)	全钾 TK/(g/kg)	碱解氮 AN/(mg/kg)	有效磷 AP/(mg/kg)	速效钾 AK/(mg/kg)	土壤母质 Parent material	剖面点坐标 Profile coordinate	匹配指数 Matching index/%
剖24	铁铝土	黄壤	黄壤	泥砂山黄土	薄砂黄土	A	2—10	棕黑色	砂壤土	碎块状	4.6	42.0	2.10	0.50	10.0		5.0	171	砂砾岩、砂岩风化残积物和坡积物	E 110°21′11.4″ N 26°57′36.0″	95
						Bv₁	10—38	暗灰黄色	砂质黏壤土	碎块状	4.7	23.6	1.80	0.40	11.0		≤1.0	69			
						Bv₂	38—60	黄色	砂质黏壤土	块状	4.8	12.6	0.90	0.40	10.0			41			
剖25	人为土	潴育水稻土	黄砂泥田	黑黄砂泥田		A	0—15	暗黄棕色	中壤土	碎块状	5.8	55.2	2.77	1.76	20.1		16.0	70		E 110°20′17.9″ N 26°55′42.2″	82
						Ap	15—25	棕黄色	中壤土	块状	5.9	43.8	1.93	1.09	21.0		7.4	51			
						W	25—100	棕黄色	中壤土	棱柱状	5.6	20.9	0.88	0.90	23.4		2.9	38			
剖26	铁铝土	黄壤	黄壤	花岗岩黄壤	花岗岩黄壤	Ao	0—1												花岗岩坡积物	E 110°21′52.1″ N 26°56′41.5″	95
						A₁	1—10	黑色	中壤土	粒状	5.5	227.4	6.95	1.37	23.6	95	4.4	108			
						A	10—23	暗黄棕色	重壤土	粒状	4.9	80.2	2.58	0.80	29.8						
						Bv	23—70	浅棕黄色	中壤土	碎块状	4.8	26.2	0.40	0.74	27.1						
						BvC	70—150	浅棕黄色	砂质壤土	棱柱状	4.7	12.6	0.51	0.90	27.0						
剖27	人为土	矿毒型水稻土	金属矿毒田	铁锰矿毒田		A	0—16	暗黄棕色	轻壤土	碎块状	5.0	55.1	3.51	2.16	20.7	202	22.4	46	板页岩坡积物	E 110°17′43.7″ N 26°56′48.4″	97
						Pg	16—22	浅灰棕色	重黏土	块状	5.3	50.0	3.40	2.15	18.0						
						W₁	22—70	棕灰色	重壤土	棱柱状	7.3	29.6	2.15	2.41	22.2						
						W₂	70—100	暗灰色	中壤土	棱柱状	7.1	17.6	2.23	1.80	22.5						
剖28	水稻土	潴育水稻土	烂泥田	溜眼田		Ag	0—21	灰白色	轻壤土	碎块状	4.9	51.6	2.08	1.30	37.2	128	7.4	114	花岗岩坡积物	E 110°18′32.9″ N 26°55′18.4″	97
						G	21—49		中壤土	碎块状	5.2	60.1	1.87	0.68	36.1						
						Eg	49—100		轻壤土	块状	5.4	7.3	0.51	0.78	37.3						
剖29	水稻土	潴育水稻土	冷浸田	冷浸泥田		Ag	0—18	暗黄棕色	轻壤土	粒状	5.7	45.8	2.65	0.81	19.5	194	8.1	79	板页岩坡积物	E 110°23′52.4″ N 26°55′11.1″	97
						Pg	18—35	暗黄色	轻壤土	碎块状	5.9	49.5	2.84	0.71	17.4						
						G	35—100	暗灰色	轻壤土	碎块状	5.9	44.2	1.85	0.68	22.5						
剖30	铁铝土	黄壤	黄壤	花岗岩黄壤		A	0—25	灰黄棕色	重壤土	碎块状	4.9	65.2	2.06	1.13	18.8	163	2.0	69	花岗岩坡积物	E 110°16′58.5″ N 26°53′57.1″	95
						Bv	25—100	棕黄色	中壤土	块状	5.1	14.8	0.85	0.78	20.8						
剖31	红壤	黄红壤	耕型花岗岩黄红壤	黄红麻砂土		A	0—25	暗黄棕色	轻壤土	棱柱状	4.8	52.7	2.40	1.35	36.4	75	3.9	70	花岗岩坡积物	E 110°18′04.0″ N 26°53′41.8″	97
						Bv	25—100	黄色	中壤土	棱柱状	4.7	15.5	0.89	1.15	39.6						
剖32	人为土	潴育水稻土	河砂泥田	河砂泥田		A	0—17	暗黄棕色	中壤土	碎块状	4.9	31.6	2.14	1.41	24.1	211	14.8	73	河积物	E 110°20′37.2″ N 26°52′43.1″	98
						P	17—30	灰黄棕色	轻壤土	块状	4.9	18.5	1.85	1.53	32.1						
						W₁	30—75	暗黄棕色	中壤土	块状	5.2	21.4	2.10	1.31	21.8						
						W₂	75—100	黄色	中壤土	粒状	5.5	3.9	0.78	1.05	25.7						
剖33	人为土	潴育水稻土	冷浸田	冷浸砂土		A	0—17	暗黄棕色	轻壤土	碎块状	5.5	49.1	2.14	0.98	37.5	166	5.3	129	花岗岩坡积物	E 110°22′11.6″ N 26°54′18.8″	98
						Pg	17—28	暗黄色	重壤土	块状	5.5	46.4	1.16	0.87	40.9						
						G	28—100	暗黄色	重壤土	块状	4.9	62.9	2.08	0.79	38.1						
剖34	人为土	潴育水稻土	石灰岩黄红壤	薄腐中层石灰岩黄红壤		Ao	0—2										167	1.5	58	石灰岩坡积物	E 110°19′44.5″ N 26°50′03.4″	95
						A	2—10	暗棕色	重壤土	碎块状	5.3	37.3	1.86	1.24	27.7						
						ABv	10—38	浅棕黄色	重壤土	块状	5.8	14.1	1.45	1.08	30.4						
						Bv	38—72	暗黄棕色	重壤土	粒状	5.8	9.8	1.30	0.82	29.4						
						C	72—100	黄色	中壤土	块状	5.9	4.1	1.16	0.73	27.6						
						D	100—														
剖35	人为土	渗育水稻土	白散泥田	流砂底田		A	0—24	灰灰棕色	轻壤土	碎块状	5.5	43.5	1.86	1.10	28.1	236	12.0	195	河流冲积物	E 110°17′23.5″ N 26°52′05.0″	97
						P	24—34	浅灰黄色	砂壤土	块状	6.7	35.9	1.80	1.06	28.1						
						S	34—100	暗灰色	砂壤土	粒状	6.9	39.9	1.70	1.05	28.2						
剖36	铁铝土	红壤	红壤性土	花岗岩红壤性土	薄腐花岗岩红壤性土	A₁	0—5	暗棕色	砂壤土	碎块状	5.4	64.1	2.63	0.54	18.9	266	1.7	89	花岗岩残积物	E 110°25′19.7″ N 26°54′43.5″	95
						Bv	5—15	棕色	砂壤土	块状	5.4	32.5	1.33	0.44	17.7						
							15—30	红色	砂壤土	块状	5.3	11.3	0.42	0.45	17.8						
						D	30—	红色													

续表 Continued

剖面号 Soil profile	土纲 Soil order	土类 Soil great group	亚类 Soil subgroup	土属 Soil genus	土种 Soil species	土层码 Layer code	土层厚度 Depth/cm	颜色 Soil color	质地 Soil texture	土壤结构 Soil structure	pH	有机质 OM/(g/kg)	全氮 TN/(g/kg)	全磷 TP/(g/kg)	全钾 TK/(g/kg)	碱解氮 AN/(mg/kg)	有效磷 AP/(mg/kg)	速效钾 AK/(mg/kg)	土壤母质 Parent material	剖面点坐标 Profile coordinate	匹配指数 Matching index/%
剖37	人为土	水稻土	潜育水稻土	冷浸田	锈水田	A	0—17	暗灰黄色	砂壤土	碎块状	4.5	53.6	2.27	1.39	44.9	139	8.5	50		E 110°25′29.9″ N 26°53′06.6″	81
						Apg	17—33	浅灰色	砂壤土	块状	4.4	37.2	1.63	1.25	48.1						
						G	33—100	暗灰色	砂壤土	块状	4.3	56.7	2.10	1.35	41.7						
剖38	铁铝土	红壤	红壤	耕型第四纪红土红壤	红黄砂土	A	0—18	浅棕黄色	中壤土	碎块状	5.1	16.7	1.02	0.65	11.4	77	9.8	142	第四纪红色黏土	E 110°28′13.3″ N 26°53′26.2″	97
						Bv	18—100	浅红黄色	中壤土	碎块状	5.1	3.8	0.45	0.79	12.9						
剖39	人为土	水稻土	潴育水稻土	红土红泥田	红黄砂泥田	A	0—16	黄黄色	中壤土	块状	5.5	32.9	1.99	0.87	28.1	150	6.2	60	第四纪红色黏土	E 110°28′31.6″ N 26°53′30.9″	97
						P	16—23	黄黄色	中壤土	块状	4.7	20.8	1.27	0.84	28.5						
						W₁	23—55	浅红棕色	中壤土	块状	6.6	12.4	0.77	0.85	30.0						
						W₂	55—100	浅红棕色	中壤土	碎块状	7.0	6.5	0.35	0.89	31.0						
剖40	铁铝土	红壤	红壤	耕型花岗岩红土	麻砂土	A	0—20	暗黄棕色	中壤土	粒状	5.2	20.2	1.31	1.37	27.7	102	3.3	116	花岗岩坡积物	E 110°28′11.3″ N 26°52′40.1″	97
						Bv	20—100	浅黄棕色	中壤土	块状	4.9	7.3	0.96	1.20	30.3						
剖41	初育土	紫色土	酸性紫色土	酸性紫砂土		A₁	0—0.5	黑色	壤土		3.9	65.3	2.14	0.74	12.6	78	1.8	68	紫色砂砾岩坡积物	E 110°28′51.8″ N 26°53′01.8″	75
						A	0.5—1	暗灰黄色	轻壤土	碎块状	4.6	8.8	1.69	0.51	14.3						
						Bv	1—16	浅灰棕色	轻壤土	碎块状	4.6	7.4	≥10.00	0.58	18.6						
						BvC	16—150			块状											
剖42	初育土	潮土	河潮土	耕型河潮土		A	0—20	暗黄棕色	中壤土	团粒状	6.1	26.7	1.80	1.43	26.5	94	8.9	88	河流冲积物	E 110°29′58.2″ N 26°53′20.2″	97
						Bv	20—60	棕色	轻壤土	碎块状	6.7	29.6	1.62	1.32	25.5						
						C	60—150	紫灰棕色	重壤土	碎块状	6.3	4.8	0.48	1.26	27.5						
剖43	半水成土	紫色土	石灰性紫色土	石灰性紫砂土	厚层石灰性紫砂土	Ao	0—1	暗灰黄色	轻壤土	块状	6.5	29.1	5.55	1.33	29.0	205	3.1	118	紫色砂砾岩坡积物	E 110°29′47.9″ N 26°52′54.3″	75
						A₁	1—2	棕色	中壤土	粒状	6.8	48.4	1.11	0.46	26.3						
						Bv	2—25	紫棕色	中壤土	粒状	5.8	4.7	0.84	0.36	30.8						
						BvC	25—150	暗灰棕色	重壤土	粒状	5.2	48.6	2.74	0.93	19.9						
剖44	人为土	水稻土	潴育水稻土	红土红泥田	红黄泥田	Ao	0—1														
						A	0—20	浅灰黄色	中壤土	碎块状	4.9	34.6	2.14	0.85	19.8	217	7.0	12	第四纪红色黏土	E 110°28′23.1″ N 26°52′04.2″	97
						P	20—29	黄棕色	轻壤土	棱块状	6.8	6.2	0.79	1.35	16.9						
						BvC	29—68	黄棕色	重黏土	棱块状	7.2	4.6	0.84	1.22	23.8						
						C	68—100	灰黄棕色	中壤土	碎块状	6.2	35.0	1.49	0.70	20.8						
剖45	铁铝土	红壤	红壤	酸紫泥岩	酸紫砂泥田	A	0—16	暗黄棕色	中壤土	块状	7.1	28.5	1.10	0.76	21.0	152	2.9	82	紫色砂砾岩坡积物	E 110°28′30.6″ N 26°51′46.4″	97
						P	16—21	浅红棕色	中壤土	棱块状	7.6	13.5	0.94	0.83	20.5						
						W	21—74	红棕色	中壤土		7.6	6.2	1.03	0.88	21.0						
						C	74—100	灰棕色	中壤土	粒状	6.2	18.0	0.73	1.11	13.6						
剖46	人为土	水稻土	淹育水稻土	浅酸紫泥田	浅酸紫砂泥田	A	0—19	暗黄棕色	中壤土	块状	4.9	9.0	0.51	0.93	14.3	121	24.7	54	第四纪红色黏土	E 110°27′02.8″ N 26°51′01.0″	97
						Bv	19—60	红棕色	轻壤土	块状	4.7	3.5	0.42	0.70	14.2						
						C	60—100	红棕色	轻壤土	块状	6.6	37.2	1.54	0.93	37.0						
剖47	铁铝土	黄壤	黄壤性土	薄腐板页岩黄壤性土	黄棕色	A	0—12	红棕色	中壤土	块状	6.2	37.1	1.44	1.07	36.1	118	2.3	61	板页岩坡积物	E 110°29′14.1″ N 26°52′15.3″	97
						P	12—18	棕色	重壤土	块状	7.7		1.19	0.82	20.7						
						C	18—100	黑棕色	重壤土		5.5	43.3	2.23	9.50	21.0						
剖48	人为土	水稻土		烂泥田	烂泥田	A₁	0—2	暗棕色	重壤土	粒状	5.6	21.5	1.15	8.90	21.3	83	2.0	47	第四纪红色黏土	E 110°29′42.3″ N 26°50′40.5″	81
						Bv	2—8	浅棕色	重壤土	块状	5.5	7.8	0.50	8.50	21.5						
						D	8—25														
							25—100														
剖49	人为土	水稻土	潜育水稻土	烂泥田	烂泥田	Ag	0—22	暗灰黄色	中壤地	碎块状	4.9	43.5	2.36	0.91	14.1	176	5.1	87	花岗岩坡积物	E 110°23′09.3″ N 26°51′47.3″	95
						G	22—100	暗灰色	轻壤土	碎块状	5.2	51.2	2.17	0.85	21.3						
剖50	人为土	水稻土	潴育水稻土	麻砂泥田	麻砂泥田		0—14	褐色	重壤土	块状	5.2	52.5	1.37	1.58	28.2	149	14.2	6	花岗岩坡积物	E 110°21′08.2″ N 26°49′34.8″	98
						P	14—23	暗灰黄色	重壤土	块状	5.6	16.1	1.27	1.50	25.2						
						W	23—46	暗黄黄色	重壤土	棱柱状	6.6	9.1	1.20	1.60	20.0						
						C	46—100	浅褐黄色	重壤土		7.0	3.8	1.23	0.80	41.5						

续表 Continued

剖面号 Soil profile	土纲 Soil order	土类 Soil great group	亚类 Soil subgroup	土属 Soil genus	土种 Soil species	土层码 Layer code	土层厚度 Depth/cm	颜色 Soil color	质地 Soil texture	土壤结构 Soil structure	pH	有机质 OM/(g/kg)	全氮 TN/(g/kg)	全磷 TP/(g/kg)	全钾 TK/(g/kg)	碱解氮 AN/(mg/kg)	有效磷 AP/(mg/kg)	速效钾 AK/(mg/kg)	土壤母质 Parent material	剖面点坐标 Profile coordinate	匹配指数 Matching index/%
剖51	铁铝土	黄壤	黄壤	花岗岩黄壤	花岗岩黄壤	Ao	0—1			粒状									花岗岩坡积物	E 110°21′32.8″ N 26°45′15.6″	95
						A₁	1—2	暗黄黄色													
						A	2—35	棕色	重壤土	碎块状	4.8	27.3	1.29	0.93	8.7						
						Bv	35—98	浅黄红色	轻黏土	块状	4.6	11.2	1.04	0.68	18.4	80	≤1.0	61			
						C	98—200	浅黄红色	轻黏土	块状	4.9	4.5	0.92	0.50	27.0						
剖52	人为土	水稻土	潴育水稻土	灰黄泥田	青稞灰黄泥田	A	0—15	灰黄色	重壤土	碎块状	5.9	82.5	3.66	1.41	24.9		5.8	54	石灰岩坡积物	E 110°16′46.3″ N 26°45′13.5″	95
						Pg	15—25	暗灰黄色	轻黏土	棱块状	6.3	71.8	2.40	1.35	24.8	271					
						W	25—55	暗灰黄色	重黏土	棱柱状	7.3	41.6	1.87	0.91	24.3						
						Bvr	55—80		重壤土		7.7	41.5	1.99	0.88	23.7						
						C	80—100	黄色	重壤土	块状	7.7	29.3	1.63	1.39	24.2						
剖53	人为土	水稻土	淹育水稻土	浅红黄泥田	浅红黄泥田	A	0—12	灰白色	轻黏土	柱状	6.3	33.9	2.08	1.00	9.1	199	8.6	66	第四纪红色黏土	E 110°25′35.5″ N 26°47′18.1″	97
						P	12—17	浅灰色	中壤土	块状	5.6	28.7	1.70	0.96	9.6						
						C	17—57	黄色	中壤土	块状	7.8	5.3	0.41	0.52	7.6						
						S	57—100														
剖54	人为土	水稻土	潴育水稻土	灰泥田	灰泥田	A	0—17	浅黄棕色	中黏土	块状	8.2	35.1	2.40	1.56	20.3	171	4.1	58	石灰岩坡积物	E 110°17′28.7″ N 26°43′21.3″	97
						P	17—31	灰黄色	重黏土	块状	8.5	16.5	1.56	1.22	20.8						
						W₁	31—72	灰黄色	重黏土	棱柱状	8.5	17.1	1.38	1.19	21.1						
						W₂	72—100	灰黄色	重黏土	棱柱状	8.5	17.4	1.48	1.25	20.2						
剖55	人为土	水稻土	潜育水稻土	青泥田	青泥田	A	0—18	灰黄色	中壤土	碎块状	7.8	74.1	3.29	1.08	21.0	237	3.1	75	石灰岩坡积物	E 110°18′26.9″ N 26°35′52.6″	97
						Pg	18—29	灰黄色	中壤土	块状	7.9	73.0	3.22	1.77	20.9						
						G	29—100	灰黄色	重壤土	块状	7.8	63.0	2.59	1.04	22.1						
剖56	铁铝土	红壤	红壤	耕型石灰岩红土	灰红土	A	0—18	褐色	重壤土	碎块状	6.8	18.0	3.52	0.68	13.3	147	1.3	107	石灰岩坡积物	E 110°18′34.9″ N 26°35′08.8″	97
						Bv	18—71	浅黄棕色	轻黏土	块状	6.7	6.4	1.02	0.42	20.0						
						C	71—100	浅黄黄色	中壤土	碎块状	6.1	4.3	0.94	0.46	23.7						
剖57	人为土	水稻土	潴育水稻土	灰黄泥田	灰黄泥田	A	0—15	浅灰色	重壤土	块状	5.5	52.4	2.33	1.33	20.0	241	9.8	76	石灰岩坡积物	E 110°16′25.2″ N 26°34′35.1″	95
						P	15—25	黄红色	重壤土	块状	6.1	35.4	2.32	1.22	19.4						
						W	25—58	黄棕色	中壤土	棱柱状	6.3	10.7	1.21	1.13	18.8						
						C	58—100	黄棕色	重壤土	块状	6.8	4.3	0.61	1.02	20.8						

新 宁 县

主要土类说明

红壤是新宁县主要土壤类型，占本县地域面积的46%。红壤是在亚热带高温高湿气候条件下，铝硅酸盐类矿物强烈分解，硅和盐基遭到淋失，高岭土化黏粒与其他次生矿物不断形成，铁铝氧化物明显聚积，形成的脱硅富铝化土壤。本县红壤分为红壤和黄红壤两个亚类。其中，红壤亚类面积较大，具有酸、瘦、黏、板等特点，土壤呈深红色至红棕色，pH多为4.5—5.5，有机质含量为10—20g/kg，大部分土层中有蠕虫状网纹层。黄红壤脱硅富铝化过程较弱，pH多为5.0—6.0，有机质含量为20—30g/kg。

水稻土是新宁县第二大土壤类型，占本县地域面积的26%。在人为耕作、施肥、灌溉等措施的影响下，土壤内部进行着氧化还原交替、有机质合成与分解、盐基淋溶与复盐基作用的熟化过程，促进了土壤性状的改变，从而形成了水稻土所特有的形态、理化和生物特性。本县水稻土分为淹育型、潴育型、渗育型、潜育型、沼泽型五个亚类。

黄壤是新宁县第三大土壤类型，占本县地域面积的11%。黄壤分布在海拔800—1200m的地区。由于地势较高，云雾多，日照少，空气湿度大，干湿季节不明显，植被繁茂，黄壤脱硅富铝化作用比红壤弱，黏粒硅铝率比红壤高，仅比山地黄棕壤稍低。土壤中的游离氧化铁发生水化而以针铁矿、褐铁矿和水合氧化铁的形态存在，因此，剖面呈黄色至蜡黄色，淀积层较为明显。黄壤在形成过程中有明显的络合淋溶作用，有时伴有表潜作用。表层有机质积累较多。

黄棕壤占本县地域面积的9%，分布在海拔1200m以上的地区。成土过程主要为黏化过程和弱脱硅富铝化过程，黏粒的移动和淀积很明显，土壤呈棕色或暗棕色，较紧实，具棱块状或块状结构，结构体表面覆有棕色或暗棕色胶膜。地表有枯枝落叶层和腐殖质层。枯枝落叶层的厚度因植被而异，乔木林下厚度约为1cm，其下为半分解的植物残体。腐殖质层呈黑灰色或暗灰棕色，其厚度也因植被而异，针叶林下较薄，混交林下较厚，灌丛草类下最厚，其变幅为10—20cm，具粒状或团粒状结构，疏松多孔，向下逐渐过渡到心土层，心土层下为母质层。土壤呈酸性，pH为5.5—6.5。

山地草甸土占本县地域面积的5%，分布在海拔1500m以上的山顶开阔处或山坡上部。成土母质多为残积物。有机质腐解过程极为缓慢，腐殖质层较厚，有机质含量在100g/kg以上，化学风化过程微弱，盐基释放少而淋溶损失强烈，只有土壤上层有较多生物吸收保蓄的矿质元素，但是土层中吸收性复合体缺乏盐基，因此土壤呈酸性。山地草甸土一般土层较薄，厚度因地形而异，一般为40—60cm，表层草根盘结，下层多较粗岩片，土壤发生层次较明显，一般无明显淀积层。

小于本县地域面积3%的土壤类型有紫色土、石灰（岩）土、潮土等。

本区域中心区气候特征

本区域中心区气候特征值
Regional climate characteristics in central area of the region

气候带：中亚热带湿润气候 Climate region: Subtropical humid climate	
年平均气温 /℃ Annual average temperature /℃	17.5
年平均最高气温 /℃ Annual average maximum temperature /℃	21.6
年平均最低气温 /℃ Annual average minimum temperature /℃	14.4
年降水量 /mm Annual precipitation /mm	1443
≥10℃的积温 /℃ Daily temperature accumulated in a year (≥10℃) /℃	6336
年日照时数 /h Annual sunshine /h	1494
年平均相对湿度 /% Annual average relative humidity /%	78
干燥度 Dryness	0.73

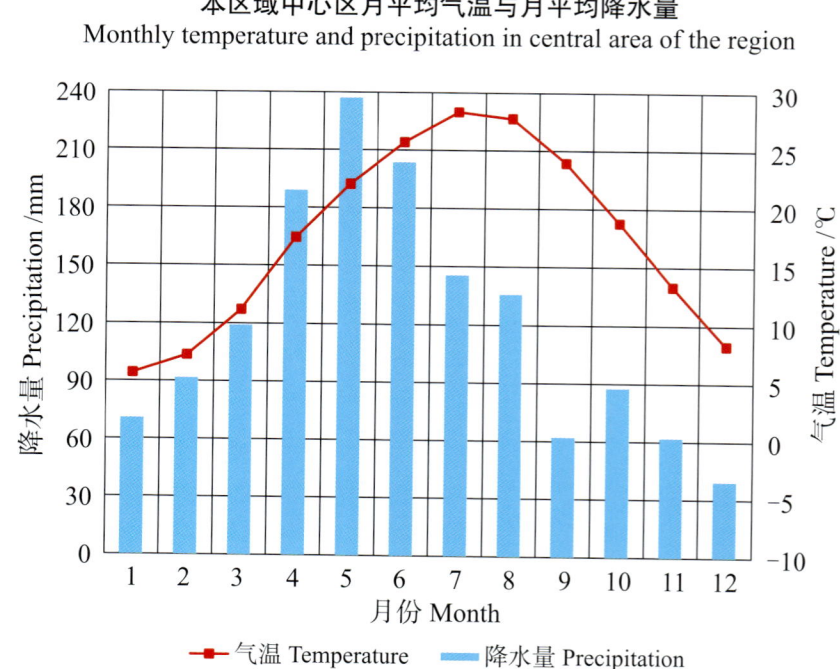

本区域中心区月平均气温与月平均降水量
Monthly temperature and precipitation in central area of the region

新宁县主要土壤类型与土壤剖面点分布图

1:330 000

图例：红壤、水稻土、黄壤、黄棕壤、山地草甸土、紫色土、石灰（岩）土、潮土、剖面点

第二编 分县土壤图与土壤剖面数据

新宁县土壤剖面理化性状表

剖面号 Soil profile	土纲 Soil order	土类 Soil great group	亚类 Soil subgroup	土属 Soil genus	土种 Soil species	土层码 Layer code	土层厚度 Depth/cm	颜色 Soil color	质地 Soil texture	土壤结构 Soil structure	pH	有机质 OM/(g/kg)	全氮 TN/(g/kg)	全磷 TP/(g/kg)	全钾 TK/(g/kg)	碱解氮 AN/(mg/kg)	有效磷 AP/(mg/kg)	速效钾 AK/(mg/kg)	土壤母质 Parent material	剖面点坐标 Profile coordinate	匹配指数 Matching index/%
剖1	淋溶土	黄棕壤	山地黄棕壤	花岗岩山地黄棕壤		Ao	0—15	黑褐色	砂壤土	无结构	5.0	75.7	4.10	1.28	18.3				花岗岩残积物	E 110°35′20.3″ N 26°30′23.7″	95
						A₁	15—42	粽色	中壤土	粒状	5.5	47.5	1.40	0.74	31.3						
						Bv	42—93	棕黄色	砂壤土	粒状	5.5	16.2	0.60	0.41	33.9						
						C	93—200	红棕色	中壤土	粒状	5.5	12.1	1.40	0.45	19.9						
剖2	铁铝土	红壤		石灰岩红壤		A₁	0—2	红棕色	重壤土	核粒状	5.5	6.1	0.70	0.22	19.4	21	1.3	68	石灰岩坡积物	E 110°42′48.0″ N 26°31′48.8″	95
						Bv	2—90	深红色	重壤土		5.5	3.5	0.60	0.26	21.1						
剖3	初育土	石灰性紫色土		耕型石灰性紫色土	钙质紫泥土	A	0—22	紫色	重壤土	粒状	7.5	6.2	0.60	0.80	22.8	17	7.8	107	紫红色页岩坡积物	E 110°44′01.3″ N 26°30′08.2″	75
						C	22—100	紫棕色	重壤土	核状	7.5	4.3	0.30	0.70	19.3						
剖4	人为土	水稻土	潴育水稻土	碱紫砂泥田	碱紫砂泥田	A	0—15	栗色	砂壤土	碎块状	8.0	23.3	1.10	0.32	33.2	107	7.0	101	紫红色砂砾岩坡积物	E 110°39′16.0″ N 26°30′12.4″	95
						P	15—24	棕色	轻黏土	小块状	8.0	14.6	1.00	0.31	32.2						
						W₁	24—45	棕色	砂壤土	小块状	8.0	9.8	0.80	0.29	30.4						
						W₂	45—100	褐色	轻壤土	小块状	8.0	7.8	0.70	0.30	29.1						
剖5	铁铝土	黄壤		花岗岩黄壤		Ao	0—3	黑色	中壤土	粒状	5.0	63.1	3.54	0.85	25.6				花岗岩残积物	E 110°33′55.9″ N 26°25′12.6″	95
						A₁	3—9	深灰色	轻壤土	粒状	5.5	43.6	2.04	0.63	25.4						
						A₂	9—19	黄色	中壤土	粒状	5.5	28.6	0.40	0.29	23.2		94				
						Bv	19—140	棕黄色	轻壤土	粒状	5.5	3.5		0.25	31.6						
						BvC	140—200	黄褐色	轻壤土	碎块状	5.5	41.0	1.60	0.79	31.4						
剖6	人为土	水稻土		麻砂泥田		A	0—14	黄褐色	轻壤土	碎块状	5.5	21.5	1.30	0.47	32.9	109	1.4	80	花岗岩坡积物	E 110°36′07.3″ N 26°26′16.4″	95
						P	14—21	浅红棕色	紧砂土	碎块状	5.5	10.4	0.60	0.29	31.1						
						W	21—51	棕黄色	砂壤土	碎块状	5.5	≤1.0	≤0.10	0.34	28.9						
						C	51—100	黑色	砂壤土	粒状	5.0	142.2	5.13	2.52	20.7	423		143			
剖7	半水成土	山地草甸土		山地草甸砂土	阴山冷浸田	A₁	0—12	暗棕色	轻壤土	粒状	5.5	62.3	2.67	1.73	28.6	279		121	花岗岩残积物	E 110°32′32.3″ N 26°21′19.5″	95
						As	12—24	棕黄色	中壤土	粒状	5.5	25.7	1.28	1.60	33.9	140		98			
						BvC	24—50	黄棕色	中壤土	核状	5.5	8.5	0.70	1.76	32.3	127		49			
						C	50—105	红棕色	重壤土	核状	6.0	62.7	2.60	0.65	35.4	164					
剖8	人为土	水稻土	潴育水稻土	阴山田	薄腐厚层板页岩红壤	Ag	0—20	褐色	轻壤土	小块状	6.0	61.1	2.30	0.44	47.8				板岩堆积物	E 110°59′43.5″ N 26°53′39.3″	95
						Pg	20—40	青灰色	轻壤土	块状	6.0	54.7	2.00	0.36	36.8						
						G	40—100	深灰色	重壤土	块状	5.5	17.9	1.00	0.74	17.8						
剖9	铁铝土	红壤		板页岩红壤		A	0—8	浅红棕色	轻黏土	粒状	5.0	4.7	0.90	0.74	20.3	18	1.6	61	页岩坡积物	E 110°59′52.6″ N 26°53′06.4″	95
						Bv	8—88	红棕色	轻壤土	核状	4.5	3.9	0.60	0.89	18.2						
						C	88—150	黄褐色	重壤土	核状	4.5	20.3	1.30	0.98	19.2						
剖10	铁铝土	黄红壤		耕型板页岩黄红壤		A	0—20	棕黄色	轻壤土	粒状	5.5	18.7	0.40	0.75	16.1	29	2.3	120	石灰岩坡积物	E 110°59′56.2″ N 26°50′58.1″	75
						Bv	20—60	棕红色	重壤土	核状	5.0	10.8	0.30	≤0.10	24.2						
						C	60—100	黑棕色	中壤土	碎块状	5.0	35.1	1.80	1.07	22.9	242	18.5	124			
剖11	人为土	水稻土	潴育水稻土	河砂泥田	黑砂泥田	A	0—14	黑棕色	中壤土	小块状	6.0	31.5	1.60	0.87	23.4				溪流冲积物	E 110°57′06.1″ N 26°49′15.1″	95
						P	14—19	棕色	中壤土	棱柱状	6.5	12.6	0.60	0.88	21.6						
						W₁	19—49	棕灰色	轻壤土	棱柱状	6.5	19.9	0.50	0.58	32.3						
						W₂	49—69	灰白色	紫砂土	散块状	6.5	15.9	0.20	0.54	33.2	177	1.4	81			
剖12	人为土	水稻土	淹育水稻土	浅黄砂泥田	浅黄砂泥田	A	0—13	黄褐色	砂壤土	碎块状	6.0								砂岩坡积物	E 110°58′06.0″ N 26°48′55.2″	95
						P	13—25	黄棕色	砂壤土	块状	6.0										
						C	25—100	黄色	壤土	棱柱状	6.0										

续表 Continued

剖面号 Soil profile	土纲 Soil order	土类 Soil great group	亚类 Soil subgroup	土属 Soil genus	土种 Soil species	土层码 Layer code	土层厚度 Depth/cm	颜色 Soil color	质地 Soil texture	土壤结构 Soil structure	pH	有机质 OM/(g/kg)	全氮 TN/(g/kg)	全磷 TP/(g/kg)	全钾 TK/(g/kg)	碱解氮 AN/(mg/kg)	有效磷 AP/(mg/kg)	速效钾 AK/(mg/kg)	土壤母质 Parent material	剖面点坐标 Profile coordinate	匹配指数 Matching index/%
剖13	人为土	水稻土	潴育水稻土	灰泥田	黑灰泥田	A	0—15	深褐色	重壤土	碎屑状	8.3	44.6	2.10	1.11	12.3	168	6.0	50		E 110°56′52.6″ N 26°45′31.1″	81
						Ap	15—25	深褐色	重壤土	块状	7.4	40.0	2.20	1.00	10.7						
						W	25—55	黄褐色	重壤土	棱柱状	7.7	23.7	1.30	0.89	7.5						
						C	55—100	棕黄色	轻黏土	块状	7.2	7.8	1.20	0.89	7.3						
剖14	铁铝土	红壤	红壤	耕犁花岗岩红壤	黄麻砂土	A	0—15	黄黄棕色	中壤土	粒状	6.5	37.7	1.70	1.54	26.6	48	3.5	135	花岗岩坡积物	E 110°57′43.0″ N 26°45′48.5″	95
						Bv	15—55	棕色	中壤土	粒状	6.5	32.6	0.90	1.43	24.9						
						C	55—100	棕红色	中壤土	核粒状	5.5	15.2	0.70	0.83	23.5						
剖15	人为土	水稻土	潴育水稻土	咪砂泥田	咪砂泥田	A	0—14	黑灰色	轻壤土	碎屑状	5.5	48.5	2.50	1.90	30.3	307	18.0	110	花岗岩坡积物	E 110°57′52.2″ N 26°45′19.9″	95
						P	14—23	深灰色	轻壤土	碎屑状	5.0	41.7	2.10	1.42	29.1						
						W₁	23—40	栗色	中壤土	小块状	5.0	39.5	1.60	1.34	29.4						
						W₂	40—100	褐色	中壤土	小块状	5.0	38.2	1.00	1.65	27.9						
剖16	人为土	水稻土	淹育水稻土	浅灰黄泥田	浅灰黄泥田	A	0—15	黄黄棕色	重壤土	小块状	6.5	13.3	0.80	0.57	16.1	116	1.1	58	石灰岩坡积物	E 110°53′41.3″ N 26°42′40.3″	81
						P	15—25	黄色	重壤土	小块状	6.5	9.5	0.70	0.43	18.4						
						C	25—100	橙色	黏壤土	大块状	6.5	6.2	0.50	0.37	22.8						
剖17	人为土	水稻土	潜育水稻土	青灰黄泥田	青灰黄泥田	A	0—14	黄褐色	重壤土	碎屑状	5.5	39.2	1.80	0.75	9.1	207	4.0	121	石灰岩堆积物	E 110°56′13.6″ N 26°43′41.2″	95
						Pg	14—24	灰色	重壤土	块状	5.5	28.2	1.60	0.94	8.6						
						W₁	24—39	黄褐色	重壤土	棱柱状	6.5	7.4	1.00	0.84	8.6						
						W₂	39—100	黄棕色	重壤土	核块状	6.5	4.2	0.60	0.68	8.5						
剖18	初育土	紫色土	中性紫色土	紫砂泥土	新宁紫砂泥	A	0—20	灰色	重壤土	大块状	8.0	49.4	2.40	1.22	11.8	55	2.3	110	紫色砂岩、砂砾岩风化物	E 110°56′33.8″ N 26°44′32.4″	95
						Pg	20—30	青灰色	重壤土	大块状	7.5	48.7	2.20	0.73	17.2						
						G	30—100	深灰色	重壤土	粒状	6.5	13.9	0.90	0.57	14.7						
剖19	铁铝土	红壤	红壤	板页岩红壤		A	0—26	灰棕色	砂质黏壤土	粒状	6.5	18.3	1.40	0.40	18.5	42	3.1	101	砂色砂岩	E 110°57′18.8″ N 26°43′55.6″	75
						AC	26—60	油红棕色	砂壤土	粒状	6.9	8.7	1.00	0.40	18.5			≤1.0	53			
						C	60—90	油红棕色	砂壤土	碎块状	6.0	2.4	0.60	0.30	18.0			≤1.0	66			
剖20	铁铝土	红壤	红壤	板页岩红壤		A	0—16	栗色	轻壤土	小块状	6.0	10.9	1.90	0.41	5.9	150	7.5	38	红色砂岩	E 110°56′45.2″ N 26°42′46.0″	95
						Bv	16—50	棕色	中壤土	块状	6.0	3.2	0.60	0.28	6.4						
						C	50—100	棕红色	中壤土	粒状	6.5	2.8	0.80	0.33	7.1						
剖21	人为土	水稻土	潴育水稻土	黄砂泥田	黄砂泥田	A	0—14	黄棕色	轻壤土	粒状	5.5	24.6	1.60	0.95	13.0		6.0	80	板页岩坡积物	E 110°59′30.0″ N 26°44′52.6″	95
						P	14—23	棕黄色	重壤土	核粒状	6.0	12.7	1.50	0.81	12.0						
						W	23—50	棕色	中壤土	核状	6.0	2.4	0.80	0.63	8.6						
						C	50—100	红棕色	中壤土	核状	5.0	4.9	0.90	0.68	9.8						
剖22	铁铝土	红壤	黄红壤	板页岩黄红壤	黄红岩渣子土	A	0—20	深褐色	重黏土	碎块状	8.5	28.5	1.20	0.76	10.6	334	18.0	82	红色砂岩	E 110°58′02.2″ N 26°40′53.8″	95
						C	20—100	红棕色	轻黏土	小块状	8.5	18.7	0.30	0.61	14.0						
剖23	人为土	水稻土	潴育水稻土	黄泥田	钙质黑泥田	A	0—17	褐色	重壤土	粒状	5.5	58.8	2.90	0.62	11.6		4.6	134	页岩坡积物	E 110°59′15.5″ N 26°40′59.9″	95
						P	17—30	栗色	重壤土	核粒状	8.5	37.1	2.00	2.59	9.4						
						W	30—90	黄棕色	重壤土	核柱状	8.5	12.0	1.30	2.14	12.0						
						C	90—100	棕色	重壤土	块状	7.0	5.4	1.30	2.20	14.3						
剖24	铁铝土	红壤	黄红壤	耕犁花岗岩黄红壤	黄红土	A	0—15	黄褐色	砂壤土	粒状	5.5	20.8	1.10	0.70	20.3	55			花岗岩砂岩	E 110°54′42.1″ N 26°41′31.6″	95
						Bv	15—40	棕黄色	砂壤土	粒状	5.0	24.7	1.20	0.51	15.5						
						C	40—100	红棕色	砂壤土	粒状	5.0	8.2	0.70	0.47	15.1						

续表 Continued

剖面号 Soil profile	土纲 Soil order	土类 Soil great group	亚类 Soil subgroup	土属 Soil genus	土种 Soil species	土层码 Layer code	土层厚度 Depth/cm	颜色 Soil color	质地 Soil texture	土壤结构 Soil structure	pH	有机质 OM/(g/kg)	全氮 TN/(g/kg)	全磷 TP/(g/kg)	全钾 TK/(g/kg)	碱解氮 AN/(mg/kg)	有效磷 AP/(mg/kg)	速效钾 AK/(mg/kg)	土壤母质 Parent material	剖面点坐标 Profile coordinate	匹配指数 Matching index/%
剖26	人为土	水稻土	潴育水稻土	鸭屎泥田	鸭屎泥田	A	0—16	褐色	重壤土	块状	8.5	55.0	2.60	1.39	15.2	164	≤1.0	13	石灰岩坡积物	E 110°54′14.8″ N 26°40′39.4″	95
						P	16—27	黄褐色	重壤土	块状	8.5	30.5	2.40	0.98	13.2						
						W	27—80	黄褐色	重壤土	棱柱状	8.0	20.6	1.10	0.73	12.2						
						C	80—100	棕黄色	重壤土	棱柱状	7.5	5.1	0.70	0.63	14.1						
剖27	人为土	水稻土	潴育水稻土	黄砂泥田	红砂泥田	A	0—16	红黄色	中壤土	碎块状	6.0	27.8	1.40	0.79	20.4	161	7.0	118	红色砂岩坡积物	E 110°56′11.5″ N 26°41′53.6″	95
						P	16—29	棕色	中壤土	小块状	6.0	10.8	0.70	0.49	24.3						
						W	29—46	红棕色	轻壤土	小块状	6.5	2.3	0.40	0.42	21.7						
						C	46—100	棕红色	轻壤土	小块状	6.5	1.9	0.30	0.35	20.2						
剖28	铁铝土	红壤		石灰岩红壤		A	0—20	棕色	中壤土	粒状	5.5	15.4	1.10	0.58	21.3	66	3.0	63	石灰岩坡积物	E 110°52′13.0″ N 26°36′59.0″	95
						Bv	20—65	浅红棕色	重壤土	棱状	5.0	7.4	0.80	0.37	30.3						
						C	65—100	红棕色	重壤土	棱状	5.0	4.3	0.60	0.34	30.1						
剖29	铁铝土	红壤		花岗岩红壤	薄腐厚层花岗岩红壤	A	0—9	棕色	砂壤土	粒状	4.5	15.2	0.99	0.35	41.6	63		121	花岗岩坡积物	E 110°57′33.0″ N 26°35′19.7″	95
						Bv	9—130	红棕色	中壤土	核粒状	4.5	9.6	0.47	0.25	44.6	20		90			
						C	130—200	棕红色	中壤土	核粒状	4.5	9.4	0.41	0.26	46.2	14		79			
剖30	铁铝土	红壤		石灰岩红壤		A	0—4	橙黄色	轻壤土	无结构	5.5	17.4	0.80	0.25	20.2	23	5.0	112	红色砂岩坡积物	E 110°51′35.1″ N 26°31′49.9″	95
						Bv₁	4—30	红棕色	轻壤土	核块状	5.5	12.2	0.70	0.27	19.7						
						Bv₂	30—100	红棕色	轻壤土	核粒状	5.5	4.2	0.40	0.16	19.9						
剖31	人为土	水稻土	潴育水稻土	扁砂泥田	黄扁砂泥田	P	14—22	褐色	黏壤土	块状	5.5					58	1.5	152	页岩坡积物	E 110°51′53.3″ N 26°31′05.7″	95
						W	22—70	灰棕色	黏壤土	棱柱状	5.0										
						C	70—100	浅红棕色	黏壤土	碎块状	5.0										
剖32	初育土	紫色土	酸性紫色土	酸紫泥土	金峰酸紫红土	A	2—10	灰棕色	黏壤土	粒状	5.7	22.6	1.20	0.40	13.9		1.8	123	紫色页岩风化物	E 110°47′50.5″ N 26°28′54.9″	95
						AC	10—61	红棕色	壤质黏土	碎块状	5.2	8.0	0.90	0.30	12.0		≤1.0	47			
						C₁	61—105	油红棕色	壤质黏土	碎块状	5.3	6.4	0.60	0.30	11.5		≤1.0	45			
						C₂	105—150	红棕色	壤质黏土	碎块状	5.4	3.5	0.30	0.30	11.2		≤1.0	40			
剖33	初育土	紫色土	酸性紫色土	酸性紫泥土		A	0—22	紫棕色	重壤土	粒状	6.0	15.8	0.90	0.58	11.5			108	紫红色页岩	E 110°50′04.2″ N 26°27′32.4″	95
						Bv	22—55	栗色	重壤土	粒状	5.0	5.0	0.60	0.34	13.2						
						C	55—100	紫红棕色	重壤土	核块状	5.0	3.9	0.30	0.28	12.4						
剖34	铁铝土	红壤		耕型红土红壤		A	0—5	红色	重壤土	粒状	5.0	18.4	1.40	0.48	11.5	20	2.0	96	第四纪红色黏土	E 110°49′13.0″ N 26°25′31.6″	95
						Bv₁	5—40	棕红色	重壤土	核粒状	5.0	9.9	0.70	0.32	8.8						
						Bv₂	40—150	深红色	黏壤土	核粒状	5.0	3.4	0.50	0.34	13.7						
剖35	半水成土	潮土	河潮土	耕型河潮土		A	0—15	灰白色	砂壤土	碎块状	6.5	18.1	0.70	0.93	38.8	55	6.6	43	河流冲积物	E 110°47′17.4″ N 26°26′42.7″	95
						Bv	15—80	灰棕色	砂土	棱柱状	6.5	1.2	0.50	0.61	35.9						
						C	80—100	灰棕色	中壤土	粒状	6.5										
剖36	人为土	水稻土	潴育水稻土	河砂泥田		A	0—13	黑灰色	中壤土	粒状	8.0	39.5	2.50	0.66	22.9	155	≥100.0	81	河流冲积物	E 110°51′00.7″ N 26°26′23.3″	95
						P	13—18	深草色	中壤土	小块状	8.0	32.0	1.60	0.60	35.2						
						W₁	18—33	灰色	中壤土	棱柱状	8.0	14.5	1.20	0.34	25.0						
						W₂	33—100	黄色	中壤土	棱柱状	8.0	3.5	0.50	0.57	20.3						
剖37	人为土	水稻土	酸性紫色土	酸性紫泥田		A	0—16	棕色	黏壤土	小块状	6.0	38.1	1.60	1.02	14.2	162	4.3	85	紫红色砂页岩	E 110°47′11.4″ N 26°25′13.2″	95
						P	16—26	棕红色	重壤土	小块状	6.0	19.6	0.90	0.78	12.9						
						W	26—70	紫棕色	重壤土	棱柱状	6.5	16.6	0.90	0.80	15.9						
						C	70—100	紫红色	重壤土	棱柱状	6.5	11.5	0.80	0.67	15.3						
剖38	人为土	水稻土	潴育水稻土	河砂泥田	河潮泥田	A	0—14	褐色	中壤土	粒状	6.0	26.4	1.60	0.74	38.7				河流冲积物	E 110°54′04.3″ N 26°23′11.3″	95
						P	14—23	棕杭色	轻壤土	小块状	6.0	16.6	1.10	0.65	36.2						
						W₁	23—40	褐色	中壤土	棱柱状	6.5	12.6	0.50	0.62	38.4						
						W₂	40—100	棕色	中壤土	棱柱状	6.5	7.7	0.40	0.98	36.7						

续表 Continued

剖面号 Soil profile	土纲 Soil order	土类 Soil great group	亚类 Soil subgroup	土属 Soil genus	土种 Soil species	土层码 Layer code	土层厚度 Depth/cm	颜色 Soil color	质地 Soil texture	土壤结构 Soil structure	pH	有机质 OM/(g/kg)	全氮 TN/(g/kg)	全磷 TP/(g/kg)	全钾 TK/(g/kg)	碱解氮 AN/(mg/kg)	有效磷 AP/(mg/kg)	速效钾 AK/(mg/kg)	土壤母质 Parent material	剖面点坐标 Profile coordinate	匹配指数 Matching index/%
剖39	人为土	水稻土	潜育水稻土	烂泥田	烂泥田	Ag	0—20	灰色	重壤土	糊状	8.0	58.8	2.30	1.43	14.3	35	5.8		页岩堆积物	E 111°01′42.9″ N 26°50′52.9″	95
						G	20—100	青灰色	黏壤土	糊状	8.0	42.5	2.30	0.50	11.5						
剖40	人为土	水稻土	渗育水稻土	白散泥田	流砂底田	A	0—14	褐色	砂壤土	小块状	7.5					137	2.2	74	河流冲积物	E 111°00′39.1″ N 26°50′12.1″	95
						P	14—26	深栗色	砂壤土	小块状	7.5										
						E	26—80		砂土	粒状	6.5										
						C	80—100	棕黄色	黏壤土	小块状	6.5										
剖41	人为土	水稻土	潴育水稻土	灰泥田	灰泥田	A	0—17	棕黄色	重壤土	小块状	8.0	36.8	1.60	1.16	11.3	159	5.5	43	石灰岩堆积物	E 111°02′27.2″ N 26°52′21.3″	95
						P	17—26	棕黄色	中壤土	小块状	8.0	28.4	1.30	1.06	11.9						
						W	26—48	棕色	重壤土	棱柱状	8.0	15.0	1.30	0.88	19.6						
						C	48—100	棕黄色	重壤土	棱柱状	8.0	5.8	0.60	0.72	11.6						
剖42	人为土	水稻土	潴育水稻土	青泥田	钙质青泥田	A	0—20	棕黄色	重壤土	块状	8.0	49.4	2.40	1.22	11.8	55	2.3	110	页岩堆积物	E 111°02′35.9″ N 26°50′47.3″	95
						Pg	20—40	黑黄色	中壤土	块状	7.5	48.7	2.20	0.73	17.2						
						G	40—100	青灰色	重壤土	块状	6.5	13.9	0.90	0.57	14.7						
剖43	人为土	水稻土	渗育水稻土	渗紫泥田	新宁紫砂泥田	Aa	0—16	油橙色	砂质黏壤土	碎块状	5.7	23.7	1.50	0.70	14.5	153	3.0	64	紫色砂页岩、砂砾岩风化物	E 111°02′31.6″ N 26°50′15.9″	95
						Ap	16—26	油橙色	砂壤土	棱块状	5.8	15.4	1.10	0.50	14.4	151	2.0	48			
						P₁	26—52	油橙色	砂壤土	棱柱状	6.6	8.2	0.90	0.60	16.8	93	2.0				
						P₂	52—100	油橙色	砂壤土	棱柱状	6.5	4.7	0.70	0.60	17.3	119	2.0				
剖44	人为土	水稻土	潴育水稻土	岩渣子田	少量岩渣田	A	0—15	黄褐色	中壤土	小块状	5.5	37.6	1.00	0.87	18.3	112	≥100.0	74	板页岩坡积物	E 111°00′30.0″ N 26°42′36.5″	95
						P	15—25	棕黄色	中壤土	小块状	5.5	17.7	0.90	0.74	17.8						
						W	25—55	棕黄色	中壤土	块状	6.5	5.4	0.90	0.54	17.9						
						C	55—100	红棕色	中壤土	块状	6.5	3.3	0.20	0.43	15.8						
剖45	人为土	水稻土	潴育水稻土	河砂泥田		A	0—16	灰色	中壤土	碎块状	6.5	27.9	1.40	0.71	28.6	84	1.1	72	河流冲积物	E 111°05′57.0″ N 26°44′40.4″	95
						P	16—24	深灰色	中壤土	小块状	6.5	19.1	1.00	0.57	29.4						
						W₁	24—37	灰棕色	中壤土	棱块状	6.5	4.2	0.40	0.46	32.7						
						W₂	37—100	棕色	重壤土	棱块状	6.0	3.0	0.40	0.44	31.3						
剖46	初育土	石灰（岩）土	红色石灰土	耕型红色石灰土		A	0—2	棕褐色	黏壤土	核状	6.5	57.6	2.50	0.85	7.6				石灰岩坡积物	E 111°01′04.4″ N 26°42′26.8″	95
						Bv	2—59	红棕色	中壤土	核状	6.5	21.1	1.60	0.70	8.1	30	3.9	93			
						C	59—150	浅红棕色	重壤土	核粒状	5.5	9.8	1.30	0.69	13.2						
剖47	初育土	紫色土	酸性紫色土	酸性紫色土		A	0—28	深褐色	中壤土	核状	5.5	17.7	1.00	0.58	10.9				紫红色砂岩	E 111°01′34.9″ N 26°40′42.1″	75
						C	28—100	褐色	黏壤土	棱粒状	5.0	8.3	0.70	0.63	14.1						
剖48	人为土	水稻土	淹育水稻土	浅灰泥田		A	0—15	黄褐色	重壤土	小块状	8.0	24.4	2.00	1.08	8.7	170			花岗岩堆积	E 111°02′59.8″ N 26°42′14.1″	95
						P	15—26	橙色	重壤土	小块状	7.5	14.4	1.40	0.94	9.0						
						C	26—100	棕黄	重壤土	粒状	7.0	1.2	1.10	0.40	8.4						
剖49	初育土	紫色土	中性紫色土	耕型中性紫色土	紫砂土	A	0—23	紫红色	中壤土	碎块状	7.0	8.6	0.70	0.55	12.5	24	12.0	126	紫红色页岩坡积物	E 111°03′18.2″ N 26°42′25.4″	75
						Bv	23—49	紫红色	中壤土	小块状	6.5	8.1	0.60	0.60	11.7						
						C	60—70	深紫色	黏壤土	小块状	6.5	7.0	0.40	0.54	12.9						
剖50	铁铝土	红壤	红壤	耕型板页岩红壤	黄泥土	A	0—21	棕褐色	重壤土	粒状	5.5	11.5	0.50	0.69	15.5	21	4.7	54	板页岩坡积物	E 111°08′57.5″ N 26°41′24.1″	95
						Bv	21—64	浅红棕色	重壤土	粒状	5.5	13.8	2.20	0.63	14.4						
						C	64—100	红棕色	重壤土	粒状	5.5	11.9	0.50	0.57	16.1						
剖51	人为土	水稻土	潜育水稻土	青泥田	青砂泥田	A	0—15	棕灰色	轻壤土	碎块状	6.0	56.4	4.30	1.20	23.1	47	11.4	127	花岗岩坡积物	E 111°00′10.5″ N 26°35′18.3″	95
						Pg	15—23	青灰色	轻壤土	小块状	6.0	43.7	2.60	1.14	26.8						
						G	23—100	黑灰色	轻壤土	粒状	6.5	55.0	3.20	1.20	24.3						
剖52	人为土	水稻土	潴育水稻土	麻砂泥田	黄麻砂泥田	A	0—14	黄棕色	砂壤土	碎块状	6.2	41.0	1.60	0.79	31.4	109	1.4	80		E 111°12′11.3″ N 26°38′21.8″	81
						Ap	14—21	浅棕色	砂壤土	粒状	6.1	21.5	1.30	0.47	32.9						
						W	21—51	浅红棕色	砂土	粒状	6.0	10.4	0.60	0.29	31.1						
						C	51—100	浅红棕色	砂土	粒状	6.8			0.34	28.9						

续表 Continued

剖面号 Soil profile	土纲 Soil order	土类 Soil great group	亚类 Soil subgroup	土属 Soil genus	土种 Soil species	土层码 Layer code	土层厚度 Depth/cm	颜色 Soil color	质地 Soil texture	土壤结构 Soil structure	pH	有机质 OM/(g/kg)	全氮 TN/(g/kg)	全磷 TP/(g/kg)	全钾 TK/(g/kg)	碱解氮 AN/(mg/kg)	有效磷 AP/(mg/kg)	速效钾 AK/(mg/kg)	土壤母质 Parent material	剖面点坐标 Profile coordinate	匹配指数 Matching index/%
剖53	淋溶土	黄棕壤	山地黄棕壤	板页岩山地黄棕壤		Ao	0—7												板页岩坡积物	E 111°09′29.2″ N 26°36′09.5″	95
						A₁	7—27	黑色	中壤土	粒状	5.5	78.1	3.60	0.16	13.5						
						A₂	27—32	灰色	中壤土	粒状	5.5	41.8	2.40	1.24	14.6	35	1.6	104			
						Bv	32—122	棕色	重壤土	核状	5.5	20.5	1.70	0.96	16.6						
						D															

城步苗族自治县

主要土类说明

黄壤是城步苗族自治县主要土壤类型，占本县地域面积的32%。黄壤分布在海拔800—1200m的山区。成土母质为板岩、页岩、砂岩、花岗岩等。由于所处地区云雾多，日照少，空气湿度大，干湿季节不明显，在湿润的气候条件下，土壤中游离氧化铁合成水合氧化铁，因此，土体呈黄色。黄壤发生层次明显，有枯枝落叶层和腐殖质层，表土层呈灰黄色至暗黄色，心土层呈黄色或蜡黄色，有黏化现象及铁锰淀积，脱硅富铝化作用不及红壤强烈，土壤呈酸性至强酸性。

红壤是城步苗族自治县第二大土壤类型，占本县地域面积的32%。红壤分布在海拔800m以下的低山、丘陵和岗地，是在亚热带气温高、热量足、雨量充沛、干湿季节交替明显的气候条件下形成的地带性土壤。成土母质为石灰岩、板页岩、花岗岩、砂岩、第四纪红土等。化学风化作用强烈，矿物分解彻底，次生矿物以高岭石为主，铁、铝多呈氧化游离状态，二氧化硅淋溶强烈，具有明显的脱硅富铝化过程。红壤一般土层深厚，土壤呈酸性或强酸性，有机质含量低，钙、镁、磷、氮养分都很贫乏。土体多呈红色，部分土体底部有红、黄、白相间的网纹状红色黏土。

黄棕壤是城步苗族自治县第三大土壤类型，占本县地域面积的18%。黄棕壤一般分布在海拔1200—1600m的山区。成土母质为板岩、页岩、花岗岩、砂岩等。在温凉、湿润的气候条件下，有机质分解慢，生物积累明显，有枯枝落叶层，有机质淋溶下移明显，表土层呈黑色至褐色，其下有浅灰色过渡层，心土层呈黄棕色，黏土矿物以蒙脱石为主。土壤结构为棱块状至块状，结构体表面有灰棕色胶膜或少量铁锰结核，土壤呈酸性或弱酸性。黄棕壤脱硅富铝化作用比黄壤弱，矿物风化程度不高，黏粒下移不明显。

水稻土占本县地域面积的12%。在人为耕作、施肥、灌溉等措施的影响下，土壤内部进行着氧化还原交替、有机质合成与分解、盐基淋溶与复盐基作用的熟化过程，促进了土壤性状的改变，从而形成了水稻土所特有的形态、理化和生物特性。

山地草甸土占本县地域面积的6%，分布在海拔1600m以上的山顶开阔处。成土母质主要为花岗岩、板岩、页岩、砂岩。在温凉、湿润的气候条件下，草甸化过程及腐殖化过程比较明显，草甸植物繁茂，腐殖质大量积累，表土层呈黑褐色，大量草根集结于表土层，形成草根盘结层。位于山脊的草甸土，矿物风化作用很弱，土层较薄，厚度一般在20cm以下，母质层呈灰棕色，常夹有较多的碎岩石和石英砂粒，剖面构型多为Ao–As–C。位于山顶开阔处的草甸土，发育层次明显，心土层呈棕黄色，有淋溶淀积现象，土层深厚，土壤呈酸性，剖面构型为Ao–As–BC。

小于本县地域面积3%的土壤类型有石灰（岩）土、潮土等。

本区域中心区气候特征

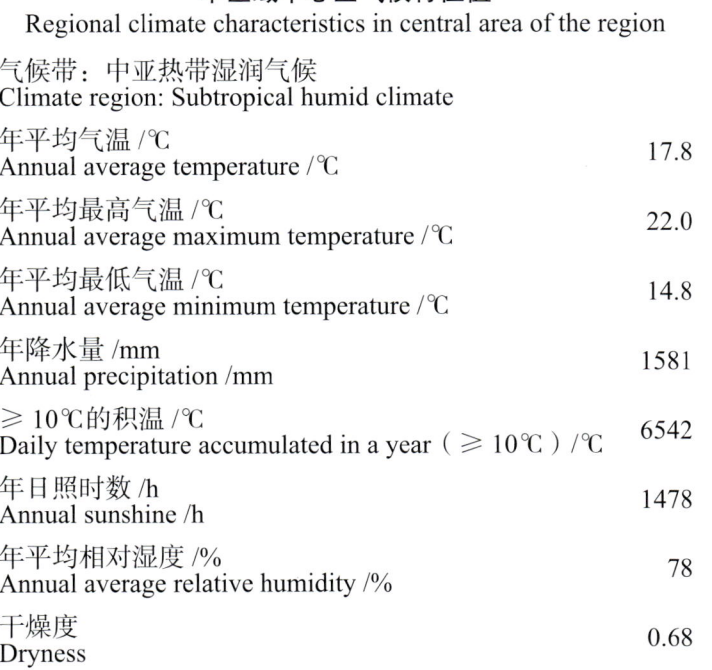

本区域中心区气候特征值
Regional climate characteristics in central area of the region

气候带：中亚热带湿润气候 Climate region: Subtropical humid climate	
年平均气温/℃ Annual average temperature /℃	17.8
年平均最高气温/℃ Annual average maximum temperature /℃	22.0
年平均最低气温/℃ Annual average minimum temperature /℃	14.8
年降水量/mm Annual precipitation /mm	1581
≥10℃的积温/℃ Daily temperature accumulated in a year（≥10℃）/℃	6542
年日照时数/h Annual sunshine /h	1478
年平均相对湿度/% Annual average relative humidity /%	78
干燥度 Dryness	0.68

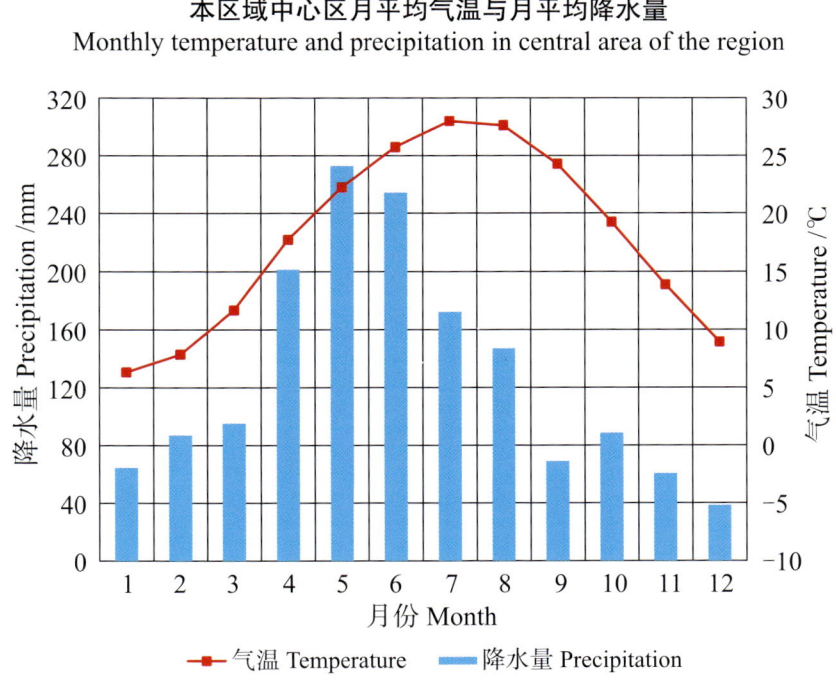

本区域中心区月平均气温与月平均降水量
Monthly temperature and precipitation in central area of the region

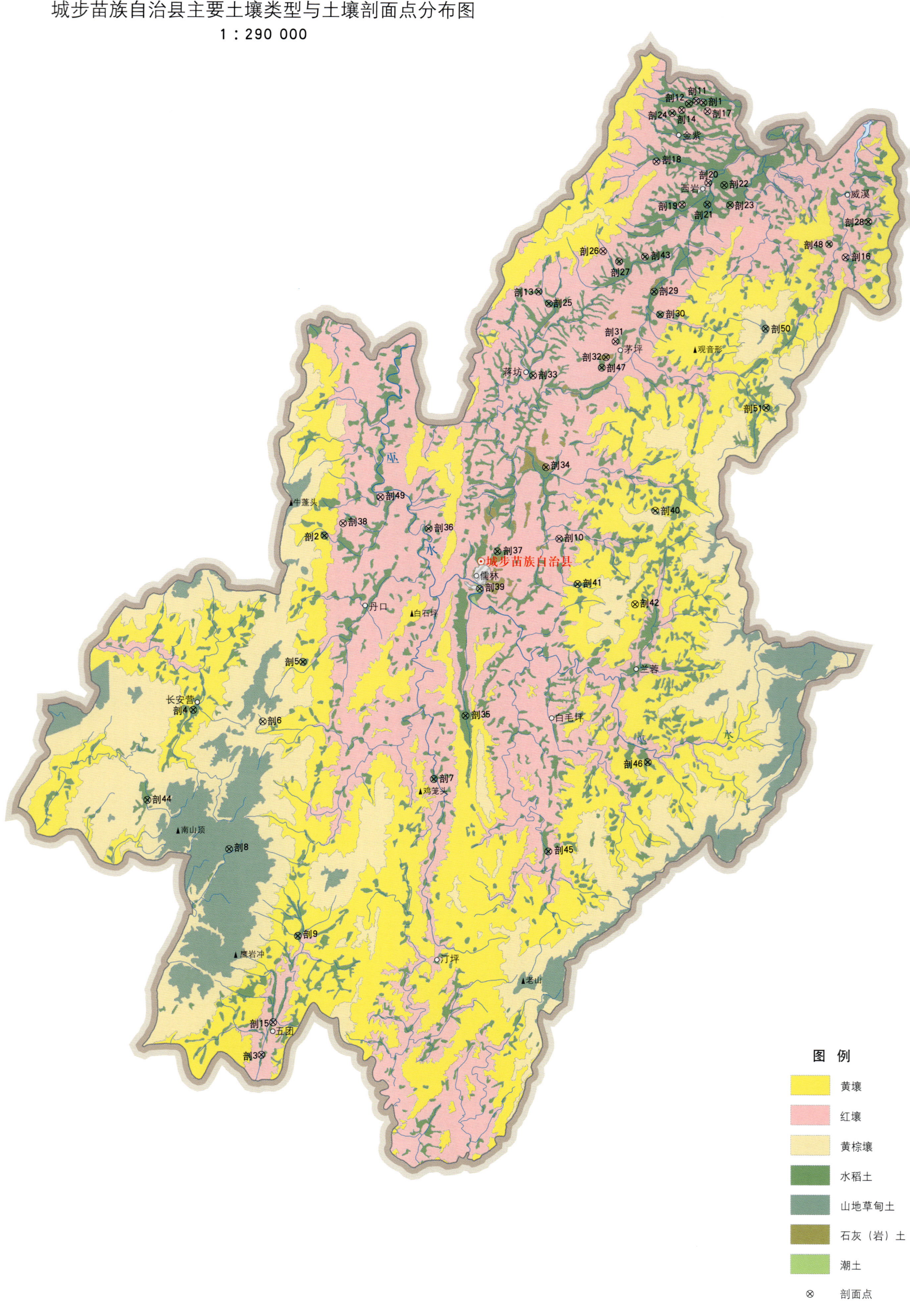

城步苗族自治县土壤剖面理化性状表

剖面号 Soil profile	土纲 Soil order	土类 Soil great group	亚类 Soil subgroup	土属 Soil genus	土种 Soil species	土层码 Layer code	土层厚度 Depth/cm	颜色 Soil color	质地 Soil texture	土壤结构 Soil structure	pH	有机质 OM/(g/kg)	全氮 TN/(g/kg)	全磷 TP/(g/kg)	全钾 TK/(g/kg)	碱解氮 AN/(mg/kg)	有效磷 AP/(mg/kg)	速效钾 AK/(mg/kg)	阳离子交换量 CEC/(cmol/kg)	土壤母质 Parent material	剖面点坐标 Profile coordinate	匹配指数 Matching index/%
剖1	铁铝土	红壤	黄红壤	板页岩黄红壤		A_1	2–30	暗灰棕色	中壤土	碎块状	5.3	35.8	1.60	1.00	24.7	251	2.0	87	11.8	板页岩	E 110°12′15.5″ N 26°23′37.9″	95
						Bv	30–150	浅黄棕色	重黏土	块状	5.9	9.8	0.55	0.82	26.9							
剖2	人为土	水稻土	潴育水稻土	河沙泥田	河沙田	A	0–10	灰棕色	砂壤土		6.3	6.2	0.28	0.75	25.6	70	6.5	22		河流冲积物	E 110°11′26.0″ N 26°23′08.2″	95
						P	10–18	灰棕色	砂壤土		6.5	5.2	0.46	0.70	24.5							
						W_1	18–53	棕灰色	重壤土		6.6	5.5	0.28	0.75	24.2							
						W_2	53–100	棕灰色														
剖3	铁铝土	红壤	红壤	耕型花岗岩红壤	喇砂土	A	0–18	灰棕色	中壤土		6.5	21.3	1.32	0.85		70	≤1.0	122		花岗岩	E 110°13′55.1″ N 26°24′41.4″	95
						Bv	18–100	黄色	中壤土		6.4	15.3	0.73	0.96								
剖4	人为土	水稻土	潴育水稻土	黄砂泥田	冷黄砂泥田	A	0–16	黄褐色	重壤土		5.1	48.2	2.13	0.31	20.1	201	3.5	50		砂岩	E 110°05′38.5″ N 26°16′07.8″	95
						P	16–23	黄棕色	重壤土		4.9	45.1	1.98	0.76	21.1							
						W_1	23–65	灰棕色	重壤土		4.5	16.1	0.67	0.34	21.5							
						W_2	65–100	棕黄色	重壤土		5.0	12.7	0.64	0.43	21.8							
剖5	人为土	水稻土	潴育水稻土	浸泥田	冷砂田	A	0–18	灰棕色	轻壤土	碎块状	4.9	54.8	2.53	1.49	22.1	125	1.5	27		砂岩	E 110°10′30.5″ N 26°18′05.2″	81
						Bv	18–26	暗棕色	轻壤土	块状	5.1	53.9	2.45	0.73	27.0							
						Apg	26–100	青灰色	中壤土	无结构	4.9	47.6	1.95	1.19	22.7							
						G	0–2															
剖6	淋溶土	黄棕壤	山地黄棕壤	砂岩黄棕壤		Ao	0–2														砂岩	E 110°08′44.7″ N 26°15′40.7″	95
						A_1	2–8	深栗色	轻壤土		4.8	89.4	2.98	1.22	23.6	158	4.0	182				
						Bv	8–22	棕黄色	轻壤土		4.4	36.4	1.80	0.81	23.8							
						D	22–150															
剖7	人为土	水稻土	潴育水稻土	浸泥田	冷浸泥田	A	0–18	灰棕色	重黏土		6.1	58.2	2.40	0.85	25.9	223	2.4	74		板岩，页岩	E 110°03′37.9″ N 26°12′30.3″	95
						P(g)	18–28	棕黄色	重黏土		5.9	55.3	2.37	0.97	27.4							
						Wg	28–48	棕黄色	中壤土		6.2	55.0	2.15	0.91	28.0							
						G	48–100	灰色	重壤土		6.2	45.5	2.06	0.89	26.6							
剖8	半水成土	山地草甸土	山地草甸土	沼泽性山地草甸土		Ao	0–2														花岗岩	E 110°07′17.2″ N 26°10′33.8″	95
						As	2–23	黑色	轻壤土		5.0	82.1	4.10	1.96	25.8	174	2.2	78				
						A	23–62	黄黑色	中壤土		5.1	52.8	2.62	1.87	30.6							
						C	62–76	黄色	松砂土		5.5	17.6	0.92	2.66	40.1							
						D	76–150															
剖9	人为土	水稻土	潴育水稻土	白散泥田	流砂底田	A	0–15	深灰色	轻壤土		5.2	30.0	1.29	0.92		161	1.1	27		花岗岩	E 110°10′22.9″ N 26°07′05.2″	95
						P	15–26	黑灰色	中壤土		5.4	38.9	1.93	1.04								
						Es	26–100	灰色	砂壤土		5.5	23.6	1.06	1.06								
剖10	铁铝土	红壤	黄红壤	石灰岩黄红壤	厚腐厚层石灰岩黄红壤	Ao	0–1														石灰岩	E 110°09′18.1″ N 26°03′36.5″	95
						A_1	1–21	黑棕色	重壤土		6.0	36.7	1.85	1.14	10.8	83	7.9	36				
						Bv	21–40	褐色	重壤土		6.0	20.7	0.90	1.14	11.1							
						C	40–150	棕黄色	重壤土		6.0	11.1	0.57	1.16	10.9							
剖11	铁铝土	红壤	黄红壤	板页岩黄红壤	薄腐厚层板页岩黄红壤	Ao	0–1														板页岩	E 110°08′47.6″ N 26°02′18.8″	95
						A_1	1–3	黑灰色	重壤土		5.1	216.4	1.55	1.55	22.6	151	2.7	35				
						ABv	3–45	黄棕色	重壤土		4.8	52.2	2.58	1.18	27.6							
						BvC	45–150	红棕色	轻黏土		5.5	28.0	1.34	1.04	29.8							
剖12	人为土	水稻土	潴育水稻土	灰泥田	灰泥田	A	0–18	褐色	重壤土		7.6	28.1	1.40	1.26	13.2	183	4.9	62		石灰岩	E 110°27′35.4″ N 26°40′28.6″	75
						P	18–28	栗色	重壤土		7.6	26.1	1.32	1.46	14.7							
						W_1	28–54	黄棕色	重壤土		7.5	20.5	1.01	1.02	17.3							
						W_2	54–100	棕黄色	重壤土		7.5	17.6	0.84	1.61	24.3							

续表 Continued

剖面号 Soil profile	土纲 Soil order	土类 Soil great group	亚类 Soil subgroup	土属 Soil genus	土种 Soil species	土层码 Layer code	土层厚度 Depth/cm	颜色 Soil color	质地 Soil texture	土壤结构 Soil structure	pH	有机质 OM/(g/kg)	全氮 TN/(g/kg)	全磷 TP/(g/kg)	全钾 TK/(g/kg)	碱解氮 AN/(mg/kg)	有效磷 AP/(mg/kg)	速效钾 AK/(mg/kg)	阳离子交换量CEC/(cmol/kg)	土壤母质 Parent material	剖面点坐标 Profile coordinate	匹配指数 Matching index/%
剖13	人为土	水稻土	潴育水稻土	红泥田	太平黄泥田	Aa	0—16	浊黄色	壤质黏土	碎块状	5.4	31.9	2.30	0.50	21.5	160	5.0	73		板页岩风化物	E 110°26′50.7″ N 26°40′05.5″	75
						Ap	16—28	浊黄色	壤质黏土	棱块状	5.4	19.9	1.50	0.40	21.3	121	4.0	67				
						W	28—78	亮棕色	壤质黏土	棱柱状	6.5	6.1	0.90	0.50	20.4	83	4.0	62				
						C	78—100	红红棕色	壤质黏土		6.5	3.8	0.70	0.50	24.6	36	3.0	50				
剖14	铁铝土	红壤	红壤	板页岩红壤	薄腐厚层板页岩红壤	Ao	0—3	深栗色				68.4	≥10.00	0.84			5.6	35		板页岩	E 110°27′15.7″ N 26°40′13.1″	75
						A₁	3—5	红棕色	轻黏土		4.4	24.2	1.24	0.76		112						
						Bv	5—90	浅红棕色	轻黏土		4.4	17.1	0.83									
						C	90—150	红红棕色	轻黏土													
剖15	铁铝土	红壤	红壤	花岗岩红壤	厚腐厚层花岗岩红壤	Ao	0—3	褐色	轻黏土	粒状	5.4	50.0	2.51	0.73	47.2		≤1.0	97		花岗岩	E 110°27′55.1″ N 26°40′35.5″	75
						A₁	3—28	棕色	轻壤土	块状	5.0	24.6	1.36	0.51	38.2							
						A₂	28—50	棕红色	轻壤土	块状	5.0	14.1	0.72	0.77	40.1							
						Bv	50—92	灰白色	砂壤土	碎块状	5.5	8.9	0.50	0.62	37.8							
剖16	铁铝土	红壤	红壤	花岗岩红壤	厚腐厚层花岗岩红壤	Ao	0—3	褐色	轻黏土	粒状	5.4	50.0	2.51	0.73	47.2	48	≤1.0	97		花岗岩	E 110°28′08.5″ N 26°40′33.1″	95
						A	3—28	棕色	轻壤土	块状	5.0	24.6	1.36	0.51	38.2							
						Bv	28—50	棕红色	轻壤土	块状	5.0	14.1	0.72	0.77	40.1							
						C	50—92	灰白色	砂壤土	碎块状	5.5	8.9	0.50	0.62	37.8							
剖17	铁铝土	黄红壤	耕型板页岩黄红壤	黄红岩渣子土		A	0—20	黄褐色	轻壤土		5.1	22.4	1.11	0.87	16.0	140	1.3	67		板页岩	E 110°28′25.4″ N 26°40′10.1″	75
						Bv	20—67	黄红色	轻壤土		4.7	15.9	0.79	0.75	17.4							
						C	67—100	浅红棕色	重黏土		5.2	8.4	0.47	0.74	27.8							
剖18	铁铝土	红壤	耕型砂岩红壤	红砂土		A	0—10	红红色	轻壤土		5.2	49.2	2.43	0.98		126	5.7	56		砂岩	E 110°26′09.1″ N 26°38′09.6″	97
						Bv	10—25	棕红色	轻壤土		5.5	11.2	0.58	0.69								
						C	25—100	浅红棕色	中壤土			7.2	0.47									
剖19	铁铝土	红壤	耕型第四纪红色土红壤	园艺红黄泥土		A	0—20	紫红色	轻壤土		4.5	22.7	1.04	0.32	20.7	113	2.5	92		第四纪红色黏土	E 110°27′18.5″ N 26°36′26.2″	97
						Bv	20—41	棕红色	轻黏土		4.0	7.8	0.41	0.34	20.2							
						C	41—100	浅红棕色	轻黏土		4.2	6.8	0.34	0.21	22.5							
剖20	铁铝土	红壤	耕型板页岩红壤	园艺红黄泥土		A	0—16	红红棕色	轻黏土		5.2	23.2	1.69		18.8	145	6.5	120		板页岩	E 110°28′28.7″ N 26°37′18.9″	95
						Bv	16—28	棕红色	轻黏土		5.5	18.4	1.02									
						C	28—150	深栗色	轻黏土		4.9	10.3	0.77									
剖21	人为土	水稻土	潴育水稻土	灰泥田	青隔灰砂泥田	A	0—20	深栗色	轻壤土		7.9	45.3	1.97	1.19	20.7	156	43.0	46		河流冲积物	E 110°28′26.5″ N 26°36′26.8″	95
						Pg	20—31	深栗色	轻壤土		7.2	44.1	2.17	0.74	20.2							
						W(g)	31—68	深栗色	轻壤土		7.0	40.8	1.82	0.52	22.5							
						S	68—100	深栗色	砂石土		7.0	5.6	1.10	0.67	18.8							
剖22	水稻土	水稻土	淹育水稻土	浅育浅黄泥田	浅红黄泥田	A	0—18	褐色	中壤土		4.9	20.6	1.22	0.64	30.6	85	4.4	31		第四纪红色黏土	E 110°29′11.4″ N 26°37′13.3″	95
						C	18—100	红红棕色	中壤土		5.0	7.9	0.62	0.67	24.8							
剖23	人为土	水稻土	矿毒型水稻土	金属矿毒田	铁矿毒田	Ag	0—20	栗色	中壤土		6.4	39.4	1.81	1.05	21.6	134	3.7	32		第四纪红色黏土	E 110°29′27.6″ N 26°36′25.7″	97
						Pg	20—32	灰色	中壤土		6.5	34.5	1.54	0.72								
						G	32—54	灰色	重黏土		5.4	32.6	1.98	1.12								
						Cg	54—100	浅红棕色	轻黏土		6.2	7.4	0.43	1.62	32.3							
剖24	人为土	水稻土	潴育水稻土	冷浸田	锈水田	Ag	0—17	褐色	中壤土		4.9	34.1	1.68	0.68	26.6	89	10.5	66		第四纪红色黏土	E 110°20′54.9″ N 26°32′56.2″	95
						Pg	17—23	深深色	中壤土		5.2	30.4	1.49	0.61	25.9							
						G	23—100	灰色	中壤土		5.1	24.4	1.19	0.79	25.9							

续表 Continued

剖面号 Soil profile	土纲 Soil order	土类 Soil great group	亚类 Soil subgroup	土属 Soil genus	土种 Soil species	土层码 Layer code	土层厚度 Depth/cm	颜色 Soil color	质地 Soil texture	土壤结构 Soil structure	pH	有机质 OM/(g/kg)	全氮 TN/(g/kg)	全磷 TP/(g/kg)	全钾 TK/(g/kg)	碱解氮 AN/(mg/kg)	有效磷 AP/(mg/kg)	速效钾 AK/(mg/kg)	阳离子交换量CEC/(cmol/kg)	土壤母质 Parent material	剖面点坐标 Profile coordinate	匹配指数 Matching index/%
剖25	人为土	水稻土	矿毒型水稻土	非金属矿毒田	硫黄矿毒田	A	0—13	黄褐色	中壤土		4.6	57.2	2.88	0.82	15.1	279	3.6	66		砂岩	E 110°21′23.1″ N 26°32′27.2″	98
						P	13—23	褐色	中壤土		6.9	32.9	1.69	0.90	26.0							
						W_1	23—36	褐色	重壤土		6.1	30.0	1.43	0.72	19.9							
						W_2	36—100	褐色	重壤土		6.8	24.8	1.15	0.77	24.6							
剖26	铁铝土	红壤	黄红壤	耕型花岗岩黄红壤	黄红麻砂土	A	0—17	灰褐色	砂壤土		4.9	51.0	2.17	0.72	43.3	126	8.1	215		花岗岩	E 110°23′47.0″ N 26°34′33.4″	95
						Bv_1	17—76	灰黄色	轻壤土		5.1	17.3	0.81	1.86	42.9							
						Bv_2	76—100	灰黑色	轻壤土		5.1	39.4	1.26	1.15	38.5							
剖27	人为土	水稻土	潜育水稻土	烂泥田	烂泥田	Ag	0—24	深栗色	中壤土		5.1	85.5	3.40	1.36	24.3	237	9.6	54		板岩,页岩	E 110°24′31.0″ N 26°34′08.6″	97
						G	24—100	灰色	中黏土		5.0	79.8	3.19	1.00	23.7							
剖28	人为土	水稻土	潜育水稻土	青泥田	青砂泥田	Ag	0—20	深褐色	轻黏土		5.7	54.5	2.85	0.45		147	2.5	35		板岩,页岩	E 110°25′40.2″ N 26°34′20.5″	95
						Pg	20—26	褐色	轻黏土		5.4	50.2	2.43	0.35								
						G	26—100	灰色	重壤土		5.6	48.9	2.37	0.43	22.0							
剖29	人为土	水稻土	潜育水稻土	冷浸田	冷水田	A	0—14	褐色	重壤土		5.3	56.8	2.87	1.36	21.8	219	1.6	34		板岩,页岩	E 110°26′05.0″ N 26°32′56.8″	95
						P	14—22	栗色	轻壤土		5.6	37.3	1.97	1.22	24.7							
						S	22—56	黄灰色	紧砂土		6.2	20.7	1.15	0.48	26.1							
						G	56—100	黑灰色	中壤土		5.2	37.5	2.09	0.17	19.5							
剖30	人为土	水稻土	潜育水稻土	灰泥田	灰砂泥田	A	0—14	棕灰色	砂壤土		7.9	55.7	2.88	1.10	209		7.1	96		第四纪红色黏土	E 110°26′21.0″ N 26°32′02.2″	95
						P	14—23	棕灰色	壤土		7.4	40.2	2.01	0.90	23.6							
						W	23—78	棕灰色	黏壤土		7.4	31.4	1.60	0.90	27.1							
						C	78—100	黄灰色	黏壤土		7.4	9.2	0.47	0.94	25.9							
剖31	铁铝土	红壤	红壤	石灰岩红壤		A_1	0—2	深栗色	中壤土		5.0	33.1	1.70	1.04		114	3.4	44		石灰岩	E 110°24′21.9″ N 26°30′57.3″	95
						Bv	2—24	棕黄色	轻壤土		4.6	24.7	1.19	0.85								
						BvC	24—83	紫棕色	重壤土		5.0	14.7	7.50	0.99	25.9							
						C	83—150	红棕色	重黏土		6.3	18.5	1.21	1.40	19.4	85	10.8	26		石灰岩	E 110°23′56.6″ N 26°30′19.6″	97
剖32	初育土	石灰(岩)土	红色石灰土	耕型红色石灰土	红灰土	A	0—18	紫棕色	重黏土		6.2	10.7	0.73	1.02	14.2							
						Bv	18—100	褐色	中黏土		7.5	68.1	2.92	1.46	20.5							
剖33	人为土	水稻土	潜育水稻土	青泥田	青鸭屎泥田	A(g)	0—20	灰褐色	中壤土		7.5	64.1	2.78	1.34	21.3	231	4.6	105		石灰岩	E 110°20′41.5″ N 26°29′34.7″	95
						Pg	20—33	灰色	壤土		6.8	55.6	2.41	1.28	22.4							
						C	33—100	深褐色	中壤土													
剖34	初育土	石灰(岩)土	红色石灰土	耕型红色石灰土	红灰土	A_1	0—2	棕色	重壤土		6.0	22.7	1.11	1.27		67	≤1.0	9		石灰岩	E 110°21′18.0″ N 26°25′54.7″	95
						ABv	2—35	紫棕色	轻壤土		6.0	7.6	0.59	0.73								
						Bv_1	35—82	棕色	轻壤土		6.1	7.4	0.69	0.54								
						Bv_2	82—150	棕色	中壤土		5.8	48.1	2.68	1.49	27.4	212	1.7	46		砂岩	E 110°23′45.8″ N 26°29′54.2″	95
剖35	人为土	水稻土	淹育水稻土	浅黄砂泥田	浅黄砂泥田	A	0—13	黄棕色	轻壤土		6.1	20.3	1.34	0.77	27.4							
						P	13—20	棕色	壤土		6.8	7.8	0.40	0.84	27.9							
						C	20—100	灰色	壤土		4.9	54.8	2.53	1.49	22.1	139	1.5	27		板岩,页岩	E 110°21′04.9″ N 26°23′26.6″	95
剖36	人为土	水稻土	潜育水稻土	阴山冷浸田	阴山冷浸田	A_1	0—18	深褐色	轻壤土		5.1	53.9	2.45	0.73	27.0							
						P(g)	18—26	棕色	轻壤土		4.9	47.6	1.95	1.19	22.7							
						G	26—100	青灰色	轻壤土		4.9	42.8	2.24	0.66	25.3	163	4.8	20		河流冲积物	E 110°19′09.4″ N 26°22′32.3″	95
剖37	人为土	水稻土	潜育水稻土	青泥田	青砂泥田	Ag	0—22	灰棕色	轻壤土		6.2	42.3	2.01	0.54	24.6							
						Pg	22—33	棕灰色	砂壤土		6.3	38.2	1.63	0.38	25.7							
						G	33—100	棕灰色	中壤土		4.5	47.0	2.34	3.49	22.1	172	5.4	44		砂岩	E 110°21′54.2″ N 26°23′03.6″	95
剖38	铁铝土	红壤	红壤	砂岩红壤		A_1	2—30	栗色	中壤土	碎块状	4.7	24.4	1.63	4.11	32.8							
						A	30—51	棕色	中壤土	碎块状	4.9	9.4	0.75	6.00	32.9							
						Bv	51—110	浅红色	重壤土	块状	5.0	4.9	0.35	6.90	27.4							
						C	110—150	浅红色	重壤土	块状												

续表 Continued

剖面号 Soil profile	土纲 Soil order	土类 Soil great group	亚类 Soil subgroup	土属 Soil genus	土种 Soil species	土层码 Layer code	土层厚度 Depth/cm	颜色 Soil color	质地 Soil texture	土壤结构 Soil structure	pH	有机质 OM/(g/kg)	全氮 TN/(g/kg)	全磷 TP/(g/kg)	全钾 TK/(g/kg)	碱解氮 AN/(mg/kg)	有效磷 AP/(mg/kg)	速效钾 AK/(mg/kg)	阳离子交换量CEC/(cmol/kg)	土壤母质 Parent material	剖面点坐标 Profile coordinate	匹配指数 Matching index/%
剖39	半水成土	潮土	河潮土	耕型河潮土	河砂泥菜园土	A	0—19	褐色	轻壤土		4.3	23.0	1.16	1.22	28.3	124	10.1	67		河流冲积物	E 110°18′22.8″ N 26°21′03.3″	97
						P	19—26	褐色	轻壤土		4.9	6.7	0.39	0.88	31.7							
						Bv	26—100	黄褐色	砂壤土		5.5	7.5	0.29	0.40	25.0							
剖40	人为土	水稻土	渗育水稻土	白鳝泥田	白鳝泥田	A(g)	0—18	灰棕色	中壤土		4.9	41.0	1.94	2.19	21.0	207	3.1	57		板岩、页岩	E 110°26′11.2″ N 26°24′11.4″	95
						Pg	18—26	灰褐色	重壤土		5.0	35.9	1.70	2.15	21.0							
						G	26—47	棕灰色	轻黏土		5.0	20.9	1.01	2.57	23.3							
						Eg	47—100	灰棕色	轻壤土		5.4	3.7	0.27	2.11	23.0							
剖41	人为土	水稻土	潴育水稻土	黄砂泥田	砂质黄泥田	A	0—18	黄棕色	轻壤土		5.2	38.7	1.78	1.01	24.1	228	4.0	47		板岩、页岩	E 110°22′44.0″ N 26°21′15.2″	95
						P	18—26	棕黄色	中壤土		5.6	27.9	1.25	0.97	22.1							
						W₁	26—61	棕黄色	中壤土		6.4	26.9	1.05	0.64	23.4							
						W₂	61—100	棕灰色	中壤土		6.2	23.7	0.97	0.81	22.7							
剖42	铁铝土	黄壤	黄壤	耕型板页岩黄黄壤	黄土夹砂田	A	0—25	暗棕色	中壤土	碎块状										板页岩	E 110°25′18.6″ N 26°20′26.9″	95
						Bv	25—100	棕色	重壤土	块状												
剖43	人为土	水稻土	潴育水稻土	扁砂泥田	黄扁砂泥田	A	0—13	黄棕色	轻黏土		4.8	35.6	1.76	0.64	19.4	137	7.8	38		砂岩	E 110°17′46.0″ N 26°15′57.8″	95
						P	13—18	黄色	轻黏土		4.8	27.2	1.52	0.51	19.1							
						W	18—36	黄褐色	轻黏土		6.2	13.2	0.67	0.32	18.2							
						C	36—100	棕黄色	轻黏土		6.3	7.6	0.41	0.55	12.1							
剖44	人为土	水稻土	潴育水稻土	黄泥田	黄泥田	A	0—16	黄褐色	壤土		4.7	50.6	2.45	1.25	23.7	246	6.1	72		板岩、页岩	E 110°16′22.7″ N 26°13′24.9″	95
						P	16—23	黄褐色	重壤土		4.7	46.7	2.14	1.21	22.8							
						W₁	23—36	黄褐色	重壤土		4.7	40.0	2.00	1.24	23.1							
						W₂	36—100	黄棕色	重壤土		4.7	33.8	1.68	0.12	21.6							
剖45	人为土	水稻土	潴育水稻土	岩渣子田	中岩渣子田	A	0—17	褐色	中壤土		4.8	57.7	2.88	0.90	18.5	264	6.8	≤5		板岩、页岩	E 110°21′29.5″ N 26°10′32.8″	95
						P	17—29	栗色	中壤土		4.7	54.5	2.72	0.80	19.0							
						W₁	29—39	黄褐色	中壤土		5.0	40.3	1.98	0.90	19.1							
						W₂	39—100	黄褐色	中壤土		5.0	27.4	1.07	1.09	15.7							
剖46	人为土	水稻土	潴育水稻土	黄砂泥田	冷浸质黄泥田	A	0—17	栗色	中壤土		5.3	50.3	2.37	1.43	23.3	114	6.9	87		板岩、页岩	E 110°25′54.4″ N 26°14′07.7″	95
						P	17—26	褐色	中壤土		5.2	48.3	2.34	1.15	22.4							
						W₁	26—63	黄棕色	重壤土		5.5	22.3	0.93	0.67	25.8							
						W₂	63—100	黄棕色	重壤土		5.5	16.2	0.71	0.56	27.5							
剖47	人为土	水稻土	潴育水稻土	黄砂泥田	黄砂泥田	A	0—15	黄色	壤土		5.5	45.3	2.10	1.58	25.2	182	6.2	83		板岩、页岩	E 110°35′37.9″ N 26°35′46.4″	95
						P	15—24	黄棕色	壤土		5.5	33.7	1.98	0.96	25.1							
						W₁	24—38	黄棕色	重壤土		6.2	14.8	0.50	1.29	27.8							
						W₂	38—55	黄棕色	重壤土		6.1	13.1	0.43	1.15	30.8							
						C	55—100	黄色	砂壤土													
剖48	人为土	水稻土	淹育水稻土	浅鳝泥田	丹口泥田	Aa	0—12	亮棕色	壤质黏土	小块状	6.1	25.3	1.70	0.40	13.1	104	8.0	73		泥质岩类坡积物	E 110°33′53.7″ N 26°34′52.4″	95
						Ap	12—16	亮棕色	壤质黏土	块状	6.4	17.9	1.20	0.40	18.1							
						C	16—90	亮红棕色	砂壤土		5.8	7.4	0.80	0.40	12.8							
剖49	铁铝土	红壤	黄红壤	耕型板页岩黄红壤	黄红岩渣子土	A	0—28	浅红棕色	轻质黏土	小块状	6.8	43.2	2.50	2.70	34.5	192	43.0	172	17.2	板页岩	E 110°34′37.6″ N 26°34′20.9″	95
						BvC	28—100	棕黄色	重壤土	块状	6.7	16.4	1.70	1.30	32.2	112	2.0	44				
剖50	半成土	山地草甸土	山地草甸土	山地草甸砂土		Ao	0—1													板岩、页岩	E 110°31′04.7″ N 26°31′29.1″	75
						As	1—14	黑色	砂质壤土		5.1	141.1	6.18	0.78	26.8	116	2.2	88				
						AC	14—50	棕色	轻壤土		5.5	36.6	1.74	0.82	46.4	108	3.4	99				
剖51	人为土	水稻土	潴育水稻土	麻砂泥田	黄麻砂泥田	A	0—20	褐色	砂壤土		5.2	41.4	2.16	1.44	46.8					花岗岩	E 110°31′07.3″ N 26°28′20.1″	95
						P	20—32	栗色	轻壤土		5.0	40.9	1.93	1.51	47.9							
						W₁	32—70	灰棕色	轻壤土		5.2	40.3	1.81	1.05	46.5							
						W₂	70—100	棕黄色	轻壤土		4.9	19.7	0.86		43.2							

武 冈 市

主要土类说明

红壤是武冈市主要土壤类型，占本市地域面积的 66%。红壤分布在海拔 250—650m 的丘陵山地，是在亚热带气温高、热量足、雨量充沛、干湿季节交替明显的气候条件下形成的地带性土壤。成土母质有砂页岩、板页岩、石灰岩、第四纪红色黏土。红壤一般土层深厚，具有明显的脱硅富铝化过程，土壤呈酸性或强酸性。由于土壤中的铁被氧化成红色的氧化铁，故土体多呈红色。本市红壤分为红壤和黄红壤两个亚类。

水稻土是武冈市第二大土壤类型，占本市地域面积的 29%。水稻土有着特殊的成土条件（淹水、排水）与成土过程（水耕熟化），因此与旱作土壤差异很大。①土壤剖面形态特殊。水稻土在淹水条件下，耕作层经过多次犁耙和中耕，形成水、土、肥交融的疏松层，有利于水稻根系的伸展和养分的吸收；同时经多年耕种，耕作层下形成了较密实的犁底层，有蓄水保肥作用。犁底层下为潜育层，再下为母质层。由于形成条件不同，有的还出现青泥层、白土层、砂石层等。②水热状态比较稳定。水田在淹水时期，耕作层呈多水少气的状态，水热动态稳定，变化较少，有利于水稻的生长发育。③氧化还原电位较低。④有机质积累较多。⑤物质转化特点与旱作土壤不同。⑥pH 变化明显。水稻土淹水后 pH 变化明显，酸性土 pH 升高，碱性土 pH 下降。本市水稻土分为淹育型、潴育型、渗育型、潜育型、沼泽型、矿毒型六个亚类。

黄壤是武冈市第三大土壤类型，占本市地域面积的 3%。黄壤分布在海拔 650—800m 的中低山区。植被覆盖度在 70% 以上。成土母质为砂页岩、板页岩等。由于地势较高，云雾多，日照少，空气湿度大，干湿季节不明显，在湿润的气候条件下，土壤中游离氧化铁合成水合氧化铁，因此，腐殖质层以下土体呈黄色，土壤呈微酸性，有机质含量为 50—82g/kg。本市黄壤仅有黄壤一个亚类。

小于本市地域面积 3% 的土壤类型有石灰（岩）土等。

本区域中心区气候特征

本区域中心区气候特征值
Regional climate characteristics in central area of the region

气候带：中亚热带湿润气候 Climate region: Subtropical humid climate	
年平均气温 /℃ Annual average temperature /℃	17.3
年平均最高气温 /℃ Annual average maximum temperature /℃	21.5
年平均最低气温 /℃ Annual average minimum temperature /℃	14.2
年降水量 /mm Annual precipitation /mm	1425
≥10℃的积温 /℃ Daily temperature accumulated in a year（≥10℃）/℃	6351
年日照时数 /h Annual sunshine /h	1495
年平均相对湿度 /% Annual average relative humidity /%	79
干燥度 Dryness	0.73

本区域中心区月平均气温与月平均降水量
Monthly temperature and precipitation in central area of the region

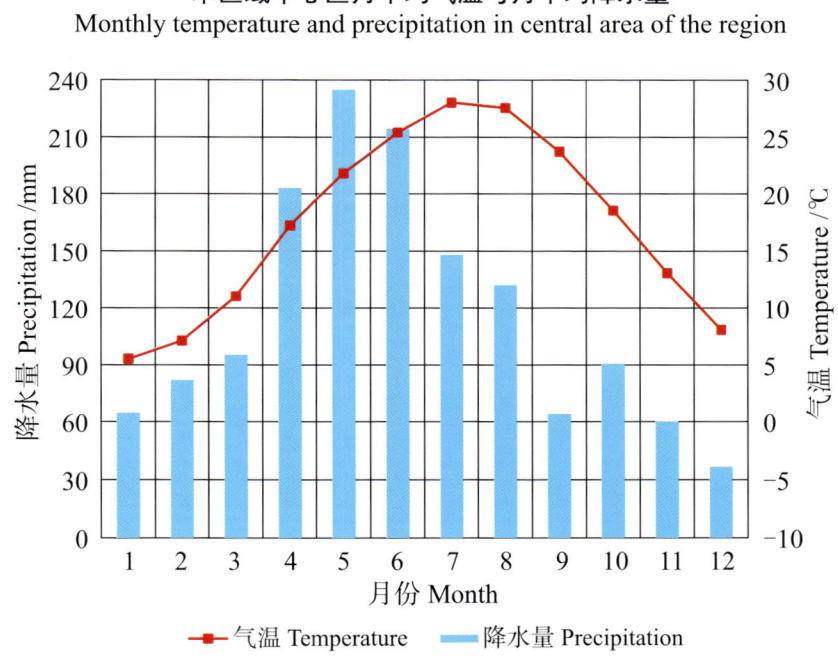

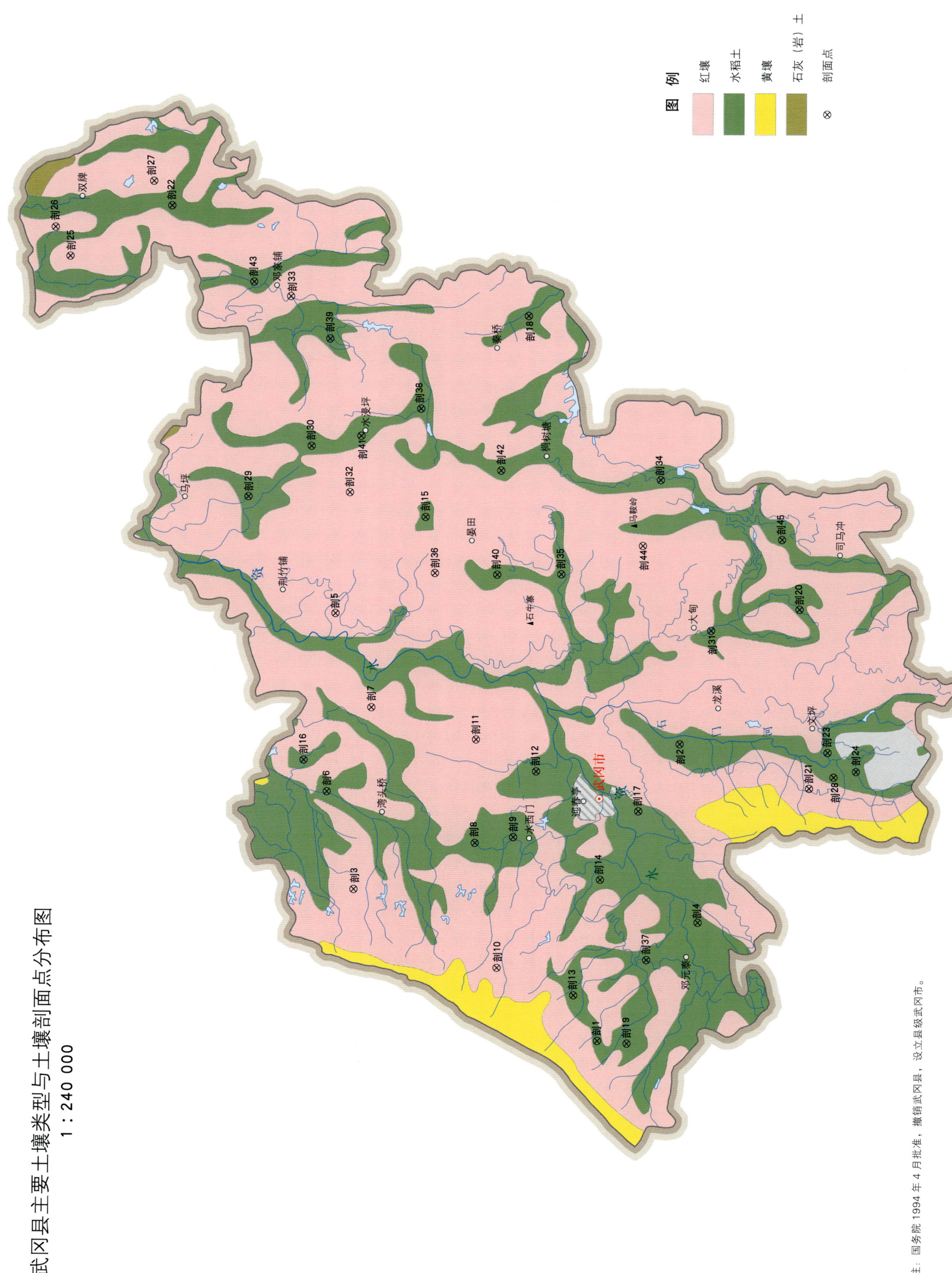

武冈县主要土壤类型与土壤剖面点分布图
1:240 000

武冈市土壤剖面理化性状表

剖面号 Soil profile	土纲 Soil order	土类 Soil great group	亚类 Soil subgroup	土属 Soil genus	土种 Soil species	土层码 Layer code	土层厚度 Depth/cm	颜色 Soil color	质地 Soil texture	土壤结构 Soil structure	pH	有机质 OM/(g/kg)	全氮 TN/(g/kg)	全磷 TP/(g/kg)	全钾 TK/(g/kg)	碱解氮 AN/(mg/kg)	有效磷 AP/(mg/kg)	速效钾 AK/(mg/kg)	土壤母质 Parent material	剖面点坐标 Profile coordinate	匹配指数 Matching index/%
剖1	人为土	水稻土	潴育水稻土	河砂泥田	青潮河砂泥田	A	0—15	灰棕色	砂壤土	碎块状	7.0	32.8	2.50	0.90	29.7	113	9.9	61	河流冲积物	E 110°29′28.4″ N 26°43′46.0″	75
						G	15—26	青灰色	砂壤土	块状	7.0	20.2	1.09	0.77	10.8	65	5.4	≤5			
						W	26—41	灰黄色	砂壤土	棱块状	7.0	10.0			9.7	34	3.6	34			
						C	41—100	黄棕色	砂壤土	粒状	6.8	12.8	0.67	0.44	22.3	68	16.9	47			
剖2	人为土	水稻土	淹育水稻土	浅岩渣田	浅岩渣田	A	0—13	灰黄色	砂壤土	粒状	5.5	10.7	1.18	0.93	18.0	65	10.4	29	河流冲积物	E 110°29′23.1″ N 26°42′50.2″	75
						Pg	13—23	褐黄色	砂壤土	粒状	5.0	10.8	1.00	0.70							
						C	23—100	浅黄色	砂壤土	棱柱状	5.0	6.0	0.70	0.40	10.7	40	9.2	14			
剖3	铁铝土	红壤	红壤	石灰岩红壤		A	0—22	暗棕色	壤土	粒状	6.5								石灰岩	E 110°34′40.4″ N 26°51′28.7″	95
						Bv	22—58	暗黄色	黏壤土	小块状	6.0										
						C	58—100	浅黄色	黏土	块状	6.0										
剖4	人为土	水稻土	潴育水稻土	河砂泥田	油河砂泥田	A	0—18	棕灰色	砂壤土	碎块状	7.0	25.8	1.12	0.62	27.7	100	8.9	43	砂岩	E 110°39′11.9″ N 26°53′05.5″	75
						Pg	18—33	褐黄色	黏土	小块状	7.0										
						W	33—54	黄黄色	黏土	棱柱状	7.0										
						C	54—100	黄棕色	黏土	棱柱状	7.0										
剖5	铁铝土	红壤	红壤	石灰岩红壤		A₁	0—6	灰黄色	砂壤土	粒状	5.5	20.0	0.85	0.97	25.4	60	4.4	14	石灰岩	E 110°44′20.1″ N 26°52′08.1″	95
						A	6—30	浅黄色	黏土	小块状	6.0										
						Bv	30—40	黄色	黏土	块状	6.0										
						C	40—100	棕黄色	黏土	块状	6.0										
剖6	人为土	水稻土	淹育水稻土	浅岩渣田	扁岩田	A	0—16	褐色	砂壤土	小块状	7.0	21.5	1.86	0.97	30.4	112	19.5	40	页岩	E 110°38′05.2″ N 26°52′21.5″	75
						Pg	16—26	褐黄色	壤土	块状	6.5										
						ABv	26—36	棕黄色	砂壤土	块状	6.5										
						C	36—100	黄色	砂壤土	块状	6.5										
剖7	铁铝土	红壤	黄红壤	板页黄红壤	薄腐薄厚层板页黄红壤	A₁	0—6	灰黄色	黏壤土	粒状	5.5	30.6				62	1.8	45	板页岩	E 110°41′03.3″ N 26°50′58.8″	95
						A	6—20	棕黄色	黏土	小块状	5.0										
						Bv	20—100	褐色	黏土	块状	5.0										
剖8	人为土	水稻土	潴育水稻土	第四纪红土红壤	薄腐厚层第四纪红土红壤	A	0—20	黄褐色	黏土	块状	7.0	41.7	1.42	1.30	28.8	104	17.7	45	板页岩	E 110°36′21.0″ N 26°47′41.4″	95
						Pg	20—31	青灰色	黏土	块状	7.0	20.4	1.25	0.64	17.5	73	11.2	34			
						W	31—100	黄褐色	壤土	小块状	7.0	10.5	0.90	0.37	10.3	50	6.0	25			
剖9	人为土	水稻土	潴育水稻土	红黄泥田	黑泥田	A	0—18	黄褐色	壤土	块状	6.5	26.9	2.20	0.91	23.8	129	11.1	63	第四纪红色黏土	E 110°36′33.4″ N 26°46′28.9″	95
						Pg	18—26	灰棕色	黏壤土	小块状	6.5	10.5	1.40	0.81	15.4	70	9.4	58			
						W	26—53	黄色	黏壤土	棱块状	6.5	5.2	0.91	0.65	13.6	50	4.7	48			
						C	53—100	黄色	黏壤土	块状	6.0	4.7	0.74	0.42	10.0	37	2.7	34			
剖10	铁铝土	红壤	红壤	第四纪红土红壤		A₁	0—3	褐色	黏土	粒状	5.5	10.0	0.69	0.46	21.7	43	≤1.0	40	第四纪红色黏土	E 110°31′58.5″ N 26°46′57.3″	95
						A	3—36	棕红色	黏土	棱状	5.0										
						Bv	36—100	深红色	黏土	棱状	5.0										
剖11	铁铝土	红壤	红壤	板页岩红壤	薄腐薄层板页岩红壤	A₁	0—5	灰灰色	黏土	小块状	5.0	15.5	0.60	0.55	23.4	68	≤1.0	7	板页岩	E 110°39′57.8″ N 26°47′41.0″	95
						A	5—38	黄色	黏土	块状	5.0										
						C	38—100	棕色	黏土	块状	5.0										
剖12	人为土	水稻土	潜育水稻土			A	0—17	黄灰色	砂壤土	块状	5.5	30.1				97	6.8	34	砂岩	E 110°38′51.7″ N 26°45′47.0″	75
						Pg	17—29	青灰色	砂壤土	块状	5.5										
						G	29—100	棕灰色	砂壤土	块状	5.5										

续表 Continued

剖面号 Soil profile	土纲 Soil order	土类 Soil great group	亚类 Soil subgroup	土属 Soil genus	土种 Soil species	土层码 Layer code	土层厚度 Depth/cm	颜色 Soil color	质地 Soil texture	土壤结构 Soil structure	pH	有机质 OM/(g/kg)	全氮 TN/(g/kg)	全磷 TP/(g/kg)	全钾 TK/(g/kg)	碱解氮 AN/(mg/kg)	有效磷 AP/(mg/kg)	速效钾 AK/(mg/kg)	土壤母质 Parent material	剖面点坐标 Profile coordinate	匹配指数 Matching index/%
剖13	人为土	水稻土	潴育水稻土	黄泥田	黑黄泥田	A	0—18	黑褐色	轻壤土	碎块状	6.5	41.2	2.36	1.19	19.5		11.1	63		E 110°31′02.0″ N 26°44′32.3″	82
						Ap	18—26	黄褐色	重壤土	块状	6.5	28.5	1.74	1.09	9.7		9.4	58			
						W	26—53	棕黄色	中壤土	棱柱状	6.5	10.1	0.94	1.07	15.9		4.7	48			
						C	53—100	黄色	轻黏土	块状	6.0	6.5	0.45	0.94	12.9		2.7	34			
剖14	人为土	水稻土	潜育水稻土			A	0—19	棕褐色	黏壤土	小块状	8.0	40.2	2.20	0.97	22.9	133	13.1	38	石灰岩	E 110°35′04.9″ N 26°43′44.3″	75
						Pg	19—36	青灰色		块状	8.0	21.5	1.16	0.60	18.1	80	11.1	36			
						W	36—100	深灰色		块状	7.5	16.4	0.37	0.57	10.4	58	4.5	19			
剖15	人为土	水稻土	矿毒型水稻土	金属矿矿毒田	铁锰矿矿毒田	A	0—14	灰黄色	壤土	小块状	6.0	17.0	1.00	0.77	29.1	91	9.2	48	石灰岩	E 110°32′18.0″ N 26°42′15.5″	95
						Pg	14—20	浅黄色	壤土	块状	6.5	15.0	0.80	0.58	20.1	58	7.8	35			
						W	20—48	褐黄色	壤土	块状	6.0	11.0	0.70	0.40	13.2	52	6.5	24			
						C	48—100	黄色	壤土	块状	5.5				18.7			50			
剖16	人为土	水稻土	淹育水稻土	浅黄砂泥田	浅黄砂泥田	A	0—12	棕黄色	砂壤土	小块状	6.5	38.8	2.00	1.00	19.3		9.2	47	河流冲积物	E 110°33′37.5″ N 26°40′39.5″	95
						Pg	12—24	棕黄色	砂壤土	块状	6.5	15.0	1.60	0.60	19.9		7.8	41			
						C	24—100	黄色	砂壤土	块状	6.4	11.0	1.00	0.70	28.3		6.5	21			
剖17	人为土	水稻土	潴育水稻土	潮泥田	河潮泥田	Aa	0—18	棕褐色	壤质黏土	碎块状	6.9	20.1	1.60	1.00	19.3		9.2	47	河流沉积物	E 110°37′30.0″ N 26°42′33.4″	95
						Ap	18—30	黄棕色	壤质黏土	块状	7.5	9.5	1.00	0.60	19.9		7.8	41			
						W	30—94	亮黄棕色	壤质黏土	棱柱状	7.5	7.0	0.60	0.70	28.3		6.5	21			
						C	94—100	黄色	壤质黏土	块状	7.5	27.8	2.12	0.99	12.3	103	29.8	61			
剖18	人为土	水稻土	潴育水稻土	黄泥田	青褐黄泥田	A	0—18	灰黄色	黏壤土	小块状	6.5	27.8	2.12	0.99	12.3	103	29.8	61	砂页岩	E 110°43′48.6″ N 26°40′19.2″	75
						Pg	18—30	灰黄色	黏壤土	块状	7.0	10.8	1.88	0.77	10.1	77	18.3	35			
						W	30—48	青灰色	黏土	棱柱状	7.0	≤1.0	0.94	0.70	6.3	44	5.9	30			
						C	48—100	黄色	黏土	块状	6.0	48.4	1.68	1.16	24.2	103	11.6	82			
剖19	人为土	水稻土	潴育水稻土	河砂泥田	青褐灰泥田	A	0—15	棕黄色	砂壤土	小块状	5.5								砂页岩	E 110°39′51.3″ N 26°41′16.9″	95
						G	15—30	灰黄色	砂壤土	块状	5.5										
						W	30—44	青灰色	黏土	棱柱状	5.5										
						C	44—100	黄色	黏土	块状	7.0	36.3	2.40	0.63	22.1	111	11.0	68			
剖20	红壤	红壤		耕型砂页岩红壤	黄砂土	A	0—20	棕黄色	黏壤土	粒状	7.0	21.8	0.84	0.61	28.3	43	12.5	94	砂岩	E 110°44′34.1″ N 26°37′32.9″	95
						C	20—100	灰色	砂壤土	块状	5.5										
剖21	人为土	水稻土	淹育水稻土	浅黄砂泥田	浅黄砂泥田	A	0—15	黄棕色	黏壤土	小块状	6.0	12.7	1.40	0.52	17.7	100	9.4	59	石灰岩	E 110°38′44.1″ N 26°36′26.3″	95
						Pg	15—22	棕黄色	黏土	块状	6.0	5.2	1.07	0.50	12.0	76	9.3	55			
						C	22—100	黄色	黏土	块状	5.5	3.5	0.66	0.30	11.0	35	6.1	84			
剖22	人为土	水稻土	潴育水稻土	黄泥田	黄泥田	A	0—16	灰黄色	黏壤土	小块状	7.0	22.9	1.78	1.08	17.9	97	22.4	82	页岩	E 110°39′36.1″ N 26°36′38.0″	95
						Pg	16—26	浅黄色	黏壤土	块状	6.5	16.3	0.91	0.55	13.0	83	8.5	53			
						W	26—52	黄色	黏土	块状	6.5	5.7	0.60	0.42	10.9	52	5.5	31			
						C	52—100	黄色	黏土	块状	6.5	4.4	0.38	0.40	2.3	27	4.5	17			
剖23	人为土	水稻土		灰泥田	灰泥田	A	0—18	灰色	黏壤土	小块状	7.0	27.7	1.76	1.35	22.7	111	13.0	96	石灰岩	E 110°44′19.9″ N 26°37′12.2″	75
						Pg	18—30	灰色	黏壤土	块状	7.0	18.0	1.49	0.76	17.0	81	10.5	67			
						Bv	30—60	棕黄色	黏壤土	棱柱状	7.0	8.6	0.94	0.66	12.3	55	6.8	57			
						C	60—100	黄色	黏壤土	块状	7.0	7.8	0.55	0.57	5.6	40	5.3	29			
剖24	人为土	水稻土	黄红壤	耕型石灰岩黄红壤	熟黄红土	A	0—21	灰黄褐色	黏壤土	粒状									石灰岩	E 110°38′56.2″ N 26°35′44.1″	75
剖25	铁铝土	红壤				Bv	21—58	浅黄褐色	黏壤土	小块状									石灰岩	E 110°56′46.5″ N 27°00′32.4″	75
						C	58—100	棕黄色	黏壤土	块状											

续表 Continued

剖面号 Soil profile	土纲 Soil order	土类 Soil great group	亚类 Soil subgroup	土属 Soil genus	土种 Soil species	土层码 Layer code	土层厚度 Depth/cm	颜色 Soil color	质地 Soil texture	土壤结构 Soil structure	pH	有机质 OM/(g/kg)	全氮 TN/(g/kg)	全磷 TP/(g/kg)	全钾 TK/(g/kg)	碱解氮 AN/(mg/kg)	有效磷 AP/(mg/kg)	速效钾 AK/(mg/kg)	土壤母质 Parent material	剖面点坐标 Profile coordinate	匹配指数 Matching index/%
剖26	铁铝土	红壤	黄红壤	石灰岩黄红壤	薄腐薄层石灰岩黄红壤	A	0–18	灰黄色	黏壤土	粒状	6.0	35.9	≥10.00	0.68	18.3	69	6.0	62	石灰岩	E 110° 57′ 47.5″ N 27° 01′ 00.3″	75
						Bv	18–38	浅黄色	黏土	粒状	6.0										
						C	38–100	棕黄色	黏土	块状	5.5										
剖27	铁铝土	红壤	红壤	石灰岩红壤		A	0–18	红黄色	黏壤土	小块状	6.0	7.9	0.60	0.57	26.6	55	2.2	49	第四纪红色黏土	E 110° 59′ 23.9″ N 26° 57′ 55.8″	75
						Bv	18–100	红褐色	黏土	块状	5.5										
剖28	人为土	水稻土	潴育水稻土	灰黄泥田	黑灰黄泥田	A	0–18	黄褐色	壤土	小块状	6.7	30.7	1.10	0.75	13.2	129	3.9	46	石灰岩	E 110° 58′ 32.8″ N 26° 57′ 21.3″	95
						Pg	18–25	黄褐色	黏壤土	块状	7.0										
						W	25–80	黄棕色	黏壤土	棱块状	7.0										
						C	80–100	黄色	黏壤土	块状	6.5										
剖29	人为土	水稻土	潴育水稻土	烂泥田	烂泥田	A	0–25	青灰色	黏土	糊状	8.0	47.4	2.21	0.85	25.8	130	21.6	75	页岩	E 110° 48′ 24.2″ N 26° 54′ 53.9″	95
						G	25–100	青灰	黏土	糊状	8.0	21.7	1.30	0.61	12.5	84	14.3	51			
剖30	人为土	水稻土	潴育水稻土	红黄泥田	红黄泥田	A	0–17	棕黄色	黏土	小块状	5.5	23.5	1.29	0.83	21.7	79	10.8	43	第四纪红色黏土	E 110° 50′ 10.2″ N 26° 52′ 55.5″	75
						Pg	17–27	棕黄色	黏土	小块状	5.5	11.8	0.82	0.53	19.6	55	9.1	30			
						Bv	27–60	灰黄色	黏土	棱块状	6.0	10.0	0.70	0.40		48	6.7	17			
						C	60–100	黄色	黏土	块状	5.5	8.0	0.40	0.33		40	1.9	9			
剖31	人为土	水稻土	潴育水稻土			A	0–18	灰褐色	砂壤土	碎块状	6.5	39.7	1.06	0.61	26.0	99	12.7	44	第四纪红色黏土	E 110° 50′ 41.0″ N 26° 51′ 17.0″	75
						Pg	18–25	灰青色	黏壤土	块状	6.5	27.0	0.75	0.50	18.0	69	7.3	34			
						W	25–100	灰褐色	砂壤土	块状	6.5	13.4	0.64	0.15	10.8	58	3.7	29			
剖32	铁铝土	红壤	黄红壤			A	0–15	灰黄色	黏壤土	粒状	5.4	16.3	0.98	1.58	28.4	33	11.4	106	石灰岩	E 110° 48′ 33.9″ N 26° 51′ 42.5″	95
						Bv	15–45	棕黄色	黏壤土	小块状	5.8										
						C	45–100	红黄色	壤土	小块状	5.5										
剖33	铁铝土	红壤	红壤	石灰岩红壤		A	0–28	灰黄色	黏土	团粒状	6.0	29.4	1.33	1.59	38.5	117	≥100.0	48	第四纪红色黏土	E 110° 55′ 23.7″ N 26° 53′ 36.3″	95
						Bv	28–42	暗黄色	黏壤土	小块状	5.5										
						C	42–100	红黄色	黏土	块状	5.0										
剖34	人为土	水稻土	淹育水稻土	浅黄泥田	浅粉黄泥田	A	0–14	灰黄色	黏壤土	小块状	6.0	22.2	1.62	0.90	18.7	72	6.2	46	红色砂岩	E 110° 55′ 53.8″ N 26° 54′ 45.7″	95
						Pg	14–21	棕黄色	黏土	块状	6.0										
						ABv	21–41	浅黄色	黏土	块状	6.0										
						C	41–100	棕黄色	黏土	块状	6.0										
剖35	人为土	水稻土	矿毒型水稻土	非金属矿毒田	硫黄矿毒田	A	0–19	浅黄灰色	黏壤土	块状	8.0	36.4	1.99	0.86	17.7	93	18.4	57	红色砂岩	E 110° 53′ 54.8″ N 26° 52′ 21.9″	95
						Pg	19–36	灰黄色	黏土	块状	8.5	25.9	1.37	0.64	15.3	81	10.9	46			
						W	36–72	棕黄色	黏土	块状	8.5	20.7	1.03	0.57	8.0	62	2.9	34			
						C	72–100	棕黄色	黏土	大块状	8.5	4.3	0.90	0.42	7.5	41	2.2	29			
剖36	铁铝土	红壤	红壤	耕型板页岩红壤		A	0–16	棕黄色	黏土	碎块状	6.0	13.3	0.55	0.79	27.1	55	11.9	54	板页岩	E 110° 53′ 45.3″ N 26° 49′ 01.1″	95
						Bv	16–23	黄色	黏土	块状	6.0										
						C	23–100	灰黄色	黏土	块状	8.5	16.7	1.60	0.59	21.1	87	4.2	30			
剖37	人为土	水稻土	淹育水稻土			A	0–15	棕黄色	黏土	棱柱状	8.5	15.6	1.20	0.50	13.0	80	4.0	17	页岩	E 110° 47′ 42.6″ N 26° 49′ 19.4″	75
						Pg	15–23	灰黄色	黏土	棱柱状	8.5	11.4	1.00	0.40	10.2	60	3.5	12			
						C	23–100	浅黄黑色	黏壤土	块状	6.5	45.5	1.36	0.97	23.6	102	10.7	70			
剖38	人为土	水稻土	矿毒型水稻土	非金属矿毒田	煤灰矿毒田	A	0–17	棕黑色	黏土	块状	6.5	22.8	1.09	0.92	12.6	77	4.5	36	页岩	E 110° 51′ 28.8″ N 26° 49′ 29.4″	75
						Pg	17–25	黄褐色	黏土	棱柱状	6.5	17.0	1.00	0.56	9.4	51	2.7	34			
						W	25–42	黄色	黏土	棱柱状	6.5	10.5	0.94	0.32	7.0	41	1.9	30			
剖39	人为土	水稻土	淹育水稻土	浅黄砂泥田	浅红砂泥田	A	0–15	浅红色	黏壤土	碎块状	6.5								石灰岩	E 110° 49′ 21.1″ N 26° 46′ 57.9″	95
						Pg	15–21	浅红色	砂壤土	块状	6.5										
						C	21–100	浅红色	砂土	块状	6.0										

续表 Continued

剖面号 Soil profile	土纲 Soil order	土类 Soil great group	亚类 Soil subgroup	土属 Soil genus	土种 Soil species	土层码 Layer code	土层厚度 Depth/cm	颜色 Soil color	质地 Soil texture	土壤结构 Soil structure	pH	有机质 OM/(g/kg)	全氮 TN/(g/kg)	全磷 TP/(g/kg)	全钾 TK/(g/kg)	碱解氮 AN/(mg/kg)	有效磷 AP/(mg/kg)	速效钾 AK/(mg/kg)	土壤母质 Parent material	剖面点坐标 Profile coordinate	匹配指数 Matching index/%
剖40	人为土	水稻土	淹育水稻土	浅黄泥田	黄夹泥田	A	0—15	灰黄色	黏土	小块状	6.5	25.3	1.30	0.73	23.0	86	13.0	70	石灰岩	E 110°45′42.3″ N 26°47′03.4″	95
						Pg	15—22	灰黄色	黏土	块状	6.5	23.6	1.20	0.60	21.0	73	11.2	64			
						ABv	22—37	浅黄棕色	黏土	块状	6.5	12.4	0.75	0.30	10.5	53	9.8	39			
						C	37—100	黄棕色	黏壤土	块状	6.5	8.7	0.49	0.60	9.7	29	5.5	14			
剖41	人为土	水稻土	潴育水稻土	红黄泥田	青瑞红黄泥田	A	0—18	灰黄色	黏土	小块状	7.0								第四纪红色黏土	E 110°45′44.3″ N 26°45′03.0″	75
						Pg	18—32	青灰色	黏土	块状	7.0										
						W	32—100	棕色	黏土	块状	6.5										
剖42	人为土	水稻土	潴育水稻土			A	0—18	灰黄色	黏土	小块状	8.0	46.3	2.62	1.84	24.5	197	12.3	69	页岩	E 110°54′43.8″ N 26°46′07.7″	75
						Pg	18—25	褐黄色	黏土	块状	8.0	26.2	1.10	0.96	15.1	92	7.4	56			
						G	25—100	青灰色	黏土	块状	7.8	12.4	0.56	0.35	7.0	51	2.8	26			
剖43	人为土	水稻土	潴育水稻土	黄砂泥田	红砂泥田	A	0—18	棕红色	砂壤土	碎块状	6.5								粉砂质页岩	E 110°49′03.3″ N 26°41′56.3″	95
						Pg	18—23	灰红色	砂壤土	小块状	6.5										
						W	23—64	红褐色	砂壤土	块状	6.0										
						C	64—100	红棕色	砂壤土	块状	6.0										
剖44	铁铝土	红壤	耕型板页岩红壤		熟黄泥田	A	0—20	灰黄色	黏壤土	碎块状	5.5	13.1	0.80	0.90	28.5	49	13.5	46	板页岩	E 110°46′44.7″ N 26°42′29.4″	95
						Bv	20—42	棕色	黏土	块状	5.5										
						C	42—90	黄色	黏土	块状	5.5										
剖45	人为土	水稻土	潴育水稻土	灰泥田	青瑞灰泥田	A	0—17	灰黄色	黏壤土	小块状	8.0	30.4	2.03	0.66	25.6	138	17.4	79	石灰岩	E 110°46′59.4″ N 26°38′07.6″	75
						G	17—33	青灰色	黏壤土	块状	8.0	16.0	1.78	0.45	18.2	83	10.1	39			
						W	33—42	棕灰色	黏壤土	核块状	7.5										
						C	42—100	黄色	黏壤土	块状	7.0	3.0	0.32	0.25	10.3	20	3.7	26			

邵 东 市

主要土类说明

水稻土是邵东市主要土壤类型，占本市地域面积的42%。水稻土是人为长期活动的产物，由各种地带性土壤和隐域性土壤经水耕熟化而形成。本市水稻土分为淹育型、潴育型、渗育型、潜育型、沼泽型、矿毒型六个亚类。其中，潴育水稻土占本土类面积的60%以上，位于淹育水稻土和潜育水稻土之间，潴育现象明显。其特点是层次明显，结构发达，位置适中，耕作年代久，熟化程度高，肥力较高。潜育水稻土占本土类面积的20%以上，多分布在排水不良的低洼地区，剖面构型为A-P-G或A-Pg-G。水分在土体中长期停留导致土壤发生潜育，犁底层下水分饱和，空气极缺，土粒分散，高价铁锰还原成低价铁锰，使土壤呈青灰色，有毒物质多。

红壤是邵东市第二大土壤类型，占本市地域面积的34%。本市红壤分为红壤、黄红壤、红壤性土三个亚类。其中，红壤亚类面积最大，分布在海拔500m以下的低山、丘陵区，发育于多种成土母质，具有明显的脱硅富铝化过程，一般土层深厚，土壤呈酸性至强酸性。黄红壤多分布在海拔500—700m的低山上部，所处地区常年空气湿度比红壤亚类大，因而表土呈黄色而底土呈红色，土壤呈酸性。红壤性土是红壤中发育不完整的一个亚类，剖面构型为A-C。

石灰（岩）土是邵东市第三大土壤类型，占本市地域面积的21%。石灰（岩）土是石灰岩经溶蚀风化形成的厚薄不同的钙质饱和或含游离钙质的土壤，多见于石隙、溶洞或峰丛底部。该土壤碳酸钙淋溶程度不一，多黏土，多为铁钙质胶结物，风化程度不一，盐基饱和度高，有机质含量及胶结状态有较大差异。本市石灰（岩）土分为黑色石灰土和红色石灰土两个亚类。黑色石灰土一般分布在山顶岩隙、岩壳等局部地段及广大低丘地区，含有碳酸钙，石灰反应强烈。红色石灰土多分布在石灰岩山丘坡脚，是黑色石灰土与石灰岩红壤之间的过渡类型，但仍以钙的淋溶过程为主，土壤一般呈红黄色，有机质较缺乏。

小于本市地域面积3%的土壤类型有紫色土、黄壤、潮土等。

本区域中心区气候特征

本区域中心区气候特征值
Regional climate characteristics in central area of the region

气候带：中亚热带湿润气候 Climate region: Subtropical humid climate	
年平均气温 /℃ Annual average temperature /℃	17.3
年平均最高气温 /℃ Annual average maximum temperature /℃	21.5
年平均最低气温 /℃ Annual average minimum temperature /℃	14.2
年降水量 /mm Annual precipitation /mm	1342
≥10℃的积温 /℃ Daily temperature accumulated in a year（≥10℃）/℃	6602
年日照时数 /h Annual sunshine /h	1525
年平均相对湿度 /% Annual average relative humidity /%	80
干燥度 Dryness	0.76

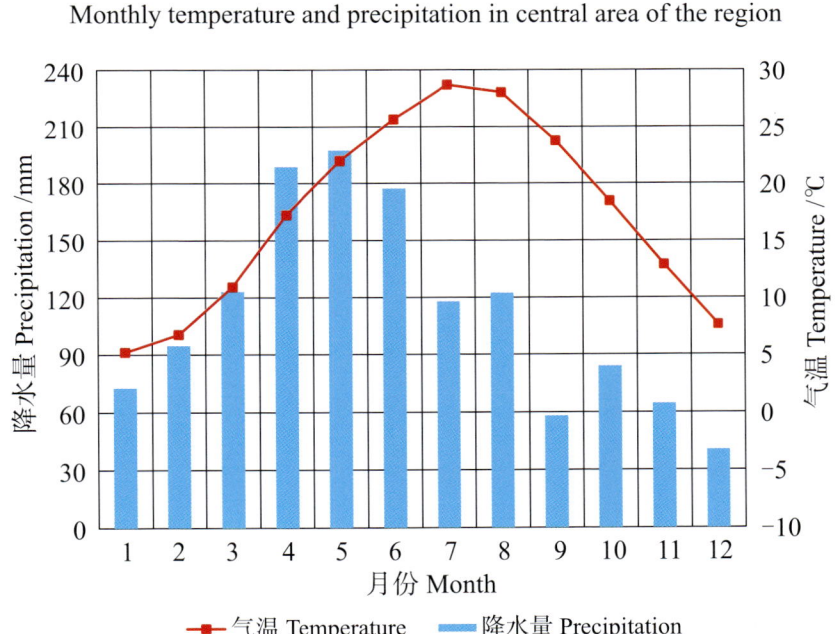

本区域中心区月平均气温与月平均降水量
Monthly temperature and precipitation in central area of the region

邵东县主要土壤类型与土壤剖面点分布图
1∶230 000

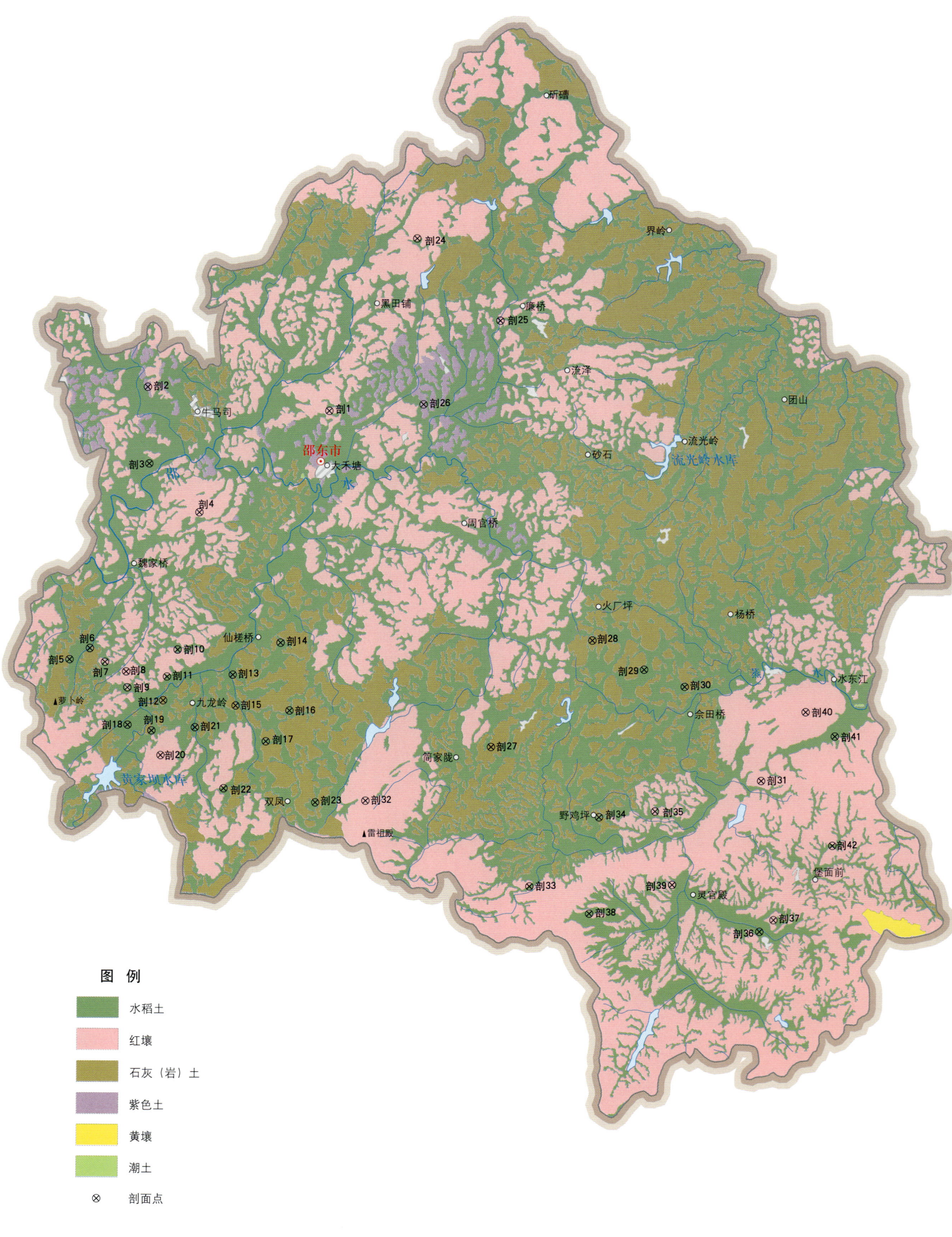

图 例
- 水稻土
- 红壤
- 石灰（岩）土
- 紫色土
- 黄壤
- 潮土
- ⊗ 剖面点

注：国务院 2019 年 7 月批准，撤销邵东县，设立邵东市。

邵东市土壤剖面理化性状表

剖面号 Soil profile	土纲 Soil order	土类 Soil great group	亚类 Soil subgroup	土属 Soil genus	土种 Soil species	土层码 Layer code	土层厚度 Depth/cm	颜色 Soil color	质地 Soil texture	土壤结构 Soil structure	pH	有机质 OM/(g/kg)	全氮 TN/(g/kg)	全磷 TP/(g/kg)	全钾 TK/(g/kg)	碱解氮 AN/(mg/kg)	有效磷 AP/(mg/kg)	速效钾 AK/(mg/kg)	阳离子交换量CEC/(cmol/kg)	土壤母质 Parent material	剖面点坐标 Profile coordinate	匹配指数 Matching index/%
剖1	铁铝土	红壤	红壤性土	花岗岩红壤性土	薄腐花岗岩红壤性土	A	0-9	灰黄色	砂壤土	粒状	5.1	15.9	0.49	1.05	10.9					花岗岩	E 111°44′39.9″ N 27°16′29.1″	81
						BvC	9-39	浅黄色	砂壤土	块状	5.7	7.4	1.85	0.83	15.5							
						C	39-100	红黄色	砂壤土	无结构散状	5.3	2.2	0.31	1.22	12.2							
剖2	初育土	紫色土	酸性紫色土	酸性紫色土		1	0-25	紫红色	轻黏土	粒状	6.0	30.3	1.32	0.90	23.1					紫色页岩风化物	E 111°38′38.4″ N 27°17′11.9″	95
						2	25-50	紫红色	轻黏土	块状	5.0	16.9	0.76	0.73	21.9							
						3	50-100	紫色	轻黏土	无结构	4.5	5.4	0.45	0.40	22.6							
剖3	人为土	水稻土	潴育水稻土	河砂泥田		1	0-15	黄褐色	砂壤土	粒状	7.0	24.8	1.95	1.41	18.3					河流冲积物	E 111°38′40.8″ N 27°14′56.0″	95
						2	15-25	棕黄色	砂壤土	块状	7.0	28.9	1.76	1.18	17.5							
						3	25-100	棕黄色	砂壤土	棱柱状	6.5	24.4	1.46	1.43	17.0							
剖4	铁铝土	红壤	红壤	耕型花岗岩红壤	黄麻砂土	A	0-22	浅红棕色	砂壤土	粒状	4.0	21.9	1.02	0.80	28.7	89		98		花岗岩	E 111°40′20.7″ N 27°13′29.2″	82
						Bv	22-58	红棕色	砂壤土	块状	4.0	14.4	0.63	0.58	27.7							
						C	58-100	棕红色	砂壤土	无结构	4.0	3.4	0.32	0.47	26.4							
剖5	人为土	水稻土	潜育水稻土	青泥田		1	0-17	黄褐色	紫砂土	碎块状	6.5	25.3	0.54	0.57	24.2					砂岩风化物	E 111°36′01.6″ N 27°09′09.1″	95
						2	17-32	棕灰色	重黏土	无结构	6.5	22.9	1.54	1.04	15.1		3.0					
						3	32-72	棕灰色	重黏土	无结构	6.5	24.4	1.54	1.29	16.5							
						4	72-100	棕黄色	重黏土	无结构	6.5	24.5	1.62	0.96	13.6							
剖6	人为土	水稻土	潴育水稻土	灰黄泥田		1	0-16	黄褐色	中黏土	碎块状	5.5	34.7	2.12	1.57	19.2					石灰岩风化物	E 111°36′42.8″ N 27°09′28.9″	95
						2	16-26	黄褐色	中黏土	无结构	5.5	32.7	1.98	1.39	15.9							
						3	26-56	黄棕色	中黏土	棱柱状	6.0	17.3	1.02	1.24	16.5							
						4	56-100	黏棕色	黏土	无结构	6.0								7.3			
剖7	铁铝土	红壤	红壤	灰红土	灰红土	A₁₁	0-20	暗红棕色	粉砂质黏土	块状	5.8	16.0	1.10	0.40	9.0		4.0	103		石灰岩风化物	E 111°37′12.7″ N 27°09′04.3″	95
						Bv₁	20-50	暗红棕色	粉砂质黏土	块状	5.7	11.8	1.00	0.30	8.2			68	5.5			
						Bv₂	50-100	红棕色	黏土	块状	5.4	6.4	0.90	0.30	9.0			58	4.8			
剖8	铁铝土	红壤	红壤	砂岩红壤		1	0-8	红棕色	黏壤土	粒状	4.0	10.7	0.67	0.48	13.6					第四纪红色黏土	E 111°37′54.3″ N 27°08′46.9″	95
						2	8-50	红棕色	黏壤土	碎块状	4.5	4.8	0.50	0.58	11.4							
						3	50-100	黄棕色	砂壤土	无结构	5.0	≤1.0	0.43	0.60	10.4							
剖9	铁铝土	红壤	红壤	花岗岩红壤		1	0-8	棕红色	砂壤土	粒状	4.5	10.9	0.59	2.29	15.6					花岗岩	E 111°37′56.8″ N 27°08′18.4″	75
						2	8-60	棕红色	砂壤土	无结构	4.5	8.1	0.11	0.47	13.8							
						3	60-100	浅红棕色	砂壤土	无结构	4.5	5.1	≤0.10	0.31	15.9							
剖10	人为土	水稻土	淹育水稻土	浅黄泥田	生黄泥田	1	0-12	棕黄色	重黏土	块状	5.5	112.0	0.67	0.55	9.5					第四纪红色黏土	E 111°39′37.0″ N 27°09′26.0″	95
						2	12-100	棕黄色	重黏土	粒状	5.0	9.2	0.43	0.47	9.1							
剖11	人为土	水稻土	渗育水稻土	白鳝泥田	白鳝泥田	1	0-17	褐灰色	重黏土	屑粒状	6.0	28.2	1.65	1.08	14.1					砂页岩风化物	E 111°39′15.8″ N 27°08′37.6″	95
						2	17-42	棕灰色	重黏土	碎块状	6.0	7.5	0.57	0.72	14.8							
						3	42-84	灰白色	重黏土	块状	6.0	3.1	0.31	0.63	15.2							
						4	84-100	棕黄色	重黏土	无结构	6.0	2.1	0.21	0.53	16.2							
剖12	初育土	石灰(岩)土	红色石灰土	红色石灰土	红色石灰土	1	0-5	黄红色	轻黏土	粒状	5.5	18.5	1.23	0.66	13.1					石灰岩	E 111°39′08.2″ N 27°07′55.4″	75
						2	5-84	棕红色	中黏土	块状	5.5	15.4	0.72	0.55	11.4							
						3	84-100	棕黄色	中黏土	无结构	6.5	9.8	0.76	0.55	10.5							
剖13	人为土	水稻土	潴育水稻土	岩渣子田	少量岩渣田	1	0-13	黄褐色	轻黏土	块状	5.0	36.8	2.15	0.93	17.8					板页岩风化物	E 111°41′26.4″ N 27°08′40.9″	95
						2	13-28	棕黄色	轻黏土	块状	5.0	33.0	2.07	1.05	10.9							
						3	28-68	棕黄色	轻黏土	柱状	4.5	30.2	1.82	0.75	10.8							
						4	68-100	棕黄色	黏壤土	无结构	4.5											

续表 Continued

剖面号 Soil profile	土纲 Soil order	土类 Soil great group	亚类 Soil subgroup	土属 Soil genus	土种 Soil species	土层码 Layer code	土层厚度 Depth/cm	颜色 Soil color	质地 Soil texture	土壤结构 Soil structure	pH	有机质 OM/(g/kg)	全氮 TN/(g/kg)	全磷 TP/(g/kg)	全钾 TK/(g/kg)	碱解氮 AN/(mg/kg)	有效磷 AP/(mg/kg)	速效钾 AK/(mg/kg)	阳离子交换量 CEC/(cmol/kg)	土壤母质 Parent material	剖面点坐标 Profile coordinate	匹配指数 Matching index/%
剖面14	人为土	水稻土	潴育水稻土	紫泥田	紫泥田	1	0–15	黄褐色	重壤土	碎块状	8.5	53.0	2.58	1.45	13.9					紫色页岩	E 111°43′01.6″ N 27°09′37.5″	95
						2	15–20	黄褐色	重壤土	块状	8.0	48.6	2.41	1.22	14.0							
						3	20–100	棕黄色	轻黏土	柱状	8.0	41.4	1.29	0.88	15.9							
剖面15	初育土	石灰（岩）土	黑色石灰土	黑色石灰土		1	0–30	灰黄色	轻黏土	块状	8.0	13.1	0.55	1.31	17.2					石灰岩风化物	E 111°41′31.8″ N 27°07′45.8″	75
						2	30–75	黄黄色	轻黏土	块状	8.0	12.0	1.46	1.46	20.7							
						3	75–100	棕红色	轻黏土	无结构	8.5	45.5	0.81	1.38	20.9							
剖面16	人为土	水稻土	潴育水稻土	紫泥田	紫泥田	1	0–16	黄紫色	重壤土	碎块状	5.0	25.9	1.57	0.79	19.8					紫色页岩风化物	E 111°43′19.4″ N 27°07′36.8″	95
						2	16–28	紫棕色	重黏土	块状	5.5	24.9	1.44	0.65	16.9							
						3	28–100	紫棕色	重黏土	棱柱状	5.5	16.0	0.89	0.54	17.6							
剖面17	人为土	水稻土	潴育水稻土	鸭屎泥田	鸭屎泥田	1	0–17	黄褐色	轻黏土	块状	8.0	34.1	2.12	0.72	20.8					石灰岩风化物	E 111°42′32.2″ N 27°06′42.0″	95
						2	17–40	褐色	轻黏土	块状	8.5	26.4	1.83	0.68								
						3	40–100	褐色	轻黏土	棱柱状	8.5	9.7	0.85	0.61	21.9							
剖面18	人为土	水稻土	潴育水稻土	麻砂泥田	麻砂泥田	1	0–16	黄棕色	轻壤土	粒状	5.5	38.7	2.04	1.18	26.9					花岗岩风化物	E 111°37′57.3″ N 27°07′12.0″	95
						2	16–22	褐棕色	重黏土	块状	5.5	33.3	2.00	0.71	26.9							
						3	22–42	灰棕色	中黏土	棱柱状	6.0	9.0	0.66	0.70	24.9							
						4	42–100	黄棕色	重黏土	棱柱状	6.5	22.2	1.38	0.54	27.9							
剖面19	人为土	水稻土	潴育水稻土	黄泥田	黄泥田	1	0–16	黄棕色	轻黏土	块状	5.0	27.4	1.63	0.91	23.7					板页岩风化物	E 111°38′44.4″ N 27°07′01.8″	95
						2	16–26	灰棕色	轻黏土	棱柱状	5.5	20.9	1.09	0.92	24.2							
						3		灰棕色	重黏土	块状	6.0	9.7	7.80	0.77	24.1							
						4		灰棕色	重黏土	块状	6.0	8.7	5.80	0.43	24.7							
剖面20	铁铝土	红壤		砂岩红壤		1	0–22	黄棕色	轻壤土	粒状	4.0	13.0	0.91	0.91	19.3					板页岩风化物	E 111°39′02.7″ N 27°06′18.1″	75
						2	23–63	棕黄色	轻黏土	块状	4.0	8.7	0.55	0.54	20.4							
						3	63–100	红棕色	轻黏土	无结构	4.5	5.9	0.24	0.58	23.3							
剖面21	人为土	水稻土	淹育水稻土	浅黄砂泥田	浅黄砂泥田	1	0–13	棕红色	砂壤土	粒状	5.5	27.1	1.39	0.94	17.4					黄砂岩	E 111°40′11.4″ N 27°07′07.2″	95
						2	13–28	浅黄棕色	砂壤土	块状	5.5	20.8	1.19	0.95	16.2							
						3	28–100	浅棕红色	重壤土	无结构	5.0	4.1	0.84	0.87	17.2							
剖面22	人为土	水稻土	矿毒型水稻土	非金属矿毒田	煤碴水田	1	0–15	棕灰色	重壤土	粒状	4.5	54.4	1.74	1.07	11.8					砂岩风化物	E 111°41′07.9″ N 27°05′18.9″	95
						2	15–25	棕灰色	重黏土	无结构	4.0	53.8	1.85	0.95	13.0							
						3	25–72	深灰色	重黏土	无结构	4.0	38.3	0.82	0.33	9.4							
						4	72–100	黄色	重黏土	棱柱状	4.5	9.6	0.50	≤0.10	12.1							
剖面23	人为土	水稻土	潴育水稻土	灰板泥田	灰板泥田	1	0–16	灰棕色	中黏土	碎块状	7.5	34.7	2.12	1.57	19.2					石灰岩风化物	E 111°44′09.9″ N 27°04′53.8″	95
						2	16–26	黄色	中黏土	柱状	7.5	32.7	1.98	1.39	15.9							
						3	26–100	青灰色	中黏土	无结构	7.5	17.3	1.02	1.24	16.5							
剖面24	铁铝土	红壤	黄红壤	花岗岩红壤		1	0–5	浅黄棕色	中壤土	块状	4.5	16.2	1.39	0.65	19.0					花岗岩	E 111°47′36.1″ N 27°21′33.3″	95
						2	5–38	浅棕红色	中壤土	块状	4.0	13.4	0.66	0.62	19.1							
						3	38–100	棕灰色	中壤土	无结构	4.0	4.7	0.21	0.50	27.8							
剖面25	铁铝土	红壤	黄红壤	耕型石岩黄红壤	黄红土	1	0–20	棕灰色	中黏土	碎块状	4.0	16.1	1.55	0.70	19.0					砂岩风化物	E 111°50′20.9″ N 27°19′06.4″	95
						2	20–65	红色	中黏土	块状	5.5	12.4	0.89	0.69	18.3							
						3	65–100	棕红色	中黏土	无结构	5.5	7.7	0.64	0.75	24.0							
剖面26	初育土	紫色土	中性紫色土	耕型中性紫色土	紫泥土	1	0–22	紫色	重黏土	碎块状	6.5	39.6	1.39	1.45	22.7					紫色页岩风化物	E 111°47′46.9″ N 27°16′39.3″	95
						2	22–48	棕紫色	重黏土	块状	6.5	32.3	1.00	1.24	22.2							
						3	48–100	紫棕色	重黏土	无结构	6.5	23.6	0.93	0.86	23.1							
剖面27	初育土	石灰（岩）土	黑色石灰土	黑色石灰土	灰色石灰土	1	0–18	黑灰色	中壤土	块状	8.0	18.7	1.37	0.93	35.4					石灰岩	E 111°49′59.0″ N 27°06′30.9″	95
						2	18–58	棕灰色	中黏土	块状	8.0	12.6	1.00	0.74	39.5							
						3	58–100	黄灰色	轻黏土	无结构	8.5	29.9	1.58	1.13	34.2							

续表 Continued

剖面号 Soil profile	土纲 Soil order	土类 Soil great group	亚类 Soil subgroup	土属 Soil genus	土种 Soil species	土层码 Layer code	土层厚度 Depth/cm	颜色 Soil color	质地 Soil texture	土壤结构 Soil structure	pH	有机质 OM/(g/kg)	全氮 TN/(g/kg)	全磷 TP/(g/kg)	全钾 TK/(g/kg)	碱解氮 AN/(mg/kg)	有效磷 AP/(mg/kg)	速效钾 AK/(mg/kg)	阳离子交换量CEC/(cmol/kg)	土壤母质 Parent material	剖面点坐标 Profile coordinate	匹配指数 Matching index/%
剖28	初育土	石灰(岩)土	红色石灰土	红色石灰土		1	0~28	红黄色	黏壤土	碎块状	5.5	24.1	1.22	1.42	14.8					石灰岩风化物	E 111°53′21.0″ N 27°09′39.2″	95
						2	28~78	棕黄色	黏壤土	块状	6.0	18.0	0.81	1.16	15.7							
						3	78~100	黄红色	黏壤土	无结构	6.0	11.1	0.77	0.50	5.1							
剖29	人为土	水稻土	潜育水稻土	烂泥田	烂泥田	1	0~14	褐灰色	中黏土	无结构	8.5	35.3	2.34	1.97	17.9					石灰岩风化物	E 111°55′04.0″ N 27°08′47.3″	95
						2	14~100	棕褐色	重黏土	无结构	8.5	20.4	2.04	1.30	19.3							
剖30	人为土	水稻土	潴育水稻土	矿毒田	废水污染田	A	0~15	黄褐色	砂壤土	粒状	7.5	38.4	1.72	1.07	6.8	146	3.5	132			E 111°56′24.4″ N 27°08′16.5″	95
						Ap	15~26	黄褐色	砂壤土	块状	7.5	12.3	0.99	0.77	13.6							
						W	26~76	灰色	砂壤土	棱柱状	8.0	5.6	0.66	0.66	13.6							
						C	76~100	灰棕色	砂壤土	无结构	8.0	12.0	0.26	0.56	13.6							
剖31	铁铝土	红壤	黄红壤	耕型板页岩黄红壤	黄岩渣子土	1	0~28	棕黄色	轻黏土	碎块状	4.5	12.0	0.70	0.62	20.6					板页岩风化物	E 111°58′55.7″ N 27°05′28.9″	95
						2	28~45	棕红色	轻黏土	块状	4.0	7.5	0.56	0.56	29.5							
剖32	铁铝土	红壤	红壤	砂岩红壤		1	0~5	黄棕色	壤土	粒状	4.5	15.3	0.64	0.69	5.8					砂岩	E 111°45′49.5″ N 27°04′56.7″	95
						2	5~48	红色	壤土	块状	4.5	13.0	0.53	0.72	7.4							
						3	48~100	红色	壤土	无结构	5.0	7.7	0.46	0.67	6.5							
剖33	人为土	水稻土	潴育水稻土	红黄泥田	红黄砂泥田	1	0~15	黄褐色	砂壤土	粒状	6.0	20.1	1.48	1.72	17.7					第四纪红色黏土	E 111°51′15.1″ N 27°02′23.5″	95
						2	15~25	黄褐色	砂壤土	块状	6.0	12.0	0.77	1.04	11.9							
						3	25~100	棕黄色	砂壤土	棱柱状	6.5	8.4	0.66	1.19	16.4							
剖34	人为土	水稻土	淹育水稻土	浅灰板田	浅灰板田	1	0~11	灰棕色	轻黏土	块状	8.5	34.2	2.04	1.89	19.8					石灰岩	E 111°53′33.4″ N 27°04′25.7″	95
						2	11~21	褐色	轻黏土	块状	8.5	24.6	1.53	1.68	20.0							
						3	21~100	黄棕色	中黏土	无结构	8.5	12.7	0.88	1.27	23.2							
剖35	铁铝土	红壤	红壤	砂岩红壤		A_{11}	0~8	浅红色	重黏土	粒状	4.5	14.7	0.67	0.48	13.6	74	1.8	48		第四纪红色黏土	E 111°55′25.1″ N 27°04′36.1″	82
						Bv	8~50	红棕色	重黏土	块状	4.4	4.8	0.50	0.58	11.4							
						C	50~100	棕红色	重黏土	块状	4.7	4.0	0.43	0.60	10.4							
剖36	人为土	水稻土	矿毒型水稻土	金属矿毒田	铅锌矿矿毒田	1	0~18	棕灰色	中壤土	粒状	5.5	24.8	1.38	0.55	29.6					花岗岩风化物	E 111°58′51.5″ N 27°01′01.1″	95
						2	18~35	棕灰色	中壤土	块状	6.0	23.1	1.18	0.48	29.4							
						3	35~85	深灰色	中壤土	棱柱状	6.0	12.4	0.81	0.51	28.0							
						4	85~100	棕灰色	壤土	无结构	6.0											
剖37	铁铝土	红壤	红壤	麻红泥土	邵东麻砂土	A_{11}	0~20	亮红棕色	黏壤土	碎块状	4.5	21.9	1.00	0.40	23.8		3.0	98		砂岩风化物	E 111°59′19.6″ N 27°01′21.8″	95
						Bv_1	20~58	亮红棕色	黏壤土	块状	4.4	14.4	0.80	0.30	23.0							
						Bv_2	58~100	亮红棕色	黏壤土	柱状	4.0	3.4	0.30	0.20	21.9							
剖38	人为土	水稻土	废水污染水稻土	废水污染田	钙质焦油水污染田	1	0~15	黄褐色	砂壤土	粒状	7.5	38.4	1.72	1.07	6.8					砂岩风化物	E 111°53′13.9″ N 27°01′34.3″	95
						2	15~26	黄褐色	砂壤土	块状	7.5	≤1.0	0.99	0.77	13.6							
						3	26~76	灰色	砂壤土	无结构	8.0	12.3	0.66	0.66	13.6							
						4	76~100	灰棕色	砂壤土	无结构	8.0	5.6	0.26	0.56	13.6							
剖39	铁铝土	红壤	黄红壤	板页岩黄红壤		1	0~6	棕黄色	重黏土	碎粒状	4.5	35.3	1.00	0.46	26.2					板页岩	E 111°55′58.6″ N 27°02′25.7″	95
						2	6~55	棕红色	重黏土	块状	4.5	8.1	0.52	0.51	23.4							
剖40	铁铝土	红壤	红壤	砂岩红壤		1	0~25	黄棕色	砂壤土	碎粒状	5.0	5.7	1.92	0.75	16.0					砂岩风化物	E 112°00′24.8″ N 27°07′30.4″	95
						2	25~70	红棕色	砂壤土	块状	5.0	4.9	1.19	0.64	13.6							
						3	70~100	棕红色	砂壤土	无结构	4.5	3.2	0.47	0.61	13.6							
剖41	人为土	水稻土	潜育水稻土	青泥田	青泥田	1	0~15	棕灰色	轻黏土	块状	6.0	25.3	1.56	1.39	26.3					页岩风化物	E 112°01′22.7″ N 27°06′47.0″	95
						2	15~25	灰色	轻黏土	块状	6.0	19.2	1.26	1.26	26.2							
						3	25~100	灰棕色	轻黏土	块状	6.0	3.2	0.54	1.03	22.6							

续表 Continued

剖面号 Soil profile	土纲 Soil order	土类 Soil great group	亚类 Soil subgroup	土属 Soil genus	土种 Soil species	土层码 Layer code	土层厚度 Depth/cm	颜色 Soil color	质地 Soil texture	土壤结构 Soil structure	pH	有机质 OM/(g/kg)	全氮 TN/(g/kg)	全磷 TP/(g/kg)	全钾 TK/(g/kg)	碱解氮 AN/(mg/kg)	有效磷 AP/(mg/kg)	速效钾 AK/(mg/kg)	阳离子交换量CEC/(cmol/kg)	土壤母质 Parent material	剖面点坐标 Profile coordinate	匹配指数 Matching index/%
剖42	人为土	水稻土	渗育水稻土	白散泥田	白散泥田	1	0—15	棕色	重壤土	碎块状	7.0	35.7	1.89	0.83	13.2					河流冲积物	E 112°01′16.6″ N 27°03′33.9″	95
						2	15—25	黄褐色	重壤土	块状	7.0	29.7	1.49	0.68	13.8							
						3	25—40		重壤土	无结构	7.0	22.4	1.12	0.54	13.2							
						4	40—78	灰白色	重壤土	块状	7.2	14.2	0.89	0.43	13.2							
						5	78—100	棕黄色	重壤土	无结构	7.2	13.2	0.53	0.41	13.2							

岳 阳 市

市 辖 区

主要土类说明

水稻土是岳阳市主要土壤类型，占本市地域面积的31%。水稻土是在长期的季节性淹灌、水下翻耕、季节性脱水、氧化还原交替影响下，原来的成土母质或母土的特性发生重大改变，形成的新的土壤类型。由于干湿交替，水稻土形成糊状的淹育层、较坚实板结的犁底层、渗育层、潴育层与潜育层等多种发生层。这些不同的发生层是在人为耕作、水浆管理下形成的。

红壤是岳阳市第二大土壤类型，占本市地域面积的27%。红壤主要发生于亚热带常绿阔叶林下，呈中度脱硅富铝化特征，土壤黏粒中游离铁占全铁的50%—60%。黏土矿物以高岭石、赤铁矿为主，黏粒硅铝率为1.8—2.4，风化淋溶系数小于0.2，盐基饱和度小于35%。红壤具深厚红色土层，底部可见深厚的红、黄、白相间的网纹状红色黏土，具 A–Bs–Bv 或 A–Bs–C 剖面构型。

潮土是岳阳市第三大土壤类型，占本市地域面积的17%。潮土见于近代河流冲积平原或低平阶地，地下水位高，潜水参与成土过程。在潮土成土过程中，底土经氧化还原交替作用，形成锈色斑纹和小型铁子。在长期耕作条件下，表层有机质含量为 10—15g/kg。剖面构型为 A_{11}–A_{12}–Cu 或 A_{11}–C–Cu。

本区域中心区气候特征

本区域中心区气候特征值
Regional climate characteristics in central area of the region

气候带：北亚热带湿润气候 Climate region: North subtropical humid climate	
年平均气温 /℃ Annual average temperature /℃	16.9
年平均最高气温 /℃ Annual average maximum temperature /℃	21.2
年平均最低气温 /℃ Annual average minimum temperature /℃	13.6
年降水量 /mm Annual precipitation /mm	1300
≥10℃的积温 /℃ Daily temperature accumulated in a year (≥10℃) /℃	6716
年日照时数 /h Annual sunshine /h	1702
年平均相对湿度 /% Annual average relative humidity /%	80
干燥度 Dryness	0.78

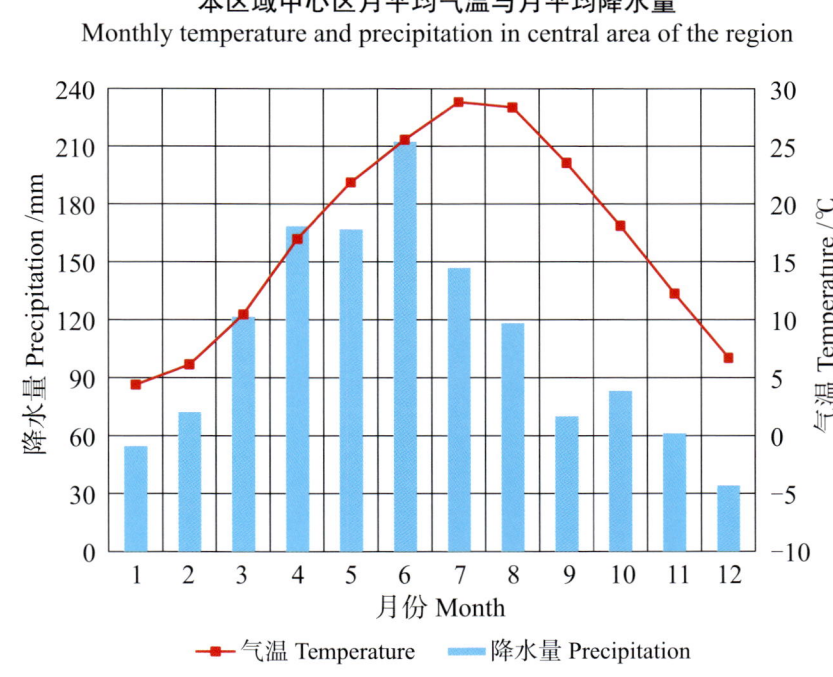

本区域中心区月平均气温与月平均降水量
Monthly temperature and precipitation in central area of the region

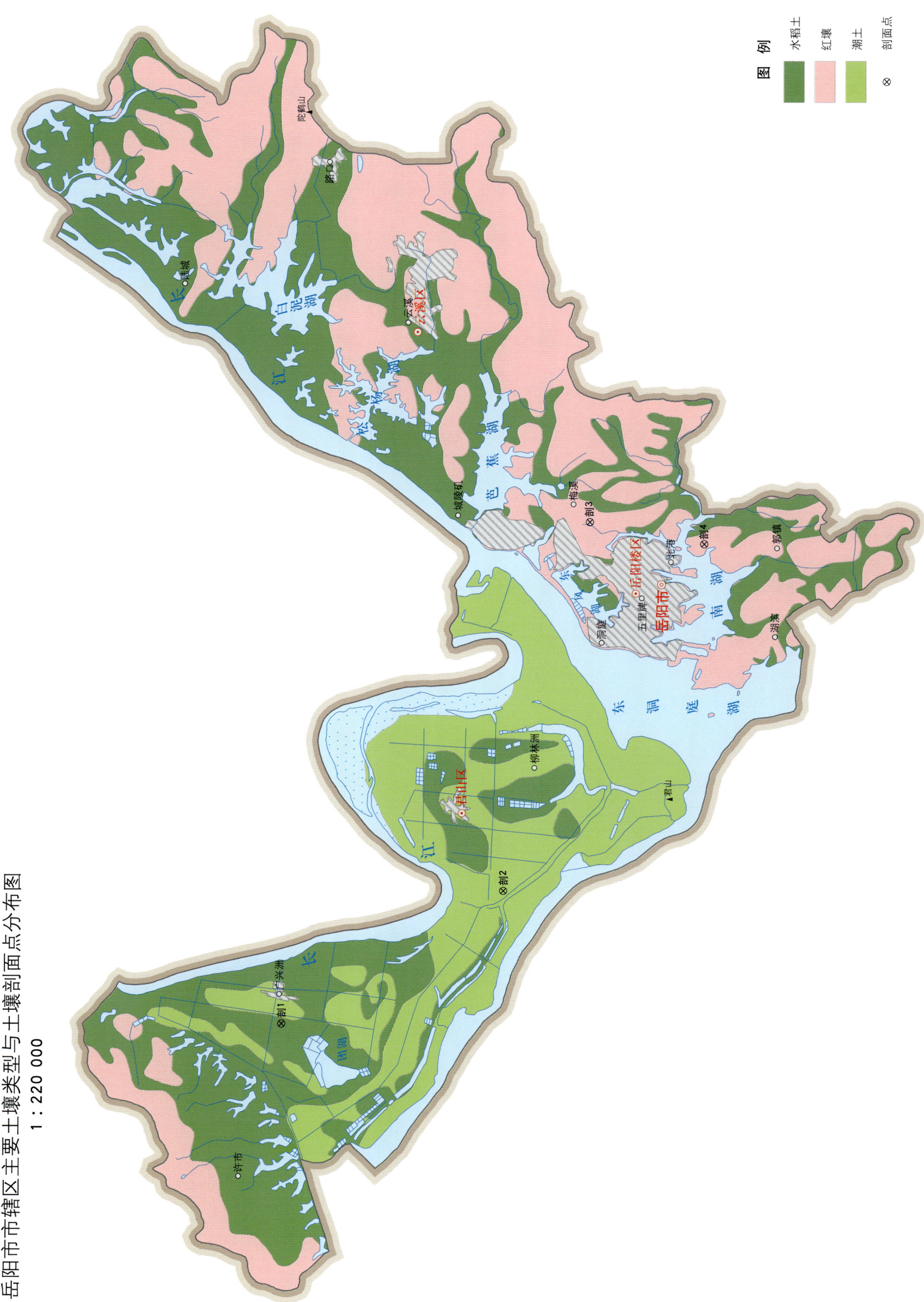

岳阳市土壤剖面理化性状表

剖面号 Soil profile	土纲 Soil order	土类 Soil great group	亚类 Soil subgroup	土属 Soil genus	土种 Soil species	土层码 Layer code	土层厚度 Depth/cm	颜色 Soil color	质地 Soil texture	土壤结构 Soil structure	pH	有机质 OM/(g/kg)	全氮 TN/(g/kg)	全磷 TP/(g/kg)	全钾 TK/(g/kg)	碱解氮 AN/(mg/kg)	有效磷 AP/(mg/kg)	速效钾 AK/(mg/kg)	阳离子交换量CEC/(cmol/kg)	土壤母质 Parent material	剖面点坐标 Profile coordinate	匹配指数 Matching index/%
剖1	人为土	水稻土	潴育水稻土	紫潮泥田	菁塥紫潮泥田	A	0—20	暗红棕色	黏壤土	粒状	8.0	33.4	1.87	0.68	20.8	20	5.0	102			E 112°53′00.3″ N 29°32′49.5″	95
						Apg	20—29	暗红棕色	黏壤土	块状	8.5	16.6	1.00	0.64	20.0							
						W$_1$	29—46	红棕色	黏壤土	棱柱状	8.5	6.8	0.86	0.72	21.0							
						W$_2$	46—100	黄棕色	黏壤土	棱柱状	8.5	2.4	0.72	0.67	19.5							
剖2	半水成土	潮土	潮土	耕型紫潮土	紫潮砂土	A	0—30	暗红棕色	砂壤土	小块状	8.5	18.3	0.87	0.67	22.7	89	6.0	≤5			E 112°57′18.7″ N 29°26′20.3″	95
						C	30—100	红棕色	砂壤土	块状	8.5	4.3	0.57	0.62	24.7							
剖3	铁铝土	红壤	棕红壤	板页岩棕红壤	薄腐中层板页岩红壤	A	0—23	亮棕色	黏土	粒块状	4.8	16.9	1.02	1.83	21.8	84	11.9	53	11.1	板页岩	E 113°09′27.4″ N 29°23′40.1″	95
						ABv	23—44	褐色	黏土	块状	5.0	6.8	0.60	0.43	20.8	33	≤1.0	58	10.3			
						C	44—130	赤褐色	黏土	块状	5.0	4.4	0.57	0.42	21.1	24	≤1.0	53	12.1			
剖4	铁铝土	红壤	红壤	耕型第四纪红土红壤	煤灰菜园土	A	0—26	灰黑色	砂壤土	无结构散状	6.2	62.1	1.96	2.82	23.4		20.7	144		第四纪红色黏土	E 113°08′39.8″ N 29°20′21.5″	95
						Bv	26—100	灰黄色	砂壤土	无结构散状	6.4	24.0	1.30	2.34	26.5							

岳 阳 县

主要土类说明

红壤是岳阳县主要土壤类型，占本县地域面积的 41%。红壤主要发生于亚热带常绿阔叶林下，呈中度脱硅富铝化特征，土壤黏粒中游离铁占全铁的 50%—60%。黏土矿物以高岭石、赤铁矿为主，黏粒硅铝率为 1.8—2.4，风化淋溶系数小于 0.2，盐基饱和度小于 35%。红壤具深厚红色土层，底部可见深厚的红、黄、白相间的网纹状红色黏土，具 A–Bs–Bv 或 A–Bs–C 剖面构型。本县红壤仅有红壤一个亚类。

水稻土是岳阳县第二大土壤类型，占本县地域面积的 19%。水稻土是在长期的季节性淹灌、水下翻耕、季节性脱水、氧化还原交替影响下，原来的成土母质或母土的特性发生重大改变，形成的新的土壤类型。由于干湿交替，水稻土形成糊状的淹育层、较坚实板结的犁底层、渗育层、潴育层与潜育层等多种发生层。这些不同的发生层是在人为耕作、水浆管理下形成的。本县水稻土分为淹育型、潴育型、渗育型、潜育型、沼泽型、矿毒型六个亚类。其中，潴育水稻土面积最大，占本土类面积的 80% 以上。

潮土是岳阳县第三大土壤类型，占本县地域面积的 13%。本县潮土分为湖潮土和河潮土两个亚类。湖潮土发育于洞庭湖湖相沉积物和长江淤积物，分布在河湖边缘及冲积平原。河潮土发育于河积物，分布在以新墙河为主的溪港岸边和河漫滩，地下水位高，潜水参与成土过程，底土经氧化还原交替作用，形成锈色斑纹和小型铁子。在长期耕作条件下，表层有机质含量为 10—15g/kg。剖面构型为 A_{11}–A_{12}–Cu 或 A_{11}–C–Cu。

紫色土占本县地域面积的 10%。紫色土是由热带、亚热带紫红色岩层直接风化形成的 A–C 型土壤。其理化性质与母岩组成直接相关，土层浅薄，剖面层次发育不明显，仍处于初育阶段。母岩富含矿质养分，且风化迅速。紫色岩结构疏松，黏着力小，透水作用强，淋洗作用明显，由其发育的土壤大部分呈酸性，少部分呈中性。本县紫色土分为中性紫色土和酸性紫色土两个亚类。

小于本县地域面积 3% 的土壤类型有沼泽土等。

本区域中心区气候特征

本区域中心区气候特征值
Regional climate characteristics in central area of the region

气候带：北亚热带湿润气候 Climate region: North subtropical humid climate	
年平均气温 /℃ Annual average temperature /℃	16.9
年平均最高气温 /℃ Annual average maximum temperature /℃	21.3
年平均最低气温 /℃ Annual average minimum temperature /℃	13.7
年降水量 /mm Annual precipitation /mm	1314
≥ 10℃的积温 /℃ Daily temperature accumulated in a year（≥ 10℃）/℃	6868
年日照时数 /h Annual sunshine /h	1683
年平均相对湿度 /% Annual average relative humidity /%	80
干燥度 Dryness	0.77

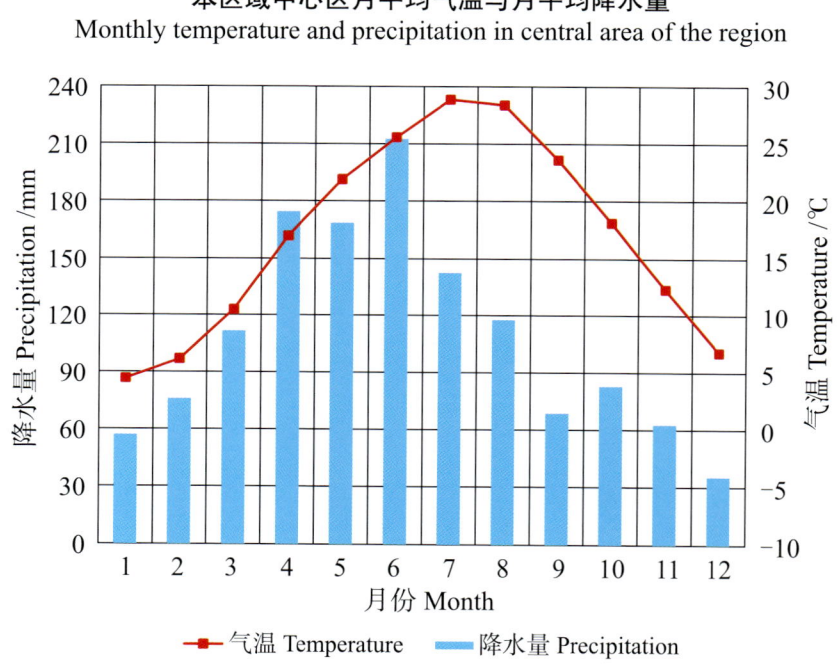

本区域中心区月平均气温与月平均降水量
Monthly temperature and precipitation in central area of the region

岳阳县主要土壤类型与土壤剖面点分布图

1∶310 000

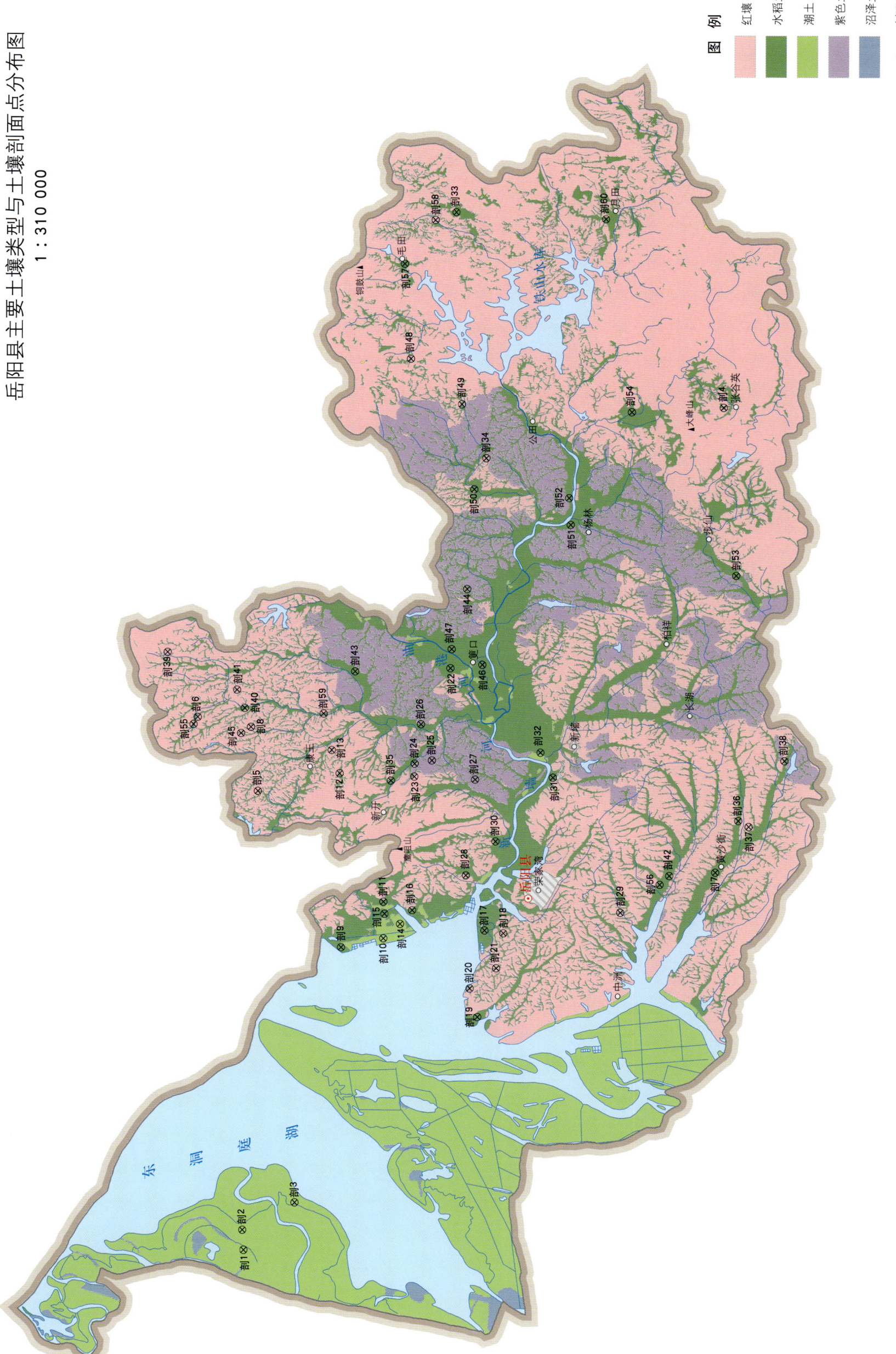

岳阳县土壤剖面理化性状表

剖面号 Soil profile	土纲 Soil order	土类 Soil great group	亚类 Soil subgroup	土属 Soil genus	土种 Soil species	土层码 Layer code	土层厚度 Depth/cm	颜色 Soil color	质地 Soil texture	土壤结构 Soil structure	pH	有机质 OM/(g/kg)	全氮 TN/(g/kg)	全磷 TP/(g/kg)	全钾 TK/(g/kg)	碱解氮 AN/(mg/kg)	有效磷 AP/(mg/kg)	速效钾 AK/(mg/kg)	土壤母质 Parent material	剖面点坐标 Profile coordinate	匹配指数 Matching index/%
剖1	半水成土	潮土	湖潮土	耕型紫潮土	紫潮土	A	0—16	紫色	黏壤土	团粒状	7.6	14.0	0.96	1.60		88	3.5	113	内湖沉积物	E 112°50′41.6″ N 29°20′56.9″	75
						Bv	16—100	紫棕色	黏土	粒状	7.6										
剖2	半水成土	潮土	湖潮土	湖潮土	荒洲湖潮土	A	0—15	灰棕色	黏壤土	粒状	5.2	31.1	2.16	1.73	13.0	156	4.5	96	湖积物	E 112°51′36.4″ N 29°20′59.0″	95
						Bv	15—80	黄棕色	黏壤土	块状	5.7	26.0	1.30	0.75	22.3						
						C	80—100	灰黄棕色	黏土	块状	5.7	4.1	0.45	0.75	13.4						
剖3	半水成土	潮土	湖潮土	紫潮土		A	0—26	褐色	中壤土	团粒状	7.0	16.5	1.15	0.65	18.2	60	2.9	80	湖积物	E 112°52′48.3″ N 29°18′50.8″	95
						Bv	26—65	棕黄色		块状	7.1	5.3	0.54	0.66	18.3						
						C	65—100	红棕色		块状	7.3	5.0	0.36	0.41	18.3						
剖4	人为土	水稻土	淹育水稻土	浅黄砂泥田	浅黄砂泥田	A	0—12				5.2	36.2	2.10	1.31	23.1	189	2.7	37	花岗岩坡积物	E 113°14′49.0″ N 29°22′34.2″	75
						P	12—20				≤3.5	21.9	1.68	1.31	22.8						
						C	20—55				6.1	2.8	0.73	0.92	22.8						
剖5	铁铝土	红壤	红壤	耕型板页岩红壤		1	0—15		重壤土	小团粒状	6.7	12.7	0.99	0.45	22.0	87	19.8	124	页岩	E 113°11′41.4″ N 29°20′01.0″	75
剖6	人为土	水稻土	潜育水稻土	青泥田		Ag	0—16	棕灰色	轻壤土	块状	5.5	35.0	1.96	1.32	12.7	134	6.3	83	河流沉积物	E 113°14′22.0″ N 29°20′38.6″	75
						G	16—100	青灰色	黏土	糊状	5.5	21.3	1.69	1.01	9.3						
剖7	人为土	水稻土	潜育水稻土	烂眼田		Ag	0—15		重壤土		5.3	39.3	2.41	1.57	25.4	92	5.4	74	第四纪红色黏土	E 113°14′59.2″ N 29°22′29.6″	75
						G	15—60				4.4	28.3	1.73	0.87	26.7						
剖8	铁铝土	红壤	红壤	耕型板页岩红壤		1	0—15		重壤土	小团粒状	6.5	18.4	1.25	1.10	28.3	124	3.6	45	页岩	E 113°14′38.3″ N 29°20′14.6″	75
剖9	人为土	水稻土	淹育水稻土	浅麻砂泥田		A			多砾石中壤土												
						P			轻壤土												
						C			中壤土												
剖10	半水成土	潮土	湖潮土	湖潮土		A	0—15	棕灰色	壤土	粒状	5.2	31.1	2.16	1.73	13.0	56	4.5	96	湖积物	E 113°04′23.6″ N 29°16′46.3″	95
						Bv	15—25	棕灰色	壤土	块状	5.5	20.0	1.30	0.75	22.3						
						C	25—93	棕灰色	壤土	块状	4.7	4.1	0.45	0.75	13.4						
剖11	人为土	水稻土	淹育水稻土	浅黄砂泥田		A	0—13	黄棕色	砂壤土	粒状	5.6					131	6.0	51	石英砂岩坡积物	E 113°06′28.1″ N 29°15′01.2″	95
						P	13—25	棕灰色	砂土	块状	6.0	12.7	0.66	0.79	28.4						
						C	25—55	棕黄色	砂土	碎块状	6.0	6.0	0.73	1.31	24.7						
剖12	人为土	水稻土	潜育水稻土	河砂泥田	河砂田	Ap	0—16	灰棕色	砂壤土	散状	6.3	5.5	0.18	0.76	27.9	62	4.5	52	紫色砂砾岩	E 113°12′25.3″ N 29°16′41.1″	95
						W					6.6		1.48								
剖13	人为土	水稻土	潜育水稻土	冷浸田	冷砂田	A	0—16	青灰色	砂壤土	糊状	6.7	23.1	1.10	0.92		137	6.0	104	湖积物	E 113°13′29.5″ N 29°16′59.5″	95
						Pg	16—25	棕灰色	砂壤土	粒状	5.0	25.8	0.87	0.46							
						G	25—100	棕灰色	黏壤土	块状	6.0	16.5	1.13	0.70							
剖14	半水成土	潮土	湖潮土	耕型湖潮土		A	0—28	棕灰色	黏土	碎块状	5.4	18.7		1.09	35.9	137	6.0	67	湖积物	E 113°05′25.5″ N 29°14′21.5″	95
						Bv	28—80	黄褐色	黏壤土	块状	5.4	9.3	2.53	0.96	20.2						
剖15	人为土	水稻土	潜育水稻土	湖砂泥田		A	0—14	棕黄色	壤土	小团粒状	6.5	34.2	1.43	0.63		137	≥100.0		湖积物	E 113°05′54.4″ N 29°14′58.8″	95
						P	14—31	棕灰色	黏壤土	碎块状	6.8	27.6	0.40	0.29	1.9						
						W	31—45	棕灰色	壤土	块状	6.8	5.7									
						C	45—100	棕灰色	壤土	块状	7.0		2.03	1.07	25.5						
剖16	人为土	水稻土	潜育水稻土	酸性紫泥田	酸性青屑紫泥田	A	0—15	灰棕色	黏壤土	小团粒状	5.6	35.7	1.02	0.73	28.5				紫色砂岩	E 113°06′02.5″ N 29°13′51.4″	95
						Pg	15—35	棕灰色	黏壤土	碎块状	7.0	27.3	0.64	0.43	27.3						
						W	35—100	紫色	黏壤土	块状	7.0	≤1.0									

续表 Continued

剖面号 Soil profile	土纲 Soil order	土类 Soil great group	亚类 Soil subgroup	土属 Soil genus	土种 Soil species	土层码 Layer code	土层厚度 Depth/cm	颜色 Soil color	质地 Soil texture	土壤结构 Soil structure	pH	有机质 OM/(g/kg)	全氮 TN/(g/kg)	全磷 TP/(g/kg)	全钾 TK/(g/kg)	碱解氮 AN/(mg/kg)	有效磷 AP/(mg/kg)	速效钾 AK/(mg/kg)	土壤母质 Parent material	剖面点坐标 Profile coordinate	匹配指数 Matching index/%
剖17	人为土	水稻土	潴育水稻土	红黄泥田	黄腊泥田	A	0—12	黄褐色	黏土	碎块状	5.0	22.1	1.52	0.93	17.8				第四纪红色黏土湖积物	E 113° 05' 03.2" N 29° 10' 56.4"	95
						P	12—20	褐色	黏土	小块状	5.0	18.7	1.35	0.69	12.1						
						W	20—35	黄色	黏土	块状	6.0	18.1	0.34	0.54	22.1						
						C	35—100	黄色	黏土	块状	6.5	7.8	0.49	0.51	20.4						
剖18	铁铝土	红壤		耕型花岗岩红壤	黄麻砂土	A	0—20	黄色	粗砂土	粒状		10.1	0.67			35	6.5	102	花岗岩	E 113° 04' 54.4" N 29° 10' 10.7"	95
						Bv	20—40	黄棕色	粗砂土	粒状											
						C	40—100	黄棕色	粗砂土	粒状											
剖19	人为土	水稻土	淹育水稻土	浅麻沙泥田	浅麻砂泥田	A	0—13	黄褐色	砂土										花岗岩坡积物	E 113° 01' 05.9" N 29° 11' 18.1"	95
						P	13—20	黄棕色	砂土												
						C	20—100	棕灰色	砂土												
剖20	人为土	水稻土	潴育水稻土	黄泥田	黑黄泥田	A	0—14				5.2	28.4	1.98	0.72	17.5	144	10.6	64		E 113° 02' 23.9" N 29° 11' 35.3"	95
						P	14—20				5.2	28.0	1.46	1.05	10.7						
						W	20—59				6.1	6.7	0.72	1.08	16.1						
						C	59—100				6.4	6.6	0.74	0.78	16.0						
剖21	人为土	水稻土	渗育水稻土	浅酸紫泥田	浅酸紫砂泥田	A	0—15	棕色	砂壤土										紫色砂岩坡积物	E 113° 03' 17.6" N 29° 10' 30.0"	95
						P	15—28	紫色	砂壤土												
						C	28—80	紫色	砂土												
剖22	初育土	紫色土	酸性紫色土	白散泥田	白散泥田	A	0—13		轻砾石土	小团粒状	6.8		1.36	1.01	≤1.0	134	10.9	74	河流沉积物	E 113° 12' 02.4" N 29° 11' 36.9"	95
						P	13—23		重壤土		7.1		2.40	0.69	12.9						
						W	23—65		重壤土		7.1			0.43	14.5						
						E	65—100				7.3	2.4	0.47								
剖23	初育土	紫色土	酸性紫色土	酸性紫色土		1	0—15	红棕色		小团粒状	6.9	26.6	1.48	2.34	16.2	133	3.6	83		E 113° 12' 12.7" N 29° 13' 40.1"	75
剖24	人为土	水稻土	潴育水稻土	潮砂泥田		A		褐色	砂壤土	小团粒状	5.5	13.4	1.15	0.80	17.5				河积物	E 113° 12' 47.7" N 29° 13' 38.7"	95
剖25	初育土	紫色土	酸性紫色土	酸性紫色土		1	0—17	红棕色	砂壤土	小团粒状	5.4	7.3	1.07	0.59	22.1	115	4.3	91		E 113° 12' 55.8" N 29° 12' 56.4"	75
剖26	初育土	紫色土	酸性紫色土	酸性紫色土		1	0—27	褐色	壤土	小团粒状	6.0	35.8	1.96	1.01	24.4	140	9.1	74		E 113° 14' 36.6" N 29° 13' 21.4"	75
剖27	人为土	水稻土	潴育水稻土	潮砂泥田	潮砂泥田	A	0—15	棕黄色	黏土	碎块状	6.5	24.3	1.34	0.97	20.2				河积物	E 113° 12' 01.0" N 29° 11' 12.0"	95
						P	15—27	黄棕色	黏土	小块状	6.8	10.6	0.76	3.45	14.6						
						C	50—100	黄棕色	黏土	小块状	7.0		0.65								
剖28	铁铝土	红壤		第四纪红色黏土红壤		A	0—13	棕黄色	黏壤土	粒状	6.0	21.4	1.42	0.87	17.5	72	6.2	123	第四纪红色黏土	E 113° 07' 36.6" N 29° 11' 39.0"	95
						Bv	13—32	黄棕色	黏土	块状	6.5	6.8	0.77	0.72							
						BvC	32—100	黄棕色	黏土	块状	6.5										
剖29	人为土	水稻土	淹育水稻土	浅红黄泥田	黄泥浆田	A	0—12	棕红色	黏土										页岩	E 113° 09' 09.8" N 29° 10' 25.7"	95
						Pg	12—20	棕红色	黏土												
						G	20—80	棕色	黏土												
剖30	人为土	水稻土	潴育水稻土	青泥田	青泥田	A	0—18	灰棕色	黏壤土	糊状	6.0	32.2	1.78	0.74	15.8	134	6.5	50	第四纪红色黏土	E 113° 05' 46.2" N 29° 05' 25.5"	95
						Pg	18—40	青灰色	黏土	糊状	6.0	22.2	1.37	0.41	22.2	2					
						G	40—100	灰棕色	黏土	块状	6.0										
剖31	人为土	水稻土	潴育水稻土	酸性紫砂泥田	酸性青棉紫砂泥田	A	0—14	灰棕色	黏壤土	小块状	5.5	35.9	≥10.00	1.19	26.6				第四纪红色黏土、紫色砂砾岩	E 113° 12' 03.4" N 29° 08' 03.0"	95
						Pg	14—26	青棕色	黏壤土	小块状	5.4	23.7	1.02	0.50	29.1						
						Wg	26—70	青灰色	黏壤土	块状	5.3	8.9	0.73	0.83	24.9						
						C	70—100	紫色	黏壤土	块状	5.3	2.5	0.57	0.55	20.8						

续表 Continued

剖面号 Soil profile	土纲 Soil order	土类 Soil great group	亚类 Soil subgroup	土属 Soil genus	土种 Soil species	土层码 Layer code	土层厚度 Depth/cm	颜色 Soil color	质地 Soil texture	土壤结构 Soil structure	pH	有机质 OM/(g/kg)	全氮 TN/(g/kg)	全磷 TP/(g/kg)	全钾 TK/(g/kg)	碱解氮 AN/(mg/kg)	有效磷 AP/(mg/kg)	速效钾 AK/(mg/kg)	土壤母质 Parent material	剖面点坐标 Profile coordinate	匹配指数 Matching index/%
剖32	人为土	水稻土	潴育水稻土	岩渣子田	中岩渣子田	A	0–15				6.1	28.0	1.77	1.87	29.6	99	6.5	96	石英砂岩坡积物	E 113°13′12.1″ N 29°08′32.3″	95
						Pg	15–23				6.6	11.3	1.34	0.70	29.2						
						W	23–100				4.5	9.6	0.95	0.99	24.8						
剖33	人为土	水稻土	淹育水稻土	浅岩渣子田	浅岩渣子田	A	0–16				5.2	35.8	1.11	0.84	18.2	183	3.1	53	第四纪红色黏土	E 113°07′01.2″ N 29°03′49.0″	95
						P	16–29				6.2	15.8	0.75	0.55	45.2						
						C	29–100				7.6	3.5	0.55	1.08	20.3						
剖34	人为土	水稻土	渗育水稻土	白散泥田	白散泥田	A	0–18	褐色	壤土	碎块状									紫色砂岩	E 113°07′25.2″ N 29°03′25.0″	95
						E	18–50	黄棕色	砂壤土	块状											
						W	50–100	黄褐色	砂壤土	状状											
剖35	人为土	水稻土	潴育水稻土	河砂泥田	油砂田	A	0–16	棕灰色	重壤土	小粒状	5.0	38.6	1.64	0.74	14.2	35	3.1	60	花岗岩	E 113°07′32.4″ N 29°01′33.2″	95
						P	16–25	棕黄色	黏壤土	碎块状	6.6	16.7	1.02	0.60	20.9						
						W	25–51	棕黄色	黏壤土	块状	6.6	9.0	0.60	1.25	22.8						
						C	51–100	棕黄色	砂土	状状	6.8		0.44	0.70	22.6						
剖36	人为土	水稻土	淹育水稻土	浅酸紫泥田	浅酸紫泥田	A			重壤土											E 113°09′54.6″ N 29°00′34.6″	95
						P			重壤土												
						C			重壤土												
剖37	铁铝土	红壤		耕型第四纪红土红壤		A	0–27	棕红色		小团粒状	6.9	18.9	1.14	1.46	16.3				第四纪红色黏土	E 113°09′37.9″ N 29°00′09.5″	95
						C	27–100	棕色		块状	6.9	9.6	0.73	1.36	16.3						
剖38	人为土	水稻土	淹育水稻土	浅酸紫泥田	浅酸紫泥田	A	0–16	棕红色			6.0	13.9	1.12	0.42	20.0	141	9.2	95		E 113°12′37.0″ N 28°58′39.9″	95
						P	16–20	黄褐色			7.0	7.2	0.64	0.66	20.0						
						C	20–95	黄褐色			7.0	2.8	≤0.10	0.55	11.5						
剖39	铁铝土	红壤		板页岩红壤		A₁	0–9	棕红色	重壤土	散粒状	5.1	39.1	1.64	0.55	11.9	97	≤1.0	95	板页岩	E 113°18′09.8″ N 29°23′34.0″	95
						A	9–35	红棕色		碎块状	5.4	27.5	1.29	0.71	24.6						
						C	35–100	棕红色		散粒状	5.4	5.9	0.44	0.44							
剖40	人为土	水稻土	潴育水稻土	红黄泥田	红黄泥田	A	0–16	棕黄色	黏壤土		5.7	32.4	1.94	0.86	19.0	109	5.6	72	第四纪红色黏土	E 113°15′31.5″ N 29°20′28.5″	75
						Pg	16–22	棕黄色	黏壤土		5.8	25.2	0.54	0.75	22.2						
						W	22–65	黄褐色	黏壤土		6.7	5.2	0.37	0.48	18.1						
						C	65–100	黄褐色			7.3	5.1		0.59	20.8						
剖41	人为土	水稻土	潴育水稻土	白散泥田	白散泥田	A	0–13	黄棕色	黏壤土	糊状	5.2	22.9	1.93	1.13	11.6	92	7.7	156		E 113°16′22.0″ N 29°20′46.7″	95
						Pg	13–25	棕黄色	黏壤土	碎块状	6.4	17.4	1.55	1.09	11.1						
						W	25–50	青灰色	黏壤土	散粒状	7.9	18.4	1.04	0.89	13.8						
						C	50–100	青灰色	黏土												
剖42	人为土	水稻土	淹育水稻土	青泥田	浅酸紫泥田	A	0–15	棕黄色	黏土		5.4	26.9	1.82	1.52	14.2	131	9.3	46		E 113°17′05.8″ N 29°15′58.5″	95
						P	15–28	棕黄色	黏土		6.0	15.8	0.97	≤0.10	12.1						
						C	28–95				7.1	7.0	0.61	0.75	15.3						
剖44	人为土	水稻土	潴育水稻土	麻砂泥田	青褐麻砂泥田	A	0–16				5.1	34.2	1.62	1.12	24.4	146	11.1	83		E 113°20′46.9″ N 29°11′22.1″	95
						Pg	16–27	黄褐色	壤土	碎块状	5.6	24.6	1.03	0.78	24.0						
						W	27–100	灰棕色	壤土	块状	6.9	11.7	0.30	0.82	24.4						
剖45	人为土	水稻土	潴育水稻土	河砂泥田	青褐河砂泥田	A	0–16	黄褐色	壤土		5.6	31.8				183	7.8	42		E 113°17′10.1″ N 29°12′07.3″	95
						Pg	16–31	棕黄色	黏壤土		5.6										
						W	31–100				6.0										

续表 Continued

剖面号 Soil profile	土纲 Soil order	土类 Soil great group	亚类 Soil subgroup	土属 Soil genus	土种 Soil species	土层码 Layer code	土层厚度 Depth/cm	颜色 Soil color	质地 Soil texture	土壤结构 Soil structure	pH	有机质 OM/(g/kg)	全氮 TN/(g/kg)	全磷 TP/(g/kg)	全钾 TK/(g/kg)	碱解氮 AN/(mg/kg)	有效磷 AP/(mg/kg)	速效钾 AK/(mg/kg)	土壤母质 Parent material	剖面点坐标 Profile coordinate	匹配指数 Matching index/%
剖46	人为土	水稻土	潴育水稻土	河砂泥田		A	0–15	黄褐色	轻壤土	碎块状	5.1	30.7	1.80	1.33	24.4				河流沉积物	E 113°17′17.8″ N 29°10′49.2″	95
						P	15–28	棕灰色	黏土	碎块状	5.7	28.4	1.51	0.95	20.4						
						W	28–90	棕色	黏土	块状	5.5	28.4	0.75	0.58	26.3						
						C	90–100	棕色	黏土		5.3	1.9	0.96	0.94	22.3						
剖47	人为土	水稻土	潴育水稻土	河砂泥田	河砂泥田	A	0–13	黄褐土	中壤土	粒状	6.3	12.7	0.66	0.79	28.4	131	6.0	51	河积物	E 113°18′02.1″ N 29°12′03.4″	95
						P	13–25	棕黄土	砂壤土	碎块状	6.6	6.0	0.73	1.31	24.7						
						W	25–100	棕色	砂土	碎块状	6.1	5.5	0.18	0.76	27.9						
剖48	人为土	水稻土	潴育水稻土	麻砂泥田	麻砂泥田	A	0–15				5.3	33.5	1.88	1.53	32.1	103	4.1	75	紫色砂岩、第四纪红色黏土	E 113°26′46.6″ N 29°10′29.4″	95
						P	15–24				5.0	33.4	1.65	1.45	22.2						
						W	24–100				5.5	20.3	0.46	0.73	26.9						
剖49	人为土	水稻土	潴育水稻土	麻砂泥田		A	0–17	灰棕色	粉砂土	粒状	5.6	35.0		1.53		102	4.3	70	云母片岩坡积物	E 113°29′16.4″ N 29°11′25.8″	95
						Pg	17–24	棕灰色	粉砂土	块状	5.5	33.0		1.12							
						G	24–40	灰色	粗砂土	小块状	5.5	22.7		0.50							
						W	40–100	黄褐色	粗砂土	小块状	5.5	13.4		0.60							
剖50	人为土	水稻土	潜育水稻土	冷浸田	冷浸田	A	0–17	褐色	黏壤土	小块状	5.0	35.6	1.65	0.92	14.1	67	3.1	67	页岩	E 113°25′21.4″ N 29°11′00.2″	95
						Pg	17–26	棕灰色	砂壤土	碎块状	5.5	16.4	0.83	0.75	14.0						
						G	26–100	青灰色	砂壤土	糊状	5.5	15.7	0.56	0.56	20.1						
剖51	人为土	水稻土	淹育水稻土	浅酸性紫泥田	浅酸紫岩渣田	A	0–13	水紫色	黏壤土	碎块状	5.6	30.7	1.47	1.17	15.0				紫色砂岩坡积物	E 113°23′38.6″ N 29°07′07.7″	95
						P	13–32	紫色	壤土	小块状	5.6	17.1	0.65	0.76	16.0						
						C	32–79	紫色	壤土	块状	6.4	8.7	0.37	0.70	12.7						
剖52	人为土	水稻土	潴育水稻土	酸性紫泥田	黄紫泥田	A	0–13	灰棕色	砂土	块状	7.6	3.8	0.34	0.58	13.0				紫色砂岩、第四纪红色黏土	E 113°24′51.8″ N 29°07′10.2″	95
						P	13–25	棕黄色	黏壤土	小团粒状	5.4	20.9	≥10.00	≥10.00		124	3.5	68			
						Gp	17–29	青灰色	黏壤土	块状	5.5	11.0	0.96	0.55							
剖53	人为土	水稻土	潜育水稻土	冷浸田	冷浸岩渣田	G	29–100	灰棕色	黏壤土	块状	6.0	≤1.0							页岩	E 113°21′10.3″ N 29°00′28.0″	95
剖54	人为土	水稻土	潴育水稻土	黄泥田		A	0–17	棕色	黏土	散粒状	6.0	38.1	1.97	1.12	26.7	101	4.0	65	页岩坡积物	E 113°28′46.5″ N 29°04′33.1″	95
						Pg	17–36	黄棕色	砂土	碎块状	6.0	33.0	1.85	1.19	24.1						
						G	36–52	黄褐色	砂土	散粒状	6.0	31.7	1.34	0.19	24.9						
						C	52–100	灰色	黏土	碎块状											
剖55	人为土	水稻土	潴育水稻土	青泥田		A	0–13	黄褐色	黏壤土	块状	4.8	34.1	1.72	0.38	15.2					E 113°28′53.7″ N 29°00′50.0″	95
						P	13–28	灰棕色	砂土	块状	5.0	32.9	1.22	1.09	22.7						
剖56	人为土	水稻土	渗育水稻土	白胶泥田	白胶泥田	E	28–68	灰白色	黏土		5.5	22.7	0.60	0.83	19.2					E 113°31′24.4″ N 29°13′27.4″	95
						C	68–100				5.3	11.2	0.68	0.78	24.5						
剖57	人为土	水稻土	潴育水稻土	麻砂泥田		A	0–16				5.2	17.7	1.10	0.79	33.4	70	2.0	70		E 113°35′46.1″ N 29°13′37.7″	95
						Pg	16–27				5.0	16.9	0.89	0.73	32.0						
						G	27–53				5.5	3.7	0.15	0.40	33.8						
						W	53–100														
剖58	人为土	水稻土	淹育水稻土	浅麻砂泥	粗浅麻砂泥田	A	0–10													E 113°37′45.4″ N 29°12′20.6″	81
						P	10–20														
						C	20–70				5.9										

续表 Continued

剖面号 Soil profile	土纲 Soil order	土类 Soil great group	亚类 Soil subgroup	土属 Soil genus	土种 Soil species	土层码 Layer code	土层厚度 Depth/cm	颜色 Soil color	质地 Soil texture	土壤结构 Soil structure	pH	有机质 OM/(g/kg)	全氮 TN/(g/kg)	全磷 TP/(g/kg)	全钾 TK/(g/kg)	碱解氮 AN/(mg/kg)	有效磷 AP/(mg/kg)	速效钾 AK/(mg/kg)	土壤母质 Parent material	剖面点坐标 Profile coordinate	匹配指数 Matching index/%
剖59	人为土	水稻土	潴育水稻土	麻砂泥田	麻砂泥田	A			中壤土											E 113°38′05.9″ N 29°11′29.6″	95
						P			重砾石土												
						W			中壤土												
剖60	人为土	水稻土	潴育水稻土	岩渣子田	多岩渣田	A	0—12	褐色	砂壤土		5.6	12.3	1.13	1.64	12.0	98	6.7	88		E 113°37′39.5″ N 29°05′26.9″	95
						P	12—20	黄褐色	砂壤土		5.4	11.0	0.95	1.71	13.3						
						W	20—100	黄棕色	中壤土		6.0	12.0	1.06	1.48	14.6						

华 容 县

主要土类说明

水稻土是华容县主要土壤类型，占本县地域面积的50%。在人为耕作、施肥、灌溉等措施的影响下，土壤内部进行着氧化还原交替、有机质合成与分解、盐基淋溶与复盐基作用的熟化过程，促进了土壤性状的改变，从而形成了水稻土所特有的形态、理化和生物特性。完整的水稻土发育剖面通常有耕作层、犁底层、潴育层、潜育层等基本层次，有时还有砂石层、漂洗层等层次出现。本县水稻土分为淹育型、潴育型、渗育型、潜育型、沼泽型五个亚类。其中，潴育水稻土面积最大，占本土类面积的80%以上。

潮土是华容县第二大土壤类型，占本县地域面积的28%。本县潮土均发育于由长江挟带而来的石灰性紫色土在洞庭湖中沉积形成的紫色河湖相、湖相沉积物。潮土地势低平，土壤呈碱性，石灰反应强烈，土层深厚且肥沃。成土物质颗粒由于水流的作用，不仅在平面分布上有明显的分选差异，在同一剖面上也有不同的质地层次。完整的剖面由表土层（或耕作层）、淀积层、草根盘结层和砂石层组成。

红壤是华容县第三大土壤类型，占本县地域面积的11%。红壤是在亚热带生物气候条件下形成的地带性土壤。成土母质类型多样，无论是沉积岩、花岗岩、变质岩风化物，还是第四纪红色黏土，都可以在特定的气候条件下发育成红壤。红壤具有明显的脱硅富铝化过程，土体呈红色或黄红色，一般土层深厚，剖面发育完整，底部常见红、黄、白相间的网纹层，全剖面呈酸性，盐基饱和度低，水土流失严重。在侵蚀强烈的丘陵地段，红壤的紧实心土或网纹底土露出地表，肥力急剧下降。完整的典型剖面常由新鲜枯枝落叶层、半腐解枯枝落叶层、腐殖质层、淋溶层、淀积层、母质层和基岩组成。本县红壤分为红壤、红壤性土、棕红壤等亚类。

本区域中心区气候特征

本区域中心区气候特征值
Regional climate characteristics in central area of the region

气候带：北亚热带湿润气候 Climate region: North subtropical humid climate	
年平均气温 /℃ Annual average temperature /℃	16.9
年平均最高气温 /℃ Annual average maximum temperature /℃	21.2
年平均最低气温 /℃ Annual average minimum temperature /℃	13.7
年降水量 /mm Annual precipitation /mm	1292
≥10℃的积温 /℃ Daily temperature accumulated in a year (≥10℃) /℃	6353
年日照时数 /h Annual sunshine /h	1669
年平均相对湿度 /% Annual average relative humidity /%	79
干燥度 Dryness	0.78

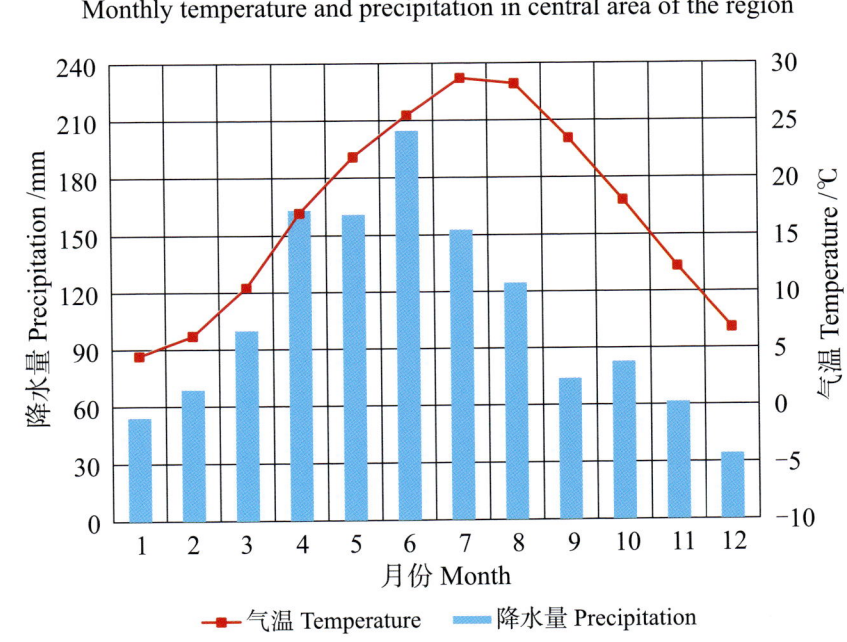

本区域中心区月平均气温与月平均降水量
Monthly temperature and precipitation in central area of the region

华容县主要土壤类型与土壤剖面点分布图
1:310 000

华容县土壤剖面理化性状表

剖面号 Soil profile	土纲 Soil order	土类 Soil great group	亚类 Soil subgroup	土属 Soil genus	土种 Soil species	土层码 Layer code	土层厚度 Depth/cm	颜色 Soil color	质地 Soil texture	土壤结构 Soil structure	pH	有机质 OM/(g/kg)	全氮 TN/(g/kg)	全磷 TP/(g/kg)	全钾 TK/(g/kg)	碱解氮 AN/(mg/kg)	有效磷 AP/(mg/kg)	速效钾 AK/(mg/kg)	阳离子交换量CEC/(cmol/kg)	土壤母质 Parent material	剖面点坐标 Profile coordinate	匹配指数 Matching index/%
剖1	人为土	水稻土	潴育水稻土	紫潮泥田	间砂紫潮砂泥田	A	0—15	暗灰棕色	中壤土	碎块状	7.6	32.6	2.06	1.74	18.4	137	14.5	85			E 112°25′02.2″ N 29°33′08.2″	97
						P	15—24	暗灰色	中壤土	块状	7.9	17.6	1.25	1.51	19.2	77	5.6	75				
						S	24—57	灰棕色	砂壤土	柱状	8.1	6.5	0.61	1.35	18.4	45	3.4	70				
						W	57—75	紫棕色	轻黏土	棱柱状	7.8	7.2	0.95	1.42	22.8	43	6.7	70				
						C	75—	紫棕色	重壤土	棱柱状	8.1	11.1	0.86	1.24	22.8	28	6.8	67				
剖2	人为土	水稻土	潴育水稻土	紫潮泥田	黄紫潮泥田	A	0—14	棕灰色	轻黏土	碎块状	5.9	47.7	2.86	1.24	15.8	192	9.8	92			E 112°28′51.5″ N 29°32′53.4″	98
						Pg	14—22	暗灰棕色	重壤土	块状	6.3	38.5	2.47	1.35	18.9	176	9.3	85				
						W	22—100	浅棕黄色	重壤土	棱柱状	6.7	20.9	1.39	0.98	17.9	99	5.7	87				
剖3	人为土	水稻土	潴育水稻土	紫潮泥田	砂底紫潮泥田	A	0—14	灰红棕色	壤土	小块状	7.8	28.9	1.73	1.45	17.8	135	11.5	45			E 112°27′18.4″ N 29°31′52.0″	95
						Ap	14—22	暗灰棕色	黏壤土	块状	7.7	12.0	1.05	1.73	22.5							
						W	22—65	红棕色	黏壤土	棱柱状	8.0	8.4	0.57	1.36	35.4							
						S	65—100	灰棕色	砂土	无结构	8.2	4.4	0.59	1.34	18.0							
剖4	人为土	水稻土	潴育水稻土	紫潮泥田	砂底紫潮砂泥田	A	0—14	暗灰棕色	中壤土	碎块状	7.7	40.6	2.15	1.54	17.6	148	13.6	70			E 112°28′41.5″ N 29°30′28.7″	97
						P	14—20	暗灰棕色	中壤土	块状	7.7	31.7	2.04	1.74	18.7	125	8.7	47				
						W	20—40	紫棕色	中壤土	碎块状	7.9	10.6	0.92	1.55	18.7	51	3.8	46				
						S	40—100	灰棕色	砂壤土	柱状	8.0	5.0	0.60	1.35	18.3	42	7.1	50				
剖5	半水成土	潮土	湖潮土	耕型紫潮土	紫潮飞砂土	As	0—13	暗灰棕色	中壤土	片状	6.9	11.7	0.64	1.11	15.9	51	5.0	45		湖积物	E 112°25′54.8″ N 29°30′30.3″	97
						S	13—100	灰白色	紧砂土	粒状	6.9	9.7	0.65	1.35	17.4	28	2.8	40				
剖6	人为土	水稻土	潜育水稻土	紫潮泥田	烂湖田	Ag	0—16	暗灰棕色	重黏土	无结构	7.2	38.6	2.19	1.32	26.1	128	3.3	112			E 112°29′43.5″ N 29°24′31.6″	95
						G	16—100	紫棕色	重黏土	无结构	7.4	14.4	1.12	1.40	29.4	63	6.0	129				
剖7	人为土	水稻土	潴育水稻土	河砂泥田	河砂泥田	A	0—12	灰棕色	中壤土	碎块状	5.1	27.5	1.81	0.83	22.4	143	8.4	77		河流冲积物	E 112°44′33.8″ N 29°37′50.9″	95
						P	12—17	青灰色	中壤土	块状	5.1	30.0	1.79	0.81	22.7	139	8.7	60				
						W	17—100	黄棕色	中壤土	柱状	5.7	13.4	0.96	0.88	24.7	71	3.8	42				
剖8	人为土	水稻土	淹育水稻土	浅红黄泥田	浅红黄泥田	A	0—10	灰棕色	重壤土	小块状	5.4	26.5	1.65	0.58	16.3	114	6.7	65		第四纪红色黏土	E 112°37′01.4″ N 29°33′36.3″	97
						P	10—22	黄棕色	重壤土	块状	5.9	20.2	1.28	0.62	18.9	80	5.0	55				
						C	22—100	浅棕黄色	重壤土	柱状	5.1	13.1	0.86	0.66	19.1	58	4.7	82				
剖9	铁铝土	红壤	红壤	花岗岩红壤	中腐厚层花岗岩红壤	A	0—15	浅棕红色	重壤土	团粒状	5.8	16.9	1.40	1.12	17.1	117	6.8	100		第四纪红色黏土	E 112°36′09.9″ N 29°32′23.3″	95
						Bv	15—45	暗棕红色	轻壤土	块状	5.6	15.2	1.27	1.01	17.8	112	3.6	82				
						C	45—100	灰棕色	重壤土	棱柱状	5.4	7.4	0.84	0.90	20.3	64	2.2	95				
剖10	人为土	水稻土	渗育水稻土	白鳝泥田		Ag	0—13	青灰白色	重壤土	碎块状	5.7	29.5	1.82	0.58	20.3	145	7.6	45			E 112°38′02.2″ N 29°34′35.2″	95
						Pg	13—28	棕灰色	重壤土	块状	5.6	15.6	1.10	0.67	22.0	84	3.5	39				
						We	28—50	浅灰白色	砂壤土	大块状	5.8	6.6	0.62	0.45	23.3	42	2.2	42				
						E	50—100	浅灰白色	松砂土	块状	6.3	4.7	0.37	0.50	25.0	21	3.8	50				
剖11	铁铝土	红壤	红壤性土	花岗岩红壤性土	薄腐花岗岩红壤性土	A₁	0—1	暗灰色	紧砂土	粒状	5.1	28.3	1.34	0.48	30.9	62	1.8	37		花岗岩	E 112°42′06.6″ N 29°33′03.6″	95
						A₂	1—15	浅黄棕色	紧砂土	粒状	5.2	27.1	1.31	0.47	30.8	92	2.2	35				
						Bv	15—38	灰黄棕色	砂壤土	粒状	5.3	14.3	0.76	0.41	35.9	59	1.7	35				
						D	38—															
剖12	人为土	水稻土	潜育水稻土	青泥田	青紫潮泥田	A	0—15	暗红棕色	黏壤土	小块状	8.2	34.9	2.18	1.99	25.0	132	6.8	95			E 112°38′16.0″ N 29°32′28.1″	95
						Apg	15—20	暗灰色	黏壤土	小块状	8.4	28.3	1.86	1.94	27.1							
						G	20—100	暗灰色	黏土	大块状	8.5	26.9	1.72	1.70	27.5							

续表 Continued

剖面号 Soil profile	土纲 Soil order	土类 Soil great group	亚类 Soil subgroup	土属 Soil genus	土种 Soil species	土层码 Layer code	土层厚度 Depth/cm	颜色 Soil color	质地 Soil texture	土壤结构 Soil structure	pH	有机质 OM/(g/kg)	全氮 TN/(g/kg)	全磷 TP/(g/kg)	全钾 TK/(g/kg)	碱解氮 AN/(mg/kg)	有效磷 AP/(mg/kg)	速效钾 AK/(mg/kg)	阴离子交换量CEC/(cmol/kg)	土壤母质 Parent material	剖面点坐标 Profile coordinate	匹配指数 Matching index/%
剖13	人为土	水稻土	渗育水稻土	白散泥田		A	0—14	暗灰黄色	重壤土	碎块状	6.6	32.9	2.12	0.99	18.2	189	3.8	75			E 112°32′32.8″ N 29°29′03.4″	95
						P	14—26	暗黄棕色	重壤土	块状	6.8	19.2	1.20	0.54	16.6	89	2.7	57				
						E	26—82	灰白色	重壤土	棱柱状	7.1	5.2	0.51	0.34	16.2	25	2.4	64				
						W	82—100	黄褐色	重黏土	大块状	7.9	4.7	0.49	0.53	17.2	22	2.2	42				
剖14	人为土	水稻土	潴育水稻土	紫潮泥田	紫潮泥田	A	0—14	暗紫棕色	轻黏土	碎块状	8.0	42.7	2.48	1.48	24.2	175	7.8	100			E 112°30′42.8″ N 29°25′54.1″	98
						P	14—26	紫灰色	轻黏土	块状	7.9	36.0	2.16	1.47	24.2	138	7.3	82				
						W	26—75	紫棕色	轻黏土	块状	8.0	26.8	2.22	1.49	23.6	107	8.3	92				
						C	75—100	紫红棕色	轻壤土	棱柱状	8.0	10.7	0.95	1.28	21.6	47	11.2	90				
剖15	铁铝土	红壤	红壤性土	板页岩红壤性土	薄腐厚层板页岩红壤性土	A_1	0—7	棕色	中壤土	块状	4.8	16.6	1.27	0.12	25.2	85	2.2	37		板页岩	E 112°35′46.0″ N 29°24′28.8″	95
						A_2	7—20	红黄色	中壤土	小块状	4.9	15.4	1.15	0.20	26.7	72	1.1	27				
						Bv	20—37	红黄色	轻壤土	小块状	5.0	12.8	1.09	0.56	29.5	51	2.2	27				
						D	37—															
剖16	半水成土	潮土	湖潮土	紫潮泥土	紫潮泥土	A	0—14	暗紫灰色	重黏土	碎块状	7.9	26.9	1.60	1.85	24.6	97	8.5	127		湖积物	E 112°51′14.2″ N 29°45′27.9″	97
						Bv_1	14—40	暗紫灰色	轻黏土	棱柱状	8.0	13.9	1.04	1.01	25.2	53	4.5	70				
						Bv_2	40—100	紫棕色	中黏土	棱柱状	7.6	14.0	1.16	1.30	24.3	57	5.6	85				
剖17	铁铝土	红壤	红壤	花岗岩红壤	厚腐厚层花岗岩红壤	A	0—25	棕色	重壤土	碎块状	5.7	23.3	1.40	0.81	16.9	127	2.2	62		第四纪红色黏土	E 112°49′15.6″ N 29°43′49.2″	95
						ABv	25—80	浅棕红色	重壤土	块状	4.8	15.2	0.99	0.73	17.3	91	1.5	42				
						BvC	80—120	红棕色	重壤土	块状	5.1	10.9	0.98	0.87	17.6	84	1.1	47				
						C	120—200	红棕色	重壤土	块状	5.3	8.6	0.72	1.03	19.7	63	6.8	102				
剖18	人为土	水稻土	潜育水稻土	青泥田	青黄紫潮泥田	Ag	0—16	青灰色	轻黏土	大块状	8.0	47.1	2.81	1.39	27.6	190	9.6	103			E 112°50′33.3″ N 29°44′36.4″	97
						Pg	16—27	青灰色	轻黏土	块状	8.1	46.3	2.64	1.26	23.5	76	10.1	84				
						G	27—100	青灰色	轻黏土	块状	8.0	43.1	2.58	1.28	24.7	159	5.6	85				
剖19	铁铝土	红壤	棕红壤	花岗岩棕红壤	薄腐厚层花岗岩棕红壤	A	0—40	暗褐黄色	砾质黏壤土	小块状	5.2	27.4	1.48	0.73	29.4	130	≤1.0	56	8.9	花岗岩	E 112°50′27.9″ N 29°43′52.4″	75
						ABv	40—83	暗褐黄色	砾质黏壤土	小块状	5.0	14.1	0.82	0.47	29.3	63	≤1.0	50	9.5			
						C	83—150	黄橙色	砂土	屑粒状	5.1	5.9	0.62	0.48	13.5	19	≤1.0	44	10.1			
剖20	人为土	水稻土	潴育水稻土	麻砂泥田	麻砂泥田	A	0—11	暗黄色	中壤土	小块状	5.4	30.1	1.76	0.61	20.6	124	6.2	82	6.4		E 112°50′47.0″ N 29°43′59.1″	97
						Pg	11—16	黄棕色	中壤土	大块状	5.2	26.6	1.45	0.67	22.1	113	5.1	65				
						W	16—40	黄棕色	中壤土	大块状	5.3	11.6	0.77	0.58	22.5	51	3.4	65				
						C	40—100	青灰色	轻壤土	大块状	5.1	7.2	0.64	1.05	28.7	38	7.3	50				
剖21	人为土	水稻土	潴育水稻土	红黄泥田	黄蜡泥田	A	0—12	青灰色	重壤土	小块状	6.4	28.3	1.80	1.53	18.5	140	15.8	60	8.9	第四纪红色黏土	E 112°51′45.7″ N 29°41′39.2″	97
						Pg	12—19	青灰色	轻壤土	粒状	6.4	23.1	1.31	1.45	16.9	114	21.3	52				
						W	19—100	浅黄棕色	重壤土	棱柱状	6.8	7.2	0.76	0.72	17.2	49	7.1	62				
剖22	人为土	水稻土	潴育水稻土	红黄泥田	烂泥田	Ag	0—21	青灰色	中黏土	块状	6.9	52.9	3.03	1.52	27.5	160	8.6	70		花岗岩	E 112°51′48.6″ N 29°41′06.1″	75
						G	21—100	灰棕色	重壤土	无结构	6.1	32.9	1.98	1.07	20.1	172	9.2	92				
剖23	人为土	水稻土	潴育水稻土	黄红泥田	黄红麻泥田	A	0—15	黄棕色	中壤土	大块状	5.4	26.9	1.65	0.93	18.2	124	4.3	60		第四纪红色黏土	E 112°48′32.2″ N 29°41′14.8″	97
						Pg	15—19	浅黄棕色	中壤土	小块状	5.7	19.7	1.47	1.39	19.1	104	5.1	57				
						W	19—100	黄棕色	重壤土	棱柱状	6.8	10.2	0.86	1.33	19.7	48	3.4	35				
剖24	人为土	水稻土	潴育水稻土	红黄泥田	青黄红泥田	A	0—14	浅黄棕色	重壤土	块状	5.1	31.5	1.68	0.66	18.9	152	5.5	69		第四纪红色黏土	E 112°48′19.5″ N 29°40′38.0″	97
						Pg	14—20	青灰色	重壤土	块状	5.6	31.5	1.67	0.65	17.8	150	4.9	67				
						G	20—31	青灰色	重壤土	棱柱状	5.1	26.5	5.00	0.69	19.3	131	4.4	62				
						W	31—100	灰棕色	重壤土	块状	6.1	8.6	0.68	0.84	18.2	61	8.2	71				
剖25	半水成土	潮土	潮土	耕型紫潮泥土	黄紫潮泥土	A	0—17	暗红棕色	黏壤土	小块状	7.5	18.2	1.83	1.64	27.6	95	3.8	39			E 112°53′23.1″ N 29°44′34.1″	95
						C	17—100	暗红棕色	黏土	大块状	5.8	5.1	0.63	0.99	21.4		17.7	133				
剖26	半水成土	潮土	潮土	耕型紫潮泥土	紫潮莱园土	A	0—18	红棕色	黏土	粒状	7.8	27.6	1.85	1.74	28.9	152					E 112°46′44.8″ N 29°22′33.9″	95
						Bv	18—75	灰棕色	黏土	块状	8.0	15.8	0.95	1.64	28.5							
						C	75—100	红棕色	砂壤土	大块状	8.2	9.5	0.64	1.50	27.8							

续表 Continued

剖面号 Soil profile	土纲 Soil order	土类 Soil great group	亚类 Soil subgroup	土属 Soil genus	土种 Soil species	土层码 Layer code	土层厚度 Depth/cm	颜色 Soil color	质地 Soil texture	土壤结构 Soil structure	pH	有机质 OM/(g/kg)	全氮 TN/(g/kg)	全磷 TP/(g/kg)	全钾 TK/(g/kg)	碱解氮 AN/(mg/kg)	有效磷 AP/(mg/kg)	速效钾 AK/(mg/kg)	阳离子交换量CEC/(cmol/kg)	土壤母质 Parent material	剖面点坐标 Profile coordinate	匹配指数 Matching index/%
剖27	半水成土	潮土	潮土	耕型紫潮土	间砂紫潮土	A	0—25	暗红棕色	壤土	小块状	8.0	23.6	1.22	1.41	21.1	72	8.5	75			E 112°46′49.5″ N 29°22′14.1″	95
						S	25—36	灰棕色	砂土	粒状	8.3	8.2	0.70	1.30	19.8	39	6.2	47				
						C	36—100	红棕色	黏壤土	块状	8.0	23.4	1.13	1.30	22.0	77	9.2	85				

湘 阴 县

主要土类说明

水稻土是湘阴县主要土壤类型，占本县地域面积的 45%。本县水稻土由于所处地形部位不同，特别是受水的作用程度不同，土壤发育程度有较大差异，土体构型也有明显差异，分为淹育型、潴育型、渗育型、潜育型、沼泽型五个亚类。其中，潴育水稻土面积最大，占本土类面积的 80% 以上；其次为潜育水稻土，占本土类面积的 15% 以上。潴育水稻土发育于多种成土母质，分布在本县各地，位于淹育水稻土和潜育水稻土之间。受地下水运动的作用，土体内氧化还原交替进行，有明显的淋溶淀积现象，心土层有铁锰斑纹和结核。

红壤是湘阴县第二大土壤类型，占本县地域面积的 18%。根据发育程度，本县红壤分为红壤、红壤性土、棕红壤等亚类。其中，红壤亚类占本土类面积的 90% 以上。

小于本县地域面积 3% 的土壤类型有潮土等。

本区域中心区气候特征

本区域中心区气候特征值
Regional climate characteristics in central area of the region

气候带：中亚热带湿润气候 Climate region: Subtropical humid climate	
年平均气温 /℃ Annual average temperature /℃	16.9
年平均最高气温 /℃ Annual average maximum temperature /℃	21.3
年平均最低气温 /℃ Annual average minimum temperature /℃	13.7
年降水量 /mm Annual precipitation /mm	1321
≥ 10℃的积温 /℃ Daily temperature accumulated in a year（≥ 10℃）/℃	6626
年日照时数 /h Annual sunshine /h	1618
年平均相对湿度 /% Annual average relative humidity /%	81
干燥度 Dryness	0.77

本区域中心区月平均气温与月平均降水量
Monthly temperature and precipitation in central area of the region

湘阴县土壤剖面理化性状表

剖面号 Soil profile	土纲 Soil order	土类 Soil great group	亚类 Soil subgroup	土属 Soil genus	土种 Soil species	土层码 Layer code	土层厚度 Depth/cm	颜色 Soil color	质地 Soil texture	土壤结构 Soil structure	pH	有机质 OM/(g/kg)	全氮 TN/(g/kg)	全磷 TP/(g/kg)	全钾 TK/(g/kg)	碱解氮 AN/(mg/kg)	有效磷 AP/(mg/kg)	速效钾 AK/(mg/kg)	土壤母质 Parent material	剖面点坐标 Profile coordinate	匹配指数 Matching index/%
剖1	人为土	水稻土	潴育水稻土	潮砂泥田	闪白粉潮泥田	A	0—15	黄褐色	轻黏土	蜂窝状	7.0	44.1	2.27	0.96	19.9	150	17.0	87	湖积物	E 112°38′26.8″ N 28°46′22.7″	97
						P	15—26	灰褐色	重壤土	块状	7.0	41.6	2.01	0.76	19.1						
						W₁	26—53	灰棕色	轻黏土	块状	7.0	14.4	0.79	0.42	17.2						
						E	53—60	灰色	轻黏土	屑粒状	7.0	1.9	0.21	0.87	14.4						
						W₂	60—100	黄棕色	重黏土	块状	7.0	6.9	0.75	0.98	15.0						
剖2	人为土	水稻土	渗育水稻土	白散泥田	红底白散潮泥田	A	0—15	红棕色	中壤土	蜂窝状	6.5	37.3	1.87	0.60	15.0	157	6.7	44	湖积物	E 112°37′59.0″ N 28°45′14.1″	97
						Pg	15—27	灰棕色	重壤土	块状	7.5	23.8	1.14	0.40	19.6						
						W₁	27—40	黄棕色	中壤土	块状	7.5	4.4	0.40	0.45	18.0						
						We	40—100	棕灰色	重壤土	块状	7.5	5.2	0.45	1.32	21.7						
剖3	人为土	水稻土	潴育水稻土	潮砂泥田	青塥潮砂泥田	A	0—13	黄褐色	中壤土	团粒状	5.5	39.4	2.17	0.98	25.2	192	8.8	114	湖积物	E 112°35′28.8″ N 28°42′50.8″	97
						Pg	13—26	棕灰色	重壤土	块状	6.0	34.7	1.91	0.95	23.6						
						W₁	26—59	灰棕色	重壤土	块状	7.0	25.2	1.25	0.45	17.9						
						C	59—100	灰棕色	重黏土	块状	7.0	6.7	0.48	1.27	21.6						
剖4	人为土	水稻土	潴育水稻土	潮砂泥田	红底潮泥田	A	0—12	黄褐色	重壤土	蜂窝状	7.0	45.8	2.32	1.19	14.2	151	6.7	99	湖积物、第四纪红色黏土	E 112°34′24.3″ N 28°41′54.1″	97
						P	12—29	灰棕色	中壤土	块状	7.0	29.5	2.49	0.92	25.0						
						W	29—100	棕灰色	重壤土	块状	7.0	6.2	0.63	0.84	16.5						
剖5	人为土	水稻土	潴育水稻土	潮砂泥田	红底潮砂泥田	A	0—12	黄棕色	轻壤土	团粒状	5.5	29.6	1.77	0.84	16.1	173	11.5	112	湖积物	E 112°35′43.5″ N 28°41′01.7″	97
						P	12—21	棕灰色	重壤土	块状	6.0	29.2	1.52	0.55	11.6						
						W₁	21—42	黄棕色	中壤土	块状	7.0	4.5	0.52	0.45	17.2						
						W₂	42—100	黄棕色	重壤土	块状	7.0	3.1	0.48	1.19	28.5						
剖6	人为土	水稻土	潴育水稻土	潮砂泥田	砂底潮泥田	Ag	0—11	黄褐色	中壤土	团粒状	6.5	12.3	0.89	1.27	28.3	90	6.4	62	湖积物	E 112°40′54.4″ N 28°44′35.6″	97
						P	11—17	红黄色	轻壤土	粒状	7.5	12.0	0.45	0.75	27.0						
						S	17—100	黄色	砂土	粒状	6.5	2.2	2.57	1.41	19.7						
剖7	人为土	水稻土	潴育水稻土	潮砂泥田	铁子潮泥田	A	0—13	红褐色	中壤土	蜂窝状	6.5	39.4	2.18	1.58	17.9	230	6.0	81	湖积物	E 112°43′10.6″ N 28°44′02.2″	97
						P	13—18	黄褐色	中壤土	块状	6.5	33.5	2.04	0.90	15.0						
						W₁	18—24	灰色	轻壤土	块状	7.0	8.7	0.72	0.94	21.1						
						W₂	24—62	棕色	中壤土	块状	7.0	20.8	1.32	0.38	13.1						
						W₃	62—100	灰黄色	轻壤土	块状	7.0	5.3	0.55	0.46	28.2						
剖8	人为土	水稻土	潴育水稻土	烂湖田	烂湖田	Ag	0—22	深灰色	重壤土	糊状	7.5	26.6	1.70	1.51	28.2	144	4.4	71	湖积物	E 112°44′20.1″ N 28°44′28.1″	97
						G	22—100	青灰色	重壤土	糊状	8.0	20.3	1.23	1.08	30.0						
剖9	人为土	水稻土	潴育水稻土	潮砂泥田	潮泥田	A	0—13	红棕色	重壤土	蜂窝状	6.5	29.1	2.34	1.27	19.3	172	8.0	64	湖积物	E 112°44′20.5″ N 28°40′35.9″	97
						P	13—19	黄褐色	中壤土	块状	7.0	35.3	1.38	0.99	22.1						
						W₁	19—100	灰棕色	轻壤土	块状	7.0	21.8	1.18	0.38	15.4						
剖10	人为土	水稻土	潴育水稻土	潮砂泥田	闪砂潮泥田	A	0—13	棕黄色	重壤土	蜂窝状	5.5	22.6	1.06	1.19	26.7	119	2.8	85	湖积物	E 112°44′57.7″ N 28°40′14.1″	97
						P	13—23	棕黄色	轻壤土	糊状	5.0	11.2	1.20	1.10	22.2						
						G	23—35	灰黄色	中壤土	粒状	7.5	17.5	0.59	0.74	27.8						
						W₁	35—75	棕黄色	中壤土	块状	7.0	10.3	0.89	0.90	22.9						
						W₂	75—100	棕黄色	中壤土	块状	7.0	14.1	0.77	0.96	24.7						
剖11	人为土	水稻土	潴育水稻土	潮砂泥田	青塥潮泥田	A	0—17	棕色	轻黏土	蜂窝状	7.5	42.8	2.67	0.84	26.3	163	9.7	74	湖积物	E 112°40′28.3″ N 28°40′13.5″	97
						Pg	17—27	灰棕色	重黏土	块状	7.5	42.5	2.29	0.94	27.2						
						G	27—45	灰棕色	轻黏土	块状	8.0	36.6	1.88	0.79	29.0						
						W	45—68	棕黄色	轻黏土	块状	7.5	10.6	0.88	1.25	27.4						
						C	68—100	棕黄色	中黏土	块状	7.5	32.2	0.89	1.15	30.5						

续表 Continued

剖面号 Soil profile	土纲 Soil order	土类 Soil great group	亚类 Soil subgroup	土属 Soil genus	土种 Soil species	土层码 Layer code	土层厚度 Depth/cm	颜色 Soil color	质地 Soil texture	土壤结构 Soil structure	pH	有机质 OM/(g/kg)	全氮 TN/(g/kg)	全磷 TP/(g/kg)	全钾 TK/(g/kg)	碱解氮 AN/(mg/kg)	有效磷 AP/(mg/kg)	速效钾 AK/(mg/kg)	土壤母质 Parent material	剖面点坐标 Profile coordinate	匹配指数 Matching index/%
剖12	人为土	水稻土	潴育水稻土	潮砂泥田	青隔红底潮泥田	A	0—15	红棕色	重壤土	蜂窝状	7.0	31.8	2.08	0.80	17.3	153	7.5	44	湖积物、第四纪红色黏土	E 112°40′57.8″ N 28°40′15.0″	97
						Pg	15—28	灰棕色	重壤土	块状	7.0	6.1	1.63	0.64	14.9						
						W	28—56	黄棕色	轻黏土	块状	7.0	5.0	0.48	0.45	13.5						
						We	56—100	灰棕色	重黏土	块状	7.0	4.3	0.56	0.58	16.6						
剖13	人为土	水稻土	潴育水稻土	青泥田	钙质青泥田	A	0—19	棕黄色	重黏土	团粒状	7.5	44.0	2.78	1.07	26.9	167	6.5	67	湖积物	E 112°43′50.4″ N 28°38′51.6″	97
						Pg	19—34	深灰色	轻黏土	块状	7.5	32.8	2.25	0.85	25.8						
						G	34—60	深灰色	轻黏土	块状	7.5	17.7	1.14	0.81	26.0						
						Wg	60—100	深灰色	轻黏土	块状	7.5	8.1	0.81	1.11	27.8						
剖14	人为土	水稻土	潴育水稻土	潮砂泥田	钙质潮泥田	A	0—15	黄褐色	中壤土	团粒状	8.0	44.9	2.57	1.21	28.6	138	7.0	67	湖积物	E 112°44′02.7″ N 28°38′34.1″	97
						P	15—26	灰棕色	轻黏土	块状	8.0	15.0	0.87	0.87	25.7						
						W	26—100	灰棕色	轻黏土	块状	7.5	11.9	1.21	1.21	29.5						
剖15	人为土	水稻土	潴育水稻土	潮砂泥田	青隔间白粉潮泥田	A	0—13	灰棕色	重壤土	团粒状	7.0	33.3	1.51	0.91	19.4	144	6.7	16	湖积物	E 112°42′14.3″ N 28°37′20.6″	97
						Pg	13—24	棕灰色	中壤土	块状	7.0	30.2	1.21	0.84	20.5						
						W₁	24—45	棕灰色	重壤土	块状	7.5	25.5	1.38	0.78	20.2						
						E	45—70		重壤土	屑粒状	7.5	1.1	0.25	0.41	13.0						
						W₂	70—100	红灰色	中壤土	块状	7.5	2.7	0.98	0.78	14.6						
剖16	人为土	水稻土	潴育水稻土	潮砂泥田	潮泥田	A	0—14	灰棕色	砂壤土	小块状	7.9	34.0	2.52	1.05	24.1	119	6.8	77		E 112°43′49.1″ N 28°37′20.6″	95
						Ap	14—27	灰棕色	黏壤土	块状	8.3	24.9	1.68	0.75	26.9						
						W	27—85	黄棕色	黏壤土	梭柱状	8.3	8.6	0.97	1.01	29.2						
						C	85—100	浅棕色	黏壤土	大块状	7.5										
剖17	人为土	水稻土	渗育水稻土	白散潮泥田	白散潮泥田	A	0—13	褐色	中壤土	蜂窝状	7.0	38.3	2.13	1.39	25.3	161	6.7	126	湖积物	E 112°43′59.3″ N 28°36′47.7″	98
						P	13—19	褐色	轻壤土	块状	7.0	37.9	2.03	0.93	24.1						
						W	19—42	黄棕色	重壤土	块状	7.0	32.2	1.82	0.90	25.3						
						E	42—100	灰白色	重壤土	片状	6.0	5.4	0.45	0.49	21.2						
剖18	人为土	水稻土	潴育水稻土	河砂泥田	砂泥田	A	0—15	黄褐色	中壤土	蜂窝状	6.5	34.2	1.95	1.96	20.4	133	9.0	94	河积物	E 112°49′19.5″ N 28°52′47.4″	97
						P	15—24	棕灰色	轻壤土	块状	6.5	27.5	1.56	1.32	21.0						
						W	24—66	黄褐色	重壤土	块状	6.5	10.8	1.24	0.95	21.5						
						G	66—100	红褐色	重壤土	粒状	6.0										
剖19	人为土	水稻土	潴育水稻土	河砂泥田	青褐河砂泥田	A	0—14	黄褐色	重壤土	蜂窝状	5.5	23.8	1.34	1.39	24.8	119	4.4	83	河积物	E 112°43′40.0″ N 28°52′30.4″	97
						Pg	14—26	深棕色	重壤土	块状	7.0	18.5	0.91	0.94	27.0						
						Wg	26—54	灰棕色	重壤土	块状	6.0	17.4	1.09	0.96	25.9						
						C	54—100	棕褐色	重壤土	块状	5.5	11.1	0.69	0.83	23.4						
剖20	人为土	水稻土	潴育水稻土	青泥田	青砂泥田	A	0—15	黄褐色	砂壤土	粒状	8.0	28.3	1.64	0.86	27.9	91	4.2	≥500	湖积物	E 112°49′49.0″ N 28°52′16.4″	97
						P	16—27	棕灰色	轻黏土	粒状	8.0	25.2	1.35	0.84	25.5						
						Gw	27—70	灰色	重黏土	粒状	7.5	20.9	1.16	0.83	11.6						
						W	70—100	棕黄色	轻壤土	粒状	7.5	8.6	0.56	0.99	23.5						
剖21	人为土	水稻土	潴育水稻土	河砂泥田	间砂泥田	A	0—12	红褐色	中壤土	蜂窝状	7.0	29.8	1.54	1.21	26.4	123	9.9	87	河积物	E 112°50′18.3″ N 28°52′08.3″	97
						P	12—19	红棕色	轻壤土	块状	7.0	26.3	≥10.00	≥10.00	20.1						
						S	19—55	灰棕色	轻壤土	粒状	7.0	9.5	0.66	2.74	35.7						
						Wg	55—100	灰褐色	中壤土	粒状	6.0	10.6	0.67	1.64	32.3						
剖22	人为土	水稻土	潴育水稻土	河砂泥田	河砂田	A	0—17	棕色	轻壤土	块状	6.5	24.8	1.47	2.12	26.8	138	26.8	45	河积物	E 112°49′40.4″ N 28°45′45.8″	97
						P	17—30	棕色	轻壤土	粒状	6.5	14.8	0.97	2.02	29.1						
						W₁	30—80	棕色	轻壤土	粒状	6.5	8.3	0.65	2.21	29.2						
						W₂	80—100	棕色	砂壤土	粒状	6.5	1.5	0.47	2.44	30.2						

续表 Continued

剖面号 Soil profile	土纲 Soil order	土类 Soil great group	亚类 Soil subgroup	土属 Soil genus	土种 Soil species	土层码 Layer code	土层厚度 Depth/cm	颜色 Soil color	质地 Soil texture	土壤结构 Soil structure	pH	有机质 OM/(g/kg)	全氮 TN/(g/kg)	全磷 TP/(g/kg)	全钾 TK/(g/kg)	碱解氮 AN/(mg/kg)	有效磷 AP/(mg/kg)	速效钾 AK/(mg/kg)	土壤母质 Parent material	剖面点坐标 Profile coordinate	匹配指数 Matching index/%
剖23	人为土	水稻土	潴育水稻土	青泥田	间砂青砂泥田	A	0—16	棕灰色	轻壤土	粒状	8.0	16.4	1.00	0.73	19.4	69	2.5	37	河积物	E 112°49′39.0″ N 28°45′31.8″	97
						Pg	16—23	棕灰色	砂壤土	粒状	8.0	13.5	0.74	0.67	22.7						
						S	23—38	棕黄色	紧砂土	粒状	7.5	≤1.0	0.17	0.46	21.6						
						G	38—100	灰棕色	重壤土	块状	7.0	21.1	1.15	1.06	21.7						
剖24	人为土	水稻土	潴育水稻土	白散泥田	白散泥田	A	0—12	褐色	重壤土	蜂窝状	7.8	34.4	1.97	1.10	20.0	142	4.0	98	第四纪红色黏土	E 112°58′00.8″ N 28°46′58.5″	97
						P	12—18	黄褐色	重壤土	块状	7.8	17.7	0.94	0.79	21.4						
						We	18—41	棕褐色	重壤土	块状	7.8	8.5	0.67	0.59	16.6						
						E	41—54	灰白色	重壤土	片状	7.8	5.5	0.43	0.37	15.4						
						C	54—100	灰色	中壤土	无结构散状	7.8	6.9	0.47	0.38	25.5						
剖25	人为土	水稻土	潴育水稻土	红黄泥田	青碣红黄泥田	A	0—17	黄印色	中壤土	蜂窝状	8.0	32.5	2.03	1.15	19.1	118	6.6	161	第四纪红色黏土	E 112°59′21.7″ N 28°47′05.9″	97
						P	17—29	棕灰色	重壤土	块状	7.8	20.7	1.06	0.80	18.9						
						W₁	29—56	黄棕色	中壤土	块状	7.5	11.5	0.66	0.55	17.8						
						W₂	56—100	棕红色	重壤土	块状	7.5	6.8	0.54	0.49	17.8						
剖26	人为土	水稻土	潴育水稻土	红黄泥田	红黄泥田	A	0—14	红褐色	中壤土	块状	5.0	24.1	1.34	0.98	18.3	100	3.4	138	第四纪红色黏土	E 112°54′45.4″ N 28°46′22.1″	98
						Pg	14—24	灰棕色	重壤土	蜂窝状	5.5	22.4	1.19	0.94	19.5						
						W₁	24—58	红棕色	重壤土	柱状	6.0	6.1	0.65	0.78	21.1						
						C	58—100	灰色	重壤土	块状	4.5	5.6	0.40	0.77	23.1						
剖27	半成成土	潮土	湿潮土	耕型湖潮土	潮泥土	A	0—20	黄棕色	轻壤土	蜂窝状	5.5	18.3	1.27	1.42	25.7	92	6.1	80	湖积物	E 112°52′00.8″ N 28°43′39.4″	95
						Bv	20—100	棕灰色	重壤土	粒状	6.0	19.7	1.84	1.52	24.2						
剖28	人为土	水稻土	潴育水稻土	青泥田	青泥田	A	0—15	黄棕色	中壤土	块状	6.5	32.9	1.98	1.21	27.4	129	3.7	94	湖积物	E 112°49′26.3″ N 28°42′03.3″	98
						Pg	15—25	棕灰色	中壤土	块状	7.0	20.6	1.48	1.18	26.9						
						G	25—100	黄棕色	中壤土	块状	7.0	16.3	1.23	1.11	28.4						
剖29	人为土	水稻土	潴育水稻土	潮砂泥田	潜底潮泥田	A	0—14	黄棕色	轻壤土	蜂窝状	6.0	38.9	1.89	0.92	28.5	137	4.1	65	湖积物	E 112°49′04.5″ N 28°41′37.9″	97
						P	14—26	棕灰色	重壤土	块状	6.5	11.8	0.65	0.94	31.4						
						W	26—53	红棕色	重壤土	块状	6.5	12.1	0.76	1.27	29.8						
						G	53—100	灰色	重壤土	块状	7.0	11.2	0.97	1.18	28.9						
剖30	人为土	水稻土	潴育水稻土	潮砂泥田	砂底潮泥田	A	0—16	棕灰色	重壤土	蜂窝状	7.0	32.3	1.89	1.18	27.8	153	8.5	61	湖积物	E 112°47′10.2″ N 28°42′26.4″	97
						P	16—29	棕灰色	重壤土	糊状	7.0	12.9	0.86	0.99	29.2						
						W₂	29—39	棕灰色	重壤土	糊状	7.0	12.4	0.94	0.99	28.8						
						S	39—100	黄棕色	重壤土	块状	7.0	2.2	0.21	0.45	30.0						
剖31	人为土	水稻土	潴育水稻土	烂泥田	烂泥田	Ag	0—20	棕灰色	中壤土	糊状	7.5	12.8	0.91	1.14	26.7	152	5.0	116	湖积物	E 112°53′04.1″ N 28°42′40.1″	97
						Pg	20—35	灰色	重壤土	糊状	7.5	3.0	0.60	0.94	28.9						
						G	35—60	灰色	重壤土	糊状	7.5	20.0	1.20	1.16	27.1						
						C	60—100	棕灰色	重壤土		7.0	8.5	0.80	1.21	27.3						
剖32	铁铝土	红壤	红壤	第四纪红色黏土红壤	薄腐厚层红土红壤	A₁	0—1	褐色		粒状	5.4	23.9	1.46	1.11	22.0	44	3.7	101	第四纪红色黏土	E 112°54′60.0″ N 28°42′44.1″	97
						A₂	1—23	棕色	重壤土	粒状	5.0	6.6	1.48	0.96	22.5						
						Bv	23—112	棕红色	轻壤土	块状	5.0	18.1	0.54	0.72	26.8						
						C	112—200	深红色	轻壤土	粒状	5.0	3.2	0.51	0.73	20.9						
剖33	铁铝土	红壤	红壤	耕型红土红壤	熟红土	A	0—28	红棕色	重壤土	蜂窝状	5.5	≤1.0	1.04	1.21	20.1	80	6.1	85	第四纪红色黏土	E 112°52′48.1″ N 28°41′39.5″	95
						Bv	28—100	棕红色	重壤土	块状	6.0	5.4	0.54	0.62	20.1						
剖34	人为土	水稻土	潴育水稻土	河砂泥田	砂底砂泥田	A	0—12	红棕色	中壤土	粒状	6.5	24.5	1.41	1.56	24.1	80	8.5	70	河积物	E 112°54′30.4″ N 28°40′33.2″	97
						P	12—21	灰棕色	中壤土	块状	7.0	18.9	0.97	1.20	23.0	93					
						S	21—100	棕色	砂壤土	粒状	7.0	6.1	0.28	1.59	32.6	12					
剖35	铁铝土	红壤	红壤	第四纪红色黏土红壤	薄腐中层红土红壤	A	0—23	棕红色	轻壤土	粒状	4.0	22.1	0.99	0.84	17.8	62	1.7	62	第四纪红色黏土	E 112°55′43.3″ N 28°40′16.9″	97
						ABv	23—62	红棕色	轻黏土	块状	5.0	18.6	0.91	0.60	15.1						
						C	62—100	深红色	轻黏土	块状	5.0	2.9	0.33	0.62	17.7						

续表 Continued

剖面号 Soil profile	土纲 Soil order	土类 Soil great group	亚类 Soil subgroup	土属 Soil genus	土种 Soil species	土层码 Layer code	土层厚度 Depth/cm	颜色 Soil color	质地 Soil texture	土壤结构 Soil structure	pH	有机质 OM/(g/kg)	全氮 TN/(g/kg)	全磷 TP/(g/kg)	全钾 TK/(g/kg)	碱解氮 AN/(mg/kg)	有效磷 AP/(mg/kg)	速效钾 AK/(mg/kg)	土壤母质 Parent material	剖面点坐标 Profile coordinate	匹配指数 Matching index/%
剖36	人为土	水稻土	潴育水稻土	潮砂泥田	潮砂泥田	A	0–14	灰棕色	重壤土	团粒状	6.0	24.0	2.52	1.05	24.1	119	6.8	77	湖积物	E 112°48′11.8″ N 28°38′15.3″	98
						P	14–27	灰棕色	重壤土	小块状	8.0	24.9	1.68	0.75	26.9						
						W	27–100	黄棕色	轻黏土	小块状	8.0	8.6	0.67	1.01	29.2						
剖37	铁铝土	红壤	红壤	砂岩红壤	薄腐中层砂岩红壤	A₁	0–0.3	红褐色	砂壤土	蜂窝状	5.5	24.3	1.89	0.64	32.2	132	1.7	62	砂岩	E 112°52′22.0″ N 28°36′22.9″	98
						Bv	0.3–3	红褐色	轻壤土	块状	5.5	17.0	0.52	0.51	34.5						
							3–47	红棕色	中壤土	块状	5.5	13.0	0.16	0.44	29.0						
						C	47–200	浅红棕色	砂壤土	粒状	5.5										
剖38	人为土	水稻土	潴育水稻土	黄砂泥田	青揭红黄砂泥田	A	0–14	红棕色	中壤土	小块状	6.0	24.5	1.45	1.34	29.0	106	6.3	63	红色砂岩	E 112°52′29.6″ N 28°36′03.9″	97
						Pg	14–27	红棕色	中壤土	块状	7.0	20.3	1.32	0.82	27.0						
						W	27–100	红褐色	中壤土	块状	7.0	19.1	0.82	0.66	27.8						
剖39	人为土	水稻土	潴育水稻土	冷浸田	冷浸泥田	A	0–18	棕黄色	重壤土	糊状	6.2	41.0	2.18	1.01	25.1	112	4.1	74	第四纪红色黏土	E 112°52′32.9″ N 28°38′08.3″	97
						Pg	18–23	棕黄色	中黏土	块状	6.8	32.8	2.01	0.75	24.1						
						G	23–72	青灰色	轻黏土	块状	6.5	17.5	1.04	0.70	23.0						
						W	72–100	灰棕色	轻黏土	块状	7.0	8.2	0.72	1.01	25.5						
剖40	铁铝土	红壤	棕红壤	棕红泥	棕糯红土	A	0–36	油红棕色	壤质黏土	碎块状	5.2	18.5	1.00	0.70	14.4	107	≤1.0	65	第四纪红色黏土	E 112°54′07.2″ N 28°39′04.1″	95
						Bv	36–62	红棕色	壤质黏土	块状	5.1	10.1	0.70	0.50	15.4			61			
						BvC	62–120	红棕色	黏土	块状	4.7	4.8	0.60	0.40	14.3			50			
剖41	人为土	水稻土	潴育水稻土	红黄泥田	红砂泥田	A	0–12	黄褐色	中壤土	蜂窝状	6.0	30.6	1.81	1.63	21.3	150	18.0	40	第四纪红色黏土	E 112°52′50.2″ N 28°35′44.5″	97
						P	12–20	灰棕色	轻壤土	块状	6.0	30.0	1.82	1.47	20.9			85			
						W	20–100	棕黄色	中壤土	块状	7.5	≤1.0	1.59	1.23	22.6						
剖42	人为土	水稻土	潴育水稻土	麻砂泥田	麻砂泥田	A	0–15	褐色	壤土	团粒状	7.0	20.5	1.70	1.75	19.3	110	9.6	93	花岗岩	E 112°57′58.6″ N 28°35′07.8″	97
						P	15–26	褐色	壤土	块状	7.0	17.0	1.30	1.03	21.6						
						W	26–100	褐色	壤土	粒状	7.0	12.0	0.78	1.05	20.9						
剖43	人为土	水稻土	潴育水稻土	河砂泥田	青揭砂底砂泥田	A	0–14	黄褐色	轻壤土	块状	5.5	17.9	1.04	0.93	25.8	169	3.5	70	河积物	E 112°52′54.2″ N 28°36′48.7″	97
						Pg	14–19	青灰色	中壤土	块状	6.5	21.3	1.24	1.94	23.8						
						G	19–40	深灰色	中壤土	块状	7.0	12.0	0.71	0.72	22.9						
						S	40–100	黄棕色	中壤土	块状	6.0	6.7	0.51	1.28	28.5						
剖44	人为土	水稻土	潴育水稻土	黄砂泥田	红砂泥田	A	0–15	红棕色	砂壤土	团粒状	6.5	21.5	0.95	1.15	32.5	98	8.0	41	红色砂岩	E 112°53′01.9″ N 28°35′54.9″	97
						P	15–24	红棕色	砂壤土	小块状	7.0	20.1	0.86	0.77	27.0						
						W₁	24–80	红棕色	砂黏土	块状	7.0	19.0	0.68	1.15	24.5						
						W₂	80–100	浅红棕色	砂壤土	块状	7.0										
剖45	人为土	水稻土	潴育水稻土	红黄泥田	青揭红黄砂泥田	A	0–12	棕色	轻黏土	蜂窝状	6.0	32.7	1.72	1.53	16.7	100	19.5	94	第四纪红色黏土	E 112°54′57.7″ N 28°33′31.3″	97
						Pg	12–25	黄褐色	中壤土	块状	6.5	25.3	1.19	0.78	16.8						
						W	25–100	红棕色	中壤土	块状	6.5	10.5	0.58	0.62	18.9						
剖46	铁铝土	红壤	红壤	耕型花岗岩红壤	麻砂泥土	A	0–30	棕色	中壤土	粒状	5.0	16.6	1.43	1.21	24.0	105	6.3	100	花岗岩	E 112°56′10.8″ N 28°33′27.8″	97
						ABv	30–70	棕红色	重壤土	块状	5.5	12.2	0.83	0.86	24.3						
						C	70–100	棕红色	砂壤土	块状	5.0	11.4	0.81	0.79	22.2						
剖47	人为土	水稻土	潴育水稻土	麻砂泥田	麻砂泥田	A	0–13	黑灰色	轻黏土	粒状	7.0	31.9	1.13	0.83	15.7	86	4.4	146	花岗岩	E 112°54′43.4″ N 28°33′09.1″	98
						P	13–23	黑灰色	中壤土	块状	6.5	30.5	1.26	≥10.00	15.0						
						W	23–100	黄褐色	中壤土	块状	7.0	21.0		≥10.00	13.9						
剖48	人为土	水稻土	潴育水稻土	麻砂泥田	青揭麻砂泥田	A	0–14	灰棕色	轻壤土	蜂窝状	7.0	31.2	1.68	1.12	34.0				花岗岩	E 112°58′22.3″ N 28°33′14.0″	97
						P	14–29	棕灰色	砂壤土	块状	7.0	30.7	1.66	1.18	33.6						
						G	29–39	棕灰色	砂壤土	块状	7.0	7.8	0.58	0.69	35.3						
						S	39–100	棕灰色	砂壤土	粒状	7.0	5.7	0.25	1.01	36.4						

平 江 县

主要土类说明

红壤是平江县主要土壤类型，占本县地域面积的51%。本县红壤分为红壤和黄红壤两个亚类。其中，红壤亚类面积较大，占本土类面积的70%以上，分布在海拔500m以下的低山、丘陵区，发育于第四纪红土、花岗岩、板页岩，具有明显的脱硅富铝化过程，一般土层较深，土壤呈酸性或强酸性。

水稻土是平江县第二大土壤类型，占本县地域面积的29%。本县水稻土分为淹育型、潴育型、渗育型、潜育型、沼泽型五个亚类。其中，潴育水稻土面积最大，占本土类面积的70%以上，发育于河流冲积物、第四纪红土、板页岩、花岗岩、紫色页岩和红色砂砾岩等母质，位于淹育水稻土和潜育水稻土之间，有较深厚的淋溶淀积层。受地下水运动的作用，土体内氧化还原交替进行，淀积层厚度一般在20cm以上。剖面构型为A-P-W-B-C 或 A-P-W-B-G。

紫色土是平江县第三大土壤类型，占本县地域面积的9%。紫色土是在亚热带气候条件下，由紫色岩发育而成的一种岩成土。其风化物富含磷、钾、钙等营养元素，大部分呈中性至碱性，也有一部分因石灰被强烈淋溶而呈酸性，而新近纪等地质年代的紫色岩层风化物，营养元素含量低，多呈酸性，因此，紫色岩的产生年代不同，其肥力和性质也不同。紫色土发育于紫色页岩和紫色砂页岩，多位于低丘，中高丘的基部也有少量分布。紫色土成土时间短，属于幼龄土，加上侵蚀作用强烈，土壤剖面层次发育不明显，上下层颜色均一。土层的厚度与所处地形部位、侵蚀程度有很大关系：在山丘顶部、中部，土层一般浅薄，表层被冲刷，岩层裸露；在低丘坡下，受坡积作用，土层较厚，多被垦为旱土。本县紫色土分为酸性紫色土、中性紫色土、石灰性紫色土三个亚类。

黄壤占本县地域面积的7%，一般分布在海拔500m以上的山地，垂直分布在红壤之上、黄棕壤之下。由于所处地区地势较高，云雾多，日照少，冬无严寒，夏无酷热，空气湿度大，土壤中游离氧化铁水化而使土体呈黄色，心土层呈蜡黄色，有机质层一般较厚，土壤呈酸性或强酸性。黄壤发育较为成熟，层次过渡明显，土层较厚。本县黄壤仅有黄壤一个亚类。

小于本县地域面积3%的土壤类型有黄棕壤、山地草甸土、潮土等。

本区域中心区气候特征

本区域中心区气候特征值
Regional climate characteristics in central area of the region

气候带：北亚热带湿润气候 Climate region: North subtropical humid climate	
年平均气温 /℃ Annual average temperature /℃	17.0
年平均最高气温 /℃ Annual average maximum temperature /℃	21.4
年平均最低气温 /℃ Annual average minimum temperature /℃	13.8
年降水量 /mm Annual precipitation /mm	1358
≥10℃的积温 /℃ Daily temperature accumulated in a year (≥10℃) /℃	7593
年日照时数 /h Annual sunshine /h	1650
年平均相对湿度 /% Annual average relative humidity /%	81
干燥度 Dryness	0.75

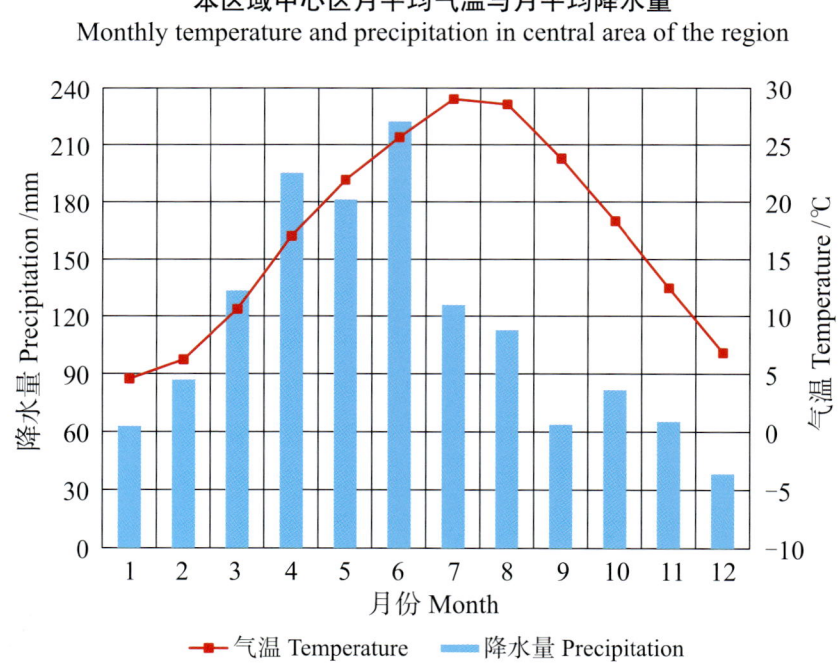

本区域中心区月平均气温与月平均降水量
Monthly temperature and precipitation in central area of the region

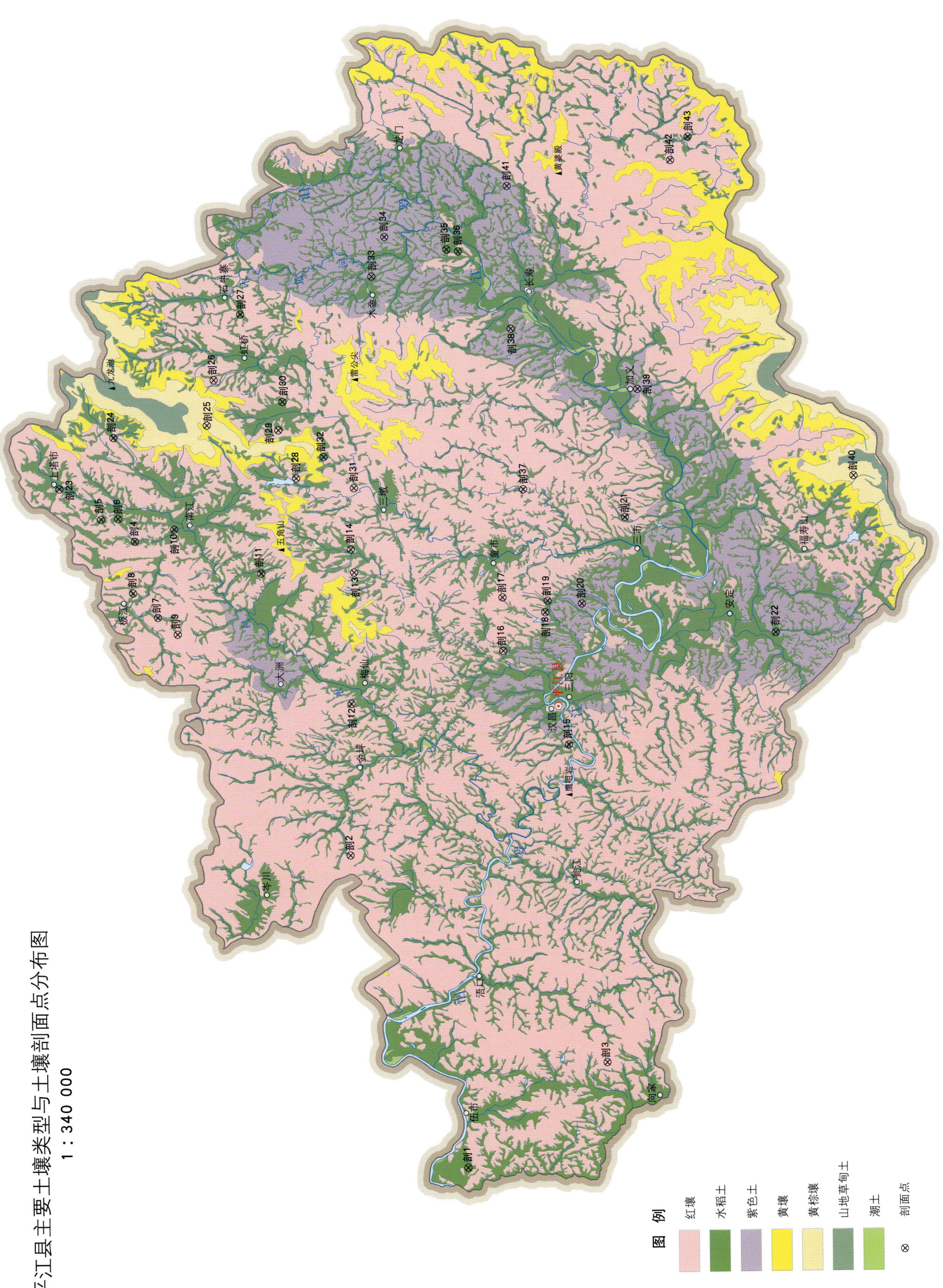

平江县土壤剖面理化性状表

剖面号 Soil profile	土纲 Soil order	土类 Soil great group	亚类 Soil subgroup	土属 Soil genus	土种 Soil species	土层码 Layer code	土层厚度 Depth/cm	颜色 Soil color	质地 Soil texture	pH	有机质 OM/(g/kg)	全氮 TN/(g/kg)	全磷 TP/(g/kg)	全钾 TK/(g/kg)	碱解氮 AN/(mg/kg)	有效磷 AP/(mg/kg)	速效钾 AK/(mg/kg)	土壤母质 Parent material	剖面点坐标 Profile coordinate	匹配指数 Matching index/%
剖1	人为土	水稻土	潜育水稻土	烂泥田	烂泥田	A	0—17	灰青色	黏壤土	5.5								花岗岩	E 113°11′31.4″ N 28°46′54.4″	97
						G	17—100	青色	黏土	5.5										
剖2	铁铝土	红壤	红壤	板页岩红壤	薄腐薄层板页岩红壤	A	0—40	灰棕色	黏壤土	4.3	17.8	0.87	0.86	14.9				板页岩	E 113°27′26.0″ N 28°51′45.4″	95
						ABv	40—82	灰黄色	黏壤土	4.5	16.0	0.76	0.86	16.4						
						C	82—100	黄色	黏壤土		9.8	0.56	0.84	18.0						
剖3	铁铝土	红壤	红壤	板页岩红壤	薄腐薄层板页岩红壤	A_1	0—2											第四纪红色黏土	E 113°16′37.6″ N 28°40′31.7″	95
						BvC	2—15	褐红色	黏壤土	4.6	15.9	0.99	0.65	14.8						
						C	15—35	褐红色	黏壤土	4.6	11.7	0.84	0.79	18.0						
							35—75	棕黄色	黏土	4.4	8.0	0.80	0.79	16.3						
						D	75—200													
剖4	人为土	水稻土	潜育水稻土	青泥田	青紫泥田	A	0—11	紫棕色	黏壤土	5.0	32.8	1.62	1.85	15.1	97	2.0	160	紫页岩	E 113°43′42.3″ N 29°00′57.5″	95
						Pg	11—17	紫棕色	黏壤土	5.0	28.9	1.14	1.09	13.7						
						G	17—100	紫棕色	砂壤土	4.5	13.2	0.73	0.76	13.5						
剖5	人为土	水稻土	潜育水稻土	青泥田	青紫砂泥田	A	0—15	棕色	壤土	5.5								紫色砂砾岩	E 113°44′52.3″ N 29°02′25.8″	95
						Pg	15—20	黄褐色	黏土	5.5										
						W	20—40	棕黄色	黏土	6.0										
						G	40—100	青色	黏土	6.0										
剖6	人为土	水稻土	渗育水稻土	白散泥田	白散泥田	A	0—14	黄褐色	黏壤土	5.3	49.1	1.95	1.03	16.3	191	4.0	42	第四纪红色黏土	E 113°44′52.9″ N 29°01′40.3″	97
						Pg	14—20	黄褐色	黏壤土	5.7	48.2	1.84	1.04	14.2						
						E	20—100	褐color	黏壤土	6.0	21.9	0.65	0.62	12.9						
剖7	人为土	水稻土	潜育水稻土	青泥田	青泥田	A	0—14	褐色	壤土	5.5	46.6	1.99	1.11	19.3	117	27.1	264	板页岩	E 113°39′48.1″ N 29°00′01.9″	97
						Pg	14—19	黄褐色	黏壤土	5.6	42.6	1.82	0.95	19.0						
						G	19—100	灰色	黏壤土	5.5	34.4	1.86	0.96	16.8						
剖8	人为土	水稻土	潜育水稻土	麻砂泥田	麻砂泥田	A	0—12		黏土	4.7	30.1	1.50	1.17	49.3						95
						Pg	12—17		黏土	4.7	20.7	1.29	1.23	49.7						
						W	17—40		黏壤土	5.0	17.4	0.95	1.08	37.5						
						C	40—100		黏土	5.0	17.4	0.91	1.22	32.3						
剖9	铁铝土	红壤	黄红壤	板页岩黄红壤	薄腐薄层板页岩黄红壤	A	0—20	红棕色	黏土	5.0								板页岩	E 113°38′55.3″ N 28°59′10.4″	95
						C	20—50	黄红色	黏土	5.0										
						D	50—200	青色												
剖10	人为土	水稻土	淹育水稻土	浅黄砂泥田	粗黄砂泥田	A	0—10	灰棕色	砂壤土	5.0	27.3	1.14	1.05	28.9	125	≤1.0	98	花岗岩	E 113°44′15.1″ N 28°59′10.4″	95
						Pg	10—14	灰黄色	砂壤土	5.0	20.6	0.95	0.94	29.5						
						C	14—100	灰黄色	黏壤土	7.0	27.8	1.29	1.06	27.0						
剖11	人为土	水稻土	潜育水稻土	河砂泥田	紫河砂泥田	A	0—10	灰色	黏壤土	5.0								冲积物	E 113°41′53.2″ N 28°55′20.3″	95
						Pg	10—17	棕灰色	黏壤土	5.5										
						W	17—31	棕灰色	黏壤土	5.5										
						Bv	31—100	黄灰色	黏壤土	6.0										
剖12	人为土	水稻土	淹育水稻土	浅岩渣子田	浅岩渣子田	A	0—11	黄灰色	黏壤土	7.0								板页岩	E 113°35′08.0″ N 28°51′29.3″	95
						Pg	11—17	棕色	黏壤土	7.0										
						C	17—100		黏壤土											
剖13	铁铝土	红壤	黄红壤	耕型板页岩黄红壤	黄红岩渣子土	A	0—15	棕色	黏壤土									板页岩	E 113°41′46.9″ N 28°51′10.7″	95
						Bv	15—100	红棕色	黏壤土											

续表 Continued

剖面号 Soil profile	土纲 Soil order	土类 Soil great group	亚类 Soil subgroup	土属 Soil genus	土种 Soil species	土层码 Layer code	土层厚度 Depth/cm	颜色 Soil color	质地 Soil texture	pH	有机质 OM/(g/kg)	全氮 TN/(g/kg)	全磷 TP/(g/kg)	全钾 TK/(g/kg)	碱解氮 AN/(mg/kg)	有效磷 AP/(mg/kg)	速效钾 AK/(mg/kg)	土壤母质 Parent material	剖面点坐标 Profile coordinate	匹配指数 Matching index/%
剖14	铁铝土	红壤	黄红壤	花岗岩黄红壤		A_1	0–5	褐色	砂壤土	5.0	31.7	1.75	0.11	24.0				花岗岩	E 113°42′56.5″ N 28°51′17.7″	95
剖15	人为土	水稻土	潴育水稻土	黄泥田	黄泥田	A	5–100	浅红色	砂壤土	4.9	24.7	1.10	0.80	23.9	94	13.0	65	板页岩	E 113°32′44.7″ N 28°41′48.1″	98
						Pg	14–21	棕灰色	黏壤土	5.0	16.5	0.95	0.60	22.0						
						W	21–55	棕黄色	黏壤土	5.6	14.1	0.80	0.62	21.7						
						Bv	55–74	棕黄色	黏壤土	6.0	14.6	0.70	1.12	21.3						
						C	74–100	棕黄色	黏壤土	4.6	13.5	0.67	0.67	21.5						
剖16	铁铝土	红壤		板页岩红壤		A	0–14	棕黄色	黏壤土	4.6	2.0	0.32	0.42	22.8	85	7.0	124	板页岩	E 113°37′35.0″ N 28°44′36.8″	95
						C	14–100	棕色	砂壤土	5.4	22.4	1.38	1.24	12.2						
剖17	铁铝土	红壤	黄红壤	耕型花岗岩黄红壤	黄红砂土	A	0–25	棕色	砂壤土	5.1	13.1	0.84	0.83	20.5				花岗岩	E 113°40′16.9″ N 28°44′33.6″	95
						C	25–100	棕色	壤土	5.0										
剖18	初育土	紫色土	中性紫色土	耕型中性紫色土	紫泥土	A	0–17	红棕色	壤土	7.5								紫色页岩	E 113°39′28.5″ N 28°42′39.5″	95
						C	17–40	红棕色												
						D	40–100													
剖19	初育土	紫色土	石灰性紫色土	石灰性紫砂土	薄层石灰性紫砂土	A	0–13	紫色	砂壤土	8.0								紫色页岩	E 113°40′03.1″ N 28°42′32.3″	95
						C	13–100	紫色	黏壤土	8.0										
剖20	初育土	紫色土	石灰性紫色土	石灰性紫色土	薄层石灰性紫色土	A	0–38	紫色	黏壤土	7.5								紫色页岩	E 113°39′51.7″ N 28°41′01.2″	97
						D	38–100	紫色	壤土	8.5										
剖21	人为土	水稻土	潜育水稻土	冷浸田	冷浸泥田	A	0–13	灰棕色	黏壤土	5.5	41.5	2.33	1.29	19.6	81		72	板页岩	E 113°44′10.2″ N 28°38′57.0″	98
						Pg	13–17	灰棕色	黏壤土	6.0	31.1	1.65	0.93	21.4						
						G	17–100	青色	黏壤土	6.0	19.6	0.96	0.77	18.8						
剖22	人为土	水稻土	淹育水稻土	浅紫泥田	浅紫泥田	A	0–10	红棕色	壤土	6.0	26.5	1.32						紫色页岩	E 113°38′06.7″ N 28°32′21.4″	95
						Pg	10–18	棕红色	壤质黏土	6.0										
						C	18–100	棕红色	壤质黏土	6.0										
剖23	人为土	水稻土	潜育水稻土	青泥田	青砂泥田	A	0–13	棕黄色	黏壤土	5.5	24.1	1.06	0.97	18.3	74	2.0	71	板页岩	E 113°46′30.4″ N 29°04′15.3″	95
						Pg	13–18	棕黄色	黏壤土	6.0	34.1	1.50	1.00	19.3						
						G	18–100	深灰色	砂壤土	6.0	32.7	1.45	1.03	12.3						
剖24	人为土	水稻土	渗育水稻土	白散泥田	白胶泥田	A	0–14	黄褐色	黏土	5.5								第四纪红色黏土	E 113°49′00.3″ N 29°01′45.4″	85
						E	14–20	黄褐色	重黏土	6.5										
						Ao	20–100	黑色												
剖25	淋溶土	黄棕壤	山地黄棕壤		薄腐中层花岗岩黄红壤	A_1	0–5	黑色	壤土	4.9	67.9	2.19	1.66	15.0	141	3.0	45	花岗岩	E 113°51′45.6″ N 28°57′11.4″	95
						2	5–55	黑褐色	砂壤土	4.8	33.2	1.72	1.55	12.0						
						3	55–95	黑褐色	粗砂壤土	4.9	27.6	1.30	1.47	11.9						
							95–150	深色												
							150–200													
剖26	铁铝土	红壤	黄红壤	花岗岩黄红壤	黄泥紫田	1	0–3	深栗色	壤土	6.5	35.7	1.92	1.31	17.7				花岗岩	E 113°55′02.2″ N 28°55′53.4″	95
						2	3–37	黄褐色	砂壤土	5.5	28.2	1.52	1.29	18.9						
						3	37–200	黄色	黏壤土	6.0	17.0	0.82	0.84	19.6						
剖27	人为土	水稻土	潴育水稻土	黄砂紫泥田	黄紫泥田	A	0–12	黄棕色	黏壤土	6.5								第四纪红色黏土	E 113°46′39.2″ N 28°53′38.0″	95
						Pg	12–19	紫棕色	黏壤土	7.0	9.2	0.76	0.64	15.4						
						W	19–45	紫棕色	黏壤土	5.8	11.8	0.63	0.76	26.8						
						Bv	45–100	黄红色	黏土	6.1	5.6	0.76	0.76	27.3						
剖28	铁铝土	红壤		耕型第四纪红色红壤	红泥土	A	0–14	黑红色	壤土	5.5										
						C	14–100	黑褐色	砂壤土	5.5										
剖29	铁铝土	红壤	黄红壤	花岗岩黄红壤		A_1	2–10	黑褐色	砂壤土	5.5								花岗岩	E 113°49′06.9″ N 28°54′21.6″	95
						A	10–60													

续表 Continued

剖面号 Soil profile	土纲 Soil order	土类 Soil great group	亚类 Soil subgroup	土属 Soil genus	土种 Soil species	土层码 Layer code	土层厚度 Depth/cm	颜色 Soil color	质地 Soil texture	pH	有机质 OM/(g/kg)	全氮 TN/(g/kg)	全磷 TP/(g/kg)	全钾 TK/(g/kg)	碱解氮 AN/(mg/kg)	有效磷 AP/(mg/kg)	速效钾 AK/(mg/kg)	土壤母质 Parent material	剖面点坐标 Profile coordinate	匹配指数 Matching index/%
剖30	人为土	水稻土	潴育水稻土	黄砂泥田	红砂泥田	A	0—15	黄红色	砂壤土	5.5								红色砂砾岩	E 113°50′32.2″ N 28°54′07.8″	95
						Pg	15—25	黄红色	中壤土	5.5										
						W	25—80	黄红色	中壤土	6.5										
						Bv	80—100	黄红色	中壤土	6.5										
剖31	铁铝土	红壤	红壤	花岗岩红壤	薄腐中层花岗岩红壤	Ao	0—1												花岗岩	E 113°46′03.9″ N 28°51′03.8″	95
						A₁	1—9	黄棕色	壤土	4.8	13.1	0.41	0.45	27.8						
						A	9—40	黄棕色	砂壤土	4.8	7.8	0.27	0.44	25.8						
						C	40—160	黄色	砂壤土	4.7	5.9	0.20	0.35	25.8						
剖32	人为土	水稻土	潴育水稻土	紫砂泥田	紫泥田	A	0—14	灰棕色	黏壤土	6.5	38.1	1.92	0.75	17.0	134	5.0	138	紫色页岩	E 113°47′41.3″ N 28°52′22.2″	95
						Pg	14—20	黄棕色	黏壤土	6.5	24.9	1.52	0.74	23.5						
						W	20—65	灰棕色	黏壤土	5.0	13.8	0.95	0.51	23.5						
						Bv	65—100	灰棕色	黏壤土	5.0	6.5	0.71	0.50	20.6						
剖33	初育土	紫色土	石灰性紫色土	耕型石灰性紫砂土	钙质紫砂土	A	0—17	紫色	黏壤土	7.0								紫色砂岩	E 113°56′45.4″ N 28°49′57.6″	95
						C	17—100	紫色	黏壤土	7.0										
剖34	初育土	紫色土	酸性紫色土	酸性紫砂土	薄层酸性紫砂土	A	0—16	棕色	黏壤土	6.0								紫色砂砾岩	E 113°58′43.7″ N 28°49′18.8″	95
						C	16—100	棕色	黏壤土	5.5										
剖35	人为土	水稻土	淹育水稻土	浅紫泥田	浅紫紫砂泥田	A	0—10	浅红黄色	砂壤土	7.0						38	30.0	42	紫色砂岩	E 113°57′59.8″ N 28°46′33.7″	95
						Pg	10—15	棕黄色	黏壤土	7.0										
						W	15—100		黏土	7.1										
剖36	人为土	水稻土	潴育水稻土	黄砂紫泥田	黄紫砂泥田	A	0—13				34.9	1.60	1.03	18.9					E 113°57′53.4″ N 28°46′02.4″	95
						Pg	13—15				17.6	1.13	0.65	18.2						
						W	15—73				6.5	0.60	0.79	20.6						
						Bv	73—100				3.7	0.50	0.56	26.0						
剖37	铁铝土	红壤	红壤	耕型花岗岩红壤	砾砂土	A	0—25	棕色	砂壤土	5.4	22.4	1.38	1.24	12.2	19	9.0	114	花岗岩	E 113°45′45.0″ N 28°43′28.6″	95
						C	25—100	棕色	砂壤土	5.1	13.1	0.84	0.83	20.5						
剖38	初育土	紫色土	中性紫色土	耕型中性紫砂土	紫砂土	A	0—20	紫色	壤土	7.0								紫色砂砾岩	E 113°53′52.3″ N 28°43′47.9″	95
						C	20—100	紫色	壤土	7.0										
剖39	初育土	紫色土	中性紫色土	中性紫砂土	薄层中性紫砂土	A	0—20	紫色	砂壤土	6.5								紫色页岩	E 113°50′37.7″ N 28°38′12.4″	95
						C	20—100	紫色	砂壤土	6.5										
剖40	淋溶土	黄棕壤	山地黄棕壤	花岗岩类黄棕壤	花岗岩中层花岗岩黄棕壤	Ao	0—5	黑褐色										花岗岩堆积物	E 113°45′55.8″ N 28°28′38.8″	95
						A	5—12	黄褐色	砂土	4.8	25.7	0.65	0.82	33.4						
						Bv	12—34	黄褐色	砂土	4.6	7.1	0.34	1.17	32.2						
						C	34—51	黄褐色	砂土	4.5	6.3	0.25	0.80	36.0						
						D	51—100	灰白色	砂土											
							100—200	灰色	重壤土	4.3										
剖41	初育土	紫色土	酸性紫色土	酸性紫红壤	薄腐薄层酸性紫红壤	A₁	0—1	褐色	黏壤土	4.0						41	≤1.0	23	紫色页岩	E 114°01′06.5″ N 28°43′45.4″	95
						A	1—15	紫色	黏壤土	4.5										
						C	15—100	紫色	黏壤土											
剖42	铁铝土	红壤	黄红壤	花岗岩黄红壤	薄腐中层花岗岩黄红壤	A₁	0—5	黑色	砂土	6.0					169	11.0		花岗岩	E 114°02′09.8″ N 28°36′24.3″	95
						A	5—37	黄色	砂壤土	6.0										
						Bv	37—59	黄色	砂壤土	6.0										
						C	59—151	灰白色	砂土	6.0										
剖43	人为土	水稻土	潴育水稻土	岩渣子田	中岩渣子田	A	0—10	棕灰色	黏壤土	5.0	40.3	2.39	0.96	28.9			≤5	板页岩	E 114°03′19.0″ N 28°35′34.4″	98
						Pg	10—20	棕灰色	黏壤土	5.5	32.5	1.63	0.82	30.3						
						W	20—42	棕黄色	黏壤土	6.0	18.5	0.75	0.59	32.5						
						C	42—100	棕黄色	砂壤土	6.0	12.8	0.69	0.60	36.2						

汨罗市

主要土类说明

红壤是汨罗市主要土壤类型，占本市地域面积的47%。本市红壤分为红壤和黄红壤两个亚类。其中，红壤亚类面积较大，占本土类面积的70%以上，一般分布在海拔300m以下的丘陵山坡。以红壤亚类中面积最大的花岗岩红壤土属为例，其主要分布在弼时、白水、川山坪、新市等地，剖面构型一般为A-AB-B-C或A-B-C；主要性状为土层较厚，土壤松散，含有大量砂粒和云母片，容易被水冲刷，土壤呈酸性。

水稻土是汨罗市第二大土壤类型，占本市地域面积的41%。本市水稻土分为淹育型、潴育型、渗育型、潜育型、沼泽型五个亚类。其中，潴育水稻土面积最大，占本土类面积的60%以上，续分为河砂泥田、潮砂泥田、红黄泥田、黄泥田、扁砂泥田、麻砂泥田、黄紫泥田等土属。其中，红黄泥田土属面积最大，发育于第四纪红土，土层较深厚，犁底层下有黄白相间的网纹层及铁锰淀积层，土壤呈浅黄色，剖面构型为A-P-W-B或A-Pg-W-C。红黄泥田土壤中铁锰化合物含量较高，土壤质地较黏重，通透性差，浸水期间，有机质进行嫌气分解，还原作用强，易产生低价铁、锰离子，铁、锰离子随水分移动并在土壤中淋溶淀积，土壤呈酸性。

紫色土是汨罗市第三大土壤类型，占本市地域面积的5%。本市紫色土仅有中性紫色土一个亚类，中性紫色土亚类续分为中性紫色土和耕型中性紫色土两个土属，分布在大荆、罗江、桃林寺等地。以面积较大的中性紫色土土属为例，其剖面构型为A-B-C，主要性状为土层较厚，质地为砂壤土，土壤呈中性，有机质含量平均为7.4g/kg。

小于本市地域面积3%的土壤类型有潮土等。

本区域中心区气候特征

本区域中心区气候特征值
Regional climate characteristics in central area of the region

气候带：中亚热带湿润气候 Climate region: Subtropical humid climate	
年平均气温 /℃ Annual average temperature /℃	17.0
年平均最高气温 /℃ Annual average maximum temperature /℃	21.3
年平均最低气温 /℃ Annual average minimum temperature /℃	13.7
年降水量 /mm Annual precipitation /mm	1327
≥10℃的积温 /℃ Daily temperature accumulated in a year (≥10℃) /℃	6799
年日照时数 /h Annual sunshine /h	1624
年平均相对湿度 /% Annual average relative humidity /%	81
干燥度 Dryness	0.77

本区域中心区月平均气温与月平均降水量
Monthly temperature and precipitation in central area of the region

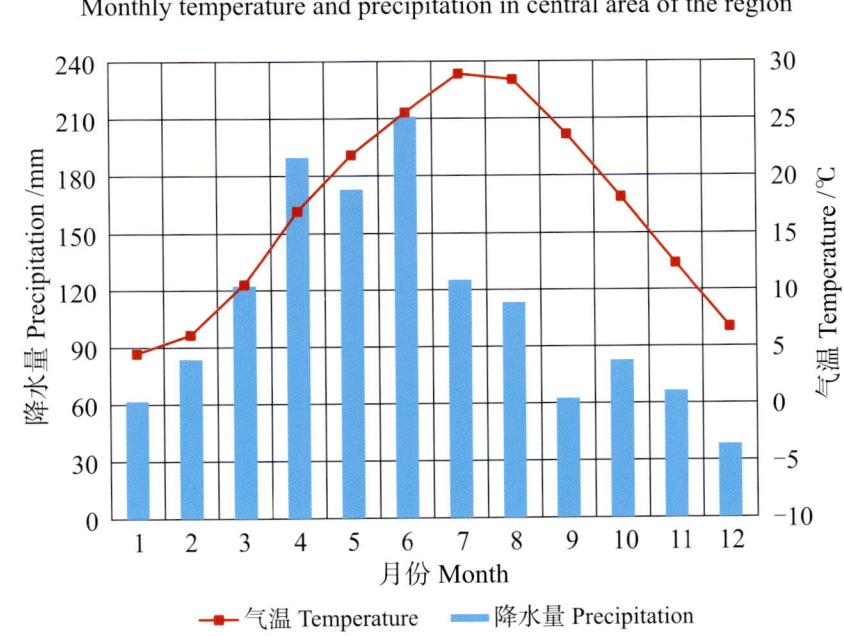

汨罗市主要土壤类型与土壤剖面点分布图
1:250 000

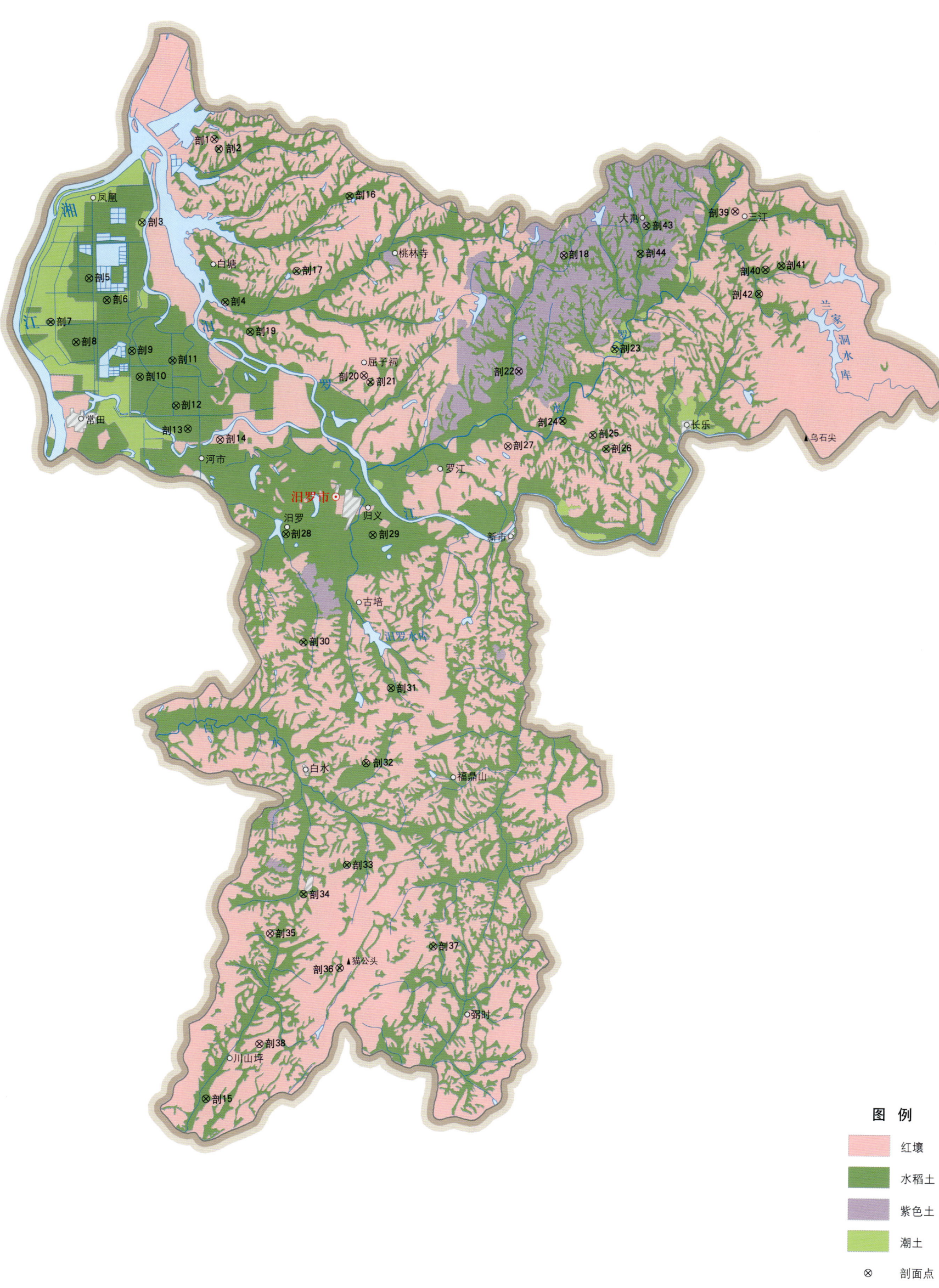

汨罗市土壤剖面理化性状表

剖面号 Soil profile	土纲 Soil order	土类 Soil great group	亚类 Soil subgroup	土属 Soil genus	土种 Soil species	土层码 Layer code	土层厚度 Depth/cm	颜色 Soil color	质地 Soil texture	土壤结构 Soil structure	pH	有机质 OM/(g/kg)	全氮 TN/(g/kg)	全磷 TP/(g/kg)	全钾 TK/(g/kg)	碱解氮 AN/(mg/kg)	有效磷 AP/(mg/kg)	速效钾 AK/(mg/kg)	土壤母质 Parent material	剖面点坐标 Profile coordinate	匹配指数 Matching index/%
剖1	铁铝土	红壤	红壤	耕型红土红壤	熟红土	A	0—17	浅黄色	黏土	粒状	5.5	15.4	0.98	0.81	20.0	66	7.6	104	第四纪红色黏土	E 112°59′42.0″ N 29°00′13.8″	97
						Bv	17—26	红黄色	黏土	粒状	5.5	11.0	1.07	0.96	18.3						
						C	26—100	红黄色	黏土	粒状	5.5	11.0	0.76	0.61	21.4						
剖2	人为土	水稻土	潴育水稻土	青泥田	青泥土	A	0—14	灰黄色	中壤土	粒状	6.5	23.4	1.57	0.60	42.1	143	3.5	36	板页岩	E 112°59′46.5″ N 29°00′03.0″	97
						P	14—24	青灰色	中壤土	无结构	6.0	24.2	1.43	0.42	32.9						
						G	24—100	青灰色	中壤土	无结构	6.5	18.1	1.00	0.51	23.4						
剖3	半水成土	潮土	河潮土	耕型河潮土	河沙泥土	A	0—25	浅黄色	轻壤土	团粒状	6.5	9.7	0.66	0.80	35.7	82	25.0	83	河流冲积物	E 112°56′54.5″ N 28°57′40.6″	98
						C	25—100	浅黄色	轻壤土	块状	6.5	5.8	0.44	0.83	33.1						
剖4	人为土	水稻土	潴育水稻土	河砂泥田	河潮泥田	A	0—14	黄黄色	中壤土	粒状	6.0	13.2	0.89	0.41	19.0	81	4.9	68	河流冲积物	E 112°59′57.3″ N 28°55′03.2″	97
						P	14—24	灰黄色	中壤土	粒状	6.0	12.9	0.86	0.34	19.0						
						W	24—64	灰黄色	中壤土	块状	6.0	5.1	0.73	0.28	18.0						
						Bv	64—100	灰黄色	中壤土	块状	6.0	5.1	0.44	0.35	18.6						
剖5	人为土	水稻土	淹育水稻土	浅黄砂泥田	黄泥水田	A	0—14	浅黄色	重黏土	块状	6.0	33.0	1.22	≥10.00	20.3	163	4.7	74	第四纪红色黏土	E 112°54′54.6″ N 28°55′52.5″	95
						P	14—25	浅黄色	轻黏土	块状	6.0	21.9	0.84	≥10.00							
						G	25—100	浅黄色	重壤土	块状	6.0	19.4	≤0.10	≥10.00							
剖6	人为土	水稻土	淹育水稻土	中性浅紫泥田	浅黄紫泥田	A	0—13	黄紫色	中壤土	粒状	6.5	9.3	0.81	0.58	15.7	114	4.5	83	紫色砂页岩、第四纪红土	E 112°55′34.1″ N 28°55′09.9″	95
						P	13—25	黄紫色	中壤土	块状	6.5	9.3	0.76	0.38	15.1						
						C	25—100	紫色	中壤土	块状	7.0	7.1	0.65	0.24	12.4						
剖7	人为土	水稻土	潴育水稻土	潮砂泥田	潮泥田	A	0—12	灰黄色	重壤土	团粒状	6.5	26.4	1.70	0.62	23.7	153	7.2	25	河流冲积物	E 112°53′28.3″ N 28°54′28.5″	97
						P	12—19	灰黄色	重壤土	块状	6.5	18.9	1.54	0.62	24.3						
						W	19—38	灰黄色	重壤土	块状	7.0	9.4	0.99	0.45	23.8						
						Bv	38—100	灰黄色	重壤土	块状	6.5	5.8	0.73	0.43	22.7						
剖8	人为土	水稻土	淹育水稻土	浅黄砂泥田	粗麻砂泥田	A	0—12	黄棕色	中壤土	粒状	6.0	27.0	1.29	1.00	42.9	125	3.3	27	花岗岩	E 112°54′25.0″ N 28°53′48.9″	95
						P	12—19	黄棕色	中壤土	块状	6.5	20.1	0.72	0.59	42.9						
						C	19—100	灰褐色	重壤土	块状	6.0	6.1	0.53	0.45	32.8						
剖9	人为土	潴育水稻土	潴育水稻土	潮砂泥田	潮泥田	A	0—13	黄黄色	重壤土	粒状	6.0	21.2	1.54	1.02	26.1	127	5.5	64	河流冲积物	E 112°56′28.5″ N 28°53′30.2″	97
						P	13—22	黄黄色	重壤土	块状	6.5	23.0	1.21	0.92	25.7						
						C	22—62	棕黄色	重壤土	块状	7.0	6.7	0.92	0.60	25.5						
						Bv	62—100	黄色	重壤土	粒状	7.0	5.8	0.82	0.67	25.1						
剖10	人为土	水稻土	潴育水稻土	砂泥田	砂泥田	A	0—15	黄黄色	重壤土	粒状	6.0	20.7	1.50	1.55	32.1	167	4.9	58	河流冲积物	E 112°56′45.7″ N 28°54′39.2″	97
						P	15—26	黄灰色	黏壤土	粒块状	6.5	11.4	1.45	1.46	31.0						
						W	26—44	黄灰色	黏壤土	粒块状	6.5	5.2	0.94	0.86	28.5						
						Bv	44—100	黄灰色	重壤土	粒状	7.0	6.2	0.63	0.95	29.2						
剖11	人为土	水稻土	淹育水稻土	浅岩渣子田	浅岩渣子田	A	0—10	暗黄色	重壤土	粒状	5.5	7.7	0.95	0.86	16.8	89	6.5	38	板页岩	E 112°56′58.4″ N 28°52′10.6″	95
						P	10—16	灰黄色	重壤土	粒状	5.5	2.6	0.55	0.78	14.0						
						C	16—100	黄褐色	重壤土	粒状	5.0	1.3	0.51	0.31	15.4						
剖12	人为土	水稻土	淹育水稻土	浅黄夹泥田	浅黄夹泥田	A	0—12	灰黄色	重壤土	块状	6.5	22.3	1.67	≤0.10	16.8	177	18.6	94	第四纪红色黏土	E 112°57′58.4″ N 28°53′43.0″	95
						P	12—24	红黄色	重壤土	块状	6.5	14.8	1.30	0.70	15.0						
						C	24—100	黄紫色	中壤土	块状	6.5	4.8	1.65	0.50	14.0						
剖13	人为土	水稻土	淹育水稻土	中性浅紫泥田	浅黄紫泥田	A	0—9	黄紫色	中壤土	粒状	6.5	22.0	1.41	0.87	18.5	123	6.4	65	紫色砂页岩、第四纪红土	E 112°58′31.1″ N 28°50′57.4″	95
						P	9—17	黄紫色	中壤土	块状	6.5	8.4	0.94	0.56	17.7						
						C	17—100	紫色	重壤土	块状	7.5	3.6	0.41	0.45	18.4						

续表 Continued

剖面号 Soil profile	土纲 Soil order	土类 Soil great group	亚类 Soil subgroup	土属 Soil genus	土种 Soil species	土层码 Layer code	土层厚度 Depth/cm	颜色 Soil color	质地 Soil texture	土壤结构 Soil structure	pH	有机质 OM/(g/kg)	全氮 TN/(g/kg)	全磷 TP/(g/kg)	全钾 TK/(g/kg)	碱解氮 AN/(mg/kg)	有效磷 AP/(mg/kg)	速效钾 AK/(mg/kg)	土壤母质 Parent material	剖面点坐标 Profile coordinate	匹配指数 Matching index/%
剖14	铁铝土	红壤	红壤	耕型板页岩红土红壤	黄泥土	A	0–2	黄灰色	砂壤土	粒状	4.5	33.1	1.63	1.81	39.0	88	1.9	20	第四纪红色黏土	E 112° 59′ 42.9″ N 28° 50′ 35.3″	95
						Bv	2–23	黄灰色	砂壤土	粒状	5.0	9.6	1.35	0.48	12.7						
						C	23–150	黄红色	砂壤土	粒状	5.0	4.5	0.44	0.39	37.0						
剖15	人为土	水稻土	潴育水稻土	麻砂泥田	黑麻砂泥田	A	0–15	灰黑色	轻壤土	粒状	6.0	30.9	1.55	0.63	29.5	111	2.2	56	花岗岩	E 112° 58′ 59.6″ N 28° 29′ 07.4″	97
						P	15–23	灰黑色	轻壤土	粒状	6.5	23.5	1.26	0.99	39.4						
						W	23–53	灰黑色	轻壤土	块状	6.0	16.9	0.75	0.72	43.8						
						Bv	53–100	灰黑色	紧砂土	块状	6.5	4.0	0.14	0.34	33.6						
剖16	人为土	水稻土	渗育水稻土	麻砂泥田	汨罗麻砂泥田	Aa	0–13	浅黄色	壤质黏土	屑粒状	6.2	32.0	1.70	0.40	16.5	130	10.0	70	花岗岩风化物	E 113° 04′ 36.9″ N 28° 58′ 27.9″	95
						Ap	13–20	浅黄色	壤质黏土	块状	6.6	28.4	1.50	0.30	16.5	75	7.0	55			
						P	20–48	棕色	壤质黏土	棱块状	6.8	24.3	1.30	0.30	17.9	52	5.0	50			
						C	48–100	亮黄棕色	壤质黏土	块状	6.6	10.2	0.90	0.30	16.3	33	4.0	46			
剖17	人为土	水稻土	淹育水稻土	浅黄泥田	铁子黄泥田	A	0–13	灰黄色	紧砂土	粒状	5.5	6.2	0.52	0.86	17.1	107	2.3	24	云母片岩	E 113° 02′ 37.2″ N 28° 56′ 01.9″	95
						P	13–22	红黄色	砂土	块状	6.0		0.64	0.67	20.5						
						C	22–100				7.0										
剖18	初育土	紫色土	中性紫色土	中性紫色土	薄腐薄层黄紫砂泥土	A	0–10	紫色	壤土	块状	6.5	7.4	0.38	1.22	15.6	28	≤1.0	72	紫色页岩、第四纪红土	E 113° 12′ 32.0″ N 28° 56′ 25.9″	95
						ABv	10–80	紫色	壤土	块状	7.5	2.8	0.37	0.72	18.1						
						C	80–100	紫色	壤土	块状	7.5	2.5	0.27	1.09	32.9						
剖19	人为土	水稻土	潴育水稻土	黄紫砂泥田	黄紫砂泥田	A	0–14	红黄色	中壤土	团粒状	6.5	20.5	1.36	0.63	17.7	162	5.1	40	板页岩、紫色砂岩	E 113° 00′ 52.0″ N 28° 54′ 04.8″	95
						P	14–21	红黄色	中壤土	粒状	6.5	10.7	1.14	0.56	18.5						
						W	21–37	灰黄色	中壤土	块状	7.0	7.2	0.58	0.42	15.7						
						Bv	37–100	灰黄色	砂土	块状	7.5	2.9	0.29	0.35	17.6						
剖20	铁铝土	红壤	红壤	耕型板页岩红土红壤	黄泥土	A	0–17	紫色	壤土	粒状	5.5	13.4	0.90	0.82	22.7	117	13.5	50	板页岩	E 113° 05′ 04.2″ N 28° 52′ 37.1″	95
						ABv	17–40	紫色	中壤土	块状	6.0	9.7	0.65	0.78	32.5						
						C	40–100	灰灰色	中壤土	块状	6.0	≤1.0	0.37	1.18	19.8						
剖21	人为土	水稻土	潴育水稻土	红黄泥田	红黄砂泥田	A	0–15	黄棕色	重壤土	块状	7.0	20.9	1.28	1.35	18.6	119	19.7	39	第四纪红色黏土和砂砾岩	E 113° 05′ 18.6″ N 28° 52′ 24.3″	97
						P	15–24	黄色	重壤土	块状	7.0	14.1	1.11	0.74	18.3						
						W	24–37	黄棕色	中壤土	块状	7.0	9.6	1.80	0.62	18.3						
						C	37–100	红黄色	中壤土	块状	7.0	4.6	0.68	0.34	17.7						
剖22	初育土	紫色土	中性紫色土	中性紫色土	薄腐薄层黄紫砂泥土	A	0–20	黄红色	重壤土	粒状	6.5	17.6	0.97	0.81	33.7	59	4.1	65	紫色砂岩、第四纪红土	E 113° 10′ 48.7″ N 28° 52′ 41.0″	95
						Bv	20–80	红紫色	重壤土	块状	6.5	4.4	4.90	0.30	22.0						
						C	80–100	红紫色	重壤土	块状	7.0										
剖23	半水成土	潮土	河潮土	河砂田	河砂田	A	0–17	棕灰色	砂壤土	粒状	5.5	10.9	0.74	1.12	38.0	74	16.0	71	河流冲积物	E 113° 14′ 22.0″ N 28° 53′ 22.1″	97
						Bv	17–87	棕灰色	砂壤土	粒状	5.5	3.5	0.37	1.11	37.5						
						C	87–100	棕灰色	轻壤土	粒状	6.0	7.0	0.61	0.95	33.4						
剖24	人为土	水稻土	潴育水稻土	冷浸田	冷浸岩渣子田	A	0–17	浅黄色	中壤土	粒状	6.0	23.5	1.36	0.81	22.2	122	1.4	35	板页岩	E 113° 12′ 24.0″ N 28° 51′ 03.7″	97
						Pg	17–23	浅黄色	中壤土	无结构	6.0	22.8	1.19	0.59	24.0						
						G	23–100	青黄色	中壤土	无结构	6.5	19.7	1.02	0.19	23.0						
剖25	人为土	水稻土	潜育水稻土	烂泥田	溶眼田	A	0–15	青黄色	重壤土	糊状	6.5	30.9	1.63	0.69	33.7	125	2.2	39	第四纪红色黏土	E 113° 13′ 31.0″ N 28° 50′ 35.4″	97
						G	15–100	青黄色	重壤土	糊状	6.5	31.3	1.80	0.70	16.2						
剖26	人为土	水稻土	潜育水稻土	烂泥田	烂泥田	Ag	0–18	暗黄棕色	重壤土	糊状	6.0	33.5	1.79	0.81	20.1	134	2.0	55	片岩	E 113° 14′ 00.9″ N 28° 50′ 07.4″	97
						Ag	18–100	青黄色	重壤土	糊状	6.5	31.9	1.67	0.35	17.5						
剖27	铁铝土	红壤	红壤	第四纪红色黏土红壤	薄腐中层红土红壤	A	0–6	红黄色	黏土	小块状	6.0	9.2	0.69	0.84	25.4	88	1.9	20	第四纪红色黏土	E 113° 10′ 23.2″ N 28° 50′ 15.6″	95
						Bv	6–28	红黄色	黏土	小块状	6.0	6.4	0.47	0.78	24.8						
						C	28–100	红黄色	黏土	小块状	6.5	5.8	0.48	0.75	32.4						

续表 Continued

剖面号 Soil profile	土纲 Soil order	土类 Soil great group	亚类 Soil subgroup	土属 Soil genus	土种 Soil species	土层码 Layer code	土层厚度 Depth/cm	颜色 Soil color	质地 Soil texture	土壤结构 Soil structure	pH	有机质 OM/(g/kg)	全氮 TN/(g/kg)	全磷 TP/(g/kg)	全钾 TK/(g/kg)	碱解氮 AN/(mg/kg)	有效磷 AP/(mg/kg)	速效钾 AK/(mg/kg)	土壤母质 Parent material	剖面点坐标 Profile coordinate	匹配指数 Matching index/%
剖28	人为土	水稻土	淹育水稻土	浅麻砂泥田红壤	浅麻砂泥田	A	0—5	灰黄色	壤土	粒状	6.6	10.6	1.48	0.87	18.6	140	2.5	20		E 113°02′04.1″ N 28°47′35.0″	95
剖29	人为土	水稻土	渗育水稻土	白散泥田	白胶泥田	Ap	5—35	灰棕色	壤土	块状	6.9	26.0	1.21	0.71	20.3	124	3.6	15	第四纪红色黏土	E 113°05′20.2″ N 28°47′25.9″	97
						Bv	35—150	黄棕色	壤土	块状	5.9	8.8	0.22	0.30	24.9						
剖30	人为土	水稻土	潜育水稻土	烂泥田	溺眼田	A	0—15	浅黄色	重壤土	小团粒状	6.5	30.0	1.70	0.73	16.3					E 113°02′43.7″ N 28°43′57.5″	95
						P	15—22	浅黄色	重壤土	块状	6.5	23.5	1.53	0.72	16.3						
						W	22—40	棕黄色	重壤土	块状	6.5	18.4	1.08	0.48	16.9						
						E	40—100	灰白色	重壤土	块状	6.5	14.8	0.92	0.49	17.0						
剖31	人为土	水稻土	潴育水稻土	黄泥田	黄砂泥田	Ag	0—15	青黄色	黏土	糊状	7.6	30.9	1.63	0.69	25.0	125	2.2	39		E 113°05′56.8″ N 28°42′26.7″	98
						G	15—100	青灰色	黏土	糊状	6.8	31.3	1.80	0.70	16.2	98	3.0	55	云母片岩		
						A	0—14	棕黄色	重壤土	粒状	6.5	27.8	1.79	0.97	19.3						
						P	14—23	浅黄色	重壤土	块状	6.5	20.0	1.17	0.95	18.8						
						W	23—70	深灰色	重壤土	块状	6.5	17.0	0.94	1.03	18.5						
						Bv	70—100	棕黄色	重壤土	小块状	6.5	16.9	0.91	0.32	19.2						
剖32	人为土	水稻土	淹育水稻土	浅黄砂泥田	浅麻砂泥田	A	0—11	灰黄色	重壤土	粒状	6.0	10.6	1.48	0.87	18.6	140	2.5	20	花岗岩、第四纪红色黏土	E 113°05′00.7″ N 28°40′00.4″	97
						P	11—24	灰黄色	重壤土	块状	5.5	26.0	1.21	0.71	20.3						
						C	24—100	黄灰色	重壤土	块状	6.0	8.8	0.22	0.30	24.9						
剖33	人为土	水稻土	潜育水稻土	青泥田	青砂泥田	A	0—15	灰色	砂壤土	粒状	5.5	26.9	1.59	1.63	39.0	127	4.4	≤5	花岗岩	E 113°04′15.6″ N 28°36′41.7″	95
						P	15—19	灰黄色	砂壤土	无结构	5.5	29.5	1.50	0.67	14.8						
						G	19—100	灰褐色	砂壤土	无结构	5.5	22.6	1.58	1.50	41.0	160	10.2	170			
剖34	人为土	水稻土	潴育水稻土	麻砂泥田	麻泥田	A	0—12	灰黄色	重壤土	粒状	6.5	29.2	1.50	0.84	18.6				花岗岩	E 113°02′39.2″ N 28°35′44.8″	98
						P	12—20	灰黄色	重壤土	块状	5.5	28.4	1.72	0.77	19.9						
						W	20—74	黄褐色	重壤土	块状	6.5	24.3	1.34	0.43	21.6						
						C	74—100	褐红色	轻黏土	块状	6.5	20.2	1.09	0.41	19.6						
剖35	铁铝土	红壤		耕型花岗岩红壤	麻泥土	A	0—23	灰黄色	黏壤土	粒状	4.6	25.7	1.36	0.32	18.2	73	≤1.0	35	花岗岩	E 113°01′24.1″ N 28°34′28.3″	98
						Bv	23—85	浅黄色	黏壤土	块状	5.0	2.0	0.36	0.30	16.2						
						C	85—100	黄黄色	黏壤土	块状	5.0	1.8	0.32	0.25	15.1						
剖36	人为土	水稻土	潜育水稻土	阴山冷浸田	阴山冷浸田	A	0—16	黑色	中壤土	无结构	6.0	33.6	1.34	1.07	41.5	153	19.3	54	花岗岩	E 113°03′57.8″ N 28°33′19.4″	97
						Pg	16—23	黑色	中壤土	无结构	6.5	35.2	1.05	1.05	40.6						
						G	23—100	黑色	中壤土	团粒状	6.5	35.4	1.68	0.56	34.7	166	22.0	114			
剖37	人为土	水稻土	潴育水稻土	青麻砂泥田	青麻砂泥田	A	0—18	灰黄色	中壤土	块状	6.5	28.0	1.79	1.08	31.3				花岗岩	E 113°07′25.9″ N 28°34′00.1″	98
						Pg	18—34	青黄色	重壤土	无结构	7.0	21.2	1.35	0.73	25.4						
						W	34—51	褐灰色	重壤土	块状	7.0	5.7	0.87	0.76	24.9						
						Bv	51—100	褐灰色	重壤土	块状	7.0	6.6	0.73	0.76	22.7	112	1.6	57			
剖38	铁铝土	红壤		中腐中层花岗岩红壤	中腐中层花岗岩红壤	A	0—20	灰黄色	砂壤土	粒状	5.0	26.6	1.30	0.85	47.7				花岗岩	E 113°00′58.5″ N 28°30′53.2″	98
						ABv	20—63	红黄色	黏壤土	粒状	4.5	31.5	1.45	1.00	28.7						
						C	63—100	红黄色	黏壤土	粒状	4.5	7.3	0.39	0.51	43.7						
剖39	铁铝土	红壤		板页岩红壤	薄腐中层板页岩红壤	A	0—10	灰黄色	黏壤土	粒状	4.5	16.2	0.89	0.48	21.4				板页岩	E 113°18′54.6″ N 28°57′46.6″	98
						Bv	10—76	黄黄色	黏壤土	粒状	4.0	1.9	0.48	0.62	25.3						
						C	76—100	黄黄色	黏壤土	粒状	4.0	33.8	0.51	0.61	24.6						
剖40	人为土	水稻土	潴育水稻土	黄泥田	黄泥田	A	0—13	灰黄色	中壤土	粒状	5.5	28.8	1.45	1.22	22.9	185	8.4	38	板页岩	E 113°20′00.0″ N 28°55′52.1″	98
						P	13—20	灰黄色	中壤土	块状	5.5	14.3	1.25	0.70	29.2						
						W	20—60	灰黄色	中壤土	块状	5.5	9.2	0.85	0.30	19.2						
						C	60—100	灰褐色	重壤土	块状	6.0	8.2	0.76	0.29	22.8						

续表 Continued

剖面号 Soil profile	土纲 Soil order	土类 Soil great group	亚类 Soil subgroup	土属 Soil genus	土种 Soil species	土层码 Layer code	土层厚度 Depth/cm	颜色 Soil color	质地 Soil texture	土壤结构 Soil structure	pH	有机质 OM/(g/kg)	全氮 TN/(g/kg)	全磷 TP/(g/kg)	全钾 TK/(g/kg)	碱解氮 AN/(mg/kg)	有效磷 AP/(mg/kg)	速效钾 AK/(mg/kg)	土壤母质 Parent material	剖面点坐标 Profile coordinate	匹配指数 Matching index/%
剖41	人为土	水稻土	潴育水稻土	岩渣砂子田	中量岩渣子田	A	0—13	黄灰色	中壤土	团粒状	6.5	20.6	1.76	0.59	26.3	152	8.9	32	板页岩	E 113°20′35.3″ N 28°55′59.0″	95
						P	13—24	黄灰色	重壤土	块状	6.5	14.8	1.30	0.41	26.7						
						W	24—50	黄色	重壤土	块状	6.5	8.7	0.88	0.29	26.3						
						C	50—100	黄色	重壤土	块状	6.5	6.4	0.71	0.24	27.4						
剖42	人为土	水稻土	潴育水稻土	扁砂泥田	青扁砂泥田	A	0—13	青灰色	重壤土	粒状	6.5	31.2	1.88	0.89	27.8	177	6.9	34	板页岩	E 113°19′44.7″ N 28°55′05.2″	95
						P	13—23	青灰色	重壤土	块状	6.5	22.7	1.77	0.64	27.2						
						W	23—55	黄灰色	重壤土	块状	6.0	12.7	1.08	0.67	28.5						
						C	55—100	黄灰色	重壤土	块状	6.0	14.6	1.14	0.83	28.1						
剖43	初育土	紫色土	中性紫色土	中性紫色土	薄腐中层黄紫泥土	A	0—9	灰黄色	黏壤土	粒状	4.5	7.4	0.38	1.22	15.6	3	≤1.0	72	紫色砂页岩、第四纪红土	E 113°15′32.1″ N 28°57′25.2″	95
						ABv	9—62	浅黄色	黏土	块状	4.5	2.8	0.37	1.20	18.1						
						C	62—100	浅黄色	黏土	块状	5.0	2.5	0.29	1.09	37.9						
剖44	人为土	水稻土	潴育水稻土	紫泥田	黄紫紫泥田	A	0—14	灰黄色	重壤土	粒状	6.0	19.9	1.64	0.66	20.6	132	2.7	8	紫色砂页岩、第四纪红土	E 113°15′22.2″ N 28°56′26.7″	95
						P	14—24	黄紫色	重壤土	块状	6.0	14.6	1.38	0.38	21.1						
						W	24—64	黄紫色	重壤土	块状	6.5	4.0	0.48	0.35	22.5						
						Bv	64—100	紫褐色	重壤土	块状	6.5	2.6	0.39	0.37	24.2						

临 湘 市

主要土类说明

红壤是临湘市主要土壤类型，占本市地域面积的46%。耕型红壤中，黄泥土土属面积最大，占旱地面积的40%以上，主要分布在五里牌、长安、聂市、羊楼司、坦渡、桃林等地，发育于板页岩、第四纪红色黏土等风化物，一般分布在小丘、中丘的中部和高丘的下部，耕层深浅不一。分布在山顶、山腰者，因坡度不同，均有不同程度的水土流失现象，故其耕作层比山坡下部的浅，肥力亦较低。由于施用有机肥少，土壤结构差，质地黏重，土壤偏酸性，pH 为 5.0—6.0，有机质含量少。山地红壤中，板页岩红壤土属面积最大，占山地面积的60%以上，由板页岩发育而成，分布范围广，除白羊田、詹桥、长塘、忠防等地外，其他地区山地红壤均属板页岩红壤。

水稻土是临湘市第二大土壤类型，占本市地域面积的39%。本市水稻土分为淹育型、潴育型、渗育型、潜育型、沼泽型、矿毒型六个亚类。其中，潴育水稻土面积最大，占本土类面积的57%。该亚类的土壤形成和水稻生长受地表水、地下水的双重影响，地下水位一般在50cm以下，灌水季节，耕作层呈还原状态，底土受地下水影响而处于不同程度的还原状态。本市潴育水稻土中，黄泥田土属占本土类面积的30%以上，主要分布在五里牌、长安、聂市、羊楼司、坦渡、桃林等地。该土属多发育于板页岩风化物和第四纪红色黏土的谷底冲积物，一般土质较好，黏壤土较多，耕性良好，宜耕期较长，土壤通透性一般，保水保肥能力强，供肥性能好，耕作层较厚，有明显的犁底层、斑纹层、底土层，排灌条件好，地下水位一般在60cm以下，但土壤一般偏酸性。部分水田由于重灌轻排，田面长期渍水，在犁底层下出现次生潜育化过程，有亚铁反应。

紫色土是临湘市第三大土壤类型，占本市地域面积的3%。紫色土是由热带、亚热带紫红色岩层直接风化形成的 A–C 型土壤。其理化性质与母岩组成直接相关，土层浅薄，剖面层次发育不明显，仍处于初育阶段。母岩富含矿质养分，且风化迅速。

小于本市地域面积 3% 的土壤类型有黄壤、潮土、黄棕壤等。

本区域中心区气候特征

本区域中心区气候特征值
Regional climate characteristics in central area of the region

气候带：北亚热带湿润气候 Climate region: North subtropical humid climate	
年平均气温 /℃ Annual average temperature /℃	17.0
年平均最高气温 /℃ Annual average maximum temperature /℃	21.3
年平均最低气温 /℃ Annual average minimum temperature /℃	13.7
年降水量 /mm Annual precipitation /mm	1337
≥10℃的积温 /℃ Daily temperature accumulated in a year (≥10℃) /℃	7273
年日照时数 /h Annual sunshine /h	1744
年平均相对湿度 /% Annual average relative humidity /%	79
干燥度 Dryness	0.76

本区域中心区月平均气温与月平均降水量
Monthly temperature and precipitation in central area of the region

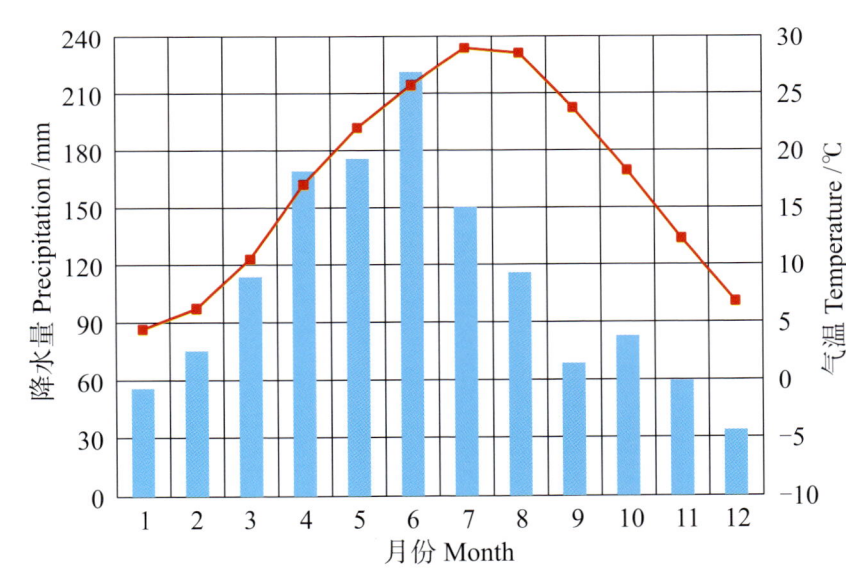

临湘市主要土壤类型与土壤剖面点分布图
1 : 250 000

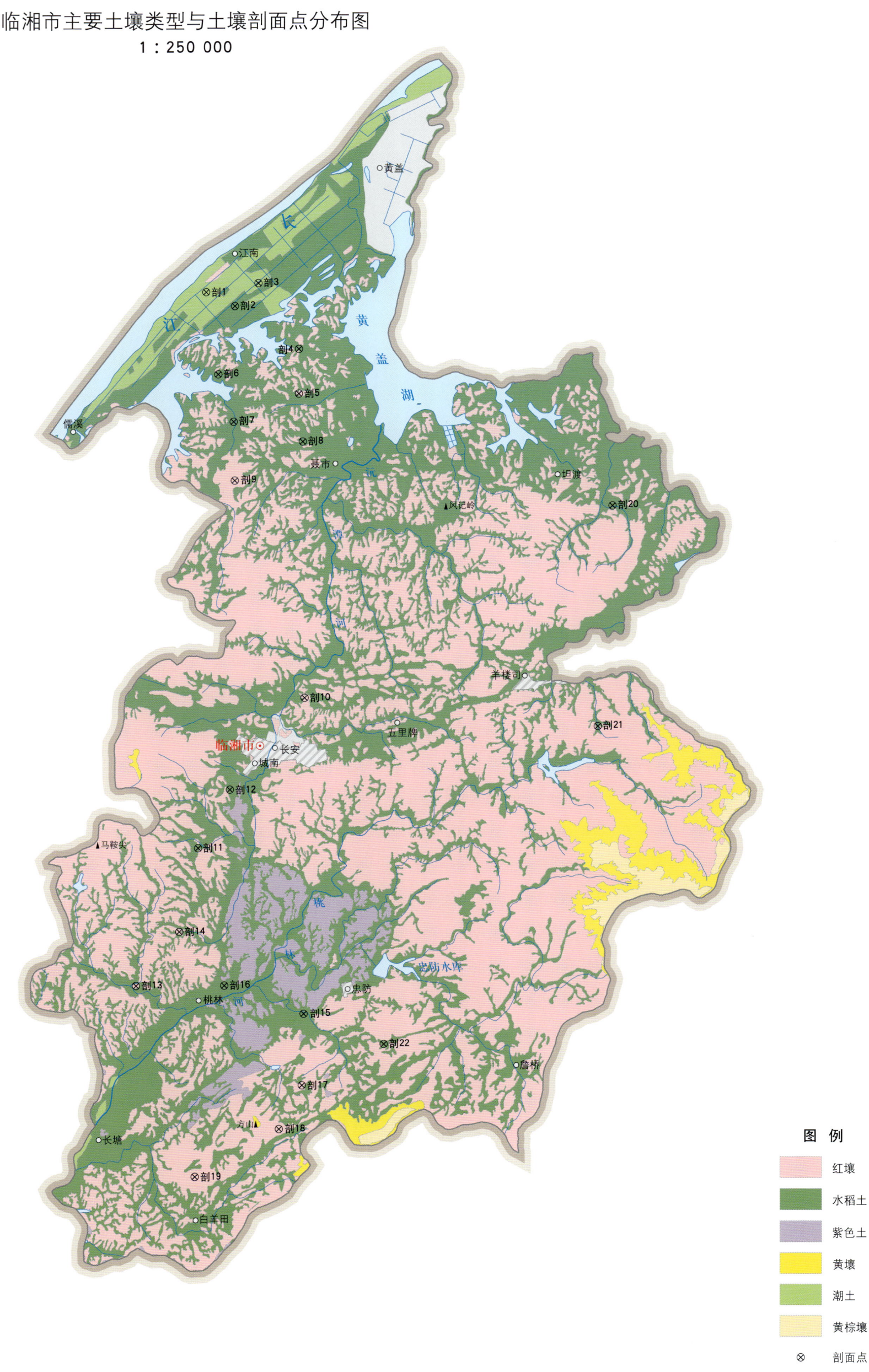

临湘市土壤剖面理化性状表

剖面号 Soil profile	土纲 Soil order	土类 Soil great group	亚类 Soil subgroup	土属 Soil genus	土种 Soil species	土层码 Layer code	土层厚度 Depth/cm	颜色 Soil color	质地 Soil texture	土壤结构 Soil structure	pH	有机质 OM/(g/kg)	全氮 TN/(g/kg)	全磷 TP/(g/kg)	全钾 TK/(g/kg)	碱解氮 AN/(mg/kg)	有效磷 AP/(mg/kg)	速效钾 AK/(mg/kg)	阳离子交换量 CEC/(cmol/kg)	土壤母质 Parent material	剖面点坐标 Profile coordinate	匹配指数 Matching index/%
剖1	半水成土	潮土	湖潮土	紫砂潮泥土		1	0—16	浅灰色	黏土		8.0									湖积物	E 113°25′09.6″ N 29°43′27.8″	95
剖2	人为土	水稻土	潴育水稻土	紫砂潮泥田		1	0—25	灰褐色	轻砂壤土	块状	7.5	17.7	0.93	1.56	25.4	74	36.0	71			E 113°26′13.1″ N 29°42′59.4″	95
						2	25—100															
剖3	半水成土	潮土	湖潮土	紫砂潮泥土		1	0—13		砂壤土		8.0									湖积物	E 113°27′06.6″ N 29°43′43.1″	95
						2	13—				8.0											
剖4	人为土	水稻土	潴育水稻土	黄砂泥田	红砂泥田	1	0—12	灰红色	砂壤土		5.9	29.8	1.87	1.08	28.5	142	5.3	59			E 113°28′42.2″ N 29°41′33.6″	75
						2	12—18	浅红色														
						3	18—40															
						4	40—															
剖5	铁铝土	红壤	棕红壤	棕红泥	乘风棕红泥	A11	0—20	灰棕色	壤质黏土	小块状	5.1	15.3	1.10	0.50	13.5	76		76		第四纪红色黏土	E 113°28′31.6″ N 29°40′07.6″	75
						Bv	20—78	暗赤褐色	黏土	块状	4.9	6.7	0.60	0.30	14.4			75				
						Bvv	78—100	红棕色	壤质黏土	核块状	4.8	4.6	0.40	0.30	12.0			70				
剖6	半水成土	潴育水稻土		湖砂泥田	湖砂泥田	1	0—15	灰白色	砂壤土		7.5	35.0	1.87	1.27	19.0	151	4.4	45		河流冲积物	E 113°25′32.6″ N 29°40′48.3″	75
						2	15—19															
						3	19—															
剖7	人为土	水稻土	潜育水稻土	冷浸田	冷浸田	1	0—15	灰黄色	黏壤土	小块状	6.5	24.4	1.53	0.94	23.7	125	3.0	46			E 113°26′04.4″ N 29°39′16.3″	95
						2	15—60	青灰色		块状													
						3	60—100															
						4	100—															
剖8	人为土	水稻土	潜育水稻土	青泥田	青夹泥田	1	0—15	棕黄色	黏土		6.0	21.1	1.41	0.68	21.5	177	2.0	105			E 113°28′38.1″ N 29°38′34.4″	95
						2	15—36	青灰色															
						3	36—100	灰黄色															
						4	100—															
剖9	铁铝土	红壤	棕红壤	耕型第四纪红色土棕红壤	棕红土	A	0—26	灰褐色	轻黏土	块状	5.1	15.3	1.06	1.24	16.3	97	75.0	63	28.4	第四纪红色黏土	E 113°26′04.3″ N 29°37′21.9″	95
						BvC	26—78	暗赤褐色	黏土	块状	4.9	6.7	0.61	0.63	17.4	36	76.0	47	30.8			
						C	78—110	赤褐色	黏土	核柱状	4.8	4.6	0.40	0.57	14.4	22	70.0	40	31.3			
剖10	铁铝土	红壤		板页岩红壤	石子土	1	0—8	红黄色	砂壤土		5.5									砂砾岩	E 113°28′29.2″ N 29°30′18.2″	95
						2	8—19	红黄色															
剖11	人为土	水稻土	淹育水稻土	浅黄泥田	浅黄泥田	1	0—8	灰黄色	黏土		6.1	20.1	1.14	0.70	31.8	111	4.0	66			E 113°24′24.7″ N 29°25′30.9″	95
						2	8—15	棕黄色															
						3	15—46	黄棕色															
						4	48—															
剖12	人为土	水稻土	潴育水稻土	黄泥田		1	0—17	灰黄色	黏壤土	碎块状	5.0	52.0	2.82	2.04	21.8	234	11.1	63			E 113°25′38.3″ N 29°27′23.2″	95
						Ap	17—25	灰棕色	黏壤土	块状	6.0	34.6	1.71	1.31	23.4	134	3.6	47				
						W	25—100	黄棕色	黏土	棱柱状	6.4	25.2	1.28	1.21	23.9	85	3.1	40				
剖13	铁铝土	红壤		耕型板页岩红壤		1	0—14	灰黄色	黏土											板页岩	E 113°22′00.5″ N 29°21′05.3″	95
						2	14—70	棕黄色															
剖14	铁铝土	红壤		板页岩红壤		1	0—16	浅黄色	黏土		5.5	21.8	1.55	1.39	22.6	114	3.7	41		板页岩	E 113°23′39.3″ N 29°22′50.0″	95
						2	16—60	黄色															
						3	60—	红黄色															
剖15	人为土	水稻土	潴育水稻土	青泥田	青砂泥田	1	0—16	灰褐色	砂壤土	碎块状	6.0	34.3	1.97	0.56	40.1	171	2.0	100			E 113°28′11.9″ N 29°20′03.7″	95
						2	16—100	青灰色		块状													

续表 Continued

剖面号 Soil profile	土纲 Soil order	土类 Soil great group	亚类 Soil subgroup	土属 Soil genus	土种 Soil species	土层码 Layer code	土层厚度 Depth/cm	颜色 Soil color	质地 Soil texture	土壤结构 Soil structure	pH	有机质 OM/(g/kg)	全氮 TN/(g/kg)	全磷 TP/(g/kg)	全钾 TK/(g/kg)	碱解氮 AN/(mg/kg)	有效磷 AP/(mg/kg)	速效钾 AK/(mg/kg)	阳离子交换量CEC/(cmol/kg)	土壤母质 Parent material	剖面点坐标 Profile coordinate	匹配指数 Matching index/%
剖16	人为土	水稻土	潴育水稻土	河砂泥田		1	0—14	灰白色	砂壤土	小块状	5.5	21.0	1.31	0.65	28.3	135	4.8	52			E 113°25′16.6″ N 29°21′02.5″	95
						2	14—20	灰色		块状												
						3	20—70	棕黄色														
						4	70—	棕黄色														
剖17	铁铝土	红壤	红壤	花岗岩红壤		1	0—9	棕黄色	砂壤土		5.5									花岗岩	E 113°28′04.7″ N 29°17′44.4″	95
						2	9—35	黄白相间														
剖18	铁铝土	红壤	红壤	花岗岩红壤		1	0—14	棕黄色	砂土		5.0	10.7	0.74	0.55	≥50.0	74	5.4	132		花岗岩	E 113°27′11.5″ N 29°16′21.8″	95
						2	14—54	浅黄色														
						3	54—															
剖19	铁铝土	红壤	红壤	黄泥土		1	0—14	棕黄色	砂壤土		4.5	21.8	1.16	0.79	24.9	91	14.0	104		砂砾岩	E 113°24′02.4″ N 29°14′52.8″	95
						2	14—70		砂土													
						3	70—															
剖20	人为土	水稻土	潴育水稻土	黄泥田	黄泥田	1	0—17	浅黄色	黏壤土		6.0	40.3	2.50	1.17	23.7	178	4.0	11			E 113°40′05.0″ N 29°36′16.0″	95
						2	17—23	棕黄色	黏土													
						3	23—75	棕黄色	黏土													
						4	75—	深黄色		大块状												
剖21	人为土	水稻土	淹育水稻土	浅黄砂泥田	浅黄砂泥田	1	0—13	灰黄色	砂壤土		6.5	29.6	1.61	0.71	34.0	125	2.0	130			E 113°39′20.5″ N 29°29′09.6″	95
						2	13—21	灰黄色														
						3	21—															
剖22	人为土	水稻土	潴育水稻土	麻砂泥田	麻砂泥田	1	0—18	灰黄色	壤土		6.0	35.5	1.91	0.66	36.7	136	4.0	171			E 113°31′08.3″ N 29°19′01.9″	95
						2	18—28	黄色														
						3	28—100	黄色														
						4	100—															

常 德 市

市 辖 区

主要土类说明

水稻土是常德市主要土壤类型，占本市地域面积的53%。水稻土是人为长期活动的产物，由各种地带性土壤和隐域性土壤经水耕熟化而形成。在人为耕作、施肥、灌溉等措施的影响下，土壤内部进行着氧化还原交替、有机质合成与分解、盐基淋溶与复盐基作用的熟化过程，促进了土壤性状的改变，从而形成了水稻土所特有的形态、理化和生物特性。完整的水稻土发育剖面通常有耕作层、犁底层、潴育层、潜育层等基本层次，有时还有漂洗层、埋藏层等层次出现。

红壤是常德市第二大土壤类型，占本市地域面积的28%。本市气候温和，四季分明，光照、热量和降水充足。红壤土层深厚，剖面发育完整，除表层较灰暗外，心土和底土均为棕红色黏实土层，具棱块状或碎块状结构，褐色胶膜淀积明显，底部常见红、黄、白相间的网纹状红色黏土，全剖面呈酸性，盐基饱和度低。

潮土是常德市第三大土壤类型，占本市地域面积的5%。潮土土质肥沃，层理性强，潮土分布区是本市主要的经济作物产地。本市潮土分为湖潮土和河潮土两个亚类。

小于本市地域面积3%的土壤类型有紫色土等。

本区域中心区气候特征

本区域中心区气候特征值
Regional climate characteristics in central area of the region

气候带：北亚热带湿润气候 Climate region: North subtropical humid climate	
年平均气温 /℃ Annual average temperature /℃	16.9
年平均最高气温 /℃ Annual average maximum temperature /℃	21.1
年平均最低气温 /℃ Annual average minimum temperature /℃	13.8
年降水量 /mm Annual precipitation /mm	1311
≥10℃的积温 /℃ Daily temperature accumulated in a year (≥10℃) /℃	6171
年日照时数 /h Annual sunshine /h	1615
年平均相对湿度 /% Annual average relative humidity /%	80
干燥度 Dryness	0.77

常德市市辖区主要土壤类型与土壤剖面点分布图
1 : 320 000

常德市土壤剖面理化性状表

剖面号 Soil profile	土纲 Soil order	土类 Soil great group	亚类 Soil subgroup	土属 Soil genus	土种 Soil species	土层码 Layer code	土层厚度 Depth/cm	颜色 Soil color	质地 Soil texture	土壤结构 Soil structure	pH	有机质 OM/(g/kg)	全氮 TN/(g/kg)	全磷 TP/(g/kg)	全钾 TK/(g/kg)	碱解氮 AN/(mg/kg)	有效磷 AP/(mg/kg)	速效钾 AK/(mg/kg)	土壤母质 Parent material	剖面点坐标 Profile coordinate	匹配指数 Matching index/%
剖1	铁铝土	红壤	红壤	耕型砂岩红壤	红砂土	A₁	0—23	红褐色	黏壤土		5.5	31.7	1.94	0.94	29.5	131	11.1	125	板页岩	E 111°34′34.9″ N 29°15′31.0″	75
						A	23—36	褐紫色	黏壤土		5.5	7.4	1.14	0.77	27.5						
						Bv	36—74	紫红色	黏土		5.5	5.0	1.08	1.00	5.1						
						C	74—100	红色	黏土		5.5										
剖2	人为土	水稻土	潴育水稻土	灰黄泥田	马肝泥田	A	0—15	紫灰色	壤土		8.0	38.5	2.14	0.78	15.3	147	50.0	112	磷钙板页岩	E 111°42′59.3″ N 29°16′38.3″	95
						P	15—21	棕褐色	黏壤土		8.0	28.3	1.55	0.21	7.0						
						W	21—84	棕灰色	黏壤土		8.0	14.9	0.89	0.11	11.9						
						C	84—100	棕灰色	黏壤土		8.0										
剖3	初育土	紫色土	酸性紫色土	酸性紫色土	薄腐薄层酸性紫色土	A₁	0—15	紫色	黏壤土		4.5	12.6	1.20	1.11	23.6	65	71.3	105	紫色页岩	E 111°42′09.4″ N 29°15′39.1″	75
						Bv	15—55	紫棕色	黏土		5.5	6.0	0.82	1.71	17.4						
						C	55—100	紫棕色	黏土		5.5	5.8	0.43	0.78	16.6						
剖4	铁铝土	红壤	红壤	第四纪红色红壤	薄腐薄层红土红壤	A₁	0—2	棕色	黏壤土		5.0	14.6	1.19	1.12	20.0	78	5.1	177	第四纪红色黏土	E 111°37′49.5″ N 29°13′40.8″	95
						A	2—14	红褐色	黏土		5.0	11.3	1.01	1.09	19.8						
						Bv	14—39	浅黄色	黏土		5.0	6.1	0.67	0.79	17.4						
						C	39—100	红色	黏土		5.0										
剖5	人为土	水稻土	潴育水稻土	烂泥田	烂泥田	A	0—18	黄棕色	黏壤土		5.5	33.5	1.71	0.51	11.7	113	2.3	70	第四纪红土	E 111°38′22.7″ N 29°13′13.5″	97
						G	18—	灰色	黏壤土		6.0	96.0	2.83	0.21	11.2						
剖6	人为土	水稻土	潴育水稻土	红黄泥田	红黄泥田	A	0—15	栗色	黏壤土		5.3	43.4	2.43	1.61	18.2	201	15.7	76	第四纪红色黏土	E 111°42′09.2″ N 29°14′23.4″	95
						P	15—24	栗色	黏土		5.7	36.4	2.10	1.26	18.5	160	6.1	66			
						W	24—100	黄褐色	黏土			9.3	0.71	0.82	17.7	65	8.6	55			
剖7	人为土	水稻土	潴育水稻土	潮砂泥田	潮砂田	A	0—17	黄棕色	砂壤土		6.5	16.4	1.14	0.76	17.3	10	4.4	11	河积物	E 111°42′25.1″ N 29°13′32.3″	95
						P	17—25	紫棕色	砂壤土		6.5	4.9	0.48	0.61	15.7						
						W	25—87	棕色	砂壤土		7.0	1.9	0.49	0.56	14.2						
						C	87—	棕灰色	砂壤土		7.0										
剖8	铁铝土	红壤	红壤	板页岩红岩红壤	薄腐薄层板页岩红壤	A	0—12	灰棕色	黏壤土		5.5	16.7	1.22	1.04	18.5	71	12.2	114	板页岩	E 111°44′02.5″ N 29°14′12.5″	95
						Bv	12—58	棕灰色	黏土		6.0	7.3	1.36	0.86	12.8						
						C	58—100	棕黄色	黏土		6.0	2.1	0.70	0.37	19.8						
剖9	铁铝土	黄红壤	黄红壤	板页岩红壤	厚腐厚层板页岩黄红壤	A₁	0—10	褐色	壤土		5.0	97.3	4.72	1.63	18.7	74	39.0	97	板页岩	E 111°43′53.7″ N 29°12′40.7″	95
						A	10—24	棕色	黏壤土		5.5	25.4	1.40	1.19	17.2						
						Bv	24—100	红棕色	黏土		4.5	16.6	1.04	0.67	15.7						
剖10	人为土	水稻土	潴育水稻土	岩渣子田	少岩渣子田	A	0—15	紫色	砂壤土		6.5	25.8	1.57	0.83	16.4	82	49.0	48	砂砾岩	E 111°41′35.9″ N 29°12′06.4″	95
						P	15—25	紫色	砂壤土		6.5	17.0	1.15	0.16	15.2						
						W	25—64	紫色	砂壤土		7.0	23.6	1.26	0.78	14.6						
						C	64—100	黄褐色	砂壤土		7.5										
剖11	铁铝土	红壤	红壤	耕型砂岩红壤	黄砂土	A	0—19	黄褐色	砂壤土		5.0	15.5	0.93	1.18	18.6	79	28.7	10	红色砂岩	E 111°43′30.1″ N 29°11′10.4″	75
						Bv	19—42	棕红色	砂壤土		5.5	10.2	0.77	1.05	12.3						
						C	42—100	深红色	砂壤土		5.5				4.5						
剖12	人为土	水稻土	潴育水稻土	冷浸田	冷浸泥田	A	0—17	棕褐色	黏壤土		6.0	38.4	2.31	1.65	11.7	98	5.6	63	第四纪红黏土	E 111°43′56.2″ N 29°11′54.5″	95
						Pg	17—22	棕灰色	黏土		6.5	20.6	1.66	0.26							
						G	22—100	灰色	黏土		7.0	26.6	0.83	0.67	3.2						

续表 Continued

剖面号 Soil profile	土纲 Soil order	土类 Soil great group	亚类 Soil subgroup	土属 Soil genus	土种 Soil species	土层码 Layer code	土层厚度 Depth/cm	颜色 Soil color	质地 Soil texture	土壤结构 Soil structure	pH	有机质 OM/(g/kg)	全氮 TN/(g/kg)	全磷 TP/(g/kg)	全钾 TK/(g/kg)	碱解氮 AN/(mg/kg)	有效磷 AP/(mg/kg)	速效钾 AK/(mg/kg)	土壤母质 Parent material	剖面点坐标 Profile coordinate	匹配指数 Matching index/%
剖13	人为土	水稻土	潴育水稻土	潮砂泥田	青瑞潮泥田	A	0—18	褐色	壤土		6.0	41.8	2.45	0.99	25.2	157	20.6	82	湖积物	E 111°43′40.3″ N 29°10′32.2″	95
						Pg	18—28	青灰色	壤土		7.0	34.5	2.21	0.88	25.5						
						W	28—67	紫色	壤土		7.0	8.2	1.05	1.40	17.2						
						C	67—100	棕紫色	壤土		7.0										
剖14	铁铝土	红壤	红壤性土	网纹红壤	网纹红壤	A	0—6	棕黄色	黏壤土		6.0	10.2	0.89	0.73	14.3	42	3.4	57	第四纪红色黏土	E 111°44′20.1″ N 29°11′37.1″	97
						C	6—100	黄棕色	黏壤土		5.4	6.5	0.67	0.69	11.9						
剖15	人为土	水稻土	潴育水稻土	黄泥田	黄泥田	A	0—13	黄棕色	黏壤土		7.0	29.8	1.98	0.51	15.1	88	8.2	71	第四纪红色黏土	E 111°37′30.4″ N 29°12′24.6″	95
						P	13—22	棕黄色	黏壤土		6.5	22.3	1.46	0.20	14.9						
						W	22—52	暗黄色	黏壤土		6.0	12.3	1.12	0.56	13.0						
						C	52—100	红棕色	黏土		6.0										
剖16	人为土	水稻土	潜育水稻土	冷浸田	冷砂田	A	0—17	栗色	砂壤土		6.8	24.4	1.47	0.87	21.8	93	8.3	86	红色砂岩	E 111°39′15.5″ N 29°11′56.9″	95
						P	17—26	深栗色	砂壤土		6.0	19.7	1.01	0.75	19.5						
						Pg	26—100	灰色	砂壤土		6.0	18.5	1.32	0.66	21.1						
剖17	人为土	水稻土	潜育水稻土	冷浸田	冷浸岩渣子田	A	0—13	灰色	砂壤土		6.5	24.8	1.44	1.65	9.9	146	13.5	60	第四纪红色黏土	E 111°38′56.1″ N 29°10′25.2″	95
						P	13—19	棕色	砂壤土		6.5	1.5	0.57	0.81	2.7						
						G	19—55	褐黄色	黏土		6.5	18.2	1.21	1.03	12.0						
						C	55—100	红棕色	黏土		6.5										
剖18	人为土	水稻土	潴育水稻土	紫潮泥田	暗紫潮泥田	A	0—16	暗红棕色	黏壤土	小块状	8.0	43.2	2.61	1.73	29.0	177	19.0	89	第四纪红色黏土	E 111°40′14.7″ N 29°10′46.5″	95
						Ap	16—27	暗棕色	黏壤土	块状	8.0	27.6	1.88	1.57	24.7						
						W	27—78	红棕色	黏壤土	棱柱状	8.0	11.1	1.28	1.60	23.7						
						C	78—	红棕色	黏壤土	大块状	8.0	21.1	1.65	1.60	23.1						
剖19	人为土	水稻土	潴育水稻土	红黄泥田	黑黄泥田	A	0—11	黄色	黏土		6.6	19.1	1.30	1.19	26.3	80	9.1	47	第四纪红色黏土	E 111°40′49.2″ N 29°11′03.7″	95
						P	11—19	黄色	黏土		6.3	14.5	1.16	1.15	23.6						
						W	19—100	黄色	黏土		6.0	5.5	0.69	1.18	27.0			55			
剖20	人为土	淹育水稻土	浅黄泥田	浅黄泥田		A	0—13	黄褐色	黏壤土		6.0	22.7	1.91	0.83	15.3	37	≤1.0	58	河积物	E 111°36′44.1″ N 29°05′41.2″	95
						P	13—23	棕褐色	黏壤土		6.0	21.1	1.49	0.62	14.3	83	4.0	31			
						C	23—100	褐灰色	黏壤土		6.0	9.2	0.82	0.62	13.9						
剖21	人为土	水稻土	潜育水稻土	红黄泥田	红黄泥田	A	0—15	黄棕色	黏壤土		5.5	31.6	1.73	1.13	14.9	119	8.6	42	第四纪红色黏土	E 111°37′41.2″ N 29°08′33.9″	95
						P	15—24	红棕色	黏壤土		6.0	17.1	0.95	0.83	12.6						
						W	24—55	暗棕色	黏壤土		6.0	4.3	0.45	1.13	10.3						
						C	55—100		黏壤土		6.0										
剖22	人为土	矿毒型水稻土	非金属矿毒田	煤炭矿毒田		A	0—15	黑灰色	黏壤土		4.5	20.4	1.54	0.87	18.5	95	9.8	89	板页岩	E 111°41′07.1″ N 29°07′50.4″	95
						P	15—19	棕灰色	黏壤土		4.5	17.5	1.13	0.75	14.5						
						W	19—76	棕灰色	黏壤土		5.0	11.5	1.05	0.55	11.3						
						C	76—100	灰色	黏壤土		5.5										
剖23	人为土	潜育水稻土	烂泥田	溶眼田		A	0—16	青灰色	黏壤土		5.5	13.4	1.91	0.98	10.7	155	1.6	52	第四纪红色黏土	E 111°42′50.3″ N 29°05′43.2″	95
						G	16—	浅黄色	黏壤土		6.0	130.6	3.46	0.48	12.3						
剖24	人为土	渗育水稻土	白散泥田	白散泥田		A	0—14	灰白色	黏壤土		6.0	37.2	2.10	0.57	12.1	103	8.7	44	第四纪红色黏土	E 111°38′24.4″ N 29°05′04.6″	95
						P	14—25	黄棕色	黏壤土		7.0	26.0	1.56	0.26	17.5						
						E	25—40	灰棕色	粉壤土		7.5	5.0	0.70	0.15	3.8						
						C	40—100	橙色	黏土		7.5							≤1.0	182			
剖25	人为土	潴育水稻土	河砂泥田	红底河砂泥		A	0—16	黄褐色	壤土		5.5	26.1	1.67	1.17	23.8	196	8.5	54	河流冲积物	E 111°37′14.7″ N 29°02′48.9″	95
						P	16—26	黄棕色	壤土		5.9	19.6	1.34	1.07	23.0	118	3.6	53			
						W	26—55	黄棕色	黏壤土			5.9	0.55	0.87	25.3	34					
						C	55—100	黏棕色	黏壤土												

续表 Continued

剖面号 Soil profile	土纲 Soil order	土类 Soil great group	亚类 Soil subgroup	土属 Soil genus	土种 Soil species	土层码 Layer code	土层厚度 Depth/cm	颜色 Soil color	质地 Soil texture	土壤结构 Soil structure	pH	有机质 OM/(g/kg)	全氮 TN/(g/kg)	全磷 TP/(g/kg)	全钾 TK/(g/kg)	碱解氮 AN/(mg/kg)	有效磷 AP/(mg/kg)	速效钾 AK/(mg/kg)	土壤母质 Parent material	剖面点坐标 Profile coordinate	匹配指数 Matching index/%
剖26	人为土	水稻土	淹育水稻土	浅紫泥田	浅紫泥田	A	0—13	紫色	壤土		7.0	17.1	1.28	0.68	19.6	19	47.6	181	板页岩	E 111° 37′ 37.4″ N 29° 04′ 11.2″	95
						P	13—21	紫色	黏壤土		6.5	17.2	1.28	0.52	16.2						
						C	21—100	紫黄色	黏壤土		6.5	14.3	1.20	0.36	20.2						
剖27	人为土	水稻土	潴育水稻土	黄砂泥田	黄砂泥田	A	0—15	棕黄色	砂壤土		5.5	23.7	1.36	0.51	18.9	140	≥100.0	79	黄色砂岩	E 111° 43′ 42.5″ N 29° 04′ 39.0″	95
						P	15—27	棕色	砂壤土		5.5	20.2	1.19	0.50	14.6						
						W	27—60	黄棕色	砂壤土		6.0	12.6	0.89	0.47	14.1						
						C	60—100	橙色	砂壤土		6.0										
剖28	半水成土	潮土	河潮土	耕型河潮土	河砂土	A	0—10	棕色	砂壤土		6.7	19.3	1.45	1.49	27.8	167	13.6	118	河流冲积物	E 111° 39′ 32.2″ N 29° 00′ 38.8″	95
						Bv	10—90	黄褐色	砂壤土		7.8	8.4	0.87	≤0.10	28.0	49	3.9	48			
剖29	半水成土	潮土	河潮土	耕型河潮土	河砂土	A	0—5	暗黄棕色	壤土		7.0	20.1	1.24	0.86	22.7	84	10.9	100	河流冲积物	E 111° 39′ 24.1″ N 28° 59′ 01.8″	82
						Bv	5—32	浅黄棕色	黏壤土	小块状	7.0	12.4	0.94	0.71	19.7						
						C	32—63	灰棕色	黏壤土	块状	7.0	7.6	0.47	0.68	22.3						
剖30	铁铝土	红壤	红壤	耕型红土红壤	红泥土	A	0—14	棕灰色	壤土	大块状	6.0	16.8	1.21	1.11	15.9	88	15.5	99	第四纪红色黏土	E 111° 42′ 37.0″ N 28° 56′ 01.8″	95
						Bv	14—30	灰棕色	黏壤土		6.0	12.5	1.02	0.91	10.8						
						C	30—100	棕红色	黏壤土		5.0										
剖31	铁铝土	红壤	红壤	第四纪红色黏土红壤	薄腐厚层红土红壤	Ao	0—5	黄棕色	黏壤土		4.6	52.7	2.30	0.01	18.7	220	9.3	204	第四纪红色黏土	E 111° 33′ 59.4″ N 28° 53′ 52.6″	95
						A₁	5—10	棕红色	黏壤土		4.6	33.7	1.54	0.01	19.3	168	8.2	107			
						C	10—100	棕红色	黏土		5.0	7.8	0.63	0.66	18.8	67	≤1.0	97			
剖32	人为土	水稻土	矿毒型水稻土	废水污染田	农药污染田	A	0—14	深棕色	黏壤土		6.0	32.7	1.89	1.46	1.8	172	18.6	104	第四纪红色黏土	E 111° 42′ 32.8″ N 28° 51′ 25.5″	95
						Pg	14—25	紫色	黏壤土		6.0	23.2	1.45	0.72	18.2						
						E	25—44	黄褐色	黏土		6.5	6.6	0.63	0.46	14.9						
						C	44—100	棕褐色	黏土		7.0										
剖33	人为土	水稻土	渗育水稻土	白散田	白胶泥田	A	0—18	黄褐色	黏土		6.5	26.5	1.59	1.13	18.9	80	8.8	70	板页岩	E 111° 44′ 31.7″ N 28° 54′ 28.3″	95
						P	18—25	黄棕色	黏土		6.5	22.2	1.36	1.43	21.7						
						E	25—57	黄棕色	黏土		6.5	9.0	0.55	0.77	10.6						
						C	57—100	灰棕色	黏土		6.5										
剖34	人为土	水稻土	潴育水稻土	河砂泥田	河砂泥田	A	0—13	砂棕色	砂壤土		6.0	27.3	1.97	≥10.00	22.9	155	30.1	103	板页岩	E 111° 32′ 32.8″ N 28° 48′ 10.9″	95
						P	13—21	黄褐色	黏壤土		6.7	9.7	1.59	1.59	22.5	111	18.4	101			
						W	21—42	黄棕色	黏壤土		8.0	9.5	0.75	1.05	24.4	42	4.6	47			
						C	42—100	黄黄色	黏土												
剖35	人为土	水稻土	潴育水稻土	黄泥田	黄泥田	A	0—14	黄褐色	砂壤土		5.5	31.2	2.10	1.96	11.9	129	18.4	84	板页岩	E 111° 34′ 28.5″ N 28° 48′ 10.9″	95
						P	14—23	黄褐色	黏壤土		6.0	22.7	1.41	0.97	14.1						
						W	23—69	棕色	黏壤土		8.0	7.2	0.88	1.39	13.8						
						C	69—100				7.0										
剖36	人为土	水稻土	潴育水稻土	紫泥田	紫泥田	A	0—15	紫色	黏壤土		8.0	28.8	1.97	0.57	21.9	125	22.1	107	紫色页岩	E 111° 32′ 12.6″ N 28° 46′ 41.8″	95
						P	15—20	紫色	黏壤土		8.0	25.0	1.59	0.63	21.3						
						W	20—65	紫棕色	黏壤土		8.0	25.8	1.46	0.63	13.4						
						C	65—100	紫棕色	黏土		8.0										
剖37	初育土	紫色土	酸性紫色土	耕型酸性紫色土	紫红土	A	0—14	紫红色	黏土		6.5	19.8	1.40	0.86	30.5	83	5.2	136	紫色页岩	E 111° 36′ 06.3″ N 28° 46′ 46.0″	95
						Bv	14—30	紫棕色	黏土		5.0	16.2	1.20	0.62	20.2						
						C	30—100	棕色	黏土		4.0										
剖38	人为土	水稻土	潴育水稻土	青泥田	青泥田	A	0—15	棕色	黏壤土		5.5	38.9	2.14	1.08	19.8	176	20.8	102	河流冲积物	E 111° 43′ 02.7″ N 28° 45′ 32.9″	95
						P	15—24	黄棕色	黏壤土		6.0	31.2	1.66	0.83	10.4						
						G	24—66	青灰色	黏土		6.0	26.1	1.56	0.63	12.5						
						C	66—100	黄棕色	黏土		6.0	12.2	1.10	0.99	8.7						

续表 Continued

剖面号 Soil profile	土纲 Soil order	土类 Soil great group	亚类 Soil subgroup	土属 Soil genus	土种 Soil species	土层码 Layer code	土层厚度 Depth/cm	颜色 Soil color	质地 Soil texture	土壤结构 Soil structure	pH	有机质 OM/(g/kg)	全氮 TN/(g/kg)	全磷 TP/(g/kg)	全钾 TK/(g/kg)	碱解氮 AN/(mg/kg)	有效磷 AP/(mg/kg)	速效钾 AK/(mg/kg)	土壤母质 Parent material	剖面点坐标 Profile coordinate	匹配指数 Matching index/%
剖39	人为土	水稻土	潜育水稻土	阴山田	阴山冷浸田	A	0—12	棕色	黏壤土		6.0	39.0	2.22	0.57	22.3		5.0	107	紫色页岩	E 111°40′35.5″ N 28°41′15.2″	95
						P	12—19	黄褐色	黏壤土		7.0	34.3	2.03	0.87	23.5						
						G	19—100	棕灰色	黏壤土		7.0	28.8	1.64	0.71	25.4						
剖40	初育土	紫色土	石灰性紫色土	钙质紫色土	薄腐薄土紫色土	A_1	0—4	紫色	黏土		7.5	16.1	0.99	1.60	20.9		22.5	106	紫色页岩	E 111°50′13.3″ N 29°17′26.6″	75
							4—35	紫红色	黏壤土		8.5	2.4	0.65	0.12	18.0						
						C	35—100	紫灰色	黏土		8.5	4.0	0.51	0.22	11.9						
剖41	人为土	水稻土	潜育水稻土	潮砂泥田	潮砂泥田	A	0—17	红褐色	砂壤土		6.5	26.5	1.96	1.57	22.9	133	26.0	92	湖积物	E 111°45′25.2″ N 29°16′03.9″	95
						P	17—26	棕红色	砂壤土		6.5	20.9	1.43	1.44	22.3						
						W	26—74	红褐色	砂壤土		6.5	17.9	1.18	1.25	17.0						
						C	74—100	棕色	砂壤土		7.0										
剖42	人为土	水稻土	潜育水稻土	黄紫泥田	黄紫泥田	A	0—16	黄紫色	砂壤土		6.0	24.3	1.47	0.79	20.8	116	28.3	87	紫色页岩	E 111°50′15.8″ N 29°10′33.8″	95
						P	16—27	紫紫色	黏壤土		6.5	15.5	1.22	1.06	22.7						
						W	27—56	紫紫色	砂壤土		7.5	7.0	0.84	0.79	19.5						
						C	56—100	红褐色	砂壤土		7.5										
剖43	人为土	水稻土	潜育水稻土	河砂泥田	砂泥田	A	0—16	棕色	黏壤土		6.5	29.6	1.99	0.93	20.1	117	32.0	117	第四纪红色黏土	E 111°55′24.9″ N 29°13′18.7″	95
						P	16—25	栗色	黏壤土		6.5	3.5	0.35	1.15	12.5						
						W	25—55	深棕色	黏壤土		6.0	14.8	1.29	1.08	23.6						
						C	55—100	棕色	砂壤土		6.0										
剖44	人为土	水稻土	潜育水稻土	冷浸田	冷砂泥田	A	0—15	棕色	砂壤土		6.0	21.7	1.47	0.51	9.9	76	≤1.0	≤5	红色砂岩	E 111°55′19.7″ N 29°11′53.7″	95
						Pg	15—26	褐色	黏土		6.5	11.2	2.23	0.61	11.8						
						G	26—70	灰色	黏土		6.5	17.7	2.27	0.87	2.1						
						C	70—100	褐色	黏土		6.5										
剖45	人为土	水稻土	潜育水稻土	紫河砂泥田	紫河砂泥田	A	0—14	黄棕色	砂壤土		6.4	38.5	2.26	2.02	23.1	217	6.4	78	河流冲积物	E 111°55′04.7″ N 29°11′10.9″	95
						P	14—22	褐色	黏土		7.6	23.5	1.50	1.15	21.1	107	6.5	57			
						W	22—100	黄褐色	壤土		7.9	6.0	0.53	1.42	24.9	29	3.5	31			
剖46	人为土	水稻土	潜育水稻土	耕型湖泥土	菁隔紫潮泥田	A	0—21	栗色	壤土		7.3	40.1	2.42			195	9.4	104	河流冲积物	E 111°49′06.4″ N 29°06′29.6″	95
						Pg	21—33	深紫色	黏土		7.5										
						W	33—100	黄褐色	黏土		7.5										
剖47	半成土	潮土	湖湖土	潮泥土	潮泥土	A	0—15	棕色	黏壤土	小块状	8.0	26.0	1.84	2.03	26.8	137	9.6	103	湖积物	E 111°48′55.3″ N 29°05′53.0″	95
						Bv	15—38	紫紫色	黏壤土	块状	7.5	13.3	0.97	1.85	24.4						
						C	38—100	紫棕色	黏壤土	棱柱状	8.0	11.7	1.00	1.21	23.9						
剖48	人为土	水稻土	潜育水稻土	潮砂泥田	潮砂泥田	A	0—17	黄棕色	黏壤土	大块状	6.5	37.8	2.27	0.56	21.5	176	15.7	91	第四纪红色黏土	E 111°53′49.7″ N 29°07′43.5″	95
						P	17—35	棕黄色	黏壤土		7.0	20.6	1.36	0.21	16.1						
						W	35—75	棕色	黏壤土		7.0			0.82	15.6						
						C	75—	棕色	黏壤土		7.0										
剖49	人为土	水稻土	潜育水稻土	潮砂泥田	潮砂泥田	A	0—17	灰棕色	黏壤土		6.5	37.3	2.27	0.56	21.5	176	15.7	91	湖积物	E 111°54′55.3″ N 29°05′18.1″	99
						Ap	17—28	棕色	黏壤土		7.0	4.8	0.63	0.21	16.1	162	20.1	88			
						W	28—80	棕色	黏壤土		7.0	20.6	1.36	0.82	15.6						
						C	80—	棕色	黏壤土		7.0										
剖50	人为土	水稻土	潜育水稻土	菁泥田	菁紫潮泥田	A	0—14	棕色	黏壤土		7.0	36.0	2.13	1.80	15.5				湖积物	E 111°49′14.0″ N 29°04′14.1″	81
						Pg	14—23	青灰色	黏壤土		6.5	13.7	1.01	0.31	19.4	177	18.5	89			
						G	23—100	深灰色	黏壤土		6.5	22.1	1.37	0.52	16.2						
剖51	人为土	水稻土	潜育水稻土	紫潮泥田	紫潮砂泥田	A	0—16	紫色	黏壤土		8.0	43.2	2.61	1.73	29.0				湖积物	E 111°52′13.0″ N 29°01′29.2″	95
						P	16—27	紫棕色	黏壤土		8.0	27.6	1.88	1.57	24.7						
						W	27—58	紫棕色	黏壤土		8.0	11.1	1.28	1.60	23.7						
						C	58—100	暗棕色	黏壤土		8.0	22.1	1.65	1.60	23.1						

续表 Continued

剖面号 Soil profile	土纲 Soil order	土类 Soil great group	亚类 Soil subgroup	土属 Soil genus	土种 Soil species	土层码 Layer code	土层厚度 Depth/cm	颜色 Soil color	质地 Soil texture	土壤结构 Soil structure	pH	有机质 OM/(g/kg)	全氮 TN/(g/kg)	全磷 TP/(g/kg)	全钾 TK/(g/kg)	碱解氮 AN/(mg/kg)	有效磷 AP/(mg/kg)	速效钾 AK/(mg/kg)	土壤母质 Parent material	剖面点坐标 Profile coordinate	匹配指数 Matching index/%
剖52	人为土	水稻土	潜育水稻土	青泥田	青紫潮泥田	A	0—16	棕色	壤土		8.1								河湖沉积物	E 111°47′43.3″ N 29°02′29.5″	95
						Pg	16—26	灰色	黏壤土		7.5										
						G	26—	青灰色	黏壤土		7.5										
剖53	人为土	水稻土	潜育水稻土	烂湖田	烂湖田	A	0—22	黄褐色	黏壤土		7.0	85.5	4.59	0.84	16.9	133	18.4	25	湖积物	E 111°52′52.7″ N 29°04′43.9″	99
						G	22—	青灰色	黏壤土		8.0	21.9	1.49	1.25	23.6						
剖54	半水成土	潮土	河潮土	河潮土	河潮土	A	0—15	褐色	壤土		7.0								河流冲积物	E 111°52′56.5″ N 29°01′59.6″	95
						Bv	15—77	棕色	壤土		7.0										
						C	77—100	栗色	壤土		7.5										
剖55	人为土	水稻土	潴育水稻土	紫潮泥田	间砂紫潮砂泥田	A	0—16	紫色	砂壤土		8.0	19.6	1.26	1.19	10.1	87	6.8	95	湖积物	E 111°46′00.6″ N 28°59′04.0″	95
						P	16—24	深栗色	砂壤土		8.0	14.8	1.07	0.82	7.2						
						S	24—40	黄棕色	砂土		8.0	5.8	0.60	0.51	12.2						
						W	40—100	棕色	砂壤土		8.0	10.7	0.86	0.71	15.2						
剖56	人为土	水稻土	潴育水稻土	潮砂泥田	潮砂泥田	A	0—12	黄褐色	壤土		7.1	37.8	2.24	1.24	29.2	150	9.4	26	河流冲积物	E 111°46′27.6″ N 28°59′20.0″	95
						Pg	12—30	深灰色	壤土		7.4	10.7	0.83	1.28	29.6	51	6.8	57			
						W	30—100	棕色	壤土		8.0	28.1	1.87	0.99	30.0	128	4.9	50			
剖57	半水成土	潮土	河潮土	耕型河潮土	河砂土	A	0—16	栗色	砂壤土	粒状	7.0	16.0	1.04	1.02	11.9	60	13.0	20	河流冲积物	E 112°01′59.1″ N 29°20′27.7″	75
						Bv	16—34	紫棕色	砂壤土	块状	7.0	11.0	0.78	0.80	10.2						
						S	34—	栗色	砂土		7.0	2.8	0.38	0.50	8.5						
剖58	半水成土	潮土	湖潮土	耕型湖潮土	紫潮砂泥田	A	0—15	灰黄棕色	壤土		6.0	15.3	1.30	1.36	20.9	104	13.3	109		E 112°02′25.1″ N 29°20′42.6″	75
						Bv	15—75	黄黄棕色	壤土		6.0	11.6	0.89	1.30	21.2						
						C	75—100	红棕色	砂壤土		6.5	10.7		≤0.10	19.3						
剖59	人为土	水稻土	潴育水稻土	紫潮泥田	紫潮泥田	A	0—12	紫黄棕色	黏壤土		6.5	10.2	1.19	0.76	19.7	72	5.1	63	第四纪红色黏土	E 112°02′19.3″ N 29°20′18.0″	75
						P	12—21	棕黄色	黏壤土		6.0	5.5	0.69	0.36	16.0						
						W	21—62	暗紫色	砂壤土		6.0										
						C	62—100	紫土			6.0										
剖60	人为土	水稻土	淹育水稻土	浅岩渣子田	浅岩渣子田	A	0—10	黄黄色	砂壤土		6.0	29.1	1.75	1.44	13.4	98	42.0	106	板页岩	E 112°05′28.0″ N 29°10′45.9″	95
						P	10—20	棕色	砂壤土		6.0	20.4	0.47	1.09	15.1						
						C	20—100	红岩色	砂壤土		7.0	2.9	0.59	0.51	10.6						
剖61	人为土	水稻土	潴育水稻土	紫潮泥田	紫潮泥田	A	0—15	灰棕色	壤土		8.0	35.9	2.20	1.11	22.5	63	3.4	39	湖积物	E 112°04′54.3″ N 29°08′33.0″	95
						Pg	15—26	深灰色	黏壤土		8.0	9.0	0.64	0.97	21.9						
						W	26—65	棕紫色	黏壤土		8.0	24.7	1.60	1.20	23.0						
						C	65—100	深紫色	黏壤土		8.0										

安 乡 县

主要土类说明

水稻土是安乡县主要土壤类型，占本县地域面积的 68%。水稻土是本县主要的耕作土壤，是人为长期活动的产物，由各种地带性土壤和隐域性土壤经水耕熟化而形成。一般情况下，其剖面常由耕作层、犁底层、潴育层、潜育层、母质层等层次组成。本县水稻土分为淹育型、潴育型、渗育型、潜育型四个亚类。其中，潴育水稻土面积最大，占本土类面积的 70% 以上，发育于多种成土母质，位于地势高、排水良好的高位田，温、光、水、热条件好，水分运动活跃，潴育现象明显，耕作年代长，熟化程度较高，肥力中上等，生产性能较好。

潮土是安乡县第二大土壤类型，占本县地域面积的 18%。本县潮土是由河湖沉积物发育而成的旱地土壤，分布在外洲及沉积的高岭地带，分为湖潮土、河潮土等亚类。其中，湖潮土面积最大，约占本土类面积的 90%，发育于湖相沉积物，沉积物主要来源于长江和澧水的入湖泥砂，为紫棕色至黄棕色的粉砂物质。湖潮土土层深厚，具有明显的脱沼脱潜过程，剖面构型一般为 A-B-C，养分含量丰富。河潮土发育于近代河流冲积物，质地层次明显，多见二元结构。其形成与地下水紧密相关，但没有明显的脱沼脱潜过程。地下水位一般在 60cm 以下，主要由地下水或河浸水为土壤补给水分，使土壤长期或季节性处于毛管水饱和状态。

小于本县地域面积 3% 的土壤类型有红壤等。

本区域中心区气候特征

本区域中心区气候特征值
Regional climate characteristics in central area of the region

气候带：北亚热带湿润气候 Climate region: North subtropical humid climate	
年平均气温 /℃ Annual average temperature /℃	16.9
年平均最高气温 /℃ Annual average maximum temperature /℃	21.1
年平均最低气温 /℃ Annual average minimum temperature /℃	13.7
年降水量 /mm Annual precipitation /mm	1288
≥10℃的积温 /℃ Daily temperature accumulated in a year (≥10℃) /℃	6184
年日照时数 /h Annual sunshine /h	1636
年平均相对湿度 /% Annual average relative humidity /%	79
干燥度 Dryness	0.78

本区域中心区月平均气温与月平均降水量
Monthly temperature and precipitation in central area of the region

安乡县主要土壤类型与土壤剖面点分布图
1∶230 000

安乡县土壤剖面理化性状表

剖面号 Soil profile	土纲 Soil order	土类 Soil great group	亚类 Soil subgroup	土属 Soil genus	土种 Soil species	土层码 Layer code	土层厚度 Depth/cm	颜色 Soil color	质地 Soil texture	土壤结构 Soil structure	pH	有机质 OM/(g/kg)	全氮 TN/(g/kg)	全磷 TP/(g/kg)	全钾 TK/(g/kg)	碱解氮 AN/(mg/kg)	有效磷 AP/(mg/kg)	速效钾 AK/(mg/kg)	土壤母质 Parent material	剖面点坐标 Profile coordinate	匹配指数 Matching index/%
剖1	人为土	水稻土	潜育水稻土	烂潮田	紫烂湖田	A	0—24	棕灰色	黏壤土		7.5								湖积物	E 112°05′43.3″ N 29°38′11.8″	98
						G	24—100	青灰色	黏壤土		7.5										
剖2	人为土	水稻土	潜育水稻土	红黄泥田	红黄泥田	A	0—13	灰棕色	黏壤土		6.5								第四纪红色黏土	E 112°08′16.0″ N 29°38′00.5″	97
						Ap	13—21	棕灰色	黏壤土												
						W	21—70	灰色	黏土												
						C	70—100	黄棕色	黏土												
剖3	半水成土	潮土	湖潮土	耕型湖潮土	紫潮泥土	A	0—18	黄褐色	壤土		8.0	16.8	0.93	1.80	27.1	57	7.4			E 112°05′51.0″ N 29°34′15.3″	95
						Bv	18—70	棕色	黏壤土		8.0	8.7	0.62	1.60	24.8						
						C	70—100	黄棕色	黏壤土		8.0	10.4	0.47	1.76	26.9						
剖4	人为土	水稻土	潜育水稻土	紫潮泥田	同砂紫潮砂泥田	A	0—15	黄棕色	砂壤土		8.0								湖积物	E 112°10′15.6″ N 29°28′30.9″	95
						Ap	15—27	棕色	壤土												
						S₁	27—33	黄褐色	砂壤土												
						W	33—42	棕色	砂壤土												
						S₂	42—53	黄褐色	砂土												
						C	53—100	棕色	砂壤土												
剖5	半水成土	潮土	灰潮土	灰潮泥土	紫砂泥土	A₁₁	0—21	暗红棕色	粉砂质黏土	粒状	7.6	22.2	1.40	0.70	19.8	120	11.0	110	湖相沉积物	E 112°11′22.4″ N 29°18′12.5″	82
						Cu	21—62	暗红棕色	粉砂质黏壤土	棱块状	7.6	12.3	0.80	0.60	19.8	60	3.0	46			
						C	62—100	红棕色	粉砂质黏壤土	块状	7.5	6.8	0.50	0.50	18.4	35	1.5	40			
剖6	人为土	水稻土	潜育水稻土	紫潮泥田	砂底紫潮砂泥田	A	0—17	青灰色	黏土		7.5								湖积物	E 112°09′33.0″ N 29°15′16.2″	95
						Apg	17—28	紫棕色	黏土												
						W	28—74	紫棕色	黏土												
						C	74—100	紫棕色	黏土												

汉 寿 县

主要土类说明

水稻土是汉寿县主要土壤类型，占本县地域面积的44%。水稻土是在长期水耕熟化条件下形成的土壤，分布在海拔300m以下的河湖平原及地形平坦的岗坡地带。在人为耕作、施肥、灌溉等措施的影响下，土壤内部进行着氧化还原交替、有机质合成与分解、盐基淋溶与复盐基作用的熟化过程，促进了土壤性状的改变，从而形成了水稻土所特有的形态、理化和生物特性。水稻土的发生层次有耕作层、犁底层、渗育层、潴育层、母质层，在局部特殊水分条件下形成潜育层和漂洗层。本县水稻土分为淹育型、潴育型、漂洗型、潜育型、矿毒型等亚类。

红壤是汉寿县第二大土壤类型，占本县地域面积的29%。红壤是本县唯一的地带性土壤，分布在丘陵岗地，发育于第四纪红色黏土、花岗岩、板岩、页岩、砂岩等风化物。土壤呈棕红色或棕黄色。剖面构型为 A_1-B-C 或 A-B-C，剖面发育较完整。长期受生物气候条件的影响，土壤具有明显的脱硅富铝化过程，交换性酸占阳离子交换量的50%以上，盐基饱和度在30%以下，黏土矿物以高岭石为主。红壤在分化成土过程中，铁元素大多从矿物中分解游离，成为无定形的氧化铁，游离铁占全铁的50%以上，但活性铁很少。红色黏土层深厚，除表层较灰暗外，心土和底土均为棕红色黏实土层，具棱块状或碎块状结构，褐色胶膜淀积明显，底部常见红、黄、白相间的网纹状红色黏土，全剖面呈酸性。在侵蚀强烈的丘陵地段，红壤的紧实心土或网纹底土露出地表，肥力急剧下降。本县红壤分为红壤和红壤性土两个亚类。

潮土是汉寿县第三大土壤类型，占本县地域面积的21%。潮土发育于沅水近代河流冲积物及湖相沉积物，分布在湖区平原，沅、澧二水及其支流两岸的平原和阶地。潮土的形成受沉积环境的影响较大，由于水流分选作用，靠近泛滥主流的地方，流速大，沉积物质多、质地粗，地形部位较高；距离主流远的地方，流速小，沉积物质少，质地细，地形部位较低；介于两者之间的地方，沉积物质质地粗细适中，有的地段在同一剖面上也有不同的质地层次。久经熟化的潮土，原来表土层中砂黏相间的沉积层次已充分混合，形成砂黏适中、土体疏松肥沃的耕型潮土。本县潮土分为潮土、河潮土、湖潮土等亚类。

小于本县地域面积3%的土壤类型有紫色土等。

本区域中心区气候特征

本区域中心区气候特征值
Regional climate characteristics in central area of the region

气候带：中亚热带湿润气候 Climate region: Subtropical humid climate	
年平均气温 /℃ Annual average temperature /℃	16.9
年平均最高气温 /℃ Annual average maximum temperature /℃	21.1
年平均最低气温 /℃ Annual average minimum temperature /℃	13.8
年降水量 /mm Annual precipitation /mm	1319
≥10℃的积温 /℃ Daily temperature accumulated in a year (≥10℃) /℃	6193
年日照时数 /h Annual sunshine /h	1601
年平均相对湿度 /% Annual average relative humidity /%	80
干燥度 Dryness	0.77

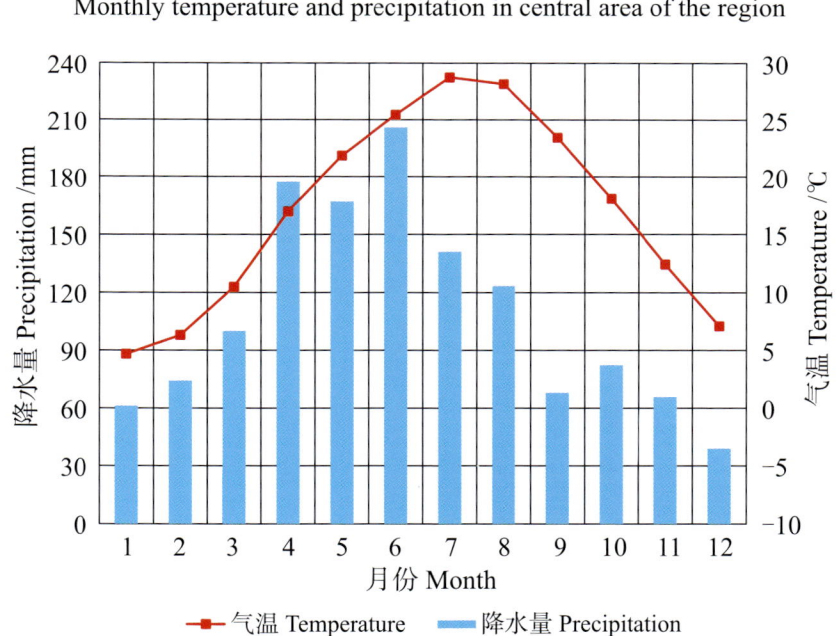

本区域中心区月平均气温与月平均降水量
Monthly temperature and precipitation in central area of the region

汉寿县主要土壤类型与土壤剖面点分布图
1:260 000

汉寿县土壤剖面理化性状表

剖面号 Soil profile	土纲 Soil order	土类 Soil great group	亚类 Soil subgroup	土属 Soil genus	土种 Soil species	土层码 Layer code	土层厚度 Depth/cm	颜色 Soil color	质地 Soil texture	土壤结构 Soil structure	pH	有机质 OM/(g/kg)	全氮 TN/(g/kg)	全磷 TP/(g/kg)	全钾 TK/(g/kg)	碱解氮 AN/(mg/kg)	有效磷 AP/(mg/kg)	速效钾 AK/(mg/kg)	土壤母质 Parent material	剖面点坐标 Profile coordinate	匹配指数 Matching index/%
剖1	人为土	水稻土	潴育水稻土	紫潮泥田	紫潮砂泥田	Ap	0—11	暗黄棕色	壤土	粒状	8.0	33.1	1.45	1.03	24.3	141	1.7	68	河湖沉积物	E 111°59′28.4″ N 29°03′41.6″	97
						W	11—18	暗灰黄色	壤土	块状	8.5	14.2	0.76	0.96	24.0						
							18—85	灰棕色	黏壤土	棱状	8.0	15.3	1.16	1.32	28.8						
						G	85—100	灰棕色	黏壤土	块状	7.5	23.6	1.50	1.05	28.1						
剖2	人为土	水稻土	潴育水稻土	紫潮泥田	间砂紫潮泥田	A	0—13	暗黄棕色	砂壤土	块状	7.5	17.7	1.10	1.79	19.7	100	4.3	116	河湖沉积物	E 111°59′47.2″ N 29°04′09.7″	97
						P	13—24	暗黄棕色	砂壤土	块状	7.5	15.5	1.08	1.30	23.1						
						S	24—34	黄棕色	砂土	无结构	7.5	16.2	1.10	1.23	26.3						
						G	34—100	浅黄棕色	壤土	块状	7.5	2.6	4.70	0.96	19.4						
剖3	人为土	水稻土	漂洗水稻土	漂黄泥田	铁子白散泥田	Aa	0—12	油黄棕色	壤质黏土	块状	6.1	24.7	1.20	0.50	14.5	130	3.2	54	第四纪红色黏土	E 111°57′38.7″ N 29°01′06.2″	95
						Ape	12—19	灰色	壤质黏土	棱柱状	6.3	21.5	0.90	0.50	15.6						
						E	19—70	浅灰色	粉砂质黏土	棱柱状	6.6	11.9	0.70	0.50	15.6						
						C	70—100	棕灰色	壤质黏土	大块状	6.6	6.1	0.50	0.50	14.9						
剖4	人为土	水稻土	渗育水稻土	白散泥田	白散泥田	A	0—12	暗黄棕色	壤土	块状	5.5	37.8	5.50	0.89	16.4	212	7.9	50	第四纪红色黏土	E 111°58′29.1″ N 29°02′13.0″	75
						Ap	12—15	浅灰棕色	黏壤土	棱块状	6.0	20.4	1.11	1.25	16.7						
						E	15—40	灰色	黏土	块状	6.0	4.5	0.85	0.72	19.3						
						C	40—100	灰白色	黏土	块状	5.5	3.3	0.44	0.63	20.3						
剖5	人为土	水稻土	潴育水稻土	青泥田	青砂田	A	0—17	暗黄棕色	砂壤土	块状	6.0	31.9	1.85	1.34	24.9	133	4.5	50	河湖沉积物	E 111°58′48.9″ N 29°02′09.2″	97
						Apg	17—32	暗黄棕色	黏壤土	棱块状	6.5	22.4	1.43	1.42	25.2						
						S	32—43	暗棕色	黏土	块状	6.0	17.8	0.73	1.17	18.1						
						G	43—100	暗棕色	黏土	无结构	6.0	13.8	1.21	0.94	19.5						
剖6	半水成土	潮土	河潮土	耕型河潮土	河砂田	A	0—18	灰黄棕色	黏壤土	碎块状	6.0	21.7	1.01	0.73	13.4	123	14.9	152	近代河流冲积物	E 111°58′38.6″ N 29°01′14.3″	75
						Bv	18—67	栗色	黏壤土	团粒状	7.5	11.3	0.76	1.03	25.8						
						C	67—100	栗色	壤土	团粒状	7.5	12.9	0.98	0.97	25.6						
剖7	人为土	水稻土	潴育水稻土	河砂泥田	河砂田	A	0—13	灰黄棕色	黏壤土	团粒状	6.5	37.1	1.22	1.22	23.4	170	11.3	63	现代河流冲积物	E 111°59′09.8″ N 29°02′11.9″	97
						Ap	13—32	暗黄棕色	黏壤土	团粒状	6.5	22.2	1.17	1.27	24.2						
						W	32—42	暗黄棕色	黏壤土	团粒状	7.0	6.4	1.12	1.12	24.5						
						C	42—100	棕色	黏壤土	团粒状	7.0	9.2	0.77	0.77	27.1						
剖8	半水成土	潮土	河潮土	耕型河潮土	河砂田	A	0—14	灰棕色	壤土	碎块状	7.5	18.9	0.86	1.03	25.3	97	10.3	75	近代河流冲积物	E 111°59′13.8″ N 29°01′49.6″	75
						Bv	14—58	暗黄棕色	黏壤土	碎块状	8.0	16.3	0.79	1.05	27.2						
						C	58—100	栗色	壤土	碎块状	7.5	14.7	0.72	1.01	27.3						
剖9	半水成土	潮土	河潮土	耕型河潮土	河砂田	A	0—5	灰棕色	壤土	块状	7.0	13.0	0.71	1.11	23.8	102	12.7	97	近代河流冲积物	E 111°59′24.1″ N 29°01′48.0″	75
						BvC	5—32	灰黄棕色	黏壤土	块状	7.0	20.5	1.25	1.06	25.1						
						C	32—100	暗黄棕色	黏壤土	棱块状	7.0	9.8	0.58	0.90	25.2						
剖10	人为土	水稻土	潴育水稻土	紫潮泥田	紫潮泥田	A	0—14	暗黄棕色	壤土	碎块状	8.0	28.7	0.87	1.38	26.1	133	9.8	70	河湖沉积物	E 111°59′31.8″ N 29°02′04.9″	97
						Ap	14—27	灰黄棕色	黏壤土	块状	8.0	11.1	1.76	1.05	28.7						
						W	27—72	灰灰棕色	黏壤土	棱块状	7.0	9.5	0.92	2.11	27.5						
						C	72—100	棕色	黏壤土	块状	7.5	11.8	0.87	1.23	23.4						
剖11	铁铝土	红壤	红壤	耕型第四纪红土红壤	熟红土	A	0—19	棕色	黏土	块状	4.5	13.5	1.35	1.13	20.2	74	≤1.0	106	第四纪红色黏土	E 111°51′19.3″ N 28°54′23.2″	98
						Bv	19—70	红棕色	黏土	块状	5.0	17.4	0.91	0.64	19.2						
						C	70—100	浅棕色	黏土	块状	5.0	2.3	0.72	0.93	20.2						
剖12	半水成土	潮土	湖潮土	耕型湖潮土	潮泥田	A	0—17	棕灰色	黏土	团块状	6.5	10.3	1.14	1.30	30.8	80	10.3	102	湖积物	E 111°58′50.1″ N 28°52′38.1″	95
						Bv	17—40	褐色	黏土	棱块状	6.5	12.2	1.18	1.09	29.2						
						C	40—100	棕灰色	砂壤土	块状	6.0	7.0	0.34	0.82	18.7						

续表 Continued

剖面号 Soil profile	土纲 Soil order	土类 Soil great group	亚类 Soil subgroup	土属 Soil genus	土种 Soil species	土层码 Layer code	土层厚度 Depth/cm	颜色 Soil color	质地 Soil texture	土壤结构 Soil structure	pH	有机质 OM/(g/kg)	全氮 TN/(g/kg)	全磷 TP/(g/kg)	全钾 TK/(g/kg)	碱解氮 AN/(mg/kg)	有效磷 AP/(mg/kg)	速效钾 AK/(mg/kg)	土壤母质 Parent material	剖面点坐标 Profile coordinate	匹配指数 Matching index/%
剖13	人为土	水稻土	潴育水稻土	潮砂泥田	潮砂泥田	A	0—14	棕色	砂壤土	块状	5.5	27.0	1.14	1.16	19.9	176	11.1	73	河湖相沉积物	E 111°59′53.3″ N 28°52′34.4″	97
						Ap	14—20	暗灰黄色	砂壤土	块状	6.0	16.9	1.16	1.19	22.1						
						W	20—41	暗棕色	壤土	梭块状	6.5	6.9	1.07	1.10	24.5						
						C	41—100	暗棕色	壤土	块状	7.5										
剖14	半水成土	潮土	潮土	紫潮土	荒洲紫潮砂土	A	0—38	棕色	壤土	小块状	8.0	15.3	0.91	1.57	24.5	74	5.4	83	湖积物	E 111°57′27.5″ N 28°51′43.0″	95
						Bv	38—100	紫棕色	壤土	块状	8.0	17.9	0.96	1.39	22.2						
剖15	人为土	水稻土	淹育水稻土	浅红黄泥田	铁子黄泥田	A	0—11	灰黄色	黏土	块状	5.5	32.9	8.80	1.19	19.0	51	1.5	128	第四纪红色黏土	E 111°58′23.9″ N 28°50′38.3″	97
						Ap	11—20	暗黄色	黏土	块状	6.0	15.3	1.10	1.04	17.6						
						C	20—100	浅黄棕色	黏土	块状	5.5	1.5	0.40	0.61	18.7						
剖16	人为土	水稻土	潴育水稻土	潮砂泥田	潮泥田	A	0—13	黄色	黏壤土	碎块状	5.5	23.5	1.45	1.22	28.5	115	7.6	51	河湖相沉积物	E 111°59′38.5″ N 28°51′46.3″	97
						P	13—25	浅棕黄色	黏壤土	块状	6.0	11.3	1.15	1.27	28.9	53	7.2	46			
						W	25—100	浅黄色	黏壤土	梭状	6.5	9.0	0.94	1.50	38.0	50	8.7	63			
剖17	铁铝土	红壤	红壤	耕型第四纪红土红壤	熟红土	A	0—20	暗棕灰色	黏壤土	团粒状	4.5	31.7	1.92	2.26	17.5	155	43.0	76	第四纪红色黏土	E 111°59′18.6″ N 28°50′03.2″	95
						Bv	20—69	棕灰色	黏土	块状	5.5	9.4	0.86	1.89	18.8						
						C	69—100	浅棕色	黏土	块状	5.5	10.8	0.70	1.69	18.0						
剖18	铁铝土	红壤	红壤性土	第四纪红色黏土红壤性土	网纹红壤性土	A	0—19	暗棕红色	黏土	小块状	4.5	15.9	1.07	0.98	18.4	72	2.4	46	第四纪红色黏土	E 111°52′46.6″ N 28°50′10.7″	97
						C	19—150	暗红色	黏土	小块状	4.5										
剖19	铁铝土	红壤	红壤性土	第四纪红色黏土红壤性土	中层红土红壤	A	0—13	棕红色	黏土	碎块状	4.0								第四纪红色黏土	E 111°57′16.4″ N 28°47′22.3″	98
						Bv	13—70	暗黄色	黏土	碎块状	4.0										
						C	70—150	棕红色	黏土	碎块状	4.5										
剖20	铁铝土	红壤	红壤性土	板页岩红壤性土	石渣红壤性土	A	0—35	暗红棕色	黏土	碎块状	4.5	23.0	1.32	0.93	10.3	31	≤1.0	65	板页岩	E 111°57′32.4″ N 28°45′41.5″	97
						C	35—100	黄色	黏土	梭状	5.0		≤0.10	≤0.10	16.0						
剖21	铁铝土	红壤	红壤性土	砂岩红壤性土		A	0—20	棕色	砂壤土	粒状	6.0								砂岩	E 111°45′52.9″ N 28°42′00.6″	97
						C	20—40	红黄色	粗砂土	粒状	6.5										
剖22	人为土	水稻土	淹育水稻土	浅黄泥田	浅黄泥田	A	0—15	暗黄棕色	黏壤土	团块状	5.5	29.3	1.31	1.03	20.2	153	19.3	86	板页岩	E 111°47′57.8″ N 28°40′09.3″	97
						Ap	15—28	褐色	黏土	团块状	6.5	19.0	1.03	0.74	19.8						
						C	28—100	灰棕色	黏土	块状	6.5	8.8	0.65	1.10	20.5						
剖23	人为土	水稻土	潜育水稻土	冷浸田	锈水田	A	0—20	浅棕色	黏壤土	块状	5.5	39.3	2.17	1.16	23.8	165	3.6	39	板页岩	E 111°54′55.2″ N 28°44′16.4″	97
						Apg	20—33	浅棕色	黏壤土	块状	5.5	28.9	1.56	1.04	24.5						
						G	33—60	棕灰色	黏壤土	块状	5.5	35.2	2.15	1.10	24.5						
						C	60—100	暗黄色	黏壤土	块状	5.5	8.3	0.23	0.91	18.4						
剖24	人为土	水稻土	淹育水稻土	扁砂泥田	黄砂泥田	A	0—14	棕灰色	砂壤土	粒状	5.5	29.2	1.17	1.12	16.1	183	32.5	68	板页岩	E 111°56′53.7″ N 28°43′59.3″	97
						Bv	14—28	暗黄色	黏壤土	碎块状	6.0	12.7	0.81	0.66	13.0						
						C	28—63	黄黄色	黏壤土	梭块状	6.5	11.3	0.43	0.64	15.6						
						C	63—100	灰黄色	黏壤土	碎块状	6.5	14.2	0.43	0.55	25.8						
剖25	铁铝土	红壤	红壤	耕型花岗岩红壤	麻泥土	A	0—17	暗棕色	壤土	粒状	6.0	32.9	0.79	1.41	11.0	95	15.0	220	花岗岩	E 111°54′49.3″ N 28°44′26.1″	97
						Bv	17—36	红黄色	黏壤土	块状	6.0	10.3	0.97	1.50	11.5						
						C	36—100	红棕色	黏壤土	碎块状	6.5	4.2	1.65	1.55	11.5						
剖26	人为土	水稻土	潴育水稻土	麻砂泥田	青网麻砂泥田	A	0—18	浅棕色	壤土	粒状	5.5	24.7	8.60	0.60	16.6	130	6.5	40	花岗岩	E 111°56′53.7″ N 28°43′59.3″	99
						Apg	18—32	暗黄色	砂壤土	块状	5.0	16.7	1.55	0.96	15.8	93	5.2	23			
						W	32—81	黄黄色	壤土	块状	6.0	20.0	1.53	0.77	12.8	5	2.5				
						C	81—100	灰白色	砂壤土	块状	6.0	7.0	0.60	0.44	16.5	4	53.0				
剖27	人为土	水稻土	淹育水稻土	浅黄砂泥田	浅黄砂泥田	A	0—15	灰黄棕色	黏壤土	块状	5.0	39.9	1.87	0.86	18.3	175	11.3	44	砂岩	E 111°56′28.4″ N 28°42′15.8″	97
						Ap	15—25	棕灰色	黏壤土	块状	6.0	11.4	1.27	0.72	22.2						
						C	25—100	浅黄色	黏壤土	块状	6.0	5.2	0.57	0.71	16.7						

续表 Continued

剖面号 Soil profile	土纲 Soil order	土类 Soil great group	亚类 Soil subgroup	土属 Soil genus	土种 Soil species	土层码 Layer code	土层厚度 Depth/cm	颜色 Soil color	质地 Soil texture	土壤结构 Soil structure	pH	有机质 OM/(g/kg)	全氮 TN/(g/kg)	全磷 TP/(g/kg)	全钾 TK/(g/kg)	碱解氮 AN/(mg/kg)	有效磷 AP/(mg/kg)	速效钾 AK/(mg/kg)	土壤母质 Parent material	剖面点坐标 Profile coordinate	匹配指数 Matching index/%
剖28	人为土	水稻土	潴育水稻土	麻砂泥田	麻砂泥田	A	0—14	暗黄棕色	黏壤土	块状	6.0	33.7	1.93	0.70	19.2	158	8.5	92	花岗岩	E 111°59′42.8″ N 28°42′18.8″	97
						Ap	14—24	灰黄棕色	黏土	块状	6.0	29.6	1.55	0.83	20.9						
						W	24—90	灰黄棕色	黏土	棱块状	6.5	≤1.0	0.99	0.99	20.5						
						C	90—100	黄棕色	黏壤土	碎块状	6.5	≤1.0	0.62	0.86	21.0						
剖29	人为土	水稻土	潴育水稻土	烂泥田	溶眼田	A	0—30	浅棕黄色	黏壤土	无结构	6.0	31.4	1.64	0.96	23.7	181	1.7	42	板页岩	E 111°59′23.7″ N 28°40′51.6″	97
						Ag	30—100	暗黄棕色	黏壤土	无结构	6.0	17.6	1.74	1.09	23.6						
剖30	铁铝土	红壤	耕型花岗岩红壤	耕型花岗岩红壤	麻砂土	A	0—17	棕色色	砂壤土	碎块状	5.5	20.3	1.13	2.23	17.9	79	2.9	176	花岗岩	E 111°59′53.0″ N 28°40′39.9″	97
						Bv	17—54	灰棕色	砂壤土	碎块状	6.0	11.1	0.53	1.45	16.6						
						C	54—100	浅红棕色	砂壤土	碎块状	6.0	5.3	0.49	1.08	19.4						
剖31	铁铝土	红壤		薄腐厚层砂岩红壤		A	0—25	浅棕色	轻黏土	粒状	5.5								砂岩	E 111°55′34.3″ N 28°42′04.5″	97
						Bv	25—100	红棕色	轻黏土	无结构散状	5.0										
						C	100—150	棕色	黏土	无结构散状	5.0										
剖32	人为土	水稻土	淹育水稻土	浅砂泥田	浅棕砂泥田	A	0—14	暗黄棕色	壤土	小块状	6.0	32.8	1.71	0.88	15.4	120	7.8	77	花岗岩	E 111°56′11.8″ N 28°41′58.0″	97
						Ap	14—24	棕灰色	壤土	块状	6.5	18.6	1.05	0.85	14.4						
						D	24—55	棕灰色	黏壤土	核状	7.0	13.7	2.70	1.07	16.2						
						C	55—100	棕色	黏土	无结构散状	7.0										
剖33	人为土	水稻土	潴育水稻土	烂湖田	烂湖田	A	0—16	浅棕黄色	黏壤土	无结构	5.0	25.5	8.30	1.36	23.0	127	9.0	130	河湖沉积物	E 112°06′22.6″ N 29°01′47.1″	97
						G	16—100	暗黄棕色	黏壤土	无结构	6.0	25.9	1.85	1.47	24.3						
剖34	人为土	水稻土	潴育水稻土	红黄泥田	红黄砂泥田	A	0—15	浅棕色	砂壤土	块状	5.0	4.0	0.29	0.56	22.0	144	10.1	60	第四纪红色黏土	E 112°10′30.6″ N 29°03′03.4″	97
						Ap	15—25	棕色	砂壤土	块状	5.0	2.0	0.57	0.70	22.6						
						W	25—74	暗黄棕色	砂壤土	碎块状	5.0										
						C	74—100	棕灰色	黏土	碎块状	5.0										
剖35	铁铝土	红壤		耕型第四纪红土红壤		A	0—29	浅棕色	重黏土	小块状	5.0	36.0	1.86	1.07	16.9	162	4.7	≤5	第四纪红色黏土	E 112°11′21.3″ N 29°03′38.1″	97
						Bv	29—55	暗黄棕色	黏壤土	碎块状	5.0	23.0	1.38	1.14	16.1						
						C	55—100	浅黄棕色	黏壤土	碎块状	6.0	3.3	0.50	0.80	24.4						
剖36	人为土	水稻土	潴育水稻土	红黄泥田	黄腊泥田	A	0—13	灰白色	壤土	块状	7.0	6.6	≤0.10	0.71	20.6	158	≥100.0	80	第四纪红色黏土	E 112°07′44.9″ N 29°01′46.8″	97
						Ap	13—31	栗色	黏壤土	块状	5.5	25.9	1.71	0.88	8.1						
						W	31—51	暗黄棕色	黏壤土	块状	5.0	17.4	1.10	1.02	19.7						
						C	51—100	暗黄棕色	黏壤土	碎块状	5.0	13.2	0.92	1.83	17.6						
剖37	人为土	水稻土	潴育水稻土	红黄泥田	熟红黄砂泥田	A	0—17	浅棕色	黏土	小块状	5.0	2.0	0.44	0.77	18.5	175	8.6	104	板页岩	E 112°11′30.3″ N 29°02′55.2″	95
						Ap	17—25	暗黄棕色	黏壤土	碎块状	6.5	36.7	1.53	1.75	19.5						
						W	25—65	暗黄棕色	砂壤土	粒状	6.5	31.9	1.29	1.36	20.1						
						C	65—100	黑色	壤土	块状	7.0	20.1	2.52	0.80	24.1						
剖38	人为土	矿毒型水稻土		非金属矿毒田	煤炭矿毒田	Ag	0—20	紫黑色	砂壤土	块状	7.0	6.8	0.58	0.92	24.0	99	4.6	150	板页岩	E 112°07′26.9″ N 28°55′39.0″	95
						G	20—100	浅灰黄色	砂壤土	块状	7.0	6.6	0.59	0.88	22.1						
剖39	半水成土	潮土	河潮土	耕型紫潮土	河砂泥土	A	0—14	栗色	壤土	块状	7.0	19.0	1.28	1.35	26.0	132	8.5	94	近代河流冲积物	E 112°07′41.0″ N 29°00′49.0″	95
						Bv	14—50	暗黄棕色	壤土	块状	7.5	≤1.0	0.70	1.12	24.9						
						C	50—100	暗黄棕色	黏壤土	块状	7.5	12.5	0.73	1.06	26.9						
剖40	半水成土	潮土		耕型紫潮土	紫砂泥土	A	0—17	灰棕色	壤土	块状	6.5	29.3	1.81	1.06	26.0				湖积物	E 112°12′18.0″ N 28°55′24.0″	95
						Bv	17—37	灰棕色	壤土	块状	6.5	32.7	1.35	1.12	26.6						
						C	37—100	棕色	壤土	碎块状	6.5			0.61							
剖41	半水成土	潮土	河潮土	耕型河潮土	河砂泥土	A	0—20	黄棕色	黏壤土	块状	6.0	4.4	0.45	0.66	17.6				近代河流冲积物	E 112°03′29.7″ N 28°54′58.9″	95
						Bv	20—40														
						BvC	40—58														
						C	58—100														

续表 Continued

剖面号 Soil profile	土纲 Soil order	土类 Soil great group	亚类 Soil subgroup	土属 Soil genus	土种 Soil species	土层码 Layer code	土层厚度 Depth/cm	颜色 Soil color	质地 Soil texture	土壤结构 Soil structure	pH	有机质 OM/(g/kg)	全氮 TN/(g/kg)	全磷 TP/(g/kg)	全钾 TK/(g/kg)	碱解氮 AN/(mg/kg)	有效磷 AP/(mg/kg)	速效钾 AK/(mg/kg)	土壤母质 Parent material	剖面点坐标 Profile coordinate	匹配指数 Matching index/%
剖42	人为土	水稻土	潜育水稻土	烂泥田	烂泥田	Ag	0—13	浅棕黄色	黏壤土	块状	6.0	31.4	1.64	0.96	23.7	181	1.7	42	河湖相沉积物	E 112°00′29.4″ N 28°51′57.1″	97
						G	13—100	暗棕黄色	黏土	大块状	6.0	17.6	1.74	1.09	23.6			≥500			
剖43	人为土	水稻土	潜育水稻土	潮砂泥田	同砂潮砂泥田	A	0—9	棕灰色	砂壤土	块状	7.0	20.3	1.36	1.05	29.2	93	5.1	7	河湖相沉积物	E 112°11′52.6″ N 28°50′20.9″	97
						Ap	9—18	棕灰色	黏壤土	块状	7.0	10.9	1.02	1.15	28.8	52	7.0	9			
						W	18—30	棕灰色	黏土	棱状	6.5	8.9	0.90	1.20	25.5	44	9.4	9			
						S	30—44	暗棕色	砂土	无结构	7.0	7.6	0.90	1.15	27.0	38	9.3	9			
						C	44—100	暗棕色	砂壤土	粒状	6.0	8.2	1.07	1.22	26.1	35	11.9	51			
剖44	人为土	水稻土	潜育水稻土	白散泥田	铁子白散泥田	Ape	0—12	暗黄棕色	黏土	块状	6.1	24.7	1.23	1.24	17.5	160	3.2	54	第四纪红色黏土	E 112°09′11.7″ N 28°51′20.7″	82
						E	12—17	浅灰色	黏土	棱柱状	6.3	21.5	0.85	1.38	18.8						
							17—40	灰白色	黏土	棱柱状	6.6	11.9	0.98	1.57	21.1						
						C	40—100	灰白色	黏土												
剖45	人为土	水稻土	淹育水稻土	浅红黄泥田	浅红黄泥田	A	0—15	褐色	黏壤土	小块状	5.5	26.6	1.49	0.93	17.2	127	9.0	48	第四纪红色黏土	E 112°05′27.2″ N 28°46′31.7″	98
						Ap	15—24	暗灰黄色	黏土	块状	5.5	23.7	1.43	0.91	16.6						
						P	24—44	黄棕色	黏土	碎块状	6.5	23.5	1.02	0.78	16.7						
						C	44—100	黄棕色	黏土	块状	6.5	10.7	0.76	1.05	16.5						
剖46	人为土	水稻土	潴育水稻土	黄砂泥田	黄砂泥田	A	0—14	栗色	砂壤土	粒状	6.0		1.65	1.09	13.0	161	7.5	46	砂岩	E 112°02′51.6″ N 28°46′11.4″	97
						Ap	14—23	暗黄色	壤土	块状	6.5		1.55	1.50	17.6						
						W	23—55	暗棕色	壤土	块状	6.5		0.75	1.17	17.1						
						C	55—100	黄棕色	壤土	碎块状	6.5		0.70	1.10	16.1						
剖47	人为土	水稻土	潴育水稻土	红黄泥田	红黄泥田	A	0—12	暗黄棕色	黏土	块状	5.5	34.6	1.56	0.96	16.5	161	2.8	50	第四纪红色黏土	E 112°12′28.4″ N 28°47′37.3″	99
						Ap	12—21	灰黄棕色	黏壤土	棱柱状	5.5	19.7	0.94	1.00	16.0						
						W	21—59	黄棕色	黏壤土	棱柱状	6.0	7.4	0.68	0.70	16.4						
						C	59—100	浅棕黄色	黏土	碎块状	6.0	7.4	0.59	0.90	15.0						
剖48	人为土	水稻土	潴育水稻土	麻砂泥田	麻泥田	A	0—11	暗黄棕色	黏壤土	小块状	6.0	31.2	1.60	1.36	14.5	134	5.3	50	花岗岩	E 112°00′07.3″ N 28°40′57.5″	98
						Ap	11—18	灰黄棕色	黏壤土	块状	6.0	16.0	1.06	1.19	13.8						
						W	18—41	灰棕黄色	黏壤土	棱柱状	6.5	10.5	0.88	0.98	19.3						
						C	41—100	浅棕黄色	黏壤土	碎块状	6.5	5.9	0.77	0.92	15.3						
剖49	铁铝土	红壤	红壤	砂岩红壤	薄腐中层砂岩红壤	A_1	0—8	黑色	壤土	粒状	4.5	81.5	3.32	0.98	20.3	275	7.2	44	砂岩	E 112°02′41.7″ N 28°41′25.3″	97
						A	8—29	黄棕色	黏壤土	块状	5.0	53.8	2.03	0.68	23.5	130	5.2	75			
						Bv	29—54	浅棕色	黏壤土	碎块状	5.0	30.8	0.77	0.46	24.8	50	3.8	24			
						CD	54—100	橙色	黏土	碎块状	5.0	22.7	0.41	0.29	17.6	19	2.6	23			
剖50	初育土	紫色土	酸性紫色土	酸性紫砂土	薄腐中层酸性紫砂土	A	0—18	浅棕红色	砂壤土	棱块状	5.5	21.0	1.50	0.46	20.0	39	4.3	52	紫色砂岩	E 112°08′16.5″ N 28°41′24.5″	97
						Bv	18—35	红色	砂壤土	块状	5.5	2.0	0.37	0.34	23.7						
						BvC	35—81	浅红色	砂壤土	块状	6.0	1.3	0.43	0.32	25.8						
						C	81—100	红橙色	砂壤土	块状	7.5		0.53	0.37	27.4						

澧 县

主要土类说明

水稻土是澧县主要土壤类型，占本县地域面积的44%。水稻土是人们将各种自然土壤或旱土通过平整筑埂、施肥、耕作、灌溉等一系列的农业活动，长期淹水栽培水稻，在地表水和地下水不断运动和作用下形成的土壤类型。水稻土在不同部位接受水的不同作用，且受不同生态环境和耕作条件的制约和影响，土体内部物质分配产生分异，形成了各种不同形态的土壤层次。①耕作层，土壤比心土层肥沃，结构好，质地疏松，是水稻根群密集的层次。②犁底层，俗称硬夹层，在耕作层之下，受农具的重力作用和耕作时黏粒下移淀积而形成，土层紧实黏重，孔隙度小，具有保肥保水的作用。③心土层，在犁底层之下。由于心土层的各个部位受水的不同作用，因此，在不同的氧化还原作用下又形成了不同的土壤层次，如斑纹层、淀积层、潜育层、漂洗层、砂石层。④底土层，在心土层之下，又称母质层，其性状近似于母质。本县水稻土分为淹育型、潴育型、潜育型、渗育型、沼泽型、矿毒型六个亚类。

红壤是澧县第二大土壤类型，占本县地域面积的31%。红壤是在亚热带生物气候条件下形成的地带性土壤，成土母质类型多样，具有明显的脱硅富铝化过程。红色黏土层深厚，剖面发育完整，除表层较灰暗外，心土和底土均为棕红色黏实土层，具棱块状或碎块状结构，褐色胶膜淀积明显，底部常见红、黄、白相间的网纹红色黏土，全剖面呈酸性，盐基饱和度低。在侵蚀强烈的丘陵地段，红壤的紧实心土或网纹底土露出地表，肥力急剧下降。本县红壤分为红壤、黄红壤、红壤性土三个亚类。

潮土是澧县第三大土壤类型，占本县地域面积的12%。潮土发育于洞庭湖及各大小河流的河相、河湖相、湖相沉积物，分布在平原区及各大小河流沿岸阶地。本县潮土分为湖潮土、河潮土等亚类。湖潮土发育于洞庭湖湖相沉积物，分布在毛里湖、小渡口等地，土层深厚，土质肥沃，多为高产土壤。河潮土发育于河相沉积物，分布在澧阳平原及各大小河流沿岸的阶地，由于水流的分选作用，层理明显。

小于本县地域面积3%的土壤类型有紫色土、石灰（岩）土、黄壤等。

本区域中心区气候特征

本区域中心区气候特征值
Regional climate characteristics in central area of the region

气候带：北亚热带湿润气候 Climate region: North subtropical humid climate	
年平均气温 /℃ Annual average temperature /℃	16.9
年平均最高气温 /℃ Annual average maximum temperature /℃	21.1
年平均最低气温 /℃ Annual average minimum temperature /℃	13.6
年降水量 /mm Annual precipitation /mm	1269
≥10℃的积温 /℃ Daily temperature accumulated in a year（≥10℃）/℃	6161
年日照时数 /h Annual sunshine /h	1590
年平均相对湿度 /% Annual average relative humidity /%	78
干燥度 Dryness	0.79

本区域中心区月平均气温与月平均降水量
Monthly temperature and precipitation in central area of the region

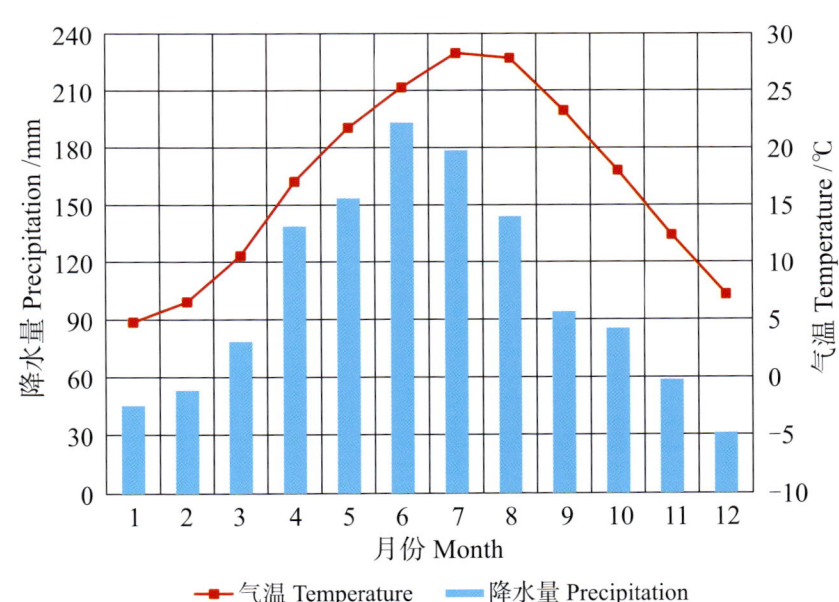

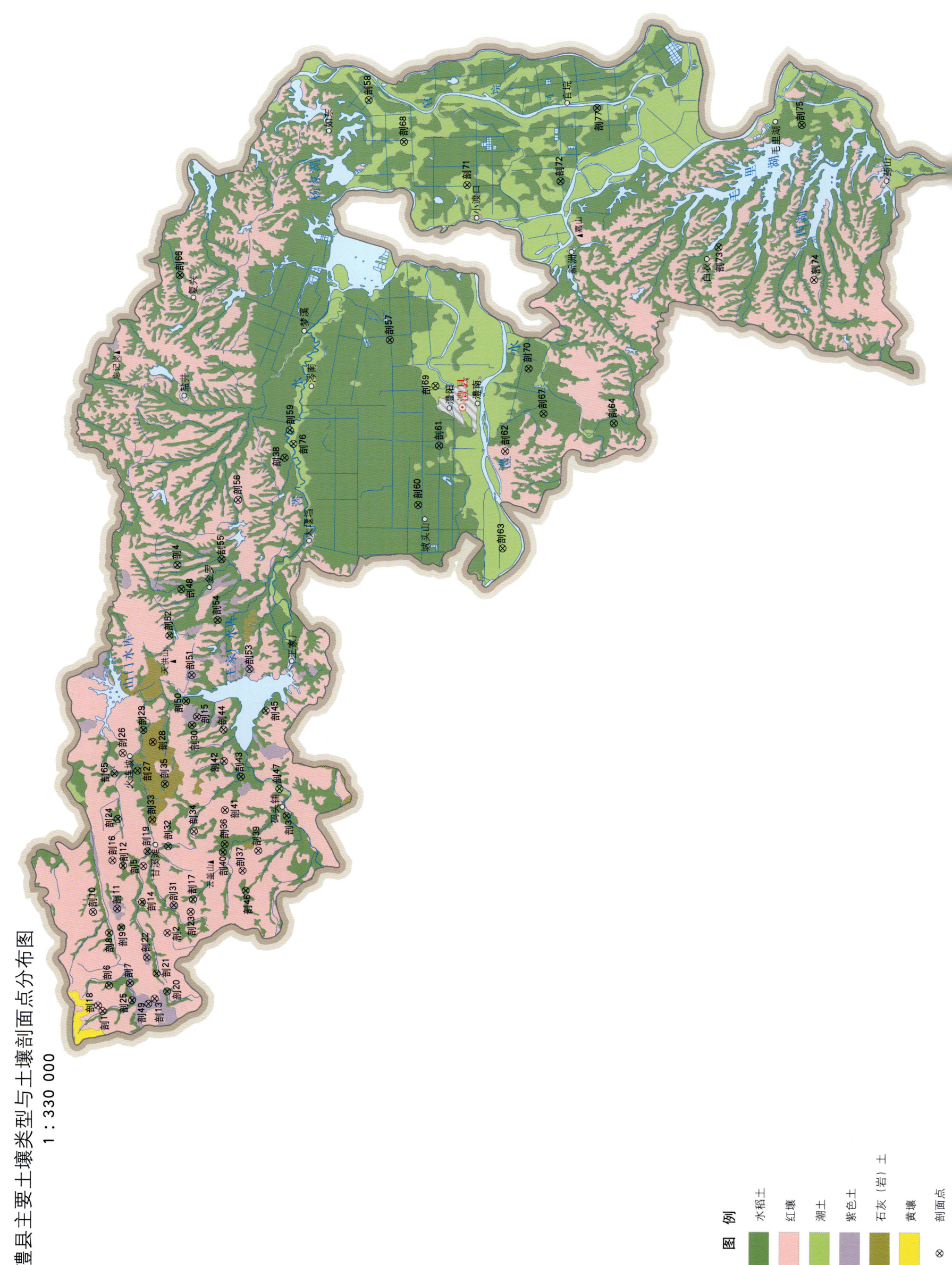

澧县土壤剖面理化性状表

剖面号 Soil profile	土纲 Soil order	土类 Soil great group	亚类 Soil subgroup	土属 Soil genus	土种 Soil species	土层码 Layer code	土层厚度 Depth/cm	颜色 Soil color	质地 Soil texture	土壤结构 Soil structure	pH	有机质 OM/(g/kg)	全氮 TN/(g/kg)	全磷 TP/(g/kg)	全钾 TK/(g/kg)	碱解氮 AN/(mg/kg)	有效磷 AP/(mg/kg)	速效钾 AK/(mg/kg)	阳离子交换量 CEC/(cmol/kg)	土壤母质 Parent material	剖面点坐标 Profile coordinate	匹配指数 Matching index/%
剖1	铁铝土	红壤	黄红壤	耕型板页岩黄红壤		A	0—12	灰白色	砂土	粒状	6.0	19.9	1.38				3.5	123		板页岩风化物	E 111°14′17.8″ N 29°54′13.2″	95
						C	12—100	灰棕色	砂土	粒状	5.5											
剖2	铁铝土	红壤	黄红壤	板页岩黄红壤	薄腐厚层板页岩黄红壤	Ao	0—3	黄褐色	黏壤土	碎块状	5.0	26.4	0.41	1.14	25.9	92	2.2	103		板页岩	E 111°14′34.7″ N 29°54′25.2″	95
						A₁	3—8	黄褐色	黏壤土	碎块状	5.0	15.2	0.82	0.74	25.7							
						Bv	8—81	棕黄色	黏壤土	块状	5.0											
						C	81—100	橙色	黏壤土	块状	5.0											
剖3	人为土	水稻土	淹育水稻土	浅紫泥田		A	0—15	紫色	壤土	粒状	7.0	24.5				162	10.7	120		泥质页岩风化物	E 111°14′50.8″ N 29°52′55.1″	75
						P	15—26	紫棕色	黏壤土	块状	7.0											
						Bv	26—41	棕色	砂壤土	碎块状	6.0											
						C	41—100	棕红色	黏壤土	碎块状	6.0											
剖4	初育土	紫色土	石灰性紫色土	耕型石灰性紫色土		A	0—18	紫色	砂土	碎块状	8.0	12.4	1.09	1.00	18.1	72	9.4	200		紫色页岩风化物	E 111°14′39.8″ N 29°52′10.9″	75
						Bv	18—37	紫红色	砂土	碎块状	7.5	5.5	1.01	1.01	20.3							
						C	37—100	棕红色	砂土	块状	7.5	3.0	0.62	0.78	17.5							
剖5	铁铝土	红壤	黄红壤	石灰岩黄红壤	薄腐薄层石灰岩黄红壤	Ao	0—4	黄褐色	黏壤土	碎块状	6.0	33.8	1.90	0.79	18.0	156	3.4	205		砂岩残积物	E 111°14′55.2″ N 29°51′54.2″	75
						BvC	4—40	黄棕色	黏壤土	碎块状	6.0	30.3	1.26	0.68	15.5							
						D	40—150	黄棕色	黏壤土	块状	6.0											
剖6	人为土	水稻土	潴育水稻土	紫潮泥田	青嫩紫潮砂泥田	A	0—16	紫褐色	黏壤土	糊状	8.0	39.1	2.25	2.02	29.6	134	9.5	150		河湖沉积物	E 111°15′36.1″ N 29°53′56.4″	95
						Pg	16—27	红棕色	黏壤土	块状	8.0	26.4	1.64	1.83	30.5							
						W	27—100	棕红色	黏壤土	核块状	8.0	12.9	0.96	1.73	28.9							
剖7	初育土	紫色土	石灰性紫色土	耕型石灰性紫色土		Ao	0—6	紫色	黏壤土	块状	6.0	13.0	1.09	0.54	38.8	92	3.4	100		紫色页岩残积物	E 111°15′43.0″ N 29°53′00.5″	95
						A₂	6—29	红棕色	黏土	碎块状	8.5	5.5	0.71	0.64	41.7							
						Bv	29—94	棕红色	黏土	块状	8.5	2.6	0.61	0.42	38.5							
						Aa	94—150	棕红色	黏土	粒状	8.5											
剖8	人为土	水稻土	潴育水稻土	潮泥田	金山河砂泥田	Ap	0—16	黄棕色	粉砂质黏壤土	块状	7.5	37.4	1.90	0.90	12.9	151	8.0	114		河流冲积物	E 111°18′17.4″ N 29°53′56.3″	95
						W	16—28	黄棕色	粉砂质黏壤土	核块状	7.5	24.2	1.30	0.90	14.8							
						C	28—69	黄棕色	粉砂质黏壤土	核块状	7.2	8.5	0.80	0.70	12.0							
							69—100	黄褐色	粉砂质黏壤土	块状	7.0	3.1	0.30	0.50	13.4							
剖9	初育土	水稻土	矿毒型水稻土	非金属矿毒田	卤毒田	A	0—14	黄褐色	黏土	碎块状	5.5	31.3	0.94	0.84	17.8	143	5.3	117		第四纪红色黏土	E 111°18′34.5″ N 29°53′23.9″	75
						P	14—25	棕红色	黏土	块状	5.5	22.5	0.73	0.85	17.6							
						W	25—50	黄棕色	黏土	块状	5.5	21.1	0.45	0.76	17.8							
						C	50—100	黄棕色	黏土	块状	5.5											
剖10	铁铝土	红壤	红壤	板页岩红壤		A	0—23	褐色	壤土	碎块状	5.5	24.9	1.00	1.12	24.2	70	4.5	130		泥质页岩风化物	E 111°19′21.5″ N 29°54′39.2″	95
						Bv	23—57	棕黄色	黏壤土	块状	6.0	12.9	0.69	1.12	26.5							
						C	57—100	棕黄色	黏壤土	块状	6.0	9.8	0.66	1.02	30.5							
剖11	初育土	紫色土	酸性紫色土	酸性紫色土		Ao	0—2	紫红色	黏土	块状	5.5	16.9	0.46	0.56	20.6	49	1.7	93		紫色页岩残积物	E 111°19′31.9″ N 29°53′34.7″	75
						A₂	2—22	红棕色	黏土	块状	5.5	1.8	0.40	0.45	19.4							
						Bv	22—74	红棕色	黏土	块状	5.5	1.5	0.27	0.52	27.1							
						C	74—															
剖12	人为土	水稻土	潜育水稻土	烂湖田	紫烂湖田	A	0—20	棕黄色	砂壤土	小团粒状	8.5	39.9	1.23	1.74	26.0	164	5.1	83		湖积物	E 111°21′43.5″ N 29°53′19.6″	75
						G	20—100	棕灰色	砂壤土	糊状	8.5	17.9	0.73	1.77	27.6							

续表 Continued

剖面号 Soil profile	土纲 Soil order	土类 Soil great group	亚类 Soil subgroup	土属 Soil genus	土种 Soil species	土层码 Layer code	土层厚度 Depth/cm	颜色 Soil color	质地 Soil texture	土壤结构 Soil structure	pH	有机质 OM/(g/kg)	全氮 TN/(g/kg)	全磷 TP/(g/kg)	全钾 TK/(g/kg)	碱解氮 AN/(mg/kg)	有效磷 AP/(mg/kg)	速效钾 AK/(mg/kg)	阳离子交换量CEC/(cmol/kg)	土壤母质 Parent material	剖面点坐标 Profile coordinate	匹配指数 Matching index/%
剖13	铁铝土	红壤	黄红壤	砂岩黄红壤	薄腐厚层砂岩红壤	Ao	0—6	深栗色	砂壤土	粒状	5.5	1.9	1.92	0.78	16.8	71	1.7	125		砂岩	E 111°21′59.6″ N 29°53′47.9″	95
						Bv	6—80	栗色	砂壤土	碎块状	5.5	22.6	1.16	0.77	14.0							
						C	80—130	棕黄色	砂壤土	碎块状	5.5	7.0	0.65	0.68	20.1							
						D	130—	深红色			5.5											
剖14	人为土	水稻土	潜育水稻土	冷浸田	冷浸泥田	A	0—20	灰棕色	黏壤土	块状	7.0	37.8	2.71	1.01	34.1	128	≥100.0	120		板页岩	E 111°19′52.0″ N 29°52′28.7″	95
						Pg	20—28	深灰色	黏壤土	块状	6.5	32.7	1.22	1.01	33.1							
						G	28—71	灰色	黏壤土	糊状	6.5	23.9	0.76	0.82	33.5							
						C	71—100	紫色	黏壤土	块状	6.5											
剖15	初育土	紫色土	中性紫色土	中性紫色土		A	0—23	棕红色	砂壤土	粒状	7.0	28.0	1.60			102	3.1	141		紫色砂岩风化物	E 111°19′42.1″ N 29°51′03.7″	75
						Bv	23—58	红棕色	砂壤土	碎块状	7.0											
						C	58—100	红棕色	砂土	碎块状	6.5											
剖16	铁铝土	红壤	黄红壤	耕型石灰岩黄红壤	黄红土	A	0—15	黄褐色	黏土	块状	5.0	10.9	0.56	0.55	22.8	143	10.2	267		泥质页岩残积物	E 111°19′22.0″ N 29°50′18.6″	95
						Bv	15—61	棕褐色	黏土	块状	5.0	2.5	0.36	0.56	22.8							
						C	61—100	浅红棕色	黏土	块状	5.0	2.1	0.29	0.57	25.2							
剖17	人为土	水稻土	潴育水稻土	灰泥田	灰泥田	A	0—16	灰褐色	黏土	块状	7.5	35.2	2.04	1.57	21.4	182	12.2	130		石灰岩风化物	E 111°19′59.7″ N 29°50′12.9″	75
						P	16—27	黄褐色	黏土	棱块状	7.5	26.3	1.25	1.45	21.5							
						W	27—70	棕褐色	黏土	棱块状	7.5	12.0	0.82	0.99	19.5							
						C	70—100	灰褐色	黏土	块状	7.5											
剖18	铁铝土	红壤	红壤	耕型砂岩红壤		A	0—14	棕褐色	黏壤土	团粒状	6.0	15.9	0.95	1.47	24.9	88	4.8	175		石灰岩残积物	E 111°21′42.6″ N 29°52′24.9″	95
						Bv	14—50	棕褐色	黏壤土	碎块状	6.5	6.6	0.66	0.18	22.1							
						C	50—100	棕褐色	黏壤土	块状	6.5	≤1.0	0.77	1.05	21.3							
剖19	人为土	水稻土	渗育水稻土	白散泥田	白胶泥田	A	0—16	褐色	黏土	碎块状	5.8	16.3	1.34	0.90	21.5	135	4.6	155		河湖沉积物	E 111°22′27.3″ N 29°51′13.9″	75
						P	16—28	灰褐色	黏土	块状	7.0	6.5	0.56	0.92	20.7							
						E	28—81	黑灰色	黏土	块状	7.0	3.4	0.31	0.93	10.9							
						C	81—100	棕色	黏土	块状	7.0											
剖20	人为土	水稻土	矿毒型水稻土	非金属矿毒田	煤炭水田	A	0—12	黄褐色	黏土	碎块状	5.0	39.1	1.77	1.61	17.7	98	6.5	122		板页岩坡积物	E 111°15′17.6″ N 29°51′21.4″	75
						P	12—18	棕黄色	黏土	块状	5.5	26.3	1.73	1.31	17.4							
						W	18—77	棕黄色	壤土	棱柱状	7.0	11.0	1.24	1.76	16.8							
						C	77—100	浅灰棕色	壤土	棱块状	7.0											
剖21	人为土	水稻土	潴育水稻土	鸭屎泥田	鸭屎泥田	A	0—17	褐色	黏壤土	块状	8.0	36.9	1.65	1.34	23.8	286	4.4	166		石灰岩残积物	E 111°16′13.0″ N 29°51′49.1″	75
						P	17—27	黄褐色	黏壤土	棱柱状	8.0	21.6	1.22	1.25	26.0							
						W	27—64	棕褐色	黏壤土	棱块状	8.0	11.0	0.42	0.88	22.5							
						C	64—100	黄褐色	黏壤土	块状	8.0	2.1										
剖22	初育土	紫色土	中性紫色土	耕型中性紫色土		A	0—20	棕红色	黏土	碎块状	7.0	16.7	1.49	0.95	21.9	84	3.3	160		紫色页岩风化物	E 111°17′02.2″ N 29°52′15.2″	75
						C	20—100	棕黄色	黏土	块状	7.0	12.6	0.47	0.92	22.4							
剖23	铁铝土	红壤	红壤	板页岩红壤		A	0—15	褐色	壤土	块状	5.5	16.1	0.89	0.83	26.0	98	3.3	165		板页岩坡积物	E 111°18′17.7″ N 29°51′20.8″	95
						Bv	15—41	棕黄色	壤土	块状	6.0	8.1	0.49	1.04	25.7							
						C	41—100	黄棕色	壤土	块状	6.0	6.7	0.60	0.66	25.6							
剖24	人为土	水稻土	潴育水稻土	红黄泥田	石灰性红黄泥田	A	0—16	灰棕色	黏壤土	块状	8.0	24.7	0.29			140	10.2	175		第四纪红色黏土	E 111°24′06.7″ N 29°53′33.4″	75
						P	16—25	褐色	黏壤土	棱柱状	7.5											
						W	25—81	黄棕色	黏壤土	棱块状	7.5											
						C	81—100	棕色	黏壤土	块状	7.5											
剖25	人为土	水稻土	潴育水稻土	黄泥田		A	0—14	棕黄色	黏壤土	碎块状	7.5	33.0	1.98			166	6.4	139		板页岩风化物	E 111°26′25.7″ N 29°53′42.8″	75
						P	14—18	棕色	黏壤土	棱块状	8.0											
						W	18—45	棕色	黏壤土	块状	8.0											
						C	45—100	褐棕色	黏壤土	块状	8.0											

续表 Continued

剖面号 Soil profile	土纲 Soil order	土类 Soil great group	亚类 Soil subgroup	土属 Soil genus	土种 Soil species	土层码 Layer code	土层厚度 Depth/cm	颜色 Soil color	质地 Soil texture	土壤结构 Soil structure	pH	有机质 OM/(g/kg)	全氮 TN/(g/kg)	全磷 TP/(g/kg)	全钾 TK/(g/kg)	碱解氮 AN/(mg/kg)	有效磷 AP/(mg/kg)	速效钾 AK/(mg/kg)	阳离子交换量CEC/(cmol/kg)	土壤母质 Parent material	剖面点坐标 Profile coordinate	匹配指数 Matching index/%
剖26	铁铝土	红壤	红壤	耕型石灰岩红壤	灰红夹土	A	0—15	栗色	黏壤土	碎块状	6.0	19.3	1.20	1.14	25.2					石灰岩风化物	E 111°27′23.8″ N 29°53′12.8″	95
						Bv	15—35	褐色	黏壤土	碎块状	6.0											
						C	35—100	棕黄色	黏壤土	块块状	6.0											
剖27	人为土	水稻土	潜育水稻土	黄砂泥田	石灰性黄砂泥田	A	0—16	黄褐色	壤土	块状	7.5	38.3	1.91	3.66	16.9	119	7.9	130		砂岩坡积物	E 111°26′34.6″ N 29°52′41.2″	95
						P	16—26	黄棕色	壤土	梭块状	7.5	18.6	1.15	1.08	17.0							
						W	26—56	黄褐色	壤土	块状	7.5	10.5	0.23	0.98	17.0							
						C	56—100	黄色	壤土	块状	8.0											
剖28	初育土	石灰(岩)土	黑色石灰土	黑色石灰土		A	0—17	深灰色	壤土	碎块状	7.5	≤1.0	0.86			105	8.3	180		石灰岩残积物	E 111°28′01.7″ N 29°52′00.1″	75
						Bv	17—25	深棕色	黏壤土	块状	7.0											
						C	25—	黄褐色	黏壤土	块状	7.0											
剖29	人为土	水稻土	潜育水稻土	青泥田	青泥田	A	0—14	黄褐色	黏壤土	无结构糊散状	5.5	24.9	1.22	0.92	16.8	130	5.5	117		河流冲积物	E 111°28′38.1″ N 29°52′25.6″	75
						Pg	14—20	灰色	黏土	块状	6.0	20.9	1.12	1.85	16.6							
						G	20—47	灰色	黏土	梭块状	6.0	20.3	0.78	0.57	17.0							
						W	47—90	黄褐色	黏土	块状	6.0											
						C	90—100	棕黄色	黏土	块状	6.0											
剖30	人为土	水稻土	潜育水稻土	烂泥田	烂泥田	A	0—16	棕灰色	黏土	糊状	8.0	13.4	0.92	1.30	22.3	149	6.4	209		钙质页岩风化物	E 111°28′53.1″ N 29°50′16.2″	75
						G	16—	深灰色	黏土	糊状	8.0											
剖31	初育土	紫色土	酸性紫色土	耕型酸性紫砂土	紫红砂土	A	0—15	紫红色	砂壤土	粒状	5.0	6.6	0.77	2.18	25.5	95	12.0	178		紫色砂岩风化物	E 111°29′18.4″ N 29°50′02.6″	75
						Bv	15—27	紫红色	砂土	碎块状	5.0	2.6	0.66	1.80	30.5							
						C	27—100	紫红色	砂土	碎块状	5.0											
剖32	人为土	水稻土	潜育水稻土	岩渣子田	岩渣子田	A	0—11	褐色	黏壤土	粒状	7.0	36.3	1.76	2.45	24.2	125	13.2	128		砂岩坡积物	E 111°22′42.9″ N 29°51′18.6″	95
						P	11—17	棕褐色	黏壤土	碎块状	7.0	23.7	1.55	2.41	24.2							
						W	17—60	棕褐色	黏壤土	块状	7.0											
						D	60—100	棕褐色	黏土	块状	7.0											
剖33	初育土	石灰(岩)土	红色石灰土	红色石灰土		A	0—16	棕红色	黏土	碎块状	7.0	11.8	1.24	0.92	22.4	127	1.8	215		石灰岩残积物	E 111°24′04.9″ N 29°52′01.7″	75
						Bv	16—53	棕红色	黏土	块状	7.0	9.6	1.01		2.2							
						C	53—100	棕红色	黏土	碎块状	7.0											
剖34	铁铝土	红壤	红壤	灰红土	灰红砂土	A₁₁	0—16	暗棕色	砂质黏壤土	粒状	6.0	27.7	1.40	0.40	13.3	100	7.0	95		砂质砂岩风化物	E 111°23′28.7″ N 29°50′10.1″	95
						Bv₁	16—45	红棕色	砂质黏壤土	块状	5.5	15.4	1.00	0.60	15.4							
						Bv₂	45—100	红棕色	砂质黏壤土	块状	5.5	12.2	0.80	0.40	15.7							
剖35	人为土	水稻土	淹育水稻土	浅岩渣子田	浅岩渣子田	A	0—14	黄棕色	黏壤土	粒状	7.0	22.6	1.23	1.18	17.2	109	11.9	201		板页岩坡积物	E 111°22′53.5″ N 29°51′28.0″	95
						P	14—29	棕褐色	黏壤土	块状	7.0	17.1	0.72	1.21	19.3							
						C	29—100	棕褐色	黏壤土	块状	7.0	4.5	0.60	1.23	22.0							
剖36	人为土	水稻土	淹育水稻土	浅黄砂泥田		A	0—19	栗色	黏壤土	粒状	6.5	21.5	1.84	1.09	16.0	119	5.8	168		石灰岩残积物	E 111°20′26.0″ N 29°47′52.6″	95
						Bv	19—23	黄棕色	黏土	粒状	6.0	15.9	1.66	1.13	16.3							
						C	23—100	红棕色	黏壤土	粒状	5.5	1.6	0.40	0.64	18.3							
剖37	铁铝土	红壤	红壤	板页岩红壤	薄腐中层板页岩红壤	Ao	0—5	栗色	黏壤土	粒状	5.0	25.4	1.64	1.05	27.4	121	7.2	125		板页岩残积物	E 111°21′28.3″ N 29°48′01.0″	95
						A₂	5—19	棕色	砂土	块状	5.0	11.1	0.86	0.58	17.5							
						Bv	19—43	黄棕色	砂土	片状	5.0	6.1	0.36	0.92	20.6							
剖38	人为土	水稻土	淹育水稻土	浅黄砂泥田		A	0—14	棕黄色	黏壤土	块状	5.2	21.2	1.20	1.26	20.1	136	2.3	97		河积物	E 111°22′24.7″ N 29°48′53.0″	95
						P	14—30	黄棕色	壤土	片状	6.4	18.5	0.91	0.83	22.6							
						C	30—100	棕黄色	壤土	块状	7.6	7.0	0.77	0.62	20.6							
剖39	铁铝土	红壤	红壤	耕型板页岩红壤	岩渣子土	A	0—15	褐黄色	壤土	粒状	5.0	23.3	1.57	1.15	19.0			170		板页岩风化物	E 111°22′29.1″ N 29°47′18.6″	95
						Bv	15—31	褐黄色	壤土	块状	6.0	14.1	1.08	0.98	16.0							
						C	31—100	黄色	黏壤土	块状	6.0											

续表 Continued

剖面号 Soil profile	土纲 Soil order	土类 Soil great group	亚类 Soil subgroup	土属 Soil genus	土种 Soil species	土层码 Layer code	土层厚度 Depth/cm	颜色 Soil color	质地 Soil texture	土壤结构 Soil structure	pH	有机质 OM/(g/kg)	全氮 TN/(g/kg)	全磷 TP/(g/kg)	全钾 TK/(g/kg)	碱解氮 AN/(mg/kg)	有效磷 AP/(mg/kg)	速效钾 AK/(mg/kg)	阳离子交换量CEC/(cmol/kg)	土壤母质 Parent material	剖面点坐标 Profile coordinate	匹配指数 Matching index/%
剖40	人为土	水稻土	潴育水稻土	河砂泥田		A	0—16	黄棕色	砂壤土	粒状	7.5	37.4	2.06	1.31	17.8	151	10.5	160		砂岩坡积物	E 111°22′41.4″ N 29°48′51.6″	95
剖41	铁铝土	红壤		石灰岩红壤		P	16—28	黄棕色	砂壤土	块状	7.5	5.5	0.34	0.90	16.1		7.1	155		石灰岩	E 111°24′33.8″ N 29°48′47.3″	95
						W	28—59	黄褐色	砂壤土	棱块状	7.0	24.2	2.02	1.23	11.9	110						
						C	59—100	棕黄色	砂壤土	棱块状	7.0	8.7	0.57	1.08	17.3							
剖42	铁铝土	红壤	红壤性土	石渣红壤		A	0—16	暗棕色	砂壤土	碎块状	5.5	27.7	1.36	0.95	16.0					石灰岩残积物	E 111°27′03.4″ N 29°48′50.0″	95
						Bv	16—35	棕色	砂壤土	块状	6.5	15.4	1.00	1.37	18.6							
						C	35—100	黄棕色	砂壤土	块状	6.5	12.2	0.81	0.89	18.9							
剖43	人为土	水稻土	潴育水稻土	青泥田	石灰性青泥田	A₂Bv	0—20	棕红色	黏壤土	碎块状	5.5	20.7	1.14	0.69	18.2	70	3.5	90		石灰岩残积物	E 111°26′15.4″ N 29°48′06.3″	95
						C	20—100	深红色	黏壤土	块状	5.0	6.0	0.62	0.54	21.4							
						A	0—18	褐色	黏壤土	块状	8.0	45.7	2.27	1.33	17.7	167	5.8	150		板页岩风化物		
						Pg	18—33	青灰色	黏土	块状	8.0	20.6	0.87	1.05	18.9							
						G	33—49	青灰色	黏土	块状	7.5	12.0	0.76	0.74	19.0							
						C	49—100	深灰色	黏土	棱块状	7.0											
剖44	铁铝土	红壤		耕型第四纪红土红壤		A	0—18	棕红色	黏土	粒状	4.5	≤1.0	1.09	0.69	22.1	97	1.1	85		第四纪红色黏土	E 111°28′38.5″ N 29°48′52.0″	95
						Bv	18—66	深红色	黏土	块状	5.0	4.7	1.01	0.57	21.2							
						C	66—	深红色	黏土	碎块状	5.0	2.1	0.90	0.60	22.3							
剖45	人为土	水稻土	潴育水稻土	中性紫泥田		A	0—14	黄褐色	黏壤土	糊状	7.5	39.2	1.68	1.42	21.8	127	3.3	113		紫色页岩、第四纪红土	E 111°29′36.4″ N 29°46′59.2″	95
						Pg	14—24	黄褐色	黏壤土	糊状	7.5	26.9	1.47	0.98	22.3							
						W	24—42	棕黄色	黏壤土	棱块状	7.5	11.5	1.33	0.93	21.5							
						C	42—100	黄褐色	黏壤土	棱块状	7.0											
剖46	人为土	水稻土	潴育水稻土	鸭屎泥田	青隔鸭屎泥田	A	0—18	棕色	黏土	糊状	7.5	38.0	1.87	1.66	18.7	184	6.9	240		紫色砂岩风化物		95
						Pg	18—33	深棕色	黏土	块状	7.5	36.7	1.50	1.22	18.7							
						W	33—70	黄褐色	黏土	块状	7.5	8.9	1.45	0.89	20.2							
						C	70—100	棕黄色	黏土	块状	7.5											
剖47	半水成土	潮土	河潮土	耕型河潮土		A	0—16	黄褐色	壤土	粒状	7.5	9.8	2.18	1.19	21.4	74	10.6	148		河流冲积物	E 111°25′38.7″ N 29°46′22.7″	75
						C	16—100	黄褐色	砂壤土	粒状	7.5	8.6	1.56	1.96	16.9							
剖48	人为土	水稻土	潴育水稻土	灰黄泥田		A	0—15	黄褐色	黏壤土	块状	7.0	36.0	2.34	1.24	18.1	108	6.2	98		石灰岩坡积物	E 111°35′47.6″ N 29°50′43.7″	95
						P	15—26	黄褐色	黏壤土	棱块状	7.0	16.4	2.19	0.90	17.6							
						W	26—53	棕黄色	黏壤土	块状	7.0	6.5	1.95	0.69	18.3							
						C	53—100	黄褐色	黏壤土	碎块状	7.0											
剖49	初育土	紫色土	酸性紫色土	酸性紫砾岩残积物		Ao	0—2	紫棕色	黏土	粒状	5.5	20.6	1.04	0.59	16.7	62	1.9	105		紫色砂砾岩残积物	E 111°37′02.5″ N 29°50′54.7″	75
						A₁	2—8	紫红色	黏土	粒状	5.5											
						Bv	8—87	紫红色	黏土	棱柱状	5.5											
						C	87—	紫红色	黏土	棱柱状	5.5											
剖50	人为土	水稻土	潴育水稻土	青泥田		A	0—16	黄褐色	黏土	糊状	8.0	32.0	2.15	1.33	19.8	144	10.0	110		石灰岩坡积物	E 111°30′05.8″ N 29°50′31.5″	95
						Pg	16—24	深灰色	黏土	块状	7.5	28.6	1.80	1.50	20.0							
						G	24—100	灰黄色	黏土	块状	8.0	28.0	1.35	1.37	19.7							
剖51	初育土	紫色土	石灰性紫色土	耕型石灰性紫砂土		A	0—16	紫红色	黏壤土	粒状	8.0	19.1	0.60			102	11.1	220		紫色页岩、岩残积物	E 111°31′25.2″ N 29°50′16.8″	75
						Bv	16—47	棕红色	黏土	棱柱状	7.5											
						C	47—100	棕红色	黏土	块状	7.5											
剖52	人为土	水稻土	渗育水稻土	白散泥田	白散泥田	A	0—14	黄褐色	黏壤土	片状	6.0	8.7	0.64	0.91	17.6	168	12.2	105		紫色砂岩风化物	E 111°33′25.9″ N 29°51′15.9″	95
						P	14—25	黄褐色	黏土	块状	6.0	4.9	0.38	0.85	21.4					第四纪红色黏土		
						E	25—62	灰白色	黏土	块状	6.5											
						C	62—100	黄棕色	黏土	块状	6.5	37.7	0.75	0.96	22.4	166	9.4	128				

续表 Continued

剖面号 Soil profile	土纲 Soil order	土类 Soil great group	亚类 Soil subgroup	土属 Soil genus	土种 Soil species	土层码 Layer code	土层厚度 Depth/cm	颜色 Soil color	质地 Soil texture	土壤结构 Soil structure	pH	有机质 OM/(g/kg)	全氮 TN/(g/kg)	全磷 TP/(g/kg)	全钾 TK/(g/kg)	碱解氮 AN/(mg/kg)	有效磷 AP/(mg/kg)	速效钾 AK/(mg/kg)	阳离子交换量CEC/(cmol/kg)	土壤母质 Parent material	剖面点坐标 Profile coordinate	匹配指数 Matching index/%
剖53	初育土	紫色土	石灰性紫色土	耕型石灰性紫色土		Ao	0—4	紫色	壤土	碎块状	8.0	7.7	0.58	1.36	25.3	76	3.6	150		紫色砂岩风化物	E 111°31′43.8″ N 29°47′42.3″	95
						A₂	4—25	紫色	砂壤土	碎块状	8.0	6.0	0.47	0.72	20.7							
						Bv	25—59	紫色	砂壤土	块状	8.0											
						C	59—	紫色	壤土	块状	8.0											
剖54	人为土	水稻土	潴育水稻土	紫潮泥田	紫潮砂泥田	A	0—17	褐色	黏土	小团粒状	8.5	10.4	1.12	2.34	24.0	133	7.4	108		河湖沉积物	E 111°34′12.6″ N 29°49′07.4″	95
						P	17—29	灰色	黏土	块块状	8.5	6.3	0.50	1.65	24.0							
						W	29—67	棕黄棕色	黏土	棱块状	8.5	25.2	0.29	2.04	23.3							
						C	67—100	棕色	黏土	块状	8.0											
剖55	人为土	水稻土	潴育水稻土	河砂泥田	石灰性砂泥田	A	0—16	黄棕色	砂壤土	粒状	7.5	37.4	2.06	1.31	17.8	151	10.5	160		河流冲积物	E 111°37′19.3″ N 29°48′56.6″	81
						Ap	16—28	暗黄棕色	壤土	块状	7.5	5.5	0.34	0.90	16.1							
						W	28—69	黄棕色	黏土	棱块状	7.0	24.2	2.02	1.23	11.9							
						C	69—	棕黄色	砂壤土	块状	7.0	8.7	0.57	1.08	17.3							
剖56	铁铝土	红壤	红壤性土	粗砂红壤		Ao	0—2	棕灰色	砂壤土	粒状	5.5	38.0	2.41			121	7.0	135		砂岩残积物	E 111°40′19.4″ N 29°48′12.7″	95
						BvC	2—32	橙色		粒状	5.0											
						D	32—100	橙色														
剖57	人为土	水稻土	潴育水稻土	青泥田	青紫潮砂泥田	A	0—17	灰棕色	壤土	碎块状	8.0	37.4	2.43	1.78	27.2	189	10.5	125		板页岩风化物	E 111°42′27.0″ N 29°46′07.6″	95
						Apg	17—28	棕灰色	黏壤土	块状	8.0	24.7	1.47	1.57	27.7							
						G	28—100	灰色	壤土	块状	8.0	16.0	0.86	0.73	27.2							
剖58	半水成土	潮土	河潮土	耕型河潮土	紫潮砂泥田	A	0—19	棕黄色	黏壤土	粒状	7.5	10.3	0.66	1.98	17.2	78	8.9	134		河流冲积物	E 111°43′08.7″ N 29°45′43.8″	75
						C	19—100	棕黄色	黏壤土	粒状	7.5	10.1	0.62	1.58	14.4							
剖59	半水成土	潮土	河潮土	耕型河潮土		A	0—22	浅黄棕色	黏壤土	粒状	6.4	16.6	1.00	1.16	10.4	82	4.8	56	6.8	河流冲积物	E 111°43′50.1″ N 29°45′53.4″	95
						C	22—100	浅黄棕色	黏壤土	无结构	6.6	5.3	0.44	0.90	10.0	35	4.6	25	5.9			
剖60	人为土	水稻土	潴育水稻土	潮砂泥田		A	0—15	棕褐色	黏壤土	碎块状	6.5	21.0	1.10	0.90	18.4	96	10.7	120		河积物	E 111°40′02.2″ N 29°40′11.8″	95
						P	15—24	灰棕色	壤土	棱块状	6.5	11.7	0.73	0.87	18.2							
						W	24—70	灰色	壤土	块块状	7.0	3.0	0.29	0.51	19.4							
						C	70—100	灰色	壤土	块块状	6.5											
剖61	人为土	水稻土	潴育水稻土	紫潮泥田	紫潮砂泥田	A	0—17	棕灰色	黏壤土	碎块状	6.8	22.8	1.81	1.70	24.4	130	7.4	164		河湖沉积物	E 111°43′02.4″ N 29°39′15.5″	95
						P	17—25	灰棕色	黏壤土	棱块状	8.0	21.8	1.08	1.79	22.6							
						W	25—50	黄棕色	壤土	块块状	8.0	7.9	0.65	1.36	27.2							
						C	50—100	棕黄色	黏土	粒状	7.5	6.9	0.54	1.32	17.5							
剖62	铁铝土	红壤	红壤	耕型第四纪红土红壤		A₁	0—8	黄棕色	黏壤土	粒状	5.5	40.8	7.10	0.96	30.7	69	4.1	101		石灰岩残积物	E 111°42′44.3″ N 29°36′19.0″	95
						A₂	8—19	棕红色	黏壤土	块状	5.5	13.3	1.07	0.75	29.3							
						Bv	19—69	红色	黏壤土	块状	6.0	11.8	1.00	0.72	28.8							
						C	69—100	棕红色	黏壤土	块状	6.0	18.6	1.74	1.40	24.0							
剖63	潮土	潮土	河潮土	浅红黄泥田		A	0—16	黄棕色	砂壤土	碎块状	7.0	11.6	0.69	1.83	18.1	89	3.5	109		河流冲积物	E 111°37′49.7″ N 29°36′26.5″	95
						C	16—100	浅灰棕色	砂壤土	块状	7.0	4.7	0.49	1.32	17.4							
剖64	半水成土	水稻土	淹育水稻土	浅黄泥田	石灰性浅黄泥田	A	0—14	棕黄色	砂壤土	块状	5.5	18.2	1.03	1.04	18.1	119	5.9	132		河流冲积物	E 111°44′37.7″ N 29°34′36.5″	95
						P	14—22	棕黄棕色	黏壤土	碎块状	6.5	16.7	0.87	0.77	19.0							
						C	22—100	棕红色	黏壤土	块状	7.0	2.0	0.39	0.60	19.3							
剖65	人为土	水稻土	淹育水稻土	黄紫泥田	黄紫泥田	A	0—15	栗色	黏壤土	块状	7.5	19.7	1.32	1.16	18.8	138	10.1	118		第四纪红色黏土	E 111°44′07.3″ N 29°31′29.0″	95
						P	15—24	栗色	黏壤土	碎块状	7.5	4.2	0.53	0.87	16.9							
						C	24—100	橙色	黏壤土	块状	7.5	9.5	0.49	0.94	16.4							
剖66	人为土	水稻土	潴育水稻土	黄紫泥田	黄紫泥田	A	0—15	黄褐色	壤土	块状	7.5	35.8	1.44	1.11	21.5	135	7.3	193		紫色页岩、第四纪红土	E 111°51′44.0″ N 29°50′46.3″	95
						P	15—27	棕褐色	黏壤土	棱块状	7.0	26.6	0.81	1.24	22.0							
						W	27—68	黄黄色	黏壤土	棱块状	7.0	11.6	0.65	0.81	20.3							
						C	68—100	棕黄色	黏壤土	块状	7.0											

续表 Continued

剖面号 Soil profile	土纲 Soil order	土类 Soil great group	亚类 Soil subgroup	土属 Soil genus	土种 Soil species	土层码 Layer code	土层厚度 Depth/cm	颜色 Soil color	质地 Soil texture	土壤结构 Soil structure	pH	有机质 OM/(g/kg)	全氮 TN/(g/kg)	全磷 TP/(g/kg)	全钾 TK/(g/kg)	碱解氮 AN/(mg/kg)	有效磷 AP/(mg/kg)	速效钾 AK/(mg/kg)	阳离子交换量CEC/(cmol/kg)	土壤母质 Parent material	剖面点坐标 Profile coordinate	匹配指数 Matching index/%
剖67	人为土	水稻土	潴育水稻土	河砂泥田	紫河潮泥田	A	0—12	褐色	壤土	块状	7.5	34.3	2.17	1.79	22.3	154	5.8	150			E 111°48′24.6″ N 29°41′26.3″	95
						P	12—27	褐色	壤土	块状	7.5	22.5	1.27	1.12	22.4							
						W	27—60	褐棕色	壤土	棱块状	7.5	5.3	0.46	0.86	18.7							
						C	60—100	灰棕色	黏壤土	块状	7.5	5.6	0.60	0.68	22.8							
剖68	半水成土	潮土	潮土	耕型紫泥土	紫潮泥土	A	0—16	暗红棕色	黏壤土	碎块状	8.0	28.8	1.28	2.04	23.5	95	10.0	200			E 111°58′26.2″ N 29°40′47.0″	95
						Bv	16—50	红棕色	黏壤土	块状	8.0	16.4	0.71	2.10	22.2							
						C	50—100	红棕色	黏壤土	大块状	8.1	9.5	0.51	2.00	22.3							
剖69	半水成土	潮土	河潮土	耕型河潮土		A	0—13	黄褐色	砂壤土	粒状	8.5	9.3	0.55	1.45	19.6	68	10.1	112		河流冲积物	E 111°46′03.4″ N 29°39′24.7″	95
						Bv	13—56	黄褐色	黏壤土	粒状	8.5	7.9	0.53	1.44	15.6							
						S	56—71	黄褐色	砂土	粒状	8.5	2.4	0.13	1.43	15.7							
						C	71—100	黄棕色	砂壤土	粒状	8.5											
剖70	人为土	水稻土	潴育水稻土	紫泥田		A	0—14	棕灰色	壤土	碎块状	8.0	35.6	1.90	1.78	23.1	151	5.1	98		河湖沉积物	E 111°46′55.3″ N 29°35′16.2″	95
						Pg	14—25	深灰色	黏壤土	块状	7.5	20.4	1.61	1.20	22.7							
						W	25—54	灰棕色	黏土	棱块状	7.5	7.7	0.53	1.32	16.5							
						C	54—100	黄棕色	黏土	棱块状	8.0	7.6	0.45	1.27	17.3							
剖71	半水成土	湖土	湖潮土	耕型湖潮土		A	0—39	青灰色	砂壤土	团粒状	8.0	18.7	0.85	2.13	17.1	132	15.3	142		湖积物	E 111°56′13.7″ N 29°37′58.7″	95
						Bv	39—59	褐色	壤土	块状	8.0	12.2	1.16	1.59	23.4							
						C	59—90	棕黄色	黏壤土	棱块状	8.5	9.4	0.86	1.53	25.8							
							90—100	黄棕色	黏土	碎块状	8.5											
剖72	人为土	水稻土	潴育水稻土	黄泥田	青黄泥田	A	0—23	棕色	黏壤土	块状	6.5	30.2	1.83	1.43	18.8	122	≤1.0	150		板页岩风化物	E 111°56′23.1″ N 29°33′49.7″	95
						Pg	23—34	黄褐色	黏壤土	棱块状	6.5	17.1	1.17	1.06	18.8							
						W	34—66	黄褐色	黏土	块状	6.5	7.1	0.80	0.78	17.1							
						C	66—100	深栗色	黏壤土	片状	7.5	27.5	1.72	1.65	20.7							
剖73	人为土	水稻土	淹育水稻土	浅灰泥田	浅灰泥田	A	0—13	褐色	黏壤土	碎块状	7.0	23.5	1.18	1.27	20.7	120	6.9	75		石灰岩坡积物	E 111°53′00.3″ N 29°26′48.1″	95
						P	13—23	棕红色	黏土	块状	7.0	8.6	0.71	1.04	20.3							
						C	23—100	棕色	黏土	块状	5.0	16.0	0.78	0.66	20.5							
剖74	铁铝土	红壤	红壤	第四纪红色黏土红壤		Ao	0—1	棕红色	黏土	碎块状	5.0					48	2.9	125		第四纪红色黏土	E 111°51′20.3″ N 29°22′33.4″	95
						A_1	1—8	棕红色	黏土	块状	5.5	3.8	0.41	0.58	21.8							
						A_2	8—28	黄棕色	黏土	块状	5.5	2.5	0.32	0.64	23.0							
						Bv	28—58	黄棕色	黏土	块状	5.0											
						C	58—100	黄棕色	黏土	块状	5.0											
剖75	人为土	水稻土	潜育水稻土	青泥田	青紫泥田	A	0—14	紫色	壤土	碎块状	8.0	40.7	2.11	2.06	23.3	164	11.1	138		河湖沉积物	E 111°59′09.8″ N 29°23′04.3″	95
						P	14—25	紫棕色	黏壤土	块状	7.5	34.3	1.74	1.99	25.7							
						G	25—100	青灰色	黏壤土	块状	7.5	33.8	1.68	1.86	26.2							
剖76	半水成土	湖土	湖潮土	耕型湖潮土		A	0—18	黄棕色	砂壤土	团粒状	8.5	14.7	0.83	1.69	19.8	108	5.6	126		河流冲积物	E 112°00′33.7″ N 29°42′20.0″	95
						S_1	18—32	棕黄色	砂壤土	粒状	8.5	4.9	0.21	1.33	14.9							
						Bv	32—46	栗色	壤土	碎块状	8.5											
						S_2	46—100	棕黄色	砂壤土	块状	6.0	18.5	1.21	0.86	17.5							
剖77	人为土	水稻土	潴育水稻土	紫潮泥田		A	0—18	棕灰色	壤土	棱块状	6.0	12.0	2.84	1.24	19.7	146	4.5	130		河积物	E 112°00′05.2″ N 29°32′10.8″	95
						Pg	18—32	青灰色	黏土	棱块状	6.5	20.3	0.45	1.01	17.4							
						W	32—68	黄黄色	黏土	棱块状	6.0											
						C	68—100	黄褐色	黏土	棱块状												

临澧县

主要土类说明

水稻土是临澧县主要土壤类型，占本县地域面积的54%。水稻土是在长期水耕熟化条件下形成的土壤，发育于多种成土母质，广泛分布在本县各地，是本县主要的耕作土壤。本县水稻土分为淹育型、潴育型、渗育型、潜育型等亚类。其中，潴育水稻土面积最大，占本土类面积的70%以上，成土母质以第四纪红色黏土和近代河流冲积物为主，剖面构型为A-P-W-C、A-P-W-G、A-Pg-W-C等。淹水季节，该亚类在地表60cm以下形成一个临时滞水层，加上土壤质地、结构较好，土体中毛管水可上下流通，氧化还原状况较好，故铁、锰淋溶淀积强烈，斑纹层和淀积层发育较明显。由于其所处地势颇为优越，温、光、水、热条件好，生产性能颇佳，易培育成肥沃的水稻土。

红壤是临澧县第二大土壤类型，占本县地域面积的40%。本县红壤仅有红壤一个亚类，红壤亚类续分为第四纪红土红壤、耕型红土红壤、砂岩红壤、耕型砂岩红壤、板页岩红壤、耕型板页岩红壤、石灰岩红壤、耕型石灰岩红壤八个土属。其中，第四纪红土红壤土属面积最大，占本土类面积的60%以上，发育于第四纪红色黏土，分布在低丘、岗地。该土属土层深厚，质地黏重，pH低，含腐殖质的表土层很薄，有机质及氮、钾含量不足，磷含量更低。

小于本县地域面积3%的土壤类型有潮土、石灰（岩）土、紫色土等。

本区域中心区气候特征

本区域中心区气候特征值
Regional climate characteristics in central area of the region

气候带：北亚热带湿润气候 Climate region: North subtropical humid climate	
年平均气温 /℃ Annual average temperature /℃	16.8
年平均最高气温 /℃ Annual average maximum temperature /℃	21.0
年平均最低气温 /℃ Annual average minimum temperature /℃	13.7
年降水量 /mm Annual precipitation /mm	1294
≥10℃的积温 /℃ Daily temperature accumulated in a year (≥10℃) /℃	6098
年日照时数 /h Annual sunshine /h	1587
年平均相对湿度 /% Annual average relative humidity /%	79
干燥度 Dryness	0.78

本区域中心区月平均气温与月平均降水量
Monthly temperature and precipitation in central area of the region

临澧县主要土壤类型与土壤剖面点分布图
1 : 190 000

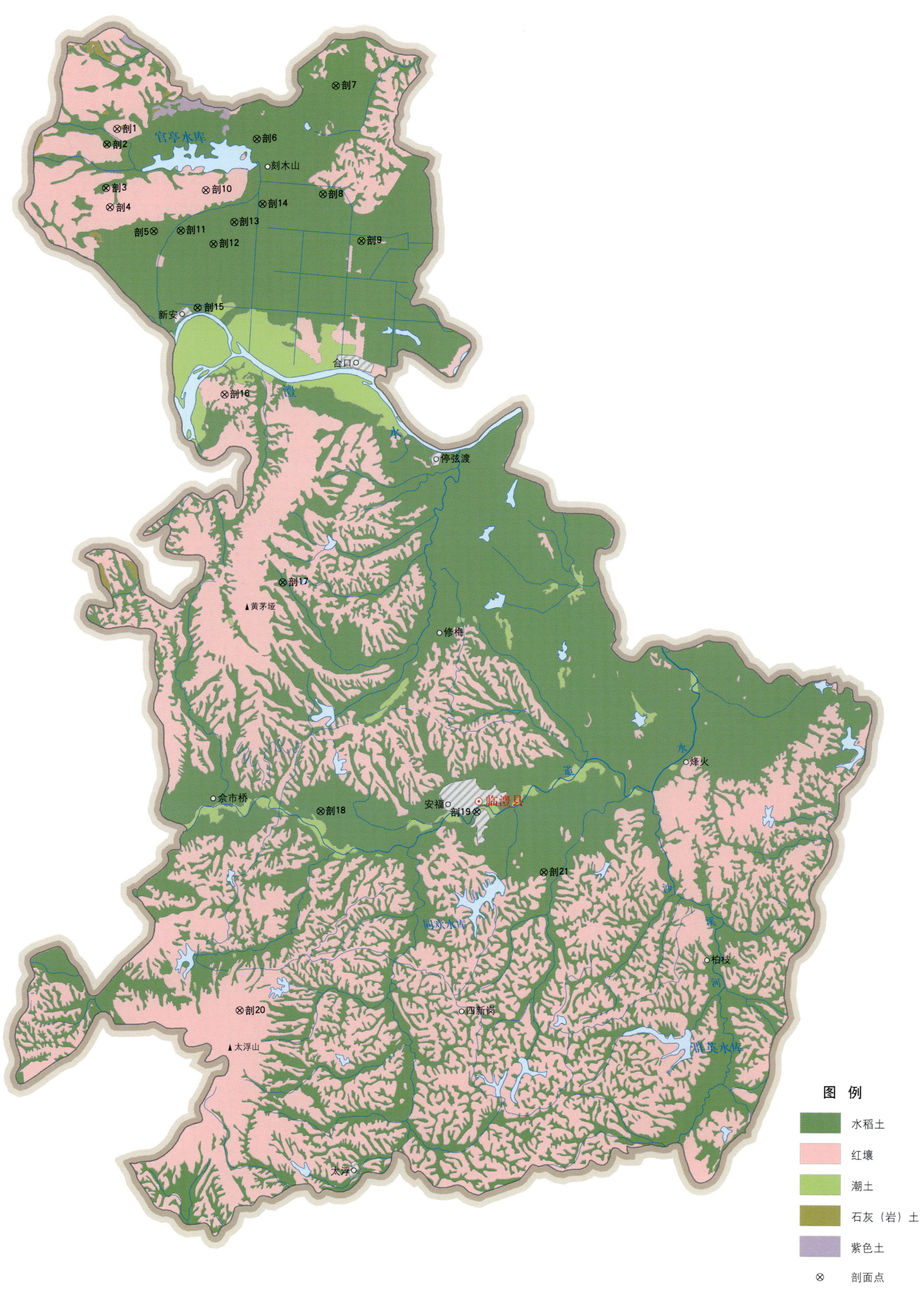

临澧县土壤剖面理化性状表

剖面号 Soil profile	土纲 Soil order	土类 Soil great group	亚类 Soil subgroup	土属 Soil genus	土种 Soil species	土层码 Layer code	土层厚度 Depth/cm	颜色 Soil color	质地 Soil texture	土壤结构 Soil structure	pH	有机质 OM/(g/kg)	全氮 TN/(g/kg)	全磷 TP/(g/kg)	全钾 TK/(g/kg)	碱解氮 AN/(mg/kg)	有效磷 AP/(mg/kg)	速效钾 AK/(mg/kg)	土壤母质 Parent material	剖面点坐标 Profile coordinate	匹配指数 Matching index/%
剖1	铁铝土	红壤	红壤	石灰岩红壤	薄腐薄层石灰岩红壤	A	0—14	黄褐色	轻黏土		6.8	15.1	0.72	1.88	31.9	95	10.0	170	石灰岩风化物	E 111°28′23.0″ N 29°43′36.0″	95
						Bv	14—69	红褐色	重黏土		6.8	11.7	0.58	1.42	33.3	94	12.0	104			
						C	69—100	褐褐色	重黏土		6.4	10.2	0.40	1.24	36.2	75	5.0	107			
剖2	人为土	水稻土	潴育水稻土	红黄泥田	红黄泥田	A	0—18	黄褐色	轻黏土		5.0	30.3	1.50	1.17	25.1	172	21.0	128	第四纪红色黏土	E 111°28′05.5″ N 29°43′12.9″	97
						P	18—28	黄褐色	黏土		5.4	21.3	1.50	1.04	22.5	133	20.0	69			
						W	28—90	栗红色	黏土		6.7	8.5	0.80	1.07	21.3	55	20.0	60			
						C	90—100	黄红色	黏土		6.8	8.0	0.40	1.01	23.9	59	11.0	56			
剖3	人为土	水稻土	渗育水稻土	白散泥田		A	0—14	灰白色	壤土	团块状	5.2	22.8	0.88	0.89	24.1	140	41.0	99	第四纪红色黏土	E 111°28′04.0″ N 29°42′06.5″	95
						Bv	14—20	灰黄色	砂壤土	粒状	5.7	12.0	0.59	1.26	23.3	68	12.0	77			
						E	20—68	浅灰色	砂壤土	粒状	6.8	6.2	0.39	0.79	22.3	55	6.0	98			
						C	68—100	黄灰色	砂壤土	块状	6.8	5.4	0.38	0.76	21.8	41	5.0	42			
剖4	铁铝土	红壤	红壤	耕型砂岩红土壤	黄砂土	A	0—20	暗栗色	砂土		6.4	12.5	1.23	1.01	38.2	66	7.0	204	黄色砂岩风化物	E 111°28′10.7″ N 29°41′37.3″	75
						Bv	20—50	栗色	砂土		5.8	5.3	0.94	0.85	26.7	63	≤1.0	57			
						C	50—100	黄色	砂土		5.2	3.9	0.45	0.51	28.4	48	≤1.0	38			
剖5	人为土	水稻土	潴育水稻土	河砂泥田	青格河泥田	A	0—19	黄褐色	轻黏土		7.9	39.5	2.10	1.49	21.5	132	13.0	76	河流冲积物	E 111°29′27.2″ N 29°41′00.9″	95
						Pg	19—28	青灰色	黏土		8.1	13.2	0.70	1.12	20.5	38	8.0	48			
						W	28—70	黄灰色	黏土		7.9	8.3	0.50	0.48	20.2	22	3.0	47			
						C	70—100	银灰色	黏土		7.7	4.1	0.50	0.44	20.5	14	3.0	40			
剖6	人为土	水稻土	潴育水稻土	紫泥田	青格紫泥田	A	0—18	青紫色	轻黏土		7.4	31.2	1.71	1.30	25.9	114	9.0	85	紫色页岩	E 111°32′27.3″ N 29°43′20.4″	95
						Pg	18—29	青黄色	黏土		7.7	22.4	1.21	0.95	25.3	120	5.0	78			
						W₁	29—46	紫灰黄色	黏土		8.1	9.5	0.54	0.71	20.1	54	7.0	45			
						W₂	46—100	紫灰黄色	黏土		7.8	5.1	0.24	0.51	21.0	41	4.0	24			
剖7	人为土	水稻土	潴育水稻土	红黄泥田	青栩红黄泥田	A	0—14	黄褐色	轻黏土		6.9	27.5	1.47	1.89	22.0	72	7.0	94	第四纪红色黏土	E 111°34′45.5″ N 29°44′41.0″	95
						Pg	14—30	青灰色	黏土		6.6	19.5	1.20	0.64	16.6	54	5.0	51			
						W	30—62	青灰色	黏土		7.1	4.3	0.36	0.69	19.0	44	3.0	42			
						C	62—100	银灰色	黏土		7.0	4.4	0.26	0.53	7.7	39	3.0	41			
剖8	人为土	水稻土	淹育水稻土	浅紫泥田	浅紫泥田	A	0—14	黄紫色	轻黏土		6.6	18.6	1.18	1.15	27.9	98	11.0	150	紫色页岩	E 111°34′22.6″ N 29°41′56.1″	95
						P	14—26	紫色	黏土		7.8	10.8	1.05	1.04	29.7	71	8.0	129			
						C₁	26—69	紫色	黏土		7.9	4.2	0.88	0.51	31.5	37	7.0	75			
						C₂	69—														
剖9	人为土	水稻土	潜育水稻土	冷浸田	冷浸泥田	A	0—15	灰黄色	黏壤土		4.8	23.1	1.75	1.36	28.0	67	10.0	138	第四纪红色黏土	E 111°35′29.3″ N 29°40′45.1″	97
						Pg	15—22	青灰色	黏土		5.7	22.5	1.30	1.04	29.4	46	6.0	167			
						Cg	22—100	浅灰色	黏土		6.1	7.8	0.86	0.92	29.4	26	2.0	94			
剖10	铁铝土	红壤	红壤	石灰岩红壤	薄腐薄层石灰岩红壤	A	0—10	黄红色	黏壤土		5.8	12.0	0.70	0.81	19.9	55	10.0	89	石灰岩风化物	E 111°30′57.9″ N 29°42′02.7″	95
						Bv₁	10—60	深黄色	黏土		5.0	11.8	0.60	0.79	19.3	28	4.0	69			
						C	60—100	深黄色	重黏土		5.7	10.3	0.60	0.68	22.6	25	2.0	68			
剖11	人为土	水稻土	淹育水稻土	浅灰泥田	浅灰泥田	A	0—12	黄褐色	黏土		7.8	23.8	1.16	1.27	23.0	122	19.0	154	石灰岩风化物	E 111°30′14.2″ N 29°41′01.7″	95
						P	12—20	黄褐色	黏土		7.8	17.4	0.71	1.05	21.4	81	15.0	145			
						C₁	20—76	褐色	黏土		7.9	10.8	0.64	0.82	24.7	52	7.0	135			
						C₂	76—100	褐黄色	黏土		7.9	9.0	0.48	0.95	22.8	47	5.0	110			

续表 Continued

剖面号 Soil profile	土纲 Soil order	土类 Soil great group	亚类 Soil subgroup	土属 Soil genus	土种 Soil species	土层码 Layer code	土层厚度 Depth/cm	颜色 Soil color	质地 Soil texture	土壤结构 Soil structure	pH	有机质 OM/(g/kg)	全氮 TN/(g/kg)	全磷 TP/(g/kg)	全钾 TK/(g/kg)	碱解氮 AN/(mg/kg)	有效磷 AP/(mg/kg)	速效钾 AK/(mg/kg)	土壤母质 Parent material	剖面点坐标 Profile coordinate	匹配指数 Matching index/%
剖12	人为土	水稻土	潴育水稻土	河砂泥田	河泥田	A	0~18	灰褐色	轻黏土		7.9	22.8	1.29	1.86	22.3	76	21.0	81	河流冲积物	E 111°31′11.4″ N 29°40′41.2″	95
						P	18~25	灰褐色	黏土		8.0	18.8	1.19	≥10.00	21.5	63	14.0	81			
						W	25~53	黄褐色	黏土		8.1	11.7	0.63	0.87	20.2	34	6.0	59			
						C	53~100	紫褐色	黏土		7.9	7.0	0.37	1.05	23.7	30	7.0	50			
剖13	人为土	水稻土	潴育水稻土	灰泥田	青泥灰泥田	A	0~19	黄褐色	轻黏土		7.9	35.8	1.82	1.38	21.0	140	22.0	112	石灰岩风化物	E 111°31′47.7″ N 29°41′14.4″	95
						Pg	19~43	黑褐色	黏土		7.7	32.5	1.66	0.99	20.9	133	19.0	92			
						W	43~64	灰黄色	黏土		7.7	24.9	0.96	0.71	21.5	108	13.0	79			
						C	64~100	黄褐色	黏土		7.7	29.8	0.39	0.76	22.3	50	11.0	51			
剖14	人为土	水稻土	淹育水稻土	浅红黄泥田	黄泥浆水田	A	0~15	黄褐色	黏土		5.1	18.5	0.98	0.81	24.5	88	5.0	102	第四纪红色黏土	E 111°32′37.1″ N 29°41′41.8″	95
						P	15~25	灰黄色	黏土		5.5	11.5	0.69	0.72	24.5	79	3.0	101			
						C₁	25~80	黄红色	黏土		5.2	5.1	0.33	0.85	24.2	73	3.0	76			
						C₂	80~100	黄红色	黏土		5.2	3.6	0.31	0.75	24.0	68	4.0	72			
剖15	人为土	水稻土	潴育水稻土	河砂泥田	河泥田	A	0~16	暗栗色	砂壤土		7.6	14.3	0.72	1.97	23.9	47	46.0	103	河流冲积物	E 111°30′43.6″ N 29°39′04.7″	95
						P	16~26	暗栗色	砂壤土		8.0	13.8	0.52	1.85	23.9	22	34.0	66			
						Cw	26~100	暗栗色	砂壤土		7.9	3.4	0.66	1.87	23.1	23	25.0	60			
剖16	铁铝土	红壤		耕型红土红壤	熟红土	A	0~16	栗色	轻红黏土		6.1	21.2	1.13	1.15	20.8	140	3.0	150	第四纪红色黏土	E 111°31′30.3″ N 29°36′53.1″	95
						Bv	16~70	黄黄色	轻红黏土		5.8	8.8	0.41	0.95	20.5	91	2.0	57			
						C	70~100	黄红色	砂黏土		5.4	6.7	0.35	0.65	21.7	88	4.0	46			
剖17	人为土	水稻土	潴育水稻土	紫泥田	青褐紫泥田	A	0~16	黄褐色	砂壤土	无结构	7.8	56.0	3.09	1.83	20.9	195	35.0	188	砂岩和石灰岩风化物	E 111°33′11.3″ N 29°32′07.9″	95
						G	16~100	黄褐色	砂壤土	无结构	7.9	43.0	2.14	1.19	21.8	183	11.0	119			
剖18	人为土	潜育水稻土		烂泥田		A	0~5	青灰色	黏土	粒状	5.5	34.3	1.80	1.23	21.6	188	27.0	74	第四纪红色黏土	E 111°34′16.8″ N 29°26′19.7″	95
						G	5~100	青灰色	砂壤土		6.0	28.9	0.93	0.92	21.6	146	26.0	71			
剖19	半水成土	潮土	河潮土	耕型河潮土	河砂土	A	0~18	暗灰棕色	砂壤土	无结构	7.2	9.3	0.69	0.48	10.9	30	1.7	33	河流冲积物	E 111°38′48.2″ N 29°26′18.2″	96
						C	18~100	浅灰棕色	砂壤土		7.1	14.3	0.79	0.48	10.2	65	5.9	60			
剖20	铁铝土	红壤		砂岩红壤	薄腐中层砂岩红壤	A	0~12	灰黑色	砂壤土		4.7	49.0	1.80	1.19	17.6	132	7.0	205	红色砂砾岩风化物	E 111°31′55.2″ N 29°21′16.3″	95
						A₁	12~28	红黄色	砂壤土		4.9	18.8	0.80	1.32	12.7	94	7.0	59			
						BvC	28~100	黄黄色	砂壤土		5.6	4.5	0.40	0.91	11.1	38	3.0	38			
剖21	人为土	水稻土	潴育水稻土	河砂泥田	河砂泥田	A	0~20	栗色	壤土		7.9	19.5	1.45	1.84	19.9	87	34.0	88	河流冲积物	E 111°40′44.8″ N 29°24′45.8″	95
						P	20~29	灰棕色	轻黏土		8.2	5.5	0.98	1.87	19.0	64	33.0	81			
						W₁	29~42	黄黄色	轻黏土		8.2	7.5	0.32	0.68	17.8	22	28.0	66			
						W₂	42~100	紫灰色	轻黏土		7.9	7.0	0.34	0.69	13.6	23	5.0	48			

桃 源 县

主要土类说明

水稻土是桃源县主要土壤类型，占本县地域面积的 42%。本县水稻土主要分布在平丘地区，分为淹育型、潴育型、渗育型、潜育型、沼泽型、矿毒型六个亚类。其中，潴育水稻土面积最大，占本土类面积的 60% 以上，续分为河砂泥田、潮砂泥田、红黄泥田、黄泥田、扁砂泥田、黄砂泥田、岩渣子田、紫泥田、黄紫泥田、鸭屎泥田、灰黄泥田、紫潮泥田等土属。

红壤是桃源县第二大土壤类型，占本县地域面积的 37%。本县红壤广泛分布在海拔 400m 以下的丘陵地区，分为红壤和黄红壤两个亚类。其中，红壤亚类面积较大，续分为第四纪红土红壤、耕型红土红壤、砂岩红壤、耕型砂岩红壤、板页岩红壤、耕型板页岩红壤、石灰岩红壤、耕型石灰岩红壤八个土属。其中，板页岩红壤土属面积最大，主要分布在茶庵铺、杨溪桥、沙坪、夷望溪、理公港、热市等地的丘陵地区。以菖蒲村土壤剖面为例，土层多为中层，表土呈灰棕色或棕色，下层呈棕色或橙棕色；土层中常有半风化碎石（10%—20%），向下增多，并且碎石较大；有机质含量中等，全钾和速效钾含量高，全磷含量偏低，pH 在 6.0 左右。由志留纪页岩发育而成的板页岩红壤，因母岩易风化，森林植被遭到破坏，水土流失严重。

紫色土是桃源县第三大土壤类型，占本县地域面积的 15%。紫色土主要分布在本县中部的低丘地区，以漆河、双溪口、三阳港、剪市等地分布面积较大。本县紫色土分为酸性紫色土、中性紫色土、石灰性紫色土三个亚类。其中，酸性紫色土亚类面积最大，分布特点与土类相似，成土母质为紫色页岩。酸性紫色土亚类续分为酸性紫色土、耕型酸性紫色土、酸性紫砂土、耕型酸性紫砂土四个土属。其中，酸性紫色土土属面积最大，分布特点、成土母质与亚类相同，以漆河、三阳港、陬市等地分布面积较大。以畬田村土壤剖面为例，土壤呈紫红色，质地为黏壤土，土层大部分为厚层，土层下部有少量深度风化的岩石残积物和坡积物；有机质含量大于 23g/kg，全磷含量小于 1.0g/kg，全钾含量小于 20.0g/kg，pH 为 5.5—6.2，无石灰反应。

小于本县地域面积 3% 的土壤类型有黄壤、潮土、黄棕壤等。

本区域中心区气候特征

本区域中心区气候特征值
Regional climate characteristics in central area of the region

气候带：北亚热带湿润气候 Climate region: North subtropical humid climate	
年平均气温 /℃ Annual average temperature /℃	16.8
年平均最高气温 /℃ Annual average maximum temperature /℃	21.0
年平均最低气温 /℃ Annual average minimum temperature /℃	13.7
年降水量 /mm Annual precipitation /mm	1317
≥10℃的积温 /℃ Daily temperature accumulated in a year（≥10℃）/℃	6068
年日照时数 /h Annual sunshine /h	1553
年平均相对湿度 /% Annual average relative humidity /%	80
干燥度 Dryness	0.76

本区域中心区月平均气温与月平均降水量
Monthly temperature and precipitation in central area of the region

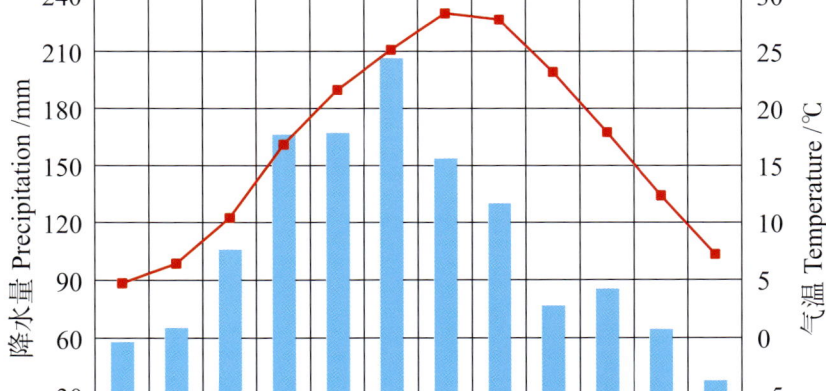

桃源县主要土壤类型与土壤剖面点分布图
1:370 000

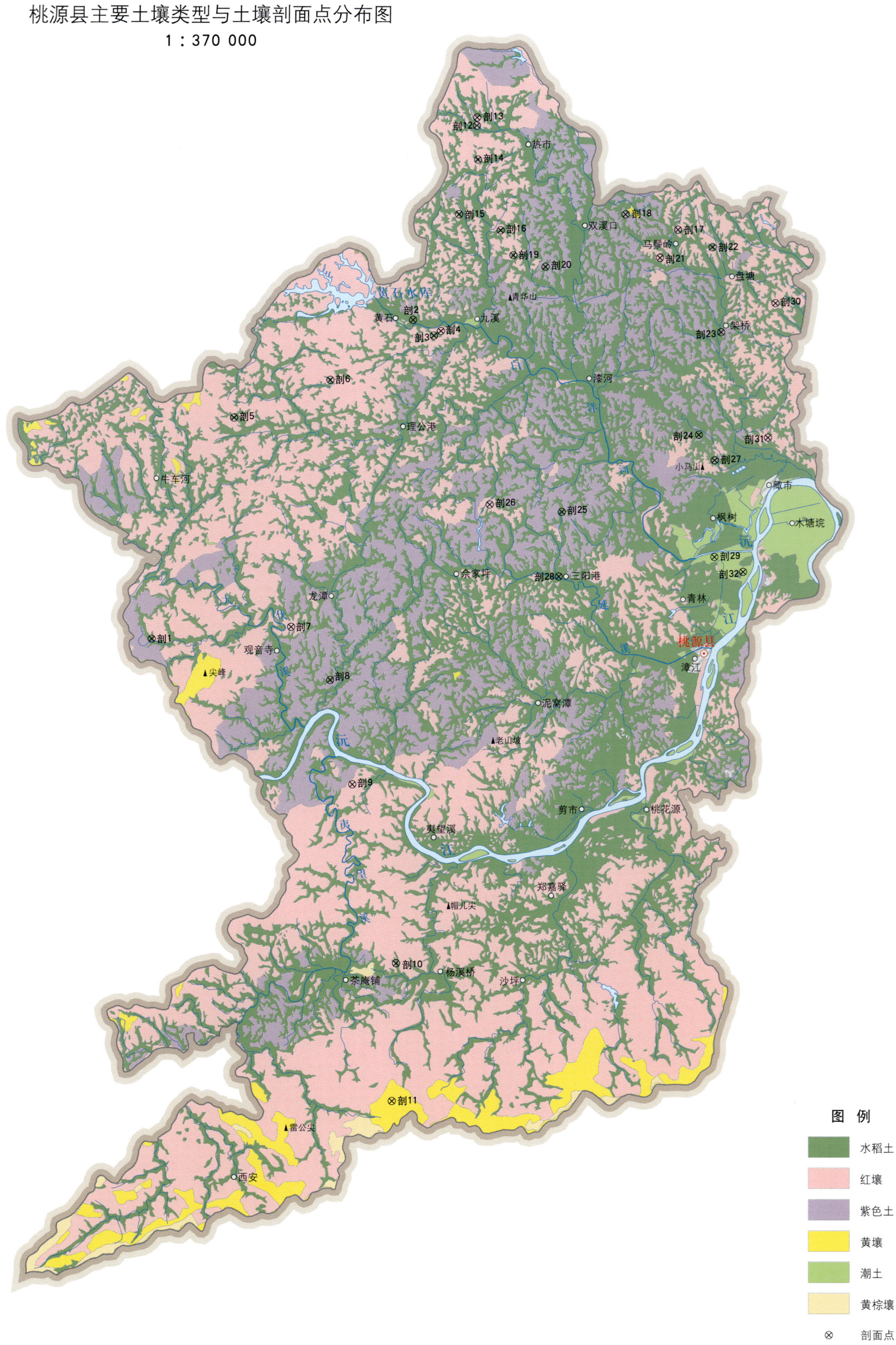

桃源县土壤剖面理化性状表

剖面号 Soil profile	土纲 Soil order	土类 Soil great group	亚类 Soil subgroup	土属 Soil genus	土种 Soil species	土层码 Layer code	土层厚度 Depth/cm	颜色 Soil color	质地 Soil texture	土壤结构 Soil structure	pH	有机质 OM/(g/kg)	全氮 TN/(g/kg)	全磷 TP/(g/kg)	全钾 TK/(g/kg)	有效磷 AP/(mg/kg)	速效钾 AK/(mg/kg)	土壤母质 Parent material	剖面点坐标 Profile coordinate	匹配指数 Matching index/%
剖1	人为土	水稻土	淹育水稻土	浅岩渣子田	浅岩渣子田	A	0—14	浅灰色	砂壤土	小块状	5.9	30.2	3.38			3.0	88	板页岩	E 110°58′17.1″ N 28°55′21.0″	95
						P	14—24	灰黄色	砂壤土	块状	7.0	27.6	3.20			16.0	81			
						C	24—51	浅灰黄色	砂壤土	块状	7.0	14.1	2.52			14.0	73			
						D	51—100	黄灰棕色		碎块状	7.0									
剖2	人为土	水稻土	潴育水稻土	黄砂泥田	黄砂泥田	A	0—15	浅棕黄色	砂壤土	碎块状	6.4	17.1	1.20	0.83	22.0	16.0	67	砂岩	E 111°12′50.1″ N 29°10′47.2″	95
						P	15—24	棕灰色	壤土	小块状	6.3	13.4	0.91	0.82	21.1	7.0	57			
						W	24—55	棕灰色	黏壤土	块状	6.1	4.9	0.45	0.74	24.2					
						C	55—100	棕黄色	黏壤土	块状	6.4	2.1	0.25							
剖3	人为土	水稻土	潴育水稻土	灰黄泥田	灰黄泥田	A	0—17	灰棕黄色	黏壤土	小块状	7.6	24.4	≥10.00	≥10.00	23.5	5.0	156	钙质页岩	E 111°13′59.2″ N 29°10′03.6″	98
						P	17—25	棕灰色	黏壤土	块状	8.0	11.1	1.20	8.10	22.4	4.0	103			
						Bv	25—65	黄灰色	黏壤土	棱块状	8.2	8.9	0.50	6.70	20.1	3.0	81			
						C	65—85	浅灰色	黏壤土	棱块状	8.0	4.1	0.40	6.80	23.0	3.0	76			
剖4	铁铝土	红壤		石灰岩红壤		A	0—15	棕色	壤土	粒状	6.1	19.7	1.30			16.0	105	石灰岩	E 111°14′22.5″ N 29°10′14.6″	95
						Bv	15—30	浅棕红色	壤土	碎块状	6.8	16.9	1.22			17.0	88			
剖5	人为土	水稻土		岩渣子田	少量岩渣子田	A	0—12	棕灰色	黏壤土	小块状	5.6	28.9	1.64			13.0	75	砾岩	E 111°02′52.1″ N 29°06′04.7″	95
						P	12—18	灰棕色	黏壤土	块状	5.4	21.0	1.19			15.0	50			
						Bv	18—31	棕黄色	黏壤土	棱块状	6.2	7.4	0.47			14.0	60			
						Bv₁	31—43	灰棕色	黏壤土	块状	6.2	6.4	0.38			12.0	80			
						C	43—73	棕黄色	黏壤土	块状	6.2	5.9	0.41			13.0				
剖6	人为土	水稻土	淹育水稻土	浅黄泥田	浅黄泥田	A	0—13	棕色	黏壤土	粒状	5.6	10.0	0.67	0.43	25.5	6.0	100	页岩	E 111°08′13.9″ N 29°07′53.0″	98
						P	13—18	棕灰色	黏壤土	碎块状	4.9	7.4	0.37	0.36	24.5	6.0	80			
						Bv	18—47	灰棕色	黏壤土	块状	5.2	6.1	0.31	0.39	24.8	5.0	110			
						C	47—100	棕黄色	黏壤土	棱块状	4.8	5.4	0.30			5.0				
剖7	铁铝土	红壤		石灰岩红壤	薄腐厚层石灰岩红壤	A	0—15	棕灰色	黏壤土	粒状	5.3	31.8	1.63	0.85	23.1	4.0	137	石灰岩	E 111°06′01.2″ N 28°55′54.6″	99
						Bv	15—40	棕色	黏壤土	碎块状	5.5	16.0	1.02	0.82	27.7		103			
						Bv₁	40—81	棕黄色	黏土	块状	5.2	9.5			28.4					
剖8	水稻土	水稻土	潴育水稻土	冷浸田	冷浸田	A	0—18	深棕色	黏壤土	糊状	5.6	38.7	2.20	1.27	25.4	17.0	68	板页岩	E 111°08′10.0″ N 28°53′18.5″	97
						Pg	18—28	暗灰色	黏土	块状	5.2	30.7	1.77	1.27	25.5	11.0	63			
						G	28—80	暗灰色	黏土	块状	6.2	15.1	1.00			9.0	48			
剖9	铁铝土	红壤		板页岩红壤	中腐厚层板页岩红壤	A	0—20	浅棕黄色	砂壤土	粒状	5.6	24.5	1.80	0.75	18.3	3.0	46	砂岩	E 111°09′22.9″ N 28°48′14.0″	95
						P	20—29	棕灰色	砂壤土	碎块状	4.9	10.5	0.66				78			
						Bv	29—39	棕黄色	黏壤土	块状	5.0	7.8	0.72							
剖10	人为土	水稻土	潴育水稻土	扁砂泥田	青扁砂泥田	A	0—15	灰棕色	砂壤土	小块状	6.5	22.7	1.60	1.28	23.1	48.0	128	板页岩	E 111°11′46.6″ N 28°39′30.3″	95
						P	15—25	棕黄色	壤土	块状	6.4	11.8	0.95	1.21	29.4	26.0	91			
						Bv	25—61	灰黄色	壤土	碎块状	6.7									
						C	61—89	棕黄色	壤土	碎块状	6.3									
剖11	铁铝土	黄壤		板页岩黄壤	厚腐中层板页岩黄壤	A₁	0—12	暗棕棕色	壤土	屑粒状	5.8	55.4	3.08	1.05	23.6	7.0	150	板页岩	E 111°11′31.5″ N 28°32′49.0″	97
						ABv	12—45	灰棕色	壤土	碎块状	5.6	9.6	0.89	0.79	21.1	2.0	83			
						C	45—70	黄棕色	黏壤土	碎块状	5.4	8.4	1.00	0.91	23.6	2.0	80			
							70—	浅棕棕色	壤土		5.4						63			
剖12	铁铝土	红壤		耕型板页岩红壤	黄泥土	A	0—15	浅黄黄色	黏壤土	碎块状	5.5	11.8	1.00	0.62	29.9	16.0	91	页岩	E 111°16′25.2″ N 29°20′12.5″	97
						Bv	15—90	棕黄色	黏壤土	小块状	5.0	3.1	0.58	0.76	33.8	2.0	73			

续表 Continued

剖面号 Soil profile	土纲 Soil order	土类 Soil great group	亚类 Soil subgroup	土属 Soil genus	土种 Soil species	土层码 Layer code	土层厚度 Depth/cm	颜色 Soil color	质地 Soil texture	土壤结构 Soil structure	pH	有机质 OM/(g/kg)	全氮 TN/(g/kg)	全磷 TP/(g/kg)	全钾 TK/(g/kg)	有效磷 AP/(mg/kg)	速效钾 AK/(mg/kg)	土壤母质 Parent material	剖面点坐标 Profile coordinate	匹配指数 Matching index/%
剖13	铁铝土	红壤	红壤	板页岩红壤	薄腐中层板页岩红壤	A	0—18	浅棕褐色	壤土	屑粒状	5.6	20.5	0.97	0.79	34.5	2.0	127	红色页岩	E 111°16′40.3″ N 29°20′20.0″	98
						Bv	18—38	灰棕色	黏壤土	碎块状	5.4	9.2	0.57	0.75	32.6	2.0	87			
						BvC	38—60	棕黄色	黏壤土	碎块状	5.1	6.1	0.51	0.78	39.4	2.0	110			
剖14	人为土	水稻土	潜育水稻土	烂泥田	烂泥田	A	0—19	深灰黄色	黏壤土	糊状	5.3	31.5	1.97			9.0	68	砾岩	E 111°16′28.7″ N 29°18′33.1″	97
						Pg	19—30	暗黄色	黏壤土	块状	6.1	26.7	1.67			10.0	70			
						G	30—90	暗灰色	黏壤土	块状	6.1	27.2	1.70							
剖15	人为土	水稻土	潜育水稻土	青泥田	青泥田	A	0—14	灰黄色	黏壤土	块状	5.8	31.7	1.89	1.09	18.2	30.0	60	河流冲积物	E 111°15′24.0″ N 29°15′54.0″	98
						Pg	14—30	暗黄色	黏壤土	块状	5.7	24.1	1.41	0.55	17.7	6.0	53			
						G	30—55	暗灰色	黏壤土	块状	6.0	5.1	0.36	0.31	17.6	≤1.0	33			
						Bvg	55—100	暗黄棕色	壤土	块状	6.1			0.70	20.6	6.0	40			
剖16	人为土	水稻土	渗育水稻土	白散泥田	白胶泥田	A	0—13	灰黄棕色	黏壤土	碎块状	6.1	13.0	0.80	0.59	18.9	9.0	37	页岩	E 111°17′43.1″ N 29°15′06.9″	95
						P	13—23	灰黄棕色	黏壤土	碎块状	6.3	7.0	0.48	0.53	17.5	4.0	20			
						E	23—64	灰黄棕色	壤土	碎块状	5.1	3.4	0.29	0.52	16.8	4.0	20			
						C	64—100	灰黄棕色	壤土	块状	4.9		0.13							
剖17	铁铝土	红壤	红壤	砂岩红壤	浅红红壤	A	0—12	棕红色	砂壤土	屑粒状	5.1	6.0	0.41	0.23	16.1	2.0	50	红色砂岩	E 111°27′35.3″ N 29°15′05.5″	97
						A₁	12—60	棕红色	砂壤土	块状	5.2	3.7	0.20	0.22	18.9		50			
						BvC	60—90	红棕色	砂壤土	块状	5.0	2.9	0.16	0.19	22.2		50			
						C	90—	红色	壤土	块状	5.1									
剖18	初育土	紫色土	酸性紫色土	耕型酸性紫色土	紫红土	A	0—15	紫棕色	黏壤土	碎块状	5.8	28.2	1.46	0.82	14.4	9.0	63	紫色页岩	E 111°24′40.5″ N 29°15′50.8″	97
						Bv	15—50	紫红色	黏壤土	小块状	5.7	10.7	0.67	0.63	14.8		47			
						Bv₁	50—100	紫红色	黏壤土	小块状	6.2	6.3	0.46	0.63	15.3		47			
剖19	人为土	水稻土	潴育水稻土	黄紫泥田	黄紫泥田	A	0—12	浅棕紫色	黏壤土	碎块状	6.1	25.9	1.66	1.22	29.1	38.0	67	紫色页岩	E 111°18′24.9″ N 29°13′54.1″	95
						P	12—20	棕紫色	黏土	棱块状	6.3	19.6	1.38	0.94	14.7	25.0	65			
						W	20—51	紫棕色	黏壤土	小块状	6.5	4.6	0.49							
						C	51—75	紫棕色	黏壤土	块状	6.5	3.4	0.31							
剖20	人为土	水稻土	淹育水稻土	浅黄砂泥田	浅黄砂泥田	A	0—12	灰棕色	壤土	小块状	6.2	23.7	1.52	1.43	32.0	14.0	45	砂岩	E 111°20′12.7″ N 29°13′20.1″	95
						P	12—20	棕灰色	壤土	屑粒状	6.3	21.5	1.22	0.52	21.1	12.0	38			
						C	20—100	浅灰棕色	壤土	碎块状	6.0	9.0	0.54	0.38	18.2	12.0	33			
剖21	铁铝土	红壤	黄红壤	板页岩黄红壤	厚腐浅层板页岩黄红壤	A₁	0—10	深灰棕色	黏土	屑粒状	5.5	84.7	3.70	0.95	18.7	15.0	190	板页岩	E 111°26′34.8″ N 29°13′43.9″	97
						A	10—30	棕灰色	黏壤土	碎块状	5.3	23.4	1.22	0.53	15.5					
						Bv	30—40	深灰棕色	黏壤土	碎块状	5.0	16.3	0.77	0.50	12.5					
剖22	人为土	水稻土	潴育水稻土	红黄泥田	红黄泥田	A	0—13	灰棕色	黏土	块状	5.6	24.2	1.50	1.54	17.7	19.0	100	第四纪红色黏土	E 111°29′30.6″ N 29°14′13.8″	97
						P	13—22	棕灰色	黏壤土	块状	6.0	20.3	1.21	0.81	18.0	8.0	100			
						W	22—55	黄灰色	黏壤土	块状	7.0	8.3	0.61	0.71	19.1	5.0	113			
						Bv	55—100	黄棕色	黏壤土	块状	6.8	7.9	0.55	0.54	17.5					
剖23	初育土	紫色土	酸性紫色土	酸性紫色土	少腐中层酸性紫色土	A	0—13	紫棕色	黏土	粒块状	6.1	12.5	0.91			7.0	80	紫色页岩	E 111°29′57.8″ N 29°10′05.4″	95
						Bv	13—34	棕灰色	黏土	块状	6.4	6.5	0.55			8.0	60			
						C	34—62	紫色	黏壤土	块状	7.0	4.6	0.45							
剖24	人为土	水稻土	矿毒型水稻土	非金属矿毒田	硫黄矿毒田	A	0—19	深灰棕色	黏土	糊状	5.0	39.7	2.50	1.45	29.3	39.0	113	灰质页岩	E 111°28′41.5″ N 29°05′07.6″	95
						Pg	19—30	深灰色	黏土	块状	5.2	17.0	1.10	0.88	27.8	15.0	77			
						G	30—70	灰棕色	壤土	块状	4.9	9.9	0.60	0.46	23.3		57			
剖25	人为土	水稻土	潴育水稻土	潮砂泥田	潮砂泥田	A	0—16	棕灰色	壤土	块状	7.1	20.8	1.30	1.02	24.6	14.0		河流冲积物	E 111°21′03.5″ N 29°01′25.9″	95
						P	16—21	棕灰色	壤土	块状	7.2	20.7	1.40	1.00	23.5	2.0	33			
						Bv	21—83	棕灰相间	壤土	块状	7.4	7.2	0.42							
						C	83—100	棕色	壤土	块状	7.4	9.2	0.74							

续表 Continued

剖面号 Soil profile	土纲 Soil order	土类 Soil great group	亚类 Soil subgroup	土属 Soil genus	土种 Soil species	土层码 Layer code	土层厚度 Depth/cm	颜色 Soil color	质地 Soil texture	土壤结构 Soil structure	pH	有机质 OM/(g/kg)	全氮 TN/(g/kg)	全磷 TP/(g/kg)	全钾 TK/(g/kg)	有效磷 AP/(mg/kg)	速效钾 AK/(mg/kg)	土壤母质 Parent material	剖面点坐标 Profile coordinate	匹配指数 Matching index/%
剖26	铁铝土	红壤	黄红壤	石灰岩黄红壤	薄腐中层石灰岩黄红壤	A₁	0—11	浅棕灰色	黏壤土	粒状	6.4	35.3	1.88	1.02	23.3	16.0	260	石灰岩坡积物	E 111°17′03.4″ N 29°01′49.8″	95
						A	11—40	浅灰棕色	黏壤土	碎块状	5.8	15.6	8.91	0.89	21.5	4.0	86			
						Bv	40—65	棕棕色	黏壤土	碎块状	6.0	6.8	0.45	0.91	22.9	3.0	78			
						C	65—95	棕灰相间	黏壤土	碎块状	6.2									
剖27	初育土	紫色土	酸性紫色土	酸性紫色土	少腐中层酸性紫色土	A	0—10	紫棕色	壤土	碎块状	6.4	16.3	0.99	0.79	17.9	8.0	67	紫色砂页岩	E 111°29′34.1″ N 29°03′53.4″	95
						Bv	10—20	紫色	壤土	碎块状	6.8	14.7	0.98	0.88	26.2	14.0	90			
						C	20—50	紫红色	黏壤土	块状	7.5	6.1	0.65	0.84	25.3	11.0	74			
剖28	人为土	水稻土	潴育水稻土	河砂泥田	砂泥田	A	0—14	棕灰色	壤土	块状	6.0	26.4	1.60	0.86	11.5	15.0	47	河流冲积物	E 111°20′52.5″ N 28°58′17.2″	95
						P	14—24	深棕灰色	壤土	块状	6.1	20.6	1.25	0.80	17.5	28.0	37			
						Bv	24—70	棕黄色	壤土	块状	6.8	4.9	0.43	0.60	18.4	7.0	47			
剖29	半水成土	潮土	河潮土	耕型河潮土	河砂泥土	A	0—19	棕色	壤土	粒状	6.2	21.8	1.40	1.61	22.3		127	河流冲积物	E 111°29′31.6″ N 28°59′10.5″	95
						P	19—31	棕灰色	壤土	块状	6.4	13.3	1.00	1.34	33.4	3.0	67			
						Bv	31—65	棕黄色	壤土	块状	6.3	12.6	1.00	1.07	33.0		57			
剖30	铁铝土	红壤		第四纪红土红壤	薄腐厚层红土红壤	A₁	0—12	浅灰棕色	黏壤土	碎块状	5.4	13.1	0.65	0.61	15.3	≤1.0	117	第四纪红色黏土	E 111°32′59.8″ N 29°11′29.9″	97
						A	12—40	红棕色	黏壤土	碎块状	4.8	3.8	0.31	0.38	15.2	3.0	53			
						Bv	40—64	红棕色	黏壤土	碎块状	5.0	3.0	0.39	0.47	20.6		107			
						C	64—105	棕红色	黏壤土	粒状	5.2	2.7		0.78	26.3		123			
剖31	铁铝土	红壤	红壤	耕型红土红壤	熟红土	A	0—15	棕灰色	黏土	粒块状	5.7	26.1	1.03	1.18	13.7	20.0	67	第四纪红色黏土	E 111°32′31.6″ N 29°04′58.0″	95
						Bv	15—32	棕色	黏土	碎块状	5.4	7.5	0.75	1.05	14.8	20.0	53			
						Bv₁	32—76	浅棕红色	黏土	块状	5.1	5.1	0.57	1.22	14.8	20.0	63			
						C	76—100	浅棕红色	黏土	块状	5.2	4.6	0.60	1.34	18.2	20.0	70			
剖32	半水成土	潮土	湖潮土	耕型湖潮土	潮砂土	A	0—15	棕色	砂壤土	粒状	7.2	12.3	0.77	0.91	24.4	8.0	45	河流冲积物	E 111°31′06.4″ N 28°58′26.9″	95
						Bv	15—55	棕灰色	砂壤土	碎块状	7.5	10.5	0.72	0.93	24.9	4.0	41			
						Bv₁	55—100	棕色	砂壤土	小块状	7.5	5.3	0.38	0.85	23.8	6.0				

石 门 县

主要土类说明

红壤是石门县主要土壤类型，占本县地域面积的 50%。红壤广泛分布在海拔 800m 以下的丘陵、岗地和低山，发育于多种成土母质。由于气温较高，雨量充沛，干湿季节十分明显，在这种湿热的气候条件下，土壤中原生矿物分解强烈且彻底，生成大量次生黏土矿物和游离氧化物。盐基和硅酸大量淋失，而铁铝相对富集。土壤中的铁主要以氧化铁的形态存在，土体多呈红色。土壤盐基不饱和，矿质养分比较缺乏，尤其是磷。有机质分解迅速，特别是位于低丘、岗地的红壤，有机质含量不高。本县红壤分为红壤、黄红壤、红壤性土等亚类。

石灰（岩）土是石门县第二大土壤类型，占本县地域面积的 16%。本县石灰（岩）土分为黑色石灰土、红色石灰土、黄色石灰土等亚类。黑色石灰土属非地带性土壤，分布位置海拔高，常见于山顶岩隙低平处，是在石灰岩上发育而成的一种幼年岩成土。由于大量的腐殖质与钙结合，土体呈黑色，所以当地群众称其为"灰包土"。一般土层浅薄，剖面构型多为 A-D，淋溶作用微弱，土壤呈碱性，pH 在 7.5 以上。红色石灰土发育于石灰岩，多分布在石灰岩低中山坡地，大部分母岩裸露，地面有大量的溶洞分布。土层较为深厚，土体内有铁锰结核，多呈棕红色或黄色，钙质淋溶作用比地带性土壤弱，土壤呈中性，pH 为 6.5—7.5。

水稻土是石门县第三大土壤类型，占本县地域面积的 15%。在人为耕作、施肥和灌溉等措施的影响下，土壤内部进行着氧化还原交替、有机质合成与分解、盐基淋溶与复盐基作用的熟化过程，促进了土壤性状的改变，从而形成了水稻土所特有的形态、理化和生物特性。本县水稻土分为淹育型、潴育型、渗育型、潜育型、沼泽型、矿毒型六个亚类。

黄壤占本县地域面积的 14%，分布在海拔 800—1400m 的中低山区，发育于多种成土母质。由于雨量充沛，气候凉爽，日照较少，空气湿度大，干湿季节不明显，在湿润的气候条件下，土体中游离氧化铁合成水合氧化铁，因此，土壤呈黄色，心土层呈蜡黄色。土壤盐基饱和度低，呈酸性，pH 多为 4.5—6.0。本县黄壤分为黄壤和黄壤性土两个亚类。

小于本县地域面积 3% 的土壤类型有黄棕壤、潮土、紫色土、山地草甸土等。

本区域中心区气候特征

本区域中心区气候特征值
Regional climate characteristics in central area of the region

气候带：中亚热带湿润气候 Climate region: Subtropical humid climate	
年平均气温 /℃ Annual average temperature /℃	16.8
年平均最高气温 /℃ Annual average maximum temperature /℃	21.1
年平均最低气温 /℃ Annual average minimum temperature /℃	13.5
年降水量 /mm Annual precipitation /mm	1272
≥10℃的积温 /℃ Daily temperature accumulated in a year（≥10℃）/℃	6121
年日照时数 /h Annual sunshine /h	1515
年平均相对湿度 /% Annual average relative humidity /%	78
干燥度 Dryness	0.78

本区域中心区月平均气温与月平均降水量
Monthly temperature and precipitation in central area of the region

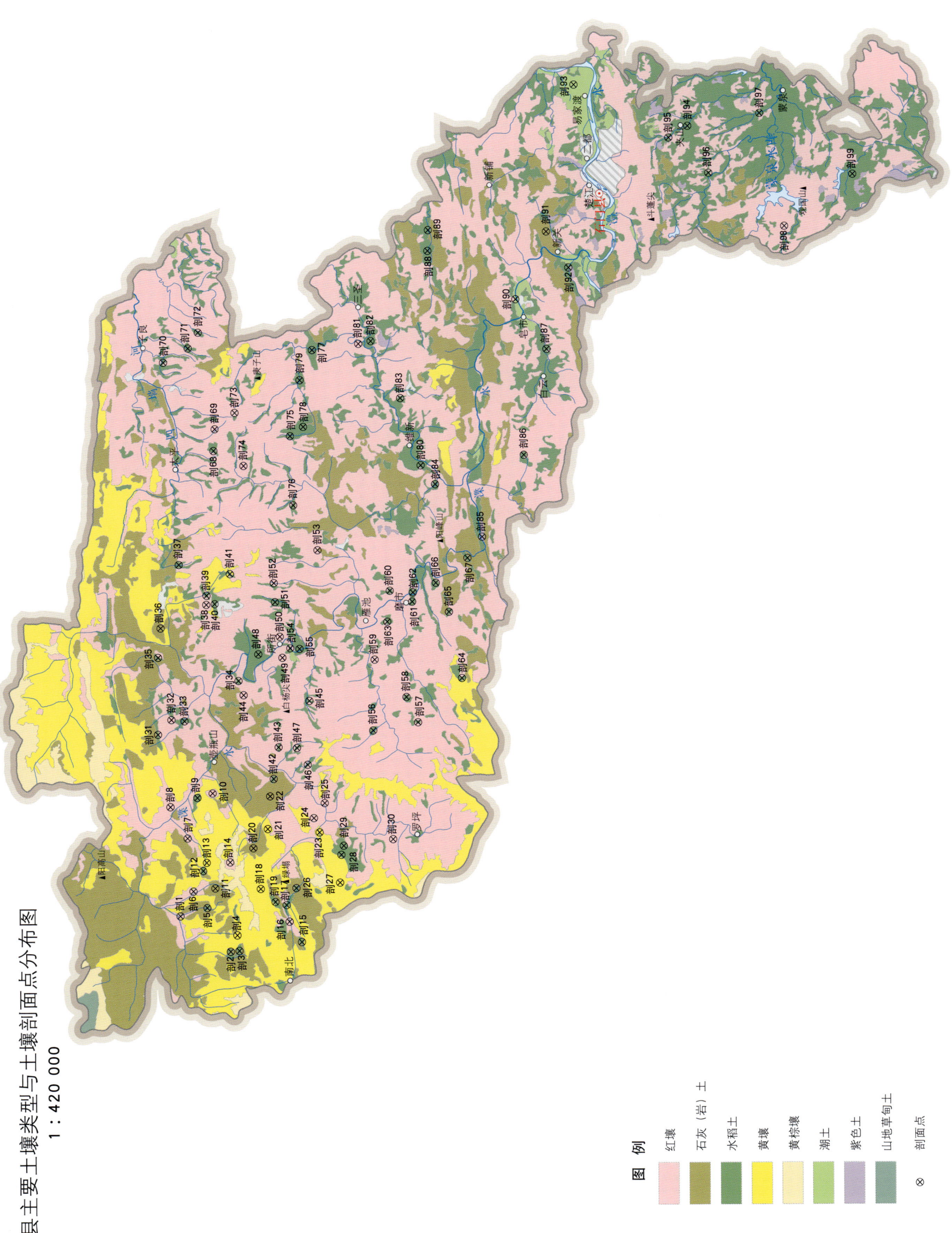

石门县土壤剖面理化性状表

剖面号 Soil profile	土纲 Soil order	土类 Soil great group	亚类 Soil subgroup	土属 Soil genus	土种 Soil species	土层码 Layer code	土层厚度 Depth/cm	颜色 Soil color	质地 Soil texture	土壤结构 Soil structure	pH	有机质 OM/(g/kg)	全氮 TN/(g/kg)	全磷 TP/(g/kg)	全钾 TK/(g/kg)	碱解氮 AN/(mg/kg)	有效磷 AP/(mg/kg)	速效钾 AK/(mg/kg)	阳离子交换量 CEC/(cmol/kg)	土壤母质 Parent material	剖面点坐标 Profile coordinate	匹配指数 Matching index/%
剖1	铁铝土	红壤	红壤	耕型板页岩红壤	黄泥砂土	A	0—20	灰黄棕色	壤土		6.5	25.5	1.55	1.20	16.4	113	4.7	70		砂泥质岩坡积物	E 110°36′38.2″ N 29°58′19.4″	95
						Bv	20—60	紫棕色	壤土		7.0	11.0	1.00	0.99	15.9							
						C	60—85	暗黄棕色	黏壤土		7.0	4.7	0.41	1.01	22.7							
剖2	初育土	石灰(岩)土	黑色石灰土	耕型黑色石灰土	岩壳土	A	0—18	黑色	壤土		7.9	52.3	1.17	≥10.00	16.3	119	25.8	95		石灰岩残积物	E 110°34′30.3″ N 29°55′21.3″	97
						Bv	18—53	暗黄棕色	壤土		7.8	40.3	1.60	≥10.00	15.5							
						C	53—100	暗黄棕色	壤土		7.7	34.6	1.79	≥10.00	12.8							
剖3	人为土	水稻土	潜育水稻土	青泥田	青紫砂泥田	A	0—22	灰棕色	黏土		6.0	26.6	1.04	1.08	16.0	115	3.8	60		紫色砂岩坡积物	E 110°34′26.8″ N 29°55′03.4″	75
						Pg	22—32	暗灰棕色	黏壤土		6.5	26.5	1.44	1.11	17.0							
						G	32—100	暗黄棕色	黏壤土		6.5	19.7	1.44	0.78	18.9							
剖4	铁铝土	黄壤	黄壤	板页岩黄壤	薄腐中层板页岩黄壤	A	0—18	栗色	砂壤土		5.5	35.5	2.00	≥10.00	23.8	131	≥100.0	168		砂岩坡积物	E 110°35′27.3″ N 29°55′10.6″	95
						Bv	18—60	黄棕色	砂壤土		5.5	26.6	1.88	≥10.00	20.5							
						C	60—100	黄棕色	砂壤土		5.5	23.1	1.06	≥10.00	20.7							
剖5	人为土	水稻土	潜育水稻土	冷浸田	冷浸砂泥	A	0—17	浅黄棕色	砂壤土		6.5	37.1	1.41	1.44	20.3	153	4.0	96		砂岩坡积物	E 110°37′10.0″ N 29°56′49.9″	95
						Pg	17—45	暗黄棕色	砂壤土		7.0	27.1	0.96	1.45	18.4							
						G	45—100	浅红棕色	砂壤土		7.0	3.3	0.40	1.47	15.0							
剖6	铁铝土	红壤	红壤性土	耕型砂岩红壤	石灰性黄砂土	A	0—13	红棕色	砂土		5.5	18.0	0.48	0.44	18.3	57	2.2	64		红色砂岩坡积物	E 110°38′12.8″ N 29°57′36.4″	95
						C	13—30		砂土		6.5											
						D	30—															
剖7	铁铝土	红壤	红壤	耕型砂岩红壤	薄腐板页岩红壤土	A	0—16	灰黄棕色	砂壤土		7.5	12.7	1.06	0.97	20.3	60	3.6	116		砂岩坡积物	E 110°41′34.5″ N 29°57′55.4″	95
						Bv	16—50	棕色	砂壤土		7.5											
						C	50—100	浅棕色	砂壤土		7.5											
剖8	铁铝土	红壤	红壤性土	板页岩红壤土	薄腐板页岩红壤性土	A,A	0—23	暗棕灰色	壤土		6.0	19.9	1.14	1.05	26.3	113	2.5	116		板页岩坡积物	E 110°43′32.8″ N 29°58′51.6″	95
						Bv	23—35	暗黄棕色	砂壤土		5.5	8.8	0.77	0.97	26.7							
						C	35—70	暗黄棕色	砂壤土		5.5	4.3	0.65	0.90	27.4							
剖9	人为土	水稻土	潴育水稻土	河砂泥田	河潮泥田	A	0—15	灰黄棕色	壤土		6.0	27.2	1.65	1.12	13.6	113	4.4	46		河流冲积物	E 110°44′07.9″ N 29°57′22.8″	95
						P	15—25	暗黄棕色	壤土		6.5	14.5	1.00	0.86	13.8							
						W	25—40	灰黄棕色	黏壤土		7.0	18.2	0.59	0.87	13.2							
						C	40—100	灰黄棕色	黏壤土		7.0											
剖10	铁铝土	红壤	红壤	耕型石灰岩红壤	灰红土	A	0—12	浅棕灰色	黏壤土		6.0	17.1	1.19	1.27	30.1	85	1.2	172		红色石灰岩坡积物	E 110°44′24.7″ N 29°56′31.9″	95
						Bv	12—20	浅红棕色	黏壤土		5.0	16.2	1.00	1.30	31.8							
						C	20—100	浅红棕色	黏壤土		5.5	10.3	0.84	1.02	28.9							
剖11	初育土	石灰(岩)土	黑色石灰土	黑色石灰性土	石灰性土	A	0—15	黑色	壤土		8.0	28.2	1.51	2.62	18.3	118	3.9	107		石灰岩残积物	E 110°38′24.0″ N 29°56′23.6″	98
						C	15—47	黑色	砂壤土		8.0	6.9	0.76	2.05	29.8							
						D	47—															
剖12	人为土	水稻土	潴育水稻土	黄砂泥田	石灰性黄砂泥田	A	0—18	灰黄棕色	砂壤土		7.5	30.5	1.70	1.51	15.4	133	5.0	56		砂岩坡积物	E 110°39′30.3″ N 29°57′03.2″	95
						P	18—27	栗色	壤土		7.5	10.0	0.49	0.78	19.1							
						W	27—50	浅黄棕色	壤土		7.5	17.7	0.33	1.14	16.8							
						C	50—100	黄棕色	壤土		7.5											
剖13	铁铝土	黄壤	黄壤性土	板页岩黄壤性土	薄腐板页岩黄壤性土	Ao	0—5	暗棕色	壤土		5.5	60.3	2.56	1.86	24.5	143	3.8	131		板页岩坡积物	E 110°40′01.9″ N 29°56′51.3″	95
						A_1	5—20	暗黄棕色	壤土		5.5	51.1	2.51	6.15	26.0							
						Bv	20—41	黄棕色	壤土		5.2											
						C	41—100	灰黄棕色	砂壤土			15.1	1.48	6.22	24.4							

续表 Continued

剖面号 Soil profile	土纲 Soil order	土类 Soil great group	亚类 Soil subgroup	土属 Soil genus	土种 Soil species	土层码 Layer code	土层厚度 Depth/ cm	颜色 Soil color	质地 Soil texture	土壤结构 Soil structure	pH	有机质 OM/ (g/kg)	全氮 TN/ (g/kg)	全磷 TP/ (g/kg)	全钾 TK/ (g/kg)	碱解氮 AN/ (mg/kg)	有效磷 AP/ (mg/kg)	速效钾 AK/ (mg/kg)	阳离子交换量CEC/ (cmol/kg)	土壤母质 Parent material	剖面点坐标 Profile coordinate	匹配指数 Matching index/%
剖14	铁铝土	红壤	黄红壤	砂岩黄红壤	薄腐厚层砂岩黄红壤	Ao	0~2	暗棕色	砂壤土		5.0	28.2	1.31	1.33	12.9		2.0	100		砂岩坡积物	E 110°40′03.0″ N 29°55′33.9″	97
						A₁A	2~25	暗棕色	砂壤土		4.5	5.3	0.52	0.80	14.0	104						
						Bv	25~70	暗黄棕色	砂壤土		4.5	4.1	0.51	1.38	13.3							
						BvC	70~95	暗黄棕色	壤土													
剖15	人为土	水稻土	淹育水稻土	浅岩渣田	浅岩渣田	A	0~16	暗灰黄色	壤土		7.0	33.2	1.35	1.46	17.9	138	5.8	94		板页岩坡积物	E 110°35′02.9″ N 29°51′36.6″	97
						P	16~25	暗灰黄色	壤土		7.0	29.4	1.69	1.38	17.5							
						Bv	25~60	暗灰棕色	黏壤土		7.0	10.1	0.97	1.47	29.0							
						C	60~100	暗红棕色	黏壤土		7.0											
剖16	铁铝土	红壤	红壤	耕型板页岩红土	耕型板页岩红土	A	0~11	暗棕色	砂壤土		6.0	56.0	2.50	1.75	25.8	105	9.1	162		板页岩坡积物	E 110°36′18.2″ N 29°52′17.6″	95
						Bv	11~22	黑棕色	壤土		6.0	55.3	2.63	1.54	22.2							
						C	22~100	棕色	壤土		6.0	31.3	1.84	1.36	24.1							
剖17	人为土	水稻土	潜育水稻土	冷浸田	冷浸阴山田	Ag	0~20	暗灰色	壤土		7.0	74.8	5.03	4.73	24.9	185	4.3	74		冰碛岩风化物	E 110°37′20.7″ N 29°52′27.1″	75
						Pg	20~40	黑色	壤土		8.0	62.8	2.89	1.94	23.9							
						S	40~49	暗灰色	砂土		6.0	9.0	2.59	1.30	15.5							
						G	49~100	黑色	壤土		6.0											
剖18	铁铝土	黄壤	黄壤	砂岩黄壤	厚腐中层砂岩黄壤	Ao	0~3														砂岩坡积物	E 110°38′21.9″ N 29°53′53.6″	97
						A₁	3~27	暗棕色	砂壤土		5.5	37.0	1.87	1.23	25.3	111	2.9	99				
						A	27~40	黄棕色	壤土		5.0	4.1	0.64	1.16	26.0							
						Bv	40~76	黄棕色	壤土		5.0	2.5	0.50	0.88	29.0							
						C	76~100	浅黄棕色	砂壤土		5.0											
剖19	人为土	水稻土	潴育水稻土	扁砂泥田	青潮黄扁砂泥田	A	0~18	暗灰黄色	壤土		6.5	35.6	2.01	3.44	24.3	190	22.4	113		冰碛岩坡积物	E 110°37′33.0″ N 29°53′04.7″	95
						Pg	18~28	暗灰黄色	黏壤土		7.0	20.4	1.46	1.96	17.7							
						W	28~48	棕色	黏壤土		7.5	22.7	1.76	3.00	24.6							
						C	48~100	棕色	壤土		7.5											
剖20	初育土	石灰(岩)土	黄色石灰土	耕型黄色石灰土	薄腐厚层石灰岩黄壤	A	0~23	浅棕色	壤土		6.5	24.5	1.52	1.28	24.9	109	2.1	160		石灰岩坡积物	E 110°40′56.3″ N 29°54′17.3″	97
						Bv	23~77	棕黄色	黏壤土		6.5	13.4	0.78	1.13	24.5							
						C	77~100	棕黄色	黏壤土		6.5	13.9	0.98	1.63	26.4							
剖21	铁铝土	黄壤	黄壤	石灰岩黄壤	薄腐厚层石灰岩黄壤	A	0~20	暗黄棕色	黏壤土		6.0	22.0	1.58	1.52	27.7	95	2.9	152		板页岩坡积物	E 110°42′09.6″ N 29°53′29.6″	95
						Bv₁	20~38	暗红黄色	黏壤土		6.0	4.8	0.84	1.32	32.0							
						Bv₂	38~55	红棕色	黏土		6.0	4.1	0.66	1.58	31.7							
						C	55~115	红棕色	黏土		6.0											
剖22	初育土	石灰(岩)土	红色石灰土	淋溶石灰土	薄腐厚层淋溶石灰土	Ao	0~3														石灰岩坡积物	E 110°44′13.7″ N 29°53′22.0″	99
						A₁	3~9	暗棕色	壤土		5.5	24.6	1.46	1.24	24.8	80	1.6	140				
						A	9~32	红棕色	黏壤土		5.5	23.4	1.34	1.10	27.3							
						Bv	32~75	暗棕色	黏壤土		6.5	≤1.0	0.76	1.12	29.6							
						BvC	75~100	紫棕色	黏土		7.5											
剖23	铁铝土	黄壤性	黄壤性	石灰岩黄壤性	薄腐中层板页岩红黄壤	A₁	0~13	暗棕色	壤土		5.5	12.1	0.97	1.08	22.8	127	2.9	132		石灰岩坡积物	E 110°41′56.6″ N 29°50′37.9″	97
						A	13~18	红棕色	壤土		5.5	7.4	0.94	0.84	21.7							
						Bv	18~60	暗红棕色	黏土		4.5	5.6	0.50	0.84	17.8							
剖24	铁铝土	红壤	黄红壤	板页岩红壤	薄腐中层板页岩红黄壤	A	0~18	灰黄棕色	砂壤土		6.0	36.3	2.06	1.23	31.6	128	2.2	106		板页岩坡积物	E 110°42′50.9″ N 29°50′56.6″	95
						Bv	18~70	浅黄棕色	砂壤土		6.0	7.1	0.99	1.17	34.0							
						C	70~130	浅黄棕色	砂壤土		6.0	7.9	0.85	1.12	34.0							

续表 Continued

剖面号 Soil profile	土纲 Soil order	土类 Soil great group	亚类 Soil subgroup	土属 Soil genus	土种 Soil species	土层码 Layer code	土层厚度 Depth/ cm	颜色 Soil color	质地 Soil texture	土壤结构 Soil structure	pH	有机质 OM/ (g/kg)	全氮 TN/ (g/kg)	全磷 TP/ (g/kg)	全钾 TK/ (g/kg)	碱解氮 AN/ (mg/kg)	有效磷 AP/ (mg/kg)	速效钾 AK/ (mg/kg)	阳离子 交换量CEC/ (cmol/kg)	土壤母质 Parent material	剖面点坐标 Profile coordinate	匹配指数 Matching index/%
剖25	铁铝土	红壤	黄红壤	石灰岩黄红壤	薄腐厚层石灰岩黄红壤	Ao	0—3	暗棕色	壤土		6.0	35.4	1.25	1.14	19.8	114	2.3	110		石灰岩坡积物	E 110°43′47.8″ N 29°50′21.0″	97
						A₁	3—11	暗红棕色	黏壤土		6.0	9.9	0.92	0.91	26.5							
						Bv	11—35	暗黄棕色	黏土		6.0	3.6	0.89	0.79	47.2							
剖26	人为土	水稻土	潴育水稻土	黄砂泥田	黄砂泥田	A	0—16	暗灰黄色	壤土		6.0	29.2	2.89	1.44	19.0	147	5.6	84		砂砾岩坡积物	E 110°38′25.0″ N 29°51′55.1″	75
						P	16—28	栗色	砂壤土		6.0	17.3	1.45	1.09	17.9							
						W	28—100	暗黄棕色	砂壤土		6.0	4.6	0.45	0.99	18.2							
剖27	铁铝土	黄壤	黄壤	石灰岩黄壤	薄腐厚层石灰岩黄壤	A	0—21	暗棕色	壤土		5.0	48.6	2.18	1.06	21.7	155	1.7	190		石灰岩坡积物	E 110°38′45.9″ N 29°49′30.6″	98
						Bv₁	21—40	棕色	壤土		5.0	18.4	0.79	0.74	27.2							
						Bv₂	40—100	棕色	壤土		5.0	14.0	1.11	0.88	21.4							
剖28	人为土	水稻土	潴育水稻土	中性紫泥田	中性紫砂泥田	A	0—15	暗黄棕色	壤土		7.0	22.8	1.96	1.12	17.3	110	2.8	92		紫色砂页岩坡积物	E 110°40′31.7″ N 29°49′26.3″	95
						P	15—25	浅棕色	壤土		7.0	22.0	1.32	1.11	17.6							
						W	25—80	暗黄棕色	砂壤土		7.0	9.6	0.72	0.88	15.5							
						C	80—100	暗黄棕色	砂壤土		7.0											
剖29	人为土	水稻土	淹育水稻土	浅酸紫泥田	浅酸紫泥田	A	0—15	暗红棕色	黏壤土		6.0	23.5	0.57	1.25	26.0	118	9.5	120		紫色页岩	E 110°41′05.9″ N 29°49′18.4″	97
						P	15—24	暗红色	壤土		6.0	16.7	0.47	1.21	22.9							
						C	24—75	暗红色	壤土		6.5	9.0	0.40	1.14	25.5							
剖30	铁铝土	红壤	黄红壤	板页岩红壤	薄腐厚层板页岩红壤	A	0—55	浅黄棕色	黏壤土		5.0	16.1	0.94	0.78	16.2	61	3.9	98		板页岩坡积物	E 110°41′31.1″ N 29°46′34.9″	95
						Bv₁	55—80	浅黄棕色	黏土		5.0	8.5	0.67	0.63	14.2							
						Bv₂	80—100	棕红色	砂壤土		5.0	3.4	0.64	0.77	14.8							
剖31	人为土	水稻土	潴育水稻土	河砂泥田	砂质河泥田	A	0—17	暗灰黄色	砂壤土		7.0	18.4	1.46	1.04	13.2	122	4.4	92		河流冲积物	E 110°48′08.0″ N 29°59′31.8″	95
						P	17—27	暗灰黄色	砂壤土		7.0	5.9	1.30	1.02	10.2							
						W	27—52	褐色	砂壤土		7.0	5.4	0.68	0.65	11.6							
						S	52—100	暗灰黄色	砂壤土		7.0											
剖32	铁铝土	黄红壤	耕型砂岩黄红土	黄红砂土	黄红砂土	A	0—17	暗黄棕色	黏壤土		5.5	17.1	2.23	0.96	16.9	68	2.2	184		砂岩坡积物	E 110°49′03.6″ N 29°58′47.6″	95
						Bv	17—55	黄黄棕色	黏壤土		5.5	2.7	0.53	0.66	21.2							
						C	55—100	暗黄棕色	砂壤土		5.5	2.1	0.41	1.04	22.5							
剖33	人为土	水稻土	潴育水稻土	青泥田	青砂泥田	A	0—17	暗灰黄色	砂壤土		6.0	62.7	3.13	4.57	21.3	195	11.3	76		板页岩坡积物	E 110°48′59.4″ N 29°58′04.8″	95
						Pg	17—26	暗灰黄色	黏土		6.0	56.1	2.75	4.51	21.0							
						G	26—85	暗灰色	黏土		6.0	35.0	1.70	2.32	11.6							
剖34	人为土	水稻土	潴育水稻土	酸紫泥田	酸紫砂泥田	A	0—17	紫棕色	砂壤土		6.0	27.0	1.69	1.13	25.4	102	5.1	57		紫色砂页岩坡积物	E 110°51′30.7″ N 29°55′05.6″	95
						P	17—25	暗棕色	壤土		6.0	20.9	1.20	1.18	25.5							
						W	25—47	暗棕色	壤土		6.0	7.3	0.76	1.37	28.2							
						C	47—100	棕色	壤土		6.0											
剖35	人为土	水稻土	潴育水稻土	灰黄泥田	灰黄泥田	A	0—15	暗棕色	黏壤土		6.5	29.9	2.04	2.01	17.9	120	8.1	138		石灰岩坡积物	E 110°52′59.5″ N 29°59′31.2″	98
						P	15—26	暗棕色	黏壤土		7.0	17.8	1.08	1.25	25.4							
						W	26—52	棕色	壤土		7.0	5.7	0.61	0.94	27.7							
						C	52—100	棕色	壤土		7.0	38.5	1.97	1.71	27.7							
剖36	初育土	石灰（岩）土	棕色石灰土	黄色石灰土	石灰性浅黄泥土	A	0—20	浅棕黄色	壤土		7.5	31.5	1.66	1.45	18.7	125	4.3	120		石灰岩坡积物	E 110°54′50.7″ N 29°59′22.3″	99
						Bv	20—82	浅棕黄色	黏壤土		6.5	4.8	0.57	0.74	19.6							
						BvC	82—100	暗黄棕色	黏壤土		6.5	4.7	0.97	0.72	21.8							
剖37	人为土	水稻土	淹育水稻土	浅黄泥田	石灰性浅黄泥田	A	0—14	棕黄色	黏土		7.5	26.5	1.44	1.02	16.6	125		159		板灰岩坡积物	E 110°58′50.1″ N 29°58′22.2″	95
						P	14—23	灰棕色	黏土		7.5	24.8	0.30	1.02	16.2							
						C₁	23—45	暗黄棕色	黏土		7.5	11.9	0.11	0.97	15.7							
						C₂	45—80	暗黄棕色	黏土		7.5	11.9	0.11	0.97	15.7							

续表 Continued

剖面号 Soil profile	土纲 Soil order	土类 Soil great group	亚类 Soil subgroup	土属 Soil genus	土种 Soil species	土层码 Layer code	土层厚度 Depth/cm	颜色 Soil color	质地 Soil texture	土壤结构 Soil structure	pH	有机质 OM/(g/kg)	全氮 TN/(g/kg)	全磷 TP/(g/kg)	全钾 TK/(g/kg)	碱解氮 AN/(mg/kg)	有效磷 AP/(mg/kg)	速效钾 AK/(mg/kg)	阳离子交换量CEC/(cmol/kg)	土壤母质 Parent material	剖面点坐标 Profile coordinate	匹配指数 Matching index/%
剖38	铁铝土	红壤	红壤	耕型板页岩红土	扁砂土	A	0—18	暗棕灰色	壤土		6.0	23.3	1.38	1.70	30.7	65	1.4	71		板页岩坡积物	E 110°56′33.0″ N 29°56′49.9″	95
						Bv	18—40	栗色	壤土		6.0	17.4	1.23	1.50	27.8							
						C	40—65	栗色	黏壤土		5.5	15.4	1.33	1.21	31.1							
剖39	人为土	水稻土	潴育水稻土	白鳝泥田	白鳝泥田	A	0—14	暗灰色	壤土		6.0	28.9	1.65	1.21	30.6	112	4.4	110		板页岩坡积物	E 110°56′54.4″ N 29°56′50.6″	97
						Pe	14—20	暗黄色	壤土		6.0	28.0	1.63	1.21	32.5							
						E	20—52	灰白色	砂壤土		6.0	14.4	1.59	0.93	31.5							
						C	52—92	灰黄色	砂壤土		6.5											
剖40	人为土	水稻土	潴育水稻土	白鳝泥田	青膏白鳝泥田	A	0—12	暗灰黄色	黏壤土		6.0	29.5	1.89	1.88	25.2	133	6.8	106		板页岩坡积物	E 110°56′22.1″ N 29°56′23.5″	97
						Pe	12—23	暗黄棕色	黏壤土		6.5	27.9	1.80	1.85	26.4							
						E	23—35	灰黄棕色	黏壤土		7.0	24.1	1.64	1.60	27.3							
						C	35—55	浅黄棕色	黏壤土		7.0											
剖41	人为土	潜育水稻土	烂泥田	烂泥田	A	0—24	暗棕灰色	砂壤土		6.5	55.1	2.36	1.49	24.3	170	4.0	133		石灰岩坡积物	E 110°58′15.0″ N 29°55′32.3″	95
						G	24—100	暗灰色	壤土		7.0	46.4	2.02	1.35	24.3							
剖42	人为土	潴育水稻土	灰泥田	灰泥田	A	0—16	暗棕色	壤土		8.0	37.9	1.82	2.14	16.2	143	6.6	103		石灰岩坡积物	E 110°45′19.9″ N 29°53′09.7″	97
						P	16—23	暗灰色	壤土		8.0	34.0	1.85	1.77	14.9							
						W	23—62	暗黄色	壤土		8.0	21.1	1.05	1.34	14.8							
						C	62—100	暗灰黄色	壤土		8.0											
剖43	人为土	潜育水稻土	冷浸田	冷浸岩渣田	A	0—14	灰黄棕色	壤土		7.0	77.4	3.05	1.41	20.6	180	9.0	43		板页岩坡积物	E 110°47′20.1″ N 29°52′53.0″	97
						Pg	14—34	黑灰色	砂壤土		7.0	71.4	3.36	2.58	20.6							
						G	34—100	暗灰色	壤土		6.0	60.2	2.01	2.33	23.1							
剖44	铁铝土	红壤	红壤	石灰岩红壤	薄腐厚层石灰岩红壤	A	0—12	暗灰棕色	黏壤土		5.5	24.4	1.34	1.01	19.7	82	2.5	106		石灰岩坡积物	E 110°50′36.4″ N 29°54′48.8″	98
						Bv	12—86	暗红色	黏土		5.0	15.0	1.09	1.00	14.5							
						C	86—110	暗红色	黏土		5.0	8.7	0.78	0.74	14.8							
剖45	人为土	水稻土	淹育水稻土	浅灰黄泥田	浅灰黄砂泥田	A	0—15	栗色	黏壤土		7.0	24.0	1.52	1.29	22.7	113	15.8	240		石灰岩坡积物	E 110°50′14.4″ N 29°51′10.5″	95
						P	15—25	灰棕色	黏壤土		7.0	26.4	1.49	2.40	24.4							
						W	25—100	暗棕色	壤土		6.5	22.0	1.54	2.05	22.5							
剖46	人为土	水稻土	淹育水稻土	浅黄砂泥田	浅黄砂泥田	A	0—11	黄棕色	砂土		5.5	52.9	2.17	1.94	20.4	225	13.8	85		砂岩坡积物	E 110°46′13.6″ N 29°51′16.9″	95
						Pg	11—22	黄棕色	砂土		6.0	38.1	2.03	1.85	≥50.0							
						C	22—100	暗黄色	砂土		6.5	15.9	1.27	1.45	≥50.0							
剖47	人为土	水稻土	潴育水稻土	黄砂泥田	红砂泥田	A	0—15	暗棕色	壤土		5.0	31.2	1.84	1.33	19.5	115	6.4	54		红色砂岩坡积物	E 110°47′17.1″ N 29°51′51.9″	95
						P	15—19	暗棕色	黏壤土		5.5	15.7	1.20	1.20	18.2							
						W	19—75	暗黄棕色	壤土		6.5	10.2	0.71	1.05	18.4							
剖48	人为土	水稻土	潴育水稻土	酸紫泥田		A	0—17	暗棕色	黏壤土		7.0	24.8	1.54	1.23	32.1	128	5.1	119		板页岩坡积物	E 110°53′11.7″ N 29°51′59.4″	95
						P	17—32	暗黄棕色	壤土		5.5	23.2	1.49	1.22	32.6							
						W	32—100	暗黄棕色	砂壤土		6.0	11.4	1.11	1.45	32.4							
剖49	铁铝土	红壤	黄红壤	耕型石灰岩红壤	浅红砂土	A	0—16	暗棕色	砂壤土		5.5	24.7	1.64	1.31	15.1	99	6.8	204		砂质岩坡积物	E 110°52′58.6″ N 29°52′39.6″	95
						Bv	16—35	栗色	壤土		6.5	5.6	0.73	1.10	18.3							
						C	35—100	栗色	壤土		6.5	4.9	0.39	1.09	16.6							
剖50	铁铝土	红壤	黄红壤	耕型板页岩黄红壤	黄红土	A	0—20	暗棕色	壤土		6.0	21.1	1.44	2.06	31.4	104	5.8	196		板页岩坡积物	E 110°54′08.4″ N 29°52′46.7″	95
						Bv	20—74	暗黄棕色	壤土		6.0	4.1	0.54	1.03	28.5							
						C	74—100	黄棕色	黏壤土		6.0	6.9	0.69	1.72	25.4							
剖51	人为土	水稻土	潴育水稻土	黄泥田	青褐黄泥田	A	0—15	浅灰黄色	壤土		6.5	28.0	1.73	1.24	30.1	132	5.6	100		页岩坡积物	E 110°56′29.4″ N 29°53′03.5″	98
						Pg	15—33	暗灰黄色	壤土		7.0	8.7	0.94	1.11	29.0							
						W	33—55	暗灰黄色	黏壤土		6.5	8.0	0.97	1.36	31.3							

续表 Continued

剖面号 Soil profile	土纲 Soil order	土类 Soil great group	亚类 Soil subgroup	土属 Soil genus	土种 Soil species	土层码 Layer code	土层厚度 Depth/cm	颜色 Soil color	质地 Soil texture	土壤结构 Soil structure	pH	有机质 OM/(g/kg)	全氮 TN/(g/kg)	全磷 TP/(g/kg)	全钾 TK/(g/kg)	碱解氮 AN/(mg/kg)	有效磷 AP/(mg/kg)	速效钾 AK/(mg/kg)	阳离子交换量CEC/(cmol/kg)	土壤母质 Parent material	剖面点坐标 Profile coordinate	匹配指数 Matching index/%
剖52	铁铝土	红壤	红壤	耕型板页岩红土	扁砂土	A	0—11	灰黄色	砂壤土		6.5	13.9	0.81	1.58	21.0	60	4.8	152		砂岩坡积物	E 110°57'41.1" N 29°53'07.7"	95
						Bv	11—36	浅黄色	砂壤土		6.0	4.8	0.61	1.92	19.1							
						C	36—100	浅黄棕色	砂壤土		6.0	3.4	0.62	1.54	20.7							
剖53	铁铝土	红壤	黄红壤	耕型石灰岩红土	灰黄砂红土	A	0—17	黄黄棕色	黏壤土		5.0	21.0	1.18	1.24	24.0	145	2.6	135		石灰岩坡积物	E 110°59'45.0" N 29°50'42.0"	97
						Bv₁	17—50	黄棕色	黏壤土		5.0	11.7	0.91	0.99	27.4							
						Bv₂	50—100	黄棕色	黏壤土		5.0	11.5	0.86	1.01	24.5							
剖54	人为土	水稻土	淹育水稻土	浅红黄泥田	浅红黄泥田	A	0—14	灰黄棕色	壤土		5.0	27.6	1.37	1.51	19.3	131	4.8	90		第四纪红色黏土	E 110°53'34.0" N 29°52'13.0"	97
						P	14—23	灰黄棕色	壤土		6.0	20.3	0.48	1.40	18.2							
						C	23—100	黄棕色	壤土		6.5	2.6	0.43	1.00	15.6							
剖55	人为土	水稻土	潴育水稻土	中性浅紫泥田	中性浅紫泥田	A	0—14	暗棕色	黏壤土		6.5	30.6	1.24	1.45	17.6	112	3.5	96		紫色页岩坡积物	E 110°53'31.7" N 29°51'42.5"	95
						P	14—20	暗红棕色	黏土		6.5	11.8	0.90	1.26	17.6							
						C	20—100	暗红棕色	黏土		6.0	28.1	1.49	1.48	17.4							
剖56	人为土	水稻土	潴育水稻土	黄砂泥田	青稿黄砂泥田	A	0—15	暗黄色	壤土		6.0	29.7	1.65	1.28	19.2	134	3.6	60		砂岩坡积物	E 110°48'23.4" N 29°47'39.3"	95
						Pg	15—26	暗黄色	壤土		6.0	11.8	0.70	1.23	17.8							
						W	26—60	黄棕色	壤土		6.5	8.3	0.71	1.46	20.8							
						C	60—100	浅棕色	壤土		6.5											
剖57	人为土	水稻土	潴育水稻土	黄砂泥田	青泥田	A	0—15	暗棕色	黏壤土		5.0	33.4	1.97	1.42	21.0	142	6.7	88		板页岩坡积物	E 110°48'54.1" N 29°45'11.5"	98
						P	15—20	暗绿棕色	黏壤土		5.0	19.0	1.12	1.19	26.1							
						C	20—35	晴黄棕色	黏壤土		6.0	7.7	0.88	1.09	20.9							
							35—70	暗棕色	壤土		6.0											
剖58	人为土	水稻土	潴育水稻土	青泥田	青泥田	A	0—17	暗棕色	壤土		6.5	28.0	1.82	1.33	26.4	114	6.9	77		板页岩坡积物	E 110°50'28.6" N 29°45'49.8"	98
						Pg	17—34	青灰色	壤土		7.0	18.3	1.26	1.02	26.6							
						G	34—56	青灰色	壤土		7.0	13.3	1.40	1.24	23.2							
						C	56—100	青灰色	壤土		7.0											
剖59	铁铝土	红壤	红壤性土	板页红壤性土	紫河潮泥田	A	0—15	红棕色	黏土		5.5	15.8	0.83	1.16	19.3	49	3.0	80		第四纪红色黏土	E 110°52'50.9" N 29°47'34.4"	95
						P	15—20	暗棕色	黏土		5.5	10.9	0.61	0.95	20.2							
						C	33—100	暗黄棕色	黏土		7.5	31.3	1.97	1.07	21.9							
剖60	人为土	水稻土	潴育水稻土	灰泥田	青稿灰泥田	A	0—17	暗黄棕色	黏壤土		7.5	22.1	1.43	1.43	21.9	145	4.8	148		石灰岩坡积物	E 110°57'10.8" N 29°46'43.5"	97
						Pg	17—30	暗黄棕色	黏壤土		7.5	4.3	0.70	2.02	18.6							
						W	30—85	暗黄棕色	黏壤土		7.0											
						C	85—100	暗黄棕色	黏壤土		7.5	31.5	1.96	2.06	28.2	87	3.4	73		河流冲积物	E 110°56'29.8" N 29°45'29.5"	95
剖61	人为土	水稻土	潴育水稻土	河砂泥田	河砂泥田	A	0—17	棕灰色	黏壤土		7.5	28.4	1.73	2.16	24.0							
						P	17—24	棕灰色	黏壤土		8.0	11.2	1.61	1.07	23.7							
						W	24—95	灰棕色	砂壤土		7.5	20.5	1.54	1.01	15.5							
剖62	人为土	水稻土	潴育水稻土	河砂泥田	石灰性河砂泥田	A	0—17	暗棕色	砂壤土		7.5	14.2	1.04	0.86	14.7	99	2.6	120		河流冲积物	E 110°57'04.8" N 29°45'27.5"	95
						P	15—23	暗棕色	砂壤土		8.0	4.9	0.54	1.03	15.7							
						C	37—100	浅棕色	砂土		7.5											
剖63	人为土	水稻土	淹育水稻土	浅黄砂泥田	浅黄砂泥田	A	0—12	暗棕色	砂壤土		6.5	18.9	1.12	0.86	17.8	67	3.6	58		砂岩坡积物	E 110°55'15.1" N 29°46'52.1"	95
						P	12—21	棕色	砂壤土		6.5	8.9	0.53	0.90	20.1							
						C₁	21—37	棕色	砂壤土		6.5	18.2	0.96	1.16	21.9							
						C₂	37—100	黄棕色	砂壤土		6.5	18.2	0.96	1.16	21.9							
剖64	人为土	水稻土	潜育水稻土	青泥田	青灰泥田	A	0—17	灰棕色	黏壤土		7.5	29.9	1.96	1.27	18.0	146	4.6	122		石灰岩坡积物	E 110°51'41.1" N 29°42'45.4"	97
						Pg	17—29	棕灰色	黏壤土		7.5	23.2	1.83	1.45	19.8							
						G	29—55	棕灰色	黏壤土		7.5	12.9	0.74	1.00	15.8							
						C	55—100	暗灰色	黏土		8.0											

续表 Continued

剖面号 Soil profile	土纲 Soil order	土类 Soil great group	亚类 Soil subgroup	土属 Soil genus	土种 Soil species	土层码 Layer code	土层厚度 Depth/cm	颜色 Soil color	质地 Soil texture	土壤结构 Soil structure	pH	有机质 OM/(g/kg)	全氮 TN/(g/kg)	全磷 TP/(g/kg)	全钾 TK/(g/kg)	碱解氮 AN/(mg/kg)	有效磷 AP/(mg/kg)	速效钾 AK/(mg/kg)	阳离子交换量CEC/(cmol/kg)	土壤母质 Parent material	剖面点坐标 Profile coordinate	匹配指数 Matching index/%
剖65	人为土	水稻土	潴育水稻土	青泥田	青紫泥田	A	0—19	暗黄棕色	黏壤土		7.0	29.6	2.45	0.92	19.5	119	3.7	80		紫色页岩坡积物	E 110°55′51.5″ N 29°43′28.0″	97
						Pg	19—30	暗黄棕色	黏土		7.0	17.0	0.55	0.94	20.5							
						G	30—85	暗黄棕色	黏土		7.0	19.5	0.34	0.81	15.2							
						C	85—100	暗黄棕色	黏土													
剖66	人为土	水稻土	淹育水稻土	浅黄砂泥田	石灰性浅黄砂泥田	A	0—20	暗黄灰色	砂壤土		8.5	36.0	1.63	1.34	15.5	119	3.5	112		砂岩坡积物	E 110°57′40.5″ N 29°44′11.8″	95
						P	20—30	灰黄棕色	砂壤土		8.5	33.8	1.67	1.18	16.6							
						C	30—100	暗黄棕色	砂壤土		8.5	11.8	0.35	1.05	15.5							
剖67	人为土	水稻土	潴育水稻土	黄泥田	石灰性黄泥田	A	0—16	暗黄棕色	砂壤土		8.0	33.4	2.03	1.49	24.5	110	4.2	96		板页岩坡积物	E 110°59′14.5″ N 29°42′26.2″	97
						P	16—25	暗黄棕色	砂壤土		8.0	31.4	1.91	1.40	29.5							
						W	25—42	棕色	砂壤土		7.5	20.7	1.42	1.33	28.7							
						C	42—95	紫红棕色	砂壤土		8.0											
剖68	人为土	水稻土	潴育水稻土	紫泥田	青腐碱紫泥田	A	0—16	灰棕色	黏壤土		7.5	29.5	1.71	1.32	18.3	140	5.2	100		紫色页岩坡积物	E 111°05′59.9″ N 29°56′26.2″	95
						Pg	16—30	浅棕色	黏壤土		7.5	12.4	1.63	1.11	18.6							
						W	30—65	灰棕色	黏土		7.5	5.7	0.18	0.99	19.5							
						C	65—100	灰棕色	砂壤土		7.5											
剖69	铁铝土	红壤	棕红壤	砂岩棕壤	薄腐中层砂岩棕红壤	A	0—20	灰褐色	壤土	棕块状	6.8	19.0	0.98	1.25	15.5	71	≤1.0	113	8.5	砂岩	E 111°07′22.7″ N 29°56′22.0″	81
						ABv	20—45	赤褐色	壤土	块状	5.8	12.0	0.67	0.58	16.1	48	≤1.0	61	8.8			
						BvC	45—75	黄橙色	黏壤土	块状	4.9	5.9	0.45	0.58	16.7	32	≤1.0	51	8.2			
						C	75—90	橙色	黏壤土	块状		4.0	0.53	0.52	14.8	23	≤1.0	58	9.2			
剖70	人为土	水稻土	潴育水稻土	紫泥田	碱紫泥田	A	0—19	棕色	黏壤土		8.0	27.6	1.41	1.27	20.3	118	4.9	106		紫色页岩坡积物	E 111°11′35.9″ N 29°59′10.6″	95
						Pg	19—28	棕灰色	黏土		8.0	24.6	1.40	1.25	17.7							
						W	28—32	紫棕色	黏土		8.0	22.4	1.16	1.30	20.0							
剖71	人为土	水稻土	潴育水稻土	紫泥田	碱砂紫泥田	A	0—18	紫棕色	砂壤土		8.0	24.6	1.52	1.44	21.9	73	5.6	54		紫色砂页岩坡积物	E 111°12′29.6″ N 29°57′48.8″	95
						P	18—24	紫棕色	砂壤土		7.5	16.5	0.95	1.20	17.9							
						W	24—64	紫棕色	砂壤土		7.5	10.7	0.80	1.13	20.9							
						C	64—100	暗黄棕色	砂壤土		7.5											
剖72	人为土	水稻土	潴育水稻土	砂岩棕壤	薄腐中层板页岩棕壤	A	0—17	暗黄棕色	砂壤土		7.0	19.9	1.29	1.35	13.4	106	6.2	88		砂岩坡积物	E 111°13′28.9″ N 29°57′15.0″	95
						P	17—28	暗黄棕色	砂壤土		6.7	19.7	1.21	1.41	14.2							
						W	28—80	灰黄棕色	砂壤土		6.7	1.4	0.96	1.48	17.8							
						C	80—100	暗黄棕色	砂壤土		7.5											
剖73	铁铝土	红壤		耕型第四纪红色土壤	红黄砂土	A	0—25	暗黄棕色	壤土		6.7	18.8	0.84	1.29	15.1	74	4.9	172		第四纪红色黏土	E 111°08′24.8″ N 29°55′14.9″	95
						Bv	25—55	灰黄棕色	黏土		7.6	3.1	0.54	0.86	17.2							
						C	55—90	红灰色	黏土		6.7	1.6	0.41	0.81	18.7							
剖74	铁铝土	红壤		板页岩棕壤	薄腐中层板页岩棕壤	A₁	0—2	浅灰色	砂壤土		6.0	38.6	1.93	1.20	32.0	122	2.9	296		板页岩坡积物	E 111°05′03.5″ N 29°54′46.2″	98
						A	2—9	灰黄棕色	砂壤土		6.0	20.9	1.39	1.25	34.3							
						Bv	9—22	暗黄棕色	砂壤土		5.0	10.1	1.09	0.64	36.9							
						BvC	22—43	黄棕色	砂壤土		5.5											
						C	43—80	棕色	砂壤土		5.0											
剖75	人为土	水稻土	潴育水稻土	扁砂泥田	黄扁砂泥田	A	0—23	灰灰黄色	砂壤土		5.5	19.3	1.60	1.36	19.5	125	6.6	85		板页岩坡积物	E 111°06′55.4″ N 29°52′12.3″	95
						P	23—35	暗灰黄色	砂壤土		6.0	9.9	0.86	1.17	18.1							
						W	35—60	黄灰黄色	砂壤土		6.0	6.1	0.66	0.86	24.0							
						C	60—102	栗色	砂壤土		6.0											
剖76	人为土	水稻土	潴育水稻土	河砂泥田	河砂泥田	A	0—14	暗黄棕色	砂壤土		6.5									河流冲积物	E 111°02′34.1″ N 29°52′01.7″	95
						P	14—20	暗灰黄色	砂壤土		7.5											
						W	20—45	黄灰黄色	砂壤土													
						C	45—90	棕灰色	砂壤土		7.5											

续表 Continued

剖面号 Soil profile	土纲 Soil order	土类 Soil great group	亚类 Soil subgroup	土属 Soil genus	土种 Soil species	土层码 Layer code	土层厚度 Depth/cm	颜色 Soil color	质地 Soil texture	土壤结构 Soil structure	pH	有机质 OM/(g/kg)	全氮 TN/(g/kg)	全磷 TP/(g/kg)	全钾 TK/(g/kg)	碱解氮 AN/(mg/kg)	有效磷 AP/(mg/kg)	速效钾 AK/(mg/kg)	阳离子交换量CEC/(cmol/kg)	土壤母质 Parent material	剖面点坐标 Profile coordinate	匹配指数 Matching index/%
剖77	人为土	水稻土	潜育水稻土	中性紫泥田	中性紫泥田	A	0—17	暗黄棕色	黏壤土		7.5	30.8	1.86	1.33	22.1	145	5.6	90		紫色页岩坡积物	E 111°12′21.0″ N 29°50′57.8″	97
						Pg	17—26	黄棕色	黏土		7.5	17.7	1.75	1.09	21.8							
						W	26—74	暗棕色	黏土		7.5	7.5	0.75	0.91	22.3							
						C	74—100	栗色	黏土		7.5											
剖78	人为土	水稻土	渗育水稻土	白散泥田	白散泥田	A	0—16	棕色灰色	黏土		5.0	30.9	1.58	1.07	15.9	123	3.9	66		第四纪红色黏土	E 111°07′30.3″ N 29°51′28.6″	95
						P	16—22	浅棕黄色	壤土		7.0	23.7	1.39	1.39	17.3							
						E	22—100	暗灰棕色	黏土		7.0	7.7	0.52	0.81	15.3							
剖79	人为土	水稻土	潜育水稻土	中性紫砂田	中性紫砂田	A	0—16	暗棕色	砂壤土		5.5	18.7	1.07	1.15	18.2	82	≤1.0	50		紫色砂岩风化物	E 111°10′27.2″ N 29°51′39.0″	95
						Pg	16—25	暗红棕色	砂壤土		6.0	17.0	1.06	1.20	18.5							
						W	25—64	暗红棕色	砂壤土		7.0	5.8	0.39	0.98	17.3							
						C	64—100	浅灰棕色	砂壤土		7.0											
剖80	人为土	水稻土	潜育水稻土	酸紫泥田	青瑭酸紫泥田	A	0—14	棕色	黏壤土		5.0	27.0	1.50	1.80	11.8	132	2.0	74		紫色砂页岩风化物	E 111°05′03.7″ N 29°45′00.1″	95
						Pg	14—30	暗棕色	黏土		5.5	23.5	1.46	1.03	10.8							
						W	30—40	棕色	黏土		5.5	19.0	1.09	0.92	11.3							
						C	40—100	浅灰棕色	黏土		6.0											
剖81	铁铝土	红壤	红壤	砂岩红土壤	薄腐厚层砂岩红土壤	A	0—25	暗棕色	砂壤土		6.0	22.3	1.10	0.86	16.9	126	1.5	55		砂岩坡积物	E 111°12′44.2″ N 29°48′24.4″	99
						Bv	25—65	暗红棕色	砂壤土		6.0	11.0	0.64	1.03	22.2							
						BvC	65—100	棕色	砂壤土		6.0	9.5	0.79	0.69	23.1							
剖82	人为土	水稻土	潜育水稻土	河砂泥田	河砂泥田	A	0—16	暗灰棕色	砂壤土		5.5	28.3	1.62	1.43	13.1	80	10.5	42		河流冲积物	E 111°12′53.7″ N 29°47′43.5″	95
						P	16—25	浅灰黄色	砂壤土		5.5	24.6	1.43	1.29	13.1							
						W	25—73	暗灰棕色	砂土		5.0	5.1	0.34	0.66	13.5							
						C	73—100	暗红棕色	黏土		6.0											
剖83	人为土	水稻土	潜育水稻土	烂泥田	石灰性烂泥田	Ag	0—24	暗棕色	砂壤土		8.0	40.0	2.39	3.35	20.4	151	46.5	70		砂岩坡积物	E 111°09′18.9″ N 29°46′06.8″	95
						G	24—100	黑色	壤土		7.5	31.6	1.32	2.24	20.4							
剖84	人为土	水稻土	淹育水稻土	浅黄泥田	浅黄泥田	A	0—16	暗黄棕色	黏壤土		6.0	24.2	1.16	1.22	21.2	93	3.9	118		板页岩坡积物	E 111°03′52.5″ N 29°44′12.9″	98
						P	16—30	黄棕色	砂壤土		6.5	10.9	0.82	1.14	18.7							
						W	30—46	红黄色	砂壤土		5.0	6.9	0.58	1.01	17.5							
剖85	初育土	紫色土	酸性紫色土	耕型酸紫色土	紫红土	A	0—21	栗色	砂壤土		5.5	15.6	1.11	0.97	22.3	62	≤1.0	68		紫色页岩	E 111°00′34.9″ N 29°41′37.7″	93
						Bv	21—61	棕色	砂壤土		5.0	10.9	0.30	0.89	21.3							
						C	61—70	暗红棕色	黏土		6.0	6.3	≤0.10	0.87	17.4							
剖86	人为土	水稻土	矿毒型水稻土	非金属矿毒田	煤炭矿毒田	A	0—13	暗黄棕色	黏壤土		4.5	23.7	1.72	1.46	34.0	88	5.8	166		板页岩坡积物	E 111°05′42.7″ N 29°39′18.3″	97
						P	13—25	灰棕色	黏壤土		5.5	15.8	1.06	1.39	29.8							
						W	25—50	灰白色	壤土		6.0	10.5	0.76	1.07	23.9							
剖87	人为土	水稻土	潜育水稻土	青泥田	石灰性青泥田	A	0—16	暗黄棕色	砂壤土		8.0	33.8	1.31	1.23	19.2	134	5.1	47		板页岩坡积物	E 111°12′22.7″ N 29°38′01.6″	95
						Pg	16—29	暗棕色	黏土		8.0	30.8	1.34	0.97	17.6							
						G	29—86	棕红色	黏土		7.0	36.9	0.46	0.55	15.4							
						C	86—100	暗棕色	黏土		6.5											
剖88	人为土	水稻土	淹育水稻土	浅灰黄泥田	浅灰黄泥田	A	0—15	棕色色	黏壤土		6.5	28.9	1.80	1.77	22.6	109	5.9	128		石灰岩坡积物	E 111°18′33.1″ N 29°44′33.1″	95
						P	15—25	灰黄棕色	黏壤土		6.5	4.3	0.78	1.27	19.6							
						C₁	25—50	暗棕色	黏土		6.5	8.6	0.69	1.30	23.5							
						C₂	50—100	浅灰棕色	黏土		7.0	8.6	0.69	1.30	23.5							
剖89	人为土	水稻土	淹育水稻土	浅灰泥田	浅灰泥田	A	0—16	栗色	黏壤土		7.5	33.2	2.00	1.95	27.7	135	8.0	140		石灰岩坡积物	E 111°19′51.2″ N 29°44′31.3″	99
						P	16—25	暗黄棕色	黏土		7.5	30.1	1.89	1.78	21.3							
						C	25—100	浅黄棕色	黏土	粒状	7.5	2.6	0.37	1.07	22.6							

续表 Continued

剖面号 Soil profile	土纲 Soil order	土类 Soil great group	亚类 Soil subgroup	土属 Soil genus	土种 Soil species	土层码 Layer code	土层厚度 Depth/cm	颜色 Soil color	质地 Soil texture	土壤结构 Soil structure	pH	有机质 OM/(g/kg)	全氮 TN/(g/kg)	全磷 TP/(g/kg)	全钾 TK/(g/kg)	碱解氮 AN/(mg/kg)	有效磷 AP/(mg/kg)	速效钾 AK/(mg/kg)	阳离子交换量CEC/(cmol/kg)	土壤母质 Parent material	剖面点坐标 Profile coordinate	匹配指数 Matching index/%
剖90	半水成土	潮土	河潮土	耕型河潮土	河砂土	A	0—20	暗黄棕色	砂壤土		6.5	12.2	0.98	0.95	15.6	82	12.0	126		河流冲积物	E 111°15′29.7″ N 29°39′43.6″	95
						Bv	20—30	暗黄棕色	砂壤土		7.0	≤1.0	0.75	1.02	15.2							
						C	30—90	暗黄棕色	砂壤土		7.0	≤1.0	0.53	1.05	20.6							
剖91	初育土	石灰(岩)土	红色石灰土	耕型淋溶石灰土	灰泥土	A	0—18	灰棕色	黏土		6.5	18.5	1.25	1.30	14.7	59	3.4	124		石灰岩坡积物	E 111°19′44.4″ N 29°38′00.0″	97
						Bv	18—60	灰黄棕色	黏土		7.0	15.1	0.89	1.20	18.2							
						C	60—91	灰黄棕色	黏土		7.5	12.3	0.98	1.89	18.9							
剖92	人为土	水稻土	淹育水稻土	浅黄砂泥田	石子红砂泥田	A	0—12	黄棕色	砂土		5.0	10.9	1.04	0.85	9.6	55	11.1	40		砂岩坡积物	E 111°17′28.9″ N 29°36′47.1″	95
						P	12—26	暗黄棕色	砂土		5.0	10.2	0.41	0.80	8.5							
						C	26—100		砂石土		5.0											
剖93	半水成土	潮土	河潮土	耕型河潮土	河砂泥土	A	0—22	灰黄棕色	壤土		7.0	23.4	1.13	1.35	18.0	112	5.1	106		河流冲积物	E 111°28′57.6″ N 29°36′25.7″	95
						Bv₁	22—35	暗棕灰色	黏壤土		7.0	10.3	0.97	1.21	18.0							
						Bv₂	35—57	浅黄棕色	黏壤土		7.0	3.6	0.57	0.96	21.1							
						C	57—100	暗黄棕色	黏壤土		7.0											
剖94	人为土	水稻土	潴育水稻土	红黄泥田	石灰性红黄泥田	A	0—15	栗色	壤土		8.0	29.8	1.78	1.59	17.2	118	4.3	98		第四纪红色黏土	E 111°26′20.4″ N 29°30′09.4″	99
						Pg	15—24	黄棕灰色	黏壤土		7.5	20.7	1.51	1.21	16.2							
						W	24—41	暗棕灰色	黏壤土		7.5	15.2	0.99	0.99	16.6							
						C	41—68	灰棕色	黏壤土		7.5											
剖95	人为土	水稻土	矿毒型水稻土	非金属矿毒田	砷矿"毒田"	A	0—14	灰黄棕色	壤土		5.0	29.5	1.35	1.43	23.5	116	7.0	64		砂岩坡积物	E 111°25′37.3″ N 29°31′13.2″	95
						P	14—20	暗黄棕色	壤土		6.0	27.4	1.60	1.46	21.7							
						W	20—50	棕黄棕色	壤土		7.0	11.2	0.50	1.26	19.5							
						C	50—100	暗黄棕色	壤土		7.0											
剖96	人为土	水稻土	潴育水稻土	红黄泥田	红黄泥田	A	0—17	浅黄棕色	黏壤土		5.0	31.6	2.03	1.36	18.2	128	5.6	104		第四纪红色黏土	E 111°23′23.7″ N 29°29′01.3″	98
						P	17—24	棕色	黏土		6.0	26.2	1.50	1.05	19.2							
						W	24—70	紫棕色	黏土		6.0	18.4	0.78	0.91	20.1							
						C	70—100	棕色	黏土		6.0											
剖97	人为土	水稻土	淹育水稻土	浅黄砂泥田	石子红砂泥田	A	0—14	暗黄棕色	砂壤土	粒状	5.7	10.9	1.04	0.85	9.6	55	11.1	40			E 111°27′07.6″ N 29°26′12.2″	82
						Ap	14—26	浅红棕色	砂壤土	碎块状	5.6	10.2	0.41	0.80	8.5							
						C	26—100	暗红棕色	砂壤土	碎块状	5.6											
剖98	铁铝土	红壤	红壤性土	砂岩红壤性土	薄腐砂岩红壤性土	A₁	0—16	黑棕色	砂壤土		5.0	29.8	1.84	1.39	16.3	134	3.3	114		砂岩坡积物	E 111°20′02.0″ N 29°24′51.9″	99
						D	16—17	灰黄棕色	砂壤土		5.0	25.8	1.57	1.30	10.9							
							17—															
剖99	人为土	水稻土	潴育水稻土	红黄泥田	红黄砂泥田	A	0—14	栗色	黏壤土		5.0	29.3	1.65	1.20	16.0	127	4.0	90		第四纪红色黏土	E 111°23′16.9″ N 29°21′05.2″	95
						P	14—23	暗黄棕色	黏壤土		6.5	23.8	1.46	1.16	14.8							
						W	23—70	暗黄棕色	黏壤土		7.0	13.8	0.94	0.94	15.6							
						C	70—100	浅黄棕色	黏壤土		7.0											

张 家 界 市

市 辖 区

主要土类说明

黄壤是张家界市主要土壤类型，占本市地域面积的27%。由于所处地区日照少，云雾较多，空气湿度大，干湿季节不明显，土壤有较强的盐基淋溶过程，氧化铁发生水化生成水合氧化铁，土壤呈黄色。心土层黏化明显，盐基饱和度低，土壤呈酸性，有机质积累明显，腐殖质层较厚。本市黄壤分为黄壤和黄壤性土两个亚类。

石灰（岩）土是张家界市第二大土壤类型，占本市地域面积的22%。本市石灰（岩）土分为黑色石灰土和红色石灰土两个亚类。前者呈碱性，富含磷酸钙，腐殖质含量较高，土体呈黑色，土层不厚，剖面构型多为A-D。后者心土层黏化，铁锰淀积明显，pH高于地带性土壤。

红壤是张家界市第三大土壤类型，占本市地域面积的21%。红壤多分布在海拔450m以下的丘陵及低山下部。土壤中游离氧化铁含量高，故土体多呈红色。本市红壤分为红壤、黄红壤、红壤性土等亚类。

水稻土占本市地域面积的13%。特殊的成土条件和成土过程使水稻土产生独特的剖面层次、理化生物特性和肥力特征。本市水稻土分为淹育型、潴育型、渗育型、潜育型、沼泽型、矿毒型六个亚类。

紫色土占本市地域面积的10%，分布在海拔550m以下的低山、丘陵区。土壤呈紫红色、紫色或暗紫棕色，全剖面色泽均一，无明显的发生层次。矿质养分丰富，有机质含量较低，土层浅薄。

小于本市地域面积8%的土壤类型有黄棕壤等。

本区域中心区气候特征

本区域中心区气候特征值
Regional climate characteristics in central area of the region

气候带：中亚热带湿润气候 Climate region: Subtropical humid climate	
年平均气温 /℃ Annual average temperature /℃	16.3
年平均最高气温 /℃ Annual average maximum temperature /℃	20.7
年平均最低气温 /℃ Annual average minimum temperature /℃	13.2
年降水量 /mm Annual precipitation /mm	1350
≥10℃的积温 /℃ Daily temperature accumulated in a year (≥10℃) /℃	5983
年日照时数 /h Annual sunshine /h	1397
年平均相对湿度 /% Annual average relative humidity /%	80
干燥度 Dryness	0.71

本区域中心区月平均气温与月平均降水量
Monthly temperature and precipitation in central area of the region

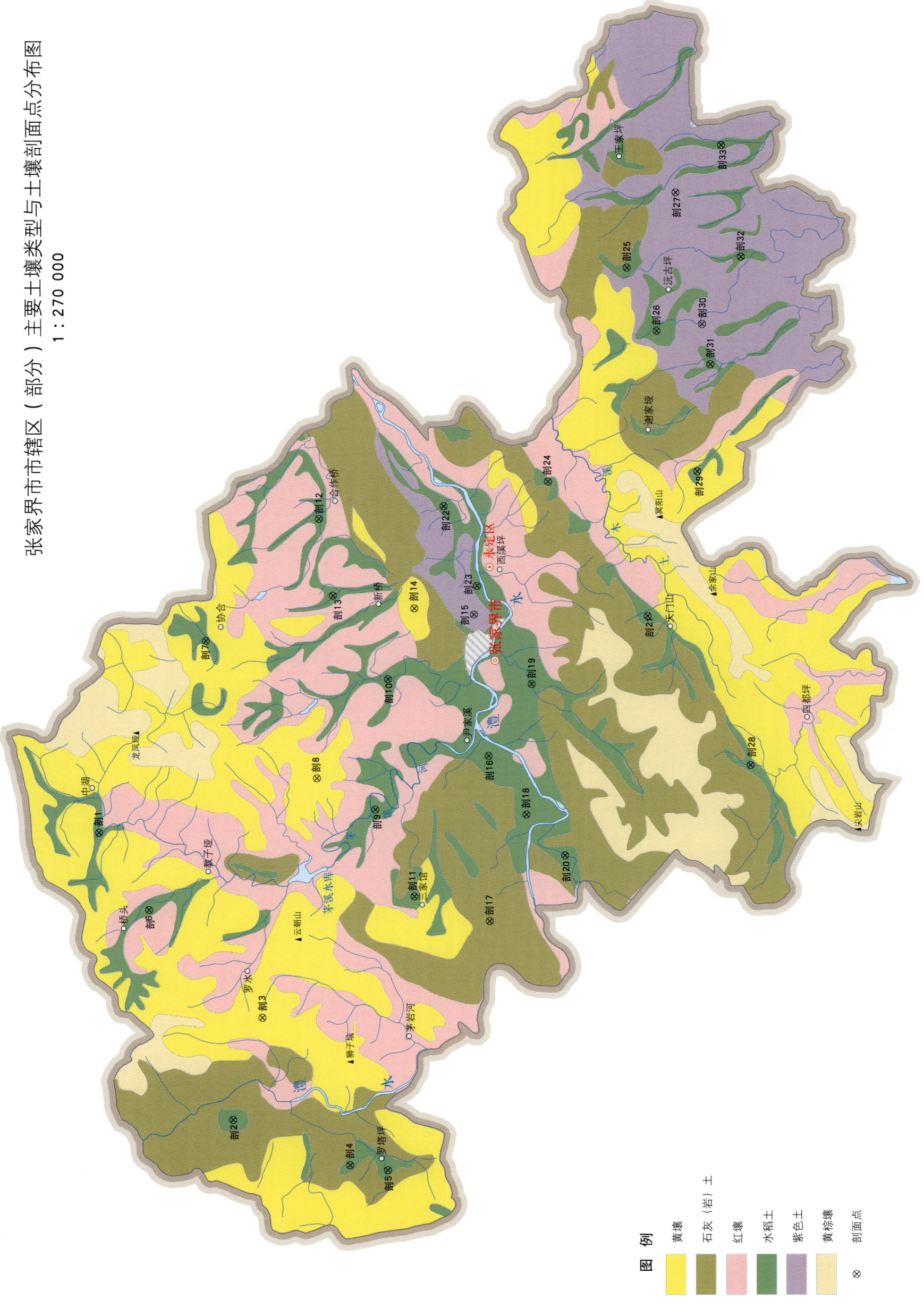

张家界市土壤剖面理化性状表

剖面号 Soil profile	土纲 Soil order	土类 Soil great group	亚类 Soil subgroup	土属 Soil genus	土种 Soil species	土层码 Layer code	土层厚度 Depth/cm	颜色 Soil color	质地 Soil texture	土壤结构 Soil structure	pH	有机质 OM/(g/kg)	全氮 TN/(g/kg)	全磷 TP/(g/kg)	全钾 TK/(g/kg)	碱解氮 AN/(mg/kg)	有效磷 AP/(mg/kg)	速效钾 AK/(mg/kg)	土壤母质 Parent material	剖面点坐标 Profile coordinate	匹配指数 Matching index/%
剖1	人为土	水稻土	潴育水稻土	河砂泥田	河砂泥田	A	0—16	黄褐色	壤土	核状	6.4	33.3	1.69	1.09	35.0	156	5.2	50	河流冲积物	E 110°20′50.6″ N 29°21′33.9″	96
						Pg	16—26	灰黄色	壤土	块状	6.6	32.1	1.58	1.04	34.0						
						W	26—100	灰黄色	壤土	棱块状	6.8	16.5	1.08	0.85	35.0						
剖2	人为土	水稻土	潴育水稻土	灰泥田	青刷灰泥田	A	0—17	褐色			8.0	39.2	1.75	1.26	29.0	184	5.9	135		E 110°09′04.0″ N 29°16′37.4″	90
						Pg	17—28	青灰色	粘壤土	棱块状		29.8	1.58	1.13	27.0						
						W	28—100	褐色				22.5	1.48	0.99	28.0						
剖3	铁铝土	黄壤	黄壤	板页岩黄壤	薄腐中层板页岩黄壤	A_1	0—7	黑色	壤土	粒状	6.2	47.2	2.13	0.93	36.0	130	1.6	54	板页岩	E 110°13′14.8″ N 29°15′35.3″	93
						A	7—38	褐色	壤土	块状	5.8	44.8	2.13	0.93	36.0						
						AB	38—72	灰褐色			5.4	32.7	1.67	0.84	36.0						
						C	72—														
剖4	人为土	水稻土	潴育水稻土	浅黄泥田	浅扁砂泥田	A	0—10	褐色	壤土	小团块状	6.0	14.9	0.72	0.49	23.0	59	4.5	45	板页岩	E 110°07′14.1″ N 29°12′21.1″	90
						Pg	10—18	褐色	壤土	块状	6.0	12.5	0.74	0.58	23.0						
						W	18—28	褐色	壤土	块状	6.8	0.9	0.64	0.63	26.0						
						C	28—100	灰黄色	壤土	棱块状	6.0	0.7	0.58	0.63	25.0						
剖5	人为土	水稻土	淹育水稻土	浅灰黄泥田	浅灰黄砂泥田	A	0—14	暗棕色	砂壤土	核状	5.8	10.4	1.44	0.52	22.0	202	5.6	61		E 110°07′02.4″ N 29°10′58.5″	98
						Pg	14—19	暗棕色	砂壤土	块状	6.0	10.9	0.98	0.26	23.0						
						C	19—100	黄棕色	砂壤土	块状	6.0	10.1	0.61	0.15	24.0						
剖6	人为土	水稻土	潴育水稻土	岩渣子田	岩渣子田	A	0—16	暗棕色	壤土	核状	6.4	24.2	2.43	2.35	11.0	60	3.3	126	板岩坡积物	E 110°17′40.1″ N 29°19′43.5″	97
						Pg	16—25	暗棕色	壤土	块状	6.8	21.8	2.41	2.35	11.0						
						W	25—100	红棕色	粘壤土	棱块状	7.2	13.3	0.96	2.28	10.0						
剖7	人为土	水稻土	淹育水稻土	浅灰黄泥田	浅灰黄砂泥田	A	0—15	红棕色	粘壤土	块状	7.2	18.9	1.15	0.80	32.0	116	3.3	104	石灰岩	E 110°28′48.9″ N 29°17′42.1″	94
						Pg	15—22	红棕色	粘壤土	块状	7.2	15.7	1.00	0.87	32.0						
						C	22—100	暗棕色	粘壤土	块状	7.2	11.1	1.00	0.67	34.0						
剖8	铁铝土	黄壤	黄壤	耕型板页岩黄壤	黄土夹砂田	A	0—20	暗棕色	壤土	核状	6.1	21.6	1.07	0.73	30.0	124	12.8	66	板页岩	E 110°23′09.5″ N 29°13′38.1″	94
						B	20—40	黄棕色	壤土	棱柱状	5.0	19.3	0.63	0.63	18.0						
						C	40—50														
						D	50—														
剖9	人为土	水稻土	潴育水稻土	黄砂泥田	黄砂泥田	A	0—16	棕灰色	砂壤土	块状	5.5	21.8	1.11	0.70	14.0	124	12.8	66	砂岩坡积物	E 110°21′52.5″ N 29°11′29.8″	99
						Pg	16—20	棕灰色	壤土	块状	6.1	15.9	0.89	0.72	14.0						
						W	20—60	灰黄棕色	壤土	块状	6.8	10.1	0.59	0.74	15.0						
						C	60—100	暗黄色	砂壤土	块状	7.1	8.1	0.37	0.81	12.0						
剖10	人为土	水稻土	潴育水稻土	扁砂泥田	青糊扁砂泥田	A	0—16	棕灰色	壤土	块状	5.8	33.2	1.83	0.88	31.0	161	4.2	75		E 110°27′16.1″ N 29°11′03.3″	93
						Pg	16—26	绿黄色	壤土	块状	6.0	21.4	1.26	0.72	31.0						
						G	26—42	浅棕灰色	壤土	块状	6.0	20.0	1.01	0.72	32.0						
						W	42—100	灰灰色	壤土	棱柱状	6.0	12.8	0.95	0.70	32.0						
剖11	人为土	水稻土	淹育水稻土	浅灰黄泥田	浅灰黄砂泥田	A	0—14	黄棕色	粘壤土	块状	7.0	22.6	1.30	1.56	23.0	91	12.2	95	石灰岩	E 110°18′16.6″ N 29°10′03.6″	96
						Pg	14—23	浅灰色	粘壤土	块状	6.8	19.0	1.18	1.63	24.0						
						C	23—100	浅棕色	壤土	块状	7.2	10.9	0.80	2.16	29.0						
剖12	人为土	水稻土	潴育水稻土	中性紫泥田	青糊中性紫泥田	A	0—16	黄紫色	壤土	块状	6.6					130	4.5	48	紫色砂岩	E 110°33′52.7″ N 29°13′35.8″	99
						Pg	16—27	棕灰色	粘壤土	块状	7.2										
						W	27—100	浅棕黄色	壤土	棱块状	7.4										

续表 Continued

剖面号 Soil profile	土纲 Soil order	土类 Soil great group	亚类 Soil subgroup	土属 Soil genus	土种 Soil species	土层码 Layer code	土层厚度 Depth/cm	颜色 Soil color	质地 Soil texture	土壤结构 Soil structure	pH	有机质 OM/(g/kg)	全氮 TN/(g/kg)	全磷 TP/(g/kg)	全钾 TK/(g/kg)	碱解氮 AN/(mg/kg)	有效磷 AP/(mg/kg)	速效钾 AK/(mg/kg)	土壤母质 Parent material	剖面点坐标 Profile coordinate	匹配指数 Matching index/%
剖13	人为土	水稻土	潴育水稻土	中性紫泥田	中性紫砂泥田	A	0—13	紫棕色	壤土	块状	7.2	23.6	1.06	0.67	19.0	110	6.5	55	紫色页岩	E 110°30′42.9″ N 29°13′04.3″	93
						Pg	13—23	紫棕色	壤土	块状	7.4	20.1	1.16	0.63	17.0						
						W	23—100	紫棕色	壤土	棱块状	7.4	14.8	0.91	0.53	18.0						
剖14	铁铝土	黄壤	黄壤	耕型石灰岩黄土	灰黄土	A	0—15	浅黄棕色	壤土	块状	5.8	9.7	0.48	0.65	19.0	57	1.5	77	石灰岩	E 110°30′12.2″ N 29°10′06.7″	92
						B	15—100	浅黄棕色	壤土	块状	5.6	4.3	0.25	1.13	22.0						
剖15	初育土	紫色土	中性紫色土	耕型中性紫砂土	中性紫砂土	A	0—17	黄紫棕色	砂壤土	粒状	6.6	11.6	0.71	0.50	17.0	74	5.0	127	紫色砂岩	E 110°29′57.4″ N 29°07′55.9″	96
						AB	17—28	黄紫棕色	砂壤土	块状	6.6	10.4	0.50	0.54	16.0						
						BC	28—100	紫紫色	砂壤土	块状	6.8	1.2	0.30	0.27	17.0						
剖16	人为土	水稻土	潴育水稻土	红黄泥田	红黄泥田	A	0—16	棕黄色	重壤土	块状	6.4	17.6	1.01	0.85	12.0	104	4.1	35	古河流冲积物	E 110°24′07.5″ N 29°07′22.7″	97
						Pg	16—26	棕黄色	重壤土	棱块状	6.0	14.8	0.84	0.68	11.0						
						W	26—100	灰棕色	重壤土	棱柱状	6.0	0.8	0.19	0.37	11.0						
剖17	初育土	石灰(岩)土	黑色石灰土	耕型黑色石灰土	岩壳土	A	0—12	黄棕色	黏壤土	块状	7.8	35.8	1.66	0.90	25.0	171	1.1	182	石灰岩	E 110°17′16.8″ N 29°07′18.9″	94
						B	12—47	棕黄色	黏壤土	块状	7.4	19.5	1.12	0.60	17.0						
						D	47—														
剖18	人为土	水稻土	淹育水稻土	浅碱紫泥田	浅碱紫砂泥田	A	0—14	紫色	壤土	团块状	7.9	22.1	1.24	0.80	22.0	81	2.7	64	紫色砂岩	E 110°21′43.3″ N 29°05′59.4″	99
						Pg	14—23	紫色	壤土	团块状	7.9	20.7	1.03	0.90	23.0						
						C	23—100	棕紫色	砂壤土	单块状	7.9	6.1	0.66	0.80	24.0						
剖19	人为土	水稻土	潴育水稻土	河砂泥田	河砂田	A	0—15	暗棕色	砂壤土	块状	6.0	21.3	1.05	0.52	15.0	138	2.0	35	河流冲积物	E 110°27′06.5″ N 29°05′49.0″	98
						Pg	15—25	黄棕色	砂壤土	棱块状	6.4	16.9	0.86	0.53	15.0						
						W	25—100	黄棕色	砂壤土	棱块状	6.4	9.1	0.62	0.77	16.0						
剖20	人为土	水稻土	潴育水稻土	灰泥田	灰马肝泥田	A	0—19	棕色	黏壤土		7.6	31.5	1.71	2.53	22.0	136	25.3	202		E 110°20′01.0″ N 29°04′35.0″	96
						Pg	19—30	暗黄棕色		块状	7.4	27.4	1.47	2.51	23.0						
						W	30—51	暗黄棕色		块状	7.4	16.9	0.86	2.18	23.0						
						C	51—100	灰黄棕色		棱状	7.4										
剖21	人为土	水稻土	潴育水稻土	河砂泥田	紫河潮泥田	A	0—19	暗棕色	壤土	棱状	6.8	25.4	1.30	0.73	10.0	119	3.7	61	河流冲积物	E 110°29′56.7″ N 29°01′36.5″	91
						Pg	19—32	紫棕色	黏壤土	棱块状	6.8	20.1	1.15	0.58	10.0						
						W	32—100	紫棕色	壤土	棱状	6.8	0.9	0.77	0.64	9.5						
剖22	人为土	水稻土	潴育水稻土	中性紫泥田	中性紫砂泥田	A	0—16	紫色	砂壤土	粒状	6.8	18.9	0.88	0.38	12.0	118	2.5	50	紫色砂岩	E 110°27′06.5″ N 29°05′49.0″	99
						Pg	16—27	栗色	砂壤土	棱块状	6.8	13.0	0.71	0.34	15.0						
						W	27—100	紫棕色	砂壤土	棱块状	6.4	4.7	0.30	0.34	13.0						
剖23	人为土	水稻土	潴育水稻土	河砂泥田	青糊河砂泥田	A	0—17	灰黄色	黏壤土	块状	7.6	38.6	2.22	1.31	32.0	155	3.0	71	河流冲积物	E 110°31′13.3″ N 29°07′37.9″	93
						Pg	17—27	暗黄棕色	壤土	棱状	7.4	33.7	1.88	1.34	32.0						
						G	27—41	暗灰棕色	壤土	棱状	7.4	16.9	1.29	1.65	30.0						
						S	41—100	青色	壤土	棱状	7.2	14.5	0.99	2.15	37.0						
剖24	人为土	水稻土	潴育水稻土	浅岩渣子田	石灰性浅岩渣子田	A	0—15	褐色	砂壤土	块状	7.6	25.8	1.39	1.23	17.0	158	9.4	59		E 110°34′25.5″ N 29°09′03.0″	92
						Pg	15—24	灰棕色	壤土	棱状	7.1	19.2	0.89	1.06	17.0						
						C	24—100	浅黄棕色	壤土	棱块状	7.1	12.8	0.63	0.88	16.0						
剖25	人为土	水稻土	潴育水稻土	碱紫泥田	碱紫砂泥田	A	0—16	紫棕色	壤土	块状	8.0	34.9	1.70	1.24	25.0	124	4.0	113	紫色砂岩	E 110°35′28.3″ N 29°05′15.2″	97
						Pg	16—25	紫棕色	壤土	棱块状	8.0	26.2	0.95	1.02	25.0						
						W	25—100	暗棕色			7.8	17.2	1.12	0.85	27.0						
剖26	人为土	水稻土	潴育水稻土	灰黄泥田	灰黄砂泥田	A	0—16		壤土	块状	6.0	24.7	1.49	0.91	29.0	132	5.4	77	石灰岩	E 110°44′18.0″ N 29°02′23.5″	97
						Pg	16—25		壤土	棱柱状	6.2	23.9	1.49	0.91	27.0						
						W	25—100	暗黄棕色		块棱柱状	7.6	9.0	0.57	1.57	25.0						

续表 Continued

剖面号 Soil profile	土纲 Soil order	土类 Soil great group	亚类 Soil subgroup	土属 Soil genus	土种 Soil species	土层码 Layer code	土层厚度 Depth/cm	颜色 Soil color	质地 Soil texture	土壤结构 Soil structure	pH	有机质 OM/(g/kg)	全氮 TN/(g/kg)	全磷 TP/(g/kg)	全钾 TK/(g/kg)	碱解氮 AN/(mg/kg)	有效磷 AP/(mg/kg)	速效钾 AK/(mg/kg)	土壤母质 Parent material	剖面点坐标 Profile coordinate	匹配指数 Matching index/%
剖27	初育土	紫色土	酸性紫色土	酸性紫砂土	薄腐中层酸性紫砂土	A₁	0—1	紫棕色	砂壤土	粒状	6.0									E 110°47′24.5″ N 29°00′36.5″	97
						A	1—15	棕棕色	中壤土	块状	5.8	3.9	0.31	0.14	16.0	37	1.8	46			
						BC	15—48	棕红色	中壤土	块状	6.1	2.8	0.22	0.13	15.0						
						C	48—100														
剖28	人为土	水稻土	潴育水稻土	红黄砂泥田	红黄砂泥田	A	0—17	浅灰黄色	壤土		7.5	34.9	1.62	1.14	19.0	125	6.4	70	古河流冲积物	E 110°23′48.3″ N 28°57′50.1″	91
						Pg	17—27	浅青黄色	壤土	梭块状	7.6	22.9	1.16	0.86	18.0						
						W	27—100	浅棕黄色	壤土	梭块状	7.7	5.2	0.22	0.83	19.0						
剖29	人为土	水稻土	潴育水稻土	青泥田	青灰泥田	A	0—20	灰黄色	黏壤土		7.8	57.1	2.67	1.66	27.0	124	2.8	62	石灰岩	E 110°35′55.3″ N 28°59′48.8″	90
						Pg	20—29	灰色	黏壤土		7.6	46.3	2.49	1.49	23.0						
						G	29—100	青灰色	黏壤土		7.6	44.8	2.22	1.35	25.0						
剖30	初育土	紫色土	酸性紫色土	耕型酸性紫砂土	酸紫砂土	A	0—15	黄紫色	砂壤土	核状	6.2					59	5.9	142		E 110°41′59.5″ N 28°59′38.5″	97
						AB	15—26	紫色	黏壤土	块状	6.4										
						B	26—100	紫红色	黏壤土	块状	6.8										
剖31	人为土	水稻土	潴育水稻土	酸紫泥田	酸紫泥田	A	0—16	紫色	黏壤土	块状	6.3	28.3	1.47	0.77	22.0	108	2.4	162	紫色页岩	E 110°40′20.3″ N 28°59′20.7″	91
						Pg	16—25	紫棕色	黏壤土	梭柱状	7.2	28.2	1.33	0.77	21.0						
						W	25—100	紫红色	黏壤土	梭柱状	7.4	8.4	0.52	0.70	21.0						
剖32	人为土	水稻土	潴育水稻土	酸紫泥田	酸紫砂泥田	A	0—19	紫色	壤土	梭柱状	6.4	31.4	1.76	1.24	30.0	154	5.1	79	紫色砂页岩	E 110°44′46.1″ N 28°58′13.9″	94
						Pg	19—29	紫棕色	壤土	块状	6.8	28.2	1.67	1.01	27.0						
						W₁	29—59	棕色	砂壤土	梭柱状	6.9	15.7	0.68	0.88	28.0						
						W₂	59—100	棕色	砂壤土	梭柱状	6.9	8.1	0.52	0.75	25.0						
剖33	人为土	水稻土	潴育水稻土	酸紫泥田	青耳酸紫泥田	A	0—18	紫色	壤土	梭柱状	6.2	34.7	1.80		20.0	140	22.4	161	紫色砂页岩	E 110°49′22.5″ N 28°58′57.2″	92
						Pg	18—33	暗灰棕色	壤土	块状	7.2	21.4	1.23		21.0						
						W	33—100	紫棕色	壤土	梭柱状	7.2	11.6	0.59		19.0						

慈 利 县

主要土类说明

红壤是慈利县主要土壤类型，占本县地域面积的47%。成土母质类型多样，有板岩、页岩、砂岩、石灰岩、第四纪红色黏土等风化物。黏土矿物以高岭石为主。本县处于红壤与黄壤的过渡带上，因此，典型的红壤不多，仅在广福桥镇有小片出露，具有明显的脱硅富铝化过程。红色黏土层深厚，剖面发育完整，除表层较灰暗外，心土和底土均为棕红色黏实土层，具棱块状或碎块状结构，褐色胶膜淀积明显，底部常见红、黄、白相间的网纹状红色黏土，全剖面基本呈酸性，盐基饱和度在27%左右。在侵蚀强烈的丘陵地段，红壤的紧实心土或网纹底土露出地表，肥力急剧下降。

石灰（岩）土是慈利县第二大土壤类型，占本县地域面积的22%。本县石灰（岩）土分为黑色石灰土、红色石灰土等亚类。前者发育于石灰岩风化物，pH大于7.0，除发育于白云岩的外，其余黑色石灰土均有不同程度的石灰反应。后者主要分布在澧水干流北岸的武陵古陆灰岩地区，土壤表层pH为6.0—6.5，底层pH为6.5—7.5。在干热和湿热交替影响下，上部土层碳酸盐被淋洗，全剖面呈黄红色；下部土层有黏粒和铁锰淀积，有时可见棕色胶膜和铁锰结核。

水稻土是慈利县第三大土壤类型，占本县地域面积的19%。本县水稻土在海拔80—1200m的垂直地带上均有分布，发育于地带性土壤（如红壤、黄壤）、泛域性土壤（如河潮土）和岩成土［如紫色土、石灰（岩）土］。在人为耕作、施肥和灌溉等措施的影响下，在淹水还原淋溶和排水氧化淀积的交替作用下，水田土壤形成了水稻土特有的剖面结构，即耕作层、犁底层、潴育层、潜育层等。

黄壤占本县地域面积的6%，多分布在海拔800—1450m的中山地区。黄壤与红壤同属一个纬度带，但其水分条件比红壤好，热量则略低。由于所处地区云雾多，日照少，空气湿度大，干湿季节不明显，土体中的游离氧化铁常发生高度水化，主要以针铁矿、褐铁矿和水合氧化铁的形态存在，使整个剖面呈黄色至蜡黄色。表层土壤中有机质和腐殖质较多，pH为4.5—5.5，盐基饱和度为24%—35%。黏土矿物以蛭石为主，其次为高岭石、水云母，蒙脱石较少。

紫色土占本县地域面积的4%。成土母质主要为紫色砂页岩和紫色砂砾岩等。土壤无脱硅富铝化过程，属幼年土，次生黏土矿物主要为水化云母。本县紫色土分为酸性紫色土、中性紫色土、石灰性紫色土三个亚类。

小于本县地域面积3%的土壤类型有潮土、黄棕壤等。

本区域中心区气候特征

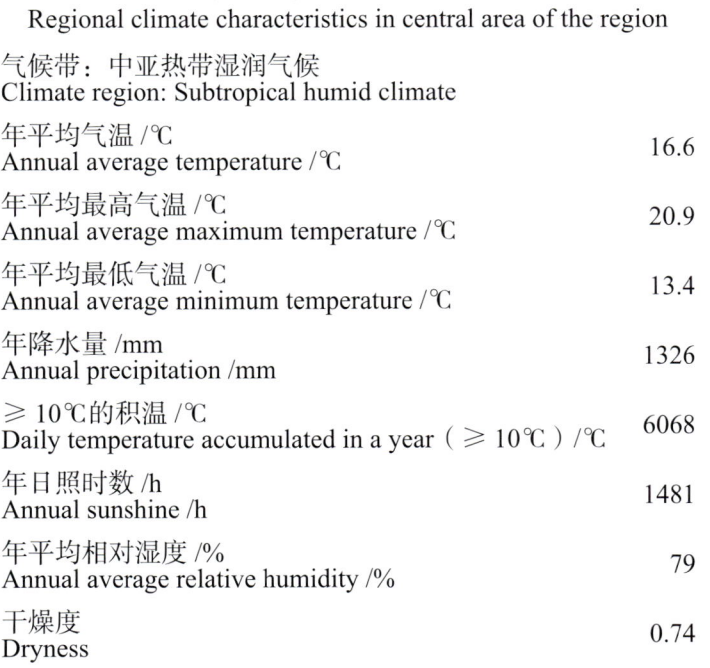

本区域中心区气候特征值
Regional climate characteristics in central area of the region

气候带：中亚热带湿润气候 Climate region: Subtropical humid climate	
年平均气温 /℃ Annual average temperature /℃	16.6
年平均最高气温 /℃ Annual average maximum temperature /℃	20.9
年平均最低气温 /℃ Annual average minimum temperature /℃	13.4
年降水量 /mm Annual precipitation /mm	1326
≥10℃的积温 /℃ Daily temperature accumulated in a year（≥10℃）/℃	6068
年日照时数 /h Annual sunshine /h	1481
年平均相对湿度 /% Annual average relative humidity /%	79
干燥度 Dryness	0.74

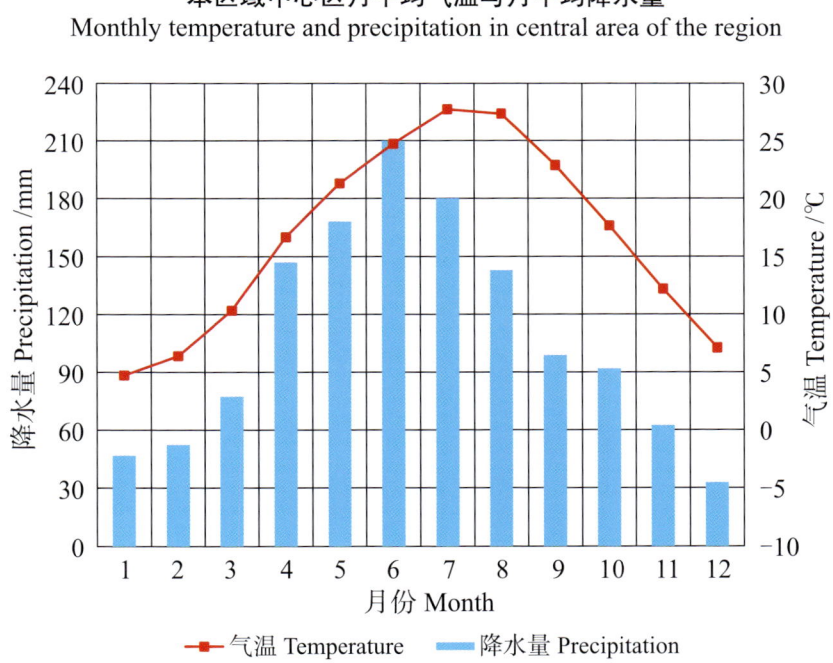

本区域中心区月平均气温与月平均降水量
Monthly temperature and precipitation in central area of the region

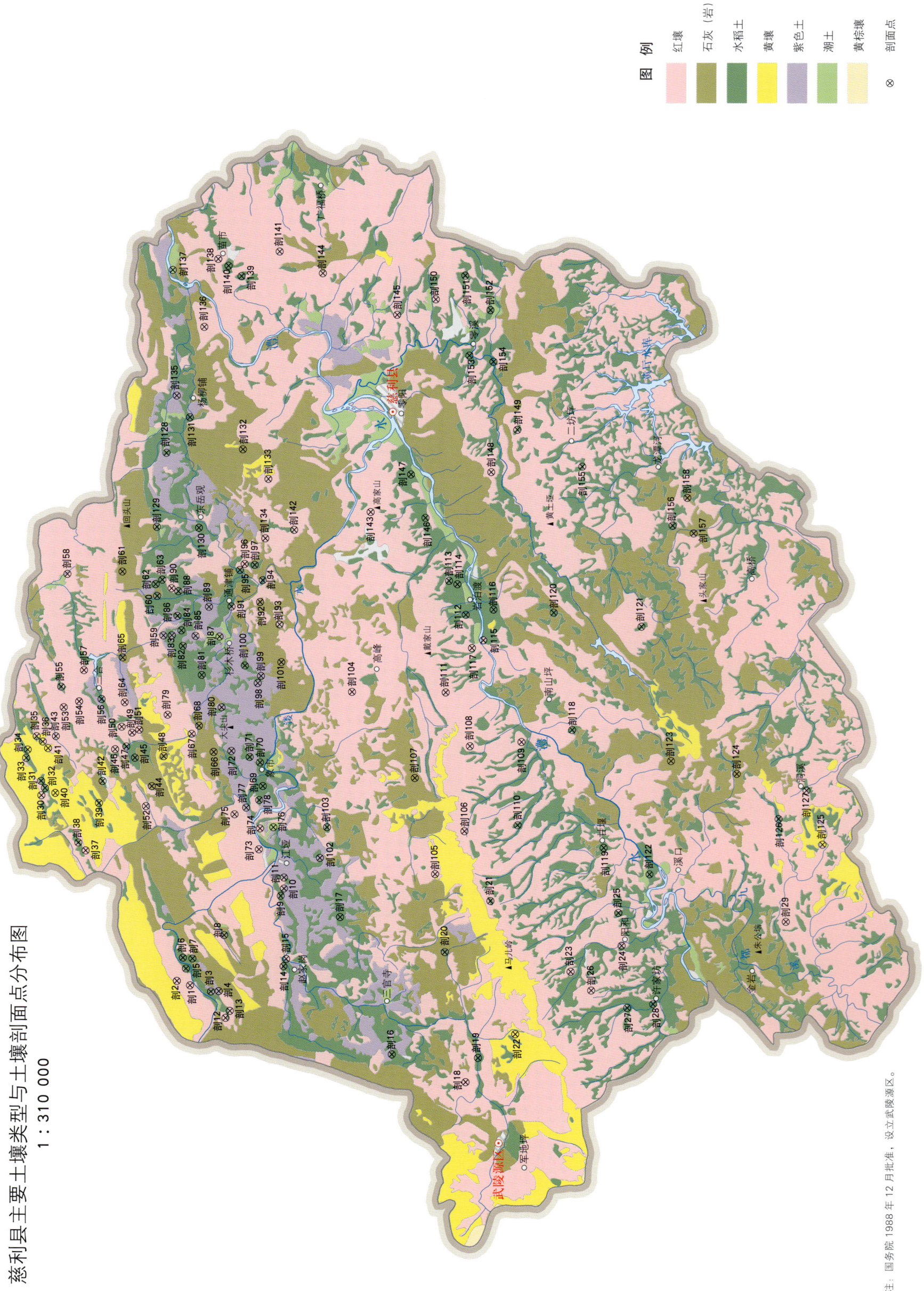

慈利县主要土壤类型与土壤剖面点分布图
1:310 000

慈利县土壤剖面理化性状表

剖面号 Soil profile	土纲 Soil order	土类 Soil great group	亚类 Soil subgroup	土属 Soil genus	土种 Soil species	土层码 Layer code	土层厚度 Depth/cm	颜色 Soil color	质地 Soil texture	土壤结构 Soil structure	pH	有机质 OM/(g/kg)	全氮 TN/(g/kg)	全磷 TP/(g/kg)	全钾 TK/(g/kg)	碱解氮 AN/(mg/kg)	有效磷 AP/(mg/kg)	速效钾 AK/(mg/kg)	土壤母质 Parent material	剖面点坐标 Profile coordinate	匹配指数 Matching index/%
剖1	铁铝土	红壤	黄红壤	耕型板页岩黄红壤	黄红岩渣子土	A	0-45	暗棕色	中壤土	粒状	5.8	13.8	1.08	1.27	28.9	74	1.5	89	页岩	E 110°39′48.3″ N 29°33′57.2″	95
						Bv	45-100	暗黄棕色	重壤土	粒状	5.2	12.5	0.77	1.10	29.7						
剖2	铁铝土	红壤	红壤		薄腐厚层石灰岩红壤	A	0-11	棕色	中壤土	块状	6.0	17.6	1.54	0.66	16.4	100	≤1.0	51	石灰岩坡积物	E 110°40′00.7″ N 29°34′30.0″	95
				石灰岩红壤		Bv	11-100	红黄色	重壤土	状状	6.4	13.5	1.57	0.82	17.0						
						C	100—	红黄色	重壤土	状状											
剖3	人为土	水稻土	潴育水稻土	青泥田	石灰性青泥田	A	0-20	黄棕色	中壤土	小块状	7.9	25.6	1.09	1.01	26.4	116	3.1	197	河溪冲积物	E 110°39′31.1″ N 29°33′05.2″	97
						Pg	20-32	青灰色	中壤土	块状	8.1	30.3	1.69	1.16	24.4						
						G	32-100	青灰色	中壤土	块状	7.6	31.0	1.68	0.83	21.2						
剖4	初育土	紫色土	中性紫色土	中性紫砂土	中层中性紫砂土	A	0-45	棕色	中壤土	核粒状	7.4	26.1	1.56	1.19	23.8	97	1.9	45	紫色砂页岩坡积物	E 110°39′33.6″ N 29°32′49.3″	75
						BvC	45-65	棕色	中壤土	核粒状	7.8	13.8	0.88	1.32	25.2						
剖5	人为土	水稻土	淹育水稻土	浅红黄泥田	浅红黄泥田	A	0-16	灰黄棕色	中壤土	碎块状	5.1	25.2	0.91	1.02	23.9	149	4.4	66	第四纪红色黏土	E 110°40′35.7″ N 29°34′07.8″	97
						Bv	16-26	暗黄棕色	重壤土	核棱状	6.5	15.1	0.72	0.90	24.3						
						P	26-41	暗黄棕色	重壤土	核棱状	7.9	7.7	0.43	0.84	24.1						
						C	41-100	黄棕色	重壤土	核棱状	7.9	≤1.0	0.32	0.77	25.5						
剖6	人为土	水稻土	淹育水稻土	浅酸紫泥田	浅酸紫泥田	A	0-14	暗灰黄色	轻黏土	块状	6.1	31.4	1.65	1.07	15.4	157	2.7	141	紫色砂页岩、第四纪红土	E 110°41′07.1″ N 29°34′15.4″	95
						P	14-25	暗灰黄色	重黏土	块状	7.7	8.4	0.37	0.57	12.8						
						C	25-100	浅黄棕色	重黏土	块状	7.6	2.1	0.19	0.46	11.9						
剖7	人为土	水稻土	淹育水稻土	浅灰泥田	浅灰马肝泥田	A	0-13	灰黄棕色	轻黏土	块状	7.7	22.1	1.02	1.18	18.8	122	2.3	93	白云质灰岩坡积物	E 110°41′04.9″ N 29°33′51.4″	97
						P	13-19	棕色	重黏土	块状	7.7	14.9	0.84	1.15	18.3						
						C	19-100		重黏土	块状	7.7	2.1	0.44	0.72	20.9						
剖8	初育土	石灰(岩)土	黄石灰土	黄色石灰土	薄腐中层黄色石灰岩黄土	Ao	0-2														
						A1	2-8	暗棕色	重壤土	团粒状	6.4	109.2	3.75	1.21	32.4	145	1.1	51	石灰岩残积物	E 110°42′13.0″ N 29°32′32.4″	95
						ABv	8-25	棕色	黏壤土	块状	6.4	77.0	1.36	0.95	35.0						
						Bv	25-40	浅棕色	黏壤土	块状	6.7	71.6	4.85	0.82	20.2						
						BvC	40-70	灰黄色	黏壤土	块状	8.6	8.8	0.55	0.82	28.3						
剖9	人为土	水稻土	潴育水稻土	紫泥田	碱紫泥田	A	0-18	棕色	重壤土	小块状	7.8	20.3	1.17	0.90	19.8	85	≤1.0	49	紫色砂页岩坡积物	E 110°44′09.3″ N 29°30′11.2″	97
						P	18-29	紫色	重壤土	块状	7.6	8.4	0.55	0.90	16.4						
						W	29-57	紫红棕色	中壤土	棱状	7.7	6.3	0.43	0.89	17.1						
						C	57-100	暗红棕色	轻壤土	块状	7.8	4.6	0.31	0.49	16.5						
剖10	初育土	紫色土	酸性紫色土	耕型酸性紫砂土	紫砂土	A	0-21	暗红棕色	中壤土	核粒状	5.4	11.1	0.66	0.52	12.3	74	1.1	83	紫色砂页岩坡积物	E 110°44′26.9″ N 29°30′03.6″	75
						P	21-50	紫红棕色	中壤土	碎粒状	3.9	4.1	0.49	0.56	23.6						
剖11	初育土	紫色土	中性紫色土	耕型中性紫砂土	中性紫砂土	A	0-24	紫棕色	中壤土	核粒状	6.5	10.7	0.56	0.60	19.3	83	≤1.0	62	紫色砂页岩坡积物	E 110°44′58.4″ N 29°30′03.6″	97
						C	24-100	紫红棕色	中壤土	片状	6.5	9.7	0.51	0.73	19.3						
剖12	铁铝土	红壤	黄红壤	耕型石灰岩黄红壤	灰黄红岩砂土	A	0-17	暗黄棕色	中壤土	碎粒状	6.6	19.5	1.16	0.92	18.8	102	≤1.0	124	石灰岩坡积物	E 110°38′15.9″ N 29°32′28.1″	97
						Bv	17-63	浅棕色	中壤土	块状	6.4	10.3	0.69	0.99	22.2						
						C	63-100	暗黄棕色	中壤土	块状	6.3	7.0	7.00	0.87	22.8						
剖13	铁铝土	红壤	红壤			A	0-15	暗棕色	轻壤土	核状	8.5	20.7	1.46	5.42	18.7	80	29.7	145	白云质灰岩风化物	E 110°38′35.8″ N 29°32′17.3″	97
						Bv	15-38	暗棕色	轻壤土	小块状	8.1	15.6	1.25	5.68	18.6						
						C	38-100	棕红色	慈壤土	小块状	8.6	7.3	0.85	7.32	24.4						
剖14	人为土	水稻土	潴育水稻土	黄砂泥田	青羼黄砂泥田	A	0-25	灰黄棕色	中壤土	块状	7.1	18.9	1.01	0.60	12.4	103	3.8	89	砂岩坡积物	E 110°40′43.6″ N 29°30′04.0″	95
						P	25-35	褐色	中壤土	块状	7.4	15.6	0.77	0.54	12.3						
						Wg	35-63	暗黄棕色	中壤土	棱状	6.0	13.8	0.82	0.32	9.2						
						W	63-100	暗黄棕色	重壤土	块状	5.5	1.7	0.55	0.87	10.8						

续表 Continued

剖面号 Soil profile	土纲 Soil order	土类 Soil great group	亚类 Soil subgroup	土属 Soil genus	土种 Soil species	土层码 Layer code	土层厚度 Depth/cm	颜色 Soil color	质地 Soil texture	土壤结构 Soil structure	pH	有机质 OM/(g/kg)	全氮 TN/(g/kg)	全磷 TP/(g/kg)	全钾 TK/(g/kg)	碱解氮 AN/(mg/kg)	有效磷 AP/(mg/kg)	速效钾 AK/(mg/kg)	土壤母质 Parent material	剖面点坐标 Profile coordinate	匹配指数 Matching index/%
剖15	人为土	水稻土	渗育水稻土	白鳝泥田	白鳝泥田	A	0—17	浅灰色	中壤土	团块状	5.5	24.9	1.40	1.78	33.8	124	9.2	106	粉砂质页岩风化物	E 110°40′53.8″ N 29°30′01.2″	97
						P	17—21	灰白色	中壤土	块状	6.0	22.8	1.52	1.27	22.7						
						E	21—45	灰白色	中壤土	块状	6.3	10.2	1.40	0.89	22.7						
剖16	人为土	水稻土	淹育水稻土	浅酸紫泥田	浅酸紫泥田	A	0—19	红棕色	重壤土	团块状	5.0	23.8	1.19	0.46	14.9	97	2.0	45	紫色页岩坡积物	E 110°36′35.1″ N 29°25′32.1″	97
						P	19—30	红棕色	中壤土	团块状	7.2	15.0	0.73	0.59	14.3						
						Bv	30—41	红棕色	重壤土	棱块状	7.5	3.0	0.55	0.65	16.1						
						C	41—77	黄棕色	中壤土	块状	7.5										
						D	77—100	浅红棕色			7.5										
剖17	人为土	水稻土	潴育水稻土	黄砂泥田	红砂泥田	A	0—17	黄棕色	砂壤土	核粒状	5.9	25.5	1.06	1.21	20.7	165	≤1.0	76	红色砂岩风化物	E 110°43′05.0″ N 29°27′43.2″	95
						P	17—23	灰黄棕色	壤土	核粒状	5.9	16.8	0.85	1.04	18.2						
						W	23—59	棕色	砂壤土	碎块状	7.0	3.9	0.36	0.42	13.0						
						C	59—100	棕色	砂壤土	块状	7.0	3.8	0.36	1.46	14.5						
剖18	铁铝土	红壤		石灰岩红壤	薄腐中层石灰岩红壤	A	0—8	浅棕色	轻壤土	碎块状	6.3	18.0	0.98	0.75	16.4	92	16.6	114	石灰岩坡积物	E 110°35′18.5″ N 29°22′27.0″	95
						Bv	8—28	棕色	中壤土	小块状	6.4	10.9	0.59	0.54	16.5						
						C	28—100	棕色	中壤土	小块状	6.3	7.6	0.47	0.55	13.1						
剖19	人为土	水稻土	潴育水稻土	红黄砂泥田	红黄砂泥田	A	0—16	灰黄棕色	中壤土	团块状	6.0	41.7	1.93	0.74	15.3	167	4.5	93	第四纪红色黏土	E 110°36′26.8″ N 29°21′56.5″	95
						P	16—24	灰黄棕色	轻壤土	块状	6.2	36.3	1.78	1.05	21.4						
						W_1	24—48	棕色	中壤土	块状	6.8	12.8	0.79	1.93	31.7						
						W_2	48—100	棕色	轻壤土	块状	6.0	6.3	0.54	0.70	15.4						
剖20	人为土	水稻土	淹育水稻土	中性浅紫泥田	中性浅层紫砂泥田	A	0—15	暗棕色	中壤土	碎块状	6.7	19.6	0.93	0.51	15.4	113	1.1	66	紫色砂岩坡积物	E 110°41′26.3″ N 29°23′20.9″	81
						P	15—24	暗棕色	轻壤土	块状	7.7	15.7	0.71	0.45	15.2						
						Bv	24—50	暗棕色	中壤土	块状	7.8	5.5	0.32	0.38	11.2						
						BvC	50—85	暗棕色	砂壤土	块状	7.8	1.6	0.24	0.27	4.1						
						C	85—100	暗棕色	中壤土		7.8	1.2	0.24	0.27	10.2						
剖21	人为土	水稻土	淹育水稻土	浅黄泥田	石灰性浅黄泥田	A	0—18	黑棕色	重壤土	团块状	8.0	33.5	1.89	1.30	26.2	154	3.3	103	页岩风化物	E 110°43′52.9″ N 29°21′27.5″	97
						P	18—25	灰黄棕色	中壤土	块状	8.0	28.4	1.86	1.21	36.5						
						C	25—100	黄棕色	重壤土	块状	8.0	5.5	0.65	0.56	41.5						
剖22	铁铝土	黄壤		砂岩黄壤	中腐中层砂岩黄壤	A_1	0—30	黑色	轻壤土	团粒状	3.9	169.4	4.44	2.94	11.8	86	1.9	124	砂岩坡积物	E 110°37′34.1″ N 29°20′23.8″	95
						ABv	30—45	棕色	中壤土	团块状	4.3	90.0	3.01	0.51	34.4						
						D	45—														
剖23	铁铝土	红壤性		板页岩红壤性土	石渣红壤性	A	0—18	浅棕红色	重壤土	碎块状	5.0	16.6	0.69	0.44	16.4	71	3.1	124	第四纪红色黏土	E 110°40′32.0″ N 29°18′06.1″	95
						Bv	18—80	红棕色	中壤土	核块状	8.0	8.4	0.33	0.42	16.5						
						Aoo	0—3														
剖24	人为土	水稻土	潴育水稻土	河砂泥田	紫河砂泥田	A	0—14	褐色	中壤土	块状	7.1	20.7	1.07	1.25	17.8	130	1.6	130	粉砂岩坡积物	E 110°41′51.0″ N 29°15′57.6″	95
						P	14—20	暗黄色	中壤土	核块	7.3	12.3	0.72	1.02	13.8						
						W	20—41	暗黄色	轻壤土	块状	8.3	6.5	0.53	0.83	18.8						
						C	41—100	灰黄色	轻壤土	块状	8.5	2.6	0.34	0.26	25.4						
剖26	铁铝土	红壤		耕型板页岩红土	岩渣子土	A	0—15	棕灰色	轻壤土	核粒状	4.6	11.4	0.30	0.80	24.6	88	2.1	155	河溪冲积物	E 110°43′19.5″ N 29°16′07.3″	95
						Bv	15—50	浅棕黄色	轻壤土	小块状	5.2	4.5	0.51	0.73	21.4						
						C	50—100	暗棕黄色	轻壤土	碎块状	5.5	4.4	0.55	0.75	29.3						
剖27	人为土	水稻土	淹育水稻土	浅黄泥田	砂质浅黄泥田	A	0—15	浅棕黄色	中壤土	中状	6.3	21.9	1.27	0.73	20.4	128	2.8	87	页岩风化物	E 110°39′38.5″ N 29°17′14.3″	95
						P	15—25	灰棕色	重壤土	小块状	6.2	18.5	1.40	1.07	18.1						
						C	25—100	黄棕色	重壤土		6.5	4.1	0.54	0.63	21.4						

续表 Continued

剖面号 Soil profile	土纲 Soil order	土类 Soil great group	亚类 Soil subgroup	土属 Soil genus	土种 Soil species	土层码 Layer code	土层厚度 Depth/cm	颜色 Soil color	质地 Soil texture	土壤结构 Soil structure	pH	有机质 OM/(g/kg)	全氮 TN/(g/kg)	全磷 TP/(g/kg)	全钾 TK/(g/kg)	碱解氮 AN/(mg/kg)	有效磷 AP/(mg/kg)	速效钾 AK/(mg/kg)	土壤母质 Parent material	剖面点坐标 Profile coordinate	匹配指数 Matching index/%
剖28	人为土	水稻土	淹育水稻土	浅黄泥田	浅黄泥田	A	0—10	浅灰黄色	重壤土	小块状	5.5	33.9	1.78	1.13	46.3	67	1.1	50	页岩风化物	E 110°39′00.2″ N 29°14′39.5″	99
						P	10—17	浅灰黄色	重壤土	小块状	6.7	27.6	1.69	1.16	38.8						
						Bv	17—35	灰黄色	重壤土	小块状	5.9	13.0	0.79	1.36	35.5						
						C	35—90	暗黄黄色	轻黏土	碎块状	6.6	17.7	0.95	1.19	30.7						
剖29	铁铝土	红壤	红壤	砂岩红壤	中腐厚层砂岩红壤	A₁	0—17	暗棕色	中壤土	小块状	5.0	35.3	6.82	0.68	29.4	169	1.5	83	砂岩坡积物	E 110°42′56.3″ N 29°09′08.6″	95
						ABv	17—81	红棕色	中壤土	小梭块状	4.5	7.3	0.61	0.56	17.2						
						C	81—	红棕色			5.0	8.1	0.41	0.26	22.7						
剖30	铁铝土	红壤	红壤	耕型第四纪红土红壤	红泥土	A	0—15	棕色	中壤土	小块状	6.3	25.7	1.30	1.18	16.4	101	8.2	83	第四纪红色黏土	E 110°48′54.6″ N 29°40′09.8″	97
						Bv	15—32	灰棕色	重壤土	块状	8.1	17.8	0.94	1.09	16.4						
						C	32—100	黄棕色	重壤土	块状	8.1	11.5	0.58	0.91	16.4						
剖31	人为土	水稻土	淹育水稻土	浅酸紫泥田	浅酸紫泥田	A	0—16	灰黄棕色	中壤土	粒状	5.4	19.8	1.36	0.86	23.9	82	2.7	62	紫色页岩风化物	E 110°49′27.5″ N 29°40′08.0″	75
						P	16—24	灰黄棕色	中壤土	枝柱状	5.5	20.7	1.29	1.21	32.0						
						C	24—100	紫色	中壤土	粒状	6.1	14.5	0.98	1.10	25.5						
剖32	人为土	水稻土	潴育水稻土	黄砂泥田	黄砂泥田	A	0—15	栗色	重壤土	粒状	6.5	23.6	1.17	1.51	14.9	95	≤1.0	47	黄砂岩坡积物	E 110°49′12.2″ N 29°40′01.9″	75
						P	15—26	暗黄棕色	中壤土	碎块状	7.4	13.5	0.82	1.30	14.9						
						W	26—64	灰黄色	中壤土	梭块状	8.0	9.2	0.53	0.42	12.8						
						C	64—100	暗黄色	中壤土	块状	8.0	5.0	0.34	0.26	11.6						
剖33	人为土	水稻土	潴育水稻土	扁砂泥田	青扁砂泥田	A	0—15	暗黄棕色	重壤土	碎块状	6.1	29.4	1.74	1.44	30.1	135	1.8	124	页岩风化物	E 110°50′40.9″ N 29°40′48.9″	75
						P	15—20	暗黄棕色	中壤土	梭块状	6.0	26.4	1.57	0.81	32.6						
						W	20—50	暗灰棕色	中壤土	块状	6.7	8.7	0.53	1.16	29.9						
						C	50—90	暗棕色	中壤土	碎块状	6.4	10.4	0.67	1.12	20.1						
剖34	人为土	水稻土	潴育水稻土	河砂泥田	紫河沙泥田	A	0—19	暗灰棕色	重壤土	块状	7.7	34.9	0.70	0.83	37.2	150	4.2	67	紫色砂岩、页岩洪积物	E 110°50′55.3″ N 29°40′47.7″	97
						Pg	19—24	暗灰棕色	中壤土	块状	7.6	35.8	1.84	0.85	22.9						
						W	24—75	暗灰棕色	中壤土	梭状	7.4	15.2	7.80	0.78	23.4						
						C	75—100	暗灰棕色	中壤土	块状	6.9	7.0	0.57	0.58	22.9						
剖35	人为土	水稻土	潜育水稻土	冷浸田	冷浸砂泥田	A	0—18	栗色	砂壤土	小碎块状	7.0	17.9	0.69	0.65	9.2	82	4.3	29	溪流冲积物	E 110°51′30.0″ N 29°40′14.4″	75
						Pg	18—26	暗灰棕色	砂壤土	块状	6.1	16.2	0.64	1.40	12.8						
						G	26—85	暗灰棕色	砂壤土	块状	7.1	18.1	0.78	0.76	14.9						
						S	85—100	暗灰棕色	粗砂壤土	无结构	7.1	13.5	5.50	0.67	10.6						
剖36	铁铝土	黄壤	黄壤性土	板页岩黄壤性土		Aoo	0—3									145	1.3	197	页岩坡积物	E 110°51′24.3″ N 29°40′07.5″	95
						Ao	3—4														
						A	4—16	黑褐色	中壤土	团粒状	5.5	57.5	3.26	1.10	24.7						
						C	16—	红棕色	重壤土	块状	6.2	8.8	1.14	1.09	27.0						
剖37	铁铝土	红壤	红壤性土	板页岩红壤性土	薄腐板页岩红壤性土	A₁	0—4	暗黄棕色	中壤土	核粒状	3.9	99.1	2.64	1.18	35.3	192	4.9	134	页岩坡积物	E 110°46′13.9″ N 29°38′19.5″	95
						A	4—19	浅灰棕色	中壤土	粒粒状	4.9	22.9	0.81	1.04	40.0						
						C	19—43	暗黄棕色	中壤土	核粒状	3.7	10.3	0.65	0.90	36.4						
剖38	人为土	水稻土	潴育水稻土	黄砂泥田	石灰性黄砂泥田	A	0—15	暗黄棕色	重壤土	块状	7.8	11.1	0.65	3.51	25.3	80	≤1.0	28	砂岩坡积物	E 110°46′36.6″ N 29°38′37.8″	95
						P	15—25	暗灰棕色	重壤土	梭块状	7.8	9.0	0.76	2.88	20.8						
						W₁	25—40	暗灰棕色	重壤土	梭块状	7.9	2.9	0.38	2.72	23.3						
						W₂	40—80	暗黄棕色	重壤土	块状	8.0	2.5	0.50	2.46	22.4						
						C	80—100	黄棕色	中壤土	块状	7.9	1.2	0.56	2.04	23.5						
剖39	人为土	水稻土	潜育水稻土	青泥田	青紫砂泥田	A	0—25	青紫棕色	重壤土	小碎块状	7.9	33.5	1.84	1.07	22.9	171	1.8	72	页岩坡积物	E 110°48′29.5″ N 29°37′46.5″	95
						G	25—100	暗棕色	重壤土	小碎块状	6.6	32.4	1.54	0.74	22.8						
剖40	铁铝土	黄壤	黄壤	石灰岩黄壤	薄腐厚层石灰岩黄壤	Aoo	0—5									124	≤1.0	64	石灰岩残积物	E 110°48′57.9″ N 29°39′36.0″	95
						A	5—16	暗棕色	重壤土	碎粒状	4.6	40.1	1.69	0.68	30.0						
						Bv	16—150	浅棕色	重壤土	块状	4.2	26.7	1.41	0.57	24.9						

续表 Continued

剖面号 Soil profile	土纲 Soil order	土类 Soil great group	亚类 Soil subgroup	土属 Soil genus	土种 Soil species	土层码 Layer code	土层厚度 Depth/cm	颜色 Soil color	质地 Soil texture	土壤结构 Soil structure	pH	有机质 OM/(g/kg)	全氮 TN/(g/kg)	全磷 TP/(g/kg)	全钾 TK/(g/kg)	碱解氮 AN/(mg/kg)	有效磷 AP/(mg/kg)	速效钾 AK/(mg/kg)	土壤母质 Parent material	剖面点坐标 Profile coordinate	匹配指数 Matching index/%
剖41	铁铝土	黄壤	黄壤	砂岩黄壤	薄腐厚层砂岩黄壤	A₁	0—9	暗灰色	轻壤土	碎块状	5.6	98.5	3.46	1.15	19.9	65	1.1	58	砂岩风化坡积物	E 110°51′05.4″ N 29°39′54.5″	95
						ABv	9—35	暗黄棕色	中壤土	碎块状	5.2	54.5	2.08	1.10	27.5						
						BvC	35—110	浅红棕色	中壤土	碎块状	5.9	14.0	0.89	0.88	31.2						
剖42	人为土	水稻土	淹育水稻土	浅灰黄泥田	浅灰黄砂泥田	A	0—15	棕灰色	轻壤土	小团粒状	6.0	47.1	2.60	1.13	17.1	219	5.2	80	石灰岩坡积物	E 110°49′32.6″ N 29°37′38.1″	95
						P	15—21	棕灰色	重壤土	小块状	6.4	46.3	2.66	1.31	17.1						
						Bv	21—85	暗棕灰色	重壤土	小块状	7.5	18.7	1.31	1.37	17.1						
						C	85—100	暗棕色	中壤土	小块状	7.1	21.4	1.44	1.29	18.5						
剖43	铁铝土	红壤	黄红壤	石灰岩黄红壤		A	0—16	暗棕色	中壤土	小团粒状	6.2	19.1	2.43	1.44	21.2	136	6.6	101	砂岩风化残积物	E 110°51′40.0″ N 29°39′34.8″	95
						BvC	16—53	浅棕色	重壤土	块状	5.9	10.0	1.93	1.57	20.8						
剖44	初育土	石灰(岩)土	黑色石灰土	黑色石灰土	黑色石灰土	A₁	0—3	黑棕色	重壤土	碎块状	8.0	72.8	2.92	1.17	25.1	232	1.4	124	白云质灰岩残积物、坡积物	E 110°49′18.2″ N 29°35′34.9″	97
						A	3—35	暗棕色	重壤土	碎块状	8.0	74.7	1.37	0.74	9.2						
						C	35—50	暗棕色	重壤土	块状	8.0	9.5	0.62	0.56	7.5						
剖45	人为土	水稻土	潴育水稻土	酸紫泥田	酸紫泥田	A	0—15	紫棕色	中壤土	核粒状	5.5	26.8	1.59	0.62	17.8	144	2.3	45	紫色砂页岩坡积物	E 110°50′39.0″ N 29°36′17.0″	97
						P	15—22	紫棕色	重壤土	块状	5.9	22.8	1.51	0.65	18.3						
						W	22—62	暗棕色	重壤土	棱块状	8.0	4.6	0.45	0.64	20.5						
						C	62—100	暗红色	重壤土	块状	8.3	≤1.0	0.36		16.7						
剖46	铁铝土	红壤	红壤性	板页岩红壤性土	中腐板页岩红壤性土	Ao	0—4	暗灰棕色	重壤土	核块状	6.5	20.7	≥10.00	0.91	27.1	84	1.1	166	粉砂质页岩风化物	E 110°51′02.4″ N 29°37′06.9″	95
						A₁	4—27	浅黄棕色	中壤土	团块状	6.3	29.4	1.58	0.57	23.4						
						D	27—														
剖47	人为土	水稻土	潴育水稻土	扁砂泥田	青瘀黄扁砂泥田	Pg	0—18	暗黄棕色	中壤土	块状	5.9	22.9	1.28	0.88	23.5	103	3.6	72	黄色页岩坡积物	E 110°51′10.8″ N 29°36′38.7″	95
						W	18—28	紫棕色	中壤土	块状	5.8	19.8	1.33	0.78	22.9						
						Wg	28—70	暗棕色	中壤土	块状	5.7	11.5	0.94	0.79	22.3						
						C	70—90	黄棕色	中壤土	块状	5.8	10.1	0.87	0.72	18.2						
							90—100														
剖48	初育土	石灰(岩)土	红色石灰土	耕型淋溶石灰土	厚腐厚层石灰岩红壤	A	0—19	暗灰黄色	重壤土	小块状	4.0	23.9	1.30	0.96	23.9	99	2.1	89	石灰岩坡积物	E 110°50′43.4″ N 29°35′05.2″	97
						Bv	19—48	暗黄棕色	重壤土	棱块状	7.3	16.5	1.16	0.96	24.0						
						C	48—100	暗黄棕色	重壤土	棱块状	7.9	9.6	0.73	0.79	24.2						
剖49	铁铝土	红壤	红壤	石灰岩红壤	中腐厚层板页岩红壤	A₁	0—3	棕色	重壤土	碎块状	5.0	8.3	0.72	0.94	23.7	82	1.4	41	页岩坡积物	E 110°51′50.6″ N 29°36′24.1″	95
						Bv	3—65	黄棕色	重壤土	棱块状	5.5	6.1	0.67	0.74	22.0						
						BvC	65—90	褐色	重壤土	块状	6.0	1.3	0.45	1.05	24.1						
							90—														
剖50	铁铝土	红壤	红壤	板页岩红壤	黄红砂土	A₁	0—2	褐色	重壤土	块状	5.0	8.2	1.38	0.71	23.4	121	1.9	215	页岩坡积物	E 110°52′07.7″ N 29°36′50.8″	95
						Bv	2—15	黄棕色	重壤土	块状	5.6	33.3	1.46	0.95	23.3						
						BvC	15—45	红黄色	重壤土	块状	6.4	10.5	0.65	0.53	23.5						
剖51	铁铝土	红壤	黄红壤	耕型砂岩黄红土	黄红砂土	A₁	0—17	黑色	重壤土	块状	6.4	46.0	5.58	0.59	10.3	113	1.9	109	页岩坡积物	E 110°51′59.0″ N 29°36′06.5″	95
						ABv	17—42	黑色	重壤土	块状	6.4	48.9	3.86	1.48	29.1						
						BvC	42—100	暗棕色	中壤土	核粒状	5.6	31.2	1.47	1.85	40.8						
剖52	铁铝土	红壤	红壤	砂岩红壤	中腐中层砂岩红壤	A₁A₂	0—25	暗棕色	中壤土	核粒状	4.8	13.5	0.81	1.24	19.1	279	2.0	78	砂岩坡积物	E 110°48′20.8″ N 29°35′49.2″	95
						ABv	25—41														
						C	41—														
剖53	铁铝土	红壤	红壤性	砂岩红壤性土	薄腐砂岩红壤性土	Aoo	0—3	暗灰棕色	中壤土	核粒状	6.0	23.4	1.53	1.49	44.0	96	1.1	166	砂岩风化残积物	E 110°52′03.7″ N 29°39′15.6″	95
						A₁	3—7	浅黄棕色	中壤土	核粒状	7.0	11.6	1.09	1.28	45.2						
						Bv	7—35	浅棕黄色	中壤土	核粒状	7.5	3.9	0.87	1.06	11.9						
						C	35—														
剖54	铁铝土	红壤	红壤	砂岩红壤	薄腐厚层砂岩红壤	A	0—11	黄棕色	中壤土	小块状	4.6	38.7	0.99	0.34	8.2	59	1.1	41	页岩风化物	E 110°53′20.1″ N 29°38′36.8″	95
						BvC	11—100	红棕色	中壤土	核粒状	4.7	12.4	0.54	0.13	13.7						

续表 Continued

剖面号 Soil profile	土纲 Soil order	土类 Soil great group	亚类 Soil subgroup	土属 Soil genus	土种 Soil species	土层码 Layer code	土层厚度 Depth/cm	颜色 Soil color	质地 Soil texture	土壤结构 Soil structure	pH	有机质 OM/(g/kg)	全氮 TN/(g/kg)	全磷 TP/(g/kg)	全钾 TK/(g/kg)	碱解氮 AN/(mg/kg)	有效磷 AP/(mg/kg)	速效钾 AK/(mg/kg)	土壤母质 Parent material	剖面点坐标 Profile coordinate	匹配指数 Matching index/%
剖55	人为土	水稻土	潴育水稻土	灰黄泥田	灰黄泥田	A	0—18	暗黄棕色	重壤土	小团粒状	5.5	37.3	1.46	1.25	25.1	166	3.9	151	石灰岩风化物	E 110°54′02.3″ N 29°39′21.6″	97
						P	18—23	暗灰黄色	重壤土	棱块状	6.3	24.6	1.02	1.12	23.9						
						W	23—76	暗黄棕色	重壤土	碎块状	6.2	14.1	0.70	0.98	22.8						
						C	76—100	灰黄棕色	重壤土	碎块状	6.3	7.8	0.47	0.75	21.3						
剖56	人为土	水稻土	淹育水稻土	浅黄砂泥田	铁子红砂泥田	A	0—20	暗黄棕色	中壤土	核粒状	6.0	25.0	1.23	1.31	23.2	118	2.2	90	砂岩坡积物	E 110°53′26.9″ N 29°37′41.2″	95
						P	20—30	暗黄棕色	中壤土	块状	6.4	20.9	1.19	1.46	23.6						
						Bv	30—46	棕色	重壤土	棱块状	6.9	4.1	0.53	1.10	27.0						
						C	46—100	棕红色	中壤土	块状	7.2										
剖57	铁铝土	红壤	黄红壤	砂岩黄红壤	中腐厚层酸岩黄红壤	A_1	0—23	暗棕色	砂壤土	核粒状	4.1	66.1	1.87	2.25	21.3	327	2.6	99	砂岩坡积物	E 110°54′49.2″ N 29°38′25.0″	95
						ABv	23—38	灰黄棕色	中壤土	粒状	5.0	38.3	2.17	1.81	26.3						
						BvC	38—85	红黄色	中壤土	粒状	5.0	9.0	2.87	1.26	28.6						
						C	85—100	红黄色	中壤土	块状	4.5										
剖58	铁铝土	红壤	红壤	耕型砂岩红土	黄砂土	Aoo	0—3										61	≤1.0	99	页岩风化物	E 110°59′23.6″ N 29°39′06.9″	95
						A_1A	3—16	灰黄棕色	重壤土	核块状	5.5	43.4	2.38	1.02	39.0						
						BvC	16—50	黄棕色	重壤土	块状	6.0	12.9	0.50	1.19	40.5						
剖59	初育土	紫色土	酸性紫色土	酸性紫砂土	薄腐厚层酸性紫砂土	A	0—38	紫色	砂壤土	核粒状	5.0	13.6	0.65	1.04	26.4	42	≤1.0	41	紫色砂页岩坡积物	E 110°56′28.5″ N 29°35′06.6″	95
						CD	38—75	棕色	粗砂土	核粒状	5.0	3.2	1.00	0.37	23.9						
						D	75—														
剖60	人为土	水稻土	淹育水稻土	浅紫泥田	浅碱紫砂田	A	0—13	紫灰色	中壤土	团块状	7.7	17.9	1.14	0.87	19.8	79	1.3	41	紫色砂页岩	E 110°58′20.6″ N 29°35′22.5″	95
						P	13—22	紫棕灰色	中壤土	团块状	7.8	16.2	0.96	0.82	19.7						
						C	22—83	紫棕灰色	中壤土	块状	8.1	8.0	0.66	0.61	20.8						
剖61	初育土	石灰（岩）土	红色石灰土	淋溶石灰土	薄腐厚层淋溶石灰土	Ao	0—2										111	1.5	166	白云质灰岩风化坡积物	E 110°59′30.8″ N 29°36′49.7″	95
						A	2—20	暗棕黄色	中壤土	粒状	6.4	26.0	1.12	0.42	17.9						
						Bv	20—80	黄黄棕色	重壤土	块状	8.2	5.7	0.58	0.51	30.7						
						BvC	80—130	黄棕色	重壤土	块状	8.2	6.8	0.61	0.36	25.0						
剖62	人为土	水稻土	潴育水稻土	冷浸田	冷浸泥田	A	0—18	灰黄棕色	轻黏土	碎块状	7.0	37.2	1.00	1.13	23.9	149	≤1.0	70	页岩风化物	E 110°58′54.5″ N 29°35′26.6″	97
						Pg	18—29	棕灰色	轻黏土	碎块状	6.8	36.2	1.76	0.86	23.7						
						G	29—100	暗棕灰色	中壤土	棱块状	7.0	20.0	1.04	0.58	12.5						
剖63	人为土	水稻土	淹育水稻土	浅灰泥田	浅灰板田	A	0—19	棕灰色	重壤土	小块状	8.0	27.3	1.68	1.17	27.7	107	2.2	58	紫色砂页岩	E 110°58′07.5″ N 29°35′09.8″	97
						P	19—26	暗棕灰色	重壤土	小块状	8.0	29.3	1.77	1.20	29.8						
						C	26—100	灰棕灰色	重壤土	片块状	8.1	14.1	0.86	0.86	27.9						
剖64	初育土	石灰（岩）土	红色石灰土	耕型红色石灰土	厚腐厚层岩溶红壤	Aoo	0—1										141	2.4	51	石灰岩坡积物	E 110°53′18.0″ N 29°36′43.3″	95
						A	1—26	暗黄棕色	中壤土	碎块状	5.7	48.4	2.24	1.71	21.7						
						Bv	26—100	暗黄色	中壤土	小块状	6.0	10.0	0.80	1.33	15.8						
剖65	初育土	石灰（岩）土	红色石灰土	淋溶石灰土	薄腐中层淋溶石灰土	A	0—8	暗黄棕色	重黏土	团粒状	7.4	40.0	2.43	1.20	32.4	113	1.5	87	白云质灰岩坡积物	E 110°55′25.6″ N 29°36′48.5″	95
						Bv	8—72	黄黄棕色	黏壤土	团块状	8.0	15.1	1.10	1.83	37.8						
						C	72—														
剖66	人为土	水稻土	淹育水稻土	浅灰泥田	红灰土	A_1	0—13	灰黄棕色	重壤土	团块状	5.0	47.5	2.13	1.01	31.3	134	2.2	134	白云质灰岩坡积物	E 110°59′07.5″ N 29°35′09.8″	95
						A_1,Bv	13—50	浅棕灰色	黏壤土	块状	7.0	14.6	0.94	0.79	36.8						
						Bv	50—80	红黄色	黏壤土	块状	7.0	6.5	0.79	0.74	27.5						
						C	80—100	红黄色	黏壤土	块状	6.5										
剖67	铁铝土	红壤	红壤	耕型砂岩红土	石灰性砂土	A	0—21	暗黄棕色	重壤土	小块状	8.0	31.0	1.69	1.03	25.9	123	1.8	81	砂岩风化物	E 110°51′47.1″ N 29°33′55.7″	95
						Bv	21—58	暗黄棕色	重壤土	块状	8.0	20.0	1.24	0.99	22.5						
						C	58—100	黄黄棕色	重壤土	块状	7.8	4.2	0.45	0.92	17.5						

续表 Continued

剖面号 Soil profile	土纲 Soil order	土类 Soil great group	亚类 Soil subgroup	土属 Soil genus	土种 Soil species	土层码 Layer code	土层厚度 Depth/cm	颜色 Soil color	质地 Soil texture	土壤结构 Soil structure	pH	有机质 OM/(g/kg)	全氮 TN/(g/kg)	全磷 TP/(g/kg)	全钾 TK/(g/kg)	碱解氮 AN/(mg/kg)	有效磷 AP/(mg/kg)	速效钾 AK/(mg/kg)	土壤母质 Parent material	剖面点坐标 Profile coordinate	匹配指数 Matching index/%
剖68	初育土	石灰（岩）土	黑色石灰土	黑色石灰土	粗骨土	A	0—23	黑色	砂壤土	碎块状	7.9	58.7	4.79	2.60	33.3	62	≤1.0	139	石灰岩坡积物	E 110°52′10.8″ N 29°33′37.4″	97
						Bv	23—50	暗棕色	砂壤土	碎块状	8.4	74.8	2.82	2.30	38.2						
						C	50—	暗棕色	砂壤土	碎块状	8.0	65.9	1.91	2.42	≥50.0						
剖69	人为土	水稻土	潴育水稻土	紫泥田	青猯碱紫泥田	Ag	0—23	紫棕色	中壤土	核块状	8.0	33.9	1.77	0.97	16.4	145	≤1.0	83	紫色砂页岩坡积物	E 110°49′19.0″ N 29°30′57.6″	97
						Pg	23—31	紫棕色	重壤土	核柱状	8.1	15.9	1.15	0.99	20.5						
						W	31—63	紫棕色	中壤土	核柱状	8.1	8.8	0.88	1.43	20.6						
						C	63—100	紫棕色	中壤土	块状	8.1	4.6	0.64	1.15	19.1						
剖70	人为土	水稻土	潴育水稻土	紫泥田	碱紫砂泥田	A	0—18	棕色	轻壤土	核粒状	7.6	21.0	1.13	0.74	15.2	112	3.1	50	紫色砂页岩坡积物	E 110°50′16.4″ N 29°31′03.6″	97
						Pg	18—26	暗棕色	中壤土	梭柱状	7.7	20.9	1.27	1.17	20.7						
						W	26—67	暗棕灰色	轻壤土	梭柱状	7.4	7.0	0.57	0.55	17.5						
						C	67—100	暗棕灰色	轻壤土	梭块状	7.3	6.2	0.50	0.64	17.3						
剖71	人为土	水稻土	淹育水稻土	中性浅紫泥田	中性浅紫泥田	A	0—16	紫棕色	中壤土	团块状	6.7	23.6	1.00	1.11	19.4	100	3.5	76	紫色砂岩	E 110°50′41.5″ N 29°31′30.4″	95
						P	16—24	紫棕色	重壤土	块状	6.8	16.9	0.97	0.95	23.5						
						C	24—100	灰黄棕色	轻壤土	块状	7.6	7.8	0.43	0.76	22.4						
剖72	初育土	紫色土	酸性紫色土	酸性紫砂土	厚腐厚层酸性紫砂土	Ao	0—3												紫色砂岩风化物	E 110°50′58.7″ N 29°32′16.1″	95
						A₁A	3—25	暗红棕色	中壤土	核粒状	6.3	17.2	1.64	0.88	18.2	64	≤1.0	47			
						BvC	25—150	暗红色	中壤土	核粒状	6.5	1.7	0.76	0.95	5.7						
剖73	铁铝土	红壤	黄红壤	石灰岩黄红壤		A₁A	0—12	暗黄棕色	中壤土	块状	5.2	21.1	1.07	0.70	18.8	102	1.4	76	石灰岩坡积物	E 110°46′18.5″ N 29°31′06.5″	96
						Bv	12—100	暗黄棕色	重壤土	块状	6.2	7.2	0.74	0.73	19.5						
剖74	铁铝土	红壤	红壤	第四纪红色黏土红壤	厚层红色红壤	A	0—80	红棕色	中壤土	块状	5.5	16.5	0.39	0.67	14.6	25	≤1.0	49	第四纪红色黏土	E 110°47′17.8″ N 29°31′04.2″	97
						BvC	80—150	暗红棕色	中壤土	块状	5.0	1.6	0.41	0.61	10.8						
剖75	铁铝土	红壤	红壤性土	砂岩红壤性土	中腐砂岩红壤性土	Aoo	0—3										63	2.2	58	砂岩坡积物	E 110°47′58.7″ N 29°32′07.9″	95
						Ao	3—5															
						A₁A₂	5—18	暗黄棕色	中壤土	核粒状	5.4	16.8	1.17	1.12	22.2						
						BvC	18—40	黄黄棕色	中壤土	团块状	5.0	10.7	3.29	0.86	32.2						
						CD	40—	黄黄棕色	中壤土	核块状	5.2	5.7	0.50	1.47	20.6						
剖76	半水成土	潮土	河潮土	耕型河潮土	石灰性河砂泥土	A	0—23	灰黄棕色	中壤土	小块状	7.6	15.2	0.95	1.36	22.3	77	19.4	176	近代河流冲积物、沉积物	E 110°47′21.6″ N 29°30′31.0″	97
						Bv	23—55	暗黄棕色	中壤土	块状	7.7	8.8	0.76	1.42	27.0						
						C	55—105	暗黄棕色	中壤土	块状	6.5	7.0	0.58	1.60	20.5						
剖77	初育土	紫色土	石灰性紫色土	石灰性紫砂土	中层石灰性紫砂泥土	A	0—2	暗棕色	中壤土	核粒状	7.8	8.0	0.49	0.78	14.9	72	1.5	72	紫色砂页岩	E 110°48′17.4″ N 29°31′38.5″	97
						Bv	2—15	暗红棕色	重壤土	块状	7.8	8.0	0.49	0.78	14.9						
						BvC	15—75	暗红棕色	重壤土	块状	7.6	4.8	0.48	0.66	14.2						
						CD	75—															
剖78	人为土	水稻土	潴育水稻土	红黄泥田	石灰性红黄泥田	A	0—18	暗棕灰色	中壤土	小块状	7.8	38.5	1.10	1.42	18.7	166	1.4	134	第四纪红色黏土	E 110°48′38.8″ N 29°31′06.5″	97
						P	18—28	棕色	重壤土	块状	7.9	36.1	1.64	1.14	17.6						
						W	28—75	棕灰色	重壤土	梭柱状	7.4	8.0	0.38	1.00	1.6						
						C	75—100	黄棕色	重壤土	块状	6.6	4.7	0.23	0.95	16.2						
剖79	铁铝土	红壤	红壤	耕型砂岩红土	红砂土	A	0—16	暗棕红色	重壤土	碎块状	7.6	17.7	1.01	1.71	19.4	79	8.8	89	红色砂岩风化物	E 110°52′42.7″ N 29°34′55.6″	95
						Bv	16—28	浅红棕色	重壤土	块状	7.1	4.6	0.78	1.59	18.7						
						C	28—100	红棕色	重壤土	块状	5.8	3.1	0.75	1.52	18.2						
剖80	初育土	紫色土	中性紫色土	中性紫砂土	厚层中性紫砂土	A	0—9	暗棕红色	中壤土	核粒状	7.0	2.8	0.45	0.80	16.2	43	≤1.0	58	紫色砂岩坡积物	E 110°53′04.1″ N 29°32′40.7″	98
						Bv	9—100	暗棕色	中壤土	核粒状	8.4	11.3	2.10	0.80	16.5						
						C	100—	暗棕红色	中壤土	核粒状	8.4	24.2	1.31	1.58	23.0						

续表 Continued

剖面号 Soil profile	土纲 Soil order	土类 Soil great group	亚类 Soil subgroup	土属 Soil genus	土种 Soil species	土层码 Layer code	土层厚度 Depth/cm	颜色 Soil color	质地 Soil texture	土壤结构 Soil structure	pH	有机质 OM/(g/kg)	全氮 TN/(g/kg)	全磷 TP/(g/kg)	全钾 TK/(g/kg)	碱解氮 AN/(mg/kg)	有效磷 AP/(mg/kg)	速效钾 AK/(mg/kg)	土壤母质 Parent material	剖面点坐标 Profile coordinate	匹配指数 Matching index/%
剖81	人为土	水稻土	淹育水稻土	中性浅紫泥田	中性浅紫紫泥田	A	0—16	紫棕色	重壤土	团块状	6.5	34.2	1.67	0.87	17.5	123	≤1.0	45	紫色砂页岩坡积物	E 110°54′36.3″ N 29°33′31.4″	97
						P	16—26	紫棕色	重壤土	块状	7.6	23.3	1.22	1.14	16.9						
						Bv	26—76	紫棕色	重壤土	块状	7.8	9.9	0.55		16.8						
						C	76—100	紫棕色	重壤土	块状	7.5										
剖82	人为土	水稻土	淹育水稻土	浅碱紫泥田	浅碱紫泥田	A	0—21	紫棕色	重壤土	碎粒状	8.0	27.3	1.39	0.90	20.3	92	2.3	35	紫色页岩风化物	E 110°55′58.4″ N 29°34′18.2″	97
						P	21—29	暗红棕色	中壤土	碎粒状	8.0	23.4	1.15	0.76	21.1						
						C	29—100	暗红棕色	中壤土	块状	8.0	14.0	0.92	0.56	21.0						
剖83	初育土	紫色土	中性紫色土	中性紫砂土	薄层中性紫砂土	A	0—6	暗红色	中壤土	核粒状	6.7	7.6	0.55	0.61	16.4	39	1.4	55	紫色砂页岩坡积物	E 110°56′28.8″ N 29°34′45.9″	97
						BvC	6—27	暗棕色	中壤土	核粒状	7.5	3.9	0.40	0.61	17.5						
剖84	人为土	水稻土	潜育水稻土	烂泥田	烂泥田	Ag	0—20	灰黄色	轻黏土	无结构	6.5	30.0	1.12	0.97	31.8	91	≤1.0	60	页岩风化物	E 110°56′42.6″ N 29°34′22.0″	97
						G	20—100	蓝灰色	轻黏土	无结构	5.4	22.5	1.49	1.20	30.8						
剖85	初育土	紫色土	石灰性紫色土	耕型石灰性紫色土	石灰性紫色土	A	0—17	浅红色	中壤土	碎块状	8.5	9.3	0.60	1.26	21.8	48	1.1	62	紫色页岩坡积物	E 110°56′27.1″ N 29°33′46.7″	97
						Bv	17—46	浅红棕色	中壤土	块状	8.3	4.6	0.51	0.92	20.7						
						C	46—100	暗红棕色	中壤土	块状	8.3	1.5	0.25	0.42	17.6						
剖86	人为土	水稻土	潜育水稻土	青泥田	青泥田	Bv	0—26	灰棕色	中壤土	小块状	6.1	23.4	1.72	1.54	20.5	113	5.7	72	紫色砂页岩坡积物	E 110°57′24.3″ N 29°34′32.2″	95
						G	26—100	暗红色	中壤土	块状	8.1	24.0	1.18	0.94	23.6						
剖87	半水成土	潮土	河潮土	耕型河潮土	紫河潮土	A	0—20	栗色	轻壤土	核粒状	6.8	15.1	0.91	0.97	16.7	83	9.1	89	河溪冲积物、沉积物	E 110°56′25.4″ N 29°32′46.8″	97
						Bv	20—52	暗棕色	轻壤土	核粒状	6.3	9.1	0.47	0.79	16.1						
						C	52—100	暗棕色	轻壤土	核粒状	6.3	2.6	0.42	1.10	15.6						
剖88	人为土	水稻土	淹育水稻土	浅红黄泥田	石子红黄泥田	A	0—12	紫棕色	重壤土	团块状	5.5	20.5	0.97	0.63	19.7	103	1.1	41	第四纪红色黏土	E 110°58′34.1″ N 29°34′29.9″	97
						P	12—20	暗棕色	重壤土	块状	7.2	15.3	0.88	0.52	18.1						
						Bv	20—50	暗棕色	重壤土	块状	7.5	6.2	0.37	0.47	19.2						
						C	50—100	暗棕色	重壤土	块状	7.2	4.4	0.39	0.49	16.8						
剖89	初育土	紫色土	酸性紫色土	酸性紫砂土	中腐厚层酸性紫砂土	A	0—9	浅棕色	中壤土	核粒状	4.8	14.2	0.79	0.46	10.8	38	≤1.0	41	紫色砂页岩残积物	E 110°57′50.3″ N 29°33′13.7″	95
						Bv	9—67	红棕色	重黏土	棱块状	5.7	3.5	0.36	0.64	26.2						
							67—120	暗红棕色	重黏土	棱块状	4.8	9.8	0.49	0.56	25.4						
							120—				5.0										
剖90	铁铝土	红壤	红壤	第四纪红色黏土红壤	中层红土红壤	A	0—10	浅棕色	中壤土	核粒状	5.0	22.7	1.31	0.49	19.6	66	3.0	107	第四纪红色黏土	E 110°58′42.5″ N 29°34′46.8″	97
						Bv	10—15	黑棕色	重黏土	核粒状	5.4	1.1	0.64	1.21	21.7						
						C	50—100	红黄色	重黏土	核粒状	4.0	≤1.0	0.33	0.61	13.8						
剖91	人为土	水稻土	潴育水稻土	酸紫紫泥田	红紫泥田	A	0—13	栗色	中壤土	块状	7.3	4.1	0.53	1.10	16.7	86	≤1.0	41	第四纪红色黏土	E 110°58′04.4″ N 29°32′21.3″	95
						P	13—21	暗黄棕色	中壤土	块状	7.6	36.7	2.12	1.49	15.9						
						W	21—78	红黄色	中壤土	小块状	7.6	32.7	1.86	1.19	15.2						
						C	78—100	浅黄色	中壤土	块状	8.0	17.6	1.12	0.72	13.9						
剖92	初育土	石灰（岩）土	黑色石灰土	耕型黑色石灰土	石灰土	A	0—13	暗棕色	中壤土	团块状	7.9	18.5	1.17	0.89	17.2	92	≤1.0	62	灰质白云岩坡积物	E 110°58′03.9″ N 29°31′05.5″	97
						Bv	13—75	暗棕色	中壤土	块状	7.8	10.9	0.77	0.58	17.7						
						C	75—100	浅棕色	中壤土	块状	7.6	6.7	0.67	1.06	17.7						
剖93	铁铝土	红壤	红壤	石灰岩红壤	石灰土壤	A_1	0—19	暗棕色	重黏土	团块状	5.1	13.1	0.56	0.84	23.0	74	≤1.0	59	石灰岩风化物	E 110°56′59.8″ N 29°30′16.4″	95
						ABv	19—83	浅棕色	重黏土	块状	5.2	8.0	0.65	0.61	29.0						
						BvC	83—120	浅棕色	重黏土	团块状	5.9	1.7	1.47	1.91	30.2						
剖94	人为土	水稻土	潴育水稻土	黄泥田	显棕泥田	A	0—20	褐黄色	轻黏土	团块状	7.0	39.9	1.69	3.17	39.3	95	2.7	120	砂质、炭质页岩风化物	E 110°59′05.9″ N 29°30′59.3″	97
						P	20—31	灰黑色	轻黏土	团块状	7.0	30.2	1.28	2.56	30.1						
						C	31—100	黑色	轻黏土	块状	7.5	17.7			31.9						
剖95	人为土	水稻土	潴育水稻土	红黄黄泥田	青糊红黄泥田	A	0—15	暗黄棕色	中壤土	碎块状	7.9	35.5	1.56	0.90	20.8	225	3.5	68	第四纪红色黏土	E 110°59′34.8″ N 29°31′56.1″	97
						Pg	15—25	暗灰色	重黏土	块状	7.4	25.0	1.38	0.87	26.7						
						W	25—100	暗灰色	重壤土	棱块状	6.4	32.3	1.84	1.42	20.2						

续表 Continued

剖面号 Soil profile	土纲 Soil order	土类 Soil great group	亚类 Soil subgroup	土属 Soil genus	土种 Soil species	土层码 Layer code	土层厚度 Depth/cm	颜色 Soil color	质地 Soil texture	土壤结构 Soil structure	pH	有机质 OM/(g/kg)	全氮 TN/(g/kg)	全磷 TP/(g/kg)	全钾 TK/(g/kg)	碱解氮 AN/(mg/kg)	有效磷 AP/(mg/kg)	速效钾 AK/(mg/kg)	土壤母质 Parent material	剖面点坐标 Profile coordinate	匹配指数 Matching index/%
剖96	铁铝土	红壤	红壤	石灰岩红壤	薄腐厚层石灰岩红壤	A₁	0—27	暗棕色	重壤土	碎块状	5.5	51.1	1.88	0.20	14.9	155	1.6	42	白云质灰岩风化物	E 110°59′46.2″ N 29°31′47.1″	95
						ABv	27—66	棕色	重壤土	碎块状	5.0	8.3	0.58	0.57	21.8						
						C	66—	浅黄色	重壤土	碎块状	5.0	1.3	0.33	0.43	15.3						
剖97	人为土	水稻土	潴育水稻土	黄泥田	青隔黄泥田	A	0—17	灰黄棕色	重壤土	小块状	4.9	34.7	1.91	0.98	35.7	142	≤1.0	114	页岩风化物	E 110°59′49.5″ N 29°31′19.3″	97
						Pg	17—27	褐灰色	重壤土	块状	6.5	28.2	1.93	1.16	30.6						
						G	27—45	暗灰色	重壤土	块状	7.7	21.7	1.17	0.79	31.0						
						W	45—72	暗黄棕色	重壤土	棱块状	6.1	13.6	0.90	0.81	28.4						
						C	72—100	暗棕灰色	重壤土	块状	6.6	13.7	0.86	1.02	28.1						
剖98	初育土	紫色土	中性紫色土	耕型中性紫色土	中性紫泥土	A	0—14	浅红色	黏壤土	块状	7.2	7.2	0.64	0.65	20.7	68	3.8	78	紫色页岩坡积物	E 110°54′13.0″ N 29°31′11.4″	97
						C	14—100	红色	黏壤土	块状	6.5	4.2	0.47	0.44	23.8						
剖99	初育土	紫色土	酸性紫色土	耕型酸性紫色土	紫红土	A	0—13	红棕色	重壤土	碎块状	5.6	6.7	0.58	0.63	21.3	81	3.8	76	紫色砂页岩坡积物	E 110°54′33.6″ N 29°31′02.8″	97
						Bv	13—26	浅红色	重壤土	碎块状	7.2	7.6	0.48	0.77	25.0						
						C	26—100	红色	重壤土	碎块状	7.3	2.1	0.45	0.66	25.0						
剖100	人为土	水稻土	潴育水稻土	中性紫泥田	中性紫泥田	A	0—15	暗红色	中壤土	碎块状	7.4	40.3	1.73	1.10	24.1	120	2.6	46	紫色页岩坡积物	E 110°55′03.1″ N 29°31′43.2″	97
						P	15—35	暗红色	中壤土	块状	7.9	37.8	≥10.00	1.44	24.4						
						W	35—80	暗红色	中壤土	棱块状	7.8	21.6	1.22	0.70	21.2						
						C	80—100	暗红色	中壤土	块状	7.1	19.0	1.08	0.62	24.4						
剖101	初育土	石灰（岩）土	黑色石灰土	耕型黑色石灰土	岩壳土	A	0—39	栗色	中壤土	小块状	7.9	22.3	0.90	1.12	26.8	193	2.6	228	石灰岩坡积物	E 110°55′13.1″ N 29°30′11.9″	97
						C	39—50	浅棕色	中壤土	小块状	7.6	13.6	0.82	0.90	26.5						
剖102	初育土	紫色土	石灰性紫色土	耕型石灰性紫砂土	石灰性紫砂土	A	0—15	浅棕色	轻壤土	团块状	7.9	8.2	0.79	1.41	23.7	72	≤1.0	51	紫色砂页岩坡积物	E 110°45′54.4″ N 29°28′33.9″	98
						Bv	15—56	红色	重壤土	棱块状	8.0	6.1	0.65	1.00	24.1						
						C	56—100	红色	重壤土	团块状	7.7	≤1.0	0.43	1.00	27.7						
剖103	人为土	水稻土	潴育水稻土	烂泥田	石灰性烂泥田	Ag	0—16	灰黄棕色	中壤土	无//	7.8	12.7	0.75	0.38	7.6	154	5.4	56	河溪冲积物	E 110°47′21.9″ N 29°28′16.9″	97
						G	16—100	灰黑色	中壤土	无//	7.3	5.3	0.36	0.17	4.5						
剖104	铁铝土	红壤	红壤	耕型板页岩红壤	薄腐厚层板页岩红壤	A	0—13	暗棕色	中壤土	碎块状	5.5	15.5	1.01	1.04	26.3	104	2.9	118	页岩风化物	E 110°53′48.1″ N 29°27′14.9″	95
						Bv	13—33	浅棕黄色	中壤土	块状	6.1	11.5	0.99	0.78	27.0						
						C	33—92	暗黄棕色	中壤土	块状	7.2	8.3	0.80	0.80	24.5						
剖105	铁铝土	黄红壤	黄红壤	耕型板页岩黄红土	黄泥砂土	A	0—23	黄棕色	中壤土	团块状	5.3	13.2	1.06	0.78	24.0	181	≤1.0	51	石灰岩坡积物	E 110°45′09.3″ N 29°23′45.8″	98
						Bv	23—86	灰黄棕色	中壤土	块状	5.3	8.8	0.74	0.64	25.7						
						C	86—	暗棕色	中壤土	块状	6.1	5.9	0.75	0.67	26.1						
剖106	铁铝土	黄红壤	黄色石灰土	耕型石灰岩黄红土	薄腐厚层石灰岩黄红壤	A₁	0—4	暗棕色	中壤土	小团粒状	4.5	54.7	2.33	0.64	21.6	191	3.7	70	页岩坡积物	E 110°47′12.0″ N 29°22′33.2″	95
						Bv	4—18	棕色	中壤土	团粒状	5.0	17.5	0.98	0.46	21.9						
						BvC	18—82	浅黄棕色	中壤土	块状	5.5	9.8	0.73	0.56	20.8						
剖107	初育土	石灰（岩）土	黄色石灰土	耕型石灰岩黄灰土	黄灰土	A	0—19	暗棕色	重壤土	碎块状	6.6	34.0	1.36	1.48	21.2	114	5.0	311	石灰岩坡积物，坡积物	E 110°49′43.1″ N 29°24′37.7″	98
						Bv	19—70	黄棕色	中壤土	块状	7.6	12.2	0.50	1.01	25.6						
						C	70—100	黄棕色	中壤土	块状	7.6	4.9	0.45	0.90	27.6						
剖108	铁铝土	黄红壤	黄红壤	石灰岩黄红壤	薄腐中层石灰岩黄红壤	A	0—14	暗黄棕色	重壤土	碎块状	6.3	40.2	1.58	0.63	24.0	207	5.5	83	石灰岩坡积物	E 110°51′13.7″ N 29°22′20.1″	95
						Bv	14—40	浅棕色	重壤土	碎块状	4.2	10.5	0.78	0.47	33.0						
						C	40—	浅棕红色	重壤土	块状	4.3	6.4	2.06	0.64	36.0						
剖109	铁铝土	红壤	红壤	板页岩红壤	中腐厚层板页岩红壤	Aoo	0—2	棕色	重壤土	小块状	5.5	28.6	1.60	0.26	11.4	62	≤1.0	76	页岩风化物	E 110°51′25.5″ N 29°20′11.1″	95
						Bv	25—50	浅红棕色	重壤土	小块状	6.0	9.2	0.57	0.25	13.4						
						C	50—80	红黄色	重壤土	小块状	5.0										

续表 Continued

剖面号 Soil profile	土纲 Soil order	土类 Soil great group	亚类 Soil subgroup	土属 Soil genus	土种 Soil species	土层码 Layer code	土层厚度 Depth/cm	颜色 Soil color	质地 Soil texture	土壤结构 Soil structure	pH	有机质 OM/(g/kg)	全氮 TN/(g/kg)	全磷 TP/(g/kg)	全钾 TK/(g/kg)	碱解氮 AN/(mg/kg)	有效磷 AP/(mg/kg)	速效钾 AK/(mg/kg)	土壤母质 Parent material	剖面点坐标 Profile coordinate	匹配指数 Matching index/%
剖110	人为土	水稻土	潴育水稻土	黄泥田	黄泥田	A	0—17	暗灰黄色	重壤土	小块状	5.9	26.0	1.13	1.13	25.6	121	5.2	109	粉砂质页岩风化物	E 110°47′29.4″ N 29°20′19.9″	98
						P	17—28	暗灰黄色	重壤土	块状	7.1	208.0	1.10	0.80	21.1						
						W	28—63	暗黄棕色	重壤土	棱块状	7.4	7.4	0.58	0.83	22.6						
						C	63—100	浅棕色	重壤土	块状	7.3	5.9	0.60	0.80	14.9						
剖111	铁铝土	红壤	黄红壤	砂岩黄红壤	中腐中层砂岩黄红壤	A_1	0—24	黑色	中壤土	粒状	4.8	29.8	8.60	1.51	27.8	145	≤1.0	103	砂岩坡积物	E 110°53′47.2″ N 29°23′21.0″	95
						ABv	24—65	暗黄棕色	中壤土	粒状	4.7	13.5		1.21	26.2						
						C	65—100	浅黄棕色	中壤土	粒状	3.9	12.6		0.85	26.1						
剖112	人为土	水稻土	潴育水稻土	河砂泥田	青犟河砂泥田	A	0—13	暗灰棕色	重壤土	块状	6.7	41.1	1.96	0.62	23.0	141	1.1	47	近代溪流冲积物	E 110°57′28.0″ N 29°22′31.4″	95
						Pg	13—30	暗棕色	中壤土	块状	6.9	34.7	1.65	0.78	22.9						
						W	30—100	浅灰色	中壤土	块状	7.8	16.1	0.73	0.62	19.5						
剖113	人为土	水稻土	潴育水稻土	青砂田	青砂田	A	0—22	暗棕色	重壤土	碎块状	6.1	30.2	1.48	0.82	30.2	140	5.0	83	溪流冲积物	E 110°59′04.1″ N 29°23′13.5″	97
						Pg	22—31	灰棕色	重壤土	块状	6.6	21.1	1.17	0.64	29.7						
						G	31—100	黑色	重壤土	块状	6.6	14.6	1.87	0.50	20.7						
剖114	人为土	水稻土	淹育水稻土	浅灰泥田	浅灰砂泥田	A	0—16	暗棕色	重壤土	碎块状	7.9	9.6	0.99	0.86	22.5	89	4.4	134	石灰岩坡积物	E 110°58′54.8″ N 29°22′52.7″	95
						P	16—30	灰棕色	重壤土	块状	7.9	6.4	0.70	0.71	22.4						
						Bv	30—46	浅棕色	重壤土	块状	7.9	7.3	0.72	0.78	22.7						
						BvC	46—100	紫棕色	重壤土	块状	8.0	≤1.0	0.43	0.59	23.9						
剖115	铁铝土	红壤	红壤性土	第四纪红色黏壤性土	网纹红色黏壤性土	A	0—12	浅棕色	轻壤土	小块状	4.6	5.6	0.69	1.70	25.0	56	≤1.0	31	第四纪红色黏土	E 110°56′15.8″ N 29°21′47.5″	97
						CD	12—	浅棕色	黏粒土	小块状	4.9	11.1	0.62	0.59	22.7						
剖116	人为土	水稻土	矿毒型水稻土	非金属矿毒田	硫黄矿毒田	Ag	0—22	青灰色	重壤土	碎块状	6.6	34.7	1.97	1.66	38.6	159	7.3	65	页岩风化物	E 110°57′42.8″ N 29°21′21.8″	95
						Pg	22—35	暗灰色	重壤土	块状	6.7	24.3	1.50	1.25	49.0						
						G	35—100	暗灰色	重壤土	块状	7.0	18.2	1.18	0.81	45.4						
剖117	铁铝土	红壤		耕型板页岩红土		A	0—15	灰黄棕色	轻壤土	碎块状	6.9	21.2	1.16	1.21	27.0	96	≤1.0	130	页岩风化物	E 110°55′53.9″ N 29°22′16.0″	95
						Bv	15—59	棕色	中壤土	块状	6.8	8.2	0.52	1.52	23.2						
						C	59—100			核粒状	8.0	8.0	0.68	1.26	25.9						
剖118	人为土	水稻土	潴育水稻土	冷浸田	石灰性冷浸田	A	0—17	暗黄棕色	重壤土	块状	7.6	45.6	2.60	0.79	27.6	162	15.3	66	钙质页岩	E 110°51′59.7″ N 29°18′04.7″	97
						Pg	17—25	暗黄棕色	重壤土	棱块状	7.6	41.8	2.04	2.29	26.7						
						G	25—100	棕灰色	重壤土	块状	7.8	25.4	1.43	3.68	18.2						
剖119	人为土	水稻土	潴育水稻土	河砂泥田	河砂田	A	0—14	暗灰棕色	小块壤土	小块状	6.6	14.7	1.12	0.98	31.7	96	2.2	87	近代溪流冲积物	E 110°46′25.7″ N 29°16′44.8″	95
						P	14—22	浅灰色	中壤土	碎块状	6.6	22.9	1.28	1.87	31.4						
						W	22—34	灰灰色	中壤土	棱块状	7.0	12.7	0.84	0.96	31.5						
						S	34—60	浅棕色	轻壤土	块状	8.0	7.1	0.45	1.58	22.5						
剖120	人为土	水稻土	潴育水稻土	灰泥田	灰马肝泥田	A	0—15	暗黄棕色	中壤土	碎粒状	8.2	38.5	1.78	0.99	19.7	149	5.0	89	白云质板岩坡积物	E 110°57′33.7″ N 29°18′51.4″	97
						P	15—29	灰黄棕色	重壤土	棱块状	7.9	35.3	1.79	1.48	19.2						
						W	29—59	黄棕色	重壤土	棱块状	8.7	17.7	0.99	1.30	19.5						
						C	59—100	黄棕色	中壤土	块状	7.9	10.5	0.66	1.05	20.6						
剖121	人为土	水稻土	淹育水稻土	浅灰泥田	浅灰黄泥田	A	0—15	暗棕色	重壤土	碎块状	5.9	40.7	1.37	2.28	22.4	111	3.1	55	石灰岩	E 110°56′54.1″ N 29°15′12.0″	98
						P	15—23	栗色	中壤土	棱块状	6.7	32.8	1.85	1.72	14.2						
						Bv	23—72	暗黄棕色	中壤土	碎块状	7.3	12.5	0.78	1.01	12.5						
						C	72—100	浅棕色	重壤土	块状	7.8	16.2	1.00	1.48	24.1						
剖122	人为土	水稻土	淹育水稻土	浅灰砂泥田	浅红砂泥田	A	0—13	栗色	重壤土	碎块状	6.6	31.7	1.43	0.34	5.5	101	2.7	54	砂岩坡积物	E 110°45′10.5″ N 29°14′50.0″	95
						P	13—23	栗色	重壤土	碎块状	7.5	19.8	0.94	1.14	18.3						
						C	23—100	黄棕色	中壤土	块状	8.4	11.0	0.57	1.04	17.4						
剖123	初育土	石灰（岩）土	红色石灰土	红色石灰土	薄腐薄层红色石灰土	A	0—11	褐色	中壤土	团粒状	6.8	9.6	1.11	0.40	≤1.0	170	1.3	76	白云灰岩坡积物	E 110°50′32.8″ N 29°13′57.5″	95
						Bv	11—19	灰黄色	重壤土	小块状	6.6	18.6	1.22	1.06	29.6						
						BvC	19—35	黄棕色	中壤土	块状	6.9	16.8	0.82	0.86	29.3						

续表 Continued

剖面号 Soil profile	土纲 Soil order	土类 Soil great group	亚类 Soil subgroup	土属 Soil genus	土种 Soil species	土层码 Layer code	土层厚度 Depth/cm	颜色 Soil color	质地 Soil texture	土壤结构 Soil structure	pH	有机质 OM/(g/kg)	全氮 TN/(g/kg)	全磷 TP/(g/kg)	全钾 TK/(g/kg)	碱解氮 AN/(mg/kg)	有效磷 AP/(mg/kg)	速效钾 AK/(mg/kg)	土壤母质 Parent material	剖面点坐标 Profile coordinate	匹配指数 Matching index/%
剖124	初育土	石灰（岩）土	黄色石灰土	黄色石灰壤	厚腐厚层砂岩黄壤	A	0~7	浅灰黄色	中壤土	小块状	5.4	42.9	1.98	0.47	47.6	250	1.1	72	白云质灰岩坡积物	E 110°49′56.8″ N 29°11′13.1″	95
剖125	铁铝土	黄壤	黄壤	砂岩黄壤	厚腐厚层砂岩黄壤	Bv	7~17	浅灰黄色	重壤土	块状	7.9	36.1	1.68	0.75	49.0		1.3	87	砂岩坡积物	E 110°46′36.0″ N 29°07′38.0″	95
						C	17~100	浅灰黄色	重壤土	粒状	8.0	23.1	0.32	0.54	48.2						
剖126	人为土	水稻土	淹育水稻土	浅黄砂泥田	浅黄砂泥田	A₁	0~43	棕色	中壤土	核粒状	5.8	54.4	2.54	0.67	9.8	174	4.4	47	砂岩风化物	E 110°47′48.5″ N 29°09′28.0″	95
						BvC	43~53	红灰黄色	中壤土	核块状	6.1	6.5	0.74	0.57	21.1						
						ABv	53~100	红黄色	中壤土	核块状	6.2	8.6	0.98	0.88	21.1						
剖127	人为土	水稻土	潴育水稻土	灰泥田	灰泥田	P	0~17	暗黄灰色	中壤土	块状	5.8	34.6	1.27	1.57	16.1	166	2.6	99	石灰岩风化物	E 110°49′19.5″ N 29°08′24.6″	98
						P	17~24	暗棕色	中壤土	块状	6.0	24.0	1.66	1.48	21.1						
						C	24~100	浅灰棕色	中壤土	粒状	6.7	3.8	1.16	0.86	31.5						
剖128	人为土	水稻土	潴育水稻土	烂泥田	生黄泥田	A	0~15	暗棕灰色	重壤土	小块状	7.9	46.9	1.88	1.13	14.5	184	2.0	109	页岩坡积物	E 111°05′08.9″ N 29°35′00.0″	97
						P	15~22	暗棕灰色	重壤土	小块状	8.0	45.0	2.38	0.88	15.0						
						W	22~55	暗棕灰色	重壤土	棱块状	8.0	42.1	2.05	0.93	17.7						
						C	55~100	灰黄色	黏壤土	块状	7.6	4.5	0.62	1.00	33.8						
剖129	人为土	水稻土	淹育水稻土	浅酸紫泥田	浅酸紫砂泥田	A	0~18	暗棕灰色	黏壤土	核粒状	7.9	22.7	1.56	1.24	36.4	101	3.5	24	白云质灰岩风化坡积物	E 111°01′37.3″ N 29°35′23.5″	97
						D	—	浅灰黄色	中壤土	无结构	8.2	43.3	1.33	0.76	9.3	145					
剖130	人为土	水稻土	潴育水稻土	青泥田	青夹泥田	Ag	0~50	暗黄灰色	中壤土	无结构	8.3	15.3	1.36	0.55	9.3		2.6	93	紫色砂页岩坡积物	E 111°01′35.2″ N 29°33′38.5″	95
						G	50~100	暗黄棕色	轻壤土	团块状	5.8	15.4	0.96	0.62	22.5	82					
剖131	人为土	水稻土	淹育水稻土	耕型黄色石灰土	黄灰泥	A	0~15	浅黄棕色	轻壤土	块状	5.9	9.9	0.73	0.52	21.6	217	10.9	197	白云质灰岩坡积物	E 111°06′49.4″ N 29°34′01.7″	97
						P	15~25	紫棕色	中壤土	块状	7.6	5.8	0.75	0.42	23.0						
						Bv	25~68	紫棕色	中壤土	块状	7.8	3.8	0.34	0.31	23.4						
						C	68~100	紫棕色	中壤土	小块状	8.0	53.7	2.84	1.58	17.8						
剖132	初育土	石灰（岩）土	黄色石灰土	石灰岩黄灰土	薄腐中层石灰黄红壤	A	0~20	暗棕灰色	重壤土	块状	8.1	37.1	2.25	1.54	18.4	116	≤1.0	51	石灰岩坡积物	E 111°05′19.2″ N 29°31′49.2″	95
						Pg	20~30	黑棕色	重壤土	块状	8.1	35.1	1.82	1.20	22.4						
						G	30~100	浅黄棕色	中壤土	碎块状	5.8	15.6	0.58	0.47	27.0						
剖133	铁铝土	红壤	黄壤	石灰岩黄红壤	薄腐薄层石灰黄红壤	A	0~40	浅黄棕色	重壤土	碎块状	7.3	11.4	0.74	0.60	28.0	60	≤1.0	45	白云质灰岩坡积物	E 111°03′54.5″ N 29°30′45.4″	95
						BvC	40~100	暗棕色	重壤土	小块状	5.0	93.6	4.42	1.90	21.2						
剖134	铁铝土	红壤性土	红壤性土	第四纪红岩红壤性土	薄腐薄层第四纪红黄壤性土	A₁	0~3	暗棕色	中壤土	碎块状	5.0	6.1	0.38	0.63	11.5		≤1.0	83	第四纪红岩黏土	E 111°01′05.3″ N 29°30′52.8″	95
						Bv	3~45	红棕色	重壤土	核块状	5.0	2.6	0.40	0.63	29.0						
						C	45~100	红棕色	重壤土	核块状	5.0				23.4						
剖135	紫色土	中性紫色土	中性紫色土	中土中层性紫色土	A	0~7	红棕色	中壤土	核块状	4.5	16.1	0.91	0.53	13.2	76	≤1.0	38	紫色页岩坡积物	E 111°07′50.9″ N 29°34′34.7″	97		
						A	7~37	暗棕灰色	中壤土	核粒状	4.9	≤1.0	0.47	1.04	25.2						
						C	37~—	紫棕色	中壤土	核粒状	7.4	28.0	1.23	0.99	17.9						
剖136	铁铝土	红壤	黄红壤	板页岩黄红壤	薄腐厚层板页岩黄红壤	A	0~20	灰棕色	中壤土	核粒状	6.8	13.8	0.72	0.79	22.0	78	≤1.0	87	页岩坡积物	E 111°11′06.4″ N 29°33′26.2″	95
						Bv	20~50	灰黄棕色	中壤土	小块状	5.3	26.3	1.95	1.03	21.2						
						C	50~—	暗黄色	中壤土	小块状	4.0	8.3	1.36	0.86	11.5						
剖137	潮土	河潮土	耕型河潮土	河砂泥土	A	0~10	浅黄棕色	中壤土	小块状	4.1	20.0	1.95	0.74	41.6	137	11.4	141	河流冲积物	E 111°13′48.7″ N 29°34′44.7″	97		
						Bv	10~64	暗黄黄色	中壤土	小块状	7.6	16.4	0.79	1.80	16.6						
						C	64~90	灰黄色	中壤土		7.8	9.2	0.36	1.28	18.7						
						Aoo	0~1	暗黄色	中壤土		7.5	1.2	0.47	0.90	19.2	59					
剖138	铁铝土	红壤	红壤	耕型板页岩红壤	Ao	1~2								≥50.0	202	2.1	97	页岩风化物	E 111°14′32.1″ N 29°32′42.7″	95	
						A₁A	2~23	暗黄色	中壤土	团块状	6.5	46.7	2.65	2.90	38.3						
						BvC	23~87	暗黄黄色	中壤土	团块状	6.3	13.7	1.34	2.28	≥50.0						

续表 Continued

剖面号 Soil profile	土纲 Soil order	土类 Soil great group	亚类 Soil subgroup	土属 Soil genus	土种 Soil species	土层码 Layer code	土层厚度 Depth/cm	颜色 Soil color	质地 Soil texture	土壤结构 Soil structure	pH	有机质 OM/(g/kg)	全氮 TN/(g/kg)	全磷 TP/(g/kg)	全钾 TK/(g/kg)	碱解氮 AN/(mg/kg)	有效磷 AP/(mg/kg)	速效钾 AK/(mg/kg)	土壤母质 Parent material	剖面点坐标 Profile coordinate	匹配指数 Matching index/%
剖139	人为土	水稻土	淹育水稻土	中性浅紫泥田	中性浅紫砂田	A	0—15	暗棕色	砂壤土	碎块状	6.7	19.6	0.93	0.51	15.4	113	1.1	60		E 111°13′31.0″ N 29°31′53.1″	95
						Ap	15—24	暗棕灰色	砂壤土	块状	6.3	15.7	0.71	0.45	15.2						
						C	24—85	暗黄棕色	砂土	碎块状	7.1	7.8	0.27	0.31	8.5						
剖140	人为土	水稻土	潴育水稻土	黄泥田	石灰黄泥田	A	0—18	暗黄棕色	重壤土	粒状	7.9	39.9	2.02	1.32	15.8	120	2.1	112	页岩坡积物	E 111°14′15.7″ N 29°32′21.3″	97
						P	18—25	暗黄棕色	重壤土	块状	8.0	29.3	1.50	0.87	16.0						
						W	25—75	暗黄棕色	轻壤土	核块状	8.0	24.3	1.39	0.73	24.6						
						C	75—100	灰黄棕色	轻壤土	块状	7.6	6.0	0.60	0.68	25.2						
剖141	铁铝土	红壤	黄红壤	耕型板页岩黄红土	黄红土	A	0—14	棕色	中壤土	核块状	7.5	14.0	0.90	1.15	16.5	64	2.7	83	页岩风化物	E 111°14′41.8″ N 29°30′17.8″	95
						Bv	14—82	浅棕色	中壤土	核块状	7.0	4.2	0.27	0.79	26.8						
						BvC	82—100	棕色	中壤土	块状	6.3	10.8	1.09	0.57	23.4						
剖142	铁铝土	红壤		石灰岩红壤	薄腐中层石灰岩红壤	ABv	0—15	暗黄棕色	重壤土	碎块状	4.9	34.3	1.77	0.58	11.2	57	3.0	47	石灰岩坡积物	E 111°01′29.3″ N 29°29′40.4″	95
						BvC	15—75	红黄色	重壤土	碎块状	4.9	5.7	0.78	0.69	23.0						
剖143	铁铝土	红壤		耕型第四纪红土红壤	红黄砂土	A	0—17	暗黄棕色	中壤土	碎块状	7.9	20.1	1.29	1.09	17.9	103	12.0	89	第四纪红色黏土	E 111°02′19.7″ N 29°26′29.6″	95
						Bv	17—32	暗灰棕色	中壤土	块状	8.0	16.4	1.05	1.15	16.9						
						C	32—100	黄棕色	中壤土	块状	7.7	4.7	0.62	0.95	21.8						
剖144	铁铝土	红壤	红壤性土	板页岩红壤性土	中腐板页岩红壤性土	Aoo	0—1														
						A_1A	1—14	暗棕色	重壤土	小块状	4.0	65.2	2.51	1.39	18.6	247	3.3	128	页岩坡积物	E 111°13′39.1″ N 29°28′30.1″	95
						C	14—	浅黄棕色	重壤土	小块状	4.0	6.9	0.62	0.77	24.9						
剖145	铁铝土	红壤	黄红壤	板页岩黄红壤	中腐中层板页岩黄红壤	Aoo	0—1														
						A_1	1—15	褐色	中壤土	核粒状	5.0	37.0	0.38	1.42	18.4	175	5.8	134	页岩坡积物	E 111°11′40.6″ N 29°25′24.3″	95
						AC	15—49	灰黄色	中壤土	核粒状	5.0	14.1	1.00	1.33	36.7						
						C	49—														
剖146	人为土	水稻土	淹育水稻土	浅红黄泥田	铁子黄泥田	A	0—17	暗黄棕色	重壤土	片状	5.5	27.7	1.12	8.63	17.4	112	≤1.0	39	粉砂质岩风化坡积物	E 111°02′03.1″ N 29°24′12.2″	95
						P	17—27	暗黄棕色	重壤土	块状	7.0	16.2	0.70	0.52	17.9						
						C	27—100	红黄色	重壤土	碎块状	5.1	6.8	0.33	0.45	19.1						
剖147	人为土	水稻土	潴育水稻土	红黄泥田	红黄泥田	A	0—13	暗黄棕色	重壤土	碎块状	5.9	31.8	1.54	1.16	23.4	136	2.7	103	第四纪红色黏土	E 111°04′07.3″ N 29°24′49.1″	98
						P	13—23	棕灰色	轻壤土	块状	5.5	27.0	1.36	0.91	22.2						
						W	23—43	浅灰棕色	轻壤土	核块状	6.6	8.9	0.58	0.83	20.9						
						C	43—100	暗灰棕色	重壤土	块状	6.5	2.6	0.37	0.53	19.9						
剖148	铁铝土	红壤	红壤性土	板页岩红壤性土	石渣性红壤性土	Ao	0—2														
						A	2—8	暗黄棕色	轻砂壤土	核粒状	5.6	22.8	1.23	0.99	36.9	33	≤1.0	55	页岩风化坡积物	E 111°04′13.9″ N 29°21′28.1″	95
						BvC	8—21	暗黄棕色	中壤土	核粒状	5.8	26.5	1.30	1.00	35.6						
						C	21—35	浅黄棕色	中壤土	块状	7.0	16.6	1.08	0.95	34.8						
剖149	人为土	水稻土	潴育水稻土	灰泥田	青捆灰泥田	Ag	0—21	栗色	中壤土	粒状	8.9	40.4	2.32	1.03	20.2	169	2.9	51	石灰岩坡积物	E 111°06′14.5″ N 29°20′23.4″	97
						Pg	21—26	栗色	轻壤土	块状	8.6	35.8	2.05	9.60	20.5						
						W	26—72	栗色	轻壤土	块状	8.4	24.9	1.13	0.60	20.9						
						C	72—100	暗黄棕色	重壤土	块状	8.3	6.6	0.83	0.72	19.2						
剖150	铁铝土	红壤		耕型板页岩红土	岩渣子土	A	0—18	暗黄棕色	中壤土	块状	5.5	20.6	≥10.00	1.39	22.7	97	5.9	149	页岩风化物	E 111°12′24.7″ N 29°23′47.4″	95
						Bv	18—55	暗黄棕色	中壤土	块状	6.6	10.5	0.83	0.91	22.9						
						C	55—100	浅黄棕色	中壤土	块状	7.0	6.2	0.43	0.81	20.6						
剖151	人为土	水稻土	潜育水稻土	青泥田	青泥田	A	0—18	灰棕色	重壤土	碎块状	5.8	40.7	1.95	1.43	40.9	146	5.5	68	页岩	E 111°13′32.1″ N 29°22′34.1″	98
						Pg	18—24	浅灰色	重壤土	块状	6.8	32.5	1.82	1.37	31.8						
						G	24—100	暗灰色	重壤土	块状	5.8	17.1	1.55	0.77	31.0						

续表 Continued

剖面号 Soil profile	土纲 Soil order	土类 Soil great group	亚类 Soil subgroup	土属 Soil genus	土种 Soil species	土层码 Layer code	土层厚度 Depth/cm	颜色 Soil color	质地 Soil texture	土壤结构 Soil structure	pH	有机质 OM/(g/kg)	全氮 TN/(g/kg)	全磷 TP/(g/kg)	全钾 TK/(g/kg)	碱解氮 AN/(mg/kg)	有效磷 AP/(mg/kg)	速效钾 AK/(mg/kg)	土壤母质 Parent material	剖面点坐标 Profile coordinate	匹配指数 Matching index/%
剖152	人为土	水稻土	淹育水稻土	浅碱紫泥田	浅碱紫砂泥田	A	0—19	暗红棕色	轻壤土	块状	7.6	13.2	1.05	1.31	16.2	65	3.9	72	紫色砂页岩堆积物	E 111°11′54.0″ N 29°21′30.6″	95
						P	19—32	暗红棕色	轻壤土	棱块状	7.9	9.6	0.85	1.21	16.7						
						Bv	32—52	暗红棕色	中壤土	棱块状	7.9	5.5	0.78	1.80	14.6						
						C	52—100	紫红棕色	中壤土	块状	6.5	10.9	0.53	0.68	13.7						
剖153	人为土	水稻土	潴育水稻土	扁砂泥田	黄扁砂泥田	A	0—17	灰黄棕色	中壤土	块状	7.0	18.2	1.11	0.64	14.1	130	4.0	33	黄色页岩坡积物	E 111°09′44.7″ N 29°22′23.6″	95
						P	17—27	灰黄棕色	中壤土	棱块状	5.7	16.7	1.25	0.62	13.8		1.4				
						W	27—48	棕灰色	中壤土	棱块状	7.1	10.1	0.76	0.99	16.4						
						C	48—100	红棕色	中壤土	块状	7.7	7.0	0.64	1.25	18.1						
剖154	人为土	水稻土	潜育水稻土	青泥田	青鸭屎田	A	0—20	暗灰色	黏壤土		8.1	51.2	2.39	1.35	24.7	206	4.2	124	深灰色页岩风化物	E 111°09′27.3″ N 29°21′22.9″	95
						Pg	20—30	暗灰色	黏壤土	块状	8.1	38.6	1.96	1.23	28.4						
						G	30—100	暗灰色	重壤土	块状	8.0	35.2	1.87	0.95	28.3						
剖155	人为土	水稻土	潜育水稻土	灰泥田	鸭屎泥田	A	0—15	暗黄棕色	中壤土	块状	8.1	39.1	2.13	1.27	27.1	131	4.3	74	页岩坡积物	E 111°04′29.4″ N 29°17′40.7″	97
						P	15—27	浅灰棕色	黏壤土	块状	8.3	28.8	1.59	1.16	28.6						
						W	27—63	灰灰色	黏壤土	棱状	8.2	24.9	1.35	0.80	28.2						
						C	63—100	浅黄棕色	黏壤土	棱状	8.1	23.6	1.26	1.41	30.3						
剖156	人为土	水稻土	潴育水稻土	灰黄泥田	青隔灰黄泥田	A	0—16	暗黄棕色	中壤土	小块状	5.0	34.4	2.33	0.97	24.6	172	4.4	89	石灰岩风化物	E 111°01′41.1″ N 29°13′54.4″	98
						Pg	16—27	青灰色	重壤土	棱块状	5.1	29.9	1.93	0.93	28.6						
						W	27—55	黄灰色	轻黏土	棱柱状	7.2	12.9	1.00	0.78	22.5						
						C	55—100	灰黄棕色	重壤土	碎块状	7.0	7.0	0.83	0.78	18.2						
剖157	初育土	石灰（岩）土	红色石灰土	红色石灰土	薄腐中层红色石灰土	Ao	0—5												石灰岩坡积物	E 111°01′18.7″ N 29°13′02.0″	95
						A₁	5—12	暗黄棕色	中壤土	团粒状	6.6	52.9	2.06	0.96	32.0	109	2.1	134			
						Bv	12—30	浅棕色	重壤土	块状	5.7	4.7	0.70	0.95	36.5						
						BvC	30—65	棕色	重壤土	碎块状	6.4	24.4	0.97	0.93	30.0						
剖158	初育土	石灰（岩）土	红色石灰土	耕型红色石灰土	红灰土	A	0—20	暗黄棕色	中壤土	块状	6.7	24.7	1.26	0.78	24.6	113	2.8	114	石灰岩风化坡积物	E 111°02′59.6″ N 29°13′17.8″	98
						Bv	20—29	黄棕色	中壤土	块状	6.5	19.2	1.24	1.32	24.5						
						C	29—100	黄棕色	中壤土	块状	6.7	8.8	0.66	1.22	23.0						

桑 植 县

主要土类说明

石灰（岩）土是桑植县主要土壤类型，占本县地域面积的37%。本县石灰（岩）土分为黑色石灰土、红色石灰土等亚类。前者含有较多的腐殖质，土壤呈黑色，pH在7.5左右，一般有明显的石灰反应，土体结构好，土层薄，风化不明显，剖面构型多为A–C–D或A–D。后者有脱硅富铝化过程，游离氧化铁含量较高，土壤呈红色或黄色，钙质有一定的淋失，物理风化作用弱，化学风化作用强，加上土层上部碳酸盐淋失，土壤质地较黏重，下部有黏粒和铁锰淀积，有时可见棕色胶膜。

黄壤是桑植县第二大土壤类型，占本县地域面积的31%，分布在海拔450—1100m的地区。土体因氧化铁水化而呈黄色。盐基离子淋溶强烈并下渗流失，盐基饱和度低，矿质岩石分解较彻底。有机质含量一般较高。本县黄壤分为黄壤和黄壤性土两个亚类。

黄棕壤是桑植县第三大土壤类型，占本县地域面积的10%，分布在海拔1100m以上的中山地区。由于气候凉湿，土壤的脱硅富铝化作用较弱，盐基饱和度为50%—60%。同时，由于降水量大，淋溶作用较强，土壤呈酸性至微酸性，土壤黏粒向下移动，黏聚现象明显。土壤水化度高，心土层呈黄棕色，质地黏重。土体中含有较多棱角明显、大小不同的母岩碎片。本县黄棕壤分为山地黄棕壤、黄棕壤性土等亚类。

紫色土占本县地域面积的9%，由紫色砂岩、紫色页岩发育而成，主要分布在本县东南部和中部海拔500m以下的低山、丘陵区。紫色土剖面层次分化不明显，上下呈较均一的紫色。丘陵或山顶土层浅薄，剖面构型多为A–C，表土被冲走，基岩露出；中坡下部或坡脚土层较厚，可达100cm。腐殖质层不明显，表土以下直接过渡到母质层，在植被覆盖较好的地区，有较薄的腐殖质层和具核状结构的心土层，有时可见胶膜。矿质养分含量较丰富。本县紫色土分为酸性紫色土、中性紫色土、石灰性紫色土三个亚类。

水稻土占本县地域面积的8%。水稻土经长期水耕熟化形成了特有的犁底层，在淹水条件下，上下土层出现氧化与还原状态的分化，从而导致剖面层次产生明显分异。由于土壤受水作用的强弱不同，有机质的合成与分解、盐基的淋溶与复盐基作用、胶体的膨胀与收缩等产生明显差异，水稻土出现淹育层、潴育层、渗育层、潜育层等发育层次。本县水稻土分为淹育型、潴育型、渗育型、潜育型、沼泽型、矿毒型六个亚类。

红壤占本县地域面积的5%，分布在海拔450m以下的低山、丘陵下部。红壤具有明显的脱硅富铝化过程，具有酸、瘦、黏、板等特点。本县红壤分为黄红壤和红壤性土两个亚类。

小于本县地域面积3%的土壤类型有潮土等。

本区域中心区气候特征

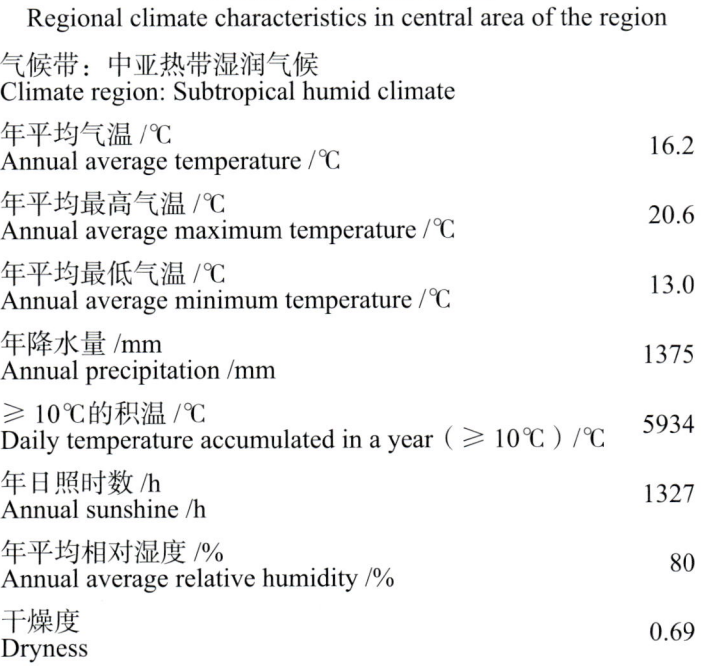

本区域中心区气候特征值
Regional climate characteristics in central area of the region

气候带：中亚热带湿润气候 Climate region: Subtropical humid climate	
年平均气温 /℃ Annual average temperature /℃	16.2
年平均最高气温 /℃ Annual average maximum temperature /℃	20.6
年平均最低气温 /℃ Annual average minimum temperature /℃	13.0
年降水量 /mm Annual precipitation /mm	1375
≥10℃的积温 /℃ Daily temperature accumulated in a year（≥10℃）/℃	5934
年日照时数 /h Annual sunshine /h	1327
年平均相对湿度 /% Annual average relative humidity /%	80
干燥度 Dryness	0.69

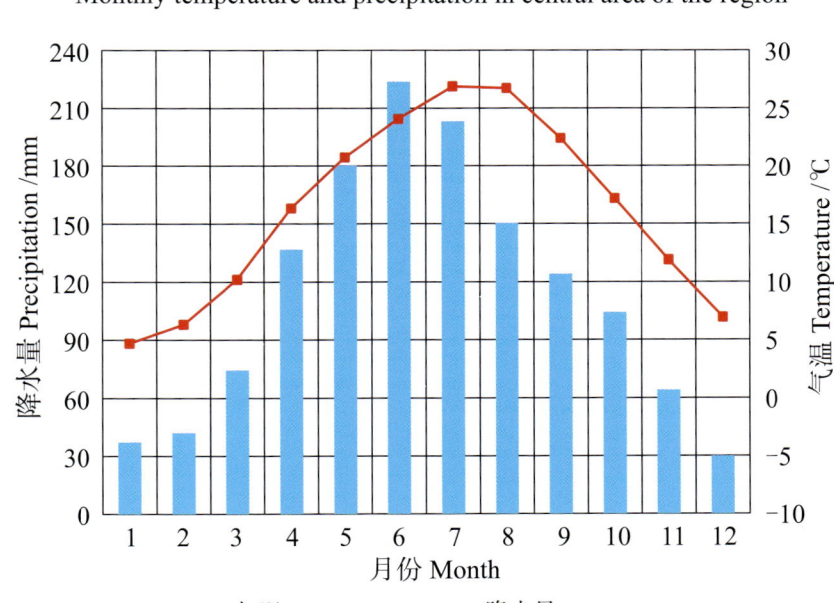

本区域中心区月平均气温与月平均降水量
Monthly temperature and precipitation in central area of the region

桑植县主要土壤类型与土壤剖面点分布图

1 : 340 000

图 例

- 石灰（岩）土
- 黄壤
- 黄棕壤
- 紫色土
- 水稻土
- 红壤
- 潮土
- ⊗ 剖面点

桑植县土壤剖面理化性状表

剖面编号 Soil profile	土纲 Soil order	土类 Soil great group	亚类 Soil subgroup	土属 Soil genus	土种 Soil species	土层码 Layer code	土层厚度 Depth/cm	颜色 Soil color	质地 Soil texture	土壤结构 Soil structure	pH	有机质 OM/(g/kg)	全氮 TN/(g/kg)	全磷 TP/(g/kg)	全钾 TK/(g/kg)	碱解氮 AN/(mg/kg)	有效磷 AP/(mg/kg)	速效钾 AK/(mg/kg)	阳离子交换量 CEC/(cmol/kg)	土壤母质 Parent material	剖面点坐标 Profile coordinate	匹配指数 Matching index/%
剖1	铁铝土	黄壤	黄壤	石灰岩黄壤		A	0—17	浅黄棕色	壤土	块状	5.5					116	≤1.0	46		石灰岩坡积物	E 109°46′57.6″ N 29°44′48.2″	98
						Bv	17—45	浅黄棕色	壤土	块状	5.5											
						D	45—100															
剖2	初育土	石灰(岩)土	黄色石灰土	黄色石灰土	薄腐厚层黄色石灰土	A₁	0—3	暗黄棕色	壤土	粒状	6.8	28.0	1.28	0.43	22.9	74	≤1.0	≥500		石灰岩坡积物	E 109°48′30.2″ N 29°43′00.9″	98
						A	3—12	浅黄棕色	壤土	核状	6.8	18.1	1.19	0.43	22.9							
						ABv	12—37	浅黄棕色		核状	7.2	8.2	0.93	0.30	24.6							
						Bv	37—100	浅黄棕色	壤土	核状	6.0											
剖3	铁铝土	黄壤	黄壤性土	耕型石灰岩黄壤	灰黄土	A₁	0—3	暗黄棕色	壤土	粒状	5.6	27.9	1.33	1.03	25.8	204	≤1.0	242		板页岩残积物	E 109°52′09.3″ N 29°43′58.5″	95
						A	3—23	黄色	壤土	核状	5.6	15.6	0.87	0.75	19.9							
						ABv	23—39	暗黄棕色	壤土	粒状	6.0	27.5	1.88	1.73	28.7							
剖4	初育土	石灰(岩)土	黄色石灰土	黄色石灰土		A	0—15	暗黄棕色	壤土	块状	6.0	20.3	1.68	1.64	29.2	96	≤1.0	342		石灰岩坡积物	E 109°52′16.5″ N 29°40′04.1″	95
						Bv	15—49	黄棕色	壤土	块状	6.0	7.8	0.96	1.16	27.4							
						Bv	49—100	浅黄棕色	壤土	粒状	6.8											
剖5	淋溶土	黄棕壤	山地黄棕壤	板页岩山地黄棕壤		A₁	5—8	黑色	壤土	块状	6.0	27.0	1.85	0.55	17.4	76	≤1.0	63		板页岩坡积物	E 109°47′34.2″ N 29°41′14.7″	95
						A	8—39	浅黄棕色	黏壤土	块状	6.0	8.3	0.61	0.65	27.3							
						ABv	39—102	红橙色	壤土	大块状	8.0	31.3	1.67	1.02	22.2							
剖6	人为土	水稻土	潴育水稻土	紫泥田	青瑕碱紫泥田	A	0—17	暗红棕色	壤土	块状	8.0	30.6	1.59	0.87	22.0	134	7.3	125		紫色砂页岩	E 109°52′36.0″ N 29°44′34.1″	75
						P	17—26	紫红色	黏壤土	块状		25.2	0.77	0.70	22.9							
						G	26—49	紫红色	黏壤土	块状	8.0	11.4	0.30	0.79	22.6							
						W	49—100	暗灰棕色	黏壤土	棱柱状	7.6											
剖7	初育土	石灰(岩)土	红色石灰土	耕型淋溶石灰土	灰泥土	A₁	0—16	暗黄棕色	壤土	粒状	6.8	18.6	1.25	1.00	20.8	82	≤1.0	88		石灰岩坡积物	E 109°58′37.7″ N 29°41′50.3″	97
						Bv	16—62	暗黄棕色	黏壤土	粒状	7.2	14.9	1.14	0.85	22.2							
						BvC	62—100	浅黄棕色	黏壤土	大块状	7.2	10.6	0.95	0.76	20.2							
剖8	人为土	水稻土	潴育水稻土	中性紫泥田	中性紫泥田	A	0—17	紫红色	黏壤土	大块状	7.5	17.3	1.17	0.94	28.2	90	4.6	72		紫色页岩	E 109°58′54.7″ N 29°41′28.6″	95
						P	17—27	紫红色	黏壤土	块状	7.4	16.4	1.06	≥10.00	30.2							
						W	27—100	暗红棕色	黏壤土	块状	7.4	9.9	0.72	8.70	25.3							
剖9	人为土	水稻土	潴育水稻土	岩渣田	青瑕岩渣田	A	0—17	暗黄棕色	砂壤土	大块状	6.2	37.8	1.91	0.86	29.2	170	7.7	104		砂岩坡积物	E 109°58′57.6″ N 29°41′14.1″	75
						P	17—31	绿灰黄	砂壤土	块状	6.0	21.3	1.23	0.75	28.6							
						W	31—71	暗灰棕色	砂壤土	棱柱状	7.2	11.5	0.81	0.94	29.2							
剖10	半水成土	潮土	河潮土	耕型河潮土	河砂土	A	0—8	黄棕色	砂壤土	粒状	6.0	14.5	0.76	0.61	5.4	57	3.3	83		河流冲积物	E 109°58′18.7″ N 29°40′07.7″	97
						ABv	8—16	红黄色	砂壤土	粒状	5.6	12.2	0.57	0.63	7.5							
						BvC	16—24	浅棕红色	砂壤土	核块状	5.6	7.9	0.48	0.54	8.5							
						Cs	24—	浅棕红色	砂壤土	大块状	5.8	4.2	0.34	0.50	9.3							
剖11	人为土	水稻土	潴育水稻土	黄泥田	黄泥田	A	0—15	棕灰色	黏壤土	块状	6.8	29.7	1.76	0.72	34.8	133	46.0	129		板页岩	E 109°58′53.8″ N 29°41′03.4″	75
						P	15—22	浅黄	黏壤土	块柱状	7.2	24.0	1.40	0.67	34.4							
						W	22—42	黄黄色	黏壤土	核柱状	7.6	7.0	0.70	0.78	34.2							
						C	42—100	暗黄	黏壤土	核柱状	7.2			0.79	34.0							
剖12	人为土	水稻土	潴育水稻土	黄砂泥田	青瑕黄砂泥田	A	0—18	灰黄棕色	壤土	大块状	5.6	47.5	2.15	1.02	20.3	181	6.6	85		黄色砂岩	E 109°59′13.5″ N 29°40′59.0″	75
						Pg	18—24	灰黄棕色	壤土	块状	5.6	48.6	2.23	1.09	19.9							
						G	24—38	灰黄棕色	壤土	块状	6.0	26.1	1.24	1.02	21.3							
						W	38—100	浅棕色	壤土	核柱状	6.4	16.8	1.07	1.16	21.1							

续表 Continued

剖面号 Soil profile	土纲 Soil order	土类 Soil great group	亚类 Soil subgroup	土属 Soil genus	土种 Soil species	土层码 Layer code	土层厚度 Depth/cm	颜色 Soil color	质地 Soil texture	土壤结构 Soil structure	pH	有机质 OM/(g/kg)	全氮 TN/(g/kg)	全磷 TP/(g/kg)	全钾 TK/(g/kg)	碱解氮 AN/(mg/kg)	有效磷 AP/(mg/kg)	速效钾 AK/(mg/kg)	阳离子交换量CEC/(cmol/kg)	土壤母质 Parent material	剖面点坐标 Profile coordinate	匹配指数 Matching index/%
剖13.	人为土	水稻土	潴育水稻土	灰黄泥田	灰黄泥田	A	0—15	栗色	黏壤土	大块状	5.6	40.8	2.15	1.05	23.7	90	6.8	185		石灰岩坡积物	E 109°54′24.5″ N 29°39′41.0″	95
						P	15—22	黄棕色	黏壤土	块状	5.6	23.0	1.51	1.53	24.6							
						W	22—45	浅棕色	黏壤土	棱柱状	6.0	17.3	1.27	1.39	26.8							
						C	45—100	浅棕紫色	黏壤土	核状	6.4			1.29	26.8							
剖14.	淋溶土	黄棕壤	山地黄棕壤	板页岩山地黄棕壤		A_1	3—8	暗黄棕色	壤土	粒状	4.4					139	≤1.0	102		砂岩坡积物	E 109°48′25.4″ N 29°39′41.0″	95
						A	8—16	黄棕色	壤土	粒状	4.4											
						C	16—48	黄棕色	壤土	核状	4.4											
剖15.	人为土	水稻土	潴育水稻土	酸紫泥田	酸紫砂泥田	A	0—16	紫棕色	壤土	大块状	5.6	1.3	1.28	0.81	15.3	144	6.0	102		紫色页岩	E 109°49′26.4″ N 29°39′11.3″	95
						P	16—21	紫棕色	壤土	块状	5.6	≤1.0	0.76	0.70	15.3							
						W	21—37	灰黄紫色	壤土	棱柱状	6.4	≤1.0	0.53	0.57	15.3							
						S	37—100	黄紫色	壤土	核状	6.0	≤1.0	0.52	1.19	15.7							
剖16.	初育土	石灰(岩)土	黑色石灰土	黑色石灰土	黑色石灰土	A_1	0—10	黑棕色	壤土	粒状	7.6	57.7	2.55	1.12	7.9	176	≤1.0	46		石灰岩坡积物	E 109°52′18.0″ N 29°36′56.4″	95
						A	10—53	黑棕色	壤土	块状	7.4	53.6	2.37	1.03	6.2							
剖17.	人为土	水稻土	潜育水稻土	青泥田	青砂田	A	0—20	紫棕色	壤土	大块状	5.5	54.9	2.69	1.40	32.7	233	13.9	137		河流冲积物	E 109°52′10.7″ N 29°35′32.5″	95
						P	20—27	紫棕灰色	壤土	块状	6.4	53.5	2.70	1.30	32.9							
						G	27—100	浅灰色	壤土	块状	6.8	32.4	1.27	1.05	29.2							
剖18.	人为土	水稻土	淹育水稻土	浅灰黄泥田	浅灰黄泥田	A	0—16	暗黄棕色	黏壤土	大块状	6.4	25.8	1.29	0.92	14.0	124	4.1	180		石灰岩	E 109°48′02.0″ N 29°35′24.3″	95
						P	16—20	黄棕色	黏壤土	块状	6.8	24.0	1.25	0.90	14.2							
						C	20—100	浅棕色	黏壤土	块状	7.6			0.51	15.2							
剖19.	人为土	水稻土	渗育水稻土	中性浅紫泥田	中性浅紫砂泥田	A	0—18	暗红棕色	壤土	大块状	7.2	21.6	1.33	0.73	21.2	90	5.0	81		紫色页岩坡积物	E 109°53′00.1″ N 29°38′07.1″	95
						P	18—26	浅红棕色	壤土	棱块状	6.8	21.1	0.68	0.73	21.4							
						C	26—100	浅灰色	壤土	块状	6.8			0.59	21.0							
剖20.	人为土	水稻土	淹育水稻土	白鳝泥田	白鳝泥田	Ae	0—17	灰白色	砂壤土	大块状	5.6	24.4	1.58	0.86	36.2	119	8.3	135		板页岩坡积物	E 109°57′19.8″ N 29°38′49.8″	95
						Pe	17—26	灰白色	砂壤土	棱块状	6.0	19.3	1.30	0.75	36.4							
						E	26—46	浅灰色	砂壤土	棱块状	6.0	15.0	1.13	0.68	37.4							
						We	46—64	浅灰色	砂壤土	棱柱状	5.6	9.8	0.87	0.65	39.4							
						C	64—	黄棕色	砂壤土	块状	6.0			0.55	38.8							
剖21.	人为土	水稻土	淹育水稻土	浅灰黄泥田	石子红砂泥田	A	0—15	灰白色	砂壤土	大块状	6.0	25.8	1.36	0.68	23.5	134	5.6	63		砂岩	E 109°57′05.2″ N 29°35′24.2″	95
						P	15—19	浅灰色	壤土	棱块状	6.0	23.5	1.25	0.62	23.7							
						C	19—29	红灰色	壤土	棱柱状	6.4	11.1	1.20	0.51	24.1							
							29—100	红灰色	砂壤土	块状	6.4			0.80	27.1							
剖22.	人为土	水稻土	潴育水稻土	黄砂泥田	黄砂泥田	A	0—14	暗黄棕色	砂壤土	大块状	6.0	33.2	1.68	1.02	21.1	153	2.2	84		砂岩坡积物	E 109°46′37.4″ N 29°33′19.0″	95
						P	14—19	暗黄棕色	壤土	块状	6.0	31.9	1.68	0.99	21.3							
						W	19—41	黄棕色	壤土	棱柱状	6.4	9.1	0.72	0.80	26.2							
						C	41—100	黄棕色	砂壤土	棱柱状	6.4											
剖23.	铁铝土	红壤	黄红壤	耕型板页岩红黄壤		A	0—16	褐色	砂壤土	粒状	5.6	29.5	1.68	1.35	20.7	154	≤1.0	67		砂岩、板页岩坡积物	E 109°51′39.7″ N 29°33′17.8″	97
						ABv	16—32	褐色	壤土	块状	5.6	20.6	1.36	1.30	20.9							
						Bv	32—100	灰黄色	壤土	块状	5.2	21.2	1.66	7.20	20.1							
剖24.	人为土	水稻土	淹育水稻土	浅酸紫泥田	浅酸紫砂泥田	A	0—15	紫棕色	壤土	大块状	6.0	24.7	1.34	0.74	19.9	135	4.1	100		紫色页岩	E 109°51′59.1″ N 29°33′44.9″	95
						P	15—25	紫棕色	壤土	块状	6.4	23.3	1.38	0.73	19.4	90						
剖25.	人为土	水稻土	淹育水稻土	浅酸紫泥田	浅酸紫砂泥田	A	0—14	紫棕色	壤土	块状	6.9				17.8		2.7	61		紫色页岩	E 109°52′09.1″ N 29°32′38.0″	95
						P	14—20	紫棕色	壤土	块状	6.4											
						C	20—100	红棕色	壤土	块状	6.0			0.59								

续表 Continued

剖面号 Soil profile	土纲 Soil order	土类 Soil great group	亚类 Soil subgroup	土属 Soil genus	土种 Soil species	土层码 Layer code	土层厚度 Depth/cm	颜色 Soil color	质地 Soil texture	土壤结构 Soil structure	pH	有机质 OM/(g/kg)	全氮 TN/(g/kg)	全磷 TP/(g/kg)	全钾 TK/(g/kg)	碱解氮 AN/(mg/kg)	有效磷 AP/(mg/kg)	速效钾 AK/(mg/kg)	阳离子交换量CEC/(cmol/kg)	土壤母质 Parent material	剖面点坐标 Profile coordinate	匹配指数 Matching index/%
剖26	人为土	水稻土	淹育水稻土	浅黄砂泥田	浅红砂泥田	A	0—15	暗灰棕色	砂壤土	粒状	6.4					143	2.0	156		红色砂岩	E 109°49′45.5″ N 29°31′58.1″	95
						P	15—24	暗灰棕色	砂壤土	块状	6.0											
						C	24—62	暗红棕色	砂壤土	块状	6.0											
剖27	人为土	水稻土	淹育水稻土	浅黄砂泥田	浅盐砂泥田	A	0—15	浅灰色	砂壤土	大块状	5.6	34.8	1.68	1.25	23.8	98	≤1.0	66		硅质砂泥	E 109°46′07.1″ N 29°30′50.8″	95
						P	15—24	暗灰黄色	砂壤土	块状	6.0	25.8	1.39	1.09	23.3							
						C	24—62	浅黄棕色	砂壤土	块状	6.4			1.39	21.7							
剖28	人为土	水稻土	潜育水稻土	青泥田	青泥田	A	0—20	灰色	壤土	大块状		51.4	2.66	1.69	20.4	111	6.4	89		石灰岩风化物	E 109°55′33.8″ N 29°34′11.4″	95
						Pg	20—29	暗黄色	壤土	块状		50.1	2.44	1.67	20.5							
						Wg	29—55	暗黄灰色	壤土	棱块状		40.2	2.37	1.52	20.1							
						G	55—100	暗黄灰色	壤土	块状		32.4	1.27	1.05	29.2							
剖29	人为土	水稻土	淹育水稻土	浅灰泥田	浅灰黄砂泥田	A	0—16	暗黄棕色	壤土	块状	8.0	20.5	1.35	1.26	26.3	93	7.9	95		板岩、页岩、砂岩	E 109°57′57.7″ N 29°32′58.9″	95
						P	16—26	黄黄棕色	壤土	块状	7.6	20.9	1.29	1.33	27.1							
剖30	铁铝土	黄壤	黄壤性土	耕型石灰岩黄壤	灰黄土	A	0—14	栗色	壤土	粒状	6.8	24.2	0.74	0.69	17.1	103	1.1	122		石灰岩坡积物	E 109°59′16.3″ N 29°34′52.6″	95
						ABv	14—23	栗色	壤土	块状	6.4	14.7	0.89	0.69	17.6							
						Bv	23—80	红黄色	壤土	块状	6.0	12.1	0.93	0.75	17.0							
剖31	人为土	水稻土	潜育水稻土	砂质黄泥田	砂质黄泥田	A	0—17	暗黄色	壤土	大块状	6.8	56.1	2.64	1.30	26.7	158	8.3	120		板页岩	E 109°52′47.5″ N 29°31′43.8″	95
						P	17—25	暗灰黄色	壤土	块状	6.4	48.6	2.23	1.15	27.0							
						W	25—47	暗黄棕色	壤土	棱柱状	6.4	21.8	0.97	1.32	26.8							
						C	47—100	暗黄棕色	壤土	棱状	6.4											
剖32	人为土	水稻土	淹育水稻土	青紫砂泥田	青紫砂泥田	A	0—17	棕色	壤土	块状	7.8	27.5	1.46	0.78	23.8	64	2.8	91		紫色页岩坡积物	E 109°52′38.8″ N 29°30′46.4″	95
						Pg	17—27	灰黄棕色	壤土	块状	7.7	23.5	1.27	0.68	23.1							
						G	27—100	紫棕色	壤土	块状	7.1	20.1	1.11	0.60	22.8							
剖33	人为土	水稻土	淹育水稻土	浅碱紫砂泥田	浅碱紫砂泥田	A	0—15	紫棕色	壤土	大块状	8.0	24.7	1.29	1.08	25.5	71	≤1.0	125		紫色砂页岩	E 109°53′00.6″ N 29°30′30.5″	95
						P	15—23	灰灰色	壤土	块状	8.0	24.4	1.29	1.06	26.1							
						C	23—100	灰黄色	壤土	粒状	7.2			0.91	26.6							
剖34	半水成土	潮土	河潮土	河潮土	河潮土	A	0—12	紫色	砂壤土	无结构	5.2					44	≤1.0	59		河流冲积物	E 109°58′44.3″ N 29°28′38.0″	97
						ABv	12—38	暗黄棕色	砂壤土	大块状	5.6											
						Bv	38—88	暗黄棕色	砂壤土	块状	6.0											
						C	88—															
剖35	淋溶土	黄棕壤	山地黄棕壤	板页岩山地黄棕壤	薄腐中层板页岩黄壤	A	0—20	暗棕色	砂壤土	粒状	6.0	36.1	2.11	1.79	30.4	76	≤1.0	63		板页岩坡积物	E 110°01′36.6″ N 29°45′16.1″	96
						ABv	20—30	暗黄棕色	砂壤土	块状	6.8	10.5	1.00	1.28	31.9							
						Bv	30—100	黄棕色	砂壤土	块状	7.6	10.3	0.83	1.09	43.1							
剖36	铁铝土	黄壤	黄壤	板页岩黄壤	板页岩黄壤	A₁	0—4	暗棕色	壤土	粒状	5.6	22.3	1.09	0.58	12.2	71	≤1.0	51		板页岩残积物	E 110°05′03.7″ N 29°44′39.5″	98
						A	4—13	浅黄棕色	壤土	粒状	5.6	4.4	0.87	0.90	14.6							
						ABv	13—29	红黄色	壤土	粒状	5.6	7.6	0.60	0.95	16.3							
						C	29—42	红黄色	壤土	块状	5.6											
剖37	人为土	水稻土	淹育水稻土	河潮土		P	42—72	灰黄色	黏壤土	大块状	8.0					120	4.9	145		石灰岩	E 109°58′44.3″ N 29°28′38.0″	95
						ABv	0—13	黄橙色	黏壤土	块状	6.8											
						Bv	13—24	黄黄棕色	黏壤土	块状	7.6											
						C	24—100	红棕色	壤土	大块状	8.0	24.8	1.39	1.10	28.9							
剖38	人为土	水稻土	淹育水稻土	浅灰泥田	石灰性浅黄黄泥田	A	0—18	暗黄棕色	壤土	块状	8.0	19.8	1.16	1.06	29.4	81	2.8	57		砂岩	E 110°07′18.2″ N 29°40′02.8″	95
						P	18—25	黄黄棕色	壤土	棱块状	8.0			0.93	30.9							
						C	25—100	红黄色	壤土	块状	6.0	17.5	1.12	0.59	21.8							
剖39	铁铝土	红壤	黄红壤	耕型石灰岩黄红壤	灰黄红土	A	0—15	浅黄色	壤土	块状	6.4	16.0	1.18	0.58	23.3	79	≤1.0	134		石灰岩坡积物	E 110°07′29.5″ N 29°40′16.4″	97
						ABv	15—28	浅红黄色	壤土	块状	5.6	5.3	0.67	0.41	23.0							
						Bv	28—100															

续表 Continued

剖面号 Soil profile	土纲 Soil order	土类 Soil great group	亚类 Soil subgroup	土属 Soil genus	土种 Soil species	土层码 Layer code	土层厚度 Depth/cm	颜色 Soil color	质地 Soil texture	土壤结构 Soil structure	pH	有机质 OM/(g/kg)	全氮 TN/(g/kg)	全磷 TP/(g/kg)	全钾 TK/(g/kg)	碱解氮 AN/(mg/kg)	有效磷 AP/(mg/kg)	速效钾 AK/(mg/kg)	阳离子交换量CEC/(cmol/kg)	土壤母质 Parent material	剖面点坐标 Profile coordinate	匹配指数 Matching index/%
剖40	初育土	石灰(岩)土	红色石灰土	红色石灰土	薄腐中层红色石灰土	A₁	0—4	暗黄棕色	壤土	粒状	6.0	32.9	2.08	1.54	25.3	121	≤1.0	130		石灰岩坡积物	E 110°01′29.7″ N 29°40′19.2″	98
						A	4—14	暗黄棕色	壤土	块状	6.4	13.6	1.11	1.06	26.6							
						ABv	14—46	黄黄棕色	黏壤土	块状	6.4											
剖41	人为土	水稻土	淹育水稻土	浅黄砂泥田	浅黄砂泥田	A	0—14	棕色	砂壤土	大块状	5.4	29.6	1.65	1.33	26.9	132	21.1	94		黄色砂岩	E 110°13′42.0″ N 29°42′47.7″	95
						P	14—20	浅黄棕色	砂壤土	块状	6.0	25.6	1.53	1.24	27.2							
						C	20—100	黄棕色	砂壤土	块状	6.4			1.17	28.9							
剖42	铁铝土	红壤	红壤性土	板页岩红壤性土		A₁	1—2	暗棕色	壤土	粒状	5.2	82.9	2.85	1.08	32.4	129	≤1.0	90		板页岩残积物	E 110°13′32.7″ N 29°40′23.2″	97
						BvC	2—6	暗黄棕色	壤土	块状	5.2	25.9	1.34	0.92	36.1							
						C	6—15	黄棕色	壤土	块状	4.2			0.88	37.9							
						C	15—100	黄棕色	壤土	无结构	4.4											
剖43	初育土	石灰(岩)土	红色石灰土	淋溶石灰土	薄腐中层淋溶石灰土	A₁	0—8	黑色	壤土	粒块状	7.6	29.0	0.99	0.47	≤1.0	86	≤1.0	76		石灰岩坡积物	E 110°08′26.4″ N 29°41′05.3″	97
						ABv	8—23	暗黄棕色	黏壤土	块状	7.2	23.5	0.89	0.42	3.6							
						Bv	23—40	暗黄棕色	黏壤土	块状	6.4	18.5	0.81	0.48	6.0							
						Bv	40—60	黄棕色	黏壤土	块状	7.6											
剖44	初育土	石灰(岩)土	棕色石灰土	棕色石灰土	中腐厚层棕色石灰土	A₁	0—11	黑色	壤土	粒块状	6.7	125.6	5.24	2.30	30.5		5.4	83	27.3	石灰岩	E 110°05′40.7″ N 29°39′26.3″	92
						A	11—31	暗黄棕色	黏壤土	核块状	6.8	10.1	1.01	1.88	36.0				11.3			
						Bv	31—90	浅黄棕色	黏壤土	核块状	6.4	8.1	0.45	1.55	36.0				14.7			
剖45	人为土	水稻土	淹育水稻土	浅灰黄泥田	浅黄黄砂泥田	A	0—15	褐色	黏壤土	大块状	6.0	28.9	1.61	1.02	22.4	116	5.1			石灰岩	E 110°05′00.2″ N 29°38′55.2″	95
						P	15—24	暗黄棕色	黏壤土	块状	6.8	25.4	1.50	1.00	23.1							
						C	24—100	暗黄棕色	黏壤土	块状	7.2			0.89	25.8							
剖46	人为土	水稻土	潴育水稻土	黄砂泥田	红砂泥田	A	0—17	暗黄棕色	砂壤土	粒状	6.2	27.2	1.27	0.93	9.1	124		33		红色岩坡积物	E 110°05′39.6″ N 29°38′27.5″	95
						P	17—24	暗黄棕色	砂壤土	核状	6.4	16.7	0.67	0.84	10.6							
						W	24—52	暗黄棕色	黏壤土	核柱状	6.4	18.6	0.77	1.63	12.7							
						C	52—100	暗黄棕色	壤土	大块状	7.6			1.68	9.1							
剖47	铁铝土	红壤	黄红壤	石灰岩黄红壤		A₁	0—5	暗黄棕色	壤土	粒状	6.0	39.4	1.09	0.68	17.1	72	≤1.0	54		石灰岩坡积物	E 110°06′39.0″ N 29°39′45.3″	98
						Bv	5—33	暗黄棕色	壤土	核块状	5.6	8.5	0.38	0.59	20.1							
						C	33—56	黄棕色	壤土	核状	5.6	6.5	0.36	0.53	20.9							
						C	56—96	黄棕色	壤土	块状	6.8											
剖48	人为土	水稻土	潴育水稻土	河砂泥田	河砂泥田	A	0—16	灰黄棕色	壤土	大块状	6.0	37.4	1.90	1.15	29.0	143	8.1	98		溪流冲积物	E 110°06′22.6″ N 29°36′54.7″	95
						P	16—26	暗黄棕色	黏壤土	核块状	6.0	29.7	1.67	1.03	29.8							
						G	26—52	灰黄棕色	黏壤土	核块状	5.6	13.8	0.86	0.96	31.1							
						S	52—100	暗黄棕色	粗砂壤土	核状	5.6	17.3	0.77	1.71	28.1							
剖49	人为土	水稻土	潴育水稻土	灰黄泥田	灰黄黄泥田	A	0—17	暗黄棕色	壤土	大块状	6.0	33.7	3.19	1.05	26.3	136	4.0	90		石灰岩坡积物	E 110°02′23.0″ N 29°37′19.9″	95
						W	17—23	暗黄棕色	黏壤土	核柱状	6.0	29.4	2.00	1.71	24.8							
						C	23—43	浅黄棕色	黏壤土	大块状	6.8	8.9	0.63	1.85	24.8							
						C	43—100	暗黄棕色	壤土	大块状	6.6			1.62	25.5							
剖50	人为土	水稻土	渗育水稻土	白散泥田	白散泥田	A	0—20	黄棕色	壤土	大块状	7.8	27.4	1.39	0.72	13.0	10	2.7	120		砂岩风化物	E 110°07′44.5″ N 29°37′33.8″	95
						Pe	20—30	灰棕色	黏壤土	块状	7.6	8.8	0.40	0.39	15.7							
						G	30—100	棕灰色	壤土	大块状	6.8	3.2	0.39	0.34	17.6							
剖51	人为土	潜育水稻土	青泥田	青岩渣子田		A	0—18	暗黄棕色	黏壤土	块状	6.8	54.7	2.32	0.86	14.7	126	2.8	91		石灰岩坡积物	E 110°00′37.9″ N 29°33′53.1″	95
						P	18—24	灰黄棕色	黏壤土	核状	7.2	52.2	2.28	0.77	14.2							
						W	24—48	灰黄色	黏壤土	块状	7.6	21.0	1.02	0.70	15.0							
						G	48—100	黄棕色	壤土	块状	7.1	20.9	0.95	0.90	14.1							
剖52	人为土	水稻土	淹育水稻土	浅岩渣田	浅岩渣田	A	0—16	暗黄棕色	壤土	块状	6.4	46.0	1.28	0.95	24.0		6.2	180		板页岩残积物	E 110°07′02.4″ N 29°33′22.7″	95
						P	16—25	暗黄棕色	壤土	块状	6.4	10.0	0.80	0.53	26.7							
						C	25—100	暗黄棕色	壤土	块状	6.4			0.76	23.8							

续表 Continued

剖面号 Soil profile	土纲 Soil order	土类 Soil great group	亚类 Soil subgroup	土属 Soil genus	土种 Soil species	土层码 Layer code	土层厚度 Depth/cm	颜色 Soil color	质地 Soil texture	土壤结构 Soil structure	pH	有机质 OM/(g/kg)	全氮 TN/(g/kg)	全磷 TP/(g/kg)	全钾 TK/(g/kg)	碱解氮 AN/(mg/kg)	有效磷 AP/(mg/kg)	速效钾 AK/(mg/kg)	阳离子交换量CEC/(cmol/kg)	土壤母质 Parent material	剖面点坐标 Profile coordinate	匹配指数 Matching index/%
剖53	初育土	紫色土	酸性紫色土	酸性紫色土		A	0—16	紫棕色	壤土	粒状	5.2	13.9	0.78	0.45	21.0	69	≤1.0	82		紫色砂页岩坡积物	E 110°05′04.0″ N 29°31′31.1″	95
						ABv	16—23	紫棕色	壤土	棱块状	5.2	8.2	0.55	0.44	22.9							
						Bv	23—33	黄紫色	壤土	棱块状	5.2	5.8	0.56	0.46	23.5							
						C	33—100	暗棕红色	黏壤土	块状	5.2			0.40	26.1							
剖54	人为土	水稻土	潜育水稻土	冷浸田	冷浸岩渣田	A	0—25	浅灰色	壤土	大块状	5.2	32.5	1.62	0.84	32.3	114	5.3	166		砂岩、板页岩冲积物	E 110°05′29.0″ N 29°31′26.8″	95
						Pg	25—35	暗灰色	壤土	棱块状	5.2	25.1	1.38	0.63	32.1							
						Sg	35—52	绿灰色	壤土	棱块状	5.6	16.8	1.04	0.84	33.3							
						G	52—72	灰白色	粗砂土	棱块状	4.8	7.1	0.80	1.28	33.2							
						C	72—100	浅黄棕色	砂壤土	块状	5.6			5.14	29.9							
剖55	初育土	紫色土	石灰性紫色土	耕型石灰性紫色土	石灰性紫砂土	A	0—17	棕色	砂壤土	块状	8.0	8.9	0.80	1.05	24.2	83	3.0	64		紫色砂页岩坡积物	E 110°04′03.0″ N 29°30′19.4″	95
						Bv	17—21	棕色	砂壤土	棱块状	7.6	7.8	0.80	1.02	25.4							
						C	21—100	暗红棕色	砂壤土	棱块状	7.6			0.96	24.6							
剖56	人为土	水稻土	潴育水稻土	灰泥田	灰砂泥田	A	0—17	暗棕色	壤土	大块状	8.0	44.4	2.32	1.23	17.9	144	2.4	178		石灰岩坡积物	E 110°01′41.6″ N 29°31′37.4″	95
						P	17—25	栗色	壤土	块状	8.0	45.7	2.35	1.13	17.7							
						W	25—49	暗黄棕色	壤土	棱柱状	7.6	18.2	0.84	1.14	17.6							
						C	49—100	黄棕色	壤土	棱柱状	7.6			2.09	16.4							
剖57	人为土	水稻土	渗育水稻土	白散泥田	青羼白散泥田	Ae	0—16	暗黄色	砂壤土	大块状	5.6	31.4	1.67	0.78	24.0	123	5.2	98		板页岩坡积物	E 110°00′06.1″ N 29°30′13.0″	95
						P	16—25	灰黄色	壤土	棱柱状	5.8	19.6	1.15	0.75	26.2							
						We	25—36	暗黄色	砂壤土	棱柱状	5.8	9.7	0.73	1.41	27.6							
						Ce	36—100	褐色	粗砂壤土	棱柱状	6.4	10.5	0.80	1.53	28.8							
剖58	人为土	水稻土	潴育水稻土	中性紫泥田	中性紫砂田	A	0—16	紫红色	壤土	大块状	6.8	27.9	1.27	0.95	21.5	101	5.7	75		紫色砂页岩	E 110°08′14.1″ N 29°34′13.3″	95
						P	16—26	紫红色	壤土	棱柱状	6.4	29.8	1.61	0.95	20.2							
						W	26—100	紫红色	壤土	棱柱状	6.8	10.7	0.60	0.83	20.1							
剖59	人为土	水稻土	潴育水稻土	青泥田	青紫泥田	A	0—18	棕色	黏壤土	大块状	7.5	24.0	1.47	0.76	26.7	136	2.8	71		紫色砂页岩	E 110°07′42.6″ N 29°33′45.9″	95
						P	18—25	暗黄棕色	黏壤土	棱柱状	7.6	25.5	1.48	0.73	26.5							
						W	25—52	棕灰色	黏壤土	棱柱状	6.8	24.2	1.38	0.75	26.9							
						G	52—100	褐色	壤土		7.0	23.4	1.32	0.69	26.5							
剖60	人为土	水稻土	潴育水稻土	青泥田	青实紫泥田	A	0—18	紫红色	黏壤土	大块状	7.1	29.4	1.91	1.18	26.3	149	5.0	125		石灰岩风化物	E 110°10′17.2″ N 29°33′21.5″	95
						Pg	18—26	紫红色	黏壤土	棱柱状	7.2	43.2	2.41	1.32	25.8							
						G	26—100	暗紫红色	黏壤土	块状	7.2	43.5	2.46	1.35	24.9							
剖61	初育土	紫色土	石灰性紫色土	青泥田	石灰性青泥田	A	0—3	黄灰色	壤土	粒状	8.0	17.8	1.19	0.61	24.7	113	1.9	65		石灰岩坡积物	E 110°11′53.1″ N 29°30′14.9″	95
						Pg	3—18	暗棕黄色	壤土	棱状	7.2	32.9	1.69	0.91	24.2							
						G	18—41	褐棕色	砂壤土	块状	7.0	15.0	0.91	0.68	24.6							
剖62	初育土	紫色土	酸性紫色土	酸性紫色土		A_1	0—18	紫红色	壤土	粒状	5.2					60	≤1.0	46		紫色砂岩坡积物	E 110°12′59.4″ N 29°30′52.6″	95
						A	3—18	紫红色	壤土	块状	5.6	24.5	1.01	0.42	13.1							
						ABv	18—41	暗紫红色	壤土	块状	5.6	7.2	0.46	0.34	14.7							
						C	41—100	紫灰色	砂壤土	大块状	5.2			0.37	16.4							
剖63	人为土	水稻土	潜育水稻土	冷浸田		A	0—18	灰棕色	壤土	块状	8.2	35.7	1.69	0.89	22.1	119	1.1	90		砂岩砂岩坡积物	E 110°13′51.8″ N 29°30′20.2″	95
						Pg	18—30	暗棕红色	壤土	大块状	8.0	30.7	1.49	0.89	22.2							
						3	30—50															
						G	50—100	暗棕灰色	壤土	块状	8.0	24.4	1.30	0.97	24.4							
剖64	人为土	水稻土	潜育水稻土	烂泥田	石灰性烂泥田	Ag	0—30	暗红棕色	壤土	块状	7.8	26.1	1.33	0.91	22.5	61	1.2	57		紫色砂页岩坡积物	E 110°14′19.8″ N 29°30′21.7″	97
						G	30—100	暗红棕色			7.8	25.6	1.27	0.90	23.5							

续表 Continued

剖面号 Soil profile	土纲 Soil order	土类 Soil great group	亚类 Soil subgroup	土属 Soil genus	土种 Soil species	土层码 Layer code	土层厚度 Depth/cm	颜色 Soil color	质地 Soil texture	土壤结构 Soil structure	pH	有机质 OM/(g/kg)	全氮 TN/(g/kg)	全磷 TP/(g/kg)	全钾 TK/(g/kg)	碱解氮 AN/(mg/kg)	有效磷 AP/(mg/kg)	速效钾 AK/(mg/kg)	阳离子交换量 CEC/(cmol/kg)	土壤母质 Parent material	剖面点坐标 Profile coordinate	匹配指数 Matching index/%
剖65	人为土	水稻土	潜育水稻土	冷浸田	冷浸阴山田	A	0—20	暗黄黄色	壤土	大块状	5.0	32.0	1.31	0.93	33.5	109	3.5	59		板页岩风化物	E 110°08′18.3″ N 29°30′31.3″	95
						Pg	20—30	浅灰色	壤土	块状	5.0	29.9	1.47	0.76	33.4							
						G3	30—100															
剖66	人为土	水稻土	潜育水稻土	灰泥田	灰砂泥田	A	0—17	浅灰色	壤土	大块状	6.5	28.6	1.29	0.36	32.8	145	3.6	106		石灰岩坡积物	E 110°09′13.6″ N 29°30′58.6″	95
						Pg	17—28	浅灰色	壤土	大块状	7.6	47.1	2.68	1.03	19.1							
						W1	28—74	暗黄棕色	壤土	块状	7.6	42.5	2.14	1.02	20.6							
						W2	74—100	暗黄棕色	壤土	棱柱状	7.6	18.3	1.25	0.91	20.8							
								暗黄棕色	壤土	棱柱状	7.6	16.8	1.14	1.20	22.2							
剖67	初育土	石灰(岩)土	红色石灰土	耕型红色石灰土	红灰土	A	0—14	棕色	壤土	棱块状	6.4	26.7	1.60	0.95	21.6	130	1.1	100		石灰岩坡积物	E 110°04′25.4″ N 29°27′22.5″	98
						ABv	14—43	棕红色	壤土	棱块状	6.0	21.9	1.44	1.44	22.5							
						Bv	43—100	黄红棕色	壤土	棱柱状	6.0	11.6	1.09	0.98	24.4							
剖68	人为土	水稻土	潜育水稻土	河砂泥田	河砂泥田	A	0—19	栗色	壤土	大块状	6.0	34.8	1.71	1.35	20.4	123	15.7	46		河流冲积物	E 110°06′59.4″ N 29°25′59.4″	95
						P	19—26	黄黄色	壤土	块状	6.8	28.4	1.41	1.68	20.9							
						W1	26—42	灰黄棕色	壤土	块状	7.0	17.3	0.62	1.88	20.3							
						W2	42—100	棕色	砂壤土	小棱块状	6.4	8.1	0.72	3.91	21.3							
剖69	人为土	水稻土	潜育水稻土	河砂泥田	河砂泥田	A	0—19	棕色	砂壤土	大块状	6.0	16.7	0.93	0.65	14.8	90	≤1.0	52		河流冲积物	E 110°01′14.1″ N 29°26′44.3″	95
						P	19—27	棕色	壤土	块状	6.0	15.4	0.90	0.63	14.9							
						W1	27—69	棕色	壤土	块状	7.2	8.1	0.35	0.77	22.7							
						W2	69—100	棕色	壤土	块状	7.2	8.8	0.49	1.82	14.9							
剖70	人为土	水稻土	淹育水稻土	紫河潮泥田	紫河潮泥田	A	0—18	紫棕色	壤土	粒块状	6.0	24.6	1.34	0.89	18.8	106	3.2	70		河流冲积物	E 110°05′47.0″ N 29°24′18.5″	95
						P	18—27	紫棕色	壤土	块状	6.0	22.2	1.31	0.85	19.0							
						W1	27—43	紫棕色	壤土	棱柱状	6.8	9.8	0.65	0.85	16.9							
						W2	43—100	紫棕色	壤土	大块状	6.2	9.8	0.62	0.96	21.3							
剖71	人为土	水稻土	潜育水稻土	浅岩渣田	火炼岩田	A	0—13	浅灰黄色	壤土	块状	6.4	32.5	1.75	0.88	15.9	130	8.3	93		石灰岩	E 110°04′42.8″ N 29°20′37.2″	95
						P	13—20	暗棕灰色	壤土		6.4	30.2	1.71	0.85	14.5							
						C	20—100	棕灰色	壤土	块状	6.8			0.61	13.3							
剖72	人为土	水稻土	潜育水稻土	烂泥田	烂泥田	A	0—21	暗棕灰色	黏壤土	大块状	7.2	44.4	1.76	0.79	12.2	151	5.7	65		古河流冲积物	E 110°08′37.5″ N 29°23′02.9″	98
						G	21—46	棕色	壤土	块状	7.0	39.5	1.61	0.74	11.9							
						Sg	46—100	栗色	壤土	核粒状	7.0	35.9	1.48	0.68	12.2							
剖73	铁铝土	红壤	黄红壤	浅红黄红田	浅红黄泥田	Ai	13—18	黑色	砂壤土	大块状	5.6	39.0	1.78	1.52	22.1	104	2.8	61		古河流冲积物	E 110°28′06.1″ N 29°41′34.7″	95
						A	18—39	黄黄棕色	砂壤土	块状	5.6	16.7	0.44	1.74	16.4							
						BvC	39—60	灰灰色	黏壤土	棱柱状	5.2											
剖74	人为土	水稻土	潜育水稻土	砂岩黄泥田		A	0—17	灰黄色	黏壤土	粒状	4.8	31.9	1.92	1.15	23.3	196	≤1.0	91		砂岩残积物	E 110°08′09.8″ N 29°40′08.1″	97
						P	17—25	灰灰色	黏壤土	块柱状	8.0	18.8	1.15	1.01	23.3							
						C	25—100	黄黄棕色	黏壤土	块状	7.2	17.9	0.85	0.96	21.6							
剖75	铁铝土	黄壤	耕型板页岩黄壤	灰泥田	黄夹砂田	A	0—15	褐色	砂壤土	大块状	6.0	27.6	1.58	1.32	23.0	118	3.3	127		石灰岩坡积物	E 110°29′35.7″ N 29°40′23.3″	95
						ABv	10—38	暗黄棕色	砂壤土	块状	6.0	21.6	1.24	1.32	21.6							
						Bv	38—68	褐色	砂壤土	棱柱状	5.6	26.8	1.48	1.56	22.3							
						BvC	68—100	浅灰棕色	壤土	块状	5.6	21.0	1.28	2.17	22.5							95
剖76				耕型板页岩黄壤		A	0—14	棕色	壤土	大块状	7.6	41.6	2.60	2.24	23.7	193	12.7	137		板页岩坡积物	E 110°29′46.8″ N 29°40′41.5″	
剖77	人为土	水稻土	潜育水稻土	紫泥田	碱紫砂泥田	P	14—20	棕色	壤土	块状	7.2	37.7	1.18	1.85	24.3			132		紫色砂页岩	E 110°25′57.3″ N 29°35′33.7″	95
						W	20—47	浅棕色	砂壤土	块状	7.6	12.7	1.04	1.85	21.6							
						C	47—100	褐棕色	砂壤土	核状	7.2			1.34	17.3							

续表 Continued

剖面号 Soil profile	土纲 Soil order	土类 Soil great group	亚类 Soil subgroup	土属 Soil genus	土种 Soil species	土层码 Layer code	土层厚度 Depth/cm	颜色 Soil color	质地 Soil texture	土壤结构 Soil structure	pH	有机质 OM/(g/kg)	全氮 TN/(g/kg)	全磷 TP/(g/kg)	全钾 TK/(g/kg)	碱解氮 AN/(mg/kg)	有效磷 AP/(mg/kg)	速效钾 AK/(mg/kg)	阳离子交换量CEC/(cmol/kg)	土壤母质 Parent material	剖面点坐标 Profile coordinate	匹配指数 Matching index/%
剖78	初育土	紫色土	中性紫色土	耕型中性紫砂土	中性紫砂土	A	0—17	紫棕色	壤土	粒状	6.8	11.7	1.18	0.55	27.9	83	3.0	64		紫色页岩坡积物	E 110°20′52.6″ N 29°31′59.4″	95
						ABv	17—47	紫棕色	壤土	块状	7.2	11.0	0.71	0.50	26.9							
						BvC	47—100	紫棕色	壤土	块状	7.2	12.0	≤0.10	0.58	26.1							
剖79	初育土	紫色土	石灰性紫色土	石灰岩紫砂土	薄土层石灰紫砂土	A	0—10	暗紫棕色	砂壤土	粒状	8.0	25.8	1.23	1.17	20.0	66	1.6	64		紫色砂页岩残积物	E 110°17′53.0″ N 29°30′46.3″	95
						Bv	10—20	暗紫棕色	砂壤土	块状	8.0	16.1	0.91	1.08	20.8							
						BvC	20—39	暗紫棕色	粗砂壤土	块状	7.6	16.8	1.01	1.09	21.5							
						C	39—100	暗紫棕色	粗砂壤土	块状												
剖80	人为土	水稻土	淹育水稻土	中性浅紫泥田	中性浅紫砂田	A	0—17	棕色	砂壤土	大块状	7.2					93	≤1.0	92		紫色砂页岩	E 110°17′54.7″ N 29°30′37.6″	95
						P	17—24	棕色	壤土	块状	7.2											
						C	24—100	棕色	砂壤土	块状	7.2											
剖81	人为土	水稻土	淹育水稻土	浅岩渣田		A	0—13	黑棕色	壤土	块状	6.0					191	5.9	135		炭质页岩	E 110°37′12.4″ N 29°41′57.8″	95
						P	13—22	黑棕色	砂壤土	块状	6.0											
						C	22—100	浅黄棕色	黏壤土	块状	6.4											
剖82	铁铝土	黄壤	黄壤	石灰岩黄壤	薄腐厚层石灰岩黄壤	A₁	0—5	暗黄棕色	壤土	粒状	5.2	76.9	5.28	1.36	20.6	113	≤1.0	70		石灰岩坡积物	E 110°38′02.0″ N 29°41′17.6″	98
						A	5—14	黄棕色	壤土	粒状	5.2	44.3	1.60	0.74	16.8							
						Bv	14—30	浅黄棕色	壤土	块状	5.2	12.5	1.01	0.49	24.3							
							30—100	浅黄棕色	壤土	块状												
剖83	淋溶土	黄棕壤	山地黄棕壤	耕型灰岩山地黄棕壤	石灰岩黄壤	A	0—17	暗黄棕色	黏壤土	粒状	6.0	61.8	2.91	1.43	24.4	236	5.2	273		石灰岩坡积物	E 110°39′43.7″ N 29°41′38.9″	97
						ABv	17—28	暗黄棕色	黏壤土	块状	5.6	41.7	2.09	1.24	24.8							
						Bv	28—100	黄棕色	黏壤土	块状	6.0	23.7	0.99	0.99	25.1							
剖84	铁铝土	黄壤	黄壤	砂岩黄壤	薄腐中层砂岩黄壤	A₁	0—3	暗棕灰色	壤土	粒状	6.0	42.8	2.06	1.32	19.8	184	2.5	174		砂岩残积物	E 110°35′30.8″ N 29°35′48.6″	99
						A	3—12	棕灰色	砂壤土	块状	5.6	12.4	≥10.00	0.95	21.9							
						BvC	12—41	浅棕灰色	砂壤土	粒状	5.2											
剖85	铁铝土	红壤	黄红壤	耕型砂岩黄红壤		A	0—22	暗黄棕色	砂壤土	核状	7.6	22.4	1.28	1.01	12.6	99	2.8	159		砂岩坡积物	E 110°30′59.8″ N 29°33′01.3″	97
						ABv	22—42	暗黄棕色	壤土	核状	7.4	19.2	1.05	0.92	12.7							
						Bv	42—100	暗黄棕色	壤土	核状	7.4	6.1	0.45	0.47	13.8							
剖86	初育土	紫色土	中性紫色土			A₁	2—4	暗紫棕色	壤土	粒状	7.2					56	≤1.0	46		紫色砂岩坡积物	E 110°31′04.9″ N 29°30′23.8″	95
						A	4—13	暗紫棕色	壤土	核状	6.8	15.8	0.86	0.68	20.4							
						Bv	13—32	暗紫红色	壤土	核状	6.8	6.1	0.64	0.62	19.2							
						BvC	32—69	暗紫红色	壤土	核状	6.8	4.6	0.44	0.53	19.1							
						C	69—100	暗紫红色	壤土	块状	7.2				21.1							

益 阳 市

市 辖 区

主要土类说明

水稻土是益阳市主要土壤类型，占本市地域面积的60%。水稻土的形成过程主要包括物质的淋溶淀积过程，黏土矿物的分解、合成与迁移过程，有机质的积累过程等。本市水稻土分为淹育型、潴育型、潜育型、漂洗型等亚类。淹育水稻土分布位置较高，多为排田或岸田，水源较缺。潜育水稻土分布位置较低，多为冲田、低垄田及低湖田，地下水位较高。潴育水稻土、漂洗水稻土介于淹育水稻土和潜育水稻土之间，位置比较适中，土壤水分状况适宜。

红壤是益阳市第二大土壤类型，占本市地域面积的35%。红壤是本市主要的地带性土壤，分布广，在本市西南部的低山、中部的丘陵岗地至东北部洞庭湖滨的低岗地均有分布，垂直分布上限为海拔500m，普遍分布在海拔300m以下的地区。红壤发育于多种成土母质，其中由板页岩发育的红壤面积最大，由第四纪红色黏土发育的红壤次之，由砂岩、花岗岩和石灰岩发育的红壤面积较小。红壤形成过程是脱硅富铝化过程。在长期的风化成土过程中，土壤矿物中硅大量流失，铁、铝相对聚积，且铁的游离度高，红壤化作用十分强烈。

小于本市地域面积3%的土壤类型有潮土等。

本区域中心区气候特征

本区域中心区气候特征值
Regional climate characteristics in central area of the region

气候带：中亚热带湿润气候 Climate region: Subtropical humid climate	
年平均气温 /℃ Annual average temperature /℃	16.9
年平均最高气温 /℃ Annual average maximum temperature /℃	21.2
年平均最低气温 /℃ Annual average minimum temperature /℃	13.7
年降水量 /mm Annual precipitation /mm	1316
≥10℃的积温 /℃ Daily temperature accumulated in a year (≥10℃) /℃	6245
年日照时数 /h Annual sunshine /h	1580
年平均相对湿度 /% Annual average relative humidity /%	81
干燥度 Dryness	0.77

益阳市市辖区（部分）主要土壤类型与土壤剖面点分布图
1∶230 000

益阳市土壤剖面理化性状表

剖面号 Soil profile	土纲 Soil order	土类 Soil great group	亚类 Soil subgroup	土属 Soil genus	土种 Soil species	土层码 Layer code	土层厚度 Depth/cm	颜色 Soil color	质地 Soil texture	土壤结构 Soil structure	pH	有机质 OM/(g/kg)	全氮 TN/(g/kg)	全磷 TP/(g/kg)	全钾 TK/(g/kg)	碱解氮 AN/(mg/kg)	有效磷 AP/(mg/kg)	速效钾 AK/(mg/kg)	阳离子交换量 CEC/(cmol/kg)	土壤母质 Parent material	剖面点坐标 Profile coordinate	匹配指数 Matching index/%
剖1	人为土	水稻土	潜育水稻土	青黏土	益阳烂泥田	Aag	0—28	灰棕色	壤质黏土	糊状	6.5	31.5	1.70	0.50	10.9	138	5.0	46		红壤再积物	E 112°14′31.9″ N 28°27′55.8″	95
						G	28—100	蓝灰色	壤质黏土	糊状	6.4	28.7	1.40	0.40	10.6	135	4.0	42				
剖2	铁铝土	红壤		耕型石灰岩红壤	灰红土	A	0—17	暗黄棕色	轻黏土	粒状	6.5	17.6	1.23	1.92	23.2	91	10.5	111	10.7	石灰岩	E 112°13′15.2″ N 28°25′27.0″	75
						Bv	17—42	浅红棕色	中黏土	块状	6.3	6.5	0.61	1.56	25.4	24	9.2	54	12.5			
						C	42—100	浅红棕色	中黏土	块状	6.4	4.7	0.39	1.45	28.0	11	5.8	58	12.7			
剖3	铁铝土	红壤		耕型板页岩红壤		1	0—15					6.6	0.62	0.93	19.7	18	3.5	33		第四纪红色黏土	E 112°13′45.7″ N 28°25′24.8″	75
						2	15—42					4.7	0.44	0.62	19.8	10	2.8	21				
						3	42—70					2.2	0.21	0.54	21.9	≤1	2.4	22				
剖4	人为土	水稻土	脱潜水稻土	黄斑泥田	砂头潮砂泥田	Aa	0—15	灰色	黏壤土	碎块状	5.5	33.3	1.70	0.40	27.0	130	6.0	66		湖相沉积物	E 112°14′27.3″ N 28°26′51.9″	95
						Ap	15—25	灰色	壤质黏土	块状	6.0	24.1	1.10	0.40	25.0	82	3.0	45				
						Gw₁	25—70	暗棕色	壤质黏土	棱块状	7.2	12.1	0.60	0.40	24.2	36	3.0	61				
						Gw₂	70—100	暗棕色	壤质黏土	块状	7.0	12.7	0.50	0.40	23.5	34	2.0	76				
剖5	铁铝土	红壤		板页岩红壤		A	0—18	红棕色	中壤土	粒状	5.1	17.1	1.02	0.96	16.7	87	3.4	72	10.1	砂砾岩	E 112°14′07.1″ N 28°25′16.8″	95
						ABv	18—46	浅黄棕色	重壤土	碎块状	4.6	9.2	0.63	1.05	14.7	59	1.1	56	9.7			
						BvC	46—75	红黄色	重壤土	碎块状	4.7	4.3	0.35	1.19	16.0	28	≤1.0	39	11.2			
						D	75—150	红黄色	重壤土	碎块状												
剖6	人为土	水稻土	潜育水稻土	烂湖田	烂湖田	Ag	18—42	灰色	黏壤土	无结构	5.6	29.3	1.70	1.08	16.5	145	5.3	61	12.1	第四纪红色黏土	E 112°13′31.8″ N 28°24′43.2″	75
						G	20—100	青灰色	黏壤土	无结构	5.6	21.0	1.16	0.55	17.9	86	4.0	39	12.0			
剖7	人为土	水稻土	潴育水稻土	红黄泥田	潮砂泥田	A	0—19	灰黄色	重壤土	粒状	6.0	35.7	2.16	1.61	19.1	165	18.7	56	13.2	第四纪红色黏土	E 112°28′43.1″ N 28°43′42.8″	95
						P	19—33	黄灰色	重壤土	块状	7.9	25.0	1.44	0.88	17.1	84	11.9	33				
						W	33—70	黄灰色	重壤土	棱块状	7.8	5.0	0.57	0.63	17.8	24	2.7	28				
						C	70—100	黄棕色	重壤土	块状	7.5	3.5	0.31	0.64	20.8	34	2.7	77				
剖8	半水成土	潮土		耕型湖潮土	潮砂泥田	A	0—18		中壤土	粒状	5.9	14.4	1.46	0.87	19.9	112	18.5	109	12.2	湖积物	E 112°27′27.9″ N 28°39′07.4″	95
						Bv	18—42	暗灰黄色	重壤土	碎块状	5.8	8.6	8.50	0.72	28.3	81	73.6	73	14.7			
						C	42—100	暗灰黄色	重壤土	块状	5.8	39.9	9.82	0.77	15.6	87	59.4	59	17.1			
剖9	铁铝土	红壤		板页岩红壤	灰泥田	1	0—22	青灰色	黏壤土	棱柱状		24.3	2.15	1.81	19.8	124	17.6	96		第四纪红色黏土	E 112°21′05.2″ N 28°31′39.7″	95
						2	22—68	黄灰色	重壤土	块柱状		10.3	0.85	1.06	19.8	74	6.8	40				
						3	68—100	黄灰色	轻黏土	块状		6.8	0.55	0.68	22.0	27	3.4	36				
剖10	人为土	水稻土	潴育水稻土	灰泥田	灰泥田	A	0—15	暗黄棕色	重壤土	碎块状	8.7	22.2	1.17	1.59	13.6	98	4.1	90	14.9	石灰岩	E 112°17′42.5″ N 28°27′46.6″	95
						P	15—25	暗黄棕色	中壤土	块状	8.3	7.4	0.69	1.57	13.5	83	4.1	96	14.7			
						W	25—50	浅黄棕色	中壤土	棱柱状	8.1	5.5	0.49	0.90	14.1	30	5.0	71	10.5			
						C	50—100	暗黄棕色	轻黏土	小块状	7.8	4.5	0.35	0.36	14.1	10	4.6	84	12.7			
剖11	人为土	水稻土	潴育水稻土	扁砂泥田	青扁砂泥田	A	0—16	暗黄棕色	中壤土	块状	7.3	25.2	1.69	1.42	15.8	182	7.3	66	12.1	板页岩坡积物	E 112°18′14.0″ N 28°28′22.9″	95
						P	16—24	暗灰棕色	中壤土	块状	8.1	24.7	1.38	1.51	14.8	89	5.6	58	15.2			
						W	24—65	青黄橙色	重壤土	棱柱状	8.6	21.3	1.11	1.80	19.4	86	4.2	54	20.8			
						C	65—100	青棕色	重壤土	块状	8.5	3.5	0.34	1.07	19.4	32	1.8	40	15.4			
剖12	人为土	水稻土	潴育水稻土	中性紫泥田	中性紫泥田	A	0—15	紫棕色	重壤土	块状	6.8	24.3	2.14	1.58	20.9	98	5.0	116	8.6	紫色砂页岩	E 112°18′55.2″ N 28°27′54.5″	95
						P	15—20	暗紫棕色	重壤土	块状	6.6	13.8	1.28	1.45	15.2	32	3.6	110	10.5			
						W	20—65	浅紫棕色	轻黏土	块柱状	7.3	9.3	0.81	0.80	16.4	14	2.5	103	10.8			
						C	65—100	棕灰色	黏土	糊状	7.3	5.4	0.43	0.43	19.3	7	2.1	98	11.2			
剖13	人为土	水稻土	潜育水稻土	冷浸田	冷浸泥田	A	0—23	暗黄棕色	黏土	糊状	6.4	27.7	1.42	1.17	14.5	135	8.5	57	11.0		E 112°20′23.2″ N 28°27′28.1″	81
						Apg	23—35	棕灰色	黏土	糊状	6.7	26.5	1.28	1.06	16.2	129	4.5	51	11.2			
						G	35—	棕灰色	黏土	糊状	6.7	21.7	1.21	0.97	15.0	103	4.4	46	8.9			

续表 Continued

剖面号 Soil profile	土纲 Soil order	土类 Soil great group	亚类 Soil subgroup	土属 Soil genus	土种 Soil species	土层码 Layer code	土层厚度 Depth/cm	颜色 Soil color	质地 Soil texture	土壤结构 Soil structure	pH	有机质 OM/(g/kg)	全氮 TN/(g/kg)	全磷 TP/(g/kg)	全钾 TK/(g/kg)	碱解氮 AN/(mg/kg)	有效磷 AP/(mg/kg)	速效钾 AK/(mg/kg)	阳离子交换量CEC/(cmol/kg)	土壤母质 Parent material	剖面点坐标 Profile coordinate	匹配指数 Matching index/%
剖14	人为土	水稻土	潴育水稻土	岩渣田	岩渣田	A	0—15	灰黄色	中壤土	碎块状	6.5	25.5	1.09	1.12	21.4	108	4.7	84	14.7	板页岩	E 112°19′17.4″ N 28°25′18.5″	95
						P	15—25	灰黄色	重壤土	块状	6.2	20.7	0.92	1.28	22.3	80	2.6	109	7.3			
						W	25—61	暗黄棕色	重壤土	棱柱状	6.4	19.7	0.82	1.04	23.6	60	2.0	92	8.3			
						C	61—100	浅黄棕色	重壤土	块状	6.8	5.3	0.37	1.04	21.9	31	1.1	87	14.2			
剖15	人为土	水稻土	淹育水稻土	浅红黄泥田	浅红黄泥田	A	0—10	浅黄棕色	轻壤土	碎块状	6.1	19.2	1.47	1.02	17.8	82	7.2	86	6.9	第四纪红色黏土	E 112°23′23.6″ N 28°29′48.3″	95
						P	10—17	黄棕色	轻黏土	块状	6.8	17.6	1.15	0.83	15.4	50	9.2	58	9.2			
						C	17—100	浅红棕色	轻黏土	无结构	7.2	7.3	0.63	0.52	18.1	36	2.8	58	6.9			
剖16	铁铝土	红壤		花岗岩红壤		A	0—25				4.8	20.0	1.30	0.97	20.2	64	6.6	93	11.1	第四纪红色黏土	E 112°24′37.0″ N 28°29′50.0″	95
						Bv	25—50				5.1	9.8	0.64	0.82	22.6	40	4.9	82	11.7			
						C	50—100				4.8	3.5	0.19	0.49	21.1	16	2.6	84	12.5			
剖17	铁铝土	红壤		耕型板页岩红壤	黄泥土	A	0—20	浅棕黄色	重壤土	粒状	4.5	33.7	1.91	1.19	19.7	127	11.6	91	12.2	板页岩	E 112°24′32.4″ N 28°29′14.9″	95
						Bv	20—60	淡红黄色	轻壤土	块状	4.8	19.0	1.40	0.78	19.9	85	9.2	36	12.7			
						BvC	60—100	红黄色	中壤土	块状	4.6	4.8	0.61	0.61	20.9	22	7.0	59	13.5			
剖18	人为土	水稻土	潜育水稻土	烂泥田	烂泥田	A	0—23	灰棕色	黏土	无结构	6.4	31.5	1.71	1.04	13.1	138	4.9	46	10.0	板页岩	E 112°28′11.2″ N 28°29′40.0″	82
						Ag	23—	浅黄棕色	黏土	无结构	6.5	28.7	1.43	0.88	12.8	135	4.4	42	11.3			
剖19	人为土	水稻土	潴育水稻土	黄泥田	黄泥田	G	—	浅红棕色	重壤土	碎块状	6.0	34.1	1.91	1.32	20.4	128	9.0	83	11.8	板页岩	E 112°29′39.0″ N 28°28′26.5″	95
						A	0—16	浅黄棕色	重壤土	块状	6.8	23.8	1.66	1.05	18.0	105	4.3	67	12.0			
						P	16—24	浅黄棕色	中壤土	块状	6.6	12.4	0.79	1.03	19.2	48	3.1	64	9.5			
						W	24—68		中壤土	棱柱状	7.8	5.0	0.34	0.82	21.7	19	1.8	37	11.7			
						C	68—100		重壤土	碎块状	7.7	34.9	1.87	1.04	19.0	164	17.2	137				
剖20	人为土	水稻土	潴育水稻土	紫泥田	碱紫砂泥田	A	0—18	紫棕色	重壤土	碎块状	7.8	18.8	1.19	0.53	19.3	86	10.8	82	11.8	紫砂页岩	E 112°23′39.4″ N 28°25′20.2″	95
						P	18—28	暗紫棕色	重壤土	块状	8.1	7.4	0.71	0.53	19.8	39	4.6	79	12.7			
						W	28—67	紫棕色	重壤土	棱柱状	8.5	4.5	0.36	0.50	22.7	15	2.8	51	10.4			
剖21	铁铝土	红壤		花岗岩红壤		A1	0—1	暗红色		粒状	5.4	19.8	0.81	0.47	20.5	52	2.1	22	13.9	花岗岩	E 112°25′43.7″ N 28°27′04.5″	95
						A	1—30	暗红棕色	重壤土	碎块状	5.2	5.2	0.31	0.42	21.6	38	2.2	22	9.2			
						ABv	30—60	红棕色	中壤土	块状	6.6	4.1	0.25	0.24	26.5	32	2.1	6	6.5			
						Bv	60—100	红色	中壤土	块状	5.4	33.3	1.65	2.31	32.5	130	56.0	66	6.1			
剖22	人为土	水稻土	潴育水稻土	潮砂泥田	潮砂泥田	Ap	0—15	浅黄色	壤土	碎块状	6.0	24.1	1.12	2.31	30.1	82	33.0	45	9.5	花岗岩	E 112°17′42.6″ N 28°24′26.4″	81
						W	25—70	暗黄色	砂壤土	块状	6.2	12.1	0.57	2.08	29.1	36	25.0	61	9.5			
						C	70—100	深黄色	重壤土	块状	7.0	12.7	0.55	2.26	28.3	34	41.0	76				
剖23	人为土	水稻土	潴育水稻土	青泥田	青泥田	A	0—16	灰灰黄色	中壤土	碎块状	6.7	34.3	1.57	1.14	18.3	142	7.0	90	13.9	板页岩	E 112°18′06.4″ N 28°23′53.2″	95
						Pg	16—24	灰黄色	重壤土	块状	6.6	27.7	1.31	0.87	19.8	109	5.5	79	12.7			
						G	24—100	青灰色	重壤土	棱柱状	6.6	17.7	0.88	0.88	18.7	53	≤1.0	73	10.4			
剖24	人为土	水稻土	潴育水稻土	红黄泥田	灰黄泥田	A	0—18	灰黄棕色	轻壤土	粒状	6.8	31.9	1.70	0.55	29.9	142	12.9	89	13.9	第四纪红色黏土	E 112°18′20.3″ N 28°24′45.8″	95
						P	18—25	灰黄色	轻壤土	块状	6.9	16.6	1.08	0.52	18.2	57	7.5	76	13.8			
						W	25—67	暗黄色	轻壤土	棱柱状	8.0	8.2	0.66	0.28	21.1	18	2.4	67	16.1			
						C	67—100	黄棕色	轻壤土	小块状	8.0	5.4	0.43	0.25	22.5	26	2.9	54	4.7			
剖25	人为土	水稻土	潴育水稻土	灰黄泥田		A	0—16	暗灰黄色	重壤土	碎块状	5.7	34.1	1.89	1.08	21.4	189	7.2	64	14.1	石灰岩	E 112°20′43.7″ N 28°23′56.7″	81
						P	16—24	暗黄棕色	轻壤土	块状	6.3	16.8	0.91	1.15	22.6	77	3.7	57	8.3			
						W	24—57	浅黄棕色	轻壤土	棱柱状	6.7	6.4	0.61	0.74	15.8	43	2.5	46	12.3			
						C	57—100	浅黄棕色	轻壤土	块状	7.6	5.1	0.50	0.50	15.7	36	1.8	58	8.9			
剖26	人为土	水稻土	潴育水稻土	红黄泥田	黄腊泥田	Apg	0—14	灰黄色	黏壤土	块状	6.2	18.9	1.26	1.39	19.2	83	4.7	115		第四纪红色黏土	E 112°19′14.9″ N 28°21′13.7″	81
						A	14—21	红黄色	黏壤土	块状	5.3	18.3	1.13	1.01	19.2	83	2.5	83				
						W	21—36	红黄色	黏壤土	块状	5.1	11.3	0.83	0.44	19.2	47	3.7	110				
						C	36—100	黄色	黏壤土	块状	5.4											

续表 Continued

剖面号 Soil profile	土纲 Soil order	土类 Soil great group	亚类 Soil subgroup	土属 Soil genus	土种 Soil species	土层码 Layer code	土层厚度 Depth/cm	颜色 Soil color	质地 Soil texture	土壤结构 Soil structure	pH	有机质 OM/(g/kg)	全氮 TN/(g/kg)	全磷 TP/(g/kg)	全钾 TK/(g/kg)	碱解氮 AN/(mg/kg)	有效磷 AP/(mg/kg)	速效钾 AK/(mg/kg)	阳离子交换量CEC/(cmol/kg)	土壤母质 Parent material	剖面点坐标 Profile coordinate	匹配指数 Matching index/%
剖27	人为土	水稻土	淹育水稻土	浅碱紫泥田	浅碱紫砂泥田	A	0—11	暗紫红色	中壤土	块状	7.3	19.0	1.56	0.86	21.3	94	2.6	63	9.6	紫色砂页岩	E 112°19′51.3″ N 28°21′17.5″	95
						P	11—18	暗紫红色	中壤土	块状	7.6	15.5	1.15	0.74	22.2	54	2.5	57	6.6			
						C	18—100	紫红色	中壤土	无结构	8.3	5.2	0.39	0.53	22.9	19	1.5	78	5.8			
剖28	人为土	水稻土	潜育水稻土	烂泥田	烂泥田	Ag	0—27	深灰色	重壤土	无结构	6.4	38.4	1.97	1.18	19.7	74	5.5	88	13.8	板页岩	E 112°20′59.7″ N 28°20′13.0″	95
						G	27—100	橄榄黄色	重壤土	无结构	7.6	29.4	1.47	0.94	19.1	59	8.0	54	6.9			
剖29	人为土	水稻土	漂洗水稻土	漂鳝泥田	白石塘白鳝泥田	Aa	0—18	橄榄棕色	粉砂质黏土	碎块状	7.0	41.2	2.20	0.30	19.0	155	1.2	85		页岩坡积物	E 112°23′47.8″ N 28°24′39.8″	95
						Ap	18—30	棕色色	粉砂质黏土	棱块状	7.1	31.6	1.70	0.30	18.5							
						E	30—76	灰色	重壤土	棱柱状	7.3	15.3	1.00	0.30	16.5							
剖30	人为土	水稻土	潴育水稻土	麻砂泥田	麻砂泥田	A	0—15	浅黄棕色	重壤土	碎块状	5.3	24.4	1.49	1.33	20.5	71	19.0	85	8.2	花岗岩	E 112°26′49.4″ N 28°24′57.5″	95
						P	15—27	浅棕色	重壤土	碎块状	6.7	10.6	1.01	0.89	23.1	20	6.5	59	10.4			
						W	27—42	暗黄橙色	轻黏土	块状	7.7	6.1	0.59	0.80	23.4	14	4.6	65	10.9			
						C	42—100	黄橙色	轻黏土	块状	7.8	4.1	0.41	0.60	24.7	12	5.5	64	10.6			
剖31	铁铝土	红壤	红壤	板页岩红壤	薄腐厚层板页岩红壤	A₁	0—3	黑棕色	中壤土	粒状	4.1	40.4	3.61	1.82	24.6	186	10.7	117	10.8	板页岩	E 112°26′49.5″ N 28°23′05.2″	95
						A	3—20	暗黄棕色	中壤土	块状	4.4	13.7	1.27	1.92	24.7	61	7.0	47	11.5			
						ABv	20—80	红黄色	轻黏土	块状	4.5	1.1	0.11	0.98	24.4	29	5.2	67	12.4			
						Bv	80—100	浅红黄色	轻黏土	块状	4.4	≤1.0	≤0.10	0.64	25.9	≤1	4.4	72	12.6			
剖32	铁铝土	红壤	红壤	石灰岩红壤	薄腐中层石灰岩红壤	C	100—													石灰岩	E 112°28′15.2″ N 28°24′20.9″	95
						Ao	0—1	暗黄棕色		无结构团粒状												
						A₁	1—5	浅棕色	重壤土	粒状	5.0	26.2	1.92	0.99	23.3	98	5.8	51	13.3			
						ABv	5—40	浅棕红色	重壤土	小块状	5.3	11.7	0.75	0.92	24.1	48	40.1	40	5.4			
						Bv	40—60	红棕色	轻黏土	块状	4.9	8.3	0.54	0.89	24.3	44	82.5	82	8.7			
						C	60—200	红棕色	中壤土	粒状	5.5	19.8	1.09	0.68	21.1	40	6.5	32	9.8			
剖33	铁铝土	红壤	红壤	耕型花岗岩红壤	麻砂土	A	0—25	浅红棕色	中壤土	块状	5.3	6.2	0.35	0.45	25.1	10	3.6	21		花岗岩	E 112°29′30.3″ N 28°24′29.0″	95
						Bv	25—100	棕红色	重壤土	块状	5.3	26.8	2.46	0.87	21.5	70	6.3	92	11.9			
剖34	人为土	水稻土	淹育水稻土	浅黄泥田	浅黄砂泥田	A	0—10	浅棕色	轻黏土	小块状	5.3	17.2	1.61	0.63	22.5	45	3.8	66	9.3	板页岩	E 112°26′46.1″ N 28°22′07.2″	81
						P	10—16	灰黄色	轻黏土	片状	5.3	5.5	0.46	0.51	23.0	16	≤1.0	30	12.4			
						C	16—100	黄灰棕色	中壤土	块状	6.5	23.0	≥10.00	0.58	10.7	93	2.6	64	10.4			
剖35	人为土	水稻土	淹育水稻土	浅黄砂泥田	浅麻砂泥田	A	0—14	暗灰棕色	中壤土	小块状	6.0	13.5	0.85	0.33	10.4	51	2.2	55	8.7	砂岩	E 112°22′49.1″ N 28°22′07.3″	95
						P	14—18	灰黄棕色	中壤土	块状	6.2	4.3	0.49	0.34	13.6	18	1.7	63	7.5			
						C	18—100	红灰色	中壤土	块状	7.4	10.8	0.92	0.75	16.6	22	2.0	11				
剖36	铁铝土	红壤	红壤性	耕型第四纪红色红壤性土	羊午岭土	A	0—12	棕红色	中黏土	小块状	4.5	8.3	0.63	0.56	16.4	12	1.8	6		第四纪红色黏土	E 112°24′29.3″ N 28°21′30.6″	95
						Bv	12—36	红色	中黏土	块状	4.3	1.1	≤0.10	0.62	19.6	≤1	1.8	≤5				
						C	36—100	红色	中黏土	块状	4.3	34.7	1.77	1.12	19.2	91	8.0	70	14.1			
剖37	人为土	水稻土	潜育水稻土	冷浸泥田	冷浸泥田	A	0—15	暗棕黄色	重壤土	碎块状	6.0	28.8	1.45	1.02	19.6	54	5.5	64	9.8	板页岩	E 112°24′52.4″ N 28°22′02.2″	95
						Pg	15—28	浅黄色	重壤土	块状	6.8	16.5	0.83	0.97	21.4	17	3.8	42	6.3			
						G	28—100	青灰色	中壤土	粒状	7.9	20.0	1.71	1.18	23.1	36	13.7	76	13.0			
剖38	人为土	水稻土	淹育水稻土	浅麻砂泥田	浅麻砂泥田	A	0—12	浅灰黄色	中壤土	碎块状	5.8	12.6	1.11	0.91	24.3	32	10.0	41	10.0	花岗岩	E 112°24′09.5″ N 28°20′16.3″	95
						P	12—20	浅黄棕色	中壤土	块状	6.5	7.9	0.56	1.06	29.9	15	8.0	20	8.6			
						C	20—100	浅黄色	中壤土	块状	6.3											
剖39	人为土	水稻土	潜育水稻土	青黄泥田	八字岭冷浸田	Aa	0—23	灰棕色	粉砂质黏土	块状	6.7	39.7	1.80	0.50	12.0	135	9.0	57		板页岩	E 112°25′37.9″ N 28°20′20.2″	95
						Apg	23—35	棕灰色	粉砂质黏土	糊块状	6.7	26.5	1.30	0.50	13.4	129	5.0	51				
						G	35—100	暗蓝灰色	粉砂质黏土	糊块状	6.4	21.7	1.20	0.40	12.5	103	4.0	46				
剖40	人为土	水稻土	潜育水稻土	青湖黏田	青湖晡烂湖田	Aag	0—20	棕灰色	黏土	块状	5.6	29.3	1.70	0.50	13.7	145	5.0	61		湖积物	E 112°30′49.5″ N 28°44′17.3″	95
						G	20—100	暗蓝灰色	黏土	块状	5.6	21.0	1.20	0.20	14.9	86	4.0	39				

续表 Continued

剖面号 Soil profile	土纲 Soil order	土类 Soil great group	亚类 Soil subgroup	土属 Soil genus	土种 Soil species	土层码 Layer code	土层厚度 Depth/cm	颜色 Soil color	质地 Soil texture	土壤结构 Soil structure	pH	有机质 OM/(g/kg)	全氮 TN/(g/kg)	全磷 TP/(g/kg)	全钾 TK/(g/kg)	碱解氮 AN/(mg/kg)	有效磷 AP/(mg/kg)	速效钾 AK/(mg/kg)	阳离子交换量 CEC/(cmol/kg)	土壤母质 Parent material	剖面点坐标 Profile coordinate	匹配指数 Matching index/%
剖41	人为土	水稻土	潴育水稻土	潮砂泥田	潮泥田	A	0—18	棕灰色	重壤土	小块状	5.1	33.6	1.98	0.81	25.3	238	7.3	117	13.2	湖积物	E 112°34′28.8″ N 28°29′54.1″	95
						P	18—27	灰黄色	重壤土	棱柱状	5.9	26.4	1.41	0.99	21.8	114	11.9	82	11.4			
						W	27—38	棕灰色	轻黏土	块状	6.7	20.2	1.02	0.62	22.5	42	7.3	60	10.4			
						G	38—100	青灰色	重壤土	块状	5.8	8.4	0.64	0.83	22.8	13	1.7	52	10.8			
剖42	人为土	水稻土	潴育水稻土	河砂泥田	河砂泥田	A	0—14	浅灰色	中壤土	碎块状	5.6	27.2	1.41	1.14	16.4	106	3.4	107	9.3	河流冲积物	E 112°33′43.0″ N 28°25′28.7″	95
						P	14—24	浅灰色	中壤土	块状	6.6	18.3	1.04	0.80	17.3	77	3.4	99	6.6			
						W	24—61	浅棕黄色	中壤土	棱柱状	6.4	7.9	0.61	0.80	20.0	28	2.8	59	9.1			
						G	61—100	浅黄棕色	中壤土	块状	6.5	6.3	0.56	0.70	16.5	25	3.4	59	8.4			

桃 江 县

主要土类说明

红壤是桃江县主要土壤类型，占本县地域面积的69%。红壤具有明显的脱硅富铝化过程，因铁铝氧化物明显聚积，故土壤多呈红色、棕红色或橘红色。土层不厚但风化壳厚，土层一般厚1m左右，其下为深厚的风化壳。土壤黏化过程明显，有较紧密的心土层，盐基淋失强烈，盐基饱和度低，并含有较多的交换性铝，土壤呈酸性，阳离子交换量低。由于生物小循环旺盛，所以腐殖质含量低，一般在20g/kg以下。本县红壤分为红壤、黄红壤、红壤性土三个亚类。

水稻土是桃江县第二大土壤类型，占本县地域面积的29%。水稻土发育于多种成土母质，是在人为活动（耕作、灌溉、施肥等）的影响下，逐步发育形成的一种具有特殊性状的土壤类型。土壤经过淹水和水耕熟化后，剖面形态发生了与旱土完全不同的变化，形成了水稻土特有的以淹育层、潴育层、潜育层为主的剖面形态特征，这些剖面形态特征主要是由积水时间、积水下渗速度以及地下水位的不同形成的，所以一般把水稻土层次的形成看成是水稻土土体内部水分上下移动的反映。水分运动影响物质转化，进而影响水稻土的肥力。本县水稻土分为淹育型、潴育型、渗育型、潜育型、沼泽型、矿毒型六个亚类。

小于本县地域面积3%的土壤类型有石灰（岩）土、潮土、黄壤等。

本区域中心区气候特征

本区域中心区气候特征值
Regional climate characteristics in central area of the region

气候带：中亚热带湿润气候 Climate region: Subtropical humid climate	
年平均气温 /℃ Annual average temperature /℃	16.9
年平均最高气温 /℃ Annual average maximum temperature /℃	21.1
年平均最低气温 /℃ Annual average minimum temperature /℃	13.8
年降水量 /mm Annual precipitation /mm	1314
≥10℃的积温 /℃ Daily temperature accumulated in a year (≥10℃) /℃	6141
年日照时数 /h Annual sunshine /h	1558
年平均相对湿度 /% Annual average relative humidity /%	81
干燥度 Dryness	0.77

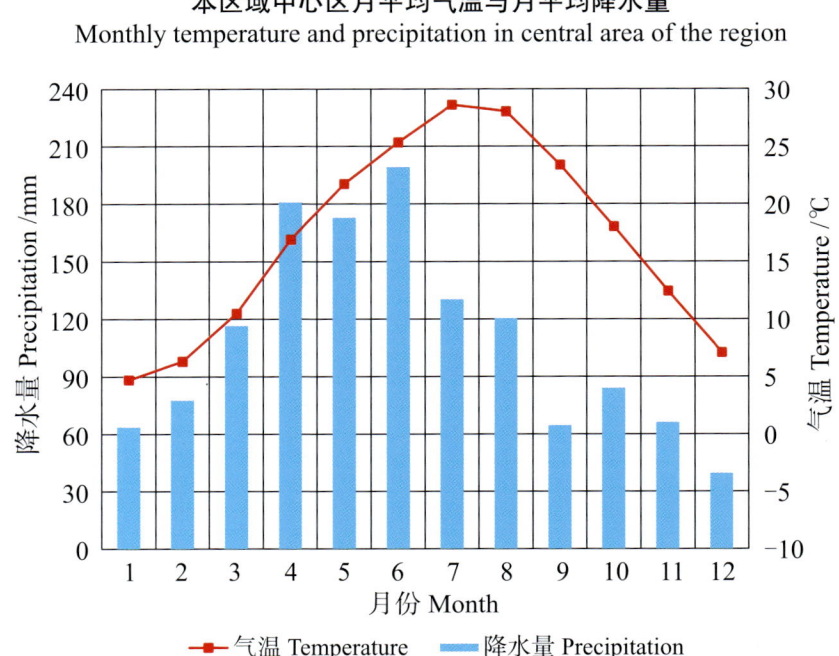

本区域中心区月平均气温与月平均降水量
Monthly temperature and precipitation in central area of the region

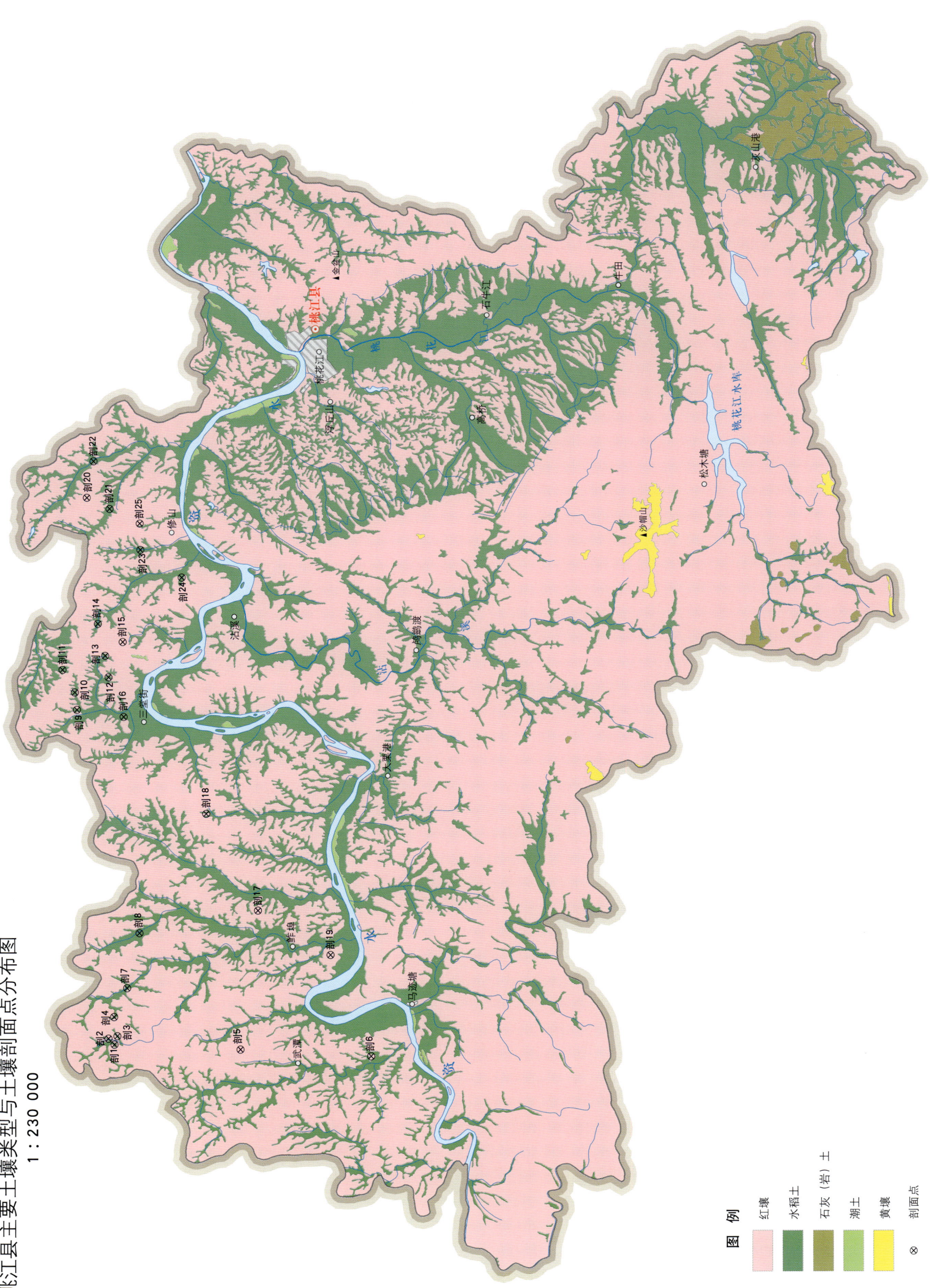

桃江县土壤剖面理化性状表

剖面号 Soil profile	土纲 Soil order	土类 Soil great group	亚类 Soil subgroup	土属 Soil genus	土种 Soil species	土层码 Layer code	土层厚度 Depth/cm	颜色 Soil color	质地 Soil texture	土壤结构 Soil structure	pH	有机质 OM/(g/kg)	全氮 TN/(g/kg)	全磷 TP/(g/kg)	全钾 TK/(g/kg)	碱解氮 AN/(mg/kg)	有效磷 AP/(mg/kg)	速效钾 AK/(mg/kg)	土壤母质 Parent material	剖面点坐标 Profile coordinate	匹配指数 Matching index/%
剖1	人为土	水稻土	潴育水稻土	河砂泥田	河潮泥田	A	0~17	暗黄褐色	重壤土	小块状	5.5	25.8	1.59	1.38	23.5	122	6.5	34	河流冲积物	E 111°43′59.0″ N 28°37′46.9″	75
						P	17~30	褐色	重壤土	块状	6.3	25.3	1.17	1.19	22.1						
						W	30~70	栗色	重壤土	棱柱状	6.8	10.8	0.84	1.18	24.6						
						C	70~100	栗色	重壤土	无结构	7.0	8.3	0.60	1.24	22.3						
剖2	人为土	水稻土	潜育水稻土	冷浸田		A	0~17	褐色	中壤土	碎块状	6.6	39.8	1.95	1.62	29.1	146	5.5	69	花岗岩	E 111°44′11.0″ N 28°37′58.2″	75
						Pg	17~29	暗灰黄色	重壤土	块状	6.6	29.8	1.67	1.41	27.3						
						G	29~100	暗灰色	重壤土	块状	6.7	19.4	0.97	0.99	27.8						
剖3	人为土	水稻土	潜育水稻土	冷浸田		A	0~20	浅灰色	中壤土	碎块状	7.8	35.9	1.98	1.27	19.7	118	7.5	71	第四纪红色黏土	E 111°44′16.1″ N 28°37′41.3″	75
						Pg	20~32	青灰色	中壤土	块状	7.9	31.5	1.82	1.11	20.4						
						G	32~100	灰白色	轻壤土	无结构	5.2	19.3	1.41	0.74	21.8						
剖4	人为土	水稻土	渗育水稻土	白鳝泥田	白夹泥田	A	0~25	暗灰色	重壤土	小块状	6.8	35.2	1.65	1.21	23.1	114	5.0	54	板页岩	E 111°44′55.3″ N 28°37′47.4″	75
						Ag	25~40	浅灰黄色	重壤土	块状	6.3	21.8	0.69	0.64	22.5						
						Ew	40~80	灰白色	重壤土	棱柱状	6.4	14.7	0.87	0.53	26.4						
						Ce	80~100	灰白色	重壤土	块状	6.5	8.9	0.66	0.54	24.2						
剖5	铁铝土	红壤	红壤性土	板页岩红壤性土	薄层板页岩红壤性土	A	0~10	褐色	中壤土	团粒状	4.3	27.2	0.60	0.50	19.8	63	≤1.0	41	板页岩	E 111°43′46.9″ N 28°33′53.7″	95
						Bv	10~29	红棕色	重壤土	碎块状	4.6	13.7	0.50	0.50	17.9						
						C	29~46	红棕色	重壤土	块状	4.7	6.7	0.40	0.70	25.1						
						D	46—														
剖6	铁铝土	红壤		耕型花岗岩红土	麻砂土	A	0~18	棕色	轻壤土	粒状	5.1	8.8	0.40	0.60	31.1	127	5.6	70	花岗岩	E 111°43′31.0″ N 28°29′50.8″	75
						Bv	18~45	浅红棕色	轻壤土	块状	4.9	7.6	0.30	0.60	28.8						
						BvC	45~100	浅红棕色	轻壤土	块状	4.9	3.6	0.30	0.50	31.3						
剖7	人为土	水稻土	潜育水稻土	冷浸田	冷浸泥田	A	0~16	暗灰黄色	重壤土	碎块状	5.9	33.1	1.82	1.13	21.3	152	9.7	63	板页岩	E 111°45′54.8″ N 28°37′22.9″	95
						Pg	16~29	暗灰色	重壤土	块状	5.5	29.2	1.32	1.01	21.9						
						G	29~100	绿灰色	重壤土	块状	5.5	17.0	0.98	0.67	21.9						
剖8	人为土	水稻土	潴育水稻土	黄砂泥田	黄砂泥田	A	0~12	暗黄棕色	中壤土	小块状	5.5	31.0	1.18	1.39	22.0	151	10.9	41	砂岩	E 111°47′48.8″ N 28°36′59.1″	95
						P	12~22	暗黄棕色	中壤土	块状	6.4	20.7	0.99	1.07	22.4						
						W	22~70	黄灰黄色	重壤土	棱柱状	7.4	6.0	0.63	1.17	21.4						
						C	70~100	黄灰色	重壤土	块状	7.6	8.1	0.60	1.43	24.1						
剖9	人为土	水稻土	淹育水稻土	浅灰泥田	浅灰马肝泥田	A	0~14	暗黄灰色	轻黏土	块状	7.6	36.3	1.21	1.30	23.7	124	3.6	66	石灰岩	E 111°55′38.8″ N 28°38′51.7″	95
						P	14~22	暗红棕色	中黏土	块状	7.8	33.7	1.69	1.30	23.2						
						C	22~100	红棕色	重壤土	块状		8.8	1.02	1.40	30.3						
剖10	人为土	水稻土	潜育水稻土	烂泥田	溻眼田	A	0~30	暗黄灰色	中壤土	无结构	5.0	42.7	1.70	0.80	20.0	156	3.6	88	花岗岩	E 111°56′14.9″ N 28°38′55.4″	75
						Ag	30~100	暗灰色	中壤土	无结构	5.4	48.2	1.80	0.60	20.2						
剖11	人为土	水稻土	潜育水稻土	冷浸田	冷浸岩渣田	A	0~20	暗棕色	重壤土	碎块状	5.4	34.0	1.70	1.10	23.6	131	12.5	51	板页岩	E 111°57′02.1″ N 28°39′17.8″	75
						Pg	20~32	黑棕色	中壤土	块状	6.0	21.4	0.75	0.50	24.9						
						G	32~100	黑棕色	中壤土	块状	5.3	20.2	1.19	0.60	23.9						
剖12	人为土	水稻土	矿毒型水稻土	非金属矿毒田	硫黄矿"毒田"	A	0~25	暗黄色	重壤土	大块状	5.4	46.3	2.39	1.91	20.8	148	6.7	69	砂砾岩	E 111°56′46.0″ N 28°37′52.2″	95
						Pg	25~36	暗灰色	重壤土	块状	7.1	39.6	1.75	1.23	20.2						
						Wg	36~54	浅灰色	重壤土	碎块状	6.6	26.7	1.58	0.80	20.8						
						C	54~100	棕灰色	中壤土	无结构	6.9	5.4	0.59	1.30	26.7						
剖13	人为土	水稻土	潜育水稻土	烂泥田	烂泥田	A	0~19	暗黄灰色	重壤土	无结构	5.7	33.5	1.52	1.24	25.4	162	4.9	102	花岗岩	E 111°57′30.8″ N 28°37′58.2″	75
						G	19~100	浅灰黄色	重壤土	无结构	5.9	29.0	1.46	0.90	23.6						

续表 Continued

剖面号 Soil profile	土纲 Soil order	土类 Soil great group	亚类 Soil subgroup	土属 Soil genus	土种 Soil species	土层码 Layer code	土层厚度 Depth/cm	颜色 Soil color	质地 Soil texture	土壤结构 Soil structure	pH	有机质 OM/(g/kg)	全氮 TN/(g/kg)	全磷 TP/(g/kg)	全钾 TK/(g/kg)	碱解氮 AN/(mg/kg)	有效磷 AP/(mg/kg)	速效钾 AK/(mg/kg)	土壤母质 Parent material	剖面点坐标 Profile coordinate	匹配指数 Matching index/%
剖14	人为土	水稻土	渗育水稻土	白散泥田	白散泥田	A	0—20	暗灰色	轻黏土	小块状	5.8	36.3	1.86	1.29	18.8	143	4.3	63	板页岩	E 111°58′37.2″ N 28°38′10.9″	95
剖15	铁铝土	红壤	红壤	板页岩红壤		A	0—30	暗灰黄色	轻黏土	块状	6.1	34.1	1.86	0.96	19.3				砂砾岩	E 111°57′59.4″ N 28°37′25.7″	95
						Pg	20—30	灰灰黄色	轻黏土	块状	5.8	20.1	1.10	0.45	19.9	97	≤1.0	39			
						Eg	30—100														
剖16	人为土	水稻土	潴育水稻土	黄泥田	复石灰红黄泥田	A	0—15	红灰色	壤土	粒状	4.5	14.5	0.90	0.70	16.6				第四纪红色黏土	E 111°55′22.8″ N 28°37′24.9″	95
						ABv	15—50	浅棕色	壤土	粒状	4.7	7.6	0.50	0.80	15.0						
						BvC	50—75	红黄色	砂壤土	碎块状	4.8	10.9	0.50	0.80	16.5						
						D	75—200														
剖17	铁铝土	红壤	黄红壤	耕型板页岩黄红土	黄红岩渣子土	Aa	0—15	棕灰色	壤质黏土	小块状	7.9	36.2	2.00	0.70	15.1	163	7.0	91	板页岩	E 111°48′34.7″ N 28°33′18.9″	95
						Ap	15—26	暗灰黄色	壤质黏土	块状	7.5	23.8	1.60	0.60	15.7						
						W	26—70	淡黄黄色	壤质黏土	梭柱状	7.5	14.0	1.40	0.60	15.8						
						C	70—100	亮黄棕色	壤质黏土	梭柱状	7.0	8.6	0.70	0.60	15.4						
剖18	铁铝土	红壤	红壤	板页岩红壤		A	0—17	暗棕黄色	重黏土	粒状	5.0	44.2	1.40	1.00	23.1	165	4.6	30	板页岩	E 111°51′58.3″ N 28°34′53.8″	95
						Bv	17—72	黄棕灰色	轻黏土	小块状	4.6	8.5	0.70	0.80	25.0						
						C	72—100	浅红红色	轻黏土	块状		8.7	0.70	1.00	27.2						
剖19	铁铝土	红壤	红壤	泥砂砂红土	润里河红砂泥	A	0—22	暗棕色	重壤土	粒状	4.6	19.7	1.06	0.90	29.6	53	3.1	128	砂砾岩	E 111°47′00.4″ N 28°31′04.7″	95
						Bv	22—80	暗红色	砂壤土	块状	4.9	4.6	0.50	0.70	32.1						
						C	80—100	暗红色	砂壤土	大块状	8.3	1.7	≤0.10	1.40	36.7						
剖20	铁铝土	红壤	红壤	板页岩红壤		A	0—22	红棕色	砂质黏壤土	屑粒状	5.6	19.7	1.10	0.40	24.6	182	3.1	108	板页岩	E 112°03′01.1″ N 28°38′29.8″	95
						Bv	22—60	亮红棕色	砂质黏壤土	碎块状	4.9	8.6	0.50	0.30	26.7						
						C	60—100	浅红黄色	砂质黏壤土	块状	4.9	1.7	0.20	0.50	30.5						
剖21	人为土	水稻土	潴育水稻土	扁砂泥田	青稠黄扁砂泥田	A	0—20	浅棕黄色	轻黏土	粒状	4.8	24.6	2.10	1.10	29.3	118	1.7	79	板页岩	E 112°02′37.3″ N 28°37′47.8″	95
						Bv	20—45	暗棕色	中黏土	块状	5.0	9.0	0.70	1.00	26.5						
						BvC	45—100	灰黄色	中黏土	碎块状	4.9	6.8	0.50	1.10	27.1						
剖22	人为土	水稻土	潴育水稻土	冷浸田	冷浸砂泥	A	0—23	灰黄色	中壤土	碎块状	5.7	24.4	1.32	1.25	21.8	266	5.0	74	板页岩	E 112°04′17.4″ N 28°38′16.4″	95
						Pg	23—40	浅棕灰色	中壤土	梭柱状	5.5	12.4	0.79	0.96	21.6						
						W	40—70	暗棕色	重黏土	块状	6.7	6.4	0.73	0.77	22.2						
						C	70—100		中壤土	块状											
剖23	人为土	水稻土	淹育水稻土	浅黄砂泥田	浅黄砂泥田	A	0—12	暗黄棕色	中壤土	碎块状	6.6	39.4	1.84	1.56	17.2	124	1.9	42	砂砾岩	E 112°01′10.6″ N 28°36′51.2″	95
						Pg	12—24	暗棕色	重黄棕土	块状	7.0	36.2	1.85	1.58	18.2						
						G	24—100	暗棕色	中壤土	块状	6.7	23.4	1.48	1.38	18.2						
剖24	人为土	水稻土	淹育水稻土	黄砂泥田	灰山港黄砂泥田	A	0—13	暗棕黄色	重壤土	碎块状	5.7	25.9	1.11	1.22	15.5	182	19.0	81	砂岩	E 112°00′12.4″ N 28°35′34.7″	95
						P	13—22	暗棕色	中壤土		5.1	15.2	1.00	1.21	16.2	118	6.0	81			
						C	22—100	暗棕红色	重黏土		7.4	4.6	0.50	1.09	19.6	68	5.0	70			
																35	4.0	60			
剖25	铁铝土	红壤	红壤性土	耕型砂岩红壤性土	盐砂土	Aa	0—16	油黄色	壤质黏土	碎块状	6.0	46.7	2.00	0.80	14.3				黄色砂岩坡积物	E 112°02′06.1″ N 28°36′52.3″	93
						Ap	16—26	黄色	壤质黏土	块状	6.7	38.4	1.50	0.50	14.8						
						W1	26—76	油黄色	壤质黏土	梭柱状	6.8	15.1	0.80	0.40	13.4						
						W2	76—100	亮黄黄色	壤质黏土	块状	6.8	6.5	0.60	0.50	14.5						
						A	0—22	暗黄棕色	砂壤土	粒状	5.4	24.9	0.60	1.70	21.5	104	1.7	101	砂岩		
						C	22—150	浅黄棕色	粗砂土	无结构	5.1	9.9	0.80	1.20	24.0						

安 化 县

主要土类说明

红壤是安化县主要土壤类型，占本县地域面积的67%。红壤是本县主要的地带性土壤，是在亚热带高温多湿、干湿季节交替明显的气候条件下形成的，分布在海拔300m以上的地区。成土母质为板页岩、砂砾岩、花岗岩和石灰岩风化物。红壤土层深厚，具有明显的脱硅富铝化过程，有机质含量低，土壤多呈酸性或强酸性，盐基饱和度低。由于土壤中的铁被氧化为红色的氧化铁，土体多呈红色。本县红壤分为红壤、黄红壤、红壤性土三个亚类。

黄壤是安化县第二大土壤类型，占本县地域面积的20%。黄壤分布在海拔500m以上的山地，垂直分布在红壤之上、黄棕壤之下。成土母质有花岗岩、板页岩、砂岩和石灰岩。由于该地区日照偏少，热量稍低，冬无严寒，夏无酷热，且云雾较多，空气湿度大，干湿季节不明显，故其水分条件比红壤好，土体因氧化铁水化而呈黄色。黄壤发生层次明显，有机质层一般较厚，盐基饱和度不高，脱硅富铝化程度比红壤弱，土壤呈酸性或强酸性。本县黄壤分为黄壤和黄壤性土两个亚类。

水稻土是安化县第三大土壤类型，占本县地域面积的8%。水稻土是人为长期活动的产物，由多种自然土壤或旱土经水耕熟化而形成。在人为耕作、施肥、灌溉等措施的影响下，土壤内部进行着氧化还原交替、有机质合成与分解、盐基淋溶与复盐基作用等的熟化过程，促进了土壤性状的改变，从而形成了水稻土所特有的形态、理化和生物特性，本县水稻土分为淹育型、潴育型、渗育型、潜育型、沼泽型、矿毒型六个亚类。

黄棕壤占本县地域面积的4%，分布在海拔800m以上的山地，垂直分布在黄壤之上、山地草甸土之下。成土母质为花岗岩、板页岩和砂岩。该区域气温较低，相对湿度大，雨量多，冬季常积雪冰冻，在凉湿的气候条件下，有机质分解慢，生物积累明显，土壤脱硅富铝化程度比黄壤低，土壤呈酸性至弱酸性，腐殖质层之下有一层黄棕色土层。本县黄棕壤分为山地黄棕壤和山地黄棕壤性土两个亚类。

小于本县地域面积3%的土壤类型有山地草甸土、石灰（岩）土等。

本区域中心区气候特征

本区域中心区气候特征值
Regional climate characteristics in central area of the region

气候带：中亚热带湿润气候 Climate region: Subtropical humid climate	
年平均气温 /℃ Annual average temperature /℃	16.8
年平均最高气温 /℃ Annual average maximum temperature /℃	21.0
年平均最低气温 /℃ Annual average minimum temperature /℃	13.7
年降水量 /mm Annual precipitation /mm	1316
≥10℃的积温 /℃ Daily temperature accumulated in a year (≥10℃) /℃	6053
年日照时数 /h Annual sunshine /h	1534
年平均相对湿度 /% Annual average relative humidity /%	80
干燥度 Dryness	0.76

本区域中心区月平均气温与月平均降水量
Monthly temperature and precipitation in central area of the region

安化县主要土壤类型与土壤剖面点分布图
1:410 000

图 例
红壤
黄壤
水稻土
黄棕壤
山地草甸土
石灰（岩）土
⊗ 剖面点

第二编 分县土壤图与土壤剖面数据 | 315

安化县土壤剖面理化性状表

剖面号 Soil profile	土纲 Soil order	土类 Soil great group	亚类 Soil subgroup	土属 Soil genus	土种 Soil species	土层码 Layer code	土层厚度 Depth/cm	颜色 Soil color	质地 Soil texture	土壤结构 Soil structure	pH	有机质 OM/(g/kg)	全氮 TN/(g/kg)	全磷 TP/(g/kg)	全钾 TK/(g/kg)	碱解氮 AN/(mg/kg)	有效磷 AP/(mg/kg)	速效钾 AK/(mg/kg)	土壤母质 Parent material	剖面点坐标 Profile coordinate	匹配指数 Matching index/%
剖1	铁铝土	红壤	红壤	砂岩红壤	薄腐中层砂岩红壤	Ao	0~1	棕色	壤土	团粒状	4.5	69.7	2.44	0.63	14.6	69	≤1.0	48	砂岩	E 110°52′56.6″ N 28°17′26.7″	95
						A₁	1~2	黄色	重壤土	块状	4.4	14.9	0.62	0.45	13.6						
						A	2~35	黄色	重壤土	块状											
						Bv	35~64	黄色													
						D	64~														
剖2	人为土	水稻土	淹育水稻土	浅岩渣田	浅岩渣田	A	0~20	棕灰色	砂壤土	粒状	6.7	48.6	1.88	1.09	20.2	161	25.1	86	板页岩	E 110°53′22.3″ N 28°17′01.5″	95
						Pg	20~29	浅棕色	壤土	片状	6.4	26.2	1.29	0.90	23.1						
						S	29~100	灰棕色	壤土	无结构	7.1	13.7	0.90	0.81	25.9						
剖3	人为土	水稻土	淹育水稻土	浅黄砂泥田		A	0~18	暗黄棕色	中壤土	粒状	5.5	23.6	1.01	0.52	17.4	105	3.0	60	板页岩	E 110°53′30.9″ N 28°16′17.7″	95
						Pg	18~26	褐色	重壤土	片状	6.0	15.9	0.71	0.54	16.4						
						C	26~100	黄棕色	中壤土	块状	6.5	5.1	0.36	0.59	13.8						
剖4	人为土	水稻土	淹育水稻土	浅黄泥田	浅黄泥田	A	0~15	暗黄棕色	黏土	粒状	6.6	31.4	1.51	0.66	22.6	140	2.4	43	板页岩	E 110°48′58.3″ N 28°14′05.4″	95
						Pg	15~25	黄棕色	黏土	片状	6.6	25.6	1.65	0.41	20.5						
						C	25~100	浅灰棕色	黏土	块状	7.2	12.4	0.83	0.66	19.6						
剖5	人为土	矿毒型水稻土	金属矿毒田	锑钨矿毒田	A	0~15	灰黄棕色	重壤土	粒状	5.7	29.6	1.15	1.69	24.0	112	4.7	48	砂岩	E 110°49′44.3″ N 28°14′46.6″	95
						Pg	15~24	暗黄棕色	重壤土	片状	6.6	18.9	0.92	1.12	23.5						
						W	24~53	灰黄色	重壤土	柱状	7.1	13.3	0.69	0.69	24.5						
						S	53~100	灰黄色	重壤土	无结构	7.2	12.2	0.63	0.89	24.4						
剖6	人为土	水稻土	淹育水稻土	浅灰黄泥田	浅黄泥田	A	0~19	灰黄色	黏壤土	粒状	7.3					170	≤1.0	104	石灰岩	E 110°50′18.6″ N 28°13′55.7″	95
						Pg	19~31	黄色	黏壤土	片状	7.3										
						C	31~100	黄色	砂壤土	块状	7.8										
剖7	铁铝土	红壤	红壤	耕型石灰岩红土	灰红土	A	0~25	黄棕色	壤土	粒状	7.1	9.5	0.50	0.45	18.2	96	4.1	97	石灰岩	E 110°53′46.2″ N 28°14′49.4″	95
						Bv	25~43	浅黄棕色	黏壤土	棱状	7.8	13.1	1.41	1.92	39.6						
						C	43~94	红黄色	壤土	棱状	5.2	9.0	1.25	1.25	36.1						
剖8	黄壤	黄壤	黄壤	砂岩黄壤		A	0~26	黄色	壤土	粒状	6.0					91	5.2	100	砂岩	E 110°53′35.9″ N 28°12′58.7″	95
						Bv	26~50	浅黄棕色	壤土	粒状	5.6										
						C	50~100	浅黄棕色	壤土	粒状	5.6										
剖9	铁铝土	红壤性土	耕型板页岩红壤性土	岩渣子土	A	0~14	紫黄棕色	黏壤土	粒状	5.5					173	2.0	87	板页岩	E 110°56′31.6″ N 28°14′14.1″	95
						C	14~38	灰黄棕色	黏壤土	粒状	5.6										
						D	38~														
剖10	铁铝土	红壤	红壤	石灰岩红壤	薄腐厚层石灰岩红壤	A	0~29	暗黄棕色	壤土	粒状	6.4	16.8	0.94	0.71	≥50.0	148	≤1.0	81	石灰岩	E 110°57′34.5″ N 28°13′39.3″	95
						Bv	29~68	浅棕黄色	黏壤土	块状	5.7	11.7	2.45	0.87	≥50.0						
						BvC	68~140	黄棕色	黏壤土	棱状	5.7										
						D	140~														
剖11	水稻土	潜育水稻土	青泥田	青夹泥田	A	0~18	暗黄棕色	黏土	团粒状	7.8	46.2	2.28	0.95	24.2	147	5.5	52	石灰岩	E 110°52′56.8″ N 28°05′47.6″	95
						Bv	18~31	暗黄棕色	黏土	片状	8.0	36.3	1.89	0.82	25.7						
						G	31~90	暗棕色	黏土	无结构	8.0	14.5	1.15	0.65	30.8						
剖12	人为土	水稻土	渗育水稻土	白散泥田	白散泥田	A	0~19	暗黄棕色	重壤土	团粒状	7.8	47.4	2.76	1.54	27.3	192	21.7	83	板页岩	E 111°07′24.7″ N 28°25′14.3″	95
						Pg	19~31	暗黄棕色	重壤土	片状	8.0	36.6	2.71	1.08	27.2						
						E	31~40	灰白色	轻壤土	粒状	7.7	12.2	0.58	1.28	34.2						
						W	40~65	浅棕黄色	轻壤土	柱状	7.8	16.8	1.53	0.96	28.6						
						Pg	65~100	暗黄色		块状											

续表 Continued

剖面号 Soil profile	土纲 Soil order	土类 Soil great group	亚类 Soil subgroup	土属 Soil genus	土种 Soil species	土层码 Layer code	土层厚度 Depth/cm	颜色 Soil color	质地 Soil texture	土壤结构 Soil structure	pH	有机质 OM/(g/kg)	全氮 TN/(g/kg)	全磷 TP/(g/kg)	全钾 TK/(g/kg)	碱解氮 AN/(mg/kg)	有效磷 AP/(mg/kg)	速效钾 AK/(mg/kg)	土壤母质 Parent material	剖面点坐标 Profile coordinate	匹配指数 Matching index/%
剖13	人为土	水稻土	潜育水稻土	冷浸田	锈水田	A	0—20	棕灰色	中壤土	粒状	7.4	36.1	1.73	0.95	30.4	124	8.8	83	花岗岩	E 111°12′42.6″ N 28°20′22.8″	95
						Pg	20—27	浅灰色	轻壤土	片状	6.6	30.5	1.47	0.85	30.0						
						G	27—100	暗灰色	重壤土	无结构	6.0	27.7	1.18	1.03	33.4						
剖14	人为土	水稻土	渗育水稻土	白鳝泥田	石灰性白鳝泥田	A	0—16	灰黄棕色	黏壤土	粒结构	7.7	36.6	1.86	0.73	21.1	135	9.8	104	花岗岩	E 111°05′11.6″ N 28°16′04.7″	95
						Apg	16—32	棕灰色	黏壤土	片状	8.0	17.5	0.92	0.65	18.0						
						E	32—66	灰白色	黏壤土	块状	7.6	6.7	0.56	0.38	27.4						
						W	66—100	浅棕黄色	轻黏土	棱块状	7.7	5.7	0.58	0.26	25.9						
剖15	人为土	水稻土	淹育水稻土	浅麻砂泥田	浅白砂泥田	A	0—23	暗灰黄色	砂壤土	粒状	7.2	37.0	1.41	1.69	35.0	102	11.4	169	花岗岩	E 111°11′48.2″ N 28°18′36.0″	95
						Pg	23—42	暗黄棕色	砂壤土	片状	6.9	34.0	1.58	0.45	34.5						
						S	42—112	灰白色	砂壤土	粒状	6.8	17.9	1.19	1.26	34.3						
剖16	人为土	水稻土	淹育水稻土	浅麻砂泥田	浅麻砂泥田	A	0—16	暗灰色	中壤土	粒状	6.5	38.2	1.47	0.93	31.0	173	8.3	95	花岗岩	E 111°12′53.8″ N 28°19′49.0″	95
						Pg	16—26	绿灰色	中壤土	片状	6.3	26.7	1.15	0.75	31.3						
						C	26—39	暗灰色	中壤土	粒状	6.5	24.2	0.85	0.67	36.5						
剖17	铁铝土	黄壤	黄壤	耕型花岗岩黄土	黄泥土	Ao	0—4										77	3.3	65	花岗岩	E 111°12′29.8″ N 28°16′48.5″	95
						A_1	4—8	暗黄棕色	轻壤土	团粒状	5.3	126.0	5.01	0.87	30.0						
						Bv	8—27	暗黄棕色	轻壤土	粒状	5.4	30.9	1.36	0.70	34.7						
						BvC	27—45	浅黄棕色	黏壤土	粒状	5.1	15.5	0.79	0.52	36.3						
						C	45—82	暗黄棕色	黏壤土	粒状	5.2	10.3	0.40	0.57	36.8						
						C	82—200	暗黄色	轻壤土	粒状	5.2	8.7	3.61	0.51	43.6						
剖18	铁铝土	红壤	红壤	耕型板页岩红土		A	0—24	浅灰棕色	黏壤土	块状	5.5	16.7	1.21	1.23	24.0	85	4.0	71	板页岩	E 111°14′28.1″ N 28°16′49.7″	95
						Bv	24—41	浅灰棕色	黏壤土	块状	5.2	5.3	0.84	0.88	23.2						
						C	41—155	红黄色	砂壤土	块状	5.4	7.4	1.04	0.90	29.2						
剖19	人为土	水稻土	淹育水稻土	浅灰泥田		A	0—18	暗棕色	黏壤土	片状	8.0					113	1.3	60	河溪冲积物	E 111°05′27.8″ N 28°10′09.9″	95
						Pg	18—26	黑色	黏壤土	片状	8.0										
						C	26—100	棕色	轻壤土	块状	7.6										
剖20	淋溶土	黄棕壤	山地黄棕壤	板页岩山地黄棕壤		Ao	0—5									161	2.2	69	花岗岩	E 111°10′09.7″ N 28°13′51.4″	95
						A	5—21	浅黄棕色	砂壤土	团粒状	5.6	124.0	5.57	1.11	23.2						
						A_1	21—41	暗黄棕色	中壤土	粒状	5.2	42.0	1.87	0.97	26.9						
						Bv	41—80	浅黄棕色	砂壤土	块状	5.4	16.0	1.37	0.73	34.7						
						C	80—200	浅黄棕色	砂土	块状	5.7	7.1	2.11	0.84	40.7						
剖21	铁铝土	红壤	红壤	耕型石灰岩黄土		A	0—17	红灰黄色	重壤土	粒状	5.7	18.4	1.03	0.68	19.4	69	1.5	91	石灰岩	E 111°10′38.5″ N 28°11′46.9″	95
						Bv	17—26	红灰黄色	重壤土	粒状	5.5	14.6	1.03	0.63	19.9						
						C	26—150	浅红黄色	重壤土	块状	5.9	9.0	0.70	0.74	21.8						
剖22	人为土	水稻土	淹育水稻土	浅黄泥田		A	0—14	灰棕色	轻黏土	粒状	7.4	34.6	1.84	0.93	14.5	116	4.6	77	河溪冲积物	E 111°18′41.3″ N 28°29′30.7″	95
						Ap	14—26	灰棕色	轻黏土	棱块状	7.6	23.2	1.33	0.67	13.4						
						C	26—95	浅黄棕色	轻壤土	块状	7.4	7.8	0.62	0.73	14.0						
剖23	铁铝土	红壤	红壤	花岗岩红壤	薄腐中层花岗岩红壤	Ao	0—5									51	≤1.0	100	花岗岩	E 111°05′39.7″ N 28°27′50.9″	95
						Aoo	5—6														
						A	6—23	暗黄棕色	中壤土	粒状	5.1	19.8	0.79	0.41	31.1						
						Bv	23—52	浅黄棕色	砂壤土	棱块状	5.0	5.3	0.35	0.37	32.5						
						BvC	52—83	浅黄棕色	轻壤土	棱块状	5.2	7.3	0.38	0.34	20.2						
						C	83—148	红黄色	砂壤土	块状	5.1	7.2	0.23	0.43	33.6						
剖24	人为土	水稻土	潜育水稻土	青泥田	青鳝深泥田	A	0—21	暗黄棕色	黏土	粒状	7.6	47.2	2.61	1.06	26.5	174	7.9	76	石灰岩	E 111°18′47.8″ N 28°25′55.2″	95
						Pg	21—45	暗黄色	黏土	片状	8.1	36.7	2.47	0.81	26.4						
						G	45—100	暗黄色	黏土	片状	8.0	31.5	2.41	0.74	28.4						

续表 Continued

剖面号 Soil profile	土纲 Soil order	土类 Soil great group	亚类 Soil subgroup	土属 Soil genus	土种 Soil species	土层码 Layer code	土层厚度 Depth/cm	颜色 Soil color	质地 Soil texture	土壤结构 Soil structure	pH	有机质 OM/(g/kg)	全氮 TN/(g/kg)	全磷 TP/(g/kg)	全钾 TK/(g/kg)	碱解氮 AN/(mg/kg)	有效磷 AP/(mg/kg)	速效钾 AK/(mg/kg)	土壤母质 Parent material	剖面点坐标 Profile coordinate	匹配指数 Matching index/%
剖25	人为土	水稻土	潴育水稻土	黄砂泥田		A	0—17	灰黄棕色	砂壤土	粒状	7.9	43.5	1.98	1.05	16.8	138	10.6	71	砂岩	E 111°20′37.5″ N 28°25′55.2″	95
						Pg	17—28	灰黄棕色	砂壤土	片状	7.1	36.6	1.52	1.02	11.3						
						W	28—58	暗黄棕色	黏壤土	棱柱状	7.8	26.2	1.24	0.84	13.9						
						C	58—98	浅黄棕色	黏壤土	块状	7.9	14.5	0.84	1.01	15.5						
剖26	人为土	水稻土	潴育水稻土	灰黄泥田	灰红黄泥田	A	0—18	灰黄色	中壤土	粒状	5.2	34.0	1.11	8.76	13.9	199	6.1	123	砂岩	E 111°16′59.3″ N 28°26′03.1″	95
						Ap	18—29	浅黄棕色	重黏土	片状	6.2	20.6	0.54	1.16	14.4						
						W	29—46	黄黄棕色	中黏土	棱块状	6.9	9.8	0.47	0.77	12.9						
						C	46—	黄棕色	中黏土	块状	7.2	7.7	1.87	0.65	13.4						
剖27	人为土	水稻土	青泥田	青泥田		A	0—20	灰黄色	黏壤土	小粒状	6.4	26.0	1.53	0.61	24.0	123	1.2	43	砂岩	E 111°17′43.9″ N 28°25′43.4″	95
						Pg	20—32	青灰色	黏壤土	片状	6.6	18.4	1.20	0.69	25.5						
						G	32—100	青灰色	黏土	无结构	6.3	18.8	0.97	0.65	29.4						
剖28	人为土	水稻土	淹育水稻土	扁砂泥田	青潮黄扁砂泥田	A	0—17	暗黄棕色	重壤土	粒状	6.0	57.0	2.53	1.03	23.3	191	5.6	55	石灰岩	E 111°24′23.0″ N 28°29′24.4″	75
						Apg	17—27	棕灰色	中壤土	片状	6.8	12.7	1.04	0.77	24.7						
						W	27—75	暗黄棕色	重壤土	块状	7.0	20.0	0.53	0.67	23.0						
						C	75—95	黄棕色	重壤土	块状	7.0	11.8	1.05	0.80	24.1						
剖29	人为土	水稻土	潴育水稻土	浅灰泥田	浅灰泥田	A	0—15	灰色	轻黏土	粒状	8.0	33.4	1.75	1.20	29.8	112	5.3	83	石灰岩	E 111°25′23.5″ N 28°28′51.2″	95
						Pg	15—25	灰色	轻黏土	片状	8.0	21.4	1.71	1.19	19.3						
						C	25—100	灰棕色	重黏土	棱柱状	8.0	21.5	1.85	1.10	20.5						
剖30	人为土	水稻土	潴育水稻土	扁砂泥田	黑扁砂泥田	A	0—18	黑色	中壤土	粒状	7.8	42.2	1.90	1.18	9.9	159	5.8	95	黄质页岩	E 111°27′42.5″ N 28°29′47.8″	95
						Pg	18—29	黑棕色	轻壤土	片状	7.9	28.6	1.39	1.02	9.9						
						W	29—49	暗黄棕色	轻壤土	棱柱状	8.0	18.7	0.95	1.04	9.3						
						C	49—100	暗黄棕色	重壤土	块状	7.7	15.0	0.85	0.93	8.8						
剖31	人为土	水稻土	潴育水稻土	黄泥田	鸭屎泥田	A	0—18	暗黄棕色	砂壤土	团粒状	6.1	35.7	2.09	0.46	16.4	156	7.5	65	板页岩	E 111°28′50.1″ N 28°29′19.9″	95
						Pg	18—27	浅灰棕色	砂壤土	柱状	7.2	17.2	1.11	≤0.10	19.9						
						C	27—62	暗黄棕色	砂土	粒状	7.3	11.2	0.80	0.87	15.3						
							62—102	暗黄棕色	砂土	粒状	7.3	8.1	0.68	0.51	17.2						
剖32	人为土	水稻土	潴育水稻土	灰泥田	火炼岩田	A	0—21	栗色	轻壤土	片状	7.6	37.6	1.63	0.93	22.1	214	9.3	72	石灰岩	E 111°27′22.1″ N 28°28′24.4″	95
						Pg	21—30	暗黄棕色	轻壤土	棱柱状	7.9	30.9	1.50	1.05	26.2						
						W	30—75	暗黄棕色	轻壤土	粒状	8.0	16.0	0.72	0.96	28.4						
						C	75—101	浅灰棕色	轻壤土	块状	8.1	14.4	0.75	1.13	30.3						
剖33	人为土	水稻土	淹育水稻土	浅岩渣子田	青潮灰黄泥田	A	0—18	暗黄棕色	重壤土	团粒状	6.3	40.3	1.98	1.24	16.0	163	9.2	44	板页岩	E 111°26′42.6″ N 28°26′23.2″	81
						Ap	18—28	栗色	重壤土	块状	6.3	32.6	1.53	1.19	13.4						
						CD	28—	暗黄棕色	中壤土	片状	7.0	18.6	0.97	2.48	16.0						
剖34	人为土	水稻土	潴育水稻土	灰黄泥田		A	0—24	灰黄棕色	壤土	小粒状	6.3	60.0	2.89	1.39	26.1	190	7.8	60	石灰岩	E 111°29′03.1″ N 28°27′09.3″	75
						Pg	24—58	暗黄棕色	黏壤土	片状	6.1	53.5	2.62	1.02	26.0						
						W	58—76	暗黄棕色	黏土	棱柱状	6.4	21.2	1.05	0.84	25.8						
						C	76—117	浅黄棕色	粗砂土	块状	7.2	14.9	0.58	0.99	23.1						
剖35	人为土	水稻土	矿毒型水稻土	金属矿毒田	放射性矿毒田	A	0—20	灰白色	重壤土	粒状	6.0					221	14.5	62	板页岩	E 111°29′23.8″ N 28°26′24.6″	95
							20—26	暗黄棕色	黏壤土	片状	6.4										
							26—43	浅黄棕色	黏土	棱柱状	7.2										
						S	43—80	灰黄棕色													
剖36	人为土	水稻土	潴育水稻土	扁砂泥田	黄扁砂泥田	A	0—19	灰黄棕色	重壤土	粒状	6.6	29.6	1.61	0.69	21.9	146	8.5	43	板页岩	E 111°23′25.8″ N 28°27′23.2″	95
						Pg	19—30	暗黄棕色	轻黏土	片状	6.8	17.3	1.06	0.57	22.9						
						W	30—100	暗黄棕色	轻黏土	柱状	7.1	8.0	0.76	1.00	23.5						

续表 Continued

剖面号 Soil profile	土纲 Soil order	土类 Soil great group	亚类 Soil subgroup	土属 Soil genus	土种 Soil species	土层码 Layer code	土层厚度 Depth/cm	颜色 Soil color	质地 Soil texture	土壤结构 Soil structure	pH	有机质 OM/(g/kg)	全氮 TN/(g/kg)	全磷 TP/(g/kg)	全钾 TK/(g/kg)	碱解氮 AN/(mg/kg)	有效磷 AP/(mg/kg)	速效钾 AK/(mg/kg)	土壤母质 Parent material	剖面点坐标 Profile coordinate	匹配指数 Matching index/%
剖37	人为土	水稻土	淹育水稻土	浅灰黄砂泥田	浅灰黄砂泥田	A	0—20	褐色	重壤土	粒状	5.8	24.1	1.07	0.67	11.8	117	6.3	108	石灰岩	E 111°23′09.1″ N 28°25′47.2″	75
						Pg	20—30	栗色	重壤土	片状	6.0	23.3	1.02	0.70	12.8						
						C	30—100	浅红黄色	重壤土	块状	6.7	9.9	0.54	0.46	13.0						
剖38	人为土	水稻土	矿毒型水稻土	非金属矿毒田	硫黄矿毒田	A	0—27	暗黄黄色	中壤土	粒状	5.6	73.2	3.29	2.98	18.3	252	11.8	159	板页岩	E 111°15′09.2″ N 28°23′27.0″	75
						Pg	27—34	暗黄黄色	重壤土	片状	5.5	71.6	3.08	2.20	18.3						
						G	34—100	暗灰黄色	重壤土	无结构	5.4	37.6	1.62	1.19	19.0						
剖39	人为土	水稻土	潜育水稻土	冷浸田	冷浸岩溶田	A	0—26	暗黄黄色	黏壤土	粒状	6.5	65.0	2.89	1.29	22.7	205	6.1	71	板页岩	E 111°15′59.4″ N 28°23′34.9″	75
						Pg	26—32	浅灰黄色	壤土	块状	6.8	22.6	1.43	1.23	31.3						
						S	32—80	浅红黄色	粗砂土	粒状	7.7	14.8	1.01	1.41	31.1						
剖40	人为土	水稻土	潜育水稻土	黄泥田		A	0—19	暗黄黄色	中黏土	团粒状	7.5	46.8	2.97	1.08	15.9	160	14.5	144	板页岩	E 111°17′32.8″ N 28°23′10.6″	95
						Pg	19—29	暗黄棕色	重黏土	片状	7.8	21.5	1.72	0.61	17.9						
						W	29—57	黄黄棕色	重黏土	柱状	7.8	14.3	1.33	0.87	19.0						
						C	57—97	黄色	重黏土	块状	7.9	11.2	1.40	0.87	17.4						
剖41	人为土	水稻土	淹育水稻土		石子红砂泥田	A	0—12	暗黄棕色	砂壤土	小粒状	7.2					137	15.2	61	砂岩	E 111°18′39.2″ N 28°23′37.6″	95
						Pg	12—19	暗灰棕色	砂壤土	片状	7.2										
						S	19—														
剖42	人为土	水稻土	淹育水稻土	浅黄砂泥田	浅红砂泥田	A	0—21	暗黄棕色	砂壤土	团粒状	6.0					102	7.0	66	砂岩	E 111°20′24.0″ N 28°24′25.2″	95
						Pg	21—30	暗黄棕色	砂壤土	片状	6.0										
						C	30—100	暗黄棕色	中壤土	块状	6.4										
剖43	人为土	水稻土	潜育水稻土	冷浸田	冷浸砂田	A	0—28	褐色	轻壤土	粒状	5.8	48.3	1.23	0.96	30.4	125	3.8	47	花岗岩	E 111°19′19.2″ N 28°22′38.1″	95
						Pg	28—45	暗黄棕色	轻壤土	无结构	6.1	43.7	1.66	0.91	30.3						
						G	45—100	暗黄棕色	砂壤土	无结构	5.8	39.0	1.54	1.29	33.9						
剖44	人为土	水稻土	淹育水稻土	浅麻砂泥田	浅麻砂泥田	A	0—17	暗黄黄色	砂壤土	粒状	7.6	34.9	1.41	0.73	43.1	113	3.1	40	花岗岩	E 111°20′15.6″ N 28°23′01.6″	95
						Pg	17—29	浅灰黄色	砂壤土	片状	7.0	17.7	0.67	0.75	≥50.0						
						C	29—66	紫色	砂壤土	小粒状	6.8	14.3	0.60	0.64	46.4						
剖45	人为土	水稻土	矿毒型水稻土	废水污染田	碱污染田	A	0—18	暗黄黄色	壤土	粒状	8.0					175	6.6	114	板页岩	E 111°22′26.7″ N 28°23′35.2″	95
						Pg	18—35	暗黄棕色	黏土	棱柱状	7.2										
						W	35—94	浅黄黄色	黏土	粒状	7.6										
						C	94—110	红灰黄色	黏土		7.6										
剖46	铁铝土	红壤				Aoo	0—4												板页岩	E 111°19′15.4″ N 28°23′40.0″	75
						Ao	4—5														
						A₁	5—7	暗黄棕色	壤土	粒状	4.9	41.2	3.47	0.94	29.9	226	4.0	152			
						Bv	7—27	浅灰黄色	砂壤土	粒状	5.6	30.2	4.97	1.50	27.7						
						BvC	27—68	红灰黄色	砂壤土	棱块状	5.0	17.2	1.40	0.80	30.9						
						D	68—														
剖47	人为土	水稻土	渗育水稻土	白散泥田	青揭白散泥田	A	0—15	暗黄黄色	黏壤土	粒状	7.2					169	18.7	56	板页岩	E 111°19′56.1″ N 28°21′53.9″	75
						Pg	15—25	暗灰黄色	黏壤土	片状	7.2										
						E	25—45	暗黄棕色	黏壤土	棱柱状	7.2										
						W	45—100	暗灰黄色	黏土	棱块状	8.0										
剖48	人为土	水稻土	淹育水稻土	浅黄泥田		A	0—16	灰棕色	轻黏土	粒状	7.4	34.6	1.84	0.93	14.5	116	4.6	77	板页岩	E 111°19′28.9″ N 28°21′49.5″	81
						Pg	16—26	灰棕色	轻黏土	片状	7.6	23.2	1.33	0.67	13.4						
						C	26—95	红灰黄色	轻黏土	块状	7.4	7.8	0.62	0.73	14.0						
剖49	铁铝土	红壤	红壤性土	板页岩红壤性土	薄腐板页岩红壤性土	A	0—10	暗黄色	黏壤土	粒状	6.3	30.2	2.04	1.09	30.9	111	2.0	52	板页岩	E 111°20′01.8″ N 28°20′53.2″	95
						Bv	10—21	浅红黄色	黏壤土	粒状	5.8	24.2	1.73	0.95	32.1						
						BvC	21—25	暗黄黄色	黏土	块状	5.6	23.0	1.93	1.03	33.0						
						D	25—														

续表 Continued

剖面号 Soil profile	土纲 Soil order	土类 Soil great group	亚类 Soil subgroup	土属 Soil genus	土种 Soil species	土层码 Layer code	土层厚度 Depth/cm	颜色 Soil color	质地 Soil texture	土壤结构 Soil structure	pH	有机质 OM/(g/kg)	全氮 TN/(g/kg)	全磷 TP/(g/kg)	全钾 TK/(g/kg)	碱解氮 AN/(mg/kg)	有效磷 AP/(mg/kg)	速效钾 AK/(mg/kg)	土壤母质 Parent material	剖面点坐标 Profile coordinate	匹配指数 Matching index/%
剖50	铁铝土	红壤		耕型花岗岩红土		A	0~24	灰黄棕色	中壤土	粒状	6.0	24.0	1.28	1.08	32.8		2.6	97	花岗岩	E 111°18′58.1″ N 28°20′19.2″	95
剖51	人为土	水稻土	淹育水稻土	浅黄泥田	砂质层浅黄泥田	Bv	24~85	灰棕色	中壤土	粒状	5.8	17.0	1.39	0.87	32.9	105	9.5	36	板页岩	E 111°21′37.9″ N 28°21′24.1″	75
						C	85~154	灰棕色	中壤土	块状	5.6	17.0	1.39	1.01	30.9						
剖52	人为土	水稻土	潴育水稻土	灰黄泥田	黑灰黄泥田	A	0~16	暗黄棕色	中壤土	片状	7.1									E 111°15′15.9″ N 28°20′41.7″	95
						Pg	16~25	暗红黄色	重壤土	片状	6.9	45.8	2.45	1.20	19.3	182	2.6	61			
						C	25~100	浅红黄色	重壤土	块状	7.4	27.6	1.44	0.73	16.1						
剖53	人为土	水稻土	潴育水稻土	河砂泥田	河砂泥田	A	0~16	暗棕灰色	中黏土	粒状	6.6	13.4	0.68	1.01	15.5					E 111°16′30.4″ N 28°21′25.9″	81
						Ap	16~27	棕灰色	中壤土	块状	7.0	10.4	0.60	0.71	15.6	49	4.5	115			
						W	27~52	暗黄棕色	中壤土	棱柱状	7.4	14.3	0.72	0.87	40.8						
						C	52~100	浅黄棕色	中壤土	块状	7.6	16.3	0.85	0.59	36.7						
剖54	人为土	水稻土	淹育水稻土	浅岩渣田	炭顶层岩渣田	A	0~15	褐色	轻壤土	粒状	7.4	8.1	0.74	0.66	43.4					E 111°18′15.4″ N 28°20′14.3″	95
						Pg	15~24	暗黄色	轻壤土	片状	7.1	49.8	2.02	1.92	15.6	260	30.0	37	板页岩		
						W	24~45	灰棕色	重壤土	柱状	6.8	24.3	1.12	1.32	15.3						
						S	45~100	暗棕色	黏壤土	无结构	8.0										
剖55	铁铝土	红壤		砂岩红壤性土	薄腐薄层砂岩红壤性土	A	0~16	暗棕色	砂壤土	粒状	6.4	103.9	3.40	0.93	15.8	231	1.8	81	砂岩	E 111°22′30.0″ N 28°24′40.8″	95
						C	16~44	暗棕色	砂壤土	碎片状	6.7	40.1	1.75	0.76	16.0						
						Aoo	0~3														
剖56	人为土	水稻土	淹育水稻土	浅岩渣田	岩板底田	Ao	3~4													E 111°23′02.9″ N 28°24′50.3″	95
						A_1	4~7	棕色	黏壤土	粒状	4.6	44.6	2.08	1.03	19.0	149	3.0	90	板页岩		
						As	7~36	红色	黏壤土	粒状	4.7	41.3	2.07	0.83	19.1						
						D	36~														
剖57	人为土	水稻土	潜育水稻土	冷浸田	冷浸泥田	A	0~23	浅黄棕色	黏壤土	粒状	6.4	31.0	1.54	0.72	21.0	155	3.6	71	板页岩	E 111°22′50.1″ N 28°22′56.8″	95
						D	23~														
						Aoo	0~1														
剖58	铁铝土	红壤	黄红壤	石灰岩黄红壤	薄腐厚层石灰岩黄红壤	Ao	1~2													石灰岩	E 111°27′00.7″ N 28°24′46.5″	95
						A_1	2~6	灰棕色	壤土	小团粒状	7.0	99.2	4.14	1.05	12.1	81	≤1.0	48			
						Bv	6~30	褐色	壤土	团粒状	6.5	18.9	0.89	0.51	9.7						
						C	30~140	黄色	砂壤土	块状	6.1	6.2	0.42	0.42	13.6						
						D	140~180	黄黄棕色	黏壤土	块状	6.6	5.2	0.30	4.40	13.5						
							180~														
剖59	人为土	水稻土	潴育水稻土	岩渣田	薄腐厚层岩渣田	A	0~19	暗黄棕色	壤土	团粒状	6.4					182	2.5	104	板页岩	E 111°28′02.3″ N 28°23′12.1″	95
						Pg	19~22	褐色	黏壤土	块状	6.0	36.4	1.86	0.97	20.0						
						W	22~44	褐色	黏壤土	柱状	5.2	29.2	1.56	0.87	22.1						
						C	44~100	浅棕色	黏壤土	粒状	7.2	9.3		1.44	22.1						
剖60	人为土	水稻土	潜育水稻土	青泥田	青岩渣子田	A	0~27	暗黄棕色	壤土	片状	7.2					153	11.0	66	板页岩	E 111°29′24.3″ N 28°24′18.7″	75
						Pg	27~68	浅黄灰色	粗砂土	粒状	6.1										
						S	68~														
剖61	人为土	水稻土	潴育水稻土	黄泥田		A	0~23	褐棕色	黏土	块状	6.2					69	≤1.0	56	板页岩	E 111°26′18.0″ N 28°21′30.6″	95
						Pg	23~31	黄棕色	黏土	棱柱状	6.7										
						W	31~63	红黄色	黏土	棱柱状	6.9	6.2	0.38	0.57	20.6						
						C	63~104														

续表 Continued

剖面号 Soil profile	土纲 Soil order	土类 Soil great group	亚类 Soil subgroup	土属 Soil genus	土种 Soil species	土层码 Layer code	土层厚度 Depth/cm	颜色 Soil color	质地 Soil texture	土壤结构 Soil structure	pH	有机质 OM/(g/kg)	全氮 TN/(g/kg)	全磷 TP/(g/kg)	全钾 TK/(g/kg)	碱解氮 AN/(mg/kg)	有效磷 AP/(mg/kg)	速效钾 AK/(mg/kg)	土壤母质 Parent material	剖面点坐标 Profile coordinate	匹配指数 Matching index/%
剖62	人为土	水稻土	矿毒型水稻土	非金属矿毒田	煤炭矿毒田	A	0—20	黑色	黏壤土	粒状	5.5	104.7	2.61	1.23	24.1	102	6.1	101	板页岩	E 111° 28′ 28.4″ N 28° 22′ 13.2″	75
						Pg	20—29	黑色	黏壤土	片状	5.5	83.9	2.28	1.20	25.5						
						W	29—100	褐色	黏壤土	柱状	4.0	88.5	2.25	1.51	18.2						
剖63	人为土	水稻土	潴育水稻土	青泥田	青麻砂泥田	A	0—21	暗黄黄色	中壤土	粒状	7.0	36.4	1.66	1.02	36.4	143	3.0	89	板页岩	E 111° 23′ 25.1″ N 28° 22′ 03.3″	95
						Pg	21—36	暗灰色	中壤土	片状	6.9	32.1	0.93	0.73	34.1						
						G	36—100	暗灰色	重壤土	无结构	6.7	22.4	0.90	0.43	29.6						
剖64	人为土	水稻土	潴育水稻土	岩渣田	青冒岩渣田	A	0—21	褐色	壤土	团粒状	6.4					161	2.3	91	板页岩	E 111° 23′ 14.2″ N 28° 20′ 11.0″	95
						Pg	21—31	灰黄色	壤土	块状	6.4										
						G	31—46	灰白色	壤土	粒状	7.2										
						S	46—88	浅黄色	砂壤土	柱状	7.6										
						C	88—100	灰白色	砂壤土	粒状	7.6										
剖65	人为土	水稻土	淹育水稻土	浅黄砂泥田	石灰性浅黄砂泥田	A	0—20	暗黄黄色	砂壤土	团粒状	7.6	47.0	2.12	0.72	29.4	150	8.4	68	砂岩	E 111° 25′ 15.6″ N 28° 20′ 59.5″	75
						Pg	20—29	褐色	砂壤土	片状	8.0	47.3	2.08	0.55	28.8						
						C	29—100	黄棕色	砂壤土	无结构	8.0										
剖66	人为土	水稻土	潴育水稻土	烂泥田	溶眼田	A	0—25	暗灰黄色	重壤土	无结构	6.5	26.5	1.43	1.09	25.5	55	3.0	69	板页岩	E 111° 17′ 26.3″ N 28° 19′ 10.9″	95
						G	25—100	暗灰色	重壤土	粒状	6.9										
剖67	人为土	水稻土	淹育水稻土	浅黄泥田		A	0—19	暗灰黄色	重壤土	粒状	5.9	16.5	0.91	1.34	29.8	142	13.2	44	石灰岩	E 111° 18′ 59.2″ N 28° 19′ 19.0″	95
						Pg	19—29	灰黄棕色	重壤土	片状	6.5	13.3	0.76	1.52	25.7						
						C	29—100		重壤土	块状	6.6										
剖68	铁铝土	红壤	黄红壤	砂岩黄红壤	薄腐厚层砂岩黄红壤	Aoo	0—2														
						Ao	2—3														
						A₁	3—8	暗黄棕色	重壤土	粒状	5.3	19.5	0.90	1.02	15.9	139	2.3	58	砂岩	E 111° 24′ 55.5″ N 28° 15′ 32.7″	95
						Bv	8—75	黄棕色	重壤土	粒状	5.4	15.3	0.79	0.92	15.9						
						C	75—150 150—		中黏土	柱状	5.1										
剖69	人为土	水稻土	潴育水稻土	灰泥田	黑泥田	A	0—25	暗棕色	中黏土	小团粒状	7.4	60.9	2.85	1.40	20.8	173	13.0	118	石灰岩	E 111° 22′ 41.9″ N 28° 14′ 08.3″	95
						Pg	25—33	暗黄灰黄	中黏土	片状	7.5	50.0	2.10	1.07	22.4						
						W	33—81	灰黄棕色	中黏土	棱柱状	7.2	18.0	1.05	0.94	20.1						
						C	81—	灰黄色	中黏土	柱状	7.0	13.9	0.59	0.81	18.0						
剖70	人为土	水稻土	淹育水稻土	灰泥田	灰砂泥田	A	0—20	暗黄色	砂黏土	粒状	7.7	55.7	2.58	1.04	12.0	176	5.1	97	石灰岩	E 111° 34′ 56.9″ N 28° 27′ 25.2″	95
						Pg	20—30	暗黄棕色	壤土	片状	7.8	22.3	1.06	1.09	13.5						
						W	30—60	灰黄棕色	壤土	棱柱状	7.8	17.1	0.90	1.04	13.0						
						C	60—100	黄棕色	壤土	块状	7.8	16.0	0.64	1.01	9.8						
剖71	铁铝土	红壤	黄红壤	耕型砂岩黄红壤	黄砂泥土	A	0—22	浅棕色	重黏土	粒状	5.2	12.3	1.24	0.69	18.1	93	2.6	112	砂岩	E 111° 34′ 46.2″ N 28° 25′ 28.7″	95
						Bv	22—57	棕色	重黏土	块状	4.8	10.3	0.58	0.36	15.5						
						C	57—100	黄棕色	重黏土	块状	5.1	8.2	0.48	0.29	15.5						
剖72	人为土	水稻土	潴育水稻土	黄砂泥田	黄砂泥	A	0—18	黄棕色	壤土	小粒状	7.1	28.4	1.41	0.74	17.0	167	3.0	81	砂岩	E 111° 31′ 06.4″ N 28° 23′ 22.3″	95
						Pg	18—24	褐色	壤土	片状	7.0	22.8	0.87	0.30	17.5						
						W	24—66	浅棕黄色	砂壤土	棱柱状	7.3	10.9	0.44	0.62	15.0						
						C	66—	黄棕色	轻黏土	块状	7.4	5.3		0.37	10.4						
剖73	人为土	水稻土	潴育水稻土	黄泥田		A	0—21	褐色	轻黏土	团粒状	6.1	35.3	1.68	1.00	28.2	148	9.7	69	板页岩	E 111° 33′ 31.3″ N 28° 22′ 50.7″	95
						Pg	21—35	浅黄棕色	轻黏土	片状	6.2	26.1	1.78	1.00	28.7						
						W	35—77	褐色	重黏土	棱柱状	6.9	9.0	1.48	1.05	29.7						
						C	77—98	褐色	重黏土	块状	7.1	14.8	0.66	1.04	29.7						

剖面号 Soil profile	土纲 Soil order	土类 Soil great group	亚类 Soil subgroup	土属 Soil genus	土种 Soil species	土层码 Layer code	土层厚度 Depth/cm	颜色 Soil color	质地 Soil texture	土壤结构 Soil structure	pH	有机质 OM/(g/kg)	全氮 TN/(g/kg)	全磷 TP/(g/kg)	全钾 TK/(g/kg)	碱解氮 AN/(mg/kg)	有效磷 AP/(mg/kg)	速效钾 AK/(mg/kg)	土壤母质 Parent material	剖面点坐标 Profile coordinate	匹配指数 Matching index/%
剖74	铁铝土	红壤	黄红壤	耕型板页岩黄红土		A	0—23	栗色	黏壤土	粒块状	5.7	19.0	1.17	0.91	20.6	119	2.6	81	板页岩	E 111°37′07.4″ N 28°21′47.6″	95
						ABv	23—92	浅黄棕色	黏土	块状	5.4	10.8	0.87	1.44	24.7						
						D	92—														
剖75	铁铝土		黄壤	板页岩黄壤		Aoo	0—5												板页岩	E 111°32′43.4″ N 28°19′23.0″	95
						Ao	5—9														
						A₁	9—20	暗棕色	壤土	团块状	4.0	114.1	5.81	1.02	11.8	103	2.8	87			
						A	20—42	浅灰棕色	黏壤土	粒状	4.6	44.2	1.65	0.52	11.0						
						ABv	42—84	黄棕色	黏壤土	块状	4.6	27.3	1.15	0.52	12.4						
						BvC	84—160	浅棕色	黏壤土	块状	4.6	13.8	0.60	0.39	13.3						
剖76	人为土	水稻土	潴育水稻土	麻砂泥田	麻砂泥田	A	0—13	暗棕色	中壤土	团粒状	7.5	48.5	2.15	0.62	35.5	186	9.1	71	花岗岩	E 111°33′16.0″ N 28°18′25.6″	95
						Pg	13—25	暗黄棕色	中壤土	片状	7.5	39.8	2.00	0.49	37.9						
						W	25—65	暗黄棕色	中壤土	柱状	7.5	44.3	2.01	0.39	36.6						
						C	65—100	暗棕灰色	中壤土	块状	7.3	38.8	1.56	0.56	45.9						
剖77	人为土	水稻土	潴育水稻土	灰黄泥田	灰黄泥田	A	0—19	暗黄棕色	黏壤土	团粒状	5.8	36.0	1.83	1.08	20.0	141	6.1	110	石灰岩	E 111°36′05.4″ N 28°13′09.6″	95
						Pg	19—29	暗黄棕色	黏壤土	片状	6.6	24.2	1.29	1.13	20.0						
						W	29—69	浅黄棕色	壤土	柱状	7.8	34.4	0.49	1.19	15.9						
						C	69—102	浅黄棕色	壤土	粒状	7.7	32.6	0.94	1.25	18.1						
剖78	人为土	水稻土	潴育水稻土	黄砂泥田	红砂泥田	A	0—14	栗色	砂壤土	粒状	5.6					113	2.2	110	砂岩	E 111°38′54.8″ N 28°12′48.6″	95
						Pg	14—23	栗色	砂壤土	片状	5.6										
						S	23—60	暗棕色	砂壤土	小团粒状	5.6										
剖79	人为土	水稻土	潴育水稻土	灰泥田	青稞灰泥田	A	0—19	灰棕黄色	重壤土	片状	7.9	54.8	2.84	1.24	23.3	159	5.6	93	石灰岩	E 111°42′00.4″ N 28°14′20.5″	95
						Pg	19—31	暗黄棕色	重壤土	片状	8.1	44.0	2.09	0.72	24.3						
						W	31—55	暗黄棕色	轻黏土	柱状	7.9	17.0	2.09	0.77	22.1						
						G	55—85	灰棕色	轻黏土	无结构											
剖80	人为土	水稻土	潴育水稻土	麻砂泥田	青稞麻砂泥田	A	0—20	灰棕色	中壤土	粒状	7.8	33.3	1.18	0.95	15.9	104	5.7	40	花岗岩	E 111°41′49.1″ N 28°12′13.8″	95
						Pg	20—31	暗棕色	中壤土	片状	7.6	30.5	1.33	1.14	33.1						
						W	31—51	暗黄棕色	中壤土	块状	7.8	28.4	1.31	0.93	35.6						
						G	51—90	青灰色	壤土	块状	7.9	19.3	0.69	0.95	34.1						
剖81	人为土	水稻土	潴育水稻土	灰黄泥田	灰黄泥田	A	0—23	暗棕黄色	壤土	团粒状	6.2	46.7	0.76	1.74	16.4	186	5.8	110	石灰岩	E 111°39′32.2″ N 28°10′27.7″	95
						Pg	23—32	暗黄棕色	黏壤土	片状	5.4	30.8	1.46	0.62	18.0						
						C	32—62	棕灰色	黏壤土	柱状	6.6	11.3	0.64	0.87	16.9						
						C	62—100	灰黄棕色	壤土	块状	7.3	9.8	0.65	1.11	17.5						
剖82	人为土	水稻土	潴育水稻土	浅黄砂泥田	铁子黄砂泥田	A	0—20	浅黄棕色	重壤土	粒状	5.9	25.6	1.30	1.02	17.9	132	3.3	65	砂岩	E 111°30′33.3″ N 28°07′43.8″	95
						Pg	20—29	浅黄棕色	重壤土	片状	6.6	13.0	0.72	1.22	15.5						
						C	29—81	黄棕色	重壤土	柱状	6.9	11.4	1.06	1.38	18.1						
剖83	人为土	水稻土	潴育水稻土	浅灰泥田	浅灰板泥田	A	0—21	黄棕色	中壤土	粒状	7.9	26.1	1.21	1.99	21.4	149	5.9	62	石灰岩	E 111°34′13.3″ N 28°06′06.0″	95
						Pg	21—28	黄棕色	轻壤土	片状	8.0	21.4	1.47	1.80	23.5						
						C	28—110	浅黄棕色	轻壤土	块状	8.0	3.7	0.56	1.43	31.5						
剖84	人为土	水稻土	潴育水稻土	浅黄砂泥田	铁子红砂泥田	Ap	0—14	灰棕色	壤土	粒状	5.9	25.6	1.30	1.02	17.9	132	3.3	65	石灰岩	E 111°32′24.4″ N 28°07′29.8″	82
						C	14—29	浅黄棕色	壤土	片状	6.6	13.0	0.72	1.22	15.5						
						C	29—81	红棕色	壤土	柱状	6.9	11.4	1.06	1.38	18.1						
剖85	人为土	水稻土	潴育水稻土	河砂泥田		A	0—17	灰棕黄色	重黏土	团粒状	8.0	46.8	2.24	1.11	23.7	169	11.4	61	板页岩	E 111°39′06.5″ N 28°08′31.3″	95
						Pg	17—30	灰棕黄色	重黏土	柱状	8.1	38.1	1.95	0.91	22.6						
						W	30—46	灰棕黄色	中黏土	块状	7.8	17.4	0.94	0.87	23.1						
						C	46—80	灰棕黄色	轻黏土	块状	8.0	16.4	0.94	0.92	23.5						

续表 Continued

剖面号 Soil profile	土纲 Soil order	土类 Soil great group	亚类 Soil subgroup	土属 Soil genus	土种 Soil species	土层码 Layer code	土层厚度 Depth/cm	颜色 Soil color	质地 Soil texture	土壤结构 Soil structure	pH	有机质 OM/(g/kg)	全氮 TN/(g/kg)	全磷 TP/(g/kg)	全钾 TK/(g/kg)	碱解氮 AN/(mg/kg)	有效磷 AP/(mg/kg)	速效钾 AK/(mg/kg)	土壤母质 Parent material	剖面点坐标 Profile coordinate	匹配指数 Matching index/%
剖86	人为土	水稻土	潴育水稻土	黄泥田		A	0—18	暗灰黄色	重壤土	团粒状	8.1	46.4	2.19	1.09	19.1	148	8.4	61	板页岩	E 111°37′30.3″ N 28°07′11.9″	95
						Pg	18—39	暗灰黄色	轻黏土	片状	8.1	34.5	1.62	0.77	20.1						
						W	39—88	暗黄棕色	重壤土	棱柱状	7.8	12.9	0.65	0.54	19.2						
						C	88—110	浅黄棕色	重壤土	粒状	7.7	9.8	0.65	1.24	22.3						
剖87	人为土	水稻土	潴育水稻土	黄砂泥田		A	0—18	灰黑色	砂壤土	蜂窝状	7.6	39.2	1.87	1.29	21.1	176	20.6	104	砂岩	E 111°38′30.1″ N 28°05′09.1″	95
						Pg	18—24	黄黑色	重壤土	片状	7.1	14.9	1.00	0.88	24.2						
						W	24—66	浅黄棕色	重壤土	棱柱状	7.6	14.4	0.95	0.36	22.2						
						C	66—	棕黄色	轻黏土	粒状	7.5	8.2	0.59	0.57	25.8						
剖88	铁铝土	黄壤	黄壤性土	石灰岩黄壤性土	薄腐石灰岩黄壤性土	Ao	0—2										266	3.0	65	石灰岩	E 111°43′15.6″ N 28°00′58.9″	95
						A₁	2—6	暗灰棕色	黏壤土	粒状	5.6	21.9	0.47	1.07	35.5						
						A	6—28	浅黄棕色	黏壤土	粒状	5.6	5.2	0.72	0.86	31.9						
						Bv	28—37	棕灰色	砂壤土	粒状	5.6	12.6	1.47	0.74	29.0						
						C	37—160	红黄色	中壤土	块状	6.7	9.9	0.65	0.91	27.0						
剖89	水稻土	水稻土	潴育水稻土	河砂泥田	石灰性烂泥田	A	0—20	暗灰黄色	中壤土	粒状	6.4	39.8	1.99	1.12	25.0	85	3.5	56	河溪冲积物	E 111°51′22.5″ N 28°20′40.8″	95
						Pg	20—32	暗灰棕色	中壤土	片状	6.2	5.2	0.72	0.86	31.9						
						W	32—77	棕灰色	中壤土	柱状		12.6	1.47	0.74	29.0						
						C	77—90	暗灰色	黏壤土	块状	7.9	39.8	1.99	1.12	25.0						
剖90	人为土	水稻土	潴育水稻土	烂泥田		G	23—100	暗灰色	黏土	小粒状	8.3	34.7	1.84	0.59	26.0	149	8.7	94	板页岩	E 111°45′52.1″ N 28°21′47.7″	95
剖91	黄棕壤	黄棕壤	山地黄棕壤	板页岩山地黄棕壤		Aoo	0—3			无结构							189	≤1.0	209	板页岩	E 111°46′07.3″ N 28°18′52.6″	95
						Ao	3—6	黑棕色	砂壤土	团粒状	5.4	87.7	3.49	0.64	20.1						
						A₁	6—14	浅黄棕色	砂壤土	粒状	4.8	39.9	1.40	0.51	22.4						
						A	14—34	红棕色	砂壤土	粒状	4.7	11.8	0.66	0.39	30.6						
						Bv	34—78															
						D	78—															
剖92	人为土	水稻土	潴育水稻土	青泥田		A	0—20	暗紫色	砂壤土	粒状	7.9	32.0	1.34	0.80	14.8	104	1.3	60	砂岩	E 111°45′55.5″ N 28°16′34.2″	95
						Pg	20—30	灰棕色	砂壤土	片状	8.0	26.8	0.95	0.41	16.3						
						G	30—70	紫灰色	砂壤土	无结构	7.5	23.2	0.93	0.41	17.8						
剖93	人为土	水稻土	潴育水稻土	冷浸田	石灰性冷浸田	A	0—20	浅黄棕色	轻壤土	粒状	7.8	37.5	2.11	0.66	18.0	138	9.2	80	砂岩	E 111°53′35.4″ N 28°18′22.5″	95
						Pg	20—28	暗灰黄色	重壤土	片状	8.0	33.9	1.94	0.78	20.0						
						G	28—72	重棕色	重壤土	无结构	7.5	16.3	1.34	0.76	23.0						
剖94	铁铝土	红壤	红壤性土	花岗岩红壤性土	薄腐花岗岩红壤性土	Aoo	0—0.2										87	2.0	86	花岗岩	E 111°55′01.6″ N 28°15′59.1″	93
						Ao	0.2—0.4															
						A₁	0.4—1	黄棕色	中壤土	粒状	5.1	27.0	1.09	0.89	36.5						
						A	1—25	黄棕色	中壤土	块状	5.3	27.0	1.05	0.81	34.8						
						BvC	25—39	浅黄棕色	砂壤土	块状	5.1	9.2	0.40	1.49	22.6						
						D	39—															
剖95	水稻土	水稻土	渗育水稻土	白鳝泥田	石灰性白鳝泥田	A	0—16	灰黄棕色	轻壤土	小粒状	7.7	36.6	1.86	0.73	21.1	135	9.8	104	砂质页岩	E 111°55′01.7″ N 28°14′31.4″	95
						Pg	16—32	棕灰色	重壤土	片状	8.0	17.5	0.92	0.65	18.0						
						E	32—66	灰白色	重壤土	块状	7.6	6.7	0.56	0.38	27.4						
						C	66—100	浅黄棕色	轻黏土	块状	7.7	5.7	0.58	0.26	25.9						
剖96	人为土	水稻土	潴育水稻土	河砂泥田	青隔河砂泥田	A	0—16	棕灰色	轻壤土	粒状	5.9	41.8	1.81	0.96	23.7	144	4.3	56	河溪冲积物	E 111°55′57.0″ N 28°14′49.4″	95
						Pg	16—29	暗灰色	重黏土	片状	5.9	29.4	1.43	0.57	24.2						
						W	29—49	青棕色	轻黏土	柱状	6.3	7.1	0.56	1.15	27.0						
						S	49—91	暗棕色	轻黏土	无结构	6.0	8.5	1.64	0.61	24.5						

续表 Continued

剖面号 Soil profile	土纲 Soil order	土类 Soil great group	亚类 Soil subgroup	土属 Soil genus	土种 Soil species	土层码 Layer code	土层厚度 Depth/cm	颜色 Soil color	质地 Soil texture	土壤结构 Soil structure	pH	有机质 OM/(g/kg)	全氮 TN/(g/kg)	全磷 TP/(g/kg)	全钾 TK/(g/kg)	碱解氮 AN/(mg/kg)	有效磷 AP/(mg/kg)	速效钾 AK/(mg/kg)	土壤母质 Parent material	剖面点坐标 Profile coordinate	匹配指数 Matching index/%
剖97	人为土	水稻土	潜育水稻土	烂泥田		A	0—20	暗灰色	黏壤土	无结构	7.5	44.3	2.71	0.88	16.0	141	3.8	42	花岗岩	E 111°53′43.8″ N 28°12′14.8″	95
						G	20—95	青灰色	黏壤土	无结构	7.9	41.2	2.52	0.93	17.0						
剖98	人为土	水稻土	矿毒型水稻土	金属矿毒田	铁锰矿毒田	A	0—17	暗灰棕色	中壤土	粒状	6.4	8.1	1.49	1.01	26.6	148	7.1	104	花岗岩	E 111°53′53.3″ N 28°11′25.3″	95
						Pg	17—30	浅灰棕色	重壤土	片状	6.5	22.7	1.05	0.75	27.3						
						W	30—56	棕灰色	中壤土	柱状	6.9	16.0	8.01	0.76	27.3						
						C	56—	灰黄棕色	中壤土	块状	6.8	10.8	0.56	0.96	29.2						
剖99	人为土	水稻土	潴育水稻土	麻砂泥田		A	0—16	暗灰棕色	砂壤土	粒状	6.0					125	6.5	68	花岗岩	E 111°54′29.7″ N 28°12′18.2″	95
						Pg	16—29	暗棕灰色	砂壤土	片状	6.4										
						W	29—52	浅灰色	砂壤土	柱状	6.4										
						C	52—100	棕色	砂壤土	块状	6.4										
剖100	铁铝土	红壤	黄红壤	花岗岩黄红壤		A	0—20	浅黄棕色	轻壤土	粒状	7.3	18.9	0.86	1.33	40.3	55	2.2	145	花岗岩	E 111°52′53.6″ N 28°09′23.2″	95
						C	20—64	红黄色	中壤土	块状	6.8	10.9	0.52	0.76	33.6						
						D	64—														
剖101	人为土	水稻土	潴育水稻土	河砂泥田	石底河砂泥田	A	0—16	暗灰黄色	重壤土	粒状	7.2	34.4	1.44	0.78	31.7	119	4.3	61	河溪冲积物	E 111°53′15.5″ N 28°09′14.5″	95
						Pg	16—25	暗灰黄色	重壤土	片状	7.0	33.5	0.87	0.44	29.4						
						W	25—37	灰黄色	重壤土	柱状	6.1	13.3	1.96	0.54	30.8						
						S	37—67	浅灰色	中壤土	无结构	7.1	8.1	1.95	≤0.10	29.8						
剖102	人为土	水稻土	潴育水稻土	麻砂泥田		A	0—13	灰黄色	中壤土	粒状	6.0					102	7.3	44	花岗岩	E 111°53′12.2″ N 28°07′34.5″	95
						Pg	13—21	灰黄色	片状		6.4										
						W	21—46	暗灰黄色	重壤土	柱状	6.4										
						C	46—78	浅棕黄色	中壤土	块状	6.4										

沅 江 市

主要土类说明

水稻土是沅江市主要土壤类型，占本市地域面积的 40%。水稻土是在长期的季节性淹灌、水下翻耕、季节性脱水、氧化还原交替影响下，原来的成土母质或母土的特性发生重大改变，形成的新的土壤类型。由于干湿交替，水稻土形成糊状的淹育层、较坚实板结的犁底层、渗育层、潴育层与潜育层等多种发生层。这些不同的发生层是在人为耕作、水浆管理下形成的。本市水稻土分为淹育型、潴育型、潜育型、渗育型、沼泽型五个亚类。其中，潴育水稻土面积最大，占本土类面积的 75%，发育于多种成土母质，位于淹育水稻土和潜育水稻土之间，有较深厚的淋溶淀积层，厚度一般在 20cm 以上，剖面构型为 A-P-W-C、A-P-W_1-W_2-G、A-P-B-G 等。

潮土是沅江市第二大土壤类型，占本市地域面积的 34%。潮土分布在洞庭湖平原及其边缘阶地，发育于洞庭湖湖相沉积物，土层深厚，质地为黏壤土，土质肥沃。

红壤是沅江市第三大土壤类型，占本市地域面积的 11%。红壤分布在丘陵区，是本市丘陵区旱土和林业用地的主要土壤，发育于第四纪红色黏土，具有明显的脱硅富铝化过程，一般土层深厚，土壤呈酸性至强酸性。本市红壤仅有红壤一个亚类，红壤亚类续分为第四纪红土红壤和耕型第四纪红土红壤两个土属。第四纪红土红壤分布在低丘，具有酸、瘦、黏等特点，水土流失严重，在红土层下常出现红白相间的网纹层和卵石层。耕型第四纪红土红壤一般分布在低丘的下部或中部，土层深厚，质地黏重，土壤呈酸性。

沼泽土占本市地域面积的 3%。沼泽土所处地势低洼，长期地表积水，喜湿植被生长茂盛。该土壤有机质累积及还原作用强烈，具有潜育层。地表有机质累积明显，甚至见泥炭层或腐泥层。剖面构型为 H-G。

本区域中心区气候特征

本区域中心区气候特征值
Regional climate characteristics in central area of the region

气候带：中亚热带湿润气候 Climate region: Subtropical humid climate	
年平均气温 /℃ Annual average temperature /℃	16.9
年平均最高气温 /℃ Annual average maximum temperature /℃	21.2
年平均最低气温 /℃ Annual average minimum temperature /℃	13.7
年降水量 /mm Annual precipitation /mm	1313
≥ 10℃的积温 /℃ Daily temperature accumulated in a year（≥ 10℃）/℃	6362
年日照时数 /h Annual sunshine /h	1627
年平均相对湿度 /% Annual average relative humidity /%	80
干燥度 Dryness	0.77

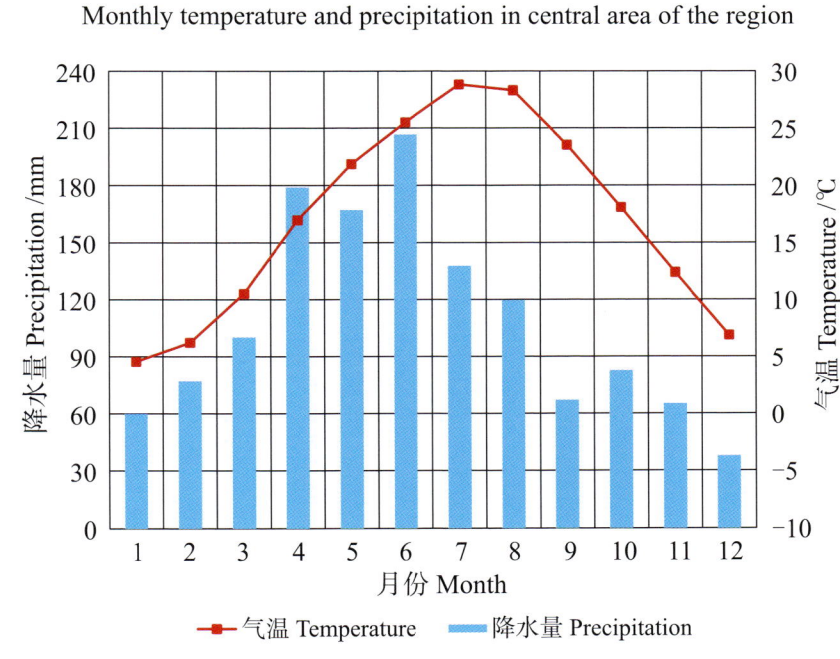

本区域中心区月平均气温与月平均降水量
Monthly temperature and precipitation in central area of the region

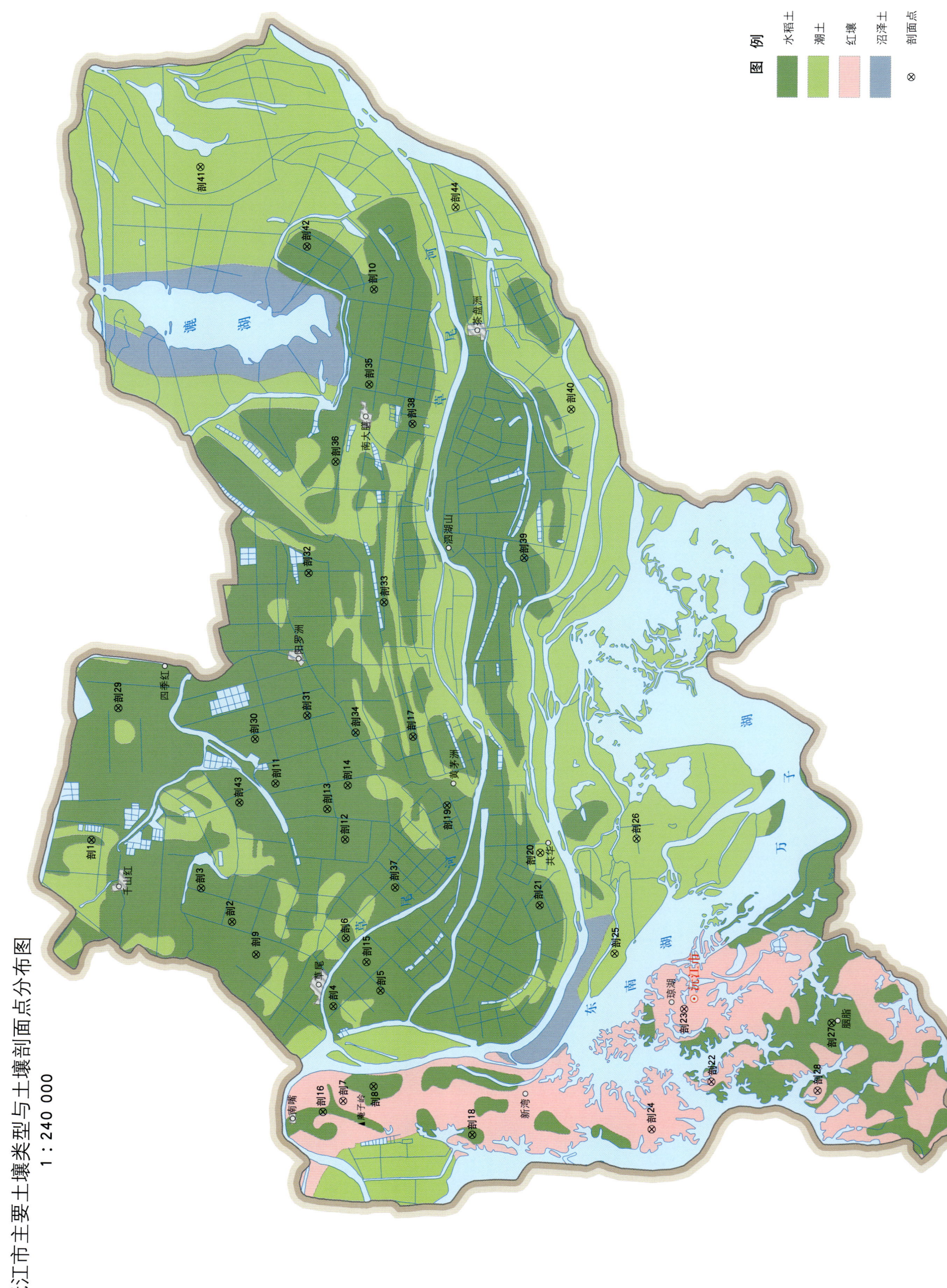

沅江市主要土壤类型与土壤剖面点分布图
1∶240 000

沅江市土壤剖面理化性状表

剖面号 Soil profile	土纲 Soil order	土类 Soil great group	亚类 Soil subgroup	土属 Soil genus	土种 Soil species	土层码 Layer code	土层厚度 Depth/cm	颜色 Soil color	质地 Soil texture	土壤结构 Soil structure	pH	有机质 OM/(g/kg)	全氮 TN/(g/kg)	全磷 TP/(g/kg)	全钾 TK/(g/kg)	碱解氮 AN/(mg/kg)	有效磷 AP/(mg/kg)	速效钾 AK/(mg/kg)	土壤母质 Parent material	剖面点坐标 Profile coordinate	匹配指数 Matching index/%
剖1	人为土	水稻土	潴育水稻土	紫潮泥田	砂底紫潮砂泥田	A	0—17	紫色	壤土	棱状	8.0	27.1	1.64	0.74	25.9	113	7.5	53	河湖沉积物	E 112°27′35.3″ N 29°09′37.9″	75
						P	17—36	褐色	重壤土	柱状	8.1	26.9	1.42	0.69	25.8						
						S	36—65	褐黄色	砂土	粒状	8.3	1.2	0.35	0.58	20.0						
						Sg₂	65—100	灰色	砂壤土	片状	8.1	14.0	0.98	0.57	20.8						
剖2	人为土	水稻土	潴育水稻土			A	0—24	棕色	中黏土	粒状	5.6	36.0	1.18	0.38		125	12.3	61	第四纪红色黏土，紫色页岩	E 112°24′37.1″ N 29°05′13.2″	75
						Pg	24—36	深栗色	中黏土	块状	5.1	25.4	1.15	0.29							
						G	36—62	灰色	中黏土	棱状	4.4	15.3	0.51	0.23							
						W₂	62—100	黄棕色	黏壤土	散粒状	4.7	≤1.0	0.50	0.21							
剖3	人为土	水稻土	潴育水稻土	紫潮泥田		A	0—27	浅红棕色	轻黏土	棱柱状	5.5	38.6	1.72	0.47	21.5	156	11.5	96	第四纪红色黏土	E 112°25′50.1″ N 29°06′11.3″	75
						Pg	27—41	灰褐色	中黏土	块状	7.1	20.9	0.64	0.41	21.4	97	15.0	69			
						G	41—100	深灰色	中黏土	块状	6.8	16.8	0.60	0.38	25.6	121	17.0	103			
剖4	人为土	水稻土	潴育水稻土	紫潮砂泥田	紫潮砂泥田	As	0—14	黄褐色	砂壤土	粒状	8.0	14.3	0.60	0.71	28.7	89	5.9	71	河湖沉积物	E 112°21′33.9″ N 29°02′02.4″	75
						Ps	14—31	黄褐色	壤土	棱状	8.0	11.1	0.50	0.72		55	3.8	46			
						W₂	31—71	棕黄色	黏壤土	棱状	8.4	11.1	0.72	0.71		40	7.9	67			
						G	71—100	栗灰色	黏壤土	片状	8.6	19.4	0.79	0.59		47	9.5	100			
剖5	人为土	水稻土	潴育水稻土	紫潮泥田	底潜紫潮泥田	A	0—20	紫棕色	轻黏土	粒状	8.0	42.3	2.30	0.59	23.7	129	13.3	120	河湖沉积物	E 112°22′07.2″ N 29°00′33.3″	75
						P	20—31	栗色	中黏土	块状	8.1	25.2	1.17	0.45		82	12.3	65			
						W₁	31—51	褐色	砂壤土	无结构散状	8.1	19.0	1.17	0.45		60	11.5	80			
						G	51—69	灰色	砂壤土	无结构散状	8.3	29.0	1.29	0.49		51	16.1	77			
						W₂	69—100	栗色	中黏土	棱状	8.2	15.4	0.74	0.53		61	8.5	82			
剖6	人为土	水稻土	潴育水稻土	潮砂泥田	潮砂泥田	A	0—15	褐色	轻黏土	粒状	5.9	30.5	1.73	0.52	23.7	105	10.4	68	河流冲积物	E 112°17′49.6″ N 29°02′22.6″	95
						P	15—30	棕灰色	黏壤土	块状	5.3	16.1	7.13	0.46	≥50.0						
						W₁	30—67	深灰色	黏壤土	棱块状	5.2	11.9	0.79	0.43							
						G	67—100	棕灰色	黏壤土	棱块状	5.7	14.5	0.60	0.49	22.5						
剖7	铁铝土	红壤		第四纪红色红壤		A	0—20	红色	中黏土	粒状	5.4	27.6	8.39	0.18		75	9.8	92	第四纪红色黏土	E 112°18′13.1″ N 29°01′43.9″	95
						C	20—100	棕红色	重黏土	棱块状	7.5	14.7	0.37	0.20		38	11.0	69			
剖8	人为土	水稻土	潴育水稻土	红黄泥田	红黄泥田	A	0—16	褐色	中黏土	粒状	5.1	31.6	1.66	0.63	32.0	169	13.1	192	第四纪红色黏土	E 112°18′43.1″ N 29°00′46.7″	95
						P	16—24	黄褐色	砂壤土	棱状	6.2	19.4	1.25	0.81	34.5	113	12.2	102			
						W₁	24—43	灰色	砂壤土	块状	6.7	11.0	0.50	0.66	19.8	70	9.6	116			
						W₂	43—100	黄褐色	黏壤土	棱状	6.7	9.0	0.57	0.50	16.0	75	9.2	106			
剖9	人为土	水稻土	潴育水稻土	潮砂泥田		A	0—23	褐色	重黏土	粒状	8.0	30.0	1.32	0.56		128	6.2	88	河湖沉积物	E 112°23′26.2″ N 29°04′27.9″	75
						Pt	23—46	黄色	重黏土	棱块状	8.0	14.8	0.56	0.55		70	10.0	70			
						G₂	46—58	深灰色		棱块状	8.1	9.6	0.45	0.47		45	4.8	64			
						Gs	58—100	灰色	砂壤土	棱状	8.2	4.4	0.81	0.52		37	4.8	17			
剖10	人为土	水稻土	潴育水稻土			A	0—19	青棕色	砂壤土	粒状	6.0	36.4	1.93	0.49		161	15.6	62	紫色页岩	E 112°28′53.3″ N 29°04′58.1″	75
						Pg	19—32	灰色	轻壤土	块状	6.2	21.3	0.30	0.46	14.9	149	8.7	83			
						G	32—70	棕灰色	轻壤土	粒状	6.2	14.8	0.35	0.48	15.1	126	7.5	77			
						Gw₂	70—100	灰色	中黏土	粒状	5.3	19.3	1.05	0.60							
剖11	人为土	水稻土	潴育水稻土	红黄泥田	铁子红黄泥田	A	0—15	黄棕色	中黏土	粒状	6.5	23.8	1.29	0.51	14.9	149	8.7	83	第四纪红色黏土	E 112°29′33.8″ N 29°03′49.5″	75
						P	15—30	黄棕色	中黏土	块状	6.5	19.4	0.93	0.53	15.1	126	7.5	77			
						Bv	30—82	棕黄色	中黏土	粒状	7.1	9.7	0.41	0.48	16.9	110	5.4	73			
						C	82—100	浅红棕色	重黏土	粒状	6.7	4.7	0.47	0.46	15.2	68	5.1	46			

续表 Continued

剖面号 Soil profile	土纲 Soil order	土类 Soil great group	亚类 Soil subgroup	土属 Soil genus	土种 Soil species	土层码 Layer code	土层厚度 Depth/cm	颜色 Soil color	质地 Soil texture	土壤结构 Soil structure	pH	有机质 OM/(g/kg)	全氮 TN/(g/kg)	全磷 TP/(g/kg)	全钾 TK/(g/kg)	碱解氮 AN/(mg/kg)	有效磷 AP/(mg/kg)	速效钾 AK/(mg/kg)	土壤母质 Parent material	剖面点坐标 Profile coordinate	匹配指数 Matching index/%
剖12	人为土	水稻土	潴育水稻土	紫潮泥田	油紫潮泥田	A	0—18	深栗色	重壤土	粒状	8.0	39.0	2.31	1.77	28.9	151	16.1	131	河湖沉积物	E 112°27′32.2″ N 29°01′38.2″	95
						P	18—29	栗色	重壤土	棱状	7.6	28.3	1.76	1.57	28.0	130	11.7	119			
						W₁	29—72	棕黄色	重壤土	棱状	7.7	12.4	9.90	1.84	31.6	103	9.8	140			
						W₂	72—100	黄棕色	重壤土	块状	7.7	14.8	0.86	1.86	27.3	52	15.4	120			
剖13	人为土	水稻土	潜育水稻土			A	0—15	紫色	轻黏土	粒状	7.9	46.4	2.40	0.47		130	15.7	91	河湖沉积物	E 112°28′38.5″ N 29°02′12.3″	75
						Pt	15—48	棕色	轻黏土	块状	8.0	29.0	1.05	0.40	28.0	113	4.8	160			
						G	48—100	栗色	砂壤土	粒状	8.1	16.8	0.70	0.53		70	10.0	116			
剖14	人为土	水稻土	潜育水稻土	红黄泥田	青捞红黄泥田	A	0—14	棕色	轻黏土	粒状	5.6	32.7	1.59	1.00	26.0	141	15.1	75	第四纪红色黏土	E 112°29′28.3″ N 29°01′33.0″	75
						Pg	14—34	青灰色	中黏土	块状	6.9	24.5	1.37	0.53	27.0	126	18.1	77			
						W₁	34—61	黄棕色	中黏土	块状	6.3	10.9	1.04	0.48	23.7	110	14.0	73			
						C	61—100	黄棕色	中黏土	块状	6.1	10.1	0.75	0.46	17.0	68	10.0	46			
剖15	人为土	水稻土	淹育水稻土	浅紫泥田	浅紫泥田	Ag	0—25	紫灰色	黏土	无结构	7.6	38.5	2.08	0.43	17.5	154	4.2	38	第四纪红色黏土	E 112°29′08.8″ N 29°00′59.5″	95
						G	25—100	青紫灰色	壤土	无结构	7.1	26.8	1.09	0.58		144	7.5	64			
剖16	人为土	水稻土	潜育水稻土	烂湖田	烂湖田	A	0—12	紫棕色	壤土	团粒状	7.6	21.2	0.84	0.35		140	7.0	60	河湖沉积物	E 112°24′00.5″ N 29°01′38.1″	75
						P	12—27	紫棕色	中黏土	棱柱状	7.6	9.9	0.83	0.27		140	7.0	60			
剖17	人为土	水稻土	潜育水稻土	红黄泥田		A	0—21	棕灰色	中黏土	粒状	6.4	41.1	1.59	0.48		169	13.9	51	紫色页岩	E 112°25′49.0″ N 29°00′04.6″	75
						C	21—100	深棕色	砂壤土	棱状	5.7	10.7	0.67	0.42		98	20.7	56			
剖18	人为土	水稻土	潜育水稻土	紫砂泥田	紫砂泥田	A	0—18	棕褐色	砂壤土	粒状		24.4	1.39	0.66		127	14.6		黄色砂岩	E 112°17′00.3″ N 28°57′40.6″	95
						P	18—27	褐棕色	砂壤土	小块状		20.0	1.18	0.46							
						W₁	27—79	黄褐色	壤土	棱块状		5.8	0.45	0.39		101	12.4	52			
						W₂	79—100	棕黄色	砂壤土	大块状		7.9	0.50	0.44							
剖19	人为土	水稻土	潴育水稻土	紫潮泥田		A	0—17	紫棕色	中壤土	团粒状	8.0	27.9	1.63	0.63					河湖沉积物	E 112°28′44.2″ N 28°58′25.8″	95
						P	17—34	褐棕色	轻壤土	粒状	8.2	9.5	0.72	0.50	24.7	65	11.0	65			
						W₁	34—78	紫棕色	中壤土	棱柱状	8.2	9.3	0.90	0.50	25.8	99	12.0	34			
						W₂	78—100	紫棕色	重壤土	棱柱状	8.1	3.3	0.37	0.48	21.2	26	9.0	12			
剖20	半水成土	潮土				A	0—16	暗红棕色	黏壤土	粒状	7.9	29.7	1.59	0.61	28.4	151	8.8	44	河湖沉积物	E 112°27′01.3″ N 28°55′29.8″	81
						Bv	16—61	红棕色	黏壤土	块状	8.2	12.9	0.82	0.58	28.7	74	6.6	73			
						C	61—100	红棕色	壤土	粒状	8.2	10.8	0.82	0.61	31.6	71	4.6	91			
剖21	人为土	水稻土	潴育水稻土	紫潮泥田		A	0—18	紫色	中黏土	粒状	7.9	38.8	2.20	0.73	28.4	148	15.9	73	第四纪红色黏土	E 112°25′08.6″ N 28°55′31.8″	95
						P	18—34	栗色	中黏土	片状	8.1	18.8	1.18	0.61	28.7	78	8.1	63			
						W₁	34—85	黄褐色	中黏土	棱柱状	8.1	17.3	0.78	0.65	31.6	51	7.6	55			
						G₂	85—100	栗色	中黏土	棱柱状	8.2	14.4	0.79	0.69	27.3	63	4.4	46			
剖22	铁铝土	红壤	红壤	第四纪红土红壤		A	0—20	黄褐色	轻黏土	粒状	5.6	26.9	1.09	0.41		103	4.7	121	第四纪红色黏土	E 112°18′55.9″ N 28°50′13.9″	75
						Bv	20—58	红棕色	中黏土	块状	5.0	15.1	0.61	0.39		68	9.6	132			
						C	58—100	棕红色	中黏土	粒状	5.3	9.0	0.67	0.29		63	4.8	90			
剖23	铁铝土	红壤	红壤	第四纪红土红壤		A₁	0—6	深棕色	重黏土	粒状	4.7	49.8	2.01	0.28		180	5.9	54	第四纪红色黏土	E 112°21′24.4″ N 28°50′59.2″	95
						ABv	6—54	紫红色	轻黏土	棱块状	4.8	13.0	0.59	0.31		91	5.9	46			
						Bv	54—100	深红色	中黏土	棱块状	4.9	≤1.0	0.43	0.16		65	7.0	72			
剖24	铁铝土	红壤	红壤	第四纪红土红壤		A	0—19	红棕色	黏壤土	粒状	4.7	19.8	1.14	0.37		148	4.1	122	第四纪红色黏土	E 112°17′10.2″ N 28°52′01.2″	95
						Bv	19—46	棕红色	中壤土	棱柱状		13.8	0.88	0.31							
						C	46—100	棕红色	中壤土	块状	4.7	10.4	0.70	0.32		95	4.7	132			
剖25	半水成土	潮土	湖潮土	紫潮土	荒洲湖潮土	Ao	0—6	黄褐色	黏壤土	块状	6.0	24.7	1.50	0.30		112	11.8	146	河湖沉积物	E 112°23′31.9″ N 28°53′19.3″	95
						A₁	6—21	棕色	黏壤土	块状	6.5	32.5	1.99	0.38		74	10.7	75			
						ABv	21—61	黄棕色	黏壤土	块状	7.0	16.5	0.53	0.27		54	4.1	64			
						Bv	61—100	黄棕色	黏壤土	块状	6.5	9.2	1.31	0.20			5.9				

续表 Continued

剖面号 Soil profile	土纲 Soil order	土类 Soil great group	亚类 Soil subgroup	土属 Soil genus	土种 Soil species	土层码 Layer code	土层厚度 Depth/cm	颜色 Soil color	质地 Soil texture	土壤结构 Soil structure	pH	有机质 OM/(g/kg)	全氮 TN/(g/kg)	全磷 TP/(g/kg)	全钾 TK/(g/kg)	碱解氮 AN/(mg/kg)	有效磷 AP/(mg/kg)	速效钾 AK/(mg/kg)	土壤母质 Parent material	剖面点坐标 Profile coordinate	匹配指数 Matching index/%
剖26	半水成土	潮土	湖潮土	紫潮土	泷州紫潮砂泥土	AA₁	0—12	灰紫色	轻黏土	团粒状	8.0	29.9	1.75	0.64		151	8.8	43	河湖沉积物	E 112° 27′ 30.1″ N 28° 52′ 27.9″	95
						A	12—54	深棕色	黏壤土	棱柱状	8.4	27.0	1.04	0.60		66	12.0	54			
						S	54—100	灰紫色	砂壤土	粒状	8.5	3.7	0.39	0.57		35	10.0	12			
剖27	人为土	水稻土	潴育水稻土	潮砂泥田	间砂潮砂泥田	A	0—10	黄棕色	砂壤土	粒状	4.9	14.6	0.32	0.42		79	4.8	50	河湖沉积物	E 112° 20′ 53.2″ N 28° 46′ 20.9″	95
						P	10—20	黄棕色	黏壤土	棱柱状	5.4	18.5	0.33	0.38		155	11.1	56			
						W₁	20—46	黄棕色	黏壤土	棱柱状	6.2	9.4	0.22	0.37		45	10.7	21			
						S	46—60	黄棕色	砂壤土	粒状	6.7	≤1.0	0.22	0.37		37	2.7	12			
						W₂	60—100	黄棕色	砂壤土	粒状	6.0	9.8	0.30	0.51		45	10.7	21			
剖28	铁铝土	红壤	红壤	第四纪红土红壤		A	0—20	黄棕色	黏壤土	团粒状	5.8	31.2	1.30	0.45		155	16.6	121	第四纪红色黏土	E 112° 18′ 30.8″ N 28° 46′ 47.5″	75
						Bv	20—60	黄棕色	黏壤土	棱柱状	5.5	19.4	1.09	0.50		106	14.0	99			
						C	60—100	红棕色	黏壤土	棱柱状	5.5	7.1	0.53	0.42		64	9.8	77			
剖29	人为土	水稻土	潴育水稻土			A	0—16	紫棕色	中黏土	散粒状	7.8	45.6	2.37	0.69		140	9.0	49	河湖沉积物	E 112° 32′ 18.6″ N 28° 46′ 45.3″	75
						P	16—28	紫棕色	中黏土	粒状	8.1	27.2	1.46	0.69							
						G₁	28—43	青灰色	中黏土	散粒状	8.5	14.0	0.98	0.57							
						S	43—57	青灰色	紫砂土	散粒状	8.2	2.4	0.35	0.57							
						G₂	57—100	深灰色	中黏土	散粒状		14.0	0.98	0.58							
剖30	人为土	水稻土	潴育水稻土	烂湖田	紫烂湖田	A	0—15	褐棕色	轻黏土	粒状	7.6	38.5	2.08	0.43		154	4.2	38	河湖沉积物	E 112° 31′ 10.0″ N 29° 04′ 27.3″	95
						G	25—100	青灰色	中黏土	棱柱状	7.9	26.8	1.58	0.34		145	16.6	77			
剖31	人为土	水稻土	渗育水稻土	白散泥田	铁子白散泥田	A	0—18	棕色	中黏土	粒状	5.2	31.1	1.09	0.49		119	69.0	46	第四纪红色黏土	E 112° 31′ 59.5″ N 29° 02′ 48.7″	75
						P	18—32	棕紫色	中黏土	粒状	6.3	25.5	0.71	0.50							
						Bv	32—46	黄棕色	中黏土	散粒状	6.9	8.1	0.41	0.27							
						E	46—65	黄棕色	重黏土	棱柱状	7.1	5.9	0.31	0.29							
						Ce	65—100	棕褐色	重黏土	粒状	6.5	8.5	0.36								
剖32	人为土	水稻土	潴育水稻土	白散泥田	青骨白散泥田	A	0—15	黄棕色	中黏土	粒状	6.4	32.9	1.82	0.58		153	7.6	52	第四纪红色黏土	E 112° 37′ 04.4″ N 29° 02′ 44.2″	75
						Pg	15—25	黄棕色	重黏土	块状	6.7	27.5	0.56	0.50		85	4.8	47			
						W₁	25—40	棕灰色	中黏土	棱柱状	6.7	5.8	0.24	0.29		60	4.1	33			
						E	40—100	黄棕色	中黏土	粒状	6.7	6.8	0.26	0.46		26	3.7	28			
剖33	人为土	水稻土	潴育水稻土	紫泥田	砂底紫潮砂泥田	A	0—14	紫色	轻黏土	粒状	7.9	35.8	1.89	0.50		2	6.8	48	第四纪红色黏土	E 112° 36′ 00.3″ N 29° 00′ 22.0″	95
						P	14—28	栗色	轻黏土	块状	8.0	15.7	1.28	≥10.00		4	8.1	63			
						S	28—80	褐棕色	砂壤土	块状	8.2	15.8	0.76	≥10.00		6	5.5	28			
						G	80—100	褐色	中黏土	片状	8.2	20.0	1.62	≥10.00		4	5.5	46			
剖34	人为土	水稻土	渗育水稻土	白散泥田		A	0—15	黄褐色	重黏土	粒状	6.0	23.9	4.52	0.45		132	13.1	44	第四纪红色黏土	E 112° 31′ 22.0″ N 29° 01′ 17.5″	75
						P	15—24	黄棕色	黏壤土	块状	6.7	24.6	0.96	0.36		136	6.3	115			
						W₂	24—38	棕灰色	黏壤土	棱柱状	5.1	13.1	0.65	0.31		74	7.0	75			
						E	38—100	黄棕色	重黏土	片状	7.7	5.4	0.35	0.20		38	3.7	33			
剖35	人为土	水稻土	潴育水稻土	紫泥田	青骨紫潮砂泥田	P	0—17	紫色	黏土	粒状	7.9	≥250.0	1.51	0.61		96	7.3	81	河湖沉积物	E 112° 43′ 47.1″ N 29° 00′ 46.4″	95
						G	17—39	栗色	中黏土	块状	7.8	≤1.0	1.36	0.58			7.5	70			
						W	39—50	灰青色	轻黏土	棱柱状		19.4	1.19	0.59			5.5				
							50—100	褐色	重黏土	粒状		11.8	0.45	0.65			4.4				
剖36	人为土	水稻土	潴育水稻土	白散泥田		A	0—17	紫棕色	中壤土	粒状	8.0	25.5	1.43	0.70		99	12.0	34	河湖沉积物	E 112° 41′ 02.5″ N 29° 01′ 51.3″	75
						P	17—33	紫棕色	轻壤土	片状	8.2	12.0	0.78	0.60		64	9.3	32			
						G	33—73	灰棕色	砂壤土	片状	8.0	10.8	0.58	0.54		50	20.0	56			
						Sg₁	73—100	灰棕色	轻壤土	粒状	8.3	5.2	0.24	0.69		32	8.1	37			
剖37	人为土	水稻土	潴育水稻土	紫泥田	青骨紫泥田	A	0—18	紫棕色	轻黏土	团粒状	6.5	33.7	1.62	1.74		135	12.4	128	河湖沉积物	E 112° 31′ 12.2″ N 28° 59′ 29.0″	95
						Pg	18—35	灰色	轻黏土	块状	6.9	24.0	1.25	0.94		104	4.2	78			
						W₂	35—100	灰紫色	轻黏土	块状	7.5	12.3	0.93	0.89		72	2.9	70			

续表 Continued

剖面号 Soil profile	土纲 Soil order	土类 Soil great group	亚类 Soil subgroup	土属 Soil genus	土种 Soil species	土层码 Layer code	土层厚度 Depth/cm	颜色 Soil color	质地 Soil texture	土壤结构 Soil structure	pH	有机质 OM/(g/kg)	全氮 TN/(g/kg)	全磷 TP/(g/kg)	全钾 TK/(g/kg)	碱解氮 AN/(mg/kg)	有效磷 AP/(mg/kg)	速效钾 AK/(mg/kg)	土壤母质 Parent material	剖面点坐标 Profile coordinate	匹配指数 Matching index/%
剖38	人为土	水稻土	潴育水稻土	紫潮泥田	黏盾紫潮砂泥田	A	0—19	紫色	轻黏土	粒状	7.8	40.4	2.25	0.35		157	10.9	69	河湖沉积物	E 112°42′21.8″ N 28°59′25.4″	95
						Pgt	19—43	棕色	中黏土	块状	8.0	18.1	0.86	0.33		61	11.1	99			
						W₂	43—100	棕色	轻黏土	棱柱状	8.1	15.6	0.58	0.33		82	11.8	69			
剖39	人为土	水稻土	潴育水稻土	紫潮泥田	红黄泥田底青糊紫潮泥田	A	0—15	紫色	重壤土	粒状	7.4	41.0	1.63	0.71		84	5.1	64	河湖沉积物、第四纪红色黏土	E 112°37′32.7″ N 28°55′56.5″	95
						Pg	15—30	栗色	黏壤土	棱状	7.5	29.0	1.41	0.75							
						C	30—100	红色	黏土	无结构散状		11.2	0.40	0.66							
剖40	半水成土	潮土	湖潮土	紫潮土	芦苇紫潮土	Ao	0—7	深栗色	轻黏土	粒状	7.1	32.0	2.69	0.77		127	9.8	40	河湖沉积物	E 112°42′49.4″ N 28°54′25.1″	95
						A₁	7—16	栗色	轻黏土	团粒状	7.6	28.6	1.74	0.65		142	11.1	90			
						Bv	16—85	紫色	轻黏土	棱柱状	8.4	11.5	0.80	0.64		63	11.1	77			
						S	85—100	紫色	砂壤土	柱状	8.2	1.4	0.28	0.60		58	4.4	56			
剖41	半水成土	潮土	湖潮土	紫潮土	荒洲紫潮土	A	0—16	黄褐色	轻黏土	粒状	7.9	29.7	1.59	0.61		151	8.8	43	河湖沉积物	E 112°51′37.4″ N 29°06′01.2″	95
						ABv	16—61	黄褐色	黏壤土	棱柱状	8.2	13.0	0.82	0.58		74	6.6	73			
						C	61—100	棕色	壤土	片状	8.2	10.8	0.82	0.61		71	4.6	90			
剖42	人为土	水稻土	潴育水稻土	紫潮泥田	间砂紫潮泥田	Ap	16—24	暗红棕色	壤土	粒状	8.0	27.9	1.65	0.74	25.9	112	7.5	54	河湖沉积物	E 112°48′44.3″ N 29°02′41.4″	81
						S	24—41	红棕色	砂土	无结构	8.1	27.2	1.43	0.69	25.8						
						W	41—100	棕色	黏壤土	棱柱状	8.3	2.4	0.35	0.58	20.2						
剖43	人为土	水稻土	潴育水稻土	黄紫泥田	黄紫泥田	A	0—20	棕褐色	壤土	粒状	8.1	14.0	9.80	0.57	22.8	116	7.1	98	河湖沉积物	E 112°47′11.1″ N 29°00′35.8″	95
						Pg	20—33	紫棕色	中黏土	粒状	6.2	41.7	1.41	0.49							
						G₁	33—53	深灰色	轻黏土	块状		24.7	0.49	0.47							
						G₂	53—68	褐色	轻黏土	粒状		17.5	1.11	0.34							
						W₁	68—100	紫色	轻黏土	粒状		19.7	0.43	0.40							
剖44	半水成土	潮土	湖潮土	紫潮土	林地紫潮土	AA₁	0—2	黄褐色	轻黏土	柱状	8.2	25.5	1.50	0.61		129	10.3	58	河湖沉积物	E 112°50′04.3″ N 28°57′59.7″	95
						A₁	2—18	紫色	轻黏土	粒状	8.2	16.6	1.43	0.70		112	10.7	46			
						Bv	18—77	紫棕色	轻黏土	棱状	8.3	13.3	1.11	0.63		74	5.9	48			
						S	77—100	灰棕色	砂土	粒状	8.0	17.0	0.88	0.60		54	4.1	43			

郴 州 市

市 辖 区

主要土类说明

红壤是郴州市主要土壤类型，占本市地域面积的43%。红壤分布在海拔500m以下的低山、丘陵区。所处地区高温多湿、干湿季节明显的气候条件，有利于红壤化过程的进行。风化前期盐基大量释放，土壤呈中性，硅酸盐淋失。随着风化程度加深，盐基流失，土壤酸性增强，铁铝氧化物也随之流失。

水稻土是郴州市第二大土壤类型，占本市地域面积的20%。在人为耕作、施肥、灌溉等措施的影响下，土壤内部进行着氧化还原交替、有机质合成与分解、盐基淋溶与复盐基作用的熟化过程，促进了土壤性状的改变，从而形成了水稻土特有的形态、理化和生物特性。

黄壤是郴州市第三大土壤类型，占本市地域面积的11%。黄壤分布在海拔700—1000m的山地，其水分条件比红壤好，热量则略低。土体呈黄色，心土层呈蜡黄色，土层较厚，有机质含量较高，pH多为4.5—6.0。

黄棕壤占本市地域面积的10%，分布在海拔1000m以上的地区。在凉湿的气候条件下，黄棕壤脱硅富铝化程度比黄壤低，pH多为5.5—6.5，腐殖质层之下有一层黄棕色土层。

紫色土占本市地域面积的6%，分布在海拔500m以下的地区。紫色土剖面层次不明显，一般呈均匀的紫色，但表层因含有较多腐殖质而呈暗紫色。土层浅薄，抗旱能力弱，富含磷、钾，但氮素缺乏。

石灰（岩）土占本市地域面积的6%。本市石灰（岩）土分为黑色石灰土和红色石灰土两个亚类。前者常见于山顶岩隙及缓坡地带，富含有机质，呈中性至微碱性。后者分布在山麓坡地下部，有黏粒和铁锰淀积，呈中性或微酸性。

小于本市地域面积3%的土壤类型有山地草甸土、潮土等。

本区域中心区气候特征

本区域中心区气候特征值
Regional climate characteristics in central area of the region

气候带：中亚热带湿润气候 Climate region: Subtropical humid climate	
年平均气温 /℃ Annual average temperature /℃	19.1
年平均最高气温 /℃ Annual average maximum temperature /℃	23.5
年平均最低气温 /℃ Annual average minimum temperature /℃	15.9
年降水量 /mm Annual precipitation /mm	1481
≥10℃的积温 /℃ Daily temperature accumulated in a year (≥10℃) /℃	8268
年日照时数 /h Annual sunshine /h	1580
年平均相对湿度 /% Annual average relative humidity /%	78
干燥度 Dryness	0.76

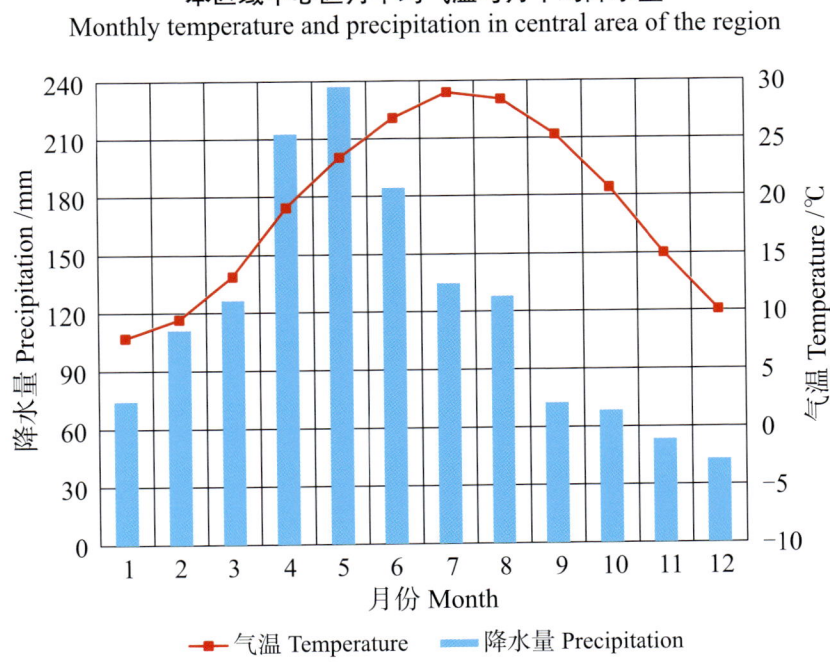

本区域中心区月平均气温与月平均降水量
Monthly temperature and precipitation in central area of the region

郴州市市辖区主要土壤类型与土壤剖面点分布图
1 : 260 000

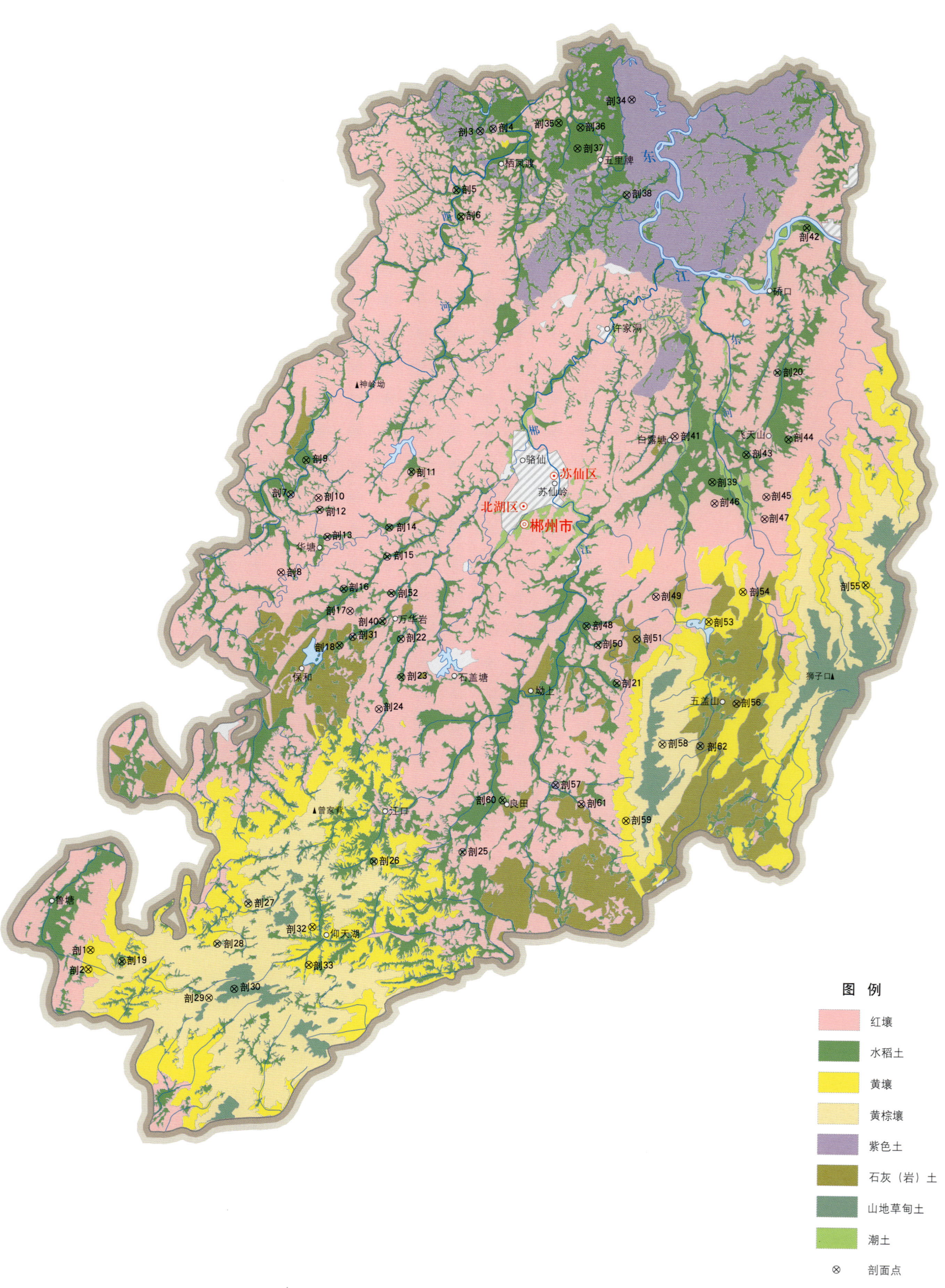

郴州市土壤剖面理化性状表

剖面号 Soil profile	土纲 Soil order	土类 Soil great group	亚类 Soil subgroup	土属 Soil genus	土种 Soil species	土层码 Layer code	土层厚度 Depth/cm	颜色 Soil color	质地 Soil texture	土壤结构 Soil structure	pH	有机质 OM/(g/kg)	全氮 TN/(g/kg)	全磷 TP/(g/kg)	全钾 TK/(g/kg)	土壤母质 Parent material	剖面点坐标 Profile coordinate	匹配指数 Matching index/%
剖1	铁铝土	黄壤	黄壤	板页岩黄壤	板页岩黄壤	A	0—32	浅棕色	黏土	粒状	5.2	31.7	1.75	1.72	≥50.0	石灰岩	E 112°44′26.8″ N 25°32′07.1″	95
						Bv	32—115	红黄色	黏土	粒状	5.2	28.4	1.57	1.32	≥50.0			
剖2	铁铝土	黄壤	黄壤性土	砂岩黄壤性土	薄腐砂岩黄壤性土	A₁	0—15	暗灰色	壤土	粒状	4.8	71.4	2.96	0.97	14.2	砂岩	E 112°44′22.1″ N 25°31′27.6″	95
						ABv	15—20	红棕色	壤土	粒状	5.2	66.3	2.53	0.83	16.1			
						Bv	20—	黄棕色	壤土	粒状	5.2	59.8	2.11	0.71	19.8			
剖3	初育土	紫色土	石灰性紫色土	耕型石灰性紫色土	石灰性紫泥土	A	0—20	紫红色	重壤土	团块状	8.2	10.2	0.51	0.61	29.7	紫色页岩风化物	E 112°59′26.1″ N 26°00′11.9″	97
						Bv	20—50	紫红色	中壤土	块状	7.8	10.0	0.50	0.66	28.8			
						C	50—100	紫棕色	重壤土	块状	8.0	4.6	0.23	0.47	27.4			
剖4	初育土	紫色土	中性紫色土	耕型中性紫色土	中性紫泥土	A	0—24	紫红色	重壤土	团块状	6.8	12.6	1.58	0.74	31.5	紫色页岩	E 112°59′56.4″ N 26°00′16.7″	97
						Bv	24—59	紫红色	轻壤土	块状	6.8	10.4	1.02	1.23	30.5			
						C	59—100	紫红色	重壤土	块状	7.4	7.2	0.36	0.36	34.4			
剖5	人为土	水稻土	潴育水稻土	黄泥田	青椒黄泥田	A	0—22	暗灰黄色	重壤土	团块状	5.0	36.0	7.43	1.12	20.1	板（砂）页岩	E 112°58′31.3″ N 25°58′10.9″	95
						Pg	22—32	浅灰黄色	重壤土	块状	6.0	26.8	1.85	0.84	20.2			
						W₁	32—49	暗黄黄色	重壤土	棱柱状	5.9	12.5	0.63	0.71	20.1			
						W₂	49—100	暗黄黄色	中壤土	棱柱状	6.4	10.1	0.54	0.86	21.4			
剖6	人为土	水稻土	潴育水稻土	河砂泥田	河砂泥田	A	0—28	暗黄黄色	轻壤土	团粒状	7.1	22.4	1.12	1.31	28.2	冲积物	E 112°58′41.1″ N 25°57′16.5″	95
						Bv	28—150	灰黄棕色	轻壤土	团块状	7.2	18.7	0.78	1.41	28.0			
剖7	半水成土	潮土	河潮土	河砂河潮土	河砂土	1	0—20	黄色	砂土	团块状	5.6	51.3	1.74	1.22	≥50.0	河流冲积物	E 112°52′07.5″ N 25°47′46.4″	75
						2	20—38	棕色	砂壤土	块状	6.0	47.6	1.31	0.87	≥50.0			
						3	38—100	棕色	轻壤土	块状	5.2	35.5	0.96	0.56	≥50.0			
剖8	铁铝土	红壤	红壤	板页岩红壤	薄腐板页岩红壤	Ao	0—1	暗棕色	壤土	粒状		30.7	1.57	0.36	12.4	板（砂）页岩	E 112°51′44.7″ N 25°45′05.8″	95
						A₁	1—7	浅棕黑色	壤土	粒状	4.4	14.1	1.18	0.45	14.8			
						ABv	7—26	暗黄棕色	砂土	粒状	4.4	9.1	1.04	0.57	15.3			
						BvC	26—58	暗棕色	砂土	粒状	4.6	5.0	0.89	0.98	18.2			
剖9	人为土	水稻土	潴育水稻土	黄泥田	砂质黄泥田	P	0—15	栗色	重壤土	小块状	6.0	35.5	2.21	0.70	15.8	板（砂）页岩	E 112°52′43.6″ N 25°48′57.3″	95
						W	15—25	暗黄棕色	重壤土	块状	6.8	20.7	1.45	0.97	14.5			
							25—100	暗黄黄色	重壤土	棱柱状	7.6	5.3	2.78	1.36	20.3			
剖10	铁铝土	红壤	黄红壤	板页岩黄红壤	薄腐板页岩黄红壤	A	0—6	暗棕色	壤土	粒状	4.4	55.2	2.57	1.28	20.3	板页岩	E 112°53′11.4″ N 25°47′39.0″	95
						P	6—50	棕色	黏土	粒状	4.0	51.3	3.15	1.18	20.7			
						BvC	60—70	浅棕黄色	黏土	粒状	4.8	6.4	0.20	1.08	26.5			
						C	70—	灰白色		大块状	4.0	4.0		0.84	33.9			
剖11	人为土	水稻土	潴育水稻土	烂泥田	石灰岩烂泥田	Ag	0—20	暗棕色	中壤土	大块状	8.0	52.2	2.38	0.53	6.9	紫色砂页岩风化物	E 112°56′43.5″ N 25°48′31.2″	97
						G	20—100	暗棕色	砂壤土	团粒状	8.0	48.9	2.23	0.72	6.2			
剖12	人为土	水稻土	潴育水稻土	黄泥田	砂质黄泥田	A	0—21	暗棕棕色	壤土	块状	6.0	97.5	3.02	2.23	19.4	板页岩	E 112°53′13.7″ N 25°47′14.6″	95
						P	21—30	灰黄棕色	黏壤土	块状	6.8	57.8	2.76	1.45	18.4			
						W	30—100	浅黄棕色	黏壤土	棱柱状	6.8	22.2	1.10	0.80	19.6			
剖13	人为土	水稻土	潴育水稻土	灰黄泥田	灰黄砂泥田	A	0—16	暗黄棕色	中壤土	团块状	5.7	29.5	1.57	0.74	12.8	石灰岩风化物	E 112°53′30.7″ N 25°46′18.6″	95
						P	16—25	黄黄棕色	中壤土	块状	6.4	17.4	1.10	0.62	13.4			
						W	25—61	浅黄棕色	中壤土	块状	6.5	13.2	0.78	0.95	13.1			
						C	61—100	红黄色	轻壤土	块状	6.9	5.4	0.27	0.87	17.8			
剖14	人为土	水稻土	淹育水稻土	浅黄砂泥田	浅黄砂泥田	A	0—16	暗棕灰色	黏壤土	块状	6.4	33.6	1.28	1.14	23.4	石灰岩风化物	E 112°55′52.7″ N 25°46′37.0″	95
						P	16—27	棕灰色	黏壤土	块状	6.4	21.7	1.08	0.97	24.5			
						C	27—100	红棕色	黏壤土	块状	6.4	12.1	0.96	0.86	27.6			

续表 Continued

剖面号 Soil profile	土纲 Soil order	土类 Soil great group	亚类 Soil subgroup	土属 Soil genus	土种 Soil species	土层码 Layer code	土层厚度 Depth/ cm	颜色 Soil color	质地 Soil texture	土壤结构 Soil structure	pH	有机质 OM/ (g/kg)	全氮 TN/ (g/kg)	全磷 TP/ (g/kg)	全钾 TK/ (g/kg)	土壤母质 Parent material	剖面点坐标 Profile coordinate	匹配指数 Matching index/%
剖15	人为土	水稻土	潜育水稻土	紫泥田	碱紫泥田	A	0—16	暗棕色	重壤土	团块状	7.6	23.9	1.55	0.94	23.8	紫色砂页岩风化物	E 112°55′47.3″ N 25°45′37.1″	95
						P	16—25	灰棕色	轻壤土	团块状	7.7	22.4	1.34	0.82	24.5			
						W	25—52	紫棕色	砂壤土	梭块状	7.7	20.5	1.19	1.20	24.7			
						G	52—100	紫棕色	轻壤土	梭块状	7.9	7.5	0.59	0.43	23.6			
剖16	人为土	水稻土	潜育水稻土	河砂泥田	河潮泥田	A	0—19	黄棕色	重壤土	小块状	6.7	46.3	2.24	1.53	18.3	河流冲积物	E 112°54′07.6″ N 25°44′31.1″	95
						P	19—33	灰黄色	重壤土	块状	7.1	34.6	1.54	1.19	18.9			
						W	33—100	黄棕色	轻黏土	梭柱状	7.1	4.6	0.23	1.13	26.4			
剖17	铁铝土	红壤	黄红壤	石灰岩黄红壤	薄腐厚层石灰岩黄红壤	A_1	3—4	黑色	壤土	粒状	6.0	76.0	3.22	3.36	8.5	石灰岩	E 112°54′21.5″ N 25°43′45.3″	95
						ABv	4—25	黑褐色	黏土	块状	6.0	66.0	2.33	4.18	7.9			
						Bv	25—40	红黄色	黏土	块状	5.2	29.1	1.53	3.08	11.4			
						BvC	40—120	红黄色	黏土	梭块状	4.8	14.9	1.26	2.21	13.2			
						C	120—200	红黄色		粒状	6.0	9.0	9.00	0.59	8.5			
剖18	人为土	水稻土	潜育水稻土	灰黄砂泥田	灰黄砂泥田	A	0—16	暗黄棕色	重壤土	团粒状	4.9	30.7	2.21	1.23	13.9	石灰性砂岩风化物	E 112°53′57.0″ N 25°42′35.1″	95
						Pg	16—26	灰黄色	重壤土	块状	6.5	28.4	1.71	0.97	13.4			
						W	26—100	浅灰色	重壤土	梭柱状	5.1	12.2	0.93	0.92	12.7			
剖19	人为土	水稻土	潜育水稻土	青泥尿田	青褐泥田	A	0—20	紫色	重壤土	小块状	8.0	45.1	2.39	0.85	25.4	紫色页岩风化物	E 112°54′27.6″ N 25°42′52.4″	95
						Pg	20—32	灰白色	轻黏土	块状	7.8	30.9	1.89	1.19	24.8			
						G	32—63	紫色	紧砂土	块状	7.2	20.8	1.29	1.20	25.2			
						W	63—100	紫色	轻黏土	块状	7.7	15.3	1.03	0.72	24.4			
剖20	人为土	水稻土	淹育水稻土	青泥田	石灰性青泥田	A	0—19	暗灰黄色	重壤土	团粒状	7.8	40.2	2.66	1.69	23.7	紫色砂页岩风化物	E 112°55′35.7″ N 25°43′24.4″	95
						Pg	19—28	暗黄棕色	黏壤土	大块状	7.8	35.1	2.24	1.12	23.3			
						G	28—100	暗棕色	黏壤土	大块状	7.7	29.1	1.32	0.87	33.6			
剖21	人为土	水稻土	潜育水稻土	红黄泥田	红黄泥田	A	0—14	灰黄棕色	轻黏土	小块状	5.4	31.8	1.58	0.46	11.1	砂岩风化物	E 112°55′56.4″ N 25°44′21.4″	95
						P	14—26	暗棕色	轻黏土	梭柱状	5.6	24.9	1.23	0.78	11.0			
						W	26—53	棕红色	轻黏土	块状	6.0	5.9	0.47	0.68	≤1.0			
						C	53—100	暗黄棕色	轻黏土	块状	6.4	4.3	0.21	0.51	11.9			
剖22	人为土	水稻土	潜育水稻土	麻砂泥田	麻砂泥田	A	0—19	暗黄棕色	轻壤土	团块状	5.1	44.6	2.06	1.00	42.7	花岗岩风化物	E 112°56′17.7″ N 25°42′47.6″	95
						P	19—30	暗棕色	砂壤土	块状	5.7	27.2	1.46	0.98	41.0			
						W	30—100	红黄色	紧砂土	块状	6.1	10.0	0.53	1.10	48.7			
剖23	人为土	水稻土	潜育水稻土	浅灰泥田	浅灰泥田	A	0—14	浅灰棕色	黏壤土	团粒状	8.0	49.0	2.34	0.96	21.7	石灰岩风化物	E 112°56′18.4″ N 25°41′28.9″	95
						P	14—24	灰黄色	黏壤土	块状	8.0	37.6	8.90	0.87	24.5			
						C	24—100	黄色	砂壤土	块状	8.0	14.2	0.11	0.41	31.8			
剖24	铁铝土	红壤	红壤	砂岩红壤	薄腐厚层砂岩红壤	A_1	1—5	暗棕黑色	砂壤土	粒状	5.2	44.0	1.79	2.05	32.9	砂岩	E 112°55′26.9″ N 25°40′23.0″	75
						ABv	5—47	暗棕灰色	砂壤土	粒状	5.6	25.4	1.36	0.93	24.8			
						Bv	47—96	暗棕灰色	砂壤土	块状	6.0	16.8	1.30	3.28	23.8			
						C	96—127	灰灰色	重壤土	梭柱状	5.6	12.5	1.14	0.99	24.3			
剖25	人为土	水稻土	潜育水稻土	麻砂泥田	麻砂泥田	A	0—16	暗棕色	重壤土	团粒状	7.9	65.1	3.71	0.95	11.2	石灰岩风化物	E 112°58′36.1″ N 25°35′27.2″	95
						P	16—27	暗棕灰色	重壤土	块状	8.0	59.9	0.34	0.97	11.9			
						W	27—100	暗棕灰色	中壤土	梭柱状	8.3	14.2	0.88	0.69	10.7			
剖26	人为土	水稻土	潜育水稻土	黄砂泥田	黄砂泥田	A	0—15	灰灰色	中壤土	块状	5.6	38.1	8.86			砂岩风化物	E 112°55′13.8″ N 25°35′08.8″	95
						P	15—23	暗棕灰色	中壤土	块状	6.0	30.6	1.83					
						W	23—65	棕灰色	中壤土	梭柱状	5.6	24.2	1.33					
						C	65—100	浅灰棕色	中壤土	粒状	6.0	11.9	0.14					
剖27	人为土	水稻土	潜育水稻土	麻砂泥田	黑麻砂泥田	A	0—17	暗灰色	轻壤土	团块状	5.8	66.5	3.32	1.59	36.5	花岗岩风化物	E 112°50′27.1″ N 25°33′42.3″	95
						P	17—20	暗灰色	中壤土	块状	5.8	53.5	3.04	1.02	38.4			
						W	20—100	暗灰色	轻壤土	梭块状	6.0	12.6	1.98	1.96	36.4			

续表 Continued

剖面号 Soil profile	土纲 Soil order	土类 Soil great group	亚类 Soil subgroup	土属 Soil genus	土种 Soil species	层码 Layer code	土层厚度 Depth/cm	颜色 Soil color	质地 Soil texture	土壤结构 Soil structure	pH	有机质 OM/(g/kg)	全氮 TN/(g/kg)	全磷 TP/(g/kg)	全钾 TK/(g/kg)	土壤母质 Parent material	剖面点坐标 Profile coordinate	匹配指数 Matching index/%
剖28	人为土	水稻土	潴育水稻土	中性紫泥田	中性紫砂泥田	A	0~16	褐色	中壤土	团块状	6.5	48.4	2.25	1.36	23.1	紫色砂页岩	E 112°49′16.1″ N 25°32′19.2″	95
						P	16~27	暗灰黄色	中壤土	块状	7.4	39.7	1.78	1.47	23.6			
						W	27~100	紫棕色	重壤土	棱块状	8.0	4.3	0.21	4.25	20.9			
剖29	淋溶土	黄棕壤	山地黄棕壤	花岗岩山地黄棕壤	花岗岩山地黄棕壤	A_1	7~32	黑色	壤土	粒状	4.8	134.2	4.63	1.93	23.8	花岗岩	E 112°48′56.6″ N 25°30′27.4″	95
						Bv	32~77	黄棕色	壤土	粒状	5.2	107.3	3.63	0.95	24.9			
						BvC	77~130	黄棕色	砂土	粒状	5.2	106.0	0.71	0.82	27.7			
						C	130~220	红黄色	砂土	粒状	4.8	8.6	0.65	0.62	38.1			
剖30	半水成土	山地草甸土	山地草甸土	花岗岩山地草甸土	花岗岩山地草甸土	As	0~61	黑色	砂土	块状	5.6	19.8	6.13	1.53	24.4	花岗岩	E 112°49′54.6″ N 25°30′45.8″	95
						ABv	61~122	黄黑色	砂土	块状	6.4	15.1	0.80	8.10	31.8			
						C	122~200	浅黄色	砂土	块状	6.0	11.3	0.59	0.56	33.5			
剖31	人为土	水稻土	潴育水稻土	紫泥田	青嗬碱磷紫泥田	A	0~15	灰棕色	轻壤土	小块状	7.7	36.4	2.13	0.69	22.2	紫色页岩风化物	E 112°45′38.5″ N 25°31′43.5″	95
						Pg	15~28	暗棕色	轻壤土	块状	7.7	31.2	1.91	0.83	21.2			
						W	28~84	紫棕色	轻壤土	棱柱状	7.6	21.7	1.33	0.35	24.2			
						C	84~100	紫灰棕色	砂土	块状	7.8	10.0	0.50	0.43	25.6			
剖32	铁铝土	黄壤	黄壤性土	紫泥紫色土	薄腐花岗岩黄壤性土	A_1	2~3	黑色	砂土	粒状	4.4	112.3	≥10.00	0.91	8.6	花岗岩	E 112°52′53.1″ N 25°32′53.0″	95
						A	3~6	暗棕色	砂土	粒状	4.6	100.3	≥10.00	0.78	9.3			
						Bv	6~35	浅黄色	砂土	粒状	4.6	91.1	≥10.00	0.52	9.9			
剖33	铁铝土	黄壤	黄壤	花岗岩黄壤性土	花岗岩黄壤性土	A_1	3~10	暗棕色	砂土	粒状	5.1	89.5	8.00	2.84	33.1	花岗岩	E 112°45′44.6″ N 25°31′34.7″	95
						ABv	10~51	暗棕色	砂土	粒状	5.8	47.1	7.80	2.39	34.0			
						Bv	51~104	黄棕色	砂土	粒状	5.4	23.2	0.77	2.24	36.7			
						C	104~200	红棕色	壤土	块状	5.2							
剖34	初育土	紫色土	酸性紫色土	酸性紫砂土	酸性紫泥田	A	0.5~28	红红棕色	壤土	粒状	4.7	32.4	1.22	0.87	11.1	紫色页岩	E 113°05′14.0″ N 26°01′13.0″	95
						Bv	28~49	紫色	重壤土	块状	4.7	11.6	0.69	0.61	13.5			
						C	49~200		重壤土	块状		4.5	0.61	0.56	27.4			
剖35	人为土	水稻土	潴育水稻土	酸紫泥田	酸紫泥田	A	0~18	浅红棕色	重壤土	团块状	5.6	32.2	1.75	0.76	25.2	紫色砂页岩风化物	E 113°02′26.1″ N 26°00′26.9″	95
						P	18~25	棕灰色	重壤土	大块状	6.4	15.6	0.84	0.70	24.1			
						W	25~66	紫灰棕色	轻黏土	棱柱状	6.4	9.6	0.42	0.41	26.1			
						G	66~100	暗棕色	砂壤土	棱柱状	6.8	2.3	0.12	0.35	28.9			
剖36	人为土	水稻土	海育水稻土	中性浅紫泥田	中性浅紫泥田	A	0~15	棕色	中壤土	小块状	6.9	16.6	0.74	1.41	25.4	紫色页岩风化物	E 113°03′16.2″ N 26°00′17.0″	95
						P	15~23	暗棕色	砂壤土	块状	7.1	11.4	0.57	1.07	26.4			
						C	23~100	棕色	砂壤土	块状	7.1	3.4	0.17	1.21	25.6			
剖37	人为土	水稻土	酸性紫色土	耕型酸性紫色土	紫红土	A	0~16	暗棕色	重壤土	小块状	6.8	35.0	2.03	1.05	25.3	紫色页岩风化物	E 113°03′08.8″ N 25°59′34.1″	95
						P	16~29	暗灰棕色	重壤土	块状	7.2	22.3	1.77	0.89	24.2			
						W	29~100	暗棕色	轻壤土	棱柱状	7.6	7.0	0.35	1.75	20.5			
剖38	初育土	紫色土	酸性紫色土	灰砂泥田	紫红土	A	0~18	紫棕色	重壤土	团粒状	6.0	12.1	0.61	0.50	34.6	紫色砂页岩风化物	E 113°05′00.4″ N 25°57′58.0″	98
						P	18~100	棕红色	砂壤土	块状	6.0	5.3	0.27	0.50	34.6			
剖39	人为土	水稻土	潴育水稻土	灰泥田	灰砂泥田	A	0~16	棕色	轻壤土	块状	8.0	79.7	2.04	0.69	19.9	石灰岩风化物	E 113°11′52.2″ N 25°56′45.9″	95
						P	16~27	暗黄棕色	轻壤土	棱柱状	8.0	40.8	3.99	0.75	20.5			
						W	27~66	灰白色	轻壤土	粒状	8.0	9.4	0.47	0.91	40.3			
剖40	人为土	水稻土	潴育水稻土	酸紫砂泥田	酸紫砂泥田	A	0~18	暗黄棕色	中壤土	团块状	6.4	29.5	1.53	0.44	14.8	板页岩风化物	E 113°10′41.1″ N 25°51′49.0″	95
						P	18~26	浅灰棕色	中壤土	块状	7.2	16.3	0.82	0.44	15.0			
						W	26~50	黄灰棕色	重壤土	棱柱状	7.2	7.6	0.38	0.39	27.2			
						G	50~100	紫棕色	重壤土	棱块状	7.2	1.8	≤0.10	0.30	24.9			

续表 Continued

剖面号 Soil profile	土纲 Soil order	土类 Soil great group	亚类 Soil subgroup	土属 Soil genus	土种 Soil species	土层码 Layer code	土层厚度 Depth/cm	颜色 Soil color	质地 Soil texture	土壤结构 Soil structure	pH	有机质 OM/(g/kg)	全氮 TN/(g/kg)	全磷 TP/(g/kg)	全钾 TK/(g/kg)	土壤母质 Parent material	剖面点坐标 Profile coordinate	匹配指数 Matching index/%
剖41	铁铝土	红壤	黄红壤	砂岩黄红壤	中腐厚层砂岩黄红壤	A₁	11—26	黑棕色	砂土	粒状	6.0	40.3	2.27	1.36	31.7	砂岩	E 113°06′46.5″ N 25°49′40.8″	95
						ABv	26—36	棕色	砂土	粒状	5.6	38.4	2.05	1.13	39.2			
						Bv	36—110	浅棕色	砂土	粒状	6.0	31.2	1.89	9.60	41.1			
剖42	人为土	水稻土	潜育水稻土	冷浸田	锈水田	Ag	0—28	暗棕色	中壤土	大块状	7.3	42.0	2.27	0.97	21.5	石灰岩风化物	E 113°08′10.5″ N 25°48′05.2″	95
						Pg	28—40	浅灰色	重壤土	大块状	7.4	28.6	0.82	0.53	24.5			
						G	40—100	暗灰色	中壤土	大块状	7.3	16.3	1.52	1.01	20.7			
剖43	人为土	水稻土	潜育水稻土	青泥田	青泥田	A	0—19	暗灰黄色	轻壤土	大块状	6.4	56.9	2.87	0.64	7.7	板页岩风化物	E 113°09′29.2″ N 25°49′01.3″	95
						P	19—32	暗灰色	中壤土	大块状	6.8	21.6	1.10	0.68	8.7			
						G	32—	暗灰色			7.0	15.3	0.77	0.56	8.7			
剖44	人为土	水稻土	淹育水稻土	浅黄砂泥田	浅黄砂泥田	A	0—15	棕色	重壤土	块状	6.4	23.9	1.37	0.88	24.1	砂页岩	E 113°11′05.6″ N 25°49′32.0″	95
						P	15—20	灰棕色	重壤土	块状	6.4	21.2	0.92	0.67	24.5			
						C	20—100	红棕色	中壤土	块状	6.4	12.3	0.61	0.41	27.6			
剖45	铁铝土	红壤	红壤性土	花岗岩红壤性土	薄腐花岗岩红壤性土	Ao	3—7	浅棕色	砂土	团粒状	5.4	43.0	2.46	0.94	22.3	花岗岩	E 113°10′14.2″ N 25°47′33.5″	93
						A	7—28	红棕色	砂土	团粒状	5.2	21.5	1.05	0.76	23.7			
剖46	铁铝土	红壤	红壤性土	砂岩红壤性土	青褐酸紫泥田	1	2—3	浅红色	砂土	团粒状	5.7	27.4	8.60	1.10	27.7	砂岩	E 113°08′15.2″ N 25°47′21.6″	95
						2	3—32	浅红色	砂土	团粒状	6.0	24.3	≥10.00	0.33	25.4			
剖47	铁铝土	红壤	红壤	石灰岩红壤	石灰岩红壤	A	0—24	暗红色	轻壤土	团粒状	6.2	19.7	0.92	0.99	7.8	第四纪红色黏土	E 113°10′09.7″ N 25°46′48.0″	95
						Bv	24—48	暗红色	中壤土	块状	5.4	16.3	0.78	0.53	8.2			
						BvC	48—100	暗红色	中壤土	块状	5.2	15.7	0.77	0.40	9.9			
剖48	人为土	水稻土	潜育水稻土	麻砂泥田	黑麻砂泥田	A	0—19	暗棕色	轻壤土	团块状	5.9	64.0	2.82	2.95	34.4	花岗岩风化物	E 113°03′21.4″ N 25°43′11.4″	95
						P	19—31	暗棕色	轻壤土	块状	6.0	34.1	≥10.00	1.14	32.5			
						Wg	31—51	暗棕色	轻壤土	棱块状	5.9	22.8	1.35	1.13	33.2			
						C	51—100	暗棕色	砂壤土	粒状	5.7							
剖49	铁铝土	红壤	黄红壤	花岗岩红壤	薄腐厚层花岗岩红壤性土	A₁	1—5	黑棕色	砂土	粒状	6.0	52.5	2.20	3.30	17.7	花岗岩风化物	E 113°06′00.7″ N 25°44′10.4″	95
						ABv	5—24	黑色	砂土	粒状	6.0	46.8	1.65	1.29	21.3			
						Bv	24—125	浅棕色	砂土	小块状	5.6	29.5	0.86	1.81	23.1			
剖50	人为土	水稻土	潜育水稻土	酸紫泥田	青褐紫泥田	Ag	0—16	暗棕色	重壤土	块柱状	5.2	47.9	2.47	1.05	17.7		E 113°03′48.4″ N 25°42′32.3″	95
						Pg	16—28	灰棕色	重壤土	棱柱状	5.7	34.3	1.96	0.63	19.7			
						W	28—100	紫棕色	重壤土	块状	6.2	9.2	0.46	0.90	17.0			
剖51	初育土	石灰（岩）土	红色石灰土	红岩石灰土	红色石灰岩	A₁	0—1	棕色	黏土	粒状	6.2	38.5	1.85	0.23	28.6	石灰岩	E 113°05′15.9″ N 25°42′43.6″	95
						AIBv	1—42	浅红棕色	黏土	棱块状	6.2	24.2	1.61	0.85	26.7			
						Bv	42—150	红棕色	黏土	棱块状	6.5	14.3	1.36	0.91	27.6			
剖52	人为土	水稻土	淹育水稻土	浅黄砂泥田	浅黄砂泥田	A	0—14	灰黄棕色	重壤土	团块状	6.1	40.0	2.46	1.16	25.1	第四纪红色黏土	E 113°04′29.9″ N 25°41′13.2″	95
						Ap	14—21	暗黄棕色	重壤土	块状	5.9	32.8	2.17	1.18	24.2			
						Bv	21—100	灰棕色	重壤土	块状	6.0	8.7	0.44	0.96	30.6			
剖53	黄壤	黄壤	黄壤	石灰岩黄壤	石灰岩黄壤	A₁	8—23	黑色	壤土	粒状	5.0	75.4	3.11	5.88	11.4	砂岩风化物	E 113°08′00.6″ N 25°43′18.2″	95
						Bv	23—68	暗棕色	砂土	粒状	4.8	70.6	2.43	0.32	13.6			
							68—132	黄色	砂土	粒状	4.4	68.3	2.77	0.29	17.8			
剖54	黄壤	黄壤性土	砂岩黄壤性土	砂岩黄壤性土		A₁	1—22	红棕色	砂土	粒状	5.2	51.7	1.92	0.83	31.3	砂岩	E 113°09′18.9″ N 25°44′18.7″	95
						Bv	22—45	黄色	砂土		4.4	49.6	1.76	0.71	34.1			
剖55	铁铝土	黄壤	黄壤	板页岩黄壤	板页岩黄壤		0—23	暗棕色	壤质砂土		6.7	36.4	1.83	2.41	38.7	板页岩风化物	E 113°13′58.7″ N 25°44′30.6″	95
						BvC	23—80	暗棕色	砂壤土	块状	5.9	26.9	1.99	1.33	37.0			
						Bv	80—100	黄色	砂壤土	块状	5.6		0.93	0.97	35.4			
剖56	初育土	石灰（岩）土	黑色石灰土	黑色石灰岩	黑色石灰土		0—40	黑棕色	黏土	粒状	7.0	44.5	1.78	0.75	22.4	石灰岩	E 113°09′03.0″ N 25°40′28.9″	97
						ABv	40—115	棕色	黏土	粒状	7.4	23.9	1.79	0.74	23.0			
						Bv	115—180	浅棕色	黏土	粒状	7.6	15.4	1.64	0.61	26.5			

续表 Continued

剖面号 Soil profile	土纲 Soil order	土类 Soil great group	亚类 Soil subgroup	土属 Soil genus	土种 Soil species	土层码 Layer code	土层厚度 Depth/cm	颜色 Soil color	质地 Soil texture	土壤结构 Soil structure	pH	有机质 OM/(g/kg)	全氮 TN/(g/kg)	全磷 TP/(g/kg)	全钾 TK/(g/kg)	土壤母质 Parent material	剖面点坐标 Profile coordinate	匹配指数 Matching index/%
剖57	初育土	紫色土	酸性紫色土	酸性紫砂土	薄腐中层酸性紫砂土	A₁	0—2	浅棕色	砂土	粒状	5.6	17.1	0.70	0.45	27.2	紫色砂岩	E 113°02′08.6″ N 25°37′43.7″	75
						A	2—10	浅棕色	砂土	粒状	5.6	6.2	0.46	0.35	33.9			
						Bv	10—41	浅棕色	砂土	块状	6.0	2.5	0.27	0.28	31.6			
剖58	淋溶土	黄棕壤	山地黄棕壤	板页岩山地黄棕壤	薄腐中层板页岩黄棕壤	A	1—14	暗红色	壤土	粒状	5.6	88.6	1.33	0.52	15.8	花岗岩风化物	E 113°06′12.9″ N 25°39′06.1″	95
						Bv	14—71	红黄色	壤土	粒状	5.2	79.6	1.03	0.37	17.4			
剖59	铁铝土	黄壤	黄壤性土	板页岩黄壤性土	中腐板页岩黄壤性土	A₁	19—32	黑色	壤土	粒状	6.0	47.4	1.97	0.66	16.4	板页岩	E 113°04′49.0″ N 25°36′29.2″	95
						Bv	32—40	黄色	壤土	粒状	5.2	44.3	1.76	0.41	18.6			
						C	40—	红黄色	砂土		4.8	41.0	1.45	0.32	19.8			
剖60	人为土	水稻土	潴育水稻土	麻砂泥田	青粉麻砂泥田	A	0—17	暗灰黄色	轻壤土	团粒状	5.0	69.4	3.39	1.29	38.8	花岗岩风化物	E 113°00′07.7″ N 25°37′13.0″	95
						P	17—25	暗灰黄色	轻壤土	团块状	5.0	59.6	3.00	1.33	39.4			
						Wg	25—48	暗灰色	轻壤土	棱块状	5.0	50.2	2.59	0.79	39.7			
						C	48—100	暗黄棕色	中壤土	粒状	5.4	21.0	1.18	1.14	37.3			
剖61	铁铝土	红壤	红壤	耕型石灰岩红土	灰红土	A	0—25	灰棕色	中壤土	团块状	5.6	22.4	1.12	1.46	15.1	石灰岩	E 113°03′07.7″ N 25°37′04.4″	98
						Bv	25—150	棕色	中壤土	块状	6.0	14.6	0.73	1.26	21.2			
剖62	人为土	水稻土	渗育水稻土	白散泥田	白散泥田	A	0—20	暗灰色	轻壤土	团粒状	8.0	83.2	4.25	1.02	16.7	砂页岩风化物	E 113°07′39.5″ N 25°39′02.2″	95
						Pe	20—30	暗灰色	轻壤土	块状	8.0	60.7	3.25	1.11	16.2			
						E	30—51	灰白色	轻壤土	粒状	8.0	8.1	0.40	≥10.00	18.2			
						Se	51—100											

桂 阳 县

主要土类说明

红壤是桂阳县主要土壤类型，占本县地域面积的59%。本县红壤分为红壤和黄红壤两个亚类。红壤亚类分布在海拔500m以下的丘陵山地，发育于多种成土母质，具有明显的脱硅富铝化过程，一般土层深厚，土壤多呈红色，呈酸性至微酸性。黄红壤是红壤与黄壤之间的过渡类型，多分布在海拔300m以上的山地，常年空气湿度比红壤亚类大，土壤多呈黄红色。

水稻土是桂阳县第二大土壤类型，占本县地域面积的28%。水稻土是在长期的季节性淹灌、水下翻耕、季节性脱水、氧化还原交替影响下，原来的成土母质或母土的特性发生重大改变，形成的新的土壤类型。由于干湿交替，水稻土形成糊状的淹育层、较坚实板结的犁底层、渗育层、潴育层与潜育层等多种发生层。这些不同的发生层是在人为耕作、水浆管理下形成的。本县水稻土分为淹育型、潴育型、渗育型、潜育型、沼泽型、矿毒型六个亚类。

黄壤是桂阳县第三大土壤类型，占本县地域面积的5%。黄壤一般分布在海拔800m以上的山地，垂直分布在红壤之上、黄棕壤之下，当植被条件较好、气候凉湿时，其分布海拔较低。由于所处地区气候凉湿，日照少，冬无严寒，夏无酷热，空气湿度大，土壤中游离氧化铁水化而使土体呈黄色，有机质层一般较厚，盐基饱和度不高，土壤呈强酸性，pH为4.5—5.5。

石灰（岩）土占本县地域面积的4%。本县石灰（岩）土仅有黑色石灰土一个亚类，为发育初始阶段的土壤。成土母质为泥质灰岩。该土壤pH在7.0以上，有石灰反应。除已形成的有机质层外，其余层次淋溶淀积程度无明显差异。

小于本县地域面积3%的土壤类型有紫色土、黄棕壤、山地草甸土、潮土等。

本区域中心区气候特征

本区域中心区气候特征值
Regional climate characteristics in central area of the region

气候带：中亚热带湿润气候 Climate region: Subtropical humid climate	
年平均气温 /℃ Annual average temperature /℃	18.6
年平均最高气温 /℃ Annual average maximum temperature /℃	22.9
年平均最低气温 /℃ Annual average minimum temperature /℃	15.5
年降水量 /mm Annual precipitation /mm	1452
≥10℃的积温 /℃ Daily temperature accumulated in a year（≥10℃）/℃	7911
年日照时数 /h Annual sunshine /h	1557
年平均相对湿度 /% Annual average relative humidity /%	78
干燥度 Dryness	0.75

桂阳县主要土壤类型与土壤剖面点分布图
1：310 000

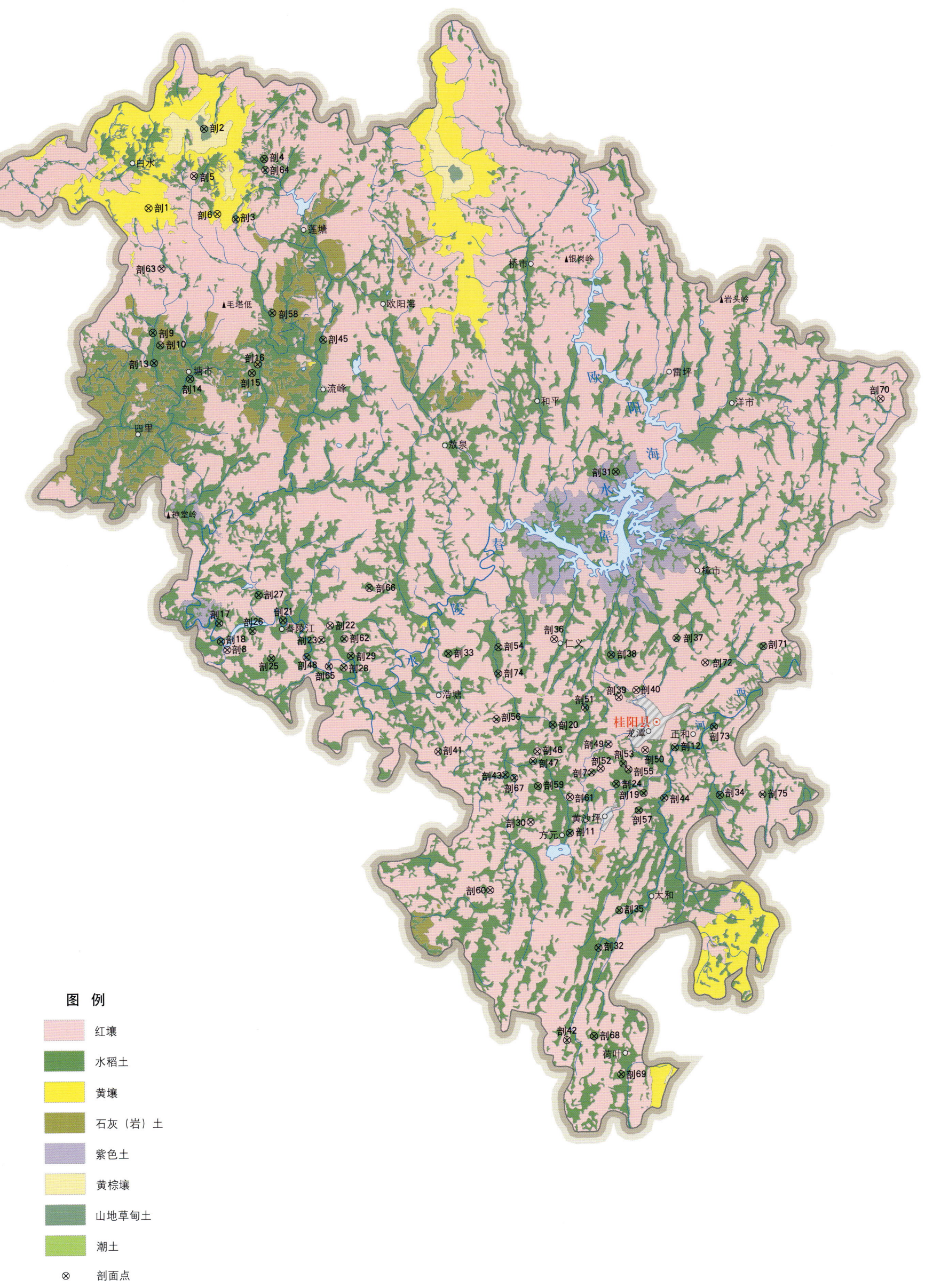

桂阳县土壤剖面理化性状表

剖面号	土纲	土类	亚类	土属	土种	土层码	土层厚度/cm	颜色	质地	土壤结构	pH	有机质 OM/(g/kg)	全氮 TN/(g/kg)	全磷 TP/(g/kg)	全钾 TK/(g/kg)	碱解氮 AN/(mg/kg)	有效磷 AP/(mg/kg)	速效钾 AK/(mg/kg)	土壤母质	剖面点坐标	匹配指数/%
剖1	铁铝土	黄壤	黄壤	板页岩黄壤	中腐中层板页岩黄壤	As	0—9	棕色			5.0	60.3	3.10	0.54	14.3				板页岩	E 112°20'55.8" N 26°05'46.2"	95
						A₁	9—29	褐色	黏壤土		5.0	29.9	1.23	0.65	15.7						
						ABv	29—120	黄色	黏土		5.0										
剖2	半水成土	山地草甸土	山地草甸土			C	120—	黄色											花岗岩	E 112°23'31.9" N 26°09'02.0"	75
						As	0—10														
						A₁	10—31	褐色	黏土		4.5	126.7	4.84	2.11	32.0						
						C	31—				4.5										
剖3	人为土	水稻土	潴育水稻土	青泥田		A	0—19	深灰色	砂壤土		6.0	43.9	2.20	0.42	21.0	75	3.0	80	花岗岩	E 112°26'17.9" N 26°07'45.0"	95
						Pg	19—24	灰青色	砂壤土		6.0	32.1	1.24	0.50	34.9						
						G	24—	青灰色	砂壤土		6.5	12.6	0.68	0.55	36.8						
剖4	人为土	水稻土	潴育水稻土	麻砂泥田		A	0—18	浅灰色	砂壤土		5.5	24.9	1.24	0.58	37.3	81	≤1.0	68	板页岩	E 112°26'20.3" N 26°07'18.3"	95
						Pg	18—34	灰色	砂壤土		6.0	22.6	0.84	0.55	38.1						
						W	34—70	灰色	砂壤土		6.0	18.9	1.18	0.56	39.2						
						Bv	70—95	深灰色	砂壤土		6.5	6.5	0.54	0.29							
						C	95—100	黄色	砂壤土		5.5										
剖5	铁铝土	红壤	黄红壤	耕型花岗岩黄红壤		A	0—16	灰棕色	砂壤土		5.5					41	≤1.0	125	花岗岩	E 112°23'02.4" N 26°07'05.7"	95
						ABv	16—	浅褐色	黏土		5.0										
剖6	铁铝土	黄壤	黄壤	耕型板页岩黄壤	黄土夹砂田	A	0—19	棕色	黏土		5.5					127	5.0	39	板页岩	E 112°24'05.8" N 26°05'29.7"	93
						C	19—100	黄色	砂土		5.5										
剖7	人为土	水稻土	潴育水稻土	麻砂泥田		A	0—20	灰白色	砂壤土		6.0	44.9	2.08	0.91	37.4	120	11.0	116	花岗岩	E 112°24'57.0" N 26°05'15.8"	95
						Pg	20—28	深灰色	壤土		6.0	35.9	1.42	1.07	37.1						
						W	28—72	深灰色	壤土		6.0	31.6	0.96	1.12	36.1						
						C	72—100	灰棕色	粗砂土		6.0	18.3	≥10.00	0.33	35.7						
剖8	铁铝土	红壤	黄红壤	板页岩黄红壤	薄腐中层板页岩黄红壤	A	0—5	褐色	黏壤土		5.0					78	5.0	35	板页岩	E 112°21'28.8" N 26°03'16.1"	95
						ABv	5—54	灰棕色	黏土		5.0										
						C	54—	黄褐色	壤土		5.5										
剖9	人为土	水稻土	潴育水稻土	河砂泥田		A	0—17	棕灰色	壤土		5.5	8.1	1.62	0.49	16.2	130	4.0	16	河流冲积物	E 112°21'02.5" N 26°00'36.9"	95
						Pg	17—24	灰棕色	壤土		6.0	6.5	1.02	0.61	22.9						
						W	24—40	黄棕色	黏壤土		5.0	14.8	0.73	0.12	27.2						
						S	40—100	黄色	砂壤土		6.0	≤1.0	1.00	0.70	19.8						
剖10	人为土	水稻土	淹育水稻土	浅岩渣子田	浅岩渣子田	A	0—14	棕色	黏壤土		6.0					64	12.0	31	板页岩	E 112°21'22.8" N 26°03'05.9"	95
						P	14—24	棕色	黏壤土		7.0										
						C	24—39	黄褐色	黏壤土		5.5										
剖11	人为土	水稻土	渗育水稻土	白鳝泥田		Ae	0—18	灰棕色	黏壤土		6.0	48.7	2.18	0.82	15.8	94	19.0	73	河流冲积物	E 112°26'33.5" N 26°01'21.5"	95
						Pe	18—30	灰白色	黏壤土		6.0	29.9	1.00	0.72	17.3						
						Bve	30—45	黄棕色	黏壤土		6.0	11.3	0.86	0.42	20.6						
						Ce	45—100	红灰色	砂壤土		6.0	4.9	0.81	0.29	19.9						
剖12	人为土	水稻土	潴育水稻土	河砂泥田		A	0—16	深灰色	黏壤土		6.5					140	39.0	60	板页岩	E 112°28'52.9" N 26°00'13.8"	95
						Pg	16—25	深灰色	黏壤土		5.5										
						W	25—41	灰棕色	壤土		5.0										
						Bv	41—58	棕色	壤土		5.0										
						C	58—	棕黄色	砂壤土		5.0										

续表 Continued

剖面号 Soil profile	土纲 Soil order	土类 Soil great group	亚类 Soil subgroup	土属 Soil genus	土种 Soil species	土层码 Layer code	土层厚度 Depth/cm	颜色 Soil color	质地 Soil texture	土壤结构 Soil structure	pH	有机质 OM/(g/kg)	全氮 TN/(g/kg)	全磷 TP/(g/kg)	全钾 TK/(g/kg)	碱解氮 AN/(mg/kg)	有效磷 AP/(mg/kg)	速效钾 AK/(mg/kg)	土壤母质 Parent material	剖面点坐标 Profile coordinate	匹配指数 Matching index/%
剖13	人为土	水稻土	潴育水稻土	河砂泥田		A	0—20	灰色	砂壤土		7.0	26.4	1.45	0.23	30.1	75	8.0	≤5	河流冲积物	E 112°21′04.2″ N 25°59′21.6″	95
						Pg	20—30	灰色	砂壤土		7.0	22.2	1.23	0.54	28.0						
						W	30—55	灰色	砂壤土		6.5	14.6	0.85	0.21	27.0						
						C	55—	灰棕色	砂壤土		6.5	8.0	0.35	0.11	13.0						
剖14	人为土	水稻土	潴育水稻土	岩渣子田	少岩查子田	A	0—15	棕灰色	黏壤土		6.0	59.0	2.71	1.09	13.5	101	10.0	≤5	板页岩	E 112°22′43.3″ N 25°58′41.0″	95
						Pg	15—24	灰色	黏壤土		7.0	17.4	1.31	1.77	13.9						
						W	24—45	灰棕色	黏壤土		7.0	12.7	0.85	1.14	15.2						
						C	45—100	棕黄色	黏土		7.0	≤1.0	0.60	1.00	11.0						
剖15	初育土	石灰(岩)土	黑色石灰土	耕型泥质粗石灰土		A	0—5	棕色	黏土		8.0	9.5	0.87	0.61	13.1			43	泥质灰岩	E 112°25′34.4″ N 25°58′52.9″	95
						C	5—	黄色	黏土		8.0	5.6	0.75	0.28	14.1						
剖16	初育土	石灰(岩)土	黑色石灰土	泥质粗骨石灰土		A	0—16	黄棕色	黏土		8.0	21.7	1.03	1.35	19.0				泥质灰岩	E 112°25′50.8″ N 25°59′14.5″	95
						C	16—28	棕黄色	黏土		8.0	26.9	1.17	0.52	18.2						
						D	28—														
剖17	人为土	水稻土	潴育水稻土	黄泥田	黄泥田	A	0—18	黄棕色	黏壤土		6.0	62.3	2.50	0.69	12.2	98	54.0	79	板页岩	E 112°23′53.4″ N 25°48′32.8″	95
						Pg	18—30	黄褐色	黏壤土		6.0	35.0	2.00	0.63	11.0						
						W	30—71	紫棕色	黏壤土		6.0	9.6	1.31	0.37	9.8						
						C	71—100	紫棕色	黏土		6.0	24.0	6.00	0.96	12.8						
剖18	人为土	水稻土	潴育水稻土	河砂泥田		A	0—17	棕灰色	壤土		6.0	53.1	2.37	1.63	11.8	137	21.0	38	河流冲积物	E 112°23′58.3″ N 25°47′47.3″	95
						Pg	17—25	棕灰色	黏壤土		6.0	26.0	0.84	1.07	14.9						
						Bv	25—65	棕灰色	黏壤土		7.0	13.6	0.68	1.14	18.0						
						C	65—85	棕黄色	黏土		7.0										
							85—100				7.0										
剖19	人为土	水稻土	潴育水稻土	青紫黏田	银河青紫黏田	Aa	0—19	油红棕色	壤质黏土	块状	8.0	35.8	1.70	0.40	12.6	75	4.0	62	紫页岩风化物	E 112°25′43.6″ N 25°49′41.0″	95
						Apg	19—30	油红棕色	壤质黏土	块状	7.8	33.1	1.40	0.30	12.0						
						G	30—100	灰红棕色	壤质黏土	块状	8.0	30.5	1.20	0.20	11.5						
剖20	人为土	水稻土	潴育水稻土	冷浸泥	冷浸泥田	A	0—15	黄棕色	黏壤土		6.0					215	15.0	51	板页岩	E 112°25′25.1″ N 25°48′12.6″	95
						Pg	15—20	黄褐色	黏壤土		6.0										
						G	20—	灰色	壤土		5.0										
剖21	人为土	水稻土	淹育水稻土	浅黄砂泥田	浅黄砂泥田	A	0—14	灰棕色	壤土		7.0					133	3.0	66	黄色砂岩	E 112°26′49.6″ N 25°48′37.3″	95
						P	14—24	浅红棕色	壤土		5.5										
						C	24—100	红棕色	壤土		6.0										
剖22	铁铝土	红壤	红壤	耕型石灰岩红壤		A	0—17	红棕色	黏壤土		5.5	20.9	3.66	1.22	18.2	64	≤1.0	49	石灰岩	E 112°28′59.6″ N 25°48′22.9″	95
						C_1	17—52	棕红色	黏壤土		5.5	9.8	0.87	1.07	17.8						
						C_2	52—	红棕色	黏壤土		5.5										
剖23	人为土	水稻土	潴育水稻土	灰黄砂泥田	灰黄砂泥田	A	0—19	黄棕色	黏壤土		6.0	31.7	1.71	1.81	8.0	87	2.0	84	硅质砂岩	E 112°28′34.6″ N 25°47′47.5″	95
						Pg	19—27	棕黄色	黏壤土		7.5	29.8	1.15	2.06	13.9						
						W	27—51	黄褐色	黏土		8.0	21.1	0.97	1.81	9.8						
						C	51—100	棕色	黏土		8.0	6.8	0.62	1.03	15.3						
剖24	人为土	矿毒型水稻土	金属矿毒田	铁锰矿毒田		A	0—20	红棕色	黏土		7.5					160	4.0	58	板页岩	E 112°29′38.1″ N 25°47′49.3″	75
						Pg	20—31	浅红棕色	黏土		8.0										
						Bv	31—55	棕色	黏土		8.0										
						G	55—100	棕色	黏土		8.0										
剖25	人为土	水稻土	潴育水稻土	黄泥田	青褐黄泥田	A	0—20	黄褐色	黏壤土		5.5					123		102	板页岩	E 112°26′15.5″ N 25°47′03.5″	95
						Pg	20—31	黄褐色	黏壤土		6.0										
						W	31—58	棕色	黏壤土		7.0										
						C	58—	棕色	黏壤土												

续表 Continued

剖面号 Soil profile	土纲 Soil order	土类 Soil great group	亚类 Soil subgroup	土属 Soil genus	土种 Soil species	土层码 Layer code	土层厚度 Depth/cm	颜色 Soil color	质地 Soil texture	土壤结构 Soil structure	pH	有机质 OM/(g/kg)	全氮 TN/(g/kg)	全磷 TP/(g/kg)	全钾 TK/(g/kg)	碱解氮 AN/(mg/kg)	有效磷 AP/(mg/kg)	速效钾 AK/(mg/kg)	土壤母质 Parent material	剖面点坐标 Profile coordinate	匹配指数 Matching index/%
剖26	人为土	水稻土	潜育水稻土	冷浸田	锈水田	A	0—15	灰棕色	黏土		6.0	22.6	0.85	1.05	13.4	117	≤1.0	49	钙质页岩	E 112°27′52.9″ N 25°47′05.0″	95
						Pg	15—25	灰棕色	黏土		6.0	27.5	0.86	1.00	13.5						
						G	25—	黄棕色	黏土		6.0	37.5	0.98	0.91	18.5						
剖27	人为土	水稻土	淹育水稻土	浅灰泥田	浅灰板泥田	A	0—15	棕灰色	黏土		8.0					117	5.0	61	板页岩	E 112°28′53.6″ N 25°46′41.3″	75
						P	15—25	灰棕色	黏土		8.0										
						C	25—100	灰色	黏土		8.5										
剖28	半水成土	潮土	河潮土	耕型河潮土		A	0—26	棕黄色	砂壤土		6.0					51	3.0	101	河流冲积物	E 112°29′34.9″ N 25°46′37.8″	75
						C	26—100	灰棕色	砂壤土		6.5										
剖29	人为土	水稻土	淹育水稻土	浅黄夹泥田	浅黄夹板泥田	A	0—14	褐棕色	黏土		6.5	15.4	1.39	0.99	7.8	144	≤1.0	35	板页岩	E 112°29′55.1″ N 25°47′06.6″	95
						P	14—24	黄棕色	黏土		6.5	16.0	1.03	1.84	9.1						
						C	24—100	棕色	黏土		6.0	9.9	0.92	1.36	10.5						
剖30	铁铝土	红壤		耕型石灰岩红壤		A	0—24	紫棕色	砂壤土		5.5	20.9	0.90	0.70	9.2	109	≤1.0	83	石灰岩	E 112°24′14.8″ N 25°47′26.3″	95
						C	24—	棕红色	黏土		5.5	11.8	0.67	1.15	9.5						
剖31	人为土	水稻土	潜育水稻土	黄砂泥田	黄砂泥田	A	0—18	深灰色	壤土		7.0	10.3	1.41	1.53	8.5	108	4.0	49	黄色砂岩	E 112°42′15.5″ N 25°54′34.2″	95
						Pg	18—27	灰色	壤土		7.0	11.5	0.81	1.69	9.9						
						W	27—63	灰棕色	壤土		7.0	10.5	0.50	1.20	10.1						
						C	63—100	黄色	壤土		7.0	9.7	1.70	1.15	11.2						
剖32	人为土	水稻土	淹育水稻土	烂泥田	洋眼泥田	Ag	0—15	棕灰色	黏壤土		6.5	73.4	2.85	1.11	10.0	125	17.3	37	石灰岩	E 112°30′50.2″ N 25°49′54.6″	95
						G	15—100	青灰色	壤土		6.5	60.9	1.17	0.62	7.5						
剖33	人为土	水稻土	淹育水稻土	浅灰黄泥田	浅灰黄泥田	A	0—14	黄褐色	黏壤土		5.5	38.3	2.11	1.79	13.2	134	3.0	131	石灰岩	E 112°34′24.4″ N 25°47′08.6″	95
						P	14—24	黄褐色	黏壤土		6.0	14.0	1.80	1.34	22.9						
						C	24—100	棕红色	黏壤土		6.0	7.8	1.03	1.20	14.6						
剖34	人为土	水稻土	潜育水稻土	冷浸田	冷浸田	A	0—21	深灰色	砂壤土		5.5	50.4	2.27	0.87	37.2	103	≤1.0	79	河流冲积物	E 112°36′43.0″ N 25°47′22.1″	95
						Pg	21—32	灰青色	砂壤土		5.5	47.4	2.60	0.86	36.8						
						G	32—	浅灰色	砂壤土		6.0	32.1	1.10	0.50	38.0						
剖35	人为土	水稻土	潜育水稻土	烂泥田	烂泥田	A	0—25	棕灰色	黏土		7.0					105	20.0	50	钙质页岩	E 112°36′41.2″ N 25°46′16.6″	95
						C	25—100	黄色	黏土		7.0										
剖36	铁铝土	红壤		石灰岩红壤		A	0—20	深红色	黏土		5.5	13.8	1.05	1.31	15.9	68	≤1.0	34	石灰岩	E 112°39′24.8″ N 25°47′35.1″	95
						C	20—100	深红色	黏土		5.5	8.7	1.39	1.01	27.4						
剖37	人为土	水稻土	潜育水稻土	黄泥田		A	0—15	深紫色	黏壤土		8.0	27.2	1.68	0.88	12.1	106	2.0	49	硅质砂岩	E 112°44′55.7″ N 25°47′38.3″	95
						Pg	15—23	黄褐色	黏土		8.0	18.2	0.84	0.78	9.2						
						W	23—50	褐红色	黏土		7.5	4.4	2.91	0.39	10.2						
						C	50—100	棕红色	黏土		7.5	5.7	1.99	0.13	17.0						
剖38	人为土	水稻土	潜育水稻土	黄砂泥田	红砂泥田	A	0—12	棕灰色	壤土		6.5								红色砂岩	E 112°41′53.9″ N 25°46′59.5″	95
						Pg	12—22	黄灰色	壤土		6.5										
						W	22—50	黄灰色	黏壤土		6.5										
						C	50—100	黄灰色	黏壤土		6.5										
剖39	铁铝土	红壤		石灰岩红壤		A	0—26	黑棕色	壤土		6.0	30.9	1.30	0.65	12.7	57	18.0	64	板页岩	E 112°42′13.0″ N 25°45′12.7″	95
						C	26—	棕黄色	黏壤土		6.0	6.9	0.74	1.03	18.3						
剖40	铁铝土	红壤		板页岩红壤	薄腐中层板页岩红壤	Ao	0—3	浅红棕色				18.9	0.83	0.31	9.2	76	≤1.0	15	板页岩	E 112°43′01.4″ N 25°45′29.8″	95
						A₁	3—5	棕色	黏土		4.5	44.5	2.30	0.88	15.5						
						ABv	5—70	黄色	黏壤土		4.5	8.7	1.20	0.73	15.5						
						C	70—				5.0										
剖41	铁铝土	红壤	黄红壤	耕型石灰岩黄红壤		A	0—20	灰棕色	砂壤土		5.0					56	≤1.0	100	砂岩	E 112°33′52.2″ N 25°43′04.7″	95
						C	20—36	棕黄色	砂壤土		5.0										
						D	36—	黄色	砂壤土		4.5										

续表 Continued

剖面号 Soil profile	土纲 Soil order	土类 Soil great group	亚类 Soil subgroup	土属 Soil genus	土种 Soil species	土层码 Layer code	土层厚度 Depth/cm	颜色 Soil color	质地 Soil texture	土壤结构 Soil structure	pH	有机质 OM/(g/kg)	全氮 TN/(g/kg)	全磷 TP/(g/kg)	全钾 TK/(g/kg)	碱解氮 AN/(mg/kg)	有效磷 AP/(mg/kg)	速效钾 AK/(mg/kg)	土壤母质 Parent material	剖面点坐标 Profile coordinate	匹配指数 Matching index/%
剖42	人为土	水稻土	渗育水稻土	白鳝泥田		A	0—15	灰黄色	黏壤土		7.5	21.6	1.02	0.98	21.1	87	7.0	20	紫色页岩	E 112°36′34.2″ N 25°44′23.1″	95
						Pg	15—23	灰黄色	黏土		8.0	19.6	1.26	0.95	19.1						
						E	23—76	灰白色	黏土		8.0	8.3	1.10	0.81	18.3						
						C	76—100	灰黄色	黏土		7.0	14.8	1.08	0.83	24.9						
剖43	人为土	水稻土	潴育水稻土	鸭屎泥田	鸭屎泥田	A	0—17	灰棕色	黏壤土		8.0	49.6	1.21	1.87	15.2	132	2.0	30	石灰岩	E 112°36′55.7″ N 25°42′04.4″	95
						Pg	17—27	灰黑色	黏壤土		8.0	34.7	1.51	1.24	15.2						
						W	27—56	棕灰色	黏壤土		8.0	17.1	0.76	0.82	12.7						
						C	56—100	黏棕色	黏壤土		8.0	11.1	0.90	0.55	12.5						
剖44	人为土	水稻土	潜育水稻土	青泥田		A	0—19	紫棕色	黏壤土		8.0	35.8	1.09	0.92	15.2	75	4.0	62	板页岩	E 112°37′21.1″ N 25°41′56.5″	95
						Pg	19—30	紫棕色	黏土		7.5	33.1	0.95	0.65	8.9						
						G	30—100	紫色	黏土		8.0	30.5	0.85	0.49	12.6						
剖45	人为土	水稻土	矿毒型水稻土	非金属矿毒田	砒矿毒田	A	0—15	黄褐色	黏壤土		6.5	44.2	1.79	2.24	16.6	87	≤1.0	15	板页岩	E 112°39′09.2″ N 25°44′07.4″	95
						Pg	15—32	棕灰色	黏土		6.0	35.3	1.34	1.20	14.7						
						C	32—100	红棕色	黏土		6.0	8.7	0.90	1.64	16.4						
剖46	铁铝土	红壤		耕型第四纪红土红壤	红灰土	A	0—20	红灰色	黏壤土		6.0	15.9	0.60	0.58	19.1	72	4.0	19	第四纪红色黏土	E 112°38′25.4″ N 25°43′01.4″	95
						C	20—100	浅红棕色	黏壤土		5.0	10.6	0.70	0.41	22.8						
剖47	人为土	水稻土	淹育水稻土	浅灰泥田	浅灰泥田	A	0—15	灰灰色	黏壤土		8.0					110	5.0	50	石灰岩	E 112°38′12.8″ N 25°42′37.9″	95
						P	15—25	灰灰色	黏壤土		8.0										
						C	25—60	灰黄色	黏壤土		8.0										
剖48	人为土	水稻土	潜育水稻土	阴山田	阴山冷浸田	A	0—15	灰黄褐色	黏土		7.5					105	15.0	35	板页岩	E 112°40′39.0″ N 25°44′49.0″	95
						Pg	15—21	黄褐色	黏土		7.5										
						G	21—100	棕灰色	黏土		7.5										
剖49	铁铝土	红壤		板页岩红壤		A	0—21	棕色	黏壤土		6.0	25.5	1.27	0.95	16.5	68	≤1.0	20	板页岩	E 112°41′42.1″ N 25°43′16.7″	95
						C	21—100	棕色	黏壤土		5.5	9.2	0.59	0.20	14.7						
剖50	铁铝土	黄红壤		板页岩黄红壤		A	0—25	棕黄色	黏壤土		6.0	20.6	0.69	1.36	19.3	63	≤1.0	96	板页岩	E 112°43′22.8″ N 25°43′00.6″	95
						C	25—	棕红色	黏壤土		5.5	4.2	0.86	0.98	12.7						
剖51	人为土	水稻土	潴育水稻土	青泥田		A	0—11	黄棕色	黏壤土		7.0	81.1	1.70	0.49	17.6	168	10.0	64	河流冲积物	E 112°44′45.7″ N 25°43′05.9″	95
						Pg	11—20	黄棕色	黏壤土		7.0	64.6	0.63	0.46	15.0						
						G	20—100	褐色	黏土		7.0	30.4	1.07	0.54	14.0						
剖52				耕型第四纪红壤		Aoo	0—1										20	4.0	87			
						A	1—2	褐红色				43.8	1.71	1.55	14.2						
						ABv	2—10	浅红色				22.2	1.00	0.50	12.7						
						Bv	10—70	浅红色				6.5	5.50	0.25	10.9						
剖53	人为土	水稻土		板页岩黄红壤		Apg	0—19	棕棕色	砂壤土	团块状	6.0	35.8	1.09	0.92	15.2	75	4.0	62	砂岩	E 112°41′19.4″ N 25°42′16.6″	95
						G	19—30	棕棕色	砂壤土	块状	7.5	33.1	0.95	0.65	8.9						
						C	30—100	紫棕色	黏壤土	块状	8.0	30.5	0.86	0.49	12.6						
剖54	人为土	水稻土	渗育水稻土	白散泥田	流砂底田	A	0—15	紫棕色	黏壤土		6.0	42.0	2.11	2.19	27.3	187	15.0	68	石灰岩	E 112°42′21.8″ N 25°42′28.2″	95
						Pg	15—26	棕棕色	黏土		5.0	36.3	1.64	1.81	30.1						
						S	26—80	棕灰色	砂壤土		6.0	9.7	0.83	2.90	31.1						
						G	80—100	棕棕色	砂壤土		5.0	16.0	0.77	0.78	26.1						
剖55	铁铝土	红壤		耕型板页岩红壤		A	0—21	黄红色	砂壤土		6.0	21.0	1.00	2.44	21.6	80	8.0	49	黄色砂岩	E 112°42′31.8″ N 25°42′18.0″	95
						C	21—90	黄红棕色	黏壤土		6.0	13.1	1.00	2.19	7.8						
剖56	人为土	水稻土	潴育水稻土	紫泥田	紫泥田	A	0—15	紫棕色	黏壤土		8.0	39.6	2.30	0.34	26.1	185	15.0	93		E 112°43′16.4″ N 25°41′13.2″	95
						Pg	15—27	紫棕色	黏壤土		8.0	32.0	0.93	0.66	26.1						
						W	27—75	紫棕色	黏壤土		7.5	6.3	0.93	0.23	14.4						
						C	75—100	紫色	黏壤土		7.5	5.1	0.72	0.23	≤1.0						

续表 Continued

剖面号 Soil profile	土纲 Soil order	土类 Soil great group	亚类 Soil subgroup	土属 Soil genus	土种 Soil species	土层码 Layer code	土层厚度 Depth/cm	颜色 Soil color	质地 Soil texture	土壤结构 Soil structure	pH	有机质 OM/(g/kg)	全氮 TN/(g/kg)	全磷 TP/(g/kg)	全钾 TK/(g/kg)	碱解氮 AN/(mg/kg)	有效磷 AP/(mg/kg)	速效钾 AK/(mg/kg)	土壤母质 Parent material	剖面点坐标 Profile coordinate	匹配指数 Matching index/%
剖57	人为土	水稻土	矿毒型水稻土	金属矿"毒"田	金属矿"毒"田	A	0—18	暗灰黄色	壤土	团块状	7.4	62.3	2.29	1.65	16.7	189	1.3	117		E 112°43′01.8″ N 25°40′30.1″	81
						Ap	18—26	暗灰色	黏壤土	块状	7.2	53.8	2.24	0.87	14.5	183	3.1	132			
						W	26—58	暗灰色	黏壤土	核块状	7.2	48.7	2.07	0.60	13.5	160	5.1	83			
						C	58—100	浅灰色	黏壤土	块状	7.2	11.1	0.62	0.74	13.6	55	6.0	73			
剖58	人为土	水稻土	潴育水稻土	河砂泥田		A	0—15	灰色	砂壤土		6.0	33.0	1.17	0.74	17.6	60	6.0	23	紫色页岩	E 112°44′13.2″ N 25°41′00.7″	95
						Pg	15—26	深灰色	砂壤土		6.0	13.8	1.37	0.90	17.5						
						S	26—100	深灰色	砂砾土		7.0	6.0	0.95	0.33	16.6			100			
剖59	人为土	水稻土	潴育水稻土	灰黄泥田	灰黄泥田	A	0—15	黄褐色	黏壤土		5.5	30.4	1.51	1.35	14.1	79	3.0		石灰岩	E 112°38′25.9″ N 25°41′35.0″	95
						Pg	15—28	黄褐色	黏壤土		5.5	18.8	0.73	1.09	14.3						
						W	28—68	棕黄色	黏壤土		7.0	8.7	0.91	1.28	11.9						
						C	68—100	红棕色	黏壤土		7.5	6.0	0.60	0.56	13.1						
剖60	铁铝土	红壤	黄红壤	花岗岩黄红壤	薄腐薄层花岗岩黄红壤	A	0—0.4	褐色	砂壤土		5.0	34.4	1.30	1.68	38.6	93	3.0	29	花岗岩	E 112°38′03.0″ N 25°40′05.3″	95
						ABv	0.4—40	灰棕色			5.0	13.4	0.68	0.62	37.7						
						C	40—	灰色	砂土		5.5										
剖61	铁铝土	红壤	红壤	石灰岩红壤		A	0—25	棕色	黏壤土		5.5	22.0	0.63	0.42	8.4	64	≤1.0	49	板页岩	E 112°39′53.0″ N 25°41′06.6″	95
						C	25—100	棕色	黏壤土		5.5	14.7	0.76	0.04	10.4						
剖62	人为土	水稻土	淹育水稻土	浅黄泥田	黄黄水田	A	0—12	黄棕色	黏壤土		5.0	27.6	1.29	1.32	11.3	125	2.0	29	花岗岩	E 112°40′54.2″ N 25°42′06.8″	95
						P	12—22	黄棕色	黏壤土		5.0	20.5	0.92	0.20	7.5						
						C	22—100	红棕色	黏壤土		5.5	14.8	0.81	0.70	13.9						
剖63	铁铝土	红壤		石灰岩红壤		A_1	0—0.5	褐色	黏土			24.2	1.12	1.44	15.9	113	2.0	29	花岗岩	E 112°36′08.3″ N 25°37′16.5″	95
						P	0.5—42	黄红色	黏土		5.5	35.0	1.00	0.21	12.2						
						P	42—110	黄棕色	黏土		5.5	25.0	1.00	1.22	14.1						
						C		红色			5.5	8.0	0.50	0.30	8.5						
剖64	人为土	水稻土	潴育水稻土	浅黄泥田		A	0—15	灰棕色	黏土		5.5	45.4	1.15	0.48	15.2	82	≤1.0	≤5	粉砂质板页岩	E 112°39′50.7″ N 25°39′35.8″	95
						P	15—25	棕黄色	黏土		5.5	51.3	1.27	0.45	11.2						
						C	25—100	红棕色	黏壤土		5.5	10.7	1.06	0.38	11.6						
剖65	人为土	水稻土	矿毒型水稻土	非金属矿"毒"田	煤柴水田	A	0—16	青灰色	黏壤土		5.0	91.8	2.68	0.88	16.3	109	17.0	93	石灰岩	E 112°42′02.8″ N 25°36′20.9″	95
						Pg	16—25	深灰色	黏壤土		6.5	97.8	0.63	0.97	20.3						
						G	25—100	深褐色	黏壤土		7.0	103.0	1.42	0.57	19.6						
剖66	人为土	水稻土	潴育水稻土	青泥田		A	0—17	黄褐色	黏土		8.0	45.2	2.70	0.76	16.9	121	2.0	6	砂岩	E 112°41′03.8″ N 25°34′49.2″	95
						Pg	17—28	棕灰色	黏土		8.0	55.5	2.36	0.69	16.0						
						G	28—	灰色	黏土		8.0	47.6	1.96	0.54	18.5						
剖67	人为土	水稻土	潴育水稻土	黄泥田		A	0—15	黑灰色	黏土		6.0	175.7	2.91	1.38	16.2	120	16.0	29	硅质岩	E 112°36′31.7″ N 25°31′02.7″	95
						Pg	15—31	深灰色	黏土		6.0	124.5	2.87	0.95	11.2						
						W	31—70	灰色	黏土		6.0	129.9	2.41	1.51	12.4						
						C	70—100	灰色			6.0	125.1	4.61	1.18	14.9						
剖68	人为土	水稻土	淹育水稻土	浅马肝泥田	浅马肝泥田	A	0—15	紫棕色	黏壤土		7.0	38.6	1.22	1.01	7.7	138	2.0	67	白云质灰岩	E 112°40′47.4″ N 25°31′11.4″	95
						P	15—30	红棕色	黏砂土		7.0	28.9	1.32	0.93	13.3						
						C	30—100	棕红色	黏砂土		7.0	4.3	0.88	0.86	17.2						
剖69	人为土	水稻土	淹育水稻土	浅黄砂泥田	粗糠砂泥田	A	0—13	灰色	粗砂壤		5.5	38.6	2.03	2.82	35.6	106	5.0	121	花岗岩	E 112°41′59.1″ N 25°29′35.5″	95
						P	13—19	灰棕色	砂壤土		5.0	29.1	0.90	1.73	37.4						
						C	19—60	黄色			7.0	24.0	0.87	2.93	36.8						
剖70	铁铝土	红壤	红壤	耕犁型砂岩红壤		A	0—18	浅红色	壤土		6.0	16.2	1.13	0.83	13.6	86	6.0	72	红色砂岩	E 112°54′32.1″ N 25°57′25.4″	95
						C	18—	浅红色	壤土		6.0	9.1	0.54	0.93	13.2						

续表 Continued

剖面号 Soil profile	土纲 Soil order	土类 Soil great group	亚类 Soil subgroup	土属 Soil genus	土种 Soil species	土层码 Layer code	土层厚度 Depth/cm	颜色 Soil color	质地 Soil texture	土壤结构 Soil structure	pH	有机质 OM/(g/kg)	全氮 TN/(g/kg)	全磷 TP/(g/kg)	全钾 TK/(g/kg)	碱解氮 AN/(mg/kg)	有效磷 AP/(mg/kg)	速效钾 AK/(mg/kg)	土壤母质 Parent material	剖面点坐标 Profile coordinate	匹配指数 Matching index/%
剖71	人为土	水稻土	潴育水稻土	麻砂泥田	黄麻砂泥田	A	0—13	灰黄色	砂壤土		5.0	47.4	1.19	0.86	33.3	81	4.0	45	花岗岩	E 112°48′54.7″ N 25°47′13.9″	95
						Pg	13—22	灰黄色	砂壤土		5.0	20.9	2.15	0.30	37.2						
						W	22—43	灰黄色	黏壤土		5.0	39.3	2.08	0.62	35.5						
						C	43—100	黄棕色	砂壤土		5.5	10.3	0.64	0.45	33.9						
剖72	铁铝土	红壤	红壤	石灰岩红壤		A	0—27	棕红色	黏壤土		5.5	30.9	1.30	0.29	13.4	83	3.0	68	石灰岩	E 112°46′13.0″ N 25°46′36.0″	95
						C	27—	紫棕色	黏壤土		5.5	18.4	1.00	0.87	9.2						
剖73		水稻土	潴育水稻土	河砂泥田		A	0—17	棕黄色	砂壤土		8.0					97	12.0	108	河流冲积物	E 112°46′34.1″ N 25°43′55.1″	95
						Pg	17—27	棕黄色	砂壤土		8.0										
						W	27—60	黄褐色	砂壤土		7.0										
						S	60—100	灰棕色	粗砂土		7.0										
剖74	人为土	水稻土	矿毒型水稻土	金属矿毒田	锑矿毒田	A	0—15	栗色	黏壤土		8.0	31.3	1.34	1.44	13.6	112	7.0	30	花岗岩	E 112°46′46.4″ N 25°41′05.2″	95
						Pg	15—26	褐色	黏壤土		8.0	25.4	1.23	1.16	14.9						
						G	26—100	灰色	黏壤土		6.0	19.8	0.76	0.62	13.6						
剖75	人为土	水稻土	潴育水稻土	鸭屎泥田	鸭屎泥田	A	0—20	深栗色	黏壤土		8.0	50.9	1.60	1.91	13.9	132	2.0	30	石灰岩	E 112°48′44.3″ N 25°41′04.6″	95
						Pg	20—26	栗色	黏土		8.0	47.7	2.24	1.33	13.5						
						W	26—60	灰棕色	黏土		8.0	46.6	1.81	0.57	12.2						
						C	60—100	黑灰色	黏土		7.5	38.2	1.62	0.43	11.7						

宜 章 县

主要土类说明

红壤是宜章县主要土壤类型，占本县地域面积的 52%。红壤分布在海拔 700m 以下的低山、丘陵区。该地区降水量充沛但分布不均，干湿季节明显，降水集中于春季。春季，蒸发量小于降水量，土壤中的水分从上往下运动，形成淋溶，同时，过多的雨水引起地面径流，造成水土流失。但到夏末秋初，降水量大大减少，气温较高，蒸发量大于降水量，土壤中的水分从下往上移动，可溶性的铁、铝随水上升而氧化，淀积于土壤中，使土壤呈红色或棕红色。本县红壤分为红壤和黄红壤两个亚类。其中，红壤亚类面积较大。

水稻土是宜章县第二大土壤类型，占本县地域面积的 16%。在人为耕作、施肥、灌溉等措施的影响下，土壤内部进行着氧化还原交替、有机质合成与分解、盐基淋溶与复盐基作用的熟化过程，促进了土壤性状的改变，从而形成了水稻土特有的形态、理化和生物特性。本县水稻土分为淹育型、潴育型、潜育型、沼泽型、矿毒型五个亚类。其中，潴育水稻土面积最大，占本土类面积的 69% 左右。

黄壤是宜章县第三大土壤类型，占本县地域面积的 14%。黄壤分布在海拔 700—1200m 的山地。该地区冬暖夏凉，降水较多，土壤的淋溶作用强，心土层有黏粒淀积，呈黄色或蜡黄色。腐殖质层厚度因植被类型而异，阔叶林和草甸植被下的腐殖质层厚，灌木林下的腐殖质层薄。本县黄壤仅有黄壤一个亚类。

紫色土占本县地域面积的 8%，是由紫色岩发育而成的一种岩成土，主要分布在白石渡、梅田、浆水、长村、黄沙、迎春、岩泉、栗源等地。表土呈红紫色，在有机质含量较高的地段呈黑紫色，心土层颜色与母质层相似。由于母岩的吸热性强，在热胀冷缩、湿胀干缩的条件下，母岩易风化。在植被遭到破坏时，土壤易流失。因此，在山坡上部，土层浅薄，没有明显的腐殖质层；在缓坡和沟谷地段，土层深厚，土壤质地随母岩类型而异。由紫色页岩发育的土壤，质地较黏；由紫色砂岩发育的土壤，质地较轻。本县紫色土分为酸性紫色土、中性紫色土、石灰性紫色土三个亚类。

黄棕壤占本县地域面积的 5%，分布在海拔 1200m 以上的山地。由于所处地区气温低，雨量多，湿度大，腐殖质淋溶下渗，土壤呈酸性至微酸性，心土层呈黄棕色。

石灰（岩）土占本县地域面积的 4%。本县石灰（岩）土分为黑色石灰土和红色石灰土两个亚类。前者分布在岩石裸露的喀斯特山地，土壤疏松多孔，pH 在 7.5 以上，并有较强的石灰反应。后者土层厚薄不一，pH 在 6.0 以上，有时呈上酸下碱，土层深厚者，下部有黏粒和铁锰淀积。

小于本县地域面积 3% 的土壤类型有潮土、山地草甸土等。

本区域中心区气候特征

本区域中心区气候特征值
Regional climate characteristics in central area of the region

气候带：中亚热带湿润气候 Climate region: Subtropical humid climate	
年平均气温 /℃ Annual average temperature /℃	19.7
年平均最高气温 /℃ Annual average maximum temperature /℃	24.4
年平均最低气温 /℃ Annual average minimum temperature /℃	16.5
年降水量 /mm Annual precipitation /mm	1502
≥ 10℃的积温 /℃ Daily temperature accumulated in a year（≥ 10℃）/℃	7805
年日照时数 /h Annual sunshine /h	1589
年平均相对湿度 /% Annual average relative humidity /%	77
干燥度 Dryness	0.77

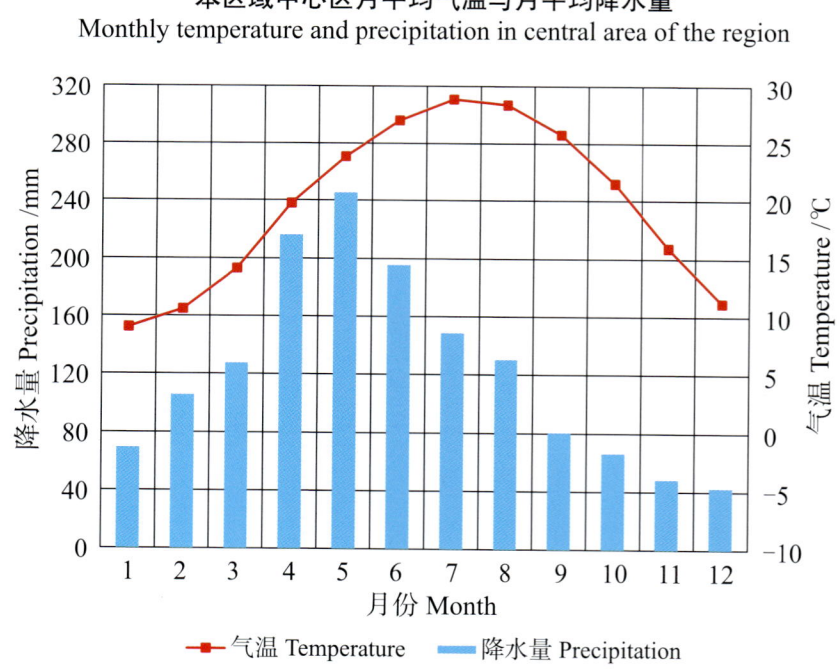

本区域中心区月平均气温与月平均降水量
Monthly temperature and precipitation in central area of the region

宜章县主要土壤类型与土壤剖面点分布图
1 : 320 000

图 例

- 红壤
- 水稻土
- 黄壤
- 紫色土
- 黄棕壤
- 石灰（岩）土
- 潮土
- 山地草甸土
- ⊗ 剖面点

宜章县土壤剖面理化性状表

剖面号 Soil profile	土纲 Soil order	土类 Soil great group	亚类 Soil subgroup	土属 Soil genus	土种 Soil species	土层码 Layer code	土层厚度 Depth/cm	颜色 Soil color	质地 Soil texture	土壤结构 Soil structure	pH	有机质 OM/(g/kg)	全氮 TN/(g/kg)	全磷 TP/(g/kg)	全钾 TK/(g/kg)	碱解氮 AN/(mg/kg)	有效磷 AP/(mg/kg)	速效钾 AK/(mg/kg)	土壤母质 Parent material	剖面点坐标 Profile coordinate	匹配指数 Matching index/%
剖1	人为土	水稻土	潜育水稻土	青泥田	青泥田	A	0—16	灰色	中壤土	块状	6.3	41.7	2.70	0.90	19.1	195	6.3	40	板岩、页岩	E 112°45′34.1″ N 25°21′09.0″	97
						Ag	16—27	深灰色	中壤土	扁块状	7.1	38.6	2.40	1.20	21.8						
						G	27—100	青灰色	中壤土	块状	6.1	11.0	1.10	1.00	23.8						
剖2	铁铝土	红壤	红壤	板页岩红壤	薄腐厚层板页岩红壤	A_1,Bv	0—6	棕黑色	砂壤土	团粒状	5.6	60.0	3.50	1.32	1.9	175	6.6	56	板页岩	E 112°46′25.7″ N 25°22′08.1″	95
						Bv	6—27	红棕色	轻壤土	团粒状	5.5	48.0	2.00	1.00	19.7						
						BvC	27—90	棕红色	轻壤土	块状	5.4	14.7	0.85	0.77	25.0						
						BvC	90—142	黄红色	重壤土	块状	5.4	4.2	0.30	0.94	25.0						
剖3	人为土	水稻土	潜育水稻土	灰泥田	鸭深泥田	A	0—16	灰褐色	中壤土	块状	8.3	55.5	2.90	1.40	20.4	198	3.2	65	石灰岩	E 112°55′18.9″ N 25°20′44.0″	97
						P	16—24	深紫色	轻壤土	块状	8.4	33.1	1.70	1.30	13.6						
						W	24—37	浅紫色	重壤土	柱状	8.0	28.1	1.80	1.30	11.6						
						C	37—100	灰黄色	重壤土	块状	7.7	6.0	0.58	1.00	11.6						
剖4	人为土	水稻土	潜育水稻土	中性紫泥田	中性紫泥田	A	0—15	灰黄色	砂壤土	粒状	6.8	30.6	1.70	1.02	8.2	168	3.7	48	紫色砂页岩	E 112°48′33.9″ N 25°19′07.3″	95
						P	15—22	深紫色	中壤土	扁块状	6.8	25.0	1.40	0.82	9.2						
						W	22—80	棕紫色	中壤土	棱柱状	7.0	9.4	0.71	0.99	8.2						
						C	80—100	棕紫色	中壤土	块状	7.5	3.1	0.34	0.90	9.0						
剖5	铁铝土	红壤	红壤	板页岩红壤		A	0—23	灰褐色	重壤土	块状	4.8	17.5	0.92	1.44	19.7	104	1.5	39	板页岩	E 112°45′59.1″ N 25°16′27.3″	95
						Bv	23—76	棕红色	重壤土	块状	5.0	8.7	0.64	1.43	19.7						
						C	76—100	浅红棕色	中壤土	块状	5.0	6.7	0.49	1.45	19.7						
剖6	人为土	水稻土	潜育水稻土	栏泥田	石灰性栏泥田	Ag	0—20	灰棕色	轻壤土	无结构	8.4	51.8	2.50	1.70	14.9	216	6.1	41	石灰岩	E 113°05′46.5″ N 25°31′46.1″	97
						G	20—100	青灰色	中壤土	糊状	8.3	46.2	2.30	1.50	13.6						
剖7	人为土	水稻土	淹育水稻土	浅灰黄泥田	浅灰黄泥田	A	0—13	灰黄色	重壤土	块状	6.1	22.5	1.40	0.81	13.6	128	1.8	85	石灰岩	E 113°03′35.0″ N 25°31′15.6″	97
						P	13—20	灰黄色	轻壤土	扁块状	5.5	23.4	1.40	0.91	14.3						
						C	20—100	红黄色	中黏土	棱柱状	7.1	2.5	0.20	1.26	15.7						
剖8	人为土	水稻土	潜育水稻土	青骨泥田	青骨泥田	A	0—17	黄棕色	重壤土	团块状	8.0	56.0	2.80	1.75	17.0	219	4.2	39	石灰岩	E 113°14′47.4″ N 25°34′10.7″	97
						Pg	17—30	棕灰色	中壤土	扁块状	8.4	42.0	2.10	1.30	17.7						
						W	30—57	棕灰色	重壤土	柱状	8.8	10.5	0.98	1.10	18.4						
						C	57—100	棕黄色	轻壤土	块状	8.6	11.7	0.78	1.10	17.7						
剖9	初育土	石灰(岩)土	红色石灰土	红色石灰土		Bv	0—7	暗棕色	中壤土	小团块状	7.0	30.4	1.90	0.89	23.3	167	≤1.0	67	石灰岩	E 113°10′08.9″ N 25°31′12.5″	95
						C	7—74	黄红色	中黏土	块状	6.8	5.8	0.60	1.08	29.7						
剖10	人为土	水稻土	潜育水稻土	河砂泥田	河砂泥田	A	0—16	灰色	重壤土	小团块状	5.7	27.8	1.80	0.87	39.5	195	3.6	33	河流冲积物	E 113°11′01.4″ N 25°31′49.8″	95
						P	16—27	深灰色	轻壤土	扁块状	6.0	17.5	1.00	0.65	41.8						
						W	27—78	灰黄色	轻壤土	棱柱状	6.8	8.9	0.90	0.65	38.0						
						C	78—100	棕黄色	轻壤土	小团块状	6.8	4.7	0.40	0.35	38.7						
剖11	人为土	水稻土	潜育水稻土	灰泥田	灰泥田	A	0—23	灰栗色	中壤土	块状	8.4	31.5	2.00	1.40	10.3	76		47	石灰岩	E 113°03′30.1″ N 25°25′29.4″	98
						P	23—32	深栗色	重壤土	扁块状	8.5	25.5	1.50	1.10	10.9						
						W	32—84	黄栗色	重壤土	柱状	8.5	12.5	0.64	1.05	11.6						
						C	84—100	棕黄色	重壤土	块状	8.5	5.8	0.53	1.09	10.9						
剖12	初育土	紫色土	酸性紫色土	酸性紫色土		A_1	0—28	灰紫色	中壤土	块状	5.5	14.1	0.90	1.00	10.3		≤1.0		紫色砂页岩	E 113°02′08.9″ N 25°24′00.6″	95
						Bv	28—91	红紫色	重壤土	团块状	5.5	5.8	0.60	1.08	9.7						
						C	91—120	红紫色													

永 兴 县

主要土类说明

红壤是永兴县主要土壤类型，占本县地域面积的 43%。红壤是在亚热带生物气候条件下形成的地带性土壤，是本县主要的山地、旱土土壤。红壤具有明显的脱硅富铝化过程，一般具有较深厚的红色黏土层，底部为红白相间的网纹层或卵石层。红壤剖面发育完整，pH 为 5.0—6.0。本县红壤分为红壤和黄红壤两个亚类。

水稻土是永兴县第二大土壤类型，占本县地域面积的 27%。本县水稻土分为淹育型、潴育型、渗育型、潜育型、沼泽型、矿毒型六个亚类。其中，潴育水稻土面积最大，占本土类面积的 40% 以上，属良水型水稻土，土壤中的水分上下移动强烈，一般在地下 30—60cm 内有明显的淋溶淀积现象，土体中有铁子、铁锰结核等淀积物。潴育水稻土分布部位适中，位于淹育水稻土和潜育水稻土之间，灌溉条件好，土层深厚，熟化程度较高，耕层一般厚 15—20cm，剖面构型多为 A-P-W-C（G）。

紫色土是永兴县第三大土壤类型，占本县地域面积的 22%。紫色土主要分布在马田、高亭司、便江、柏林等地，发育于紫色砂岩。紫色土物理风化强烈，在地形起伏、植被稀少的情况下尤为明显；化学风化微弱，无脱硅富铝化过程。土壤多呈紫红色、红棕色和暗棕色，全剖面色泽均一，土层浅薄，有时母岩裸露于地表，钙、磷、钾养分含量较高。紫色土由于母岩松脆且易风化，故呈土块状，矿物养分丰富，潜在肥力较高，但近年来因水土流失严重，土层浅薄。本县紫色土分为酸性紫色土、中性紫色土、石灰性紫色土三个亚类。

石灰（岩）土占本县地域面积的 4%，分布在油麻、马田、悦来、洋塘等地的石灰岩地区。在岩体裸露的喀斯特地区，源源不断的灰岩新风化物和富含碳酸钙的地表水进入土体，延缓了土壤中盐基成分的淋失和脱硅富铝化作用的进行，进而促进了年幼的石灰（岩）土的形成。本县石灰（岩）土仅有红色石灰土一个亚类，土壤颜色似鲜血色，质地黏重，土体中有不匀质石灰反应，pH 为 7.0—8.0，且越到下层，碱性越强。表土为粒状结构，中下层为核块状结构，有时有豆粒状铁锰结核，土壤肥力不高，但磷、钾含量高于红壤。

小于本县地域面积 3% 的土壤类型有黄壤、黄棕壤等。

本区域中心区气候特征

本区域中心区气候特征值
Regional climate characteristics in central area of the region

气候带：中亚热带湿润气候 Climate region: Subtropical humid climate	
年平均气温 /℃ Annual average temperature /℃	18.5
年平均最高气温 /℃ Annual average maximum temperature /℃	22.9
年平均最低气温 /℃ Annual average minimum temperature /℃	15.4
年降水量 /mm Annual precipitation /mm	1414
≥10℃的积温 /℃ Daily temperature accumulated in a year (≥10℃) /℃	9452
年日照时数 /h Annual sunshine /h	1590
年平均相对湿度 /% Annual average relative humidity /%	78
干燥度 Dryness	0.77

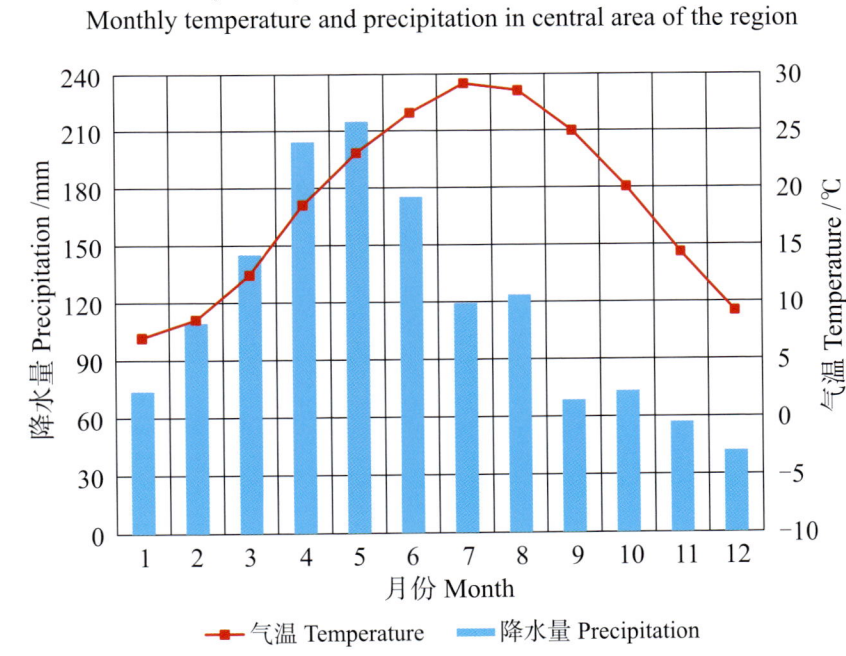

本区域中心区月平均气温与月平均降水量
Monthly temperature and precipitation in central area of the region

永兴县主要土壤类型与土壤剖面点分布图

1:300 000

图　例
- 红壤
- 水稻土
- 紫色土
- 石灰（岩）土
- 黄壤
- 黄棕壤
- ⊗ 剖面点

永兴县土壤剖面理化性状表

剖面号 Soil profile	土纲 Soil order	土类 Soil great group	亚类 Soil subgroup	土属 Soil genus	土种 Soil species	土层码 Layer code	土层厚度 Depth/cm	颜色 Soil color	质地 Soil texture	土壤结构 Soil structure	pH	有机质 OM/(g/kg)	全氮 TN/(g/kg)	全磷 TP/(g/kg)	全钾 TK/(g/kg)	碱解氮 AN/(mg/kg)	有效磷 AP/(mg/kg)	速效钾 AK/(mg/kg)	剖面点坐标 Profile coordinate	匹配指数 Matching index/%
剖1	人为土	水稻土	潴育水稻土	紫泥田	碧塘红紫泥田	Aa	0—15	亮红棕色	壤质黏土	块状	5.5	32.5	1.70	0.30	20.9	138	16.0	102	E 113°18′46.3″ N 26°15′13.4″	95
						Ap	15—24	亮棕色	壤质黏土	块状	6.0	25.9	1.10	0.30	20.0	90	8.0	75		
						W	24—85	浊红棕色	壤质黏土	棱柱状	6.2	7.9	0.40	0.30	28.3	79	5.0	49		
						C	85—100	浊红棕色	壤质黏土	块状	6.4	5.4	0.30	0.30	20.2	42	3.0	37		

嘉 禾 县

主要土类说明

红壤是嘉禾县主要土壤类型，占本县地域面积的61%。红壤是在高温多湿、干湿季节明显的气候条件下形成的地带性土壤。红壤具有明显的脱硅富铝化过程，土层大多深厚，剖面发育完整，除表层较灰暗外，心土层和底土层因氧化铁的存在而呈红色，具块状或碎块状结构，褐色胶膜淀积明显，底部常见红、黄、白相间的网纹状红色黏土。全剖面呈酸性，pH 在 6.0 以下，盐基饱和度很低，质地黏重，有机质、全氮和速效养分缺乏。

水稻土是嘉禾县第二大土壤类型，占本县地域面积的33%。水稻土因长期水耕熟化、氧化还原交替进行、铁锰淋溶淀积等作用而形成了独特的剖面形态和理化特征。①特殊的剖面构型：发育完整的水稻土剖面常有耕作层、犁底层、心土层和底土层。心土层又包括潴育层、漂洗层、青泥层和砂石层。②水、气、热状况：淹水期间，耕作层中的水分呈过饱和状态，土壤温度较稳定；淹水后，土壤中空气十分缺乏，还原性物质增加，危害水稻生长发育。③土壤 pH 的变化：酸性水稻土淹水后 pH 升高，碱性水稻土淹水后 pH 降低。

石灰（岩）土是嘉禾县第三大土壤类型，占本县地域面积的4%。本县石灰（岩）土分为黑色石灰土和红色石灰土两个亚类。黑色石灰土常见于山顶岩隙等低平处，由于大量腐殖质与钙结合，土壤呈黑色，土层薄，pH 在 7.0 以上，有石灰反应。红色石灰土分布在石灰岩丘岗区的山麓坡地、谷地或剥蚀阶地，土壤呈棕红色，质地黏重，土层较厚，一般在 1m 以上，土体内无网纹层，剖面下部有铁锰淀积。

小于本县地域面积3%的土壤类型有紫色土、黄壤、潮土等。

本区域中心区气候特征

本区域中心区气候特征值
Regional climate characteristics in central area of the region

气候带：中亚热带湿润气候 Climate region: Subtropical humid climate	
年平均气温 /℃ Annual average temperature /℃	19.0
年平均最高气温 /℃ Annual average maximum temperature /℃	23.3
年平均最低气温 /℃ Annual average minimum temperature /℃	15.9
年降水量 /mm Annual precipitation /mm	1503
≥10℃的积温 /℃ Daily temperature accumulated in a year (≥10℃) /℃	7451
年日照时数 /h Annual sunshine /h	1552
年平均相对湿度 /% Annual average relative humidity /%	78
干燥度 Dryness	0.74

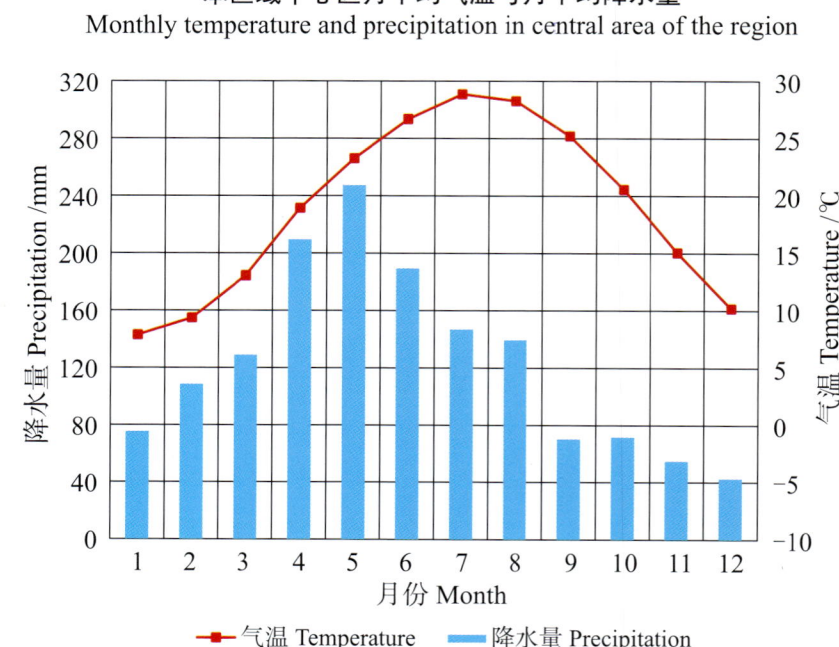

本区域中心区月平均气温与月平均降水量
Monthly temperature and precipitation in central area of the region

嘉禾县主要土壤类型与土壤剖面点分布图
1:160 000

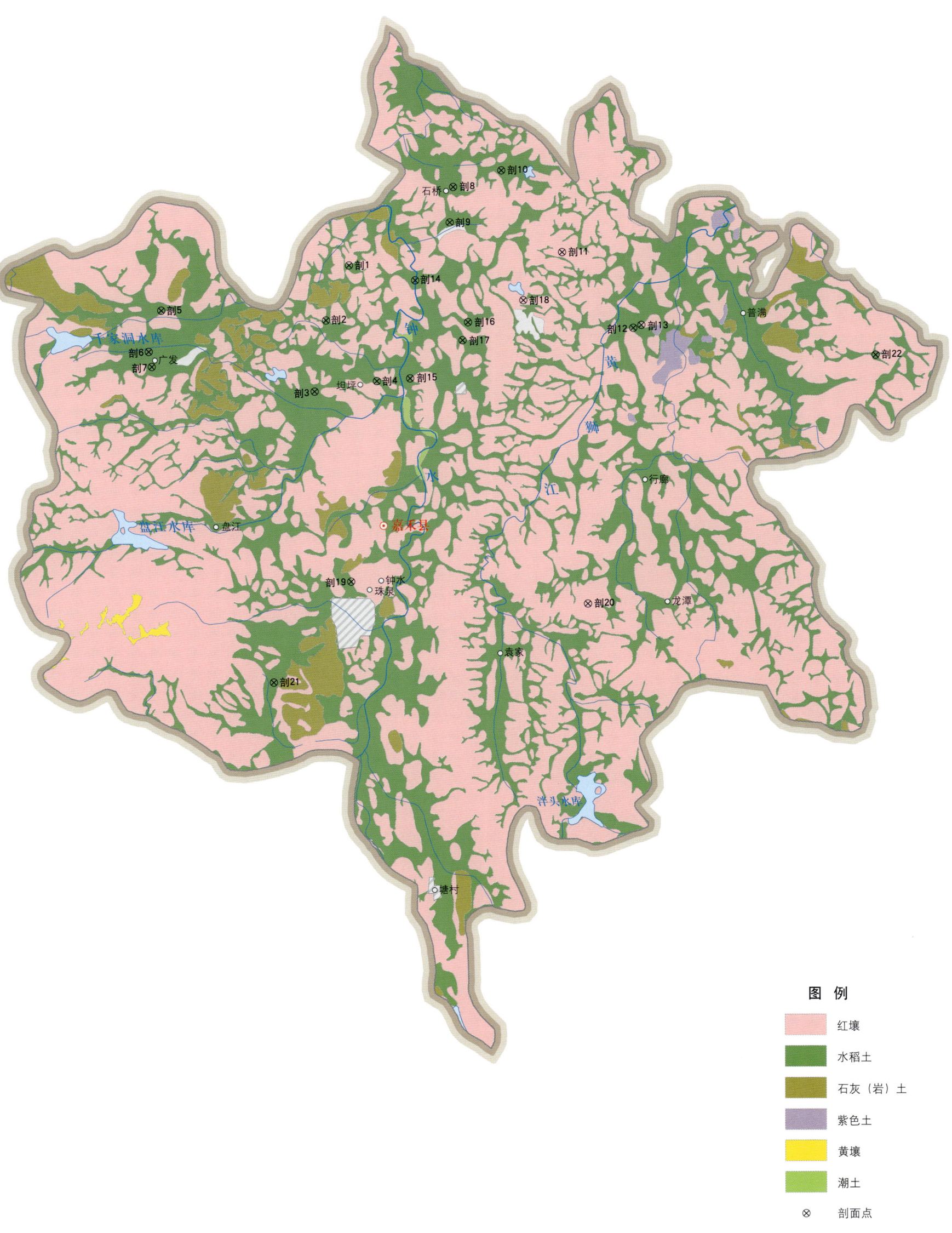

图 例
- 红壤
- 水稻土
- 石灰（岩）土
- 紫色土
- 黄壤
- 潮土
- ⊗ 剖面点

嘉禾县土壤剖面理化性状表

剖面号 Soil profile	土纲 Soil order	土类 Soil great group	亚类 Soil subgroup	土属 Soil genus	土种 Soil species	土层码 Layer code	土层厚度 Depth/cm	颜色 Soil color	质地 Soil texture	土壤结构 Soil structure	pH	有机质 OM/(g/kg)	全氮 TN/(g/kg)	全磷 TP/(g/kg)	全钾 TK/(g/kg)	土壤母质 Parent material	剖面点坐标 Profile coordinate	匹配指数 Matching index/%
剖1	人为土	水稻土	潴育水稻土	灰泥田	黑灰泥田	A	0–15	深灰色	黏壤土	块状	7.5	105.9	2.90	1.80	14.3	石灰岩风化物	E 112°21′51.3″ N 25°42′38.8″	95
						P	15–29	浅灰色	黏土	块状	7.5	98.1	2.70	1.50	17.8			
						W	29–45	灰棕色	黏土	棱状	8.0	22.7	1.00	0.80	20.3			
						C	45–100	黄棕色	黏土	棱柱状	7.5							
剖2	人为土	水稻土	潴育水稻土	黄泥田	黑黄泥田	A	0–17	褐色	黏壤土	状状	6.0	75.5	2.93	1.10	10.9	板页岩风化物	E 112°21′18.8″ N 25°41′30.6″	95
						P	17–28	棕灰色	黏土	棱块状	6.5	66.6	2.21	0.98	9.4			
						W	28–100	浅红色	黏土	棱柱状	6.5	11.5	0.92	0.81	17.1			
剖3	人为土	水稻土	潴育水稻土	河砂泥田	河潮泥田	A	0–17	浅褐色	黏壤土	团块状	6.5	15.8	0.70	1.00	12.5	河积物	E 112°21′02.0″ N 25°40′02.0″	95
						P	17–28	棕灰色	黏土	团块状	6.5	12.4	0.60	1.00	14.8			
						W	28–61	棕灰色	黏壤土	棱柱状	6.4	12.4	0.70	0.90	15.2			
						C	61–100	棕灰色	黏土	块状	6.7	10.2	0.50	0.80	14.7			
剖4	人为土	水稻土	潴育水稻土	灰泥田	鸭屎深泥田	A	0–15	黄褐色	黏土	团块状	7.8	51.4	2.40	1.20	10.6	石灰岩风化物	E 112°22′28.2″ N 25°40′14.5″	95
						P	15–20	黄褐色	黏土	团块状	8.0	28.6	1.40	0.70	9.4			
						W	20–100	黄褐色	黏土	块状	7.8	12.0	0.70	0.70	11.7			
剖5	人为土	水稻土	潴育水稻土	灰黄泥田	灰黄砂泥田	A	0–18	灰褐色	砂壤土	块状	5.5	38.5	1.85	0.83	15.0	砂质灰岩风化物	E 112°17′30.4″ N 25°41′44.6″	95
						P	18–28	棕灰色	黏土	团块状	6.0	8.2	0.40	0.55	22.3			
						W	28–72	栗色	砂壤土	团块状	6.3	7.1	0.38	0.61	21.8			
						C	72–100	黄棕色	壤土	块状	6.5	6.5	0.64	0.66	25.0			
剖6	人为土	水稻土	潴育水稻土	灰泥田	灰泥田	A	0–20	灰棕色	黏壤土	棱状	7.7	111.3	3.90	1.50	6.5	石灰岩风化物	E 112°17′12.2″ N 25°40′53.3″	96
						P	20–30	棕灰色	黏土	块状	7.9	7.2	3.00	1.40	10.6			
						G	30–100	青灰色	黏土	块状	8.0	7.0	2.20	1.40	11.7			
剖7	人为土	水稻土	潜育水稻土	青泥田	青鸭屎泥田	A	0–20	黄褐色	黏壤土	团块状	8.0	51.0	2.20	1.00	13.7	石灰岩风化物	E 112°17′16.4″ N 25°40′34.6″	95
						Pg	20–32	灰棕色	黏土	块状	8.0	49.7	1.70	0.80	9.7			
						G	32–100	青灰色	黏土	状状	7.9	10.9	0.50	0.70	8.5			
剖8	人为土	水稻土	淹育水稻土	浅灰泥田	浅灰马肝泥田	A	0–16	红棕色	黏壤土	状状	7.5	54.6	2.48	0.97	13.0	白云岩风化物	E 112°24′16.4″ N 25°44′15.6″	95
						P	16–26	棕黄色	黏壤土	状状	7.5	44.4	2.04	1.14	13.6			
						C	26–100	深红色	黏壤土	棱状	7.5	8.5	0.37	0.71	13.3			
剖9	人为土	水稻土	潴育水稻土	青泥田	青泥田	A	0–14	黄棕色	黏壤土	块状	6.0	90.6	3.60	1.20	11.0	石灰岩风化物	E 112°24′11.5″ N 25°43′31.5″	95
						P	14–25	灰棕色	黏土	团块状	5.8	77.1	3.50	1.00	11.5			
						G	25–100	青灰色	黏土	棱块状	6.1	71.3	3.50	1.10	12.9			
剖10	人为土	水稻土	潴育水稻土	浅黄泥田	浅黄泥田	A	0–18	棕色	黏壤土	团块状	6.0	32.3	1.60	0.90	17.0	板页岩风化物	E 112°25′23.9″ N 25°44′36.3″	95
						P	18–36	黄褐色	黏壤土	棱块状	6.5	28.1	1.50	0.80	18.5			
						C	36–100	红棕色	黏壤土	块状	6.9	3.2	1.60	0.80	20.5			
剖11	铁铝土	红壤	黄红壤	砂岩黄红壤	溥薄中层砂岩黄红壤	A₁	2–10	深灰色	壤土	粒状	6.0	99.9	3.50	1.10	11.4	砂岩风化物	E 112°26′47.0″ N 25°42′53.3″	95
						ABv	10–50	黄红色	砂壤土	粒块状	5.5	25.1	0.80	0.60	13.6			
						Bv	50–78	黄红色	砂壤土	块状	5.5	17.4	0.70	0.60	17.8			
剖12	人为土	水稻土	潴育水稻土	黄泥田	黄泥田	A	0–15	棕灰色	黏壤土	团块状	6.0	29.5	1.42	0.56	19.0	板页岩风化物	E 112°28′24.7″ N 25°41′17.9″	95
						P	15–26	棕灰色	黏土	棱柱状	6.2	29.6	1.12	0.53	16.9			
						W	26–60	棕黄色	黏土	棱柱状	5.8	4.1	0.50	0.70	19.0			
						C	60–100	棕红色	黏土	状状	5.8	6.9	0.51	0.62	20.2			

续表 Continued

剖面号 Soil profile	土纲 Soil order	土类 Soil great group	亚类 Soil subgroup	土属 Soil genus	土种 Soil species	土层码 Layer code	土层厚度/cm Depth/cm	颜色 Soil color	质地 Soil texture	土壤结构 Soil structure	pH	有机质 OM/(g/kg)	全氮 TN/(g/kg)	全磷 TP/(g/kg)	全钾 TK/(g/kg)	土壤母质 Parent material	剖面点坐标 Profile coordinate	匹配指数 Matching index/%
剖13	人为土	水稻土	潴育水稻土	河砂泥田	青隔河砂泥田	A	0—14	灰褐色	砂壤土	团块状	5.3	73.2	5.10	1.00	16.7	河积物	E 112°28′32.0″ N 25°41′20.0″	95
						Pg	14—25	灰褐色	黏壤土	块状	5.6	48.7	4.30	0.70	16.6			
						W	25—45	黄褐色	砂壤土	块状	6.5	8.6	4.50	1.20	14.8			
						C	45—100	浅黄色	砂壤土	块状	6.6	3.0	0.40	0.70	18.4			
剖14	人为土	水稻土	潴育水稻土	灰泥田	青隔灰泥田	A	0—18	灰黄色	黏壤土	块状	8.2	51.7	3.90	1.10	14.2	石灰岩风化物	E 112°23′23.0″ N 25°42′19.4″	95
						Pg	18—29	灰绿色	黏土	棱状	8.1	43.7	2.60	0.90	13.7			
						W	29—67	黄棕色	黏土	块状	8.0	35.6	1.80	0.70	14.5			
						C	67—100	灰黄色	黏土	块状	8.0	27.8	1.50	0.60	12.8			
剖15	人为土	水稻土	潴育水稻土	冷浸田	冷浸泥田	A	0—17	黄黄色	黏土	块状	6.2	50.6	2.60	1.30	17.1	板页岩风化物	E 112°23′14.1″ N 25°40′17.5″	95
						Pg	17—27	黄灰色	黏土	块状	6.5	34.8	1.80	1.20	19.4			
						G	27—100	青灰色	黏土	块状	6.0	15.6	1.30	0.90	18.7			
剖16	人为土	水稻土	潴育水稻土	灰泥田		A	0—14	紫灰色	黏壤土	块状	7.5	47.3	2.30	2.20	10.1	白云岩风化物	E 112°24′35.8″ N 25°41′26.4″	95
						P	14—32	黄棕色	黏土	棱块状	7.7	36.8	2.20	1.80	11.5			
						W	32—80	黄棕色	黏土	团块状	7.6	32.0	1.70	1.20	17.3			
						C	80—100	黄棕色	黏土	团块状	7.4	15.2	1.00	0.90	17.7			
剖17	人为土	水稻土	淹育水稻土	浅黄砂泥田	浅黄砂泥田	A	0—15	灰棕色	砂壤土	小块状	5.4	53.1	2.90	0.90	16.0	砂岩风化物	E 112°24′27.9″ N 25°41′04.3″	95
						P	15—23	灰棕色	砂壤土	棱块状	6.4	24.9	1.30	0.80	7.7			
						C	23—100	红棕色	砂壤土	棱块状	6.2	5.2	0.40	0.90	11.3			
剖18	铁铝土	红壤		板页岩红壤		A₁	0—5	浅红棕色	砂壤土	粒块状	4.9	44.5	1.96	1.25	20.2	砂岩风化物	E 112°25′52.2″ N 25°41′53.6″	95
						A,Bv	5—36	棕棕色	细砂土	粒状	4.9	30.5	1.36	1.18	27.8			
						Bv	36—82	红棕色	砂壤土	粒状	5.2	22.3	0.54	1.11	31.1			
剖19	人为土	水稻土	淹育水稻土	浅红砂泥田	浅红砂泥田	A	0—17	红棕色	砂壤土	块状	6.0	30.0	1.50	0.90	7.9	红色砂岩风化物	E 112°21′49.2″ N 25°36′04.1″	95
						P	17—25	浅棕色	砂壤土	块状	6.5	23.5	1.10	0.80	11.4			
						C	25—100	浅棕色	砂壤土	块状	6.7	5.9	0.40	0.50	15.9			
剖20	铁铝土	红壤		耕型板页岩红壤	黄泥土	A	0—16	棕黄色	黏土	团块状	5.8	20.7	1.10	0.70	17.4	板页岩风化物	E 112°27′17.0″ N 25°35′33.6″	95
						Bv	16—100	棕黄色	黏土	块状	6.0	19.8	1.00	0.60	20.7			
剖21	人为土	水稻土	潴育水稻土	黄砂泥田		A	0—16	黄褐色	壤土	粒状	6.0	49.0	2.53	1.27	8.8	砂岩风化物	E 112°20′00.5″ N 25°33′58.5″	96
						P	16—24	红棕色	砂土	片状	6.2	11.4	0.59	0.83	2.7			
						3	24—											
剖22	人为土	水稻土	淹育水稻土	浅灰黄砂泥田	浅灰黄砂泥田	A	0—15	棕灰色	黏壤土	团块状	6.5	30.3	1.50	1.50	8.9	石灰岩风化物	E 112°34′00.0″ N 25°40′41.3″	95
						P	15—25	灰灰色	黏壤土	块状	6.5	25.9	1.20	1.20	7.2			
						C	25—100	红棕色	黏壤土	棱块状	6.5	12.1	0.70	1.00	13.0			

临 武 县

主要土类说明

红壤是临武县主要土壤类型，占本县地域面积的 51%。本县红壤分为黄红壤和红壤两个亚类。黄红壤主要分布在海拔 500—800m 的中低山区，在本县北部的香花、镇南、水东和南部的舜峰、南强分布较广，土壤呈黄红色，是红壤与黄壤之间的过渡类型。红壤亚类主要分布在东山以南海拔 250—500m 的低山、丘陵区，以及楚江、万水、麦市、香花等地海拔 300—400m 的低山区。由于气候湿热，红壤亚类具有明显的脱硅富铝化过程，有较深厚的红色风化土层，土壤酸性强，心土层和底土层有大量的铁锰胶膜淀积，底部常有红白相间的网纹层。

水稻土是临武县第二大土壤类型，占本县地域面积的 16%。水稻土是在长期的季节性淹灌、水下翻耕、季节性脱水、氧化还原交替影响下，原来的成土母质或母土的特性发生重大改变，形成的新的土壤类型。由于干湿交替，水稻土形成糊状的淹育层、较坚实板结的犁底层、渗育层、潴育层与潜育层等多种发生层。这些不同的发生层是在人为耕作、水浆管理下形成的。本县水稻土分为淹育型、潴育型、渗育型、潜育型、沼泽型、矿毒型六个亚类。

黄壤是临武县第三大土壤类型，占本县地域面积的 14%。本县黄壤仅有黄壤一个亚类，主要分布在海拔 800—1200m 的中山区，垂直分布在红壤之上、黄棕壤之下。由于所处地区气候凉湿，云雾多，日照少，冬无严寒，夏无酷热，空气湿度大，干湿季节不明显，土壤黄化作用非常明显，土壤中氧化铁水化而使土体呈黄色。表土层较厚，腐殖质含量高，心土层呈蜡黄色，盐基饱和度低，土壤呈强酸性，自然肥力较高。

紫色土占本县地域面积的 11%，是由热带、亚热带紫红色岩层直接风化形成的 A-C 型土壤。其理化性质与母岩组成直接相关，土层浅薄，剖面层次发育不明显，仍处于初育阶段。母岩富含矿质养分，且风化迅速。

石灰（岩）土占本县地域面积的 5%。本县石灰（岩）土分为红色石灰土、黑色石灰土、黄色石灰土、黄红色石灰土四个亚类。其中，红色石灰土面积最大，占本土类面积的 70%，主要分布在香花、麦市、万水、楚江、花塘、武水、舜峰、南强、汾市等地海拔 250—500m 的石灰岩低山区。由于海拔较低，气候湿热，风化作用较强，土层稍厚，土壤呈红棕色，质地黏重，呈中性或碱性。

小于本县地域面积 3% 的土壤类型有黄棕壤、山地草甸土、潮土等。

本区域中心区气候特征

本区域中心区气候特征值
Regional climate characteristics in central area of the region

气候带：中亚热带湿润气候 Climate region: Subtropical humid climate	
年平均气温 /℃ Annual average temperature /℃	19.3
年平均最高气温 /℃ Annual average maximum temperature /℃	23.7
年平均最低气温 /℃ Annual average minimum temperature /℃	16.1
年降水量 /mm Annual precipitation /mm	1489
≥ 10℃的积温 /℃ Daily temperature accumulated in a year (≥ 10℃) /℃	7698
年日照时数 /h Annual sunshine /h	1571
年平均相对湿度 /% Annual average relative humidity /%	77
干燥度 Dryness	0.76

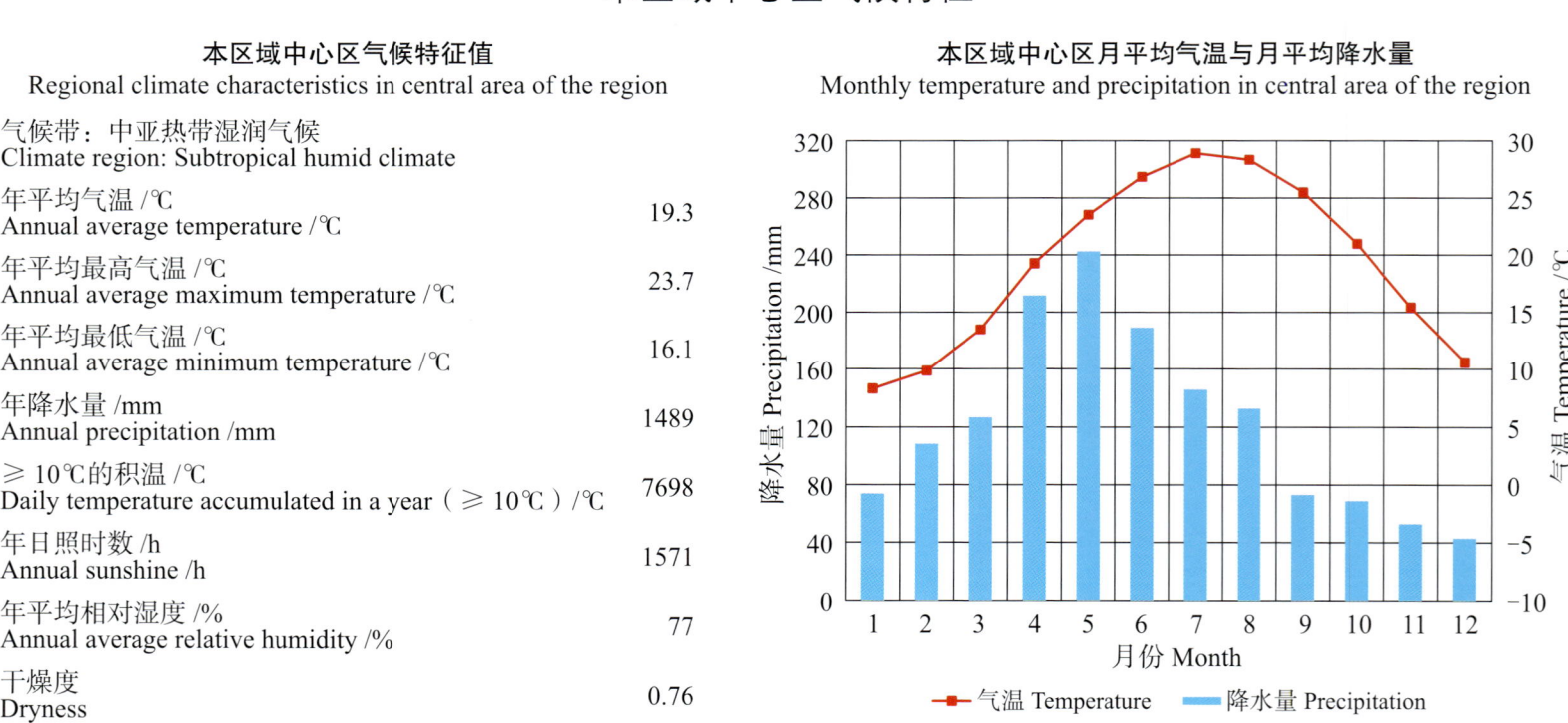

本区域中心区月平均气温与月平均降水量
Monthly temperature and precipitation in central area of the region

临武县主要土壤类型与土壤剖面点分布图
1:200 000

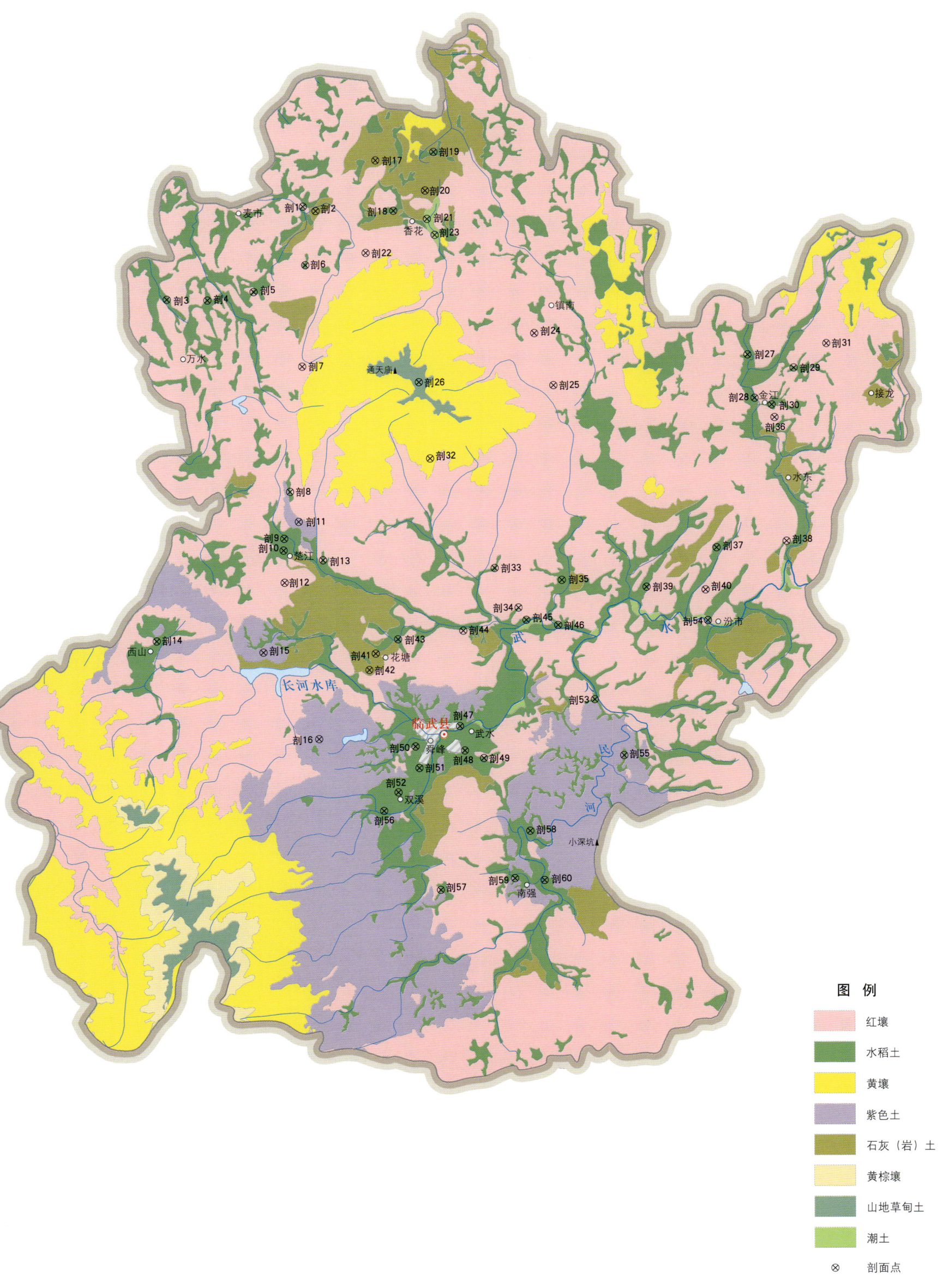

临武县土壤剖面理化性状表

剖面号 Soil profile	土纲 Soil order	土类 Soil great group	亚类 Soil subgroup	土属 Soil genus	土种 Soil species	土层码 Layer code	土层厚度 Depth/cm	颜色 Soil color	质地 Soil texture	土壤结构 Soil structure	pH	有机质 OM/(g/kg)	碱解氮 AN/(mg/kg)	有效磷 AP/(mg/kg)	速效钾 AK/(mg/kg)	土壤母质 Parent material	剖面点坐标 Profile coordinate	匹配指数 Matching index/%
剖1	铁铝土	红壤	红壤	耕型板页岩红壤	熟黄泥土	1	0—15	红褐色	黏壤土	粒状	5.5	15.0	70	12.0	25	第四纪红色黏土	E 112°29′29.1″ N 25°30′32.6″	75
						2	15—61	红棕色	黏土	块状	5.0							
剖2	初育土	石灰(岩)土	黄色石灰土	黄色淋溶石灰土		3	61—	红色	黏土	块状	4.5					石灰岩	E 112°29′51.1″ N 25°30′25.3″	75
						1	0—30	黄褐色	黏壤土	粒状	6.0	24.0	80	12.0	50			
						2	30—90	黄色	黏壤土	小块状	6.5							
						3	90—	黄棕色	黏壤土	核状	7.5							
剖3	人为土	水稻土	潜育水稻土	潮砂泥田	潮砂泥田	1	0—19	褐棕色	黏壤土	粒状	6.0	20.0	100	24.0	50	河流冲积物	E 112°25′30.6″ N 25°28′08.6″	95
						2	19—28	灰褐色	黏壤土	粒状	6.0							
						3	28—60	黄褐色	黏壤土	团粒状	6.5							
						4	60—	黄褐色	黏壤土	团粒状	6.5							
剖4	人为土	水稻土	潜育水稻土	青泥田	青砂泥田	1	0—12	青黑色	砂土	粒状	5.5	25.0	100	12.0	25	砂岩冲积物	E 112°26′41.0″ N 25°28′07.0″	95
						2	12—25	青灰色	砂土	粒状	6.0							
						3	25—	青灰色	砂土	粒状	6.0							
剖5	人为土	水稻土	淹育水稻土	浅黄砂泥田	浅黄砂泥田	1	0—11	灰黑色	砂壤土	粒状状	5.0	15.0	110	24.0	100	砂岩	E 112°28′01.5″ N 25°28′19.7″	95
						2	11—17	黄棕色	砂壤土	粒状	6.0							
						3	17—46	棕灰色	砂壤土	块状	6.0							
						4	46—	灰黑色	砂壤土	块状	6.0							
剖6	人为土	水稻土	潜育水稻土	扁砂泥田	黄扁砂泥田	1	0—16	黄褐色	中壤土	团粒状	6.0	20.0	150	24.0	110	板页岩坡积物	E 112°29′32.3″ N 25°29′00.6″	95
						2	16—32	黄褐色	重壤土	粒状	6.0							
						3	32—70	红灰色	黏壤土	小块状	6.0							
						4	70—100	黄褐色	砂壤土	块状	6.0							
剖7	铁铝土	红壤	黄红壤	花岗岩黄红壤		1	0—20	黄白相间	砂壤土	团粒状	5.5	25.0	80	6.0	100	花岗岩	E 112°29′24.8″ N 25°26′21.9″	95
						2	20—90	棕色	砂壤土	粒状	5.5							
						3	90—	棕色	黏壤土	块状	6.0							
剖8	人为土	水稻土	淹育水稻土	浅紫泥田	浅紫泥田	1	0—15	棕色	黏壤土	团粒状	8.0	30.0	120	42.0	50	紫色砂页岩	E 112°29′00.8″ N 25°23′05.1″	97
						2	15—19	棕色	黏壤土	粒状	8.0							
						3	19—40	黄棕色	黏壤土	块状	7.5							
						4	40—	黄棕色	黏壤土	块状	7.5							
剖9	人为土	水稻土	潜育水稻土	浅岩渣子田	浅岩渣子田	1	0—12	黄棕色	黏壤土	团粒状	5.0	15.0	70	12.0	75	板页岩	E 112°28′49.8″ N 25°21′51.7″	95
						2	12—21	红灰色	黏壤土	粒块状	5.5							
						3	21—37	灰灰色	黏壤土	块状	6.0							
						4	37—	黄灰色	黏壤土	块状	5.5							
剖10	人为土	水稻土	淹育水稻土	中性灰黄泥田	毛黄泥田	1	0—14	褐灰色	中壤土	蜂窝状	6.5	≤1.0	150	60.0	120	石灰岩	E 112°28′48.5″ N 25°21′33.5″	95
						2	14—22	黄褐色	中壤土	块状	6.5							
						3	22—70	黄棕色	中壤土	小块状	7.5							
						4	70—	黄棕色	中壤土	小块状	7.5							
剖11	初育土	紫色土	酸性紫色土	酸性紫砂土	酸性紫砂土	1	0—10	黄红色	中壤土	粒状	5.0	20.0	90	12.0	110	酸性紫色砂页岩	E 112°29′15.5″ N 25°22′18.1″	75
						2	10—80	紫红色	中壤土	小块状	5.0							
						3	80—	棕紫色	中壤土	块状	6.0							
剖12	铁铝土	红壤	黄红壤	石灰岩黄红壤	石灰岩黄红壤	1	0—22	棕黄色	砂壤土	团粒状	4.5	25.0	80	12.0	80	砂质板岩	E 112°28′49.4″ N 25°20′43.2″	95
						2	22—50	红黄色	砂土	粒状	5.0							
						3	50—	黄色	砂土	粒状	5.5							

续表 Continued

剖面号 Soil profile	土纲 Soil order	土类 Soil great group	亚类 Soil subgroup	土属 Soil genus	土种 Soil species	土层码 Layer code	土层厚度 Depth/cm	颜色 Soil color	质地 Soil texture	土壤结构 Soil structure	pH	有机质 OM/(g/kg)	碱解氮 AN/(mg/kg)	有效磷 AP/(mg/kg)	速效钾 AK/(mg/kg)	土壤母质 Parent material	剖面点坐标 Profile coordinate	匹配指数 Matching index/%
剖13	人为土	水稻土	矿毒型水稻土	金属矿毒田	铅锌矿毒田	1	0—14	灰褐色	砂壤土	团粒状	6.0	25.0	125	12.0	25	石灰岩	E 112°29′56.7″ N 25°21′17.7″	97
						2	14—24	灰褐色	砂壤土	块状	6.0							
						3	24—32	黑黄色	砂壤土	粒状	6.0							
						4	32—51	棕黑色	砂壤土	粒状	6.0							
剖14	人为土	水稻土	渗育水稻土	白鳝泥田	白鳝泥田	1	0—16	灰白色	壤土	团粒状	6.0	20.0	115	18.0	50	硅质灰岩	E 112°25′06.3″ N 25°19′13.5″	95
						2	16—30	灰白色	壤土	块状	6.0							
						3	30—50	黄白相间	黏壤土	块状	6.0							
						4	50—100	黄棕色	黏壤土	块状	6.5							
剖15	初育土	紫色土	石灰性紫色土	碱性紫色砂土		1	0—23	棕紫色	砂壤土	粒状	7.5	15.0	70	80.0	130	碱性紫色砂页岩	E 112°28′11.4″ N 25°18′53.6″	75
						2	23—40	棕紫色	中壤土	块状	7.8							
						3	40—	暗紫色	中壤土	块状	8.0							
剖16	初育土	紫色土	石灰性紫色土	碱性紫色砂土		1	0—20	暗紫色	重壤土	粒状	7.5	15.0	80	82.0	150	碱性紫色砂页岩	E 112°29′45.9″ N 25°16′36.9″	75
						2	20—60	暗紫色	重壤土	小块状	7.8							
						3	60—190	暗紫色	重壤土	块状	8.0							
剖17	初育土	石灰(岩)土	红色石灰土	耕型淋溶石灰土	红毛泥土	1	0—22	红棕色	黏壤土	粒状	7.5	24.0	80	12.0	110	石灰岩	E 112°31′36.1″ N 25°31′44.2″	95
						2	22—65	红色	黏壤土	核状	7.5							
						3	65—102	褐红色	黏壤土	核状	7.8							
剖18	人为土	水稻土	潴育水稻土	河砂泥田	砂泥田	1	0—16	褐色	砂壤土	团粒状	6.0	25.0	120	18.0	50	老冲积物	E 112°32′06.4″ N 25°30′24.5″	95
						2	16—23	褐黄色	黏壤土	块状	6.0							
						3	23—63	褐灰色	黏壤土	块状	5.5							
						4	63—	灰黄色	中壤土	无结构	5.5							
剖19	人为土	水稻土	潜育水稻土	冷浸田	锈水田	1	0—19	青灰色	黏壤土	团粒状	7.0	30.0	125	24.0	25	石灰岩	E 112°33′17.4″ N 25°31′56.4″	95
						2	19—	黑灰色	黏壤土	团粒状	7.5							
剖20	初育土	石灰(岩)土	黑色石灰土	黑色石灰土		1	0—25	黑灰色	中壤土	团粒状	7.5	50.0	150	40.0	120	石灰岩	E 112°33′01.9″ N 25°30′55.8″	95
						2	25—	黄棕色	砂土	无结构	8.0							
剖21	半水成土	潮土	河潮土	耕型河潮土	矿毒潮砂土	1	0—26	黄棕色	砂土	粒状	5.5	17.3	76	24.0	50	河流冲积物	E 112°33′04.8″ N 25°30′11.2″	75
						2	26—53	黄色	砂土	粒状	6.0							
						C	53—	黄色	粗砂土		6.0							
剖22	铁铝土	红壤	红壤	石灰岩红壤		1	0—35	红棕色	黏壤土	团粒状	5.0	20.0	120	12.0	60	石灰岩	E 112°31′17.4″ N 25°29′18.9″	95
						2	35—149	棕红色	黏土	块状	5.0							
						3	149—	暗红色	黏土	块状	5.5							
剖23	半水成土	潮土	河潮土	耕型河潮土	矿毒潮砂土	1	0—19	黄棕色	砂壤土	粒状	6.0	30.0	100	48.0	125	老冲积物	E 112°33′17.7″ N 25°29′46.1″	75
						2	19—44	黄棕色	黏土	粒状	6.0							
						3	44—	黄色	砂壤土	粒状	6.0							
剖24	铁铝土	红壤	黄红壤	石灰岩黄红壤	石灰岩黄红壤	1	0—27	黄褐色	黏壤土	块状	5.5	20.0	70	6.0	25	石灰岩	E 112°33′04.8″ N 25°27′10.3″	95
						2	27—80	黄色	黏壤土	块状	6.0							
						3	80—	黄色	黏壤土	块状	6.0							
剖25	铁铝土	红壤	黄红壤	石灰岩黄红壤		1	0—30	黄棕色	黏壤土	小块状	5.5	25.0	70	6.0	50	石灰岩	E 112°36′41.2″ N 25°29′48.6″	95
						2	30—90	黄红色	黏壤土	块状	5.8							
						3	90—	黄棕色	黏土	块状	6.0							
剖26	半水成土	山地草甸土	山地草甸土	山地草甸土	山地草甸土	1	0—20	灰黑色	砂土	团粒状	6.0	60.0	150	12.0	170	花岗岩	E 112°32′47.2″ N 25°25′55.6″	75
						2	20—	褐黑色	砂土	粒状	5.9							
剖27	人为土	水稻土	潴育水稻土	黄泥田	黄泥田	1	0—16	灰黄色	壤土	团粒状	8.0	20.0	140	36.0	75	炭质页岩	E 112°42′18.6″ N 25°26′33.4″	95
						2	16—30	浅黄色	黏土	块状	8.0							
						3	30—44	浅黄色	黏土	块状	7.5							
						4	44—		黏土	块状	7.5							

续表 Continued

剖面号 Soil profile	土纲 Soil order	土类 Soil great group	亚类 Soil subgroup	土属 Soil genus	土种 Soil species	土层码 Layer code	土层厚度 Depth/cm	颜色 Soil color	质地 Soil texture	土壤结构 Soil structure	pH	有机质 OM/(g/kg)	碱解氮 AN/(mg/kg)	有效磷 AP/(mg/kg)	速效钾 AK/(mg/kg)	土壤母质 Parent material	剖面点坐标 Profile coordinate	匹配指数 Matching index/%
剖28	人为土	水稻土	淹育水稻土	浅黄砂泥田	粗糠砂泥田	1	0—14	灰棕色	砂壤土	团粒状	5.0	20.0	100	6.0	110	花岗岩	E 112°42′30.4″ N 25°25′25.7″	95
						2	14—20	灰黄色	粒砂黄土	粒状	6.0							
						3	20—100	黄棕色	砂棕土	块状	6.0							
剖29	人为土	水稻土	潴育水稻土	河砂泥田	黑砂泥田	1	0—14	灰黑色	壤土	团粒状	6.0	20.0	125	24.0	25	板页岩冲积物	E 112°43′38.6″ N 25°26′11.6″	95
						2	14—22	黄黄色	黏壤土	块状	5.5							
						3	22—54	灰黄色	黏壤土	块状	6.0							
						4	54—	灰黄色	黏壤土	块状	6.0							
剖30	人为土	水稻土	矿毒型水稻土	非金属矿毒田	硒矿毒田	1	0—15	灰黑色	砂壤土	团粒状	6.0	45.0	90	25.0	55	河流冲积物	E 112°42′59.7″ N 25°25′14.4″	97
						2	15—27	灰黑色	黏壤土	块状	6.5							
						3	27—37	黑黑色	黏壤土	块状	6.0							
						4	37—80	黑黑色	砂壤土	块状	6.0							
剖31	铁铝土	红壤		耕型石灰岩红壤	灰红土	1	0—27	黄褐色	重壤土	团粒状	6.5	15.0	70	24.0	40	石灰岩	E 112°44′35.9″ N 25°26′49.7″	95
						2	27—60	红棕色	黏壤土	块状	6.0							
						3	60—	黄红色	黏壤土	块状	5.5							
剖32	铁铝土	黄壤		板页岩黄壤	板页岩黄壤	1	0—18	黑黑色	砂土	团粒状	5.0	30.0	90	9.0	80	砂岩	E 112°33′05.0″ N 25°23′55.5″	95
						2	18—38	褐灰色	砂壤土	粒状	5.0							
						3	38—72	黄色	砂壤土	块状	5.0							
						4	72—	黄色	砂壤土	块状	5.5							
剖33	人为土	水稻土	矿毒型水稻土	金属矿毒田	重金属矿毒田	1	0—17	黄褐色	黏土	团粒状	5.5	20.0	100	27.0	40	石灰岩	E 112°34′54.8″ N 25°21′02.6″	95
						2	17—25	黄褐色	黏土	块状	5.5							
						3	25—38	黄红色	黏土	块状	6.0							
						4	38—100	红色	砂壤土	块状	5.5							
剖34	人为土	水稻土	潴育水稻土	红黄泥田	黑泥田	1	0—15	棕褐色	壤土	团粒状	6.0	30.0	70	25.0	≤5	第四纪红色黏土	E 112°35′35.0″ N 25°20′00.4″	97
						2	15—32	暗褐色	壤土	块状	7.0							
						3	32—42	红黄色	壤土	块状	7.5							
						4	42—100	棕紫色	黏土	团粒状	7.8							
剖35	人为土	水稻土	潴育水稻土	紫砂泥田	紫砂泥田	1	0—19	棕紫色	黏土	团粒状	8.0	25.0	125	36.0	150	紫色砂页岩和页岩	E 112°36′51.0″ N 25°20′42.6″	95
						2	19—38	棕紫色	黏土	团粒状	8.0							
						3	38—57	紫紫色	黏土	团粒状	8.0							
						4	57—82	褐紫色	黏土	团粒状	8.0							
剖36	铁铝土	黄红壤		耕型板页岩黄红壤	灰黄泥田	1	0—28	黄黄色	重壤土	团粒状	5.5	25.0	100	40.0	80	板页岩	E 112°43′04.5″ N 25°24′54.4″	95
						2	28—62	褐黄色	黏壤土	块状	6.0							
						3	62—100	棕红色	黏壤土	块状	7.0							
剖37	人为土	水稻土	潴育水稻土	碱性灰黄泥田	灰黄泥田	1	0—12	红色	黏壤土	团粒状	8.0	20.0	120	30.0	50	石灰岩	E 112°41′20.8″ N 25°21′31.0″	95
						2	12—33	灰黄色	黏壤土	块状	7.5							
						3	33—41	灰灰色	黏壤土	块状	7.0							
						4	41—	黄色	壤土	块状	8.0							
剖38	铁铝土	红壤		耕型石灰岩红土	灰红夹土	1	0—14	褐黄色	中壤土	粒状	6.5	20.0	70	36.0	50	砂岩坡积物	E 112°43′22.6″ N 25°21′39.7″	95
						2	14—32	棕红色	砂壤土	粒状	6.0							
						3	32—	灰黄色	砂壤土	块状	5.5							
剖39	人为土	水稻土	潴育水稻土	河砂泥田	河砂田	1	0—16	灰黄色	壤土	块状	7.0	20.0	100	18.0	50	河流冲积物	E 112°39′18.1″ N 25°20′30.5″	95
						2	16—26	灰黄色	壤土	块状	7.0							
						3	26—50	黄色	壤土	块状	6.0							
						4	50—				6.5							

续表 Continued

剖面号 Soil profile	土纲 Soil order	土类 Soil great group	亚类 Soil subgroup	土属 Soil genus	土种 Soil species	土层码 Layer code	土层厚度 Depth/cm	颜色 Soil color	质地 Soil texture	土壤结构 Soil structure	pH	有机质 OM/(g/kg)	碱解氮 AN/(mg/kg)	有效磷 AP/(mg/kg)	速效钾 AK/(mg/kg)	土壤母质 Parent material	剖面点坐标 Profile coordinate	匹配指数 Matching index/%
剖40	铁铝土	红壤	黄红壤	耕型石灰岩黄红壤		1	0—21	棕黄色	黏壤土	团粒状	5.0	20.0	100	12.0	25	石灰岩	E 112°41′00.5″ N 25°20′24.9″	95
						2	21—67	黄红色	黏土	块状	5.5							
						3	67—	黄色	黏土	粒状	5.5							
剖41	初育土	石灰（岩）土	红色石灰土	红色石灰土	红色石灰土	1	0—28	黄灰色	黏壤土	粒状	6.5	20.0	100	18.0	75	石灰岩	E 112°31′26.2″ N 25°18′50.0″	95
						2	28—61	黄红色	黏壤土	核状	7.5							
						3	61—	黄棕色	黏壤土	粒状	7.8							
剖42	初育土	石灰（岩）土	红色石灰土	淋溶石灰土	淋溶石灰土	1	0—20	棕红色	黏壤土	粒状	6.5	25.0	90	24.0	75	石灰岩	E 112°31′14.8″ N 25°18′24.3″	95
						2	20—60	暗红色	黏壤土	小核块状	7.0							
						3	60—	红色	黏壤土	核状	7.5							
剖43	人为土	水稻土	潴育水稻土	鸭屎泥田	黑鸭屎泥田	1	0—16	灰黑色	黏壤土	团粒状	7.5	30.0	130	40.0	80	石灰岩	E 112°32′05.3″ N 25°19′12.5″	95
						2	16—29	灰黄色	黏壤土	块状	8.0							
						3	29—51	黄棕色	黏壤土	块状	8.0							
						4	51—100	棕黄色	黏壤土	块状	8.0							
剖44	铁铝土	红壤	红壤	耕型砂岩红壤	红砂土	1	0—24	棕红色	砂壤土	粒状	5.0	20.0	70	15.0	50	砂岩	E 112°33′58.5″ N 25°19′24.5″	97
						2	24—60	棕红色	砂壤土	小块状	5.0							
						3	60—	黄棕色	砂壤土	小块状	5.5							
剖45	人为土	水稻土	潴育水稻土	酸性灰岩泥田	瘦黄泥田	1	0—18	黄棕色	黏壤土	团粒状	6.0	20.0	75	21.0	80	石灰岩	E 112°35′48.9″ N 25°19′40.7″	95
						2	18—31	棕黄色	黏壤土	块状	6.0							
						3	31—66	紫褐色	黏壤土	块状	5.5							
						4	66—	黄色	黏壤土	粒状	5.5							
剖46	人为土	水稻土	潴育水稻土	紫泥田	黑紫泥田	1	0—20	褐黑色	黏壤土	团粒状	5.5	20.0	135	18.0	80	板页岩冲积物	E 112°36′44.0″ N 25°19′32.1″	95
						2	20—32	青灰色	黏壤土	块状	7.0							
						3	32—64	黄灰色	黏土	块状	5.0							
						4	64—	青色	黏土	块状	4.5							
剖47	人为土	水稻土	潴育水稻土	紫泥田	紫泥田	1	0—23	紫灰色	黏壤土	团粒状	7.0	30.0	150	39.0	75	紫色页岩	E 112°33′50.6″ N 25°16′55.0″	97
						2	23—45	灰紫色	黏壤土	块状	7.5							
						3	45—67	棕紫色	黏土	块状	8.0							
						4	67—90	暗紫色	黏壤土	块状	8.0							
剖48	人为土	水稻土	潴育水稻土	烂泥田	烂泥田	1	0—40	灰色	黏壤土	糊状	8.0	35.0	50	36.0	25	石灰岩	E 112°33′59.1″ N 25°16′16.5″	97
						2	40—	青灰色	黏壤土	糊状	8.0							
剖49	人为土	水稻土	潴育水稻土	紫泥田	青镉紫泥田	1	0—23	暗紫色	黏壤土	团粒状	6.8	20.0	150	30.0	50	红壤、紫色页岩	E 112°34′32.0″ N 25°16′04.2″	97
						2	23—40	灰紫色	黏土	块状	7.5							
						3	40—61	棕紫色	黏土	块状	7.5							
						4	61—100	黄紫色	黏土	块状	7.5							
剖50	人为土	水稻土	潴育水稻土	红黄泥田	黑黄泥田	1	0—14	棕色	黏壤土	粒状	6.5	15.0	135	25.0	25	第四纪红色黏土	E 112°32′33.4″ N 25°16′23.5″	97
						2	14—23	棕色	黏壤土	块状	6.0							
						3	23—40	红棕色	黏壤土	块状	6.0							
						4	40—100	红黄色	黏壤土	块状	6.0							
剖51	人为土	水稻土	潴育水稻土	红黄泥田	青镉红黄泥田	1	0—16	灰黄色	砂壤土	粒状	6.0	20.0	100	12.0	25	第四纪红色黏土	E 112°32′39.4″ N 25°15′49.7″	97
						2	16—24	黄棕色	中壤土	团粒状	6.0							
						3	24—41	青黄色	中壤土	粒状	6.0							
						4	41—100	浅黄色	黏土	块状								
剖52	人为土	水稻土	潴育水稻土	黄砂泥田	黄砂泥田	1	0—20	灰黄色	黏壤土	块状	6.0	20.0	100	24.0	75	砂岩坡积物	E 112°32′05.2″ N 25°15′09.3″	95
						2	20—24	黄棕色	中壤土	粒状	6.0							
						3	24—46	黄红色	黏壤土	小块状	6.5							
						4	46—100	灰红色	黏壤土	块状	6.5							

续表 Continued

剖面号 Soil profile	土纲 Soil order	土类 Soil great group	亚类 Soil subgroup	土属 Soil genus	土种 Soil species	土层码 Layer code	土层厚度/cm Depth/cm	颜色 Soil color	质地 Soil texture	土壤结构 Soil structure	pH	有机质 OM/(g/kg)	碱解氮 AN/(mg/kg)	有效磷 AP/(mg/kg)	速效钾 AK/(mg/kg)	土壤母质 Parent material	剖面点坐标 Profile coordinate	匹配指数 Matching index/%
剖53	人为土	水稻土	潴育水稻土	潮砂泥田	油潮砂泥田	1	0—14	灰黑色	中壤土	粒状	7.0	30.0	150	42.0	25	冲积物	E 112°37′45.5″ N 25°17′34.6″	95
						2	14—22	灰黑色	砂壤土	粒状	7.0							
						3	22—37	黄灰色	砂壤土	块状	7.0							
						4	37—	黄灰色	砂壤土	块状	7.0							
剖54	半水成土	潮土	河潮土	耕型河潮土	河砂泥土	1	0—21	灰褐色	砂壤土	团粒状	6.0	25.0	150	24.0	75	河流冲积物	E 112°41′03.7″ N 25°19′36.8″	95
						2	21—48	灰褐色	砂壤土	块状	6.0							
						3	48—	黄棕色	砂壤土	块状	6.0							
剖55	人为土	水稻土	淹育水稻土	浅紫泥田	浅黄紫砂泥田	1	0—15	紫灰色	黏壤土	团粒状	6.5	20.0	125	12.0	50	紫色页岩	E 112°38′35.3″ N 25°16′06.4″	97
						2	15—26	紫棕色	黏土	块状	6.5							
						3	26—65	紫灰色	黏土	块状	7.0							
						4	65—	棕色	黏土	块状	6.5							
剖56	人为土	水稻土	潴育水稻土	河砂泥田	青褐砂泥田	1	0—20	褐灰色	黏壤土	团粒状	8.0	35.0	150	24.0	80	硅质灰岩冲积物	E 112°31′37.1″ N 25°14′43.0″	95
						2	20—30	黄褐色	黏壤土	块状	8.0							
						3	30—55	黄灰色	黏壤土	块状	8.0							
						4	55—100	灰色	黏壤土	块状	8.0							
剖57	人为土	水稻土	矿毒型水稻土	非金属矿毒田	硫黄矿毒田	1	0—15	黄褐色	砂壤土	粒状	6.5	20.0	100	12.0	25	石灰岩	E 112°33′13.8″ N 25°12′37.1″	95
						2	15—30	黄色	砂壤土	粒状	6.5							
						3	30—70	黄褐色	中壤土	块状	6.0							
						4	70—100	黄褐色	黏壤土	团粒状	6.0							
剖58	人为土	水稻土	潴育水稻土	紫泥田	青褐紫泥田	1	0—16	棕灰色	砂壤土	粒状	8.0	25.0	125	24.0	50	河流冲积物	E 112°35′50.6″ N 25°14′08.6″	95
						2	16—35	黄棕色	壤土	粒状	8.0							
						3	35—70	棕灰色	黏壤土	块状	7.0							
						4	70—100	棕紫色	黏壤土	块状	7.0							
剖59	人为土	水稻土	潜育水稻土	青泥田	青紫泥田	1	0—22	棕紫色	黏壤土	团粒状	8.0	30.0	100	30.0	25	紫色砂页岩	E 112°35′22.7″ N 25°12′53.8″	98
						2	22—35	棕褐色	黏壤土	粒状	8.0							
						3	35—	青紫色	黏壤土	粒状	8.0							
剖60	人为土	水稻土	淹育水稻土	浅紫泥田	浅紫砂泥田	1	0—16	棕褐色	壤土	团粒状	8.0	25.0	100	24.0	50	紫色砂页岩	E 112°36′13.9″ N 25°12′50.8″	95
						2	16—24	黄褐色	壤土	块状	7.5							
						3	24—51	棕色	砂壤土	块状	7.5							
						4	51—	黄色	砂壤土	块状	7.0							

汝 城 县

主要土类说明

红壤是汝城县主要土壤类型，占本县地域面积的 43%。红壤主要分布在海拔 500m 以下的低山区。所处地区高温高湿、干湿季节明显的气候条件，有利于红壤化过程的进行。风化前期盐基大量释放，土壤呈中性，黏粒和次生黏土矿物不断形成，铁铝氧化物在土体中积累，黏粒硅铝率小于 2.0。随着盐基流失，土壤变为酸性，铁铝氧化物也随之流失。在干旱季节，溶解下移的铁、铝随着毛管水向上移动，并淀积于土体中，使土体呈红色。

黄壤是汝城县第二大土壤类型，占本县地域面积的 30%。黄壤分布在海拔 750—950m 的中山区。黄壤脱硅富铝化作用较弱，黏粒硅铝率低于黄棕壤，高于红壤。土体因氧化铁水化而呈黄色，尤以淀积层（B 层）最为明显，并有油脂光泽。黄壤 pH 比红壤低，一般为 4.5—5.5；有机质较多，淋溶作用较强，交换性盐基含量很低。土壤矿化作用减弱，腐殖化作用增强。

黄棕壤是汝城县第三大土壤类型，占本县地域面积的 13%。黄棕壤一般分布在海拔 950m 以上的地区。由于冷湿的气候条件，土壤矿化作用进一步减弱，腐殖化作用增强。土壤有机质积累增加，腐殖质层加厚，溶解的腐殖质下渗，腐殖质层之下有一层黄棕色土层。土壤黏粒下移十分强烈，B 层以黏粒淀积为主，土质较黏重。土壤脱硅富铝化程度比黄壤低，黏土矿物以水化云母为主，土壤呈微酸性至酸性。

水稻土占本县地域面积的 10%。在水稻土各亚类中，潴育水稻土面积最大，发育于多种成土母质，二排田、垄田多属此类土壤。潴育水稻土地下水位在 60cm 以下，受水的作用比淹育水稻土强，氧化还原交替进行。该亚类一般耕种年代久，人类长期的精耕细作加速了土壤的熟化过程，土壤肥力不断提高。

小于本县地域面积 3% 的土壤类型有草甸土、石灰（岩）土等。

本区域中心区气候特征

本区域中心区气候特征值
Regional climate characteristics in central area of the region

气候带：中亚热带湿润气候 Climate region: Subtropical humid climate	
年平均气温 /℃ Annual average temperature /℃	19.4
年平均最高气温 /℃ Annual average maximum temperature /℃	23.9
年平均最低气温 /℃ Annual average minimum temperature /℃	16.2
年降水量 /mm Annual precipitation /mm	1481
≥10℃的积温 /℃ Daily temperature accumulated in a year (≥10℃) /℃	9620
年日照时数 /h Annual sunshine /h	1633
年平均相对湿度 /% Annual average relative humidity /%	77
干燥度 Dryness	0.77

本区域中心区月平均气温与月平均降水量
Monthly temperature and precipitation in central area of the region

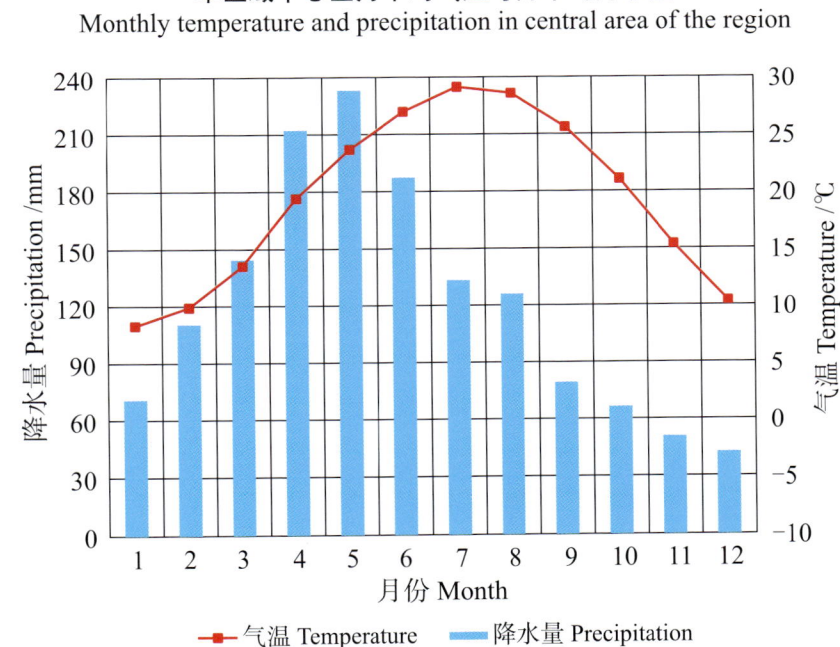

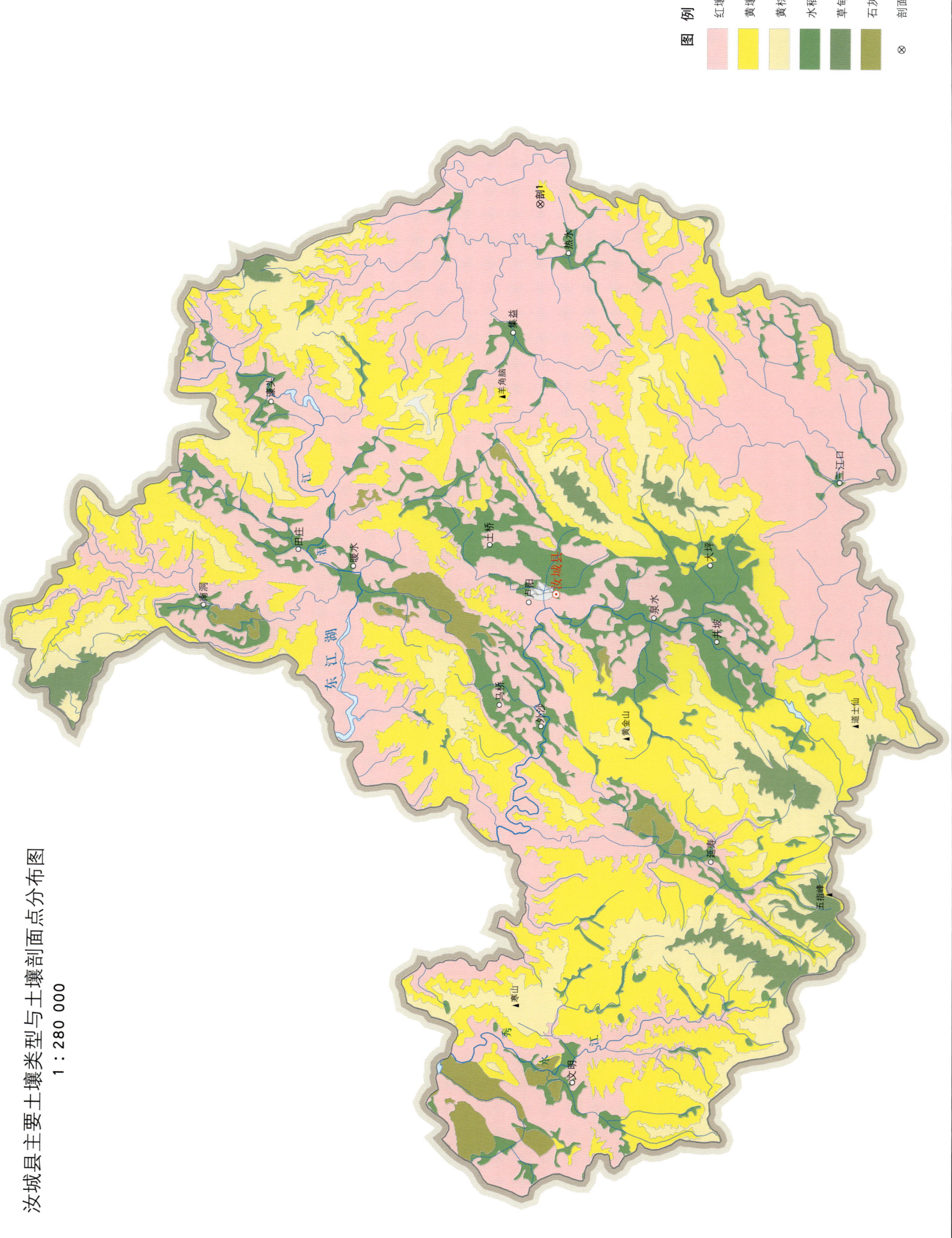

汝城县主要土壤类型与土壤剖面点分布图
1∶280 000

汝城县土壤剖面理化性状表

剖面号 Soil profile	土纲 Soil order	土类 Soil great group	亚类 Soil subgroup	土属 Soil genus	土种 Soil species	土层码 Layer code	土层厚度 Depth/cm	颜色 Soil color	质地 Soil texture	土壤结构 Soil structure	pH	有机质 OM/(g/kg)	全氮 TN/(g/kg)	全磷 TP/(g/kg)	全钾 TK/(g/kg)	土壤母质 Parent material	剖面点坐标 Profile coordinate	匹配指数 Matching index/%
剖1	铁铝土	红壤	黄红壤	花岗岩黄红壤	薄腐中层花岗岩黄红壤	A	2—24	暗黄棕色	中壤土	粒状	4.8	45.1	1.70	0.60	48.2	花岗岩	E 113°56′35.1″ N 25°33′01.0″	97
						Bv	24—54	黄棕色	中壤土	粒状	5.2	25.3	0.70	0.50				
						C	54—											

桂 东 县

主要土类说明

黄棕壤是桂东县主要土壤类型，占本县地域面积的46%。黄棕壤发生于亚热带暖湿落叶阔叶林下，多由砂页岩及花岗岩风化物发育而成，弱度脱硅富铝化，黏聚现象明显，呈黄棕色。该土壤具A–B–C或A–（B）–C剖面构型，黏粒硅铝率在2.5左右，铁的游离度较红壤低，B层交换性酸大于A层。

黄壤是桂东县第二大土壤类型，占本县地域面积的30%。黄壤发生于亚热带湿润条件下，中度脱硅富铝化，多见于海拔700—1200m的山区。土壤有机质累积较多，可达100g/kg，剖面构型为O–A–AB–B–C。淀积层（B层）富含水合氧化物（针铁矿），呈黄色，有时多含三水铝石。

水稻土是桂东县第三大土壤类型，占本县地域面积的11%。水稻土是在长期的季节性淹灌、水下翻耕、季节性脱水、氧化还原交替影响下，原来的成土母质或母土的特性发生重大改变，形成的新的土壤类型。由于干湿交替，水稻土形成糊状的淹育层、较坚实板结的犁底层、渗育层、潴育层与潜育层等多种发生层。这些不同的发生层是在人为耕作、水浆管理下形成的。

山地草甸土占本县地域面积的7%。山地草甸土是在中山山顶平台的草甸植被下形成的薄层土壤。其表层为草皮层，其下是有锈色斑纹或络合铁锰胶膜的薄层土壤，具As–A–C–D剖面构型。

红壤占本县地域面积的5%。红壤主要发生于亚热带常绿阔叶林下，呈中度脱硅富铝化特征，土壤黏粒中游离铁占全铁的50%—60%。黏土矿物以高岭石、赤铁矿为主，黏粒硅铝率为1.8—2.4，风化淋溶系数小于0.2，盐基饱和度小于35%。红壤具深厚红色土层，底部可见深厚的红、黄、白相间的网纹状红色黏土，具A–Bs–Bv或A–Bs–C剖面构型。

本区域中心区气候特征

本区域中心区气候特征值
Regional climate characteristics in central area of the region

气候带：中亚热带湿润气候 Climate region: Subtropical humid climate	
年平均气温 /℃ Annual average temperature /℃	19.1
年平均最高气温 /℃ Annual average maximum temperature /℃	23.5
年平均最低气温 /℃ Annual average minimum temperature /℃	15.9
年降水量 /mm Annual precipitation /mm	1452
≥10℃的积温 /℃ Daily temperature accumulated in a year (≥10℃) /℃	10888
年日照时数 /h Annual sunshine /h	1658
年平均相对湿度 /% Annual average relative humidity /%	77
干燥度 Dryness	0.77

本区域中心区月平均气温与月平均降水量
Monthly temperature and precipitation in central area of the region

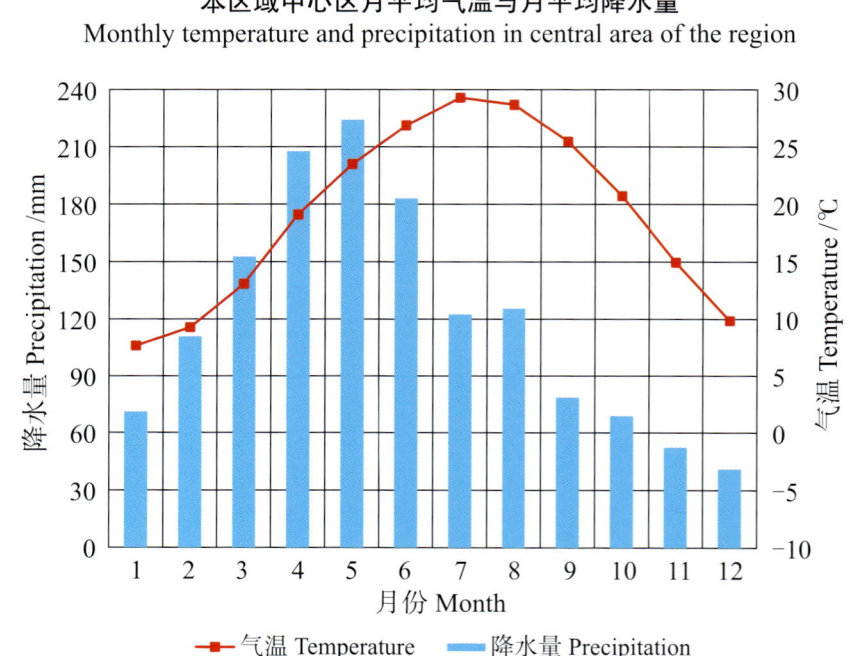

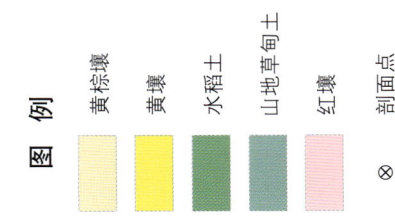

桂东县主要土壤类型与土壤剖面点分布图
1∶240 000

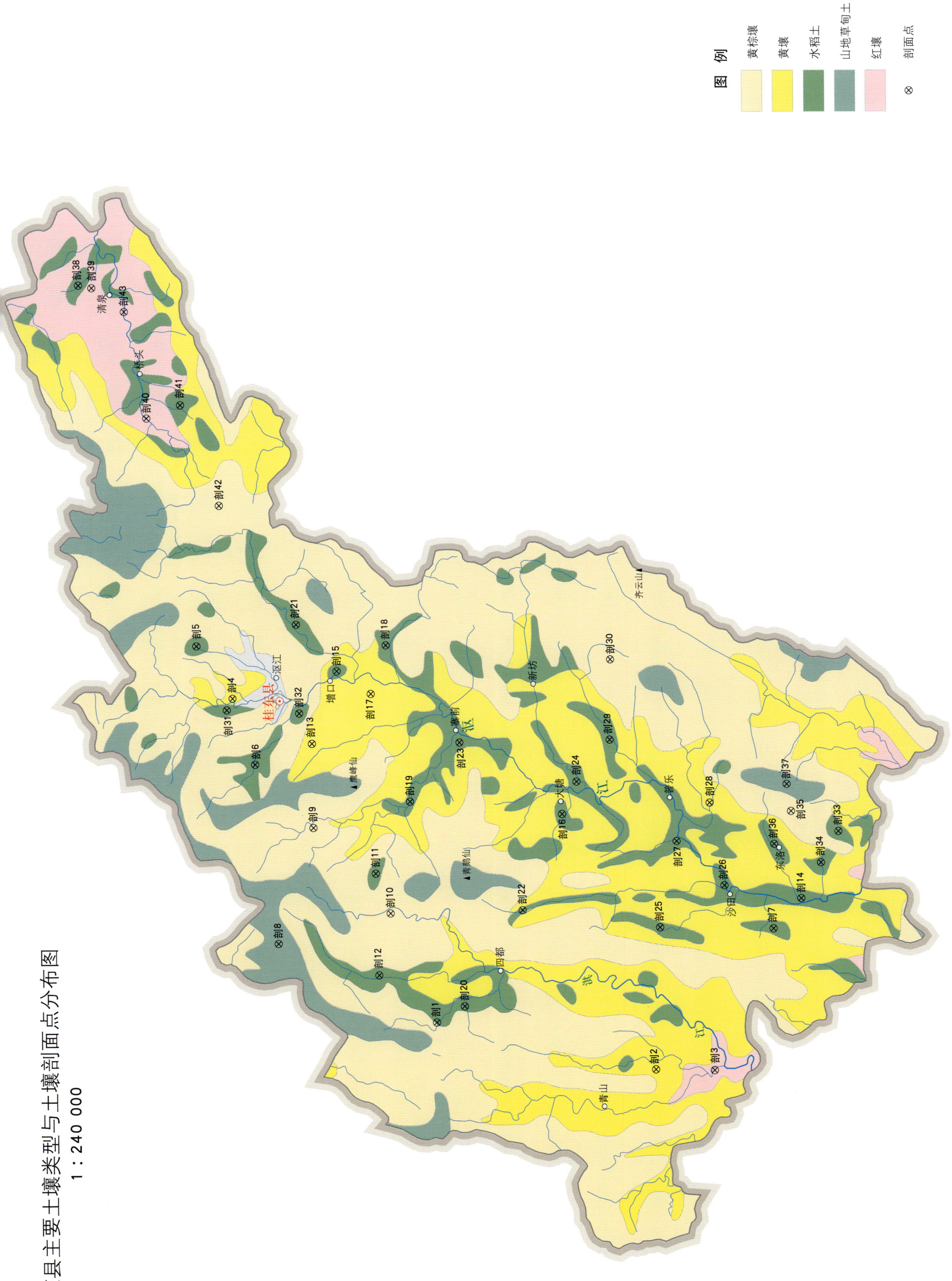

桂东县土壤剖面理化性状表

剖面号 Soil profile	土纲 Soil order	土类 Soil great group	亚类 Soil subgroup	土属 Soil genus	土种 Soil species	土层码 Layer code	土层厚度 Depth/cm	颜色 Soil color	质地 Soil texture	土壤结构 Soil structure	pH	有机质 OM/(g/kg)	全氮 TN/(g/kg)	全磷 TP/(g/kg)	全钾 TK/(g/kg)	土壤母质 Parent material	剖面点坐标 Profile coordinate	匹配指数 Matching index/%
剖1	人为土	水稻土	潜育水稻土	青泥田	青泥田	A	0—23	灰褐色	黏壤土	团粒状	6.0					板岩	E 113° 44′ 56.0″ N 26° 00′ 03.8″	75
						P	23—31	灰色	黏壤土	块状	6.0							
						S	31—55	黄灰色	黏壤土	块状	5.2							
剖2	铁铝土	黄壤	黄壤			A₁	0—15	栗色	壤土	团粒状	5.6					板页岩	E 113° 43′ 07.0″ N 25° 53′ 12.5″	95
						Bv	15—70	棕黄色	黏壤土	粒状	5.6							
						BvC	70—150	棕黄色	黏壤土	粒状	5.6							
剖3	铁铝土	红壤	黄红壤	花岗岩黄红壤	中腐厚层花岗岩黄红壤	A₁	0—11	黄棕色	轻壤土	粒状	4.5	68.5	3.08	1.35	25.2	花岗岩	E 113° 43′ 02.0″ N 25° 51′ 21.3″	95
						Bv	11—42	浅红棕色	中壤土	粒状	4.5	17.9	1.03	1.14	18.5			
							42—150	红黄色	轻壤土	块状	4.8	4.3	0.68	1.49	28.8			
剖4	铁铝土	黄壤	黄壤			A₁	0—3	黄灰色	砂土	块状	5.2					花岗岩	E 113° 56′ 23.4″ N 26° 06′ 12.2″	95
						Bv	3—63	浅黄色	砂土	块状	5.4							
						BvC	63—160	黄红色	壤土	粒状	5.6							
							160—	浅红色	壤土	粒状	5.8							
剖5	人为土	水稻土	潜育水稻土	冷浸田	冷浸田	A	0—21	棕灰色	黏壤土	粒状	6.0					花岗岩	E 113° 58′ 14.7″ N 26° 07′ 17.7″	75
						Pg	21—35	灰色	黏壤土	块状	6.4							
						S	35—93	深灰色	黏壤土	粒状	6.4							
剖6	人为土	水稻土	淹育水稻土	浅麻砂泥田	浅白砂泥田	A	0—12	灰色	砂壤土	块状	6.0					花岗岩	E 113° 54′ 04.0″ N 26° 05′ 33.4″	95
						P	12—20	黄灰色	砂壤土	块状	6.0							
						C	20—100	棕色	砂土	粒状	5.2							
剖7	人为土	水稻土	淹育水稻土			A	0—16	黄褐色	砂土	粒状	5.6					板岩	E 113° 55′ 59.6″ N 26° 06′ 24.3″	95
						P	16—25	黄褐色	砂土	粒状	5.6							
						C	25—100	黄棕色	砂土	粒状	5.8							
剖8	半水成土	山地草甸土	山地草甸土			As	0—7	深栗色	砂壤土	粒状	4.8					砂岩	E 113° 47′ 48.4″ N 26° 04′ 59.3″	95
						BvC	7—28	深栗色	砂壤土	粒块状	5.2							
						C	28—150	黑灰色	砂壤土	块状	5.6							
剖9	淋溶土	黄棕壤	山地黄棕壤	山地黄棕壤性土	中腐花岗岩黄棕壤性土	As	0—12	黄灰色	壤土	块状	4.8					板岩	E 113° 51′ 49.0″ N 26° 03′ 46.3″	95
						BvC	12—36	黄色	轻砂壤土	粒状	5.2							
							36—81	深栗色	轻砂壤土	粒状	5.2							
剖10	淋溶土	黄棕壤	山地黄棕壤	花岗岩山地黄棕壤	厚腐厚层花岗岩黄棕壤	A₁	0—28	褐色	砂壤土	粒状	5.6					花岗岩	E 113° 48′ 45.0″ N 26° 01′ 25.2″	95
						Bv	28—49	灰棕色	砂壤土	粒状	4.2							
						BvC	49—65	棕黄色	砂壤土	粒状	4.3							
							65—144	棕黄色	砂壤土	粒状	4.8							
剖11	人为土	水稻土	潜育水稻土	冷浸田	锈水田	A	0—17	灰色	砂壤土	粒状	6.0					花岗岩	E 113° 50′ 09.0″ N 26° 01′ 51.4″	75
						Pg	17—36	青灰色	砂壤土	粒状	6.4							
						S	36—53	棕色	砂壤土	粒状	6.4							
剖12	人为土	水稻土	潴育水稻土	黄泥田	黄泥田	A	0 15	棕黄色	壤土	粒状	6.2					板页岩	E 113° 46′ 36.9″ N 26° 01′ 50.4″	95
						P	15—25	棕黄色	黏土	团粒状	5.6							
						W	25—70	黄棕色	黏土	块状	7.0							
						C	70—95	黄棕色	黏土	块状	7.0							
剖13	铁铝土	黄壤	黄壤	石灰岩黄土	灰黄土	1	0—16	灰棕色	黏土	块状	7.6					石灰岩	E 113° 54′ 44.4″ N 26° 03′ 44.7″	75
剖14	人为土	水稻土	淹育水稻土	浅灰泥田	浅灰泥田	A	0—16	青褐色	黏土	块状	7.6					石灰岩	E 113° 55′ 48.3″ N 26° 04′ 07.3″	95
						P	16—26	青褐色	黏土	粒块状	7.6							
						C	26—100	棕黄色	黏土	块状	7.6							

续表 Continued

剖面号 Soil profile	土纲 Soil order	土类 Soil great group	亚类 Soil subgroup	土属 Soil genus	土种 Soil species	土层码 Layer code	土层厚度 Depth/cm	颜色 Soil color	质地 Soil texture	土壤结构 Soil structure	pH	有机质 OM/(g/kg)	全氮 TN/(g/kg)	全磷 TP/(g/kg)	全钾 TK/(g/kg)	土壤母质 Parent material	剖面点坐标 Profile coordinate	匹配指数 Matching index/%
剖15	人为土	水稻土	潴育水稻土	烂泥田	潜眼泥田	Ag	0—23	黄棕色	砂壤土	粒状	6.0					花岗岩	E 113°57′13.6″ N 26°02′54.0″	75
剖16	人为土	水稻土	潴育水稻土	麻砂泥田	麻粉泥田	G	23—	青灰色	砂壤土	无结构	5.8					板页岩	E 113°58′53.4″ N 26°04′08.2″	95
						A	0—12	黄褐色	粉壤土	小团粒状	5.2							
						P	12—25	黄棕色	粉壤土	粒状	5.6							
						W	25—50	黄棕色	粉壤土	粒状	5.6							
						C	50—100	黄棕色	粉壤土	粒状	5.6							
剖17	铁铝土	黄壤	黄壤			A₁	0—18	栗色	砂壤土	粒状	4.4					花岗岩	E 113°56′24.8″ N 26°01′50.9″	95
						Bv	18—63	栗色	砂壤土	粒状	5.6							
						BvC	63—150	栗色	砂壤土	粒状	4.0							
剖18	人为土	水稻土	潜育水稻土	冷浸田	冷浸朗山田	A	0—21	棕灰色	壤土	块状	6.0					花岗岩	E 113°58′05.0″ N 26°01′19.8″	95
						Pg	21—35	灰色	黏壤土	块状	6.4							
						S	35—93	深褐色	砂壤土	块状	6.4							
剖19	人为土	水稻土	潴育水稻土	麻砂泥田	白砂泥田	A	0—15	棕褐色	粗砂壤土	团粒状	5.6					花岗岩	E 113°52′37.5″ N 26°00′42.6″	95
						P	15—24	棕褐色	砂壤土	粒状								
						W	24—55	灰棕色	砂壤土	粒状								
						C	55—100	灰棕色	砂壤土	粒状								
剖20	人为土	水稻土	潴育水稻土	河砂泥田	石底河砂泥田	P	17—27	深褐色	砂壤土	粒状	6.8					河流冲积物	E 113°45′27.9″ N 25°59′10.2″	95
						W	27—45	深褐色	砂壤土	粒状	6.6							
						C	45—100				7.2							
剖21	人为土	水稻土	淹育水稻土	浅岩渣田	浅岩渣田	A	0—13	灰棕色	黏土	块状	6.4					花岗岩	E 113°52′03.3″ N 25°55′56.0″	95
						C	13—80	棕黄色	砂土	粒状	6.4							
剖22	人为土	水稻土	潴育水稻土	灰泥田	灰泥田	A	0—14	灰棕色	黏壤土	小团粒状	7.2					石灰岩	E 113°48′44.3″ N 25°57′16.3″	95
						P	14—24	灰棕色	黏壤土	块状	7.2							
						W	24—44	灰棕色	黏壤土	块状	7.2							
						C	44—100	黄棕色	砂壤土	块状	6.0							
剖23	人为土	水稻土	潴育水稻土	河砂泥田	河砂田	A	0—19	深褐色	砂壤土	小团粒状	5.8					河流冲积物	E 113°54′38.1″ N 25°59′06.1″	95
						P	19—28	褐色	砂壤土	粒状	5.8							
						W	28—67	黄褐色	砂壤土	粒状	5.8							
						C	67—111	黄褐色	砂壤土	粒状	6.0							
剖24	人为土	水稻土	潴育水稻土	麻砂泥田	青糊麻砂泥田	A	0—14	褐色	壤土	团粒状	6.6					花岗岩	E 113°53′10.2″ N 25°55′26.6″	95
						P	14—24	黄褐色	砂壤土	块状	6.4							
						W	24—55	黄色	砂壤土	块状	6.6							
						C	55—100	深棕色	砂壤土	粒状	5.6							
剖25	人为土	水稻土	潴育水稻土	岩渣田	岩渣田	A	0—15	深棕色	砂壤土	粒状	5.6					砂岩	E 113°48′00.8″ N 25°52′56.9″	95
						P	15—23	褐棕色	砂壤土	粒状	5.6							
						W	23—27	栗色	壤土	粒状	6.0							
						C	27—50	深棕色	砂壤土	块状	5.8							
剖26	人为土	水稻土	潴育水稻土	黄泥田	黑黄泥田	A	0—16	灰棕色	黏壤土	块状	5.8					板页岩	E 113°49′24.3″ N 25°50′52.8″	95
						P	16—26	棕色	黏壤土	块状	7.0							
						W	26—80	棕色	黏壤土	粒状	7.0							
						C	80—100	深灰色	砂壤土	团粒状	6.0							
剖27	人为土	水稻土	潴育水稻土			A	0—16	灰棕色	壤土	块状	6.0					板页岩	E 113°51′00.5″ N 25°52′20.9″	95
						P	16—26	棕黄色	砂壤土	块状	6.0							
						C	64—100		砂壤土	块状	6.0							

续表 Continued

剖面号 Soil profile	土纲 Soil order	土类 Soil great group	亚类 Soil subgroup	土属 Soil genus	土种 Soil species	土层码 Layer code	土层厚度 Depth/cm	颜色 Soil color	质地 Soil texture	土壤结构 Soil structure	pH	有机质 OM/(g/kg)	全氮 TN/(g/kg)	全磷 TP/(g/kg)	全钾 TK/(g/kg)	土壤母质 Parent material	剖面点坐标 Profile coordinate	匹配指数 Matching index/%
剖28	铁铝土	黄壤	黄壤	板页岩黄壤	厚腐厚层板页岩黄壤	A₁	0—35	栗色	壤土	粒状	4.4					板页岩	E 113°52′18.5″ N 25°51′16.1″	95
						A	35—63	栗色	壤土	粒状	4.8							
						Bv	65—95	棕黄色	砂壤土	粒状	4.8							
						BvC	95—150	砂黄土	砂壤土	块状	5.2							
剖29	人为土	水稻土	潜育水稻土	冷浸田	冷浸砂田	Pg	16—25	深褐色	砂壤土	粒状	6.4					河流冲积物	E 113°54′35.6″ N 25°54′21.9″	95
						S	25—80	灰褐色	砂壤土	粒状	6.0							
剖30	淋溶土	黄棕壤	山地黄棕壤	花岗岩山地黄棕壤	厚腐厚层花岗岩黄棕壤	A₁	0—21	黑灰色	壤土	粒状	5.6					花岗岩	E 113°57′23.1″ N 25°54′16.4″	95
						Bv	21—50	棕黄色	壤土	粒状	5.2							
						C	50—150	黄色	壤土	块状	5.5							
剖31	人为土	水稻土	潴育水稻土	黄泥田	青黄黄泥田	A	0—17	深灰色	黏壤土	块状	5.2					板页岩	E 113°47′51.8″ N 25°49′22.4″	95
						P	17—26	灰青色	黏土	块状	6.0							
						W	26—80	褐色	黏土	粒状	6.4							
						C	80—100	棕红色	黏土	粒状	6.4							
剖32	人为土	水稻土	潴育水稻土	灰黄泥田	青黄灰黄泥田	A	0—14	黄灰色	壤土	屑粒状	6.0					石灰岩	E 113°48′53.3″ N 25°48′28.5″	95
						P	14—26	灰青色	黏土	屑粒状	5.6							
						W	26—46	青灰色	黏土	粒状	6.3							
						C	46—87	青灰色	壤土	小团粒状	7.2							
剖33	人为土	水稻土	潴育水稻土	灰黄泥田	灰黄泥田	A	0—17	黑褐色	黏壤土	块状	7.2					砂岩	E 113°50′48.5″ N 25°49′16.6″	95
						P	17—28	青褐色	黏壤土	块状	5.6							
						W	28—65	棕褐色	黏壤土	团粒状	5.3							
						C	65—100	黄色	黏壤土	块状	7.0							
剖34	人为土	水稻土	潴育水稻土	麻砂泥田	黄麻砂泥田	A	0—15	黄色	砂壤土	块状	7.0					花岗岩	E 113°50′06.5″ N 25°47′49.1″	75
						P	15—25	黄色	砂壤土	粒状	6.0							
						W	25—50	灰色	砂壤土	粒状	5.8							
						C	50—80	灰棕色	砂壤土	粒状	7.4							
剖35	淋溶土	黄棕壤	山地黄棕壤	板页岩山地黄棕壤	厚腐厚层板页岩黄棕壤	A₁	0—29	青色	砂壤土	粒状	7.0					板页岩	E 113°51′56.1″ N 25°48′43.0″	95
						BvC	29—70	深黄色	砂壤土	粒块状	7.0							
剖36	人为土	水稻土	淹育水稻土	浅黄砂泥田	浅黄砂泥田	P	14—27	黄色	砂壤土	块状	4.8					石灰岩	E 113°51′11.9″ N 25°47′14.4″	75
						C	27—100	深褐色	壤土	粒状	5.2							
剖37	半水成土	山地草甸土	山地草甸土			As	0—6	深棕色	轻壤土	块状	5.2					花岗岩	E 113°52′52.6″ N 25°48′49.8″	95
						A₁	6—15	灰色	黏壤土	团粒状	4.8							
						BvC	15—35	浅红褐色	砂壤土	粒状	5.6							
						D	35—40	红棕色	砂壤土	块状	6.2							
剖38	人为土	水稻土	潜育水稻土＋	青泥田	青麻砂泥田	A	0—17	灰色	黏壤土	小团粒状	6.0					板页岩	E 114°10′53.2″ N 26°10′41.3″	95
						Pg	17—28	青灰色	砂壤土	块状	4.8							
						S	28—97	青灰色	砂壤土	块状	4.8							
剖39	铁铝土	红壤	黄红壤	板页岩黄红壤	薄腐厚层板页岩黄红壤	A₁	0—15	栗色	砂壤土	粒状	4.3					板页岩	E 114°10′46.9″ N 26°10′16.1″	75
						Bv	15—35	浅红棕色	砂壤土	粒状	4.8							
						BvC	73—150	红棕色	砂壤土	粒状	4.8							
剖40	铁铝土	红壤	黄红壤	花岗岩黄红壤	中腐厚层花岗岩黄红壤	A	0—15	棕色	砂壤土	粒状	4.8					花岗岩	E 114°06′12.1″ N 26°08′39.4″	95
						A₁	15—35	浅红色	砂壤土	粒状	5.4							
						Bv	35—150	浅红棕色	砂壤土	粒状	5.2							

续表 Continued

剖面号 Soil profile	土纲 Soil order	土类 Soil great group	亚类 Soil subgroup	土属 Soil genus	土种 Soil species	土层码 Layer code	土层厚度 Depth/cm	颜色 Soil color	质地 Soil texture	土壤结构 Soil structure	pH	有机质 OM/(g/kg)	全氮 TN/(g/kg)	全磷 TP/(g/kg)	全钾 TK/(g/kg)	土壤母质 Parent material	剖面点坐标 Profile coordinate	匹配指数 Matching index/%
剖41	人为土	水稻土	潴育水稻土	河砂泥田	河砂泥田	A	0—14	褐色	壤土	小团粒状	5.5					河流冲积物	E 114°06′37.7″ N 26°07′34.6″	95
						P	14—23	棕灰色	砂壤土	块状	5.6							
						W	23—75	棕灰色	砂壤土	块状	5.6							
						C	75—101	紫色	壤土	块状	5.6							
剖42	淋溶土	黄棕壤	山地黄棕壤	砂岩山地黄棕壤	厚腐厚层砂岩黄棕壤	A₁	0—29	深灰色	壤土	粒状	4.8					砂岩	E 114°03′05.3″ N 26°06′27.6″	95
						A	29—65	棕灰色	壤土	粒状	4.8							
						Bv	65—110	黄色	壤土	粒状	5.6							
剖43	铁铝土	红壤	黄红壤	砂岩黄红土	黄红砂土	A	0—25	黄棕色	黏壤土	粒状	6.4					砂岩	E 114°09′55.3″ N 26°09′15.8″	75
						Bv	25—37	黄红色	黏壤土	块状	6.2							
						C	37—100	棕黄色	黏壤土	块状	6.0							

安 仁 县

主要土类说明

红壤是安仁县主要土壤类型，占本县地域面积的45%。山地红壤分布在海拔500m以下的低山、丘岗、平谷地段，土体呈棕红色或橘红色，pH为4.2—5.0，有机质含量多为10—15g/kg。耕型红壤分布在低山丘陵的坡地，除个别严重冲刷地区外，土层较深厚，有机质含量在10g/kg左右，微生物活动旺盛，有机质分解快，养分贫乏，保肥能力低；全氮含量在1.0g/kg以下，全磷含量在1.0g/kg左右，全钾含量为10—15g/kg，pH为5.2—6.0；土壤黏性重，结构差，是一种抗旱能力弱的典型旱地土壤。

紫色土是安仁县第二大土壤类型，占本县地域面积的25%。山地紫色土广泛分布在本县西北部、中部和西南部的丘岗地区。一般丘顶山坡土层浅薄，丘脚土层较厚，可达数米。剖面层次发育不明显，平缓的草地、林地土壤发育相对稳定，层次尚明显。质地随母质类型而异，为粉砂土至轻黏土。剖面构型基本为A–AC–D。pH为4.5—5.5，个别地段pH为7.5，无明显的石灰反应。该土壤没有明显的腐殖质层，表层有机质含量常小于10g/kg，氮也较贫乏，但磷、钾丰富，全磷含量约为1.5g/kg，全钾含量在20g/kg以上。耕型紫色土分布在竹山、安平、平背、承坪、龙市、牌楼、渡口等地的丘陵区。由紫色砂砾岩、紫色砂岩发育而成的土壤淋溶作用强，pH在6.0左右；由紫色页岩发育而成的土壤含钙质较多，pH为6.7—8.2。

水稻土是安仁县第三大土壤类型，占本县地域面积的24%。水稻土是由自然土壤、耕型旱地土壤在人工种稻条件下发育形成的一种具有特殊性状的土壤。长期的水耕、排灌、施肥，使水稻土具有与众不同的氧化还原作用、淋溶淀积作用以及养分的矿质化作用和腐殖化作用，从而逐步形成了独特的理化性状、发生层次及剖面形态。

黄壤占本县地域面积的4%，分布在海拔600—900m的中低山、中山区。黄壤脱硅富铝化作用表现较弱，黏粒硅铝率约为2.5，比红壤高，剖面呈黄色或蜡黄色，尤以淀积层最为明显。剖面构型为A–B–C，局部有弱灰化或隐蔽灰化现象。黏土矿物以高岭石为主，有黏化现象及铁锰淀积，质地多为中壤土或重壤土。土壤有机质含量较高，为50—80g/kg，淋溶作用较强，交换性盐基含量很低，pH为4.5—5.2，通常表土pH比心土、底土低，碳氮比为9.0—13.0，有机质、全氮、全磷、全钾含量均比红壤高。本县黄壤分为黄壤和黄壤性土两个亚类。

小于本县地域面积3%的土壤类型有黄棕壤、潮土、石灰（岩）土、山地草甸土等。

本区域中心区气候特征

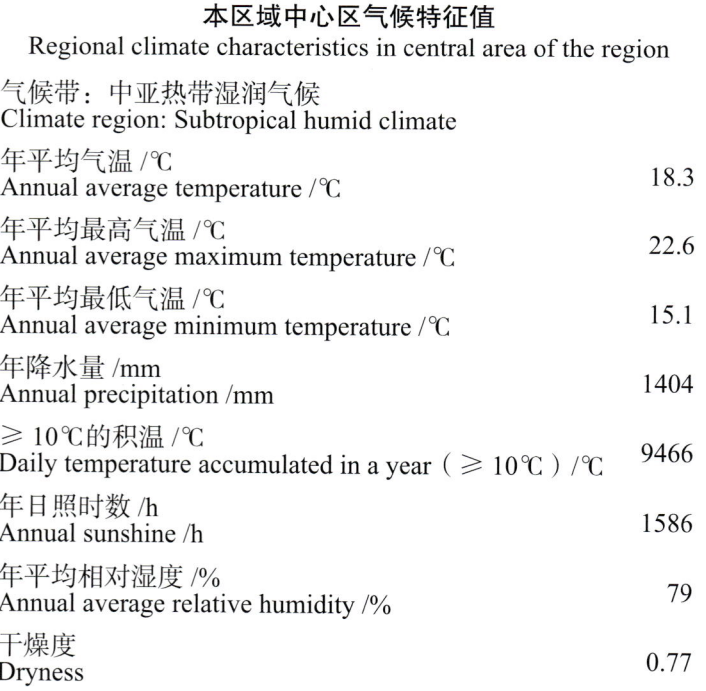

本区域中心区气候特征值
Regional climate characteristics in central area of the region

气候带：中亚热带湿润气候 Climate region: Subtropical humid climate	
年平均气温 /℃ Annual average temperature /℃	18.3
年平均最高气温 /℃ Annual average maximum temperature /℃	22.6
年平均最低气温 /℃ Annual average minimum temperature /℃	15.1
年降水量 /mm Annual precipitation /mm	1404
≥10℃的积温 /℃ Daily temperature accumulated in a year (≥10℃) /℃	9466
年日照时数 /h Annual sunshine /h	1586
年平均相对湿度 /% Annual average relative humidity /%	79
干燥度 Dryness	0.77

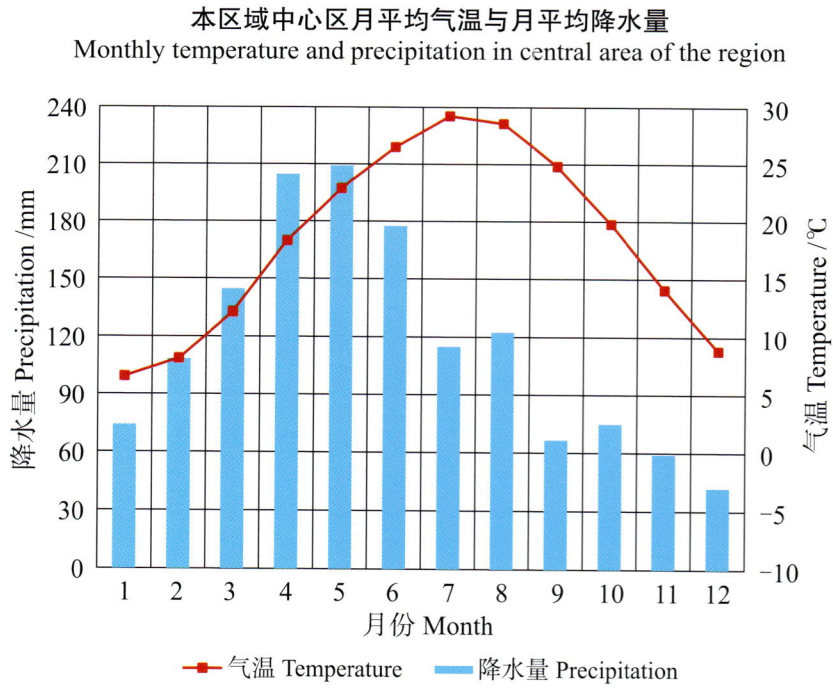

本区域中心区月平均气温与月平均降水量
Monthly temperature and precipitation in central area of the region

安仁县主要土壤类型与土壤剖面点分布图
1 : 240 000

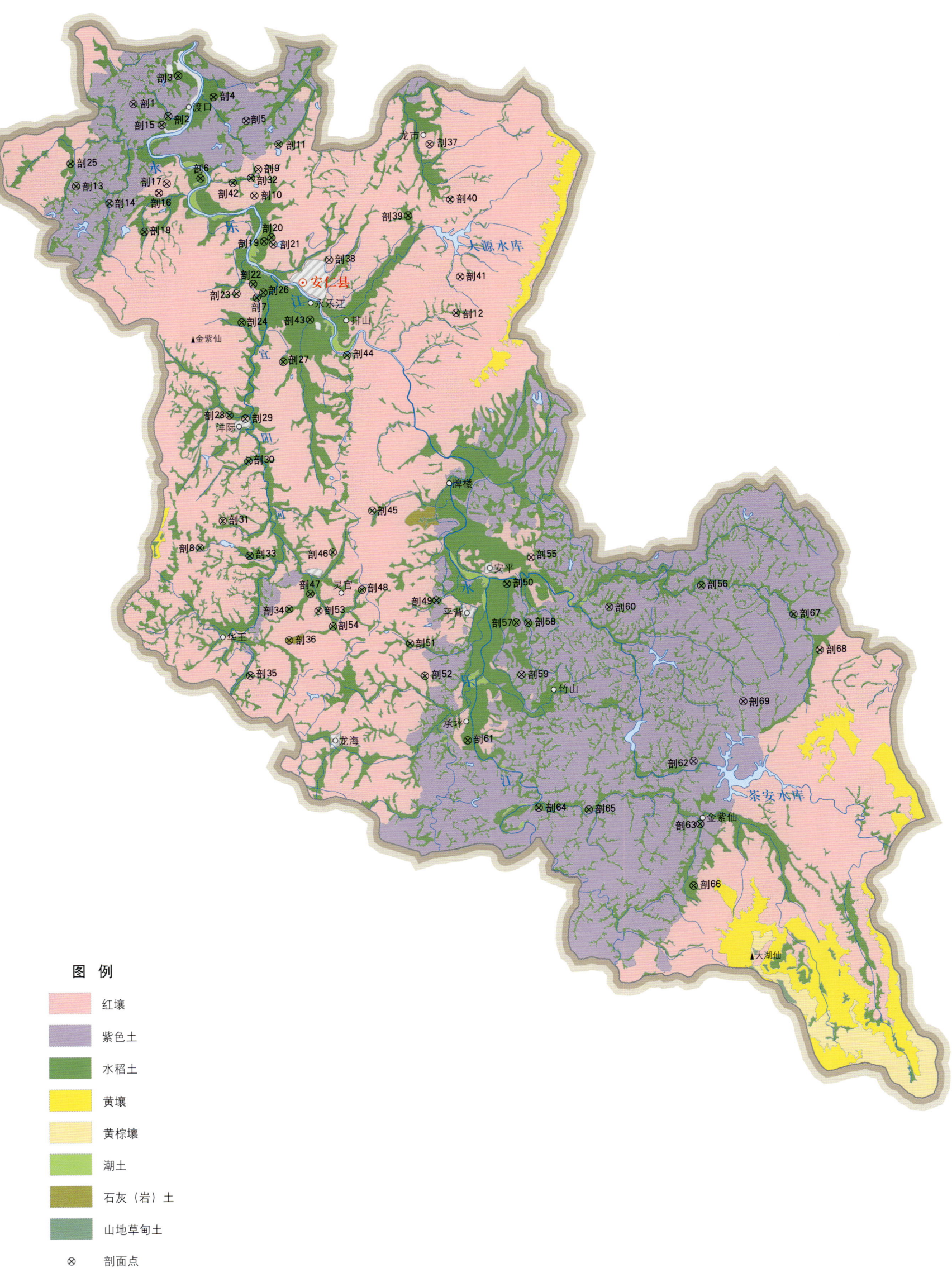

安仁县土壤剖面理化性状表

剖面号 Soil profile	土纲 Soil order	土类 Soil great group	亚类 Soil subgroup	土属 Soil genus	土种 Soil species	土层码 Layer code	土层厚度 Depth/cm	颜色 Soil color	质地 Soil texture	土壤结构 Soil structure	pH	有机质 OM/(g/kg)	全氮 TN/(g/kg)	全磷 TP/(g/kg)	全钾 TK/(g/kg)	碱解氮 AN/(mg/kg)	有效磷 AP/(mg/kg)	速效钾 AK/(mg/kg)	土壤母质 Parent material	剖面点坐标 Profile coordinate	匹配指数 Matching index/%
剖1	初育土	紫色土	中性紫色土	中性紫色土	薄层中性紫色土	A₁A	0—10	紫色	砂壤土	粒状	7.2	22.7	1.03	1.44	24.8		19.0	100	紫色页岩原积物	E 113°09′56.8″ N 26°48′05.7″	97
剖2	人为土	水稻土	潴育水稻土	中性紫泥田	中性紫泥田	A	0—14	紫色	黏壤土	粒状	6.8	18.9	0.21	0.87	24.4	114			紫色砂页岩	E 113°11′08.5″ N 26°47′42.0″	97
						P	14—30	暗灰色	黏壤土	块状	6.8	6.2	0.65	0.48	25.0						
						W₁	30—60	暗灰色	黏壤土	棱块状	6.8	6.2									
						W₂	60—100	紫色	黏壤土	棱块状	7.0	3.8		0.54	22.8						
剖3	人为土	水稻土	潜育水稻土	青紫泥田	青紫泥田	A	0—11	紫棕色	黏壤土	团块状	8.0	22.6	0.91	1.96	20.4	114	8.0	99	紫色页岩	E 113°11′30.6″ N 26°48′56.1″	97
						P	11—21	紫棕色	黏壤土	团块状	8.0	20.1	1.13	1.26	21.5						
						G	21—100	紫棕色	黏壤土	棱柱状	8.0	14.9	0.83	1.02	21.0						
剖4	人为土	水稻土	潜育水稻土	酸紫泥田	红紫泥田	A	0—15	灰棕色	壤土	粒状	6.8	11.4	0.89	0.59	14.5	81	4.5	88	紫色砂页岩	E 113°12′42.0″ N 26°48′15.3″	95
						P	15—21	浅黄色	壤土	块状	7.6	9.9	0.17	0.41	14.4						
						W₁	21—55	紫色	壤土	棱块状	7.8	3.3	0.32	0.26	14.3						
						W₂	55—100	浅黄棕色	壤土	棱块状	7.8	1.9	0.31	0.37	11.2						
剖5	初育土	紫色土	酸性紫色土	酸性紫砂土	中厚层酸性紫砂土	A₁	0—18	棕色	砂壤土	粒状	5.6	1.9	1.00	1.35	21.3	67	2.2	67	紫色砂岩坡积物	E 113°12′48.7″ N 26°47′31.0″	95
						P	18—43	暗红棕色	黏壤土	粒状	6.0	8.8	0.96	0.84	24.3						
						BvC	43—100	暗红棕色	黏壤土	棱柱状	6.8	10.3	0.52	1.02	25.2						
剖6	人为土	水稻土	潴育水稻土	扁砂泥田	青扁砂泥田	A	0—12	暗灰黄色	砂壤土	团块状	6.0	42.8	1.97	0.98	20.7	111	6.0	75	板页岩	E 113°12′11.9″ N 26°45′47.0″	95
						P	12—16	暗灰棕色	砂壤土	团块状	6.4	38.7	1.34	1.48	17.8						
						W	16—100	灰棕色	砂壤土	团块状	6.8	29.4	1.02	0.95	19.7						
剖7	人为土	水稻土	潜育水稻土	青泥田	青泥田	A	0—18	棕色	砂壤土	粒状	6.4	45.8	2.37	1.00	11.7	116	5.0	139	板页岩	E 113°13′18.5″ N 26°45′37.5″	95
						Pg	18—26	暗灰棕色	黏壤土	块状	6.8	27.2	1.41	1.47	11.5						
						G	26—73	浅灰色	黏壤土	棱柱状	6.8	31.9	1.24	0.66	11.7						
						Se	73—100	灰白色	砂土	无结构	7.2	6.1	0.34	0.46	12.1						
剖8	铁铝土	红壤	红壤	耕型板页岩红壤	黄泥土	A	0—14	紫棕色	黏壤土	粒状	5.6	42.3	2.07	1.05	41.9	96	3.7	72	花岗岩坡积物	E 113°13′56.2″ N 26°45′45.6″	95
						Pg	14—29	浅灰色	黏壤土	粒状	6.4	41.2	1.99	0.86	40.6						
						G	29—100	灰灰色	黏壤土	粒状	6.0	22.5	1.05	0.62	42.1						
剖9	铁铝土	红壤	红壤性土	板页岩红壤性土	石渣红壤性土	A	0—23	暗棕色	轻壤土	粒状	6.0	19.6	1.01	1.08	11.2	147	2.9	83	板页岩	E 113°14′11.2″ N 26°46′01.3″	95
						Bv	23—45	红棕色	黏壤土	块状	5.6	10.5	0.76	0.70	13.2						
						C	45—80	浅棕红色	黏壤土		6.0	7.6	0.71	0.93	14.5						
剖10	人为土	水稻土	淹育水稻土	浅岩渣田	浅岩渣田	Ao	0—0.5	褐色	壤土	粒状	4.8	47.8	1.78	0.53	19.7				板岩坡积物	E 113°14′02.4″ N 26°45′13.5″	95
						AC	0.5—31.5	浅黄色	壤土	粒状	6.6	33.3	1.80	0.87	27.0						
剖11	人为土	水稻土	潜育水稻土	青泥田	青扁酸紫泥田	A	0—21	黄棕色	壤土	粒状	7.0	28.3	1.22	0.96	30.2	123	9.0	143	紫色砂页岩	E 113°14′54.3″ N 26°46′46.3″	97
						P	21—100	紫棕色													
剖12	人为土	水稻土	潜育水稻土	酸紫泥田	青扁酸紫泥田	A	0—12	紫棕色	壤土	块状	5.6	15.6	0.68	0.46	16.4	168	9.9	164	板页岩	E 113°07′44.7″ N 26°46′18.4″	75
						P	12—21	紫棕色	壤土	块状	6.0	5.3	0.57	0.26	15.6						
						C	21—100	紫色	壤土		6.4	2.5	0.23	0.18	15.9						
剖13	人为土	水稻土	潴育水稻土	酸紫泥田	青扁酸紫泥田	Ag	0—16	紫灰色	砂壤土	粒状	5.2	17.9	0.91	0.53	18.9	82	82.0	44	紫色砂页岩	E 113°07′55.7″ N 26°45′36.7″	97
						Pg	16—27	棕灰色	砂壤土	块状	5.6	12.7	0.61	0.55	18.7						
						W	27—52	暗棕灰色	砂壤土	块状	7.6	6.2	0.83	0.27	19.9						
剖14	人为土	水稻土	潴育水稻土	河砂泥田	青河砂泥田	S	52—100	灰黄色	砂壤土	粒状	7.6	1.8	0.30	0.28	20.2	121	≥100.0	53	河流冲积物，紫色砂砾岩	E 113°09′03.2″ N 26°45′04.1″	95

续表 Continued

剖面号 Soil profile	土纲 Soil order	土类 Soil great group	亚类 Soil subgroup	土属 Soil genus	土种 Soil species	土层码 Layer code	土层厚度 Depth/cm	颜色 Soil color	质地 Soil texture	土壤结构 Soil structure	pH	有机质 OM/(g/kg)	全氮 TN/(g/kg)	全磷 TP/(g/kg)	全钾 TK/(g/kg)	碱解氮 AN/(mg/kg)	有效磷 AP/(mg/kg)	速效钾 AK/(mg/kg)	土壤母质 Parent material	剖面点坐标 Profile coordinate	匹配指数 Matching index/%
剖15	人为土	水稻土	潴育水稻土	酸紫泥田	酸紫泥田	A	0—12	紫棕色	黏壤土	块状	6.4	17.8	0.87	0.83	11.2	296	4.0	103	紫色砂页岩	E 113°10′54.3″ N 26°47′25.6″	97
						P	12—24	紫棕色	黏壤土	棱状	8.0	12.0	0.69	0.38	12.6						
						W₁	24—56	暗黄色	黏壤土	团粒状	8.0	6.7	0.41	0.64	15.5						
						W₂	56—100	浅黄棕色	黏壤土	块状	8.0	2.0	0.39	≥10.00	11.7						
剖16	铁铝土	红壤	红壤性土	红壤性土	网纹红壤性土	1	0—2	暗红色	黏土	块状	4.0						1.6	64	第四纪红色黏土	E 113°10′45.7″ N 26°45′21.5″	95
剖17	铁铝土	红壤	红壤	板页岩红壤	薄腐厚层板页岩红壤	A₁	0—12	暗棕色	轻壤土	粒状	4.6	64.9	1.86	0.70	24.7		3.7	96	板岩	E 113°11′02.4″ N 26°45′38.5″	95
						A₁	12—33	红棕色	中壤土	粒状	4.6	17.4	0.60	0.74	26.7						
						Bv	33—75	红棕色	中壤土	块状	4.6	7.8	0.65	1.26	30.6						
						CD	75—168	红棕色	中壤土	块状	4.6	5.9	0.46	1.19	30.5						
剖18	人为土	水稻土	潴育水稻土	黄泥田	黑黄泥田	A	0—19	褐色	壤土	团粒状	6.4	26.8	1.44	0.72	16.3	185	≥100.0	12	板页岩	E 113°10′14.2″ N 26°44′10.5″	95
						P	19—30	黄黄棕色	黏壤土	块状	6.8	20.1	1.11	1.24	14.9			15			
						W	30—100	暗黄棕色	黏土	棱块状	6.8	6.6	0.69	0.92	15.2			15			
剖19	人为土	水稻土	淹育水稻土	中性浅紫泥田	中性浅紫砂泥田	A	0—20	暗黄棕色	砂壤土	片状	7.0	11.9	0.76	0.70	14.9	126	≤1.0	60	紫色砂页岩	E 113°14′28.2″ N 26°43′52.8″	95
						P	20—30	棕灰色	砂壤土	棱块状	7.2	9.7	0.68	0.54	15.2						
						C	30—100	紫色	砂壤土	棱块状	7.4	3.7	0.40	0.48	15.0						
剖20	人为土	水稻土	潴育水稻土	红黄泥田	红黄泥田	A	0—13	浅黄棕色	黏壤土	团块状	6.0	39.8	1.75	1.23	15.8	170	12.8	118	第四纪红色黏土	E 113°14′35.1″ N 26°43′55.5″	97
						P	13—21	红黄色	黏壤土	片状	6.4	29.5	1.17	1.20	16.0						
						W	21—80	棕色	黏壤土	棱块状	6.8	17.2	0.72	1.10	14.9						
剖21	人为土	水稻土	潴育水稻土	红黄泥田	青暗红黄泥田	A	0—16	灰白色	黏壤土	粒状	6.4	33.7	1.84	1.28	12.8	184	13.5	122	第四纪红色黏土	E 113°14′38.8″ N 26°43′42.9″	97
						P	16—26	浅灰色	黏壤土	块状	6.0	30.3	1.34	2.27	15.0						
						W	26—100	暗黄棕色	黏壤土	块状	6.0	32.0	1.72	1.12	15.1						
剖22	人为土	水稻土	潴育水稻土	灰黄泥田	黑灰黄泥田	A	0—10	褐色	黏土	块状	6.4	37.4	1.46	2.33	25.1	106	3.8	64	石灰岩	E 113°13′55.9″ N 26°42′30.5″	97
						P	10—18	灰黄棕色	黏土	棱块状	6.2	37.0	0.92	2.48	25.3						
						W	18—32	棕灰色	黏土	棱块状	7.2	31.4	0.14	2.10	26.3						
						C	32—100	浅灰棕色	黏土	棱块状	7.6	≤1.0	1.97	0.92	28.7						
剖23	人为土	水稻土	潴育水稻土	黄夹泥田	黄夹泥田	A	0—13	褐色	黏土	粒状	5.6	40.0	1.55	1.54	3.1	215	≥100.0	17	板页岩	E 113°13′21.5″ N 26°42′13.8″	97
						P	13—25	紫黄色	黏壤土	棱块状	5.6	29.5	0.91	1.24	15.2			18			
						W	25—69	灰黄色	黏壤土	块状	6.0	17.1	0.65	1.12	14.2			17			
						C	69—100	暗红棕色	黏壤土	棱块状	5.6	11.2	1.85	1.46	15.1			18			
剖24	人为土	水稻土	潴育水稻土	麻砂泥田	麻砂泥田	A	0—14	浅红黄色	黏土	粒状	5.2	39.3	1.31	0.82	19.3	137	19.5	122	花岗岩	E 113°13′30.8″ N 26°41′21.3″	95
						P	14—25	灰黄色	黏土	棱块状	5.6	25.4	0.90	0.60	14.2						
						C	25—50	暗黄棕色	黏土	无结构	6.0	13.0	0.63	1.32	15.3						
剖25	人为土	水稻土	潜育水稻土	冷浸泥田	冷浸泥田	A	0—17	暗棕色	黏土	粒块状	6.0	8.1	2.21	1.25	15.1	180	2.0	107	河流冲积物	E 113°13′02.7″ N 26°41′05.5″	95
						P	17—23	灰黄棕色	黏土	块状	5.6	45.1	2.17	1.38	19.3						
						G	23—100	暗棕棕色	黏土	无结构	5.6	45.2	1.78	1.69	17.7						
剖26	人为土	水稻土	潴育水稻土	红黄泥田	紫红黄泥田	A	0—16	灰黄棕色	黏壤土	块状	6.0	45.4	1.73	0.56	20.4	233	5.9	224	第四纪红色黏土	E 113°14′16.3″ N 26°42′14.7″	97
						P	16—30	浅黄棕色	黏壤土	棱块状	6.0	13.4	0.12	1.70	15.0						
						W	30—80	红灰棕色	黏壤土	块状	6.0	30.9	0.17	1.10	19.1						
						C	80—100	浅灰棕色	黏壤土	团块状	6.4	5.8	0.54	1.37	15.1			145			
剖27	人为土	水稻土	淹育水稻土	浅红黄泥田	浅红黄泥田	A	0—16	红棕色	黏土	棱块状	6.4	16.5	0.92	2.46	17.9	83	11.9		第四纪红色黏土	E 113°14′53.9″ N 26°40′06.5″	97
						P	16—25	暗红棕色	黏土	棱状	6.4	3.8	0.49	1.23	20.1						
						C	25—100	红色	黏土	棱状	5.2	10.7	0.78	1.22	20.7						

续表 Continued

剖面号 Soil profile	土纲 Soil order	土类 Soil great group	亚类 Soil subgroup	土属 Soil genus	土种 Soil species	土层码 Layer code	土层厚度 Depth/cm	颜色 Soil color	质地 Soil texture	土壤结构 Soil structure	pH	有机质 OM/(g/kg)	全氮 TN/(g/kg)	全磷 TP/(g/kg)	全钾 TK/(g/kg)	碱解氮 AN/(mg/kg)	有效磷 AP/(mg/kg)	速效钾 AK/(mg/kg)	土壤母质 Parent material	剖面点坐标 Profile coordinate	匹配指数 Matching index/%
剖28	人为土	水稻土	渗育水稻土	白散化田	青捐白散泥田	A	0—17	褐色	黏壤土	碎块状	6.0	43.4	1.24	1.46	36.2	171	23.0	113	板页岩	E 113°13′01.1″ N 26°38′30.4″	97
						Pg	17—31	绿灰色	黏壤土	团块状	6.4	10.8	0.71	1.64	34.4						
						W	31—65	灰白色	黏壤土	棱柱状	6.4	7.1	0.49	1.25	31.8						
						We	65—100	浅灰蓝色	黏壤土	块状	7.2	3.8	0.34	0.81	28.0						
剖29	铁铝土	红壤	黄红壤	花岗岩黄红壤	厚腐中层花岗岩黄红壤	A	0—30	黑褐色	砂壤土	粒状	5.6	31.5	1.31	1.78	45.0	132	3.9	247	花岗岩堆积物	E 113°13′33.4″ N 26°38′23.7″	95
						BvC	30—73	红黄色	砂壤土	粒状	5.6	8.8	0.61	1.59	36.3						
剖30	人为土	水稻土	潴育水稻土	麻砂泥田	麻砂泥田	A	0—15	棕灰色	壤土	块状	6.0	49.9	2.59	1.35	31.2	179	11.7	162	花岗岩	E 113°13′37.8″ N 26°37′05.2″	95
						P	15—28	暗黄黄色	壤土	团块状	6.4	34.7	1.93	1.02	32.0						
						C	28—100	暗棕灰色	壤土	核柱状	6.0	12.8	0.71	1.60	31.3						
剖31	人为土	水稻土	潴育水稻土	烂泥田	溜眼田	Ag	0—24	浅灰棕色	黏壤土	无结构	6.4	48.0	1.81	1.80	31.3	131	20.0	143	花岗岩	E 113°12′42.4″ N 26°35′16.7″	97
						G	24—100	褐色	壤土	糊状	7.0	26.5	1.23	1.38	28.9						
剖32	人为土	淹育水稻土	浅麻砂泥田	浅麻砂泥田		A	0—15	褐色	壤土	粒状	6.8	26.6	1.60	2.39	20.7	108	12.4	151	花岗岩	E 113°11′54.7″ N 26°34′29.3″	95
						P	15—23	暗红棕色	壤土	块状	6.6	15.7	0.76	2.74	20.7						
						C	23—100	暗棕棕色	壤土	块状	6.0	4.7	0.57	2.88	17.7						
剖33	人为土	水稻土	潴育水稻土	麻粉泥田	麻粉泥田	A	0—13	浅灰棕色	黏壤土	粒状	6.0	50.9	2.38	1.41	22.8	177	11.2	122	花岗岩	E 113°13′36.2″ N 26°34′12.0″	97
						P	13—22	灰棕色	黏土	块状	6.4	35.3	1.56	2.03	23.7						
						W	22—100	黄棕色	黏土	核块状	6.8	11.3	0.77	1.41	25.0						
剖34	人为土	水稻土	潴育水稻土	河砂泥田	红底河砂泥田	A	0—15	浅灰棕	中壤土	粒状	5.6	45.9	1.69	1.00	21.4	228	5.0	125	河流冲积物, 第四纪红色黏土	E 113°14′54.7″ N 26°32′32.0″	95
						P	15—25	暗黄	中壤土	块状	6.0	19.7	0.93	1.22	23.1						
						W	25—85	红黄色	重壤土	核块状	6.8	6.1	0.36	0.78	23.0						
剖35	人为土	水稻土	潴育水稻土	麻砂泥田	青捐麻砂泥田	A	0—15	暗灰色	壤土	粒状	6.0	48.2	2.33	1.57	48.2	185	3.9	203	花岗岩	E 113°13′31.8″ N 26°30′31.8″	95
						P	15—27	灰棕色	壤土	块状	6.4	30.2	1.51	1.15	30.2						
						G	27—55	绿灰色	壤土	块状	6.8	30.8	1.59	1.07	30.8						
						W	55—100	暗黄棕色	中壤土	核块状	6.8	10.1	0.59	0.57	40.1						
剖36	初育土	石灰(岩)土	黑色石灰土	黑色石灰土	黑色石灰土	A	0—22	黑红棕色	重壤土	小块状	7.6	31.4	1.59	2.29	17.1	228	2.6	≤5	石灰岩坡积物	E 113°14′53.1″ N 26°31′34.2″	97
						Ao	22—66	暗黄棕色	中壤土	无结构	7.8	6.6	0.59	0.51	12.6						
剖37	铁铝土	红壤	黄红壤	板页岩黄红壤	中腐厚层页岩黄红壤	A_1	0—1	暗棕色	中壤土	粒状	4.6	72.8	2.68	1.54	23.8	96	2.6	91	页岩原积物	E 113°20′05.3″ N 26°46′40.9″	95
						A_1	1—17	暗棕色	中壤土	块状	5.0	8.5	0.84	0.98	29.5						
						P	17—82	红棕色	重壤土	粒状	4.8	17.2	0.73	0.78	14.3						
剖38	铁铝土	红壤	黄红壤	第四纪红色黏土红壤	厚层红土红壤	A	0—15	暗棕红色	黏壤土	粒状	4.8	12.4	0.80	1.51	14.3	141	≥100.0	17	第四纪红色黏土	E 113°16′33.6″ N 26°43′12.4″	98
						Bv	15—154	暗棕红色	黏壤土	小块状	6.4	39.5	1.67	1.87	13.5			17			
剖39	人为土	水稻土	潴育水稻土	黄泥田	黄泥田	A	0—15	灰黄色	壤土	块状	6.4	15.9	0.89	1.39			≥100.0	16	板页岩风化物	E 113°19′17.9″ N 26°44′30.4″	98
						P	15—30	栗色	壤土	块状	6.8	25.2	1.17	0.95							
剖40	人为土	水稻土	潴育水稻土	岩渣田	岩渣田	A	0—13	褐色	砂壤土	块状	5.6	27.5	1.79	1.00	27.5	130	1.5	110	板页岩	E 113°20′45.4″ N 26°44′58.5″	97
						P	13—23	灰黄色	砂壤土	块状	6.0	29.8	1.09	0.89	27.6						
						W	23—100	黄色	黏壤土	无结构	6.2	10.4	0.83	0.77	40.3						
剖41	铁铝土	红壤	耕型石灰岩红壤	灰红土		BvC	0—18	暗棕红	黏壤土	粒状	5.6	17.6	0.87	0.83	12.7	60	17.9	48	石灰岩	E 113°21′02.4″ N 26°42′36.3″	95
							18—50	暗棕棕色	黏壤土	块状	6.0	3.7	1.05	1.07	13.1						
						C	50—100	暗棕棕色	黏壤土	棱块状	5.6	5.3	0.64	1.09	14.2						
剖42	人为土	水稻土	潴育水稻土	黄泥田	砂质黄泥田	A	0—14	灰黄色	壤土	粒状	5.6	41.4	2.02	1.98	20.0	177		110	板页岩	E 113°20′52.3″ N 26°41′30.3″	95
						P	14—24	灰黄色	壤土	块状	6.0	23.0	1.24	2.17	21.4						
						W	24—52	浅黄棕色	壤土	棱块状	6.0	6.1	0.42	1.02	20.9						
						C	52—100	暗黄棕色	壤土	块状	6.4	15.5	0.65	0.99	21.4						

续表 Continued

剖面号 Soil profile	土纲 Soil order	土类 Soil great group	亚类 Soil subgroup	土属 Soil genus	土种 Soil species	土层码 Layer code	土层厚度 Depth/cm	颜色 Soil color	质地 Soil texture	土壤结构 Soil structure	pH	有机质 OM/(g/kg)	全氮 TN/(g/kg)	全磷 TP/(g/kg)	全钾 TK/(g/kg)	碱解氮 AN/(mg/kg)	有效磷 AP/(mg/kg)	速效钾 AK/(mg/kg)	土壤母质 Parent material	剖面点坐标 Profile coordinate	匹配指数 Matching index/%
剖43	人为土	水稻土	潴育水稻土	潮泥田	红底砂泥田	Aa	0—15	暗灰色	壤土	粒状	5.5	24.9	1.30	0.60	20.3	156	8.1	108	河流冲积物，第四纪红色黏土	E 113°15′51.4″ N 26°41′23.3″	95
						Ap	15—30	黄棕色	黏壤土	核柱状	5.5	23.3	1.20	0.40	20.5	109	7.0	63			
						W	30—75	橙色	壤质黏土	核柱状	6.0	4.5	0.40	0.20	24.2	78	6.0	35			
						C	75—100	红橙色	壤质黏土	块柱状	6.0	2.9	0.20	0.30	21.6	51	3.0	31			
剖44	人为土	水稻土	潜育水稻土	青泥田	青夹泥田	A	0—15	红黄色	黏土	粒状	6.8	47.4	2.30	2.41	11.9	161	10.0	54	石灰岩	E 113°17′05.9″ N 26°40′16.1″	97
						Pg	15—30	棕黄色	黏土	块状	6.8	42.6	1.81	1.15	11.8						
						G	30—91	暗灰黄色	黏质黏土	棱柱状	7.2	32.4	1.30	0.59	10.8						
剖45	人为土	水稻土	潴育水稻土	灰黄泥田	灰红黄泥田	A	0—15	暗灰黄色	黏壤土	粒状	6.0	12.3	0.74	1.40	23.5	154	5.5	85	石灰岩，第四纪红色黏土	E 113°17′50.2″ N 26°35′29.6″	97
						P	15—25	暗黄黄色	黏土	块状	6.0	9.7	0.75	0.92	22.3						
						W	25—90	暗黄黄色	黏土	块状	7.7	24.7	1.59	1.02	23.8						
剖46	人为土	水稻土	潴育水稻土	灰黄泥田	青黄灰黄泥田	A	0—14	灰黄黄色	黏壤土	粒状	6.4	41.7	1.95	0.93	10.1	180	16.4	98	石灰岩	E 113°16′26.9″ N 26°34′15.3″	97
						P	14—24	暗黄黄色	黏土	棱柱状	6.4	28.6	1.51	1.00	13.4						
						W	24—52	浅棕黄色	黏土	块状	6.8	10.9	0.69	0.82	9.9						
剖47	人为土	水稻土	潜育水稻土	灰泥田	浅灰黄泥田	A	0—15	灰黄黄色	黏土	粒状	8.0	69.0	2.92	1.86	11.5	262	13.1	98	石灰岩	E 113°15′39.3″ N 26°32′59.0″	98
						P	15—25	灰黄黄色	黏土	块状	7.6	52.3	2.42	1.34	11.5						
						W	25—100	灰黄黄色	黏土	块状	7.6	65.9	2.92	2.30	13.8						
剖48	人为土	水稻土	淹育水稻土	浅灰黄泥田		A	0—15	灰黄黄色	黏土	粒状	6.0	42.1	1.76	0.85	11.4	170	7.2	75	石灰岩	E 113°17′25.6″ N 26°33′05.1″	98
						P	15—30	灰黄色	黏土	棱柱状	6.4	19.9	1.15	1.21	11.6						
						C	30—70	红黄色	黏土	块状	7.2	3.8	0.59	0.79	16.5						
剖49	人为土	水稻土	渗育水稻土	白散泥田	流砂底泥田	A	0—17	暗黄色	壤土	粒状	6.0	26.5	1.52	1.28	35.5	148	6.0	99	河流冲积物，花岗岩	E 113°19′57.6″ N 26°32′41.9″	95
						P	17—32	暗灰色	壤土	团块状	6.0	13.2	0.68	1.15	35.9						
						W	32—100	灰白色	砂土	无结构	6.0	4.1	0.41	0.94	40.2						
剖50	人为土	水稻土	潴育水稻土	河砂泥田	河潮泥田	A	0—15	浅灰黄色	黏壤土	粒状	7.0	25.0	1.28	2.36	30.5	126	≥100.0	89	河流冲积物	E 113°22′23.6″ N 26°33′10.1″	98
						P	15—30	棕灰色	黏壤土	块状	7.4	15.9	0.81	0.72	30.0						
						W₁	30—70	棕灰色	黏壤土	块状	7.2	6.3		0.84	31.8						
						W₂	70—100	浅红黄色	黏壤土	块状	7.4	6.4	0.44	0.78	32.8						
剖51	人为土	水稻土	淹育水稻土	浅黄泥田	浅黄泥田	A	0—12	暗黄棕色	黏壤土	块状	6.0	14.2	0.81	1.20	13.7	77	2.4	54	板页岩	E 113°19′01.4″ N 26°31′24.1″	98
						P	12—27	暗黄棕色	黏土	块状	6.8	7.4	0.59	0.79	13.3						
						C	27—100	红棕色	黏土	块柱状	6.8	5.4	0.57	1.03	22.0						
剖52	人为土	水稻土	潴育水稻土	河砂泥田	河砂田	A	0—13	灰黄棕色	砂壤土	粒状	5.6	22.1	1.13	1.19	30.9	115	5.0	74	河流冲积物	E 113°19′30.4″ N 26°30′23.2″	81
						P	13—22	暗灰黄色	砂壤土	棱柱状	5.6	19.1	1.08	1.34	33.8						
						W	22—55	浅黄褐色	砂壤土	块状	6.0	9.1	0.58	1.34	30.1						
						S	55—95	浅黄棕色	砂土	无结构	6.4	≤1.0	0.17	0.70	12.4						
剖53	人为土	水稻土	潴育水稻土	灰黄泥田	灰黄性烂泥田	A	0—16	紫色	黏土	粒状	6.5	12.1	0.82	1.33	12.4	156	16.9	77	石灰岩	E 113°15′55.0″ N 26°32′27.5″	98
						P	16—27	浅黄棕色	黏土	棱柱状	6.9	24.4	1.32	1.56	11.3						
						W	27—95	浅黄棕色	黏土	块状	6.9	40.8	2.16	1.68	10.6						
剖54	人为土	水稻土	渗育水稻土	烂泥田	石灰性烂泥田	Ag	0—15	褐色	黏壤土	无结构	7.6	44.5	0.39	1.67	15.1	190	3.0	91	板页岩	E 113°16′24.3″ N 26°31′58.5″	97
						Pg	15—25	暗黄黄色	黏土	无结构	7.2	41.9	0.88	1.07	15.3						
						G	25—100	青黄色	粉壤土	无结构	7.2	44.7	1.73	1.73	15.6						
剖55	铁铝土	红壤	红壤	耕垦红壤	熟红土	A	0—18	暗灰色	壤土	粒状	7.0	≤1.0	0.27	0.35	13.6	25	≤1.0	75	第四纪红色黏土	E 113°23′14.6″ N 26°33′58.0″	95
						Ag	16—30	暗灰色	壤土	团粒结构	7.0	3.3	0.35	0.36	13.0						
						Bv	18—30	黄红色	壤土	块状	6.4	5.4	0.42	0.38	9.6						
剖56	人为土	水稻土	渗育水稻土	白鳝泥田	青黄白鳝泥田	Ag	0—16	浅灰色	粉壤土	粒状	6.0	26.6	1.07	0.79	14.0	134	3.0	59	紫色砂页岩	E 113°29′03.1″ N 26°32′58.7″	98
						Pg	16—30	灰白色	壤土	块状	6.4	19.3	0.78	0.46	13.4						
						Eg	30—70	黄红色	壤土	块状	6.4	7.2	0.40	0.43	13.0						
						S	70—	浅灰色	砂土	无结构	6.8	6.5	0.39	0.36	14.1						

续表 Continued

剖面号 Soil profile	土纲 Soil order	土类 Soil great group	亚类 Soil subgroup	土属 Soil genus	土种 Soil species	土层码 Layer code	土层厚度 Depth/cm	颜色 Soil color	质地 Soil texture	土壤结构 Soil structure	pH	有机质 OM/(g/kg)	全氮 TN/(g/kg)	全磷 TP/(g/kg)	全钾 TK/(g/kg)	碱解氮 AN/(mg/kg)	有效磷 AP/(mg/kg)	速效钾 AK/(mg/kg)	土壤母质 Parent material	剖面点坐标 Profile coordinate	匹配指数 Matching index/%
剖57	人为土	水稻土	潴育水稻土	紫泥田	碱紫泥田	A	0–16	棕灰色	黏壤土	粒状	7.6	22.6	1.09	0.77	17.8	163	20.0	104	紫色砂页岩	E 113°22′40.7″ N 26°31′57.7″	95
						P	16–35	暗棕灰色	黏壤土	棱块状	8.0	22.6	0.76	0.54	20.5						
						W	35–67	灰黄棕色	黏壤土	棱块状	8.0	4.2	0.30	0.36	19.0						
						C	67–100	暗黄棕色	黏壤土	块状	8.0	3.8	0.60	0.36	17.4						
剖58	人为土	水稻土	淹育水稻土	浅碱紫泥田	浅碱紫泥田	A	0–14	紫棕色	黏壤土	棱状	7.6	19.9	0.81	0.94	25.7	74	2.4	64	紫色砂页岩	E 113°23′05.4″ N 26°31′57.1″	97
						P	14–24	紫棕色	黏壤土	棱状	7.8	14.2	0.77	0.62	28.1						
						C	24–100	红灰色	黏壤土	块状	7.8	5.8	0.41	0.69	27.1						
剖59	初育土	紫色土	中性紫色土	耕型中性紫色土	中性紫泥土	A	0–15	暗棕灰色	黏土	粒状	6.8	13.2	0.60	2.09	7.9	78	8.7	131	紫色砂页岩	E 113°22′49.1″ N 26°30′22.0″	95
						ABv	15–25	暗棕灰色	黏土	棱状	6.5	14.5	0.43	0.71	7.7						
						BvC	25–60	棕黄色	黏土	棱块状	6.5	6.6	0.43	0.47	8.3						
						C	60–100	灰黄棕色	黏土	粒状	6.8	7.7	0.44	0.42	9.1						
剖60	人为土	水稻土	淹育水稻土	浅酸紫泥田	浅酸紫泥田	A	0–13	紫棕色	黏土	粒状	5.6	21.1	1.05	1.42	20.9	139	≤1.0	35	紫色砂页岩	E 113°25′52.8″ N 26°32′23.3″	97
						P	13–25	棕色	黏土	粒状	6.0	4.1	0.35		18.9						
						C	25–100	红棕色	黏土	核状	6.4	2.5	0.39		21.1						
剖61	人为土	水稻土	潴育水稻土	酸紫泥田	红紫泥田	A	0–16	灰白色	壤土	团块状	6.0	14.6	0.84	1.64	36.0	92	8.3	61	第四纪红色黏土、紫砂页岩	E 113°20′55.2″ N 26°28′23.3″	98
						P	16–23	暗棕灰色	壤土	块块状	6.4	6.7	0.41	0.93	37.9						
						W_1	23–84	紫棕色	砂壤土	粒状	7.2	2.3	0.26	1.15	42.2						
						W_2	84–100	紫棕色	黏壤土	粒状	7.6	1.7	0.25	1.31	38.4						
剖62	初育土	紫色土	石灰性紫色土	厚层石灰性紫色土	厚层石灰性紫色土	A_1A	0–36	暗红棕色	轻壤土	粒状	8.0	8.1	0.52	0.94	23.7	37	2.0	94	紫色页岩堆积物	E 113°28′38.2″ N 26°27′35.6″	95
						Bv	36–126	暗红棕色	轻壤土	粒状	7.0	7.1	0.41	0.54	25.6						
						BvC	126–158	暗棕色	黏壤土	核状	7.6	2.1	0.31	0.35	25.6						
剖63	人为土	水稻土	潴育水稻土	河砂泥田	河砂泥田	A	0–14	暗棕灰色	黏壤土	块状	6.2	24.9	1.10	1.06	21.9	127	10.0	131	河流冲积物	E 113°28′51.0″ N 26°25′40.3″	95
						P	14–29	暗黄棕色	壤土	棱状	6.4	14.7	0.75	0.77	25.0						
						W_1	29–70	黄棕色	砂土	粒状	6.4	5.2	0.33	0.98	23.3						
剖64	人为土	水稻土	潴育水稻土	酸紫泥田	酸紫砂泥田	A	0–18	紫灰色	壤土	块状	6.8	8.4	0.71	0.63	14.6	98	3.1	62	紫色砂页岩	E 113°23′17.7″ N 26°26′15.8″	95
						P	18–27	浅灰色	壤土	棱块状	6.4	12.4	0.71	0.67	16.0						
						W_1	27–50	灰棕色	砂土	块状	6.4	6.6	0.25	0.49	16.4						
						W_2	50–100	紫灰色	砂土	块状	6.8	4.5	0.20	0.62	15.2						
剖65	人为土	水稻土	淹育水稻土	浅黄泥田	浅黄泥田	A	0–20	暗黄棕色	黏壤土	团块状	6.0	22.1	0.90	0.89	18.7	152	2.6	143	紫色砂页岩	E 113°28′08.8″ N 26°26′14.1″	97
						P	20–35	黄棕色	黏壤土	棱块状	6.4	10.3	0.47	0.68	20.2						
						C	35–100	暗棕色	黏壤土	棱柱状	6.8	6.2	0.34	0.79	19.0						
剖66	人为土	水稻土	淹育水稻土	砂质浅黄泥田	砂质浅黄泥田	A	0–14	暗黄棕色	壤土	块块状	6.4	22.6	1.29	0.77	21.0	124	16.9	101	紫色砂砾岩	E 113°28′31.9″ N 26°23′45.2″	95
						P	14–35	暗黄棕色	黏壤土	棱块状	6.8	15.7	0.94	0.85	22.2						
						C	35–80	黄棕色	砂土	块块状	7.2	6.2	0.86	1.65	27.8						
剖67	人为土	水稻土	潜育水稻土	冷浸田	锈水田	Ag	0–11	棕灰色	砂壤土	棱块状	4.8	30.5	0.97	0.47	13.0	127	1.0	88	板页岩	E 113°23′17.7″ N 26°26′15.8″	95
						Pg	11–20	紫红色	砂壤土	无结构	6.2	26.5	1.05	0.63	14.5						
						G	20–100	青紫色	砂壤土	粒状	6.0	25.8	0.84	0.31	14.9						
剖68	人为土	水稻土	潴育水稻土	扁砂泥田	黄砂泥田	A	0–13	浅灰色	黏壤土	块状	6.0	38.2	1.55	1.53	18.9	259	6.0	79	板页岩	E 113°33′02.8″ N 26°26′54.8″	95
						P	13–19	灰灰色	砂壤土	块状	6.4	31.5	1.47	1.33	20.2						
						Ws	19–40	灰棕色	砂土	无结构	6.4	9.5	0.60	1.03	19.0						
						S	40–100	灰灰色	砂土	无结构	6.4	6.4	0.50	1.01	20.7						
剖69	初育土	紫色土	中性紫色土	耕型中性紫色土	中性紫泥土	A	0–40	暗黄棕色	砂土	粒状	6.8	18.4	1.09	0.96	26.5	105	1.7	100	紫色砂页岩风化物	E 113°30′22.9″ N 26°29′23.2″	95
						ABv	40–75	暗黄棕色	砂土	粒状	6.8	15.1	0.87	0.68	25.8						
						C	75–100	紫棕色	砂土	粒状	6.4	9.2	0.56	0.55	22.2						

资 兴 市

主要土类说明

红壤是资兴市主要土壤类型，占本市地域面积的44%。红壤分布在海拔700m以下的低山、丘陵区，是在气温高、热量足、雨量充沛、干湿季节交替明显的气候条件下形成的地带性土壤，发育于多种成土母质。土壤呈酸性或强酸性，pH多为4.0—5.6，盐基饱和度低，黏粒硅铝率常为2.0—2.5。土体呈红色，黏粒含量高，黏土矿物以高岭石为主，多为块状结构，心土层可见铁锰淀积物。植被遭到破坏后，表土冲刷严重，土壤肥力急剧下降，有机质含量较低，一般在30g/kg以下。

黄壤是资兴市第二大土壤类型，占本市地域面积的23%。黄壤分布在海拔700—1000m的土地，垂直分布在红壤之上、黄棕壤之下。黄壤有明显的脱硅富铝化过程和强烈的黏化过程，是一种地带性土壤。黄壤与红壤同属一个纬度带，但其水分条件比红壤好，热量则略低。由于所处地区云雾多，日照少，空气湿度大，干湿季节不明显，土体因氧化铁水化而呈黄色。

水稻土是资兴市第三大土壤类型，占本市地域面积的10%。在人为耕作、施肥、灌溉等措施的影响下，土壤内部进行着氧化还原交替、有机质合成与分解、盐基淋溶与复盐基作用的熟化过程，促进了土壤性状的改变，从而形成了水稻土所特有的形态、理化和生物特性。完整的水稻土发育剖面通常有耕作层、犁底层、潴育层、潜育层等基本层次，有时还有砂石层、漂洗层、埋藏层等层次出现。

黄棕壤占本市地域面积的9%，与红壤、黄壤同属一个纬度带，垂直分布在黄壤之上、山地草甸土之下，海拔1000—1600m的中山部位。土壤腐殖质层较厚，常为20—30cm，土壤湿度终年比红壤、黄壤高，黏粒下移十分明显。此外，黄棕壤带气温低，岩石化学风化强度比红壤、黄壤低，矿物风化不彻底，黏土矿物多为蒙脱石、水化云母。黄棕壤盐基交换量高，加上盐基归还量大，pH比红壤、黄壤高，一般为4.4—5.6。

紫色土占本市地域面积的4%，是由热带、亚热带紫红色岩层直接风化形成的A-C型土壤，主要分布在蓼江、黄草等地的低岗、丘陵区。其理化性质与母岩组成直接相关，土层浅薄，剖面层次发育不明显，仍处于初育阶段。母岩富含矿质养分，且风化迅速。

石灰（岩）土占本市地域面积的4%。本市石灰（岩）土发生于热带、亚热带石灰岩山区，是石灰岩经溶蚀风化形成的厚薄不同的钙质饱和或含游离钙质的土壤，多见于石隙、溶洞或峰丛底部。该土壤碳酸钙淋溶程度不一，多黏土，多为铁钙质胶结物，风化程度不一，盐基饱和度高，有机质含量及胶结状态有较大差异。本市石灰（岩）土分为黑色石灰土和红色石灰土两个亚类。

小于本市地域面积3%的土壤类型有山地草甸土、潮土等。

本区域中心区气候特征

本区域中心区气候特征值
Regional climate characteristics in central area of the region

气候带：中亚热带湿润气候 Climate region: Subtropical humid climate	
年平均气温 /℃ Annual average temperature /℃	19.0
年平均最高气温 /℃ Annual average maximum temperature /℃	23.4
年平均最低气温 /℃ Annual average minimum temperature /℃	15.8
年降水量 /mm Annual precipitation /mm	1450
≥10℃的积温 /℃ Daily temperature accumulated in a year（≥10℃）/℃	9599
年日照时数 /h Annual sunshine /h	1616
年平均相对湿度 /% Annual average relative humidity /%	78
干燥度 Dryness	0.77

本区域中心区月平均气温与月平均降水量
Monthly temperature and precipitation in central area of the region

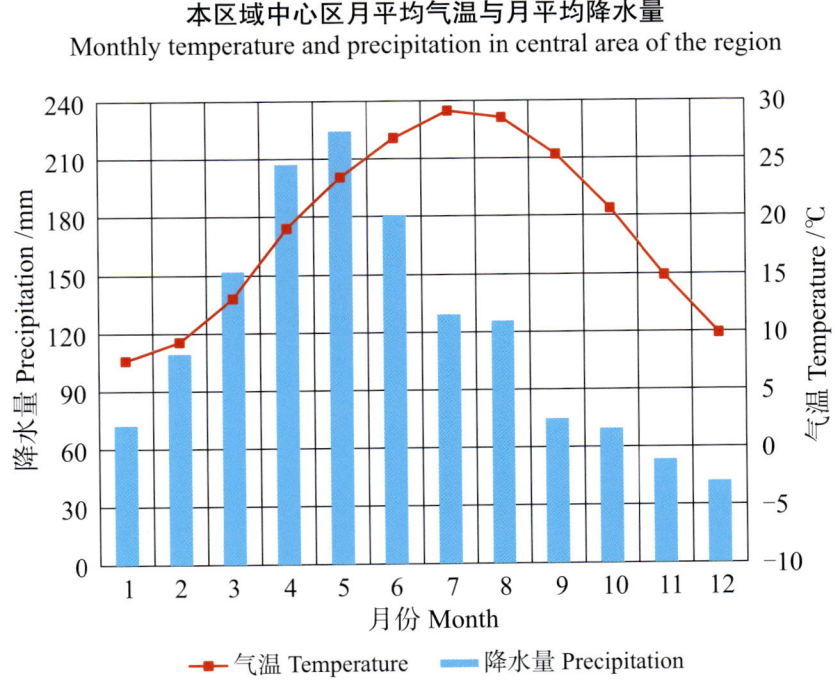

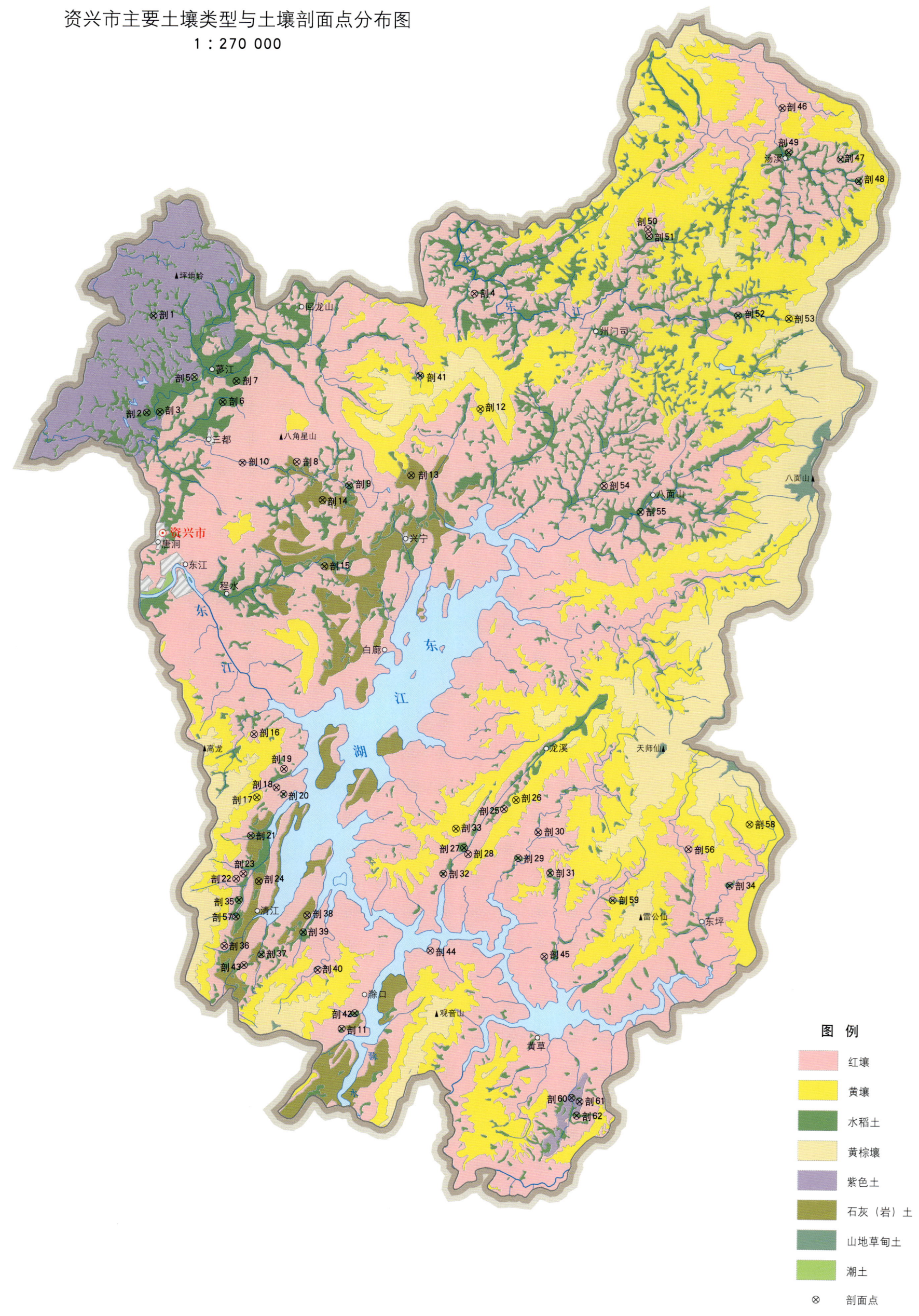

资兴市土壤剖面理化性状表

剖面号 Soil profile	土纲 Soil order	土类 Soil great group	亚类 Soil subgroup	土属 Soil genus	土种 Soil species	土层码 Layer code	土层厚度 Depth/cm	颜色 Soil color	质地 Soil texture	土壤结构 Soil structure	pH	有机质 OM/(g/kg)	全氮 TN/(g/kg)	全磷 TP/(g/kg)	全钾 TK/(g/kg)	碱解氮 AN/(mg/kg)	有效磷 AP/(mg/kg)	速效钾 AK/(mg/kg)	阳离子交换量 CEC/(cmol/kg)	土壤母质 Parent material	剖面点坐标 Profile coordinate	匹配指数 Matching index/%
剖1	人为土	水稻土	淹育水稻土	浅麻砂泥田	浅麻砂泥田	A	0—13	灰色	砂壤土	团块状	6.0	26.6	1.40	2.40	31.6						E 113°13′51.3″ N 26°06′39.2″	95
						Pg	13—23	褐色	砂壤土	棱块状	6.0	34.7	2.10	2.60	30.9							
						C	23—100	黄棕色	砂壤土	块状	6.0	11.5	1.00	2.10	30.4							
剖2	人为土	水稻土	潴育水稻土	青麻砂泥田	资兴青麻砂泥田	Aa	0—20	暗灰黄色	砂质黏壤土	碎块状	5.5	38.5	1.60	0.60	19.6		3.0	71		酸性岩类风化物	E 113°13′31.9″ N 26°03′03.1″	95
						Apg	20—35	蓝灰色	砂质黏壤土	棱块状	5.2	37.4	1.30	0.40	18.7	90	≤1.0	60				
						G	35—100	暗蓝灰色	砂质黏壤土	块状	5.0	32.0		0.60	26.1	71	5.0	58				
剖3	人为土	水稻土	潴育水稻土	酸紫泥田	酸紫泥田	A	0—16	灰黄棕色	黏壤土	块状	6.4	29.7	0.96	0.71	11.3						E 113°14′04.3″ N 26°03′04.5″	95
						Pg	16—26	暗灰黄色	黏壤土	块状	6.8	18.2	1.06	0.46	10.9							
						W	26—100	暗灰黄色	黏土	棱块状	6.8	7.5	0.49	0.58	10.7							
剖4	铁铝土	红壤	红壤性土	花岗岩红壤性土	薄岗花岗岩红壤性土	A,A	1—22	暗棕红色	壤土	粒状	4.8	30.2	1.13	1.56	38.8					花岗岩	E 113°27′06.6″ N 26°07′18.9″	95
						ABv	22—34	红色	砂壤土	块状	4.8	15.5	0.90	1.35	40.9							
						C	34—					1.5	0.94	0.98	45.6							
剖5	半水成土	潮土	河潮土	河潮土	紫潮土	A	0—34	浅黄色	砂土	粒状	6.0	4.8	0.20	3.94	14.5					河流冲积物	E 113°15′30.6″ N 26°04′21.8″	75
						Bv	34—150	黄红棕色	砂土	块状	6.0	1.7	0.30	2.20	15.7							
剖6	人为土	水稻土	潴育水稻土	红黄泥田	青洞红黄泥田	A	0—17	暗灰色	黏壤土	块状	7.2	56.0	2.65	1.45	13.7					第四纪红色黏土	E 113°16′40.0″ N 26°03′25.1″	95
						Pg	17—29	暗灰色	黏壤土	棱柱状	7.2	51.2	2.44	1.55	14.5							
						W	29—70	黄棕色	黏壤土	块状	7.2	12.2	0.48	0.95	12.0							
						C	70—100	黄色	黏壤土	块状	8.0	5.2	0.23	0.85	14.2							
剖7	人为土	水稻土	矿毒型水稻土	非金属矿毒田	煤炭矿毒田	A	0—13	黑色	壤土	粒状	4.4	142.0	1.42	1.65	15.8						E 113°17′14.6″ N 26°04′11.5″	97
						Pg	13—23	黑色	壤土	粒状	5.2	118.1	1.26	1.05	16.9							
						W	23—60	黑色	黏壤土	粒状	6.0	1.3	1.34	0.84	15.0							
						C	60—100	暗棕色	砂壤土	粒状	5.6											
剖8	铁铝土	红壤	红壤	耕型板页岩红土	黄泥砂土	A	0—17	暗棕色	壤土	团块状	5.6	38.8	1.80	1.55	22.7					板页岩	E 113°19′42.0″ N 26°01′09.5″	97
						Bv	17—44	浅棕色	黏壤土	棱块状	5.6	16.4	1.15	1.38	25.4							
						C	44—100	暗灰色	黏壤土	块状	5.2	8.4	0.73	1.21	26.4							
剖9	人为土	水稻土	淹育水稻土	浅岩渣土	浅岩渣田	A	0—12	暗灰黄色	壤土	块状	6.0	49.2	2.27	1.20	17.0					板页岩	E 113°21′50.6″ N 26°00′15.3″	95
						Pg	12—21	暗黄棕色	黏壤土	块状	6.0	48.9	2.28	1.08	17.4							
						C	21—100	暗黄棕色	黏壤土	块状	6.4	16.6	0.90	1.02	16.5							
剖10	铁铝土	红壤	红壤	耕型板页岩红壤	黄泥砂土	A	0—17	暗褐色	壤土	粒状	5.6	38.8	1.80	1.55	22.7					板页岩	E 113°17′27.4″ N 26°01′09.3″	81
						Bv₁	17—44	浅棕色	壤土	块状	5.6	16.4	1.15	1.38	25.4							
						Bv₂	44—100	红棕色	黏壤土	块状												
剖11	人为土	水稻土	淹育水稻土	浅黄砂泥田	浅黄砂泥田	A	0—12	红棕色	壤土	团块状	5.6	30.6	1.80	1.00	14.1					板页岩	E 113°24′49.6″ N 26°04′18.4″	95
						Pg	12—22	黄棕色	黏壤土	棱块状	6.0	14.1	1.30	1.00	16.5							
						C	22—100	红色	砂壤土	块状	6.4	≤1.0	0.50	1.00	28.0							
剖12	铁铝土	黄壤	黄壤	耕型板页岩黄土	黄壤土	A	0—15	棕色	壤土	块状	5.6	36.9	0.89	1.65	20.0					板页岩	E 113°27′17.8″ N 26°03′02.0″	97
						Bv	15—100	灰黄色	砂壤土	块状	6.0	15.8	0.49	1.39	22.2							
剖13	初育土	石灰(岩)土	红色石灰土	淋溶红色石灰土	薄腐薄层淋溶石灰土	A₁	0—9	红褐色	中壤土	块状	7.2	25.7	1.78	1.63	18.2					石灰岩	E 113°24′24.6″ N 26°00′36.0″	92
						A	9—30	浅橙红色	中壤土	块状	7.6	16.3	1.01	2.09	25.2							
						Bv	30—39	红色	中壤土	块状												
						D	39—															
剖14	初育土	石灰(岩)土	黑色石灰土	黑色石灰土	黑色石灰土	A₁	1—8	黑棕色	黏壤土	粒状	7.6	132.0	1.87	2.16	17.6					石灰岩	E 113°20′44.1″ N 25°59′43.9″	98
						A	8—55	棕色	黏壤土	块状	7.2	24.3	1.28	1.23	19.5							
						D	55—															

续表 Continued

剖面号 Soil profile	土纲 Soil order	土类 Soil great group	亚类 Soil subgroup	土属 Soil genus	土种 Soil species	土层码 Layer code	土层厚度 Depth/cm	颜色 Soil color	质地 Soil texture	土壤结构 Soil structure	pH	有机质 OM/(g/kg)	全氮 TN/(g/kg)	全磷 TP/(g/kg)	全钾 TK/(g/kg)	碱解氮 AN/(mg/kg)	有效磷 AP/(mg/kg)	速效钾 AK/(mg/kg)	阳离子交换量CEC/(cmol/kg)	土壤母质 Parent material	剖面点坐标 Profile coordinate	匹配指数 Matching index/%
剖15	初育土	石灰(岩)土	黑色石灰土	耕型黑色石灰土	石灰性石灰土	A	0—24	浅红棕色	重壤土	块块状	8.0	23.3	1.28	1.22	24.4	132	5.8	191		石灰岩	E 113°20′47.2″ N 25°57′15.9″	92
						Bv	24—66	红棕色	轻黏土	棱块状	8.0	1.2	0.92	0.79	23.7							
						D	66—															
剖16	铁铝土	红壤	黄红壤	石灰岩黄红壤	薄腐厚层石灰岩黄红壤	A	1—34	黄棕色	壤土	粒块状	5.2	22.0	0.85	0.65	11.7					石灰岩	E 113°17′48.9″ N 25°51′03.4″	95
						ABv	34—72	暗棕红色	壤土	块状	5.6	6.4	0.80	0.45	14.4							
						Bv	72—150	浅棕红色	壤土	块状	5.6	6.3	0.54	0.92	25.0							
剖17	铁铝土	黄壤	黄红壤	花岗岩黄壤	厚腐厚层花岗岩黄壤	A₁	0—25	暗棕色	砂壤土	粒状	5.0	53.9	1.84	0.54	38.0	101	≤1.0	76	8.7	花岗岩	E 113°17′54.7″ N 25°48′42.2″	97
						Bv	25—80	浅棕色	壤土	块状	5.0	13.7	2.15	0.45	35.4	105	≤1.0	75	8.2			
						BvC	80—106	浅黄棕色	砂壤土	粒状	5.0	7.2	0.41	≤0.10	38.6	24	≤1.0	46	7.4			
						C	106—155	黄黑相间	稻壤土	粒状												
剖18	铁铝土	黄壤	黄红壤	花岗岩黄壤	薄腐厚层花岗岩黄壤	ABv	0—46	暗红棕色	砂壤土	碎块状	4.9	44.5	1.60	1.20	25.5	113	≤1.0	61	12.9	花岗岩	E 113°18′43.1″ N 25°49′03.5″	97
						Bv	46—104	灰黄棕色	砂壤土	块状	5.0	12.1	0.60	1.20	29.3	45	≤1.0	51	8.2			
						BvC	104—160	黄黄棕色	砂壤土	粒块状	5.0	3.5	0.20	1.10	23.5	18	≤1.0	58	7.2			
剖19	铁铝土	红壤		耕型花岗岩红壤	喀砂土	A	0—24	暗棕色	砂壤土	粒状	6.0	27.4	2.06	1.56	38.4					花岗岩	E 113°19′02.5″ N 25°49′44.7″	97
						Bv	24—42	暗灰棕色	砂壤土	粒块状	5.6	21.0	0.95	1.21	38.3							
							42—100	暗灰棕色	砂壤土	粒状	5.6	19.4	1.04	1.25	37.5							
剖20	人为土	水稻土	淹育水稻土	浅喀砂泥田	浅喀砂泥田	A	0—10	暗红棕色	壤土	碎块状	5.1	39.3	2.27	1.35	25.8	166	9.2	46	7.3		E 113°19′00.7″ N 25°48′48.5″	75
						Ap	10—16	灰黄棕色	壤土	块状	5.5	34.9	1.88	1.13	27.1	121	7.2	38	6.4			
						C	16—50	黄棕色	砂壤土	块状	7.0	7.0	0.22	0.60	27.1	20	1.2	66	7.9			
剖21	人为土	水稻土	潜育水稻土	冷浸砂田	冷浸砂田	A	0—17	暗灰棕色	砂壤土	块状	5.6	23.2	0.97	1.28	≥50.0						E 113°17′39.0″ N 25°47′17.1″	75
						Pg	17—28	暗灰黄棕色	砂壤土	块状	5.6	17.2	1.16	1.45	≥50.0							
						G	28—	暗灰色	壤土	无结构	6.4	10.8	0.99	1.44	44.8							
剖22	铁铝土	红壤	黄红壤	喀红泥	黄红土	A	0—15	暗棕色	壤土	块状	6.4	22.4	0.96	1.24	23.3					板页岩	E 113°17′11.8″ N 25°45′45.2″	97
						Bv	15—50	浅灰棕色	壤土	块状	6.4	4.8	0.80	0.84	23.4							
						C	50—100	浅灰棕色	壤土	块状	6.4											
剖23	铁铝土	红壤	黄红壤	耕型板页岩黄红壤	厚喀红壤	A	0—24	橙色	砂质黏壤土	碎块状	4.8	33.9	1.50	0.50	20.6			105			E 113°17′19.7″ N 25°45′52.1″	95
						Bv	24—100	亮红棕色	砂质黏壤土	块状	5.0	18.4	1.20	0.30	19.9			65				
						BvC	100—150	亮棕黄色	黏壤土	块状	5.1	3.6	0.30	0.30	17.3			47				
剖24	初育土	石灰(岩)土	红色石灰土	耕型红色石灰土	红灰土	A	0—22	棕色	黏壤土	块状	6.4	10.5	1.26	1.02	13.6					石灰岩	E 113°17′57.7″ N 25°45′34.8″	97
						Bv	22—100	红黄棕色	黏壤土	粒状	6.4	1.3	1.09	0.64	14.9							
剖25	铁铝土	红壤	黄红壤	板页岩红壤	薄腐厚层板页岩红壤	A₁A	3—16	灰黑色	黏壤土	粒状	5.2	47.0	1.53	0.85	8.1					板页岩	E 113°28′05.2″ N 25°48′10.2″	95
						ABv	16—60	黄棕色	黏壤土	块状	4.8	18.4	1.20	0.98	11.1							
						Bv	60—108	浅红黄色	黏壤土	块状	5.6	8.1	0.80	0.78	17.2							
						C	108—															
剖26	铁铝土	黄壤	黄壤	耕型砂岩黄壤	黄砂土	A	0—24	棕色	砂壤土	粒状	6.0	20.6	1.22	1.95	21.1					砂岩	E 113°28′34.9″ N 25°48′29.8″	97
						Bv	24—100	浅棕色	壤土	块状	6.0	20.9	1.44	1.81	22.4							
剖27	人为土	水稻土	潴育水稻土	扁砂泥田	黄扁砂泥田	A	0—17	褐色	壤土	块状	6.4	29.8	1.80	0.80	18.5						E 113°26′25.4″ N 25°46′44.6″	95
						Pg	17—27	灰黄色	壤土	块状	6.4	11.7	0.90	0.87	18.3							
						W	27—55	浅棕黄色	黏壤土	块状	7.2	2.8	0.85	0.56	18.2							
						C	55—100	红黄色	黏壤土	块状	7.2	3.0	0.76	0.56	20.3							
剖28	铁铝土	红壤	黄红壤	砂岩黄红壤	薄腐厚层砂岩黄红壤	A₁A	1—6	棕色	砂壤土	粒块状	5.2	41.6	2.31	0.73	9.7					砂岩	E 113°26′32.8″ N 25°46′34.8″	95
						ABv	6—65	黄棕色	砂壤土	块块状	5.6	13.0	0.78	0.52	9.6							
						Bv	65—130	红黄色	砂壤土	团块状	6.0	3.2	0.86	0.89	14.9							
剖29	人为土	水稻土	潴育水稻土	岩渣田	岩渣田	A	0—14	暗黄棕色	砂壤土	块状	6.0	32.0	1.31	0.81	14.9						E 113°28′38.6″ N 25°46′20.7″	75
						Pg	14—22	暗黄棕色	粗砂土	粒状	6.0	17.4	0.95	0.95	15.5							
						S	22—															

续表 Continued

剖面号 Soil profile	土纲 Soil order	土类 Soil great group	亚类 Soil subgroup	土属 Soil genus	土种 Soil species	土层码 Layer code	土层厚度 Depth/cm	颜色 Soil color	质地 Soil texture	土壤结构 Soil structure	pH	有机质 OM/(g/kg)	全氮 TN/(g/kg)	全磷 TP/(g/kg)	全钾 TK/(g/kg)	碱解氮 AN/(mg/kg)	有效磷 AP/(mg/kg)	速效钾 AK/(mg/kg)	阳离子交换量CEC/(cmol/kg)	土壤母质 Parent material	剖面点坐标 Profile coordinate	匹配指数 Matching index/%
剖30	铁铝土	红壤	黄红壤	麻黄红泥	麻红泥	A	0—36	暗红棕色	砂质黏壤土	碎块状	4.9	34.5	1.60	0.50	21.2			61			E 113° 29′ 28.5″ N 25° 47′ 18.3″	95
						Bv	36—104	黄橙色	砂质黏壤土	块状	5.0	12.1	0.60	0.50	24.3			51				
						BvC	104—150	亮黄棕色	砂质黏壤土	块状	5.0	3.5	0.20	0.50	19.5			58				
剖31	人为土	水稻土	潴育水稻土	黄泥田	砂质黄泥田	A	0—14	灰棕色	壤土	粒状	5.6	34.2	1.84	1.05	17.6						E 113° 29′ 57.2″ N 25° 45′ 46.7″	95
						Pg	14—24	浅黄黄色	黏土	块状	5.6	15.2	1.08	1.35	17.6							
						W	24—55	黄棕色	黏壤土	块状	6.0											
						C	55—100	暗黄色	黏壤土	糊状	6.0											
剖32	人为土	水稻土	潴育水稻土	烂泥田	溶泥田	Ag	0—33	暗黄色	砂壤土	糊状	6.0	54.5	3.21	1.41	39.8						E 113° 25′ 33.7″ N 25° 45′ 47.4″	75
						G	33—	青灰色	壤土	糊状	6.0	62.5	1.44	1.08	37.9							
剖33	黄壤	黄壤		砂岩黄壤	薄腐中层砂岩黄壤	A	0—32	栗色	壤土	团粒状	5.2	19.2	2.17	2.21	24.3					花岗岩	E 113° 26′ 05.4″ N 25° 47′ 28.2″	75
						ABv	32—59	浅棕色	壤土	团块状	4.8	40.3	1.64	1.83	26.4							
						Bv	59—79	浅黄红色	砂土	块状	5.6	13.8	0.71	1.21	28.9							
						BvC	79—100	黄棕色	粗砂土	块状	5.2	3.9	0.45	1.49	38.6							
剖34	铁铝土	红壤	潴育水稻土	青泥田	青砂泥田	A	0—19	暗棕色	砂壤土	粒状	5.6	32.9	0.63	2.24	28.8						E 113° 17′ 00.6″ N 25° 44′ 16.0″	75
						Pg	19—23	绿灰色	黏壤土	块状	6.0	31.5	1.26	1.96	29.1							
						G	23—100	黄灰色	黏壤土	块状	6.4	32.9	1.36	1.87	16.0							
剖35	人为土	水稻土	淹育水稻土	浅灰黄泥田	浅灰黄泥田	A	0—12	灰黄色	黏壤土	块状	6.4	24.9	0.90	1.30	12.4						E 113° 17′ 08.9″ N 25° 44′ 52.9″	75
						Pg	12—21	黄灰色	黏壤土	块状	6.8	14.9	0.70	1.70	12.1							
						C	21—100	黄棕色	砂土	块状	8.0	6.6	0.60	2.10	11.8							
剖36	铁铝土	红壤		花岗岩红壤		A₁	2—12	暗棕色	砂壤土	粒状	5.6	55.1	1.28	1.27	37.7					花岗岩	E 113° 16′ 31.4″ N 25° 43′ 10.5″	95
						ABv	12—45	浅红棕色	黏壤土	块状	5.6	9.2	0.79	1.23	38.2							
						Bv	45—167	浅红棕色	黏壤土	块状	5.2	5.6	0.56	1.21	33.6							
剖37	人为土	水稻土	渗育水稻土	白鳝泥田	白鳝泥田	A	0—16	灰棕色	砂壤土	粒状	6.8	16.8	1.94	0.98	41.2						E 113° 18′ 02.7″ N 25° 42′ 50.7″	95
						Pg	16—30	暗棕色	砂土	粒状	7.6	9.2	0.66	0.80	39.6							
						E	30—100	紫棕色	砂土	粒状	7.6	2.2	0.73	0.51	40.5							
剖38	铁铝土	红壤		耕型石灰岩红土	灰红土	A	0—20	紫棕色	黏壤土	棱柱状	6.0	44.9	0.95	0.61	13.7					石灰岩	E 113° 19′ 56.6″ N 25° 44′ 17.0″	97
						Bv	20—100	浅棕色	黏壤土	棱柱状	5.6	15.7	1.09	0.64	11.1							
剖39	人为土	水稻土	潴育水稻土	黄砂泥田	黄砂泥田	A	0—14	红黄色	砂土	棱柱状	8.0	36.5	0.76	1.64	17.4						E 113° 19′ 46.7″ N 25° 43′ 39.5″	75
						Pg	14—22	浅黄棕色	黏壤土	粒状	7.6	23.3	1.04	1.05	15.9							
						W	22—57	灰黄色	壤土	粒状	8.0	12.5	1.04	0.64	16.7							
						C	57—100	暗黄棕色	砂壤土	棱块状	6.0	7.5	1.15	1.02	12.5							
剖40	铁铝土	红壤	红壤性土	砂岩红壤性土	薄腐砂岩红壤性土	Ao	0—1	暗黄色	黏土	粒状	4.8	48.2	2.16	1.36	12.9					砂岩	E 113° 20′ 21.0″ N 25° 42′ 14.9″	75
						A₁A	1—20	暗黄色														
						D	20—															
剖41	人为土	水稻土	潴育水稻土	灰泥田		A	0—17	灰棕色	黏壤土	块状	8.0	45.3	2.50	1.68	10.1						E 113° 21′ 19.1″ N 25° 40′ 02.5″	75
						Pg	17—27	暗黄色	黏壤土	棱柱状	8.0	38.5	0.72	1.23	9.8							
						W	27—60	浅黄色	黏土	棱柱状	8.0	22.2	0.79	1.12	10.4							
						C	60—100	浅黄棕色	黏壤土	棱柱状	7.6	12.8	0.60	1.64	15.8							
剖42	人为土	水稻土	潴育水稻土	紫泥田	碱紫泥田	A	0—18	灰黄色	壤土	块状	8.0	26.9	1.23	1.05	16.3						E 113° 21′ 52.2″ N 25° 40′ 36.7″	75
						Pg	18—29	暗黄棕色	黏壤土	棱柱状	8.0	5.8	0.67	0.52	18.5							
						W	29—64	暗黄色	黏壤土	棱柱状	7.6	8.7	0.74	0.58	20.5							
						C	64—100	浅黄色	壤土	块状	7.6	4.5	0.57	0.42	33.6							
剖43	初育土	石灰（岩）土	红色石灰土	耕型淋溶石灰土	灰泥土	A	0—28	暗灰黄色	黏壤土	团块状	6.4	13.9	0.95	1.83	13.4					石灰岩	E 113° 17′ 19.3″ N 25° 42′ 27.4″	97
						ABv	28—55	灰黄色	黏土	块状	7.2	5.1	0.81	1.17	24.3							
						Bv	55—100	浅黄棕色	黏土	块状	7.9	4.5	0.74	1.32	20.3							

续表 Continued

剖面号 Soil profile	土纲 Soil order	土类 Soil great group	亚类 Soil subgroup	土属 Soil genus	土种 Soil species	土层码 Layer code	土层厚度 Depth/cm	颜色 Soil color	质地 Soil texture	土壤结构 Soil structure	pH	有机质 OM/(g/kg)	全氮 TN/(g/kg)	全磷 TP/(g/kg)	全钾 TK/(g/kg)	碱解氮 AN/(mg/kg)	有效磷 AP/(mg/kg)	速效钾 AK/(mg/kg)	阳离子交换量CEC/(cmol/kg)	土壤母质 Parent material	剖面点坐标 Profile coordinate	匹配指数 Matching index/%
剖44	铁铝土	红壤	红壤	石灰岩红壤	薄腐厚层石灰岩红壤	A	2—23	浅红黄色	黏壤	团块状	5.6	17.4	1.01	0.86	23.1					石灰岩	E 113°24′59.6″ N 25°42′55.9″	95
						ABv	23—86	浅棕黄色	黏土	块状	6.0	6.8	0.85	0.75	29.1							
						Bv	86—135	暗红色	黏土	块状	6.0	3.5	1.03	0.83	36.7							
剖45	铁铝土	红壤	黄红壤	板页岩黄红壤		C	135—													板页岩	E 113°29′40.7″ N 25°42′40.1″	95
剖46	铁铝土	红壤	红壤	板页岩红壤		A	0—30	暗灰色	壤土	粒状	6.4	37.6	2.16	1.13	13.9					砂岩	E 113°39′56.0″ N 26°14′00.5″	95
						Bv	30—100	红黄色	壤土	块状	6.4	29.0	1.70	1.02	14.1							
剖47	人为土	淹育水稻土	浅酸紫泥田		A	0—14	灰棕色	黏质黏土	块状	5.6	14.8	0.98	0.86	17.5								
						Pg	14—23	紫棕色	黏质黏土	块状	7.2	5.4	0.35	0.77	20.0						E 113°42′18.0″ N 26°12′04.4″	95
						C	23—85	暗红色	黏质黏土	块状	7.2	6.7	0.49	0.45	19.0							
剖48	人为土	淹育水稻土	浅灰砂泥田		A	0—13	暗灰黄色	壤土	块状	8.0	42.9	2.70	1.70	13.6								
						Pg	13—25	暗灰黄色	黏质壤土	棱块状	8.0	34.9	2.30	1.50	13.5						E 113°43′02.8″ N 26°11′15.7″	95
						C	25—100	浅灰黄色	黏质壤土	棱块状	8.0	5.8	0.60	1.00	18.3							
剖49	人为土	潴育水稻土	麻砂泥田		A	0—16	浅灰色	砂壤土	块状	4.9	33.1	1.70	2.22	29.7	135	22.3	83	9.9				
						Ap	16—25	浅灰色	砂壤土	棱块状	5.0	27.6	1.48	2.15	29.6	96	21.0	45	7.3		E 113°40′05.2″ N 26°12′16.2″	98
						W	25—73	暗灰黄色	壤土	棱块状	5.5	19.9	0.82	1.34	28.7	44	≤1.0	81	6.9			
						C	73—100	棕棕色	壤土	棱块状	5.6	8.6	0.62	1.55	29.4	29	4.2	111	7.7			
剖50	铁铝土	红壤	黄红壤	花岗岩红壤	薄腐厚层花岗岩红壤	A	2—18	浅红黄色	黏土	粒状	4.8	68.5	3.08	1.35	25.2					花岗岩	E 113°34′18.8″ N 26°09′36.1″	95
						A,A	18—55	红黄色	黏质黏土	块状	5.2	17.9	1.03	1.14	18.5							
						Bv	55—100	红黄色	壤土	块状	5.2	4.3	0.68	1.49	28.8							
剖51	铁铝土	红壤	黄红壤	耕型花岗岩黄红土	黄灰麻砂土	A	0—21	暗灰色	壤土	粒状	5.6	27.8	1.50	2.35	32.0					花岗岩	E 113°34′20.9″ N 26°09′20.9″	97
						Bv	21—50	棕色	壤土	粒状	5.0	18.8	0.68	2.06	33.5							
						C	50—100	棕色	砂壤土	粒状	6.0	18.7	0.88	1.82	31.6							
剖52	人为土	潴育水稻土	菁市麻砂泥田		Aa	0—16	灰色	壤质壤土	小块状	5.9	33.1	1.70	1.00	24.7	135	12.0	83		花岗岩类风化物	E 113°37′58.3″ N 26°06′21.6″	81
						Ap	16—25	棕灰色	壤质黏土	棱块状	5.9	27.6	1.50	0.90	24.6	96	11.0	81				
						W$_1$	25—73	暗灰黄色	黏质黏土	块状	6.5	19.9	0.80	0.60	23.8	44	4.0	45				
						W$_2$	73—100	红棕色	黏质黏土	棱柱状	6.6	8.6	0.60	0.70	24.4	29	≤1.0	41				
剖53	铁铝土	黄壤	山黄泥土		A,A	0—25	灰色	黏质黏壤土	粒状	5.0	53.9	1.80	0.20	31.5			76					
						Bv$_1$	25—80	油黄色	砂质壤土	块状	5.0	13.7	0.90	0.20	29.4			75			E 113°40′04.2″ N 26°06′12.8″	95
						Bv$_2$	80—106	油黄色	砂壤土	块状	5.0	7.2	0.60	≤0.10	32.0			46		酸性岩类风化坡积物、残积物		
剖54	红壤	红壤	花岗岩红壤	薄腐厚层花岗岩红壤	Ao	0—2	浅棕色												花岗岩	E 113°32′21.1″ N 26°00′06.9″	98
						ABv	2—24	红棕色	砂壤土	粒块状	4.0	70.9	2.93	1.09	22.9							
						Bv	24—100	浅红黄色	砂壤土	块状	4.4	40.3	1.61	1.18	22.7							
						BvC	100—150	暗黄棕色	砂壤土	无结构												
剖56	铁铝土	红壤	板页岩红壤性土	砂质浅黄泥田	A	0—14	暗棕色	壤土	粒块状	5.2	32.9	2.00	1.40	21.7					板页岩	E 113°33′50.2″ N 25°59′07.6″	95
						Pg	14—29	棕色色	壤土	块状	6.0	45.7	1.80	0.90	24.9							
						W	23—79	暗黄灰棕色	壤土	块状	6.0	14.2	0.96	1.95	39.2							
						C	29—100	红棕色	黏土	块状	6.0	15.0	1.02	1.04	≥50.0							
剖57	人为土	潴育水稻土	浅黄泥田		A,A	1—7	浅灰黄色	壤土	粒状	6.0	70.9	2.93	1.09	22.9					板页岩	E 113°35′39.4″ N 25°46′36.2″	95
						A	7—21	红棕色	壤土	块状	6.0	47.6	1.49	2.49	22.2							
						C	21—															
剖58	铁铝土	黄壤	黄壤性土	板页黄壤性土	A$_1$	3—11	黑棕色	壤土	粒状	6.0	128.5	3.88	2.03	19.0					板页岩	E 113°38′10.8″ N 25°47′29.8″	95
						C	11—150	暗棕	壤土	粒状	6.0	47.6	1.49	2.49	22.2							

续表 Continued

剖面号 Soil profile	土纲 Soil order	土类 Soil great group	亚类 Soil subgroup	土属 Soil genus	土种 Soil species	土层码 Layer code	土层厚度 Depth/cm	颜色 Soil color	质地 Soil texture	土壤结构 Soil structure	pH	有机质 OM/(g/kg)	全氮 TN/(g/kg)	全磷 TP/(g/kg)	全钾 TK/(g/kg)	碱解氮 AN/(mg/kg)	有效磷 AP/(mg/kg)	速效钾 AK/(mg/kg)	阳离子交换量CEC/(cmol/kg)	土壤母质 Parent material	剖面点坐标 Profile coordinate	匹配指数 Matching index/%
剖59	人为土	水稻土	潴育水稻土	灰黄泥田	灰黄泥田	A	0—17	暗灰黄色	黏壤土	块状	6.8	60.2	1.11	1.61	18.5						E 113°32′31.0″ N 25°44′43.1″	95
						Pg	17—27	棕灰色	黏壤土	棱柱状	6.4	20.4	0.59	1.29	19.8							
						W	27—58	灰黄色	黏壤土	棱柱状	7.2	11.2	0.98	1.29	21.6							
						C	58—100	黄棕色	黏土	棱块状	7.2	8.3	0.78	1.36	25.5							
剖60	初育土	紫色土	中性紫色土	耕型中性紫砂土	中性紫泥土	A	0—19	暗红棕色	砂壤土	粒状	6.8	16.3	0.73	0.32	14.9						E 113°30′45.3″ N 25°37′25.4″	95
						Bv	19—100	暗棕红色	砂壤土	块状	6.0	3.6	0.80	0.22	16.5							
剖61	初育土	紫色土	中性紫色土	耕型中性紫色土	中性紫泥土	A	0—19	紫棕色	黏壤土	粒块状	6.8	11.6	0.62	0.72	15.6						E 113°31′04.7″ N 25°37′16.9″	97
						ABv	19—42	紫色	黏土	块状	6.8	10.0	0.73	0.63	16.0							
						Bv	42—100	棕色	黏土	块状	7.2	4.1	0.60	0.45	20.8							
剖62	人为土	水稻土	淹育水稻土	浅麻砂泥田	浅麻砂泥田	Aa	0—10	灰红色	砂质黏壤土	碎块状		39.3								花岗岩风化坡积物	E 113°30′57.2″ N 25°36′46.8″	95
						Ap	10—16	浊橙色	砂质黏壤土	块状		34.9										
						C	16—76	亮黄棕色	砂质黏土			7.0										

永 州 市

市 辖 区

主要土类说明

水稻土是永州市主要土壤类型，占本市地域面积的54%。水稻土是在长期的季节性淹灌、水下翻耕、季节性脱水、氧化还原交替影响下，原来的成土母质或母土的特性发生重大改变，形成的新的土壤类型。由于干湿交替，水稻土形成糊状的淹育层、较坚实板结的犁底层、渗育层、潴育层与潜育层等多种发生层。这些不同的发生层是在人为耕作、水浆管理下形成的。

红壤是永州市第二大土壤类型，占本市地域面积的32%。红壤主要发生于亚热带常绿阔叶林下，呈中度脱硅富铝化特征，土壤黏粒中游离铁占全铁的50%—60%。黏土矿物以高岭石、赤铁矿为主，黏粒硅铝率为1.8—2.4，风化淋溶系数小于0.2，盐基饱和度小于35%。红壤具深厚红色土层，底部可见深厚的红、黄、白相间的网纹状红色黏土，具 A–Bs–Bv 或 A–Bs–C 剖面构型。

石灰（岩）土是永州市第三大土壤类型，占本市地域面积的9%。石灰（岩）土发生于热带、亚热带石灰岩山区，是石灰岩经溶蚀风化形成的厚薄不同的钙质饱和或含游离钙质的土壤，多见于石隙、溶洞或峰丛底部。该土壤碳酸钙淋溶程度不一，多黏土，多为铁钙质胶结物，风化程度不一，盐基饱和度高，有机质含量及胶结状态有较大差异。

小于本市地域面积3%的土壤类型有紫色土、黄壤、潮土、黄棕壤等。

本区域中心区气候特征

本区域中心区气候特征值
Regional climate characteristics in central area of the region

气候带：中亚热带湿润气候 Climate region: Subtropical humid climate	
年平均气温 /℃ Annual average temperature /℃	17.6
年平均最高气温 /℃ Annual average maximum temperature /℃	21.6
年平均最低气温 /℃ Annual average minimum temperature /℃	14.6
年降水量 /mm Annual precipitation /mm	1404
≥10℃的积温 /℃ Daily temperature accumulated in a year (≥10℃) /℃	6548
年日照时数 /h Annual sunshine /h	1503
年平均相对湿度 /% Annual average relative humidity /%	78
干燥度 Dryness	0.74

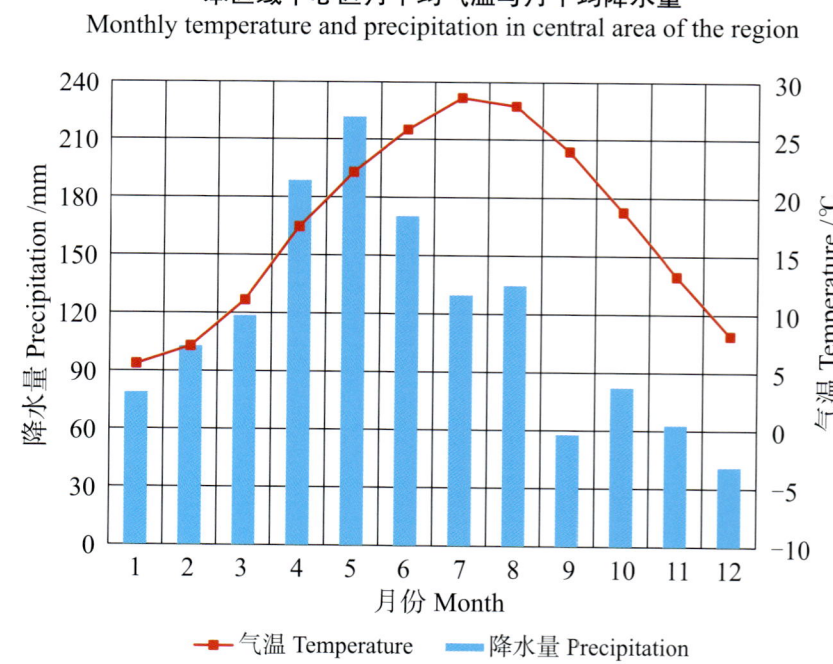

本区域中心区月平均气温与月平均降水量
Monthly temperature and precipitation in central area of the region

永州市市辖区（部分）主要土壤类型与土壤剖面点分布图
1∶210 000

永州市土壤剖面理化性状表

剖面号 Soil profile	土纲 Soil order	土类 Soil great group	亚类 Soil subgroup	土属 Soil genus	土种 Soil species	土层码 Layer code	土层厚度 Depth/cm	颜色 Soil color	质地 Soil texture	土壤结构 Soil structure	pH	有机质 OM/(g/kg)	全氮 TN/(g/kg)	全磷 TP/(g/kg)	全钾 TK/(g/kg)	碱解氮 AN/(mg/kg)	有效磷 AP/(mg/kg)	速效钾 AK/(mg/kg)	阳离子交换量CEC/(cmol/kg)	土壤母质 Parent material	剖面点坐标 Profile coordinate	匹配指数 Matching index/%
剖1	铁铝土	红壤	黄红壤	砂岩黄红壤		A	0~20	灰黄色	砂壤土	碎块状	5.6	13.8	1.10	0.74	11.8					砂岩	E 111°30′58.2″ N 26°44′32.9″	95
						Bv	20~100	红黄色	壤土	核块状	5.2	11.2	1.09	0.81	16.3							
剖2	人为土	水稻土	潴育水稻土	河砂泥田	砂泥田	A	0~15	棕灰色	砂壤土	块状	6.1	21.1	1.42	0.71	26.1	68	4.8	33			E 111°30′12.7″ N 26°43′29.0″	95
						P	15~26	棕黄色	砂壤土	块状	6.3	10.5	0.79	1.04	24.1							
						W	26~54	黄棕色	砂壤土	块状	7.2	6.2	0.69	1.96	27.3							
						C	54~100	黄棕色	砂壤土	块状	7.2	7.9	0.64	0.69	26.2							
剖3	人为土	水稻土	潴育水稻土	黄砂泥田	红砂泥田	A	0~20	紫灰色	砂壤土	团块状	6.7	44.0	1.97	0.92	12.4	74	4.1	61			E 111°33′56.4″ N 26°44′08.0″	95
						P	20~35	黄灰色	壤土	团块状	7.0	31.5	1.59	1.05	11.8							
						W	35~100	褐色	黏壤土	团块状	6.8	23.2	0.81	1.05	16.3							
剖4	人为土	水稻土	潜育水稻土	青泥田	青鸭屎泥田	A	0~20	棕灰色	轻黏土		7.8	23.8	1.80	1.05	17.6	72	8.9	23			E 111°36′10.9″ N 26°42′42.8″	95
						Pg	20~32	青灰色	轻黏土	块状	7.8	23.8	2.70	1.10	20.5							
						G	32~100	青灰色	中黏土	块状	7.8	15.3	0.91	1.25	21.7							
剖5	人为土	水稻土	淹育水稻土	浅灰泥田	零陵浅灰泥田	Aa	0~15	浊黄色	壤土	块状	7.6	35.9	1.60	0.60	13.2	67	8.0	76			E 111°34′40.4″ N 26°41′28.3″	95
						Ap	15~27	浊黄色	壤土	块状	7.9	14.1	0.90	0.50	11.2			61				
						C	27~60	亮黄棕色	壤土	块状	7.8	4.4	0.50	0.40	8.6			50				
剖6	人为土	水稻土	潴育水稻土	灰黄泥田		A	0~20	黄棕色	黏壤土	块状	6.0	31.5	1.83	0.84	15.1		10.7	29			E 111°38′22.4″ N 26°41′24.2″	95
						P	20~31	黄棕色	黏壤土	核块状	6.3	20.7	1.65	0.87	24.1							
						W	31~48	青棕色	黏壤土	块状	7.4	16.4	1.13	0.78	13.0							
						C	48~100	青灰色	黏壤土	块状	7.8	9.5	0.68	0.68	14.1							
剖7	人为土	水稻土	潴育水稻土	黄泥田	黄泥田	A	0~13	黄棕色	壤土	块状	6.0	22.4	1.49	0.78	13.2	87	13.7	42			E 111°39′16.8″ N 26°40′43.8″	95
						Ap	13~26	棕灰色	轻黏土	核块状	6.6	18.3	1.21	0.62	11.9							
						P	26~50	棕色	黏壤土	块状	7.0	8.7	0.88	0.72	11.1							
						C	50~100	红黄色	黏壤土	块状	7.8	7.8	0.82	0.64	10.7							
剖8	人为土	水稻土	淹育水稻土	浅红黄泥田	浅红黄泥田	A	0~15	灰黄色	壤土	块状	6.8	15.3	1.24	0.62	18.9	66	3.3	97		第四纪红色黏土	E 111°40′32.6″ N 26°40′46.5″	95
						P	15~25	黄棕色	黏壤土	核状	7.0	9.7	1.01	0.95	18.7							
						C	25~100	红棕色	黏壤土	块状	6.8	9.0	1.03	0.80	17.2							
剖9	铁铝土	红壤	红壤	石灰岩红壤		A	0~15	褐色	壤土	粒状	5.8	22.4	1.52	0.92	11.2					砂岩	E 111°41′08.1″ N 26°41′25.0″	95
						ABv	15~29	灰黄色	壤土	碎块状	5.8	15.8	1.34	0.95	12.9							
						Bv	29~46	浅红黄色	壤土	块状	5.8	14.7	1.09	0.81	20.4							
						C	46~100	红黄色	壤土	核状	5.8	7.8	1.02	0.75	21.7							
剖10	人为土	水稻土	淹育水稻土	浅黄砂泥田	浅黄砂泥田	A	0~13	褐棕色	砂壤土	粒状	5.8	28.5	1.87	0.95	28.5	89	6.8	58			E 111°37′17.2″ N 26°36′03.8″	95
						P	13~21	灰黄色	砂壤土	块状	5.9	23.3	1.41	0.90	18.1							
						C	21~100	灰黄色	砂壤土	块柱状	5.9	12.1	0.89	0.89	33.9							
剖11	人为土	水稻土	潴育水稻土	青泥田	青棕泥田	A	0~19	灰黄色	轻黏土	块状	7.2	15.2	2.20	1.10	22.3	81	6.6	94		砂岩	E 111°33′23.3″ N 26°35′03.1″	95
						Pg	19~29	浅黄棕色	黏壤土	团块状	7.2	18.8	2.30	1.65	26.1							
						G	29~100	灰黄色	黏壤土	核柱状	7.2	18.3	2.00	1.20	25.1							
剖12	人为土	水稻土	潴育水稻土	河砂泥田	河湖泥田	A	0~20	棕色	砂壤土	粒状	6.4	23.8	2.20	0.77		88	7.0	30			E 111°41′42.7″ N 26°39′32.8″	95
						P	20~36	棕色	砂壤土	块状	6.5	19.1	1.80	0.73								
						W	36~62	棕色	砂壤土	核柱状	6.0	14.0	1.18	0.71								
						C	62~100	棕色	壤砂土	核柱状	6.8	11.4	1.09	0.55								
剖13	人为土	水稻土	潴育水稻土	鸭屎泥田	鸭屎泥田	A	0~20	褐色	轻黏土	块状	7.6	37.0	2.35	0.17	14.3	95	4.1	10			E 111°42′44.0″ N 26°36′44.8″	95
						P	20~32	褐色	黏壤土	块状	7.6	29.4	1.00	0.86	14.9							
						W	32~100	棕褐色	轻黏土	核柱状	7.6	17.4	0.86	0.67	17.1							

续表 Continued

剖面号 Soil profile	土纲 Soil order	土类 Soil great group	亚类 Soil subgroup	土属 Soil genus	土种 Soil species	土层码 Layer code	土层厚度 Depth/cm	颜色 Soil color	质地 Soil texture	土壤结构 Soil structure	pH	有机质 OM/(g/kg)	全氮 TN/(g/kg)	全磷 TP/(g/kg)	全钾 TK/(g/kg)	碱解氮 AN/(mg/kg)	有效磷 AP/(mg/kg)	速效钾 AK/(mg/kg)	阳离子交换量CEC/(cmol/kg)	土壤母质 Parent material	剖面点坐标 Profile coordinate	匹配指数 Matching index/%
剖14	初育土	紫色土	石灰性紫色土	耕型石灰性紫色土	钙质顽紫土	1	0—11	紫棕色	黏土	团块状	7.6										E 111°37′21.8″ N 26°32′48.0″	75
						2	11—100	紫棕色	黏壤土	块状	7.6											
剖15	人为土	水稻土	潴育水稻土	灰泥田		A	0—20	褐色	轻壤土	块状	7.0	32.5	2.00	1.14	17.1	47	30.0	37			E 111°36′26.4″ N 26°30′15.8″	95
						P	20—31	褐色	轻黏土	棱块状	7.0	23.7	1.87	0.85	16.7							
						W	31—53	灰黄色	轻黏土	块状	7.0	17.6	0.56	0.78	16.9							
						C	53—100	黄灰棕色	轻黏土	块状	7.5	14.9	1.28	0.70	16.9							
剖16	人为土	水稻土	潴育水稻土	中性紫泥田	中性紫泥田	A	0—10	紫棕色	黏壤土	团块状	7.3	37.4	2.10	0.84	13.8	68	8.0	72			E 111°37′18.0″ N 26°32′14.0″	95
						P	10—16	紫棕色	黏壤土	块状	7.5	21.5	2.02	0.79	16.3							
						W₁	16—26	紫棕色	轻黏土	棱柱状	7.6	25.6	1.28	0.78	15.0							
						W₂	26—100	紫棕色	轻黏土	棱柱状	7.7	12.9	1.18	0.83	18.3							
剖17	人为土	水稻土	潴育水稻土	黄砂泥田	黄砂泥田	A	0—15	褐色	壤土	块状	7.0	32.8	1.17	1.00	17.4	95	6.6	72			E 111°37′49.1″ N 26°33′58.2″	95
						P	15—25	褐色	黏壤土	棱柱状	6.8	39.6	1.61	0.92	18.3							
						W	25—54	暗灰黄色	黏壤土	块状	6.8	19.2	1.36	0.87	16.8							
						C	54—100	黄棕色	轻黏土	棱柱状	6.8	9.6	0.78	0.81	18.6							
剖18	人为土	水稻土	淹育水稻土	浅灰泥田	浅灰泥田	A	0—15	浅灰黄色	重壤土	块状	6.7	25.9	1.62	1.45	15.9	79	7.5	75	16.1		E 111°38′50.3″ N 26°34′47.9″	81
						Ap	15—27	浅灰黄色	黏壤土	块状	7.9	14.1	0.94	1.05	13.5		4.6	61	16.9			
						C	27—60	暗黄棕色	黏土	块状	7.8	4.4	0.49	0.90	10.4		4.9	50	12.6			
剖19	人为土	水稻土	渗育水稻土	白散泥田	白散泥田	A	0—20	浅灰色	黏壤土	团块状	7.6	48.2	1.62	1.15	20.4			108			E 111°38′30.0″ N 26°34′00.3″	95
						P	20—35	灰色	黏壤土	块状	7.4	25.7	1.88	0.83	19.8							
						E	35—60	灰白色	黏壤土	棱柱状	7.4	9.7	0.92	0.72	17.3							
						W	60—73		黏壤土		7.4	13.2	0.85	0.68	19.8							
						C	73—100		黏壤土		7.6	5.6	0.90	0.65	10.0							
剖20	铁铝土	红壤		石灰岩红壤		A	0—28	红黄色	黏壤土	碎块状	5.0	19.8	0.80	0.40	13.1	49	4.0	47		第四纪红色黏土	E 111°40′45.3″ N 26°33′23.6″	95
						Bv	28—84	红棕色	黏壤土	块块状	5.5	13.8	0.85	0.53	13.4							
						C	84—100	棕红色	黏壤土	粒状	5.5	12.0	0.62	0.60	13.5							
剖21	半成土	潮土	河潮土	耕型河潮土		A	0—15	棕色	砂壤土	粒状	6.2	28.5	1.36	0.96	23.8	56	12.7	37		河流冲积物	E 111°43′16.3″ N 26°34′05.2″	75
						Bv	15—40	棕色	砂壤土	碎块状	6.4	18.7	0.86	0.76	23.2							
						C	40—100		黏土		7.0	23.3	0.62	0.73	21.9							
剖22	人为土	水稻土	淹育水稻土	浅黄泥田	浅黄泥田	A	0—15	黄棕色	黏土	团块状	6.0	15.2	1.49	0.78		93	6.6	6			E 111°42′49.6″ N 26°30′10.4″	95
						C	15—100	浅红棕色	黏土	块状	6.6	7.9	0.83	0.72				≤5				
剖23	人为土	水稻土	潴育水稻土	红黄泥田	红黄泥田	P	0—18	灰棕色	轻黏土	块状	6.0	29.8	1.28	0.80	13.1	8	6.7	33			E 111°44′01.0″ N 26°31′41.4″	81
						W	18—30	红灰色	轻黏土	块状	6.6	15.8	1.30	0.63	16.1							
						C	30—60	灰棕色	黏土	团块状	7.6	8.3	0.78	0.63								
							60—100	灰棕色	黏土	块状	7.8	12.5	0.88									
剖24	初育土	紫色土	酸性紫色土			A	0—18	紫色	黏土	团块状	5.6	11.5	0.96	0.35	18.0	123	1.4	89			E 111°39′20.8″ N 26°31′42.0″	75
						C	18—100	红紫色	黏土	块状	5.6	5.8	0.67	0.47	17.6							
剖25	初育土	紫色土	中性紫色土			A	0—30	紫棕色	黏土	团块状	7.4	15.5	0.85	0.56	24.2	49	2.9	41			E 111°37′49.2″ N 26°30′29.8″	95
						C	30—100	紫棕色	黏壤土	棱柱状	7.4	11.2	0.94	0.45	19.9							
剖26	初育土	紫色土	石灰性紫色土	中性紫色土	薄腐薄层石灰性紫色土	A	0—14	紫棕色	黏壤土	块状	8.0	10.0	1.37	0.45	15.9						E 111°38′57.7″ N 26°32′35.8″	75
						C	14—26	紫棕色	黏土	块状	8.0	4.3	0.46	0.90	17.3							
						3	26—100	紫色	黏土													
剖27	初育土	紫色土	中性紫色土			1	0—20	紫紫色	黏壤土	块状	7.4									紫色砂页岩	E 111°39′26.6″ N 26°30′21.6″	75
						2	20—100	紫棕色	黏土	核棱状	7.4											
剖28	初育土	石灰(岩)土	黑色石灰土	黑色石灰土		A	0—22	褐色	黏土	块块状	7.8	37.4	1.87	0.78	21.4	39	3.3	146		石灰岩	E 111°39′04.6″ N 26°22′38.5″	95
						Bv	22—															

续表 Continued

剖面号 Soil profile	土纲 Soil order	土类 Soil great group	亚类 Soil subgroup	土属 Soil genus	土种 Soil species	土层码 Layer code	土层厚度 Depth/cm	颜色 Soil color	质地 Soil texture	土壤结构 Soil structure	pH	有机质 OM/(g/kg)	全氮 TN/(g/kg)	全磷 TP/(g/kg)	全钾 TK/(g/kg)	碱解氮 AN/(mg/kg)	有效磷 AP/(mg/kg)	速效钾 AK/(mg/kg)	阳离子交换量CEC/(cmol/kg)	土壤母质 Parent material	剖面点坐标 Profile coordinate	匹配指数 Matching index/%
剖29	铁铝土	红壤	红壤	板页岩红壤	薄腐薄层板页岩红壤	A	0—7	褐色	黏壤土	粒状	5.8	18.1	2.18	1.14	21.4					板页岩	E 111°42′18.2″ N 26°24′12.2″	95
						Bv	7—34	浅红黄色	黏土	块状	5.8	5.8	1.65	0.97	23.9							
						BvC	34—48	浅红黄色	黏土	块状	5.6	5.6	1.60	0.94	24.0							
						C	48—100	浅红黄色	黏土		5.2	14.7	1.41	0.85	25.8							

零 陵 区

主要土类说明

红壤是零陵区主要土壤类型，占本区地域面积的 53%。红壤主要发生于亚热带常绿阔叶林下，呈中度脱硅富铝化特征，土壤黏粒中游离铁占全铁的 50%—60%。黏土矿物以高岭石、赤铁矿为主，黏粒硅铝率为 1.8—2.4，风化淋溶系数小于 0.2，盐基饱和度小于 35%。红壤具深厚红色土层，底部可见深厚的红、黄、白相间的网纹状红色黏土，具 A-Bs-Bv 或 A-Bs-C 剖面构型。

水稻土是零陵区第二大土壤类型，占本区地域面积的 35%。水稻土是在长期的季节性淹灌、水下翻耕、季节性脱水、氧化还原交替影响下，原来的成土母质或母土的特性发生重大改变，形成的新的土壤类型。由于干湿交替，水稻土形成糊状的淹育层、较坚实板结的犁底层、渗育层、潴育层与潜育层等多种发生层。这些不同的发生层是在人为耕作、水浆管理下形成的。

石灰（岩）土是零陵区第三大土壤类型，占本区地域面积的 4%。石灰（岩）土发生于热带、亚热带石灰岩山区，是石灰岩经溶蚀风化形成的厚薄不同的钙质饱和或含游离钙质的土壤，多见于石隙、溶洞或峰丛底部。该土壤碳酸钙淋溶程度不一，多黏土，多为铁钙质胶结物，风化程度不一，盐基饱和度高，有机质含量及胶结状态有较大差异。

黄壤占本区地域面积的 3%。黄壤发生于亚热带湿润条件下，中度脱硅富铝化，多见于海拔 700—1200m 的山区。土壤有机质累积较多，可达 100g/kg，剖面构型为 O-A-AB-B-C。淀积层（B 层）富含水合氧化物（针铁矿），呈黄色，有时多含三水铝石。

小于本区地域面积 3% 的土壤类型有黄棕壤、粗骨土、紫色土等。

本区域中心区气候特征

本区域中心区气候特征值
Regional climate characteristics in central area of the region

气候带：中亚热带湿润气候 Climate region: Subtropical humid climate	
年平均气温 /℃ Annual average temperature /℃	18.0
年平均最高气温 /℃ Annual average maximum temperature /℃	21.9
年平均最低气温 /℃ Annual average minimum temperature /℃	15.0
年降水量 /mm Annual precipitation /mm	1445
≥10℃的积温 /℃ Daily temperature accumulated in a year（≥10℃）/℃	6709
年日照时数 /h Annual sunshine /h	1501
年平均相对湿度 /% Annual average relative humidity /%	78
干燥度 Dryness	0.73

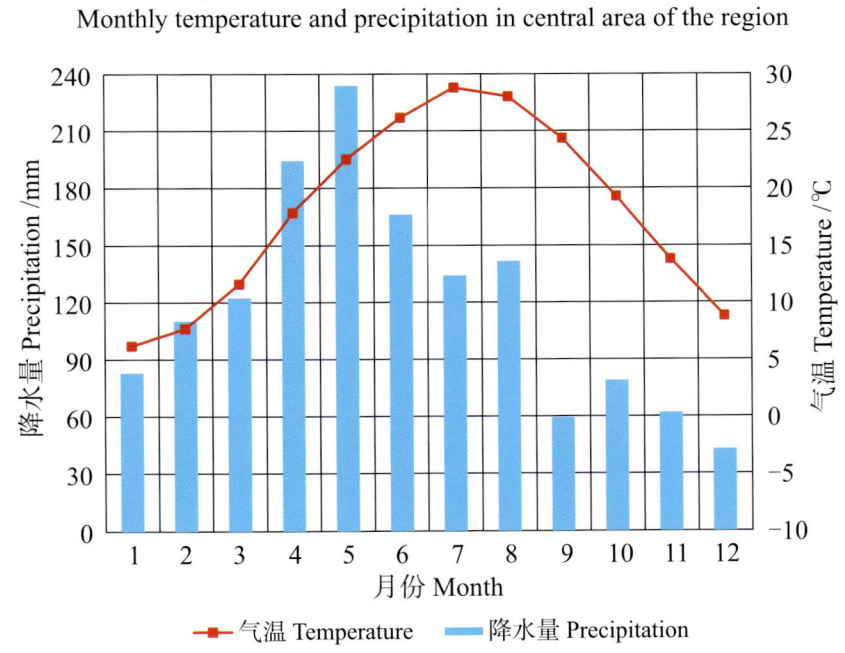

本区域中心区月平均气温与月平均降水量
Monthly temperature and precipitation in central area of the region

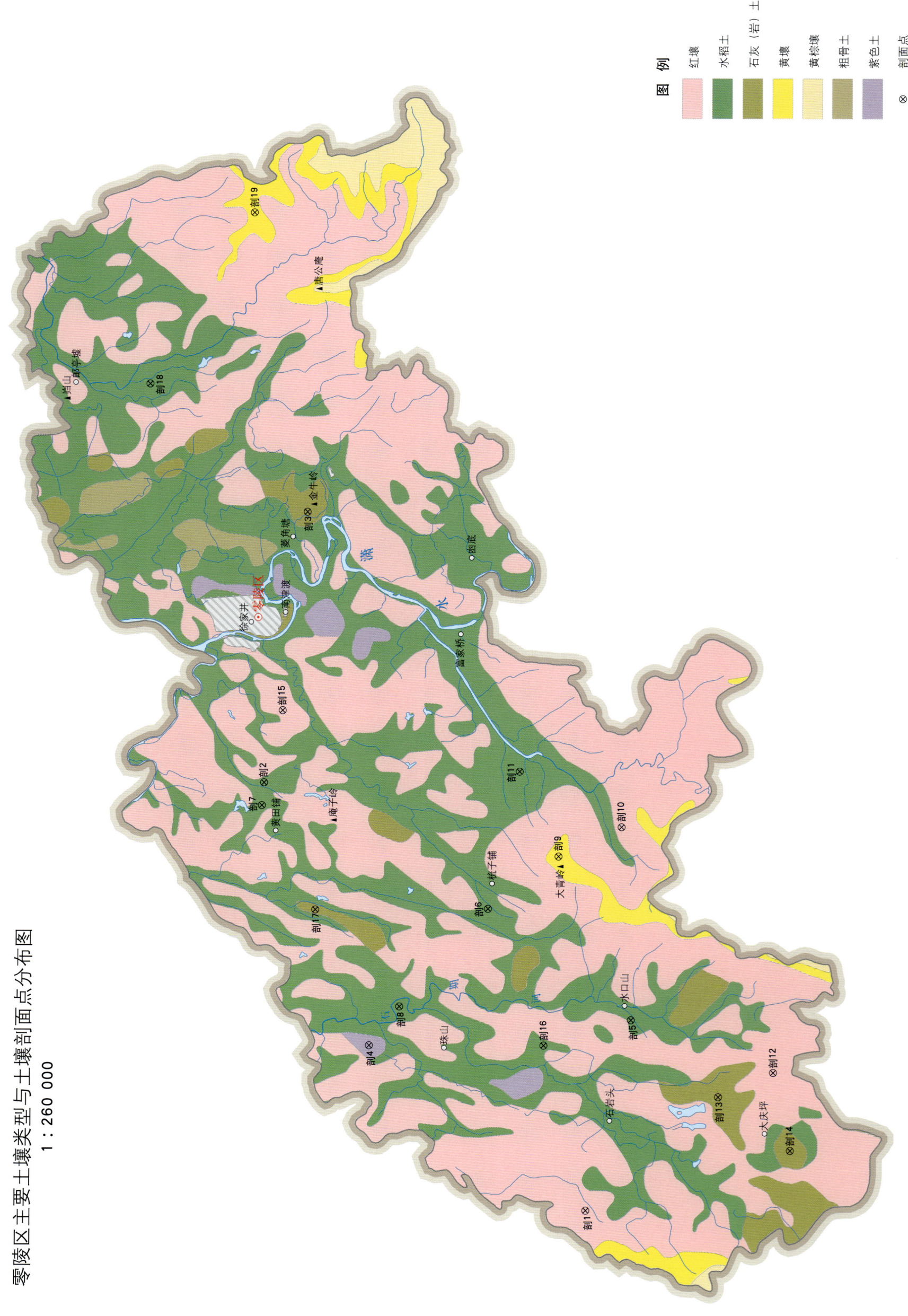

零陵区土壤剖面理化性状表

剖面号 Soil profile	土纲 Soil order	土类 Soil great group	亚类 Soil subgroup	土属 Soil genus	土种 Soil species	土层码 Layer code	土层厚度 Depth/cm	颜色 Soil color	质地 Soil texture	土壤结构 Soil structure	pH	有机质 OM/(g/kg)	全氮 TN/(g/kg)	全磷 TP/(g/kg)	全钾 TK/(g/kg)	碱解氮 AN/(mg/kg)	有效磷 AP/(mg/kg)	速效钾 AK/(mg/kg)	土壤母质 Parent material	剖面点坐标 Profile coordinate	匹配指数 Matching index/%
剖1	铁铝土	红壤	黄红壤	板页岩黄红壤		A	0—35	黑灰色	黏壤土	粒状	5.6	14.5	0.50	0.11	32.0	35	1.7	28	板页岩	E 111°14′19.5″ N 26°01′47.2″	96
						Bv	35—70	黄棕色	黏壤土	块状	5.2	≤1.0	0.45	1.30	33.0						
剖2	人为土	水稻土	潴育水稻土	河砂泥田	河砂田	A	0—18	深灰色	砂壤土	小团块状	6.8	11.0	0.98	0.80	18.0	83	4.8	37	第四纪红色黏土	E 111°28′45.6″ N 26°11′04.8″	95
						P	18—28	黄棕色	砂壤土	块状	7.0	10.0	0.76	1.35	15.8						
						W	28—58	黄棕色	砂壤土	块状	7.0	18.3	0.69	0.69	15.9						
						S	58—100	灰黄色	砂土	粒状	7.0										
剖3	初育土	石灰(岩)土	红色石灰土	耕型红色石灰土	黑色石灰土	1	0—26	棕色	黏壤土	碎块状	6.4								石灰岩	E 111°25′54.6″ N 26°11′18.9″	95
						2	26—100	棕色	黏土	块状	6.4										
剖4	初育土	紫色土	石灰性紫色土	石灰性紫砂土		1	0—15	紫色	砂壤土	块状	7.6									E 111°20′38.1″ N 26°09′24.6″	95
						2	15—100	紫色	砂壤土	块状	7.6										
剖5	人为土	水稻土	矿毒型水稻土	非金属矿毒田	煤炭水稻田	A	0—24	暗灰色	壤土	碎块状	7.8									E 111°22′07.7″ N 26°08′21.5″	95
						P	24—34	黑灰色		块状	7.6										
						W	34—100	灰黄色	壤土	块状	7.8										
剖6	人为土	水稻土	淹育水稻土	浅灰黄泥田	浅灰黄泥田	A	0—14	黄褐色	黏壤土	团块状	6.5	18.5	1.27	0.92	21.3	86	5.1	44		E 111°25′59.1″ N 26°05′13.2″	95
						P	14—33	黄棕色	黏壤土	团块状	7.5	17.4	1.09	0.88	20.3						
						C	33—100				7.3	11.5	0.68	0.72	20.3						
剖7	人为土	水稻土	潴育水稻土			A	0—24	棕色	壤土	糊状	6.8	24.6	2.20	1.78	19.3	117	11.7	22		E 111°20′38.9″ N 26°03′16.4″	95
						Pg	24—35	青灰色	壤土	块状	7.0	25.4	2.40	0.60	17.9						
						G	35—54	青灰色	壤土	棱柱状	6.8	24.3	2.00	0.75	21.3						
						Cg	54—100	青灰色		块状	7.5	9.5	1.00	0.55	21.3						
剖8	人为土	水稻土	潴育水稻土			A	0—17	棕色	黏壤土	糊状	7.0	41.3	2.00	0.83	15.0	90	6.6	94		E 111°21′37.0″ N 26°00′10.0″	95
						Pg	17—30	青灰色	黏壤土	块状	7.2	35.4	1.94	0.90	16.3						
						G	30—100	青灰色			7.2	32.8	1.37	0.74	15.0						
剖9	铁铝土	黄壤	黄壤			Ao	0—3			粒块状		47.4	2.60	0.70	23.0					E 111°27′58.3″ N 26°02′45.9″	95
						A₁	3—18	暗黑色	壤土	块状	5.6	36.0	1.83	0.25	23.5						
						A₂	18—48	黄色	黏壤土	块状	6.0	8.3	0.97	0.35	23.9						
						Bv	48—100	灰黄色	黏壤土	块状	5.6	6.9	0.86	0.65	19.0						
剖10	铁铝土	黄壤	黄壤	石灰岩黄壤		A	0—18	深灰色	壤土	碎块状	5.2	28.0	1.50	0.50	21.0					E 111°29′07.3″ N 26°00′32.6″	95
						Bv	18—37	红黄色	黏壤土	块状	5.8	9.0	0.70	0.30	18.0						
剖11	人为土	水稻土	潴育水稻土	烂泥田	烂泥田	Ag	0—18	青灰色	黏土	糊状	7.6	50.5	1.85	0.75	13.1	109	6.3	89		E 111°16′18.3″ N 25°58′36.4″	95
						G	22—100	青灰色	黏土	糊状	7.8	42.3	1.50	0.63	12.4						
剖12	红壤	红壤	红壤	耕型板页岩红壤	黄泥土	A	0—17	浅黄棕色	黏壤土	团块状	6.4	12.9	1.40	1.54	24.5	35	1.3	32	板岩	E 111°19′36.9″ N 25°55′11.8″	95
						Bv	17—63	红黄色	黏壤土	核状	5.8	12.4	1.30	1.30	26.0						
						C	63—100		黏壤土	核状	5.8	11.2	1.25	1.20	28.0						
剖13	初育土	石灰(岩)土	红色石灰土	红色石灰土	红色石灰土	A	0—15	棕红色	黏土	团块状	6.6	17.6	1.89	1.45	12.8	88	6.5	14	石灰岩	E 111°18′41.5″ N 25°57′07.7″	95
						Bv	15—100	暗棕红色	黏土	团块状	6.6	15.2	1.60	1.05	15.4						
剖14	初育土	石灰(岩)土	黑色石灰土			A	0—16	褐色	黏土	核块状	8.0	31.5	1.09	1.02	24.5				钙质页岩	E 111°16′39.4″ N 25°54′35.1″	95
						Bv	16—100	棕色	黏土	团块状	8.0	12.1	1.06	0.85	13.2						
剖15	铁铝土	红壤	红壤	石灰岩红壤		A	0—25	红棕色	黏壤土	碎块状	5.8	19.0	1.12	0.77	16.4	60	7.9	156	第四纪红色黏土	E 111°33′40.4″ N 26°12′28.6″	95
						C	25—100	红黄色	黏土	块状	5.6	13.3	0.90	1.03	12.3						

剖面号 Soil profile	土纲 Soil order	土类 Soil great group	亚类 Soil subgroup	土属 Soil genus	土种 Soil species	土层码 Layer code	土层厚度 Depth/cm	颜色 Soil color	质地 Soil texture	土壤结构 Soil structure	pH	有机质 OM/(g/kg)	全氮 TN/(g/kg)	全磷 TP/(g/kg)	全钾 TK/(g/kg)	碱解氮 AN/(mg/kg)	有效磷 AP/(mg/kg)	速效钾 AK/(mg/kg)	土壤母质 Parent material	剖面点坐标 Profile coordinate	匹配指数 Matching index/%
剖16	人为土	水稻土	潴育水稻土	酸性紫泥田	酸性紫泥田	A	0—13	紫棕色	黏壤土	块状	6.4	11.6	1.28	0.62	18.8	67	5.9	6			95
						P	13—23	紫棕色	黏壤土	块状	6.4	11.1	1.07	0.28	18.3						
						W₁	23—45	紫棕色	黏土	棱柱状	6.4	9.5	0.72	0.40	22.9						
						W₂	45—64	黄褐色	黏土	块状	6.4										
						C	64—100	棕黄色	黏土	块状	7.4										
剖17	初育土	石灰(岩)土	黑色石灰土			A	0—17	暗灰色	黏土	团粒状	7.2	40.5	3.01	1.41	18.6	63	3.3	117	石灰岩	E 111°41′19.7″ N 26°11′36.1″	75
						Bv	17—28	灰黄棕色	黏土	团块状	7.2	26.7	2.27	1.34	18.9						
剖18	人为土	水稻土	淹育水稻土	浅灰泥田	浅灰泥田	A	0—15	浅灰黄色	黏土	块状	7.4	23.6	1.35	0.78	15.1	86	5.1	44	石灰岩	E 111°46′22.0″ N 26°17′07.6″	95
						P	15—29	灰黄色	黏土	块状	7.5	15.0	0.85	0.88	15.1						
						C	29—100	棕黄色	黏土	块状	7.6	13.0	0.57	0.81	15.6						
剖19	铁铝土	黄壤	黄壤			Ao	0—2	暗灰色	砂壤土	粒状	5.0	55.0	2.00	2.40	24.0				花岗岩	E 111°52′58.9″ N 26°13′25.8″	75
						A₁	2—17	黄色	砂壤土	碎块状	5.2	15.0	1.20	2.00	26.0						
						Bv	17—40	灰黄色	壤土	块状	5.4	12.0	0.80	1.20	26.0						
						BvC	40—80														

东 安 县

主要土类说明

红壤是东安县主要土壤类型，占本县地域面积的 59%。红壤分布在海拔 800m 以下的低山、丘陵区，是在亚热带气温高、热量足、雨量充沛、干湿季节交替明显的气候条件下形成的地带性土壤。红壤具有明显的脱硅富铝化过程，风化作用强烈，有机质分解速度快、累积少、含量低。土壤一般呈酸性至强酸性，pH 多为 4.5—6.0。由于土壤中铁被氧化成氧化铁，土体呈红色至黄红色。本县红壤分为红壤、黄红壤、红壤性土三个亚类。

水稻土是东安县第二大土壤类型，占本县地域面积的 27%。水稻土是人为长期活动的产物，由各种自然土壤或旱土经水耕熟化而形成。本县水稻土分为淹育型、潴育型、渗育型、潜育型、矿毒型五个亚类。

石灰（岩）土是东安县第三大土壤类型，占本县地域面积的 6%。本县石灰（岩）土分为黑色石灰土和红色石灰土两个亚类。黑色石灰土分布在石灰岩地区的山顶岩隙和山丘低平处，是由石灰岩或钙质页岩发育而成的一种岩成土。由于大量腐殖质与钙结合，土体多呈黑色，有机质含量较高。一般土层不厚，剖面构型多为 A–D 或 A–C–D，土体有石灰反应，pH 在 7.5 以上。本县花桥、水岭、大庙口、横塘、川岩、新圩江等地有面积不等的黑色石灰土分布。红色石灰土分布在石灰岩山丘坡地，主要发育于铁质石灰岩。土层较深厚，土体呈棕红色或黄红色，质地为黏壤土，有机质和其他养分缺乏，土体中常见铁锰结核，pH 在 6.5 左右，心土层有较弱的石灰反应。本县大盛、石期市等地有面积不等的红色石灰土分布。

黄壤占本县地域面积的 5%，分布在海拔 800—1200m 的山地，垂直分布在红壤之上、黄棕壤之下。由于所处地区气候凉湿，冬无严寒，夏无酷暑，空气湿度大，土壤中游离氧化铁水化而使土体呈黄色，心土层呈蜡黄色。腐殖质层一般较厚，盐基饱和度不高，土壤呈酸性至强酸性，pH 为 4.5—5.5。本县黄壤仅有黄壤一个亚类。

小于本县地域面积 3% 的土壤类型有黄棕壤、紫色土、潮土、山地草甸土等。

本区域中心区气候特征

本区域中心区气候特征值 Regional climate characteristics in central area of the region	
气候带：中亚热带湿润气候 Climate region: Subtropical humid climate	
年平均气温 /℃ Annual average temperature /℃	17.5
年平均最高气温 /℃ Annual average maximum temperature /℃	21.5
年平均最低气温 /℃ Annual average minimum temperature /℃	14.6
年降水量 /mm Annual precipitation /mm	1412
≥10℃的积温 /℃ Daily temperature accumulated in a year (≥10℃) /℃	6467
年日照时数 /h Annual sunshine /h	1500
年平均相对湿度 /% Annual average relative humidity /%	78
干燥度 Dryness	0.74

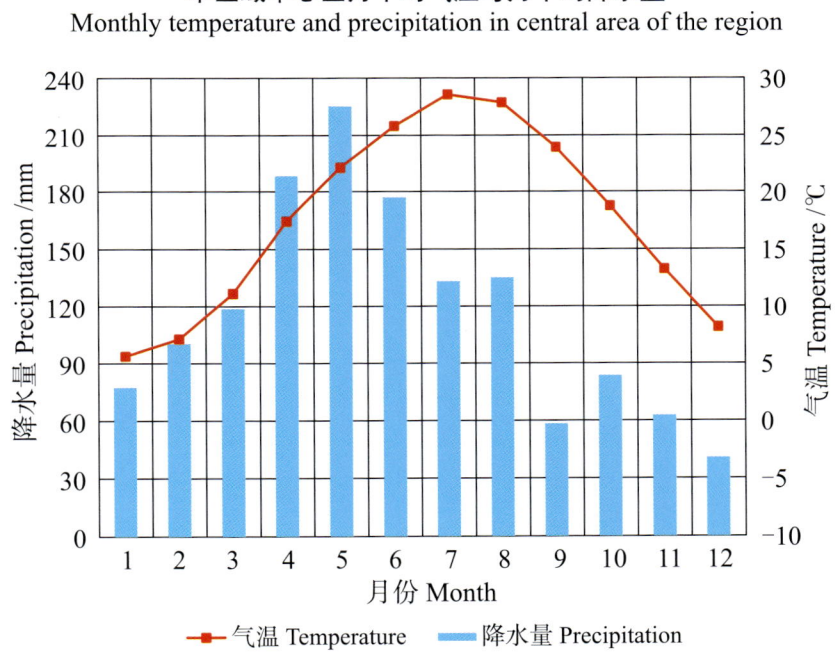

本区域中心区月平均气温与月平均降水量
Monthly temperature and precipitation in central area of the region

东安县主要土壤类型与土壤剖面点分布图
1 : 280 000

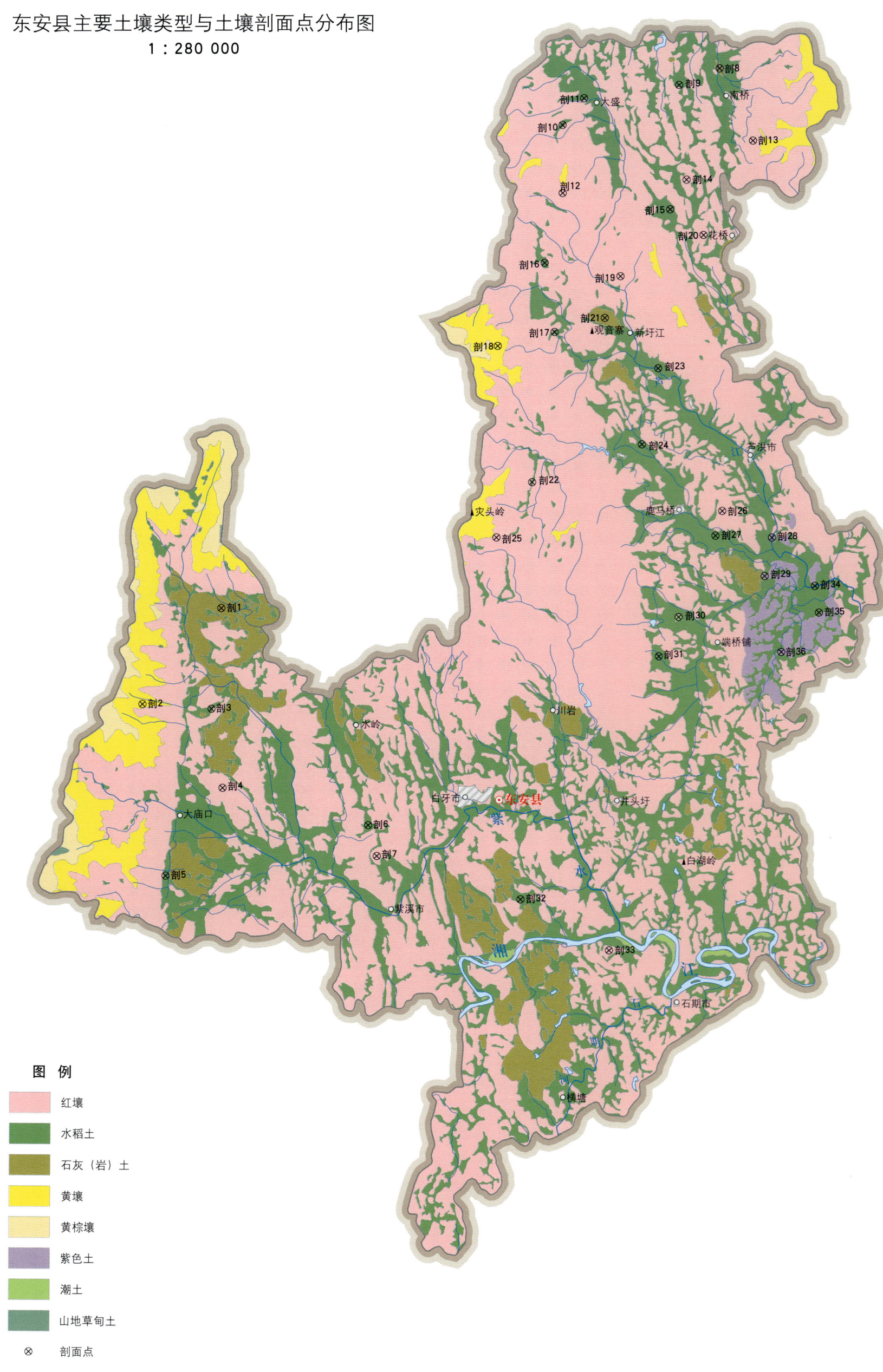

东安县土壤剖面理化性状表

剖面号 Soil profile	土纲 Soil order	土类 Soil great group	亚类 Soil subgroup	土属 Soil genus	土种 Soil species	土层码 Layer code	土层厚度 Depth/cm	颜色 Soil color	质地 Soil texture	土壤结构 Soil structure	pH	有机质 OM/(g/kg)	全氮 TN/(g/kg)	全磷 TP/(g/kg)	土壤母质 Parent material	剖面点坐标 Profile coordinate	匹配指数 Matching index/%
剖1	初育土	石灰（岩）土	红色石灰土	红色石灰土	红色石灰土	A	0—20	红棕色	黏土	块状	7.8	20.6	1.31	0.73	钙质页岩	E 111°07′16.2″ N 26°30′55.5″	95
						Bv	20—47	浅红棕色	黏土	块状	7.3	8.1	0.89	0.54			
						BvC	47—100	棕黄色	黏壤土	块状	7.9	11.2	0.82	0.64			
剖2	铁铝土	黄壤	黄壤	板页岩黄壤	板页岩黄壤	A₁	0—8	深栗色	黏壤土	团粒状	5.1	66.0	3.33	0.49	板页岩	E 111°04′01.9″ N 26°27′22.7″	95
						A	8—60	黄棕色	黏壤土	块状	5.0	36.6	0.66	0.91			
						Bv	60—120	黄色	黏壤土	块状	5.3	11.6	0.62	1.67			
剖3	人为土	水稻土	潴育水稻土	碱紫泥田	碱紫泥田	A	0—14	紫棕色	黏壤土	小团粒状	8.2	28.8	1.12	1.19	紫色页岩	E 111°06′52.6″ N 26°27′12.8″	95
						P	14—24	紫棕色	黏土	块状	8.3	26.2	0.36	0.52			
						W	24—100	紫棕色	黏土	块状	8.3	11.3	0.32	0.92			
剖4	铁铝土	黄红壤	黄红壤	板页岩黄红壤	薄腐厚层板页岩黄红壤	A	0—7	黑灰色	壤土	团粒状	4.8	83.2	1.58	1.27	板页岩	E 111°07′20.5″ N 26°24′17.1″	95
						Bv	7—52	褐色	黏土	块状	4.5	40.4	1.51	1.23			
						BvC	52—200	黄棕色	黏土	块状	4.7	31.9	0.76	1.31			
剖5	人为土	水稻土	淹育水稻土	浅黄砂泥田	浅红砂泥田	A₁	0—10	黑色	砂壤土	粒状	4.9	183.8	1.00	1.49	红色砂岩	E 111°05′00.5″ N 26°21′01.5″	95
						A	10—90	棕黄色	壤土	小块状	5.2	16.0	0.82	0.71			
						Bv	90—	黄灰色	砂壤土	粒状	5.1	34.3	0.75	1.04			
剖6	人为土	水稻土	潴育水稻土	灰泥田	灰泥田	A	0—17	灰棕色	黏壤土	小团粒状	8.2	26.2	1.36	1.32	石灰岩	E 111°13′19.9″ N 26°22′54.9″	95
						P	17—26	灰棕色	黏土	块状	8.2	14.9	1.13	1.24			
						W	26—78	黄色	黏土	块状	8.2	13.8	1.06	1.16			
						C	78—100	黄色	黏土	块状	8.2	15.0	0.56	0.64			
剖7	铁铝土	红壤	红壤	板页岩红壤	板页岩红壤	A	0—18	棕红色	黏壤土	块状	6.0	17.3	1.47	0.93	板页岩	E 111°13′41.0″ N 26°21′46.4″	95
						Bv	18—90	黄红色	黏土	块状	5.5	13.6	1.19	0.42			
						C	90—	黄红色	黏土	块状	5.5	13.2	1.08	0.38			
剖8	初育土	石灰（岩）土	黑石灰土	耕型黑色石灰土	耕型黑色石灰土	A	0—18	栗色	黏壤土	粒状	8.0	28.7	0.70	1.15	钙质页岩	E 111°27′48.8″ N 26°50′47.9″	75
						Bv	18—26	褐色	黏土	块状	8.1	19.0	0.53	1.55			
						C	26—100	黄色	黏土	块状	8.1	9.4	0.42	1.31			
剖9	水稻土	水稻土	淹育水稻土	浅碱紫泥田	浅碱紫泥田	A	0—13	黄棕色	黏壤土	小团粒状	8.0	20.3	0.80	0.67	紫色页岩	E 111°26′08.8″ N 26°50′11.7″	95
						P	13—21	黄棕色	黏壤土	块状	8.1	19.3	0.68	0.68			
						C	21—100	黄棕色	黏壤土	块状	8.2	11.7	0.34	0.50			
剖10	人为土	水稻土	渗育水稻土	白散泥田	白散泥田	A	0—15	棕灰色	黏壤土	块状	6.1	31.1	0.77	0.82	第四纪红色黏土	E 111°21′19.6″ N 26°48′44.5″	95
						P	15—24	棕灰色	黏壤土	小块状	7.8	22.7	0.63	0.55			
						E	24—100	灰白色	黏壤土	小块状	7.5	12.1	0.12	0.37			
剖11	人为土	水稻土	潜育水稻土	冷浸泥田	冷浸泥田	A	0—20	褐色	黏壤土	小团粒状	5.8	44.5	1.86	1.13	板页岩	E 111°22′13.5″ N 26°49′43.7″	95
						Pg	20—28	褐黄色	黏壤土	块状	5.6	42.0	1.21	0.95			
						G	28—100	青色	壤土	块状	5.2	40.8	0.77	1.16			
剖12	铁铝土	红壤	红壤	砂岩黄红壤	砂岩黄红壤	A₁	0—2	褐色	壤土	团粒状	4.9	48.8	0.32	1.54	红色砂岩	E 111°21′19.5″ N 26°46′14.3″	95
						A	2—10	栗色	砂壤土	团粒状	5.0	41.1	0.24	1.36			
						Bv	10—60	棕黄色	砂壤土	柱状	5.2	16.8	0.19	0.66			
						BvC	60—200	棕黄色	砂壤土	柱状	5.3	11.0	≤0.10	0.79			
剖13	铁铝土	红壤	黄红壤	花岗岩黄红壤	薄腐中层花岗岩黄红壤	A₁	0—5	褐色	砂壤土	粒状	4.9	105.4	1.05	0.27	花岗岩	E 111°29′11.0″ N 26°48′08.3″	95
						ABv	5—50	褐色	砂壤土	粒状	5.1	17.9	0.48	1.19			
						C	50—70	黄红色	砂壤土	粒状	5.6	6.5	0.33	0.94			

续表 Continued

剖面号 Soil profile	土纲 Soil order	土类 Soil great group	亚类 Soil subgroup	土属 Soil genus	土种 Soil species	土层码 Layer code	土层厚度 Depth/cm	颜色 Soil color	质地 Soil texture	土壤结构 Soil structure	pH	有机质 OM/(g/kg)	全氮 TN/(g/kg)	全磷 TP/(g/kg)	土壤母质 Parent material	剖面点坐标 Profile coordinate	匹配指数 Matching index/%
剖14	铁铝土	红壤	红壤	板页岩红壤	板页岩红壤	A	0~25	棕红色	黏壤土	小块状	6.7	32.7	0.51	1.25	板页岩	E 111°26′26.3″ N 26°46′42.5″	95
						Bv	25~39	黄红棕色	黏壤土	块状	6.8	31.5	0.32	2.45			
						C	39~100	黄红色	黏壤土	块状	6.2	21.0	0.27	1.85			
剖15	人为土	水稻土	潴育水稻土	麻砂泥田	麻砂泥田	A	0~15	深灰色	砂壤土	粒状	6.1	55.1	3.19	1.56	花岗岩	E 111°25′45.9″ N 26°45′36.9″	95
						P	15~20	栗色	砂壤土	粒状	6.0	54.1	2.55	1.37			
						W	20~57	褐色	砂壤土	粒状	6.4	29.3	0.89	1.33			
						C	57~100	棕红色	砂壤土	粒状	6.6	19.0	0.66	1.48			
剖16	人为土	水稻土	潴育水稻土	岩渣田	岩渣田	A	0~13	棕色	黏壤土	小块状	7.0	22.2	1.78	1.38	板页岩坡积物	E 111°20′34.9″ N 26°43′39.2″	95
						P	13~22	棕色	黏壤土	块状	7.0	26.2	0.96	1.75			
						W	22~100	棕色	黏壤土	块状	7.0	14.5	0.57	1.44			
剖17	人为土	水稻土	淹育水稻土	浅黄泥田	浅黄泥田	A	0~14	黄褐色	黏壤土	小团粒状	5.6	23.4	1.08	0.66	板页岩	E 111°20′59.0″ N 26°41′06.2″	95
						P	14~23	黄褐色	黏壤土	块状	6.2	21.1	0.93	0.96			
						C	23~100	棕黄色	黏壤土	块状	6.7	15.9	0.67	0.36			
剖18	铁铝土	黄壤	黄壤	板页岩黄壤	板页岩黄壤	A₁	0~10	灰色	壤土	块状	5.0	73.7	2.63	1.03	板页岩	E 111°18′38.2″ N 26°40′36.2″	95
						A	10~30	灰色	黏壤土	块状	5.2	52.5	1.39	1.71			
						Bv	30~100	黄色	黏土	团粒状	5.5	17.1	0.92	0.98			
剖19	铁铝土	红壤	红壤	砂岩红壤	砂岩红壤	A	0~25	黄色	砂壤土	小块状	6.4				砂岩	E 111°23′41.9″ N 26°43′09.5″	95
						BvC	25~100	棕色	砂壤土	粒状	6.5						
剖20	铁铝土	红壤	红壤	板页岩红壤	板页岩红壤	A₁	0~3	浅红色	黏壤土	粒状	5.4	77.0	2.44	0.90	板页岩	E 111°27′07.9″ N 26°44′40.3″	95
						A	3~5	浅红色	黏壤土	粒状	4.6	21.7	0.82	0.68			
						Bv	5~21	浅红色	黏壤土	粒状	4.5	14.1	0.24	0.60			
						C	21~100	浅黄色	黏壤土	团粒状							
剖21	初育土	石灰(岩)土	红色石灰土	红色石灰土	薄腐厚层红色石灰土	A₁	0~9	栗色	黏壤土	柱状	8.1	33.5	0.71	1.69	石灰岩	E 111°23′03.0″ N 26°41′37.2″	75
						Bv	9~39	栗色	黏壤土	小团粒状	7.5	32.6	0.46	1.65			
						BvC	39~100	黄棕色	黏壤土	块状	7.0	10.1	0.32	0.90			
剖22	人为土	水稻土	潴育水稻土	黄泥田	黄泥田	A	0~14	黄棕色	黏壤土	块状	6.8	38.5	2.14	1.43	板页岩	E 111°20′03.4″ N 26°35′34.8″	95
						P	14~23	黄棕色	黏壤土	块状	7.4	27.7	1.97	1.33			
						W	23~60	灰棕色	黏壤土	块状	7.3	15.3	1.66	0.79			
						C	60~100	棕灰色	黏壤土	块状	7.4	15.4	1.41	0.60			
剖23	人为土	水稻土	潴育水稻土	青泥田	青泥田	A	0~16	灰色	黏壤土	小团粒状	6.6	48.8	0.36	0.70	板页岩	E 111°25′14.9″ N 26°39′45.7″	95
						Pg	16~26	灰色	黏壤土	块状	6.6	48.3	0.31	0.84			
						G	26~100	灰色	黏壤土	块状	6.2	20.7	0.21	0.90			
剖24	人为土	水稻土	潴育水稻土	河砂泥田	河砂泥田	A	0~15	棕灰色	砂壤土	小团粒状	7.5	18.9	1.74	0.91	河流冲积物	E 111°24′34.7″ N 26°36′57.9″	95
						P	15~24	棕褐色	砂壤土	小块状	8.0	23.7	1.19	1.41			
						W	24~60	棕色	砂壤土	小块状	7.2	14.6	0.41	1.31			
						C	60~100	棕色	砂壤土	粒状	7.4	6.3	0.20	0.92			
剖25	铁铝土	红壤	黄红壤	耕型板页岩黄红壤	黄红岩渣子土	A	0~28	栗色	黏壤土	块状	5.4	51.1	0.75	1.55	板页岩	E 111°18′35.1″ N 26°33′32.0″	95
						C	28~100	黄色	黏土	粒状	4.7	13.5	0.50	0.97			
剖26	铁铝土	红壤	黄红壤	耕型砂岩黄红壤	黄红砂土	A	0~24	褐色	砂壤土	块状	6.4	35.9	0.68	0.59	砂岩	E 111°27′52.4″ N 26°34′29.8″	95
						Bv	24~59	栗色	砂壤土	块状	7.7	43.5	0.29	1.42			
						C	59~100	紫色	砂壤土	块状	7.9	12.4	0.14	0.37			
剖27	人为土	水稻土	潴育水稻土	灰黄泥田	灰黄泥田	A	0~12	棕色	壤土	小团粒状	7.4	23.6	0.62	1.14	石灰岩	E 111°27′35.6″ N 26°33′35.0″	95
						P	12~20	棕色	黏土	块状	7.5	8.0	0.41	0.96			
						W	20~40	红棕色	黏土	块状	7.3	9.2	0.29	1.74			
						C	40~100	红棕色	黏土	块状	7.4	3.7	0.20	1.61			

续表 Continued

剖面号 Soil profile	土纲 Soil order	土类 Soil great group	亚类 Soil subgroup	土属 Soil genus	土种 Soil species	土层码 Layer code	土层厚度 Depth/cm	颜色 Soil color	质地 Soil texture	土壤结构 Soil structure	pH	有机质 OM/(g/kg)	全氮 TN/(g/kg)	全磷 TP/(g/kg)	土壤母质 Parent material	剖面点坐标 Profile coordinate	匹配指数 Matching index/%
剖28	初育土	紫色土	石灰性紫色土	耕型石灰性紫色土	耕型石灰性紫色土	A	0—7	黄紫色	砂壤土	小块状	7.8	4.2	0.84	1.93	紫色砂岩	E 111°29′55.3″ N 26°33′30.8″	75
						C	7—100	紫紫色	砂壤土	块状	7.8	4.8	0.26	1.37			
剖29	初育土	紫色土	酸性紫色土	酸性紫砂土	薄腐中层酸性紫色土	A	0—14	紫红色	砂壤土	粒状	4.5				紫色砂岩	E 111°29′37.4″ N 26°32′05.6″	75
						Bv	14—53	紫紫红色	砂壤土	小块状	4.5						
剖30	半水成土	潮土	河潮土	耕型河潮土	耕型河潮土	A	0—15	棕褐色	砂土	粒状	5.0				河流冲积物	E 111°26′05.4″ N 26°30′35.6″	75
						C	15—66	棕褐色	砂土	粒状	5.0						
剖31	人为土	水稻土	潴育水稻土	红黄泥田	红黄泥田	A	0—14	黄褐色	黏壤土	小团粒状	5.7	31.0	1.36	2.92	第四纪红色黏土	E 111°25′15.9″ N 26°29′08.9″	95
						P	14—22	黄褐色	黏壤土	块状	6.1	13.0	1.41	0.82			
						W	22—55	橙黄色	黏土	块状	7.2	14.3	0.35	0.97			
						C	55—100	黄红色	黏土	粒状	7.2	16.2	0.32	0.76			
剖32	人为土	水稻土	淹育水稻土	浅灰泥田	浅灰泥田	A	0—15	黄褐色	黏壤土	小团粒状	7.5	25.2	1.77	1.20	石灰岩	E 111°19′35.7″ N 26°20′10.7″	95
						P	15—24	棕褐色	黏壤土	块状	7.5	16.5	1.71	0.98			
						C	24—100	棕红色	黏壤土	粒状	7.7	3.1	0.48	0.63			
剖33	铁铝土	红壤	红壤性土	第四纪红色红壤性土	薄腐薄层红壤性土	Bv	0—13	浅红棕色	砂土	块状	4.2	14.5	0.64	1.63	第四纪红色黏土	E 111°23′14.3″ N 26°18′17.1″	95
						C	13—100	红棕色	黏壤土	块状	4.2	10.9	0.53	0.74			
剖34	人为土	水稻土	潴育水稻土	中性紫泥田	中性紫泥田	A	0—14	紫褐色	壤土	小块状	6.5	34.4	1.98	1.07	紫色页岩	E 111°31′41.3″ N 26°31′43.6″	95
						P	14—23	紫褐色	黏壤土	块状	6.5	20.5	1.82	0.79			
						W	23—100	紫褐色	黏壤土	块状	7.0	17.5	0.82	1.29			
剖35	人为土	水稻土	淹育水稻土	浅麻砂泥田	浅麻砂泥田	A	0—15	灰青色	砂壤土	块状	6.5	80.7	2.90	3.60	花岗岩	E 111°31′51.6″ N 26°30′44.9″	95
						P	15—21	深褐色	砂壤土	粒状	5.8	75.0	2.57	2.60			
						C	21—100	棕褐色	砂土	粒状	6.1	52.4	1.38	6.20			
剖36	初育土	紫色土	石灰性紫色土	石灰性紫砂土	中层石灰性紫砂土	A	0—30	紫色	中壤土	粒状	7.9	25.2	1.28	0.90		E 111°30′18.3″ N 26°29′18.1″	95
						Bv	30—70	紫色	中壤土	块状	8.0	13.1	0.73	1.10			
						C	70—	紫色	中壤土	块状	8.0	7.2	0.39	0.36			

双 牌 县

主要土类说明

红壤是双牌县主要土壤类型，占本县地域面积的57%。在高温多雨、干湿季节交替明显、生物循环活跃的条件下，成土母质的化学风化和生物风化作用十分强烈，有机质分解迅速，腐殖质层少见，脱硅富铝化作用强烈，盐基及硅酸盐类大量淋失，铁铝氧化物明显聚积。铁的氧化物常以赤铁矿的形态存在，使土体呈红色。红壤土层深厚，层次明显，剖面构型一般为A–B–C，底部可见深厚的红、黄、白相间的网纹红色黏土。

黄壤是双牌县第二大土壤类型，占本县地域面积的25%。黄壤脱硅富铝化作用较弱，铁的氧化物含量较高，土壤呈黄色。有机质分解缓慢，腐殖化过程强于矿质化过程，有利于有机质的积累，腐殖质层明显，有机质含量较高。

黄棕壤是双牌县第三大土壤类型，占本县地域面积的8%。黄棕壤主要分布在麻江、茶林、何家洞、打鼓坪等地，地形部位为海拔900—1300m的中低山上部和中山中下部。黄棕壤区的生物气候条件与红壤区相比有明显的差别。以海拔924m的阳明山林场土壤剖面为例，植被为落叶阔叶与常绿阔叶混交林，土壤具有明显的枯枝落叶层和腐殖质层，有机质和矿质养分含量丰富，有机质含量高达109g/kg，全氮含量为3.48g/kg，全磷含量为1.26g/kg，全钾含量为20.6g/kg。

水稻土占本县地域面积的7%，分布在海拔300m以下的丘陵、岗地、平地。约有3%的水稻土分布在海拔700m以上的山坡上，其分布最高处海拔约为1050m。在人为耕作、施肥、灌溉等措施的影响下，土壤内部进行着氧化还原交替、有机质合成与分解、盐基淋溶与复盐基作用的熟化过程，促进了土壤性状的改变，从而形成了水稻土特有的形态、理化和生物特性。

小于本县地域面积3%的土壤类型有石灰（岩）土、山地草甸土、潮土等。

本区域中心区气候特征

本区域中心区气候特征值
Regional climate characteristics in central area of the region

气候带：中亚热带湿润气候 Climate region: Subtropical humid climate	
年平均气温 /℃ Annual average temperature /℃	18.3
年平均最高气温 /℃ Annual average maximum temperature /℃	22.4
年平均最低气温 /℃ Annual average minimum temperature /℃	15.3
年降水量 /mm Annual precipitation /mm	1503
≥10℃的积温 /℃ Daily temperature accumulated in a year (≥10℃) /℃	6874
年日照时数 /h Annual sunshine /h	1511
年平均相对湿度 /% Annual average relative humidity /%	78
干燥度 Dryness	0.72

本区域中心区月平均气温与月平均降水量
Monthly temperature and precipitation in central area of the region

双牌县主要土壤类型与土壤剖面点分布图
1∶260 000

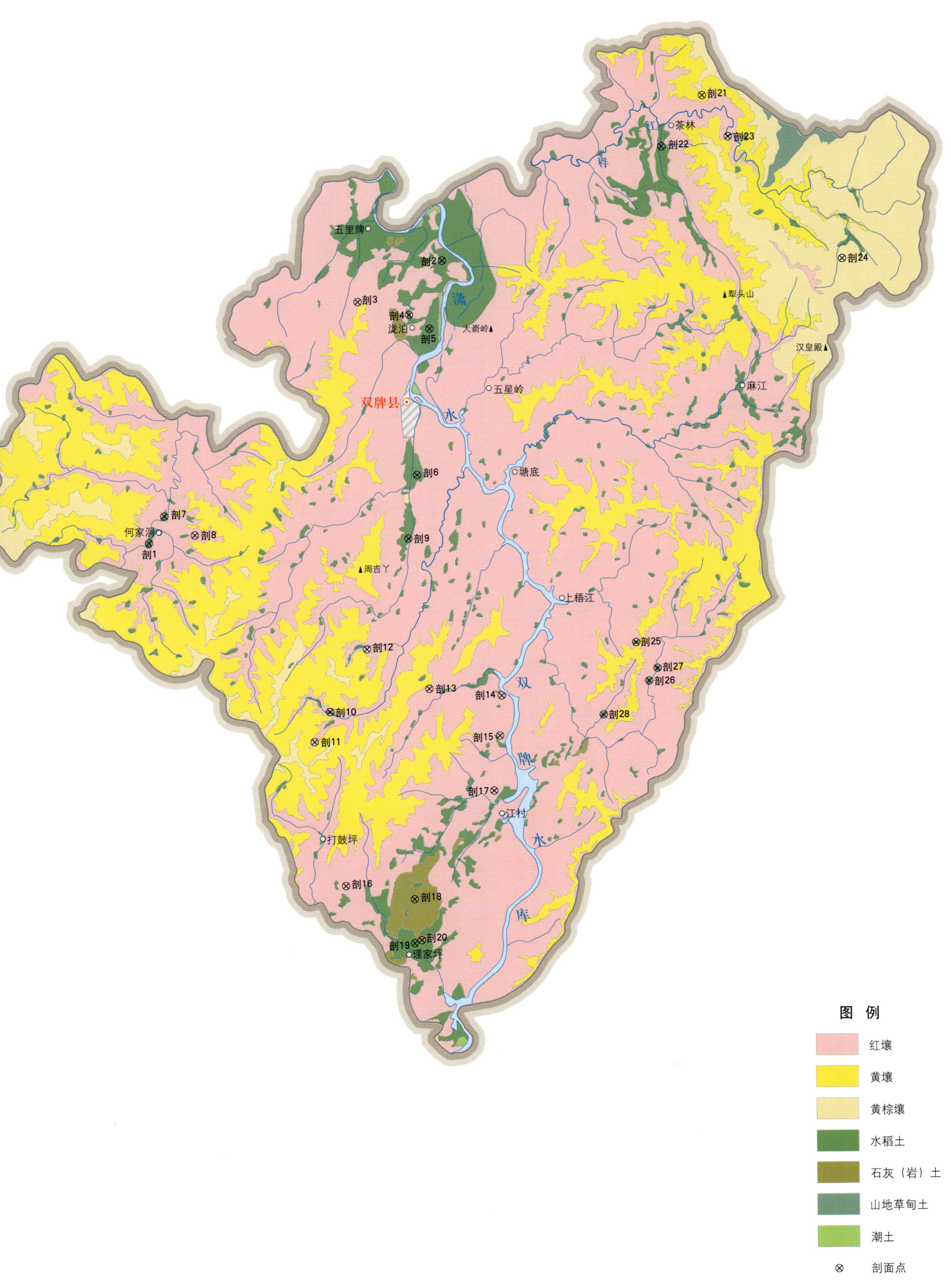

图 例
- 红壤
- 黄壤
- 黄棕壤
- 水稻土
- 石灰（岩）土
- 山地草甸土
- 潮土
- ⊗ 剖面点

双牌县土壤剖面理化性状表

剖面号 Soil profile	土纲 Soil order	土类 Soil great group	亚类 Soil subgroup	土属 Soil genus	土种 Soil species	土层码 Layer code	土层厚度 Depth/cm	颜色 Soil color	质地 Soil texture	土壤结构 Soil structure	pH	有机质 OM/(g/kg)	全氮 TN/(g/kg)	全磷 TP/(g/kg)	全钾 TK/(g/kg)	碱解氮 AN/(mg/kg)	有效磷 AP/(mg/kg)	速效钾 AK/(mg/kg)	阳离子交换量CEC/(cmol/kg)	土壤母质 Parent material	剖面点坐标 Profile coordinate	匹配指数 Matching index/%
剖1	人为土	水稻土	潜育水稻土	黄泥田	黄泥田	A	0–15	黄棕色	重壤土		6.0	38.5	1.92	1.16	21.6	154	12.4	188			E 111°29′40.3″ N 25°53′16.9″	95
						P	15–28	棕黄色	重壤土		6.0	30.8	1.58	0.96	22.8							
						W	28–48	棕色	重壤土		6.0	21.5	1.02	0.89	22.8							
						C	48–100		轻壤土		5.6	5.7	0.48	0.64	27.3							
剖2	人为土	水稻土	淹育水稻土	浅黄砂泥田	浅黄砂泥田	Ap	0–10	暗灰棕色	轻壤土	块状	5.0	17.5	1.14	0.76	8.7	81	8.7	29	5.0		E 111°40′39.2″ N 26°02′36.0″	95
						P	10–21	暗灰棕色	轻壤土	块状	5.2	13.4	0.87	0.67	8.7	55	6.3	25	4.5			
						C	21–50	浅棕色	轻壤土	块状	5.8	10.5	0.77	0.68	11.1	36	1.3	30	5.9			
剖3	铁铝土	红壤	黄红壤	泥砂黄红土	砂黄红土	A	0–22	灰棕色	砂质黏壤土	屑粒状	4.9	23.1	1.20	0.20	10.5	136	12.5	126		砂岩风化残积物、坡积物	E 111°37′30.5″ N 26°01′14.4″	81
						Bv₁	22–62	亮棕色	砂质黏壤土	碎块状	4.7	12.1	0.70	0.20	10.9	45	6.3	45				
						Bv₂	62–100	浅橙色	砂质黏壤土	小块状	4.6	5.0	0.60	0.20	12.5	36	1.3	38				
剖4	人为土	水稻土	淹育水稻土	浅黄砂泥田	浅黄砂泥田	A	0–13	褐色	重黏土		4.9	32.3	1.65	1.37	27.5			86		石灰岩	E 111°39′25.0″ N 26°00′47.7″	95
						P	13–22	黄褐色	重黏土		5.0	29.1	1.54	1.29	27.2							
						C	22–100	灰黄色	轻黏土		6.0	5.5	0.57	0.86	28.7							
剖5	人为土	水稻土	潴育水稻土	灰黄泥田	灰黄泥田	A	0–12	褐色	中黏土		7.2	30.7	1.83	1.88	16.3	94		55			E 111°40′09.9″ N 26°00′19.9″	95
						P	12–21	黄褐色	重黏土		7.2	28.0	1.71	1.63	14.8							
						W₁	21–43	浅棕黄色	重黏土		7.2	12.3	1.06	1.12	15.9							
						W₂	43–100	灰黄色	中黏土		7.2	14.5	1.08	1.00	18.9							
剖6	人为土	水稻土	淹育水稻土	浅灰黄泥田	浅灰黄泥田	A	0–13	灰黄色	重壤土		6.4	21.3	1.17	1.01	11.5	80	7.6	62			E 111°39′38.0″ N 25°55′27.5″	95
						P	13–21	黄黄色	轻壤土		6.8	12.3	0.25	1.01	13.1							
						C	21–100	灰黄色	重壤土		7.6	10.8	0.63	0.92	13.6							
剖7	人为土	水稻土	潜育水稻土	冷浸田	冷浸砂泥田	A	0–18	棕灰色	重壤土		5.6	73.2	1.65	3.40	26.2	209	15.9	148		砂岩	E 111°30′14.7″ N 25°54′10.5″	95
						Pg	18–36	青灰色	中壤土		5.6	65.4	2.84	1.26	25.0							
						G	36–100	青灰色	中壤土		6.0	28.7	1.15	1.19	27.4							
剖8	铁铝土	红壤	红壤	耕型砂岩红壤	黄砂土	A	0–17	暗灰棕色	壤土	粒状	5.9	39.8	1.81	1.01	11.6	130	4.2	322	11.7	砂岩	E 111°31′22.4″ N 25°53′31.8″	95
						Bv	17–71	浅棕色	壤土	块状	5.0	8.7	0.82	0.65	17.0	53	≤1.0	45	7.7			
						BvC	71–125	暗黄橙色	黏壤土	块状	4.9	9.5	0.91	0.58	18.9	53	≤1.0	41	8.4			
剖9	人为土	水稻土	潜育水稻土	青泥田	青砂泥田	A	0–30	棕灰色	轻壤土		7.0	62.5	2.35	1.17	12.8	129	5.8	94			E 111°39′17.3″ N 25°53′20.5″	95
						Pg	30–45	青灰色	中壤土		6.8	28.2	1.08	0.84	11.7							
						G	45–75	青灰色	中壤土		6.8	27.5	0.97	0.74	10.2							
						C	75–100	灰黄色	中壤土		6.4	7.0	0.23	0.40	7.7							
剖10	人为土	水稻土	淹育水稻土	浅灰泥田	浅灰黄泥田	A	0–13	灰灰色	中壤土		8.0	43.9	2.33	1.30	17.3	103	8.3	88		石灰岩	E 111°36′18.0″ N 25°47′35.4″	95
						P	13–18	灰黄色	中壤土		8.0	36.3	2.07	1.37	18.0							
						W	18–33	棕灰色	中壤土		8.0	17.8	1.04	1.01	23.8							
						C	33–100	浅灰色	黏土		8.0	8.5	0.64	1.05	28.8							
剖11	铁铝土	红壤	黄红壤	砂岩黄红壤		A₁	2–5	黑棕色	中壤土		4.7	69.3	3.12	1.37	27.0	175	2.7	163		板页岩风化物	E 111°35′42.8″ N 25°46′35.2″	95
						Bv	5–36	棕色	中壤土		4.8	38.2	1.86	0.99	28.2							
						C	36–65	暗灰棕色	重壤土		4.7	22.7	1.43	1.05	27.7							
							65–200	浅棕色	轻壤土		5.2	15.7	1.08	1.29	28.0							
剖12	铁铝土	红壤	红壤	耕型砂岩红壤	黄砂土	A	0–13	红黄色	轻壤土		7.5	18.0	0.73	0.67	6.2	48	1.6	77		砂岩	E 111°37′41.7″ N 25°49′40.6″	95
						Bv	13–49	红黄色	轻壤土		6.6	2.0	0.57	0.73	10.1							
						C	49–100	红棕色	重壤土		5.5	7.0	0.48	0.86	10.1							

续表 Continued

剖面号 Soil profile	土纲 Soil order	土类 Soil great group	亚类 Soil subgroup	土属 Soil genus	土种 Soil species	土层码 Layer code	土层厚度 Depth/cm	颜色 Soil color	质地 Soil texture	土壤结构 Soil structure	pH	有机质 OM/(g/kg)	全氮 TN/(g/kg)	全磷 TP/(g/kg)	全钾 TK/(g/kg)	碱解氮 AN/(mg/kg)	有效磷 AP/(mg/kg)	速效钾 AK/(mg/kg)	阳离子交换量CEC/(cmol/kg)	土壤母质 Parent material	剖面点坐标 Profile coordinate	匹配指数 Matching index/%
剖面13	铁铝土	红壤	红壤	板页岩黄红壤	薄腐厚层板页岩红壤	A₁	2-6	暗棕色	中壤土		5.0	55.6	2.14	0.84	17.6	150	1.4	76		板页岩	E 111°39′59.4″ N 25°48′19.8″	95
						A	6-26	红黄色	重壤土		4.8	15.7	0.83	0.82	20.6							
						BvC	26-200	棕红色	中壤土		4.6	28.5	1.38	0.64	24.9							
剖面14	铁铝土	红壤	黄红壤	石灰岩黄红壤	薄腐厚层石灰岩黄红壤	A₁	2-7	暗棕色	中壤土		6.4	33.1	1.24	1.17	14.5	89	1.5	66		石灰岩风化物	E 111°42′39.4″ N 25°48′04.7″	95
						A	7-38	浅灰色	重壤土		6.1	8.7	0.81	1.12	16.9							
						Bv	38-85	黄红棕色	重壤土		6.3	13.0	0.84	1.03	17.5							
						C	85-200	棕色	重壤土		6.2	11.6	0.80	0.93	19.2							
剖面15	铁铝土	红壤	黄红壤	砂岩黄红壤	中腐厚层砂岩红壤	A₁	1-19	暗棕色	重壤土		4.7	21.5	1.12	0.63	17.1	84	1.6	120		砂岩风化物	E 111°42′35.0″ N 25°46′44.5″	95
						A	19-49	棕色	重壤土		4.7	12.3	0.77	0.52	16.2							
						Bv	49-112	暗黄色	重壤土		4.7	7.8	0.59	0.59	18.9							
						C	112-200		重壤土		4.7	14.1	0.58	0.87	31.4							
剖面16	铁铝土	红壤性土		砂岩红壤性土	厚腐砂岩红壤性土	A₁	2-23	黑棕色	重壤土		5.6	118.6	4.27	1.22	15.5	215	1.5	259		砂岩风化物	E 111°36′48.2″ N 25°41′45.5″	95
						Bvs	23-63	红棕色			4.6	35.4	1.73	1.04	23.9							
						D	63-															
剖面17	铁铝土	红壤		泥砂红壤	厚砂红土	A	0-28	红棕色	砂质黏壤土	碎块状	4.5	20.7	1.20	0.20	10.2			43		砂岩风化坡积物	E 111°42′20.3″ N 25°44′54.1″	95
						Bv	28-83	亮红棕色	砂质黏壤土	块状	4.7	9.1	0.80	0.20	11.3			37				
						BvC	83-100	亮红棕色	砂质黏壤土	小块状	4.8	7.8	0.80	0.20	12.1			43				
剖面18	初育土	石灰(岩)土	黑色石灰土	黑色石灰土		A	0-20	浅棕色	轻黏土		8.0	23.9	1.54	1.29	23.8	158	15.5	146		石灰岩	E 111°39′20.2″ N 25°41′17.0″	75
						Bv	20-59	棕色	中黏土		8.0	19.4	1.16	1.11	21.0							
						C	59-				8.0											
剖面19	人为土	水稻土	潜育水稻土	灰泥田		A₁	0-13	褐色	轻壤土		4.7	38.1	1.99	1.49	37.5	88	1.4	112		石灰岩风化物	E 111°39′19.4″ N 25°39′48.6″	95
						P	13-28	褐色	轻壤土		7.6	33.0	1.77	1.39	36.5							
						W₁	28-56	灰黄色	轻壤土		7.4	31.1	1.61	1.16	38.0							
						W₂	56-100	暗黄棕色	轻壤土		7.0	21.8	1.31	0.76	37.7							
剖面20	初育土	石灰(岩)土	黑色石灰土	拌型黑色石灰土		A	0-10	黑棕色	重壤土		7.0	56.5	2.19	0.94	18.0	105	5.9	99		石灰岩岩	E 111°39′35.0″ N 25°39′54.7″	95
						Bv	10-35	暗棕色	轻壤土		7.0	45.0	2.16	1.21	19.0							
						C	35-65	浅黄棕色	轻壤土		7.0	13.6	0.84	1.17	25.2							
						D	65-					36.7	1.81	1.38	21.2							
剖面21	铁铝土	黄壤		灰泥田		A₁	3-8	黑色	砂壤土		4.7	84.5	2.68	1.32	31.9	152	1.3	105		花岗岩岩	E 111°50′22.3″ N 26°08′02.6″	95
						Bv	8-33	灰黄色	砂壤土		4.5	55.0	1.71	1.13	32.7							
						C	33-108	暗黄棕色	中壤土		4.8	13.0	0.52	1.02	36.6							
							108-200					3.3	0.17	1.34	36.6							
剖面22	人为土	淹育水稻土	浅麻砂泥田			A	0-16	暗褐色	重壤土		5.9	64.0	3.09	1.86	32.3	203	12.0	278		花岗岩岩	E 111°48′50.7″ N 26°06′21.1″	95
						P	16-25	暗棕色	中壤土		6.4	40.1	1.89	1.43	33.3							
						C	25-100	浅黄棕色	轻壤土		6.7	11.2	0.72	1.28	36.1							
剖面23	铁铝土	红壤	黄红壤	花岗岩黄红壤		A	2-4	黄黄橙色	砂壤土		5.2	79.4	2.37	1.32	39.0	141	1.5	87		花岗岩岩	E 111°51′19.1″ N 26°06′40.1″	95
						Bv	4-42	暗黄橙色	轻壤土		5.6	7.3	0.36	0.76	22.2							
						BvC	42-200	灰白色	砂壤土		5.6	5.1	0.23	0.91	39.4							
剖面24	淋溶土	黄棕壤	山地黄棕壤	砂岩黄棕壤		A₁	1-8	暗红棕色	重壤土		5.0	68.7	2.77	1.21	19.6	123	≤1.0	138		板页岩风化物	E 111°55′29.9″ N 26°02′33.3″	95
						A	8-16	暗棕色	重壤土		5.2	32.5	1.47	1.14	21.1							
						Bv	16-56	棕色	重壤土		6.2	11.8	0.80	0.93	17.4							
						C	56-200	黄灰色	重壤土		5.5	24.0	1.14	1.13	19.4							
剖面25	人为土	水稻土	潜育水稻土	烂泥田	烂泥田	Ag	0-16	青灰色	轻黏土		7.6	43.9	2.60	1.29	24.6	136	5.3	83			E 111°47′39.7″ N 25°49′49.2″	75
						G	16-100	青灰色	轻壤土		6.4	37.8	1.43	1.20	24.5							

续表 Continued

剖面号 Soil profile	土纲 Soil order	土类 Soil great group	亚类 Soil subgroup	土属 Soil genus	土种 Soil species	土层码 Layer code	土层厚度 Depth/cm	颜色 Soil color	质地 Soil texture	土壤结构 Soil structure	pH	有机质 OM/(g/kg)	全氮 TN/(g/kg)	全磷 TP/(g/kg)	全钾 TK/(g/kg)	碱解氮 AN/(mg/kg)	有效磷 AP/(mg/kg)	速效钾 AK/(mg/kg)	阳离子交换量CEC/(cmol/kg)	土壤母质 Parent material	剖面点坐标 Profile coordinate	匹配指数 Matching index/%
剖26	人为土	水稻土	潴育水稻土	黄砂泥田	黄砂泥田	A	0—14	褐色	重壤土		5.6	38.7	1.99	1.20	21.0	120	14.6	118		砂岩	E 111°48′07.8″ N 25°48′31.8″	75
						P	14—24	浅褐色	重壤土		5.6	27.2	1.44	0.87	21.9							
						W	24—45	暗灰黄色	壤土		5.6	13.7	0.68	0.72	22.7							
						C	45—100	黄棕色	轻壤土		5.6	3.3	0.47	0.75	36.3							
剖27	人为土	水稻土	潴育水稻土	红黄泥田	红黄泥田	A	0—15	灰黄色	重壤土		5.6	32.0	1.50	0.92	12.6	102	5.5	63		第四纪红色黏土	E 111°48′26.9″ N 25°48′56.9″	75
						P	15—23	灰黄色	重黏土		6.0	28.5	1.41	0.92	13.4							
						W	23—52	红黄色	重黏土		6.0	6.6	0.48	0.53	8.9							
						C	52—100	红黄色	轻黏土		6.0	4.9	0.44	0.62	17.8							
剖28	人为土	水稻土	潴育水稻土	河砂泥田	河砂泥田	A	0—16	深灰色	轻壤土		6.8	35.0	1.66	1.42	25.6	106	6.6	71			E 111°46′25.6″ N 25°47′24.3″	95
						P	16—26	灰黄色	轻壤土		6.8	30.3	1.45	1.21	26.1							
						W	26—48	黄棕色	轻壤土		6.8	15.4	0.84	1.51	28.6							
						C	48—100	灰黄色	砂土		6.8	8.1	0.21	1.26	31.1							

道 县

主要土类说明

红壤是道县主要土壤类型，占本县地域面积的56%。红壤分布在海拔700m以下的低山、丘陵和岗地。在湿热的气候条件下，生物循环活跃，有机质矿质化程度高，腐殖质层少见，脱硅富铝化作用强烈，盐基及硅酸盐类大量淋失，铁铝氧化物明显聚积。铁的氧化物常以赤铁矿的形态存在，使土体呈红色。黏粒含量高，表土层黏粒含量为39.3%。盐基不饱和，pH多为4.5—6.0。有机质含量在27g/kg左右，碳氮比为8.9，矿质养分含量较低。

水稻土是道县第二大土壤类型，占本县地域面积的16%。在人为耕作、施肥、灌溉等措施的影响下，土壤内部进行着氧化还原交替、有机质合成与分解、盐基淋溶与复盐基作用的熟化过程，促进了土壤性状的改变，从而形成了水稻土特有的形态、理化和生物特性。

黄壤是道县第三大土壤类型，占本县地域面积的10%。黄壤主要分布在海拔700—1000m的中低山区。在温湿的气候条件下，有机质分解较慢，腐殖质层明显，表土层有机质含量在55g/kg左右，碳氮比为13.0。淋溶作用明显，黏粒有下移现象，表土层黏粒含量在30%左右，心土层可达40%。盐基不饱和，土壤呈酸性，pH多为4.5—5.0，矿质养分含量较低。

石灰（岩）土占本县地域面积的6%。本县石灰（岩）土分为黑色石灰土和红色石灰土两个亚类。前者分布在石灰岩裸露地区，以化学风化为主。除泥灰岩外，其他母质的风化产物残留量少，土层厚度多在40cm之内。发生层次不明显，剖面构型多为A–D。表土层呈黑色，有机质含量达46g/kg，碳氮比为10.0，具团粒状结构。后者零星分布在石灰岩裸露的山丘坡脚，是黑色石灰土与石灰岩红壤之间的过渡类型。矿物风化程度较高，质地多为黏土，具块状或棱柱状结构。发生层次较明显，剖面构型多为A–B–D。表土层呈红棕色，有机质含量在25g/kg左右，碳氮比为7.5；心土层呈黄红色，结构面常有灰白色胶膜。

黄棕壤占本县地域面积的6%，分布在海拔1000m以上的中山区。在凉湿的气候条件下，有机质累积过程明显，腐殖质层厚度常达10cm，甚至更厚，表土层有机质含量在93g/kg左右，碳氮比为14.5。脱硅富铝化过程十分微弱，但淋溶作用较明显，黏粒有下移现象，表土层黏粒含量为18%，心土层可达27%。发生层次明显，表土层呈黑褐色，心土层呈黄棕色。

紫色土占本县地域面积的4%，分布在红岩岗丘地区，发育于紫色砂页岩，土壤发育常处于相对幼年阶段。土层浅薄，发生层次不明显，全剖面呈紫色或紫红色，pH为6.0—8.0。

小于本县地域面积3%的土壤类型有山地草甸土、潮土等。

本区域中心区气候特征

本区域中心区气候特征值
Regional climate characteristics in central area of the region

气候带：中亚热带湿润气候 Climate region: Subtropical humid climate	
年平均气温 /℃ Annual average temperature /℃	18.9
年平均最高气温 /℃ Annual average maximum temperature /℃	23.1
年平均最低气温 /℃ Annual average minimum temperature /℃	15.8
年降水量 /mm Annual precipitation /mm	1579
≥10℃的积温 /℃ Daily temperature accumulated in a year (≥10℃) /℃	7025
年日照时数 /h Annual sunshine /h	1542
年平均相对湿度 /% Annual average relative humidity /%	77
干燥度 Dryness	0.71

本区域中心区月平均气温与月平均降水量
Monthly temperature and precipitation in central area of the region

道县主要土壤类型与土壤剖面点分布图
1:280 000

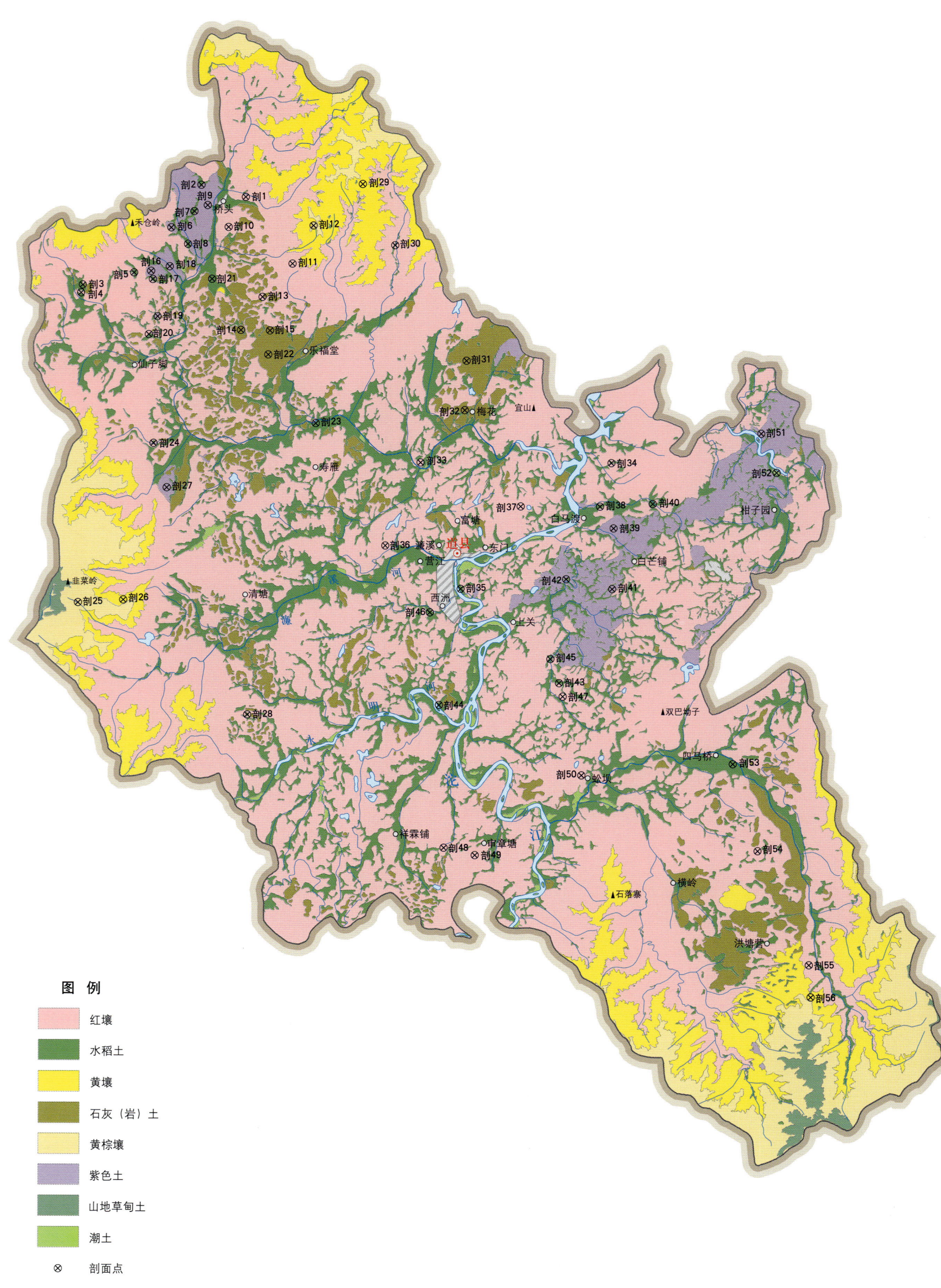

道县土壤剖面理化性状表

剖面号 Soil profile	土纲 Soil order	土类 Soil great group	亚类 Soil subgroup	土属 Soil genus	土种 Soil species	土层码 Layer code	土层厚度 Depth/cm	颜色 Soil color	质地 Soil texture	土壤结构 Soil structure	pH	有机质 OM/(g/kg)	全氮 TN/(g/kg)	全磷 TP/(g/kg)	全钾 TK/(g/kg)	碱解氮 AN/(mg/kg)	有效磷 AP/(mg/kg)	速效钾 AK/(mg/kg)	土壤母质 Parent material	剖面点坐标 Profile coordinate	匹配指数 Matching index/%
剖1	铁铝土	红壤	红壤	砂岩红壤		A	0~3		轻壤土		4.7	38.5	2.06	1.08	26.4	274	2.0	135	砂岩	E 111°27′00.7″ N 25°45′02.0″	98
						Bv	3~24		轻黏土		4.8	15.5	1.53	1.13	30.5						
						C	24~100		轻黏土		4.9	13.4	1.38	1.00	39.1						
剖2	人为土	水稻土	潴育水稻土	烂泥田	烂泥田	Ag	0~14		重壤土		7.3	57.9	2.92	0.64	5.7	228	14.0	32		E 111°25′11.6″ N 25°45′29.1″	75
						G	14~100		中壤土		7.6	17.7	1.16	0.66	12.9						
剖3	人为土	水稻土	潴育水稻土	冷浸田	锈水田	A	0~15		重壤土		7.9	46.6	2.36	1.45	12.8	221	14.0	60		E 111°20′17.8″ N 25°41′45.3″	75
						Pg	15~23		重壤土		8.0	42.0	2.23	1.36	11.9						
						G	23~100		轻黏土		7.3	29.7	1.54	0.95	12.5						
剖4	铁铝土	红壤	红壤	花岗岩红壤		A_2	0~10		重壤土		4.5	28.9	1.10	0.64	11.1	15	≤1.0	71	花岗岩	E 111°20′16.5″ N 25°41′32.7″	97
						Bv	10~66		中壤土		4.6	18.3	0.96	0.29	11.2						
						C	66~100		中壤土		4.7	6.9	0.22	0.18	26.0						
剖5	人为土	紫色土	淹育水稻土	碱性浅紫泥田	碱性浅紫泥田	A	0~13		重壤土		7.7	17.3	2.09	0.59	20.6	105	2.0	55	紫色砂页岩	E 111°22′25.9″ N 25°42′16.2″	75
						P	13~20		重壤土		7.8	16.0	1.15	0.62	20.3						
						C	20~100		轻黏土		7.8	5.2	0.73	0.41	18.4						
剖6	初育土	紫色土	中性紫色土	耕型中性紫色土	紫泥土	A	0~12		重壤土		6.8	15.2	1.01	0.89	9.6	57	7.0	50		E 111°23′58.0″ N 25°43′55.1″	75
						Bv	12~22		重壤土		7.0	10.1	1.02	0.39	10.9						
						C	22~100		重壤土		7.0	5.9	0.80	0.41	12.8						
剖7	人为土	水稻土	渗育水稻土	白鳝泥田	白鳝泥田	Ae	0~14		中壤土		6.2	17.2	1.08	0.46	8.2	118	4.0	25		E 111°24′54.7″ N 25°44′30.9″	75
						Pe	14~22		重壤土		6.9	10.9	1.01	0.46	7.2						
						E	22~61		重壤土		7.2	2.1	0.30	0.34	6.7						
						C	61~100		重壤土		7.9	1.5	0.29	0.41	7.6						
剖8	人为土	水稻土	潴育水稻土	碱性紫泥田		A	0~13		轻黏土		8.1	27.8	2.18	0.68	30.2	180	5.0	88		E 111°24′38.7″ N 25°43′18.4″	75
						P	13~19		轻黏土		8.1	20.4	1.61	0.65	31.1						
						W	19~53		轻黏土		8.1	6.8	0.80	0.46	26.3						
						C	53~100		轻黏土		8.0	3.2	0.73	0.75	23.2						
剖9	初育土	紫色土	石灰性紫色土	石灰性紫色土		A_1	0~15		重壤土		7.5	32.9	1.91	0.86	19.3	70	11.0	116		E 111°25′26.7″ N 25°44′43.9″	97
						A_2	15~60		重壤土		7.8	8.4	0.88	0.54	17.3						
						C	60~100		重壤土		7.9	7.7	0.66	0.49	16.1						
剖10	铁铝土	红壤	红壤	第四纪红色黏土红壤		A_1	0~3		中壤土		4.8	30.9	1.47	0.71	15.8	40	2.0	42	第四纪红色黏土	E 111°26′17.9″ N 25°43′55.5″	97
						A_2	3~9		中壤土		4.8	30.6	1.38	0.68	16.8						
						Bv	9~100		轻黏土		5.0	8.9	0.96	0.62	19.4						
剖11	铁铝土	红壤	红壤	耕型砂岩红壤	红砂土	A	0~12		轻壤土		5.9	11.3	0.79	0.48	10.5	36	3.0	49	砂岩	E 111°28′53.7″ N 25°42′33.8″	95
						Bv	12~33		轻黏土		5.9	8.8	0.73	0.37	10.5						
						C	33~100		轻黏土		6.1	7.8	0.72	0.62	23.9						
剖12	淋溶土	黄棕壤	山地黄棕壤	砂岩黄棕壤		Ao	0~4		轻壤土		4.6	184.7	8.11	5.41	30.4	≥500	2.0	75	砂岩	E 111°29′46.0″ N 25°43′57.6″	97
						A_1	4~25		轻壤土		4.8	78.1	4.12	4.56	30.1						
						Bv	25~100		中壤土		5.3	30.1	2.14	4.79	32.2						
剖13	铁铝土	红壤	黄红壤	耕型砂岩红壤	黄砂土	A	0~14		壤土		6.4	20.0		0.66	20.4	32	≤1.0	53	砂岩	E 111°27′40.2″ N 25°41′20.8″	95
						Bv	14~43		壤土		6.0	6.4	1.19	0.73	21.3						
						C	43~100		壤土		5.5	4.5		0.62	23.6						
剖14	初育土	石灰(岩)土	红色石灰土	红色石灰土		A	0~12		重黏土		7.3	26.1	1.19	0.45	25.6	73	7.0	65	石灰岩	E 111°26′47.6″ N 25°40′08.5″	97
						Bv	12~100		轻黏土		8.2	12.4	0.90	0.37	31.8						

续表 Continued

剖面号 Soil profile	土纲 Soil order	土类 Soil great group	亚类 Soil subgroup	土属 Soil genus	土种 Soil species	土层码 Layer code	土层厚度 Depth/cm	颜色 Soil color	质地 Soil texture	土壤结构 Soil structure	pH	有机质 OM/(g/kg)	全氮 TN/(g/kg)	全磷 TP/(g/kg)	全钾 TK/(g/kg)	碱解氮 AN/(mg/kg)	有效磷 AP/(mg/kg)	速效钾 AK/(mg/kg)	土壤母质 Parent material	剖面点坐标 Profile coordinate	匹配指数 Matching index/%
剖15	初育土	石灰（岩）土	红色石灰土	淋溶石灰土		A	0~9		重壤土		7.2	54.4	1.94	0.53	23.2	40	4.0	30	石灰岩	E 111°27′58.7″ N 25°40′07.0″	97
						Bv	9~70		重壤土		7.9	18.4	1.60	0.41	32.9						
剖16	初育土	紫色土	酸性紫色土	酸性紫色土		A	0~8		重壤土		4.8	5.0	0.52	0.19	25.0	53	≤1.0	86		E 111°23′07.9″ N 25°42′19.6″	97
						Bv	8~28		轻黏土		5.0	2.9	0.22	0.17	24.1						
						C	28~68		轻黏土		5.3	1.2	0.44	0.16	24.1						
剖17	人为土	水稻土	渗育水稻土	白散泥田	白散泥田	A	0~12		重壤土		6.3	26.7	1.39	0.72	12.1	108	10.0	35		E 111°23′12.1″ N 25°42′01.4″	75
						P	12~21		轻黏土		6.6	24.0	1.31	0.77	13.0						
						E	21~100		重壤土		7.6	5.2	0.78	0.25	10.6						
剖18	初育土	紫色土	中性紫色土	中性紫色土		A	0~9		重黏土		6.8	22.3	1.10	0.60	27.5	27	≤1.0	129		E 111°23′53.6″ N 25°42′29.6″	97
						Bv	9~80		重黏土		7.3	15.5	0.88	0.67	27.4						
						C	80~100		重黏土		7.7	4.0	0.43	1.88	24.3						
剖19	初育土	紫色土	酸性紫色土	酸性紫色土		A	0~16		砂壤土		6.2	5.5	0.50	0.25	19.2	35	7.0	67		E 111°23′23.5″ N 25°40′39.3″	75
						C	16~100		砂壤土		6.5	5.2	0.43	0.24	20.4						
剖20	人为土	水稻土	潴育水稻土	黄砂泥田	黄砂泥田	A	0~13		中壤土		5.0	23.4	1.44	0.94	22.8	124	≤1.0	128		E 111°23′01.6″ N 25°40′00.2″	75
						P	13~19		重壤土		5.2	10.8	1.01	1.13	26.2						
						W	19~100		中壤土		6.0	8.8	0.72	0.94	24.9						
剖21	人为土	水稻土	潴育水稻土	鸭屎泥田	鸭屎泥田	A	0~14		重壤土		7.8	36.0	1.96	0.94	40.2	76	7.0	121		E 111°25′36.9″ N 25°42′01.4″	75
						P	14~22		轻壤土		7.9	30.6	1.86	0.98	41.4						
						W	22~45		重壤土		7.9	13.6	0.65	0.87	39.4						
						C	45~100		重壤土		7.7	14.0	0.72	0.89	48.5						
剖22	初育土	石灰（岩）土	红色石灰土	淋溶石灰土		A	0~18		黏壤土		7.0	20.8	1.09	0.52	21.1	65	3.0	84	石灰岩	E 111°27′53.9″ N 25°39′13.7″	95
						Bv	18~35		黏壤土		7.9	9.8	0.82	0.56	25.2						
						C	35~100		黏土		8.0	6.6	0.61	0.43	26.3						
剖23	人为土	水稻土	潴育水稻土	灰黄泥田	灰黄泥田	A	0~12		重壤土		6.6	27.0	1.50	0.65	15.0	132	11.0	124		E 111°29′50.1″ N 25°36′40.6″	95
						P	12~24		重壤土		7.0	13.3	0.94	0.49	15.0						
						W	24~54		轻壤土		7.0	7.2	0.51	0.54	17.0						
						C	54~100		重壤土		7.0	7.2	0.58	0.54	15.0						
剖24	人为土	水稻土	淹育水稻土	浅灰黄泥田	浅灰黄泥田	A	0~11		重壤土		6.7	18.2	1.38	0.64	11.7	115	7.0	64		E 111°23′12.6″ N 25°35′59.4″	95
						P	11~20		轻壤土		7.4	17.3	1.23	0.60	11.7						
						C	20~100		轻壤土		7.7	5.7	0.44	0.36	15.6						
剖25	淋溶土	黄棕壤	山地黄棕壤	花岗岩类黄棕壤		A₁	3~11		砂壤土		5.2	165.0	4.69	0.89	26.4	424	3.0	164	花岗岩	E 111°20′07.2″ N 25°30′07.1″	97
						Bv	11~34		砂壤土		5.5	68.9	2.41	0.67	34.6						
						C	34~80		砂壤土		5.5	33.8	1.40	0.59	34.9						
剖26	铁铝土	黄壤	山地黄壤	砂岩黄壤		A₁	0~25		黏壤土		4.8	140.5	4.96	1.07	18.7	396	6.0	164	砂岩	E 111°21′57.7″ N 25°30′12.4″	95
						A₂	25~58		重壤土		4.5	77.3	3.22	0.95	21.2						
						Bv	58~80		重壤土		4.7	21.6	2.04	0.72	24.8						
						C	80~100		轻壤土		4.9	11.4	0.80	0.62	24.0						
剖27	初育土	紫色土	酸性紫色土	酸性紫色土		A	0~12		重壤土		5.2	24.6	1.34	0.61	32.4	60	≤1.0	71		E 111°23′45.0″ N 25°34′20.5″	97
						C	12~86		中壤土		5.3	8.7	0.60	0.71	33.4						
剖28	初育土	石灰（岩）土	黑色石灰土	黑色石灰土		A	0~13		重壤土		7.0	55.9	2.60	0.54	11.7	143	3.0	61	石灰岩	E 111°27′00.3″ N 25°25′57.7″	98
						A₂	13~50		重壤土		7.9	20.4	1.39	1.01	11.1						
剖29	铁铝土	黄壤	山地黄壤	耕型砂岩黄壤	砂土	A	0~15		壤土		6.5	27.3		0.61	20.3	97	6.0	87	砂岩	E 111°31′47.0″ N 25°45′28.9″	95
						Bv	15~46		壤土		6.0	8.2		0.72	24.6						
						C	46~100		壤土		5.5	4.6		0.58	25.9						

续表 Continued

剖面号 Soil profile	土纲 Soil order	土类 Soil great group	亚类 Soil subgroup	土属 Soil genus	土种 Soil species	土层码 Layer code	土层厚度 Depth/cm	颜色 Soil color	质地 Soil texture	土壤结构 Soil structure	pH	有机质 OM/(g/kg)	全氮 TN/(g/kg)	全磷 TP/(g/kg)	全钾 TK/(g/kg)	碱解氮 AN/(mg/kg)	有效磷 AP/(mg/kg)	速效钾 AK/(mg/kg)	土壤母质 Parent material	剖面点坐标 Profile coordinate	匹配指数 Matching index/%
剖30	人为土	水稻土	淹育水稻土	浅黄砂泥田	浅黄砂泥田	A	0—12		重壤土		5.0	27.2	1.36	0.91	19.3	193	3.0	86		E 111°33′05.6″ N 25°43′13.4″	95
						P	12—17		重壤土		5.0	24.1	1.19	0.73	20.5						
						C	17—100		轻壤土		6.3	7.1	0.98	0.24	14.9						
剖31	初育土	石灰(岩)土	黑色石灰土	黑色石灰土		A	0—15		中壤土		8.1	15.1	1.08	0.49	30.5	63	4.0	66	石灰岩	E 111°35′59.3″ N 25°38′57.7″	95
						Bv	15—45		重壤土		8.1	16.9	1.02	0.56	17.2						
						C	45—100		轻壤土		8.1	16.4	1.03	0.88	13.7						
剖32	初育土	石灰(岩)土	红色石灰土	红色石灰土		A	0—20		重壤土		7.3	13.4	1.06	0.54	10.0	71	7.0	59	石灰岩	E 111°35′54.8″ N 25°37′08.5″	95
						Bv	20—58		重壤土		7.4	10.6	0.92	0.51	10.3						
						C	58—100		轻壤土		7.2	7.8	0.89	0.57	14.3						
剖33	铁铝土	红壤	石渣红壤			As₁	0—7		壤土		4.8	21.7	1.09	0.39	17.9	82	≤1.0	37		E 111°34′05.4″ N 25°35′13.3″	98
						As₂	7—33		壤土		4.8	15.5	0.88	0.46	23.6						
						S	33—100		黏壤土		4.8	10.0	0.82	0.41	33.6						
剖34	人为土	水稻土	潜育水稻土	冷浸田	冷浸砂泥田	Ag	0—11		中壤土		5.5	42.4	2.24	0.60	28.0	150	≤1.0	82		E 111°41′52.6″ N 25°35′09.2″	95
						Pg	11—22		重壤土		5.0	35.4	1.81	0.51	21.1						
						G₁	22—36		中壤土		5.2	21.6	1.44	0.86	20.8						
						G₂	36—100		轻壤土		5.1	7.5	0.86	0.61	26.2						
剖35	人为土	水稻土	淹育水稻土	中性浅紫泥田	中性浅层紫泥田	A	0—12		轻壤土	团块状	7.4	14.6	1.33	0.57	19.2	101	2.0	40		E 111°35′42.3″ N 25°30′33.8″	95
						P	12—18		轻壤土	块状	6.5	14.1	1.27	0.44	19.0						
						C	18—100		轻壤土	块状	6.5	6.4	0.95	0.31	16.6						
剖36	铁铝土	红壤	花岗岩红壤	薄腐中层花岗岩红壤		A	0—16	棕色	重壤土		4.5	28.9	1.10	0.64	11.1	15	≤1.0	71	花岗岩	E 111°32′38.5″ N 25°32′10.6″	95
						Bv	16—66	红棕色	中壤土		4.6	18.3	0.96	0.29	11.2						
						C	66—200		中壤土		4.7	6.9	0.22	0.18	26.0						
剖37	铁铝土	黄红壤	耕型石灰岩黄红壤	黄红土		A	0—13		重壤土		5.5	16.7		0.52	20.1	35	≤1.0	90	石灰岩	E 111°38′09.6″ N 25°33′35.2″	95
						C	13—100		重壤土		5.5	6.8	1.63	0.43	24.6						
剖38	人为土	水稻土	淹育水稻土	浅泥田	浅泥田	A	0—10		重壤土		7.8	22.3	1.18	0.33	14.9	112	7.0	95		E 111°41′24.0″ N 25°33′33.6″	95
						P	10—17		重壤土		7.8	18.9	0.75	0.32	15.2						
						C	17—100		轻壤土		7.9	5.9		0.18	17.4						
剖39	初育土	紫色土	中性紫色土	耕型中性紫色土	中性紫泥土	A	0—17	紫棕色	重壤土	碎块状	7.0	27.0	1.59	0.95	31.8	130	5.0	66		E 111°41′56.9″ N 25°32′45.4″	95
						Bv	17—45	紫红色	轻壤土	块状	6.5	29.6	1.74	0.98	31.0						
						C	45—	紫红色	轻壤土	块状	6.5	6.7	0.98	0.72	31.9						
剖40	人为土	水稻土	淹育水稻土	浅红黄泥田	浅红黄泥田	A	0—12		轻壤土		7.0	27.0	2.13	0.65	21.2	66	2.1	45		E 111°43′32.8″ N 25°33′38.7″	97
						P	12—16		重壤土		7.3	20.2	1.83	0.57	19.7						
						C	16—100		中壤土		4.9	8.2	0.89	0.42	23.9						
剖41	初育土	石灰性紫色土	耕型石灰性紫色土	钙质紫泥土		A	0—15		重壤土		7.9	8.7	0.67	0.83	23.3	15	4.0	67		E 111°41′52.8″ N 25°30′31.4″	95
						Bv	15—45		重壤土		7.8	8.3	0.74	0.78	24.3						
						C	45—100		重黏土		8.0	5.3	0.68	0.67	30.2						
剖42	人为土	水稻土	淹育水稻土	酸性紫泥田	酸性紫泥田	A	0—14		重壤土		6.1	25.6	1.98	0.46	25.0	95	2.0	60	第四纪红色黏土	E 111°41′00.3″ N 25°30′54.0″	95
						P	14—22		轻壤土		7.4	15.1	1.02	0.41	24.7						
						C	22—100		轻壤土		7.4	12.1	0.95	0.41	23.5						
剖43	人为土	酸性紫泥田	酸性紫泥田			A	0—11		中壤土		6.0	27.6	1.48	0.47	15.7	72	3.0	48		E 111°43′27.0″ N 25°29′42.0″	95
						P	11—17		中壤土		7.0	21.6	1.32	0.45	15.2						
						W	17—100		重壤土		7.0	9.2	0.73	0.40	11.9						
剖44	人为土	水稻土	潜育水稻土	河砂泥田	砂泥田	A	0—14		中壤土		6.4	21.2	1.15	0.66	21.0	115	14.0	28		E 111°34′48.7″ N 25°26′17.6″	95
						P	14—20		中壤土		6.8	16.2	1.01	0.66	22.2						
						W	20—50		中壤土		7.6	14.0	1.01	0.79	27.5						
						C	50—100		重壤土		7.8	9.6	0.72	0.41	24.4						

续表 Continued

剖面号 Soil profile	土纲 Soil order	土类 Soil great group	亚类 Soil subgroup	土属 Soil genus	土种 Soil species	土层码 Layer code	土层厚度 Depth/cm	颜色 Soil color	质地 Soil texture	土壤结构 Soil structure	pH	有机质 OM/(g/kg)	全氮 TN/(g/kg)	全磷 TP/(g/kg)	全钾 TK/(g/kg)	碱解氮 AN/(mg/kg)	有效磷 AP/(mg/kg)	速效钾 AK/(mg/kg)	土壤母质 Parent material	剖面点坐标 Profile coordinate	匹配指数 Matching index/%
剖45	人为土	水稻土	潴育水稻土	碱性紫泥田	碱性紫泥田	A	0—10		轻黏土		7.9	23.6	1.38	0.69	14.5	122	4.0	63		E 111°39′21.5″ N 25°27′57.5″	95
						P	10—17		轻黏土		8.0	22.1	1.38	0.65	13.7						
						W	17—60		轻黏土		7.9	5.2	0.66	0.65	14.8						
						C	60—100		轻黏土		7.6	3.6	0.44	0.47	19.3						
剖46	人为土	水稻土	潴育水稻土	青泥田		A	0—14		重壤土		6.5	34.7	1.92	0.62	30.5	128	2.0	82		E 111°39′42.6″ N 25°27′04.4″	95
						Pg	14—19		轻黏土		6.8	33.1	1.86	1.04	30.3						
						G	19—50		轻黏土		7.0	15.2	1.10	0.79	30.0						
						C	50—100		轻黏土		7.0	7.3	0.89	0.83	28.8						
剖47	铁铝土	红壤	红壤	石灰岩红壤		A_1	0—6		重壤土		4.6	13.0	0.80	0.45	10.7	92	≤1.0	44	石灰岩	E 111°39′51.1″ N 25°26′34.6″	99
						A_2	6—51		重壤土		4.7	12.0	0.82	0.55	17.3						
						Bv	51—100		中黏土		5.1	7.9	0.81	0.65	16.9						
剖48	铁铝土	红壤	红壤	耕型花岗岩红壤	麻砂土	A	0—18		壤土		6.1	15.4	0.93	0.70	15.1	30	2.0	51	花岗岩	E 111°34′59.4″ N 25°21′02.3″	95
						C	18—100		壤土		6.5	6.7		0.65	21.3						
剖49	铁铝土	红壤	红壤	石灰岩红壤		A	0—16		中壤土		6.1	13.3	0.93	0.25	5.5	25	6.0	12	石灰岩	E 111°36′15.4″ N 25°20′45.3″	95
						Bv	16—30		轻黏土		6.1	10.9	0.95	0.34	7.8						
						C	30—100		轻黏土		5.2	4.1	0.51	0.42	9.9						
剖50	铁铝土	红壤	红壤	石灰岩红壤		A	0—14		重黏土		6.0	13.2	0.93	0.69	8.4	16	2.5	43	第四纪红色黏土	E 111°40′36.0″ N 25°23′40.7″	95
						Bv	14—19		中黏土		6.2	19.0	0.86	0.56	8.9						
						C	19—100		中壤土		4.9	11.7	0.80	0.75	13.3						
剖51	初育土	紫色土	中性紫色土	中性紫砂土		A	0—20		中壤土		6.9	18.1	0.95	0.31	25.2	35	7.0	67	紫色砂岩	E 111°47′59.4″ N 25°36′11.8″	97
						Bv	20—30		砂壤土		7.2	2.7	0.18	0.21	27.2						
						C	30—														
剖52	半水成土	潮土	河潮土	河潮土		A_1	0—5		砂壤土		6.3	6.0	0.43	0.51	29.5	25	2.0	61	河流冲积物	E 111°48′36.3″ N 25°34′45.4″	97
						A_2	5—36		砂壤土		6.0	4.0	0.43	0.51	31.3						
						A_3	36—100		砂壤土		5.9	4.3	0.36	0.48	30.6						
剖53	人为土	水稻土	潴育水稻土	红黄泥田	红黄泥田	A	0—10		重黏土		7.0	31.7	1.66	0.54	20.2	99	11.0	43	第四纪红色黏土	E 111°46′45.8″ N 25°24′04.0″	95
						P	10—18		重黏土		7.5	18.6	1.16	0.50	19.8						
						W(g)	18—49		轻黏土		7.5	9.6	0.58	0.25	19.8						
						C	49—100		重黏土		7.5	7.0	0.45	0.51	20.2						
剖54	铁铝土	红壤	黄红壤	石灰岩黄红壤		A	0—10		重黏土		5.1	41.9	1.75	0.51	24.8	36	≤1.0	123	石灰岩	E 111°47′45.5″ N 25°25′51.5″	97
						Bv	10—100		轻黏土		5.2	9.4	0.73	0.39	29.3						
剖55	铁铝土	红壤	黄红壤	花岗岩黄红壤		A_1	0—2		中壤土		4.8	43.5	1.89	0.90	34.6	57	2.0	84	花岗岩	E 111°49′49.8″ N 25°16′38.7″	98
						A_2	2—9		中壤土		4.8	37.2	1.53	0.88	37.7						
						Bv	9—100		轻黏土		5.1	9.7	0.44	0.87	40.6						
剖56	铁铝土	黄壤	山地黄壤	花岗岩黄壤		A_1	0—2		壤土		4.8	31.0	1.69	0.93	35.0	83	1.2	127	花岗岩	E 111°49′54.2″ N 25°15′27.2″	95
						A_2	2—27		壤土		4.5	26.7	1.60	0.91	34.3						
						Bv	27—40		壤土		5.0	8.2	0.79	0.87	36.7						
						C	40—100		砂壤土		5.0	5.1	0.62	0.82	39.2						

江 永 县

主要土类说明

红壤是江永县主要土壤类型，占本县地域面积的 50%。红壤主要分布在海拔 700m 以下的低山、丘陵和岗地。在湿热的气候条件下，生物循环活跃，有机质矿质化程度高，腐殖质层少见，脱硅富铝化作用强烈，盐基及硅酸盐类大量淋失，铁铝氧化物明显聚积。铁的氧化物常以赤铁矿的形态存在，使土体呈红色。黏粒含量较高，土层厚度多在 1m 以上，发生层次明显，剖面构型为 A-B-C，底部可见深厚的红、黄、白相间的网纹状红色黏土。

水稻土是江永县第二大土壤类型，占本县地域面积的 17%。水稻土主要分布在海拔 500m 以下的低山、丘陵、岗地、平原等地势低平、水源丰富的地段。在人为耕作、施肥、灌溉等措施的影响下，土壤内部进行着氧化还原交替、有机质合成与分解、盐基淋溶与复盐基作用的熟化过程，促进了土壤性状的改变，从而形成了水稻土特有的形态、理化和生物特性。

石灰（岩）土是江永县第三大土壤类型，占本县地域面积的 16%。本县石灰（岩）土分为黑色石灰土和红色石灰土两个亚类。黑色石灰土零星分布在石灰岩裸露地区，以化学风化为主，发生层次不明显，剖面构型多为 A-D。盐基饱和度高，常有石灰反应，土壤呈碱性，pH 为 7.5—8.5。表土层呈黑灰色，有机质含量较高，具团粒状结构。红色石灰土零星分布在石灰岩裸露的山丘坡脚，是黑色石灰土与石灰岩红壤之间的过渡类型。矿物风化程度高，发生层次不太明显，剖面构型多为 A-B-D，表土层呈红棕色。土层较浅薄，盐基饱和度较高，无石灰反应，矿质养分含量中等，土壤呈微酸性至中性。

黄壤占本县地域面积的 8%，主要分布在海拔 700—900m 的中低山区。由于所处地区地势较高，气温较低，云雾多，日照少，空气湿度大，干湿季节不明显，有机质分解慢，腐殖质层较厚，土壤脱硅富铝化作用减弱，盐基不饱和，土壤呈酸性。发生层次明显，矿质养分含量比红壤高。

黄棕壤占本县地域面积的 8%，分布在海拔 900—1500m 的中山区。在凉湿的气候条件下，土壤脱硅富铝化作用比黄壤弱，有机质累积明显，腐殖质层较厚，发生层次明显，表土层呈黑棕色，心土层呈黄棕色，矿质养分含量高。

小于本县地域面积 3% 的土壤类型有潮土、山地草甸土等。

本区域中心区气候特征

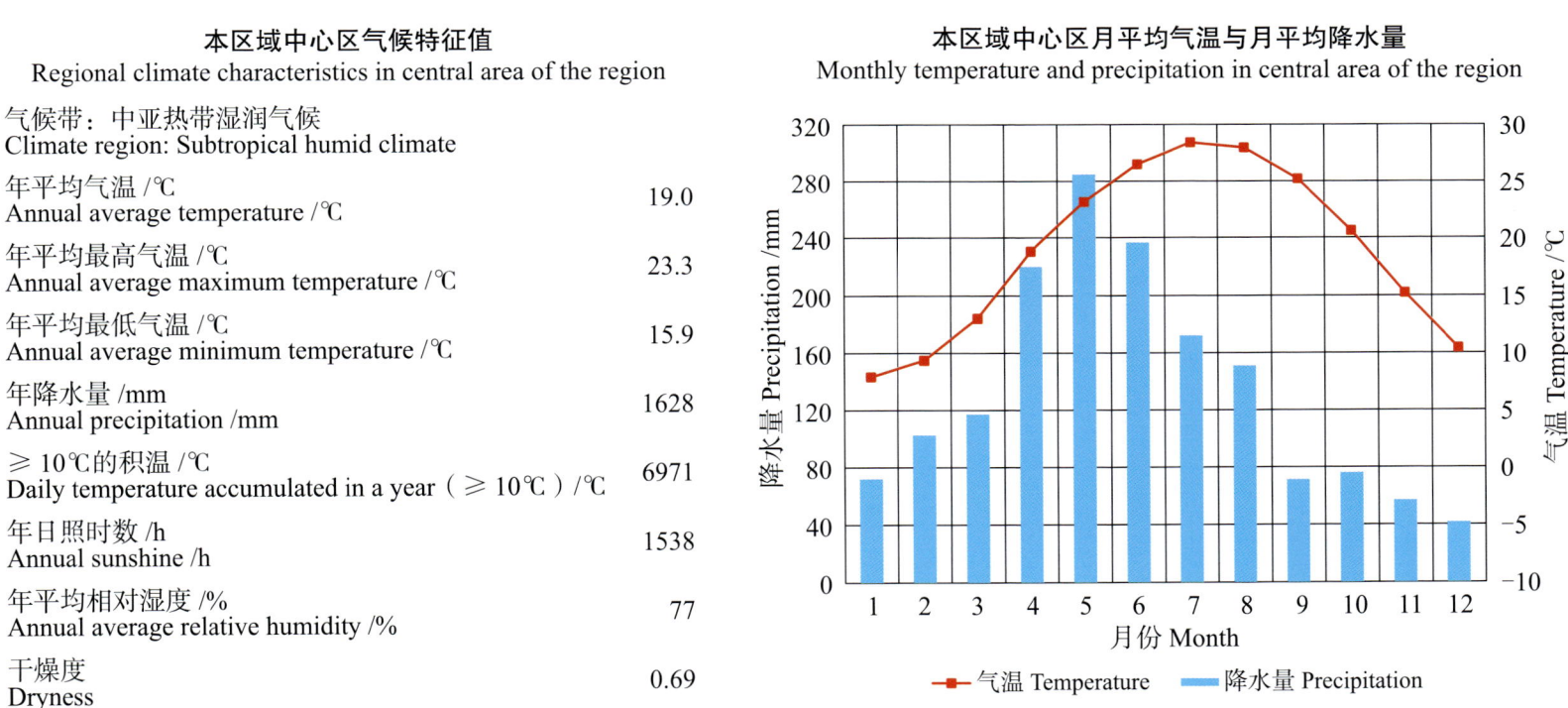

本区域中心区气候特征值
Regional climate characteristics in central area of the region

气候带：中亚热带湿润气候 Climate region: Subtropical humid climate	
年平均气温 /℃ Annual average temperature /℃	19.0
年平均最高气温 /℃ Annual average maximum temperature /℃	23.3
年平均最低气温 /℃ Annual average minimum temperature /℃	15.9
年降水量 /mm Annual precipitation /mm	1628
≥10℃的积温 /℃ Daily temperature accumulated in a year（≥10℃）/℃	6971
年日照时数 /h Annual sunshine /h	1538
年平均相对湿度 /% Annual average relative humidity /%	77
干燥度 Dryness	0.69

本区域中心区月平均气温与月平均降水量
Monthly temperature and precipitation in central area of the region

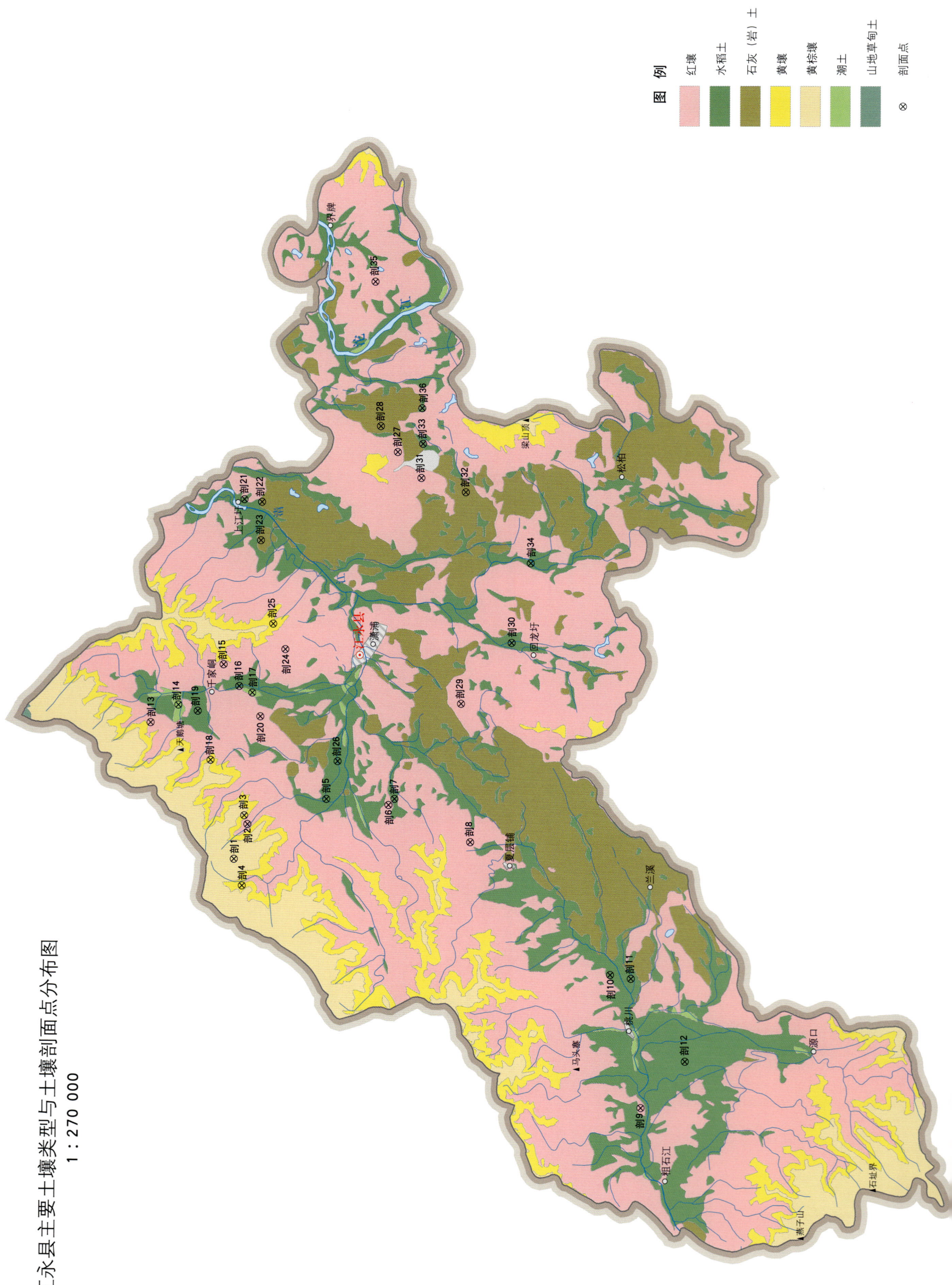

江永县主要土壤类型与土壤剖面点分布图
1:270 000

江永县土壤剖面理化性状表

剖面号 Soil profile	土纲 Soil order	土类 Soil great group	亚类 Soil subgroup	土属 Soil genus	土种 Soil species	土层码 Layer code	土层厚度 Depth/cm	颜色 Soil color	质地 Soil texture	土壤结构 Soil structure	pH	有机质 OM/(g/kg)	全氮 TN/(g/kg)	全磷 TP/(g/kg)	全钾 TK/(g/kg)	碱解氮 AN/(mg/kg)	有效磷 AP/(mg/kg)	速效钾 AK/(mg/kg)	土壤母质 Parent material	剖面点坐标 Profile coordinate	匹配指数 Matching index/%
剖1	淋溶土	黄棕壤	山地黄棕壤	砂岩山地黄棕壤		A₁	0—38		中壤土	团粒状	4.5	76.2	2.98	1.80	20.2			196	砂岩、变质砂岩	E 111°12′14.7″ N 25°21′02.6″	97
						A	38—52		轻壤土	块状	4.6	56.0	2.92	1.88	14.7	280	12.0				
						Bv	52—80		重壤土	状状	4.8	32.2	1.73	1.30	18.1						
						BvC	80—150		轻黏土	大块状	4.7	10.5	0.94	1.02	19.2						
剖2	铁铝土	红壤	黄红壤	砂岩黄红壤		A₁A	0—37		中壤土	碎块状	4.7	44.4	1.78	1.33	16.8	126	2.0	79	砂岩	E 111°13′38.6″ N 25°20′32.9″	97
						Bv₁	37—146		重壤土	棱块状	4.7	12.2	0.93	0.95	18.8						
						Bv₂	146—150		重壤土	块状	4.5	9.3	0.78	0.95	25.9						
剖3	铁铝土	黄壤	黄壤性土	砂岩黄壤性土		A₁A	0—20		轻壤土	粒状	4.4	29.9	2.22	2.14	13.5	75	7.0	64	砂岩	E 111°13′59.4″ N 25°20′39.8″	75
						BvC	20—35		砂壤土	粒状	4.8	20.4	1.58	1.43	16.4						
						D	35—														
剖4	铁铝土	黄壤	黄壤	花岗岩黄壤		A₁	1—12		轻壤土	粒状	4.7	48.3	2.16	0.68	42.4	93	≤1.0	125	花岗岩	E 111°11′11.3″ N 25°20′44.3″	97
						A	12—21		砂壤土	粒状	4.7	40.7	4.44	0.58	49.6						
						Bv	21—42		砂壤土	粒状	4.9	21.1	0.96	0.41	≥50.0						
						C	42—		紧砂土		5.0	1.6	≤0.10	0.21	≥50.0						
剖5	人为土	水稻土	潴育水稻土	红黄泥田	红黄砂泥田	A	0—11		轻壤土	粒状	5.8	13.6	0.83	0.72	8.2	73	15.2	97	第四纪红色黏土	E 111°14′39.5″ N 25°17′41.1″	95
						P	11—18		中壤土		5.8	8.8	0.70	0.80	13.6						
						W	18—70		中壤土		7.2	6.2	0.54	0.67	9.3						
						C	70—100		重壤土		7.7	13.8	0.41	0.62	19.2						
剖6	铁铝土	红壤	红壤	第四纪红色黏土红壤		A	0—11		中壤土	粒状	4.6	12.1	0.60	0.79	10.5	32	≤1.0	35	第四纪红色黏土	E 111°14′25.7″ N 25°15′25.2″	97
						Bv	11—38		重壤土	棱柱状	4.6	6.0	0.59	0.89	13.0						
						C	38—115		中壤土	棱柱状	5.5	≤1.0	0.48	0.89	13.4						
剖7	人为土	水稻土	潴育水稻土	浅灰泥田	浅灰砂泥田	A	115—150	棕灰色	中壤土	块状	8.1	33.9	2.00	1.57	10.3	109	5.0	114	花岗岩	E 111°14′40.4″ N 25°15′12.4″	95
						P	0—11		重壤土		8.2	28.5	1.71	1.52	10.3						
						C	15—100		紧砂土		8.1	2.5	0.42	0.62	10.3						
剖8	铁铝土	红壤	红壤	耕型花岗岩红壤	麻砂土	A	0—36		紧砂土		6.4	4.6	0.49	0.98	40.4	53	5.0	49	花岗岩	E 111°12′58.4″ N 25°12′26.2″	95
						Bv	36—72		紧砂土		6.6	6.0	0.40	0.88	48.6						
						C	72—100		紧砂土		6.5	1.6	0.14	0.66	37.2						
剖9	红壤	红壤	红壤	耕型砂岩红壤	白磁砂泥田	A	0—17		中壤土		5.9	15.5	0.91	1.14	9.7	53	≤1.0	104	砂岩	E 111°02′26.0″ N 25°06′09.7″	95
						Bv	17—60		轻壤土		5.3	13.8	0.77	1.20	17.9						
						C	60—100		重壤土		5.2	9.9	0.88	1.32	20.4						
剖10	水稻土	水稻土	渗育水稻土	白鳝泥田		A	0—13		轻壤土		7.0	12.4	0.70	0.72	3.0	49	5.5	56	第四纪红色黏土	E 111°07′40.9″ N 25°07′19.3″	95
						P	13—17		轻壤土		7.2	8.2	0.42	0.46	3.0						
						E	17—100		重壤土		7.0	2.8	0.32	0.41	8.8						
剖11	水稻土	水稻土	潴育水稻土	麻砂泥田	麻砂泥田	A	0—14	浅灰色	砂壤土		5.7	28.4	1.50	1.62	30.0	86	14.5	57	砂岩	E 111°07′32.1″ N 25°06′33.3″	95
						P	14—23		中壤土		6.0	19.3	1.15	1.56	28.4						
						W	23—53		中壤土		7.3	6.4	0.74	2.35	28.5						
						C	53—100		中壤土		6.9	5.6	0.47	2.24	29.5						
剖12	人为土	水稻土	潴育水稻土	河砂泥田		A	0—13		轻壤土		6.5	24.7	1.31	1.35	19.3	128	6.5	34	第四纪红色黏土	E 111°04′16.2″ N 25°04′34.4″	95
						P	13—20		轻壤土		7.0	13.1	0.77	1.48	18.8						
						W	20—84		砂壤土		7.0	7.3	0.35	0.72	11.1						
						C	84—100		紧砂土		6.7	2.7	0.12	1.03	18.2						

续表 Continued

剖面号 Soil profile	土纲 Soil order	土类 Soil great group	亚类 Soil subgroup	土属 Soil genus	土种 Soil species	土层码 Layer code	土层厚度 Depth/cm	颜色 Soil color	质地 Soil texture	土壤结构 Soil structure	pH	有机质 OM/(g/kg)	全氮 TN/(g/kg)	全磷 TP/(g/kg)	全钾 TK/(g/kg)	碱解氮 AN/(mg/kg)	有效磷 AP/(mg/kg)	速效钾 AK/(mg/kg)	土壤母质 Parent material	剖面点坐标 Profile coordinate	匹配指数 Matching index/%
剖13	铁铝土	红壤	黄红壤	花岗岩黄红壤		A₁A	1—28		中壤土	碎块状	5.5	71.8	2.89	1.74	36.2	116	3.0	170	花岗岩	E 111°17′42.3″ N 25°24′05.5″	97
						ABv	28—82		中壤土	碎块状	5.3	43.4	2.04	1.05	37.6						
						Bv	82—103		中壤土	碎块状	5.2	20.1	1.01	1.05	38.7						
						C	103—150		轻壤土	碎块状	5.0	11.3	0.69	1.11	33.3						
剖14	半水成土	潮土	河潮土			A₁	0—26		轻壤土		5.1	33.1	1.50	1.09	30.7	106	2.2	95	河流冲积物	E 111°18′24.6″ N 25°23′05.1″	95
						A₂	26—50		轻壤土		4.8	49.9	2.81	0.95	32.2						
						A₃	50—90		紧砂土		5.6	22.7	1.02	1.29	32.3						
						D	90—														
剖15	铁铝土	红壤	红壤性土	砂岩红壤性土		A₁A	2—32		轻壤土	粒状	4.7	20.5	0.22	2.27	8.7	70	3.7	74	砂岩	E 111°20′01.3″ N 25°21′27.0″	97
						D	32—														
剖16	人为土	水稻土	潜育水稻土	青泥田	青砂田	A	0—22		轻壤土		6.5	34.3	1.84	0.72	15.8	89	4.0	74	砂岩、河流冲积物	E 111°19′09.3″ N 25°20′52.4″	75
						Pg	22—30		轻壤土		6.1	34.2	1.59	0.87	15.2						
						G	30—65		松砂土		6.1	5.8	0.32	0.51	16.1						
剖17	半水成土	潮土	河潮土			A	0—18		松砂土		6.0	6.1	0.44	0.83	24.2	34	3.0	102	河流冲积物	E 111°18′53.7″ N 25°20′23.9″	75
						Bv	18—100		中壤土		6.2	2.6	0.31	0.66	20.2						
剖18	铁铝土	黄壤	黄壤	砂岩黄壤		A₁A	2—15		中壤土	块状	4.1	74.6	3.74	0.97	16.0	101	1.4	116	板岩、页岩	E 111°16′12.4″ N 25°21′53.9″	95
						ABv	15—31		重壤土	块状	4.6	33.2	1.61	0.56	20.5						
						Bv	31—49		中壤土	核块状	4.9	5.0	1.06	0.56	42.2						
						C	49—														
剖19	人为土	水稻土	潴育水稻土	黄砂泥田		A	0—14		轻壤土		5.1	30.7	1.88	1.77	17.3	150	20.0	112	黄色砂岩	E 111°18′10.0″ N 25°22′22.3″	95
						P	14—17		中壤土		5.3	13.8	1.08	2.29	25.5						
						W	17—49		中壤土		5.7	10.2	1.19	2.31	23.6						
						C	49—100		轻壤土		6.3	4.7	0.55	1.35	24.3						
剖20	铁铝土	红壤	红壤	砂岩红壤		A	0—16	红棕色	轻壤土		6.3	48.6	0.72	0.93	13.8	52	9.5	62	黄色砂岩	E 111°17′57.3″ N 25°20′05.6″	95
						Bv	16—27		中壤土		6.8	47.3	0.57	0.98	15.3						
						C	27—70	红棕色	重壤土		5.4	16.6	0.48	0.89	20.1						
剖21	人为土	水稻土	淹育水稻土	浅红黄泥田	浅红黄泥田	A	0—11		重壤土	团粒状	6.0	21.2	1.33	0.91	12.1	61	46.0	10	第四纪红色黏土	E 111°26′37.1″ N 25°20′42.4″	75
						P	11—13		重壤土		6.4	6.1	1.18	1.18	10.0						
						C	13—75		中壤土		6.8	6.8	0.60	0.91	12.9						
剖22	初育土	石灰（岩）土	红色石灰土	红色黄泥田		A	0—12		中壤土	块状	6.8	13.3	0.89	0.99	15.0	69	2.0	98	石灰岩	E 111°26′30.9″ N 25°20′03.9″	75
						Bv	12—55		轻黏土		7.2	9.9	0.66	0.73	13.4						
						C	55—100		黏土		7.2	2.0	0.78	0.67	11.7						
剖23	初育土	石灰（岩）土	黑色石灰土	黑色石灰土		A	0—18		中壤土	团粒状	7.6	53.4	3.53	1.38	16.8	117	2.0	133	石灰岩新风化物	E 111°24′58.8″ N 25°20′06.0″	97
						D	18—														
剖24	铁铝土	红壤	红壤	砂岩红壤		A₁A	1—27		中壤土	块状	4.7	38.7	1.73	1.42	19.5	139	5.0	157	砂岩	E 111°20′38.2″ N 25°19′11.9″	98
						Bv	27—50		重壤土	块状	4.7	16.9	1.12	1.46	23.5						
						C	50—70		重壤土	粒状	4.8	11.4	0.84	1.40	26.4						
						D	70—														
剖25	铁铝土	黄壤	黄壤	砂岩黄壤		A₁A	0—20		中壤土	粒状	4.4	62.0	3.24	0.92	11.7	218	3.0	75	砂岩、变质砂岩	E 111°21′39.0″ N 25°19′38.6″	98
						Bv₁	20—60		重壤土	碎块状	4.8	16.1	0.98	0.64	16.8						
						Bv₂	60—120		重壤土	碎块状	5.0	14.4	0.80	0.64	17.3						
						C	120—														
剖26	人为土	水稻土	潜育水稻土	冷浸田	冷浸砂田	Ag	0—20		中壤土		6.4	44.9	2.21	0.94	20.9	80	4.0	33	砂岩	E 111°16′10.1″ N 25°17′16.4″	95
						G	20—100		中壤土		6.0	51.1	2.19	0.78	22.4						

续表 Continued

剖面号 Soil profile	土纲 Soil order	土类 Soil great group	亚类 Soil subgroup	土属 Soil genus	土种 Soil species	土层码 Layer code	土层厚度 Depth/cm	颜色 Soil color	质地 Soil texture	土壤结构 Soil structure	pH	有机质 OM/(g/kg)	全氮 TN/(g/kg)	全磷 TP/(g/kg)	全钾 TK/(g/kg)	碱解氮 AN/(mg/kg)	有效磷 AP/(mg/kg)	速效钾 AK/(mg/kg)	土壤母质 Parent material	剖面点坐标 Profile coordinate	匹配指数 Matching index/%
剖27	铁铝土	红壤	红壤	花岗岩红壤		A₁A	1—29		轻壤土	粒状	5.8	37.4	1.75	1.64	40.0	114	2.3	81	花岗岩	E 111°28′30.0″ N 25°15′07.8″	97
						ABv	29—68		中壤土	粒状	5.4	13.7	0.84	1.48	12.8						
						Bv	68—150		中壤土	块状	5.0	8.7	0.70	1.58	29.0						
剖28	初育土	石灰（岩）土	红色石灰土	红色石灰土		A₁A	0—7		重壤土	大块状	6.8	38.6	1.78	0.97	18.7	95	1.3	110	石灰岩新风化物	E 111°29′31.9″ N 25°15′45.1″	98
						Bv₁	7—98		中黏土	大块状	6.4	6.4	1.05	0.87	25.4						
						Bv₂	98—160		中黏土	大块状	6.4	1.6	0.89	0.81	28.7						
						D	160														
剖29	铁铝土	红壤	红壤	石灰岩红壤		A	1—15		重壤土	块状	5.3	33.5	1.21	0.52	26.6	46	8.0	65	石灰岩	E 111°18′29.2″ N 25°12′48.4″	98
						Bv	15—200		中黏土	大块状	5.6	14.0	1.49	0.95	26.0						
剖30	水稻土	潜育水稻土	烂泥田	石灰性烂泥田		Ag	0—23		重壤土		7.9	90.8	5.90	1.51	18.9	30	3.7	92	石灰岩	E 111°20′54.6″ N 25°10′58.1″	95
						G	23—65		重壤土		7.7	93.3	6.06	1.40	20.0						
剖31	铁铝土	红壤	黄红壤	石灰岩黄红壤		A₁A	0—14		轻黏土	块状	6.2	17.3	1.26	0.66	36.0	98	1.1	122	石灰岩	E 111°27′28.4″ N 25°14′16.2″	97
						A	14—26		轻黏土	棱块状	6.0	8.7	0.98	0.61	29.0						
						Bv	26—65		轻黏土	棱块状	5.5	2.9	0.80	0.60	34.0						
						D	65—														
剖32	初育土	石灰（岩）土	红色石灰土	红色石灰土		A₁A	0—16		重壤土	片状	7.0	31.1	1.47	0.59	40.4	126	1.6	116	石灰岩	E 111°26′54.5″ N 25°12′39.3″	95
						Bv	16—49		中壤土	块状	8.0	15.2	0.74	0.96	≥50.0						
						D	49—														
剖33	水稻土	淹育水稻土	浅灰黄泥田	浅灰黄泥田		A	0—9	棕黄色	重壤土		6.2	30.7	1.82	2.23	11.3	84	5.5	142		E 111°28′50.3″ N 25°14′12.5″	95
						P	9—15		重壤土		6.4	26.6	1.67	2.02	12.8						
						C	15—95		重壤土		6.6	29.6	0.88	1.18	13.6						
剖34	人为土	潴育水稻土	灰泥田			A	0—13		重壤土		8.1	40.1	1.89	1.58	12.5	120	7.6	199	石灰岩新风化物	E 111°24′04.6″ N 25°10′17.0″	95
						P	13—21		重壤土		8.2	17.5	0.74	1.63	11.4						
						W	21—62		重壤土		8.2	11.5	0.70	0.79	15.2						
						C	62—100		轻黏土		8.0	≤1.0	0.56	1.06	17.0						
剖35	铁铝土	红壤	红壤	石灰岩红壤		A	0—11		中黏土		5.0	37.4	1.75	1.76	11.5	115	5.5	139	石灰岩	E 111°35′18.1″ N 25°15′57.2″	95
						ABv	11—23		中黏土		5.1	30.1	1.75	1.66	12.6						
						Bv	23—100		中壤土		4.8	10.2	0.90	1.38	14.7						
剖36	人为土	潴育水稻土	灰黄泥田	灰黄泥田		A	0—16	棕黄色	中壤土		6.9	25.1	1.41	1.38	15.6	121	6.8	95		E 111°30′15.3″ N 25°14′14.7″	95
						P	16—25		中壤土		6.0	17.4	1.04	1.11	18.8						
						W	25—50		中壤土		6.4	8.1	0.70	0.85	13.5						
						C	50—100		中壤土		6.0	2.0	0.23	0.95	13.5						

宁 远 县

主要土类说明

红壤是宁远县主要土壤类型，占本县地域面积的 50%。红壤分布在海拔 750m 以下的低山、丘陵和岗地，发育于石灰岩、板页岩、砂岩及第四纪红土，土体呈红色，盐基不饱和，pH 在 6.0 以下。表土层黏粒含量为 39%，最高达 65%，加上生物循环活跃，有机质矿质化程度高，腐殖质层厚度均在 10cm 以下，矿质养分缺乏，锌元素极缺。土层深厚，多在 1m 以上，发生层次明显，剖面构型为 A-B-C，淀积层多有铁锰结核。

水稻土是宁远县第二大土壤类型，占本县地域面积的 21%。水稻土是在种稻条件下，经过长期水耕熟化发育形成的一种具有特殊性状的土壤，发育于多种成土母质，受水的作用强，氧化还原交替明显。本县水稻土中，面积最大的亚类是潴育水稻土，土层深厚，发生层次明显，一般有耕作层、犁底层、潴育层、母质层（或潜育层）。

石灰（岩）土是宁远县第三大土壤类型，占本县地域面积的 12%。本县石灰（岩）土分为黑色石灰土和红色石灰土两个亚类。前者零星分布在灰岩溶积高丘或石灰岩山地的石灰岩裸露地区。由于大量腐殖质与钙结合，土体呈黑色，有机质含量一般为 30—40g/kg，发生层次不明显，无 B 层发育，C 层亦少见。土体中有大量石灰质颗粒或小的白色斑点，盐基饱和度高，阳离子交换量大，有石灰反应，土壤呈碱性，pH 在 7.5 以上。后者零星分布在石灰岩山丘地区，多在山麓坡地、谷地、剥蚀阶地。在干热和湿热交替影响下，土层上部碳酸盐被淋洗，下部有铁锰淀积，有时可见棕色胶膜或铁锰结核。矿物风化程度较高，质地多为黏土，具块状或棱柱状结构。发生层次较明显，无 C 层发育，剖面构型多为 A-B-D，表土层呈棕色至黄棕色。土层较厚，盐基饱和度较高，无石灰反应，土壤呈微酸性至中性，pH 为 6.0—7.5，矿质养分含量中等。

黄壤占本县地域面积的 9%，分布在海拔 750—1000m 的中低山区。本县黄壤分为黄壤和黄壤性土两个亚类。前者因氧化铁水化而呈黄色，心土层呈蜡黄色，有机质分解慢，腐殖质层明显。盐基不饱和，土壤呈酸性，pH 为 4.5—5.5，质地为砂壤土至壤土。后者所处地区坡度较陡，冲刷较严重，土层较薄，发育程度低，表土下往往出现母岩。

黄棕壤占本县地域面积的 6%，分布在海拔 1000—1500m 的地区。地表有明显的枯枝落叶层，有机质积累过程明显，土层较为浅薄，腐殖质层之下有一层黄棕色土层，发生层次明显，矿质养分含量较高。土壤脱硅富铝化程度比黄壤低，黏土矿物以水化云母为主，土壤呈酸性至微酸性，pH 在 6.5 以下。本县黄棕壤分为山地黄棕壤和山地黄棕壤性土两个亚类。

小于本县地域面积 3% 的土壤类型有紫色土、潮土等。

本区域中心区气候特征

本区域中心区气候特征值
Regional climate characteristics in central area of the region

气候带：中亚热带湿润气候 Climate region: Subtropical humid climate	
年平均气温 /℃ Annual average temperature /℃	18.8
年平均最高气温 /℃ Annual average maximum temperature /℃	23.0
年平均最低气温 /℃ Annual average minimum temperature /℃	15.7
年降水量 /mm Annual precipitation /mm	1536
≥10℃的积温 /℃ Daily temperature accumulated in a year (≥10℃) /℃	7082
年日照时数 /h Annual sunshine /h	1532
年平均相对湿度 /% Annual average relative humidity /%	78
干燥度 Dryness	0.72

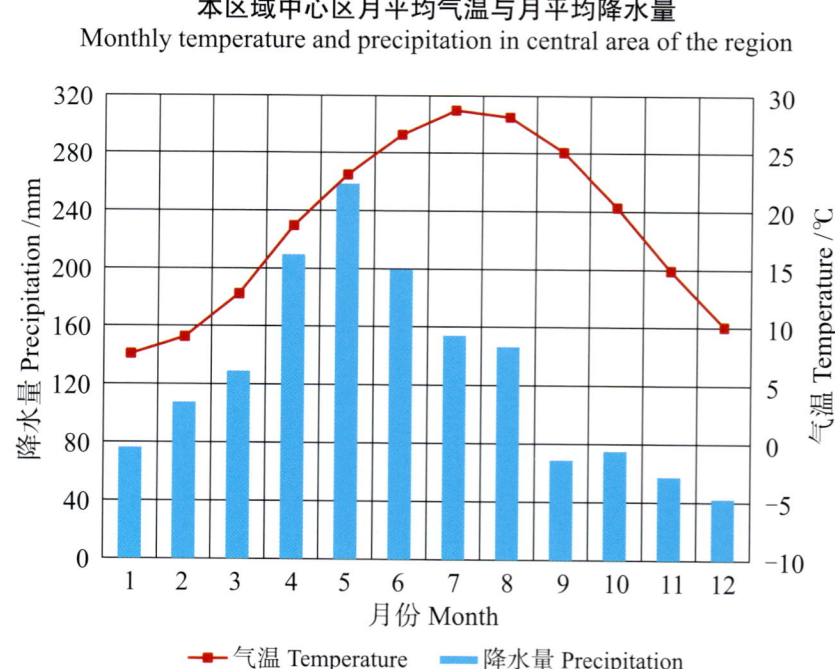

本区域中心区月平均气温与月平均降水量
Monthly temperature and precipitation in central area of the region

宁远县主要土壤类型与土壤剖面点分布图
1∶350 000

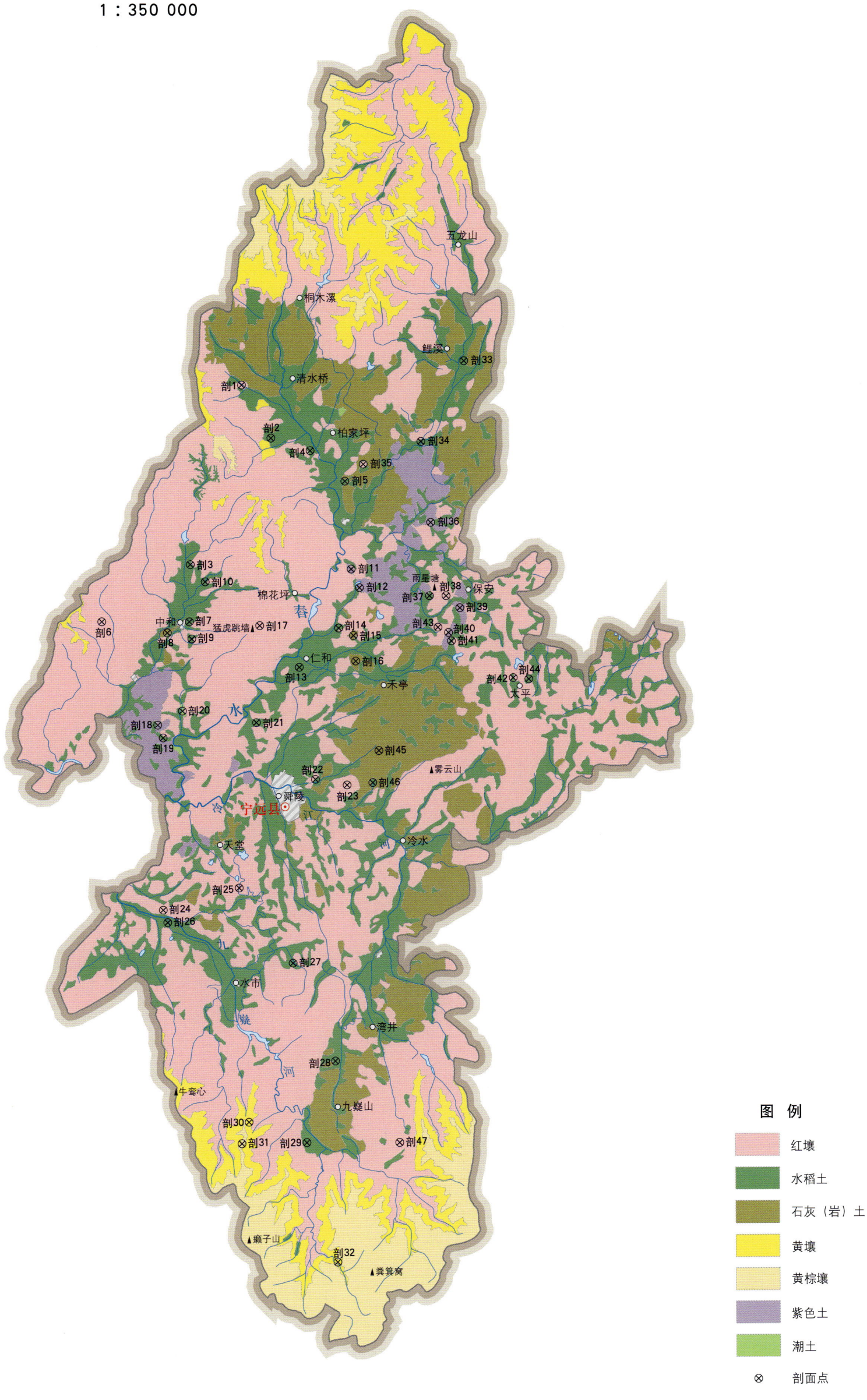

图 例

- 红壤
- 水稻土
- 石灰（岩）土
- 黄壤
- 黄棕壤
- 紫色土
- 潮土
- ⊗ 剖面点

宁远县土壤剖面理化性状表

剖面号 Soil profile	土纲 Soil order	土类 Soil great group	亚类 Soil subgroup	土属 Soil genus	土种 Soil species	土层码 Layer code	土层厚度 Depth/cm	颜色 Soil color	质地 Soil texture	土壤结构 Soil structure	pH	有机质 OM/(g/kg)	全氮 TN/(g/kg)	全磷 TP/(g/kg)	全钾 TK/(g/kg)	碱解氮 AN/(mg/kg)	有效磷 AP/(mg/kg)	速效钾 AK/(mg/kg)	土壤母质 Parent material	剖面点坐标 Profile coordinate	匹配指数 Matching index/%
剖1	铁铝土	红壤	黄红壤	板页岩黄红壤	薄腐厚层板页岩黄红壤	A_1	0—1	暗棕色	壤土		4.7	50.7	3.10	1.02	32.7			161	板页岩	E 111°54′24.4″ N 25°52′48.1″	95
						A_2	1—37	黄棕色	壤土		4.8	48.2	1.56	0.70	24.0	122	2.2				
						Bv	37—72	红棕色	壤土		5.0	13.9	0.78	0.60	21.5						
						BvC	72—102	浅棕红色	壤土		4.6	10.8	0.75	0.61	19.5						
						C	102—	黄红色	黏壤土		4.6	7.6	≤0.10	0.60	10.9						
剖2	人为土	水稻土	潴育水稻土	扁砂泥田	黄扁砂泥田	A	0—14	暗黄棕色	砂壤土		4.5	37.2	2.03	1.60	20.9			89	板页岩残积物, 坡积物	E 111°55′46.5″ N 25°50′30.9″	95
						P	14—20	暗灰棕色	壤土		4.5	38.9	1.80	1.69	23.6	162	17.8				
						W	20—39	黄黄棕色	黏壤土		4.9	19.8	1.08	1.09	23.6						
						D	39—														
剖3	人为土	水稻土	矿毒型水稻土	金属矿"毒"田	锑矿"毒"田	A	0—15	棕灰土	砂壤土		7.1	24.9	≥10.00	0.56	18.2	119	8.3	95	砂岩	E 111°51′52.7″ N 25°45′07.4″	95
						P	15—26	暗棕灰色	壤土		7.1	13.9	0.98	0.68	16.2						
						W_1	26—78	暗棕灰色	砂壤土		5.5	12.8	0.64	0.48	14.6						
						W_2	78—100	浅棕灰色	砂壤土		6.4	10.4	0.42	0.51	15.0						
剖4	人为土	水稻土	淹育水稻土	浅红黄泥田	浅红黄泥田	A	0—12	暗黄棕色	黏土		5.5	21.1	1.40	1.05	19.8	109	6.0	61	第四纪红色黏土	E 111°57′39.1″ N 25°49′57.1″	95
						P	12—21	暗红黄色	黏土		6.5	17.4	1.08	0.94	≤1.0						
						C	21—100	浅红黄色	黏土		6.5	9.4	0.67	0.76	9.1						
剖5	人为土	水稻土	淹育水稻土	浅灰泥田	浅灰泥田	A	0—11	暗黄棕色	黏壤土		8.0	32.8	1.49	1.19	24.1	83	6.0	81	砂岩	E 111°59′17.5″ N 25°48′37.7″	75
						P	11—21	棕灰色	黏壤土		8.0	21.0	0.84	0.84	28.4						
						C	21—100	浅灰棕色	黏土		7.8	10.5	0.36	0.36	20.6						
剖6	铁铝土	红壤		板页岩红壤	薄腐厚层板页岩红壤	A_1	0—2	暗黄棕色	壤土		5.0	49.1	1.88	0.68	18.2	86	2.7	92	板页岩	E 111°47′39.0″ N 25°42′43.8″	95
						A_2	2—15	黄棕色	黏壤土		4.9	39.5	1.30	0.59	19.7						
						Bv	15—85	暗灰棕色	黏壤土		5.0	15.8	0.61	0.78	27.9						
						BvC	85—200	黄色	黏壤土		5.0	14.4	0.49	0.13	34.0						
剖7	人为土	水稻土	矿毒型水稻土	金属矿"毒"田	铁锰矿"毒"田	Ag	0—20	浅灰棕色	砂壤土		5.9	27.6	1.49	0.80	27.6	130	9.7	100	河流冲积物	E 111°51′46.1″ N 25°42′39.0″	95
						Pg	20—30	暗棕灰色	黏壤土		6.2	12.0	0.90	0.74	25.6						
						Sg	30—100	暗棕灰色	砂土		6.8	7.9	0.64	0.73	24.0						
剖8	初育土	石灰(岩)土	红色石灰土	红色石灰土		A	0—23	灰棕色	黏土		6.5	21.2	1.08	1.27	6.5	82	2.1	114	石灰岩	E 111°50′45.9″ N 25°42′16.4″	75
						ABv	23—100	灰棕色	黏土		6.5	15.9	1.67	0.24	8.2						
剖9	人为土	水稻土	淹育水稻土	浅碛砂泥田	浅碛砂泥田	A	0—14	灰褐色	砂壤土		5.6	75.4	3.28	1.70	23.8	280	15.8	83	花岗岩现代风化物	E 111°51′53.7″ N 25°41′54.7″	95
						P	14—24	褐灰色	砂壤土		5.8	56.1	2.41	1.53	20.4						
						C	24—100	灰黄色	砂土		6.4	45.1	2.11	1.89	27.3						
剖10	人为土	水稻土	潴育水稻土	青泥田	青泥田	A	0—17	暗黄棕色	黏壤土		6.5	38.4	1.89	0.68	11.3	168	5.5	91	板页岩	E 111°52′34.3″ N 25°44′23.2″	95
						Pg	17—28	暗黄棕色	黏壤土		6.7	36.9	1.77	0.54	10.9						
						G	28—60	暗黄棕色	黏壤土		7.4	27.4	1.25	0.28	9.1						
						C	60—	灰黄色	黏土		7.4	6.2	0.52	0.08	8.1						
剖11	初育土	紫色土	酸性紫色土	酸性紫色土		A	0—20	暗棕紫色	砂壤土		6.4	15.6	0.77	1.50	12.5	68	18.8	121	紫色砂岩	E 111°59′30.5″ N 25°44′52.0″	75
						Bv	20—150	暗棕紫色	砂壤土		6.1	10.7	0.45	1.13	16.7						
剖12	初育土	紫色土	中性紫色土	耕型中性紫色土	中性紫色土	A	0—28	暗棕紫色	黏壤土		7.4	12.7	0.80	0.90	20.1	42	10.8	104	紫色页岩	E 111°59′52.9″ N 25°44′05.6″	75
						ABv	28—60	浅紫紫色	黏壤土		7.4	7.6	0.54	0.68	19.7						
						BvC	60—150	浅紫棕色	黏壤土		7.5	7.4	0.48	0.42	22.8						
剖13	人为土	水稻土	淹育水稻土	浅灰泥田	宁远浅灰泥田	Aa	0—15	暗棕色	黏土	碎块状	7.7	37.5	1.90	0.70	10.0	123	4.3	108	钙质页岩, 泥质灰岩	E 111°57′02.3″ N 25°40′41.8″	95
						Ap	15—23	棕色	黏土	块状	8.1	24.2	1.20	0.70	10.0						
						C	23—43	暗红棕色	黏土	块状	8.1	11.5	0.70	0.50	10.5						

续表 Continued

剖面号 Soil profile	土纲 Soil order	土类 Soil great group	亚类 Soil subgroup	土属 Soil genus	土种 Soil species	土层码 Layer code	土层厚度 Depth/cm	颜色 Soil color	质地 Soil texture	土壤结构 Soil structure	pH	有机质 OM/(g/kg)	全氮 TN/(g/kg)	全磷 TP/(g/kg)	全钾 TK/(g/kg)	碱解氮 AN/(mg/kg)	有效磷 AP/(mg/kg)	速效钾 AK/(mg/kg)	土壤母质 Parent material	剖面点坐标 Profile coordinate	匹配指数 Matching index/%
剖14	人为土	水稻土	潴育水稻土	麻砂泥田	麻砂泥田	A	0—13	暗灰黄	砂壤土		4.5	81.0	3.74	1.53	39.9	296	5.0	75	花岗岩	E 111°58′55.3″ N 25°42′20.8″	75
						P	13—17	灰白色	砂壤土		4.7	66.8	3.28	1.44	≥50.0						
						W	17—60	浅棕黄色	砂壤土		5.6	31.6	1.46	0.74	42.6						
						C	60—100	浅黄棕色	砂土		5.5	38.2	1.52	0.68	36.8						
剖15	初育土	石灰(岩)土	黑色石灰土	耕犁黑色石灰土		A₁	5—10	黑色	壤土		8.0	42.6	2.25	1.04	28.2				石灰岩新风化物	E 111°59′36.4″ N 25°42′02.7″	75
						A₂	10—63	暗灰黄	黏工壤土		8.0	24.6	1.14	9.40	29.6	67	1.6	91			
						D	63—														
剖16	初育土	石灰(岩)土	红色石灰土	淋溶石灰土	薄腐厚层淋溶石灰土	A₁	0—0.5	暗灰色	壤土		6.3	36.2	2.51	0.89	26.4				石灰岩	E 111°59′42.0″ N 25°40′57.0″	95
						A₂	0.5—15	暗灰黄色	黏土		6.7	17.5	1.60	0.87	10.9	81	1.9	114			
						Bv	15—76	灰白色	黏土		8.3	9.5	0.64	0.39	11.7						
						BvC	76—150	灰黄色	黏土		8.4	7.8	0.28	0.28	19.5						
剖17	铁铝土	红壤	红壤	砂岩红壤	薄腐厚层砂岩红壤	A₁	0—1	棕灰色	砂壤土		4.7	37.0	0.20	0.68	14.3	106	1.6	127	砂岩	E 111°55′07.7″ N 25°42′28.8″	95
						A₂	1—40	棕紫色	砂壤土		5.1	18.0	0.86	0.68	15.7						
						Bv	40—120	红深色	壤土		5.1	6.9	0.65	0.54	8.2						
						BvC	120—200	红棕色	壤土		5.3	6.3	0.42	0.42	6.2						
剖18	初育土	紫色土	酸性紫色土	酸性紫色土	薄腐厚层酸性紫色土	A₂	0—42	紫棕色	黏土		6.4	34.1	2.09	1.20	25.0	182	4.8	94	紫色页岩	E 111°50′17.4″ N 25°38′15.3″	95
						Bv	42—107	棕紫色	壤土		6.3	20.8	1.70	0.97	24.0						
						BvC	107—150	浅紫棕色	壤土		6.3	15.0	1.57	1.11	23.9						
剖19	人为土	水稻土	潴育水稻土	紫泥田		A	0—14	暗紫棕色	黏壤土		6.9	29.2	1.47	0.95	16.0	136	9.3	107		E 111°50′30.3″ N 25°37′42.2″	95
						P	14—24	暗紫棕色	黏壤土		7.0	18.3	1.09	0.73	13.6						
						W₁	24—62	暗紫棕色	黏壤土		7.0	11.4	0.55	0.56	11.5						
						W₂	62—100	暗紫棕色	黏土		7.1	9.8	0.55	0.20	14.0						
剖20	半水成土	潮土	河潮土	耕犁河潮土		A	0—15	棕灰色	砂土		6.4	6.6	0.57	0.58	14.3	74	9.1	70	河相沉积物	E 111°51′28.0″ N 25°38′53.3″	75
						Bv	15—100	棕灰色	砂土		6.2	4.1	0.41	0.55	14.7						
						C	100—		砂土		6.0	1.9	0.35	0.48	9.0						
剖21	人为土	水稻土	潴育水稻土	红黄泥田	红黄泥田	A	0—18	暗黄棕色	黏壤土	块状	6.6	37.5	2.02	1.42	19.7	121	11.5	61	第四纪红色黏土	E 111°54′58.7″ N 25°38′19.7″	95
						P	18—28	暗灰黄色	砂壤土	块状	6.7	25.4	1.31	0.93	17.7						
						W	28—60	浅黄棕色	黏土	团块状	7.0	14.2	0.52	0.83	10.8						
						C	60—100	灰黄色	黏壤土		7.1	24.6	0.44	0.61	7.0						
剖22	人为土	水稻土	潴育水稻土	烂泥田	石灰性烂泥田	Ag	0—25	灰黄色	砂壤土		7.9	68.6	3.10	0.61	11.9	165	4.9	61	第四纪红色黏土	E 111°57′44.4″ N 25°35′49.5″	95
						G	25—	灰黑色	黏壤土		7.8	71.7	3.04	0.44	10.9						
剖23	铁铝土	红壤	红壤	砂岩红壤		A	0—17	浅红棕色	砂土		5.0	15.7	0.73	0.19	32.9	118	9.1	52	板页岩	E 111°59′11.9″ N 25°35′36.1″	95
						Bv	17—38	红棕色	壤土		5.0	14.1	0.61	0.17	40.1						
						C	38—200	红棕色	黏土		5.0	12.3	0.54	0.11	38.1						
剖24	铁铝土	红壤	红壤	第四纪红色黏土红壤		A	0—16	暗黄棕色	砂壤土		6.8	17.3	0.82	0.75	10.8	50	4.3	49	砂岩	E 111°50′24.7″ N 25°30′19.7″	95
						Bv	16—37	暗黄棕色	砂壤土		6.9	15.2	0.75	0.82	7.4						
						C	37—200	红棕色	黏土		6.4	1.3	0.51	0.58	8.8						
剖25	铁铝土	红壤	红壤	石灰岩红壤		A	0—15	暗棕红色	黏壤土		5.0	22.0	≥10.00	0.69	11.4	75	5.7	50	第四纪红色黏土	E 111°54′01.7″ N 25°31′14.5″	95
						Bv	15—200	浅棕黄色	黏土		5.0	19.0	0.80	0.75	11.3						
剖26	人为土	水稻土	淹育水稻土	浅黄砂泥田		A	0—13	灰黄色	壤土		6.5	20.4	1.40	0.78	10.8	127	9.2	112	砂岩	E 111°50′36.1″ N 25°29′49.0″	95
						P	13—21	灰黄棕色	壤土		6.6	16.9	0.93	0.68	7.4						
						C	21—100	黄黄棕色	砂壤土		6.7	5.0	0.44	0.67	19.1						
剖27	人为土	水稻土	潴育水稻土	黄泥田	黄泥田	A	0—15	浅灰色	黏土		6.7	26.2	1.34	1.37	18.9	159	22.1			E 111°56′36.0″ N 25°27′57.0″	95
						P	15—25	灰灰色	黏土		7.4	21.7	0.84	1.27	18.2						
						W	25—100	黄黄棕色	黏土		7.4	4.7	0.30	7.40	11.7						

续表 Continued

剖面号 Soil profile	土纲 Soil order	土类 Soil great group	亚类 Soil subgroup	土属 Soil genus	土种 Soil species	土层码 Layer code	土层厚度 Depth/cm	颜色 Soil color	质地 Soil texture	土壤结构 Soil structure	pH	有机质 OM/(g/kg)	全氮 TN/(g/kg)	全磷 TP/(g/kg)	全钾 TK/(g/kg)	碱解氮 AN/(mg/kg)	有效磷 AP/(mg/kg)	速效钾 AK/(mg/kg)	土壤母质 Parent material	剖面点坐标 Profile coordinate	匹配指数 Matching index/%
剖28	人为土	水稻土	潴育水稻土	黄砂泥田		A	0–15	暗黄棕色	砂壤土		6.0	39.2	1.50	1.16	17.2	125	8.2	100		E 111°58′31.5″ N 25°23′44.2″	95
						P	15–27	暗黄棕色	砂壤土		7.1	24.1	1.16	1.12	14.9						
						W	27–69	暗黄棕色	砂壤土		7.3	24.0	0.97	0.71	12.9						
						C	69–100	浅黄棕色	砂壤土		7.1	8.7	0.43	0.68	10.1						
剖29	人为土	水稻土	潴育水稻土	灰泥田	灰泥田	A	0–20	暗黄棕色	黏壤土		7.8	39.4	2.16	1.63	17.7	136	7.5	112		E 111°57′05.7″ N 25°20′17.2″	95
						P	20–30	暗黄棕色	黏土		7.8	36.0	1.89	2.43	17.4						
						W	30–100	暗黄棕色	黏土		8.0	24.4	1.25	2.76	16.2						
剖30	铁铝土	黄壤	黄壤性土	板页岩黄棕性土	中腐板页岩黄壤性土	A_1	0–15	暗黄棕色	砂壤土		4.6	80.6	3.12	0.95	21.8	159	1.6	98	板页岩	E 111°54′23.3″ N 25°21′09.5″	93
						A_2	15–36	黄棕色	壤土		5.0	15.2	0.73	0.77	29.3						
						C	36–117	浅棕色	黏壤土		5.2	11.0	0.52	0.71	33.7						
剖31	淋溶土	黄棕壤	山地黄棕壤性土	山地黄棕性土		A_1	0–1		砂壤土		5.0	52.4	6.87	1.13	43.1	68	≤1.0	145		E 111°54′02.0″ N 25°20′15.3″	75
						A_2	1–5	黑色	砂壤土		5.0	26.4	1.48	0.88	36.8						
						A_3Bv	5–23	黑色	砂土		5.2	25.3	1.46	0.46	48.0						
						C	23–	浅灰黄色	砂土		5.2	7.9	0.26	0.45	≥50.0						
剖32	铁铝土	黄壤	黄壤性土	花岗岩黄棕性土	中腐花岗岩黄壤性土	A_1	1–15	黄色	砂土		5.0	31.1	3.38	1.05	29.2	82	2.2	133	花岗岩	E 111°54′30.4″ N 25°15′11.1″	93
						A_2	15–40	浅黄棕色	砂土		5.1	6.7	0.47	0.97	34.4						
						C	40–59	灰黄色	砂土		5.2	≤1.0	0.35	0.57	49.0						
						CD	59–		砂土		5.1	1.5	0.18	0.44	47.2						
剖33	人为土	水稻土	渗育水稻土	白散泥田	白鳝泥田	A	0–15	暗黄棕色	砂壤土	团粒状	6.2	27.6	1.20	0.80	10.1	101	9.1	54		E 112°05′00.8″ N 25°53′46.1″	95
						P	15–29	暗灰黄色	砂壤土	块状	6.3	17.3	0.89	0.73	8.9						
						E	29–50	灰白色	砂土	块状	6.1	8.4	0.50	0.60	7.1						
						S	50–100	暗灰棕色	砂土		6.1	9.3	0.61	0.75	9.1						
							100–														
剖34	人为土	水稻土	渗育水稻土	白鳝泥田		A	0–14	灰棕色	砂壤土		6.5	21.4	1.69	0.85	10.9	74	7.5	54		E 112°02′55.8″ N 25°50′18.6″	95
						Pe	14–27	暗灰色	壤土		7.0	13.8	1.26	0.98	10.6						
						E_1	27–47	浅灰色	壤土		7.4	10.0	0.69	1.22	10.4						
						E_2	47–100	灰白色	壤土		7.2	9.0	0.58	0.27	5.7						
剖35	铁铝土	红壤	红壤	第四纪红色黏土红壤		A	0–9	暗棕红色	砂壤土		5.8	12.3	1.07	0.73	9.3	89	≤1.0	33	第四纪红色黏土	E 112°00′10.6″ N 25°49′21.3″	97
						Bv	9–200	浅红色	黏壤土		5.5	9.8	0.54	0.51	8.1						
						C	200–	红色	黏土		5.4	8.3	0.50	0.50	6.0						
剖36	初育土	紫色土	中性紫色土	中性紫砂土	厚层中性紫砂土	A_1	0–55	暗紫棕色	砂壤土		7.4	17.4	0.93	0.32	12.3	54	4.7	47	紫色砂岩	E 112°03′20.8″ N 25°46′50.4″	95
						BvC	55–145	暗紫棕色	砂壤土		7.5	5.5	0.46	0.46	12.8						
						D	145–														
剖37	人为土	水稻土	潴育水稻土	河砂泥田	河砂泥田	A	0–15	黄黄棕色	砂壤土		6.4	21.4	≥10.00	9.40	18.3	145	7.6	69	板页岩	E 112°03′16.8″ N 25°43′42.7″	93
						P	15–25	暗黄棕色	砂壤土		6.9	18.8	≥10.00	9.30	17.7						
						W	25–100	暗黄棕色	砂壤土		7.4	16.0	9.00	6.70	18.0						
剖38	铁铝土	红壤	红壤性土	板页岩红壤性土	石渣红壤性土	A_1	0–2	棕色	黏土		5.0	30.0	0.55	1.15	38.5	32	1.1	64	板页岩	E 112°04′00.7″ N 25°43′42.7″	95
						A_2	2–22	红黄色	黏土		5.0	12.1	0.52	0.84	37.8						
						C	22–	黄色	黏土		5.0	11.3	0.39	0.72	34.7						
剖39	初育土	紫色土	石灰性紫色土	石灰性紫砂土	薄层石灰性紫色土	A_2	0–25	紫棕色	黏土		8.2	28.2	1.30	≥10.00	14.5	67	15.0	136	紫色页岩	E 112°04′40.9″ N 25°43′10.0″	75
						Bv	25–35	紫色	黏土		8.2	10.1	0.80	≥10.00	15.5						
						D	35–														
剖40	初育土	紫色土	石灰性紫色土	石灰性紫砂土	中层石灰性紫砂土	A_2	0–17	紫棕色	砂壤土		8.0	20.1	1.28	0.90	24.3	54	11.0	78	紫色砂岩	E 112°04′11.3″ N 25°42′02.5″	75
						Bv	17–46	紫色	砂壤土		8.3	13.7	0.73	1.10	19.1						
						BvC	46–79	紫灰色	砂壤土		8.3	7.2	0.72	3.60	15.0						
						D	79–														

续表 Continued

剖面号 Soil profile	土纲 Soil order	土类 Soil great group	亚类 Soil subgroup	土属 Soil genus	土种 Soil species	土层码 Layer code	土层厚度 Depth/cm	颜色 Soil color	质地 Soil texture	土壤结构 Soil structure	pH	有机质 OM/(g/kg)	全氮 TN/(g/kg)	全磷 TP/(g/kg)	全钾 TK/(g/kg)	碱解氮 AN/(mg/kg)	有效磷 AP/(mg/kg)	速效钾 AK/(mg/kg)	土壤母质 Parent material	剖面点坐标 Profile coordinate	匹配指数 Matching index/%
剖41	人为土	水稻土	潴育水稻土	紫泥田		A	0—20	紫棕色	黏土		6.4	32.2	1.81	0.98	29.7	140	5.9	105		E 112°04′21.7″ N 25°41′55.7″	95
						P	20—28	紫棕色	黏土		6.4	17.9	0.94	0.60	23.4						
						W	28—100	紫棕色	黏土		6.5	10.3	0.61	0.60	15.8						
剖42	人为土	水稻土	淹育水稻土	浅碱紫泥田	浅碱紫泥田	A	0—12	暗紫棕色	黏壤土		8.0	32.7	1.70	1.03	16.3	113	15.0	125		E 112°07′10.4″ N 25°40′09.0″	95
						P	12—22	灰紫棕色	黏壤土		8.2	19.7	1.09	0.90	17.0						
						C	22—100	紫棕色	黏土		8.0	12.2	0.65	0.84	18.6						
剖43	铁铝土	红壤	红壤性土	砂岩红壤性土	薄腐砂岩红壤性土	A_2	0—28	浅棕色	砂壤土		5.3	25.7	1.85	0.73	13.5	57	≤1.0	29	红色砂岩	E 112°03′39.4″ N 25°42′18.2″	95
						C	28—	红棕色	壤土		5.4	9.0	0.85	0.60	13.0						
剖44	人为土	水稻土	潴育水稻土	紫泥田	碱紫泥田	A	0—20	紫色	黏壤土		8.1	32.1	1.60	1.12	12.9	151	14.0	109		E 112°07′55.0″ N 25°40′05.3″	95
						P	20—31	紫棕色	黏壤土		8.2	30.5	1.48	1.18	12.9						
						W	31—100	紫棕色	黏土		8.2	23.0	1.16	1.16	15.0						
剖45	初育土	石灰(岩)土	黑色石灰土	耕型黑色石灰土		A	0—25	黄棕色	黏土		8.1	48.7	1.05	0.90	19.5	70	2.1	112	钙质页岩	E 112°00′43.2″ N 25°37′04.8″	95
						Bv	25—41	灰棕色	黏土		8.2	19.1	0.95	0.68	17.5						
						C	41—	黄棕色	黏土		7.9	11.0	0.49	0.61	10.9						
剖46	人为土	水稻土	潜育水稻土	冷浸田	石灰性冷浸田	Ag	0—20	浅棕灰色	黏土		7.8	40.6	1.73	0.98	20.1	173	3.8	118	板页岩	E 112°00′28.9″ N 25°35′42.4″	95
						Pg	20—28	绿灰色	黏土		7.6	31.4	1.34	0.86	17.7						
						G	28—100	绿灰色	黏土		6.6	28.4	1.16	0.64	18.7						
剖47	铁铝土	红壤	黄红壤	砂岩黄红壤		A_1	0—5	黑灰色	砂壤土		4.8	58.6	5.22	1.21	20.2	167	1.6	81	黄色砂岩	E 112°01′29.5″ N 25°20′15.7″	95
						A_2	5—20	暗灰棕色	砂壤土		4.6	37.3	2.33	0.92	14.5						
						Bv	20—170	暗棕红色	砂壤土		4.6	19.8	0.72	0.58	11.3						
						C	170—	红黄色	砂壤土		4.9	4.1	0.43	0.53	9.6						

蓝 山 县

主要土类说明

红壤是蓝山县主要土壤类型，占本县地域面积的43%。红壤主要发生于亚热带常绿阔叶林下，呈中度脱硅富铝化特征，土壤黏粒中游离铁占全铁的50%—60%。黏土矿物以高岭石、赤铁矿为主，黏粒硅铝率为1.8—2.4，风化淋溶系数小于0.2，盐基饱和度小于35%，pH为4.5—5.5。红壤具深厚红色土层，底部可见深厚的红、黄、白相间的网纹状红色黏土。本县红壤中，山地红壤占96%，耕型红壤占4%。

黄壤是蓝山县第二大土壤类型，占本县地域面积的23%。黄壤发生于亚热带湿润条件下，中度富铝化，多见于海拔700—1200m的山区。土壤有机质累积较多，可达100g/kg，剖面构型为O–A–AB–B–C。淀积层（B层）富含水合氧化物（针铁矿），呈黄色，有时多含三水铝石。

水稻土是蓝山县第三大土壤类型，占本县地域面积的12%。水稻土是在长期的季节性淹灌、水下翻耕、季节性脱水、氧化还原交替影响下，原来的成土母质或母土的特性发生重大改变，形成的新的土壤类型。由于干湿交替，水稻土形成糊状的淹育层、较坚实板结的犁底层、渗育层、潴育层与潜育层等多种发生层。这些不同的发生层是在人为耕作、水浆管理下形成的。本县水稻土中，潴育水稻土面积最大，占本土类面积66%，属良水型水稻土，水耕熟化时间长，肥力较高。

黄棕壤占本县地域面积的11%。黄棕壤发生于亚热带暖湿落叶阔叶林下，多由砂页岩及花岗岩风化物发育而成，弱度脱硅富铝化，黏聚现象明显，呈黄棕色。该土壤具A–B–C或A–（B）–C剖面构型，黏粒硅铝率在2.5左右，铁的游离度较红壤低，B层交换性酸大于A层。

紫色土占本县地域面积的8%，是由热带、亚热带紫红色岩层直接风化形成的A–C型土壤。其理化性质与母岩组成直接相关，土层浅薄，剖面层次发育不明显，仍处于初育阶段。母岩富含矿质养分，且风化迅速。

小于本县地域面积3%的土壤类型有山地草甸土、石灰（岩）土等。

本区域中心区气候特征

本区域中心区气候特征值
Regional climate characteristics in central area of the region

气候带：中亚热带湿润气候 Climate region: Subtropical humid climate	
年平均气温 /℃ Annual average temperature /℃	19.3
年平均最高气温 /℃ Annual average maximum temperature /℃	23.7
年平均最低气温 /℃ Annual average minimum temperature /℃	16.1
年降水量 /mm Annual precipitation /mm	1517
≥10℃的积温 /℃ Daily temperature accumulated in a year（≥10℃）/℃	7314
年日照时数 /h Annual sunshine /h	1559
年平均相对湿度 /% Annual average relative humidity /%	77
干燥度 Dryness	0.75

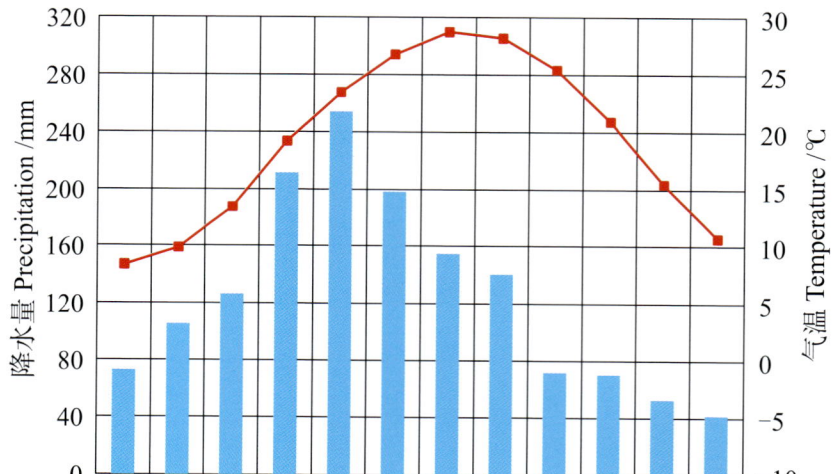

本区域中心区月平均气温与月平均降水量
Monthly temperature and precipitation in central area of the region

蓝山县主要土壤类型与土壤剖面点分布图
1∶240 000

图 例

- 红壤
- 黄壤
- 水稻土
- 黄棕壤
- 紫色土
- 山地草甸土
- 石灰（岩）土
- ⊗ 剖面点

蓝山县土壤剖面理化性状表

剖面号 Soil profile	土纲 Soil order	土类 Soil great group	亚类 Soil subgroup	土属 Soil genus	土种 Soil species	土层码 Layer code	土层厚度 Depth/cm	颜色 Soil color	质地 Soil texture	土壤结构 Soil structure	pH	有机质 OM/(g/kg)	全氮 TN/(g/kg)	全磷 TP/(g/kg)	全钾 TK/(g/kg)	碱解氮 AN/(mg/kg)	有效磷 AP/(mg/kg)	速效钾 AK/(mg/kg)	土壤母质 Parent material	剖面点坐标 Profile coordinate	匹配指数 Matching index/%
剖1	人为土	水稻土	潴育水稻土	红黄泥田	红砂泥田	1	0–17	灰黑色	黏壤土		6.5	26.0	1.50	2.12		80	15.3	47	第四纪红色黏土	E 112°10′25.5″ N 25°34′16.2″	75
						2	17–27	灰黑色	黏壤土		5.5										
						3	27–36	棕黄色	黏壤土		5.5										
						4	36–84	黄红色	壤土		5.5										
剖2	人为土	水稻土	潴育水稻土	黄砂泥田	红砂泥田	1	0–12	灰红色	壤土		5.5	32.1	0.98	0.15	19.3	63	8.3	33		E 112°11′21.3″ N 25°32′38.7″	75
						2	12–19	灰黄土	黏壤土		6.0										
						3	19–41	黄棕色	壤土		6.0										
						4	41–55	黄红色	砂壤土		6.0										
剖3	人为土	水稻土	潴育水稻土	黄泥田		1	0–17	灰黑色	黏土		6.0	60.1	1.70	0.19	18.7	76	10.4	130		E 112°14′48.3″ N 25°32′35.3″	75
						2	17–25	灰黑色	黏土		6.0										
						3	25–35	青灰色	黏土		6.5										
						4	35–49	青灰色	黏土		6.5										
剖4	人为土	水稻土	渗育水稻土	白鳝泥田	白磕砂泥田	1	0–11	浅灰色	壤土		5.5	22.0	0.68	0.49		110	6.9	46		E 112°14′03.2″ N 25°31′40.3″	75
						2	16–26	棕灰色	黏壤土		5.5										
						3	26–34	红灰色	黏土		6.5										
						4	34–72	黄灰色	黏土		6.5										
剖5	人为土	水稻土	淹育水稻土	浅黄泥田	浅黄夹泥田	1	0–11	棕黄色	壤土		6.0	23.0	1.00	1.10	26.3	96	7.4	62		E 112°08′24.7″ N 25°32′06.3″	75
						2	11–17	棕黄色	黏土		6.0										
						3	17–54	红灰色	黏土		6.0										
						4	54–120	黄黄色	壤土		6.0										
剖6	人为土	水稻土	潴育水稻土	黄砂泥田	黄砂泥田	1	0–14	黑黄色	黏壤土		6.0	23.7	0.88	0.56	32.3	69	5.9	24		E 112°09′06.1″ N 25°31′22.2″	75
						2	14–22	灰黄色	黏壤土		6.0										
						3	22–35	灰黄色	砂壤土		6.0										
						4	35–48	灰黄色	砂土		8.0										
剖7	人为土	水稻土	潴育水稻土	鸭屎泥田	黄鸭屎泥田	1	0–14	褐黄色	黏土		8.0	72.0	2.60	0.43	9.3	218	22.6	52		E 112°10′09.3″ N 25°32′02.1″	75
						2	14–22	灰黄色	黏土		8.0										
						3	22–49	灰黄色	黏土		8.0										
						4	49–67	青黄色	黏土		8.0										
剖8	人为土	水稻土	潴育水稻土	烂泥田	碱性烂泥田	1	0–16	灰黄色	黏土		6.5	65.0	4.90	0.28	31.3	119	3.2	61		E 112°09′39.7″ N 25°30′33.2″	95
						2	16–26	青黄色	黏土		6.0										
						3	26–90	青黄色	黏土		6.0										
剖9	人为土	水稻土	潴育水稻土	河砂泥田	黑砂泥田	1	0–15	黑色	壤土		6.5	40.6	1.05	1.54	10.4	210	5.7	115		E 112°11′38.6″ N 25°25′39.4″	95
						2	15–24	黑黑色	黏壤土		6.0										
						3	24–45	灰黄色	砂壤土		6.0										
						4	45–80	棕黄色	黏土		6.0										
剖10	人为土	水稻土	潜育水稻土	冷浸田	冷浸泥田	1	0–18	青灰色	黏土		6.5	63.2	2.89	0.30	23.1	168	3.4	59		E 112°10′12.6″ N 25°27′05.4″	95
						2	18–28	青灰色	黏土		6.5										
						3	28–45	灰黑色	壤土		6.0										
						4	45–100	灰黄色	壤土		6.0										
剖11	人为土	水稻土	潴育水稻土	河砂泥田	砂泥田	1	0–16	灰黄色	壤土		6.5	35.5	1.30	0.26	10.2	96	10.2	64	第四纪红色黏土	E 112°10′22.5″ N 25°25′25.8″	95
						2	16–25	灰黄色	黏土		6.5										
						3	25–52	棕黄色	砂土		6.5										
						4	52–80	黄色	砂土		6.5										

续表 Continued

剖面号 Soil profile	土纲 Soil order	土类 Soil great group	亚类 Soil subgroup	土属 Soil genus	土种 Soil species	土层码 Layer code	土层厚度 Depth/cm	颜色 Soil color	质地 Soil texture	土壤结构 Soil structure	pH	有机质 OM/(g/kg)	全氮 TN/(g/kg)	全磷 TP/(g/kg)	全钾 TK/(g/kg)	碱解氮 AN/(mg/kg)	有效磷 AP/(mg/kg)	速效钾 AK/(mg/kg)	土壤母质 Parent material	剖面点坐标 Profile coordinate	匹配指数 Matching index/%
剖12	人为土	水稻土	潜育水稻土	冷浸田	冷浸砂田	1	0—20	灰黄色	砂壤土		5.5	45.8	1.40	0.90	32.5	63	3.4	85	花岗岩	E 112°11′09.6″ N 25°26′18.0″	95
						2	20—31	黑灰色	黏壤土		5.5										
						3	31—46	青灰色	砂壤土		6.5										
						4	46—68	浅灰色	砂土		6.5										
剖13	人为土	水稻土	渗育水稻土	白鳝泥田	白夹泥田	1	0—18	褐灰色	黏土		6.0	53.7	0.23	0.26	19.5	149	6.3	61		E 112°12′04.3″ N 25°24′19.2″	95
						2	18—26	浅灰色	黏土		6.0										
						3	26—39	灰褐色	黏土		6.5										
						4	39—84	浅灰色	黏土		6.5										
剖14	人为土	水稻土	潜育水稻土	黄泥田	黄泥田	1	0—10	棕黄色	黏壤土		6.0	49.5	0.98	0.25	11.0	86	4.3	60	板页岩	E 112°12′29.1″ N 25°22′39.8″	95
						2	10—18	棕黄色	黏壤土		6.0										
						3	18—51	棕黄色	黏壤土		7.0										
						4	51—92	黄色	砂土		7.0										
剖15	人为土	水稻土	淹育水稻土	浅黄砂泥田	浅红砂泥田	1	0—14	灰红色	砂壤土		5.5	26.8	0.80			79	9.0	44	红色砂岩	E 112°12′31.1″ N 25°22′11.7″	95
						2	14—22	棕红色	黏红壤土		5.5										
						3	22—55	灰红色	黏壤土		5.5										
						4	55—75	黄红色	黏土		5.5										
剖16	人为土	水稻土	潜育水稻土	紫泥田	紫泥田	1	0—12		黏壤土		8.0	60.1	0.54	3.80	11.7	92	11.7	75	紫色页岩	E 112°12′30.3″ N 25°21′26.7″	95
						2	12—21		壤土		8.0										
						3	21—39				7.5										
						4	39—80	黑灰色	砂壤土		6.0										
剖17	人为土	水稻土	潜育水稻土	青泥田	青砂泥田	1	0—13	黑灰色	黏壤土		6.0	39.8	1.30	0.95	8.5	148	5.5	37	板页岩	E 112°14′38.3″ N 25°15′20.5″	95
						2	13—21	青灰色	壤土		6.0										
						3	21—41		壤土		6.0										
						4	41—100		壤土		6.5										
剖18	人为土	水稻土	潜育水稻土	烂泥田	烂泥田	1	0—27	黄灰色	黏土		7.0	59.3	1.70	1.30	≥50.0	125	8.0	86		E 112°07′53.7″ N 25°14′36.0″	95
						2	27—38	黄灰色	黏土		7.0										
						3	38—51	青灰色	黏土		7.0										
						4	51—78	青灰色	砂壤土		6.0										
剖19	人为土	水稻土	潜育水稻土	麻砂泥田	灰砂泥田	1	0—14	灰黑色	壤土		6.5	27.4	0.70	0.37	10.2	158	14.0	49		E 112°07′11.4″ N 25°05′23.6″	95
						2	14—22	暗紫色	壤土		6.5										
						3	22—100	暗紫色	黏土		8.0										
剖20	人为土	水稻土	潜育水稻土	青泥田	青紫泥田	1	0—19	暗紫色	黏土		8.0	104.6	2.20	0.49	25.8	110	6.9	46		E 112°16′13.6″ N 25°31′09.2″	95
						2	19—27	暗紫色	黏土		7.5										
						3	27—59	黑色	黏土		7.5										
						4	59—90	灰黑色	壤土		7.5										
剖21	人为土	水稻土	渗育水稻土	白鳝泥田	白磁砂泥田	Ape	0—16	浅灰色	壤土	碎块状	5.5	22.0	0.68	0.42		481	5.0	112		E 112°17′37.6″ N 25°31′49.0″	95
						E	16—26	灰白色	壤土	块状	5.5										
						C	26—44	灰黄色	砂壤土	棱块状	5.5										
剖22	人为土	水稻土	潜育水稻土	麻砂泥田	黄麻砂泥田	1	0—16	浅灰黄色	砂壤土		5.5	52.9	1.00							E 112°20′10.9″ N 25°26′27.0″	95
						2	16—24	黄色	壤土												
						3	24—35	黄色	砂壤土												
						4	35—87	黄色	砂壤土		5.5										
剖23	人为土	水稻土	潜育水稻土	河砂泥田		1	0—15	灰黄色	壤土		6.0	56.6	0.16	0.12	26.9	71	12.6	39		E 112°17′54.4″ N 25°23′30.5″	95
						2	15—23	灰黄色	壤土		6.0										
						3	23—83	灰黄色	壤土		6.0										

续表 Continued

剖面号 Soil profile	土纲 Soil order	土类 Soil great group	亚类 Soil subgroup	土属 Soil genus	土种 Soil species	土层码 Layer code	土层厚度 Depth/cm	颜色 Soil color	质地 Soil texture	土壤结构 Soil structure	pH	有机质 OM/(g/kg)	全氮 TN/(g/kg)	全磷 TP/(g/kg)	全钾 TK/(g/kg)	碱解氮 AN/(mg/kg)	有效磷 AP/(mg/kg)	速效钾 AK/(mg/kg)	土壤母质 Parent material	剖面点坐标 Profile coordinate	匹配指数 Matching index/%
剖24	人为土	水稻土	淹育水稻土	浅黄砂泥田	浅黄砂泥田	1	0—14	黑黄色	砂壤土		5.0	36.8	0.80			86	5.5	43	花岗岩	E 112°17′32.4″ N 25°22′24.8″	95
						2	14—23	灰黄色	砂壤土		6.0										
						3	23—35	棕黄色	砂土		6.0										
						4	35—55	黄色	砂土												
剖25	人为土	水稻土	潴育水稻土	紫泥田	紫砂泥田	1	0—15	暗紫色	壤土		8.0	75.8	0.19			25	3.4	125	紫色砂页岩	E 112°23′21.0″ N 25°24′26.5″	95
						2	12—25	暗紫色	壤土		8.5										
						3	25—45		砂壤土		8.5										
						4	45—60				8.5										

新 田 县

主要土类说明

红壤是新田县主要土壤类型，占本县地域面积的46%。红壤主要分布在海拔750m以下的低山、丘陵和岗地，是在高温高湿的气候条件下形成的地带性土壤，成土年代久，矿物风化比较彻底，土层深厚。有机质矿质化程度高，脱硅富铝化作用强烈，土壤呈红色，黏粒含量高，盐基不饱和，土壤呈酸性，pH为4.5—6.4。有机质和矿质养分含量低，表土层平均养分含量为：有机质19.6g/kg，全氮0.92g/kg，全磷0.94g/kg，全钾15.6g/kg。

水稻土是新田县第二大土壤类型，占本县地域面积的25%，主要分布在海拔350m以下地势低平、水源丰富的东南部丘岗区和西部低山区。剖面具有较疏松而肥沃的耕作层和松紧适度的犁底层，其下为淋溶淀积层（或潜育层）和母质层。剖面构型常为A-P-W-C、A-P-G-C、A-Pg-G、A-P-C等。水稻土土壤质地与成土母质直接相关，一般由石灰岩、钙质页岩、板岩、页岩等黏性母质发育而成的土壤质地为黏壤土至黏土，由砂岩和河流冲积物等砂性母质发育而成的土壤质地多为砂壤土至壤土。受母质、灌溉水水质及人为施用石灰和碱性肥料的影响，本县大部分水稻土偏碱性。本县部分水稻土所处地势低洼，地下水位偏高，加上水耕水种，使土壤长期渍水，还原作用强，引起土壤潜育化。由于施用有机肥料，加上有机质在嫌气条件下分解缓慢，土壤有机质含量较高，平均为39.8g/kg；其他养分含量中等，全氮含量为1.82g/kg，全磷含量为1.31g/kg，全钾含量为15.3g/kg。本县水稻土分为淹育型、潴育型、渗育型、潜育型等亚类。其中，潴育水稻土面积最大，占本土类面积的76%，主要分布在地势较低平、地形开阔、排灌方便的坪田、洞田、排田等，土壤肥力较高，剖面构型较稳定。

石灰（岩）土是新田县第三大土壤类型，占本县地域面积的24%。本县石灰（岩）土分为黑色石灰土和红色石灰土两个亚类。其中，黑色石灰土占本土类面积的91%，主要分布在东南部丘岗区和西部低山区，发育于石灰岩和钙质页岩，是典型的岩成土。黑色石灰土大多为岩石裸露的荒山，其成土年代短，发育程度低，土壤在发育过程中仍保持着母岩的特性，土体中常含有大量碳酸钙，盐基饱和度高，土壤呈中性至碱性，土层厚薄不均，平均厚度在40cm以内。发生层次不太明显，剖面构型多为A_1-D，部分为A_1-A_2B-D，母质层少见。

小于本县地域面积3%的土壤类型有黄壤、紫色土、潮土等。

本区域中心区气候特征

本区域中心区气候特征值
Regional climate characteristics in central area of the region

气候带：中亚热带湿润气候 Climate region: Subtropical humid climate	
年平均气温 /℃ Annual average temperature /℃	18.4
年平均最高气温 /℃ Annual average maximum temperature /℃	22.5
年平均最低气温 /℃ Annual average minimum temperature /℃	15.3
年降水量 /mm Annual precipitation /mm	1455
≥10℃的积温 /℃ Daily temperature accumulated in a year（≥10℃）/℃	7281
年日照时数 /h Annual sunshine /h	1529
年平均相对湿度 /% Annual average relative humidity /%	78
干燥度 Dryness	0.74

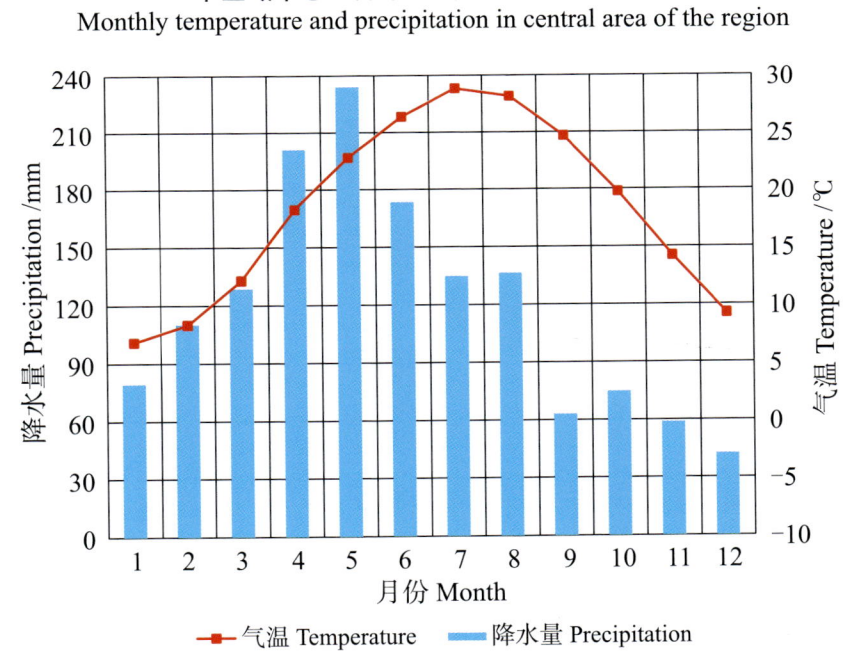

本区域中心区月平均气温与月平均降水量
Monthly temperature and precipitation in central area of the region

新田县主要土壤类型与土壤剖面点分布图
1 : 170 000

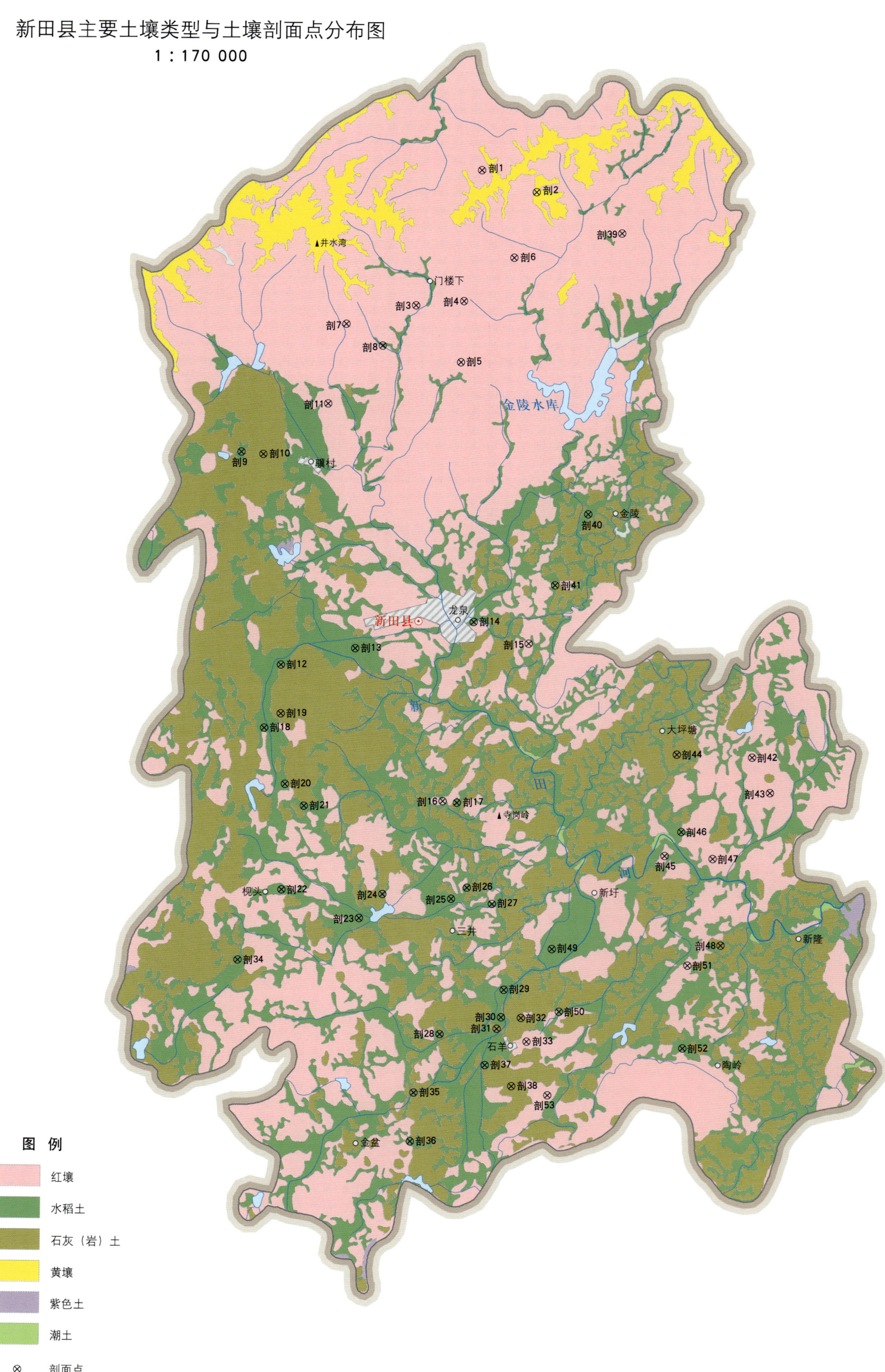

图例
- 红壤
- 水稻土
- 石灰（岩）土
- 黄壤
- 紫色土
- 潮土
- ⊗ 剖面点

新田县土壤剖面理化性状表

剖面号 Soil profile	土纲 Soil order	土类 Soil great group	亚类 Soil subgroup	土属 Soil genus	土种 Soil species	土层码 Layer code	土层厚度 Depth/cm	质地 Soil texture	pH	有机质 OM/(g/kg)	全氮 TN/(g/kg)	全磷 TP/(g/kg)	全钾 TK/(g/kg)	碱解氮 AN/(mg/kg)	有效磷 AP/(mg/kg)	速效钾 AK/(mg/kg)	土壤母质 Parent material	剖面点坐标 Profile coordinate	匹配指数 Matching index/%
剖1	铁铝土	红壤	红壤	砂岩红壤	中腐厚层砂岩红壤	Ao	0—3	中壤土	4.6	56.9	2.72	1.09	23.0	202	≤1.0	136	砂岩	E 112°13′36.3″ N 26°04′22.0″	95
						A₁	3—15	中壤土	5.1	16.1	0.91	0.81	20.7						
						A₂	15—150												
剖2	铁铝土	黄壤	黄壤性土	砂岩黄壤性土	厚腐厚层砂岩黄壤性土	Ao	0—2		4.8							155	砂岩坡积物	E 112°14′56.2″ N 26°03′52.7″	97
						A₁	2—23	砂壤土		85.3	3.07	1.60	43.2	91	≤1.0				
						A₂Bv	23—38	砂壤土		39.1	1.06	1.38	40.0						
						C	38—70	砂壤土		22.1	1.00	1.40	15.1						
剖3	铁铝土	红壤	黄红壤	板页岩黄红壤	薄腐中层板页岩黄红壤	A₁	2—11	中壤土	4.6	72.6	2.19	0.84	18.5	117	≤1.0	102	板岩	E 112°12′00.7″ N 26°01′24.3″	95
						A₂	11—36	中壤土	5.1	13.9	1.33	0.61	25.8						
						Bv	36—59	中壤土	5.2	11.1	1.08	0.42	27.0						
剖4	铁铝土	红壤	黄红壤	砂岩黄红壤	薄腐中层砂岩黄红壤	A₁	0—15	重壤土	5.2	35.9	1.18	1.03	23.6	84	≤1.0	235	板岩	E 112°13′10.2″ N 26°01′30.1″	95
						A₂Bv	15—150	重壤土	5.3	11.2	1.04	0.96	25.4						
						CD	150—	中壤土	5.5	5.7	0.78	0.93	25.7						
剖5	铁铝土	红壤	黄红壤	砂岩黄红壤	薄腐厚层砂岩黄红壤	A₁	0—7	中壤土	5.6	76.0	2.59	0.90	24.7	84	≤1.0	163	砂岩	E 112°13′05.2″ N 26°00′09.7″	95
						A₂	7—35	中壤土	4.5	28.1	0.87	0.66	21.8						
						Bv	35—100	中壤土	5.5	7.2	0.45	0.64	20.2						
剖6	铁铝土	红壤	黄红壤	砂岩黄红壤	厚腐厚层砂岩黄红壤	A₁	0—30	中壤土	6.2	29.0	1.49	1.07	28.3	118	≤1.0	124	砂岩	E 112°14′23.0″ N 26°02′26.3″	97
						A₂	30—61	中壤土	5.9	7.3	0.52	0.82	28.8						
						Bv	61—122	中壤土	5.7	3.1	0.45	0.70	30.4						
剖7	铁铝土	红壤	红壤	耕型砂岩红壤	黄砂土	A	0—14	中壤土	5.7	13.4	0.69	0.71	5.5	61	5.5	69	砂岩	E 112°10′16.1″ N 26°01′00.5″	95
						Bv	14—42	重壤土		7.7	0.51	0.56	6.1						
						C	42—100	中壤土		8.9	0.68	0.66	9.9						
剖8	人为土	水稻土	潴育水稻土	黄砂泥田	石灰性浅黄泥田	A	0—14	中壤土	6.0	38.8	1.70	1.20	16.7	160	9.4	133	砂岩及砂质页岩	E 112°11′09.9″ N 26°00′32.3″	95
						P	14—19	中壤土	6.3	19.0	0.95	0.76	17.8						
						W	19—70	中壤土	6.3	12.0	0.93	0.69	18.4						
						C	70—100	中壤土	6.8	5.1	0.45	0.91	14.6						
剖9	人为土	水稻土	淹育水稻土	浅黄泥田	红黄土	A	0—13	轻壤土	8.0	18.2	1.00	1.46	12.5	141	5.9	50	石灰岩	E 112°07′42.6″ N 25°58′09.5″	95
						P	13—23	轻壤土	8.0	15.3	0.81	0.94	12.5						
						C	23—100	轻壤土	7.9	7.0	0.52	0.53	12.7						
剖10	初育土	石灰(岩)土	红色石灰土	耕型红色石灰土		A	0—21	重壤土	7.0	13.7	0.80	1.27	12.4	62	3.1	76	石灰岩	E 112°08′14.6″ N 25°58′12.7″	93
						Bv	21—100	中壤土	7.0	7.3	0.82	1.16	13.9						
剖11	铁铝土	红壤	红壤性土	板页岩红壤性土	薄腐板页岩红壤性土	A	0—30	中壤土	5.1	5.4	0.80	0.94	24.9	37	1.5	29	板页岩	E 112°09′50.2″ N 25°59′16.3″	95
						A₂	30—150	中壤土	5.1	5.1	0.62	0.77	25.2						
剖12	人为土	水稻土	潴育水稻土	青格灰泥田		A	0—19	中壤土	7.9	59.8	1.85	1.54	15.5	166	9.8	80	石灰岩及钙质页岩	E 112°08′39.7″ N 25°53′32.6″	95
						Pg	19—26	重壤土	7.9	54.3	1.98	1.42	14.9						
						Wg	26—48	重壤土	7.8	40.4	1.96	1.41	14.0						
						W	48—100	轻壤土	7.0	15.2	0.95	1.29	14.7						
剖13	人为土	水稻土	潴育水稻土	灰泥田		A	0—14	轻黏土	8.0	29.3	2.03	1.58	14.2	164	7.6	103	石灰岩及钙质页岩	E 112°10′29.1″ N 25°53′54.3″	95
						P	14—22	轻黏土	8.0	20.0	1.46	1.20	14.6						
						W	22—57	轻黏土	8.0	12.1	0.87	0.87	10.8						
						C	57—100	轻壤土	8.0	10.1	0.56	1.26	9.9						

续表 Continued

剖面号 Soil profile	土纲 Soil order	土类 Soil great group	亚类 Soil subgroup	土属 Soil genus	土种 Soil species	土层码 Layer code	土层厚度 Depth/cm	质地 Soil texture	pH	有机质 OM/(g/kg)	全氮 TN/(g/kg)	全磷 TP/(g/kg)	全钾 TK/(g/kg)	碱解氮 AN/(mg/kg)	有效磷 AP/(mg/kg)	速效钾 AK/(mg/kg)	土壤母质 Parent material	剖面点坐标 Profile coordinate	匹配指数 Matching index/%
剖14	人为土	水稻土	渗育水稻土	白散泥田	白散泥田	A	0—17	重壤土	7.1	29.3	1.78	0.86	13.2	121	4.3	74	砂岩	E 112°13′23.2″ N 25°54′30.0″	95
						Pe	17—22	轻黏土	7.8	15.4	0.76	0.77	13.2						
剖15	铁铝土	红壤	红壤性土	砂岩红壤性红壤	中腐砂岩红壤性土	E	22—45	轻壤土	8.1	6.9	0.76	0.73	12.6				砂岩坡积物	E 112°14′42.3″ N 25°53′59.7″	95
						W	45—71	轻壤土	8.1	4.3	0.46	0.72	10.2						
						C	71—100	轻壤土	8.1	2.0	0.45	0.58	8.2						
剖16	铁铝土	红壤	红壤	薄腐厚层板页岩红壤		A_1	2—15	中壤土	5.6	47.2	1.96	0.68	12.6	83	≤1.0	94	板页岩	E 112°12′37.4″ N 25°50′31.1″	95
						BvC	15—23	中壤土	5.3	5.7	0.93	0.68	19.6						
						CD	23—150	中壤土	5.9	4.3	0.93	0.70	21.3						
剖17	人为土	水稻土	潜育水稻土	黄泥田	青糊黄泥田	A_2	0—20	重壤土	5.2	5.9	0.60	0.61	22.9	26	≤1.0	66	泥质页岩	E 112°12′57.5″ N 25°50′29.9″	95
						A_2Bv	20—50	重壤土	5.2	2.9	0.45	0.58	25.2						
						BvC	50—150	中壤土	5.2	3.8	0.50	0.77	35.7						
剖18	人为土	水稻土	淹育水稻土	浅灰黄泥田	浅灰黄砂泥田	Ag	0—20	轻黏土	7.8	58.6	3.07	1.04	14.9	170	4.1	71	砂质灰岩	E 112°08′17.5″ N 25°52′09.9″	95
						Pg	20—31	轻黏土	7.8	55.9	2.95	0.96	16.3						
						W_1	31—50	轻黏土	7.8	53.3	2.62	0.80	16.7						
						W_2	50—100	轻黏土	7.6	50.9	2.47	0.76	17.4						
剖19	初育土	石灰（岩）土	黑色石灰土	黑色石灰土	黑色石灰土	A	0—13	中壤土	6.0	24.0	1.27	1.05	11.6	107	6.5	97	砂岩灰岩	E 112°08′40.8″ N 25°52′27.8″	95
						P	13—20	中壤土	6.5	19.8	0.84	0.97	10.8						
						W	20—34	重壤土	7.1	6.8	0.74	0.73	11.5						
						C	34—100	轻壤土	7.4	6.1	0.50	0.78	13.7						
剖20	人为土	水稻土	潜育水稻土	青泥田	青灰泥田	A_1	0—2	重壤土	7.2	117.0	6.20	2.13	10.4	213	2.0	58	石灰岩风化物	E 112°08′45.8″ N 25°50′54.9″	95
						A_2	2—30	重壤土	7.2	56.0	3.42	1.35	12.5						
						A_2Bv	30—67	重壤土	7.2	42.3	2.67	1.36	13.9						
						Bv	67—100	轻壤土	7.2	38.4	2.16	1.80	13.5						
剖21	人为土	水稻土	潜育水稻土	紫泥田	碱紫泥田	Ag	0—20	轻壤土	8.1	43.4	2.43	0.99	19.6	155	2.7	89	石灰岩及钙质页岩	E 112°08′45.8″ N 25°50′54.9″	95
						Pg	20—31	轻黏土	8.1	58.6	2.25	0.89	19.5						
						G	31—100	重黏土	8.1	47.1	2.14	1.09	19.1						
剖22	人为土	水稻土	淹育水稻土	浅灰泥田	浅灰泥田	A	0—17	重壤土	7.9	24.3	1.60	0.92	21.7	115	2.8	100	紫色页岩坡积物	E 112°09′14.0″ N 25°50′25.9″	95
						P	17—27	轻壤土	7.9	22.2	1.23	0.89	21.7						
						W	27—60	轻壤土	7.9	21.2	1.94	0.94	22.3						
						C	60—100	轻壤土	7.9	20.8	1.29	0.87	21.2						
剖23	人为土	水稻土	潜育水稻土	河砂泥田	河砂泥田	A	0—13	轻黏土	7.8	26.5	1.31	1.58	13.4	115	5.0	100	石灰岩、钙质页岩风化物	E 112°08′41.1″ N 25°48′36.2″	95
						P	13—22	轻黏土	7.7	17.2	0.69	1.22	17.9						
						C	22—100	轻壤土	7.8	14.5	0.93	1.60	14.9						
剖24	人为土	水稻土	潜育水稻土	河砂泥田	河砂泥田	A	0—14	中壤土	6.3	33.3	1.40	0.80	22.1	96	5.6	86	河流冲积物	E 112°10′34.6″ N 25°47′57.9″	95
						P	14—23	重黏土	6.3	21.0	1.28	0.58	23.0						
						W_1	23—45	中壤土	7.1	4.8	0.45	0.28	23.8						
						W_2	45—100	轻壤土	7.4	3.3	0.37	0.62	24.3						
剖25	人为土	水稻土	潜育水稻土	黄泥田	砂质黄泥田	A	0—10	轻壤土	6.1	21.3	1.20	1.07	21.0	131	4.3	91	河流冲积物	E 112°11′07.7″ N 25°48′28.4″	75
						P	10—13	轻壤土	6.2	18.1	0.98	0.96	20.3						
						W	13—100	砂壤土	6.6	4.8	0.53	0.83	22.7						
						A	0—13	中壤土	7.5	32.5	1.49	1.12	13.8	115	7.2	54	页岩夹砂岩、粉砂质页岩	E 112°12′49.4″ N 25°48′21.9″	95
						P	13—21	中壤土	7.8	22.5	1.27	0.92	13.9						
						W	21—48	中壤土	7.6	9.2	0.82	0.74	13.0						
						C	48—100	中壤土	7.6	8.1	0.54	0.81	12.4						

续表 Continued

剖面号 Soil profile	土纲 Soil order	土类 Soil great group	亚类 Soil subgroup	土属 Soil genus	土种 Soil species	土层码 Layer code	土层厚度 Depth/cm	质地 Soil texture	pH	有机质 OM/(g/kg)	全氮 TN/(g/kg)	全磷 TP/(g/kg)	全钾 TK/(g/kg)	碱解氮 AN/(mg/kg)	有效磷 AP/(mg/kg)	速效钾 AK/(mg/kg)	土壤母质 Parent material	剖面点坐标 Profile coordinate	匹配指数 Matching index/%
剖26	人为土	水稻土	潴育水稻土	青泥田	石灰性青泥田	A	0–19	重壤土	7.5	33.6	1.76	1.01	18.2	125	2.8	80	泥质页岩	E 112°13′12.3″ N 25°48′38.3″	95
						Pg	19–28	轻黏土	7.2	15.7	0.98	1.11	16.4						
						G	28–65	轻黏土	7.1	12.4	0.88	0.95	17.9						
						C	65–100	轻黏土	7.1	11.0	0.79	1.05	17.1						
剖27	人为土	水稻土	潴育水稻土	青泥田		A	0–15	中壤土	8.1	49.0	2.40	2.41	17.4	189	5.4	82	非石灰性母质	E 112°13′49.9″ N 25°48′15.1″	75
						Pg	15–26	重壤土	8.2	51.1	2.36	1.12	14.6						
						G	26–100	中壤土	8.2	31.5	1.19	0.83	14.6						
剖28	人为土	水稻土	潴育水稻土	红黄泥田	红黄砂泥田	A	0–13	中壤土	6.5	25.6	1.17	1.02	30.2	123	3.2	61	第四纪红色黏土	E 112°12′32.7″ N 25°45′23.4″	75
						P	13–22	重壤土	6.8	17.9	0.88	1.14	28.8						
						W	22–42	中壤土	7.2	8.2	0.63	0.82	28.3						
						C	42–100	中壤土	7.2	5.3	0.57	1.10	33.0						
剖29	人为土	水稻土	潴育水稻土	冷浸田	石灰性冷浸田	A	0–17	重壤土	8.1	36.3	2.07	1.08	16.5	136	8.7	72	砂岩	E 112°14′06.0″ N 25°46′22.3″	75
						Pg	17–27	重壤土	8.1	32.3	1.92	1.07	15.8						
						G₁	27–50	重壤土	8.3	14.3	0.87	0.95	13.0						
						G₂	50–100	重壤土	8.3	14.3	0.87	0.90	11.0						
剖30	人为土	水稻土	淹育水稻土	浅黄泥田	砂质浅黄泥田	A	0–15	重壤土	5.3	32.9	1.47	1.42	14.0	115	12.0	101	泥质页岩夹砂岩	E 112°14′04.7″ N 25°45′46.1″	95
						P	15–25	重壤土	6.4	22.0	1.31	0.89	12.3						
						C	25–100	重壤土	7.2	3.4	0.45	0.67	12.3						
剖31	人为土	石灰（岩）土	黑色石灰土			A	0–20	重壤土	8.0	33.3	1.85	1.89	13.7	81	4.0	100	石灰岩残积物	E 112°13′55.9″ N 25°45′32.1″	95
						Bv	20–35		7.9	33.3	1.62	1.67	13.6						
						D	35–												
剖32	初育土	石灰（岩）土	红色石灰土	耕型石灰岩红土	灰红土	A₂	0–15	重壤土	6.1	14.7	0.57	0.22	20.9	45	45.0	≤5	砂质灰岩	E 112°14′31.5″ N 25°45′45.0″	75
						Bv	15–67	轻壤土	6.2	5.9	0.23	0.23	29.3	2					
						C	67–150	轻壤土	7.6	4.9	0.41	0.41	30.8	3					
剖33	铁铝土	红壤				A	0–25	轻黏土	6.3	1.1	0.92	1.42	14.3	46	3.3	86	石灰岩	E 112°14′39.7″ N 25°45′12.6″	75
						Bv	25–35	轻黏土	5.6	≤1.0	1.41	1.89	1.5						
						C	35–		5.5	≤1.0	0.93	1.67	1.6						
剖34	人为土	水稻土	潴育水稻土	浅灰黄泥田	浅灰黄泥田	A	0–16	重壤土	7.6	32.1	1.73	1.28	19.7	128	2.8	81	泥质页岩	E 112°07′37.2″ N 25°47′02.9″	75
						P	16–26	重壤土	7.8	28.3	1.13	1.30	21.4						
						W	26–50	重壤土	7.7	22.1	0.98	1.18	≤1.0						
						C	50–100	轻黏土	7.8	1.7	0.57	0.98	20.0						
剖35	人为土	水稻土	淹育水稻土	灰黄泥田		A	0–15	重壤土	6.3	29.3	1.40	1.68	16.0	107	4.9	89	石灰岩老风化物	E 112°11′54.5″ N 25°44′05.9″	75
						P	15–23	轻黏土	7.8	13.0	0.83	1.63	15.4						
						C	23–100	轻黏土	7.7	10.6	0.62	1.35	15.7						
剖36	人为土	水稻土	潴育水稻土	紫泥田		A	0–15	重壤土	8.0	43.8	1.70	1.54	21.8	127	5.5	89	石灰岩及钙质页岩老风化物	E 112°11′49.9″ N 25°43′03.4″	75
						Pg	25–38	轻黏土	7.8	40.0	1.49	1.32	13.1						
						W	38–100	中壤土	7.7	17.7	0.90	0.71	20.2						
剖37	人为土				碱紫砂泥田	A	0–15	重壤土	8.0	21.9	1.15	1.00	25.7	79	4.3	100	紫色砂岩	E 112°13′37.1″ N 25°44′42.5″	75
						P	15–26	重壤土	8.0	6.8	0.73	0.82	24.2						
						W	26–47	中壤土	8.1	5.2	0.63	0.83	21.2						
						C	47–100	中壤土	8.1	3.2	0.43	1.10	23.7						
剖38	初育土	石灰（岩）土	红色石灰土	红色石灰土	薄腐中层红色石灰土	A₁	0–2	重壤土	5.5	117.5	1.36	1.42	38.9	126	≤1.0	105	石灰岩	E 112°14′17.5″ N 25°44′15.1″	95
						A₂	2–21	轻黏土	6.0	13.1	1.03	0.63	21.0						
						Bv	21–45		6.1	20.4	1.40	0.70	46.1						
剖39	铁铝土	红壤	黄红壤	砂岩黄红壤		A₁	0–17	轻壤土	6.1	68.5	2.16	0.91	18.3	115	1.6	124	砂岩坡积物	E 112°17′01.2″ N 26°02′57.0″	95
						BvC	17–150	中壤土	5.8	12.6	0.78	0.73	27.3						

续表 Continued

剖面号 Soil profile	土纲 Soil order	土类 Soil great group	亚类 Soil subgroup	土属 Soil genus	土种 Soil species	土层码 Layer code	土层厚度 Depth/cm	质地 Soil texture	pH	有机质 OM/(g/kg)	全氮 TN/(g/kg)	全磷 TP/(g/kg)	全钾 TK/(g/kg)	碱解氮 AN/(mg/kg)	有效磷 AP/(mg/kg)	速效钾 AK/(mg/kg)	土壤母质 Parent material	剖面点坐标 Profile coordinate	匹配指数 Matching index/%
剖40	人为土	水稻土	潴育水稻土	灰黄泥田	灰黄砂泥田	A	0–14	重壤土	6.2	31.3	1.61	0.70	7.5	144	6.0	58	砂质灰岩或石灰岩与砂岩混合物	E 112°16′10.8″ N 25°56′49.0″	95
						P	14–22	轻黏土	6.1	18.9	1.16	0.56	8.2						
						W	22–43	重壤土	7.3	7.6	0.71	0.46	6.8						
						C	43–100	轻壤土	7.5	1.6	0.72	0.34	9.0						
剖41	人为土	水稻土	潴育水稻土	灰黄泥田	灰黄泥田	A	0–15	中壤土	6.2	39.5	1.94	2.07	15.9	101	5.7	55	石灰岩老风化物	E 112°15′21.2″ N 25°55′17.0″	95
						P	15–28	轻黏土	7.0	34.9	1.83	1.55	17.5						
						W	28–60	轻黏土	7.7	16.7	0.78	1.11	20.8						
						C	60–100	重壤土	7.2	4.5	0.61	1.19	23.0						
剖42	铁铝土	红壤	红壤性土	板页岩红壤性土	中薄板页岩红壤性土	Ao	0–3							269	2.2	415	板页岩	E 112°20′10.1″ N 25°51′27.7″	95
						A₁	3–13	中壤土	5.2	31.9	1.53	0.81	19.6						
						A₂Bv	13–23	中壤土	5.4	14.1	1.19	0.92	18.5						
						C	23–150	中壤土	5.3	12.7	1.10	0.97	19.7						
剖43	铁铝土	红壤	红壤	薄腐厚层石灰岩红壤	薄腐厚层石灰岩红壤	A	0–20	重壤土	6.3	24.9	1.19	0.76	17.5	142	5.4	58	粉砂质页岩、页岩夹砂岩	E 112°20′35.4″ N 25°50′42.0″	95
						Bv	20–60	中壤土	6.6	13.5	0.84	0.68	11.8						
						C	60–100	中壤土	5.1	5.0	0.73	0.77	30.6						
剖44	初育土	石灰(岩)土	黑色石灰土	稻骨土		Bv	14–24	轻黏土	8.3	12.4	0.71	1.02	19.0				钙质页岩	E 112°18′19.4″ N 25°51′32.4″	95
						C	24–70	中壤土	8.2	7.6	0.62	1.04	19.4						
剖45	铁铝土	红壤	灰红土	灰红土		A₁	0–5	中壤土	4.7	34.4	1.24	1.13	10.3	83	3.9	36	砂岩	E 112°18′01.3″ N 25°49′19.3″	95
						Bv	5–59	重黏土	4.7	11.9	0.64	1.08	11.9						
						C	59–150	中壤土	4.3	3.7	0.44	0.80	24.0						
剖46	人为土	水稻土	潴育水稻土	河砂泥田	青稠河砂泥田	A	0–13	中壤土	7.9	31.7	1.59	0.78	16.2	100	4.5	90	河流冲积物	E 112°18′26.2″ N 25°49′50.2″	95
						Pg	13–24	重壤土	8.1	30.6	1.39	0.81	17.1						
						W₁	24–40	重壤土	7.9	13.6	0.90	0.90	25.3						
						W₂	40–100	重壤土	7.6	16.0	1.08	0.62	23.0						
剖47	铁铝土	红壤	灰红土	薄腐中层砂岩红壤		A₁	0–6	轻壤土	5.8	59.0	2.07	0.98	28.0	126	2.0	133	砂岩	E 112°18′11.7″ N 25°49′14.4″	95
						A₂	6–33	中壤土	5.0	31.2	1.45	0.85	25.9						
						C	33–50	中壤土	5.0	63.4	0.67	0.55	27.6						
						CD	50–												
剖48	初育土	石灰(岩)土	黑色石灰土	石灰性黄泥田		A	0–22	轻壤土	7.7	21.1	1.22	1.27	29.1	111	5.4	89	砂岩及砂质页岩	E 112°19′23.2″ N 25°47′20.0″	95
						Bv	22–60	中壤土	7.8	19.5	1.18	0.83	26.4						
						C	60–100	中壤土	7.9	11.5	0.81	1.18	33.9						
剖49	人为土	水稻土	潴育水稻土	石灰性黄泥田		A	0–15	重壤土	7.9	28.9	1.39	1.49	8.3	100	4.4	58	砂岩及砂质页岩	E 112°15′16.6″ N 25°47′15.9″	95
						P	15–24	轻壤土	7.9	25.1	1.23	1.40	8.3						
						W	24–70	重壤土	8.0	11.9	0.65	0.86	8.3						
						C	70–100	重壤土	7.9	10.3	0.46	0.90	6.9						
剖50	人为土	水稻土	潴育水稻土	灰泥田		A	0–16	中壤土	8.0	23.4	1.08	0.62	9.6	109	5.0	108	砂质灰岩与砂岩混合物	E 112°18′29.2″ N 25°45′52.3″	95
						P	16–25	重壤土	8.1	10.0	0.60	0.95	8.2						
						W	25–100	中壤土	8.0	4.8	0.44	1.17	5.4						
剖51	铁铝土	红壤	红壤	板页岩红壤	薄腐中层板页岩红壤	Bv	0–55	重黏土	5.1	6.1	0.65	1.12	23.8	29	3.3	80	板页岩	E 112°18′35.3″ N 25°46′54.6″	95
						C	55–150	中壤土	5.0	4.1	0.52	1.35	23.5						
剖52	人为土	水稻土	潴育水稻土	黄泥田	黄泥田	A	0–14	轻黏土	6.4	36.3	1.60	1.10	17.4	171	4.3	141	泥质页岩	E 112°15′28.1″ N 25°45′04.1″	95
						P	14–23	重黏土	6.8	31.3	1.51	1.06	17.4						
						W	23–45	重黏土	7.5	29.0	1.27	1.09	17.4						
						C	45–100	重壤土	7.9	7.3	0.48	0.74	14.5						
剖53	铁铝土	红壤		石灰岩红壤	薄腐厚石灰岩红壤	A₂	0–12	重壤土	5.3	6.7	0.60	2.06	14.3	60	≤1.0	36	石灰岩	E 112°15′10.2″ N 25°44′02.9″	95
						Bv	12–150	重壤土	5.3	3.6	0.42	2.23	13.8						

江华瑶族自治县

主要土类说明

红壤是江华瑶族自治县主要土壤类型，占本县地域面积的 51%。红壤是在亚热带生物气候条件下，经过脱硅富铝化和生物富集作用形成的地带性土壤。红壤土层较厚，平均厚度在 102cm 以上。发生层次明显，剖面构型多为 A_1–A–B–C–D。土壤较黏重，小于 0.01mm 的物理性黏粒含量在 50% 左右，常呈块状结构。盐基饱和度多在 40% 左右，铝的大量积累会产生水解性酸，使土壤多呈酸性，pH 一般为 4.6—6.0。同时，铁的氧化物常以赤铁矿的形态存在，使土体呈红色。有机质含量为 30—40g/kg，旱地土壤多在 20g/kg 左右，磷较缺乏。

黄壤是江华瑶族自治县第二大土壤类型，占本县地域面积的 25%。黄壤主要分布在海拔 700—1050m 的中低山区。土壤有机质累积较多，土层厚度多为 60—100cm，剖面构型为 O–A–AB–B–C。淀积层（B 层）富含水合氧化物（针铁矿），呈黄色，有时多含三水铝石。淋溶作用较明显，表土层黏粒含量为 31.6%，属中壤土；心土层黏粒含量为 42.4%，属重壤土，pH 在 5.2 左右。土壤平均养分含量为：有机质 48.1g/kg，全氮 2.63g/kg，全磷 1.00g/kg，全钾 25.1g/kg。

水稻土是江华瑶族自治县第三大土壤类型，占本县地域面积的 9%。水稻土主要分布在溪谷平原的坪田和低山丘陵的洞田、排田，少部分分布在冲田。水稻土是在长期的季节性淹灌、水下翻耕、季节性脱水、氧化还原交替影响下，原来的成土母质或母土的特性发生重大改变，形成的新的土壤类型。由于干湿交替，水稻土形成糊状的淹育层、较坚实板结的犁底层、渗育层、潴育层与潜育层等多种发生层。这些不同的发生层是在人为耕作、水浆管理下形成的。

黄棕壤占本县地域面积的 8%，分布在海拔 1100—1600m 的中山、中低山上部。在凉湿的气候条件下，土壤脱硅富铝化作用较弱，但淋溶作用较明显。表土层黏粒含量为 28.1%，心土层达 31.2%，属轻壤土至中壤土。土壤呈酸性，pH 为 4.4—6.0。表土层呈暗棕色，心土层呈黄棕色。有机质积累明显，枯枝落叶层厚度一般在 5cm 以上，腐殖质层厚度一般在 10cm 以上。表土层平均养分含量为：有机质 62.4g/kg，全氮 3.20g/kg，全磷 1.11g/kg，全钾 21.3g/kg。土层较浅薄，厚度一般在 60cm 左右，剖面构型多为 Ao–A_1–A–BC–D。

石灰（岩）土占本县地域面积的 5%。石灰（岩）土发生于热带、亚热带石灰岩山区，是石灰岩经溶蚀风化形成的厚薄不同的钙质饱和或含游离钙质的土壤，多见于石隙、溶洞或峰丛底部。该土壤碳酸钙淋溶程度不一，多黏土，多为铁钙质胶结物，风化程度不一，盐基饱和度高，有机质含量及胶结状态有较大差异。

小于本县地域面积 3% 的土壤类型有紫色土、潮土、山地草甸土等。

本区域中心区气候特征

本区域中心区气候特征值
Regional climate characteristics in central area of the region

气候带：中亚热带湿润气候 Climate region: Subtropical humid climate	
年平均气温 /℃ Annual average temperature /℃	19.6
年平均最高气温 /℃ Annual average maximum temperature /℃	24.1
年平均最低气温 /℃ Annual average minimum temperature /℃	16.4
年降水量 /mm Annual precipitation /mm	1542
≥10℃的积温 /℃ Daily temperature accumulated in a year（≥10℃）/℃	7264
年日照时数 /h Annual sunshine /h	1572
年平均相对湿度 /% Annual average relative humidity /%	77
干燥度 Dryness	0.75

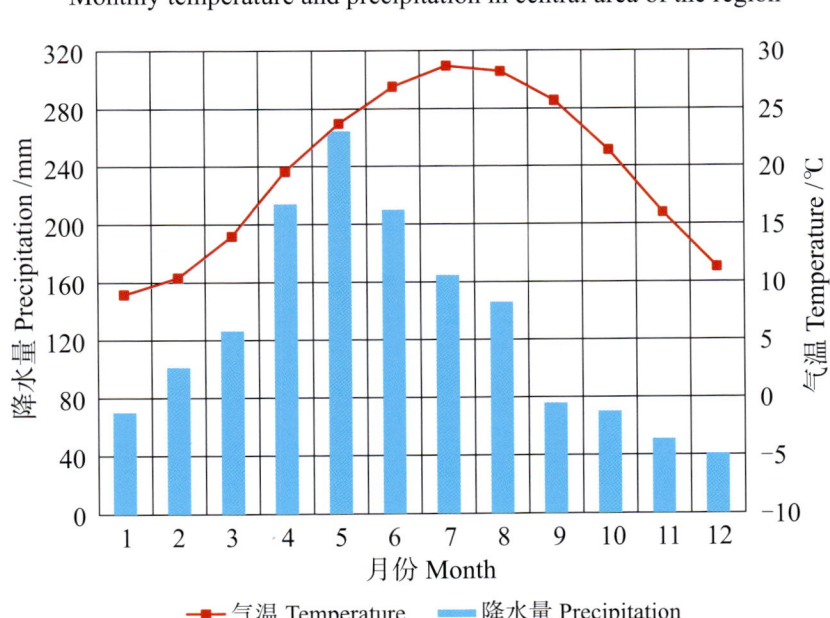

本区域中心区月平均气温与月平均降水量
Monthly temperature and precipitation in central area of the region

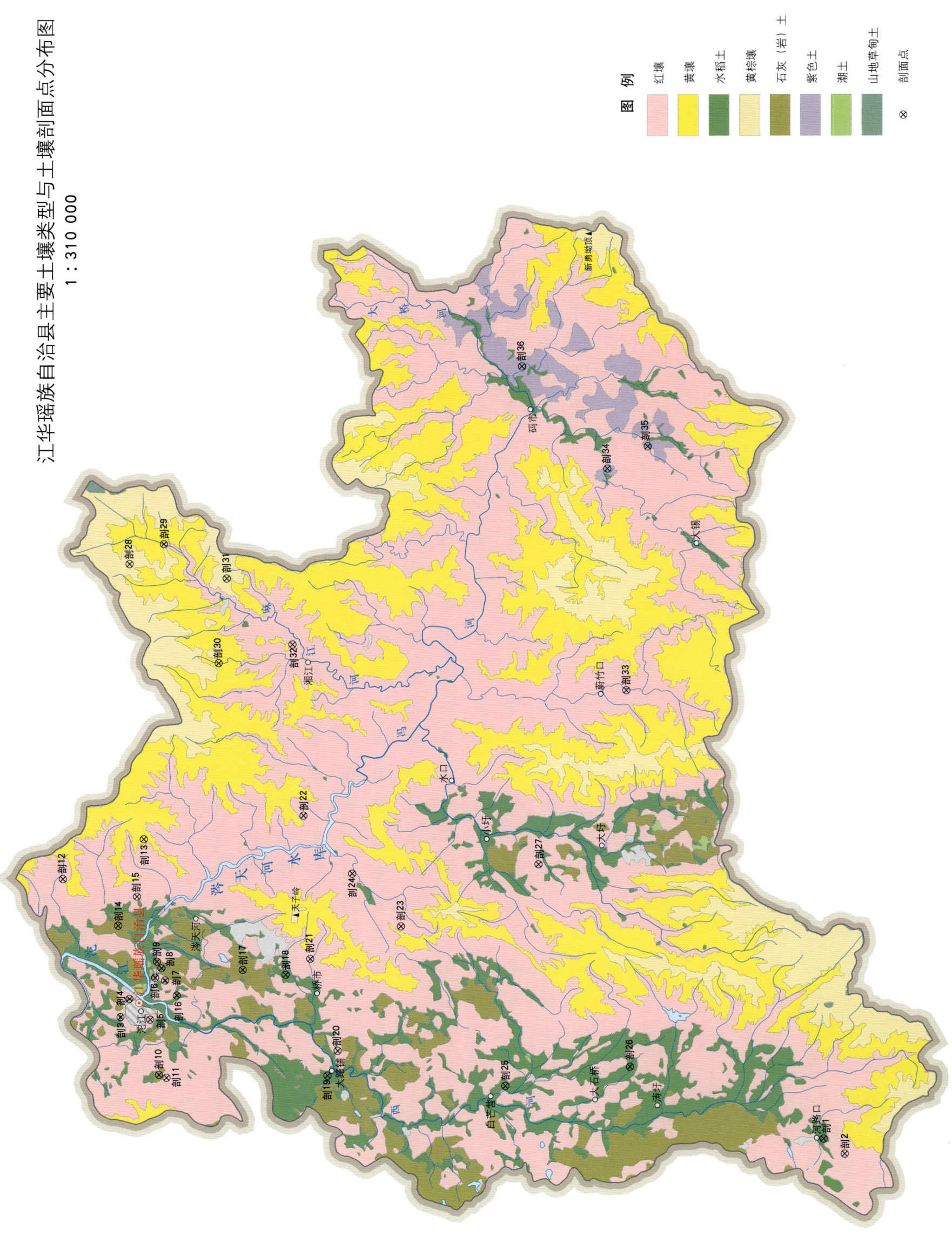

江华瑶族自治县土壤剖面理化性状表

剖面号 Soil profile	土纲 Soil order	土类 Soil great group	亚类 Soil subgroup	土属 Soil genus	土种 Soil species	土层码 Layer code	土层厚度 Depth/cm	颜色 Soil color	质地 Soil texture	土壤结构 Soil structure	pH	有机质 OM/(g/kg)	全氮 TN/(g/kg)	全磷 TP/(g/kg)	全钾 TK/(g/kg)	碱解氮 AN/(mg/kg)	有效磷 AP/(mg/kg)	速效钾 AK/(mg/kg)	土壤母质 Parent material	剖面点坐标 Profile coordinate	匹配指数 Matching index/%
剖1	人为土	水稻土	潴育水稻土	麻砂泥田		A	0—14	暗灰色	轻壤土	粒状	6.0	39.8	1.90	0.88	≥50.0	132	2.4	34		E 111°28′57.5″ N 24°43′01.5″	95
						P	14—23	青灰色	轻壤土	粒状	6.0	18.6	0.91	0.62	≥50.0						
						W	23—62	青灰色	轻壤土	粒状	6.2	21.6	0.87	0.82	≥50.0						
						C	62—	浅灰色	砂壤土	粒状	6.2	4.5	0.70	0.92	≥50.0						
剖2	铁铝土	红壤	红壤	花岗岩红壤		A_1A	0—22	浅黄色	轻壤土	粒状	4.8	32.2	1.36	1.23	23.5	91	≤1.0	249	花岗岩	E 111°28′15.1″ N 24°42′05.8″	97
						Bv	22—114	暗黄橙色	重壤土	块状	5.2	7.9	0.49	1.60	20.8						
						BvC	114—180	暗黄橙色	重壤土	块状	5.6	7.6	0.15	1.10	27.6						
剖3	人为土	水稻土	潴育水稻土	酸紫泥田	酸紫泥田	A	0—12	暗棕色	轻壤土	团块状	6.0	39.8	2.32	0.73	28.1	153	3.3	73		E 111°34′20.6″ N 25°11′53.3″	75
						P	12—19	灰黄棕色	重壤土	碎块状	6.0	36.2	1.91	0.70	26.1						
						W	19—71	暗棕色	中壤土	柱状	6.1	13.7	0.80	0.63	24.5						
						C	71—100	棕色	中壤土	块状	6.3	11.6	0.73	0.63	25.5						
剖4	人为土	水稻土	潴育水稻土	黄泥田	黄泥田	A	0—14	暗灰色	中壤土	粒状	6.2	28.0	1.41	1.77	19.6	113	19.5	111		E 111°35′09.9″ N 25°11′30.6″	75
						P	14—23	灰黄棕色	中壤土	棱块状	6.4	21.3	1.13	1.63	20.3						
						W	23—90	暗黄橙色	重壤土	棱块状	6.6	22.3	1.02	1.12	20.6						
						C	90—100	黄棕色	中壤土	块状	6.8	13.2	0.90	1.67	18.4						
剖5	铁铝土	红壤	黄红壤	泥砂黄红泥	黄红砂泥	A_{11}	0—20	暗棕色	砂质黏壤土	碎块状	6.4	28.3	1.30	1.00	10.2	186	4.0	86	砂岩风化坡积物	E 111°34′13.4″ N 25°10′39.7″	95
						Bv_1	20—42	亮红茶色	黏壤土	小块状	6.2	16.6	0.90	1.00	13.4						
						Bv_2	42—100	红棕色	黏壤土	块状	6.1	10.4	0.70	0.70	13.0						
剖6	人为土	水稻土	潴育水稻土	烂泥田	烂泥田	A	0—19	暗红色	中壤土	粒状	6.0	75.8	3.02	2.10	15.2	186	8.3	91		E 111°36′06.7″ N 25°10′27.3″	75
						Ag	19—100	暗红色	中壤土	粒状	6.4	55.8	2.07	1.40	13.7						
剖7	人为土	水稻土	潴育水稻土	青泥田	青泥田	Ag	0—13	暗灰色	轻壤土	块状	5.6	32.0	1.41	1.22	8.7	119	5.5	57		E 111°35′59.1″ N 25°10′03.1″	75
						Pg	13—35	黑灰色	中壤土	块状	5.8	22.4	0.82	1.55	10.1						
						G	35—100	黑色	中壤土	块状	6.0	49.0	1.55	2.31	11.4						
剖8	人为土	水稻土	淹育水稻土	浅黄泥田	浅黄泥田	A	0—14	暗黄黄色	中壤土	团块状	6.2	44.0	2.37	1.26	22.0	176	5.5	69		E 111°36′32.9″ N 25°10′11.7″	75
						P	14—22	暗黄色	中壤土	棱块状	6.4	37.4	2.15	1.26	26.6						
						C	22—78	灰黄色	重壤土	块状	6.8	29.3	1.41	1.53	25.4						
剖9	初育土	石灰（岩）土	红色石灰土	红色石灰土		A	0—16	暗红色	轻壤土	团块状	6.4	47.5	2.31	0.33	15.4	98	≤1.0	69	石灰岩	E 111°36′45.1″ N 25°10′18.8″	97
						ABv	16—46	暗红色	中壤土	碎块状	7.2	33.7	1.76	0.85	16.1						
						Bv	46—150	棕红色	重壤土	粒状	7.6	16.7	1.34	0.78	16.8						
剖10	初育土	石灰（岩）土	红色石灰土	耕型红色石灰土		A	0—18	棕色	中壤土	团块状	6.8	14.7	1.04	1.24	13.4	70	4.7	99	石灰岩	E 111°35′45.4″ N 25°10′18.2″	75
						ABv	18—58	红棕色	中壤土	棱块状	6.4	13.0	0.90	0.87	14.4						
						Bv	58—100	红棕色	重壤土	团块状	6.4	8.1	0.76	0.97	17.4						
剖11	铁铝土	红壤	红壤	耕型砂岩红壤		A	0—17	红棕色	轻黏土	块状	6.0	17.1	0.91	0.80	9.8	76	12.0	100	第四纪红色黏土	E 111°31′39.0″ N 25°10′04.7″	95
						Bv	17—62	浅红棕色	中黏土	块状	5.2	10.8	0.70	0.70	14.9						
						C	62—100	浅红棕色	轻黏土	棱块状	4.8	7.4	0.80	0.60	14.6						
剖12	铁铝土	红壤	黄红壤	板页岩黄红壤		A_1	2—18	棕色	中黏土	碎块状	5.2	68.3	2.05	0.80	11.0	126	7.2	103	板页岩	E 111°40′36.8″ N 25°14′14.8″	97
						A	18—49	浅红色	轻黏土	块状	5.2	24.7	0.84	0.58	13.0						
						Bv	49—89	浅红色	中壤土	块状	5.6	7.1	0.42	0.55	22.4						
						BvC	89—140	暗黄橙色	重黏土	粒状	5.6	6.9	0.51	0.54	17.0						
剖13	铁铝土	黄壤	黄壤	砂岩黄壤		A_1	3—26	暗红棕色	轻壤土	粒状	5.6	85.8	3.23	1.55	17.4	202	1.1	62	花岗岩	E 111°42′24.2″ N 25°10′54.8″	75
						A	26—50	黄红棕色	中壤土	粒状	5.4	22.4	1.13	1.13	21.4						
						Bv	50—140	浅红棕色	中壤土	粒状	4.4	11.6	1.46	1.46	18.1						

续表 Continued

剖面号 Soil profile	土纲 Soil order	土类 Soil great group	亚类 Soil subgroup	土属 Soil genus	土种 Soil species	土层码 Layer code	土层厚度 Depth/cm	颜色 Soil color	质地 Soil texture	土壤结构 Soil structure	pH	有机质 OM/(g/kg)	全氮 TN/(g/kg)	全磷 TP/(g/kg)	全钾 TK/(g/kg)	碱解氮 AN/(mg/kg)	有效磷 AP/(mg/kg)	速效钾 AK/(mg/kg)	土壤母质 Parent material	剖面点坐标 Profile coordinate	匹配指数 Matching index/%
剖14	初育土	石灰(岩)土	红色石灰土	淋溶石灰土		A₁A	0—12	棕色	重壤土	小团块状	7.0	55.5	2.03	0.77	26.5	112	2.0	82	石灰岩	E 111°38′29.2″ N 25°11′59.1″	97
						Bv	12—50	浅灰棕色	重壤土	团块状	7.0	18.5	1.07	0.70	36.2						
						BvC	50—135	暗黄棕色	轻黏土	团块状	7.2	8.8	0.87	0.62	31.0						
剖15	铁铝土	红壤	红壤	板页岩红壤		A₁	2—10	暗黄橙色	中壤土	团块状	4.8	68.7	2.20	0.85	19.8	125	1.9	91	板页岩	E 111°39′48.4″ N 25°11′11.8″	97
						A	10—37	黄灰棕色	中壤土	碎块状	5.2	19.8	0.96	0.54	17.6						
						Bv	37—66	浅灰棕色	中壤土	碎块状	5.4	7.6	0.68	0.42	23.9						
						BvC	66—128	暗黄棕色	中壤土	碎块状	5.5	5.4	0.84	0.36	33.7						
剖16	人为土	水稻土	渗育水稻田	白散泥田	白散泥田	A	0—14	棕黄色	重壤土	团块状	7.1	17.7	1.07	1.01	16.6	74	5.5	61		E 111°35′18.8″ N 25°09′34.2″	95
						P	14—22	暗黄棕色	重壤土	块状	7.2	8.9	0.65	1.01	16.1						
						We	22—47	浅灰棕色	轻壤土	棱块状	6.8	5.1	0.46	0.45	15.5						
						E	47—80	灰黄色	轻壤土	块状	6.4	3.2	3.16	0.39	8.8						
剖17	初育土	石灰(岩)土	红色石灰土	红色石灰土		A	0—14	棕色	重壤土	团块状	8.0	22.7	1.26	1.04	13.4	64	4.4	97	石灰岩	E 111°36′28.2″ N 25°06′51.5″	95
						Bv	14—64	暗黄棕色	中壤土	团块状	8.0	20.7	1.13	0.83	13.4						
						BvC	64—100	暗黄棕色	中壤土	团块状	8.0	20.5	1.22	0.90	11.4						
剖18	人为土	水稻土	淹育水稻田	浅黄砂泥田	浅黄砂泥田	A	0—10	灰黄棕色	中壤土	粒状	4.6	27.6	1.48	1.56	14.7	149	6.1	59		E 111°36′14.2″ N 25°05′05.4″	95
						P	10—18	暗黄棕色	中壤土	块状	5.0	31.9	1.60	1.30	16.8						
						C	18—100	浅红棕色	中壤土	块状	5.7	10.8	0.83	1.96	18.8						
剖19	人为土	水稻土	潴育水稻田	灰泥田		A	0—13	灰黄棕色	重壤土	团块状	8.0	62.2	2.98	1.50	16.6	187	11.1	93		E 111°31′43.9″ N 25°03′20.3″	95
						P	13—23	灰黄色	中壤土	块状	8.0	40.1	2.12	1.50	16.8						
						W	23—100	灰黄色	中壤土	棱块状	8.0	6.7	0.70	0.69	21.7						
						C	100—														
剖20	铁铝土	红壤	红壤性土	板页岩红壤性土		A	0—9	浅棕色	中壤土	粒状	4.4	49.2	2.08	1.26	25.3	110	1.2	98	板页岩	E 111°32′49.8″ N 25°02′57.3″	97
						Bv	9—27	浅黄棕色	中壤土	粒状	5.0	33.1	1.62	1.31	28.5						
						C	27—40	暗黄棕色	中壤土	块状	5.2	15.6	1.33	1.36	32.6						
剖21	铁铝土	红壤	红壤	砂岩红壤		A	0—16	红棕色	轻壤土	碎块状	6.4	15.0	0.90	0.84	10.2	101	4.1	42	砂岩	E 111°36′57.5″ N 25°04′04.3″	95
						ABv	16—74	棕红色	中壤土	碎块状	6.8	7.5	0.94	1.52	20.8						
						C	74—100	红棕色	中壤土	碎块状	6.8	7.9	1.02	1.52	29.3						
剖22	铁铝土	红壤	红壤	耕型板页岩红壤	黄泥土	A	0—16	暗棕色	重壤土	团粒状	5.0	39.9	1.63	1.44	14.1	151	11.8	237	板页岩	E 111°43′26.5″ N 25°04′20.5″	95
						ABv	16—47	暗黄棕色	中壤土	团块状	4.8	24.6	1.12	0.92	16.8						
						BvC	47—120	浅黄棕色	轻黏土	块状	4.8	8.3	0.80	0.87	17.9						
剖23	铁铝土	红壤	黄红壤	砂岩黄红壤		A	0—19	暗黄棕色	重壤土	粒状	5.6	25.6	1.28	0.35	16.8	95	6.1	203	砂岩	E 111°38′25.5″ N 25°00′20.8″	95
						Bv	19—46	浅黄棕色	中壤土	块状	5.4	5.8	0.55	0.74	21.8						
						C	46—90	红棕色	中壤土	碎块状	5.2	2.1	0.41	0.65	16.8						
剖24	铁铝土	红壤	红壤	砂岩红壤		A₁	4—8	暗棕色	重壤土	粒状	5.8	84.4	3.22	1.35	21.4	168	3.4	112	砂岩	E 111°40′49.9″ N 25°02′20.8″	98
						A	8—26	棕色	中壤土	块状	5.4	26.6	1.65	1.18	21.8						
						Bv	26—59	浅灰棕色	中壤土	块状	5.6	14.3	1.03	1.11	21.1						
						C	59—														
剖25	水稻土	水稻土	潴育水稻土	灰黄泥田	灰黄泥田	A	0—14	红灰色	中壤土	团块状	6.8	18.9	1.06	1.17	23.1	129	7.1	56		E 111°31′16.0″ N 24°56′02.9″	95
						P	14—22	灰棕色	中壤土	块状	6.4	30.9	1.62	1.61	22.8						
						W	22—51	暗黄色	重壤土	棱块状	6.0	3.3	0.41	1.41	30.8						
						C	51—100	浅红灰色	重壤土	块状	6.0	3.8	0.32	≤0.10	34.5						
剖26	人为土	水稻土	潴育水稻土	黄砂泥田		A	0—12	灰黄棕色	中壤土	粒状	6.1	28.9	1.56	1.16	13.9	102	5.0	37		E 111°32′06.9″ N 24°50′56.1″	95
						P	12—27	暗黄棕色	中壤土	块状	6.4	12.5	0.84	1.02	16.9						
						M	27—100	黄棕色	中壤土	棱块状	6.8	2.9	0.83	0.83	21.5						

续表 Continued

剖面号 Soil profile	土纲 Soil order	土类 Soil great group	亚类 Soil subgroup	土属 Soil genus	土种 Soil species	土层码 Layer code	土层厚度 Depth/cm	颜色 Soil color	质地 Soil texture	土壤结构 Soil structure	pH	有机质 OM/(g/kg)	全氮 TN/(g/kg)	全磷 TP/(g/kg)	全钾 TK/(g/kg)	碱解氮 AN/(mg/kg)	有效磷 AP/(mg/kg)	速效钾 AK/(mg/kg)	土壤母质 Parent material	剖面点坐标 Profile coordinate	匹配指数 Matching index/%
剖27	铁铝土	红壤	红壤	石灰岩红壤		Aa	3—17	浅棕色	重壤土	碎块状	5.2	14.2	0.84	0.63	31.0	57	≤1.0	88	石灰岩	E 111°41′13.4″ N 24°54′41.1″	98
						A	17—64	暗黄棕色	轻黏土	块状	5.2	10.0	0.80	0.69	40.5						
						Bv	64—120	黄棕色	轻黏土	块状	5.4	4.9	0.73	0.88	37.2						
						C	120—150	黄棕色	重壤土	块状	5.6	2.9	0.55	1.08	≥50.0						
剖28	淋溶土	黄棕壤	山地黄棕壤	花岗岩类黄棕壤		A_1	0—24	黑棕色	砂壤土	粒状	5.2	136.1	3.97	0.88	36.2	252	3.2	98	花岗岩	E 111°54′47.4″ N 25°11′27.2″	97
						A	24—108	暗棕色	砂黏土	粒状	5.4	115.6	3.28	0.83	37.5						
						Bv	108—143	棕色	砂黏土	粒状	6.0	74.6	2.33	0.80	30.8						
剖29	铁铝土	红壤	黄红壤	花岗岩黄红壤		A_1	11—20	黑棕色	轻壤土	粒状	5.2	84.6	0.70	0.57	≥50.0	85	2.2	110	花岗岩	E 111°55′40.8″ N 25°10′02.2″	97
						A	20—52	棕色	轻壤土	粒状	5.4	25.1	0.84	0.44	46.9						
						Bv	52—200	浅黄棕色	砂黏土	粒状	5.6	5.8	0.42	0.28	42.2						
剖30	铁铝土	黄壤	黄壤	泥砂山黄壤	厚砂黄土	A	3—27	暗棕色	砂质黏壤土	碎块状	5.0	56.3	1.90	0.40	16.8				砂质岩类风化残积物、坡积物	E 111°50′19.5″ N 25°07′49.2″	95
						Bv_1	27—56	亮棕色	砂质黏壤土	碎块状	4.8	30.0	1.00	0.30	18.3						
						Bv_2	56—100	橙色	砂质黏壤土	碎块状	4.4	15.2	0.70	0.30	18.3						
剖31	淋溶土	黄棕壤	山地黄棕壤	花岗岩类黄棕壤		A_1	0—24	暗棕色	砂壤土	粒状	5.2	78.2	2.92	1.41	18.8	164	1.3	127	花岗岩	E 111°54′07.3″ N 25°07′28.4″	97
						A	24—108	棕色	砂壤土	粒状	5.4	27.8	1.48	1.76	28.1						
						Bv	108—143		砂壤土		6.0										
剖32	铁铝土	红壤	红壤	耕型石灰岩红壤	灰红土	A	0—24	红棕色	轻黏土	团块状	5.6	22.3	1.17	1.30	34.2	98	6.3	96	石灰岩	E 111°51′08.7″ N 25°04′46.2″	95
						Bv	24—83	浅红棕色	轻黏土	块状	5.0	8.0	0.66	1.11	36.0						
						C	83—100	棕红色	轻壤土	块状	4.8	5.7	0.63	1.15	38.0						
剖33	铁铝土	红壤	红壤	耕型花岗岩红壤	麻砂土	A	0—23	灰红棕色	砂土	粒状	6.0	5.8	0.40	0.33	49.7	40	1.7	100	花岗岩	E 111°49′00.7″ N 24°51′03.4″	81
						BvC	23—100	浅红棕色	砂土	粒状	6.0		0.20	0.38	11.1						
剖34	初育土	紫色土	酸性紫色土	酸性紫色土		A_1	5—9	紫棕色	中壤土	小块状	5.2	118.0	3.59	0.60	28.8	169	1.8	104	紫色砂页岩	E 111°58′56.5″ N 24°51′47.2″	97
						A	9—49	紫棕色	重壤土	团块状	5.4	34.8	1.62	0.40	36.2						
						Bv	49—100	红棕色	重壤土	团块状	5.6	9.7	1.06	0.31	41.5						
剖35	初育土	紫色土	酸性紫色土	酸性紫色土		A	0—15	暗棕色	轻壤土	粒状	6.0	20.9	1.55	1.26	33.2	110	4.5	178		E 111°59′55.7″ N 24°50′07.2″	75
						Bv	15—70	棕色	轻壤土	粒块状	6.1	24.9	1.28	1.13	30.2						
						D	70—	黄棕色	轻壤土	粒块状	5.9										
剖36	初育土	紫色土	酸性紫色土	酸性紫色土		A_1	2—8	紫棕色	轻壤土	团粒状	5.9	63.2	2.53	0.60	23.5	130	1.8	82		E 112°03′32.1″ N 24°55′15.8″	97
						A	8—20	灰红棕色	轻壤土	粒块状	5.7	34.9	1.59	0.60	24.5						
						BvC	20—43	红棕色	轻壤土	块状	5.7	21.4	1.03	0.50	26.8						

祁 阳 市

主要土类说明

红壤是祁阳市主要土壤类型，占本市地域面积的53%。红壤分布在海拔800m以下的低山、丘陵区，是在亚热带生物气候条件下，经过脱硅富铝化和生物富集作用形成的地带性土壤。盐基饱和度低，全剖面呈酸性，pH在6.0以下。土壤风化作用强烈，养分在雨水冲刷下淋失，土壤肥力低下。在脱硅富铝化过程中，盐基及硅酸盐类大量淋失，铁铝氧化物相对聚积。铁的氧化物常以赤铁矿的形态存在，使土体呈红色。海拔对土壤的形成和发育影响很大，根据海拔和红壤化程度，本市红壤分为红壤和黄红壤两个亚类。

水稻土是祁阳市第二大土壤类型，占本市地域面积的31%。水稻土是本市主要的耕作土壤，平原、岗地、丘陵、山区均有分布。在人为耕作、施肥、灌溉等措施的影响下，土壤内部进行着氧化还原交替、有机质合成与分解、盐基淋溶与复盐基作用的熟化过程，促进了土壤性状的改变，从而形成了水稻土特有的形态、理化和生物特性。本市水稻土分为淹育型、潴育型、潜育型、沼泽型、矿毒型五个亚类。

石灰（岩）土是祁阳市第三大土壤类型，占本市地域面积的5%。本市石灰（岩）土分为黑色石灰土和红色石灰土两个亚类。黑色石灰土发育于石灰岩，土壤呈碱性，pH在7.5以上，有石灰反应。红色石灰土零星分布在石灰岩山丘地区，在干热和湿热交替影响下，土层上部碳酸盐被淋洗，全剖面呈中性，下层碱性比上层强。

紫色土占本市地域面积的4%，发育于白垩纪紫色岩，主要分布在文富市、下马渡、黄泥塘、白水等地。紫色岩岩性松脆，抗蚀能力弱，在亚热带水热条件下，物理风化作用强烈，成土作用被周期性的侵蚀作用所打断，导致土壤常处于幼年发育阶段。土层很薄，甚至基岩露出。本市紫色土分为酸性紫色土、中性紫色土、石灰性紫色土三个亚类。

黄壤占本市地域面积的4%，分布在海拔800—1000m的山地，垂直分布在红壤之上、黄棕壤之下。其水分条件比红壤好，热量则略低。由于所处地区云雾多，日照少，空气湿度大，干湿季节不明显，土壤中游离氧化铁水化而使土体呈黄色，心土层呈蜡黄色。有机质含量较高，土壤呈酸性，pH为4.0—5.5。本市黄壤仅有黄壤一个亚类。

小于本市地域面积3%的土壤类型有黄棕壤、潮土、山地草甸土等。

本区域中心区气候特征

本区域中心区气候特征值
Regional climate characteristics in central area of the region

气候带：中亚热带湿润气候 Climate region: Subtropical humid climate	
年平均气温 /℃ Annual average temperature /℃	17.8
年平均最高气温 /℃ Annual average maximum temperature /℃	21.8
年平均最低气温 /℃ Annual average minimum temperature /℃	14.8
年降水量 /mm Annual precipitation /mm	1409
≥10℃的积温 /℃ Daily temperature accumulated in a year（≥10℃）/℃	6827
年日照时数 /h Annual sunshine /h	1512
年平均相对湿度 /% Annual average relative humidity /%	78
干燥度 Dryness	0.75

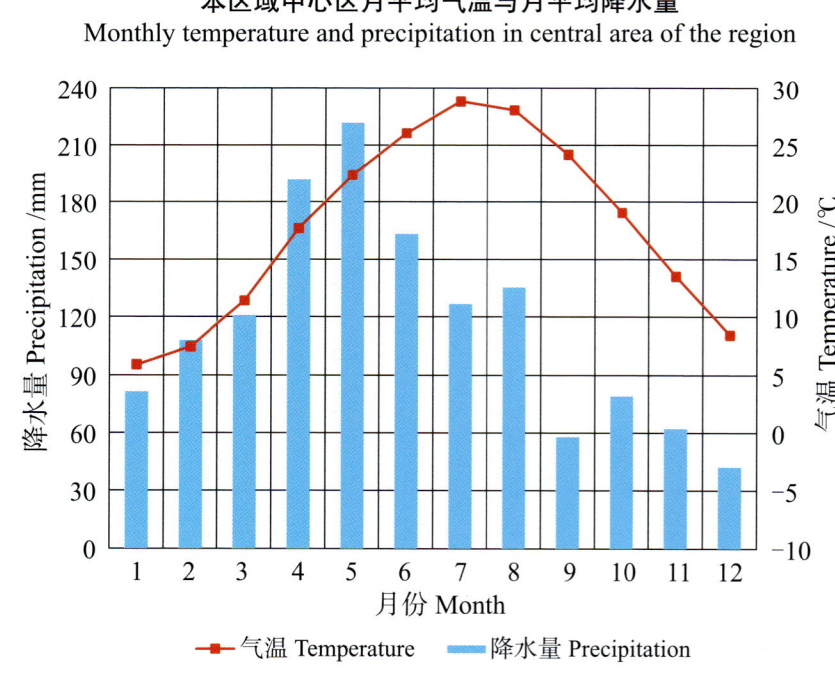

本区域中心区月平均气温与月平均降水量
Monthly temperature and precipitation in central area of the region

祁阳县主要土壤类型与土壤剖面点分布图
1 : 300 000

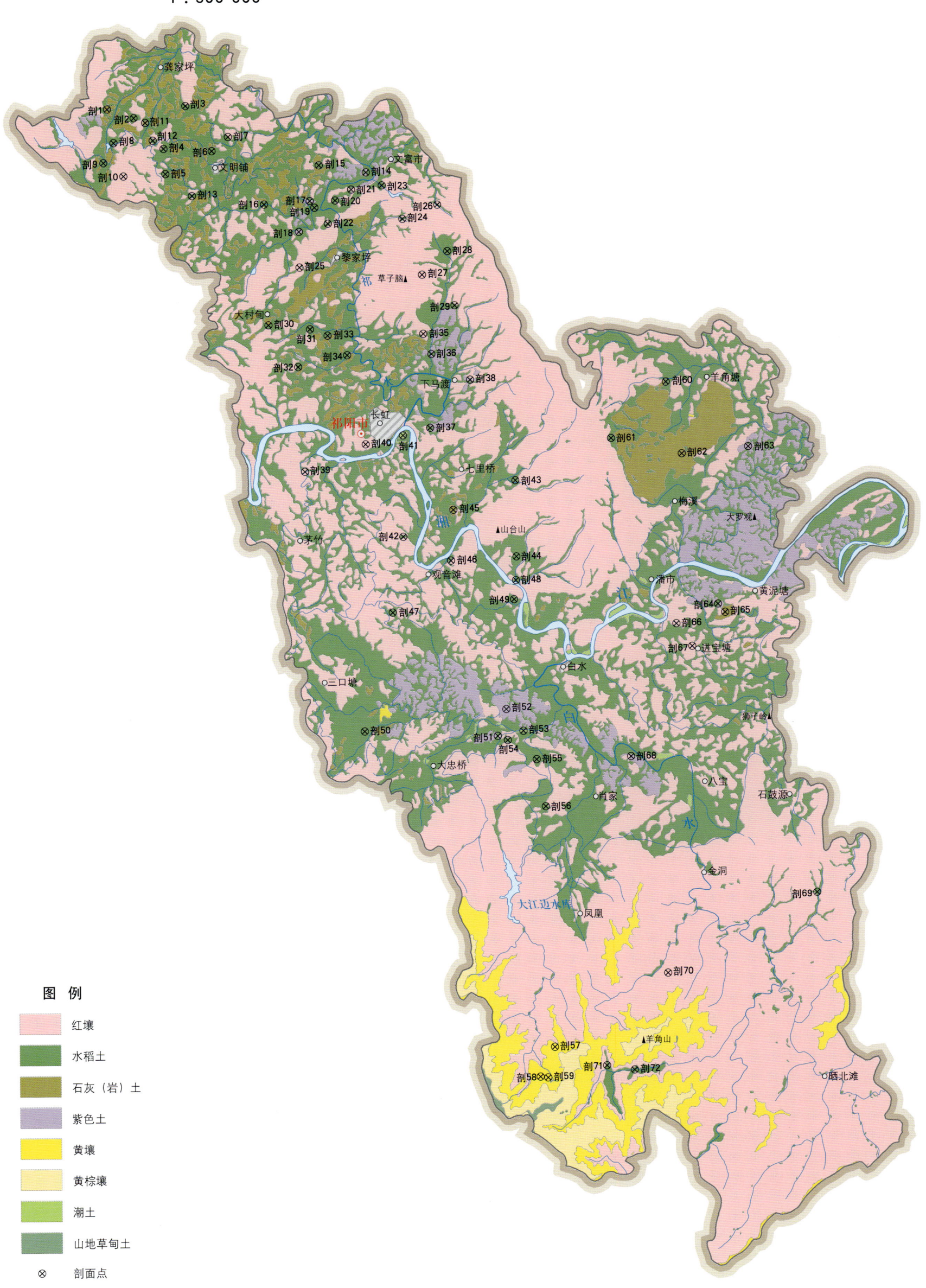

图例
- 红壤
- 水稻土
- 石灰（岩）土
- 紫色土
- 黄壤
- 黄棕壤
- 潮土
- 山地草甸土
- ⊗ 剖面点

注：国务院2021年1月批准，撤销祁阳县，设立祁阳市。

祁阳市土壤剖面理化性状表

剖面号 Soil profile	土纲 Soil order	土类 Soil great group	亚类 Soil subgroup	土属 Soil genus	土种 Soil species	土层码 Layer code	土层厚度 Depth/cm	颜色 Soil color	质地 Soil texture	土壤结构 Soil structure	pH	有机质 OM/(g/kg)	全氮 TN/(g/kg)	全磷 TP/(g/kg)	全钾 TK/(g/kg)	碱解氮 AN/(mg/kg)	有效磷 AP/(mg/kg)	速效钾 AK/(mg/kg)	土壤母质 Parent material	剖面点坐标 Profile coordinate	匹配指数 Matching index/%
剖1	初育土	石灰（岩）土	黑色石灰土	耕型黑色石灰土	石灰性土	A	0—20	灰色	黏土	块状	7.8	19.3	1.20	0.86	18.0	33	≤1.0	65	石灰岩	E 111°39′07.3″ N 26°47′53.6″	97
						C	20—100	灰色	黏土	块状	7.8	20.7	1.23	1.36	17.4						
剖2	人为土	水稻土	潴育水稻土	河砂泥田	河砂泥	A	0—12	褐色	砂壤土	粒状	5.6	16.2	1.11	0.72	25.3	73	3.0	15	河流冲积物	E 111°40′17.7″ N 26°47′32.5″	95
						Pg	12—22	褐色	砂壤土	粒状	6.0	15.0	1.07	1.00	25.7						
						ABv	22—100	黄褐色	砂壤土	粒状	7.0	8.8	0.69	1.21	24.7						
剖3	人为土	水稻土	潴育水稻土	青泥田	青夹泥田	A	0—21	棕色	黏壤土	团块状	6.6	35.6	1.52	0.98	8.1	129	6.7	82	石灰岩	E 111°42′34.8″ N 26°48′00.6″	95
						Pg	21—31	棕褐色	黏壤土	块状	6.7	29.5	1.33	0.86	7.9						
						G	31—100	棕褐色	黏壤土	块状	6.8	8.7	0.92	0.63	11.3						
剖4	人为土	水稻土	潴育水稻土	中性紫泥田	中性紫砂泥田	A	0—18	紫红色	砂壤土	团块状	7.2	20.7	1.11	0.89	14.7	126	4.5	107	紫色砂页岩	E 111°41′36.1″ N 26°46′20.0″	95
						Pg	18—30	棕红色	黏壤土	棱柱状	7.0	17.2	1.04	1.17	15.8						
						ABv	30—100	红棕色	黏壤土	块状	7.0	9.2	0.72	0.77	15.3						
剖5	人为土	水稻土	潴育水稻土	中性紫泥田	中性紫砂泥田	A	0—18	紫棕色	砂壤土	团粒状	7.2	20.7	1.11	0.89	14.7	126	4.5	107		E 111°41′40.7″ N 26°45′20.8″	95
						Ap	18—30	红棕色	黏壤土	棱柱状	7.0	17.2	1.04	1.17	15.8						
						C	30—100	红棕色	壤土	棱柱状	7.0	9.2	0.72	0.77	15.3						
剖6	人为土	水稻土	潴育水稻土	酸紫泥田	酸紫泥田	A	0—13	深红色	黏土	粒状	5.6	20.3	1.24	0.54	30.2	112	≤1.0	24	紫色页岩	E 111°43′44.0″ N 26°46′13.8″	95
						Pg	13—27	紫色	黏壤土	棱柱状	5.8	18.4	1.17	0.66	30.8						
						ABv	27—100	黄褐色	黏壤土	团粒状	6.2	18.8	1.08	0.65	24.3						
剖7	人为土	水稻土	潴育水稻土	浅黄泥田	浅黄泥田	A	0—14	褐色	黏壤土	块状	5.0	25.8	1.40	1.34	16.5	107	5.0	116	板页岩	E 111°44′27.7″ N 26°46′46.5″	95
						Pg	14—26	黄棕色	黏壤土	块状	5.5	9.0	0.97	1.19	16.1						
						C	26—100	浅棕红色	黏壤土	块状	5.5	3.2	0.71	0.67	14.1						
剖8	人为土	水稻土	淹育水稻土	灰黄泥田	灰黄泥田	A	0—16	褐色	黏壤土	团块状	6.8	28.8	1.51	1.28	12.9	114	6.7	61	石灰岩	E 111°39′23.4″ N 26°46′34.2″	95
						Pg	16—26	棕色	黏壤土	块状	6.5	22.3	1.30	1.10	12.1						
						ABv	26—70	深棕色	黏壤土	棱柱状	6.5	11.4	0.85	1.16	11.5						
						G	70—100	浅红棕色	黏壤土	块状	6.5	3.7	0.75	0.60	14.8						
剖9	人为土	水稻土	潴育水稻土	冷浸田	冷浸泥田	A	0—19	黄灰色	黏壤土	团粒状	6.5	36.0	1.89	1.90	18.3	115	1.9	54	板页岩	E 111°38′55.6″ N 26°45′48.0″	95
						Pg	19—30	青灰色	黏壤土	团粒状	6.5	23.9	1.41	1.49	14.6						
						G	30—100	青灰色	黏壤土	块状	6.5	29.9	1.69	1.72	17.5						
剖10	铁铝土	红壤	红壤	薄腐厚层石灰岩红壤	薄腐厚层石灰岩红壤	A_1	0—2	黑色	砂壤土	粒状	5.0	69.6	3.20	1.07	20.8	92	≤1.0	63	砂岩	E 111°39′48.9″ N 26°45′16.4″	98
						A	2—8	棕黄色	黏土	粒状	5.0	38.8	1.85	1.00	14.3						
						Bv	8—90	棕色	黏土	粒状	4.7	21.0	1.46	1.04	21.3						
						C	90—200	黄棕色	黏土	块状	4.5	7.3	0.63	0.55	14.1						
剖11	初育土	石灰（岩）土	黑色石灰土	石灰岩红壤	粗骨土	A	0—23	灰棕色	黏土	粒状	8.0	18.9	1.24	0.93	27.4	123	4.2	82	石灰岩	E 111°40′48.8″ N 26°47′21.2″	95
						Bv	23—56	棕色	黏土	块状	8.0	5.5	0.55	0.82	20.2						
						C	56—100	红深棕色	黏土	块状	8.0	13.8	1.00	1.04	26.1						
剖12	人为土	水稻土	潴育水稻土	黄泥田	石灰岩黄泥田	A	0—18	棕色	黏壤土	团粒状	8.0	39.7	2.03	1.81	10.3	150	6.3	44	板页岩风化物	E 111°41′07.9″ N 26°46′39.4″	95
						Pg	18—28	棕色	黏壤土	块状	8.0	21.7	1.25	1.25	11.0						
						ABv	28—100	红棕色	黏壤土	棱柱状	8.0	13.0	0.90	1.21	10.0						
剖13	人为土	水稻土	淹育水稻土	浅灰黄泥田	浅灰黄泥田	A	0—13	紫色	黏壤土	团块状	7.3	24.6	1.54	0.97	24.6	87	4.5	102	石灰岩风化物	E 111°42′50.2″ N 26°44′28.8″	95
						Pg	13—23	褐色	黏壤土	块状	7.0	14.1	0.88	0.53	23.0						
						C	23—100	黄色	黏土	块状	6.8	1.2	0.25	0.25	21.0						
剖14	初育土	紫色土	石灰性紫色土	石灰性紫色土	中层石灰性紫色土	A	0—46	紫色	黏土	状状	7.8	5.5	0.74	1.58	29.6	76	1.3	126	紫色页岩	E 111°50′32.6″ N 26°45′20.7″	97
						Bv	46—200	紫色	黏土	状状	7.8	5.9	0.76	1.38	29.2						

续表 Continued

剖面号 Soil profile	土纲 Soil order	土类 Soil great group	亚类 Soil subgroup	土属 Soil genus	土种 Soil species	土层码 Layer code	土层厚度 Depth/cm	颜色 Soil color	质地 Soil texture	土壤结构 Soil structure	pH	有机质 OM/(g/kg)	全氮 TN/(g/kg)	全磷 TP/(g/kg)	全钾 TK/(g/kg)	碱解氮 AN/(mg/kg)	有效磷 AP/(mg/kg)	速效钾 AK/(mg/kg)	土壤母质 Parent material	剖面点坐标 Profile coordinate	匹配指数 Matching index/%
剖15	人为土	水稻土	淹育水稻土	浅黄砂泥田	浅黄砂泥田	A	0—13	灰棕色	砂壤土	块状	6.5	15.5	1.09	1.48	14.5	72	≤1.0	77	黄色砂岩	E 111°48′27.3″ N 26°45′38.6″	95
						Pg	13—35	黄色	砂壤土	块状	6.0	11.9	1.10	0.94	14.4						
						C	35—100	橙色	砂壤土	粒状	5.8	8.2	0.86	0.79	13.1						
剖16	人为土	水稻土	潴育水稻土	灰黄泥田	灰黄泥田	A	0—15	棕黄色	黏壤土	团块状	6.2	41.4	2.10	1.99	16.8	124	4.5	85	石灰岩	E 111°46′01.4″ N 26°44′07.2″	95
						G	15—26	黄褐色	黏壤土	块状	6.2	27.6	1.58	1.33	16.5						
						ABv	26—80	黄棕色	黏壤土	棱柱状	6.5	16.2	1.08	1.18	16.2						
						C	80—100	红棕色	砂壤土	块状	6.5	9.4	0.96	1.22	15.5						
剖17	初育土	紫色土	酸性紫色土	酸性紫泥土	薄腐厚层酸性紫色土	A₁	0—2	红棕色	壤土	粒状	5.5	62.9	3.08	0.63	23.0	69	1.1	73	紫色页岩	E 111°48′02.5″ N 26°44′14.0″	95
						ABv	2—90	红棕色	壤土	块状	5.5	16.5	1.18	0.54	22.1						
						C	90—	红棕色	壤土	块状	5.5	5.2	0.68	0.34	16.4						
剖18	初育土	紫色土	石灰性紫色土	耕型石灰性紫色土	石灰性紫泥土	A	0—20	灰棕色	黏壤土	团块状	8.4	11.1	1.00	9.50	38.4	88	3.9	86	紫色页岩	E 111°47′32.9″ N 26°43′01.2″	97
						Bv	20—36	棕灰色	黏壤土	块状	8.4	5.9	0.83	0.78	35.3						
						C	36—100	棕灰色	黏壤土	块状	8.4	4.8	0.59	0.54	20.4						
剖19	人为土	水稻土	潴育水稻土	岩渣田	岩渣田	A	0—15	棕色	砂壤土	粒状	5.8	32.4	1.67	1.17	18.4	141	3.9	55	砂岩	E 111°48′14.6″ N 26°43′58.5″	95
						Pg	15—26	黄褐色	黏壤土	块状	6.0	25.6	1.35	0.89	19.3						
						ABv	26—60	黄棕色	黏壤土	棱柱状	6.0	7.2	0.72	0.87	19.8						
						C	60—100	红棕色	黏壤土	块状	4.0	5.5	0.73	0.74	23.2						
剖20	人为土	水稻土	潴育水稻土	中性紫泥田	中性紫泥田	A	0—16	紫棕色	黏壤土	团块状	7.0	27.5	1.62	1.58	21.7	102	6.0	109	紫色页岩	E 111°49′10.0″ N 26°44′15.0″	95
						Pg	16—29	棕红色	黏壤土	块状	6.8	19.1	1.18	0.63	21.4						
						ABv	29—76	棕红色	黏壤土	块状	7.0	10.4	0.81	0.87	21.0						
						C	76—100	红棕色	黏壤土	块状	7.0	7.7	0.68	0.59	20.0						
剖21	铁铝土	红壤	红壤	耕型第四纪红土红壤	熟红土	A	0—20	棕褐色	黏壤土	团块状	6.2	17.5	1.19	1.72	9.2	84	2.0	135	第四纪红色黏土	E 111°49′52.5″ N 26°44′40.7″	97
						Bv	20—100	棕黄色	黏壤土	块状	5.0	9.7	9.02	1.29	19.8						
剖22	人为土	水稻土	潴育水稻土	红黄泥田	红黄泥田	A	0—16	灰棕色	黏土	粒状	7.8	26.1	1.32	1.29	18.9	124	5.0	39	第四纪红色黏土	E 111°48′49.9″ N 26°43′20.1″	95
						Pg	16—25	棕灰色	黏土	块状	7.8	17.0	1.01	1.10	17.6						
						ABv	25—100	棕灰色	黏土	棱柱状	7.8	1.9	0.51	0.96	16.1						
剖23	人为土	水稻土	潴育水稻土	酸紫泥田	青潮紫泥田	A	0—17	暗褐色	黏土	块状	6.0	23.1	1.32	0.88	20.2	124	1.3	35	板页岩	E 111°48′13.9″ N 26°44′50.3″	97
						Apg	17—33	青灰色	黏土	块状	6.5	16.1	1.30	0.86	20.5						
						W	33—68	暗红棕色	黏土	块状	6.5	8.3	0.70	0.88	20.6						
						C	68—100	红棕色	黏土	块状	6.5	4.0	0.70	1.00	21.7						
剖24	人为土	水稻土	矿毒型水稻土	废水污染田	碱污染田	A	0—18	棕灰色	黏壤土	团块状	8.7	45.4	2.70	1.54	32.0	134	6.9	54	板页岩	E 111°52′07.9″ N 26°43′30.1″	97
						Pg	18—30	棕灰色	黏壤土	块状	8.0	35.9	2.90	1.32	31.8						
						ABv	30—50	青灰色	黏壤土	柱状	7.8	41.6	2.50	1.13	31.9						
						C	50—100	青灰色	黏壤土	块状	7.6	41.8	1.39	1.16	30.3						
剖25	铁铝土	红壤	石灰岩红壤	薄腐厚层石灰岩红壤	A	0—50	棕灰色	黏壤土	团粒状	5.8	18.4	1.34	1.18	11.6	156	1.2	91	石灰岩	E 111°47′34.1″ N 26°41′36.6″	95
						Bv	50—87	棕灰色	黏壤土	粒状	6.3	11.8	0.98	1.14	14.2						
						C	87—200	浅红棕色	黏壤土	柱状	6.5	5.9	0.96	1.29	14.6						
剖26	人为土	水稻土	潴育水稻土	黄泥田	青黄泥田	A	0—18	棕黄色	黏壤土	团块状	6.5	37.4	1.81	1.63	12.4	147	13.4	50	板页岩	E 111°52′40.9″ N 26°43′03.3″	95
						G	18—30	灰黄色	黏壤土	块状	6.5	27.3	1.50	1.57	11.9						
						ABv	30—100	灰黄色	黏壤土	棱柱状	6.5	14.3	1.12	1.72	12.4						
剖27	铁铝土	红壤	红壤	板页岩红壤	薄腐厚层板页岩红壤	Aa	0—16	红棕色	黏壤土	团粒状	5.6	20.9	0.84	1.38	10.9	86	8.0	174	板页岩	E 111°53′40.9″ N 26°44′03.3″	95
						Bv	16—62	紫色	黏壤土	小块状	5.2	17.3	0.94	1.31	7.0						
						C	62—100	棕红色	砂壤土	片状	5.2	9.4	0.67	0.79	4.8						
剖28	人为土	水稻土	淹育水稻土	浅红砂泥田	浅红砂泥田	Aa	0—13	暗红棕色	砂壤土	粒状	6.0	28.1	1.40	0.30	13.9	65	11.0	65	红色砂岩风化坡积物、残积物	E 111°54′06.3″ N 26°42′12.3″	95
						Ap	13—21	红棕色	砂壤土	粒状	5.8	20.2	1.20	0.30	14.1						
						C	21—100	红棕色	砂壤土	片状	5.5		0.80	0.50	15.6						

续表 Continued

剖面号 Soil profile	土纲 Soil order	土类 Soil great group	亚类 Soil subgroup	土属 Soil genus	土种 Soil species	土层码 Layer code	土层厚度 Depth/cm	颜色 Soil color	质地 Soil texture	土壤结构 Soil structure	pH	有机质 OM/(g/kg)	全氮 TN/(g/kg)	全磷 TP/(g/kg)	全钾 TK/(g/kg)	碱解氮 AN/(mg/kg)	有效磷 AP/(mg/kg)	速效钾 AK/(mg/kg)	土壤母质 Parent material	剖面点坐标 Profile coordinate	匹配指数 Matching index/%
剖29	人为土	水稻土	潴育水稻土	黄砂泥田	青稞黄砂泥	A	0—17	棕色	砂壤土	粒状	6.6	22.9	1.58	1.48	12.6	152	3.8	63	砂岩	E 111°54′23.9″ N 26°40′04.1″	95
						G	17—32	褐色	砂壤土	块状	6.6	19.5	1.39	1.37	12.4						
						ABv	32—63	灰色	砂壤土	棱柱状	6.7	12.3	0.92	1.31	12.3						
						C	63—100	深棕色	砂壤土	块状	6.7	5.9	0.81	1.23	11.8						
剖30	人为土	水稻土	潴育水稻土	灰泥田	黑鸭屎泥田	A	0—17	黄褐色	黏壤土	团粒状	7.8	33.7	1.75	2.17	13.4	131	11.2	113	石灰岩风化物	E 111°46′10.0″ N 26°39′21.0″	95
						Pg	17—27	黄棕色	黏壤土	块状	7.8	22.4	1.39	1.50	3.5						
						ABv	27—100	栗色	黏壤土	块状	7.8	16.8	1.13	1.23	13.8						
剖31	人为土	水稻土	淹育水稻土	浅黄砂泥田	浅红砂泥田	A	0—13	棕红色	砂壤土	粒状	6.0	28.1	1.41	0.76	15.6	86	11.2	15	红色砂岩	E 111°48′00.2″ N 26°39′10.4″	95
						Pg	13—21	深棕红	黏壤土	团粒状	5.8	20.2	1.24	0.72	16.2						
						C	21—100	深紫红	砂壤土	块状	5.5	≤1.0	0.76	1.04	21.3						
剖32	人为土	水稻土	淹育水稻土	浅碱紫泥田	浅碱紫泥田	A	0—13	紫色	黏壤土	团粒状	7.8	24.5	1.59	1.14	28.0	71	5.0	103	紫色页岩	E 111°47′27.7″ N 26°37′42.0″	95
						Pg	13—28	紫棕色	黏壤土	块状	7.8	13.1	1.10	0.76	29.4						
						C	28—100	紫棕色	黏壤土	块状	7.8	6.5	0.75	1.23	28.4						
剖33	人为土	水稻土	潴育水稻土	河砂泥田	河砂泥田	A	0—16	棕褐色	砂壤土	粒状	7.0	22.4	1.32	0.82	20.1	120	12.9	85	河流冲积物	E 111°48′46.5″ N 26°38′55.4″	95
						Pg	16—27	灰棕色	砂壤土	棱状	7.0	18.7	1.07	0.89	23.0						
						C	27—100	黄色	砂壤土	块状	7.0	7.4	0.62	1.27	17.6						
剖34	人为土	水稻土	潴育水稻土	红黄泥田	熟红黄泥田	A	0—16	栗色	黏壤土	团粒状	6.5	37.2	1.71	1.34	12.3	103	26.7	73	第四纪红色黏土	E 111°49′37.0″ N 26°38′08.9″	95
						Pg	16—26	灰棕色	黏壤土	块状	6.5	28.6	1.51	1.28	12.8						
						ABv	26—60	黄色	砂壤土	棱状	6.5	10.7	0.76	1.21	17.4						
						C	60—100	黄褐色	砂壤土	块状	6.0	4.1	0.57	0.93							
剖35	铁铝土	红壤		耕型砂岩红土	黄砂土	Ao	0—2	黄灰色	砂壤土	团粒状	5.5	80.6	3.37	2.13	24.5	93	1.3	34	砂岩	E 111°52′59.7″ N 26°38′57.5″	95
						A₁	2—30	标黄色	砂壤土	团粒状	5.0	30.2	1.34	0.62	19.3						
						ABv	30—81	棕黄色	砂壤土	块状	4.8	6.3	0.57	0.53	20.7						
						C	81—110	黑棕色	黏壤土	粒状	7.6	47.5	2.14	1.79	37.8						
剖36	人为土	水稻土	潴育水稻土	麻砂泥田	石灰性麻砂泥田	A	0—16	黑棕色	黏壤土	柱状	7.6	37.4	1.93	1.61	35.6	199	12.9	119	花岗岩风化物	E 111°53′20.3″ N 26°38′10.0″	95
						Pg	16—25	棕灰色	黏壤土		7.6	27.0	1.53	1.52	35.4						
						ABv	25—100	灰色	黏壤土	团粒状	6.6	33.3	1.55	0.63	7.4						
剖37	人为土	水稻土	潴育水稻土	烂泥田	游眼田	A	0—23	青灰色	黏壤土	块状	6.6	46.7	1.87	0.62	5.1	88	3.0	76	第四纪红色黏土	E 111°53′15.1″ N 26°35′15.6″	97
						G	23—100	紫红色	黏土	块状	7.0	7.9	0.85	0.67	25.7						
剖38	初育土	紫色土	中性紫色土	耕型中性紫色土	中性紫土	A	0—16	紫棕色	黏土	团粒状	7.0	9.9	0.78	0.62	25.7	63	≤1.0	76	紫色页岩	E 111°55′02.4″ N 26°37′08.3″	97
						Bv	25—65	紫红色	黏土	块状	7.0	8.7	0.76	0.61	25.3						
						C	65—100	红棕色	黏土	块状	4.5	10.0	0.82	1.01	13.5						
剖39	铁铝土	红壤		第四纪红色黏土红壤	中土层红土	A	0—77	棕红色	黏土	团粒状	4.0	6.5	0.68	0.92	15.0	46	≤1.0	42	第四纪红色黏土	E 111°47′42.2″ N 26°33′34.2″	97
						Bv	77—200	黄褐色	黏土	团粒状	5.0	38.7	1.67	0.88	26.2						
剖40	铁铝土	红壤		板页岩红壤	薄腐中层板页岩红壤	A	0—18	棕色	壤土	块状	5.5	4.1	0.76	0.40	35.8	89	≤1.0	89	板页岩	E 111°50′24.1″ N 26°34′38.0″	95
						BvC	18—60	黑灰色	砂壤土	粒状	5.7	12.4	0.85	1.58	24.5						
						D	60—														
剖41	半水成土	潮土	河潮土	耕型河潮土	河砂土	A	0—20	青灰色	砂壤土	粒状	5.5	4.2	0.49	1.28	24.8	54	17.3	104	河流冲积物	E 111°52′03.2″ N 26°34′58.5″	97
						Bv	20—50	棕黄色	砂壤土	粒状	5.0	2.5	0.40	1.01	22.2						
						C	50—100	灰色	砂壤土	块状	7.2	32.6	1.56	1.06	21.7						
剖42	人为土	水稻土	矿毒型水稻土	非金属矿毒田	煤炭矿毒田	A	0—17	深灰色	砂壤土	块状	7.0	30.4	1.53	0.80	22.0	128	5.6	99	砂岩	E 111°52′01.0″ N 26°30′58.5″	97
						Pg	17—28	灰色	壤土	粒状	6.5	10.1	0.84	0.66	22.5						
						G	28—100	紫色	壤土	棱柱状	8.0	45.7	2.46	1.89	15.0						
剖43	人为土	水稻土	潴育水稻土	黄砂泥田	黄砂泥田	A	0—16	紫色	壤土	粒状	8.0	39.1	2.03	1.19	14.0	101	4.5	91	砂岩	E 111°56′58.8″ N 26°33′09.3″	95
						Pg	16—27	紫棕色	壤土	棱柱状	7.8	33.9	1.89	0.90	14.3						
						ABv	27—100														

续表 Continued

剖面号 Soil profile	土纲 Soil order	土类 Soil great group	亚类 Soil subgroup	土属 Soil genus	土种 Soil species	土层码 Layer code	土层厚度 Depth/cm	颜色 Soil color	质地 Soil texture	土壤结构 Soil structure	pH	有机质 OM/(g/kg)	全氮 TN/(g/kg)	全磷 TP/(g/kg)	全钾 TK/(g/kg)	碱解氮 AN/(mg/kg)	有效磷 AP/(mg/kg)	速效钾 AK/(mg/kg)	土壤母质 Parent material	剖面点坐标 Profile coordinate	匹配指数 Matching index/%
剖44	人为土	水稻土	淹育水稻土	浅红黄泥田	浅红黄泥田	A	0—13	黄棕色	黏土	团块状	6.0	15.1	0.92	0.88	13.5	83	1.8	27	第四纪红色黏土	E 111°56′59.4″ N 26°30′09.5″	95
						Pg	13—23	棕黄色	黏土	块状	5.5	12.1	0.87	1.04	13.9						
						C	23—100	浅红黄色	黏土	块状	5.0	6.1	0.53	0.81	12.9						
剖45	初育土	石灰(岩)土	红色石灰土	耕型红色石灰土	红灰土	A	0—30	栗色	黏壤土	团块状	6.5						11.2	15	石灰岩	E 111°54′14.4″ N 26°32′01.1″	97
						Bv	30—100	栗色	砂壤土	团块状	6.8										
剖46	人为土	水稻土	淹育水稻土	浅黄砂泥田	浅红砂泥田	A	0—13	暗棕色	砂壤土	粒状	6.0	28.1	1.41	0.76	15.6	86				E 111°54′06.5″ N 26°30′01.0″	97
						Ap	13—21	棕红色	砂壤土	块状	5.8	20.2	1.24	0.72	16.2						
						C	21—100	棕红色	砂壤土	片状	5.8	6.6	0.76	1.04	21.3						
剖47	人为土	水稻土	潴育水稻土	黄泥田	青隔石灰性黄泥田	A	0—15	黄棕色	黏壤土	团粒状	7.5	29.4	1.47	1.31	21.9	143	6.1	103	板页岩风化物	E 111°51′30.3″ N 26°27′59.9″	95
						G	15—27	灰棕色	黏壤土	块状	7.5	15.8	1.11	1.08	21.4						
						ABv	27—100	灰棕色	砂壤土	棱柱状	7.5	6.6	0.65	0.70	22.1						
剖48	人为土	水稻土	潴育水稻土	冷浸田	锈水田	A	0—12	深灰色	砂壤土	粒状	7.0	26.4	1.31	1.40	18.0	134	5.9	57	砂岩	E 111°56′57.0″ N 26°29′13.4″	95
						Pg	12—20	灰色	砂壤土	块状	7.2	22.9	1.13	0.93	17.1						
						G	20—100	灰色	砂壤土	棱柱状	7.1	20.1	1.09	0.85	17.0						
剖49	人为土	水稻土	潴育水稻土	红黄泥田	红黄泥田	A	0—15	棕灰色	黏壤土	团粒状	6.5	23.8	1.70	1.23	18.4	105	3.5	99	第四纪红色黏土	E 111°51′51.8″ N 26°28′28.8″	95
						Pg	15—25	灰棕色	黏壤土	块状	6.3	31.2	1.66	1.30	19.2						
						ABv	25—70	灰棕色	黏壤土	棱柱状	6.0	9.6	0.87	1.27	21.1						
						C	70—100	黄棕色	砂壤土	团粒状	5.8	9.5	0.97	1.15	22.1						
剖50	人为土	水稻土	潴育水稻土	河砂泥田	石灰性河砂泥田	A	0—18	棕灰色	黏壤土	粒状	7.8	13.5	1.06	0.96	18.2	96	5.8	66	河流冲积物	E 111°50′12.1″ N 26°23′19.0″	95
						Pg	18—32	灰棕色	黏壤土	块状	7.8	12.4	1.06	0.93	18.0						
						ABv	32—100	棕黄色	黏壤土	棱柱状	7.8	7.6	0.68	0.85	19.1						
剖51	人为土	水稻土	潴育水稻土	紫泥田	青隔碱紫泥田	A	0—20	棕灰色	黏壤土	团块状	7.8	26.4	1.43	1.02	26.6	74	3.7	74	紫色页岩	E 111°56′03.7″ N 26°23′04.9″	95
						G	20—35	紫棕色	黏壤土	块状	8.0	23.6	1.26	1.03	26.2						
						ABv	35—100	紫棕色	黏壤土	棱柱状	8.0	5.4	0.58	0.73	25.2						
剖52	初育土	紫色土	酸性紫色土	酸性紫色土	薄腐中层酸性紫色土	A	0—53	紫色	黏壤土	块状	5.5	4.1	0.87	0.75	32.9	52	1.4	46	紫色页岩	E 111°56′26.7″ N 26°24′08.7″	95
						C	53—200	紫色	黏壤土	粒块状	5.5	4.7	≤0.10	0.03	30.4						
剖53	半水成土	潮土	河潮土	河潮土	河潮土	A	0—17	紫色	粗砂土	块状	6.0	1.6	1.32	0.28	27.6	73	3.0	54	河流冲积物	E 111°57′11.8″ N 26°23′16.8″	95
						AC	75—100	紫色	粗砂土	粒状	6.0	≤1.0	0.25	0.38	25.1						
剖54	人为土	水稻土	潴育水稻土	紫泥田	紫泥田	A	0—16	紫色	黏壤土	粒状	8.0	22.1	1.21	1.00	21.5	72	2.9	71	紫色页岩	E 111°56′29.8″ N 26°22′54.7″	95
						Pg	16—35	紫棕色	黏壤土	块状	8.0	16.8	0.96	1.04	22.5						
						ABv	35—100	紫棕色	黏壤土	棱柱状	8.0	4.7	0.56	1.04	25.5						
剖55	人为土	水稻土	潴育水稻土	青泥田	青泥田	A	0—22	棕黄色	黏壤土	团块状	6.0	29.0	1.83	1.57	23.9	168	6.1	38	板页岩	E 111°57′45.7″ N 26°22′09.2″	95
						Pg	22—36	棕黄色	黏壤土	块状	6.0	30.3	1.83	1.28	24.2						
						G	36—100	青灰色	黏壤土	块状	5.8	28.2	1.74	0.83	26.2						
剖56	人为土	水稻土	淹育水稻土	浅岩渣田	浅岩渣田	A	0—18	深灰色	砂壤土	粒状	6.0	35.2	1.85	1.49	23.9	129	1.7	64	板页岩	E 111°57′08.3″ N 26°20′17.5″	95
						Pg	18—30	棕色	壤土	块状	6.0	22.6	1.35	1.17	26.2						
						C	30—60	棕色	壤土	块状	6.5	11.5	0.95	1.04	22.2						
剖57	铁铝土	黄壤	花岗岩黄壤	花岗岩黄壤	薄腐中层花岗岩黄壤	Ao	0—3	棕色	壤土	团块状	4.5	83.6	4.63	2.16	22.2	99	1.2	63	板页岩	E 111°58′23.0″ N 26°10′47.7″	95
						A1	3—12	黄色	黏土	块状	4.0	43.2	2.77	1.40	25.3						
						ABv	12—73	黄棕色	砂壤土	粒状	5.5	55.8	2.61	2.34	24.0	217	1.7	108			
						C	73—														
剖58	铁铝土	黄壤	耕型花岗岩黄壤	黄壤麻砂土	黄壤麻砂土	A	0—30	黄棕色	砂壤土	粒状	5.5	27.8	1.31	1.08	18.3				花岗岩	E 111°57′44.4″ N 26°09′38.1″	97
						Bv	30—100	黄棕色	砂壤土	粒状	5.0										

续表 Continued

剖面号 Soil profile	土纲 Soil order	土类 Soil great group	亚类 Soil subgroup	土属 Soil genus	土种 Soil species	土层码 Layer code	土层厚度 Depth/cm	颜色 Soil color	质地 Soil texture	土壤结构 Soil structure	pH	有机质 OM/(g/kg)	全氮 TN/(g/kg)	全磷 TP/(g/kg)	全钾 TK/(g/kg)	碱解氮 AN/(mg/kg)	有效磷 AP/(mg/kg)	速效钾 AK/(mg/kg)	土壤母质 Parent material	剖面点坐标 Profile coordinate	匹配指数 Matching index/%
剖59	铁铝土	黄壤	黄壤	花岗岩黄壤	薄腐中层花岗岩黄壤	A	0—3	棕色	砂壤土	团粒状	4.0	219.3	7.81	2.59	26.3	150	1.2	81	花岗岩	E 111°58′04.1″ N 26°09′35.8″	95
						A₁	3—11	黄色	砂壤土	团粒状	4.5	76.8	3.19	2.19	28.1						
						ABv	11—78														
						C	78—														
剖60	人为土	水稻土	潴育水稻土	黄泥田	黄泥田	A	0—15	棕黄色	黏壤土	核状	7.0	20.1	1.17	0.82	14.6	95	6.2	73	板页岩风化物	E 112°03′40.6″ N 26°36′59.7″	95
						Pg	15—25	棕色	黏壤土	块状	7.0	14.5	0.89	0.99	16.0						
						ABv	25—100	黄褐色	黏壤土	核状	6.8	7.0	0.69	0.91	16.7						
剖61	人为土	水稻土	潴育水稻土	酸紫泥田	青褐酸紫泥田	A	0—17	灰褐色	黏土	团块状	6.0	23.1	1.32	0.88	20.2	124	1.3	35	紫色页岩	E 112°01′13.7″ N 26°34′48.0″	95
						G	17—33	灰褐色	黏土	棱柱状	6.5	16.1	1.30	0.86	20.5						
						ABv	33—68	灰褐色	黏土	棱柱状	6.5	8.3	0.70	0.88	20.6						
							68—100	灰褐色	黏土	块状	6.5	11.0	1.14	1.00	21.7						
剖62	初育土	石灰（岩）土	黑色石灰土	耕型黑色石灰土	岩壳土	A	0—26	灰褐色	黏土	团块状	8.0	20.2	1.64	1.05	24.9	124	2.5	148	石灰岩	E 112°04′20.2″ N 26°34′09.2″	98
						Bv	26—58	褐色	黏土	块状	8.0	11.1	1.21	1.08	26.8						
						D	58—														
剖63	初育土	紫色土	中性紫色土	耕型中性紫砂土	中性紫砂土	A	0—24	棕红色	砂壤土	粒状	6.7	5.1	0.61	0.51	20.2	42	3.0	67	紫色砂岩	E 112°07′16.1″ N 26°34′24.7″	97
						Bv	24—48	红棕色	黏壤土	团块状	6.6	≤1.0	0.44	0.35	16.4						
						C	48—100	深红色	黏壤土	块状	6.6	1.1	0.33	0.62	15.2						
剖64	人为土	水稻土	潴育水稻土	酸紫泥田	酸紫砂泥田	A	0—16	紫色	壤土	块状	6.0	26.6	1.29	1.31	10.8	94	5.0	67	紫色砂页岩	E 112°05′50.8″ N 26°28′13.0″	95
						Pg	16—27	紫色	壤土	柱状	6.0	20.0	1.72	1.13	11.3						
						ABv	27—100				7.2	13.1	0.78	1.33	10.7						
剖65	初育土	石灰（岩）土	黑色石灰土	黑色石灰土	黑色石灰土	A	0—40	黑色	黏土	棱柱状	7.8	41.0	2.12	0.89	25.3	124	5.0	59	石灰岩	E 112°06′09.4″ N 26°27′53.3″	98
						D	40—														
剖66	铁铝土	红壤	红壤	石灰岩红壤	薄腐中层石灰岩红壤	A	0—16	黄棕色	黏壤土	团块状	6.2	13.0	0.89	0.77	14.5	71	≤1.0	45	石灰岩	E 112°04′00.3″ N 26°27′28.0″	95
						Bv	16—30	棕色	黏壤土	块状	5.8	8.9	0.95	0.79	14.1						
						C	30—100	红棕色	黏壤土	棱块状	5.6	4.6	0.88	0.77	15.8						
剖67	铁铝土	红壤	黄红壤	花岗岩黄红壤	薄腐中层花岗岩黄红壤	A₁	0—8	浅红棕色	砂壤土	粒状	5.0	62.5	2.43	1.35	24.9	43	≤1.0	46	石灰岩	E 112°04′45.6″ N 26°26′31.4″	95
						A	8—20	深棕色	砂壤土	粒状	4.6	8.4	0.69	1.12	24.9						
						BvC	20—60	棕黄色	砂壤土	粒状	4.5	6.5	0.73	0.69	24.3						
						C	60—200					1.1	0.35	0.61	26.8						
剖68	初育土	紫色土	酸性紫色土	耕型酸性紫色土	紫红土	A	0—20	紫棕色	黏壤土	粒状	5.8	3.2	0.76	0.51	43.4	94	4.9	108	花岗岩	E 112°01′55.1″ N 26°22′14.3″	97
						Bv	20—100	紫棕色	黏壤土	块状	5.8	4.6	0.70	0.77	36.2						
剖69	人为土	水稻土	潜育水稻土	冷浸田	冷浸岩渣田	A	0—20	灰色	壤土	粒状	6.0	26.9	1.29	0.86	21.7	191	4.5	61	板页岩	E 112°10′00.7″ N 26°16′44.4″	95
						Pg	20—32	深棕色	壤土	块状	5.8	21.5	1.64	0.63	23.4						
						G	32—100	深棕色	壤土	粒状	5.5	22.8	1.10	0.96	22.4						
剖70	铁铝土	红壤	红壤	花岗岩红壤	薄腐中层花岗岩红壤	A₁	0—8	黑色	黏壤土	团粒状	5.0	62.2	2.82	1.38	25.7	93	≤1.0	88	花岗岩风化物	E 112°03′24.4″ N 26°13′38.4″	95
						A	8—60	浅红棕色	黏壤土	团块状	4.5	26.2	1.56	1.13	25.5						
						C	60—														
剖71	初育土	紫色土	酸性紫色土	浅麻砂泥田	浅麻砂泥田	A	0—14	棕色	砂壤土	粒状	6.5	43.6	2.24	2.03	28.8	118	2.8	65	花岗岩风化物	E 112°00′40.0″ N 26°10′02.9″	95
						Pg	14—26	棕灰色	砂壤土	粒状	6.5	18.9	1.32	1.15	28.4						
						C	26—100	黑灰色	砂壤土	块状	6.0	5.0	0.69	0.83	21.5						
剖72	人为土	水稻土	潴育水稻土	麻砂泥田	黄棕砂泥田	A	0—17	黑灰色	砂壤土	块状	6.0	48.3	2.17	1.05	27.7	158	7.7	108	花岗岩风化物	E 112°01′52.8″ N 26°09′51.7″	95
						Pg	17—28	棕灰色	砂壤土	柱状	5.8	46.3	2.27	1.05	27.5						
						ABv	28—51		砂壤土	块状	6.6	39.9	2.07	1.02	28.1						
						C	51—100		砂壤土	块状	5.8	13.3	0.87	0.97	28.1						

怀 化 市

鹤城区、中方县

主要土类说明

红壤是鹤城区、中方县主要土壤类型，占本区域地域面积的51%。红壤分布在海拔650m左右的低山、丘陵区，成土母质类型多样，具有明显的脱硅富铝化过程。红色黏土层深厚，剖面发育完整，除表层较灰暗外，心土和底土呈棕红色至黄红色，土壤呈酸性。本区域红壤分为红壤、黄红壤、红壤性土三个亚类。

水稻土是鹤城区、中方县第二大土壤类型，占本区域地域面积21%。水稻土是在长期的季节性淹灌、水下翻耕、季节性脱水、氧化还原交替影响下，原来的成土母质或母土的特性发生重大改变，形成的新的土壤类型。由于干湿交替，水稻土形成糊状的淹育层、较坚实板结的犁底层、渗育层、潴育层与潜育层等多种发生层。这些不同的发生层是在人为耕作、水浆管理下形成的。本区域水稻土分为淹育型、潴育型、渗育型、潜育型、沼泽型、矿毒型等亚类。其中，潴育水稻土占本土类面积的56%，肥力较高，剖面构型主要为A-P-W-C、A-P-W-G和A-Pg-W-C。

紫色土是鹤城区、中方县第三大土壤类型，占本区域地域面积的19%。本区域紫色土分为酸性紫色土、中性紫色土、石灰性紫色土三个亚类。其中，酸性紫色土面积最大，占本土类面积的99%，pH在6.5以下。

黄壤占本区域地域面积的7%，分布在海拔650m以上的山地，发育于花岗岩、板页岩、石灰岩等。由于所处地区气候冷凉，空气湿度大，土壤中游离氧化铁合成水合氧化铁，因此，土体呈黄色，心土层呈蜡黄色，有机质含量一般较高，土壤呈酸性。本区域黄壤分为黄壤和黄壤性土两个亚类。

小于本区域地域面积3%的土壤类型有潮土、石灰（岩）土、黄棕壤等。

本区域中心区气候特征

本区域中心区气候特征值
Regional climate characteristics in central area of the region

气候带：中亚热带湿润气候 Climate region: Subtropical humid climate	
年平均气温 /℃ Annual average temperature /℃	16.6
年平均最高气温 /℃ Annual average maximum temperature /℃	21.1
年平均最低气温 /℃ Annual average minimum temperature /℃	13.4
年降水量 /mm Annual precipitation /mm	1285
≥10℃的积温 /℃ Daily temperature accumulated in a year（≥10℃）/℃	6096
年日照时数 /h Annual sunshine /h	1491
年平均相对湿度 /% Annual average relative humidity /%	80
干燥度 Dryness	0.77

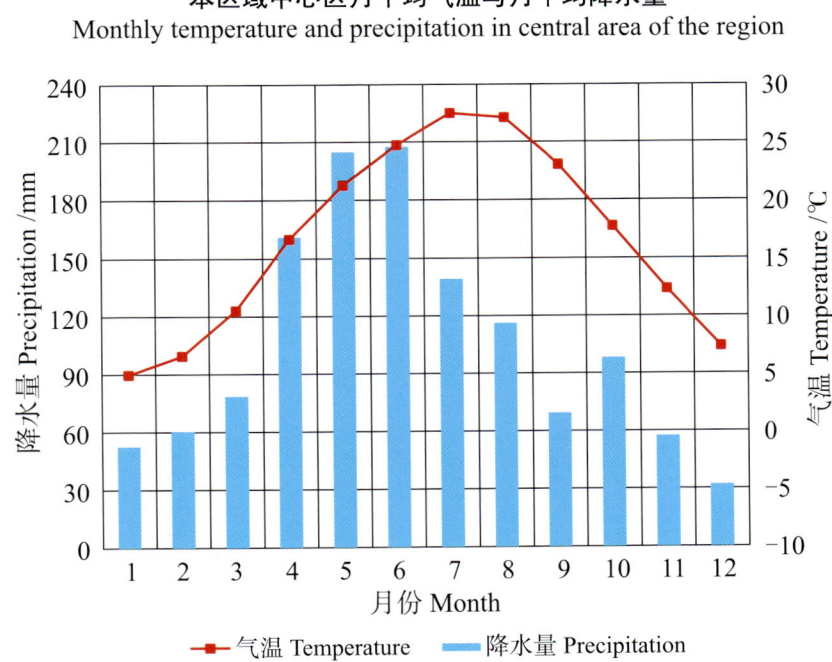

本区域中心区月平均气温与月平均降水量
Monthly temperature and precipitation in central area of the region

鹤城区、中方县主要土壤类型与土壤剖面点分布图

1∶260 000

图例
- 红壤
- 水稻土
- 紫色土
- 黄壤
- 潮土
- 石灰（岩）土
- 黄棕壤
- ⊗ 剖面点

注：国务院 1997 年 11 月批准，撤销县级怀化市，设立地级怀化市，原县级怀化市办设为鹤城区和中方县。

446 | 中国土壤剖面数据集·湖南卷

鹤城区、中方县土壤剖面理化性状表

剖面号 Soil profile	土纲 Soil order	土类 Soil great group	亚类 Soil subgroup	土属 Soil genus	土种 Soil species	土层码 Layer code	土层厚度 Depth/cm	颜色 Soil color	质地 Soil texture	土壤结构 Soil structure	pH	有机质 OM/(g/kg)	全氮 TN/(g/kg)	全磷 TP/(g/kg)	全钾 TK/(g/kg)	碱解氮 AN/(mg/kg)	有效磷 AP/(mg/kg)	速效钾 AK/(mg/kg)	土壤母质 Parent material	剖面点坐标 Profile coordinate	匹配指数 Matching index/%
剖1	人为土	水稻土	淹育水稻土	浅黄泥田	浅黄泥田	A	0—12	浅黄色	黏壤土		6.0	29.0	1.86	1.20	25.4	167	40.2	152	板岩	E 109°53′54.0″ N 27°46′17.9″	75
						Pg	12—18	浅黄色	黏壤土		6.0										
						C	18—100	黄色	黏壤土		6.0										
剖2	人为土	水稻土	潴育水稻土	紫泥田	紫砂泥田	A	0—15	紫红色	壤土		7.8	25.9	1.46	1.55	21.8	122	≥100.0	159	紫色砂页岩	E 109°53′43.2″ N 27°45′18.1″	95
						Pg	15—23	紫红色	壤土		7.8										
						W	23—57	紫色	壤土		7.8										
						C	57—100	紫色	壤土		9.0										
剖3	人为土	水稻土	潴育水稻土	酸紫泥田		A	0—16	黄灰色	壤土		7.0	31.4	1.48	1.07	18.2	145	48.0	81	砂质灰岩风化物	E 109°49′35.1″ N 27°42′46.0″	75
						Pg	16—21	黄灰色	壤土		7.0										
						W	21—95	灰黄色	壤土		7.0										
						C	95—100	黄色	砂土		7.0										
剖4	人为土	水稻土	潴育水稻土	麻砂泥田	黄麻砂泥田	A	0—18	黄灰色	砂壤土		6.0	37.4	1.86	2.03	32.1	166	98.3	116	花岗岩风化物	E 109°50′10.8″ N 27°40′44.3″	75
						Pg	18—24	灰黄色	砂壤土		6.0										
						W	24—64	黄灰色	砂壤土		6.0										
						C	64—100	黄红色	砂壤土		7.0										
剖5	人为土	水稻土	潴育水稻土	河砂泥田	紫河潮泥田	A	0—16	紫红色	壤土		7.0								溪流冲积物	E 109°49′45.5″ N 27°40′16.1″	75
						Pg	16—25	紫紫色	壤土		7.5										
						W	25—62	紫紫色	壤土		7.5										
						C	62—100	黄色	砂壤土		7.5										
剖6	人为土	水稻土	淹育水稻土	浅灰泥田	浅灰砂泥田	A	0—15	浅黄色	砂壤土		7.5	28.3	1.26	1.02	20.5	101	14.6	93	砂质灰岩	E 109°51′19.3″ N 27°41′14.8″	75
						Pg	15—20	黄色	砂壤土		7.5										
						C	20—100	灰白色	砂壤土		8.0										
剖7	人为土	水稻土	潴育水稻土	黄砂泥田	盐砂泥田	A	0—16	灰白色	砂土		4.0								石英砂岩	E 109°51′04.4″ N 27°40′06.3″	95
						Pg	16—25	灰白色	砂壤土		4.5										
						W	25—47	灰白色	砂壤土		4.5										
						C	47—100	灰白色	砂壤土		4.0										
剖8	人为土	水稻土	淹育水稻土	灰黄泥田	灰黄砂泥田	A	0—18	黄灰色	砂壤土		6.0	20.2	1.18	1.59	23.7	92	52.5	270	砂质砂岩风化物	E 109°53′41.1″ N 27°44′37.5″	95
						Pg	18—25	紫红色	黏壤土		6.5										
						W	25—76	紫红色	黏壤土		6.5										
						C	76—100	黄红色	黏壤土		6.5										
剖9	初育土	紫色土	酸性紫色土	酸性紫砂土		A	0—5	紫红色	砂壤土		5.5	29.1	1.26	0.72	14.2	145	12.6	95	非石灰性紫色页岩	E 109°53′30.2″ N 27°43′18.6″	75
						Bv	5—46	紫红色	砂壤土		5.5										
						C	46—100	紫红色	砂壤土		6.0										
剖10	初育土	紫色土	酸性紫色土	酸性紫砂土		A	0—13	黄紫色	砂壤土		5.6	29.1	1.26	0.72	14.2	145	12.6	113	紫色砂岩风化物	E 109°53′23.3″ N 27°42′46.1″	95
						Bv	13—60	紫紫色	砂壤土		6.0										
						C	60—100	紫紫色	砂壤土		6.0										
剖11	初育土	紫色土	酸性紫色土	酸性紫色土		A	0—13	红紫色	砂壤土	粒状	5.6	29.4	1.41	2.19	20.5	141	26.3	106	非石灰性紫色砂岩	E 109°58′30.4″ N 27°43′32.6″	95
						Bv	13—60	红紫色		粒状	6.0										
						C	60—100				6.0										
剖12	人为土	水稻土	淹育水稻土	浅岩渣田	浅岩渣田	A	0—14	黄灰色	砂壤土		5.5								板岩风化物	E 109°59′51.9″ N 27°42′35.2″	75
						Pg	14—56	棕灰色	砂壤土		5.3										
						C	56—100	灰黄色	砂壤土		5.7										

续表 Continued

剖面号 Soil profile	土纲 Soil order	土类 Soil great group	亚类 Soil subgroup	土属 Soil genus	土种 Soil species	土层码 Layer code	土层厚度 Depth/cm	颜色 Soil color	质地 Soil texture	土壤结构 Soil structure	pH	有机质 OM/(g/kg)	全氮 TN/(g/kg)	全磷 TP/(g/kg)	全钾 TK/(g/kg)	碱解氮 AN/(mg/kg)	有效磷 AP/(mg/kg)	速效钾 AK/(mg/kg)	土壤母质 Parent material	剖面点坐标 Profile coordinate	匹配指数 Matching index/%
剖13	人为土	水稻土	潴育水稻土	黄泥田	黑黄泥田	A	0—18	褐灰色	壤土		5.8	31.6	2.14	1.57	22.4	192	≥100.0	102	页岩风化物	E 109°57′19.2″ N 27°40′49.9″	95
						Pg	18—28	褐灰色	壤土		5.8										
						W	28—98	灰黄色	壤土		6.0										
						C	98—	浅黄色	壤土		6.0										
剖14	初育土	紫色土	酸性紫色土	酸性紫砂土		A	0—5	紫红色	黏壤土		5.5	20.2	1.18	1.59	23.7	92	52.5	224	紫色页岩风化物	E 109°57′04.9″ N 27°40′35.5″	75
						Bv	5—46	紫红色	黏壤土		5.5										
						C	46—100	紫红色	黏壤土		6.0										
剖15	人为土	水稻土	淹育水稻土	浅黄泥田	浅红泥田	A	0—15	红色	黏土		5.5	13.3	0.74	0.93	25.0	77	20.5	89	铁质页岩	E 109°57′45.6″ N 27°40′21.9″	75
						Pg	15—24	红色	黏土		5.5										
						C	24—100	红色	黏土		6.0										
剖16	人为土	水稻土	潴育水稻土	黄砂泥田	黄砂泥田	A	0—18	黄黄色	砂壤土		5.0								黄色砂岩	E 109°58′12.7″ N 27°40′15.8″	95
						Pg	18—27	黄紫色	砂壤土		6.0										
						W	27—54	灰黄色	砂壤土		5.0										
						C	54—100	灰黄色	砂壤土		6.5										
剖17	人为土	水稻土	潴育水稻土	河砂泥田	酸性紫河砂泥田	A	0—15	黄黄色	壤土		5.5	26.1	1.29	1.51	20.1	121	25.2	57	溪流冲积物	E 109°59′21.9″ N 27°41′20.2″	95
						Pg	15—24	黄紫色	壤土		5.5										
						W	24—58	紫红色	壤土		6.0										
						C	58—100	紫红色	壤土		7.0										
剖18	人为土	水稻土	潴育水稻土	河砂泥田	青隔河砂泥田	A	0—15	黄黄色	砂壤土		6.5	37.6	2.08	0.81	18.5	164	38.5	160	近代河流冲积物	E 109°59′23.5″ N 27°40′37.5″	95
						Pg	15—25	青黄色	砂壤土		6.0										
						G	25—43	灰黄色	砂壤土		6.0										
						Bv	43—100	黄紫色	砂壤土		6.0										
剖19	人为土	水稻土	渗育水稻土	白鳝泥田	白鳝泥田	A	0—19	浅白色	壤土		5.7	28.6	1.80	1.02	24.5	174	48.6	106	砂质页岩风化物	E 109°59′54.2″ N 27°41′18.2″	95
						Pg	19—27	灰白色	黏壤土		6.0										
						W	27—65	灰白色	黏壤土		6.0										
						C	65—100	灰白色	黏壤土		6.0										
剖20	初育土	紫色土	石灰性紫色土	石灰性紫色土	薄腐薄层石灰性紫色土	A_1	0—9	紫红色	黏壤土		8.0	13.4	0.71	0.85	27.5	62	91.6	127	石灰性紫色页岩	E 109°59′59.9″ N 27°40′52.2″	75
						Bv	9—20	紫红色	黏壤土		8.0										
						C	20—	紫红色	黏壤土		8.0										
剖21	人为土	水稻土	潴育水稻土	酸性紫泥田		A	0—16	红棕色	砂壤土		6.0	25.8	1.32	0.98	17.3	149	76.9	87	非石灰性紫色砂岩	E 109°53′10.5″ N 27°40′20.2″	95
						Pg	16—24	红棕色	砂壤土		6.0										
						W	24—53	红棕色	砂壤土		6.0										
						C	53—100	紫紫色	砂壤土		7.0										
剖22	人为土	水稻土	潴育水稻土	黄泥田	黄泥田	A	0—18	黄黄色	壤土		6.0	30.1	1.69	1.02	20.4	159	58.6	200	板岩	E 109°54′56.6″ N 27°41′52.0″	95
						Pg	18—26	灰黄色	黏壤土		5.5										
						W	26—47	灰黄色	黏壤土		5.5										
						C	47—100	灰黄色	黏壤土		6.0										
剖23	人为土	水稻土	淹育水稻土	浅酸紫泥田	浅酸紫砂泥田	A	0—14	浅浅紫色	壤土		5.5	21.6	1.14	1.65	20.3	118	74.0	96	紫色页岩	E 109°55′02.5″ N 27°42′29.8″	95
						Pg	14—20	浅浅紫色	壤土		5.5										
						C	20—100	紫紫色	壤土		6.0										
剖24	人为土	水稻土	潴育水稻土	酸性紫泥田		A	0—17	深紫色	黏壤土		7.5	25.9	1.46	1.55	21.8	122	≥100.0	131	紫色页岩风化物	E 109°55′59.3″ N 27°42′15.1″	75
						Pg	17—25	紫棕色	黏壤土		7.5										
						W	25—70	紫棕色	黏壤土		7.6										
						C	70—100	紫棕色	黏壤土		7.6										

续表 Continued

剖面号 Soil profile	土纲 Soil order	土类 Soil great group	亚类 Soil subgroup	土属 Soil genus	土种 Soil species	土层码 Layer code	土层厚度 Depth/cm	颜色 Soil color	质地 Soil texture	土壤结构 Soil structure	pH	有机质 OM/(g/kg)	全氮 TN/(g/kg)	全磷 TP/(g/kg)	全钾 TK/(g/kg)	碱解氮 AN/(mg/kg)	有效磷 AP/(mg/kg)	速效钾 AK/(mg/kg)	土壤母质 Parent material	剖面点坐标 Profile coordinate	匹配指数 Matching index/%
剖25	人为土	水稻土	潜育水稻土	青泥田	酸性青紫砂泥田	A	0–13	灰紫色	砂壤土		6.0	30.8	1.65	1.51	10.3	127	16.5	118	非石灰性紫色砂岩	E 109°56′14.8″ N 27°40′34.8″	95
						Pg	13–20	灰紫色	砂壤土		6.5										
						G	20–100	暗紫色	砂壤土		7.0										
剖26	人为土	水稻土	潴育水稻土	酸紫泥田		A	0–15	紫红色	壤土		7.8	25.9	1.46	1.55	21.8	122	≥100.0	131	紫色砂页岩风化物	E 109°49′05.5″ N 27°38′21.5″	95
						Pg	15–23	紫红色	壤土		7.8										
						W	23–57	紫色	壤土		7.8										
						C	57–100	紫色	壤土		8.0										
剖27	人为土	水稻土	矿毒型水稻土	非金属矿毒田	煤炭水田	A	0–17	灰黑色	黏壤土		3.8	86.9	1.66	1.64	16.6	141	37.7	90	石灰岩	E 109°54′35.3″ N 27°38′05.2″	95
						Pg	17–25	灰黑色	黏壤土		3.8										
						W	25–45	灰黑色	黏壤土		4.5										
						C	45–100	灰黑色	黏壤土		6.0										
剖28	人为土	水稻土	淹育水稻土	浅酸紫泥田	浅酸紫砂泥田	A	0–15	紫红色	砂壤土		5.6	16.0	0.96	1.20	24.5	65	4.3	60	紫色砂岩	E 109°55′41.4″ N 27°38′53.7″	95
						Pg	15–20	浅灰紫色	砂壤土		6.6										
						C	20–100	紫红色	砂壤土		6.0										
剖29	紫色土	紫色土		黄砂泥田	红砂泥田	A	0–15	浅红色	砂壤土		5.5	26.5	1.19	0.79	18.4	106	28.5	76	红色砂岩	E 109°56′20.3″ N 27°38′47.8″	95
						Pg	15–21	浅红色	砂壤土		6.5										
						W	21–55	棕红色	砂壤土		6.5										
						C	55–100	棕红色	砂壤土		6.5										
剖30	初育土	水稻土	石灰性紫色土	石灰性紫砂土	薄腐中层石灰性紫砂土	A	0–11	红紫色	砂壤土		7.5	21.2	1.03	1.14	13.1	84	≥100.0	27	石灰性紫色砂岩	E 109°56′52.2″ N 27°38′55.3″	95
						Bv	11–50	红紫色	砂壤土		8.0										
						C	50–100	红紫色	砂壤土		8.0										
剖31	人为土	水稻土	潴育水稻土	浅黄砂泥田	浅盐砂泥田	A	0–13	灰白色	砂壤土		5.3	25.0	1.42	1.07	25.8	117	≥100.0	225	白砂岩	E 109°56′42.2″ N 27°37′49.9″	95
						Pg	13–20	灰白色	砂壤土		5.0										
						C	20–100	灰白色	砂壤土		5.0										
剖32	人为土	水稻土	淹育水稻土	浅黄砂泥田	浅黄砂泥田	A	0–12	灰黄色	壤土		6.5	35.9	1.99	1.16	22.6	187	33.4	179	黄色砂岩风化物	E 109°56′52.2″ N 27°37′46.5″	95
						Pg	12–20	灰黄色	砂壤土		6.5										
						C	20–100	红黄色	砂壤土		6.5										
剖33	人为土	水稻土	淹育水稻土	黄砂泥田	肥砂泥田	A	0–17	红黄色	壤土		6.0	20.5	1.14	0.90	17.3	118	30.5	127	红色砂岩	E 109°54′19.1″ N 27°36′50.9″	95
						Bv	17–22	红黄色	砂壤土		6.5										
						C	22–67	红黄色	砂壤土		7.5										
						C	67–100	红黄色	砂壤土		7.5										
剖34	初育土	紫色土	石灰性紫色土	石灰性紫砂土	中层石灰性紫砂土	A	0–11	红紫色	砂壤土		7.5	86.9	1.66	1.64	16.6	141	37.7	75	紫色砂岩风化物	E 109°54′57.1″ N 27°37′10.2″	95
						Bv	11–50	红紫色	黏壤土		8.0										
						C	50–100	红紫色	黏壤土		8.0										
剖35	人为土	水稻土	淹育水稻土	浅黄砂泥田	铁子黄泥田	A	0–15	灰黄色	黏土		5.0								板岩风化物	E 109°54′56.2″ N 27°35′35.1″	95
						Pg	15–23	浅黄色	黏壤土		5.0										
						C	23–60	灰棕色	黏壤土		5.0										
						C	60–100	黄色	砂壤土		5.0										
剖36	人为土	水稻土	淹育水稻土	浅红砂泥田	浅红砂泥田	A	0–15	浅红色	黏壤土		5.5								红色砂岩	E 109°56′21.7″ N 27°32′21.0″	95
						Pg	15–21	浅红色	黏壤土		5.5										
						C	21–100	棕色	黏壤土		6.0										
剖37	人为土	水稻土	矿毒型水稻土	非金属矿毒田	煤炭矿毒田	A	0–17	灰黑色	黏壤土		3.8								石灰岩风化物	E 109°57′44.1″ N 27°30′17.4″	95
						Pg	17–25	灰黑色	黏壤土		3.8										
						W	25–45	灰黑色	黏壤土		4.5										
						C	45–100	灰黑色	黏壤土		6.0										

续表 Continued

剖面号 Soil profile	土纲 Soil order	土类 Soil great group	亚类 Soil subgroup	土属 Soil genus	土种 Soil species	土层码 Layer code	土层厚度 Depth/cm	颜色 Soil color	质地 Soil texture	土壤结构 Soil structure	pH	有机质 OM/(g/kg)	全氮 TN/(g/kg)	全磷 TP/(g/kg)	全钾 TK/(g/kg)	碱解氮 AN/(mg/kg)	有效磷 AP/(mg/kg)	速效钾 AK/(mg/kg)	土壤母质 Parent material	剖面点坐标 Profile coordinate	匹配指数 Matching index/%
剖38	铁铝土	红壤	红壤	砂岩红壤		A₁	0—2	棕色	壤土	团块状	6.1	44.0	1.92	0.99	21.8		15.3	191	板页岩	E 109°58′46.0″ N 27°31′19.4″	95
						A	2—13	灰黄色	黏壤土	小块状	5.6	25.3	1.27	0.86	22.5	186					
						Bv	13—54	棕红色	黏壤土	块状	5.6	16.8	0.92	0.71	21.0						
						C	54—100	棕黄色	黏壤土	块状	6.5	12.6	0.68	0.54	21.0						
剖39	人为土	水稻土	潜育水稻土	河砂泥田	河砂泥田	A	0—17	灰黄色	壤土		6.4	19.4	1.23	0.98	20.5	139	53.1	124	河流冲积物	E 109°58′15.5″ N 27°30′31.0″	95
						Pg	17—28	灰色	壤土		6.4										
						W	28—65	浅黄色	壤土		6.4										
						C	65—100	浅灰色	壤土		7.0										
剖40	人为土	水稻土	淹育水稻土	中性浅紫泥田	中性浅紫泥田	A	0—16	灰紫色	黏壤土		7.0	33.1	1.80	0.64	17.2	101	11.0	59	紫色页岩	E 109°55′17.2″ N 27°31′08.7″	95
						Pg	16—25	紫红色	黏壤土		7.5										
						C	25—100	紫红色	黏壤土		5.5										
剖41	人为土	水稻土	淹育水稻土	浅黄砂泥田	粗糙砂泥田	A	0—20	灰色	粗砂土		6.0	16.5	0.83	0.89	22.3	69	58.3	241	花岗岩	E 109°55′17.9″ N 27°28′54.0″	95
						Pg	20—25	褐灰色	砂壤土		6.5										
						C	25—100	灰色	砂壤土		5.4										
剖42	人为土	水稻土	潜育水稻土	冷浸田	冷浸阴山田	A	0—19	黄灰色	黏壤土		6.0	38.8	1.83	1.61	24.4	195	89.0	116	页岩风化物	E 109°58′01.9″ N 27°29′45.5″	95
						Pg	19—28	深灰色	黏壤土		6.0										
						G	28—74	青灰色	黏壤土		6.0										
						D	74—				6.4										
剖43	人为土	水稻土	潜育水稻土	河砂泥田	青糙河砂泥田	A	0—15	黄灰色	砂壤土		6.0	37.6	2.08	0.81	18.5	164	38.5	132	河流冲积物	E 109°55′34.8″ N 27°27′15.8″	95
						Pg	15—25	黄灰色	砂壤土		6.0										
						G	25—43	青灰色	砂壤土		6.5										
						W	43—100	棕灰色	砂壤土		6.5										
剖44	铁铝土	红壤	红壤	板页岩红壤		A	0—16	棕灰色	砂壤土		6.4	16.4	1.29	0.84	19.2	68	31.5	209	板页岩风化物	E 109°57′43.5″ N 27°21′05.4″	95
						Bv	16—40	浅红色	砂壤土		5.5										
						C	40—100	浅红色	砂壤土		6.0										
剖45	人为土	水稻土	淹育水稻土	浅黄砂泥田	浅红砂泥田	A	0—16	浅红色	砂壤土		6.0	16.7	0.89	0.76	14.2	91	35.5	40	红色砂岩	E 109°55′50.9″ N 27°20′24.2″	95
						Pg	16—23	棕色	砂壤土		6.0										
						C	23—100	棕红色	砂壤土		6.9										
剖46	人为土	水稻土	潜育水稻土	灰黄泥田	黑灰黄泥田	A	0—16	灰黄色	黏壤土		6.5	31.5	1.44	1.55	14.4	122	91.5	67	石灰岩风化物	E 109°51′36.8″ N 27°18′58.7″	95
						Pg	16—24	灰黄色	黏壤土		6.5										
						C	24—54	棕黄色	黏壤土		6.5										
						W	54—100	红紫色	黏壤土		5.5										
剖47	人为土	水稻土	潜育水稻土	酸紫泥田		A	0—17	红紫色	黏土		6.0	20.6	1.23	0.94	18.4	110	46.4	70	紫色页岩风化物	E 110°00′47.1″ N 27°43′39.6″	95
						Pg	17—25	紫红色	黏土		6.0										
						C	25—50	紫红色	黏土		6.0										
						W	50—100	灰黄色	黏壤土		7.0										
剖48	人为土	水稻土	淹育水稻土	酸性灰黄泥田	青隔酸性灰黄泥田	A	0—15	灰黄色	黏壤土		7.0	31.4	1.48	≥10.00	18.2	145	48.0	97	石灰岩	E 110°03′45.8″ N 27°42′59.5″	95
						Pg	15—24	浅黄色	黏壤土		7.0										
						C	24—100	黄色	黏壤土		7.0										
剖49	人为土	水稻土	淹育水稻土	浅灰黄泥田	浅灰黄泥田	A	0—22	浅黄色	黏壤土		8.0	23.7	1.27	1.16	21.5	114	15.3	70	石灰岩	E 110°07′12.9″ N 27°42′40.0″	95
						Pg		浅灰色	黏壤土		8.0										
						C		浅灰色	黏壤土		8.0										
剖50	人为土	水稻土	潜育水稻土	烂泥田	溶眼田	A	0—22	灰色	砂壤土		6.1	72.2	1.66	1.50	34.9	137	42.3	75	花岗岩风化物	E 110°04′29.6″ N 27°42′26.2″	95
						G	22—100	青灰色	砂壤土		5.5										

续表 Continued

剖面号 Soil profile	土纲 Soil order	土类 Soil great group	亚类 Soil subgroup	土属 Soil genus	土种 Soil species	土层码 Layer code	土层厚度 Depth/cm	颜色 Soil color	质地 Soil texture	土壤结构 Soil structure	pH	有机质 OM/(g/kg)	全氮 TN/(g/kg)	全磷 TP/(g/kg)	全钾 TK/(g/kg)	碱解氮 AN/(mg/kg)	有效磷 AP/(mg/kg)	速效钾 AK/(mg/kg)	土壤母质 Parent material	剖面点坐标 Profile coordinate	匹配指数 Matching index/%
剖51	人为土	水稻土	潴育水稻土	黄泥田	黄砂泥田	A	0—18	黄灰色	砂壤土		5.0								黄色砂岩	E 110°05′03.0″ N 27°40′04.8″	95
						Pg	18—27	黄灰色	砂壤土		6.0										
						W	27—54	灰黄色	砂壤土		6.0										
						C	54—100	灰黄色	砂壤土		6.5										
剖52	人为土	水稻土	潴育水稻土	黄泥田	青隔黄砂泥田	A	0—19	浅棕色	砂壤土		6.0								红色砂岩风化物	E 110°06′31.9″ N 27°42′15.5″	95
						Pg	19—30	暗红棕色	砂壤土		6.4										
						W	30—52	浅红棕色	砂壤土		6.8										
						C	52—100	浅棕色	砂土		7.2										
剖53	人为土	水稻土	潴育水稻土	酸泥田		A	0—15	灰紫色	壤土		6.0	23.6	1.35	1.04	14.7	122	59.0	68	非石灰性紫色砂岩	E 110°06′42.8″ N 27°40′35.7″	95
						Pg	15—24	灰紫色	壤土		5.5										
						W	24—66	灰紫色	砂壤土		5.5										
						C	66—100	灰紫色	砂土		5.5										
剖54	人为土	水稻土	潴育水稻土	黄泥田	青隔黄砂泥田	A	0—20	灰色	黏壤土		5.5								板岩	E 110°07′11.2″ N 27°41′08.2″	95
						Pg	20—29	青灰色	黏壤土		6.0										
						G	29—50	青灰色	黏壤土		6.0										
						W	50—80	黄灰色	黏壤土		6.0										
						C	80—100	黄灰色	黏壤土		6.0										
剖55	人为土	水稻土	淹育水稻土	浅酸紫泥田	浅酸紫泥田	A	0—14	紫红色	黏土		5.1	18.9	1.03	1.03	30.9	30	22.6	224	紫色页岩	E 110°00′47.3″ N 27°41′35.1″	95
						Pg	14—23	紫红色	黏土		5.6										
						C	23—100	深紫红色	黏土		6.0										
剖56	初育土	紫色土	石灰性紫色土	耕型石灰性紫砂土	钙质紫砂土	A	0—17	浅紫红色	砂壤土		8.0								石灰性紫色砂岩	E 110°01′45.3″ N 27°41′37.5″	95
						Bv	17—61	紫红色	砂壤土		8.0										
						C	61—100	紫红色	砂壤土		8.0										
剖57	铁铝土	红壤	红壤	耕型花岗岩黄红壤	黄红麻砂土	A	0—22	灰色	砂壤土		5.6	24.2	1.07	1.36	33.8	97	89.6	220	花岗岩风化物	E 110°01′48.2″ N 27°40′32.8″	95
						Bv	22—100	黄色	壤土		6.2										
剖58	初育土	紫色土	酸性紫色土	冷浸田		A	0—13	灰色	壤土		6.5	30.8	1.65	1.51	10.3	127	16.5	98	紫色砂岩风化物	E 110°03′09.1″ N 27°41′05.0″	95
						G	13—20	灰黄色	砂壤土		6.5										
						C	20—100	暗黄色	砂壤土		7.0										
剖59	铁铝土	红壤	红壤	酸性紫色土		A	0—14	红棕色	壤土		5.5	24.2	1.07	1.36	33.8	97	89.8	266	紫色页岩	E 110°03′41.5″ N 27°40′34.3″	95
						Bv	14—55	红棕色	壤土		5.5										
						C	55—100	黄色	壤土		5.5										
剖60	铁铝土	黄壤	黄壤	石灰岩黄壤		A	0—22	黄色	砂壤土		5.6	35.8	1.02	1.06	27.0	132	42.3	194	花岗岩	E 110°11′39.5″ N 27°41′26.9″	95
						Bv	22—100	黄色	砂壤土		6.2										
						C	100—	黄色	砂壤土		6.2										
剖61	初育土	紫色土		烂泥田		A₁	0—2	黄灰色	砂壤土		5.1	72.2	1.66	1.50	34.9	137	89		花岗岩	E 110°13′16.0″ N 27°40′49.5″	95
						Bv	2—11	黄灰色	砂壤土		4.5										
							11—50	黄色	砂壤土		5.0										
						C	50—100	黄色	砂壤土		6.1										
剖62	人为土	水稻土	潴育水稻土		溜眼田	A	0—14	红棕色	砂壤土		5.5	25.4	1.55	1.20	11.5	110	24.9	78	花岗岩	E 110°08′56.4″ N 27°41′58.7″	95
						G	14—19	青灰色	砂壤土		5.5										
						C	19—100	灰黄色	砂壤土		5.6										
剖63	人为土	水稻土	淹育水稻土	浅灰黄泥田		A		褐黄色	砂壤土		6.8								砂质灰岩	E 110°08′00.4″ N 27°40′04.3″	95

续表 Continued

剖面号 Soil profile	土纲 Soil order	土类 Soil great group	亚类 Soil subgroup	土属 Soil genus	土种 Soil species	土层码 Layer code	土层厚度 Depth/cm	颜色 Soil color	质地 Soil texture	土壤结构 Soil structure	pH	有机质 OM/(g/kg)	全氮 TN/(g/kg)	全磷 TP/(g/kg)	全钾 TK/(g/kg)	碱解氮 AN/(mg/kg)	有效磷 AP/(mg/kg)	速效钾 AK/(mg/kg)	土壤母质 Parent material	剖面点坐标 Profile coordinate	匹配指数 Matching index/%
剖64	人为土	水稻土	淹育水稻土	浅灰黄泥田		A	0—9	灰黄色	黏土		5.3	19.0	1.12	1.08	24.9	116	9.1	86	石灰岩	E 110° 09′ 34.6″ N 27° 40′ 57.8″	95
						Pg	9—17	棕红色	黏土		6.1										
						C	17—100	棕红色	黏土		6.5										
剖65	人为土	水稻土	潴育水稻土	河砂泥田	河砂泥田	A	0—17	灰黄色	砂壤土		6.4	19.7	1.23	0.98	20.5	139	53.1	149	近代河流冲积物	E 110° 10′ 10.1″ N 27° 40′ 13.7″	95
						Pg	17—28	灰色	砂壤土		6.4										
						W	28—65	浅黄色	砂壤土		6.4										
						C	65—100	浅黄色	砂壤土		6.4										
剖66	人为土	水稻土	淹育水稻土	浅酸灰黄泥田	浅酸性灰黄泥田	A	0—9	棕红色	黏土		5.3	19.0	1.12	1.08	24.9	116	9.1	103	石灰岩	E 110° 11′ 11.4″ N 27° 41′ 18.2″	95
						Pg	9—17	棕红色	黏土		6.0										
						C	17—100	棕红色	黏土		6.5										
剖67	铁铝土	红壤		石灰岩红壤		A	0—14	灰黄色	黏壤土		5.6	9.5	0.48	0.78	21.8	90	8.4	93	石灰岩	E 110° 10′ 34.6″ N 27° 40′ 03.8″	95
						Bv	14—50	棕黄色	黏壤土		5.0										
						C	50—100	棕黄色	黏壤土		5.0										
剖68	人为土	水稻土	潴育水稻土	黄砂泥田	红砂泥田	A	0—15	浅红色	砂壤土		5.5	26.5	1.19	0.79	18.4	106	28.5	65	红色砂岩风化物	E 110° 02′ 06.1″ N 27° 39′ 26.8″	95
						Pg	15—21	棕红色	砂壤土		6.5										
						W	21—55	棕红色	砂壤土		6.5										
						C	55—100	棕红色	砂壤土		6.5										
剖69	初育土	紫色土	酸性紫色土	酸性紫砂土		A	0—13	红紫色	壤土		5.5	40.4	2.15	1.45	20.5	≤1	61.3	127	紫色页岩风化物	E 110° 03′ 18.6″ N 27° 37′ 52.8″	95
						Bv	13—60	红紫色	壤土		5.5										
						C	60—100	褐灰色	壤土		6.0										
剖70	人为土	水稻土	潴育水稻土	河砂泥田	油河砂泥田	A	0—20	黄黄色	砂壤土		5.5	21.6	1.30	1.19	18.3	105	45.8	74	近代河流冲积物	E 110° 05′ 56.4″ N 27° 39′ 32.2″	95
						Pg	20—27	黄黄色	砂壤土		6.0										
						W	27—80	灰色	砂壤土		5.5										
						C	80—100	浅黄灰色	稻壤土		6.0										
剖71	人为土	水稻土	潴育水稻土	河砂泥田	河砂田	A	0—10	浅黄灰色	稻壤土		7.0	35.8	1.90	0.95	11.4	141	37.5	168	溪流冲积物	E 110° 06′ 40.1″ N 27° 39′ 31.1″	95
						Pg	10—15	浅黄灰色	稻壤土		7.0										
						W	15—30	浅黄灰色	稻壤土		7.0										
						C	30—100	浅黄灰色	稻壤土		7.0										
剖72	人为土	水稻土	潜育水稻土	烂泥田	烂泥田	A	0—21	青灰色	黏土		7.0	23.1	0.89	0.66	15.4	119	14.1	127	石灰岩	E 110° 06′ 15.4″ N 27° 38′ 09.8″	95
						G	21—	青灰色	黏土		7.0										
剖73	铁铝土	红壤		石灰岩红壤		A	0—9	浅红色	砂壤土		5.0	11.0	0.72	1.31	20.2	61	10.8	65	红色砂岩风化物	E 110° 04′ 02.5″ N 27° 35′ 49.8″	95
						Bv	9—50	棕红色	砂壤土		5.0										
						C	50—100	棕红色	砂壤土		5.0										
剖74	人为土	水稻土	潴育水稻土	河砂泥田	石灰性河砂泥田	A	0—18	灰黄色	壤土		8.2	27.6	1.03	0.73	6.2	112	9.6	49	河流冲积物	E 110° 05′ 17.3″ N 27° 35′ 22.0″	95
						Pg	18—26	浅黄色	壤土		7.5										
						W	26—46	浅黄色	壤土		7.0										
						C	46—100	浅黄色	壤土		7.0										
剖75	铁铝土	红壤		石灰岩红壤		A	0—4	黄色	黏土		5.0								石灰岩	E 110° 06′ 49.2″ N 27° 37′ 28.0″	95
						Bv	4—58	棕红色	黏土		5.5										
						C	58—100	灰色	黏土		6.0										
剖76	人为土	水稻土	潴育水稻土	黄泥田	青蹯黄泥田	A	0—20	灰色	黏壤土		5.5								板岩风化物	E 110° 06′ 41.1″ N 27° 36′ 32.3″	95
						Pg	20—29	青灰色	黏壤土		6.0										
						W₁	29—50	黄黄色	黏壤土		6.0										
						W₂	50—80	黄灰色	黏壤土		6.0										
						C	80—100	黄灰色	黏壤土		6.0										

续表 Continued

剖面号 Soil profile	土纲 Soil order	土类 Soil great group	亚类 Soil subgroup	土属 Soil genus	土种 Soil species	土层码 Layer code	土层厚度 Depth/cm	颜色 Soil color	质地 Soil texture	土壤结构 Soil structure	pH	有机质 OM/(g/kg)	全氮 TN/(g/kg)	全磷 TP/(g/kg)	全钾 TK/(g/kg)	碱解氮 AN/(mg/kg)	有效磷 AP/(mg/kg)	速效钾 AK/(mg/kg)	土壤母质 Parent material	剖面点坐标 Profile coordinate	匹配指数 Matching index/%
剖77	人为土	水稻土	潴育水稻土	灰黄泥田		A	0—18	灰色	黏壤土		8.0	32.5	1.73	1.07	17.5	150	9.5	68	石灰岩	E 110°08′07.9″ N 27°37′43.3″	95
						Pg	18—23	灰色	黏壤土		8.0										
						W	23—85	黄色	黏壤土		8.0										
						C	85—100	棕黄色	黏壤土		8.5										
剖78	铁铝土	黄壤	黄壤	石灰岩黄泥土		A	0—22	灰黄色	砂壤土		6.5	30.8	1.41	2.13	31.8	108	15.1	300	花岗岩	E 110°10′44.3″ N 27°38′45.9″	75
						Bv	22—41	灰黄色	砂壤土		5.5										
						C	41—100	黄色	砂壤土		5.0										
剖79	人为土	水稻土	淹育水稻土	浅黄砂泥田	浅扁砂泥田	A	0—14	灰色	砂壤土		6.0	33.3	1.82	1.34	26.8	166	34.6	121	砂质页岩	E 110°14′28.9″ N 27°38′55.8″	95
						Pg	14—20	灰黄色	砂壤土		6.0										
						C	20—100	灰黄色	砂壤土		6.0										
剖80	铁铝土	黄壤	黄壤	石灰岩黄壤		A	0—18	黄灰色	砂壤土		5.5	23.0	0.90	1.02	23.5	86	≥100.0	22	花岗岩风化物	E 110°11′27.3″ N 27°35′49.7″	75
						Bv	18—60	黄色	砂壤土		4.5										
						C	60—100	黄色	砂壤土		5.0										
剖81	铁铝土	红壤	红壤性	石灰岩红壤		A	0—4	灰黄色	黏土		5.0	27.6	1.03	0.73	6.2	112	9.6	44	石灰岩风化物	E 110°08′12.5″ N 27°37′10.8″	95
						Bv	4—58	黄色	黏土		5.6										
						C	58—100	棕红色	黏土		6.0										
剖82	人为土	水稻土	潴育水稻土	灰泥田	灰泥田	A	0—18	灰色	黏壤土		8.0	32.5	1.73	1.07	17.5	150	9.5	68	石灰岩风化物	E 110°07′35.6″ N 27°35′55.3″	95
						Pg	18—23	灰色	黏壤土		8.0										
						W	23—85	黄色	黏壤土		8.0										
						C	85—100	棕黄色	黏壤土		8.5										
剖83	人为土	水稻土	潴育水稻土	灰黄泥田		A	0—20	灰黄色	砂壤土		7.0	31.4	1.48	1.07	18.2	145	48.0	81	石灰岩风化物	E 110°08′35.6″ N 27°37′58.1″	95
						Pg	20—29	青灰色	砂壤土		7.0										
						W	29—54	黄色	砂壤土		7.0										
						C	54—100	黄色	砂壤土		7.0										
剖84	铁铝土	红壤	红壤性	砂岩红壤性土	薄腐砂岩红壤性土	A	0—7	暗红棕色	砂壤土		4.8	5.7	0.22	0.26	13.2	44	10.8	44	红色砂岩风化物	E 110°02′17.4″ N 27°34′46.4″	95
						Bv	7—30	红橙色	砂壤土		4.4										
						C	30—100	红橙色	砂壤土		4.8										
剖85	铁铝土	红壤	红壤	耕型板页岩红壤	黄泥土	A	0—16	棕黄色	黏壤土		6.4	16.4	1.29	0.84	19.2	68	31.5	252	泥质页岩	E 110°00′19.4″ N 27°32′39.8″	95
						Bv	16—40	棕黄色	砂壤土		6.0										
						C	40—100	棕黄色	砂壤土		6.5										
剖86	铁铝土	红壤	红壤	石灰岩红壤		A	0—20	浅红棕色	黏壤土		5.7	16.4	0.78	0.69	21.5	49	≥100.0	127	红色砂岩风化物	E 110°01′27.6″ N 27°32′43.5″	95
						Bv	20—54	红色	黏壤土		5.7										
						C	54—100	红色	黏土		5.7										
剖87	人为土	水稻土	淹育水稻土	浅黄泥田	砂质浅黄泥田	A	0—14	灰黄色	黏土		5.5	33.3	1.82	1.34	26.8	165	34.6	100	砂质页岩风化物	E 110°05′22.7″ N 27°34′42.2″	95
						Pg	14—20	黄色	黏土		5.5										
						C	20—100	灰黄色	砂壤土		6.0										
剖88	铁铝土	红壤	红壤	石灰岩红壤		A	0—9	灰黄色	砂壤土		5.5									石灰岩风化物	E 110°06′46.9″ N 27°32′41.6″	95
						Bv	9—56	黄色	黏土		6.0										
						C	56—100	黄色	黏土		6.0										
剖89	铁铝土	黄壤	黄壤	石灰岩黄壤		A	0—21	浅红棕色	砂壤土		4.8	10.1	0.55	0.77	31.9	57	12.9	100	花岗岩	E 110°04′09.6″ N 27°30′16.0″	75
						Bv	21—55	灰黄色	砂壤土		5.0										
						C	55—100	黄色	砂壤土		5.0										
剖90	铁铝土	红壤	红壤	耕型砂岩红壤	红砂土	A	0—20	浅红色	砂壤土		5.7	16.4	0.78	0.69	21.5	49	≥100.0	153	红色砂岩	E 110°01′28.9″ N 27°30′40.8″	95
						Bv	20—54	浅红色	砂壤土		5.7										
						C	54—100	红色	砂壤土		5.7										

续表 Continued

剖面号 Soil profile	土纲 Soil order	土类 Soil great group	亚类 Soil subgroup	土属 Soil genus	土种 Soil species	土层码 Layer code	土层厚度 Depth/cm	颜色 Soil color	质地 Soil texture	土壤结构 Soil structure	pH	有机质 OM/(g/kg)	全氮 TN/(g/kg)	全磷 TP/(g/kg)	全钾 TK/(g/kg)	碱解氮 AN/(mg/kg)	有效磷 AP/(mg/kg)	速效钾 AK/(mg/kg)	土壤母质 Parent material	剖面点坐标 Profile coordinate	匹配指数 Matching index/%
剖91	人为土	水稻土	潴育水稻土	灰黄泥田	灰黄泥田	A	0—17	灰黄色	黏壤土		5.6	19.6	1.20	1.66	20.4	96	84.1	45	石灰岩风化物	E 110°01′36.4″ N 27°30′18.9″	95
						Pg	17—23	灰黄色	黏壤土		6.0										
						W	23—53	棕黄色	黏壤土		6.5										
						C	53—100	棕黄色	黏壤土		7.0										
剖92	铁铝土	红壤	红壤性土	板页岩红壤性土	薄腐板页岩红壤性土	A	0—16	棕黄色	壤土		5.2	31.4	1.62	0.70	12.2	155	13.9	76	板页岩风化物	E 110°11′50.5″ N 27°30′26.0″	95
						Bv	16—37	浅棕黄色	壤土		5.6										
						C	37—	浅棕黄色	壤土		5.2										
剖93	人为土	水稻土	潴育水稻土	酸性灰黄泥田	酸性灰黄泥田	A	0—17	灰黄色	黏壤土		5.6	19.6	≥10.00	1.66	20.4	96	84.1	53	石灰岩	E 110°08′46.7″ N 27°32′08.8″	95
						Pg	17—23	棕黄色	黏壤土		6.0										
						W	23—53	棕黄色	黏壤土		6.5										
						C	53—100	棕黄色	黏壤土		7.0										
剖94	人为土	水稻土	潴育水稻土	扁砂泥田	黄扁砂泥田	A	0—18	灰黄色	壤土		5.5	40.5	2.49	2.59	15.3	214	98.2	78	砂质页岩	E 110°11′06.2″ N 27°31′25.1″	95
						Pg	18—23	灰黄色	壤土		6.0										
						W	23—55	黄色	壤土		5.5										
						C	55—100		壤土		5.5										
剖95	铁铝土	黄壤	黄壤性土	板页岩黄壤性土	薄腐板页岩黄壤性土	A₁	0—4	灰黄色	黏壤土		5.3	38.8	2.53	1.76	29.6	193	61.0	154	板页岩风化物	E 110°02′36.1″ N 27°27′01.6″	95
						A	4—18	褐黄色	黏壤土		5.3										
						Bv	18—30	褐黄色	黏壤土		4.8										
						C	30—		黏壤土		5.3										
剖96	人为土	水稻土	淹育水稻土	浅黄砂泥田	浅盐砂泥田	A	0—13	灰白色	砂壤土		5.0	21.2	1.03	1.14	11.3	84	53.4	27	白砂岩	E 110°09′57.8″ N 27°29′27.7″	95
						Pg	13—20	灰白色	砂壤土		5.0										
						C	20—100	灰白色	砂壤土		6.0										
剖97	人为土	水稻土	潴育水稻土	河砂泥田	石底河砂泥田	A	0—9	灰白色	壤土		6.0	19.8	0.76	0.90	25.7	44	38.5	51	近代河流冲积物	E 110°00′22.3″ N 27°24′40.7″	95
						S	9—30	灰白色	壤土		5.5										
						C	30—		壤土		5.5										
剖98	铁铝土	红壤		板页岩红壤		A	0—16	灰黄色	黏壤土		5.5	22.8	1.22	1.26	24.4	125	38.1	80	页岩	E 110°18′09.5″ N 27°37′32.4″	95
						Bv	16—24	黄棕色	黏壤土		5.5										
						C	24—90	灰褐色	黏壤土		6.5										
							90—100	浅黄色	黏壤土		6.0										
剖99	人为土	淹育水稻土		浅灰泥田		A	0—1	灰色	黏壤土		5.5	44.0	1.92	1.49	22.5	186	15.3	191	石灰岩	E 110°19′18.6″ N 27°35′49.9″	95
						Pg	1—13	浅黄色	黏壤土		5.5										
						W	13—54	浅黄色	黏壤土		6.5										
						C	54—100		黏壤土		8.0										
剖100	人为土	潴育水稻土		河砂泥田		A	0—15	灰黄色	黏壤土		8.0	23.7	1.27	1.16	21.5	114	15.3	70	石灰岩	E 110°16′07.7″ N 27°36′33.7″	95
						Pg	15—24	浅黄色	黏壤土		8.0										
						C	24—100	灰色	黏壤土		7.0										
剖101	半水成土	潮土		耕型河潮土		A	0—19	灰色	砂壤土		7.0	12.2	0.69	1.05	18.2	60	23.4	65	近代河流冲积物	E 110°00′54.1″ N 27°36′10.6″	75
						Bv	19—29	棕色	砂壤土		7.0										
						C	29—100	浅黄灰色	砂土		6.0										
剖102	人为土	潴育水稻土		河砂泥田		A	0—10	浅黄灰色	砂土		6.5	21.6	1.30	1.19	18.3	105	45.8	61	河溪冲积物	E 110°15′29.2″ N 27°32′52.2″	95
						Pg	10—15	浅黄灰色	砂土		6.5										
						W	15—30	浅黄灰色	砂土		6.5										
						C	30—100	棕黄色	黏壤土		5.6										
剖103	铁铝土	红壤		耕型石灰岩红土	灰红土	A	0—14	棕黄色	黏壤土		5.0								石灰岩风化物	E 110°15′11.4″ N 27°32′48.6″	95
						Bv	14—50	棕黄色	黏壤土		5.0										
						C	50—100	棕黄色	黏壤土		5.0										

续表 Continued

剖面号 Soil profile	土纲 Soil order	土类 Soil great group	亚类 Soil subgroup	土属 Soil genus	土种 Soil species	土层码 Layer code	土层厚度 Depth/cm	颜色 Soil color	质地 Soil texture	土壤结构 Soil structure	pH	有机质 OM/(g/kg)	全氮 TN/(g/kg)	全磷 TP/(g/kg)	全钾 TK/(g/kg)	碱解氮 AN/(mg/kg)	有效磷 AP/(mg/kg)	速效钾 AK/(mg/kg)	土壤母质 Parent material	剖面点坐标 Profile coordinate	匹配指数 Matching index/%
剖104	人为土	水稻土	潜育水稻土	阴山田	阴山冷浸田	A	0—19	黄灰色	黏壤土		5.4	38.8	1.83	1.61	24.4	195	89.0	139	页岩	E 110°19′51.3″ N 27°34′50.5″	95
						Pg	19—28	深灰色	黏壤土		6.0										
						G	28—74	青灰色	黏壤土		6.0										
						D	74—	红粉色													
剖105	人为土	水稻土	淹育水稻土	浅麻砂泥田	浅麻砂泥田	A	0—20	灰色	砂土		5.5	16.5	0.83	0.89	22.3	69	58.4	200	花岗岩风化物	E 110°21′51.8″ N 27°32′55.6″	95
						Pg	20—25	褐灰色	砂壤土		6.0										
						C	25—100	灰色	砂壤土		6.5										
剖106	人为土	水稻土	潜育水稻土	青泥田	青泥田	A	0—22	黄灰色	壤土		5.5	35.0	1.96	1.10	22.4	188	44.0	68	板岩风化物	E 110°21′15.3″ N 27°32′17.7″	95
						Pg	22—30	灰色	壤土		5.5										
						G	30—100	青灰色	壤土		5.5										
剖107	铁铝土	黄壤	黄壤	板页岩黄壤		A₁	0—7	灰黄色	黏壤土		5.1	44.3	2.01	0.85	25.7	172	13.4	192	板岩	E 110°26′50.4″ N 27°33′29.3″	95
						A	7—23	黄色	黏壤土		5.0										
						Bv	23—81	灰黄色	黏壤土		6.0										
						C	81—100	灰黄色	黏土		5.5										
剖108	人为土	水稻土	潜育水稻土	青泥田	青夹泥田	A	0—18	灰黄色	黏土		6.0	42.1	2.82	0.86	23.9	177	38.9	52	泥质页岩风化物	E 110°18′27.5″ N 27°29′20.0″	95
						Pg	18—24	灰黄色	黏土		6.5										
						G	24—100	青灰色	黏土		5.5										
剖109	人为土	水稻土	潜育水稻土	青泥田	青夹泥田	A	0—18	灰黄色	黏土		6.0	42.1	2.82	0.86	23.9	177	38.9	63	泥质砂岩	E 110°19′04.8″ N 27°28′58.9″	95
						Pg	18—24	灰黄色	黏土		6.5										
						G	24—100	青灰色	黏土		5.5										
剖110	铁铝土	红壤	红壤	板页岩红壤		A₁	0—1	灰黄色	黏壤土		5.5	44.0	1.92	1.49	22.5	186	15.3	159	页岩风化物	E 110°19′39.9″ N 27°28′03.1″	95
						A	1—13	棕红色	黏壤土		5.5										
						Bv	13—54	棕色	黏壤土		6.5										
						C	54—100	浅黄色	黏壤土		5.0										
剖111	人为土	水稻土	潜育水稻土	岩渣田	岩渣田	A	0—14	浅黄色	黏壤土		5.5	25.5	1.51	0.86	23.3	134	32.5	77	板页岩风化物	E 110°21′53.4″ N 27°29′18.4″	95
						Pg	14—19	黄褐色	黏壤土		5.5										
						W	19—65	黄色	黏土		5.5										
						C	65—100	灰色	黏土		5.5										
剖112	人为土	水稻土	潜育水稻土	扁砂泥田		A	0—15	黑灰色	黏壤土		5.3	29.2	1.79	1.07	21.6	152	27.0	106	青色板岩风化物	E 110°24′14.2″ N 27°28′33.0″	95
						Pg	15—22	黑灰色	砂壤土		5.0										
						W	22—47	灰黄色	砂壤土		5.0										
						C	47—100	灰黄色	砂壤土		6.0										
剖113	人为土	水稻土	潜育水稻土	麻砂泥田		A	0—18	黄黄色	砂壤土		5.5	37.4	1.86	2.03	32.1	166	98.3	194	花岗岩	E 110°26′18.5″ N 27°26′29.4″	95
						Pg	18—24	灰黄色	砂壤土		5.5										
						W	24—64	灰黄色	砂壤土		6.0										
						C	64—100	灰色	砂壤土		6.5										
剖114	人为土	水稻土	潜育水稻土	麻砂泥田		A	0—18	灰色	砂壤土		5.5	38.0	1.74	1.10	33.7	147	66.3	102	花岗岩	E 110°23′18.2″ N 27°27′28.1″	95
						Pg	18—27	黄黄色	砂壤土		5.5										
						W	27—57	黄色	砂壤土		6.0										
						C	57—100	灰色	砂壤土		6.0										
剖115	人为土	水稻土	潜育水稻土	麻砂泥田		A	0—18	灰色	砂壤土		5.5	38.0	1.74	1.10	33.7	147	66.3	85	花岗岩风化物	E 110°24′56.0″ N 27°27′08.1″	95
						Pg	18—27	灰黄色	砂壤土		5.5										
						W	27—57	灰黄色	砂壤土		6.0										
						C	57—100	黄黄色	砂壤土												

续表 Continued

剖面号 Soil profile	土纲 Soil order	土类 Soil great group	亚类 Soil subgroup	土属 Soil genus	土种 Soil species	土层码 Layer code	土层厚度 Depth/cm	颜色 Soil color	质地 Soil texture	土壤结构 Soil structure	pH	有机质 OM/(g/kg)	全氮 TN/(g/kg)	全磷 TP/(g/kg)	全钾 TK/(g/kg)	碱解氮 AN/(mg/kg)	有效磷 AP/(mg/kg)	速效钾 AK/(mg/kg)	土壤母质 Parent material	剖面点坐标 Profile coordinate	匹配指数 Matching index/%
剖116	铁铝土	黄壤	黄壤	耕型花岗岩黄土		A₁	0—2												花岗岩风化物	E 110°25′39.6″ N 27°26′19.8″	95
						A	2—11	黄灰色	砂壤土		5.1	35.8	1.02	1.06	27.0	132	10.4	195			
						Bv	11—50	黄色	砂壤土		4.5										
						C	50—100	黄色	砂壤土		5.1										

沅 陵 县

主要土类说明

紫色土是沅陵县主要土壤类型，占本县地域面积的40%。紫色土主要分布在海拔400m以下的低山、丘陵区，是由热带、亚热带紫红色岩层直接风化形成的A-C型土壤。其理化性质与母岩组成直接相关，土层浅薄，剖面层次发育不明显，仍处于初育阶段。本县紫色土分为酸性紫色土、中性紫色土、石灰性紫色土三个亚类。

红壤是沅陵县第二大土壤类型，占本县地域面积的34%。红壤分布在海拔500m以下的低山、丘陵区，具有明显的脱硅富铝化过程，土壤黏粒中游离铁占全铁的50%—60%。黏土矿物以高岭石、赤铁矿为主，黏粒硅铝率为1.8—2.4，风化淋溶系数小于0.2，盐基饱和度小于35%。红壤具深厚红色土层，底部可见深厚的红、黄、白相间的网纹状红色黏土。本县红壤分为红壤、黄红壤、红壤性土三个亚类。其中，红壤亚类占本土类面积的43%，分布在海拔300m以下的丘陵区。黄红壤占本土类面积的48%，是红壤与黄壤之间的过渡类型，分布在海拔300—500m的低山区，土体中氧化铁含水程度较高，土壤呈红黄色。红壤性土占本土类面积的9%，多分布在海拔500m以下的低山、丘陵的上坡或山背，土层厚度小于40cm。

黄壤是沅陵县第三大土壤类型，占本县地域面积的13%。黄壤分布在海拔500—800m的中低山区，垂直分布在红壤之上。由于分布位置海拔高，相对温度低，气候冷凉，空气湿度大，土壤中游离氧化铁合成水合氧化铁，因此，土体呈黄色。土壤有机质累积较多，剖面构型为O-A-AB-B-C。

水稻土占本县地域面积的8%。水稻土是在长期的季节性淹灌、水下翻耕、季节性脱水、氧化还原交替影响下，原来的成土母质或母土的特性发生重大改变，形成的新的土壤类型。由于干湿交替，水稻土形成糊状的淹育层、较坚实板结的犁底层、渗育层、潴育层与潜育层等多种发生层。这些不同的发生层是在人为耕作、水浆管理下形成的。本县水稻土分为淹育型、潴育型、渗育型、潜育型、矿毒型等亚类。其中，潴育水稻土面积最大，占本土类面积的67%，发育于多种成土母质，分布位置适中，水利条件好，多为垄田、坪田、塝田、冲田及沙洲田，土壤肥力较高，剖面构型为A-P-W-C、A-P-G-W、A-Pg-W-C、A-P-W_1-W_2。

黄棕壤占本县地域面积的3%，主要分布在海拔800m以上的中高山区，垂直分布在黄壤之上，发育于板页岩、砂岩。由于分布地区气候冷凉，湿度大，土壤水化作用强，枯枝落叶层厚，有机质分解慢，土壤呈黄棕色。本县黄棕壤分为山地黄棕壤和山地黄棕壤性土两个亚类。

小于本县地域面积3%的土壤类型有石灰（岩）土、潮土、草甸土等。

本区域中心区气候特征

本区域中心区气候特征值
Regional climate characteristics in central area of the region

气候带：中亚热带湿润气候 Climate region: Subtropical humid climate	
年平均气温 /℃ Annual average temperature /℃	16.4
年平均最高气温 /℃ Annual average maximum temperature /℃	20.7
年平均最低气温 /℃ Annual average minimum temperature /℃	13.2
年降水量 /mm Annual precipitation /mm	1323
≥10℃的积温 /℃ Daily temperature accumulated in a year (≥10℃) /℃	6003
年日照时数 /h Annual sunshine /h	1437
年平均相对湿度 /% Annual average relative humidity /%	80
干燥度 Dryness	0.73

本区域中心区月平均气温与月平均降水量
Monthly temperature and precipitation in central area of the region

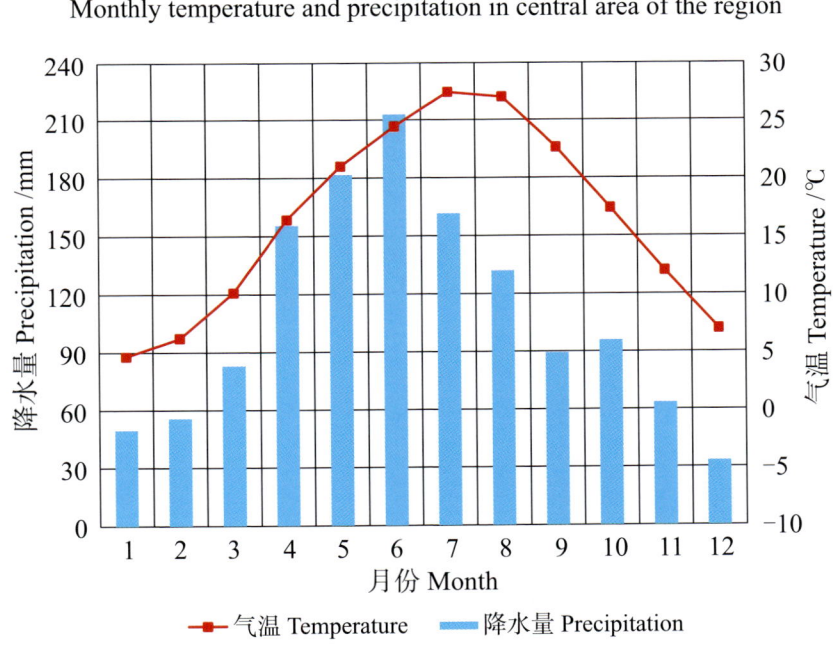

沅陵县主要土壤类型与土壤剖面点分布图
1：440 000

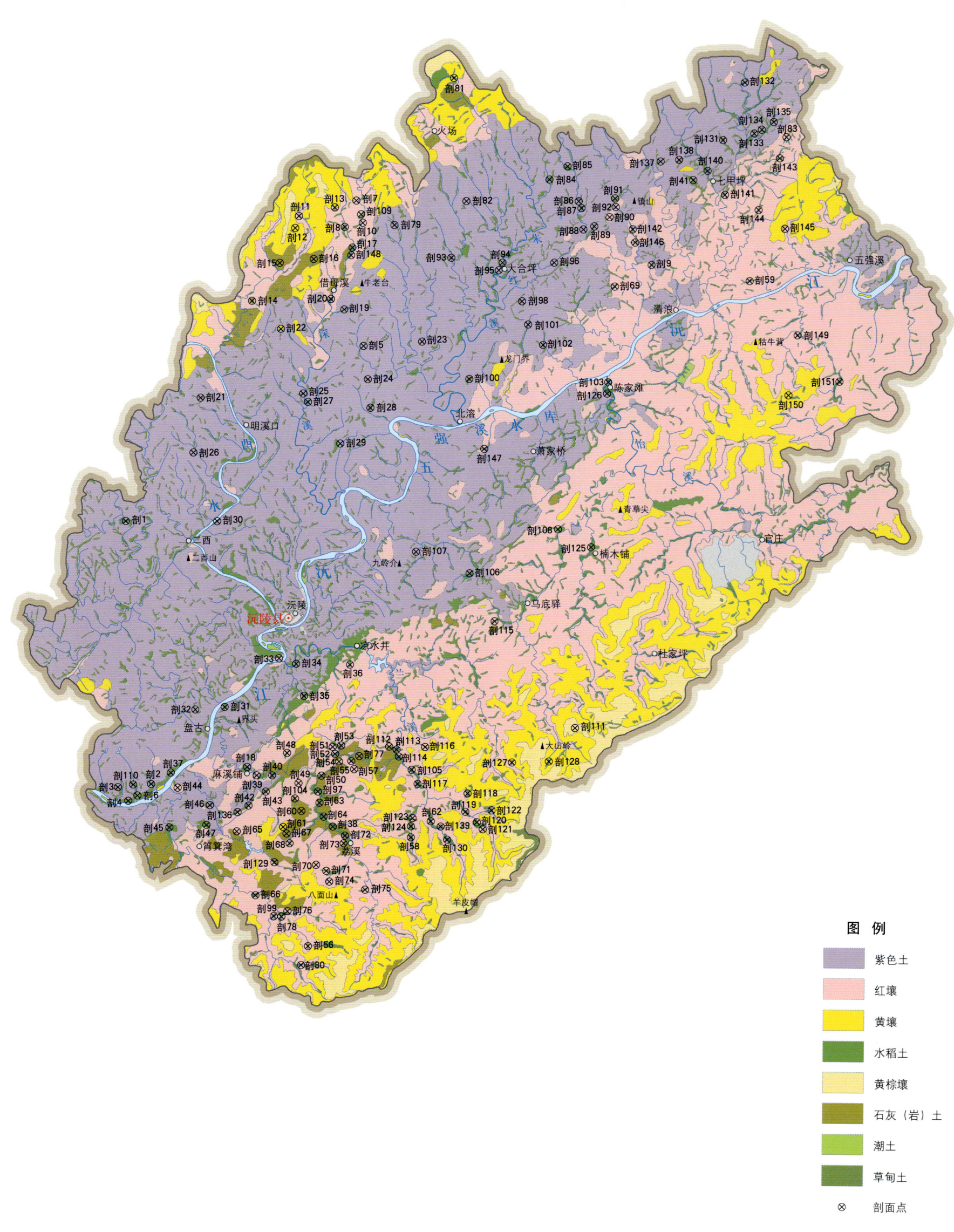

沅陵县土壤剖面理化性状表

剖面号 Soil profile	土纲 Soil order	土类 Soil great group	亚类 Soil subgroup	土属 Soil genus	土种 Soil species	土层码 Layer code	土层厚度 Depth/cm	颜色 Soil color	质地 Soil texture	土壤结构 Soil structure	pH	有机质 OM/(g/kg)	全氮 TN/(g/kg)	全磷 TP/(g/kg)	全钾 TK/(g/kg)	碱解氮 AN/(mg/kg)	有效磷 AP/(mg/kg)	速效钾 AK/(mg/kg)	土壤母质 Parent material	剖面点坐标 Profile coordinate	匹配指数 Matching index/%
剖1	人为土	水稻土	潴育水稻土	灰泥田	灰泥田	A	0—15	灰黄色	黏壤土	小块状	7.6	21.9	1.52	1.24	≥50.0	103	4.5	92	石灰岩	E 110° 12′ 31.8″ N 28° 32′ 51.7″	95
						Pg	15—24	灰黄棕色	黏土	块状	7.6	17.9	1.44	1.24	47.0						
						W	24—	棕色	黏土	棱柱状	7.6	8.8	0.57	1.01	39.8						
剖2	人为土	水稻土	潴育水稻土	河砂泥田	河砂泥田	A	0—15	灰棕色	砂土	粒状	7.2	10.5	2.47	0.98	27.4	65	≤1.0	44	河流冲积物	E 110° 14′ 27.2″ N 28° 17′ 32.4″	95
						Pg	15—23	灰黄棕色	砂土	粒状	7.2	7.7	0.67	0.96	24.3						
						W_1	23—65	紫棕色	砂土	粒状	7.2	5.7	0.33	1.03	15.2						
						W_2	65—	灰棕色	砂壤土	粒状	7.2	7.0	0.58	1.13	26.8						
剖3	初育土	紫色土	石灰性紫色土	耕型石灰性紫砂土	石灰性紫砂土	A	0—19	红棕色	砂壤土	粒状	7.6	14.9	8.70	1.03	10.4	98	15.1	39	紫色砂岩	E 110° 12′ 15.2″ N 28° 17′ 20.4″	97
						Bv	19—44	红棕色	砂壤土	小块状	7.6										
						C	44—57	红棕色	砂壤土	块状	7.2										
						D	57—														
剖4	人为土	水稻土	淹育水稻土	浅黄泥田	石灰性浅黄泥田	A	0—14	浅黄色	黏壤土	小块状	8.0	24.5	1.45			83	2.9	69	板页岩坡积物	E 110° 12′ 57.6″ N 28° 16′ 32.8″	95
						Pg	14—22	浅黄棕色	黏土	块状	7.5										
						C	22—	黄棕色	黏土	块状	6.8										
剖5	人为土	水稻土	潜育水稻土	青泥田	石灰性青泥田	A	0—20	棕灰色	黏壤土	小块状	8.0	36.1	1.97	1.15	22.6	112	5.3	100	板页岩风化物	E 110° 13′ 15.9″ N 28° 17′ 29.6″	95
						Pg	20—30	青灰色	黏土	块状	7.2	13.2	1.06	0.72	19.9						
						G	30—	青灰色	黏土	块状	6.0	12.1	1.38	0.88	19.1						
剖6	半水成土	潮土	河潮土	河潮土	河洲土	A	0—12	灰黄棕色	壤土	小块状	6.4	12.5	0.74	0.92	23.7	83	3.5	64	河流冲积物	E 110° 13′ 33.1″ N 28° 16′ 52.1″	75
						Bv_1	12—25	暗黄棕色	砂壤土	块状	6.4	4.2	0.40	0.80	24.5						
						Bv_2	25—45	棕色	砂土	粒状	6.8	6.7	0.57	0.96	23.4						
						Bv_3	45—100	黄棕色	砂土	粒状	6.0	4.5	0.43	0.84	21.3						
						Ao	0—2		壤土	粒状	5.6	7.1	2.97	0.50	15.5						
剖7	铁铝土	红壤	红壤	砂岩红壤	厚腐厚层砂岩红壤	A_1	2—23	暗黄橙色	黏壤土	粒状	6.0					106	1.6	51	砂砾岩	E 110° 27′ 32.8″ N 28° 51′ 37.5″	95
						A	23—46	暗黄橙色	黏土	块状	6.0										
						Bv_1	46—63	青橙色	黏土	块状	5.6										
						Bv_2	63—82	浅红棕色	黏土	块状	5.2										
						BvC	82—100	浅红棕色	黏土	块状	5.2										
						C	100—200	灰黄棕色	壤土	小块状	5.6	45.5	2.53								
剖8	人为土	水稻土	潜育水稻土	冷浸田		A	0—20	青灰色	黏壤土	块状	5.8					197	≤1.0	75	板页岩风化物	E 110° 27′ 54.7″ N 28° 50′ 40.9″	75
						Pg	20—35	青橙色	黏土	块状	6.0										
						G	35—65	棕色	黏土	粒状	7.2										
						S	65—														
剖9	人为土	水稻土	潴育水稻土	黄砂泥田	石灰性黄砂泥田	A	0—23	暗棕色	砂壤土	小块状	7.6	37.0	2.10	1.38	13.7	193	4.2	63	板页岩风化物	E 110° 26′ 47.7″ N 28° 50′ 05.6″	75
						Pg	23—35	青灰色	壤土	块状	6.8	29.0	1.00	1.13	12.8						
						G	35—52	青灰色	黏土	块状	6.5	38.4	1.97	0.93	14.4						
						W	52—100	暗灰色	黏壤土	棱块状	6.5	2.7	0.65	0.51	17.5						
剖10	铁铝土	红壤		板页岩红壤	薄腐厚板层红壤	Ao	0—3	暗棕色	黏壤土	粒状	6.0	129.7	4.20		19.7	90	1.5	125	板页岩	E 110° 27′ 59.9″ N 28° 50′ 20.5″	95
						A_1	3—8	浅黄棕色	黏壤土	小块状	5.2										
						A	8—45														
						D	45—														

续表 Continued

剖面号 Soil profile	土纲 Soil order	土类 Soil great group	亚类 Soil subgroup	土属 Soil genus	土种 Soil species	土层码 Layer code	土层厚度 Depth/cm	颜色 Soil color	质地 Soil texture	土壤结构 Soil structure	pH	有机质 OM/(g/kg)	全氮 TN/(g/kg)	全磷 TP/(g/kg)	全钾 TK/(g/kg)	碱解氮 AN/(mg/kg)	有效磷 AP/(mg/kg)	速效钾 AK/(mg/kg)	土壤母质 Parent material	剖面点坐标 Profile coordinate	匹配指数 Matching index/%
剖11	铁铝土	红壤	黄红壤	板页岩黄红壤	薄腐中层板黄红壤	Ao	0—2	黑色	壤土	小块状	5.0	46.2	0.82	0.69	34.2	146	1.2	58	黄色砂岩	E 110°23′45.3″ N 28°50′41.8″	95
						A₁	2—8	灰黄棕色	砂壤土	小块状	4.5										
						BvC	8—19	浅黄棕色	砂壤土	小块状	5.0										
						C	19—51	浅黄棕色	砂壤土	小块状	4.9										
							51—128														
						D	128—200														
剖12	铁铝土	黄壤	黄壤	耕型板页岩黄红壤	黄土夹砂田	A	0—11	浅棕色	壤土	小块状	6.0	53.9	2.31	1.28	23.4	164	4.0	8	板页岩	E 110°23′31.3″ N 28°50′00.8″	97
						Bv	11—30	浅棕色	壤土	小块状	5.8										
						C	30—100	黄褐色	黏壤土	块状	5.6										
剖13	人为土	水稻土	潴育水稻土	酸紫泥田	红紫泥田	A	0—17	紫色	黏壤土	小块状	5.6	22.5	1.53	1.59	18.0	226	4.2	86	紫色页岩、第四纪红土	E 110°26′07.2″ N 28°51′12.6″	95
						Pg	17—24	浅棕色	黏壤土	块状	6.4	14.9	1.37	1.98	17.4						
						W	24—60	浅黄棕色	黏壤土	棱柱状	6.8	5.2	0.42	1.89	16.7						
						C	60—	浅黄棕色	黏壤土	块状	6.8	3.2	0.45	1.49	16.7						
剖14	初育石灰(岩)土	石灰岩	红色石灰土	耕型淋溶石灰土	灰泥田	A	0—18	紫棕色	黏壤土	小块状	6.4	22.1	1.32	1.03	25.4	100	≤1.0	145	石灰岩	E 110°20′42.3″ N 28°45′45.1″	97
						Bv	18—38	红紫棕色	黏土	块状	6.5										
						C	38—100	红橙色	黏土	块状	6.5										
剖15	初育石灰(岩)土	石灰岩	红色石灰土	红色石灰土	薄腐中层红色石灰土	A	0—15	暗红棕色	黏壤土	小块状	6.6	18.5	2.01	1.56	5.3	127	1.5	58	石灰岩	E 110°22′31.3″ N 28°47′58.9″	95
						Bv	15—80	暗红棕色	黏土	块状	6.0										
						C	80—	红棕色	黏土	块状	6.0										
剖16	人为土	水稻土	潴育水稻土	灰泥田	灰砂泥田	A	0—14	暗棕色	壤土	小块状	7.6	35.8	2.00	1.21	17.5	142	4.5	134	砂质灰岩	E 110°24′46.1″ N 28°48′12.9″	95
						Pg	14—23	灰棕色	砂壤土	棱柱状	7.6	11.9	0.84	1.00	16.4						
						W	23—62	暗黄棕色	壤土	块状	7.6	25.6	0.58	1.04	15.1						
						C	62—	红棕色	砂壤土	块状	7.6	≤1.0	0.42	0.80	13.3						
剖17	人为土	水稻土	潴育水稻土	白鳝泥田	石灰性白鳝泥田	A	0—15	暗黄棕色	壤土	小块状	8.0	22.1	1.23	0.84	27.4	82	2.8	67	砂砾岩风化物	E 110°27′19.3″ N 28°48′54.4″	95
						Pg	15—24	暗黄棕色	砂壤土	块状	7.6	19.1	1.27	0.89	23.2						
						E	24—40	暗黄棕色	黏壤土	块状	7.2	4.4	0.36	0.64	24.0						
						S	40—	暗黄棕色	粗壤土	粒状	7.0	2.2	0.28	0.42	25.0						
剖18	人为土	水稻土	潴育水稻土	灰黄泥田	黑灰黄泥田	A	0—15	暗棕色	壤土	小块状	7.2	42.5	2.47	1.56	38.2	204	15.8	122	河流冲积物	E 110°27′14.6″ N 28°48′28.2″	95
						Pg	15—21	棕色	黏壤土	块状	7.2	28.2	2.04	1.08	36.5						
						W₁	21—48	暗黄棕色	黏壤土	棱柱状	7.4	8.3	1.78	1.10	32.9						
						W₂	48—72	浅灰棕色	黏土	块状	7.2	11.0	1.96	0.90	20.5						
						C	72—	暗棕色	黏土	块状	7.2	28.9	0.96	1.01	31.9						
剖19	人为土	水稻土	淹育水稻土	浅岩渣田		A	0—12	暗黄棕色	黏壤土	小块状	6.4	37.1	1.75			106	3.3	48	板岩风化物	E 110°26′49.2″ N 28°45′17.6″	95
						Pg	12—19	灰黄棕色	黏壤土	块状	6.4										
						C	19—	红棕色	黏土	块状	6.8										
剖20	人为土	水稻土	潴育水稻土	白鳝泥田		A	0—22	暗黄棕色	黏土	小块状	5.6	47.4	2.60			181	5.0	50	板页岩风化物	E 110°25′56.0″ N 28°48′54.0″	95
						Pg	22—29	灰黄棕色	黏土	块状	6.0										
						E	29—49	灰白色	黏土	棱柱状	6.0										
						W	49—61	灰灰色	黏土	块状	6.0										
						G	61—	浅灰色	黏土	块状	6.0										
剖21	人为土	水稻土	淹育水稻土	浅碱紫泥田		A	0—18	暗红棕色	黏壤土	小块状	7.6	28.9	1.80	0.87	15.0	113	6.7	104	紫色砂页岩	E 110°17′22.5″ N 28°40′03.9″	95
						Pg	18—27	暗红棕色	黏土	块状	7.6										
						C	27—	暗红棕色	黏土	块状	7.6										
剖22	铁铝土	黄壤	黄壤	耕型石灰岩黄壤	灰黄壤土	A	0—22	黄棕色	黏壤土	小块状	5.8	15.1	0.91			82	≤1.0	105	石灰岩	E 110°22′38.7″ N 28°44′07.8″	97
						Bv	22—88	浅黄棕色	黏壤土	块状	6.0										
						C	88—	浅黄棕色	黏壤土	块状	6.0										

续表 Continued

剖面号 Soil profile	土纲 Soil order	土类 Soil great group	亚类 Soil subgroup	土属 Soil genus	土种 Soil species	土层码 Layer code	土层厚度 Depth/cm	颜色 Soil color	质地 Soil texture	土壤结构 Soil structure	pH	有机质 OM/(g/kg)	全氮 TN/(g/kg)	全磷 TP/(g/kg)	全钾 TK/(g/kg)	碱解氮 AN/(mg/kg)	有效磷 AP/(mg/kg)	速效钾 AK/(mg/kg)	土壤母质 Parent material	剖面点坐标 Profile coordinate	匹配指数 Matching index/%
剖23	人为土	水稻土	潴育水稻土	酸紫泥田	酸紫砂泥田	A	0—20	暗棕色	壤土	小块状	6.4	22.5	1.55	0.98	11.7	110	7.6	74	板页岩风化物	E 110°28′07.5″ N 28°43′10.4″	95
						Pg	20—29	暗红棕色	壤土	块块状	6.4	14.7	1.05	0.92	16.6						
						W₁	29—45	浅红棕色	壤土	棱块状	7.2	4.7	0.41	0.68	11.8						
						W₂	45—	红棕色	砂壤土	棱块状	7.2	3.2	0.38	0.59	12.0						
剖24	人为土	水稻土	淹育水稻土	浅酸紫泥田	浅酸紫砂泥田	A	0—12	紫灰色	壤土	小块状	6.2	19.9	1.48	1.29	25.4	123	4.0	208	紫砂页岩	E 110°28′26.4″ N 28°41′14.8″	95
						Pg	12—22	紫色	黏壤土	块状	6.4	14.0	0.16	1.14	25.7						
						C	22—	紫棕色	黏壤土	块状	6.5	≤1.0	0.54	0.67	26.4						
剖25	人为土	水稻土	潴育水稻土	黄泥田	肥红黄泥田	A	0—18	暗棕色	壤土	小块状	6.0	29.4	1.65			110	1.5	95	板页岩风化物	E 110°24′09.7″ N 28°40′22.3″	95
						Pg	18—23	暗棕色	黏壤土	块状	6.0										
						W₁	23—37	浅灰棕色	黏壤土	棱块状	6.0										
						W₂	37—67	暗灰棕色	黏壤土	棱块状	6.8										
						C	67—100	浅灰棕色	黏土	块状	6.8										
剖26	初育土	紫色土	酸性紫色土	耕型酸性紫砂土	紫砂土	A	0—18	暗红棕色	壤土	粒状	5.2	25.6	0.75	0.65	19.6	36	1.1	85	紫色页岩	E 110°16′56.7″ N 28°36′53.4″	98
						Bv	18—83	暗红棕色	砂壤土	块状	5.6										
						C	83—100	棕红色	砂壤土	块状	5.6										
剖27	人为土	水稻土	潴育水稻土	红黄泥田	肥红黄泥田	A	0—16	暗灰黄色	壤土	小块状	5.6	29.5	2.32	1.68	15.5	291	8.6	111	第四纪红色黏土	E 110°24′29.6″ N 28°39′53.5″	95
						Pg	16—23	暗灰黄色	黏壤土	块状	5.6	26.2	1.67	1.48	17.5						
						W₁	23—47	黄黄棕色	黏壤土	棱块状	6.0	10.3	0.81	1.50	17.9						
						W₂	47—	黄棕色	黏壤土	棱块状	6.4	6.6	0.63	2.54	19.6						
剖28	人为土	水稻土	渗育水稻土	白散泥田	白散泥田	A	0—15	暗红棕色	黏壤土	小块状	6.0	22.1	1.23	0.84	27.4	83	2.9	69	第四纪红色黏土	E 110°28′38.0″ N 28°39′35.1″	95
						Pg	15—23	暗黄橙色	黏土	块状	6.4	19.1	1.27	0.89	23.2						
						E	23—	暗红棕色	黏土	棱柱状	5.8	4.4	0.36	0.42	25.0						
剖29	初育土	紫色土	中性紫色土	中性紫砂土	厚层中性紫砂土	A₁	0—5	暗棕棕色	黏壤土	小块状	7.2	22.3	1.49	1.22	23.7	2	≤1.0	66	紫色页岩	E 110°26′39.3″ N 28°37′30.1″	98
						A	5—25	红棕色	砂壤土	块状	7.2										
						Bv	25—95	红棕色	砂壤土	块状	6.8										
						C	95—	红棕色	砂壤土	块状	7.2										
剖30	人为土	水稻土	潴育水稻土	红黄泥田	青硝中性紫泥田	A	0—23	青灰色	黏壤土	小块状	6.8	23.4	1.47	0.80	24.4	108	4.7	92	紫砂页岩	E 110°18′34.5″ N 28°32′54.9″	95
						Pg	23—35	暗棕色	黏壤土	块状	6.8	9.9	0.48	0.67	24.9						
						W	35—100	红棕色	黏壤土	棱块状	7.8	7.6	0.43	0.75	24.3						
剖31	人为土	水稻土	潴育水稻土	河砂泥田	紫河潮泥田	A	0—17	红棕色	壤土	小块状	7.8	30.6	1.56	0.88	32.8	116	1.6	52	紫砂页岩冲积物	E 110°19′13.9″ N 28°22′06.2″	95
						Pg	17—24	棕色色	黏土	块柱状	7.8	30.1	1.69	0.99	15.5						
						W	24—	暗黄橙色	黏土	棱柱状	6.0	5.8	1.53	0.95	16.4						
剖32	人为土	水稻土	渗育水稻土	白散泥田	白散泥田	A	0—15	暗黄橙色	黏土	小块状	6.0	10.4	0.81		23.2	69	7.2	73	第四纪红色黏土	E 110°17′17.4″ N 28°21′55.7″	95
						Pg	15—23	暗黄橙色	黏土	棱柱状	6.4										
						E	23—	暗黄橙色	黏土	棱柱状	5.8										
剖33	铁铝土	红壤	红壤	耕型第四纪红土红壤	熟红土	A	0—20	浅灰黄色	壤土	粒状	5.6		1.13	1.42	21.3	128	8.5	90	第四纪红色黏土	E 110°22′46.8″ N 28°24′57.8″	97
						Bv	20—77	暗黄橙色	黏壤土	棱柱状	5.2										
						C	77—	浅红棕色	黏壤土	小块状	5.2										
剖34	半水成土	潮土	河潮土	耕型河潮土	回砂紫泥土	A	0—26	黄棕色	砂土	小块状	7.4	10.8	0.57	0.99	30.0	69	7.0	75	河流冲积物	E 110°23′54.7″ N 28°24′39.8″	97
						Bv	26—65	黄棕色	砂土	块状	6.8	7.5	0.32	0.76	19.3						
						C	65—	棕色	黏壤土	块状	6.5	10.5	0.69	0.93	24.5						
剖35	人为土	水稻土	潴育水稻土	碱紫泥田	青硝碱紫泥田	A	0—24	暗红棕色	黏土	块状	7.6	31.3	1.89	1.04	23.9	146	4.2	109	紫砂页岩	E 110°24′27.7″ N 28°22′47.9″	95
						Pg	24—35	红棕色	黏壤土	棱块状	7.6	23.9	1.48	0.76	24.9						
						W	35—	暗紫色	黏土	糊状	7.0	11.2	0.76	0.68	22.8						
剖36	人为土	水稻土	潜育水稻土	烂泥田	溺眼田	A	0—40	暗紫色	砂壤土	块状	6.0	44.7	2.61	0.89	24.4	183	5.9	108	紫色砂砾岩	E 110°27′28.4″ N 28°24′39.0″	97
						G	40—	暗紫色	砂壤土	块状	7.2	29.6	≥10.00	0.78	28.6						

续表 Continued

剖面号 Soil profile	土纲 Soil order	土类 Soil great group	亚类 Soil subgroup	土属 Soil genus	土种 Soil species	土层码 Layer code	土层厚度 Depth/cm	颜色 Soil color	质地 Soil texture	土壤结构 Soil structure	pH	有机质 OM/(g/kg)	全氮 TN/(g/kg)	全磷 TP/(g/kg)	全钾 TK/(g/kg)	碱解氮 AN/(mg/kg)	有效磷 AP/(mg/kg)	速效钾 AK/(mg/kg)	土壤母质 Parent material	剖面点坐标 Profile coordinate	匹配指数 Matching index/%
剖37	人为土	水稻土	淹育水稻土	浅岩渣田	岩板底田	A	0—14	灰棕色	黏壤土	块状	6.0	19.5	1.11	0.69	19.6	129	1.1	139	板页岩风化物	E 110°15′44.3″ N 28°18′13.5″	95
						D	14—					16.3	1.07	0.74	21.1						
剖38	人为土	水稻土	淹育水稻土	浅岩渣田	火炼岩田	A	0—13	暗棕色	黏壤土	小块状	5.6	70.3	3.60	3.21	14.3	105	≥100.0	97	石灰岩风化物	E 110°20′49.1″ N 28°18′26.5″	95
						Pg	13—23	暗黄棕色	黏壤土	块状	6.0	39.6	2.50	2.25	14.8						
						C	23—	黄棕色	黏壤土	块状	6.0	54.0	1.87	2.39	14.3						
剖39	铁铝土	红壤	红壤性土	砂岩红壤性土	薄砂红壤性土	Ao	0—2	棕灰色	壤土	粒状	6.0	27.1	1.87	1.06	16.7	199	4.8	90	第四纪红色黏土	E 110°21′24.1″ N 28°18′08.1″	95
						A₁	2—4	灰黄棕色	黏壤土	小块状	5.8										
						A	4—15	浅黄棕色	黏壤土	块状	5.8										
						Bv	15—38	浅红棕色	黏土	块状	5.8										
						C	38—200														
剖40	人为土	水稻土	潜育水稻土	黄泥田	黄泥田	A	0—18	暗棕色	壤土	小块状	6.0	28.8	1.85	0.93	40.5	110	1.5	95	板页岩风化物	E 110°22′25.2″ N 28°18′08.2″	95
						Pg	18—23	暗棕色	黏壤土	块状	6.0	14.4	0.99	1.02	21.5						
						W₁	23—37	浅棕色	黏壤土	棱块状	6.0	4.0	0.76	0.73	43.5						
						W₂	37—67	暗灰棕色	黏壤土	棱块状	6.8	≤1.0	0.85	1.22	43.8						
						C	67—100	浅棕色	黏土	块状	6.8	≤1.0	0.63	1.29	19.9						
剖41	人为土	水稻土	潜育水稻土	青泥田	青岩渣田	A	0—21	暗青棕色	黏壤土	小块状	5.6	58.2	2.99	1.08	19.1	133	3.7	48	紫色砂页岩	E 110°20′10.0″ N 28°15′58.5″	95
						Pg	21—30	青灰色	黏壤土	块状	6.0	22.3	1.56	0.73	21.2						
						G	30—60	青灰色	黏壤土	块状	5.6	12.8	1.03	0.76	23.2						
						D	60—		黏土			19.5	1.14	0.86	24.8						
剖42	人为土	水稻土	潜育水稻土	灰黄泥田	灰红黄泥田	A	0—18	灰黄棕色	黏壤土	小块状	6.8	24.7	1.64	1.03	≥50.0	183	5.1	125	石灰岩、板页岩风化物	E 110°20′52.8″ N 28°16′21.0″	95
						Pg	18—30	棕色	黏壤土	块状	7.6	11.8	1.53	1.57	18.4						
						W	30—58	暗棕色	黏土	棱块状	7.4	10.5	0.84	1.84	17.9						
						C	58—	紫棕色	黏土	块状	7.2	9.5	0.56	1.37	19.5						
剖43	人为土	水稻土	潜育水稻土	灰黄泥田	青裥灰黄泥田	A	0—20	棕褐色	黏壤土	小块状	6.4	36.5	1.74	1.32	28.6	161	2.6	51	石灰岩风化物	E 110°22′00.0″ N 28°17′11.4″	95
						Pg	20—30	青棕色	黏壤土	块状	6.4	17.7	1.79	1.39	38.3						
						G	30—45	青灰色	黏土	棱块状	6.4	11.7	1.27	1.09	34.8						
						W	45—85	红棕色	黏土	块状	6.4	15.4	5.75	1.16	38.6						
						C	85—100	灰棕色	黏壤土	块状	6.4	7.8	0.34	1.21	27.6						
剖44	铁铝土	红壤	红壤	第四纪红壤	薄砂厚层红土红壤	Ao	0—2	黄橙色	壤土	粒状		39.0	4.42	0.92	10.2				第四纪红色黏土	E 110°16′12.1″ N 28°17′20.8″	95
						A₁	2—3	暗橙色	黏壤土	小块状	4.0										
						A	3—26	暗黄橙色	黏土	块状	4.8										
						Bv	26—200	浅红棕色	黏土	块状	5.2										
剖45	人为土	水稻土	潜育水稻土	岩渣田	岩渣田	A	0—13	暗红棕色	黏壤土	小块状	5.8	44.0	2.57	1.58	22.6	108	2.5	50	板页岩风化物	E 110°20′41.6″ N 28°15′01.9″	95
						Pg	13—26	棕色	黏壤土	块状	6.4	12.8	1.16	1.78	27.3						
						W	26—45	暗红棕色	黏土	棱块状	6.0	8.4	0.75	0.98	23.2						
						C	45—	红棕色	黏土	块状	5.2	6.4	0.45	0.86	16.1						
剖46	人为土	水稻土	潜育水稻土	灰黄泥田	青裥岩渣田	A	0—18	青灰色	壤土	小块状		47.5	1.63	2.98	16.4	151	6.0	85	硅质板岩洪积物	E 110°18′20.8″ N 28°16′21.1″	95
						Pg	18—30	青灰黄	黏壤土	块状		22.1	≥10.00	0.84	14.6						
						W	30—60	棕色	黏壤土	棱块状		19.1	1.27	0.89	13.3						
						S	60—	棕色	壤土	粒状		4.4	0.36	0.42	12.8						
剖47	人为土	水稻土	淹育水稻土	浅灰泥田	浅灰马肝泥田	A	0—15	灰黄棕色	黏壤土	块状	7.6	29.1	1.96	1.57	25.7	114	4.0	118	石灰岩风化物	E 110°18′07.9″ N 28°15′11.7″	95
						Pg	15—22	棕色	黏壤土	块状	7.8	23.8	0.83	0.81	13.5						
						C	22—	灰棕色	黏土	块状	8.0	5.3	0.52	0.99	28.2						
剖48	人为土	水稻土	淹育水稻土	浅碱紫泥田	岩碱紫砂泥田	A	0—15	紫色	壤土	小块状	7.6					103	1.7	64	紫色砂岩	E 110°23′23.7″ N 28°19′27.3″	95
						Pg	15—24	紫色	壤土	块状	7.5										
						C	24—	紫红色	黏壤土	块状	7.2										

续表 Continued

剖面号 Soil profile	土纲 Soil order	土类 Soil great group	亚类 Soil subgroup	土属 Soil genus	土种 Soil species	土层码 Layer code	土层厚度 Depth/cm	颜色 Soil color	质地 Soil texture	土壤结构 Soil structure	pH	有机质 OM/(g/kg)	全氮 TN/(g/kg)	全磷 TP/(g/kg)	全钾 TK/(g/kg)	碱解氮 AN/(mg/kg)	有效磷 AP/(mg/kg)	速效钾 AK/(mg/kg)	土壤母质 Parent material	剖面点坐标 Profile coordinate	匹配指数 Matching index/%
剖49	铁铝土	红壤	黄红壤	板页岩黄红壤	薄腐厚层板黄红壤	A	0—18	浅棕色	黏壤土	团粒状	7.2	103.9	1.22	2.48	32.9	108	23.9	130	板页岩风化物	E 110°24′10.5″ N 28°17′42.1″	96
						Bv	18—33	暗棕色	黏壤土	块状	7.2										
						C	33—100	暗黄橙色	壤土	块状	7.2										
剖50	人为土	水稻土	潴育水稻土	中性紫泥田	中性紫泥田	A	0—18	棕棕色	黏壤土	小块状	7.2	28.0	1.26	0.87	17.4	119	2.5	101	紫色页岩风化物	E 110°25′40.0″ N 28°18′09.1″	95
						Pg	18—22	红棕色	黏壤土	块状	7.2	20.6	1.15	1.67	15.4						
						W₁	22—47	浅红棕色	黏壤土	棱块状	7.2	7.9	0.56	1.70	14.3						
						W₂	47—	红棕色	壤土	块状	7.2	5.0	0.34	1.02	12.3						
剖51	铁铝土	红壤	红壤性土	耕型板页岩红壤性土	岩渣子土	A	0—18	暗红色	黏壤土	粒状	6.0	24.4	1.44	1.23	18.4	201	10.8	264	板页岩	E 110°26′29.7″ N 28°19′43.0″	95
						Bv	18—55	红色	黏壤土	块状	5.0										
						C	55—	暗黄棕色	黏壤土	块状	5.2										
剖52	人为土	水稻土	淹育水稻土	浅灰黄泥田	浅灰黄砂泥田	A	0—15	灰黄棕色	壤土	小块状	5.6					188	5.5	135	石灰岩风化物	E 110°26′33.1″ N 28°19′26.1″	95
						Pg	15—20	灰黄棕色	壤土	块状	6.6										
						C	20—100	浅黄棕色	砂壤土	块状	6.4										
剖53	人为土	水稻土	潜育水稻土	烂泥田	烂泥田	A	0—31	暗灰色	黏土	糊状	6.8								板页岩风化物	E 110°26′56.8″ N 28°19′56.5″	97
						G	31—	暗灰色	黏土	块状	6.4										
剖54	铁铝土	红壤		耕型板页岩红壤	黄泥土	A	0—15	棕色	壤土	粒状	4.9	29.3	1.63	0.97	18.3	80	≤1.0	114	板页岩	E 110°26′49.0″ N 28°18′59.3″	97
						Bv₁	15—34	浅棕色	黏壤土	粒状	6.0										
						Bv₂	34—71	棕色	黏壤土	块状	6.4										
						Bv₃	71—100	黄棕色	壤土	块状	6.4										
剖55	人为土	水稻土	潴育水稻土	黄砂泥田	红砂泥田	A	0—14	紫棕色	砂壤土	小块状	6.2	18.3	1.23	1.85	23.3	152	5.5	152	红色砂岩	E 110°27′38.6″ N 28°19′01.4″	95
						Pg	14—21	紫棕色	壤土	块状	6.0	15.1	1.12	0.98	22.4						
						W₁	21—32	红棕色	壤土	棱块状	6.4	13.4	0.98	1.03	19.2						
						C	32—	红棕色	壤土	块状	6.4	12.7	0.81	1.18	19.3						
剖56	人为土	水稻土	潴育水稻土	灰黄泥田	灰黄泥田	A	0—17	暗黄色	黏壤土	小块状	6.0	31.9	1.81		≥50.0	164	17.9	133	砾质灰岩风化物	E 110°28′09.4″ N 28°19′19.2″	95
						Pg	17—27	暗灰黄色	黏土	棱块状	6.0										
						G	27—73	浅黄棕色	黏土	棱块状	6.4										
						W₂	73—	浅黄棕色	黏土	块状	6.4										
剖57	铁铝土	红壤		石灰岩红壤	薄腐厚层灰黄红壤	Aoo	0—2												石灰岩	E 110°27′50.1″ N 28°18′33.3″	95
						Ao	2—3														
						A₁	3—4	黑棕色	壤土	粒状	6.4	17.8	0.94	0.98		75	1.5	164			
						A	4—18	浅棕色	黏壤土	小块状	6.0										
						Bv	18—51	浅黄棕色	黏壤土	小块状	5.6										
						C	51—150	浅黄棕色	砂壤土	块状	5.2										
剖58	人为土	水稻土		青泥田	青紫砂泥田	A	0—21	紫棕色	黏壤土	小块状	7.2	28.9	1.72	1.13	28.5	169	≤1.0	100	硅质板岩	E 110°26′27.6″ N 28°15′11.3″	95
						Pg	21—30	暗紫色	黏壤土	小块状	7.2	26.6	1.68	1.08	25.5						
						G	30—	暗紫色	黏土	棱块状		13.0	1.03	1.22	25.8						
剖59	人为土	水稻土	潴育水稻土	灰泥田	灰泥田	A	0—18	棕色	黏壤土	小块状	7.2	32.0	2.01	1.35	16.5	129	4.0	176	紫色砂岩	E 110°23′57.2″ N 28°16′48.1″	95
						Pg	18—27	棕色	黏土	棱块状	7.2	19.8	1.20	1.20	15.4						
						W	27—66	红棕色	黏土	大块状	7.2	3.3	0.33	0.88	20.3						
						D	66—	灰色													
剖60	初育土	石灰（岩）土	黄色石灰土	黄色石灰土	薄腐中层黄色石灰土	Ao	0—1	暗棕色	壤土	粒状	6.0	22.6	≥10.00	1.49	21.7	159	1.8	55	石灰岩	E 110°24′23.2″ N 28°16′04.6″	95
						A₁	1—5	黑棕色	壤土	小块状	6.5										
						A	5—17	暗棕色	黏壤土	块状	6.4										
						BvC	17—50	浅红棕色													
						D	50—														

续表 Continued

剖面号 Soil profile	土纲 Soil order	土类 Soil great group	亚类 Soil subgroup	土属 Soil genus	土种 Soil species	土层码 Layer code	土层厚度 Depth/cm	颜色 Soil color	质地 Soil texture	土壤结构 Soil structure	pH	有机质 OM/(g/kg)	全氮 TN/(g/kg)	全磷 TP/(g/kg)	全钾 TK/(g/kg)	碱解氮 AN/(mg/kg)	有效磷 AP/(mg/kg)	速效钾 AK/(mg/kg)	土壤母质 Parent material	剖面点坐标 Profile coordinate	匹配指数 Matching index/%
剖61	铁铝土	黄壤	黄壤性土	砂岩黄壤性土	薄腐砂岩黄壤性土	Ao	0—3	黑棕色	砂壤土	粒状	6.0	15.7	2.69	0.82	11.4	69	7.0	89	黄砂岩	E 110°23′11.4″ N 28°15′08.1″	95
						A₁	3—6	浅棕色	砂壤土	粒状	5.6										
						Bv	6—16	黄棕色	砂壤土		5.6										
						D	16—39 39—														
剖62	人为土	水稻土	潜育水稻土	冷浸田	冷浸岩渣田	A	0—20	暗灰棕色	黏壤土	小块状	6.8	42.3	1.71	3.17	17.7	232	23.6	80	板页岩	E 110°25′27.1″ N 28°17′13.5″	95
						Pg	20—26	暗灰色	黏土	块状	6.4	36.1	1.83	0.61	17.9						
						G	26—	青灰色	黏土	块状	6.0	39.8	1.61	0.44	22.5						
剖63	人为土	水稻土	淹育水稻土	浅酸紫泥田	浅酸黄紫泥田	A	0—13	紫棕色	黏壤土	小块状	6.4	14.8	1.37	1.06	22.8	158	1.2	89	紫色砂页岩，第四纪红土	E 110°25′33.5″ N 28°16′34.3″	95
						Pg	13—21	紫棕色	黏土	块状	7.2	9.2	0.98	0.79	25.7						
						C	21—	红棕色	黏土	块状	7.2	5.8	0.45	0.78	22.8						
剖64	人为土	水稻土	矿毒型水稻土	金属矿"毒田"	混合金属矿"毒田"	A	0—13	暗黄棕色	壤土	块状	6.0	27.1	1.51	1.15	5.7	165	5.3	39	溪流冲积物	E 110°25′51.2″ N 28°15′45.8″	95
						Pg	13—21	暗黄棕色	壤土	块状	6.0	23.0	≥10.00	1.24	4.7						
						W	21—32	紫黄棕色	壤土	棱块状	6.4	17.1	0.67	1.57	6.2						
						S	32—	黄棕色	稻砂壤	粒状	6.4	8.2	0.43	1.82	2.0						
剖65	铁铝土	红壤	黄红壤	耕型石灰岩黄红壤	灰黄红土	A	0—14	浅红棕色	黏壤土	小块状	5.6	22.6	1.26	0.83	16.4	59	4.0	185	石灰岩	E 110°20′08.3″ N 28°14′50.5″	95
						Bv	14—100	浅红棕色	黏壤土	块状	6.0	20.1	1.26	1.08	16.3						
剖66	人为土	水稻土	淹育水稻土	中性浅紫砂泥	中性浅紫砂泥田	A	0—16	棕色	砂土	粒状	6.8	16.5	1.15	0.95	16.3	127	≤1.0	81	紫色砂岩	E 110°21′25.2″ N 28°11′06.8″	95
						Pg	16—26	棕色	砂壤土	小块状	6.8										
						C	26—100	红棕色	砂壤土	小块状	7.2	6.5	0.56	0.82	19.5						
剖67	初育土	石灰（岩）土	红色石灰土	石灰岩红土	薄腐中层红色石灰土	Ao	0—1														
						A	1—20	暗红棕色	黏壤土	块状	6.2	6.0	1.21	0.45	20.3	102	3.1	94	石灰岩	E 110°23′25.2″ N 28°14′45.3″	95
						Bv	20—60	暗红棕色	黏壤土	块状	6.2										
						D	60—														
剖68	人为土	水稻土	淹育水稻土	浅灰泥田	浅灰板岩田	A	0—11	暗红棕色	黏壤土	块状	8.0	33.7	1.57	1.51	12.3	77	3.4	87	石灰岩残积物	E 110°23′38.0″ N 28°14′10.8″	95
						Pg	11—21	暗红棕色	黏壤土	块状	8.0										
						C	21—100	红棕色	黏壤土	小块状	7.6										
剖69	人为土	水稻土	潴育水稻土	河砂泥田	河砂泥田	A	0—15	暗棕色	壤土	块状	5.6	23.4	1.57	2.00	28.4	164	1.8	64	红色砂岩风化物	E 110°22′38.6″ N 28°13′02.7″	95
						Pg	15—20	暗棕色	壤土	小块状	6.0										
						W	20—	灰黄棕色	壤土	块状	7.2										
剖70	铁铝土	红壤	红壤	石灰岩红壤	薄腐厚层石灰岩红壤	Ao	0—1														
						A₁	1—3	暗棕色	黏壤土	粒状	5.8	50.6	3.32	2.13	10.1	121	6.1	89	石灰岩	E 110°26′04.0″ N 28°12′35.1″	95
						A	3—26	暗红棕色	黏壤土	块状	5.8	16.3	1.07	1.56	8.9						
						Bv	26—95	红棕色	黏土	棱柱状	6.0										
剖71	人为土	水稻土	淹育水稻土	浅灰渣田	炭质岩渣田	A	0—14	灰黄棕色	黏土	块状	6.0	39.8	2.17	0.14	21.1	236	17.9	98	紫质板岩	E 110°27′38.6″ N 28°14′40.2″	95
						Bv	14—17	暗灰黑色	黏土	块状	6.6	27.3	1.05								
						D	17—	暗灰棕色	黏土	块状	6.8										
剖72	人为土	水稻土	潴育水稻土	灰泥田	鸭屎泥田	A	0—16	灰黄色	黏土	块状	8.0	8.1	8.84	0.64	5.2	115	6.6	76	石灰岩风化物	E 110°27′16.7″ N 28°14′40.2″	95
						Pg	16—27	灰黄色	黏土	棱柱状	8.0	18.4	1.37	1.06	22.6						
						W	27—	灰黄色	黏土	小块状	7.6										
剖73	人为土	水稻土	淹育水稻土	浅碱紫泥田	浅碱紫泥田	A	0—18	暗红棕色	黏壤土	块状	7.6	9.2	0.56	0.79	25.7	113	6.7	104	紫色砂页岩	E 110°27′33.7″ N 28°14′16.0″	95
						Pg	18—27	暗红棕色	黏土	块状											
						C	27—					5.8	0.45	0.78	22.8							

续表 Continued

剖面号 Soil profile	土纲 Soil order	土类 Soil great group	亚类 Soil subgroup	土属 Soil genus	土种 Soil species	土层码 Layer code	土层厚度 Depth/cm	颜色 Soil color	质地 Soil texture	土壤结构 Soil structure	pH	有机质 OM/(g/kg)	全氮 TN/(g/kg)	全磷 TP/(g/kg)	全钾 TK/(g/kg)	碱解氮 AN/(mg/kg)	有效磷 AP/(mg/kg)	速效钾 AK/(mg/kg)	土壤母质 Parent material	剖面点坐标 Profile coordinate	匹配指数 Matching index/%
剖74	铁铝土	红壤	黄红壤	板页岩黄红壤	薄腐中层板黄红壤	Ao	0—5	暗红棕色	黏壤土	小块状	6.0	23.5	3.91	1.07	16.2	90	1.5	140	板页岩	E 110°26′16.0″ N 28°11′57.7″	95
						A₁	5—27	红棕色	黏壤土	小块状	6.0										
						Bv	27—35	红棕色	黏土	块状	5.4										
							35—200														
剖75	人为土	水稻土	潴育水稻土	黄砂泥田	青砂黄泥田	A	0—19	灰棕色	砂壤土	小块状	5.5	30.2	1.94	1.25	20.6	141	4.8	53	黄色砂岩风化物	E 110°28′38.3″ N 28°11′31.0″	95
						Pg	19—30	棕灰色	砂壤土	块状	6.0	20.6	1.15	0.83	18.4						
						G	30—49	暗灰色	砂壤土	块状	6.0	24.7	1.37	0.87	18.4						
						W	49—	浅灰棕色	砂壤土	核块状	5.6	17.0	0.70	0.73	17.5						
剖76	人为土	水稻土	潴育水稻土	浅黄砂泥田	浅黄砂泥田	A	0—13	暗红棕色	砂壤土	小块状	5.8	17.5	1.04			115	1.6	135	砂岩风化物	E 110°23′20.1″ N 28°10′04.0″	95
						Pg	13—20	暗红棕色	壤土	块状	5.8										
						C	20—	暗棕色	壤土	块状	6.0										
剖77	人为土	水稻土	潴育水稻土	浅灰泥田	浅灰砂泥田	A	0—16	棕色	壤土	小块状	8.0					68	2.4	50	紫色砂页岩	E 110°22′39.4″ N 28°09′53.6″	95
						Pg	16—24	棕黄色	壤土	块状	8.0										
						C	24—100	暗黄棕色	壤土	块状	7.6										
剖78	人为土	水稻土	潴育水稻土	红黄泥田	红黄砂泥田	A	0—16	暗黄棕色	壤土	小块状	5.6	21.8	1.61	1.76	≥50.0	118	3.8	72	第四纪红色黏土	E 110°23′09.7″ N 28°09′52.6″	95
						Pg	16—26	暗黄棕色	壤土	块状	6.0	16.2	0.96	1.17	38.0						
						W₁	26—53	黄黄棕色	壤土	核块状	6.0	8.2	0.75	1.15	20.7						
						W₂	53—	黄黄棕色	壤土	核块状	6.0	4.1	0.44	0.77	11.4						
剖79	人为土	水稻土	潴育水稻土	浅黄泥田	浅黄砂泥田	A	0—14	暗红棕色	黏壤土	小块状	5.7	22.5	1.49	0.91	15.3	158	12.4	88	石灰岩风化物	E 110°24′55.7″ N 28°08′10.6″	95
						Pg	14—24	红棕色	黏土	块状	6.8	18.1	1.30	1.03	23.5						
						C	24—	暗红色	黏土	块状	6.8	3.9	0.53	0.79	22.9						
剖80	人为土	水稻土	潴育水稻土	浅红黄泥田	铁子红黄泥田	A	0—12	暗棕色	黏土	小块状	5.6	20.1	1.22	0.98	13.9	135	3.3	21	第四纪红色黏土	E 110°24′29.2″ N 28°07′03.2″	95
						Pg	12—20	浅黄黄色	黏土	块状	6.0	12.6	1.08	1.04	14.4						
						C	20—	暗黄色	黏土		7.6	8.9	0.66	0.95	15.1						
剖81	人为土	水稻土	潴育水稻土	碱紫泥田	肥碱紫砂田	A	0—16	暗黄棕色	黏壤土	小块状	7.6	39.7	2.32	1.68	25.5	183	12.5	108	紫色砂页岩	E 110°23′57.0″ N 28°58′47.1″	95
						Pg	16—25	暗黄棕色	砂土	块状	7.6	26.0	1.89	1.40	25.4						
						W	25—100	红黄棕色	砂土	核块状	7.6	19.3	1.57	0.98	27.4						
						C	120—200	暗红棕色	砂壤土	核块状		16.7	1.01	1.02	20.6						
剖82	初育土	紫色土	酸性紫色土	酸紫砂土	薄中酸紫砂土	Ao	0—3	黑棕色	壤土	粒状						90	2.8	57	紫色砂页岩	E 110°34′51.2″ N 28°51′38.4″	95
						A₁	3—7	暗棕色	壤土	小块状	5.7	30.6	1.84	1.03	33.4						
						ABv	7—19	暗红棕色	壤土	块状	6.5	12.9	0.84	1.00	16.4						
						Bv	19—49	红红棕色	砂壤土	核块状	6.6	16.6	1.58	1.04	15.1						
						C	49—120	暗红棕色	砂壤土	块状	6.8	8.3	0.42	0.80	12.3						
剖83	人为土	水稻土	潴育水稻土	灰黄泥田	灰黄砂泥田	A	0—15	棕色	壤土	小块状	5.7	24.6	1.55			130	3.0	50	板页岩风化物	E 110°30′05.4″ N 28°50′13.7″	95
						Pg	15—25	棕色	壤土	块状											
						W₁	25—48	浅黄棕色	壤土	核块状											
						W₂	48—	棕色	壤土	块状											
剖84	人为土	水稻土	潴育水稻土	浅黄砂泥田	石灰性浅黄砂泥田	A	0—14	棕色	砂壤土	小块状	8.0		1.90	≥10.00	19.9	96	2.0	68	黄色砂岩风化物	E 110°40′20.6″ N 28°52′55.3″	95
						Pg	14—24	暗黄棕色	砂壤土	块状	7.0										
						C	24—		砂壤土	块状	6.8										
剖85	人为土	水稻土	潴育水稻土	酸紫泥田	酸紫砂泥田	A	0—20	灰灰棕色	黏土	小块状	5.6	34.9	1.96		21.1	145	7.0	44	黄色板岩	E 110°41′32.2″ N 28°53′41.7″	95
						Pg	20—30	青灰棕色	黏土	块状	5.6	10.9	1.01	1.64	20.8						
						W	30—	暗黄棕色	壤土	核块状	6.4	9.9	0.72	1.03	21.0						
剖86	初育土	紫色土	中性紫色土	耕型中性紫砂土	中性紫砂土	A	0—15	紫紫色	砂壤土	小块状	7.2	15.5	1.20			95	≤1.0	118	紫色砂岩	E 110°42′18.4″ N 28°51′40.7″	97
						Bv	15—46	紫紫色	砂壤土	块状	6.9										
						D	46—														

续表 Continued

剖面号 Soil profile	土纲 Soil order	土类 Soil great group	亚类 Soil subgroup	土属 Soil genus	土种 Soil species	土层码 Layer code	土层厚度 Depth/cm	颜色 Soil color	质地 Soil texture	土壤结构 Soil structure	pH	有机质 OM/(g/kg)	全氮 TN/(g/kg)	全磷 TP/(g/kg)	全钾 TK/(g/kg)	碱解氮 AN/(mg/kg)	有效磷 AP/(mg/kg)	速效钾 AK/(mg/kg)	土壤母质 Parent material	剖面点坐标 Profile coordinate	匹配指数 Matching index/%
剖87	人为土	水稻土	淹育水稻土	浅黄泥田	生黄泥田	A	0—11	棕色	黏土	块状	6.0	17.9	1.33			214	≤1.0	64	板页岩风化物	E 110°42′29.0″ N 28°51′17.2″	95
						Pg	11—25	棕黄色	黏土	块状	6.4										
						C	25—100	浅黄棕色	黏土	块状	6.4										
剖88	初育土	紫色土	石灰性紫色土	耕型石灰性紫色土	石灰性紫泥土	A	0—20	暗红棕色	黏壤土	小块状		12.1	0.90	1.02	27.8	48	3.5	112	紫色砂页岩	E 110°42′38.3″ N 28°50′03.0″	97
						Bv	20—65	红棕色	黏壤土	块状											
						D	65—														
剖89	人为土	水稻土	淹育水稻土	中性浅紫泥田	中性浅黄紫泥田	A	0—15	紫棕色	黏土	块状	7.2	22.5	1.50	0.88	21.5	55	≤1.0	117	紫色砂页岩、第四纪红土	E 110°43′21.3″ N 28°50′14.0″	95
						Pg	15—25	红棕色	黏土	块状	7.2	20.5	1.31	0.82	21.5						
						C	25—100	红棕色	黏土	块状	7.2	18.9	1.04	0.81	22.6						
剖90	铁铝土	红壤		耕型砂岩红壤	黄砂土	A	0—30	红棕色	壤土	粒状	5.7	24.0	1.24	0.98	22.1	69	7.6	54	砂砾岩	E 110°44′21.8″ N 28°50′46.4″	95
						Bv	30—55	红棕色	砂壤土	块状	5.2										
						BvC	55—100	红棕色	砂壤土	块状	4.8										
剖91	人为土	水稻土	淹育水稻土	浅红黄泥田	石子红泥田	A	0—15	紫色	黏棕壤	小块状	6.0	26.6	1.40	0.81	14.4	134	4.3	105	第四纪红色黏土	E 110°44′44.4″ N 28°51′42.9″	95
						Pg	15—23	黄棕色	黏壤土	块状	6.8	4.2	3.60	0.55	15.5						
						C	23—	黄棕色	黏壤土	块状	4.8	2.5	0.19	0.47	16.7						
剖92	铁铝土	红壤		砂岩红壤性土	薄腐砂岩红壤性土	Aoo	0—2												砂砾岩	E 110°44′45.1″ N 28°51′21.3″	95
						A	2—8	暗棕色	砂土	粒状	6.0	15.0	1.00	0.90	28.3	193	1.5	136			
						Bv	8—24	暗棕色	砂土	小块状	5.2		2.38								
						D	24—														
剖93	人为土	水稻土	潴育水稻土	红黄泥田		A	0—16	暗黄棕色	黏土	小块状	5.6	39.8		0.95	27.8	203	6.9	105	第四纪红色黏土	E 110°33′53.1″ N 28°48′22.1″	95
						Pg	16—26	棕灰色	黏壤土	块状	6.0	12.1	0.94	0.78	27.9						
						W₁	26—61	灰黄棕色	黏壤土	棱柱状	6.4	7.4	0.54								
						W₂	61—	灰黄棕色	黏壤土	块状	6.8										
剖94	半水成土	潮土	河潮土	耕型河潮土	紫河潮土	A	0—11	暗棕色	砂土	粒状	6.8	34.7	1.97	0.81	21.0	32	3.0	39	紫色砂页岩沉积物	E 110°37′17.4″ N 28°48′06.0″	99
						C	11—100	紫棕色	粗砂土	粒状	7.6										
剖95	人为土	水稻土	淹育水稻土	浅碱紫紫泥田	浅碱紫紫泥田	A	0—18	暗黄棕色	砂壤土	小块状	7.2	32.6	1.78	0.78	20.6	107	≤1.0	83	紫色砂岩风化物	E 110°37′17.6″ N 28°47′47.6″	95
						Pg	18—27	暗棕色	砂壤土	块状	7.2	36.7	2.01	0.78	20.7						
						C	27—	暗棕色	砂壤土	块状											
剖96	人为土	水稻土	潴育水稻土	酸紫泥田	酸紫泥田	A	0—15	紫棕色	黏壤土	小块状	5.6	31.5	1.36			153	3.0	73	紫色页岩	E 110°40′43.1″ N 28°48′07.7″	95
						Pg	15—23	暗紫棕色	黏土	块状	6.0										
						W	23—	紫红色	黏土	棱柱状	6.4										
剖97	人为土	水稻土	潜育水稻土	冷浸	冷浸阴山田	A	0—28	灰棕色	黏壤土	小块状	6.4	42.0	2.20	1.36	34.0	176	≤1.0	87	河流冲积物	E 110°44′44.9″ N 28°46′44.6″	95
						Pg	28—36	暗棕色	黏壤土	块状	7.0	38.2	2.14	1.40	34.0						
						W	36—	暗棕色	黏壤土	块状	7.2	33.9	2.03	1.18	34.0						
剖98	人为土	水稻土	矿毒型水稻土	废水污染田	碱污梁田	A	0—16	灰黄色	黏壤土	块状	7.6	67.6	3.46	0.58	15.5	147	3.5	66	石灰岩	E 110°38′35.9″ N 28°45′51.5″	95
						Pg	16—26	青灰色	黏壤土	块状	7.6	46.2	3.01	0.16	13.4						
						C	26—	浅红棕色	黏壤土	核块状	7.5	16.0	1.53	1.60	18.5						
剖99	人为土	水稻土	淹育水稻土	浅酸紫砂泥田	浅酸紫砂泥田	A	0—15	紫红棕色	砂壤土	小块状	5.0	15.5	1.01			127	4.3	113	紫色砂砾岩	E 110°32′00.0″ N 28°43′27.5″	95
						Pg	15—21	暗紫棕色	壤土	块状	6.0										
						C	21—200	灰黄棕色	砂壤土	块状	6.4										
剖100	人为土	水稻土	潴育水稻土	黄砂泥田	黄砂泥田	A	0—17	暗棕色	砂壤土	块状	6.0	38.9	2.41			187	5.1	78	黄色砂岩风化物	E 110°35′08.9″ N 28°41′19.1″	95
						Pg	17—25	棕色	砂壤土	棱块状	6.0										
						W₁	25—40	棕色	砂壤土	块状	6.0										
						W₂	40—		砂壤土	棱块状	6.0										

续表 Continued

剖面号 Soil profile	土纲 Soil order	土类 Soil great group	亚类 Soil subgroup	土属 Soil genus	土种 Soil species	土层码 Layer code	土层厚度 Depth/cm	颜色 Soil color	质地 Soil texture	土壤结构 Soil structure	pH	有机质 OM/(g/kg)	全氮 TN/(g/kg)	全磷 TP/(g/kg)	全钾 TK/(g/kg)	碱解氮 AN/(mg/kg)	有效磷 AP/(mg/kg)	速效钾 AK/(mg/kg)	土壤母质 Parent material	剖面点坐标 Profile coordinate	匹配指数 Matching index/%
剖101	人为土	水稻土	潴育水稻土	酸紫泥田	酸紫砂泥田	A	0—18	暗灰色	砂壤土	小块状	6.4	26.8	1.48	1.21	17.5	122	1.6	55	紫色砂页岩风化物	E 110°39′01.3″ N 28°44′30.6″	95
						Pg	18—35	青灰色	砂壤土	块状	6.4	8.3	0.51	0.46	19.5						
						W	35—	暗黄棕色	黏壤土	梭块状	6.4	6.2	0.45	0.51	14.8						
剖102	人为土	水稻土	淹育水稻土	浅红黄泥田		A	0—15	黄红色	小壤土	小块状	5.6	24.8	1.43	1.17		118	4.0	71	第四纪红色黏土	E 110°40′01.2″ N 28°43′19.1″	95
						Pg	15—23	黄黄色	黏土	块状	6.0										
						C	23—100	暗黄色	黏土	块状	5.6	44.0	2.57	1.58		105	2.5	50			
剖103	人为土	水稻土	潴育水稻土	岩渣田		A	0—13	浅红棕色	黏壤土	小块状	5.6	44.0	2.57	1.58					板页岩风化物	E 110°44′21.4″ N 28°41′10.9″	95
						Pg	13—26	暗红棕色	黏土	块状	5.8										
						W	26—45	暗棕色	黏土	梭块状	6.0										
						C	45—	红棕色	黏土	块状	5.2										
剖104	人为土	水稻土	潜育水稻土	冷浸田	石灰性冷浸田	A	0—18	紫棕色	黏壤土	小块状	7.8	20.9	1.25	0.83	16.0	77	4.6	49	石灰岩	E 110°44′24.2″ N 28°40′44.3″	95
						Pg	18—29	暗棕色	黏土	块状	7.8	13.1	0.78	0.87	11.7						
						G	29—	暗紫色	黏土	块状	7.6	27.8	0.54	0.80	13.9						
剖105	人为土	水稻土	淹育水稻土	浅黄砂泥田	石子红砂泥田	A	0—12	浅黄棕色	壤土	块状	6.0	46.5	2.28			114	3.8	48	板页岩风化物	E 110°36′10.6″ N 28°37′16.0″	95
						Pg	12—20	棕红棕色	壤土	块状	6.6										
						C	20—	暗棕色	壤土	块状	6.8										
剖106	人为土	水稻土	潴育水稻土	碱紫泥田	碱紫泥田	A	0—18	暗黄棕色	黏壤土	小块状	7.2	28.0	1.26	1.26		119	2.5	101	紫色页岩风化物	E 110°35′18.2″ N 28°30′01.1″	95
						Pg	18—22	红棕色	黏壤土	块状	7.2										
						W₁	22—47	浅红棕色	黏壤土	梭块状	7.2										
						W₂	47—	红棕色	黏壤土	梭块状	7.2	30.7	1.65	1.87	25.5	94	≤1.0	68			
剖107	初育土	紫色土	石灰性紫色土	石灰岩山地黄棕壤	薄层石灰性紫砂土	A₁	0—4	灰棕色	砂壤土	粒状	8.0	32.3	2.44	0.99	23.4	77	2.8	58	紫岩岩	E 110°31′44.6″ N 28°31′14.8″	99
						A	4—15	暗棕色	砂壤土	块状	8.0										
						D	15—				8.0										
剖108	人为土	水稻土	潴育水稻土	河砂泥田	石底河砂泥田	A	0—17	灰棕色	砂壤土	粒状	5.6	17.6	1.26	0.73	27.5	77	1.0	75	溪流冲积物	E 110°41′06.6″ N 28°32′38.2″	95
						Pg	17—26	棕色	砂壤土	小块状	6.0	42.2	2.54	0.97	21.5						
						W	26—	棕色	砂土	粒状	6.0										
剖109	人为土	水稻土	潜育水稻土	冷浸田	冷浸泥田	A	0—20	灰黄棕色	壤土	块状	5.6	45.5	2.35	0.85	36.0	197	≤1.0	218	砂岩坡积物	E 110°43′19.5″ N 28°31′35.3″	95
						Pg	20—35	青灰色	黏壤土	块状	5.8	45.4	2.32	0.87	31.7						
						G	35—65	青灰色	黏壤土	块状	6.0	46.3	2.20	0.80	33.9						
						S	65—	棕色	黏壤土	粒状	7.2	15.6	0.87	0.75	30.4						
剖110	人为土	水稻土	淹育水稻土	浅岩渣田	浅岩渣田	A	0—12	暗黄棕色	黏壤土	小块状	6.4	27.3	1.35	1.87	20.1	106	3.3	48	石灰岩	E 110°36′59.2″ N 28°27′15.2″	95
						Pg	12—19	灰黄棕色	黏土	块状	6.4	14.0	0.86	3.31	21.1						
						C	19—	红棕色	黏土	梭块状	6.8	14.8	0.75	3.08	23.0						
剖111	淋溶土	黄棕壤	山地黄棕壤	板页岩山地黄棕壤	中腐厚层板黄棕壤	Aoo	0—2													板页岩	E 110°42′22.9″ N 28°21′05.2″	95
						Ao	2—3															
						A₁	3—5	黑棕色	壤土	粒状	6.4	57.6	3.47	2.25	16.1	297	52.9	77			
						A	5—35	暗黄棕色	黏土	小块状	6.0										
						Bv	35—55	浅黄棕色	黏土	小块状	6.0										
						C	55—	暗黄棕色	黏土	块状	5.8										
剖112	人为土	水稻土	潴育水稻土	黄泥田	黄泥田	A	0—19	青灰色	黏壤土	小块状	6.6	32.3	2.02	1.55	16.5	201	≤1.0	208	板页岩	E 110°30′14.3″ N 28°19′51.9″	95
						Pg	19—35	棕色	黏壤土	块状	6.8	26.3	1.57	1.37	23.6						
						W	35—60	浅黄棕色	黏土	梭块状	7.2	8.0	0.61	1.16	18.6						
						C	60—	棕色	黏土	块状	7.5	7.7	0.63	1.29	19.9						
剖113	人为土	水稻土	淹育水稻土	浅灰黄泥田	浅灰黄泥田	A	0—14	灰黄棕色	壤土	块状	7.2	37.7	1.94			130	8.6		石灰岩风化物	E 110°30′36.7″ N 28°19′44.4″	95
						Pg	14—24	灰黄棕色	黏壤土	块状	7.2										
						C	24—	棕色	黏壤土	块状	7.2										

续表 Continued

剖面号 Soil profile	土纲 Soil order	土类 Soil great group	亚类 Soil subgroup	土属 Soil genus	土种 Soil species	土层码 Layer code	土层厚度 Depth/cm	颜色 Soil color	质地 Soil texture	土壤结构 Soil structure	pH	有机质 OM/(g/kg)	全氮 TN/(g/kg)	全磷 TP/(g/kg)	全钾 TK/(g/kg)	碱解氮 AN/(mg/kg)	有效磷 AP/(mg/kg)	速效钾 AK/(mg/kg)	土壤母质 Parent material	剖面点坐标 Profile coordinate	匹配指数 Matching index/%
剖114	人为土	水稻土	潴育水稻土	扁砂泥田	黄扁砂泥田	A	0—17	暗黄色	黏壤土	小块状		26.0	1.64	1.82	16.5	215	2.5	102	黄色板岩	E 110°30′45.5″ N 28°19′19.2″	95
						Pg	17—28	黄扁棕色	黏壤土	块状	7.6	12.2	1.50	0.82	25.5						
						W	28—50	暗黄橙色	黏壤土	棱块状	7.6	9.4	0.89	1.03	27.8						
						C	50—100	浅棕色	黏壤土	小块状	7.6	7.3	0.62	1.60	30.4						
剖115	人为土	水稻土	潴育水稻土	灰泥田	灰泥田	A	0—15	灰黄色	黏壤土	小块状	7.6	21.9	1.52			103	4.5	92	红色砂岩	E 110°31′36.8″ N 28°18′33.5″	95
						Pg	15—24	棕色	黏土	块柱状	7.6										
剖116	人为土	水稻土	潴育水稻土	河砂泥田	河潮泥田	A	0—17	暗黄黄色	壤土	小块状	6.4	22.1	0.89	1.63	20.7	105	10.0	90	河流沉积物	E 110°32′30.1″ N 28°19′54.6″	95
						Pg	17—22	暗黄棕色	黏壤土	块状	6.4	20.1	0.93	1.52	17.5						
						W	22—53	暗黄棕色	黏壤土	棱块状	7.2	13.3	0.79	1.31	20.5						
						C	53—	棕色	黏壤土	粒状	7.0	3.6	0.56	1.11	13.5						
剖117	人为土	水稻土	潴育水稻土	中性紫泥田	中性紫砂泥田	A	0—14	暗棕红色	砂壤土	小块状	6.8	20.1	≥10.00	1.08	16.3	157	2.0	143	紫色砂岩	E 110°32′01.2″ N 28°17′43.9″	95
						Pg	14—25	暗棕红色	砂壤土	块状	6.8	16.5	1.15	0.95	16.3						
						W₁	25—43	紫棕色	砂壤土	棱块状	7.2	6.5	0.56	0.82	15.4						
						W₂	43—	浅棕色	砂土	粒状	7.2	5.0	0.31	0.46	12.3						
剖118	人为土	水稻土	淹育水稻土	中性浅紫泥田	中性浅紫砂泥田	A	0—13	紫色	壤土	小块状	6.8	21.5	1.45	1.39	18.4	119	6.6	208	紫色砂岩	E 110°35′19.8″ N 28°17′12.4″	95
						Pg	13—22	浅棕色	黏壤土	块状	6.8	16.8	1.34	1.28	20.4						
						C	22—	紫棕色	黏壤土	块状	6.7	1.4	0.35	0.78	21.5						
剖119	人为土	水稻土	潴育水稻土	青夹泥田	青夹泥田	A	0—16	暗黄棕色	黏土	块状	6.0	11.0	2.35	0.95	16.5	174	3.5	155	紫色砂页岩	E 110°35′11.5″ N 28°16′08.5″	95
						Pg	16—28	暗黄棕色	砂壤土	块状	6.4	31.4	1.76	0.76	16.2						
						G	28—	暗黄棕色	砂壤土	块状	6.8	13.0	0.72	0.68	14.7						
剖120	人为土	水稻土	潴育水稻土	河砂泥田	河砂泥田	A	0—20	暗黄棕色	砂壤土	小块状	8.0	36.1	2.26	1.40	23.3	118	3.0	57	溪流冲积物	E 110°35′57.4″ N 28°15′32.6″	95
						Pg	20—32	暗黄棕色	壤土	块状	7.6	22.6	1.97	1.15	22.6						
						W	32—	暗黄棕色	壤土	棱柱状	7.2	7.9	0.45	0.90	23.9						
剖121	人为土	水稻土	潴育水稻土	红黄泥田	红黄泥田	A	0—16	紫灰棕色	壤土	小块状	6.2	39.8	2.38	1.49	20.2	203	6.9	145	第四纪红色黏土	E 110°36′10.7″ N 28°15′18.5″	95
						Pg	16—26	暗黄棕色	黏壤土	块状	5.6	21.8	1.53	1.57	18.5						
						W	26—61	灰黄棕色	砂壤土	块柱状	6.4	10.5	0.84	1.84	17.9						
						C	61—	灰黄棕色	砂壤土	块状	6.8	9.6	0.56	1.37	19.5						
剖122	人为土	水稻土	潴育水稻土	碱紫泥田	碱紫砂泥田	A	0—17	紫棕色	砂壤土	小块状	8.0	22.9	1.42	1.16	25.9	161	5.5	89	紫色砂岩	E 110°36′54.7″ N 28°15′14.0″	95
						Pg	17—29	暗棕色	壤土	块状	7.6	10.0	0.81	1.07	23.9						
						W	29—	暗黄棕色	砂壤土	棱柱状	7.6	4.3	0.29	0.98	23.8						
剖123	人为土	水稻土	淹育水稻土	浅酸紫泥田	浅酸紫泥田	A	0—15	紫棕色	砂土	粒状	6.2	14.3	1.01	1.49		103	≤1.0	87	紫色砂岩	E 110°31′42.4″ N 28°15′38.7″	95
						C	24—	浅红棕色	砂壤土	块状	6.2										
剖124	人为土	水稻土	潴育水稻土	黄泥田	黄泥田	A	0—15	棕色	壤土	小块状	6.4	22.7	1.34	1.95	24.1	364	2.5	208	砂质板岩	E 110°31′36.6″ N 28°15′15.5″	95
						Pg	15—25	棕灰色	壤土	棱柱状	7.2	18.3	1.04	0.91	22.9						
						W	25—40	黄黄棕色	壤土	块状	7.2	10.8	0.90	0.77	23.5						
						C	40—	灰黄棕色	砂壤土	小块状	7.2	9.8	0.68	0.76	20.8						
剖125	人为土	水稻土	潜育水稻土	冷浸田	冷浸砂泥田	A	0—24	灰黄棕色	壤土	小块状	6.0	26.3	2.18	1.41	30.5	143	12.4	107	板页岩	E 110°32′55.5″ N 28°15′33.8″	95
						Pg	24—31	暗黄色	砂壤土	块状	6.0	10.3	1.67	0.92	18.4						
						G	31—55	暗黄色	砂壤土	块状	6.0	27.8	1.23	1.01	25.5						
						C	55—	浅灰棕色	砂土	粒状	6.0	5.8	0.68	0.84	21.7						
剖126	人为土	水稻土	潜育水稻土	青泥田	青鸭屎泥田	A	0—17	暗黄黄色	黏土	块状	8.0	45.4	2.16	1.49	21.2	138	7.9	73	板页岩	E 110°33′34.8″ N 28°15′16.0″	95
						Pg	17—25	暗黄色	黏土	块状	8.0	30.4	1.76	0.95	15.5						
						G	25—60	青灰色	黏土	块状	7.6	13.0	0.72	0.74	15.3						
						D	60—					7.8	0.35	0.65	14.7							

续表 Continued

剖面号 Soil profile	土纲 Soil order	土类 Soil great group	亚类 Soil subgroup	土属 Soil genus	土种 Soil species	土层码 Layer code	土层厚度 Depth/cm	颜色 Soil color	质地 Soil texture	土壤结构 Soil structure	pH	有机质 OM/(g/kg)	全氮 TN/(g/kg)	全磷 TP/(g/kg)	全钾 TK/(g/kg)	碱解氮 AN/(mg/kg)	有效磷 AP/(mg/kg)	速效钾 AK/(mg/kg)	土壤母质 Parent material	剖面点坐标 Profile coordinate	匹配指数 Matching index/%
剖127	人为土	水稻土	潴育水稻土	黄泥田	黄泥田	A	0—14	棕色	黏壤土	小块状	7.6	37.0	2.10	1.38	13.7	164	7.7	110	板页岩	E 110° 38′ 14.3″ N 28° 19′ 02.6″	95
						Pg	14—23	灰棕色	黏壤土	棱柱状	7.2	29.0	≥10.00	1.13	12.8						
						W	23—46	浅棕色	黏壤土	棱柱状	7.0	8.4	0.68	0.93	14.4						
						C	46—	黄棕色	黏壤土	块状	7.0	2.7	2.65	0.51	17.5						
剖128	人为土	水稻土	潴育水稻土	扁砂泥田	青扁砂泥田	A	0—13	暗灰色	黏壤土	小块状	7.2	28.5	1.69	1.09	24.2	301	10.0	111	青色板岩	E 110° 40′ 40.3″ N 28° 19′ 06.9″	95
						Pg	13—20	暗灰色	黏壤土	块状	7.2	22.3	1.57	1.03	24.0						
						W	20—36	浅灰色	黏壤土	棱柱状	7.2	9.4	0.89	1.60	24.2						
						C	36—	浅棕色	黏壤土	块状	7.2	7.3	0.76	1.72	25.1						
剖129	人为土	水稻土	淹育水稻土	浅黄砂泥田	铁子红砂泥田	A	0—19	浅棕色	砂壤土	小块状		15.6	1.00			121	9.6	68	紫色砂页岩	E 110° 31′ 36.7″ N 28° 14′ 36.6″	95
						Pg	19—26	浅黄色	砂壤土	块状											
						C	26—100	浅红色	砂土	小块状											
剖130	人为土	水稻土	淹育水稻土	中性浅紫泥田	中性浅紫泥田	A	0—14	红棕色	黏壤土	块状	6.5	26.1	1.16	1.06	23.6	99	3.5	78	紫色砂页岩风化物	E 110° 34′ 00.9″ N 28° 14′ 29.9″	95
						Pg	14—23	暗红色	黏壤土	块状	6.8	8.3	0.71	≥10.00	23.6						
						C	23—100	暗红棕色	黏壤土	块状	7.2	2.2	≤0.10	0.77	21.4						
剖131	人为土	水稻土	潴育水稻土	河砂泥田	河砂泥田	A	0—15	暗棕色	壤土	小块状	5.6	29.2	1.81	1.29	20.4	160	2.1	115	河流冲积物	E 110° 51′ 51.6″ N 28° 55′ 15.6″	95
						Pg	15—20	暗棕色	壤土	块状	6.0	10.3	0.81	1.42	21.4						
						W	20—	灰棕色	壤土	棱块状	7.2	5.0	0.50	0.96	19.3						
剖132	人为土	水稻土	淹育水稻土	浅红黄泥田	浅红黄泥田	A	0—15	黄棕色	黏壤土	小块状	5.6	21.6	1.20	1.00	10.7	118	4.0	71	第四纪红色黏土	E 110° 53′ 17.1″ N 28° 58′ 36.5″	95
						Pg	15—23	黄棕色	黏壤土	块状	6.0	22.3	0.96	0.93	10.8						
						C	23—100	暗棕色	黏土	块状	6.0	≤1.0	0.31	0.47	11.3						
剖133	人为土	水稻土	潴育水稻土	碱紫泥田	碱紫泥田	A	0—18	红棕色	黏壤土	棱柱状	7.6	23.7	1.54			125	3.5	75	紫色砂页岩	E 110° 53′ 55.9″ N 28° 55′ 39.3″	95
						Pg	18—28	红棕色	黏壤土	块状	7.6										
						W	28—	暗棕色	黏壤土	小块状	7.6										
剖134	人为土	水稻土	矿毒型水稻土	金属矿毒田	铅锌矿毒田	A	0—15	暗灰棕色	壤土	小块状	6.2	48.0	3.14	1.58	15.5	204	11.4	141	炭质母岩	E 110° 54′ 25.2″ N 28° 55′ 52.6″	95
						Pg	15—21	青灰色	黏壤土	块状	6.0	46.0	2.54	2.16	13.4						
						W	21—65	黄黑色	砂壤土	块状	6.8	16.0	1.89	3.60	18.5						
						C	65—	棕色	砂壤土	块状	6.8	2.8	1.53	3.85	20.1						
剖135	人为土	水稻土	潴育水稻土	灰泥田	黑泥田	A	0—15	暗灰黄色	壤土	小块状	7.8	41.6	2.12	1.87	≥50.0	194	3.1	142	石灰岩	E 110° 55′ 12.6″ N 28° 56′ 19.7″	95
						Pg	15—24	暗灰黄色	黏壤土	棱柱状	7.8	20.9	1.41	1.23	48.5						
						W₁	24—53	棕色	黏壤土	棱柱状	7.6	16.7	1.34	1.12	40.2						
						W₂	53—	灰黄棕色	壤土	块状	7.6	8.4	0.53	0.98	32.8						
剖136	人为土	水稻土	潴育水稻土	青泥田	青紫泥田	A	0—17	紫棕色	黏壤土	小块状	7.6	26.1	1.15	1.26	21.4	100	5.1	106	砾质灰岩风化物	E 110° 56′ 03.4″ N 28° 55′ 27.1″	95
						Pg	17—34	暗红棕色	黏壤土	棱柱状	7.6	17.3	0.93	≥10.00	20.5						
						G	34—	暗棕色	黏土	柱状	5.2	11.0	0.81	0.97	25.9						
剖137	人为土	水稻土	潴育水稻土	酸紫泥田	酸紫砂泥田	A	0—13	暗棕色	砂壤土	块状	7.3	17.1	1.06	0.87	20.4	133	2.0	88	紫色岩	E 110° 47′ 42.9″ N 28° 54′ 00.3″	95
						Pg	13—22	红棕色	砂壤土	棱柱状	7.2	15.2	9.60	0.76	23.3						
						W₁	22—80	红棕色	砂壤土	棱柱状	7.1	14.9	1.02	0.76	21.3						
						W₂	80—	紫棕色	砂壤土	棱柱状	7.1	5.4	0.42	0.83	17.5						
剖138	初育土	紫色土	中性紫色土	耕型中性紫色土	中性紫泥土	A	0—27	暗棕色	黏土	小块状	6.8	32.2	1.70	1.34	30.2	109	≤1.0	122	紫色砂页岩	E 110° 48′ 56.4″ N 28° 54′ 06.6″	97
						Bv	27—53	灰棕色	黏土	块状	6.5										
						C	53—	紫棕色	黏土	块状	6.0										
剖139	人为土	水稻土	潴育水稻土	冷浸田	锈水田	A	0—20	灰黄棕色	黏土	糊状	6.5	55.7	2.62	0.73	19.6	192	3.9	92	红色砂岩	E 110° 49′ 53.2″ N 28° 52′ 56.2″	95
						Pg	20—28	青灰色	黏土	块状	6.8	44.0	2.32	0.89	20.6						
						G	28—	青灰色	黏土	块状	6.8	29.3	1.61	0.75	26.9						

续表 Continued

剖面号 Soil profile	土纲 Soil order	土类 Soil great group	亚类 Soil subgroup	土属 Soil genus	土种 Soil species	土层码 Layer code	土层厚度 Depth/cm	颜色 Soil color	质地 Soil texture	土壤结构 Soil structure	pH	有机质 OM/(g/kg)	全氮 TN/(g/kg)	全磷 TP/(g/kg)	全钾 TK/(g/kg)	碱解氮 AN/(mg/kg)	有效磷 AP/(mg/kg)	速效钾 AK/(mg/kg)	土壤母质 Parent material	剖面点坐标 Profile coordinate	匹配指数 Matching index/%
剖140	人为土	水稻土	潴育水稻土	红黄泥田	石灰性红黄泥田	A	0—16	浅棕色	黏土	小块状	7.6	25.9	1.48	1.73	17.5	127	9.0	49	第四纪红色黏土	E 110°50′50.3″ N 28°53′28.2″	95
						Pg	16—24	浅棕色	黏壤土	块状	7.6	28.1	1.62	1.65	15.6						
						W	24—48	暗黄棕色	黏土	棱块状	7.4	16.3	1.04	1.50	16.4						
						C	48—	浅红棕色	黏土	块状	7.2	5.5	0.61	1.02	20.7						
剖141	人为土	水稻土	渗育水稻土	白鳝泥田	白鳝泥田	A	0—22	暗黄棕色	黏壤土	小块状	5.6	47.4	2.60	0.87	21.5	181	5.0	50	板页岩风化物	E 110°52′00.6″ N 28°52′06.0″	95
						Pg	22—29	暗黄棕色	黏壤土	块状	6.0	41.6	2.35	0.78	20.9						
						E	29—49	灰白色	黏土	块状	6.0	4.5	0.87	0.69	27.3						
						W	49—61	浅灰白色	黏土	棱块状	6.0	5.1	0.37	0.82	28.9						
						G	61—	浅灰白色	黏土	块状	6.0	31.3	1.64	0.66	22.8						
剖142	人为土	水稻土	淹育水稻土	浅灰泥田	浅灰泥田	A	0—17	灰棕色	黏壤土	小块状	8.0	19.0	1.23	1.35	16.5	74	1.5	114	石灰岩风化物	E 110°45′54.0″ N 28°50′04.5″	95
						Pg	17—27	灰棕色	黏土	块状	7.6	9.4	1.26	1.20	15.4						
						C	27—	浅红棕色	黏土	棱块状	7.6	3.3	0.33	0.88	20.3						
剖143	人为土	水稻土	潴育水稻土	扁砂泥田	青搞河砂泥田	A	0—13	暗棕色	黏壤土	小块状	7.2	29.5	1.94			301	10.0	111	青色板岩	E 110°55′37.5″ N 28°54′13.4″	95
						Pg	13—20	暗棕色	黏壤土	块状	7.2										
						W	20—36	浅棕色	黏壤土	棱块状	7.2										
						C	36—	浅棕色	黏壤土	块状	7.2										
剖144	人为土	水稻土	潴育水稻土	红黄泥田	青搞红黄泥田	A	0—17	暗黄棕色	壤土	小块状	8.0	27.4	1.28	1.55	18.1	173	3.0	90	第四纪红色黏土	E 110°54′14.4″ N 28°51′14.1″	95
						Pg	17—23	暗黄棕色	壤土	块状	7.0	23.6	1.62	1.43	15.6						
						W	23—33	暗黄棕色	砂壤土	棱块状	7.2	16.3	1.04	1.21	16.4						
						G	33—68	浅红棕色	砂壤土	块状	6.8	5.5	0.61	1.02	20.7						
						C	68—	浅红棕色	砂壤土	块状	6.5	3.6	0.25	0.96	21.3						
剖145	铁铝土	红壤	黄红壤	耕型砂岩黄红壤		A	0—17	暗黄棕色	壤土	小块状	6.4	21.3	1.72	1.24	22.6	142	10.0	269	黄色砂岩	E 110°55′59.5″ N 28°50′09.9″	97
						Bv	15—80	灰黄棕色	壤土	块状	6.4										
						C	80—	黄棕色	壤土	块状	6.2										
剖146	人为土	水稻土	潴育水稻土	河砂泥田	青搞河砂泥田	A	0—20	棕色	壤土	小块状	6.0	28.9	1.72	1.13	28.5	107	≤1.0	48	溪流冲积物	E 110°46′04.4″ N 28°49′19.2″	95
						Pg	20—30	青灰色	砂壤土	块状	6.6	26.6	1.68	1.08	25.5						
						W	30—	灰黄棕色	砂壤土	棱块状	7.2	13.0	1.03	1.22	25.8						
剖147	人为土	水稻土	潴育水稻土	青泥田	青泥田	A	0—18	浅灰色	黏壤土	小块状	5.6	59.0	2.91			165	11.4	156	砂砾岩坡积物	E 110°47′10.3″ N 28°48′01.4″	95
						Pg	18—28	青灰色	砂壤土	块状	6.0										
						G	28—100	暗青棕色	黏土	块状	6.4										
剖148	人为土	水稻土	潴育水稻土	青泥田	青泥田	A	0—18	黄黄棕色	砂壤土	小块状	7.0	25.6	1.77	1.01	29.0	208	6.9	118	石灰岩坡积物	E 110°53′41.0″ N 28°47′06.7″	95
						Pg	18—26	灰棕色	壤土	块状	7.0	10.3	0.67	0.64	17.3						
						G	26—	青灰色	黏壤土	块状	7.2	34.2	1.99	1.02	20.6						
剖149	人为土	水稻土	淹育水稻土	浅灰黄泥田	薄腐板页岩黄壤性土	A	0—14	棕色	壤土	块状	7.2	37.7	1.94	1.22		130	8.6	208	石灰岩风化物	E 110°56′52.9″ N 28°43′58.2″	95
						Pg	14—24	灰灰棕色	黏壤土	棱块状	7.2										
						C	24—														
剖150	铁铝土	黄壤	黄壤性土	板页岩黄壤性土		A	0—3	暗棕色	黏壤土	团粒状	6.0	39.7	1.66	0.64	13.4	216	14.6	195	板页岩	E 110°56′18.3″ N 28°40′28.6″	95
						D	3—	暗棕色	黏壤土	块状	7.2	42.0	2.09	1.55	28.3						
剖151	人为土	水稻土	潴育水稻土	扁砂泥田	黑扁砂泥田	A	0—15	暗红棕色	黏壤土	块状	7.2	22.1	1.27	0.84	27.4	157	16.4	55	炭质板岩	E 110°59′40.1″ N 28°41′17.9″	95
						Pg	15—23	暗红棕色	黏土	棱块状	7.2	19.1	0.36	0.89	23.2						
						W	23—60	暗黄橙色	黏土	块状	7.4	4.4	0.28	0.42	25.0						
						C	60—														

辰 溪 县

主要土类说明

红壤是辰溪县主要土壤类型，占本县地域面积的64%。红壤是在亚热带生物气候条件下形成的地带性土壤，成土母质类型多样，具有明显的脱硅富铝化过程。红色黏土层深厚，剖面发育完整，全剖面呈酸性，盐基饱和度低。在侵蚀强烈的丘陵地段，红壤的紧实心土或网纹底土常露出地表，肥力急剧下降。本县红壤分为红壤、黄红壤、红壤性土三个亚类。其中，红壤亚类占本土类面积的46%，分布在海拔500m以下的低山、丘陵区，pH为4.5—6.4。黄红壤占本土类面积的36%，分布在海拔400—700m的地区，土壤呈黄红色。红壤性土占本土类面积的17%，分布在山脊及裸露的母岩附近，土壤发育程度低，土层瘠薄，植被覆盖较差，耕层多残存半风化母质，肥力较低。

紫色土是辰溪县第二大土壤类型，占本县地域面积的17%。紫色土是由紫色砂页岩发育而成的一种岩成土，大部分成土母质含有碳酸钙，因此大部分紫色土有石灰反应。紫色岩岩性松脆，抗蚀能力弱，在亚热带水热条件下，物理风化作用强烈，成土作用被周期性的侵蚀作用所打断，导致土壤常处于幼年发育阶段。土体呈紫红色、紫色或暗紫色，丘陵上部剖面构型为A–C，丘陵中下部剖面构型为A–B–C。自然肥力中等，磷、钾含量一般较高。本县紫色土分为酸性紫色土、中性紫色土、石灰性紫色土三个亚类。

水稻土是辰溪县第三大土壤类型，占本县地域面积的13%。水稻土是在长期的季节性淹灌、水下翻耕、季节性脱水、氧化还原交替影响下，原来的成土母质或母土的特性发生重大改变，形成的新的土壤类型。本县水稻土分为淹育型、潴育型、渗育型、潜育型、沼泽型、矿毒型六个亚类。其中，潴育水稻土面积最大，占本土类面积的59%，分布在排灌条件较好的地区，有较厚的淋溶淀积层（一般在20cm以上），耕层较深厚，剖面构型多为A–P–W–C或A–P–W–B–G。

潮土占本县地域面积的4%。潮土分布地区海拔较低，发育于河相沉积物，成土颗粒在水平面及剖面层次上具有分选性，层理明显。本县潮土仅有河潮土一个亚类。

小于本县地域面积3%的土壤类型有黄壤、黄棕壤等。

本区域中心区气候特征

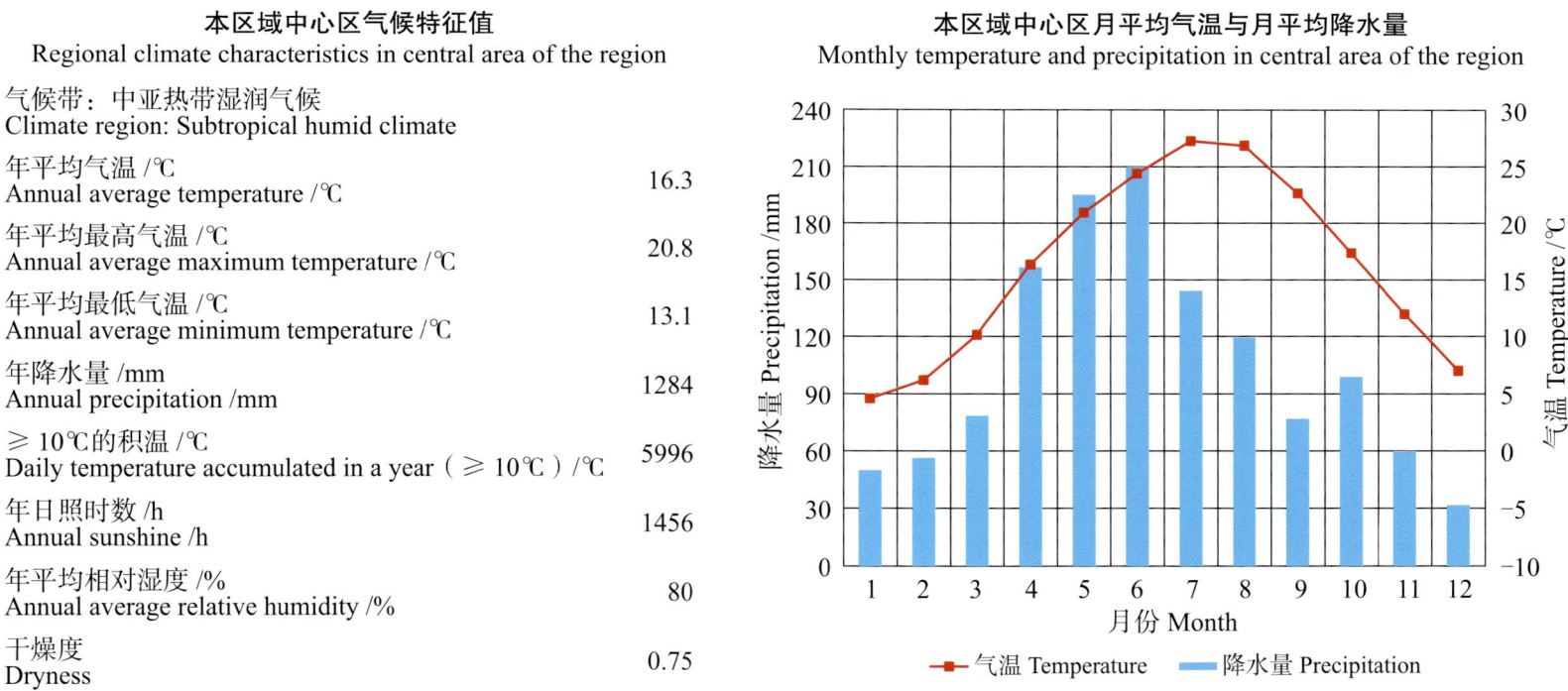

本区域中心区气候特征值
Regional climate characteristics in central area of the region

气候带：中亚热带湿润气候 Climate region: Subtropical humid climate	
年平均气温 /℃ Annual average temperature /℃	16.3
年平均最高气温 /℃ Annual average maximum temperature /℃	20.8
年平均最低气温 /℃ Annual average minimum temperature /℃	13.1
年降水量 /mm Annual precipitation /mm	1284
≥10℃的积温 /℃ Daily temperature accumulated in a year (≥10℃) /℃	5996
年日照时数 /h Annual sunshine /h	1456
年平均相对湿度 /% Annual average relative humidity /%	80
干燥度 Dryness	0.75

本区域中心区月平均气温与月平均降水量
Monthly temperature and precipitation in central area of the region

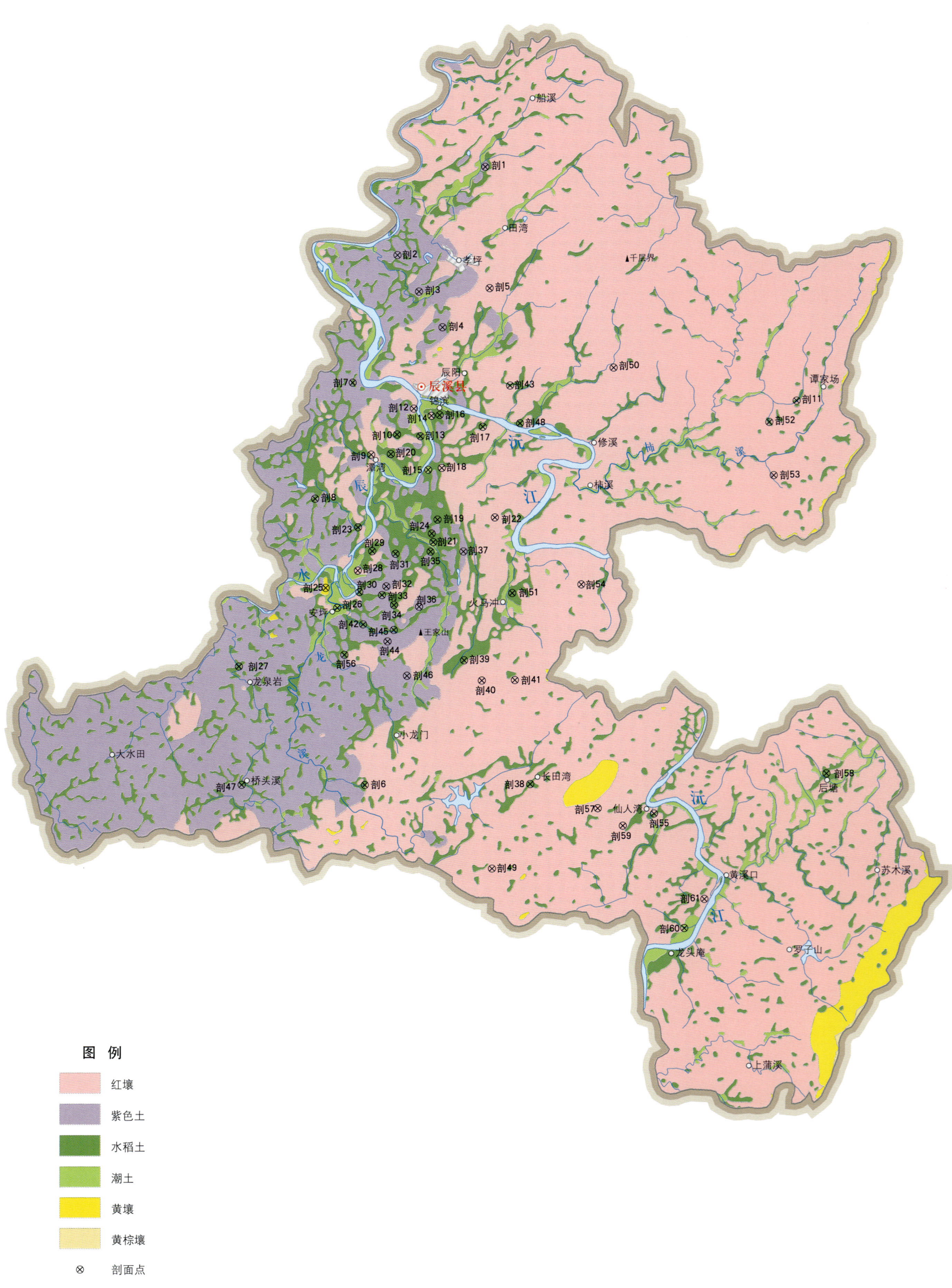

辰溪县土壤剖面理化性状表

剖面号 Soil profile	土纲 Soil order	土类 Soil great group	亚类 Soil subgroup	土属 Soil genus	土种 Soil species	土层码 Layer code	土层厚度 Depth/cm	颜色 Soil color	质地 Soil texture	pH	有机质 OM/(g/kg)	全氮 TN/(g/kg)	全磷 TP/(g/kg)	全钾 TK/(g/kg)	碱解氮 AN/(mg/kg)	有效磷 AP/(mg/kg)	速效钾 AK/(mg/kg)	土壤母质 Parent material	剖面点坐标 Profile coordinate	匹配指数 Matching index/%
剖1	初育土	紫色土	石灰性紫色土	耕型石灰性紫色土	薄层中性紫砂土	A	0—24	红褐色	黏壤土	7.6	17.3	0.62	1.67	10.4	43	44.5	154	紫色页岩坡积物	E 110°13′18.9″ N 28°08′25.2″	95
						C	24—100	暗红色	黏壤土	8.0	10.0	0.50	0.72	14.5	66	4.3	177			
剖2	初育土	紫色土	中性紫色土	中性紫砂土		A	0—12	红褐色	砂壤土	6.7	14.2	0.93	9.30	10.8		43.9		紫色砂岩残积物、坡积物	E 110°09′47.4″ N 28°05′15.5″	95
						D	12—100	红褐色	砂壤土	6.5	3.5	0.75	0.75	14.1	34		116			
剖3	初育土	紫色土	中性紫色土	中性紫砂土		A	0—5	紫红色	砂壤土	6.6	8.1	0.50	1.16	14.4				紫色砂岩坡积物	E 110°10′40.2″ N 28°03′57.6″	95
						Bv	5—15	暗红色	砂壤土	7.5	10.2	0.57	0.14	12.1						
						C	15—													
剖4	初育土	紫色土	石灰性紫色土	石灰性紫色土		A	0—9	紫褐色	黏壤土	8.0								紫色页岩残积物	E 110°11′37.5″ N 28°02′41.9″	95
						Bv	9—18	红褐色	黏土	7.0										
						D	18—													
剖5	铁铝土	红壤	黄红壤	板页岩黄红壤	薄腐厚层板页岩黄红壤	Ao	0—1	暗褐色	壤土	6.0	72.3	1.40	1.20	12.6	69	6.7	148	板页岩残积物、坡积物	E 110°13′31.2″ N 28°04′05.8″	95
						A₁	1—6	暗紫色	壤土	5.2	48.4	1.40	0.60	12.7						
						Bv	6—83	黄褐色	壤土	5.1	21.2	0.60	1.10	17.3						
						C	83—90	黄棕色	黏土	5.0	25.0	0.77	1.00	12.0						
						D	90—			5.8										
剖6	人为土	水稻土	淹育水稻土	浅黄砂泥田	冷浸阴山田	A	0—9	黄褐色	砂壤土	6.4	20.7	1.19	0.72	19.8	51	2.5	77	紫色砂页岩、第四纪红土	E 110°14′22.1″ N 28°00′38.2″	95
						Pg	9—20	灰黄色	壤土	6.8	14.7	0.79	0.74	24.6						
						C	20—100	灰黄色	壤土	7.0	2.3	0.48	0.28	20.4						
剖7	人为土	水稻土	潴育水稻土	冷浸田		A	0—17	褐色	壤土	5.4	33.9	2.54	0.59	15.7	70	29.0	177	板页岩坡积物	E 110°08′00.9″ N 28°00′42.5″	95
						Pg	17—23	棕灰色	壤土	6.0	34.2	2.43	1.03	24.7						
						G	23—	深灰色	壤土	5.3	14.8	1.95	0.75	15.3						
剖8	人为土	水稻土	潜育水稻土	青泥田	青紫泥田	A	0—15	紫褐色	黏壤土	7.5	20.0	0.50	0.81	6.7	45	3.9	82	紫色砂页岩坡积物	E 110°06′31.8″ N 27°56′33.8″	95
						Pg	15—31	紫褐色	黏土	7.6	11.7	0.30	0.71	6.5						
						G	31—56	紫褐色	黏土	7.5	5.3	0.30	0.59	6.6						
						C	56—100	紫褐色	黏土	7.5	3.2	0.20	0.51	6.5						
剖9	铁铝土	红壤		耕型砂泥红壤		A	0—13	棕黄色	砂壤土	6.1	23.7	0.77	0.90	28.4	60	3.7	155	第四纪红色黏土	E 110°08′50.6″ N 27°58′04.9″	95
						Bv	13—50	棕黄色	砂壤土	6.1	12.4	0.34	1.04	27.8						
						C	50—100	棕黄色	黏土											
剖10	人为土	水稻土	潴育水稻土	扁砂泥田	黄扁砂泥田	A	0—17	褐色	砂壤土	7.1	30.4	0.47	0.80	22.3	100	4.8	77	板页岩洪积物	E 110°09′48.9″ N 27°58′51.9″	75
						Pg	17—27	黄褐色	壤土	7.4	20.1	0.66	0.69	21.2						
						W	27—51	黄棕色	砂壤土	7.5	9.1	0.34	0.72	16.3						
						Bv	51—85	黄棕色	砂壤土											
						C	85—100	灰棕色	砂壤土	7.6	11.5	1.05	0.56	17.6	113	3.9	185			
剖11	人为土	水稻土	渗育水稻土	白鳝泥田	白鳝泥田	A	0—12	棕黄色	黏壤土	5.5	31.8	2.81	0.78	17.5				紫色纪红色黏土坡积物	E 110°09′34.2″ N 27°58′10.3″	75
						Pg	12—18	深灰色	黏壤土	6.2	21.6	1.93	1.43	16.2						
						E	18—43	灰白色	黏土	6.3	13.2	1.81	1.62	15.4						
						D	43—													
剖12	铁铝土	红壤		耕型板页岩红壤	黄泥土	A	0—14	棕黄色	黏土	6.4	48.5	0.86	0.11	2.0	43	2.0	83	板页岩坡积物	E 110°10′29.4″ N 27°59′47.6″	95
						Bv	14—60	棕黄色	黏土	5.4	28.0	0.65	0.27	5.8						
						C	60—100	橙黄色	黏土	5.5	16.4	0.43	0.75	2.5						
剖13	人为土	水稻土	潜育水稻土	烂泥田	烂泥田	Ag	0—17	青灰色	壤土	6.3	27.3	1.35	2.20	7.3	67	1.7	154	板页岩坡积物	E 110°10′45.6″ N 27°58′48.4″	95
						G	17—100	青灰色	壤土	6.3	19.3	0.76	0.07	18.6						

续表 Continued

剖面号 Soil profile	土纲 Soil order	土类 Soil great group	亚类 Soil subgroup	土属 Soil genus	土种 Soil species	土层码 Layer code	土层厚度 Depth/cm	颜色 Soil color	质地 Soil texture	pH	有机质 OM/(g/kg)	全氮 TN/(g/kg)	全磷 TP/(g/kg)	全钾 TK/(g/kg)	碱解氮 AN/(mg/kg)	有效磷 AP/(mg/kg)	速效钾 AK/(mg/kg)	土壤母质 Parent material	剖面点坐标 Profile coordinate	匹配指数 Matching index/%
剖14	铁铝土	红壤	红壤性土	第四纪红土红壤性土	薄腐薄层红壤性土	A	0—6	棕色	黏土	4.5	55.7	0.84	0.24	5.9		4.0	90	第四纪红色黏土	E 110°11′12.4″ N 27°59′32.9″	75
剖15	半水成土	潮土	河潮土	耕型河潮土		C	6—38	红棕色	黏土	4.8	10.5	0.40	0.41	7.9	64	12.7	146	河流冲积物	E 110°11′04.9″ N 27°57′36.9″	95
						D	38—			4.8	16.8	0.30	0.43	7.7						
剖16	人为土	水稻土	潴育水稻土	红黄泥田	红黄泥田	A	0—6	灰色	砂土	6.5	12.4	0.82	1.15	25.1	46	6.7	35	第四纪红色黏土坡积物	E 110°11′31.8″ N 27°57′34.4″	95
						C	6—56	灰色	砂土	6.6	13.1	3.10	0.96	26.4						
						S	56—													
剖17	人为土	水稻土	矿毒型水稻土	非金属矿"毒田	煤炭矿"毒田	A	0—17	灰色	黏壤土	6.5	27.8	1.92	0.15	26.1	68	7.2	38	石灰岩坡积物	E 110°11′15.9″ N 27°57′09.1″	75
						Pg	17—25	灰棕色	黏壤土	6.8	9.5	0.42	0.48	4.1						
						W	25—46	黄棕色	黏壤土	6.9	6.0	0.44	0.72	6.5						
						C	46—100	棕黄色	黏壤土	7.0	5.0	0.31	0.48	9.3						
剖18	铁铝土	红壤	红壤性土	耕型砂岩红壤性土	盐砂土	A	0—14	褐色	黏壤土	7.3	47.1	1.89	1.08	16.0	96			红色砂砾岩坡积物	E 110°11′37.7″ N 27°57′41.0″	75
						Pg	14—23	棕灰色	黏壤土	7.1	26.8	0.38	1.17	5.4						
						Wg	23—100	黄褐色	壤土	7.3	14.5	0.54	1.31	6.7						
剖19	人为土	水稻土	渗育水稻土	白散泥田	白散泥田	A	0—17	黄褐色	砂壤土									黄色砂岩坡积物	E 110°11′46.6″ N 27°59′17.0″	95
						C	17—100	红棕色	黏壤土	5.9	17.3	0.67	1.18	19.1	45	4.2	117			
						Pg	0—20	棕灰色	黏土	6.7	10.9	0.30	0.37	12.1						
						We	20—30	红棕色	黏土	7.1	2.1	2.00	0.37	12.0						
						E	30—60	黄褐色	黏土	7.0	2.5	0.28	0.72	10.8						
							60—100	灰白色		7.0										
剖20	人为土	水稻土	潜育水稻土	青泥田	岩渣田	Ag	0—16	灰白色	黏壤土	7.3	49.6	1.50	0.52	13.8	76	1.7	143	第四纪红色黏土坡积物	E 110°11′28.4″ N 27°55′50.4″	95
						Pg	16—40	褐棕色	黏土	7.6	49.9	1.10	1.18	9.3						
						G	40—100	黄褐色	黏土	7.4	49.7	1.10	1.16	9.5						
剖21	人为土	水稻土	潴育水稻土	板页岩红壤性土	薄腐薄板页岩红壤性土	A	0—18	褐色	黏壤土	7.0	17.6	1.29	1.22	16.5	67	3.3	120	板页岩残积物	E 110°11′18.2″ N 27°55′02.7″	95
						Pg	18—21	灰棕色	黏壤土	6.8	16.5	1.42	2.28	13.7						
						S	21—100	灰棕色	砂壤土	6.9	15.6	1.19	0.89	16.5						
剖22	人为土	水稻土	潜育水稻土	青泥田	青鸭深泥田	A_1	0—0.4	黑色	壤土	5.5	39.3	0.97	0.53	≤1.0	113	5.6	170	石灰岩坡积物	E 110°11′13′46.6″ N 27°55′33.0″	95
						Bv_1	0.4—15	棕红色	黏土	6.0	30.6	0.55	0.16	18.0						
						Bv_2	15—25	棕红色	黏土	5.0	24.6	1.90	0.54	1.2						
						C	25—100	灰黄色	黏土	5.0	13.2	0.30	0.53	4.0						
剖23	人为土	水稻土	潜育水稻土	青泥田		Ag	0—13	褐棕色	壤土	7.7	45.8	0.80	0.82	9.3	60	3.3	120	紫色粉砂岩坡积物	E 110°11′14.1″ N 27°55′20.8″	95
						Pg	13—26	暗褐色	黏土	7.7	43.6	0.40	0.89	8.3						
						G	26—100	褐色	黏壤土	7.8	37.8	0.30	0.89	10.3						
剖24	黄壤	黄壤	黄壤			A	0—15	棕红色	黏壤土	6.5	28.2	0.50	0.56	27.0	27	10.9	163	紫色粉砂岩坡积物	E 110°08′16.1″ N 27°55′55.4″	95
						Pg	15—26	紫红色	黏壤土	6.0	21.4	0.41	0.40	25.4						
						G	26—100	紫棕色	黏壤土	6.0	35.1	0.40	0.59	28.4						
剖25	铁铝土	红壤	红壤性土			A	0—12	灰棕色	壤土	6.8	25.6	1.12	0.77	25.8	41	4.6	171	红色粉质页岩	E 110°06′58.2″ N 27°53′23.8″	95
						Pg	12—100	红棕色	砂壤土	7.0	20.2	0.47	0.71	26.2						
剖26	半水成土	潮土	河潮土	河砂泥		A	0—16	黄褐色	砂壤土	6.5	19.8	0.16	0.66	11.4	56	20.6	50	河流冲积物	E 110°07′26.7″ N 27°52′41.2″	95
						Bv	16—100	紫褐色	黏壤土	6.5	7.3	0.28		8.0						
剖27	人为土	水稻土	淹育水稻土	浅酸紫泥田	浅酸紫泥田	A	0—10	黄褐色	壤土	5.4	22.8	1.10	1.22	23.3	62	3.9	170	紫色页岩坡积物	E 110°03′30.4″ N 27°50′34.0″	95
						Pg	10—14	褐色	壤土	5.4	14.4	0.69	1.25	27.2						
							14—100	灰棕色	壤土	7.1	10.5	0.90	1.32	18.2						
剖28	铁铝土	红壤	红壤	耕型砂岩红壤		A_1	0—8	黄褐色	壤土	5.4	127.8	1.06	0.50	3.4	64	2.2	170	砂岩残积物	E 110°08′15.7″ N 27°54′01.0″	75
						Bv	8—44	褐色	砂土	5.3	35.0	8.20	0.50	5.7						
						C	44—100	棕黄色	砂土	5.3	11.9	0.61	0.40	9.4						

续表 Continued

剖面号 Soil profile	土纲 Soil order	土类 Soil great group	亚类 Soil subgroup	土属 Soil genus	土种 Soil species	土层码 Layer code	土层厚度 Depth/cm	颜色 Soil color	质地 Soil texture	pH	有机质 OM/(g/kg)	全氮 TN/(g/kg)	全磷 TP/(g/kg)	全钾 TK/(g/kg)	碱解氮 AN/(mg/kg)	有效磷 AP/(mg/kg)	速效钾 AK/(mg/kg)	土壤母质 Parent material	剖面点坐标 Profile coordinate	匹配指数 Matching index/%
剖29	人为土	水稻土	潴育水稻土	河砂泥田	河砂泥田	A	0—14	黄褐色	砂壤土	7.2	48.7	2.26	0.90	10.1	77	10.1	80	河流冲积物	E 110°08′50.8″ N 27°54′42.4″	75
						Pg	14—18	黄褐色	砂壤土	7.2	57.4	1.09	0.59							
						C	18—87	棕色	砂壤土	7.5	9.6	0.65	0.49							
剖30	人为土	水稻土	淹育水稻土	浅酸紫泥田	浅酸紫砂泥田	A	87—100	黄灰色	砂壤土	7.7	14.8	0.73	1.50					紫色砂岩坡积物	E 110°08′19.9″ N 27°53′15.4″	95
						A	0—14	红棕色	黏土	5.2	18.7	0.60	2.14	23.5	91	20.7	173			
						Pg	14—18	紫棕色	黏土	6.9	8.0	0.20	1.22	22.5						
						C	18—100	紫灰色	黏土	6.8	2.6	≤0.10	1.23	20.0						
剖31	人为土	水稻土	潴育水稻土	酸性紫泥田		A	0—19	紫褐色	壤土	8.0	25.9	0.62	0.16	8.6	63	15.8	109	紫色砂页岩坡积物	E 110°09′47.0″ N 27°54′37.1″	75
						Pg	19—27	紫棕色	壤土	7.9	23.5	0.32	≤0.10	4.0						
						W	27—57	紫红色	壤土	8.0	9.6	0.96	0.24	4.1						
						C	57—100	紫色	壤土	8.0	8.2	0.73	0.53	9.3						
剖32	初育土	紫色土	酸性紫色土			A₁	0—2	暗红色	砂壤土	5.9	10.2	≤0.10	0.81	19.2	38	2.3	157	紫色砂页岩坡积物	E 110°09′25.3″ N 27°53′27.6″	75
						Bv₁	2—14	深红色	黏壤土	5.4	8.1	≤0.10	0.82	19.4						
						Bv₂	14—40	深红色	黏壤土	5.7	5.1	0.50	0.86	19.6						
						C	40—100	黄褐色	黏壤土	7.2	25.6	0.98	0.80	14.6						
剖33	人为土	水稻土	潴育水稻土	灰黄泥田	灰黄泥田	A	0—16	棕色	黏壤土	7.7	11.9	0.93	0.80	11.1	63	1.9	42	石灰岩坡积物	E 110°09′14.9″ N 27°53′09.0″	95
						Pg	16—24	棕色	黏壤土	7.7	13.2	0.82	0.82	12.4						
						W	24—64	棕色	黏壤土	7.2	8.5	0.73	0.42	16.3						
						C	64—	紫棕色	黏壤土	5.5	21.2	0.80	2.20	19.0						
剖34	人为土	水稻土	酸性紫泥田			A	0—18	紫褐色	黏土	6.5	14.1	0.40	2.27	18.4	75	6.1	116	紫色砂页岩坡积物	E 110°09′43.9″ N 27°52′47.9″	75
						Pg	18—31	黄褐色	黏土	6.9	6.3	0.28	2.27	19.0						
						W	31—51	黄棕色	黏土	7.2	7.0	0.49	3.79	19.8						
						C	51—100	棕色	黏土	7.3	11.3	0.49	0.65	12.3						
剖35	人为土	水稻土	潴育水稻土	中性浅紫泥田	中性浅紫砂泥田	A	0—15	紫红色	砂壤土	7.7	5.9	0.81	0.83	12.0	4	2.4	116	紫色砂页岩坡积物	E 110°11′11.9″ N 27°54′42.0″	95
						Pg	15—25	黄褐色	砂壤土	8.1	5.5	0.79	0.59	11.2						
						C	25—100	黄棕色	黏土	4.8	7.4	0.50	0.53	13.4						
剖36	初育土	紫色土	酸性紫色土			A	0—20	红棕色	黏土	7.0	≤1.0	0.30	0.16	10.1	63	14.1	125	紫色砂页岩坡积物	E 110°10′44.5″ N 27°52′44.4″	75
						Bv	20—100	棕红色	黏土	4.6	26.9	0.70	0.73	12.3						
剖37	初育土	紫色土	酸性紫色土	耕型酸性紫砂土		A	0—12	棕黄色	黏土	5.1	5.3	0.30	0.54	12.6	67	7.3	16	紫色砂页岩坡积物	E 110°12′30.8″ N 27°54′42.7″	95
						Bv	12—60	褐棕色	黏壤土	6.8	1.53		18.0							
						C	60—													
剖38	人为土	水稻土	潴育水稻土	河砂泥田	石底河砂泥田	A	0—16	褐棕色	砂壤土	6.9	2.2	1.28		18.4	99	35.6	77	板页岩坡积物	E 110°12′34.6″ N 27°50′50.0″	95
						Pg	16—24	黄棕色	黏土	7.5	2.19		18.8							
						W	24—42	灰黄色	黏土	7.5	≤1.0	2.29		12.9						
						S	42—100													
剖39	人为土	水稻土	潴育水稻土	黄泥田	黄泥田	A	0—14	黄棕色	砂壤土	5.5	16.4	2.26	0.06	14.7	68	1.6	168	板页岩坡积物	E 110°12′29.7″ N 27°53′14.9″	95
						Pg	14—20	黄棕色	黏土	6.7	2.7	0.93	0.06	15.5						
						W₁	20—32	棕色	黏土	6.6	6.9	0.58	0.15	12.3						
						W₂	32—88	黄棕色	黏土	6.5	6.1	0.80	0.15	14.9						
						C	88—100	棕色	壤土	6.9	8.0	0.57	0.47	13.9						
剖40	铁铝土	红壤	黄红壤	砂岩黄红壤	薄腐中层砂岩黄红壤	A₁	0—2	灰棕色	砂土	5.3	161.0	3.02	1.40	18.0	72	17.0	200	硅质砂岩坡积物	E 110°13′16.9″ N 27°50′07.2″	95
						Bv₁	2—17	紫棕色	砂土	4.9	114.0	2.52	1.10	17.1						
						Bv₂	17—62	红棕色	砂土	4.9	35.2	1.13	0.90	9.5						
						C	62—100	棕色	砂壤土	5.1	12.1	0.84	1.00	21.4						

续表 Continued

剖面号 Soil profile	土纲 Soil order	土类 Soil great group	亚类 Soil subgroup	土属 Soil genus	土种 Soil species	土层码 Layer code	土层厚度 Depth/cm	颜色 Soil color	质地 Soil texture	pH	有机质 OM/(g/kg)	全氮 TN/(g/kg)	全磷 TP/(g/kg)	全钾 TK/(g/kg)	碱解氮 AN/(mg/kg)	有效磷 AP/(mg/kg)	速效钾 AK/(mg/kg)	土壤母质 Parent material	剖面点坐标 Profile coordinate	匹配指数 Matching index/%
剖41	铁铝土	红壤	黄红壤	板页岩黄红壤		A₁	0—4	灰褐色	壤土	5.9	26.5	1.06	0.80	10.4	50	2.2	96	石灰岩残积物	E 110°14′37.6″ N 27°50′08.6″	95
						Bv₁	4—16	灰棕色	黏壤土	5.5	16.6	0.38	0.70	11.4						
						Bv₂	16—47	暗红色	黏土	6.1	3.6	0.58	0.20	10.9						
						C	47—100	红棕色	黏壤土	6.7	11.6	0.76								
剖42	人为土	水稻土	淹育水稻土	浅岩渣田	浅岩渣田	A	0—14	褐色	黏壤土	7.6	11.0	0.81	0.81	12.5	93	7.1	154	板页岩坡积物	E 110°08′29.7″ N 27°52′06.0″	95
						Pg	14—23	黄褐色	黏壤土	7.7	8.3	1.66	1.66	7.5						
						C	23—100	棕黄色	黏壤土	5.5	13.6	0.70	2.31	15.3						
剖43	人为土	水稻土	潜育水稻土	酸紫泥田		A	0—15	黄褐色	壤土	6.5	10.2	0.43	1.06	15.1	42	2.8	125	石灰岩	E 110°07′44.8″ N 27°51′00.4″	95
						Pg	15—23	紫褐色		6.4	9.4	3.00	1.09	14.9						
						W	23—66	紫褐色	黏壤土	6.4	2.0	0.26	0.94	14.8						
						C	66—100	灰黄色	壤土	6.5										
剖44	初育土	紫色土	中性紫色土	中性紫色土	中层中性紫色土	A	0—12	紫棕色	壤土	7.5								紫色页岩坡积物	E 110°09′29.2″ N 27°51′29.5″	95
						Bv	12—42	灰黄色	壤土	7.3	41.6	1.42	0.75	12.9	67	5.0	42			
						C	42—60	褐黄色	壤土	7.6	3.0	0.55	0.54	7.4						
						D	60—	灰黄色	砂壤土	7.6	9.6	0.67	0.56	15.5						
剖45	人为土	水稻土	潴育水稻土	灰泥田	灰泥田	A	0—16	棕色	壤土	7.7	1.4	1.02	0.38	12.9				石灰岩坡积物	E 110°09′43.9″ N 27°51′53.9″	75
						Pg	16—24		黏壤土	6.8	22.7	0.54	2.05	26.2						
						W	24—44	紫红色	黏壤土	6.5	7.3	0.22	1.24	25.8						
						C	44—100	红黄色												
剖46	初育土	紫色土	中性紫色土	耕型中性紫色土	中性紫泥土	A	0—19	暗褐色	壤土	7.1	25.0	0.60	2.20	12.2	41	39.2	175	紫色页岩坡积物	E 110°10′16.5″ N 27°50′16.2″	75
						Bv	19—51	暗红色	壤土	7.1	9.3	0.47	9.10	10.5						
						C	51—	紫红色	砂壤土	7.3	4.4	0.51		9.1						
剖47	人为土	矿型水稻土	金属矿毒田	铜矿毒田	A	0—15	暗褐色	砂壤土	7.3	2.6	0.47		10.9						
						Pg	15—28	棕褐色	砂壤土	7.5	11.6	0.40	9.00	9.0	48	40.8	83	紫色砂岩坡积物	E 110°03′43.9″ N 27°46′23.2″	95
						W	28—50	灰褐色	砂土	5.2	75.2	1.43	0.79	9.3						
						C	50—74	灰黄色	砂土	5.7										
						D	74—100	灰黄色	黏壤土											
剖48	人为土	水稻土	潜育水稻土	青泥田	青砂田	Ag	0—23	紫褐色	黏土	5.2	55.4	0.45	1.36	13.7	92	30.4	51	黄色砂岩坡积物	E 110°08′36.1″ N 27°46′22.2″	95
						Pg	23—33	暗褐色	壤土	5.7	14.8	0.73	1.50	12.9						
						G	33—100	棕褐色	砂壤土	5.6	8.7	0.97	1.29	12.4						
剖49	铁铝土	红壤	红壤性土	耕型板页岩红壤性土	红岩渣子土	A	0—14	黄褐色	砂壤土	5.6	9.1	1.04	0.54	12.7	39	6.1	154	黄色砂岩坡积物	E 110°13′44.3″ N 27°43′24.4″	95
						C	11—100	棕褐色	黏壤土	6.2	43.7	1.67	0.94	13.1						
剖50	铁铝土	红壤	红壤性土	黄泥田	黑黄泥田	A	0—16	黄褐色	壤土	5.6	28.8	2.28	1.37	19.8	91	35.3	185	板页岩坡积物	E 110°18′32.8″ N 28°01′17.0″	95
剖51	人为土	水稻土	潜育水稻土	黄泥田		Pg	16—	黄褐色	黏壤土	5.7	14.9	1.18	3.96	11.4						
						W	17—25	黄棕色	黏壤土	5.8	9.1	0.91	1.34	11.5						
						C	25—100	褐色	黏壤土	6.2	43.7	1.03	0.48	15.5						
剖52	人为土	水稻土	潜育水稻土	冷浸田	锈水田	A	0—17	黄褐色	黏壤土	6.2	43.7	2.49	1.22	15.3	81	3.3	170	板页岩坡积物	E 110°25′55.9″ N 28°00′07.3″	95
						Pg	17—25	青灰色	黏壤土	6.4	31.1	2.33	0.88	17.3						
						G	25—100	青灰色	黏壤土	6.7	16.4									
剖53	铁铝土	红壤	红壤	耕型石灰岩红土	灰红土	A	0—18	黄棕色	壤土	6.5	20.4	0.66	1.40	14.6	43	6.9	78	石灰岩坡积物	E 110°24′50.3″ N 27°59′21.5″	95
						Bv	18—100	黄棕色	黏壤土	6.5	10.4	0.55	1.27	6.3					E 110°25′01.2″ N 27°57′27.6″	95

续表 Continued

剖面号 Soil profile	土纲 Soil order	土类 Soil great group	亚类 Soil subgroup	土属 Soil genus	土种 Soil species	土层码 Layer code	土层厚度 Depth/cm	颜色 Soil color	质地 Soil texture	pH	有机质 OM/(g/kg)	全氮 TN/(g/kg)	全磷 TP/(g/kg)	全钾 TK/(g/kg)	碱解氮 AN/(mg/kg)	有效磷 AP/(mg/kg)	速效钾 AK/(mg/kg)	土壤母质 Parent material	剖面点坐标 Profile coordinate	匹配指数 Matching index/%
剖54	铁铝土	红壤	黄红壤	耕型板页岩黄红土	黄红岩渣子土	A	0—16	褐色	黏壤土	6.2	25.1	1.90	2.06	15.3	66	13.5		板页岩坡积物	E 110°17′16.4″ N 27°53′33.9″	95
						Bv	16—40	黄褐色	黏壤土	7.7	30.3	1.91	1.29	24.1						
						D	40—													
剖55	铁铝土	红壤	红壤	耕型板页岩红土	岩渣子土	A	0—12	黄褐色	黏壤土	7.7	17.7	0.72	0.95	2.4	46	8.4		石灰岩、板页岩坡积物	E 110°20′04.5″ N 27°45′31.6″	95
						Bv	12—32	红棕色	黏土	7.6	17.6	0.64	0.12	2.6			199			
						C	32—100	红棕色	黏土	7.7	13.4	0.34	0.27	5.7						
剖56	人为土	水稻土	淹育水稻土	浅灰泥田	浅灰板田	A	0—12	灰黄色	黏土	7.6	25.9	1.93	0.24	16.3	67	5.6		石灰岩坡积物	E 110°15′15.9″ N 27°46′26.2″	95
						Pg	12—18	灰黄色	黏土	7.7	18.5	0.86	0.31	9.0			26			
						C	18—100	棕红色	黏土	7.9	6.4	0.99	0.25	12.9						
剖57	铁铝土	红壤	黄红壤	耕型砂黄黄红壤	黄砂土	A	0—14	紫褐色	砂壤土	6.2	83.1	0.70	0.93	22.1	96	17.1	165	硅质砂岩坡积物	E 110°17′59.4″ N 27°45′35.6″	95
						Bv	14—40	棕黄色	砂土	5.8	24.5	0.49	1.13	24.2						
						C	40—80	黄棕色	砂壤土											
剖58	人为土	水稻土	潴育水稻土	黄砂泥田		A	0—15	褐色	砂壤土	6.6	22.4	0.97	0.81	23.2	117	10.6	42	红色岩坡积物	E 110°27′12.8″ N 27°46′44.8″	95
						Pg	15—20	紫褐色	砂壤土		13.9	0.25	0.65	20.2						
						W	20—50	棕色	砂壤土											
						Bv	50—100	棕色	砂壤土		1.4	0.33	0.37	20.6						
剖59	铁铝土	红壤	黄红壤	耕型石灰岩黄黄红土	灰黄红土	A	0—16	黄褐色	黏壤土	6.6	25.4	0.26	1.02	25.7	50	12.5	157	石灰岩坡积物	E 110°19′00.3″ N 27°44′58.2″	95
						Bv	16—60	黄褐色	黏壤土	6.9	25.1	0.45	1.53	26.1						
						C	60—100	红棕色	黏土											
剖60	半水成土	潮土	河潮土	河砂泥		A	0—19	紫褐色	黏壤土	6.8	10.4	7.20	0.56	12.7	42	19.1	185	河积物	E 110°21′29.9″ N 27°41′18.2″	95
						Bv	19—75	紫褐色	黏壤土	7.1	8.2	0.56	0.55	11.4						
						C	75—100	黄褐色	黏壤土	7.2	6.1	0.84	0.08	12.0						
剖61	铁铝土	红壤	红壤	砂岩红壤		A	0—6	棕色	黏土	4.5	55.7	0.84	0.24	5.9	64	4.0	90	第四纪红色黏土	E 110°22′18.0″ N 27°42′21.4″	95
						Bv	6—40	红褐色	黏土	4.8	10.5	0.40	0.41	7.9						
						C	40—	红色	黏土	4.8	11.8	0.30	0.43	7.7						

溆浦县

主要土类说明

红壤是溆浦县主要土壤类型，占本县地域面积的58%。红壤是在亚热带生物气候条件下形成的地带性土壤，成土母质类型多样，具有明显的脱硅富铝化过程。红色黏土层深厚，剖面发育完整，除表层较灰暗外，心土和底土均为棕红色黏实土层，具棱块状或碎块状结构，褐色胶膜淀积明显，底部常见红、黄、白相间的网纹状红色黏土，全剖面呈酸性，盐基饱和度低。在侵蚀强烈的丘陵地段，红壤的紧实心土或网纹状底土出露地表，肥力急剧下降。本县红壤分为红壤、黄红壤、红壤性土三个亚类。

水稻土是溆浦县第二大土壤类型，占本县地域面积的20%。水稻土是在人工种稻条件下发育形成的一种具有特殊性状的土壤。较之旱作土壤，其热、水、气、肥状况较为稳定。随着种植水稻时间的增长和精耕细作程度的加深，土壤肥力水平不断提高，抗旱抗涝能力增强，产量显著增加。本县水稻土分布广泛，分为淹育型、潴育型、渗育型、潜育型、沼泽型、矿毒型六个亚类。其中，潴育水稻土面积最大，占本土类总面积的77%，排灌条件好，土壤熟化程度高，多为二排田、垄田、坪田，有较深厚的淋溶淀积层，剖面构型为A-P-W-C或A-P-W-G。

黄壤是溆浦县第三大土壤类型，占本县地域面积的10%。黄壤分布在海拔700—1050m的地区，垂直分布在红壤之上、黄棕壤之下。黄壤与红壤同属一个纬度带，但其水分条件比红壤好，热量则略低。由于所处地区云雾多，日照少，空气湿度大，干湿季节不明显，土体因氧化铁水化而呈黄色，心土层呈蜡黄色。有机质层一般较厚，盐基饱和度不高，土壤呈强酸性。本县黄壤分为黄壤和黄壤性土两个亚类。

黄棕壤占本县地域面积的8%，分布在海拔950m以上的地区，垂直分布在黄壤之上。该区域气候凉湿，自然植被为阔叶林和灌丛茅草。腐殖质层之下有一层黄棕色土层，质地较黏重。土壤脱硅富铝化程度比黄壤低，黏土矿物以水化云母为主，土壤呈微酸性至酸性。本县黄棕壤分为山地黄棕壤和山地黄棕壤性土两个亚类。

紫色土占本县地域面积的3%。紫色土是由紫色砂页岩发育而成的一种岩成土，大部分成土母质含有碳酸钙，因此大部分紫色土有石灰反应。紫色岩一般岩性松脆，抗蚀能力弱，在亚热带水热条件下，物理风化作用强烈，成土作用常被周期性的侵蚀作用所打断，导致土壤常处于幼年发育阶段。土体呈紫红色、紫色或暗紫棕色，全剖面色泽均一，无明显发生层次。丘顶土层薄，甚至有基岩裸露，丘陵下部土层较厚。本县紫色土分为酸性紫色土、中性紫色土、石灰性紫色土三个亚类。

小于本县地域面积3%的土壤类型有石灰（岩）土、潮土等。

本区域中心区气候特征

本区域中心区气候特征值
Regional climate characteristics in central area of the region

气候带：中亚热带湿润气候 Climate region: Subtropical humid climate	
年平均气温 /℃ Annual average temperature /℃	16.7
年平均最高气温 /℃ Annual average maximum temperature /℃	21.0
年平均最低气温 /℃ Annual average minimum temperature /℃	13.5
年降水量 /mm Annual precipitation /mm	1305
≥10℃的积温 /℃ Daily temperature accumulated in a year (≥10℃) /℃	5987
年日照时数 /h Annual sunshine /h	1500
年平均相对湿度 /% Annual average relative humidity /%	80
干燥度 Dryness	0.76

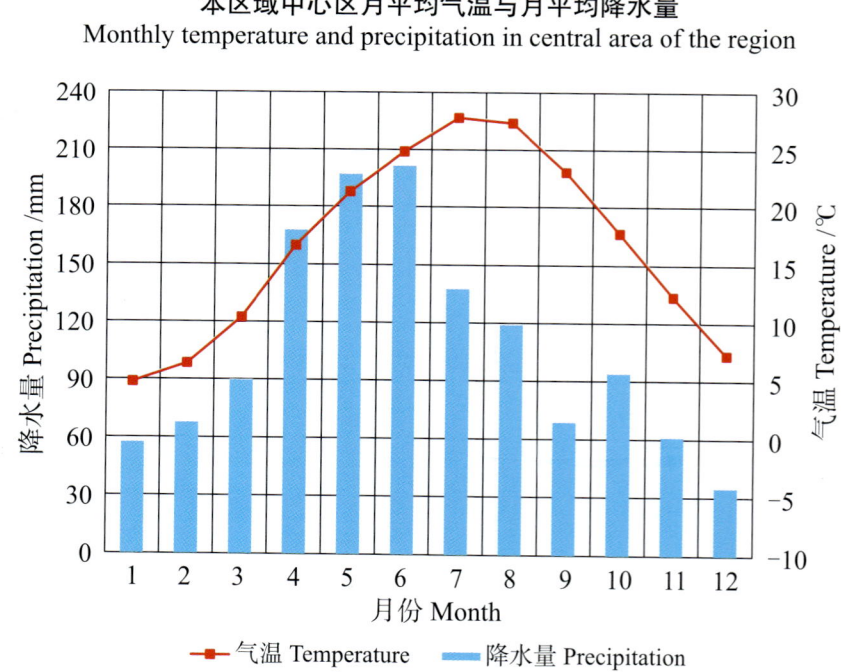

本区域中心区月平均气温与月平均降水量
Monthly temperature and precipitation in central area of the region

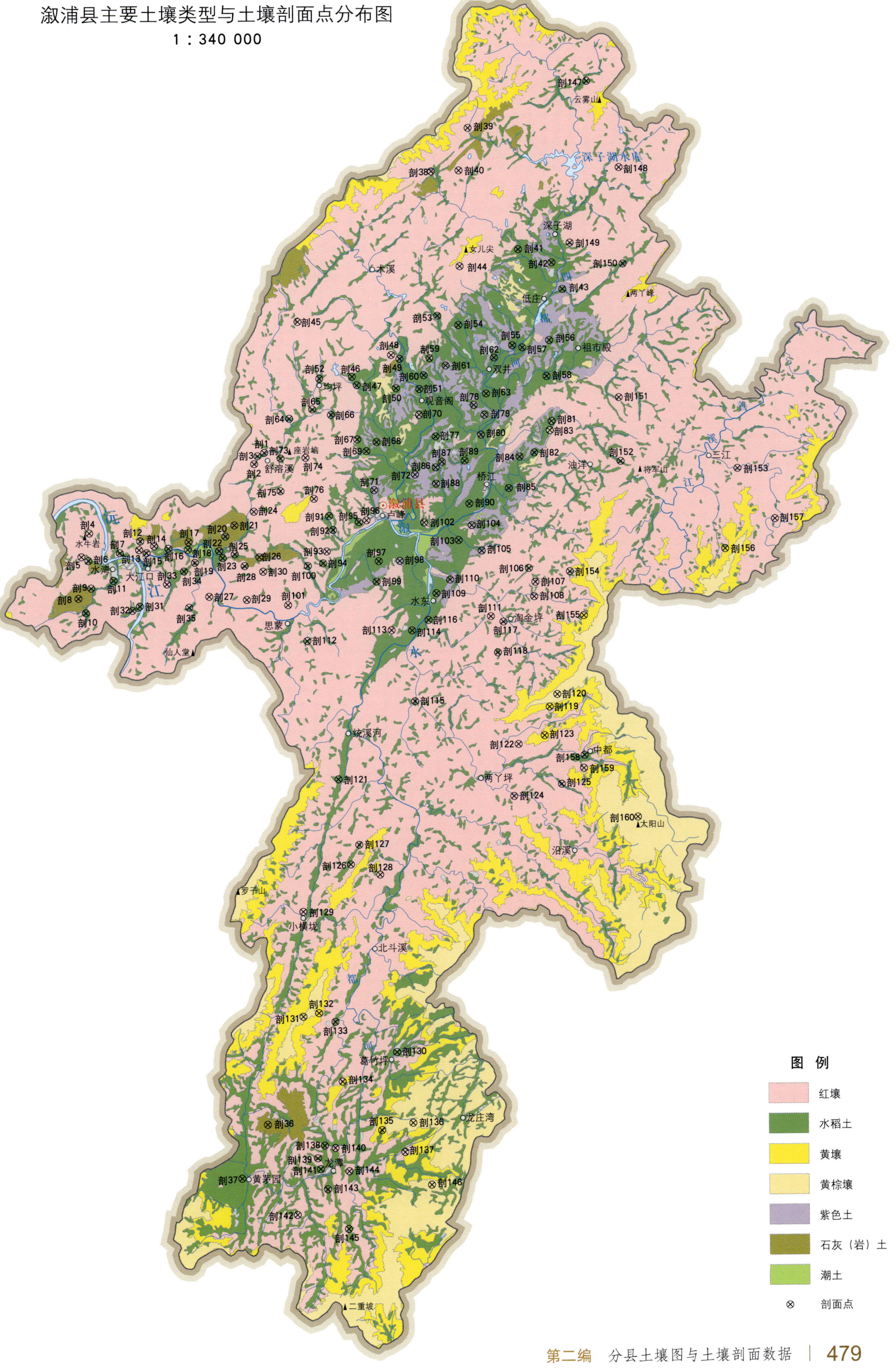

溆浦县土壤剖面理化性状表

剖面号 Soil profile	土纲 Soil order	土类 Soil great group	亚类 Soil subgroup	土属 Soil genus	土种 Soil species	土层码 Layer code	土层厚度 Depth/cm	颜色 Soil color	质地 Soil texture	土壤结构 Soil structure	pH	有机质 OM/(g/kg)	全氮 TN/(g/kg)	全磷 TP/(g/kg)	全钾 TK/(g/kg)	碱解氮 AN/(mg/kg)	有效磷 AP/(mg/kg)	速效钾 AK/(mg/kg)	土壤母质 Parent material	剖面点坐标 Profile coordinate	匹配指数 Matching index/%
剖1	人为土	水稻土	潴育水稻土	河砂泥田	红底河砂泥田	A	0—12	暗灰黄色	壤土	小块状	6.4	28.4	1.84	1.20	24.8	122	10.9	50	河流冲积物、第四纪红色坡积物	E 110°29′16.2″ N 27°57′32.3″	75
						P	12—25	暗黄棕色	砂壤土	块状	6.8										
						W	25—92	黄棕色	黏土	棱柱状	7.6										
						S	92—100	黄棕色		粒状											
剖2	人为土	水稻土	淹育水稻土	浅灰泥田	浅灰泥田	A	0—14	浅棕色	黏壤土	小块状	8.0	30.7	2.02	0.86	15.0	102	13.9	87	石灰岩坡积物	E 110°28′54.0″ N 27°57′11.8″	97
						P	14—22	浅棕色	黏壤土	块状	7.6										
						C	22—100	黄棕色	黏壤土	块状	7.6										
剖3	人为土	水稻土	矿毒型水稻土	非金属矿毒红田	硫灰矿毒田	A	0—13	棕灰色	砂壤土	小块状	6.0	62.9	6.97	1.53	19.7	192	15.8	64	板岩、页岩坡积物	E 110°28′58.4″ N 27°57′26.5″	95
						P	13—19	棕灰色	砂壤土	块状	6.0										
						W	19—50	棕灰色	砂壤土	块状	6.0										
						D	50—100														
剖4	铁铝土	红壤	黄红壤	石灰岩黄红壤	薄腐厚层石灰岩黄红壤	Aoo	0—1													石灰岩残积物	E 110°20′11.7″ N 27°53′53.4″	97
						Ao	1—2														
						A_1	2—4	黑棕色	壤土	团粒状	5.6	5.3	0.41	0.46	13.4	127	4.8	160			
						Bv	4—31	暗红棕色	壤土	块状	5.6										
						Bv	31—150	棕红色	壤土	块状	6.0										
剖5	铁铝土	红壤	红壤	耕型板页岩红壤	黑扁砂土	A	0—14	棕灰色	砂壤土	小块状	6.4	78.1	6.26	5.12	14.8	158	26.2	216	炭质板岩、页岩坡积物	E 110°20′02.7″ N 27°52′48.7″	95
						Bv	14—42	棕灰色	砂壤土	块状	6.4										
						S	42—100	棕灰色	砂壤土	粒状	6.4										
剖6	人为土	水稻土	潴育水稻土	中性紫泥田	中性紫泥田	A	0—15	紫棕色	黏壤土	小块状	6.8	32.4	1.71	1.18	27.1	130	8.7	86	紫色砂页岩坡积物	E 110°20′13.7″ N 27°52′39.8″	75
						P	15—24	紫色	黏壤土	块状	6.8										
						W	24—100	紫棕色	黏壤土	棱柱状	6.8										
剖7	人为土	水稻土	潴育水稻土	黄泥田	黄夹泥田	A	0—14	暗黄棕色	黏壤土	小块状	6.8	41.0	0.27	1.03	27.5	94	3.9	67	板岩、页岩坡积物	E 110°21′50.6″ N 27°53′01.0″	75
						P	14—22	暗黄棕色	黏土	棱柱状	6.0										
						W	22—63	黄棕色	黏土	块状	6.0										
						C	63—100	黄色	黏土	大块状	6.0										
剖8	初育土	石灰（岩）土	红色石灰土	淋溶石灰土	青扁黄泥田	A	0—30	浅棕灰色	黏壤土	块状	6.0	4.3	1.43	0.63	22.0	91	2.2	89	石灰岩残积物	E 110°19′42.7″ N 27°50′56.0″	97
						Bv	30—150	暗棕红色	黏壤土	小块状	7.2										
剖9	人为土	水稻土	潜育水稻土	青泥田	青夹泥田	A	0—16	红灰色	黏土	块状	6.4	49.4	5.57	1.49	20.7	203	3.8	86	第四纪红色黏土坡积物	E 110°20′21.7″ N 27°51′24.4″	75
						Pg	16—24	棕灰色	黏土	块状	6.8										
						G	24—100	棕灰色	黏土	块状	7.2										
剖10	人为土	水稻土	潴育水稻土	黄泥田	青棕黄泥田	A	0—19	棕黄棕色	壤土	小块状	6.0	36.0	1.97	1.63	22.2	164	4.0	64	板岩、页岩坡积物	E 110°20′05.7″ N 27°50′16.9″	95
						Pg	19—30	灰黄棕色	黏壤土	块状	6.0										
						W	30—70	棕灰色	黏壤土	棱柱状	6.4										
						C	70—100	黄黄棕色	黏土	块状	6.4										
剖11	人为土	水稻土	潴育水稻土	红黄泥田	青棕黄泥田	A	0—20	灰黄棕色	壤土	小块状	8.0	33.5	1.88	0.96	13.6	134	5.7	68	第四纪红色黏土残积物、坡积物	E 110°21′30.9″ N 27°51′45.2″	95
						P	20—26	黄棕灰色	黏壤土	块状	8.0										
						W	26—42	暗青灰色	黏壤土	棱柱状	7.6										
						C	42—100	暗黄灰色	黏壤土	块状	7.6										
剖12	人为土	水稻土	淹育水稻土	浅碱紫泥田	浅碱紫砂泥田	A	0—15	紫棕色	壤土	小块状	8.0	11.7	0.97	0.75	23.1	69	6.2	72	紫色砂页岩坡积物	E 110°22′54.3″ N 27°53′33.5″	75
						P	15—22	紫棕色	壤土	状状	8.0										
						C	22—100	紫棕色	壤土	块状	7.6										

续表 Continued

剖面号 Soil profile	土纲 Soil order	土类 Soil great group	亚类 Soil subgroup	土属 Soil genus	土种 Soil species	土层码 Layer code	土层厚度 Depth/cm	颜色 Soil color	质地 Soil texture	土壤结构 Soil structure	pH	有机质 OM/(g/kg)	全氮 TN/(g/kg)	全磷 TP/(g/kg)	全钾 TK/(g/kg)	碱解氮 AN/(mg/kg)	有效磷 AP/(mg/kg)	速效钾 AK/(mg/kg)	土壤母质 Parent material	剖面点坐标 Profile coordinate	匹配指数 Matching index/%
剖13	铁铝土	红壤	黄红壤	砂岩黄红壤	薄腐厚层砂岩黄红壤	Ao	0–1	暗棕色	壤土	团粒状	5.6	55.7	1.74	1.43	11.2	119	3.3	98	砂岩坡积物	E 110°22′51.1″ N 27°53′09.4″	95
						A₁	1–2	浅棕色	壤土	柱状	5.6										
剖14	铁铝土	红壤		耕型石灰岩红壤	灰红土	A	2–24	红黄色	壤土	块状	5.2								石灰岩坡积物	E 110°23′37.8″ N 27°53′20.5″	97
						Bv	24–112														
						C	112–151														
剖15	人为土	水稻土	潴育水稻土	河砂泥田	青瑚河砂泥田	A	0–22	紫棕色	黏土	小块状	7.2	28.8	2.03	0.57	11.1	120	2.8	216	河流冲积物	E 110°23′08.5″ N 27°53′01.3″	75
						Bv	22–100	浅棕红色	黏土	块状	6.0										
剖16	人为土	水稻土	潴育水稻土	扁砂泥田	黄扁砂泥田	A	0–16	灰黄棕色	壤土	块状	6.4	43.4	2.27	0.93	28.2	110	3.7	58	黄色板岩、页岩坡积物	E 110°24′22.1″ N 27°53′13.1″	95
						P	16–22	棕灰色	壤土	块状	6.8										
						W	22–32	棕青灰色	砂壤土	棱块状	7.2										
						S	32–44	灰色	砂土	粒状	7.2										
							44–100														
剖17	初育土	石灰（岩）土	红色石灰土	红色石灰土	薄腐厚层红色石灰土	A	0–16	浅黄色	壤土	小块状	6.4	55.5	3.49	0.95	24.5	219	4.9	67	板页岩板岩坡积物	E 110°25′23.9″ N 27°53′31.4″	95
						P	16–26	黄棕色	壤土	块状	6.0										
						W	26–52	浅棕色	黏壤土	棱块状	7.2										
						S	52–100	暗灰黄色	壤土	粒状											
剖18	半水成土	潮土	河潮土	耕型河潮土	河砂土	A	0–8	暗黄棕色	轻壤土	粒状	5.6	36.7	1.63	0.43	11.8	85	1.3	78	板页岩坡积物	E 110°25′21.3″ N 27°53′10.1″	75
						Bv₁	8–25	黄棕色	轻壤土	粒状	5.2										
						Bv₂	25–45	黄棕色	轻壤土	粒状	5.0										
剖19	人为土	水稻土	潴育水稻土	青泥田	青鸭屎泥田	A	0–19	灰青棕色	壤土	粒状	7.2	17.8	1.12	2.03	30.0	81	9.4	83	河流冲积物	E 110°25′43.5″ N 27°52′34.2″	75
						Bv	19–100	暗青棕色	壤土	糊状	7.6										
剖20	人为土	水稻土	潴育水稻土	红黄砂泥田		A	0–15	浅灰色	黏壤土	糊状	8.0	42.8	2.49	1.76	22.1	147	3.8	86	石灰岩坡积物	E 110°27′18.5″ N 27°53′46.8″	75
						Pg	15–30	浅灰色	黏壤土	块状	8.0										
						G	30–100	暗灰色	黏壤土	块状	8.0										
剖21	初育土	石灰（岩）土	黑色石灰土	黑色石灰土	灰泥田	A	0–15	红灰色	砂壤土	小块状	6.0	28.7	1.83	1.04	19.8	122	8.1	65	第四纪红色黏土残积物	E 110°27′46.9″ N 27°54′16.4″	75
						P	15–23	浅灰棕色	壤土	棱块状	6.4										
						W	23–50	浅黄棕色	壤土	棱块状	6.8										
							50–100														
剖22	人为土	水稻土	潴育水稻土	灰泥田		A	0–20	暗棕色	壤土	小块状	7.6	38.5	2.47	0.78	20.2	73	5.5	216	石灰岩坡积物	E 110°27′59.4″ N 27°53′06.7″	95
						Bv	20–43	棕色	黏壤土	块状	7.6										
						C	43–100	黄棕色	黏壤土	块柱状	7.2										
剖23	人为土	水稻土	潴育水稻土	黄泥田		A	0–18	暗黄棕色	黏壤土	小块状	7.6	26.5	1.84	2.05	13.4	114	7.5	67	黄色板岩坡积物	E 110°26′06.1″ N 27°53′55.5″	95
						P	18–28	暗黄棕色	黏壤土	块状	8.0										
						W₁	28–75	浅灰棕色	黏壤土	棱柱状	8.0										
						W₂	75–100	棕色	黏壤土	棱块状	7.6										
剖24	铁铝土	红壤		板页岩红壤		A	0–16	灰灰色	黏壤土	小块状	7.6	69.5	2.34	0.53	15.3	125	4.5	78	石灰岩坡积物	E 110°27′47.0″ N 27°52′54.9″	95
						Bv	16–25	黄棕色	黏壤土	块状	7.6										
							25–100	棕棕色	黏壤土	棱柱状	7.6										
剖25	人为土	水稻土	潴育水稻土	黄砂泥田	红砂泥田	A	0–17	黄棕橙色	壤土	小块状	6.0	24.0	1.27	1.56	23.7	91	2.7	103	板页岩坡积物	E 110°28′47.0″ N 27°52′55.5″	95
						P	17–100	暗红棕色	砂壤土	块状	5.6	38.0	2.26	0.63	17.6	71	2.7	36	红色砂岩坡积物	E 110°27′47.5″ N 27°52′58.2″	95
						Bv	0–16	暗红棕色	砂壤土	块状	6.0										
							16–26	暗红棕色	砂壤土	棱块状	6.4										
						W	26–100				6.0										

续表 Continued

剖面号 Soil profile	土纲 Soil order	土类 Soil great group	亚类 Soil subgroup	土属 Soil genus	土种 Soil species	土层码 Layer code	土层厚度 Depth/cm	颜色 Soil color	质地 Soil texture	土壤结构 Soil structure	pH	有机质 OM/(g/kg)	全氮 TN/(g/kg)	全磷 TP/(g/kg)	全钾 TK/(g/kg)	碱解氮 AN/(mg/kg)	有效磷 AP/(mg/kg)	速效钾 AK/(mg/kg)	土壤母质 Parent material	剖面点坐标 Profile coordinate	匹配指数 Matching index/%
剖26	初育土	石灰(岩)土	红色石灰土	红色石灰土	薄腐厚层红色石灰土	Ao	0—1	浅棕色	壤土	块状	6.0	36.7	1.63	0.43	11.8	93	1.3	78	石灰岩坡积物	E 110°29′03.8″ N 27°52′49.3″	97
						A	1—33	暗棕色	黏壤土	块状	5.6										
						Bv₁	33—77	暗红色	黏壤土	块状	5.2										
						Bv	77—163														
						C	163—														
剖27	铁铝土	红壤	红壤	板页岩红壤	薄腐厚层板页岩红壤	Ao	0—2	黑色	壤土	团粒状	5.6	104.3	4.46	2.13	9.6	165	5.8	173	板页岩残积物	E 110°26′28.6″ N 27°51′01.5″	95
						A₁	2—5	暗棕色	壤土	粒块状	4.4										
						Bv	5—19	红棕色	黏土	块状	4.0										
						BvC	19—48														
							48—														
剖28	人为土	水稻土	淹育水稻土	中性浅紫泥田	中性浅紫砂泥田	A	0—14	灰黄棕色	壤土	小块状	6.8	21.3	1.89	0.58	13.6	133	3.9	83	紫色砂页岩坡积物	E 110°28′17.8″ N 27°52′25.6″	75
						P	14—21	棕色	壤土	块块状	6.4										
						W	21—32	棕色	壤土	棱块状	7.2										
						C	32—100					7.2									
剖29	铁铝土	红壤	红壤	板页岩红壤	薄腐厚层板页岩红壤	A	0—13	棕灰色	壤土	小块状	6.4	25.5	1.55	1.14	21.9	125	5.7	199	板页岩	E 110°28′25.1″ N 27°50′52.9″	81
						Bv	13—25	棕灰色	黏壤土	块状	6.4	10.3	0.52	0.96	16.2						
						C	25—72	红棕色	黏壤土	块状	7.2	7.2	0.40	1.02	15.0						
剖30	铁铝土	红壤	红壤	耕型砂岩红壤	红砂土	A	0—20	暗棕色	砂壤土	小块状	6.4	22.3	1.40	0.97	18.8	115	26.2	127	红色砂岩坡积物	E 110°29′15.2″ N 27°52′09.8″	95
						ABv	20—65	暗棕色	黏壤土	小块状	6.0										
						Bv	65—100	暗棕色	黏壤土	块状	6.0										
剖31	人为土	水稻土	矿毒型水稻土	废水污染田	碱污染田	A	0—17	暗黄棕色	黏壤土	小块状	6.0	7.5	2.15	1.36	18.3	152	4.4	100	第四纪红色黏土坡积物、残积物	E 110°22′53.4″ N 27°50′35.0″	95
						P	17—23	暗黄棕色	黏壤土	块状	6.4										
						W	23—100	暗灰黄棕色	黏壤土	棱块状	6.6										
剖32	人为土	水稻土	潴育水稻土	黄砂泥田	黄砂泥田	A	0—14	浅红棕色	砂壤土	小块状	5.6	47.7	2.73	1.32	22.8	171	35.1	152	砂岩坡积物	E 110°22′38.2″ N 27°50′30.7″	97
						P	14—21	浅红棕色	砂壤土	棱块状	6.0										
						W	21—55	暗红棕色	砂土	粒状	6.4										
						C	55—100														
剖33	铁铝土	红壤	红壤	耕型板页岩红壤	扁砂土	A	0—13	棕灰色	黏壤土	小块状	6.4	27.5	1.51	1.60	25.7	125	5.7	199	板页岩坡积物	E 110°24′17.2″ N 27°51′35.8″	95
						Bv	13—25	红棕色	黏壤土	块状	6.4										
						C	25—75	红棕色	黏壤土	块状	6.4										
						D	75—100														
剖34	人为土	水稻土	淹育水稻土	浅酸紫泥田	浅酸紫砂泥田	A	0—14	灰黄棕色	壤土	小块状	6.0	30.0	1.69	1.25	25.4	128	6.2	55	紫色砂页岩坡积物	E 110°25′09.6″ N 27°52′10.9″	95
						P	13—21	棕灰色	壤土	块状	6.4										
						C	21—100	灰黄棕色	壤土	块状	6.4										
剖35	人为土	水稻土	渗育水稻土	白鳝泥田	白磁砂泥田	A	0—15	灰黄色	黏壤土	小块状	6.4	28.4	1.87	1.37	18.3	104	7.1	57	红色砂岩坡积物	E 110°25′16.6″ N 27°50′29.4″	75
						P	15—25	暗红棕色	黏壤土	块状	7.2										
						E	25—100	红棕色	黏土	块状	7.2										
剖36	初育土	石灰(岩)土	黄色石灰土	黄色石灰土	薄腐中层黄色石灰土	Ao	0—3	浅灰黄色	壤土	团粒状	6.8	13.2	1.15	0.84	25.4	151	2.8	120	石灰岩残积物	E 110°29′24.0″ N 27°26′55.0″	95
						A₁	3—5	暗棕色	黏壤土	块状	7.2										
						A	5—37	灰黄棕色	黏壤土	块状	7.6										
						Bv	37—68	暗红棕色	黏壤土	块状											
						CD	68—														
剖37	人为土	水稻土	潜育水稻土	冷浸田	锈水田	A	0—16	浅灰黄色	壤土	小块状	6.2	33.6	0.74	0.96	18.0	81	9.9	55	花岗岩坡积物	E 110°28′11.4″ N 27°24′30.9″	95
						P	16—24	灰黄色	壤土	块状	6.4										
						G	24—100	灰黄色	壤土	块状	6.0										

续表 Continued

剖面号 Soil profile	土纲 Soil order	土类 Soil great group	亚类 Soil subgroup	土属 Soil genus	土种 Soil species	土层码 Layer code	土层厚度 Depth/cm	颜色 Soil color	质地 Soil texture	土壤结构 Soil structure	pH	有机质 OM/(g/kg)	全氮 TN/(g/kg)	全磷 TP/(g/kg)	全钾 TK/(g/kg)	碱解氮 AN/(mg/kg)	有效磷 AP/(mg/kg)	速效钾 AK/(mg/kg)	土壤母质 Parent material	剖面点坐标 Profile coordinate	匹配指数 Matching index/%
剖38	铁铝土	红壤	红壤性土	板页岩红壤性土	薄腐板页岩红壤性土	Ao	0—2	暗棕色	壤土	团粒状	6.4	98.8	4.20	1.05	19.2	82	1.1	78	板页岩残积物	E 110°37′59.7″ N 28°10′27.6″	95
						A₁	2—4	暗红棕色	壤土	粒状	6.0										
						A	4—22	暗棕色	壤土	块状	5.6										
						Bv	22—34														
						C	34—														
剖39	铁铝土	红壤	黄红壤	砂岩黄红壤	薄腐中层砂岩黄红壤	Ao	0—2												砂岩残积物	E 110°39′54.3″ N 28°12′27.1″	97
						A₁	2—4	黑棕色	壤土	团粒状	5.2	89.3	3.82	1.00	16.9	101	2.4	38			
						A	4—28	棕色	砂壤土	粒状	4.4										
						Bv	28—60	浅红棕色	砂壤土	块状	4.4										
						C	60—														
剖40	铁铝土	红壤	红壤	耕型第四纪红土红壤	熟红土	A	0—19	暗灰棕色	壤土	小块状	6.8	18.4	1.35	1.06	20.0	108	11.9	199	第四纪红色黏土	E 110°39′26.0″ N 28°10′30.5″	95
						ABv	19—69	灰黄棕色	黏壤土	块状	6.8										
						Bv	69—100	红棕色	黏壤土	粒状	6.4										
剖41	人为土	水稻土	潴育水稻土	麻砂泥田	麻砂泥田	A	0—12	红灰色	黏土	块状	6.2	41.5	2.29	1.39	31.2	120	7.3	72	花岗岩坡积物	E 110°42′29.9″ N 28°06′54.9″	95
						P	12—18	浅黄灰色	黏壤土	棱块状	6.2										
						W₁	18—50	棕灰色	黏土	棱块状	6.6										
						W₂	50—100	黄色	黏土	块状	7.2										
剖42	人为土	水稻土	潴育水稻土	中性紫泥田	中性紫砂泥田	A	0—17	紫色	砂壤土	小块状	6.8	15.7	0.84	0.36	16.7	64	3.6	53	紫色砂页岩坡积物	E 110°44′13.6″ N 28°06′18.0″	95
						P	17—24	紫紫色	砂壤土	块状	7.2										
						W	24—100	浅紫紫棕色	砂壤土	棱块状	7.6										
剖43	人为土	水稻土	潴育水稻土	黄泥田	黑黄泥田	A	0—16	暗褐色	黏壤土	小块状	6.4	65.8	3.67	1.33	26.2	238	11.2	58	板岩、页岩坡积物	E 110°44′47.0″ N 28°05′05.6″	95
						P	16—22	棕灰色	黏壤土	块状	6.4										
						W₁	22—38	暗棕色	黏壤土	块状	6.4										
						W₂	38—90	灰黄棕色	黏壤土	棱块状	6.8										
						C	90—100	暗棕色	黏土	块状											
剖44	铁铝土	红壤	红壤	石灰岩红壤	薄腐中层石灰岩红壤	A₁	0—4	黄色	壤土	粒状	4.8	53.4	2.59	0.72	9.5	116	47.0	29	石灰岩坡积物	E 110°44′27.9″ N 28°06′07.0″	95
						A	4—30	黄棕色	壤土	块状	4.4										
						Bv	30—50	橙棕色	中壤土	块状	4.0										
						C	50—70														
剖45	铁铝土	红壤	红壤	石灰岩黄壤	薄腐中层石灰岩红壤	Ao	0—1	暗棕色	黏壤土	小块状	6.0	76.4	3.53	1.03	18.1	132	2.7	93	石灰岩	E 110°31′04.2″ N 28°03′34.5″	95
						A	1—2	红棕色	黏壤土	块状	5.6										
						Pg	2—45	青灰色	重黏土	棱柱状	7.2										
						W₁	15—25	暗黄棕色	黏土	棱柱状	7.2										
						W₂	25—49	灰黄棕色	黏土	棱柱状	7.6										
						C	49—100														
剖46	人为土	水稻土	潴育水稻土	灰黄泥田	青腐灰黄泥田	A	0—15					40.9	2.56	2.21		147	6.1	102	石灰岩	E 110°33′52.4″ N 28°01′04.4″	95
剖47	人为土	水稻土	潴育水稻土	扁砂泥田	黑扁砂泥田	A	0—16	暗棕色	壤土	小块状	6.4	39.0	1.83	1.34	20.6	140	6.0	83	炭质板岩、页岩坡积物	E 110°34′07.6″ N 28°00′41.3″	95
						P	16—25	暗棕色	壤土	棱柱状	6.4										
						W	25—55	黏棕色	黏壤土	棱柱状	6.6										
						C	55—100	暗黄棕色	黏壤土	大块状											
剖48	铁铝土	红壤	红壤	耕型花岗岩红壤	麻砂土	A	0—20	灰黄色	砂壤土	粒状	6.4	40.9	1.76	1.01	23.9	32	4.4	138	花岗岩坡积物	E 110°35′54.3″ N 28°02′03.6″	97
						ABv	20—90	黄橙色	砂壤土	粒状	5.2										
						Bv	90—100	暗黄橙色	砂壤土	粒状	5.2										

续表 Continued

剖面号 Soil profile	土纲 Soil order	土类 Soil great group	亚类 Soil subgroup	土属 Soil genus	土种 Soil species	土层码 Layer code	土层厚度 Depth/cm	颜色 Soil color	质地 Soil texture	土壤结构 Soil structure	pH	有机质 OM/(g/kg)	全氮 TN/(g/kg)	全磷 TP/(g/kg)	全钾 TK/(g/kg)	碱解氮 AN/(mg/kg)	有效磷 AP/(mg/kg)	速效钾 AK/(mg/kg)	土壤母质 Parent material	剖面点坐标 Profile coordinate	匹配指数 Matching index/%
剖49	人为土	水稻土	淹育水稻土	浅酸紫泥田	浅酸性浅紫砂田	A	0—12	灰棕色	砂壤土	小块状	5.6	14.9	1.17	0.38	15.6	67	2.9	50	紫色砂页岩坡积物	E 110°36′20.7″ N 28°01′52.9″	95
剖50	人为土	水稻土	矿毒型水稻土	非金属矿毒田	煤炭矿毒田	P	12—17	灰棕色	砂壤土	块状	6.2								紫色砂页岩坡积物	E 110°36′09.1″ N 28°00′32.8″	97
						W	17—30	红棕色	砂壤土	棱块状	7.0	65.7	2.39	1.12	9.2	99	3.3	53			
						C	30—100	紫棕色	砂土		7.4										
剖51	人为土	水稻土	潴育水稻土	酸紫泥田	红紫泥田	A	0—19	紫灰棕色	壤土	小块状	8.0	28.6	1.66	0.72	11.1	100	5.2	72	紫色砂页岩坡积物	E 110°37′21.5″ N 28°00′30.5″	95
						Pg	19—28	暗棕色	黏壤土	粒块状	7.6										
						S	28—100	暗棕色	砂土	块状	7.2										
剖52	人为土	水稻土	潴育水稻土	灰泥田		A	0—17	紫棕色	黏壤土	小块状	6.0	53.6	2.66	0.78	16.5	166	7.4	80	石灰岩坡积物	E 110°37′11.2″ N 28°00′59.1″	95
						P	17—24	紫红棕色	黏壤土	块状	6.8										
						W	24—100	紫红棕色	黏壤土	棱柱状	8.0										
剖53	人为土	水稻土	潴育水稻土	河砂泥田	河岩砂泥田	A	0—18	灰棕棕色	黏土	小块状	7.6	30.1	1.88	1.21	25.5	130	7.1	61	河流冲积物	E 110°38′18.5″ N 28°03′51.4″	95
						W₁	18—28	棕棕色	黏土	块状	7.2										
						W₂	28—60	黄棕色	黏土	块状	7.2										
						C	60—100	灰棕色	黏土	块状	7.0										
剖54	人为土	水稻土	潴育水稻土	岩渣田	青麻岩岩田	A	0—15	灰黄色	壤土	小块状	6.8	32.1	1.93	1.12	19.1	119	5.5	47	砂岩坡积物	E 110°32′23.9″ N 28°00′26.2″	95
						P	15—24	黄棕色	壤土	块柱状	6.8										
						W	24—100	灰棕色	壤土	块状	7.2										
剖55	人为土	水稻土	潴育水稻土	青泥田		A	0—15	灰白色	黏壤土	小块状	7.2	31.9	1.50	0.42	17.8	84	3.7	50	紫色砂页岩坡积物	E 110°38′11.3″ N 28°03′31.0″	95
						P	15—23	浅黄色	黏壤土	棱柱状	7.2										
						G	23—40	青棕色	黏壤土	粒状	7.2										
						S	33—47	浅灰黄色	砂土	粒状	7.2										
剖56	人为土	矿毒型水稻土		金属矿毒田	锑钨矿毒田	A	0—19	浅青棕色	壤土	小块状	8.0	44.6	1.25	1.17	15.6	148	30.3	127	河流冲积物	E 110°39′05.7″ N 28°02′45.5″	95
						Pg	19—27	灰紫棕色	黏壤土	块状	7.6										
						G	27—100	灰棕色	黏壤土	棱柱状	7.6										
剖57	人为土	潴育水稻土		红黄泥田	黄红黄泥田	A	0—16	灰青色	黏壤土	小块状	6.4	28.0	1.70	1.36	27.1	128	22.3	53	第四纪红色黏土坡积物	E 110°42′42.0″ N 28°02′31.0″	95
						P	16—24	灰青色	黏壤土	块状	6.4										
						W	24—33	浅棕色	黏壤土	块状	6.0										
						C	33—100	灰棕色	黏壤土	块状											
剖58	人为土	淹育水稻土		石灰泥田	石灰性浅黄泥田	A	0—13	灰棕色	黏壤土	小块状	6.8	36.3	1.16	1.57	29.5	119	8.2	53	板岩、页岩坡积物	E 110°44′57.0″ N 28°01′06.2″	95
						P	13—20	暗黄棕色	黏壤土	块状	7.6										
						W	20—34	黄棕色	黏壤土	棱柱状	8.0										
						C	34—100	暗黄棕色	黏壤土	块状	7.8										
剖59	人为土	淹育水稻土		浅岩渣田	燃红黄渣田	A	0—15	灰棕色	黏土	小块状	6.4	48.1	2.90	2.35	14.7	183	6.8	72	砂岩坡积物	E 110°42′53.2″ N 28°01′54.9″	95
						P	15—24	黄棕色	黏壤土	块状	6.8										
						W	24—60	黄青灰色	黏壤土	粒状	7.2										
						C	60—100	暗青灰色	砂土	块状											
剖60	人为土	潴育水稻土		烂泥田	游眼田	Ag	0—18	暗棕色	黏土	糊状	7.6	30.3	2.68	1.26	26.2	219	12.0	50	板岩、页岩坡积物	E 110°37′35.0″ N 28°01′08.4″	95
						G	18—100	暗红色	砂土	块状	7.8										
剖61	初育土	紫色土	中性紫色土	中性紫泥土	中层中性紫色土	A	0—16	黑色	壤土	块状	7.2	2.0	0.68	0.24	16.1	33	2.2	35	紫色页岩	E 110°38′43.2″ N 28°01′34.7″	97
						Bv	16—72	暗棕色	黏壤土	团块状	7.6										
						C	72—														

续表 Continued

剖面号 Soil profile	土纲 Soil order	土类 Soil great group	亚类 Soil subgroup	土属 Soil genus	土种 Soil species	土层码 Layer code	土层厚度 Depth/cm	颜色 Soil color	质地 Soil texture	土壤结构 Soil structure	pH	有机质 OM/(g/kg)	全氮 TN/(g/kg)	全磷 TP/(g/kg)	全钾 TK/(g/kg)	碱解氮 AN/(mg/kg)	有效磷 AP/(mg/kg)	速效钾 AK/(mg/kg)	土壤母质 Parent material	剖面点坐标 Profile coordinate	匹配指数 Matching index/%
剖62	人为土	水稻土	淹育水稻土	浅碱紫泥田	浅碱紫泥田	A	0—14	紫棕色	黏壤土	小块状	7.6	12.6	0.94	0.98	22.3	59	4.5	183	紫色砂页岩坡积物	E 110°41′13.1″ N 28°01′56.5″	95
						P	14—23	紫红色	黏壤土	块状	7.6										
						C	23—100	暗红棕色	黏壤土	块状	7.6										
剖63	人为土	水稻土	淹育水稻土	浅泥田	浅灰马肝泥田	A	0—15	浅灰棕色	黏土	块状	7.2	33.0	1.80	1.42	21.8	112	3.6	166	石灰岩坡积物	E 110°40′49.3″ N 28°00′18.7″	95
						P	15—22	棕色	黏土	棱块状	7.2										
						C	22—33	棕色	黏土	块状	7.2										
							33—100														
剖64	人为土	水稻土	潴育水稻土	河砂泥田	石灰性河砂泥田	A	0—16	浅灰色	壤土	小块状	8.0	44.5	2.53	1.00	25.3	97	10.9	69	河流冲积物	E 110°30′37.9″ N 27°59′09.4″	95
						P	16—23	棕色	壤土	块状	7.6										
						W	23—60	暗黄棕色	黏壤土	棱块状	6.8										
						S	60—100	浅黄棕色	黏壤土	棱块状	6.8										
剖65	人为土	水稻土	潜育水稻土	冷浸田	冷浸田	A	0—18	浅灰黄色	黏壤土	块状	8.0	42.9	2.33	0.99	20.8	161	4.9	111	板岩、页岩坡积物	E 110°31′49.1″ N 27°59′34.5″	82
						Pg	18—27	暗黄棕色	黏壤土	块状	8.0										
						G	27—100	青灰色	黏壤土	块状	8.0										
剖66	人为土	水稻土	淹育水稻土	浅碱紫泥田	浅碱紫泥田	A	0—15	紫棕色	壤土	小块状	7.7	13.8	1.02	0.75	23.1	69	6.2	72	紫色砂页岩坡积物	E 110°32′47.1″ N 27°59′19.5″	95
						Ap	15—22	暗紫棕色	壤土	块状	7.7	10.6	0.87	0.77	22.9						
						W	22—100	紫棕色	壤土	块状	7.7	6.7	0.70	0.72	22.7						
剖67	人为土	水稻土	潴育水稻土	黄泥田	黄泥田	A	0—14	暗黄棕色	壤土	小块状	6.3	43.6	2.49	0.57	15.2	128	4.8	64		E 110°34′08.7″ N 27°58′12.6″	95
						Ap	14—23	暗黄棕色	壤土	块状	6.5	37.0	2.12	1.50	14.5						
						W	23—100	浅黄棕色	壤土	块状	7.0	15.9	1.09	1.41	14.4						
剖68	人为土	水稻土	淹育水稻土	碱紫泥田	碱紫泥田	A	0—16	紫棕色	壤土	小块状	8.0	13.8	0.81	0.79	14.6	53	4.8	75	紫色砂页岩坡积物	E 110°35′08.7″ N 27°58′05.2″	95
						P	16—25	紫棕色	壤土	块状	8.0										
						W	25—68	紫色	砂壤土	棱块状	7.2										
						C	68—100	紫色	砂土	块状	7.2										
剖69	人为土	水稻土	潴育水稻土	黄泥田	砂质黄泥田	A	0—14	暗黄棕色	壤土	小块状	6.0	29.7	1.85	0.57	15.2	91	7.6	72	砂质板岩、页岩坡积物	E 110°34′37.1″ N 27°57′40.3″	81
						P	14—23	暗黄棕色	壤土	块状	6.4										
						W	23—100	浅灰棕色	壤土	棱块状	6.8										
剖70	铁铝土	红壤	红壤	耕型第四纪红土红壤	红泥土	A	0—13	浅红棕色	黏壤土	块状	6.0	1.5	1.28	1.48	15.1	67	4.5	55	第四纪红色黏土	E 110°37′20.8″ N 27°59′19.9″	97
						Bv	13—100	棕红色	黏壤土	块状	5.8										
剖71	初育土	紫色土	中性紫色土	耕型中性紫色土	中性紫泥土	A	0—16	浅灰棕色	黏壤土	块状	7.2	8.6	0.70	0.63	16.9	47	3.3	94	紫色砂页岩坡积物	E 110°35′00.2″ N 27°55′52.6″	97
						Bv	16—100	棕色	黏壤土	块状	7.2										
剖72	初育土	紫色土	石灰性紫色土	耕型石灰性紫色土	石灰性紫色土	A	0—17	紫棕色	黏壤土	小块状	7.6	13.1	1.10	0.76	23.3	89	4.8	191	紫色砂页岩坡积物	E 110°37′07.2″ N 27°56′35.5″	97
						Bv	17—50	紫棕色	黏壤土	棱块状	7.6										
						C	50—70	紫棕色	黏壤土	棱柱状	7.6										
						D	70—100	紫棕色	黏壤土	棱柱状	7.6										
剖73	人为土	水稻土	潴育水稻土	黄泥田	灰黄泥田	A	0—10	灰黄色	黏壤土	小块状	6.0	47.1	2.90	0.77	19.4	121	13.6	39	石灰岩坡积物	E 110°30′13.6″ N 27°57′14.4″	95
						P	10—23	灰黄色	黏壤土	块状	6.4										
						W	23—100	灰黄色	砂壤土	棱柱状	7.6										
剖74	铁铝土	黄红壤	黄红壤	灰黄泥田	灰黄红土	A	0—19	浅黄棕色	砂壤土	小块状	8.0	30.5	2.20	1.74	14.4	131	6.2	291	石灰岩坡积物	E 110°31′28.3″ N 27°57′22.4″	95
						Bv	19—100	浅黄棕色	砂壤土	块状	8.0										
剖75	人为土	水稻土	潴育水稻土	黄砂泥田	石灰性黄砂泥田	A	0—13	灰黄色	壤土	小块状	7.2	32.0	1.66	1.18	18.2	144	8.3	85	砂岩坡积物	E 110°35′10.4″ N 27°55′50.5″	95
						P	13—20	暗黄棕色	黏壤土	块状	7.6										
						W₁	20—53	浅黄棕色	黏壤土	棱柱状	7.6										
						W₂	53—100	浅黄棕色	黏壤土	棱柱状	7.6										
剖76	铁铝土	红壤	红壤	耕型花岗岩红壤	麻砂茶园土	A	0—20	暗黄色	砂壤土	粒状	6.0	38.4	2.04	3.60	41.0	126	42.7	193	花岗岩	E 110°31′53.6″ N 27°55′29.8″	95
						Bv	20—100	浅黄黄色	砂壤土	粒状	6.3	38.0	1.75	2.86	40.9						

续表 Continued

剖面号 Soil profile	土纲 Soil order	土类 Soil great group	亚类 Soil subgroup	土属 Soil genus	土种 Soil species	土层码 Layer code	土层厚度 Depth/cm	颜色 Soil color	质地 Soil texture	土壤结构 Soil structure	pH	有机质 OM/(g/kg)	全氮 TN/(g/kg)	全磷 TP/(g/kg)	全钾 TK/(g/kg)	碱解氮 AN/(mg/kg)	有效磷 AP/(mg/kg)	速效钾 AK/(mg/kg)	土壤母质 Parent material	剖面点坐标 Profile coordinate	匹配指数 Matching index/%
剖77	人为土	水稻土	潜育水稻土	青泥田	青紫泥田	Ag	0—15	浅棕色	黏土	小块状	8.0	39.2	2.21	0.99	24.9	170	4.5	83	紫色砂页岩坡积物	E 110°38′12.2″ N 27°58′20.8″	95
						Pg	15—24	浅棕色	黏土	块状	7.6										
						G	24—100	紫灰色	黏土	块状	7.2										
剖78	初育土	紫色土	石灰性紫色土	石灰性紫砂土	中层石灰性紫砂土	A	0—11	暗棕色	砂壤土	柱状	8.0	27.3	1.51	0.56	12.9	34	1.5	51	紫色砂岩残积物	E 110°40′10.8″ N 27°59′46.7″	95
						Bv	11—20	暗棕红色	砂壤土	柱状	7.6										
						AC	20—42	暗棕红色	砂壤土	块状	7.6										
						C	42—														
剖79	初育土	紫色土	中性紫色土	中性紫砂土	厚层中性紫砂土	Aoo	0—1													紫色砂岩	E 110°40′43.3″ N 27°59′20.0″	75
						A₁	1—2	棕色	轻壤土	柱状	6.2	10.0	0.98	0.45	14.4	33	2.2	35			
						Bv	2—55	暗棕红色	轻壤土	柱状	6.8										
						BvC	55—97	浅棕红色	轻壤土	柱状	6.8										
						C	97—140	暗棕红色	黏壤土	块状	6.4										
剖80	初育土	石灰(岩)土	黑色石灰土		黑色石灰土	Ao	0—1													石灰岩坡积物	E 110°40′32.5″ N 27°58′26.1″	97
						A	1—21	浅灰色	壤土	粒状	6.0	58.1	1.50	0.63	13.2	156	1.2	64			
						ABv	21—46	暗灰色	黏壤土	粒状	6.0										
						Bv	46—62	棕色	黏壤土	粒状	5.2										
						D	62—														
剖81	淋溶土	黄棕壤	山地黄棕壤	石灰岩山地黄棕壤		A	0—20	浅棕色	壤土	小块状	5.4	45.0	2.04	0.97	25.6	169	4.6	69	板页岩坡积物	E 110°44′12.1″ N 27°59′02.5″	75
						Bv	20—100	浅红棕色	黏壤土	块状	5.6										
剖82	人为土	水稻土	潴育水稻土	灰黄泥田	灰红黄泥田	A	0—13	灰黄棕色	黏壤土	小块状	6.8	33.3	1.88	1.25	16.1	141	4.6	89	石灰岩、板岩、页岩坡积物	E 110°43′18.4″ N 27°57′36.8″	95
						P	13—17	暗棕色	黏壤土	棱块状	6.4										
						W₁	17—50	暗灰棕色	黏壤土	棱块状	7.6										
						W₂	50—100	暗紫红色	黏土	棱块状	7.6										
剖83	淋溶土	黄棕壤	山地黄棕壤	石灰岩山地黄棕壤		Ao	0—3													石灰岩残积物	E 110°44′06.8″ N 27°58′38.2″	97
						A	3—5	暗棕色	壤土	团粒状	7.2	19.4	1.31	0.58	18.9	89	9.3	75			
						ABv	5—30	暗灰棕色	黏壤土	块状	6.8										
						Bv	30—49	棕色	黏壤土	块状	6.4										
						D	49—														
剖84	人为土	水稻土	潴育水稻土	中性浅紫泥田	中性浅紫砂田	A	0—14	棕灰色	砂壤土	小块状	7.4	28.5	1.82	1.39	22.7	110	5.2	53	紫色砂页岩坡积物	E 110°42′32.8″ N 27°57′25.1″	95
						P	14—21	暗紫棕色	砂壤土	块状	7.2										
						C	21—100	紫紫棕色	砂壤土	块状	7.6										
剖85	人为土	水稻土	潴育水稻土	浅酸紫泥田	浅酸黄紫泥田	A	0—15	暗棕色	壤土	小块状	6.4	11.3	0.80	0.87	27.0	60	3.7	111	紫色砂页岩、第四纪红土	E 110°41′59.1″ N 27°55′59.0″	95
						P	15—22	浅紫棕色	黏壤土	块状	6.4										
						W	22—33	浅紫棕色	黏壤土	块状	6.8										
						C	33—100	暗紫棕色	黏土	块状	6.8										
剖86	初育土	紫色土	中性紫色土	耕型中性紫色土	园艺中性紫泥土	Ao	0—15	红棕色	黏壤土	小块状	6.8	12.3	0.80	0.79	23.4	71	6.5	97	紫色砂页岩坡积物	E 110°38′12.0″ N 27°56′55.1″	95
						ABv	15—46	红棕色	黏壤土	块状	7.0										
						Bv	46—100	浅红棕色	壤土	块状	6.4										
剖87	初育土	紫色土	酸性紫色土	耕型酸性紫色土	紫红土	A	0—16	浅红棕色	黏壤土	小块状	6.8	12.8	0.88	0.91	19.2	65	7.1	66	紫色砂页岩	E 110°38′30.8″ N 27°57′10.9″	97
						Bv	16—60	暗红棕色	壤土	块状	7.0										
						C	60—100	暗红棕色	黏土	块状	6.0										
剖88	人为土	水稻土	潴育水稻土	浅酸紫泥田	浅酸紫泥田	A	0—14	红棕色	黏土	小块状	6.0								紫色砂页岩坡积物	E 110°38′13.1″ N 27°56′10.6″	95
						P	14—24	红棕色	黏土	块状	5.6										
						W	24—40	红黄色	黏壤土	棱块状	5.6										
						C	40—100														

续表 Continued

剖面号 Soil profile	土纲 Soil order	土类 Soil great group	亚类 Soil subgroup	土属 Soil genus	土种 Soil species	土层码 Layer code	土层厚度 Depth/cm	颜色 Soil color	质地 Soil texture	土壤结构 Soil structure	pH	有机质 OM/(g/kg)	全氮 TN/(g/kg)	全磷 TP/(g/kg)	全钾 TK/(g/kg)	碱解氮 AN/(mg/kg)	有效磷 AP/(mg/kg)	速效钾 AK/(mg/kg)	土壤母质 Parent material	剖面点坐标 Profile coordinate	匹配指数 Matching index/%
剖89	人为土	水稻土	淹育水稻土	中性浅紫泥田	中性浅紫泥田	A	0—15	紫棕色	黏壤土	小块状	6.8	32.8	1.84	0.76	20.7	89	3.7	95	紫色砂页岩坡积物	E 110°39′41.7″ N 27°57′13.9″	95
						P	15—24	紫棕色	黏壤土	块状	6.8										
						W	24—40	紫棕色	黏壤土	棱块状	6.8										
						C	40—100	黄棕色	黏壤土	块状	6.4										
剖90	人为土	水稻土	潜育水稻土	黄泥田	黄泥田	A	0—16	灰红色	黏壤土	小块状	5.6	37.2	1.93	0.86	25.6	187	25.1	114	板岩、页岩坡积物	E 110°39′56.2″ N 27°55′16.3″	95
						P	16—23	灰红色	黏壤土	块状	6.0										
						W₁	23—58	红橙色	黏壤土	棱块状	6.4										
						W₂	58—100	浅红橙色	黏壤土	棱柱状	6.8										
剖91	人为土	水稻土	潜育水稻土	红黄泥田	红黄泥田	A	0—18	暗黄棕色	黏壤土	小块状	5.6	26.2	1.49	0.99	11.5	98	4.4	42	第四纪红色黏土坡积物	E 110°32′40.2″ N 27°54′41.7″	95
						P	18—24	黄黄色	黏壤土	块状	6.0										
						W₁	24—80	黄色	黏土	棱柱状	7.0										
						W₂	80—100	黄色	黏土	大块状	7.2										
剖92	人为土	水稻土	潜育水稻土	青泥田	石灰性青泥田	A	0—16	浅棕色	黏壤土	小块状	8.0	40.5	1.97	1.02	9.9	151	7.1	75	砂岩及砂砾岩坡积物	E 110°32′53.3″ N 27°54′03.7″	95
						Pg	16—26	暗黄棕色	黏壤土	块状	8.0										
						G	26—100	暗灰色	黏壤土	粒状	8.0										
剖93	铁铝土	红壤		石灰岩红壤	薄腐厚层石灰岩红壤	A	0—8	棕色	砂壤土	粒状	5.2	78.3	2.97	0.61	15.0	≥500	10.1	105	砂岩残积物	E 110°32′33.3″ N 27°53′05.4″	95
						Bv	8—43	红棕色	砂壤土	粒状	5.2										
						C	43—														
剖94	人为土	水稻土	潜育水稻土	浅灰黄泥田	浅灰黄泥田	A	0—13	灰白色	黏壤土	小块状	5.6	43.4	2.63	0.96	25.9	156	9.8	150	石灰岩坡积物	E 110°32′22.2″ N 27°52′32.4″	95
						P	13—22	浅黄棕色	黏壤土	块状	6.8										
						C	22—100	黄黄棕色	黏壤土	棱块状	7.2										
剖95	人为土	水稻土	潜育水稻土	灰泥田	青黑灰泥田	A	0—20	棕色	黏壤土	小块状	8.0	85.5	7.08	1.00	11.6	241	10.4	122	石灰岩坡积物	E 110°34′13.2″ N 27°54′25.2″	95
						Pg	20—30	暗棕色	黏壤土	块状	8.0										
						G	30—40	暗棕色	黏壤土	块状	8.0										
						W	40—100	棕色	黏壤土	棱块状	8.0										
剖96	铁铝土	红壤		砂岩红壤	薄腐厚层砂岩红壤	Ao	0—1														
						A	1—25	黄棕色	中壤土	团粒状	6.0	5.5	3.24	1.10	12.2	47	≤1.0	22	砂岩残积物	E 110°34′37.0″ N 27°54′30.0″	98
						A₁	25—57	浅红棕色	轻壤土	粒状	5.6										
						Bv₂	57—86	红色	轻壤土	粒状	4.8										
						C	86—														
剖97	人为土	水稻土	淹育水稻土	浅灰黄泥田	浅黄砂泥田	A	0—16	暗黄棕色	壤土	小块状	6.4	31.6	2.07	1.49	10.5	131	7.2	64	石灰岩坡积物	E 110°35′14.3″ N 27°52′38.3″	95
						P	16—24	灰黄色	黏壤土	块状	6.4										
						W	24—39	黄黄色	黏壤土	棱块状	6.8										
						C	39—100	浅灰棕色	黏壤土	块状	7.2										
剖98	初育土	紫色土	酸性紫色土	酸性紫砂土	薄腐厚层酸性紫砂土	A₁	0—1	浅灰棕色	砂壤土	粒状	5.2	63.1	2.33	0.54	8.9	35	2.7	27	紫色粉砂岩残积物	E 110°36′19.6″ N 27°52′39.1″	98
						A	1—13	红色	砂壤土	粒状	5.2										
						Bv	13—110	暗红色	砂壤土	粒状	4.8										
						BvC	110—122	暗红色	砂壤土	粒状	4.8										
						C	122—														
剖99	人为土	水稻土	潜育水稻土	麻砂泥田	麻砂泥田	A	0—17	浅灰色	壤土	小块状	6.4	40.1	1.68	1.36	35.5	138	8.3	66	花岗岩坡积物	E 110°35′07.6″ N 27°51′42.0″	95
						P	17—22	暗黄色	壤土	块状	6.8										
						W	22—100	棕灰色	黏壤土	棱柱状	7.2										
剖100	人为土	水稻土	潜育水稻土	青泥田	青砂田	A	0—14	褐色	壤土	块状	6.4	35.6	2.06	0.68	28.2	134	8.5	136	河流冲积物	E 110°31′34.5″ N 27°52′25.1″	95
						Pg	14—22	暗黄黄色	壤土	块状	6.4										
						G	22—100	浅灰色	黏壤土	块状	6.4										

续表 Continued

剖面号 Soil profile	土纲 Soil order	土类 Soil great group	亚类 Soil subgroup	土属 Soil genus	土种 Soil species	土层码 Layer code	土层厚度 Depth/cm	颜色 Soil color	质地 Soil texture	土壤结构 Soil structure	pH	有机质 OM/(g/kg)	全氮 TN/(g/kg)	全磷 TP/(g/kg)	全钾 TK/(g/kg)	碱解氮 AN/(mg/kg)	有效磷 AP/(mg/kg)	速效钾 AK/(mg/kg)	土壤母质 Parent material	剖面点坐标 Profile coordinate	匹配指数 Matching index/%
剖101	铁铝土	红壤	红壤性土	砂岩红壤性土	薄腐砂岩红壤性土	Ao	0—1	红棕色	重壤土	团粒状	5.2	27.0	1.13	0.44	19.0	49	≤1.0	38	砂岩残积物	E 110°30′33.2″ N 27°50′38.2″	95
						A₁	1—2	红色	中壤土	粒状	4.8										
						AC	2—23		轻壤土	块状	4.8										
							23—34														
剖102	铁铝土	红壤	红壤	耕型砂岩红壤	黄砂土	A	0—18	暗黄棕色	壤土	块状	6.8	38.4	2.12	1.63	15.7	141	6.5	432	砂岩坡积物	E 110°37′35.3″ N 27°54′23.7″	97
						Bv	18—100	暗黄棕色	黏壤土	块状	5.2										
剖103	人为土	水稻土	潴育水稻土	麻砂泥田	黄麻砂泥田	A	0—17	暗黄棕色	砂壤土	小块状	6.4	23.9	1.32	0.99	28.1	115	8.1	107	花岗岩坡积物	E 110°39′22.7″ N 27°53′35.4″	95
						P	17—24	暗黄色	砂壤土	小块状	6.4										
						W	24—80	灰黄色	砂壤土	小块状	6.6										
						C	80—100	灰白色	砂土												
剖104	初育土	紫色土	酸性紫色土	耕型酸性砂页岩紫砂土	酸紫砂土	A	0—19	黄紫棕色	砂壤土	小团块状	6.4	26.0	1.54	0.35	18.3	41	2.3	47	紫色砂页岩坡积物	E 110°40′03.2″ N 27°54′16.7″	97
						Bv	19—100	黄紫棕色	砂壤土	粒状	6.8										
剖105	初育土	紫色土	中性紫色土	耕型中性紫砂土	中性紫砂土	A	0—15	暗紫棕色	砂壤土	块状	6.4	6.8	0.66	0.80	19.3	47	5.5	85	紫色砂页岩坡积物	E 110°40′33.8″ N 27°53′06.9″	75
						Bv	15—35	紫红色	砂壤土	块状	7.2										
						CD	35—100	暗紫红色	砂土		8.0										
剖106	人为土	水稻土	淹育水稻土	浅麻砂泥田	浅麻砂泥田	A	0—15	灰黄色	黏壤土	小块状	6.0	34.3	1.80	1.34	23.9	89	3.0	89	花岗岩坡积物	E 110°43′00.1″ N 27°52′18.9″	95
						P	15—22	灰黄色	黏壤土	块状	6.2										
						C	22—100	暗黄橙色	壤土	粒状	5.8										
剖107	铁铝土	红壤	黄红壤	耕型板页岩黄红壤	黄红土	A	0—19	暗黄棕色	壤土	小块状	6.0	27.9	2.05	1.65	25.7	126	7.0	50	板页岩坡积物	E 110°43′20.3″ N 27°51′40.9″	95
						P	19—100	暗黄黄色	壤土	块状	5.2										
剖108	铁铝土	红壤	红壤	板页岩红壤	板页岩红壤	A	0—22	暗黄棕色	壤土	小块状	6.4	80.7	3.17	1.70	13.8	91	14.3	241	板页岩坡积物	E 110°43′16.3″ N 27°51′02.0″	95
						Bv	22—100	黑色	壤土	块状	6.0										
剖109	人为土	水稻土	潴育水稻土	扁砂泥田	青隔黄扁砂泥田	A	0—15	浅灰黄色	壤土	小块状	6.0	45.0	2.60	1.09	23.2	204	3.8	159	板岩、页岩坡积物	E 110°38′13.2″ N 27°51′10.1″	95
						Pg	15—23	灰黄色	壤土	块状	6.0										
						G	23—37	灰黄色	壤土	棱柱状	6.0										
						W	37—100	灰黄色	壤土	块状	7.2										
剖110	初育土	紫色土	酸性紫色土	酸性紫色土	薄腐厚板页岩红壤	A	0—14	暗红棕色	黏壤土	块状	6.0	52.7	2.10	0.49	19.3	49	1.7	35	紫色页岩坡积物	E 110°38′55.6″ N 27°51′47.3″	97
						Bv	14—88	暗棕色	黏土	粒和块状	5.2	156.8	2.70	1.02	10.4	78	6.1	64	板页岩残积物		
剖111	铁铝土	红壤	红壤	板页岩红壤	薄腐厚板页岩红壤	Ao	0—1		壤土	团粒状	4.8									E 110°41′01.1″ N 27°50′06.7″	95
							1—6	黑色	壤土		4.4										
							104—														
剖112	人为土	水稻土	潴育水稻土	红黄泥田	石灰性红黄泥田	A	0—17	暗黄棕色	黏壤土	小块状	7.6	37.7	1.94	0.92	16.3	129	7.1	58	第四纪红色黏土坡积物	E 110°31′32.1″ N 27°48′59.4″	95
						P	17—23	暗黄棕色	黏壤土	块状	7.6										
						W₁	23—35	黄黄棕色	黏壤土	棱柱状	7.6										
						W₂	35—65	黄黄色	黏壤土	棱柱状	7.6										
						C	65—100	红黄棕色	黏壤土	块状	8.0										
剖113	铁铝土	红壤	红壤性土	砾红土	扁砂砾红土	A₁₁	0—13	棕色	壤质黏土	小块状	6.4	25.5	1.30	0.50	18.2		6.0	109	板岩风化残积物和坡积物	E 110°35′53.1″ N 27°49′28.9″	95
						Bv	13—25	亮棕色	壤质黏土	块状	6.4	10.3	0.50	0.40	13.4						
						C	25—75	橙色	壤质黏土	块状	6.3	7.2	0.40	0.50	12.5						
剖114	人为土	水稻土	渗育水稻土	白散泥田	青隔白散泥田	P	0—20	灰黄色	黏壤土	块状	6.8	38.2	2.06	0.92	21.3	144	3.9	55	河流冲积物	E 110°36′57.0″ N 27°49′27.7″	95
							20—28	暗黄色	黏壤土	块状	7.0										
						G	28—55	暗灰青色	黏壤土	块状	6.6										
						E	55—100	棕灰色	砂壤土	块状	7.2										

续表 Continued

剖面号 Soil profile	土纲 Soil order	土类 Soil great group	亚类 Soil subgroup	土属 Soil genus	土种 Soil species	土层码 Layer code	土层厚度 Depth/cm	颜色 Soil color	质地 Soil texture	土壤结构 Soil structure	pH	有机质 OM/(g/kg)	全氮 TN/(g/kg)	全磷 TP/(g/kg)	全钾 TK/(g/kg)	碱解氮 AN/(mg/kg)	有效磷 AP/(mg/kg)	速效钾 AK/(mg/kg)	土壤母质 Parent material	剖面点坐标 Profile coordinate	匹配指数 Matching index/%
剖115	人为土	水稻土	潜育水稻土	青泥田	石底河砂泥田	A	0—17	灰棕色	黏壤土	小块状	5.6	25.8	1.72	0.86	25.7	187	4.7	56	板岩，页岩坡积物	E 110°37′05.0″ N 27°46′13.6″	95
						Pg	17—24	青灰色	黏壤土	块状	6.0										
						G	24—100	棕灰色	黏壤土	块状	6.0										
剖116	人为土	水稻土	潜育水稻土	河砂泥田		A	0—14	灰白色	壤土	小块状	6.4	26.7	1.56	0.73	30.5	79	5.2	58	河流冲积物	E 110°37′48.4″ N 27°49′56.6″	95
						P	14—21	绿棕色	砂土	块状	6.4										
						S₁	21—33	黑灰色	砂土	粒状	6.8										
						S₂	33—100	灰白色	砂土	粒状	7.2										
剖117	人为土	水稻土	淹育水稻土	浅黄砂泥田	浅黄砂泥田	A	0—12	浅黄色	壤土	小块状	5.6	39.6	2.37	0.83	20.2	190	33.8	125	砂岩坡积物	E 110°41′40.6″ N 27°49′52.1″	95
						W	17—29	灰黄色	砂壤土	块状	6.0										
						C	29—100	黄棕色	砂壤土	粒状	6.8										
								浅棕色			7.2										
剖118	人为土	水稻土	潜育水稻土	中性紫泥田	青腐中性紫砂泥田	A	0—16	紫棕色	壤土	小块状	7.0	21.7	1.17	1.52	37.3	95	3.7	61	紫色砂页岩坡积物	E 110°41′23.3″ N 27°48′27.6″	95
						Pg	16—26	灰棕色	砂壤土	块状	6.8										
						W	26—93	紫棕色	壤土	梭柱状	7.6										
						C	93—100	浅黄棕色			7.4										
剖119	铁铝土	黄壤	黄壤	板页岩黄棕壤	中腐中层板页岩黄棕壤	A	0—23	棕灰色	黏壤土	块状	6.4	22.5	1.38	0.52	31.2	128	7.1	199	板页岩坡积物	E 110°44′02.4″ N 27°45′58.2″	95
						P	23—100	浅灰棕色	黏壤土	块状	6.8										
剖120	淋溶土	黄棕壤	山地黄棕壤	板页岩山地黄棕壤		Ao	0—2				7.4	98.8	4.20	1.05	19.2	135	3.7	124	砂岩残积物	E 110°44′26.0″ N 27°46′32.9″	95
						A₁	2—10	暗棕色	壤土	团粒状	5.6										
						A	10—24	黄棕色	壤土	粒状	5.2										
						Bv	24—72	暗黄棕色	黏壤土	粒状	5.2										
						BvC	72—95	暗黄棕色	砂壤土	粒状	5.2										
						C	95—														
剖121	人为土	水稻土	潜育水稻土	扁砂泥田	薄腐中层砂岩黄壤	A	0—14	棕灰色	壤土	小块状	5.2	57.2	3.31	2.43	13.8	223	26.2	136	板岩，页岩坡积物	E 110°33′06.3″ N 27°42′40.1″	95
						P	14—20	暗黄棕色	壤土	块状	5.6										
						W₁	20—45	灰米黄棕色	黏壤土	梭柱状	6.0										
						W₂	45—100	黄黄棕色	黏壤土	梭柱状	6.4										
剖122	铁铝土	红壤	黄红壤	板页岩红壤		A	0—20	暗灰黄色	壤土	小块状	6.4	34.9	1.78	1.32	21.8	148	5.9	332	板页岩坡积物	E 110°42′25.9″ N 27°44′15.3″	95
						Bv	20—100	暗黄棕色	砂壤土	块状	6.0										
剖123	黄壤	黄壤	黄壤	砂岩黄壤	薄腐中层砂岩黄壤	Ao	0—5	暗黄灰色	壤土	块状	4.8	49.9	1.76	0.67	7.6	157	3.3	133	砂岩残积物	E 110°43′46.7″ N 27°44′39.5″	98
						A₁	5—13	黑色	壤土	粒状	5.0										
						ABv	13—28	黄棕色	壤土	块状	5.2										
						Bv	28—47	黄棕色	黏壤土	块状	5.4										
						C	47—69														
剖124	铁铝土	红壤	黄红壤	板页岩红壤		A	0—18	浅灰青色	壤土	小块状	6.4	27.3	1.47	1.03	26.2	107	2.8	125	板页岩，页岩坡积物	E 110°42′11.3″ N 27°41′52.7″	95
						Bv	18—100	灰米棕色	黏壤土	块状	6.0										
剖125	人为土	水稻土	潜育水稻土	青泥田	青泥田	A	0—19	暗黄棕色	黏壤土	块状	6.4	34.4	1.87	1.35	22.6	131	5.2	61	板岩，页岩坡积物	E 110°44′38.8″ N 27°42′26.4″	95
						Pg	19—27	灰黄色	壤土	块状	7.2										
						G	27—100	暗黄灰色	壤土	块状	7.2										
剖126	铁铝土	红壤	黄红壤	耕型花岗岩黄红壤	黄红麻砂土	A	0—18	浅灰黄色	壤土	小块状	6.4	23.8	1.97	1.84	47.0	124	5.1	150	花岗岩坡积物	E 110°33′44.3″ N 27°38′44.4″	97
						Bv	18—75	浅黄棕色	砂壤土	块状	6.2										
						BvC	75—100	黄棕色	壤土	块状	6.2										
剖127	人为土	水稻土	潜育水稻土	冷浸田	冷浸阴山田	A	0—16	绿灰色	壤土	小块状	6.4	52.5	2.37	1.19	25.9	187	5.4	44	板岩，页岩坡积物	E 110°34′10.4″ N 27°39′38.9″	95
						Pg	16—24	绿棕灰色	壤土	块状	6.4										
						G	24—100	暗棕灰色	黏壤土	块状	6.8										

续表 Continued

剖面号 Soil profile	土纲 Soil order	土类 Soil great group	亚类 Soil subgroup	土属 Soil genus	土种 Soil species	土层码 Layer code	土层厚度 Depth/cm	颜色 Soil color	质地 Soil texture	土壤结构 Soil structure	pH	有机质 OM/(g/kg)	全氮 TN/(g/kg)	全磷 TP/(g/kg)	全钾 TK/(g/kg)	碱解氮 AN/(mg/kg)	有效磷 AP/(mg/kg)	速效钾 AK/(mg/kg)	土壤母质 Parent material	剖面点坐标 Profile coordinate	匹配指数 Matching index/%
剖128	铁铝土	红壤	黄红壤	板页岩黄红壤	薄腐厚层板页岩黄红壤	Ao	0—2	黑棕色	壤土	团粒状	4.8	50.5	5.19	2.26	9.6	224	4.1	115	板页岩残积物	E 110°35′14.7″ N 27°38′16.4″	95
						A₁	2—7	暗棕色	壤土	粒块状	4.8										
						A	7—22	浅棕色	壤土	块状	5.2										
						Bv	22—88														
						C	88—														
剖129	铁铝土	红壤	黄红壤	板页岩黄红壤	薄腐中层板页岩黄红壤	Ao	0—2	暗棕色	壤土		6.0	121.0	6.72	0.95	15.9	170	3.3	84	板页岩残积物	E 110°31′16.4″ N 27°36′26.0″	95
						A₁	2—4	棕色	壤土		4.4										
						A	4—12	红棕色	壤土		4.4										
						Bv	12—74														
						C	74—														
剖130	人为土	水稻土	潴育水稻土	黄砂泥田	青骨黄砂泥田	A	0—16	浅黄色	壤土	小块状	6.0	32.0	2.13	0.81	25.1	164	8.3	58	砂岩坡积物	E 110°36′04.3″ N 27°30′10.5″	95
						Pg	16—22	灰黄色	壤土	小块状	6.0										
						G	22—43	灰黄色	粗砂土	粒状	6.4										
						W	43—100	灰黄色	粗砂土	小块状	6.8										
剖131	淋溶土	黄棕壤	山地黄棕壤	板页岩山地黄棕壤	中腐中层板页岩黄棕壤	Ao	0—3	黑棕色	壤土	团粒状	5.6	231.1	8.80	1.51	18.4	246	3.6	78	板页岩残积物	E 110°31′15.2″ N 27°31′47.9″	95
						A₁	3—7	暗棕色	壤土	粒块状	4.8										
						Bv	7—20	黄棕色	壤土	粒状	5.2										
						C	20—86														
							86—														
剖132	铁铝土	黄棕壤		耕型石灰岩黄壤	灰黄土	A	0—10	灰黄棕色	壤土	小块状	7.2	27.3	2.01	1.62	17.6	159	4.8	316	石灰岩坡积物	E 110°32′04.0″ N 27°31′57.7″	95
						Bv	10—40		黏土	块状	7.2										
						D	40—100														
剖133	人为土	水稻土	矿毒型水稻土	金属矿毒田	放射性矿毒田	A	0—14	暗黄棕色	壤土	小块状	6.0	40.7	1.35	11.3		183	16.5	75	板岩、页岩坡积物	E 110°32′54.0″ N 27°31′34.1″	95
						P	14—22	暗黄棕色	壤土	块状	6.4										
						W₁	22—63	黑黄色	黏壤土	棱块状	6.4										
						W₂	63—100	浅黄棕色	黏壤土	棱块状	6.4										
剖134	铁铝土	黄壤		耕型花岗岩黄壤	黄壤麻砂土	A	0—23	暗黄棕色	壤土	小块状	6.2	33.1	1.43	1.84	47.0	125	4.3	155	花岗岩坡积物	E 110°33′15.7″ N 27°28′51.2″	97
						ABv	23—38	暗棕色	砂壤土	块状	6.0										
						Bv	38—100	灰黄色	砂壤土	块状	5.8										
剖135	水稻土	潴育水稻土		青泥田		A	0—16	暗黄色	壤土	小块状	5.6	42.2	2.25	0.85	17.0	222	4.3	75	板岩、页岩坡积物	E 110°35′16.7″ N 27°26′38.7″	95
						Pg	16—23	暗黄棕色	壤土	块状	7.2										
						G	23—39	暗黄色	壤土	块状	7.0										
						S	39—100	暗绿灰色	壤土	粒状	7.0										
剖136	淋溶土	黄棕壤	山地黄棕壤性土			A₁	0—1	黑色	砂壤土	粒状	6.0	111.4	5.12	1.19	23.6	98	2.6	158	花岗岩残积物	E 110°36′53.7″ N 27°26′58.5″	95
						A	1—6	暗黄棕色	砂壤土	粒状	6.0										
						Bv	6—15	黄棕色	砂壤土	粒状	4.8										
						BvC	15—53				4.8										
						C	53—														
剖137	铁铝土	红壤	黄红壤	花岗岩黄红壤	薄腐厚层花岗岩黄红壤	Ao	0—1	暗棕色	壤土	团粒状	5.2	151.0	5.12	1.15	23.1	127	2.5	120	花岗岩残积物	E 110°36′27.6″ N 27°25′39.1″	95
						A₁	1—4	浅红棕色	砂壤土	粒状	5.2										
						Bv₁	4—13	红黄色	砂壤土	块状	4.6										
						Bv₂	13—76		砂壤土		4.4										
							76—														

续表 Continued

剖面号 Soil profile	土纲 Soil order	亚类 Soil subgroup	土属 Soil genus	土种 Soil species	土层码 Layer code	土层厚度 Depth/cm	颜色 Soil color	质地 Soil texture	土壤结构 Soil structure	pH	有机质 OM/(g/kg)	全氮 TN/(g/kg)	全磷 TP/(g/kg)	全钾 TK/(g/kg)	碱解氮 AN/(mg/kg)	有效磷 AP/(mg/kg)	速效钾 AK/(mg/kg)	土壤母质 Parent material	剖面点坐标 Profile coordinate	匹配指数 Matching index/%
剖138	人为土	潴育水稻土	麻砂泥田		A	0—16	浅灰黄色	壤土	小块状	5.6	55.9	2.65	1.01	31.2	120	4.8	116	花岗岩坡积物	E 110°32′19.8″ N 27°25′57.6″	95
					Pg	16—28	浅棕黄色	壤土	块状	5.6										
					W₁	28—58	暗绿灰色	壤土	棱块状	7.6										
					W₂	58—100	黑色	砂壤土	棱块状	6.8										
剖139	人为土	潴育水稻土	冷浸田	冷浸砂泥	A	0—22	灰黄色	壤土	块状	6.4	31.6	2.72	1.25	31.3	153	6.5	119	花岗岩坡积物	E 110°31′57.7″ N 27°25′23.1″	95
					Pg	22—29	浅棕黄色	壤土	块状	6.8										
					G	29—92	绿灰色	砂壤土	块状	6.8										
					C	92—100	浅黄棕色	砂土	块状	7.2										
剖140	铁铝土	红壤	花岗岩红壤		A	0—19	红橙色	黏壤土	小块状	6.4	17.6	1.29	1.18	27.7	68	2.1	127	花岗岩坡积物	E 110°32′52.6″ N 27°25′51.1″	95
					Bv	19—100	浅红橙色	黏壤土	块状	6.0										
剖141	人为土	潴育水稻土	麻砂泥田		A	0—15	暗绿灰色	壤土	小块状	8.0	65.4	2.47	≥10.00	22.6	194	8.3	55	花岗岩坡积物	E 110°32′06.7″ N 27°24′53.9″	95
					P	15—20	暗青灰色	壤土	块状	8.0										
					W₁	20—80	暗青灰色	壤土	棱柱状	7.6										
					W₂	80—100	暗棕灰色	壤土	棱柱状	7.2										
剖142	铁铝土	黄红壤	耕型石灰岩黄红壤	生草厚层花岗岩黄红壤	A	0—41	黑灰色	黏壤土	小块状	6.4	16.2	1.32	0.82	17.8	96	3.7	155	石灰岩坡积物	E 110°30′54.6″ N 27°22′50.4″	95
					Bv	41—100	黑绿色	黏壤土	块状	6.0										
剖143	人为土	潴育水稻土	烂泥田	酸紫砂泥田	A	0—18	暗绿灰色	壤土	小块状	6.0	38.4	1.86	1.07	30.4	138	9.3	91	花岗岩坡积物	E 110°32′28.6″ N 27°23′59.0″	95
					P	18—100	暗青灰色	壤土	块状	6.4										
剖144	铁铝土	红壤	耕型花岗岩红壤	麻砂土	A	0—6	浅棕红色	砂壤土	粒块状	4.8	17.1	1.39	0.42	34.6	97	4.9	33	花岗岩残积物	E 110°33′35.2″ N 27°24′47.5″	95
					E	6—124	红色	砂壤土	块状	4.8										
					C	124—														
剖145	人为土	潴育水稻土	黄泥田	显煤泥田	A	0—18	暗灰色	黏壤土	小块状	6.8	70.9	1.87	1.35	21.5	100	6.7	114	风化煤	E 110°33′32.8″ N 27°22′11.7″	95
					P	18—25	黑色	黏壤土	块状	6.8										
					W	25—100	暗灰色	黏土	棱柱状	7.2										
剖146	淋溶土	山地黄棕壤	山地生草黄棕壤		Aoo	0—1				4.4	101.4	0.62	3.14	28.5	220	7.0	146	花岗岩残积物	E 110°37′50.2″ N 27°24′10.1″	97
					Ao	1—2		砂壤土	团粒状	4.0										
					A₁	2—7	暗棕色	砂壤土	粒状	4.0										
					Bv	7—50	灰黄棕色	砂壤土	粒状											
					C	50—180	灰棕灰色													
						180—														
剖147	人为土	潴育水稻土	酸紫泥田	酸紫砂泥田	A	0—14	紫棕色	壤土	小块状	6.0	21.8	1.39	0.31	15.4	95	3.3	55	紫色砂页岩坡积物	E 110°46′03.5″ N 28°14′36.8″	95
					P	14—22	红棕色	黏壤土	块状	6.0										
					W₁	22—58	紫色	黏壤土	棱柱状	6.8										
					W₂	58—100	紫棕色	黏壤土	棱柱状	6.8										
剖148	铁铝土	红壤性	板页岩红壤性土	石渣红壤性土	A	0—2	灰棕色	黏壤土	粒状	7.2	36.8	1.64	0.49	13.2	112	3.6	93	板页岩	E 110°47′43.8″ N 28°10′39.5″	95
					Ao₁	2—4	浅棕红色	黏壤土	块状	6.8										
					Ao₂	4—12	暗棕红色	黏壤土	小块状	6.4										
					A₁	12—31														
					Bv₂	31—150														
剖149	人为土	潴育水稻土	岩渣田	岩渣田	A	0—13	棕灰色	壤土	小块状	6.4	28.4	1.67	0.97	23.9	148	12.2	50	砂岩坡积物	E 110°45′10.5″ N 28°07′13.0″	95
					P	13—19	暗黄棕色	壤土	块状	6.8										
					W	19—54	黄棕色	黏土	棱块状	7.0										
					C	54—100	浅黄棕色	黏土	块状	7.2										
剖150	人为土	淹育水稻土	浅黄泥田	砂质浅黄泥田	A	0—13	暗黄棕色	砂壤土	小块状	6.8	33.4	2.27	0.78	18.0	126	5.7	163	板岩、页岩坡积物	E 110°47′54.9″ N 28°06′14.8″	95
					P	13—19	暗灰黄色	砂壤土	块状	7.6										
					C	19—100	暗黄棕色	砂壤土	块状	7.6										

续表 Continued

剖面号 Soil profile	土纲 Soil order	土类 Soil great group	亚类 Soil subgroup	土属 Soil genus	土种 Soil species	土层码 Layer code	土层厚度 Depth/cm	颜色 Soil color	质地 Soil texture	土壤结构 Soil structure	pH	有机质 OM/(g/kg)	全氮 TN/(g/kg)	全磷 TP/(g/kg)	全钾 TK/(g/kg)	碱解氮 AN/(mg/kg)	有效磷 AP/(mg/kg)	速效钾 AK/(mg/kg)	土壤母质 Parent material	剖面点坐标 Profile coordinate	匹配指数 Matching index/%
剖151	铁铝土	红壤	红壤	板页岩红壤	薄腐厚层板页岩红壤	A	0—24	灰黄棕色	壤土	小块状	7.2	14.3	1.08	0.87	14.8	48	6.1	128	第四纪红色黏土	E 110°47′41.3″ N 28°00′07.8″	95
						ABv	24—50	浅黄棕色	壤土	块状	6.0										
						Bv	50—100	黄棕色	黏壤土	块状	5.6										
剖152	人为土	水稻土	淹育水稻土	浅黄泥田		A	0—15	灰黄棕色	黏壤土	块状	6.4	28.7	1.80	1.49	20.6	103	4.9	83	第四纪红色黏土残积物	E 110°47′46.3″ N 27°57′12.8″	95
						P	15—24	暗灰黄色	黏壤土	块状	6.4										
						C	24—100	暗黄棕色	黏壤土	块状	6.8										
剖153	铁铝土	红壤	红壤性	耕型板页岩红壤性土	红岩渣子土	A	0—28	灰黄棕色	壤土	小块状	6.0	23.4	2.23	1.17	19.0	103	5.8	61	板页岩坡积物	E 110°53′48.7″ N 27°56′52.9″	95
						Bv	28—38	黄棕色	黏土	块状	6.0										
						D	38—100														
剖154	人为土	水稻土	潜育水稻土	青泥田	青秾砂泥田	A	0—17	暗黄灰色	壤土	小块状	6.8	28.3	1.46	1.15	29.8	117	5.6	60	花岗岩坡积物	E 110°45′07.0″ N 27°52′10.2″	95
						P	17—25	青灰色	砂壤土	块状	7.2										
						G	25—100	暗青灰色	砂壤土	块状	7.6										
剖155	铁铝土	黄壤	黄壤性土	板页岩黄红土	薄腐板页岩黄壤性土	A	0—10	灰黄色	中壤土	粒状	6.0	3.9	4.08	0.73	20.7	256	5.3	166	板页岩残积物	E 110°45′50.3″ N 27°50′09.5″	95
						A₁	10—20	黄棕色	黏壤土	粒状	4.4										
						Bv	20—45														
						D	45—														
剖156	铁铝土	黄壤	黄壤	板页岩黄壤	薄腐厚层板页岩黄壤	Ao	0—3					43.5	2.15	0.77	12.8	116	4.1	146	砂岩残积物	E 110°53′09.5″ N 27°53′11.9″	95
						A₁	3—26	黑棕色	砂壤土	粒状	5.2										
						ABv	26—70	暗棕色	黏壤土	粒状	5.2										
						CD	70—														
剖157	铁铝土	红壤	黄红壤	耕型砂岩黄红壤	黄灰砂土	A	0—22	灰黄棕色	壤土	粒状	6.4	18.7	1.75	9.28	20.6	152	7.3	415	砂岩坡积物	E 110°55′44.2″ N 27°54′33.2″	95
						ABv	22—100	棕橙色	黏壤土	块状	6.4										
剖158	人为土	水稻土	潜育水稻土	冷浸田	冷浸岩渣田	Ag	0—17	棕灰色	黏壤土	块状	7.2	39.2	1.77	0.95	21.0	188	9.8	61	板岩、页岩坡积物	E 110°45′49.7″ N 27°43′45.2″	95
						Pg	17—25	棕灰色	黏壤土	块状	7.6										
						G	25—100	棕色	黏土	块状	7.6										
剖159	铁铝土	红壤	黄红壤	板页岩山地黄红壤	薄腐厚层板页岩黄红壤	Ao	0—7					143.7	4.45	1.14	13.9	150	3.7	95	板页岩坡积物	E 110°45′47.9″ N 27°43′09.6″	95
						A₁	7—20	黑棕色	壤土	粒状	5.0										
						A	20—71	暗黄棕色	壤土	块状	4.4										
						Bv	71—111	黄棕色	壤土	块状	4.0										
						C	111—														
剖160	淋溶土	黄棕壤	山地黄棕壤	板页岩山地黄棕壤	中腐中层板页岩黄棕壤	Ao	0—2				6.0	170.0	≥10.00	0.87	9.7	132	≤1.0	53	砂岩残积物	E 110°48′34.6″ N 27°40′55.2″	95
						A₁	2—5	棕色	壤土	团粒状											
						A	5—34	红灰色	壤土	粒状	5.6										
						Bv	34—68	黄棕色	壤土	粒状	5.6										
						C	68—														

会 同 县

主要土类说明

红壤是会同县主要土壤类型，占本县地域面积的 80%。红壤分布在海拔 600m 以下的低山、丘陵、山间小盆地及河流阶地。红壤土层深厚，剖面发育完整，剖面构型为 A_1-A-B-C 或 A-B-C。表层具有较浅薄的腐殖质层。土体呈红色或棕红色，较紧实，有铁子、铁锰结核、铁锰胶膜和铁盘等新生体，褐色胶膜沉积明显，具块状或棱块状结构。红壤养分含量受植被的影响较深。在自然植被保护良好的情况下，土壤有机质含量常在 30g/kg 以上，侵蚀严重的通常为 10—20g/kg。本县红壤分为红壤、黄红壤、红壤性土三个亚类。

水稻土是会同县第二大土壤类型，占本县地域面积的 9%。水稻土广泛分布在山区、丘陵、岗地和溪河谷平原，以地灵至堡子、沙溪至若水两条线上分布较为集中。在人为耕作、施肥、灌溉等措施的影响下，土壤内部进行着氧化还原交替、有机质合成与分解、盐基淋溶与复盐基作用的熟化过程，促进了土壤性状的改变，从而形成了水稻土所特有的形态、理化和生物特性。完整的水稻土发育剖面通常有耕作层、犁底层、潴育层、潜育层等基本层次，有时还有砂石层、漂洗层等层次出现。本县水稻土分为淹育型、潴育型、渗育型、潜育型、沼泽型、矿毒型六个亚类。

黄壤是会同县第三大土壤类型，占本县地域面积的 8%。黄壤发育于板岩、页岩和砂岩，分布在海拔 600—1100m 的中低山区及中山中下部，垂直分布在红壤之上、黄棕壤之下。地理条件较优，但由于气候凉湿，热量偏低，云雾多，日照少，土体因氧化铁水化而呈黄色，具有黄色淀积特征。受强淋溶作用的影响，土壤盐基不饱和，有机质层较为深厚。土壤呈酸性至弱酸性，pH 多为 5.0—5.8。本县黄壤分为黄壤和黄壤性土两个亚类。

紫色土占本县地域面积的 3%，发育于紫色砂页岩风化物，主要分布在海拔 400m 以下的低山、丘陵区，常与红壤交错分布。在长期的强淋溶作用下，钙离子淋失，紫色土大部分呈酸性，少部分呈中性，因此，本县紫色土仅有酸性紫色土和中性紫色土两个亚类。土体呈紫红色、紫色或暗紫棕色，全剖面色泽均一，无明显发生层次。丘顶土层较薄，剖面构型为 A-C，质地为粉砂土至轻黏土，个别地方有基岩裸露；丘陵下部土层深厚，厚度在 1m 以上。

小于本县地域面积 3% 的土壤类型有黄棕壤等。

本区域中心区气候特征

本区域中心区气候特征值
Regional climate characteristics in central area of the region

气候带：中亚热带湿润气候 Climate region: Subtropical humid climate	
年平均气温 /℃ Annual average temperature /℃	17.0
年平均最高气温 /℃ Annual average maximum temperature /℃	21.4
年平均最低气温 /℃ Annual average minimum temperature /℃	13.8
年降水量 /mm Annual precipitation /mm	1353
≥10℃的积温 /℃ Daily temperature accumulated in a year（≥10℃）/℃	6227
年日照时数 /h Annual sunshine /h	1466
年平均相对湿度 /% Annual average relative humidity /%	79
干燥度 Dryness	0.76

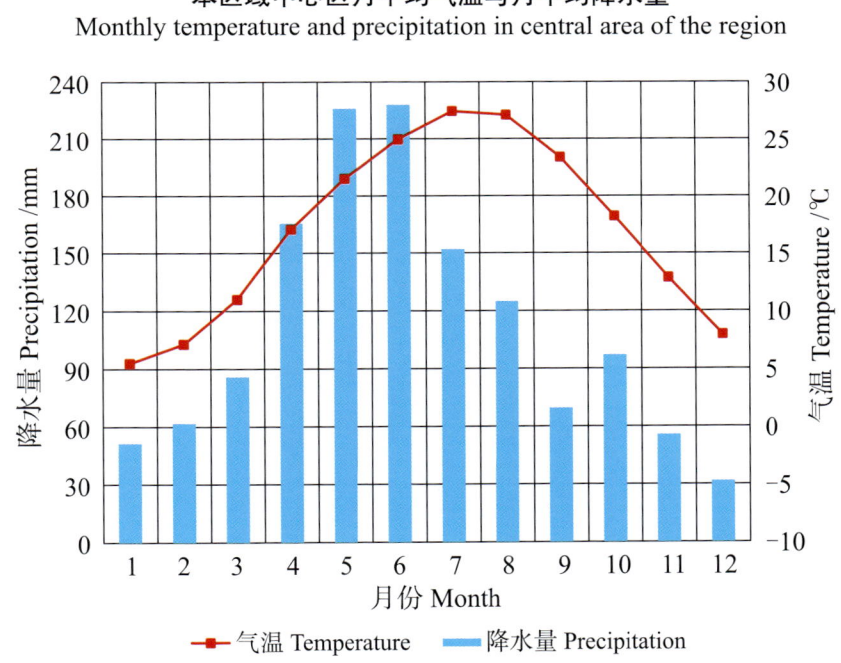

本区域中心区月平均气温与月平均降水量
Monthly temperature and precipitation in central area of the region

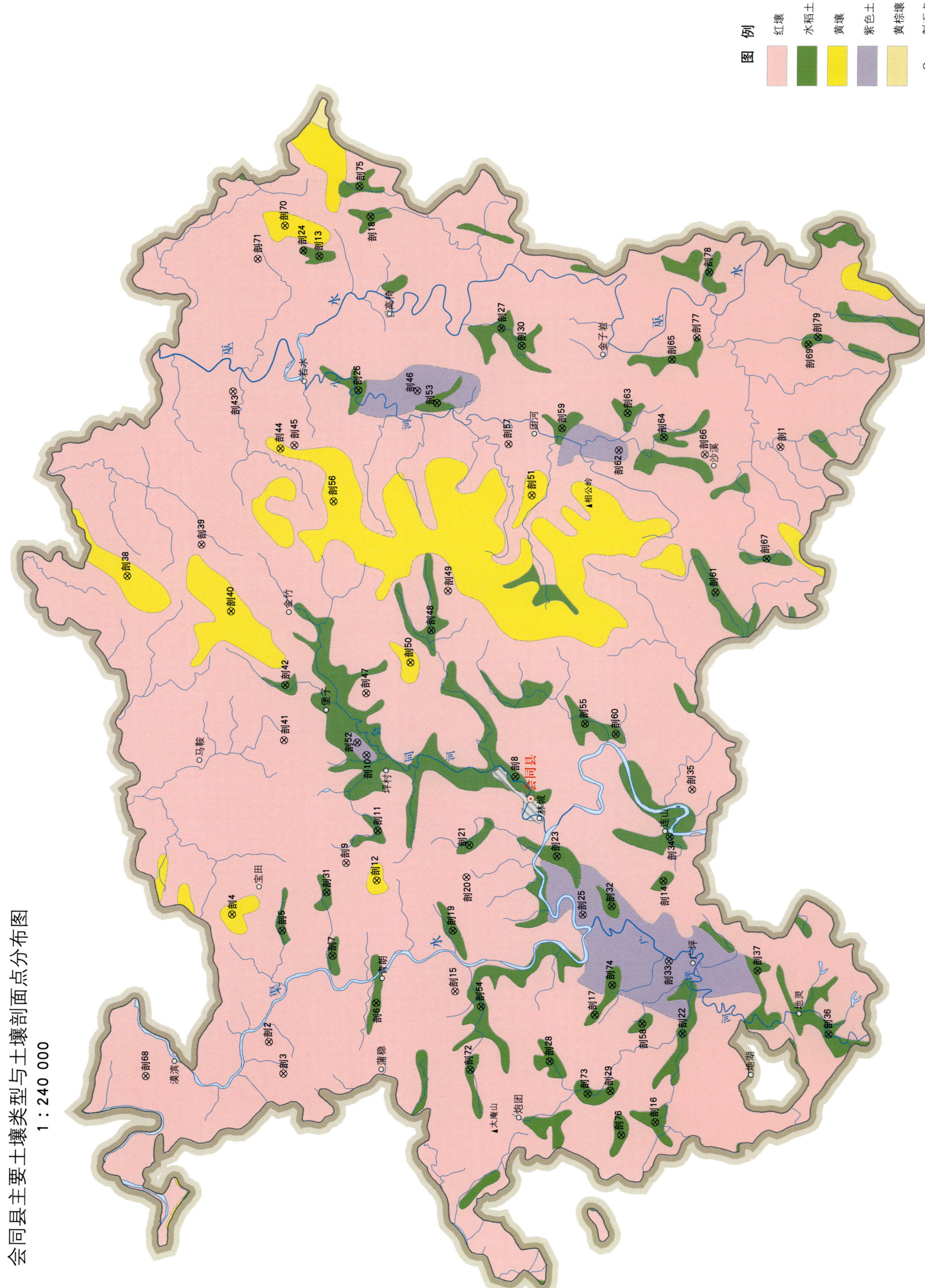

会同县主要土壤类型与土壤剖面点分布图
1:240 000

会同县土壤剖面理化性状表

剖面号 Soil profile	土纲 Soil order	土类 Soil great group	亚类 Soil subgroup	土属 Soil genus	土种 Soil species	土层码 Layer code	土层厚度 Depth/cm	颜色 Soil color	质地 Soil texture	土壤结构 Soil structure	pH	有机质 OM/(g/kg)	全氮 TN/(g/kg)	全磷 TP/(g/kg)	全钾 TK/(g/kg)	碱解氮 AN/(mg/kg)	有效磷 AP/(mg/kg)	速效钾 AK/(mg/kg)	阳离子交换量CEC/(cmol/kg)	土壤母质 Parent material	剖面点坐标 Profile coordinate	匹配指数 Matching index/%
剖1	铁铝土	红壤	红壤性土	板页岩红壤性土	薄腐板页岩红壤性土	A	0–15	浅棕色	重壤土	小块状	6.0	33.3	2.09	1.73	34.8	221	40.5	112		板页岩	E 109°33′04.3″ N 27°04′50.1″	75
						Bv	15–62	暗黄棕色	轻壤土	块状	5.9											
						C	62–100	暗棕红色	黏壤土	无结构	5.2											
剖2	铁铝土	红壤	红壤			A	0–10	浅黄棕色	重壤土	小块状	5.9	15.2	1.00	0.95	15.1	75	1.6	42		第四纪红色黏土	E 109°34′22.6″ N 27°00′51.1″	95
						ABv	10–22	浅黄棕色	重黏土	小块状	5.7											
						Bv	22–115	浅棕红色	轻黏土	大块状	6.0											
剖3	铁铝土	红壤	红壤	耕型板页岩红壤	岩渣子土	A	0–13	灰黄棕色	黏土	小块状	5.2	36.4	2.02	7.93	31.1	191	7.9	91		板页岩	E 109°33′14.8″ N 27°00′21.9″	95
						D	13–	暗黄棕色		无结构												
剖4	铁铝土	黄壤				A₁	3–25	暗棕色	壤土	粒状	5.3	114.6	4.43	1.21	11.8	204	≤1.0	144		板页岩	E 109°38′58.4″ N 27°02′07.0″	75
						BvC	25–55	棕色	黏壤土	块状	5.7	25.5	1.03	0.63	14.4							
						C	55–150	棕色	黏土	块状												
剖5	人为土	水稻土	淹育水稻土	中性浅紫泥田	中性浅紫泥田	A	0–16	褐色	壤土	小块状	5.6	18.9	1.31	0.58	18.0	132	1.5	83		紫色页岩残积物	E 109°38′24.6″ N 27°00′29.0″	75
						P	16–23	灰黄色	黏壤土	块状	6.9											
						W	23–32	红黄色	黏壤土	棱柱状	7.9											
						C	32–100	浅红色	黏壤土	棱柱状	7.6											
剖6	人为土	水稻土	淹育水稻土	浅黄泥田	生黄泥田	A	1–14	灰黄色	黏土	块状	5.3	23.7	1.56	0.73	17.8	117	5.1	75		板页岩残积物	E 109°35′49.5″ N 26°57′23.2″	95
						P	14–21	浅黄色	黏土	大块状	6.0											
						C	21–60	黄棕色	黏壤土	大块状	5.5											
剖7	人为土	潴育水稻土	黄泥田	黑黄泥田		A	0–17	暗棕灰色	黏土	小块状		60.6	3.02	1.39	25.3	195	15.8			板页岩残积物	E 109°37′31.3″ N 26°58′49.8″	75
						P	17–29	暗棕灰色	黏土	棱柱状												
						W₁	29–41	暗灰黄色	黏土	棱柱状												
						W₂	41–73	褐灰色	黏土	大块状												
						G	73–91	褐灰色	黏土	大块状												
剖8	人为土	潴育水稻土	黄泥田	砂质黄泥田		A	0–13	暗棕色	砂壤土	小块状	6.1	22.3	1.62	2.00	14.7	136	19.6	22		砂质页岩	E 109°39′49.1″ N 26°59′03.3″	95
						P	13–19	黄棕色	黏壤土	棱柱状	7.3											
						C	19–42	浅棕红色	砂土	块状	5.9											
						S	42–100	浅红色	砂土	块状	6.0											
剖9	铁铝土	红壤	黄红壤	耕型板页岩黄红壤	黄红岩渣子土	A	0–10	暗黄棕色	黏壤土	小块状	6.1	19.2	1.29	1.54	16.4	114	9.6	250		板页岩残积物	E 109°40′54.6″ N 26°58′26.3″	95
						Bv	10–17	黄棕色	黏土	大块状	6.1											
						BvC	17–100	暗黄棕色	黏壤土	大块状	6.0											
剖10	初育土	紫色土	酸性紫色土			A	0–46	红色	黏壤土	块状	5.2					67	1.6	58		紫色砂岩	E 109°44′49.6″ N 26°57′49.6″	75
						Bv	46–98	红色	黏壤土	块状												
						BvC	98–150	暗黄棕色	黏壤土	小块状												
剖11	人为土	水稻土	潴育水稻土	扁砂泥田	青扁砂泥田	A	0–11	暗棕灰色	黏壤土	小块状	5.7	29.2	2.11	0.56	23.2	185	7.1	75		板页岩残积物	E 109°42′05.0″ N 26°57′25.2″	95
						P	11–19	浅灰黄色	黏壤土	块状	5.5											
						W₁	19–30	暗黄棕色	黏壤土	大块状	6.4											
						W₂	30–100	暗黄棕色	黏壤土	大块状	6.5											
剖12	铁铝土	黄壤	黄壤	耕型砂岩黄壤	黄壤土	A	0–25	灰棕色	砂土	小块状	7.0	12.4	0.36	0.88	11.4	93	16.4	64		黄色砂岩残积物	E 109°40′17.0″ N 26°57′26.0″	75
						Bv	25–89	浅棕黄色	砂土	粒状	5.6											
						S	89–			无结构												

续表 Continued

剖面号 Soil profile	土纲 Soil order	土类 Soil great group	亚类 Soil subgroup	土属 Soil genus	土种 Soil species	土层码 Layer code	土层厚度 Depth/cm	颜色 Soil color	质地 Soil texture	土壤结构 Soil structure	pH	有机质 OM/(g/kg)	全氮 TN/(g/kg)	全磷 TP/(g/kg)	全钾 TK/(g/kg)	碱解氮 AN/(mg/kg)	有效磷 AP/(mg/kg)	速效钾 AK/(mg/kg)	阳离子交换量 CEC/(cmol/kg)	土壤母质 Parent material	剖面点坐标 Profile coordinate	匹配指数 Matching index/%
剖13	人为土	水稻土	淹育水稻土	浅灰黄泥田	浅灰黄泥	A	0—17	暗灰黄色	壤土	小块状	6.1	53.1	3.40	0.82	18.1	197	5.0	58		石灰岩	E 109°33′30.1″ N 26°54′17.6″	95
						P	17—26	浅灰色	黏壤土	块状	5.8											
						W₁	26—45	浅黄棕色	黏土	棱块状	7.3											
						W₂	45—93	暗黄棕色	黏土	棱块状	7.1											
剖14	人为土	水稻土	淹育水稻土	中性浅紫泥田	中性浅黄紫砂泥	A	0—19	黏壤土	黏壤土	小块状	8.3	29.0	1.55	0.78	17.0	103	2.3	95		紫色砂岩	E 109°35′46.0″ N 26°53′58.7″	95
						P	19—26	紫灰色	黏土	块状	8.2											
						W₁	26—75	紫色	黏土	块状	8.3											
						W₂	75—100	棕灰色	黏土	块状	8.0											
剖15	铁铝土	红壤	红壤性土	耕型板页岩红壤性土	石渣子土	A	0—13	暗黄橙色	黏壤土	小块状	4.9	31.1	2.16	1.55	26.0	168	35.4	155	11.4	板页岩	E 109°36′18.1″ N 26°54′49.5″	95
						BvC	13—90	黄橙色	黏土	块状	4.8	8.4	1.23	0.86	27.1	66	≤1.0	38	9.5			
						C	90—100	黄橙色	黏土	块状	4.7	3.4	0.97	0.71	33.1	36	≤1.0	36	8.5			
剖16	人为土	水稻土	潴育水稻土	扁砂泥田	青塥黄扁砂泥田	A	0—19	灰黄色	黏土	小块状	7.6					158	7.6	107		板页岩坡积物	E 109°33′51.1″ N 26°51′42.9″	95
						Pg	19—30	褐色	黏土	块状	7.6											
						G	30—77	紫灰色	黏土	块状	7.2											
						Eg	77—100	灰白色	黏土	块状	6.8											
剖17						A			重壤土												E 109°35′32.0″ N 26°50′16.5″	75
						P			重壤土													
						W₁			重壤土													
						W₂																
剖18	人为土	水稻土	淹育水稻土	黄泥田	黑黄泥田	A	0—18	暗黄色	壤土	小块状	5.4	33.9	2.10	0.54	17.3	149	4.5	64		石灰岩	E 109°32′43.0″ N 26°50′27.7″	95
						P	18—26	浅灰黄色	黏壤土	块状	5.2											
						W₁	26—60	灰黄色	黏土	大块状	5.6											
						W₂	60—100	浅灰黄色	黏土	棱块状	6.0											
剖19	人为土	水稻土	潴育水稻土	黄泥田	青塥黄泥田	A	0—16	灰黄色	黏壤土	小块状		45.7	2.40	1.68	20.8	147	15.0	24		板页岩坡积物	E 109°38′30.2″ N 26°54′56.4″	95
						Pg	16—23	灰白色	黏土	大块状	7.2											
						G	23—36	浅灰黄色	黏土	棱块状	6.1											
						W₁	36—55	红黄色	黏土	大块状	5.4											
						W₂	55—100	栗色	黏土	粒状		24.3	1.40	2.19	7.7	125	46.9	280				
剖20	铁铝土	红壤		耕型石灰岩红壤	灰红砂土	A	0—29	红棕色	砂壤土	小块状										石灰岩	E 109°40′27.1″ N 26°54′31.5″	95
						ABv	29—59	浅棕红色	砂土	小块状												
						Bv	59—100	浅棕红色	砂土	无结构												
						C	100—															
剖21	人为土	水稻土	淹育水稻土	浅黄泥田	砂质浅黄泥田	A	0—14	棕灰色	壤土	粒状	5.3	27.9	1.95	1.26	21.1	129	6.3	36		砂质板页岩	E 109°41′37.3″ N 26°54′26.8″	95
						P	14—22	灰棕色	壤土	粒状	5.5											
						W	22—41	灰黄棕色	砂壤土	棱块状	5.9											
						C	41—51	橙黄色	砂土	粒状	6.4											
剖22	人为土	水稻土	淹育水稻土	浅酸紫泥田	浅酸紫砂泥田	A	0—12	暗黄棕色	黏壤土	小块状	6.2	27.1	1.67	1.07	15.6	96	11.1	127		紫色砂岩残积物	E 109°44′07.1″ N 26°52′58.4″	95
						P	12—18	暗黄棕色	黏土	大块状	6.9											
						C	18—100	红棕色	黏土	块状	6.8											
剖23	人为土	水稻土	潴育水稻土	中性紫泥田	青塥中性紫泥田	A	0—15	褐色	砂壤土	小块状	6.8	33.6	2.15	0.79	22.8	153	10.3	105		紫色砂砾岩	E 109°41′15.9″ N 26°51′35.2″	95
						P	15—25	暗灰黄色	砂壤土	棱块状	5.3											
						W	25—64	暗黄棕色	砂土	块状	6.6											
						Sw	64—100	暗黄棕色	粗砂土	无结构												

续表 Continued

剖面号 Soil profile	土纲 Soil order	土类 Soil great group	亚类 Soil subgroup	土属 Soil genus	土种 Soil species	土层码 Layer code	土层厚度 Depth/cm	颜色 Soil color	质地 Soil texture	土壤结构 Soil structure	pH	有机质 OM/(g/kg)	全氮 TN/(g/kg)	全磷 TP/(g/kg)	全钾 TK/(g/kg)	碱解氮 AN/(mg/kg)	有效磷 AP/(mg/kg)	速效钾 AK/(mg/kg)	阳离子交换量CEC/(cmol/kg)	土壤母质 Parent material	剖面点坐标 Profile coordinate	匹配指数 Matching index/%
剖24	人为土	水稻土	淹育水稻土	浅黄泥田	浅黄泥田	A	0—15	暗黄棕色	中壤土	粒状	7.9	27.3	1.31	1.11	21.0	87	9.2	51			E 109°39′11.9″ N 26°51′59.8″	95
						P	15—25	暗灰黄色	中壤土	小块状	7.6											
						W_1	25—49	黄棕色	中壤土	小块状	7.7											
						W_2	49—100	栗色	中壤土	粒状	7.6											
剖25	初育土	紫色土	酸性紫色土			A_1	4—14	暗黄棕色	砂壤土	粒状	6.3	59.0	1.93	0.87	13.9	38	1.1	61		紫色砂砾岩	E 109°39′09.1″ N 26°50′43.0″	95
					砂质黄泥田	ABv	14—34	紫棕色	砂壤土	粒状	5.4	8.5	0.65	0.66	15.2							
						Bv	34—134	浅棕红色	砂壤土	粒状	5.3	3.8	0.62	1.41	15.8							
						C	134—200	暗棕红色	中壤土	粒状												
剖26	人为土	水稻土	潜育水稻土	黄泥田	中性紫泥田	A	0—25	暗黄棕色	中壤土	块状	7.9	68.2	2.99	1.46	18.4	212	16.0	91		紫色页岩残积物	E 109°39′59.2″ N 26°50′05.8″	75
						Pg	25—38	重壤土	重壤土	大块状	7.8											
						G	38—100	灰黄棕色	重壤土	棱块状	6.4											
剖27	人为土	水稻土	潜育水稻土	中性紫泥田	青紫泥田	A	0—15	褐色	中壤土	小块状	5.7	58.0	2.63	1.33	22.1	140	10.5	44		紫色砂岩残积物	E 109°31′15.1″ N 26°49′21.0″	75
						Pg	15—24	浅灰黄色	中壤土	块状	5.5											
						G	24—58	黄灰黄色	中壤土	大块状	5.7											
						Sg	58—100	灰黄色	砂土	粒状												
剖28	人为土	水稻土	潜育水稻土	青泥田	青熊灰泥田	A	0—20	暗黄棕色	壤土	小块状	5.6	60.9	3.18	1.21	26.0	230	8.3	43		紫色页岩残积物	E 109°31′44.3″ N 26°48′15.1″	95
						Pg	20—30	暗灰黄色	黏壤土	块状	5.7											
						W	30—100	浅灰黄色	黏壤土	棱块状	5.9											
剖29	人为土	水稻土	潜育水稻土	灰泥田	青隔灰泥田	A	0—17	暗黄棕色	黏壤土	块状	8.2	61.5	2.97	1.39	15.2	185	7.5	66		石灰岩残积物	E 109°32′50.0″ N 26°49′43.8″	75
						Pg	17—30	暗棕色	黏土	块状	8.1											
						W	30—100	褐色	黏土	棱块状	8.1											
剖30	人为土	水稻土	淹育水稻土	中性紫砂田	中性紫砂田	A	0—17	暗黄棕色	砂壤土	小块状	5.6	53.4	2.19	0.96	19.5	152	9.9	39		紫色砂砾岩残积物	E 109°35′14.6″ N 26°48′44.0″	75
						Pg	17—27	浅灰黄色	砂壤土	小块状	5.3											
						G	27—100	暗黄棕色	砂壤土	小块状	6.5											
剖31	人为土	水稻土	淹育水稻土	中性紫泥田		A	0—11	暗黄棕色	轻黏土	粒状	5.7	29.3	1.70	0.90	15.9	72	1.6	89		紫色砂岩坡积物	E 109°36′37.2″ N 26°49′43.2″	81
						P	11—16	暗灰黄色	重壤土	小块状	5.5											
						W_1	16—38	暗灰黄色	重壤土	块状	6.5											
						W_2	38—54	红棕色	黏土	棱块状	6.7											
						C	54—100	暗红棕色	中壤土	无结构	6.8											
剖32	人为土	水稻土	淹育水稻土	浅岩渣子田	浅岩渣田	A	0—15	暗灰黄色	砂壤土	小块状	6.7	48.9	2.63	0.90	18.8	148	6.5			紫色页岩坡积物	E 109°39′28.2″ N 26°49′47.1″	95
						P	15—24	浅灰黄色	砂壤土	块状	6.5											
						W	24—51	暗灰棕色	黏壤土	棱块状	6.7											
						S	51—100	暗红棕色	中壤土	无结构	7.0											
剖33	初育土	紫色土	酸性紫色土	中性紫砂田		A	0—17	浅灰黄色	黏壤土	小块状	5.4	24.2	1.10	0.69	18.2	190	13.1	208		紫色页岩	E 109°37′30.9″ N 26°47′53.5″	95
						Bv	17—100	浅红色	黏壤土	块状	5.3											
剖34	人为土	水稻土		浅泥砂田	浅泥砂田	Aa	0—13	灰棕色	砂壤土	小块状	6.0	46.6	2.30	0.40	19.4	214	8.0	116		板页岩风化残积物	E 109°42′11.0″ N 26°48′02.0″	95
						Ap	13—19	灰棕色	黏壤土	块状	6.0	37.6	2.00	0.40	19.5	153	7.0	96				
						C	19—30	棕色	黏壤土		7.2	13.9	1.10	0.50	18.4	62	7.0	71				
剖35	铁铝土	红壤		泥砂红土	肖家黄黏泥	A_{11}	0—16	亮棕色	粉砂质黏土	小块状	4.8	24.5	1.30	0.40	22.8	132	2.0	51		板页岩	E 109°43′44.2″ N 26°47′13.7″	81
						Bv	16—62	黄橙色	粉砂质黏土	块状	4.8	13.9	1.00	0.30	24.7	51		42				
						C	62—100	黄橙色	粉砂质黏土	棱块状	4.9	3.2	0.90	0.30	26.1	42						
剖36	人为土	水稻土	潜育水稻土	鳝泥田	黄扁砂泥田	Aa	0—15	棕灰色	黏壤土	小块状	5.9	43.1	2.40	0.30	18.9	151	7.0	81		板页岩残积物、坡积物	E 109°34′58.9″ N 26°42′39.6″	95
						Ap	15—25	油黄棕色	黏壤土	块状	6.2	39.3	2.20	0.30	18.8	96	6.0	39				
						W	25—65	黄棕色	黏壤土	棱块状	6.6	10.3	0.80	0.30	20.8	47	3.0	37				
						C	65—100	黄棕色	粉砂质黏土		6.6	6.5	0.50	0.30	20.5	40	2.0	28				

续表 Continued

剖面号 Soil profile	土纲 Soil order	土类 Soil great group	亚类 Soil subgroup	土属 Soil genus	土种 Soil species	土层码 Layer code	土层厚度 Depth/cm	颜色 Soil color	质地 Soil texture	土壤结构 Soil structure	pH	有机质 OM/(g/kg)	全氮 TN/(g/kg)	全磷 TP/(g/kg)	全钾 TK/(g/kg)	碱解氮 AN/(mg/kg)	有效磷 AP/(mg/kg)	速效钾 AK/(mg/kg)	阳离子交换量 CEC/(cmol/kg)	土壤母质 Parent material	剖面点坐标 Profile coordinate	匹配指数 Matching index/%
剖37	人为土	水稻土	潴育水稻土	灰黄泥田	菁藓灰黄泥田	Pg	0—18	浅灰色	黏壤土	小块状	7.4	40.6	2.22	0.75	15.1	181	7.0	61		石灰岩残积物	E 109°37′13.0″ N 26°44′59.9″	75
						W	18—32	绿灰色	黏壤土	块状	7.4											
							32—100	灰黄色	黏土	棱块状	6.7											
剖38	铁铝土	黄壤	黄壤	耕型板页岩黄壤	黄壤土	A	0—25	暗棕色	黏壤土	碎块状	5.6	47.2	1.19	1.33	18.8	144	10.2	106	13.1	板页岩	E 109°51′11.7″ N 27°05′41.3″	95
						ABv	25—56	棕色	黏土	碎块状	4.8	32.6	1.06	0.60	29.2	99	≤1.0	49	13.2			
						Bv	56—100	黄灰色	黏土	块状	4.9	8.3	0.76	0.38	15.9	33	≤1.0	35	8.8			
剖39	铁铝土	红壤	红壤	耕型板页岩红壤	扁砂土	A	0—34	暗棕色	黏土	小块状	6.8	22.3	0.83	3.02	12.3	76	74.8	387		板页岩	E 109°52′22.2″ N 27°03′17.4″	95
						Bv	34—100	浅棕色	黏土	小块状	6.7											
剖40	铁铝土	黄壤	黄壤	山黄泥土	乌泥黄土	Ao	0—3	黑棕色	壤质黏土	团粒状	5.1	122.6	3.80	0.40	14.2			186		板页岩	E 109°49′57.4″ N 27°02′18.0″	95
						A	3—20	暗棕色	黏质黏土	小块状	4.9	51.2	1.90	0.20	18.5			68				
						Bv₁	20—65	棕色	黏土	小块状	5.1	31.4	1.70	0.20	17.0			58				
						Bv₂	65—130	黄棕色	粉砂质黏土	块状	5.1	15.0	1.20	≤0.10	27.4			37				
剖41	铁铝土	黄红壤	黄红壤	泥砂黄红泥	黄红土	A₁₁	0—18	油黄棕色	壤质黏土	碎块状	5.6	37.2	1.80	0.30	15.6		8.9	76		板页岩	E 109°45′19.4″ N 27°00′31.0″	95
						Bv₁	18—56	黄橙色	壤质黏土	块状	4.8	12.6	1.10	0.30	15.6			52				
						Bv₂	56—100	浅黄橙色	壤质黏土	块状	4.8	8.3	0.80	0.30	13.1			31				
剖42	人为土	水稻土	淹育水稻土	浅岩渣田	浅岩渣田	A	0—17	褐色	黏壤土	小块状	5.9	48.2	2.58	1.06	26.0	200	6.3	55			E 109°47′18.6″ N 27°00′29.9″	75
						P	17—23	浅黄棕色	黏土	大块状	6.2											
						Sw	23—100				6.0											
剖43	铁铝土	红壤	红壤	泥砂红土	水红土	A	0—13	橙色	壤土	碎块状	4.7	26.0	1.40	0.30	26.9		3.0	68		板页岩风化坡积物	E 109°57′55.6″ N 27°02′19.3″	95
						Bv₁	13—105	油黄棕色	壤土	块状	5.1	13.5	1.00	0.30	26.8		3.0	27				
						Bv₂	105—150	亮红棕色	壤土	块状	5.4	7.1	0.80	0.20	29.2		13.5	23				
剖44	铁铝土	黄壤	黄壤			A	0—14	灰黄棕色	黏壤土	粒状	5.8	28.8	1.87	0.30	17.9	≥500		94		板页岩残积物	E 109°55′52.4″ N 27°00′45.4″	75
						ABv	14—26			大块状	5.5											
						BvC	26—100	红黄色			5.6											
剖45	铁铝土	红壤	红壤	板页岩黄红壤	薄腐中层板页岩红壤	A₁	0—34	黑棕色	壤土	粒块状	4.7	131.0	5.17	1.62	15.9	100	6.7	150		板页岩	E 109°55′59.9″ N 27°00′18.3″	95
						Bv	34—127	暗棕色	壤土	粒状	5.1	80.1	3.09	1.24	16.0							
						C	127—200	棕色	壤土	粒状	5.4	35.5	2.07	1.29	16.6							
剖46	初育土	紫色土	中性紫色土	中性紫砂土	中层中性紫砂土	A	0—19	棕色	砂土	粒状	5.4	14.1	0.69	0.45	13.1	69	1.5	75		紫色砂砾岩	E 109°45′16.3″ N 26°58′07.9″	95
						Bv	19—45	浅红棕色	轻黏土	小块状	6.0	11.6	0.74	0.91	11.1			44				
剖47	铁铝土	红壤	红壤	耕型石灰岩红壤	灰红土	ABv	45—51	暗红棕色	重黏土	核块状	5.5									石灰岩	E 109°47′03.1″ N 26°57′52.3″	95
						Bv	0—13	棕色	砂黏土	粒状	5.2	29.1	1.93	0.61	17.2	116	6.5	83				
剖48	人为土	水稻土	淹育水稻土	浅酸紫泥田	浅酸紫砂田	A	0—13	棕色	砂壤土	小块状	5.8						2.3			紫色砂岩	E 109°49′21.7″ N 26°55′47.1″	95
						P	13—20	暗黄棕色	黏土	小块状	6.0											
						W	20—30			无结构	7.2											
						S	30—			无结构	7.0						2.5	31				
剖49	铁铝土	红壤	红壤	板页岩红壤	薄腐厚层板页岩红壤	Ao	0—2	灰黄棕色	黏壤土	小块状	5.0	75.2	0.43	0.91	22.3	84				板页岩	E 109°50′47.5″ N 26°55′15.6″	95
						A₁	2—3	暗黄棕色	黏土	块状	5.0	12.1	0.67	0.81	24.6							
						Bv₁	3—72	浅黄棕色	黏土	块状	5.5	5.5	0.44	0.64	28.9							
						Bv₂	72—100	浅黄棕色	黏土	块状	5.5	6.0	0.43	0.82	18.5							
						BvC	100—150															

续表 Continued

剖面号 Soil profile	土纲 Soil order	土类 Soil great group	亚类 Soil subgroup	土属 Soil genus	土种 Soil species	土层码 Layer code	土层厚度 Depth/cm	颜色 Soil color	质地 Soil texture	土壤结构 Soil structure	pH	有机质 OM/(g/kg)	全氮 TN/(g/kg)	全磷 TP/(g/kg)	全钾 TK/(g/kg)	碱解氮 AN/(mg/kg)	有效磷 AP/(mg/kg)	速效钾 AK/(mg/kg)	阳离子交换量 CEC/(cmol/kg)	土壤母质 Parent material	剖面点坐标 Profile coordinate	匹配指数 Matching index/%
剖50	铁铝土	黄壤	黄壤	板页岩黄壤	薄腐厚层板页岩黄壤	A₁	1—2.5	黑棕色	壤土	粒状									21.3	板页岩	E 109°48′11.1″ N 26°56′26.9″	81
						A	2.5—10	暗棕色	黏壤土	粒状									13.2			
						ABv	10—65	黄棕色	黏壤土	小块状									11.2			
						Bv	65—150	棕棕色	黏土	块状									7.4			
剖51	铁铝土	黄壤	黄壤	砂岩黄壤	薄腐中层砂岩黄壤	A₁	1—19	灰棕色	壤土	小块状	5.2	87.9	3.03	0.92	28.2	208	7.6	61		红色砂岩	E 109°53′59.0″ N 26°59′00.9″	75
						AC	19—35	暗黄棕色	砂土	块状	5.2	5.9	3.91	0.96	27.1							
						D	35—	暗黄棕色					19.6	2.63	1.68	26.6							
剖52	初育土	紫色土	酸性紫色土	耕型酸性紫砂土	紫砂土	A	0—9	暗棕色	砂壤土	粒状	7.5	46.3	2.53	0.90	21.3	191	3.4	80		紫色砂岩	E 109°58′00.9″ N 26°56′19.6″	95
						ABv	9—34	暗黄棕色	砂壤土	小块状	7.4	39.2	2.30	0.75	18.2							
						Bv	34—49	暗黄棕色	砂土	小块状	7.4	32.3	2.02	0.70	18.9							
						C	49—90	暗黄棕色	砂土	小块状	7.5	15.5	1.11	0.58	19.6							
						D	90—	暗黄棕色															
剖53	人为土	水稻土	潜育水稻土	岩渣田	青塥岩渣田	A	0—15	栗色	重壤土	小块状	5.6	49.2	2.60	0.76	22.6	204	3.6	71		板页岩坡积物	E 109°57′34.7″ N 26°55′41.2″	95
						Pg	15—23	栗色	重壤土	小块状												
						Sw	23—50	棕灰色		无结构												
剖54	人为土	水稻土	潜育水稻土	扁砂泥田	青扁砂泥田	A	0—12	暗灰黄色	砂壤土	小块状	5.8	24.2	1.73	1.49	17.0	113	15.6	122		板页岩	E 109°46′56.1″ N 26°52′27.6″	75
						P	12—22	暗黄棕色	砂壤土	小块状	5.8											
						W	22—40	黄黄棕色	砂壤土	小块状	6.2											
						C	40—100	红黄色	砂壤土	小块状												
剖55	人为土	水稻土	淹育水稻土	浅红砂泥田	浅红砂泥田	A	0—17	浅灰棕色	砂壤土	粒状	5.6	42.3	2.20	0.91	23.0	154	11.5	91		红色砂岩	E 109°46′03.6″ N 26°50′44.4″	95
						P	17—27	浅黄棕色	砂土	小块状	6.2											
						C	27—100	红棕色	砂土	粒状	7.5											
剖56	黄壤	黄壤	黄壤性土	板页岩黄壤性土	中腐板页岩黄壤性土	A₁	3—8	紫棕色	砂壤土	粒状	5.6	24.0	7.62	0.46	19.1	72	4.9	51		板页岩	E 109°54′17.4″ N 26°52′34.0″	75
						ABv	8—32	浅黄棕色	砂壤土	粒状	5.6	8.4	0.71	0.31	18.3							
						BvC	32—56	浅黄棕色	砂土	粒状	5.6	7.0	0.48	1.48	16.4							
						C	56—		粗砂土	无结构												
剖57	铁铝土	红壤	红壤	青砂泥田	青砂泥田	Aoo	0—5	黑色	壤土	小块状	5.2	91.1	3.48	0.96	16.0	109	2.2	33		板页岩	E 109°56′07.2″ N 26°53′20.5″	95
						A₁	5—15	红黄色	黏壤土	块状	5.1	21.5	1.04	0.82	16.4							
						ABv	15—78	浅黄棕色	黏土	块状	5.2	54.1	2.44	0.83	15.1							
						Bv	78—137	灰白色	黏土	棱块状	6.6	38.7	2.40	0.84	16.4							
						Sw	137—200			无结构	6.8											
剖58	人为土	水稻土	潜育水稻土	青砂泥田	石底河砂泥田	A	0—16	褐色	砂壤土	粒状	5.5					188	11.9	80		紫色砂砾岩坡积物	E 109°59′40.5″ N 26°52′57.0″	95
						P	16—26	红黄色	砂壤土	块状	5.9	18.7	1.03	0.62	16.4							
						W	26—36	浅黄棕色	砂壤土	块状	5.7											
						D	36—100	栗色	砂土	无结构	5.8											
剖59	人为土	水稻土	潜育水稻土	河砂泥田	河砂泥田	A	0—18	暗灰黄色	黏壤土	粒状	5.5	33.2	2.27	0.75	21.4	140	4.4	39		河流冲积物	E 109°56′42.3″ N 26°51′36.2″	95
						P	18—30	浅紫棕色	黏壤土	块状	5.7											
						W	30—50	紫黄棕色	黏壤土	块状												
						D	50—	灰白色														
剖60	人为土	水稻土	潜育水稻土	河砂泥田	青褐河砂泥田	A	0—16	暗灰黄色	壤土	粒状	5.5					164	4.6	41		河流冲积物	E 109°45′42.2″ N 26°49′43.9″	75
						P	16—26	浅灰棕色	黏壤土	大块状	5.7											
						W₁	26—51	浅灰棕黄色	黏壤土	大块状	7.3											
						W₂	51—100	灰白色	黏壤土	棱块状	7.3											

续表 Continued

剖面号 Soil profile	土纲 Soil order	土类 Soil great group	亚类 Soil subgroup	土属 Soil genus	土种 Soil species	土层码 Layer code	土层厚度 Depth/cm	颜色 Soil color	质地 Soil texture	土壤结构 Soil structure	pH	有机质 OM/(g/kg)	全氮 TN/(g/kg)	全磷 TP/(g/kg)	全钾 TK/(g/kg)	碱解氮 AN/(mg/kg)	有效磷 AP/(mg/kg)	速效钾 AK/(mg/kg)	阳离子交换量 CEC/(cmol/kg)	土壤母质 Parent material	剖面点坐标 Profile coordinate	匹配指数 Matching index/%
剖61	人为土	水稻土	潴育水稻土	红黄泥田	红黄砂泥田	A	0—14	灰白色	黏壤土	小块状	5.4	31.9	1.70	1.27	8.2	133	11.2	44		第四纪红色黏土	E 109°50′50.5″ N 26°46′33.2″	75
剖62	初育土	紫色土	中性紫色土			P	14—20	浅灰色	黏壤土	大块状	5.5									紫色砂岩	E 109°55′56.4″ N 26°49′45.4″	95
						W	20—60	灰棕色	黏壤土	棱块状	6.5											
						C	60—	红色	黏土	小块状	6.6											
剖63	人为土	水稻土	潴育水稻土	红黄泥田	红黄砂泥田	A₁	5—10	黑棕色	壤土	粒状	7.3	20.3	1.04	0.46	24.5	80	≤1.0	90		第四纪红色黏土	E 109°57′16.9″ N 26°49′29.4″	75
						Bv₁	10—74	暗红色	砂壤土	粒状	7.2	3.7	0.75	0.49	24.7							
						Bv₂	74—172	暗红色	砂壤土	粒状	7.2	1.9	0.47	1.41	13.6							
						C	172—200	暗红色	粗砂土	粒状	6.6											
剖64	人为土	水稻土	潴育水稻土	酸紫泥田	酸紫泥岩田	A	0—18	灰白色	壤土	粒状	5.6	41.3	2.48	1.05	19.7	163	19.9	42		紫色砂砾岩	E 109°56′25.0″ N 26°48′17.6″	95
						P	18—29	浅灰黄色	黏壤土	小块状	5.6											
						W	29—75	浅黄色	黏壤土	棱块状	6.5											
						C	75—	浅黄色	壤土	棱块状	6.6											
剖65	人为土	水稻土	潴育水稻土	灰泥田	灰马肝泥田	A	0—16	褐色	砂壤土	粒状	6.2	45.5	2.33	1.00	24.2	159	6.5	22		石灰岩原积物	E 109°59′13.4″ N 26°48′03.5″	95
						P	16—36	浅黄棕色	黏土	小块状	5.6											
						W	36—60	浅灰黄色	砂壤土	大块状	6.3											
						C	60—100	浅棕红色	砂壤土	粒状	6.3											
剖66	铁铝土	红壤		板页岩红壤	薄腐中层板页岩红壤	A	0—20	暗黄棕色	黏土	大块状	7.6	56.0	2.79	1.25	15.6	165	6.1	97		板页岩	E 109°55′49.3″ N 26°46′57.2″	95
						Pg	20—27	暗黄棕色	黏土	大块状	6.9											
						W	27—70	暗黄棕色	黏土	大块状	7.2											
						G	70—	灰白色	黏土	无结构	7.3											
剖67	人为土	水稻土	潴育水稻土	红黄泥田	青瑞灰黄泥田	Aoo	0—3			无结构						123	2.1	89		第四纪红色黏土	E 109°52′05.0″ N 26°44′54.7″	75
						Ao	3—5															
						A₁	5—8	棕色	壤土	粒状	5.3	53.9	2.01	0.95	19.3	199	13.9	52				
						Bv₁	8—40	浅红棕色	黏土	小块状	5.2	28.6	1.32	0.66	20.1							
						Bv₂	40—80	浅棕红色	黏土	块状	5.4	22.2	0.91	0.76	22.1							
						C	80—	红色	黏土	块状	5.4	7.8	0.74	1.00	25.9							
剖68	铁铝土	黄红壤		耕型板页岩黄红壤	黄红壤	A	0—16	灰黄棕色	黏壤土	小块状	5.7	32.5	2.18	1.86	15.0	22	9.1	30		板页岩	E 109°56′07.3″ N 26°46′30.3″	95
						P	16—26	暗黄棕色	砂壤土	块状	5.6											
						W₁	26—47	暗黄棕色	黏壤土	大块状	6.2											
						C	47—100	灰黄棕色	黏土	大块状	7.2											
剖69	人为土	水稻土	潴育水稻土	河砂泥田	河砂泥田	A₁	1—2	黑棕色	壤土	粒状	4.7	94.9	2.39	0.87	20.7	149	7.9	32		河流冲积物	E 109°59′49.2″ N 26°43′37.9″	95
						Bv₁	2—8	黄棕色	黏土	小块状	4.5	62.3	3.21	0.98	18.9							
						Bv₂	8—19	灰黄色	黏土	块状	4.8	33.5	1.88	0.77	16.5							
						Bv₃	19—39	棕色	黏土	块状	4.8	29.3	0.68	0.55	20.6							
剖70	黄壤			砂岩黄壤	中腐中层砂岩黄壤	A	0—18	灰黄棕色	砂壤土	小块状	5.9	34.9	1.87	1.08	20.4	119	1.6	51		黄色砂岩	E 110°03′55.7″ N 27°00′41.0″	75
						P	18—28	暗黄棕色	砂壤土	块状	6.6	82.2	3.13	9.90	19.8							
						W₁	28—60	暗黄棕色	砂壤土	块状	7.6	8.7	0.93	0.83	11.1							
						W₂	60—100	暗黄灰色	砂壤土	粒状	7.4	1.5	0.48	≤0.10	21.0							
剖71	铁铝土	红壤		耕型板页岩红壤	黄泥砂土	A₁	3—13	棕色	壤土	小块状	6.1	33.9	2.09	0.79	20.4	132	63.3	148		板页岩坡积物	E 110°02′43.6″ N 27°01′33.8″	95
						ABv	13—47	棕红色	壤土	粒状	6.1											
						Bv	47—74	红色	黏土	块状	5.7											
						C	74—															
						A	0—20	暗黄棕色	壤土	粒状	6.5											
						Bv	20—100	灰黄色	黏土	大块状	6.4											

续表 Continued

剖面号 Soil profile	土纲 Soil order	土类 Soil great group	亚类 Soil subgroup	土属 Soil genus	土种 Soil species	土层码 Layer code	土层厚度 Depth/cm	颜色 Soil color	质地 Soil texture	土壤结构 Soil structure	pH	有机质 OM/(g/kg)	全氮 TN/(g/kg)	全磷 TP/(g/kg)	全钾 TK/(g/kg)	碱解氮 AN/(mg/kg)	有效磷 AP/(mg/kg)	速效钾 AK/(mg/kg)	阳离子交换量CEC/(cmol/kg)	土壤母质 Parent material	剖面点坐标 Profile coordinate	匹配指数 Matching index/%
剖72	人为土	水稻土	潴育水稻土	河砂泥田	河砂田		0—16	暗棕黄色	黏土	块状	6.2	23.1	1.42	0.96	7.9	119	10.7	75		河流冲积物	E 110°03′02.6″ N 27°00′04.9″	95
						P	16—24	暗黄棕色	黏土	块状	7.1											
						W	24—35	浅棕红色	黏土	大块状	8.2											
						C	35—	棕红色	黏土	大块状												
剖73	人为土	水稻土	潴育水稻土	灰黄泥田	黑灰黄泥田	A	0—12	浅灰黄色	黏土	小块状	8.2	26.4	1.59	1.20	18.0	194	4.8	68		石灰岩残积物	E 110°02′51.1″ N 26°59′33.7″	75
						P	12—21	灰黄色	黏土	块状	8.3											
						W	21—36	褐色	黏土	棱柱状	8.0											
						C	36—	红黄色	黏土	棱柱状	7.4											
剖74	人为土	水稻土	潴育水稻土	扁砂泥田	黑扁砂泥田	A	0—13	棕灰色	黏壤土	小块状	6.0	46.6	2.26	0.94	23.4	214	6.6	116	8.8	板页岩坡积物	E 110°04′16.6″ N 26°57′54.6″	95
						Ap	13—19	棕黄色	黏土	块状	6.0	37.6	2.23	0.82	23.5	152	7.5	95	7.4			
						C	19—100	黄棕色	黏土	块状	7.2	13.9	1.08	1.02	22.2	62	7.2	71	8.7			
剖75	人为土	水稻土	潴育水稻土	扁砂泥田	黄扁砂泥田	A	0—20	褐色	黏壤土	小块状	6.0	48.2	2.56	0.98	25.4	204	2.7	61		板页岩坡积物	E 110°05′23.0″ N 26°58′16.6″	75
						P	20—30	浅灰华色	黏壤土	块状	5.2											
						W	30—73	黄黄色	黏壤土	棱柱状	5.9											
						S	73—	深灰色	黏壤土	无结构												
剖76	人为土	水稻土	潴育水稻土	青泥田	青砂田	A	0—18	浅灰白色	黏壤土	小块状	7.1	31.6	2.26	0.61	13.0	134	3.4	90		砂质板页岩堆积物	E 110°00′18.3″ N 26°53′37.0″	95
						P	18—26	灰白色	黏壤土	块状	7.3											
						W₁	26—65	灰黄色	黏壤土	棱块状	7.7											
						W₂	65—100	褐色	黏壤土	棱块状	8.0											
剖77	人为土	水稻土	渗育水稻土	白散泥田	青散白泥田	A	0—15	棕灰色	轻黏土	小块状	5.5	56.3	2.84	1.02	27.5	221	7.8	160		板页岩	E 110°00′02.1″ N 26°47′15.2″	75
						P	15—24	暗黄色	轻黏土	块状	5.5											
						G	24—44	浅灰黄色	轻黏土	块状	5.6											
						E	44—100	浅棕黄色	轻黏土	糊状	5.8											
剖78	人为土	水稻土	渗育水稻土	白鳝泥田	青鳝白鳝泥田	A	0—19	浅灰色	重黏土	小块状	5.2	36.8	1.97	1.04	26.2	167	6.3	86		板页岩堆积物	E 110°02′23.7″ N 26°46′52.5″	75
						Pg	19—30	浅灰色	重黏土	大块状	5.3											
						We	30—52	灰黄色	轻黏土	大块状	5.4											
						G	52—74	浅棕灰色	轻黏土	大块状	5.4											
						Eg	74—100	浅棕黄色	黏土	大块状	5.4											
剖79	人为土	水稻土	渗育水稻土	白散泥田	白散泥田	A	0—17	暗灰黄色	黏壤土	小块状	5.8	55.7	2.93	1.54	24.6	230	5.2	58		板页岩坡积物	E 110°00′05.7″ N 26°43′19.3″	75
						P	17—25	暗黄黄色	黏壤土	糊状	6.6											
						E	25—103	浅灰黄色	黏壤土	糊状	6.2											

麻阳苗族自治县

主要土类说明

紫色土是麻阳苗族自治县主要土壤类型，占本县地域面积的60%。紫色土主要分布在海拔170—400m的低山、丘陵区，是由热带、亚热带紫红色岩层直接风化形成的A-C型土壤。其理化性质与母岩组成直接相关，土层浅薄，剖面层次发育不明显，仍处于初育阶段。根据成土母质含钙量、成土年代以及土壤所受的冲刷淋溶程度，本县紫色土分为酸性紫色土、中性紫色土、石灰性紫色土三个亚类。其中，酸性紫色土占本土类面积的66%，pH为4.5—6.6；中性紫色土占本土类面积的22%，pH为6.6—7.4；石灰性紫色土占本土类面积的12%，pH在7.5以上。

红壤是麻阳苗族自治县第二大土壤类型，占本县地域面积的26%。红壤多分布在海拔500m以下的低山、丘陵区，具有明显的脱硅富铝化过程，土壤呈红色至黄红色，土壤黏粒中游离铁占全铁的50%—60%。黏土矿物以高岭石、赤铁矿为主，黏粒硅铝率为1.8—2.4，风化淋溶系数小于0.2，盐基饱和度小于35%。红壤具深厚红色土层，底部可见深厚的红、黄、白相间的网纹状红色黏土。本县红壤分为红壤和黄红壤两个亚类。其中，红壤亚类占本土类面积的18%，多分布在海拔300m以下的丘陵。黄红壤占本土类面积的82%，是红壤与黄壤之间的过渡类型，分布在海拔300—500m的低山山坡，由于土壤含水量较高，土壤呈黄红色。

水稻土是麻阳苗族自治县第三大土壤类型，占本县地域面积的10%。水稻土是在长期的季节性淹灌、水下翻耕、季节性脱水、氧化还原交替影响下，原来的成土母质或母土的特性发生重大改变，形成的新的土壤类型。由于干湿交替，水稻土形成糊状的淹育层、较坚实板结的犁底层、渗育层、潴育层与潜育层等多种发生层。这些不同的发生层是在人为耕作、水浆管理下形成的。

黄壤占本县地域面积的4%，一般分布在海拔600m以上的地区，垂直分布在黄棕壤之下，发育于板页岩、石灰岩、砂岩等。由于所处地区气候冷凉，空气湿度大，土壤含水量较高，土体因氧化铁水化而呈黄色，有机质含量较高，土壤一般呈酸性。

小于本县地域面积3%的土壤类型有黄棕壤、石灰（岩）土等。

本区域中心区气候特征

本区域中心区气候特征值
Regional climate characteristics in central area of the region

气候带：中亚热带湿润气候 Climate region: Subtropical humid climate	
年平均气温 /℃ Annual average temperature /℃	16.3
年平均最高气温 /℃ Annual average maximum temperature /℃	20.8
年平均最低气温 /℃ Annual average minimum temperature /℃	13.0
年降水量 /mm Annual precipitation /mm	1259
≥10℃的积温 /℃ Daily temperature accumulated in a year (≥10℃) /℃	5966
年日照时数 /h Annual sunshine /h	1439
年平均相对湿度 /% Annual average relative humidity /%	80
干燥度 Dryness	0.76

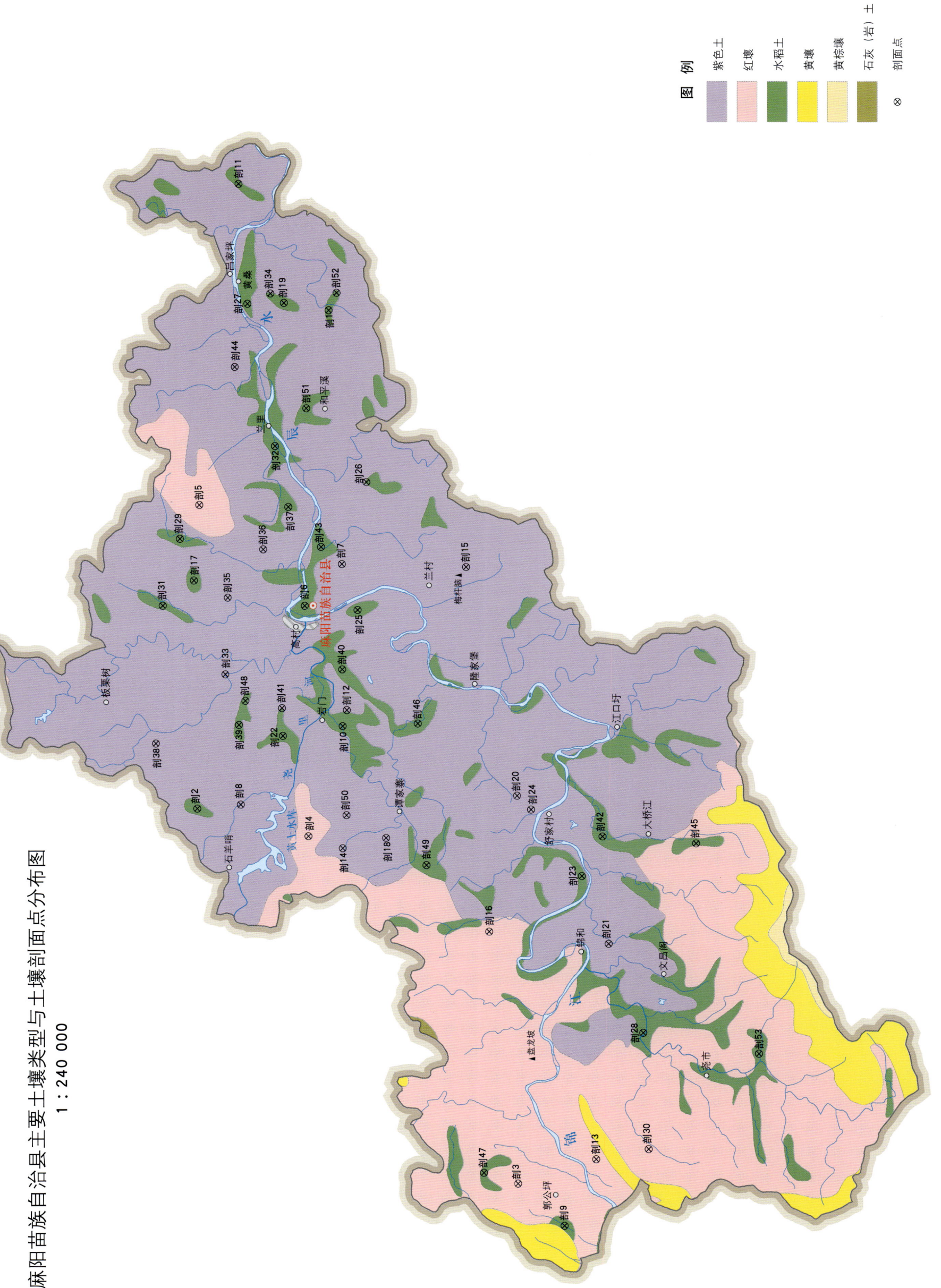

麻阳苗族自治县土壤剖面理化性状表

剖面号 Soil profile	土纲 Soil order	土类 Soil great group	亚类 Soil subgroup	土属 Soil genus	土种 Soil species	土层码 Layer code	土层厚度 Depth/cm	颜色 Soil color	质地 Soil texture	土壤结构 Soil structure	pH	有机质 OM/(g/kg)	全氮 TN/(g/kg)	全磷 TP/(g/kg)	全钾 TK/(g/kg)	碱解氮 AN/(mg/kg)	有效磷 AP/(mg/kg)	速效钾 AK/(mg/kg)	土壤母质 Parent material	剖面点坐标 Profile coordinate	匹配指数 Matching index/%
剖1	人为土	水稻土	潴育水稻土			1	0—16	深紫色	黏壤土	小块状	7.8	18.7	1.34	1.06	28.1	116	2.5	96	紫色页岩风化物	E 109°28′17.8″ N 27°46′01.7″	75
						2	16—22	紫棕色	黏土	块状	7.8	12.9	1.11	0.96	27.7						
						3	22—70	紫棕色	黏土	梭柱状	7.8	6.7	0.82	1.10	27.3						
						4	70—100	紫棕色	黏土	梭柱状	7.9	4.2	0.66	1.08	27.0						
剖2	人为土	水稻土	淹育水稻土	浅灰黄泥田	浅灰黄泥田	1	0—15	灰褐色	砂壤土	小块状	5.9	18.7	1.23	0.81	21.0	96	13.1	54	石灰岩风化物	E 109°26′25.7″ N 27°43′24.4″	95
						2	15—24	暗褐色	砂壤土	块柱状	6.4	11.8	0.98	0.96	20.5						
						3	24—59	暗褐色	砂壤土	梭柱状	7.1	8.9	0.85	0.92	25.9						
						4	59—78	暗褐色	砂壤土	梭柱状	7.3	6.8	0.71	0.92	26.1						
						5	78—100	暗褐色	砂壤土	梭柱状	7.4	3.6	0.37	0.97	27.8						
剖3	铁铝土	红壤		耕型板页岩红壤	岩渣子土	1	0—20	栗色	黏壤土	小块状	6.2	16.6	1.21	0.74	28.3	112	5.8	152	板页岩风化物	E 109°27′55.4″ N 27°44′55.1″	95
						2	20—60	黄褐色	黏壤土	梭块状	5.0										
						3	60—70	深褐色	黏壤土	块状	5.0										
						4	70—100	棕色	黏壤土	小块状	5.0										
剖4	铁铝土	红壤		耕型石灰岩红壤	灰红土	1	0—13	灰棕色	黏土	梭块状	5.1	26.5	1.70	0.94	19.7	167	3.3	127	石灰岩风化物	E 109°28′49.6″ N 27°42′23.9″	75
						2	13—28	黄红色	黏土	块状	5.5										
						3	28—100	红棕色	黏土	块状	5.5										
剖5	铁铝土	红壤	黄红壤	板页岩黄红壤	薄腐中层板页岩黄红壤	1	0—10	黄褐色	黏壤土	块状	5.3	27.6	1.63	0.48	23.9	73	1.8	102	板页岩风化物	E 109°29′12.9″ N 27°40′42.4″	95
						2	10—40	棕黄色	黏壤土	块状	5.3										
						3	40—100	棕红色	黏壤土	小块状	5.5										
剖6	人为土	水稻土	潴育水稻土	河砂泥田	砂泥田	1	0—15	暗红色	黏壤土	块状	4.8	18.6	1.29	1.57	22.9	86	3.1	186	近代河流冲积物	E 109°41′20.6″ N 27°55′25.3″	75
						2	15—27	棕红色	黏土	块状	5.4	12.3	0.91	0.48	23.4						
						3	27—100	棕红色	黏土	大块状	6.8	4.0	0.34	0.39	16.9						
剖7	紫色土	中性紫色土				1	0—13	紫棕色	砂壤土	粒状	5.0	11.7	0.93	0.40	25.0	65	4.6	96		E 109°43′40.4″ N 27°56′46.7″	95
						2	13—27	紫红色	黏壤土	小块状	5.5										
						3	27—49	紫红色	黏壤土	块状	5.0										
剖8	初育土	紫色土	石灰性紫色土			1	0—13	红紫色	黏壤土	团块状	7.8	16.6	1.04	0.64	31.0	43	1.9	130	紫色页岩风化物	E 109°41′29.9″ N 27°54′00.8″	95
						2	13—40	红紫色		块状	7.8										
						3	40—	深紫紫色		无结构											
剖9	人为土	水稻土	潴育水稻土	扁砂泥田	青扁砂泥田	1	0—15	灰黄色	黏壤土	小块状	5.8	23.5	1.54	1.19	27.3	98	6.5	74	青色板页岩风化物	E 109°44′23.1″ N 27°54′05.8″	95
						2	15—20	灰棕色	黏土	块状	6.0	21.0	1.38	0.70	26.0						
						3	20—100	红棕色	黏土	大块状	6.0	19.2	1.27	2.36	26.6						
剖10	人为土	水稻土	潴育水稻土	酸紫紫泥田	酸紫泥田	1	0—15	灰白色	黏土	块状	5.7	35.3	2.61	0.80	14.1	161	4.1	89	紫色页岩风化物	E 109°43′59.4″ N 27°52′40.2″	95
						2	15—25	浅棕色	黏土	梭块状	6.1	29.0	2.27	1.06	14.0						
						3	25—60	紫棕色	黏土	块状	6.8	15.5	1.60	1.11	14.0						
						4	60—100	紫棕色	黏土	小块状	6.7	8.7	0.91	1.07	12.3						
剖11	人为土	水稻土	渗育水稻土	白鳝泥田	白夹泥田	1	0—14	紫棕色	黏土	块状	5.5	13.5	0.96	0.57	28.3	94	10.5	56	泥质页岩风化物	E 109°44′22.2″ N 27°50′44.3″	95
						2	14—22	深紫色	黏土	大块状	6.3	8.5	0.77	0.55	29.4						
						3	22—80	紫棕色	砂壤土	粒状	5.4	5.7	0.61	0.49	28.7						
剖12	初育土	紫色土	中性紫色土			1	0—20	紫色	砂壤土	小块状	6.8	17.5	1.20	0.52	17.6	67	7.4	96	紫色砂岩、页岩风化物	E 109°44′57.0″ N 27°50′36.1″	75
						2	20—35	紫紫色	砂壤土	无结构	6.5										
						3	35—														

续表 Continued

剖面号 Soil profile	土纲 Soil order	土类 Soil great group	亚类 Soil subgroup	土属 Soil genus	土种 Soil species	土层码 Layer code	土层厚度 Depth/cm	颜色 Soil color	质地 Soil texture	土壤结构 Soil structure	pH	有机质 OM/(g/kg)	全氮 TN/(g/kg)	全磷 TP/(g/kg)	全钾 TK/(g/kg)	碱解氮 AN/(mg/kg)	有效磷 AP/(mg/kg)	速效钾 AK/(mg/kg)	土壤母质 Parent material	剖面点坐标 Profile coordinate	匹配指数 Matching index/%
剖13	铁铝土	红壤	黄红壤	耕型板页岩黄红壤	黄红岩渣子土	1	0–16	褐色	黏壤土	小块状	6.4					69	3.3	146	板页岩风化物	E 109°40′21.1″ N 27°51′48.5″	95
						2	16–47	红褐色	黏壤土	核块状	6.5										
						3	47–100	红棕色	黏土	小块状	7.0										
剖14	初育土	紫色土	石灰性紫色土	灰紫砂泥土	吕家坪灰紫砂泥土	A_{11}	0–18	浊红棕色	砂质黏壤土	块状	8.5	10.9	0.90	0.30	21.2		≤1.0	90	紫色砂岩、砂砾岩风化物	E 109°39′55.2″ N 27°50′41.9″	75
						AC	18–40	浊红棕色	砂壤土		8.3	9.0	0.70	0.40	17.0		≤1.0	81			
						C	40–100	浊红棕色	砂壤土		8.1	6.6	0.70	0.30	21.5		≤1.0	50			
剖15	初育土	紫色土	酸性紫色土			1	0–10	紫色	黏壤土	小块状	6.8	19.4	0.96			65	5.9	94	紫色砂岩风化物	E 109°41′09.0″ N 27°50′35.1″	75
						2	10–35	红紫色	黏壤土	核块状	7.0										
						3	35–100	紫红色	黏壤土	块状	7.0										
剖16	铁铝土	红壤		石灰岩红壤	薄腐中层石灰岩红壤	1	0–20	红褐色	黏壤土	小块状	6.3	22.3	2.27	0.63	39.6	134	1.3	91	石灰岩风化物	E 109°36′57.4″ N 27°45′55.7″	95
						2	20–50	棕褐色	黏壤土	块状	6.5										
						3	50–	黑黄色		无结构											
剖17	人为土	水稻土	淹育水稻土	中性浅紫泥田	中性浅紫泥田	1	0–16	灰黄色	壤土	小块状	5.7	44.7	2.45	0.85	23.0	194	7.8	47	紫色页岩风化物	E 109°39′20.5″ N 27°47′59.0″	95
						2	16–27	青灰色	黏土	块状	5.5	32.3	1.95	0.62	22.5						
						3	27–35	灰黄色	黏壤土	棱柱状	6.2	12.1	0.76	0.44	21.8						
						4	35–100	黄色	黏土	棱柱状	6.2	10.2	0.68	0.33	27.0						
剖18	初育土	紫色土	中性紫色土			1	0–15	紫色	黏壤土	小块状	7.3	8.6	0.70	0.46	24.4	49	3.9	111	紫色砂岩、页岩风化物	E 109°41′18.7″ N 27°49′17.8″	95
						2	15–30	红紫色	黏壤土	核块状	7.3										
						3	30–100	红紫色	黏壤土	块状	7.4										
剖19	人为土	水稻土	潜育水稻土			1	0–15	栗色	壤土	蜂窝状	5.7	31.9	1.55	1.11	17.1	145	23.8	70	板页岩风化物	E 109°44′29.4″ N 27°48′17.9″	75
						2	15–19	深褐色	黏壤土	块状	6.4	17.7	1.16	1.54	17.9						
						3	19–25	黄褐色	黏壤土	棱柱状	6.5	9.4	0.66	1.52	18.1						
						4	25–60	红褐色	黏土	棱柱状	6.5	8.4	0.64	1.58	20.5						
						5	60–100	黄褐色	黏土	棱柱状	6.5	2.3	0.64	0.92	22.7						
剖20	初育土	紫色土	酸性紫色土	酸浅紫砂泥田	酸浅紫砂泥田	1	0–9	紫灰色	黏壤土	团块状	5.0	18.2	1.07	0.70	26.9	31	2.0	63	紫色砂岩、页岩风化物	E 109°41′54.8″ N 27°45′04.4″	95
						2	9–38	棕紫色	黏壤土	块状	5.0										
						3	38–	紫色		无结构	5.0										
剖21	人为土	水稻土	淹育水稻土	灰黄泥田		A	0–14	暗黄色	黏壤土	小团块状	6.3	10.4	0.82	0.53	18.1	57	4.1	76	板页岩风化物	E 109°36′33.6″ N 27°42′03.6″	81
						Bv	14–36	暗黄色	黏壤土	块状	5.6	6.6	0.63	0.58	19.2	29	9.4	51			
						C	36–70	红棕色	黏壤土	块状	5.9	3.7	0.53	0.49	17.3	30	5.0	44			
						D	70–100	暗黄色	黏土	块状	6.5										
剖22	初育土	紫色土	酸性紫色土			1	0–14	褐紫色	黏壤土	小块状	5.2	20.4	1.31	0.42	21.9	75	3.1	105	紫色砂岩风化物	E 109°41′22.1″ N 27°40′54.7″	95
						2	14–21	褐紫色	黏壤土	核柱状	5.3	19.6	1.21	0.48	23.6						
						3	21–37	紫红色	黏壤土	核柱状	7.4	7.1	0.48	0.80	21.3						
						4	37–100	深红色	黏壤土	核柱状	7.6	5.2	0.38	0.42	20.6						
剖23	人为土	水稻土	淹育水稻土	灰黄泥田		1	0–16	灰黄色	黏土	小块状	7.4	36.7	2.26	0.65	35.2	166	8.9	91	石灰岩风化物	E 109°33′22.1″ N 27°40′57.2″	95
						2	16–23	黄黄色	黏土	块状	7.5	32.8	2.12	0.99	38.5						
						3	23–67	灰黄色	黏壤土	核柱状	7.5	13.9	0.89	0.77	37.9						
						4	67–100	灰黄色	黏壤土	核柱状	7.0	9.5	0.68	1.15	38.7						
剖24	初育土	紫色土	中性紫色土			A	0–13	紫紫色	砂壤土	小块状	7.7	22.3	1.68	1.18	25.5	96	36.6	170	石灰岩风化物	E 109°39′00.5″ N 27°42′57.2″	81
						BvC	13–26	紫紫色	黏壤土	块状		12.8	0.92	0.51	22.9	54	≤1.0	53			
						D	26–100														
剖25	人为土	水稻土	潜育水稻土			1	0–15	深灰色	黏壤土	小块状	5.9	41.6	2.73	1.28	28.1	193	5.9	106	石灰岩风化物	E 109°41′28.0″ N 27°42′17.2″	75
						2	15–21	栗色	黏壤土	块状	6.5	22.2	1.66	2.14	28.7						
						3	21–31	褐色	黏壤土	块状	6.5	22.4	1.82	1.88	28.0						
						4	31–100	栗色	黏壤土	块状	6.5										

续表 Continued

剖面号 Soil profile	土纲 Soil order	土类 Soil great group	亚类 Soil subgroup	土属 Soil genus	土种 Soil species	土层码 Layer code	土层厚度 Depth/cm	颜色 Soil color	质地 Soil texture	土壤结构 Soil structure	pH	有机质 OM/(g/kg)	全氮 TN/(g/kg)	全磷 TP/(g/kg)	全钾 TK/(g/kg)	碱解氮 AN/(mg/kg)	有效磷 AP/(mg/kg)	速效钾 AK/(mg/kg)	土壤母质 Parent material	剖面点坐标 Profile coordinate	匹配指数 Matching index/%
剖26	人为土	水稻土	淹育水稻土	浅黄泥田	生黄泥田	1	0—11	灰黄色	砂壤土	小块状	5.8					124	3.9	132	板页岩风化物	E 109°32′39.9″ N 27°37′09.8″	95
						2	11—18	灰黄色	砂壤土	小块状	6.0										
						3	18—100	棕色	砂壤土	块状	6.0										
剖27	人为土	水稻土	潴育水稻土	河砂泥田	青塥河砂泥田	1	0—17	紫色	砂壤土	小块状	7.5	19.5	1.29	0.75	26.0	51	4.1	55	河流冲积物	E 109°40′14.7″ N 27°39′15.4″	95
						2	17—27	暗紫色	砂壤土	小块状	7.5	13.3	0.93	0.75	28.8						
						3	27—100	暗紫色	砂壤土	棱块状	7.6	11.9	0.83	0.81	29.1						
剖28	人为土	水稻土	潴育水稻土	黄泥田	青塥黄泥田	1	0—13	紫棕色	砂壤土	小块状	5.2	14.7	1.04	0.45	14.2	109	4.1	69	板页岩风化物	E 109°49′36.3″ N 27°55′35.4″	75
						2	13—24	紫棕色	砂壤土	块状	5.7	13.9	0.99	0.48	15.2						
						3	24—100	紫棕色	砂壤土	块状	7.0	6.0	0.46	0.45	13.5						
剖29	人为土	水稻土	潴育水稻土	红黄泥田	红黄泥田	1	0—14	红棕色	砂壤土	小块状	5.8	21.2	1.41	0.84	13.6	98	3.4	81	第四纪红色黏土	E 109°51′06.5″ N 27°56′03.6″	75
						2	14—22	黄红色	黏土	棱块状	6.2	15.0	1.04	0.71	13.3						
						3	22—32	黄红色	黏土	棱块状	6.5	12.7	0.97	0.62	12.3						
						4	32—100	黄红色	黏土	块状	5.6	2.9	0.32	0.36	11.3						
剖30	铁铝土	红壤		板页岩红壤	薄腐中层板页岩红壤	1	0—3	黄褐色	砂壤土	团粒状	4.9	17.8	1.06	0.49	12.6	102	5.5	106	板页岩风化物	E 109°52′20.7″ N 27°55′26.6″	95
						2	3—20	黄褐色	黏壤土	团块状	5.0										
						3	20—45	黄褐色	黏壤土	块状	5.0										
						4	45—80	褐色	黏壤土	粒状	4.8										
剖31	人为土	水稻土	潴育水稻土	河砂泥田	河砂田	1	0—16	深栗色	砂土	小块状	7.7	12.1	0.87	0.75	23.6	48	5.0	48	河流冲积物	E 109°48′41.5″ N 27°56′35.5″	75
						2	16—21	深栗色	砂土	块状	7.8	11.0	0.83	0.71	24.3						
						3	21—35	棕色	砂土	棱柱状	7.9	8.0	0.70	0.63	25.3						
						4	35—100	棕色	砂土	棱块状	7.9	5.8	0.59	0.67	26.8						
剖32	人为土	水稻土	潴育水稻土	碱性紫泥田	碱紫砂泥田	1	0—14	黄棕色	黏壤土	小块状	5.3	13.7	8.70			61	2.4	52	紫色砂岩风化物	E 109°45′15.6″ N 27°53′53.4″	75
						2	14—22	红褐色	黏壤土	块状	6.0										
						3	22—100	红褐色	黏壤土	块状	6.8										
剖33	初育土	紫色土	石灰性紫色土		暗紫砂	1	0—18	暗紫色	黏壤土	团块状	8.5	14.5	0.90	0.80	27.2	52	9.8	163	紫色砂岩风化物	E 109°46′12.3″ N 27°54′33.0″	95
						2	18—40	紫色	黏壤土	块状	8.5										
						3	40—100	紫色	黏壤土	块状	8.5										
剖34	人为土	水稻土	淹育水稻土	浅黄砂泥田	浅黄砂泥田	1	0—23	黄褐色	黏壤土	小块状	6.9	30.3	1.97	0.73	31.0	77	1.9	74	紫色页岩风化物	E 109°45′00.4″ N 27°52′42.7″	75
						2	23—33	黄褐色	黏壤土	块状	7.1	25.9	1.78	0.93	30.6						
						3	33—53	紫色	黏壤土	棱柱状	7.6	18.2	1.37	0.79	31.3						
						4	53—73	紫色	黏壤土	棱块状	7.6	13.7	1.19	0.65	31.2						
						5	73—100	紫色	黏壤土	块状	7.5	13.7	1.19	0.52	27.7						
剖35	初育土	紫色土	酸性紫色土	酸紫砂土	和平酸紫砂	A_{11}	0—12	油红棕色	砂壤土	小块状	6.0	13.3	1.20	0.30	12.9	51	3.1	103	紫色砂岩、砂页岩风化物	E 109°49′00.0″ N 27°54′29.7″	95
						AC	12—60	油红棕色	砂壤土	块状	6.0	9.3	0.50	0.20	11.6						
						C	60—100	油红棕色	砂壤土		6.2	8.5	0.40	0.20	15.0						
剖36	初育土	紫色土	中性紫色土			1	0—7	黄紫色	砂土	粒状	6.6	15.9	1.24	0.47	22.6	237	6.1	73	紫色砂岩风化物	E 109°50′45.1″ N 27°53′21.4″	82
						2	7—35	棕紫色	砂土	小块状	6.5	33.6	1.87	1.00	24.4						
						3	35—65	红紫色	砂土	小块状	6.5	19.4	1.49	1.19	28.8						
剖37	人为土	水稻土	潴育水稻土	河砂泥田	油砂泥田	1	0—15	灰黄色	壤土	蜂窝状	6.3	10.8	0.86	1.29	28.8		2.7	110	河流冲积物	E 109°52′17.7″ N 27°52′33.3″	75
						2	15—24	灰黄色	壤土	块状	≤3.5	9.9	0.89	1.53	30.0			105			
						AC	24—60	灰褐色	壤土	棱柱状	7.9	16.0	1.00	0.30	10.0						
						C	60—100	灰褐色	壤土	碎状	7.9	9.6	0.50	0.20	10.4						
剖38	初育土	紫色土	酸性紫色土	酸性紫砂土	薄腐薄层酸性紫砂土	A_{11}	0—14	油红棕色	砂质黏壤土	块状	6.5					56			紫色砂岩、砂砾岩风化物	E 109°50′15.0″ N 27°50′48.5″	95
						AC	14—36	棕色	黏壤土	块状	6.9	4.3	0.50	≤0.10	12.7						
						C	36—100	橙色	砂壤土	块状											

续表 Continued

剖面号 Soil profile	土纲 Soil order	土类 Soil great group	亚类 Soil subgroup	土属 Soil genus	土种 Soil species	土层码 Layer code	土层厚度 Depth/cm	颜色 Soil color	质地 Soil texture	土壤结构 Soil structure	pH	有机质 OM/(g/kg)	全氮 TN/(g/kg)	全磷 TP/(g/kg)	全钾 TK/(g/kg)	碱解氮 AN/(mg/kg)	有效磷 AP/(mg/kg)	速效钾 AK/(mg/kg)	土壤母质 Parent material	剖面点坐标 Profile coordinate	匹配指数 Matching index/%
剖39	人为土	水稻土	淹育水稻土	浅灰泥田	浅灰泥田	1	0—20	灰黄色	壤土	小块状	5.5	56.4	3.82	2.09	14.8	257	16.0	116	石灰岩风化物	E 109°50′51.8″ N 27°51′28.6″	95
						2	20—27	黄灰色	黏壤土	块状	5.9	35.1	2.37	1.76	15.1						
						3	27—43	灰黑色	黏壤土	棱块状	6.0	18.1	1.30	1.63	14.3						
						4	43—100	灰棕色	黏壤土	棱块状	6.2	13.4	1.02	1.70	14.1						
剖40	人为土	水稻土	潴水水稻土	河砂泥田	紫河砂泥田	1	0—20	紫褐色	壤土	小块状	7.7	18.7	1.31	1.02	26.8	82	4.4	52	河流冲积物		95
						2	28—44	紫褐色	壤土	块状	7.7	15.5	1.11	0.83	26.5						
						3	28—44	紫褐色	壤土	棱柱状	7.7	12.0	0.86	0.71	25.8						
						4	44—60	紫褐色	壤土	棱柱状	7.6	11.2	0.81	0.93	29.0						
						5	60—100	紫色	壤土	棱块状	7.5	8.0	0.71	1.22	29.6						
剖41	人为土	水稻土	淹育水稻土	浅红黄泥田	浅红黄泥田	1	0—10	黄褐色	砂壤土	粒状	5.7	7.7	0.53			44	3.2	76	第四纪红色黏土	E 109°48′43.7″ N 27°51′59.2″	95
						2	10—19	黄褐色	砂壤土	小块状	5.7										
						3	19—100	橙黄色	砂壤土	小块状	5.5										
剖42	人为土	水稻土	潴育水稻土	岩渣田	少量岩渣田	1	0—20	灰黄色	黏壤土	糊状	7.5	57.4	2.75	1.99	29.7	164	3.9	166	板页岩风化物	E 109°48′35.7″ N 27°50′17.2″	75
						2	20—32	灰黄色	黏土	块状	7.6	54.1	2.61	1.68	29.1						
						3	32—100	灰黄色	黏土	棱柱状	7.6	53.6	2.17	1.29	29.7						
剖43	人为土	水稻土	淹育水稻土	浅黄紫泥田	浅黄紫泥田	1	0—13	灰黄色	黏壤土	小块状	8.1	21.1	1.20	1.36	41.3	51	1.7	124	第四纪红色黏土	E 109°54′29.6″ N 27°53′00.3″	95
						2	13—22	灰黄色	黏土	块状	7.9	24.8	1.53	1.41	34.4						
						3	22—100	灰黄色	黏土	大块状	8.0	4.6	0.43	0.94	41.7						
剖44	初育土	紫色土	石灰性紫色土			1	0—20	紫褐色	砂壤土	粒状	8.1	10.6	0.70	0.81	26.7	38	2.2	119	紫色砂岩、页岩风化物	E 109°57′21.9″ N 27°54′19.6″	95
						2	20—70	紫色	砂壤土	小块状	8.0										
						3	70—100	紫棕色	砂壤土	棱柱状	8.0										
剖45	人为土	水稻土	潴育水稻土			1	0—17	深棕色	壤土	小块状	6.1	39.1	2.59	0.73	24.0	160	5.7	63	紫色砂岩风化物	E 109°59′38.7″ N 27°53′55.7″	95
						2	17—39	青灰色	壤土	块状	5.8	39.1	2.42	0.75	24.4						
						3	39—53	褐色	壤土	棱柱状	7.2	10.5	0.97	0.59	24.1						
						4	53—99	栗色	壤土	块状	7.5	6.8	0.70	0.54	23.7						
剖46	人为土	水稻土	潴育水稻土	红黄泥田	肥红黄砂泥田	1	0—18	灰色	砂壤土	小块状	5.4	27.6	1.45	0.54	23.4	141	4.6	55	第四纪红色黏土	E 109°59′41.3″ N 27°52′45.0″	75
						2	18—26	灰色	黏壤土	棱柱状	6.0	26.3	1.43	0.59	23.1						
						3	26—100	棕色	黏壤土	糊状	5.3	22.9	1.35	0.63	23.7						
剖47	人为土	水稻土	潴育水稻土	碱性紫泥田	碱紫泥田	1	0—25	红棕色	黏壤土	块状	7.7	27.8	1.95	0.74	26.3	119	5.9	80	紫色砂页岩风化物	E 109°59′26.1″ N 27°51′17.7″	75
						2	25—37	暗棕色	黏壤土	块状	7.7	26.4	1.79	0.79	26.1						
						3	37—100	暗棕色	黏壤土	大块状	7.8	18.5	1.23	0.66	26.6						
剖48	人为土	水稻土	淹育水稻土	浅黄紫泥田	砂质浅紫泥田	1	0—17	紫色	砂壤土	小块状	7.9	19.4	1.41	0.95	27.5	79	5.0	80	砂质页岩风化物	E 109°53′13.1″ N 27°50′02.1″	75
						2	17—24	紫红色	壤土	棱柱状	7.9	14.0	1.17	0.89	27.7						
						3	24—65	深紫色	壤土	棱块状	7.9	10.4	1.04	0.88	27.0						
						4	65—100	紫红色	壤土	棱块状	7.9	9.8	0.82	0.88	26.6						
剖49	人为土	水稻土	淹育水稻土	中性浅紫泥田	中性浅紫泥田	1	0—14	紫棕色	砂壤土	小块状	6.6	14.5	1.00	0.78	24.3	66	12.1	83	紫色砂页岩风化物	E 109°55′53.2″ N 27°51′59.9″	95
						2	14—20	黄棕色	砂壤土	棱柱状	6.9	8.6	0.97	0.49	23.6						
						3	20—100	灰褐色	砂壤土	块状	7.0	5.4	0.75	0.48	24.0						
剖50	初育土	紫色土	中性紫色土			1	0—10	红褐色	砂壤土	小块状	6.0	19.3	1.15	0.54	20.3	45	2.8	91	紫色页岩风化物	E 109°50′10.9″ N 27°46′46.4″	95
						2	10—60	深紫色	砂壤土	棱块状	6.0	14.2	1.03	0.66	27.3	62	4.4	88			
						3	60—100	紫色	砂壤土	块状	6.5	12.3	0.95	0.61	24.4						
剖51	人为土	水稻土	潴育水稻土	黄紫泥田	黄紫泥田	1	0—12	深紫色	砂壤土	块状	6.9								紫色砂页岩、第四纪红土	E 110°00′01.3″ N 27°53′11.3″	75
						2	12—20	紫色	砂壤土	块状	7.7										
						3	20—100	紫色	砂壤土	大块状	7.6	7.5	0.65	0.66	24.4						

续表 Continued

剖面号 Soil profile	土纲 Soil order	土类 Soil great group	亚类 Soil subgroup	土属 Soil genus	土种 Soil species	土层码 Layer code	土层厚度 Depth/cm	颜色 Soil color	质地 Soil texture	土壤结构 Soil structure	pH	有机质 OM/(g/kg)	全氮 TN/(g/kg)	全磷 TP/(g/kg)	全钾 TK/(g/kg)	碱解氮 AN/(mg/kg)	有效磷 AP/(mg/kg)	速效钾 AK/(mg/kg)	土壤母质 Parent material	剖面点坐标 Profile coordinate	匹配指数 Matching index/%
剖52	人为土	水稻土	淹育水稻土	酸浅紫泥田	酸浅紫泥田	1	0—25	紫褐色	黏土	糊状	7.1	35.5	1.88	0.80	30.8	116	12.2	109	紫色页岩风化物	E 110°03′59.3″ N 27°54′14.8″	75
						2	25—37	暗紫色	黏土	棱块状	7.0	34.4	1.83	0.75	31.0						
						3	37—100	紫褐色	黏土	棱柱状	6.5	20.9	1.22	0.58	32.4						
剖53	人为土	水稻土	潴育水稻土	中性紫泥田		1	0—11	浅黄色	黏土	块状	5.3	≤1.0	≤0.10			68	≤1.0	120	紫色页岩风化物	E 110°00′04.0″ N 27°51′02.6″	75
						2	11—13	浅黄色	黏土	块状	4.5										
						3	13—100	黄褐色	黏土	大块状	4.5										

新晃侗族自治县

主要土类说明

红壤是新晃侗族自治县主要土壤类型，占本县地域面积的 51%。红壤主要发生于亚热带常绿阔叶林下，呈中度脱硅富铝化特征，土壤黏粒中游离铁占全铁的 50%—60%。黏土矿物以高岭石、赤铁矿为主，黏粒硅铝率为 1.8—2.4，风化淋溶系数小于 0.2，盐基饱和度小于 35%。红壤具深厚红色土层，底部可见深厚的红、黄、白相间的网纹状红色黏土。本县红壤分为红壤、黄红壤、红壤性土三个亚类。其中，黄红壤占本土类面积的 78%，多分布在海拔 450—650m 的中低山区，是红壤与黄壤之间的过渡类型，发育于多种成土母质，土壤呈黄红色，一般上层呈黄色，下层呈红色。

黄壤是新晃侗族自治县第二大土壤类型，占本县地域面积的 28%。黄壤分布在海拔 650—870m 的中低山区，垂直分布在红壤之上、黄棕壤之下。黄壤与红壤同属一个纬度带，但其水分条件比红壤好，热量则略低。由于所处地区云雾多，日照少，空气湿度大，干湿季节不明显，土体因氧化铁水化而呈黄色。盐基饱和度不高，土壤呈酸性至强酸性，有机质累积较多。

水稻土是新晃侗族自治县第三大土壤类型，占本县地域面积的 12%。水稻土是在长期的季节性淹灌、水下翻耕、季节性脱水、氧化还原交替影响下，原来的成土母质或母土的特性发生重大改变，形成的新的土壤类型。由于干湿交替，水稻土形成糊状的淹育层、较坚实板结的犁底层、渗育层、潴育层与潜育层等多种发生层。本县水稻土分为淹育型、潴育型、渗育型、潜育型、沼泽型五个亚类。其中，潴育水稻土面积最大，占本土类面积的 75%，分布在海拔 450—700m 的地区，一般为垄田、坪田、冲田、排田，耕作层较深厚，有明显的淋溶淀积层，剖面构型多为 A-P-W-C 或 A-P-W_1-W_2。

石灰（岩）土占本县地域面积的 5%，零星分布在石灰岩山区。石灰（岩）土是石灰岩经溶蚀风化形成的厚薄不同的钙质饱和或含游离钙质的土壤，多见于石隙、溶洞或峰丛底部。该土壤碳酸钙淋溶程度不一，多黏土，多为铁钙质胶结物，风化程度不一，盐基饱和度高，有机质含量及胶结状态有较大差异。本县石灰（岩）土分为黑色石灰土、红色石灰土等亚类。前者常见于山顶岩隙等低平处，由于大量腐殖质与钙结合，土体多呈黑色，剖面构型多为 A-D，pH 在 7.0 以上，有石灰反应，属幼年土壤。后者多分布在山麓坡地、谷地或剥蚀阶地，脱硅富铝化过程比黑色石灰土强。在干热和湿热交替影响下，土层上部碳酸盐被淋洗，下部有黏粒和铁锰淀积，有时依稀可见棕色胶膜和铁锰结核，土体一般呈红黄色，剖面构型多为 A-B-C，上酸下碱，上层一般无石灰反应，下层有弱至中石灰反应。

小于本县地域面积 3% 的土壤类型有黄棕壤、紫色土等。

本区域中心区气候特征

本区域中心区气候特征值
Regional climate characteristics in central area of the region

气候带：中亚热带湿润气候 Climate region: Subtropical humid climate	
年平均气温 /℃ Annual average temperature /℃	16.5
年平均最高气温 /℃ Annual average maximum temperature /℃	21.0
年平均最低气温 /℃ Annual average minimum temperature /℃	13.3
年降水量 /mm Annual precipitation /mm	1273
≥10℃的积温 /℃ Daily temperature accumulated in a year (≥10℃) /℃	6057
年日照时数 /h Annual sunshine /h	1382
年平均相对湿度 /% Annual average relative humidity /%	79
干燥度 Dryness	0.77

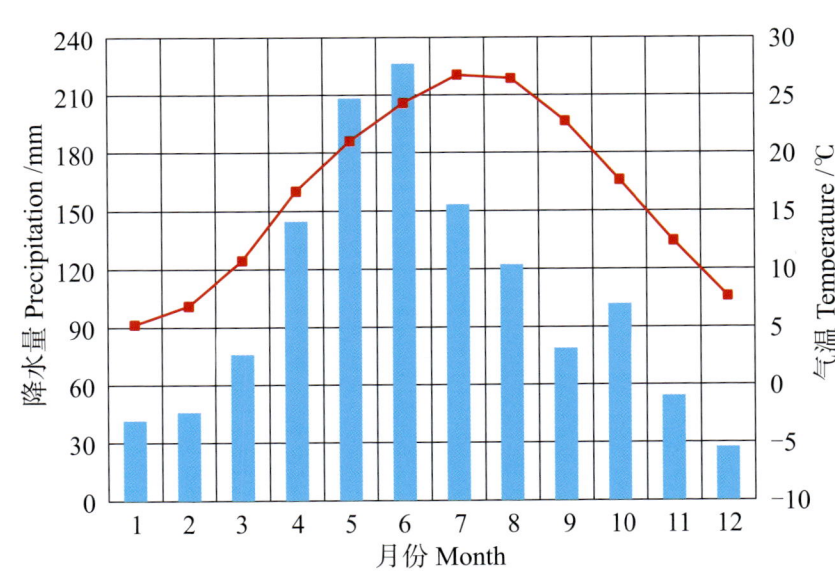

本区域中心区月平均气温与月平均降水量
Monthly temperature and precipitation in central area of the region

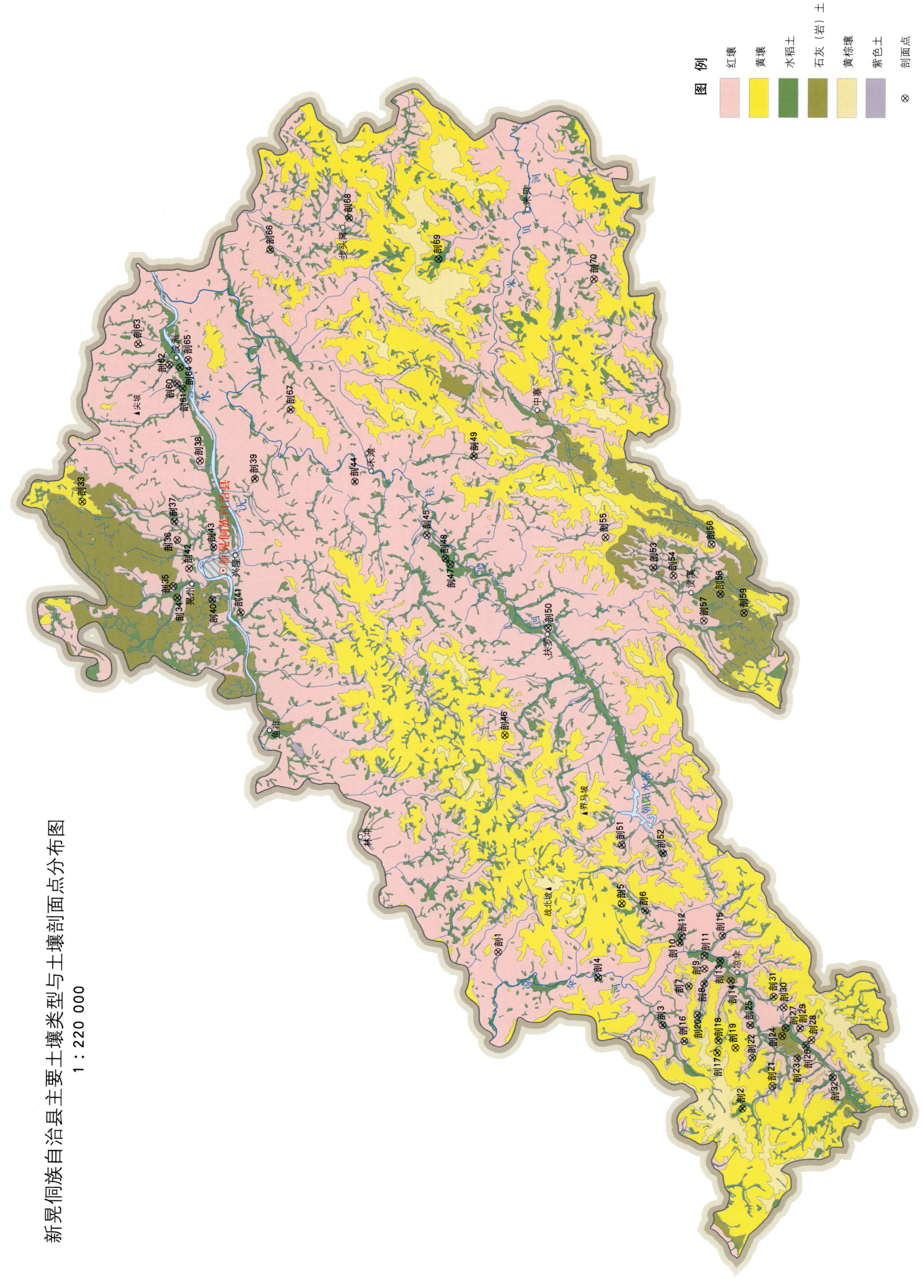

新晃侗族自治县主要土壤类型与土壤剖面点分布图

1:220 000

新晃侗族自治县土壤剖面理化性状表

剖面号 Soil profile	土纲 Soil order	土类 Soil great group	亚类 Soil subgroup	土属 Soil genus	土种 Soil species	土层码 Layer code	土层厚度 Depth/cm	颜色 Soil color	质地 Soil texture	土壤结构 Soil structure	pH	有机质 OM/(g/kg)	全氮 TN/(g/kg)	全磷 TP/(g/kg)	全钾 TK/(g/kg)	碱解氮 AN/(mg/kg)	有效磷 AP/(mg/kg)	速效钾 AK/(mg/kg)	土壤母质 Parent material	剖面点坐标 Profile coordinate	匹配指数 Matching index/%
剖1	铁铝土	红壤	红壤性土	耕型板页岩红壤性土	红岩渣子土	A	0—15	浅红色	黏壤土	块状	6.0	15.5	0.94	0.96	18.4	83	2.6	309	板页岩风化物	E 108°57′17.7″ N 27°12′43.6″	93
						Bv	15—20	浅灰色	黏壤土	块状	6.0										
剖2	人为土	水稻土	潜育水稻土	冷浸田	冷浸泥田	A	0—17	暗黄黄色	黏壤土	小块状	6.4	58.9	2.72	1.36	23.9	200	10.9	48	板页岩风化物	E 108°52′11.8″ N 27°05′08.8″	75
						Pg	17—25	暗灰黄色	黏壤土	块柱状	6.4										
						G	25—100	棕灰色	壤土	棱柱状	7.6										
剖3	人为土	水稻土	潜育水稻土	碱紫泥田	碱紫泥田	A	0—13	棕灰色	壤土	小块状	7.6	30.7	1.96	0.81	16.3	135	2.8	62	紫红色砂砾岩风化物	E 108°54′56.3″ N 27°07′38.8″	75
						P	13—20	棕灰色	壤土	块状	6.4										
						W₁	20—44	暗棕灰色	壤土	棱柱状	6.4										
						W₂	44—100	暗棕灰色	壤土	棱柱状	6.0										
剖4	人为土	水稻土	潜育水稻土	青泥田	青砂田	A	0—10	灰灰色	砂壤土	小块状	5.6	21.9	1.23	0.89	25.1	142	4.8	100	河流冲积物	E 108°56′29.9″ N 27°09′38.9″	95
						Pg	10—16	暗灰色	砂壤土	块状	6.4										
						G	16—100	浅灰色	砂石土	无结构散状	6.0										
剖5	铁铝土	黄壤	黄壤	耕型板页岩黄土		A,A	1—2	黑色	壤土	粒状	5.2	9.0	0.42	0.75	40.9	74	6.8	166	石灰岩风化物	E 108°59′02.8″ N 27°08′58.9″	75
						A	2—34	栗色	壤土	团粒状	4.4										
						Bv	34—46	黄色	壤土	小块状	6.8										
						C	46—59	黄色													
剖6	人为土	水稻土	潜育水稻土	青泥田	青紫砂泥田	A	0—15	灰灰色	壤土	小块状	8.0	22.9	1.50	0.96	15.2	119	4.6	91	紫红色砂岩	E 108°58′49.1″ N 27°08′16.1″	75
						Pg	15—21	棕灰色	壤土	块状	7.6										
						G	21—100	灰灰色	壤土	棱柱状	7.2										
剖7	人为土	水稻土	潜育水稻土	冷浸田	石灰性冷浸田	A	0—15	栗灰色	黏壤土	小块状	7.6	60.1	3.61	1.99	29.0	272	10.3	129	石灰岩风化物	E 108°56′16.0″ N 27°06′52.5″	75
						P	15—21	暗灰色	黏壤土	大块状	7.6										
						G	21—100	暗灰色	黏壤土	小块状	7.6										
剖8	人为土	水稻土	潜育水稻土	冷浸田	冷浸阴山田	A	0—16	暗灰黄色	黏壤土	小块状	5.6	45.7	2.75	0.99	24.0	200	4.5	120	板页岩风化物	E 108°56′21.8″ N 27°06′24.2″	75
						Pg	16—25	浅灰黄色	黏壤土	块状	6.4										
						G	25—100	暗灰色	壤土	棱柱状	6.4										
剖9	铁铝土	红壤	黄红壤	耕型板页岩红土	黄红岩子土	A	0—18	褐色	黏土	团粒状	6.4	27.5	1.52	2.13	13.0	152	6.5	328	板页岩风化物	E 108°56′52.3″ N 27°06′24.6″	95
						Bv	18—60	褐色	黏土	团粒状	6.4										
						BvC	60—100	浅黄棕色	黏土	块状	6.8										
剖10	人为土	水稻土	潜育水稻土	扁砂泥田	黑扁砂泥田	A	0—16	暗灰色	黏壤土	小块状	6.0	50.9	3.35	1.72	32.1	235	12.0	107	炭质板页岩风化物	E 108°57′44.3″ N 27°07′10.9″	75
						P	16—25	浅灰色	壤土	块状	6.0										
						Sw	25—100	暗灰色		无结构散状	6.4										
剖11	人为土	水稻土	潜育水稻土	冷浸田	冷浸岩区田	A	0—16	暗灰黄色	壤土	块状	6.0	47.3	2.81	1.85	22.5	185	1.9	46	板页岩风化物	E 108°57′19.3″ N 27°06′24.7″	75
						Pg	16—24	棕灰色	黏壤土	棱柱状	6.4										
						G	24—100	暗黄棕色	砂壤土	粒状	8.0										
剖12	人为土	水稻土	潜育水稻土	灰泥田	灰砂泥田	A	0—15	灰灰色	壤土	块状	7.8	32.1	1.80	1.10	11.0	123	3.1	112	钙质砂砾岩风化物	E 108°57′59.6″ N 27°07′07.3″	75
						W₁	15—21	棕灰色	黏壤土	块状	7.6										
						W₂	21—30	栗色	壤土	棱柱状	7.6										
剖13	人为土	水稻土	潜育水稻土	灰黄泥田	青黄灰黄泥田	A	0—16	棕灰色	黏壤土	小块状	6.4	49.2	3.09	2.80	18.6	245	53.4	131	石灰岩风化物	E 108°57′09.4″ N 27°05′55.9″	75
						Pg	16—21	青灰色	黏壤土	块状	6.8										
						C	21—29	青灰色	壤土	棱柱状	6.8										
						W	29—100	暗黄棕色	黏壤土	棱柱状	6.8										

续表 Continued

剖面号 Soil profile	土纲 Soil order	土类 Soil great group	亚类 Soil subgroup	土属 Soil genus	土种 Soil species	土层码 Layer code	土层厚度 Depth/cm	颜色 Soil color	质地 Soil texture	土壤结构 Soil structure	pH	有机质 OM/(g/kg)	全氮 TN/(g/kg)	全磷 TP/(g/kg)	全钾 TK/(g/kg)	碱解氮 AN/(mg/kg)	有效磷 AP/(mg/kg)	速效钾 AK/(mg/kg)	土壤母质 Parent material	剖面点坐标 Profile coordinate	匹配指数 Matching index/%
剖14	初育土	石灰(岩)土	黄色石灰土	黄色石灰土	薄腐厚层黄色石灰土	Ao	0—1	暗黄棕色	壤土	小块状	7.2	28.0	1.38	1.31	48.0	64	≤1.0	120	石灰岩坡积物	E 108°56′29.1″ N 27°05′35.6″	75
						A₁A	1—18	黄棕色	壤土	块状	7.8										
						Bv	18—100	浅黄棕色	壤土	块状	7.8										
剖15	人为土	潴育水稻土	黄泥田			BvC	100—160	棕灰色	壤土	小块状	6.0	47.6	3.01	1.66	26.0	245	20.0	66	砂质板页岩风化物	E 108°58′01.0″ N 27°05′52.6″	95
						A	0—13	浅黄灰色	壤土	块状	6.4										
						P	13—17	浅灰棕色	壤土	棱块状	6.4										
						W₁	17—37	灰黄棕色	砂壤土	棱块状	6.8										
						W₂	37—58	黄棕色	砂壤土	棱块状	7.2										
剖16	人为土	潴育水稻土	河砂泥田	河砂泥田		W₃	58—100	砂灰色	砂壤土	粒状	6.0	10.9	0.95	≥10.00	24.3	84	5.4	13	河流冲积物	E 108°54′24.8″ N 27°06′57.9″	75
						A	0—15	浅黄棕色	砂壤土	柱状	6.2										
						P	15—30	棕色	粗砂土	无结构散状	6.0										
剖17	人为土	潴育水稻土	灰黄泥田	灰黄泥田		Sw	30—100	褐色	黏壤土	块状	6.0	24.7	1.28	1.69	36.5	221	14.4	152	石灰岩风化物	E 108°54′03.0″ N 27°05′57.4″	75
						A	0—14	暗黄棕色	黏壤土	棱块状	6.4										
						P	14—19	暗灰棕色	黏壤土	棱块状	6.4										
剖18	人为土	潴育水稻土	黄泥田			W	19—100	暗黄棕色	壤土	块状	6.2	34.9	2.48	1.28	22.0	198	10.5	100	板岩，页岩风化物	E 108°54′27.7″ N 27°05′56.1″	75
						A	0—16	褐棕色	壤土	棱块状	6.4										
						P	16—26	暗黄棕色	砂壤土	粒状	6.8										
剖19	铁铝土	黄壤	板页岩黄壤			Sw	26—100	暗黄棕色	壤土	粒状	5.2	60.9	2.80	0.76	22.2	108	1.3	83	板页岩风化物	E 108°54′13.7″ N 27°05′24.2″	95
						A₁	1—2	暗黄棕色	壤土	棱块状	4.8										
						A	2—20	暗黄棕色	黏壤土	棱块状	4.8										
剖20	人为土	潴育水稻土	浅酸紫泥田	浅酸紫砂泥田		Bv	20—70	黄棕色	壤土	块状	6.0	20.9	1.32	0.78	22.8	101	4.8	125	紫色砂页岩风化物	E 108°54′17.6″ N 27°06′35.5″	75
						C	70—200	紫红棕色	壤土	棱块状	7.2										
						A	0—12	浅棕黄色	壤土	块状	8.0										
剖21	铁铝土	红壤	浅岩渣田	浅岩渣田		P	12—17	浅红黄色	黏壤土	小块状	5.6	13.6	0.85	0.97	14.6	51	1.7	29	板页岩风化物	E 108°52′58.2″ N 27°04′14.8″	95
						W	17—23	黄棕色	黏土	块状	5.2										
						C	75—200	红黄色	黏土	棱块状	5.2										
剖22	人为土	淹育水稻土	浅岩渣田			A	0—1	暗棕灰色	壤土	块状	6.0	80.3	4.76	4.53	15.3	337	53.0	141	硅质板页岩风化物	E 108°53′54.2″ N 27°04′52.8″	95
						P	1—26	暗黄棕色	壤土	块状	6.0										
						W	26—75	黑黄色	壤土	片状	6.4										
剖23	人为土	潴育水稻土	灰泥田	灰泥田		C	34—100	灰灰色	壤土	小块状	6.0	31.6	0.20	1.51	11.0	137	5.5	130	石灰岩风化物	E 108°53′55.5″ N 27°03′30.1″	75
						A	0—15	棕色	黏壤土	块状	8.0										
						P	15—21	暗棕灰色	黏壤土	棱块状	7.6										
						W₁	21—42	褐棕色	黏土	棱块状	7.6										
剖24	初育土	石灰(岩)土	红色石灰土	耕型红色石灰土	红灰土	W₂	42—100	栗色	黏壤土	块状	7.8	21.5	1.53	3.66	45.9	93	17.0	196	石灰岩坡积物	E 108°54′43.9″ N 27°03′55.9″	75
						A	0—19	棕黄色	黏壤土	小块状	6.8										
						ABv	19—37	灰黄色	黏壤土	块状	6.8										
剖25	人为土	淹育水稻土	浅黄泥田	浅黄泥田		C	37—	浅黄灰色		块状		24.4	2.34	≥10.00	12.6	105	2.2	176	板岩，页岩风化物	E 108°55′00.6″ N 27°04′58.0″	75
						A	0—11	暗黄棕色	黏壤土	小块状	6.0										
						P	11—15	浅灰棕色	黏壤土	块状	6.4										
						C	15—100	浅黄棕色	黏壤土	块状	6.8										

续表 Continued

剖面号 Soil profile	土纲 Soil order	土类 Soil great group	亚类 Soil subgroup	土属 Soil genus	土种 Soil species	土层码 Layer code	土层厚度 Depth/cm	颜色 Soil color	质地 Soil texture	土壤结构 Soil structure	pH	有机质 OM/(g/kg)	全氮 TN/(g/kg)	全磷 TP/(g/kg)	全钾 TK/(g/kg)	碱解氮 AN/(mg/kg)	有效磷 AP/(mg/kg)	速效钾 AK/(mg/kg)	土壤母质 Parent material	剖面点坐标 Profile coordinate	匹配指数 Matching index/%
剖26	人为土	水稻土	潜育水稻土	冷浸田	锈水田	A	0–18	浅灰色	黏壤土	小块状	6.4	48.7	2.80	1.02	16.5	156	1.5	62	板页岩风化物	E 108°54′21.4″ N 27°03′15.1″	95
						Pg	18–23	暗灰色	黏壤土	块状	6.4										
						G	23–100	暗灰色	壤土	棱柱状	6.4										
剖27	人为土	水稻土	淹育水稻土	浅黄泥田	生黄泥田	A	0–10	浅棕黄色	黏土	块状	5.6	20.8	1.41	1.16	20.7	108	2.8	213	板岩、页岩风化物	E 108°54′55.8″ N 27°03′52.8″	75
						P	10–15	浅黄黄色	黏土	块状	6.0										
						C	15–100	红黄色	黏土	块状	6.0										
剖28	人为土	水稻土	潴育水稻土	河砂泥田	青隔河砂泥田	A	0–15	棕灰色	壤土	小块状	6.4	53.8	3.90	0.91	20.8	2	7.6	89	河流冲积物	E 108°54′33.0″ N 27°03′05.2″	75
						P	15–22	棕灰色	壤土	块状	6.4										
						C	22–32	浅灰棕色	壤土	块状	7.2										
						W	32–100	灰白色	壤土	棱块状	6.8										
剖29	人为土	水稻土	潴育水稻土	黄砂泥田	青隔黄砂泥田	A	0–15	紫色	砂壤土	小块状	6.0	17.9	1.07	0.61	15.0	82	3.5	42	红色砂砾岩风化物	E 108°54′56.3″ N 27°03′26.1″	75
						Pg	15–25	灰黄色	砂壤土	块状	6.4										
						W₁	25–54	浅棕红色	砂壤土	棱块状	7.2										
						W₂	54–100	浅黄棕色	砂壤土	棱块状	6.8										
剖30	铁铝土	红壤	红壤	板页岩黄红壤		A₁,A	1–36	暗棕红色	黏壤土	小块状	5.0	6.5	0.31	0.67	16.0	47	≤1.0	108	板页岩风化物	E 108°55′37.5″ N 27°03′57.1″	75
						Bv	36–200	暗棕红色	黏壤土	块状	5.4										
剖31	人为土	水稻土	潴育水稻土	河砂泥田	河潮泥田	A	0–15	灰棕色	黏壤土	棱块状	≤3.5	27.3	1.81	0.90	21.3	125	6.7	93	河流冲积物	E 108°55′59.1″ N 27°04′16.2″	75
						P	15–20	灰黄色	黏壤土	棱块状	7.0										
						W₁	20–36	暗棕灰色	黏壤土	棱块状	7.5										
						W₂	36–85	黄棕色	黏壤土	棱块状	7.5										
						W₃	85–100	红黄色	黏壤土	棱块状	7.6										
剖32	人为土	水稻土	潴育水稻土	中性紫泥田		A	0–12	紫棕色	黏壤土	小块状	7.5	18.2	1.30	0.99	19.8	90	9.4	95	紫红色砂砾岩风化物	E 108°53′18.6″ N 27°02′24.2″	75
						P	12–20	紫棕色	壤土	块状	7.2										
						W	20–100	紫棕色	壤土	棱块状	7.2										
剖33	黄壤	黄壤性土	石灰岩黄壤性土	耕型石灰岩黄岩渣性土		A	0–26	暗棕黄色	黏壤土	小块状	5.6	19.4	1.27	1.29	42.6	96	3.3	114	石灰岩风化物	E 109°12′24.2″ N 27°25′44.1″	95
						C	26–100	暗棕黄色	砂壤土	粒状	5.6										
剖34	初育土	石灰（岩）土	黑色石灰土	黑色石灰土		A	0–13	浅棕灰色	黏壤土	小块状	7.6	19.7	1.26	1.10	17.9	100	1.3	89	石灰岩风化物	E 109°09′11.6″ N 27°22′46.7″	95
						Bv	13–60	红黄色	黏土	小块状	7.6										
						C	60–100	红黄色	壤土	大块状	7.6										
剖35	铁铝土	红壤	红壤	石灰岩红壤		A₁,A	0–32	红棕色	黏壤土	小块状	5.2	4.1	0.43	0.55	45.8	70	1.1	81	石灰岩风化物	E 109°09′34.8″ N 27°22′53.6″	95
						ABv	32–56	浅棕红色	黏壤土	小块状	5.0										
						Bv	56–152	暗棕色	黏壤土	块状	4.8										
剖36	铁铝土	红壤性土	砂岩红壤性土			A₁,A	1–14	紫棕灰色	砂壤土	粒状	6.0	18.5	1.27	0.68	23.7	51	≤1.0	91	砂岩、砾岩风化物	E 109°11′09.6″ N 27°22′48.6″	95
						Bv	14–38	紫红色	砂壤土	小块状	5.8										
剖37	人为土	水稻土	潴育水稻土	黄泥田	青隔黄砂泥田	A	0–14	暗棕黄色	黏壤土	小块状	6.4	4.3	1.40	0.88	22.6	202	3.0	156	板岩、页岩风化物	E 109°11′46.6″ N 27°22′54.6″	95
						Pg	14–25	浅棕黄色	黏壤土	棱块状	6.8										
						W	25–51	暗黄棕色	黏壤土	块状	7.0										
						C	51–100	暗黄色	黏土	小块状	6.0										
剖38	铁铝土	红壤	红壤	板页岩红壤		A	0–20	棕色	黏土	大块状	5.6	16.3	1.28	1.06	25.2	104	2.7	12	板页岩风化物	E 109°13′52.2″ N 27°22′09.9″	95
						ABv	20–36	浅红棕色	黏土	块状	5.2										
						Bv	36–72	浅红棕色	黏土	大块状	5.2										
						C	72–100	浅红黄色	黏土	大块状	5.2										

续表 Continued

剖面号 Soil profile	土纲 Soil order	土类 Soil great group	亚类 Soil subgroup	土属 Soil genus	土种 Soil species	土层码 Layer code	土层厚度 Depth/cm	颜色 Soil color	质地 Soil texture	土壤结构 Soil structure	pH	有机质 OM/(g/kg)	全氮 TN/(g/kg)	全磷 TP/(g/kg)	全钾 TK/(g/kg)	碱解氮 AN/(mg/kg)	有效磷 AP/(mg/kg)	速效钾 AK/(mg/kg)	土壤母质 Parent material	剖面点坐标 Profile coordinate	匹配指数 Matching index/%
剖39	人为土	水稻土	潴育水稻土	扁砂泥田	青扁砂泥田	A	0—12	暗灰色	黏壤土	小块状	5.2	59.7	3.49	2.30	27.9	270	21.9	125	青色板页岩风化物	E 109°13′17.8″ N 27°20′28.3″	95
						P	12—19	棕灰色	黏壤土	块状	4.8										
						W₁	19—36	紫灰色	黏土	棱柱状	6.0										
						W₂	36—56	灰黄棕色	黏土	棱柱状	6.4										
						C	56—100	栗color	黏土	块状	5.6										
剖40	人为土	水稻土	潴育水稻土	黄砂泥田	红砂泥田	A	0—16	暗黄色	砂壤土	小团块状	5.6	27.2	1.65	1.18	27.5	116	14.2	106	紫红色砂砾岩风化物	E 109°09′08.6″ N 27°21′42.2″	95
						P	16—22	棕灰色	黏壤土	小块状	6.4										
						W₁	22—30	暗黄灰色	黏壤土	柱状	6.8										
						W₂	30—46	浅灰色	黏壤土	柱状	7.2										
						W₃	46—100	灰棕色	砂壤土	柱状	7.2										
剖41	人为土	水稻土	潜育水稻土	青泥田	石灰性青泥田	A	0—19	灰黄棕色	黏壤土	小块状	8.0	40.0	2.59	1.00	33.0	131	7.9	65	板页岩风化物	E 109°08′43.6″ N 27°20′49.4″	95
						Pg	19—27	绿灰色	黏壤土	块状	8.0										
						G	27—100	绿灰色	黏壤土	大块状	6.8										
剖42	铁铝土	红壤	红壤性土	耕型第四纪红土红壤性土	无名子土	A	0—14	灰黄色	黏土	团粒状	7.6	20.7	1.37	1.41	22.5	199	14.4	238	第四纪红色黏土	E 109°10′11.3″ N 27°22′26.1″	93
						ABv	14—26	黄色	黏土	块状	6.0										
						C	26—100	浅红棕色	黏壤土	块状	5.6										
剖43	人为土	水稻土	淹育水稻土	浅灰泥田	浅灰泥田	A	0—13	红黄色	黏壤土	块状	7.6	17.8	1.17	1.14	39.0	92	7.2	160	石灰岩风化物	E 109°10′56.0″ N 27°21′41.8″	95
						P	13—18	红棕色	黏壤土	棱块状	7.2										
						W	18—30	红黄色	黏壤土	棱块状	7.6										
						C	30—100	红黄色	黏土	大块状	8.0										
剖44	人为土	水稻土	潜育水稻土	烂泥田	石灰性烂泥田	Ag	0—20	暗黄色	黏壤土	糊状	7.6	53.8	3.25	1.22	30.0	195	4.8	82	板页岩风化物	E 109°13′15.7″ N 27°17′24.9″	95
						G	20—100	暗黄色	黏壤土	糊状	7.6										
剖45	铁铝土	红壤	黄红壤	板页岩黄红壤	薄腐中层板页岩黄红壤	A₁	1—2	黑棕色	壤土	粒状	5.6	15.2	0.83	0.65	21.7	42	≤1.0	44	板页岩风化物	E 109°11′28.3″ N 27°15′10.9″	95
						Bv	2—40	浅红棕色	黏壤土	小块状	5.2										
						C	40—70	浅红黄色	黏土	棱块状	5.0										
剖46	黄壤	黄壤	黄壤性土	耕型砂土		Ao	0—1					32.5	1.40	8.80	21.7	2	1.7	73	河流冲积物	E 109°04′42.4″ N 27°12′39.8″	75
						A₁A	1—18	红黄色	壤土	粒状	5.2										
						BvC	18—35	浅淡黄色	黏壤土	小块状	4.8										
						C	35—	棕色	黏壤土	棱块状											
剖47	半水成土	潮土	河潮土	黄泥田		A	0—19	暗黄色	砂壤土	小块状	7.6	7.2	0.97	1.22	22.7	47	4.6	87	板岩、页岩	E 109°10′30.9″ N 27°14′26.4″	95
						Bv	19—100	暗棕色	黏壤土	棱块状	8.0										
剖48	人为土	水稻土	潴育水稻土	黄泥田	黄夹泥田	A	0—16	灰棕色	黏土	块状	6.2	32.7	2.00	0.88	28.8	142	2.5	73	板岩、页岩	E 109°10′36.4″ N 27°14′32.7″	95
						P	16—27	灰黄色	黏土	棱柱状	6.4										
						W	27—49	浅灰黄色	黏土	块状	6.8										
						C	49—100	浅灰黄色	黏土	块状	6.8										
剖49	人为土	水稻土	淹育水稻土	浅黄砂泥田	浅黄砂泥田	A	0—14	褐色	壤土	小块状	5.2	31.8	1.13	1.93	21.8	214	5.7	111	砂岩风化物	E 109°14′12.3″ N 27°13′47.3″	95
						P	14—20	褐色	壤土	棱块状	5.6										
						C	20—100	黄红色	壤土	无结构散状	6.0										
剖50	铁铝土	红壤	黄红壤	石灰岩黄红壤	薄腐中层石灰岩黄红壤	A₁A	1—10	暗棕色	壤土	粒状	6.0	57.5	≥10.00	1.12	37.2	1	2.1	101	石灰岩风化物	E 109°08′19.8″ N 27°11′26.2″	95
						ABv	10—28	红黄色	黏土	小块状	5.6										
						BvC	28—51	浅红黄色	黏土	块状	5.2										
						C	51—200	红黄色	黏土	块状											
剖51	人为土	水稻土	淹育水稻土	浅黄砂泥田	浅黄砂泥田	A	0—12	浅棕色	砂壤土	小块状	6.4	17.3	1.18	0.74	23.0	79	2.8	58	红色砂岩风化物	E 109°01′03.0″ N 27°09′01.5″	95
						P	12—16	棕色	壤土	棱块状	6.0										
						W	16—33	棕灰色	壤土	块状	6.8										
						C	33—100	棕灰色	砂土	无结构散状	6.0										

续表 Continued

剖面号 Soil profile	土纲 Soil order	土类 Soil great group	亚类 Soil subgroup	土属 Soil genus	土种 Soil species	土层码 Layer code	土层厚度 Depth/cm	颜色 Soil color	质地 Soil texture	土壤结构 Soil structure	pH	有机质 OM/(g/kg)	全氮 TN/(g/kg)	全磷 TP/(g/kg)	全钾 TK/(g/kg)	碱解氮 AN/(mg/kg)	有效磷 AP/(mg/kg)	速效钾 AK/(mg/kg)	土壤母质 Parent material	剖面点坐标 Profile coordinate	匹配指数 Matching index/%
剖52	人为土	水稻土	渗育水稻土	白散泥田	青糊白散泥田	A	0—16	褐色	黏壤土	小块状	5.6	42.1	2.45	1.08	20.7	236	10.3	158	板页岩风化物	E 109°00′47.2″ N 27°07′45.0″	95
						Pg	16—27	暗白色	黏壤土	块状	6.0										
						E	27—71	黄白相间	黏土	棱块状	6.4										
						W	71—100	褐色			6.8										
剖53	人为土	水稻土	潜育水稻土	岩渣田	石灰性岩渣田	A	0—15	暗黄棕色	砂壤土	小块状	7.6	38.2	2.35	2.52	≥50.0	141	11.1	152	硅质板页岩风化物	E 109°10′31.5″ N 27°08′14.2″	95
						P	15—24	灰黄棕色	砂壤土	块状	7.6										
						W	24—100	浅黄棕色	黏壤土	棱块状	7.6										
剖54	铁铝土	红壤	黄红壤	石灰岩黄红壤		A	0—18	暗棕色	壤土	团粒状	6.0	27.5	1.85	3.32	37.3	197	12.4	254	石英质石灰岩风化物	E 109°10′15.5″ N 27°07′36.9″	95
						BvC	18—85	浅棕色	黏土	小块状	6.0										
						C	85—100	浅棕色			6.0										
剖55	铁铝土	红壤	黄红壤	石灰岩黄红壤	黄泥砂土	A,A	1—10	棕灰色	壤土	粒状	5.6	26.1	1.17	0.78	25.5	43	≤1.0	48	砂岩、砾岩风化物	E 109°11′30.8″ N 27°07′43.0″	95
						ABv	10—52	灰棕色	砂壤土	粒状	5.4										
						Bv	52—107	暗黄棕色	砂壤土	粒状	4.8										
						BvC	107—200	暗黄棕色	砂壤土	粒状	4.6										
剖56	铁铝土	红壤	黄红壤	耕型板页岩黄红壤		A	0—16	灰黄色	黏壤土	块状	5.6	22.5	1.40	1.46	17.1	59	20.0	130	砂质板页岩坡积物	E 109°11′20.6″ N 27°06′27.9″	95
						Bv	16—60	浅红黄色	黏壤土	块状	6.0										
						Bv	60—79	浅红黄色	黏壤土	块状	6.0										
						C	79—100	浅红黄色	黏壤土	块状	6.0										
剖57	铁铝土	红壤	红壤	石灰岩黄红壤		A	0—15	暗棕色	黏壤土	团粒状	5.6	21.0	1.24	1.11	41.1	119	1.7	282	石灰岩风化物	E 109°08′44.9″ N 27°06′39.3″	95
						ABv	15—55	暗黄棕色	黏壤土	小块状	6.0										
						BvC	55—100	绿棕色	黏壤土	团块状	6.4										
剖58	人为土	水稻土	潜育水稻土	扁砂泥田	青糊黄扁泥田	A	0—14	黄棕色	黏壤土	棱块状	6.0	56.1	2.70	1.07	24.5	171	5.0	122	板岩、页岩风化物	E 109°09′39.8″ N 27°06′09.6″	95
						Pg	14—19	暗黄棕色	黏壤土	块状	6.0										
						C	19—31	暗黄棕色	黏壤土	块状	6.4										
						W	31—100	暗棕色	黏壤土	小块状	6.8										
剖59	初育土	石灰(岩)土	红色石灰土	淋溶石灰土		Ao₁	0—2				7.2	18.3	2.21	1.65	46.6	108	3.0	89	石灰岩风化物	E 109°09′02.1″ N 27°05′26.2″	95
						Ao₂	2—3				6.0										
						A	3—33	暗棕色	壤土	团粒状	6.0										
						Bv	33—58	暗棕色	黏壤土	粒状	6.0										
						C	58—83	暗棕色	黏壤土	小块状	4.8										
剖60	初育土	紫色土	酸性紫色土	耕型酸性紫色土	紫红土	A	0—25	红棕色	壤土	粒状	5.6	8.5	0.68	0.85	15.0	66	16.8	190	紫色砂砾岩风化物	E 109°16′30.5″ N 27°22′54.9″	75
						ABv	25—42	浅棕红色	黏壤土	小块状	5.2										
						Bv	42—100	紫灰棕色	黏壤土	小块状	4.8										
剖61	人为土	水稻土	潜育水稻土	青泥田	青夹泥田	A	0—20	暗棕灰色	黏土	小块状	6.8	32.4	1.87	0.90	13.6	145	4.6	63	第四纪红色黏土	E 109°16′20.5″ N 27°22′43.9″	95
						Pg	20—32	暗棕灰色	黏土	块状	7.2										
						G	32—100	黄棕色	黏壤土	棱块状	7.6										
剖62	铁铝土	红壤	红壤性土	耕型砂岩红壤性土	盐砂土	A	0—14	红棕色	砂壤土	粒状	5.2	5.6	0.73	0.67	27.1	57	7.7	≤5	砂岩、砾岩风化物	E 109°17′08.6″ N 27°23′09.3″	93
						Bv	14—34	红黄棕色	黏土	块状	5.6										
						C	34—100	红黄棕色	黏土	块状	6.0										
剖63	铁铝土	红壤	红壤	板页岩红壤		A	0—8	暗棕色	黏土	小块状	6.4	29.3	1.69	2.21	4.4	53	21.8	80	第四纪红色黏土	E 109°17′49.1″ N 27°24′07.3″	95
						ABv	8—20	棕色	壤土	块状	6.8										
						Bv	20—72	浅棕色	黏土	块状	7.2										
						BvC	72—100	浅棕色	黏土	块状	6.8										
剖64	人为土	水稻土	淹育水稻土	浅黄泥田	砂质浅黄泥田	A	0—14	暗黄色	壤土	块状	6.0	14.3	0.99	0.96	21.5	124	7.9	139	砂质板页岩风化物	E 109°17′03.9″ N 27°22′49.4″	95
						P	14—22	暗黄色	壤土	块状	6.0										
						C	22—100	灰黄色	壤土	块状	6.4										

续表 Continued

剖面号 Soil profile	土纲 Soil order	土类 Soil great group	亚类 Soil subgroup	土属 Soil genus	土种 Soil species	土层码 Layer code	土层厚度 Depth/cm	颜色 Soil color	质地 Soil texture	土壤结构 Soil structure	pH	有机质 OM/(g/kg)	全氮 TN/(g/kg)	全磷 TP/(g/kg)	全钾 TK/(g/kg)	碱解氮 AN/(mg/kg)	有效磷 AP/(mg/kg)	速效钾 AK/(mg/kg)	土壤母质 Parent material	剖面点坐标 Profile coordinate	匹配指数 Matching index/%
剖65	铁铝土	红壤	红壤	板页岩红壤		A	0—14	黄色	黏壤土	小块状	5.6	12.4	0.38	0.88	15.1	80	2.8	108	板页岩风化物	E 109°17′19.3″ N 27°22′35.1″	95
						ABv	14—25	灰黄色	黏土	块状	5.6										
						Bv	25—47	浅红黄色	黏土	块状	5.2										
						C	47—100	红黄色	黏土	块状	4.8										
剖66	铁铝土	红壤	红壤性土	板页岩红壤性土	薄腐板页岩红壤性土	A₁A	1—15	灰黄色	壤土	粒状	5.2	49.7	2.33	1.08	27.6	111	1.7	58	板页岩风化物	E 109°21′07.0″ N 27°20′08.2″	95
						Bv	15—37	红黄色	壤土	粒状	5.0										
						C	37—75	红黄色	黏土											
						D	75—200	红黄色	黏土											
剖67	人为土	水稻土	潴育水稻土	红黄泥田	红黄泥田	A	0—17	浅黄色	黏壤土	小块状	5.6	21.5	1.27	0.85	14.7	107	4.7	68	第四纪红色黏土	E 109°15′40.7″ N 27°19′24.8″	95
						P	17—24	棕黄色	黏壤土	块状	6.4										
						W	24—55	浅棕黄色	黏土	棱块状	7.2										
						C	55—100	黄色	黏土	棱柱状	7.6										
剖68	人为土	水稻土	潴育水稻土	青泥田	青泥田	A	0—15	灰黄色	黏壤土	小块状	5.6	42.4	2.33	0.90	23.7	179	6.2	100	板页岩风化物	E 109°22′14.6″ N 27°17′44.3″	95
						Pg	15—25	暗灰黄色	黏壤土	小块状	6.8										
						G	25—100	暗灰色	黏壤土	块状	6.4										
剖69	人为土	水稻土	淹育水稻土	浅育渣田	岩板底田	A	0—16	褐色	黏壤土	块状	6.4	13.3	0.83	0.93	20.6	208	19.6	112	板岩风化物	E 109°20′54.2″ N 27°14′59.0″	95
						D	16—100	黄灰色	黏壤土	无结构	6.4										
剖70	铁铝土	红壤	黄红壤	耕型板页岩红土	黄红土	A	0—19	灰黄色	黏壤土	小块状	6.0	29.2	1.92	1.78	28.1	143	8.7	172	板页岩风化物	E 109°20′18.0″ N 27°10′13.0″	95
						Bv	19—32	黄棕色	黏壤土	块状	6.4										
						BvC	32—45	浅黄棕色	黏土											
						C	45—100	红黄色			6.8										

芷江侗族自治县

主要土类说明

红壤是芷江侗族自治县主要土壤类型，占本县地域面积的 47%。本县红壤发育于多种成土母质，分为红壤、黄红壤、红壤性土三个亚类。其中，红壤亚类占本土类面积的 32%，分布在海拔 300—500m 的低山、丘陵区，具有明显的脱硅富铝化过程，土层一般较深厚，土壤多呈酸性至微酸性。黄红壤占本土类面积的 47%，分布在海拔 500—800m 的中低山区，土壤呈黄红色。红壤性土占本土类面积的 21%，分布在海拔 300—500m 的地区，主要特点是土层厚度小于 40cm。

紫色土是芷江侗族自治县第二大土壤类型，占本县地域面积的 30%。紫色土主要分布在公坪、罗旧、水宽、土桥、新店坪、楠木坪、禾梨坳、晓坪、罗卜田、冷水溪、岩桥等地，是由热带、亚热带紫红色岩层直接风化形成的 A-C 型土壤，土层浅薄，剖面层次发育不明显，仍处于初育阶段。发育于紫色砂页岩的紫色土，钾含量较高，有机质和氮含量中等，磷含量偏低。本县紫色土分为酸性紫色土、中性紫色土、石灰性紫色土三个亚类。其中，酸性紫色土面积最大，占本土类面积的 61%。

水稻土是芷江侗族自治县第三大土壤类型，占本县地域面积的 19%。水稻土是在长期的季节性淹灌、水下翻耕、季节性脱水、氧化还原交替影响下，原来的成土母质或母土的特性发生重大改变，形成的新的土壤类型。由于干湿交替，水稻土形成糊状的淹育层、较坚实板结的犁底层、渗育层、潴育层与潜育层等多种发生层。这些不同的发生层是在人为耕作、水浆管理下形成的。本县水稻土分为淹育型、潴育型、潜育型、沼泽型、矿毒型五个亚类。其中，潴育水稻土面积最大，占本土类面积的 64%，一般为垄田、坪田、冲田，耕作层较深厚，有明显的淋溶淀积层，剖面构型多为 A-P-W-C 或 A-P-W_1-W_2。

小于本县地域面积 3% 的土壤类型有黄壤、潮土、山地草甸土等。

本区域中心区气候特征

本区域中心区气候特征值
Regional climate characteristics in central area of the region

气候带：中亚热带湿润气候 Climate region: Subtropical humid climate	
年平均气温 /℃ Annual average temperature /℃	16.5
年平均最高气温 /℃ Annual average maximum temperature /℃	21.1
年平均最低气温 /℃ Annual average minimum temperature /℃	13.3
年降水量 /mm Annual precipitation /mm	1241
≥10℃的积温 /℃ Daily temperature accumulated in a year（≥10℃）/℃	6061
年日照时数 /h Annual sunshine /h	1478
年平均相对湿度 /% Annual average relative humidity /%	80
干燥度 Dryness	0.79

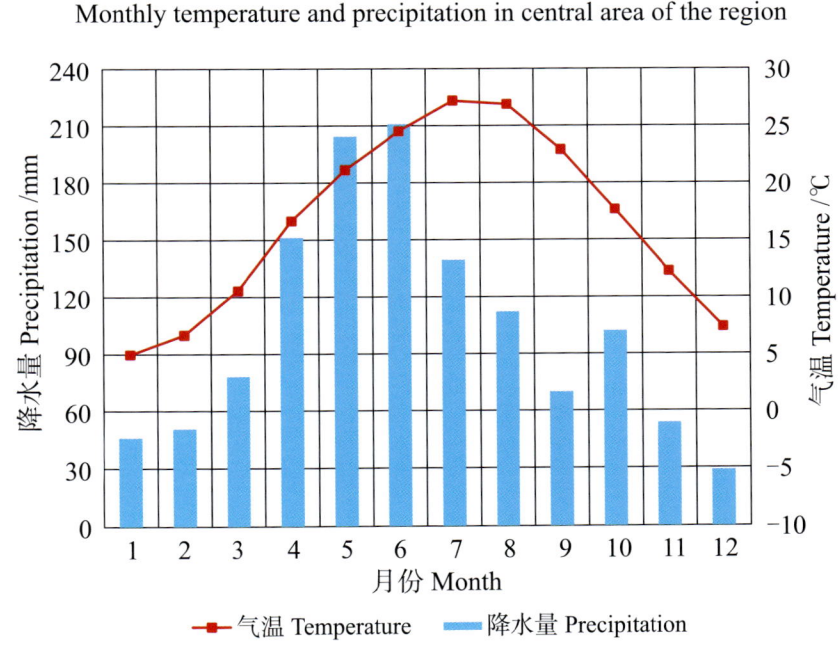

本区域中心区月平均气温与月平均降水量
Monthly temperature and precipitation in central area of the region

芷江侗族自治县主要土壤类型与土壤剖面点分布图
1:270 000

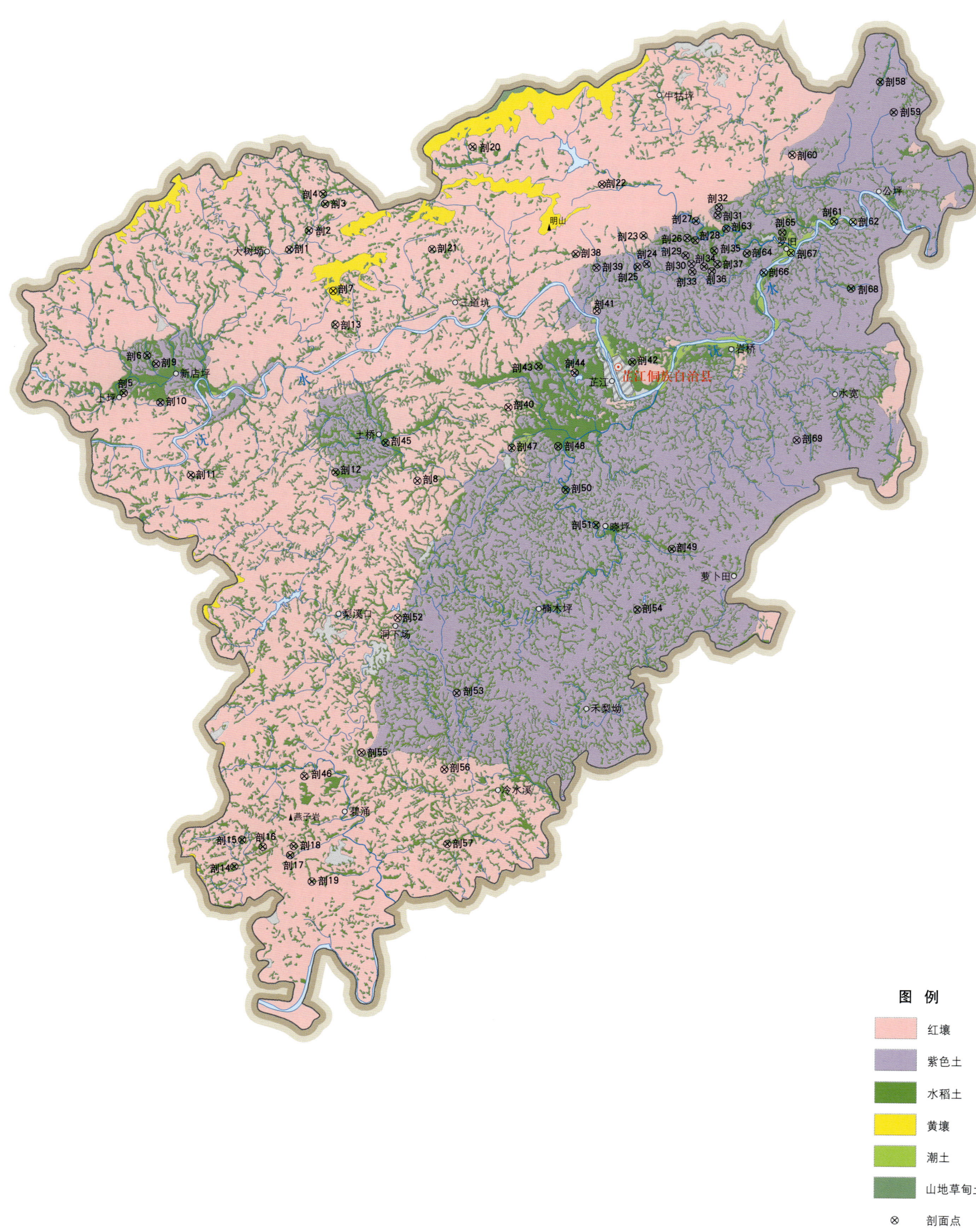

图例
- 红壤
- 紫色土
- 水稻土
- 黄壤
- 潮土
- 山地草甸土
- ⊗ 剖面点

芷江侗族自治县土壤剖面理化性状表

剖面号 Soil profile	土纲 Soil order	土类 Soil great group	亚类 Soil subgroup	土属 Soil genus	土种 Soil species	土层码 Layer code	土层厚度 Depth/cm	质地 Soil texture	pH	有机质 OM/(g/kg)	全氮 TN/(g/kg)	全磷 TP/(g/kg)	全钾 TK/(g/kg)	碱解氮 AN/(mg/kg)	有效磷 AP/(mg/kg)	速效钾 AK/(mg/kg)	土壤母质 Parent material	剖面点坐标 Profile coordinate	匹配指数 Matching index/%
剖1	人为土	水稻土	潴育水稻土	河砂泥田	青瑚河砂泥田	A	0—17	砂壤土	8.3	31.9	1.44	1.79	21.9	152	5.3	53	河流冲积物	E 109°27′57.2″ N 27°30′34.5″	97
						Pg	17—27	砂壤土	8.0										
						W	27—100	砂壤土	8.5										
剖2	人为土	水稻土	潴育水稻土	酸紫泥田	酸紫泥田	A	0—19	黏壤土	5.1	19.3	1.22	0.94	27.7	97	7.2	76	紫色砂页岩风化物	E 109°28′42.7″ N 27°31′14.7″	97
						P	19—25	壤土	6.0										
						W	25—100	壤土	7.5										
剖3	人为土	水稻土	淹育水稻土	浅黄泥田	砂页浅黄泥田	A	0—16	壤土	6.0	27.7	1.49	0.69	25.4	106	3.7	111	砂质板页岩风化物	E 109°29′18.1″ N 27°32′08.3″	97
						P	16—24	壤土	6.0										
						C	24—100	壤土	6.5										
剖4	人为土	水稻土	潴育水稻土	中性紫泥田	黄泥田底青瑚中性紫泥田	A	0—16	壤土	7.0	34.2	2.05	0.75	21.6	132	3.1	59	紫色砂页岩、板页岩风化物	E 109°29′20.2″ N 27°32′13.1″	95
						Pg	16—27	黏壤土	7.5										
						W₁	27—61	黏壤土	7.5										
						W₂	61—100	黏壤土	7.5										
剖5	人为土	水稻土	矿毒型水稻土	非金属矿毒田	硫黄矿毒田	A	0—15	壤土	5.5	25.0	1.38	1.05	26.1	151	5.5	118	板页岩风化物	E 109°21′28.7″ N 27°25′26.2″	97
						Pg	15—25	壤土	5.5										
						G	25—100	壤土	5.5										
剖6	人为土	水稻土	潴育水稻土	紫泥田	肥碱紫泥田	A	0—17	黏壤土	8.0	41.0	2.50	1.53	19.5	130	5.0	85	紫色砂页岩风化物	E 109°22′27.0″ N 27°26′48.6″	97
						P	17—27	黏土	8.0										
						W	27—100	黏土	8.0										
剖7	铁铝土	黄壤	黄壤	板页岩黄壤	薄腐厚层板页岩黄壤	Ao	0—3			19.6	1.00	0.59	12.0	56	≤1.0	58	黄色砂页岩风化物	E 109°29′42.1″ N 27°29′09.9″	95
						A₁	3—13	砂壤土	6.0										
						ABv	13—67	砂壤土	5.5										
						BvC	67—200	砂壤土	5.5										
剖8	铁铝土	红壤	黄红壤	耕型板页岩黄红壤	黄红岩渣子土	A	0—17	壤土	6.5	31.2	1.62	2.07	26.7	116	8.2	143	紫色砂页岩风化物	E 109°29′48.4″ N 27°27′59.5″	95
						Bv	17—45	黏壤土	7.0										
						C	45—100	黏壤土	6.0										
剖9	初育土	紫色土	石灰性紫色土	石灰性紫砂土	厚层石灰性紫砂土	Ao	0—3	壤土	8.5	31.7	1.36	1.57	32.6	75	3.3	63	紫色砂页岩风化物	E 109°22′48.8″ N 27°26′31.2″	97
						A₁	3—8	砂壤土	8.0										
						Bv	8—23	黏壤土	7.0										
						C	23—88	黏壤土	7.0										
							88—200	砂壤土	7.0										
剖10	初育土	紫色土	中性紫色土	中性紫色土	厚层中性紫色土	Ao	0—4	壤土	7.0	15.6	0.98	0.71	28.3	97	≤1.0	110	砂砾岩风化物	E 109°23′00.4″ N 27°25′10.7″	95
						A₁	4—6	黏壤土	7.0										
						A	6—22	黏壤土	7.0										
						Bv	22—90	黏壤土	7.0										
						C	90—200	砂壤土	7.0										
剖11	人为土	水稻土	潴育水稻土	青泥田	青砂田	A	0—19	砂壤土	4.9	49.0	2.58	1.18	24.0	217	11.8	83	紫色砂页岩风化物	E 109°24′14.8″ N 27°22′39.6″	97
						Pg	19—31	壤土	6.0										
						G	31—100	砂壤土	6.5										
剖12	人为土	水稻土	淹育水稻土	浅酸紫泥田	酸性铁子紫砂泥田	A	0—12	砂壤土	6.1	14.6	0.74	0.47	11.7	86	≤1.0	97	紫色砂页岩风化物	E 109°29′54.7″ N 27°22′50.7″	95
						P	12—25	壤土	6.5										
						Bv	25—70	砂壤土	6.5										
						D	70—												

续表 Continued

剖面号 Soil profile	土纲 Soil order	土类 Soil great group	亚类 Soil subgroup	土属 Soil genus	土种 Soil species	土层码 Layer code	土层厚度 Depth/cm	质地 Soil texture	pH	有机质 OM/(g/kg)	全氮 TN/(g/kg)	全磷 TP/(g/kg)	全钾 TK/(g/kg)	碱解氮 AN/(mg/kg)	有效磷 AP/(mg/kg)	速效钾 AK/(mg/kg)	土壤母质 Parent material	剖面点坐标 Profile coordinate	匹配指数 Matching index/%
剖13	铁铝土	红壤	红壤	耕型砂岩红土	黄砂土	A	0—16	砂壤土	5.5	37.2	2.32	1.05	23.2	184	7.6	93	砂岩	E 109°28′54.4″ N 27°12′14.6″	96
						Bv	16—64	砂壤土	6.0										
						C	64—100	砂壤土	6.0										
剖14	人为土	水稻土	潜育水稻土	冷浸田	冷水田	A	0—17	壤土	6.0	68.2	2.65	0.82	23.2	196	6.3	58	板页岩风化物	E 109°26′13.9″ N 27°09′01.9″	97
						Pg	17—28	壤土	6.5										
						G	28—100	黏壤土	6.5										
剖15	铁铝土	红壤	黄红壤	板页岩黄红壤	薄腐中层板页岩黄红壤	A_1	0—6	壤土	5.5	47.9	1.97	1.25	23.0	164	2.6	122	板页岩风化物	E 109°26′30.8″ N 27°09′58.5″	97
						Bv	6—20	黏壤土	5.0										
						C	20—57	黏壤土	5.0										
							57—200	壤土	6.0										
剖16	人为土	水稻土	潜育水稻土	黄泥田	黄泥田	A	0—15	壤土	6.0	36.5	2.07	1.25	28.7	206	8.3	93	板页岩风化物	E 109°27′19.9″ N 27°09′44.6″	97
						P	15—20	黏壤土	6.0										
						W_1	20—41	黏壤土	6.0										
						W_2	41—100	壤土	6.0										
剖17	人为土	水稻土	潜育水稻土	河砂泥田	河砂泥田	A	0—16	砂壤土	6.5	32.5	1.88	1.08	27.6	134	6.3	31	河流冲积物	E 109°28′24.4″ N 27°09′27.9″	97
						P	16—26	砂壤土	6.5										
						W	26—52	黏壤土	7.5										
						S	52—100	砂石土											
剖18	人为土	水稻土	潜育水稻土	冷浸田	冷浸泥田	A	0—20	黏壤土	5.5	46.5	2.28	1.09	28.1	201	7.4	249	板页岩风化物	E 109°28′32.6″ N 27°09′46.6″	97
						Pg	20—30	黏壤土	5.5										
						G	30—100	黏土	6.0										
剖19	人为土	水稻土	潜育水稻土	冷浸田	冷浸阴山田	A	0—18	黏壤土	6.0	31.8	1.38	0.87	22.7	138	2.8	47	板页岩风化物	E 109°29′16.4″ N 27°08′33.1″	97
						Pg	18—25	黏壤土	6.0										
						G	25—100	黏土	5.0										
剖20	人为土	水稻土	淹育水稻土	浅岩渣田	岩板底田	A	0—16	黏壤土	5.5	32.5	1.79	1.75	12.1	164	12.8	61	板页岩风化物	E 109°35′05.3″ N 27°34′15.2″	97
						D	16—												
剖21	人为土	水稻土	潴育水稻土	黄砂泥田	盐砂泥田	A	0—15	黏壤土	5.0	39.9	1.79	1.31	14.8	137	6.6	44	砂岩风化物	E 109°33′33.3″ N 27°30′40.1″	97
						P	15—23	黏壤土	6.0										
						W	23—100	黏壤土	6.0										
剖22	铁铝土	红壤	红壤	耕型板页岩红土	岩渣子土	A	0—18	黏壤土	6.0	31.6	1.49	1.26	33.2	84	4.3	148	板页岩风化物	E 109°40′11.2″ N 27°33′00.4″	97
						Bv	18—68	黏壤土	5.5										
						C	68—100	黏壤土	5.5										
剖23	人为土	水稻土	潴育水稻土	扁砂泥田	青扁砂泥田	A	0—17	壤土	6.0	50.5	2.34	7.20	23.5	157	6.6	75	青色板页岩风化物	E 109°41′50.7″ N 27°31′14.4″	97
						P	17—25	壤土	6.0										
						W_1	25—48	壤土	6.5										
						W_2	48—100	壤土	6.5										
剖24	人为土	水稻土	潴育水稻土	紫泥田	碱紫泥田	A	0—13	黏壤土	7.5	30.7	1.69	1.11	20.9	128	4.4	68	紫色页岩风化物	E 109°41′59.4″ N 27°30′15.2″	97
						P	13—22	黏壤土	7.5										
						W	22—100	黏壤土	8.0										
剖25	人为土	水稻土	潴育水稻土	中性浅紫泥田	中性浅紫泥田	A	0—15	黏壤土	6.6	21.8	1.18	0.63	19.9	100	1.8	85	紫色砂页岩风化物	E 109°41′37.7″ N 27°30′09.1″	97
						P	15—24	黏壤土	7.0										
						C	24—100	黏壤土	7.5										
剖26	人为土	水稻土	淹育水稻土	紫泥田	青骟碱紫泥田	A	0—17	黏壤土	8.2	56.4	2.87	1.02	20.4	146	3.0	66	紫色页岩风化物	E 109°43′34.1″ N 27°31′11.0″	97
						Pg	17—27	黏壤土	8.5										
						W	27—100	黏土	8.5										

续表 Continued

剖面号 Soil profile	土纲 Soil order	土类 Soil great group	亚类 Soil subgroup	土属 Soil genus	土种 Soil species	土层码 Layer code	土层厚度 Depth/cm	质地 Soil texture	pH	有机质 OM/(g/kg)	全氮 TN/(g/kg)	全磷 TP/(g/kg)	全钾 TK/(g/kg)	碱解氮 AN/(mg/kg)	有效磷 AP/(mg/kg)	速效钾 AK/(mg/kg)	土壤母质 Parent material	剖面点坐标 Profile coordinate	匹配指数 Matching index/%
剖27	人为土	水稻土	淹育水稻土	浅酸紫泥田	浅酸紫泥田	A	0—14	黏壤土	6.0	18.0	1.01	0.59	21.6	109	7.2	85	紫色砂页岩风化物	E 109° 43′ 54.1″ N 27° 31′ 46.7″	97
						P	14—27	黏壤土	6.5										
						C	27—62	壤土	8.0										
						D	62—												
剖28	人为土	水稻土	潜育水稻土	中性紫泥田	青腐中性紫泥田	A	0—17	黏壤土	6.6	49.9	2.36	0.77	24.7	228	4.1	64	紫色砂页岩风化物	E 109° 43′ 45.1″ N 27° 31′ 08.6″	97
						Pg	17—30	黏壤土	7.5										
						W	30—100	黏壤土	7.0										
剖29	人为土	水稻土	潜育水稻土	青泥田	青紫泥田	Ag	0—18	黏土	8.0	36.8	1.94	1.13	26.2	146	3.5	146	紫色砂页岩风化物	E 109° 43′ 30.7″ N 27° 30′ 34.2″	97
						Pg	18—27	黏土	7.5										
						G	27—100	黏土	7.5										
剖30	初育土	紫色土	中性紫色土	中性紫砂土	薄腐中性紫砂土	A_1	0—2	砂壤土	6.7	18.1	0.95	0.54	19.1	32	3.1	56	紫色砂页岩风化物	E 109° 43′ 45.0″ N 27° 30′ 17.2″	97
						A	2—23	砂壤土	6.6										
						Bv	23—34	砂壤土	6.5										
						D	34—90	砂壤土	6.5										
							90—												
剖31	初育土	紫色土	酸性紫色土	耕型酸性紫砂土	紫砂土	A	0—20	砂壤土	6.0	15.3	0.57	0.37	15.5	147	5.0	130	紫色砂页岩风化物	E 109° 43′ 44.7″ N 27° 31′ 59.1″	97
						Bv	20—35	砂壤土	6.5										
						C	35—100	砂壤土	6.5										
剖32	人为土	水稻土	潜育水稻土	酸紫泥田	青腐酸紫泥田	A	0—16	黏壤土	6.0	44.2	2.29	0.85	15.7	165	6.0	70	紫色页岩风化物	E 109° 44′ 46.0″ N 27° 32′ 01.6″	97
						Pg	16—26	黏壤土	6.0										
						W_1	26—47	黏壤土	6.5										
						W_2	47—100	黏壤土	7.0										
剖33	人为土	水稻土	潜育水稻土	烂泥田	熟红黄泥田	A	0—15	黏壤土	6.5	30.0	1.69	0.89	17.8	106	7.8	115	第四纪红色黏土	E 109° 43′ 47.4″ N 27° 30′ 00.6″	97
						P	15—24	黏壤土	6.5										
						W_1	24—62	黏壤土	6.5										
						W_2	62—100	黏壤土	6.5										
剖34	人为土	水稻土	潜育水稻土	紫泥田	碱紫砂泥田	A	0—16	砂壤土	7.7	39.7	2.24	1.48	16.0	171	21.3	54	紫色砂页岩风化物	E 109° 44′ 14.5″ N 27° 30′ 12.0″	97
						P	16—25	砂壤土	7.0										
						W	25—100	砂壤土	7.7										
剖35	人为土	水稻土	潜育水稻土	烂泥田	溙眼田	A	0—20	黏壤土	8.5	39.8	1.84	0.88	22.7	82	≤1.0	76	紫色砂页岩风化物	E 109° 44′ 38.1″ N 27° 30′ 41.7″	97
						Ag	20—100	黏壤土	8.5										
剖36	人为土	水稻土	淹育水稻土	浅碱紫泥田	浅碱紫泥田	A	0—15	黏壤土	7.5	18.3	0.99	0.63	18.2	100	3.1	93	紫色砂页岩风化物	E 109° 44′ 29.3″ N 27° 30′ 08.6″	97
						P	15—25	黏壤土	7.5										
						C	25—100	黏壤土	7.5										
剖37	人为土	水稻土	潜育水稻土	酸紫泥田	红黄紫泥田	A	0—16	壤土	6.0	39.0	1.21	1.21	18.2	159	8.9	120	第四纪红色黏土、紫色砂页岩	E 109° 43′ 45.9″ N 27° 30′ 17.4″	97
						P	16—23	黏壤土	6.5										
						W	23—45	黏壤土	7.0										
						C	45—100	壤土	7.0										
剖38	铁铝土	红壤	石灰性紫色土	耕型板页岩红土	扁砂土	A	0—18	黏壤土	6.5	34.8	1.45	1.07	12.2	121	4.4	110	板页岩风化物	E 109° 39′ 11.4″ N 27° 30′ 34.4″	97
						Bv	18—38	黏壤土	6.0										
						C	38—100	黏壤土	6.0										
剖39	初育土	紫色土	石灰性紫色土	石灰性紫色土	薄层石灰性紫色土	A	0—7	壤土	8.0	18.8	1.05	1.40	26.2	93	1.1	95	紫色砂页岩风化物	E 109° 40′ 01.6″ N 27° 30′ 06.7″	97
						Bv	7—18	黏壤土	8.0										
							18—200	黏壤土	8.0										

续表 Continued

剖面号 Soil profile	土纲 Soil order	土类 Soil great group	亚类 Soil subgroup	土属 Soil genus	土种 Soil species	土层码 Layer code	土层厚度 Depth/cm	质地 Soil texture	pH	有机质 OM/(g/kg)	全氮 TN/(g/kg)	全磷 TP/(g/kg)	全钾 TK/(g/kg)	碱解氮 AN/(mg/kg)	有效磷 AP/(mg/kg)	速效钾 AK/(mg/kg)	土壤母质 Parent material	剖面点坐标 Profile coordinate	匹配指数 Matching index/%
剖40	铁铝土	红壤	红壤性土	板页岩红壤性土	薄腐板页岩红壤性土	A	0—14	黏壤土	6.0	37.7	1.51	0.87	20.9	97	1.5	49	板页岩风化物	E 109°36′38.5″ N 27°25′12.0″	98
						Bv	14—25	黏壤土	6.0										
						C	25—200	黏壤土	5.5										
剖41	铁铝土	红壤	红壤	第四纪红色黏土红壤		A	0—15	黏壤土	4.5	3.8	0.68	0.95	20.8	63	3.1	43	第四纪红色黏土	E 109°40′03.8″ N 27°28′36.2″	97
						Bv	15—200	黏壤土	5.1										
剖42	人为土	水稻土	潴育水稻土	红黄泥田	青捆红黄泥田	Pg	0—19	黏壤土	6.3	52.2	2.63	1.17	18.4	118	4.6	71	第四纪红色黏土	E 109°41′29.0″ N 27°26′49.7″	98
						W₁	19—29	黏壤土	7.0										
						W₂	29—47	黏壤土	7.0										
						G	47—100	黏壤土	7.0										
剖43	人为土	水稻土	潴育水稻土	青泥田	青夹泥田	Pg	0—21	黏壤土	6.5	36.8	1.94	1.13	26.2	173	8.6	129	第四纪红色黏土	E 109°37′48.8″ N 27°26′38.2″	97
						Pg	21—32	黏土	7.0										
						G	32—100	黏土	7.0										
剖44	铁铝土	红壤	红壤性土	第四纪红色黏土红壤性土	薄腐薄层红土红壤性土	A₁	0—2	壤土	5.5	6.0	0.26	0.64	6.9	28	≤1.0	27	第四纪红色黏土	E 109°39′13.7″ N 27°26′26.3″	97
						A	2—11	壤土	6.0										
						Bv	11—26	黏壤土	6.0										
						C	26—200	黏壤土	7.0										
剖45	人为土	水稻土	潴育水稻土	中性紫泥田	黄泥底中性紫泥田	A	0—15	黏壤土	6.6	25.4	1.42	1.35	15.8	119	27.3	72	紫色砂页岩、板页岩	E 109°31′51.5″ N 27°23′53.5″	97
						P	15—20	黏壤土	7.0										
						W	20—32	黏壤土	7.0										
						C	32—100	黏壤土	7.0										
剖46	铁铝土	红壤	淹育水稻土	板页岩红壤	薄腐中层板页岩红壤	A	0—20	黏壤土	6.5	30.6	1.58	0.79	22.1	60	2.5	97	板页岩风化物	E 109°33′07.6″ N 27°22′35.5″	95
						Bv	20—70	黏壤土	6.0										
						C	70—100	黏壤土	7.0										
剖47	人为土	水稻土	石灰性紫色土	浅酸紫泥田	酸性铁子紫泥田	A	0—11	黏壤土	5.5	18.0	0.98	0.84	15.1	93	5.3	85	紫色砂页岩风化物	E 109°36′48.1″ N 27°23′47.6″	97
						P	11—21	黏壤土	6.7										
						Bv	21—60	黏壤土	6.7										
						C	60—100	黏壤土	7.0										
剖48	初育土	紫色土	石灰性紫色土	耕型石灰性紫色土	石灰性紫色土	A	0—15	黏壤土	8.5	30.9	1.53	1.08	30.2	66	5.0	79	紫色砂页岩风化物	E 109°38′37.2″ N 27°23′52.0″	98
						Bv	15—58	黏壤土	7.0										
						C	58—100	黏壤土	8.0										
剖49	人为土	水稻土	潴育水稻土	中性紫泥田	中性铁子紫泥田	A	0—15	黏壤土	7.0	30.8	1.74	0.84	19.2	151	1.9	73	紫色砂页岩风化物	E 109°43′08.7″ N 27°20′21.7″	98
						P	15—24	黏壤土	7.0										
						W	24—76	黏壤土	7.0										
						C	76—100	黏壤土	7.5										
剖50	人为土	水稻土	淹育水稻土	中性浅紫泥田	中性铁子紫砂泥田	A	0—16	壤土	6.6	21.1	1.52	0.60	19.0	145	3.3	76	紫色砂页岩风化物	E 109°38′56.9″ N 27°22′21.8″	95
						Bv	16—24	砂壤土	6.8										
						C	24—79	壤土	7.0										
							79—100	壤土	7.5										
剖51	人为土	水稻土	潴育水稻土	灰泥田	青捆鸭屎泥田	A	0—18	黏壤土	8.0	41.5	2.03	1.01	22.6	129	5.0	91	石灰岩风化物	E 109°40′09.9″ N 27°21′09.5″	95
						Pg	18—29	黏土	8.0										
						W	29—100	黏土	8.0										
剖52	铁铝土	红壤	红壤	砂岩红壤	薄腐厚层砂岩红壤	Ao	0—3										砂砾岩风化物	E 109°32′26.8″ N 27°17′48.5″	99
						A₁	3—5	壤土	6.5	38.0	1.70	0.66	17.0	135	3.9	81			
						A	5—20	壤土	6.0										
						BvC	20—150	壤土	6.0										
						C	150—200	壤土	6.0										

续表 Continued

剖面号 Soil profile	土纲 Soil order	土类 Soil great group	亚类 Soil subgroup	土属 Soil genus	土种 Soil species	土层码 Layer code	土层厚度 Depth/cm	质地 Soil texture	pH	有机质 OM/(g/kg)	全氮 TN/(g/kg)	全磷 TP/(g/kg)	全钾 TK/(g/kg)	碱解氮 AN/(mg/kg)	有效磷 AP/(mg/kg)	速效钾 AK/(mg/kg)	土壤母质 Parent material	剖面点坐标 Profile coordinate	匹配指数 Matching index/%
剖53	人为土	水稻土	潜育水稻土	青泥田	青紫砂泥田	A	0—20	砂壤土	8.5	39.6	1.97	0.93	22.8	152	5.7	95	紫色砂页岩风化物	E 109°34′48.7″ N 27°15′13.4″	98
						Pg	20—25	砂壤土	8.5										
						G	25—100	砂壤土	8.5										
剖54	人为土	水稻土	淹育水稻土	中性浅紫泥田	中性铁子紫泥田	A	0—12	黏壤土	7.0	20.4	1.17	0.88	21.6	102	8.7	83	紫色砂页岩风化物	E 109°41′50.4″ N 27°18′13.5″	95
						P	12—20	黏壤土	7.0										
						Bv	20—54	黏壤土	7.4										
						C	54—100	黏壤土	7.4										
剖55	铁铝土	红壤	红壤性土	砂岩红黏性土	薄腐砂岩红黏性土	Ao	0—1	砂壤土	6.0	17.8	1.12	0.80	21.6	59	3.1	54	砂砾岩风化物	E 109°31′07.2″ N 27°13′06.0″	98
						A_1	1—2	砂壤土	6.0										
						ABv	2—18												
						D	18—												
剖56	铁铝土	红壤	黄红壤	石灰岩黄红壤	薄腐中层石灰岩黄红壤	Ao	0—1			12.0	0.66	0.52	14.2	50	2.2	47	石灰岩风化物	E 109°34′22.7″ N 27°12′33.3″	97
						A_1	1—3	黏壤土	5.5										
						Bv	3—22	黏壤土	5.5										
						D	22—75	黏壤土	5.7										
							75—												
剖57	人为土	水稻土	潜育水稻土	岩渣田	岩渣田	A	0—14	壤土	6.0	39.5	2.17	0.85	27.9	182	9.6	106	板页岩风化物	E 109°34′32.9″ N 27°09′57.7″	97
						P	14—25	黏壤土	6.5										
						W	25—40	黏壤土	7.0										
						C	40—100	黏壤土	7.0										
剖58	人为土	水稻土	淹育水稻土	浅黄砂泥田	浅黄砂泥田	A	0—12	砂壤土	6.0	19.5	1.45	1.20	15.0	213	6.7	74	砂岩风化物	E 109°51′03.4″ N 27°36′41.3″	95
						P	12—15	砂壤土	6.2										
						D	15—												
剖59	人为土	水稻土	淹育水稻土	中性浅紫泥田	中性中层石灰岩紫砂泥田	A	0—13	壤土	7.0	20.5	1.19	0.86	15.6	102	1.7	95	紫色砂岩风化物	E 109°51′36.8″ N 27°35′38.2″	97
						P	13—23	壤土	7.0										
						C	23—100	砂壤土	7.0										
剖60	人为土	水稻土	潜育水稻土	冷浸田	冷浸岩渣田	A	0—14	壤土	5.5	46.3	2.22	0.65	22.1	271	8.5	122	板岩风化物	E 109°47′38.2″ N 27°34′06.5″	97
						P	14—20	黏壤土	7.0										
						G	20—100	黏壤土	6.0										
剖61	半水成土	潮土	河潮土	耕型河潮土	河砂土	A	0—18	砂壤土	7.5	13.2	0.69	0.90	19.8	72	3.1	79	河流冲积物	E 109°49′19.7″ N 27°31′49.6″	97
						Bv	18—38	砂土	7.0										
						C	38—100	砂土	7.0										
剖62	半水成土	潮土	河潮土	耕型河潮土		A	0—20	砂壤土	7.5	11.5	0.76	1.01	23.3	78	2.0	99	河流冲积物	E 109°50′04.3″ N 27°31′48.8″	75
						P	20—50	砂壤土	8.0										
						C	50—100	砂壤土	7.0										
剖63	初育土	中性紫色土	中性紫色土	耕型中性紫色土	中性紫砂泥田	A	0—16	砂壤土	7.0	14.3	0.79	0.70	20.6	74	4.6	118	紫色砂页岩风化物	E 109°45′05.3″ N 27°31′31.4″	97
						Bv	16—30	黏壤土	6.5										
						C	30—60												
						D	60—												
剖64	人为土	水稻土	淹育水稻土	浅红黄泥田	浅红黄泥田	A	0—12	黏壤土	6.0	23.9	1.14	0.72	7.1	130	5.0	54	第四纪红色黏土	E 109°45′55.6″ N 27°30′40.4″	97
						P	12—20	黏土	6.0										
						C	20—100	黏土	6.0										
剖65	铁铝土	红壤	红壤	耕型第四纪红土红壤	熟红土	A	0—17	黏壤土	5.5	28.6	1.25	0.81	11.1	84	2.7	79	第四纪红色黏土	E 109°47′17.8″ N 27°31′24.9″	97
						Bv	17—46	黏壤土	6.0										
						C	46—100	黏壤土	6.0										

续表 Continued

剖面号 Soil profile	土纲 Soil order	土类 Soil great group	亚类 Soil subgroup	土属 Soil genus	土种 Soil species	土层码 Layer code	土层厚度 Depth/cm	质地 Soil texture	pH	有机质 OM/(g/kg)	全氮 TN/(g/kg)	全磷 TP/(g/kg)	全钾 TK/(g/kg)	碱解氮 AN/(mg/kg)	有效磷 AP/(mg/kg)	速效钾 AK/(mg/kg)	土壤母质 Parent material	剖面点坐标 Profile coordinate	匹配指数 Matching index/%
剖66	半水成土	潮土	河潮土	河潮土	砂洲土	A	0—30	砂土	8.0	9.4	0.63	0.82	22.1	130	4.6	121	河流冲积物	E 109°46′35.5″ N 27°30′01.2″	97
						Bv	30—64	砂土	8.0										
						S	64—200	卵石											
剖67	半水成土	潮土	河潮土	耕型河潮土	河砂泥土	A	0—19	砂壤土	7.5	16.0	0.95	1.38	23.3	132	6.3	101	河流冲积物	E 109°47′33.0″ N 27°30′48.6″	98
						Bv	19—64	壤土	7.5										
						C	64—100	壤土	7.5										
剖68	人为土	水稻土	潴育水稻土	酸紫泥田	酸紫砂泥田	A	0—15	砂壤土	5.5	41.3	2.22	1.38	23.1	110	3.3	101	紫色砂岩风化物	E 109°50′01.2″ N 27°29′30.1″	99
						P	15—22	砂壤土	7.5										
						W	22—100	砂壤土	7.5										
剖69	初育土	紫色土	石灰性紫色土	耕型石灰性紫砂土	石灰性紫砂土	A	0—18	砂壤土	8.0	24.7	1.20	0.65	20.9	99	16.8	143	紫色砂页岩风化物	E 109°47′58.5″ N 27°24′12.0″	95
						Bv	18—51	砂壤土	8.5										
						D	51—												

靖州苗族侗族自治县

主要土类说明

红壤是靖州苗族侗族自治县主要土壤类型，占本县地域面积的 49%。红壤主要发生于亚热带常绿阔叶林下，呈中度脱硅富铝化特征，土壤黏粒中游离铁占全铁的 50%—60%。黏土矿物以高岭石、赤铁矿为主，黏粒硅铝率为 1.8—2.4，风化淋溶系数小于 0.2，盐基饱和度小于 35%。红壤具深厚红色土层，底部可见深厚的红、黄、白相间的网纹状红色黏土。本县红壤分为红壤、黄红壤等亚类。其中，红壤亚类占本土类面积的 32%，分布在海拔 300—500m 的低山、丘陵区，具有明显的脱硅富铝化过程，土壤呈微酸性至酸性。黄红壤占本土类面积的 68%，是红壤与黄壤之间的过渡类型。

黄壤是靖州苗族侗族自治县第二大土壤类型，占本县地域面积的 25%。黄壤发生于亚热带湿润气候条件下，中度脱硅富铝化，多见于海拔 700—1200m 的山区。土壤有机质累积较多，剖面构型为 O-A-AB-B-C。淀积层（B 层）富含水合氧化物（针铁矿），呈黄色，有时多含三水铝石。

水稻土是靖州苗族侗族自治县第三大土壤类型，占本县地域面积的 16%。水稻土是在长期的季节性淹灌、水下翻耕、季节性脱水、氧化还原交替影响下，原来的成土母质或母土的特性发生重大改变，形成的新的土壤类型。水稻土由于干湿交替，形成糊状的淹育层、较坚实板结的犁底层、渗育层、潴育层与潜育层等多种发生层。这些不同的发生层是在人为耕作、水浆管理下形成的。本县水稻土中，潴育水稻土面积最大，占本土类面积的 73%，位于淹育水稻土和潜育水稻土之间，排灌条件好，肥力较高，在犁底层下有明显的潴育层，剖面构型为 A-P-W-C、A-P-W-G 或 A-P-G-W。

紫色土占本县地域面积的 6%，是由热带、亚热带紫红色岩层直接风化形成的 A-C 型土壤。其理化性质与母岩组成直接相关，土层浅薄，剖面层次发育不明显，仍处于初育阶段。母岩富含矿质养分，且风化迅速。

黄棕壤占本县地域面积的 4%，分布在海拔 1000m 以上的地区，垂直分布在黄壤之上。黄棕壤发生于亚热带暖湿落叶阔叶林下，多由砂页岩及花岗岩风化物发育而成，弱度脱硅富铝化，黏聚现象明显，呈黄棕色。该土壤具 A-B-C 或 A-(B)-C 剖面构型，黏粒硅铝率在 2.5 左右，铁的游离度较红壤低，B 层交换性酸大于 A 层。土壤 pH 为 5.5—6.0。

小于本县地域面积 3% 的土壤类型有石灰（岩）土、潮土等。

本区域中心区气候特征

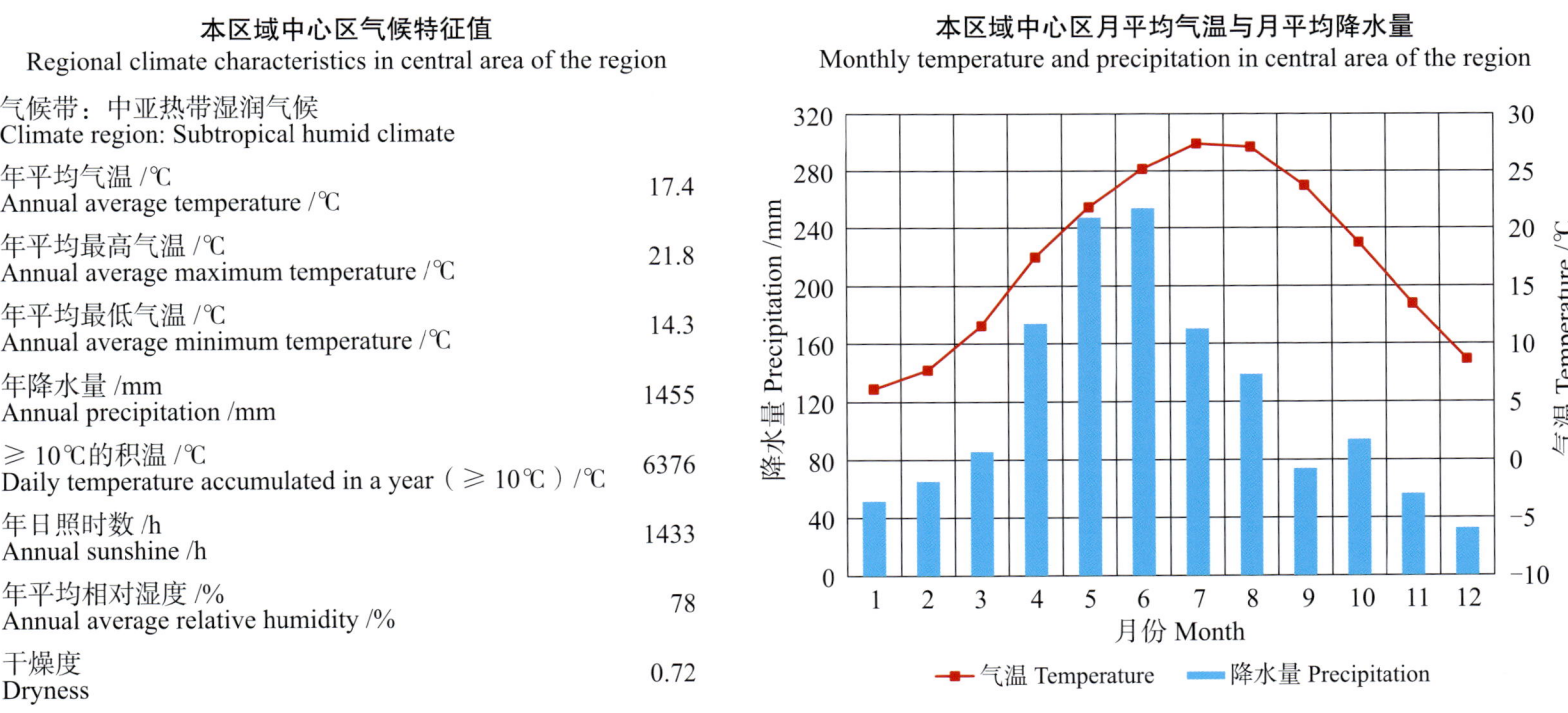

本区域中心区气候特征值 Regional climate characteristics in central area of the region	
气候带：中亚热带湿润气候 Climate region: Subtropical humid climate	
年平均气温 /℃ Annual average temperature /℃	17.4
年平均最高气温 /℃ Annual average maximum temperature /℃	21.8
年平均最低气温 /℃ Annual average minimum temperature /℃	14.3
年降水量 /mm Annual precipitation /mm	1455
≥10℃的积温 /℃ Daily temperature accumulated in a year（≥10℃）/℃	6376
年日照时数 /h Annual sunshine /h	1433
年平均相对湿度 /% Annual average relative humidity /%	78
干燥度 Dryness	0.72

本区域中心区月平均气温与月平均降水量
Monthly temperature and precipitation in central area of the region

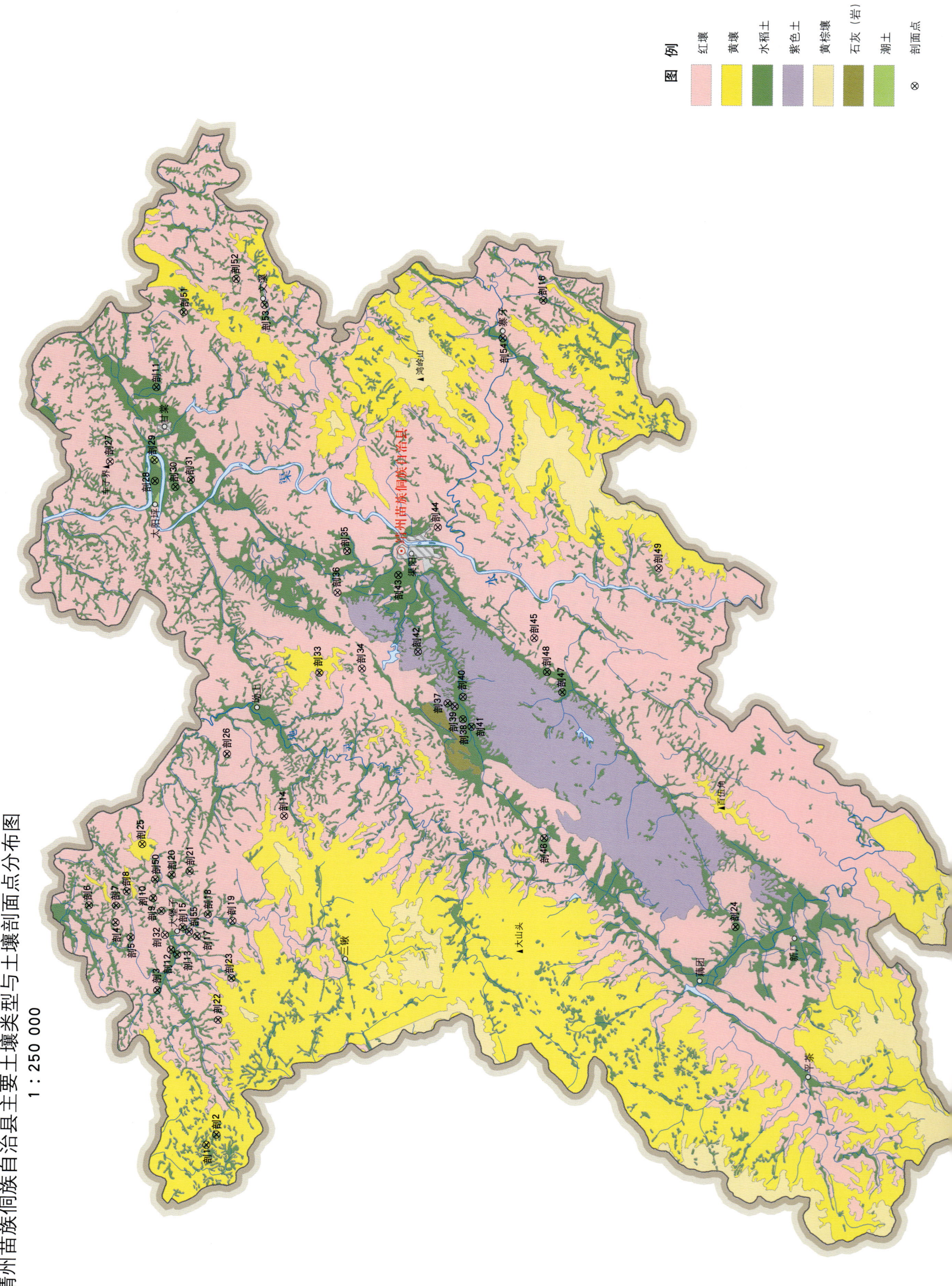

靖州苗族侗族自治县土壤剖面理化性状表

剖面号 Soil profile	土纲 Soil order	土类 Soil great group	亚类 Soil subgroup	土属 Soil genus	土种 Soil species	土层码 Layer code	土层厚度 Depth/cm	颜色 Soil color	质地 Soil texture	土壤结构 Soil structure	pH	有机质 OM/(g/kg)	全氮 TN/(g/kg)	全磷 TP/(g/kg)	全钾 TK/(g/kg)	碱解氮 AN/(mg/kg)	有效磷 AP/(mg/kg)	速效钾 AK/(mg/kg)	土壤母质 Parent material	剖面点坐标 Profile coordinate	匹配指数 Matching index/%
剖1	人为土	水稻土	潜育水稻土	青泥田	冷浸岩渣子田	A	0~20	深灰色	黏壤土		5.0					97	≤1.0	62		E 109°19′15.8″ N 26°40′51.6″	95
						P	20~27	紫色	黏壤土		5.0										
						G	27~100	青紫色	黏壤土		7.0										
剖2	人为土	水稻土	潜育水稻土	冷浸田		A	0~14	黄灰色	黏土		4.8					129	≤1.0	41		E 109°19′39.1″ N 26°40′31.6″	75
						P	14~19	深灰色	黏土		5.0										
						G	19~100	青灰色	黏土		5.0										
剖3	人为土	水稻土	潜育水稻土	烂泥田	溯眼田	A	0~15	棕灰色	中壤土		5.0	48.4	2.32	0.33	17.9	50	6.0	10		E 109°24′54.6″ N 26°42′36.2″	95
						G	15~100	青灰色	中壤土		4.9	70.5	2.48	0.49	15.7	148	6.1	44			
剖4	人为土	水稻土	渗育水稻土	白散泥田	白胶泥田	Ae	0~12	灰色	黏土		6.0									E 109°27′23.5″ N 26°44′02.8″	75
						Pe	12~19	灰色	黏土		6.0					120	3.0	50			
						W	19~50	灰色	黏土		6.5					117	1.4	70			
						E	50~100		黏土		6.5										
剖5	人为土	水稻土	潜育水稻土	酸紫紫泥田	酸性紫紫渣田	A	0~19	棕红色	轻黏土		5.3	33.1	1.79	0.78	19.2					E 109°26′51.3″ N 26°43′31.4″	75
						P	19~29	棕红色	轻黏土		6.4	22.6	1.38	0.51	19.1						
						W₁	29~64	紫灰色	重黏土		7.0	10.4	0.61	0.25	16.5						
						W₂	64~84	浅红色	轻黏土		6.9	8.5	0.46	0.28	16.8						
剖6	人为土	水稻土	潜育水稻土	灰黄泥田	青褐灰黄泥田	A	0~16	褐色	黏壤土		5.5	60.7	2.76	0.62	10.6	200	7.0	50		E 109°28′01.3″ N 26°44′56.2″	75
						P	16~23	褐色	黏土		6.0	55.3	2.88	0.62	12.1						
						G	23~39	棕黄色	黏土		6.5	30.5	1.10	0.34	10.6						
						W	39~100	黄色	黏土		6.5	21.3	0.90	0.22	14.0						
剖7	人为土	水稻土	潜育水稻土	河砂泥田	石底河砂泥田	A	0~10	褐灰色	砂壤土		5.4	31.0	1.63	0.83	17.7	13	2.1	54		E 109°28′01.9″ N 26°44′02.4″	75
						W	10~17	褐灰色	砂壤土		5.7	8.4	0.60	0.34	18.9						
						S	17~100		砂壤土		6.2				16.0						
							100~														
剖8	人为土	水稻土	潜育水稻土	黄泥田	浅黄黄泥田	A	0~15	棕灰色	轻黏土		5.2	44.5	2.54	0.47	17.5	176	1.5	58		E 109°28′33.8″ N 26°43′41.6″	75
						P	15~23	棕灰色	轻黏土		5.3	42.4	2.31	0.69	17.7						
						W₁	23~54	紫灰色	轻黏土		5.7	14.8	1.07	0.69	17.2						
						W₂	54~100	黄色	中黏土		6.1	6.6	0.92	0.23	22.1						
剖9	人为土	水稻土	淹育水稻土	浅黄泥田	灰黄棕泥田	A	0~12	灰棕色	轻黏土		5.2	33.2	1.80	0.70	7.7	50	30.0	20		E 109°27′51.2″ N 26°42′31.5″	75
						P	12~19	棕黄色	重黏土		5.1	23.2	1.46	0.75	8.5						
						G	19~100	棕黄色	轻黏土		6.0	≤1.0	0.30	0.73	8.7						
剖10	人为土	水稻土	潜育水稻土	黄泥田	青褐黄泥田	A	0~15	深灰色	黏土		6.0	44.0	4.12	0.49	17.7	152	6.9	75		E 109°28′19.7″ N 26°42′48.7″	75
						P	15~20	浅灰色	黏土		6.5	28.2	1.17	1.19	20.4						
						G	20~30	青黄色	黏土		6.5	17.3	0.78	0.57	21.6						
						W	30~100	灰黄色	黏土		5.7	10.9	0.49	0.39	21.5						
剖11	人为土	水稻土	渗育水稻土	白散泥田	青褐白胶泥田	Ae	0~23	棕灰色	轻黏土		5.8	40.2	2.10	0.86	14.9					E 109°29′01.2″ N 26°42′45.1″	75
						P	23~32	棕灰色	轻黏土		5.9	22.5	1.20	0.46	15.8	120	3.0	60			
						G	32~44	青灰色	中壤土		6.0	3.6	0.56	0.30	19.0						
						E	44~100	黄白相间	重壤土		4.9	35.6	1.67	0.30	17.3						
剖12	人为土	水稻土	潜育水稻土	扁砂泥田	青扁砂泥田	A	0~14	黄灰色	重壤土		5.0	35.0	1.53	0.58	15.3					E 109°26′25.7″ N 26°42′10.9″	75
						P	14~21	黄灰色	重壤土		5.2	26.0	1.08	0.44	17.2						
						W	21~40	黄灰色	重壤土			18.6	1.25	0.37							
						C	40~100	褐黄色	重壤土		5.3			0.41	19.2						

续表 Continued

剖面号 Soil profile	土纲 Soil order	土类 Soil great group	亚类 Soil subgroup	土属 Soil genus	土种 Soil species	土层码 Layer code	土层厚度 Depth/cm	颜色 Soil color	质地 Soil texture	土壤结构 Soil structure	pH	有机质 OM/(g/kg)	全氮 TN/(g/kg)	全磷 TP/(g/kg)	全钾 TK/(g/kg)	碱解氮 AN/(mg/kg)	有效磷 AP/(mg/kg)	速效钾 AK/(mg/kg)	土壤母质 Parent material	剖面点坐标 Profile coordinate	匹配指数 Matching index/%
剖13	人为土	水稻土	渗育水稻土	白鳝泥田	青隔白夹泥田	Ae	0—20	浅灰色	轻壤土		4.9	47.0	2.10	0.43	23.9	100	12.0	20		E 109°26′15.2″ N 26°41′58.1″	75
						Pe	20—30	浅灰色	中壤土		4.9	40.0	2.00	0.40	19.1						
						G	30—55	青灰色	轻壤土		5.2	25.9	1.09	0.28	20.1						
						E	55—100	灰白色	轻壤土		5.0	7.5	0.69	0.36	19.4						
剖14	铁铝土	红壤		耕型红土红壤	熟红土	A	0—17	棕红色	轻黏土		5.0	20.6	1.20	1.05	10.9	50	6.0	40	第四纪红色黏土	E 109°26′58.5″ N 26°42′23.4″	95
						Bv	17—31	棕红色	中黏土		4.8	17.6	0.97	1.03	11.7						
						C	31—100	黄红色	中黏土		5.2	6.8	0.57	0.78	13.5						
剖15	人为土	水稻土	渗育水稻土	白鳝泥田	白夹泥田	Ae	0—13	浅灰色	重黏土		4.8	37.4	1.79	0.67	19.8	100	24.0	50		E 109°27′16.4″ N 26°41′48.5″	95
						Pe	13—19	浅灰色	重黏土		4.7	≤1.0	0.68	0.45	23.8						
						We	19—47	浅灰色	重黏土		4.8	15.5	1.17	0.12	20.8						
						E	47—73	灰白色	重黏土		5.4	15.0	0.88	0.43	23.9						
剖16	人为土	水稻土	潴育水稻土	扁砂泥田	黄扁砂泥田	A	0—16	浅灰色	重壤土		4.9	29.5	1.48	0.46	19.6	153	1.4	111		E 109°27′09.5″ N 26°41′38.0″	75
						P	16—22	浅灰色	重壤土		5.0	21.9	1.12	0.28	19.1						
						W₁	22—43	浅灰色	重壤土		5.5	17.8	1.18	0.15	19.9						
						W₂	43—51	灰黄色	重壤土		5.7	7.3	0.46	0.18	21.1						
						C	51—75	黄褐色	重黏土		5.7	6.1	0.38	0.14	23.4						
剖17	人为土	水稻土	淹育水稻土	酸性浅紫泥田	酸性浅紫砂泥田	A	0—9	紫色	轻壤土		4.5	22.0	1.57	0.41	13.5	104	1.3	75		E 109°26′56.5″ N 26°41′19.6″	75
						P	9—16	紫色	中壤土		4.9	23.0	0.71	0.71	12.0						
						C	16—100	紫棕色	砂壤土		6.2	≤1.0	0.64	0.64	12.8						
剖18	人为土	水稻土	淹育水稻土	浅紫泥田	浅紫泥田	A	0—15	棕紫色	轻壤土		8.0	15.4	1.25	0.39	19.4	30	1.3	100		E 109°27′45.9″ N 26°40′58.5″	75
						P	15—20	棕紫色	轻壤土		8.0	12.2	1.08	0.34	13.4						
						C	20—100	红棕色	重黏土		7.8	5.9	0.55	0.33	11.7						
剖19	铁铝土	红壤		板页岩红壤		A	0—6	褐红色	重壤土	块状	4.6	19.2	1.01	0.41	5.8	89	1.6	63	板页岩	E 109°27′32.5″ N 26°40′09.0″	97
						Bv	6—100	棕红色	重黏土	块状	5.0	4.3	0.15	0.39	6.8						
剖20	人为土	水稻土	潴育水稻土	烂泥田	少岩渣子田	A	0—41	褐灰色	中黏土		4.2	129.1	5.09	0.76	11.9	110	6.0	150		E 109°29′12.6″ N 26°42′12.5″	75
						G	41—100	青灰色	轻壤土		4.0	69.0	2.44	0.56	14.8						
						Bvr	100—	黑色	重黏土		5.0	105.3	3.52	0.39	14.6						
剖21	人为土	水稻土	潴育水稻土	岩渣子田	阴山田	A	0—15	黄灰色	重壤土		5.0	26.5	1.06	0.51	16.6	84	≤1.0	80		E 109°29′21.4″ N 26°41′36.8″	75
						P	15—21	黄灰色	中壤土		4.8	14.9	1.01	0.38	17.3						
						W₁	21—37	褐灰色	轻壤土		5.2	8.6	0.62	0.46	15.8						
						W₂	37—50	灰灰黄	轻壤土		5.5	8.2	0.35	0.61	15.8						
						C	50—100	棕黄色	轻壤土		5.0	5.8	0.61	0.40	14.2						
剖22	人为土	水稻土	潴育水稻土	阴山田		A	0—15	黄灰色	黏壤土		5.5					111	≤1.0	50		E 109°23′51.5″ N 26°40′33.5″	75
						P	15—20	青色	黏土		5.5	48.4	2.65	0.56	8.8						
						G	20—100	灰色	黏土		7.7	46.7	2.43	0.58	9.5						
剖23	人为土	水稻土	潴育水稻土	鸭屎泥田	青糊鸭深泥田	A	0—19	黄灰色	黏土		7.8	29.1	1.39	0.45	9.1	120	12.0	25		E 109°25′25.1″ N 26°40′08.7″	75
						P	19—28	青灰色	黏土		8.0										
						G	28—45	黄灰色	黏土			15.3	0.24	0.33	5.4						
						W	45—100	灰色	中壤土		5.0	32.5	2.01	1.07	16.3						
剖24	人为土	水稻土	潴育水稻土	河砂泥田	油砂泥田	A	0—15	黄灰色	轻壤土		5.2	29.0	1.68	0.63	17.0	186	1.4	30		E 109°27′40.6″ N 26°23′23.1″	95
						P	15—21	黄灰棕色	轻黏土		5.6	4.5	0.76	0.51	20.0						
						W	21—100	黄褐色	黏土		5.0	54.4	2.41	0.55	15.6						
剖25	铁铝土	黄壤		板页岩黄壤		A	0—20	棕褐色	轻黏土		4.7	19.7	0.99	0.45	21.9	80	12.0	40	板页岩	E 109°30′19.4″ N 26°43′12.3″	95
						Bv	20—80	黄色	轻黏土		5.3	5.7	0.83	0.45	27.4						
						C	80—100	棕黄色	重黏土												

续表 Continued

剖面号 Soil profile	土纲 Soil order	土类 Soil great group	亚类 Soil subgroup	土属 Soil genus	土种 Soil species	土层码 Layer code	土层厚度 Depth/cm	颜色 Soil color	质地 Soil texture	土壤结构 Soil structure	pH	有机质 OM/(g/kg)	全氮 TN/(g/kg)	全磷 TP/(g/kg)	全钾 TK/(g/kg)	碱解氮 AN/(mg/kg)	有效磷 AP/(mg/kg)	速效钾 AK/(mg/kg)	土壤母质 Parent material	剖面点坐标 Profile coordinate	匹配指数 Matching index/%
剖26	人为土	水稻土	淹育水稻土	浅黄泥田	铁子黄泥田	A	0–15	黄灰色	黏壤土		4.9	38.6	2.50	0.38	21.4					E 109°33′43.7″ N 26°40′26.8″	95
						Pg	15–22	黄灰色	黏壤土		5.0	33.3	1.57	0.32	23.4						
						Bv	22–32	棕黄色	砂黏土		6.0	9.2	1.07	0.68	18.9						
						C	32–100	黄红色	黏土		6.0	7.2	0.96	0.92	19.3						
剖27	铁铝土	红壤	黄红壤	板页岩黄红壤		A	0–4	黑灰色	轻黏土		4.9	76.4	2.08	0.78	6.0	170	1.2	100	板页岩	E 109°44′21.4″ N 26°44′32.5″	95
						Bv	4–85	棕红色	轻黏土	块状	4.8	10.1	0.45	0.64	4.0						
						C	85–100	棕红色	中黏土	块状	4.8	5.7	0.39	0.50	4.6						
剖28	人为土	水稻土	潴育水稻土	河砂泥田		A	0–13	浅红色	轻黏土	块状	5.7	13.3	1.60	0.83	7.8	55	5.0	27	板页岩	E 109°43′46.8″ N 26°43′00.7″	95
						P	13–24	褐红色	轻黏土		6.0	11.6	0.86	1.01	8.4						
						W	24–49	黄色	重黏土		5.4	9.1	0.59	0.74	13.3						
						C	49–100	黄红色	重黏土		5.4										
剖29	半水成土	潮土	河潮土	耕型河潮土		A	0–25	褐色	砂壤土		5.0	16.0	2.83	0.49	12.5	60	3.0	50	河流冲积物	E 109°44′33.1″ N 26°43′02.3″	75
						Bv	25–55	黄棕色	砂壤土		5.5	11.5	1.02	0.38	14.6						
						C	55–100	黄棕色	轻壤土		5.5										
剖30	人为土	水稻土	潴育水稻土	河砂泥田	河砂泥田	A	0–14	灰色	轻壤土		5.2	12.2	0.85	0.42	10.7	109	4.1	36		E 109°43′34.6″ N 26°42′19.6″	95
						P	14–21	灰色	轻壤土		5.4	8.7	1.25	0.34	11.1						
						W	21–80	灰棕色	轻壤土		6.3	3.6	0.49	0.42	11.4						
剖31	人为土	水稻土	潴育水稻土	河砂泥田	青隔河潮泥田	A	0–13	棕灰色	壤土		5.1					111	6.0	37		E 109°43′50.6″ N 26°41′48.9″	95
						P	13–21	棕灰色	砂壤土		5.8										
						G	21–32	青棕色	砂壤土		6.0										
						W	32–100	棕褐色	砂壤土		6.4										
剖32	铁铝土	红壤	黄红壤	板页岩黄红壤		A	0–13	棕灰色	重黏土	碎片状	4.7	11.2	0.93	0.55	24.1	70	12.0	20	板页岩	E 109°31′28.4″ N 26°38′29.9″	95
						Bv	13–24	棕红色	重黏土	块状	5.0	4.5	0.50	0.57	24.6						
						C	24–100	黄红色	中黏土		5.1	≤1.0	0.65	0.49	25.6						
剖33	人为土	水稻土	潴育水稻土	河砂泥田	青隔河潮泥田	A	0–12	黄灰色	中黏土		5.4	39.9	2.51	0.85	20.8	157	≤1.0	100		E 109°36′47.1″ N 26°37′25.2″	95
						P	12–20	黄灰色	中黏土		5.1	28.9	2.40	0.86	21.0						
						G	20–38	青黄色	中黏土		5.0	16.9	1.22	0.48	20.7						
						W	38–77	褐黄色	中黏土	块状	5.2	31.5	2.23	0.85	21.1						
						E	77–100	灰白色	重黏土		6.3	5.2	0.47	0.59	22.7						
剖34	铁铝土	红壤	黄红壤	板页岩黄红壤		A	0–20	棕黄色	中壤土		6.5	34.0	1.62	1.25	21.9	140	1.8	21	板页岩	E 109°36′58.2″ N 26°36′00.1″	95
						Bv	20–50	棕黄色	中壤土	块状	6.5	41.3	1.30	0.40	10.2						
						C	50—	棕红色	中壤土		7.0	9.4	1.02	0.76	6.3						
剖35	铁铝土	红壤	红壤	板页岩红壤		A	0–18	黄褐色	重黏土		6.6	20.7	0.95	0.64	7.2	35	60.0	50	板页岩	E 109°41′18.4″ N 26°36′33.8″	95
						Bv	18–40	棕黄色	中黏土		5.0	11.9	1.25	0.31	15.2						
						C	40–100	黄色	中黏土		5.0	7.5	0.48	0.35	14.9						
剖36	铁铝土	红壤	红壤	石灰岩红壤		A	0–15	褐黄色	轻黏土		5.5	27.2	1.15	0.66	6.9	60	≤1.0	≤5	石灰岩	E 109°39′46.3″ N 26°36′51.7″	95
						Bv	15–74	棕黄色	轻黏土		5.5	5.2	0.22	0.57	10.9						
						C	74–100	红黄色	轻黏土		5.5										
剖37	初育土	紫色土	酸性紫色土	酸性紫色土		A	0–17	褐紫色	砂壤土		6.0	30.0	1.71	0.55	16.6	31	8.3	300		E 109°35′39.0″ N 26°33′01.4″	75
						Bv	17–100	褐紫色	重黏土		4.8	28.0	1.51	0.50	15.0						
剖38	人为土	水稻土	潴育水稻土	中性紫泥田		A	0–20	褐色	重黏土		4.0					98	2.0	70		E 109°35′09.8″ N 26°32′36.4″	95
						P	20–26	棕紫色	轻壤土		5.6	13.7	1.05	0.36	19.2						
						W	26–38	青紫色	轻壤土												
						C	38–100	棕紫色	轻壤土		4.9	8.3	0.67	0.33	16.5						

续表 Continued

剖面号 Soil profile	土纲 Soil order	土类 Soil great group	亚类 Soil subgroup	土属 Soil genus	土种 Soil species	土层码 Layer code	土层厚度 Depth/cm	颜色 Soil color	质地 Soil texture	土壤结构 Soil structure	pH	有机质 OM/(g/kg)	全氮 TN/(g/kg)	全磷 TP/(g/kg)	全钾 TK/(g/kg)	碱解氮 AN/(mg/kg)	有效磷 AP/(mg/kg)	速效钾 AK/(mg/kg)	土壤母质 Parent material	剖面点坐标 Profile coordinate	匹配指数 Matching index/%
剖39	初育土	紫色土	酸性紫色土	酸性紫色土		A	0~20	棕红色	黏壤土		4.5								紫色页岩	E 109°35′37.9″ N 26°32′53.1″	75
						Bv	20~78	棕紫色	黏土		4.5										
						C	78~100	棕紫色	黏土		4.5							125			
剖40	初育土	紫色土	酸性紫色土	酸性紫色土		A	0~6	褐紫色	中壤土		6.4	24.9	1.28	0.41	11.5	113	2.4			E 109°35′59.5″ N 26°32′37.2″	75
						Bv	6~100	棕褐色	中壤土		6.4	8.7	0.60	0.25	13.6	68	≤1.0	50			
剖41	人为土	水稻土	潴育水稻土	鸭屎泥田	鸭屎深泥田	A	0~14	黄褐色	轻黏土		7.9	34.0	1.58	0.60	11.1	112	1.2	50		E 109°34′53.6″ N 26°32′19.2″	95
						P	14~22	黄褐色	重黏土		7.9	29.0	1.52	0.60	12.8						
						W	22~70	灰棕色	重黏土		7.9	10.0	0.62	0.71	9.4						
						C	70~100	灰黄色	重黏土		7.3	11.0	0.49	0.41	12.1						
剖42	初育土	紫色土	酸性紫色土	酸性紫色土		A	0~27	灰黄色	黏壤土		4.5	17.8	1.06	0.84	7.8	71	2.8	75		E 109°37′37.4″ N 26°34′08.8″	95
						Bv	27~67	红黄色	黏壤土		5.5	8.9	0.40	0.23	12.8						
						C	67~100	红黄色	黏壤土		6.5	≤1.0	0.31	0.17	11.9						
剖43	铁铝土	红壤	红壤	板页岩红壤		A	0~15	褐黄色	轻黏土		4.9	41.7	1.48	0.46	10.6	110	6.0	87	板页岩	E 109°40′27.1″ N 26°34′50.8″	95
						P	15~23	褐黄色	黏壤土		5.5	22.2	1.30	0.26	14.5						
						W	23~43	褐黄色	重黏土		6.0	11.8	0.16	0.08	13.7						
						C	43~100	灰黄色	重黏土		6.2	10.4	0.51	0.97	15.4						
剖44	铁铝土	红壤	红壤性土	石渣红壤土	石渣红壤性土	A	0~4	棕红色	砂壤土	粒状	4.9	15.0	1.50	0.22	22.7	125	4.3	78		E 109°42′14.6″ N 26°33′33.4″	95
						Bv	4~40	砂土	砂土	粒状	5.0	2.0	0.36	0.15	19.3						
						C	40~100	红土色	砂土	粒状	5.0	4.0	0.32	0.22	16.9						
剖45	人为土	水稻土	淹育水稻土	浅灰泥田	浅灰泥田	A	0~10	深栗黑色	重黏土		5.8	18.2	1.72	0.97	15.5	185	3.7	75	板页岩	E 109°38′12.3″ N 26°30′17.1″	93
						C	10~25	黄棕色	中壤土		4.9	11.6	1.60	0.53	17.0						
						D	25~100	棕色	中壤土		5.0										
剖46	人为土	水稻土	潜育水稻土	青泥田		A	0~15	黄色	轻黏土		7.7	41.5	1.85	1.06	10.4	168	1.1	87		E 109°30′49.4″ N 26°29′49.6″	95
						P	15~25	黄色	轻黏土		8.0	30.4	1.11	0.70	10.8						
						G	25~100	黄红紫	轻黏土		8.0										
剖47	人为土	水稻土	潴育水稻土	酸性紫砂泥田	酸性紫砂泥田	A	0~20	棕紫色	砂壤土		5.0	21.6	1.00	0.57	10.6	20	3.0	70		E 109°36′13.4″ N 26°29′18.8″	95
						P	20~26	棕紫色	砂壤土		7.0	6.4	0.76	0.39	10.9						
						G	26~65	青紫色	砂壤土		5.7	4.3	0.95	0.39	10.5						
											7.3	≤1.0	0.51	0.16	10.0	80	6.0	30			
剖48	初育土	红壤	黄红壤	耕型板页岩黄红壤	黄红岩渣子土	A	0~15	灰黄色	重壤土		7.1	33.5	2.41	0.53	17.8	124	2.9	75	板页岩	E 109°36′57.8″ N 26°26′50.5″	95
						Bv	23~68	灰棕色	中壤土		7.1	37.6	1.89	0.58	16.4						
						C	68~100	棕色	黏土		5.5										
剖49	人为土	水稻土	潴育水稻土	青泥田		A	0~15	棕灰色	重壤土		5.5	37.0	1.82	0.33	18.8	109	1.4	25		E 109°47′15.1″ N 26°43′00.9″	95
						P	15~21	棕灰色	重壤土		5.3	37.0									
						G	21~100	青灰色	重壤土		5.6										
剖50	人为土	水稻土	潜育水稻土	阴山田	阴山冷浸田	A	0~20	棕褐色	黏土		5.9	36.1	2.11	0.44	18.3	197	≤1.0	60		E 109°50′02.5″ N 26°42′08.8″	95
						Pg	20~25	灰色	黏土		6.3	37.4	1.99	0.42	18.7						
						C	25~95	青灰色	黏土		5.1	37.5	1.76	0.39	19.5						
剖51																					
剖52	人为土	水稻土	潴育水稻土	河砂泥田	酸性紫河砂泥田	A	0~12	棕红色	轻壤土		5.1	7.6	0.75	0.27	8.1	72	≤1.0	75		E 109°51′18.1″ N 26°40′25.1″	95
						P	12~16	浅灰色	中壤土		5.8	8.1	0.71	0.27	6.8						
						W	16~40	灰色	轻壤土		6.0	5.1	0.46	0.24	9.2						
						C	40~100	棕灰色	轻壤土		6.4	2.6	0.11	0.24	8.4						

续表 Continued

剖面号 Soil profile	土纲 Soil order	土类 Soil great group	亚类 Soil subgroup	土属 Soil genus	土种 Soil species	土层码 Layer code	土层厚度 Depth/cm	颜色 Soil color	质地 Soil texture	土壤结构 Soil structure	pH	有机质 OM/(g/kg)	全氮 TN/(g/kg)	全磷 TP/(g/kg)	全钾 TK/(g/kg)	碱解氮 AN/(mg/kg)	有效磷 AP/(mg/kg)	速效钾 AK/(mg/kg)	土壤母质 Parent material	剖面点坐标 Profile coordinate	匹配指数 Matching index/%
剖53	人为土	水稻土	潜育水稻土	青泥田	青泥田	Ae	0—15	黄灰色			5.5	45.8	1.90	0.63	33.4	126	3.0	50		E 109°50′25.1″ N 26°39′26.9″	95
						P	15—25	黄灰色			5.5	10.8	1.00	0.38	16.1						
						G	25—100	青灰色			5.8	16.1	0.90	0.43	17.5						
剖54	人为土	水稻土	淹育水稻土	浅岩渣子田	浅岩渣子田	A	0—15	浅黄色	重壤土		5.1	37.4	1.49	0.42	18.8	163	≤1.0	106		E 109°49′15.4″ N 26°31′30.1″	95
						P	15—21	浅黄色	重壤土		5.2	36.6	1.57	0.30	19.3						
						C	21—100	黄色	重壤土		5.8	27.7	0.81	0.21	20.8						
剖55	人为土	水稻土	潜育水稻土	冷浸田		A	0—13	青灰色	中壤土		5.1	32.5	1.51	0.55	16.9	132	3.8	25		E 109°50′39.4″ N 26°30′10.1″	95
						P	13—20	浅灰色	重壤土		5.3	16.3	0.76	0.43	20.5						
						G	20—100	青灰色	重壤土		5.0	17.2	0.92	0.28	24.2						

通道侗族自治县

主要土类说明

红壤是通道侗族自治县主要土壤类型，占本县地域面积的70%。红壤分布在海拔200—750m的低山、丘陵和台地，具有明显的脱硅富铝化过程，土体呈红色或棕红色。本县红壤分为红壤、黄红壤、红壤性土三个亚类。其中，红壤亚类占本土类面积的68%，分布在海拔550m以下的低山、丘陵区，土层深厚，土壤呈酸性。黄红壤占本土类面积的31%，分布在海拔550—800m的地区，是红壤与黄壤之间的过渡类型，自然植被大部分为落叶阔叶与常绿阔叶混交林，少部分为灌丛草地，成土母质为板岩、页岩、砂岩、石灰岩等。

黄壤是通道侗族自治县第二大土壤类型，占本县地域面积的25%。黄壤分布在海拔800—1100m的中低山区。土壤有机质累积较多，剖面构型为O-A-AB-B-C。淀积层（B层）富含水合氧化物（针铁矿），呈黄色，有时多含三水铝石。本县黄壤仅有黄壤一个亚类。

水稻土是通道侗族自治县第三大土壤类型，占本县地域面积的4%。水稻土是在长期的季节性淹灌、水下翻耕、季节性脱水、氧化还原交替影响下，原来的成土母质或母土的特性发生重大改变，形成的新的土壤类型。由于干湿交替，水稻土形成糊状的淹育层、较坚实板结的犁底层、渗育层、潴育层与潜育层等多种发生层。这些不同的发生层是在人为耕作、水浆管理下形成的。本县水稻土分为淹育型、潴育型、渗育型、潜育型、沼泽型、矿毒型六个亚类。其中，潴育水稻土面积最大，占本土类面积的67%，位于淹育水稻土和潜育水稻土之间，多为低垮田、垄田及河岸田，排灌条件好，肥力较高，有明显的淋溶淀积层，剖面构型为A-P-W-C、A-P-W或A-P-W-G。

小于本县地域面积3%的土壤类型有黄棕壤等。

本区域中心区气候特征

本区域中心区气候特征值
Regional climate characteristics in central area of the region

气候带：中亚热带湿润气候 Climate region: Subtropical humid climate	
年平均气温 /℃ Annual average temperature /℃	17.7
年平均最高气温 /℃ Annual average maximum temperature /℃	22.0
年平均最低气温 /℃ Annual average minimum temperature /℃	14.7
年降水量 /mm Annual precipitation /mm	1550
≥10℃的积温 /℃ Daily temperature accumulated in a year (≥10℃) /℃	6489
年日照时数 /h Annual sunshine /h	1410
年平均相对湿度 /% Annual average relative humidity /%	78
干燥度 Dryness	0.69

本区域中心区月平均气温与月平均降水量
Monthly temperature and precipitation in central area of the region

通道侗族自治县主要土壤类型与土壤剖面点分布图
1:260 000

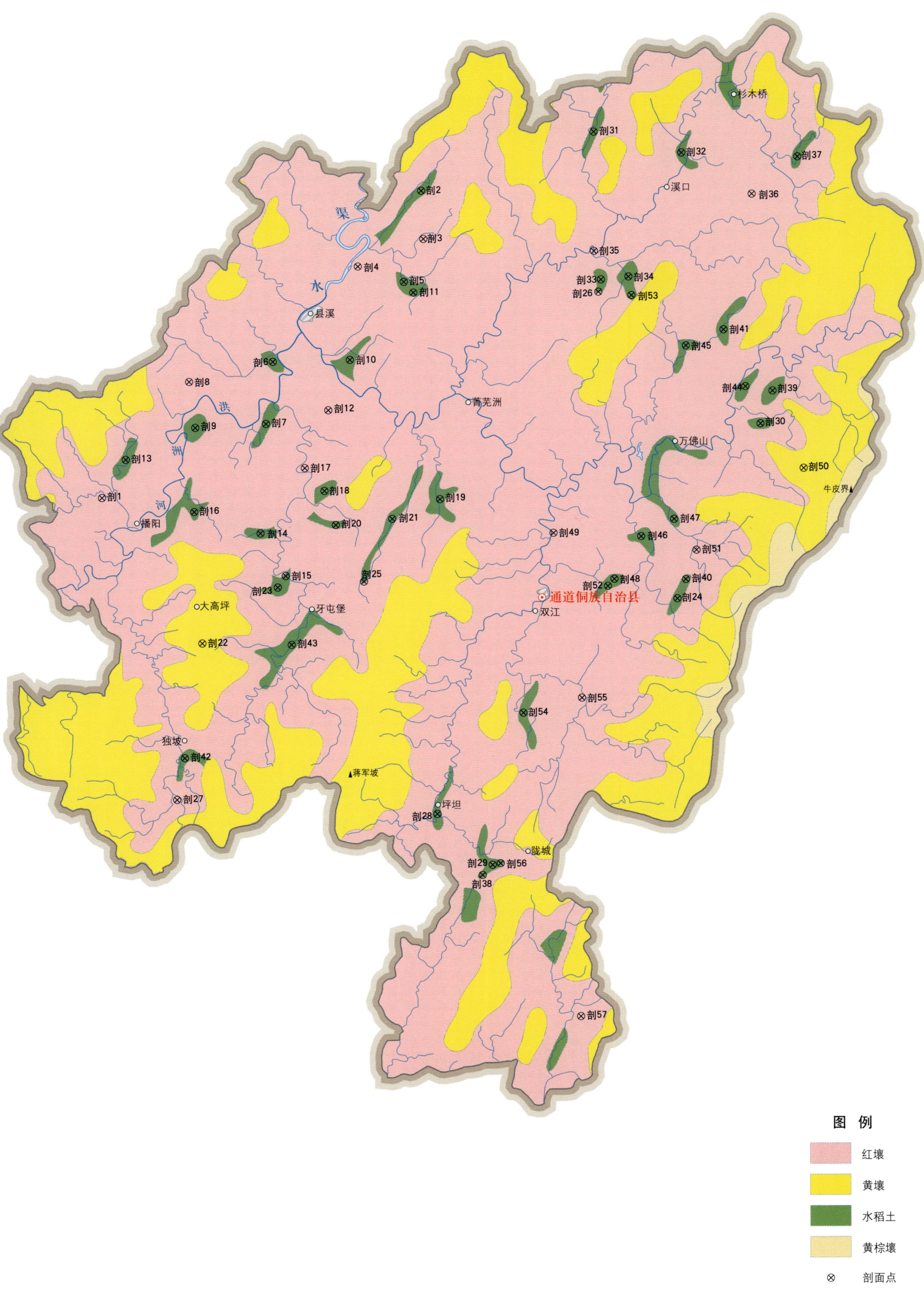

通道侗族自治县土壤剖面理化性状表

剖面号 Soil profile	土纲 Soil order	土类 Soil great group	亚类 Soil subgroup	土属 Soil genus	土种 Soil species	土层码 Layer code	土层厚度 Depth/cm	颜色 Soil color	质地 Soil texture	土壤结构 Soil structure	pH	全氮 TN/(g/kg)	全磷 TP/(g/kg)	全钾 TK/(g/kg)	阳离子交换量CEC/(cmol/kg)	土壤母质 Parent material	剖面点坐标 Profile coordinate	匹配指数 Matching index/%
剖1	铁铝土	红壤	红壤			A	0—20	暗红棕色	轻黏土	碎块状	5.7	1.26	0.69	24.3		板页岩风化物	E 109°29′45.5″ N 26°12′43.7″	75
						ABv	20—100	红棕色	重壤土	块状	5.2	0.75	0.67	21.2				
剖2	人为土	水稻土	潴育水稻土	黄泥田	黑黄泥田	A	0—18	暗黄棕色	重壤土	小块状	5.3	3.28	1.23	22.4		板页岩风化物	E 109°41′51.9″ N 26°23′21.2″	75
						P	18—24	褐色	重壤土	梭块状	5.4	2.83	0.98	22.8				
						W₁	24—69	黄色	中壤土	梭块状	6.7	0.57	0.45	28.3				
						W₂	69—100	黄棕色	中壤土	梭块状	6.4	0.54	0.47	25.2				
剖3	铁铝土	红壤	红壤	砂岩红壤	薄腐厚层砂岩红壤	1	4—7	暗红色	中壤土	粒状	5.2	2.05	1.17	21.8	16.2	紫红色砂岩砾岩风化物	E 109°41′57.7″ N 26°21′42.6″	95
						2	7—72	棕红色	中壤土		5.3	0.87	0.76	25.4	6.6			
						Bv	72—194	棕红色	轻壤土		5.5	0.74	0.74	26.9	5.0			
剖4	铁铝土	红壤	红壤		青榨黄泥田	A	0—14	暗黄棕色	壤土	团粒状	7.0	1.14	0.84	21.4		板页岩风化物	E 109°39′28.1″ N 26°20′44.5″	75
						ABv	14—46	暗黄棕色	壤土	块状	7.0	0.89	0.97	21.8				
						C	46—100	浅棕红色	中壤土	块状	6.7	0.81	0.45	22.7				
剖5	人为土	水稻土	潴育水稻土	黄泥田		A	0—15	暗黄棕色	重壤土	小块状	5.3	2.35		23.3		板页岩风化物	E 109°41′13.8″ N 26°20′14.1″	75
						Pg	15—31	浅灰色	重壤土	块状	5.4	1.97		23.7				
						W₁	31—65	黄棕色	中壤土	梭块状	6.4	0.70		23.9				
						W₂	65—100	黄色	重壤土	梭块状	6.4	0.53		20.8				
剖6	人为土	水稻土	淹育水稻土	浅黄泥田	生黄泥田	A	0—13	浅黄棕色	重壤土	块状	5.5	1.03	0.68	21.2		板页岩风化物	E 109°36′14.8″ N 26°17′26.6″	75
						C	13—100	红黄色	重壤土	块状	5.6	0.45	0.90	24.3				
剖7	铁铝土	红壤	淹育水稻土	浅黄泥田	浅黄泥田	A	0—17	浅黄棕色	壤土	块状	5.0	1.85	1.13	20.4		板页岩风化物	E 109°36′00.3″ N 26°15′18.6″	95
						P	17—28	浅棕红色	中壤土	块状	5.2	1.12	1.05	20.4				
						C	28—100	灰黄棕色	重壤土	块状	6.7	0.31	0.78	27.7				
剖8	铁铝土	红壤	黄红壤			A	0—15	浅灰棕色	中壤土	碎块状	5.1	1.68	0.92	11.5		板页岩风化物	E 109°33′03.1″ N 26°16′43.5″	95
						ABv	15—30	浅灰棕色	中壤土	块状	5.0	0.93	0.94	12.4				
						Bv	30—100	浅灰棕色	中壤土	梭块状	5.1	0.51	0.41	13.5				
剖9	人为土	水稻土	潜育水稻土	烂泥田	溶眼田	A	0—18	暗黄棕色	重壤土	糊状	5.7	3.84	0.68	20.2		砂质板页岩风化物	E 109°33′18.3″ N 26°15′08.9″	75
						G	18—100	暗黄棕色	重壤土	块状	5.3	3.81	0.47	19.3				
剖10	人为土	水稻土	潴育水稻土	灰黄泥田	黑灰黄泥田	A	0—18	暗黄棕色	轻壤土	块状	5.5	2.80	1.69	28.1		石灰岩风化物	E 109°39′11.5″ N 26°17′32.1″	75
						P	18—30	暗黄棕色	重壤土	梭块状	5.5	2.53	1.50	29.7				
						W	30—92	灰黄绿色	重壤土	块状	6.7	1.13	1.72	27.4				
						C	92—100	灰黄色	重壤土	块状	7.1							
剖11	人为土	水稻土	淹育水稻土	浅黄砂泥田	浅灰黄砂泥田	A	0—12	黄棕色	重壤土	块状	7.9	1.37	1.66	21.6		砂岩风化物	E 109°41′36.0″ N 26°19′51.8″	75
						P	12—16	黄棕色	重壤土	块状	7.4	0.78	0.83	21.8				
						C	16—100	黄棕色	重壤土	块状	5.8	0.60	0.91	22.3				
剖12	铁铝土	红壤	红壤性土	砂岩红壤性土	薄腐砂岩红壤性土	Ao	1—3	暗棕色	中壤土	粒状	5.3	2.90	0.45	12.9		紫红色砂岩砾岩风化物	E 109°38′22.8″ N 26°15′48.2″	75
						A	3—9	红棕色	轻壤土	粒状	5.2	1.31	0.32	14.5				
						Bv	9—28	暗黄棕色	重壤土	粒状	5.1	0.92	0.32	13.9				
剖13	人为土	水稻土	潜育水稻土	烂泥田	烂泥田	A	0—20	暗灰黄色	轻壤土	糊状	5.3	3.59	0.50	23.2	2.3	板页岩风化物	E 109°30′39.3″ N 26°14′02.1″	75
						G	20—100	暗灰绿色	重壤土	块状	5.6	3.27	0.24	24.2	2.4			
剖14	人为土	水稻土	矿毒型水稻土	金属矿″毒田	铜矿″毒田	A	0—13	暗灰色	轻壤土	小块状	5.1	2.38	0.78	30.9		板页岩风化物	E 109°35′49.8″ N 26°11′34.2″	75
						P	13—20	暗灰色	重壤土	块状	5.2	1.82	0.69	28.1				
						W	20—35	浅黄灰色	重壤土	梭块状	5.9	1.13	0.47	26.5				
						G	35—100	暗灰色	重壤土	块状	6.2	0.69	0.44	28.1				

续表 Continued

剖面号 Soil profile	土纲 Soil order	土类 Soil great group	亚类 Soil subgroup	土属 Soil genus	土种 Soil species	土层码 Layer code	土层厚度 Depth/cm	颜色 Soil color	质地 Soil texture	土壤结构 Soil structure	pH	全氮 TN/(g/kg)	全磷 TP/(g/kg)	全钾 TK/(g/kg)	阳离子交换量CEC/(cmol/kg)	土壤母质 Parent material	剖面点坐标 Profile coordinate	匹配指数 Matching index/%
剖15	人为土	水稻土	淹育水稻土	浅灰黄泥田	浅灰黄泥田	A	0—17	灰黄色	轻黏土	块状	5.7	2.95	1.28	29.8		石灰岩风化物	E 109°36′48.7″ N 26°10′06.5″	75
						P	17—27	灰黄色	轻黏土	块状	5.8	2.58	1.72	28.2				
						W	27—35	浅棕黄色	轻黏土	块状	7.3	1.35	1.28	26.9				
						C	35—100	浅棕黄色	中黏土	块状	7.2	1.24	1.34	26.7				
剖16	人为土	水稻土	潴育水稻土	黄砂泥田	黄砂泥田	A	0—14	浅黄色	重壤土	小块状	5.3	≥10.00	0.82	19.4		砂岩风化物	E 109°33′17.6″ N 26°12′16.9″	75
						P	14—19	浅黄色	重壤土	块状	5.3	1.80	0.72	21.0				
						W	19—100	浅黄色	重壤土	棱柱状	6.2	0.79	0.60	20.1				
剖17	铁铝土	红壤	红壤	烂泥田	石灰性烂泥田	Bv	0—15	黄色	砂壤土	碎块状	6.8	1.27	1.70	21.0		砂岩风化物	E 109°37′30.0″ N 26°13′49.3″	95
							15—100	黄色	中壤土	糊状	6.0	0.36	0.41	26.4				
剖18	人为土	水稻土	潴育水稻土	烂泥田	石灰性烂泥田	A	0—26	暗灰黄色	黏壤土	糊状	8.0	4.14	2.82	26.6		石灰岩风化物	E 109°38′16.1″ N 26°13′02.7″	75
						G	26—100	青灰色	黏壤土	碎块状	7.2	4.71	2.79	25.9				
剖19	人为土	水稻土	潴育水稻土	灰黄泥田	灰黄泥田	A	0—16	暗黄棕色	重壤土	碎块状	5.8	4.05	2.03	24.5		石灰岩风化物	E 109°42′41.1″ N 26°12′47.9″	95
						P	16—25	棕黄色	重壤土	棱块状	5.8	3.35	1.68	26.0				
						W	25—97	灰黄棕色	重壤土	棱柱状	6.1	2.11	0.92	26.4				
						C	97—100	棕色	轻壤土	块状	7.1	1.34	0.75	22.9				
剖20	人为土	水稻土	淹育水稻土	浅黄泥田	砂质浅黄泥田	A	0—10	灰黄棕色	中壤土	碎块状	5.3	1.65	0.75	13.0		砂质板岩	E 109°38′42.4″ N 26°11′52.9″	75
						P	10—21	黄棕色	重壤土	块状	6.3	0.80	0.53	11.6				
						C	21—100	灰黄色	轻壤土	块状	6.8	0.64	0.61	17.1				
剖21	人为土	水稻土	潴育水稻土	黄砂泥田	青棉黄砂泥田	A	0—15	暗黄棕色	重壤土	小块状	5.4	1.79	0.97	10.2		紫红色砂砾岩风化物	E 109°40′51.9″ N 26°12′06.6″	75
						Pg	15—22	暗黄棕色	重壤土	块状	5.7	1.64	0.90	10.8				
						G	22—42	浅灰黄色	重壤土	块状	7.1	0.34	0.83	11.3				
						W	42—100	灰灰色	轻黏土	棱块状	7.2	0.45	0.61	16.0				
剖22	铁铝土	黄壤	黄壤			1	2—18	褐黑色	壤土	粒状	5.8	3.64	1.11	26.3	15.4	板页岩风化物	E 109°33′38.7″ N 26°07′46.1″	95
						2	18—52	浅黄棕色	壤土	块状	5.5	1.64	0.78	28.0	9.9			
						Bv	52—148	栗色	壤土	块状	5.6	1.05	0.68	29.3	4.0			
剖23	人为土	水稻土	潴育水稻土	河砂泥田	河潮泥田	A	0—20	棕灰色	中壤土	块状	5.4	2.97	0.96	21.6		河流冲积物	E 109°36′30.8″ N 26°09′42.7″	75
						P	20—32	暗黄棕色	重壤土	棱块状	5.7	3.00	0.93	22.6				
						W_1	32—72	暗黄棕色	重壤土	棱块状	6.4	1.13	0.84	22.9				
						W_2	72—100	浅黄色	重壤土	棱块状	5.3	0.70	0.24	22.3				
剖24	人为土	水稻土	潴育水稻土	红黄泥田	红黄泥田	A	0—15	褐色	中壤土	块状	5.6	2.26	0.65	19.1		板页岩风化物	E 109°37′03.3″ N 26°07′45.0″	95
						P	15—24	浅黄棕色	重壤土	棱块状	6.0	1.74	0.59	19.5				
						W	24—100	暗黄棕色	重壤土	块状	6.6	0.85	0.62	22.4				
剖25	人为土	水稻土	淹育水稻土	河砂泥田	青棉河砂泥田	A	0—14	暗黄棕色	重壤土	小块状	5.7	2.11	1.06	19.4		河流冲积物	E 109°39′47.9″ N 26°09′57.0″	75
						Pg	14—28	暗黄棕色	重壤土	棱块状	5.1	1.81	0.53	20.4				
						W_1	28—56	浅黄棕色	重壤土	棱块状	6.3	0.89	0.56	24.9				
						W_2	56—100	红黄色	重壤土	棱块状	6.4	0.76	0.79	25.4				
剖26	人为土	水稻土	潴育水稻土	河砂泥田		A	0—12	青灰色	重壤土	块状	5.3	1.47	0.76	19.4		河流冲积物	E 109°33′00.8″ N 26°03′50.0″	75
						P	12—22	青灰色	轻壤土	粒状	5.2	1.17	0.59	21.4				
						G	22—100	暗黄色	中壤土	块状	5.3	1.38	1.02	21.5				
剖27	铁铝土	红壤	红壤	板页岩红壤	薄腐中土板页岩红壤	1	6—9	暗黑色	重黏土	粒状	5.0	3.17	0.72	23.1	16.6	板页岩风化物	E 109°32′44.0″ N 26°02′23.7″	95
						2	9—36	浅紫色	轻黏土	块状	5.1	1.67	0.47	24.1	12.6			
						Bv	36—91	棕黄色	中黏土	块状	5.7	0.66	0.47	28.0	4.0			
						BvC	91—136	棕红色	轻黏土	块状	5.5	0.49	0.49	22.4	4.6			

续表 Continued

剖面号 Soil profile	土纲 Soil order	土类 Soil great_group	亚类 Soil subgroup	土属 Soil genus	土种 Soil species	土层码 Layer code	土层厚度 Depth/cm	颜色 Soil color	质地 Soil texture	土壤结构 Soil structure	pH	全氮 TN/(g/kg)	全磷 TP/(g/kg)	全钾 TK/(g/kg)	阳离子交换量CEC/(cmol/kg)	土壤母质 Parent material	剖面点坐标 Profile coordinate	匹配指数 Matching index/%
剖28	人为土	水稻土	潴育水稻土	河砂泥田	河砂泥田	A	0—17	浅灰色	中壤土	粒状	5.1	1.84	0.92	18.3		河流冲积物	E 109°42′39.9″ N 26°01′59.2″	75
						P	17—26	灰白色	中壤土	块状	5.3	1.32	0.63	17.7				
						W₁	26—50	灰白色	轻壤土	棱柱状	6.0	0.48	0.77	17.7				
						W₂	50—52	暗灰棕色	轻壤土	棱柱状	6.3	0.34	0.56	17.7				
						S	52—100	浅黄棕色	轻壤土	粒状	6.5	0.36	0.81	18.7				
剖29	人为土	水稻土	潴育水稻土	红黄泥田	青堵红黄泥田	A	0—13	暗黄黄色	壤土	碎块状	6.0	2.69	0.91	21.2		第四纪红色黏土	E 109°44′47.6″ N 26°00′15.6″	75
						Pg	13—23	褐色	壤土	块状	6.0	2.03	0.54	22.1				
						W₁	23—53	灰黄色	黏土	棱柱状	6.4	0.75	0.77	22.9				
						W₂	53—100	浅黄棕色	黏黏土	棱柱状	6.4	0.65	0.63	25.6				
剖30	人为土	水稻土	潴育水稻土	黄泥田	黄泥田	A	0—17	暗黄棕色	轻壤土	粒状	5.5	2.80	0.57	22.1		板页岩风化物	E 109°44′24.6″ N 25°59′54.1″	75
						P	17—26	灰黄色	轻壤土	棱柱状	5.3	1.99	0.54	23.1				
						W	26—100	灰黄色	轻壤土	棱状	5.5	1.04	0.56	24.1				
剖31	人为土	水稻土	潴育水稻土	黄泥田	砂质黄泥田	A	0—14	暗黄黄色	中壤土	小块状	5.5	2.50	0.77	17.5		砂质板岩风化物	E 109°48′26.3″ N 26°25′26.8″	75
						P	14—23	暗黄黄色	重壤土	棱柱状	5.1	1.62	0.83	17.6				
						W	23—55	黄棕色	重壤土	棱块状	6.0	0.98	1.12	19.1				
						C	55—100	红黄色	重壤土	棱状	6.3	0.86	1.11	16.9				
剖32	人为土	水稻土	潴育水稻土	河砂泥田	河砂泥田	A	0—16	暗黄色	中壤土	碎块状	5.6	2.34	0.85	14.7		河流冲积物	E 109°51′48.1″ N 26°24′46.2″	95
						P	16—24	浅灰色	中壤土	棱块状	5.8	1.02	0.45	16.7				
						W	24—100	灰黄色	重壤土	棱块状	6.0	0.69	0.80	16.3				
剖33	人为土	水稻土	潴育水稻土	扁砂泥田	黄扁砂泥田	A	0—14	暗黄黄色	中壤土	小块状	5.2	2.10	0.69	22.5		板页岩风化物	E 109°48′45.6″ N 26°20′23.8″	75
						P	14—20	灰黄色	重壤土	块状	5.3	2.02	0.51	23.0				
						W₁	20—34	浅黄色	重壤土	棱柱状	5.9	1.02	0.41	21.4				
						W₂	34—100	棕黄色	重壤土	块状	6.0	0.83	1.03	22.6				
剖34	人为土	水稻土	潴育水稻土	岩渣田	青渣岩渣田	A	0—13	浅灰色	中壤土	小块状	5.0	2.79	0.77	17.1		硅质板页岩风化物	E 109°49′48.9″ N 26°20′30.5″	75
						Pg	13—20	青灰色	中壤土	块状	5.0	2.77	0.78	18.4				
						G	20—34	青灰色	中壤土	柱状	5.2	2.44	0.75	17.2				
						W	34—100	暗黄黄色	中壤土	块状	5.6	0.88	0.60	23.7				
剖35	铁铝土	红壤	黄红壤	石灰岩黄红壤	薄腐厚层石灰岩黄红壤	1	2—3	灰棕色	轻壤土	粒块状	5.5	2.45	0.91	22.3	15.9	石灰岩风化物	E 109°48′29.7″ N 26°21′22.0″	95
						2	3—20	棕黄色	轻壤土	粒块状	5.5	1.66	0.71	22.2	11.4			
						ABv	20—86	黄橙色	轻壤土	块状	5.6	1.05	0.65	22.8	3.6			
						Bv	86—172	红黄色	中壤土	块状	5.9	0.92	0.57	26.5				
剖36	铁铝土	红壤	黄红壤			1	2—5	灰棕色	砂壤土	粒状	5.1	1.86	0.54	20.4		砂岩风化物	E 109°54′30.5″ N 26°23′22.4″	95
						2	5—30	棕黄色	砂壤土	粒状	5.0	1.18	0.52	20.9				
						Bv	30—45	红黄色	中壤土	粒状	5.3	0.33	0.45	24.3				
剖37	人为土	水稻土	潴育水稻土	青岩砂泥田	青扁砂泥田	A	0—14	浅灰色	中壤土	小块状	6.0	2.08	0.55	22.0		青色板岩风化物	E 109°56′14.7″ N 26°24′40.2″	75
						Pg	14—20	青灰色	中壤土	棱块状	5.5	1.15	0.58	23.9				
						W	20—100	棕灰色	中壤土	块状	6.6	0.61	0.34	23.9				
剖38	人为土	水稻土	潴育水稻土	青泥田	青泥田	A	0—18	暗黄色	重壤土	块状	5.2	3.06	0.73	23.7		板页岩风化物	E 109°48′40.5″ N 26°19′58.3″	75
						Pg	18—34	暗灰黄色	重壤土	块状	5.3	2.68	1.00	24.2				
						G	34—100	青灰色	重壤土	块状	5.3	2.09	0.50	23.7				
剖39	人为土	水稻土	淹育水稻土	浅岩渣田	岩板底田	A	0—15	栗色	重壤土	块状	5.5	3.82	≥10.00	21.9		硅质板页岩风化物	E 109°49′56.4″ N 26°19′52.2″	75
						P	15—20	青色	重壤土	块状	5.3	3.75	0.48	22.4				
						D	20—100											

续表 Continued

剖面号 Soil profile	土纲 Soil order	土类 Soil great group	亚类 Soil subgroup	土属 Soil genus	土种 Soil species	土层码 Layer code	土层厚度 Depth/cm	颜色 Soil color	质地 Soil texture	土壤结构 Soil structure	pH	全氮 TN/(g/kg)	全磷 TP/(g/kg)	全钾 TK/(g/kg)	阳离子交换量 CEC/(cmol/kg)	土壤母质 Parent material	剖面点坐标 Profile coordinate	匹配指数 Matching index/%
剖40	人为土	水稻土	潜育水稻土	灰黄砂泥田	青稿灰黄泥田	A	0—17	暗灰黄色	轻黏土	块状	6.4	4.14	1.53	27.9		紫红色砂砾岩风化物	E 109°52′02.1″ N 26°18′08.9″	75
						Pg	17—27	暗灰黄色	轻黏土	块状	6.4	3.78	1.16	27.1				
						W₁	27—50	棕灰色	黏壤土	柱状	7.2	1.94	0.89	28.4				
						W₂	50—80	暗棕灰色	黏壤土	柱状	7.6	1.21	1.34	27.3				
						C	80—100	灰黄色	黏壤土	块状	7.2							
剖41	人为土	水稻土	淹育水稻土	浅黄砂泥田	浅红砂泥田	A	0—13	灰色	中壤土	小块状	6.0	1.79	0.92	7.2		紫红色砂砾岩	E 109°53′28.3″ N 26°18′43.0″	95
						P	13—18	灰黄色	中壤土	块状	6.0	1.01	0.51	8.6				
						C	18—100	紫灰色	中壤土	块状	6.0	0.53	0.63	8.7				
剖42	人为土	水稻土	潜育水稻土	河砂泥田	石底河砂泥田	A	0—10	棕灰色	中壤土	粒状	5.6	2.18	0.77	17.4		板页岩风化物	E 109°54′19.3″ N 26°16′46.1″	75
						P	10—13	棕灰色	砂壤土	块状	5.7	1.56	0.79	18.8				
						S	13—	黄橙色	中壤土	块状	6.2	1.03	0.74	19.8				
剖43	人为土	水稻土	潜育水稻土			A	0—10	暗黄棕色	重壤土	块状	5.4	1.69	0.36	25.2		板页岩风化物	E 109°54′21.8″ N 26°16′37.5″	75
						P	10—15	暗灰色	重壤土	块状	5.9	1.54	0.41	25.1				
						G	15—100	褐色	重壤土	小块状	5.9	1.06	0.41	26.2				
剖44	人为土	水稻土	潜育水稻土			A	0—15	暗灰色	轻壤土	棱柱状	5.4	1.92	0.44	21.1		板页岩风化物	E 109°55′22.4″ N 26°15′30.0″	75
						P	15—21	浅灰色	中壤土	块状	5.4	1.73	0.52	22.1				
						G	21—100	灰灰色	中壤土	块状	5.6	1.45	0.29	21.5				
剖45	人为土	水稻土	潜育水稻土			A	0—13	紫紫色	重壤土	小块状	5.4	1.98	0.72	17.4		硅质板页岩风化物	E 109°50′22.4″ N 26°11′35.7″	75
						P	13—21	紫紫色	重壤土	块状	5.2	1.43	0.68	16.7				
						G	21—100	灰灰色	重壤土	小块状	5.3	0.89	0.40	17.7				
剖46	人为土	水稻土	淹育水稻土	浅岩渣田	浅岩渣田	A	0—13	灰黄棕色	重壤土	小块状	5.6	2.22	1.89	23.9		板页岩风化物	E 109°49′22.1″ N 26°10′07.7″	75
						P	13—21	黄黄色	中壤土	块状	6.0	1.81	1.72	23.4				
						C	21—100	紫棕色	中壤土	粒状	6.8	1.27	2.15	27.3				
剖47	人为土	水稻土	潜育水稻土	黄砂泥田	红砂泥田	A	0—15	棕色	轻壤土	块状	5.4	1.34	0.40	16.2		紫红色砂砾岩风化物	E 109°51′37.9″ N 26°12′12.3″	95
						P	15—20	紫红棕色	重壤土	棱柱状	6.6	0.93	1.05	16.2				
						Q	20—100	暗灰黄色	重壤土	块状	6.0	0.67	1.15	18.7	16.5			
剖48	人为土	水稻土	潜育水稻土			A	0—15	暗灰色	壤土	块状	6.0	2.33	0.76			石灰岩风化物	E 109°52′05.9″ N 26°10′07.9″	75
						P	15—26	暗灰色	壤土	块状	6.4	1.24	0.61					
						G	26—100	黄灰色	壤土	碎块状	7.2	1.17	0.55	18.5				
剖49	铁铝土	红壤	黄红壤	耕型板页岩黄红土	黄红土	A	0—20	灰黄色	黏壤土	块状	5.6	1.69	0.98	19.0		板页岩风化物	E 109°47′01.6″ N 26°11′41.3″	75
						ABv	20—44	黄黄色	黏壤土	块状	5.3	1.02	0.41	19.4				
						Bv	44—100	浅黄棕色	黏土	块状	5.5	0.63	0.50	27.7				
剖50	铁铝土	黄壤	黄壤			A	0—16	红黄色	中壤土	粒状	6.9	2.06	0.25	29.2		板页岩风化物	E 109°56′34.3″ N 26°13′59.1″	95
						ABv	16—20	暗黄黄色	中壤土	块状	6.9	1.51	0.53	25.3				
						Bv	20—100	暗黄色	轻壤土	块状	5.4	0.55	0.41	25.6				
剖51	铁铝土	红壤	红壤	耕型石灰岩红土	灰红土	A	0—20	暗黄棕色	壤土	团粒状	6.8	1.79	1.17	28.1		石灰岩	E 109°52′30.0″ N 26°11′08.9″	95
						ABv	20—50	棕黄色	壤土	小块状	6.8	1.68	1.19	31.2				
						Bv	50—100	灰灰棕色	壤土	块状	6.4	1.24	0.97	20.1				
剖52	人为土	水稻土	渗育水稻土	白鳝泥田	青鳝白鳝泥田	Ae	0—12	暗黄棕色	中壤土	小块状	5.5	2.62	0.95	22.3		河流冲积物	E 109°49′07.4″ N 26°09′52.6″	75
						Pe	12—19	棕棕色	重壤土	块状	5.3	1.75	0.49	20.9				
						G	19—55	灰灰色	重壤土	棱柱状	5.5	0.99	0.35	18.9				
						E	55—100	栗色	重壤土	碎块状	5.5	0.97	0.50	33.7				
剖53	人为土	水稻土	潜育水稻土			A	0—20	暗棕棕色	重壤土	块状	5.4	2.73	0.56	24.1		第四纪红色黏土	E 109°51′46.5″ N 26°09′28.1″	75
						P	20—26	暗棕色	重壤土	块状	5.4	2.44	0.54	25.2				
						G	26—35	暗棕色	重壤土	块状	5.4	2.04	0.35					
						S	35—100	橙黄色			6.8							

续表 Continued

剖面号 Soil profile	土纲 Soil order	土类 Soil great group	亚类 Soil subgroup	土属 Soil genus	土种 Soil species	土层码 Layer code	土层厚度 Depth/cm	颜色 Soil color	质地 Soil texture	土壤结构 Soil structure	pH	全氮 TN/(g/kg)	全磷 TP/(g/kg)	全钾 TK/(g/kg)	阳离子交换量CEC/(cmol/kg)	土壤母质 Parent material	剖面点坐标 Profile coordinate	匹配指数 Matching index/%
剖54	人为土	水稻土	渗育水稻土	白鳝泥田	白鳝泥田	A	0—16	灰黄棕色	重壤土	小块状	5.3	1.96	0.40	19.9		河流冲积物	E 109° 45′ 55.3″ N 26° 05′ 30.1″	75
						P	16—19	暗灰黄色	重壤土	块状	5.4	1.39	0.28	21.3				
						W	19—100	浅灰白色	重壤土	棱块状	6.8	0.38	0.49	22.4				
剖55	铁铝土	红壤	黄红壤			A	0—14	浅棕色	壤土	碎块状	5.1	1.67	0.72	16.7		板页岩风化物	E 109° 48′ 09.5″ N 26° 06′ 02.0″	95
						Bv	14—100	浅黄红色	黏壤土	块状	5.5	0.62	0.37	20.7				
剖56	人为土	水稻土	渗育水稻土	白散泥田	白散泥田	A	0—17	灰黄棕色	壤土	小块状	5.6	1.11	0.57	27.4		板页岩风化物	E 109° 45′ 05.7″ N 26° 00′ 18.9″	75
						P	17—24	灰棕色	黏壤土	块状	6.0	2.47	1.12	25.7				
						E	24—95	灰白色	黏壤土	棱块状	6.0	2.78	1.14	25.0				
						Eg	95—100	灰黄棕色	黏壤土	块状	6.8	0.56	0.77	≤1.0				
剖57	铁铝土	红壤	黄红壤	耕型石灰岩黄红土	灰黄红土	A	0—22	暗黄棕色	黏壤土	碎块状	5.7	2.07	1.18	21.1		石灰岩风化物	E 109° 48′ 11.2″ N 25° 55′ 06.4″	95
						Bv	22—37	棕色	黏壤土	块状	5.7	1.41	0.86	23.5				
						C	37—100	浅棕色	黏壤土	块状	5.7	1.44	0.96	25.5				

洪 江 市

主要土类说明

红壤是洪江市主要土壤类型，占本市地域面积的 71%。红壤分布在海拔 750m 以下的低山、丘陵和高岗地，发育于第四纪红色黏土、红色砂砾岩、红砂岩、石灰岩、板页岩等的风化物，具有明显的脱硅富铝化过程。由于红壤成土过程受气候、日照、降水等方面的影响，本市红壤分为红壤、黄红壤等亚类。

水稻土是洪江市第二大土壤类型，占本市地域面积的 14%。水稻土是本市主要的耕作土壤，是经过长期水耕熟化发育形成的一种具有特殊性状的土壤类型。本市水稻土分为淹育型、潴育型、渗育型、潜育型、沼泽型、矿毒型六个亚类。其中，潴育水稻土面积最大，占本土类面积的 64%，发育于多种成土母质，分布在本市各地，在犁底层以下的心土层中有厚 20cm 以上的潴育层，剖面构型为 A–P–W–C。

黄壤是洪江市第三大土壤类型，占本市地域面积的 7%。黄壤分布在海拔 800—1000m 的地区，垂直分布在红壤之上、黄棕壤之下。成土母质主要为板岩、页岩、花岗岩等。由于所处地区云雾多，日照少，冬无严寒，夏无酷热，空气湿度大，干湿季节不明显，土体因氧化铁水化而呈黄色，心土层一般呈蜡黄色，腐殖质层至淋溶层中有机质含量较高。

黄棕壤占本市地域面积的 4%，分布在海拔 1000—1400m 的地区，垂直分布在黄壤之上。该区域气候凉湿，自然植被为阔叶林和灌丛茅草。腐殖质层之下有一层黄棕色土层，质地较黏重。土壤脱硅富铝化程度比黄壤低，黏土矿物以水化云母为主，土壤呈微酸性至酸性。

小于本市地域面积 3% 的土壤类型有山地草甸土、潮土、紫色土等。

本区域中心区气候特征

本区域中心区气候特征值
Regional climate characteristics in central area of the region

气候带：中亚热带湿润气候 Climate region: Subtropical humid climate	
年平均气温 /℃ Annual average temperature /℃	16.9
年平均最高气温 /℃ Annual average maximum temperature /℃	21.3
年平均最低气温 /℃ Annual average minimum temperature /℃	13.7
年降水量 /mm Annual precipitation /mm	1323
≥10℃的积温 /℃ Daily temperature accumulated in a year (≥10℃) /℃	6178
年日照时数 /h Annual sunshine /h	1491
年平均相对湿度 /% Annual average relative humidity /%	79
干燥度 Dryness	0.76

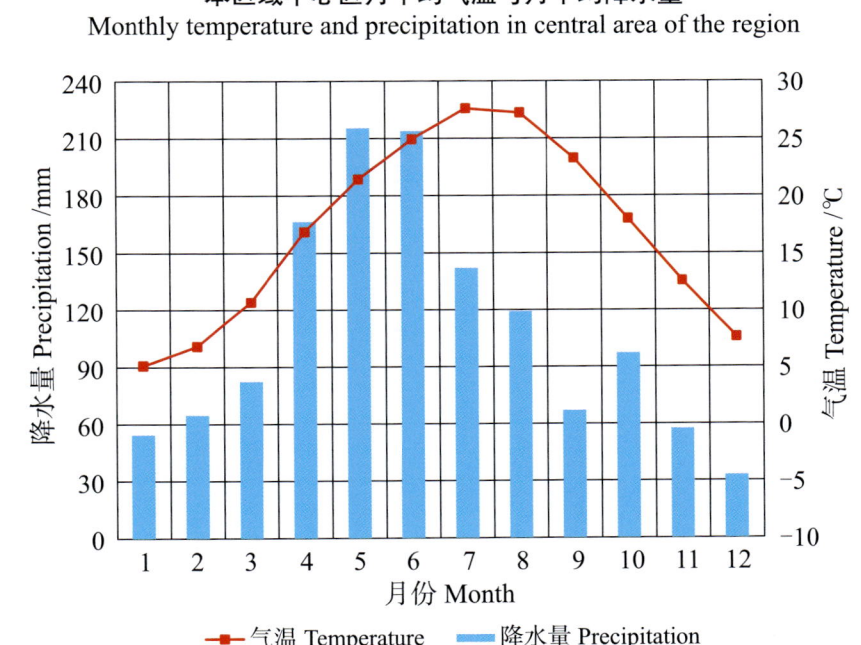

本区域中心区月平均气温与月平均降水量
Monthly temperature and precipitation in central area of the region

黔阳县主要土壤类型与土壤剖面点分布图

1:330 000

图 例

- 红壤
- 水稻土
- 黄壤
- 黄棕壤
- 山地草甸土
- 潮土
- 紫色土
- ⊗ 剖面点

注：国务院1997年11月批准，撤销洪江市和黔阳县，合并设立县级洪江市。

洪江市土壤剖面理化性状表

剖面号 Soil profile	土纲 Soil order	土类 Soil great group	亚类 Soil subgroup	土属 Soil genus	土种 Soil species	土层码 Layer code	土层厚度 Depth/cm	颜色 Soil color	质地 Soil texture	土壤结构 Soil structure	pH	有机质 OM/(g/kg)	全氮 TN/(g/kg)	全磷 TP/(g/kg)	全钾 TK/(g/kg)	碱解氮 AN/(mg/kg)	有效磷 AP/(mg/kg)	速效钾 AK/(mg/kg)	土壤母质 Parent material	剖面点坐标 Profile coordinate	匹配指数 Matching index/%
剖1	人为土	水稻土	潜育水稻土	青泥田	青泥田	A	0–20	灰黄色	黏壤土		5.6	39.0	1.96	1.30	26.8	187		185	板页岩坡积物	E 109°39′16.5″ N 27°08′33.1″	95
						Pg	20–27	灰白色	黏土		5.7	102.0	7.04	0.74	23.5	170		41			
						G	27–47	青灰色	黏土		5.3	31.0	1.46	0.78	21.6	106		6			
剖2	铁铝土	红壤	红壤	砂岩红壤	薄腐中层砂岩红壤	A	0–25	棕黄色	黏壤土		6.0	22.4	1.10	0.58	39.4	61	≤1.0	51	板页岩	E 109°39′13.9″ N 27°07′50.7″	75
						Bv	25–100	棕色	黏土		5.5	5.4	0.87	0.94	42.9	47		51			
剖3	铁铝土	红壤	黄红壤	砂岩红壤性土	薄腐砂岩红壤性土	A₁	0–5	灰棕色	砂土		6.0								砂岩	E 109°40′31.0″ N 27°08′36.5″	75
						A₂	5–9	棕灰色	砂土		5.5					130	96.0	≤5			
						Bv	9–23	棕黄色	砂土		4.5										
剖4	铁铝土	红壤	黄红壤	板页岩黄红壤	薄腐中层板页岩黄红壤	A₁	4–8	黄褐色	黏土		5.6	42.0	1.95	0.88	21.8	215	1.7	116	板页岩	E 109°40′55.7″ N 27°08′52.8″	75
						Bv	8–57	棕黄色	黏土		5.4	49.0	2.26	0.48	25.0	248	1.5	21			
						C	57–78	棕红色	黏土		5.7	14.0	1.11	0.45	28.5	88	≤1.0	11			
						D	78–100	棕红色													
剖5	铁铝土	红壤	红壤	耕型砂岩红壤	红砂土	A	0–20	灰黄色	砂壤土		5.0	19.9	1.23	0.72	24.1	96	15.1	114	板页岩	E 109°41′26.8″ N 27°07′59.5″	75
						Bv	20–40	黄红色	黏壤土												
						C	40–100	黄红色	黏壤土												
剖6	铁铝土	红壤	红壤	砂岩红壤	薄腐中层砂岩红壤	A	0–3	深灰色	黏土		5.1	27.0	1.21	0.53	20.7	114	≤1.0	80	红色砂砾岩	E 109°41′47.9″ N 27°08′48.1″	97
						Bv	3–60	棕红色	砂壤土												
						C	60–80	橙红色	砂壤土												
剖7	人为土	水稻土	潴育水稻土	红黄泥田	红黄泥田	A	0–17	灰黄色	黏壤土		5.6	29.0	1.80	0.66	13.5	148	5.6	76	第四纪红色黏土	E 109°42′48.6″ N 27°08′57.8″	75
						P	17–34	棕黄色	黏壤土		5.8	11.1	0.85	1.69	12.9	94	2.3	41			
						W	34–51	黄黄色	黏土		6.0	38.4	0.50	1.29	12.7	41	2.2	32			
						C	51–112	红黄色	黏土		6.0	34.0	0.39	0.78	13.7	33	1.1	21			
剖8	人为土	水稻土	潴育水稻土	河砂泥田	河砂泥田	A	0–16	棕黄色	壤土		5.3	35.0	2.33	1.17	27.6	181	9.0	49	河流冲积物	E 109°43′49.5″ N 27°09′20.1″	95
						P	16–24	灰褐色	黏壤土		4.5	43.0	2.16	0.59	25.9	175	8.8	71			
						W	24–57	灰褐色	黏壤土		4.5	29.0	1.87	0.88	24.3	157	3.8	143			
						C	57–100	黄黄色	黏土		5.5	12.0	0.72	1.08	28.5	67	6.9	52			
剖9	人为土	水稻土	淹育水稻土	浅灰泥田	浅灰泥田	A	0–15	暗褐色	黏土		7.2	29.6	1.34	1.21	18.2	62	≤1.0	48	石灰岩	E 109°43′55.9″ N 27°07′59.3″	75
						P	15–21	灰棕色	黏土		7.1	5.0	0.66	0.56	38.7	227	2.4	62			
						C	21–100	黄棕色	黏土		7.1	23.9	0.69	0.35	35.3						
剖10	人为土	水稻土	潴育水稻土	红黄泥田	青腐红黄泥田	A	0–16	灰棕色	黏壤土		5.6	39.0	1.91	0.72	22.0	183	1.1	40	第四纪红色黏土	E 109°44′26.1″ N 27°08′46.9″	75
						P	16–24	黄褐色	黏土		5.2	12.0	1.02	0.94	26.7	113	1.7	90			
						G	24–49	青黄色	黏土		5.3	19.0	1.47	6.89	25.5	44	6.8	169			
						W	49–100	红黄色	黏土		5.2	8.0	0.74	1.04	23.3	116	1.9	42			
剖11	人为土	水稻土	淹育水稻土	浅黄砂泥田	石子红砂泥田	A	0–13	棕褐色	砂壤土		5.6	27.0	1.41	0.44	16.3	107	≤1.0	37	红色砂砾岩	E 109°41′36.6″ N 27°07′09.7″	75
						P	13–21	棕色	黏土		5.6	23.0	1.36	0.50	20.2	71	≤1.0	12			
						C	21–100	棕红色	砂土		5.7	14.0	0.93	0.75	19.7						
剖12	铁铝土	红壤	黄红壤	板页岩黄红壤	厚腐厚层板页岩黄红壤	Ao	0–5	灰黑色	壤土		4.7	89.0	2.70	1.17	16.3	310		62	板页岩	E 109°43′12.3″ N 27°07′05.9″	75
						A₁	5–25	灰褐色	黏土												
						A	25–63	灰黄色	黏壤土								3.4				
						Bv	63–107	棕褐色	黏壤土												

续表 Continued

剖面号 Soil profile	土纲 Soil order	土类 Soil great group	亚类 Soil subgroup	土属 Soil genus	土种 Soil species	土层码 Layer code	土层厚度 Depth/cm	颜色 Soil color	质地 Soil texture	土壤结构 Soil structure	pH	有机质 OM/(g/kg)	全氮 TN/(g/kg)	全磷 TP/(g/kg)	全钾 TK/(g/kg)	碱解氮 AN/(mg/kg)	有效磷 AP/(mg/kg)	速效钾 AK/(mg/kg)	土壤母质 Parent material	剖面点坐标 Profile coordinate	匹配指数 Matching index/%
剖13	铁铝土	红壤	黄红壤	耕型花岗岩黄红壤	黄红麻砂土	A	0–17	黄棕色	砂壤土		4.4	21.4	1.23	0.64	21.5	92	3.0	164	花岗岩	E 109°43′26.8″ N 27°07′28.7″	75
						Bv	17–49	黄色	砂壤土												
						C	49–100	红黄色	砂壤土												
剖14	人为土	水稻土	潜育水稻土	河砂泥田	河潮泥田	A	0–15	灰棕色	黏壤土		5.3	42.1	1.56	1.36	25.8	108	40.0	162	河流冲积物	E 109°43′42.7″ N 27°06′51.0″	95
						P	15–22	灰棕色	黏壤土			16.5	1.30	1.61	22.5						
						W₁	22–38	棕灰色	黏壤土			14.4	1.17	1.58	24.2						
						W₂	38–68	灰棕色	黏壤土			4.3	0.70	1.32	23.8						
						G	68–100	黄灰色	黏壤土			3.9	0.29	1.31	25.1						
剖15	铁铝土	红壤	黄红壤	板页岩红壤性土	中厚板页岩红壤性土	A₁	0–15	黑棕色	黏壤土		5.1	42.0	1.95	0.88	21.8	125	≤1.0	29	板页岩	E 109°44′03.6″ N 27°07′12.8″	75
						Bv	15–19	棕黄色	黏壤土		5.4	49.0	2.26	0.48	25.0	248	1.5	21			
							19–30	棕黄色	黏壤土		5.7	14.0	1.11	0.45	28.5	86	≤1.0	11			
							30–40	黄棕色	黏壤土		5.6					66	≤1.0	9			
剖16	人为土	水稻土	潜育水稻土	河砂泥田	青砂河砂泥田	A	0–18	灰棕色	砂壤土		6.9	46.1	2.11	1.16	17.6	160	11.6	28	溪流冲积物	E 109°39′32.5″ N 27°07′01.7″	75
						P	18–21	灰色	砂壤土			23.7	1.10	0.96	20.3						
						G	21–38	青灰色	砂壤土			24.3	1.60	1.17	30.2						
						W	38–62	棕灰色	壤土			7.3	0.71	1.16	18.5						
						C	62–100	黄棕色	壤土			9.1	0.86	2.05	21.5						
剖17	人为土	水稻土	潜育水稻土	酸紫泥田	青扁紫泥田	A	0–19	棕灰色	黏壤土		5.0	37.2	1.90	1.12	27.3	118	1.1	96	紫色页岩坡积物	E 109°37′24.3″ N 27°04′28.1″	75
						P	19–35	灰棕色	黏壤土		5.4	22.2	1.63	1.03	26.3						
						G	35–63	棕黄色	壤土		5.2	5.9	0.71	0.68	25.8						
						C	63–106	棕黄色	壤土			6.3	0.60	0.68	24.6						
剖18	人为土	水稻土	潜育水稻土	烂泥田	烂泥田	A	0–21	灰棕色	黏壤土		5.4	49.3	2.64	1.18	22.4	271	≤1.0	85	板页岩	E 109°37′28.2″ N 27°04′53.5″	75
						G	21–100	深灰色	黏土		5.2	7.8	2.20	0.43	23.1	176	≤1.0	46			
剖19	人为土	水稻土	淹育水稻土	浅黄砂泥田	浅黄砂泥田	A	0–15	棕黄色	砂壤土		5.7	11.9	0.82	0.61	10.3	72	≤1.0	73	黄色砂岩	E 109°38′08.9″ N 27°04′36.1″	75
						P	15–21	黄棕色	砂壤土		5.4	13.5	0.65	1.71	7.8	64	≤1.0	60			
						C	21–100	红黄色	砂壤土		6.7	6.0	0.64	0.33	11.6	33	≤1.0	85			
剖20	人为土	水稻土	潜育水稻土	麻砂泥田	白砂泥田	A	0–19	灰白色	砂壤土		4.7	23.0	1.16	0.84	39.5	76	≤1.0	55	花岗岩坡积物	E 109°38′13.0″ N 27°04′04.4″	75
						P	19–26	黄棕色	砂土		5.0	19.0	1.04	≥10.00	39.0	70	1.5	190			
						W	26–36	棕灰色	砂土		5.2	17.0	0.81	0.88	38.4	54	1.2	105			
						C	36–100	灰棕色	砂土		4.6	2.0	0.31	0.67	27.8	14	1.2	252			
剖21	初育土	紫色土	酸性紫色土	耕型酸性紫砂土	紫砂土	A	0–22	棕红色	壤土		5.4	27.0	1.20	0.97	19.7	120	11.0	225	紫色砂岩	E 109°50′34.0″ N 27°15′18.0″	75
						ABv	22–47	棕黄色	砂壤土	碎块状											
						C	47–100	棕红色	砂壤土	块状											
剖22	初育土	紫色土	中性紫色土	中性紫色土		Ao	0–2	紫红色	砂壤土		6.6	41.7	1.29	0.74	22.3	94	≤1.0	185	紫色页岩	E 109°51′28.6″ N 27°15′14.8″	95
						A₁	2–3	紫红色	砂壤土	柱状											
						Bv	3–13	紫红色	砂壤土	块状											
剖23	人为土	水稻土	潜育水稻土	中性紫色泥田		Ao	0–19	棕色	壤土		7.3	32.4	1.90	1.25	17.3	126	45.0	276	紫色页岩	E 109°52′13.4″ N 27°15′45.7″	95
						P	19–29	黄褐色	黏壤土												
						W₁	29–46	棕黄色	黏壤土												
						W₂	46–76	黄灰色	黏壤土												
						G	76–100	青灰色	砂土												
剖24	人为土	水稻土	潜育水稻土	扁砂泥田	黄扁砂泥田	A	0–15	灰色	重壤土		5.0	36.7	1.84	1.13	27.0	145	≤1.0	33	板岩风化物	E 109°45′41.9″ N 27°15′14.9″	95
						Pg	15–20	灰色	重壤土		5.5	28.4	1.51	1.22	27.5						
						W	20–46	灰黄色	重壤土		6.4	9.8	0.67	1.24	27.3						
						C	46–83	红色	壤土		6.7	4.9	0.23	0.62	27.7						

续表 Continued

剖面号 Soil profile	土纲 Soil order	土类 Soil great group	亚类 Soil subgroup	土属 Soil genus	土种 Soil species	土层码 Layer code	土层厚度 Depth/cm	颜色 Soil color	质地 Soil texture	土壤结构 Soil structure	pH	有机质 OM/(g/kg)	全氮 TN/(g/kg)	全磷 TP/(g/kg)	全钾 TK/(g/kg)	碱解氮 AN/(mg/kg)	有效磷 AP/(mg/kg)	速效钾 AK/(mg/kg)	土壤母质 Parent material	剖面点坐标 Profile coordinate	匹配指数 Matching index/%
剖73	人为土	水稻土	渗育水稻土	白鳝泥田	白鳝泥田	Ae	0—15	灰白色	黏壤土		5.0	18.4	1.28	0.48	24.6	134	1.4	95	板岩、页岩风化物	E 110°09′10.3″ N 27°09′54.8″	95
						Pe	15—20	灰白色	砂壤土												
						We	20—45	灰黄色	砂壤土												
						Ce	45—100	浅灰色	砂壤土												
剖74	人为土	水稻土	潜育水稻土	冷浸田	冷浸阴山田	A	0—14	棕灰色	黏土		5.3	37.1	1.91	0.97	23.6	131	2.4	69	板岩、页岩	E 110°08′25.2″ N 27°07′34.8″	95
						Pg	14—22	棕灰色	黏土		5.0	34.4	1.71	0.75	25.7	140	1.3	61			
						Gw	22—39	灰黄色	黏土		5.3	19.7	1.14	0.69	25.0	90	7.3	130			
						C	39—100	黄棕色	砂壤土		5.0	19.1	1.03	1.13	27.9	88	≤1.0	150			
剖75	人为土	水稻土	潴育水稻土	河砂泥田	河砂田	A	0—13	黄棕色	砂壤土		5.9	37.2	1.79	0.79	22.5	156	≤1.0	103	河流冲积物	E 110°12′26.9″ N 27°09′08.6″	95
						P	13—22	黄棕色	砂壤土												
						W	22—40	黄棕色	砂壤土												
						Cs	40—1														
剖76	铁铝土	红壤	黄红壤	板页岩黄红壤		Ao	0—1	黑色	壤土		4.6	125.4	4.23	0.88	17.8	413	1.3	251	板页岩	E 110°11′35.3″ N 27°08′31.5″	95
						A₁	1—11	棕黄色	黏壤土		4.2	32.5	1.27	0.94	12.4	144	≤1.0	120			
						Bv	11—26	黄黄色	黏壤土		4.2	13.6	0.96	0.29	14.9	92	≤1.0	148			
						C	26—92	红黄色	黏壤土		4.2	8.1	0.70	0.72	25.3	50	≤1.0	77			
剖77	铁铝土	红壤	黄红壤	板页岩黄红壤	中腐中层板页岩黄红壤	Ao	0—4		黏壤土			8.1	0.70	0.72	25.3	50	≤1.0	77	板页岩	E 110°08′28.0″ N 27°07′00.5″	95
						A₁	4—18	黑色	黏土		5.5	31.3	1.42	1.65	22.6	175	≤1.0	135			
						A	18—48	橙黄色	黏土												
						Bv	48—60	橙黄色	黏土												
						C	60—78	黄色	黏土												
剖78	人为土	水稻土	潜育水稻土	青泥田	青紫泥田	A	0—16	棕灰色	黏壤土		7.6	30.4	1.97	0.72	12.5	150	2.2	58	紫色页岩	E 110°07′33.3″ N 27°05′48.7″	95
						Pg	16—26	青灰色	黏土												
						G	26—110	青灰色	黏土												
剖79	人为土	潴育水稻土	扁砂泥田	青褐黄扁砂泥田		A	0—17	灰白色	黏壤土		5.0	25.8	1.70	0.62	27.5	151	2.3	110	黄砂岩、页岩	E 110°07′31.3″ N 27°04′28.2″	95
						P	17—21	灰黄色	黏土		6.0										
						Gw	21—60	灰棕色	黏壤土		5.8										
						C	60—90	黄棕色	轻黏土	粒状	5.5	22.4	0.97	0.60	11.4	152	2.4	80			
剖80	铁铝土	红壤	红壤	板页岩红壤		A	0—5	橙色	轻黏土	块状	5.5	6.6	0.54	0.59	12.2	164	≤1.0	69	第四纪红色黏土	E 110°19′05.5″ N 27°20′56.0″	95
						ABv	5—22	红褐色	轻黏土	块状	5.2	4.0	0.29	0.62	15.1	67	≤1.0	82			
						Bv	22—86	红色	轻黏土	粒状	5.4										
						C	86—100	棕色	轻黏土	块状	5.3	18.8	1.21	1.79	15.5	196	≤1.0	115			
剖81	人为土	水稻土	潴育水稻土	黄砂泥田	红砂泥田	A	0—13	黄棕色	轻黏土	块状	6.0	15.7	1.12	1.81	14.5				紫红色砂砾岩风化物	E 110°21′12.6″ N 27°21′20.1″	95
						Pg	13—19	黄红色	轻黏土	柱状	6.5	3.4	0.41	0.61	22.2						
						W	19—51	黄红色	重黏土	块状	6.1	≤1.0	0.30	0.63	19.6						
						C	51—100	棕灰色	砂壤土		5.4	20.0	2.42	0.59	17.9						
剖82	人为土	水稻土	潴育水稻土	黄砂泥田	红砂泥田	A	0—18	灰棕色	砂壤土		5.0	35.8	2.31	0.88	22.6	69	≤1.0	82	红色砂砾岩	E 110°15′51.0″ N 27°22′15.3″	95
						P	18—29	棕红色	砂土		5.7	9.7	0.83	1.72	15.9	25	≤1.0	88			
						W	29—92	黄红色	砂土		5.7	5.6	0.43	0.37	16.5						
						S	92—97	棕黄色													
剖83	人为土	水稻土	淹育水稻土	浅黄泥田	浅黄泥田	A	0—12	棕黄色	黏土		4.9	24.5	1.67	0.86	24.9	146	≤1.0	79	板岩、页岩风化物	E 110°16′16.2″ N 27°20′22.5″	95
						P	12—18	棕黄色	黏土												
						C	18—90	棕黄色	黏土												

续表 Continued

剖面号 Soil profile	土纲 Soil order	土类 Soil great group	亚类 Soil subgroup	土属 Soil genus	土种 Soil species	土层码 Layer code	土层厚度 Depth/cm	颜色 Soil color	质地 Soil texture	土壤结构 Soil structure	pH	有机质 OM/(g/kg)	全氮 TN/(g/kg)	全磷 TP/(g/kg)	全钾 TK/(g/kg)	碱解氮 AN/(mg/kg)	有效磷 AP/(mg/kg)	速效钾 AK/(mg/kg)	土壤母质 Parent material	剖面点坐标 Profile coordinate	匹配指数 Matching index/%
剖84	人为土	水稻土	渗育水稻土	白散泥田	白散泥田	A	0—16	红黄色	黏壤土		5.5	40.3	1.96	1.69	7.5	135	8.5	61	第四纪红色黏土	E 110°22′32.5″ N 27°23′03.7″	97
						P	16—24	灰黄色	黏土												
						Wg	24—40	黄灰色	黏土												
						G	40—60	浅灰色	黏土												
						E	60—80	灰白色	黏土												
						S	80—100	灰白色	粗砂土												
剖85	人为土	水稻土	淹育水稻土	浅黄泥田	浅黄泥田	A	0—14	灰黄色	重壤土	块状	5.1	30.9	1.71	0.89	26.5	153	3.2	51	板岩风化物	E 110°23′19.7″ N 27°21′02.1″	95
						Pg	14—19	灰黄色	重壤土	块状	5.1	27.2	1.52	0.79	29.0						
						Bv$_1$	19—24	棕黄色	重壤土	棱块状	5.5	12.9	0.91	0.70	28.6						
						Bv$_2$	24—85	灰黄色	轻黏土	碎块状	6.0										
剖86	淋溶土	黄棕壤	暗黄棕壤	暗黄棕泥土	泥黄棕土	A	0—18	暗棕色	砂质黏壤土	碎块状	4.9	54.5	2.40	0.60	14.9		2.0	110			95
						Bv	18—52	亮棕色	黏壤土	块状	5.2	29.2	1.60	0.30	15.9		≤1.0	59			
						BvC	52—100	亮棕色	壤质黏土	块状	5.4	12.3	0.90	0.50	15.8		≤1.0	40			
剖87	人为土	水稻土	潜育水稻土	青泥田	青砂泥田	A	0—18	棕灰色	砂壤土		6.0	30.5	1.20	1.27	26.1	133	2.6	116	溪流冲积物	E 110°27′39.6″ N 27°17′25.4″	95
						P	18—22	灰棕色	砂壤土		6.4	33.8	1.50	0.97	29.9	125	1.7	151			
						G	22—100	灰色	砂土		5.7	24.3	1.21	1.06	32.2	86	≤1.0	107			

娄底市

市辖区

主要土类说明

红壤是娄底市主要土壤类型，占本市地域面积的55%。红壤是在亚热带生物气候条件下形成的地带性土壤，脱硅富铝化过程是其主要成土过程。因含氧化铁较多，土体呈红色或棕红色。土层深厚，棱块状结构明显，底部常见红、黄、白相间的网纹层。土壤呈酸性，pH在6.0以下。本市地处丘陵区，仅发育红壤一个亚类。

水稻土是娄底市第二大土壤类型，占本市地域面积的35%。水稻土是本市主要的耕作土壤，是经过长期水耕熟化过程，在干湿交替引起的氧化还原交替作用下形成的土壤类型，水分活动是其主要成土因素。本市水稻土分为淹育型、潴育型、潜育型、沼泽型四个亚类。其中，潴育水稻土面积最大，占本土类面积的84%，多为二排田及排水条件较好的垄田。水分在土体中上下运动或在底土中暂时停留，引起氧化还原交替进行，土壤潴育现象明显，有较深厚的淋溶淀积层。剖面构型为A-P-W-C、A-P-W-G-C等。

紫色土是娄底市第三大土壤类型，占本市地域面积的4%。紫色土是由紫红色砂砾岩风化物发育而成的一种岩成土，多处于发育的初级阶段，一般呈碱性，有石灰反应。本市紫色土仅有石灰性紫色土一个亚类。

小于本市地域面积3%的土壤类型有石灰（岩）土等。

本区域中心区气候特征

本区域中心区气候特征值
Regional climate characteristics in central area of the region

气候带：中亚热带湿润气候 Climate region: Subtropical humid climate	
年平均气温 /℃ Annual average temperature /℃	17.1
年平均最高气温 /℃ Annual average maximum temperature /℃	21.3
年平均最低气温 /℃ Annual average minimum temperature /℃	14.0
年降水量 /mm Annual precipitation /mm	1327
≥10℃的积温 /℃ Daily temperature accumulated in a year (≥10℃) /℃	6413
年日照时数 /h Annual sunshine /h	1525
年平均相对湿度 /% Annual average relative humidity /%	80
干燥度 Dryness	0.77

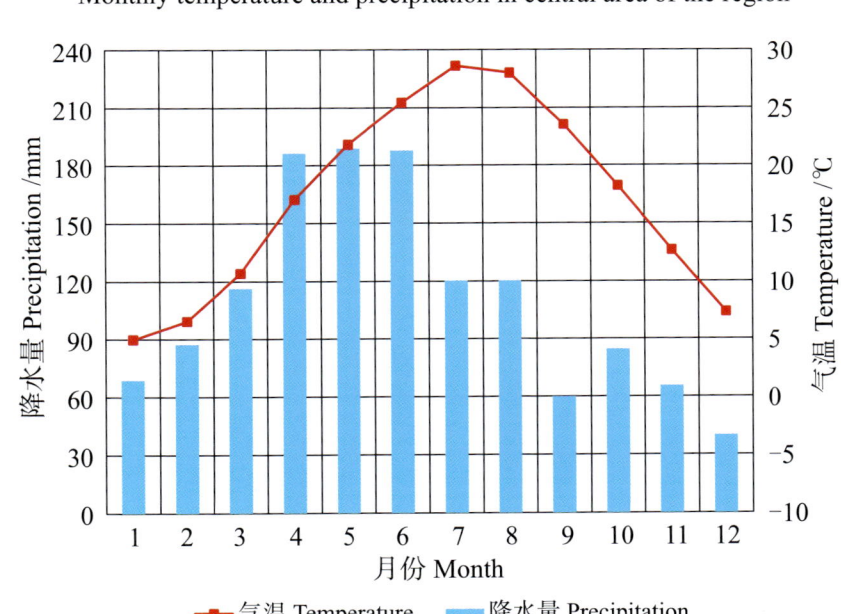

本区域中心区月平均气温与月平均降水量
Monthly temperature and precipitation in central area of the region

娄底市市辖区主要土壤类型与土壤剖面点分布图
1∶140 000

图 例

红壤
水稻土
紫色土
石灰（岩）土
⊗ 剖面点

娄底市土壤剖面理化性状表

剖面号 Soil profile	土纲 Soil order	土类 Soil great group	亚类 Soil subgroup	土属 Soil genus	土种 Soil species	土层码 Layer code	土层厚度 Depth/cm	颜色 Soil color	质地 Soil texture	土壤结构 Soil structure	pH	有机质 OM/(g/kg)	全氮 TN/(g/kg)	全磷 TP/(g/kg)	全钾 TK/(g/kg)	土壤母质 Parent material	剖面点坐标 Profile coordinate	匹配指数 Matching index/%
剖1	人为土	水稻土	潴育水稻土	河砂泥田	石灰性河砂泥田	A	0—17	黄褐色	重壤土	粒状	7.6	25.5	1.09	1.24	16.9	河积物	E 111°57′01.6″ N 27°46′15.7″	95
						P	17—27	黄褐色	重壤土	片状	7.6	17.6	0.81	1.19	16.9			
						W	27—100	黄棕色	中壤土	棱柱状	7.2	9.1	0.56	0.81	19.5			
剖2	初育土	石灰（岩）土	红色石灰土	红色石灰土	红色石灰土	A₁	0—2	栗色	重壤土	片状	6.6	8.5	0.71	0.59	16.5		E 111°56′55.3″ N 27°45′55.1″	97
						A₂	2—6	褐色	壤土	片状	6.6							
						Bv	6—19	黄褐色	壤土	块状	6.8							
						BvC	19—35	棕黄色	壤土	块状	6.8							
剖3	铁铝土	红壤	红壤	第四纪红色黏土红壤	薄腐厚层红土红壤	A	0—22	黄褐色	重壤土	粒状	5.5	29.8	0.32	0.61	12.3	石灰岩	E 111°56′46.4″ N 27°45′27.6″	75
						Bv	22—53	红褐色	轻黏土	小块状	5.5	8.6	0.52	0.62	15.9			
						C	53—100	红棕色	轻黏土	无结构	5.5	1.9	0.53	0.65	18.1			
剖4	铁铝土	红壤	红壤	第四纪红色黏土红壤	薄腐厚层红土红壤	A	0—25	黄棕色	轻黏土	粒状	5.6	9.1	0.77	1.00	14.7	砂岩	E 111°57′13.1″ N 27°45′35.8″	75
						Bv	25—90	黄褐色	轻黏土	块状	5.0	4.4	0.57	1.38	14.5			
						C	90—100	红棕色	轻黏土	无结构	4.4	3.6	0.66	0.85	14.0			
剖5	人为土	水稻土	潴育水稻土	红黄泥田	薄腐厚层红土红壤	A	0—13	黄黄色	中壤土	粒状	6.4	16.1	0.90	≥10.00	10.0	第四纪红色黏土	E 111°56′24.1″ N 27°45′16.4″	75
						G	13—75	棕红色	中壤土	无结构	5.2	2.7	0.43	0.64	10.8			
剖6	铁铝土	红壤	红壤	第四纪红色黏土红壤	薄腐厚层红土红壤	A	0—4	褐色	中壤土	粒状	5.5	29.0	0.41	0.61	11.6	砂岩	E 111°58′42.1″ N 27°45′53.2″	75
						Bv	4—98	黄褐色	中壤土	小块状	5.5	19.0	0.53	0.66	10.7			
						C	98—126	浅红色	中壤土	无结构	5.2	9.7	0.75	0.68	18.9			
剖7	人为土	水稻土	潴育水稻土	灰泥田	灰泥田	A	0—16	黄棕色	轻黏土	粒状	7.6	80.1	2.63	0.97	14.9	石灰岩	E 111°59′27.0″ N 27°45′54.2″	75
						P	16—26	黄棕色	轻黏土	片状	7.6	66.5	2.19	1.18	16.8			
						W₁	26—64	棕黄色	轻黏土	棱块状	7.6	64.7	1.51	0.84	14.7			
						W₂	64—82	棕红色	黏土	棱块状	7.6							
						C	82—100	红黄色	黏土	无结构	8.0							
剖8	人为土	水稻土	潴育水稻土	青紫泥田	青紫泥田	A	0—18	褐色	重壤土	粒状	8.0	43.1	2.11	1.54	17.1	紫色砂岩	E 111°59′15.2″ N 27°45′01.0″	95
						Pg	18—28	棕灰色	重壤土	块状	8.0	48.9	1.80	1.11	18.6			
						G	28—100	灰色	重壤土	片状	8.1	41.4	1.92	1.38	17.9			
剖9	铁铝土	红壤	红壤	第四纪红色黏土红壤	薄腐厚层红土红壤	A	0—2	棕色	重壤土	粒状	6.0	56.5	2.06	0.77	9.8	石灰岩	E 111°59′54.0″ N 27°45′54.6″	75
						Bv	2—95	棕红色	重壤土	小块状	4.8	14.6	0.80	0.63	13.6			
						C	95—100	棕红色	重壤土	无结构	4.4	3.4	0.44	0.73	11.9			
剖10	人为土	水稻土	潴育水稻土	烂泥田	石灰性烂泥田	Ag	0—18	深灰色	中黏土	糊状	8.0	56.3	2.56	1.90	16.0	石灰岩	E 111°59′33.9″ N 27°45′14.4″	97
						C	18—100	黄棕色	中黏土	无结构	8.0	46.3	2.13	1.20	17.6			
剖11	人为土	水稻土	淹育水稻土	浅灰泥田	浅灰泥田	A	0—11	棕灰色	重黏土	块状	7.6	18.9	1.20	1.14	20.2	石灰岩	E 111°57′32.0″ N 27°43′57.4″	95
						P	11—18	棕色	重黏土	片状	7.6	17.5	1.12	1.22	20.6			
						G	18—43	棕红色	重黏土	无结构	7.2	4.5	0.75	0.80	27.9			
剖12	铁铝土	红壤	红壤	第四纪红色黏土红壤	薄腐厚层红土红壤	A	0—7	黄棕色	重黏土	粒状	5.5	17.4	0.96	0.98	14.0	第四纪红色黏土	E 111°57′53.0″ N 27°44′39.7″	75
						Bv	7—88	浅红棕色	中壤土	块状	5.2	7.0	0.52	0.85	11.6			
						C	88—127	深红棕色	轻黏土	无结构	5.2	2.3	0.44	0.69	14.6			
剖13	初育土	紫色土	石灰性紫色土	紫砂土	紫砂土	A	0—25	紫红棕色	松砂土	粒状	7.6	2.4	0.28	0.30	23.4	紫色砂岩	E 111°58′38.0″ N 27°44′57.7″	75
						Bv	25—35	紫红棕色	砂黏土	片状	7.6	3.0	0.27	0.28	23.5			
						BvC	35—100	棕黄色	重壤土	团粒状	7.6			0.25	20.4			
剖14	铁铝土	红壤	红壤	石灰岩红壤	薄腐中层石灰岩红壤	A	0—18	红黄色	轻壤土	块状	5.6	16.6	0.89	1.16	14.4	石灰岩	E 111°58′27.5″ N 27°43′12.1″	95
						Bv	18—36	红黄色	轻黏土	块状	5.6	4.3	0.53	0.86	18.0			
						C	36—100	红黄色	轻黏土	无结构	6.0	2.2	0.39	0.78	17.8			

续表 Continued

剖面号 Soil profile	土纲 Soil order	土类 Soil great group	亚类 Soil subgroup	土属 Soil genus	土种 Soil species	土层码 Layer code	土层厚度/cm Depth/cm	颜色 Soil color	质地 Soil texture	土壤结构 Soil structure	pH	有机质 OM/(g/kg)	全氮 TN/(g/kg)	全磷 TP/(g/kg)	全钾 TK/(g/kg)	土壤母质 Parent material	剖面点坐标 Profile coordinate	匹配指数/% Matching index/%
剖15	人为土	水稻土	潴育水稻土	灰泥田	灰泥田	A	0—15	黑褐色	重黏土	粒状	7.6	32.6	1.68	1.40	13.5	石灰岩	E 111°59′01.5″ N 27°42′33.7″	95
						Pg	15—25	褐灰色	重黏土	片状	7.6	41.1	1.98	1.17	18.4			
						W₁	25—41	棕色	重黏土	棱柱状	7.6	12.7	0.88	0.80	13.1			
						W₂	41—70	棕黄色	重黏土	棱柱状	7.6	3.2	0.45	7.90	19.2			
						W₃	70—100	棕灰色	重黏土	块状	7.6							
剖16	人为土	水稻土	潴育水稻土	灰泥田	大眼泥田	A	0—17	褐色	轻黏土	团粒状	8.0	43.1	2.05	1.20	10.9	石灰岩	E 111°58′44.0″ N 27°41′40.0″	95
						P	17—27	黄棕色	重壤土	块状	8.0	24.2	1.21	1.29	10.8			
						W₁	27—51	棕黄色	重壤土	棱柱状	8.0	25.2	0.94	1.23	11.8			
						W₂	51—82	棕色	重壤土	块状	8.0	9.2	0.53	1.16	11.9			
						C	82—100	红黄色		无结构	8.0							
剖17	铁铝土	红壤	红壤	石灰岩红壤	薄脆中层石灰岩红壤	A	0—25	浅红棕色	壤土	粒状	5.6	23.0	1.15	0.91	14.4	第四纪红色黏土	E 111°59′31.3″ N 27°42′24.2″	95
						Bv	25—80	红棕色	壤土	无结构	5.6							
						C	80—100	棕红色	壤土	无结构	5.2							
剖18	人为土	水稻土	潴育水稻土	灰黄泥田	灰黄泥田	A	0—16	褐色	重壤土	粒状	5.6	23.0	1.15	0.91	14.4	石灰岩	E 112°00′43.0″ N 27°42′37.8″	95
						P	16—26	褐黄色	轻黏土	块状	6.4	35.4	1.75	1.58	14.0			
						W₁	26—45	黄褐色	轻黏土	棱柱状	7.0	2.3	0.45	0.79	15.1			
						W₂	45—100	棕黄色	中黏土	棱柱状	6.2	2.5	0.43	0.71	14.9			
剖19	人为土	水稻土	潴育水稻土	黄砂泥田	黄砂泥田	A	0—14	黄棕色	轻壤土	小团粒状	5.6	25.9	1.26	1.11	13.6	砂岩	E 112°02′37.7″ N 27°44′22.6″	95
						P	14—25	棕黄色	重壤土	块状	5.6	18.9	0.31	0.70	11.2			
						W₁	25—64	棕黄色	中壤土	棱柱状	5.6	3.7	1.00	0.92	12.6			
						W₂	64—100	棕黄色	中壤土	块状	5.6	3.2	0.39	0.82	22.4			
剖20	人为土	水稻土	潴育水稻土	灰黄砂泥田	灰黄砂泥田	A	0—14	棕黄色	中壤土	小团粒状	6.0	24.2	1.49	1.25	21.9	石灰岩	E 112°03′21.4″ N 27°44′09.3″	95
						P	14—23	黄棕色	中壤土	棱柱状	6.0	14.8	1.03	1.37	21.9			
						W₁	23—41	黄褐色	中壤土	块状	6.0	4.6	0.61	1.11	22.4			
						W₂	41—78	黄褐色	壤土	块状	6.0							
						C	78—100	棕红色	壤土	无结构	6.0							
剖21	初育土	石灰(岩)土	黑色石灰土	黑色石灰土	黑色石灰土	A	0—17	褐灰色	重壤土	粒状	8.0	35.0	1.70	0.76	30.0	石灰岩	E 112°00′25.7″ N 27°41′41.1″	97
						Bv	17—36	黄棕色	中壤土	粒状	8.0	7.9	0.54	0.64	25.5			
						BvC	36—65	灰棕色	中壤土	块状	8.0	3.3	0.47	0.47	29.7			
						C	65—95	灰棕色	中壤土	无结构	8.0	2.1	0.17	0.42	27.3			
剖22	人为土	水稻土	潴育水稻土	河砂泥田	砂泥田	A	0—18	棕黄色	重壤土	小团粒状	6.5	37.0	1.38	1.29	17.8	河积物	E 112°00′52.0″ N 27°41′51.6″	95
						P	18—28	棕黄色	重壤土	片状	6.5	28.9	0.80	1.13	17.8			
						W₁	28—43	棕黄色	重壤土	棱柱状	6.5	16.8	0.99	0.77	19.0			
						W₂	43—100	棕黄色	砂壤土	棱块状	6.5	3.6	0.62	0.96	17.9			

双 峰 县

主要土类说明

红壤是双峰县主要土壤类型，占本县地域面积的 53%。红壤呈中度脱硅富铝化特征，土壤黏粒中游离铁占全铁的 50%—60%。黏土矿物以高岭石、赤铁矿为主，黏粒硅铝率为 1.8—2.4，风化淋溶系数小于 0.2，盐基饱和度小于 35%。红壤具深厚红色土层，底部可见深厚的红、黄、白相间的网纹状红色黏土。本县红壤分为红壤和黄红壤两个亚类。

水稻土是双峰县第二大土壤类型，占本县地域面积的 38%。水稻土是在长期的季节性淹灌、水下翻耕、季节性脱水、氧化还原交替影响下，原来的成土母质或母土的特性发生重大改变，形成的新的土壤类型。由于干湿交替，水稻土形成糊状的淹育层、较坚实板结的犁底层、渗育层、潴育层与潜育层等多种发生层。这些不同的发生层是在人为耕作、水浆管理下形成的。本县水稻土分为淹育型、潴育型、渗育型、潜育型、沼泽型、矿毒型六个亚类。

石灰（岩）土是双峰县第三大土壤类型，占本县地域面积的 9%。石灰（岩）土发生于热带、亚热带石灰岩山区，是石灰岩经溶蚀风化形成的厚薄不同的钙质饱和或含游离钙质的土壤，多见于石隙、溶洞或峰丛底部。该土壤碳酸钙淋溶程度不一，多黏土，多为铁钙质胶结物，风化程度不一，盐基饱和度高，有机质含量及胶结状态有较大差异。本县石灰（岩）土分为红色石灰土和棕色石灰土两个亚类。

小于本县地域面积 3% 的土壤类型有紫色土等。

本区域中心区气候特征

本区域中心区气候特征值
Regional climate characteristics in central area of the region

气候带：中亚热带湿润气候 Climate region: Subtropical humid climate	
年平均气温 /℃ Annual average temperature /℃	17.3
年平均最高气温 /℃ Annual average maximum temperature /℃	21.5
年平均最低气温 /℃ Annual average minimum temperature /℃	14.2
年降水量 /mm Annual precipitation /mm	1342
≥10℃的积温 /℃ Daily temperature accumulated in a year（≥10℃）/℃	6718
年日照时数 /h Annual sunshine /h	1524
年平均相对湿度 /% Annual average relative humidity /%	80
干燥度 Dryness	0.77

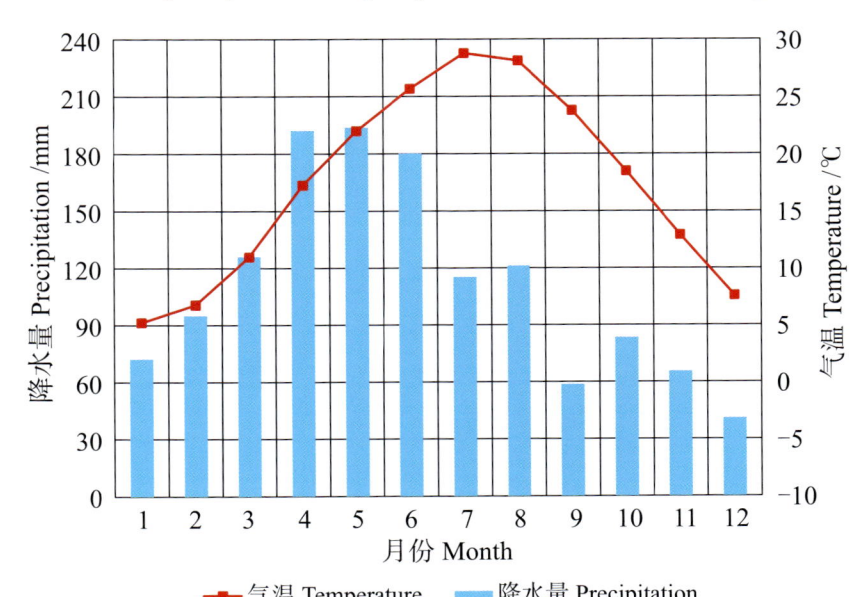

本区域中心区月平均气温与月平均降水量
Monthly temperature and precipitation in central area of the region

双峰县主要土壤类型与土壤剖面点分布图

1:250 000

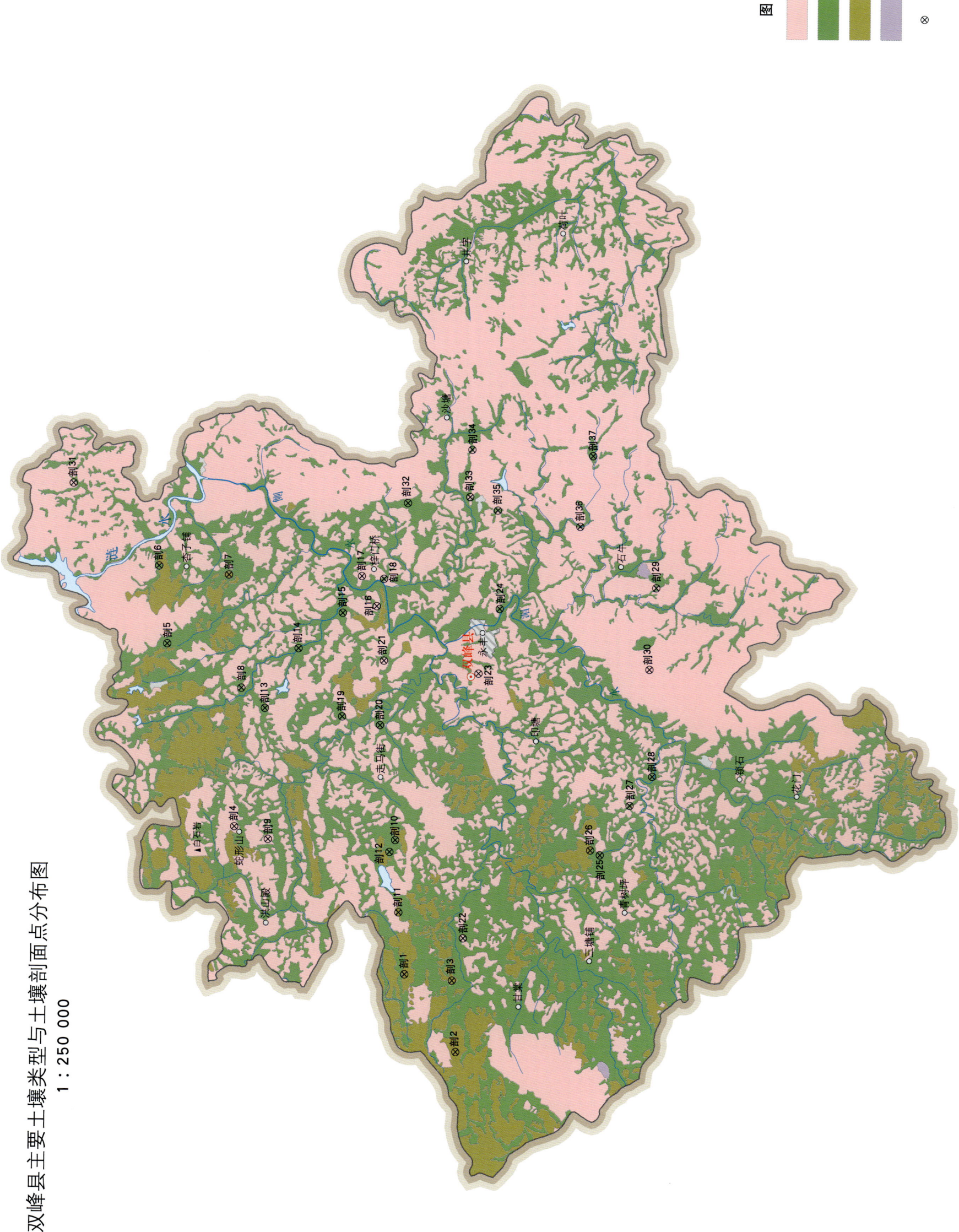

图例: 红壤 / 水稻土 / 石灰(岩)土 / 紫色土 / ⊗ 剖面点

双峰县土壤剖面理化性状表

剖面号 Soil profile	土纲 Soil order	土类 Soil great group	亚类 Soil subgroup	土属 Soil genus	土种 Soil species	土层码 Layer code	土层厚度 Depth/cm	颜色 Soil color	质地 Soil texture	土壤结构 Soil structure	pH	有机质 OM/(g/kg)	全氮 TN/(g/kg)	全磷 TP/(g/kg)	全钾 TK/(g/kg)	碱解氮 AN/(mg/kg)	有效磷 AP/(mg/kg)	速效钾 AK/(mg/kg)	阳离子交换量 CEC/(cmol/kg)	土壤母质 Parent material	剖面点坐标 Profile coordinate	匹配指数 Matching index/%
剖1	初育土	石灰（岩）土	棕色石灰土	棕灰泥土	双峰棕灰泥	A₁₁	0—15	棕灰色	壤质黏土	粒状	7.1	22.5	1.50	0.40	18.6		3.1	71		石灰岩风化残积物	E 111°59′12.9″ N 27°30′03.6″	74
						AC	15—60	泛黄棕色	黏土	块状	7.7	15.7	1.50	0.20	18.6		≤1.0	68				
						C	60—100	暗黄橙色	黏土	块状	8.2	11.8	1.00	0.20	20.4		≤1.0	66				
剖2	初育土	石灰（岩）土	红色石灰土	红色石灰土		1	0—18	灰棕色	黏土	粒状	6.4	30.2	0.98	2.05	32.9	73	32.0	97		石灰岩风化残积物	E 111°56′25.4″ N 27°28′23.5″	95
						2	18—50	灰褐色	黏土	小块状	7.0	10.3	0.87	2.17	25.5	63	29.0	87				
						3	50—100	红棕色	黏土	大块状	7.5	9.0	0.51	1.30	24.6	47	22.8	60				
剖3	初育土	石灰（岩）土	红色石灰土	耕型红色石灰土		A	0—23	暗灰棕色	黏壤土	棱块状	7.9	27.3	1.35	0.79	23.0	79	≤1.0	82		石灰岩	E 111°58′59.5″ N 27°28′30.7″	95
						ABv	23—44	暗黄棕色	黏壤土	棱块状	7.6	12.7	1.06	0.66	24.4	43	≤1.0	64				
						Bv	44—100	暗黄橙色	砂壤土	棱块状	8.0	6.6		0.45	21.7	27	≤1.0	60				
剖4	铁铝土	红壤	黄红壤	花岗岩黄红壤	薄腐薄层花岗岩黄红壤	1	0—15	黄黄色	砂土	粒状	4.2									花岗岩风化物	E 112°04′36.7″ N 27°35′35.6″	95
						2	15—32	黄黄色	砂土	粒状	4.3											
						3	32—	褐黄色	粗砂土	粒状	4.4											
剖5	人为土	潴育水稻土	白散泥田	白胶泥田	1	0—15	灰褐色	黏土	小块状	6.9	31.7	1.18	0.87	33.9	104	71.6	141		钙质岩	E 112°11′17.2″ N 27°37′46.7″	95
						2	15—25	浅灰色	黏土	棱块状	7.0	28.4	0.88	0.82	26.8	79	9.7	124				
						3	25—64	灰白色	黏土	块状	7.7	13.6	1.04	0.62	20.4	58	16.1	69				
						4	64—100	灰白色	黏土	粒状	7.5	4.0	1.32	0.68	17.7	49	9.9	68				
剖6	人为土	淹育水稻土	浅黄砂泥田	浅黄砂泥田	1	0—12	浅黄色	砂壤土	粒状	6.5	15.3	0.88	1.33	22.8	66	8.3	97		砂岩风化物	E 112°14′07.4″ N 27°38′01.5″	95
						2	12—18	浅黄色	壤土	块状	7.1	19.5	1.00	1.02	28.4	43	13.4	80				
						3	18—	黄色	壤土	块状	5.1	4.3	0.83	0.51	29.3	43	2.5	71				
剖7	初育土	石灰（岩）土	红色石灰土	耕型红色石灰土	红灰土	1	0—12	灰褐色	黏土	粒状	6.4	35.8	1.35	0.60	22.1	43	61.4	68		谷底冲积物	E 112°13′47.0″ N 27°35′45.9″	97
						2	12—45	黄褐色	黏土	小块状	6.2	14.2	1.30	0.60	15.8	38	53.2	46				
						3	45—65	黄红色	黏土	大块状	6.3	12.2	1.01	≤0.10	11.8	32	41.5	78				
						4	65—85	黄色	黏土	大块状	6.5	10.9	0.62	≥10.00	9.7	26	52.4	68				
剖8	人为土	潜育水稻土	烂泥田	洋泥田	1	0—20	灰黄色	黏土	粒状	7.9	40.0	0.60	0.57	30.3	98	54.9	34		谷底冲积物	E 112°09′40.0″ N 27°35′22.0″	97
						2	20—100	青灰色	黏土	块状	8.1	31.4	0.68	0.63	28.8	60	32.7	53				
剖9	铁铝土	红壤	黄红壤	花岗岩黄红壤	薄腐中层花岗岩黄红壤	1	0—10	浅黄色	砂土	粒状	4.5	11.9	0.93	0.25	48.3	29	17.3	18		花岗岩风化物	E 112°04′08.7″ N 27°34′30.4″	95
						2	10—17	棕色色	砂土	粒状	4.4	1.6	0.66	0.50	48.9	27	10.6	111				
						3	17—55	黄棕色	砂土	小块状	4.5	1.2	0.55	0.46	33.6	19	15.2	111				
						4	55—	黄棕色	粗砂土	大块状	4.6	≤1.0	0.20	≤0.10	11.8	12	5.8	46				
剖10	人为土	淹育水稻土	浅灰泥田	浅灰泥田	1	0—13	灰黄色	黏土	粒状	7.3	30.9	0.99	1.81	27.8	123	35.6	35		石灰岩风化物	E 112°04′06.2″ N 27°30′21.7″	95
						2	13—21	黄色	黏土	小块状	7.5	17.8	0.88	1.12	26.0	78	41.9	44				
						3	21—	黄色	黏土	块状	7.6	3.0	0.49	0.93	26.2	38	9.8	26				
剖11	初育土	石灰（岩）土	红色石灰土	红色石灰土		1	0—18	灰褐黄色	黏壤土	粒状	5.4	5.0	1.32	0.60	19.6	47	14.9	85		石灰岩	E 112°01′27.9″ N 27°30′15.1″	95
						2	18—45	棕色色	黏土	小块状	5.5	5.3	1.25	0.60	13.3	40	10.5	57				
						3	45—60	灰红色	黏土	大块状	5.6	2.3	0.73	0.60	6.6	33	16.4	28				
						4	60—100	棕红色	粗砂土	大块状	5.6	≤1.0	0.41	0.40	6.6	8	5.2	18				
剖12	人为土	潴育水稻土	紫泥田	紫泥田	1	0—12	紫色	黏壤土	粒状	7.1	63.8	0.98	0.50	36.8	88	10.8	71		紫色页岩	E 112°03′40.3″ N 27°30′32.7″	95
						2	12—19	暗紫色	黏壤土	小块状	7.0	39.5	1.40	0.82	25.3	102	≥100.0	53				
						3	19—52	紫黄棕色	黏壤土	棱状	6.6	35.3	1.93	0.72	31.4	93	57.7	43				
						4	52—70	紫色	黏壤土	棱状	6.2	27.9	0.90	0.66	24.3	69	31.9	62				
						5	70—100	紫色	黏壤土	块状	6.2	25.0	0.80	0.70	28.7	58	44.1	66				

续表 Continued

剖面号 Soil profile	土纲 Soil order	土类 Soil great group	亚类 Soil subgroup	土属 Soil genus	土种 Soil species	土层码 Layer code	土层厚度 Depth/cm	颜色 Soil color	质地 Soil texture	土壤结构 Soil structure	pH	有机质 OM/(g/kg)	全氮 TN/(g/kg)	全磷 TP/(g/kg)	全钾 TK/(g/kg)	碱解氮 AN/(mg/kg)	有效磷 AP/(mg/kg)	速效钾 AK/(mg/kg)	阳离子交换量CEC/(cmol/kg)	土壤母质 Parent material	剖面点坐标 Profile coordinate	匹配指数 Matching index/%
剖1.3	人为土	水稻土	渗育水稻土	白鳝泥田	白夹泥田	A	0—15	灰褐色	轻黏土	粒状	6.9	31.7	1.18	0.87	33.9	101	4.3	84			E 112°08′56.0″ N 27°34′36.1″	81
						Ap	15—25	灰黄色	轻黏土	块状	7.0	28.4	0.88	0.82	26.8							
						E	25—64	灰白色	重黏土	无结构凝散状	7.2	13.6	1.04	0.62	20.4							
						W	64—95	灰褐色	重黏土	核柱状	7.5	4.0	1.32	0.68	17.7							
						C	95—															
剖1.4	人为土	水稻土	潜育水稻土	阴山田	阴山冷浸田	1	0—20	灰褐色	黏土	糊状	6.7	48.8	3.66	1.29	17.1	111	78.0	118		谷底冲积物	E 112°11′06.2″ N 27°33′30.3″	95
						2	20—29	灰褐色	黏土	核块状	6.8	44.9	3.64	1.02	12.3	96	55.7	94				
						3	29—100	灰色	黏土	块状	7.1	40.1	3.43	0.70	11.8	79	8.4	77				
剖1.5	人为土	水稻土	淹育水稻土	浅岩渣田	浅岩渣田	1	0—11	棕灰色	砂壤土	小块状	6.6	36.9	1.19	1.38	19.2	85	41.6	52		砾岩风化物	E 112°12′22.9″ N 27°32′03.8″	95
						2	11—30	棕黄色	砂壤	块状	6.5	21.4	0.63	0.67	21.9	50	22.5	35				
						3	30—73	黄色	粗砂土	块状	7.9	1.7	0.49	0.88	31.0	36	32.5	26				
剖1.6	铁铝土	红壤	黄红壤	板页岩黄红壤	薄腐中层板页岩黄红壤	1	0—20	灰黄色	黏壤土	粒状	5.3	14.3	0.51	<0.10	42.7	19	24.7	102		页岩风化物	E 112°12′37.5″ N 27°30′57.2″	95
						2	20—54	褐黄色	黏土	核块状	5.6	6.5	0.50	1.40	32.6	8	11.8	76				
						3	54—100	褐黄色	黏土	小块状	5.6	2.6	0.39	<0.10	9.6	5	11.6	65				
剖1.7	铁铝土	红壤		砂岩红壤	薄腐厚层砂岩红壤	1	0—28	红棕色	壤土	碎块状	4.5	20.7	1.17	0.45	12.3	97	≤1.0	43	8.5	砂岩	E 112°13′43.1″ N 27°31′26.4″	95
						ABv	28—83	红棕色	壤土	块状	4.7	9.1	0.79	0.45	13.6	44	≤1.0	37	7.6			
						Bv	83—150	浅红棕色	壤土	粒状	4.8	7.8	0.78	0.50	14.6	38	≤1.0	43	8.6			
剖1.8	人为土	水稻土	矿毒型水稻土	金属矿毒田	铅锌矿毒田	C	0—15	灰黄色	黏土	核梭块状	7.9									谷底冲积物	E 112°13′36.5″ N 27°30′43.3″	95
						2	15—20	黄黄色	黏土	大梭块状	8.3											
						3	20—55	灰黄色	黏土	块状	8.0											
						4	55—100															
剖1.9	人为土	水稻土	矿毒型水稻土	非金属矿毒田	煤炭水田	1	0—25	黑灰色	黏壤土	粒状	4.9	83.3	1.67	0.78	17.7	126	55.4	61		谷底冲积物	E 112°08′36.9″ N 27°32′05.3″	95
						2	25—40	黑黄色	黏土	小块状	4.5	81.5	1.77	0.83	19.9	110	42.3	52				
						3	40—75	黄黄色	黏土	块状	6.1	63.8	1.86	0.67	28.6	118	16.0	44				
						4	75—100	黄色	黏土	大块状	6.0											
剖1.20	人为土	水稻土	潜育水稻土	灰泥田	灰泥田	1	0—15	灰褐色	黏土	小块状	8.0	44.0	1.49	1.51	29.8	150	22.7	43		石灰岩风化物	E 112°08′17.7″ N 27°30′51.1″	95
						2	15—35	灰棕色	黏土	梭块状	8.1	52.4	0.89	1.15	26.6	120	16.0	60				
						3	35—55	红棕色	黏土	块状	8.1	35.5	0.94	0.73	34.1	71	39.2	52				
						4	55—100	红棕色	黏土	块状	8.1	35.5	0.94	0.73	34.1	71	39.2	52				
剖1.21	铁铝土	红壤		花岗岩红壤	薄腐薄层花岗岩红壤	1	0—18	黄褐色	砂土	粒状	5.4	19.7	0.61	1.37	38.1	55	19.0	230		花岗岩风化物	E 112°10′38.6″ N 27°30′43.7″	95
						2	18—45	黄褐色	砂土	小块状	5.5	5.9	0.69	1.92	35.6	37	15.8	110				
						3	45—100	黄褐色	砂土	块状	5.5	4.5	0.51	1.87	39.5	17	9.2	100				
剖1.22	铁铝土	红壤		耕型花岗岩红壤	麻砂土	1	0—13	棕色	砂壤土	粒状	5.2	25.5	1.26	0.47	45.9	71	13.3	89		花岗岩风化物	E 112°00′31.4″ N 27°28′09.1″	95
						2	13—21	黄棕色	砂壤土	小块状	5.5	10.2	0.90	0.65	47.5	64	19.1	71				
						3	21—65	黄红色	砂壤土	粒状	5.5	6.0	0.79	0.74	≥50.0	46	30.0	62				
						4	65—100	灰棕色	砂土	粒状	6.0	4.3	0.70	0.13	36.0	31	6.2	58				
剖1.23	铁铝土	红壤		耕型第四纪红土红壤	红泥土	1	0—20	红黄色	砂壤土	小块状	4.8	14.4	0.28	0.40	21.7	53	22.3	35		砂岩风化物	E 112°10′09.7″ N 27°27′39.4″	95
						2	20—35	浅黄色	砂壤土	棱块状	4.8	8.6	0.55	0.31	22.7	40	45.1	26				
						3	35—60	黄红色	砂壤土	棱块状	4.9	8.6	0.55	0.31	22.7	40	45.1	26				
						4	60—100	橙黄色	砂壤土	粒状	4.9	5.3	0.73	0.22	23.4	37	45.3	22				
剖1.24	人为土	水稻土	潜育水稻土	河砂泥田	河砂田	1	0—14	灰灰色	砂土	粒状	6.8	42.1	1.12	0.90	28.3	100	≥100.0	60		河流冲积物	E 112°12′31.1″ N 27°26′57.9″	95
						2	14—25	黄黄色	砂土	小块状	7.0	40.0	0.76	0.82	30.6	89	≥100.0	43				
						3	25—50	灰黄色	砂土	棱块状	7.6	21.2	0.36	0.72	33.9	36	54.9	40				
						4	50—85	灰色	砂土	棱块状	7.4	21.2	0.36	0.72	33.9	36	54.9	40				
						5	85—100	灰白色	砂土	大梭块状	7.0	17.7	0.18	0.57	29.8	12	22.5	20				

续表 Continued

剖面号 Soil profile	土纲 Soil order	土类 Soil great group	亚类 Soil subgroup	土属 Soil genus	土种 Soil species	土层码 Layer code	土层厚度 Depth/cm	颜色 Soil color	质地 Soil texture	土壤结构 Soil structure	pH	有机质 OM/(g/kg)	全氮 TN/(g/kg)	全磷 TP/(g/kg)	全钾 TK/(g/kg)	碱解氮 AN/(mg/kg)	有效磷 AP/(mg/kg)	速效钾 AK/(mg/kg)	阳离子交换量CEC/(cmol/kg)	土壤母质 Parent material	剖面点坐标 Profile coordinate	匹配指数 Matching index/%
剖25	人为土	水稻土	潴育水稻土	鸭屎泥田	鸭屎泥田	1	0~14	棕灰色	黏土	小块状	7.6	48.1	1.52	1.55	15.5	46	≥100.0	66		谷底冲积物	E 112°03′32.9″ N 27°23′42.5″	95
						2	14~25	灰褐色	黏土	棱块状	8.2	25.3	0.90	0.32	18.8	44	68.9	53				
						3	25~60	灰褐色	黏土	大棱状	7.7	15.2	0.62	0.91	13.9	24	23.4	57				
						4	60~100	灰棕色	黏土	块状	7.9	16.3	1.07	0.36	17.8	27	11.4	71				
剖26	初育土	石灰(岩)土	红色石灰土	红色石灰土		1	0~16	灰褐色	黏土	块状	8.0	38.8	1.15	0.27	24.2	47	30.2	88		石灰岩风化物	E 112°03′43.6″ N 27°24′00.9″	95
						2	16~56	黄棕色	黏土	小块状	8.1	23.3	0.91	0.21	33.3	42	25.0	71				
						3	56~100	红棕色	黏土	大块状	8.1	8.5	0.89	0.13	32.5	44	13.2	63				
剖27	人为土	水稻土	潴育水稻土	灰黄泥田	青褐灰黄泥田	1	0~16	黄褐色	砂壤土	小块状	7.1	26.7	1.63	2.05	14.3	45	85.5	66		石灰岩风化物	E 112°05′20.1″ N 27°22′43.9″	95
						2	16~24	褐棕色	砂壤土	棱块状	6.9	41.5	1.69	1.86	13.3	52	62.6	47				
						3	24~50	青灰色	砂壤土	块状	6.4	31.0	1.69	0.90	10.7	44	50.3	47				
						4	50~100	黄棕色	砂壤土	块状	6.6	17.8	1.16	0.67	11.3	43	22.6	35				
剖28	人为土	水稻土	淹育水稻土	浅黄泥田	浅灰黄泥田	1	0~10	棕灰色	黏土	小块状	4.8	9.5	1.76	0.42	28.6	68	9.1	89		石灰岩风化物	E 112°06′23.9″ N 27°22′00.2″	95
						2	10~12	灰褐色	黏土	小棱块状	4.8	5.6	0.91	0.47	24.8	52	7.2	95				
						3	12~	黄棕色	砂壤土	大块状	4.8	5.6	0.59	0.52	12.5	48	2.6	35				
剖29	人为土	水稻土	潜育水稻土	烂泥田	烂泥田	1	0~20	灰褐色	黏土	糊状	7.0	48.2	1.69	1.44	8.7	84	≥100.0	96		谷底冲积物	E 112°13′14.5″ N 27°21′52.1″	97
						2	20~100	青灰色	黏土	块状	7.9	38.1	2.05	0.90	14.7	48	34.9	69				
剖30	铁铝土	红壤		砂岩红壤		1	0~25	黄褐色	黏壤土	粒状	6.5	49.3	0.90	0.48	35.1	81	19.5	96		粉砂质风化物	E 112°10′17.1″ N 27°22′05.5″	95
						2	25~40	浅棕色	砂壤土	小块状	6.8	26.2	0.94	0.35	35.3	95	10.6	78				
						3	40~85	黄褐色	砂壤土	块状	7.2	12.0	1.13	0.21	39.9	54	8.3	80				
剖31	铁铝土	红壤		砂岩红壤		1	0~15	黄褐色	黏土	棱状	5.3	37.8	1.14	0.26	25.2	62	61.4	92		砂岩风化物	E 112°17′09.7″ N 27°40′48.2″	95
						2	15~40	灰棕色	黏土	小块状	5.1	11.5	0.70	1.15	13.3	36	55.1	46				
						3	40~88	黄棕色	砂土	块状	4.9	10.3	0.77	0.32	26.4	31	41.1	46				
						4	88~100	灰棕色	砂土	块状	4.8	2.3	≤0.10	≤0.10	10.0	10	6.0	≤5				
剖32	人为土	水稻土	潴育水稻土	红黄泥田	青褐红黄泥田	1	0~15	黄褐色	黏土	粒状	7.1	45.5	1.19	0.83	26.0	113	74.7	87		第四纪红色黏土	E 112°16′22.2″ N 27°29′55.9″	75
						2	15~25	褐黄色	黏土	块状	6.4	29.2	0.95	1.13	17.0	104	34.1	77				
						3	25~36	青灰色	黏土	大块状	6.4	29.8	1.41	7.80	36.8	63	55.0	79				
						4	36~100	黄红色	黏土	大块状	6.3	11.1	1.27	0.41	23.7	38	22.5	80				
剖33	铁铝土	红壤		板页岩红壤		1	0~10	灰棕色	黏土	团粒状	5.3	17.4	0.89	2.35	24.6	98	31.9	120		页岩风化物	E 112°16′35.2″ N 27°27′54.8″	95
						2	10~30	黄棕色	黏土	小块状	5.4	16.5	0.49	2.05	37.9	72	22.4	100				
						3	30~74	棕色	黏土	块状	6.2	11.9	0.45	1.39	36.0	67	19.3	96				
						4	74~100	黄棕色	黏土	块状	5.1	8.2	0.64	1.19	12.7	67	19.1	87				
剖34	人为土	潜育水稻土	冷浸田	冷浸田	冷浸泥田	1	0~13	黄色	黏土	粒状	8.0	36.5	2.74	2.06	19.9	94	≥100.0	51		谷底冲积物	E 112°18′17.9″ N 27°27′50.5″	75
						2	13~19	棕灰色	黏土	粒状	8.0	34.5	1.85	0.82	7.4	89	≥100.0	60				
						3	19~100	青黄色	黏土	棱状	7.5	27.3	0.99	0.67	26.4	88	32.0	53				
剖35	人为土	潴育水稻土	红黄泥田	黑泥田	黑泥田	1	0~16	黄灰色	黏土	粒状	7.2	30.5	1.15	1.76	42.9	100	≥100.0	237		第四纪红色黏土	E 112°16′05.6″ N 27°27′01.0″	75
						2	16~25	棕色	黏土	小块状	6.0	21.2	1.07	0.70	34.5	86	44.9	85				
						3	25~40	黄棕色	黏土	块状	5.5	18.3	1.01	0.80	19.8	82	16.0	47				
						4	40~65	黄色	黏土	块状	5.0	12.0	1.00	0.50	6.6	48	9.8	18				
						5	65~100	黄红色	黏土	块状	4.9											
剖36	人为土	水稻土	潴育水稻土	灰黄泥田	灰黄泥田	1	0~15	灰灰色	砂壤土	粒状	6.8	22.6	1.06	1.44	14.7	42	79.8	66		河流冲积物	E 112°15′29.0″ N 27°24′20.1″	75
						2	15~28	黄灰色	砂壤土	小块状	7.0	19.7	0.77	0.62	17.9	30	23.4	23				
						3	28~65	黄灰色	砂壤土	棱块状	7.6	13.6	0.76	0.68	16.4	37	23.1	12				
						4	65~90	橙黄色	砂土	棱块状	7.4	8.9	0.36	0.66	9.9	15	2.6	13				
						5	90~100	灰白色	砂土	大棱块状	7.0											

续表 Continued

剖面号 Soil profile	土纲 Soil order	土类 Soil great group	亚类 Soil subgroup	土属 Soil genus	土种 Soil species	土层码 Layer code	土层厚度 Depth/cm	颜色 Soil color	质地 Soil texture	土壤结构 Soil structure	pH	有机质 OM/(g/kg)	全氮 TN/(g/kg)	全磷 TP/(g/kg)	全钾 TK/(g/kg)	碱解氮 AN/(mg/kg)	有效磷 AP/(mg/kg)	速效钾 AK/(mg/kg)	阳离子交换量CEC/(cmol/kg)	土壤母质 Parent material	剖面点坐标 Profile coordinate	匹配指数 Matching index/%
剖37	人为土	水稻土	渗育水稻土	白散泥田	白胶泥田	1	0—12	灰黄色	黏土	小块状	6.5	63.8	0.98	0.50	36.8	88	10.8	71		钙质页岩	E 112°18′02.9″ N 27°23′54.3″	75
						2	12—19	灰黄色	黏土	小块状	6.2	69.3	0.89	0.73	35.5	59	20.6	57				
						3	19—39	灰黄色	黏土	棱块状	7.0	43.3	0.88	0.36	27.3	71	13.5	57				
						4	39—60	灰白色	黏土	块状	7.5	57.7	0.64	0.62	28.2	64	6.2	58				
						5	60—100	灰黄色	黏土	块状	7.5	23.3	0.85	0.31	28.5	43	2.6	76				

新 化 县

主要土类说明

红壤是新化县主要土壤类型，占本县地域面积的 50%。在高温高湿的气候条件下，铝硅酸盐类矿物强烈分解，硅和盐基遭到淋失，高岭土化黏粒与其他次生矿物不断形成，铁铝氧化物明显聚积，且铁被氧化为红色的氧化铁，土体呈红色。红壤土层深厚，有机质含量低，土壤呈酸性或强酸性，黏性强。在侵蚀强烈的丘陵地段，红壤的紧实心土或网纹底土露出地表，肥力急剧下降。本县红壤分为红壤、黄红壤、红壤性土三个亚类。

水稻土是新化县第二大土壤类型，占本县地域面积的 25%。在人为耕作、施肥、灌溉等措施的影响下，土壤内部进行着氧化还原交替、有机质合成与分解、盐基淋溶与复盐基作用的熟化过程，促进了土壤性状的改变，从而形成了水稻土特有的形态、理化和生物特性。本县水稻土分为淹育型、潴育型、渗育型、潜育型、沼泽型、矿毒型六个亚类。

石灰（岩）土是新化县第三大土壤类型，占本县地域面积的 11%。石灰（岩）土发育于石灰岩现代风化壳，常见于石灰岩山顶岩隙等低平处，是一种典型的岩成土。本县石灰（岩）土分为黑色石灰土和红色石灰土两个亚类。由于大量腐殖质与钙结合，黑色石灰土土体呈黑色，pH 一般在 7.0 以上，有石灰反应，一般土层不厚，剖面构型多为 A–D 或 A–C–D。

黄壤占本县地域面积的 7%，分布在海拔 800—1200m 的雪峰山中山区。成土母质为板页岩、千枚岩、砂岩、花岗岩、石灰岩等。由于所处地区地势较高，云雾多，日照少，空气湿度大，干湿季节不明显，土壤中游离氧化铁合成水合氧化铁而呈黄色，剖面呈黄色或蜡黄色，尤以淀积层较为明显，心土层呈蜡黄色，故其主要成土过程为黄化过程，同时具有脱硅富铝化过程，有轻度黏化现象及铁锰淀积。黄壤脱硅富铝化作用比红壤弱，土体中铁铝氧化物的积累比红壤少，有机质含量比红壤高，最高达 85g/kg。土壤一般呈酸性，pH 为 4.5—5.5。本县黄壤分为黄壤和黄壤性土两个亚类。

黄棕壤占本县地域面积的 4%，分布在海拔 1100—1300m 的地区。自然植被为阔叶林和灌丛茅草。成土过程主要为黏化过程和弱度脱硅富铝化过程，黏土矿物以水化云母为主，黏粒在剖面上的移动与积累很明显。腐殖质层之下有一层黄棕色土层，质地为黏壤土至黏土，具棱块状或块状结构，结构体表面覆有棕色或暗棕色胶膜。本县黄棕壤分为山地黄棕壤和山地黄棕壤性土两个亚类。

小于本县地域面积 3% 的土壤类型有山地草甸土、紫色土、潮土、石质土等。

本区域中心区气候特征

本区域中心区气候特征值
Regional climate characteristics in central area of the region

气候带：中亚热带湿润气候 Climate region: Subtropical humid climate	
年平均气温 /℃ Annual average temperature /℃	16.9
年平均最高气温 /℃ Annual average maximum temperature /℃	21.1
年平均最低气温 /℃ Annual average minimum temperature /℃	13.7
年降水量 /mm Annual precipitation /mm	1318
≥10℃的积温 /℃ Daily temperature accumulated in a year（≥10℃）/℃	6160
年日照时数 /h Annual sunshine /h	1511
年平均相对湿度 /% Annual average relative humidity /%	80
干燥度 Dryness	0.76

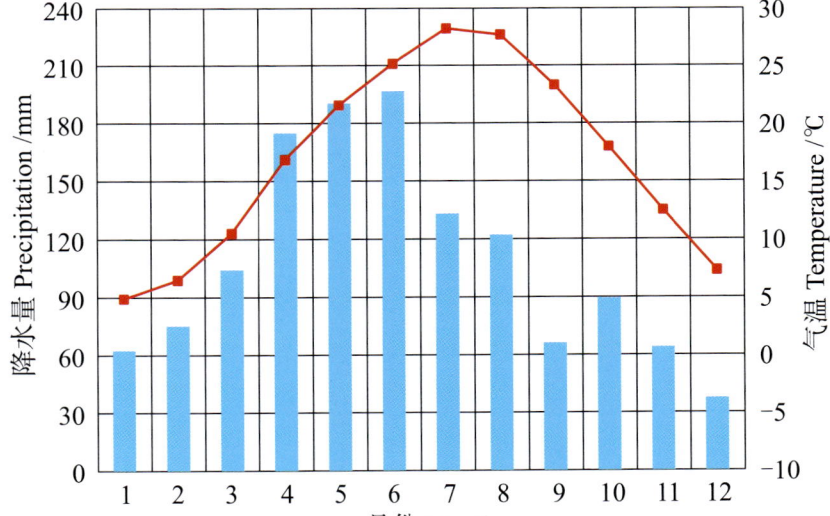

本区域中心区月平均气温与月平均降水量
Monthly temperature and precipitation in central area of the region

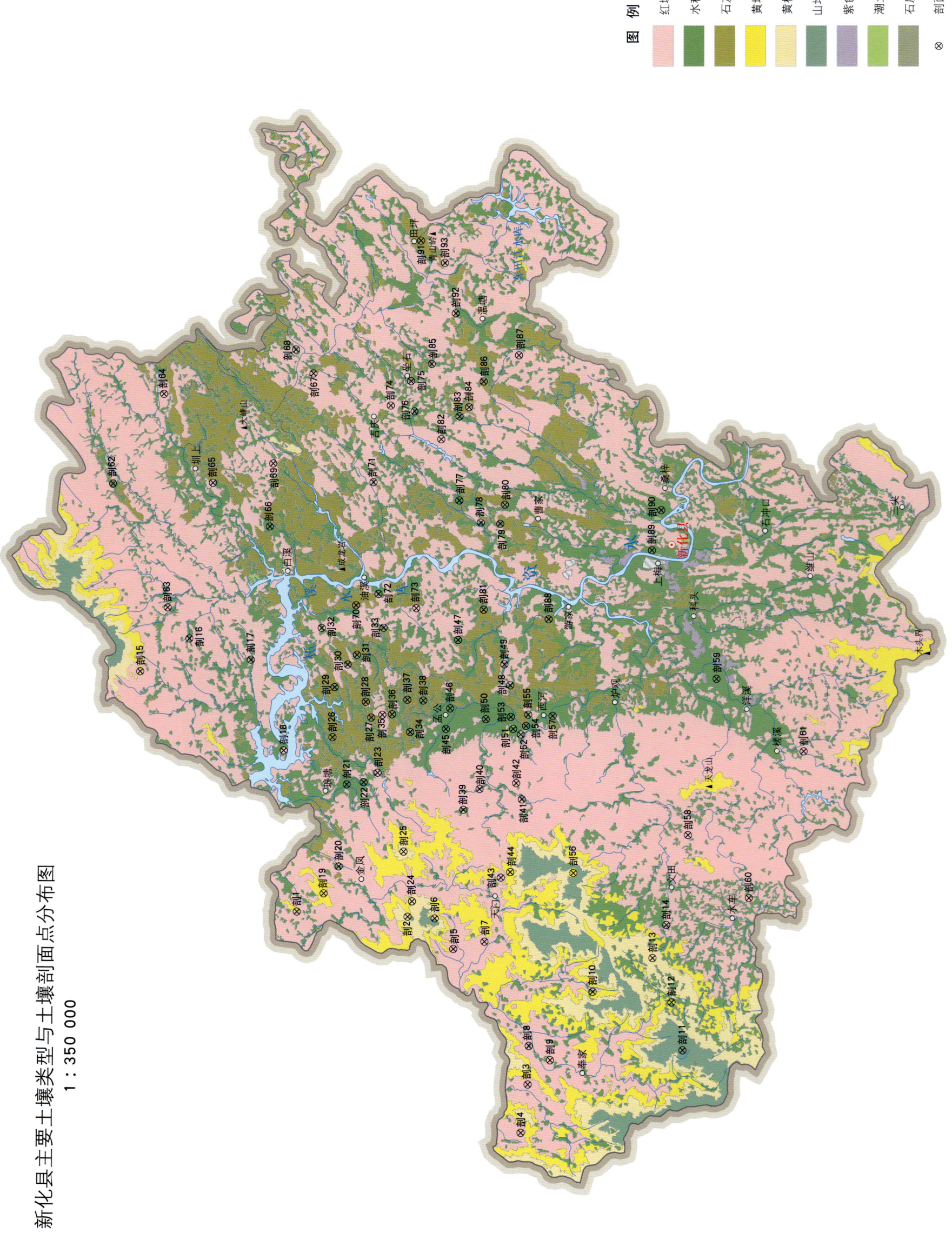

新化县土壤剖面理化性状表

剖面号 Soil profile	土纲 Soil order	土类 Soil great group	亚类 Soil subgroup	土属 Soil genus	土种 Soil species	土层码 Layer code	土层厚度 Depth/cm	颜色 Soil color	质地 Soil texture	土壤结构 Soil structure	pH	有机质 OM/(g/kg)	全氮 TN/(g/kg)	全磷 TP/(g/kg)	全钾 TK/(g/kg)	碱解氮 AN/(mg/kg)	有效磷 AP/(mg/kg)	速效钾 AK/(mg/kg)	阳离子交换量CEC/(cmol/kg)	土壤母质 Parent material	剖面点坐标 Profile coordinate	匹配指数 Matching index/%
剖1	铁铝土	黄壤	黄壤性土	砂岩黄壤性土	薄腐砂岩黄壤性土	A₁	0—3	褐色	砂壤土	团粒状	5.5									砂岩	E 110°59′53.7″ N 28°00′56.0″	97
						A₂	3—15	黄褐色	砂壤土	粒状	4.5											
						Bv	15—40	棕褐色	砂壤土	小块状	5.5											
						C	40—	红棕色	砂壤土	小块状	5.0											
剖2	淋溶土	黄棕壤	山地黄棕壤	板页岩山地黄棕壤	中腐中层板页岩黄棕壤	A	0—15	棕褐色	轻壤土	团粒状	4.2	102.5	1.79	0.78	19.6				20.5	板页岩	E 110°59′39.0″ N 27°55′47.7″	98
						Bv	15—45	黄棕色	重壤土	团粒状	4.5	26.2	1.03	0.62	29.2				17.0			
						BvC	45—65	黄褐色	黏壤土	粒状	6.0											
剖3	铁铝土	红壤	红壤	花岗岩红壤	厚腐中层花岗岩红壤	A₁	0—25	灰红棕色	砂壤土	团粒状	4.7	44.6	2.49	2.41	26.7		2.4	64		板页岩	E 110°51′02.0″ N 27°50′10.2″	95
						ABv	25—60	黄红棕色	碎块状		4.7	21.7	1.36	2.11	27.2							
						Bv	60—90	浅红棕色	块状		4.8	8.9	0.92	1.72	33.9							
						C	90—100	红棕色	砂壤土	块状	4.9											
剖4	铁铝土	红壤	红壤	耕型花岗岩红壤	麻砂土	A	0—25	浅红棕色	砂壤土	粒状	6.3	23.8	1.47	0.80	36.4				13.0	花岗岩	E 110°48′32.8″ N 27°50′29.0″	95
						Bv	25—75	红棕色	砂壤土	粒状	6.1	30.5	1.47	0.72	34.0							
						C	75—100	棕红色	砂壤土	无结构	5.9	22.1	1.47	0.69	35.3							
剖5	铁铝土	红壤	红壤	耕型板页岩红壤	扁砂土	1	0—20	黄棕色	重壤土	粒状	5.1	22.9	1.72	0.83	31.2				15.6	板页岩	E 110°57′59.0″ N 27°53′39.5″	95
						2	20—45	棕黄色	砂壤土	小块状	4.9	19.9	1.54	0.83	27.1				20.1			
						3	45—85	棕黄色	砂壤土	小块状	5.0	21.1	1.72	0.80	33.0							
剖6	淋溶土	黄棕壤	山地黄棕壤	山地生草黄棕壤	生草中层板页岩黄棕壤	Ao	0—1														板页岩	E 110°59′34.4″ N 27°54′31.4″	97
						A₁	1—15	褐色	轻壤土	粒状	5.1	51.7	2.13	1.90	30.5							
						Bv	15—25	黄棕色	重壤土	粒状	5.3	16.5	0.37	0.95	30.2							
						Bv	25—150	棕褐色	黏壤土	碎块状	5.5											
剖7	铁铝土	红壤	红壤	泥砂红壤	燥黄泥	A	0—18	棕色	黏壤土	碎块状	5.6	23.2	1.10	0.20	17.2		5.2	98		砂岩风化坡积物	E 110°58′22.2″ N 27°52′13.4″	95
						Bv₁	18—60	亮棕色	黏壤土	碎块状	5.2	16.2	1.00	0.20	16.1							
						Bv₂	60—90	亮红棕色	黏壤土	块状	4.8	5.8	0.80	0.20	16.1							
剖8	人为土	水稻土	潴育水稻土	河砂泥田	河砂泥	1	0—18	褐色	重壤土	小团粒状	5.6	33.4	1.16	1.59	11.0	138			9.4	河积物	E 110°53′00.5″ N 27°50′08.3″	75
						2	18—28	黄褐色	重壤土	小块状	6.3	28.8	1.52	1.76	24.5	94			10.0			
						3	28—68	黄褐色	重壤土	棱柱状	6.8	12.5	0.87	1.33	24.4	35			10.1			
						4	68—100	黄褐色	黏壤土	棱柱状	6.8	7.0	0.59	1.51	20.3	35			8.9			
剖9	铁铝土	红壤	黄红壤	耕型板页岩黄红壤	黄红土	1	0—19	灰黄褐色	轻黏土	小团粒状	6.0	16.3	1.04	0.89	20.5		10.5	50		变质岩	E 110°52′17.3″ N 27°49′08.8″	98
						2	19—60	黄褐色	重黏土	小块状	5.4	10.2	0.99	0.77	21.8		5.9	35				
						3	60—100	棕褐色	轻黏土	块状	4.9	6.2	0.86	0.73	22.9			37				
剖10	人为土	水稻土	潴育水稻土	灰黄泥田	灰黄泥田	A	0—11	浅灰黄色	黏土	小块状	5.6	27.2	1.54	1.07	11.6		10.5		10.2	板页岩	E 110°55′48.6″ N 27°47′10.7″	81
						Ap	11—19	灰黄色	黏土	块状	6.6	21.7	1.39	0.97	11.3		5.9		9.7			
						W	19—50	灰棕色	黏土	棱柱状	7.9	9.0	0.61	1.17	11.4		17.0					
						C	50—100	浅黄棕色	壤土	大块状	7.5	6.9	0.72	0.97	14.4		12.5	49				
剖11	半水成土	山地草甸土	山地草甸土	沼泽性山地草甸土	沼泽草甸土	As	1—3	灰黄褐色	壤土	团粒状	5.5									板页岩	E 110°52′50.6″ N 27°42′59.6″	98
						Bv	3—70	黄褐色	壤土	块状	6.0											
						C	70—100	棕褐色	砂壤土	块状	6.0											
剖12	铁铝土	黄壤	黄壤	花岗岩黄壤	中腐厚层花岗岩黄壤	Ao	0—4	暗灰黄色	砂壤土	粒状										花岗岩风化物	E 110°55′16.9″ N 27°43′31.6″	95
						A₁	4—25	黄褐色	砂壤土	粒状												
						Bv	25—65	褐色	砂壤土	粒状												
						C	65—150	黄白相间	砂壤土	粒状												

续表 Continued

剖面号 Soil profile	土纲 Soil order	土类 Soil great group	亚类 Soil subgroup	土属 Soil genus	土种 Soil species	土层码 Layer code	土层厚度 Depth/cm	颜色 Soil color	质地 Soil texture	土壤结构 Soil structure	pH	有机质 OM/(g/kg)	全氮 TN/(g/kg)	全磷 TP/(g/kg)	全钾 TK/(g/kg)	碱解氮 AN/(mg/kg)	有效磷 AP/(mg/kg)	速效钾 AK/(mg/kg)	阳离子交换量CEC/(cmol/kg)	土壤母质 Parent material	剖面点坐标 Profile coordinate	匹配指数 Matching index/%
剖13	淋溶土	黄棕壤	山地黄棕壤	花岗岩山地黄棕壤	中腐中层花岗岩黄棕壤	A₁	0—10	黄棕色	中壤土	粒状	5.0	43.8	1.84	1.27	38.2					花岗岩风化物	E 110°57′33.8″ N 27°44′25.1″	97
						A₂	10—25	黄棕色	中壤土	粒状	5.1	20.8	1.05	0.70	26.9							
						Bv	25—50	红棕色	中壤土	碎块状	5.2	20.5	1.14	1.23	43.3							
						C	50—100	浅红棕色	砂壤土	无结构散状	5.5											
剖14	铁铝土	红壤	黄红壤	花岗岩黄红壤	薄腐中层花岗岩黄红壤	A	0—19	黄棕色	重壤土	粒状	5.0	25.7	1.28	0.69	43.4					花岗岩	E 110°59′16.8″ N 27°43′47.0″	97
						Bv	19—60	棕色	重壤土	块状	5.2	4.9	0.54	0.69	41.9							
						C	60—120	棕色	中壤土	粒状	5.3	4.1	0.25	0.83	44.8							
剖15	铁铝土	黄壤	黄壤	山地生草黄壤	生草厚层花岗岩山地黄壤	A	0—25	黄褐色	轻黏土	粒状	5.1	33.0	1.41	1.81	42.3					花岗岩风化物	E 111°12′26.8″ N 28°08′13.9″	97
						ABv	25—65	褐色	轻黏土	粒状	5.5	1.2	0.43	0.65	44.7							
						C	65—150	黄白相间	砂壤土	粒状	5.5											
剖16	人为土	水稻土	淹育水稻土	浅红黄泥田	浅红黄砂泥田	A	0—14	暗黄棕色	砂壤土	碎块状	5.6	28.7	1.33	0.94	16.3	125	10.5	102	8.6	第四纪红色黏土	E 111°14′10.4″ N 28°05′57.6″	95
						Ap	14—24	黄黄棕色	砂壤土	棱柱状	6.2	22.0	1.18	1.02	15.1				8.1			
						P	24—43	棕棕色	砂壤土	棱柱状	5.8	12.1	0.80	1.02	16.3							
						C	43—100	棕红色	砂壤土	小块状	6.1	6.7	0.90	0.95	19.9							
剖17	人为土	水稻土	潴育水稻土	黄泥田	黄泥田	1	0—17	灰色	重壤土	小团粒状	5.6	60.3	2.42	1.31	28.8				15.7	泥质页岩	E 111°13′03.9″ N 28°03′06.4″	95
						2	17—26	黄褐色	重壤土	块状	5.9	52.1	2.82	0.94	27.7				13.8			
						3	26—49	棕色	重壤土	棱柱状	7.2	7.1	1.15	1.12	27.5				15.1			
						4	49—100	棕色	重壤土	棱柱状	7.0											
剖18	铁铝土	红壤	红壤	花岗岩红壤	薄腐厚层花岗岩红壤	A	0—9	浅红棕色	重壤土	粒状	4.9	81.6	2.81	0.56	27.3					花岗岩	E 111°08′20.1″ N 28°01′33.7″	97
						ABv	9—93	红棕色	中壤土	无结构	5.0	29.4	1.05	0.67	38.0							
						C	93—150	棕色	中壤土	无结构	5.2	15.4	0.82	0.55	39.1							
剖19	铁铝土	黄壤	黄壤	砂岩黄壤	中腐中层砂岩黄壤	1	0—18	浅灰棕色	中壤土	粒状	4.9	32.6	1.32	1.16	36.0					花岗岩风化物	E 111°00′51.6″ N 27°59′41.4″	95
						2	18—60	棕色	中黏土	无结构散状	5.2	10.1	0.50	0.76	37.3							
						3	60—100	浅红棕色	中壤土	碎块状	4.9	4.6	0.82	0.76	37.3							
剖20	人为土	水稻土	潴育水稻土	黄砂泥田	黄砂泥田	1	0—15	棕灰色	重壤土	粒状	6.0	27.9	1.13	0.13	17.5	109	1.7	102	9.5	砂岩	E 111°02′16.5″ N 27°59′00.3″	95
						2	15—25	棕красн色	重壤土	小块状	6.6	25.4	1.20	0.11	17.5				8.9			
						3	25—40	褐色	重壤土	棱柱状	6.9	15.4	0.84	0.94	16.3				10.7			
						4	40—100	灰棕色	重壤土	棱柱状	7.2	9.5	0.59	0.65	17.5				9.6			
剖21	人为土	水稻土	潴育水稻土	灰泥田	灰马肝泥田	A	0—18	紫棕色	黏土	小块状	7.4	26.4	1.61	0.99	25.4					花岗岩	E 111°06′33.3″ N 27°58′38.1″	95
						Ap	18—29	紫棕色	黏土	块状	7.6	22.9	1.33	0.87	25.4							
						W₁	29—65	黄褐色	黏土	棱柱状	7.6	14.2	0.99	0.99	25.3							
						W₂	65—100	黄色	黏土	棱柱状	7.7	12.9	0.87	0.98	19.8							
						C	100—105	栗色	黏土	块状	8.2											
剖22	人为土	水稻土	潴育水稻土	灰泥田	鸭屎泥田	A	0—12	棕灰色	黏壤土	粒状	8.0	30.2	2.04	0.89	25.9	105	1.3	48		花岗岩风化物	E 111°06′46.6″ N 27°57′44.8″	95
						Ap	12—24	浅灰棕色	黏壤土	块状	8.2	20.7	2.01	0.98	29.9							
						W	24—79	棕棕色	黏壤土	棱柱状	8.2	11.8	1.30	0.98	27.0							
						C	79—100	黄色	黏土	块状	8.2											
剖23	铁铝土	红壤	黄红壤	耕型石灰岩黄红壤	灰黄红土	A	0—20	暗黄棕色	黏土	粒状	5.5	21.1	1.24	0.50	16.3	97	1.6	148	8.9	砂岩	E 111°07′10.1″ N 27°57′12.6″	95
						ABv	20—45	黄棕色	黏土	块状	5.6	17.5	1.12	0.81	16.1	86	1.0	80	7.9			
						Bv	45—76	灰黄棕色	黏土	块状	5.2	13.5	0.93	0.38	16.5	69	≤1.0	50	9.6			
						C	76—100	黄棕色	黏土	块状	5.0	9.1	0.82	0.59	20.6	46	≤1.0	66	10.5			
剖24	淋溶土	黄棕壤	山地黄棕壤性	山地黄棕壤性土		A	0—20	灰棕色	轻壤土	团粒状	4.4	162.9	3.31	0.87	18.6				33.9	变质砂岩	E 111°00′27.2″ N 27°55′35.5″	95
						ABv	20—28	浅灰色	轻壤土	团粒状	4.4	67.0	1.69	≤0.10	29.6				20.0			

续表 Continued

剖面号 Soil profile	土纲 Soil order	土类 Soil great group	亚类 Soil subgroup	土属 Soil genus	土种 Soil species	土层码 Layer code	土层厚度 Depth/cm	颜色 Soil color	质地 Soil texture	土壤结构 Soil structure	pH	有机质 OM/(g/kg)	全氮 TN/(g/kg)	全磷 TP/(g/kg)	全钾 TK/(g/kg)	碱解氮 AN/(mg/kg)	有效磷 AP/(mg/kg)	速效钾 AK/(mg/kg)	阳离子交换量CEC/(cmol/kg)	土壤母质 Parent material	剖面点坐标 Profile coordinate	匹配指数 Matching index/%
剖25	淋溶土	黄棕壤	山地黄棕壤	砂岩山地黄棕壤	中腐中层砂岩黄棕壤	Ao	0—3	栗色	中壤土	团粒状	4.9	65.1	3.13	1.43	24.9					砂岩	E 111°03′03.4″ N 27°55′59.4″	98
						A₁	3—15	黄棕色	重壤土	粒状	4.7	20.3	1.67	1.68	23.1							
						A₂	15—40	黄棕色	壤土	小块状	6.5											
						Bv	40—100															
剖26	初育土	石灰(岩)土	黑色石灰土	耕型黑色石灰土	岩壳土	1	0—23	黑色	轻黏土	团粒状	7.2	30.2	1.79	1.48	12.4					石灰岩	E 111°09′01.6″ N 27°59′18.5″	97
						2	23—72	深棕色	轻黏土	核粒状	7.1	21.6	0.93	0.75	12.4							
						3	72—	深棕色	中重壤土	核粒状	7.4		0.87	0.30	15.5							
剖27	初育土	石灰(岩)土	红色石灰土	红色石灰土	薄腐中层红黄色石灰土	A₁	0—5	深栗色	重黏土	粒状	5.6	34.2	1.60	0.38	16.3					石灰岩风化物	E 111°10′03.6″ N 27°57′30.5″	97
						A₂	5—22	棕褐色	轻黏土	小块状	5.7	18.7	1.04	0.75	24.3							
						Bv	22—53	棕红色	中黏土	小块状	7.6	4.7	1.19	0.39	30.3							
						C	53—	红色	黏重壤土		6.5											
剖28	初育土	石灰(岩)土	红色石灰土	耕型淋溶石灰土	灰泥土	1	0—20	紫棕色	重壤土	粒状	6.7	13.4	1.35	0.80	28.8					钙质页岩	E 111°10′52.2″ N 27°57′46.2″	97
						2	20—61	紫棕色	重黏土	核粒状	7.6	9.7	0.92	0.74	30.1							
						3	61—75	棕黄色	重黏土	块状	7.8	1.2	0.91	1.03	41.2							
剖29	人为土	水稻土	潴育水稻土	灰泥田	灰泥田	A	0—14	浅灰黄色	黏土	小块状	8.5	47.3	2.70	1.47	15.2	216	10.3	91		粉砂岩	E 111°11′38.2″ N 27°59′13.3″	97
						Ap	14—23	浅黄黄色	黏土	块状	8.0	39.5	2.38	1.36	16.2	175	11.4	71				
						W	23—100	浅黄棕色	重黏土	梭柱状	8.0	23.0	1.40	1.17	16.3	89	8.1	72				
剖30	人为土	水稻土	潜育水稻土	白鳝泥田	白鳝泥田	1	0—14	黄褐色	重黏壤土	小团粒状	5.9	34.6	1.86	1.19	12.4				15.2		E 111°12′49.5″ N 27°58′36.4″	95
						2	14—21	棕褐色	重黏土	块状	6.8	27.7	1.56	0.77	12.4				12.6			
						3	21—36	棕褐色	重黏土	梭柱状	7.8	2.1	0.44	0.51	17.6				11.9			
						4	36—110		重黏土	梭柱状	8.1	2.1	0.53	0.50	12.1				10.5			
剖31	初育土	石灰(岩)土	黑色石灰土	黑色石灰土	黑色石灰土	A₁	0—4	黑色	壤土	粒状	7.5									石灰岩	E 111°13′19.7″ N 27°58′11.1″	97
						Bv	4—65	棕色状	重黏土	块状	7.2	22.6	0.95	0.85	23.4							
							65—		轻黏土		7.4	13.4	0.84	0.85	22.2							
剖32	人为土	水稻土	潴育水稻土	红黄泥田	红黄泥田	1	0—12	黄棕色	轻黏土	小团粒状	6.5	28.1	1.58	0.83	24.1				11.2	第四纪红色黏土	E 111°14′44.0″ N 27°59′49.2″	95
						2	12—21	黄棕色	轻黏土	块状	6.6	27.8	1.70	0.96	24.7				12.2			
						3	21—47	棕红色	重黏土	梭柱状	7.2	18.1	1.41	0.66	24.7				10.3			
						4	47—75	棕红色	轻黏土	梭柱状	7.6	9.4	0.78	0.80	24.7				9.3			
剖33	人为土	水稻土	潜育水稻土	烂泥田	石灰性烂泥田	1	0—22	暗棕灰色	壤土	粒状	8.0	40.4	1.73	0.68	13.7	170	5.2	19		石灰岩	E 111°14′44.5″ N 27°56′57.1″	95
						G	22—100	青灰色	黏土	无结构	8.0	33.8	1.60	0.45	13.6							
剖34	人为土	水稻土	淹育水稻土	浅灰黄泥田	浅灰马肝泥田	A	0—12	暗红棕色	黏土	肩粒状	7.1	27.5	1.70	0.93	20.7	113	2.0	94			E 111°09′18.8″ N 27°55′42.1″	95
						Ap	12—20	棕红色	轻黏土	块状	7.2	27.1	1.10	0.97	20.7							
						C	20—75	棕红色	轻黏土	梭柱状	7.6	27.1	0.90	0.61	19.4							
剖35	铁铝土	红壤	红壤性土	耕型花岗岩红壤性土	粗骨马肝土	A	0—22	红灰色	砂土	无结构散状	6.5	17.7	1.42	0.49	44.5					花岗岩风化物	E 111°12′59.8″ N 27°55′50.5″	95
						Bv	22—55	浅红棕色	砂土	无结构散状	6.4	16.2	1.29	0.48	45.7							
						C	55—100	红白相间	砂土	粒状	5.9	6.9	0.64	0.42	45.0							
剖36	人为土	水稻土	淹育水稻土	浅红黄泥田	五花红黄泥田	A	0—12	黄红相间	黏壤土	小块状	5.9	18.6	1.03	0.89	16.4	82	2.8	74		第四纪红色黏土	E 111°13′13.9″ N 27°56′32.8″	97
						Ap	12—20	黄棕色	中壤土	块状	5.8	2.5	0.55	0.67	19.3							
						C	20—85	黄棕色	中壤土	梭柱状	5.8	3.8	0.84	0.57	14.7							
剖37	人为土	水稻土	潴育水稻土	酸紫泥田	酸紫泥田	1	0—17	黄紫色	中壤土	块状	5.5	30.9	1.58	0.90	26.1	169	9.1	75	19.0	紫色砂砾岩	E 111°10′59.5″ N 27°55′59.8″	95
						2	17—26	紫色	黏土	块状	5.7	28.0	1.57	0.84	29.0				23.3			
						3	26—60	紫色	黏土	梭柱状	6.5	15.6	0.83	0.74	27.3				24.7			
						4	60—80	黄棕色	中壤土	糊状	6.7	17.7	0.96	0.68	28.9				22.7			
剖38	人为土	水稻土	潜育水稻土	青泥田	青鸭屎泥田	Ag	0—18	浅灰色	黏土	小块状	8.2	41.7	2.46	0.79	9.6						E 111°10′57.2″ N 27°55′05.3″	97
						Apg	18—27	灰棕色	黏土	块状	8.2	39.6	2.22	0.71	11.4							
						G	27—100	暗灰色	黏土	块状	8.3	39.0	2.11	0.59	12.6							

续表 Continued

剖面号 Soil profile	土纲 Soil order	土类 Soil great group	亚类 Soil subgroup	土属 Soil genus	土种 Soil species	土层码 Layer code	土层厚度 Depth/cm	颜色 Soil color	质地 Soil texture	土壤结构 Soil structure	pH	有机质 OM/(g/kg)	全氮 TN/(g/kg)	全磷 TP/(g/kg)	全钾 TK/(g/kg)	碱解氮 AN/(mg/kg)	有效磷 AP/(mg/kg)	速效钾 AK/(mg/kg)	阳离子交换量CEC/(cmol/kg)	土壤母质 Parent material	剖面点坐标 Profile coordinate	匹配指数 Matching index/%
剖39	人为土	水稻土	淹育水稻土	浅黄砂泥田	浅黄砂泥田	1	0~10	棕黄色	中壤土	粒状	6.0	22.5	0.90	0.82	22.5				14.7	砂岩	E 111°05′15.9″ N 27°53′13.2″	95
						2	10~20	棕黄色	中壤土	小块状	6.1	27.5	1.27	0.70	27.5				12.6			
						3	20~70	棕黄色	中壤土	无结构	6.2	18.3	1.34	0.73	18.3				15.8			
剖40	人为土	水稻土	矿毒型水稻土	非金属矿毒田	煤炭矿毒田	1	0~15	黑色	重壤土	块状	6.1	142.9	2.45	1.34	12.3				14.9	砂岩	E 111°06′20.7″ N 27°52′28.5″	95
						2	15~22	黑色	重壤土	块状	6.5	129.3	2.17	0.57	12.3				7.7			
						3	22~40	灰棕色	重壤土	柱状	6.5	124.5	1.21	0.86	11.1				6.1			
						4	40~100	黄色	壤土	柱状	5.0											
剖41	人为土	水稻土	潴育水稻土	岩渣田	岩渣田	1	0~12	褐色	砂壤土	小块状	6.0									变质岩残积物	E 111°05′48.7″ N 27°50′30.7″	95
						2	12~20	褐色	砂壤土	块状	6.0											
						3	20~30	黄棕色	砂壤土	碎块状	6.0											
						4	30~50	浅黄棕色			6.5											
剖42	铁铝土	红壤	黄红壤	板页岩黄红壤	薄腐厚层板页岩黄红壤	Ao	0~2				4.8	50.7	2.76	1.05	16.9					板页岩	E 111°06′39.1″ N 27°50′46.1″	95
						A_1	2~5	栗色	壤土	粒状	4.4	33.5	1.70	0.93	14.8							
						A_2	5~30	灰棕色	壤土	粒状	4.4	16.4	1.16	0.98	16.3							
						Bv	30~80	棕黄色	壤土	块状	4.9	≤1.0	0.90	0.83	13.6							
剖43	铁铝土	红壤		花岗岩红壤	中腐中层花岗岩红壤	A_1	0~17	黄褐色	砂壤土	团粒状	5.0	36.4	2.31	1.13	27.1		1.4	47		板页岩	E 111°01′43.4″ N 27°51′27.9″	95
						A	17~46	浅红棕色	砂壤土	粒状	5.2	11.3	0.84	0.72	32.9							
						Bv	46~88	红棕色	砂壤土	块状	5.4											
						C	88~															
剖44	铁铝土	黄壤	砂岩黄壤	中腐中层砂岩黄壤		A	0~10	深栗色	中壤土	碎块状	5.0	79.0	3.40	0.12	27.3	138	11.0	50	9.6	砂岩	E 111°02′00.8″ N 27°51′01.9″	97
						ABv	10~70	深栗色	轻壤土	小块状	4.9	48.0	2.62	0.90	33.0	94	6.0	49	8.6			
						C	70~200	浅红棕色	重壤土	小块状	4.9	28.2	1.42	0.99	31.3	35	6.0	37	11.9			
剖45	人为土	水稻土	淹育水稻土	浅黄泥田	浅黄泥田	1	0~14	黄棕色	重壤土	小块状	5.0	41.7	3.09	0.69	21.6	35	6.0	35		页岩	E 111°09′28.3″ N 27°54′02.4″	95
						2	14~27	黄褐色	重壤土	无结构	5.8	25.1	1.26	0.63	22.0	105	6.4	60				
						3	27~55	棕色	重壤土		6.0	7.2	0.69	0.77	23.1							
剖46	人为土	水稻土	渗育水稻土	浅灰泥田	新化灰泥田	Aa	0~14	浊黄色	壤质黏土	块状	6.2	27.2	1.50	0.50	19.5					石灰岩坡积物	E 111°10′13.8″ N 27°54′02.0″	96
						Ap	14~24	浅黄棕色	粉砂质黏土	块状	6.6	21.7	1.40	0.40	19.4							
						P_1	24~50	灰棕色	粉砂质黏土	梭块状	7.9	9.0	0.60	0.50	17.8							
						P_2	50~90	浅黄棕色	粉砂质黏土	大块状	7.5	6.9	0.50	0.40								
剖47	人为土	水稻土	淹育水稻土	浅灰泥田	青坭中层田	A	0~11	灰黄色	壤土	粒状	6.0	13.1	1.06	0.80	14.7	118	7.6	83	9.5	砂岩	E 111°14′06.8″ N 27°53′29.6″	97
						Ap	11~17	浅黄棕色	壤土	小块状	7.0	9.3	0.80	0.61	19.4	87	4.5	62	9.4			
						C	17~100	暗黄棕色	壤土	块块状	7.0			0.90	17.8	41	1.1	70	9.6			
剖48	人为土	水稻土	淹育水稻土	浅灰黄泥田		A	0~14	黄棕色	黏土	小块状	6.0	22.0	1.41	0.97	14.7	118	7.6	83		页岩	E 111°11′44.9″ N 27°51′04.1″	97
						Ap	14~26	暗黄橙色	黏土	块状	6.8	15.1	1.11	0.95	13.0	87	4.5	62				
						C	26~100	黄褐色	黏土	小块状	5.6	8.7	0.88	0.88	19.1	41	1.1	70				
剖49	人为土	水稻土	潴育水稻土	灰泥田	青坭中层田	A	0~12	棕色	黏土	粒状	7.8	31.4	1.97	1.13	24.9	117	3.2	50		石灰岩坡积物	E 111°12′50.9″ N 27°51′20.1″	97
						Apg	12~27	浅黄灰色	黏土	梭块状	7.9	25.1	1.67	1.00	22.3							
						W_1	27~52	暗黄棕色	黏土	块块状	7.8	15.7	1.30	0.97	20.7							
						W_2	52~90	黄色	黏土	块状	7.8	11.5	1.00	0.97	20.8							
剖50	人为土	水稻土	渗育水稻土	白散泥田	流砂底田	A	0~14	灰棕色	砂壤土	小块状	5.0	25.2	1.43	0.88	40.6	145	8.0	57			E 111°09′59.3″ N 27°52′12.1″	95
						Ap	14~21	黄褐色	砂土	块状	5.3	15.1	1.22	0.83	42.3							
						Es	21~45	灰褐色	砂石土	无结构	6.0											
剖51	人为土	水稻土	矿毒型水稻土	浅矿属矿毒田	浅金属矿毒田	A	0~14	灰棕色	砂壤土	小块状	5.9	17.9	1.29	1.08	25.7	89	6.6	60			E 111°09′29.0″ N 27°50′55.2″	95
						Ap	14~26	棕色	砂壤土	块状	6.0	15.4	1.22	1.02	24.5							
						C	26~	棕黄色	砂壤土		6.2	10.0	0.81	0.95	9.8							

续表 Continued

剖面号 Soil profile	土纲 Soil order	土类 Soil great group	亚类 Soil subgroup	土属 Soil genus	土种 Soil species	土层码 Layer code	土层厚度 Depth/cm	颜色 Soil color	质地 Soil texture	土壤结构 Soil structure	pH	有机质 OM/(g/kg)	全氮 TN/(g/kg)	全磷 TP/(g/kg)	全钾 TK/(g/kg)	碱解氮 AN/(mg/kg)	有效磷 AP/(mg/kg)	速效钾 AK/(mg/kg)	阳离子交换量CEC/(cmol/kg)	土壤母质 Parent material	剖面点坐标 Profile coordinate	匹配指数 Matching index/%
剖52	铁铝土	红壤	红壤	第四纪红色黏土红壤	厚层红土红壤	A	0—5	棕红色	黏壤土	碎块状	4.8	36.9	1.45	0.72	16.2					第四纪红色黏土	E 111°09′11.9″ N 27°50′34.2″	97
						ABv	5—36	棕红色	黏土	碎块状	4.9	11.2	0.41	0.79	16.3							
						C	36—170	棕红色	黏土	块状	4.5	10.0	0.86	0.79	19.7							
剖53	人为土	水稻土	淹育水稻土	浅红泥田	浅灰黄泥红壤	Aa	0—14	亮棕色	粉砂质黏土	粒状	6.0	22.0	1.40	0.40	12.2	118	8.0	83		石灰岩红壤再积物	E 111°10′06.7″ N 27°51′02.3″	95
						Ap	14—20	橙色	粉砂质黏土	块状	6.8	15.1	1.10	0.40	10.8	87	5.0	62				
						C	20—93	黄橙色	粉砂质黏土		5.8	8.7	0.90	0.40	15.9	41	≤1.0	70				
剖54	人为土	水稻土	矿毒型水稻土	浅矿毒田	浅咬水稻污染	A	0—11	棕色	黏壤土	核状	8.0	27.6	1.29	0.96	14.7	90	6.8	55			E 111°09′38.4″ N 27°50′19.9″	95
						Ap	11—17	棕色	黏壤土	块状	7.5	25.1	1.40	0.99	14.7							
						C	17—	浅红棕色	黏壤土	块状	7.0	7.1	0.40	0.77	21.8							
剖55	人为土	潴育水稻土	黄泥田	青糊型黄泥田		Aa	0—16	黄棕色	壤质黏土	小块状	6.2	35.1	1.90	0.30	19.2	122	5.0	89		第四纪红色黏土	E 111°10′14.0″ N 27°50′13.9″	95
						Ap	16—33	亮黄棕色	壤质黏土	块状	6.8	28.1	1.60	0.30	19.1							
						Wg	33—50	亮棕色	壤质黏土	棱块状	6.6	13.9	0.90	0.20	18.1							
						W	50—100	亮棕色	壤质黏土	棱块状	6.6	8.0	0.90	0.20	17.2							
剖56	铁铝土	黄壤	黄壤性	板页岩黄壤性土	中腐板页岩黄壤性土	A	0—10	灰褐色	中壤	粒状	5.4	62.1	1.55	0.83	40.5				13.9	板岩风化物	E 111°01′58.2″ N 27°48′06.6″	97
						Bv	10—25	黄色	中壤	粒状	4.5	32.8	1.09	0.77	26.3				15.2			
						D	25—			无结构									12.0			
剖57	人为土	水稻土	潴育水稻土	废水污染田	碱污染梁田	1	0—11	棕色	重壤	小块状	7.2	27.6	1.29	0.96	14.7				14.3	石灰岩	E 111°10′10.0″ N 27°49′05.8″	95
						2	11—17	棕色	重壤	块状	7.3	25.1	1.40	0.99	14.7							
						3	17—38	浅红棕色	重壤	棱柱状	7.3	15.1	1.04	0.80	20.5							
						4	38—90	红棕色	重壤	无结构	7.4	7.1	0.40	0.77	21.8							
剖58	铁铝土	红壤	红壤	砂岩红壤	薄腐厚层砂岩红壤	A	0—30	黄褐色	砂壤土	粒状	5.0	11.3	1.07	0.76	20.6					砂岩	E 111°03′58.5″ N 27°42′48.1″	95
						Bv	30—90	黄色	砂壤土	散散粒状	5.0	9.6	0.46	0.65	16.4							
						C	90—150	黄色	砂壤土	散散粒状	5.1	3.7	0.76	0.43	13.5							
剖59	人为土	水稻土	潴育水稻土	红黄泥田	红黄砂泥田	A	0—16	黄褐色	砂壤土	碎块状	6.0	26.4	1.23	0.89	22.9	121	5.6	76		第四纪红色黏土	E 111°12′06.0″ N 27°41′30.3″	98
						Ap	16—27	暗黄黄色	砂壤土	块状	6.2	14.7	0.95	0.70	23.0							
						P	27—70	黄棕色	壤土	棱柱状	6.8	7.7	0.69	0.58	20.9							
						W	70—100	棕黄色	壤土	碎块状	6.7	6.4	0.66	0.61	26.3							
剖60	铁铝土	红壤	黄壤性	花岗岩红壤	中腐厚层花岗岩红壤	A	0—12	灰褐色	砂壤土	团粒状	8.0	48.3	2.65	0.64	33.4	193	3.9	86		花岗岩	E 111°00′42.3″ N 27°39′57.5″	99
						Apg	12—25	深灰色	砂壤土	碎块状	8.0	41.5	2.30	0.61	34.4							
						G	25—85	灰褐色	砂壤土	无结构	8.0	27.7	1.71	0.51	36.9							
剖61	铁铝土	红壤	红壤性	砂岩红壤性土	薄腐砂岩红壤性土	1	0—20	浅红棕色	重壤	粒状	4.9	15.0	1.31	0.70	19.2					变质砂岩	E 111°08′20.9″ N 27°37′26.7″	81
						Bv	3—20	棕色	重壤	粒状	4.9	26.0	0.93	0.77	19.3							
						C	110—150	浅红棕色	中壤	粒状	4.9	3.3	1.44	0.70	19.2							
剖62	人为土					1	0—20	浅红棕色	中壤	粒状												
剖63	铁铝土	红壤	红壤			A_1	0—7	黄黄棕色	重壤	小闭粒状	5.4	23.0	3.40	0.70	20.5					砂岩	E 111°15′47.5″ N 28°06′58.3″	98
						A_2	7—17	黄棕色	重壤	小块状	5.4	10.0	1.20	0.76	20.5							
						Bv	17—100	棕色	重壤	块状	5.5	1.2	0.89	0.70	17.6							
剖64	铁铝土	红壤	红壤	板页岩红壤	薄腐厚层板页岩红壤	C	100—	棕黄色	重壤	块状	5.0	2.1	1.23	0.70	24.8					板页岩	E 111°26′57.5″ N 28°07′08.3″	98

剖面号 Soil profile	土纲 Soil order	土类 Soil great group	亚类 Soil subgroup	土属 Soil genus	土种 Soil species	土层码 Layer code	土层厚度 Depth/cm	颜色 Soil color	质地 Soil texture	土壤结构 Soil structure	pH	有机质 OM/(g/kg)	全氮 TN/(g/kg)	全磷 TP/(g/kg)	全钾 TK/(g/kg)	碱解氮 AN/(mg/kg)	有效磷 AP/(mg/kg)	速效钾 AK/(mg/kg)	阳离子交换量CEC/(cmol/kg)	土壤母质 Parent material	剖面点坐标 Profile coordinate	匹配指数 Matching index/%
剖65	铁铝土	红壤	红壤	耕型灰岩红土	灰红土	1	0—28	黄棕色	重壤土	粒状	6.4	15.4	0.86	2.44	17.5				9.2	硅质灰岩	E 111°22′18.9″ N 28°04′52.8″	99
						2	28—50	棕色	中壤土	核粒状	6.0	13.3	0.85	1.33	20.4				8.7			
						3	50—100	红棕色	重壤土	块状	5.6	4.2	0.73	1.24	16.5				6.4			
剖66	人为土	水稻土	潜育水稻土	烂泥田	石灰性烂泥田	Ag	0—22	黄棕色	重壤土	糊状	7.8	40.4	1.73	0.68	13.7				10.7	石灰岩	E 111°20′01.8″ N 28°02′13.4″	98
						G	22—100	青灰色	中壤土	糊状	7.9	33.8	1.60	0.45	13.6				10.1			
剖67	铁铝土	红壤	红壤	石灰岩红壤	薄腐中层石灰岩红壤	A_1	0—2	黄褐色	中壤土	核粒状	5.6	22.2	1.14	0.67	11.1					石灰岩	E 111°28′00.5″ N 28°00′12.3″	98
						A_2	2—7	黄褐色	重壤土	核粒状	5.5	7.9	0.72	0.54	11.1							
						Bv	7—55	黄褐色	重壤土	核粒状	5.5	7.5	1.18	0.74	16.4							
						C	55—100	浅红棕色	壤土		5.5											
剖68	人为土	水稻土	淹育水稻土	浅灰黄泥田	浅灰黄砂泥田	1	0—11	灰黄棕色	重壤土	团粒状	7.3	13.1	1.06	0.80	19.5				13.3	石灰岩	E 111°29′15.6″ N 28°01′00.7″	95
						2	11—17	灰黄棕色	重壤土	小块状	7.1	9.3	0.80	0.61	19.4				15.3			
						3	17—100	灰棕色	轻黏土	无结构	6.8	24.5	1.90	0.90	17.8				14.1			
剖69	铁铝土	红壤	红壤	石灰岩红壤	薄腐中层石灰岩红壤	A	0—9	棕色	黏土	核粒状	4.9	44.1	1.62	0.48	13.0	119	≤1.0	97	15.2	石灰岩	E 111°23′19.1″ N 28°02′04.7″	99
						ABv	9—26	浅红棕色	黏土	小块状	4.8	20.9	0.98	0.52	14.9	92	1.8	75	12.9			
						BvC	26—66	浅棕红色	黏土	块状	4.9	6.1	0.61	0.38	15.1	35	≤1.0	60	11.4			
						C	66—150	棕红色	轻壤土	块状	5.1	4.8	0.47	0.24	17.1	21	≤1.0	54	12.0			
剖70	初育土	石灰（岩）土	红色石灰土	淋溶石灰土	薄腐中层淋溶石灰土	A_1	0—8	黄褐色	轻壤土	小块状	5.1	14.5	0.64	0.61	6.9					石灰岩风化物	E 111°15′54.4″ N 27°58′13.5″	97
						Bv	8—18	棕色	重壤土	块状	4.7	15.5	0.84	0.78	5.3							
							18—59	棕色	重壤土	块状	4.6	11.8	0.90	0.58	6.9							
						C	59—100	棕红色	中壤土	块状	4.7	16.8	0.61	0.57	12.4							
剖71	人为土	水稻土	淹育水稻土	浅灰紫泥田	浅灰紫泥田	1	0—15	浅紫红色	中黏土	小团粒状	5.3	19.5	1.39	0.68	16.5				11.8	紫色砂砾岩	E 111°22′19.8″ N 27°57′25.3″	95
						2	15—100	红紫色	重壤土	小块状	5.4	17.3	0.91	0.69	20.6				10.7			
剖72	人为土	水稻土	潴育水稻土	灰泥田	灰砂泥土	1	0—15	黄棕色	重壤土	块状	7.8	38.5	1.15	0.84	20.7				13.3	石灰岩	E 111°16′30.1″ N 27°57′11.0″	95
						2	15—25	棕色	重壤土	棱柱状	7.9	38.1	1.17	0.84	19.5				17.0			
						3	25—45	棕色	重壤土	棱柱状	8.0	29.6	1.74	0.52	17.8				14.0			
						4	45—80	黄白相间	重壤土	棱块状	8.2	6.2	0.32	0.51	15.3				14.0			
剖73	铁铝土	红壤	红壤性土	耕型花岗岩红壤性土	粗麻砂土	1	0—15	黄白相间	砂黏土	粒状	5.7	28.1	2.38	0.87	44.4				15.4	花岗斑岩	E 111°15′45.8″ N 27°55′26.0″	95
						2	15—22	黄白相间	砂黏土	碎块状	5.7	27.4	1.21	0.65	≥50.0				15.4			
						3	22—100	黄白相间	砂黏土	碎块状	5.7	23.4	0.91	0.77	44.3				12.5			
剖74	铁铝土	红壤	黄红壤	耕型石灰岩黄红壤	灰黄红土	1	0—25	棕黄色	轻壤土	粒状	5.8	18.9	0.79	0.92	4.2					石灰岩	E 111°26′19.4″ N 27°56′37.5″	98
						2	25—75	红棕色	轻壤土	块状	6.4	13.5	0.85	0.78	23.8							
						3	75—100	红棕色	重黏土	块状	6.4	11.7	0.62	0.83	19.5							
剖75	人为土	水稻土	潜育水稻土	青灰泥田	青鸭屎泥田	Aa	0—18	灰色	粉砂质黏土	小块状	8.2	41.7	2.30	0.40	8.0	169	5.0	75		石灰岩	E 111°27′48.3″ N 27°55′49.4″	95
						Apg	18—30	灰色	粉砂质黏土	块状	8.2	39.6	2.20	0.30	5.0	165	6.0	65				
						G	30—100	浅灰黄色	粉砂质黏土	块状	8.0	39.0	2.10	0.30	5.5	140	4.0	50				
剖76	人为土	水稻土	淹育水稻土	浅灰泥田	浅灰泥田	1	0—15	灰色	重壤土	小块状	7.5	55.4	2.40	1.31	18.1				12.5	石灰岩	E 111°26′00.9″ N 27°55′31.0″	95
						2	15—26	浅红棕色	重壤土	块状	7.6	46.3	2.10	0.96	16.5				11.9			
						3	26—100	棕色	中壤土	块状	7.7	7.2	0.81	0.64	20.7				11.1			
剖77	人为土	水稻土	潴育水稻土	灰黄泥田	灰黄泥田	1	0—18	黄棕色	重壤土	糊状	6.4	33.4	1.78	0.84	20.7				12.8	石灰岩	E 111°21′22.9″ N 27°53′26.5″	95
						2	18—30	棕红色	重壤土	块柱状	6.7	27.0	1.28	1.03	21.9				13.0			
						3	30—100	黄棕色	重壤土	棱柱状	7.4	2.9	0.57	0.45	19.4				12.5			
剖78	人为土	水稻土	潜育水稻土	冷浸田	冷浸泥田	1	0—17	灰黄色	轻黏土	块状	7.3	39.7	1.81	1.15	21.1				17.5	石灰岩	E 111°20′13.7″ N 27°52′26.9″	95
						2	17—27	灰黄色	轻壤土	块状	7.7	57.5	1.25	0.98	23.6				17.4			
						3	27—100	深棕色	轻黏土	糊状	7.7	25.0	0.73	0.92	19.1				8.8			

续表 Continued

剖面号 Soil profile	土纲 Soil order	土类 Soil great group	亚类 Soil subgroup	土属 Soil genus	土种 Soil species	土层码 Layer code	土层厚度 Depth/cm	颜色 Soil color	质地 Soil texture	土壤结构 Soil structure	pH	有机质 OM/(g/kg)	全氮 TN/(g/kg)	全磷 TP/(g/kg)	全钾 TK/(g/kg)	碱解氮 AN/(mg/kg)	有效磷 AP/(mg/kg)	速效钾 AK/(mg/kg)	阳离子交换量 CEC/(cmol/kg)	土壤母质 Parent material	剖面点坐标 Profile coordinate	匹配指数 Matching index/%
剖79	人为土	水稻土	淹育水稻土	浅红黄泥田	五花灰黄泥田	1	0—14	棕色	轻壤土	小团粒状	6.0	17.0	0.79	0.97	23.3				19.2	第四纪红色黏土	E 111°20′10.0″ N 27°51′32.3″	95
						2	14—42	浅红棕色	重壤土	小块状	6.2	11.5	1.17	0.98	25.1				17.3			
						3	42—95	浅红棕色	轻黏土	无结构	5.5	14.6	1.50	0.92	25.2				20.5			
剖80	铁铝土	红壤		耕型灰岩红土	灰红砂土	1	0—18	灰褐色	重壤土	粒状	6.3	29.1	1.51	0.87	13.5				15.2	第四纪红色黏土	E 111°21′10.2″ N 27°51′19.8″	95
						2	18—43	棕黄色	重壤土	块状	6.5	21.1	1.38	1.18	14.8				9.8			
						3	43—83	棕红色	重壤土	块状	6.8	15.6	1.12	0.81	16.4				15.7			
剖81	人为土	水稻土	潴育水稻土	黄泥田	青橘黄泥田	Apg	0—17	黄棕色	黏壤土	小块状	5.1	32.7	1.68	0.97	27.4	125	4.3	72			E 111°15′41.5″ N 27°52′19.0″	95
						W₁	17—27	青灰色	黏壤土	核粒状	5.2	32.7	1.90	0.94	26.1							
						W₂	27—40	灰棕色	黏壤土	核粒状	4.9	22.7	1.43	0.95	27.7							
							40—100	黄色	中壤土	核粒状												
剖82	铁铝土	红壤	黄红壤	石灰岩黄红壤	薄腐中层石灰岩黄红壤	A₁	0—4	灰褐色	重壤土	核粒状	5.0	39.5	2.65	1.17	12.5				14.1	石灰岩	E 111°24′33.6″ N 27°54′16.9″	97
						A₂	4—15	灰褐色	重壤土	块状	4.8	21.7	1.24	0.86	12.3				13.6			
						Bv₁	15—35	棕黄色	重壤土	梭粒状	4.7	17.0	1.06	1.03	12.4				9.6			
						Bv₂	35—75	棕黄色	轻黏土	块状	5.2	13.2	0.73	0.90	21.5							
剖83	人为土	水稻土	潴育水稻土	青泥田	青泥田	1	0—25	黄褐色	重壤土	糊状	6.7	43.0	2.94	0.83	14.8					石灰岩	E 111°25′45.0″ N 27°53′26.3″	95
						2	25—36	深灰色	重壤土	糊状	6.9	46.4	2.64	1.00	14.8							
						3	36—100	深灰色	轻黏土	无结构	7.0	15.9	0.90	0.76	13.5							
剖84	铁铝土	红壤		石灰岩黄红壤	薄腐厚层石灰岩黄红壤	A	0—15	棕色	黏土	碎块状	6.0	7.6	0.85	0.52	43.5					石灰岩	E 111°26′14.1″ N 27°52′59.5″	97
						Bv	15—29	暗棕褐色	黏土	块状	6.3	6.5	0.69	0.44	41.4							
						BvC	29—100	浅棕色	黏土	无结构松散状	6.4	4.2	0.38	0.45	40.2							
剖85	半水成土	潮土	河潮土	耕型河潮土	河砂土	1	0—18	灰棕色	砂土	无结构松散状	7.9	60.2	3.19	2.91	8.5	159	7.8	128		河流冲积物	E 111°28′30.1″ N 27°54′42.8″	97
						2	18—65	黄褐色	砂土	小块状												
						3	65—100	棕色	砂土	团粒状												
剖86	初育土	石灰（岩）土	黑色石灰土	耕型黑色石灰土	石灰性土	1	0—26	黑色	壤土	粒状	6.0									钙质页岩	E 111°27′34.4″ N 27°52′18.6″	95
						D	26—	黑色														
剖87	铁铝土	红壤	黄红壤	耕型花岗岩黄红壤	黄红麻砂土	1	0—20	黄棕色	砂壤土	块状	6.0	33.7	1.90	0.30	11.3		2.0	86		花岗岩风化物	E 111°28′56.2″ N 27°50′40.0″	95
						2	20—85	棕黄色	砂壤土	块状	6.1	12.2	0.80	0.30	11.5		≤1.0	66				
						3	85—100	棕黄色	砂壤土	块状	6.1	11.2	0.80	0.30	12.1		≤1.0	55				
剖88	初育土	石灰（岩）土	红色石灰土	红黄岩泥土	山红灰土	A	0—15	亮棕色	壤质黏土	小块状	6.4	9.8	0.80	0.30	12.9		≤1.0	48			E 111°15′11.5″ N 27°49′17.9″	78
						AC	15—85	红棕色	壤质黏土	块状	7.4	33.6	1.70	0.78	26.6	78			33.5			
						C₁	85—98	橙色	黏土	粒状	7.6	21.5	1.19	0.96	29.3				20.3			
						C₂	98—110	黄褐色	重壤土	梭柱状	7.4	12.0	0.66	1.36	29.3				20.4			
剖89	人为土	水稻土	潴育水稻土	紫泥田	青橘碱紫泥田	1	0—17	棕色	重壤土	块状	6.3	35.1	1.91	0.77	23.1	122	4.8	89		紫色砂页岩	E 111°18′46.1″ N 27°44′30.1″	95
						2	17—35	深灰色	重壤土	块状	6.2	28.1	1.60	0.57	23.0							
						3	35—100	紫色	重壤土	梭柱状	6.2	13.9	0.93	0.48	21.8							
剖90	人为土	水稻土	潴育水稻土	紫红泥田	青橘黄泥田	A	0—16	黄褐色	黏壤土	小块状	6.6	8.0	0.89	0.45	20.7		1.4	100		第四纪红色黏土	E 111°20′52.2″ N 27°44′04.7″	99
						ABv	16—33	棕红紫色	黏壤土	块状	6.8	28.3	1.32	0.50	13.1							
						Bv	33—50	棕红色	黏土	块状	7.6	18.1	1.08	0.41	13.3	66	≤1.0	63				
						C	50—100	浅棕色	黏土	块状	7.7	13.8	1.04	0.44	15.1	51		72				
剖91	初育土	石灰（岩）土	红色石灰土	耕型红色石灰土	红灰土	1	0—16	红色	轻黏土	粒状	6.7	9.5	0.88	0.37	15.2	41	≤1.0	75		石灰岩	E 111°34′56.7″ N 27°55′19.6″	98
						2	16—32	棕红色	黏土	核粒状	6.4	12.0	1.11	0.79	15.2							
						3	32—59	浅棕红色	黏土	核粒状	6.7	3.4	1.10	0.85	15.1							
剖92	初育土	石灰（岩）土	红色石灰土	耕型红色石灰土	红灰土	1	0—19	浅红棕色	轻黏土	核粒状	6.7	5.9	1.08	0.71	13.6		≤1.0			石灰岩坡积物	E 111°31′08.0″ N 27°53′35.8″	98
						2	19—60	浅红棕色														
						3	60—100															

续表 Continued

剖面号 Soil profile	土纲 Soil order	土类 Soil great group	亚类 Soil subgroup	土属 Soil genus	土种 Soil species	土层码 Layer code	土层厚度 Depth/cm	颜色 Soil color	质地 Soil texture	土壤结构 Soil structure	pH	有机质 OM/(g/kg)	全氮 TN/(g/kg)	全磷 TP/(g/kg)	全钾 TK/(g/kg)	碱解氮 AN/(mg/kg)	有效磷 AP/(mg/kg)	速效钾 AK/(mg/kg)	阳离子交换量CEC/(cmol/kg)	土壤母质 Parent material	剖面点坐标 Profile coordinate	匹配指数 Matching index/%
剖93	人为土	水稻土	淹育水稻土	浅红黄泥田	石子红黄泥田	A	0—11	灰棕色	黏壤土	粒状	5.5	27.4	1.13	1.26	17.2	110	10.0	46		第四纪红色黏土	E 111°33′46.4″ N 27°54′05.3″	97
						Ap	11—20	浅灰棕色	黏壤土	块状	5.5	14.0	0.85	1.01	17.2							
						CD	20—	浅红棕色	砾石土	无结构	6.0	9.3	0.75	1.16	22.7							

冷 水 江 市

主要土类说明

红壤是冷水江市主要土壤类型，占本市地域面积的39%。本市地处中亚热带，干湿季节明显，雨量充沛，全年高温高湿，有利于红壤化过程的进行。红壤经过开垦形成的耕型红壤，是本市旱粮和经济作物的主要分布地带。红壤分布很广，根据海拔和红壤化程度，本市红壤分为红壤和黄红壤两个亚类。其中，红壤亚类占本土类面积的87%，分布在海拔200—500m的地区，土壤呈酸性。土层厚度因母岩类型而异，如发育于石灰岩和第四纪红土红壤的红壤土层较深厚，发育于板页岩的红壤土层较浅薄。黄红壤分布在海拔500—800m的山地。随着海拔的升高，空气湿度增大，土壤表层向黄壤过渡，因此，黄红壤是红壤与黄壤之间的过渡类型。

石灰（岩）土是冷水江市第二大土壤类型，占本市地域面积的29%。石灰（岩）土发生于热带、亚热带石灰岩山区，是石灰岩经溶蚀风化形成的厚薄不同的钙质饱和或含游离钙质的土壤。本市石灰（岩）土分为红色石灰土和黑色石灰土两个亚类。前者发育于石灰岩现代风化物，红壤化过程较弱，表层盐基离子淋失，土壤呈微酸性。在植被破坏严重的地方，岩石裸露，水土流失严重。后者发育于石灰岩近代风化壳，属岩成土类型，多位于石灰岩山地的中部及上部，部分山地岩石裸露严重，大量森林被破坏，植被以疏林、灌丛茅草为主。

水稻土是冷水江市第三大土壤类型，占本市地域面积的27%。水稻土是本市主要的耕作土壤，是经过长期水耕熟化发育形成的一种具有特殊性状的土壤类型，水分活动是其主要成土因素。本市水稻土分为淹育型、潴育型、渗育型、潜育型、沼泽型、矿毒型六个亚类。其中，潴育水稻土面积最大，占本土类面积的74%，发育于多种成土母质，一般为排灌条件较好的垄田，有较深厚的淋溶淀积层。

小于本市地域面积3%的土壤类型有紫色土、潮土、黄壤、石质土、黄棕壤等。

本区域中心区气候特征

本区域中心区气候特征值
Regional climate characteristics in central area of the region

气候带：中亚热带湿润气候 Climate region: Subtropical humid climate	
年平均气温 /℃ Annual average temperature /℃	16.9
年平均最高气温 /℃ Annual average maximum temperature /℃	21.1
年平均最低气温 /℃ Annual average minimum temperature /℃	13.8
年降水量 /mm Annual precipitation /mm	1313
≥10℃的积温 /℃ Daily temperature accumulated in a year (≥10℃) /℃	6228
年日照时数 /h Annual sunshine /h	1511
年平均相对湿度 /% Annual average relative humidity /%	80
干燥度 Dryness	0.77

本区域中心区月平均气温与月平均降水量
Monthly temperature and precipitation in central area of the region

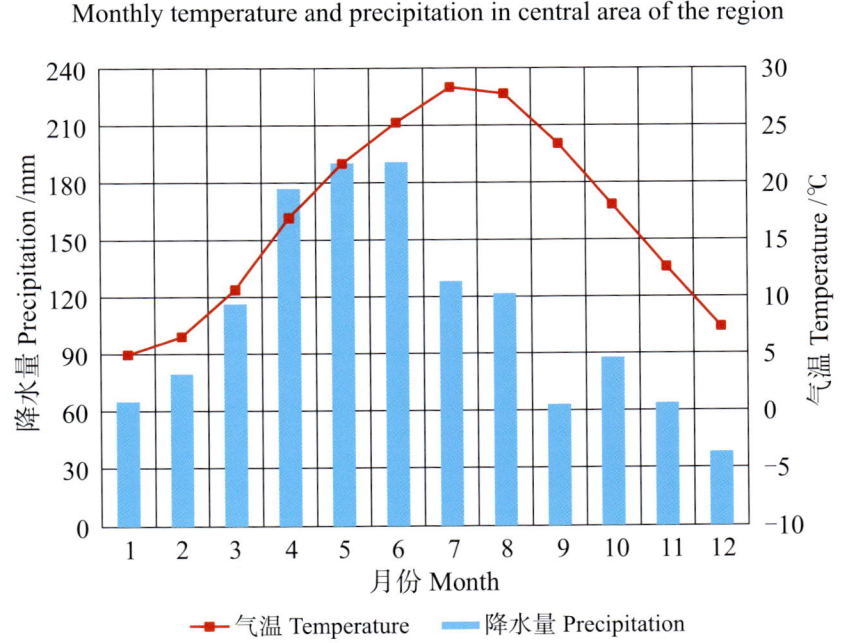

冷水江市主要土壤类型与土壤剖面点分布图
1:120 000

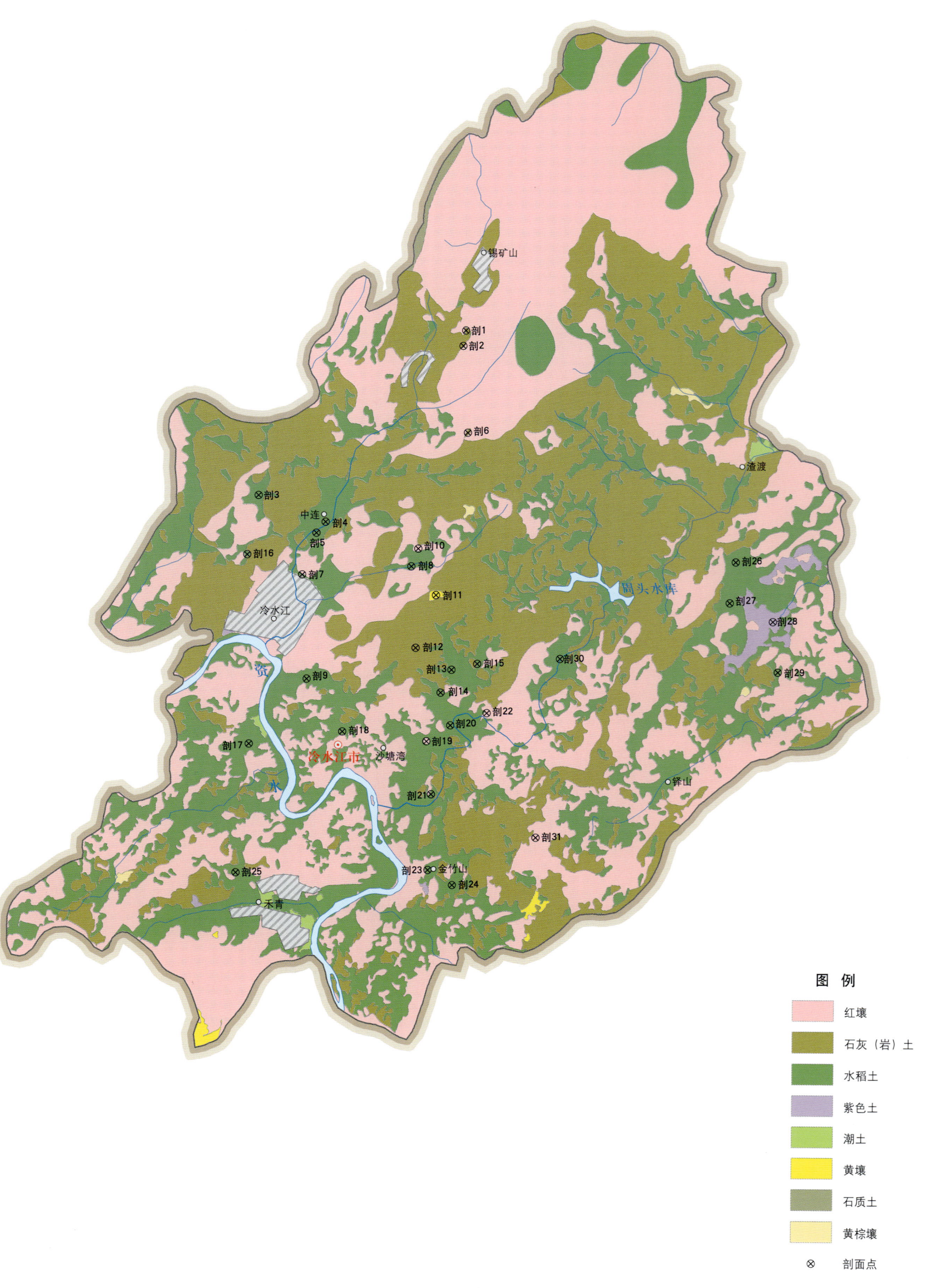

冷水江市土壤剖面理化性状表

剖面号 Soil profile	土纲 Soil order	土类 Soil great group	亚类 Soil subgroup	土属 Soil genus	土种 Soil species	土层码 Layer code	土层厚度 Depth/cm	颜色 Soil color	质地 Soil texture	土壤结构 Soil structure	pH	有机质 OM/(g/kg)	全氮 TN/(g/kg)	全磷 TP/(g/kg)	全钾 TK/(g/kg)	土壤母质 Parent material	剖面点坐标 Profile coordinate	匹配指数 Matching index/%
剖1	初育土	石灰(岩)土	红色石灰土	耕型淋溶石灰土	蚂蚁子土	1	0—20	黄棕色	重壤土	小块状	7.0	21.3	1.36	0.46	13.7	石灰岩	E 111°29′22.1″ N 27°45′42.5″	75
						2	20—50	黄褐色	中黏土	小块状	6.3	12.6	1.21	0.33	29.9			
						3	50—76	灰棕色	轻黏土	粒状	6.6	11.3	0.96	0.62	22.1			
剖2	初育土	石灰(岩)土	黑色石灰土	灰色石灰土		1	0—16	棕灰色	重壤土	块状	7.9	45.1	1.79	8.80	14.6	石灰岩风化物	E 111°29′19.3″ N 27°45′28.2″	75
						2	16—90	棕灰色	重黏土	块状	7.9	35.6	1.70	0.73	11.1			
						3	90—110	黄色	轻黏土	粒状	8.0	11.9	0.92	0.56	17.6			
剖3	人为土	水稻土	潴育水稻土	紫泥田	紫泥田	1	0—24	黄棕色	重壤土	小块状	7.0	24.8	1.79	0.71	20.9	板页岩风化物	E 111°25′43.2″ N 27°43′08.2″	75
						2	24—56	棕黄色	重黏土	块状	6.5	19.7	≥10.00	0.75	27.4			
						3	56—100	红棕色	重黏土	块柱状	5.1	7.2	1.07	0.64	19.5			
剖4	人为土	水稻土	潴育水稻土	灰泥田	灰泥田	1	0—16	暗灰色	重壤土	小块状	7.8	58.5	2.79	1.35	17.9	石灰岩风化物	E 111°26′54.2″ N 27°42′44.6″	95
						2	16—27	灰褐色	轻壤土	大块状	8.3	29.2	1.55	1.00	12.9			
						3	27—70	黄褐色	轻黏土	棱柱状	8.4	18.6	1.49	0.79	12.4			
						4	70—95	黄棕色	轻黏土	棱柱状	8.2	15.7	0.65	0.73	10.3			
						5	95—112	橙色	轻黏土	块状	8.1	9.6	0.58	0.49	14.2			
剖5	人为土	水稻土	矿毒型水稻土	浅矿毒田	浅丰金属矿毒田	A	0—14	黑色	砂壤土	小块状	3.8	55.9	2.26	0.88			E 111°26′44.5″ N 27°42′32.6″	96
						Ap	14—21	黑色	砂壤土	块状	4.0	46.9	2.24	1.06				
						P	21—30	黑灰色	重黏土	棱柱状	5.0	22.8	1.26	0.45				
						C	30—100	黄色	砂壤土	无结构	6.0	8.0	0.83	0.33				
剖6	初育土	石灰(岩)土	黑色石灰土	灰色石灰土		1	0—21	深栗色	轻壤土	小块状	8.1	52.4	2.14	1.00	24.6	石灰岩	E 111°29′24.4″ N 27°44′06.7″	75
						2	21—68	栗色	重黏土	块状	8.2	31.2	1.32	1.11	20.9			
						3	68—100	棕灰色	轻黏土	无结构	8.4	12.5	0.98	1.14	15.6			
剖7	人为土	水稻土	潴育水稻土	麻砂泥田	麻砂泥田	1	0—14	黄褐色	重黏土	粒状	6.5	37.8	1.53	0.65	31.5	花岗岩风化物	E 111°26′30.7″ N 27°41′50.5″	75
						2	14—25	黄褐色	重壤土	块状	7.5	32.3	1.19	0.80	26.7			
						3	25—58	黄褐色	重壤土	棱柱状	7.3	28.4	1.15	0.48	23.4			
						4	58—92	黄棕色	重壤土	棱柱状	7.3	18.9	1.02	0.47	25.3			
						5	92—100	棕灰色	重壤土	无结构散状	7.4	8.7	0.69	0.59	27.1			
剖8	人为土	水稻土	潴育水稻土	扁砂泥田	黄扁砂泥田	1	0—15	褐色	中壤土	小块状	6.2	39.7	2.28	0.80	17.8	板页岩风化物	E 111°26′25.0″ N 27°41′01.4″	75
						2	15—25	褐色	重壤土	块状	6.3	25.9	1.66	0.84	16.7			
						3	25—46	黄棕色	重壤土	棱柱状	6.0	8.6	0.96	0.69	15.5			
						4	46—90	红棕色	重黏土	无结构	6.3	9.1	0.98	0.93	18.5			
						5	50—100	灰棕色	中壤土	小块状	6.7	34.4	2.21	1.05	20.5			
剖9	人为土	水稻土	矿毒型水稻土	金属矿毒田	铁矿毒田	1	0—18	棕红色	轻壤土	块状	6.7	28.9	1.69	0.78	26.7	石灰岩风化物	E 111°28′34.5″ N 27°40′15.9″	75
						2	18—26	灰棕色	轻黏土	棱柱状	7.5	17.7	1.61	0.65	19.5			
						3	26—50	灰棕色	重壤土	无结构	7.3	7.5	0.86	0.77	29.5			
剖10	铁铝土	红壤	红壤	板页岩红壤	薄腐中层板页岩红壤	1	0—6	棕红色	轻黏土	块状	4.9	28.6	1.65	0.48	19.0	板页岩	E 111°28′32.1″ N 27°42′18.2″	75
						2	6—42	红黏色	轻黏土	块状	4.7	18.5	1.29	0.45	16.8			
						3	42—80	浅红棕色	轻黏土	粒状	4.9	15.9	1.24	0.46	11.2			
剖11	铁铝土	黄壤	黄壤	砂岩黄壤		1	0—8	褐色	中壤土	小块状	4.5		3.19	1.05	16.8	板页岩	E 111°28′50.9″ N 27°41′34.3″	75
						2	8—46	棕色	重壤土	小块状	4.8	63.2	2.99	1.07	15.9			
						3	46—79	黄色	重壤土	粒状	4.8	28.9	2.25	1.03	16.2			
剖12	初育土	石灰(岩)土	红色石灰土	红色石灰土		1	0—3	红棕色	重壤土	粒状	6.0	23.5	1.22	0.45	11.7	石灰岩	E 111°28′29.6″ N 27°40′45.0″	95
						2	3—70	棕红色	中壤土	小块状	6.4	9.7	1.14	0.98	19.7			

续表 Continued

剖面号 Soil profile	土纲 Soil order	土类 Soil great group	亚类 Soil subgroup	土属 Soil genus	土种 Soil species	土层码 Layer code	土层厚度 Depth/cm	颜色 Soil color	质地 Soil texture	土壤结构 Soil structure	pH	有机质 OM/(g/kg)	全氮 TN/(g/kg)	全磷 TP/(g/kg)	全钾 TK/(g/kg)	土壤母质 Parent material	剖面点坐标 Profile coordinate	匹配指数 Matching index/%
剖13	人为土	水稻土	潜育水稻土	青泥田	青鸭屎泥田	1	0—16	灰棕色	重壤土	小块状	8.0	45.9	2.47	1.30	10.9		E 111°29′07.4″ N 27°40′24.4″	75
						2	16—25	棕灰色	轻黏土	块状	8.3	51.0	2.08	0.70	8.8			
						3	25—100	青灰色	轻黏土	大块状	8.3	44.4	2.00	0.80	12.1			
剖14	人为土	水稻土	潜育水稻土	黄泥田	显棕泥田	1	0—16	黑褐色	重壤土	小块状	6.7	41.0	2.77	2.57	5.0	炭质页岩	E 111°28′55.9″ N 27°40′03.2″	75
						2	16—22	黑褐色	重壤土	块状	6.9	43.8	2.82	2.20	1.3			
						3	22—56	灰褐色	重壤土	块状	7.1	16.7	1.11	2.68	9.6			
						4	56—100	黄褐色	黏壤土	块状	7.1	31.4	1.29	1.48	≤1.0			
剖15	人为土	水稻土	潜育水稻土	青泥田		1	0—19	棕灰色	重壤土	小块状	7.4	46.7	2.21	0.42	11.5	石灰岩	E 111°29′34.7″ N 27°40′30.1″	95
						2	19—28	深灰色	重壤土	大块状	7.0	42.4	1.76	0.62	10.7			
						3	28—74	深灰色	重壤土	梭柱状	7.7	13.3	0.76	0.36	10.2			
剖16	人为土	水稻土	潜育水稻土	灰黄泥田	灰黄砂泥田	1	0—15	褐色	砂壤土	小块状	5.5	36.0	1.87	0.97		硅质灰岩	E 111°25′31.4″ N 27°42′12.6″	75
						2	15—26	黄褐色	壤土	块状	5.5	29.3	1.62	0.65				
						3	26—66	棕灰色	砂壤土	梭块状	6.0	17.9	1.04	0.75				
						4	66—90	棕黄色	黏壤土	梭块状	6.5	11.6	0.88	0.65				
剖17	人为土	水稻土	潜育水稻土	黄砂泥田	黄砂泥田	1	0—17	褐色	壤土	粒块状	5.6	30.2	1.69	0.98		花岗岩风化物	E 111°29′33.5″ N 27°39′14.8″	95
						2	17—26	黄褐色	砂壤土	块状	6.0	19.8	1.03	0.79				
						3	26—38	棕黄色	壤土	大块状	6.8	6.4	0.40	0.72				
						4	38—66	黄棕色	壤土	梭柱状	6.9	6.0	0.36	0.51				
						5	66—100	棕色	壤土	无结构	6.0							
剖18	人为土	水稻土	潜育水稻土	黄泥田		1	0—12	褐褐色	黏壤土	粒状	4.5	42.1	2.19	1.22	14.0	板页岩风化物	E 111°28′41.3″ N 27°39′17.4″	95
						2	12—22	黄褐色	黏土	梭状	5.0	32.8	2.08	0.87	7.4			
						3	22—38	棕黄色	黏土	无结构	5.0	10.5	1.11	0.87				
						4	38—56	黄棕色	黏土	梭柱状	7.0	10.1	0.70	0.94				
						5	56—100	栗色	壤土	无结构	6.0							
剖19	铁铝土	红壤	红壤	耕型板页岩红壤		1	0—19	红褐色	黏壤土	粒状	4.5	12.4	0.98	0.65	14.0	第四纪红色黏土	E 111°29′06.2″ N 27°39′32.3″	95
						2	19—66	浅红棕色	黏土	梭状	4.0	6.6	0.63	0.56	7.4			
						3	66—100	红棕色	黏土	无结构	4.0	4.9	0.53	0.65	11.1			
剖20	人为土	水稻土	潜育水稻土	红黄泥田	红黄泥田	1	0—16	褐色	重壤土	粒状	6.6	42.5	2.01	0.80	14.7	第四纪红色黏土	E 111°29′06.2″ N 27°39′32.3″	95
						2	16—26	褐色	中壤土	块状	5.5	30.7	1.94	0.60	10.7			
						3	26—35	灰黄色	重壤土	梭块状	5.5	25.3	1.69	0.73				
						4	35—40	棕黄色	重壤土	大块状	6.2	9.7	0.95	0.79				
						5	40—90	棕红色	重壤土	无结构	6.2	7.6	0.80	0.59				
剖21	人为土	水稻土	潜育水稻土	烂泥田	烂泥田	1	0—22	灰灰色	轻黏土	无结构	7.7	53.5	2.70	1.06	13.4	石灰岩风化物	E 111°28′46.2″ N 27°38′27.7″	95
						2	22—100	深黄色	重黏土	无结构	7.8	46.6	2.23	0.64	12.5			
剖22	铁铝土	红壤	红壤	耕型石灰岩红壤		1	0—20	黄棕色	轻壤土	小块状	6.1	11.9	1.37	0.49	14.7	石灰岩风化物	E 111°29′45.0″ N 27°39′43.9″	95
						2	20—46	棕黄色	轻壤土	小块状	5.3	6.0	1.35	0.47	17.4			
						3	46—94	黄棕色	黏壤土	小块状	4.7	3.3	1.25	0.14	14.9			
剖23	人为土	水稻土	潜育水稻土	灰黄泥田	灰黄泥田	1	0—14	深栗色	黏壤土	小块状	6.0	49.8	2.66	0.39		石灰岩风化物	E 111°28′42.9″ N 27°37′16.6″	95
						2	14—26	栗色	黏壤土	梭块状	5.9	47.1	2.42	0.16				
						3	26—80	黄色	黏土	梭块状	6.2	6.9	0.80	0.23				
						4	80—94	黄色	黏土	块状	6.5	8.5	0.90	0.13				
						5	94—	黄色	壤土	无结构								
剖24	人为土	水稻土	淹育水稻土	浅灰泥田	浅灰泥田	1	0—10	褐色	重壤土	小块状	8.2	29.0	1.54	0.87	11.5	石灰岩	E 111°29′09.0″ N 27°37′02.3″	95
						2	10—17	褐色	重壤土	块状	7.9	23.0	1.32	0.82	11.0			
						3	17—46	棕黄色	轻黏土	无结构散状	8.7	3.0	0.93	0.56	11.8			

续表 Continued

剖面号 Soil profile	土纲 Soil order	土类 Soil great group	亚类 Soil subgroup	土属 Soil genus	土种 Soil species	土层码 Layer code	土层厚度 Depth/cm	颜色 Soil color	质地 Soil texture	土壤结构 Soil structure	pH	有机质 OM/(g/kg)	全氮 TN/(g/kg)	全磷 TP/(g/kg)	全钾 TK/(g/kg)	土壤母质 Parent material	剖面点坐标 Profile coordinate	匹配指数 Matching index/%
剖25	人为土	水稻土	潴育水稻土	河砂泥田	油砂泥田	1	0—20	褐色	中壤土	小块状	5.9	51.2	2.58	1.43	16.9	河流冲积物	E 111°25′20.1″ N 27°37′13.9″	95
						2	20—30	浅褐色	重壤土	块状	5.6	34.4	2.06	1.08	17.7			
						3	30—50	黄褐色	重壤土	棱柱状	6.3	15.5	0.65	1.14	20.1			
						4	50—78	灰褐色	重壤土	棱柱状	6.8	10.0	0.78	1.02	15.3			
						5	78—100	黄色	重壤土	无结构	6.7	7.7	1.15	0.84	16.4			
剖26	人为土	水稻土	淹育水稻土	浅灰黄泥田	浅灰黄泥田	1	0—15	黄褐色	重壤土	小块状	5.4	34.0	2.07	0.82	13.4	石灰岩风化物	E 111°34′08.2″ N 27°42′04.9″	95
						2	15—24	黄棕色	重壤土	块状	6.4	16.5	1.55	0.57	12.6			
						3	24—100	棕红色	重黏土	无结构	6.8	4.1	0.97	0.52	17.4			
剖27	人为土	水稻土	潴育水稻土	黄紫泥田	黄紫砂泥田	1	0—17	黄棕色	轻壤土	块状	6.4	26.0	2.16	0.98	6.2	紫色砂岩	E 111°34′01.4″ N 27°41′27.1″	95
						2	17—27	棕色	轻壤土	块状	6.6	39.1	2.25	0.94	7.1			
						3	27—89	棕色	轻黏土	粒状	7.2	12.7	1.16	0.82	7.1			
剖28	初育土	紫色土	酸性紫色土	酸性紫色土		1	0—24	黄棕色	轻黏土	粒状	5.7	5.4	1.29	0.53	10.1	石灰岩风化物	E 111°34′47.3″ N 27°41′09.1″	75
						2	24—78	紫红色	轻黏土	小块状	5.7	11.5	1.15	0.44	11.3			
						3	78—90	紫色	轻黏土	棱柱状	5.0	6.0	0.98	0.50	12.2			
剖29	人为土	水稻土	潴育水稻土	黄砂泥田	灰底黄砂泥田	1	0—14	褐色	重壤土	小块状	6.1	31.3	1.77	0.52	9.4	石灰岩、砂岩	E 111°34′52.5″ N 27°40′22.1″	95
						2	14—26	褐色	重壤土	块状	6.2	25.8	1.51	0.58	1.7			
						3	26—50	棕褐色	重壤土	大块状	6.4	14.0	0.96	0.52	7.8			
						4	50—74	黑褐色	重壤土	棱柱状	6.2	9.1	0.72	0.72	8.7			
						5	74—98	棕色	黏壤土	无结构								
剖30	人为土	水稻土	潴育水稻土	紫泥田	紫泥田	1	0—20	紫黑色	轻黏土	小块状	7.2	52.6	2.80	1.27	4.2	紫色页岩	E 111°31′02.4″ N 27°40′34.8″	95
						2	20—30	紫黑色	轻黏土	块状	7.2	52.3	2.72	1.87	2.6			
						3	30—50	黑灰色	轻黏土	大块状	7.5	34.6	1.78	2.00	11.2			
剖31	铁铝土	红壤	黄红壤	板页岩黄红壤	薄腐中层板页岩黄红壤	1	0—10	浅黄色	重壤土	粒状	4.9	55.6	3.49	0.78	14.7	板页岩	E 111°30′37.2″ N 27°37′46.9″	95
						2	10—22	黄灰色	重壤土	小块状	4.6	41.4	2.82	0.77	14.7			
						3	22—32	黄灰色	重壤土	块状	4.5	44.6	2.73	0.84	6.3			
						4	32—80	红黄色	重壤土	块状	4.7	18.1	1.71	0.44	14.3			

涟源市

主要土类说明

红壤是涟源市主要土壤类型，占本市地域面积的55%。红壤分布在海拔700m以下的中低山和丘岗区，是在亚热带气温高、热量足、雨量充沛、干湿季节交替明显的气候条件下形成的地带性土壤。成土母质为第四纪红土、石灰岩、砂岩、板页岩等风化物。红壤土层深厚，具有明显的脱硅富铝化过程，土壤呈酸性或强酸性，pH多为4.5—6.0。由于土壤中的铁被氧化为红色的氧化铁，土体多呈红色。本市红壤分为红壤、黄红壤、红壤性土三个亚类。其中，红壤亚类占本土类面积的76%，分布在海拔600m以下的低山、丘陵区，发育于多种成土母质，土体呈红棕色至红色，盐基饱和度较低，土壤呈酸性或强酸性，剖面构型为A-B-C或A-AB-B-C。

水稻土是涟源市第二大土壤类型，占本市地域面积的35%。水稻土是在长期的季节性淹灌、水下翻耕、季节性脱水、氧化还原交替影响下，原来成土母质或母土的特性发生重大改变，形成的新的土壤类型。由于干湿交替，水稻土形成糊状的淹育层、较坚实板结的犁底层、渗育层、潴育层与潜育层等多种发生层。本市水稻土分为淹育型、潴育型、渗育型、潜育型、沼泽型、矿毒型六个亚类。其中，潴育水稻土占本土类面积的80%，分布在淹育水稻土和潜育水稻土之间的冲田、垄田、坪田及沿河两岸，水利条件好，地下水位适中，一般为60—100cm。剖面层次发育清晰，潴育层发育明显，剖面构型为A-P-W-C或A-P-W-G-C。土层深厚，熟化程度和肥力较高，通透性较好，除部分砂性田外，一般保水保肥能力较强，复种指数较高。

石灰（岩）土是涟源市第三大土壤类型，占本市地域面积的7%。石灰（岩）土发生于热带、亚热带石灰岩山区，是石灰岩经溶蚀风化形成的厚薄不同的钙质饱和或含游离钙质的土壤，多见于石隙、溶洞或峰丛底部。该土壤碳酸钙淋溶程度不一，多黏土，多为铁钙质胶结物，风化程度不一，盐基饱和度高，有机质含量及胶结状态有较大差异。本市石灰（岩）土分为黑色石灰土和红色石灰土两个亚类。黑色石灰土一般分布在山顶岩隙、岩壳等局部地段及低丘地区，发育于石灰岩现代风化壳，土体中含有碳酸钙，呈碱性，有石灰反应。红色石灰土多分布在海拔500m以下的石灰岩山丘坡脚，位于红壤和黑色石灰土之间。红色石灰土处在石灰（岩）土向红壤发育的过渡阶段，仍以钙的淋溶过程为主，有弱度脱硅富铝化过程。由于淋溶作用，表土酸化至中性，无石灰反应，但底土pH有增高趋势。土体一般呈棕黄色或黄红色，有机质较缺乏，矿物质养分含量低。

小于本市地域面积3%的土壤类型有黄壤、黄棕壤、紫色土、潮土等。

本区域中心区气候特征

本区域中心区气候特征值
Regional climate characteristics in central area of the region

气候带：中亚热带湿润气候 Climate region: Subtropical humid climate	
年平均气温 /℃ Annual average temperature /℃	17.1
年平均最高气温 /℃ Annual average maximum temperature /℃	21.3
年平均最低气温 /℃ Annual average minimum temperature /℃	14.0
年降水量 /mm Annual precipitation /mm	1327
≥10℃的积温 /℃ Daily temperature accumulated in a year（≥10℃）/℃	6413
年日照时数 /h Annual sunshine /h	1525
年平均相对湿度 /% Annual average relative humidity /%	80
干燥度 Dryness	0.77

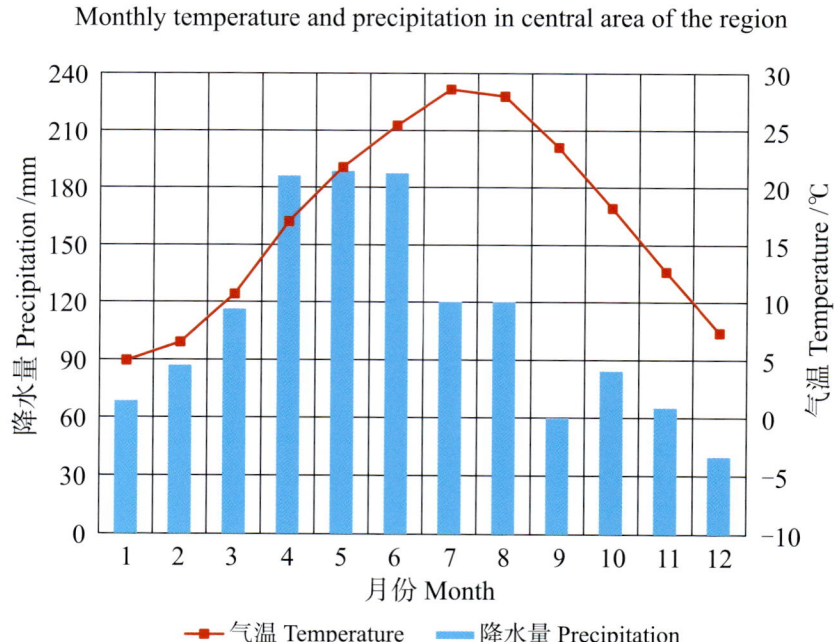

本区域中心区月平均气温与月平均降水量
Monthly temperature and precipitation in central area of the region

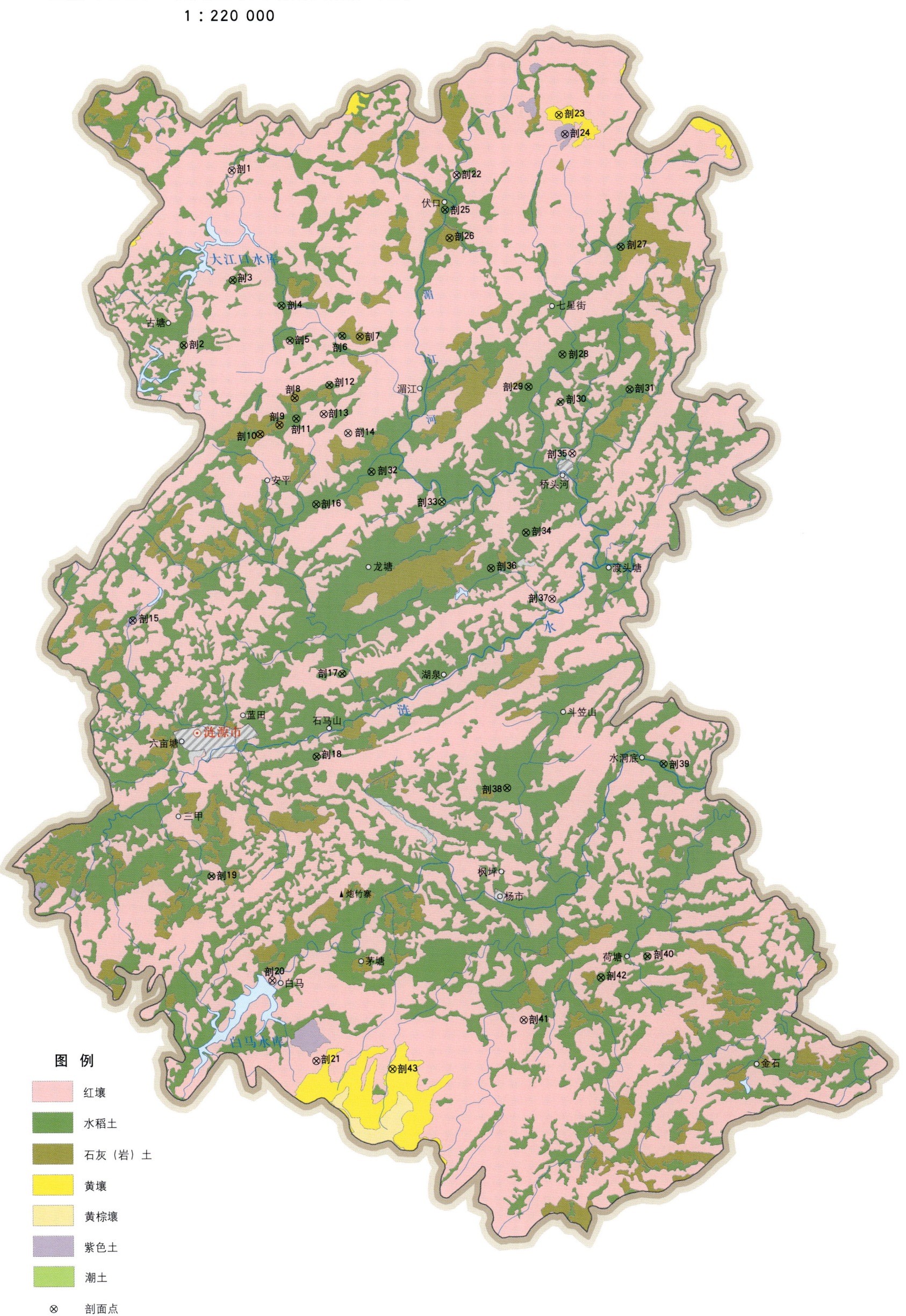

涟源市土壤剖面理化性状表

剖面号 Soil profile	土纲 Soil order	土类 Soil great group	亚类 Soil subgroup	土属 Soil genus	土种 Soil species	土层码 Layer code	土层厚度 Depth/cm	颜色 Soil color	质地 Soil texture	土壤结构 Soil structure	pH	有机质 OM/(g/kg)	全氮 TN/(g/kg)	全磷 TP/(g/kg)	全钾 TK/(g/kg)	土壤母质 Parent material	剖面点坐标 Profile coordinate	匹配指数 Matching index/%
剖1	铁铝土	红壤	红壤	砂岩红壤	薄腐厚层砂岩红壤	1	0—26	深红色	重壤土	粒状	5.2	30.5	1.73	1.29	10.5	砂岩风化物	E 111°40′33.8″ N 27°58′10.9″	97
						2	26—95	深红色	重壤土	粒状	5.6	11.6	1.24	1.74	11.1			
						3	95—150	深红色	重壤土	粒状	5.6	7.6	1.20	1.38	12.4			
剖2	人为土	水稻土	淹育水稻土	浅黄泥田	生黄泥田	A	0—14	浅红黄色	重壤土	块状	6.8	18.5	1.09	1.08	18.4		E 111°38′56.7″ N 27°53′06.3″	95
						Ap	14—22	黄棕色	重壤土	块状	6.9	7.4	0.88	0.85	18.6			
						C	22—100	棕红色	中黏土	块状	6.7	3.5	0.72	0.85	19.5			
剖3	人为土	水稻土	潴育水稻土	紫泥田	碱紫砂泥田	1	0—15	紫褐色	重壤土	小团粒状	7.6	30.7	1.53	0.72	16.5	紫色砂页岩风化物	E 111°40′33.9″ N 27°54′59.4″	75
						2	15—25	紫褐色	重壤土	粒状	7.6	27.2	1.44	0.99	16.2			
						3	25—100	紫色	重壤土	棱柱状	8.0	9.2	0.74	0.95	14.4			
剖4	人为土	水稻土	淹育水稻土	浅黄泥田	浅黄砂泥田	1	0—13	黄褐色	中壤土	碎粒状	6.0	10.2	1.04	0.81	12.1	砂岩风化物	E 111°42′10.5″ N 27°54′14.1″	95
						2	13—20	黄褐色	中壤土	块状	6.0	8.0	0.87	0.85	12.7			
						3	20—90	浅红棕色	紫砂土	碎粒状	6.0	3.2	0.54	0.75	17.0			
剖5	人为土	水稻土	淹育水稻土	浅酸紫泥田	浅酸紫砂泥田	1	0—15	紫褐色	中壤土	小团粒状	6.4	25.4	1.34	0.58	22.5	紫色砂页岩风化物	E 111°42′26.6″ N 27°53′13.2″	75
						2	15—25	紫褐色	中壤土	块状	6.4	19.1	1.02	0.58	21.0			
						3	25—100	紫色	重壤土	无结构	6.0	8.1	0.73	0.55	21.6			
剖6	人为土	水稻土	潴育水稻土	灰泥田	灰泥田	1	0—20	褐色	重壤土	小团粒状	8.0	53.8	3.16	0.98	20.2	石灰岩风化物	E 111°44′10.7″ N 27°53′20.7″	98
						2	20—30	褐色	重壤土	块状	8.0	52.0	2.70	0.68	21.7			
						3	30—50	灰棕色	轻黏土	棱柱状	8.0	17.7	1.55	0.85	20.4			
						4	50—100	灰棕色	轻黏土	棱柱状	8.0	10.5	1.28	1.03	20.4			
剖7	初育土	石灰(岩)土	红色石灰土	淋溶石灰土	薄腐淋溶石灰土	1	0—18	棕灰色	重壤土	小块状	7.2	26.8	1.88	1.27	17.1	石灰岩风化物	E 111°44′45.4″ N 27°53′19.2″	75
						2	18—39	灰黄色	重壤土	小块状	7.6	15.5	1.25	0.72	18.3			
						3	39—150	棕黄色	重壤土	小块状	8.0	7.9	1.20	0.73	18.5			
剖8	初育土	石灰(岩)土	黑色石灰土	黑色石灰土	大眼土	1	0—20	黄褐色	轻壤土	粒状	7.5	23.6	1.48	0.62	18.2	石灰岩风化物	E 111°42′35.2″ N 27°51′32.0″	75
						2	20—33	棕红色	中壤土	块状	7.6	22.8	1.08	0.83	17.4			
						3	33—100	黄色	中壤土	块状	7.6	11.7	1.00	0.46	20.5			
剖9	初育土	石灰(岩)土	红色石灰土	耕型红色石灰土	红灰土	1	0—30	棕色	中壤土	块状	6.4	22.3	1.41	1.02	9.0	石灰岩风化物	E 111°42′04.5″ N 27°50′45.3″	97
						2	30—75	棕红色	中壤土	块状	6.8	16.7	1.03	1.06	8.5			
						3	75—100	棕红色	中壤土	块状	7.2	4.7	0.77	0.80	12.0			
剖10	初育土	石灰(岩)土	黑色石灰土	黑色石灰土	大眼土	1	0—20	棕色	重壤土	碎块状	8.0	36.4	1.64	1.19	17.3	石灰岩风化物	E 111°41′26.5″ N 27°50′29.4″	75
						2	20—40	黄褐色	中壤土	碎块状	7.6	16.6	1.02	0.99	20.7			
						3	40—100	黄色	重壤土	块状	7.6	2.7	0.61	1.23	27.6			
剖11	人为土	水稻土	潴育水稻土	中性紫泥田	中性紫色泥田	1	0—16	紫褐色	中壤土	小团粒状	7.2	29.6	1.48	1.25	16.7	紫色砂页岩风化物	E 111°42′38.3″ N 27°50′56.0″	75
						2	16—25	紫紫色	中壤土	块状	7.4	23.8	1.29	0.74	18.3			
						3	25—100	紫色	中壤土	棱柱状	7.0	5.3	0.53	0.84	12.8			
剖12	人为土	水稻土	潴育水稻土	河砂泥田	河砂泥田	1	0—18	褐色	轻壤土	小团粒状	5.6	36.9	1.81	1.20	17.1	河流冲积物	E 111°43′44.4″ N 27°51′54.7″	95
						2	18—29	栗色	中壤土	块状	6.0	30.2	1.55	1.41	17.0			
						3	29—100	黄褐色	砂壤土	块状	6.4	13.1	0.66	1.15	16.7			
剖13	铁铝土	红壤	红壤性土	砂岩红壤性土	薄腐砂岩红壤性土	1	0—5	黄色	轻壤土	粒状	5.6	29.9	1.18	0.53	3.4	砂岩风化物	E 111°43′33.0″ N 27°51′03.5″	97
						2	5—29	黄褐色	中壤土	块状	6.7	13.6	0.70	0.77	4.0			
						3	29—150	黄色	轻黏土	块状	6.8	1.6	0.35	0.57	6.0			
剖14	铁铝土	红壤	红壤	石灰岩红壤	薄腐厚层石灰岩红壤	1	0—10	黄棕色	重壤土	粒状	5.6	19.2	1.22	0.57	17.2	石灰岩风化物	E 111°44′20.8″ N 27°50′30.0″	97
						2	10—96	浅红棕色	轻黏土	粒状	5.2	14.6	1.08	0.80	18.3			
						3	96—150	浅红棕色	轻黏土	粒状	5.2	3.3	0.68	0.62	17.4			

续表 Continued

剖面号 Soil profile	土纲 Soil order	土类 Soil great group	亚类 Soil subgroup	土属 Soil genus	土种 Soil species	土层码 Layer code	土层厚度 Depth/cm	颜色 Soil color	质地 Soil texture	土壤结构 Soil structure	pH	有机质 OM/(g/kg)	全氮 TN/(g/kg)	全磷 TP/(g/kg)	全钾 TK/(g/kg)	土壤母质 Parent material	剖面点坐标 Profile coordinate	匹配指数 Matching index/%
剖15	初育土	紫色土	中性紫色土	耕型中性紫色土	中性紫泥土	1	0—24	棕紫色	重壤土	粒状	6.8	20.1	0.84	0.76	13.3	紫色页岩风化物	E 111°37′10.6″ N 27°45′05.1″	97
						2	24—69	紫色	中壤土	块状	6.8	9.4	0.54	0.62	14.7			
						3	69—100	紫色	重壤土	块状	7.2				18.5			
剖16	人为土	水稻土	潴育水稻土	灰黄泥田	灰黄泥田	1	0—20	棕黄色	重壤土	小团粒状	6.0	32.7	≥10.00	1.46	16.4	石灰岩风化物	E 111°43′16.5″ N 27°48′25.6″	98
						2	20—30	棕黄色	重壤土	块状	6.4	23.0	1.42	1.48	17.9			
						3	30—50	黄红棕色	重壤土	核柱状	6.8	11.3	0.89	1.18	18.1			
						4	50—100	黄棕色	中壤土	核柱状	6.8	≤1.0	0.32	1.04				
剖17	人为土	水稻土	潴育水稻土	岩渣田	岩渣田	1	0—12	褐色	重壤土	小块状	6.8	33.3	1.79	0.66	10.6	硅质页岩风化物	E 111°44′04.7″ N 27°43′28.5″	97
						2	12—20	黄褐色	重壤土	块状	6.8	6.1	1.76	0.69	10.8			
						3	20—100	黄褐色	重壤土	柱状	7.2		0.63	0.71	11.2			
剖18	人为土	水稻土	矿毒型水稻土	金属矿"毒"田	混合金属矿"毒"田	1	0—14	黄褐色	中壤土	小团粒状	7.4	26.3	1.51	1.24	18.9	砂岩风化物	E 111°43′12.1″ N 27°41′03.7″	97
						2	14—24	黄褐色	重壤土	柱状	7.4	15.9	1.33	1.24	19.1			
						3	24—100	黄棕色	重壤土	块状	7.8	9.2	0.75	1.19	20.5			
剖19	人为土	水稻土	淹育水稻土	浅碱性紫色田	浅碱紫泥田	1	0—15	紫色	轻黏土	块状	8.0	26.6	1.51	1.60	28.5	紫色页岩风化物	E 111°39′41.7″ N 27°37′35.0″	97
						2	15—25	紫色	轻黏土	块状	8.0	23.1	1.46	1.13	30.3			
						3	25—100	紫棕色	轻黏土	块状	8.0	11.0	1.02	1.10	28.8			
剖20	铁铝土	红壤	红壤	耕型石灰岩红壤	灰红壤	1	0—17	棕色	重壤土	团粒状	5.6	21.4	1.04	0.90	15.9	石灰岩风化物	E 111°41′39.9″ N 27°34′31.4″	95
						2	17—60	浅红棕色	中壤土	块状	5.6	7.0	0.75	0.55	17.2			
						3	60—	红棕色	重壤土	无结构	5.0	6.8	0.75	0.68	16.7			
剖21	铁铝土	红壤	黄红壤	板页岩砂质红壤	中腐中层板页岩黄红壤	1	0—16	深栗色	轻黏土	团粒状	5.6	49.6	2.63	1.72	26.7	板页岩风化物	E 111°43′04.8″ N 27°32′11.2″	97
						2	16—28	棕色	重壤土	粒状	5.2	32.5	1.91	1.63	26.7			
						3	28—58	红棕色	重壤土	粒状	4.8	15.8	1.19	1.23	24.5			
						4	58—105	浅红棕色	重壤土	碎块状	4.8	11.6	0.92	1.37	27.5			
剖22	铁铝土	红壤	黄红壤	耕型砂岩红壤	黄砂土	1	0—20	棕灰色	重壤土	粒状	6.4	23.0	1.18	0.50	16.0	板页岩风化物	E 111°47′59.5″ N 27°58′00.5″	95
						2	20—42	黄色	中壤土	核块状	6.0	7.2	0.80	0.61	23.3			
						3	42—	棕色	轻壤土	核块状	5.6	5.4	0.80	0.74	23.8			
剖23	铁铝土	黄壤	黄壤性土	砂岩黄壤性土	薄腐砂岩黄壤性土	1	0—9	深栗色	中壤土	团粒状	6.1	72.7	3.25	1.85	12.1	砂岩风化物	E 111°51′23.8″ N 27°59′45.7″	97
						2	9—39	棕黄色	中壤土	碎块状	5.7	36.4	1.64	1.36	16.2			
						3	39—150	浅棕黄色	中壤土	碎块状	5.5	11.4	0.96	0.98	17.3			
剖24	初育土	紫色土	酸性紫色土	酸性紫色土	薄腐酸性紫色土	1	0—20	浅红紫色	轻壤土	粒状	5.2	13.1	0.61	1.79	7.6	紫色砂岩风化物	E 111°51′35.4″ N 27°59′11.3″	75
						2	20—60	紫红色	中壤土	碎块状	5.2	7.4	0.57	1.57	8.3			
						3	60—100	紫棕色	中壤土	无结构	5.2	4.6	0.48	1.56	8.3			
剖25	人为土	水稻土	淹育水稻土	浅灰泥田	浅灰泥田	1	0—14	深灰色	中壤土	小块状	8.0	18.9	1.26	1.14	22.2	石灰岩风化物	E 111°47′36.2″ N 27°57′03.7″	95
						2	14—23	灰色	重壤土	块状	7.6	17.5	1.12	1.12	20.0			
						3	23—100	栗色	中壤土	块状	7.5	4.5	0.75	0.80	27.9			
剖26	初育土	石灰（岩）土	黑色石灰土	黑色石灰田	黑色石灰田	1	0—7	棕色	轻壤土	粒状	8.0	42.7	2.28	0.74	25.5	石灰岩风化物	E 111°51′44.4″ N 27°36′10.3″	97
						2	7—22	棕黄色	轻壤土	小块状	8.0	4.8	0.87	0.51	24.9			
						3	22—150	紫色	中壤土	块状	8.0	5.3	0.80	0.85	23.2			
剖27	人为土	水稻土	酸性紫色土	酸性紫泥田	酸紫砂泥	1	0—14	紫色	重壤土	小团粒状	6.0	39.7	2.17	0.90	23.9	紫色砂岩坡积物	E 111°53′24.3″ N 27°55′53.4″	95
						2	14—24	紫棕色	重壤土	块状	6.0	32.5	1.86	1.10	24.5			
						3	24—50	紫棕色	重壤土	核柱状	6.8	20.9	1.38	1.15	20.4			
						4	50—100	紫棕色	重壤土	块状	7.0	11.0	1.04	0.94	17.3			
剖28	人为土	水稻土	淹育水稻土	浅黄泥田	生黄泥田	1	0—14	黄褐色	重壤土	小团粒状	6.8	18.5	1.09	1.08	18.4	板页岩风化物	E 111°51′26.5″ N 27°52′45.5″	97
						2	14—22	棕红色	重壤土	碎块状	6.4	7.4	0.88	0.85	18.6			
						3	22—100	棕红色	中壤土	粒状	6.0	3.5	0.72	0.85	19.5			

续表 Continued

剖面号 Soil profile	土纲 Soil order	土类 Soil great group	亚类 Soil subgroup	土属 Soil genus	土种 Soil species	土层码 Layer code	土层厚度 Depth/cm	颜色 Soil color	质地 Soil texture	土壤结构 Soil structure	pH	有机质 OM/(g/kg)	全氮 TN/(g/kg)	全磷 TP/(g/kg)	全钾 TK/(g/kg)	土壤母质 Parent material	剖面点坐标 Profile coordinate	匹配指数 Matching index/%
剖29	人为土	水稻土	潴育水稻土	黄砂泥田	黄砂泥田	1	0–15	棕灰色	中壤土	小团粒状	5.6	34.6	1.32	0.75	12.8	砂岩风化物	E 111°50′18.7″ N 27°51′48.8″	95
						2	15–25	棕灰色	中壤土	块状	5.6	21.8	1.60	0.70	12.8			
						3	25–100	灰棕色	中壤土	柱状	6.4	8.3	0.70	0.66	13.6			
剖30	人为土	水稻土	淹育水稻土	浅岩渣田	浅岩渣田	1	0–15	浅棕色	轻壤土	粒状	6.0	20.5	1.28	1.30	10.2	硅质页岩风化物	E 111°51′21.9″ N 27°51′21.8″	95
						2	15–22	栗色	轻壤土	小块状	6.0	15.8	1.15	1.15	10.0			
						3	22–100	棕色	中壤土	块状	6.0	7.8	0.65	0.95	10.2			
剖31	人为土	水稻土	潴育水稻土	红黄泥田	红黄泥田	1	0–17	灰棕色	中壤土	小团粒状	6.0	33.4	1.79	0.76	15.8	第四纪红色黏土	E 111°53′39.3″ N 27°51′43.2″	95
						2	17–28	棕灰色	中壤土	块状	6.4	27.6	1.62	1.02	15.8			
						3	28–100	棕黄色	中壤土	核柱状	6.4	1.1	0.60	1.02	16.7			
剖32	人为土	水稻土	矿毒型里毒田	非金属矿毒田	煤炭矿"毒田"	1	0–18	黑色	中壤土	小团粒状	5.2	69.4	2.99	1.13	17.2	砂岩风化物	E 111°45′06.2″ N 27°49′22.3″	95
						2	18–29	黑色	轻壤土	核柱状	4.4	52.7	1.75	1.23	19.5			
						3	29–55	棕黄色	中壤土	核柱状	4.4	40.0	1.52	0.91	23.6			
						4	55–100				4.4							
剖33	半水成土	潮土	河潮土	耕型河潮土	河砂土	1	0–22	灰褐色	砂壤土	粒状	8.0	18.3	0.68	1.14	24.0	河流冲积物	E 111°47′25.2″ N 27°48′28.6″	97
						2	22–28	黄褐色	砂壤土	粒状	7.6	14.8	0.67	0.74	22.4			
						3	28–100	褐色	砂壤土	粒状	7.6	6.7	0.47	1.28	22.7			
剖34	人为土	水稻土	潜育水稻土	烂泥田	钙质烂泥田	1	0–20	灰棕色	重壤土	无结构	7.6	65.0	2.84	1.58	20.9	石灰岩风化物	E 111°50′11.2″ N 27°47′33.7″	98
						2	20–100	深灰色	重壤土	无结构	7.8	58.5	2.32	1.15	21.0			
剖35	铁铝土	红壤	红壤	耕型第四纪红土红壤	红泥土	1	0–13	深红色	重壤土	粒状	5.2	12.0	0.83	1.18	16.3	第四纪红色黏土	E 111°51′44.2″ N 27°49′51.5″	98
						2	13–100	棕红色	重壤土	碎粒状	5.2	2.8	0.62	0.77	16.7			
剖36	人为土	水稻土	潴育水稻土	灰泥田	大眼泥田	1	0–17	棕色	中壤土	粒状	7.6	35.4	1.19	1.12	16.3	石灰岩风化物	E 111°49′01.2″ N 27°46′31.5″	95
						2	17–25	黄褐色	中壤土	块状	7.6	22.4	1.30	1.08	16.6			
						3	25–100	棕色	重壤土	柱状	7.0	4.8	0.38	0.81	14.3			
剖37	铁铝土	红壤	红壤	第四纪红色黏土红壤	厚层红土红壤	1	0–18	黄褐色	中壤土	碎块状	5.0	22.8	1.05	0.66	10.8	第四纪红色黏土	E 111°51′01.6″ N 27°45′37.0″	99
						2	18–82	红棕色	中壤土	碎块状	4.8	8.8	0.56	0.74	14.8			
						3	82–150	深红色	中壤土	碎块状	4.8	4.1	0.55	0.45	26.7			
剖38	人为土	水稻土	潜育水稻土	青泥田	青泥田	1	0–22	褐色	中壤土	小块状	7.2	46.7	2.11	2.46	18.9	石灰岩风化物	E 111°49′28.3″ N 27°40′05.8″	98
						2	22–43	深棕色	中壤土	块状	7.2	39.3	1.75	1.46	19.8			
						3	43–100	深灰色	重壤土	块状	7.2	23.6	1.16	2.34	20.3			
剖39	人为土	水稻土	淹育水稻土	浅红黄泥田	浅红黄泥田	1	0–13	黄褐色	中壤土	小团粒状	6.2	20.9	1.14	1.20	13.9	第四纪红色黏土	E 111°54′38.2″ N 27°40′46.0″	95
						2	13–23	黄棕色	中壤土	块状	6.2	11.5	0.75	0.94	14.3			
						3	23–100	棕红色	中壤土	块状	5.6	2.9	0.47	0.80	17.3			
剖40	人为土	水稻土	潜育水稻土	冷浸田	钙质冷浸田	1	0–14	棕色	中壤土	小团粒状	8.0	45.9	2.30	1.38	18.0	石灰岩风化物	E 111°54′01.8″ N 27°35′07.1″	98
						2	14–25	深黄色	重壤土	块状	8.0	39.9	2.08	1.03	18.4			
						3	25–100	黄褐色	重壤土	块状	8.0	32.4	1.69	0.61	18.5			
剖41	铁铝土	红壤	红壤土	板页岩红壤土	薄腐板页岩红壤性土	1	0–8	褐色	重壤土	无结构	4.8	49.1	2.19	1.76	8.4	板页岩风化物	E 111°49′55.4″ N 27°33′18.3″	95
						2	8–35	棕色	重壤土	无结构	5.2	24.9	1.32	1.71	9.2			
						3	35–150	灰色	重壤土	无结构	5.2	14.0	1.03	1.69	10.0			
剖42	人为土	水稻土	潜育水稻土	青泥田	青鸭屎泥田	1	0–18	棕灰色	重壤土	小团粒状	7.6	51.4	2.54	1.65	15.0	石灰岩风化物	E 111°52′29.1″ N 27°34′31.1″	98
						2	18–28	灰色	重壤土	无结构	7.6	42.1	2.00	9.80	15.5			
						3	28–100	灰色	重壤土	无结构	7.6	47.2	3.79	1.40	15.6			
剖43	铁铝土	黄壤	黄壤性土	板页岩黄壤性土	中腐板页岩黄壤性土	1	0–15	深棕色	轻壤土	团粒状	5.6	79.8	2.34	1.96	21.2	板页岩风化物	E 111°45′35.0″ N 27°31′55.9″	97
						2	15–39	黄棕色	轻黏土	粒状	5.2	39.0	2.32	1.83	23.0			
						3	39–150	棕黄色	轻黏土	小块状	4.8	10.4	1.07	1.20	24.8			

湘西土家族苗族自治州

吉首市

主要土类说明

紫色土是吉首市主要土壤类型，占本市地域面积的 42%。由于母岩极易发生物理风化，岩石风化成土的速度快且程度低，所以紫色土保留了许多母质的特征，如颜色、矿物质组成等。由于大部分地区植被遭到破坏，水土流失严重，淋溶作用强，土壤中有机质、氮、磷、钾等养分缺乏。

红壤是吉首市第二大土壤类型，占本市地域面积的 30%。红壤具有较明显的脱硅富铝化过程，富铝化是红壤发育的重要标志。本市红壤仅有黄红壤一个亚类，土体表面呈黄棕色至棕色，心土层呈浅红棕色，或全剖面呈橘红色，剖面构型多为 A–B–C 或 A–BC–C。

石灰（岩）土是吉首市第三大土壤类型，占本市地域面积的 12%。石灰（岩）土是由石灰岩发育而成的一种岩成土，零星分布在山顶岩隙、岩窝处。本市石灰（岩）土分为黑色石灰土和红色石灰土两个亚类。

水稻土占本市地域面积的 10%。土壤经淹水耕作，形成了不同于旱地土壤的形态、理化和生物特性，并产生了特有的犁底层。由于土层受水的作用强度、作用时间和水分下渗速度不同，物质淋溶淀积的再分配程度不一，因而水稻土形成了特有的淹育层、潴育层、潜育层、渗育层等发育层次。

黄壤占本市地域面积的 5%，分布在海拔 500—900m 的中低山区。由于所处地区地势高，气候凉爽，空气湿度大，土壤中游离氧化铁水化而使土体呈黄色。本市黄壤分为黄壤和黄壤性土两个亚类。

小于本市地域面积 3% 的土壤类型有潮土等。

本区域中心区气候特征

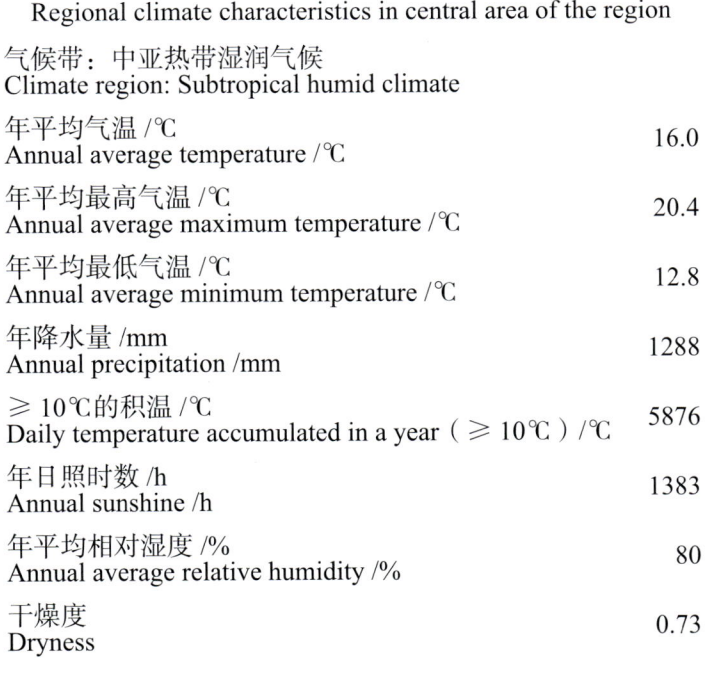

本区域中心区气候特征值
Regional climate characteristics in central area of the region

项目	值
气候带：中亚热带湿润气候 Climate region: Subtropical humid climate	
年平均气温 /℃ Annual average temperature /℃	16.0
年平均最高气温 /℃ Annual average maximum temperature /℃	20.4
年平均最低气温 /℃ Annual average minimum temperature /℃	12.8
年降水量 /mm Annual precipitation /mm	1288
≥10℃的积温 /℃ Daily temperature accumulated in a year (≥10℃) /℃	5876
年日照时数 /h Annual sunshine /h	1383
年平均相对湿度 /% Annual average relative humidity /%	80
干燥度 Dryness	0.73

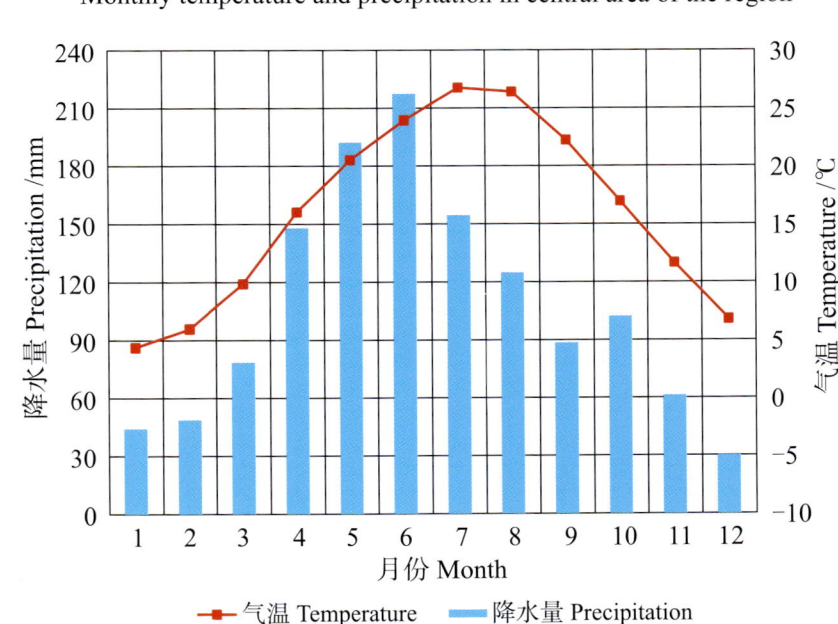

本区域中心区月平均气温与月平均降水量
Monthly temperature and precipitation in central area of the region

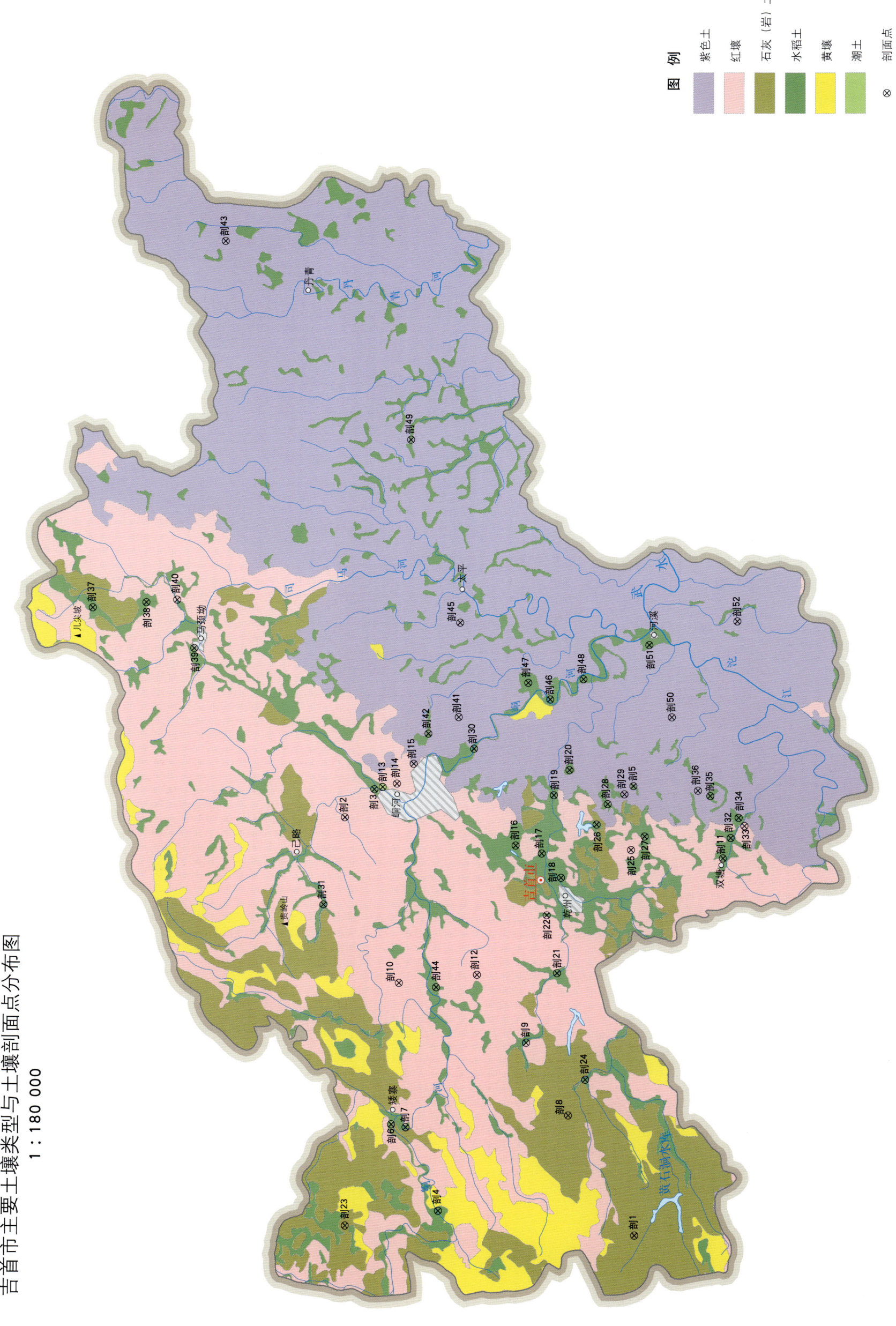

吉首市土壤剖面理化性状表

剖面号 Soil profile	土纲 Soil order	土类 Soil great group	亚类 Soil subgroup	土属 Soil genus	土种 Soil species	土层码 Layer code	土层厚度 Depth/cm	颜色 Soil color	质地 Soil texture	pH	有机质 OM/(g/kg)	全氮 TN/(g/kg)	全磷 TP/(g/kg)	全钾 TK/(g/kg)	碱解氮 AN/(mg/kg)	有效磷 AP/(mg/kg)	速效钾 AK/(mg/kg)	土壤母质 Parent material	剖面点坐标 Profile coordinate	匹配指数 Matching index/%
剖1	初育土	石灰（岩）土	红色石灰土	红色石灰土		A	0—12	棕色	轻黏土	7.9	21.4	1.32	0.77	36.2		2.3	144	石灰岩残积物	E 109°32′30.2″ N 28°20′35.5″	95
						BvC	12—100	棕色	重黏土	7.6	14.6	0.98	0.54	33.3	98					
剖2	铁铝土	红壤	黄红壤	板页岩黄红壤		A₁	0—4	栗色	砂壤土	5.5	54.2	2.32	0.86	9.3		1.4	56	冰碛砂岩	E 109°43′31.2″ N 28°20′46.0″	95
						Bv	22—37	棕黄色	壤土	5.5	27.3	1.41	1.36	8.4	75					
						C	37—56			6.3										
						C	56—100													
剖3	半水成土	潮土	河潮土	耕型河潮土		As	0—20	灰棕色		8.3	13.1	1.13	0.45	21.2		3.3	46	河流冲积物	E 109°44′19.5″ N 28°20′00.3″	75
						Cs	20—75	灰棕色		8.6					87					
						C	75—	黄棕色		6.3										
剖4	人为土	水稻土	淹育水稻土	浅黄泥田	浅黄泥田	A	0—14	黄褐色	重壤土	5.5	22.7	1.61	0.87	24.5		4.3	67	板页岩洪积物	E 109°41′08.0″ N 28°21′14.6″	95
						Pg	14—20	黄褐色	重黏土	6.6	16.6	1.24	0.89	24.5	119					
						C	20—100	棕黄色	重黏土	6.1	9.8	0.79	0.81	15.3						
剖5	人为土	水稻土	潜育水稻土	青泥田		A	0—23	灰色	轻壤土	7.9	33.2	1.82	1.40	29.6		4.4	86	板页岩坡积物	E 109°32′56.4″ N 28°18′21.8″	95
						Pg	23—33	灰色	轻壤土	8.2	18.9	1.06	1.33	29.7	148					
						G	33—100	棕灰色	轻壤土	8.3	19.3	0.93	1.31	31.9						
剖6	人为土	水稻土	潜育水稻土	灰黄泥田		A	0—17	褐色	重壤土	6.0	31.4	1.59	0.93	32.8		7.4	69	石灰岩坡积物	E 109°35′13.6″ N 28°19′31.6″	75
						Pg	17—28	灰棕褐色	重壤土	6.5	21.8	1.36	0.96	33.8	133					
						W	28—100	棕褐色	重壤土	7.0	10.5	0.84	0.96	33.8						
剖7	人为土	潴育水稻土	河砂泥田			A	0—19	灰棕色	砂壤土	8.0	23.8	1.43	1.42	29.5		7.2	64	近代河流冲积物	E 109°35′09.7″ N 28°19′10.7″	95
						Pg	19—34	灰棕色	轻壤土	8.1	13.5	0.98	1.27	30.6	99					
						W	34—60	黄棕色	中壤土	8.2	10.3	0.84	1.31	32.0						
						S	60—100													
剖8	初育土	石灰（岩）土	红色石灰土	红色石灰土		Aoo	0—2	深栗色											石灰岩坡积物	E 109°35′32.8″ N 28°15′16.3″	95
						Ao	2—3	棕色													
						A₁	3—4	浅红棕色	重壤土	6.5	33.7	1.55	0.77	27.7		≤1.0	145			
						BvC	4—25	浅红棕色	重壤土	7.5	13.9	0.82	0.70	32.4	143					
						C	25—68		中壤土	8.1			0.72	38.9						
							68—100													
剖9	人为土	水稻土	潴育水稻土	灰泥田	青隔灰泥田	A	0—19	灰棕色	黏壤土	7.5	37.7	2.01	1.01	38.5		5.5	81	石灰岩坡积物	E 109°37′28.5″ N 28°16′18.8″	95
						Pg	19—29	棕灰色	黏壤土	8.8	27.6	1.56	0.89	39.7	162					
						W	29—100	棕灰色	黏壤土	8.0	16.7	1.02	0.87	39.7						
剖10	铁铝土	黄红壤	耕型板页岩黄红壤	黄红岩渣子土		A	0—21	棕黄色	重黏土	6.0	15.2	0.84	0.43	35.6		≤1.0	73	石灰岩坡积物	E 109°39′02.7″ N 28°19′23.7″	75
						Bv	21—62	黄色	轻壤土	6.0	16.5	0.86	0.41	25.5	75					
						C	62—100	紫棕色	轻壤土	6.5	13.7	0.94	0.36	31.5						
剖11	人为土	潴育水稻土	河砂泥田			A	0—15	紫棕色	中壤土	6.5	17.0	1.09	0.60	11.1		7.0	76	板页岩坡积物、残积物	E 109°38′56.3″ N 28°18′29.9″	95
						Pg	15—23	红灰色	轻壤土	6.5	12.5	0.84	0.63	13.1	100					
						W	23—39	栗色	中壤土	7.0	3.7	0.87	0.53	15.2						
						C	39—			7.5	3.5	0.42	0.56	15.2						
剖12	铁铝土	黄红壤	板页岩黄红壤	薄腐薄层板页岩黄红壤		A₁	0—1	褐色	重黏土									板页岩坡积物、残积物	E 109°39′17.7″ N 28°17′31.4″	75
						A	1—10	褐色	重黏土	6.5	24.1	1.18	0.43	40.8	42	1.1	102			
						BvC	10—23	棕黄色	重黏土	7.1	12.6	0.58	0.30	44.0						
						D	23—100	灰色												

续表 Continued

剖面号 Soil profile	土纲 Soil order	土类 Soil great group	亚类 Soil subgroup	土属 Soil genus	土种 Soil species	土层码 Layer code	土层厚度 Depth/cm	颜色 Soil color	质地 Soil texture	pH	有机质 OM/(g/kg)	全氮 TN/(g/kg)	全磷 TP/(g/kg)	全钾 TK/(g/kg)	碱解氮 AN/(mg/kg)	有效磷 AP/(mg/kg)	速效钾 AK/(mg/kg)	土壤母质 Parent material	剖面点坐标 Profile coordinate	匹配指数 Matching index/%
剖13	半水成土	潮土	河潮土	耕型河潮土		A	0~25	红棕色	砂壤土	7.0	28.2	1.73	1.84	30.7	108	24.9	87	河流沉积物	E 109°44′21.2″ N 28°19′51.9″	75
剖14	铁铝土	红壤	黄红壤	石灰岩黄红壤		W	25~	红棕色	砂壤土	7.3	12.4	1.15	1.19	30.9	103	5.3	102	黄色砂岩坡残积物	E 109°44′26.8″ N 28°19′31.3″	95
剖15	初育土	紫色土	石灰性紫色土	石灰性紫色土	薄层石灰性紫色土	A	0~17	黄褐色	砂壤土	6.0	25.0	0.94	0.31	14.2				紫色页岩残积物	E 109°44′59.5″ N 28°19′07.6″	75
						Bv	17~34	黄棕色		6.0	21.4	0.69	0.27	12.0						
						C	34~100	棕色		6.0	13.2	0.64	0.24	15.7	57	1.7	67			
						ABv	0~20	紫棕色	壤土	8.0	10.8	0.77	0.78	24.5						
						C	20~69	紫色	壤土	8.0			0.89	23.4						
						D	69~													
剖16	水稻土	潴育水稻土	岩渣子田	中岩渣子田		Pg	0~18	灰棕色	黏壤土	5.5	25.1	1.96	0.85	30.7	159	6.1	76	坡积物，河溪残积物	E 109°42′49.3″ N 28°16′38.7″	95
						Ws	18~27	棕灰色	黏壤土	6.0	19.4	1.53	0.74	30.7						
						Cs	27~59	深栗色	砂壤土	6.5	26.4	1.75	1.25	29.1						
							59~100	棕黄色	砂壤土	7.5										
剖17	水稻土	淹育水稻土	浅酸紫泥田	浅酸紫砂泥田		Pg	0~11	紫褐色	轻壤土	5.3	22.5	1.51	0.38	21.0	129	1.4	67	紫色砂岩坡积物	E 109°42′36.9″ N 28°16′00.7″	95
						C	11~15	紫色	壤土	5.6	20.6	1.35	0.38	20.2						
							15~29	砂灰色	砂壤土	6.1	11.7	0.98	0.35	20.1						
						D	29~													
剖18	水稻土	潴育水稻土	酸紫泥田	酸性紫砂泥田		A	0~18	紫棕色	轻壤土	5.2	22.4	1.41	0.74	19.3	136	6.0	55	紫色砂岩坡积物	E 109°41′58.2″ N 28°15′32.4″	95
						Pg	18~27	紫棕色	轻壤土	5.8	13.7	0.86	0.69	20.4						
						W	27~56	棕灰色	轻壤土	6.5	7.5	0.51	0.54	17.4						
						C	56~	棕色	轻壤土	7.0	9.5	0.45	0.38	8.1						
剖19	水稻土	淹育水稻土	碱性紫泥田	碱性紫砂泥田		A	0~18	紫棕色	中壤土	8.1	22.6	1.77	0.77	10.2	95	3.9	81	紫色砂岩坡积物	E 109°42′11.4″ N 28°15′44.5″	95
						Pg	18~27	紫棕色	重壤土	8.1	16.2	0.98	0.62	9.2						
						W	27~100	紫红棕色	重壤土	8.5	7.7	0.67	0.34	7.2						
剖20	水稻土	潴育水稻土	白散泥田	白散泥田		A	0~17	紫色	重壤土	6.2	18.2	1.18	0.54	14.2	98	2.8	87	紫色页岩坡积物	E 109°44′52.7″ N 28°15′22.8″	75
						Pg	17~23	紫色	黏壤土	6.6	12.1	0.76	0.56	13.2						
						E	23~100	紫色	重壤土	6.5	3.8	0.45	0.18	14.2						
剖21	水稻土	潴育水稻土	烂泥田	烂泥田		Ag	0~22	棕灰色	重壤土	6.5	43.3	2.32	0.75	26.9	174	13.6	87	页岩坡积物	E 109°39′22.5″ N 28°15′35.9″	95
						G	22~100	灰色	重壤土	6.5	31.4	1.78	0.50	28.9						
剖22	水稻土	渗育水稻土	白鳝泥田	青鳝白鳝泥田		A	0~26	棕灰色	重壤土	5.9	42.8	2.49	0.87	22.5	170	4.6	69	页岩坡积物	E 109°40′56.0″ N 28°15′52.0″	75
						Eg	26~36	灰白色	重壤土	6.0	32.4	2.07	0.37	23.7						
							36~63	棕黄色	重壤土	5.9	19.9	1.54	0.37	25.2						
						C	63~100		重壤土	7.0	8.3	0.84	0.46	18.7						
剖23	初育土	石灰(岩)土	黑色石灰土	黑型石灰岩黄红壤		A₁	0~1	深棕色	重壤土	7.6	44.0	2.44	2.03	16.7	112	1.4	44	石灰岩坡积物	E 109°32′22.2″ N 28°13′37.6″	75
						AC	1~7	棕色	中壤土	7.8	23.0	0.80	4.10	12.0						
						D	7~47													
剖24	水稻土	潴育水稻土	黄泥田	黄泥田		A	0~19	棕色	重壤土	5.9	29.6	1.69	1.02	25.6	179	4.8	58	板页岩风化	E 109°36′30.8″ N 28°14′52.5″	95
						Pg	19~28	黄棕色	重壤土	6.4	14.8	1.03	0.84	≥50.0						
						W	28~100	棕灰色	重黏土	6.9	6.9	6.90	0.50	31.3						
剖25	铁铝土	红壤	黄红壤	耕型石灰岩黄红壤		A	0~20	棕黄色	重黏土	6.5	15.8	1.18	1.90	24.6	87	≥100.0	80	石灰岩坡积物	E 109°42′44.5″ N 28°13′52.0″	95
						BvC	20~100	黄色	重黏土	8.3	5.1	0.59	2.95	25.9						
剖26	人为土	水稻土	淹育水稻土	浅碱紫泥田	浅碱紫砂泥田	Pg	15~25	紫色	轻砂壤土	8.0	15.6	1.03	0.59	19.5	88	2.1	61	紫色砂岩坡积物	E 109°43′25.2″ N 28°14′42.1″	95
						CD	25~100	紫色	中壤土	8.4	9.7	0.63	0.62	25.7						
													0.54	23.5						

续表 Continued

剖面号 Soil profile	土纲 Soil order	土类 Soil great group	亚类 Soil subgroup	土属 Soil genus	土种 Soil species	土层码 Layer code	土层厚度 Depth/cm	颜色 Soil color	质地 Soil texture	pH	有机质 OM/(g/kg)	全氮 TN/(g/kg)	全磷 TP/(g/kg)	全钾 TK/(g/kg)	碱解氮 AN/(mg/kg)	有效磷 AP/(mg/kg)	速效钾 AK/(mg/kg)	土壤母质 Parent material	剖面点坐标 Profile coordinate	匹配指数 Matching index/%
剖27	人为土	水稻土	潴育水稻土	灰黄泥田		A	0—16	黄棕色	轻黏土	6.6	27.4	1.52	0.82	20.5	153	6.8	67	石灰岩坡积物	E 109°43′06.8″ N 28°13′32.5″	95
						Pg	16—24	黄棕色	轻黏土	6.5	18.9	1.31	0.84	14.3						
						W₁	24—53	棕黄色	轻黏土	6.9	11.0	0.78	1.05	16.4						
						W₂	53—100	棕黄色	轻黏土	6.7	6.4	0.96	1.22	20.7						
剖28	人为土	水稻土	渗育水稻土	白散泥田	侧渗白散泥田	Ae	0—16	棕灰色	壤土	5.5	27.7	2.18	0.94	32.8	147	5.4	69	砾岩洪积物	E 109°43′58.5″ N 28°14′26.6″	75
						Pe	16—24	灰白色	重壤土	6.1	17.8	1.43	0.90	34.1						
						We	24—29	棕灰色	重壤土	7.0										
						Cs	29—100													
剖29	初育土	紫色土	中性紫色土	中性紫色土		A	0—6	栗色	壤土	6.5	23.1	1.39	0.46	18.2	34	1.8	67	紫色页岩、紫色砾岩坡积物	E 109°44′14.5″ N 28°14′02.9″	95
						Bv	6—60	棕黄色	壤土	6.8	10.7	0.73	0.48	20.2						
						C	60—100	紫色	壤土	6.8			0.43	20.8						
剖30	人为土	水稻土	淹育水稻土	浅岩渣子田	浅岩渣子底田	A	0—14	灰棕色	轻黏土	5.6	25.0	1.89	1.19	35.0	137	3.5	87	河流冲积物	E 109°44′28.3″ N 28°13′49.7″	75
						Pg	14—23	灰棕色	重壤土	6.4	15.8	1.43	1.00	34.0						
						Cs	23—100	棕红色	重壤土	6.5	9.0	1.07	0.90	32.3						
剖31	人为土	水稻土	潜育水稻土	青泥田		Ag	0—27	棕灰色	砂壤	7.1	42.4	2.19	0.87	37.8	160	2.0	36	河流冲积物	E 109°42′33.2″ N 28°11′39.0″	95
						Pg	27—44	灰灰色	砂壤	7.2	39.5	2.25	0.74	34.8						
						Gs	44—100	灰色	砂壤	7.3	41.0	2.00	0.64	35.1						
剖32	人为土	水稻土	淹育水稻土	浅酸紫泥田	薄腐中层浅酸紫泥田	A	0—13	紫棕色	重壤土	5.6	28.1	1.59	0.97	20.7	151	9.4	81	紫色页岩坡积物	E 109°43′06.7″ N 28°11′28.4″	95
						Pg	13—23	棕灰色	壤土	6.1	19.1	1.08	0.94	18.6						
						C	23—100	紫黄色	壤土	6.7	11.4	0.82	0.94	26.9						
剖33	铁铝土	红壤	黄红壤	石灰岩黄红壤	石灰岩底田	A₁	0—3	深栗色	重壤土	6.2	16.9	1.32	0.51	33.9	59	≤1.0	124	石灰岩坡积物	E 109°43′26.4″ N 28°11′08.5″	75
						A	3—35	黄褐色	中壤土	6.3	11.6	1.11	0.49	35.1						
						Bv	35—50	灰色												
						D	50—100													
剖34	人为土	水稻土	渗育水稻土	白鳝泥田	白磁砂泥田	A	0—13	黄褐色	壤土	5.6	23.0	1.15	0.43	12.2	141	4.2	102	红色砂岩坡积物	E 109°43′39.4″ N 28°11′17.1″	75
						Pg	13—19	黄褐色	壤土	5.9	13.4	0.63	0.36	14.4						
						W	19—41	棕黄色	壤土	5.9	10.5	0.47	0.36	11.2						
						E	41—100		壤土	5.6	23.0	1.15	0.43	12.2						
剖35	人为土	紫色土	酸性紫色土	黄紫泥田		A	0—15	褐色	黏壤土	8.1	32.3	1.98	0.84	9.3	140	5.2	58	石灰岩	E 109°44′14.1″ N 28°11′58.7″	75
						Pg	15—25	黄褐色	黏壤土	8.1	27.5	1.71	0.87	14.5						
						W	25—100	黄褐色	黏壤土	8.0	8.4	0.85	0.82	8.1						
						Ao	0—1													
剖36	初育土	紫色土	潴育水稻土	浅岩渣子田		A	1—3	紫棕色	壤土	6.0	12.7	0.88	0.48	16.1	104	3.2	100	紫色砂岩残积物	E 109°44′22.2″ N 28°12′16.5″	75
						BvC	3—19	紫色	壤土	6.0	3.7	0.37	0.43	17.1						
						D	19—100	紫色												
剖37	人为土	水稻土	淹育水稻土	灰泥田	青褐鸭屎田	A	0—15	棕黄色	中壤土	5.6	23.6	1.57	0.93	9.2	157	3.9	94	板页岩坡积物	E 109°49′07.0″ N 28°26′54.3″	95
						Pg	15—25	棕黄色	轻黏土	5.9	20.2	1.18	0.80	10.3						
						D	25—													
剖38	人为土	水稻土	潴育水稻土	灰泥田	岩板田	A	0—18	黄棕色	重壤土	7.7	36.6	2.25	1.19	25.9	167	2.3	85	石灰岩坡积物	E 109°44′16.4″ N 28°25′37.0″	95
						Pg	18—34	棕棕色	中壤土	8.0	9.6	0.95	1.04	24.9						
						W	34—83	棕灰色	重壤土	7.6	24.3	1.52	1.19	24.9						
						C	83—100	浅红棕色	黏壤土											
剖39	人为土	水稻土	淹育水稻土	浅灰黄泥田	浅灰黄泥田	A	0—15	黄棕色	重壤土	6.5	19.0	1.67	0.44	16.5	115	3.7	87	石灰岩坡积物	E 109°48′03.0″ N 28°24′27.3″	95
						Pg	15—24	黄棕色	重壤土	6.9	16.8	0.91	0.61	15.2						
						C	24—100	棕灰色	中壤土	6.1	4.3	0.53	0.71	15.7						

续表 Continued

剖面号 Soil profile	土纲 Soil order	土类 Soil great group	亚类 Soil subgroup	土属 Soil genus	土种 Soil species	土层码 Layer code	土层厚度 Depth/cm	颜色 Soil color	质地 Soil texture	pH	有机质 OM/(g/kg)	全氮 TN/(g/kg)	全磷 TP/(g/kg)	全钾 TK/(g/kg)	碱解氮 AN/(mg/kg)	有效磷 AP/(mg/kg)	速效钾 AK/(mg/kg)	土壤母质 Parent material	剖面点坐标 Profile coordinate	匹配指数 Matching index/%
剖40	人为土	水稻土	潴育水稻土	灰泥田	灰泥田	A	0—18	灰棕色	中壤土	7.0	25.1	1.86	0.96	33.7	134	5.9	83	石灰岩残积物	E 109°49′21.2″ N 28°24′52.7″	95
						Pg	18—27	棕灰色	中壤土	6.6	21.3	1.57	0.80	33.1						
						W	27—100	灰棕色	中壤土	7.4	9.0	0.74	0.72	33.1						
剖41	初育土	紫色土	中性紫色土	中性紫泥土		A	0—19	紫色	中壤土	7.5	14.9	0.88	0.48	20.3	77	2.0	58	紫色砂页岩坡积物	E 109°59′05.0″ N 28°23′48.7″	95
						BvC	19—45	紫色	中壤土	7.5	11.9	0.81	0.51	21.4						
						D	45—													
剖42	人为土	水稻土	潴育水稻土	中性紫泥田		A	0—17	紫色	砂壤土	6.8	10.8	0.53	0.28	12.1	97	5.0	46	紫色砂页岩坡积物	E 109°45′49.0″ N 28°18′47.3″	95
						Pg	17—25	紫色	砂壤土	6.7	17.3	0.95	0.30	12.2						
						W	25—100	紫黄色	中壤土	7.7	15.9	0.97	0.38	16.2						
剖43	初育土	紫色土	石灰性紫色土	石灰性紫砂土	薄层石灰性紫砂土	A_1	0—1	紫色	中壤土						141	2.0	102	紫色砂页岩坡积物	E 109°46′16.2″ N 28°18′03.6″	95
						ABv	1—14	紫棕色	中壤土	8.5	29.0	1.45	0.81	30.2						
						C	14—60	紫棕色	轻黏土	8.0			0.50	30.2						
						D	60—													
剖44	初育土	紫色土	淹育水稻土	浅扁砂泥土	浅黄扁砂泥田	A	0—17	褐色	中壤土	6.0	25.7	1.98	0.94	≥50.0	150	2.6	63	板页岩坡积物	E 109°45′25.1″ N 28°17′41.1″	95
						Pg	17—27	黄褐色	中壤土	6.2	17.4	1.35	0.94	36.0						
						C	27—100	浅红棕色	轻黏土	6.6	6.6	0.58	1.08	44.7						
剖45	初育土	紫色土	中性紫色土	中性紫砂土		A	0—25	紫棕色	中壤土	6.6	20.8	1.05	0.53	26.4	92	4.6	50	紫色砂页岩残积物	E 109°48′49.6″ N 28°18′03.7″	95
						ABv	25—100	紫棕色	中壤土	6.9			0.46	27.4		8.1	52			
剖46	人为土	水稻土	潴育水稻土	黄紫泥田		A	0—17	紫褐色	轻黏土	6.1	23.7	1.65	1.01	24.8	131			紫色砂页岩	E 109°46′46.7″ N 28°15′51.7″	95
						Pg	17—22	紫褐色	轻黏土	6.9	17.7	1.12	0.95	24.9						
						W	22—74	紫黄色	轻黏土	7.2	16.3	1.03	0.86	22.7						
						C	74—100	紫红色	轻黏土	6.5	10.8	1.43	0.75	17.5						
剖47	人为土	水稻土	淹育水稻土	中性浅紫泥田	浅紫泥田	A	0—16	紫棕色	中壤土	6.8	15.2	1.06	0.56	23.5	92	2.8	61	紫色砂页岩坡积物	E 109°47′13.5″ N 28°16′23.9″	95
						Pg	16—20	紫棕色	中壤土	6.8	13.1	0.82	0.51	23.6						
						C	20—100	紫红色	中壤土	8.0	6.6	0.43	0.59	23.6						
剖48	人为土	水稻土	潴育水稻土	扁砂泥田	青糊扁砂泥田	A	0—20	棕黑色	重壤土	8.0	46.6	2.42	1.19	29.0	166	12.9	58	板页岩风化坡积物	E 109°47′20.7″ N 28°15′04.2″	95
						Pg	20—31	棕灰色	重壤土	8.2	33.4	1.95	1.00	31.4						
						W	31—43	棕黄色	轻黏土	6.2	25.5	1.29	2.09	33.0						
						C	43—100	黄棕色	轻壤土	6.0										
剖49	人为土	水稻土	潴育水稻土	黄紫泥田		A	0—22	紫色	轻壤土	7.2	34.6	2.05	0.72	32.7	144	1.8	77	紫色砂页岩坡积物	E 109°46′46.1″ N 28°19′18.2″	95
						Pg	22—37	紫棕色	中壤土	7.1	33.3	1.88	0.67	32.8						
						Wg	37—82	紫棕色	中壤土	6.9	24.7	1.38	0.51	22.5						
						G	82—100	灰紫色	中壤土	7.0										
剖50	初育土	紫色土	酸性紫色土	酸性紫砂土		A	0—14	紫红色	中壤土	6.1	16.2	1.17	0.33	15.2	103	≤1.0	48	紫色砂岩残积物	E 109°47′20.6″ N 28°12′55.8″	95
						BvC	14—31	紫红色	中壤土	5.7	16.6	0.60	0.30	16.2						
						D	31—													
剖51	人为土	水稻土	潴育水稻土	河砂泥田	石底河砂泥田	A	0—11	棕色	砂壤土	6.0	25.9	1.98	0.89	31.8	143	13.5	61	近代河流冲积物	E 109°46′20.6″ N 28°13′30.1″	95
						Pg	11—17	棕灰色	砂壤土	6.2	24.3	1.58	0.87	31.7						
						W	17—32	黄褐色	中壤土	6.1	18.4	1.50	1.12	29.5						
						S	32—100													
剖52	初育土	紫色土	酸性紫色土	酸性紫砂土		A_1	0—1	黑褐色							102	≤1.0	23	紫色砂岩残积物	E 109°48′57.8″ N 28°11′23.3″	95
						A	1—8	紫棕色	中壤土	6.0	21.6	1.33	0.41	18.3						
						BvC	8—28	紫棕色	中壤土	5.8	31.4	1.35	0.31	19.2						
						D	28—													

泸 溪 县

主要土类说明

紫色土是泸溪县主要土壤类型，占本县地域面积的 67%。本县紫色土主要发育于白垩纪紫色砂页岩，本县各地均有分布。本县地处中亚热带阔叶林地区，在这种生物气候条件下，紫色砂页岩迅速分解，钾、钙等盐基淋失，有机质不断累积，脱硅富铝化过程刚刚开始。紫色土全剖面呈紫色，有机质含量较低。根据 12 个山地 A 层土样化验结果，土壤平均养分含量为：有机质 22.0g/kg，全氮 1.41g/kg，全磷 0.57g/kg，全钾 22.0g/kg。本县紫色土分为酸性紫色土、中性紫色土、石灰性紫色土三个亚类。酸性紫色土一般分布位置较高，多分布在低山、高丘山坡的中上部；中性紫色土多分布在山坡中下部；石灰性紫色土多分布在低丘。发育于紫色砂岩的土壤 pH 较低，发育于紫色页岩、砂页岩的土壤 pH 较高。土层较厚的多为酸性紫色土，土层浅薄的多为石灰性紫色土。

红壤是泸溪县第二大土壤类型，占本县地域面积的 16%。红壤主要分布在海拔 500m 以下的低山、丘陵区，发育于多种成土母质。在气温较高、雨量较大、干湿季节明显的气候条件下，矿物岩分解彻底，有机质不断积累，盐基和硅酸大量淋失，铁铝氧化物相对聚积，水化过程同时进行。但由于夏秋气温高，日照时数长，蒸发量大，因而水化过程弱。土壤中的铁以氧化铁状态存在，土壤以红色为主，呈酸性，pH 多为 5.0—6.0。本县红壤分为红壤、黄红壤、红壤性土三个亚类。

水稻土是泸溪县第三大土壤类型，占本县地域面积的 10%。在人为耕作、施肥、灌溉等措施的影响下，土壤内部进行着氧化还原交替、有机质合成与分解、盐基淋溶与复盐基作用的熟化过程，促进了土壤性状的改变，从而形成了水稻土特有的形态、理化和生物特性。本县水稻土分为淹育型、潴育型、渗育型、潜育型、沼泽型、矿毒型六个亚类。其中，潴育水稻土面积最大，占本土类面积的 71%，多为垄田、冲田、排田、坪田，剖面构型多为 A-P-W-C、A-P-W、A-P-W-G。

石灰（岩）土占本县地域面积的 4%，分布在石灰岩山区。本县石灰（岩）土分为黑色石灰土和红色石灰土两个亚类。前者分布在山顶岩隙、岩壳等低平处。由于大量腐殖质与钙结合，黑色石灰土土体呈黑色，一般土层不厚，剖面构型多为 A-D，pH 在 7.0 以上，土体有石灰反应。后者分布在石灰岩山丘坡地，土体呈棕红色，土层较厚，土体内常见铁锰结核，pH 为 6.0—7.0。

小于本县地域面积 3% 的土壤类型有黄壤、潮土等。

本区域中心区气候特征

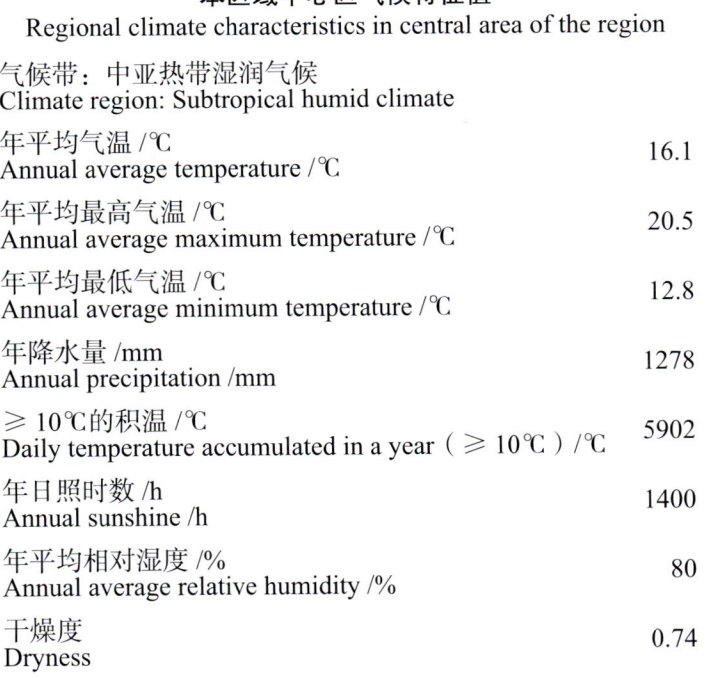

本区域中心区气候特征值
Regional climate characteristics in central area of the region

气候带：中亚热带湿润气候 Climate region: Subtropical humid climate	
年平均气温 /℃ Annual average temperature /℃	16.1
年平均最高气温 /℃ Annual average maximum temperature /℃	20.5
年平均最低气温 /℃ Annual average minimum temperature /℃	12.8
年降水量 /mm Annual precipitation /mm	1278
≥10℃的积温 /℃ Daily temperature accumulated in a year (≥10℃) /℃	5902
年日照时数 /h Annual sunshine /h	1400
年平均相对湿度 /% Annual average relative humidity /%	80
干燥度 Dryness	0.74

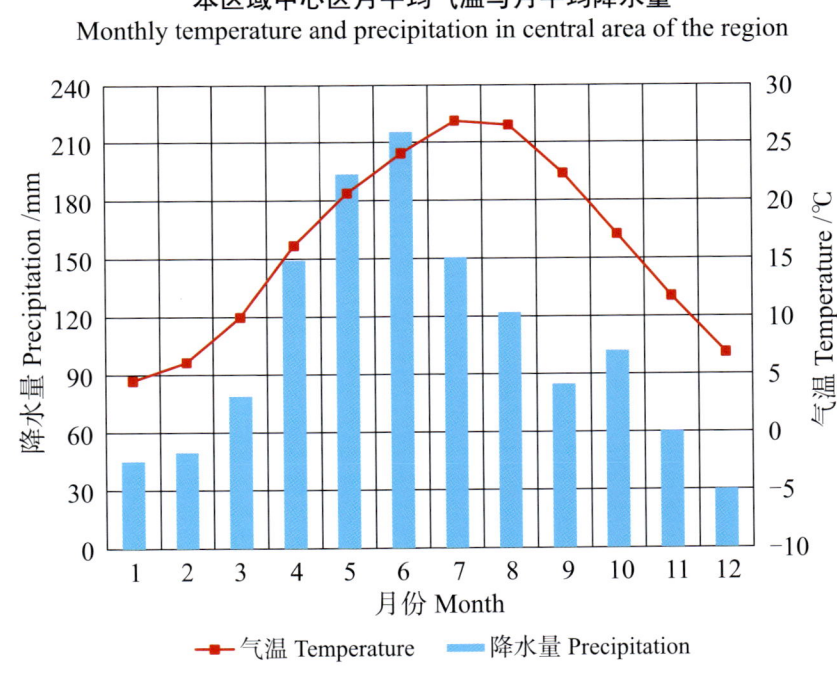

本区域中心区月平均气温与月平均降水量
Monthly temperature and precipitation in central area of the region

泸溪县主要土壤类型与土壤剖面点分布图
1 : 260 000

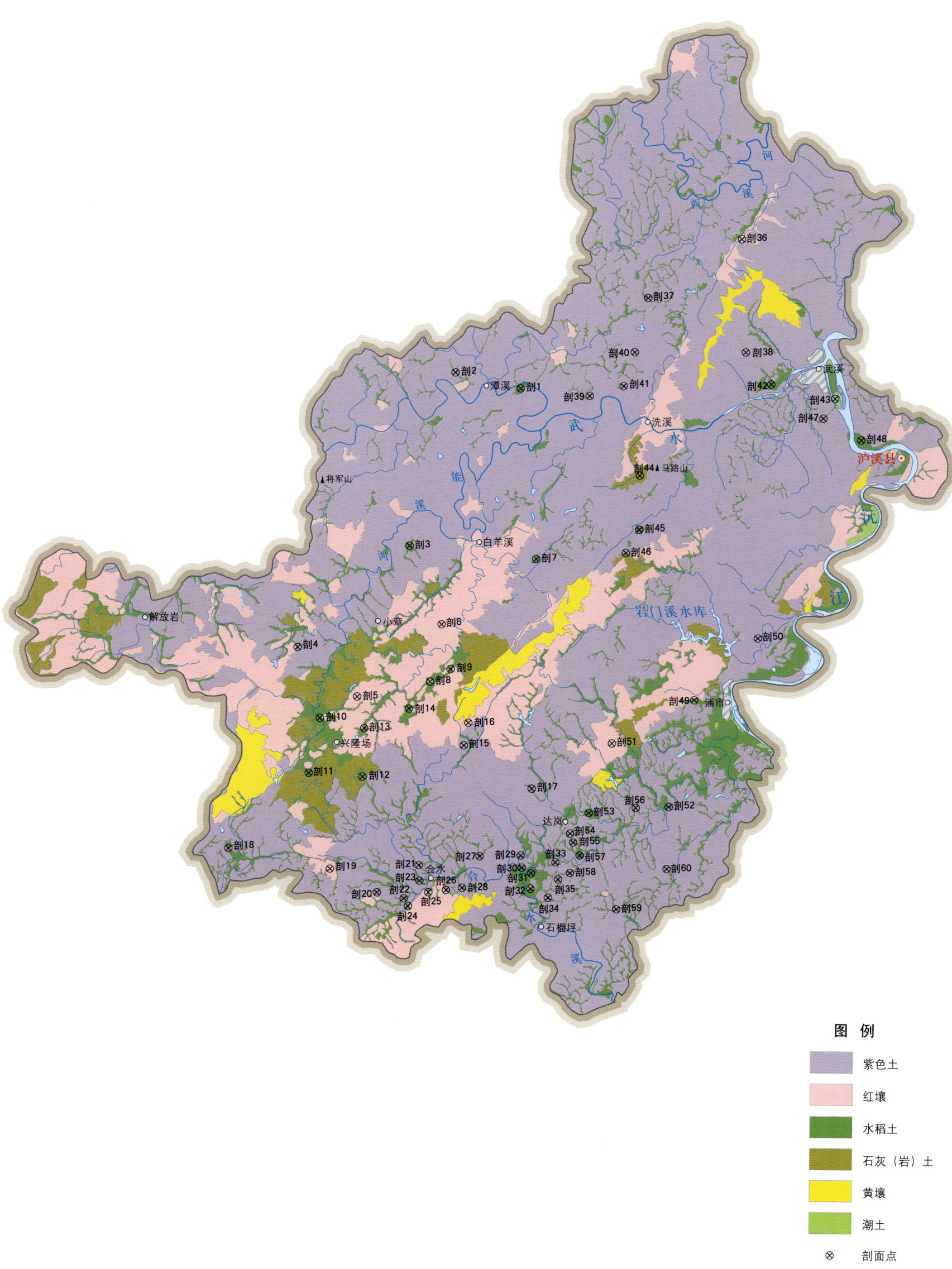

泸溪县土壤剖面理化性状表

剖面号 Soil profile	土纲 Soil order	土类 Soil great group	亚类 Soil subgroup	土属 Soil genus	土种 Soil species	土层码 Layer code	土层厚度 Depth/cm	颜色 Soil color	质地 Soil texture	土壤结构 Soil structure	pH	有机质 OM/(g/kg)	全氮 TN/(g/kg)	全磷 TP/(g/kg)	全钾 TK/(g/kg)	碱解氮 AN/(mg/kg)	有效磷 AP/(mg/kg)	速效钾 AK/(mg/kg)	土壤母质 Parent material	剖面点坐标 Profile coordinate	匹配指数 Matching index/%
剖1	人为土	水稻土	潴育水稻土	黄紫泥田		A	0—14	紫色	中壤土	碎块状	5.8	15.7	1.21	0.85	19.1	126	2.8	52	紫色砂页岩洪积物	E 109°58′11.6″ N 28°15′25.1″	95
						Ap	14—23	紫色	重壤土	块状	5.9	13.9	1.14	1.09	20.5						
						W	23—85	棕色	中壤土	棱块状	6.7	4.6	0.56	0.97	15.9						
						C	85—100	浅红棕色	重壤土		6.4	3.0	0.47	0.88	15.8						
剖2	人为土	水稻土	潴育水稻土	黄紫泥田		A	0—16	紫色	壤土		7.4	33.9	1.81	1.06	25.1	140	1.9	106	紫色砂页岩风化物	E 109°55′43.7″ N 28°15′55.8″	95
						Pg	16—27	栗色	黏壤土		7.6	24.1	1.51	0.85	24.8						
						W	27—100	紫棕色	黏壤土		7.5	6.5	0.64	0.98	22.1						
剖3	人为土	水稻土	淹育水稻土	浅酸紫泥田	浅酸紫砂泥田	A	0—15	紫棕色	壤土		5.4	16.6	1.25	0.55	16.8	101	1.3	77	紫色砂页岩风化物	E 109°54′06.3″ N 28°10′08.6″	95
						Pg	15—25	紫棕色	黏壤土		5.4	15.6	1.15	0.63	17.4						
						C	25—100	红棕色	壤土		6.9	14.2	0.47	0.46	15.0						
剖4	人为土	水稻土	潴育水稻土	灰黄泥田	麻枯泥田	A	0—16	棕色	壤土		6.5	24.0	0.71	1.44	30.5	124	9.2	98	石灰岩、板页岩	E 109°49′56.8″ N 28°06′42.8″	95
						Pg	16—26	棕红色	黏壤土		7.3	14.4	0.39	1.49	26.0						
						W	26—68	黄棕色	黏壤土		7.4	13.2	0.37	1.67	30.7						
						C	68—100	棕黄色	黏壤土		7.5	4.2	0.25	0.95	25.0						
剖5	铁铝土	红壤	红壤性土	砂岩红壤性土	砂岩红壤性土	A	0—11	棕黄色	砂壤土		6.2	4.8	0.41	0.20	16.0	95	4.1	92	砂岩坡积物	E 109°52′12.6″ N 28°05′05.9″	93
						D	11—														
剖6	铁铝土	红壤	黄红壤	砂岩红壤	薄腐中层砂岩红壤	A	0—12	棕红色	砂壤土		6.3	29.9	1.29	0.73	17.6	43	7.0	44	砂岩坡积物	E 109°55′20.5″ N 28°07′33.3″	95
						Bv	12—18	红棕色	砂壤土		5.7	14.7	0.68	0.56	19.6						
						BvC	18—42	浅红棕色	砂壤土		5.3	11.4	0.45	0.36	16.9						
						D	42—														
剖7	人为土	水稻土	潴育水稻土	岩渣田	岩渣底田	A	0—18	黄棕色	壤土		5.7	23.0	2.20	1.02	38.3	208	4.8	77	板页岩、石灰岩坡积物	E 109°58′52.1″ N 28°09′45.7″	95
						Pg	18—24	黄棕色	砂壤土		5.7	21.1	1.28	1.07	39.4						
						W	24—45	棕黄色	壤土		6.8	7.7	0.80	1.18	36.7						
						S	45—70	棕黄色	壤土		7.1										
剖8	铁铝土	红壤	黄红壤	板页岩黄红壤		A	0—16	灰棕色	壤土		6.6	18.2	1.25	1.28	32.1	90	5.9	98	板页岩坡积物	E 109°54′56.8″ N 28°05′38.2″	95
						Bv	16—100	黄棕色	壤土		6.4	6.4	0.84	1.29	27.0						
剖9	人为土	水稻土	淹育水稻土	浅黄泥田	浅扁砂泥田	A	0—15	黄棕色	壤土		5.8	23.0	1.69	1.71	24.9	129	13.1	109	板页岩坡积物	E 109°55′42.8″ N 28°06′04.0″	95
						Pg	15—24	灰棕色	壤土		6.6	16.9	0.89	1.76	32.3						
						C	24—100	棕黄色	壤土		6.8	7.0	0.86	1.41	29.7						
剖10	人为土	水稻土	潴育水稻土	青泥田	青鸭屎深泥田	A	0—22	黄褐色	黏壤土		8.0	43.4	1.92	1.09	18.8	157	5.7	89	石灰岩坡积物	E 109°50′49.1″ N 28°04′22.4″	95
						Pg	22—31	灰色	黏壤土		7.7	26.4	1.34	0.49	20.9						
						G	31—100	青灰色	黏壤土		7.5	18.2	0.85	0.49	20.3						
剖11	人为土	水稻土	潴育水稻土	灰黄泥田	锈水田	A	0—15	黄棕色	黏壤土		6.5	34.7	1.76	1.27	29.4	111	5.7	89	石灰岩坡积物	E 109°54′56.8″ N 28°02′32.4″	95
						Pg	15—25	棕黄色	黏壤土		7.0	27.5	1.63	1.19	28.9						
						W	25—100	褐色	黏壤土		7.7	14.3	1.15	1.16	27.6						
剖12	人为土	水稻土	潴育水稻土	冷浸田		A	0—22	紫棕色	黏壤土		4.6	27.1	1.55	0.49	16.0	122	2.6	184	紫色页岩	E 109°50′26.2″ N 28°02′27.8″	95
						Pg	22—32	棕灰色	黏壤土		4.9	23.6	1.46	0.44	17.0						
						G	32—100	青灰色	黏壤土		6.4	8.6	0.66	0.45	15.6						
剖13	人为土	水稻土	潴育水稻土	灰黄泥田	青塥灰黄泥田	A	0—16	棕灰色	黏壤土		6.2	42.3	2.33	1.19	29.5	192	1.7	62	石灰岩坡积物	E 109°52′27.8″ N 28°02′26.5″	95
						Pg	16—28	灰棕色	黏壤土		6.9	19.2	1.59	1.06	31.0						
						W	28—100	黄褐色	黏壤土		7.1	9.3	1.31	1.31	31.8						

续表 Continued

剖面号 Soil profile	土纲 Soil order	土类 Soil great group	亚类 Soil subgroup	土属 Soil genus	土种 Soil species	土层码 Layer code	土层厚度 Depth/cm	颜色 Soil color	质地 Soil texture	土壤结构 Soil structure	pH	有机质 OM/(g/kg)	全氮 TN/(g/kg)	全磷 TP/(g/kg)	全钾 TK/(g/kg)	碱解氮 AN/(mg/kg)	有效磷 AP/(mg/kg)	速效钾 AK/(mg/kg)	土壤母质 Parent material	剖面点坐标 Profile coordinate	匹配指数 Matching index/%
剖14	人为土	水稻土	潜育水稻土	扁砂泥田	黄扁砂泥田	A	0–17	棕灰色	壤土		6.5	28.2	1.69	1.02	29.3	131	1.1	63	黄色页岩风化物	E 109°54′10.5″ N 28°04′43.6″	95
						Pg	17–28	棕灰色	黏壤土		6.6	17.3	1.28	0.94	32.1						
						W	28–68	棕黄色	壤土		6.8	6.1	0.70	0.78	28.6						
						C	68–100	棕黄色	黏壤土		6.8	2.7	0.60	0.81	31.7						
剖15	初育土	紫色土	酸性紫色土	耕型酸性紫色土	紫红土	A	0–15	紫红色	黏壤土		5.5	14.8	0.95	0.51	23.2	80	3.1	88	紫色砂页岩风化物	E 109°56′14.9″ N 28°03′32.0″	95
						ABv	15–47	紫红色	黏壤土		5.4	6.6	0.66	0.57	24.6						
						BvC	47–65	紫红色	黏壤土		5.4	4.7	0.62	0.37	25.7						
剖16	铁铝土	红壤	黄红壤	石灰岩黄红壤	薄扁中层石灰岩黄红壤	A_1	0–2	黑色			6.4	63.8	3.15	0.76	27.0	82	1.9	30	石灰岩坡积物	E 109°56′24.4″ N 28°04′17.6″	95
						ABv	2–26	灰黑色	轻黏土		5.7	51.3	2.27	0.66	27.5						
						BvC	26–53	棕黄色	中黏土		5.7	7.3	0.48	0.58	29.4						
						D	53–														
剖17	人为土	水稻土	潜育水稻土	河砂泥田	紫河潮泥田	A	0–15	紫红色	轻壤土		5.7	16.5	1.09	0.76	17.1	82	8.7	53	河积物	E 109°58′49.8″ N 28°02′07.2″	95
						Pg	15–24	紫红色	重壤土		6.2	12.7	0.82	0.84	18.3						
						W	24–100	红棕色	轻壤土		8.0	4.5	0.43	0.41	17.1						
剖18	人为土	水稻土	潜育水稻土	扁砂泥田	青扁砂泥田	A	0–16	紫红色	壤土		6.1	41.1	1.45	1.20	29.4	191	3.5	51	青灰色板页岩坡积物	E 109°47′28.1″ N 27°59′59.1″	75
						Pg	16–26	黄褐色	黏壤土		6.6	33.2	1.13	1.14	28.4						
						W	26–74	黄褐色	黏壤土		6.8	17.9	0.85	1.14	31.1						
						C	74–100	黄褐色	黏壤土		6.8	15.0	0.57	1.02	28.5						
剖19	铁铝土	红壤	黄红壤	板岩黄色壤		A	0–12	黄褐色	砂壤土		5.8	21.1	1.29	0.42	24.8	110	5.0	95	黄色砂岩	E 109°51′18.2″ N 27°59′21.3″	75
						ABv	12–28	黄褐色	砂壤土		5.9	11.5	0.76	0.42	24.8						
						BvC	28–100	棕黄色	砂壤土		6.0	5.2	0.56	0.48	24.7						
剖20	人为土	水稻土	潜育水稻土	青泥田	青嗝酸泥田	A	0–16	棕灰色	重壤土		7.8	42.1	2.01	0.95	22.9	184	5.5	77	板页岩、石灰岩	E 109°53′04.1″ N 27°58′35.0″	95
						Pg	16–28	青灰色	轻壤土		7.8	31.0	2.13	0.86	22.8						
						W	28–100	青灰色	轻壤土		8.0	27.6	1.34	0.75	22.2						
剖21	人为土	水稻土	潜育水稻土	酸紫泥田	青泥田	A	0–16	紫黑色	壤土		5.8	24.3	1.86	0.62	22.0	136	1.1	51	紫色砂页岩坡积物	E 109°54′38.1″ N 27°59′31.3″	75
						Pg	16–26	紫色	黏壤土		6.1	24.1	1.59	0.62	21.6						
						W_1	26–66	紫色	壤土		7.2	6.3	0.59	0.62	21.4						
						W_2	66–100	紫色	壤土		7.2	4.7	0.58	0.58	17.3						
剖22	人为土	水稻土	潜育水稻土	青泥田	青泥田	A	0–16	栗色	黏壤土		5.9	52.4	2.31	2.46	30.6	207	11.3	62	板页岩坡积物	E 109°54′05.8″ N 27°58′24.1″	75
						Pg	16–25	紫棕色	黏壤土		6.5	38.3	2.20	2.03	31.8						
						G	25–100	灰色	重壤土		7.1	18.9	1.31	2.03	32.0						
剖23	人为土	水稻土	潜育水稻土	青泥田	青紫泥田	A	0–20	紫棕色	轻黏土		7.9	30.4	1.73	0.74	25.2	123	2.6	8	紫色砂页岩风化物	E 109°54′40.4″ N 27°58′59.9″	75
						Pg	20–29	紫棕色	轻壤土		8.1	23.9	1.49	0.73	27.8						
						G	29–100	青灰色	壤土		8.1	20.0	1.35	0.62	26.8						
剖24	初育土	紫色土	中性紫色土	耕型中性紫色土	中性紫泥田	A	0–15	棕灰色	壤土		7.3	20.7	1.13	0.92	21.4	125	3.3	71	紫色砂页岩风化物	E 109°54′12.2″ N 27°58′14.4″	95
						ABv	15–30	灰棕色	壤土		7.0	12.9	0.86	0.78	17.7						
						Bv	30–100	青灰色	壤土		7.7	7.3	0.65	0.75	15.8						
剖25	人为土	水稻土	淹育水稻土	浅紫砂泥田	白鳝泥田	A	0–15	紫棕色	壤土		6.8	22.9	1.41	0.83	28.6	84	1.7	72	紫色砂页岩风化物	E 109°54′00.9″ N 27°58′37.0″	75
						Pg	15–25	紫色	壤土		7.6	8.6	1.01	0.73	30.3						
						C	25–56	红棕色	壤土		7.6	6.5	0.41	0.62	29.6						
剖26	人为土	水稻土	渗育水稻土	白鳝泥田	白鳝泥田	Ae	0–15	深灰色	壤土		5.7	24.6	1.16	0.50	21.5	118	1.1	83	粉砂质页岩风化物	E 109°55′40.1″ N 27°58′42.3″	75
						Pe	15–24	灰白色	黏壤土		5.6	23.1	1.09	0.47	22.2						
						We	24–100	黄褐色	黏壤土		5.9	14.4	1.05	0.44	22.2						
剖27	人为土	水稻土	渗育水稻土	白鳝泥田	青嗝白鳝泥田	Ae	0–15	灰白色	黏壤土		5.1	35.2	1.64	0.61	21.4	147	3.3	65	粉砂质页岩风化物	E 109°56′54.9″ N 27°59′51.3″	75
						Pg	15–25	棕灰色	黏壤土		5.1	29.2	1.24	0.52	21.3						
						We	25–100	灰白色	黏壤土		5.1	16.6	0.52	0.43	17.9						

续表 Continued

剖面号 Soil profile	土纲 Soil order	土类 Soil great group	亚类 Soil subgroup	土属 Soil genus	土种 Soil species	土层码 Layer code	土层厚度 Depth/cm	颜色 Soil color	质地 Soil texture	土壤结构 Soil structure	pH	有机质 OM/(g/kg)	全氮 TN/(g/kg)	全磷 TP/(g/kg)	全钾 TK/(g/kg)	碱解氮 AN/(mg/kg)	有效磷 AP/(mg/kg)	速效钾 AK/(mg/kg)	土壤母质 Parent material	剖面点坐标 Profile coordinate	匹配指数 Matching index/%
剖28	人为土	水稻土	潜育水稻土	青泥田	青砂泥田	A	0—25	灰棕色	砂壤土		6.1	38.9	1.41	0.78	26.5	166	4.6	95	砂岩坡积物	E 109°56′15.9″ N 27°58′46.9″	75
						Pg	25—36	深灰色	壤土		6.1	38.2	1.37	1.29	27.4						
						G	36—57	青灰色	砂壤土		5.9	22.4	1.21	0.60	27.6						
						S	57—100	灰青色													
剖29	人为土	水稻土	淹育水稻土	浅黄泥田	浅黄泥田	A	0—13	黄褐色	轻黏土		6.0	17.7	1.73	0.95	25.9	89	2.2	72	板页岩坡积物	E 109°58′27.6″ N 27°59′53.5″	75
						Pg	13—21	黄褐色	轻黏土		6.6	14.7	1.30	0.98	26.3						
						C	21—100	棕黄色	轻黏土		6.8	9.3	0.72	0.95	24.6						
剖30	人为土	水稻土	淹育水稻土	浅碱紫泥田	浅碱紫砂田	A	0—15	紫色	砂壤土	碎块状	8.0	24.1	2.39	0.74	24.7	107	3.3	94		E 109°58′30.2″ N 27°59′29.3″	95
						Ap	15—24	紫褐色	砂壤土	块状	8.0	22.2	1.59	0.72	25.7						
						C	24—100	棕红色	砂壤土	状状	8.0	10.3	0.57	0.72	27.0						
剖31	人为土	水稻土	淹育水稻土	浅岩渣田	浅岩渣底田	A	0—12	棕褐色	砂壤土		5.9	36.4	2.02	0.71	20.3	179	2.7		硅质砂岩坡积物	E 109°58′51.2″ N 27°59′18.1″	75
						Pg	12—16	棕灰色	壤土		6.1	33.2	1.17	0.96	20.8						
						S	16—70	棕色	砂石土												
						C	70—100	黄褐色	壤土		7.0	16.9	1.03	0.86	18.9						
剖32	人为土	水稻土	潜育水稻土	岩渣田	岩渣田	A	0—14	棕灰色	壤土		5.7	39.2	2.51	1.31	25.0	195	9.2	77	板页岩坡积物	E 109°58′50.4″ N 27°58′46.8″	75
						Pg	14—22	灰棕色	黏壤土		5.5	28.4	2.08	1.26	26.6						
						W	22—64	棕黄色	黏壤土		6.2	14.6	1.48	1.26	26.6						
						C	64—100	黄色	黏壤土		6.4	13.7	1.46	0.88	23.6						
剖33	人为土	水稻土	潜育水稻土	河砂泥田	河砂田	A	0—15	黄褐色	砂壤土		6.9	12.5	0.86	0.67	22.1	107	≤1.0	71	河积物	E 109°59′46.0″ N 27°59′40.8″	75
						Pg	15—25	棕灰色	黏壤土		5.5	6.9	0.74	0.67	21.5						
						W	25—100	青灰色	黏壤土		7.0	4.5	0.49	0.65	17.9						
剖34	人为土	水稻土	潜育水稻土	灰泥田		A	0—18	棕灰色	壤土	块状	7.9	44.8	1.99	1.29	27.3	193	4.8	86	石灰岩坡积物	E 109°58′50.4″ N 27°58′29.5″	75
						Pg	18—28	棕灰色	黏壤土	块状	8.1	35.8	0.83	1.04	23.2						
						W	28—68	黄褐色	黏壤土	棱块状	8.1	23.3	0.82	0.88	27.3						
						G	68—100	青灰色	黏壤土		8.1	16.2	0.81	1.17	28.0						
剖35	人为土	水稻土	潴育水稻土	黄泥田		Ag	0—18	棕灰色	壤土		6.7	57.1	2.82	3.81	29.1	233	16.5	249	板页岩坡积物	E 109°59′52.9″ N 27°59′06.3″	75
						Pg	18—28	青灰色	黏壤土		6.6	47.7	2.24	3.34	30.0						
						W	28—100	黄褐色	黏壤土		7.5	14.1	0.99	2.91	30.5						
剖36	铁铝土	红壤		板页岩红壤	薄黏薄层板页岩红壤	A₁	0—2	褐棕色	壤土		4.9	36.8	1.38	0.42	19.8	166	3.3	98	板页岩风化物	E 110°06′28.3″ N 28°20′27.2″	95
						BvC	2—16	灰棕色	壤土		4.9	35.1	1.32	0.47	19.1						
						D	16—38	黄棕色	壤土		4.8	11.0	0.75	0.35	20.5						
							38—														
剖37	人为土	水稻土	潴育水稻土	黄紫泥田		A	0—15	紫色	黏壤土	块状	6.9	21.9	1.49	0.67	28.1	115	2.6	83		E 110°02′57.3″ N 28°18′28.4″	95
						Ap	15—23	栗棕色	黏土	块状	7.2	17.3	1.11	0.72	27.2						
						W	23—100	紫棕色	黏壤土	棱块状	7.7	6.6	0.52	0.67	27.3						
剖38	初育土	紫色土	中性紫色土	耕型中性紫砂土	中性紫砂土	A	0—13	紫色	砂壤土		7.1	11.1	0.82	0.48	28.1	56	2.6	60	紫色砂岩风化物	E 110°06′40.0″ N 28°16′42.3″	95
						Bv	13—22	紫色	中壤土		7.5	10.6	0.81	0.55	20.9						
						BvC	22—28	紫色	重壤土		7.5	10.5	0.53	0.56	20.9						
剖39	人为土	水稻土	潴育水稻土	黄紫泥田		A	0—14	紫色	中壤土		5.8	15.7	1.21	0.85	19.1	126	28.0	52	紫色砂岩坡积物	E 110°00′48.0″ N 28°15′11.8″	81
						Pg	14—23	紫色	重壤土		5.9	13.9	1.14	1.09	20.5						
						W	23—85	棕色	中壤土		6.7	4.6	0.56	0.97	15.9						
						C	85—100	浅红棕色	重壤土		6.4	3.0	0.47	0.88	15.8	63	3.7	68			
剖40	初育土	紫色土	酸性紫色土	酸性紫砂土		A₁	0—1	紫红棕色	砂壤土		5.9	8.1	0.51	0.26	16.3				紫色砂岩残积物	E 110°02′28.3″ N 28°16′40.2″	95
						A	1—15	棕红色	砂壤土		5.9	6.5	0.49	0.25	19.3						
						Bv	15—35	红棕色	砂壤土		5.9	≤1.0	0.25	0.38	10.0						
						BvC	35—75														

续表 Continued

剖面号 Soil profile	土纲 Soil order	土类 Soil great group	亚类 Soil subgroup	土属 Soil genus	土种 Soil species	土层码 Layer code	土层厚度 Depth/cm	颜色 Soil color	质地 Soil texture	土壤结构 Soil structure	pH	有机质 OM/(g/kg)	全氮 TN/(g/kg)	全磷 TP/(g/kg)	全钾 TK/(g/kg)	碱解氮 AN/(mg/kg)	有效磷 AP/(mg/kg)	速效钾 AK/(mg/kg)	土壤母质 Parent material	剖面点坐标 Profile coordinate	匹配指数 Matching index/%
剖41	人为土	水稻土	潜育水稻土	冷浸田	冷浸岩渣田	A	0~18	棕灰色	壤土		5.6	39.0	2.63	0.48	27.1	139	2.8	116	板页岩风化物	E 110°02′04.0″ N 28°15′32.5″	95
						Pg	18~32	灰色	黏壤土		5.6	18.1	2.50	0.55	27.4						
						S	32~100	棕灰色			6.8	9.2	2.06	0.74	28.3						
剖42	人为土	水稻土	潜育水稻土	黄紫泥田		A	0~18	紫色	砂壤土		7.9	19.9	1.21	0.83	16.6	80	2.8	30	紫色砂岩坡积物	E 110°07′38.4″ N 28°15′39.4″	95
						Pg	18~30	紫棕色	壤土		7.3	13.3	1.10	0.74	17.9						
						W	30~100	紫棕色	砂壤土		7.6	6.2	0.65	0.55	17.0						
剖43	半水成土	潮土	河潮土	耕型河潮土		A	0~17	褐色	砂壤土		7.9	9.9	0.86	1.45	23.4	104	45.8	100	河流冲积物	E 110°10′03.0″ N 28°15′11.9″	75
						Bv	17~100	紫棕色	壤土		7.9	9.1	0.84	1.31	23.2						
剖44	初育土	石灰(岩)土	黑色石灰土	耕型黑色石灰土	岩壳土	A	0~13	紫棕色	黏壤土		7.4	23.1	1.55	0.51	32.2	131	≤1.0	77	石灰岩风化物	E 110°02′43.9″ N 28°12′34.5″	75
						ABv	13~35	红棕色	黏壤土		7.3	13.6	1.11	0.51	32.2						
						Bv	35~100	红棕色	黏壤土		7.2	9.5	1.09	0.77	30.7						
剖45	初育土	石灰(岩)土	红色石灰土	浅紫泥田		A	0~14	紫棕色	壤土		7.6	18.1	0.96	0.72	15.5	90	8.1	83	紫色砂页岩风化物	E 110°02′44.1″ N 28°10′46.4″	95
						Pg	14~24	紫红色	壤土		7.9	9.4	0.74	0.77	16.8						
						C	24~100	紫棕色	壤土		7.9	5.1	0.42	0.57	14.4						
剖46	人为土	水稻土	淹育水稻土	淋溶石灰土		A	0~15	黄棕色	黏壤土		6.1	21.6	1.07	1.66	32.3	122	7.7	78	石灰岩风化物	E 110°02′14.4″ N 28°10′00.2″	75
						ABv	15~30	黄棕色	黏壤土		6.8	12.6	0.87	1.69	33.3						
						Bv	30~100	红棕色	黏壤土		6.8	8.0	0.70	1.69	33.3						
剖47	人为土	水稻土	潜育水稻土	烂泥田	溯眼田	A	0~25	紫棕色	黏壤土		7.5	41.1	2.33	1.63	24.2	156	5.9	118	紫色砂页岩风化物	E 110°09′37.2″ N 28°14′32.3″	95
						G	25~100	紫棕色	黏壤土		7.6	18.0	1.23	0.98	24.4						
剖48	人为土	水稻土	矿毒型水稻土	非金属矿毒田	硫黄矿毒田	A	0~17	棕色	黏壤土		7.6	56.1	3.33	2.26	17.2	278	12.0	48	紫色砂页岩坡积物	E 110°11′02.2″ N 28°13′49.8″	95
						Pg	17~30	棕色	黏壤土		7.7	39.0	2.53	2.10	18.4						
						G	30~100	棕色	轻黏土		7.8	23.0	1.36	2.10	20.2						
剖49	人为土	水稻土	潜育水稻土	黄泥田	黄泥田	A	0~14	黄棕色	轻黏土		5.8	33.6	2.43	1.50	29.2	169	6.9	100	泥质页岩风化物	E 110°04′53.2″ N 28°05′08.1″	95
						Pg	14~23	黄棕色	轻黏土		5.9	29.6	2.32	0.91	35.4						
						W	23~65	棕黄色	黏壤土		6.5	4.3	1.42	1.03	41.5						
						C	65~100	棕黄色	重黏土		6.8	3.2	1.38	0.73	48.0						
剖50	初育土	石灰(岩)土	石灰性紫色土	薄କ中层石灰性紫色土		A_1	0~2	栗色	壤土		7.0	20.2	1.90	0.88	23.8	84	2.8	71	紫色砂页岩风化物	E 110°07′15.4″ N 28°07′12.7″	95
						A	2~11	紫棕色	黏壤土		7.5	16.8	0.95	0.73	26.0						
						ABv	11~21	棕黄色	壤土		7.5	12.1	0.75	0.66	24.7						
						BvC	21~29	棕色	壤土		7.6	9.0	0.66	0.32	20.9						
剖51	铁铝土	红壤	黄红壤	砂岩黄红壤		A_1	0~1	灰棕色	壤土		5.9	22.0	1.95	0.61	24.4	70	1.1	74	紫色砂页岩风化物	E 110°01′49.3″ N 28°03′40.1″	95
						A	1~16	棕黄色	壤土		5.5	8.1	1.39	0.48	27.1						
						ABv	16~37	棕黄色	黏壤土		5.5	6.8	0.77	0.51	27.3						
						Bv	37~57	黄色	黏壤土		5.3	6.4	0.64	0.55	25.9						
						BvC	57~82	紫色	壤土		7.7	14.2	1.50	1.31	29.6						
剖52	人为土	水稻土	淹育水稻土	浅碱紫泥田		A	0~12	棕色	黏壤土		7.7	8.2	0.90	1.26	24.8	54	3.1	113	紫色砂页岩风化物	E 110°03′59.9″ N 28°01′34.3″	95
						Pg	12~22	棕色	黏壤土		7.8	4.9	0.66	1.05	31.1						
						C	22~100	紫棕色	重黏土		7.7	25.6	1.49	1.09	25.9						
剖53	人为土	水稻土	潜育水稻土	紫泥田		A	0~18	紫褐色	轻黏土		7.6	16.1	0.98	0.92	26.0	87	4.4	68	紫色砂页岩坡积物	E 110°00′59.7″ N 28°01′20.4″	95
						Pg	18~28	栗色	重黏土		7.8	10.9	0.53	0.61	27.5						
						W	28~100	紫色	壤土		6.8	56.8	2.43	0.52	21.8						
剖54	初育土	紫色土	中性紫色土	中性紫色土		A_1	0~2	紫棕色	壤土		6.8	14.2	0.88	0.32	22.7	72	1.1	63	紫色砂岩风化物	E 110°00′17.9″ N 28°00′38.7″	95
						A	2~9	紫色	壤土		6.7	8.9	0.83	0.31	21.6						
						ABv	9~21	紫色	壤土		6.7	4.7	0.29	0.29	20.8						
						BvC	21~34														

续表 Continued

剖面号 Soil profile	土纲 Soil order	土类 Soil great group	亚类 Soil subgroup	土属 Soil genus	土种 Soil species	土层码 Layer code	土层厚度 Depth/cm	颜色 Soil color	质地 Soil texture	土壤结构 Soil structure	pH	有机质 OM/(g/kg)	全氮 TN/(g/kg)	全磷 TP/(g/kg)	全钾 TK/(g/kg)	碱解氮 AN/(mg/kg)	有效磷 AP/(mg/kg)	速效钾 AK/(mg/kg)	土壤母质 Parent material	剖面点坐标 Profile coordinate	匹配指数 Matching index/%
剖55	人为土	水稻土	潴育水稻土	灰紫泥田		A	0—18	紫棕色	砂壤土		6.8	24.4	1.09	0.68	13.1	109	2.8	134	紫色砂岩洪积物	E 110°00′21.5″ N 28°00′28.9″	95
						Pg	18—29	紫棕色	壤土		6.5	20.3	0.98	0.60	15.6						
						W	29—100	棕红色	砂壤土		8.1	2.3	0.24	0.52	15.4						
剖56	人为土	水稻土	淹育水稻土	浅酸紫泥田	浅酸紫紫砂田	A	0—15	紫色	砂壤土		5.7	15.1	0.96	0.55	17.5	92	2.8	50	紫色砂岩坡积物	E 110°02′45.6″ N 28°01′32.0″	95
						Pg	15—23	紫棕色	壤土		6.2	9.4	0.69	0.54	18.8						
						C	23—100	紫棕色	砂壤土		7.1	4.9	0.32	0.38	15.8						
剖57	人为土	水稻土	潴育水稻土	黄紫泥田		A	0—15	黄棕色	轻黏土		7.9	31.2	1.54	0.61	17.3	131	≤1.0	66	石灰岩坡积物	E 110°00′40.8″ N 27°59′55.4″	75
						Pg	15—26	棕灰色	轻黏土		8.1	22.1	1.36	0.54	18.8						
						W	26—100	棕黄色	轻黏土		8.2	4.3	0.70	0.52	21.8						
剖58	人为土	水稻土	潴育水稻土	黄紫泥田		A	0—15	黄棕色	轻黏土		7.9	31.2	1.54	0.61	17.3	131	≤1.0	66	石灰岩坡积物	E 110°00′19.3″ N 27°59′19.8″	75
						Pg	15—26	棕灰色	轻黏土		8.1	22.1	1.36	0.54	18.8						
						W	26—100	棕黄色	轻黏土		8.2	4.3	0.70	0.52	21.8						
剖59	人为土	水稻土	潜育水稻土	青泥田		A	0—14	紫棕色	砂壤土		5.1	26.3	1.42	1.51	19.5	118	1.1	60	紫色砂岩坡积物	E 110°02′04.6″ N 27°58′08.3″	95
						Pg	14—20	紫棕色	壤土		5.5	23.1	1.25	0.43	20.3						
						W	20—42	紫棕色	砂壤土		5.8	16.5	0.83	0.36	17.8						
						G	42—100	棕灰色	壤土		5.1	10.6	0.81	0.36	15.5						
剖60	初育土	紫色土	石灰性紫色土	耕型石灰性紫色土	石灰性紫泥土	A	0—13	紫棕色	壤土		7.6	8.6	0.78	0.48	26.0	65	2.7	121	紫色页岩坡积物	E 110°03′57.3″ N 27°59′30.7″	95
						Bv	13—100	紫棕色	黏壤土		7.8	4.9	0.45	1.02	26.7						

凤 凰 县

主要土类说明

石灰（岩）土是凤凰县主要土壤类型，占本县地域面积的 59%。本县石灰（岩）土分为黑色石灰土、红色石灰土等亚类。前者零星分布在山顶岩隙、岩窝处，植被多为喜钙草本植物。由于大量腐殖质与钙结合，土体呈黑色。一般土层不厚，剖面构型多为 A-D 或 A-AC-D，pH 在 7.0 以上，有石灰反应。后者交错分布在黄红壤与黄壤之间，多处于山麓坡地、谷地或剥蚀阶地，有向地带性土壤过渡的趋势，土层厚薄不一。在干热和湿热交替影响下，土层上部碳酸盐被淋洗，下部常有铁锰淀积，常见铁锰结核。土体多呈棕红色，pH 为 6.0—7.0。

红壤是凤凰县第二大土壤类型，占本县地域面积的 14%。红壤分布在海拔 500m 以下的低山地带，垂直分布在黄壤之下，发育于多种成土母质，具有明显的脱硅富铝化过程。在气温较高、雨量较大、干湿季节明显的气候条件下，矿物岩分解彻底，硅酸和盐基大量淋失，铁铝氧化物相对聚积，形成富含铁铝的红色土体。同时，土壤中物质的生物循环过程十分激烈，有机质不断积累，生物富集强烈，促进了土壤肥力的发展。本县红壤分为黄红壤和红壤性土两个亚类。

水稻土是凤凰县第三大土壤类型，占本县地域面积的 14%。水稻土是在长期水耕熟化过程中形成的具有特殊性状的土壤类型。在人为耕作、施肥、灌溉等措施的影响下，土壤内部进行着氧化还原交替、有机质合成与分解、盐基淋溶与复盐基作用的熟化过程，促进了土壤性状的改变，从而形成了水稻土特有的形态、理化和生物特性。本县水稻土分为淹育型、潴育型、渗育型、潜育型、沼泽型、矿毒型六个亚类。

紫色土占本县地域面积的 9%，是由白垩纪紫色砂岩发育而成的一种岩成土。紫色砂岩一般岩性松脆，抗蚀能力弱，在亚热带水热条件下，物理风化作用强烈，成土作用常被周期性的侵蚀作用所打断，这阻止或延缓了土壤的正常发育，致使土壤常处于幼年发育阶段。土体呈棕红色、紫色或暗紫棕色，全剖面色泽均一，无明显发生土层。本县紫色土分为酸性紫色土、中性紫色土、石灰性紫色土三个亚类。

小于本县地域面积 3% 的土壤类型有黄壤等。

本区域中心区气候特征

本区域中心区气候特征值
Regional climate characteristics in central area of the region

气候带：中亚热带湿润气候 Climate region: Subtropical humid climate	
年平均气温 /℃ Annual average temperature /℃	15.8
年平均最高气温 /℃ Annual average maximum temperature /℃	20.3
年平均最低气温 /℃ Annual average minimum temperature /℃	12.6
年降水量 /mm Annual precipitation /mm	1271
≥10℃的积温 /℃ Daily temperature accumulated in a year（≥10℃）/℃	5831
年日照时数 /h Annual sunshine /h	1346
年平均相对湿度 /% Annual average relative humidity /%	80
干燥度 Dryness	0.74

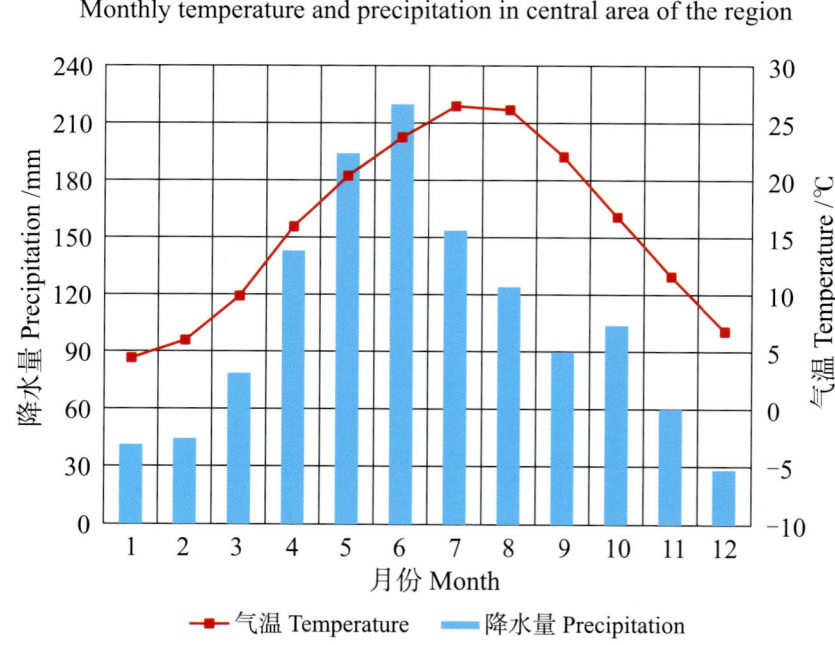

本区域中心区月平均气温与月平均降水量
Monthly temperature and precipitation in central area of the region

凤凰县主要土壤类型与土壤剖面点分布图
1∶230 000

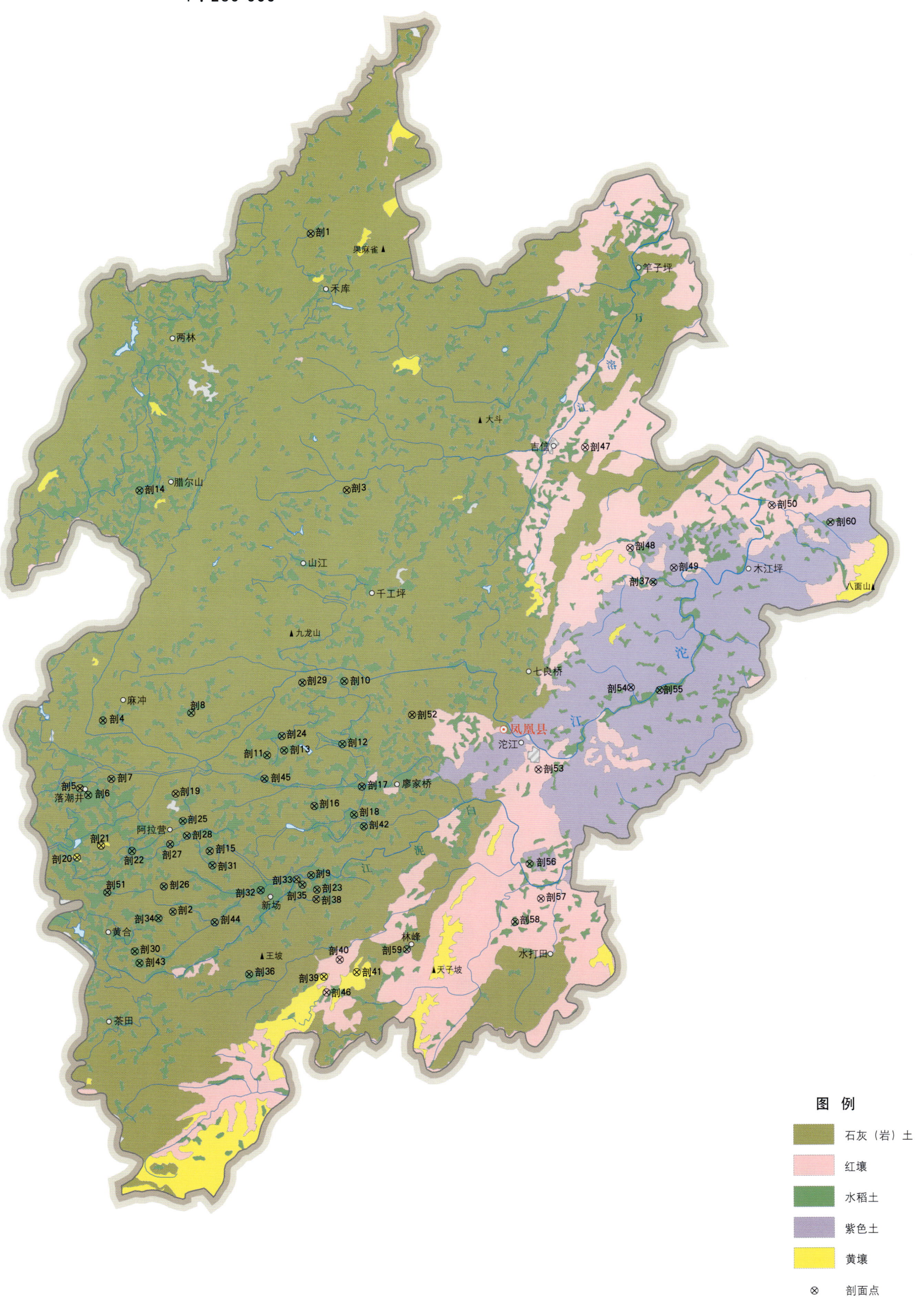

凤凰县土壤剖面理化性状表

剖面号 Soil profile	土纲 Soil order	土类 Soil great group	亚类 Soil subgroup	土属 Soil genus	土种 Soil species	土层码 Layer code	土层厚度 Depth/cm	颜色 Soil color	质地 Soil texture	pH	有机质 OM/(g/kg)	全氮 TN/(g/kg)	全磷 TP/(g/kg)	全钾 TK/(g/kg)	土壤母质 Parent material	剖面点坐标 Profile coordinate	匹配指数 Matching index/%
剖1	初育土	石灰（岩）土	黄色石灰土	黄色石灰土		A	0—19	灰黄棕色	壤土	6.2	21.4	1.43	1.39	17.8	石灰岩风化坡积物	E 109°27′51.1″ N 28°12′43.4″	95
						Bv	19—100	浅棕色	黏壤土	6.4	3.1	0.61	0.61	19.5			
剖2	人为土	水稻土	淹育水稻土	浅灰泥田	浅灰泥田	A	0—14	暗黄棕色	黏壤土	7.6	21.8	1.49	1.74	27.6	石灰岩坡积物	E 109°22′02.0″ N 28°04′50.3″	95
						Pg	14—23	暗棕黄色	黏壤土	8.0	23.1	1.28	1.52	28.5			
						C	23—100	暗黄棕色	黏壤土	8.0	21.1	0.81	0.87	30.3			
剖3	初育土	石灰（岩）土	红色石灰土	耕型红色石灰土	红灰土	A	0—20	黄棕色	壤土	6.8	13.8	1.10	0.76	23.6	石灰岩风化坡积物	E 109°29′11.7″ N 28°04′55.6″	95
						AC	20—60	浅红黄色	壤土	5.8	3.4	0.64	0.68	30.9			
						C	60—100	红黄色	壤土	6.0	2.7	0.54	0.98	32.4			
剖4	人为土	水稻土	潴育水稻土	扁砂泥田	黑黑砂泥田	A	0—17	褐色	壤土	6.5	46.7	3.17	2.18	15.3	板页岩坡积物	E 109°20′51.5″ N 27°57′49.8″	75
						Pg	17—26	棕色	壤土	6.6	34.0	2.39	2.70	15.8			
						W	26—100	浅黄棕色	壤土	6.8	16.5	1.31	1.44	16.8			
剖5	初育土	石灰（岩）土	黑色石灰土	耕型黑色石灰土	石灰土	A	0—15	棕色	壤土	7.6	30.5	1.93	1.13	18.3	石灰岩坡积物	E 109°20′05.3″ N 27°55′45.3″	95
						ABv	15—45	浅棕色	壤土	7.6	17.9	1.49	1.13	18.3			
						Bv	45—100	黑棕色	壤土	7.6	35.6	1.10	1.38	17.8			
剖6	人为土	水稻土	潴育水稻土	黄泥田	黄泥田	A	0—19	灰黄棕色	壤土	6.0	26.9	3.21	1.03	22.3	板页岩坡积物	E 109°20′19.0″ N 27°55′37.3″	75
						Pg	19—30	浅黄棕色	黏壤土	6.2	16.8	2.71	1.03	22.0			
						W	30—100	黄棕色	壤土	6.4	9.8	2.43	1.07	21.9			
剖7	人为土	水稻土	潴育水稻土	青泥田	青鸭屎泥田	A	0—29	灰棕色	黏壤土	8.0	34.2	1.82	1.09	27.4	石灰岩坡积物	E 109°21′10.0″ N 27°56′03.4″	75
						Pg	29—39	暗黄棕色	黏壤土	8.0	16.1	0.93	0.90	31.0			
						G	39—100	暗黄棕色	黏壤土	8.0	14.3	0.85	0.97	32.1			
剖8	人为土	水稻土	潴育水稻土	河砂泥田	河砂泥田	A	0—15	灰黄棕色	壤土	6.4	26.6	1.69	1.11	18.2	河流冲积物	E 109°23′54.1″ N 27°58′05.3″	75
						Pg	15—23	紫棕色	黏壤土	6.8	8.9	0.67	0.87	18.6			
						W	23—100	浅红色	黏壤土	7.2	2.6	0.39	0.73	17.6			
剖9	人为土	水稻土	渗育水稻土	白鳝泥田	白鳝泥田	A	0—16	褐色	黏壤土	6.0	41.1	2.83	1.50	33.1	紫色砂页岩风化坡积物	E 109°27′43.7″ N 27°59′02.9″	95
						Pe	16—26	褐色	黏壤土	6.4	32.9	1.33	1.29	31.6			
						E	26—100	暗黄色	黏壤土	6.8	15.9	1.32	0.81	31.6			
剖10	人为土	水稻土	潴育水稻土	灰泥田	灰泥田	A	0—15	暗黄棕色	壤土	8.0	28.4	1.69	1.28	20.4	石灰岩坡积物	E 109°29′10.7″ N 27°59′06.4″	75
						Pg	15—20	褐色	黏壤土	8.0	24.3	1.55	1.27	20.2			
						C	20—45	褐色	黏壤土	8.0	11.2	0.84	1.23	19.7			
						W	45—100	浅灰色	黏壤土	7.8	11.1	0.83	1.20	19.3			
剖11	人为土	水稻土	淹育水稻土	冷浸砂泥田	冷浸阴山田	A	0—18	浅灰色	壤土	6.0	35.0	3.34	0.89	20.3	板页岩坡积物	E 109°26′31.8″ N 27°56′50.0″	75
						Pg	18—30	暗黄色	壤土	6.4	26.0	2.86	0.96	20.0			
						G	30—100	褐色	壤土	6.4	17.2	2.46	1.06	19.3			
剖12	人为土	水稻土	潴育水稻土	浅黄砂泥田	浅红砂泥田	A	0—15	暗红棕色	砂壤土	6.4	24.3	1.63	0.83	20.2	砂岩坡积物	E 109°27′02.0″ N 27°57′24.7″	95
						Pg	15—25	暗红棕色	砂壤土	6.8	20.4	1.44	0.86	20.4			
						C	25—100	暗黄棕色	砂壤土	7.2	5.7	0.67	0.76	19.4			
剖13	人为土	水稻土	潴育水稻土	冷浸砂泥田	冷浸砂泥田	A	0—22	褐色	砂壤土	6.2	46.0	2.47	0.68	15.7	砂岩风化坡积物	E 109°27′07.3″ N 27°56′58.8″	75
						Pg	22—28	浅黄棕色	砂壤土	6.4	35.1	1.59	0.57	15.7			
						G	28—100	暗黄色	砂壤土	6.8	36.8	1.63	0.69	21.8			
剖14	人为土	水稻土	潴育水稻土	灰黄泥田		A	0—17	灰黄色	黏壤土	7.4	58.7	3.00	1.73	21.3	石灰岩风化坡积物	E 109°26′26.9″ N 27°56′06.6″	75
						Pg	17—25	暗黄棕色	黏壤土	7.4	45.0	2.17	1.48	19.7			
						G	25—36	暗黄色	黏壤土	7.4	29.4	1.50	1.41	20.7			
						W	36—100	暗黄棕色	黏壤土	7.0	29.2	1.43	1.60				

续表 Continued

剖面号 Soil profile	土纲 Soil order	土类 Soil great group	亚类 Soil subgroup	土属 Soil genus	土种 Soil species	土层码 Layer code	土层厚度 Depth/cm	颜色 Soil color	质地 Soil texture	pH	有机质 OM/(g/kg)	全氮 TN/(g/kg)	全磷 TP/(g/kg)	全钾 TK/(g/kg)	土壤母质 Parent material	剖面点坐标 Profile coordinate	匹配指数 Matching index/%
剖15	人为土	水稻土	潴育水稻土	扁砂泥田	黄扁砂泥田	A	0–18	浅棕黄色	壤土	6.4	39.3	3.31	0.83	22.5	砂岩坡积物	E 109° 29′ 07.8″ N 27° 57′ 11.6″	75
						Pg	18–24	灰黄色	壤土	6.2	31.4	2.63	0.73	22.8			
						W	24–100	浅棕黄色	壤土	6.0	22.6	2.49	0.69	22.7			
剖16	人为土	水稻土	潴育水稻土	扁砂泥田	青潮黄扁砂泥田	A	0–18	灰白色	壤土	6.0	34.1	2.83	0.73	25.9	板页岩坡积物	E 109° 28′ 10.5″ N 27° 55′ 17.9″	75
						Pg	18–28	浅棕黄色	壤土	6.2	26.0	2.53	0.67	25.7			
						W	28–50	黄棕色	壤土	6.4	9.8	1.81	1.11	24.3			
						C	50–100	栗色	壤土	6.6	11.7	1.49	1.09	23.6			
剖17	人为土	水稻土	潴育水稻土	中性紫泥田	中性紫扁砂泥田	A	0–20	紫色	壤土	6.8	16.5	1.26	0.81	19.8	紫色砂页岩洪积物	E 109° 29′ 49.0″ N 27° 55′ 54.1″	75
						Pg	20–28	紫棕色	黏壤土	7.6	8.1	0.70	0.75	14.6			
						W	28–100	暗红棕色	黏壤土	7.6	4.6	0.44	0.62	14.6			
剖18	人为土	水稻土	潴育水稻土	河砂泥田	紫河潮泥田	A	0–18	暗红棕色	壤土	7.2	25.3	1.63	1.53	18.6	紫色砂页岩河流冲积物	E 109° 29′ 32.9″ N 27° 55′ 02.3″	75
						Pg	18–25	红色	壤土	7.4	9.0	0.75	2.22	20.5			
						W_1	25–33	浅棕红色	砂壤土	7.6	6.9	0.66	1.73	19.0			
						W_2	33–100	暗红色	壤土	8.0	5.6	0.47	1.50	18.0			
剖19	初育土	石灰(岩)土	黑色石灰土	黑色石灰土	黑色石灰土	A	0–20	暗棕色	壤土	7.5	52.4	1.36	1.04	26.7	石灰岩风化坡积物	E 109° 23′ 23.8″ N 27° 55′ 37.9″	95
						ABv	20–38	棕灰色	壤土	7.6	10.2	1.09	1.07	31.1			
						D	38–										
剖20	铁铝土	黄壤	板页岩黄壤性土	薄腐板页岩黄壤性土	Ao	0–2	黑色								板页岩残积物	E 109° 20′ 00.1″ N 27° 53′ 38.4″	75
						A	2–19	暗棕灰色	壤土	6.4	16.8	2.01	1.15	21.8			
						D	19–										
剖21	铁铝土	黄壤	石灰岩黄壤			Ao	0–2	黑色								砂岩风化残积物	E 109° 20′ 49.8″ N 27° 53′ 59.8″	75
						A_1	2–11	暗棕灰色	壤土	5.8	39.2	1.72	1.06	20.1			
						A	11–45	暗棕黄色	壤土	5.6	16.5	0.94	0.86	21.6			
						BvC	45–100	浅棕黄色	壤土	5.4		1.68	1.40	22.5			
剖22	人为土	水稻土	潴育水稻土	灰黄泥田		A	0–18	暗黄棕色	黏壤土	7.0	26.8	1.32	1.39	21.3	石灰岩坡积物	E 109° 21′ 54.0″ N 27° 53′ 51.1″	95
						Pg	18–26	栗色	黏壤土	7.2	19.4	0.99	1.35	20.0			
						W	26–59	灰黄棕色	黏壤土	7.4	11.6	0.74	1.48	34.2			
						C	59–100	暗棕色	黏壤土	7.4	6.7	2.15	1.49	18.6			
剖23	人为土	水稻土	潴育水稻土	青泥田	青潮黄青泥	A	0–20	暗灰棕色	黏壤土	7.4	45.6	2.08	1.38	18.5	石灰岩坡积物	E 109° 21′ 04.1″ N 27° 52′ 34.6″	95
						Pg	20–30	暗灰黄色	黏壤土	7.4	44.3	1.26	1.36	18.0			
						G	30–100	暗黄棕色	黏壤土	7.2	42.2	1.89	1.23	29.2			
剖24	人为土	水稻土	潴育水稻土	黄砂泥田	浅酸紫砂泥田	A	0–16	暗灰黄色	壤土	6.0	30.7	1.49	1.17	30.1	石灰岩坡积物	E 109° 22′ 01.8″ N 27° 50′ 47.0″	75
						Pg	16–28	黄棕色	壤土	6.2	21.7	0.69	1.15	30.9			
						W_1	28–60	黄棕色	壤土	6.4	8.5	0.69	1.13	30.9			
						W_2	60–100	栗色	壤土	6.5	7.8	0.86	0.72	18.1			
剖25	人为土	水稻土	淹育水稻土	紫泥田	碱紫紫泥田	A	0–13	浅红色	壤土	7.8	21.7	1.41	0.75	19.1	紫色砂页岩坡积物	E 109° 22′ 11.5″ N 27° 50′ 26.0″	95
						Pg	13–20	红黄棕色	壤土	7.6	6.9	0.73	0.67	21.0			
						C	20–100	暗黄棕色	壤土	7.6	2.8	0.59	0.74	18.5			
剖26	人为土	水稻土	潴育水稻土	青泥田		A	0–17	紫棕色	壤土	7.6	10.7	0.86	0.79	20.4	紫色砂页岩坡积物	E 109° 23′ 39.1″ N 27° 54′ 47.5″	75
						Pg	17–25	暗红棕色	壤土	7.8	11.1	0.99	0.75	21.1			
						W	25–63	暗棕红色	壤土	7.6	16.3	1.23	0.67	18.2			
						C	63–100	浅棕红色	壤土	7.2	27.4	1.70	0.82	20.7			
剖27	人为土	水稻土	潴育水稻土	青泥田	青紫砂泥田	A	0–18	暗红棕色	壤土	7.2	28.6	1.74	0.81	18.2	紫色砂页岩坡积物	E 109° 23′ 13.0″ N 27° 54′ 04.0″	75
						Pg	18–30	暗红棕色	壤土	7.2	28.0	1.70	0.76	17.7			
						G	30–100	暗红棕色	壤土	7.2	21.5	1.29	0.58	15.4			

续表 Continued

剖面号 Soil profile	土纲 Soil order	土类 Soil great group	亚类 Soil subgroup	土属 Soil genus	土种 Soil species	土层码 Layer code	土层厚度 Depth/cm	颜色 Soil color	质地 Soil texture	pH	有机质 OM/(g/kg)	全氮 TN/(g/kg)	全磷 TP/(g/kg)	全钾 TK/(g/kg)	土壤母质 Parent material	剖面点坐标 Profile coordinate	匹配指数 Matching index/%
剖28	人为土	水稻土	潴育水稻土	岩渣田	岩渣田	A	0—17	暗棕灰色	壤土	6.0	35.0	2.80	1.60	18.4	砂岩、板页岩	E 109°23′47.5″ N 27°54′20.0″	75
						Pg	17—26	棕灰色	壤土	6.0	30.1	2.55	1.55	24.1			
						W	26—58	灰黄棕色	壤土	6.8	15.2	2.55	1.60	22.5			
						S	58—100		砂壤土	7.2	9.2	1.67	1.37	28.8			
剖29	人为土	水稻土	淹育水稻土	中性浅紫泥田	中性浅紫砂泥田	A	0—15	暗棕红色	壤土	6.8	13.1	1.05	0.98	16.8	紫色砂页岩、板页岩坡积物	E 109°23′00.6″ N 27°52′46.5″	95
						Pg	15—24	暗棕红色	壤土	7.6	9.8	0.82	0.74	16.2			
						C	24—35	灰黄棕色	砂壤土	7.8	10.2	0.64	0.95	17.3			
						D	35—										
剖30	人为土	水稻土	淹育水稻土	浅灰泥田		A	0—14	灰白色	黏壤土	6.4	31.0	1.81	1.44	28.5	板页岩坡积物	E 109°24′35.0″ N 27°53′52.7″	95
						Pg	14—23	暗棕黄色	黏壤土	6.8	20.4	1.31	1.34	28.1			
						C	23—100	浅棕黄色	黏壤土	7.2	7.9	0.71	1.15	22.0			
剖31	人为土	水稻土	潴育水稻土	黄砂泥田	黑黄砂泥田	A	0—16	紫棕灰色	壤土	6.2	35.1	2.10	1.13	17.7	砂岩坡积物	E 109°24′40.7″ N 27°53′27.0″	75
						Pg	16—24	紫棕色	壤土	6.4	14.5	1.07	1.16	17.5			
						W	24—100	棕黄色	壤土	6.8	4.4	0.46	1.13	17.6			
剖32	人为土	水稻土	潴育水稻土	冷浸田	锈水田	A	0—16	棕灰色	壤土	6.2	45.6	3.40	1.31	19.1	板页岩、砂岩坡积物	E 109°26′21.4″ N 27°52′41.7″	75
						Pg	16—25	暗黄色	砂壤土	6.4	37.0	2.94	1.23	18.6			
						G	25—100	暗黄棕色	黏壤土	6.4	24.0	1.40	1.71	18.1			
剖33	初育土	石灰（岩）土	红色石灰土	红色石灰土		A	0—21	灰黄色	壤土	6.4	21.5	1.44	1.36	31.9	石灰岩风化坡积物	E 109°27′40.4″ N 27°52′59.1″	75
						Bv	21—66	黄黄色	壤土	6.8	7.8	0.74	0.78	31.8			
						C	66—96	浅灰色	黏壤土	7.2	8.8	0.51	0.78	37.1			
剖34	人为土	水稻土	淹育水稻土	浅灰紫泥田	浅碱紫泥田	A	0—13	浅棕红色	壤土	7.6	21.8	1.44	1.02	19.1	板页岩、砂岩坡积物、冲积物	E 109°28′05.2″ N 27°53′10.4″	95
						Pg	13—20	暗棕红色	黏壤土	7.6	10.6	1.05	0.86	18.5			
						C	20—100	红色	黏壤土	7.8	6.9	0.63	0.81	18.0			
剖35	人为土	水稻土	潴育水稻土	黄泥田	砂质黄砂泥田	A	0—16	黄灰色	壤土	6.0	29.9	2.21	1.00	23.0	板页岩、砂岩坡积物	E 109°27′47.1″ N 27°52′52.2″	95
						Pg	16—26	浅黄色	壤土	6.2	9.3	0.87	0.96	20.7			
						W	26—100	暗黄棕色	壤土	7.2	27.4	1.93	0.75	19.4			
剖36	人为土	水稻土	矿毒型水稻土	金属矿毒田	铅锌矿毒田	Pb	0—1			8.0					石灰岩风化坡积物	E 109°28′17.7″ N 27°52′43.2″	75
						A	1—18	灰黄色	壤土	8.0	71.9	1.71	2.53	25.2			
						Pg	18—28	黄黄色	壤土	7.8	33.8	1.67	1.33	31.1			
						G	28—100	浅黄色	壤土	7.8	20.3	1.03	1.61	34.1			
剖37	人为土	水稻土	淹育水稻土	浅灰黄泥田	砂质黄泥田	A	0—14	浅棕色	壤土	6.0	25.4	1.61	0.89	19.5	砂岩风化坡积物	E 109°29′53.6″ N 27°54′40.4″	95
						Pg	14—21	棕色	砂壤土	7.8	11.5	0.76	0.78	18.8			
						D	21—										
剖38	初育土	石灰（岩）土	红色石灰土	红色石灰土		A_1	0—2	黑色		7.6	27.9	1.39	1.56	31.4	石灰岩风化坡积物	E 109°28′16.6″ N 27°52′26.1″	95
						A	2—14	灰黄色	壤土	7.6	22.9	1.51	1.11	27.0			
						BvC	14—43	浅棕色	壤土								
						D	43—										
剖39	铁铝土	黄壤	黄壤性土	砂质黄壤性土	薄腐砂质黄壤性土	A_1	0—2	黄色		5.2	11.4	1.61	0.92	20.2	砂岩风化坡积物	E 109°28′33.8″ N 27°50′04.8″	75
						D	29—		砂壤土								

续表 Continued

剖面号 Soil profile	土纲 Soil order	土类 Soil great group	亚类 Soil subgroup	土属 Soil genus	土种 Soil species	土层码 Layer code	土层厚度 Depth/cm	颜色 Soil color	质地 Soil texture	pH	有机质 OM/(g/kg)	全氮 TN/(g/kg)	全磷 TP/(g/kg)	全钾 TK/(g/kg)	土壤母质 Parent material	剖面点坐标 Profile coordinate	匹配指数 Matching index/%
剖40	铁铝土	红壤	黄红壤	板页岩黄红壤		Ao	0—2	暗灰棕色							石灰岩风化残积物	E 109°29′05.9″ N 27°50′35.7″	75
						A₁	2—6	褐色	壤土	5.2							
						ABv	6—14	灰黄色	壤土	5.2							
						Bv	14—24	黄棕色	黏壤土	5.2							
						BvC	24—51	红棕色	黏壤土	5.4							
						C	51—68	棕黄色									
							68—150										
剖41	铁铝土	黄壤	黄壤	石灰岩黄壤		A	0—55	暗棕灰色	砂壤土	6.0	40.9	2.17	1.19	19.0	板页岩风化坡积物	E 109°29′41.3″ N 27°50′13.4″	75
						Bv	55—95	黑棕色	砂壤土	6.4	50.0	2.30	1.82	20.6			
						D	95—										
剖42	人为土	水稻土	潜育水稻土	青泥田	青砂田	A	0—18	黄棕色	砂壤土	6.2	41.9	2.46	1.05	19.4	紫色砂页岩坡积物	E 109°22′50.0″ N 27°51′48.2″	75
						Pg	18—28	暗黄棕色	壤土	7.2	27.9	1.58	0.66	18.4			
						G	28—100	褐色	砂壤土	7.2	3.9	0.44	0.64	17.9			
剖43	人为土	水稻土	潜育水稻土	酸紫泥田	酸紫砂泥田	A	0—18	黄棕色	砂壤土	6.0	20.2	1.41	0.84	15.5	石灰岩坡积物	E 109°23′20.0″ N 27°52′00.7″	95
						Pg	18—27	棕色	砂壤土	6.4	18.3	1.41	0.84	16.1			
						W	27—49	浅黄棕色	壤土	7.6	5.7	1.32	0.97	16.3			
						C	49—100	暗棕色	壤土	7.6	1.3	0.70	0.81	18.6			
剖44	人为土	水稻土	淹育水稻土	浅黄泥田	砂质浅黄泥田	A	0—14	暗黄棕色	壤土	6.0	24.7	2.06	1.08	18.9	板页岩风化坡积物	E 109°24′46.4″ N 27°51′42.1″	75
						Pg	14—23	褐色	砂壤土	6.0	16.6	1.57	1.06	18.8			
						C	23—100	暗棕色	壤土	6.0	19.8	1.67	1.30	18.5			
剖45	人为土	水稻土	潜育水稻土	烂泥田	石灰性烂泥田	Ag	0—45	黑色	黏壤土	7.8	48.4	2.32	2.22	21.5	石岩坡积物	E 109°25′59.2″ N 27°50′08.3″	95
						G	45—100	黑色	黏壤土	7.8	41.5	1.92	1.32	22.3			
剖46	铁铝土	红壤	黄红壤	石灰岩黄红壤		A	0—20	暗黄棕色	砂壤土	6.8	29.2	1.64	0.93	25.6	石灰岩坡积物	E 109°28′39.5″ N 27°19′36.2″	95
						ABv	20—43	暗黄棕色	壤土	7.2	16.8	1.15	0.69	15.7			
						Bv	43—98	红棕色	壤土	7.6	7.5	0.81	0.61	16.6			
						BvC	98—100	浅棕红色	壤土	7.8	6.5	0.58	0.63	17.2			
剖47	铁铝土	红壤	黄红壤	耕型板页岩红土	黄红岩渣子	A	0—27	栗色	壤土	6.4	32.9	1.29	1.33	17.4	板页岩坡积物	E 109°37′24.9″ N 28°06′19.3″	95
						Bv	27—58	黄棕色	壤土	6.0	24.6	4.80	1.07	17.8			
剖48	铁铝土	红壤	红壤性土	砂岩红壤性土	薄腐砂岩红壤性土	A₁	0—2			5.6					砂岩风化坡积物	E 109°38′59.9″ N 28°03′16.4″	93
						A	2—25	黄棕色	砂壤土	5.6	13.5	0.78	0.56	17.5			
						D	25—										
剖49	紫色土	紫色土	酸性紫色土	酸性紫砂土	薄腐中层酸性紫砂土	A	0—20	紫棕色	砂壤土	6.0	12.4	0.79	0.69	17.9	紫色砂岩风化坡积物	E 109°40′31.2″ N 28°02′41.1″	95
						Bv	20—100	紫棕色	砂壤土	5.8	16.5	0.96	0.79	18.0			
剖50	初育土	红壤	黄红壤	砂岩黄红壤		A	0—17	灰黄色	黏壤土	7.8	36.7	2.16	1.63	29.7	砂岩坡积物	E 109°43′53.6″ N 28°04′37.2″	95
						Pg	17—27	暗黄棕色	黏壤土	7.8	27.0	3.14	1.39	36.1			
						W	27—67	暗黄棕色	黏壤土	8.0	16.7	1.03	1.67	40.8			
						G	67—100	暗灰黄色	黏壤土	8.0	17.8	1.60	1.64	38.5			
剖51	人为土	水稻土	潜育水稻土	灰泥田	鸭屎泥田	Ao	0—1								石灰岩风化坡积物	E 109°39′48.7″ N 28°02′14.2″	95
						A₁	1—2										
剖52	初育土	石灰（岩）土	红色石灰土	红色石灰土		ABv	2—27	灰棕色	壤土	6.4	17.8	1.31	1.33	23.9	石灰岩风化坡积物	E 109°31′31.3″ N 27°58′06.2″	95
							27—44	暗灰棕色	壤土	6.8	25.6	1.62	1.10	24.1			
						Bv	44—75	黄棕色	壤土	7.6	31.9	1.93	1.05	23.1			

续表 Continued

剖面号 Soil profile	土纲 Soil order	土类 Soil great group	亚类 Soil subgroup	土属 Soil genus	土种 Soil species	土层码 Layer code	土层厚度 Depth/cm	颜色 Soil color	质地 Soil texture	pH	有机质 OM/(g/kg)	全氮 TN/(g/kg)	全磷 TP/(g/kg)	全钾 TK/(g/kg)	土壤母质 Parent material	剖面点坐标 Profile coordinate	匹配指数 Matching index/%
剖53	铁铝土	红壤	红壤性土	板页岩红壤性土		A₁	0—3	暗灰黄色	壤土	5.8					板页岩坡积物	E 109°35′53.8″ N 27°56′29.0″	95
						A	3—15	浅黄棕色	壤土	5.8							
						AC	15—36	浅黄棕色		5.8							
						C	36—			5.8							
剖54	初育土	紫色土	中性紫色土	中性紫砂土		A	0—8	暗红色	壤土	6.5	16.0	0.93	0.70	25.1	紫色砂页岩风化残积物	E 109°39′04.2″ N 27°59′01.0″	95
						BvC	8—39	暗棕红色	黏壤土	7.4	3.4	0.75	0.73	26.8			
						D	39—										
剖55	人为土	水稻土	潴育水稻土	紫泥田	青瑚碱紫泥田	A	0—19	暗红色	壤土	7.6	18.2	1.26	0.97	16.0	紫色砂页岩坡积物	E 109°40′03.7″ N 27°58′56.2″	95
						Pg	19—31	浅红灰色	壤土	7.6	15.3	1.06	0.87	17.9			
						W	31—100	暗红棕色	砂壤土	7.6	16.7	1.08	0.88	17.6			
剖56	人为土	水稻土	潴育水稻土	灰黄泥田	灰红黄泥田	A	0—18	浅灰黄色	壤土	6.4	38.4	2.65	1.32	30.3	板页岩、石灰岩坡积物	E 109°35′37.0″ N 27°53′35.7″	95
						Pg	18—25	浅灰色	壤土	6.8	18.8	1.71	2.55	30.3			
						W	25—70	灰白色	壤土	7.2	12.8	1.17	3.60	30.2			
						C	70—100	灰黄色	黏壤土	7.2	6.3	1.03	1.58	30.0			
剖57	铁铝土	红壤	黄红壤	砂岩黄红壤		A	0—20	黑色	砂壤土	5.8	25.1	1.27	0.80	26.0	砂岩风化坡积物	E 109°36′01.4″ N 27°52′30.9″	95
						ABv	20—26	褐色	砂壤土	5.4	17.5	1.00	0.83	25.4			
						BvC	26—66	褐色	砂壤土	5.8	12.2	0.71	0.79	26.0			
						C	66—										
剖58	人为土	水稻土	潴育水稻土	黄砂泥田		A	0—15	绿灰色	壤土	6.2	17.5	1.10	0.69	21.5	砂岩坡积物	E 109°35′08.1″ N 27°51′47.8″	95
						Pg	15—22	青灰色	壤土	6.2	13.2	0.86	0.69	21.7			
						W₁	22—45	浅灰棕色	壤土	6.4	5.5	0.49	0.67	22.0			
						W₂	45—100	黄灰棕色	壤土	6.4	3.7	0.14	0.69	22.0			
剖59	人为土	水稻土	潴育水稻土	青泥田	青岩渣子田	A	0—19	青灰色	壤土	6.0	47.9	2.72	0.86	20.5	板页岩风化坡积物	E 109°31′26.7″ N 27°50′59.1″	95
						Pg	19—29	青灰色	壤土	6.4	35.8	2.48	0.85	19.8			
						G	29—100	青灰色	壤土	6.8	17.5	1.50	1.07	22.5			
剖60	人为土	水稻土	潴育水稻土	黄砂泥田	盐砂泥田	A	0—20	栗色	砂壤土	6.2	21.6	1.34	0.76	23.5	硅质砂岩	E 109°45′54.9″ N 28°04′07.3″	95
						Pg	20—28	青色	砂壤土	6.4	18.0	1.07	0.68	23.8			
						W	28—60	黄黄色	砂壤土	6.6	17.1	0.91	0.48	22.0			
						C	60—100	灰黄色	砂壤土	6.6	16.1	0.82	0.43	21.9			

花 垣 县

主要土类说明

石灰（岩）土是花垣县主要土壤类型，占本县地域面积的51%。在亚热带生物气候条件下，白云岩、石灰岩和其他母质一样可经脱硅富铝化过程形成红壤或黄壤，但由于白云岩、石灰岩富含碳酸盐，在岩石裸露的岩溶地区，有源源不断的碳酸盐风化物、崩解碎片以及富含碳酸盐的地表水进入土体，延缓了脱硅富铝化过程的进行，从而形成较为年轻的石灰（岩）土。在其形成过程中，除方解石中的碳酸盐受到不同程度的化学溶蚀外，其余矿物未受强烈的化学风化作用，云母类矿物脱钾不深，黏粒硅铝率较高。土壤富含钙、镁，有利于腐殖质的积累。植物残体分解后，由于大量腐殖质与钙结合，并积累于表层土壤中，土体呈暗黑色。本县石灰（岩）土分为黑色石灰土和红色石灰土两个亚类。

黄壤是花垣县第二大土壤类型，占本县地域面积的22%。黄壤发育于多种成土母质，垂直分布在红壤之上。由于所处地区气候湿润，雨量充沛，土壤中游离氧化铁发生水化而以水合氧化铁的形态存在，故剖面呈黄色至蜡黄色，土壤呈酸性。本县黄壤分为黄壤和黄壤性土两个亚类。

水稻土是花垣县第三大土壤类型，占本县地域面积的21%。水稻土是本县主要的耕作土壤，是自然土壤在人为作用下，经过开垦、耕作、施肥、灌溉等生产活动，逐步形成的一个土壤类型。由于地形部位与灌溉方法不同，土壤水分运动的状况也不同，进而形成不同的土壤发生层次、理化特性和生产性能。本县水稻土分为淹育型、潴育型、渗育型、潜育型、沼泽型、矿毒型六个亚类。其中，潴育水稻土面积最大，耕作年代久，水利条件好，土壤熟化程度高，是本县较为稳产高产的稻田土壤。

红壤占本县地域面积的6%，分布在海拔300—700m的地区。红壤脱硅富铝化作用强烈，pH为5.0—6.0。本县红壤分为红壤、黄红壤、红壤性土三个亚类。

本区域中心区气候特征

本区域中心区气候特征值
Regional climate characteristics in central area of the region

气候带：中亚热带湿润气候 Climate region: Subtropical humid climate	
年平均气温 /℃ Annual average temperature /℃	15.6
年平均最高气温 /℃ Annual average maximum temperature /℃	20.1
年平均最低气温 /℃ Annual average minimum temperature /℃	12.4
年降水量 /mm Annual precipitation /mm	1298
≥10℃的积温 /℃ Daily temperature accumulated in a year（≥10℃）/℃	5748
年日照时数 /h Annual sunshine /h	1271
年平均相对湿度 /% Annual average relative humidity /%	80
干燥度 Dryness	0.71

本区域中心区月平均气温与月平均降水量
Monthly temperature and precipitation in central area of the region

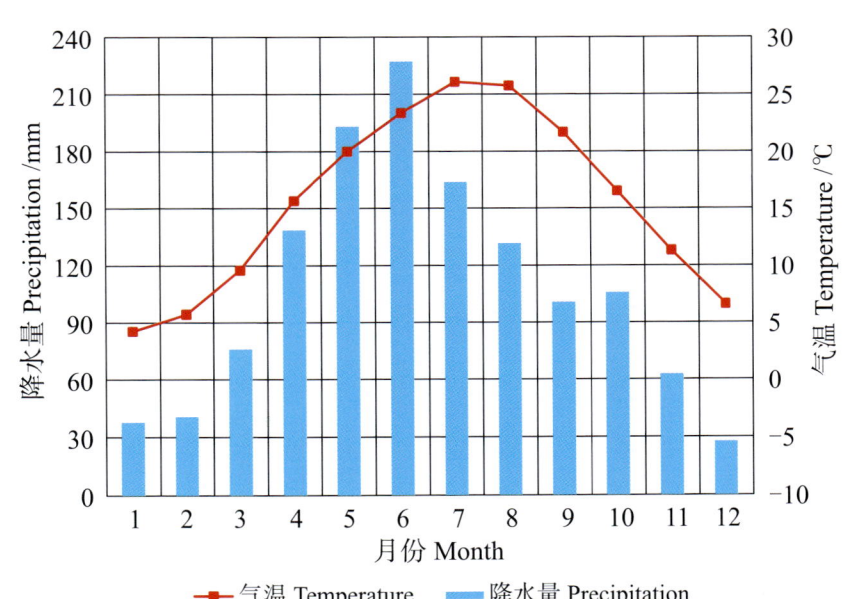

花垣县主要土壤类型与土壤剖面点分布图
1∶170 000

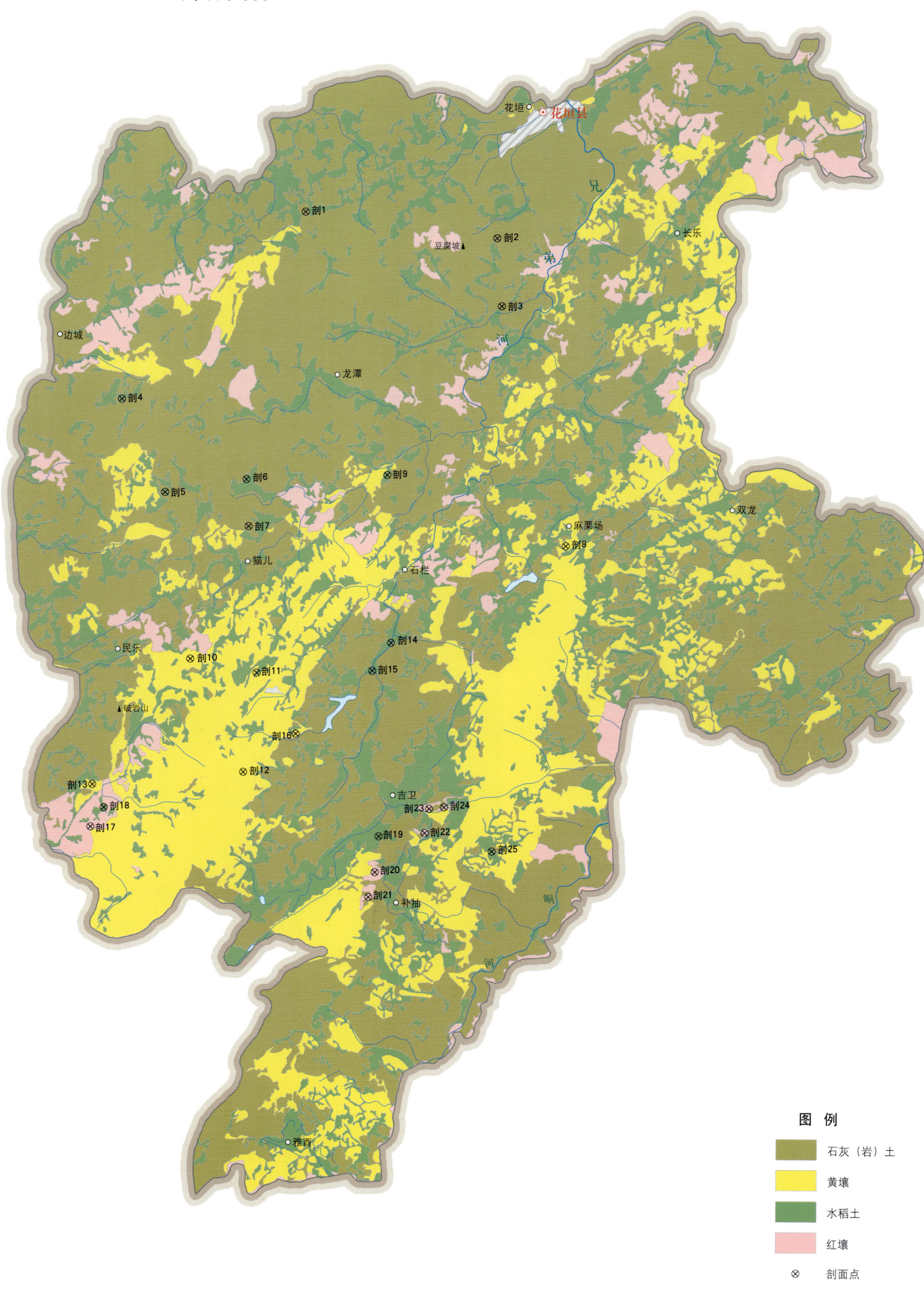

花垣县土壤剖面理化性状表

剖面号 Soil profile	土纲 Soil order	土类 Soil great group	亚类 Soil subgroup	土属 Soil genus	土种 Soil species	土层码 Layer code	土层厚度 Depth/cm	颜色 Soil color	质地 Soil texture	土壤结构 Soil structure	pH	有机质 OM/(g/kg)	全氮 TN/(g/kg)	全磷 TP/(g/kg)	全钾 TK/(g/kg)	土壤母质 Parent material	剖面点坐标 Profile coordinate	匹配指数 Matching index/%
剖1	初育土	石灰(岩)土	红色石灰土	耕型红色石灰土		A	0—27	棕色	中黏土	粒状	7.2	16.7	1.40	0.50	34.5	石灰岩坡积物	E 109°22′36.5″ N 28°33′05.7″	95
剖2	初育土	石灰(岩)土	红色石灰土	耕型红色石灰土	马肝土	ABv	27—80	棕黄色	中黏土	梭状	7.1	12.2	1.14	0.83	21.0	白云岩风化物	E 109°27′32.9″ N 28°32′33.8″	95
						Bv	80—100	棕黄色	中黏土	块状	6.6	7.4	0.91	0.52	25.1			
剖3	初育土	石灰(岩)土	黑色石灰土	黑色石灰土	薄腐薄层粗骨石灰土	A	0—17	棕色	轻黏土	粒状	6.3	16.0	1.15	1.06	17.5	白云岩残积物	E 109°27′41.5″ N 28°31′01.6″	95
						ABv	17—100	棕黄色	中黏土	梭状	5.4	3.3	0.71	0.93	17.8			
剖4	人为土	水稻土	潜育水稻土	烂泥田	烂泥田	A₁	0—3	黑色	中壤土	团粒状	7.9	63.8	3.73	1.42	21.6	白云岩冲积物	E 109°17′58.1″ N 28°28′48.3″	95
						A	3—30	栗色	中壤土	粒状	8.1	46.3	2.98	1.55	21.7			
						Ag	0—37	褐色	重壤土		8.3	62.7	2.64	0.90	20.4			
						G	37—100	褐色	重壤土		8.2	47.9	2.33	0.70	24.0			
剖5	人为土	水稻土	潜育水稻土	青泥田	青泥田	A	0—38	灰棕色	重壤土	块状	7.9	44.9	2.20	1.83	22.3	白云岩	E 109°19′07.1″ N 28°26′43.1″	95
						Pg	38—48	棕灰色	轻黏土	梭块状	8.2	19.1	1.28	1.46	30.5			
						G	48—100	棕灰色	轻黏土	无结构	8.2	18.6	1.32	1.55	30.5			
剖6	人为土	水稻土	淹育水稻土	浅灰黄泥田	浅灰黄泥田	A	0—18	棕灰色	轻黏土	块状	6.1	24.9	1.70	1.46	31.2	灰板岩坡积物	E 109°21′12.2″ N 28°27′02.2″	95
						P	18—26	黄色	轻黏土	块状	5.9	20.3	1.24	1.33	29.4			
						C	26—100	黄棕色	重壤土	粒状	7.9	4.2	0.69	0.86	29.5			
剖7	初育土	石灰(岩)土	红色石灰土	红色石灰土		Bv	0—26	黄棕色	轻壤土	块状	6.8	47.1	2.21	0.51		白云岩	E 109°21′16.8″ N 28°25′58.9″	95
							26—61	棕灰色	黏壤土	粒状	7.1	26.5	1.35	0.22				
剖8	铁铝土	黄壤	黄壤	板页岩黄壤		A₁	0—8	浅黄棕色	黏壤土	梭块状	5.6	24.0	1.59	1.22	34.7	板页岩	E 109°29′25.8″ N 28°25′37.9″	95
						ABv	8—42	暗黄橙色	黏壤土	块状	5.5	17.5	1.19	0.98	27.7			
						Bv	42—100	灰色	重壤土	梭柱状	6.2	17.1	1.18	0.85	29.6			
剖9	人为土	水稻土	潴育水稻土	扁砂泥田	黄砂泥田	A	0—18	深灰色	重壤土	块状	5.5	14.7	1.22	0.73	35.7	板页岩坡积物	E 109°24′48.8″ N 28°27′10.9″	95
						P	18—23	灰棕色	轻壤土	粒状	4.6	8.5	0.71	1.13	26.4			
						W	23—43	棕灰色	中壤土	块状	4.3	9.1	0.80	0.89	23.7			
						C	43—100	棕黄色	中壤土	无结构	5.5	62.5	3.21	1.90	18.5			
剖10	铁铝土	黄壤	黄壤	耕型石灰岩黄壤	灰黄土	A	0—15	棕黄色	重黏土	梭块状	5.1	57.4	2.85	1.41	17.9	石灰岩坡积物	E 109°19′50.4″ N 28°22′57.6″	95
						Bv	15—100	棕色	重黏土	梭块状	5.1	46.1	2.18	2.27	11.3			
剖11	人为土	水稻土	潴育水稻土	阴山田	阴山田	A	0—22	青灰色	中壤土	柱状	6.7	28.2	1.28	1.67	17.4	页岩	E 109°21′33.2″ N 28°22′40.1″	95
						Pg	22—31	黄棕色	轻壤土	团块状	4.7	18.3	1.22	0.50	23.3			
						G	31—61	棕灰色	中壤土	团块状	4.8	11.7	0.94	0.63	17.8			
						W	61—100	棕灰色	轻壤土	块状	4.7	8.9	0.75	0.40	24.8			
剖12	铁铝土	黄壤	黄壤	砂岩黄壤	薄腐中层砂岩黄壤	A	0—20	灰棕色	壤土	粒状	5.3					砂岩	E 109°21′15.3″ N 28°20′25.0″	95
						ABv	20—40	橙色	中壤土	粒状		37.2	1.63	0.75	14.5			
						Bv	40—60	黄色	轻壤土	梭状		24.9	1.37	0.65	10.5			
剖13	铁铝土	黄壤	黄壤	石灰岩黄壤		1	2—9	棕灰色	中壤土	块状	5.4	32.6	1.49	0.87	26.3	板页岩	E 109°17′23.4″ N 28°20′04.9″	95
						A	9—27	黄色	轻黏土	梭状	6.3							
						Bv	27—49	灰棕色	重黏土	梭状	6.5	21.2	1.09	0.84	27.3			
剖14	人为土	水稻土	潴育水稻土	灰黄泥田		A	0—12	灰棕色	重黏土	梭状	6.3	12.6	0.81	0.71	27.3	石灰岩坡积物	E 109°24′59.0″ N 28°23′23.5″	95
						P	12—22	黄灰色	重黏土	梭状	7.2	10.2	0.73	0.64	27.1			
						W	22—52	棕灰色	轻黏土	块状	5.1	32.1	1.97	0.64	37.1			
剖15	人为土	水稻土	淹育水稻土	浅黄泥田	浅黄泥田	A	0—13	灰棕色	轻黏土	梭粒状	6.2	23.5	0.14	0.78	33.9	页岩坡积物	E 109°24′30.9″ N 28°22′45.4″	95
						P	13—23	黄色	轻黏土	块状	6.2	17.6	0.88	0.70	35.1			

续表 Continued

剖面号 Soil profile	土纲 Soil order	土类 Soil great group	亚类 Soil subgroup	土属 Soil genus	土种 Soil species	土层码 Layer code	土层厚度 Depth/cm	颜色 Soil color	质地 Soil texture	土壤结构 Soil structure	pH	有机质 OM/(g/kg)	全氮 TN/(g/kg)	全磷 TP/(g/kg)	全钾 TK/(g/kg)	土壤母质 Parent material	剖面点坐标 Profile coordinate	匹配指数 Matching index/%
剖16	铁铝土	黄壤	黄壤性土	板页岩黄壤性土	薄腐中层石渣黄壤	A₁	0—7	棕灰色	壤土	粒状	5.7	36.4	1.86	0.82	21.3	页岩坡积物	E 109°22′34.5″ N 28°21′18.2″	95
						A	7—15	灰棕色	轻壤土	核状	6.0	21.5	1.21	0.85	24.0			
						Bv	15—45	棕黄色	中黏土	块状	5.1	22.9	1.07	0.61	28.7			
剖17	铁铝土	红壤	红壤	红土红壤	薄腐厚层红土红壤	A	0—17	黄棕色	重壤土	粒状	5.3	17.2	0.84	0.58	22.6	古河流冲积物	E 109°17′21.5″ N 28°19′07.7″	75
						ABv	17—40	红棕色	重壤土	块状	5.2	11.8	0.49	0.38	10.1			
						Bv	40—60	棕色	重壤土	块状	6.2	30.7	1.79	1.08	27.5			
剖18	人为土	水稻土	渗育水稻土	白鳝泥田	白鳝泥田	Ae	0—17	棕灰色	重壤土	块状	5.8	19.9	1.09	0.70	28.5	砂页岩	E 109°17′41.6″ N 28°19′33.9″	75
						Pe	17—25	灰棕色	轻黏土	棱块状	6.5	14.0	0.93	1.21	31.3			
						We	25—55		砂土									
						4	55—100											
剖19	人为土	水稻土	淹育水稻土	浅马肝泥田		A	0—15	棕色	轻黏土		8.5	22.3	1.45	1.13	23.3	白云岩风化物	E 109°24′44.8″ N 28°19′01.1″	95
						P	15—24	棕色	中黏土	块状	8.5	19.3	1.29	0.91	17.4			
						C	24—100	红棕色	重黏土	棱块状	8.2	10.4	0.66	0.94	15.5			
剖20	铁铝土	红壤	黄红壤	板页岩黄红壤	薄腐中层板页岩黄红壤	A₁	0—2	褐色	重壤土	块状	5.3	37.1	2.45	0.99	17.1	砂页岩坡积物	E 109°24′40.1″ N 28°18′12.1″	75
						Bv	2—19	黄棕色	中壤土	块状	5.4	28.9	1.50	1.03	22.9			
							19—47											
剖21	铁铝土	红壤	黄红壤	石灰岩黄红壤		A₁	0—3	栗色	壤土	粒状	5.6		0.26	0.74	12.6	白云岩坡积物	E 109°24′31.1″ N 28°17′37.8″	75
						A	3—13	黄褐色	中壤土	块状	5.6	64.7	1.28	0.63	20.7			
						Bv	13—100	浅红棕色	中黏土	块状	5.6	23.2	1.05	1.07	48.6			
剖22	铁铝土	红壤	红壤性土	耕型板页岩红壤性土	石渣子土	A	0—17	棕黄色	中黏土	粒状	5.8	7.0	0.70	1.51	36.8	板页岩坡积物	E 109°25′55.9″ N 28°19′06.5″	75
						ABv	17—100	棕黄色	轻壤土	块状	5.8	2.0	1.54	0.88	32.9			
剖23	铁铝土	红壤	黄红壤	石灰岩黄红壤		A	0—16	棕灰色	轻壤土	粒状	5.7	30.0	1.12	0.76	29.0	石灰岩坡积物	E 109°26′02.2″ N 28°19′39.2″	75
						Bv	16—100	灰棕色	轻壤土	块状	5.5	20.7						
剖24	铁铝土	红壤	红壤性土	板页岩红壤性土	薄腐中层石渣红壤	A₁	0—2	褐色	壤土	粒状	5.2	16.8	1.10	0.87	22.4	板页岩坡积物	E 109°26′24.7″ N 28°19′42.0″	75
						A	2—38	棕黄色	中黏土	块状	5.2	16.8	0.81	0.75	22.9			
						Bv	38—65	棕黄色	轻黏土	核状								
剖25	人为土	水稻土	矿毒型水稻土	金属矿毒田	铅锌矿毒田	A	0—40	棕灰色	重壤土		8.2	55.1	2.80	2.26	23.5	石灰岩坡积物	E 109°27′39.5″ N 28°18′42.7″	75
						G	40—100	褐色	重壤土		8.3	47.9	2.33	2.33	17.5			

保 靖 县

主要土类说明

石灰（岩）土是保靖县主要土壤类型，占本县地域面积的37%。石灰（岩）土是由石灰岩发育而成的一种岩成土。本县石灰（岩）土分为黑色石灰土和红色石灰土两个亚类。前者零星分布在山顶岩隙、岩窝处，pH在7.5以上，有石灰反应。由于大量腐殖质与钙结合，土体呈黑色。剖面构型多为A-C或A-D。后者交错分布在黄红壤与黄壤之间，是一种非地带性土壤，pH在6.0以上。

黄壤是保靖县第二大土壤类型，占本县地域面积的25%。黄壤发育于多种成土母质，分布在海拔500—900m的中低山区，垂直分布在红壤之上、黄棕壤之下。由于所处地区气候湿润，雨量充沛，土壤中游离氧化铁发生水化而以水合氧化铁的形态存在，土体呈黄色或蜡黄色。本县黄壤分为黄壤和黄壤性土两个亚类。

红壤是保靖县第三大土壤类型，占本县地域面积的20%。红壤主要分布在海拔500m以下的地区，发育于多种成土母质。由于本县地处中亚热带阔叶林区，特别是海拔500m以下的地带气候温暖，雨量较多，干湿季节明显，风化作用强烈，矿物岩分解彻底，硅酸和盐基大量淋失，铁铝氧化物相对聚积，形成富含铁铝的红色土体，土壤呈酸性。本县红壤分为黄红壤和红壤性土两个亚类。其中，黄红壤面积最大，占本土类面积的99%以上。

水稻土占本县地域面积的12%，是本县主要的耕作土壤，是自然土壤在人为作用下，经过开垦、耕作、施肥、灌溉等生产活动，逐步形成的一个土壤类型。由于地形部位与灌溉方法不同，土壤水分运动的状况也不同，进而形成不同的土壤发生层次、理化特性和生产性能。本县水稻土分为淹育型、潴育型、渗育型、潜育型、沼泽型五个亚类。其中，潴育水稻土面积最大，占本土类面积的45%，多为坝田、排田或冲田，位于淹育水稻土和潜育水稻土之间，水利条件较好，有较厚的淋溶沉积层（厚度一般在20cm以上），剖面构型多为A-P-W、A-P-W-C或A-P-W-G。

黄棕壤占本县地域面积的5%，分布在海拔900m以上的中山区，垂直分布在黄壤之上。该土壤具A-B-C或A-（B）-C剖面构型，黏粒硅铝率在2.5左右，铁的游离度较红壤低，B层交换性酸大于A层。土壤pH为5.5—6.0。

小于本县地域面积3%的土壤类型有潮土等。

本区域中心区气候特征

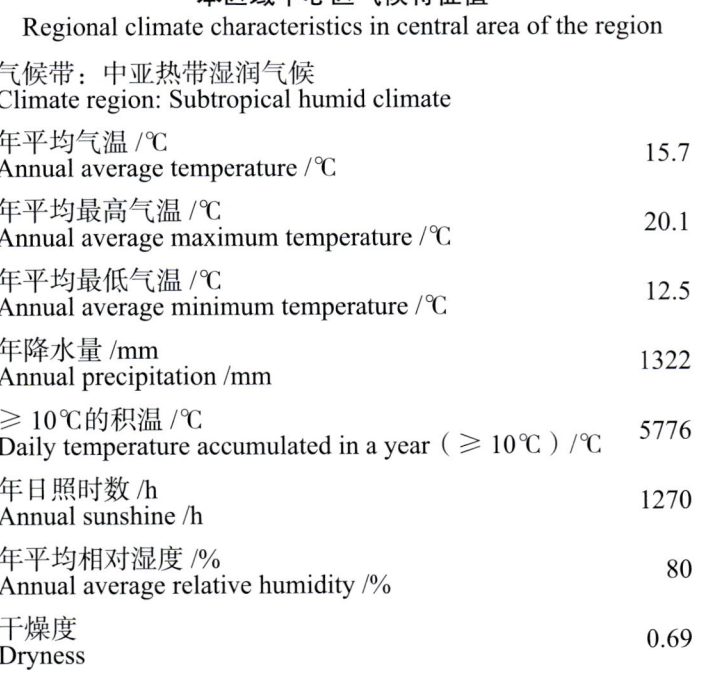

本区域中心区气候特征值
Regional climate characteristics in central area of the region

气候带：中亚热带湿润气候 Climate region: Subtropical humid climate	
年平均气温 /℃ Annual average temperature /℃	15.7
年平均最高气温 /℃ Annual average maximum temperature /℃	20.1
年平均最低气温 /℃ Annual average minimum temperature /℃	12.5
年降水量 /mm Annual precipitation /mm	1322
≥10℃的积温 /℃ Daily temperature accumulated in a year (≥10℃) /℃	5776
年日照时数 /h Annual sunshine /h	1270
年平均相对湿度 /% Annual average relative humidity /%	80
干燥度 Dryness	0.69

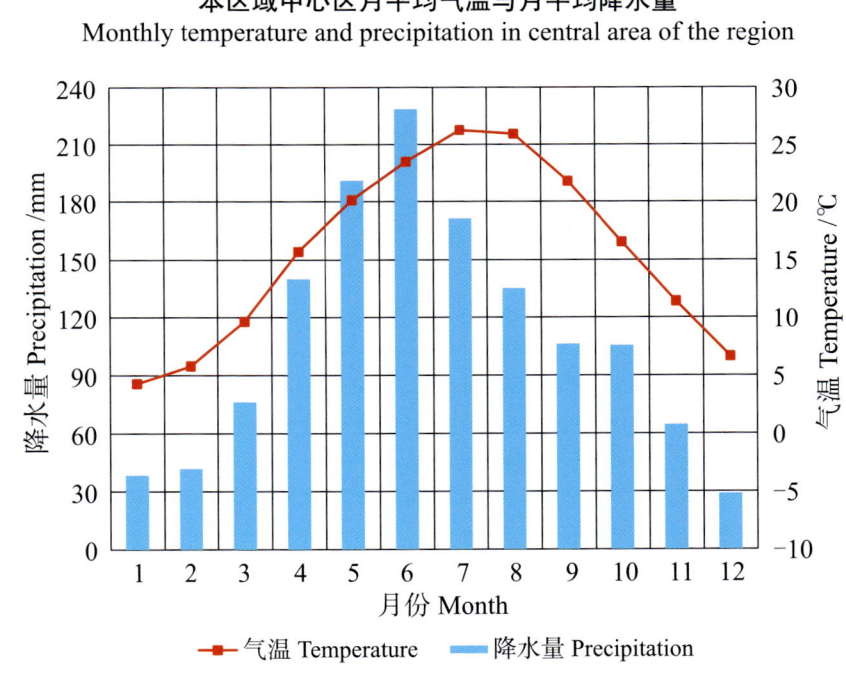

本区域中心区月平均气温与月平均降水量
Monthly temperature and precipitation in central area of the region

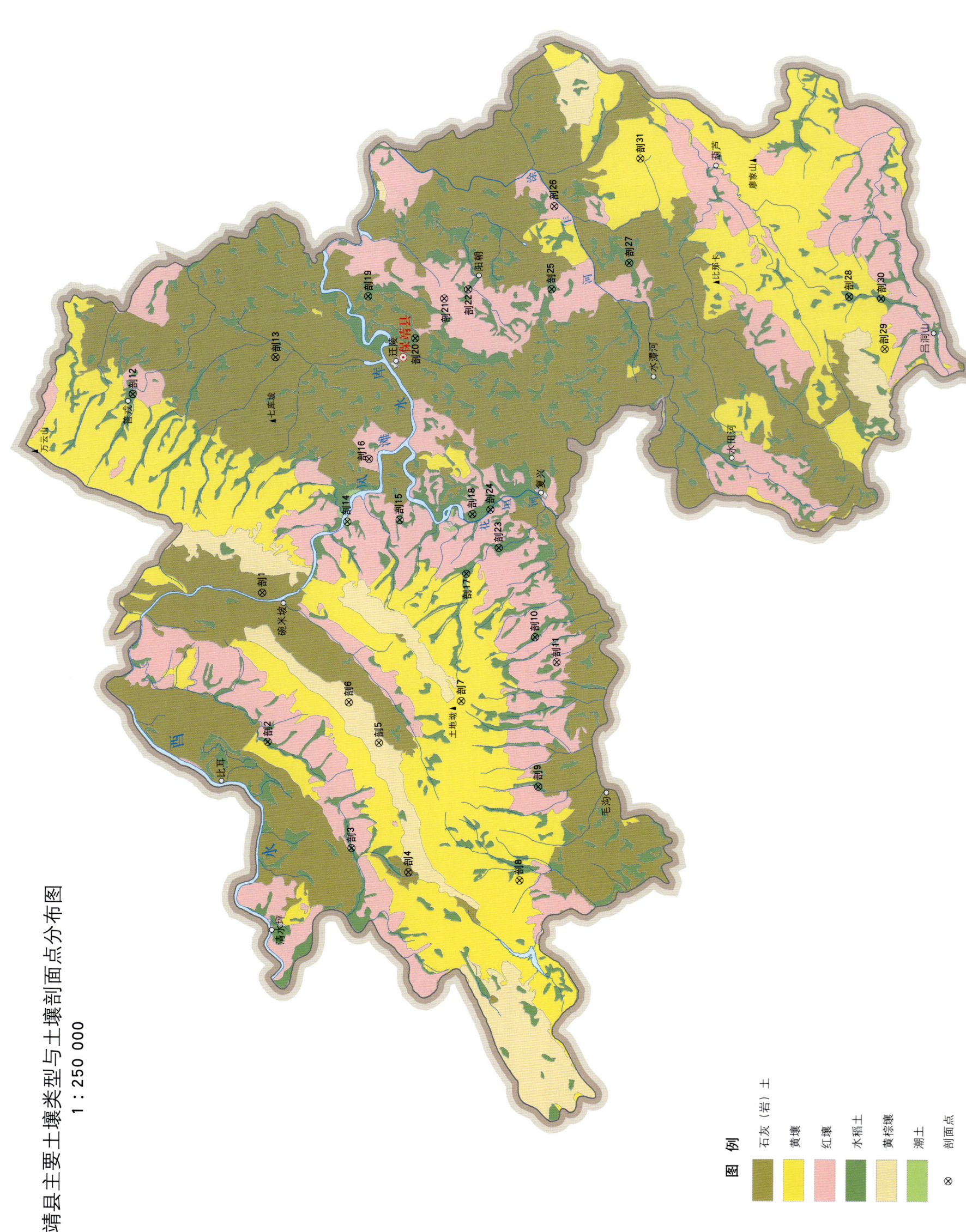

保靖县土壤剖面理化性状表

剖面号 Soil profile	土纲 Soil order	土类 Soil great group	亚类 Soil subgroup	土属 Soil genus	土种 Soil species	土层码 Layer code	土层厚度 Depth/cm	颜色 Soil color	质地 Soil texture	土壤结构 Soil structure	pH	有机质 OM/(g/kg)	全氮 TN/(g/kg)	全磷 TP/(g/kg)	全钾 TK/(g/kg)	土壤母质 Parent material	剖面点坐标 Profile coordinate	匹配指数 Matching index/%
剖1	初育土	石灰（岩）土	黑色石灰土	黑色石灰土		A	0—60	黑色	黏壤土	团粒状	8.0	40.5	2.09	0.49	4.8	薄层灰岩	E 109°19′31.8″ N 28°42′07.8″	95
						C	60—100	栗色	黏壤土	核状	8.0	18.5	1.74	0.53	8.2			
剖2	人为土	水稻土	潴育水稻土	黄泥田	黄泥田	A	0—19	灰棕色	黏壤土	粒状	6.0	24.1	1.81	0.78	12.8	石灰岩坡积物	E 109°42′14.2″ N 28°35′12.0″	95
						P	19—30	灰黄色	黏壤土	块状	6.4	25.9	1.42	0.73	13.1			
						W	30—62	黄色	黏壤土	块状	6.4	11.4	0.81	0.66	13.1			
						C	62—100	橙色	黏壤土	棱块状	6.0	7.3	0.70	0.47	14.7			
剖3	人为土	水稻土	淹育水稻土	浅黄砂泥田	浅黄砂泥田	A	0—16	黄白相间	壤土	粒状	6.0	18.9	1.28	0.82	22.8	古河流冲积物	E 109°30′41.4″ N 28°40′24.3″	95
						P	16—31	灰白色	壤土	片状	6.4	13.1	1.12	0.62	21.9			
						C	31—100	黄白相间	黏壤土	棱状	7.0	4.2	0.81	0.59	29.0			
剖4	初育土	石灰（岩）土	红色石灰土	淋溶石灰土	薄腐中层淋溶石灰土	Ao	0—3									石灰岩残积物	E 109°29′50.4″ N 28°47′05.2″	95
						A_1	3—7	栗褐色	黏壤土	块状	6.4	38.7	1.79	0.81	35.5			
						A	7—19	褐色	黏壤土	块状	6.4	11.4	1.62	0.63	35.9			
						Bv	19—70	黄色	黏壤土	粒状	6.8							
剖5	淋溶土	黄棕壤	黄棕壤	石灰岩黄棕壤	薄腐厚层石灰岩黄棕壤	A	0—17	栗色	黏壤土	粒状	5.6	46.9	2.16	0.81	11.2	石灰岩坡积物	E 109°24′19.4″ N 28°43′10.8″	95
						Bv	17—100	深栗色	黏壤土	粒状	6.0	15.6	0.64	0.41	9.5			
剖6	淋溶土	黄棕壤	黄棕壤	耕型石灰岩黄棕壤	灰黄棕壤	A	0—15	棕黄色	黏壤土	碎块状	6.0	22.6	2.82	0.80	14.1	灰页岩坡积物	E 109°25′48.7″ N 28°44′11.3″	95
						Bv	15—51	黄棕色	黏壤土	碎块状	6.1	13.2	1.19	0.56	31.4			
						C	51—100	黄棕色	黏壤土	粒状	6.1	7.1	0.65	0.47	30.4			
剖7	铁铝土	红壤		砂页岩黄壤		A	0—17	棕色	壤土	粒状	5.6	54.1	≥10.00	0.70	11.8	红砂壤残积物	E 109°25′55.5″ N 28°40′30.3″	95
						BvC	17—100	浅红棕色	壤土	碎片状	5.6	7.4	0.30	0.65	12.9			
剖8	铁铝土	黄壤	黄壤	砂页岩黄壤		Ao	0—3	黑色								板页岩坡积物	E 109°19′17.7″ N 28°38′29.4″	95
						A_1	3—4	黑褐色	壤土	团粒状	6.0	36.2	3.60	1.46	20.2			
						A	4—20	灰黄色	壤土	团粒状	6.4	29.9	1.93	2.17	31.5			
						Bv	20—43	棕灰色	砂壤土	粒状	6.0	22.9	1.44	0.49	27.7			
剖9	人为土	水稻土	潴育水稻土	河砂泥田	石底河砂泥田	A	0—17	灰黄色	壤土	块状	6.2	18.2	1.37	0.41	28.2	河积物	E 109°22′47.8″ N 28°37′55.4″	95
						P	17—25	灰棕色	壤土	块状	6.5	8.5	0.75	0.59	30.3			
						W	25—60	褐色	砂石土	块状	6.5	7.7	0.75	0.79	32.5			
						S	60—100	灰色	壤土	粒块状	6.8	21.2	1.81	0.41	25.8			
剖10	人为土	水稻土	潴育水稻土	青泥田		Ag	0—18	深茶色	壤土	粒状	7.2	10.9	1.13	0.34	27.3	砂页岩	E 109°28′20.1″ N 28°38′07.2″	95
						Pg	18—31	深棕色	壤土	块状	6.4	27.8	1.28	0.77	40.1			
						S	31—100	棕灰色	砂土	粒状	6.0							
剖11	铁铝土	黄红壤	黄红壤	砂页岩黄红壤		A	0—9	深棕色	砂土	粒状	6.4	41.2	1.99	1.67	23.2	板页岩坡积物	E 109°27′25.1″ N 28°37′23.5″	95
						ABv	9—18	灰白色	砂壤土	棱状	6.8	28.5	1.24	0.78	23.6			
						D	18—	深茶色	砂壤土		6.8	5.3	1.11	0.66	24.9			
剖12	人为土	水稻土	渗育水稻土	白鳝泥田		Ae	0—21	棕红色	黏壤土	棱柱状	8.0	22.3	2.00	0.50	9.6	页岩坡积物	E 109°37′06.6″ N 28°51′28.0″	95
						Pe	21—31	红棕色	黏壤土	棱柱状	7.8	23.1	2.00	0.59	12.8			
						We	31—70											
						S	70—											
剖13	初育土	石灰（岩）土	红色石灰土	淋溶石灰土		A_1	0—1									白云岩残积物	E 109°38′35.4″ N 28°46′46.2″	95
						A	1—19											
						Bv	19—40											
						D	40—100											

续表 Continued

剖面号 Soil profile	土纲 Soil order	土类 Soil great group	亚类 Soil subgroup	土属 Soil genus	土种 Soil species	土层码 Layer code	土层厚度 Depth/cm	颜色 Soil color	质地 Soil texture	土壤结构 Soil structure	pH	有机质 OM/(g/kg)	全氮 TN/(g/kg)	全磷 TP/(g/kg)	全钾 TK/(g/kg)	土壤母质 Parent material	剖面点坐标 Profile coordinate	匹配指数 Matching index/%
剖14	半水成土	潮土	河潮土	耕型河湖土		A	0—22	栗色	砂土	棱状	7.4	5.6	0.92	0.69	21.0	河流冲积物	E 109°32′31.7″ N 28°44′20.1″	75
						Bv	22—100	棕色	砂壤土	棱状	7.2	6.3	0.92	0.72	21.0			
剖15	人为土	水稻土	潴育水稻土	阴山田		A	0—23	深灰色	壤土	糊状	6.5	37.7	2.08	1.69		板页岩	E 109°32′37.3″ N 28°42′37.5″	95
						Pg	23—40	深灰色	壤土	块状	6.5	32.1	1.61	0.80				
						Gs	40—100		壤土	块状	6.5	31.4	1.09	0.78				
剖16	铁铝土	红壤	黄红壤	石灰岩黄红壤		A	0—21	灰棕色	砂壤土	粒状	6.4	11.0	0.99	0.61	11.4	黄色砂岩坡积物	E 109°34′51.7″ N 28°43′39.4″	95
						ABv	21—100	灰棕色	黏壤土	棱状	6.4	6.6	0.46	0.93	11.0			
剖17	人为土	水稻土	淹育水稻土	浅岩渣子田		P	0—13	灰棕色	黏壤土	粒状	6.0	20.4	1.67	0.86	11.0	板页岩	E 109°41′01.7″ N 28°26′55.1″	95
						C	13—23	灰棕色	黏壤土	状	6.4	15.5	0.80	0.74	9.3			
						S	23—90 90—100	橙色	黏壤土		6.0	1.9	0.57	0.58				
剖18	人为土	水稻土	潴育水稻土	河砂泥田		A	0—17	黄褐色	砂壤土	团粒状	7.6	19.8	1.27	0.46	19.0	河积物	E 109°32′52.1″ N 28°40′14.1″	95
						P	17—29	棕灰色	壤土	片状	7.2	17.1	1.05	0.61	19.0			
						W	29—60	深棕色	壤土	棱状	7.4	10.7	0.83	0.80	22.6			
						Bv	60—100	棕黄色	壤土	核状	7.4	6.8	0.71	0.95	23.2			
剖19	人为土	水稻土	淹育水稻土	浅扁砂泥田		A	0—15	黄棕色	黏壤土	核状	6.8	13.9	1.50	0.68	14.4	石灰岩	E 109°33′02.5″ N 28°39′38.4″	95
						P	15—25	棕黄色	黏壤土	块状	7.2	17.3	1.22	0.97	15.6			
						Bv	25—53	浅红棕色	黏壤土	块状	7.2	7.0	0.95	0.63	30.9			
						C	53—100	浅红棕色	黏壤土	棱柱状	7.2	7.0	0.52	0.84	9.5			
剖20	人为土	水稻土	潴育水稻土	烂泥田		Ag	0—24	灰棕色	壤土	块状	8.0	46.3	2.71	1.00	41.0	白云岩坡积物	E 109°40′54.5″ N 28°43′45.5″	95
						G	24—100	灰棕色	壤土	小团粒状	8.0	36.9	1.95	0.70	40.8			
剖21	铁铝土	红壤	黄红壤	石灰岩黄红壤	薄腐中层石灰岩黄红壤	A_1	0—4	深棕色	黏壤土	棱粒状	6.8	70.6	2.49	0.42	4.2	白云岩、石灰岩	E 109°40′51.7″ N 28°41′15.3″	95
						A	4—32	棕色	黏壤土	棱状	6.4	18.0	1.05	0.25	4.6			
						Bv	32—66	棕褐色	黏壤土	棱状	6.0	9.4	0.79	0.27	7.1			
剖22	人为土	水稻土	潴育水稻土	马肝泥田		A	0—16	棕灰色	黏土	块状	7.0	37.6	1.43	1.04	32.8	白云岩坡积物	E 109°41′12.4″ N 28°40′28.7″	95
						Pg	16—24	灰棕色	黏土	棱状	7.0	25.8	1.16	0.92	34.7			
						W	24—72	灰棕色	黏土	块状	7.2	15.6	1.00	0.86	33.3			
						G	72—100	灰棕色	黏土	棱状	7.0	14.9	0.93	0.86	30.1			
剖23	人为土	水稻土	淹育水稻土	浅灰泥田		A	0—16	褐棕色	黏壤土	粒状	8.0	24.6	1.80	1.17	13.5	板页岩	E 109°24′17.9″ N 28°46′49.8″	95
						P	16—30	黄棕色	黏土	块状	7.8	13.6	1.20	1.01	13.0			
						Bv	30—100	黄棕色	黏土	块状	7.8	9.3	1.23	0.79	13.5			
剖24	人为土	水稻土	潴育水稻土	鸭屎泥田		A	0—19	紫色	黏土	块状	8.3	21.2	1.83	0.56	26.7	石灰岩坡积物	E 109°39′22.3″ N 28°42′11.6″	95
						P	19—30	紫棕色	黏壤土	粒状	7.6	18.9	0.87	0.58	28.4			
						W	30—100	棕黄色	壤土	粒状	7.4	10.1	0.83	0.57	28.6			
剖25	人为土	水稻土	潴育水稻土	马肝泥田		A	0—24	棕灰色	壤土	粒状	6.8	45.7	2.19	1.11	30.2	页岩坡积物	E 109°41′14.2″ N 28°37′44.5″	95
						P	24—35	褐棕色	壤土	粒状	6.4	35.0	2.09	1.00	30.1			
						W	35—100	灰棕色	壤土	块状	6.0	18.5	1.17	0.81	35.5			
剖26	铁铝土	红壤	黄红壤	石灰岩黄红壤		Bv	0—17	灰棕色	黏壤土	粒状	5.9	18.8	1.46	0.56		石灰岩坡积物	E 109°44′18.7″ N 28°37′41.1″	95
						D	17—68 68—	棕黄色	黏壤土	碎结构	6.6	10.9	1.00	0.43				
剖27	人为土	水稻土	淹育水稻土	浅黄泥田		A	0—15	黄棕色	黏壤土	块状	5.5	28.7	1.91	1.23	27.7	灰质白云岩风化物	E 109°31′38.4″ N 28°39′21.1″	95
						P	15—20	灰棕色	黏壤土	无结构散状	6.3	21.4	1.88	1.15	31.4			
						Bv	20—100	黑棕色	砂壤土	粒状	6.8	3.6	1.54	1.72	22.8			
剖28	人为土	水稻土	淹育水稻土	浅灰黄泥田	锰板泥田	A	0—13	棕灰色	壤土	块状	6.0	14.0	1.48	0.52	34.4	页岩洪积物	E 109°41′05.1″ N 28°27′57.9″	95
						P	13—20	棕灰色	黏土	块状	6.4	35.0	2.23	0.69	27.8			
						S	20—100	灰棕色	粗砂土	粒状	6.8							

续表 Continued

剖面号 Soil profile	土纲 Soil order	土类 Soil great group	亚类 Soil subgroup	土属 Soil genus	土种 Soil species	土层码 Layer code	土层厚度 Depth/cm	颜色 Soil color	质地 Soil texture	土壤结构 Soil structure	pH	有机质 OM/(g/kg)	全氮 TN/(g/kg)	全磷 TP/(g/kg)	全钾 TK/(g/kg)	土壤母质 Parent material	剖面点坐标 Profile coordinate	匹配指数 Matching index/%
剖29	铁铝土	黄壤	黄壤	石灰岩黄壤		A	0—14	栗色	砂壤土	团粒状	6.4	36.2	2.86	1.53	22.6	板页岩坡积物	E 109°39′10.5″ N 28°26′46.8″	95
						BvC	14—60	深栗色	砂壤土	团粒状	6.4	50.5	1.94	1.22	17.3			
						C	60—100	棕黄色	黏土	块状	6.0	33.3	1.83	1.21	22.6			
剖30	人为土	水稻土	潴育水稻土	扁砂泥田	青潮扁砂泥田	Ag	0—18	灰色	壤土	粒状	6.4	55.6	3.36	0.52	24.5	黄色砂岩	E 109°20′23.6″ N 28°44′01.0″	95
						Pg	18—26	灰色	黏壤土	块状	6.4	20.1	2.03	0.48	26.9			
						Wg	26—43	灰色	黏壤土	块状	6.4	18.6	1.83	0.78	30.4			
						Bv	43—100	灰棕色	黏壤土	棱柱状	7.2	19.0	1.71	1.01	25.6			
剖31	铁铝土	黄壤	黄壤	石灰岩黄壤		A	0—10	褐色	黏壤土	棱状	6.0	9.7	0.68	0.52	≥50.0	石灰岩	E 109°46′06.5″ N 28°34′52.4″	95
						Bv	10—45	黄棕色	黏壤土	棱状	6.4	17.5	1.04	0.82	≥50.0			
						C	45—100	棕黄色	黏壤土	片状	6.4							

古 丈 县

主要土类说明

黄壤是古丈县主要土壤类型，占本县地域面积的 37%。黄壤分布在本县海拔 460m 以上的地区，主要发育于砂岩、板页岩及部分石灰岩。黄壤的形成过程除具有热带、亚热带土壤所共有的脱硅富铝化过程和生物积累过程外，主要表现为黄化过程和较强的淋溶过程，即由于成土环境相对湿度大，土层经常处于潮湿状态，土壤中氧化铁水化程度较高，土体呈黄色或蜡黄色，尤以淀积层更为明显。同时，黄壤的盐基饱和度比红壤低，酸性比红壤强。本县黄壤发育相对年轻，典型层次较少，大多形成 AB 层、BC 层等过渡层次。由于气候凉湿，植被茂盛，表层有机质含量一般较高。本县黄壤分为黄壤和黄壤性土两个亚类。

红壤是古丈县第二大土壤类型，占本县地域面积的 22%。红壤是在亚热带生物气候条件下形成的地带性土壤，具有明显的脱硅富铝化过程，铝硅酸盐类矿物强烈分解，硅和盐基遭到淋失，高岭土化黏粒与其他次生矿物不断形成，铁铝氧化物明显聚积，土体呈红色。全剖面呈酸性或微酸性，盐基饱和度低。本县无红壤亚类，仅有黄红壤和红壤性土两个亚类。

紫色土是古丈县第三大土壤类型，占本县地域面积的 19%。本县紫色土发育于白垩纪紫色砂页岩，母岩大多富含钙质。由于紫色砂页岩岩性松脆，抗蚀能力弱，加上山势较陡，植被条件较差，在成土过程中物理风化和侵蚀堆积作用强烈，脱盐基作用弱，土壤基本不具有脱硅富铝化特征，形成年幼的岩成土。本县紫色土分为酸性紫色土、中性紫色土、石灰性紫色土三个亚类。

石灰（岩）土占本县地域面积的 14%。石灰（岩）土发生于热带、亚热带石灰岩山区，是石灰岩经溶蚀风化形成的厚薄不同的钙质饱和或含游离钙质的土壤，多见于石隙、溶洞或峰丛底部。该土壤碳酸钙淋溶程度不一，多黏土，多为铁钙质胶结物，风化程度不一，盐基饱和度高，有机质含量及胶结状态有较大差异。本县石灰（岩）土分为黑色石灰土、红色石灰土等亚类。

水稻土占本县地域面积的 7%。水稻土是在长期的季节性淹灌、水下翻耕、季节性脱水、氧化还原交替影响下，原来的成土母质或母土的特性发生重大改变，形成的新的土壤类型。由于干湿交替，水稻土形成糊状的淹育层、较坚实板结的犁底层、渗育层、潴育层与潜育层等多种发生层。这些不同的发生层是在人为耕作、水浆管理下形成的。本县水稻土分为淹育型、潴育型、渗育型、潜育型、沼泽型等亚类。其中，潴育水稻土面积最大，占本土类面积的 54%，剖面构型多为 A–P–M–C、A–P–W 或 A–P–M–G。

本区域中心区气候特征

本区域中心区气候特征值
Regional climate characteristics in central area of the region

气候带：中亚热带湿润气候 Climate region: Subtropical humid climate	
年平均气温 /℃ Annual average temperature /℃	16.0
年平均最高气温 /℃ Annual average maximum temperature /℃	20.4
年平均最低气温 /℃ Annual average minimum temperature /℃	12.8
年降水量 /mm Annual precipitation /mm	1310
≥10℃的积温 /℃ Daily temperature accumulated in a year（≥10℃）/℃	5872
年日照时数 /h Annual sunshine /h	1348
年平均相对湿度 /% Annual average relative humidity /%	80
干燥度 Dryness	0.71

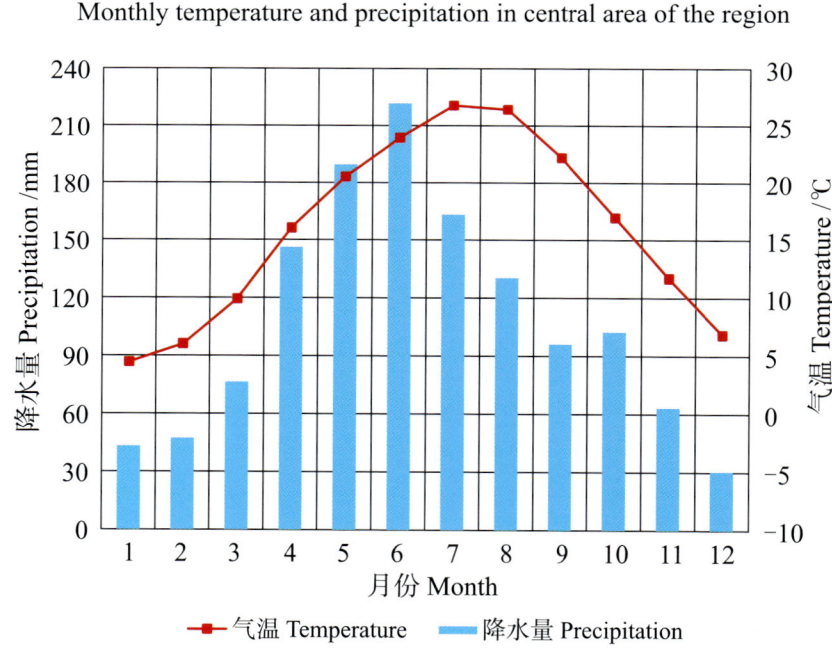

本区域中心区月平均气温与月平均降水量
Monthly temperature and precipitation in central area of the region

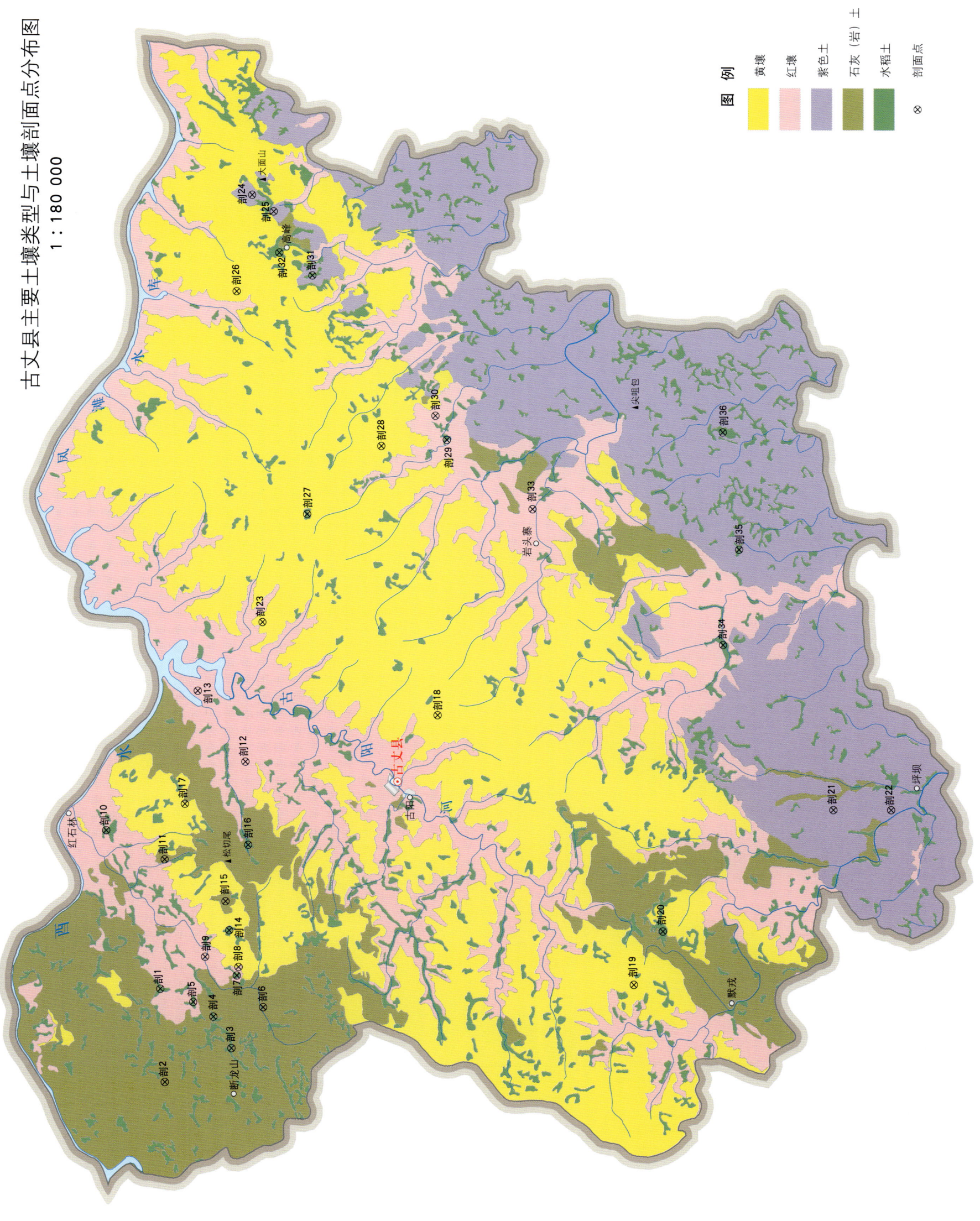

古丈县土壤剖面理化性状表

剖面号 Soil profile	土纲 Soil order	土类 Soil great group	亚类 Soil subgroup	土属 Soil genus	土种 Soil species	土层码 Layer code	土层厚度 Depth/cm	颜色 Soil color	质地 Soil texture	pH	有机质 OM/(g/kg)	全氮 TN/(g/kg)	全磷 TP/(g/kg)	全钾 TK/(g/kg)	碱解氮 AN/(mg/kg)	有效磷 AP/(mg/kg)	速效钾 AK/(mg/kg)	土壤母质 Parent material	剖面点坐标 Profile coordinate	匹配指数 Matching index/%
剖1	人为土	水稻土	淹育水稻土	浅灰泥田		A	0—17	暗红棕色	轻黏土	7.6	21.5	1.87	2.85	18.0	132	10.5	107		E 109° 51′ 12.6″ N 28° 42′ 35.7″	95
						Pg	17—24	暗红棕色	轻黏土	7.8	17.9	1.58	1.57	17.8						
						C	24—100	浅红棕色	轻黏土	8.2	8.7	0.86	2.30	19.4						
剖2	初育土	石灰(岩)土	红色石灰土	淋溶石灰土	薄腐厚层淋溶石灰土	Ao	0—1	黑褐色		6.8								白云岩、石灰岩坡积物	E 109° 48′ 47.3″ N 28° 42′ 28.6″	95
						A₁	1—3	黑棕色	重壤土	7.2	69.1	2.16	1.55	13.0	163	1.3	6			
						A	3—40	黑棕色	重壤土	7.6	46.2	2.31	1.07	11.9						
						Bv	40—100	紫棕色	重壤土	6.0	24.9	1.69	1.10	38.0						
剖3	人为土	水稻土	潴育水稻土	扁砂泥田	青扁砂泥田	A	0—15	紫棕色	中壤土	5.8	21.5	1.57	0.95	32.5	157	13.6	113		E 109° 49′ 40.8″ N 28° 40′ 55.8″	75
						Pg	15—21	紫棕色	重壤土	6.0	9.2	0.77	0.94	31.1						
						W	21—53	暗黄棕色	重壤土	6.4	5.8	0.69	0.67	19.1						
						C	53—100	灰棕色	轻黏土	6.8										
剖4	人为土	水稻土	潜育水稻土	青泥田	青泥田	A	0—15	青棕色	轻黏土	6.0	60.3	3.20	1.28	14.6	256	7.2	67		E 109° 50′ 29.9″ N 28° 41′ 21.1″	75
						Pg	30—36	青棕色	轻黏土	6.0	51.6	2.49	1.55	13.9						
						G	36—100	浅红色	轻黏土	6.0	34.4	1.57	0.93	13.2						
剖5	人为土	水稻土	渗育水稻土	白鳝泥田	白鳝泥田	A	0—15	浅红色	重壤土	6.4	40.4	2.02	1.76	22.2	198	33.8	120		E 109° 50′ 52.3″ N 28° 41′ 49.6″	75
						Pg	15—23	棕红色	重壤土	6.8	40.2	2.06	1.72	22.9						
						E	23—100	棕黄棕色	重壤土	7.2	25.2	1.32	1.68	24.4						
剖6	初育土	石灰(岩)土	黄色石灰土	耕犁黄色石灰土	黄灰土	A	0—19	暗黄棕色	重壤土	6.4	34.3	1.83	1.07	27.4	122	3.8	91	石灰岩坡积物	E 109° 50′ 45.2″ N 28° 40′ 12.2″	75
						ABv	19—45	灰变黄色	重壤土	6.4	8.5	0.81	0.75	25.3						
						Bv	45—65	黄棕色	重壤土	6.0										
						D	65—													
剖7	人为土	水稻土	潜育水稻土	烂泥田	烂泥田	Ag	0—38	青棕色	重壤土	5.8	39.7	2.06	0.84	31.1	142	3.1	89	石灰岩坡积物	E 109° 51′ 34.6″ N 28° 40′ 48.9″	75
						G	38—100	青灰色	轻黏土	6.0	37.7	2.06	0.84	32.2						
剖8	铁铝土	黄红壤	石灰岩黄红壤			A	0—19	棕色	轻黏土	5.6	39.9	2.20	1.13	13.2	130	2.1	112	白云岩坡积物	E 109° 51′ 43.4″ N 28° 40′ 48.5″	75
						ABv	19—52	浅红棕色	轻黏土	5.8	22.0	1.38	0.93	12.6						
						Bv	52—67	暗黄棕色	轻黏土	5.8	17.3	1.23	0.97	12.9						
						D	67—													
剖9	铁铝土	黄红壤	石灰岩黄红壤			Ao	0—0.5			5.2					92	≤1.0	43	石灰岩	E 109° 52′ 04.1″ N 28° 41′ 32.9″	95
						A₁	0.5—5.5	暗黄棕色	中壤土	5.6	32.3	1.37	0.97	12.5						
						A	5.5—32	暗黄棕色	重壤土	5.6	11.1	0.97	0.82	16.0						
						Bv	32—100	红棕色	轻黏土	7.6	28.0	1.52	1.21	28.7						
剖10	人为土	水稻土	潴育水稻土	灰泥田	灰泥田	A	0—16	灰棕色	轻黏土	7.6	22.0	1.30	1.21	28.7	120	6.0	115		E 109° 55′ 23.1″ N 28° 43′ 52.8″	75
						Pg	16—21	灰黄棕色	轻黏土	8.0	10.1	0.59	1.02	18.9						
						W	21—51	暗黄棕色	轻黏土	8.2	5.7	0.56	0.94	27.0						
						C	51—100	浅黄棕色												
剖11	初育土	石灰(岩)土	黑色石灰土	黑色石灰土		Ao	0—3	黑棕色	中壤土	7.4	130.0	4.86	1.41	27.4		4.7	120	石灰岩残积物	E 109° 54′ 37.5″ N 28° 42′ 30.5″	75
						A₁	3—5	黑棕色	中壤土	7.4	48.5	2.30	1.13	28.7	17					
						A	5—24	灰棕色	中壤土											
						D	24—													
剖12	铁铝土	红壤	红壤性土	耕型砂岩红壤性土	岩砂土	A	0—17	灰黄棕色	中壤土	6.8	23.7	1.68	1.14	29.6	122	3.9	188	砂岩坡积物	E 109° 57′ 13.8″ N 28° 40′ 38.5″	75
						ABv	17—35	灰黄棕色	中壤土	6.8	14.8	1.28	4.19	22.8						
						BvC	35—100	黄棕色		6.8										

续表 Continued

剖面号 Soil profile	土纲 Soil order	土类 Soil great group	亚类 Soil subgroup	土属 Soil genus	土种 Soil species	土层码 Layer code	土层厚度 Depth/cm	颜色 Soil color	质地 Soil texture	pH	有机质 OM/(g/kg)	全氮 TN/(g/kg)	全磷 TP/(g/kg)	全钾 TK/(g/kg)	碱解氮 AN/(mg/kg)	有效磷 AP/(mg/kg)	速效钾 AK/(mg/kg)	土壤母质 Parent material	剖面点坐标 Profile coordinate	匹配指数 Matching index/%
剖13	铁铝土	红壤	红壤性土	砂岩红壤性土	薄腐砂岩红壤性土	A₁	0—3	暗棕灰色	轻壤土	6.2	15.7	1.12	1.27	36.0	128	36.6	183	冰碛砂砾岩坡积物	E 109°59′04.7″ N 28°41′45.7″	93
						ABv	3—17	黄灰色		6.0										
						C	17—													
剖14	人为土	水稻土	潴育水稻土	酸性泥田	酸紫砂泥田	A	0—16	紫灰色	中壤土	5.6	21.0	1.28	0.75	11.6	107	7.0	58		E 109°52′45.7″ N 28°40′60.0″	75
						Pg	16—23	紫棕色	中壤土	5.7	18.3	1.16	0.95	16.3						
						W	23—59	紫棕色	中壤土	7.1	5.5	0.59	0.80	16.7						
						C	59—100	紫棕色	中壤土	7.1	4.4	0.34	0.66	16.3						
剖15	人为土	石灰（岩）土	红色石灰土	耕型红色石灰土	红灰土	A	0—16	灰棕色	轻壤土	6.2	29.4	1.70	1.04	19.7	145	1.6	132	石灰岩坡积物	E 109°53′32.1″ N 28°41′05.3″	75
						ABv	16—40	浅棕色	轻壤土	7.0	30.1	1.72	0.91	19.8						
						Bv	40—100	浅棕色	轻壤土	7.0	6.0	0.72	0.87	21.1						
剖16	人为土	水稻土	潴育水稻土	黄砂泥田	黄砂泥田	A	0—18	棕灰色	重壤土	5.5	37.6	2.09	1.24	23.7	171	7.6	109		E 109°55′02.0″ N 28°40′34.1″	75
						Pg	18—27	浅黄棕色	重壤土	5.5	31.4	1.83	1.22	23.7						
						W	27—100	黄棕色	重壤土	6.0	10.3	0.88	1.09	25.3						
						C	100—													
剖17	铁铝土	黄壤	黄壤	耕型石灰岩黄壤	冷浸岩渣田	A₁	0—4	浅黄色	砂壤土	6.2	36.5	1.90	1.77	20.9	203	3.3	119	砂岩、硅质岩坡积物	E 109°56′05.9″ N 28°42′02.8″	75
						ABv	4—49	浅黄棕色	砂壤土	6.7	26.0	1.32	1.93	19.5						
						Bv	49—70	棕灰色	砂壤土	5.5										
						C	70—													
剖18	铁铝土	黄壤	黄壤	耕型砂岩黄壤	薄层砂岩紫砂土	A	0—3	黑色	壤土	6.4	40.2	2.34	1.48	23.0	94	≤1.0	8	紫红色板页岩坡积物	E 109°58′29.4″ N 28°36′09.7″	95
						ABv	3—20	紫棕色	壤土	6.0	28.6	1.31	1.05	21.9						
						Bv	20—48	紫棕色	壤土											
						C	48—													
剖19	铁铝土	黄壤	黄壤	耕型砂岩黄壤		A	0—34	黄棕色	重壤土	5.6	31.7	2.39	1.75	34.0	167	3.0	137	硅质砂岩、砂岩坡积物	E 109°51′24.9″ N 28°31′33.1″	95
						ABv	34—68	浅黄棕色	重壤土	6.4	13.5	1.49	1.66	30.2						
						Bv	68—100	浅黄棕色	轻壤土	6.0	6.8	1.09	1.68	30.2						
剖20	人为土	水稻土	潴育水稻土	冷浸田	冷浸岩渣田	A	0—16	青灰色	重壤土	6.0	76.7	3.51	1.93	14.0	288	12.1	68	紫色砂页岩坡积物	E 109°52′49.4″ N 28°30′53.0″	95
						Pg	16—26	暗棕色	重壤土	6.2	71.1	3.29	1.88	14.2						
						G	26—100	暗紫棕色	轻壤土	6.4	46.5	1.96	1.72	15.0						
剖21	初育土	紫色土	石灰性紫色土	石灰性紫砂土	薄层石灰紫砂土	A₁	0—5	灰棕色	重壤土	7.8	15.3	1.20	1.72	39.0	170	3.8	302	紫色砂页岩	E 109°56′04.0″ N 28°26′55.2″	95
						BvC	5—17	灰棕色	重壤土	7.7										
						C	17—39	灰棕色	中壤土	7.7										
						D	39—													
剖22	初育土	紫色土	酸性紫色土	酸性紫砂土	薄腐薄层酸性紫砂土	A₁	0—5	棕色	重壤土	6.5	16.3	1.06	2.90	15.5	87	3.6	80	紫色砂页岩	E 109°56′04.4″ N 28°25′34.4″	95
						BvC	5—10	紫棕色	中壤土	6.4	8.2	0.73	0.61	15.5						
						C	10—25	紫棕色	中壤土	6.0										
						D	25—													
剖23	铁铝土	黄壤	黄壤性土	板页岩黄壤性土	薄腐板页岩性黄壤性土	Ao	0—1.5									308	3.7	56	板页岩坡积物	E 110°00′54.1″ N 28°40′15.7″	95
						A₁	1.5—9.5	暗棕色	重壤土	5.6	48.4	4.00	2.07	14.2						
						BvC	9.5—35	浅棕色	中壤土	5.2										
						D	35—													
剖24	初育土	紫色土	酸性紫色土	酸性紫砂土		A	0—16	紫色	中壤土	6.2	21.9	1.36	0.82	19.6	85	4.4	86	紫色砂页岩	E 110°12′08.0″ N 28°40′34.0″	75
						ABv	16—32	紫色	中壤土	6.2	14.6	1.06	1.05	22.8						
						C	32—100													
剖25	初育土	紫色土	中性紫色土	耕型中性紫砂土	中性紫砂土	A	0—17	紫棕色	中壤土	7.2	15.7	1.00	2.60	13.2	99	1.3	115	紫色砂页岩	E 110°11′41.9″ N 28°40′03.7″	75
						ABv	17—51	紫棕色	中壤土	6.8	9.8	0.75	0.75	13.3						
						Bv	51—100	紫棕色	轻黏土	7.0										

续表 Continued

剖面号 Soil profile	土纲 Soil order	土类 Soil great group	亚类 Soil subgroup	土属 Soil genus	土种 Soil species	土层码 Layer code	土层厚度 Depth/cm	颜色 Soil color	质地 Soil texture	pH	有机质 OM/(g/kg)	全氮 TN/(g/kg)	全磷 TP/(g/kg)	全钾 TK/(g/kg)	碱解氮 AN/(mg/kg)	有效磷 AP/(mg/kg)	速效钾 AK/(mg/kg)	土壤母质 Parent material	剖面点坐标 Profile coordinate	匹配指数 Matching index/%
剖26	铁铝土	黄壤	黄壤性土	砂岩黄壤性土	薄腐砂岩黄壤性土	Ao	0—1	暗棕色		6.0								砂岩坡积物	E 110°09′36.0″ N 28°40′54.9″	95
						A₁	1—5	浅棕色	中壤土	6.0	35.6	1.69	0.97	23.6	185	3.9	171			
							5—10	浅黄棕色	中壤土	6.0	27.4	1.41	1.20	22.7						
						BvC	10—39	浅黄棕色	中壤土	6.0				21.7						
剖27	人为土	水稻土	淹育水稻土	浅黄砂泥田	浅黄砂泥田	A	0—16	黄棕色	轻黏土	5.8	36.1	2.15	1.11	21.4	205	2.5	150		E 110°03′45.1″ N 28°39′13.9″	95
						Pg	16—23	黄黄棕色	中壤土	5.8	32.5	2.10	1.49	19.9						
						C	23—100	灰黄棕色	重壤土	6.4	15.4	1.03	0.95							
剖28	铁铝土	黄壤	黄壤	耕型石灰岩黄土	灰黄土	A	0—15	黄黄棕色	重壤土	7.2	32.3	1.81	1.24	47.9	129	2.7	149	石灰岩坡积物	E 110°05′33.0″ N 28°37′30.6″	95
						Bv	15—90	浅黄棕色	重壤土	7.6	18.1	1.18	1.10	47.6						
						C	90—													
剖29	人为土	水稻土	淹育水稻土	浅碱紫泥田	浅碱紫砂泥田	A	0—16	紫灰色	中壤土	8.0	25.2	1.54	0.86	13.9	122	3.9	82		E 110°05′43.9″ N 28°35′59.2″	95
						Pg	16—23	紫色	中壤土	8.0	20.0	1.30	0.76	15.0						
						C	23—100	紫色	中壤土	8.0	1.5	0.63	0.73	16.7						
剖30	铁铝土	红壤	黄红壤	板页岩黄红壤		A₁	0—1	暗黄棕色										板页岩	E 110°06′21.5″ N 28°36′15.7″	95
						A	1—10	暗黄棕色	重壤土	6.4	38.9	2.25	1.43	30.7	155	2.4	154			
						ABv	10—42	轻灰棕色	轻黏土	6.4	17.9	1.34	1.26	29.1						
						BvC	42—56	棕色	轻黏土	6.4	15.6	1.20	0.73	27.6						
剖31	人为土	水稻土	淹育水稻土	浅酸紫泥田	浅酸紫砂泥田	A	0—14	紫色	砂壤土	6.0	14.2	0.99	0.71	15.8	86	5.7	48		E 110°10′01.5″ N 28°39′08.8″	95
						Pg	14—21	紫棕色	轻壤土	6.2	10.8	0.92	0.69	16.3						
						C	21—100	紫棕色	轻壤土	6.4	3.4	0.46	0.70	16.9						
剖32	人为土	水稻土	潴育水稻土	中性紫泥田	中性紫砂泥田	A	0—14	紫棕色	重壤土	6.5	22.3	1.40	1.16	25.7	111	9.4	109		E 110°10′37.3″ N 28°39′55.4″	95
						Pg	14—22	紫棕色	重壤土	6.8	23.0	1.48	1.22	25.8						
						W	22—46	紫棕色	轻壤土	7.5	7.6	0.75	0.91	26.0						
						C	46—100	暗红色	重壤土	7.5	4.5	0.60	0.81	24.6						
剖33	铁铝土	红壤	黄红壤	砂岩黄红壤		Ao	0—3	灰棕色										砂岩	E 110°03′55.7″ N 28°33′58.6″	95
						A₁	3—8	暗灰棕色	轻壤土	6.0	35.3	1.84	1.20	24.6	137	3.4	134			
						ABv	8—18	浅灰棕色	中壤土	6.0	12.2	1.16	1.16	22.7						
						Bv	18—100	浅灰棕色	中壤土	6.0										
剖34	人为土	水稻土	潴育水稻土	河砂泥田		A	0—14	浅黄棕色	重壤土	6.0	36.2	1.42	2.38	32.5	170	4.5	291		E 110°00′23.7″ N 28°29′30.9″	95
						Pg	14—22	浅黄棕色	重壤土	6.0	28.6	1.70	2.09	32.0						
						W	22—100	浅黄棕色	轻黏土	6.4	25.4	1.53	2.02	32.2						
						C	100—													
剖35	人为土	水稻土	潴育水稻土	岩渣田	岩渣田	A	0—15	浅灰棕色	重壤土	5.8	48.4	2.54	1.31	23.7	145	7.1	108		E 110°02′54.3″ N 28°29′09.4″	95
						Pg	15—22	灰黄棕色	重壤土	6.0	42.5	2.31	1.38	23.8						
						W	22—55	灰黄色	轻黏土	6.0	20.9	1.11	1.39	23.7						
						C	55—100	浅黄色	重黏土	6.0	18.6	0.98	1.37	24.7						
剖36	人为土	水稻土	潴育水稻土	酸紫泥田		A	0—15	紫色	中壤土	7.6	29.4	1.85	1.02	25.8	128	3.3	8		E 110°05′59.1″ N 28°29′33.0″	95
						Pg	15—22	紫色	中壤土	7.6	21.6	1.43	0.96	26.8						
						W	22—100	紫棕色	中壤土	7.8	14.2	1.01	0.87	24.6						
						C	100—													

永 顺 县

主要土类说明

红壤是永顺县主要土壤类型，占本县地域面积的40%。红壤主要分布在海拔500m以下的低山、丘陵区。本县属东南亚湿润季风影响区，雨量较多，干湿季节明显，夏秋气温高，矿物岩分解彻底，硅酸和盐基大量淋失，铁铝氧化物相对聚积。本县红壤分为黄红壤和红壤性土两个亚类。其中，黄红壤面积较大，占本土类面积的97%。红壤性土大多分布在植被条件差、坡度大、土层浅的板岩、页岩、砂岩地区的低山岭部，土壤剥蚀严重，土层厚度小于40cm，成土年代短，是一种发育不全的土壤，剖面构型多为A–C或A–D。

石灰（岩）土是永顺县第二大土壤类型，占本县地域面积的25%。石灰（岩）土发生于热带、亚热带石灰岩山区，是石灰岩经溶蚀风化形成的厚薄不同的钙质饱和或含游离钙质的土壤，多见于石隙、溶洞或峰丛底部。该土壤碳酸钙淋溶程度不一，多黏土，多为铁钙质胶结物，风化程度不一，盐基饱和度高，有机质含量及胶结状态有较大差异。

黄壤是永顺县第三大土壤类型，占本县地域面积的19%。黄壤分布在海拔500—800m的地区，垂直分布在红壤之上、黄棕壤之下，发育于多种成土母质。由于分布地区海拔较高，气候凉爽，空气湿度较大，干湿季节不明显，土壤发育过程较明显，经过盐基淋失、脱硅富铝化、铁化过程，同时进行了水化过程，土体因氧化铁水化而呈黄色。土体中黏粒下移，心土层质地比上层黏重。盐基饱和度不高，土壤呈酸性。本县黄壤分为黄壤和黄壤性土两个亚类。

黄棕壤占本县地域面积的8%，垂直分布在黄壤之上，发育于多种成土母质。腐殖质积累较多，土体呈黄棕色或棕色，黏粒明显下移，心土层质地为黏壤土至黏土。黄棕壤盐基饱和度高于黄壤、红壤，pH一般在5.5以上。本县黄棕壤分为山地黄棕壤和黄棕壤性土两个亚类。

水稻土占本县地域面积的8%，是经长期水耕熟化而形成的一种具有特殊性状的土壤类型。在人为耕作、施肥、灌溉等措施的影响下，土壤内部进行着氧化还原交替、有机质合成与分解、盐基淋溶与复盐基作用的熟化过程，促进了土壤性状的改变，从而形成了水稻土特有的形态、理化和生物特性。本县水稻土分为淹育型、潴育型、渗育型、潜育型、沼泽型、矿毒型六个亚类。其中，以水利条件较好、土壤熟化程度高的潴育水稻土面积最大。

小于本县地域面积3%的土壤类型有紫色土等。

本区域中心区气候特征

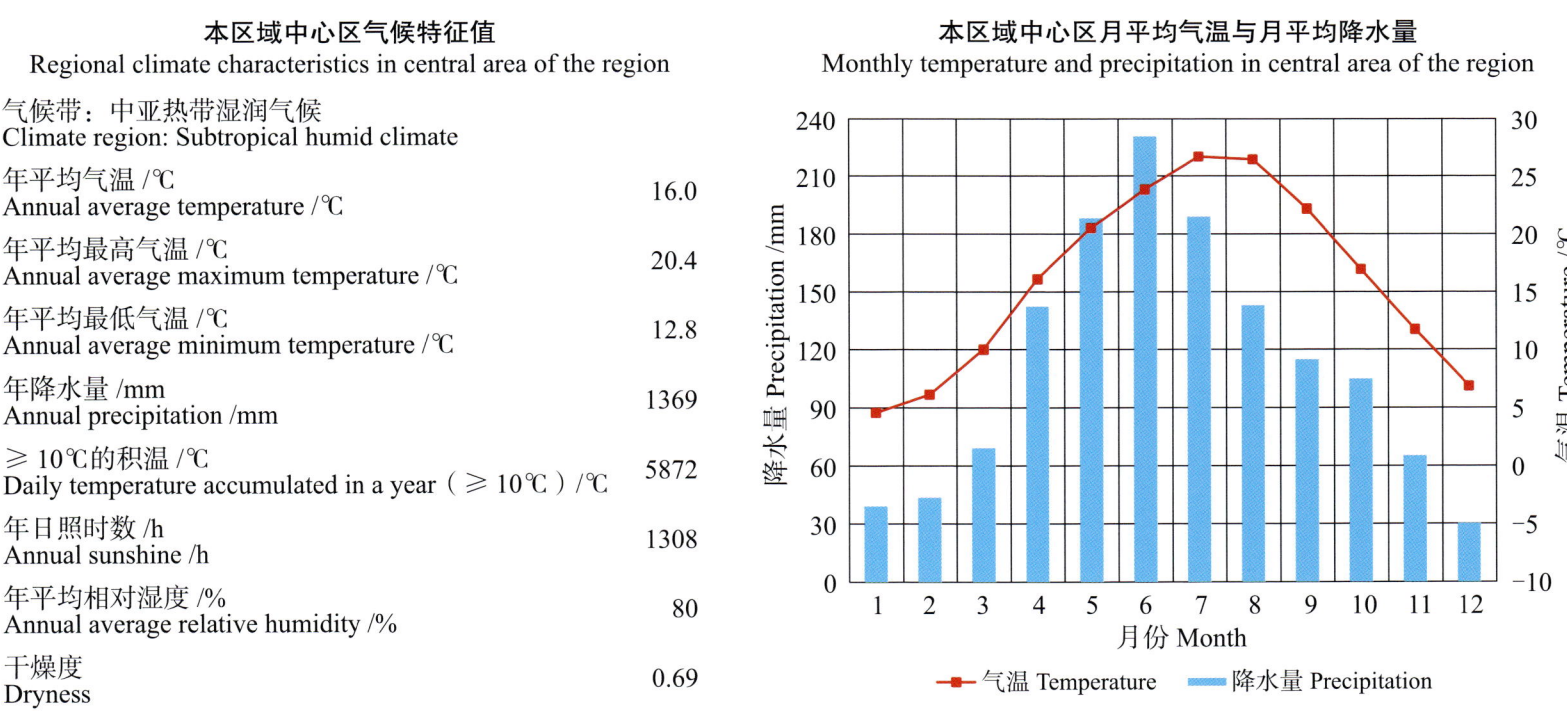

本区域中心区气候特征值
Regional climate characteristics in central area of the region

气候带：中亚热带湿润气候 Climate region: Subtropical humid climate	
年平均气温 /℃ Annual average temperature /℃	16.0
年平均最高气温 /℃ Annual average maximum temperature /℃	20.4
年平均最低气温 /℃ Annual average minimum temperature /℃	12.8
年降水量 /mm Annual precipitation /mm	1369
≥10℃的积温 /℃ Daily temperature accumulated in a year（≥10℃）/℃	5872
年日照时数 /h Annual sunshine /h	1308
年平均相对湿度 /% Annual average relative humidity /%	80
干燥度 Dryness	0.69

本区域中心区月平均气温与月平均降水量
Monthly temperature and precipitation in central area of the region

永顺县主要土壤类型与土壤剖面点分布图
1:340 000

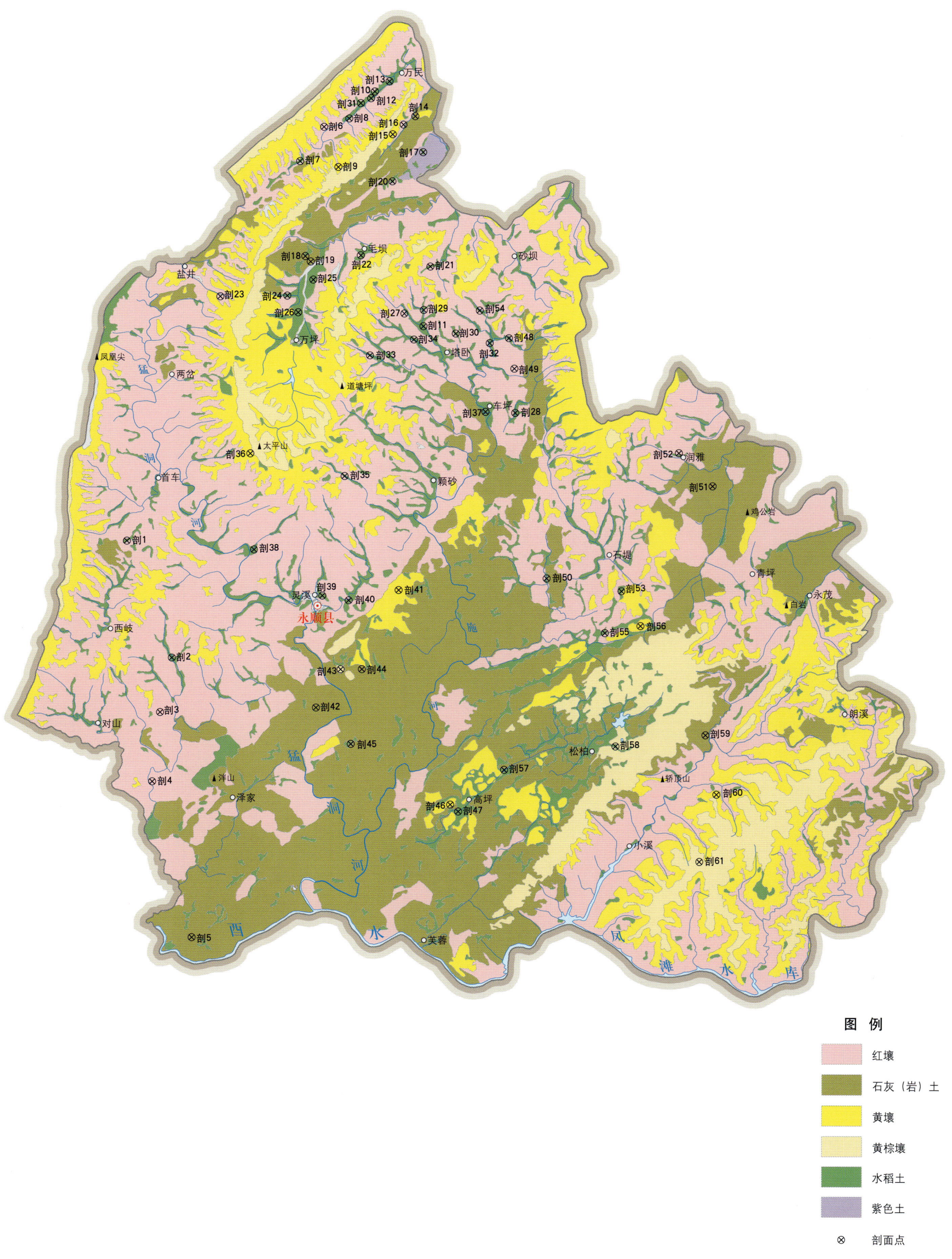

图例
- 红壤
- 石灰(岩)土
- 黄壤
- 黄棕壤
- 水稻土
- 紫色土
- ⊗ 剖面点

永顺县土壤剖面理化性状表

剖面号 Soil profile	土纲 Soil order	土类 Soil great group	亚类 Soil subgroup	土属 Soil genus	土种 Soil species	土层码 Layer code	土层厚度 Depth/cm	质地 Soil texture	土壤结构 Soil structure	pH	有机质 OM/(g/kg)	全氮 TN/(g/kg)	全磷 TP/(g/kg)	全钾 TK/(g/kg)	碱解氮 AN/(mg/kg)	有效磷 AP/(mg/kg)	速效钾 AK/(mg/kg)	土壤母质 Parent material	剖面点坐标 Profile coordinate	匹配指数 Matching index/%
剖1	人为土	水稻土	潜育水稻土	青泥田		Ag	0–20	轻壤土	整体状	6.4	25.1	1.42	0.73	28.2	150	2.0	104	河流冲积物	E 109° 40′ 51.0″ N 29° 02′ 59.3″	95
						Pg	20–30	轻壤土	整体状	6.8	24.3	1.24	0.69	28.9						
						G	30–100	轻壤土	整体状	6.8	13.2	0.89	0.69	29.2						
剖2	人为土	水稻土	渗育水稻土	白鳝泥田		A	0–18	壤土	块状	6.0	27.8	1.75	0.67	22.0	116	5.3	64	板页岩	E 109° 43′ 16.4″ N 28° 57′ 39.0″	95
						P	18–26	壤土	梭块状	6.8	19.3	1.22	1.55	22.7						
						E	26–100	壤土	梭块状	6.4	2.9	0.50	0.29	26.6						
剖3	铁铝土	红壤	红壤性土	耕型板页岩红壤性土	黄红岩渣土	A	0–15	壤土	粒块状	6.4	18.8	0.93	3.10	21.3	98	6.0	147	板页岩	E 109° 42′ 41.3″ N 28° 55′ 08.3″	93
						BvC	15–60	壤土	块状	6.0	14.3	0.64	0.97	20.7						
剖4	铁铝土	红壤	黄红壤	石灰岩黄红壤		A	0–18	壤土	粒状	6.0	13.5	1.13	0.54	27.5	72	≤1.0	133	石灰岩	E 109° 42′ 19.8″ N 28° 51′ 58.8″	95
						Bv	18–100	壤土	块状	5.6	3.3	0.70	0.36	38.5						
剖5	初育土	石灰（岩）土	红色石灰土	红色岩红色土	薄腐中层红色石灰土	A	1–13	黏壤土	梭柱状	6.4	21.3	1.20	0.91	8.6	129	2.9	42	白云岩	E 109° 44′ 29.9″ N 28° 44′ 49.2″	95
						Bv	13–56	黏壤土	梭柱状	6.4	7.7	0.64	0.87	8.7						
剖6	铁铝土	红壤	红壤性土	砂岩红壤性土	薄腐砂岩红壤性土	A₁	4–6	壤土	粒状	5.6	22.5	1.05	0.41	17.2	110	2.3	57	砂岩	E 109° 50′ 57.9″ N 29° 21′ 59.5″	75
						A	6–43	壤土	梭块状	5.2	21.8	1.25	1.27	19.9						
剖7	人为土	水稻土	潜育水稻土	灰泥田	鸭屎泥田	A	0–18	黏壤土	粒状	7.8	20.6	1.33	1.29	20.1	164	5.0	104	石灰岩	E 109° 49′ 43.8″ N 29° 20′ 24.3″	75
						P	18–25	黏壤土	块状	7.8	16.7	1.17	1.45	21.3						
						W	25–48	黏壤土	梭块状	7.6	10.9	1.15	1.75	22.4						
						C	48–100	黏壤土	粒块状	7.6	16.2	1.03	0.97	14.8						
剖8	人为土	水稻土	潜育水稻土	酸紫泥田	酸腐紫砂泥田	A	0–14	壤土	块状	6.0	7.6	1.68	0.95	19.3	99	2.2	64	紫色砂页岩	E 109° 52′ 17.1″ N 29° 22′ 23.0″	75
						P	14–26	壤土	梭块状	6.8	6.5	0.44	0.84	13.5						
						W	26–100	壤土	梭块状	7.0	56.0	2.40	0.77	30.0						
剖9	铁铝土	黄壤	黄壤土	板页岩黄壤性土	薄腐板页岩黄壤性土	A₁	3–5	砂壤土	粒状	6.2	27.4	1.62	1.00	14.6	104	3.1	102	板页岩	E 109° 51′ 44.3″ N 29° 20′ 08.9″	75
						A	5–38	砂壤土	粒块状	5.8	14.8	1.01	0.67	14.4						
剖10	人为土	水稻土	潜育水稻土	灰泥田		A	0–14	壤土	块状	7.8	11.5	0.85	0.65	15.8	110	6.9	83	石灰岩	E 109° 53′ 32.6″ N 29° 23′ 31.5″	95
						P	14–23	壤土	梭柱状	7.4	8.1	0.64	0.45	14.5						
						W	23–43	壤土	梭柱状	6.8	15.8	1.07	0.71	21.4						
						C	43–100	砂壤土	柱状	6.5	12.4	0.86	0.62	24.1						
剖11	人为土	水稻土	淹育水稻土	浅黄泥田		A	0–17	壤土	梭块状	6.5	4.0	0.40	0.50	21.6	110	3.0	9	板页岩	E 109° 52′ 52.7″ N 29° 23′ 05.1″	95
						P	17–27	壤土	块状	6.0	30.5	1.61	0.74	19.2						
						C	27–100	壤土	粒状	6.2	12.8	0.83	0.76	18.6						
剖12	人为土	水稻土	潜育水稻土	红黄泥田	红黄泥田	A	0–18	黏壤土	粒状	6.4	6.4	0.42	0.74	18.9	101	7.5	66	板页岩	E 109° 53′ 30.4″ N 29° 23′ 19.3″	75
						P	18–24	黏壤土	梭柱状	6.4	19.3	1.33	0.70	7.8						
						W	24–100	黏壤土	梭块状	6.8	14.8	0.75	0.66	7.8						
剖13	人为土	水稻土	潜育水稻土	河砂泥田	河砂田	A	0–14	砂壤土	柱状	7.2	14.4	0.72	0.86	8.7	86	4.3	69	古河流冲积物	E 109° 54′ 22.5″ N 29° 24′ 05.0″	95
						D	14–23	砂壤土	梭块状											
						W	23–43	砂壤土	块状											
						S	43–100	砂土	粒状											
剖14	初育土	石灰（岩）土	红色石灰土	红色石灰土		A₁	0–3	黏壤土	梭块状	6.6	57.9	2.81	1.12	22.0	87	3.3	82	石灰岩	E 109° 55′ 45.1″ N 29° 22′ 30.7″	75
						A	3–18	黏壤土	块状	6.4	45.2	1.73	0.94	14.3						
						Bv	18–150	壤土	粒状	5.6										
剖15	铁铝土	黄壤	黄壤性土	板页岩黄壤性土	薄腐板页岩黄壤性土	A₁	6–11	壤土	粒状	5.8	17.1	0.56	0.87	15.2	93	2.0	64	板页岩	E 109° 54′ 34.0″ N 29° 21′ 40.3″	93
						A	11–25	壤土	块状	6.0										
						BvC	25–81													

续表 Continued

剖面号 Soil profile	土纲 Soil order	土类 Soil great group	亚类 Soil subgroup	土属 Soil genus	土种 Soil species	土层码 Layer code	土层厚度 Depth/cm	质地 Soil texture	土壤结构 Soil structure	pH	有机质 OM/(g/kg)	全氮 TN/(g/kg)	全磷 TP/(g/kg)	全钾 TK/(g/kg)	碱解氮 AN/(mg/kg)	有效磷 AP/(mg/kg)	速效钾 AK/(mg/kg)	土壤母质 Parent material	剖面点坐标 Profile coordinate	匹配指数 Matching index/%
剖16	铁铝土	红壤	黄红壤	板页岩黄红壤		A₁	0–3	壤土	粒状	6.4	72.5	3.14	0.88	25.6				板页岩	E 109°55′07.8″ N 29°22′07.1″	75
						A	3–39	壤土	块状	6.0	21.4	1.30	0.11	24.5	84	2.4	54			
						Bv	39–150	壤土	块状	5.0	15.6	0.11	0.67	23.0						
剖17	人为土	水稻土	矿毒型水稻土	废水污染田	碱性污染田	A	0–17	壤土	大块状	7.6	36.2	1.33	3.02	24.2	113	3.3	81	板岩、页岩	E 109°56′10.5″ N 29°20′51.4″	75
						P	17–27	壤土	大块状	7.2	14.7	2.57	2.49	19.7						
						C	27–100	壤土	大块状	6.8	13.7	0.85	1.77							
剖18	初育土	石灰(岩)土	红色石灰土	淋溶石灰土		A	0–14	壤土	棱块状	6.0	24.8	1.66	1.00	21.3	95	2.7	69	石灰岩	E 109°50′08.5″ N 29°16′00.4″	95
						Bv	14–96	壤土	块状	6.4	15.7	0.74	0.95	21.2						
						C	96–101	壤土	块状	8.0				22.6						
剖19	初育土	石灰(岩)土	红色石灰土	红色石灰土		A	0–20	壤土	粒状	6.5	29.8	1.13	0.79	1.8	150	3.8	164	石灰岩	E 109°50′19.8″ N 29°15′49.3″	95
						Bv	20–35	壤土	块状	7.5	12.3	0.62	0.82	12.1						
剖20	人为土	水稻土	淹育水稻土	浅酸紫泥田		A	0–15	壤土	粒块状	5.6	12.2	0.83	0.64	10.4	109	1.9	102	紫色砂页岩	E 109°54′34.1″ N 29°19′30.9″	95
						P	15–23	砂壤土	块状	6.0	8.9	0.65	0.84	12.1						
						C	23–100	壤土	块状		6.4	0.50	0.46							
剖21	人为土	水稻土	淹育水稻土	浅黄砂泥田	铁子红砂泥田	A	0–14	砂壤土	棱块状	6.0	17.6	1.08	0.56	18.9	93	3.3	78	红色砂岩	E 109°56′36.4″ N 29°15′38.4″	95
						P	14–24	砂壤土	块状	6.0	16.1	1.02	0.55	18.7						
						C	24–100	砂壤土	块状	6.4	7.4	0.57	4.60	13.4						
剖22	人为土	水稻土	淹育水稻土	浅黄砂泥田	浅黄砂泥田	A	0–15	壤土	粒状	6.2	18.3	0.98	0.77	17.3	126	3.5	50	砂岩	E 109°53′05.0″ N 29°16′16.6″	95
						P	15–21	壤土	块状	6.4	6.2	0.34	0.69	15.6						
						C	21–100	壤土	块状	6.4	6.2	≤0.10	0.74	17.7						
剖23	铁铝土	红壤	黄红壤	板页岩黄红壤	薄腐厚层板页岩黄红壤	A₁	6–8	壤土	粒状	6.0	80.1	5.72						板页岩	E 109°45′36.4″ N 29°14′12.3″	95
						A	8–23	壤土	棱块状	6.0	62.6	4.08	2.74	30.0	89	1.1	71			
						ABv	23–75	壤土	块状	5.6	60.1	3.97	3.92	30.9						
剖24	人为土	水稻土	渗育水稻土	白鳝泥田	白鳝泥田	Ae	0–18	壤土	块状	6.0	24.6	1.55	0.89	24.3	114	5.7	113	板页岩	E 109°49′07.2″ N 29°14′15.7″	95
						Pe	18–25	壤土	棱柱状	6.4	12.1	0.76	0.83	23.7						
						C	25–100	壤土	块状	6.4	6.3	0.72	0.90	24.3						
剖25	人为土	水稻土	矿毒型水稻土	非金属矿毒田	硫黄矿毒田	A	0–11	黏壤土	块状	4.0	12.1	0.81	1.06	15.9	174	11.1	53	板页岩	E 109°50′28.0″ N 29°14′59.6″	95
						P	11–20	黏壤土	棱柱状	4.4	27.5	2.33	1.47	11.8						
						C	20–100	黏壤土	块状	5.6	5.9	0.64	0.67	20.9						
剖26	人为土	水稻土	潴育水稻土	红黄泥田	石灰性红黄泥田	A	0–15	黏壤土	棱状	7.6	30.2	1.54	0.93	19.5	124	10.8	64	石灰岩	E 109°49′41.7″ N 29°13′30.5″	95
						P	15–23	黏壤土	块状	7.6	13.4	0.73	0.96	20.7						
						W	23–100	黏壤土	块状	7.6	7.6	0.57	0.94	18.4						
剖27	铁铝土	红壤	黄红壤	板页岩黄红壤		A₁	5–9	壤土	粒状	6.0	24.8	2.82	0.72	21.6	120	1.5	70	石灰岩	E 109°55′15.5″ N 29°13′29.8″	95
						A	9–19	壤土	块状	6.4	5.4	1.05	0.49	25.6						
						Bv	19–62	壤土	大块状	5.6		0.70	0.42	32.6						
剖28	人为土	水稻土	潴育水稻土	扁砂泥田	青紫砂泥田	A	0–18	黏壤土	块状	7.2	46.8	2.56	3.31	26.2	132	29.6	87	紫色砂页岩	E 109°56′16.4″ N 29°13′39.8″	95
						P	18–26	壤土	大块状	7.4	40.6	2.23	2.89	26.2						
						Bv	26–60	壤土	大块状	7.4	20.8	3.72	3.72	25.6						
						C	60–100	壤土	大块状	7.4	8.1	3.30	3.30	27.9						
剖29	人为土	水稻土	潴育水稻土	青泥田		A	0–20	壤土	块状	6.2	29.6	1.54	0.48	16.4	127	3.9	33	板岩、页岩	E 109°57′15.5″ N 29°12′55.5″	95
						Pg	20–31	壤土	棱柱状	6.4	21.8	1.52	0.46	16.3						
						G	31–100	壤土	块状	6.6	26.4	1.30	0.46	16.3						
剖30	人为土	水稻土	潴育水稻土	黄砂泥田	红砂泥田	A	0–15	壤土	粒状	6.4	24.6	1.44	0.78	12.7	121	2.5	60	红色砂岩	E 109°57′57.5″ N 29°12′36.1″	95
						P	15–24	壤土	块状	7.2	15.1	1.08	0.78	13.6						
						W	24–74	壤土	棱柱状	7.4	5.8	0.64	0.55	16.9						
						C	74–100	壤土	块状	7.6	5.5	5.70	0.50	16.9						

续表 Continued

剖面号 Soil profile	土纲 Soil order	土类 Soil great group	亚类 Soil subgroup	土属 Soil genus	土种 Soil species	土层码 Layer code	土层厚度 Depth/cm	质地 Soil texture	土壤结构 Soil structure	pH	有机质 OM/(g/kg)	全氮 TN/(g/kg)	全磷 TP/(g/kg)	全钾 TK/(g/kg)	碱解氮 AN/(mg/kg)	有效磷 AP/(mg/kg)	速效钾 AK/(mg/kg)	土壤母质 Parent material	剖面点坐标 Profile coordinate	匹配指数 Matching index/%
剖31	人为土	水稻土	潴育水稻土	青泥田		Ag	0—16	壤土	大块状	5.8	36.2	1.75	0.51	32.8	131	5.2	46	白云岩	E 109°59′12.2″ N 29°13′39.5″	95
						Pg	16—20	壤土	块状	6.0	22.7	1.31	0.61	30.1						
						G	20—100	壤土	大块状	6.2	15.7	1.22	0.69	28.7						
剖32	人为土	水稻土	淹育水稻土	浅岩渣田	岩板底田	A	0—16	壤土	粒块状	6.8	26.5	1.67	0.76	34.9	117	3.1	70	板岩、页岩	E 109°59′45.0″ N 29°12′10.4″	95
						P	16—27	壤土	块状	7.0	17.6	1.06	0.72	34.8						
剖33	人为土	水稻土	潴育水稻土	黄砂泥田	青桐黄砂泥田	A	0—18	壤土	大块状	6.0	51.0	2.19	0.90	28.9	104	6.1	160	砂岩	E 109°53′28.5″ N 29°11′34.0″	95
						Pg	18—30	壤土	块状	6.0	32.3	1.78	0.83	27.6						
						G	30—46	壤土	块状	6.4	21.4	1.21	0.87	29.0						
						W	46—100	壤土	棱块状	6.4	7.6	0.64	0.84	28.7						
剖34	人为土	水稻土	潴育水稻土	冷浸田	冷浸阴山田	A	0—19	壤土	大块状	6.0	29.3	1.43	0.53	27.3	132	3.7	39	板页岩	E 109°55′46.7″ N 29°12′18.5″	95
						Pg	19—30	壤土	大块状	6.8	27.4	1.43	0.51	28.4						
						G	30—100	壤土	大块状		24.0	1.22	0.47	27.8						
剖35	人为土	水稻土	潴育水稻土	扁砂泥田	石灰性砂泥田	A	0—14	壤土	粒块状	6.4	14.7	0.92	1.13	25.5	75	5.5	84	硅质砂岩	E 109°52′12.6″ N 29°06′01.8″	95
						P	14—21	壤土	块状	6.4	8.2	0.54	0.98	23.4						
						W	21—81	壤土	块状	6.4	1.3	≤0.10	1.06	24.7						
						D	81—100													
剖36	铁铝土	黄壤	黄壤性土	耕型板页岩黄壤性土	黄岩渣土	1	0—19	壤土	粒块状	6.4	22.3	1.21	0.46	28.7	94	1.4	166	板页岩	E 109°47′15.2″ N 29°07′01.4″	95
						2	19—100	壤土	块状	6.0	20.7	1.00	0.44	28.4						
剖37	人为土	水稻土	淹育水稻土	浅灰黄泥田	浅灰黄泥田	A	0—16	黏壤土	块状	6.0	10.4	0.66	0.71	21.4	136	13.4	143	石灰岩	E 109°59′39.6″ N 29°09′06.6″	95
						P	16—24	黏壤土	块柱状	6.8	6.4	0.41	0.62	24.1						
						C	24—100	黏壤土	棱块状	7.1	1.2	≤0.10	0.50	21.6						
剖38	人为土	水稻土	潴育水稻土	河砂泥田	河砂泥田	A	0—18	砂壤土	块状	6.4	33.7	1.72	0.57	21.5	103	4.9	44	冲积物	E 109°47′30.3″ N 29°02′38.3″	95
						Pg	18—24	壤土	大块状	6.8	30.6	1.60	0.55	22.2						
						G	24—44	壤土	柱状	6.8	20.0	1.15	0.56	22.4						
						W	44—100	壤土	大块状	7.2	10.7	0.75	0.76	21.6						
剖39	人为土	水稻土	潴育水稻土	河砂泥田	河砂泥田	A	0—17	壤土	块状	6.4	28.8	1.60	0.51	29.4	114	4.8	98	河流冲积物	E 109°51′06.3″ N 29°00′33.0″	95
						P	17—29	壤土	块状	7.0	17.4	1.13	0.53	30.4						
						C	29—49	壤土	粒块状	7.2	11.1	0.65	1.47	31.8						
							49—100			7.4										
剖40	人为土	水稻土	淹育水稻土	浅岩渣田	浅岩渣田	A	0—20	壤土	粒状	6.6	17.2	0.68	2.14	26.3	75	9.5	113	板岩、页岩	E 109°52′29.4″ N 29°02′20.8″	95
						S	20—100	壤土	块状	6.5										
剖41	铁铝土	黄壤	黄壤	石灰岩黄壤		A_1	4—7	壤土	粒状	6.0	26.6	1.24	0.93	24.8	103	≤1.0	125	板岩、页岩	E 109°55′05.1″ N 29°00′50.7″	95
						Bv	7—32	壤土	块状	5.6	17.3	0.98	0.93	25.8						
							32—	壤土	块状	5.2	6.6	0.78	0.77	27.4						
剖42	初育土	石灰(岩)土	黑色石灰土	黑色石灰土		A	1—16	壤土	棱块状	7.8	42.4	1.97	0.67	16.7	101	1.1	87	白云岩	E 109°50′49.9″ N 28°55′25.6″	95
						ABv	16—45	黏壤土	块状	7.8	18.6	0.77	0.73	17.1						
剖43	淋溶土	黄棕壤	山地黄棕壤	耕型板页岩山地黄棕壤	黄棕壤土	A	0—21	壤土	粒块状	6.0	27.3	1.10	0.88	21.4	122	3.8	316	板页岩	E 109°52′06.3″ N 28°57′11.4″	95
						Bv	21—59	壤土	块状	5.6	11.2	0.38	0.78	21.1						
						3	59—100			5.4										
剖44	初育土	石灰(岩)土	黑色石灰土	耕型黑色石灰土	石灰土	A	0—17	壤土	粒状	8.0	20.9	1.15	0.80	9.5	70	≥100.0	98	石灰岩	E 109°53′12.4″ N 28°57′12.3″	95
						ABv	17—100	黏壤土	块状	7.8	8.7	0.64	0.83	9.2						
剖45	人为土	水稻土	淹育水稻土	浅灰黄泥田	浅灰黄马肝泥田	A	0—15	黏壤土	块状	5.8	17.8	1.43	0.69	15.0	79	3.3	90	白云岩	E 109°52′40.1″ N 28°53′47.1″	95
						P	15—24	黏壤土	块状	6.4	16.8	1.42	0.70	15.3						
						C	24—100	黏壤土	棱块状	7.8	7.0	1.02	0.77	26.9						

续表 Continued

剖面号 Soil profile	土纲 Soil order	土类 Soil great group	亚类 Soil subgroup	土属 Soil genus	土种 Soil species	土层码 Layer code	土层厚度 Depth/cm	质地 Soil texture	土壤结构 Soil structure	pH	有机质 OM/(g/kg)	全氮 TN/(g/kg)	全磷 TP/(g/kg)	全钾 TK/(g/kg)	碱解氮 AN/(mg/kg)	有效磷 AP/(mg/kg)	速效钾 AK/(mg/kg)	土壤母质 Parent material	剖面点坐标 Profile coordinate	匹配指数 Matching index/%
剖46	铁铝土	黄壤	黄壤	石灰岩黄壤		A	0—12	壤土	粒块状	6.0	18.7	0.77	0.83	13.5	90	2.8	57	石灰岩	E 109°57′53.7″ N 28°51′03.5″	95
						Bv	12—100	黏壤土	大块状	5.6	9.6	0.54	0.70	14.2						
剖47	人为土	水稻土	潜育水稻土	烂泥田	溶眼田	A	0—21	壤土	大块状	6.8	40.0	2.46	0.82	11.7	138	9.8	94	白云岩	E 109°58′19.2″ N 28°50′44.6″	95
						Ag	21—100	壤土	大块状	7.0	45.6	2.24	0.71	11.7						
剖48	人为土	水稻土	潜育水稻土	冷浸田	冷浸泥田	Ag	0—19	壤土	大块状	6.0	42.0	1.96	0.73	29.3	139	5.0	54	板页岩	E 110°00′44.8″ N 29°12′24.6″	95
						Pg	19—25	壤土	大块状	6.4	46.4	2.24	0.71	29.2						
						G	25—100	壤土	大块状	6.8	44.9	2.09	0.73	29.5						
剖49	铁铝土	红壤	黄红壤	板页岩红壤		A	0—14	壤土	粒块状	6.0	17.7	1.01	0.56	19.2	83	5.8	156	板页岩	E 110°01′02.5″ N 29°11′00.2″	95
						Bv	14—42	壤土	块状	6.0	12.0	0.81	0.61	18.2						
						C	42—	壤土	块状	5.6	5.0	0.52	0.52	20.6						
剖50	人为土	水稻土	潜育水稻土	青泥田		Ag	0—18	黏壤土	大块状	7.6	46.0	2.40	0.71	14.4	126	2.9	56	页岩	E 110°01′06.5″ N 29°08′58.6″	95
						Pg	18—23	黏壤土	大块状	7.2	38.7	1.77	0.82	15.2						
						G	23—100	黏壤土	大块状	7.0	19.3	0.88	0.79	14.7						
剖51	初育土	石灰(岩)土	红色石灰土	耕型红色石灰土	红灰土	A	0—19	壤土	粒状	7.8	16.6	0.99	0.90	26.9	67	1.8	114	石灰岩	E 110°11′28.2″ N 29°05′40.8″	95
						Bv	19—100	壤土	大块状	7.8	7.4	0.53	0.88	25.7						
剖52	人为土	水稻土	淹育水稻土	浅黄砂泥田	浅红砂泥田	A	0—15	砂壤土	粒块状	5.6	16.1	1.13	1.33	18.7	107	8.7	39	红色砂岩	E 110°09′46.7″ N 29°07′04.0″	95
						P	15—24	砂壤土	粒块状	5.6	5.7	0.43	1.28	19.0						
						C	24—64	砂壤土	块状	5.6	≤1.0	≤0.10	1.23	19.3						
剖53	人为土	水稻土	潴育水稻土	黄砂泥田	石灰性黄砂泥田	A	0—20	壤土	粒块状	7.6	21.3	1.32	0.80	19.8	135	7.5	66	砂岩	E 110°06′44.7″ N 29°00′52.2″	95
						P	20—29	壤土	块状	7.8	17.4	1.07	0.77	20.7						
						W	29—100	壤土	棱柱状	7.8	5.4	0.38	0.82	20.3						
剖54	人为土	水稻土	淹育水稻土	浅灰泥田	浅灰马肝泥田	A	0—16	黏壤土	粒块状	7.6	18.7	1.21	0.85	15.7	101	3.8	113	石灰岩	E 110°02′49.2″ N 29°01′26.2″	95
						P	16—24	壤土	棱柱状	7.4	12.6	1.40	0.60	15.7						
						W	24—100	壤土	棱柱状	7.4	4.3	0.43	0.50	15.3						
剖55	人为土	水稻土	潴育水稻土	扁砂泥田	青扁砂泥田	A	0—17	壤土	粒块状	6.0	24.3	1.34	0.84	24.6	116	13.9		板岩、页岩	E 110°05′53.4″ N 28°58′57.2″	95
						P	17—26	壤土	块状	6.4	14.1	0.88	0.92	24.6						
						W	26—100	壤土	棱柱状	6.4	12.4	1.20	0.84	24.5						
剖56	铁铝土	黄壤	黄壤	石灰岩黄壤		A_1	0—7	壤土	粒状	6.0					161	2.8	66	石灰岩	E 110°07′45.5″ N 28°59′16.7″	95
							5—7	壤土	棱块状	5.4	31.7	1.53	0.74	13.8						
						Bv	7—42	黏壤土	棱块状	5.4	11.2	0.73	0.68	14.2						
							42—112	黏壤土	棱块状	6.4	22.8	1.36	1.10	16.3						
剖57	人为土	水稻土	潴育水稻土	灰黄泥田	灰黄泥田	A	0—19	黏壤土	棱块状	6.8	15.2	0.89	0.82	16.2	95	7.2	46	石灰岩	E 110°07′41.9″ N 28°52′39.9″	95
						P	19—27	黏壤土	棱块状	6.8	10.1	0.79	0.75	16.7						
						W	27—90	壤土	棱柱状	7.2	7.4	0.71	0.39	16.6						
						C	90—100	壤土	大块状	7.4	28.2	1.48	0.93	22.4						
剖58	人为土	水稻土	潴育水稻土	灰黄泥田	青稿灰黄泥田	A	0—19	黏壤土	块状	7.4	29.1	1.12	0.85	23.5	141	3.5	54	石灰岩	E 110°06′29.8″ N 28°53′46.8″	95
						Pg	19—29	黏壤土	块状	7.4	13.0	0.84	0.72	23.1						
						G	29—40	黏壤土	棱柱状	7.4	5.3	0.43	0.72	22.8						
						W	40—100	壤土	粒状	7.2	24.5	1.24	1.53	21.8						
剖59	初育土	石灰(岩)土	红色石灰土	耕型淋溶石灰土	灰泥土	A	0—11	壤土	块状	7.4	18.7	0.79	1.42	20.7	88	8.5	121	石灰岩	E 110°11′11.7″ N 28°54′19.7″	95
						ABv	11—100	黏壤土	块状	5.6	30.3	1.25	0.58	12.0						
剖60	铁铝土	黄壤	黄壤	砂岩黄壤		A	7—57	壤土	块状	4.8	12.1	0.78	0.68	13.6	6	2.9	87	砂岩	E 110°11′47.9″ N 28°51′36.6″	95
						Bv	57—100	壤土	块状	5.6	47.3	2.41	0.77	26.4						
剖61	淋溶土	黄棕壤	山地黄棕壤	耕型砂岩黄棕壤	黄棕砂土	A	0—19	壤土	粒块状	6.0	21.7	0.78	0.80	25.8	314	3.7	249	砂岩	E 110°10′56.2″ N 28°48′30.1″	95
						Bv	19—100	壤土	块状											

龙 山 县

主要土类说明

石灰（岩）土是龙山县主要土壤类型，占本县地域面积的31%。本县石灰（岩）土分为红色石灰土、黑色石灰土等亚类。红色石灰土占本土类面积的99%以上，是由石灰岩、白云岩发育而成的一种熟化程度较低的岩成土壤，主要分布在母岩裸露地区。由于有源源不断的碳酸盐风化物、碎片以及富含碳酸钙的地表水进入土壤，延缓了脱硅富铝化过程的进行，因此土壤发育较为年轻。

黄壤是龙山县第二大土壤类型，占本县地域面积的28%。黄壤分布在海拔560—1000m的低中山地带。由于所处地区气候冷凉，无霜期短，空气湿度大，干湿季节不明显，矿物风化及生物化学作用较强，次生矿物以蒙脱石、高岭石为主。黄壤盐基饱和度较低，土壤呈酸性。因土壤长期处于湿润状态，土壤中游离氧化铁被水化成黄色的水合氧化铁，将土粒包裹，土壤呈浅黄色或蜡黄色。本县黄壤分为黄壤和黄壤性土两个亚类。

红壤是龙山县第三大土壤类型，占本县地域面积的17%。红壤是经过强烈的脱硅富铝化作用和旺盛的生物小循环作用而形成的一种地带性土壤。次生矿物以高岭石、蒙脱石为主。植被多为针叶林或常绿阔叶林。淋溶作用强烈，盐基流失严重，pH一般在6.0以下。土体呈黄红色或棕红色，剖面发育较完整，剖面构型为A-B或A-AB-B。心土松散，腐殖质层薄，土层不深厚。本县红壤分为黄红壤和红壤性土两个亚类。

黄棕壤占本县地域面积的13%，是在冷凉、潮湿的气候条件下形成的一种地带性土壤。有机质以嫌气分解为主，腐殖质积累较多，含量一般在50g/kg以上。土壤腐殖化过程强烈，腐殖质层厚7—15cm，呈暗褐色。机械淋溶强烈，心土紧实黏重，局部可见黏盘层。黄棕壤的化学成土作用比红壤、黄壤弱，次生矿物以蒙脱石、水化云母为主。盐基饱和度较高，土壤呈微酸性。土壤水化程度高，土体上层呈暗棕色，心土呈黄棕色，下部呈黄色，层次分化明显，剖面构型为A_o-A_1-A-B-C。本县黄棕壤分为山地黄棕壤和黄棕壤性土两个亚类。

水稻土占本县地域面积的10%。在人为耕作、施肥、灌溉等措施的影响下，土壤内部进行着氧化还原交替、有机质合成与分解、盐基淋溶与复盐基作用的熟化过程，促进了土壤性状的改变，从而形成了水稻土特有的形态、理化和生物特性。本县水稻土分为淹育型、潴育型、渗育型、潜育型、沼泽型五个亚类。

小于本县地域面积3%的土壤类型有紫色土、潮土等。

本区域中心区气候特征

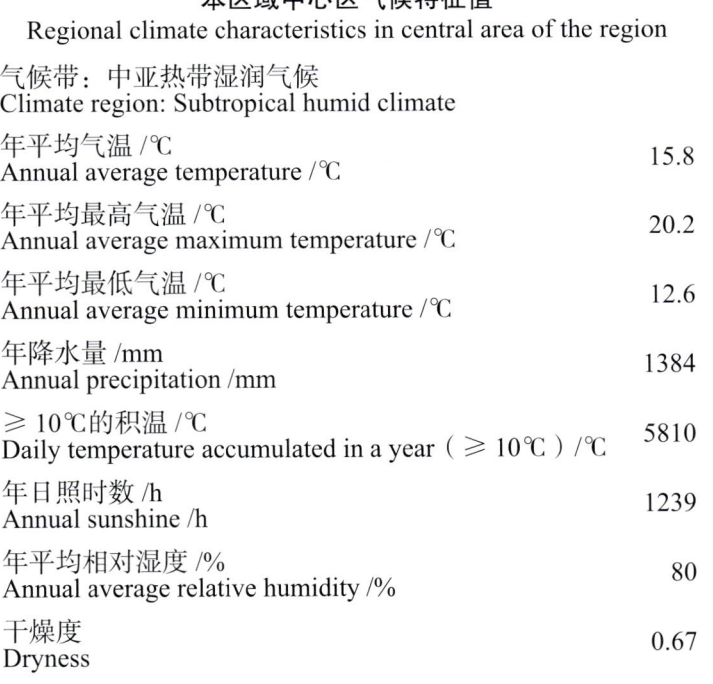

本区域中心区气候特征值
Regional climate characteristics in central area of the region

气候带：中亚热带湿润气候 Climate region: Subtropical humid climate	
年平均气温 /℃ Annual average temperature /℃	15.8
年平均最高气温 /℃ Annual average maximum temperature /℃	20.2
年平均最低气温 /℃ Annual average minimum temperature /℃	12.6
年降水量 /mm Annual precipitation /mm	1384
≥10℃的积温 /℃ Daily temperature accumulated in a year (≥10℃) /℃	5810
年日照时数 /h Annual sunshine /h	1239
年平均相对湿度 /% Annual average relative humidity /%	80
干燥度 Dryness	0.67

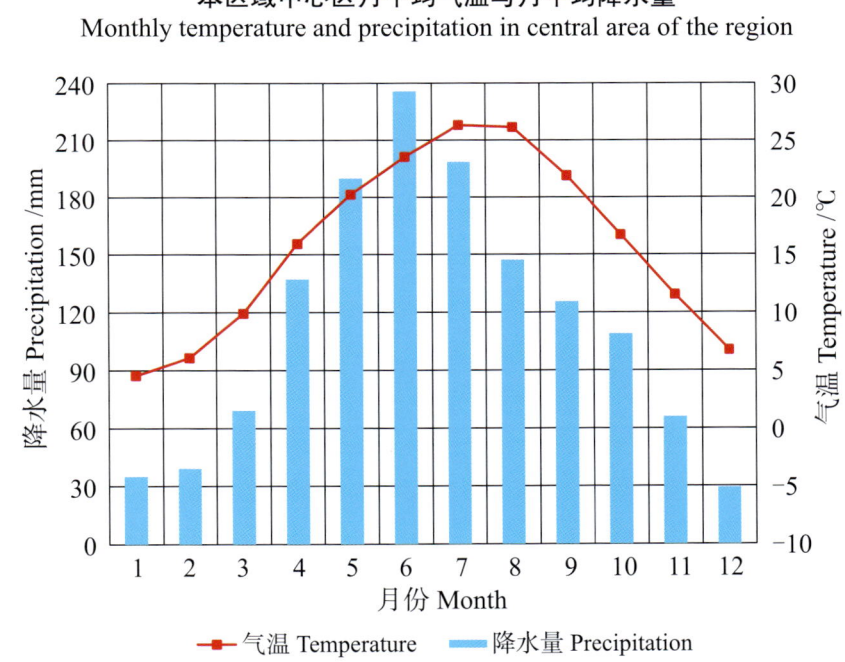

本区域中心区月平均气温与月平均降水量
Monthly temperature and precipitation in central area of the region

龙山县主要土壤类型与土壤剖面点分布图
1:320 000

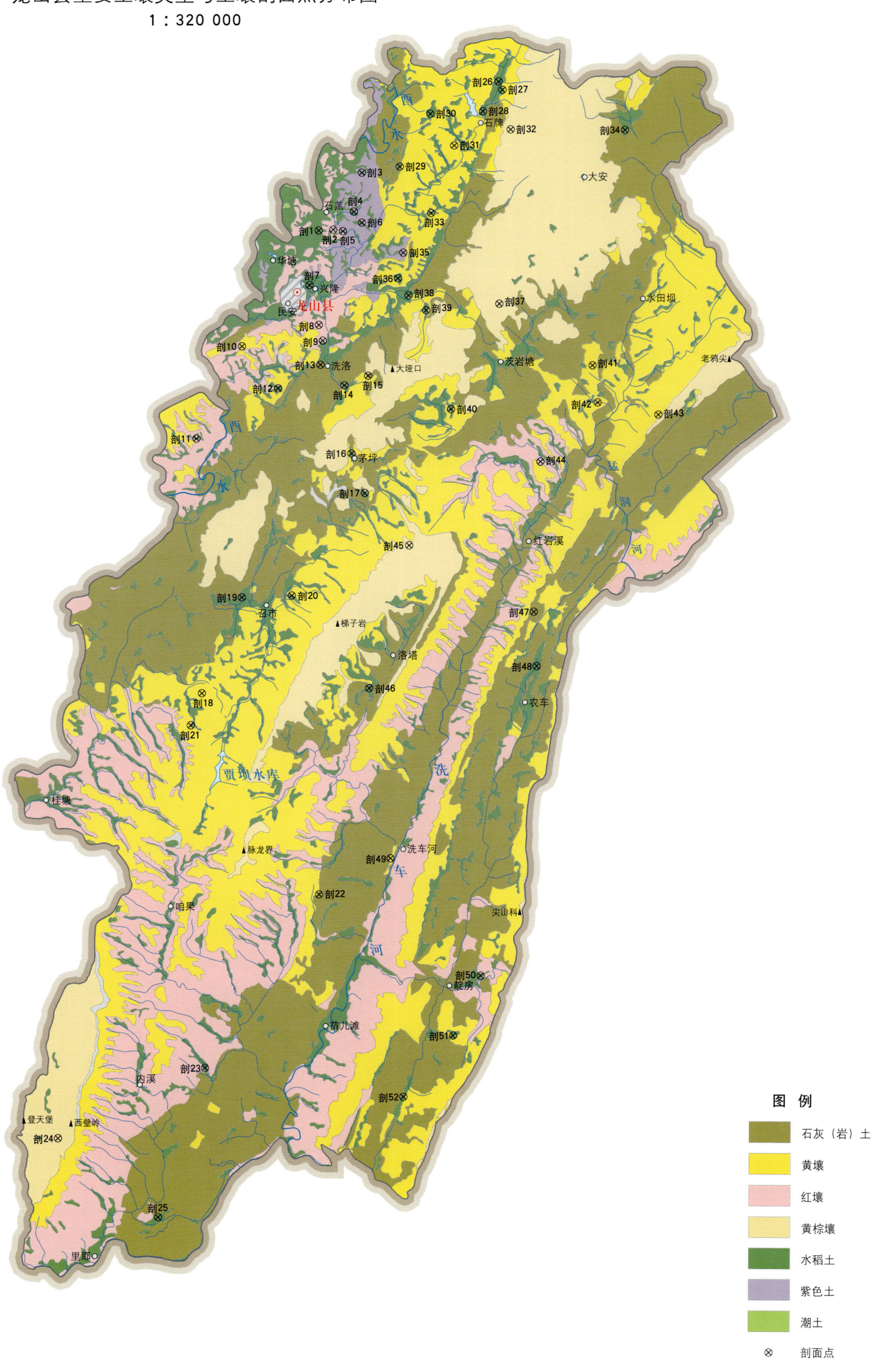

龙山县土壤剖面理化性状表

剖面号 Soil profile	土纲 Soil order	土类 Soil great group	亚类 Soil subgroup	土属 Soil genus	土种 Soil species	土层码 Layer code	土层厚度 Depth/cm	颜色 Soil color	质地 Soil texture	pH	有机质 OM/(g/kg)	全氮 TN/(g/kg)	全磷 TP/(g/kg)	全钾 TK/(g/kg)	碱解氮 AN/(mg/kg)	有效磷 AP/(mg/kg)	速效钾 AK/(mg/kg)	土壤母质 Parent material	剖面点坐标 Profile coordinate	匹配指数 Matching index/%
剖1	人为土	水稻土	潴育水稻土	灰砂泥田	灰马肝泥田	A	0—15	棕灰色	重壤土	6.3	40.0	2.33	2.15	18.0	163	16.4	66	白云岩坡积物	E 109°27′23.7″ N 29°30′01.2″	75
						Pg	15—23	暗棕色	轻壤土	6.8	30.1	2.03	2.13	18.6						
						W	23—43	棕色	轻壤土	7.8	19.8	0.72	1.94	20.1						
						C	43—100	浅棕色	轻壤土	7.3	9.5	0.67	1.89	21.5						
剖2	铁铝土	红壤	黄红壤	红土黄红壤	薄腐厚层红土黄红壤	Bv	4—26	浅红黄色	重壤土	4.2	9.6	0.71	0.72	14.6	84	3.4	72	古河流冲积物	E 109°28′04.2″ N 29°30′04.9″	97
						BvC	26—85	浅红棕色	中壤土	4.6	5.9	0.64	0.94	21.0						
							85—150	浅红黄色	重壤土	4.8	5.3	0.59	2.81	25.4						
剖3	人为土	水稻土	潴育水稻土	灰砂泥田	鸭屎泥田	A	0—18	暗灰色	重壤土	7.9	24.6	1.39	1.09	26.1	117	6.3	107	石灰岩坡积物	E 109°29′22.5″ N 29°32′27.6″	75
						Pg	18—28	暗棕色	中壤土	7.8	21.9	1.34	0.76	26.6						
						W	28—100	暗黄棕色	中壤土	7.7	15.9	0.94	0.72	26.9						
剖4	人为土	水稻土	潴育水稻土	青泥田	青紫砂泥田	A	0—16	灰棕色	砂壤土	7.8	11.5	0.68	0.46	17.8	56	3.8	42	紫色砂坡积物	E 109°29′03.6″ N 29°30′45.9″	95
						Pg	16—23	紫色	砂壤土	7.9	17.0	0.78	0.23	18.2						
						G	23—100	紫灰色	砂壤土	6.3	14.7	0.71	0.82	18.3						
剖5	人为土	水稻土	潴育水稻土	中性紫泥田	中性紫砂泥田	A	0—19	灰棕色	中壤土	6.7	23.3	1.37	1.42	19.2	122	24.2	94	紫色页岩坡积物	E 109°28′31.6″ N 29°30′01.0″	75
						Pg	19—29	灰棕色	重壤土	6.6	23.2	1.37	1.34	18.0						
						W	29—49	灰棕色	重壤土	7.2	15.7	0.98	1.06	17.1						
剖6	人为土	水稻土	潴育水稻土	黄砂泥田	黄砂泥田	A	0—18	暗黄色	重壤土	5.8	30.3	1.81	1.30	28.0	147	5.4	69	砂岩坡积物	E 109°29′25.8″ N 29°30′21.9″	75
						Pg	18—28	暗棕色	轻壤土	6.3	19.4	1.30	0.78	29.5						
						W	28—100	暗棕色	轻壤土	6.4	13.2	8.13	1.09	28.8						
剖7	人为土	水稻土	潴育水稻土	青泥田	青紫泥田	A	0—23	浅灰色	重壤土	7.8	19.0	1.20	1.06	24.4				紫页岩坡积物	E 109°26′60.0″ N 29°27′43.5″	95
						Pg	23—33	红棕色	重壤土	7.9	19.0	1.25	1.14	26.8						
						G	33—100	红棕色	重壤土	8.0	16.5	1.14	1.11	27.9						
剖8	铁铝土	红壤	黄红壤	板页岩黄红壤	薄腐板页岩黄红壤	A	1—14	灰黄色	轻黏土	5.7	28.4	1.48	1.27	34.9	59	1.6	143	板页岩坡积物	E 109°27′29.0″ N 29°26′08.3″	97
						ABv	14—85	浅黄棕色	中壤土	5.4	12.8	1.03	1.18	33.6						
						BvC	85—150	暗黄棕色	重壤土	5.2	7.6	0.83	1.16	32.8						
剖9	铁铝土	红壤	黄红壤	板页岩黄红壤		A	0—10	暗黄色	重壤土	5.0	10.9	0.91	0.73	27.3	86	1.9	107	板页岩堆积物	E 109°27′38.4″ N 29°25′28.0″	95
						Pg	10—23	灰黄色	重壤土	5.1	6.5	0.66	0.57	25.1						
						G	23—100	红棕色	重壤土	5.0	5.4	0.61	0.63	24.7						
剖10	铁铝土	黄壤	黄壤性土	扁砂黄壤	黑扁砂泥田	A	0—6	褐色	中壤土	5.2	32.7	1.48	1.27	34.9	127	14.0	236	灰质页岩坡积物	E 109°23′47.7″ N 29°25′08.2″	97
						ABv	6—13	浅黄棕色	重壤土	5.4	15.4	1.03	1.18	33.6						
						BvC		暗黄棕色	重壤土	5.3	7.6	0.83	1.16	32.8						
剖11	人为土	水稻土	潴育水稻土	黄泥田	砂质黄泥田	A	0—17	灰黄色	重壤土	5.4	37.3	2.61	2.19	23.7	162	32.1	90	石灰岩堆积物	E 109°21′40.3″ N 29°21′16.0″	95
						Pg	17—25	暗黄棕色	重黏土	5.6	34.4	2.42	2.19	23.5						
						W	25—100	暗黄棕色	重壤土	6.7	19.7	1.48	2.99	21.6						
剖12	人为土	水稻土	潴育水稻土	黄泥田	红黄泥田	A	0—19	暗黄色	中壤土	7.6	22.8	1.55	1.58	29.2	165	13.3	142	石灰岩坡积物	E 109°25′32.7″ N 29°23′25.8″	97
						Pg	19—28	暗黄色	重壤土	5.2	15.2	1.19	1.31	30.1						
						W	28—50	灰黄色	重壤土	5.8	5.8	0.77	1.18	31.6						
						C	50—100	暗黄色	重壤土	7.8	5.2	0.72	1.23	31.1						
剖13	初育土	石灰(岩)土	红色石灰土	耕型红色石灰土	红灰土	A	0—18	暗棕色	重壤土	7.0	33.4	1.47	1.27	17.6	101	3.6	91	石灰岩坡积物	E 109°27′48.5″ N 29°24′25.2″	95
						ABv	18—36	暗棕色	轻黏土	7.2	31.7	1.37	1.21	20.4						
						Bv	36—100	暗黄棕色	轻黏土	7.2	17.0	0.90	0.90	24.7						
剖14	人为土	水稻土	潴育水稻土	冷浸田	冷浸阴山田	A	0—25	浅灰色	中壤土	7.2	36.4	1.63	0.94	21.8	148	3.9	45	板页岩、石灰岩坡积物	E 109°28′40.0″ N 29°23′34.4″	97
						Pg	25—32	暗黄色	重壤土	7.2	33.6	1.16	0.89	21.1						
						G	32—100	暗灰色	中壤土	6.8	34.3	1.74	0.90	23.3						

续表 Continued

剖面号 Soil profile	土纲 Soil order	土类 Soil great group	亚类 Soil subgroup	土属 Soil genus	土种 Soil species	土层码 Layer code	土层厚度 Depth/cm	颜色 Soil color	质地 Soil texture	pH	有机质 OM/(g/kg)	全氮 TN/(g/kg)	全磷 TP/(g/kg)	全钾 TK/(g/kg)	碱解氮 AN/(mg/kg)	有效磷 AP/(mg/kg)	速效钾 AK/(mg/kg)	土壤母质 Parent material	剖面点坐标 Profile coordinate	匹配指数 Matching index/%
剖15	初育土	石灰（岩）土	黑色石灰土	黑色石灰土	黑色石灰土	A₁	0—1	暗棕色	重壤土	7.2	55.9	2.74	1.15	26.7	214	2.3	144	石灰岩坡积物	E 109°29′53.0″ N 29°24′00.9″	97
剖16	人为土	水稻土	潜育水稻土	烂泥田	石灰性烂泥田	A	1—17	暗灰色	中壤土	7.6	35.8	1.72	0.95	26.8	300	2.2	119	石灰岩坡积物	E 109°29′08.1″ N 29°20′40.4″	95
剖17	人为土	水稻土	淹育水稻土	浅岩渣田	火炼田	Ag	0—45	绿灰色	重壤土	7.8	56.7	2.69	1.88	22.7	183	25.5	76	缝石堆积物	E 109°29′45.9″ N 29°19′06.0″	97
						G	45—100	绿灰色	轻壤土	7.7	59.2	2.47	1.92	22.8						
剖18	铁铝土	黄壤		板页岩黄壤	薄腐厚层板页岩黄壤	A	0—13	浅黄棕色	重壤土	6.0	35.0	2.14	2.55	22.7	89	2.1	116	板页岩坡积物	E 109°22′07.1″ N 29°10′39.5″	95
						Pg	13—20	暗黄棕色	轻黏土	5.7	34.7	2.14	2.11	20.9						
						W	20—35	暗黄棕色	轻黏土	6.6	26.9	1.89	2.15	19.6						
						C	35—66	棕色	轻黏土	6.2	24.2	1.76	3.75	21.0						
						D	66—													
剖19	人为土	水稻土	潜育水稻土	浅黄泥田	浅黄泥田	A	0—21	暗黄棕色	重壤土	6.2	21.9	1.22	0.84	25.2	97	3.5	79	板页岩坡积物	E 109°24′02.2″ N 29°14′39.3″	95
						Bv	21—33	暗黄棕色	中壤土	6.0	13.1	0.93	0.96	25.7						
						BvC	33—100	浅黄棕色	中壤土	5.8	7.8	0.71	2.48	24.8						
剖20	人为土	水稻土	潜育水稻土	扁砂泥田	青扁砂泥田	Pg	0—15	暗黄棕色	重壤土	5.8	21.5	1.38	1.02	26.7	149	4.1	131	板页岩坡积物	E 109°26′21.4″ N 29°14′44.1″	95
						W	15—22	暗黄棕色	轻壤土	6.4	24.8	1.56	1.23	28.1						
						C	22—32	浅黄棕色	中壤土	6.0	9.0	0.74	0.79	24.3						
							32—100	暗黄棕色	重壤土	6.0	6.6	0.65	0.83	20.4						
剖21	人为土	水稻土	渗育水稻土	白散泥田	白散泥田	A	0—18	暗黄棕色	重壤土	5.7	32.8	2.30	1.31	15.0	120	3.7	37	古河流冲积物	E 109°21′40.7″ N 29°09′19.8″	95
						Pg	18—27	暗黄棕色	重壤土	6.4	24.5	1.90	1.11	14.9						
						W	27—56	暗黄棕色	重壤土	7.2	20.9	1.67	1.42	15.2						
						E	56—100	褐色	重壤土	6.0	24.4	1.48	0.94	19.7						
剖22	初育土	石灰（岩）土	红色石灰土	耕型淋溶石灰土	马肝土	A	0—17	灰黄棕色	重壤土	6.8	12.6	1.00	1.06	21.6	95	1.2	47	石灰岩	E 109°27′53.8″ N 29°02′21.3″	97
						We	17—27	暗黄棕色	重壤土	7.1	3.7	0.62	1.08	25.9						
							27—100	暗黄棕色	轻壤土	6.8	3.8	0.54	0.76	29.2						
剖23	人为土	水稻土	潜育水稻土	冷浸田	冷浸田	A	0—15	灰黄棕色	重壤土	7.2	13.3	1.01	0.96	18.7	84	4.6	165	石灰岩坡积物	E 109°22′39.7″ N 28°55′00.4″	95
						Pg	15—25	暗黄棕色	轻黏土	7.2	13.7	1.03	0.94	19.5						
						W	25—100	暗黄棕色	重壤土	7.3	45.5	0.85	1.22	28.5						
剖24	淋溶土	黄棕壤	山地黄棕壤	石灰岩黄棕壤	薄腐厚层石灰岩黄棕壤	A	0—16	绿灰色	重壤土	6.8	32.1	2.00	0.78	30.5	152	1.6	125	石灰岩坡积物	E 109°15′40.9″ N 28°52′00.4″	98
						Pg	16—28	灰黄棕色	轻黏土	6.8	30.5	1.95	0.71	31.7						
						G	28—100	暗黄棕色	轻黏土	6.2	16.7	1.28	0.66	28.9						
剖25	人为土	水稻土	淹育水稻土	浅灰泥田	青扁砂泥田	ABv	9—43	黄棕色	轻黏土	5.2	31.6	1.61	0.67	15.2	141	5.8	89	白云岩堆积物	E 109°20′31.9″ N 28°48′47.6″	95
						Bv	43—67	红棕色	轻黏土	5.0	14.2	1.16	0.61	16.1						
							67—130	灰紫棕色	轻黏土	5.2	7.5	0.75	0.62	17.5						
剖26	人为土	水稻土	潜育水稻土	青泥田	石灰性青泥田	A	0—14	灰黄棕色	重壤土	8.0	32.4	2.10	1.45	15.6	171	4.8	57	板页岩坡积物	E 109°35′52.3″ N 29°36′21.0″	95
						Pg	14—24	灰棕色	中壤土	8.0	30.5	1.77	1.42	15.3						
						C	24—100	灰黄棕色	轻黏土	8.0	12.2	0.87	0.43	14.5						
剖27	人为土	水稻土	淹育水稻土	浅黄泥田	砂质浅黄泥田	A	0—22	暗黄棕色	重壤土	7.7	43.9	2.70	1.47	27.4	187	9.0	118	板页岩堆积物	E 109°36′02.4″ N 29°36′00.9″	97
						Pg	22—32	浅黄棕色	重壤土	7.8	40.3	2.54	1.43	27.3						
						W	27—35	青黄棕色	轻壤土	6.9	18.3	1.57	2.08	25.8						
						C	32—100	灰黄棕色	重壤土	5.3	33.6	2.07	1.25	30.4						
剖28	人为土	水稻土	潜育水稻土	青泥田	青泥田	A	0—24	青灰色	重壤土	5.5	25.5	1.68	1.24	31.3	192	3.5	114	板页岩坡积物	E 109°35′08.1″ N 29°35′05.4″	95
						Pg	24—35	青灰色	中壤土	6.8	6.2	0.70	1.37	27.0						
							35—		重壤土	6.5	3.3	0.70	1.00	29.3						
								暗黄棕色	中壤土	7.8	44.0	1.20	1.07	37.6						
						G	35—100	暗黄棕色	重壤土	8.0	33.8	1.84	0.84	31.7						

续表 Continued

剖面号 Soil profile	土纲 Soil order	土类 Soil great group	亚类 Soil subgroup	土属 Soil genus	土种 Soil species	土层码 Layer code	土层厚度 Depth/cm	颜色 Soil color	质地 Soil texture	pH	有机质 OM/(g/kg)	全氮 TN/(g/kg)	全磷 TP/(g/kg)	全钾 TK/(g/kg)	碱解氮 AN/(mg/kg)	有效磷 AP/(mg/kg)	速效钾 AK/(mg/kg)	土壤母质 Parent material	剖面点坐标 Profile coordinate	匹配指数 Matching index/%
剖29	人为土	水稻土	潴育水稻土	红黄泥田	红黄砂泥田	A	0—16	褐色	重壤土	5.5	26.6	1.08	1.25	12.1	107	7.4	31	古河流冲积物	E 109°31′13.2″ N 29°32′44.4″	95
剖30	人为土	水稻土	淹育水稻土	浅黄砂泥田	浅黄砂泥田	Pg	16—24	暗灰黄色	重壤土	6.3	18.9	0.54	1.35	14.7						
						W	24—100	浅灰棕色	重壤土	5.6	14.6	0.55	0.64	24.0	70	2.9	30	砂岩坡积物	E 109°32′37.7″ N 29°34′57.4″	95
剖31	铁铝土	黄壤	黄壤	板页岩黄壤	薄腐厚层板页岩黄壤	A	0—16	暗黄棕色	中壤土	5.2	17.7	1.04	0.97	13.0						
						Pg	16—25	黄棕色	中壤土	6.8	15.7	0.99	0.97	12.8						
						C	25—100	灰棕色	中壤土	6.8	7.5	0.57	0.88	12.7	189	2.8	135	板页岩坡积物	E 109°33′48.0″ N 29°33′37.6″	98
剖32	淋溶土	黄棕壤	山地黄棕壤	板页岩黄棕壤	薄腐厚层板页岩黄棕壤	A	3—30	灰棕色	轻壤土	6.0	42.2	2.34	1.78	24.0						
						Bv	30—65	浅黄棕色	重壤土	5.4	21.6	1.39	1.34	21.8						
						BvC	65—100	浅棕黄色	重壤土	5.6	6.5	0.72	0.89	24.3	109	2.3	93	板页岩坡积物	E 109°36′29.1″ N 29°34′20.2″	97
剖33	人为土	水稻土	潴育水稻土	黄泥田	砂质黄泥田	A	1—22	暗棕色	重壤土	6.9	34.7	2.12	1.57	38.4						
						Bv	22—70	浅棕黄色	轻壤土	6.5	12.3	1.27	1.28	35.9						
						BvC	70—95	浅棕黄色	重壤土	6.0	10.3	1.15	1.26	32.9	189	4.1	120	板页岩坡积物	E 109°32′45.3″ N 29°30′48.8″	95
剖34	人为土	水稻土	潴育水稻土	青泥田	青鸭粱青泥田	A	0—19	暗灰色	重壤土	4.6	46.4	2.13	0.93	28.0						
						Pg	19—28	青灰色	重壤土	4.0	42.4	1.29	0.81	30.7						
						G	28—45	暗棕黄色	重壤土	4.6	31.8	1.78	0.87	31.5						
						W	45—100	暗棕黄色	重壤土	6.0	16.5	≥10.00	1.44	34.0	193	5.2	43	河流冲积物	E 109°41′58.5″ N 29°34′22.5″	95
剖35	初育土	紫色土	酸性紫色土	酸性紫色土	薄腐厚层酸性紫色土	A	0—18	暗棕色	中壤土	8.0	44.2	2.22	1.44	32.8						
						Bv	18—30	暗棕色	中壤土	8.1	40.2	1.98	1.43	32.6						
						G	30—60	暗棕色	中壤土	8.0	37.8	1.90	1.40	32.9	39	1.5	69	紫色砂页岩坡积物	E 109°31′25.5″ N 29°29′08.6″	97
剖36	人为土	水稻土	潴育水稻土	砂质黄泥田	砂质黄泥田	A	3—41	暗黄棕色	中壤土	4.6	7.2	0.70	0.46	26.6						
						Bv	41—100	浅黄棕色	中壤土	4.7	6.7	0.56	0.45	25.5						
						BvC	100—150	暗棕色	轻壤土	7.0	4.2	0.47	0.46	27.5	94	10.9	112	板页岩坡积物	E 109°32′12.8″ N 29°28′05.0″	95
剖37	淋溶土	黄棕壤	山地黄棕壤	石灰岩黄棕壤	薄腐厚层石灰岩黄棕壤	A	0—16	灰黄棕色	重壤土	5.7	21.9	1.34	1.13	13.8						
						Pg	16—23	浅黄棕色	重壤土	5.0	13.9	1.03	1.16	21.1						
						W	23—51	浅黄棕色	重壤土	6.2	18.6	1.15	1.04	12.5						
						C	51—100	暗棕色	重壤土	7.4	4.0	0.46	0.78	19.8	165	3.3	120	石灰岩坡积物	E 109°36′03.3″ N 29°27′05.3″	95
剖38	人为土	水稻土	潴育水稻土	扁砂泥田	扁砂泥田	A	0—15	浅黄棕色	重壤土	6.4	33.0	1.81	1.53	17.8						
						Pg	15—22	暗黄棕色	重壤土	5.3	22.2	1.53	1.50	20.2						
						G	22—36	青灰色	重壤土	6.3	11.0	1.06	1.40	23.2						
						W	36—60	褐色	重壤土	5.7	21.0	1.34	1.26	24.6						
						C	60—100	浅黄棕色	轻壤土	7.0	21.9	1.40	1.41	23.5	205	10.9	76	板页岩	E 109°31′42.0″ N 29°27′26.5″	95
剖39	人为土	水稻土	潴育水稻土	岩渣田	岩渣田	A	0—17	暗棕色	重壤土	6.2	22.7	0.95	1.32	26.9						
						Pg	17—27	暗黄棕色	重壤土	6.4	9.8	0.73	1.06	25.2						
						W	27—100	浅黄棕色	重壤土	6.8	4.4	0.67	1.02	26.0	195	7.2	142	砂质板页岩堆积物	E 109°32′32.5″ N 29°26′47.1″	97
剖40	人为土	水稻土	淹育水稻土	浅灰黄泥田	浅黄灰泥田	A	0—17	紫色	中壤土	7.0	38.2	2.42	1.89	19.8						
						Pg	17—26	紫棕色	重壤土	6.4	33.6	2.10	1.81	19.9						
						C	26—100	紫棕色	中壤土	7.0	18.8	1.41	1.96	20.1						
										7.0	25.4	1.39	1.23	31.5	144	7.1	114	石灰岩坡积物	E 109°33′49.9″ N 29°22′41.4″	97
剖41	铁铝土	黄壤	黄壤性土	石灰岩黄壤性土	薄腐厚层石灰岩黄壤性土	A	1—4	暗黄棕色	轻壤土	7.4	11.1	0.87	1.18	29.3						
						ABv	4—20	褐棕色	轻壤土	5.5	20.3	1.52	0.87	30.1						
						Bv	20—100	浅红黄色	轻黏土	5.2	7.1	0.74	0.62	29.3	146	1.1	65	石灰岩坡积物	E 109°40′32.0″ N 29°24′34.7″	95
剖42	铁铝土	黄壤	黄壤	板页岩黄壤	薄腐厚层板页岩黄壤	Ao	0—7	浅灰黄色	轻壤土	5.1	5.5	0.57	0.48	31.5						
							7—17	暗黄棕色	重壤土	5.7	47.2	1.83	0.70	13.1	120	2.5	47			
						Bv	17—150	暗灰棕色	重壤土	5.5	23.5	1.22	0.73	13.7						
								浅棕色	重壤土	5.0	4.8	0.63	0.64	17.5				石灰岩堆积物	E 109°40′50.1″ N 29°22′59.8″	95

续表 Continued

剖面号 Soil profile	土纲 Soil order	土类 Soil great group	亚类 Soil subgroup	土属 Soil genus	土种 Soil species	土层码 Layer code	土层厚度 Depth/cm	颜色 Soil color	质地 Soil texture	pH	有机质 OM/(g/kg)	全氮 TN/(g/kg)	全磷 TP/(g/kg)	全钾 TK/(g/kg)	碱解氮 AN/(mg/kg)	有效磷 AP/(mg/kg)	速效钾 AK/(mg/kg)	土壤母质 Parent material	剖面点坐标 Profile coordinate	匹配指数 Matching index/%
剖43	铁铝土	黄壤	黄壤	砂岩黄壤	薄腐厚层砂岩黄壤	A	8—22	暗棕灰色	中壤土	4.8	29.6	1.16	0.74	12.9	110	≤1.0	77	砂岩坡积物	E 109°43′45.4″ N 29°22′30.0″	97
						ABv	22—44	浅棕黄色	中壤土	4.8	10.6	0.64	0.57	11.7						
						Bv	44—94	红黄色	中壤土	4.8	7.8	0.63	0.56	12.7						
剖44	铁铝土	红壤	红壤性土	板页岩红壤性土	薄腐板页岩红壤性土	A	4—14	灰黄棕色	中壤土	5.6	39.0	1.97	1.13	27.5	184	1.1	483	板页岩坡积物	E 109°38′11.2″ N 29°20′32.0″	93
						BvC	14—35	浅黄棕色	中壤土	5.8	24.9	1.51	1.04	26.6						
剖45	淋溶土	黄棕壤	山地黄棕壤	板页岩黄棕壤		A	0—16	暗黄棕色	重壤土	4.7	57.6	3.67	2.24	21.4	147	15.3	151	板页岩坡积物	E 109°31′54.8″ N 29°17′02.4″	95
						ABv	16—36	黄棕色	重壤土	4.6	42.1	2.81	2.13	22.1						
						Bv	36—100	红黄色	重壤土	4.7	25.5	2.11	≥10.00	22.6						
剖46	人为土	水稻土	潴育水稻土	灰黄泥田	青隔灰黄泥田	A	0—18	暗黄棕色	重壤土	7.4	32.9	1.96	1.40	24.5	168	5.5	96	石灰岩坡积物	E 109°30′08.4″ N 29°11′00.3″	95
						Pg	18—30	青灰色	中壤土	7.3	38.4	2.29	1.45	24.0						
						W	30—100	褐黄色	重壤土	7.4	16.5	1.25	1.18	25.5						
剖47	初育土	石灰(岩)土	黄色石灰土	黄色石灰土	薄腐中层黄色石灰土	A	1—29	暗棕黄色	重壤土	6.8	26.3	1.34	0.76	13.9	138	≤1.0	81	石灰岩坡积物	E 109°37′55.6″ N 29°14′16.7″	98
						ABv	29—53	浅棕黄色	重壤土	6.8	8.7	0.74	0.49	15.1						
						Bv	53—150	浅黄棕色	中壤土	6.8	7.9	0.75	0.67	19.1						
剖48	人为土	水稻土	潴育水稻土	灰黄泥田	灰黄砂泥田	A	0—14	褐色	中壤土	6.1	29.4	1.75	1.64	22.0	140	5.4	111	石灰岩坡积物	E 109°38′06.0″ N 29°12′01.2″	95
						Pg	14—22	褐色	重壤土	6.8	27.1	1.59	1.59	21.9						
						W	22—64	灰棕色	重壤土	7.4	7.4	0.68	1.12	22.9						
						C	64—100	浅棕色	中壤土	6.6	7.8	0.60	1.01	22.4						
剖49	铁铝土	黄壤	黄壤	耕型砂岩黄壤	黄壤砂土	A	0—15	栗色	中壤土	5.3	12.5	0.83	0.87	12.2	79	8.4	120	砂岩坡积物	E 109°31′19.4″ N 29°03′53.3″	97
						Bv	15—33	灰黄色	中壤土	4.7	11.3	0.94	0.73	11.0						
						C	33—100	红黄色	中壤土	4.5	1.1	0.58	0.60	9.2						
剖50	人为土	水稻土	潴育水稻土	灰黄泥田	灰黄砂泥田	A	0—17	褐色	轻黏土	7.9	32.1	≥10.00	2.35	25.6	146	10.3	152	石灰岩坡积物	E 109°35′41.2″ N 28°59′03.1″	95
						Pg	17—24	褐色	轻黏土	7.9	29.3	0.94	2.68	24.5						
						W	24—51	浅黄棕色	轻黏土	8.0	19.3	0.85	1.85	27.7						
						C	51—100	浅红黄色	中黏土	7.7	11.2	1.08	2.06	32.5						
剖51	人为土	水稻土	潴育水稻土	灰黄泥田	灰黄砂泥田	A	0—18	暗灰黄色	轻黏土	6.5	40.4	2.46	1.27		164	2.2	128	石灰岩坡积物	E 109°34′22.1″ N 28°56′33.7″	95
						Pg	18—26	暗黄棕色	重壤土	7.5	38.8	2.42	1.27	28.7						
						W	26—100	褐黄色	重壤土	7.4	27.4	1.71	1.26	28.2						
剖52	人为土	水稻土	潴育水稻土	河砂泥田	青隔河砂泥田	A	0—18	浅棕色	重壤土	6.4	23.4	1.35	1.27	28.7	119	5.5	76	河流冲积物	E 109°32′05.0″ N 28°53′57.1″	95
						Pg	18—24	绿灰色	重壤土	6.6	24.0	1.36	1.34	28.2						
						G	24—40	灰灰色	中壤土	7.2	12.3	0.84	0.96	32.4						
						W	40—100	暗黄棕色	轻壤土	7.9	8.4	0.73	1.43	30.5						

附 录

附录1　湖南省县级行政区及分县主要土壤类型与土壤剖面点分布图地域名对照表

地级行政区划	县级行政区划[1]	分县主要土壤类型与土壤剖面点分布图地域名[2]	地级行政区划	县级行政区划[1]	分县主要土壤类型与土壤剖面点分布图地域名[2]
长沙市	芙蓉区	市辖区*	衡阳市	珠晖区	
	天心区			雁峰区	
	岳麓区			石鼓区	
	开福区			蒸湘区	
	雨花区			南岳区	
	望城区			衡阳县	衡阳县
	长沙县	长沙县		衡南县	衡南县
	浏阳市	浏阳市		衡山县	衡山县
	宁乡市	宁乡县		衡东县	衡东县
株洲市	荷塘区			祁东县	祁东县
	芦淞区			耒阳市	耒阳市
	石峰区			常宁市	常宁县
	天元区		邵阳市	双清区	
	渌口区	株洲县		大祥区	
	攸县	攸县		北塔区	
	茶陵县	茶陵县		新邵县	新邵县
	炎陵县	酃县		邵阳县	邵阳县
	醴陵市	醴陵市		隆回县	隆回县
湘潭市	雨湖区			洞口县	洞口县
	岳塘区			绥宁县	绥宁县
	湘潭县	湘潭县		新宁县	新宁县
	湘乡市	湘乡市		城步苗族自治县	城步苗族自治县
	韶山市	韶山市		武冈市	武冈县
				邵东市	邵东县

续表

地级行政区划	县级行政区划[1]	分县主要土壤类型与土壤剖面点分布图地域名[2]	地级行政区划	县级行政区划[1]	分县主要土壤类型与土壤剖面点分布图地域名[2]
岳阳市	岳阳楼区	市辖区*	郴州市	临武县	临武县
	云溪区			汝城县	汝城县
	君山区			桂东县	桂东县
	岳阳县	岳阳县		安仁县	安仁县
	华容县	华容县		资兴市	资兴市
	湘阴县	湘阴县	永州市	冷水滩区	市辖区*
	平江县	平江县		零陵区	零陵区
	汨罗市	汨罗市		东安县	东安县
	临湘市	临湘市		双牌县	双牌县
常德市	武陵区	市辖区*		道县	道县
	鼎城区			江永县	江永县
	安乡县	安乡县		宁远县	宁远县
	汉寿县	汉寿县		蓝山县	蓝山县
	澧县	澧县		新田县	新田县
	临澧县	临澧县		江华瑶族自治县	江华瑶族自治县
	桃源县	桃源县		祁阳市	祁阳县
	石门县	石门县	怀化市	鹤城区	鹤城区、中方县
	津市市			中方县	
张家界市	永定区	市辖区*		沅陵县	沅陵县
	武陵源区			辰溪县	辰溪县
	慈利县	慈利县		溆浦县	溆浦县
	桑植县	桑植县		会同县	会同县
益阳市	资阳区	市辖区*		麻阳苗族自治县	麻阳苗族自治县
	赫山区			新晃侗族自治县	新晃侗族自治县
	南县			芷江侗族自治县	芷江侗族自治县
	桃江县	桃江县		靖州苗族侗族自治县	靖州苗族侗族自治县
	安化县	安化县		通道侗族自治县	通道侗族自治县
	沅江市	沅江市		洪江市	黔阳县
郴州市	北湖区	市辖区*	娄底市	娄星区	市辖区*
	苏仙区			双峰县	双峰县
	桂阳县	桂阳县		新化县	新化县
	宜章县	宜章县		冷水江市	冷水江市
	永兴县	永兴县		涟源市	涟源市
	嘉禾县	嘉禾县			

续表

地级行政区划	县级行政区划[1]	分县主要土壤类型与土壤剖面点分布图地域名[2]	地级行政区划	县级行政区划[1]	分县主要土壤类型与土壤剖面点分布图地域名[2]
湘西土家族苗族自治州	吉首市	吉首市	湘西土家族苗族自治州	保靖县	保靖县
	泸溪县	泸溪县		古丈县	古丈县
	凤凰县	凤凰县		永顺县	永顺县
	花垣县	花垣县		龙山县	龙山县

注：1）为民政部于 2022 年 3 月发布的《2021 年中华人民共和国行政区划代码》中的县级行政区名称。该名称也作为本数据集分县目录。分县排序按《2021 年中华人民共和国行政区划代码》中的地级、县级行政区排列。

2）分县主要土壤类型与土壤剖面点分布图地域名是全国第二次土壤普查中分县采样调查、制图的县级行政区名称。分县主要土壤类型与土壤剖面点分布图采用的县级行政域是从国家测绘局获取的 1∶25 万 DLG（公众版）数据（使用许可协议编号：非 2011—1011）。附录 1 显示了全国第二次土壤普查时的县级行政区域名与《2021 年中华人民共和国行政区划代码》中的县级行政区名称之间的关联。附录 1 中仅有《2021 年中华人民共和国行政区划代码》中的县级行政区名称，而没有对应的分县主要土壤类型与土壤剖面点分布图地域名的分县，表示该县级行政区无土壤剖面数据，未纳入分县目录。

* 在附录 1 中，凡分县主要土壤类型与土壤剖面点分布图地域名表示为"市辖区"的地域，均指在全国第二次土壤普查中，在城市中心区及近郊区完成的采样调查和制图。此时，县级行政区名称与分县主要土壤类型与土壤剖面点分布图地域名不是完全的对应关系。如长沙市市辖区（部分）主要土壤类型与土壤剖面点分布图代表土壤调查中长沙市城区及近郊区的土壤分布状况。此时将"市辖区"作为这一节的标题。

附录2 专题图基础地理要素图例

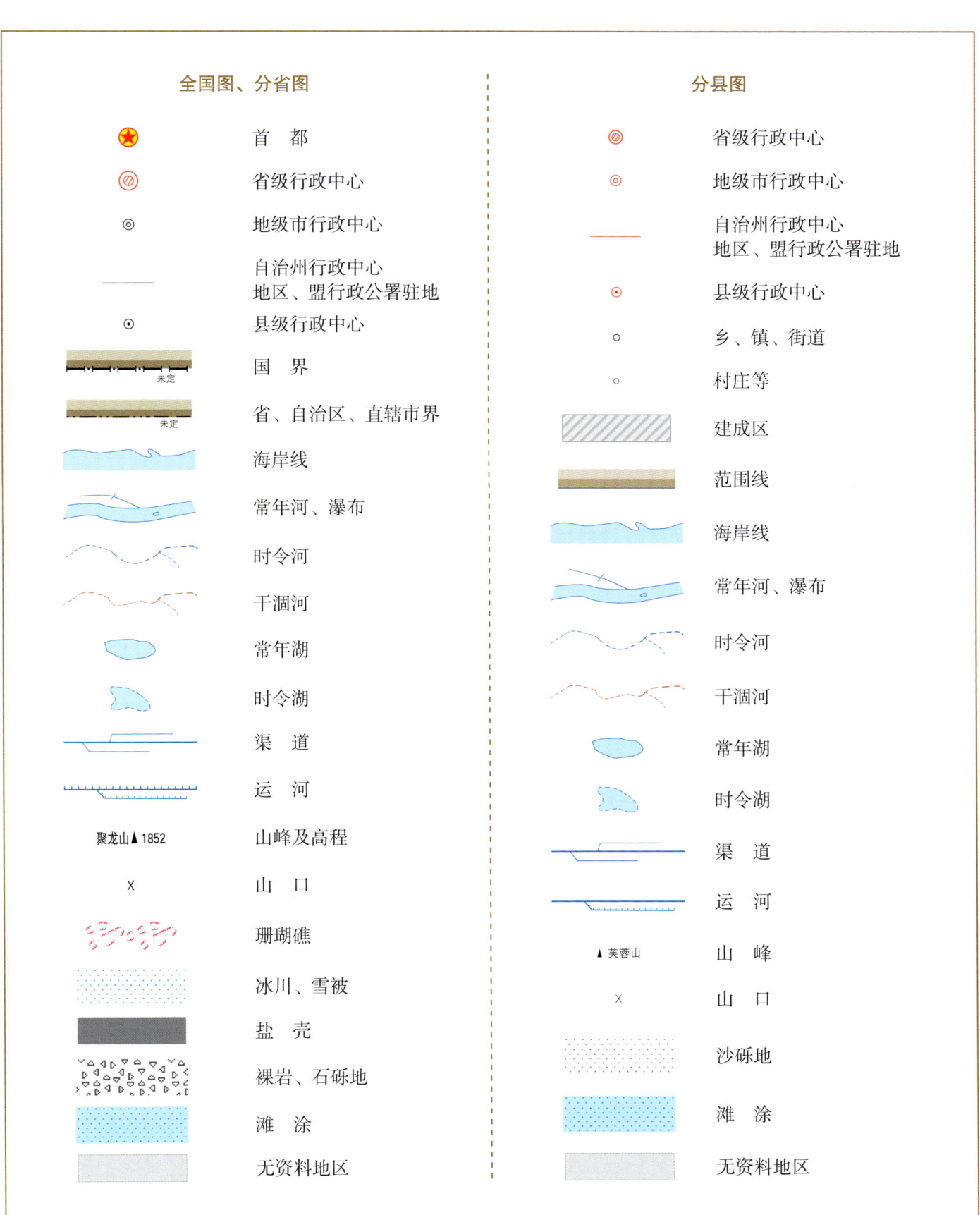

附录3　土壤图土类图例

图例	土类名	色码（RGB）	色码（CMYK）	图例	土类名	色码（RGB）	色码（CMYK）
	砖红壤	253, 139, 149	0, 56, 26, 0		棕钙土	250, 221, 212	2, 17, 13, 0
	赤红壤	253, 160, 170	0, 47, 17, 0		灰钙土	230, 214, 165	11, 15, 40, 1
	红　壤	252, 199, 209	1, 29, 6, 0		灰漠土	246, 237, 182	4, 6, 36, 0
	黄　壤	250, 238, 14	2, 5, 92, 0		灰棕漠土	232, 207, 118	8, 19, 62, 1
	黄棕壤	247, 231, 171	3, 9, 40, 0		棕漠土	238, 220, 86	5, 12, 76, 1
	黄褐土	249, 236, 121	2, 5, 64, 0		黄绵土	249, 223, 2	1, 13, 93, 0
	棕　壤	238, 218, 147	6, 14, 50, 1		红黏土	247, 149, 143	1, 52, 33, 0
	暗棕壤	226, 181, 98	9, 33, 68, 2		新积土	184, 199, 156	30, 11, 44, 2
	白浆土	223, 226, 205	15, 7, 22, 0		龟裂土	254, 252, 55	0, 7, 86, 0
	棕色针叶林土	206, 169, 142	18, 35, 40, 4		风沙土	242, 242, 180	6, 2, 39, 0
	灰化土	183, 169, 182	31, 31, 16, 4		石灰（岩）土	176, 175, 85	28, 21, 75, 9
	漂灰土*	220, 219, 162	15, 9, 44, 1		火山灰土	223, 167, 170	11, 41, 19, 2
	燥红土	250, 161, 9	0, 46, 95, 0		紫色土	199, 177, 221	28, 31, 0, 0
	褐　土	225, 201, 153	12, 21, 43, 1		磷质石灰土	240, 250, 156	7, 1, 51, 0
	灰褐土	228, 219, 186	12, 12, 30, 0		石质土	171, 181, 150	35, 18, 43, 5
	黑　土	142, 164, 151	46, 21, 38, 8		粗骨土	196, 187, 132	23, 21, 53, 4
	灰色森林土	162, 178, 175	40, 19, 27, 4		草甸土	128, 171, 117	51, 14, 63, 7

续表

图例	土类名	色码（RGB）	色码（CMYK）	图例	土类名	色码（RGB）	色码（CMYK）
	黑钙土	230，188，50	6，30，88，1		潮　土	169，219，118	34，1，68，0
	栗钙土	214，195，161	17，22，37，2		砂姜黑土	191，202，188	29，13，26，1
	栗褐土	240，213，157	5，18，43，1		林灌草甸土	171，191，44	31，12，93，5
	黑垆土	201，204，125	22，12，60，3		山地草甸土	132，184，161	52，9，42，3
	沼泽土	144，183，212	49，14，8，2		灌漠土	158，184，110	39，12，67，6
	泥炭土	150，140，173	46，41，10，6		草毡土	150，172，169	45，20，29，6
	草甸盐土	222，145，201	21，49，0，0		黑毡土	129，157，106	48，19，63，14
	滨海盐土	232，206，217	10，22，5，0		寒钙土	198，214，203	26，8，21，1
	酸性硫酸盐土	187，159，184	29，38，9，3		冷钙土	194，194，96	23，15，72，5
	漠境盐土	209，130，159	16，58，11，3		冷棕钙土	183，186，169	31，20，32，3
	寒原盐土	187，159，184	29，38，9，3		寒漠土	235，223，181	9，12，33，0
	碱　土	227，211，211	13，18，11，0		冷漠土	223，197，102	11，22，68，2
	水稻土	107，176，107	59，9，72，3		寒冻土	196，171，79	19，29，77，8
	灌淤土	136，146，47	38，24，90，21				

注：* 漂灰土，《中国土壤分类与代码》（GB/T 17296—2009）中无此土类，在全国第二次土壤普查中完成的中国 1∶100 万土壤图和分县土壤图中含漂灰土，主要分布于西藏自治区南部，总面积约为 112 km²。

附录4 中国主要土壤类型简表

土纲名[1]	土类名[2]	主要成土条件及特征[3]	分布区域	WRB 土组名[4]	MR[5]/%	百分比[6]/%
铁铝土纲 Ferrallisols	砖红壤 Latosols	热带雨林或季雨林下，强烈脱硅富铝化，游离铁占全铁的80%，土壤呈砖红色，具A–Bs–Bv–C剖面构型	海南、广东等	Acrisols	29	0.46
	赤红壤 Latosolic red soils	南亚热带季雨林下，脱硅富铝化程度次于砖红壤、强于红壤，铁的游离度介于二者之间，土壤呈赤红色，具A–Bs–C剖面构型	广东、云南、广西、福建等	Acrisols	40	2.23
	红壤 Red soils	中亚热带常绿阔叶林下，中度脱硅富铝化，具有深厚红色土层，具A–Bs–Bv或A–Bs–C剖面构型	南部的江西、福建、湖南等	Cambisols	35	6.79
	黄壤 Yellow soils	亚热带湿润气候条件下，多见于海拔700—1200m的山区，中度富铝化，土壤有机质累积较多，土壤呈黄色，具O–A–AB–B–C剖面构型	贵州、四川、云南、西藏、台湾等	Cambisols	45	2.65
淋溶土纲 Alfisols	黄棕壤 Yellow-brown soils	北亚热带暖湿落叶阔叶林下，弱度富铝化，母质多为砂页岩及花岗岩风化物，黏化特征明显，土壤呈黄棕色，具A–B–C或A–(B)–C剖面构型	长江中下游沿江低山丘陵区，以及云南、贵州、四川、陕西、西藏等	Cambisols	39	2.37
	黄褐土 Yellow-cinnamon soils	北亚热带地区，黄土状母质，无游离碳酸钙，黏化淀积明显，土壤呈灰黄棕色，具A–B–C或A–Bt–C剖面构型	河南、安徽面积最大，陕南、鄂北、江苏、川东北、江西等地也有分布	Luvisols	58	0.59
	棕壤 Brown soils	湿润暖温带地区，处于硅铝风化阶段，盐基已淋失，土体见黏粒淀积，土壤呈棕色，具O–A–Bt–C剖面构型	辽东至苏北低山丘陵，以及内蒙古、河南、西藏、云南、湖北等地的山地垂直带	Luvisols	51	2.73
	暗棕壤 Dark brown soils	湿润温带地区，针阔叶混交林下，弱酸性淋溶，有机质富集明显，土体B层呈棕色，具O–A–B–C剖面构型	黑龙江、吉林、内蒙古等	Cambisols	48	4.12

续表

土纲名[1]	土类名[2]	主要成土条件及特征[3]	分布区域	WRB 土组名[4]	MR[5]/%	百分比[6]/%
淋溶土纲 Alfisols	白浆土 Bleached baijiang soils	湿润温带平缓岗地森林草原下，上层土壤周期性滞水，还原铁、锰，漂洗形成灰黄色至灰白色白浆土层 E，具 Ah-E-Bt-C 剖面构型	黑龙江、吉林等	Luvisols	46	0.49
	棕色针叶林土 Brown coniferous forest soils	寒温带针叶林下，酸性淋溶，表层盐基饱和度降低，B 层呈棕色，具 O-A-AB-B-C 剖面构型	内蒙古、黑龙江、四川、云南、吉林、新疆等	Cambisols	47	1.15
	灰化土 Podzolic soils	寒冷湿润针叶林下，表层有机质层深厚，强烈淋溶和 SiO_2 淀积形成灰化层 A_2，具 A_1-A_2-B-BC 剖面构型	西藏	Podzols	100	<0.01
半淋溶土纲 Semi-alfisols	燥红土 Torrid red soils	热带、亚热带干旱河谷与雨区稀树草原下形成的盐基饱和的红色土壤，具 A-B-C（D）剖面构型	海南、贵州、云南、四川等	Luvisols	100	0.08
	褐土 Cinnamon soils	暖温带半湿润，黏化与钙质淋移淀积，盐基饱和，B 层呈棕褐色，具 A-B-Bk-C 剖面构型	河北、山西、北京等	Cambisols	48	2.88
	灰褐土 Gray-cinnamon soils	温带干旱、半干旱山地云冷杉下，腐殖质累积与钙积作用明显，弱黏淀特征，具 Ao-A-B-C 剖面构型	甘肃、内蒙古、新疆、西藏、青海、宁夏等地的山地垂直带	Cambisols	43	0.65
	黑土 Black soils	温带半湿润草甸草原下，具深厚的腐殖质层，无石灰性的黑色土壤，底层轻度淋溶，具 A-ABh-BhC-C 剖面构型	东北平原	Phaeozems	31	0.68
	灰色森林土 Gray forest soils	温带森林植被下，腐殖质层深厚，弱度淋溶，剖面下部见硅粉，具 O-A-AB 或（B）-BC-C 剖面构型	内蒙古、新疆、河北	Phaeozems	77	0.34
钙层土 Pedocals	黑钙土 Chernozems	温带半湿润草甸草原下，具深厚的腐殖质层、碳酸钙淋溶淀积层	内蒙古、新疆、吉林、黑龙江、青海、甘肃	Chernozems	50	1.51
	栗钙土 Castanozems	温带半干旱草原下，具有栗色腐殖质层和灰白色钙积层	内蒙古、新疆、河北、山西、吉林等	Kastanozems	61	4.18
	栗褐土 Castano-cinnamon soils	暖温带半干旱草原及灌木下，弱度黏化和弱度淋溶，通体有石灰反应	山西、内蒙古、河北	Cambisols	40	0.47
	黑垆土 Dark loessial soils	黄土高原上，由黄土母质发育，有机质含量低，腐殖质层深厚，无明显黏化层	甘肃面积最大，其次为陕北和宁南地区	Cambisols	59	0.21
干旱土 Aridisols	棕钙土 Brown caliche soils	温带干旱草原向荒漠过渡区，具浅棕色薄腐殖质层、灰白色薄钙积层，钙积层接近地表	内蒙古、甘肃、青海、新疆	Cambisols	36	2.81
	灰钙土 Sierozems	暖温带干草原下，母质多为黄土，低腐殖质、弱淋溶，具腐殖质层和钙积层	甘肃、宁夏、新疆、青海、内蒙古、陕西	Cambisols	63	0.50

续表

土纲名[1]	土类名[2]	主要成土条件及特征[3]	分布区域	WRB 土组名[4]	MR[5]/%	百分比[6]/%
漠土 Desert soils	灰漠土 Gray desert soils	温带干旱漠境边缘区	宁夏、内蒙古、甘肃、新疆等	Cambisols	44	0.72
	灰棕漠土 Gray-brown desert soils	温带干旱中心	新疆、内蒙古等	Cambisols	78	3.11
	棕漠土 Brown desert soils	暖温带极干旱漠境中心	新疆、甘肃等	Cambisols	65	2.69
初育土 Amorphic soils	黄绵土 Loessial soils	黄土高原上，由黄土母质直接翻耕形成，具 A-C 剖面构型	陕西、甘肃、山西、宁夏等	Cambisols	33	1.97
	红黏土 Red primitive soils	由第三纪红色黏土及部分第四纪老黄土发育	陕西、甘肃、河南、山西、辽宁等	Regosols	48	0.07
	新积土 Neo-alluvial soils	新近冲积、洪积、坡积、塌积或人工堆垫，具 A-C 或（A）-C 剖面构型	全国各地，以吉林、陕西面积最大，其次为黑龙江、宁夏、四川等	Fluvisols	51	0.57
	龟裂土 Takyr	干旱、漠境地区山前细土洪积微弱发育，表层为不规则龟裂结皮	新疆、甘肃、内蒙古、宁夏	Cambisols	72	0.06
	风沙土 Aeolian soils	半干旱、干旱及滨海地区，由风成沙性母质发育	新疆、内蒙古、甘肃、青海等	Arenosols	75	7.03
	石灰（岩）土 Limestone soils	由热带、亚热带石灰岩母质发育	贵州、广西、四川、湖南等	Cambisols	80	1.73
	火山灰土 Volcanic ash soils	由火山喷发碎屑、粉尘状堆积物发育，具 A-C 剖面构型	黑龙江、江苏、海南等	Andosols	53	0.04
	紫色土 Purplish soils	由热带、亚热带紫红色岩层侵蚀发育，土层浅薄，具 A-C 剖面构型	四川、云南、湖南、贵州、广西等	Cambisols	68	2.44
	磷质石灰土 Phospho-calcic soils	热带珊瑚岛礁上，由海鸟粪与珊瑚礁风化物形成	南海的西沙、南沙、东沙、中沙诸岛	Arenosols	81	<0.01
	石质土 Lithosols	石质山地岩石风化残积物，风化层厚度一般小于 10cm，具 A-R 剖面构型	西北和华北山地	Leptosols	100	1.87
	粗骨土 Skeletal soils	基岩风化残积物、坡积物，属于 A-C 或（A）-C 剖面构型	辽宁、内蒙古、山东、浙江等地的河谷阶地、丘陵、低山和中山	Regosols	93	1.76
水成土 Aqueous soils	沼泽土 Bog soils	所处地势低洼，长期地表积水，还原作用形成潜育层 G，泥炭层或腐泥层厚度小于 50cm，具 H-G 剖面构型	黑龙江、青海、内蒙古等地的沟谷、平原河湖滨低洼地区均有分布，主要分布于东北	Gleysols	53	1.53
	泥炭土 Peat soils	泥炭层 H 厚度大于 50cm，其下为潜育层 G，具 H-G 剖面构型	青海、四川、黑龙江、吉林等	Histosols	48	0.06

续表

土纲名[1]	土类名[2]	主要成土条件及特征[3]	分布区域	WRB 土组名[4]	MR[5]/%	百分比[6]/%
半水成土 Semi-aqueous soils	草甸土 Meadow soils	冷湿条件下受地下水浸润并在草甸植被下发育，有明显腐殖质累积，铁、锰氧化还原形成锈纹层 Cu，具 A–Cu 或 A–C–Cu 剖面构型	黑龙江、内蒙古、新疆、四川等	Cambisols	92	3.54
	潮土 Fluvo-aquic soils	河流冲积平原或低平阶地耕作土壤，地下水位高，底土氧化还原交替形成锈纹层 Cu，具 A_{11}–A_{12}–Cu 或 A_{11}–C–Cu 剖面构型	主要分布于黄淮海平原，内蒙古、辽宁、湖北等地的河谷平原，滨湖低地与山间谷地也有分布	Cambisols	85	3.71
	砂姜黑土 Lime concretion black soils	河湖沉积物经脱沼与长期耕作形成，底土见砂姜	主要分布于安徽、河南、山东、江苏等，河北、湖北、广西等地也有分布	Cambisols	79	0.54
	林灌草甸土 Shrubby meadow soils	漠境河谷平原沿河一带的胡杨林下发育，有交替氧化还原作用，具 Ao–AC–C 剖面构型	新疆、内蒙古、甘肃等	Cambisols	87	0.24
	山地草甸土 Mountain meadow soils	中海拔山顶平台草甸植被下发育的薄层土壤，草皮层 As 下见铁锰锈纹、胶膜，具 As–A–C–D 剖面构型	除青藏高原及西北高山区以外，各省、自治区、直辖市均有分布，以西部为多，西南部次之	Cambisols	60	0.04
盐碱土 Alkali–saline soils	草甸盐土 Meadow solonchaks	草甸土、潮土、沼泽土地区，盐分累积量大于 6g/kg，有盐化表土层 Az，具 Az–C 剖面构型	从长江口到松辽平原均有分布	Solonchaks	55	1.21
	滨海盐土 Coastal solonchaks	母质为滨海沉积物，盐分来自海水和高矿化潜水，通常含盐量为 10g/kg，具 Az–Cz 剖面构型	山东、浙江、福建等沿海地区	Solonchaks	47	0.31
	酸性硫酸盐土 Acid sulphate soils	热带、南亚热带滨海低平原的海潮可及处，红树林残体形成的硫化物经氧化形成硫酸，土壤呈强酸性	海南、广东、广西、福建、台湾等	Solonchaks	36	< 0.01
	漠境盐土 Desert solonchaks	极端干旱的漠境条件，含盐量通常在 100g/kg 以上	新疆、青海、甘肃等	Solonchaks	50	0.31
	寒原盐土 Frigid plateau solonchaks	青藏高寒地区退缩内陆湖盆、河间洼地	西藏	Solonchaks	88	0.10
	碱土 Solonetzes	碱化度（交换性钠占阳离子交换量百分比）大于 20%	零星分布于东北、华北、西北的内陆地区	Solonetz	50	0.06
人为土 Anthrosols	水稻土 Paddy soils	长期季节性淹灌、排水，水下翻耕，氧化还原交替，形成多种发生层分异：淹育层 Aa、犁底层 Ap、渗育层 P、潴育层 W 与潜育层 G	全国各地，以四川、江西、湖南等地面积为大	Anthrosols	83	4.93
	灌淤土 Irrigated warped soils	引用高泥沙含量灌溉水淤灌，加厚土层大于 50cm	新疆、宁夏、甘肃、河北、青海、西藏等	Anthrosols	70	0.22

续表

土纲名[1]	土类名[2]	主要成土条件及特征[3]	分布区域	WRB 土组名[4]	MR[5]/%	百分比[6]/%
人为土 Anthrosols	灌漠土 Irrigated desert soils	干旱荒漠地区，坎儿井水长期耕灌	新疆、甘肃、宁夏、青海等地的荒漠绿洲地带	Anthrosols	68	0.12
高山土 Alpine soils	草毡土 Felty soils	高寒区平缓高原面上，强度生草腐殖质累积与弱度氧化还原形成草毡层	青海、西藏、四川、新疆等	Cambisols	69	5.46
	黑毡土 Dark felty soils	高寒区略较温湿的原面上，草毡层初步分解，色泽较暗，有机质含量较高	西藏、四川、新疆、甘肃等	Cambisols	61	2.73
	寒钙土 Frigid calcic soils	高寒半干旱区，弱度腐殖质累积，底层积钙	西藏、青海、新疆、甘肃等	Calcisols	70	7.88
	冷钙土 Cold calcic soils	高寒区冷凉半干旱原面下，具弱腐殖质累积与钙积特征	新疆、西藏、甘肃等	Cambisols	45	1.43
	冷棕钙土 Cold brown calcic soils	高寒区温凉的半干旱河谷处，土壤弱腐殖质累积，弱度淋溶与积钙	西藏	Cambisols	67	0.09
	寒漠土 Frigid desert soils	高寒干旱条件下成土	青藏高原西北部海拔4000m以上地区，涉及新疆、四川、西藏、青海等	Cryosols	87	0.29
	冷漠土 Cold desert soils	亚高山冷凉干旱条件下成土	西藏海拔4500m以下的湖盆、河谷及山地中下部	Cambisols	42	0.03
	寒冻土 Frigid frozen soils	高山冰川冰缘地带条件下，以物理风化为主	青藏高原冰缘地区，涉及新疆、西藏、甘肃等	Leptosols	100	3.23

注：1）中国土壤分类系统中土纲名及土纲英译名。
2）中国土壤分类系统中土类名及土类英译名。
3）本栏所用土层及后缀代码释义。
　自然土壤：A 表土层，As 草根层、草毡层，A_2 灰化层，B 母质特征消失的表下层，C 受成土作用影响小的母质层，D 未受成土作用影响的碎屑层，R 坚硬岩石层，E 漂白层、白浆层，H 泥炭状有机质层，Hi 纤维状泥炭层，He 半分解泥炭层，O 凋落物有机质层。
　旱地土壤：A_{11} 早耕层，A_{12} 亚耕层，C_1 心土层，C_2 底土层。
　水田土壤：Aa 耕作层（淹育层），Ap 犁底层（淹育层），P 渗育层，W 潴育层，G 潜育层，Gw 脱潜层，M 腐泥层。
　土层后缀代码：d 漂灰特征，c 铁结核或硬结核，f 冰冻特征，h 有机质淀积，k 石灰聚积，n 碱化特征，q 硅聚积，t 黏粒淀积，v 网纹特征，x 脆盘，z 易溶盐聚积，su 硫化物聚积，b 埋藏或重叠，e 漂洗特征，g 潜育特征，i 弱分解有机质，m 胶结或固结，p 人工扰动，s 三氧化二物聚积，u 锈色斑纹，w 色泽或结构发育，y 石膏聚积，mo 铁锰胶膜。
4）世界土壤资源参比基础（world reference base for soil resources，WRB）工作组发布土组名，WRB 土组划分原则与中国土壤分类系统中土纲接近。
5）WRB 土组对中国土壤分类系统中各土类的最大可参比性（maximum referencibility，MR）。
6）该土类面积占各土类总面积的百分比。

附录5　湖南省主要土壤类型表

土纲名[1]	土类名[2]	WRB 土组名[3]	MR[4]/%	百分比[5]/%
铁铝土纲 Ferrallisols	红壤 Red soils	Cambisols	35	45.5
	黄壤 Yellow soils	Cambisols	45	10.7
淋溶土纲 Alfisols	黄棕壤 Yellow-brown soils	Cambisols	39	3.3
初育土 Amorphic soils	石灰（岩）土 Limestone soils	Cambisols	80	5.3
	紫色土 Purplish soils	Cambisols	68	7.2
	石质土 Lithosols	Leptosols	100	0.1
	粗骨土 Skeletal soils	Regosols	93	0.1
半水成土 Semi-aqueous soils	潮土 Fluvo-aquic soils	Cambisols	85	1.4
	山地草甸土 Mountain meadow soils	Cambisols	60	0.2
人为土 Anthrosols	水稻土 Paddy soils	Anthrosols	83	24.2

注：1）中国土壤分类系统中土纲名及土纲英译名。
2）中国土壤分类系统中土类名及土类英译名。
3）世界土壤资源参比基础（world reference base for soil resources，WRB）工作组发布土组名，WRB 土组划分原则与中国土壤分类系统中土纲接近。
4）WRB 土组对中国土壤分类系统中各土类的最大可参比性（maximum referencibility，MR）。
5）该土类面积占湖南省省域面积百分比，土类面积不足本省省域面积0.05%的土类未列入本表。

附录6　分省土壤有机质含量图有机质含量分级图例

图例	分级序号	色码（CMYK）	色码（RGB）	图例	分级序号	色码（CMYK）	色码（RGB）
	1	2, 2, 17, 0	255, 255, 220		8	38, 0, 74, 0	157, 218, 104
	2	4, 1, 35, 0	248, 255, 190		9	42, 0, 80, 0	146, 210, 90
	3	8, 0, 47, 0	238, 255, 165		10	48, 1, 85, 0	132, 200, 80
	4	17, 0, 53, 0	220, 249, 150		11	52, 4, 89, 1	123, 190, 70
	5	23, 0, 60, 0	203, 242, 135		12	54, 11, 94, 3	115, 175, 55
	6	28, 0, 62, 0	185, 235, 130		13	61, 18, 98, 7	92, 158, 37
	7	34, 0, 68, 0	169, 225, 118		14	64, 24, 100, 15	70, 138, 20

附录7　湖南省典型剖面0—20cm土层土壤理化性状中位数与平均数

土壤理化性状[1]	湖南省[2]			长江中下游地区[3]			全国[4]		
	中位数	平均数	样本量*	中位数	平均数	样本量*	中位数	平均数	样本量*
有机质/(g/kg)	27.1	30.5	3688	21.8	24.5	14080	18.6	25.4	53243
pH	6.1	6.2	4572	6.2	6.4	15420	6.8	6.8	54014
全氮/(g/kg)	1.48	1.64	3694	1.24	1.43	12673	1.06	1.37	49409
全磷/(g/kg)	0.97	1.11	3682	0.63	0.77	13785	0.60	0.78	50185
全钾/(g/kg)	20.0	20.8	3586	18.3	19.0	8703	18.0	17.5	29736
碱解氮/(mg/kg)	114	116	1136	100	106	3304	90	114	19316
有效磷/(mg/kg)	5.0	11.1	1185	4.5	7.6	6195	4.4	7.5	23100
速效钾/(mg/kg)	78	86	1206	80	94	6215	90	110	23841
阳离子交换量/(cmol/kg)	11.1	11.4	126	13.0	14.2	5482	13.1	14.8	22361

注：1）土壤全氮、全磷、全钾、碱解氮、有效磷、速效钾含量均以N、P、K纯养分量计。
　　2）本卷收录的湖南省典型土壤剖面共计4696个。通过对剖面数据的土层厚度转换，附录7给出了这些典型剖面0—20cm土层土壤理化性状中位数与平均数。全国第二次土壤普查剖面采样为典型土类采样，而非网格化采样。0—20cm土层土壤理化性状中位数与平均数不代表本省土壤理化性状平均状况。但全国第二次土壤普查是我国最早的大样本量调查，附录7所示的0—20cm土层土壤理化性状中位数与平均数对了解湖南省20世纪80年代土壤肥力性状量化指标具有一定参考价值。
　　3）长江中下游地区包括上海、江苏、浙江、江西、安徽、湖北和湖南7个省、直辖市，本数据集收录该地区的剖面共计18326个。
　　4）本数据集全集收录的剖面共计63792个。
　　*　样本量的单位为"个"。

附录 8　湖南省主要土地利用类型 0—30cm 土层土壤有机质含量[1]

土地利用类型	湖南省		长江中下游地区[2]		全国	
	占省域面积百分比[3]/%	有机质/(g/kg)	占地域面积百分比/%	有机质/(g/kg)	占地域面积百分比/%	有机质/(g/kg)
耕地	17.14	23.64	24.22	18.65	13.52	18.65
园地	4.18	21.53	3.63	19.48	2.13	16.68
林地	60.06	24.04	47.41	22.81	30.04	26.96
草地	0.66	28.51	0.59	20.37	27.97	19.18
湿地	1.12	21.02	1.12	19.51	2.48	17.56

注：1）各土地利用类型 0—30cm 土层土壤有机质含量由本卷编制的湖南省土壤有机质含量图和自然资源部土地科学数据中心编制的 2019 年 1∶100 万比例尺全国土地利用缩编图通过叠加、计算生成。其中，耕地包括水田、水浇地和旱地；园地包括果园、茶园和其他园地；林地包括有林地、灌木林地和其他林地；草地包括天然牧草地、人工牧草地和其他草地；湿地包括沼泽地、沿海滩涂和内陆滩涂。
2）长江中下游地区包括上海、江苏、浙江、江西、安徽、湖北和湖南 7 个省、直辖市。
3）土地利用类型占省域面积百分比根据第三次全国国土调查发布的 2019 年土地利用现状分类面积汇总数据计算生成。

附录 9 湖南省耕地、园地、林地和草地中主要土壤类型占比[1]

湖南省								长江中下游地区[2]								全国							
耕地		园地		林地		草地		耕地		园地		林地		草地		耕地		园地		林地		草地	
土类名	占比/%	土类名	占比/%	土类名	占比/%	土类名	占比/%	土类名	占比/%	土类名	占比/%	土类名	占比/%	土类名	占比/%	土类名	占比/%	土类名	占比/%	土类名	占比/%	土类名	占比/%
水稻土	53.6	红壤	53.3	红壤	52.9	黄棕壤	29.9	水稻土	45.9	红壤	38.4	红壤	47.6	滨海盐土	23.5	水稻土	14.3	水稻土	16.7	红壤	16.7	寒钙土	21.8
红壤	31.0	水稻土	26.5	黄壤	15.9	红壤	22.9	潮土	17.0	水稻土	29.0	黄棕壤	13.3	水稻土	23.3	潮土	13.1	红壤	10.3	暗棕壤	10.3	草毡土	14.4
紫色土	6.7	紫色土	13.1	水稻土	11.8	黄壤	22.0	红壤	12.7	紫色土	8.3	水稻土	10.6	红壤	11.3	草甸土	11.5	砖红壤	7.0	黄壤	7.0	栗钙土	9.7
石灰(岩)土	3.7	石灰(岩)土	4.4	紫色土	7.5	石灰(岩)土	11.8	砂姜黑土	7.1	潮土	7.8	黄壤	9.6	黄棕壤	10.6	褐土	10.5	褐土	6.3	黄棕壤	6.3	棕钙土	7.4
潮土	2.9	黄棕壤	0.8	石灰(岩)土	6.3	水稻土	5.9	黄褐土	5.3	黄棕壤	5.4	石灰(岩)土	6.3	石灰(岩)土	9.5	紫色土	9.6	赤红壤	5.8	棕壤	5.8	寒冻土	5.3
黄壤	0.9	黄壤	0.8	黄棕壤	4.8	山地草甸土	3.1	黄棕壤	2.7	粗骨土	3.0	粗骨土	5.0	黄壤	7.0	赤红壤	5.6	紫色土	5.1	赤红壤	5.1	风沙土	4.8
黄棕壤	0.2	潮土	0.4	山地草甸土	0.2	粗骨土	1.7	紫色土	2.6	石灰(岩)土	2.9	紫色土	3.9	潮土	4.3	黑土	5.0	粗骨土	4.6	褐土	4.6	灰棕漠土	4.4
石质土	0.1			石质土	0.1	潮土	1.0	滨海盐土	2.0	黄壤	2.1	棕壤	1.4	山地草甸土	2.0	黑钙土	3.2	潮土	4.5	紫色土	4.5	黑钙土	4.0
合计	99.1	合计	99.3	合计	99.5	合计	98.3	合计	95.3	合计	96.9	合计	97.7	合计	91.5	合计	60.5	合计	74.4	合计	60.3	合计	71.8

注：1）耕地、园地、林地和草地中主要土壤类型占比由本表编制的湖南省土壤图和自然资源部自然资源部土地科学数据中心编制的 2019 年 1∶100 万比例尺全国土地利用缩编图通过叠加、计算生成。其中，耕地、水浇地和旱地；园地包括果园、茶园和其他园地；林地包括有林地、灌木林地和其他林地；草地包括天然牧草地、人工牧草地和其他草地。当某省、自治区、直辖市中某土地利用类型中某土壤类型所含类型较多时，本表仅列出占比比较大的土壤类型。

2）长江中下游地区包括上海、江苏、浙江、江西、安徽、湖北和湖南 7 个省、直辖市。

附录10 《中国土壤剖面数据集》参编单位

国家科技基础性工作专项重点项目"我国1:5万土壤图籍编撰及高精度数字土壤构建"主持与参加单位	
中国农业科学院农业资源与农业区划研究所	湖南农业大学
中国科学院南京土壤研究所	西北农林科技大学
中国农业科学院农业环境与可持续发展研究所	沈阳大学
中国科学院地理科学与资源研究所	山东省国土测绘院
国家基础地理信息中心	辽宁省基础测绘院
全国农业技术推广服务中心	黑龙江省农业科学院土壤肥料与环境资源研究所
中国农业大学	海南省农业科学院
华中农业大学	上海市农业科学院生态环境保护研究所
中国地质大学（北京）	城信迪赛（北京）科技有限公司
参加数据集各分卷审核和修订工作的单位	
北京市农林科学院植物营养与资源研究所	广西农业科学院农业资源与环境研究所
河北省农林科学院农业资源环境研究所	重庆市农业技术推广总站
山西省农业科学院农业环境与资源研究所	贵州省农业科学院土壤肥料研究所
辽宁省农业科学院植物营养与环境资源研究所	云南省农业科学院农业环境资源研究所
吉林省农业科学院农业资源与环境研究所	甘肃省农业科学院土壤肥料与节水农业研究所
江苏省农业科学院农业资源与环境研究所	青海省农林科学院土壤肥料研究所
福建省农业科学院	宁夏农林科学院农业资源与环境研究所
江西省土壤肥料技术推广站	新疆农业科学院土壤肥料与农业节水研究所
山东省农业科学院农业资源与环境研究所	西藏自治区农牧科学院
湖南省土壤肥料研究所	

续表

参加分县大比例尺纸质土壤图与土种志收集的单位	
北京市耕地建设保护中心	福建省农田建设与土壤肥料技术总站
天津市农田建设管理处	山东省土壤肥料总站
河北省土壤肥料总站	河南省土壤肥料站
山西省耕地质量监测保护中心	湖北省耕地质量与肥料工作总站（湖北省土壤肥料调查测试中心）
内蒙古自治区土壤肥料和节水农业工作站	湖南省土壤肥料工作站
辽宁省土壤肥料总站	广东省农业科学院农业资源与环境研究所
吉林省土壤肥料总站	河池市土壤肥料工作站
黑龙江八一农垦大学	成都土壤肥料测试中心
上海市农业技术推广服务中心	云南省土壤肥料工作站
江苏省农业科学院	陕西省耕地质量与农业环境保护工作站
扬州市土壤肥料站	甘肃省耕地质量建设保护总站
安徽省土壤肥料总站	

注：表中各参编单位仅出现一次，参与多项工作的单位不重复列出。

参考文献

[1] 张维理，徐爱国，张认连，等．土壤分类研究回顾与中国土壤分类系统的修编［J］．中国农业科学，2014，47（16）：3214-3230.

[2] 张维理，KOLBE H，张认连，等．世界主要国家土壤调查工作回顾［J］．中国农业科学，2022，55（18）：3565-3583.

[3] MCBRATNEY A B, MENDONÇA SANTOS M L, MINASNY B. On digital soil mapping［J］. Geoderma, 2003（117）: 3-52.

[4] USDA. Natural Resources Conservation Service［EB/OL］. Soils National Soil Information System（NASIS）［2021-12-01］. http://www.nrcs.usda.gov/wps/portal/ nrcs/detail/soils/survey/cid=nrcs142p2_053552.

[5] CSIRO Land and Water. Australian Soil Resource Information System（ASRIS）［EB/OL］.［2021-12-01］. http://www.asris.csiro.au/asris.

[6] European Soil Data Centre［EB/OL］.［2021-12-01］. http://eusoils.jrc.ec.europa.eu/.

[7] 全国土壤普查办公室．全国第二次土壤普查暂行技术规程［M］．北京：农业出版社，1979.

[8] 张维理，张认连，徐爱国，等．中国1∶5万比例尺数字土壤的构建［J］．中国农业科学，2014，47（16）：3195-3213.

[9] 张维理，傅伯杰，徐爱国，等．中国土壤调查结果的地统计特征［J］．中国农业科学，2022，55（13）：2572-2583.

[10] 张维理．海量空间数据提取、整合与制图表达方法概要［J］．中国农业科学，2014，47（16）：3231-3249.

[11] 张维理．智能化海量空间信息分析与地图制图软件包IMAT设计及构建［J］．中国农业科学，2014，47（16）：3250-3263.

[12]《第一次全国地理国情普查地图集》编纂委员会．第一次全国地理国情普查地图集［M］．北京：中国地图出版社，2019.

[13] 中国地图出版社．中国地图集［M］．3版．北京：中国地图出版社，2022.

[14] 全国土壤质量标准化技术委员会．土壤制图 1∶25 000　1∶50 000　1∶100 000 中国土壤图用色和图例规范：GB/T 36501—2018［S］．北京：中国标准出版社，2018.

[15] 张维理，KOLBE H，张认连．土壤有机碳作用及转化机制研究进展［J］．中国农业科学，2020，53（2）：317-331.

[16] 周北燕，石家星．中国地形图［M］．北京：中国地图出版社，2009.

[17]《中华人民共和国气候图集》编委会．中华人民共和国气候图集［M］．北京：气象出版社，2002.

[18] 中国标准化与信息分类编码研究所，全国农业技术推广服务中心．中国土壤分类与代码：GB/T 17296—1998［S］．

[19] 中国标准研究中心．中国土壤分类与代码：GB/T 17296—2000［S］．

[20] 全国信息分类编码标准化技术委员会．中国土壤分类与代码：GB/T 17296—2009［S］．北京：中国标准出版社，2009.

[21] ISSS, ISRIC, FAO. World Reference Base for Soil Resources. Wageningen/Rome, 1998.

［22］SHI X Z，YU D S，XU S X，et al. Cross-reference for relating Genetic Soil Classification of China with WRB at different scales［J］. Geoderma，2010（155）：344-350.

［23］全国土壤普查办公室. 中国土种志　第一卷［M］. 北京：中国农业出版社，1993.

［24］全国土壤普查办公室. 中国土种志　第二卷［M］. 北京：中国农业出版社，1994.

［25］全国土壤普查办公室. 中国土种志　第三卷［M］. 北京：中国农业出版社，1994.

［26］全国土壤普查办公室. 中国土种志　第四卷［M］. 北京：中国农业出版社，1995.

［27］全国土壤普查办公室. 中国土种志　第五卷［M］. 北京：中国农业出版社，1995.

［28］全国土壤普查办公室. 中国土种志　第六卷［M］. 北京：中国农业出版社，1996.

［29］全国土壤普查办公室. 中国土壤［M］. 北京：中国农业出版社，1998.